U0319699

人造金刚石工具手册

主　编　宋月清　刘一波
副主编　张绍和　董长顺

北　京
冶 金 工 业 出 版 社
2014

内 容 提 要

本手册共分8篇，内容主要包括：金刚石工具，金刚石工具用金刚石，金刚石工具用粉末，金刚石工具用基体，金刚石工具制造方法，金刚石工具制造设备，金刚石工具设计理论，金刚石工具标准。手册总结、介绍了我国金刚石及其工具的科技成果、生产实践和理论研究，内容丰富，具有很强的实用性和指导性。

本手册可供从事金刚石及其工具的科研、生产技术人员，管理工作者以及高校相关专业的师生参考。

图书在版编目(CIP)数据

人造金刚石工具手册/宋月清，刘一波主编．—北京：冶金工业出版社，2014.1

ISBN 978-7-5024-6343-4

Ⅰ.①人…　Ⅱ.①宋…　②刘…　Ⅲ.①金刚石—人工合成—工具—技术手册　Ⅳ.①TQ164.8-62

中国版本图书馆CIP数据核字(2013)第286323号

出 版 人　谭学余
地　　址　北京北河沿大街嵩祝院北巷39号，邮编100009
电　　话　(010)64027926　电子信箱　yjcbs@cnmip.com.cn
责任编辑　郭冬艳　美术编辑　彭子赫　版式设计　孙跃红
责任校对　王永欣　责任印制　李玉山
ISBN 978-7-5024-6343-4
冶金工业出版社出版发行；各地新华书店经销；三河市双峰印刷装订有限公司印刷
2014年1月第1版，2014年1月第1次印刷
787mm×1092mm　1/16；71.25印张；1728千字；1102页
260.00元

冶金工业出版社投稿电话：(010)64027932　投稿信箱：tougao@cnmip.com.cn
冶金工业出版社发行部　电话：(010)64044283　传真：(010)64027893
冶金书店　地址：北京东四西大街46号(100010)　电话：(010)65289081(兼传真)
（本书如有印装质量问题，本社发行部负责退换）

《人造金刚石工具手册》编委会

序 1

据专家推测，大约公元前8至前6世纪在印度发现了金刚石，之后，巴西、澳大利亚、南非等国家相继发现了金刚石。

由于天然金刚石光彩夺目，因此，长期以来主要用作装饰品。随着人工琢磨加工金刚石的出现，经雕琢晶形完美的大颗粒金刚石，由于它们在自然界异常稀罕以及琢磨加工的难度和费时，因而成了宝石之王。

随着人们对金刚石性质认识的不断丰富和发展，金刚石乃是自然界最硬的矿物，它具有许多优异的力学性能，因此，金刚石从最初作为装饰品进入到工业技术的应用领域中，用作工具，以其高效、高精、高速等众多优势特性逐步发展成为工具之王。

如果您正在或将要研发和生产应用于某工业技术领域的金刚石工具，或在进行某工业技术领域的研发和生产工作而迷茫于其各类加工问题，且又苦于未找到一本全面介绍金刚石工具的书籍，或许翻开这本《人造金刚石工具手册》是您的最佳选择。

《人造金刚石工具手册》是一本侧重应用并兼顾学术价值的难得一见的金刚石工具类书籍。《人造金刚石工具手册》详细阐明了各类金刚石工具的制造原理、工艺过程、技术配方；介绍了各类金刚石工具所用的原辅材料，及各类原辅材料如胎体粉末的获取方法、作用机理等；列举了制造各类金刚石工具所用的设备，剖析了有关设备的设计原理和工作机制，并交代了设备使用方法和注意事项。同时，手册中还列出了我国金刚石和金刚石工具行业的典型研究院所、企事业单位等，这利于同行间的了解和交流。

人生定有光彩，生活必有亮点，工作演绎享受。

对金刚石工具的研究者或制造者或使用者，我乐于推荐这本手册，并为之作序。

中国工程院副院长 干勇

2013年4月

序 2

工具，是人类能力的延伸；制造与使用工具，是人与动物的本质性区别。人类的文明史，首先是制造和使用工具的历史，从亘古石器时代到进入现代文明，工具始终是推动人类社会发展与进步的杠杆。20 世纪 50 年代末 60 年代初，伴随人工合成金刚石的诞生和工业化生产，人造金刚石工具应运而生并率先在西方工业国家走向实用化，被视为人类历史上一次划时代的工具革命。金刚石工具的问世极大地拓展了人类工具的加工范围和能力，尤其是针对硬脆材料，使人们得以摆脱以往长期艰辛而低效的加工状态，不仅成数量级地提高了加工效率，而且大幅降低了加工成本并改善了加工效果。因而，金刚石工具一经问世，便备受青睐并迅速得到推广，目前已成为全球范围内地质勘探、矿山开采、石材加工、建材切割、市政工程施工、家庭装潢等传统领域及电子器件、新兴材料、精密机械部件加工等高新技术领域广为应用且不可替代的一种新型工具。

我国金刚石工具产业起步相对较晚，但发展迅速。20 世纪 60 年代，金刚石工具率先在欧美发达国家推广应用并迅速实现产业化。70 年代，日本以其相对较低的制造成本赢得竞争优势，迅速成为金刚石工具制造业的主导者之一。80 年代，韩国替代日本成为金刚石工具产业的后起之秀。90 年代，伴随着中国制造产业在全球的崛起，中国金刚石工具制造业才开始起步，并在国际市场逐渐显示出强大竞争力。经过过去20 年的发展，目前已形成金刚石工具生产厂家上千家，年产值超过几百亿元的规模，我国也成为继韩国之后目前国际金刚石工具市场的主要供应国之一。

但毋庸否认，同其他众多产业一样，中国的金刚石工具产业今天仍然是大而不强。从产品技术层面看，国内企业目前仍以引进、仿制、复制为主要路径，企业研发能力不强、自主创新不足、技术对产业支持不够；从市场层面看，产品主要集中在中、低端通用市场，以低成本竞争、OEM 加工为主，专业市场所占份额小、高附加值产品比例低、自主品牌弱；从产业格局来看，企业规模分散，产能过剩、价格竞争过度，行业盈利能力下滑，国际市场影响力不强。然而，也无可厚非，这是我国金刚石工具产业实现原始积累的必由之路，但下一个十年，将是中国金刚石工具行业由外延式扩张向内涵式发展转变的关键时期。特别在经历2008年国际金融危机与当前债务危机之后，随着国际经济复苏，走向以调整结构、去产能、再平衡为主基调，金刚石工具产业面临的国际国内市场形势将发生深刻转变，以往那种通过上设备、扩产能维持的粗放式增长方式将一去不复返，必须走创新驱动、高端引领、转型升级的发展之路，中国金刚石工具产业才有望继续在国际市场占有一席之地，实现由大变强。

"欲求超胜、必先会通"，知识的积累、实践的积淀、规律的通悟是创新、超越必不可少的元素。金刚石工具问世以来历经半个世纪的演进发展，新工艺、新技术、新产品不断问世，层出不穷，自有其内在的、必然的联系和规律。《人造金刚石工具手册》一书全面地介绍了各类金刚石工具的特点、工艺制造方法及产品应用及发展趋势，是对国内外金刚石工具行业以往及最新科研成果、理论研究及生产实践的系统总结，融理论性、实用性、前瞻性于一体，是近年来难得的"会通"之作，为广大有志于投身推动我国金刚石工具产业结构升级、创新发展的人士提供了宝贵的精神营养。该书倾注了作者大量的心血，为我国金刚石工具行业发展"甘为孺子牛"的拳拳之心跃然纸上，相信能够得到行业同仁的认可。

最后，借用高尔基的一句话，"书籍是人类进步的阶梯"，希望并祝愿本手册的出版也能成为我国金刚石工具发展上台阶的一节扶梯！

北京安泰钢研超硬材料制品有限责任公司总经理

2013年9月18日

序　3

金刚石，又名钻石。自古以来，钻石对每个人来说都是一个梦想和一种理想。《人造金刚石工具手册》的编写者们也都有一个梦想和一种理想：让《人造金刚石工具手册》如钻石般成为永恒艺术魅力和无穷知识财富的标志。

在几千万年前，地下深处炽热的岩浆沿孔道上冲，由于火山口经常被堵死，上升的岩浆在极巨大的压力下冷却。其中所含的少量纯碳在这种高温和巨大压力下结晶成为金刚石。金刚石经历了漫长的地质岁月，由原生矿到闪闪发光的钻石首饰，任何物质都不能伤害它，可以永远流传下去。《人造金刚石工具手册》从构思到编写至出版面世，何尝不是这样一个类似的过程？祝愿她成为持久存在的标志，如同“钻石恒久远，一颗永流传”。

由于钻石源自不同的区域、时代和文化背景，它对每一个人来说又有某种特定的含义。钻石对某些人来讲代表权力、富贵、地位、成就和安详，而对另一些人来说却是爱情、永恒、纯洁和忠实、勇敢、坚贞的象征。这些不同的形象交织着宗教神话、古老的科学臆测、淘钻者的传说及商人的杜撰。《人造金刚石工具手册》没有宗教神话、科学臆测和杜撰，而是实实在在地阐述了各类金刚石工具的制造原理、工艺过程、技术配方等，可以为不同行业、不同需求、不同应用的人提供一定的满足。

我国从1961年开始设计制造超高压高温装置，1963年12月6日合成出第一颗人造金刚石，1965年投入工业生产，现已形成为具有相当规模的人造金刚石和金刚石工具行业。《人造金刚石工具手册》在全面总结我国金刚石工具行业几十年来的科研和应用成果的基础上，对金刚石工具进行了系统的分类和综述，其主要特点有：

（1）对各类典型的金刚石工具进行了深入分析和探讨，并根据理论和实践，讲解了其工作原理、设计机理、制造工艺、使用方法等。

（2）鉴于金刚石工具质量性能、参数设计与所用原材料——金刚石和原料粉末等的密切关系，书中详细介绍了各种金刚石和金刚石的预处理、各类金刚石工具用粉末的性能和性能测定技术、获取方法及理论基础等。

(3) 详细介绍了各类金刚石工具制造方法和制造装备的基本结构、工作原理和使用技巧，便于读者快速掌握各类金刚石工具制造方法和所采用的装备及其正确选择与使用。

(4) 选择了一批典型的高新金刚石工具和制品进行了介绍和点评，非常有利于读者拓展思路。同时列出金刚石和金刚石工具行业相关研究院所、企事业单位名录，以及金刚石和金刚石工具行业相关标准，体现了手册之功效。

本书的出版为各类金刚石工具快速实现和生产过程的解决提供了有益的借鉴。从这个角度出发，从事金刚石工具行业的管理人员、技术人员、操作员工等，通过本书的学习，可以丰富自己的知识，提高技术技能水平。

博深工具股份有限公司董事长

2013 年 8 月 5 日

前　言

金刚石是自然界中硬度最高的物质，正是由于这一特性使金刚石工具获得了无比优异的性能。中国有句老话“没有金刚钻，别揽瓷器活”，十分形象且恰当地说明了金刚石工具在某些加工领域的不可替代作用。但天然金刚石的资源毕竟是非常有限的，单单依靠天然金刚石工具去完成它不可替代作用的加工作业是很不现实的。1954 年美国 GE 公司成功合成人造金刚石，才为金刚石及其工具优异性能的发挥提供了可靠保证。

20 世纪 50～70 年代，国际上有十余个国家先后掌握了人造金刚石生产技术，此后金刚石及金刚石工具在世界范围内逐渐地蓬勃发展起来。我国于 1963 年成功合成人造金刚石，历经 50 年的发展已成为世界上最大的超硬材料及制品的生产大国，并正在向世界强国迈进。近几年金刚石产业的快速发展，给工业金刚石的发展带来了机遇，我国将成为世界金刚石及其工具制品生产中心，在世界金刚石及其工具领域起着举足轻重的作用。

人造金刚石的产量增加，质量提高，种类越来越多。从 5～14mm 的单晶大颗粒，到纳米尺度（$1nm = 10^{-6}mm$）的粒子，到面积达到 $300cm^2$ 乃至更大面积的沉积金刚石膜片，到多种形状、尺寸规格的烧结体，到金刚石与硬质合金的复合片，可以说是品种、规格齐全，应有尽有。从直径为 4000mm 的金刚石大锯片到纳米金刚石的研磨膏、抛光液，可以说是林林总总，各显神通。随着我国经济的不断发展，金刚石工具不仅被广泛用于建筑与土木工程、石材加工业、汽车工业、地质与石油勘探等领域，而且不断应用在宝石、晶硅、医疗器械、木材、陶瓷和复合非金属硬脆材料等众多新领域，社会对金刚石工具的需求量正在逐年大幅增加。

为了顺应中国工业的发展，金刚石产业迅速崛起以及制造加工业的新形势，展现我国超硬材料行业发展的最新产品，满足金刚石行业发展的需要，经冶金工业出版社提出，安泰科技和北京有色研究总院牵头，并联合国内多家金刚石及其工具的科研、生产单位和高等院校，编写了《人造金刚石工具手册》。

2009年2月10日，在京的主要金刚石及其工具的科研、生产单位和高校的代表在北京有色金属研究总院召开会议，确定了书名——《人造金刚石工具手册》；组建了《人造金刚石工具手册》编委会，明确了《人造金刚石工具手册》的基本框架结构，并将写作人员的分工做了大致安排；确定了《人造金刚石工具手册》的读者定位和编写进度要求等。2009年5月23日~24日，《人造金刚石工具手册》编委会第一次会议在北京科技大学召开。来自全国各地的编委、专家28人参加了会议。大会由北京安泰钢研超硬材料制品有限责任公司总工程师刘一波主持。冶金工业出版社时任总编辑谭学余致开幕词，阐述了编写《人造金刚石工具手册》的目的和作用。期望以其"新颖性、系统性、准确性、可读性、实用性、必备性、独特性"等风格，使《人造金刚石工具手册》成为行业中一部"站得住、立得远、有大气"的经典工具书。

《人造金刚石工具手册》是我国工业金刚石行业的实用工具书，它集中展示了中国工业金刚石与制品的生产工艺、产品和资讯，介绍了金刚石工具行业新的发展和新的技术进步，既反映了我国金刚石工具行业的先进技术、科技成果，又指明了金刚石工具的发展方向。

《人造金刚石工具手册》是按照金刚石工具的应用领域，即切削、研磨、钻探和抛光等用途来编写的，主要内容包括：金刚石锯片，金刚石砂轮，金刚石钻头、刀具，电镀、抛光等金刚石工具，既能为金刚石工具设计者提供参考数据，也能为金刚石工具制造者提供实用的制造技术，提高解决实际问题的能力，因此具有很强的实用性、指导性。

为保证《人造金刚石工具手册》能够与我国金刚石及其工具行业的发展情况密切结合，使其充分体现金刚石工具行业的制造水平、研发能力，参加编写人员既有金刚石及其工具战线上的元老，也有新秀、业务骨干、管理工作者和高校老师，编者的共同心愿是：通过本手册的撰写，来总结、交流我国金刚石及金刚石工具方面的科研成果、生产实践和理论研究，并找出与国外水平的差距，为把我国从金刚石工具大国建设成金刚石工具强国做出更大的贡献。

《人造金刚石工具手册》共分为8篇，分别介绍了金刚石工具的种类，金刚石工具用金刚石、粉末和基体，金刚石工具的制造方法和所用设备，金刚石工具的相关基础理论，金刚石工具的标准。重点介绍了一些新的金刚石工具，如金刚石绳锯、金刚石线锯、金刚石有序排列锯片、金刚石磨抛工具、金刚石修整工具和钎焊金刚石工具等。详细阐述了金刚石工具的制造和工作原理，结构特点和规格，制备工艺和应用领域；介绍了一些新型的金刚石工具用原材料，如纳米金刚石、表面预处理金刚石、化学气相沉积金刚石、超细预合金粉末、陶瓷粉末等。介绍了金刚石工具的制造方法，如冷压烧结法、激光焊接法、钎焊法、放电等离子烧结法、熔渗法等。本书为篇章结构，进行专题介绍和讨论，很多内容又是前后呼应，相辅相成，读者可以方便查阅，更好地了解金刚石工具行业信息。

本手册的编写分工为：前言刘一波，郑丽雪，郭庚辰。第1篇第1章罗锡裕，第2章姜荣超，第3章孟凡爱，第4章郭桦，第5章申思，第6章张绍和、杨昆，第7章张绍和、吴晶晶，第8章张绍和、杨仙，第9章张绍和、施莉，第10章赵刚，第11章贾美玲，第12章陈旬，第13章张绍和、王佳亮，第14章王振明，第15章张绍和、刘磊磊，第16章吕永安，第17章张建森，第18章张绍和、胡程，第19章陈继锋、翟世超，第20章张志恒，第21章占志斌，第22章张书达。第2篇第1章方啸虎，第2章高礼明、陶刚、汪静，第3章文朝，第4章王明智，第5章玄真武、董长顺，第6章李尚劼，第7章王明智、邹芹，第8章宋月清、夏扬。第3篇第1章万新梁、汪礼敏、郭志猛，第2章申思，第3章曾克里，第4章雷军，第5、6章孙毓超，第7章邓国发。第4篇第1、3章张云才，第2章张绍和、陈维文。第5篇第1章刘一波、刘少华、姚炯斌，第2章宋月清，第3、4章刘一波、南灏，第5章肖冰，第6、7章贾成厂，第8章宋月清、郭庚辰，第9章宋月清，第10章王明智，第11章郭庚辰。第6篇海小平、唐新成。第7篇第1～3章孙毓超。第8篇刘一波、徐良、钟彦征、吕申锋。附录郑丽雪。

手册主编宋月清、刘一波统稿做了大量工作。由于宋主编的突然离世，后期工作主要由刘一波、张绍和、董长顺共同负责。宋月清同志是本手册最早的组织者和策划者之一，同时他又是本手册的主编和作者，他为本手册的编写付出了不少心血。因此，本手册的出版既是对生者的鼓励，也是对逝者的告慰。

《人造金刚石工具手册》的编写工作得到了超硬材料行业内众多企业的大力支持，它们是北京安泰钢研超硬材料制品有限责任公司、有研粉末新材料（北京）有限责任公司、福建万龙金刚石工具有限公司、广东新劲刚新材料科技有限公司、深圳市海明润实业有限公司、桂林特邦新材料有限公司、武汉万邦激光金刚石工具有限公司、河南四方达超硬材料股份有限公司、泉州众志金刚石工具有限公司、宜昌黑旋风锯业有限责任公司、河南黄河旋风股份有限公司、山东聊城昌润超硬材料有限公司、厦门致力金刚石科技股份有限公司、博深工具股份有限公司、北京希波尔科技有限公司，在此表示由衷的感谢。

手册在编写过程中参阅了大量文献和资料，在此对相关的作者表示感谢。还要感谢中国工程院副院长干勇、北京安泰钢研超硬材料制品有限责任公司总经理陈哲、博深工具股份有限公司董事长陈怀荣，在百忙中为本手册作序。手册虽经数年编、审、校工作，现已面世，但不妥之处在所难免，欢迎广大读者不吝赐教、批评指正！

编委会

2013 年 9 月 1 日

目　录

第1篇　金刚石工具

第2篇 金刚石工具用金刚石

第3篇　金刚石工具用粉末

第4篇　金刚石工具用基体

第5篇 金刚石工具制造方法

第6篇　金刚石工具制造设备

第7篇　金刚石工具设计理论

第8篇　金刚石工具标准

附　录

第1篇　金刚石工具

1　金刚石工具概述

1.1　金刚石工具在国内外发展简况

人类最早以金刚石为磨料制作工具，传说是古埃及建造金字塔时，曾使用天然金刚石作原始钻具。有文字记载，在1751年有人在金属管子端部镶嵌天然金刚石作钻孔的钻具。1862年，J. R. Lesshot设计了世界上第一个具有近代钻头雏形的表镶天然金刚石钻头，金刚石颗粒平均直径4~5mm，钻头用于人力驱动钻机[1]。1864年，以蒸汽为动力的钻机开始出现，用于意大利与法国之间塞尼山隧道工程爆破孔的钻孔，使用了直径43mm镶有天然金刚石的表镶钻头，钻进坚硬的花岗岩。随后，人类逐步地将金刚石钻头用于固体矿床的勘探。应该说，人类使用金刚石工具是从钻具开始的，其使用历史比硬质合金做工具更早[2]。自1953年美国G. E公司开始合成人造金刚石以来，人类使用金刚石工具的种类、规格，得到大幅度发展，连同1957年合成立方氮化硼（cBN）用于工具，构成近代飞速发展的新型超硬工具产业部门。

在古老文明的中国，由石器时代向铜器时代、铁器时代漫长的历史发展中，采用金刚石制作工具，亦是从镶嵌天然金刚石的原始钻具开始的。新中国成立前，国内一些地质勘探队已使用进口的天然金刚石钻头，从事地质勘探。真正意义上我国金刚石钻头的研制是从1960年开始的[3]。1963年我国成功合成人造金刚石以来，加快了金刚石钻头的开发及应用。1967年，国家组织了冷压浸渍法生产金刚石钻头的工艺鉴定，宣告我国拥有自主知识产权金刚石钻头的诞生。到1974年，国内原有的冶金、地质、机械、煤炭等工业部门联合组织了热压法、真空浸渍法生产人造金刚石钻头的技术鉴定。1975年，国内又成功研制了国外普遍采用的无压浸渍制造的金刚石钻头。嗣后，我国又研制成功电镀法金刚石钻头。至此，热压法、冷压浸渍法、无压浸渍法、电镀法（电铸法）这四种主要生产金刚石钻头的方法，在我国全部研制成功。在地质（固体矿床）勘探、油气井钻进、工程钻孔等方面，广泛使用我国自行研制生产的各种规格、各种形状、各种结构、多种胎体配方的金刚石钻头。冶金、地质、石油、煤炭等部门，逐年顺利完成国家下达的地质勘探任务。

至于人类使用金刚石锯片，虽比使用钻具要晚，但作为切割硬脆类材料非常有效的工具，其发展速度、发展规模在金刚石工具中独占鳌头。我国20世纪60年代末，开始研制金刚石圆锯片，80年代在石材加工中得到广泛应用。迄今，我国切割类金刚石工具（包括圆锯片、框锯、绳锯、带锯等）已在硬脆类非金属材料（包括石材、建材、混凝土、沥青、耐火材料等）加工中得到广泛应用。出现了生产规模大、出口产品多、销售额达4～5亿元的大型金刚石工具企业。与此同时，我国工程钻进类薄壁钻头和各种磨削、抛光类金刚石工具，亦即号称金刚石三大类的工具：切割锯片、钻进钻头和磨削砂轮，在我国得到全面蓬勃发展。

表1-1-1是中国机具工业协会超硬材料分会统计的2011年我国三大类金刚石工具有代表性企业的销售数量、销售金额以及产品平均单价[4]。由表1-1-1看出，我国金刚石工具有代表性企业的销售额达15亿人民币。这些产品大多用于国内市场，同时不少产品出口国外，出口的数量和地域不断扩大，一些中低档产品被越来越多的国际客户认可。据中国海关统计[4]，2011年我国金刚石工具已出口到近百个国家和地区，共约4万吨（海关采用的统计单位）。

表1-1-1 2011年我国部分企业三大类金刚石工具销售数据统计

三大类工具名称	销售量		销售额		单件价	
	数量/万件	增长率/%	金额/亿元	增长率/%	价格/元	增长率/%
金刚石锯片	6652	23.0	10.36	21.2	15.6	-1.52
金刚石钻头	209	3.8	1.01	9.9	48.2	-5.58
金刚石砂轮	129	74.6	2.81	63.1	218.3	-7.53

金刚石锯片是金刚石工具中的主导产品，20世纪70年代直到90年代初期，普遍采用高频钎焊刀头锯片。80年代，一张ϕ1600mm锯片切割肖氏硬度80～90的花岗岩荒料，大致能切100～120m^2，一个班次切割4～6m^2，而一张锯片时价7000～8000元。我国现今ϕ1600mm全新锯片，价格只有1800～2000元，切割上述花岗岩荒料，可切200～240m^2，一个班次切割20～24m^2，使用寿命和切割效率分别提高1倍和3倍，而价格下降7成半。这种变化，折射出我国人造金刚石单晶及锯片制造技术的惊人发展。同样，涉及国家能源的油气井钻探与开采的油气井钻头，我国早些年几乎全从国外进口，钻头价格昂贵，而使用硬质合金牙轮钻头，钻进效率低、使用寿命短。近些年我国开发的聚晶金刚石复合片钻头，在软及中硬地层，取得了优良钻进效果，性价比优于进口钻头。作为技术难度较大的油气井钻头的这种技术进步，同样反映出我国金刚石工具制造技术举世瞩目的发展。概言之，我国金刚石工具经历了从无到有，从小到大，从分散到集约，从产品到产业的发展道路。目前，在加工硬脆类非金属材料的金刚石工具方面，毫不逊言说，我国已成为世界生产大国。

金刚石工具不仅可加工非金属材料，而且可加工金属材料和近代先进的复合材料。近几年，我国金刚石工具业界加大了聚晶金刚石（PCD）、多晶金刚石复合片（PDC）和气相沉积金刚石膜（CVD）的研究开发，虽然比日本、欧美等发达国家发展较晚，但已取得令人鼓舞的进展，在精密高速、节能加工金属和复合材料等难加工材料中将起到愈来愈大的作用。

CVD 是化学气相沉积英文的缩写，可沉积金刚石也可沉积立方氮化硼。CVD 法可沉积得到多晶纯金刚石，也可得到单晶金刚石，既可是薄膜，也可是厚膜（>0.5mm）。欧美、日本、韩国等在 20 世纪 80 年代掀起 CVD 研发热潮，他们当今制备的 CVD 膜材接近或达到单晶金刚石的性能；再由膜材制作的切削刀具或其他功能制品已能工业化生产。据美国 BBC 调研，2007 年以 CVD 为主的膜材（其中，包括了少部分类金刚石膜-DLC 膜以及 cBN 膜）市场达到 5.3 亿美元，2012 年达到 10 亿美元。

PDC 和 PCD 是金刚石多晶烧结体，带衬底的称为 PDC，简称复合片，不带衬底的称为 PCD，简称聚晶，PDC 和 PCD 在 2007 年的市场耗用量为 4.9 亿美元。它们目前主要用作钻具的钻进齿、拉丝模以及切削刀具，而切削刀具正是目前高效、精密，属于低碳环保加工技术不可替代的加工刀具。图 1-1-1 是欧美、日本、韩国的 PDC 和 PCD 目前在加工工业部门以及被加工材料应用的百分比图，明显看出，PDC 和 PCD 有过半的产品用于汽车加工部门，六成的产品用来加工有色金属 Al-Si、Al-Mg、Ti 合金等。

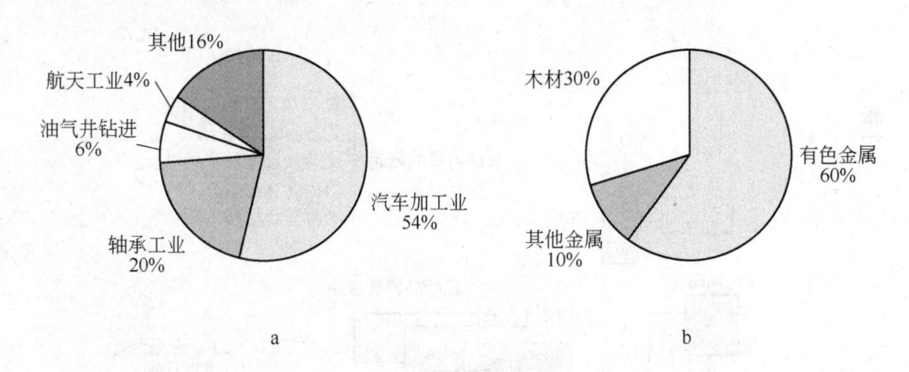

图 1-1-1　2007 年 PDC、PCD 应用部门（a）及加工材料（b）的百分比图

我国 20 世纪 80 年代，开始 CVD 金刚石膜及 PCD、PDC 的研究与开发，虽然中间一段发展较缓慢，但步入 21 世纪，发展势头强劲，不少企业、科研院所、高等院校看中它们极具发展前景而纷纷跻身于这一领域。目前 CVD 金刚石膜的主要制备方法有：热丝等离子法、微波等离子法、直流等离子体射流法。国内应用最广泛的热丝等离子法，目前制备的直径最大为 120mm，国外可制备的最大直径为 180mm，该法设备投资低，但生长速度慢、温度场不均匀、膜内应力大、冲击韧性差。近期我国有关单位作了不少改进，能够制作直径 110mm、厚度 0.6～1mm、生长速度 10～15μm/h、性能均匀、内应力低、抗弯强度 1100MPa、磨耗比不小于 30 万无支撑的纯金刚石厚膜。

面向切削刀具用的 PCD、PDC 的研发，我国亦如雨后春笋，蓬勃发展。目前随着合成设备的大型化（缸径直至 1000mm），组装结构的精心设计和聚合过程实质性的掌握，目前已能生产直径 45 的复合片。各项物理-力学性能及复合片特性（磨耗比、热稳定性、冲击强度）均能满足制作刀具的要求。

然而应该说明：CVD 膜、PCD 块、PDC 块只是切削工具的坯料，制作工具仍需对坯料抛光、切割、焊接、刃磨等四道工序，这些工序技术含量高，目前我国各技术环节仍较薄弱，完整产业链还没有形成。更何况，切削刀具与加工材料、加工参数的匹配，形成系列金刚石刀具，做到客户与制造商相互了解、有的放矢的市场机制，对我国来说，仍需业界艰苦磨砺。换句话说，加工金属材料和复合材料的先进金刚石刀具，具有技术含量高、产品附加值高、市场增长率高的三高特征，达到产品优选化、系列化，形成强有力的产业链，使我国由超硬材料产业大国变为超硬材料产业强国，任重道远。

1.2 金刚石工具在工具材料中的地位

近代，各类工具材料的发展相得益彰，其应用相辅相成。这是由各类工具的特性所决定的。图 1-1-2 横坐标表示材料的韧性，纵坐标表示材料的耐磨性，图中圆点表示各类工具材料在耐磨性-韧性坐标中的大体位置。由图 1-1-2 看出，金刚石工具是各类工具材料中最硬的工具，其次是立方氮化硼工具。工业上，通常把金刚石和立方氮化硼称之为超硬材料，由它们制作的工具，称之为超硬工具。正如上述，前者除广泛用于加工硬脆非金属材料外，还可加工有色金属，后者则可加工黑色金属，它们加工金属的特点是高速、精密、高效、节能，在现代加工中心中愈来愈成为先进的加工工具。

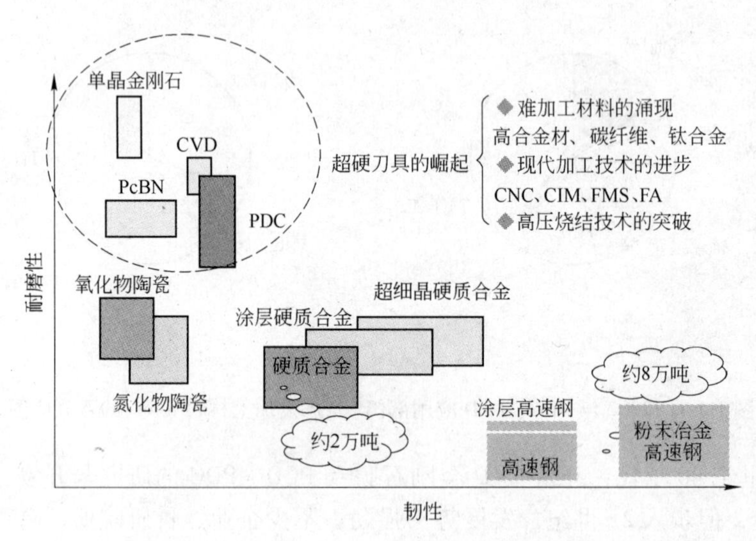

图 1-1-2 各类工具材料在耐磨性-韧性坐标中的位置

图 1-1-2 所列各类工具材料，历史性地推动了人类社会的进步。当今社会，用量大的是高速钢、硬质合金，超硬工具则是最有发展前景的工具。表 1-1-2 列出高速钢、硬质合金、金刚石工具（包括 CVD、PCD、PDC）的一些物理及力学性能。

表 1-1-2 主要工具材料的物理、力学性能

工具材料	高速钢	硬质合金	多晶金刚石
密度/g · cm^{-3}	7.8	14.5 ~ 15.2	3.5 ~ 3.8
硬度 HV/MPa	8000	15000 ~ 20000	50000 ~ 70000
弹性模量/GPa	210	400 ~ 600	900 ~ 1050
抗弯强度/MPa	3000 ~ 3500	2500 ~ 3000	1000 ~ 1500
冲击吸收功/J	15 ~ 25	—	—
热导率/W · $(K \cdot m)^{-1}$	70 ~ 90	100 ~ 110	1000 ~ 1200

从表 1-1-2 看出，硬质合金硬度、弹性模量较高，强韧性好，作为工具材料当今被广

泛使用，而且它仍不断取得技术进步，然而多晶金刚石无与伦比的高强度、高弹性模量和高热导率，当作工具材料有着广阔的应用前景。尽管目前它的应用远比不上硬质合金那样广泛，但它的潜在优势，随着多晶金刚石切削工具制造技术的不断改进，多晶金刚石工具的应用也会和硬质合金一样，各适其道，相互补充，得到大幅度发展。其原因在于：(1) 从节能角度看，作为加工工具，金刚石工具以及立方氮化硼工具是节能加工的有效工具。这是因为，一则超硬工具可以高速加工而不被过早磨损，比传统加工方法大大提高生产效率；二则超硬工具可以高精度加工，以车削等切削方式代替传统耗时、耗能大的磨削加工；三则超硬工具高的耐用度，可在当今数控加工系统以多种刀具的组合形式，方便快捷经济地实现多工种加工。这三条无疑都会起到节能、减排的作用。(2) 从难加工材料的加工角度看，近代新型材料不断涌现，比如碳纤维复合材料、金属陶瓷复合材料、高分子复合材料等，它们的比强度比传统金属材料大幅提高，在汽车、航空、航天、电子、信息等重要产业部门应用愈来愈多，但这些材料面临的一大难题是可加工性差，传统工具乃至硬质合金工具，不能或难于加工，此时超硬工具可发挥它无可替代的作用。(3) 近代清洁能源材料，比如半导体硅材料的加工以及近代超精细零件（在生物医学、微电子等高端产品中的应用）的加工，只能且必须依赖超硬材料进行。半导体硅材料的加工国内外已形成规模，特别是在超精细零件加工方面。

1.3 金刚石工具分类

金刚石工具依镶嵌方式、加工方式、制造方法、应用领域等可有不同的分类。

1.3.1 按镶嵌方式分类

金刚石工具大致分成两类，即表镶式和孕镶式。单晶颗粒或者多晶烧结体按预先设计的位置镶嵌在工具本体上，称之为表镶工具。当单晶颗粒与黏接剂（金属、树脂、陶瓷等）固结或烧结成一体形成加工齿部分并与工具本体一步成型或分步成型所组成的工具，称之为孕镶工具。在金刚石工具中绝大多数是孕镶工具。

1.3.2 按加工方式分类

按加工方式分类，金刚石工具具有切割（切削）、钻进、磨抛（修正）等三大类加工方式。

表1-1-3表示切割硬脆类非金属材料和切削金属材料的主要工具。前者用于切割硬脆类非金属材料，包括石材、建材、混凝土、沥青、耐火材料等，后者用于切削金属材料，包括半导体硅、铝合金、镁合金等。之所以用“切割”和“切削”两个不同用语，是因为两者在加工机制上有差异。表1-1-4表示钻进金刚石工具，包括地质勘探钻头、油气、煤炭钻进钻头、工程钻进钻头、其他钻进钻头等。表1-1-5表示磨平、抛光、修正用金刚石工具或器件。

表1-1-3 切割和切削金刚石工具

切割硬脆类非金属材料主要工具	切削金属材料主要工具
金刚石圆锯片，金刚石框锯条，金刚石绳锯，金刚石带锯	金刚石圆锯片，多晶金刚石刀具（车、铣、刨、镗、钻等），金刚石线锯

表1-1-4 钻进金刚石工具

钻进部门	主要钻进工具
地质钻探	单管钻进钻头，双管钻进钻头，绳索取芯和泥浆钻进钻头，空气吹孔钻进钻头，全面钻进钻头，特种专用钻头
油气煤田钻进	全面钻进钻头，取芯钻进钻头，专用钻头
工程钻进	取芯钻进钻头，非取芯钻进钻头
其他钻进	石材打孔钻头，玻璃打孔钻头，陶瓷打孔钻头，耐火材料打孔钻头

表1-1-5 磨平、抛光、修正用金刚石工具

磨 平	抛 光	修 正
磨轮 磨盘 磨块 磨辊 磨杯	抛光剂，抛光粉，抛光膏	修正砂轮，修正笔，什锦工具

1.3.3 按制造方法分类

作为金刚石工具，通常要由两大部分组成，一是工具的工作齿部，二是工具的本体。工作齿部分与工具本体可以一步制成，也可分步制成，即先期制备好工作齿部分，随后与工作本体连接起来。

单晶孕镶式金刚石工具的主要生产方法见表1-1-6。

表1-1-6 单晶孕镶式金刚石工具主要生产方法

生 产 方 法	基 本 原 理
冷压-烧结法 热压法	主体是固相烧结反应过程
浸渍法 钎焊法	实质是液相凝固包镶过程
电镀法	正、负离子沉积包镶过程

在这五种方法中，热压法得到较广泛的应用，热压法可以使工作齿部分与工具本体一步制成工具，如热压圆锯片、热压钻头等，而更多是热压制备工作齿，随后与工具本体连接。这种连接的主要方法是焊接和黏结，焊接应用广泛，它包括钎焊、激光焊、气焊（应用甚少）等，黏结则应用较少。

冷压-烧结法和热压法，主要是黏结剂之间以及黏结剂和金刚石之间的固相烧结反应，有时也存在少量液相。而浸渍法和钎焊法实质上是一致的，是熔化了黏结材料（可以是片状也可以是粉状或块状）对金刚石的包镶，是一个液相凝固包镶过程。至于电镀法，则是阴、阳电极分别抓捕电解液中正、负离子在电极上沉积的过程。它是这五种方法中，唯一不加热的生产工艺，对金刚石不会造成热损伤。

多晶金刚石工具是由目前工业上能生产的三种基本元件构成的。这三种基本元件的工

艺特性和组织特征如表1-1-7所列。PCD、PDC基本上是镶嵌在工具本体上使用，油气井钻进钻头绝大多数是用这两种元件按钻头设计部位被镶嵌而使用。PCD、PDC另一重要应用是加工有色金属，如铝合金、钛合金、镁合金等。PCD和PDC制成的组合切削工具，以车、铣、刨、镗等加工方式，可精密、高速加工有色金属。可以预见，在数控加工（CNC）、柔性制造系统（FMS）、计算机集成制造（CIM）等近代先进的加工中心中，PCD和PDC将是重要的加工刀具。PCD、PDC制成的组合拉丝模，比用硬质合金极大地提高工效和拉丝质量。CVD具有与单晶金刚石几乎相近的性能，尤其是当前厚膜CVD的开发，大大促进了它在切削刀具、拉丝模具、砂轮修正工具等方面的应用。另外，以铜及其他热导率高的材料烧结键合的无衬底多晶体元件，广义的PCD以及CVD膜有着其他材料无可比拟的高热导率，近代作为热散（或曰热沉）材料，在电子器件的制造中有着广阔的应用前景。

表1-1-7 多晶金刚石三种基本元件

多晶元件名称	工艺特征	组织特征
无衬底多晶体烧结体（PCD）（简称聚晶）	单晶颗粒高温高压下烧结或键合，无衬底	单晶颗粒直接或靠黏结剂烧结键合的组织
有衬底多晶烧结体（PDC）（简称复合片）	单晶颗粒高温高压下烧结或键合，有衬底	单晶颗粒直接或靠黏结剂烧结键合的组织
气相沉积膜（CVD）（简称金刚石膜）	气相反应常温下新生金刚石的沉积聚合，有衬底或无衬底	气相反应新生纯金刚石的聚合组织

1.3.4 按应用领域分类

金刚石工具迄今广泛用于国民经济的很多部门，它已成为加工工具中不可替代的特种工具。它所应用的部门及涉及的主要工具粗略概括于表1-1-8中。

表1-1-8 金刚石工具应用部门及主要工具

应用部门		代表性金刚石工具
资源钻探	固体矿床勘探	孕镶地质钻头、扩孔器
	油气井（陆地与海洋）钻探	PCD、PDC镶嵌钻头
	煤田钻探	孕镶煤田钻头
	地下水资源钻探	孕镶钻头
采矿	石矿采石	绳锯
	煤矿采煤	PCD、PDC镶嵌式采掘器
石材加工	大理石加工	圆锯片、框锯、绳锯、带锯；磨抛工具；异形工具；钻头
	花岗岩加工	圆锯片、绳锯；磨抛工具；异形工具；钻头
建材加工	人造瓷材加工	磨抛工具；异形工具；圆锯片；钻头
	人造陶材加工	磨抛工具；异形工具；圆锯片；钻头
	玻璃加工	磨抛工具；异形工具；圆锯片；钻头；划痕笔

续表 1-1-8

应用部门		代表性金刚石工具
土木工程施工	混凝土（或带钢筋）切割、刮槽	圆锯片、刮槽片
	沥青切割、刮槽	圆锯片、刮槽片
	工程施工打孔	工程薄壁钻头
	设备安装打孔	工程薄壁钻头
	建筑物拆除	绳锯、大尺寸圆锯片
金属加工[①]	半导体硅、锗的加工	精密圆锯片、精密抛光盘、精密磨轮、微型钻头、CVD 膜切削刀具
	铝合金、镁合金等的加工	复合片（PDC）、聚晶（PCD）的车、铣、镗、刨等刀具，磨轮，珩磨块
	铜合金甚至不锈钢的拉丝	PDC、PCD、CVD 制成的拉丝模
硬质合金加工	硬质合金（包括钢结硬质合金）的加工	磨抛工具、钻头
木材及复合木材加工	木材加工	圆锯片、异形工具
	复合木材加工	榫槽成形工具
其他特殊材料的加工	陶瓷加工	磨抛工具、钻头
	耐火材料加工	圆锯片、钻头
	硬磁加工	磨抛工具、钻头
	石墨加工	圆锯片、钻头
	碳复合材料加工	圆锯片、钻头
金刚石特性的应用[②]	高硬度元件	压头、压垫
	高导热元件	电子器件散热元件
	高透波元件	光学窗口
	大颗粒单晶体	装饰元件

① CVD 膜拉丝模可拉拔不锈钢丝，为叙述方便，不另列部门。

② 金刚石特性之应用，是指制作元件，不是制作工具。为反映金刚石的应用，这里一并列入。

1.4 金刚石工具在国民经济中的作用

金刚石工具在国民经济中的广泛应用，使其成为21世纪新型产业部门。正如上述，我国目前已是世界上生产加工硬脆类非金属材料工具的大国，而生产加工有色金属材料的工具正在崛起，整体发展趋势表明，我国不久将成为世界生产金刚石工具的强国。

金刚石工具在我国国民经济中突出起作用的是石材加工业。我国花岗石、大理石等可供用来修饰的天然石材资源较丰富，新中国成立前甚至中国经济改革开放前，石材加工是非常薄弱的。随着改革开放向纵深的推进，尤其是近代我国和国际建筑业方兴未艾的发展，给石材加工业带来了广阔发展前景，它大大刺激了金刚石工具的发展。表1-1-9是根据国家统计局统计的1950~2011年我国主要企业生产大理石、花岗岩板材的数量。如果把1990~2011年的产量绘成图时，则为图1-1-3所示。

表 1-1-9　1950～2011 年我国大理石、花岗石板材产量统计

年　份	大理石板材产量/万平方米	花岗石板材产量/万平方米	合计产量/万平方米
1950	0.8	0.1	0.9
1960	1.3	0.3	1.6
1970	15.0	0.8	15.8
1978（改革开放）	40.0	1.7	41.7
1980	43.0	3.0	46.0
1990	705.0	573.0	1278.0
1991	808	759	1567
1992	879	2178	3057
1993	1778	4765	6543
1994	2451	6695	9146
1995	5495	16197	21692
1996	5109	11558	16667
1997	4966	16361	21327
1998	4579	10192	14771
1999	2226	8334	10560
2000	2080	8666	10746
2001	1590	9006	10596
2002	1407	5688	7095
2003	891	6636	7527
2004	1009	10220	11229
2005	1796	13404	15200
2006	2366	16009	18375
2007	2393	21569	23962
2008	2547	23213	25760
2009	3397	26072	29469
2010	5477	30826	36303
2011	6568	28425	34993

注：该表由中国石材协会谭金华提供。

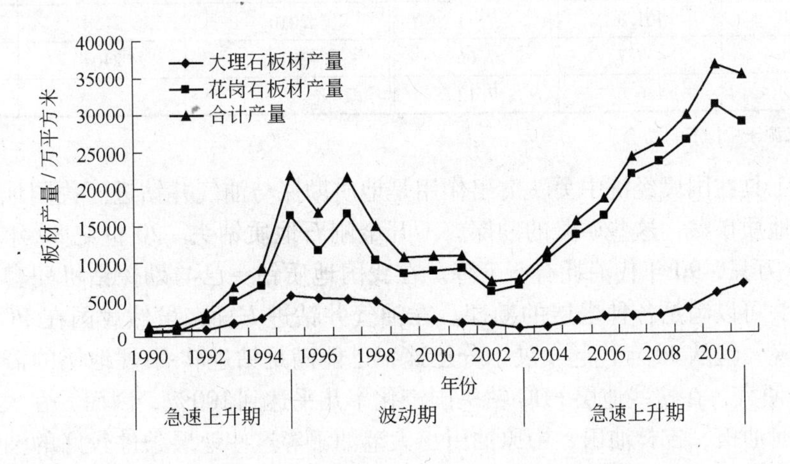

图 1-1-3　1990～2011 年我国大理石、花岗石板材产量的变化

从表1-1-9和图1-1-3看出，中国石材板材加工近十几年取得惊人发展，而金刚石工具大大支撑了这一发展。石材板材加工由采石、切割荒料、磨抛毛板、切割光板等主要工序组成。采石我国20世纪基本上是用落后的人工凿眼、放药、爆破的办法，石材资源利用率低，从20世纪末开始，先进采石矿采用了金刚石绳锯机采石的装备，采石效率高，资源利用率高。采石得到的大块荒料，然后进行切割。切割花岗石在我国主要有两种方法：一种是用钢砂锯（不完全统计，现有进口钢砂锯350台，国产钢砂锯250台），另一种使用大尺寸金刚石圆锯片。而切割大理石除用金刚石大尺寸圆锯片外，更多用金刚石框锯（据不完全统计，我国拥有国产大理石框锯约100台，进口大理石框锯约200台）。所有切割下的毛板转入磨抛打光工序，磨抛基本上全用金刚石磨抛工具。磨抛后得到的光板，再用小尺寸圆锯片切割成所需要的板材尺寸。由此可见，从荒料加工成所需板材尺寸的整个过程中，除了有一些用钢砂锯切割的花岗石毛板，不用金刚石工具外，其余所有加工都用金刚石工具。如此巨大数量的板材，除满足国内建筑装饰外，也销往国外。除去板材，我国还大量出口荒料，这些板材、荒料和其他石材制品（如墓碑等），为我国出口创汇取得巨大成就。表1-1-10是根据国家海关总署统计的从1950~2011年我国出口石材的出口量及创汇额。

表1-1-10 1950~2011年我国石材（包括原料和成品）出口量及创汇额

年 份	出口量/万吨	创汇额/亿美元	年 份	出口量/万吨	创汇额/亿美元
1950	—	0	1999	713.8	7.14
1960	—	0.00015	2000	655.7	8.15
1970	—	0.05	2001	770.9	9.48
1978（改革开放）	—	0.0829	2002	958.3	11.43
1980	—	0.0926	2003	974.3	13.65
1990	49.8	1.17	2004	943.1	16.8
1991	75.5	1.31	2005	1223.1	21.95
1992	133.3	1.96	2006	1482	28.69
1993	249.4	2.19	2007	2700	34.27
1994	398.2	4.79	2008	2832.9	39.43
1995	381.9	6.5	2009	2123	36.1
1996	461.8	7.11	2010	2154	41.3
1997	437.7	7.66	2011	2404	51
1998	486.6	7.12			

注：此表来源于中国石材协会。

金刚石工具在国民经济中另一突出作用是地质勘探与油气井钻进。我国地域辽阔，有各种各样的地质矿藏，这些矿藏的勘探离不开金刚石地质钻头。20世纪80年代年消耗地质钻头近20万只，90年代消耗有所下降。在我国地质钻头已与勘探钻机配套形成系列规格，国产钻头可以满足各种岩层的勘探。在油气井钻进方面，虽然我国在PCD钻头制造方面起步较晚，但从90年代起发展十分迅速，已能满足钻进软-中硬地层的需要，加上国产PDC钻头便宜，在这些地层PDC钻头国产化率几乎达到100%，因而，在大庆油田、胜利油田、辽河油田、吉林油田、中原油田、大港油田等这些地层条件较好的油田得到大量应用及普及。而新疆油田、四川天然气井等井位较深或风险较大的地区，仍需进口价格较贵的国外PDC钻头。据业界估测，2003年世界（不包括中国、俄罗斯）使用了1.5亿美元的PDC钻头，2007年增至2亿美元。2008年世界使用PDC钻头达到3万只左右。

金刚石工具在国民经济中非它莫属的作用，是加工半导体、磁性材料、超导材料、电子封装材料、光通讯材料以及各类宝石等贵重材料。比如从硅锭到芯片，整个加工过程就离不开金刚石工具。表1-1-11表示硅晶圆生产线的主要加工过程及需要的金刚石工具。这些工具包括内圆、外圆切割锯片，端面、平面砂轮，电镀金刚石绳锯等。这些工具的特点是：精度要求很高、厚度要求很薄、刚性好、加工锋利度好。目前这些工具只有少数国家能工业制造。我国2000年，硅晶圆的生产线有20多条，占世界硅晶圆生产线仅2%。况且，这些生产线用的金刚石加工工具，完全是从国外引进，价格昂贵。近年，随着我国电子信息、洁净能源产业的蓬勃发展，硅晶圆生产线大幅增加，面对这一市场背景，我国超硬材料行业界，为打破日本、美国等国少数厂家对这一技术的垄断，勇于挑战，知难而上，群策群力，协同作战，攻克一个个技术难关，于21世纪初，成功开发了树脂结合剂、金属结合剂、整体片和基体片四个系列的产品，在超薄片切割、开槽等加工工序上，可以与国外同类产品相媲美[7]。改变了20世纪这类工具完全依赖进口的局面。

表1-1-11 硅晶圆生产线的主要加工过程及需要的金刚石工具

单晶晶锭截断		晶锭磨外圆		切片		晶圆倒角
内圆或外圆切割锯片	→	砂 轮	→	内圆电镀锯片，电镀绳锯	→	槽形砂轮研磨
晶圆精磨	→	晶圆化学机械抛光	→	晶圆减薄磨削	→	划片
杯形砂轮端面磨削	→	电镀、钎焊或PCD修整器	→	平面砂轮磨削，杯形砂轮端面磨削	→	电镀锯片，树脂结合剂锯片

金刚石线锯，是国外近年来开发成功用来对硅棒、蓝宝石晶棒进行切片的专业化先进工具。目前，国内普遍采用游离磨料切片，改用金刚石线锯切片，则有很多优越性。其一，切片效率提高2~3倍；其二，材料利用率提高20%~30%；其三，切片品质改善，减小了切片变质层厚度；其四，只用清水切片，不用泥浆，大大减轻了对环境的污染。然而，这种线锯的制造技术难度很大，见表1-1-12。在0.12~0.15mm的钢线上均匀、牢靠地固结（用树脂或金属）15~35μm的金刚石颗粒，从放线轮放线到收线轮收线，实现长度上万米的自动化固结、连续生产，最终线径公差小于0.005mm，在使用上确保不断线，其制造技术非同一般。图1-1-4是金刚石线锯的示意图[8]。

表1-1-12 金刚石线锯的结构

类 型	树 脂	电 镀
外 观	150μm	150μm

续表 1-1-12

类 型	树 脂	电 镀
结 构	金刚石 钢丝 粘结剂	金刚石 钢丝 粘结剂
线锯外径/μm	150 ~ 320	150 ~ 320
芯线外径/μm	120 ~ 250	120 ~ 250
特 性	高精度、高效率切割，切割精度稳定，切割变质层浅	可高效切割硬质材料
应 用	Si、GaN、SiC、磁性材料等的切割	Si、GaN、SiC、蓝宝石、磁性材料等的切割

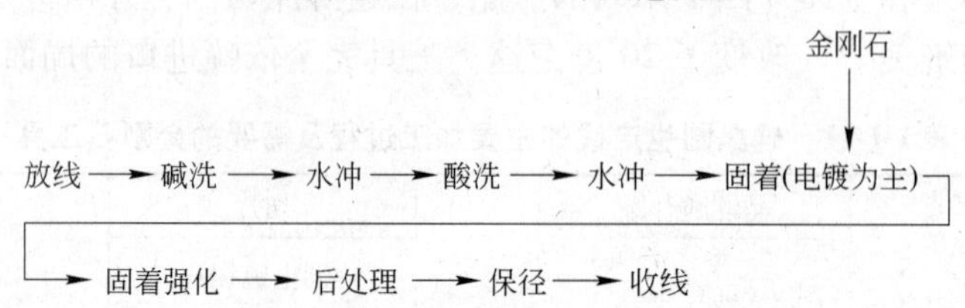

图 1-1-4 金刚石线锯自动连续生产示意图

目前，我国开始研发这种线锯，并有小批量试制。尽管光伏产业甚至 LED 产业，目前行业淡定，但它们毕竟是新能源和节能环保的朝阳产业，对性价比高的加工工具，尤其是对金刚石线锯的要求是迫切的。

参 考 文 献

[1] 赵尔信，等. 金刚石钻头与扩孔器[M]. 北京：地质出版社，1982：1 ~ 3.

[2] 王国栋. 硬质合金生产原理[M]. 北京：冶金工业出版社，1988：1.

[3] 赵云良. 金刚石复合片及其石油天然气钻头发展概况[C]. 第五届郑州国际超硬材料及制品研讨会论文集. 北京：海洋出版社，2008：292.

[4] 李志宏. 2008 年超硬材料行业经济运行形势简析[C]. 2009 中国超硬材料技术发展论坛论文集. 中国机床工具工业协会超硬材料分会编. 2009：2.

[5] 邓福铭，卢学军，赵志岩，等. CVD 金刚石厚膜刀具及应用研究[C]. 2009 中国超硬材料技术发展论坛论文集. 中国机床工具工业协会超硬材料分会编. 2009：20 ~ 25.

[6] 罗锡裕. 我国超硬材料的发展与展望[J]. 新材料产业，2010(5).

[7] 刘明耀，陈锋. 高精度超薄材料切割砂轮成套制造技术的研究[C]. 第五届郑州国际超硬材料及制品研讨会论文集[C]. 北京：海洋出版社，2008：149 ~ 154.

[8] 罗锡裕，刘一波. 金刚石线锯的结构及技术难点[C]. 2011 年金刚石线锯技术高峰论坛会. 北京：2011：16 ~ 19.

（北京钢铁研究总院：罗锡裕）

2　金刚石工具的应用与发展趋势

2.1　概况

我国天然石材资源丰富，品种繁多，分布广泛。大理石总储量达 500 亿立方米以上。花岗石储量估计达 240 亿立方米。截止到 2006 年底，全国已发现和利用的石材品种 1492 种，其中花岗石 829 种，大理石 663 种。其中品种最多省份的是福建、广东、山东，其次是黑龙江、辽宁、浙江、吉林等省，这七省的花岗石储量占全国总预测储量的一半以上。除上海与海南外，我国其他省份都有大理石分布。我国板岩储量也很丰富，主要分布在河北、江西、陕西和山西等省。砂岩主要分布在四川、云南和山西，储量以云南和四川最多。丰富的石材资源为我国石材工业的发展奠定了坚实的基础。

20 世纪 80 年代以来，我国从意大利、日本等发达国家引进了 400 余条石材加工生产线，共用 3 亿多美元。技术、装备引进使我国石材生产能力和产品质量显著提高，并在此基础上经过消化、吸收、创新，基本上实现了国产化，使我国石材业在加工环节、生产线已经实现了锯、磨、切、抛全过程的机械化，自动化程度也不断提高。

丰富的天然石材资源，对 400 多条生产线从技术的消化吸收到自主创新，导致国产石材加工机械的蓬勃发展；3 万多家中外石材企业，奠定了我国石材生产大国、消费大国和贸易大国的地位，为促进我国金刚石工具的发展与提高，提供了广大市场与发展基础。

我国也是一个陶瓷生产大国与消费大国，从 2000 年起一直领先于世界各国，到 2004 年我国陶瓷瓷砖总产量已达 29.6 亿平方米，占世界总产量的 1/3，陶瓷瓷砖的消耗量达 18.5 亿平方米，占世界总消耗量的 30% 以上，我国陶瓷生产在传统陶瓷生产工艺的基础上，也通过大量引进意大利陶瓷生产设备及生产线，升级了陶瓷生产的技术，提高了陶瓷的生产效率和质量，逐步形成了广东佛山、山东淄博、江西高安等陶瓷生产基地。国内陶瓷加工金刚石工具诸如金刚石滚筒、磨边轮、金刚石锯片、金属基金刚石磨块以良好的性价比基本上占领了国内市场，在逐步取代进口金刚石工具的同时，现在也大批量出口到国外。

我国矿产地质与水力资源丰富，石油则以大庆、辽河、胜利、中原、长庆、四川及新疆克拉玛依等油田构成，煤占我国基本能源消耗的 64%。因此矿床的开采为金刚石工具提供了巨大市场。因此近年来煤田地质钻头、金属矿山地质钻头、水电工程钻头、石油复合片钻头、煤田锚杆复合片钻头的需求与应用不断扩大，有力地促进了我国地勘金刚石工具的生产发展与出口。

随着我国政府实施积极的拉动与扩大内需的方针和开发大西北的战略决策，我国公路建设的“五纵七横”，铁路网骨架的“八纵八横”，全国各类写字楼、办公楼及居民住房的快速建设，高速铁路的建造，城市地铁与轻轨的建设，机场的扩建与维护为金刚石建筑工具提供了广大市场，激光焊接金刚石建筑工程用锯片及薄壁钻头获得飞速发展，并成为出口大国。

电子信息产业已发展成为我国国民经济与社会发展的第一大支柱产业。目前95%以上的半导体器件和99%以上的集成电路（IC）是用硅材料制作的。20世纪末，世界上共有芯片生产线949条，我国仅25条，占世界的2.6%。作为一个经济稳步快速增长的大国，我国半导体行业的规模与世界差距甚大，必须急起直追。规划到2010年我国集成电路产量要达到500亿块，销售额超过2000亿美元，占世界市场的5%，满足国内市场需求达50%。这一形势促使我国半导体集成电路行业必须以两位数增长，这给硅材料加工，高端金刚石工具发展提供了极大的市场与前景。

具有中国特色的大吨位、大直径六面顶压机的不断完善与发展，粉末触媒合成块的应用，大腔体合成工艺的不断完善，以及金刚石大规模集约化生产使我国金刚石单晶产量超过50亿克拉（1克拉=200mg），而成为金刚石生产大国，为我国金刚石工具发展提供了优质廉价的金刚石。我国生产的金刚石复合片，满足了我国油田、煤田钻探的需求，并出口到海外。为满足金刚石工具用优质粉末的需求，国内企业推出了适应各种不同用途的金属预合金粉末。金刚石锯片基体厂家生产的基体，完全能满足国内金刚石工具厂家所需不同规格、不同用途、不同生产工艺的要求，并出口到国外。

在上述基础上，使得我国金刚石工具制品获得飞速发展，金刚石工具厂家愈千家，并形成各具特色的金刚石工具密集加工区，以满足国内外市场需要。(1) 以长江三角洲，分布于丹阳、苏州、无锡与上海，以丹阳地区为代表的私营企业金刚石工具厂，以出口为主的加工基地；(2) 以珠江三角洲，分布于佛山南海、广州、东莞和云浮的陶瓷工具为主的加工与出口基地；(3) 集中于石家庄地区以民营股份制企业为主，针对国内外市场为主的金刚石工具基地；(4) 北京地区的国有股份制企业，以出口市场为主体的金刚石工具企业；(5) 以福建厦门、泉州、南安水头地区，广东浮云地区，山东莱州地区为主，加工石材大锯片与刀头的花岗石加工用金刚石工具加工基地；(6) 以科研院所为基础发展的金刚石工具研发与生产基地，具有雄厚的研发力量，始终引领金刚石工具新潮流与前沿阵地。

2.2 大直径锯片的应用与发展

采用ϕ2800mm、ϕ3000mm、ϕ3500mm和ϕ4000mm锯片进行矿山荒料开采的单刀矿山机和双刀矿山机的出现，使我国石材矿山荒料开采状况与面貌大为改观，开采技术水平与效率明显提高，具有高效、低耗、安全、环保与节能的优势，所以深得矿山开采用户的欢迎。

荒料开采矿山机可安置在矿山工作面铺设的轨道上运行与工作，在2m宽度范围内，平面高低差在30cm范围内，铺设好轨道即可平稳运行。主机部分通过主电机带动大直径锯片（ϕ2800mm，ϕ3000mm，ϕ4000mm）高速旋转进行切割。利用变频调速，双轨道牵引控制主机自动给进。锯切深度决定于锯片直径和升降丝杆的下降深度。锯切宽度则由液压系统控制调节伸缩杆的横向移动，带动主轴箱调整落刀位置，选择宽度大小。

采用矿山机开采荒料根据岩石硬度不同，切割速度可达2～5m^2/h，日产量可达70～100m^3，最大切深可达1.85m，荒料成材率可达90%以上，开采成本可降低20%以上。荒料矿山机的发展将进一步促进我国大直径锯片基体的发展，将荒料矿山机与绳锯水平切割相结合，进一步提高荒料矿山机的锯切效率与成材率。

在我国石材工业发展的早期以采用ϕ1600mm锯片的龙门式切石机和桥式单片锯切机

为主，后来锯片直径增大到1800mm、2200mm、2500mm、3000mm、3500mm。还有采用锯片 ϕ1600mm、ϕ1800mm、ϕ2200mm、ϕ2500mm 的悬臂式（单片）锯石机。而悬臂式组合锯切石机，可在锯机上同时组装同一直径或不同直径的一组金刚石锯片，故锯切大板的效率成倍提高，是目前中国石材加工厂普遍使用的一种板材加工设备。

中国花岗岩的主要产地在福建和山东两省，而福建的花岗岩生产占到全国的60%，这两省聚集大量的石材加工与出口企业，石材机械与金刚石工具企业，特别是在采用大直径锯片进行荒料开采与大板加工，大直径锯片刀头生产加工方面积累了丰富经验。福建的石材机械企业率先进行“单改双，大带小”试验，取得了成功，在此基础上又进行了“3大3小，5大5小，大中小”组合锯攻关，使单片切机被淘汰，使组合锯在石材加工企业获得广泛发展。大直径锯片、大刀头生产具有下列特色。

2.2.1 进行系列技术创新

（1）选用优质钢种，提高锯片质量；
（2）适应大直径组合锯市场需要，开发出大直径锯片基体；
（3）发展薄型和超薄型锯片基体；
（4）研制出掏空孔消音基体；
（5）发展与推广铁基胎体粉末。

2.2.2 推广三明治与多明治结构刀头

以 ϕ1600mm 切锯花岗岩锯片为例，刀头尺寸为 24mm ×(9.2 + 8.6) mm × 12mm，共108齿，可做成七明治刀头，其中4层金刚石，3层不含金刚石(每层宽0.8)(见图1-2-1a)，当锯片运转锯切岩石后，3个不含金刚石的夹层磨损快，4个含金刚石的工作层磨损慢，结果刀头形成4凸3凹的形状见图1-2-1b，相反被切岩石表面形成4个凹槽和3个凸棱见图1-2-1c。

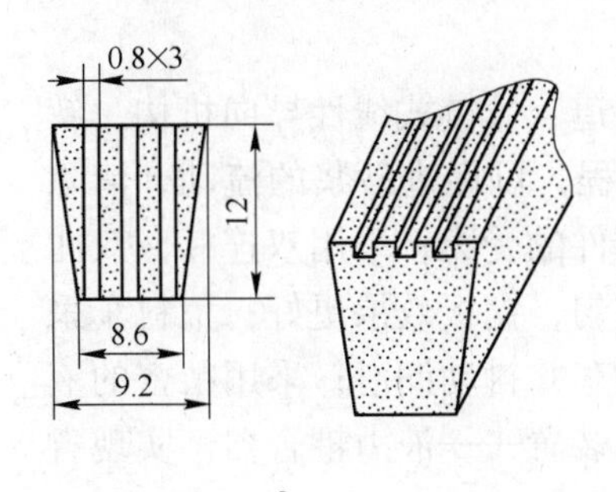

a

b

c

图1-2-1 ϕ1600mm 锯片七明治刀头设计与锯切效果
a—七明治刀头设计；b—锯切表面刀头外形；c—岩石被锯切后的形状

采用梯形（锥度）三明治/多层刀头的优点是：

（1）增加岩石被锯切的自由面，使岩石破碎更容易，故使锯片锯切更锋利，锯切效率更高。

（2）减少金刚石用量，节约成本，还可适当降低金刚石品级。

（3）由于增加自由面，锯切锋利，采用梯形断面，刀头与岩石的接触面减少，减小摩擦力，减少夹锯现象，同时降低电耗，降低锯切总成本。

2.2.3 不制粒容积装料法装模和压制

采用人工称料与装模烧结，刀头重量与刀头尺寸精度控制不严，难保证刀头质量均衡一致，需用劳动力多。许多企业开发出了各种刀头冷压机，取代人工称料与装模现状，粉料不用制粒，用容积法控制粉料的体积与重量，压制带金刚石的薄层刀头，用于石墨模具水平装料、烧结三明治与多明治刀头，也可压制全尺寸刀头，具有速度快、效率高、质量可靠、大大节约了原用手工称料与装料的劳动力，该装置还具有刀头计数、刀头重量检控和压力调节装置。

2.2.4 用户就地高频焊接刀头

在采用ϕ1600mm圆锯片的初期，刀头由用户采用手工氧气火焰焊接，现普遍采用大功率高频焊机，使用高质量钎料与钎焊剂，由用户就地焊接，由于基体质量的提高，基体可多次复焊，既减少了运输量，又节约了成本，焊接质量，得到了保证。

2.3 金刚石框架锯的应用与发展

金刚石框架锯（简称排锯）的优势是可加工大规格板材，可提高石材加工规格（大尺寸板材），质量、效率和成材率，有可能取代传统的圆盘锯（可加工规格板小于圆盘锯的半径）和金刚石砂锯（加工板材表面质量差，效率低，出材率低，不环保）。

国外的几个主要石材大国，如意大利、印度、西班牙等目前都普遍采用金刚石框架锯加工大理石板，其制造技术和产品质量处于国际领先地位。我国从引进国外技术与设备开始，经过消化吸收和合作及自主创新项目的研究，框架锯技术正向国际水平靠近。

2.3.1 国产框架锯机已接近国际水平，并销往国内外市场

国产的超级金刚石组合框架锯800型，采用独特的无轨道、铰链式线性导向机构，解决了锯框磨损，减少维修工作与费用；设计选用800mm行程，可促进砂浆的流动，清除锯条的卡滞，减少每分钟的循环与冲击次数，有利于机械部件的受力；采用双连杆、双曲轴机构，确保锯机的完美的直线运动，使机械部件受力更均匀，锯板效果更好；荒料车采用变频提升，旋式主螺母装在立柱上方，通过丝杆提升荒料车并自动润滑；采用精密的液压张紧系统，控制与调整锯条的张紧力；主电机配备软启动装置——液力耦合器，实现省电与保护机器的双重作用。

国内某公司生产的等静压框架锯机，主电机采用高效节能电机，可在满载情况下长期工作，启动电流和工作电流小，减少对电网的冲击，节能降耗；先进的锯框导向机构（V形导轨），保证锯框长期处于平衡运动状态，导向精度及运动平衡性达到国际先进水平，故切板质量好，有效节省抛光时间，减少磨料消耗；锯条张紧系统采用液压拉伸方式，使锯条始终保持稳定压力，并可依据需要随意变换切割不同厚度的板材，锯条运行轨迹为完全的直线运动，无侧向摆动；更适用于安装薄锯条，有利于切割薄板，提高出材率。

2.3.2　框架锯基体仍然依赖进口，应加速框架锯基体国产化

目前高质量的排锯基体仍然依靠进口，对排锯钢基体的要求：在排锯来回往复作用下能高速，平稳耐用；具有较高的疲劳强度，而不易变形与失效。其抗拉强度应在(1400 ± 80)MPa，光亮淬火时其硬度达到42 ~ 44 HRC，具有有效的热传导性，在焊接刀头时，能降低由于过热而形成马氏体的可能性，完善的齿边处理，保证金刚石刀头与基体强有力的结合。

2.3.3　不断改进与完善排锯刀头的设计、制造与生产工艺

排锯主要用于锯切普通大理石、啡网与砂岩，因锯切对象与使用条件不同，刀头设计、尺寸与结构也不一样。

（1）普通大理石排锯：主要用于锯切如印度绿、大花绿、各种米黄类大理石和白色大理石。

（2）啡网排锯：主要用于锯切啡网大理石，如进口啡网大理石、国产啡网大理石等，该类岩石有时有孔洞，易夹卡刀头，使刀头受到冲击，使用普通刀头易脱落，故设计成圆弧形刀头、双梯形刀头，增加刀头焊接长度，减少刀头工作时的冲击力，避免刀头脱落。

（3）砂岩排锯：主要用于锯切各种硬度与强研磨性的砂岩，如澳洲砂岩、云南砂岩、山西砂岩等，刀头应具有很好的耐磨性，同时也确保一定的锋利度，常用刀头形状有直形单层刀头、直形三明治刀头和梯形三明治刀头。

2.3.4　设计与优化刀头生产工艺流程，确保刀头与锯片质量

不同于圆盘锯，排锯工作时来回往复运动，金刚石无蝌蚪层支撑，受力条件恶劣，此外锯条装配在锯框上数量多，锯片的间距、平行度、垂直度、张紧力都必须调整，故影响因素较多，必须优化生产工艺流程，以确保排锯工作质量与效率。

2.3.5　提高排锯质量的有关技术措施

（1）金刚石镀覆，提高金刚石与胎体的把持力：实践表明，金刚石镀钛或金刚石覆合镀层（TiC + Ti – Cr + Ni），可与金属胎体形成化学键合，减少金刚石的脱落，提高出刃高度，提高锯切效率，延长使用寿命。

（2）对冷压刀头在真空热压烧结之前进行还原处理：针对不同胎体配方确定还原温度与时间，以便降低氧含量，为活化烧结创造条件，提高金刚石与胎体的结合力。

（3）采用三明治多刃结构刀头，为破碎岩石、提高锯切效率创造多个自由面，同时多刃结构有利于刀头高速平衡锯切，不易产生偏斜与偏摆。

（4）刀头采用梯形结构与斜底水槽，减少刀头与石材表面的摩擦，有利于冷却、容渣与排渣。

（5）采用薄基体与薄型排锯刀头，减少锯缝宽度，提高锯切效率与出板率。

（6）重视排锯的现场服务：安装排锯时，重视控制与调整锯片的垂直度、平行度、锯片的下凹弯度、调整张应力。保证锯片的正常工作，防止发现偏板、板面平面度差、刀头磨损不正常等问题。

2.4 整体热压烧结锯片的应用与发展

烧结工艺是金刚石锯片生产中的重要环节，它影响到金刚石锯片的质量与产量。长期以来我国的金刚石锯片整体烧结主要采用氢气保护下的无压烧结，其产品质量的提高受到限制。有些公司采用中频感应烧结工艺，使锯片质量明显提高，但该方法在大批量生产时会受到限制，同时电耗能量大。

20 世纪 90 年代我国从韩国引进了锯片整体热压烧结炉，实现了锯片整体热压烧结工艺，使锯片品种增多，质量提高，产品具有较好的国内外市场。

2.4.1 确保各种类型与规格锯片基体的批量生产与质量

目前各种冷压锯片热压烧结的产品，在国内外都有较大的市场，其规格多、类型多，大多批量出口。因此很多金刚石工具厂都设法自己生产锯片基体，但其产量与品种有限，必须有专业厂家，大规模生产。

2.4.2 半自动与全自动锯片冷压成型工艺获得突破

长期以来锯片冷压成型都采用人工称料、装料，采用四柱式简易冷压机人工压制与脱膜工艺。工人劳动强度大，效率低。压制密度，厚薄尺寸精度难以保证。为提高效率，则采用一机多工位，为保证工人人身安全，则在冷压机上安装光电信号装置，防止人身事故发生。为便于脱模，则采取配置自动锯片脱膜装置等措施，总之，在以人工为主要劳动力完成冷压工艺。

近年来金刚石工具设备厂家在这方面获得突破，有关企业制造出了金刚石锯片半自动与全自动成型机。

金刚石锯片半自动与全自动成型机可实现金刚石锯片连续半自动或全自动压制成型，适用于压制 ϕ105～400mm 金刚石锯片，生产效率高，压制的锯片密度均匀，几何尺寸稳定，可减轻工人劳动强度，减少人力的投入。

2.4.3 生产与选用合理的热压烧结炉型

热压烧结炉型设计与选择上要考虑下列各因素：

（1）控制系统；

（2）保护气氛；

（3）加压性能；

（4）优质钢种模具选用；

（5）炉膛尺寸和结构；

（6）安全密封性能。

2.4.4 改进与完善烧结工艺

烧结工艺即是对烧结过程中温度、压力、时间三个因素的设定与控制。这涉及到烧结过程中对温度的上升速度、烧结温度、保温时间和冷却出炉时的温度控制，以及对压力的加压速度、保压时间的控制。

烧结方式有两种：

（1）锯片冷压初步成型为：连续式锯片或节齿式锯片→装入钢模热压烧结成型为连续式波纹片或节齿式波纹片。

（2）锯片冷压初步成型为：连续式波纹片或节齿式波纹片→装入钢模热压烧结最终成型。

上述第一种工艺旨在提高冷压成形的效率，减少波纹片冷压成形的困难；第二种工艺旨在减少装模过程的工作量，保证锯片的热压成形齿型的精度，并能提高热压模具的使用寿命。

锯片烧结工艺基本上有两种：一种为保温过程中全程加压，另一种为保温一段时间后分段增压保压。为了提高烧结效率与产量、降低能耗，基本上采取热进热出炉的办法。无炉胆烧结炉采用氮气保护，使用安全出炉后整炉锯片立即用保护炉胆密封罩具，并通入气氛保护。采用氢气带炉胆烧结，有利于提高锯片质量。

2.4.5 重视生产过程的质量控制与产品的质量检测

在生产过程中：首先要保证精确称料，锯片热压烧结时对用料量较敏感，料量少，压制与烧结密度不够、易掉齿、强度低；料量多时低熔点金属成分易溢出。其次要保证冷压质量，脱模时易损坏毛坯成形，可采用自动脱模冷压机，或采用锯片自动冷压成形机。注意入炉装模操作，小锯片烧结时装模数量将影响成品尺寸。烧结一垛锯片时，锯片的厚度误差主要来自模具加工精度误差；当多垛装模烧结时，每垛的高度不一致，易引起受压不一致，导致锯片质量不稳定，此外上下模定位精度很重要，否则易引起锯形齿的错位。

对锯片质量的检测与控制可采取如下措施：

（1）锯片出炉后根据声音检测锯片质量，声音清脆、无沉闷嘶哑的声音，则基本可以判断锯片无明显裂纹存在，刀头与基体结合紧密。

（2）抽样检测锯片刀头硬度和几何尺寸。

（3）按客户要求用扭力扳手检测刀头的结合强度。

（4）抽样用扭力扳手测量锯片刀头破坏时的扭矩，并用抗弯检测仪检测抗弯强度。

（5）在显微镜下检查断口金刚石分布及破损情况和胎体金属结合剂情况。

（6）在切割设备上测试锯片，检测其锋利度、磨损速度、切割时电流大小及其寿命。

2.5 激光焊接金刚石工具的应用与发展

20 世纪 90 年代后期欧美各国高速公路、机场跑道、建筑工程的快速发展以及建筑工程的维修与改造工程的不断增加，迫切需要安全、可靠与有效的干切金刚石锯片与钻头，用于混凝土、钢筋混凝土、沥青路面和混凝土墙的锯切与干钻。而烧结锯片和高频焊接工具已不能适应这种要求。在恶劣条件下，在高速锯切与冲击载荷作用下，特别是在无水冷却、干切干钻时，工具受热易使钎料软化，导致刀头脱落，易造成安全事故，人员伤亡。

激光焊接金刚石工具具有焊接熔深大、焊缝深宽比大、不用焊接钎料等特点，故刀头与基体的连接结合强度高，焊接牢靠。激光光斑直径小、比能小、热影响区小、焊接区不易变形。当干切干钻冷却不够时，其高温强度高，锯片与刀头不易产生应力与变形。由于激光光束性能好，可远距传输，通过反射镜易于改变方向，可将激光能源远距离输送，能量高度集中，故焊接速度快，热作用区小，冷却速度快，易于实现自动化与高效生产。

近年来激光焊接金刚石工具的应用与发展主要体现在以下几个主要方面：

(1) 激光焊接金刚石工具的快速发展，促进国产激光焊接设备的发展；

(2) 选用优质低碳合金钢，提高基体加工精度，确保焊接质量；

(3) 研制激光焊接过渡层配方，确保刀头焊接强度与质量；

(4) 胎体中积极使用与推广预合金粉末；

(5) 根据市场与应用的需要，完善与发展激光焊接锯片刀头结构；

(6) 国产全自动定容冷压机获得突破并投入应用；

(7) 激光焊接薄壁钻头不断获得发展。

2.6 金刚石绳锯的应用与发展

最早的成品串珠绳锯是在1969年和1970年意大利VERONA的S. Amrbrogio石材博览会展出，与此同时，套有电镀金刚石串珠的绳锯首次在意大利的大理石矿山进行了试验。1978年第一条串珠绳锯在意大利APUAN石材矿山进行了切割试验，并获得了成功，从此开始了金刚石绳锯开采矿山与切割板材的新纪元。

金刚石绳锯的广泛应用与迅速发展与其本身所具有的优越性与不断技术创新是分不开的。绳锯机结构简单紧凑，可进行垂直、水平与任何倾斜角度的切割，安装占用空间小，移动方便。这对于矿山与露天开采、硐室开采及建筑工程的改建与拆毁工程中的应用非常有利。金刚石绳锯在采石场可一次成形切割大于200m^{3}的大型荒料，荒料率提高。比框架锯、钢砂锯切割速度快。与火焰切割，爆破开采和钢砂锯相比，安全、卫生、噪声小、粉尘少、排废物少，有利于施工环保。就地在采石场进行荒料整形，可明显减少运输成本。采用多绳锯机锯切板材，成材率高，改善后续加工（抛光磨削）条件，显著减少整个加工成本。

意大利卡拉拉大理石矿区有200多个矿山，使用金刚石绳锯机350多台，全部实现金刚石绳锯开采。目前全世界开采大理石绳锯机约2000多台，开采花岗岩绳锯机已超过1000台，我国已有100多座矿山实现金刚石绳锯开采。国内生产金刚石绳锯机厂家达15家之多，生产7.5～75kW各种类型金刚石绳锯机500台以上，销往国内外矿山，其中90%用于装备国内石材矿山，达到了国际先进水平。

近年来金刚石绳锯的应用与发展主要体现在：

(1) 金刚石绳锯机的类型增多，特性增强与应用面宽。

(2) 我国在金刚石绳锯技术上的发展全面，创新点多。

1) 观察金刚石串珠绳锯的切割过程，探讨其锯切机理；

2) 确定以Co基为主，添加微量元素的胎体结合剂；

3) 选用优质金刚石及镀覆金属层金刚石；

4) 设计具有隐形结构的等磨耗串珠工作层；

5) 对串珠芯结构设计进行改进；

6) 生产工艺的不断完善与提高；

7) 真空钎焊金刚石串珠绳锯得到创新与发展。

(3) 国外在金刚石绳锯技术上的发展与创新：

1）重视绳锯工作机理的研究，寻求改进其性能的途径；

2）针对不同使用条件生产串珠专用金属粉末；

3）串珠与绳锯生产设备系列化、机械化与自动化；

4）采用热等静压进一步提高串珠质量；

5）采用金属粉末注射成形技术生产双凸肩几何形状串珠。

（4）金刚石绳锯在建筑工程和钢结构件锯切中获得广泛应用。

（5）拓宽了金刚石绳锯在切割金属结构件方面的应用。

1）实验探讨串珠切割钢结构件的切割机理；

2）高浓度电镀金刚石绳锯在切割钢结构件更具优势。

2.7　半导体与光伏产业金刚石工具的应用与发展

电子信息产业在全球按摩尔定律高速发展，在我国国民经济中电子信息产业已成为第一大支柱产业。而电子信息产业的基础是集成电路（IC）产业。目前95%以上的半导体器件和99%以上的集成电路（IC）是用硅材料做成的。硅属于非常坚硬的硬脆材料，又是良好的半导体材料，故在晶圆（芯片）加工中，在不同环节必须多次使用金刚石工具进行高精密加工。

太阳能取之不尽，用之不竭；光伏电压无噪声，无污染气体排放；每1MW光伏系统，每年可减排CO_2 900多吨，可替代500多吨标准煤，可减少对煤炭能源的依赖性；是经济增长点，可促进经济发展；促进就业；应用范围广等。因此，发展光伏产业引起了各国政府的重视与关注。

我国于1958年开始太阳能电池的研究工作，首先将太阳能电池用于实践1号、东方红2号、3号人造卫星的发电。2006年开始实施“中华人民共和国可再生能源法”，该政策的出台，有力促进了我国太阳能光伏发电产业的快速发展。

鉴于半导体晶圆（芯片）加工与光伏产业中硅锭开方、去头尾、切片等多次用到金刚石工具，同时对金刚石工具原材料、制造工艺与使用要求，必须做到精细化、高速化、效率高、寿命长、不允许金刚石脱落、不容许产生瑕疵与划痕，因此重视与加速我国半导体及光伏产业，金刚石工具研制极为重要，表1-2-1显示半导体晶圆（芯片）及光伏电池不同环节使用的各种金刚石工具。

表1-2-1　半导体晶圆（芯片）及光伏电池加工应用的金刚石工具

序　号	加工工序	应用的金刚石工具
1	单晶硅晶锭截断晶锭去头尾	外圆或内圆切割锯片
2	光伏电池晶锭开方	电镀金刚石带锯
3	单晶硅晶锭磨外圆	金刚石电镀或烧结环形砂轮
4	切　片	内圆电镀金刚石锯片，加SiC线切割，金刚石电镀线切割
5	晶圆倒角	槽形小砂轮磨削
6	磨削（粗磨与精磨）	杯形金刚石砂轮端面磨削
7	CMP化学机械抛光平坦化	金刚石电镀修整器，高温钎焊金刚石均布修整器，PCD修整器等
8	晶圆背面减薄磨削	平面砂轮磨削，杯形金刚石砂轮端面磨削
9	划　片	电镀无轮毂与有轮毂锯片，树脂结合剂锯片

2.7.1 半导体晶圆（芯片）与光伏产业加工用金刚石工具的应用与发展

鉴于国外在半导体晶圆（芯片）及光伏产业的发展起步较早，积累了丰富经验，因此，在半导体晶圆（芯片）及光伏电池加工用机械与金刚石工具领先于我国，品种齐全，精密度较高，占领了我国市场，特别是日本、韩国、美国、德国和中国台湾地区等。在这方面开展了大量工作，值得我们学习和借鉴。表1-2-2为各国生产的晶圆（芯片）精密加工的金刚石工具品种。

2.7.1.1 晶锭开方

晶锭开方主要采用电镀金刚石带锯开方。

2.7.1.2 单晶锭的裁切与晶圆切片——线切割

内圆切割锯片：对于小直径晶圆，过去主要采用内圆金刚石电镀锯片和内圆切割机。内圆切割时，晶圆表面损伤很大，给CMP带来很大磨削抛光工作量，刀口宽，材料损失大，晶片出产低，成本高，生产率低，每次仅能切割一片。当晶圆直径达到ϕ300mm时，内圆刀片的外径将达到1.18m，内径为410mm，给制造、安装、调试上带来很多困难。现逐步由线切割所取代。

美国DWT（Diamond Wire Technology）公司生产使用“Superlok”金刚石线锯，该线芯专门按该公司技术要求拉制而成，并经热处理与预拉伸，抗拉强度超过18000kg。先电镀一层铜层，将20~120μm金刚石浸渍，再用大电流电镀在外层，以牢固把持住金刚石。采用微型计数器控制环绕线芯分布的金刚石数量，以保证其均匀一致。

2.7.1.3 晶圆倒角与圆边

由线切割或内圆锯片切割下的晶圆片其外边缘非常锋利，为避免边角崩裂影响晶圆强度，破坏表面光洁和对后序工艺带来污染，必须用专用数控设备自动修整晶圆边棱、外形与外径尺寸。韩国EHWA公司生产高精密磨边轮，能达到高的切割速度与长的磨削寿命，并防止磨削过程中的崩边。单次磨削使用金刚石为20~30μm，双重磨削使用金刚石粒度为10~20μm。胎体有电镀型与金属结合剂两种。

2.7.1.4 CMP化学机械抛光平坦化——化学机械抛光垫修整器

由于超大规模集成电路（ULS1）向高度集成和多层布线结构发展，化学机械抛光平坦化已成为集成电路制造不可缺少的关键工艺。它不仅是硅晶圆加工中最终获得纳米级超光滑表面无损伤表面的最有效方法，也是ULS1芯片多层布线中不可替代的层间局域平坦化方法。在晶圆（芯片）制作过程中多次使用CMP工艺。

半导体器件由两种完全不同的材料组成，硬的硅基陶瓷作为半导体基体，和软的导体金属（铜、铝等）作为电路。化学机械抛光过程（见图1-2-2）包括使用安装在刚性抛光平盘上的柔性抛光垫，硅片被压在抛光垫上，在抛光液的作用下进行抛光，抛光液含有化学液（即双氧水H_2O_2）和纳米级磨料。硬的硅基陶瓷材料由磨料的机械作用抛光，而金属则由金属和抛光液内的化学物质之间的化学反应进行抛光，即采用化学与机械方法综合作用去除多余材料而得到平坦化的高质量表面。

在对晶圆进行化学机械平坦化的过程中，金刚石化学机械抛光垫修整器具有重要作用。在工作过程中它加工抛光垫使其具有平坦的表面，不断除去抛光垫上的磨光层，恢复抛光垫的粗糙度。因此，研制金刚石化学机械抛光垫修整器，保证晶圆（芯片）化学机械

表 1-2-2 各国生产的晶圆（芯片）精密加工金刚石工具品种

项目	晶锭截切				晶锭磨外圆	晶圆切片			晶圆倒角	平面磨削	化学机械抛光				背面减薄	芯片划片				
	内圆锯片	电镀线锯	树脂线锯	电镀带锯	杯形砂轮	内圆片	电镀线锯	树脂线锯	金属结合剂砂轮		电镀	钎焊	陶瓷	新型		电铸无轮毂	电铸有轮毂	金属结合剂	树脂结合剂	陶瓷结合剂
Ashai 公司	√	√		√	√	√	√		√	√	√	√			√	√	√	√		
Noricake 公司	√	√	√	√	√	√	√	√	√	√	√	√			√				√	
DISCO 公司										√					√	√	√	√	√	√
SHINHAN 公司					√				√	√	√	√	√	√	√	√	√			
EHWA 公司												√	√		√	√	√			
SAINT-GOBAIN NORTON 公司													√	√		√	√			
Winter		√					√										√			
ADT = DCING																		√	√	
Diamond Wire Technology		√					√													
Abrasive Technology													√	√						
Kalicke Soffa																	√			

抛光质量，效率与寿命上具有重大作用。

对金刚石化学机械抛光垫修整器的性能要求如下：

（1）不能有金刚石脱落，否则使晶圆表面产生划痕，刮伤与瑕疵。

（2）具有恒定的晶圆去除率，以保证抛光的质量与稳定。

（3）必须有很长的寿命，因在晶圆抛光整个成本中，修整器所占成本比例最大。

（4）批量生产中要求修整器稳定如一。

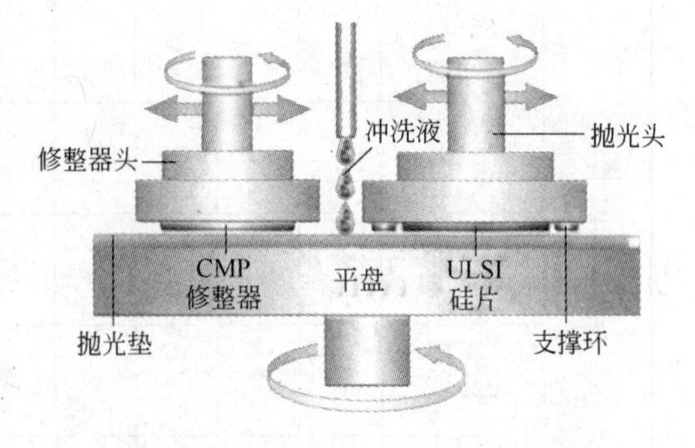

图 1-2-2　化学机械抛光工艺装置示意图

为满足上述要求，金刚石修整器的设计应具有下列特点：

（1）金刚石磨料必须牢固地把持固定在修整器上，不能脱落。

（2）金刚石磨料分布有一定适当的间距，以便平衡修整效率与深度。

（3）金刚石磨料必须凸出处在同一水平，保证修整吃入抛光垫在同一深度。这对工作晶体数量最大化至关重要，能保证晶圆厚度均匀一致。

（4）金刚石晶粒必须充分暴露，防止胎体金属不在晶圆面上滑移或抛光垫上拖拉。这将加速抛光垫磨光打滑，微划痕的产生。金刚石凸露较高，有利于抛光液的流动，防止其凝聚。

（5）金刚石胎体金属必须耐磨与防浸蚀，由于机械与化学作用引起的胎体金属的浸蚀与磨损，将会降低金刚石的把持力，并引起金刚石脱落。

2.7.1.5　晶圆背面减薄超精密磨削

随着晶圆尺寸的增大，硅片的厚度也相应增大，以保证在电路制作过程中，硅片有足够强度，ϕ150mm 和 ϕ200mm 硅片厚度分别为 625μm 和 725μm，而 ϕ300mm 硅片厚度为 775μm，而随着 IC 技术高速、高集成、高密度发展，要求芯片越来越薄。硅片上电路层的有效厚度为 5 ~ 10μm，为了保证其功能，有一定支撑厚度，硅片的厚度极限为 20 ~ 30μm，而占厚度 90% 左右的衬底材料是为了保证硅片在制造、测试和运送过程中有足够的强度，因此，电路制作完成后要对硅片进行背面减薄，芯片减薄有利于其热扩散，保证芯片性能与寿命，减小芯片封装体积，提高其机械与电器性能，减轻划片工作量。硅片背面减薄有多种方法，但超精密磨削是硅片减薄的主要工艺并获得广泛应用。

目前较成功的方法是硅片自旋转磨削法，采用略大于硅片的工作转台，硅片通过真空吸盘夹持在工作转台的中心，杯形金刚石砂轮工作的内外圆周中线调整到硅片的中心位置，硅片和砂轮绕各自的轴线旋转，实现高效磨削。背面减薄磨削分粗磨与精磨。粗磨时砂轮金刚石较粗，轴向给进速度为 100 ~ 500μm/min，精磨时用细颗粒金刚石，轴的给进速度为 0.5 ~ 10μm/min。

2.7.1.6　晶圆（芯片）划片

在晶圆背面减薄后，去除保护膜，贴上固定膜，即进行划片工作，在晶圆上按芯片规格尺寸进行划片，然后进行封装测试，划片工作使用电铸（电镀）型高精度超薄锯片，在结构上有两种：一种是电铸轮毂式切割片，一种是圆环形无轮毂式切割片。日本 DISCO 公司生产三种系列电铸轮毂式切割片，其中 NBC-ZH 系列采用高性能超薄金刚石刃和锐角型铝合金法兰盘一体化结构，可进行高难度的倒角切割与阶梯形切割加工。ZHFX 系列主要用于氧化物晶圆与钽酸锂晶圆加工。ZH05 系列主要针对不同加工要求，采用不同的金刚石浓度减少了背面崩边，延长了寿命，采取措施提高了刀刃处强度，减少了蛇形切割及刀片破损现象。

中国台湾 Hongia 工业公司是中国台湾主要电镀金刚石工具供应商，生产 ϕ55 ~ 58mm 镍基电镀切割片，根据所划芯片规格不同，划片用切割片厚度为 0.03 ~ 0.1mm，中国台湾 ASE 公司通常使用 0.03 ~ 0.05mm 厚切割片，露出金刚石刃宽度 0.3 ~ 0.5mm，使用 2 ~ 4μm 或 4 ~ 6μm 高浓度单层金刚石电镀切割片。工作转数为 30000 ~ 35000r/min，给进速度为 90 ~ 100mm/s，为保证精密切割的精度，在切割 30 ~ 50m 后，要对切割片进行修整与调节。

2.7.2 奋起直追，国产半导体与光伏产业金刚石工具获得巨大突破

鉴于半导体工业与光伏产业在国外起步较早，故半导体与光伏电池加工用设备与金刚石工具一直受到国外的垄断与控制，技术极端保密。由于信息产业成为我国的支柱产业，半导体晶圆（芯片）加工业的迅速扩大，光伏产业的突飞猛进，加工单晶硅、多晶硅用金刚石工具业具有巨大的潜力市场，引起了政府的重视，行业的极大关注。一批企业，组织全力奋起直追，进行攻关，使国产半导体与光伏产业金刚石工具在近来取得巨大突破，产量已能批量生产，质量上可取代进口产品。

2.7.2.1 晶体硅切断用金刚石电沉积环形带锯批量生产，获得广泛应用

我国针对单晶硅棒截断和多晶硅锭开方的需要，经过自主创新的努力，采用电沉积方法研制出环形带锯，已在市场上获得广泛应用。

环形带锯采用电沉积镍的方法，其工艺流程如下：基体材料及金刚石预处理-除油脱脂-入电沉积槽埋砂法上砂-沉积加厚-出槽-去绝缘-去氢-检测。

电沉积环形金刚石带锯的特点是：基体结合牢固附着力好；可按金刚石颗粒尺寸来决定沉积层的厚度；所沉积的镍金属对金刚石表面有良好的物理吸附力，对金刚石颗粒有足够的机械包镶力，有足够的强度支撑金刚石颗粒工作时所承受的动载荷，有合适的硬度使包镶金刚石的金属不易磨损。

环形带锯的基体：目前常用环形带锯的尺寸为：3230mm × 0.6mm × 38mm，6096mm × 0.6mm × 38mm 两种，为保证环形带锯使用时硬度、强度和刚度等力学性能的要求，选用具有适当柔性和强度的优质不锈钢，然后采用激光焊接或等离子焊接成环形带锯条。

金刚石的选用与处理：影响带锯条切割效率的重要因素之一是金刚石粒度尺寸大小及其质量。采用精密成型试验筛进行精选，确保金刚石大小高度一致。选用 125 ~ 212μm 粒度范围的金刚石，要求金刚石内部夹杂包裹少、磁性低、质量好。

电沉积溶液配方及电镀装置：电沉积溶液的成分影响镍层的质量。硫酸镍可提高电导率和金属的分布，决定镀层的极限电流密度。氯化镍促进阳极溶解，提高分散能力和膜层厚度分布的均匀性，但增加了镍层的内应力，细化晶粒，可降低形成不规则和树状晶体的趋势。硼酸起着缓冲作用。为保证沉积的均匀性，专门设置了电沉积过程的定时间歇旋转装置。

采用安时（Ah）参数测控质量：镀层的质量决定于电流和时间，阴极电流与时间的

乘积才是以反映接近真实的沉积状况，控制好镀层的平均厚度。安时（Ah）参数测定测控，是以基本的安培小时（Ah）或安培分钟（Am）作为计量单位，根据不同条件进行不同充电电流的设定。通过该装置有效精确地控制电量，提高了电流积层的均匀度，生产的带锯条性能稳定，寿命长，精确度高。

采用环保的后处理工艺：在后继处理上，设计采用了零排放工艺流程，每一个工序的废水都循环使用，最后采用膜分离技术对意外产生的废水进行处理，回收废液，循环使用。对于低浓度的废气，采用全封闭的排风通道，结合 SDG 复合吸收剂，净化效率可达到98%，使排放气体比重达到国家环保要求。

2.7.2.2 金属与树脂结合剂高精度超薄砂轮切割片达到国际同类产品的先进水平

为满足与适应我国电子信息工业高速发展的要求，突破日、美等国对这一技术领域的垄断与控制，我国有关单位从材料制备、制品工艺、机械加工、专用设备、检测仪器等各类工程技术人员，进行联合攻关，并于 2001 年取得成功。突破了制造超薄片的关键技术与装备难题，在国内市场开发出超薄片的成套制造技术，填补了国内空白，研制出金属与树脂结合剂、1A8 型整体片、IAIR（1A1）型基体等四大系列产品，其主要技术指标达到国际同类产品先进水平。

2.7.2.3 金刚石线锯已近开发成功

我国针对单晶硅棒和多晶硅棒截断的加工需要，很多单位正在研制金刚石线锯。我们相信经过科技人员的自主创新和努力，采用电沉积方法研制出的电镀金刚石线锯，即将在市场上获得广泛应用。

参考文献（略）

（长沙矿山研究院：姜荣超）

3 金刚石圆锯片

金刚石圆锯片是金刚石类工具中最早应用的工具之一，也是目前应用最广泛的金刚石类锯切工具。金刚石圆锯片是由基体与锯齿构成，锯齿位于基体的周围。基体多采用钢质材料，锯齿是由金刚石与胎体粉末通过粉末冶金工艺烧结而成。

1885 年法国人 Jaeguin 用 0. 8 克拉的天然金刚石制成锯齿，手工镶嵌于带燕尾槽的基体的周边上，再用铆钉固定。这是世界上第一个装镶金刚石的金刚石圆锯片。20 世纪 30 年代以后，随着粉末冶金技术的逐渐成熟，粉末冶金技术开始应用于金刚石圆锯片制作当中，人们将金属粉末与金刚石混合烧结成扇形锯齿，再用焊接的方法将锯齿镶焊于钢基体上，这就是焊接金刚石圆锯片的早期形式。

20 世纪 60 年代随着人造金刚石工业的发展，金刚石锯片得到了更广泛的应用。各种不同结合剂类别的金刚石圆锯片相继问世，各种金刚石圆锯片的制作工艺日趋完善，金刚石锯片已经形成了完整的产品系列，适应于各种不同的切割材料以及各种不同的切割方法。规格不同、档次相异的金刚石锯片开始供应市场，并涌现出了一大批金刚石圆锯片厂家。据 20 世纪 90 年代中期统计，锯切类金刚石工具所耗用的金刚石数量在国内外工业金刚石用量中均上升到第一位，约占 60% 左右。

近几年，金刚石圆锯片的加工对象和适用领域在不断的扩大，除传统的石材、玻璃、半导体等各种硬脆非金属材料的切割外，还广泛应用于钢筋混凝土切割、机场跑道防滑缝切割、公路及广场伸缩缝切割、胶木板和塑料板的切割，木材、铝板、钢缆、石膏水泥板的切割也有了一定的进展。

3.1 金刚石圆锯片的结构、分类、规格与用途

3.1.1 金刚石圆锯片结构

金刚石圆锯片由金刚石锯齿与基体两部分组成，如图 1-3-1 所示。金刚石锯齿又分为

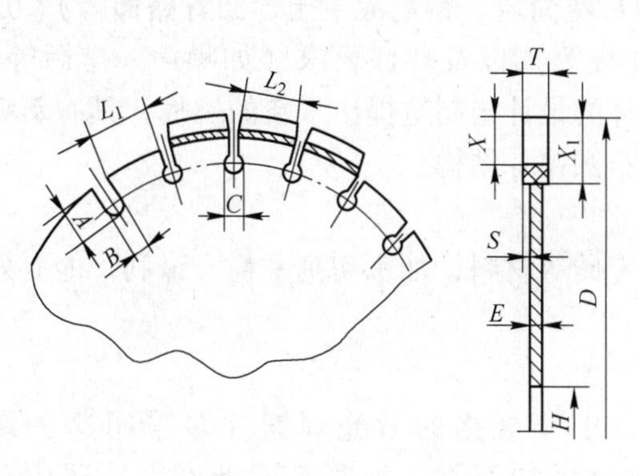

代号	名 称	代号	名 称
A	槽深	L_1	基体齿长度
B	槽宽	L_2	锯齿长度
C	槽孔直径	S	侧隙（$T-E/2$）
D	直径	T	金刚石锯齿厚度
E	基体厚度	X	金刚石层深度
H	孔径	X_1	锯齿总深度

图 1-3-1 金刚石圆锯片结构图

金刚石层和过渡层。金刚石层由胎体材料和金刚石组成，也称为工作层；过渡层不含金刚石。一般来说过渡层的高度值 $X_1 - X$ 在 0～3mm 之间。锯齿高度和宽度，应根据锯片基体厚度、锯齿齿数和切割对象的磨蚀性能来确定，以保证锯齿高度方向上的磨损和侧面的磨损相匹配。

金刚石圆锯片根据其水口形式可以分为无水槽、窄水槽和宽水槽三类。基体上的水槽具有用于排屑、通水冷却以及释放锯切应力作用。无水槽、窄水槽适用于浅切割，切割质量好。宽水槽适于强磨蚀性材料切割，以及大规格锯片的深度切割，具有良好排屑与冷却效果（见表1-3-1）。

表 1-3-1 金刚石圆锯片基体水槽的结构特点及与切割对象的关系

水槽种类	结构特点	使用特点	切割对象				
			石灰石大理石	陶瓷	花岗岩	砂岩	钢筋混凝土
无水槽金刚石圆锯片	基体上没有水槽	制造方便、切割平稳，崩边小，切割质量好	√	√	√		
窄水槽金刚石圆锯片	U型水槽，宽度≤3mm	连续性好，切割平稳	√	√	√		
	匙孔型水槽，宽度≤3mm	适用范围广	√	√	√	√	√
	割缝水槽，宽度≤1.5mm	切割平稳，切割面光洁度好	√	√	√		
宽水槽金刚石圆锯片	槽口宽度≥3mm	利于排屑冷却，锋利度好，寿命长	√	√	√	√	√

金刚石锯片的结构一直以来都是锯片设计的重要内容，尤其是近些年，随着金刚石圆锯片的应用范围日趋广泛，加工对象日益复杂，除对锯片有一般的耐磨性、锋利性等性能要求外，还对其适应被加工材料（如各种大理石花岗岩、钢筋混凝土、沥青路面等）、加工条件（如干切、湿切、锯切超薄板、高精度板等）以及环保要求（如噪声、排污等）的能力提出了更高要求，这些都对金刚石圆锯片的设计与制造提出了新的挑战，具有新型结构的金刚石圆锯片产品层出不穷。常见金刚石圆锯片结构。

3.1.1.1 连续齿金刚石圆锯片

连续齿金刚石圆锯片用于切割各类石材、瓷砖等材料，加水切割平稳、锋利，能有效的保证被切割件的切割效果。

3.1.1.2 钥匙孔水槽金刚石圆锯片

这是一种最常见的金刚石圆锯片结构，中小规格的激光焊锯片多采用这种结构。可用于有水或无水式加工，可切割多种材料如石材、混凝土、沥青等，适用范围广。

3.1.1.3 窄水槽金刚石圆锯片

窄水槽结构分为窄U型水槽圆锯片和割缝式圆锯片。窄水槽金刚石圆锯片锯齿连续性好，切割平稳，多用于大理石、花岗岩的板材切割和异形加工。割缝式水槽金刚石圆锯片是在基体上切割出1mm左右的割缝，其特点是切割平稳，切割效果优良，这种结构多用于瓷砖片设计。

3.1.1.4 宽U型槽金刚石圆锯片

宽U型槽金刚石圆锯片特点是切割锋利，水流充足可以有效地排屑、散热。大规格的石材锯片多采用这种结构。

3.1.1.5 涡轮齿式金刚石圆锯片

涡轮齿式金刚石圆锯片，其优点是在保证切割平稳性的基础上提高切割速度。涡轮形状有利于切屑的排出，减小切割阻力，提高切削速度。

3.1.1.6 防侧面磨损的锯片结构

锯片在锯切过程中，高速运转，刀头根部会与岩屑流产生摩擦磨损，容易造成基体外缘和锯齿过渡层的过度磨损，出现锯齿根部基体断裂现象，特别是锯片切割沥青、新鲜混凝土等磨蚀性强的材料时情况尤其严重。为了防止这种现象发生，常用的方法是设计带有护齿块的锯片结构。

在圆锯片基体水口处焊小块护齿节块也能达到保侧的效果，制作成本较低，工艺较简单；锯齿节块向基体内延伸的金刚石圆锯片结构，可以有效的防止基体侧面磨损，缺点是成本较高。

3.1.1.7 环形锯

环形锯是将金刚石锯齿焊接在环状基体上而制成的圆锯片，其特点是可以进行深度切割，使用方便。

3.1.1.8 消声金刚石圆锯片

锯片在切割过程中，锯片锯齿周期性地激荡周围空气介质产生噪声，同时与石材及其他建筑材料相互摩擦及冲击，使基体产生剧烈振动，也会产生噪声。其强度有时可达110dB，尖锐刺耳。为了降低噪声污染，可通过改变基体结构，减弱基体的振动，或添加能抑制噪声的阻尼材料来降低噪声。常用的方法之一是利用激光束在基体上切割出一些缝隙，如图1-3-2所示。

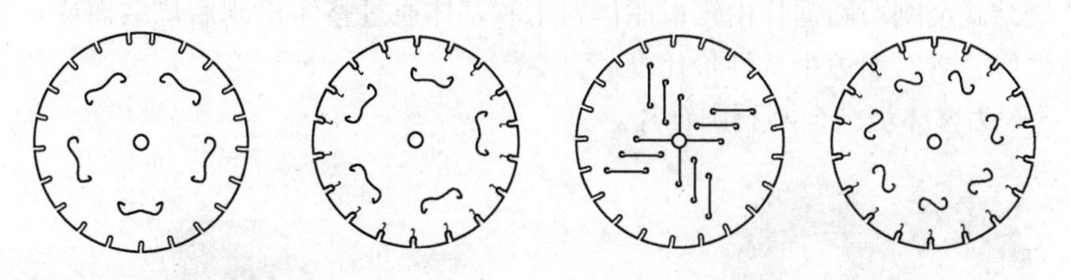

图1-3-2 激光割缝低噪声基体（选取M/S型）

在基体上割缝后，切断了从基体周边到中心的振动介质，基体的振动噪声、共鸣反弹噪声减弱了；另外可以降低空气涡流的速度，从而也起到降低噪声作用。图1-3-3是带有消声缝的锯片产品照片。

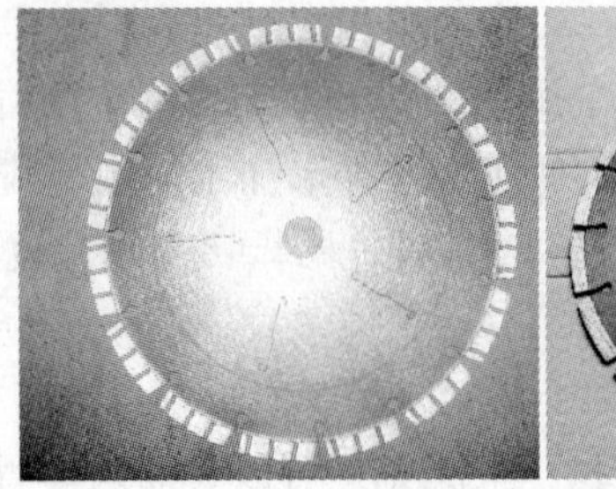
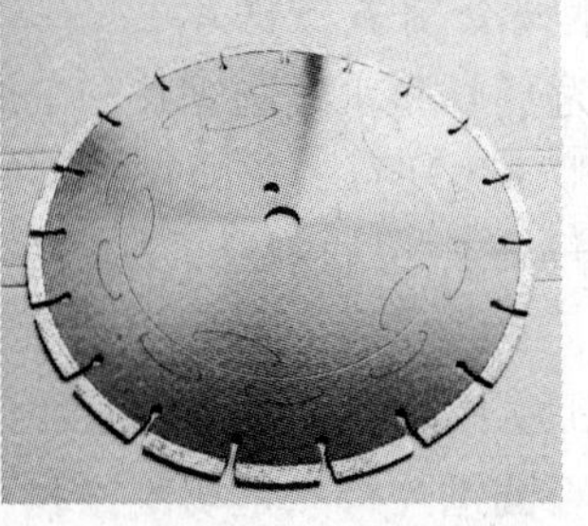

图 1-3-3 带有消声缝的低噪声锯片产品照片

另外一种常用的基体结构是“三明治”型复合消声基体，如图 1-3-4 所示。这种基体结构包括：外面的两个铁盘，以及两个铁盘间的夹层，夹层材料是能抑制噪声的阻尼材料。这种方法降低噪声的效果明显。其降噪原理是：“三明治”型结构的基体层与层之间有一层阻尼材料，由于夹层的阻尼材料具有与外层材料不同的固有频率，难以使锯片产生共振；且当振动通过阻尼材料传播时，阻尼材料会将振动能变成内能消耗掉，从而实现了阻尼降噪。

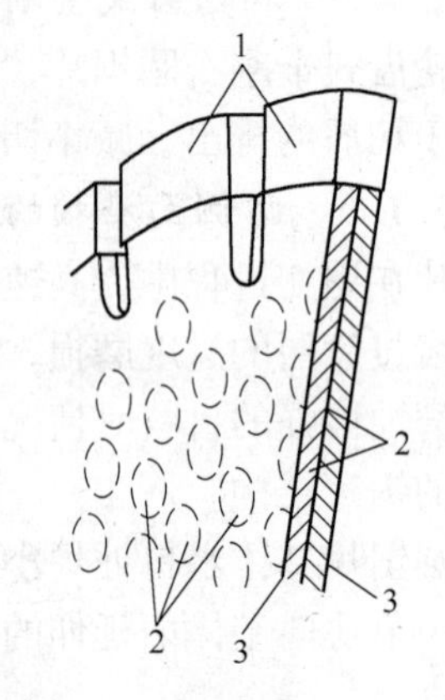

图 1-3-4 “三明治”型复合消声基体
1—节块；2—熔焊点；3—基体钢板

3.1.2 金刚石圆锯片分类

金刚石圆锯片的分类可以按照不同的方式划分。主要的分类方法有：

（1）按切削刃位置可分为外圆切割片与内圆切割片，内圆切割片常用于硅、锗等半导体材料的加工。内圆切割片多为电沉积金刚石圆锯片，适用切割高硬度而贵重的非金属材料，如宝石、水晶、石英、光学玻璃及硅、锗等半导体材料。图 1-3-5 为电沉积内圆切割片实物照片。

（2）按锯齿结构形式可分为连续式与节块式。

（3）按制造工艺方法可分为：整体烧结式圆锯片、激光焊接式圆锯片、高频焊接式圆锯片、电沉积式金刚石圆锯片以及钎焊式圆锯片等。

整体烧结式金刚石圆锯片由锯齿胎体粉末和基体通过整体压制后烧结而成。其特点是切割稳定性好，材料崩边小，性价比高。

图 1-3-6 为整体烧结金刚石圆锯片。

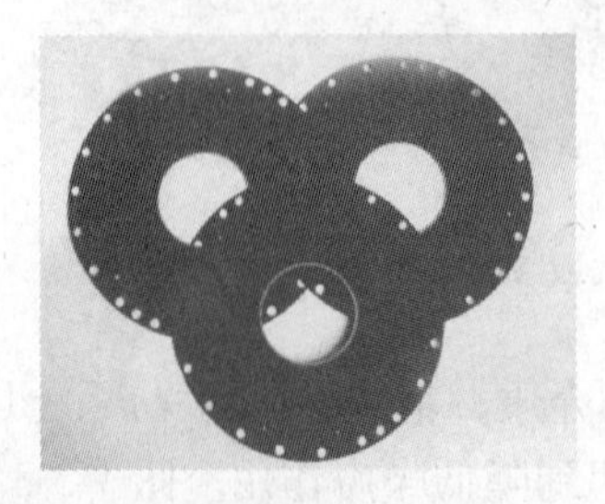

图 1-3-5 电沉积内圆切割片实物照片

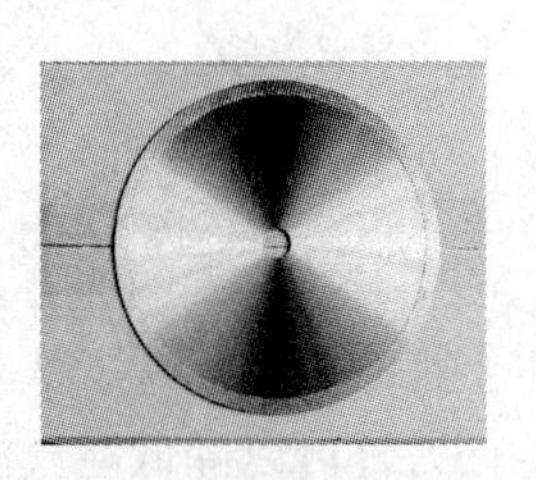

图 1-3-6 整体烧结金刚石圆锯片

激光焊接式金刚石圆锯片（图1-3-7）是通过激光焊接技术将锯齿节块焊接在圆锯片基体上，其特点是适用性强，可以在复杂的工况下切割，焊缝强度高，质量好。目前已成为国际市场的主流产品。

高频焊接式金刚石圆锯片（图1-3-8）是通过高频加热熔化焊片将刀头和基体连接在一起。其特点是工艺简单，设备价格低廉，适用于中低档锯片的制作。

图1-3-7　激光焊接式金刚石圆锯片

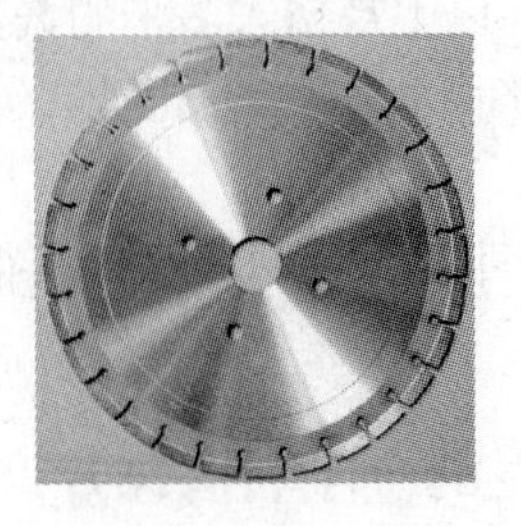

图1-3-8　高频焊接式金刚石圆锯片

电沉积金刚石圆锯片，分为内圆切割片和外圆切割片。用于切割半导体、铁氧体、热固性塑料，以及玉石、水晶、陶瓷和岩石等。图1-3-9为电沉积金刚石圆锯片。

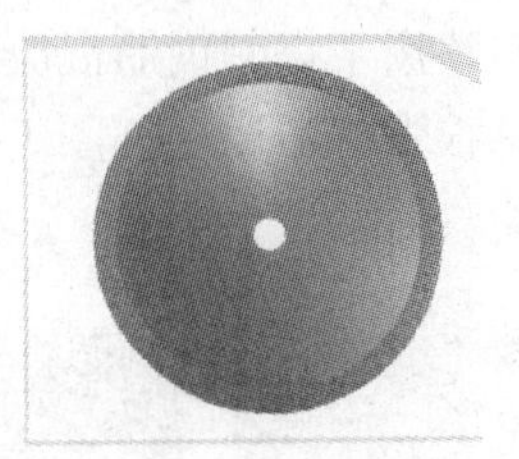

图1-3-9　电沉积金刚石圆锯片

钎焊式金刚石工具是以活性钎料焊接金刚石，使金刚石与工具胎体实现化学冶金结合，从而达到有效把持金刚石的作用，金刚石可凸出2/3，因此钎焊产品锋利度好。常用来取代电沉积产品切割玉石、水晶、半导体等材料。图1-3-10为钎焊式金刚石圆锯片。

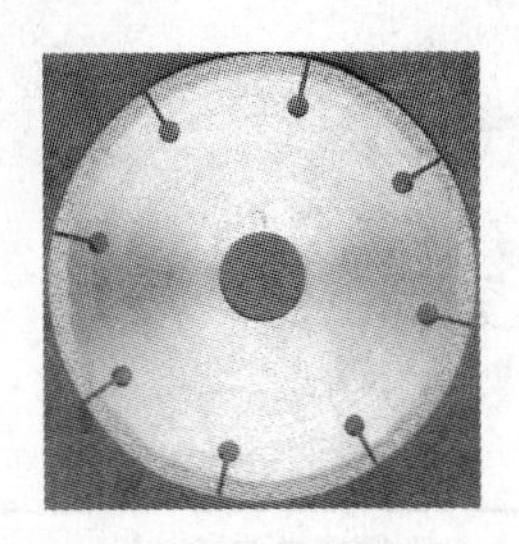

图1-3-10　钎焊式金刚石圆锯片

（4）按用途的不同分为通用切割片、石材（大理石、花岗石等）切割片、陶瓷切割片、墙面切割片、混凝土及沥青切割片等。由于切割工况和切割要求的不同，金刚石圆锯片的结构形式有很多种，详见金刚石圆锯片的设计。

3.1.3　金刚石圆锯片规格与用途

金刚石圆锯片直径跨度范围较大，从数毫米雕刻片到数米大直径圆锯片，金刚石圆锯片规格不同，应用范围也不同。

（1）ϕ230mm及以下规格的金刚石圆锯片，大多采用整体烧结工艺与激光焊接工艺制造。主要用于石材、玉石、水晶等材料的切边、修边、雕刻，以及墙体、钢筋混凝土路面的切割、开槽加工等。采用这两种工艺制造的圆锯片可以实现无水切割。

（2）ϕ230～400mm 规格的金刚石圆锯片可以采用整体压制烧结工艺、激光焊接工艺以及高频焊接工艺制造，主要用于石材板材的精密切割和石材的修整加工、混凝土、沥青路面的切割，以及墙体、桥梁等建筑材料切割。整体烧结工艺与激光焊接工艺制造的圆锯片可适于高速锯机的无水切割。

（3）ϕ600～1200mm 规格的金刚石圆锯片大多采用高频焊接或激光焊接工艺制造（ϕ1200mm 以上规格大多采用高频焊接）。主要应用于墙体的切割、混凝土预制件、混凝土、沥青路面和各类石材荒料的切割。激光焊接锯片适于较大深度的切割，不会因加水不足而脱齿。

金刚石圆锯片的应用范围很广，如切割矿山、切割荒料、切割大理石、桥梁和墙壁等。

3.2　常见的金刚石圆锯片产品

根据切割对象的不同，金刚石圆锯片可以分为如下几类：通用型金刚石圆锯片、石材切割片、混凝土切割片、陶瓷切割片、墙锯切割片等。

3.2.1　通用型金刚石圆锯片

通用切割片用于切割钢筋混凝土等工程材料、各类石材、瓷砖、沥青等，切割材料种类丰富，具有很强的适用性。图1-3-11为常见的通用片形式，表1-3-2是通用金刚石圆锯片规格及用途。

图1-3-11　常见通用型金刚石圆片结构

表1-3-2　通用型金刚石圆锯片规格及适用设备

常用规格直径 D/mm	刀头厚度/mm	齿数/个	适用设备
105	1.8	8	角磨机、云石机等手持切割
108	1.8	8	
110	1.8	8	
115	1.8	8	
125	2.2	10	
150	2.2	11	
180	2.4	14	
190	2.4	14	
200	2.8	14	
230	2.8	16	

3.2.2 切割石材用金刚石锯片

这类锯片主要应用于花岗石、大理石、砂岩等石材的切割加工，其特点是锋利度好、切割平稳、切边效果好。图1-3-12为切割花岗岩用金刚石锯片，图1-3-13是切割大理石用金刚石锯片。表1-3-3是切割花岗岩用金刚石锯片规格及用途，表1-3-4是切割大理石用金刚石锯片规格及用途。

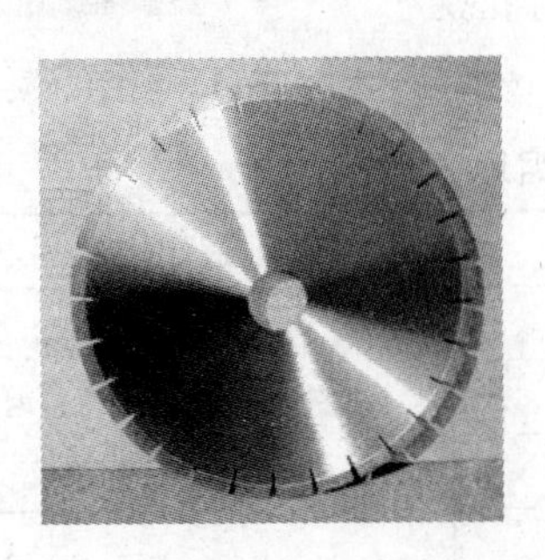

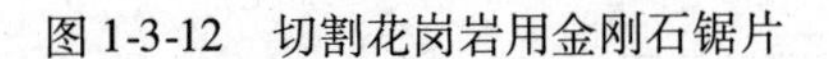

图1-3-12 切割花岗岩用金刚石锯片

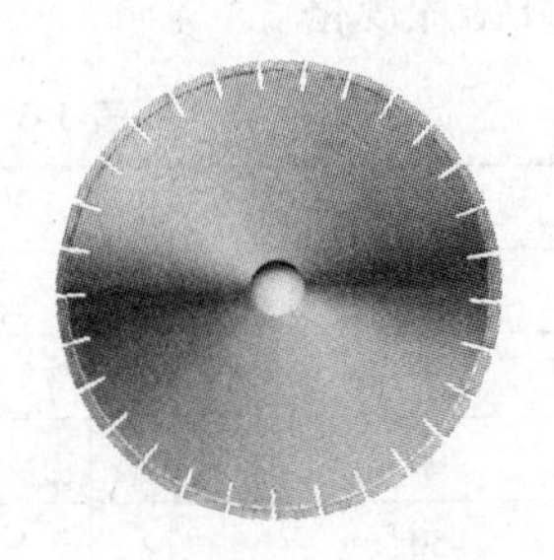

图1-3-13 切割大理石用金刚石锯片

表1-3-3 切割花岗岩用金刚石锯片规格及用途

常用规格直径 D/mm	刀头厚度/mm	齿数/个	用途及适用设备
250	2.6	17	适用于台式锯或桥式切机进行规格板材的切割
300	3	21	
350	3.2	24	
400	3.4	28	
450	3.6	32	
500	3.8	35	
600	4.6	42	适用于桥切机进行小规格荒料的切割
800	6	57	
1000	6.6	70	
1200	8	80	
1600	8	108	适用于大型龙门切机进行大型荒料的切割
2000	10	132	
3000	12	160	

表1-3-4 切割大理石用金刚石锯片规格及用途

常用规格直径 D/mm	刀头厚度/mm	刀头形状	用途及适用设备
250	2.2	连续齿，节块式普通平齿，节块式三明治齿	适用于台式锯、桥切机进行规格精品板材的切割
300	2.4		
350	3		
400	3.2		
450	3.6	节块式普通平齿，节块式梯形齿，节块式三明治齿	
500	4.2		适用于桥切机进行小规格荒料的切割
600	5		
800	5.5		
1200	6.5		适用于大型龙门切机进行大型荒料的切割
1600	7.5		
1800	8.5		

3.2.3 切割混凝土用金刚石锯片

图 1-3-14 切割混凝土锯片

切割混凝土用金刚石锯片主要用于切割混凝土路面、带钢筋的混凝土路面及构件、机场跑道、高速公路、桥梁等。其特点是刀头硬度高，抗研磨性强，刀头多为节块式，加水切割。图 1-3-14 为切割混凝土用锯片，表 1-3-5 为切割混凝土用金刚石锯片规格。

表 1-3-5 切割混凝土用金刚石锯片规格

常用规格直径 D/mm	刀头个数/个	适用设备
300	21	手持锯，台式锯，马路锯
350	24	
400	28	
450	32	台式锯，马路锯
500	36	
600	42	
700	50	
800	56	
900	60	

3.2.4 切割沥青用金刚石锯片

这类锯片主要用于切割沥青路面和新鲜混凝土路面，大规格的锯片带有护齿或护齿块（见图 1-3-15 和表 1-3-6）。

图 1-3-15 切割沥青用金刚石锯片

表 1-3-6 切割沥青用金刚石锯片规格、用途

常用规格直径 D/mm	刀头个数/个	适用设备与用途	特 点
250	17	适用于手持切割机，马路切割机	大规格的锯片带有护齿，具有很好的保侧效果
300	21		
350	24		
400	28		

续表 1-3-6

常用规格直径 D/mm	刀头个数/个	适用设备与用途	特　点
450	32	适用于手持切割机，马路切割机	大规格的锯片带有护齿，具有很好的保侧效果
500	36		
600	42		
700	50		
800	56		

3.2.5　开槽用锯片

开槽用锯片主要用于混凝土、花岗岩、水泥、砖墙等墙面、地面的水槽、线缝的切割。其锯片特点是刀头厚度较大，常用的规格有 ϕ105mm、ϕ115mm、ϕ150mm、ϕ180mm、ϕ200mm 等。常见的样式有尖角开槽用锯片和平齿开槽用锯片两种，如图 1-3-16 和表 1-3-7 所示。

尖角开槽用锯片

平齿开槽用锯片

图 1-3-16　开槽用锯片

表 1-3-7　开槽用锯片的常用规格

外径/mm	齿高/mm	中孔直径/mm	齿数/个	外径/mm	齿高/mm	中孔直径/mm	齿数/个
105	10	22.23	8	180	10	22.23	13
115	10	22.23	9	100	10	22.23	14
150	10	22.23	12				

3.2.6　切墙用锯片

切墙用锯片用于切割各类钢筋混凝土、石材等建筑墙体，切缝平直，切割平稳，适用于专用切墙机械。图 1-3-17 为切墙用锯片，表 1-3-8 是常见切墙用锯片规格。

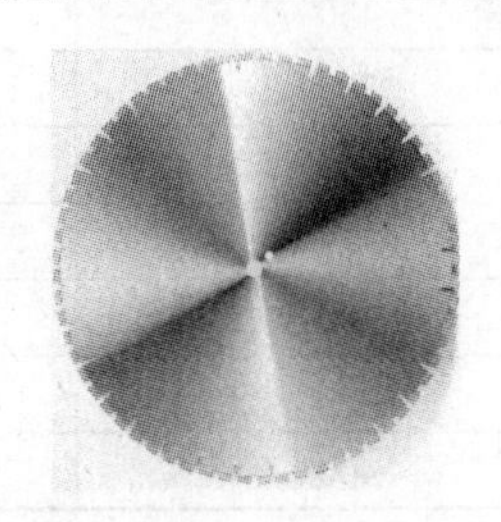

图 1-3-17　切墙用锯片

表 1-3-8　常见切墙用锯片规格

规格/mm	刀头高度/mm	中孔直径/mm	刀头个数/个	规格/mm	刀头高度/mm	中孔直径/mm	刀头个数/个
ϕ350	10	25.4	24	ϕ650	10	25.4	76
ϕ400	10	25.4	28	ϕ800	10	25.4	92
ϕ450	10	25.4	32	ϕ900	10	25.4	96
ϕ500	10	25.4	36	ϕ1000	10	25.4	112
ϕ550	10	25.4	58	ϕ1200	10	25.4	136
ϕ600	10	25.4	64				

3.2.7 瓷砖用锯片

专业用于瓷砖的切割，可切割釉面砖、高硬度仿古砖、玻化砖等各类瓷砖。其特点是切割速度快，切割平稳，能保证被切割的瓷砖崩边小。常见的瓷砖切割锯片有两大类：一类是烧结式，另一类是焊接式，如图1-3-18所示。表1-3-9是烧结式瓷砖用锯片的常见规格，表1-3-10是焊接式瓷砖用锯片的常见规格。

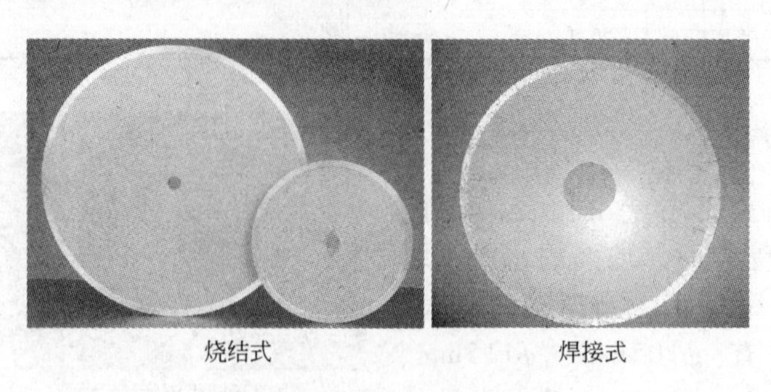

烧结式　　焊接式

图1-3-18 瓷砖用锯片

表1-3-9 烧结式瓷砖用锯片的常见规格

规格	刀头厚度/mm	刀头高度/mm	内孔直径/mm
105	1.8	8	20
110	1.8	7/10	20
114	1.8	7/10	20
125	1.8/2	7/10	20
150	2	7/10	22.23
180	2/2.2	7/10	22.23
200	2/2.2	7/10	22.23
230	2.2/2.4	7/10	22.23
250	2/2.2/2.4	9/10	60
300	2/2.2/2.4	9/10	60
350	2/2.2/2.4/2.8	8/10	50/60
400	2.2/2.4	10	75

表1-3-10 焊接式瓷砖用锯片的常见规格

规格	刀头厚度/mm	刀头高度/mm	内孔直径/mm
180	1.8/2	10	60
200	1.8/2	10	60
250	1.8/2/2.2/2.4	10	60
300	1.8/2/2.2/2.4	10	60
350	2.4/2.6/2.8	10	50/60
400	2.4/2.6/2.8	10	50/60
450	2.6/3	10	50/75

在瓷砖的切割中多片组合切割常常被应用，可以提高切割效率以及进行马赛克的切割。表1-3-11是组合锯片常用规格。

表1-3-11 瓷砖组锯切割锯片常用规格

规 格	刀头厚度/mm	刀头高度/mm	内孔直径/mm
180	1.8	10	60
200	1.8	10	60
250	2	10	60
300	2.2	10	60

3.2.8 金刚石内圆切割片

金刚石内圆切割片的特点是刀片可以做得很薄，切缝窄，加工精度高，效率高，可以减少贵重材料的损耗。图1-3-19为内圆切割片结构示意图，表1-3-12为内圆切割片规格。

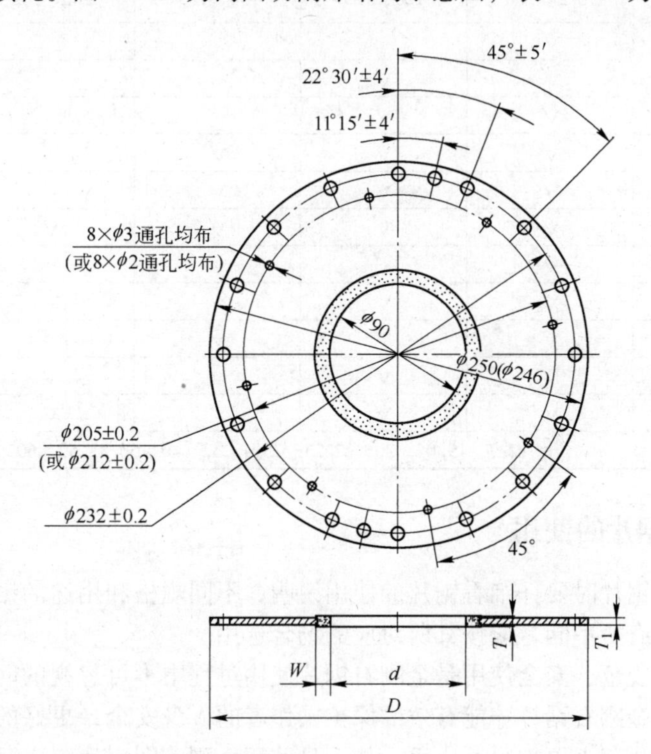

图1-3-19 内圆切割片结构示意图

表1-3-12 内圆切割片规格

尺寸/mm					金刚石用量 /ct·片$^{-1}$
D	d	T	W	T_1	
220	83	0.22	1.5	0.1	0.5
250	83/90	0.22	1.5	0.1	0.5
280	90	0.22	1.5	0.1	1
360	120	0.22/0.26	2	0.1/0.15	2
400	130	0.22/0.24/0.26	2	0.1/0.15	4

3.2.9 金刚石超薄切割片

高精度金刚石超薄切割片主要用于电子信息领域各种电子元器件及机械行业精密零部件的切断与开槽，具有精度高、切缝小、加工表面质量好等一系列优点。图1-3-20为金刚石超薄切割片的结构示意图，表1-3-13为其常见规格。

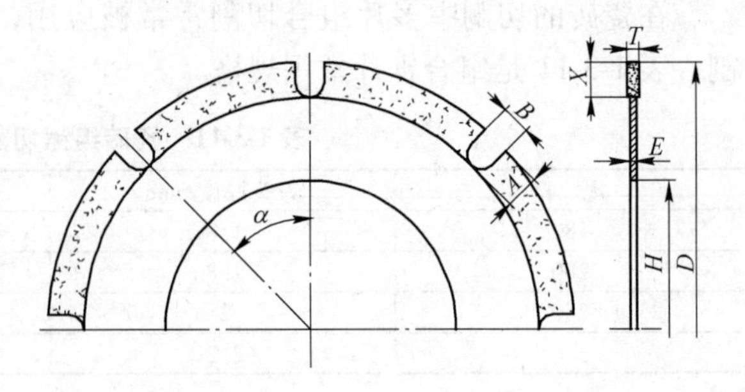

图1-3-20 金刚石超薄切割片结构示意图

表1-3-13 金刚石超薄切割片常见规格

T \ D	50、65、76.2、100	101.6、110、120、125	130、140、150、155	175、180、200、203	250、254、305、400
0.2	√				
0.3	√	√			
0.4	√	√			
0.5	√	√	√		
0.6	√	√	√		
0.7	√	√	√	√	
0.8	√	√	√	√	
0.9	√	√	√	√	
1.0	√	√	√	√	√
1.5	√	√	√	√	√
2	√	√	√	√	√
H	12.7、19.05、20、22.23、25.4、32、40、50.8、52、60、88.9、127				

3.3 金刚石圆锯片的使用

在选用金刚石锯片时要仔细看锯片的使用说明，不同规格和用途的锯片，其设计的刀头配方和基体形式有所不同，应按其所对应的场合选用。

金刚石锯片的规范、安全使用是金刚石锯片使用过程中不可忽视的问题。只有做到了规范、安全的使用金刚石锯片才能有效的保护操作者的人身安全，更好的提高锯片的切割性能，让使用者操作起来更加得心应手。如下是使用金刚石圆锯片应注意的几点要求：

(1) 锯片运输与保存应注意防止变形保证精度。如不立即使用，应将其平放或利用内孔将其悬挂起来，平放的锯片上不能堆放其他物品或脚踩，并要注意防潮，防锈蚀。

(2) 锯片安装时要保持轴心、卡盘和法兰盘的清洁，防止生锈，确保法兰盘与锯片紧密结合。设备的主轴和夹板的尺寸及形位精度对使用效果有很大影响，安装锯片前要检查和调整。特别对夹板与锯片接触面影响夹紧力造成位移打滑的因素必须排除。法兰盘的大小要适当，为锯片直径的1/3左右。

(3) 装配时，必须切断电源，电机轴与锯片中心孔的配合误差必须小于0.1mm。注意保持锯片上标注的箭头方向与所用工具旋转方向一致。

(4) 切割时请不要施加侧压力或曲线切割，进刀要平稳。避免刀刃冲击性接触工件，以免发生危险。

（5）干切时，请不要长时间连续切割，以免影响锯片的使用寿命和切割效果；湿片切割，应加水切割，谨防漏电。

（6）切割机湿切应加水冷却，谨防漏电。

（7）操作者应采用防护罩、保护面罩、工作服、保护鞋、手套等劳保用品。

（8）锯片装好后先空转几分钟，无打滑、摆动或跳动后再正常工作。锯片变钝可到砂轮或耐火砖上开刃，锋利度更好。

3.3.1 锯机

锯机各个部件应有足够的精度，运行平稳，噪声小，回转主轴、锯片移动或工作台移动要符合设计要求。锯片使用安装前应对切割机的运行精度进行检查。一般情况锯机的直线度和平行度在0.04mm之内，锯片轴的轴线与工作台移动方向（轨迹）应垂直，垂直度应在0.04mm以内，不符合要求的应立即调试或维修。锯机运行4～6个月后须更换滑油、机油。应定期对丝杠、导杠、导轨滑动、转动部件进行检查并加润滑油，开机前检查横梁导轨，其上不得有任何物品。每班工作完后，应对上述部位进行注油润滑。定期检查各螺钉连接处和三角皮带，并定期清除石粉。

锯机主电机功率应与锯片直径和切割的石材材质相匹配。表1-3-14是不同规格的锯片切割常见石材时所用切割机的功率。

表1-3-14 不同规格的锯片切割常见石材时所使用切割机的功率

石材种类	锯片直径/mm	标准圆周速度		高速	
				80m/s	90m/s
		低功率/HP	高功率/HP	低功率/HP	高功率/HP
花岗石类	200、250	2	4		
	300、400	5	10		
	450、550	12	18		
	600、625	18	20		
	700、750	25	35		
	800、900	25	40		
	1000、1100	30	45		
	1200、1300	40	60		
	1400、1600	55	80		
	2000	60	90		
	2500	65	100		
	2700	75	125		
	3000	90	150		
大理石，石灰石	200、250	2	5		
	300、400	7	12		
	450、550	10	20		
	600、625	12	25		
	700、750	18	40		
	800、900	25	50		
	1000、1100	30	65	100	120
	1200、1300	40	80	120	150
	1400、1600	60	90		

续表 1-3-14

石材种类	锯片直径/mm	标准圆周速度		高速	
				80m/s	90m/s
		低功率/HP	高功率/HP	低功率/HP	高功率/HP
砂岩类	2000 2500 2700 3000	65 70 80 100	100 120 150 170	120 130	150 160

3.3.2 冷却剂

金刚石圆锯片的冷却一般是水冷却，防止金刚石在高温下的石墨化及金属粘结剂的软化，另外起到排屑的作用，将切割过程中产生的石屑冲走，防止石屑产生二次磨损。冷却水的流量要充足，表 1-3-15 是各类规格锯片切割时所需的冷却水流量。

表 1-3-15 各类规格锯片切割时所需的冷却水流量

锯片直径/mm	冷却水最小流量 /L·min^{-1}	冷却水最大流量 /L·min^{-1}	锯片直径/mm	冷却水最小流量 /L·min^{-1}	冷却水最大流量 /L·min^{-1}
200~250	6	10	1100~1200	40	60
300~400	10	15	1300~1400	50	75
400~550	15	22	1400~1600	60	90
600~625	20	30	2000	70	120
700~800	30	40	2500~2700	80	140
900~1000	35	45	3000	90	160

3.3.3 圆锯片的安装

锯片安装时，首先应将轴和法兰盘（图 1-3-21）上的铁锈、油污清洗干净。看清锯片基体上的箭头方向，锯片的切割旋转方向应该与箭头方向一致。在切割过程中不可改变切割方向，否则容易使锯齿上的金刚石脱落而降低锯片的使用寿命。

法兰盘的作用主要是定位、加固及传递力矩，保证锯片的安装位置正确，减少切割时锯片的偏摆和振动。法兰盘内孔要同轴配合好，可选用三级精度第三种配合，法兰盘直径要与锯片直径相适应，一般约等于锯片直径的 1/3，在保证切割尺寸的情况下，越大越好。表 1-3-16 是锯片安装误差，表 1-3-17 是法兰盘结构尺寸。

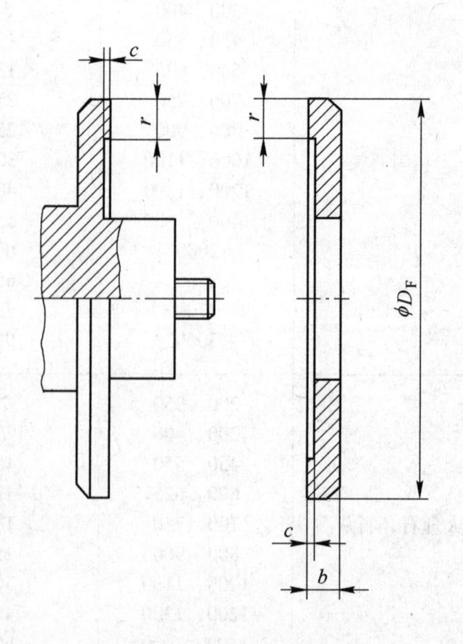

图 1-3-21 法兰盘

表 1-3-16　锯片安装误差表　(mm)

锯片直径	主轴偏心公差	法兰盘侧向误差	锯片径向误差	锯片侧面断面跳动	不平衡度
200	0.02	0.02	0.06	0.10	0.10
400	0.02	0.03	0.06	0.10	0.15
600	0.03	0.03	0.10	0.15	0.20
800	0.03	0.04	0.10	0.20	0.20
1000	0.03	0.05	0.15	0.25	0.25
1500	0.04	0.08	0.20	0.40	0.30
2000	0.04	0.08	0.25	0.60	0.40
3000	0.04	0.10	0.25	0.60	0.40

表 1-3-17　法兰盘结构尺寸　(mm)

锯片直径	ϕD_F	r	b	c	锯片直径	ϕD_F	r	b	c
200	80	10	12	1	900	250	25	20	1.5
250	100	10	12	1	1000	250	25	20	1.5
350	140	12	15	1	1200	300	30	25	1.5
400	150	12	15	1	2000	560	50	32	1.5
600	180	15	18	1	3000	840	50	40	2

3.3.4　锯切参数的影响

锯切参数是影响切割的重要因素，锯切参数包括：锯片线速度，锯片进刀速度和进刀量。

锯片的进给速度决定于被锯切材料的性质，对每一种材料当切深一定时有一定范围的进刀速度。如果进刀速度过快，导致金刚石加快磨损脱落；如果进刀速度过低，使胎体磨损减慢，导致出现“磨钝，打滑”的现象。图 1-3-22 是锯片进刀速度对锯片使用寿命的影响。随着进刀速度的增加，锯片寿命减少，且进刀量越大，寿命下降的趋势越明显。

进刀量即单次锯切深度是涉及金刚石磨耗、有效锯切、锯片受力情况和被锯切材料性质的重要参数。根据切割材料性能的不同切深不同，材料较软或中等硬度时可以用较大的切深，材料硬度高、研磨性强时，切深较小。锯片线速度较大时可以选取大的锯切深度，但是对加工表面有要求时，则应采用小深度切削。通常金刚石锯片的锯切深度可在 1～60mm 之间选择。

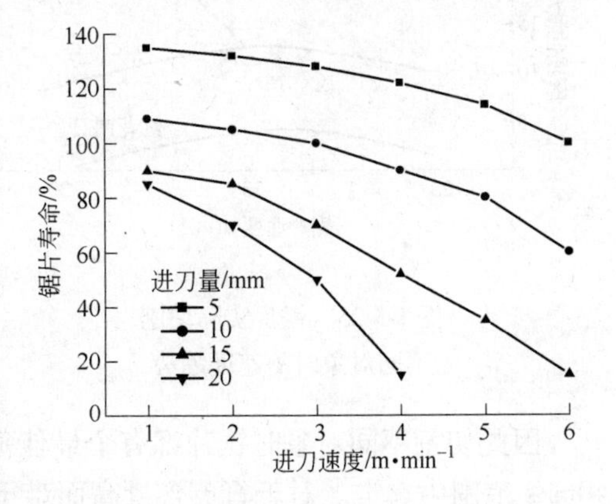

图 1-3-22　锯片进刀速度对锯片寿命的影响
（ϕ400 锯片，切割花岗岩，圆周速度为 37m/s）

我们定义锯片的进刀速度与进刀量的乘积为切割效率，表示单位时间内所切割的面积，即锯片的加工效率。图 1-3-23、图 1-3-24 为 ϕ400mm 锯片切割花岗岩时的切割效率与锯片寿命、动力消耗的关系，锯片圆周速度为 37m/s。

可见，锯片的寿命随着切割效率的增加而

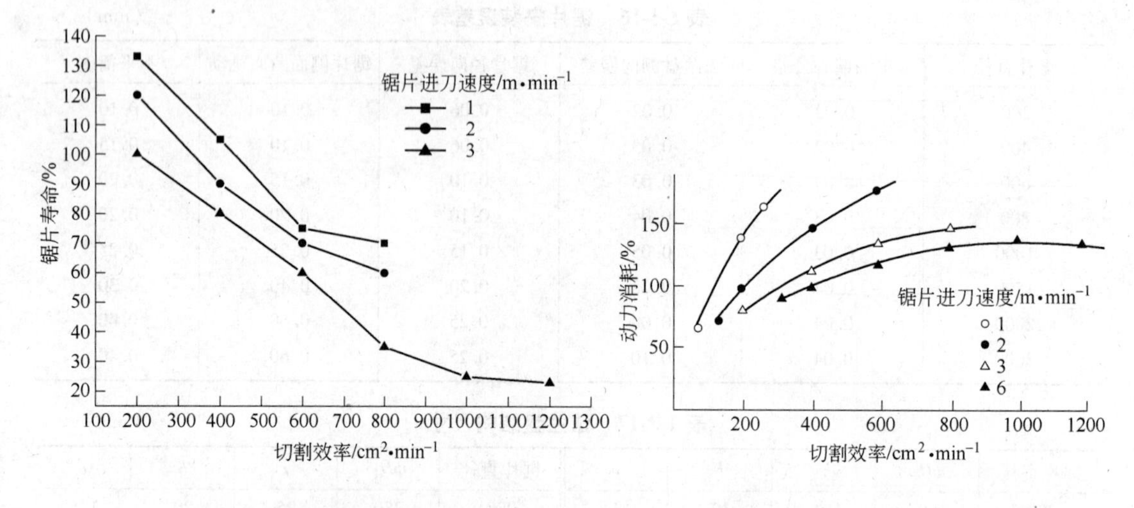

图 1-3-23 锯片切割花岗岩时的切割效率与锯片寿命的关系

图 1-3-24 锯片切割花岗岩时的切割效率与动力消耗的关系

减小；动力消耗则随切割效率的增加而增加，而且进刀速度越低越显著。

锯片的线速度应与锯切对象的硬度和耐磨性相适应，在切割时锯片的寿命和切割效率都有最佳速度，当切割效率提高时，有利的锯片速度向高速侧移动，动力消耗则随着锯片的速度提高而增加，且高切割效率尤为明显。图 1-3-25 是锯片实际切割不同对象时的速度趋势，所用锯片规格 ϕ400mm，切深 5mm，横向进给速度 2.93m/min。

图 1-3-26 是生产中切割进给量不同时的锯片速度趋势，锯片规格为 ϕ450mm，切割对象为白花岗岩，横向进给速度为 3m/min。

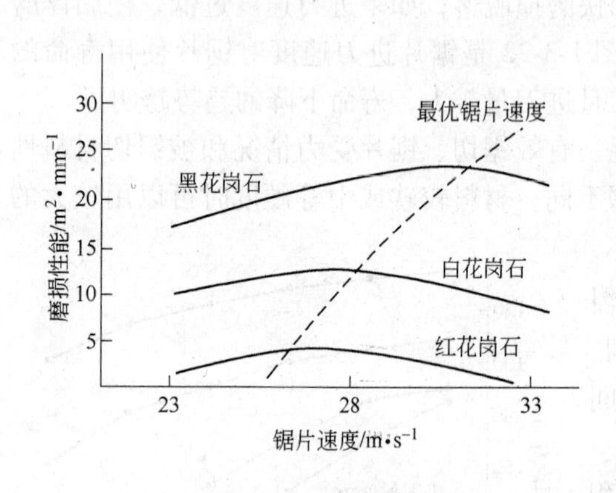

图 1-3-25 锯片实际切割不同对象时的速度趋势

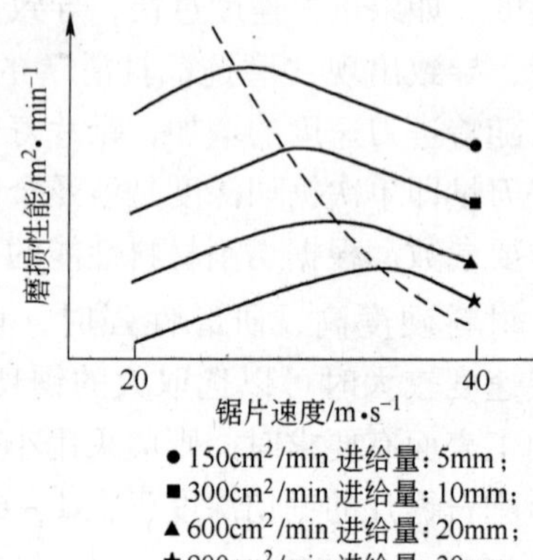

图 1-3-26 生产中切割进给量不同时的锯片速度趋势

因此切割不同对象时锯片都有个最佳范围值，如锯切花岗石时，锯片线速度可在 25～40m/s 范围内选定。对于石英含量高而难于锯切的花岗石，锯片线速度取下限值为宜。在切割较软花岗岩时线速度可以达到 40m/s。表 1-3-18 是切割常见切割材料时的线速度与切深为 2cm 时的锯片进给速度。表 1-3-19 是国外金刚石圆锯片的应用参数。表 1-3-20 为锯片直径与主轴转速的对应关系。金刚石圆锯片实际切割应用举例见表1-3-21。

表1-3-18 几种常见材料切割时的线速度与锯片进给速度

切割材料	花岗岩	大理石	混凝土
线速度/$m \cdot s^{-1}$	25~45	40~60	20~50
进给速度/$mm \cdot min^{-1}$	500~800	2000~3000	500~700

表1-3-19 国外金刚石圆锯片的应用参数

切割对象	锯片规格/mm	进刀速度/$m \cdot min^{-1}$	进刀量/cm	圆周速度/$m \cdot min^{-1}$
花岗岩面砖	300~1800	10~12	0.5~1.5	1500~2500
沥 青	300~4500	2~4	5~15	1800~2500
高速路混凝土切缝	300~450	1~1.5	4~7	1800~2000

表1-3-20 锯片直径与主轴转速的对应关系

锯片直径/mm	锯片线速度/$m \cdot s^{-1}$								
	25	30	35	40	45	50	55	60	65
	主轴转速/$r \cdot min^{-1}$								
200	2390	2870	3340	3820	4300	4780	5250	5730	6210
250	1910	2290	2670	3060	3440	3820	4200	4580	4970
300	1590	1910	2230	2550	2870	3180	3500	3820	4140
350	1360	1640	1910	2180	2460	2730	3000	3270	3550
400	1190	1430	1670	1910	2150	2390	2630	2870	3100
450	1060	1270	1490	1700	1910	2120	2330	2550	2760
500	960	1150	1340	1530	1720	1910	2100	2290	2480
550	870	1040	1220	1390	1560	1740	1910	2080	2260
600	800	960	1110	1270	1430	1590	1750	1910	2070
700	680	820	960	1090	1230	1360	1500	1640	1770
800	600	720	840	960	1070	1190	1310	1430	1550
900	530	640	740	850	960	1060	1170	1270	1380
1000	480	570	670	760	860	960	1050	1150	1240
1100	430	520	610	690	780	870	960	1040	1130
1200	400	480	560	640	720	800	880	960	1040
1300	370	440	510	590	660	740	810	880	960
1400	340	410	480	550	610	680	750	820	890
1500	320	380	450	510	570	640	700	760	830
1600	300	360	420	480	540	600	660	720	780
1750	270	330	380	440	490	550	600	660	710
2000	240	290	330	380	430	480	630	570	620
2500	190	230	270	310	340	380	420	460	500
2700	180	210	250	280	320	350	390	420	460
3000	160	190	222	260	290	320	350	380	410

表1-3-21 金刚石圆锯片实际切割应用举例

操作内容	加工材料	设备参数	锯片特性	结 论
在机场跑道上切割伸缩缝	石灰石骨料混凝土	切口深度：50~60mm；外缘速度：48m/s；机器功率：42kW	锯片直径:450mm；金刚石颗粒：SDA100+，30/40目	在两次开刃之间可切割混凝土50m^2
切割桥梁面板	沥青及钢筋混凝土	切口深度：130~190mm；机器功率：42kW	锯片直径：600mm或900mm；金刚石颗粒：SDA100+，25/35目	总切割长度870m

续表 1-3-21

操作内容	加工材料	设备参数	锯片特性	结 论
采用地板锯和墙面锯拆除桥梁	沥青及钢筋混凝土	外缘速度：45m/s；切削速度：1.5m^2/h	锯片直径：900mm或1600mm；金刚石颗粒：SDA100 +，30/40目或40/50目	切割沥青锯片寿命为100m^2；切割钢筋混凝土锯片寿命为25m^2
在主路面拓宽工程中，采用地板锯和墙面锯进行切割加工	钢筋混凝土	锯片转速：650～2000r/min；切削速度：30cm/min；机器功率：38kW	锯片直径：760mm、860mm、1700mm；金刚石颗粒：SDA100 +，粒度40/50目	采用金刚石锯片切割，使施工引起的交通中断、延误期减少到最小程度
为安装电控箱在天花板上进行干式锯切	钢筋混凝土	主轴转速：1300r/min；切口深度：100mm；切口长度：12m；机器功率：38kW	锯片直径：450mm；金刚石SDA100 +	
狐尾砖和厚板切割机作业	蓝色珍珠岩，祖母绿珍珠岩	外缘速度：24m/s；切口深度：25～30mm；工作台速度：1.3～1.8m/min	锯片直径：250～1150mm；金刚石颗粒：SDA100 +、SDA85 +，30/40～40/50目	切割速度快，精度高，生产效率为15～25m/h
采用桥式锯切割花岗岩厚板	花岗岩	主轴转速：250r/min；切口深度：6mm；进给速度：1.2m/min；机器功率：38kW	锯片直径：2300mm；金刚石颗粒：SDA85 +，40/50目	锯片寿命约为110m^2

3.3.5 锯片故障及排除

锯片常见故障及排除见表1-3-22。

表 1-3-22 锯片常见故障及排除

锯片故障及现象	原因及解决方法
(1) 锯片不圆	(1) 轴承磨损，更换新轴承； (2) 锯机的发动机没有调整到位，使锯片转动中出现跳动； (3) 对切割材料而言，锯片胎体太硬，使锯片磨偏，应使用适当规格的锯片
(2) 锯片切不动	(1) 对切割材料而言，锯片太硬，应使用合适的锯片； (2) 切割材料硬，锯片变钝
(3) 中孔不圆	(1) 法兰盘没安装紧，锯片在中轴上转动或摆动。用扳手上紧中轴螺母，确保锯片充分固定； (2) 锯片法兰磨损或变脏，夹不住锯片。清扫法兰片或更换法兰片； (3) 锯片安装不当，确保锯片安装在适当直径的轴承上，确保定位孔滑过驱动针，驱动针在定位孔里
(4) 钢基体磨损	锯切中产生的高研磨性微粒研磨钢基体，用尽量多的水冲洗切割中产生的切屑
(5) 齿裂	对于切割材料而言，锯片太硬
(6) 锯片摇摆	(1) 锯片转速不适当，确保锯片轴速度为推荐速度； (2) 锯片法兰盘直径不一，检查法兰片，确保干净、平整，直径正确； (3) 锯片变形弯曲，应对锯片进行校平
(7) 掉齿	(1) 由于缺水形成过热，确保水流充足，冲到锯片两面； (2) 钢基体磨损大，用充足的水冲洗切屑； (3) 法兰盘缺陷造成锯片对不准，清扫法兰盘，或使用小直径法兰； (4) 对切割材料而言，锯片太硬，应使用合适的锯片； (5) 锯片不圆切割，形成连续重击动作，更换坏轴承，校准锯片中心轴，或更换磨损的锯片中孔垫圈； (6) 锯片应力不当，确保锯片转速正确

续表 1-3-22

锯片故障及现象	原因及解决方法
(8) 钢基体开裂	(1) 锯片切割中锯片松动变形，出现凹痕，拧紧锯片中轴螺母，对锯片进行调校； (2) 对切割材料而言，锯片太硬应使用合适的锯片； (3) 轴承损坏，更换新轴承
(9) 工件掉边甚至损坏，切面粗糙度值高，切缝偏斜	(1) 锯片本身变形，应该进行校平，安装精度应控制在规定范围内； (2) 切割时进刀不均匀，有断续现象； (3) 新锯片没有开好刃，应重新开刃； (4) 工件在工作台上没有固定好或工作台运动时偏摆，应固定工件，切割时进刀应平稳、缓慢； (5) 锯齿已经磨钝，重新开刃，或选用合适的锯片； (6) 将锯片位置下降一些会改善边角损坏情况
(10) 锯片磨损过快或旁侧磨损	(1) 线速度过低； (2) 切速过高，应调整到适当范围； (3) 冷却水不充足，应将冷却水均匀地注入锯片两侧； (4) 机器震动大或进刀太猛
(11) 切缝歪斜	(1) 锯片本身变形弯曲，应对锯片进行校平； (2) 锯片基体强度不够或法兰盘直径太小； (3) 由于刀头磨钝、打滑导致歪斜，应对锯片重新开刃； (4) 切速过高，应调整到适当范围； (5) 锯片安装平面与工作台移动导轨平行度差
(12) 切速低、功率消耗大	(1) 线速度过高应调整到适当范围； (2) 冷却水不足，使锯片磨钝、打滑，应加大冷却水量； (3) 若分步切割，可减少每次的切割厚度，并加大走刀速度，或在单次切割时对锯片开刃； (4) 锯片与切割对象磨损性能不匹配，选择合适的锯片

3.4 金刚石圆锯片检验

金刚石圆锯片的检测项目包括外观、几何尺寸、锯片端跳及径跳、基体硬度和平面度及刀头强度等。

3.4.1 锯片外观

金刚石圆锯片的外观质量应该用目测或 10 倍放大镜检测，崩刃用样板或分度值为 0.02mm 的游标卡尺配合检测。

外观要求每个刀齿表面不得有裂纹及 2 个以上长、宽大于 1mm 的崩刃，烧结片不得有哑音。外径 600mm 以下锯片出场需开刃，工作面的金刚石颗粒应出露且分布均匀。基体若喷漆，涂层应该均匀、平整，无斑点及划伤。焊接锯片要求焊缝饱满，不得有裂缝和孔洞，焊料堆积不得高于锯齿的端面。

3.4.2 几何尺寸

金刚石圆锯片的外形尺寸用分度为 0.02mm 的游标卡尺检测，锯片孔径用光滑孔径塞规或内径千分尺检测。焊接锯片基体、锯齿外形尺寸用钢卷尺、钢尺和游标卡尺配合检测，内孔直径用专用塞规分度值为 0.02mm 的游标卡尺或内径千分尺检测。刀齿在基体上的端面对称度检测用带百分表的专用工具检测。图 1-3-27 为锯片的形状与基本尺寸。表 1-3-23 为锯片形状与基本尺寸对照表，表 1-3-24 是锯齿节块焊接在基体上的对称度公差。

表 1-3-23 金刚石圆锯片形状与基本尺寸对照表

<table>
<tr><th rowspan="2">D</th><th rowspan="2">D_1</th><th colspan="2">H</th><th rowspan="2">E</th><th rowspan="2">Z</th><th rowspan="2">A</th><th rowspan="2">B</th><th rowspan="2">C</th><th rowspan="2">L_2</th><th colspan="2">T</th><th rowspan="2">x</th><th colspan="2">X_1</th><th rowspan="2">s</th></tr>
<tr><th>基本尺寸</th><th>极限偏差</th><th>基本尺寸</th><th>极限偏差</th><th>基本尺寸</th><th>极限偏差</th></tr>
<tr><td>200</td><td>186</td><td rowspan="5">50</td><td rowspan="21">H8</td><td>1.6</td><td>13</td><td rowspan="21">15</td><td rowspan="21">3</td><td rowspan="5">6</td><td rowspan="21">40</td><td>2.4</td><td rowspan="21">+0.200</td><td rowspan="21">5</td><td rowspan="21">7</td><td rowspan="21">+0.200</td><td>0.40</td></tr>
<tr><td>250</td><td>236</td><td>1.8</td><td>17</td><td>2.8</td><td rowspan="2">0.50</td></tr>
<tr><td rowspan="2">300</td><td rowspan="2">286</td><td>2.2</td><td rowspan="2">21</td><td rowspan="2">3.2</td></tr>
<tr><td>2.5</td><td>0.35</td></tr>
<tr><td>350</td><td>336</td><td>2.8</td><td>24</td><td>4.2</td><td>0.70</td></tr>
<tr><td rowspan="3">400</td><td rowspan="3">386</td><td rowspan="16">50
80</td><td>2.2</td><td rowspan="3">28</td><td rowspan="10">8</td><td rowspan="2">3.2</td><td>0.50</td></tr>
<tr><td>2.5</td><td>0.35</td></tr>
<tr><td>2.8</td><td>4.2</td><td>0.70</td></tr>
<tr><td rowspan="4">450</td><td rowspan="4">436</td><td>2.2</td><td rowspan="4">32</td><td rowspan="2">3.2</td><td>0.50</td></tr>
<tr><td>2.5</td><td>0.35</td></tr>
<tr><td>2.8</td><td rowspan="2">4.2</td><td>0.70</td></tr>
<tr><td>3.2</td><td>0.50</td></tr>
<tr><td rowspan="3">500</td><td rowspan="3">486</td><td>2.5</td><td rowspan="3">36</td><td>3.2</td><td>0.35</td></tr>
<tr><td>2.8</td><td rowspan="2">4.2</td><td>0.70</td></tr>
<tr><td>3.2</td><td>0.50</td></tr>
<tr><td rowspan="3">600</td><td rowspan="3">586</td><td>3.2</td><td rowspan="3">42</td><td rowspan="6">10</td><td>4.2</td><td>0.50</td></tr>
<tr><td>3.6</td><td rowspan="2">5</td><td>0.70</td></tr>
<tr><td>4.0</td><td>0.50</td></tr>
<tr><td rowspan="3">700</td><td rowspan="3">686</td><td>3.2</td><td rowspan="3">50</td><td>4.2</td><td>0.50</td></tr>
<tr><td>3.6</td><td rowspan="2">5</td><td>0.70</td></tr>
<tr><td>4.0</td><td>0.50</td></tr>
</table>

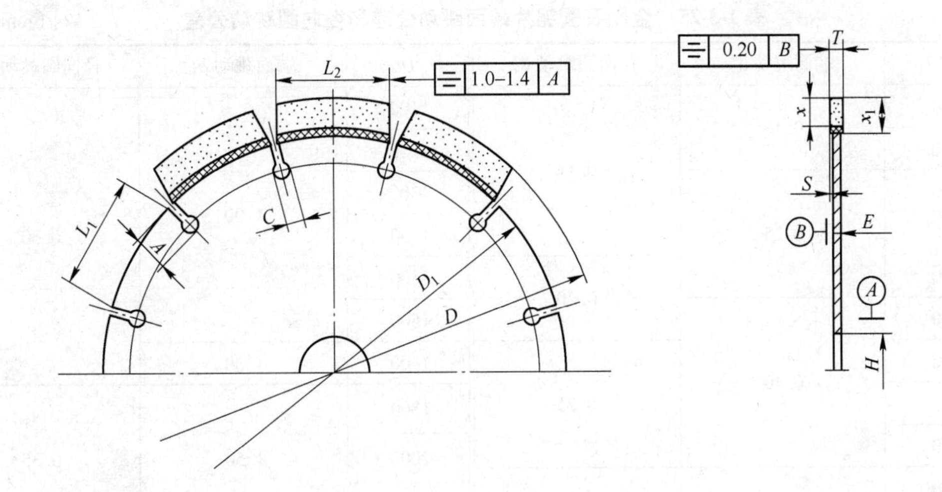

图 1-3-27　金刚石圆锯片的形状与基本尺寸

表 1-3-24　金刚石圆锯片锯齿节块焊接在基体上的对称度公差　（mm）

尺　寸	对称度公差	尺　寸	对称度公差
$L_1 - L_2 = 0$	1. 0	$L_1 - L_2 = 4 \sim 6$	1. 4
$L_1 - L_2 = 2$	1. 2		

3. 4. 3　锯片端面及径向跳动

金刚石圆锯片端面及径向跳动需要的检测仪器是圆跳动仪，其芯轴径向跳动不得大于 0. 01mm，法兰盘端面跳动公差不得大于被测锯片端面跳动公差值的 1/10，法兰盘直径不得大于被测锯片直径的 1/3。外径小于 400mm 的锯片法兰盘直径不得大于被测锯片直径的 1/2。

检测锯片端面及径向跳动时应用法兰盘将锯片固定在芯轴上，将百分表触头分别置于锯片外径和基体侧面距槽底部 10mm 处，缓慢旋转锯片，读出百分表上的数值，即为锯片径向及端面圆跳动值，如图 1-3-28 所示。

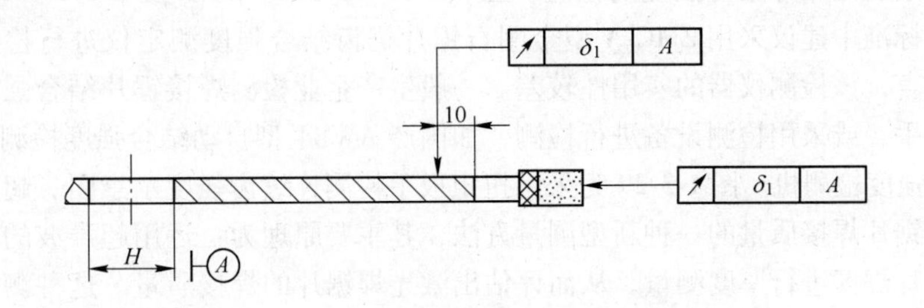

图 1-3-28　金刚石圆锯片径向及端面圆跳动

金刚石圆锯片端面跳动公差和径向圆跳动公差见表 1-3-25。

表 1-3-25 金刚石圆锯片端面跳动公差和径向圆跳动公差 (mm)

D	端面跳动 δ_1	径向圆跳动 δ_2	D	端面跳动 δ_1	径向圆跳动 δ_2
180	0.18	0.15	1100	1.00	0.30
200			1200		
300	0.25		1300		
350			1350		
400		0.20	1400		
450	0.40		1500		
500		0.25	1600	1.30	
550			1800	1.50	0.35
600			2000		
650	0.65	0.25	2200		
700			2500	1.70	0.40
750			2700	1.80	
800			3000	2.00	0.45
900			3500		0.60
1000		0.30			

3.4.4 基体的硬度和平面度

基体的硬度用洛氏硬度计检测，根据材质与工艺的不同，一般焊接锯片基体硬度范围为 33～45HRC。检测时检查任意三点，要求硬度值在平均值的 ±2 之间。

基体的平面度用 500 : 0.02 的平尺和塞尺配合检测。外径小于 400mm 的锯片平面度用 50～300mm 刀口尺和塞尺配合检测。

3.4.5 金刚石圆锯片结合强度的检测

金刚石圆锯片结合强度很大程度上决定了产品的使用效果。在锯片使用过程中，因锯齿与基体结合强度不够而出现个别锯齿断裂被甩出的现象，将严重威胁操作人员的安全，同时也会影响锯片的使用寿命。因此，金刚石锯片结合强度的检测与控制至关重要。

关于金刚石圆锯片结合强度的检测，在 GB/T 11270.1—2002 及 GB/T 11270.2—2002 中均提及，标准中建议采用 ZMC-A 型金刚石锯片锯齿结合强度测定仪进行检测，但对于生产企业而言，该检测仪器的实用性较差。一般生产企业检测焊接锯片结合强度的主要工具为扭矩扳手，或采用检测设备进行检测，如国产 AWB4 型自动结合强度检测机及德国产 SPE 型结合强度检测机。图 1-3-29 为采用扭矩扳手检测连续齿强度示意图。超声波测量法是对激光焊锯片焊接质量的一种新型测量方法，其主要原理为：运用超声波的反射特性来对激光焊锯片焊区进行厚度测量，从而评估出激光焊锯片的焊接质量。这种测量方法的主要优点在于测量的非破坏性。

结合强度的检测指标一般用抗弯力矩 M_b 来表示，也可用抗弯强度 σ_{bb} 表示。前者主要适用于实际生产检测过程使用，后者主要适用于产品研发设计中使用。而很多出口型大型

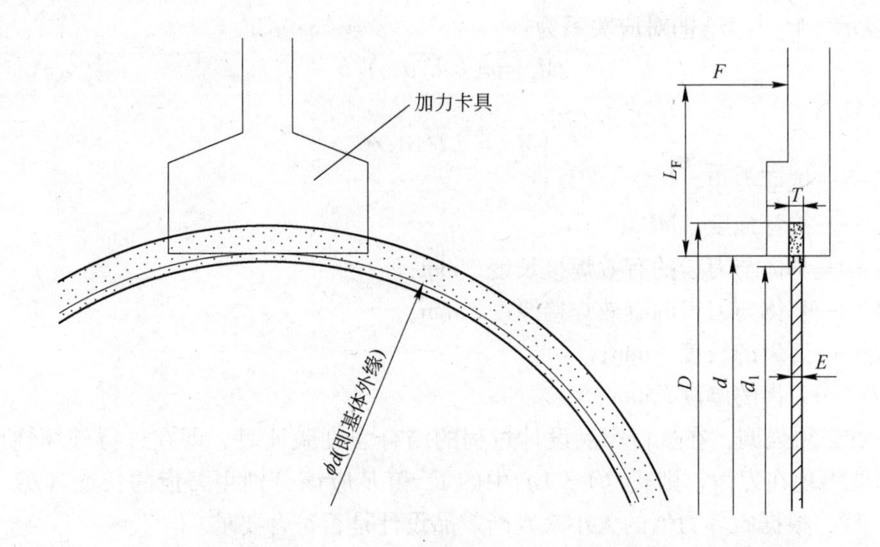

图 1-3-29　采用扭矩扳手检测连续齿强度示意图

F—锯齿所受的力，N；L_F—加压力臂长度，mm；D—锯片外径，mm；d—基体外径，mm；d_1—锯片锯齿根部圆直径，mm；T—锯齿厚度，mm；E—基体厚度，mm

企业，主要依据 EN13236：2001E《超硬磨料磨具安全要求》来制定企业的内控准则。

按 EN 标准及国标相应要求，锯片结合强度检测分为破坏性检测及非破坏性检测。

3.4.5.1　破坏性检测

根据锯齿的形状不同（分齿式和连续齿式），它们的破坏性检测要求也不同，见表1-3-26。

表 1-3-26　金刚石圆锯片破坏性试验的结合强度要求

锯片形式	使用条件	结合强度要求
分齿式锯片（焊接锯片和烧结锯片）	手持式切割机	$\sigma_{bb} \geqslant 600$MPa
	固定式或可移动式切割机	$\sigma_{bb} \geqslant 450$MPa
连续式锯片（烧结锯片）	手持式切割机	$M_b \geqslant 125 \cdot (D/2)$MPa
	固定式或可移动式切割机	$M_b \geqslant 90 \cdot (D/2)$MPa

注：D 为锯片外径，m。

3.4.5.2　非破坏性检测

非破坏性检测要求，也称为正常使用要求（即使用的最低要求），见表 1-3-27。

表 1-3-27　金刚石圆锯片非破坏性试验的结合强度要求

使用条件	σ_{bb}/MPa	切割状态
机械式操纵	150	湿　切
机械式操纵	225	干　切
手持式切割	225	干切或湿切

针对产品的结合强度检测，包括破坏性检测及非破坏性检测，检测数据一般以抗弯力

矩 M_b 来表示，M_b 与 σ_{bb} 的对应关系为：

$$M_b = (L_v E^2 \sigma_{bb})/6 \tag{1-3-1}$$

或

$$M_b = LT^2 \sigma_{bb}/6 \tag{1-3-2}$$

式中 M_b——抗弯力矩，N ·m；

σ_{bb}——抗弯强度，MPa；

L_v——基体与刀齿的有效焊接长度，mm；

E——基体与刀齿的有效焊接厚度，mm；

L——刀齿的长度，mm；

T——刀齿的厚度，mm。

有一点必须强调，在进行产品设计过程的结合强度验证时，即在进行破坏性检测中，如断裂部位出现在刀齿，则式（1-3-1）中的 L_v 和 E 应该分别用刀齿的长度（L）及厚度（T）来代替，根据破坏力值的大小来判断产品设计是否符合要求。

3.4.6 金刚石圆锯片使用性能评价（切割性能测试及金刚石磨损形貌分析）

目前，金刚石圆锯片的切割性能测试一般依据用户提供的使用报告来进行，这种方法最准确，但试验周期长，切削量大，成本高。近几年来，国内外陆续出现了许多快而方便的实验方法和实验装置，如单块刀头试验法。这种方法是只采用一个刀头来锯切石块，根据其切割石材的效率、质量、磨损情况以及金刚石的出刃情况，来评定胎体材料和锯片的性能。

判断金刚石圆锯片切割效果的好坏，主要依据三项指标，即锯切效率、使用寿命、加工质量。

锯切效率是关于生产率的指标，通常以 cm^2/min 或 m^2/h 来表示，它是锯片锋利性的标志，是用户首先关注的一个重要指标。

使用寿命是关于工作能力的指标，或是耐用度的指标。它是指一副锯片总共能加工板材的数量，以面积表示，有时也以延长米衡量。使用寿命关系到加工成本，是用户和生产厂家关注的指标。

加工质量是锯片锯切出来的板材的质量，主要是指表面平整度、平直度、两面平行度以及边棱完整性等。

金刚石锯片在锯切过程中，金刚石将出现不同的磨损状态，这些状态产生的比率也直接影响着锯片的切割性能。关于锯切过程中，金刚石的磨损形态，不同的研究者进行过不同的分类，但综合起来可分为：初期形态（完整形态）、抛光形态（磨平形态）、局部破碎形态、大面积或整体破碎形态，脱落形态五种类型。图 1-3-30 中(a) ~ (e)分别为这五种典型金刚石磨损形态的扫描图片。

下面对五种金刚石磨损形态的形成机理及其对锯片锯切性能的影响进行具体分析。

（1）初期形态。在锯齿磨损表面，金刚石在胎体中的分布和取向是随机的，因为金刚石的硬度远远大于胎体硬度，在切割过程中，锯齿与石材之间的强烈摩擦会首先将胎体磨掉，使新的金刚石裸露出来，其裸露的表面和边棱作为切削部位工作。初期形态实际上是新金刚石出刃的过程，因此，初期形态金刚石颗粒占总金刚石颗粒数的百分比可以用以衡量工具自锐能力，其百分比越大，说明工具表面新出刃的金刚石越多，即自锐能力强。包镶金刚石的

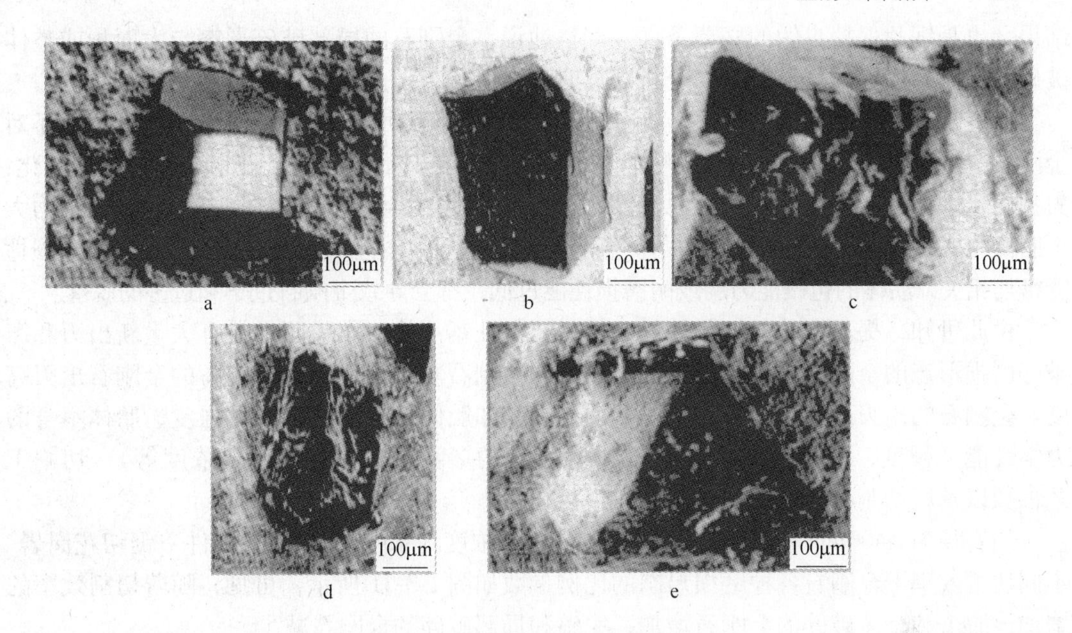

a b c d e

图 1-3-30 金刚石磨损形态的 SEM 图片

胎体材料的耐磨损性能越低，胎体的磨损速度越快，初期形态的金刚石颗粒就会越多。

（2）抛光（磨平）形态。在锯切过程中，交变热负荷的冲击促使金刚石的表面不断进行石墨转化，其外表层的硬度下降，甚至低于胎体的硬度，交变的机械负荷冲击又使石墨化的外表层逐渐被磨掉，金刚石就产生了抛光磨平状态。抛光形态金刚石由于棱角钝化、缺乏尖刃，刻入石材困难，其数量多，则锯片的锋利度差，锯片会表现出低的切割速度和自锐能力。胎体的耐磨损性能越高，胎体磨损速度就低，新金刚石的出露就越困难，造成锯片中的金刚石颗粒周围的胎体支撑过大，出刃高度低，相同加工条件下，金刚石承受的冲击力下降，产生微破碎金刚石的比率降低，而产生抛光形态的金刚石增多，这样锯片的性能会逐渐钝化。

（3）局部破碎形态。金刚石与石材周期性地剧烈挤压和摩擦所产生的交变热应力和机械应力的冲击，使金刚石出现疲劳裂纹而局部破碎，显露出许多微小的切削刃。实际上，局部破碎磨损形态是金刚石颗粒正常工作的形态，在锯片切割石材的过程中，金刚石也是要被逐渐磨损的，而这种局部破碎使得金刚石不断地变化着切削刃的位置和方向，维持金刚石正常的切割能力而不至于被磨钝或磨平。当胎体材料的磨损性能与切割对象的磨损性能匹配，且胎体对金刚石的把持力足够时，金刚石的出刃高度范围为金刚石直径的 1/3 ~ 1/2，这样高的出刃，刻入岩石的深度很大，所承受的冲击力相对较大，导致破碎形态的金刚石增多，即锯片的切割效率、自锐能力提高，其综合性能也很高。

（4）大面积或整体破碎形态。是局部破碎逐渐发展最终导致的磨损形态。金刚石不断地局部磨损致使其切削面积不断减小，胎体的拖尾不断地被磨掉，其抗剪切能力不断降低。随着金刚石逐渐的局部破碎，其切割部位所受到的整体切削力也会增加。二者综合作用的结果会使局部破碎发展成大面积破碎。金刚石的内部缺陷会导致金刚石的抗剪切能力降低，使金刚石易被抛光或整体破碎。这种磨损形态的金刚石多，表明锯片中的金刚石脆性大，裂纹多，发挥作用不充分。但是，大面积或整体破碎形态是金刚石正常使用的必然结果，也是锯片保持自锐的必要条件。严格地说，金刚石的局部破碎形态与大面积或整体破碎形态没有明确的区分标准，分析观察时不易区分，因此也可粗略地将其归为一类。

（5）脱落形态。随着胎体材料被逐渐磨损掉，交变热冲击又使胎体材料软化，降低了对金刚石的把持力。同时，大面积或整体地破碎又破坏了其晶体结构，使切削部位整体钝化，失去切削能力，切削力转化为挤压力和摩擦力。当作用在金刚石表面上的挤压力和摩擦力大于胎体的把持力时，金刚石就会脱落。金刚石的脱落与胎体包镶金刚石的能力及其耐磨损性能密切相关，胎体的包镶能力弱或耐磨损性能过低，都会导致金刚石过早和过多的脱落。

由此可知，提高锯片的切割性能，就是要保证锯片的工作表面维持有大量新出刃和微破碎磨损形态的金刚石，减少磨平抛光形态的金刚石。当然还要保持较高的金刚石出刃高度。金刚石的出刃高度受许多工艺参数的影响，如胎体对金刚石的黏结强度、胎体本身的力学性能（硬度、强度、弹性模量等）、金刚石的参数（粒度、品级、浓度等）、切割工艺参数以及所切割石材性能等的影响。

用直径为 ϕ400mm 的金刚石圆锯片（金刚石浓度为 45%）在水冷条件下锯切花岗岩，不同切割效率下金刚石各种磨损形态的比例参数如图 1-3-31 所示，可见，随着切割效率的增加，脱落和整体破碎的金刚石增加，完整和局部破碎的金刚石减少。

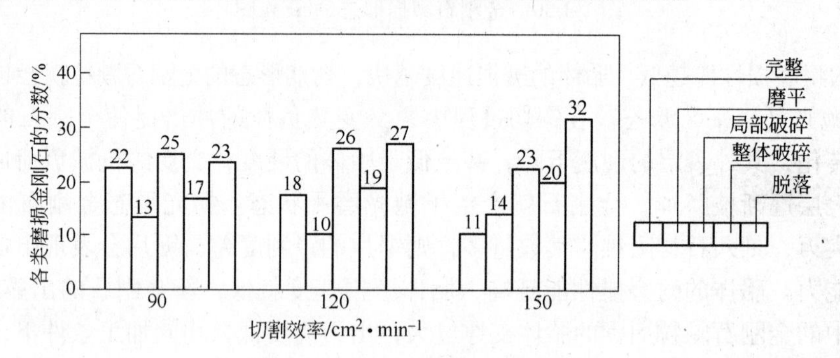

图 1-3-31　不同切割效率下金刚石各种磨损形态的比例参数

在锯片实际切割过程中，并不是所有的金刚石都会经历上述 5 种形态，金刚石的破损形式不是唯一的，如图 1-3-32 所示，金刚石破损型式可分为三种路线：A 路线、B 路线、

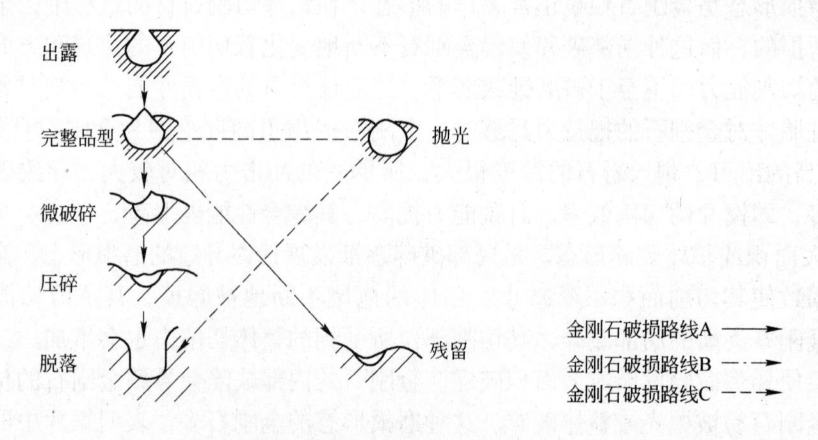

图 1-3-32　金刚石破损路线图

C 路线。路线 A 是金刚石出露后慢慢出现微破碎，金刚石继续破碎岩石，直到最后压碎、脱落；路线 B 是金刚石出露后一次全部断裂，金刚石失去碎岩能力；路线 C 是金刚石出露后首先抛光然后脱落。要想充分发挥金刚石的效能，应当尽量走路线 A 的磨损路线。

3.5 金刚石圆锯片的新技术与方向

目前，国内外金刚石圆锯片的发展主要有以下一些特点：（1）为生产高效优质锯片，开发锯片专用金刚石；（2）更加重视粉末、胎体与烧结工艺的研究；（3）更加重视石材可锯性与锯切机理的研究；（4）激光焊接锯片得到发展；（5）发展超大尺寸的金刚石圆锯片。

随着市场需求的提高，金刚石圆锯片的应用越来越广泛。金刚石圆锯片今后的发展方向是：提高锯切效率、锯片寿命，降低生产成本，降噪环保。为了达到上述目的，就要在材料、结构、尺寸上进行改进。首先，从材料上讲，各个厂家更加重视基体、胎体配方的研究，力争在考虑经济性的基础上，做到提高锯片的寿命及效率。其次，从结构上讲，通过改变金刚石圆锯片的结构达到降低噪声、提高加工精度的目的。目前，研制开发低噪声锯片，大致遵循两条途径：一是改变基体结构，在基体上加工特定沟槽，在沟槽中填入阻尼材料；二是将基体分成 3 层组合而成，中间层采用阻尼材料。再次，在尺寸上，金刚石圆锯片直径越来越大，厚径比越来越小，国外最大的金刚石圆锯片的直径已经达到了 5m。通过对锯片进行整形、校正、应力处理，热处理等以达到最佳使用效果。

3.5.1 预合金粉末在金刚石圆锯片胎体材料中的应用

预合金粉末由于每个粉末颗粒都包含组成合金的各种金属元素，因此成分均匀性相当好。由于其共熔点比合金中单元素熔点要低得多，因此预合金粉末所需的烧结温度低。目前，大多数金刚石锯片、取芯钻头等金刚石工具在制造过程中，均使用相当比例的预合金粉，预合金粉的应用范围正在不断扩大。

3.5.1.1 胎体材料中使用预合金粉末的优点

（1）大大提高金刚石锯片的使用性能。由于预合金粉比机械混合粉末元素分布均匀，从根本上避免了成分偏析，使胎体组织均匀、性能趋于一致；预合金粉合金化充分，使胎体具有高硬度和高冲击强度，可大大提高烧结制品的抗压、抗弯强度，提高对金刚石的把持力，增加金刚石锯片的锋利度，延长锯片的使用寿命。

（2）明显降低金刚石锯片成本。由于预先合金化大大降低了烧结过程中金属原子的扩散所需的激活能，烧结性能好，烧结温度低，烧结时间缩短，这样一方面有利于避免金刚石高温损伤，另一方面可降低石墨模具用量与电能消耗。在切割性能相同的情况下，使用预合金粉可降低金刚石浓度 15% ~20%，明显降低金刚石锯片成本。

（3）便于产品质量控制。由于预合金粉各元素成分固定，从根本上避免了配混料过程中各种问题的产生，为产品质量的稳定提供了条件。

3.5.1.2 预合金粉末的制备方法及特点

目前，制备预合金粉末的常用方法主要有以下几种。

A 雾化法

预合金粉末高压雾化法是按照设计好的胎体配比，在烧结之前预先将各种成分的金属熔炼成合金，然后雾化喷粉，得到所需粒度的胎体粉末。雾化法按雾化介质可分为水雾化和气雾化，气体雾化可用空气、氮气或氩气等气体。气体雾化冷却速度快、粉末晶粒细、粉末收得率高、成本低。由于水比气体的黏度大且冷却能力强，水雾化法特别适于熔点较高的金属与合金。图1-3-33是水雾化制粉工艺流程图。

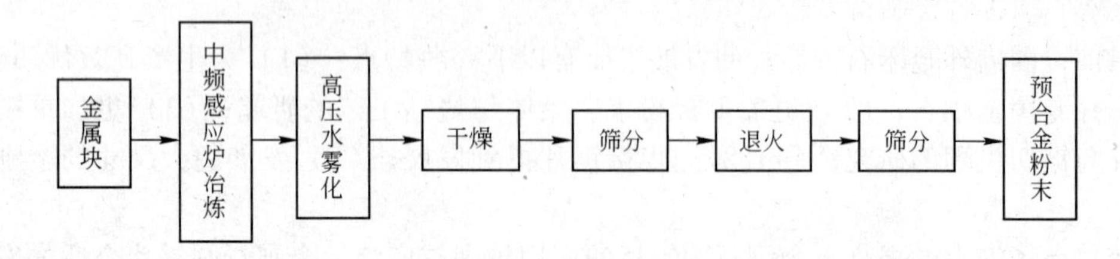

图1-3-33 水雾化制粉工艺流程图

目前，预合金粉大多采用雾化法制备，该法生产的预合金粉具有烧结温度低，合金化程度高等优点。缺点是雾化法对设备要求较高，不易于调整胎体成分，并且粉末含氧量高，成本高，粉末呈近球形，不利于压制与制粒。

B 共沉淀法

共沉淀法即是在含有两种或多种金属离子的溶液中，加入沉淀剂、表面改性剂，通过强化工艺条件，使各种金属离子几乎同时沉淀而获得成分均匀的沉淀物，再将沉淀物通过加热分解、还原、破碎、过筛等工序处理后，最终得到所需粉末的方法。研究表明，通过沉淀草酸盐混合液，并对沉淀物进行分解可制取铁基预合金粉末，其工艺流程如图1-3-34所示。

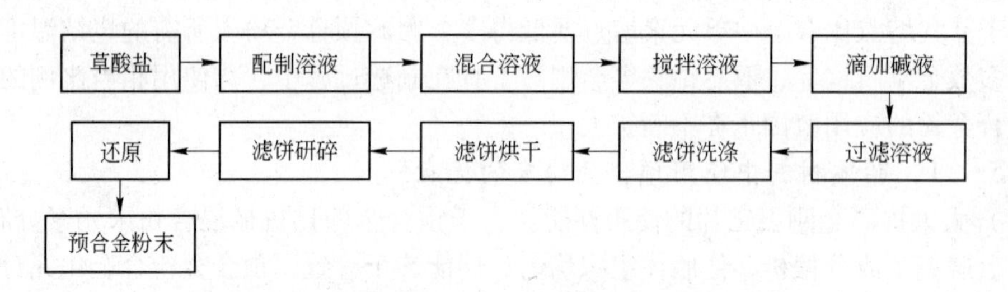

图1-3-34 共沉淀法制取铁基预合金粉末工艺流程图

共沉淀法是制备含有两种以上金属元素的复合粉料的重要方法。由于化学共沉淀法各组分预先可在溶液中达到分子间的均匀混合，因此制品的成分均匀稳定，另外其他参数（如粒度、粒形等）也易于控制。制取的粉料具有粒度细、粒度分布范围窄、成分分布均匀、纯度高、烧结活性好等优点。

C 机械合金化法

机械合金化法通常也称为高能球磨法，是将不同的金属粉末或弥散强化粉末装入高能球磨机，在保护气氛下按一定的球料比、球大小比进行长时间球磨，在球磨机的转动等机械驱动力的作用下，粉末经反复的挤压、冷焊及粉碎过程，使不同的原料粉末达到原子级紧密结合，如果原料中含有固态时不能互溶的金属或陶瓷之类的硬颗粒，硬颗粒就均匀地弥散嵌入较软金属颗粒中而制得复合粉末。

机械合金化法的一个显著特点是能在低温下合成通常要求高温加工才能制备的材料，并能获得常规方法难以获得的非晶合金、超饱和固溶体等材料。但是机械合金化法容易在球磨过程中将杂质带入粉末中，降低产品的纯度，且反复的挤压使粉末内部产生很大的内应力，影响粉末的压制性能和烧结性能。

其他的预合金粉制备方法还有很多，如气相蒸发法、超声化学法、非晶晶化法、微乳液法等。随着研究的深入，不断有新的制备方法出现，但作为以应用为目的工业化制备方法尚不成熟。

3.5.1.3　金刚石工具用预合金粉末研究现状和发展趋势

A　国外预合金粉末研究现状

（1）Eurotungstone 公司 NEXT、Keen 预合金粉。

自 1997 年 Eurotungstene 开发出 NEXT 预合金粉末以来，Eurotungstene 不断拓宽 NEXT 预合金粉范围，相继推出 NEXT100、NEXT200、NEXT300、NEXT900。NEXT 系列是金刚石工具用代钴亚微米级预合金粉末。NEXT 系列预合金粉末主要性能见表 1-3-28。

表 1-3-28　NEXT 系列预合金粉末主要性能

牌　号	主要成分	理论密度 /g·cm^{-3}	费氏粒度 /μm	烧结温度 /℃	烧结压力 /kgf·cm^{-2}	硬度 HRB
NEXT100	Co，Fe，Cu	8.62	0.8～1.8	800～825	350	108～110
NEXT200	Co，Fe，Cu	8.75	0.8～1.8	725～755	350	103
NEXT300	Co，Fe，Cu	8.0	约 6	750	350	98～100
NEXT900	Co，Fe，Cu	8.08	3	—	—	—

注：$1kgf/cm^2 = 10^5Pa$。

2005 年，Eurotungstene 又推出 Keen 系列预合金粉，主要提高了胎体的韧性，使胎体硬度和韧性有更好的匹配，在胎体硬度增加时其韧性不变。Keen 系列预合金粉主要用于制造切割混凝土、沥青和硬度高磨蚀性强的石材如花岗岩的锯片和绳锯。Keen 系列预合金粉分为 Keen10、Keen20，其主要性能见表 1-3-29。

表 1-3-29　Keen10、Keen20 预合金粉主要性能

牌　号	理论密度 /g·cm^{-3}	氧含量(质量分数) /%	费氏粒度/μm	钴含量/%	烧结温度/℃
Keen10	8.25	0.5	2.5	25	850
Keen20	8.47	0.3	2.5	19	975

（2）Dr. Fritsch 公司预合金粉末。

Dr. Fritsch Diabase 系列预合金胎体粉末主要有 V15、V18、V21。Diabase-V21 是在 Diabase-V18 预合金粉基础上研究开发的，它具有更高的延展性，且冲击强度提高了近一倍。Diabase-V21 主要用作切割和钻切花岗岩及混凝土工具的胎体材料，实际使用过程中可单独使用也可添加一些适于特殊使用要求的元素混合使用，Diabase-V21 亦具有良好的激光焊接性。Diabase 系列预合金胎体粉末主要性能指标见表 1-3-30。

表 1-3-30　Diabase 系列预合金胎体粉末主要性能

牌　号	主要成分	理论密度 /g · cm⁻³	费氏粒度 /μm	烧结温度 /℃	烧结压力 /kgf · cm⁻²	硬度 HRB
V15	Co，Fe，Cu	8.08	0.8 ~ 1.8	900	350	108 ~ 110
V18	Co，Fe，Cu	8.0 ~ 8.12	0.8 ~ 1.8	780 ~ 860	350	100 ~ 104
V21	Co，Fe，Cu	7.82 ~ 9.0	—	700 ~ 860	350	94 ~ 101

注：$1kgf/cm^2 = 10^5Pa$。

（3）Umicore 公司 Coba lite 系列预合金粉末。

为满足金刚石工具高性能建筑应用需求，Umicore 公司采用湿法冶金工艺，在 Cobalite 601 基础上研发出 Cobalite HDR 和 Cobalite CNF 预合金粉。Cobalite HDR（Co 27%，Cu 7%，Fe 66%）是一种快速切割状态下对金刚石具有极好把持力的高硬度、高韧性、高耐磨性的铁基黏结剂，具有良好的激光焊接性。Cobalite HDR 由于铜含量较低，通常不推荐无压烧结。无钴镍预合金粉 Cobalite CNF 在 675℃低温下即可烧结，是当前预合金粉末烧结温度最低的一种，具有优异的无压烧结性能，这就克服了钴粉在烧结（尤其是无压烧结）时温度非常高的缺点。Cobalite CNF 采用锡固溶强化，同时加入钨减少金属间化合物的形成并克服添加锡的负面影响，利用氧化物（Y_2O_3）弥散强化提高强化效果，因此烧结后的胎体具有较高的硬度和足够的韧性。Cobalite 系列预合金胎体粉末主要性能指标如表 1-3-31，图 1-3-35 为 Cobalite 系列预合金粉 SEM 图。

表 1-3-31　Cobalite 系列预合金胎体粉末主要性能

牌　号	主要成分	理论密度 /g · cm⁻³	费氏粒度 /μm	烧结温度 /℃	硬度 HRB
Cobalite601	Co，Fe，Cu	8.18 ~ 8.20	4.9 ~ 5.0	750 ~ 850	98
CobaliteHDR	Co，Fe，Cu	8.19	6 ~ 7	775 ~ 850	108
CobaliteCNF	Co，Fe，Cu	8.18	1.4 ~ 2.7	675 ~ 875	—

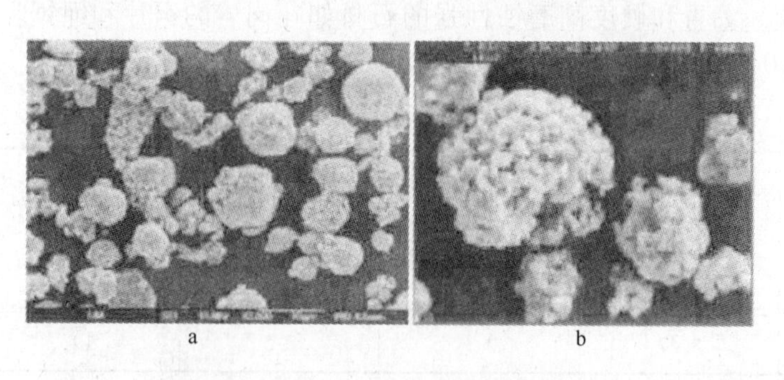

图 1-3-35　Cobalite 系列预合金粉 SEM 图

a—Cobalite HDR；b—Cobalite CNF

B　国内预合金粉末研究现状

近年来，随着国内金刚石工具行业的发展，预合金粉末的研发和生产得到了快速发展，具有代表性的机构包括上海材料所、北京人工晶体所、长沙冶金材料所与中南大学粉末冶金研究院、卡斯通科技有限公司，有研粉末新材料有限公司、安泰科技股份有限公司、黄河旋风有限公司、中国地质大学工程学院等。其中有研粉末新材料有限公司采用湿法冶金方法推出 YHJ 系列预合金粉，安泰科技股份有限公司采用高压水雾化法制取 Follow 系列预合金粉，已形成规模化工业生产，可批量供应。

（1）有研粉末新材料有限公司 YHJ 系列预合金胎体粉末。有研粉末新材料有限公司采用湿法冶金方法推出的预合金粉分为 YHJ-1、YHJ-2。YHJ-1 超细预合金粉末呈多孔团聚状，比表面积高，粉末活性大，较低的烧结温度即可获得高的烧结硬度。高的活性烧结特性同样有利于无压烧结，可代替金刚石切削工具中常用的钴粉。YHJ-2 超细预合金粉末含稀土，不含钴镍，粉末颗粒细小，粉末烧结活性大，烧结温度 750～880℃ 即可达到高的胎体硬度。具有适应性广、成本较低的特点。YHJ 系列预合金胎体粉末主要性能指标见表 1-3-32。

表 1-3-32 YHJ 系列预合金胎体粉末主要性能指标

牌 号	主要成分	理论密度 /g·cm^{-3}	平均粒径 /μm	烧结温度 /℃	氢损 /%，max	硬度 HRB
YHJ-1	Co，Fe，Cu	8.3～8.4	6～9	750～900	0.5～0.9	95～108
YHJ-2	Fe，Cu，W，Re	8.1～8.3	5～7	750～850	0.6～1.0	94～108

（2）安泰科技股份有限公司 Follow 系列预合金胎体粉末。安泰科技股份有限公司采用高压水雾化快冷技术，制取 Follow 系列预合金胎体粉末，该预合金粉末呈不规则状，压制性能好，成分均匀，烧结温度低。Follow 系列预合金胎体粉末主要性能指标见表 1-3-33。

表 1-3-33 Follow 系列预合金胎体粉末主要性能指标

牌 号	主要成分	松装密度 /g·cm^{-3}	粒径/目	退火温度/℃	颜色	硬度 HRB
Follow100	Cu 基	3.9	-200	420	铁红色	—
Follow200	Cu 基	3.2	-200	450	土黄色	940.3
Follow300	Fe 基	3.0	-200	570	土灰色	891

C 预合金粉发展趋势

目前预合金粉产品在国内外已经商品化，基本可以满足各种应用需求，其应用范围不断扩大，都取得了较好的效果。利用预合金粉的低熔点和成分均匀性，调整和控制金刚石工具的胎体性能，具有巨大的应用前景。由于具有效率高、热影响区小、焊缝强度高等显著优点，激光焊接已广泛应用于金刚石工具制造业，采用预合金粉作为过渡层可以显著提高激光焊缝强度和消除焊接缺陷。预合金粉还将向标准化、预合金化元素多样化、更低含钴量及能与多种添加物混合使用方向发展，这是因为金刚石工具加工对象越来越复杂，对工具特殊性能要求越来越高，预合金化元素多样化及能与多种添加物混合使用可解决上述问题。可以预见，预合金粉在金刚石工具制造业将得到更加广泛的应用，金刚石工具的使用性能会进一步提高。

3.5.2 金刚石有序排列技术在金刚石锯片中的应用

本节内容请见第 1 篇第 8 章金刚石有序排列锯片。

3.5.3 钎焊金刚石圆锯片的发展

电沉积金刚石工具中，金刚石仅能用镍金属作机械包镶，故易于脱落，且金刚石无序排列，凸出低、容屑空间小；在孕镶烧结金刚石工具中，金刚石无序排列，出刃自锐问题难于解决，金刚石与粉料也很难实现冶金结合。这两种工艺都不能充分有效地利用金刚石的锯切性能。而钎焊金刚石工具有上述两种金刚石工具无可比拟的优越性，所以近10年来金刚石钎焊工艺引起了人们的重视。

3.5.3.1 钎焊金刚石工具的特点

钎焊金刚石工具采用金刚石表面金属化技术，以活性钎料或镍基钎料焊接金刚石，通过强碳化物形成元素或合金，使金刚石与工具胎体实现化学冶金结合，这大大提高了金刚石的把持力。另外，金刚石可凸出2/3，且不易脱落，又创造了切割锋利、排屑好的有利条件。再加上易于与金刚石有序排列技术相结合，实现金刚石在工具表面合理规则均布，充分利用了金刚石的切割作用，既能节省金刚石用量，降低工具成本，又提高了切割效率。可以说，这一技术正好适应了我国国民经济发展的大力节约能源资源，加快建设资源节约型、环境友好型社会的要求。图1-3-36、图1-3-37分别是一般钎焊金刚石工具制造工艺流程图和钎焊金刚石锯片。

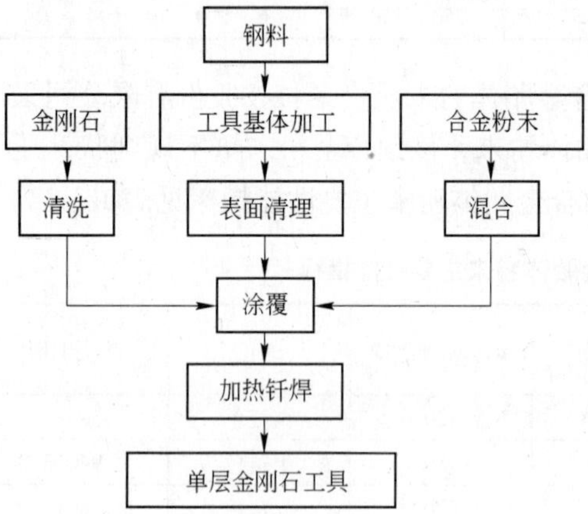

钢料
金刚石 工具基体加工 合金粉末
清洗 表面清理 混合
涂覆
加热钎焊
单层金刚石工具

图1-3-36 钎焊金刚石工具的工艺流程图

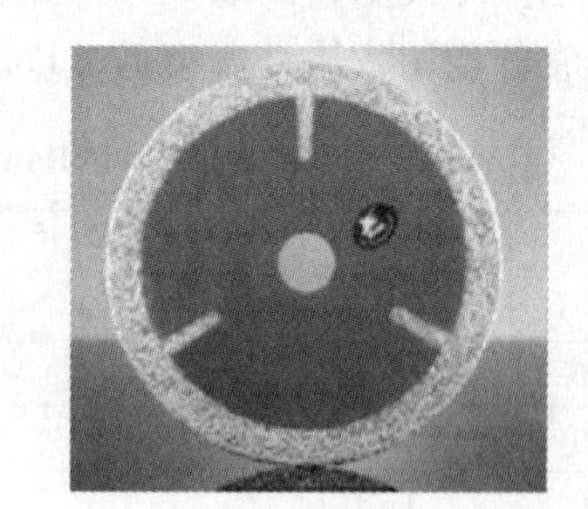

图1-3-37 钎焊金刚石锯片

用金刚石钎焊工艺取代电沉积工艺是必然的趋势。实验表明，金刚石钎焊工艺与电沉积工艺相比，胎体强度提高40%，金刚石把持力提高22%左右，金刚石凸出高达2/3，电沉积仅为1/3，而金刚石用量仅为其1/5。

3.5.3.2 金刚石钎焊料研究现状

钎焊料的选择原则：

(1) 钎料合金对金刚石有良好的润湿性，较低的润湿角；

(2) 良好的延展性；

(3) 很好的爬升能力，使金刚石有足够的凸出高度与良好的容屑能力；

(4) 与金刚石形成有效的冶金化学结合，良好的把持力；

(5) 有较低的熔点，以降低钎焊温度；

(6) 较低的成本，有利于降低钎焊工具成本。

目前，钎焊金刚石的钎料多使用Ni-Cr、Ag-Cu和Cu-Sn三类合金。其中，应用最广泛的是 Ni-Cr 基钎料，但由于其钎焊温度较高（900℃以上），这也增加了金刚石石墨化的倾向，影响钎焊金刚石的强度和工具寿命。因此寻求低熔点的适合金刚石的钎料成为目前钎焊金刚石工具的一个研究趋势。

3.5.3.3 金刚石钎焊专用设备

目前使用的钎焊设备主要有两种：一种是高频感应焊机；一种是高温真空炉，金刚石钎焊专用设备应满足下列要求：

（1）高频感应焊必须在真空或惰性气体保护下进行焊接；

（2）设计相应工装，便于固定工件以及工件的旋转，移动与准确定位；

（3）精确的温度测控系统；

（4）真空炉应保证有足够的真空度和稳定、均匀的温度场；

（5）炉型至少两种，一种供小批量生产或试制新产品用，一种要有较大的工作空间，易于大批量生产；

（6）有观察口，便于观察炉内工具钎焊过程；

（7）为提高生产效率，升温、保温与冷却阶段能分段连续进行，便于缩短生产周期，提高产量；

（8）良好的工艺控制系统。

3.5.3.4 发展多层磨料金刚石钎焊工具

目前，大多钎焊金刚石工具为单层钎焊产品，单层钎焊金刚石工具其寿命主要取决于单层金刚石的耐磨性，一旦金刚石磨损与破坏，工具寿命即将告终。因此，要进一步提高金刚石工具寿命，必须发展多层金刚石钎焊工具。图 1-3-38 为多层金刚石钎焊刀头结构示意图。

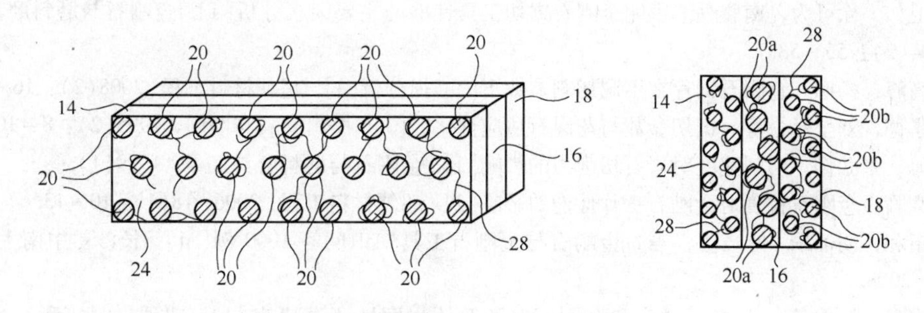

图 1-3-38 多层金刚石钎焊刀头设计

3.5.4 几种新型金刚石圆锯片基体的发展

随着国家对环保日益重视，矿山荒料资源紧缺，电力资源的供应偏紧，石材企业的制造成本上升，竞争加剧，一些节能型、资源型、环保型的锯片基体越来越受到市场的欢迎，客户对锯片基体的品种需求出现了一些新的特点：

（1）薄片、超薄片锯片基体，主要以基体的厚度来区分，对于 ϕ1600mm 基体，正常厚度为 7.3mm，厚度在 6.5mm 以下的称之为薄片基体，厚度在 5.5mm 以下的称之为超薄片基体。利用薄片、超薄片锯片基体切割花岗石和大理石板材，可以大幅提高切割效率和荒料成材率，降低电力消耗，如使用厚度为 4.0mm 的 ϕ1600mm 超薄基体，可以提高切割效率10%以上，降低电力消耗20%以上，提高荒料利用率16%以上。

（2）直径ϕ2600mm以上的超大型锯片基体的开发。目前，国内还普遍存在打眼放炮这种落后的方法来开采石材荒料，不但生产效率低、作业不安全，而且成材率很低。使用直径ϕ2600mm以上的超大型锯片进行矿山开采，矿山资源利用率可达90%。另外，市场对石材大板的需求量越来越大，过去主要依赖于框架锯条加工石材大板，但金刚石框架锯条主要适用于切割大理石等软质石材，对于花岗石和工艺石的切割仍需圆锯片来完成。随着石材加工业的发展，超大型圆锯片的需求量将越来越大。

（3）掏空型锯片基体。掏空型锯片基体相对于常规锯片基体，只是在基体上多加了几排孔，孔的形状主要以水滴型为主。从目前ϕ1600mm掏空型圆锯片的使用情况看，对莫氏硬度7度以下的石材，锯切工艺不作任何的改变，掏空型锯片基体相对于常规片基体突出表现了以下几个优点：1）易于进水，明显提高了冷却效果；2）加大了排屑量；3）减轻了基体重量及锯机的运行负荷，电流同比下降5A；4）降低了运行噪声；5）由于基体重量的减轻，使小组合锯机装载更多的锯片成为可能；6）可延长基体使用寿命，增加切割平方米数，焊接变形小；7）使用间歇，张力恢复性能良好。从大量的使用数据表明，使用掏空型锯片基体加工石材，不仅能够使单位平方米的电能消耗大大降低，而且提高了石材荒料资源的利用率，提高了石材加工的劳动生产率。目前，掏空型锯片基体不仅广泛应用于石材加工领域，而且在石材开采领域，ϕ2600mm以上超大型掏空锯片基体也越来越得到大量的推广使用。

参考文献

[1] 孟卫如，徐可为，南骏马．影响金刚石锯切工具性能的主要因素分析[J]．金刚石与磨料磨具工程，2004(2)：55～58.

[2] 杜高峰，杨柳．金刚石锯片在不同切割参数下的磨损分析[J]．超硬材料工程．2008(2)：16～18.

[3] 李享德，刘全贤，等．锯切参数与花岗石适应性研究[J]．磨料磨具与磨削，1995(2)：8～10.

[4] 董海，张弘韬．切削速度对岩石切削力的影响[J]．金刚石与磨料磨具工程，1999(1).

[5] 谈耀麟．金刚石粒度对金刚石锯片性能的影响[J]．超硬材料工程，2006，18(1)：10～13.

[6] 张绍和，胡郁乐，傅晓明，等．金刚石与金刚石工具知识问答1000例[M]．长沙：中南大学出版社，2008.

[7] 王宏亮，杨俊德．金刚石钻头和金刚石锯片胎体耐磨性测试研究[J]．超硬材料工程，2005，17(62)：5～8.

[8] 袁公昱．人造金刚石合成与金刚石工具制造[M]．长沙：中南工业大学出版社，1992.

[9] Macro Division，Metallurgy of diamond tools[J]. Industrial Diamond Review，1985(5)：248～255.

[10] 胡映宁，王成勇，等．金刚石圆锯片基体及锯齿结构的特性分析[J]．工具技术．2001，35(7)：21～25.

[11] 任江华，唐霞辉，等．激光切缝金刚石圆锯片的降噪机理研究[J]．金刚石与磨料磨具工程．2003(2)：33～35.

[12] 李长龙，李国彬，郭全梅．阻尼合金夹层消音金刚石圆锯片的研究[J]．金刚石与磨料磨具工程．2003(1)：36～38.

[13] 张绍和，杨仙，陈平．不同形状结构锯片锯切性能对比分析．金刚石与磨料磨具工程．2006(5)：45～47.

[14] 王双喜，刘雪敬，耿彪，等. 金属结合剂金刚石磨具的研究进展[J]. 金刚石与磨料磨具工程. 2006(4)：71～75.
[15] 王凤荣，姜治军，陈哲，等. 烧结工艺对金刚石锯片切割性能和焊接性能的影响 [J]. 金刚石与磨料磨具工程. 2008(2)：9～12.
[16] 孙毓超. 金刚石工具与金属学基础[M]. 北京：中国建材工业出版社，1999.
[17] 徐西鹏. 金刚石锯片节块几何形状对磨损机理的影响[J]. 磨料磨具与磨削. 1995(1)：17～20.
[18] 吕申峰，李季，夏举学. 国内外预合金粉末在金刚石工具中的应用[J]. 金刚石与磨料磨具工程，2006，154(4)：81～84.
[19] 蔡方寒，唐霞辉，秦应雄，等. 金刚石工具用预合金粉末的研究动态[J]. 金刚石与磨料磨具工程，2004，143(5)：77～80.
[20] 申思，宋月清，汪礼敏，等. 预合金粉末在金刚石工具中的应用[J]. 粉末冶金工业，2006，16(6)：37～42.
[21] 姜荣超. 金刚石均匀分布并有序排列是改善金刚石工具性能的有效途径[J]. 石材，2006(10)：28～37.
[22] Pyun S P，Lee H W，Park J H. 金刚石有序排列锯片切割性能的研究[J]. 2007，19(1)：45～50.
[23] 方啸虎，刘瑞平，温简杰. 钎焊金刚石工具制备的研究现状和进展[J]. 超硬材料工程，2009，21(2)：28～32.
[24] 姜荣超. 加快金刚石钎焊工艺及其制品的发展与产业化[J]. 超硬材料工程，2006，18(1)：36～43.
[25] 李春林. 国内金刚石锯片基体发展现状和走势[J]. 金刚石工具，2008(6)：24～26.
[26] 王秦生. 超硬材料制造[M]. 北京：中国标准出版社，2002.
[27] Schmid H G. Diamond Characterization Using Quantitative Image Analysis[J]. Proceeding of Diamond，May 1998.
[28] 傅凤理. 人造金刚石质量性能检测技术的新进展[J]. 超硬材料与工程，1994(1)：18～24.
[29] 谈耀麟. 金刚石粒度对金刚石锯片性能的影响[J]. 超硬材料工程，2006，18(1)：10～13.
[30] 霍喜平，何远航，宋媛媛. 人造金刚石的品质指标介绍与分析[J]. 湖南冶金，2002(1)：43～45.
[31] 柯拥军. Diainspect 系统在金刚石质量检测方面的应用[J]. 金刚石与磨料磨具工程，2005，148(4)：20～24.
[32] 郭志猛，宋月清，等. 超硬材料与工具[M]. 北京：冶金工业出版社，1996.
[33] 王宏亮，杨俊德. 金刚石钻头和金刚石锯片胎体耐磨性测试研究[J]. 超硬材料工程，2005，17(62)：5～8.
[34] 张绍和，文堂辉，刘志环. 金刚石锯片性能与其刀头配方参数的量化关系探讨[J]. 粉末冶金技术，2004，22(1)：19～21.
[35] 蒋志文，吴平. 金刚石锯片结合强度的检测[J]. 理化检验-物理分册，2009，45(3)：184～185.
[36] 张文奇，黄仁忠，牛秀林，等. 中径金刚石锯片焊接强度的检测[J]. 金刚石与磨料磨具工程，1998，1(103)：7～9.
[37] 王志刚. 激光焊金刚石圆锯片的无损检测[J]. 金刚石与磨料磨具工程，2001，6(126)：19～20.
[38] 宋月清，甘长炎，夏志华，等. 金刚石的磨损形态对工具切割性能的影响[J]. 金刚石与磨料磨具工程，1998(6)：2～6.
[39] 吕海波，陈芃，王四清. 石材切割锯片金刚石刀头磨损状况的研究[J]. 粉末冶金材料科学与工程，1997，2(3)：159～162.
[40] 唐霞辉. 激光焊接金刚石工具[M]. 长沙：华中科技大学出版社，2004.
[41] 全国磨料磨具标准化技术委员会. 中国机械工业标准汇编[M]. 北京：中国标准出版社，2001.

[42] 胡映宁，王成勇，等．金刚石圆锯片基体及锯齿结构的特性分析[J]．工具技术，2001，7(35)：21 ~ 25.
[43] 张绍和．金刚石与金刚石工具[M]．长沙：中南大学出版社，2005.
[44] 方啸虎．超硬材料科学与技术[M]．北京：中国建材出版社，1998.
[45] 孟凡爱，王志奇，樊云昌．薄壁钻头激光焊接工艺参数及钢体材料的试验研究[J]．金刚石与磨料磨具工程，2003(4)：37 ~ 40.

（石家庄博深工具股份有限公司：孟凡爱）

4　金刚石绳锯

4.1　概述

4.1.1　金刚石绳锯的发展历史

柔性切割工具用于石材开采，使用已有一百多年的历史，最早使用的是改进后的螺旋钢绳用来开采大理石矿山。1968 年，英国人发明了金刚石绳锯的专利，约十年后，该技术被意大利引进用于大理石开采，开始商业上的应用。当时使用的是电镀金刚石串珠。20 世纪 80 年代初，利用粉末冶金技术制造了烧结式金刚石串珠，并于 1986 年在花岗岩锯切上获得成功，1990 年基于 CNC 技术的四轴金刚石绳锯切割机进入市场，金刚石绳锯开始用于切割复杂形状的石材异形面切割，为建筑装饰注入了无限生机。1997 年，意大利研制出多条金刚石绳锯切割机。1998 年，我国中国台湾学者首先报道了利用钎焊技术制造串珠的研究成果，立即在国际上引起巨大反响。2001 年，德国汉诺威大学研制出了用金属构件切割的金刚石绳锯。我国部分单位于 20 世纪 90 年代中期开始研究烧结式金刚石串珠，2000 年后逐步占领国内市场，开始出口。

金刚石绳锯作为一种柔性超硬材料切割工具，从最初电镀串珠技术，发展到以烧结串珠技术为主流制造技术；从只能切割软质石材到广泛应用于花岗岩矿山荒料开采、钢筋混凝土或金属结构件切割，制造技术推陈出新，同时应用范围也越来越广。

经过几十年的研究与开发，金刚石绳锯得到了很快的发展。串珠绳锯已日臻完善，成为一项成熟、普遍并被各国的石材矿山和加工厂所接受的一项成熟的技术。金刚石绳锯作为金刚石工具发展过程中的第三代产品，经过 20 多年的研发与改进，广泛应用于各种工程。这主要是因为它具有以下优点：

(1) 设备简单、易于安装，不受场地与空间的限制，可进行水平、垂直与倾斜方向的切割，加工质量好，石材损耗低，切割速度快，噪声低，振动小，工作环境好，适应性强，可根据锯切对象与工作条件选用不同规格与尺寸的金刚石绳锯设备。

(2) 显著提高石材开采的荒料率，保护珍贵的石材资源。

(3) 柔性好、使用不受工作尺寸大小限制和能进行异型加工，可加工各种形状的花岗石和大理石异形制品，其附加值高，可显著提高经济效益。

(4) 可开采出大尺寸的大块荒料，增加成材规格，进而增加先进石材加工设备的板材产品规格，提高切割效率与经济效益。

(5) 安全环保，绳锯开采无噪声无粉尘，不影响附近居民和其他工作作业，且自动化程度高，分离式操控，工人劳动强度低、安全性高。

4.1.2 金刚石绳锯加工的基本原理

4.1.2.1 金刚石绳锯切割的基本原理

金刚石绳锯加工的基本原理如图1-4-1所示。用高速运动的金刚石串珠进行材料去除的过程，其加工过程可看作磨削过程。单个金刚石磨粒进行点切割作用时，有三个主要的阶段。在磨削过程的开始阶段，磨粒的切削刃冲击工件表面，在第一个接触区Ⅰ，材料发生弹性变形。在接触区，工件和金刚石磨粒之间的摩擦力增大、温度升高。除区域Ⅰ外，随着金刚石磨粒进一步切入材料，区域Ⅱ也发生塑形变形。接下来是作用力增大，由切割作用引入的摩擦力和变形能量导致工件表面的温度进一步增加，随之材料的弹性限度降低，塑性变形加剧，材料表面形貌发生重大变化，即材料变形。磨削过程的主要部分在于区域Ⅲ，此磨削过程产生磨屑，在磨屑形成过程中，由于剪切作用而产生热量。此间，材料塑性移位与磨屑形成过程同时发生。

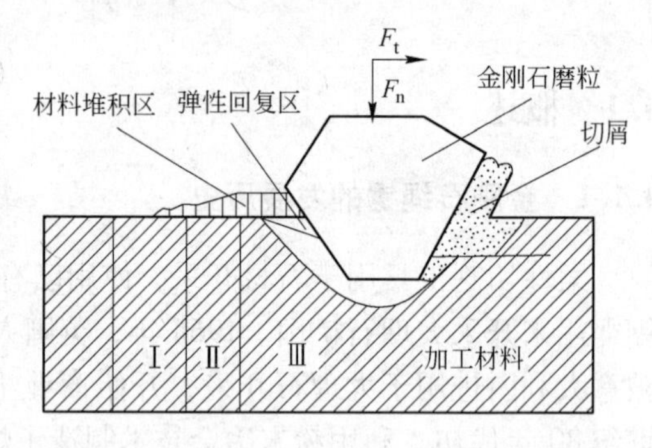

图1-4-1 金刚石绳锯切割的基本原理

4.1.2.2 金刚石绳锯的工作过程

利用钢绳上由塑料（或弹簧）等间隔固定的金刚石串珠的高速运动来实现对石材的切割加工。以异形石材加工为例，如图1-4-2和图1-4-3所示，一定长度的金刚石绳锯（一般为13～25m），绕过主、被动轮后，两端经扣压联接形成闭合回路，安装在龙门架两侧的主、被动轮可水平方向移动，实现绳锯的张紧，使绳锯产生一定的预紧力（一般为2～3kN）；被锯石材的两侧、绳锯的上方各有一个导轮向下压紧绳锯，使绳锯锯切时能给被加工石材施加一定的正压力；绳锯的高速运动通过主动轮高速回转来实现（线速度20～40m/s）。主、被轮安装时两轮平面有一定的错位，使绳锯在运动时，能产生一定的自转，以实现串珠圆周面的均匀切割及磨损。金刚石绳锯锯切石材的过程，实际上是金刚石串珠工作层胎体中的金刚石磨粒在高速运动及正压力的作用下不断地磨削岩石的过程，此过程中胎体会产生机械磨损、热力磨损、微碎裂等物理化学现象。在磨削岩石的过程中，金刚石会磨损变钝，部分会磨碎，随着胎体的磨损，也有部分金刚石会脱落，新的具有较锋利棱角的金刚石就会裸露，参与磨削，这种先后循环直至大部分工作层被消耗、绳锯消失工作能力为止。在这里，塑料的固定除起支撑、固定串珠使之能正常工作的作用外，等间隔和下凹的结构，也起到了储水（可冷却工作层）、容屑作用，这是实现串珠可不断切割的基础。

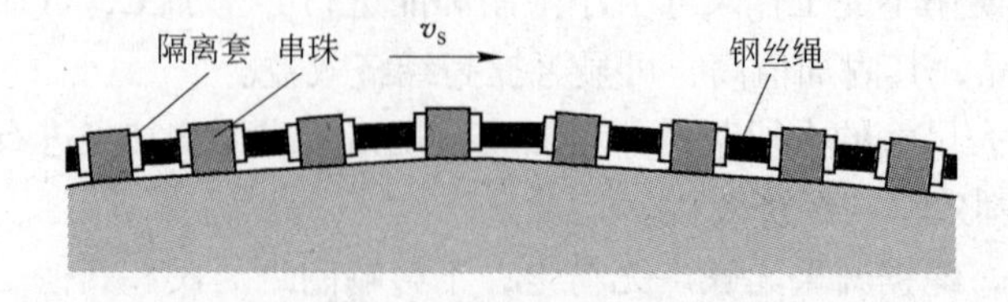

图1-4-2 金刚石绳锯切割的过程

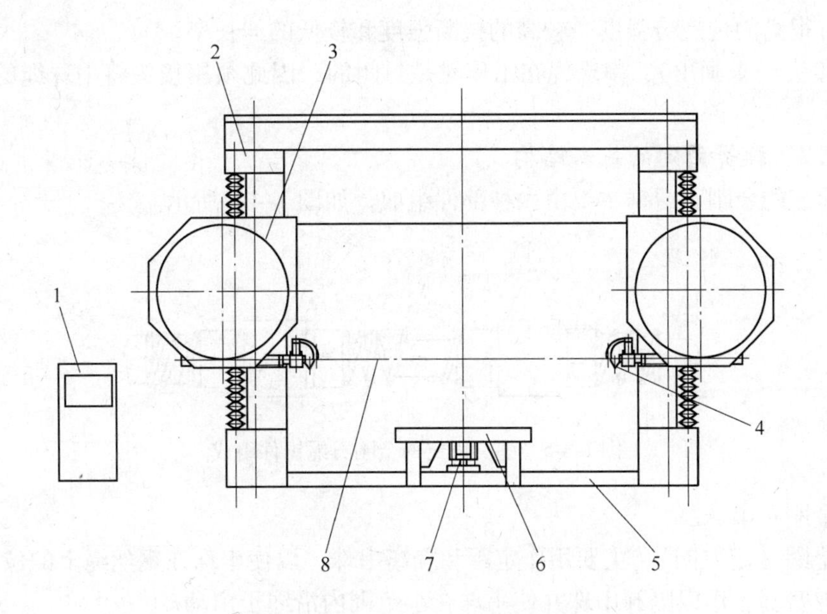

图 1-4-3 金刚石串珠绳锯主要结构

1—计算机控制系统；2—设备框架；3—主、从动轮；4—随动导向轮；5—底座；6—工作台；7—工作台驱动电机；8—金刚石串珠绳锯

4.1.3 金刚石绳锯的基本结构

金刚石绳锯的基本结构按绳锯固定方式分主要有：塑料固定（橡胶固定）、弹簧固定以及塑料（或橡胶）+弹簧组合固定等几种方式。绳锯中采用注塑塑料（或橡胶、弹簧）固定的目的除了等间隔地固定串珠、形成容屑、容水空间、防止串珠轴向运动等作用外，另一个十分重要的作用是防止串珠绕钢丝绳转动。

4.1.3.1 塑料固定（或橡胶固定）的基本结构

塑料固定（或橡胶固定）的金刚石绳锯主要由四种部件组成，如图 1-4-4 所示。

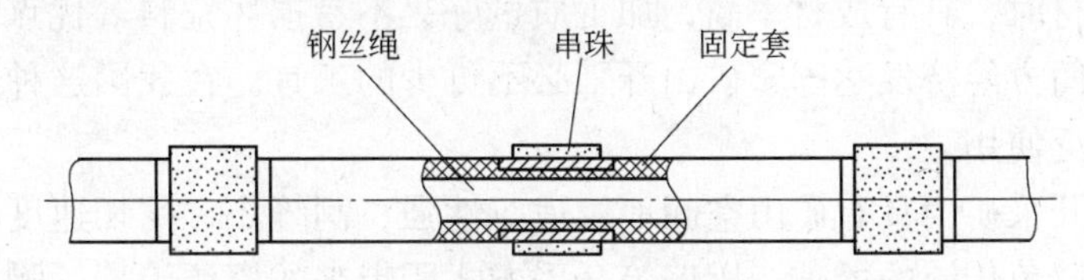

图 1-4-4 塑料（橡胶）固定的金刚石绳锯组成

（1）金刚石串珠：串珠是切割刀具，而由胎体和钢基体组成；胎体中含有结合剂和金刚石磨粒。胎体的作用是用来固结金刚石磨料，而破碎岩石由金刚石颗粒来实现。金刚石串珠公称直径一般为 7 ~ 12mm。

（2）固定套：固定套是用来隔离并固定均匀分布的串珠，防止串珠轴向移动及绕自身轴线转动。固定材料须具有弹性好、易于成型、强度高、耐腐蚀、耐磨损、耐老化等多种功能。

（3）钢丝绳：钢丝绳是用来串连金刚石串珠的，它相当于是整个串珠绳的“脊柱”。

它必须具有很高的抗疲劳强度、较高的抗断强度和较低的伸长率。

（4）接头（未画出）：串珠绳在工作时是封闭的，因此须用接头将串珠绳的两端连接成封闭状。

4.1.3.2 弹簧固定的基本结构

弹簧固定的金刚石绳锯主要由六种部件组成，如图1-4-5所示。

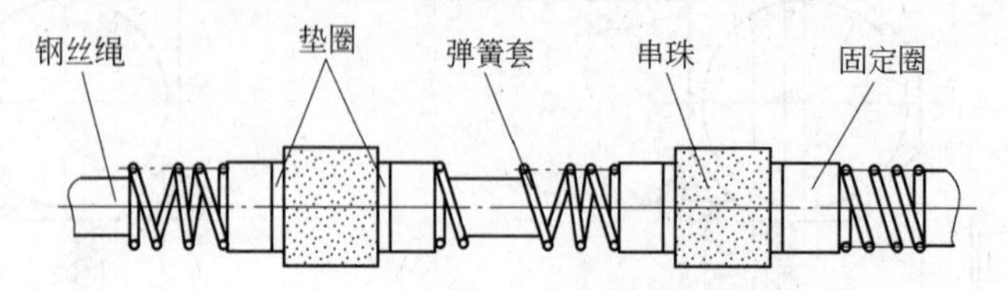

图1-4-5 弹簧固定的金刚石绳锯件组成

（1）金刚石串珠。

（2）垫圈（定位圈）。主要用作定距和隔离串珠，以使串珠在钢丝绳上的位置准确。

（3）弹簧套。用以隔开串珠并使串珠在小范围内沿绳子窜动。

（4）固定圈。一般串珠绳上每五个金刚石串珠组成一个小切削单元，即用固定圈将五个串珠、弹簧及钢圈限制在大约17～18cm的范围之内。作用是在切割时金刚石串珠绳万一断了可以阻止串珠从钢丝绳上如子弹一样射出。

（5）钢丝绳。

（6）接头（未画出）。

4.1.4 金刚石绳锯的应用

4.1.4.1 矿山开采

金刚石绳锯不但广泛应用于大理石的开采，还可用于砂岩、花岗石等硬岩的分离切割；不但用于露天开采，还可用于地下窄矿脉及有爆炸危险的南非地下金矿的开采。金刚石绳锯的主要应用就是在矿山开采荒料，包括大理石、花岗石等全部石材的开采。采用金刚石绳锯开采石材时，具有成材率高，加工质量好、不易损坏荒料等优点，且开采过程中污染少，已成为西方经济发达国家矿山开采必不可少的工具。在我国这种先进的矿山开采方式越来越被广泛使用。

用串珠绳锯开采矿山具有矿山空间地貌适应性强、割缝小、锯切速度快、荒料尺寸大等优点，可彻底避免传统的爆破、燃焰等开采方式所带来的资源浪费、噪声、污染、耗能等缺点，实现高效环保节能的绿色开采。

4.1.4.2 荒料整型

较规则的石料块或板材具有较高的价值。由于串珠绳锯具有能加工常规工具难以加工的不规则石料的特点。因此，大量应用于石材加工厂的整形加工中。该技术与框架锯、金刚石圆锯片相比，具有较高的切割效率和较大的切割面积，而且噪声小、无振动，还能进行曲面修形，并可获得光滑的切割表面。

石材荒料的整形通常在矿山或加工厂完成。利用串珠绳锯可以对大型荒料进行整形，但从串珠绳锯性能和加工成本角度考虑，目前也主要用于大理石矿山荒料的整形。对于花岗石荒料，较少使用串珠绳锯进行整形。

4.1.4.3 异型切割

异型曲面石材近年显示突出的价值，市场需求越来越大，其加工技术及设备也相继有较大发展，异型石材加工机充分利用了线切割的灵活性。通过 x、y、z 轴移动刀具或工作，实现曲线切割，能出色完成许多常规刀具无法实现的加工工艺，如工艺品的“镂空”，还可加工多种曲面、鼓形面及石柱等形形色色的装饰材料。串珠绳用于异形石材的加工具有切割稳定、效率高、切割表面光滑、加工面轮廓精确、尺寸标准、切缝小、出材率高等特点。

金刚石绳锯还可以加工各种规格石材圆弧、异型制品等。绳锯加工异型石材是目前技术含量最高的数控石材加工技术之一，虽然到目前只有十几年的发展历史，但已经成为高附加值异型石材制品加工的主要设备。

4.1.4.4 建筑施工

金刚石绳锯在建筑行业中得到不断的应用，包括旧建筑物的拆除，桥梁、大型混凝土设施的分割。由于我国目前建筑业高速发展，尤其是城市拆迁、改建的工程量非常巨大，绳锯在这一领域的应用市场十分广阔。

建筑领域中用的绳锯，国外一般用钎焊注塑式，很多情况下采用干切式加工，其巨大的市场潜力值得业内人士为之努力。

建筑材料几乎对人们生活的每一部分都是非常重要的。根据房屋建筑的特定用途，要使用大量不同性质的材料。由于这些建筑需要不断改造与装修，这些材料需要用线性切割工具切割与改建。绳锯锯切系统在锯切金属、石材和混凝土方面获得广泛应用。

4.1.4.5 板材加工

串珠绳不仅用来开采荒料，而且还可以加工各种规格石材圆弧、异形、基石等，配备的绳锯机具有高线速、高效率、高精度、曲线式、弧形式、直线式，并装有微机控制和仿形两种。

很长时间以来，锯切花岗石等硬质石材大板均采用砂锯，造成污染大、效率低，且锯切中产生大量的废料；多绳式绳锯的出现，使串珠绳锯加工在这一领域的竞争能力大大提高，并且具有加工效率高、占地面积少、低能耗、少废料等优点。虽然加工成本较砂锯高出20%左右，但由于绳锯锯切技术的不断发展，其成本一直在下降，加上节能、环保等优点，相信在不久的将来会取代砂锯，占据硬质石材大板加工这一巨大应用市场。

4.1.4.6 其他应用

（1）金刚石绳锯切割打捞沉船。2002 年 12 月 14 日，Tricolor 货船由泽布吕赫港开往南普敦港途中，由于浓雾，与德国一艘开往卡里巴港的集装箱货船相撞沉没。通过采用金刚石绳锯技术把该沉船锯成3000t 重的小块，然后一块一块地运送到泽布吕赫港进行处理，显然这是采用金刚石绳锯打捞沉船技术上一大进步。

（2）水下石油管道的切割。水下石油管道是由混凝土外层、聚乙烯防腐层、聚氨酯热延迟和钢管层组成的复合材料。在维修海底石油管道时，常常需要切断破损部位，这在水下是很难完成的任务，用金刚石绳锯则可以独立有效地完成切割石油管道的任务。国内大型钢铁企业冶炼炉改造工程也大量使用了金刚石绳锯，其具有切缝小、操作简单、环保、部件切割能力强等优点，能给企业节省大量改造成本。

（3）拆卸油气钻井平台。当海洋资源被开采枯竭时，油气钻井平台就将废弃和拆除，金刚石绳锯正在从中发挥重要作用。石油公司已采用金刚石绳锯成功进行了锯切北海钻井平台的试验。绳锯长达100m，通过液力马达驱动，加工速度可达每秒25m。

4.2 制造工艺

4.2.1 制造工艺流程

金刚石绳锯的制造工艺主要有：钢丝绳的洁净处理、金刚石串珠的制备、固定套的成型或装配及开刃等。图1-4-6为塑料固定的金刚石绳锯制造工艺流程图。

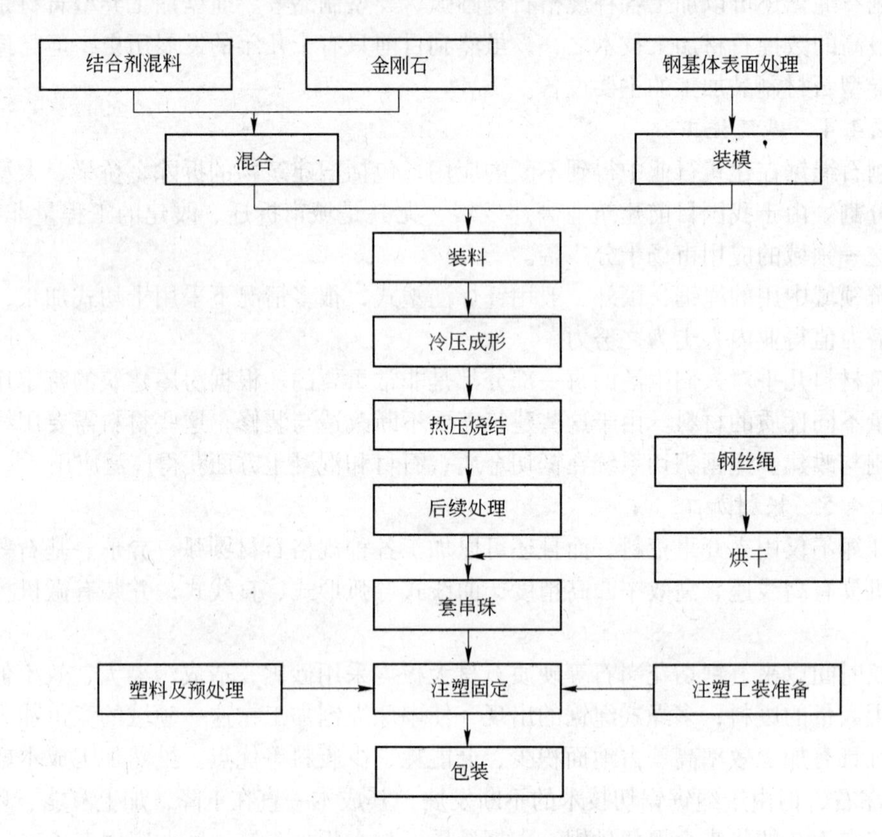

图1-4-6　塑料固定的金刚石绳锯制造工艺流程图

4.2.2 金刚石串珠

金刚石串珠主要生产方法按制造方式可分为两类：电镀成型和粉末冶金烧结法成型。且后者占主导地位。也有利用钎焊方法成功地制造出钎焊金刚石串珠，但暂时尚未大规模应用。

烧结型串珠通过调整胎体中各金属成分比例或选用不同品级、粒度、浓度的金刚石磨料可以实现胎体磨耗速度和金刚石磨料磨损速度的调控，从而制造出具有不同的出刃高度和空间的串珠，以适应不同材质的切割。烧结型金刚石串珠具有较高的耐磨性，使用寿命长，同时因具有自锐性能，可始终保持锋利的切削性能。烧结法生产的串珠是目前绳锯的主流，几乎可用于所有的场合。

与热压烧结串珠相比，电镀金刚石串珠制作工艺相对简单，电镀法成型的金刚石串珠中，用Co、Ni做电镀材料，将金刚石镀覆在金属基体上，成为工作层。金刚石完全靠机械方式镶嵌在胎体中，镀层厚度通常为金刚石本身高度的70%～80%，而且更有利于串珠小直径化。由于金刚石镀层较薄，胎体耐磨性较差，其镀覆金属对金刚石磨粒的把持力有限，金刚石磨粒易提前脱落，故总体性能不如烧结型串珠，不适合切割花岗石，主要用于大理石等较软材质的切割。

钎焊串珠是近年来正在研究和推广的一种新型串珠，它利用高温钎焊技术实现金刚石、钎料和基体之间的化学冶金结合。因此，钎料合金对金刚石有很好的把持能力，同时金刚石具有高的磨粒出刃高度，可达磨粒直径的2/3，大大提高了其锋利度和金刚石的使用效率。目前，钎焊串珠还尚未实现大规模工程应用。

4.2.2.1 串珠的烧结

烧结型金刚石串珠是利用粉末冶金的原理及方法来制造的。串珠制备中最主要的工艺就是胎体粉末的烧结。烧结是在适当的气氛中（有时需在一定压力下）把粉末或粉末压坯，加热到基本组元熔点以上温度，并在此温度下保持一定时间，从而使粉末颗粒相互黏结在一起，并改善其性能的过程，烧结的实质就是粉末颗粒间点或面的接触逐步变成晶体结合，即通过成核、长大等过程而形成烧结颈。然后烧结颈长大、颗粒间距离缩小、使得颗粒间的间隙减少，乃至消失，晶粒长大、烧结体明显收缩、密度增加，形成了具有一定强度的烧结体，因此，烧结质量的好坏，将直接影响工具（串珠）的使用性能。

金刚石串珠的烧结与普通的金刚石工具烧结相比，其难度大幅度增加，主要问题是：(1) 串珠壁薄、模具的尺寸也薄，而热压压力较高，若模具材料稍差，模具则容易破碎；(2) 导电截面小，加热效率慢，且不易均匀；(3) 用普通整体式烧结模具，退模十分困难；采用普通单层模具，由于高度的尺寸太小，模具的强度等受到限制，很难实现，而加高模具，则模具相对成本费高；(4) 孔径偏差对串珠成品质量影响大，如$\phi 9 \times 6$mm串珠，直径大0.1mm，则在相同密度下，其高度方向会短0.26mm。

A 串珠的烧结方法

金刚石串珠的烧结法主要有三种方式：无压烧结、热压烧结、热等静压烧结。

(1) 串珠的无压烧结，可归液相烧结类，它是将粉末冷压成型制成圆环状的压坯后，在其内孔放入钢基体，为了形成与钢基体的黏接，两端放入薄圆环形的钎焊料，然后在加热炉中烧结或在有气氛或其他的加热炉中烧结。此种方法，烧结致密度较低，平均相对密度只有95%左右，且胎体与钢基体的黏结强度也较低，不能满足切割硬质岩类的需要。

(2) 串珠的热压烧结，这是将松散粉末与钢基体一次冷压成型后，装入组合式多层浮动烧结模内，在真空热压机上烧结，用此方法制备的串珠能获得较高的相对致密度(≥98%)，胎体和钢基体的黏结强度良好。

(3) 串珠的热等静压烧结，将粉末冷压成型后可直接进行热等静压烧结以及粉末冷压成型后先进行真空热压等烧结到一定的致密度（90%左右），然后再进行热等静压烧结两种方法。这两种方法均可获得较为理想的串珠胎体致密度，但热等静压设备投资高、工艺过程复杂且制备成本高。

B 串珠的烧结工艺

热压烧结工艺对金刚石串珠的相对密度、尺寸精度、锯切性能及胎体与钢基体的黏结性能等质量指标的影响十分明显；串珠烧结精度要求高，其模具设计、组装、压制等要求也非常高；而且对于串珠来讲，由于尺寸小，组装、压制十分困难，生产效率较低，整个烧结成本高。因此应设计合适的热压模具，配合相应的烧结工艺，显得十分重要。

4.2.2.2　串珠的冷压成型

粉末的冷压成型是将松散的粉末体加工成具有一定尺寸、形状，以及一定密度和强度的压坯。冷压成型一般有普通模压法和特殊成型方法。前者是将金属粉末或其他混合粉末装在特定的压模内，通过压力机将其压制成型；而后者是指非模压成型，如静压成型、连续成型、无压成型等。冷压前通常需经原材料的准备，如退火、各种元素粉末的混合、制粒及添加润滑剂等。

金属粉末的冷压成型过程：当对压模内的粉末施加一定压力后，粉末颗粒间将发生相对移动，粉末颗粒将充填孔隙，使粉末体的体积减小，同时，粉末颗粒受压后，要经受不同程度的弹性变形和塑性变形，颗粒间产生一定的黏接，使压坯具有一定的强度；并且，由于压制过程中在压坯内聚集了较大的内应力，当解除压力后，压坯会膨胀（弹性后效），由于粉末体内应力的作用，需施加一定的压力把压坯从压模中取出，从而完成粉末冷压成型过程。冷压是指把松散的粉末在压模内经过一定压制压力后，粉末颗粒间发生相对位移，孔隙被充填，粉末体积减小，致密度提高，成为具有一定尺寸及形状和一定密度及强度的压坯的过程。

A　串珠的冷压成型方法

串珠的冷压成型常用方法有两种：

一是采用分体式冷压成型，即将工作层粉末压制成环筒状后，卸模。而钢基体是在烧结前组装时与冷压坯一起放入烧结模内烧结。该方法最突出的问题就是烧结过程中，冷压坯和钢基体两者之间存在的空气不能排尽，烧结后工作层胎体与钢基体的黏结强度低。

二是采用整体式冷压成型，即将工作层粉末和钢基体一次冷压成型，此方法具有装料、组装、拆模方便，冷压压坯成品率高和生产效率高等特点。

B　串珠的冷压成型工艺

由于串珠是薄壁长筒件，而且因金刚石的硬度远大于模具的硬度，普通冷压机由于压制速度较高，用较高的压制速度压制时，金刚石会“镶进”模具而产生较大的压制阻力，易造成冷压坯的密度严重不均、压坯产生裂纹而破碎，而且冷压模具磨损很快。应采用“快进—慢压—保压—慢退—快退”分段控制压制速度的冷压工艺。

4.2.3　串珠绳（串珠）固定

金刚石绳锯的串珠必须通过固定材料的固定才能实现切割。由于采用的固定材料不同，其固定技术也不相同。金刚石绳锯串珠的固定是指把串珠由一条一定长度的钢丝绳串连在一起后，通过一定的固定手段（注塑、注胶、弹簧等），使串珠形成有规律的间隔排列，在锯切过程中起到支撑、固定串珠及储水、容屑的作用，并能使串珠形成一条具有切割能力的工具的过程。绳锯中采用注塑塑料（或橡胶、弹簧）固定的另一个十分重要的作用是防止串珠绕钢丝绳转动。

固定材料除了起到通过钢丝绳串珠连接成一整体、夹带冲洗液（冷却）、排屑的作用外，还须具有承担高频率的冲击载荷、防止串珠轴向移动及绕自身轴线转动、耐腐蚀、耐磨损、耐老化等多种功能；同时，固定材料本身也还须具有弹性好、易于成型、强度高等特点。而作为单独使用弹簧固定（主要用于大理石开采），则要求弹簧刚度较好、耐磨，特别是对弹簧的疲劳强度要求很高，能够经受上百万次的压缩及拉伸。

4.2.3.1 固定方法

串珠固定技术有弹簧固定法、塑料或橡胶注塑法及两者结合的弹簧注塑法。

（1）弹簧固定法。采用弹簧固定法，即通过弹簧和垫圈将串珠固定在钢丝绳上。这一固定方法最大的不足之处是缺乏对钢丝绳的保护，冷却液直接腐蚀钢丝，岩石碎屑进入弹簧内甚至串珠基体内，会直接磨损钢丝绳，使钢丝绳的寿命大大缩短，容易导致锯绳断裂。因此，弹簧固定法多配套用于固定寿命短的电镀串珠，并且在空旷的矿山开采中使用，以免因串珠绳的断裂造成人员伤亡事故。

（2）塑料或橡胶注塑法。塑料或者橡胶注塑法是串珠绳最通用的固定方法。浇铸后整条串珠绳完全被塑料或者橡胶所覆盖，包括串珠内孔与钢丝绳之间的缝隙均填满了浇铸材料，因而很好地保护了钢丝绳不被冷却液腐蚀，也不受岩屑的磨蚀，增长了钢丝绳的使用寿命。另外，每一颗串珠均经过浇铸与钢丝绳连为一体，即便钢丝绳断裂，串珠也不容易高速飞出而造成事故，因而可以用于室内加工，也可用于公共场所建筑物的拆除。与此相匹配，串珠多采用使用寿命较长的烧结式串珠。

图 1-4-7 为注塑工艺流程图。

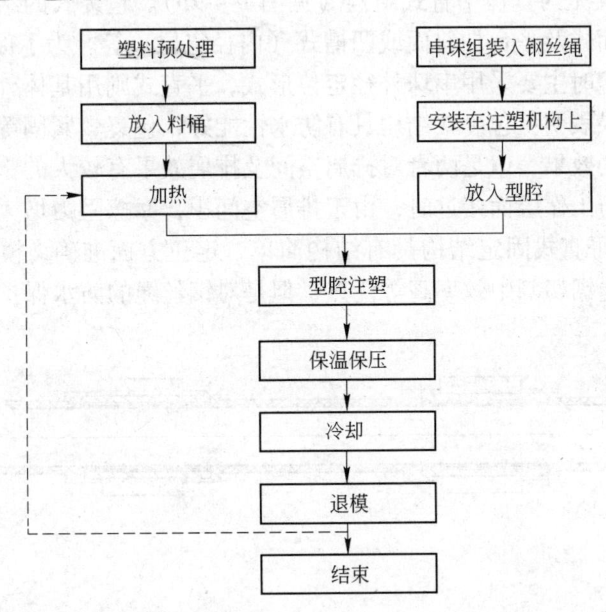

图 1-4-7 注塑工艺流程图

（3）弹簧注塑法。先用弹簧固定，再进行浇铸塑料。这种方法具有更好的使用效果，只是制造工艺更为复杂，成本相应提高。

4.2.3.2 固定结构

A 钢基体的结构

一般情况下，塑料与钢铁类材料是无法黏结在一起的。为了固定串珠，防止其产生轴向位移及绕钢丝绳转动，钢基体设计成了机械卡镶结构，如图 1-4-8 所示。这种卡镶结构的设计，除了保证有足够的卡镶强度外，还必须考虑合适的串珠与钢丝绳的间隙。以保证注塑过程中串珠与钢丝绳的同心度，否则绳锯使用中将产生偏磨，严重地影响绳锯的使用。

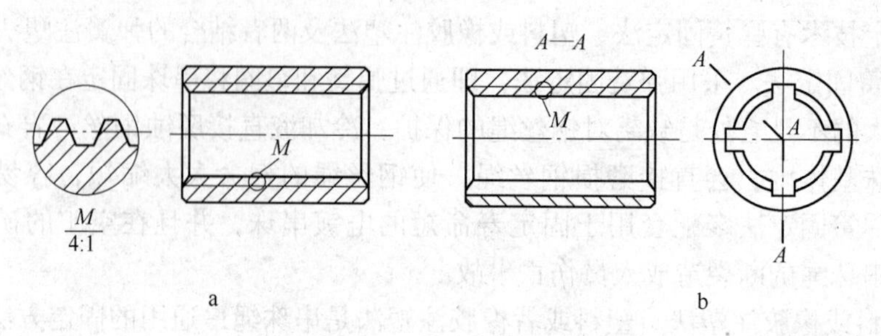

图 1-4-8 串珠机械卡镶结构示意图

a—尖齿（或梯齿）结构；b— 尖齿带直槽结构

B 塑料（橡胶）固定结构

塑料（橡胶）固定结构一个重要的作用是容屑、蓄水、减缓冲击及保护钢丝绳等。

塑料固定的结构形式主要有两类：一类是包裹式结构——即将裸露的基体全部包住（见图 1-4-9a），一类是与基体平直式结构（见图 1-4-9b）。包裹式的结构还有另外几种形式，如平台式、斜面式及平台加斜面或凹槽式（内径定位）等。为了保证串珠与钢丝绳的同心度，包裹式注塑时主要采用串珠外径定位形式，平直式则用基体外径定位。几种固定结构形式的试验结果表明：包裹式结构具有防水性能好，包裹较紧固等优点，斜面式还具有一定的减少冲击的效果，但是两者对排屑空间及排屑效果有较大的影响，特别是在绳锯使用后期，当台阶与工作层面接近时，由于排屑空间小，摩擦阻力增大，切割效率会降低（约 10% ~20%）；平直式固定结构具有结构简单，定位方面准确，模具加工难度小，排屑空间相对较大，绳锯切割中效率高等优点，但是对钢丝绳的防水保护明显低于台阶式包

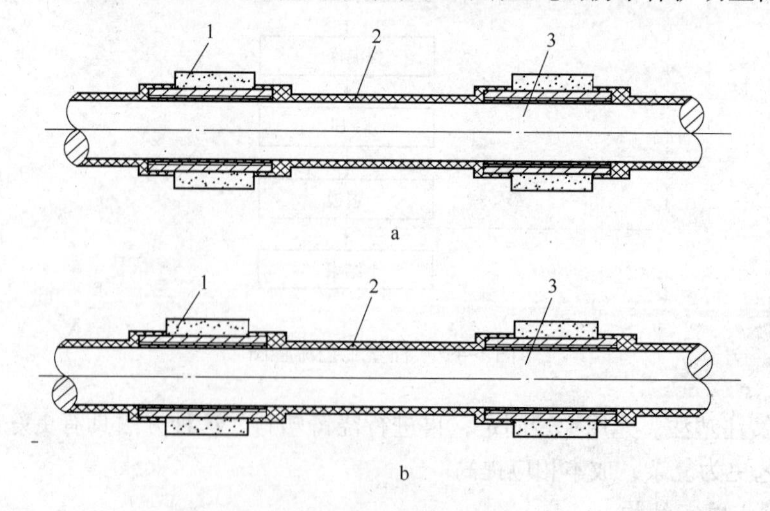

图 1-4-9 绳锯注塑固定结构

a—包裹式塑料固定结构；b—常规塑料固定结构

1—串珠；2—塑料；3—钢丝绳

裹固定形式，钢丝绳进水后，易脆化、断裂，从而影响绳锯的使用。一般来讲，对于异型加工，可采用平直式，或小台阶包裹式塑料固定结构，但对矿山开采等工作条件较恶劣的情况，或冷却液对钢丝绳带有腐蚀性的场合，则必须使用台阶包裹式，且包裹厚度相对大些。

4.2.4 钢丝绳

绳锯在使用过程中，钢丝绳经常会因疲劳磨损、磨屑磨蚀、化学腐蚀等原因而出现断绳现象，特别是当加工面积达到一定量时，断绳现象更为频繁。断绳不仅影响生产，而且还带来甩珠伤人等安全隐患，因此钢丝绳的性能对串珠绳使用至关重要。除了钢丝本身性能外，钢丝绳的寿命还与加工过程中的预紧拉力、各导轮最小曲率、加工过程中串珠的轴向载荷以及冲击载荷等因素有关，故应选用专业钢丝绳生产企业的产品，且使用时应参考钢丝绳的相关说明。

4.3 类型和技术参数

金刚石绳锯切割时的线速度根据石材种类的不同硬度而调整。切割软花岗岩的线速度一般为25～30m/s；切割中硬花岗岩的线速度一般为22～26m/s；切割硬花岗岩的线速度一般为20～24m/s；切割大理石的线速度一般为30～35m/s；切割研磨性岩石的线速度一般为30～35m/s。新绳锯起始切割阶段，其线速度应比上面所述的标准减少2～3m/s，以利于金刚石出刃。

4.3.1 花岗石切割绳锯

花岗岩开采和切割主要采用橡胶或者塑料绳锯，串珠类型是烧结型。这是因为采用橡胶或者塑料固定，可以防止岩屑中的石英和长石颗粒进入串珠和钢丝绳之间，发生腐蚀和损坏钢丝绳。因此，橡胶或者塑料固定的绳锯可以用于花岗石等硬质石材的切割。表1-4-1是用于花岗岩开采和异型切割的金刚石绳锯的主要规格和技术参数。

表1-4-1 花岗岩开采用金刚石绳锯的规格和技术参数

规格/mm	每米串珠数	固定方式	切割对象	切割速度 $/m^2 \cdot h^{-1}$	切割寿命 $/m^2 \cdot m^{-1}$	线速度 $/m \cdot s^{-1}$
ϕ11.5	40	橡胶	硬花岗岩	1～2	5～9	20～24
ϕ11.0	40					
ϕ11.5	40	橡胶	中硬花岗岩	2～4	6～12	22～26
ϕ11.0	40					
ϕ11.5	40	橡胶	软花岗岩	4～8	8～18	24～28
ϕ11.0	40					

4.3.2 大理石切割绳锯

开采大理石电镀绳锯是每米27～33个串珠。由于大理石较软，因此开采速度较高。平均切割效率为8～16m²/h。而使用烧结绳锯，其切割效率在整个过程中是基本稳定的。

电镀串珠寿命一般在20～30m^2/h之间，而烧结串珠能达到电镀串珠的2倍。开采大理石过程中钢丝寿命不如串珠长，大约每隔7～10m^2/m需要换钢丝。

大理石矿山绳锯通常采用弹簧型串珠绳，随着注塑成本的降低，注塑型绳锯也被采用。串珠类型是电镀和烧结。表1-4-2是用于大理石开采的金刚石串珠绳的规格和技术参数。

表1-4-2 大理石开采用金刚石绳锯的规格和技术参数

规格/mm	每米串珠数	固定方式	切割对象	切割速度/$m^2 \cdot h^{-1}$	切割寿命/$m^2 \cdot m^{-1}$	线速度/$m \cdot s^{-1}$
φ11.0	28	弹簧	硬大理石	4～8	2～30	28～33
φ10.5	28					
φ11.0	28		中硬大理石	6～10	25～35	30～35
φ10.5	28					
φ11.0	28		软硬大理石	8～20	30～50	33～38
φ10.5	28					

4.3.3 钢筋混凝土切割绳锯

在切割钢筋混凝土构件时，金刚石绳锯要求具有较高的强度和切削性能，所以金刚石绳锯主要为烧结串珠以及采用弹簧加橡胶方式固定。表1-4-3是用于钢筋混凝土切割的金刚石绳锯的规格和技术参数。

表1-4-3 钢筋混凝土绳锯的规格和技术参数

规格/mm	每米串珠数	固定方式	切割对象	切割速度/$m^2 \cdot h^{-1}$	切割寿命/$m^2 \cdot m^{-1}$	线速度/$m \cdot s^{-1}$
φ11.5	40	橡胶+弹簧	高强度钢筋混凝土	0.8～2.0	1.0～2.5	20～22
φ11.0	40					
φ10.5	40					
φ11.5	40	橡胶+弹簧	普通钢筋混凝土	2～5	2～7	22～25
φ11.0	40					
φ10.5	40					
φ11.5	40	橡胶+弹簧	钢结构或其他金属结构件等	0.5～1.0	0.5～1.2	18～20
φ11.0	40					
φ10.5	40					

4.3.4 板材加工用金刚石绳锯

通常花岗岩大板切割采用的是砂锯。该工艺效率低，切割因石材品种的不同差异很大。其循环水处理及污染处理系统复杂，设备前期投入大。而串珠绳组锯切割能有效地解决这些问题，目前国际上已出现了用串珠绳组锯切割大板的趋势。

异型曲面石材近年显示突出的价值，市场需求越来越大，其加工技术及设备也相继有较大发展，意大利生产的一种数控异型石材加工机，其切割最大工件的规格可为：长2.5m×宽1.5m×高1.5m，配备的数控装置，能控制5个自由度位置，具有切速高、劳力低、调整灵活、自动张紧等多种优点。

异型石材加工机充分利用了线切割的灵活性。通过 x、y、z 轴移动刀具或工作，实现曲线切割，能出色完成许多常规刀具无法实现的加工工艺，如工艺品的“镂空”，还可加工多种曲面，鼓形面及石柱等形形色色的装饰材料。

不同类型和规格的金刚石串珠绳，其适用领域是不同的。因此，要根据被加工材料的类型、硬度等因素来选择合适的金刚石串珠绳以及确定加工参数。

表1-4-4是用于花岗岩异型切割的金刚石绳锯的规格和技术参数，表1-4-5是用于大理石异型切割的金刚石绳锯的规格和技术参数。

表1-4-4 花岗岩异型切割用金刚石绳锯的规格和技术参数

规格/mm	每米串珠数	固定方式	切割对象	切割速度 /mm·min^{-1}	切割寿命 /m^2·m^{-1}	线速度 /m·s^{-1}
ϕ8.5	37	塑料	硬花岗岩	4~8	6~10	20~24
ϕ9.0	37					
ϕ8.5	37	塑料	中硬花岗岩	6~12	8~12	22~26
ϕ9.0	37					
ϕ8.5	37	塑料	软花岗岩	8~15	10~15	25~30
ϕ9.0	37					

表1-4-5 大理石异型切割用金刚石绳锯的规格和技术参数

规格/mm	每米串珠数	固定方式	切割对象	切割速度 /mm·min^{-1}	切割寿命 /m^2·m^{-1}	线速度 /m·s^{-1}
ϕ9.0	33	塑料	硬大理石	10~20	20~30	28~33
ϕ8.5	33					
ϕ9.0	33		中硬大理石	15~25	25~40	30~35
ϕ8.5	33					
ϕ9.0	33		软硬大理石	20~25	30~45	35~40
ϕ8.5	33					

4.4 切割性能评价

金刚石绳锯切割性能的评价尚未建立统一的标准，实际生产中常用切割寿命（m^2/m）、切割效率（m^2/h）或切割速度（mm/min）以及绳锯断绳次数等指标来评价绳锯切割性能。这些指标均为统计学上的平均值。相关研究人员试图从微观及理论的角度进行绳锯切割性能的评价，研究金刚石绳锯的锯切规律，包括串珠磨损情况、绳锯切割效率及切割寿命，以及锯切过程中力、功率的变化和金刚石出刃状况等，并通过相关指标来评价绳锯的锯切性能。

4.4.1 金刚石磨损形态

绳锯在锯切过程中，金刚石会出现各种形态的磨损及脱落，有关研究人员对金刚石磨损形貌进行了系统的研究，并对金刚石各种形态进行了定量测定。将金刚石的各种磨损形态划分为：初露（从结合剂中出露）、完整（出刃高度比初露高且没有破碎）、磨平（有光滑的平面）、微破碎（≤1/3）、半破碎（1/3~1/2）、完全破碎（≥1/2）和脱落七种磨损状态。这七种磨损形貌的照片如图1-4-10所示。一般而言，初露、完整、微破碎状态有

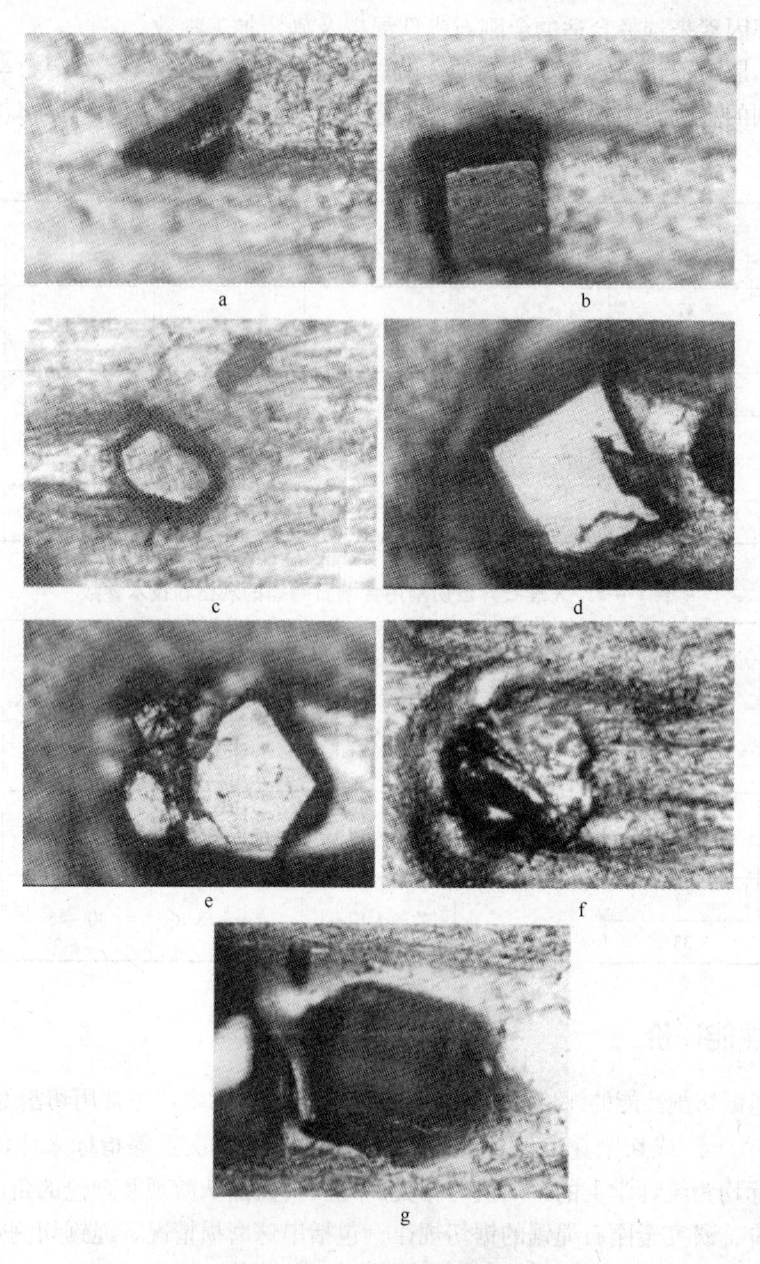

图1-4-10 金刚石磨损形貌图

a—初露；b—完整；c—磨平；d—微破碎；e—半破碎；f—完全破碎；g—脱落

利于切割；磨平、半破碎、完全破碎、脱落状态不利于切割。

研究认为金刚石各种磨损形态随锯切面积的增加的变化规律如图 1-4-11 所示。由图可

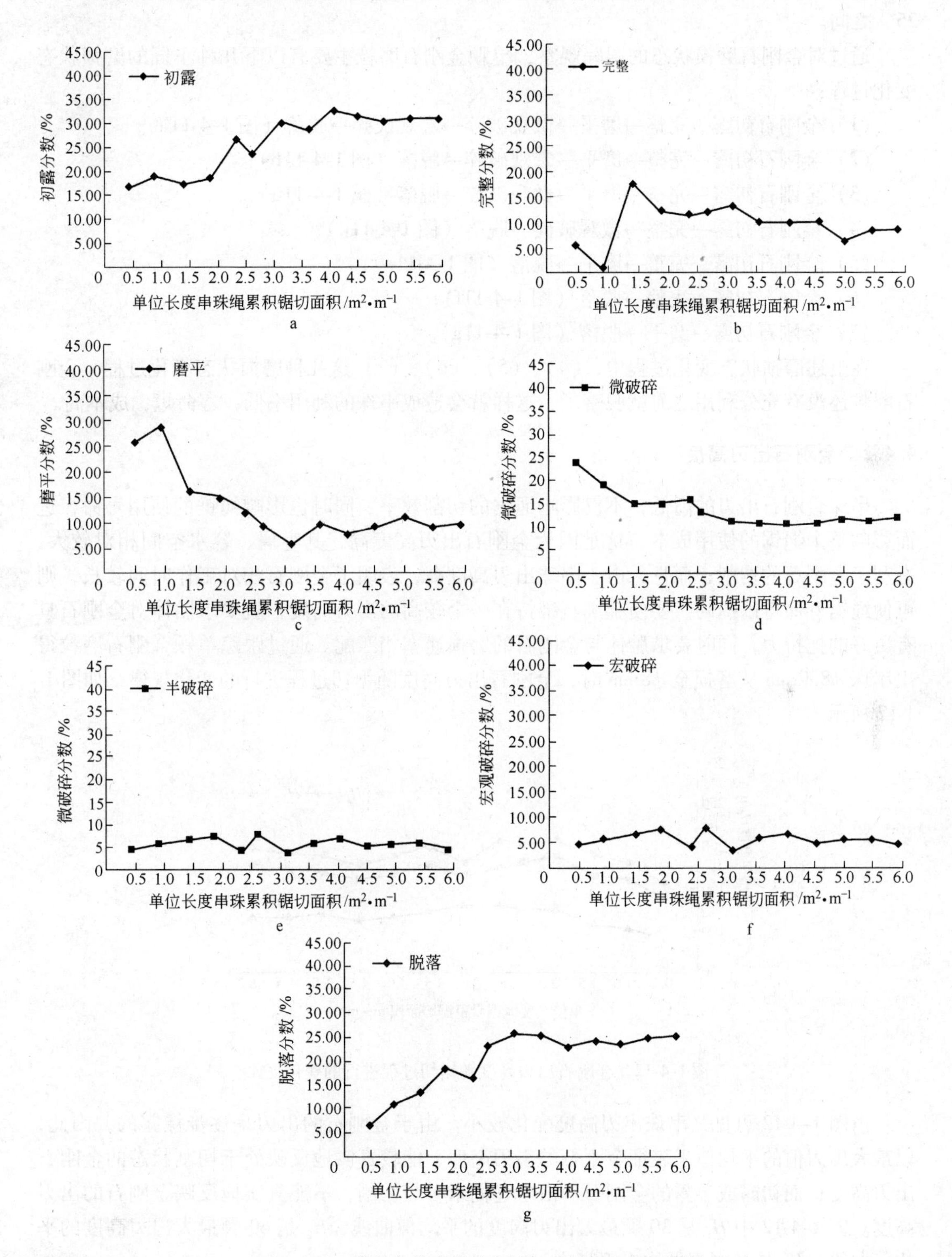

图 1-4-11 磨粒各种磨损状态随加工过程的变化曲线

见，除锯切初期金刚石状态因初期开刃、磨石的因素，变化相对较大外，锯切后期金刚石各种磨损形态曲线趋于平坦，即其磨损状态相对稳定，金刚石的脱落率后期保持在 20% ~ 25% 之间。

通过对金刚石磨损状态的跟踪观察，单颗金刚石磨粒主要有以下几种不同的磨损状态变化过程：

（1）金刚石初露→完整→磨平→微观破碎→宏观破碎→脱落（图 1-4-11a）；

（2）金刚石初露→完整→磨平→宏观破碎→脱落（图 1-4-11b）；

（3）金刚石初露→完整→磨平→微观破碎→脱落（图 1-4-11c）；

（4）金刚石初露→完整→微观破碎→脱落（图 1-4-11d）；

（5）金刚石初露→完整→磨平→脱落（图 1-4-11e）；

（6）金刚石初露→完整→脱落（图 1-4-11f）；

（7）金刚石初露→磨平→脱落（图 1-4-11g）。

在上述磨损状态变化过程中，（4）、（5）、（6）、（7）这几种磨损状态变化过程，金刚石磨粒还没有充分利用之前就脱落了，这样就会造成串珠的利用率低，寿命短，成本高。

4.4.2 金刚石出刃高度

串珠金刚石出刃的高低，不仅影响绳锯的切割效率、同时也影响绳锯的使用寿命，进而影响整个绳锯的使用成本，这是因为金刚石出刃高度高，其容屑、容水空间相对较大，有利于金刚石的切削；而且，由于串珠出刃高度高，表明了金刚石相对工作时间较长，则可使绳锯寿命得以提高。要使金刚石维持在一个较高的出刃高度，就要求胎体对金刚石具有更好的把持力，同时要求胎体与金刚石的磨损速率相匹配。通过跟踪单颗金刚石磨粒得出串珠 ϕ8. 7mm 从磨损至 ϕ8mm 时，金刚石出刃高度随锯切过程进行的变化规律，如图 1-4-12 所示。

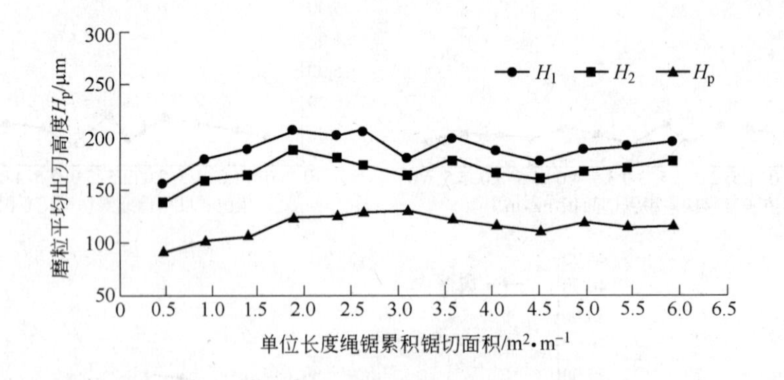

图 1-4-12 金刚石出刃高度随锯切过程进行的变化规律

由图 1-4-12 可见，串珠出刃高度变化较小。由于金刚石的出刃是逐步裸露的，因此，以最大出刃值的平均值来表征金刚石的出刃高度，能较真实地反映处于切割状态的金刚石出刃高度；而初露或半露的金刚石，由于它们未参与切割，不能真实地反映金刚石的出刃高度。图 1-4-12 中 H_1 是 30 颗最大出刃高度的平均值曲线，H_2 是 60 颗最大出刃高度的平均值曲线，H_p 是金刚石平均出刃高度。

4.4.3 串珠的磨损规律

金刚石绳锯在使用过程中串珠的磨损是不均匀的，图1-4-13是串珠前端、中端、后端随着锯切面积的增大，串珠直径磨损变化规律；图1-4-14是每轮次串珠平均磨损量的变化规律。由图可见，串珠各端直径均呈近似线性关系的递减，每轮次串珠的磨损量变化较小。因此，在生产中，可以用串珠的前期磨损量，通过计算其单位磨损切割面积来计算绳锯的寿命。

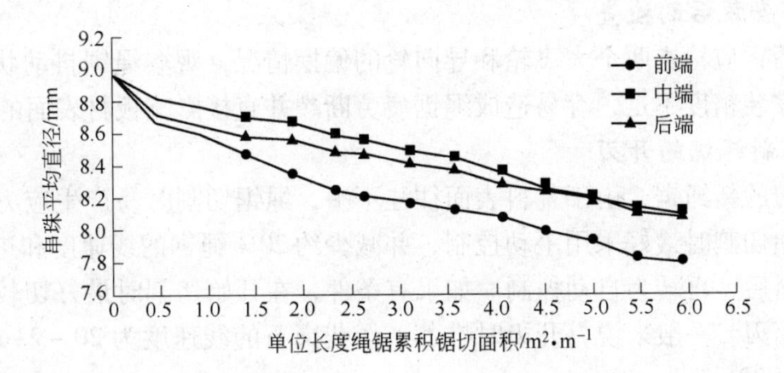

图1-4-13 单位长度绳锯累积锯切面积与串珠平均直径变化关系曲线

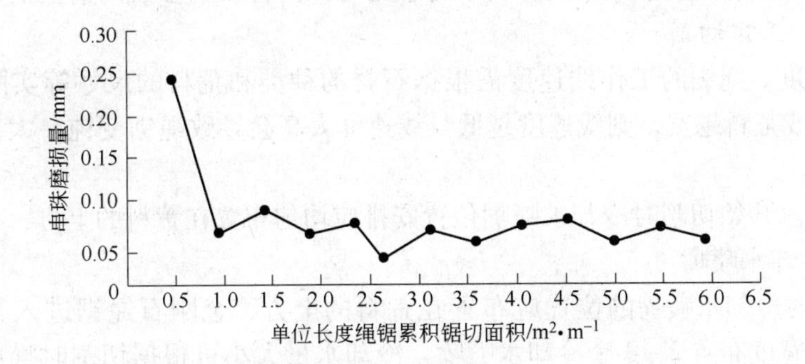

图1-4-14 单位长度绳锯累积锯切面积与串珠磨损量的变化关系曲线

4.5 使用与问题

4.5.1 金刚石绳锯的使用

4.5.1.1 绳锯的连接

金刚石绳锯在安装使用前须进行扣压连接，连接时须注意以下三点：

（1）金刚石绳锯在扣压接头前必须预先缠绕，缠绕量为每米缠绕1.5～2圈；

（2）扣压后的接头应无飞边和毛刺，接头和相邻的注塑层应无缝隙；

（3）安装时注意绳锯的工作方向必须和绳锯表面上表明的箭头方向相同。

4.5.1.2 绳锯的张紧力

绳锯工作时，绳锯必需有一定的张紧力。异形加工用金刚石绳锯推荐张紧力为2.5～3.5kN；ϕ10mm、ϕ11mm的开荒料用金刚石绳锯推荐张紧力为2～3kN（指钢丝绳的张紧力，张紧轮张紧力是钢丝绳的张紧力的1倍）。张紧力太低不仅会使绳锯产生抖动、易断裂，或者造成飞轮和导向轮的橡胶套寿命降低，而且会影响加工精度。张紧力太高则会使钢丝绳受力太大，绳锯易断绳，导致绳锯寿命降低。

4.5.1.3 荒料固定

为防止绳锯切穿荒料的底部，荒料应放置在自制的水泥座上，而不是通常的木块上。

荒料最好采用快干水泥固定好。在切割过程中，荒料或板材绝对不许移动，否则会卡断绳锯或将绳锯上的串珠和注塑层挤成一团，使内部钢丝绳裸露，加剧钢丝绳的断裂，并影响绳锯的切割寿命及板材的精度。

4.5.1.4 安装后的检查

启动设备后，应检查两个大飞轮和导向轮的偏摆情况，观察绳锯抖动状态。飞轮和导向轮的加工及安装精度不足，容易造成绳锯疲劳断裂并直接影响板材表面的粗糙度。

4.5.1.5 新绳锯的开刃

对于未开刃的新绳锯，由于荒料表面往往不平，绳锯切割时易产生应力集中而发生断裂，建议刚开始切割时最好采用手动控制，并减少约20%绳锯的线速度和进刀量，直至绳锯完全进入荒料后，再转为自动控制。如果有条件，在开始切割时最好切较软的石材，以利于金刚石的出刃。一般来说，开刃时推荐：切花岗石的线速度为20～21m/s；切大理石的线速度为26～28m/s。

开刃时直至用手触摸串珠表面有刮手的感觉时，再将切割参数调整至正常切割状态。

4.5.1.6 正常切割

（1）线速度。绳锯的工作线速度需根据石材的种类和荒料的尺寸等实际情况作出调整，石材越硬或荒料越宽，则线速度越低。线速度太高会导致绳锯变钝，太低会导致串珠变椭圆或锥形。

（2）冷却。开始切割时冷却水喷嘴位置安排应均匀布置在荒料的上方，视荒料的大小布置4～6个冷却水喷嘴。

正常切割时冷却水喷嘴的位置应布置在荒料的上方、金刚石绳锯进入荒料一侧，按1/3～1/2荒料宽度布置2～3个冷却水喷嘴。冷却水量大小可根据切割时噪声，及冷却水的浑浊度调整。需要指出的是：冷却水量并非越多越好，过多的冷却水量影响绳锯的自锐性，并易使绳锯打滑。

冷却水喷嘴的位置必须固定好，防止由于振动或者风吹使其移位，造成绳锯在无冷却水的情况下工作。无冷却水工作将会烧坏串珠和注塑层，严重时使整条绳锯报废。

4.5.2 金刚石绳锯的常见问题

4.5.2.1 串珠剥落

串珠工作层部分从串珠钢体上掉落下来，称之为剥落。原因可能是：选用胎体不当、钢基体处理有问题、使用错误的烧结参数、采用不正确的冷压工艺，也可能是由于脱蜡工艺不当，使金属胎体和串珠钢体之间渗进了石蜡，有时该问题也是与串珠钢体清洗不当有关。

4.5.2.2 串珠转动及窜动

绳锯使用过程中，固定材料不能牢固固定串珠，从而使串珠绕钢丝绳转动及沿钢丝绳窜动，使部分串珠间距发生变化，甚至相接的现象。串珠转动一般是由于制造工艺方面的原因，如橡胶硫化或者注塑工艺控制不严、串珠固定设计不当等因素造成。也可能是选用钢丝绳不当，或是金刚石串珠内部沾污清洗不当，这将导致串珠与注塑/注橡胶之间结合不牢。由于使用不规范，如下刀量过大也可能造成串珠的转动或窜动。

4.5.2.3 偏磨

绳锯使用过程，串珠没有沿圆周面均匀磨损，而是仅磨损串珠某一面，导致串珠某一面磨损严重甚至磨至钢丝绳，而另一面则有较厚的工作层，从而导致绳锯寿命大大缩短，提前报废。

偏磨产生的原因主要是：使用前根本没有扭转或者扭转圈数不够、或者下刀量过大，串珠对切割对象施压过大，导致串珠与切割对象摩擦力过大，从而阻碍了串珠绕钢丝绳轴线转动。

通常每锯切 $20m^2$ 石材之后接头可能发生疲劳破坏。因此，应定期检查、更换金刚石绳锯的接头，一旦发现金刚石串珠有破裂现象应立即停机更换；如发现金刚石串珠绳某一段有偏磨现象应切断重接。

4.5.2.4 断裂

造成锯绳断裂的因素有许多：可能是由于所选用钢丝绳有问题，主要还是使用了不恰当的工艺参数等。具体分析如下：

（1）钢丝绳作为锯绳的承载体，制约了绳锯的寿命。绳锯使用过程中，钢丝绳达到了疲劳极限而引起疲劳断裂。

（2）由于机器原因，导致绳锯运转不平稳，抖动频繁，很容易导致中间断绳及接头频繁断裂。

（3）加工时，追求切割效率，强行下刀，导致绳锯运转弧度过大，张紧力过大，进而引起钢丝绳的断裂。

（4）注塑绳锯使用一定时间后，将会有部分冷却水及切屑注入塑料和钢丝绳之间。如果停放时间过长，将会导致钢丝绳生锈变脆，钢丝绳中间提前断裂。

（5）由于制造工艺方面的原因，如橡胶硫化或者注塑工艺控制不严、串珠固定设计不当等因素，导致塑料（橡胶）与金刚石串珠基体之间结合不牢，使岩屑进入金刚石锯绳中磨损钢丝绳磨损，造成锯绳串珠的转动及窜动、磨损钢丝绳磨损，使钢丝绳提前断裂。

（6）接头扣压过紧，加大了对钢丝绳的损伤，导致接头处钢丝绳提前断裂。

4.5.2.5 固定套失效

对弹簧垫圈式隔离套在加工时磨屑很容易从串珠、弹簧、垫圈之间的间隙进入并在绳锯弯曲运动作用下对钢丝绳进行磨蚀，从而造成串珠绳断绳失效。尤其在加工含石英成分较高的花岗石时，由于石英硬度高，对钢丝绳磨蚀性相当严重。

（华侨大学：郭桦）

5 金刚石大锯片刀头

5.1 概述

石材加工业是我国近几年来发展迅速的行业，在该行业中从石材毛坯开采、板材锯切和精加工中，广泛适用金刚石锯片、金刚石磨头。此外，在天然大理石、花岗石和人造铸石、水磨石、玻化砖、混凝土等建筑材料加工方面，普遍使用金刚石工具。

天然石材的矿山开采，使用烧结法和电镀法制造的金刚石绳锯是最先进、最经济合理的方法，石材成材率大大提高，有效防止自然资源严重浪费。把开采下来的块状石材荒料锯切为厚度1.5cm左右的板材，已经普遍使用的金刚石大圆锯片（ϕ1600～5000mm）和金刚石排锯（大理石排锯每组40～100条）。大块板材要分割为符合要求的形状和尺寸规格的商品材，普遍使用的理想工具是中等规格的金刚石圆锯片（ϕ350～500mm）。现场施工过程中边角料的切割则需要用ϕ100mm左右的小直径金刚石切割锯片，包括干切片和湿切片。

通常，加工荒料用金刚石大锯片直径多在ϕ1600～3000mm，其在金刚石锯切工具中占着很重要的分量。一般认为使用ϕ3000mm以下金刚石圆锯片切割石材是经济合理的，直径若再大，则需将基体加厚以增加稳定性，刀头厚度也要相应增加，这样造成切割时阻力增加、振动加大、功率输出变大、切缝更宽、石材增耗、锯切成本大大增加。在国内大多使用ϕ2200mm以下金刚石圆锯片。

ϕ2000mm以下大锯片主要用于将已整形好的荒料切成板材，ϕ2000mm以上大锯片多用于不规则荒料的整形或板材切割。大锯片多在双向切割机、台式切割机、大型桥式液压切割机上使用，可单片或多片使用。大锯片成组切割板材可明显提高效率，板材可以加工得更薄、重量更轻、石材利用率更高，但需严格保证锯片基体质量、成品质量、金刚石刀头一致性，对锯机功率、刚性、精度、冷却情况等要求也更高。

制造加工荒料大锯片时，必需先做金刚石刀头，再焊接到圆片基体上，然后作开刃（有条件的话）、整形等后处理。

5.2 刀头结构与尺寸

设计刀头结构尺寸，需与金刚石、胎体配方、基体、制造工艺以及被切材质、切割设备、切割方式、切割参数等结合起来考虑。可以说，在既定切割条件下，合理的刀头结构尺寸，会有利于刀头中金刚石与胎体达到适应性磨损、金刚石一直保持高出露、胎体牢固把持金刚石、不掉刀头、锯切功率最小化、锯切状态稳定化、锯缝最小化。

5.2.1 刀头结构

对于普通型（截面为长方形，性能均一）金刚石刀头，切割不久就会出现边棱磨损、磨圆，刀头工作层剖面成了半圆弧状，这样就增大了刀头与石材的接触面积，切割阻力会明显增大，或是锯机输出功率一定时，每颗金刚石的切削力要减小，金刚石刻入岩石的深度就会减少，从而导致切割效率下降，同时金刚石因主要受到岩石的研磨作用而容易被抛光、磨钝；如果想保持效率的话，则只能增加锯切速率和切割压力，这样又使金刚石刀头受到很大的横向挤压，容易使锯片产生振动、发热、变形和跑偏，从而使加工出来的板材厚薄不均或不平整，基体因变形、磨损、裂纹而难以重复使用或当时就不能用。而金刚石刀头受到大的挤压有可能导致局部断裂或崩块。刀头厚度越大，则上述情况会越严重。

切割过程中理想的刀头工作型面是正面呈峰谷状起伏（两边棱凸起）、侧面呈倾斜形，这时的刀头正面相当于有多个导向刃，改善了工作层面的受挤压情况，降低了横向压力，从而达到提高切割效率和切割质量的目的。但这种工作型面增加了更多的侧磨损面，故易造成金刚石的破裂、脱落损耗，因此必需选用高品质、粒度稍细、最好是表面镀覆的金刚石，同时要求胎体对金刚石及其镀覆层的结合能力要高、胎体应致密；刀头侧面呈倾斜型会减少与岩石的接触，从而降低了磨损和切割阻力，有利于提高锋利性和寿命。

生产上主要通过做成“三明治”层状结构来实现刀头使用时的正面峰谷状起伏，“三明治”结构必须按硬层、软层交替排布，边层必须为硬层，软层材质可采用铁片或粉末；刀头的侧倾斜面主要通过做成（阶）梯状来实现。有时侧表面上还带有槽型，这样有利于进一步减少侧面磨损和切割阻力，同时也能起到容屑、排屑、强化冷却的作用。

设计“三明治”刀头软硬层的方法有多种：

（1）软层用铁片，所用铁片厚度多为0.8～1.0mm，长、宽尺寸应比刀头的略小。采用铁片作为软层，操作便捷、成本低廉，但要求铁片纯度高、表面洁净，且只适合与高温胎体配方配合使用，同时限制了软层耐磨性的调整；为增强铁片与硬层的结合性，有厂家采用硼砂水溶液煮沸铁片或将铁片冲孔。

（2）软层用不含金刚石的粉料。与铁片相比，采用粉料软层更有利于同硬层的结合，方便调整软层的耐磨性，从而有效调整刀头的切割性能。软层可用与硬层相同的配方粉末，也可用成分不一样的粉末，后者需考虑其热压温度要与硬层相当、能与硬层很好结合、成本要低廉。用不含金刚石粉料作软层，其层厚不能太大，否则影响硬层的保持性和锯片的切割寿命。

（3）软层用含金刚石的粉料，可有以下几种设计思路：

1）硬层与软层胎体配方、金刚石品质、金刚石粒度一样，但金刚石浓度高于软层；

2）硬层与软层胎体配方、金刚石品质、金刚石浓度一样，但金刚石粒度细于软层；

3）硬层与软层胎体配方、金刚石粒度、金刚石浓度一样，但金刚石品质优于软层；

4）硬层与软层胎体配方一样，但同时调整金刚石品质（好）、粒度（细）、浓度（高），使得硬层耐磨性高于软层；

5）硬层胎体比软层耐磨，金刚石用得一样；

6）硬层与软层胎体配方不一样，通过同时调整金刚石品质（好）、粒度（细）、浓度（高），使得硬层耐磨性高于软层。

软层含有金刚石，能够参与切割，同时对硬层保持性有好处，故层厚可以设计得大一些。

实际设计“三明治”刀头时，还需结合具体使用情况，通过合理调整层数、层厚分布、硬层配方、软硬层耐磨性差异来达到良好的“峰谷”形貌和最好的切割效果。

图 1-5-1 是一些常见大锯片金刚石刀头形状结构示意图。

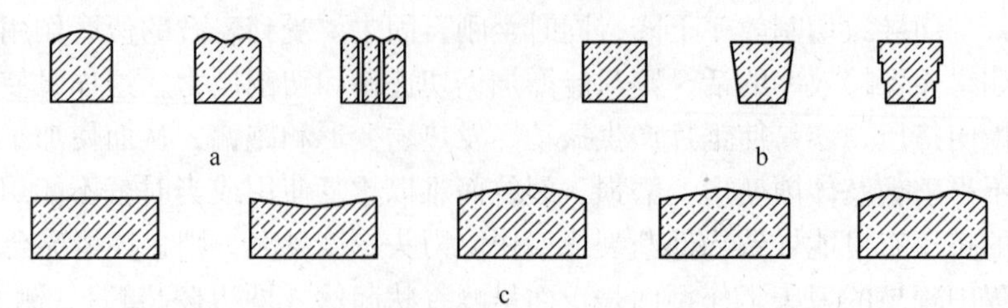

图 1-5-1　常见大锯片金刚石刀头形状结构示意图
a—切割后工作面形态；b—侧面；c—端面

早期的传统大锯片金刚石刀头，多为规则的长方体形状，不区分硬层、软层，使用后刀头形状如图 1-5-1a 所示。当锯切花岗岩时，刀头两侧面尖角磨损较快，逐渐形成圆弧面，在加工高硬花岗岩时表现得尤为显著。刀头的圆弧面与花岗石接触面积比较大，磨损阻力大，每颗金刚石颗粒不能充分获得切削力，在实际加工中，经常容易出现变钝的情况，刀头不锋利。此外，刀头两侧面受力不均匀，锯片基体容易发生振动，导致加工板材厚薄不均，以及钢基体重复使用次数减少。

根据上述情况，逐渐演变为阶梯型刀头。常规的阶梯型刀头一般有梯形和多层阶梯型，如图 1-5-1b 所示。在磨损过程中，金刚石刀头的侧面始终保持较小的面积，总的锯切阻力始终较小，锯切效率高，而且可以减小功率消耗，同时防止锯片变形，提高加工精度。

如前所述，传统长方体刀头在加工过程中出现圆弧面不利于加工，因此工具厂家开始通过区分硬层、软层，使之在加工过程中工作面中部形成凹层。常见的有三明治结构和夹层结构（也叫线条结构）的刀头。这样的设计，在加工过程中，工作面保证凹形，可以使刀头与加工对象接触面积较小，具有较好的金刚石出刃性，从而提高切割效率。同时，凹形两侧面所受的力能够相互抵消，使钢基体在加工过程中始终保持平直，最终使得加工的板材厚度均匀，并且钢基体变形小。

刀头工作面初始形状也在不断改变，从传统的平行到“V”形、“K”形、“M”形，初始形状的改变主要在于改变刀头工作面与加工对象的接触面积，从而提高刀头刚开始使用的锋利度，即缩短开刃时间。有关试验表明，设计合理的初始工作面形状，可以有效节省 50% 的开刃时间。

5.2.2　刀头尺寸

理论上，设计金刚石刀头的长度应考虑到锯片的直径、刀头数量、刀头高度、刀头厚度、水口宽度、锯片使用参数等。一般地，刀头短、数量多、水口窄，则切割时的连贯性好、切割效果好、切割寿命高，但锋利性有所下降。大锯片刀头长度多在 20 ~ 25mm。

设计刀头高度时要兼顾厚度、基体品质、寿命要求、成本要求，大锯片刀头高度多为 10 ~ 20mm。

刀头厚度的确定要根据基体厚度、刀头高厚磨损比等来确定，理想的状况是，在特定切割条件下，刀头高度方向磨完时，厚度方向尺寸也与基体平齐。切割研磨性强的材料时，锯片刀头厚度应大些，同时基体也应选用厚一点的；对切割弱研磨性或特别脆的材料，刀头厚度应小些；刀头过厚，则切割阻力、切割功率、切缝宽度均加大，造成石材、能源浪费；刀头过薄，则磨料层还未磨完，厚度方向就与钢基体磨平齐，易产生夹锯和造成锯片不能使用。大锯片刀头厚度多比基体厚度大2~3mm。

“三明治”层数及硬层厚度的设计：一般来说，刀头“三明治”层数少、硬层较宽，锋利度会较差，而层数较多、硬层较窄，则锋利度较好，但可能影响切割寿命。对切割晶粒细、组织细密、硬度高、韧性大的石材，刀头应采用较多的层数和较小的硬层厚度，而切割晶粒粗、组织疏松、软而脆的石材，则应采用较小的层数和较大的硬层厚度。

大锯片刀头尺寸的三个维度方面，长度方向多为22~24mm，一般而言，长度越短，越有利于提高锋利度，反之，长度越长有利于提高寿命，在其他参数一致的条件下，22mm的刀头会比24mm刀头切割效率高。高度方向主要根据加工对象进行选择，一般对研磨性较高或加工时间较长的石材，高度多在10mm左右，对于常规的花岗岩，高度常在15~20mm。宽度方向主要与基体厚度有关，保证刀头焊接面与基体的侧隙在0.6mm左右，以保护基体受到加工对象的磨损；因此对于研磨性较高或加工时间较长的石材，需要适当增加刀头厚度，一般要增加到0.8~1.0mm。表1-5-1是加工花岗岩常见大锯片金刚石刀头尺寸。

表1-5-1 加工花岗岩常见大锯片金刚石刀头尺寸

基体厚度 E/mm	刀头形状	刀头厚度 T/mm			刀头形状	刀头厚度 T/mm	
		$X=8$	$X=10$	$X=13$		$X=15$	$X=20$
5.0	梯形	6.4/5.8	6.4/5.8	6.4/5.8	多层梯	6.6/5.8	6.6/5.8
5.5	梯形	7/6.4	7/6.4	7/6.4	多层梯	7.2/6.4	7.2/6.4
6.0	梯形	7.8/7.2	7.8/7.2	7.8/7.2	多层梯	8/7.2	8/7.2
6.5	梯形	8.2/7.6	8.2/7.6	8.2/7.6	多层梯	8.4/7.6	8.4/7.6
7.0~7.2	梯形	9/8.4	9/8.4	9/8.4	多层梯	9.2/8.4	9.2/8.4
8.0~8.2	梯形	10.4/9.8	10.4/9.8	10.4/9.8	多层梯	10.6/9.8	10.6/9.8
8.5	梯形	10.6/10	10.6/10	10.6/10	多层梯	11/10	11/10
9.0~9.2	梯形	11.6/11	11.6/11	11.6/11	多层梯	12/11	12/11
9.5	梯形	12.1/11.5	12.1/11.5	12.1/11.5	多层梯	12.5/11.5	12.5/11.5
10.0~10.2	梯形	13.1/12.5	13.1/12.5	13.1/12.5	多层梯	13.5/12.5	13.5/12.5
10.5	梯形	13.6/13	13.6/13	13.6/13	多层梯	14/13	14/13
11.0~11.2	梯形	14.1/13.5	14.1/13.5	14.1/13.5	多层梯	14.5/13.5	14.5/13.5

5.3 刀头制造要点

结合切割条件，选择或设计最佳材料、配方、工艺是大锯片刀头制造的要点。

5.3.1 对基体要求

金刚石大锯片用基体必须有足够的刚性、强度、韧性和硬度，平面度等形位精度要高，必需消除变形力、微裂纹，以确保锯片切割时振动小、平稳轻快、无裂纹。

5.3.2 对金刚石要求

选择大锯片用金刚石需与切割条件、基体、刀头结构尺寸、胎体等结合起来考虑。

一般来说，被切材质越硬、摩擦力越强、切割速度越快、进给越大，则金刚石受到的冲击越大，主要以冲击磨损、破碎、脱落形式消耗，反之，被切材质软、摩擦性弱、切割速度慢、进给小，则金刚石主要以机械摩擦磨损形式被消耗。希望锯切时：金刚石在充分发挥作用的前提下受到适度冲击磨损和机械磨损，进而微破碎、崩碎、脱落，这样锯片能发挥出最佳的切割作用。

金刚石过早消耗或过于耐磨都不利于切割加工。前者是金刚石未正常发挥作用就脱落或大块崩碎，过早脱落说明胎体不致密、不耐磨或是对金刚石把持力弱、切速或进给太快、被加工材质研磨性太强，而大块崩碎则说明金刚石品质差、浓度低或是受到过大的冲击。过早消耗使得锯片切割效率低、寿命低，这可以通过调整金刚石品质和浓度、胎体耐磨性、采用高切速、大切深、小进给来改善；金刚石过于耐磨，表现为只是被磨平或抛光、不易产生微破碎，说明胎体过于耐磨或对金刚石把持太强、锯片切深大、进给小、被加工材质硬而细密、金刚石品质过于好、浓度过高、金刚石颗粒切入岩石深度小、金刚石颗粒受冲击和切削力小，使得锯片表现为切割效率低、寿命长。因此需通过调整金刚石、胎体和采用低切速、小切深、大进给来促使金刚石产生微破碎和加快胎体磨损，从而提高切割效率。

一般高品质金刚石的抗压、抗冲击强度高，切割时能长时间保持完整性、磨损慢、不易产生微破碎，只有在遇到研磨性强的材料时才可能发生微破碎；但另一方面，金刚石品质好，晶型愈趋向等积型，表面光滑，胎体对其愈难把持，这样就易直接脱落，因此对高品级金刚石，应采取表面镀覆或粗糙化，粒度要用粗些，浓度应该低些，胎体应具有适当耐磨性和对金刚石及其镀覆层有较强的黏结力，适用于较强研磨性材料的切割。

对较低品级金刚石，因抗压、抗冲击性较差，在切割一般材料时就有可能发生明显磨损和破碎，而切割难加工材料时会很快产生大块崩碎和失去切割能力。因此，对较低品级金刚石，粒度宜细、浓度宜高，而胎体应软、不能太耐磨，热压温度应低以减少对金刚石的影响，被加工材质应为易切割材料，这样也能较充分地发挥这些金刚石的作用。

对使用高温耐磨胎体、高品级金刚石和切割难加工材料的场合，如果掺加一些低品级金刚石或是高品级金刚石品质分散性大，都会造成锯切工具的效率、寿命明显下降。

总体来说，制造大锯片宜选用 MBD6 以上、冲击韧性和热稳定性均不错的金刚石。MBD6 ~ MBD10 金刚石适合中软易切材料如石灰石、中硬以下大理石、青石；MBD8 ~ SMD25 金刚石适合加工中硬或中等研磨性材料如中硬及以上大理石、中硬及以下花岗石，且金刚石应采用表面镀覆；MBD10 ~ SMD40 金刚石适合坚硬或强研磨性材料的切割，如硬花岗石、砂岩等。要求金刚石的磁性物含量要低、热稳定性和耐冲击性要好，要采用表面镀覆。

金刚石粒度多用 30/35 ~ 60/70 目。粗粒金刚石适合较强研磨性、硬脆、晶粒粗材料的切割，相应的胎体应硬和耐磨些；细粒金刚石适合切割坚硬、韧性大、晶粒细的材料，胎体应软。

金刚石体积浓度一般为25%～50%。切割强研磨性、坚硬致密材料时，金刚石浓度宜用得高些；而切割脆、弱研磨性材料时，金刚石的浓度应低。

5.3.3　对胎体要求

选择大锯片用胎体需与切割条件、锯片规格、刀头结构尺寸、金刚石等结合起来考虑。

一般在切割软、研磨性弱材料时，胎体应软、耐磨性应低；切割中等硬度、一般研磨性、硬而细密材料时，胎体要硬、耐磨性应低、对金刚石把持要强；对强研磨性材料的切割，要求胎体耐磨、对金刚石把持要强，同时注意切割参数的合理选择：切割硬度高的强研磨性材料易形成冲击，故切速、切深不宜过大，可以快进给；而切割低硬度的强研磨性材料正相反，应采用高切速、大切深和慢进给，这样可有效保持切割效率，同时能减少胎体的磨损及金刚石的磨损和脱落。

大锯片用胎体均要求具有较好的“红硬”性，以便于对金刚石的把持。

5.3.4　工艺要求

大锯片刀头多采用先冷压成坯（片），再组装热压，也有直接装粉（片）热压；考虑到便利性和基体的重复使用，焊接等后道工作多由客户或专门的服务机构来完成。

（1）配混料：需做到环境洁净、器具洁净、算料正确、称料准确、混料均匀、密封储存、定期用完。

（2）热压：大刀头多采用大功率电阻热压机热压。需做到环境洁净、器具洁净、投料正确、叠装正确、型面对准、装平装紧、压头对称、垫块对称、压机平行、置放中央、对准测温、自然空冷、冷透卸模。

（3）冷压＋热压：有不少厂家，对大刀头硬层和粉末质的软层采取冷压成片，再交替（或与铁片）叠装热压。因粉末片单重小、片薄，需特别注意重量误差、密度均匀性控制，这需从粉料流动性、粉料输送、模具结构、压制原理、压制参数等方面考虑；粉末片的密度不宜过高，否则热压时对层间结合强度有不利的影响，在粉末片不掉边掉角、方便拿取的情况下尽量用小的压力成型。

（4）检验：热压完成后的大刀头，要求检验外观、尺寸、重量、硬度、软硬层结合强度。尺寸到位、失重很小、硬度达标是刀头热压良好的标志，对粉末片、铁片热压出的刀头，检查层间结合强度是十分必要的。

最后需对刀头去毛刺和表面处理。客户端还要将刀头高频焊接成大锯片。要求各向对称、焊缝饱满、焊接牢固、基体平整、刚性要足、悬挂存放。

5.4　选择与使用

5.4.1　大锯片的正确选用

在特定切割条件下，金刚石和胎体是影响锯片使用效果的主要因素，其次，刀头结构尺寸、基体、制造工艺、精度等也有很大影响。

“对号切割”是选用金刚石锯片的一般原则，即所选锯片的各项参数（主要指金刚石品质、粒度、浓度和胎体配方、致密度、强度、硬度、耐磨性及刀头结构尺寸、基体材质、基体结构尺寸、锯片精度等）应与被切割材料的成分、硬度、研磨性相适应，与切机、切割参数相适应，以便达到最佳切割效果。

5.4.2 大锯片的合理使用

5.4.2.1 正确安装

正确、高精度安装是确保锯片运行平稳、不产生振动、充分发挥切割效果的重要保证。使用时要求确保锯片开刃方向与切机主轴旋转方向的一致性；确保锯片与切机主轴的垂直度；选择合适直径的法兰盘。若法兰盘太小，则使用时锯片端面偏摆大，太大则主轴挂重加大、增加跳动、减少切深；确保锯片、法兰盘的圆跳动精度。

5.4.2.2 合理使用

A 冷却液的使用

切割时锯片与石材之间要产生摩擦、冲击，在切割面上产生大量热量，石材散热性差，使得大部分热量被锯片吸收，金刚石刀头更是首当其冲，这样极易造成金刚石石墨化，刀头易灼伤、脱落，同时钢基体易产生热变形及从水口根部开裂。用大量冷却液持续地从锯片前后和两侧均匀地向切口处喷洒，会起到很好的冷却和保护锯片的作用，同时能大量冲走岩屑，减少岩屑二次磨损金刚石刀头和基体。另外，若使用乳化类冷却液，则其中乳化剂的亲水亲油特性能使锯片表面和岩石表面黏附一层润滑油膜，可以降低锯切时的摩擦系数，从而降低切割阻力、减少振动。

冷却液一般是用冷却水，也可以在冷却水中加适量防锈剂以及使用乳化液（加皂化溶解油、太古油等亲水亲油的乳化剂）。冷却水应用没有沉淀物的软水，特别是切割能产生黏着和腐蚀性料屑的材料时更需注意水质；此外，需注意采用合理的冷却液流量。

B 线速度

金刚石圆锯片的线速度对切割的影响很大。研究表明，当锯片的线速度过低或过高，都会加快金刚石刀头的磨损，使得锯片非正常磨耗加快，同时切割效率也会下降。这是由于在切速很低时，每次切割时锯片上金刚石刀头与材料的接触时间相应增长，加剧了摩擦，使得热量增加，散热和冷却条件变差，加剧了锯片损耗；而线速度过高，则单位时间内单粒金刚石切削深度减少，岩石对金刚石的摩擦磨损会减少，但此时金刚石刀头与被切材料间相互作用的动载荷加大，不仅使金刚石受机械冲击的损耗加大，同时因金刚石易碎裂和脱落也加大了损耗。

被切割材料越硬，则锯片线速度就应低；被切材料软或研磨性强，则线速度应该用得大些。在其他条件一定的情况下，金刚石圆锯片总会存在一个最佳的线速度。

C 合适的切割生产率

切割生产率或叫切割效率，为锯片的切割深度与进给速度的乘积，即单位时间内切割材料的截面积。实践表明，对于同一种材料，同时提高切割深度和进给速度，虽然能提高切割生产率，但锯片的非正常磨损也加剧，寿命要下降，同时锯切功率也加大，故增加了切割成本；而在给定切割生产率情况下，进给速度的大小对锯片的磨损也有很大影响：进给速度过高，会加快刀头胎体的磨损，造成金刚石过早脱落；而进给速度过低时，胎体磨损慢，金刚石不易出刃或易被抛光，从而导致切割阻力增加、功率消耗加大，切割生产率反而下降。

一般锯切较软石材或是粗粒、不均质石材，应采用大切深、慢进给；锯切细粒、均质石材宜用快进给。实际操作时，进刀、退刀、出刀的速度应慢；切割过程中的速度应均匀。

（福建万龙金刚石工具有限公司：申思）

6 金刚石排锯

6.1 概述

我国大理石品种繁多，资源丰富，全国各省（区）皆有产出。探明储量的矿区有12万处，总储量矿石$10\times10^{8}m^{3}$。大理石是石灰石、重结晶形成的一种变质岩，颗粒细腻，条纹分布不规则，硬质较低，但有一定耐磨性。

我国长江三角洲（以上海地区为主）、珠江三角洲（以云浮、东莞为主）及福建地区（以南安、水头为主）每年从国外进口大量名贵大理石（如印度绿、大花绿、埃及和西班牙米黄类大理石、白色大理石）及澳洲砂岩等，在国内用排锯加工销往国内或再出口。目前国产与进口排锯机超过1500台，年耗金刚石排锯约7500副，价值约5亿多元人民币。

排锯的优势是可加工大规格板材，可提高石材加工规格（大尺寸板材）、质量、效率和成材率，有可能取代传统的圆盘锯（可加工规格板小于圆盘锯的半径）和金刚石砂锯（加工板材表面质量差、效率低、出材率低、不环保）。图1-6-1显示某厂排锯锯切的大规格板（图1-6-1a）与1.6m组锯加工小规格板（图1-6-1b）对比。

a

b

图1-6-1 排锯与圆盘锯加工板材规格对比

a—排锯加工的大规格板材；b—圆盘锯加工的小规模板材

金刚石排锯主要用于大理石和中、软花岗岩大平板加工。其主要优点有：（1）产量高，切割效率比加砂大锯提高5~10倍，比金刚石大圆锯片切割每立方米荒料多出$10m^{2}$毛板；（2）加工出的平板板材表面粗糙度值低，后续表面加工工序中可以省去粗磨，只需精磨、抛光或直接抛光；（3）节省能源，单位产量的能耗大大降低。因此，其综合生产成本低，逐渐替代了加砂大锯。

金刚石排锯按照安装金刚石锯条的多少，可分成安装锯条不大于10根的为小型排锯；安装锯条数量在10~40根之间的为中型排锯；安装锯条数量超过40根到120根的为大型排锯。

按照排锯的结构与运动方式可分成：荒料固定，锯框作往复水平直线运动，同时下降给进切割的传统平移式排锯；锯框固定往复水平直线运动，荒料升降给进切割的现代化平移排锯；锯条垂直往复直线运动，荒料水平移动给进的垂直式排锯等。

金刚石框架锯机一般有两种：一种是卧式锯机，排锯条呈水平安装，一般用于大理石的切割加工，每台锯机装有 40 ~ 100 根锯条；另一种是立式锯机，排锯条上、下垂直安装，一般用于花岗岩的切割加工，每台锯机装有 6 ~ 25 根排锯条。立式框架锯的最大优点是可使切割产物-岩粉很容易从锯缝中排出，降低了金刚石的消耗，因此用于加工研磨性较强的花岗岩更为合适。

6.2 结构与规格

6.2.1 金刚石排锯的结构

金刚石排锯由排锯基体和金刚石节块组成，其结构如图 1-6-2 和表 1-6-1 所示。

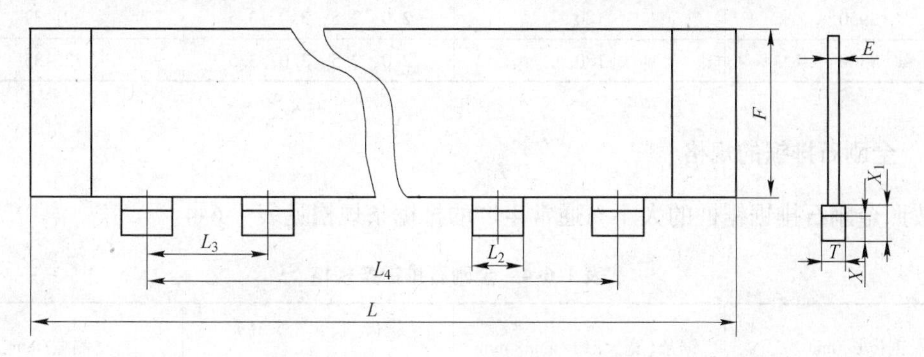

图 1-6-2 金刚石排锯结构组成

表 1-6-1 金刚石排锯结构代号与名称

锯条（钢体基体）	总长度	L	取决于锯机的型号
	基体高度	F	180mm
	基体厚度	E	3.0mm 或 3.5mm
安装结块	结块部分长度	L_4	根据需要（通常等于荒料的长度）
	结块间隔	L_3	经验确定
结块尺寸	长 度	L_2	通常 20 ~ 24mm
	宽 度	T	5.0mm 或 5.5mm 或 6.0mm
	含金刚石部分的厚度	X	5.0mm 或 7.0mm 或 10.0mm
	结块高度	X_1	X6.5mm、X7mm、X10mm

目前我国高质量的排锯基体仍然依靠进口，排锯基体钢号及其化学成分见表 1-6-2。

对排锯钢基体的要求有：（1）在排锯来回往复作用下能高速、平稳耐用；（2）具有较高的疲劳强度，而不易变形与失效。其抗拉强度应在(1400 ± 80) MPa，光亮淬火时其硬度达到 42 ~ 44 HRC；（3）具有有效的热传导性，在焊接刀头时，能降低由于过热而形成马氏体的可能性；（4）完善的齿边处理，保证金刚石刀头与基体强有力的结合。排锯常用基体几何尺寸见表1-6-3。

表1-6-2　排锯基体钢号及其化学成分

生产厂家	钢　号	化学成分(质量分数)/%						
		C	Si	Mn	Ni	Cr	P_{max}	S_{max}
德国克虏伯带钢公司 瑞典乌特赫姆精密带钢公司	75Cr1 1.2003	0.75	0.35	0.70	—	0.35		
	75Ni8 1.5634	0.75	0.30	0.40	2.00	0.15		
	UHB 15LM	0.75	0.20	0.73	—		0.02	0.02

表1-6-3　常用排锯基体几何尺寸

钢锯条长度/mm	钢锯条宽度/mm	钢锯条厚度/mm	刀头数量/个
2700	180	2.0，2.5，3.0，3.5	20~22
3100	180	2.0，2.5，3.0，3.5	26~28
3950	180	2.0，2.5，3.0，3.5	30~32
4300	180	2.0，2.5，3.0，3.5	32~35

6.2.2　金刚石排锯的规格

按照金刚石排锯锯框的大小，通常生产的排锯条规格见表1-6-4。

表1-6-4　金刚石排锯条规格

锯齿长/mm	锯条(宽×厚)/mm×mm	锯齿(长×宽×高)/mm×mm×mm	侧隙/mm
1000~1100	180×2.5	20×3.5×7	0.50
1200~1400	180×3.0	20×3.5×7	0.25
1600~1800	180×2.5	20×4.5×7	1.00
2000	180×3.0	20×4.5×7	0.75
2200~2500	180×3.5	20×4.5×7	0.50
2800~3200	180×2.5	20×5.0×7	1.25
3500~4000	180×3.0	20×5.0×7	1.00
4500~6000	180×3.5	20×5.0×7	0.75

锯条的长度根据设备要求而定，锯条越长，其生产能力越大，但锯条的稳定性越低，切割震动越大，排屑能力降低。水平框架排锯比垂直框架排锯长，但后者使用效果比前者好。

金刚石排锯主要用于锯切普通大理石、啡网与砂岩，因锯切对象与使用条件不同，刀头设计、尺寸与结构不同。

普通大理石排锯：主要用于锯切如印度绿、大花绿、各种米黄类大理石和白色大理石，刀头的几何尺寸见表1-6-5。

表 1-6-5　锯切普通大理石排锯刀头几何尺寸与形状

基体长度 /mm	基体宽度 /mm	基体厚度 /mm	常用刀头个数 /个·片$^{-1}$	刀头尺寸（长×宽×高） /mm×mm×mm	刀头形状
4100	180	1.5,2.0,2.5	26~32	20×(3.5~5.0)×(9~10)	梯形三明治
4300	180	1.5,2.0,2.5	26~32	20×(3.5~5.0)×(9~10)	梯形三明治
4350	180	1.5,2.0,2.5	26~32	20×(3.5~5.0)×(9~10)	梯形三明治
4450	180	1.5,2.0,2.5	26~32	20×(3.5~5.0)×(9~10)	梯形三明治

啡网排锯：主要用于锯切啡网大理石，如进口啡网大理石、国产啡网大理石等，该类岩石有时有孔洞，易夹卡刀头，使刀头受到冲击，导致普通刀头易脱落，故设计成圆弧形刀头、双梯形刀头，增加刀头焊接长度，减少刀头工作时的冲击力，避免刀头脱落，刀头的几何尺寸形状见表 1-6-6。

表 1-6-6　锯切啡网大理石排锯刀头几何尺寸与形状

基体长度 /mm	基体宽度 /mm	基体厚度 /mm	常用刀头个数 /个·片$^{-1}$	刀头尺寸（长×宽×高） /mm×mm×mm	刀头形状
4100	180	2.5,3.0,3.5	16~20	35/55×(4~5)×(9~10)	圆弧形,双梯形
4300	180	2.5,3.0,3.5	16~20	35/55×(4~5)×(9~10)	圆弧形,双梯形
4350	180	2.5,3.0,3.5	16~20	35/55×(4~5)×(9~10)	圆弧形,双梯形
4450	180	2.5,3.0,3.5	16~20	35/55×(4~5)×(9~10)	圆弧形,双梯形

砂岩排锯：主要用于锯切各种硬度与研磨性的砂岩，如澳洲砂岩、云南砂岩、山西砂岩等，刀头应具有很好的耐磨性，同时也确保一定的锋利度，常用刀头形状有直形单层刀头、直形三明治刀头和梯形三明治刀头。刀头的几何尺寸与形状见表 1-6-7。

表 1-6-7　锯切砂岩排锯刀头几何尺寸与形状

基体长度 /mm	基体宽度 /mm	基体厚度 /mm	常用刀头个数 /个·片$^{-1}$	刀头尺寸（长×宽×高） /mm×mm×mm	刀头形状
4100	180	3.0,3.5	30~36	20×(5.5~6.8)×(7.5~9)	梯形三明治,直方三明治,直方单层
4300	180	3.0,3.5	30~36	20×(5.5~6.8)×(7.5~9)	梯形三明治,直方三明治,直方单层
4350	180	3.0,3.5	30~36	20×(5.5~6.8)×(7.5~9)	梯形三明治,直方三明治,直方单层
4450	180	3.0,3.5	30~36	20×(5.5~6.8)×(7.5~9)	梯形三明治,直方三明治,直方单层

6.3　制造工艺

金刚石排锯条的制造工艺与前述金刚石焊接锯片的制造工艺基本一样，同样包括金属粉末、金刚石的计算、称量、混合，锯齿的冷热压，焊接面磨削，锯条基体的准备、清理及最终焊接锯齿等工序。

6.3.1　排锯齿的制造

6.3.1.1　原材料的选择

（1）金属粉末的选择。同前述有关金刚石锯片制造中所用的金属粉末的技术条件相同。

（2）金刚石的选择。因为金刚石排锯的工作状况与金刚石圆锯片不同，它是随锯机作往复运动，因此，排锯齿金刚石颗粒的受力情况就不同于圆锯片切割，金刚石颗粒作用面（刃）是在运动方向的前后两个面上，不像圆锯片中金刚石颗粒切割面后面有胎体凸起，将金刚石牢固地镶嵌着，所以除了需要有较强的把持力的胎体外，还要求金刚石强度高，否则金刚石颗粒切割受力时易破裂，降低了切割力。但是，强度高的金刚石晶形完整率高，表面光滑平整，又难以较长时期地保留在胎体中，这样就需要使用强度高而表面又粗糙的金刚石。

（3）钢锯条的选择。排锯条的钢带在安装时，需要施加张紧力，其大小平均为8~12T/根，在如此大的张紧力下使用，要求钢带锯条有一定的刚性和强度，钢材的抗拉强度为(1340±80)MPa，硬度为40~44 HRC，材质一般为65Mn钢。

6.3.1.2 锯齿的设计

（1）锯齿规格尺寸。排锯锯齿长度较短，通常为20mm，主要是使排锯的锯齿有较大的单位压力，以保证一定的锯切效率。锯齿高度一般为7mm。锯齿不能太高，过高的锯齿在锯切时切割力对锯齿焊接面的扭矩较大，影响锯齿的焊接强度。

（2）锯齿的几何形状。为了减少金刚石锯齿与被切岩石的接触面，降低切割横向力和摩擦力，刀头两侧面应制成梯形，正面磨削后呈凹槽状，在切割过程中只有刀头正面和正面的两侧棱与岩石接触，减少了摩擦力，同时由于磨削后刀头正面出现凹槽状，改善了刀头横向挤压状况，提高了切割效率和切割质量，防止切割跑偏，还可以提高使用寿命。

（3）锯齿胎体。胎体的根本任务是牢固地把持着金刚石磨粒，但是在切割过程中，胎体应不断被磨损，以便使金刚石有较好的出露，没有胎体的磨损，也就不可能产生切割。但是，胎体的这种磨耗率应与所切石材的性质相适应，胎体磨损过快则金刚石没有完全发挥作用就过早脱落，造成锯齿寿命下降；反之，胎体磨损过慢，金刚石出刃太低，影响锯齿的切割效率，同时消耗功率过大，浪费电力，严重时导致电机过早烧坏。锯齿的切割效率低也会导致锯机切割过程中振动过大，从而引起锯条跑偏，造成切割板材质量下降。由于各类石材性质和研磨性相差很大，因此，必须在保持金刚石的牢固度和胎体的耐磨性之间找出一个合适的平衡关系。

（4）金刚石的浓度和粒度。排锯所用金刚石浓度通常在6%~20%之间。原则上讲，采用优质高品级金刚石时，浓度可选低些，反之则选择高浓度。在制造排锯时，考虑到其线速度很低，加工过程以磨削为主，因此金刚石粒度一般选择50/60目、60/70目、70/80目等。

6.3.1.3 烧结工艺

与一般的焊接锯片刀头的烧结工艺相同。

6.3.1.4 锯齿滚抛及焊接面磨削

锯齿热压成型后，都带有一些毛刺，为便于焊接，首先应在滚抛机中滚3~5min，将毛刺去掉，然后在砂轮上磨削焊接面，使焊接面露出新鲜胎体层并保持平滑为止。

6.3.2 排锯条的焊接

6.3.2.1 焊接方法

将排锯条基体准备好，并固定到特制的架子上，量出锯条的有效长度，并将焊齿的部位用记号笔标明。检查焊接部位有无锈迹，如生锈需要用锉刀打磨干净，以免影响焊接强度。用酒精等将焊接部位的油污清除干净，开始焊接。焊接过程中同金刚石圆锯片一样，为防止基体受热变形，可间隔分部焊接。

6.3.2.2 锯齿的齿数与分布

锯条上锯齿的间距是不等的，可以规则排列，也可以不规则排列。一般中间的锯齿分布较密集，而两边的较稀疏。锯齿在钢带上呈长短间距交替分布，使相邻的两个锯齿振动的频率大小不同，这是为了避免在锯切过程中出现有害的谐振现象，减弱整根锯条的振动。金刚石锯齿间距取决于石材接触面锯齿数，间距有一定的范围，每个锯齿都要有一个足够的压力，如果锯齿间距太小，锯条基体和整个机械设备的刚性不足，达不到每个锯齿所需的压力，降低了切割效率；反之，锯齿间距过宽，锯齿所受负荷太大，使出露的金刚石易发生碎裂。

锯条上锯齿的齿数是由锯齿间距和锯条的有齿长度计算出来的。对于水平运动的框架排锯来说，锯割软质石材时，齿间距约 70 ~ 110mm，锯割硬质石材时，齿间距为 95 ~ 115mm。

6.4 提高质量的技术措施

为了提高金刚石排锯的质量，可以从以下几方面着手：

（1）不同于圆盘锯。排锯工作时来回往复运动，胎体对金刚石无蝌蚪层支撑，受力条件恶劣，此外锯条装配在锯框上数量多，锯片的间距、平行度、垂直度、张紧力都必须调整，故影响因素较多，必须优化生产工艺流程，以确保排锯工作质量与效率，常用工艺流程如图 1-6-3 所示。

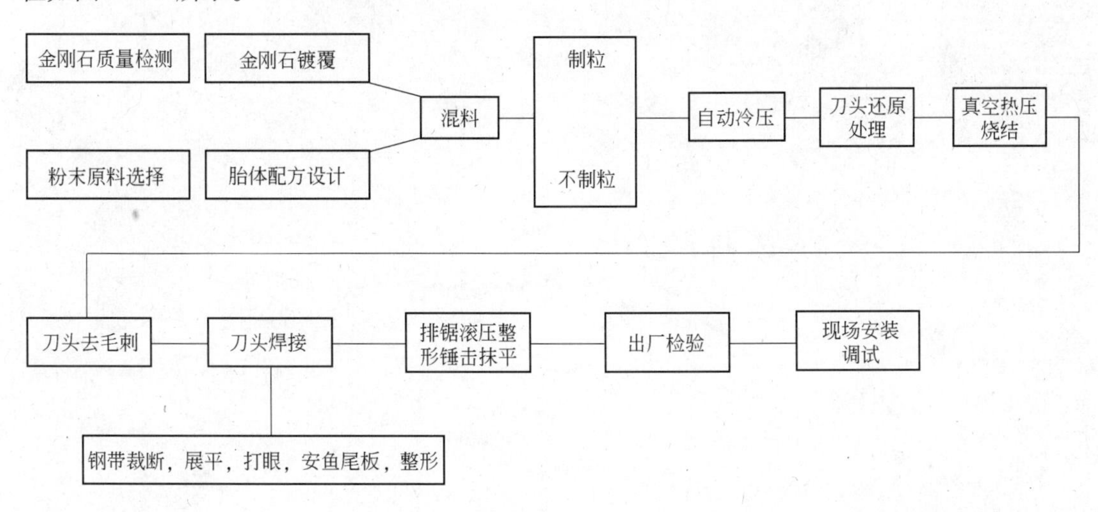

图 1-6-3 优质排锯生产工艺流程

（2）金刚石镀覆。镀覆金属层的金刚石，有利于提高与胎体的把持力。生产应用实践表明，金刚石镀钛或金刚石覆合镀层（TiC + Ti – Cr + Ni），可与金属胎体形成化学键合，减少金刚石的脱落，提高出刃高度，提高锯切效率，延长使用寿命。

（3）对冷压刀头在真空热压烧结之前进行还原处理。针对不同胎体配方确定还原温度与时间，以使降低氧含量，为活化烧结创造条件，提高金刚石与胎体的结合力。

（4）采用三明治多刃结构刀头，能有效破碎岩石，为提高锯切效率创造多个自由面，同时多刃结构有利于刀头高速平衡锯切，不易产生偏斜与偏摆。

（5）刀头采用梯形结构与斜底水槽，减少刀头与石材表面的摩擦，有利于冷却、容渣与排渣。

（6）采用薄基体与薄型排锯刀头，减少锯缝宽度，有利于提高锯切效率与出板率。

（7）重视排锯的现场服务。安装排锯时，重视控制与调整锯片的垂直度，平行度，锯片的下凹弯度，调整张应力。保证锯片的正常工作，防止发现偏板、板面平面度差、刀头磨损不正常等问题。

参 考 文 献

[1] 张绍和．金刚石与金刚石工具[M]．长沙：中南大学出版社，2005，7.

[2] 王秦生．金刚石烧结制品[M]．北京：中国标准出版社，2000，11.

[3] 廖原时．加工大理石大板框架锯机的结构及技术特点(2)[J]．石材，2008，(10)：17～21.

[4] 姜荣超，等．国外超硬材料工具的最新应用与进展(上)[J]．超硬材料工程，2008，20(4)：25～29.

[5] 姜荣超，等．国外超硬材料工具的最新应用与进展(下)[J]．超硬材料工程，2008，20(5)：42～48.

（中南大学：张绍和，杨昆）

7 金刚石线锯

7.1 概述

7.1.1 金刚石线锯的发展

7.1.1.1 游离磨料金刚石线锯

使用游离磨料往复式线锯切割硬脆材料的方法最早由 Mech 于 20 世纪 70 年代提出。Ebner 进行了早期线锯加工实验。使用往复式试验机床得到了小于 0.4mm 的切片厚度。80 年代，出现了可用于硅片切割的金刚石多线锯。J. R. Anderson 使用日本 Yasunagar 公司的 YQ-100 进行了硅切片实验，得到的切缝宽度小于 0.16mm，表面损伤层深度小于 5μm。Ito 和 Murata、Tokura 等人和 Ishikawa 等人也对金刚石线锯的切割特性进行初步实验研究。

游离磨料金刚石线锯多采用多线往复式结构，为满足大截面切片和提高产量的需求，导轮间距、导轮槽数和锯丝长度不断增大，提高了大尺寸硅锭的多件、多片同时切割能力。目前，Diamond Wire Technology 公司生产的金刚石线锯最大已能切割直径 450mm 的硅锭。MEYER BURGER 公司产生的 DS262 型线锯能同时切割 4 根长 520mm，截面为 153mm × 153mm 或直径为 6in(15.24cm)的硅棒，一次切出 4400 片。HCT 公司的 E500ED-8 型线锯则可同时对 6 根长 500mm，直径 3in(7.62cm)的硅棒进行切割，一次切出 6000 片。

对游离磨料金刚石线锯切割机理的研究中，通常认为金刚石磨粒的微观切削运动是一个滚动、嵌入过程。Li 等人提出锯丝施加在磨粒上的力带动磨粒沿切削表面滚动，同时压挤磨粒嵌入切削表面，从而形成表面裂纹和剥落片屑，形成宏观的切割作用。同时还发现磨粒对材料的最大剪切应力发生在微观切削表面之下，并据此对磨料的选择进行优化。Kao 等人指出在“滚动-嵌入”模型中，磨粒的运动除滚动和嵌入外，还包括刮擦，三者共同形成切削作用。Bhagavat 等人则在这个模型中考虑了磨浆的作用，通过有限元方法分析得到磨料浆薄膜厚度和压力分布关于走丝速度、磨料浆黏度和切割条件的函数。研究认为磨料浆薄膜厚度大于平均磨粒尺寸，是磨粒的流动产生了切削。

Sahoo 等人用有限元方法对薄片切割过程中锯丝的振动模型和热应力进行了分析，提出了一个反馈控制算法，根据在线测得的锯丝的张紧力、刚度、温度等参数对切割过程进行控制。Wei 等人对单晶和多晶棒以及氧化铝陶瓷材料进行切割实验，建立了一个轴向运动的锯丝振动模型，通过振动仿真研究了锯丝张紧力、切片的池壁效应和磨料浆阻尼对锯丝振动幅度的影响，认为锯丝振动受走丝速度影响很小。

Ishikawat 和 Subwabe 等人对磨浆在切割区的运动行为切割效率的影响进行了研究。Oishi 等人、Costantini 和 Caster、Nishijima 等人分别从磨料浆开发，分离、净化和回收设备等方面进行了研究。

游离磨料金刚石线锯存在的主要问题是：为保持良好的切割能力，必须设法保持磨粒的锐利性和在磨浆中合适的浓度；切割大尺寸坯料时，磨粒难以进入到长而深的切缝；磨浆的处理和回收成本高；加工高硬度材料时，磨粒对相对较软的钢丝磨损剧烈。

7.1.1.2　固结磨料金刚石线锯

固结金刚石线锯制造方法主要有三种：一种是将金刚石磨粒电镀于钢丝基体上；第二种类似树脂结合剂砂轮采用树脂结合的方法制造；第三种则用机械力将磨粒压嵌到钢丝中。固结磨料的线锯切割与其他切割方法相比具有切割质量更好、切缝更窄、效率更高、污染更小等优势，设备生产商和研究人员对此表现出了极大兴趣并取得了一些突破性成果。

Jun Sugawara 等人使用树脂结合的方法得到了平均直径 0.175～0.180mm 的金刚石锯丝，日本的 A. L. M. T. 公司则利用其专利树脂结合技术生产出了 100km 长的电镀金刚石锯丝。Crystal System 公司使用电镀金刚石锯丝制造出了一台往复式多线锯，利用圆柱形工件的自转和锯丝往复运动实现切割，用其切割直径 50mm 的刚玉，用时 8h，切片总体厚度误差小于 0.020mm，表面粗糙度小于 0.001mm；切割直径 50mm 的标准 SiC 坯料表面粗糙度小于 0.007mm。

Clark 对木材和泡沫陶瓷进行了切割试验，研究了固结磨料的金刚石锯丝的寿命以及工艺参数对切割力、力比和加工表面粗糙度的影响。Craig W Hardin 等人使用 Diamond Wire Technology 生产的固结金刚石线锯对单晶 SiC 进行切割实验，研究了进给速度对切片表面粗糙度和表面损伤的影响，以及金刚石磨粒脱落和锯丝换向时在加工表面产生的刮痕。

高伟对环形电镀金刚石线锯的锯丝制造进行了探索，进行了花岗岩的切割实验。建立了锯切力的理论模型，研究了锯丝失效机理。

从固结磨料金刚石线锯技术发展来看，许多突破性技术申请了专利保护，设备生产商在锯丝和设备研制方面进展较快，相对而言机理性研究滞后一些，尤其是微观切削机理、表面质量控制、锯丝失效等方面的研究。

7.1.2　硬脆晶体材料切割技术

硬脆材料是指具有硬度高、脆性大、高耐磨性、高电阻率、不导磁等性能的材料，通常为非导电体或半导体。生活中常见的硅晶体、石英晶体、各种石材、宝石、玻璃、硬质合金、陶瓷、稀土磁性材料等都属于硬脆材料之列。

随着我国工业现代化进程的发展，硬脆材料在各个领域的应用日益广泛。由于硬脆材料具有许多金属材料难以比拟的优良特性，因此其应用范围已由建筑、石材、工艺品制造业等逐渐扩展到微电子、光电子、航空航天、半导体等工业领域。硬脆材料的推广应用对其加工技术也提出了更高要求。在硬脆材料的各种加工方法中，切割加工占有很重要的地位。对硬脆性材料进行切割的工艺要求主要有：高效率、低成本、窄切缝（材料利用率高）、小变形、无损伤、无碎片、无环境污染等。受硬脆材料特性的限制，可供选用的切割工艺方法比金属切割要少，目前应用于贵重硬脆晶体材料的切片技术可概括为以下几个方面。

7.1.2.1　金刚石内圆（ID）切片技术

对直径 200mm 以下硅晶体切片工艺普遍采用金刚石内圆切片技术（见图 1-7-1）。金刚石内圆切片机的刀片为环状薄金属片（多为0.1mm厚的不锈钢带），刀片内圆上电镀有金刚石磨料形成锯切刃口。内圆刀片作高速旋转运动，硅晶体相对于刀片旋转中心做径向进给，从而实现对材料的切片。内圆切片的优点是技术成熟，刀片稳定性好，在小批量多规格加工时具有灵活的可调性，但刀片张紧后产生相应的变形，刃口表现为波浪形，在高速旋转时还会产生振动。这种波浪形的刃口变形和刀片振动使得切片锯口变宽，同时在切削液的作用下产生较大的流体动压力，当硅片切割即将结束时，会造成硅片崩边，甚至产生飞片现象。这些问题在硅片尺寸和锯片直径增加后表现得尤为严重，内圆切片技术已不适用于大尺寸硅晶体的切片。

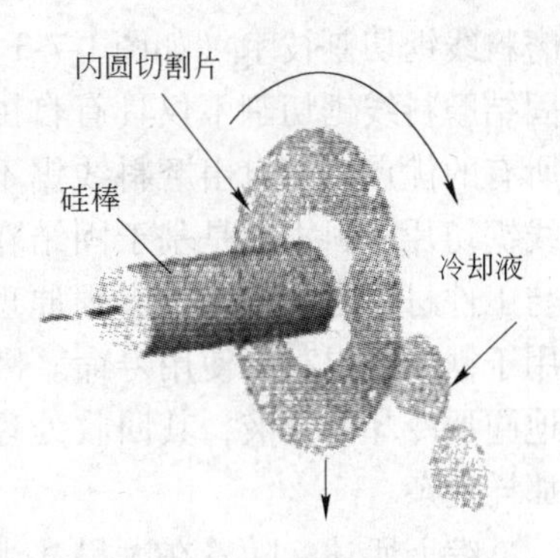

图1-7-1　金刚石内圆切片技术

7.1.2.2　往复式自由磨料线锯切片技术

往复式自由磨料线锯切片技术的基本原理如图1-7-2所示。金属锯丝（直径150~300μm）通过一定的缠绕方式，缠绕在两个线轴上，形成相互平行的网状加工部分，可以实现多片切割。加工过程中，两个线轴分别完成放线和收线操作。锯丝往复运转，硅晶体垂直于锯丝进给，通过一定的施加方式将带有磨料（金刚石或碳化硅）的浆液（研磨液）施加到切割区域。通过锯丝、磨料及硅晶体之间的三体磨损，实现材料的锯切加工。

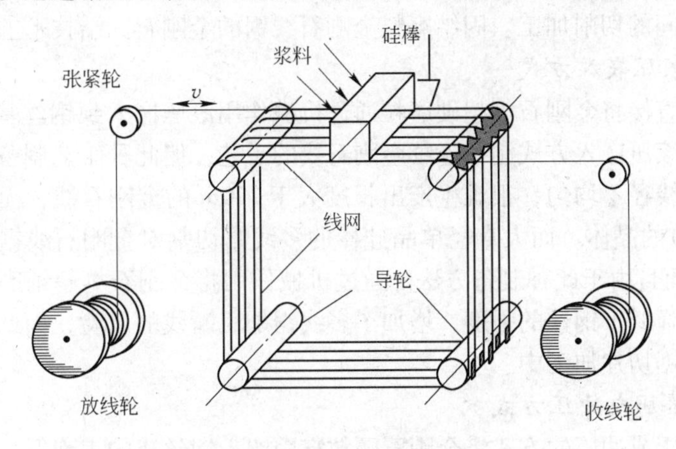

图1-7-2　往复式自由磨料线锯切片技术

研究与实际应用表明，往复式自由磨料线锯切片技术在加工大尺寸硅片方面与内圆切片技术相比具有较大优势，主要表现在：可切割大尺寸硅晶体，可同时进行多片切割，出品率高，切片表面质量较高，很少产生崩片现象等，但是复式自由磨料线锯切割过程中锯丝的速度经过加速、稳定速度、减速、零速、换向的过程，这种速度的变化直接反映到硅片表面上，产生波纹（长周期波纹），这将加大后续研磨抛光等平整加工的难度与工作量。同时，往复运动线锯的走丝速度也难以提高，影响切片效率。另外，由于锯切作用基于锯丝、磨料及硅晶体之间的三体磨粒磨损原理，磨粒必然作用于锯丝，从而降低了锯丝的使用寿命。

7.1.2.3　往复式固结磨料线锯切割技术

把金刚石磨料固结在锯丝上，配合与自由磨料线锯类似的机床，就形成了往复式固结磨料线锯切割技术（如图1-7-3所示）。往复式固结磨料线锯切割不仅具有自由磨料线锯切片所有的优点，与自由磨料线锯不同是固结磨料线锯切片材料去除是基于固结在锯丝上的磨料与工件材料之间的二体磨损原理，磨粒不会作用于锯丝，提高了使用寿命。因此，可以方便地施加冷却润滑液，其回收处理也不像研磨液那样复杂。

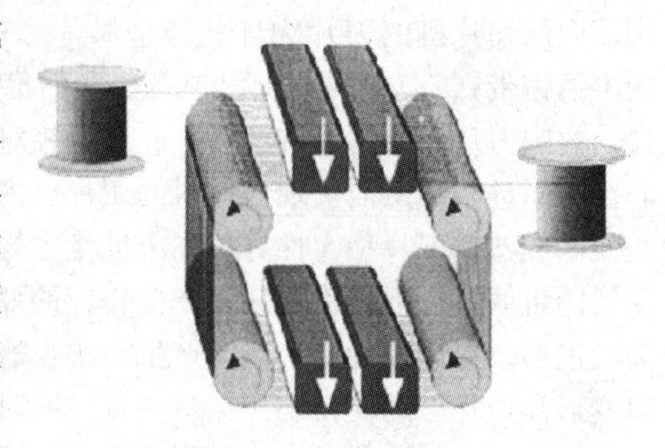

图1-7-3 往复式固结磨料金刚石线锯切割技术

综上所述，随着在大尺寸半导体和光电池薄片切割中的应用和发展，作为下一代切割工具的固结磨料金刚石线锯以其加工表面损伤小、挠曲变形小，切片薄、片厚一致性好，能切割大尺寸硅锭，省材料，效益高，产量大，效率高等一系列无可比拟的优点受到人们的重视。

7.1.3 金刚石线锯金刚石固结技术的研究现状

金刚石固结技术是指通过某种技术或工艺方法将超细粒度的金刚石颗粒均匀地固定在微细金属丝基体圆周表面，并且具有一定的把持力，能够产生切削作用，同时承受较大的切削力进行定时间的切削加工。固结磨料金刚石线锯的金刚石固结技术主要有如下几种。

7.1.3.1 滚压嵌入方式

这种方法是直接将金刚石等超硬磨粒通过机械作用滚压嵌入到钢丝基体中。美国一专利曾提出一种用滚压嵌入方式制备连续金刚石线的工艺，但此种工艺制备的金刚石涂层直径均匀而厚度及线径不均匀，很难生产出长度大于120m的金刚石线，无法切割直径大于(152.4mm)(6in)的晶体。而大直径单晶硅棒的多线锯切割对金刚石线锯的长度一般要求在10km以上，而且由于此种制备方法是通过机械作用将金刚石等超细磨料强制嵌入到钢丝基体中，大大降低了钢丝的强度，增加了多线锯加工断线的风险，因此不适合于大直径单晶硅棒的多线锯切片加工中。

7.1.3.2 挤压或冲压方式

采用径向挤压或冲压的方式将金刚石颗粒牢固镶入钢丝线的表面层，形成高强度连续的金刚石线锯。

江晓平等发明了一种生产高耐磨性固结金刚石线锯的工艺与设备，图1-7-4为其生产工艺流程。与滚压嵌入方式不同的是，它首先选取在尺寸为10～100μm的金刚石颗粒上镀上一层1～10μm厚的金刚石涂层，再将金刚石颗粒黏在直径为0.1～1mm之间的钢丝线表面，通过两维以上的冲挤压头模，将金刚石颗粒挤压、冲压进入钢丝线的表面以下，然后在冲挤压形成的金刚石线的表面，涂敷一层1～10μm厚的金属、非金属微米及纳米材料。

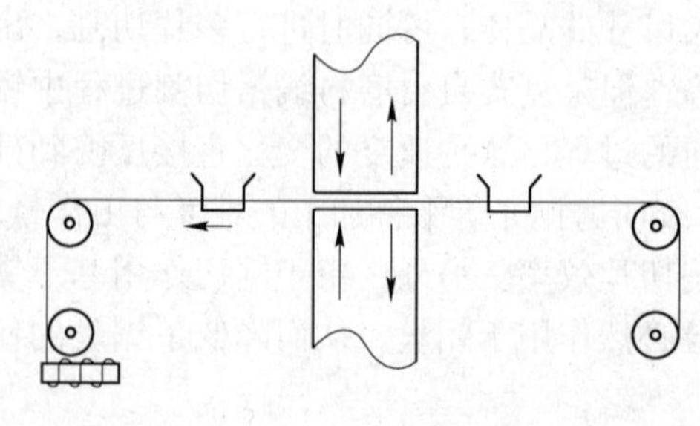

图1-7-4 冲压法制备固结金刚石线锯的生产工艺流程

这种金刚石固结方法的优点是：可以形成自

动化生产线，制备长度可达60km以上的直径均匀、抗磨性好、抗拉强度高的连续金刚石线。采用挤压或冲压方式生产出来的带有金刚石涂层的切割线切割成本低，金刚石颗粒的固结质量要优于电镀或滚压方式生产出来的金刚石线，但缺点跟滚压方式一样，由于金刚石颗粒直接冲压进入钢丝线的表面会降低钢丝的强度，因此在工业生产中也并不常见。

7.1.3.3 金属结合剂焊接

所谓的金属结合剂焊接是指将熔点低于要黏接材料的黏结剂金属或给金属合金高温加热，使黏接材料随该黏结剂金属或金属合金流动，随后冷却至该黏结剂金属或金属合金固化的温度，从而形成连接。根据所用结合剂的不同，金刚石线锯的制作也出现了许多不尽相同的工艺。

7.1.3.4 树脂黏结剂烧结

利用树脂黏结剂，采用与金属结合剂焊接方式类似的工艺原理，便得到树脂结合剂的金刚石线锯。采用这种方式得到的金刚石线锯由于其制造过程温度远低于金属结合剂焊接方式，线材不会因高温而产生变质造成抗拉强度的衰减，对于缩小线径有很大的帮助。目前树脂结合剂金刚石线锯的线径已可小于0.2mm，虽然其结合剂对金刚石磨粒的把持力不如焊接方式好，但有制造成本低、线径小、耗材率低等优势。

住友电气工业株式会社和大阪金刚石工业株式会社的上冈勇夫、营原润等人共同申请的一项发明专利中提出了一种线锯的树脂结合剂制造方法，如图1-7-5所示，该线锯的特征是：在高强度的芯线上固定金刚石等磨料颗粒，磨料颗粒具有不小于树脂黏结剂层厚的2/3，但不超过芯线直径的一半的颗粒度，并由黏结剂固定，黏结剂含有颗粒度小于其厚度2/3的填料。采用了这种结构的线锯在切割中提高了加工的效率和精度。

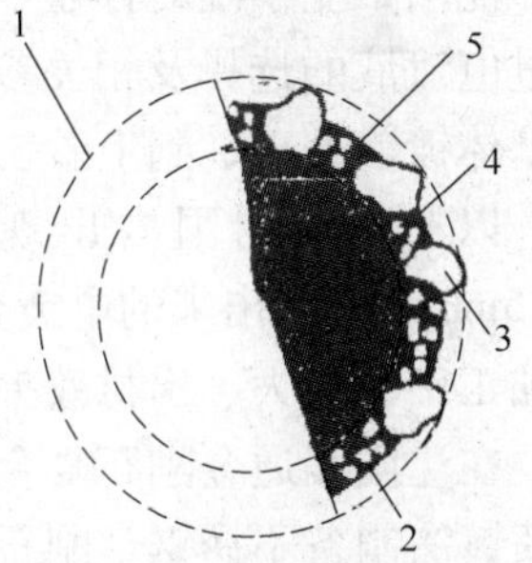

图1-7-5 树脂结合剂线锯横断面
1—树脂结合剂线锯；2—芯线；
3—磨料颗粒；4—填料；
5—树脂黏结剂层

对于树脂黏结剂，任何满足一定弹性模量和软化温度条件的树脂均可采用。从易于涂敷和物理性能来看，最好是酚醛树脂、甲醛树脂、环氧树脂、芳香聚酰胺树脂等。但是，上述传统的树脂结合剂线锯与普通砂轮一样，其结合剂采用的是酚醛树脂之类的热固性树脂，线锯制作中的树脂固化需要加热和烧结工序，因此，线锯制造速度只能提高到每分钟数十米左右，在硅片生产现场使用线锯成本太高，至今尚未投入实际应用。

鉴于上述情况，为降低树脂结合剂金刚石线锯的制造成本，即提高生产速度，日本的本俊之等人研究开发出结合剂采用快速固化性优异的紫外线固化树脂的金刚石线锯。实验表明，结合剂采用紫外线固化树脂时，金刚石磨粒层与芯线的附着强度低，线锯耐磨性显著下降，但在采用芯线和磨粒层之间设有紫外线固化黏结剂层的双层磨粒层结构后，线锯的耐磨性得到了一定的改善。另外为了进一步提高线锯的耐磨性和抗扭曲强度，在结合剂中添加氧化铝粉末，得到的线锯与传统热固性树脂线锯相比，线锯制造速度可提高10倍以上。而且由于树脂固化不需要加热烧结工序，断裂扭曲强度较热固性树脂线锯有所提高。

经过改进后的紫外线固化树脂金刚石线锯较传统树脂结合剂的线锯，制造速度和加工性能都有了较大的提高，但所有的树脂结合剂线锯都存在有磨粒把持强度不高、耐热性差、耐磨性低、加工时线锯磨损严重。特别是多线切断 20.32cm（8in）和 300mm 的大直径硅锭时，对线锯耐热耐磨性有更高的要求，而采用电化学沉积方法固结得到的金刚石线锯有着广阔的发展前景。

7.1.3.5 电化学沉积（即电镀）

电化学沉积金刚石线锯是用电镀的方法在钢丝（基体）上沉积一层金属（常见的是镍及镍钴合金），并在沉积的金属内固结金刚石磨料制成的一种线性超硬材料工具。金属镀层是结合剂，金刚石磨料用于切削加工。在国内将这个技术用于半导体材料切割的还比较少见，关键的半导体线切加工设备及配套超细金刚石线锯基本依赖进口，而相关的电镀金刚石长丝锯的制造及设备设计的研究报道就更少。

山东大学的高伟等人用复合电镀的方法研制了环形电镀金刚石线锯。锯丝基体采用直径 0.8mm 的 65Mn 钢丝经氩弧焊焊接成环形，采用镀镍的方法将金刚石磨料把持在环形钢丝基体上而制成环形电镀金刚石锯丝，用此环形锯丝在自制的试验设备上对花岗岩的锯切试验表明：锯口边缘整齐规则，无崩碎现象，锯丝切出的表面光滑，质量较高。

沈阳工业学院的孙建章等选择直径为 ϕ0.5mm 的钢丝为电镀金刚石丝锯的基体材料，通过电镀液的选择及相关参数的确定，并设计了一种电镀装置实现了长丝锯的连续电镀，从基体镀前处理、到上砂、加厚及光亮镀等所有工序均流水线式一次性完成。

以上介绍的国内出现的这两种研究为代表的，所采用的锯丝基体线径均超过 ϕ0.5mm，生产出来的电镀金刚石线锯主要用于机械、建筑、石材等硬脆材料的加工，其在加工中锯缝大、出材效率低，根本不适合半导体及宝石等贵重材料的加工。

在沈阳晶通金刚石复合材料有限公司江晓平等人申请的一项专利中介绍了一种用复合电喷镀法制备不锈钢金刚石线锯的装置及其方法。其制备固结金刚石线锯的工艺流程如图 1-7-6 所示。复合电喷镀技术是电镀技术中的一个重要分支。除了有电镀的共同特点外，在保证镀层品质的基础上，更强调镀层的快速高效沉积。因此，采用此法生产金刚石线锯速度达 5～30m/min，较一般方法有一定的提高，且可以形成自动化生产线，制备切割线的长度可调。

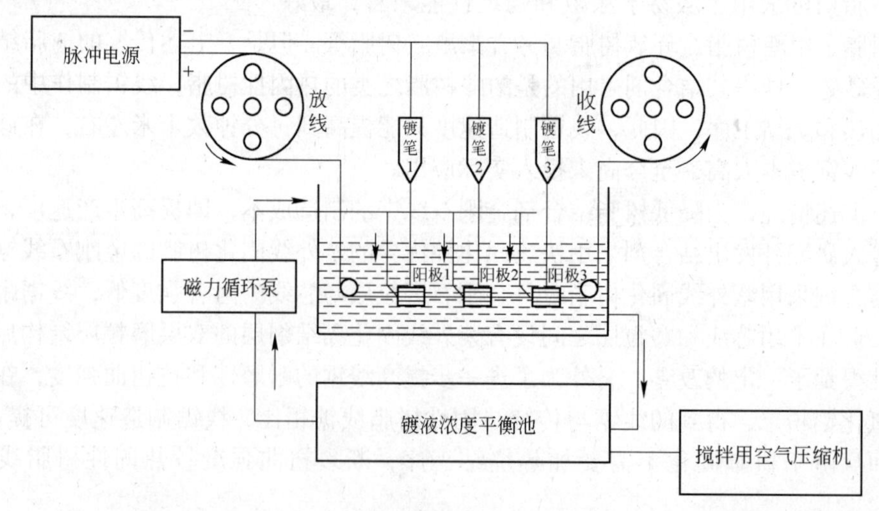

图 1-7-6 复合电喷镀技术制备固结金刚石线锯的工艺流程图

与前两种研究不同的是该法可对直径在0.1～1.0mm之间的不锈钢线进行金刚石颗粒的电喷镀敷，制作速度也有提高，但在用于大直径硅棒切片的金刚石线锯的大批量生产中并不是十分乐观。以往开发的这些电镀线切工具虽由一些厂家推向市场，但问题是电镀工序中的工具生产时间太长。因此，这种工具只作为单根短（数米长）线切工具来使用，而长度要求10km以上硅锭多线切割工具生产时间竟达1周以上，工具成本非常之高，结果尚未在加工现场投入应用。

传统的镀镍技术只能得到数公里长的锯丝，因此电镀金刚石线锯发展缓慢。近年来，新的电镀技术突破了这一极限，金刚石线锯逐渐进入实用阶段。

日本的千叶康雅等人研究推出一种采用毡刷的超高速电镀工艺，开发出金刚石线切工具高速电镀生产法。千叶康雅等人设计了电镀金刚石线锯的刷镀制作装置，并通过一系列实验对镀液的选择、毡刷转速和心线移动速度等电镀工艺参数进行探讨和优化，最后还对生产出的电镀金刚石线锯的切断性能进行了评价。实验表明，使用氨基磺镍镀液，边让毡刷旋转边对心线施镀，可得到附着性优异的镀层，其生长速度达33μm/min，比普通电镀法快30倍，降低了电镀金刚石线锯的生产成本，提高了工具的生产速度，同时使用新开发的电镀线锯在切割加工7.62cm(3in)硅锭中表现出的切割效率和耐磨性都优于市场上的商品电镀线锯。因此采用毡刷的超高速电镀工艺不失为一种制作电镀金刚石线锯的好方法。

通过电化学沉积制得的金属丝锯由于磨粒和沉积镀层之间不存在化学键，在使用时，随着加工次数的增加，切削附着于磨粒表面，镀层的外表面很快被磨去，当约少于一半的沉积金属被磨蚀时，磨粒就很容易从金属丝上脱落，由于金刚石磨粒自身的磨损、脱落等原因，线锯的切割性能逐渐下降。

综上所述，随着在大尺寸半导体和光电池薄片切割中的应用和发展，作为下一代切割工具的固结磨料金刚石线锯以其加工表面损伤小、挠曲变形小、切片薄、片厚一致性好，能切割大尺寸硅锭，省材料、效益高，产量大，效率高等一系列无可比拟的优点受到人们的重视。在金刚石线锯的各种固结技术中，电化学沉积（即电镀）方式虽然镀层对金刚石颗粒的把持力不如滚压、冲压及焊接方式来得好，但有制造成本低、线径小、耗材率低，耐热性和耐磨性良好等优势，是未来研究的热点和趋势。

7.2　原理与特点

7.2.1　电镀金刚石线锯的原理及模型

电镀金刚石线锯是用电镀的方法在金属丝（线）（基体）上沉积一层金属（一般为镍及镍钴合金）并在沉积的金属内固结金刚石磨料制成的一种线性金刚石超硬材料工具，其示意图如图1-7-7所示。金属镀层是结合剂，金刚石磨料用于切削加工。电镀金刚石线锯根据需要可制成不同的直径和长度，线锯可以装在不同的设备上形成不同的加工方式，如往复循环（锯架）式、高速带锯式、线切割式等。对硬脆材料的加工，线锯不仅可以切割薄片，也可加工曲面，更可以用于小孔的研修，其应用前景十分广阔。

固结磨料金刚石线锯切片技术的工作原理如图1-7-8所示。金刚石线锯（直径一般在150～300μm）缠绕在一组锯丝导轮上，在加工过程中，其中放线轮和收线轮两个线轴分

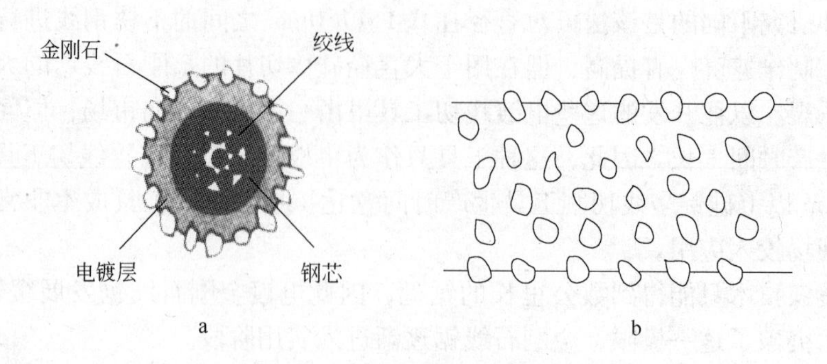

图 1-7-7 电镀金刚石线锯示意图

a—侧视图；b—正视图

别完成放线和收线的任务。当锯丝向某方向走丝结束后，在控制系统的作用下实现逆向走丝，同时两线轴的角色转换。锯丝通过一定的缠绕方式，从一个导轮绕到另一个导轮上，形成一排按一定间隔排列相互平行的网状加工部分，可以实现同时多片切割，并由张紧轮使金刚石线锯张紧。在加工过程中，金刚石线锯往复高速运转，对工件施加一定的力使其垂直于锯丝进给，通过固结在线锯表面的金刚石颗粒的切削作用，从而实现工件材料的去除加工。

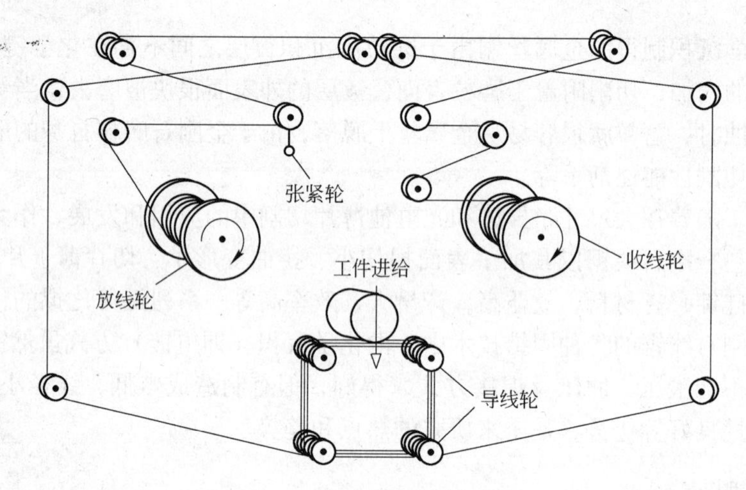

图 1-7-8 金刚石线锯工作机构图

7.2.2 金刚石线锯的特点

金刚石线锯具有良好的性能，它耐热性和耐磨性高、切缝窄、切割面型精度好，除加工石材、玻璃等普通硬脆材料外，尤其适合切割加工宝石、玛瑙、水晶、陶瓷等贵重硬脆材料，与其他加工技术相比，电镀金刚石线锯具有其独特的优点：

（1）与游离磨料线锯相比，其加工效率更高，能耗更低；

（2）可避免烧结金刚石工具制造过程中的混料、制粒、烧结、焊接（或注塑）等繁琐工序；

（3）可用于对电子放电加工 EDM 无法加工的非导体进行加工；

（4）金刚石线锯缠绕在滚筒周围，可以同时对加工件（如硅棒）进行多次切割，并且可以同时对多个加工件进行加工；

（5）由于烧结金刚石线锯串珠之间存在间距，间距部分可能过早地磨损导致钢丝（线）的断裂，而电镀金刚石线锯中金刚石的连续分布，可避免线锯的过早断裂；

（6）与圆锯和带锯相比，线锯能灵活地改变切割方向，可以用于加工复杂的几何形状；

（7）由于线锯直径小（一般小于1mm），加工时切口损失小，这对于成本昂贵的半导体和宝石的加工具有重要的意义。

7.3 制备工艺

7.3.1 电镀金刚石线锯的基本材料

7.3.1.1 基体材料

电镀金刚石线锯的基体材料为金属丝（线）。金属丝（线）可以是钢丝（线）、不锈钢丝（线）、钨钼丝（线）、钼丝（线）和黄铜丝（线）。金刚石线锯锯丝基体材料的选择主要基于对材料力学性能的要求以及材料的电化学性质来决定。

在机械性能方面，由于是多线实现同时多片切割，因此其机械性能必须满足抗拉强度高的特点，否则，在切割加工过程中一旦出现金刚石线锯断线的现象，将会造成巨大损失，特别是在切割诸如大直径单晶硅片等一些贵重材料时尤为突出。另外，由于金刚石线锯在工作时要反复缠绕于各种导轮和线轴之间，这对锯丝基体材料的线柔韧性提出了很高的要求，即材料的抗弯曲疲劳性能和扭曲特性要俱佳。在电化学方面，金刚石线锯基体材料还必须有便于电镀的特点。基体材料要便于镀前处理，且相对于镀层金属的电极电位也应低些，这样有利于镀层金属在锯丝基体表面进行复合电沉积，得到附着力好、结合强度高的复合镀层。

至于锯丝基体直径与长度的确定应根据被加工材料、加工方式及设备条件而定。一般情况下，为减小锯缝损耗、节省被加工材料、提高线柔性，在满足抗拉强度要求的前提下应尽量选用小直径的锯丝基体。当然，锯丝的圆度、圆柱度和线径的均匀一致性也要满足要求。

常用的锯丝基体有65Mn、PVC、不锈钢和琴钢丝。65Mn材料强度高，但密度大，在切割加工时对振动影响较大，造成切片表面面形精度难于控制，且易冷作硬化。PVC（Well金刚石线锯公司）基体材料通过包铝后，再电镀金刚石磨料，锯丝具有良好的吸振性能，但制造工艺复杂。不锈钢丝和琴钢丝抗拉强度高、线柔性佳，在耐磨性和疲劳寿命方面都有良好的表现。琴钢丝具有和不锈钢丝一样优良的线柔韧性和疲劳寿命，抗拉强度也达到了2700～2940MPa，但是当琴钢丝基体短暂地暴露在空气中的时候极易生成一层疏松的黑色氧化膜。

为了进一步提高电镀金刚石线锯的加工效率，日本的石川宪一等对传统的单根线锯的基体材料进行改进，采用由2根极细琴钢丝捻成的绞合线作为基体材料，在其表面电沉积金刚石磨粒，其示意图如图1-7-9所示。绞合线锯的切割效率最大可达单根线锯的2倍左右，从几何学上研究其加工

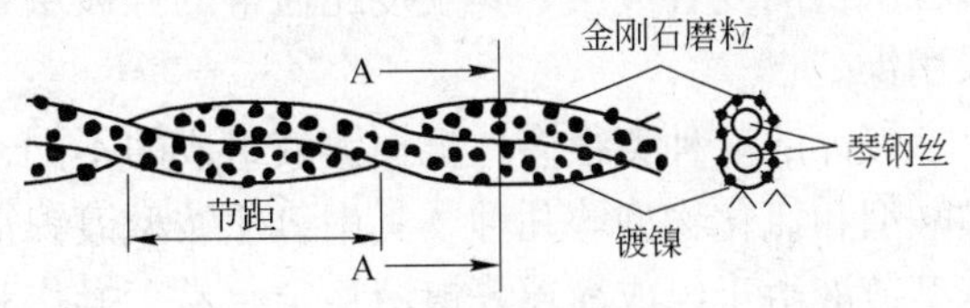

图1-7-9 金刚石绞线线锯示意图

机理得知，绞合线的效果主要是容屑槽促进了加工液的流入，从而促进了绞合线锯的切割效率。

7.3.1.2 金刚石

供电镀用的金刚石颗粒，形状应当规则完整，为了保证磨料颗粒的等高性，对粒度组成要求比较严格，希望增大基本粒的百分比，减少粗粒和细粒，特别是尽可能减少最粗粒和最细粒。为了便于电镀，并且使线锯的直径控制在一定的范围内，电镀金刚石线锯一般采用颗粒比较细小的金刚石。对于复合电镀，第二相粒子金刚石的颗粒越小，越有利于复合电镀，在金属丝（线）的表面沉积得越多。E. C. Lee 等对 2 ~ 4μm、4 ~ 8μm、10 ~ 15μm 和 20 ~ 30μm 的金刚石进行了复合镀研究，部分复合镀后形貌见图 1-7-10。由图 1-7-10 可以看出，金刚石的颗粒越小，在钢丝（线）的表面沉积得越多。因此，从电镀角度来说，金刚石颗粒越小越有利于复合镀。研究者对纳米金刚石的复合电镀也进行了研究，但由于其易于团聚，电镀时需要进行分散。

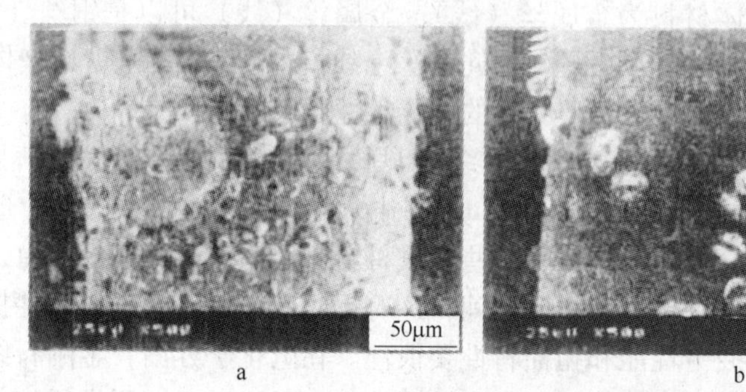

图 1-7-10 钢丝表面复合镀不同尺寸规格金刚石后的形貌

a—镀 10 ~ 15μm 颗粒金刚石；b—镀 20 ~ 30μm 颗粒金刚石

谢华等对纳米金刚石和微米金刚石复合镀层的耐磨性进行了对比研究，研究表明：微米金刚石复合镀层具有较好的耐磨性，纳米金刚石复合镀层耐磨性受热处理温度的影响十分显著，而微米金刚石复合镀层的耐磨性随热处理温度的变化并不明显。纳米金刚石复合镀层的耐磨性主要由基质决定，纳米金刚石的加入并没有明显改变镀层的耐磨性及其磨损机制，而微米金刚石复合镀层的耐磨性并不主要取决于基质，更主要的作用因素是复合粒子，即微米金刚石改变了镀层的磨损机制，使复合镀层具有更好的耐磨性。因此，从耐磨性角度来说，金刚石颗粒并不是越小越好，需要具有一定的粒径。

7.3.1.3 电镀液

电镀金刚石线锯作为切削工具应当具有适当的硬度和耐磨性。由于镍的硬度较高(240 ~ 500 HV)，化学稳定性好，若以镍为主体，以金刚石、碳化硅等耐磨粒子作为分散微粒所得的复合镀层，其硬度比通常的镍镀层要高，且耐磨性更好，因此电镀金属传统上采用镍。

镀镍溶液种类很多，根据镀液组成的不同，镀镍溶液可分为：氯化铵型、瓦特型、氨磺酸型和氯化物型等几种。其中氯化铵型镀镍液的操作电流密度低，仅适合滚镀镍用。瓦特型镀液由于组成简单、镀液稳定、易于操作和维护、耐蚀性好等优点。在此溶液的基础上加入一些添加剂可得到光亮或半光亮的镀层，是应用最为广泛的一种镀镍液。在金刚石线锯的制作中大多采用传统的瓦特镀液进行电镀，然而该方法存在生产成本高、生产周期长等问题，严重制约了其在工业生产中的广泛应用。根据日本的千叶康雅等人的研究结果，在瓦特型镀液、氨基磺酸镍镀液和氯化镍镀镍三种镀液中，氯化镍液可采用的极限电流密度最高，也就是说，可得到的镀层生长速度最快。其原因是氯化镍镀液的导电性高，所含的大量氯化镍具有进一步促进阳极溶解的作用。但是用氯化镍制备的镀层存在很高的电沉积应力，延展性差。镀后表面就已产生裂纹，弯曲便易发生剥离，以瓦特型镀液制作的镀层也有同样的情况。另外发现以氨基磺酸镍为主盐的镀液优点是，由于氨基磺酸镍溶解度很大，镀液可采用很高的主盐浓度，因此可采用很高的电流密度，具有较高的镀速，沉积速度快，镀层内应力低，镀液的分散能力好，且镀液成分简单、稳定易于管理。若采用合适的电流密度和温度，加入糖精或钴盐可以控制镀层的内应力和硬度，在适当的条件下可获得零应力、高硬度的镀层，在固结磨料电镀金刚石线锯制造中具有良好的应用前景。

7.3.2 金刚石线锯的制备工艺

7.3.2.1 预处理

A 基体材料预处理

电镀金刚石线锯复合镀层应结构致密，在锯丝圆周的各个位置上，镀层厚度要均匀；另外底镀层与基体材料之间的结合必须是牢固的，不允许出现镀层起皮、鼓泡等现象。与基体结合不牢固的镀层根本没有任何使用价值。显然结合力是电镀层的重要性能指标，它与基体材料电镀前的表面状态有着非常直接而重要的关系。

锯丝基体是由钢材经过一系列机械加工而成型的。在机械加工和搬运、存放过程中，表面难免黏附污物。这些污物包括机械加工时使用的冷却液，机床上的润滑油、产品库存期间涂覆的防锈油以及人手上的油污。也包括大气腐蚀所产生的疏松的“锈”，还有热处理所生成的坚实的黑色氧化皮。即使经过磨光和抛光，除去油污、锈蚀和去氧化皮之后，在电镀前各工序的短暂时间内，金属表面上还会生成层很薄的氧化膜。因此，基体表面在电镀前若不经过专门的净化和活化处理，一般是不会暴露出其金属组织的本来面目的。显然，在黏附污物或被氧化膜覆盖的基体表面上，是难以沉积出结合力牢固而又完整均匀的镀层的。图 1-7-11 所示为没有经过镀前处理的基体表面镀层显微照片。实验表明，即使镀上了镀层，镀层与基体表面之间由于存在着中间夹层，也不可能形成金属键，更谈不上作

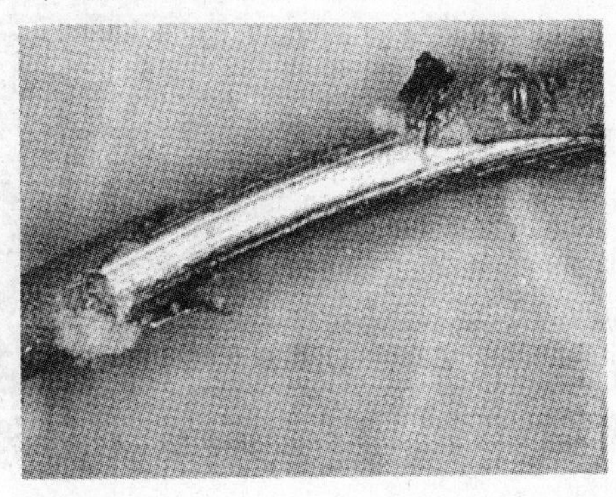
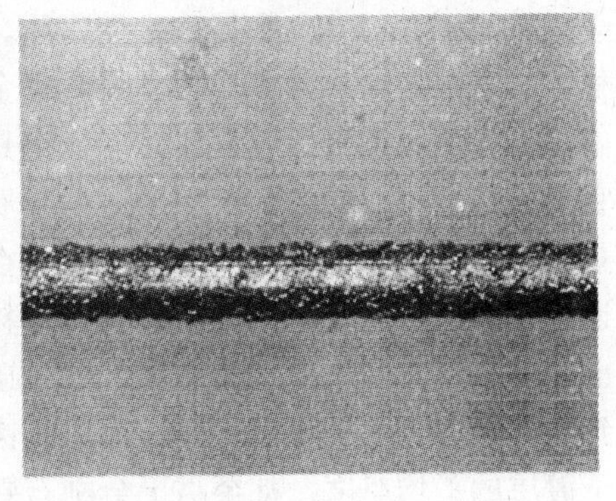

图 1-7-11 未经过镀前处理的镀层显微照片

为切割工具用于硬脆材料的切割加工。

镀前处理总的目的是使表面平整，除去表面污物和表面不良组织，暴露出基体金属内部的正常晶格结构，以便于溶液中的金属离子在这样纯洁的、处于活化状态的金属晶体表面上实现电沉积，从而获得镀层与基体之间的良好结合。

基体镀前处理的主要目的和要求，以及相对应的处理方法见表1-7-1。

表1-7-1 基体镀前处理目的和方法

目 的	方 法
表面平整	机械加工（磨光、抛光、滚光、刷光）、强浸蚀、电解抛光
除 油	有机溶剂去油、碱化学除油、电化学除油、超声波去油、擦刷去油
除锈、氧化皮及表面不良组织	强浸蚀（酸液化学强浸蚀、电化学强浸蚀、超声波强浸蚀）
除氧化膜（活化）	弱浸蚀（酸液化学弱浸蚀、电化学弱浸蚀）

电镀金刚石线锯的预处理工序与普通电镀的预处理工序基本相同，一般包括：打磨、碱洗除油和酸洗活化。采用砂纸和氧化铝粉进行打磨除掉基体表面的毛刺和锈；碱洗除油目的是去除基体表面的附着物，露出金属晶格，在电镀时得到与基体结合良好的金属镀层。碱洗除油在超声波中进行效果更好。

弱浸蚀的目的跟碱洗除油目的类似，是在临电镀前除去基体表面上极薄的一层氧化膜，暴露出基体的金相组织，以便预镀金属的粒子直接在上面沉积，从而实现镀层与基体之间的牢固结合。实质上弱浸蚀是金属表面活化的过程，所以弱浸蚀处理又叫做活化处理。阴极活化处理工艺为：

98%浓硫酸（H_2SO_4）	100mL/L
温 度	室温
时 间	3min

清洗后迅速转入镀槽进行电镀。

B 金刚石预处理

为了使金刚石磨料在镀层中固结得牢固，对颗粒表面状态有一些特殊要求。颗粒表面最好要粗糙、呈微观凹凸不平状态。表面光滑晶粒与镀层结合力差，不适于电镀。

常见金刚石都是电绝缘体，但人造金刚石合成过程中使用的触媒材料主要成分为铁、钴、镍等过渡元素及其合金都是铁磁性物质。在合成过程中，触媒金属或多或少总会夹杂在金刚石颗粒内部，形成所谓磁性包裹体，一般都具有磁性。它是人造金刚石的主要杂质，这种杂质的存在严重地影响金刚石的强度和热稳定性。在用这种人造金刚石进行电镀时，某些金刚石颗粒顶端会镀上金属，这就是所谓结瘤现象。有时还可以观察到，在某些金刚石颗粒之间的部位，镀层厚度高于镀层的平均厚度，甚至高于金刚石颗粒尖端，这又是一种结瘤现象，如图1-7-12所示。

图1-7-12 人造金刚石电镀时结瘤现象

镀层结瘤现象会导致电镀制品使用时磨削力加大，磨削温度升高，造成工具和被加工零件表面的堵塞和烧伤，应当防止镀层结瘤。因此减少磁性杂质对于电镀制品来说至关重要。建议进行电镀金刚石线锯生产时，选用金刚石经过特殊的后处理工艺，使颗粒表面吸附杂质粒子极少，从根本上阻止镍瘤现象的产生。

此外，在电镀前金刚石微粉颗粒必须经过表面净化和亲水化处理。看来似乎纯净的金刚石表面，其实并不纯净，它很容易与氧或其他物质发生化学吸附。因此金刚石表面总是存在着一层吸附杂质。电镀时如果事先不除去表面吸附层，金刚石微粉就漂浮在电解液表面上，而不能沉积到基体上去。这就是先要经过亲水化处理的原因。表面吸附层如果夹杂在金刚石晶体与金属镀层之间，将会严重地影响它们之间的紧密结合，使结合力下降，这将造成磨粒过早脱落。

为了使表面状况满足电镀的要求，使用前必须对金刚石磨料（包括镀后重复使用的回收料），进行镀前表面处理。为了保证把各种吸附杂质（包括杂质颗粒）都除净，最好经过碱处理和酸处理两道工序：首先将金刚石在 NaOH 溶液中煮沸 10min，去除表面油污；再在 HNO_3 中煮沸 20min，去除表面杂质，同时使金刚石表面粗糙且达到亲水的目的，以加强金刚石表面与镀层的结合能力。酸煮冷却后反复水洗至中性，用镀液浸泡备用。

7.3.2.2 电镀

复合电镀工序一般包括预镀、上砂和加厚镀。

A 预镀

预镀是为了在基体与金刚石之间镀上一层过渡层。过渡层不含金刚石，有两个作用：一方面可以阻止基体“氢脆”发生，另一方面可以确保镀层与基体具有足够的结合力。预镀初期采用冲击电流可以提高镍的覆盖能力，增加底层与基体的结合面积，有利于得到平整光滑的镀层。预镀液配方较多，如青岛科技大学高伟等采用以硫酸镍为主盐的预镀液配方，具体见表 1-7-2；孙建章等采用以氨基磺酸镍为主盐的预镀液配方，具体见表 1-7-3。

表 1-7-2 镀镍镀液配方

原料	硫酸镍	硫酸钴	硼酸	氯化钠	十二烷基硫酸钠	1，4-丁炔二醇	糖精
浓度/$g\cdot L^{-1}$	280	10	30	16	0.1	0.7	1.0

表 1-7-3 镀液组成及工艺条件

过程	$Ni(NH_2SO_3)_2\cdot 4H_2O$ 含量/$g\cdot L^{-1}$	$NiCl_2\cdot 6H_2O$ 含量/$g\cdot L^{-1}$	H_2BO_3 含量/$g\cdot L^{-1}$	pH 值	温度/℃	阴极电流密度/$A\cdot cm^{-2}$
预镀	400	12	40	4	50	0.03
上砂	600	15	42	4	60	0.03
加厚镀	750	15	42	4	70	0.38

B 上砂

上砂是把金刚石作为第二相粒子复合电镀到基体上的工序，是复合电镀的最关键部分。上砂的方法主要有三种：悬浮法、埋砂法和镶嵌法。悬浮法是将一定量的磨料微粒投入镀液中，利用搅拌、摇动或镀槽转动等手段，使磨粒成分散状态悬浮在镀液中，镀液成为含有一定浓度磨粒的悬浊液，在电镀的同时，固体微粒随着金属离子的还原而同时沉积出来（即所谓的共沉积），从而形成复合镀层。埋砂法上砂是用吸管或小勺把磨料置于事先放置好的预镀过的基体表面上或它的周围，或者将整个基体埋进磨料砂子中。当金属离子电沉积时，镀层就开始把持住紧靠基体表面的一层磨粒。埋砂法一次可以完成不同方向多个表面的上砂，适用于小规格和圆柱形及各种复杂型面的基体。镶嵌法是当固体颗粒的粒径在0.5mm以上时，用各种机械方法将固体颗粒按照一定图形和角度，预先固定在镀件的表面上，在电镀过程中，随着基质金属的电沉积，逐渐将固体颗粒埋入镀层中。工业用人造金刚石磨料分为磨粒（平均粒径41.5～1090μm）和微粉（0～40μm）两种。对于粗颗粒磨料常采用埋砂法上砂，而对于较细的磨料和微粉多采用搅拌悬浮的方法上砂。

青岛科技大学高伟等用埋砂法对环形金刚石线锯进行上砂，采用英国De Beers公司提供的PDA768型金刚石磨料，使用前用浓硝酸浸泡30min，以增加金刚石磨料的亲水能力，然后用清水冲洗后浸泡于镀液中备用。砂槽采用厚度为1mm的PVC板材粘结而成，在砂槽各表面上钻出直径为2mm的密集小孔，用胶将300#尼龙筛网布粘贴在砂槽壁上。上砂时，将锯丝基体埋入砂槽中，轻轻晃动砂槽，使金刚石磨料与锯丝基体紧密接触，以确保上砂均匀。

还有人设计了特殊的置砂槽，即在用聚氯乙烯制成置砂槽的两侧及下方铣出长孔，在槽内壁上覆有原子膜。该膜既可托住金刚石磨料，又不阻碍金属离子通过。在置砂槽四周布有镍条，构成合理阴阳极排布，从而实现钢丝的均匀上砂，置砂槽结构如图1-7-13所示。为确保上砂均匀，E. C. Lee等用具有一定直径（如1.2cm、2.0cm或3cm）圆筒形状的金属钯作不溶性的阳极，用低碳钢丝（线）穿过钯圆筒的中心作阴极，进行金刚石的复合电镀，其示意图如图1-7-14所示；其镀液以氨基磺酸镍为主盐，进行Ni_2金刚石的复合镀，镀液的组成见表1-7-4。

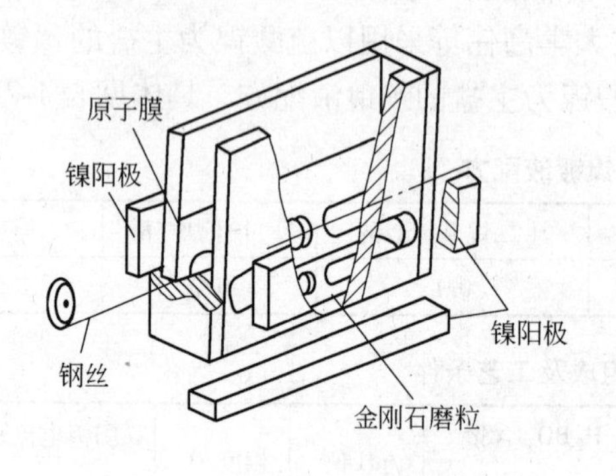

图1-7-13 置砂槽结构简图

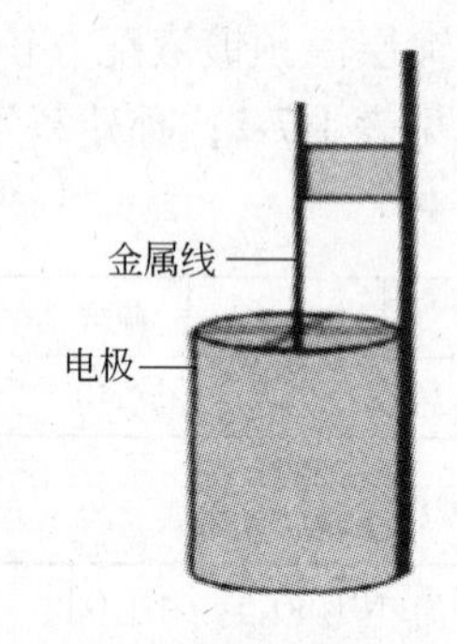

图1-7-14 电镀装置示意图

表1-7-4 镀液组成

原 料	含量浓度/$g \cdot L^{-1}$
$Ni(NH_2SO_3)_2 \cdot 4H_2O$	500
$NiCl_2 \cdot 6H_2O$	5
H_2BO_3	40

C 加厚镀

上砂时，与金刚石同时沉积到基体上的金属镀层一般比较薄，为提高金属镀层对金刚石磨料的把持力，上砂后，需要将锯丝移入加厚镀槽中进行加厚处理。加厚镀镀液中一般不含金刚石，并且进行加厚镀的镀覆时间较长，镀层较厚。

7.3.2.3　后续处理

电镀时，在阴极上析出金属的同时，往往还有氢离子在阴极上还原，其中一部分形成氢气放出，另一部分则以氢原子的形态渗入基体金属及镀层的晶格点阵中，使基体金属及镀层韧性下降而变脆，发生“氢脆”现象。因此，为了防止“氢脆”现象的发生和减少镀层残余应力，增加金属结合剂的硬度和耐磨性，电镀完成后需要进行除氢和后续处理。具体方法是电镀后将线锯置于一定的加热装置中，并保温一段时间。

7.3.2.4　制备电镀金刚石线锯的新工艺

（1）采用激光技术对电镀金刚石线锯进行处理，激光处理可以提高结合剂对金刚石的把持力，具体如图 1-7-15 所示。图 1-7-15a 为经过激光处理的线锯，金刚石的出露不明显，这是因为在金刚石的外层又镀覆了一层金属。图 1-7-15b 为复合电镀沉积细颗粒金刚石的形貌，细颗粒金刚石有利于减少加工时金刚石的损失。

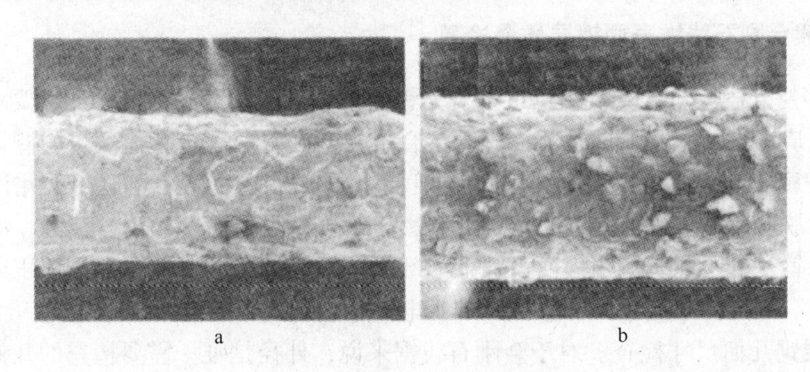

a　　　　b

图 1-7-15　电镀金刚石线锯形貌

（2）为增强金属结合剂对金刚石的把持力，采用两次上砂处理，第一次先镀一层粗的金刚石，然后再镀一层细的金刚石，这样可以减小外层残余压应力的作用，有利于提高结合力，而且还可以用于切割硬度比较高的物质（如陶瓷）和降低后续处理的温度。

（3）由于传统电镀技术需要的时间较长，导致生产成本较高。为了缩短加工时间和降低成本，可采用毡刷的超高速电镀技术。超高速电镀技术的生产效率是传统电镀技术的 30 倍，并且采用新工艺制造的线锯比传统电镀金刚石线锯的耐磨性及把持强度也明显提高。葛培琪认为具有金属涂层的金刚石磨粒容易沉积到锯丝表面上，而且电镀层对磨粒的把持强度高，其中，采用镍涂层的金刚石磨料效果最好。

美国 DWT（Diamond Wire Technology）公司生产使用“Superlok”金刚石线。该线芯专门按该公司技术要求拉制而成，并经热处理与预拉伸，抗拉强度超过 18000kg。先电镀一层铜护层，将 20 ~ 120μm 金刚石浸渍，再用大电流电镀在外层，以牢固把持住金刚石。采用微型计数器控制环绕线芯分布的金刚石数量，以保证其均匀一致。其生产的金刚石线尺寸如表 1-7-5 所列。

表 1-7-5 DWT 公司生产的金刚石切割线规格

序 号	金刚石切割线名义尺寸/mm	金刚石尺寸/μm	切缝尺寸/mm
1	0.127	20	0.140
2	0.203	45	0.229
3	0.254	60	0.279
4	0.305	80	0.330
5	0.381	100	0.419
6	0.508	120	0.546

7.4 质检与性能

电镀金刚石线锯作为一种用于超精密切割的超硬材料电镀制品，其基本性能包括两个方面。首先是复合镀层的质量，镀层质量最基本的检验项目是：镀层外观、镀层厚度和附着强度、镀层的疲劳弯曲强度性能；其次是电镀金刚石线锯的切割加工性能。

7.4.1 电镀金刚石线锯表面镀层质量检测

（1）镀层外观质量检查。镀层的外观是镀层最直观的和最起码要保证的要求，因为有些外观也反应镀层某些本质的性能。外观不合格时就无需再进行其他项目的测试。一般情况下，合格镀层的外观应该是色泽均匀、镀层平整、无锈蚀、无划痕；不允许起瘤、鼓泡、起皮、脱落、烧焦；不允许有斑点、暗影、条纹、阴阳面、橘皮、枝晶、海绵状沉积层；没明显针孔、不能有应当镀而没镀上的部位；不能出现有金刚石颗粒堆积或无金刚石颗粒的区域。因为将来这些都会直接影响到电镀金刚石线锯的切割加工性能。

（2）线锯几何尺寸检查。对于金刚石线锯来说，外径是唯一需要检查的几何尺寸，但也是至关重要的一个尺寸。由于在固结磨料金刚石线锯的线切加工中，线锯外表面直接跟被加工材料接触，金刚石线锯外径尺寸的起伏变动将直接反应到被加工材料的锯切表面上，形成划痕、表面微裂纹等，为后续工序的加工带来了很大的困难，因此为了获得低损伤、少划痕、高面形精度的切片，必须严格控制电镀金刚石线锯的外径变化，使其变化幅度控制在一个很小的范围内。

金刚石线锯外径几何尺寸检查的方法：从一批所镀金刚石线锯样品中随机选择一根作为几何尺寸检查的对象，使用精度为 0.01mm 的工业千分尺，在线锯上随机选取十个位置，分别在不同的方向上测量三次，分别取平均后再取平均值作为金刚石线锯外径本次的测量值，再计算分析金刚石线锯的平均外径线径一致性。

（3）金刚石磨粒的固结强度。金刚石磨粒固结强度是指金刚石磨料在镀层金属中固结的牢固程度，或者说是金属镀层对金刚石磨料的把持力。这是超硬材料复合镀层的一项重要质量指标，由于此项指标难以进行量化的评价，一般的检查方法是用 GCr15 钢片（54 HRC）刮磨工作面 5 次，磨料不脱落即为合格。

（4）复合镀层的疲劳弯曲性能。由于金刚石线锯在切割的过程中，需要在缠绕在各个绕线轮、导线轮和张紧轮之间进行连续运动。这就要求金刚石线锯具有一定的抗弯曲性能，主要是指镀层的抗弯性能，即线锯表面复合镀层的延展性和镀层与基体之间的结合力。

此项指标同样难以进行量化评价，一般多以实际切割过程中使用寿命间接衡量。因此有些试验为了判定所镀的金刚石线锯的弯曲性能，在专用的金刚石线锯切割装置上安装7m所镀线锯，不进行切割，只开启主轴让金刚石线锯在各个轮之间进行往复运动，如图1-7-16所示。

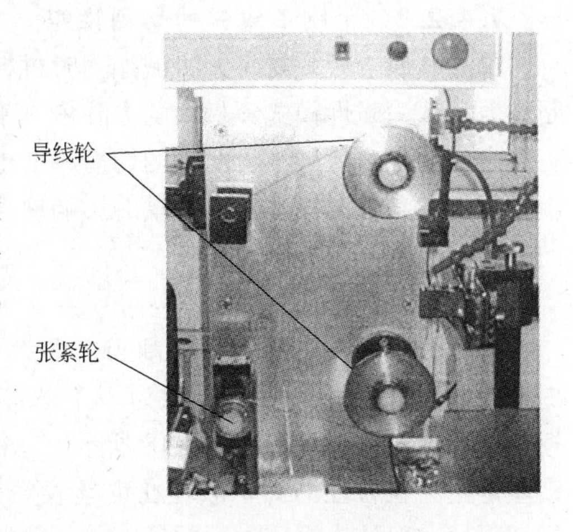

图1-7-16　复合镀层弯曲性能检测

7.4.2　金刚石线锯的切割加工性能

7.4.2.1　切割装置与切割方法

图1-7-17所示为金刚石线锯的切割装置。金刚石线锯缠绕在绕线轮上，通过两个导线轮和一个张紧轮对金刚石线锯进行定位。待切割的工件定位在夹具上，通过控制面板设定线锯的切割速度和工件的进给速度进行切割。表1-7-6为一个切割试验采用的切割工艺。

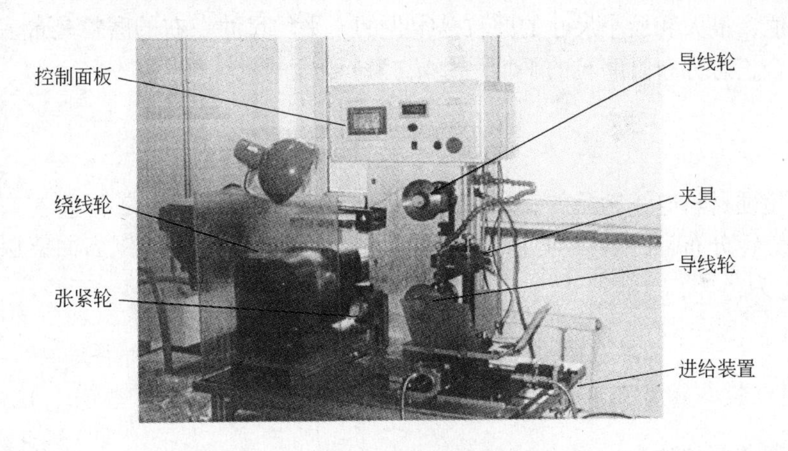

图1-7-17　切割装置实物图

表1-7-6　切割试验工艺参数

项目名称	条　件	项目名称	条　件
工件(尺寸)/mm×mm×mm	单晶硅（200×30×2）	每分钟进给量/mm	0.1，0.2，0.3
线锯长度/mm	7000	切割液	蓖麻油
线锯切割速度/m·min^{-1}	40	加工时间/min	30，15，10

电镀金刚石线锯用于硅片切割可分为往复式锯切和环形锯切两种方法。

往复式切片技术前面有介绍，基本原理如图1-7-2所示。此切割方法的缺点在于锯丝由于往复运转，所以线速不高，一般在5～15m/s。环形线锯切片技术是把电镀金刚石锯丝接成环形，环绕在几个线轮上，通过电动机带动线轮实现循环切割。硅棒垂直于锯丝给进，环形锯丝通过张紧装置压在硅晶片表面实现锯切。这种锯切方法在锯切过程中无惯性力，切割速度达20m/s，可提高锯切效率。

7.4.2.2 金刚石线锯的切割性能

单晶硅属于硬脆材料，机械加工时材料的去除主要是以硬脆材料断裂方式进行。压痕断裂力学认为脆性模式下材料的去除依靠于横向裂纹的扩展，磨粒压入深度越小，裂痕到工件表面的距离就越小，产生的切屑厚度也越小，工件表面质量也越好。因此要研究锯切中各个工艺参数对切片表面质量的影响规律就需要研究各工艺参数对锯丝表面金刚石磨粒的平均切削深度的影响规律。

A 磨粒模型

金刚石磨粒具有锋利的切削刃，多为负前角切削，探讨单位体积内磨粒的数量时，将磨粒近似为一个球体；探讨磨粒的切削深度时，把磨粒视为圆锥体（如图1-7-18所示），并且垂直于锯丝表面。理想的锯丝是把磨粒粒径的2/3嵌埋在锯丝表面镀层中，磨粒露出的部分进行切削。一般认为锯切时磨粒压入单晶硅的深度为 h，相应形成的切痕宽度为 $2b$。

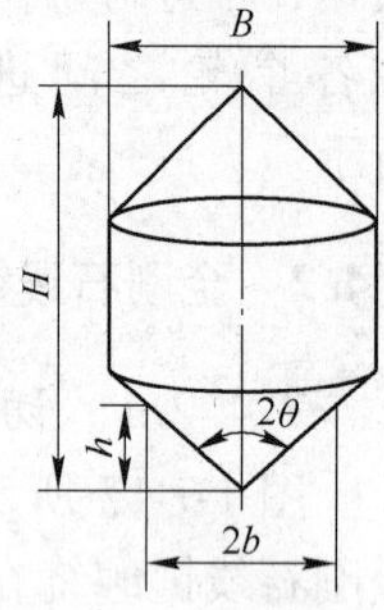

图1-7-18 磨粒

B 线锯表面单位面积有效磨粒数

用于制作电镀金刚石线锯的金刚石微粉每个粒度号中磨粒的尺寸是一个范围值，最大和最小尺寸的磨粒是很少的，平均尺寸左右的磨粒是最多的，磨粒尺寸的分布复合正态分布。磨粒的平均尺寸 d_m 为

$$d_m = \frac{d_{max} + d_{min}}{2} \tag{1-7-1}$$

金刚石超硬材料电镀制品的镀层中磨料所占的体积比 w 一般是50%左右，磨粒在线锯表面符合统计分布，将磨粒均近似为直径为 d_m 大小的球体，线锯表面镀层单位体积内的磨粒数 N_v 为：

$$N_v = \frac{w}{\frac{2}{3} \times \frac{4}{3}\pi\left(\frac{d_m}{2}\right)^3} = \frac{9w}{d_m^3} \tag{1-7-2}$$

单位面积的磨粒数为

$$N_s = N_v^{2/3} \tag{1-7-3}$$

线锯表面磨粒的突出高度分布符合正态分布，假设线锯表面发生切削作用的最小磨粒尺寸为 d_{cutmin}，如果其他磨粒的尺寸小于 d_{cutmin}，磨粒与工件就只能发生划擦、接触甚至不接触，而不会发生切削作用。单位面积参加切削的磨粒数量为

$$N_{cut} = N_s \times \frac{1}{\sqrt{2\pi}\sigma}\int_{d_{cutmin}}^{\infty} e^{-\frac{(t-\mu)^2}{2\sigma^2}}dt \tag{1-7-4}$$

式中，$\mu = (d_{max} + d_{min})/2$，$\sigma = (d_{max} - d_{min})/2$。

因此，选用尺寸小、尺寸分布范围小的微粉，可以提高单位面积内的有效磨粒数。

C 磨粒的平均切削深度

理想的锯切过程如图1-7-19a所示。但由于锯丝是个柔性体，在锯切中易于弹性变形，锯丝会产生一个偏角 α，如图1-7-19b所示。

根据线锯锯切单晶硅的过程，假设锯切过程中锯丝偏角 α 恒定，不考虑锯丝横向振

动，建立如图1-7-20所示的锯切几何模型。建立坐标轴如下：过锯丝中心与工件的进给相反方向为Y轴，过锯丝中心与锯丝运动相同的方向为Z轴，垂直于Y、Z轴且过锯丝中心的方向为X轴。锯丝的速度为v_s，工件的进给速度为v_w。在XY平面内ψ角处取一微段$d_s = R \cdot d\psi$，则沿锯丝轴心方向的微面积为$dA_n = \Delta L \cdot d_s = \Delta L R d\psi$（$\Delta L$为参加锯切的锯丝工作段的长度）。在微面积$dA_n$内参加切削的磨粒数量为$dN_c = N_d \cdot dA_n$（$N_d$为单位面积内的动态有效磨粒数）。

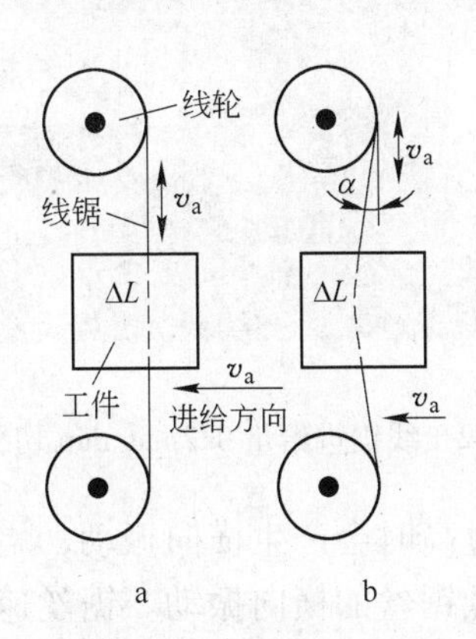

图1-7-19 线锯切割示意图

a—理想情况；b—实际情况

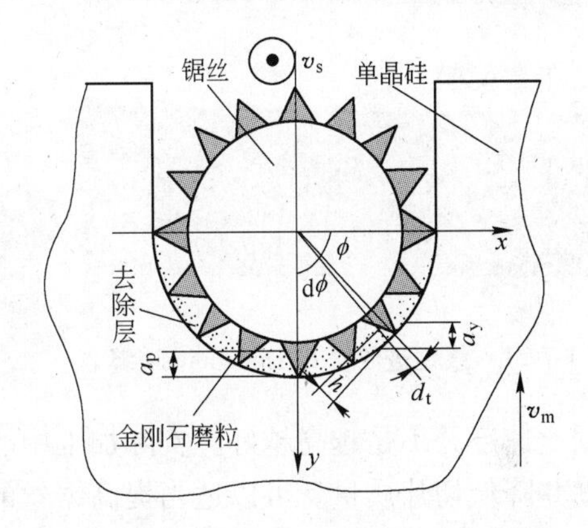

图1-7-20 线锯锯切单晶硅几何模型

锯切时，单位时间内单晶硅被切除的体积应该等于锯丝所锯切的体积，则

$$\Delta L R d\psi \cdot v_w \sin\psi = (hbv_s) \cdot (N_d \Delta L R d\psi) \tag{1-7-5}$$

式中 hbv_s——每个磨粒单位时间内切除的平均体积；

$N_d \Delta L R d\psi$——微面积内的有效动态磨刃数；

$\Delta L R d\psi \cdot v_w \sin\psi$——单位时间内切除的单晶硅体积。

根据假设的金刚石磨粒模型有：

$$b/h = \tan\theta \tag{1-7-6}$$

将式（1-7-1）代入式（1-7-2）得到锯丝表面ψ角处微面积内金刚石磨粒的平均切削深度为：

$$H = \sqrt{\frac{v_w \sin\psi}{v_s \tan\theta N_d}} \tag{1-7-7}$$

D 工艺参数对切片表面质量的影响规律

由式（1-7-7）可以看出，磨粒的平均切削深度与锯丝速度、硅棒进给速度、锯丝表面磨粒分布和磨粒锋利程度有关，而且锯丝周向不同位置磨粒的切削深度不同。采用高的锯丝速度、低的进给速度，可以获得小的磨粒切削深度，得到较好的切片质量。如图1-7-21与图1-7-22所示，可见随着进给量的增大，切缝的宽度没有明显变化，而切缝的崩边明显增大，这是由于随着进给量增大，切削力增大，造成了崩边现象的加重。有效动态磨粒数N_d是一个变化值，与磨粒分布密度、磨粒出刃高度、锯丝速度、工件进给速度和线锯的弹性变形有关，难以具体确定。但选用尺寸小、尺寸分布范围小的微粉制作线锯，可以提高单位面积内的有效动态磨粒数，减小单颗磨粒的切削厚度从而提高加工表面质量。

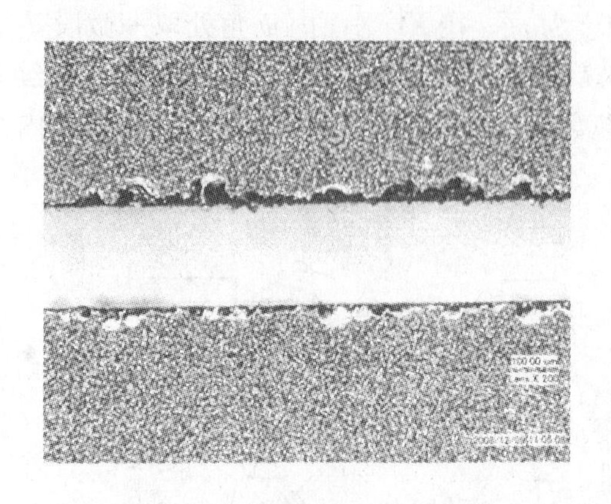

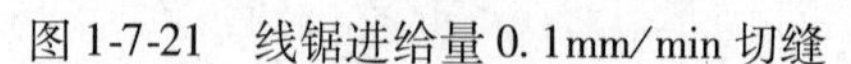

图 1-7-21　线锯进给量 0.1mm/min 切缝

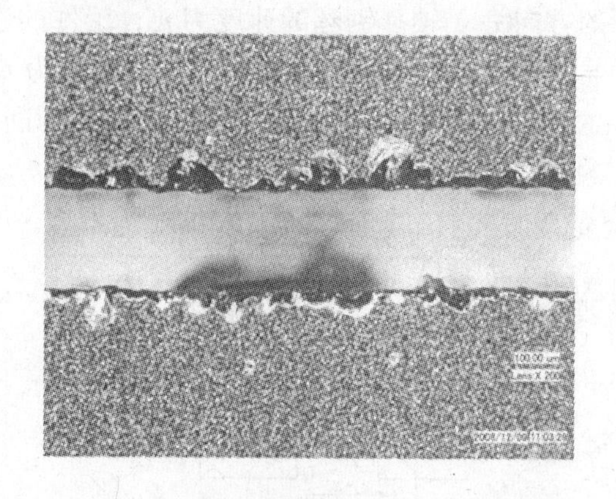

图 1-7-22　线锯进给量 0.2mm/min 切缝

锯丝速度并不是越高越好。实际加工中当锯丝的速度过高时会产生横向振动，增大切缝宽度并降低切片质量。可以适当提高锯丝的张紧力来降低锯丝的横向振动。锯丝速度与进给速度是一个协调匹配的关系，相对于线速如果进给速度过大则线锯在切割中的偏角 α 逐渐增大，锯丝弯曲严重，缩短锯丝寿命甚至断丝；相对于线速如果进给速度太慢，在同一切割区域被线锯反复锯切多次，切缝就会变宽，切片质量也会降低。

7.5　应用实例

7.5.1　切割非金属或非导电体材料

线切割机床上采用表面镀金刚石的金属丝（线）后，能成功完成对非金属材料或者非导电体材料的切割，而且效果较为理想，见表 1-7-7，对一系列不同的线锯基体和使用对象进行实施后的结果。

表 1-7-7　不同的线锯基体和使用效果

实 施 例	基　体	镀层厚度	用途及效果
1	钢丝（线）	2 丝（线）	对硬度为 78 HRC 的玉石进行切割，较理想
2	不锈钢丝（线）	2 丝（线）	对硬度为 70 HRC 的玻璃进行切割，较理想
3	铝丝（线）	2 丝（线）	对硬度为 82 HRC 的玉石进行切割，较理想
4	钢丝（线）	3 丝（线）	对硬度为 78 HRC 的玉石进行切割，较理想
5	不锈钢丝（线）	1 丝（线）	对硬度为 70 HRC 的玻璃进行切割，较理想
6	黄铜丝（线）	2 丝（线）	对硬度为 70 HRC 的玻璃进行切割，较理想
7	不锈钢丝（线）	4 丝（线）	对硬度为 83 HRC 的玉石进行切割，较理想
8	钢丝（线）	4 丝（线）	对硬度为 83 HRC 的玉石进行切割，较理想
9	钨铝丝（线）	3 丝（线）	对硬度为 70 HRC 的玻璃进行切割，较理想

7.5.2 切割木材或泡沫陶瓷

将电镀金刚石线锯用于切割木材和泡沫陶瓷。进行切割实验后金刚石线锯的表面形貌如图 1-7-23 所示，其中 D 代表正常的金刚石颗粒，而 F 代表脱落的金刚石颗粒。由图 1-7-23 可见，用于切割泡沫陶瓷的金刚石线锯的金刚石保持较好，而用于切割木材的金刚石线锯的金刚石脱落较多。实验表明，电镀金刚石线锯对于泡沫陶瓷具有很好的切割效果，而对于木材的加工，电镀金刚石线锯的金刚石易于脱落，寿命较短。这说明，用于切割木材的金刚石线锯技术还有待进一步加强。

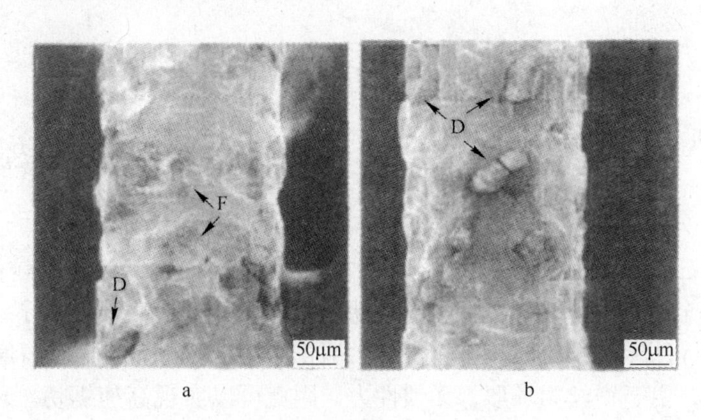

图 1-7-23 切割实验后的线锯表面形貌

a—切割木材；b—切割陶瓷

7.5.3 金刚石线锯切割大理石

石材的开发利用较早，其加工机理研究较为深入。有人认为在岩石材料去除过程中，脆性崩碎行为占主导地位，同时，仍存在塑性变形区，而后者取决于被划伤矿物的成分。Bienert 在博士论文中提出了单颗粒金刚石切削岩石的模型；王成勇等提出了一个类似的大理石切削机理模型，如图 1-7-24 所示；Meding 则提出图 1-7-25 所示的岩石切削机理。

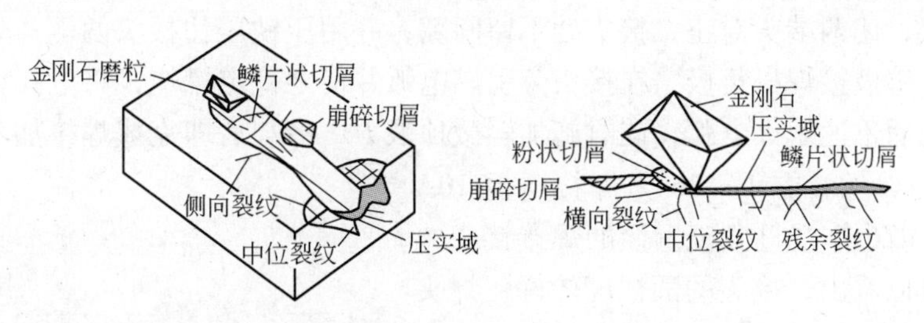

图 1-7-24 大理石切削机理模型

徐西鹏等通过用扫描电镜观察石材的锯切表面发现：石英岩的断裂主要是沿晶和穿晶形式，其变形方式主要由石英的变形方式所决定；花岗岩的主要构造为石英、正长石和斜长石，变形特征由三者共同决定；其中云母解理最完整，最易去除，其次是正长石和斜长石，而石英几乎不发生解理断裂，最难切割。

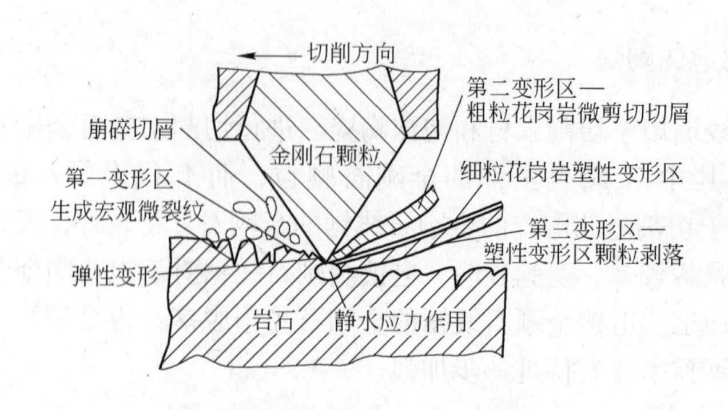

图 1-7-25 岩石切削机理模型

7.6 环形线锯

7.6.1 概述

传统的金刚石线锯多为往复式，由于机械惯性力的作用，锯切速度较低，一般为 2 ~ 3m/s，不能体现金刚石的优良性能。为了解决上述问题，研究人员研制了一种新型切割工具-环形电镀金刚石线锯。该锯是用复合电镀的原理，将高硬度的金刚石磨料镀在环形钢丝基体上制成的，由于锯丝为环形，无惯性力，因此可以实现高速锯切。环形电镀金刚石线锯切片这一新的加工技术具有切缝窄、锯切效率高、切片质量好、对环境污染小等优点。

7.6.2 环形金刚石线锯的制造

7.6.2.1 锯丝基体的制备

金刚石线锯的锯丝基体应具有较高的抗拉强度和良好的弹性，如直径为 0.8mm 的 65Mn 冷拉钢丝，抗拉强度为 1663MPa。

制备锯丝基体时，首先采用手工钨极氩弧焊将钢丝基体焊接为环形。焊接前，需将两端头仔细磨平，并用丙酮清洗端头，以防止焊点产生气孔；将两端磨平的钢丝放在平整洁净的对正板上，使两端头对正，接头处不留间隙，并用压铁压住接头两侧。焊接时，钢丝接焊机正极，钨极接焊机负极，在接头旁引燃电弧并使之稳定燃烧，将电弧移至接头处使接头金属熔化后迅速熄灭电弧，同时施加轻微顶锻力，冷却后即完成焊接加工，焊接过程中不使用填充焊丝。图 1-7-26 为焊接电流 10A 时，在 Leica MZ6 体视显微镜上照的焊接接头的形貌照片，可以看出，接头的圆柱度较好，焊头边缘无塌陷现象。

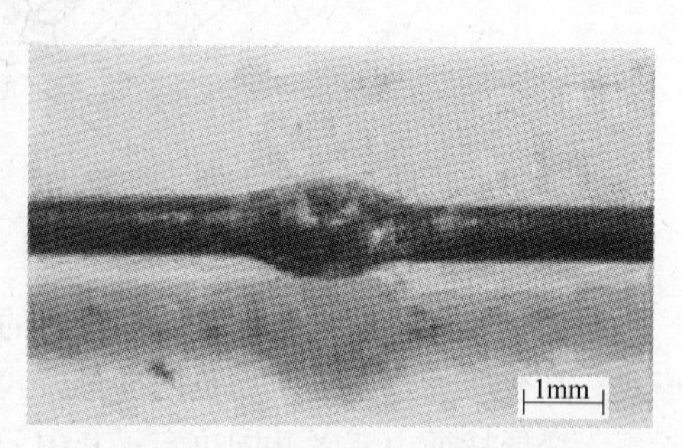

图 1-7-26 焊接接头外观

另外，对于具有过热倾向的基体应进行热处理。即为降低焊接区域材料的硬度，提高其韧性和塑性，获得硬度、强度、塑性和韧性的适当配合，需对焊接接头进行回火处理。回火工艺为：在电阻炉内加热至 280℃，保温 1h。回火处理后将焊点打磨成圆柱状，在拉伸试验机上进行拉伸试验，以致焊点抗拉强度达工艺要求。

环形钢丝基体不但应满足抗拉强度和弹性要求，而且应具有一定的疲劳强度，因此需对经回火处理后的环形钢丝进行疲劳试验。为了对比不同热处理工艺对线锯疲劳寿命的影响，正确反映对焊环形钢丝的疲劳性能，设计了模拟环形钢丝工作状态的疲劳试验装置。

7.6.2.2 锯丝电镀工艺

（1）镀前预处理。电镀前需对锯丝基体进行预处理，以清除锯丝表面的油污和氧化层。预处理工序为：化学除油→热水冲洗→冷水冲洗→酸洗→冷水冲洗。

（2）预镀镍。对锯丝基体预镀镍时，采用初期冲击电流可提高镍的覆盖能力，增大底层与基体的结合面积，并有利于获得平整光滑的镀层。工艺方法为：开始时电流密度为 $3A/dm^2$，一分钟后逐渐下降为 $1.5A/dm^2$，再镀10min。镀液配方见表1-7-8。

表1-7-8 预镀镍镀液配方

原　料	硫酸镍	硫酸钴	硼酸	氯化钠	十二烷基硫酸钠	1,1,4-丁炔二醇	糖精
浓度/$g \cdot L^{-1}$	280	10	30	16	0.1	0.7	1.0

（3）上砂。由于环形金刚石线锯直径较细且形状特殊，因此上砂时不能采用落砂法，必须采用埋砂法。使用前用浓硝酸浸泡金刚石磨料30min，以增加金刚石磨料的亲水能力，然后用清水冲洗后浸泡于镀液中备用。

砂槽可采用厚度为1mm的PVC板材黏结而成，在砂槽各表面上钻出直径为2mm的密集小孔，用胶将300号尼龙筛网布黏贴在砂槽壁上。上砂时，将锯丝基体埋入砂槽中，轻轻晃动砂槽，使金刚石磨料与锯丝基体紧密接触，以确保上砂均匀。上砂电流密度 $0.5A/dm^2$，镀液温度控制在25～28℃，上砂时间为40min。

（4）加厚处理。上砂后，将锯丝移入加厚镀槽中进行加厚处理，加厚电流为 $1.2A/dm^2$，加厚时间根据金刚石粒度而定。

（5）除氢处理。电镀时，在阴极上析出金属的同时，往往还有氢离子在阴极上还原，其中一部分形成氢气释出，另一部分则以氢原子的形态渗入基体金属及镀层的晶格点阵中，使基体金属及镀层韧性下降而变脆，发生氢脆现象。因此，在对锯丝进行加厚处理后，必须进行除氢处理。

7.6.3 环形电镀金刚石线锯主要电镀缺陷

影响电镀质量的因素很多，如镀液成分、电流密度、温度、金刚石的性质等，因此，某一因素发生变化，常会造成电镀缺陷。环形电镀金刚石线锯电镀过程中常见的电镀缺陷主要有：金刚石分布不匀、镀层有针孔等缺陷。

金刚石分布不匀：对于电镀金刚石制品，应要求金刚石颗粒分布均匀，一般在10倍放大镜下观察，如有0.5mm宽的空白处无金刚石颗粒则认为金刚石颗粒分布不均匀。图1-7-27为JXA-840型扫描电镜拍摄的锯丝形貌。

从图1-7-27a中金刚石粒度为170/200目的锯丝的扫描电镜照片可以看出，锯丝上有的地方金刚石密度高，有的地方密度小，即金刚石颗粒分布出现不均匀现象，但也可以看出，虽然不均匀，但无金刚石颗粒的空白处仍然不大于0.5mm。因此可以认为不影响实际使用。图1-7-27c为金刚石粒度230/270目的金刚石线锯的扫描电镜照片。从照片中可以

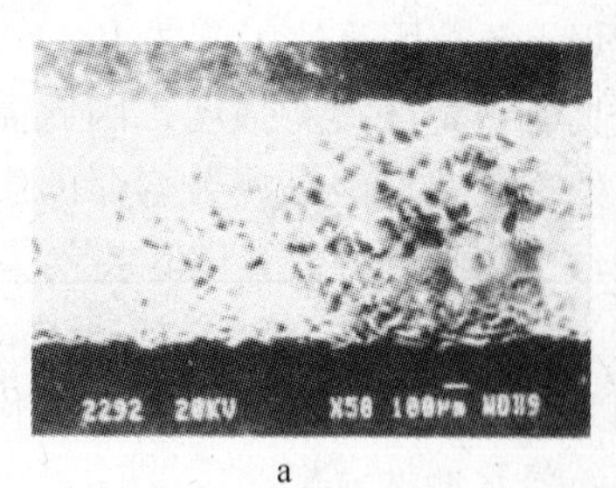

a

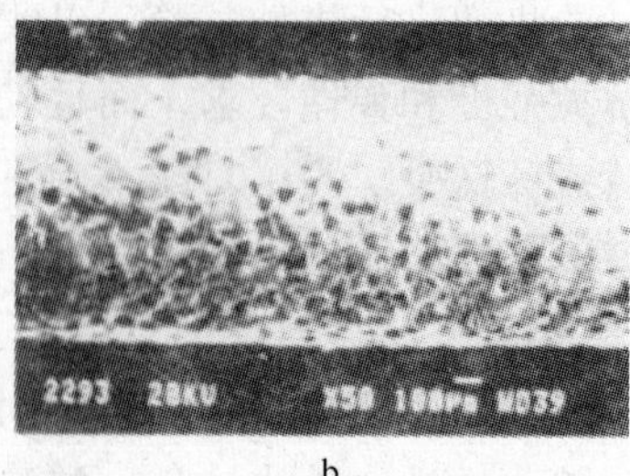

b

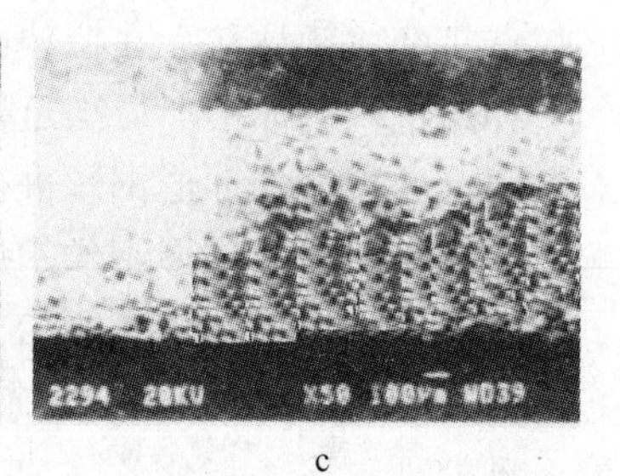

c

图1-7-27 金刚石线锯锯丝形貌

看到，金刚石颗粒的分布非常均匀。从图1-7-27a和图1-7-27b、c的对比可以看出，造成金刚石颗粒分布不均的主要原因是金刚石粒度太粗。因此对于电镀金刚石线锯而言，为使金刚石颗粒分布均匀，钢丝直径越细，金刚石的粒度应越小。

镀层有针孔：氢在阴极析出时，经常是气泡状黏附在阴极表面，使金属离子只能在氢气泡周围或没有气泡的地方放电沉积，因而造成镀层中有空洞和缝隙，即产生针孔。图1-7-27a为线锯上的针孔形貌的扫描电镜照片。氢气泡附着在锯丝表面上主要由于：

（1）电镀液中有有机杂质，它们吸附在阴极表面，使该处变为憎水，气泡将牢固地留在锯丝上；

（2）电镀液中含有金属杂质，在阴极附近pH值较高时，水解成氢氧化物或碱式盐，当条件适当时，它们凝聚影响液体的表面张力，使氢气泡在阴极表面停留；

（3）阴极表面有油污或其他污垢，也会造成氢气附着。

针对以上分析，为避免产生针孔，可采取以下措施：电镀前钢丝基体严格清洗除油，防止将油污带入镀液；电镀所用容器、砂槽、支架等严格清洗；定期添加十二烷基硫酸钠，降低溶液的表面张力，使氢气泡不易在阴极表面停留。

7.7 发展趋势

金刚石线锯是一种相对较新的技术，在国外已经进行了比较深入的研究，而国内在这一方面的研究还处在起步阶段。近十几年来得到了快速发展，在硬脆材料加工领域的应用日益广泛，已成为研究的重点。

（1）拓展基体：研究电镀金刚石线锯用的基体，主要是钢丝基体，对其他基体的研究比较少，基体材料比较单一，因此进一步拓展电镀金刚石线锯用的基体将成为研究方向之一。

（2）使用寿命增长：由于目前常用的电镀金刚石线锯的使用寿命还不能尽如人意，进一步增强结合剂对金刚石的把持力，开发更加持久、耐用的电镀金刚石线锯将成为研究方向之一。

（3）大直径化：由于半导体工业中硅材料等向大直径化方向发展，以及磁性材料也向大尺寸方向发展，所以金刚石线锯割机也趋向大型化。

（4）电镀技术的加强：常用的制备电镀金刚石线锯的电镀技术需要时间较长，进一步加强电镀技术的研究，缩短制备周期和降低制造成本也将成为研究方向之一。

（5）模型化：由于对金刚石线锯的基本机理的认识还较浅，尤其是微观切削机理、表面质量控制、锯丝失效等方面的理论尚不成熟，还没有一个完善的模型可实际应用于金刚石线锯的仿真、设计和工艺控制，因此这也是一个研究的重点方向。

参考文献

[1] 向波，等．电镀金刚石线锯的研究现状[J]．材料导报，2007，21(8)：25～28.

[2] 高玉飞，等．电镀金刚石线锯制造及切割技术研究[J]．制造技术与机床，2007(10)：89～91.

[3] 千叶康雅，等．电镀金刚石线切工具高速生产[J]．超硬材料与宝石，2003(4)：36～40.

[4] 吴海洋．固结金刚石线锯的复合电镀工艺研究[D]．大连理工大学硕士学位论文，2007，1.

[5] 高伟，等．环形电镀金刚石线锯的研制[J]．工具技术，2003，37(3)：19～21.

[6] 高伟，等．环形电镀金刚石线锯对花岗石锯切机理的研究[J]．工艺与工艺装备，2005(5)：73～75.

[7] 高伟，等．环形电镀金刚石线锯锯切工艺参数的试验研究[J]．工具技术，2004，38(10)：37～39.

[8] 高伟，等．环形电镀金刚石线锯锯切工艺参数的优化[J]．金刚石与磨料磨具工程，2005(6)：54～56.

[9] 高伟，等．环形电镀金刚石线锯锯切工艺参数的正交试验研究[J]．机械设计与制造，2006(4)：91～92.

[10] 刘绪鹏．金刚石线锯的复合电镀法制备及其性能研究[D]．大连理工大学硕士学位论文，2008，12.

[11] 孟剑峰，等．锯切力作用下电镀金刚石线锯随机振动研究[J]．中国机械工程 2005，16(24)：2231～2233.

[12] 周锐．环形电镀金刚石线锯在陶瓷材料切割中的应用[D]．山东大学硕士学位论文，2005，5.

[13] 孟剑峰，等．硬脆材料的环形电镀金刚石线锯加工试验研究[J]．金刚石与磨料磨具工程，2007(3)：56～59.

[14] 高玉飞，等．用复合电镀法制造电镀金刚石锯丝的实验研究[J]．金刚石与磨料磨具工程，2007(6)：34～37.

[15] 高伟，等．用复合电镀法制造环形电镀金刚石线锯[J]．金刚石与磨料磨具工程，2004(2)：48～51.

[16] 中川平三郎，等．用金刚石线锯高速高精度切割加工天然大理石[J]．超硬材料与工程，2006，18(6)：42～47.

（中南大学：张绍和，吴晶晶）

8 金刚石有序排列锯片

8.1 概述

8.1.1 金刚石有序排列的优势

在常规金刚石锯片中，金刚石在金属胎体中是随机、无序排列的，因此金刚石在刀头中容易产生偏析与聚集。在金刚石富集区，金刚石浓度高，单颗金刚石锯切力小，而易被抛光与磨损，同时易于堵塞与阻碍岩屑的排除，致使锯切效率下降；在金刚石稀少区，由于单颗金刚石承受工作负荷过大，冲击力大，金刚石易于碎裂与脱落。因此，金刚石无序排列的锯片存在锯切效率低、工具寿命短和锯切效率与寿命相互矛盾的问题。

近年来在金刚石工具行业中，推出了刀头金刚石有序排列的设计与工艺，可在金刚石刀头生产中以最优间距均匀排布金刚石。试验数据表明有序排布能够同时提高金刚石锯片的锋利性与寿命，并且降低了金刚石浓度，节约了成本。图 1-8-1 中的 a 和 b 分别是金刚石随机分布刀头和金刚石有序排列刀头的照片。

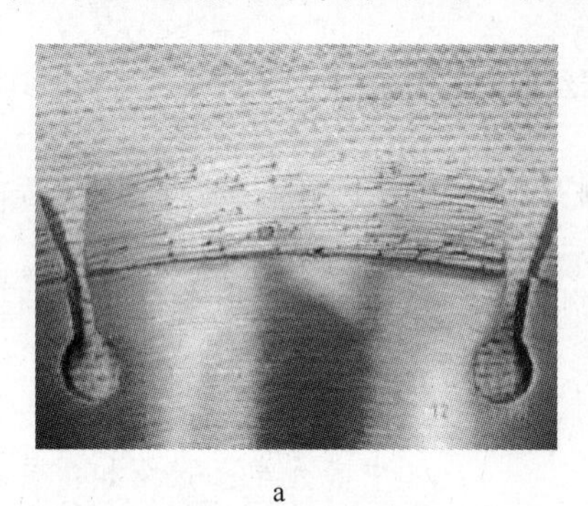

a

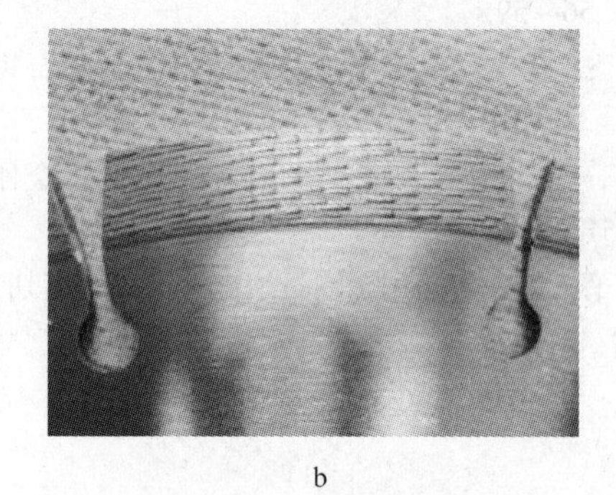

b

图 1-8-1 金刚石随机分布刀头和金刚石有序排列刀头的照片
a—金刚石随机分布刀头；b—金刚石有序排列刀头

金刚石工具的性能取决于多种因素，所使用金刚石的特性，即金刚石的粒度、强度和结构是最关键的因素之一。金刚石工具的寿命、功率消耗与锯切效率最终取决于所有金刚石在工具表面（刀头中）的综合作用，包括金刚石在刀头中的粒度、浓度、金刚石凸出高度，金刚石之间的距离及其排列组合等。金刚石均匀分布有序排列与其他参数的关系及对金刚石工具性能的影响，可用图 1-8-2 综合表示。

由图 1-8-2 可见，当金刚石处于随机分布无序排列时，金刚石在 a 处过于密集，金刚石间距过小。金刚石主要处于磨平，抛光阶段，每颗金刚石切割力小，锯切寿命长，锯切效率（速度）低。当金刚石在 c 处发生偏析，金刚石间距过大，每颗金刚石承受荷载大，切割力大，排渣空隙畅通，锯切效率高，速度快。但金刚石易于剥落与碎裂，胎体磨损快，寿命短。锯片效率与寿命的关系如图 1-8-3 所示。

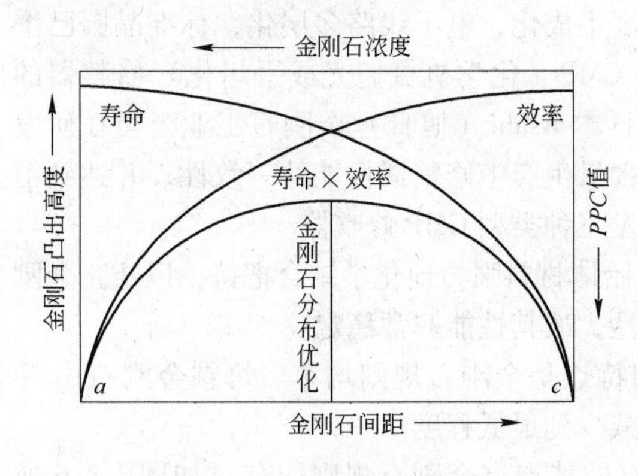

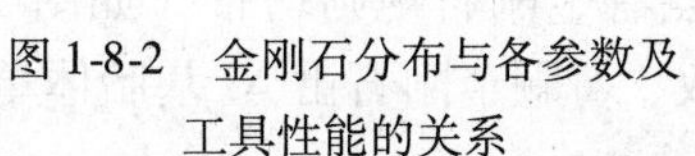

图 1-8-2 金刚石分布与各参数及工具性能的关系

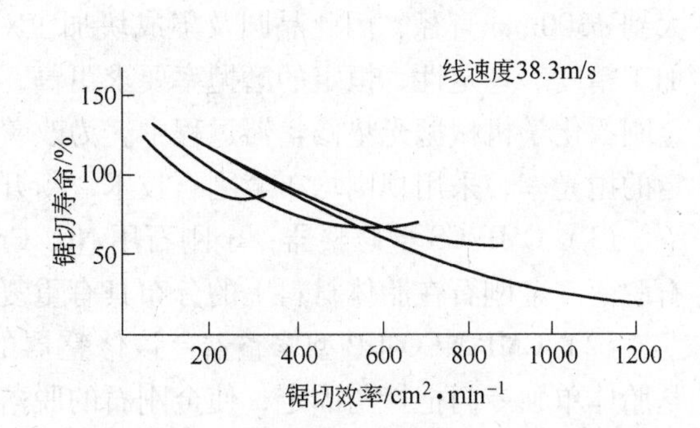

图 1-8-3 金刚石随机分布无序排列时锯片寿命与效率的关系

当实现金刚石均匀分布有序排列时，金刚石间距可根据锯切对象与锯切条件不同实现最优化，此时金刚石可有效利用，发挥切割的作用，并能充分排屑与冲洗冷却，可以实现既提高锯切效率，又提高锯片寿命的优化目的。

锯片表面金刚石的锯切效率取决于金刚石间距的分布与单个金刚石的磨损状况。研究表明，有序排列锯片金刚石平均间距为 4mm，金刚石为 40/50 目，浓度为 1.1ct/cm^3。经过锯切后，有序排列锯片 85% 金刚石的间距为 2.7mm，而普通锯片仅为 60%，如图 1-8-4 所示。此时有序排列锯片的锯切时间与锯切力显著改善。金刚石含量的增加，对切割荷载影响不大，但锯切时间显著延长，结果使得锯片寿命与效率明显改善与提高。

8.1.2 金刚石有序排列技术的应用

有序排列技术在国内外已经有一些应用成果，该技术的相关研究成果如下所述。

8.1.2.1 有序排列在精密磨削上的应用

美国和日本的 Noritake 公司在研制单层钎焊金刚石磨轮用于精密磨削加工时，采用了金刚石均匀分布成有序排列技术（如图 1-8-5 所示）。试验表明：其工件表面粗糙度明显改善，同时主轴转速越高，其磨削力越小。

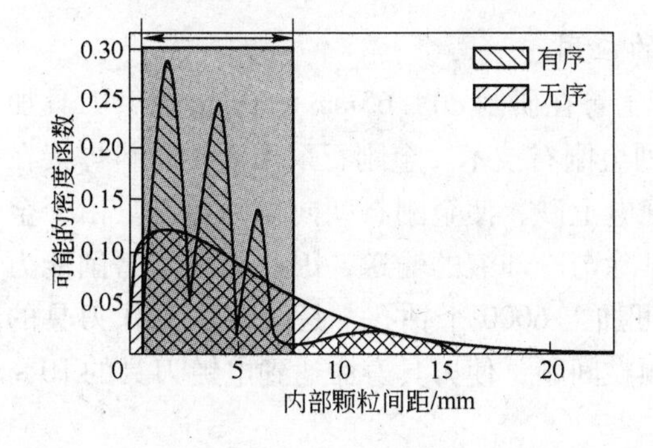

图 1-8-4 无序排列与有序排列锯片金刚石分布对比

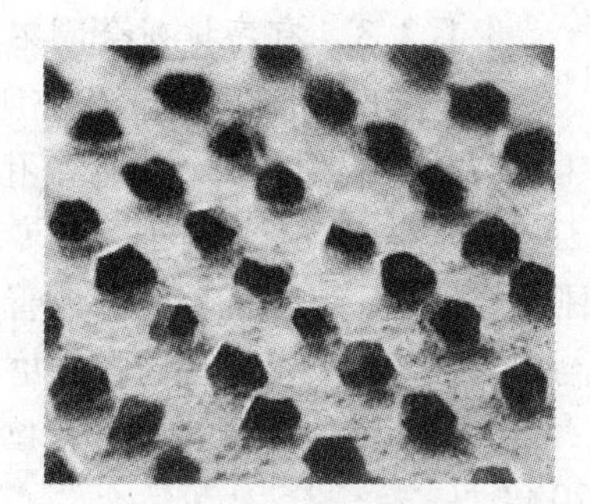

图 1-8-5 钎焊金刚石磨轮上金刚石有序排列

8.1.2.2 金刚石有序排列在CMP（化学机械抛光）修整器上的应用

随着信息产业的快速发展，半导体器件高度集成化，电子线路多层化，标准晶圆已增大到ϕ300mm直径，因此晶圆及集成块加工对CMP（化学机械抛光或平坦化）修整器的加工精度、稳定性、恒定的磨抛率要求更高。日本Asahi（旭日）金刚石工业公司在研发金刚石化学机械抛光垫修整器过程中，为改善批量生产中修整器性能的一致性，并达到恒定的抛光率，采用规则均布金刚石技术，新开发三种类型CMP修整器。

（1）CMP-CS型修整器：金刚石用Ni、Cr胎体材料强力地化学结合把持，以防止金刚石脱落。金刚石在胎体材料上的分布具有重复性，故其性能非常稳定。

（2）CMP-NEO-UP型修整器：该修整器的特点是金刚石规则均布。每颗金刚石由Ni基胎体单独专门把持与固定，使金刚石的脱落减少到最低程度。

（3）CMP-NEO-U型修整器：该修整器具有的特点有金刚石规则均布（如图1-8-6所示）、金刚石凸露高度可控、金刚石刃端定向排列一致、每颗金刚石由Ni基胎体单独专门把持与固定。

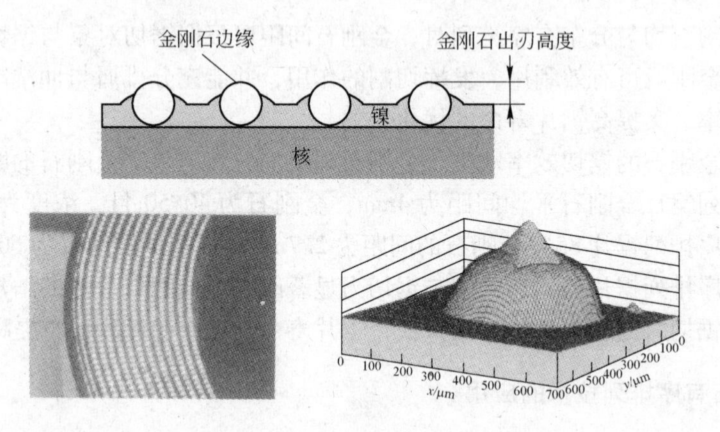

图1-8-6 CMP-NEO-U型修整器金刚石规则均布

CMP-NEO-U型修整器在生产中与CMP-M型修整器对比使用表明：CMP-NEO-U型修整器抛光性能更为恒定一致，其使用寿命为CMP-M型修整器的两倍，使用中不产生任何划痕。一直到工具寿命终了，金刚石有效工作率达80%，而CMP-M型修整器金刚石有效工作率仅为10%。

8.1.2.3 有序排列金刚石在搪磨刀具上的应用

瑞士ETH机床与加工研究所G. Burkhard博士等在研制ϕ11.65mm×50mm搪磨刀具加工16MnCr5材质的齿轮中心盲孔时采用有序排列金刚石技术。金刚石采用活性材料焊接在刀具上，金刚石有序排列采用专利技术，并用静电上砂、使金刚石朝向得以控制。由于金刚石凸出高，颗粒间隙大，改善了金属磨屑的排除与冷却液的输送，因此提高了磨削能力与刀具寿命。初期试验阶段搪磨刀具寿命最多可加工6000个钻孔，是电镀法制作刀具的六倍，优化阶段，选择了大颗粒金刚石和较小颗粒间距，使刀具寿命达到电镀刀具的10～20倍。

8.1.2.4 金刚石有序排列在多层金刚石刀头中的应用

从2001年开始韩国Shinhan金刚石工业公司集中10个研究人员耗资200万元于2004

年12月宣布完成了ARIX金刚石自动排布系统的研制，可在金刚石刀头生产中自动以最优间距均匀排布金刚石，克服了常规刀头生产中金刚石随机无序排列导致锯片锯切效率低寿命短的难关。

ARIX自动排列系统使用户寻求长寿命工具和快速锯切能力要求得以最优化，克服了金刚石寿命与其锯切速度相互矛盾的问题。因为常规金刚石刀头锯片，金刚石在刀头中是随机分布的。在锯切过程中每颗金刚石不承受相同的切割力。金刚石过于密集处，领头的金刚石将做过大的功，后继的金刚石则不完全参与做功，这导致领先的金刚石易于破碎与脱落，进而在金刚石之间留下大的间隙空间，胎体暴露并易于磨损。整个导致工具寿命较低，锯切速度降低。

ARIX工艺可使刀头生产时其内部金刚石的间距得到优化并100%得到控制。使金刚石锯切效率提高到最大程度。由于刀头中金刚石的均匀分布，结果使锯片寿命和锯切速度两者都明显得以提高，对比试切结果见表1-8-1。

表1-8-1 Shinhan公司金刚石有序排列锯片与普通锯片对比试切结果

锯片直径/mm	$\phi250$	$\phi1600$	$\phi500$
锯切对象	花岗岩（3级）	花岗岩（3级）	钢筋养护混凝土
锯切目的	裁板	锯板	切马路
锯机功率/hp	20	50	65
转速/$r\cdot min^{-1}$	2150	360	1750
线速度/$m\cdot s^{-1}$	28	30	45
推进速度/$m\cdot min^{-1}$	2，3	6	4
切深/mm	30	2	140
寿命提高/%	20	100	40
效率提高/%	良好	良好	60~90

注：1hp=745.7W。

ARIX自动排布系统使金刚石均布刀头生产进入批量生产阶段，1个工人每天可生产170片锯片，每月可生产50000个刀头。增加设备后可进一步提高产量，使ARIX工艺进入产业化。

8.1.2.5 金刚石有序排列在钎焊绳锯、刀头与排锯上的应用

我国台湾中国砂轮公司宋健民博士首先将金刚石有序排列应用于钎焊刀头、排锯与绳锯上。他将有序排列称为钻石阵（Diamond Grid）。该公司根据宋健民博士的专利研制出钻石阵锯齿，这种锯齿内的钻石在三度空间内排列，因此可彻底解决钻石工具业长年挥之不去的钻石分布问题。后将有序排列应用于排锯，切割以前无法锯切的硬质花岗岩，结果显示这种新型锯齿可以1mm/min的速度锯切，比传统的铁砂拉锯快三倍。每克拉钻石锯切的面积更高达$1m^2$，接近圆锯的寿命。我国台湾中国砂轮公司将有序排列钻石阵技术用于研制钎焊绳锯，每颗串珠金刚石用量由0.5ct，减少到0.1ct，节约了金刚石。在世界各地锯切花岗岩，蛇纹岩与大理石表明，绳锯的下切速度比常规串珠快约两倍，而其功率消耗只有后者的1/3。

8.1.2.6 有序排列在钎焊砂盘中的应用

南京航空航天大学也在钎焊工具有序分布方面做了大量的研究工作。谢国治在其博士

论文中介绍了一种单层钎焊砂盘的制造。此种砂盘所用的磨粒为硬质合金，采用的是炉中钎焊的方法。当然，由于硬质合金和金刚石几何形状上大的差异，两者实现均匀分布的方法还是有很大的区别。该方法对金刚石砂轮中的金刚石有序排列也做了一些尝试性试验，提出了两种有序分布的预想：

（1）借鉴激光快速成形技术，激光器以一定扫描速度对预先随机排列在砂轮表面结合剂上的磨粒按给定的地貌要求进行扫描，通过控制激光强度，脉冲周期和光斑直径，保证一定的钎焊温度和时间，这样被激光扫描到的磨粒就按照地貌要求有序地焊到砂轮基体上，把未被激光扫描到的磨粒去掉后，就得到了所希望的具有相对有序地貌的钎焊超硬磨料砂轮。

（2）有序阵列方法。制造直径比超硬磨粒稍大，高度和超硬磨粒等高的一些整体钢圆柱。钎焊超硬磨料砂轮时，基体上先固定一层钎焊金刚石的钎料（焊或胶结），然后在钎料上固定一层石蜡（如果考虑真空钎焊，可以采用软金属层）。石蜡的高度和超硬磨粒的高度相同，用机械力将钢柱压入石蜡，形成比超硬磨料稍大的孔洞，有规则的调整钢柱位置（钢柱或基体步进），可以在基体上得到不同密度的孔洞，将超硬磨料刷过基体，没有掉入孔洞的磨料将被刷走，而掉入孔洞的磨料就形成了有序排列，如图1-8-7所示。

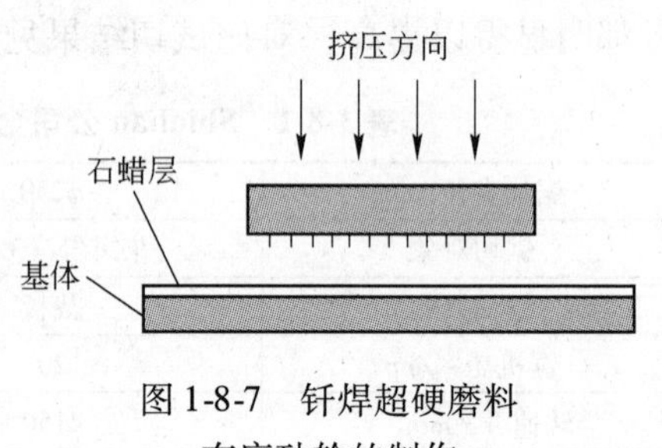

图1-8-7 钎焊超硬磨料有序砂轮的制作

8.2 制作工艺

8.2.1 实现金刚石在刀头中有序排列的方法

实现金刚石在刀头中有序排列的方法主要有以下几种。

8.2.1.1 模板法

如图1-8-8所示，该法的第一步：将胎体粉末混合均匀，加上适当的有机黏结剂和溶剂等，通过滚压方法做成薄层100，按金刚石分布与排列做成模板110，其孔径114必大于单颗金刚石尺寸，小于两颗金刚石尺寸，保证具有一颗金刚石进入模孔中，模板厚度为金刚石平均粒径1/3～2/3。第二步：将金刚石20布于模板上，并用钢制平板120将金刚石通过模板110的孔114压入胎体上。第三步：移去模板上多余金刚石，并将模板移去，用钢平板将金刚石压入胎体薄层100中。第四步：重复上述步骤与方法，将金刚石压入另一面。然后用多层压有金刚石薄层组合成刀头，再装入石墨模具中烧结成刀头。该法可准确将金刚石按要求均布与排列，但效率低，需要人工操作，因此大批量生产、产业化有困难。

8.2.1.2 点胶法

点胶布料法装置如图1-8-9所示。该装置由一个胶水贮槽和一个微计量头构成。微计量头由压电驱动器、热敏电阻、加热线圈及电源组成，另有一个计量调控装置。将胶水由胶水贮槽，经进料管进入微计量器，当施加一个电压脉冲，压电驱动器即会收缩，从而排出一个胶滴，其最大排出频率为2000Hz，喷嘴直径最大为40μm，加热器则可把黏度较大的胶水计量配料。根据工件位置，点胶器的运动，可在工件上均匀有序排列点胶，然后将金刚石撒布在胶滴上，构成金刚石均匀排列。

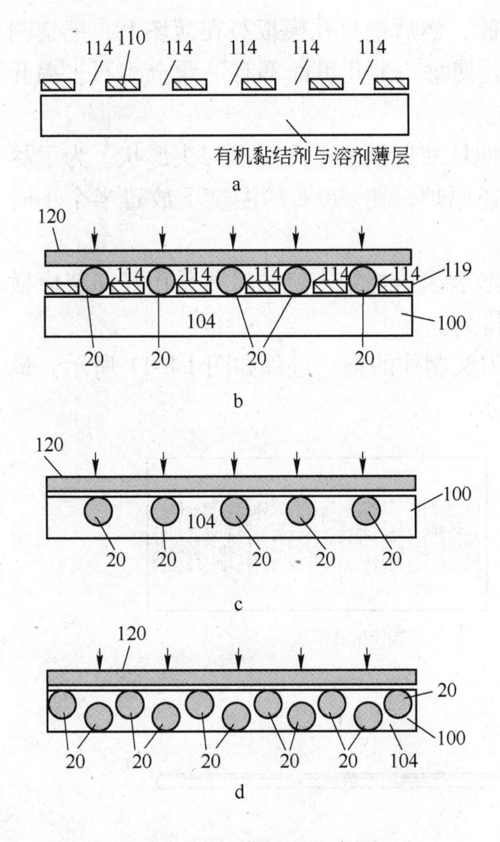

图 1-8-8 模板法示意图

a—第一步；b—第二步；c—第三步；d—第四步

8.2.1.3 ARIX 自动排布系统

ARIX 自动排布系统由韩国新韩公司开发。该公司自 2001 年攻关，至 2003 年 6 月能成功地在刀头中均匀有序排列金刚石，但生产效率满足不了要求。经过一年的集中努力，于 2004 年 12 月宣布完成 ARIX 自动排布系统，它可 100% 地控制刀头中内部金刚石的间距，并能自动生产，每月可生产 50000 个刀头。

随着金刚石工具行业的进步，金刚石在刀头中有序排列的优越性已被人们所认识，也出现了一些有序排列的工艺技术，但大都生产效率低，不适合大批量生产。因此，如何实现刀头中金刚石有序排列的产业化是研究的重点。

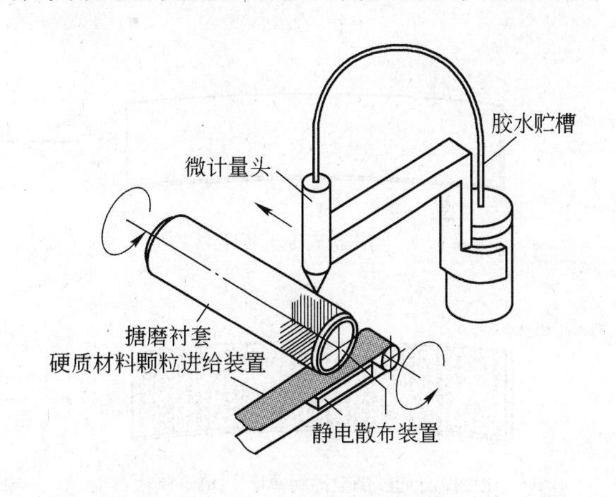

图 1-8-9 点胶布料法装置

8.2.2 有序排列金刚石锯片制作流程

作者研究成功的一种有序排列锯片的制作工艺方法，其具体制作步骤如下：

（1）金刚石在粉末中是不能有序排布的，所以要先把胎体粉末冷压成片状的薄坯，然后再把金刚石布置在薄坯上。一个刀头中薄坯的层数根据设计的金刚石层数来计算（薄坯的层数 = 金刚石的层数 - 1）。每层薄坯所用的粉料量 = 刀头总重量/薄坯层数。每层金刚石与薄坯的排列如图 1-8-10 所示。

（2）按照设计的金刚石排布方式，用中小功率 YAG 固体激光器，在紫铜板上打孔。所选择的紫铜板的厚度要比金刚石的平均直径略大，大约为 0.5mm 左右，以保证金刚石能够完全掉进孔洞。打孔的大小应该大于金刚石平均直径的 1 倍，小于平均直径的 2 倍，以保证每个孔洞里都能进入一颗金刚石，而不能容纳两颗金刚石。

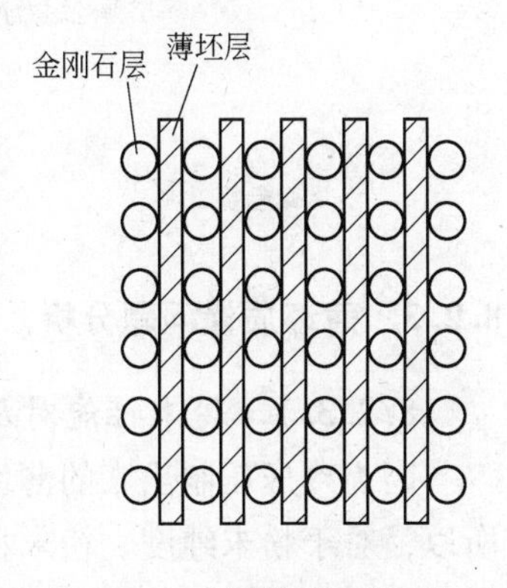

图 1-8-10 金刚石与薄坯的排列顺序

（3）在胎体薄坯上喷洒薄薄一层特殊的压敏胶，然后把打孔模板覆在薄坯上，把金刚石撒在铜板上，用一种特殊的软毛刷子扫金刚石，使每一个孔里面都有一颗金刚石。揭开打孔模板，金刚石即在胎体上形成了有序排列。

（4）把多层带金刚石的薄坯组合在一起，用四柱液压机手工冷压成刀头形状。为了尽量排除掉喷洒的压敏胶，把冷压成型的刀头放入还原炉，在400℃的温度下放置半个小时左右，使胶水充分挥发。

（5）还原炉出来的刀头和压制好的过渡层一起装模、烧结。烧结时要采用竖向装模横向加压，以保证烧结出来后，金刚石仍然成有序排列。

（6）拆模、磨弧、激光焊接、开刃、修整。刀头制作的整个过程如图1-8-11所示。最后制作出来的有序排布金刚石刀头如图1-8-12所示。

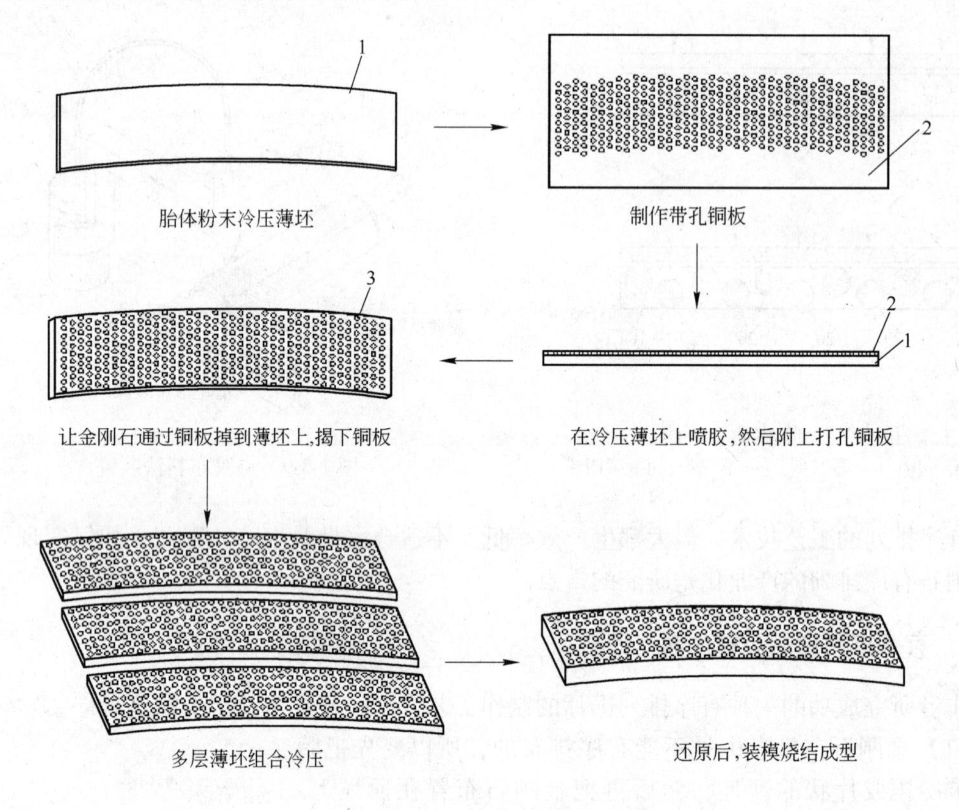

图1-8-11 有序排列刀头制作示意图

1—冷压薄坯；2—打孔铜板；3—金刚石

8.2.3 薄坯质量问题分析

8.2.3.1 粉末性能对压制质量的影响

因为冷压压制出来的薄坯厚度要求在1mm左右，压制难度较大，容易产生压制废坯。所以，对于粉末纯度、粉末粒度及粒度组成、粉末颗粒形状等影响压制性能的因素都有一定的要求。

一般来说，粉末的纯度越高，压制越容易进行。由于杂质大多数以氧化物形态存在，

图 1-8-12　有序排列金刚石刀头

而金属氧化物粉末是硬而脆的，而且存在于金属粉末的表面，压制时使得粉末的压制阻力增加，压制性能变坏，并且使压坯的弹性后效增大。为了保证合格的压坯，一般要求粉末的氧含量在规定范围内。

粉末的粒度及粒度组成不同时，在压制过程中的行为就不一致。制作有序排布锯片的胎体粉末都要求制粒。制粒之后的胎体粉末具有良好的流动性，成型性也能得到很大的改善。但是即便如此，某些粒度过大的粉末或是预合金粉末仍然很难成型。

粉末颗粒形状对压制过程和压坯质量的影响具体反映在其充填性能和压制性能等方面。尽管制粒、筛分之后，粉末充填的均匀性和完全性都可以保证，但是粉料的压制性能还是会受颗粒形状的影响。不规则形状的粉末在压制过程中，其接触面积比规则粉末大，压坯强度高，所以成型性好。例如，电解粉末的成型性比还原法、雾化粉末为佳。

8.2.3.2　压制废品的分析

在薄坯压制过程中，常出现分层、裂纹、掉边掉角、密度不均匀、翘曲等质量问题。

分层指的是沿压坯的棱边向内部发展的裂纹，并且大约与受压面呈45°角的整齐界面。分层主要是弹性后效引起的，因此，压制压力过高时，容易产生分层。因为压制压力过高，压坯密度就过高，其弹性后效就明显增大。

裂纹一般是不规则的，并且无整齐的界面。裂纹没有严格的方向性，同时，裂纹可以是明显的，也可以是显微的，甚至是难以被发现的隐裂纹。裂纹是由于弹性后效不均匀，产生应力集中引起的。

掉边掉角主要原因是压坯强度和密度不够。一切提高压坯强度和密度的措施都有利于防止掉边掉角。

薄坯压制使用的是容积法加料的机械。在压制薄坯前，把粉料先制粒，然后筛分成不同的粒度范围，分批次压制就可以有效解决密度不均匀的问题。

薄坯压制中，最容易产生的问题是整体变形翘曲。薄坯翘曲严重影响了后续金刚石铺排工艺。翘曲也是由弹性后效不均匀引起的。因为压坯压制得比较紧密，所以不会发生局部裂纹的现象，而是压坯整体变形。模具和压头的尺寸配合一定要合适，配合间隙过大或过小都容易引起翘曲变形。

8.2.3.3　其他工序注意事项

A　组合冷压注意事项

金刚石有序排列在薄坯上之后，要根据设计方式组合带有金刚石的薄坯，冷压成型。冷压使用的是四柱式液压机，冷压模具示意图如图 1-8-13 所示。设计加工冷压模具时，要充分考虑到模腔的间隙大小。过大或过小都是不适宜的，过小会在装模时损伤薄坯，过大的话，薄坯在模腔中有活动余地，容易造成多块薄坯不能整齐堆积，薄

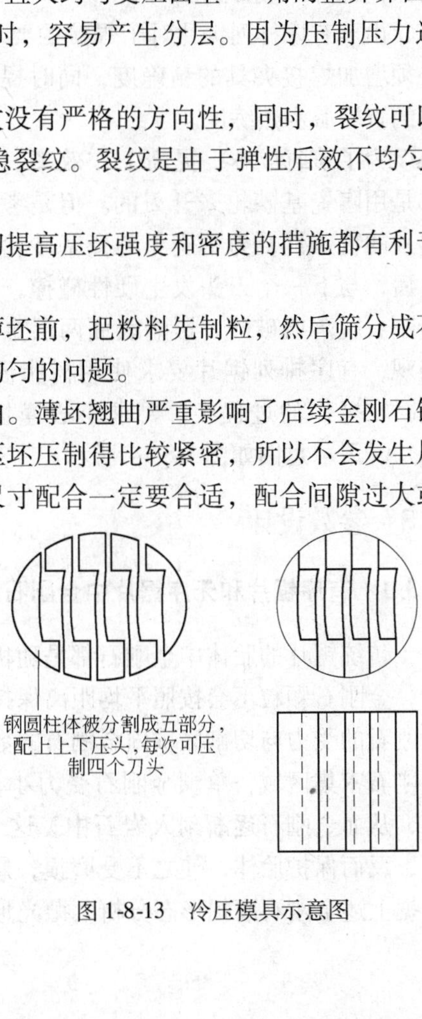

钢圆柱体被分割成五部分，
配上上下压头，每次可压
制四个刀头

图 1-8-13　冷压模具示意图

坯之间错开，从而使得边角或端部密度不够，从而影响下道工序或刀头质量。另外，在组合冷压过程中要注意轻拿轻放，以免碰伤薄坯或碰掉金刚石。

B　烧结注意事项

薄坯组合冷压成刀头形状后，就要进入烧结工序。高频焊接的有序锯片刀头可以直接烧结，但是激光焊接的有序锯片刀头要和过渡层一起烧结。为了保证装模方便和烧结过程中金刚石的有序排列不被破坏，采取了竖向装模，横向加压烧结的方式。刀头烧结出来后，刀头厚度误差为 0 ~ +0.3mm。刀头两端厚度差不大于 0.15mm，刀头硬度的误差为 ±5HRB。

C　焊接和开刃注意事项

焊接前，对于有序排列刀头厚度的分类要比普通刀头更严格。因为有序排列刀头的表面是两层金刚石，如果同一片锯片的刀头厚度不一的话，在开刃过程中，砂轮稍微进尺，厚刀头表面的金刚石就被开出来了，而薄的刀头还没有被开到。如果要开到薄的刀头，砂轮就要继续进尺，与厚刀头上的金刚石层相互磨损，这样不仅浪费砂轮，还会使厚刀头上的金刚石层开得太过，影响美观，甚至影响使用效果。

焊接过程中，对于刀头焊接的对称度、扭度、倾斜度的要求都比普通刀头要高。其原因和上述必须控制刀头厚度的原因是相同的，也是为了避免开刃时，部分位置开得太过，而其他地方未被开到。

由于有序排列锯片对于焊接的要求很高，因此，必须增加焊接夹具的精确度，同时提高焊接操作人员的责任心和熟练度。

为了节省成本，提高工作效率，普通锯片一般都是用陶瓷基砂轮来开刃的。但是考虑到有序排列锯片的特殊性，为了避免陶瓷基砂轮在经过锯片水口后，与下一个刀头发生硬性碰撞，使紧挨水口的金刚石脱落或破碎，影响表面两层金刚石的完整和美观，有序排列锯片要求使用树脂砂轮进行开刃。同时在操作的过程中，要求小心谨慎，缓慢进尺。锯片开刃示意图如图 1-8-14 所示。

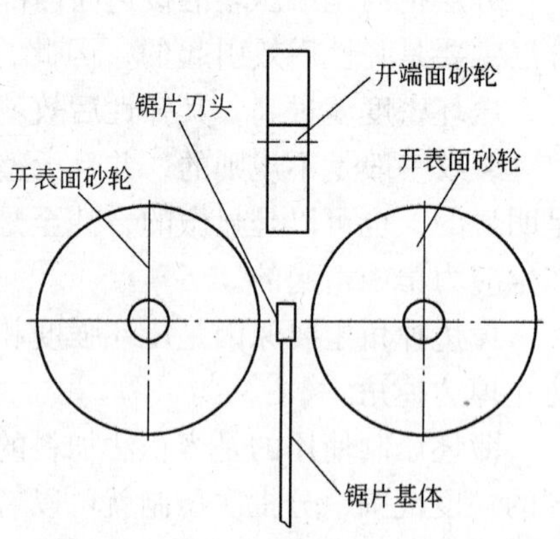

图 1-8-14　锯片开刃示意图

8.3　参数设计

8.3.1　有序锯片和无序锯片中金刚石磨损的差异分析

传统锯片的胎体中金刚石都是随机分布的，也即金刚石在刀头切割端面上是无序排列的，金刚石颗粒不会按照平均距离保持其内部间距。在锯片高速旋转切割的过程中，单颗金刚石的受力与切割区域内金刚石的数量是密切相关的。如果金刚石分布不均匀，那么在金刚石密集区域，单颗金刚石受力小，不能有效地压入岩石表面，使岩石表面产生微破碎，从而金刚石逐渐刻入岩石中。这个区域的金刚石容易被抛光，这样不但不能破碎岩石，反而保护胎体，使之不受磨损，影响锯片的自锐，导致下一层金刚石不能及时出刃。根据上述金刚石磨损形态分析，抛光形态金刚石颗粒占总金刚石颗粒数的百分比越大，则工具的耐磨损性能就越高，但是工具的锋利度就越差，这样工具的性能会逐渐钝化。而在金刚石稀少的区域，每颗金刚石承受的力过大。特别是在金刚石稀少区，由于前后两颗金刚石的间距很大，金刚石由空转状态进入工作状态的瞬间，金刚石所受的冲击力很大。大的冲击力会破坏胎体对金刚石的包镶，使金刚石脱落。如果金刚石的抗冲击强度不够，大的冲击力会使金刚石产生整体破碎。这两种情况都会影响金刚石锯片的使用性能。金刚石的脱落率过高的话，锯片的锋利度就很差，甚至会出现打火花，切不动的情况。大量金刚石在冲击下破碎的话，这些金刚石的利用率就相当低下，从而导致锯片整体寿命不够。

如果金刚石颗粒在刀头胎体中都是有序排列的，那么前后两颗金刚石的间距都是相当的，锯片切割的任何时刻，处于切割区域的金刚石数量都是相等的。这样，在切割过程中每颗金刚石承担的切割力都是相同的，在由空转进入工作状态的瞬间，所承受的冲击力也是相同的。那就可以根据锯片在切割中受的总的切割力，以及金刚石的抗压强度、抗冲击强度、岩石的硬度和耐磨性等来计算金刚石所能承受的最大力。从而得出一个合理的间距以及切割区域应该达到的金刚石颗粒数，使每颗金刚石都能发挥其最大功效，提高锯片的锋利性和寿命。

8.3.2　切割过程力学分析

8.3.2.1　锯片整体受力分析

锯片锯切岩石的过程是锯片对岩石不断磨削的过程，锯片除了受到主轴传入的扭矩的作用外，还要承受锯切弧区内岩石对锯片的作用力。该作用力的大小将影响锯片节块上金刚石的使用寿命、锯片基体和机台刚性以及主电机消耗的功率，从而最终决定锯切加工质量和成本。

图 1-8-15 为锯片锯切岩石时的受力分析示意图。按切割方向有顺切和逆切两种情况，顺切指锯片旋转方向与工件进给方向一致，逆切则表示锯片旋转方向与工件进给方向相反，一般采用顺切，图中所示为顺切时锯片受力图。F_h 为锯片水平受力，F_w 为锯片垂直受力。然而真正有意义的是锯片在锯切弧区内所受切向力 F_t 及法向力 F_n，如图 1-8-15 所示，F_h 和 F_w 的合力等于 F_t 和 F_n 的合力。由于切割对象的矿物组成很不均匀，且锯片节块工作面上金刚石刃部形貌区别较大，锯切力是随机变化的，很难用公式来表达，因此，对于锯切力的求解，人们一般采用实验的方法。

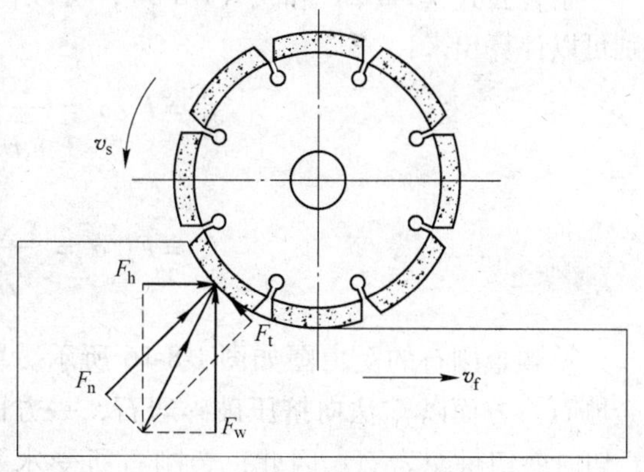

图 1-8-15　锯片受力分析示意图

首先用受力传感器测出锯片锯切过程中垂直方向及水平方向所受作用力 F_w 和 F_h。再由切机读出锯片空转时的电流值 I_0 及锯片工作时的稳定电流值 I_1，则锯片锯切过程中消耗的功率 P 为：

$$P = U \cdot (I_1 - I_0) \tag{1-8-1}$$

式中 P——锯片工作过程中消耗的功率；

U——工作电压，一般 $U=380\text{V}$；

I_1——锯片工作时电机的稳定电流值；

I_0——锯片空转电流。

已知锯片旋转速度为 v_s，由此可求得锯片所受切向力 F_t 和法向力 F_n 分别为：

$$F_t = P/v_s \tag{1-8-2}$$

$$F_n = (F_w^2 + F_h^2 - F_t^2)^{\frac{1}{2}} \tag{1-8-3}$$

试验研究发现，切向力 F_t 一般只有法向力 F_n 的0.20~0.25甚至更小。

8.3.2.2 有序排列锯片单颗金刚石受力分析

无序排列锯片中，由于金刚石是随机分布的，所以在锯片运动过程中，处于切割区域的金刚石颗粒数是不一定的。因此，每颗金刚石的受力也无法计算。而有序排列金刚石锯片中，单颗金刚石的受力是可以计算出来的。

假设锯片的切割深度为 h，则锯片处于切割区域的弧长 l 为：

$$l = r \times \arccos\frac{r-h}{r}$$

若端面上金刚石的横向间距为 x，金刚石的层数为 n，且各层间的金刚石分布情况相同时，则处于切割区域的金刚石的颗粒数 a 为：

$$a = \frac{l}{x} \times n = \frac{rn}{x} \times \arccos\frac{r-h}{r}$$

结合公式（1-8-2）和式（1-8-3），可以得出单颗金刚石所受切向力 f_t 和法向力 f_n 分别可以计算出来：

$$f_t = F_t/a = \frac{px}{v_s rn\arccos\frac{r-h}{r}} \tag{1-8-4}$$

$$f_n = F_n/a = \frac{x\sqrt{F_w^2 + F_h^2 - F_t^2}}{rn\arccos\frac{r-h}{r}} \tag{1-8-5}$$

单颗金刚石的受力图如图1-8-16所示。单颗金刚石一方面以 f_n 法向挤压破碎岩石，一方面以 f_t 切向剪切耕犁岩石。因此，金刚石所受水平切削力应包括两个部分：一个是剪切岩石时岩石给予金刚石切削刃的抵抗力 f_τ，一个是金刚石切削刃底面与岩石表面的摩擦力 f_0，即有 $f_t = f_\tau + f_0$，而 f_τ 等于岩石的抗压强度，$f_0 = \mu \cdot f_n$，μ 为金刚石与岩石之间的摩擦系数。用 f 表示胎体对金刚石的包镶强度，因正压力 f_n 与切向力 f_t 都是由胎体传递给金刚石的，因而 f 是合力，用 f_n' 表示正压力 f_n 的反作用力，则有矢量 $\boldsymbol{f}$ = 矢量 $\boldsymbol{f_n'}$ + 矢量 $\boldsymbol{f_\tau}$

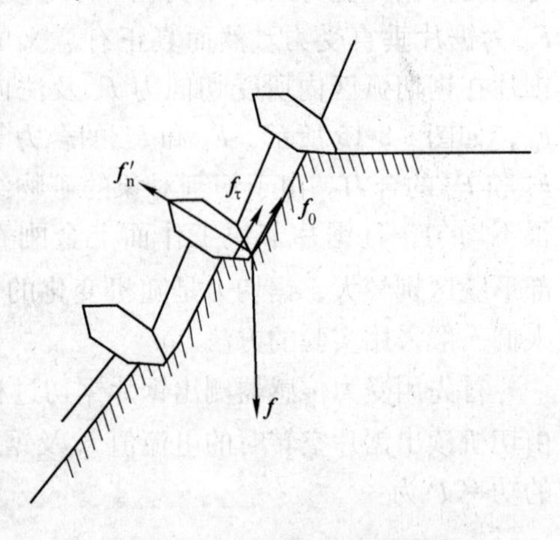

图1-8-16 单颗金刚石受力图

+矢量 $\boldsymbol{f}_0$。有关文献研究了单颗金刚石在锯切花岗岩过程中的能量消耗形式，得出花岗岩的断裂能及岩屑的飞出动能都相对较小，金刚石破碎花岗岩的能量主要消耗在与岩石表面的摩擦上，因此，切向力 $\boldsymbol{f}_t$ 主要受到金刚石与岩石之间的摩擦力 $\boldsymbol{f}_0$ 的影响。而金刚石与岩石的摩擦力主要与金刚石的切削刃形状、法向压力大小以及润滑条件等因素有关，因此，走刀速度相同条件下，法向压力即相同，那么金刚石切削刃越尖锐、润滑条件越好，金刚石与岩石之间的摩擦作用力也越小，锯片功耗也就越小，则锯片锋利度越好。

8.3.3　有序排列锯片排布参数的设计

由前面的分析可以看出切割端面上，前后两颗金刚石的间距对于整个切割过程来说，是一个相当重要的参数。金刚石有序排列锯片中的横向间距即是切割端面上前后两颗金刚石的间距，而另一个重要参数纵向间距，指的是前一层金刚石和后一层金刚石之间的间距。两个重要参数的示意图如图 1-8-17 所示。

8.3.3.1　横向间距对切屑厚度的影响

根据运动学知识，锯片中金刚石的运动可以看作是由匀速圆周运动和匀速直线运动合成的一种运动状态，示意图如图 1-8-18 所示。

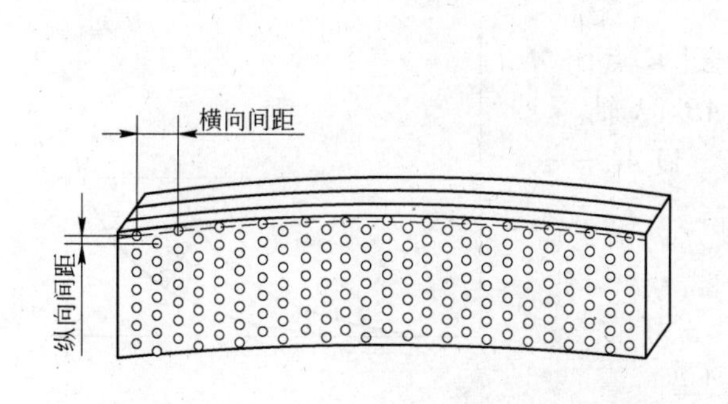

图 1-8-17　金刚石有序分列锯片刀头结构示意图

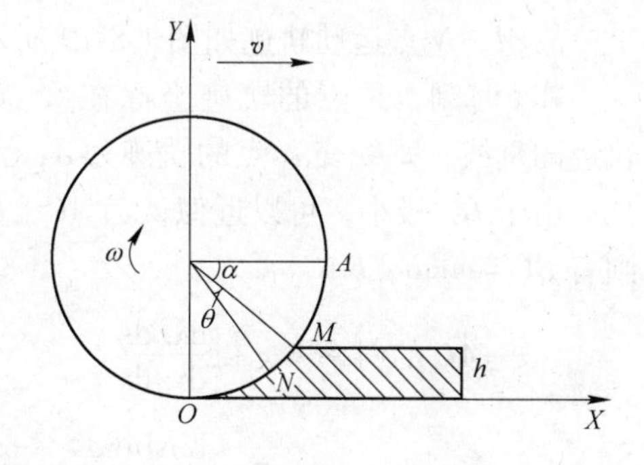

图 1-8-18　锯片运动图

如图 1-8-18 所示，M、N 为锯片上相邻的两颗金刚石，M 和 N 间的夹角为 θ，假设 M 点刚进入切割状态时，为 M 点运动的初始状态，M 点和 A 点的夹角为 α，切割深度为 h。锯片的旋转角速度为 ω，切割速度为 v，锯片半径为 r。锯片中金刚石的运动是由匀速圆周运动和匀速直线运动合成的，由运动合成理论可得出：

M 的运动轨迹：

$$\begin{cases} X_m = r\cos(\omega t + \alpha) + vt \\ Y_m = r - r\sin(\omega t + \alpha) \end{cases}$$

M 点的起始时间：　$t = 0$

此时，M 点的坐标：　$\begin{cases} X_m = r\cos\alpha \\ Y_m = r - r\sin\alpha \end{cases}$

M 点的终止时间：　$t = \dfrac{\dfrac{\pi}{2} - \alpha}{\omega}$

此时，M 点的坐标：
$$\begin{cases} X_m = vt \\ Y_m = 0 \end{cases}$$

N 的运动轨迹：
$$\begin{cases} X_n = r\cos(\omega t + \alpha + \theta) + vt \\ Y_n = r - r\sin(\omega t + \alpha + \theta) \end{cases}$$

N 点的起始时间：
$$t = -\frac{\theta}{\omega}$$

此时，N 点的坐标：
$$\begin{cases} X_n = r\cos\alpha - v\theta/\omega \\ Y_n = r - r\sin\alpha \end{cases}$$

N 点的终止时间：
$$t = \frac{\frac{\pi}{2} - \alpha - \theta}{\omega}$$

此时，N 点的坐标：
$$\begin{cases} X_n = vt - v\theta/\omega \\ Y_n = 0 \end{cases}$$

故 M、N 点运动轨迹如图 1-8-19 所示。

在 t 时刻，M 点的轨迹坐标在 C 点，过 C 点作 M 轨迹的垂线，垂线交 N 点的轨迹为 A，作 $AB//X$ 轴。

由于 BC 极小，可以近似认为 $AC \perp BC$，设 $AC = m$，则有 $BC = m\tan\angle BAC$。

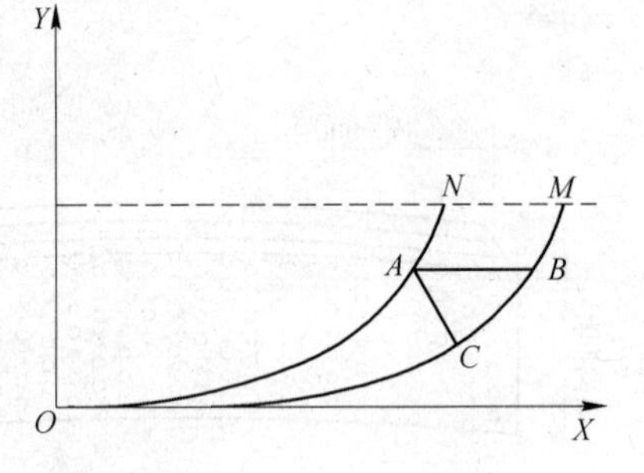

图 1-8-19 M 点和 N 点运动轨迹图

$$AC\text{ 的斜率 } k = -\frac{\mathrm{d}x/\mathrm{d}t}{\mathrm{d}y/\mathrm{d}t}$$
$$= \frac{-r\omega\sin(\omega t + \alpha) + v}{r\omega\cos(wt + a)}$$

且
$$\tan\angle BAC = -k$$

$\tan\angle BAC$ 为 t 的增函数，$t = 0$ 时，$\tan\angle BAC$ 最小，此时：
$$\tan\angle BAC = \frac{r\omega\sin\alpha - v}{r\omega\cos\alpha} \tag{1-8-6}$$

又因为：
$$m^2 + (m\tan\angle BAC)^2 = AB^2 \tag{1-8-7}$$
$$AB = v\theta/\omega \tag{1-8-8}$$

结合式（1-8-6）、式（1-8-7）、式（1-8-8），可得出 m 的最大值：
$$m_{\max} = \frac{v\theta r\cos\alpha}{\sqrt{r^2\omega^2 + v^2 - 2vr\sin\alpha}} \tag{1-8-9}$$

由此可知，（式 1-8-9）即为单颗金刚石切削形成的岩屑的最大厚度，从公式可以看出岩屑的最大厚度与 θ 角的大小成正比。

假设 M、N 点的横向间距为 x，则有
$$\theta = x/r \tag{1-8-10}$$

把式（1-8-10）代入式（1-8-9）中，可以得到：

$$m_{\max} = \frac{vx\cos\alpha}{\sqrt{r^2\omega^2 + v^2 - 2vr\sin\alpha}} \tag{1-8-11}$$

当切割深度 h 一定时，α 为定值，则 $\sin\alpha$ 和 $\cos\alpha$ 都是定值。若同时进刀速度 v，锯片转速 ω，以及锯片直径都是确定值，则由式（1-8-11）可得出 $m_{\max}=kx$（k 为确定系数）。由此可以看出，当锯片直径和切割参数一定时，单颗金刚石的最大切削厚度与 M、N 之间的横向间距成正比。所以，金刚石之间的横向间距越大，切削形成的岩屑厚度就越大。大颗粒的岩屑能有效磨损锯片胎体，使金刚石保持良好的出刃状态，从而提高锯片的锋利性。

8.3.3.2 有序片和无序片中切屑状态的对比

图 1-8-20 是不同排布状态下切屑厚度图。图 1-8-20a 表示金刚石颗粒分布极不均匀的时候的切屑状态；图 1-8-20b 表示经过制粒，刀头中金刚石相对均匀时，切割产生的切屑状态；图 1-8-20c 和图 1-8-20d 中的金刚石都成有序排列，但是图 1-8-20c 中金刚石的横向间距较大，图 1-8-20d 中金刚石的横向间距较小。

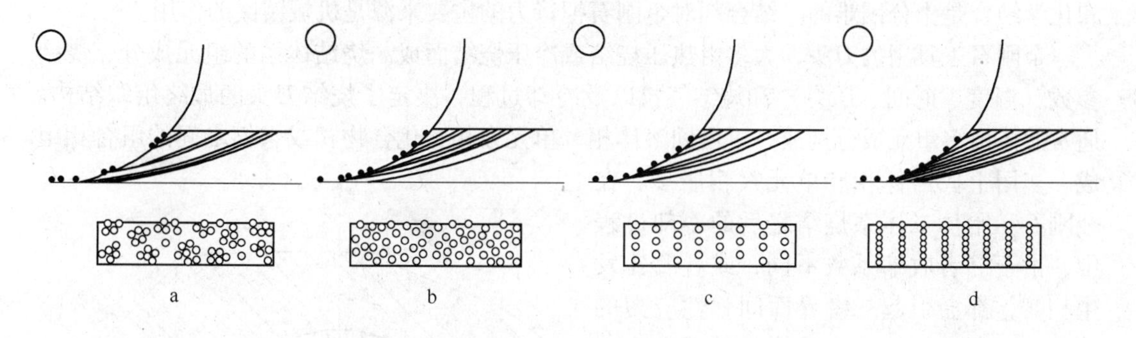

图 1-8-20 金刚石分布状态对切屑厚度的影响

由图 1-8-20 以及前面的分析可以看出，传统锯片中刀头表面的金刚石颗粒是无序排列的，金刚石颗粒不会按照平均距离保持其内部间距。由于相邻两颗金刚石间距的变化范围很大，导致每颗金刚石颗粒产生的切屑尺寸大小不同。这样每颗金刚石以及包裹金刚石的胎体所受的磨损不一致，从而使得金刚石颗粒出露、破碎和脱落的循环周期不同。这将降低切割效率，缩短锯片寿命，造成锯片性能的不稳定性。

在有序排列锯片中，刀头唇面上相邻金刚石之间的横向间距对于切屑的厚度影响很大，当锯片直径和切割参数一定时，单颗金刚石的最大切削厚度与相邻两颗金刚石之间的横向间距成正比。由此，可以推断，在有序排列金刚石锯片中，由于金刚石之间的横向间距是相等的，所以金刚石切割产生的切屑厚度是相等的。这样就可以根据岩石的切割性质以及胎体的磨损性能设计有效的横向间距，使锯片的切割性能得到显著的提高。

8.3.3.3 纵向间距的设计

有序排列金刚石锯片中金刚石的纵向间距关系到锯片的自锐问题。如果金刚石的纵向间距过大，则锯片的第一层金刚石脱落后第二层金刚石不能出刃，造成锯片的间断性锋利，必须重新开刃才可以继续切割。如果纵向间距过小，则第一层金刚石还能锋利切割的时候，第二层金刚石已经出刃，这样进入切削状态的金刚石增多。切割点的增加，使得每颗金刚石平均受力小，切割量也小，不能发挥金刚石的最大功效，显著影响锯片的锋利性。最合适的纵向间距是能够保证第一层金刚石即将脱落的时候，第二层金刚石顺利出刃。纵向间距的设计与金刚石脱落时的剩余高度有关。金刚石脱落时的剩余高度由胎体对金刚石的把持力以及金刚石所受的切割力决定。

由前面的分析已知，单颗金刚石受到岩石对它的力有两个方向，即 f_n 法向力和 f_t 切向剪力。同时金刚石受到胎体对它的包镶力，包镶力均匀分布在胎体与金刚石的接触面上。当岩石对金刚石的作用力的力矩刚好大于包镶力对金刚石的力矩时，金刚石即从胎体中脱落。如果此时下一层金刚石出刃，那么所有的金刚石都能发挥自身的最大功效。

研究胎体对金刚石的把持力（亦称包镶力）是非常重要的，因为只有好的把持力，才不致使金刚石过早地脱落，使金刚石工具能保持很好的综合性能。胎体对金刚石的把持力主要源于两个方面，一是结合剂对金刚石的冶金结合力和化学结合力；二是结合剂对金刚石的机械镶嵌力。从理论上说，冶金结合力和化学结合力要远远大于机械包镶力。但由于金刚石有较大的化学惰性和很高的表面能，使得结合剂中的金属在锯片生产的热压温度下既难与金刚石发生化学反应，又难以浸润金刚石表面，所以，结合剂与金刚石的冶金结合和化学结合是十分困难的。结合剂对金刚石把持力的主要来源是机械镶嵌的作用。

金刚石工具用的刀头，大多由热压烧结或冷压烧结而成。烧结体系的组元成分、烧结参数（温度、时间、压力）和烧结气氛以及冷却过程，决定了烧结刀头的最终组织结构。通常胎体由多组元成分构成，可由固溶体相、单元素相、化合物相或它们之间的组合相组成。实用上固溶体相和单元素相居多。在金刚石和胎体二体系烧结之后的冷却过程中，由于二者收缩系数不同，或者胎体发生相变，都会引起二者界面间弹性应力的产生。金刚石锯片中，胎体收缩系数大于金刚石时，所以胎体会对金刚石产生压应力。

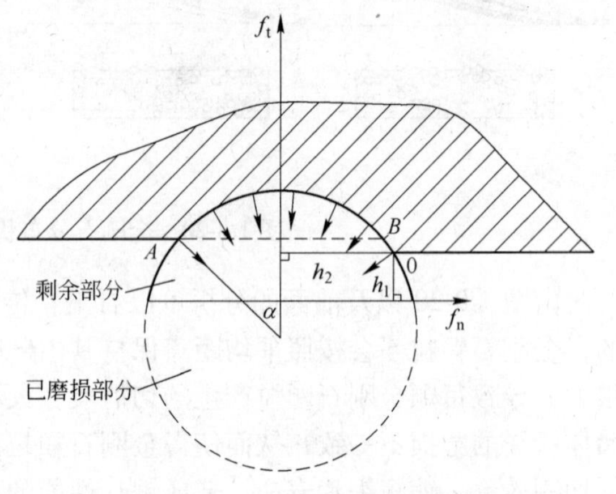

图 1-8-21　单颗金刚石受力矩图

为了计算方便，把金刚石模拟为球体，那么单颗金刚石受力矩的图如图 1-8-21 所示。

首先来求解金刚石脱落时受的包镶力。因为金刚石左右两边被胎体包裹的高度差是很小的，为了计算的方便，在后述的讨论中将忽略这个值。这样，金刚石左右两边所受力的合力中，横向合力为零，纵向合力的作用点在球体的顶端。纵向合力可以按照公式（1-8-12）计算：

$$T_t = \int_{\alpha}^{0} \tau \cos\theta \times 2\pi r \sin\theta \mathrm{d}(r\cos\theta) = \frac{2\tau \pi r^2 \sin^3\alpha}{3} \tag{1-8-12}$$

在金刚石的正常切割状态中，随着金刚石和胎体的同步磨损，胎体对金刚石的包镶面积越来越小，而胎体对金刚石的包镶强度是与胎体收缩率等相关的一个定值。根据相关研究：

$$\tau = \frac{\Delta JE}{d} = \frac{\Delta JE}{d} \tag{1-8-13}$$

式中 τ——胎体对金刚石的包镶强度；

ΔJ——胎体的膨胀变化量，mm；

E——胎体的杨氏系数；

d——金刚石的直径。

随着包镶面积的减小，包镶力也越来越小。当达到临界点时，切割材料对金刚石的力产生的力矩 M_F 等于包镶力对金刚石产生的力矩 M_T，此时，金刚石即将脱落：

$$M_F = M_T \tag{1-8-14}$$

由前面的分析以及式（1-8-14）可以得到：

$$T_t h_2 = f_t h_2 + f_n h_1 \tag{1-8-15}$$

式中

$$h_2 = r\sin\alpha \tag{1-8-16}$$

式（1-8-15）中，f_t 和 f_n 的值可以分别由式（1-8-4）和式（1-8-5）求解出来。h_1 指的是金刚石在正常切割状态下的出刃量。在理想情况下，只要金刚石进入正常切割状态，出刃量就是一个定值。根据孙毓超等人的研究，可以用偏光显微镜准焦法来测量此值。此法视域大、视场明亮，调节手轮可以得到胎体表面、金刚石尖点的清晰图像。两次清晰成像的手轮调节高度差即为出刃高度。具体的测量方法如下：

（1）选点：用显微镜在式样上选 5～10 个点，分别用彩色笔作好标记，待测。

（2）测定：将样品固定在载物台上，在反光下观察，将有标记的被测点移近十字丝中心，用 10～20 倍物镜进行测定。

（3）胎体表面测定：调节手轮使两侧表面同时成像清晰，反复测 3～5 次，记录下平均微动手轮刻度值 a_1。

（4）金刚石尖点测定：调节微动手轮，使金刚石尖点成像清晰，反复测量 3～5 次，记录手轮刻度值 a_2。金刚石的出刃高度可用下式计算：

$$h_1 = n(a_1 - a_2) \tag{1-8-17}$$

式中 n——微动手轮单位刻度分划值，mm/格。

把式（1-8-12）、式（1-8-13）、式（1-8-16）和式（1-8-17）代入公式（1-8-15）中，则该公式中只剩下一个未知数——角度 α，最后公式变成方程：$k_1\sin^4\alpha + k_2\sin\alpha = c$，其中 k_1、k_2 和 c 都是可以通过计算或测量得出的常数。这三个值由前面的分析计算得出来后代入方程，运用数学计算软件 MATLAB 可以很容易地求解出角度 α。求解出角度 α 之后，金刚石刚好脱落时的高度为：

$$h' = r - r\sin\alpha + h_1$$

因此，有序排列锯片的纵向间距可以设计为：

$$h = d - h' = r + r\sin\alpha - h_1 \tag{1-8-18}$$

根据式（1-8-18）可以设计出有序排列金刚石锯片的纵向间距。这样就能保证第一层金刚石脱落之后，第二层金刚石马上出刃，参与切割。所有的金刚石发挥了最大的功效，且锯片具有良好的自锐性能，不至于出现间断性锋利状态。

8.4 发展方向

8.4.1 前密后疏式有序排列

根据锯片切割的原理，可以设计一种前密后疏的有序排列方式。该方式如图 1-8-22 所示。

相邻两颗金刚石之间的横向间距越大，则金刚石切削产生的切屑越大，也就意味着每颗金刚石承担的切削任务越重。那么在有水口存在的情况下，前一个刀头唇面上的最后一颗金刚石与后一个刀头唇面上的第一颗金刚石，是相邻的两颗金刚石，其横向间距远远大于了设计的横向间距。

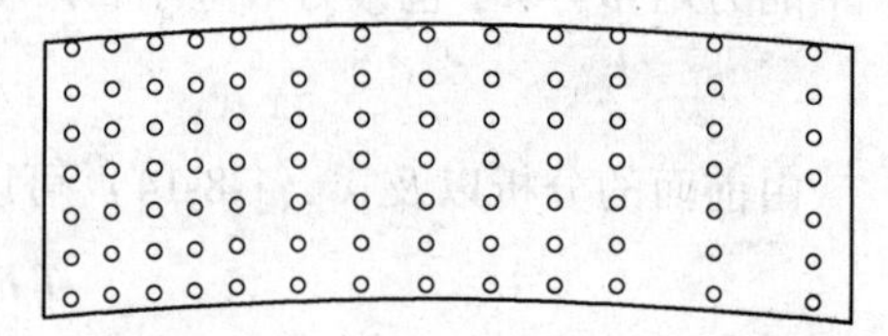

图 1-8-22 前密后疏式有序排列刀头

再加上锯片在切割过程中产生的冲量，在经过一个水口后，下一个刀头与岩石撞击的瞬间是最大的，也即此刀头上的前几颗金刚石受到的冲击力最大。因此可以推断，金刚石锯片中，经过一个水口后，下一个刀头上的最前面几颗金刚石的切削任务以及受到的冲击力都是最大的。这是传统锯片中常出现的刀头一头比另一头磨损快的原因，也是有序排布锯片切割一段时间后，经过水口后的前几排金刚石脱落或破碎较多的原因。因此，可以设计一种前密后疏的有序排列方式，让更多的金刚石来分担经过水口后，产生的较大的切割任务以及冲击力。前密后疏刀头的制作对于普通锯片来说比较难实现，但是对于有序锯片来说，刀头的制作过程与一般有序片的刀头制作没有大的差异。要注意的是，在刀头焊接的过程中，要注意刀头的焊接方向，使刀头中金刚石密度大的那头指向同一个方向，在开刃的过程中，也要注意不能开反。

8.4.2 相邻刀头间的差异排列

为了提高有序锯片中单颗金刚石的利用率，进一步改善锯片的切割性能，根据韩国专利，提出了有序排列锯片中，相邻刀头差异排列的设想。如图 1-8-23 所示：1 和 2 两个刀头是相邻的，1 刀头中有 3 层金刚石 1a，1b 和 1c，2 刀头中有 2 层金刚石 2a 和 2b，2a 刚好处于 1a 和 1b 中间，而 2a 刚好处于 1b 和 1c 中间。这样，在切割的过程中，1 刀头切割后，岩石的表面形成了两个凸起的部分，而 2 刀头中的金刚石层刚好可以把这两个凸起的

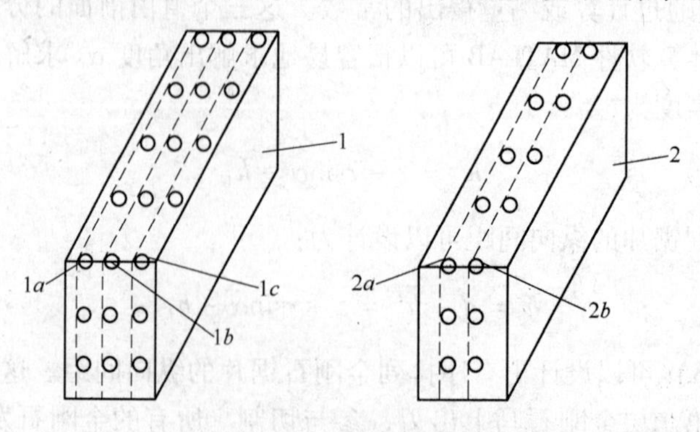

图 1-8-23 相邻刀头差异排列示意图

部分切削掉。这样就减少了后一个刀头上金刚石重复切削，做无用功的可能性。当然，岩石是脆性的，金刚石的切割并不是一个纯粹的犁耕作用，切割产生的岩屑有很多都是崩掉的。对于这种差异性刀头中金刚石层间距的设计必须考虑到岩石的切割破碎性能等因素。

8.4.3 有序排列在磨轮和薄壁钻头等方面的应用

有序排列同样也可以应用在金属基超硬材料磨轮以及薄壁工程钻头上。把有序排列锯片刀头制作的整个工艺过程稍作改进，就可以生产磨轮或钻头刀头，同时也可进行适当改进用在其他金刚石工具上。

参考文献

[1] 杨仙. 有序排布金刚石锯片的研究[D]. 中南大学硕士学位论文，2008，4.

（中南大学：张绍和，杨仙）

9 金刚石地质钻头

9.1 分类与使用范围

9.1.1 类型

金刚石地质钻头的类型分类可以按不同的方式划分。按胎体包镶金刚石的方式不同分为表镶、孕镶和混合金刚石钻头；按金刚石类型不同分为天然金刚石钻头（表镶、孕镶和复合片钻头）和人造金刚石钻头（聚晶、复合片表镶钻头和单晶孕镶钻头）；按用途不同分为地质勘探、工程勘察、民用建筑和专用钻头等；按采用的钻具不同分为普通单管、双管和绳索取芯钻头；按施工目的的不同分为取芯钻头和不取芯（全面）钻头；按制造工艺方法不同分为：热压金刚石钻头、电镀金刚石钻头、无压浸渍金刚石钻头等。

9.1.2 使用范围

我国岩心钻探岩石可钻性12级分类法确定各类型钻头的使用范围列于表1-9-1。

表1-9-1 各类型钻头的使用范围

岩石可钻性等级	Ⅰ	Ⅱ	Ⅲ	Ⅳ	Ⅴ	Ⅵ
岩石类别	松散	较松散	软的	较软的	稍硬的	中等硬度
代表性岩石	冲积层砂土层	黏土	泥灰岩	页岩	细颗石灰岩	千枚岩板岩
复合片钻头				√	√	√
表镶天然金刚石和聚晶钻头					√	√
人造单晶孕镶钻头						
绳索取芯金刚石钻头						√
岩石可钻性等级	Ⅶ	Ⅷ	Ⅸ	Ⅹ	Ⅺ	Ⅻ
岩石类别	中等硬度	硬的	硬的	坚硬的	坚硬的	最坚硬的
代表性岩石	闪长岩	花岗岩	硅质灰岩	流纹岩	石英岩	碧玉
复合片钻头	√					
表镶天然金刚石和聚晶钻头	√	√				
人造单晶孕镶钻头	√	√	√	√	√	√
绳索取芯金刚石钻头	√	√	√	√	√	√

9.2 热压孕镶金刚石钻头

9.2.1 结构参数选择原则

孕镶金刚石钻头适用于钻进中硬至坚硬岩石，也可适用于钻进钢筋混凝土、陶瓷、耐火材料、水泥制品、纤维玻璃和其他硬脆非金属材料。制造孕镶金刚石钻头主要采用人造金刚石单晶，该类钻头具有抗冲击、抗磨损的特点，并且价格低廉，钻头在较高效率下工作，能获得较好的技术经济效果。

9.2.1.1　**钻头组成**

孕镶金刚石钻头由胎体和钻头钢体组成，如图 1-9-1 所示，胎体又分为工作层和非工作层，工作层中含硬质合金类金属粉末和金刚石，非工作层仅为硬质合金类金属粉末。钻头的工作层高度 h 一般为 3 ~ 6mm，它主要取决于钻头的保径材料质量和设计、使用者的目的和要求。设计时若钻头的内外径磨损过快，工作层高度 h 值可低些，一般取 4mm。钻头的工作层和非工作层总高 H 为 10 ~ 12mm，该值大，钻头的稳定性好。当钻头的外径和内径确定后，钻头工作层的环状壁厚度 m 就确定了，$m=\dfrac{D-d}{2}$，m 值小，钻进效率高，金刚石耗量少，但钻头耐磨性差，寿命较短。

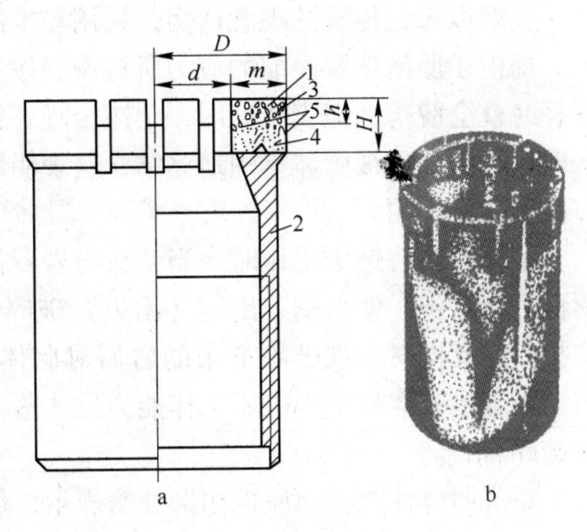

图 1-9-1　钻头组成结构图

1—胎体；2—钻头钢体；3—金刚石；4—合金粉末；5—保径材料；D—钻头外径；d—钻头内径；m—钻头壁厚；H—胎体高度；h—工作层高度

9.2.1.2　**胎体唇面形状**

对于一般的钻头，其唇面形状通常为平底形，当钻头工作一定时间后，钻头唇面的内外刃部分就会形成一定的弧形。对于唇面形状为同心圆尖齿形、阶梯尖齿形的孕镶金刚石钻头（见图 1-9-2），其唇面能造成较多的自由面，有利于提高钻进效率，并且有防斜效果。若钻头钻进的地层岩石破碎或软硬互层，可以采用阶梯形底喷式水眼唇面（见图 1-9-3）。若钻头钻进的地层岩石坚硬致密，研磨性又弱，为了提高钻进效率，采用交错式唇面，也可能会有一定的效果（见图 1-9-4）。

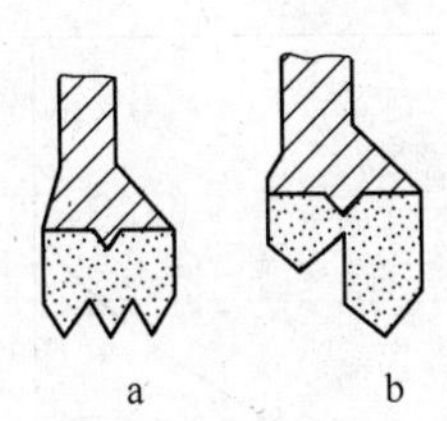

图 1-9-2　钻头的同心圆尖齿形唇面(a)和阶梯尖齿形唇面(b)

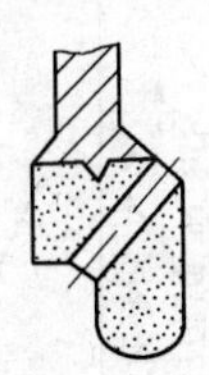

图 1-9-3　钻头的阶梯形底喷式水眼唇面

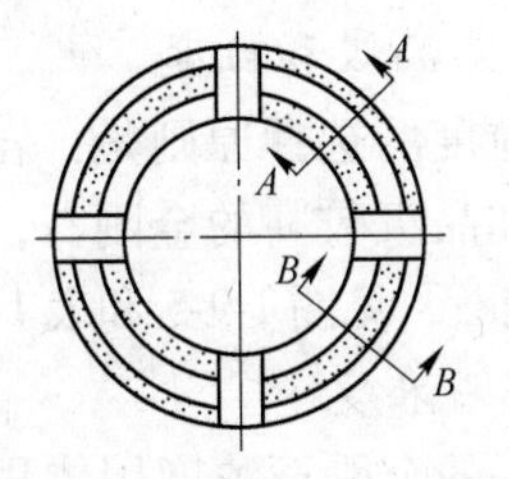

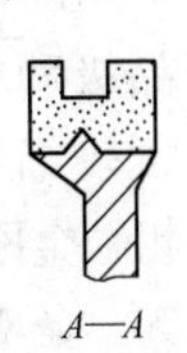

图 1-9-4　钻头的交错式唇面

9.2.1.3　**胎体工作层**

孕镶金刚石钻头的工作层由硬质合金类金属粉末和金刚石组成，金刚石是随机地分布在硬质合金类金属粉末胎体中的。

长期以来，传统的观念认为，采用粉末冶金法制造的金刚石钻头，其金刚石是机械包嵌，即由于胎体热胀冷缩的应力所包嵌，按照这种观念，当钻头胎体磨损高度等于金刚石半径时就会脱落，但实践证明，孕镶金刚石钻头工作时，当胎体磨损大大超过金刚石的半径时，金刚石仍被胎体牢固地黏结，这表明胎体对金刚石不仅有机械包嵌作用，而且同时有物理化学作用。

孕镶金刚石钻头工作时，当钻头与岩石接触后，在轴向压力和回转力的作用下，钻头唇面开始磨损，使金刚石出露（出刃）破碎岩石，在破碎岩石过程中，金刚石本身也不断磨损；与此同时，被破碎下来的岩屑对胎体不断进行磨损，以保证金刚石具有充分的出刃。当金刚石磨损至失去了工作能力后才落入孔底，这时在胎体中又出露新的金刚石，继续破碎岩石。

钻头胎体性能指标应以耐磨性来表示，但是，目前国内外尚无统一测定胎体耐磨性的方法，只得用洛氏硬度 HRC 来表示钻头胎体性能。对于孕镶金刚石钻头，胎体的 HRC 值的大致适用范围见表 1-9-2。表 1-9-3 列出了钻头胎体硬度 HRC、胎体耐磨性能与所适应钻进的岩石性质情况。

表 1-9-2 钻头胎体 HRC 值的适用范围

岩石性质	中硬—硬，中等研磨性	硬—坚硬，强研磨性	硬—坚硬，弱研磨性
HRC 值	35 ~ 40	45 ~ 50	20 ~ 30

表 1-9-3 钻头胎体硬度 HRC、胎体耐磨性能与所适应钻进的岩石性质

胎体硬度		胎体耐磨性能	适应钻进的地层性质
等级	HRC		
特软	10 ~ 20	低	坚硬、致密、弱研磨性岩层
软	20 ~ 30	低，中	坚硬、致密、弱研磨性岩层，坚硬、中等研磨性岩层
中软	30 ~ 35	低，中	硬、弱研磨性岩层，硬、中等研磨性岩层
中硬	35 ~ 40	中高	硬、中等研磨性岩层，中硬、中等研磨性岩层
硬	40 ~ 45	高	硬、强研磨性岩层
特硬	>45	高	硬—坚硬强研磨性岩层，硬脆碎岩层

9.2.1.4 金刚石品级和粒度

金刚石品级和粒度的选择原则是：岩石愈硬，选用粒度较细和品级较高的金刚石，岩石较软则选用粗粒金刚石，见图 1-9-5 和表 1-9-4。

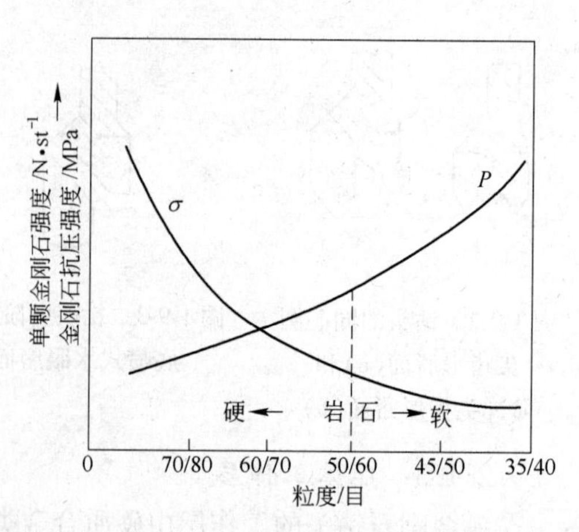

图 1-9-5 金刚石粒度与岩石的对应关系

9.2.1.5 金刚石浓度

孕镶金刚石钻头的金刚石浓度用体积浓度表示，即

$$K = \frac{V_d}{V_m} \times 100\% \qquad (1\text{-}9\text{-}1)$$

式中 V_d——金刚石在钻头胎体中所占的体积；

V_m——钻头工作层部分胎体体积。

表 1-9-4 金刚石粒度、品级与岩石的对应关系

岩石特性	中硬研磨性岩层（7~8 级）	硬—坚硬、裂隙性或破碎的强研磨性岩层（9~12 级）	硬—坚硬弱研磨性岩层（9~12 级）
金刚石粒度/目	45/50~50/60	50/60~60/70	70/80~80/100
金刚石品级	MBD_6（JR_3）	MBD_8（JR_4）	MBD_{12}（JR_5）

当 $K=25\%$ 时，砂轮工业浓度制称为该浓度的 100%，这时每 $1cm^3$ 胎体中含金刚石的重量为：

$$G = 1 \times 0.25 \times \rho = 1 \times 0.25 \times 3.52 = 0.88g = 4.4ct \qquad (1\text{-}9\text{-}2)$$

式中 ρ——金刚石的密度，为 $3.52g/cm^3$。

钻头金刚石浓度的选择原则是：金刚石浓度必须保证钻头工作唇面上的金刚石数量具有足够的切削能力；必须使钻头具有较高的耐磨性。浓度过低，切削能力低；浓度过高，影响胎体包裹金刚石的能力，反而有可能降低钻头的耐磨性。因此金刚石浓度最高值不得超过允许设计的上限。钻头的金刚石浓度必须根据岩石性质加以合理选择，可参考如下：

钻进中硬—坚硬的中等研磨性岩石，钻头的金刚石浓度为 75%~90%；

钻进硬—坚硬的弱研磨性岩石，钻头的金刚石浓度为 50%~75%；

钻进硬—坚硬的强研磨性岩石，钻头的金刚石浓度为 100%~120%。

9.2.1.6 钻头保径

对于孕镶金刚石钻头，保径是一个重要问题。英国诺丁汉大学对孕镶金刚石钻头的胎体磨损特征进行室内试验，岩石试块为花岗岩。其试验结果见图 1-9-6。

从图 1-9-6 可以看出，钻头的磨损有三个不同的阶段：第一阶段，钻头胎体的内环、中部、外环三个不同的部位磨损基本趋于一致；第二阶段，内、外环磨损明显增加；第三阶段，内、外环磨损缓慢增加，因此必须进行钻头保径。

孕镶金刚石钻头的保径材料可选用小片状硬质合金、人造金刚石聚晶、天然金刚石、复合片等，保径材料一般安放在非工作层和工作层交界处，同时内外保径材料不能放在同一径向方向线上（如图 1-9-7 所示），以免使钻头胎体发生张力裂纹。

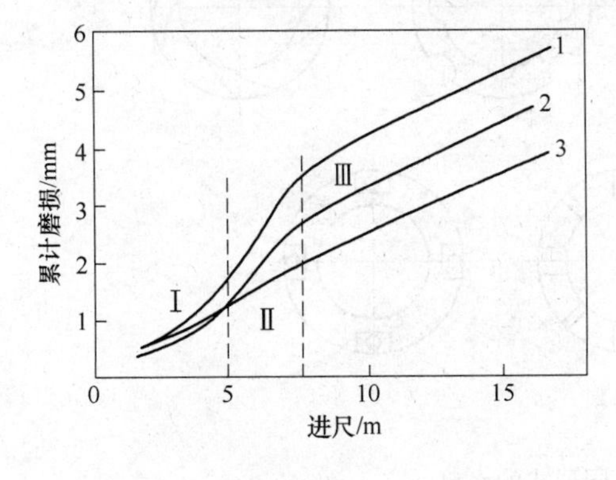

图 1-9-6 钻头唇面三个不同位置的累计磨损与进尺的关系

1—内环；2—外环；3—中部

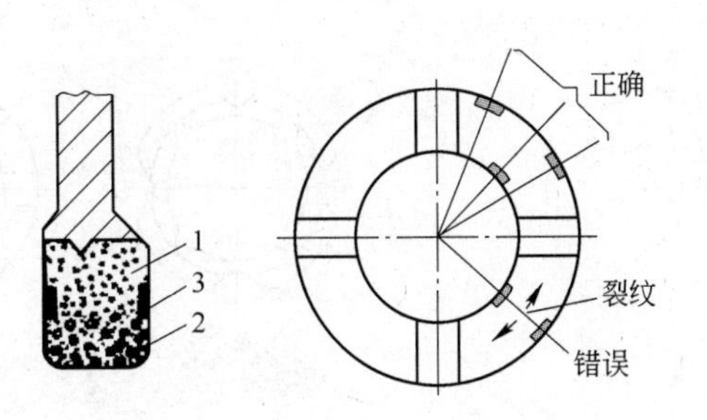

图 1-9-7 保径材料安放位置

1—非工作层；2—工作层；3—保径材料

9.2.1.7　水路系统

孕镶金刚石钻头的水路系统包括水口、水槽和内、外环间隙。

孕镶金刚石钻头由于采用的金刚石粒度比较细，因此钻头工作唇面上金刚石的出刃很微小，冲洗液通过岩石工作面和胎体唇面之间的间隙来冷却金刚石和胎体是相当困难的。岩屑的排出和冷却金刚石与胎体主要是通过钻头的水口和水槽。因此，与表镶金刚石钻头相比，在钻头直径相同的条件下，孕镶金刚石钻头的水路具有水口多、水槽和水口较深的特点，水口和水槽的深度一般应为0.5～1.5mm，以保证钻头上的金刚石得到良好的冷却效果。

钻头常用的水口形式有以下几种（见图1-9-8）：

（1）直槽型（图1-9-8a），用于软—硬的地层，结构简单，容易制造，采用最为普遍。

（2）斜槽型（图1-9-8b），适用于厚壁钻头，其特点是可以促使岩粉沿斜水口迅速排至外环状间隙。

（3）全面冲洗型（图1-9-8c），又称梅花形水口，用于表镶钻头钻进硬—坚硬地层。此型水口的特点是迫使冲洗液沿着金刚石的出刃、在胎体和孔底岩石之间的间隙形成液流，能充分冷却金刚石。

（4）螺旋型（图1-9-8d），用于钻进软地层。螺旋型水路在旋转过程中使岩粉能及时地被冲洗液沿水口携带到外环状间隙中；另外由于水路长而且扇形块的间隔较小，易使冲洗液流经金刚石，从而使金刚石得到充分冷却。但其水口制造工艺比较复杂。

（5）倾斜槽型（图1-9-8e），其特点是扇形块的端部呈倾斜的楔形，内外水槽间隔分布错开排列，并超过扇形块的顶点。其优点是冲洗液可充分冷却钻头。

（6）主副水路型（图1-9-8f），用于钻进软地层，同时在钻头壁厚比较大的情况下。其副水路可以辅助主水路排粉和冷却厚壁钻头胎体的中心部分。

（7）底喷型（图1-9-8g），适用于硬、碎岩层与粉状岩层。由于无内水槽，冲洗液主要由胎体中的水眼流至底唇，能防止冲洗液对岩芯的冲蚀，保证岩芯的采取率。

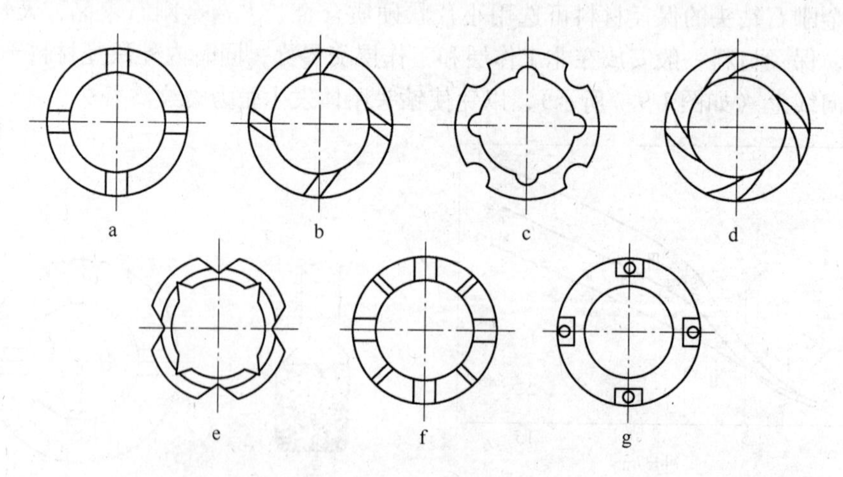

图1-9-8　常用不同形式的水口

水槽是连接水口与钻头钢体外表面与孔壁之间的外环状间隙，同时连接钢体内表面与岩芯之间的内环状间隙的。设计水槽和内外环状间隙时要考虑地层特性、冲洗液类型等因素。例如钻探水敏性地层、易缩径地层并采用泥浆护壁，需相应增大水槽和内外环状间隙，以减小水力损失。

9.2.2 制造工艺

国内外制造金刚石工具的方法主要采用粉末冶金法。粉末冶金法就是用金属粉末（或金属粉末与非金属粉末的混合物）做原料，经成形和烧结，制成各种类型的金属制品和金属材料的方法。热压法是粉末冶金法的一种方法，其特点是压制和烧结同时进行，其不仅广泛用于制造孕镶金刚石钻头，也可用于制造表镶金刚石钻头、复合片钻头、金刚石全面钻头、金刚石锯片刀头及其他金刚石工具等。

热压孕镶金刚石钻头的制造工艺流程如图1-9-9所示。

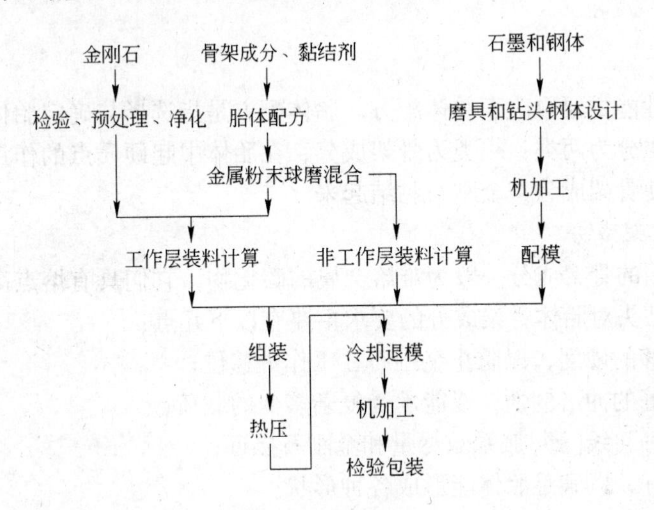

图1-9-9 热压孕镶金刚石钻头制造工艺流程

9.2.2.1 热压设备

热压炉主要采用中频感应炉，即是利用中频电源感应加热。中频加热的基本原理是将石墨模具放入紫铜管绕制的感应线圈中，给感应圈通以交变电流，则在线圈内产生一个相应的交变磁场，根据电磁感应定律，该电流叫做感应电流或涡流，该涡流在组件内流动就产生热量而使石墨模具升温。

电流穿透模具组件的深度可按下式计算：

$$\delta = 5030\sqrt{\frac{\rho_t}{f \cdot \mu_t}} \tag{1-9-3}$$

式中 δ——电流穿透深度，mm；

f——电流的效率；

ρ_t——模具组件在该温度下的电阻系数，可取 $12 \times 10^{-4}\Omega \cdot cm$；

μ_t——模具组件在该温度下的磁导率（石墨的磁导率为1）。

一般地说，感应圈要比胎体松装部分高1.5~2倍，但比石墨模具要低，其直径比石墨模具大15~20mm。制作感应圈的紫铜管一般为ϕ14mm×1.5mm。紫铜管截面形状最好是矩形的，也可采用圆形的。

9.2.2.2 热压参数

金刚石钻头胎体是一种比较复杂的多元体系，在实际工作中它属于多元固相烧结，即烧结温度低于黏结成分熔点温度，但黏结成分处于熔融状态。热压时必须给一定的温度才能使粉末处于塑性流动和使组元之间产生扩散作用并在一定压力条件下使胎体致密化，若没有达到必须的温度想利用高压力来使胎体致密化是达不到预期目的的。热压时钻头胎体的致密化过程分为三个基本阶段：第一为快速致密化阶段，又称微流动阶段；第二为致密化减速阶段，该阶段以塑性流动为主；第三是趋向终级密度阶段，该阶段主要以扩散机理使胎体致密化。

根据钻头胎体配方的不同，钻头的烧结温度 T 为黏结剂中主要成分熔点的75%～90%，全压一般为15～20MPa，保温时间为5～10min。

9.2.3 胎体配方

钻头的胎体性能主要取决于胎体配方。胎体配方是指选择与确定胎体材料的成分和其含量。胎体成分中分为两类：一类为骨架成分，在胎体中起硬质点的作用；另一类为黏结成分，其作用是使骨架成分与金刚石黏结起来。

9.2.3.1 骨架成分

胎体中所使用的骨架成分一般为难熔金属的碳化物，它们具有熔点高、硬度大，且具有金属的特性。钻头对胎体骨架成分的要求主要有以下几点：

（1）具有足够的硬度，以防止金刚石在工作中移位；

（2）具有较好的冲击韧性，以能承受复杂多变的载荷；

（3）导热性好，线[膨]胀系数尽量和金刚石接近；

（4）成形性好，以满足胎体能形成各种形状。

根据上述要求，采用WC作为胎体骨架成分较为理想。它的热导率高，线[膨]胀系数与金刚石接近，并且有高的弹性模量和较高的硬度，同时成形性好。

9.2.3.2 黏结成分

A 对黏结成分的要求

（1）能很好地润湿碳化物和金刚石，并且散布在碳化物颗粒表面；

（2）两相界面能形成一种牢固结合；

（3）具有优良的力学性能，以保证黏结金属连续的薄膜能承受碳化物颗粒传给的应力；

（4）熔点低。

根据上述要求，适合于作钻头胎体黏结成分的金属主要有：Ni，Co，Fe，Sn，Zn，Ti，Cr，Mn，Sb，Ag，Au，Ge，W等。

B 某些金属的湿润性和黏结功

表1-9-5为某些金属对石墨和金刚石的湿润角和黏结功。

湿润角 θ 越小，湿润性越好，当 $\theta=0°$ 时，固相完全被液相润湿。此外，黏附功愈大，则界面结合愈牢固。可见，表1-9-5中第Ⅰ类中的金属元素不能单独作为黏结成分；第Ⅱ类和第Ⅲ类根据对胎体性能的要求可以选用它们作为黏结成分。或者将第Ⅱ类和第Ⅲ类相混合作为黏结成分。

表 1-9-5 金属对石墨和金刚石的湿润角和黏结功 ($10^{-7}J/cm^2$)

黏结剂分类	黏结剂成分	石墨			金刚石			气氛
		温度/℃	湿润角/(°)	黏结功	温度/(°)	湿润角/(°)	黏结功	
Ⅰ	Cu	1100	140	316	1150	145	235	真空
	Ag	980	136	255	1000	120	455	
	Au	—	—	—	1150	150	92	
	Ge	1100	149	98	1150	116	360	
	Sn	900	156	45	1150	125	192	
	Ln	800	143	106	800	138	102	
	Sb	900	140	84	900	120	180	氢气
	Bi	800	136	94	—	—	—	
	Pb	800	138	96	1000	110	136	
Ⅱ	Si	1450	0	1720	—	—	—	真空
	Fe	1550	50	3040	—	—	—	
	Ni	1550	57	2704	—	—	—	
	Co	1550	68	2550	—	—	—	
	Pd	1560	48	2138	—	—	—	
Ⅲ	Cu+10Ti	1150	0	2680	1150	0	2680	真空
	Cu+10Cr	1200	5	2640	—	—	—	
	Cu+50Mn	1100	10	2615	—	—	—	
	Ag+5Ti	1000	0	1802	—	—	—	
	Ag+2Ti	—	—	—	1000	5	1817	
	Sn+Ti	1150	24	989	1150	10	893	
	(Cu+10Sn)+3Ti	1150	10	1042	1150	0	1050	
	(Cu+20Sn)+2Ti	1150	14	1084	1150	0	1100	

表 1-9-6 为某些液态金属对金属碳化物的湿润性。由表可见,Co、Ni、Fe 对 WC 表面的湿润性为最好。

表 1-9-6 液态金属对金属碳化物的湿润性

固体表面	液态金属	温度/℃	湿润角/(°)	气氛
WC	Co	1500	0	氢气
	Ni	1500	~0	真空
	Fe	1490	~0	真空
TiC	Ag	980	108	真空
	Ni	1450	17	氢气
	Co	1500	36	
	Fe	1550	49	
	Cu	1100~1300	70~108	真空

续表 1-9-6

固体表面	液态金属	温度/℃	湿润角/(°)	气 氛
NbC	Co	1420	14	真空
	Ni	1380	18	
TaC	Fe	1490	23	真空
	Co	1420	14	
	Ni	1380	16	
WC/TiC (30∶70)	Ni	1500	21	真空
WC/TiC (22∶78)	Co	1420	21	

C 某些金属的熔点和密度

某些金属的熔点和密度见表 1-9-7。表中 663-青铜指含 Sn6%、Zn6%、Pb3% 其余为铜。

表 1-9-7 金属的熔点和密度

金属名称	Sn	Cd	Pb	Zn	Sb	Al	Ag	Cu
密度/g·cm^{-3}	7.298	8.65	11.3	7.14	6.68	2.7	10.5	8.93
熔点/℃	231.9	321.03	327.35	419.4	630.5	658	960.8	1083
金属名称	Mn	663-Cu	Ni	Co	Fe	Cr	W	Ti
密度/g·cm^{-3}	7.43	8.82	8.9	8.7	7.85	7.1	19.3	4.51
熔点/℃	1244	800	1452	1492	1537	1903	3370	1668

9.2.4 用料计算

配方确定后，进行粉料的混合。混合是在球磨机中进行的，混合好粉料后即可进行装模。

9.2.4.1 工作层装料计算

金刚石用量按下式计算：

$$G_j = \frac{1}{4} C \cdot V_1 \cdot \rho_j \tag{1-9-4}$$

式中 G_j——金刚石用量，g；

C——金刚石体积浓度；

ρ_j——金刚石的密度，一般取 3.52～3.54g/cm^3；

V_1——胎体工作层体积，cm^3，

$$V_1 = \frac{\pi}{4}(D^2 - d^2)h - V_w \tag{1-9-5}$$

D——钻头胎体的外径，mm；

d——钻头胎体的内径，mm；

h——钻头工作层高度，mm；

V_w——水口部分的体积，cm^3。

工作层的粉末质量按下式计算：

$$G_m = (V_1 - V_j)\rho_m \tag{1-9-6}$$

式中　V_j——金刚石在工作层中所占体积，cm^3，

$$V_j = C \cdot V_1$$

ρ_m——胎体的理论密度，

$$\rho_m = \frac{100}{\frac{P_1}{\rho_1} + \frac{P_2}{\rho_2} + \cdots + \frac{P_n}{\rho_n}} \tag{1-9-7}$$

$P_1, P_2, \cdots, P_n$——各组分的质量分数，%；

$\rho_1, \rho_2, \cdots, \rho_n$——各组分的密度。

9.2.4.2　非工作层粉料计算

非工作层的胎体体积可按下式计算：

$$V_2 = S \times h_1 \tag{1-9-8}$$

式中　V_2——非工作层体积，cm^3；

S——胎体唇面环状面积，cm^2；

h_1——非工作层高度，cm。

则非工作层粉末料的质量为：

$$G_m = V_2 \times \rho_m \tag{1-9-9}$$

另外，增加0.3%～1%的粉末量作为工作过程中的耗损量。

9.3　表镶天然金刚石钻头

表镶金刚石取芯钻头一般适用Ⅴ～Ⅷ级中硬至硬的岩层中，分为天然金刚石表镶钻头、人造聚晶表镶钻头、复合片表镶钻头。表镶天然金刚石钻头特别适用于碳酸盐类岩层，配合绳索取芯钻进能获得明显的经济效果。它由金刚石、胎体、水口、水槽和钢体组成，如图1-9-10所示。

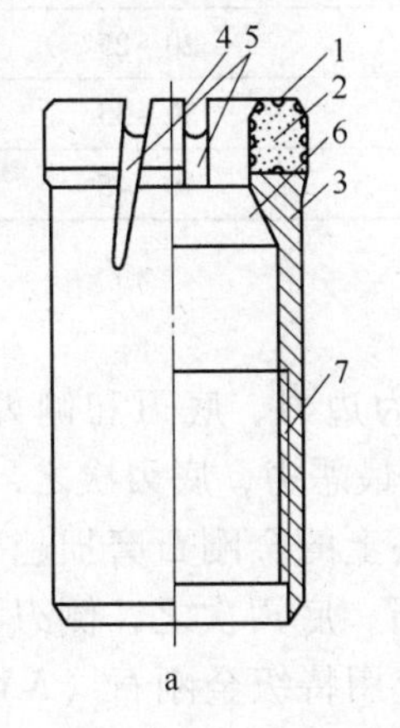

图1-9-10　表镶金刚石钻头

1—金刚石；2—胎体；3—钢体；4—水口；5—内外水槽；6—钢体内锥；7—连接丝扣

9.3.1　胎体端面形状

表镶钻头胎体端面形状（唇面形状）影响载荷分布，排粉和冷却金刚石效果以及制造工艺。普通单、双管表镶钻头，一般采用标准唇面，如图1-9-11b所示。它的唇面圆弧半径 R 等于或略大于唇面的宽度 b，这种唇面既克服了平底形边刃唇面（见图1-9-11a）镶嵌不牢的缺点，又克服

了圆弧形唇面（见图 1-9-11c）顶峰区应力高度集中的缺点。

对于绳索取芯表镶金刚石钻头，由于钻头壁厚，一般采用阶梯唇面和锥形唇面，如图 1-9-12 所示。

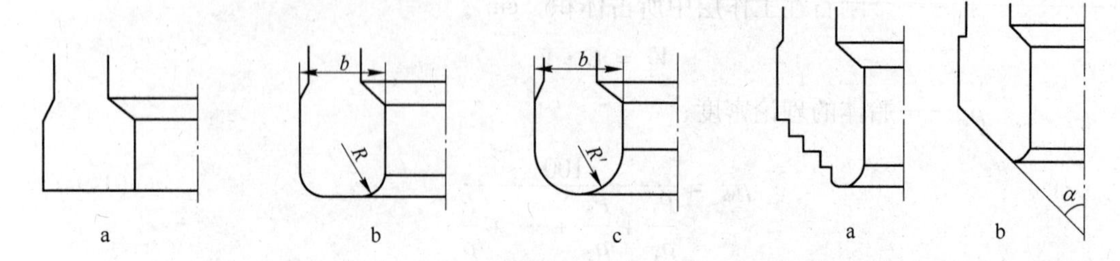

图 1-9-11 单、双管表镶钻头唇面形状

$(R=(1.0\sim1.2)b;\ R'=\frac{1}{2}b)$

图 1-9-12 绳索取芯表镶金刚石钻头唇面

a—多阶梯唇面；b—锥形唇面

多阶梯唇面（3 阶梯至 7 阶梯）是绳索取芯表镶钻头的标准形，为多自由面掏槽型，钻速高，同时钻头的稳定性好。锥形唇面可以看作微阶梯形，其排粉效果比阶梯形唇面要好。

9.3.2 胎体性能

对于表镶钻头胎体性能的要求如下：

（1）能牢固地包镶金刚石，同时和钻头钢体结合牢靠；

（2）具有足够的抗压和抗冲击强度，以适应孔底的复杂受力状态；

（3）具有一定的硬度和耐磨性，使之与岩石相适应。

国内外一般采用 WC 为胎体骨架，铜基合金（Cu 为基，添加一些 Ni、Co、Mn、Zn、Sn 等金属元素）为黏结剂通过烧结后可以满足上述要求。同时采用 HRC 表示胎体性能的指标。根据胎体性能指标将胎体分为三个等级，以适应不同的范围，见表 1-9-8。

表 1-9-8 表镶钻头胎体硬度等级

胎体等级	HRC	适 用 范 围
软胎体	20 ~ 25	5 ~ 7 级弱研磨性岩石
中硬胎体	30 ~ 35	8 ~ 9 级中等研磨性岩石
硬胎体	40 ~ 45	8 ~ 9 强研磨性、裂隙性岩石

9.3.3 金刚石品级

表镶钻头的切削刃分为边刃、底刃和侧刃，如图 1-9-13 所示。通常边刃受力最恶劣，底刃次之，侧刃主要起保径作用。为了使钻头上的金刚石磨损趋于一致，边刃采用质量最好的金刚石，底刃次之，侧刃再次之。对于绳索取芯钻头，边刃应用特级金刚石（AAA），底刃用优质金刚石（AA），侧刃用标准级金刚石（A）。对于普通单、双管钻头，所采用的金刚石品级一般可以相应降低一个等级。

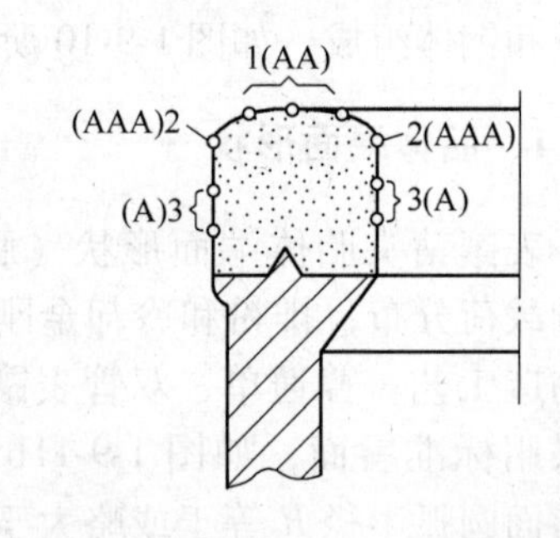

图 1-9-13 表镶钻头上切削刃的分布

1—底刃；2—边刃；3—侧刃

9.3.4　金刚石粒度

根据岩石可钻性的级别及岩石的研磨性进行选择：

Ⅵ～Ⅶ级：弱研磨性、小颗粒、致密的非裂隙性岩石，如泥页岩、千枚岩、石灰岩、大理石、白云岩等，金刚石粒度取5～15st/ct。

Ⅷ～Ⅸ级：弱研磨性：小颗粒、致密岩石，如磷灰岩、闪长岩、硅质页岩等，金刚石粒度取20～30st/ct；中等研磨性：中颗粒、裂隙性岩石，如花岗岩等，金刚石粒度取30～40st/ct；强研磨性：中、粗颗粒、强裂隙性岩石，如混合岩等，金刚石粒度取40～90st/ct。

一般情况下，金刚石粒径 $d_z \geqslant (2\sim4)d$ 岩屑尺寸。

9.3.5　金刚石含量

表镶钻头唇面上的金刚石含量取决于金刚石的布满度 e，粒度和唇面工作面积。金刚石的布满度用下式表示：

$$e = \frac{S_a n_a}{S} \times 100\% \tag{1-9-10}$$

式中　S_a——单粒金刚石的横截面积，$S_a \approx d_z^2$；

d_z——金刚石粒径，$d_z = (109/z)^{1/3}$mm；

z——金刚石粒度，st/ct；

n_a——钻头唇面上金刚石的数量，st(颗)；

S——唇面工作面积，$S = \frac{\pi}{4}(D^2 - d^2) - \left(\frac{D-d}{2}\right)Bn$；

D——钻头外径；

d——钻头内径；

B——水口宽度；

n——水口数。

e 值取决于岩石性质，对于5～7级中硬岩石，$e = 40\% \sim 50\%$，对于8～9级硬岩，$e = 50\% \sim 60\%$。

所以，

$$n_a = \frac{eS}{S_a}\text{st} \tag{1-9-11}$$

唇面上金刚石的含量：

$$P = \frac{n_a}{z}\text{ct} \tag{1-9-12}$$

钻头上侧刃的粒数：

$$b_b \approx 30\% n_a \text{st} \tag{1-9-13}$$

各地层钻头，其单位面积上的平均粒数可参考表1-9-9。

表 1-9-9 地层与所用金刚石粒数对应表

金刚石粒度/st · ct^{-1}	钻头单位面积上平均的金刚石颗粒数/st · cm^{-2}	适 用 地 层
15	16	5~7 级弱研磨性地层
25	21	8~9 级弱研磨性地层
40	28	8~9 级中等研磨性地层
60	33	8~9 级强研磨性地层
90	39	8~9 级研磨性破碎地层

9.3.6 金刚石排列

金刚石排列是钻头的重要指标之一，直接影响钻进效率和钻头寿命。

9.3.6.1 排列原则

（1）唇面上的金刚石比较充分地覆盖孔底工作面；

（2）唇面上各部位的金刚石在工作中的磨损程度尽量趋于一致；

（3）排粉冷却金刚石的效果良好；

（4）机械钻速高。

9.3.6.2 金刚石排列的步骤

A 确定金刚石的出刃值

金刚石的出刃值可以根据下列三种方法确定：

第一种：

$$A = y d_z \tag{1-9-14}$$

式中 d_z——金刚石粒径；

y——出刃系数，它取决于岩石性质，见表 1-9-10。

表 1-9-10 岩性与金刚石出刃系数对应表

岩石等级	5 级	6~7 级	8~9 级裂隙性岩石
y 值	1/4~1/3	1/6~1/5	1/10~1/8

第二种：

$$A = (3 \sim 4) h_a \tag{1-9-15}$$

式中 h_a——钻头每转一周的切入深度。

第三种：仅仅按金刚石粒度确定 A 值

金刚石粒度/st · ct^{-1}	出刃平均值 A/mm
10~20	0.4
20~30	0.3
40~60	0.2
60~90	0.15

B 确定唇面上切削线的数目（或一组金刚石的粒数）

金刚石是排列在切削线上的，为了保证金刚石能全面破碎孔底岩石，相邻切削线上的金刚石必须重叠一定的尺寸，见图 1-9-14。

设切线数目为 n，重叠系数为 f，因为 $R-r=nd_z-(n-1)d_zf$，则

$$n=\frac{(R-r)-d_zf}{d_z(1-f)} \tag{1-9-16}$$

重叠系数值取决于岩石的可钻性等级，见表1-9-11。

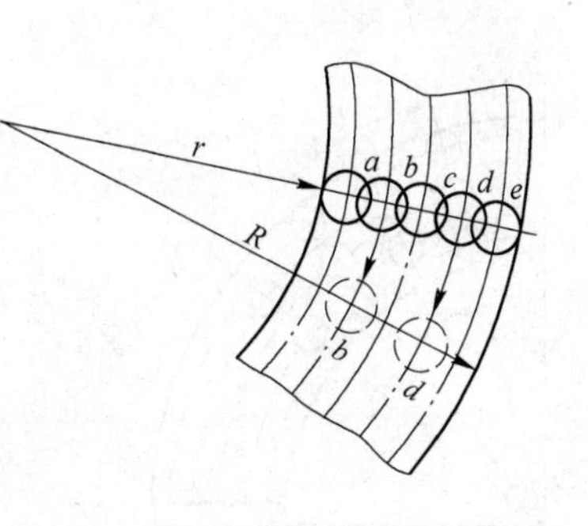

图 1-9-14 切削线在钻头唇面上的分布

表 1-9-11 钻头的重叠系数值

岩石可钻性等级	5 级	6 ~7 级	8 ~9 级
f	15%	20%	35%

镶嵌钻头时，径向方向的重叠金刚石必须错开，如图 1-9-14 所示，将 b，d 金刚石向箭头方向拉开，构成了一组金刚石的粒数。

C 计算唇面上金刚石的组数

设组数为 m，则：

$$m=\frac{n_a}{n} \tag{1-9-17}$$

式中 n_a——钻头唇面上金刚石的数量，st；

n——在单条切削线上金刚石的数量，st。

D 排列方式的选择

常用的排列方式有：放射状排列、螺旋状排列、等距排列方式等。

（1）放射状排列：金刚石分布在切削线和放射线的交点上，见图 1-9-15，图中 5 粒金刚石为一组。其特点是内外刃的粒数相等，但外圈金刚石的间距 b 大于内圈金刚石的间距 a，因此外刃易磨损，适用于 5 ~7 级中硬岩石。

（2）螺旋状排列：以钻头的平均半径 R_c 的 1/2 为半径（r）作基圆，将基圆分成若干等份（等份数量等于金刚石的组数），然后以 $r_1=2R_c/3$，以等份点为圆心画圆，则形成了若干螺旋线。一组的金刚石等距离分布在螺旋线上。如图 1-9-16 所示，这种排列虽 $b>a$，但由于一组的金刚石等距离分布在螺旋线上，使得唇面上的切削线愈靠外圆愈密，这样加强了靠外圆部分的金刚石密度。这种排列是合理的，同时这种排列排粉和冷却金刚石的效果好。适用于 7 ~9 级岩石。

（3）等距排列：金刚石分布在切削线与水口平行线的交点上。各同心圆切线上的金刚石间距相等。这样外径的金刚石数量比内径的金刚石多。如图 1-9-17 所示，图中 4 粒金刚石为一组。这种排列使每粒金刚石的工作负担基本相等，适用于均质岩石。

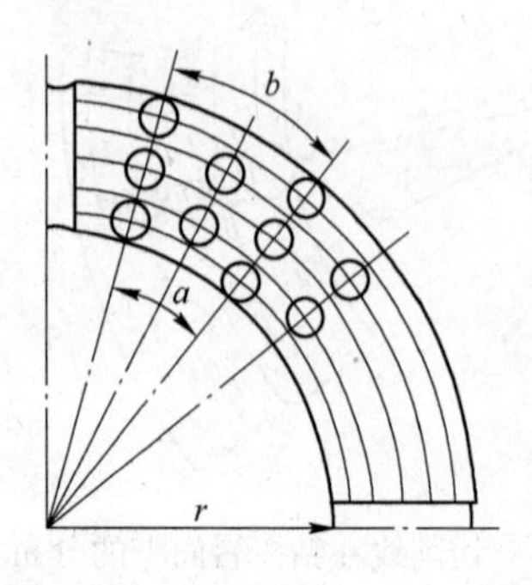

图 1-9-15　放射状排列图

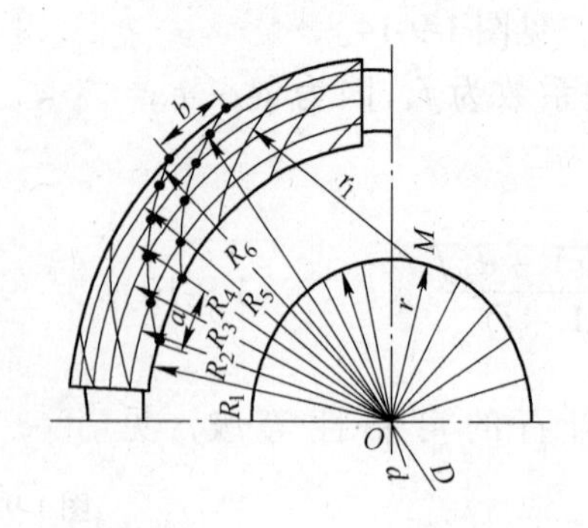

图 1-9-16　螺旋状排列图

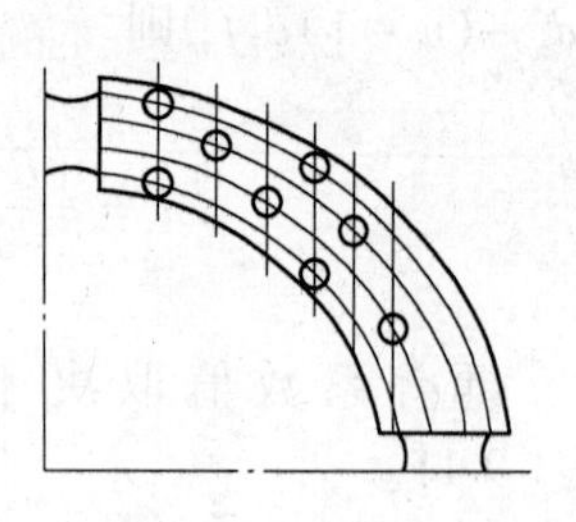

图 1-9-17　等距排列

9.3.7　钻头水路

钻头的水路包括水口和水槽，其作用是保证能通过足够的冲洗液量，以便排出岩粉和冷却金刚石。水口的数目和尺寸应根据钻头直径和岩石性质来确定。随着钻头直径增大水口数目相应增加，对于软岩，水口断面应大些；对于硬岩，水口断面应小些。参见表 1-9-12。

表 1-9-12　表镶钻头水路尺寸　(mm)

钻头直径(钻头外径)	水口数目	水口的过水断面(宽×高)	水槽尺寸(宽×深)
46. 47	4	5×(3~4)	5×1.5
56. 60	6	5×(3~4)	5×1.5
66. 75	8	5×(3~4)	5×1.5
91. 95	10	5×(3~4)	5×2.0

对于表镶金刚石钻头，水口的过水断面可按下面公式进行验核：

$$A = \pi d \times \frac{d_z}{3} + na \tag{1-9-18}$$

式中 A——水口的总过水断面积；

d——钻头内径；

d_z——金刚石粒径；

n——水口数目；

a——每个水口的过水断面积。

$$v_2 = \frac{Q}{A} \tag{1-9-19}$$

式中 v_2——冲洗液在该钻头过水断面的流速，为了保证能顺利排出岩屑，$v_2 \geqslant 4\text{m/s}$；

Q——冲洗液量。

$$Q = \frac{\pi}{4}(D^2 - d_1^2)v_1 \tag{1-9-20}$$

式中 D——钻头外径；

d_1——钻杆外径；

v_1——冲洗液在钻杆和孔壁环状间隙的上返流速，一般为0.5～1.0m/s。

在冲洗液量为一定的条件下，为了保证 v_2 所需值，只能调节 A 值，而 A 值的调节主要是通过 na 的变化而实现的。

此外，钻头的总过水断面确定后，水口数及深度应满足唇面有效系数 K_2 的要求，即

$$K_2 = \frac{S - S_1}{S} \times 100\% \tag{1-9-21}$$

式中 S——钻头胎体的环状面积；

S_1——水口投影面积。

对于中硬—硬的岩石，K_2 一般在75%～85%的范围内。

9.4 表镶聚晶钻头

9.4.1 圆柱形聚晶表镶聚晶钻头

我国生产的聚晶，一般小颗粒的用于钻头保径，大颗粒用于切削刃。聚晶表镶钻头适用于软至中硬的岩石。

9.4.1.1 聚晶的选择

岩石较软，研磨性较弱地层选用大颗粒聚晶，以发挥钻头的切削作用而获得较高的时效。岩石较硬的研磨性地层选用较小颗粒聚晶，使钻头能自锐，以保持钻速基本一致。

9.4.1.2 聚晶数量

可根据钻头工作唇面的聚晶充填度来计算，即：

$$n = \frac{K(S - S_1)}{S_g} \tag{1-9-22}$$

式中 n——钻头唇面上的聚晶粒数；

S——钻头的工作唇面面积；

S_1——钻头唇面上水口所占的面积；

S_g——聚晶的横截面积；

K——充填度系数，$K \approx 40\%$。

9.4.1.3 聚晶的排列

聚晶的排列有两种方式：大颗粒聚晶可采用斜镶，如图1-9-18所示；小颗粒聚晶采用直镶，如图1-9-19所示。

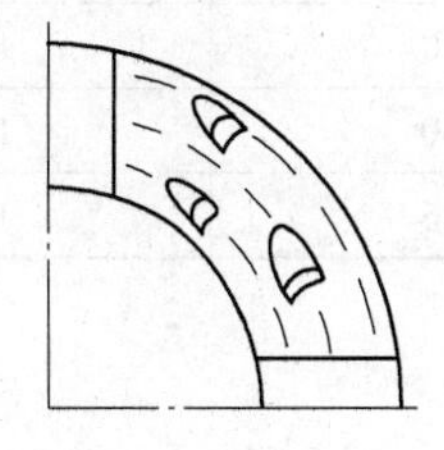

图1-9-18 聚晶斜镶

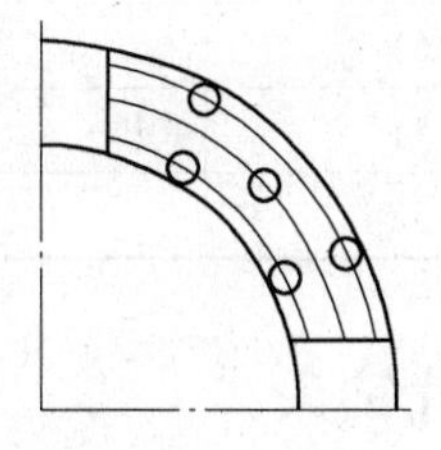

图1-9-19 聚晶直镶

关于对胎体的要求和水路设计，可参考天然金刚石表镶钻头有关部分，但在设计水路时，在允许的条件下应选用过水断面大的结构。

聚晶钻头在保径时可采用针状合金或小片状合金。

9.4.2 三角形、方形聚晶表镶钻头

聚晶镶焊方式：有径向和切向两种，如图1-9-20所示。

通常采用切向镶焊。切削刃的负前角如图1-9-21所示。

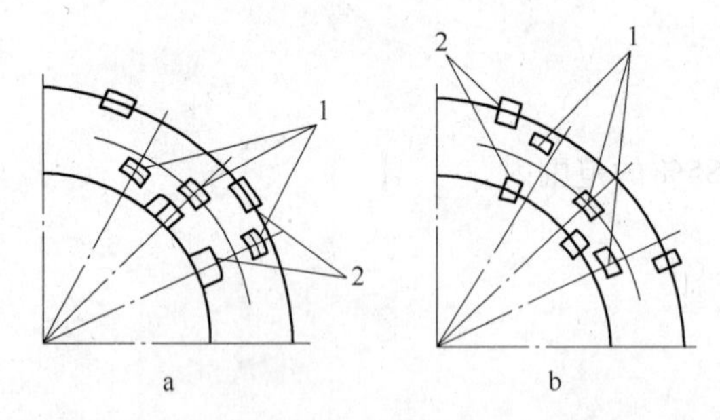

图1-9-20 聚晶的径向镶焊(a)和切向镶焊(b)

1—底刃；2—侧刃

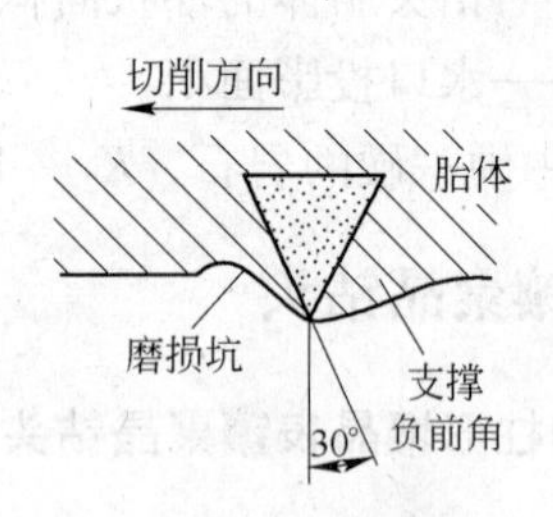

图1-9-21 切削刃的负前角

侧刃的镶嵌形式：侧刃的镶嵌形式有两种，如图1-9-22所示。

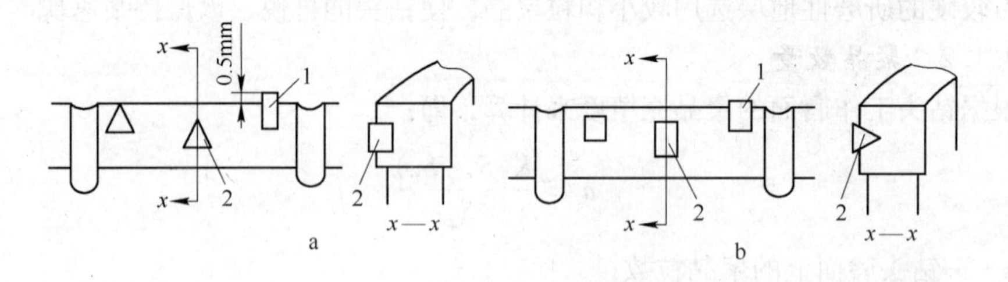

图1-9-22 侧刃的镶嵌形式

1—底刃；2—侧刃

从图1-9-22中看出：分图a的侧刃镶嵌形式对于钻头内外径的保径效果比分图b好些。

聚晶的数目：根据钻头直径参考表1-9-13。

表1-9-13 钻头聚晶数目表

钻头直径/mm	总 数	底刃数	侧刃数
A（47.6）	28～36	16～20	12～16
B（59.5）	36～54	20～30	16～24
N（75.3）	40～60	24～36	16～24

9.5 复合片钻头

复合片钻头是一种典型切削式钻头，是以大切入量钻进的。它的结构基本上和硬质合

金钻头相同，只不过是以复合片取代硬质合金切削具。所钻的岩层以中硬和中硬以下的岩石为主要对象。此类钻头的碎岩机理与硬质合金钻头的很相近，其主要不同点是切削具与所钻岩石的硬度差大于硬质合金与岩石的硬度差。

复合片钻头根据制造方法的不同，可分为胎体式复合片钻头和钢体式复合片钻头，取芯胎体式复合片钻头和钢体式复合片钻头分别如图 1-9-23 和图 1-9-24 所示，全面胎体式复合片钻头和钢体式复合片钻头分别如图 1-9-25 和图 1-9-26 所示。

图 1-9-23 胎体式 PDC 取芯钻头

图 1-9-24 钢体式 PDC 取芯钻头

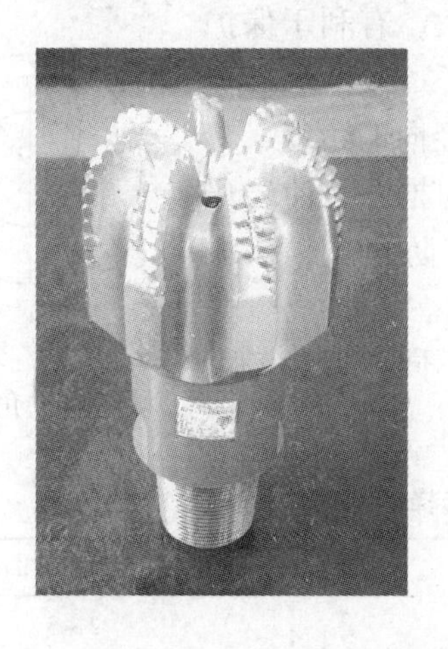

图 1-9-25 胎体式 PDC 全面钻头

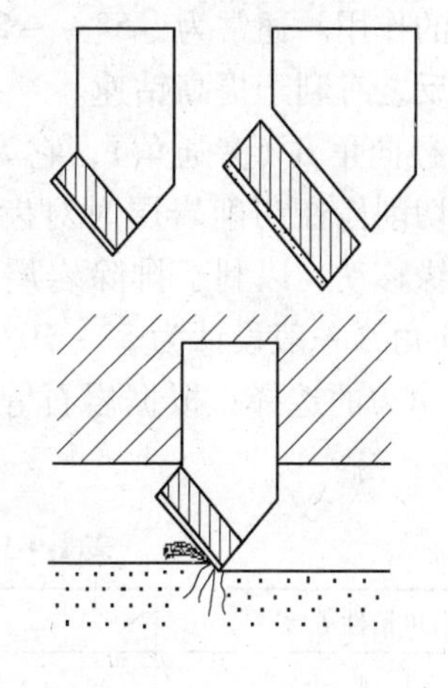

图 1-9-26 钢体式 PDC 全面钻头

9.5.1 复合片在钻头唇面上的排列

根据钻头直径和复合片尺寸可采用单环和多环排列。采用多环排列时，一组切削具的复合片数目 n 按以下公式计算：

$$n = \frac{B(K + 1)}{b} \tag{1-9-23}$$

式中 B——孔底切削槽宽度；

b——复合片刃宽；

K——复合片径向重叠系数，设计中取 25% ~30%。

钻头上复合片的组数不能少于3组，如图1-9-27所示。

9.5.2 切削角和径向角

（1）切削角 α（纵向斜镶角）：复合片钻头中最主要的一个参数就是切削角，如图1-9-28所示，切削角 α 可以减少复合片工作时的震动，延长使用寿命，而且为提高碎岩速度起重要的作用。通常为 $-5° \sim -25°$，其切削角 α 大，有利于保护切削刃，反之有利于提高钻速。

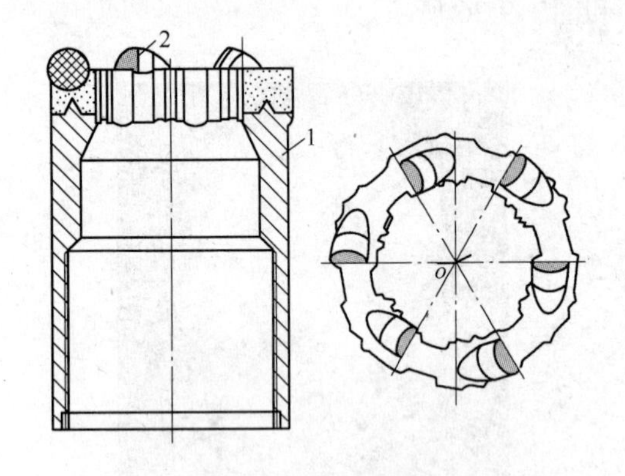

图1-9-27 复合片钻头结构

1—钢体；2—复合片

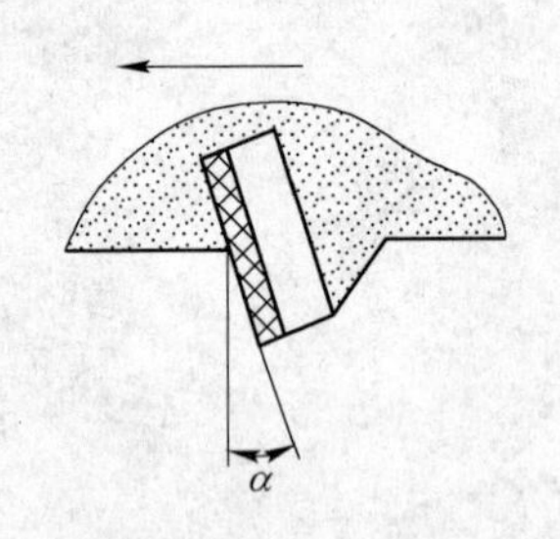

图1-9-28 复合片的切削角 α

（2）径向角 β（旁通角），它为复合片向后偏离径向的角度，其作用是使切削齿在切削岩层时对齿前的切屑产生侧向推力，使岩屑向钻头外缘移动，以利于排除岩屑，加强机械清洗，防止"钻头泥包"。径向角 β 一般设计为 $5° \sim 10°$，如图1-9-29所示。

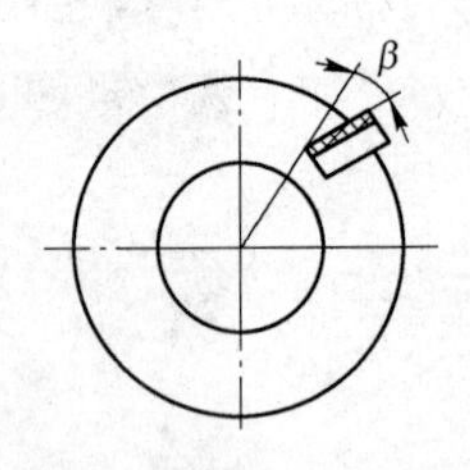

图1-9-29 复合片的径向角 β

（3）出刃的选择：根据岩石等级及复合片尺寸不同，可参考表1-9-14。

表1-9-14 复合片钻头出刃选择参考表

岩石可钻性等级	底 出 刃	内外出刃/mm
1～4	一般为复合片直径的二分之一	2～3
5～7		1～1.5

9.5.3 复杂地层复合片钻头的改进

（1）要使PDC钻头在砾石夹层钻进中既有较高的机械钻速，又有较长的使用寿命，我们将钻头设计为刮刀型翼状结构，有利于提高机械钻速。刀翼数愈多，钻头运转愈平稳，但影响机械钻速；如若刀翼数减少，刀翼承受的冲击载荷就要增加，考虑砾石夹层钻进的主要矛盾是减少刀翼承受的冲击载荷，因此以五刀翼（或七刀翼）为宜，而且选用了高质量的复合片，以提高钻头使用寿命。

（2）采用斜型刀翼，螺旋结构布齿，而且是混合布齿，它能改善切削齿的受力状况，利于切削齿吃入地层，钻压大时增加了切削齿的受力面积，因而增加了PDC复合片的抗冲击能力，刀翼形状结构与布齿位置如图1-9-30所示。

（3）采用了辅助切削齿的设计，主要目的是减少了主切削齿承受的冲击载荷。考虑所钻地层不是特别坚硬，可以选用PDC复合片辅助切削齿；而如果地层较硬、完整程度较差时，可以选用孕镶金刚石复合体切削齿。

（4）PDC复合片钻头保径与保径材料的选用。对于PDC复合片钻头而言，所谓保径是保护钻头外径的尺寸能维持钻头在孔底的正常工作，一直到钻头不能工作为止，PDC复合片钻头外径尺寸基本不变。

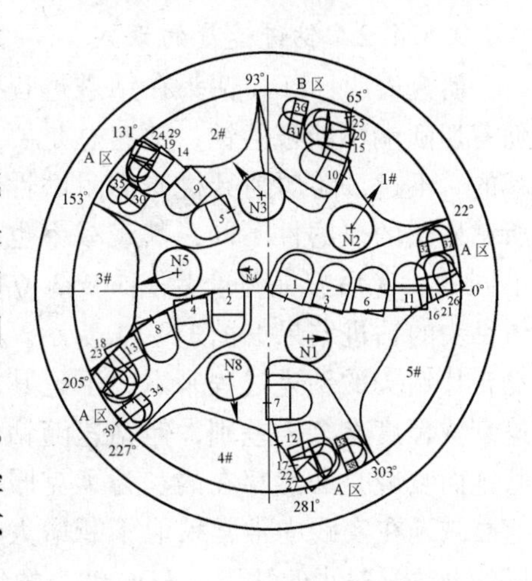

图1-9-30 刀翼形状结构与布齿图

9.5.4 复合片钻头的碎岩机理

9.5.4.1 复合片钻头的回转切削作用

复合片（PDC）钻头是以大切入量和切削方式钻进的。它们所钻的岩层以中硬和中硬以下的岩石为主要对象。此类钻头的碎岩机理与硬质合金钻头的很相近，其主要不同点是切削具与所钻岩石的硬度差大于硬质合金与岩石的硬度差。硬度差大对于破碎岩石是十分有利的。PDC钻头的切入量较大，目前都按硬质合金钻头破碎岩石机理分析孔底碎岩过程如图1-9-31所示，其自锐过程如图1-9-32所示，复合片破碎岩石的情形如图1-9-33所示。

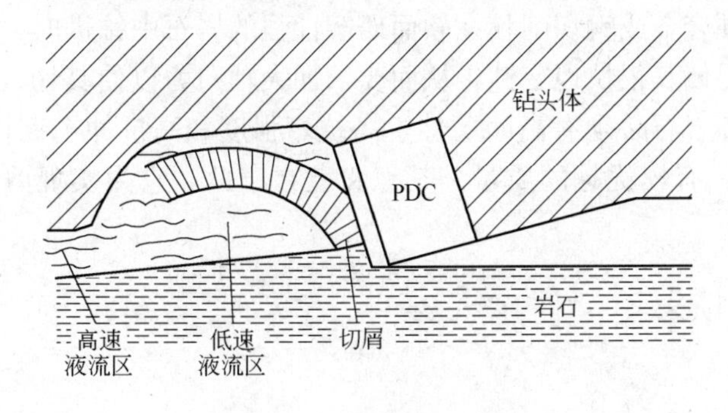

图1-9-31 复合片出露与破碎岩石

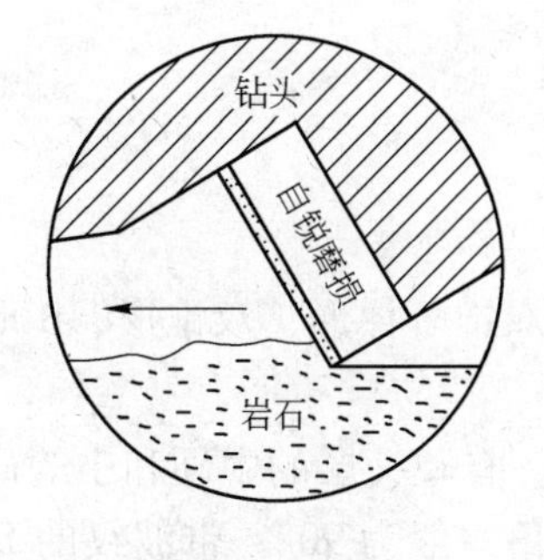

图1-9-32 复合片破碎岩石及其自锐

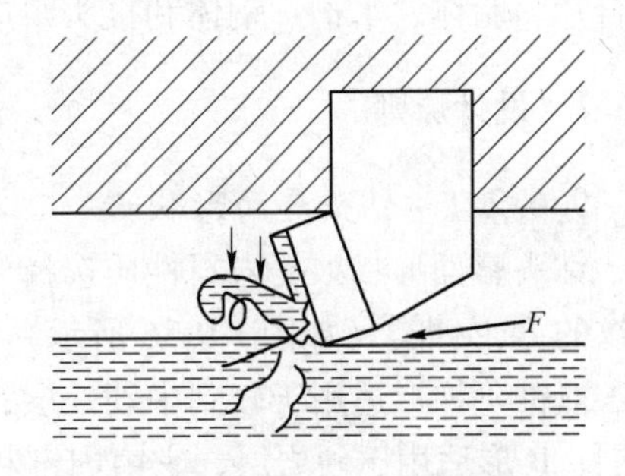

图1-9-33 复合片破碎岩石情形

9.5.4.2　钻进速度的衰减

研究表明：PDC 钻头在钻进过程中随着切削端不断被磨钝，钻速总是要衰减的。不过，随切削具材质的耐磨性和所钻岩层的研磨性不同，其衰减率也是不同的。优质聚晶复合片 Syndax3 立方体钻头的钻进结果如图 1-9-34 所示。从复合片钻头的钻进过程来看，不论其钻速衰减程度有多大差别，但钻速随钻刃磨钝而衰减是必然存在的。为了克服钻速衰减，在实践中常常采取不断增大钻压的办法。过小的钻压在 PDC 钻头的钻进中是不应选用的；但钻压由小逐渐增大，则是必要的。

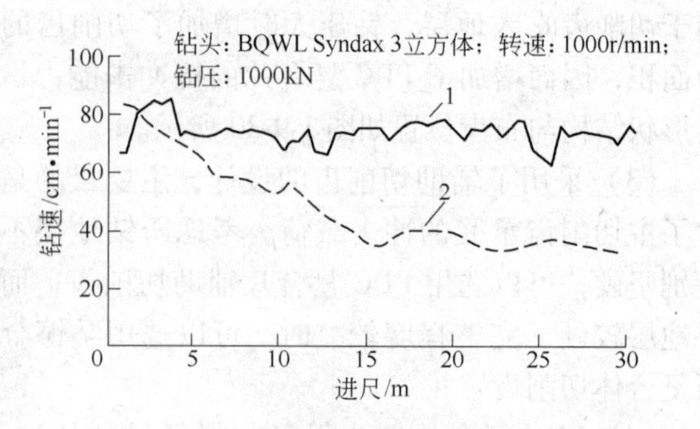

图 1-9-34　Syndax3 立方体钻头的钻进不同演示的试验
1—白云石灰岩；2—石炭纪砂岩

9.5.4.3　切削条件

在复合片钻头钻进中，破碎岩石有两种不同的机理：第一是为压碎。经检测证明：破碎同体积岩石所需的力，剪切破碎比压碎破岩要小 5 倍。所以在钻进中以剪切方式破碎岩石，是有利的。第二就是剪切方式破碎岩石。对 PDC 钻头，可以认为是以剪切破碎岩石为主的一种钻头，这就是 PDC 钻头的有利之处。

从理论上讲，剪切碎岩机理是最有利的破岩方式，但不是说总是有效的。剪切破碎岩石要求切削具必须保持锋利的状态，回转扭矩要在合理的限度之内，并且要保持有相当高的回转速度。若用硬合金或钢切削具在软而研磨性强的岩石中钻进时，高的转速会加重切削具磨损的速率，促使其很快地变钝，从而要求加大轴向力以使其切入岩石内。因此，要有效地进行剪切破碎岩石必须有高耐磨性、高抗弯强度和高抗冲击韧性的切削具。所以，现在的 PDC 切削具具有较优越的质量，其意义就在于此。它为实现剪切碎岩钻进提供了有利条件。

9.6　不取芯全面钻头

9.6.1　结构

全面金刚石钻头按金刚石包镶方式不同分为表镶和孕镶两种。前者主要由金刚石或者复合片、胎体、水槽、钢体和接头组成，如图 1-9-35 所示。

9.6.2　设计原则

9.6.2.1　钻头唇面形状

钻头唇面形状根据岩石性质选择。常见的唇面形状有双锥阶梯形、双锥形、B 形和带波纹的 B 形四类（如图 1-9-36 所示）。

双锥阶梯形适用于软到中硬地层；双锥形适用于破碎、有硬夹层的中硬和中等研磨性岩层；B 形适用于硬岩层，它由内锥和圆弧面组成，内锥角一般为 90°；带波纹的 B 形适用于硬到坚硬地层，内锥角一般大于 90°。

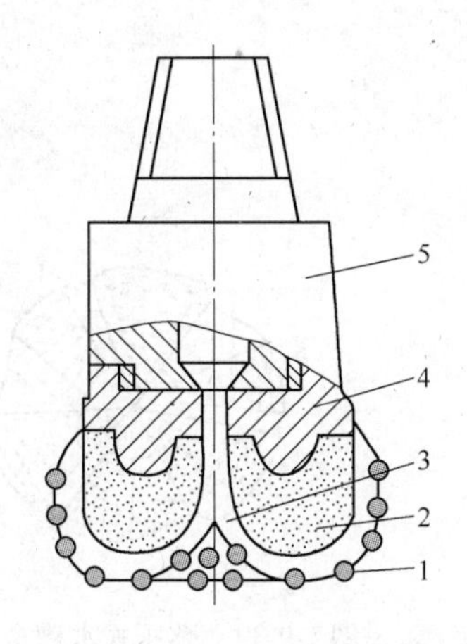

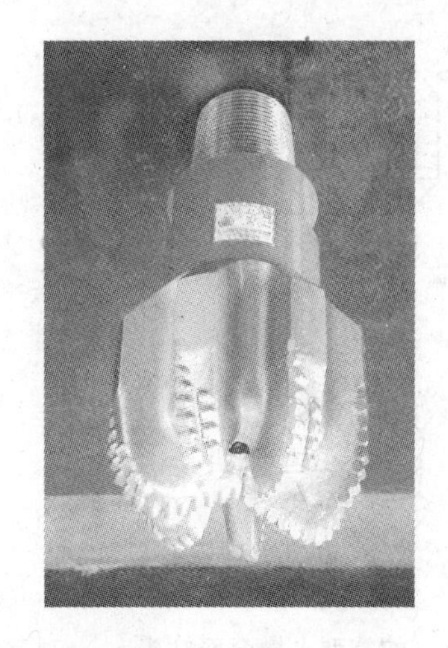

图 1-9-35　全面钻头结构

1—金刚石或复合片；2—胎体；3—水槽；4—钢体；5—接头

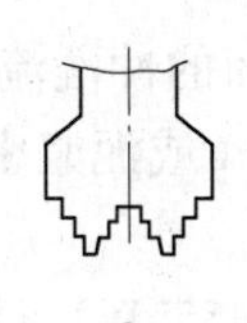

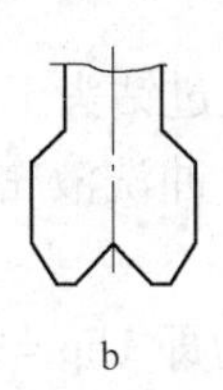

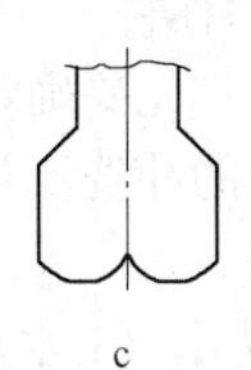

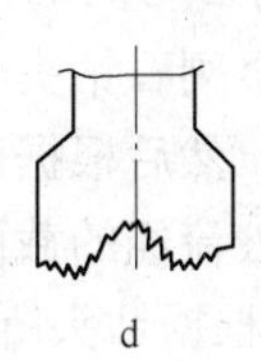

图 1-9-36　钻头唇面形状

a—双锥阶梯形；b—双锥形；c—B 形；d—带波纹 B 形

9.6.2.2　中心圆窝部分结构

金刚石全面钻头中心部分的结构起着扶正钻头和破碎钻头中心所形成的小圆柱岩芯的作用。因此，中心窝结构设计不合理，常造成钻头早期损坏。

为了破碎中心圆窝的小圆柱岩芯（直径通常为 6 ~ 8mm），钻头内唇面上有一特殊斜面来破碎岩芯柱，而且该斜面上的金刚石采用高品级金刚石，如图 1-9-37 所示。

9.6.2.3　水槽结构

钻头的水槽结构常用的为放射型、螺旋型和憋压式水槽。

放射型水槽制造容易，岩屑能很快带走，也能较好地冷却金刚石，如图 1-9-37 所示，一般用于软至中硬地层。

螺旋水槽常用于井下动力钻具的金刚石钻头，而且大多数做成反螺旋流道，以利于在高转速下强迫冲洗液流过镶金刚石的工作面，如图 1-9-38 所示。

憋压式水槽在钻头工作面上由高压水槽和低压水槽两部分组成，在高低压水槽之间形成一定压差，强迫冲洗液从高压水槽经过含金刚石的工作唇面进入低压水槽，起着有效清除岩屑和冷却金刚石的作用，它一般用于软至中硬地层钻头，如图 1-9-39 所示。

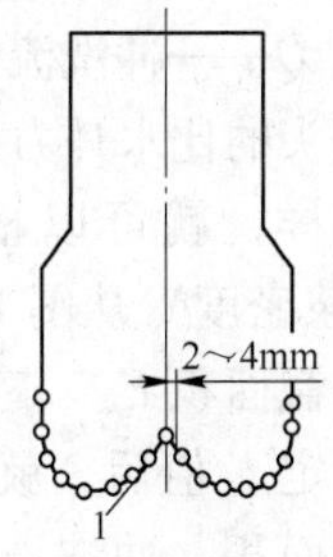

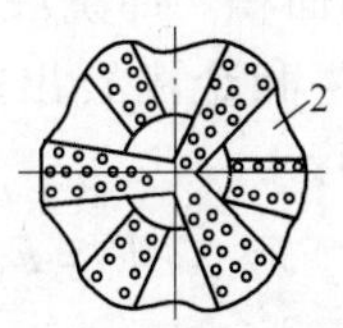

图 1-9-37　金刚石全面钻头圆窝部分结构

1—特殊斜面，2—水槽（放射状分布）

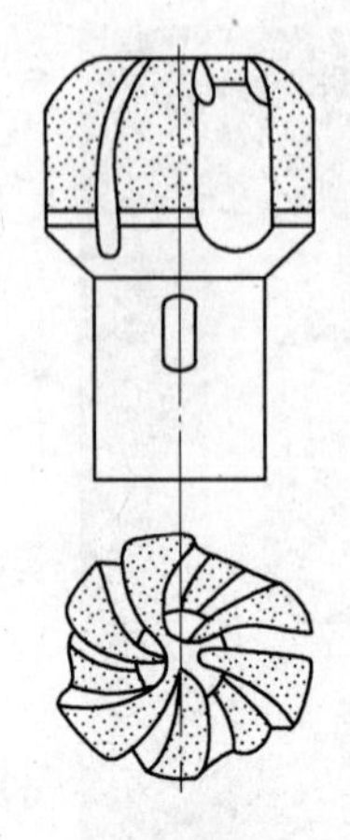

图 1-9-38　螺旋型水槽全面钻头

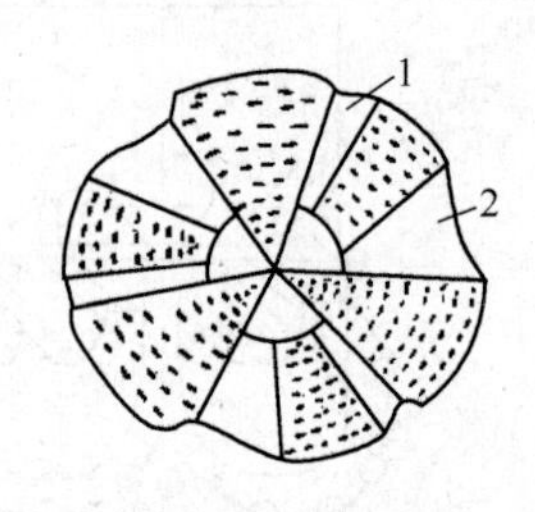

图 1-9-39　憋压式水槽全面钻头

1—窄水口；2—宽水口

9.6.2.4　金刚石钻头的水力计算

在设计和使用金刚石钻头时，首先要确定流过钻头工作面的冲洗流量，以满足环状空间的最低上返流速。然后根据已定的冲洗流量、冲洗液密度（或泥浆密度）、钻头压力降来确定所需的冲洗液流经的截面积。

钻头压力降 p_b 根据钻头所需功率（1 水马力即 1hp = 0.7355kW）计算：

$$p_b = \frac{75N_b}{Q} \quad \text{MPa} \tag{1-9-24}$$

$$N_b = N_{sb} \cdot S \quad \text{hp} \tag{1-9-25}$$

式中　N_b——钻头所需功率，hp；

N_{sb}——钻头比功率，hp/cm²；

S——钻头投影面积，cm²，$S = 0.785 \times D^2$；

Q——冲洗流量，L/s。

钻头的比水马力采用 0.23 ~ 0.38hp/cm² 已能满足清洗岩屑和冷却金刚石的要求。

这样，就可以根据 Q、p_b 和冲洗液密度（或泥浆密度）从图 1-9-40 中获得所需的冲洗液流经的截面积 F。

确定 F 值后，就可以设计出钻头水槽数和其截面面积。冲洗液流经截面积 F 包括水槽截面积 F_1 和金刚石出露高度所形成的溢缝面积 F_2，即：

$$F = F_1 + F_2 \tag{1-9-26}$$

$$F_2 = 1.68N \times B \times E \tag{1-9-27}$$

式中　N——通中心水眼的水槽数量；

B——钻头半径 1/3 处水槽宽度，cm；

E——金刚石出露高度，cm。

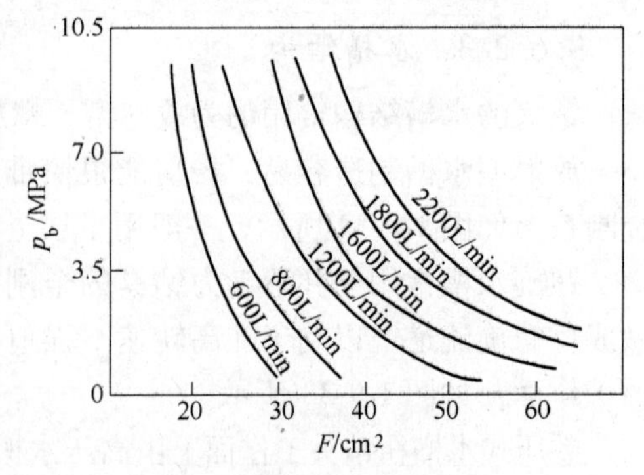

图 1-9-40　不同冲洗液量下压力降 p_b 与流经截面积 F 的关系

（冲洗液密度为 1.2g/cm³）

这样，钻头水槽截面积 $F_1 = F - F_2$，每一条水槽的截面积 $f_1 = F_1/N$。

9.7 电镀金刚石钻头

9.7.1 基本理论

在电镀槽中，将浸在镀液中的被镀件与直流电源负极相连接（组成阴极），将要镀覆的金属与直流电源的正极相连接（组成阳极），镀槽里的镀液中含有镀层金属的离子，接通电源，镀液中的金属离子便在阴极上沉积形成镀层。

9.7.1.1 电沉积过程

金属在阴极上电沉积可以分为三个过程。电沉积示意图如图1-9-41所示。首先，阳极金属表面的离子与水分子结合成水化离子，水化离子向阴极扩散，由镀液内部移到阴极表面上；然后，金属水化离子脱水并与阴极电子反应生成金属原子，即：

$$Me^{2+} + nH_2O + 2e \longrightarrow Me + nH_2O$$

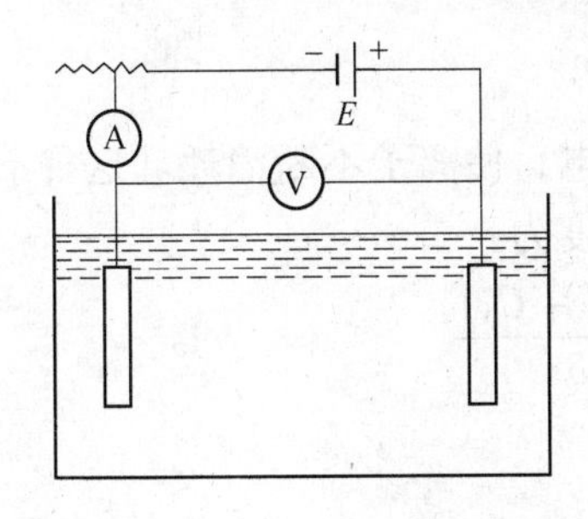

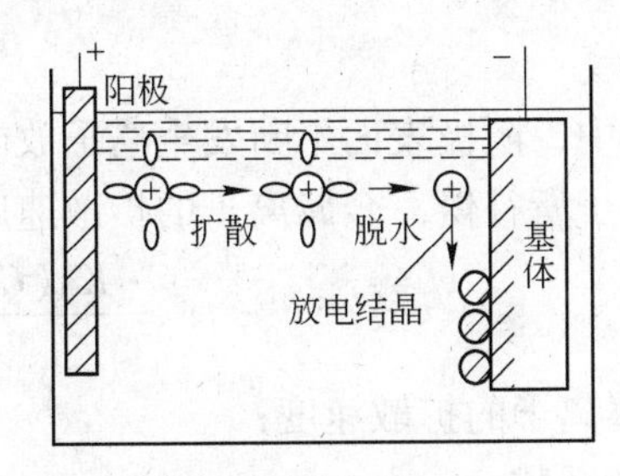

图1-9-41 电沉积示意图

最后，金属原子在阴极上排列生成一定形状的金属晶体，并与基体相结合。

金属离子是由于阳极金属板失去电子进入镀液而获得的，即：

$$Me - 2e \longrightarrow Me^{2+}$$

9.7.1.2 阴极极化和阴极反应所需能量

当金属电极置于电解液中时，在金属与电解液截面形成所谓双电层而产生电位差，该值称为金属在它的盐溶液中的电位，亦为金属给出电子能力的电化学位能。平衡电位取决于溶液中离子的浓度或活度和溶液的温度，一般把在25℃下含有单位离子活度的电位称为标准电极电位，通常用 $\psi°$ 表示。不同金属的标准电极电位是不同的。

当金属电极置于含有同种金属离子的电解液中，金属与该溶液之间就进行离子交换，交换达到平衡时的电极电位称为金属的平衡电位。

电沉积必须靠外部电源给系统提供能量，因此，必须给系统通以电流。所谓极化，是当电流通过电极时，电极电位偏离平衡电位的现象。极化现象使阴极电位从原来的平衡电位向负方向移动，从而使阴极获得过电位。

9.7.1.3 金属共沉积的条件

在阴极上同时发生多个还原反应中，如果至少有两个是属于金属沉积反应，则这个过程称为共沉积。共沉积得到的合金镀层具有单金属层所不能达到的性能，如硬度、致密性、耐磨性、耐高温性等都比单金属镀层好。电镀金刚石制品一般都是采用合金镀层，如镍钴、镍锰、镍铁等镀层。

金属共沉积的基本条件是两种金属的析出电位要相近，即两种金属同时在阴极上沉积出来的必要条件取决于两种金属的标准电极电位、溶液中金属离子的活度和阴极极化三个因素。

9.7.1.4 电结晶过程的动力学

电流流过固—液界面，金属沉积的速度与电流成正比。由于电极界面有扩散层存在，扩散层便叠加于电极过程中。在电沉积过程中，扩散步骤和电化学步骤进行得较慢，因而控制着电沉积的速度。

A 金属电沉积的速度

根据法拉第定律知道，电流通过电解质溶液时，在电极上析出或溶解的物质的量与通过的电量成正比。这样，金属沉积速度仅与通过的电流有关。因此，在电镀过程中，沉积速度取决于阴极电流密度的大小。阴极电流密度不能超过规定的范围，电流密度过高得到的沉积物将是粉末。

B 扩散速度

电沉积过程中，阴极表面不断发生离子放电，使离子不断消耗。这种消耗被从溶液中扩散来的金属离子所补偿，金属离子的扩散速度为：

$$v = \frac{KA(C - C_0)}{\delta} \tag{1-9-28}$$

式中 v——金属离子的扩散速度；

K——扩散系数；

A——阴极面积；

δ——扩散层的厚度；

C——溶液中离子浓度；

C_0——阴极表面离子浓度。

C 晶核生成几率与阴极过电位的关系

在电结晶过程中，结晶时分两个步骤进行，结晶核心的形成和结晶核心的成长。晶核形成的速度和晶核形成后成长的速度决定了所得的结晶的粗细。如果晶核的速度较快，而晶核形成后的成长速度较慢，则生成的结晶数目较多，晶粒较细；反之，晶粒就较粗。

电结晶与过饱和溶液的结晶有些相似，在过饱和溶液的结晶中，过饱和的程度愈大，则晶核形成的速度愈快。金属电沉积时，只有当电极电位偏离平衡电位到某一负值时，才有可能成核。电位的偏离值就是过电位，随着过电位的增大，新晶核形成的几率迅速增大，也就是新晶核形成速度愈快，晶核的数目也迅速增多，所得的镀层结晶就愈细。

D 电流效率、镀层厚度和电镀时间计算

(1) 槽电压。在电镀过程中，除了极化现象引起的超电压外，还有电解质溶液的电阻所引起的电压降，电镀槽各接点和导体的电阻引起的电压损失。因此槽电压等于这些值的总和。

(2) 电流效率。由于在电镀过程中出现了副反应和镀槽漏电等现象，因而有一个电流效率的问题。电流效率就是一定电量析出的产物的实际质量与通过同样电量理论析出的产物的质量之比。

（3）镀层厚度与电镀时间。从物理学可知，金属的质量等于金属的体积乘以它的密度，即：

$$M = V\rho = SH\rho \tag{1-9-29}$$

式中 M——金属的质量，g；

V——金属的体积，cm^3；

ρ——金属的密度，g/cm^3；

S——金属镀层的面积，cm^2；

H——金属镀层的厚度，cm。

由于 $M = CIt\eta_K$，代入式 1-9-29 得：$H = \frac{CIt\eta_K}{10S\rho}$，用 D_k 表示阴极电流密度，$D_k = I/S$，可得到：

$$H = \frac{CD_k t\eta_k}{10\rho} \tag{1-9-30}$$

$$t = \frac{10H\rho}{CD_k\eta_k} \tag{1-9-31}$$

式中 H——镀层厚度，mm；

C——电化当量；

t——时间，h；

η_k——阴极电流效率；

ρ——镀层金属的密度，g/cm^3。

9.7.2 镀层胎体质量影响因素

9.7.2.1 电镀液组成的影响

电镀液的组成包括主盐种类和浓度，有机或无机添加剂等。

电镀生产中所采用的电镀液，可以分为两类，即主要金属以简单离子形式存在的镀液和主要金属离子以配合离子形式存在的镀液。电镀金刚石制品所采用电镀液一般都是硫酸、盐酸的简单盐类，如硫酸镍、硫酸钴等。通常这些溶液都是呈中性或酸性，且金属都是以阳离子形式存在。简单盐类镀液的特点是成本低，允许开大电流。

在简单盐溶液中沉积金属，会形成粗大晶粒的镀层，因为在这样的溶液中晶体的生长过程较快。降低盐的浓度，镍、钴等金属会以细小晶粒的形态沉积出来。

（1）主盐浓度的影响。主盐浓度是电镀工艺中主要控制的参数之一，当温度、电流密度以及其他条件不变时，随着电镀液主盐浓度的增大，生成晶核的可能性减少，晶粒粗大。

当主盐浓度较高时，尽管有可能在电镀刚开始的一段时间形成较多的生长中心，但随着晶体成长表面的增大，真实电流密度（电流强度不变）随之降低，当降低到某一数值时，部分晶体便开始钝化和停止生长，能够继续生长的只有其中一部分晶体。电镀液中主盐浓度越高，所含钝化剂（杂质）就可能越多，因此，晶体数目减少，晶粒变粗。但不能由此得出结论，认为电镀液的主盐浓度越稀越好。采用过稀的电镀液，极限电流密度降低，易导致形成海绵状沉积层；反之，从加快沉积速度来说，常采用主盐浓度较高的电镀液。由于浓度较高而造成的镀层结晶较粗的影响，可以提高电流密度或加入添加剂的方法克服。

（2）添加剂的影响。添加剂是指少量的某种物质，它在镀液中不会明显地改变镀液的电性能，但会明显改善镀层的性质。添加剂可分为无机和有机添加剂。电镀金刚石工具工艺中广泛采用了有机添加剂，有机添加剂还具有整平、光亮及润湿作用。

9.7.2.2 电镀规范对镀层质量的影响

除电镀液组成影响镀层质量外，电镀规范对镀层结构也有影响，分别简述如下：

（1）电流密度的影响。电流密度对镀层结晶粗细影响较大。当电流密度低于允许电流密度的下限时，镀层的结晶比较粗大，这是因为电流密度低，过电位很小，晶核形成速度很低，只有少数晶粒长大所致。随着电流密度增大，过电位增加，当达到允许电流密度的上限时，晶核形成的速度显著增加，镀层结晶细致。若电流密度超过允许电流密度上限时，由于阴极附近放电金属离子贫乏，一般在棱角和凸出部位放电，出现结瘤或枝状结晶。

一般来说，主盐浓度增加，pH 值降低（对弱酸电镀液），温度升高，搅拌强度增加，允许电流密度的上限增大。

（2）温度的影响。电镀液的温度对镀层的影响比较复杂，因为温度的变化将使电镀液的电导，离子活度，溶液的黏度，金属和氢析出的过电位发生变化。升高温度会降低阴极极化，促使形成粗晶粒的镀层。提高温度也有有利的一面，如果在恰当提高温度的同时，合理地改变其他条件（例如适当提高电流密度），那么，不但不影响镀层质量的降低，还能减少镀层的脆性和提高沉积速度，一般温度不超过40℃。

（3）搅拌的影响。搅拌也像升温那样可使阴极极化降低，这是因为搅拌促使电镀液发生对流和扩散层厚度变薄，从而降低浓差极化。采用搅拌的方法同样能提高允许的电流密度上限。在搅拌时，必须定期地或不断地过滤电镀液，以除去阳极脱落下来的残渣或其他悬浮物，避免它们落在阴极上而影响镀层的质量。

搅拌还能开发新的电镀工艺和方式，如复合镀、高速电镀以及金刚石表面覆膜等。

（4）pH 值的影响。电镀的 pH 值对镍的沉积过程及所得镀层性质是有很大影响的，一般控制在 3.5 ~5 范围内。实际上，对镍沉积过程及镀层质量影响较大的是阴极扩散层中镀液的 pH 值，这个 pH 值往往比主体镀液要高出一个单位左右。不同的电镀液，都应有一个规定的 pH 值范围，其允许变化的幅度不能大，一般在 ±0.5 之间。

9.7.2.3 析氢对镀层的影响

在任何电镀中，不论 pH 值如何，由于水分子的离解，永远存在一定量的氢离子。因此，在条件适当的情况下，在阴极上与金属析出的同时，往往有氢气析出。造成氢气析出的条件是，金属离子的沉积电极较负；氢的过电位低。氢气析出不一定要具备上述两个条件，但具备了上述两个条件，氢更容易析出。析出的氢气会使镀层质量变坏，出现氢脆、起泡、针孔等现象。

9.7.3　镀前处理

9.7.3.1　镀件的镀前处理

电镀生产中出现的质量事故，大部分是由于镀件镀前表面准备不良造成的。因此，镀件镀前的表面处理是十分重要的环节。

镀件镀前的表面准备工艺包括下列几个方面：

（1）机械处理：将粗糙表面整平。

（2）除油：包括有机溶剂除油、化学除油及电化学除油。

（3）浸蚀：包括强浸蚀、电化学浸蚀和弱浸蚀。

9.7.3.2　机械处理

机械处理包括磨光、抛光和喷砂处理等。电镀制品的基体经机械加工后，局部地方可能会存在毛刺，要进行清除。毛坯存放时间过长，表面锈污较多，可用零号砂布处理。被镀件表面不宜太光滑。

9.7.3.3　除油

镀件的表面黏附油污几乎是不可避免的，因为，加工过程中会接触到油。用手接触镀件也会使镀件沾有油污。这些油污不外乎三种：即矿物油、植物油和动物油。按油脂的化学性质可把它们分成两大类：即可皂化油和不可皂化油。无论是何种油污，都必须在镀前把它们清除掉。

（1）有机溶剂除油。有机溶剂除油是使可皂化油和不可皂化油在有机溶剂中的溶解过程。这种除油方法的优点是除油速度快，对金属镀件无腐蚀。其缺点是油污不能彻底除去，因为当附着在金属镀件表面上的溶解油脂的有机溶剂挥发后，油污不能挥发掉，就会留下一薄层油污，所以，用有机溶剂除油后，往往还要进行化学或电化学补充除油。因此，有机溶剂除油多用于油污严重的镀件的预先除油。另一点是价格贵，易燃和有毒。

常用的有机溶剂有煤油、汽油、丙酮等。

（2）化学除油。目前，生产上大量使用的除油是在碱性溶液中化学除油。采用这种除油工艺的优点是无毒，不会燃烧，设备简单，价格便宜。除油时间比有机溶剂除油长些。这种方法除油的实质是靠皂化和乳化作用，前者可除去动植物油，后者可除去矿物油。

（3）电化学除油。把除油的镀件置于除油液中，将镀件作为阳极或阴极，且通以直流电的除油方法，称为电化学除油或电解除油。电化学除油溶液组成和化学除油溶液大致相同。通常用镍板或镀镍板作为第二电极，它只起导电作用。电化学除油的速度比化学除油的高几倍，而且油污清除较干净。

镀件的电化学除油既可采用阴极除油，又可采用阳极除油，还可以采用阴-阳联合除油。阴极除油比阳极快，这是因为当电流密度相同时阴极析出氢气的数量比阳极析出氧气的数量多一倍，因而气泡数目多而细小，所以它的乳化能力大。现在多采用两个过程结合的组合形式。可在阴极除油后转为短时间的阳极除油。先阴极除油后阳极除油，对于要求结合牢固的镀层要好一些，因为这样有利于减少氢脆。

9.7.3.4　浸蚀

将镀件浸入酸、酸性盐（或碱）溶液中，以除去金属表面的氧化膜、氧化皮及锈蚀产物的过程称为浸蚀或酸洗。根据清除氧化物的方法不同，可将浸蚀分为化学浸蚀和电化学浸蚀。

（1）化学浸蚀。钢铁材料的氧化皮主要是铁的氧化物，最外层是 Fe_2O_3，中间层是 Fe_3O_4，靠近金属的是 FeO。可用盐酸去除它们，盐酸的浓度一般不超过30%。

（2）电化学浸蚀（即阳极活化）。电化学浸蚀可在阳极上进行。常用的电解液是10% ~15%的硫酸溶液，有时也用含有硫酸1% ~2%，硫酸亚铁20% ~30%，氯化钠3% ~5%的混合溶液，电流密度采用5 ~10A/dm^2，时间30s左右。

（3）弱浸蚀（又叫活化处理）。弱浸蚀是镀件进行电镀前的最后一道处理工艺。其目的是除去镀件表面极薄的一层氧化膜，并使表面呈现出金属的结晶组织。弱浸蚀对镀层和基体金属的结合起着重要的作用。镀件经弱浸蚀后，应该立即清洗并转入电镀槽中进行电镀。

弱浸蚀的特点是浸蚀溶液的浓度低，浸蚀时间也很短，可在室温下进行。采用化学法时，多用3% ~5%的盐酸或硫酸溶液，浸蚀0.5 ~1min即可。当采用电化学浸蚀时，一般多用阳极处理，所用的酸更稀，如用1% ~3%的硫酸溶液，阳极电流密度为5 ~10A/dm^2。

9.7.4 制造工艺

9.7.4.1 电镀装置及设备

电镀装置如图1-9-42所示。电镀槽用塑料支撑。电镀电源设备可采用各种合适的电镀电源，直流输出电压一般在0 ~24V可调。直流输出电流的大小可根据镀件大小和批量进行选择。

9.7.4.2 电镀钻头的工艺流程

电镀钻头的工艺流程为：钻头刚体加工—尺寸检查—机械处理—汽油洗—除油（碱处理）—酸洗—绝缘处理—除锈—除油—冷热水洗—阳极腐蚀—冷、热水洗—带电入槽—冲击电流镀—空镀—上砂—加厚镀层—出槽清洗—除氢—检验—成品钻头。

A 钻头钢体的准备

钻头钢体由45号钢机加工而成，如图1-9-43所示。水口槽的深度及形状可根据需要而设计。水口塞可用塑料或尼龙制成。

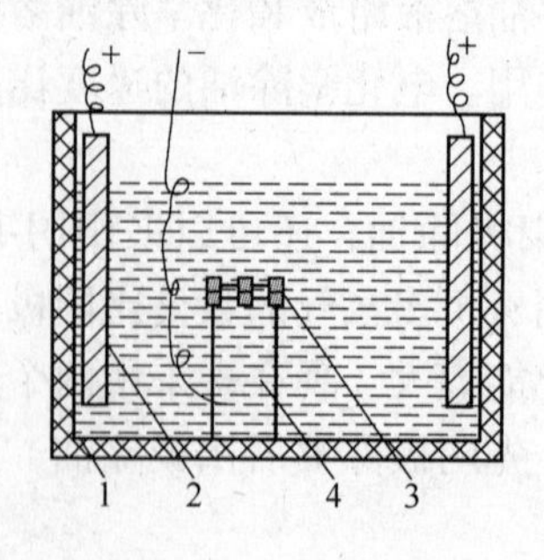

图1-9-42 电镀装置

1—镀槽；2—阳极镍板；3—水口塞；4—钻头钢体

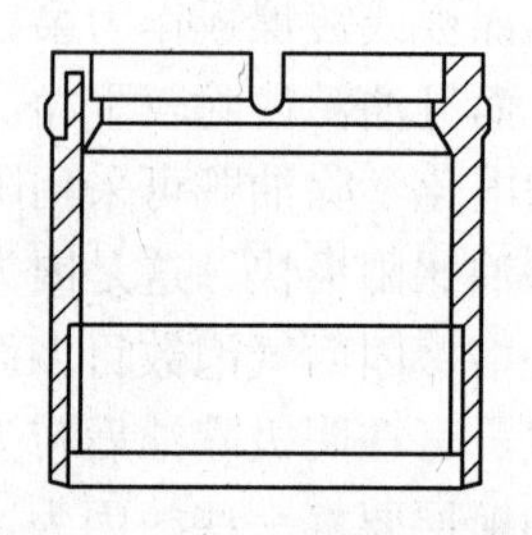

图1-9-43 钻头钢体示意图

B 镀液的组成及工艺

镀液的组成及工艺条件列于表1-9-15。

表1-9-15 镀液组成及工艺条件

组成与工艺	配方1（普通镀镍钴合金）	配方2（快速镀镍）	配方3（镀镍锰合金）
硫酸镍/g·L^{-1}	220~250	400	200~250
硫酸钴/g·L^{-1}	10~15		
硫酸锰/g·L^{-1}			
氯化镍/g·L^{-1}		45	
硼酸/g·L^{-1}	30~35	30	30~35
氯化钠/g·L^{-1}	10~20		10~15
糖精/g·L^{-1}	0.8~1	0.8	
十二烷基硫酸钠/g·L^{-1}	0.08~0.1	0.06~0.1	
pH值	4~4.5	3~4	
温度/℃	25~30	40~60	
阴极电流密度/A·dm^{-2}	1.0~1.5	4	

电镀液各成分的作用如下：

（1）硫酸镍和硫酸钴是电镀液的主盐。硫酸镍的溶解度大，纯度高，价格低廉，因而被广泛使用。

镍盐的含量变化范围一般为150~300g/L，镍盐含量低时，电镀液的分散能力好，镀层结晶细致，但沉积速度慢。提高镍盐含量，可加快沉积速度。

电镀过程中，钴盐的含量随时间的延长而减少，为保持合金成分，应定时补充硫酸钴。

（2）氯化钠。氯离子为阳极活化剂。溶液中若不加氯离子或氯离子不足时，容易产生阳极钝化。阳极钝化对电镀生产是极为不利的。在阳极钝化时，镍阳极的颜色由浅色变成棕色或深色，同时，镍的溶解电位增高。棕色的氧化镍膜（Ni_2O_3）使镍阳极不再溶解。

（3）硼酸。其作用是稳定镀液的pH值，是一种缓冲剂。硼酸的含量达到30g/L以上时，其缓冲剂作用才比较明显，通常保持在30~40g/L范围。

（4）糖精。能使镀层产生压应力（舒张应力）抵消镀层本身存在的拉应力（收缩应力），提高镀层的致密性与光亮度。其加量控制在使镀层有少许压应力，一般情况下，加量为0.8g/L为宜。糖精可以提高镀层的硬度。

（5）十二烷基硫酸钠。它是一种润湿剂或成针孔防止剂。它能改变阴极表面润湿性，使氢气不易吸附在电极表面上，从而减少或消除针孔的发生，提高镀层硬度，也增加了镀层的脆性，加量一般不超过0.05~0.15g/L。

（6）氯化氨。其作用是改变镀层的晶相结构，使沉积金属镍发生晶格扭曲，从而提高镀层硬度，也增加镀层的脆性，加量一般不超过10g/L。硬度可达45HRC。

C 钻头钢体的镀前处理

镀前处理是非常重要的环节，直接关系到镀层与钢体的结合强度。

首先，要用砂布磨去棱边处的毛刺，然后按工艺流程的顺序进行认真处理。绝缘方法：在钢体内部表面涂上硝基磁漆2~3遍，或用薄橡胶板卷成圆筒塞入内径，橡胶板的外表面紧紧贴住钢体表面，达到绝缘的目的。钢体外表面不镀部分用绝缘带包扎，但导线可包扎进去，水口处用水口塞堵住。

D　电镀规范和操作

（1）pH 值。pH 值一般控制在 4 ~ 4.6 之间，pH 值很低时，镍不能沉淀，在阴极上只析出氢气。

（2）温度。普通镀镍钴合金层，温度在 20 ~ 30℃ 的范围。快速镀镍的温度较高，在 40 ~ 60℃之间。

（3）电流密度。在电镀过程中所采用的电流密度与电镀液组成、温度和搅拌强度有关。可根据工艺要求而定，普通镀镍合金层，一般为 0.5 ~ 1.5A/dm^2。

（4）电镀操作。将经过处理的钻头钢体带电入槽，用大于正常值 2 ~ 3 倍的电流进行冲击镀，时间 2 ~ 3min，然后用正常电流进行空镀 30 ~ 60min。空镀之后，开始上砂。上砂的方法有一次上砂法和侧面多次上砂法。

一次上砂法是将安装在内、外径模具的钻头直立，用金刚石覆盖整个要镀的部位，经过一定时间电镀之后，去掉多余的金刚石，要镀部位便可均匀黏住一层金刚石，经过十几小时的加厚镀层以后，再进行一次，直至达到设计要求的厚度为止。一次上砂法的示意图如图 1-9-44 所示。

侧面上砂法：将钻头钢体斜放在支架上，倾斜角度以上砂后金刚石不滚落为合适。将经过润湿的金刚石用滴管均匀地撒在朝上的一个外侧面和一个内侧面上，埋砂电镀一定时间后，转动钻头，使多余的金刚石落下，并继续对另外的一对侧面上砂，内外径上砂完毕之后，直立钻头，在唇面上砂。示意图如图 1-9-45 所示。上砂后空镀 12h 左右，再上第二次，如此反复，直到内、外径达到规定尺寸时，安装内、外径模具，继续镀钻头唇面，使之达到要求的尺寸。

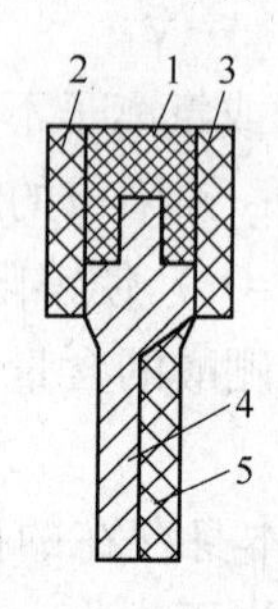

图 1-9-44　一次上砂法示意图

1—金刚石；2—外径模具；3—内径模具；4—钻头体；5—内表面绝缘橡胶板

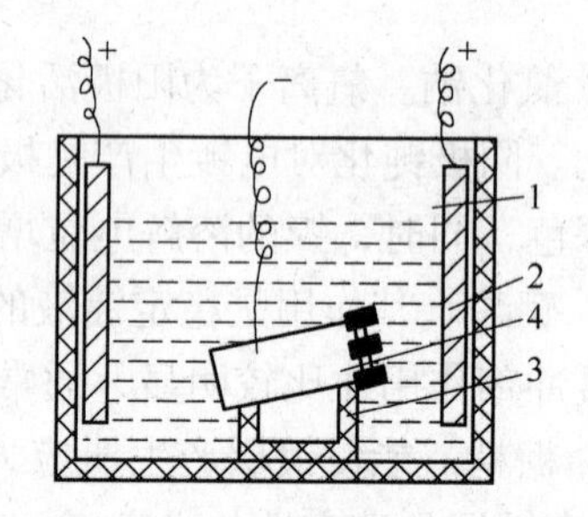

图 1-9-45　钻头侧面上砂法示意图

1—镀槽；2—阳极镍板；3—支架；4—钻头钢体

内、外径模具用塑料或尼龙等绝缘物质制成，作用是控制钻头的内外径尺寸。

电镀钻头出槽后，用水冲洗干净，去除绝缘包扎及水口塞。将钻头放入烘箱内加热，温度控制在 200 ~ 250℃，时间 2 ~ 3h，目的是从镀层中去除氢，避免氢脆现象产生。

E　电镀液的配制方法及镀液成分的补充

溶液的配制：

（1）将计算的硫酸镍、硫酸钴、氯化钠等用热蒸馏水溶解后倒入槽内。

（2）在另一容器内，将计算量的硼酸用较热的水溶解后倒入槽内，搅拌均匀。若镀液中不溶性杂质较多，则应过滤镀液。

（3）十二烷基硫酸钠，一般先用少量水将其调成糊状，再加100倍以上的沸水溶解，并最好煮沸一段时间，澄清后趁热在搅拌下加入镀液中，加水至规定体积。

（4）分析并调整镀液成分。在电镀过程中，硫酸钴的含量会随时间的增加而减少，十二烷基硫酸钠也会消耗，因此，要定期补充。

9.8 胎体性能及其测定方法

9.8.1 抗弯强度

胎体抗弯强度可反映胎体的相对韧性。测定时，试件尺寸为5mm×5mm×30mm的长条形，在材料试验机上进行测定，支点间距为24mm，加载速度为10～20mm/min。试验结果按下式计算：

$$\sigma_u = \frac{3Pl}{2bh^2} \tag{1-9-32}$$

式中 σ_u——抗弯强度，MPa；

P——试样断裂时载荷，N；

l——支点间距，mm；

b——试样宽度，mm；

h——试样高度，mm。

σ_u 值不应小于1000MPa。

9.8.2 冲击韧性

胎体冲击韧性是衡量其抗冲击能力的一个相对指标。试验时，试件尺寸为10mm×10mm×55mm，试件中点的切槽为2mm×2mm。在小型摆式冲击试验机上测定，采用30～60J摆锤。试验结果按下式计算：

$$\alpha_K = A/F \tag{1-9-33}$$

式中 α_K——冲击韧性，J/cm²，其值不低于3J/cm²；

A——冲击功，J；

F——试件受力的最小横截面积，cm²。

9.8.3 胎体硬度

胎体硬度是胎体性能的重要指标之一。采用洛氏硬度计进行测定，以HRC表示，是国内外统一指标。同一配方胎体的HRC值的波动范围不得超过±5HRC。

9.8.4 胎体耐磨性

胎体耐磨性测定方法各式各样。可以制成 $\phi6\times8$mm 小圆柱试样在ML-10型磨损试验机上测定，测定结果按下式计算：

$$M_L = \frac{W_0}{\pi d^2 s\rho/4} \tag{1-9-34}$$

式中 M_L——磨耗系数，其值愈大愈不耐磨，愈小愈耐磨；

W_0——试样试验前后的质量差，g；

d——试样直径，mm；

s——试样的摩擦行程，mm；

ρ——试样的密度，g/cm^3。

胎体的耐磨性应根据岩石的研磨性合理确定。低耐磨性 $M_L > 1.0 \times 10^{-5}$；中等耐磨性 $M_L = (0.3 \sim 1.0) \times 10^{-5}$；高耐磨性 $M_L < 0.3 \times 10^{-5}$。

9.8.5 胎体抗冲蚀性

测定时，试样制成 $\phi 35 \times 5$mm 的圆块，在专用冲蚀试验机上测定。冲蚀试验机的工作原理是利用含固相颗粒高速液流冲蚀试样，以一定冲蚀时间内（20min）试样被冲蚀的损耗体积的倒数来衡量胎体材料的抗冲蚀能力。即

$$Z = \frac{1}{\frac{W_1 - W_2}{\rho}} \tag{1-9-35}$$

式中 Z——胎体抗冲蚀指数，1/cm^3；低抗冲蚀性 $Z < 11$；中等抗冲蚀性 Z 为 11 ~ 22；高抗冲蚀性 $Z > 22$；

W_1——胎体试样冲蚀前的质量，g；

W_2——胎体试样冲蚀后的质量，g；

ρ——胎体试样密度，g/cm^3。

9.8.6 包镶金刚石的能力

孕镶块包镶金刚石的能力是衡量胎体黏结金刚石能力的重要指标。可采用张力环试件测定。其装置如图 1-9-46 所示。

试件尺寸：外径 29mm，内径 19mm，厚度 5mm。圆环上有含金刚石工作层的小块，其宽为 5mm，金刚石浓度为 100%（400%制浓度）。

测定时，载荷 P 通过受载锥体，传力至张力环试件内壁，这样可以将试件看作厚壁圆环内壁上受到均匀分布的压力 P_i（图1-9-47）。圆环破坏是切向应力 σ_0 引起的，其值在表

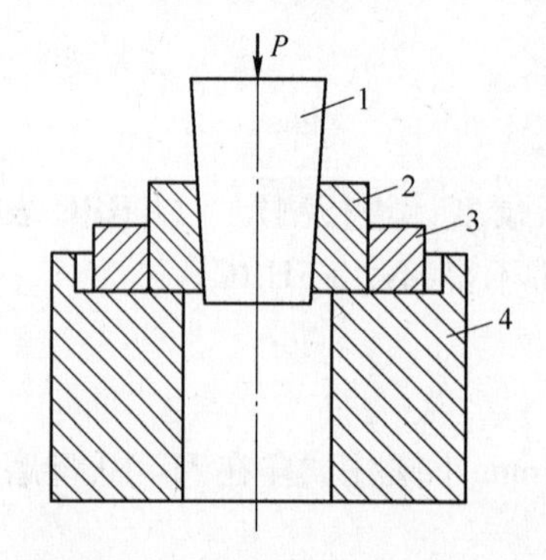

图 1-9-46 张力环试件测定装置

1—受载锥体；2—传力环；3—张力试件；4—底座

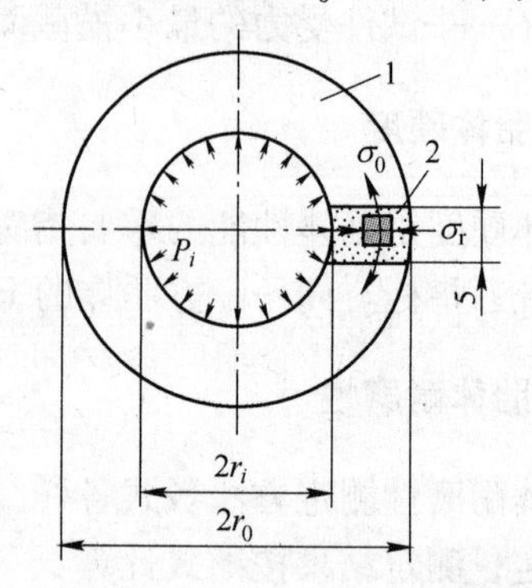

图 1-9-47 张力环试件受力情况

1—纯胎体；2—含金刚石工作层

面为最大，即

$$\sigma_{0\max} = -P_i \frac{r_0^2 + r_i^2}{r_0^2 - r_i^2} \tag{1-9-36}$$

$$P_i = \frac{(P + M_g)(\cos\alpha + f\sin\alpha)}{2\pi r_i h(f\cos\alpha + \sin\alpha)} \tag{1-9-37}$$

式中 r_0——圆环试件外半径，$r_0 = 14.5\text{mm}$；

r_i——圆环试件内半径，$r_i = 9.5\text{mm}$；

M_g——受载锥体重量，$M_g = 0.38\text{N}$；

α——锥体斜面角，$\alpha = 5°2'$；

h——圆环厚度，m；

f——锥体与传力环之间的摩擦系数，$f = 0.15$。

令 $K = \dfrac{r_0^2 + r_i^2}{r_0^2 - r_i^2} \dfrac{(P + M_g)(\cos\alpha + f\sin\alpha)}{2\pi r_i h(f\cos\alpha + \sin\alpha)}$ = 实验常数 = 180m^{-1}，则

$$\sigma_{0\max} = -K(P + M_g)/h \tag{1-9-38}$$

式中 P——张力环试件张裂时的载荷，N。

胎体包镶金刚石的能力愈强，则 $\sigma_{0\max}$ 值愈大。

9.8.7 胎体的红硬性

一般来说，材料在高温下的性能与在常温下的性能是不一样的，其在高温下的硬度性能称为红硬性。

钻头在钻进过程中，由于作用在钻头上的轴向压力和/或线速度较大，金刚石破碎岩石时，在金刚石和胎体上均产生大量的摩擦热，产生的摩擦热使得金刚石四周的胎体温度骤然升高，尽管有冲洗液冷却，但在金刚石工作的瞬间，钻头胎体仍处于高温状态。这样，岩粉对钻头胎体的研磨作用也是在胎体的高温状态下进行的，因此胎体的高温硬度对钻头胎体的耐磨等性能有着重大的影响。

胎体是由金属或非金属粉末经热压烧结而成，由于金刚石在高温下容易碳化，在钻头烧结过程中为了使金刚石不受或少受热损伤，大部分钻头胎体配方的烧结温度在1000℃左右。与硬质合金的生产工艺相比，钻头的烧结温度低，保温时间短，金属只能处于一种熔融状态，而非液体状态，因此钻头胎体所形成的合金既不均匀，也不能形成像硬质合金那样的真合金，胎体是一种名义上的合金，是假合金，很难或根本不能用材料学的显微结构来分析胎体。

钻头在工作过程中，金刚石与岩石的相互摩擦产生的热使胎体处于一定的温度状态，根据金属材料理论可知，金属随着温度的升高，到一定的范围都会产生软化直至熔化。有关研究表明，钻头在钻进过程中，胎体的温度是比较高的，而胎体对金刚石的作用以机械包裹作用为主（也有一定的物理化学作用），随着胎体温度的升高，胎体金属

逐渐软化，使其机械性能大大降低，对金刚石的包裹作用也随之下降。由于胎体可用金属的组成千变万化，不同胎体其高温软化程度和软化温度互不一样，因此，胎体高温软化点的温度越高，则胎体的高温耐磨性等就越好；相反，胎体的高温软化点低，其高温性能特别是耐磨性等就越差。中南大学研制的既简单又价廉的胎体红硬性测定仪，如图1-9-48所示。

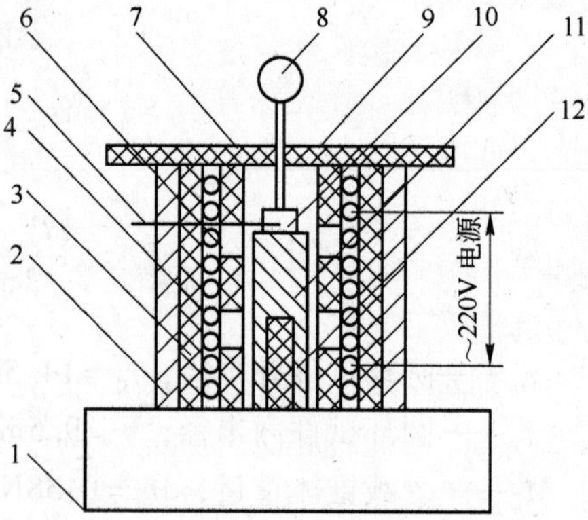

图1-9-48 胎体高温硬度测定仪示意图

1—底座；2—保温壳；3—石棉板；4—加热电阻丝；5—热电偶；6—电阻丝座；7—隔热板；8—千分表；9—压头；10—被测胎体；11—热垫块；12—隔热物

9.8.8 胎体的金相检验

胎体金相检验的目的主要是了解胎体的致密化程度以及截面的物理化学状态。要求胎体的孔隙率不超过0.6%。

9.9 合理选择与使用

9.9.1 选择金刚石钻头的原则

（1）软至中硬和完整均质岩层，一般宜用天然表镶钻头、复合片钻头、聚晶钻头、部分可用孕镶钻头。

（2）硬至坚硬致密的岩层，一般宜用孕镶钻头、锯齿同心圆或交错尖环槽钻头，或细粒表镶金刚石钻头。

（3）在破碎、软硬互层、裂隙发育或强研磨性岩层，如煤系地层，宜用锯齿同心圆型广谱钻头或耐磨性好的，补强的电镀孕镶钻头。

（4）根据岩石的研磨性、风化程度和破碎程度选择胎体耐磨性的原则是：强耐磨性岩层，选用高耐磨性的胎体；中等研磨性岩层，选用中等耐磨性的胎体；弱研磨性岩层，选用低耐磨性的胎体。

（5）复杂地层，研磨性越强、越硬，选用金刚石品级低、粒度相对细一些的钻头。

（6）强研磨性、较破碎的岩层，在保证金刚石包镶良好的条件下，选用金刚石浓度高的钻头。反之，均质致密、弱研磨性的岩层，选用金刚石浓度较低的钻头。

（7）岩层软，排粉多，选用复合片钻头或聚晶钻头。易冲蚀的岩矿层取芯，应选用底喷式钻头。

（8）极坚硬的弱研磨性岩层，如石英岩层，在钻进过程中，采用一般的孕镶钻头，都会出现“打滑”的现象，对于这类地层，建议选用中南大学研制的弱包镶钻头，其解决钻头打滑效果比较理想。

9.9.2 合理使用金刚石钻头

根据岩石的物理力学性质正确选择钻头类型之后，还必须采取以下七项技术措施，才能在钻头的使用过程中取得最优的技术经济指标。

9.9.2.1 金刚石钻头、扩孔器要排队轮换使用

根据岩层、设计孔深等情况，钻头、扩孔器应排队轮换使用。先用外径大的，后用外径小的。同时也应先用内径小的，后用内径大的。在轮换过程中，应保证使排队的钻头、扩孔器都能正常下到孔底，以避免扫孔和扫残留岩芯。提钻后必须用游标卡尺，精确测量钻头和扩孔器的外、内径，以及孕镶钻头的高度，并做好记录，以作为下一个回次选择钻头尺寸的依据。

9.9.2.2 钻头与扩孔器必须合理配合

扩孔器外径应比钻头外径大0.3～0.5mm，坚硬岩层不得大于0.3mm。如扩孔器外径过大，将使扩孔量增加，磨损加剧，钻进效率低。扩孔器外径过小，则起不到扩孔保径的作用。

钻头内径与卡簧的自由径必须合理配合。卡簧自由内径过大，则取不上或卡不牢岩芯，造成中途脱落或残留岩芯过多；卡簧自由内径过小，易造成岩芯堵塞。因此，每次下钻前，要注意检验钻头尺寸与卡簧的配合尺寸。钻探现场应备2～3种尺寸的卡簧以供选配。

9.9.2.3 为金刚石钻头创造良好的工作条件

金刚石性脆，遇冲击载荷易破碎，因此要求孔内清洁，孔底平整，孔径规矩。发现孔底有硬质合金碎屑、胎块碎屑、脱落的金刚石颗粒、金属碎屑、脱落岩芯、掉块等，即采用冲、捞、捣、抓、黏、套、磨、吸等方法清除。凡用金刚石钻进的钻孔，禁止采用钢粒钻进，当新钻头下孔前，要进行磨孔处理。换径和下套管前，必须做好孔底的清理和修整工作。换径和下套管后，用锥形钻头将换径台阶修成锥形，并取净孔底异物，方可钻进。

9.9.2.4 改善钻具稳定性

钻进过程中，因受钻进技术参数选择不当。孔斜严重、钻具级配不合理、钻孔超径等因素的影响，钻具会产生不同程度的振动。虽不能全部消除振动，但采取相应的下列措施，是可得到改善的：

(1) 采用圆断面、直的、与钻杆同级的机上钻杆和高速轻便水龙头、轻型高压胶管，以消除偏重现象，保持机上钻杆运转平稳，防止晃动。不使用弯曲度超过规定的钻杆和粗径钻具。

(2) 采用级配合理的钻具，以减少钻具与孔壁或套管内壁的环状间隙，从而减少钻具的“径向”振动。

(3) 不得采用过大钻压和泵量钻进。

(4) 可采用减振器、扶正器或稳定接头。

(5) 在强研磨性、破碎、软硬互层的岩层中，禁止盲目开高转速。

(6) 使用乳化剂冲洗液、润滑膏，以减少钻具回转时的摩擦阻力和振动。

(7) 钻机与动力机的传动轴中心线要对准，机身要调正，基础要牢固。

9.9.2.5 防止岩芯堵塞

(1) 应采用单动双管钻进。在节理发育、破碎、倾角大的岩矿层，应设计专用取芯工具。

(2) 吸水膨胀、节理发育等易堵岩层采用内径小、补强较好的钻头，使岩芯较顺利地进入内管。

(3) 为保证较破碎岩芯能平滑顺利地进入内管，内管壁可以涂适宜的润滑脂和喷涂塑料、镀铬。

(4) 采用相应的减振措施，减少由于振动造成岩矿芯破碎引起的堵塞。

(5) 钻进过程中，不允许任意提动钻具，开、关车要平稳，钻压、泵量要均匀。

9.9.2.6 防止烧钻

在钻进过程中，因操作不当或孔内情况复杂，造成钻头被烧毁。烧钻轻者使钻头报废，钻头费用剧增。重者，钻头胎体熔化，且和岩粉、残留岩芯烧结在一起，甚至连同岩芯管一起烧毁，造成被迫终孔或报废。恶性烧钻将引起卡钻事故，往往伴随有钻孔弯曲。因此，烧钻是金刚石钻进最易发生的事故之一，应严格采取预防措施。

A 保证冲洗液循环畅通

金刚石钻进采用高转速。由于钻头、钻具与孔壁间隙小，一旦孔底冲洗液补给不足或循环中断，致使钻头冷却不良，排粉不及时，瞬间即可把钻头烧毁。因此，在钻进过程中，始终要循环畅通，即：

(1) 保证泥浆泵处于良好的工作状态。有条件尽量使用变量泵，取消用三通调水阀门，并配备抗振泵压表、流量计和泵量报警器。无报警器时，要设专人测水量。

(2) 保持钻柱有良好的密封性能，切实防止中途泄漏冲洗液，钻杆、粗径钻具的拧卸端必须涂丝扣油，缠棉纱或垫尼龙圈，杜绝渗漏现象发生。

(3) 在钻进过程中，渗漏、泄漏极难观察到。这是因为冲洗液未经孔底返回，仍能维持"短路循环"。但有经验的操作者仍可从泵压的微弱降低和返水是否变清（不带岩粉）观察出来。

(4) 应定期进行钻杆地面水压试验。接头丝扣密封不好的，应及时替换或修复。

(5) 每次起钻后，在下钻之前都应清洗检查双层岩心管的通水孔、通水间隙、拉簧座与钻头内台肩的间隙。检查钻头水口的高度和内外水槽的宽度和深度，不合格者要修磨（内外水槽深度不小于1.5mm，水口高度不小于3mm），保证良好的过水断面，减轻水压力损耗。

(6) 孔底残留岩粉不得超过0.5mm。超过时，应专门冲孔排粉，或专程捞取。钻强研磨性地层，要加大泵量，预防烧钻。

B 控制合理的钻进速度

在金刚石钻进过程中，切忌盲目加压，追求进尺。钻速过快，造成孔内岩粉淤积，排粉不及时，会产生烧钻，甚至钻孔弯曲。要力求避免这种"恶性连锁反应"。还应再次加强金刚石钻进工艺三要素的有机配合。在钻进中硬至硬岩层时，转速是提高孕镶钻头钻速的主要因素，钻坚硬岩层，切忌单纯靠盲目加压取得高钻速。一般在6级左右的均质岩层中，钻速严格控制在2~3m/h之间，并配以适当泵量。

C 集中精力，精心操作

(1) 钻进过程中要精心操作，观察各种仪表显示的数据，以及机械、传动皮带、胶管等的运转和动态变化。一般钻头由硬岩钻入软岩层，钻速突然变快，泵压增高、钻机回转吃力，都是烧钻的预兆。此刻应立即限制钻速，降低钻压和转速，增大泵量或停止钻进，提动钻具并冲孔。待水路畅通，判断无误时，方可继续钻进。处理无效时，应立即提钻。泵压下降，胶管会由突然跳动趋于平稳；钻具回转吃力，是泥浆泵吸水不良，钻柱中途或孔底严重失水的征兆，有发生卡钻的危险，应及时处理。

（2）金刚石钻头外径小于规定尺寸，不得下孔使用；磨孔钻头磨孔时，一次进尺不宜过多，要大泵量冲洗。

（3）要严格按规程配置卡簧，防止岩芯堵塞。一旦遇到岩芯堵塞，就立即提钻，进行妥善处理。

（4）下钻离孔底0.2m左右，要开泵冲孔，待循环畅通后，用慢转速下到孔底，开始下压力、低转速、初磨钻进。待正常后，再快速钻进。切忌用金刚石钻头扫孔。

（5）发现烧钻预兆时，严禁关车，应迅速上下活动钻具。待隐患清除后，应立即提钻检查，弄清楚烧钻原因，采取相应的技术措施。

9.9.2.7 孕镶钻头的初磨与修磨

（1）新的孕镶钻头下孔后，采用轻压慢转，大致钻进0.2~0.3m后，使金刚石出露，并与孔底磨合，再进行正常钻进。

（2）采用喷砂方法，促使金刚石出刃，喷砂方法是利用携带硬质粒子高速流体束，对旋转中的钻头唇面进行喷射，使钻头唇面的金刚石刃出露并锐化，以实现钻头有效钻进。当孕镶钻头出现“打滑”时，均可采用此方法。

（3）孕镶钻头水口小于3mm，要用砂轮或锉刀修磨加深，并尽量保持一致，以免冲蚀不均，造成钻头偏磨。

9.9.3 钻具组合

钻具包括钻杆、岩芯管、扩孔器及金刚石钻头，它们之间的合理组合称为钻具级配系列。金刚石钻具级配系列具有以下特点：

（1）钻头与钻杆之间的差值一般不超过2~4mm。这样有利于开高转速，因为钻孔中存在有三种摩擦副：即钻杆全身与孔壁；岩芯管与孔壁和岩芯；钻头与孔底。随着钻孔延深，前者起主导作用。

全孔的回转阻力可按以下公式计算：

$$F = \mu i \frac{2}{\pi} mRL\omega^2 \tag{1-9-39}$$

式中 μ——钻杆与孔壁的摩擦系数，水介质时为0.4~0.6，润滑冲洗液时为0.1；

i——钻杆半波个数；

m——钻杆单位长度质量，kg/m；

R——正弦波峰值，m；

L——钻杆半波长，可取5m；

ω——钻杆的回转角速度，rad/s，

$$\omega = \frac{2\pi n}{60} \tag{1-9-40}$$

n——钻具转速，r/min。

为了开高转速，又要减轻全孔回转阻力，必须采用润滑冲洗液以减少 μ 值。当使用润滑冲洗液时 μ 值可降低到 0.1 左右。另外，也必须尽量减小 R 值以及采用轻钻杆。

（2）扩孔器的外径一般比钻头外径大 0.3～0.5mm，具体值取决于岩性，坚硬强研磨性岩石取小值。

（3）岩芯卡断器与钻具配合较严密。

岩芯卡断器与钻头等的配合尺寸如图 1-9-49 所示。内管短截与岩芯内管插接，而卡簧座与内管短截插接，卡簧座内放置卡簧，卡簧在卡簧座内能相对滑动一定距离，卡簧座底端与钻头的内台阶也有一定的距离。卡簧的自由内径比钻头的内径要小些。卡簧座和卡簧的形状如图 1-9-50 和图 1-9-51 所示。

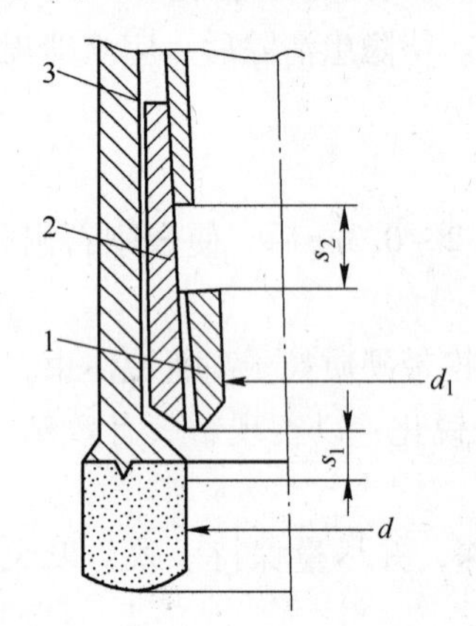

图 1-9-49 岩芯卡断器配合尺寸
1—卡簧；2—卡簧座；3—内管短截；d—钻头内径；d_1—卡簧自由内径（比 d 小 0.3mm 左右）；s_1—卡簧底座端距离钻头内台阶距离（为 3～4mm）；s_2—卡簧在底座内滑动距离（大约为 12mm）

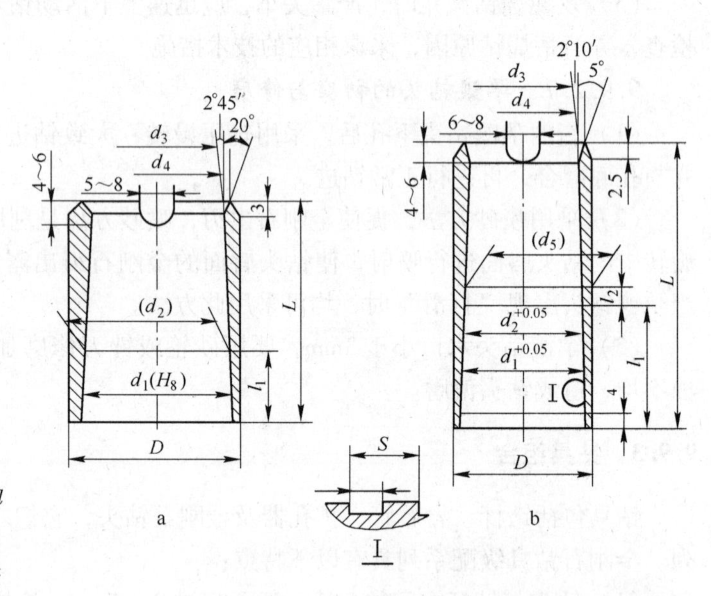

图 1-9-50 卡簧座的形状

9.9.4 温度对钻头使用的影响

金刚石钻头在工作过程中，由于金刚石和胎体与岩石和岩屑摩擦产生热量而升温。当金刚石和胎体与岩石的接触温度达到约 600℃或更高时，会引起金刚石的硬度和耐磨性显著下降，胎体发生各种变形。因此，使用时必须充分重视温度对金刚石钻头使用效果的影响。

9.9.4.1 温度沿胎体高度方向的分布

图 1-9-52 绘出了在试验台上对温度 t 沿胎体高度 h 方向的分布测定情况。其试验条件为：花岗岩，钻头直径 29mm，钻头转速 693r/min，冲洗液量 42L/h。

由图 1-9-52 可见，离胎体唇面愈近，温度愈高，在离唇面 0.25mm 处，温度达到 150～200℃，局部达到 300～400℃；而且高温点也不断变化。其次，从图 1-9-52 也可以看出：钻压愈大，升温愈高，二者基本成正比关系。

9.9.4.2 p，n 组合对升温的影响

表 1-9-16 列出了 p，n 组合对升温影响的试验数据。

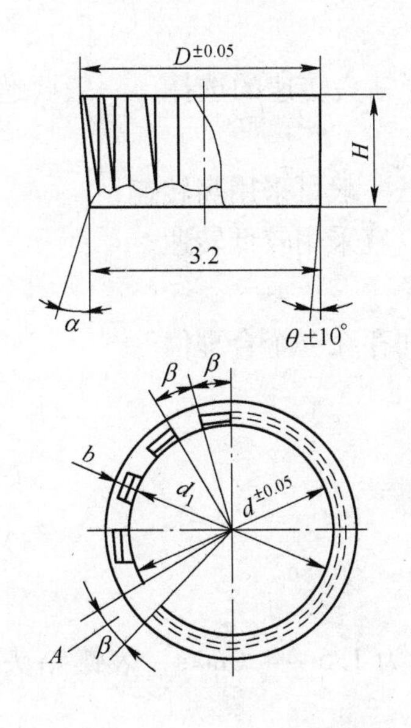

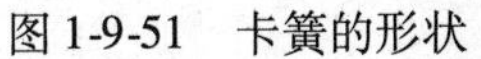
图 1-9-51　卡簧的形状

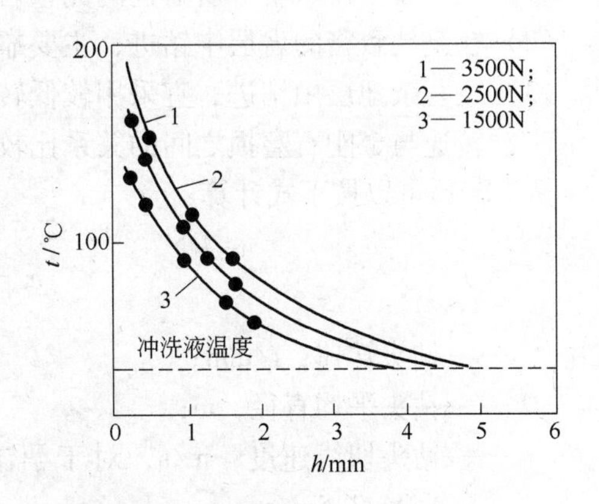

图 1-9-52　温度沿胎体高度方向的分布

表 1-9-16　*p*，*n* 组合对升温的影响

胎体高度 h/mm	钻压 p/N	转速 n/r · min^{-1}	$p \cdot n$/N · r · min^{-1}	温度/℃
0.5	2500	980	24.5×10^5	125
0.5	3500	693	24.3×10^5	140
1.4	2500	980	24.5×10^5	70
1.4	3500	693	24.3×10^5	80

从表 1-9-16 看出，虽然［$p \cdot n$］$=24.5\times10^5$N · r/min，但升温则不同，转速 n 值高而钻压 p 值较低的组合，胎体升温较低，这可以解释由于钻头转速增大，引起冲洗液质点运动速度加快，有利于冷却胎体。因此，金刚石钻进采用高转速比采用高钻压有利。

9.9.4.3　钻头热平衡时间与“烧钻”

试验结果表明：当钻头转速为 980r/min，钻压为 10MPa 时，钻头热平衡时间为 4 ~ 5s。即胎体温度增至一定值，随后温度不变。但是如果由于钻头冷却不良或冲洗液突然停止，就会使钻头发生微烧和“烧钻”。由于冷却不良，当温度达 600℃时金刚石出现微烧，金刚石具有氧化的暗色、胎体具有蓝色斑点；如果突然停止冲洗液，而钻头继续运转 40 ~ 60s，胎体温度可达 900℃左右，就会出现“烧钻”，这时胎体出现橘红色、水口消失、一部分胎体黏附在岩石上。

9.9.5　钻进规程参数

金刚石钻进规程参数包括钻压、转速和泵量。影响金刚石钻进技术参数的因素很多，诸如岩石的物理力学性质、钻头类型和结构参数、钻孔直径、孔身结构和深度、钻探设备的性能和功率、冲洗液类型，以及各种参数之间的合理配合等等。选择金刚石钻进技术参数时，要根据具体条件，对上述因素进行合理分析，采取相应对策，才能获得最佳钻进技术经济指标。

9.9.5.1 转速

转速是影响金刚石钻进效率的主要因素之一。对于钻头转速的选择，一般要遵循以下原则：

（1）在中硬至硬、中等研磨性的完整岩层中钻进，一般可采用高转速；

（2）在坚硬致密的岩层中钻进，主要靠压碎岩石，宜采用较低转速；

（3）在复杂地层中钻进，宜采用较低转速；

（4）转速与金刚石磨损之间的关系比较复杂，其间存在一个合理值。

钻头转速可以按下式计算：

$$n = \frac{60v_n}{\pi D_0} \tag{1-9-41}$$

式中 n——钻头转速，r/min；

D_0——钻头平均直径，m；

v_n——钻头切线速度，m/s，对于孕镶钻头一般为1.5～4.0m/s，表镶钻头一般为1.0～3.5m/s。

9.9.5.2 钻压

金刚石在轴向压力载荷的作用下，施力于岩石。就应力区而言，金刚石吃入岩石深度、破碎区和压力成正比。但压力过大，将产生钻柱弯曲，钻头损坏。甚至因扭矩过大，造成钻杆脱扣、扭断、烧钻或胎体脱落等孔内事故，或助长钻孔偏斜等，对钻进都是极其不利的。

施加在钻头上的轴向压力对于表镶金刚石钻头可以按下列公式计算：

$$P_b = \eta \cdot n_a \cdot p_0 \tag{1-9-42}$$

式中 P_b——表镶金刚石钻头的钻压，N；

η——参加破碎岩石的金刚石系数，一般取2/3；

n_a——钻头唇面上金刚石颗粒数，st；

p_0——单颗金刚石上的压力，N/st，一般为30～50N/st，极限值为150N/st。

施加在钻头上的轴向压力对于孕镶金刚石钻头可以按下列公式计算：

$$P_y = p \cdot A \tag{1-9-43}$$

式中 P_y——孕镶金刚石钻头的钻压，N；

A——钻头的唇面工作面积，m^2；

p——单位工作面积上的压力，Pa，p常为5～10MPa，不得超过20MPa。

9.9.5.3 泵量

泵量是指将冲洗液介质，如清水、泥浆等泵入孔底的量。在金刚石钻进过程中，冲洗液起冷却金刚石、排出岩粉、保护孔壁、润滑和减震等作用。所以金刚石钻进对冲洗液有其特殊的要求：

（1）金刚石钻头唇面排粉漫流间隙小，极易形成岩屑重复破碎、岩粉堵塞，甚至形成坚实的岩粉垫，使孔底排粉和冷却条件恶化，这对钻头的水力学提出了特殊要求。

（2）金刚石热稳定性差，温度过高导致金刚石石墨化、胎体变形，力学性能降低。

（3）钻孔环状间隙小，约2～3mm。水力损失大，无用循环功耗大，也影响钻头水马力的利用，因此有必要研究孔内水力能量的有效利用。

（4）表镶钻头钻进时，是靠漫流通道冷却唇面金刚石和排除岩粉的，因此，调整水口和漫流水路断面之间的关系，是保证提高水力效应、冷却和冲洗效果的关键。

（5）孕镶钻头钻进时，钻头漫流通过小，冲洗液对金刚石冷却和清除岩粉的效果差，加强水口的水力作用是水路设计的主要研究对象。

钻头钻进过程中的冲洗液量一般按以下公式计算：

$$Q = 6v \cdot S \tag{1-9-44}$$

式中　Q——冲洗液量；

v——冲洗液在钻杆和孔壁环状间隙的上返流速，一般为0.3～0.5m/s；

S——钻杆与孔壁之间的环状面积，cm^2。

9.10　钻头磨损与预防

9.10.1　钻头的正常磨损

孕镶钻头的工作原理是：胎体金属与金刚石之间存在磨耗差，使金刚石不断出露，产生自锐，刻取岩石。孕镶钻头的正常磨损形态是，金刚石出露量占粒径的1/3～1/4左右。在钻头旋转尾部形成后支撑，如蝌蚪状，产生有效工作区。这表明胎体耐磨性与岩石研磨性相适应。在中等研磨性的岩层中钻进，表现尤为明显。

表镶钻头的正常磨损比孕镶钻头的正常磨损容易观察。凡是下列情况都属于正常磨损：

（1）金刚石、聚晶、复合片无断裂或崩落现象。

（2）胎体冲蚀正常。

（3）切削具进尺的增加，磨损量逐渐增大。

9.10.2　钻头的非正常磨损

9.10.2.1　钻头的非正常磨损形态

（1）底唇面被抛光的原因：

1）岩石坚硬、致密，研磨性低；

2）选用的钻头胎体太硬，金刚石品级较低；

3）金刚石浓度太高；

4）钻压不足，转速偏高。

（2）胎体端面轻微烧钻的原因：

1）由于金刚石品级太低，很快磨平；

2）钻压过大，冲洗液量不足，胎体表面与岩石强烈摩擦，产生较高温度，导致轻微烧钻。

（3）胎体端面形成沟槽的原因：

1）由于孕镶钻头出刃小，压入岩石后，冲洗液难以通过；

2）钻压过大，冷却不良，排粉困难，重复研磨胎体，端面温度升高，出现微烧，恶性循环的结果，出现拉槽；

3）天然表镶金刚石钻头，因金刚石覆盖不完全或金刚石脱落所致；

4）孔底金属或硬岩碎块。

（4）钻头磨出内外台阶或锥形的原因：

1）在硬岩层中扩孔钻进，造成外缘磨损；

2）在硬、碎岩层中扩孔钻进，钻头内外缘金刚石掉粒或剪断，发生岩芯堵塞或重复破碎；

3）用钻头扫探头石、脱落岩芯或残留岩芯，或松脱的套管接头，使边缘胎体和金刚石过早磨损；

4）双管内管松脱，绳索取芯钻具内管的上部止推式悬挂失灵。

（5）胎体严重磨损的原因：

1）下钻时碰到钻孔换径台阶、探头石或脱落岩芯；

2）跑钻墩坏胎体；

3）钻头在缩径孔段受挤压；

4）在裂隙发育的地层中钻进，钻压过大，转速过高，冲洗液量不足，使胎体产生裂纹，进而发展成胎体掉块。

（6）胎体出现裂纹的原因：

1）压力过大；

2）岩芯自卡，将胎体胀裂；

3）用牙钳拧卸钻头；

4）跑钻墩裂钻头。

（7）钢体严重损坏的原因：

1）钻孔坍塌、掉块或孔底岩屑过多，严重磨损钢体；

2）卡簧座与钻头胎体之间的间隙过大，磨钢体，使胎体留于孔内。

（8）水口严重冲蚀的原因：

1）岩层研磨性高；

2）冲洗液中含砂量及流速过高；

3）胎体耐磨性偏低，也会导致水口被冲蚀。

（9）螺纹部位呈喇叭形的原因：

1）扩孔器与钻头螺纹太松，密封台肩未车成90°；

2）跑钻撑开螺纹；

3）钻压过大。

（10）内外径早期磨损的原因：

1）在研磨性地层中钻进，内外保径不良，或内外径未放保径金刚石作加强处理；

2）同心度不好，超过允许范围，造成偏磨，增大保径金刚石负担，内外径过早磨损。

（11）钻头唇面偏磨的原因：

1）钻头唇面各扇形块磨损程度不均，表明钻头与岩芯管的同心度差；

2）钻头中心线与唇面垂直度差，在高转速钻进中，钻头端面跳动，受力不均所致；

3）有时水口水槽大小不一，也会助长唇面的偏磨。

（12）钻头微烧和烧钻：

钻头微烧的表象是胎体轻微变色，金刚石失去光泽。虽可再用，但进尺明显降低。烧钻是胎体变成蓝色或棕色；金刚石碳化；胎体上有烧钻岩粉。严重者，钻头和孔底岩石熔化在一起，造成重大事故。

9.10.2.2　钻头的非正常磨损在制造方面的原因与后果

通过上述钻头磨损形态的分析可以看出，产生金刚石钻头非正常磨损的原因，主要是操作不当或地层复杂所造成的。除此之外，也有制造方面的原因，主要是：

（1）钢体清洗不干净或金属粉末氧化，烧结时胎体与钢体黏结不牢，造成胎体整个或部分脱落。

（2）胎体不耐磨，或未烧结成型，对金刚石包镶不牢，引起早期磨损。

（3）加工同心度不好，造成钻头偏磨。

（4）钻头结构和水路设计不合理，引起烧钻。

（5）金刚石质量差，或者保径金刚石摆放不合理，胎体高度偏低等，都会缩短钻头寿命。

金刚石钻头的非正常磨损将导致以下后果：

（1）消耗大量贵重材料。表镶金刚石钻头即使可回收重镶，但成本也是很高的。

（2）加大了钻头的直接费用。

（3）延误工期，甚至造成孔内事故，经济损失严重。

由此可见，减少或避免金刚石钻头的非正常磨损，是提高钻探技术经济指标的重要途径。

9.10.3　钻头的正确操作方法

（1）掌握“五不扫”：即不用金刚石钻头扫孔、扫残留岩芯、扫脱落岩芯、扫掉块、扫探头石。

（2）掌握“三必提”：即下钻遇阻扭转无效、岩芯堵塞、钻速骤降必须提钻。

（3）钻进过程中，发现钻头“打滑”，不准盲目加压强迫钻进或瞬时干钻，应立即提钻。

（4）减压钻进，应用钢丝绳将钻柱拉直后再倒杆。之后，用油缸将钻具提高孔底少许，再启动，以防钻头在重载荷下，突然转动而损坏。

（5）下钻前要配好机上余尺，在回次钻进过程中，不准将钻具提离孔底加长钻杆。

（6）在复杂地层中，提升钻具不得过快，并随时向孔内泵送冲洗液，以防抽吸作用造成垮孔。

（7）新钻头下孔后，必须进行初磨。其目的是：了解钻头与岩石适应性；使唇面与孔底磨合；磨去钻头的虚伪尺寸和棱角；使孕镶金刚石出露等。其方法是：开始轻压（约正常压力的1/3）、慢转速。第一回次不宜过长，及时提钻观察钻头磨损形态。

（8）钻头出现下列情况，不再下孔：

1）表镶钻头内径比公称尺寸磨损0.2mm，孕镶钻头内径比公称尺寸磨损0.4mm时；

2）表镶钻头有少数金刚石脱粒，挤裂或剪碎；

3）表镶钻头金刚石颗粒出露超过1/3以上；

4）孕镶钻头因微烧而出现石墨化；

5）钻头出现偏磨或变形；

6）胎体有缺陷；

7）钻头水口和水槽尺寸过小；

8）胎体严重冲蚀；

9）钻头异常磨损；

10）钢体变形，丝扣损坏。

9.11 新技术新发展

9.11.1 新型电镀金刚石钻头

电镀金刚石钻头，设备前期投入少，能源消耗低，室温下操作方便，钻头对地层有较好的适应性；不足之处是，电镀液需要经常分析与调整，钻头生产周期长，保径效果稍差。综合其特点，电镀方法仍然是一种好的制造金刚石钻头的方法，电镀金刚石钻头有其广阔的应用市场。

20世纪的电镀工艺以小规范为主，也就是较小的电流密度和较低的电镀液温度，虽然能较好地稳定钻头质量，但是生产周期太长。因此，多年以来，电镀技术人员一直在试验研究和提高电镀速度，缩短生产周期，并且已经取得很大进展。

9.11.1.1 提高电镀速度的方法

（1）提高电流密度的同时，提高镀液温度。镀液温度较高时，镀液稳定性会稍低，控制与维护镀液的工作量会增加，但是由于方法简单，成本较低，被广泛采用。

（2）在镀液中添加稀土材料。这种方法既可提高电镀速度，又可提高镀层质量，稀土镧和铈是常被采用的稀土材料。

（3）钻头移动或镀液流动-连续过滤。此方法在绝大多数电镀钻头厂都未被采用。实际上，它可有效消除镀液浓差极化，为快速电镀提供了有利条件；同时，它也是驱赶氢气泡的有效方法，有利于提高镀层的致密性。

9.11.1.2 新工艺——新镀液

（1）铵盐镍基电镀液。其基础配方只有硫酸镍、铵盐和硼酸，且只有铵盐含量需要化验与调整。铵盐加入镍基电镀液中，主要起络合剂和缓冲剂作用，可使镀层致密，硬度得到提高。镀液成本较低，因此值得开发与推广。

（2）铁基电镀液。其电镀液成分主要是氯化亚铁（硫酸亚铁）、氯化钠、氯化锰、硼酸等，阴极采用高纯铁。采用不对称交流-直流电常温镀铁成本低，可以在常温条件下实现较快的电镀速度。研究与应用结果表明，这是一种值得研究和开发应用的电镀金刚石钻头的胎体材料，是一种新性能的电镀金刚石钻头的电镀方法。

（3）镍-铁合金电镀液。其基本成分是：硫酸镍180～220g/L，硫酸亚铁15～30g/L，氯化钠20～25g/L，硼酸35～40g/L以及添加剂。pH值3.2～3.8，镀液温度45℃左右，电流密度1.8～3.0A/dm^2。镀液中镍与铁离子含量之比应控制在（9～10）∶1，在这个含量比范围内，钻头具有较高硬度和较高耐磨性。但是，二价铁容易氧化成三价铁离子，会导致镀层恶化，所以，控制三价铁离子含量和保持硫酸镍与硫酸亚铁的含量比，是电镀镍-铁合金胎体金刚石钻头的重要问题。事实表明，镍-铁合金是一种用于电镀金刚石钻头的理想胎体材料，电镀镍-铁合金胎体金刚石钻头是一种新性能的金刚石钻头。

9.11.1.3 超声波电镀金刚石钻头

把超声波复合叠加到电镀金刚石钻头工艺中，产品被称为超声波电镀金刚石钻头。

试验研究表明，将超声波叠加到电镀金刚石钻头工艺中，钻头胎体内针孔明显减少，钻头致密度得到提高，钻头整平作用良好，包镶金刚石的强度得到改善，且电流密度能大幅度提高，从而大大缩短钻头生产周期。

电镀金刚石钻头保径效果不理想的问题一直存在，但超声波介入后，钻头保径效果有了很大提高，钻头内外径与工作层磨损能基本相适应。

9.11.2 钎焊金刚石钻头

钎焊金刚石钻头的性能优于烧结和电镀金刚石钻头，钎焊技术可使金刚石的最大出刃值达到粒径的2/3，钻头寿命提高3倍以上。

9.11.2.1 钎焊设备

使用的钎焊设备主要有高频感应焊机和高温真空炉两种。

钎焊专用设备应满足下列要求：

（1）高频感应焊必须在真空或惰性气体保护下进行焊接；

（2）设计相应工装，便于固定工件以及工件的旋转、移动与准确定位；

（3）精确的温度测控系统；

（4）真空炉应保证有足够的真空度和稳定、均匀的温度场；

（5）炉型至少两种，一种供小批量生产或试制新产品用，一种要有较大的工作空间，易于大批量生产；

（6）有观察口，便于观察炉内钎焊过程；

（7）为提高生产效率，升温、保温与冷却阶段能分段连续进行，便于缩短生产周期，提高产量；

（8）良好的工艺控制系统。

9.11.2.2 钎焊单层金刚石

钎焊单层金刚石技术发展至今，已经解决了一些关键性的技术问题，产品也开始逐步得到推广应用。

（1）钎焊金刚石手工布料。目前国内钎焊产品布金刚石颗粒和布钎焊粉料主要是靠人工或者辅助一些简单的工装夹具来完成。其制作流程：清洗工件基体→喷砂→清洗→涂胶（钎焊剂）→人工布撒金刚石颗粒→人工修整金刚石的均匀性→喷撒润湿剂→人工布撒钎焊料→人工修整钎焊料的均匀性→喷撒固定剂→毛坯清理→真空烧结→检验→电镀或油漆→检验入库。

钎焊金刚石手工布料存在效率低、金刚石颗粒或钎焊粉料布撒不均匀等缺点，而布料的均匀性又直接影响到产品质量的稳定性。

（2）钎焊金刚石自动布料。为了解决钎焊金刚石不均匀性的问题，提高生产效率，技术人员通过一系列试验，根据钎焊特点和工艺要求，设计出了一套自动布料装置，实现了金刚石和钎焊布料一次完成，布料均匀，生产效率高。其制作流程：清洗工件基体→喷砂→清洗→涂胶（钎焊剂）→自动布撒金刚石颗粒和钎焊料→喷撒固定剂→毛坯清理修整→真空烧结→检验→电镀或油漆→检验入库。

一次性均匀布料技术可以极大地提高钎焊产品的生产效率，节省人力和物力，同时提高产品的性能和质量，所以，该技术将得到推广和应用。

9.11.2.3 国内钎焊金刚石的发展

（1）第四军医大学和西安交通大学在国内外钎焊金刚石研究的基础上，采用真空炉（真空度为0.2Pa）内高温钎焊的方法，以 $NiCr_{13}P_9$ 合金为钎料，配以少量 Cr 粉，在高温（950℃）加压（4.9MPa）的条件下进行钎焊，从而实现了金刚石与钢基体间的牢固结合。

（2）南京航空航天大学利用高频感应钎焊的方法，用 Ag-Cu 合金和 Cr 粉共同做中间层材料，在空气中感应钎焊 35s，钎焊温度 780℃，实现了金刚石与钢基体间的牢固结合。

9.11.2.4 钎焊多层金刚石

虽然钎焊金刚石已成为热点技术，但仅局限于单层金刚石。

对金刚石钻头进行钢筋混凝土钻进模拟实验的结果表明，从理论上讲，是可以实现多层金刚石的钎焊的，具体应用工艺，是一个值得进一步研究的方向。

9.11.2.5 金刚石均布排列

把金刚石按设计的间距均匀排布也是钎焊金刚石的一个发展方向，如何使用机械自动布料的办法来实现金刚石均布还有待做进一步的研究。

9.11.3 新型孕镶金刚石复合片钻头

将单晶金刚石和硬质合金这两种不同特点的超硬材料进行烧结复合，可形成一种独具特色的新型超硬复合材料——孕镶金刚石复合片。它既有较高的硬度和耐磨性，也有较好的强度和韧性，非常适用于钻进以软至中硬岩层为主同时含有软硬互层的地层。

（1）采用 Ni-P 活化烧结工艺。硬质合金烧结温度一般超过 1350℃，这会导致金刚石石墨化，为解决这一矛盾，采用 Ni-P 活化烧结 WC-Co 硬质合金，可实现 WC-Co 硬质合金的低温活化烧结。在此基础上研制的综合机械性能良好、成本低于传统 PDC 的孕镶金刚石复合片，其耐磨性超过常规硬质合金的 100 倍。

（2）孕镶金刚石复合片取芯式钻头。利用研制的孕镶金刚石复合片设计制造的取芯式钻头，试验结果表明，在 4～6 级软岩中可取得很好的钻进效果。

（3）进一步优化。在已有研究成果的基础上，还要进一步试验该取芯钻头在中硬及硬岩中的钻进效果，从而进一步优化复合片的配方、烧结工艺及钻头的结构参数。

9.11.4 国外地质钻头的发展

9.11.4.1 金刚石聚晶钻头

（1）Geseot 型聚晶金刚石。美国 G. E 公司采用碳化硅黏结剂来提高聚晶金刚石的热稳定性，用这种方法生产的 Geseot 型聚晶金刚石在钻头胎体中镶嵌工艺与天然金刚石表镶钻头工艺是一样的。在地质钻孔钻进中，Geseot 钻头与天然金刚石表镶钻头相比，平均机械钻速增加 80%，而钻头寿命增加 1.5 倍。

（2）Syndax-3 型聚晶金刚石。De Beers 公司生产的 Syndax-3 型金刚石聚晶合成直径

50mm、厚2.6~3.7mm的圆片，借助激光或电子工艺，可切成三角形、正方形、五角形、立方形和切削刃，以满足钻进不同岩石的要求。Syndax-3在抗破裂形成方面优于天然金刚石，且在高温条件下有抗氧化能力。在类似条件下，Syndax-3钻头的钻速分别比天然金刚石表镶钻头和孕镶钻头高2.4倍和3.3倍。

(3) 水磨石式切削刃钻头。Eastman Christensen公司研制出热稳定水磨石式大切削刃，它由硬质合金材料组成，其中固定有热稳定聚晶金刚石。采用水磨石式切削刃与金刚石硬质合金片相结合，在交替硬度研磨性岩石上，可保证比聚晶金刚石寿命提高3倍，比金刚石硬质合金切削刃提高19倍，比销形牙轮钻头提高2~5倍。

9.11.4.2 人造金刚石单晶钻头

(1) 新人造金刚石单晶钻头。Craelius公司制作孕镶钻头主要使用人造金刚石单晶，粒度25~50目（700~270μm）和四种类型胎体。为绳索取芯钻具制作了厚壁钻头，唇面上有环状水口。新的人造金刚石单晶孕镶钻头在900~1200r/min下可取得类似天然金刚石表镶钻头在1500~2000r/min下的机械钻速，这样将大大提高立轴钻机和万能液压钻机的金刚石钻探效率。

(2) 汞齐型孕镶钻头。Acker Drill公司掌握了汞齐型孕镶钻头的生产，使用人造金刚石单晶尺寸是18~50目（880~270μm）。与普通钻头相比，新钻头金刚石浓度极高，胎体经特殊工艺制作，可解决金刚石均匀分布问题。直径38~146mm汞齐型钻头可用于单管、双管、三管和薄壁钻杆；直径47.6~122mm混合型钻头可用于绳索取芯钻具。

参考文献

[1] 张绍和. 金刚石与金刚石工具[M]. 长沙：中南大学出版社，2005，7.
[2] 王扶志，等. 地质工程钻探工艺与技术[M]. 长沙：中南大学出版社，2008，7.
[3] 吕智，等. 超硬材料工具设计与制造[M]. 北京：冶金工业出版社，2010，1.
[4] 杨凯华，等. 新型金刚石工具研究[M]. 武汉：中国地质大学出版社，2001，8.
[5] 张绍和. 金刚石钻头设计与制造新理论新技术[M]. 武汉：中国地质大学出版社，2001，7.
[6] 谢国治. 钎焊磨具制造工艺与机理研究[D]. 南京航空航天大学博士学位论文，2000，5.

（中南大学：张绍和，施莉）

10　金刚石工程钻头

金刚石工程钻头也称为金刚石薄壁工程钻头，作为一种主要的钻切工具，有着广泛的使用领域。金刚石工程钻头主要用于建筑工程业、石材、玻璃、陶瓷工业，是用来钻孔、掏料、取芯的一种高效率工具。它不但能钻进非金属材料如玻璃、陶瓷，而且在钻进钢筋混凝土、岩石等方面也是物美价廉、快捷干净的优质工具。这种钻头的特性在于：一是钻头胎体壁薄，以适应超轻型钻机，钻速高；二是与常规金刚石钻探规程中忌切削铁物的规定相反，金刚石工程钻头必须具有切削钢筋混凝土的性能。

10.1　金刚石工程钻头主要用途

（1）在建筑的墙面或楼板上钻孔，以安装上下水、暖气、通风管道、敷设电缆等。

（2）在建筑改造上通过钻孔植钢筋，完成对建筑物的加固和拓宽等。

（3）利用金刚石工程钻头钻进排孔，可在建筑物上开凿各种切口。

（4）在高速公路、机场等的建设中，在地面钻孔以安装路灯灯杆、标志杆及其他各类装置。

（5）应用于大型水坝、电站的加高、改造，以及为测量应力，在钢筋混凝土上钻孔。

（6）为检验钢筋混凝土的浇注质量，检查其强度、孔隙度、混凝土与骨料、钢筋之间的黏结性能等，进行钻孔取样。

（7）应用于古建筑物修复和保护中，可实现精确定位钻孔、减少振动对建筑的损伤。

（8）工艺品和硬脆材料加工。

（9）对硬脆材料如玻璃、陶瓷等进行钻孔。

（10）在冶炼炉的硅质耐火材料上钻孔。

（11）在花岗岩、大理石以及玛瑙等工艺品上钻孔。

10.2　结构构成

10.2.1　金刚石工程钻头的基本结构

金刚石工程钻头一般由螺纹接头、管体、刀头三部分组成，如图 1-10-1 所示。

螺纹接头是金刚石工程钻头与钻机的连接部分，有内螺纹和外螺纹两种形式，通常采用内螺纹接头形式。常用内螺纹有 M14、M16、M22、$1\frac{1''}{4}$UNC、$\frac{5''}{8}-11$ 等，常用外螺纹有 M14、$\frac{1''}{2}$BSP 等。

管体部分决定金刚石工程钻头的钻进深度，其长度一般以有效长度标注，有效长度就

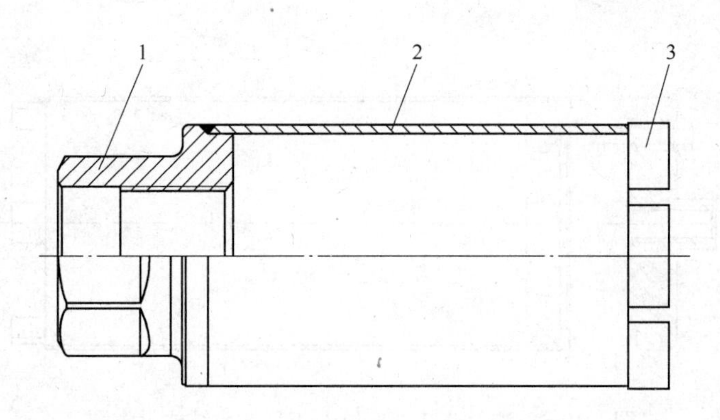

图 1-10-1　金刚石工程钻头基本结构

1—螺纹接头；2—管体；3—刀头

是该钻头的理论最大钻进深度。

刀头是金刚石工程钻头的工作部分，其性能决定了钻头的基本使用效果。

10.2.2　金刚石工程钻头的结构形式

金刚石工程钻头按其基体形式可分为一体式、分体式、法兰连接式三种基本形式。

一体式钻头的基体为一个整体，在基体上焊上刀头即可使用。其优点是结构简单，加工和操作方便，但缺乏灵活性。图 1-10-1 为一体式钻头的结构示意图。

分体组合式钻头一般由尾部、中间管体和刀头部三部分组成，三部分之间采用螺纹连接。其优点是：(1) 一个尾部、中间管体可搭配多个刀头部重复使用，在现场钻进中不需要复焊即可反复使用同一个基体。(2) 可通过更换中间管体的长度获得不同的有效长度和钻进深度。(3) 一个尾部、中间管体可搭配多种配方的刀头部，在现场钻进中使用同一个基体搭配不同的刀头部可获得不同的钻进性能。图 1-10-2 为分体组合式钻头的结构示意图。

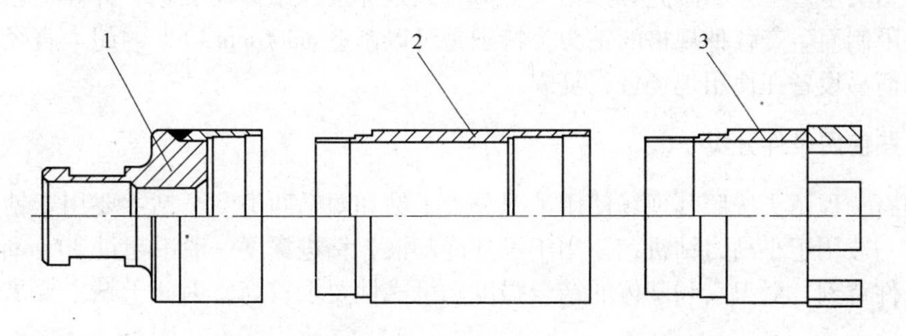

图 1-10-2　分体组合式金刚石工程钻头结构示意图

1—尾部；2—中间管体；3—刀头部

法兰连接式钻头（见图 1-10-3）由螺纹接头法兰和管体两部分组成，两部分由螺栓连接。其主要特点是螺纹接头可更换，通过更换螺纹接头法兰可适用于不同的钻机。法兰连接式主要应用于大规格和超大规格金刚石工程钻头。

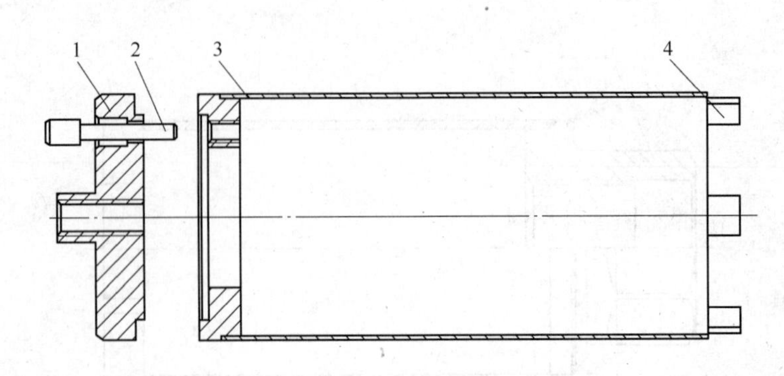

图 1-10-3 法兰连接式金刚石工程钻头结构示意图
1—螺纹接头法兰；2—螺栓；3—管体；4—刀头

10.3 品种分类

10.3.1 按生产工艺分类

金刚石工程钻头按照其刀头与基体的结合形式，基本分为整体烧结型钻头、激光焊接钻头和钎焊钻头三种，目前被广泛生产和使用的是激光焊接钻头和钎焊钻头。

整体烧结型钻头的刀头和基体的连接是在热压烧结过程中产生镶嵌，因此其烧结管体长度受热压机工位高度限制，如需生产较长的钻头，往往需要先生产短钻头，再与长管体通过螺纹连接或焊接来实现。该工艺生产效率较低，生产 ϕ132mm 以上规格钻头较为困难，目前在一些特殊产品上还在使用，常规钻头的生产已逐渐采用激光焊接或钎焊工艺。

激光焊接钻头是先热压烧结刀头，然后通过激光束将刀头焊接在基体上来生产钻头。激光焊接工艺对刀头和基体的焊接强度高，焊接可靠性强，但需要采用专用设备，复焊需要返回工厂焊接。激光焊接工艺目前可生产 ϕ300mm 规格以下钻头，大规格钻头受设备限制生产较为困难。

钎焊钻头生产工艺和激光焊接钻头类似，只是焊接采用钎焊工艺。钎焊工艺可以不受尺寸规格限制而生产各种规格的钻头，特别是可以制造 ϕ300mm 以上的超大直径钻头，并且可采用简易设备在使用现场进行复焊。

10.3.2 按使用条件分类

金刚石工程钻头按照其现场使用工况分为干钻和湿钻两类。干钻主要用于钻进普通水泥和砖，一般用于小马力钻机，使用中不加冷却液，钻进深度一般不超过 300mm。由于干钻使用条件苛刻，对刀头和基体的结合强度和可靠性要求较高，因此干钻主要采用激光焊接工艺生产。

湿钻主要用于钻进钢筋混凝土和硬水泥，钻进过程中加水冷却。绝大部分金刚石工程钻头的生产和应用都采用湿钻，为钻头中的主流专业品种，湿钻主要采用激光焊接工艺和钎焊工艺生产。

10.4 刀头制造

焊接金刚石工程钻头的刀头形式多样，较为广泛采用的主要是普通刀头，除此之外还有有整体环形刀头、波纹刀头、尖顶刀头、W 形刀头以及多坑刀头等，如图 1-10-4 所示。

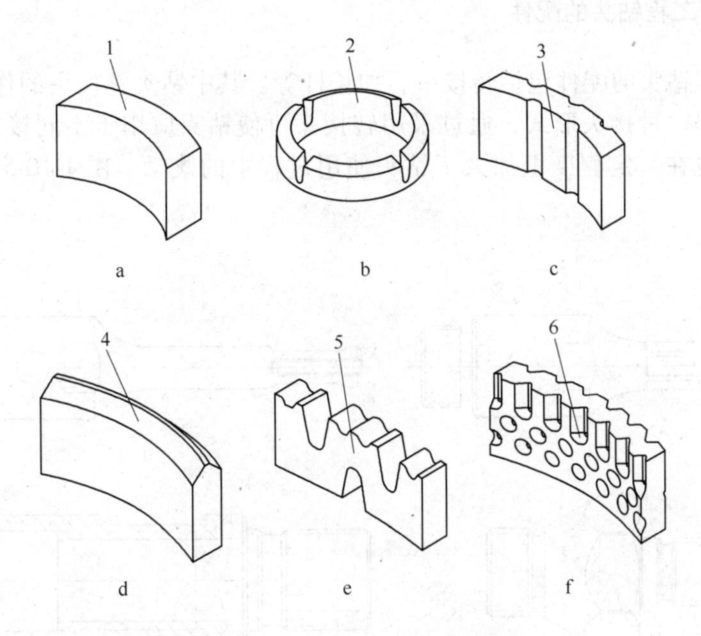

图 1-10-4　钻头刀头的几种样式

1—普通刀头；2—整体环形刀头；3—波纹刀头；4—尖顶刀头；5—W 形刀头；6—多坑刀头

10.4.1　金刚石工程钻头的规格系列

金刚石工程钻头规格系列主要根据钢管规格而定，对于不同的钻头结构和使用工况，钻头可有不同的钢管壁厚和刀头厚度。常用的金刚石工程钻头外径规格见表 1-10-1。

表 1-10-1　金刚石工程钻头常用规格

序号	钻头外径/mm	序号	钻头外径/mm	序号	钻头外径/mm	备　注
1	8	15	38	29	120	钻头有效长度 150mm 230mm 300mm 350mm 400mm 450mm 500mm
2	10	16	40	30	127	
3	12	17	42	31	132	
4	14	18	45	32	142	
5	16	19	52	33	152	
6	18	20	57	34	160	
7	20	21	63	35	170	
8	22	22	76	36	180	
9	24	23	82	37	192	
10	26	24	90	38	200	
11	28	25	102	39	230	
12	30	26	107	40	250	
13	32	27	110	41	300	
14	35	28	114	42	350	

10.4.2 金刚石工程钻头的配件

金刚石工程钻头的配件包括转接头、加长杆等。其中钻头转接头的作用为将一种接头形式转换为另一种接头形式，通过采用转接头可使钻头应用于不同接口形式的钻机，但使用转接头也在一定程度上加大了钻头使用过程中的跳动，图1-10-5为几种转接头形式。

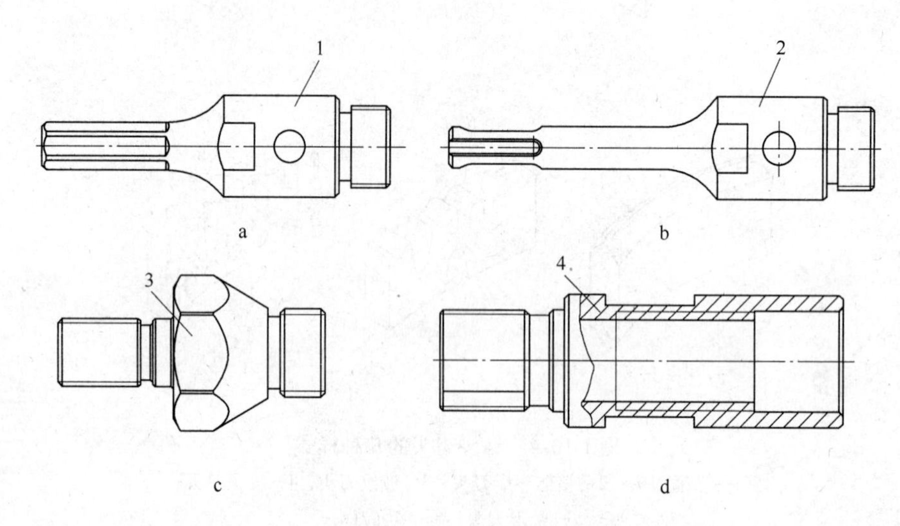

图1-10-5 几种钻头转接头形式

1—螺纹转六角柄接头；2—螺纹转SDS接头；3—内螺纹转外螺纹接头；4—外螺纹转外螺纹接头

钻头加长杆作为连接钻机和钻头的一种辅件，在金刚石工程钻头钻进一次后，如仍需继续钻进，可使用加长杆增加钻进深度，图1-10-6为一种加长杆形式。

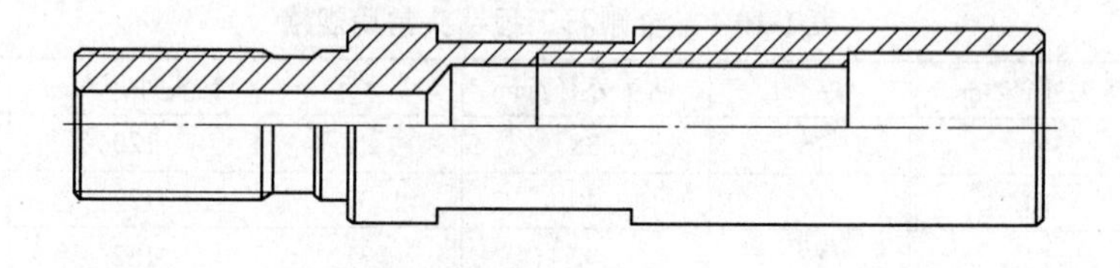

图1-10-6 钻头加长杆

10.5 钻头焊接

将所需的金刚石工程钻头钢体、刀头节齿准备好后，通过高频焊接或激光焊接方式，将刀头节齿固定在钻头钢体上即制造得到完整的金刚石工程钻头，其焊接工艺和方法与焊接锯片的方法类似。

参考文献

[1] 刘广志. 金刚石钻探手册[M]. 北京：地质出版社，1991，12.

[2] Stan Herbert. A drill to fit bt boxes[J]. IDR，1993(3):143.
[3] Martin Jennings. Dry drill balcony repairs[J]. IDR，1992(6):311 ~312.
[4] Stan Herbert. A match for the Victorians[J]. IDR，1988(1):4 ~5.
[5] Ian Bannister. Big holes for airport upgrade[J]. IDR，1991(2):86.
[6] Trafalgar square update[J]. IDR，1989(2):66.

（安泰钢研超硬材料制品有限责任公司：赵刚）

11 金刚石石油钻头

我国金刚石石油钻头的研究始于20世纪60年代，70年代初研制成功了无压浸渍技术并用于钻头制造，随着各种新型钻探用磨削材料的研制成功以及钻头设计中新理念的加入，使金刚石石油钻头技术得到了快速发展。

11.1 类型分类

金刚石石油钻头类型很多，按用途可分为全面钻进钻头和取芯钻进钻头；按钻进方法分为转盘回转钻进钻头和螺杆（或涡轮）钻进钻头；按金刚石类型可分为天然金刚石钻头、人造金刚石钻头和金刚石烧结体钻头；按镶嵌方式可分为表镶和孕镶钻头，还有派生的复合镶嵌形式钻头；按制造方法分为无压浸渍钻头、热压烧结钻头和二次镶嵌钻头。

按用途分如图1-11-1所示。

按钻进方法分如图1-11-2所示。

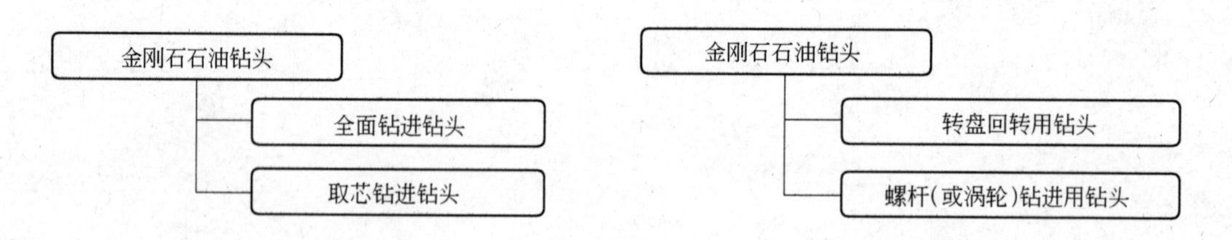

图1-11-1 石油钻头按用途分类

图1-11-2 石油钻头按钻进方法分类

按镶嵌形式分如图1-11-3所示。

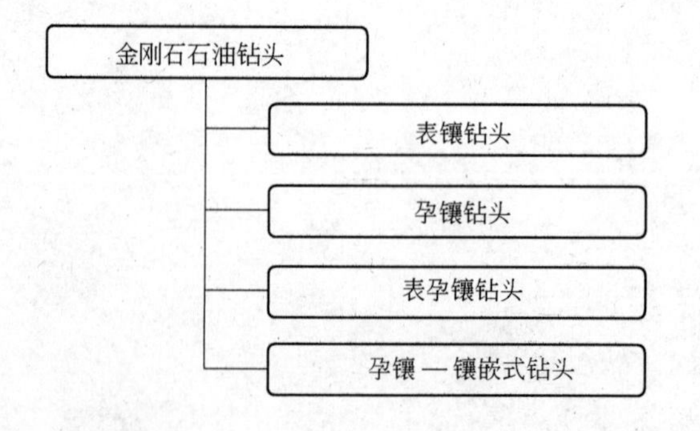

图1-11-3 石油钻头按镶嵌形式分类

按金刚石类型分如图1-11-4所示。

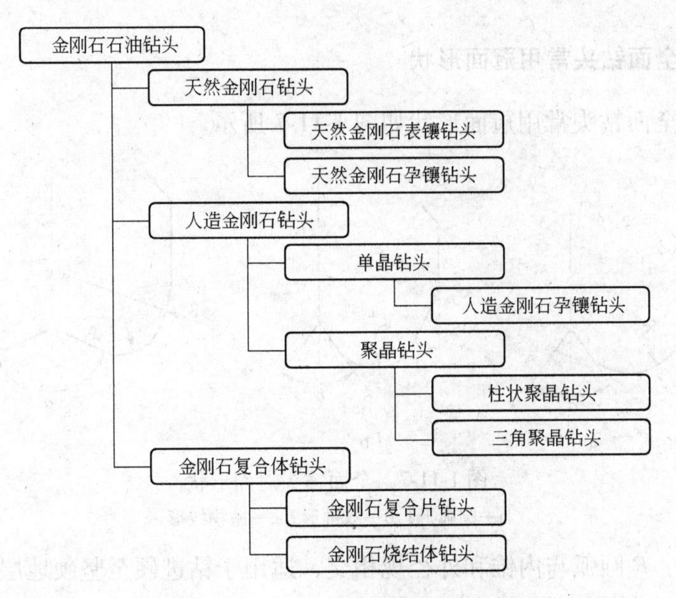

图 1-11-4　石油钻头按金刚石类型分类

11.2　全面钻头

11.2.1　金刚石石油全面钻头结构

钻头各部分名称如图 1-11-5 和图 1-11-6 所示。

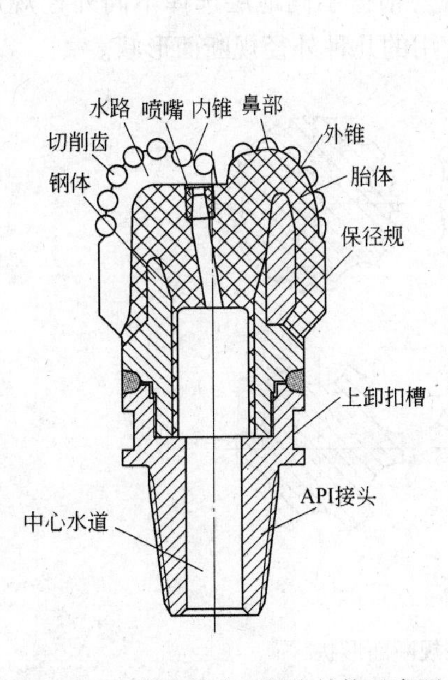

图 1-11-5　复合片全面钻头结构示意图

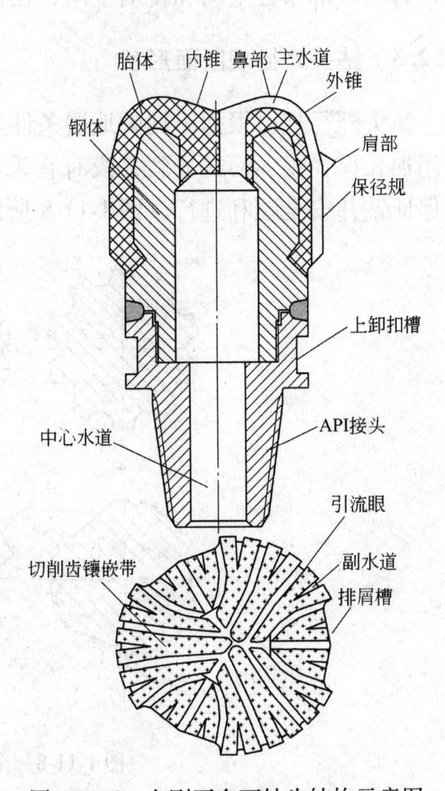

图 1-11-6　金刚石全面钻头结构示意图

11. 2. 2　金刚石全面钻头常用冠面形状

金刚石石油全面钻头常用冠面形状如图 1-11-7 所示。

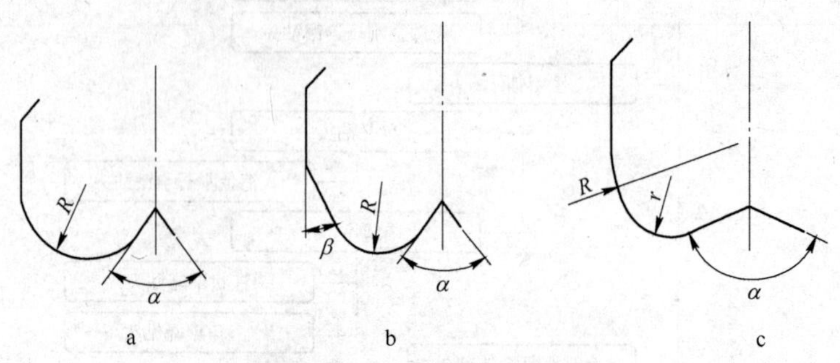

图 1-11-7　全面钻头冠面形状

a—圆弧形；b—双锥形；c—抛物线形

（1）圆弧形：R 圆弧与内锥和外径规相交，适用于钻进硬至坚硬地层。

（2）双锥形：内外锥的母线与 R 圆弧相切，适用于钻进软至中硬地层。

（3）抛物线形：r 圆弧与外锥的 R 圆弧和内锥母线相切，适用于钻进软至中硬地层。

内锥角 α 通常取值 90° ~ 145° 为宜，内锥角 α 的大小随地层硬度的增加适当增大，α 角太小会使岩石卡在内锥部位造成重复破碎。α 角增大稳定性变差，故定向钻头的内锥角适宜大些。从设计上讲，无论何种冠部形状，最终都是为了满足切削齿在冠部表面容易布置，有足够的布齿空间和排屑空间，设计的冠部形状易于加工成型。

11. 2. 3　钻头外径规断面形状

钻头外径规可根据不同的地层条件及钻井技术要求进行设计，为获得好的稳定性钻头采用加长保径规，而在造斜井段时宜采用短保径规。根据不同地层选择不同外径规形状，以保证钻井安全顺利进行。图 1-11-8 所示为钻头常用的几种外径规断面形状。

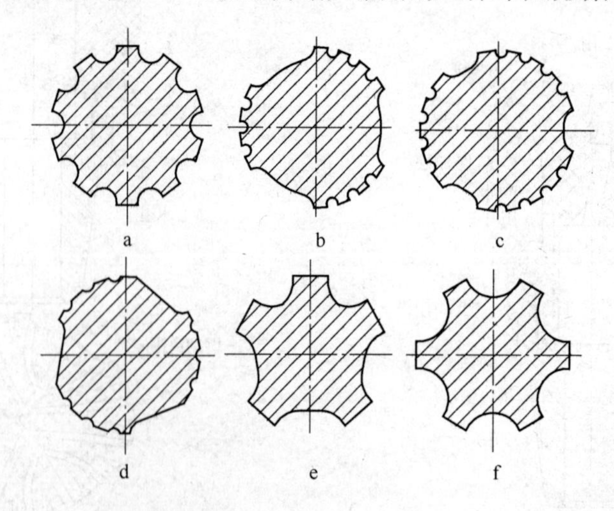

图 1-11-8　全面钻头外径规断面形状

a—整圆形；b—大扇形；c—小扇形；d—钩状扇形；e—五刀翼形；f—六刀翼形

（1）小扇形：用于硬和坚硬地层，由于钻进产生的岩屑较少，水路面积较小也可满足排粉要求，如天然表镶全面钻头和孕镶金刚石全面钻头。

（2）大扇形：用于中硬至硬地层，整圆形断面应用范围与其类同，此种类型结构能迅速排出岩屑，如复合片钻头和巴拉斯钻头。

（3）全开式（刀翼形）：具有低和中等的钻头压力降，适宜用低压降钻头，如复合片全面钻头。

（4）钩状扇形：用于软至中硬地层，此结构更有利于防止泥包产生。

11.3　取芯钻头

11.3.1　金刚石石油取芯钻头结构

金刚石石油取芯钻头结构及各部分术语如图1-11-9所示。

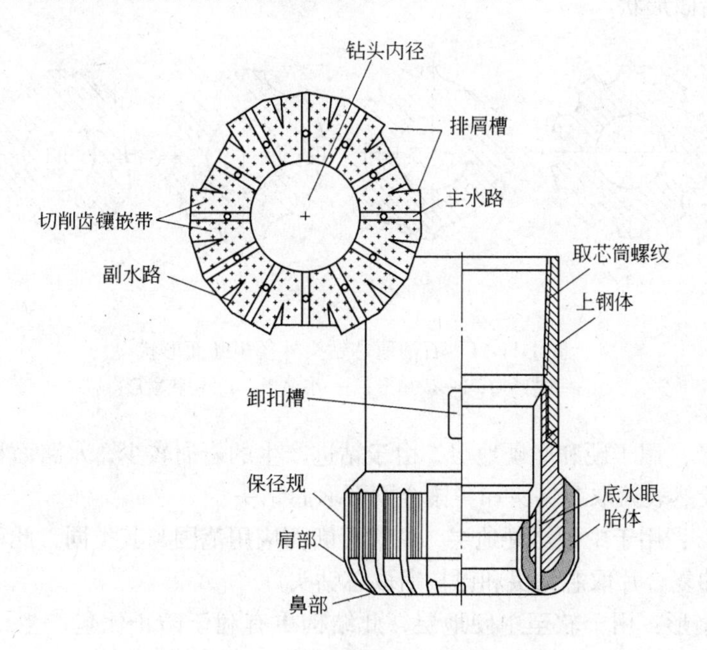

图1-11-9　取芯钻头结构示意图

11.3.2　金刚石石油取芯钻头常用唇面形状

金刚石石油取芯钻头常用唇面形状如图1-11-10所示。

双圆弧形唇面（图1-11-10a），为不对称双圆弧结构，可用于硬地层取芯。

底喷式双圆弧形唇面（图1-11-10b），在双圆弧唇面的基础上增加底喷式水眼，可用于不完整和易冲蚀地层取芯。

双锥形唇面（图1-11-10c），此种唇面形式可用于钻进软、中硬、硬地层的取芯钻头，也可增加底喷水眼，用于钻进不完整地层和易冲蚀地层。

圆弧形唇面（B形唇面）（图1-11-10d），可用于硬和研磨性强的地层取芯钻进。

阶梯形唇面（图1-11-10e），用于中硬易冲蚀地层取芯钻进。

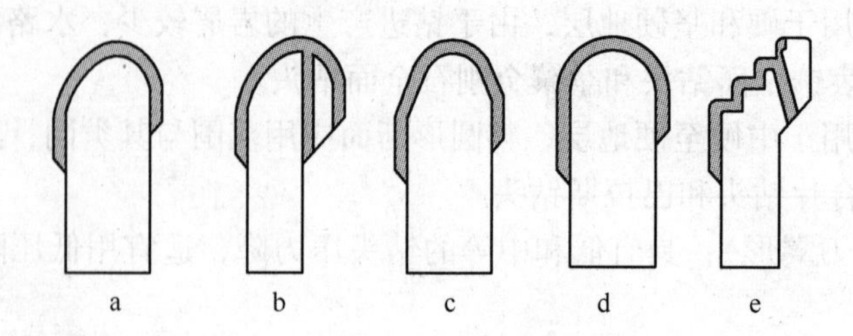

图 1-11-10 金刚石石油取芯钻头常用唇面形状

11.3.3 钻头外径规断面形状

钻头外径规可根据不同的地层条件及钻井技术要求进行设计。图 1-11-11 为钻头常用的几种外径规断面形状。

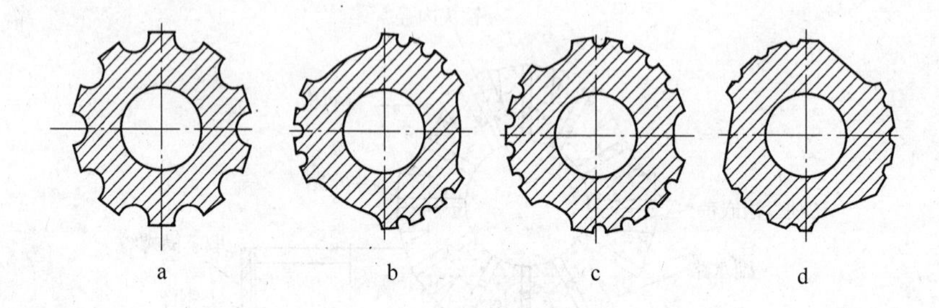

图 1-11-11 石油取芯钻头外径规断面形状

a—整圆形；b—大扇形；c—小扇形；d—钩状扇形

（1）小扇形：用于硬和坚硬地层，由于钻进产生的岩屑较少，水路面积较小也可满足排粉要求，如天然表镶取芯钻头和孕镶金刚石取芯钻头。

（2）大扇形：用于中硬至硬地层，整圆形断面应用范围与其类同，此种类型结构能迅速排出岩屑，如复合片取芯钻头和巴拉斯取芯钻头。

（3）钩状扇形：用于软至中硬地层，此结构更有利于防止泥包产生，如复合片取芯钻头。

11.4 水力结构

钻头的水力结构主要包括内水路（或喷嘴）、水道和外水路（排屑槽）三部分。内水路（或喷嘴）的水力作用及钻头冠部表面设计使岩屑流向钻头外径部位的外水路（排屑槽），内水槽（或喷嘴）和外水路（排屑槽）一起提供了井底清洗和冷却切削齿及向环形空间运移岩屑的基本流动模式。

设计钻头水力结构时，主要遵循如下原则：

（1）水路设计要满足充分冷却切削齿的原则。切削齿的冷却对提高钻速至关重要，而冷却速度取决于流过切削齿周围的钻井液性能、流动速度和流动方向。钻头设计过程中应能够设计出合理的水路结构，使切削齿周围的钻井液流动达到最优配置。

（2）水路设计要满足净化井底并减小对钻头体的冲蚀的原则。在钻头工作面与岩石间流动的钻井液会引起钻头体的严重冲蚀。加大流速可以改善切削齿的冷却和清洗，但却会加速对钻头体的冲蚀。因此在保证钻头机械强度的前提下，适当加大内外水路及底水路的尺寸，保证排粉通畅，减小冲洗液对钻头的冲蚀磨损。

11.4.1　流道结构的选择

常用的流道结构为开放式、辐射式和分流式。复合片钻头常采用开放式流道；其他两种形式的流道常用于巴拉斯钻头、天然表镶金刚石钻头及孕镶金刚石钻头。

开放式流道的水力特点是：流体从钻头冠部中心（内水路或喷嘴）流出，通过平行的或扩散的流道流向钻头外径。这种结构的钻头压力降最小，冷却和清洗加强。它适用于软-中硬地层钻头。

辐射式流道使液流从钻头中心（或内水路）流向钻头的外锥。在流动过程中，其液流方向不发生变化。在页岩及软地层中使岩屑很快离开钻头冠部。这种水力系统用于中硬地层钻头。

分流式流道的水力特点是：钻井液从钻头中心（或内水路）的高压水道流入规径处的低压水道，以改善切削齿的冷却。与辐射流道相比，钻头压力降较高。这种水道结构常用来钻硬地层。

11.4.2　钻头水力参数计算

在设计钻头水力参数时，一般用流量和压力降作为可变数来计算井底水马力曲线。金刚石钻进要获得高的钻进效率，对钻井液的水马力（1 水马力 =0.7355kW）要求是：

（1）通过钻头的水马力要高；

（2）钻井液流速要控制；

（3）水马力在钻头冠部分布要合理。

应综合流量和水马力的最佳值以达到清洗井底和取得高钻速的目的。

钻头水力参数的计算公式如下：

总水马力：

$$HHP = p \times Q \times 60/456 \tag{1-11-1}$$

式中　HHP——总水马力，水马力；

p——钻头压力降，10^4Pa；

Q——流量，L/s。

单位水马力：

$$HIS = HHP/A \tag{1-11-2}$$

式中　HIS——单位水马力，水马力/in^2；

HHP——总水马力，水马力；

A——钻头的投影面积，in^2。

钻头压降：

$$p = 0.0051 \times \gamma \times v \tag{1-11-3}$$

式中　p——钻头压降，10^4Pa；

γ——泥浆密度，g/cm³；

v——泥浆通过钻头表面的流速，m/s。

钻头水路总面积：

$$S = 10 \times Q/v \tag{1-11-4}$$

式中　S——钻头水路总面积，cm²；

Q——泥浆流量，L/s；

v——泥浆在钻头表面的流速，m/s。

总水路面积 S 包括主水道面积 S_1、副水道面积 S_2 和慢流区面积 S_3（见图1-11-12）。

$$S = S_1 + S_2 + S_3 \tag{1-11-5}$$

$$S_1 = A_1 \cdot n_1 \tag{1-11-6}$$

式中　A_1——主水道在引流圆处横截面积，in²；

n_1——主水道数量，个。

$$S_2 = A_2 \cdot n_2 \tag{1-11-7}$$

式中　A_2——引流圆直接引出的较主水道细的副水道面积，in²；

n_2——引流圆范围内直接引出的副水道数量，个。

$$S_3 = \pi \cdot dh \tag{1-11-8}$$

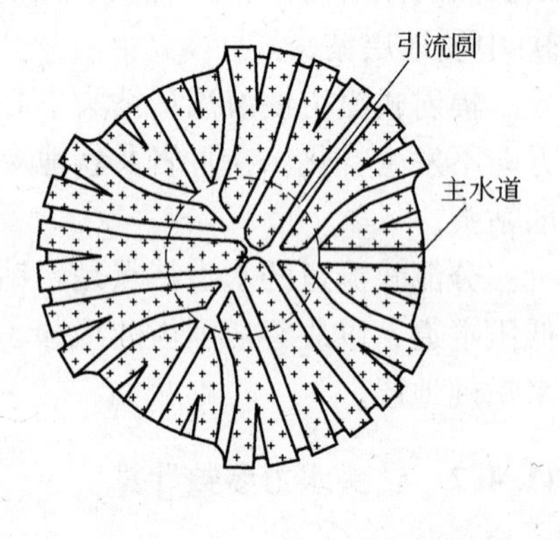

图1-11-12　钻头水道

式中　d——引流圆直径，in；

h——钻头底部胎体与井底之间的间隙，in。

由于钻头压降而产生的举升力：

$$F = 5.06 \times p \times (1.2D - 1.2) \tag{1-11-9}$$

式中　F——钻头被提离孔底的举升力，N；

p——钻头压降，10^4Pa；

D——钻头直径，in。

在现场钻进中，已知泥浆流量 Q 和计算出的钻头总过水面积 S，即可计算出泥浆在钻头表面的流速 v，根据已知的流速 v 及泥浆密度可计算出钻头压降。根据钻头压降和钻头直径即可获得钻头在钻进过程中的举升力 F，为了平衡举升力，必须增加与举升力相等的钻压。

11.5　切削齿排列

由于沿径向钻头每个切削齿的切削量不同，各个工作面上的切削齿数量也不相同，为实现钻头在孔底的平稳钻进，必须要求切削齿在钻进时的切削工作量相同，即等切削设计准则。

11.5.1　天然表镶金刚石全面钻头和巴拉斯钻头切削齿排布

（1）圆形排列。每粒切削齿放置在同心圆或螺旋线上，从钻头中心到外径规处，切削齿能很好地相互覆盖。

（2）脊背式排列。细小的切削齿放置在胎体凸出的小脊背上，防止在钻进硬地层时切削齿被剪断。

（3）等距离排列。每粒切削齿同另一粒切削齿之间都是等距离。

11.5.2 复合片钻头切削齿的排列

复合片钻头布齿可分为平底式与刀翼式两种，平底复合片钻头布齿在满足完全覆盖切削面的同时，还要考虑后撑强度及水路的排布；而刀翼式布齿方式的特点是将切削齿沿着从钻头内径规（对于全面钻头是钻头中心）到保径部位布置在胎体刀翼上。由于刀翼式PDC钻头切削齿的布置只集中在几个刀翼上，这使得其空间布置部位极为有限，这也对切削齿的布置提出了更高的要求。

对于复合片钻头，每个切削齿即为一个独立的工作单元，每个切削齿既受其他切削齿的影响，又影响其他切削齿，每个切削齿的钻速和工作寿命都影响钻头的钻速和寿命。通过钻头上切削齿排布可以达到控制、调节各切削齿工作状态的目的，钻头上切削齿排布是钻头设计中的基本的、重要的工作。

复合片钻头在切削齿排布时主要考虑以下三个方面：

（1）切削齿在各刀翼上的径向位置布置要满足实际的加工要求，切削齿的排布数量受排布空间位置的影响，一般是根据同一刀翼上相邻切削齿在钻头胎体上的径向间距来确定切削齿的径向半径。

（2）根据实际使用经验，在不易损坏的部位切削齿排布要相对稀疏一些，而在易损坏部位则要加强。

（3）要保证切削齿切削地层时完全覆盖井底。

切削齿排布主要包括切削齿的径向排布、周向排布及其工作角的优化设计三个方面。

11.5.2.1 刀翼式PDC钻头的径向排布

切削齿径向排布是在钻头半径平面内沿冠部外形轮廓布置切削齿，确定中心齿、保径齿和其他各齿的径向位置，即可得到径向布齿图（见图1-11-13），它反映切削齿的分布密度和在井底的覆盖情况。确定中心齿位置的原则是使中心齿处于切掉中心岩石的最有利位置；确定保径齿位置的原则是保证保径齿工作面超出规径线部分与加工要求磨削量相等。

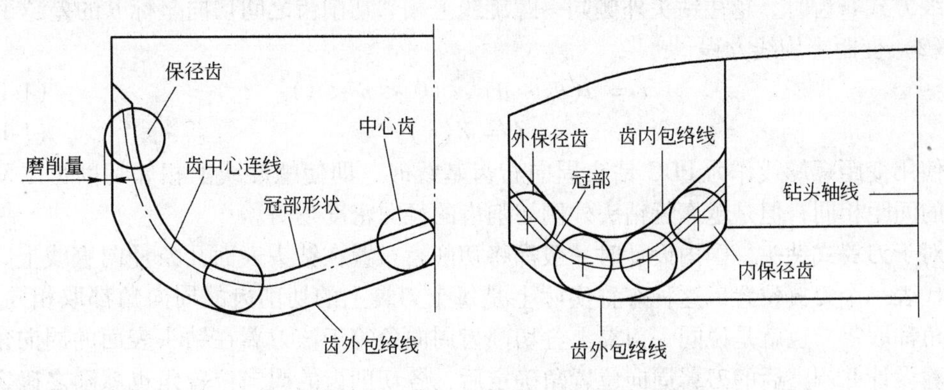

图1-11-13 径向布齿结构图

确定了冠部形状、中心齿和保径齿的位置后，所有切削齿中心的连线就确定了，它是冠部曲线的等距线。

切削齿的出露高度取决于对清洗钻头和切削齿的机械强度的要求，同时切削齿出露的高度与岩性有关。根据钻头所适用的地层，切削齿出露高度分为部分出露和全出露。一般情况下，PDC 切削齿全出露的钻头适用于较软地层，可以得到较高的机械钻速。而在较硬的地层中，部分出露可提高 PDC 切削齿的刚度，提高切削齿抗冲击载荷的能力，有利于延长 PDC 钻头的寿命。

11.5.2.2 刀翼式PDC钻头的周向排布

切削齿的周向布置是在垂直于钻头轴线平面内按一定方式确定切削齿的周向位置角，得到周向布置图。切削齿在钻头表面有螺旋形、翼片形，翼片形布齿实际上是螺旋形布齿的一种特例。周向布置表明切削齿的排列方式和在钻头表面的位置，一般有等距和变距螺旋线两种布置方式，如图 1-11-14 所示。

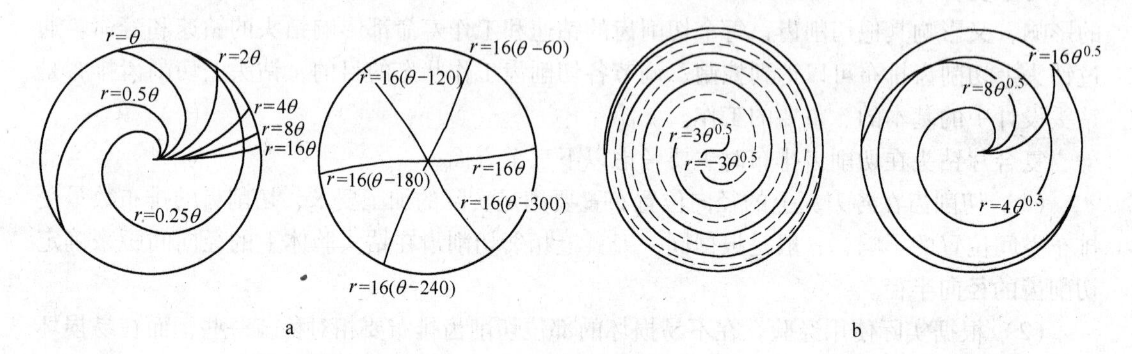

图 1-11-14 切削齿周向排布方式

a—等距螺旋线；b—变距螺旋线

两种螺旋线的方程如下式所示：

（1）等距螺旋线方程

$$r = a(\theta_0 + \theta) \tag{1-11-10}$$

$$Z = Z(r) \tag{1-11-11}$$

PDC 钻头切削齿的布置特点是越往钻头外侧，切削齿的径向密度越大，因此利用等距螺旋线方式布齿时，越往钻头外侧同一螺旋线上相邻切削齿之间切向坐标 θ 的差越小。

（2）变距螺旋线方程

$$r = a(\theta_0 + \theta)^n \quad (0 < n < 1) \tag{1-11-12}$$

$$Z = Z(r_i) \tag{1-11-13}$$

使用变距螺旋线作为 PDC 钻头周向布齿基线时，即使螺旋线上相邻切削齿之间分布角 θ 的间距相同，但是越靠近钻头外侧切削齿的径向密度越高。

对于刀翼式钻头，国内设计时一般都将切削齿布置在钻头表面几条径向直线上，每条直线代表一个刀翼位置。这种布置实际上是每个刀翼上的切削齿的周向角都取相同的值，侧转角都取零，也就是说同一刀翼上各切削齿周向角等于该刀翼在钻头表面的周向角。通过经验设计并调整后的刀翼周向位置角确定后，各切削齿的周向位置角也就随之确定。但针对一些特殊地层，为满足切削齿的结构角和工作角的设计要求，刀翼通常不采用直刀翼，而是采用螺旋形状。

11.5.2.3　复合片钻头结构角和工作角的优化设计

PDC 钻头切削齿空间工作方向由其工作角决定的，工作角对切削齿的切削效率和工作性能有重要影响。切削齿工作角是由其结构角（齿前角、侧转角和装配角）来决定的（见图 1-11-15）。装配角实质上就是齿中心处的钻头表面外法线与钻头轴线的夹角，钻头冠部形状与切削齿径向半径确定后，各径向位置上的装配角也就确定了。这样 PDC 钻头切削齿工作角就由切削齿的齿前角和侧转角来决定，因此合理的设计切削齿的齿前角和侧转角是 PDC 钻头设计中的重要内容。

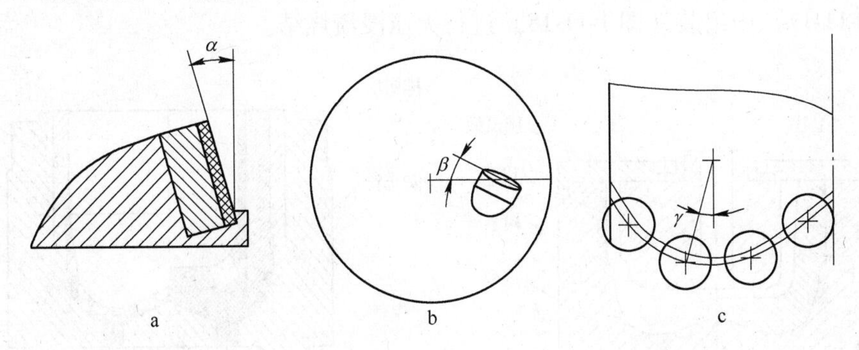

图 1-11-15　切削齿结构角

a—齿前角 α；b—侧转角 β；c—装配角 γ

PDC 钻头的切削结构由若干个分布在钻头表面不同部位的切削齿组成，每个切削齿的空间方位和工作部位都不相同，由于各个切削齿工作部位和切削条件不同，齿前角和侧转角应不同。每一个切削齿工作角设计都应同时满足以下两个基本要求：

（1）工作部位的齿前角应该在一定的范围之内，对于钻进硬地层，增大负前角，有利于保护切削齿，一般取负前角 $-15° \sim -25°$。

（2）侧转角的存在，有利于切削齿的自洁、排屑，根据切削齿与水路的相对位置有不同的要求，根据以往的研究结果，一般取 $5° \sim 30°$。

11.6　制造工艺

金刚石石油钻头可根据钻头的类型而选择不同的制造工艺，常用的有以下几种。

11.6.1　热压法

它是将组装于钻头模具内的金刚石和胎体粉末直接烧结压制成形（多用于制造金刚石取芯钻头）。在烧结过程中，压力直接施加于钻头的钢体上，在达到所需胎体密度和钻头外形的同时，也实现了钢体与胎体的连接。热压模具采用高强致密石墨，胎体粉末根据所钻地层需要，选用不同耐磨性的骨架成分和黏结金属，钻头烧结可采用中频感应加热和工频电阻加热。

11.6.2　无压浸渍法

这种方法是制造金刚石石油钻头最常用的一种制造工艺，它是将钢体和定量的胎体骨架粉末装入石墨模具（或陶土模具）内，经过适度震动使骨架粉末达到设计的密度，然后装入定量的黏结金属和适量的助溶剂。在烧结过程中，熔融的黏结金属靠骨架粉末的毛细作用进行渗透，借助金属原子间相互扩散使之形成“假合金”，同时实现胎体和钢体的焊接。

对于金刚石复合片钻头和聚晶钻头常用陶土模具作为无压浸渍模具。首先依据所钻岩层，设计制造橡胶模具用的石墨模具的结构形状，制造与钻头外形完全相反的石墨阴模，然后灌入橡胶制造出橡胶阳模（图 1-11-16），利于成型和重复利用，利用橡胶阳模投入陶土可制造出陶土模具，用以成形空白钻头（未焊有切削具的钻头），然后在成形的陶土模具（图 1-11-17）中组装（图 1-11-18）进行无压浸渍烧结。

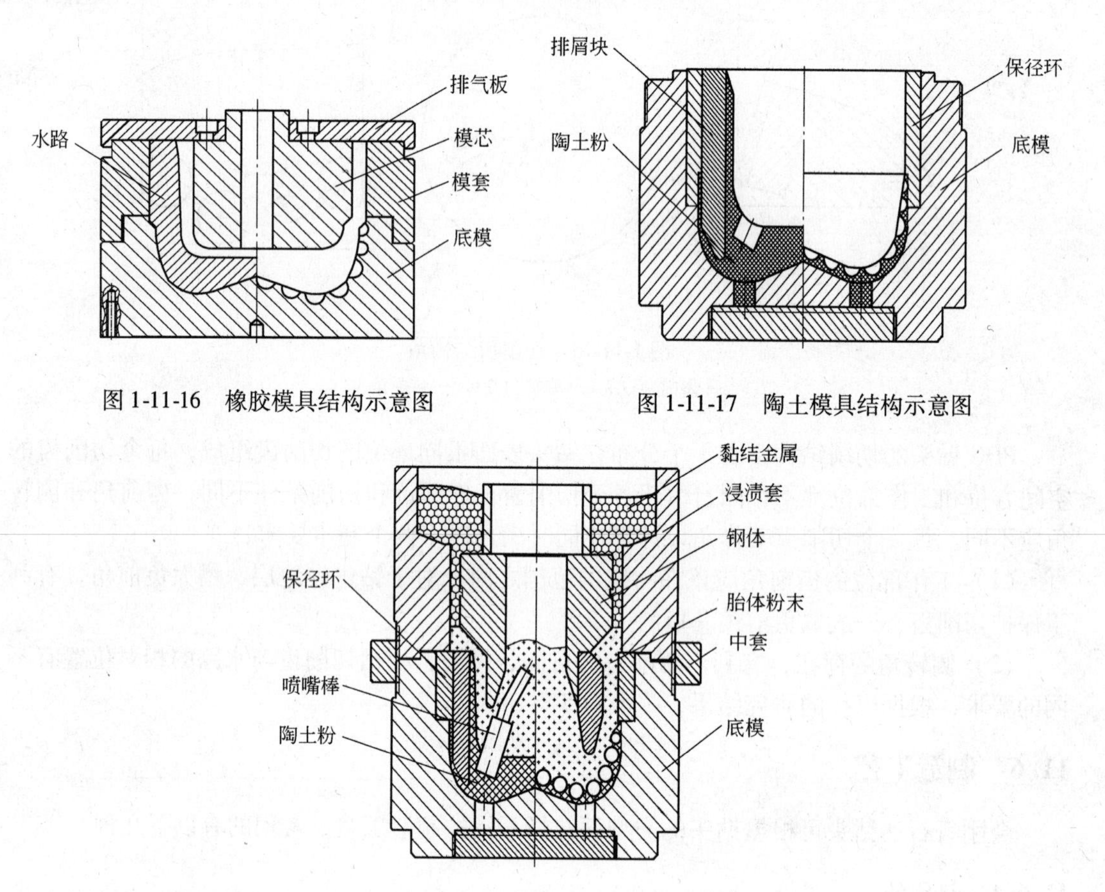

图 1-11-16　橡胶模具结构示意图

图 1-11-17　陶土模具结构示意图

图 1-11-18　钻头烧结组装示意图

11.7　IADC 编码

IADC 按 4 位代码对金刚石钻头进行分类，每个代码由英文字母或数字组成，它们考虑了钻头的下述特征：切削具类型、钻头体材料、钻头外形、水路结构及冲洗液在井底的分配方法等。

第一位是英文字母，表示切削具材料和钻头体部分材料，共有 5 个字母：D——天然金刚石，胎体；M——聚晶金刚石复合片，胎体；S——聚晶金刚石复合片，钢体；T——

热稳定性聚晶金刚石，胎体；O——其他。

第二位是数字，表示钻头的外形，共分九种类型，主要以径规（外锥）高度和内锥高度 C 来分（见表 1-11-1）。

表 1-11-1　代码表

径规（外锥）高度 G	内锥高度 C		
	高：$C>D/4$	中等：$D/8\leqslant C\leqslant D/4$	低：$C<D/8$
高：$G>3D/8$	1	2	3（抛物线）
中：$D/8\leqslant G\leqslant 3D/8$	4	5（双锥）	6（圆形）
低：$G<D/8$	7（倒锥）	8	9（平底）

第三位表示钻头的水力特征，由数字（1～9）表示水力结构，它由叶片、肋骨或开放面与可换式喷嘴、固定水眼和中心孔等水路结构决定，由字母表征水流分配方式如 R—径向流，X—交叉流，O—其他。

第四位数字是表示切削元件的尺寸和它的排列密度，切削元件的排列密度的具体数量由制造公司决定，在编码上没有表示出来（见表 1-11-2 和表 1-11-3）。

金刚石石油钻头结构如图 1-11-19 所示。

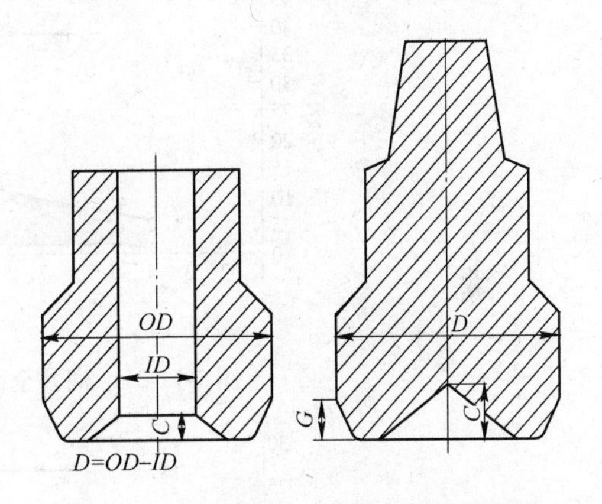

图 1-11-19　金刚石石油钻头结构示意图

表 1-11-2　编码代号

水路结构	可换式喷嘴	固定水眼	中 心 孔
叶片	1	2	3
肋骨	4	5	6
开放式	7	8	9

表 1-11-3　编码代号

切削具尺寸	天然金刚石/粒 · ct^{-1}	人造金刚石有效高度/mm	排列密度		
			低	中	高
大	<3	>15.8	1	2	3
中	3～7	9.5～15.8	4	5	6
小	>7	<9.5	7	8	9

11.8　使用注意事项

11.8.1　钻进参数选择

11.8.1.1　钻压

钻压值取决于所用钻头类型和钻进的地层条件，图 1-11-20～图 1-11-22 是不同类型钻头在不同地层中的推荐钻压。

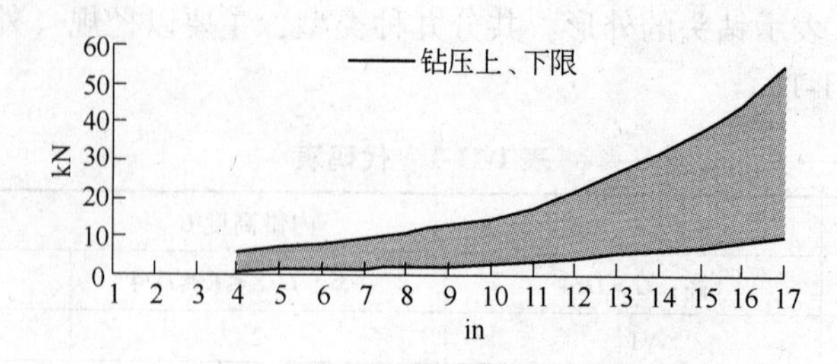

图 1-11-20 油井全面金刚石钻头推荐钻压

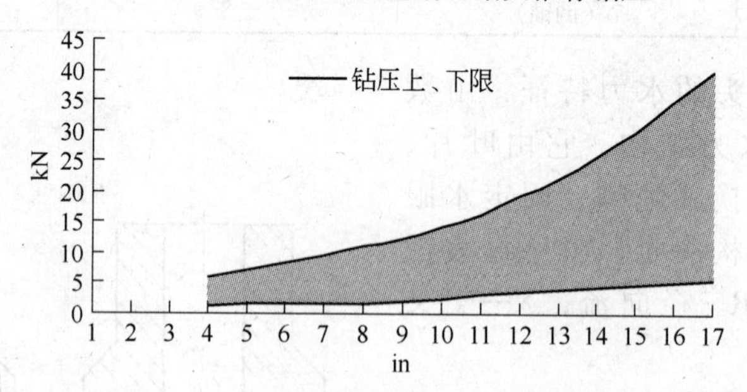

图 1-11-21 油井全面 PDC 钻头推荐钻压

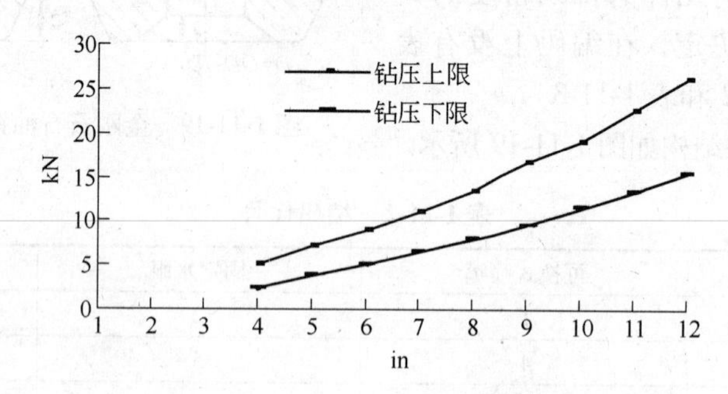

图 1-11-22 油井取芯钻头推荐钻压

11.8.1.2 转速

钻头在正常钻进后，其理想的转速是由钻头水马力和地层条件决定的，通常当单位水马力为 2～3 个水马力/in^2 时的安全转速是 150r/min，在钻杆质量允许的条件下，转速可提高到 200～300r/min，金刚石孕镶钻头配合涡轮钻时转速可提高到 600～1000r/min。图 1-11-23 是金刚石取芯钻头在不同地层中推荐的转速。

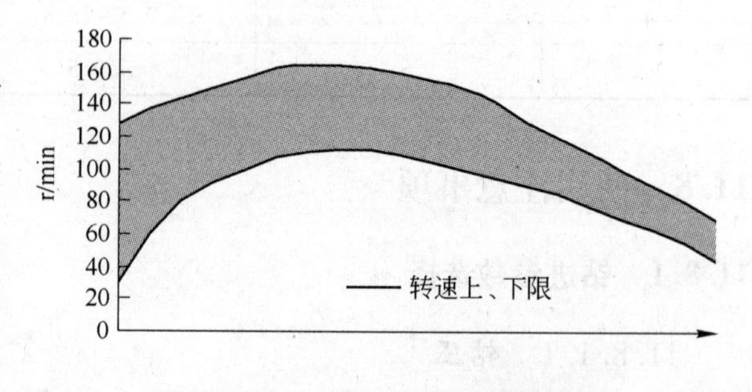

图 1-11-23 油井取芯钻头推荐转速

11.8.1.3 排量

金刚石石油钻头钻进所需排量可根据图进行选择，低密度泥浆可选择排量范围的上限，高密度泥浆选择下限（见图 1-11-24 和图 1-11-25）。

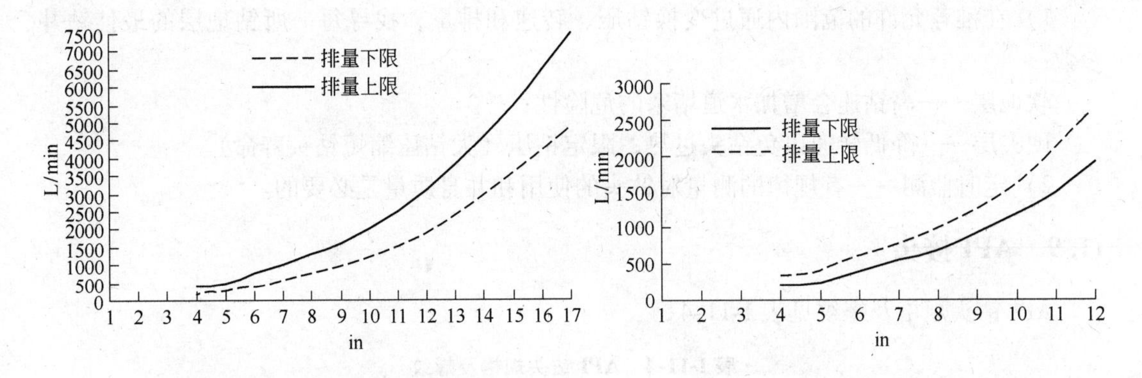

图 1-11-24　油井全面钻头推荐排量

图 1-11-25　油井取芯钻头推荐排量

11.8.2　现场使用

（1）井眼准备：

1）确保井底干净无落物；

2）如怀疑井底不干净或有落物，在使用金刚石钻头前的一只钻头应携带随钻打捞杯钻进。

（2）金刚石钻头准备：

1）打开包装箱取出钻头；

2）将钻头竖直放到木质或橡皮垫上，切忌将钻头直接放置在钢制平台上；

3）检查钻头有无损坏；

4）检查钻头内眼确保无杂物。

（3）钻头安装：

1）清涮接头公母扣并上丝扣油；

2）装上钻头上卸扣器并锁定防滑销；

3）将钻头上卸扣器固定在转盘上；

4）按推荐的 PDC 钻头上扣扭矩上扣。

（4）下钻：

1）套管鞋或缩径处要小心下放；

2）最后一个单根要开泵循环下钻；

3）当钻头离井底 0.6m 时，开大排量低转速小心触探井底；

4）探底后循环泥浆 5min。

（5）开始钻进。探底后采用低钻压开始钻进，前 0.5m 用来切削井底形成钻头剖面。

（6）接单根：

1）方钻杆提出转盘前应全排量循环泥浆；

2）接单根；

3）记录泵压变化；

4）检查泥浆泵冲程。

（7）正常钻进：

1）在推荐允许的范围内通过变换钻压、转速和排量，找寻每一所钻地层的最佳钻井参数：

软地层——高钻速会增加水道堵塞的危险性；

硬夹层——降低转速以免钻头过热，限定钻压（大钻压缩短钻头寿命）。

2）定时监测——有规律的测量对钻头的使用和井身质量是必要的。

11.9 API接头

API钻头规格及螺纹见表1-11-4。

表1-11-4 API钻头规格及螺纹

钻头外径		正规扣	上紧扭矩		接头尺寸			
					外 径		内 径	
mm	in	in	kN·m	klb·ft	mm	in	mm	in
98.4~114.3	$3\frac{7}{8}\sim4\frac{1}{2}$	$2\frac{3}{8}$	4.8	3.5	79	$3\frac{1}{8}$	25.4	1
117.5~120.7	$4\frac{5}{8}\sim4\frac{3}{4}$	$2\frac{7}{8}$	7.7	5.7	95	$4\frac{1}{8}$	31.8	$1\frac{1}{4}$
142.8~171.5	$5\frac{5}{8}\sim6\frac{3}{4}$	$3\frac{1}{2}$	12.7	9.4	120	$4\frac{3}{4}$	38	$1\frac{1}{2}$
187.3~200	$10\frac{3}{8}\sim10\frac{7}{8}$	$4\frac{1}{2}$	28.5	21	159	$6\frac{1}{4}$	50	2
212.7~228.6	$8\frac{3}{8}\sim9$		28.5	21	171	$6\frac{3}{4}$	60	$2\frac{3}{8}$
244.5~311	$9\frac{5}{8}\sim12\frac{1}{4}$	$6\frac{5}{8}$	69.1	51	203	8	73	$2\frac{7}{8}$

11.10 选型指南

表1-11-5列出了油田钻进中钻遇的主要地层及钻头的基本选型，需说明的是：近几年PDC钻头的研究进展很快，使得PDC复合片钻头在钻探软至中硬地层中发挥了重大的作用，如美国休斯克里斯坦森公司的复合片钻头，一次下井钻井6994m的世界纪录，史密斯公司生产的M91P PDC钻头创造了202m/h最高钻速的世界纪录，STR554型PDC钻头起下钻16次累计进尺达21405m的世界纪录。上述PDC钻头的优良性能，使钻探工作者对PDC钻头的期望值越来越高，对钻头的需求量也越来越大。据统计，在2000年，PDC钻头的钻井进尺占总钻井进尺的26%，2003年增加为50%，而在2006年PDC钻头的钻井进尺已经占到总进尺的60%。

表1-11-5 钻头选型表

地 层	岩 性	适用地层可钻性级别	适用钻头类型
低抗压强度的极软地层	黏土泥灰岩	1~2	复合片钻头、牙轮钻头
低抗压强度的高可钻性软地层	黏土、岩盐、石膏、页岩	2~3	复合片钻头、牙轮钻头
低抗压强度的软到中硬地层	砂岩、页岩、白垩	2~4	复合片钻头、牙轮钻头、巴拉斯钻头
高抗压强度低研磨性的中到硬地层	页岩、泥岩、灰岩、砂岩	3~5	复合片钻头、牙轮钻头、巴拉斯钻头

续表 1-11-5

地层	岩性	适用地层可钻性级别	适用钻头类型
高抗压强度硬且致密的非研磨性地层	页岩、灰岩、白云岩	4~6	牙轮钻头、复合片钻头、天然金刚石钻头、巴拉斯钻头
极高抗压强度研磨性硬致密地层	粉砂岩、砂岩、泥岩	6~8	复合片钻头、天然金刚石钻头、孕镶金刚石钻头、牙轮钻头
极硬研磨性地层	石英岩、火成岩	≥8	孕镶金刚石钻头、牙轮钻头

近年来钻探工作者开始探索 PDC 钻头对钻进硬地层的适应能力，期望扩大 PDC 钻头的使用范围。世界各大钻头公司根据钻井技术的发展和钻井现场的实际需要，设计开发出多种 PDC 切削齿、专用 PDC 钻头和相关技术。新型结构的 PDC 钻头和新型的切削齿，在钻进硬地层中已初露效果。最近，ReadHycalog 公司发明了一种超硬热稳定切削齿，其耐磨性和抗冲击韧性都有很大提高，因此扩大了 PDC 钻头的应用范围，在过去认为不适合 PDC 钻头钻进的地层中取得了良好效果。在墨西哥北部的 Burgos 盆地的 Cuitlahuac 油田和 Sigma 油田，采用了这种超硬热稳定 PDC 切削齿的 ϕ311PDC 钻头能够成功地钻穿最高抗压强度为 280MPa 的砾岩地层，在直井中机械钻速高达 14.9m/h，在定向井中钻速达 13.2m/h，分别比临井提高 87% 和 118%，每米钻井成本下降 26% 和 74%。

随着人们对油气成因理论新的认识，在勘探过程中钻遇大量难钻进地层（岩石的硬度高、研磨性强），牙轮钻头和 PDC 钻头已不能满足此类地层的需求，这对该地层所使用的碎岩工具提出了新的课题，而新型钻进工具的研制成功和钻进工艺的不断完善，如螺杆马达和涡轮钻具的成功应用，使得金刚石孕镶钻头在油气田的应用成为可能，未来一段时间，通过对钻头的结构设计、胎体材料、制造方法和制造工艺的研究，金刚石孕镶钻头将在这个领域发挥巨大作用。如史密斯公司研制的人造金刚石孕镶全面钻头配合涡轮钻具在我国四川须家河地层使用，由于涡轮的高转速，使得孕镶金刚石钻头发挥了高效、长寿命。国内的北京探矿工程研究所研制的孕镶金刚石全面钻头，在该地层采用螺杆马达复合钻进取得了钻头单只进尺 108m 的良好效果。

参 考 文 献

[1] 刘广志．金刚石钻探手册[M]．北京：地质出版社，1991.
[2] 赵尔信，等．金刚石钻头与扩孔器[M]．北京：地质出版社，1982.

（北京探矿工程研究所：贾美玲）

12 金刚石复合片钻头

12.1 概述

金刚石复合片是由一层金刚石与一层硬质合金在超高压、高温条件下烧结而成的。英文名称 Polycrystalline Diamond Compact，简称 PDC。它既具有金刚石的高硬度，又具有硬质合金高强度和金属可焊性的特点。自从美国 GE 公司 20 世纪 70 年代初研制成功这种材料以来，PDC 的优良性能就被钻头制造商们所青睐，它解决了硬质合金硬度不够高，金刚石颗粒不够大、难以焊接的缺点，将其特性在钻头上完美地表现出来。PDC 钻头的研制成功与应用，为石油钻井行业的飞跃发展提供了有力支持，是 70 年代石油钻井行业三大技术革命之一。

我国于 20 世纪 80 年代末研制出具有实用性的 PDC 产品。由于当时价格较为昂贵，最初 PDC 主要在石油钻头上得到应用。90 年代中期，PDC 钻头开始在煤矿岩石钻孔中得到应用。经过二十多年的不懈努力，我国的 PDC 产品在质量、规格、产量方面都有质的提高，尤其近几年来，金刚石复合片钻头（也称 PDC 钻头）在钻进工具中的应用实现了爆炸式发展。这主要得益于：（1）国家对能源需求的飞速增长和能源价格的不断提高；（2）PDC 质量的提高和价格的降低；（3）PDC 钻头的设计与制造工艺的提高；（4）PDC 钻头钻井工艺与操作技术的提高；（5）新的应用领域得到不断开发。目前，国内石油钻井行业每年消耗的金刚石复合片就达到百万片左右，矿用与工程用 PDC 钻头每年消耗金刚石复合片达数百万片之巨。是 20 年前的一百倍以上。在许多方面，PDC 钻头已取代了传统金刚石钻头与合金钻头的大部分。在石油、煤炭、地质、工程的钻进中起到了不可替代的作用。

12.2 特点

PDC 钻头钻进机理主要以切削为主，由于其具有较高的切削齿露齿，而且比硬质合金有高得多的硬度，因此，它比磨削、挤压破碎要有高得多的钻进时效和寿命，可以达到其他钻头的几倍。同时，由于岩石的抗剪切能力远小于其抗压性（抗剪切强度是抗压强度的 1/8），可大大减小 PDC 钻头的钻进功率消耗。

金刚石复合片钻头尤其适用于可钻性为 6 ~ 10 级的匀质岩石中钻进，但现在 PDC 切削齿的质量和类型都发生了巨大的变化。比起 20 世纪 80 年代当今的切削齿的质量和性能要好得多，钻头的抗冲蚀以及抗冲击能力都大为提高。PDC 钻头设计技术和布齿方面也实现了重大的突破。现在，PDC 产品已可被用于以前所不能应用的地区，如更硬、磨蚀性更强和多变的地层。PDC 钻头正越来越多地为人们所选用。

PDC 钻头主要应用于石油钻井、煤矿中的岩石钻孔、地质勘探、工程施工等。与牙轮钻比，其没有运动部件，不易发生掉掌事故，相对来说较耐高温，具有钻速快、进尺多、寿命长、工作平稳、井下事故少，井、孔质量好等优点。

12.3 制造方法

PDC 钻头是将 PDC 钎焊在钻头基体上制造而成的，由于 PDC 在高温下易发生开裂、碳化，所以焊接温度应控制在 700℃以下进行。根据场合和要求的不同，钻头基体可以用铸造碳化钨烧结制造，也可以用钢加工制得。PDC 钻头在制造过程中要注意保径方式的选择和使用。

12.4 分类

金刚石复合片钻头的主要分类如下：

(1) 全面钻进型（无芯型、不取芯型）。该类型钻头整个冠面布齿互相补充，无遗漏。以达到整个冠面的全面钻进。主要用于石油钻井、煤矿的放水、放气孔的钻进，以及矿山、工程所遇到的岩石钻进。

(2) 取芯型。该类型钻头仅在冠面的圆周布齿，以达到芯部岩石的完整。其胎体通常采用钢基体，但有时也用铸造碳化钨基体。

(3) 复合型。该类型钻头仅在冠面的圆周布齿，但冠面的中心所留空缺很小，靠钻头的芯部挤压以及碰撞将岩芯破碎。

(4) 异型金刚石复合片钻头。该类型钻头采用球齿、三明治等异型金刚石复合片制造。其钻进机理以挤压、冲击破碎为主。有牙轮式、柱齿式、麻花式等。

12.5 应用

12.5.1 金刚石复合片石油钻头

12.5.1.1 PDC 石油钻头的设计要素

PDC 石油钻头是最重要的 PDC 钻头，无论是其设计、制造以及对 PDC 的要求方面都是最高的。利用计算机辅助设计技术，现已开发出专用的 PDC 石油钻头设计软件。目前，单只 PDC 石油钻头已可以达到累计平均进尺 5000 多米，有报道称最高达 12000 多米，时效可达 2m/min 以上（见图 1-12-1）。

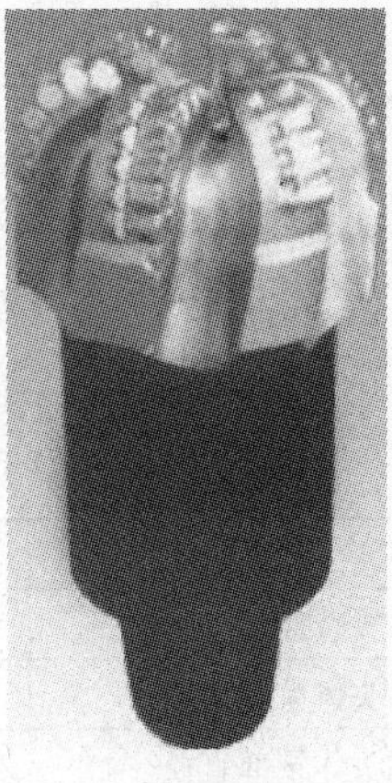

根据岩层的不同，PDC 石油钻头的设计应考虑以下要素：

(1) 设计不同的冠面，通常其冠面以渐开式非对称刀翼布齿设计。

(2) 选用合理的切削结构设计，即合理的切削齿大小、切削角度、布齿密度、布齿方法以及布齿方式。

(3) 水路结构设计，即合理的水口角度与排水槽的深浅，以得到良好的冷却与排屑，同时减小对钻齿和基体的冲蚀。

(4) 钻头的稳定性设计，以降低钻头钻进时的震动和回旋。

PDC 石油钻头通常选用性能较高的 PDC 产品，金刚石表面进行研磨，有时要求抛光，以防钻头泥包现象。PDC 尺寸为 1308、1313、1613、1908、1913、1916（1308 的意思是指复合

图 1-12-1 石油复合片钻头

片直径为13mm，金刚石聚晶层厚度为8mm。）

12.5.1.2 PDC石油钻头的型号表示

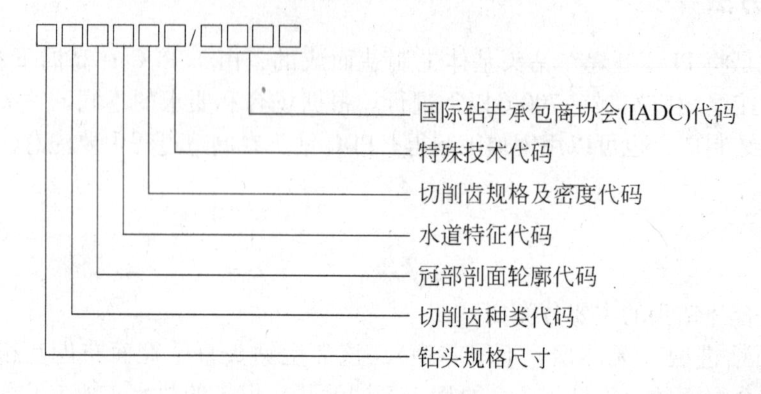

12.5.2 PDC锚杆钻头

PDC锚杆钻头（见图1-12-2）是我国自主开发的一种非常实用的钻孔工具，随着煤矿锚网支护技术的推广以及PDC价格的大幅降低，PDC锚杆钻头得到了大量应用。与合金钻头相比，它具有钻速快、寿命长、劳动强度低等优点，已基本取代了合金锚杆钻头。该钻头通常设计为两翼，有时也有三翼结构。主要规格为$\phi28$、$\phi30$、$\phi32$、$\phi34$等。PDC多采用1304，$\phi36$以上的钻头也有用1904的PDC。分半片PDC钻头、整片PDC钻头和一片半PDC钻头。该钻头采用钢基体，切削齿钎焊在钻头边缘，取-9°~15°前角，中间岩石靠挤压碰撞破碎。

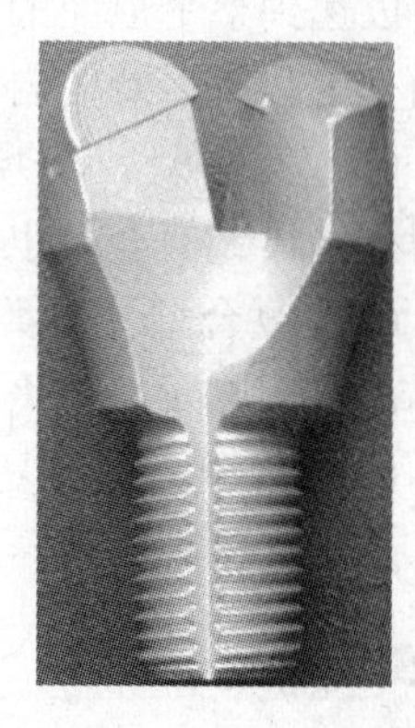

图1-12-2 锚杆复合片钻头

PDC锚杆钻头型号的表示方法如图1-12-3所示。PDC锚杆钻头的基本参数列于表1-12-1。

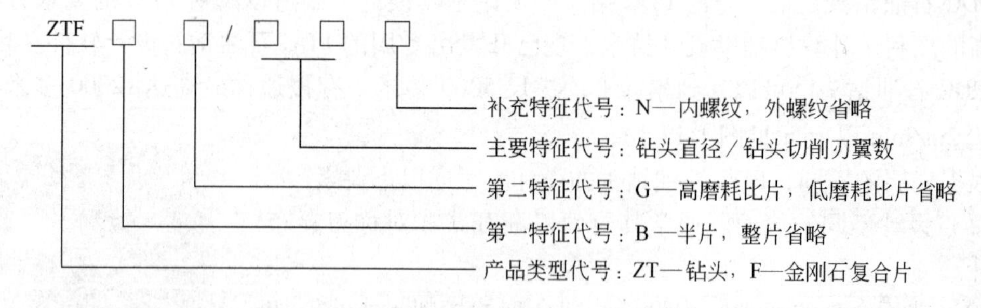

图1-12-3 锚杆复合片钻头型号表示方法

表1-12-1 PDC锚杆钻头基本参数

项 目	代 号	单 位	主要尺寸	公 差
钻头直径	d	mm	25，27，28，29，30，32	±0.3
钻头体大端直径	d_1	mm	24，26，27，28，29，31	±0.1
钻头体腰部直径	d_2	mm	20	
钻头高度	H	mm	44	

续表 1-12-1

项　目	代　号	单　位	主要尺寸	公　差
钻头翼片长度	H_2	mm	15	
联接部分长度	H_1	mm	17	
联接螺纹	D	mm	M14 ×1.5，M16 ×2	内 $6H$，外 $6h$
水孔直径	D_0	mm	5	±0.2
切削齿纵向前角	α	°	15	

注：未注公差为 GB/T 1804—C。

内凹三翼 PDC 钻头是一种最典型的全面钻进型钢基体钻头，有时也有内凹四翼式 PDC 钻头。主要应用于煤矿的探水探气孔的钻进。也可用于矿山、工程中的岩石钻孔。该种钻头冠面周边切削齿高于中心，整个冠面切削齿互补。钻头侧面用硬质合金条保径。也有用 PDC、金刚石聚晶保径。主要规格为 ϕ65mm、ϕ75mm、ϕ94mm、ϕ113mm、ϕ133mm、等。钻头采用内锥管螺纹连接钻杆，螺纹尺寸有 ϕ42mm、ϕ50mm、ϕ60mm 三种，锥度有 1∶5 和 1∶8 两种，内凹三翼 PDC 钻头的结构如图 1-12-4所示。

12.5.3 PDC 取芯钻头

近年来，随着国内地质勘探任务的增加以及工程施工对地质勘探的需求，PDC 取芯钻头的用量也快速增长。主要规格有 ϕ65mm、ϕ75mm、ϕ94mm、ϕ113mm、ϕ133mm、ϕ152mm、ϕ171mm 等。根据规格的不同，钻头从 4 齿到 12 齿不等。螺纹连接以梯形外螺纹为主。PDC 取芯钻头的结构如图 1-12-5 所示。

12.5.4 PDC 肋骨钻头

PDC 肋骨钻头是一种钻头冠面周边阶梯状双层布齿的一种取芯钻头。它具有大的出水口设计，在软岩钻进中，不宜堵塞水道，具有良好的效果。PDC 肋骨钻头的结构如图 1-12-6 所示。

图 1-12-4　内凹三翼复合片钻头

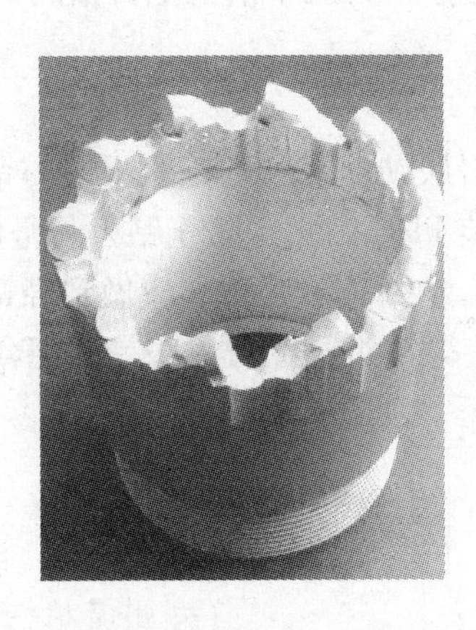

图 1-12-5　取芯复合片钻头

图 1-12-6　肋骨复合片钻头

12.5.5 PDC刮刀钻头

这是一种适用于软岩钻进的工具，由于其较高的露齿、较大的容屑空间和大力水道设计，使得其在软岩钻进中有一个较快的钻进速度。也常常用作修井工具，用来钻水泥塞、冲钻砂桥、盐桥、刮去套管壁上脏物和硬蜡与一些矿物结晶。还可刮削井眼，使井壁光洁整齐。PDC刮刀钻头的结构如图1-12-7所示。

12.5.6 PDC扩孔钻头

这是由一取芯钻和一导向锥组合而成的钻头，用于扩大已有井孔的尺寸，尤其适用于钻机能力不足而需要钻大孔的场合。且钻头使用寿命长、导向性能好、保径性能强。PDC扩孔钻头的结构如图1-12-8所示。

图1-12-7 刮刀复合片钻头

图1-12-8 PDC扩孔钻头

12.5.7 异型PDC钻头

采用球齿型、弹头型PDC代替球齿合金制造牙轮钻头、柱齿钻头和潜孔钻头，可以大大地提高钻头的进尺和时效，在石油钻井，工程岩石钻孔中都有较好的效果。有人用三明治PDC制造冲击钻头同样具有明显的效果。在机械加工中，PDC麻花微钻加工电子线路板，其钻孔质量好，寿命是合金钻头几十倍至上百倍。

12.6 使用要点

（1）根据不同地质结构、岩层硬度和目的选用不同的钻头。

（2）妥善存放、搬运、安装PDC钻头，防止钻齿与坚硬物体的碰撞。

（3）做好钻头的井底造型：新钻头下井时，应做到轻钻压，低钻速。当钻进0.5~1m后钻压与钻速再逐步递增，以获得钻头冠部与井底完好配合，防止钻齿的破坏。

（4）选用合适的钻液与水压，以防止糊钻现象的发生。

参考文献（略）

（郑州康柏特超硬材料有限公司：陈旬）

13　金刚石扩孔器

天然金刚石或人造金刚石单晶或聚晶扩孔器是金刚石小口径地质勘探的必备工具，它是以金刚石单晶或人造金刚石聚晶为切磨材料，采用电镀、粉末冶金等方法制造的一种金刚石辅助钻具。

13.1　电镀扩孔器

电镀金刚石扩孔器的制造工艺和电镀钻头基本相同。电镀溶液的配方可采用电镀钻头的配方，但采用的金刚石粒度比钻头用的金刚石要细，常用100/120目的金刚石。

电镀扩孔器的上砂方法：把扩孔器放在镀槽的支架上，使其1～2个镀面朝上，如图1-13-1所示。上砂时，将清洁的金刚石用镀液润湿后，用滴管将金刚石均匀地撒布在镀层上，电镀约20min后，旋转扩孔器钢体使其另两个镀面朝上，上砂，直至所有镀面撒一遍金刚石为止。所有镀面撒过一遍金刚石后，把扩孔器竖立在镀槽中空镀，每隔1～1.5h转动90°，使镀层加厚后，再上第二遍金刚石，一般上砂3～4次，总时间24～30h左右。

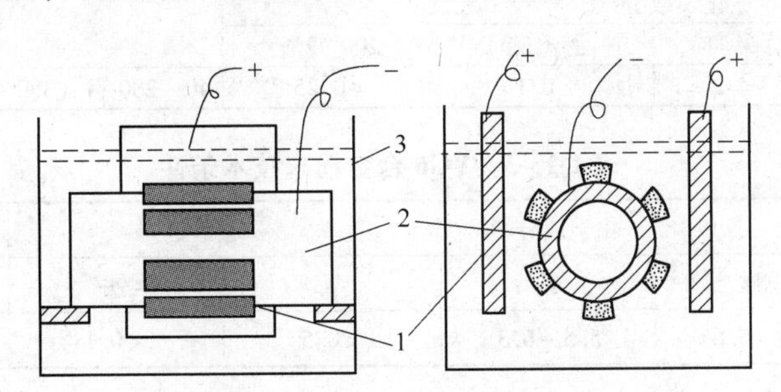

图1-13-1　扩孔器上砂示意图

1—阳极镍板；2—扩孔器钢体；3—镀槽

13.2　无压浸渍扩孔器

无压浸渍法制造扩孔器是粉末冶金的一种工艺形式，它是将给定量的骨架粉末装入黏有金刚石或人造金刚石聚晶的扩孔器模具中，经过适当敲振后使骨架粉末达到规定的装料密度，放入钢体，然后在其上部装定量的黏结金属。在烧结过程中，当达到烧结温度后，黏结金属熔融，靠毛细作用使黏结金属与钢体的热分子交换使胎体与钢体焊接。出炉冷却后，胎体即可达到所要求的性能，包括机械强度、硬度、对金刚石或人造金刚石聚晶的黏结强度等等。

13.2.1　对骨架粉末的要求

根据扩孔器的工作状态，对骨架粉末提出下列要求：

（1）组成胎体硬质点的骨架粉末，要求由不同的粒度组成，并要求各种粒度均匀分布，以取得具有良好机械强度、耐磨性、合适硬度的胎体。

（2）力求粉末颗粒有一定的形状，使粉末颗粒的装料密度控制在一个较窄的范围内，使每次装料量达到可重复性，以保证完善的浸渍性能，确保胎体质量和尺寸精度。

（3）骨架粉末颗粒本身要致密无孔隙，使胎体烧结后密度达到或接近理论密度，保证胎体力学性能优良。

（4）要求骨架粉末在烧结温度下不产生某种粉末溶化而使骨架体积发生明显收缩，以保证胎体各部位的性能达到既定要求。

（5）要求骨架粉末和黏结金属间有良好的浸润性。

根据上述要求，表1-13-1列举出了一组无压浸渍法制造的扩孔器的典型配方。这一配方的主要成分是铸造碳化钨，YG6硬质合金粉末，Ni、Mn和Si等。同时在表1-13-2～表1-13-4中列出了它们的技术条件。

表1-13-1 无压浸渍法金属配方表

骨架粉末百分比					黏结金属牌号
ZWC	YG6	Ni	Mn	Si	
80.5	10	5	4	0.5	BZn1420

表1-13-2 铸造碳化钨技术条件

化学成分/%				粒 度
钨	总碳	游离碳	氯化残渣	
95～96	3.7～4.2	<0.1	<0.25	40～200目（380～75μm）按一定比例组成

表1-13-3 YG6合金粉末技术条件

化学成分/%					粒 度
钨	总碳	钴	氧	铁	
余量	5.3～5.6	5.5～6.3	<0.5	<0.1	300目（48μm）以细

表1-13-4 镍粉技术条件

化学成分/%					粒 度
镍+钴	碳	铜	硅	铁	
>99.5（钴<0.5）	<0.06	<0.08	<0.03	<0.20	200目（75μm）以细

锰粉：锰含量占99.9%，粒度为300目以细。硅粉：硅含量占99.9%，粒度为300目以细。

13.2.2 黏结金属

锌白铜，牌号BZn1520，技术条件列于表1-13-5。

表1-13-5 BZn1520技术条件

化学成分/%			
镍+钴	锌	铜	杂 质
13.5～16.5	15～22	余量	<0.9

13.2.3　工艺流程

无压浸渍法制造扩孔器的工艺流程见图 1-13-2。

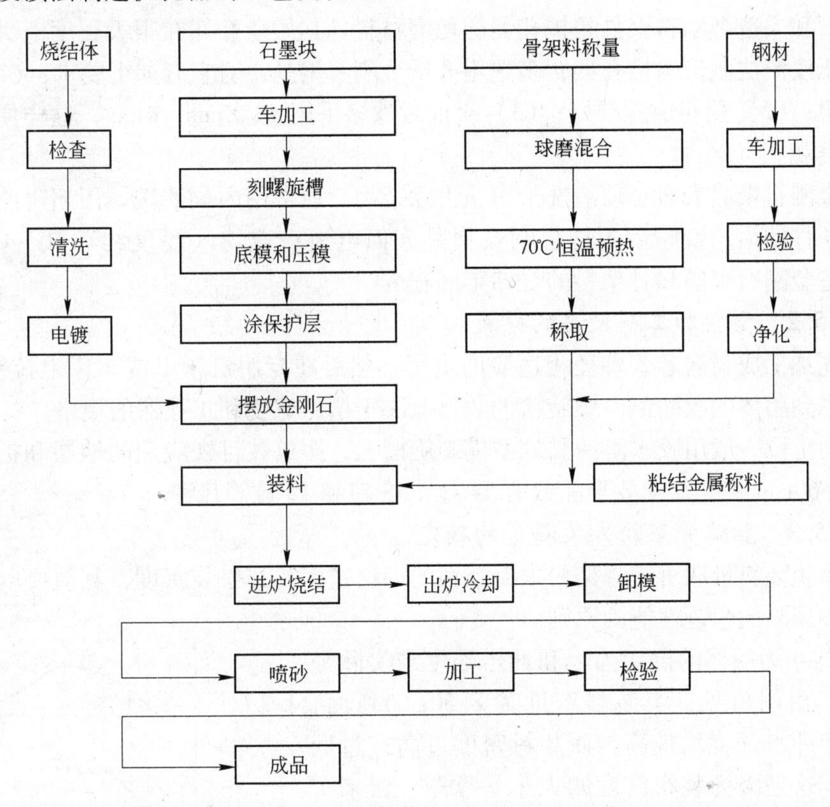

图 1-13-2　无压浸渍法制造扩孔器工艺流程

13.2.4　模具结构

无压浸渍法制造扩孔器，其模具结构如图 1-13-3 所示。它是由石墨为材料的型模、压头、底模和钢体组成的。型模是胎体成型最重要的石墨部件。压头的作用有二，其一为烧结时它产生一氧化碳气氛，防止上部钢体氧化；其二为模具出炉后对其施加压力使胎体上端整形，便于扩孔器进行机械加工。底模套是组合模具的基础，防止在烧结时进出炉产生颠倒，并保持胎体与钢体的同心度。

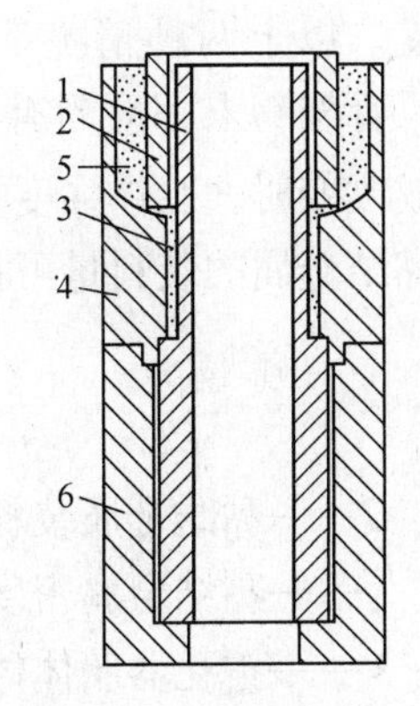

图 1-13-3　模具组装结构图
1—钢体；2—压模；3—胎体骨架料；4—型模；5—黏结金属料；6—底模套

在模具各部件的配合上必须做到：（1）压模和型模间必须有一薄层粉末造成毛细作用浸渍通路，以确保胎体粉末完善的浸渍过程。（2）胎体与钢体的同心度是依靠下部钢体外围与配合精度较高的专用装料底模套来实现的，因而要求钢体下部与底模套的配合要好。

13.2.5 扩孔器的制造过程

13.2.5.1 金刚石和人造金刚石聚晶的选用

金刚石和人造金刚石聚晶是扩孔器的切磨材料，其质量好坏在很大程度上决定着扩孔效果。无压浸渍法制造的扩孔器，多选用人造金刚石聚晶，对它有如下要求：（1）磨耗比要比较理想；（2）热稳定性要好；（3）聚晶尺寸多采用 ϕ1.8mm×4mm，这样便于模具组装，外表美观。

人造金刚石聚晶表面必须清洗干净，去除杂物。通常用丙酮清洗，用超声波清洗效果更好，有条件的话，最好在人造金刚石聚晶表面电镀铜或镍（厚度约0.10～0.20mm），以增加人造金刚石聚晶和骨架料的烧结牢固程度。

13.2.5.2 型模加工及聚晶的摆放

型模先加工成与岩芯管外径相适应的内圆。然后在专用机床上或车床上拉铣螺旋槽，槽深要考虑到胎体的收缩值。螺旋槽的数目取决于槽的宽度和扩孔器的规格。

聚晶的定位一般用胶水溶液黏到型模螺旋槽上，摆放数目视应用的地层和扩孔器规格而定，如 ϕ60mm 扩孔器摆放聚晶数有54粒、48粒和42粒等几种。

13.2.5.3 胎体骨架粉末装料量的确定

单位体积装料量取决于骨架粉末混合料的理论密度及其松装密度，其值要以获得最佳胎体性能和聚晶的包镶性能为原则。

图1-13-4为胎体的抗弯强度和冲击强度与实际密度的关系。由图可见，当装料密度为8.30g/cm^3 时，抗弯强度和冲击强度均较高，而装料密度过高或过低均不理想。这是因为装料密度的大小是靠敲、振来实现的。如果装料密度过大，粉末容易分层，而且黏结金属也不易达到完善的浸渍程度，因而胎体出现疏松和脆的现象；装料密度过小，骨架粉末密度不均，造成黏结金属层及其边界的厚薄不均，而且对聚晶的包镶不良。以上两种情况都会出现使强度下降的问题。因此，骨架粉末都应当有一个合理的装料密度。当粉末组成改变时，胎体强度峰值的对应装料密度是不一致的。

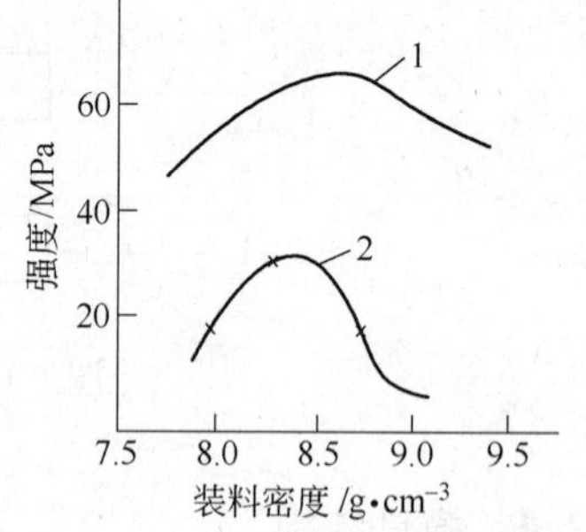

图1-13-4 胎体性能与装料密度关系
1—抗弯强度；2—冲击强度

黏结金属的装料量可按下式计算：

$$G = \gamma\left[V - \left(\frac{g_1}{\gamma_1} + \frac{g_2}{\gamma_2}\right)\right]K$$

式中 G——黏结金属装料量，g；

γ——黏结金属密度，g/cm^3；

V——扩孔器胎体体积，cm^3；

g_1——骨架粉末料的装料量，g；

γ_1——骨架粉末料的理论密度，g/cm^3；

g_2——聚晶的质量，g；

γ_2——聚晶的密度，g/cm^3；

K——黏结金属的过量系数，$K=1.5\sim2$。

骨架粉末料的理论密度按下式计算：

$$\gamma = \frac{100}{\frac{G_1}{\gamma_1}+\frac{G_2}{\gamma_2}+\cdots+\frac{G_n}{\gamma_n}}$$

式中 G_1，G_2，…，G_n——骨架粉末各组分的质量分数；

γ_1，γ_2，…，γ_n——骨架粉末各组分的密度。

骨架粉末混合通常采用球磨机混料，使各组分的混合充分均匀，并可以达到净化粉末棱角和细化颗粒的目的。球磨筒常用不锈钢制作，硬质合金球为混料介质，干式混合。球磨筒转速为40～50r/min，球料比约1∶1，装料量为筒容积的50%，球磨时间2～4h。

13.2.5.4 涂保护层

为使石墨模具延长使用寿命，同时防止石墨对钢体可能产生渗碳面造成加工的困难，采用 Al_2O_3 汽油橡胶溶液涂上薄薄的一层，将大大延长其使用寿命，如底模模套保护得好可连续使用20次以上。

Al_2O_3 汽油橡胶溶液的配置方法：300目以细 Al_2O_3，浓度12%的汽油橡胶溶液20%，汽油50%，先用少量汽油将 Al_2O_3 润湿拌匀，使之不聚合，然后相间加入给定量的橡胶溶液和汽油，并搅拌均匀即成。在使用中当汽油挥发变稠后可补充适量汽油拌匀。

13.2.5.5 装料

(1) 将装料用的底模套放置于转台上，放入钢体，然后再将黏好的聚晶的型模从钢体上端套入，使型模与底模套配合。

(2) 将经过70℃恒温预热的给定量的骨架粉末，沿着钢体与型模的圆周间隙倾倒装入型模腔内，然后用棒敲振转盘和型模外壁。当粉末进入型模腔后，将粉末上部稍平整。再加入少许骨架粉末并拭平整，使之略高于型模上端平面，以造成毛细作用的浸渍通道。

(3) 用手提住钢体上端并从装料底模套中提出，随即装入涂好 Al_2O_3 汽油橡胶溶液的石墨底模套内。

(4) 装入涂有 Al_2O_3 汽油橡胶溶液的压模。

(5) 装入给定量的黏结金属，并在其上面撒上一层适量的硼砂。

13.2.5.6 进炉烧结

将装好料的模具装入箱式电炉、中频感应炉或其他加热炉内烧结，一次可烧结一个或多个扩孔器。

由于高温下石墨模具氧化产生一氧化碳的保护气氛，所以不必通入专门的保护气体。

烧结温度要高出黏结金属的熔点30℃以上为宜。用BZn1520为黏结金属时，其烧结温度为1100℃，达到烧结温度后需要保温一定时间。

13.2.5.7 出炉冷却和卸模

保温完毕后，将组合模具用坩埚钳夹出，并迅速在压模上端加一重物（或在压机上稍加压），以达到胎体上端整形的目的和便于取下剩余的黏结金属。然后在空气中自冷。

冷却后很容易将底模套和压模取下，除去剩余的黏结金属。将型模敲开取出扩孔器。

图 1-13-5 为聚晶扩孔器。

13.2.5.8 扩孔器的喷砂和加工

扩孔器取出后在胎体上先进行喷砂处理，以除去胎体表面石墨残渣。然后按图纸要求进行机械加工。

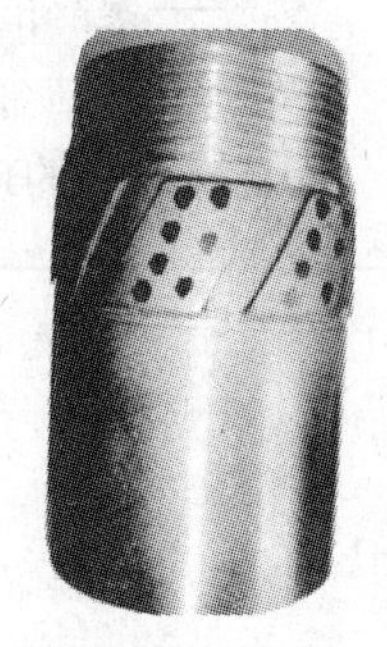

图 1-13-5 聚晶扩孔器

13.3 热压焊接扩孔器

热压焊接制造扩孔器的方法类似于烧结锯片刀头-焊接锯片的方法。

焊接扩孔器的工作元件俗称节块或刀头，它是由金刚石、胎体材料和聚晶组成的。在未焊接成扩孔器以前把刀头称为保径刀头，它是将金刚石和结合剂经混合、热压烧结、磨弧等工序制成的。

13.3.1 胎体的配混料工艺

（1）确定胎体配方。胎体配方主要是根据用户的钻进岩石和要求确定的，不可能有一种万能的配方来满足所有岩层保径的要求，钻进岩层和用户使用条件及要求是千变万化的，配方不可能也不应该以不变应万变。钻探中岩石的可钻性有 12 个等级，不同可钻性的岩石对扩孔器的磨损和要求不一样，因此扩孔器胎体配方是很复杂的。产品质量愈高，技术水平愈全面，胎体配方的分工就愈细，即种类就愈多。

（2）原材料检测。一般来说，原材料的采购是根据技术条件来完成的，但在使用前一定要对原材料的资质进行复核，即质量检测，如技术条件不符合要求则不能使用。如果因为运输、保管等原因，造成原材料受潮、氧化等，则需要先对其进行相应的处理才可使用。

（3）胎体各组分的称量。一般某一种配方胎体混制的总量，以 2 天内用完为限，不可过多或时间过长，以免氧化。根据配方计算出每种成分的用量，用药物天平或台秤准确称量，放入各自的盛器皿中，复核确认无误后，才可倒在一起进行混合。

（4）混料。将称量好的混料装入混料设备中进行机械混合。混料设备多为球磨混料机。混好后的胎体料要立即装入干燥器皿内密封保存，以防止混好后的胎体粉末受潮氧化。

一般的球磨混料工艺为：

1）将准确称量的粉末先用手工在盛器皿中搅拌。

2）根据混料总量，依据料和球的总体积为球罐容积的 50% ~70% 选择合适的球磨机。

3）根据料重，称取硬质合金球，按球料比（1 ~ 1.5）∶1 称取，为使料混得均匀，一般球径最好大、中、小搭配。混料球最好是硬质合金或瓷质的，要求球的耐磨性要好，不能影响和改变结合剂的配方成分。

4）按工艺要求，选择好混料机的转速，确定好时间，开机混料。一般转速选择为 30 ~80r/min，混料时间 3 ~6h。

5）停机，将料和球用粗筛分开，将料准确称量，估算损耗并复核是否与步骤 1）的量吻合，如不吻合时混合料不能使用，要立即查明原因；如吻合在转入下道工序前要将其装入磨口瓶或合适的密封容器中，并贴好标签。

13.3.2 工作层胎体料的配混工艺

对于焊接扩孔器而言，为了提高扩孔器的使用寿命，一般将其胎体做成两部分，一部分为含金刚石单晶和聚晶部分的工作层，另一部分为不含金刚石单晶和聚晶的非工作层。工作层胎体既用聚晶又用金刚石单晶，是为了提高扩孔器耐磨性，改善使用效果。非工作层胎体不用金刚石单晶和聚晶是为了焊接前加工的方便，同时也可节约成本。也有少量生产单位制造的焊接扩孔器只在工作层胎体部分用聚晶，而不用金刚石单晶的。

按配方要求称取金刚石和胎体料，按胎体料总量的1%～2%称取润湿剂。润湿剂可以是甘油、石蜡、机油、酒精或它们的混合物，其作用是使金刚石与胎体料之间混合均匀，不因两者之间的密度不同产生偏析和浮选。

13.3.3 非工作层胎体料的配混工艺

非工作层（也称过渡层、焊接层等）料在使用前也需要进行机混，其润湿剂的加入量比工作层的少，混合时间为20～30min。混料时，按生产工艺单要求准确称取胎体料，放入料筒中，扒平后用钢勺在料中间压出一凹坑，将润湿剂倒入凹坑中，再用钢勺将料搅拌，放入长度为200mm钢链3～4根，盖好料筒盖，开机混料。

工作层料和非工作层料配好后就可进行装模和烧结。

13.3.4 金刚石与胎体料的制粒技术

将准备好的工作层料和非工作层料进行刀头的冷压，采用冷压机冷压为了保证质量和提高生产效率，需要对工作层料和非工作层料进行制粒处理。制粒过程一般为：在附加混料机中，金属粉末、金刚石及起黏结作用的人造黏结剂先干混，然后再加入溶剂再湿混。混合料从制粒机上部的料斗中，由螺旋输送器连续不断地输入该机器内部容器中，制成粗糙颗粒。通过机械滚动作用，粗糙颗粒被转变成最终的球状或条状小颗粒。然后输送到传送带上，经干燥后蒸发掉溶剂。制粒后的成形料流进收集器中备用。

由于制粒后的成形料，金刚石与胎体料均匀混合，金刚石分布均匀，颗粒大小也较均匀，松装密度和摇实密度加大，因此可用定容（即定体积）装料代替定量装料，使生产率大大提高。同时避免了金刚石与胎体料分层，使质量有了保证。

制粒成形料定容冷压法的优点：（1）通过制粒，冷压时的循环时间由原来的20～25min缩短到5～10min；（2）金刚石与结合剂不再分离，防止了金刚石的结团或分层；（3）由于成形料的流动性改善，减少了刀头间的重量误差；（4）经过制粒，机器可以无人操作；（5）冷压模具的磨损下降至少50%；（6）粉末分布均匀，尤其是像扩孔器刀头这样的薄粉末层或无金刚石的焊接层。

13.3.5 模具结构

制造焊接扩孔器刀头的方法主要有两种：预压-热压工艺方法和热压烧结工艺方法。

预压-热压工艺这一制造刀头的方法是将成形料（包括工作层和非工作层）装入金属模具模腔内，在工作层区的压头上按要求黏结好聚晶，在手动或自动冷压机压好刀头坯件。坯件的厚度已达尺寸要求（指垂直压制的刀头），高度方向留有待压结余量。将坯件装入石墨模具中送入热压机，通电加热，石墨模具温度很快达到烧结温度，此时施以全压（即规定的压制压力），卸压后将模具移送到导热性好的铜板上，温度接近室温时卸模取出刀头。这种工艺方法冷压和热压是在不同的模具内完成的。冷压需承受较大压力，同时又要求其耐磨损，使用寿命长，因此需采用优质钢材制作。国内冷压模具的关键部件可用9CrSi、GCr15或T8、T10等合金钢制作。图1-13-6为其结构示意图，热压模具结构如图1-13-7所示。

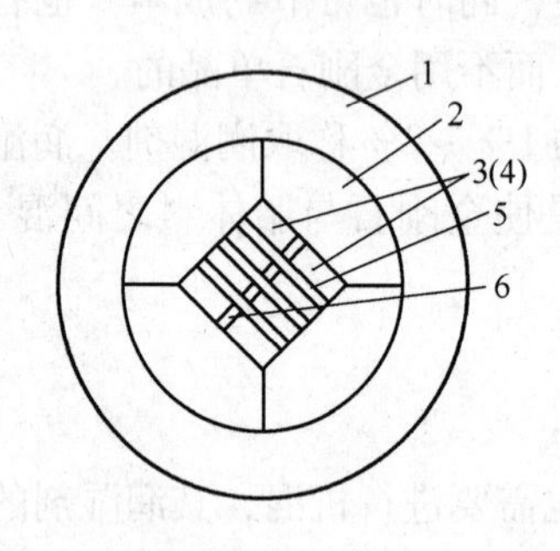

图1-13-6 冷压模具示意图

1—模套；2—四瓣衬瓦；3，4—压头；5—横隔板；6—纵隔板

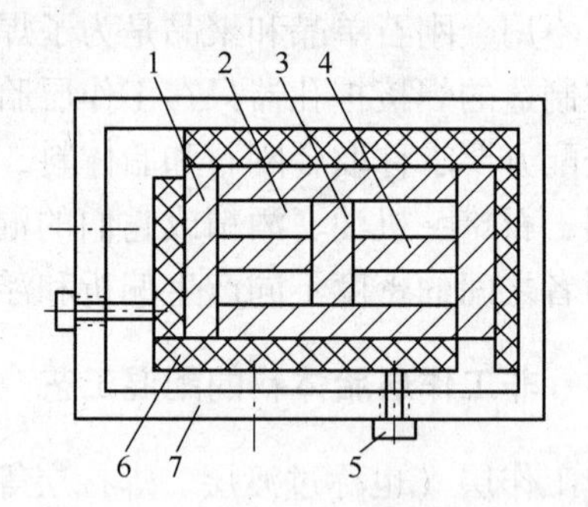

图1-13-7 热压模具示意图

1—端隔板（框架模板）；2—模腔；3—纵隔板；4—横隔板；5—紧固螺钉；6—绝缘板；7—钢模框

热压烧结工艺方法是直接将非工作层料和工作层料装入石墨模具内，在工作层料的石墨压头上，按照要求粘贴好聚晶，然后放入热压机中直接加压烧结。图1-13-8为扩孔器刀头热压烧结模构造示意图。热压模具组装如图1-13-9所示。

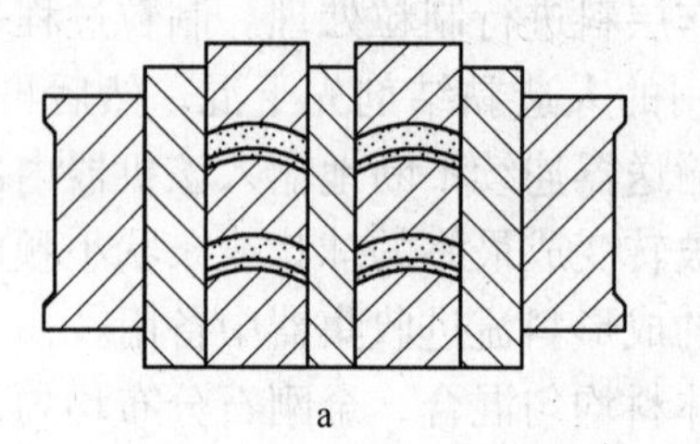

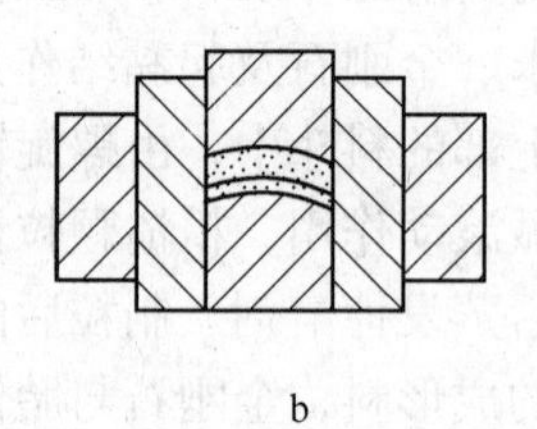

图1-13-8 扩孔器刀头热压烧结模构造示意图

a—多片压制；b—单片压制

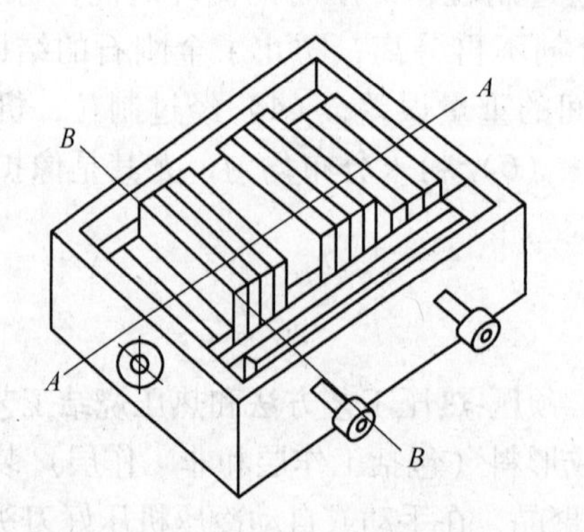

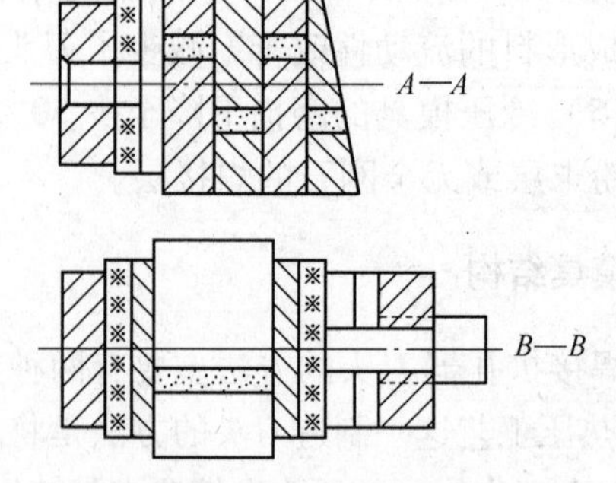

图1-13-9 热压模具组装示意图

石墨具有良好的导电性，其导热性能也较一般的非金属材料和部分金属材料好，致密石墨的抗压强度可达45MPa，因此石墨常用做发热和成形材料。制造热压焊接扩孔器刀头选用石墨作为热压模具材料，正是基于石墨的这些特性。

石墨具有较小的热膨胀系数，它可以经受温度的急剧变化而不开裂；刀头胎体材料多为金属类物质，其热膨胀系数比石墨大得多，这为脱模带来了方便；此外石墨热压时，表面因温度与氧发生反应生成 CO 或 CO_2 气体可以保护金刚石和胎体材料免受氧化；石墨硬度低便于机械加工。

石墨作为模具材料也存在一定的不足，主要是其气孔率相对金属材料而言十分大，因此在热压时，液态的金属（熔融的低熔点成分）有可能被挤入空隙中，使模具变脆易开裂，或在卸模时模壁拉毛、变形而影响使用次数。

为满足热压工艺条件的要求，在选择热压模具的石墨牌号时，应尽可能满足下述要求：（1）抗压强度不小于 35 ~ 45MPa；（2）致密度高、孔隙率小，一般选用密度 1.6 g/cm^3以上，孔隙率 <30%。

13.3.6　烧结设备与工艺

扩孔器焊接刀头烧结所用的热压设备既要承担加热，又要完成加压。所用热压设备种类比较多，如中频热压机、高频热压机、电阻热压机、加热加压一体炉等。目前绝大部分生产企业都采用电阻热压机，因为该设备价格便宜，操作方便，热效率也比较高。

热压烧结工艺是扩孔器刀头制造中最基本、最重要的工序之一，对最终产品的性能起着决定性的作用。烧结的过程表现为粉末颗粒之间发生黏结，刀头胎体体积收缩，强度增加，孔隙度下降，密度提高。从而由粉末颗粒的聚集体变为晶粒的聚结体，使刀头获得所需要的物理、力学性能——强度、硬度、耐磨性和对金刚石的包镶能力等。因此对刀头的热压烧结必须给予足够的重视，严格遵守工艺规程和操作规程。

由于扩孔器刀头的性能变化较大，因而烧结工艺差别也不一样，因此要求对热压工艺进行灵活的控制和调节。烧结中有采用简易的三步热压烧结工艺的（如图 1-13-10 所示），也有使用很复杂的热压烧结工艺的（如图 1-13-11 所示）。采用的设备装有高级的 PLC 控制器和操纵板，通过精密的数字控制系统可以获得对工艺的高精度控制，并可对故障进行诊断，确保产品质量。

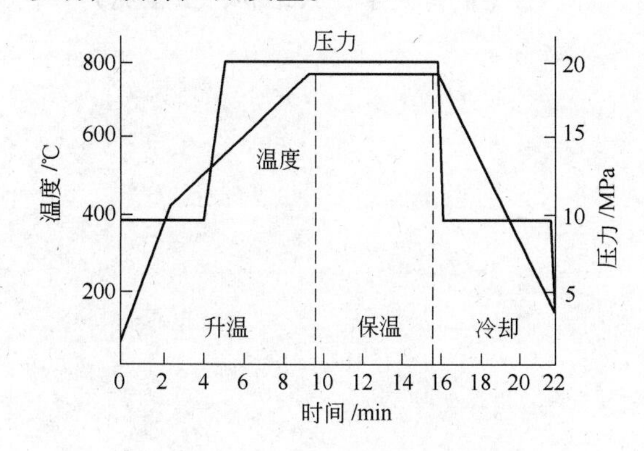

图 1-13-10　简易热压烧结曲线

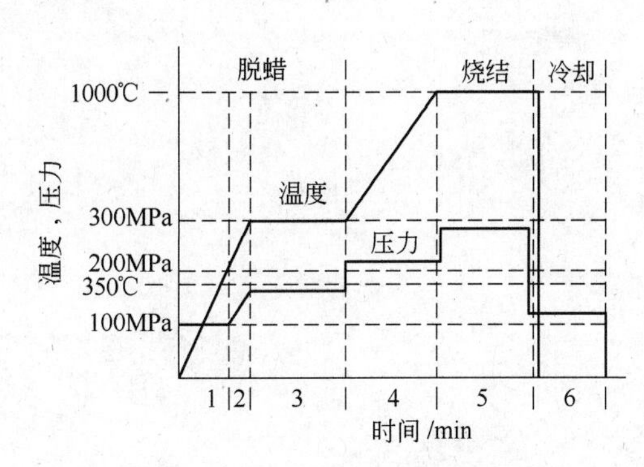

图 1-13-11　典型热压烧结曲线

13.3.7　磨弧和焊接

为提高扩孔器刀头在钢体上的焊接牢度，对刀头的焊接面要进行磨弧处理。其作用有：(1) 使刀头的焊接面的弧度与钢体焊接面的弧度一致；(2) 去除刀头热压烧结过程中形成的氧化皮。

刀头磨弧时根据刀头焊接面要求，一般选用砂轮机作为磨弧设备，可手持刀头直接在砂轮机上打磨直至全部露出新鲜的金属光洁面。也有一些制造商根据扩孔器刀头磨弧的特点，自己制造出了自动的能满足扩孔器刀头磨弧要求的磨弧设备。

经过磨弧加工后，接下来就是将扩孔器刀头牢固地与钢体焊接成一体，才能真正成为扩孔器。

焊接是焊接扩孔器制造过程中一道极其重要的工序，对焊接工艺提出了严格的要求：(1) 刀头和钢体间要有足够的焊接牢度；(2) 刀头焊接位置要正确，除相对于钢体在端面的对称性好外，刀头和水槽间的位置的对称度也要适当；(3) 焊接温度不宜太高，至少不能高于刀头的热压烧结温度；(4) 焊接时间要短，以免引起钢体或刀头的局部变形。

扩孔器刀头的焊接一般利用银焊或铜焊，可利用高频焊机进行焊接或利用乙炔气进行人工焊接。图1-13-12为制造完成的焊接式金刚石单晶-聚晶扩孔器成品。

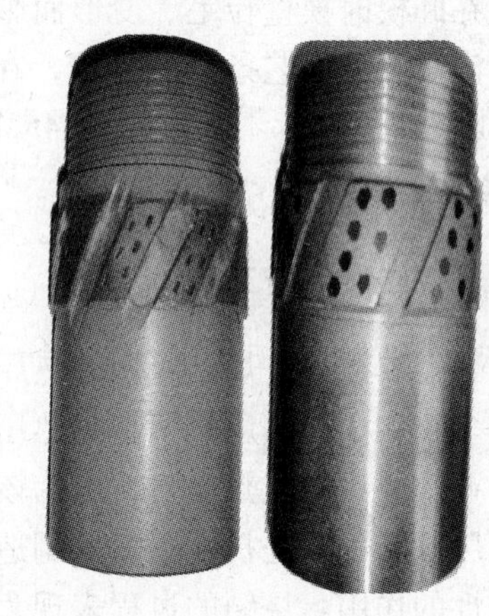

图1-13-12　焊接式金刚石单晶-聚晶扩孔器

参考文献

[1] 张绍和. 金刚石与金刚石工具[M]. 长沙：中南大学出版社，2005，7.
[2] 王秦生. 金刚石烧结制品[M]. 北京：中国标准出版社，2000，11.
[3] 方啸虎. 超硬材料科学与技术[M]. 北京：中国建材工业出版社，1998，4.

（中南大学：张绍和，王佳亮）

14　金刚石陶瓷加工工具

14.1　应用与现状

从20个世纪90年末中国开始生产瓷质抛光墙地砖以来，其专用金刚石工具经历了十年的发展，从早期磨边抛光技术、设备和工具全部从意大利进口，到今天实现了磨边抛光设备、工具完全国产化，加工技术世界领先化，依托性价比优势，成为磨边抛光设备、工具的最大出口国和加工技术的输出国。加工设备和工具的发展大大促进了瓷质墙地砖生产技术的提高，生产成本和售价的降低，使抛光砖从初期作为工程专用高档砖变成了当今普通家装的首选，抛光砖的市场销量远远超过石材和普通釉面砖成为用量最大的饰面建材。抛光砖从初期以广东佛山为中心产地，华东一带零星分布，后来又形成山东淄博、四川夹江两个生产基地，进而发展到河北、江西、辽宁、山西、河南、湖南、湖北和内蒙古等地，呈全国遍地开花的态势，统计资料表明，2009年瓷质抛光砖产量预计可达到30～35亿平方米的规模，产值超千亿，成为不少地区的支柱产业，我国已经成为世界第一大陶瓷抛光砖生产国。伴随的抛光砖产业的高速发展，各类金刚石磨具消耗量成倍增长，目前用于瓷质砖抛光和磨边加工的金刚石磨具产值全国预计达到15～20亿元（含出口），成为仅次于锯片的第二大金刚石工具品种。

随着墙地砖市场对瓷砖的要求品种多样化、外形美观和尺码规整度要求越高，除了瓷质抛光砖需要磨边和抛光加工外，其他瓷质砖如仿古砖和各类高档瓷片都需要磨边加工，同时还出现了亚光砖、抛釉砖等新品种，金刚石软弹性抛光磨具的用量也逐步上升，陶瓷马赛克市场需求量越来越大，陶瓷锯片的消耗量成倍增长。金刚石磨块取代普通菱苦土磨块的技术取得突破性进展，180目（80μm）以粗菱苦土磨块已经绝大部分被金刚石磨块成功取代，抛光砖生产抛光耗材成本下降了30%以上。金刚石磨块的大量使用，消耗了可观的低品级金刚石细料，Ⅰ、Ⅱ型细粒度金刚石一度出现供不应求之势。金刚石工具在墙地砖加工行业的应用仍处在增长期，发展前景看好。

墙地砖加工用金刚石工具产地目前主要分布在几个陶瓷加工比较集中的地区，由于广东佛山是中国最早生产各类瓷质砖和抛光砖的地区，至今已成为中国乃至世界最大的瓷质砖加工基地，以及配套装备和原料的供应集散地和研发营销中心。相关金刚石工具生产技术成熟早、发展快，涌现出了几个年产值超过亿元的龙头企业，产品质量和技术能力明显高于其他地区，该地区市场信息渠道来源广，技术服务优势明显，所以广东佛山及临近的江门、珠海等地区的厂商垄断了国内市场总量的近80%和几乎全部出口，其他零星分布在山东淄博、四川夹江、广西桂林，福建泉州等地。

14.2　瓷质墙地砖的特性

把用于装饰建筑物墙面及地面的板状或块状陶瓷制品统称为陶瓷墙地砖，实际上跟传统工艺陶瓷器皿一样，陶质墙地砖和瓷质墙地砖是有根本性区别的，在 2000 年以前我们在市面上看到的基本上是陶质釉面砖（即瓷片），规格较小，一般都在 500mm × 500mm 以下。这种砖吸水率高达 3% 以上，质地疏松，强度低易龟裂；釉面色彩无层次感，釉层薄易磨损而褪色；一般不进行磨边加工规整度差，铺贴缝隙大，装饰档次低。瓷质砖则采用高温烧结完全瓷化，其主要晶相组成为莫来石相、石英相、玻璃相和气孔。致密度高，吸水率低于 0.5%，材质坚硬，莫氏硬度达到 6 级以上，强度高不变形、不龟裂，从表到里色泽质地完全相同，因而经久耐磨色彩如新。瓷质砖又称为玻化砖，按其外观及工艺特征可分为抛光瓷质砖、仿古砖和釉面玻化砖。化学成分与花岗岩相类，硬度相近，耐磨和耐腐蚀性相同，抗折强度更高。同时它克服了花岗岩的一些内部缺陷和加工困难等问题，具有色差小，砖体薄重量轻，易于铺贴，价格低廉，无放射性等优点。与天然大理石相比从根本上克服了大理石强度低、耐磨性差，易龟裂风化的缺点。因而近十年来瓷质砖得到快速发展，应用范围越来越广，花色品种繁多，普遍使用 600mm × 600mm 和 800mm × 800mm 规格，最大规格可达到 1200mm × 1800mm 尺码，能够满足不同档次和个性化装修的需求，引领建筑时尚，逐渐成为第一大饰面建材品种。

所有的瓷质砖都要用到金刚石工具进行修整，抛光砖它包括刮平、粗磨和磨边加工，仿古砖和釉面砖一般只进行磨边加工，部分会用到金刚石树脂弹性磨块或抛釉片进行砖面处理，以获得更高档或特殊效果的砖面。瓷质砖具有高脆性、致密、坚硬、耐磨和弱研磨性的特征，对金刚石磨削工具的锋利度提出了很高的要求，因而胎体配方设计和金刚石品型及配比选择与其他金刚石工具显著不同，对加工对象作进一步深入了解和分类是金刚石工具达到最佳适应性的必要前提，抛光砖是瓷质砖中产量最大，使用最普遍的一个品种，也是金刚石工具的主要消耗品种。

14.2.1　瓷质砖生产工艺过程对砖坯可加工性的影响

一般瓷质砖生产流程主要包括配料、球磨、过筛、泥浆池陈腐、喷雾干燥、过筛除铁、混料、压制成形、干燥、施釉、烧成、抛光、分级、包装入库。其中对砖坯可加工性影响最大的，除砖坯自身的配方特性外，主要是压制成形过程和烧结过程的工艺控制水平。压制过程和烧结过程的工艺问题会造成砖坯面变形大、尺码过大、大小头、砖坯脆性大强度不够等缺陷，不仅影响最终的成品砖品质，也会给金刚石工具的刮平、磨边及后续粗磨抛光造成困难，降低了其可加工性，增加加工成本。

（1）砖面变形。影响砖面变形的因素很多，如配方、成形和干燥制度等都会导致变形产生，但对瓷质砖来讲砖面变形主要还是烧成制度，特别是窑炉辊道上下温差设定不合理所致。另外坯体配方熔剂性原料含量过高，收缩量过大；压制工序因布料不均或模具边角漏料造成局部填料不足等原因也容易造成变形。砖坯变形缺陷主要有翘边翘角、弯边弯角、凹面、凸面、扭曲变形等。砖面变形量过大将给滚刀刮平加工造成困难，必须加大刮削量才能使砖面达到要求的平整度，这样对滚刀的锋利度提出了很高的要求，锋利度略差的滚刀，砖面无法被刮平，造成漏抛现象；或抛光后光度不均匀，平均光度低；裂砖多，废品率高。

（2）大小头或凹凸边。大小头又称为大小边，砖坯相对边长不同，形状不正、不方，呈梯形。凹凸边是指收腰或鼓肚。大小头和凹凸边是瓷质砖生产中常见的缺陷，造成缺陷的原因很多，最常见的情况有：压制时两个工作面不平，粉料压制后坯体密度不均，烧结收缩不同，造成大小头；喂料车工作状态不佳，喂料不良，布料不均造成大小头；模具组成件尺寸设计不合理或装配偏差大；窑炉两侧有温差造成收缩不均等原因。大小头或凹凸面对前磨边造成很大压力，大头或凸边通过磨边轮时瞬间加大了磨边量，如果磨边轮锋利度不足则会造成卡砖、挤裂、大崩角等缺陷造成废品；磨边轮磨除量过大，会使磨边轮瞬时冷却困难，金刚石和胎体磨耗加大，使用寿命急剧下降。

（3）砖坯小裂纹、残留气孔等缺陷。造成这些缺陷的原因很多，原材料、配方、生产各个环节控制不到位都会产生这些问题，具有这些缺陷砖坯强度低，造成磨边、刮平和抛光困难，压力稍大则会裂砖或崩边角。

14.2.2　主要组分特性和配比对砖坯可加工性的影响

一个理想的瓷质砖配方应该达到以下要求：合适的烧成温度（一般1160～1220℃），较宽的烧成范围，较小的烧成变形和收缩，坯体较白。还要满足瓷质砖的理化指标。瓷质砖的主要化学组成如下：二氧化硅65%～73%，三氧化二铝16%～23%，氧化钙和氧化镁：1%～3%。氧化钾和氧化钠：4%～7%，三氧化二铁1.5%以下，氧化钛：1%。瓷质砖的主要性能指标如表1-14-1所示。

表1-14-1　瓷质砖的主要性能指标

性　能	瓷质砖	花岗岩	大理石
吸水率/%	<0.5		0.4～1.4
抗折强度/MPa	>30	8.8～23.5	6.5～19.6
莫氏硬度	≥6	6～7	3～4
线[膨]胀系数	<9		
耐磨强度/mm^3	<205	490	

除个别添加剂外，瓷质砖的主要配料基本上来源于天然矿物质，包括：各类熔剂、黏土（黑泥）、叶蜡石、高岭土、各种石料和石英砂等。

14.2.2.1　*瓷质砖熔剂*

瓷质砖一般采用隧道窑一次快速烧成技术，为降低能耗，烧成温度一般控制在1200℃左右，熔成周期为40～60min。为实现低温烧结，获得性能优良，高致密度和瓷化率的瓷质砖制品，必须合理使用熔剂。原因是熔剂在1100～1200℃的烧结温度下软化呈熔融状态，能有效地活化烧结。瓷质砖常用的熔剂主要是长石类矿物质，包括钾长石、钠长石、伟晶岩、锂辉岩、滑石、透辉石和霞正长石等。熔剂加入量一般在30%～45%之间。

（1）钾长石和钠长石。钾长石和钠长石是两种最常用的熔剂，在瓷质砖生产中广泛使用。钾长石的初始熔融温度为1150℃，钠长石略低为1100℃，但钠长石的熔融范围较窄，黏度随温度变化较大，砖坯易变形。相反钾长石在熔融过程中有白榴子石和硅氧熔体出现，熔体黏度大，温度范围宽，有利于控制变形，所以通常情况下两者混合使用，可以优势互补。钠长石熔体黏度低，能促进石英、高岭土分解产物及其他组分的熔解，提高瓷质砖的瓷化率。利用钾长石来调整熔体的黏度和形成速度，克服砖坯变形问题。

钾长石和钠长石复合熔剂熔体最终形成莫来石晶体和玻璃相。莫来石晶体是SiO_2-Al_2O_3二元系中常压下唯一稳定存在的二元化合物，致密坚硬，莫氏硬度6～7，是瓷质砖的主要晶相。玻璃相脆性大，大部分气孔分布在玻璃相中。玻璃相体积比越高瓷质砖越脆，强度越低。相反莫来石相体积比越高瓷质砖越坚硬，可加工性下降，对金刚石工具的品质要求越高。

(2) 珍珠岩。珍珠岩是新近开发的陶瓷熔剂新原料，珍珠岩主要是由酸性火山玻璃相和少量化合水组成，其中 65% ~75% 是无定形石英。它的始熔温度比钾钠长石低近100℃，熔融温度范围高达 325℃，比长石宽 100 多度。在坯体中加入珍珠岩代替长石作熔剂，既可降低烧成温度，又可加快烧结，促进黏土、高岭土等的莫来石化，加快坯体的致密化，从而提高瓷质砖的机械强度、化学稳定性和热稳定性。

珍珠岩是优质的熔剂材料，为了促进莫来石相的形成，珍珠岩（主要成分是 SiO_2）的增加，应适当增加高铝原料的加入。珍珠岩的加入量一般不宜超过 50%，否则坯体干燥强度较低，在高温时容易变形。

(3) 伟晶岩。伟晶岩品种很多，一般有使用价值的是花岗伟晶岩，其主要成分是石英、长石和云母组成的粗大结晶矿物，它是花岗岩残余岩浆在挥发性物质作用下逐渐冷凝结晶而成。石英含量为 25% ~30%，长石含量为 60% ~70%。由于伟晶岩以钾钠长石和石英为主要矿物质，比单独使用长石和石英机械混合料更均匀，烧成时更易于形成莫来石和玻璃相，同时钾长石和钠长石混合物存在最低软化温度，可以使瓷质砖的烧结温度降低 10 ~20℃。

(4) 霞石正长岩。霞石正长岩主要是长石类和霞石 $(Na,K)AlSiO_4$ 的固溶体，它在1060℃开始熔化，随含碱量不同，在 1150 ~1200℃范围内完全熔融。它几乎不含游离的石英，但在高温下能熔解石英，故熔融后黏度较高。研究表明，如果将霞石正长岩跟其他熔剂如珍珠岩、滑石等混合使用，不但能扩大其烧结范围，而且能达到理想的熔融及降低温度的效果。所以一般用来制作复合熔剂，含量占熔剂量的 30% 左右。

(5) 瓷石与瓷砂。瓷石与瓷砂也是使用最为广泛的熔剂，瓷砂实际上是风化了的瓷石、长石或伟晶岩。传统的瓷石由石英、绢云母和长石构成，中国南北方的瓷石成分差异很大，北方不同省份如山东和河北，甚至省内不同地区，如山东临沂和淄博的瓷石都有很大区别。

(6) 滑石。滑石在瓷质砖中也是一种很好的熔剂，也是优良的矿化剂，在瓷质砖中加入少量滑石可以降低烧结温度，在较低的温度下形成液相，加速莫来石晶体的形成，同时扩大烧成温度范围，提高瓷质砖的白度、机械强度和热稳定性，滑石的加入量一般在3% ~5% 左右。

(7) 锂辉石。锂辉石是一种性能超群的熔剂，其溶解石英的能力比含钾钠矿物强的多，还可以抑制石英的晶形转变，有助于在更低的温度下生成莫来石，从而提高坯体强度。用锂辉石与钾钠长石混合制成的复合熔剂，比只用长石作熔剂的坯体吸水率低，烧成温度低而且强度高，试验证明在坯料中加入 2% 的锂辉石烧成温度可以降低 30 ~40℃。但锂辉石储量少，价格贵，限制了其使用。

14.2.2.2　黏土（高岭土）

黏土又称之为高岭土，是生产瓷质砖很重要的原料，它对砖坯的白度和强度都有决定性的影响，中国高岭土资源丰富，分布很广。但真正能用作瓷质抛光砖的并不多，主要是白度和砖坯强度问题。广东省的黏土（多称黑泥）资源得天独厚，用它制作的瓷质砖尤其是瓷质抛光砖强度和白度均优于其他地区的产品。所以其他省份的抛光砖厂必须使用或混合使用广东黑泥才能生产出高档抛光砖。

黏土的主要成分为 SiO_2-Al_2O_3、H_2O 和腐殖质（烧失成分）的混合物，与熔剂成分液相烧结后转变为坚硬的莫来石相。

14.2.2.3 叶蜡石

叶蜡石是一种生产瓷质抛光砖的优质原料。叶蜡石的理论组成是 28.3% Al_2O_3，66.7% SiO_2，5% H_2O，生产瓷砖用的叶蜡石都不是纯叶蜡石，而是几种矿物的结合体，根据矿物结合体不同分为铝质蜡石（含氧化铝高），石英叶蜡石（含氧化硅高）和高岭石叶蜡石。叶蜡石用作抛光砖坯体有如下特点：（1）生坯强度高，白度高；（2）坯体尺寸收缩变化小，烧成尺寸波动小；（3）坯体中微细莫来石晶体多，方石英大量存在，提高坯体耐高温荷重能力，扩大烧成范围，抗高温变形能力强。

14.2.2.4 其他原料

这些原料包括石英砂（河沙）和一些石料。比如山东有丰富的焦宝石资源，经过精选去除铁质和水洗，成为一种较好的生产瓷质砖的原料，它的作用是调节坯体中的氧化铝含量。添加石料和石英砂的抛光砖研磨性提高，金刚石工具消耗量会有所增加。

14.2.3 国内几大主要瓷质墙地砖生产基地砖坯性质分析

不同地区的厂家配方的设计着眼于因地制宜，就近取材的原则，造成不同地区甚至不同厂家的配方和砖质截然不同，特别是地区间差异较大。佛山的瓷砖完全使用广东黑泥，使用广东低温瓷砂或邻近省份长石，大多含铁量低，所以白度高，品相好。莫来石晶相烧结分布均匀，体积比高，游离的石英相和刚玉颗粒少，所以佛山砖坯大多烧结变形量小，砖坯平整，强度和硬度高，但研磨性差。山东淄博部分使用广东黑泥，还混合使用产自北方如河北地区或辽宁法库的高岭土，熔剂原料大多采用本地产的长石或瓷砂，含铁量高，所以山东出的抛光砖与佛山相比白度差很多。加上本地焦宝石等可用石料资源丰富，出于生产成本考虑，大量添加了一些焦宝石或河砂，所以淄博砖坯烧结变形量大，强度差，硬度一般，但研磨性要强于佛山砖，其他地区如华北地区和四川夹江等地的砖坯与淄博有类似特点。这些地区抛光砖厂家，利用成本和价格优势，迅速占领了庞大的中低档家装市场。上海、江浙一带厂家主要生产高档瓷质砖，全部采用广东黑泥，选用优质长石熔剂，考虑到坯体中氧化铝含量偏低，又添加了大量的高铝叶蜡石，所以这些厂生产的抛光砖坚硬、强度和白度高，档次甚至超过了佛山瓷砖。这些厂家生产的抛光砖售价高，主要面向大型工程和高档住宅的装修市场。

总之，各地区生产的砖坯特性差异较大，其中包括与金刚石工具密切相关的强度、硬度和研磨性等。所以设计金刚石工具配方时必须考虑胎体、金刚石和砖坯三者之间的适应性问题，一个负责任的工具生产厂必须准备几套配方或构型的设计方案以应对不同的砖质和加工条件，仅仅靠一套配方打天下是很难满足各个地区不同客户的需求，市场很难做大。由于瓷质砖厂家众多取样困难，还没有权威部门对上述三个指标组织测试，所以目前设计金刚石工具配方时，要凭技术人员的经验观察判断和一些试验来摸索最佳配方。

14.2.4 瓷质砖品种与特点分析

从20世纪90年代末我国开始生产渗花砖、金花米黄等较单一品种的瓷质抛光砖，随后又陆续推出了微粉砖、超白砖等品种，随着瓷质砖生产技术的进步和市场需求的多样化，款式创新、品质创新、功能创新成为技术创新的主要内容，特别是近几年多管布料技术的发展成熟，在完善和更新老品种花色和式样的同时，陆续推出了聚晶微粉抛光砖、仿石砖、仿木纹砖、纺布纹砖、羊皮砖、抛釉和半抛釉砖等瓷质砖新品种。今后的发展趋势将追求绿色环保型瓷质砖，节约型超薄大规格瓷质砖，原料蕴藏丰富和再生资源利用的瓷质砖将走向市场，而能耗大，或含有放射性元素的品种，如超白砖等将逐步退出市场。

14.2.4.1 渗花瓷质砖

渗花砖是最普遍的一种抛光瓷质砖，也是最早出现的抛光砖品种，它是仿大理石的装饰效果。渗花技术是利用呈色较强的可溶性无机化工原料，经过适当的工艺处理，采用丝网印刷方法，将预先设计好的图案印刷到瓷质砖坯体上，依靠坯体对渗化釉的吸附和助渗剂对坯体的润湿作用，渗入到坯体内部，经过高温烧成后，这些可溶性无机盐与坯体发生化学反应而着色，抛光后呈现清晰的图案。为保证抛光后的效果，一般渗花深度要求2～4mm。为保证渗花效果，优质渗花砖对砖坯性能有一定要求：（1）必须保证坯体的白度；（2）坯体必须有一定的渗透性，能让渗花釉渗透到足够的深度；（3）坯体有一定的强度和稳定性，保证渗花时不破裂。所以为保证砖坯所需的渗透性，应尽量选用有利于釉料渗透的长石、石英和低温砂等瘠性原料，粉料的粒度不能球磨的过细，一般控制在250目（58μm）左右，过粗影响坯体强度，过细则影响渗透性。压制压力适中，压力大，密度高强度大，但渗釉困难；低密度大空隙是渗花釉深入渗透的重要条件。所以要恰当选择压制压力，以达到合理的致密度。上述渗花砖的工艺特点，决定了渗花砖在所有瓷质砖里面属于致密度、强度和坚硬度比较低的品种，比较好加工，对工具消耗也小。

14.2.4.2 微粉砖

微粉砖的出现与陶瓷工业机械设备的革新密切相关，21世纪初意大利SACMI、SITI等公司推出的多管布料和微粉布料技术为瓷质砖的生产带来了革命性的影响。微粉砖将再磨细的各色喷雾料粉，通过多管布料或二次布料，压制成型，烧结而成的一种高档瓷质砖。它的花纹图案是不同的色料按设计要求布料后压制、烧结而成，不是渗花釉产生的，因而与渗花砖相比，微粉砖色彩更加丰富，图案更有层次感和质感。由于料粉细，烧结活性更强，烧成的砖坯致密度远远高于普通渗花砖。微粉砖是瓷质砖中最坚硬耐磨的品种，给金刚石工具的磨削加工带来一些困难，对金刚石工具的单位平方耗用量提高20%以上，对金刚石工具的锋利度要求更高。

14.2.4.3 大颗粒砖

大颗粒瓷质砖是相对于普通瓷质砖的喷雾造粒的小斑点而言。它使用专用的造粒机，把喷雾干燥的粉料和色料加工成1～7mm的大颗粒，再机压成型。如此加工出来的砖，加强了表面纹理装饰，具有极佳的仿天然花岗岩效果。大颗粒瓷质砖的关键技术在造粒，根据造粒方式不同可分为干式和湿式，从外观上可以区分，干式造粒获得的颗粒成块状，棱角分明，而湿式造粒则呈球状，或椭球状，可以沿径向获得多色层，颜色变化更丰富。国内大部分以干式造粒为主。大颗粒砖的砖坯硬度、研磨性、吸水率等性能跟普通渗花砖没有什么区别，唯一的区别是大颗粒周围容易出现裂纹、偏析等缺陷，裂砖和崩边角增多。

14.2.4.4 仿古砖

仿古砖本质上是一种釉面装饰砖，它主要有以下特点：坯体采用瓷质砖坯体原料，烧成后的吸水率较低，具有瓷质砖相同的硬度和强度。压机成型时使用凹凸模具，使砖坯的表面呈不规则的凹凸形状，具有类似天然石材的凹凸粗糙表面，采用亚光釉。仿古砖一般只磨边，不抛光。仿古砖磨边轮跟抛光砖所用磨边轮相同。

14.2.4.5　微晶玻璃陶瓷复合板

建筑装饰用微晶玻璃又称为玻璃陶瓷或结晶化玻璃，它是通过基础玻璃在加热过程中进行控制晶化而制得的含有大量微晶体和玻璃体的复合固体材料，由于玻璃中具有特定性能的晶相析出，使微晶玻璃在机械强度、表面硬度、线膨胀系数、化学稳定性方面显示出了优异的性能。微晶玻璃装饰板用作内外墙及厅堂地面的装饰具有鲜艳、色差小、不褪色等优点，成为装饰材料中的新秀。微晶玻璃陶瓷复合板是微晶玻璃与瓷质砖的复合板，微晶玻璃作砖面，瓷质砖作基底。微晶玻璃陶瓷复合板较厚，它的平整度是烧出来的，因为玻璃层深度超过一定极限气孔就暴露出来，影响美观，所以不能刮平，只能用磨块直接粗磨抛光。微晶玻璃陶瓷复合板机械强度高，质地致密，砖坯尺码余量大，磨边轮消耗量大，磨边时容易崩边，所以微晶玻璃板一般倒角比较大。

14.3　陶瓷加工工具生产工艺

瓷质抛光砖刮平工具与金属结合剂磨边工具与其他金刚石工具的工艺过程基本类似，属于典型的热压烧结刀头-焊接工艺，特殊之处在于两道关键工序：一是机加工工序比重比较大，二是动平衡工序很关键。其他工序大同小异，其中焊接工序差异比较大。连续齿型磨边轮则使用钟罩热压炉整体烧结，不经过焊接工序。树脂修边轮工具则在热压的基础上增加了树脂硬化工序。它们的主要生产流程如图 1-14-1 ~ 图 1-14-4 所示。

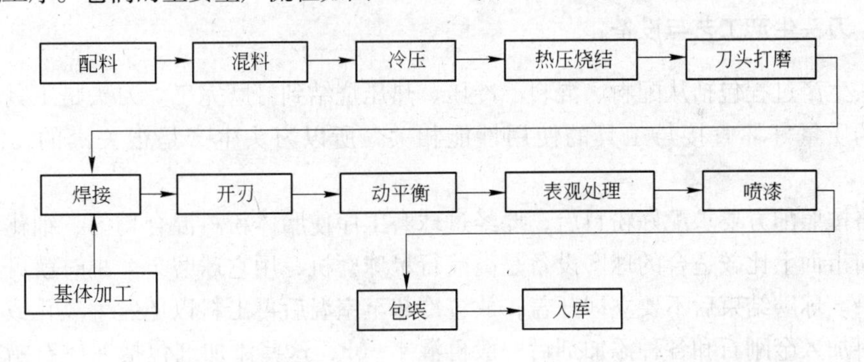

图 1-14-1　铣平工具与磨边工具生产工艺流程

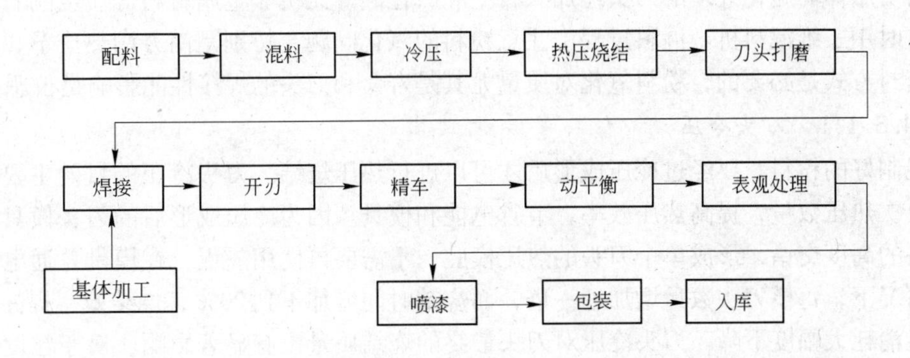

图 1-14-2　连续式磨边轮生产工艺流程

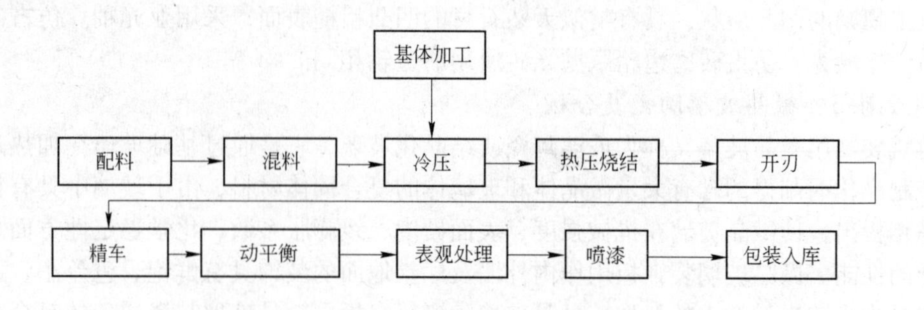

图1-14-3 树脂结合剂修边轮和倒角轮生产工艺流程

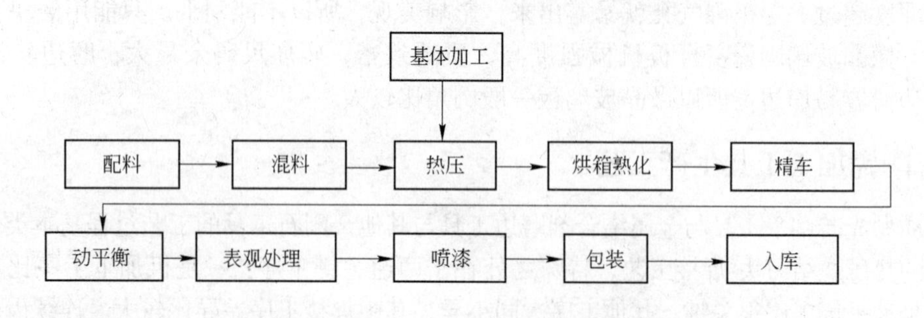

图1-14-4 金刚石刮刀生产工艺流程

14.3.1 刀头生产工艺与设备

刀头生产过程包括从配料、混料、冷压、热压烧结到打磨完工。刀头是工具的工作主体，它的质量好坏直接与工具的使用性能相关，所以刀头生产是很关键的，需要重点控制。

严格按照配方要求配好粉料后，要经过球磨工序使胎体粉料混合均匀、细化和机械啮合。目前市面上比较适合的球磨设备是高能行星球磨机，用它球磨2个小时就可以达到很好的效果。球磨结束后不要立即开盖，放置冷却至室温后再出料以免发生氧化或意外。球磨好粉料加入金刚石和各种添加剂后一般再混4～6h，这些添加剂包括液体石蜡或丙酮等有机物质，便于金刚石分散于粉料中，需要冷压的刀头粉料还需要添加冷压润滑和黏结剂，需要胎体弱脆化处理的刀头还加入石墨和碳化硅等无机非金属材料等。金刚石混料一般最多时用三维混料机。混料过程中注意粉料的氧化问题，特别是南方潮热季节，储运时采用密封方式是必要的，粉料氧化对质量尤其是寿命和刀头的焊接性能影响是很恶劣的。

14.3.1.1 *刀头冷压*

混制好的粉料，要经过冷压成形后才可以进行热压烧结。刀头冷压的目的主要是为了提高单次热压数量，提高热压效率，节省电能和模具。因为冷压成形后的刀头模具通过上下压头的高度交错，形成单个刀头的热压模腔，不需要再使用隔板，在模具总通电面积不变的情况下，每模刀头数量增加近一倍，而烧结时间增加不到20%，烧结效率提高，模具和电能消耗大幅度下降。刀头冷压对刀头最终的烧结质量没有显著影响。对于粒度分级比较严格的滚刀刀头，增加冷压工序容易造成细刀的粗颗粒混杂，需要严格分工区、分时段进行隔离控制。

A 粉料性能要求及添加剂

为了保证致密度较低的压坯有一定的强度，对粉末压制性能还是有一定要求。粉末形貌、氧化物含量和粉末粒度都会影响粉末的压制性能。电解或还原工艺生产的粉末形状不规则，树枝状或片状颗粒多压制性能好，相反雾化生产的粉末形状球形颗粒多，压制性能差。粉末颗粒表面氧化物含量高，粉末塑性差，压制性差，粉末颗粒越细压制性能越差，所以大量使用超细合金粉的刀头，压制性能明显下降。添加成型剂可以提高压制性能，这些成形剂包括：(1) 硬脂酸锌，可以降低粉末与模具内壁及粉末间的摩擦改善压力分布，提高压坯致密度，降低压制时模腔壁与压坯的摩擦噪音，加入量一般为0.5%左右；(2) 液体石蜡或橡胶汽油溶液，可以在粉末间形成一定的黏结力，增加压坯强度。

B 冷压模具、设备与工艺要点

刀头压制用模具内模套、压头均使用40CrMoV或GCr15合金钢，硬度要求55～60HRC，为提高模具强度通常要加装8～10mm厚的45号钢外套，其他组件垫板、垫圈和退模垫环也使用45号钢加工。磨边轮刀头模具每模压一般压4粒，滚刀每模压2粒。模腔呈长方形，内模套是圆形，为减少应力集中，模腔要尽量分布均匀，四角要倒成*R*0.5的圆角。由于模腔四角部分存在应力集中问题，所以很难通过强度计算来设计内模套尺寸，经过多次得到的经验值为：在加装外套的情况下，角顶距离内模边最小距离不小于15～20mm，可以保证模具强度和寿命。

压机一般采用100t位级的小型框架式压机，但为了保证压制效率，一般选用快速下压和抬起的机型。考虑到造粒成本问题，目前绝大多数厂家仍采用手动冷压。也有厂家开始设计不用造粒的自动冷压机，已经有重大进展。

实际上刀头冷压仅仅是为了成形，对压坯的致密度和强度没有严格要求，只要压坯不裂、不碎即可，因为刀头最终的致密度和强度是通过后续的热压来完成的。所以为了节省模具，采用双向压制，压制压力一般控制在350MPa以下，致密度低于65%。压制前腔内粉料要摊平，退模时为避免落下的压头砸坏刀头，一般采用顶出式退模。

14.3.1.2 热压工艺与设备

几乎所有的瓷质砖刮平和磨边工具的烧结均为热压工艺完成。热压烧结最大的优点是可以很容易地达到完全致密化。刀头焊接式产品目前基本使用电阻加热式热压机，热压机加热功率一般为60～90kW，最高用到120kW，压力规格为15～200kN (20tf)，电阻加热式热压机优点是烧结效率高，单次烧结周期短，批量大小和品种转换灵活，工艺控制性好，质量稳定。缺点是模具和电能消耗大。直径在ϕ300mm以下的连续式磨边轮或圆柱轮一般使用钟罩式热压烧结炉，加热功率50～60kW，压力500～600kN(50～60tf)，炉腔尺寸500mm×600mm，可使用H_2或N_2气氛保护。钟罩式热压炉优点是有气氛保护烧结性能好，模具省。缺点是效率低，工艺不好控制，质量稳定性差，基体不可以回收利用，加工成本高。所以连续式磨边轮和圆柱轮的生产和使用量逐步在减少，除了干磨和个别品种的修边轮等必要的场合，已经很难看到连续式磨边轮或圆柱轮的身影。

A 刀头热压工艺

刀头烧结一般使用组合式石墨模具。刀头热压烧结即是利用石墨模具本身作为电阻元件，将大电流通往石墨模具两端，同时加压靠模具电阻和刀头坯体电阻发热使被热压粉末得以烧结，是内热式，升温速度快，模腔各部位温度比较均匀，模内实际温度远高于红外线测量的模具表面温度，初步估计相差约100～120℃。正常情况下石墨模具报废的原因主要有三点：（1）表面氧化后炭粉脱落尺寸变化而报废；（2）拆装模时敲击损坏；（3）因刀头流失液相严重黏连，取刀头或清理金属氧化皮附着物时损伤压头或隔板表面。为了避免人为原因损坏模具，拆装模时用力要轻，尽量不要用硬物击打模具，一般使用橡胶锤敲实压头。为了提高石墨模具的加热效率和使用寿命，应选用石墨化程度好、电阻率高，纯度、致密度和强度较高的石墨材料。致密度越高，孔隙率越低，杂质含量越少，耐氧化性越好；石墨模具致密度不够，烧结液相容易充填空隙，造成模具与刀头黏连脱模受损；所以石墨密度一般要求在1.8g/cm^{3}以上。石墨强度要求在加热到800～1000℃温度情况下，抗压强度大于30MPa。

由于各类刀头对金刚石粒度区分比较严格，刀头中一旦发生粗颗粒掺杂，对刀头质量影响是致命的，特别是细滚刀和圆柱轮，往往会造成整条抛光线因刀痕问题而停机，所以热压过程的称料和装模工序特别要注意工作面的整洁和物料的存放，工作区域要划分好，细滚刀称量和装料工具一定专用，不要与其他粒度的刀头在同时同地进行作业。

烧结温度是热压工艺最重要的一个参数，烧结温度过低，胎体的致密度和合金化程度不够，硬度和强度等力学性能均低于配方设计标准，对工具使用质量将产生致命性的影响。但温度过高则造成液相流失过多，配方性能改变，致密度反而降低，同样影响使用质量。恰当的温度通常通过实验优化设计获得，但经过多次实验证明当刀头能够被压制到设计尺寸时的最低温度为最佳烧结温度，如果是限位压制即压头刚好压平时的温度。最佳温度允许波动范围应不小于±10℃，在这个温度范围内刀头液相流失量为2%～6%。所以要获得稳定的胎体性能，一方面工艺控制很重要，另外一方面配方的工艺稳定性也很关键，就目前的国产设备温度控制水平，在10～20℃的波动范围内胎体性能保持基本稳定的配方，才能保证大批量生产质量稳定，是具备工艺稳定性的配方。

陶瓷磨削工具大部分采用铁镍(钴)-青铜基配方，烧结温度750～860℃，终温保温阶段大部分Cu-Sn呈液相，全部Ni和少量Fe（8%以下）溶解在Cu-Sn液相中很快完成合金化，液相通过流动迅速充填孔隙达到致密化。属于典型的液相热压烧结过程，所以烧结过程可以在很短的时间内完成，一般终温保温时间2～3min即可。压力的设计根据液相含量大小，一般设计压力在18～25MPa。烧结结束后卸压不要太快，否则呈熔融状态的胎体在一瞬间卸去外力，冷却产生的内应力会使其形状发生变化或裂开，胎体对金刚石的把持内应力也会减少，卸压温度要低于烧结温度150℃以上。在生产过程中，卸压温度经常被忽略造成刀头质量下降。

B 连续式刀头工具压制与烧结工艺

整体式烧结的磨边轮或圆柱轮，在热压前先进行冷压成型，成型的主要目的是为了方便热压，减少模具厚度，增加单次压制数量。刀齿一般呈连续式，直接冷压在基体上。为增加胎体与基体的黏结强度，基体与胎体结合部位加工与基体的结合部位加工成沟槽型。冷压模具模套、芯模和压头采用GCr15、T10或9CrSi等热处理硬度52～55HRC，其余脱模套、垫圈和压垫等均采用45号钢，压机采用300T四柱压机。

热压烧结在钟罩式热压机中进行，通氢气气氛保护，模具一般采用石墨模具，ϕ300磨边轮一炉可以压制13片左右。钟罩炉热压机与刀头热压机不同，它是靠内罩外壁的镍铬电阻丝进行加热，属外热式，因而它的升温速度较慢，一般需要1～1.5h才能达到，而且由于烧结体积较大，完全依赖热辐射、对流和自身热传递来完成工件的温度均匀化，所以要求终温保温阶段要温度均衡过程，所以一般保温时间约30～45min，温度的确定原则与刀头热压相类似，压力比刀头热压略低，一般是15～18MPa。烧结合格的磨轮或圆柱轮胎体高度应该与设计高度相同，硬度达到设计要求，敲击基体清脆悦耳，不发闷。

实际上，焊接式磨边轮或圆柱轮的刀头制成扇块式，焊接时拼接到位，完全可以达到连续式磨轮的外观和使用效果。整体式烧结唯一的优点是可以使磨轮配方的锋利度达到最高水平，而不必考虑因胎体强度弱化引起焊接强度下降的问题，但工艺烦琐，生产周期长，制造费用高；基体较厚而且不能重复利用，原材料成本高；工艺控制难度大，质量稳定性差。所以除非特殊要求场合或产品（如干磨边），一般很少使用整体式烧结工艺生产陶瓷磨削工具。

14.3.2　成品加工工艺与质量控制要点

刀头热压完成后，需要经过球磨去除毛刺，和焊面磨光处理，方可转入焊接工序。为保证焊接、开刃等后续加工的质量，应该对成品刀头进行外观和尺寸检验。刀头主要有以下缺陷对后续成品加工有不良影响：（1）刀头压制面两端大小头，两端尺寸偏差超过1mm则造成开刃困难；（2）缺边角，缺陷最大长度超过3mm则影响产品美观，也容易造成细刀刀痕；（3）因模具掉边角或压制面缺陷引起的刀头突起最大长度大于2mm，而且厚度大于0.3mm，将给开刃造成困难，如果是在磨边轮刀头内侧则容易引起崩边角；（4）因夹杂石墨造成的焊接面的凹坑缺陷以缺陷面积大于总面积的10%，且最大深度大于0.3mm，将造成焊接强度不足。具有上述缺陷的刀头一定要剔出返工不要流入成品工序。

成品加工是将刀头焊接到基体上，修整开刃，按精度要求将基体安装内孔和固定螺丝孔加工到位，并实施动平衡检测。整体烧结产品无需焊接工序，其他工序相同。

14.3.2.1　基体加工

磨边轮基体材料一般使用14～18mm厚的A3钢板气割或锻坯，滚刀基体一般用219mm×14mmA3或15号冷轧无缝钢管，其他产品基本使用锻造A3或35号毛坯料。一般来说，焊接式磨边轮和滚刀基体经过翻新处理后可以多次使用，目前各工具生产厂为节约成本基本都多次使用回收基体。回收基体应该以不影响使用质量为前提，否则将得不偿失。为提高基体的回收利用次数，应该先按内孔和固定螺丝孔位分类加工；后内孔改大或外径改小的原则进行。一般情况下磨边轮基体厚度小于10mm，滚刀基体筒壁厚小于8mm，以及变形严重的情况下，应报废处理，不得再做回收基体使用。

回收滚刀基体注意法兰盘两端的距离短于新基体5mm以上时，要进行加垫片或重新刀线定位等处理，否则容易造成装机滚刀刮削面偏移。滚刀基体在焊刀头前应做动平衡，动平衡超差80g以上的应先加重处理，否则焊接后变形更大，不平衡更严重。滚刀基体通过在筒内加装内管和中心法兰盘可以降低使用时的筒体共振噪声。

14.3.2.2　焊接

焊接在高频焊机上进行，为保证焊接效率，焊机功率要求30～40kW。焊接滚刀使用可两向运动、安装轴可转动的特制的焊接架，焊接磨边轮需用旋转焊接台。根据焊件尺寸和形状应配备和使用不同形状和尺寸的感应圈，磨边轮和倒角轮采用 ϕ300、ϕ250、ϕ200、ϕ150 加热感应圈，滚刀、对磨轮和圆柱轮等产品应使用可同时加热 2 ~ 3 个刀头的长框形感应圈。根据刀头配方不同，使用银含量 15% ~ 30% 的银焊片，银含量越高熔点越低，所以刀头烧结温度越高，可用银焊片含银量越低。焊接时银焊片必须与搭配钎焊剂使用，钎焊剂具有促使被焊物表面氧化物的还原，促进银焊片的熔融，改善焊片流动性的作用。

焊接前要将基体焊接部位用砂轮机磨去氧化皮及毛刺，并用酒精或天那水清洗刀头焊接部位。选择适当尺寸的焊片用清水清洗干净。银钎焊熔剂粉加入适量水煮成稀糊状，在基体焊接部位刷上一层焊剂，再将浸在焊剂中的焊片用镊子摆放在焊接部位上，将清洗干净的刀头放在焊片上，启动开关开始加热，加热过程中，注意旋转基体，以保持加热均匀，随着温度不断升高，用镊子将刀头摆放整齐同时将刀头压实，注意刀头之间的间隔要均匀。焊接过程中，高频焊机焊接电流：25 ~ 60A，焊接最大功率为 25kW。焊接温度是目测开始熔化的温度，焊接时注意控制好焊接温度。焊磨边轮等产品时，随着焊片的熔化，要不断用镊子压紧刀头，焊滚刀时用镊子夹住刀头紧贴刀体表面螺旋标志线的一侧轻轻滑动刀头，使刀头与基体充分结合，同时在刀头两侧加入少量焊剂，以增加焊接强度。焊接完成后，切断电源，稳拿稳放取下工件，放在一边待其自然冷却后转下道工序。

14. 3. 2. 3　开刃

开刃的目的是将工具表面金刚石出露，去除磨面和侧面毛刺或突起，提高工具外圆的同心度，增加美观效果。磨边轮和倒角轮类在专用开刃机上进行，滚刀、圆柱轮和对磨轮等在万能外圆磨床上进行。用各种规格的开刃芯轴安装，使用棕刚玉砂轮和白刚玉砂轮磨削。磨边轮和倒角轮要求磨面开刃率 100%，侧面开刃率大于 90%，端面倒角 2mm × 45°。对磨轮开刃先在磨边轮专用开刃机上进行粗开刃和侧面打磨，精车后在万能外圆磨床上进行精开刃，精开刃的出刃率不小于 98%。滚刀开刃在万能外圆磨床上进行，要求刀头出刃率应不小于 98%。圆柱轮开刃在万能外圆磨床上进行，由于圆柱轮对同心度精度要求很高，所以要先粗车、粗开刃；然后精车、精开刃。开刃前工件先磨过端面，然后用专用轴，一组按同一方向一起装，用锁紧螺帽紧固，调整床面两顶尖间距离，使之符合开刃的刀体芯轴尺寸。粗开刃出刃率不小于 90%，精开刃出刃率 100%。

14. 3. 2. 4　精车与钻孔

由于焊接过程基体会发生变形，使安装孔位的尺寸或形位公差发生变化。为了保证其精度，除带法兰盘的滚刀外，其余产品都需要精车。凡是一道磨面作为装卡面的必须先开完刃后再精车，对磨面同心度要求较高的圆柱轮和对磨轮需要先粗开刃，精车后再精开刃。精车完毕才能进行钻孔和攻丝加工，钻孔在十字工作台立工钻床上进行，用小型普通钻床进行攻丝机。钻孔后，用稍大的钻头对产品先进行两面倒角。要求倒角平整，大小一致。攻丝时要求用相对应的丝锥，并且对齐，否则难以达到同心度的要求，攻完后要求检验螺丝是否能拧进和到位。

14. 3. 2. 5　动平衡

动平衡是很关键的一道工序，它关系到工件使用时是否平稳和震动。陶瓷磨削工具一般转速都在 1400r/min 以上，不平衡状态对使用过程和加工质量影响是致命的。动平衡设备一般都采用国产智能化动平衡仪，它的核心是一台微型电脑，并且有动平衡测量的专用软件。所使用的各类配套心轴必须先经过动平衡检测，与中心孔应是紧配合，要稍加外力，敲击心轴进中心孔。注意松紧要适度，过紧会拉伤滚刀内孔；过松则平衡结果不准确。将装有心轴的工件，摆放在平衡仪的支架上并加以紧固。在平衡轴右端适当位置放上小磁铁，使其正对传感器，并与传感器保持适当距离。动平衡操作程序，当转速达到规定要求时（800r/min 左右），屏幕上显示出左右两端应去的重量及其所处的度数，磨边轮记录去除单边即可。

磨边轮、对磨轮和圆柱轮等要求不平衡偏重小于 5g，滚刀基体长为 690mm（含 690mm）以上的滚刀的不平衡重应不大于 30g；690mm 以下的滚刀不平衡重应不大于 20g。对不平衡重超过标准的要采取钻孔去重或加重的方式来使产品达到平衡。磨边轮、对磨轮和圆柱轮采用钻孔去重法。滚刀不平衡度较小（一般小于 50g）时用钻孔去重法，较大时采用加重法：用 φ14mm 的圆钢焊到相应的位置使产品达到平衡。

14.4 刮平工具的种类与制造

14.4.1 刮平工具的种类

刚出炉的抛光砖坯，在烧结过程中因收缩会产生砖体变形，600mm × 600mm 规格砖面变形量一般在 1.2mm 以上，砖坯面必须经过刮平后才能进行后续的抛光处理。

金刚石刮刀（又称滚刀、滚轮等）是目前应用最广泛的刮平工具，目前市场上新推出的整线刮平机一般配有 18 ~ 24 把刮刀，其中 6 把为摆动式，固定式滚刀的粒度从 30 目（550μm）顺序排列到 100 目（150μm），摆动式从 80 目（180μm）排列到 150 目（106μm）。摆动式刮刀的使用解决了刮刀磨损变形后刮平效果差的缺点，使刮平效果发挥到极致，大大提高了抛光效率，目前抛光线走刀速度已经达到 24 ~ 32 片砖/min（600mm 规格），与传统强国意大利刮平机相比优势非常明显，而且售价不足其 1/3，因而迅速打入全世界主要抛光砖市场，成为中国出口的主流机型，国产刮刀也随之出口到各大海外市场。

圆柱式铣平轮也是使用比较广泛的铣平工具，其工作原理是铣平机整体公转和平行移动带动各个圆柱轮扫过整个砖坯表面，各圆柱轮自转实施磨削。外形有点像立起的章鱼（又名八爪鱼），故根据刮平头数不同形象地称为五爪鱼、六爪鱼、十爪鱼等。用圆柱式铣平轮相比于滚刀，其优点是磨削力强，铣平压力小裂砖少，平整度高，缺点是能耗高，维修频繁，调机要求高，易出现扫边和扫尾现象。意大利产的刮平机一般都配有铣平机，有的意大利机全部采用铣平机（如 SIMEC 机）。广东科达机电股份有限公司曾在刮刀刮平机后增加三台六爪鱼或八爪鱼机，因问题较多，加上摆动式刮刀出现，大部分被淘汰或停用。近一两年现场使用发现，如果铣平机放在刮平机前或中间摆动刀之前，可避免扫边和扫尾问题，利用其磨削力强的特点可以获得更好的刮平效果，尤其对于大变形量的砖坯，目前各个抛光机生产厂又开始研制和推出新一代铣平机，在传动结构上采取了一些变化，解决了维修频繁的问题，在不少抛光线上使用后，刮平效果明显提高，铣平轮的用量开始逐步增加。

行星式铣平轮主要是出口在意大利 PEDERINI 机上使用。其工作原理与圆柱轮相似，区别是行星轮是碟形，唇面自转实现平磨。其优点是：平整度好，不易扫尾或冲边。缺点是：磨削面接触面积大，压力略大则卡砖，加上磨轮回转速度小，磨削力弱，很难完成大的磨除量，对行星轮的自锐性要求近乎苛刻，所以不适合中国快速抛光线的要求，国产抛光机无一配置。

14. 4. 2　滚刀的制造

滚刀（见图 1-14-5）是用在抛光机前面对砖坯表面进行刮平的工具。滚刀外径一般都是 240mm 左右，大多使用 5 线刀，为提高滚刀寿命，在线速不快的情况下，可以使用 6 ~ 7 线刀。目前市场上最新配置的整线刮平机一般配有 18 ~ 24 把刮刀，前面是 12 ~ 18 把是固定式，后 4 ~ 6 把为摆动式。固定式滚刀的粒度包括：30 目、40 目、45 目、50 目、60 目、70 目、80 目、100 目。摆动式滚刀包括：80 目、100 目、120 目、150 目。摆动式刮滚刀解决了刮刀使用变形后刮平效果差的缺点，使刮平效果发挥到极致，大大提高了抛光效率。滚刀转速一般在 1400r/min 左右。抛光线走砖速度越快或砖坯变形量越大对滚刀的锋利度要求越高。

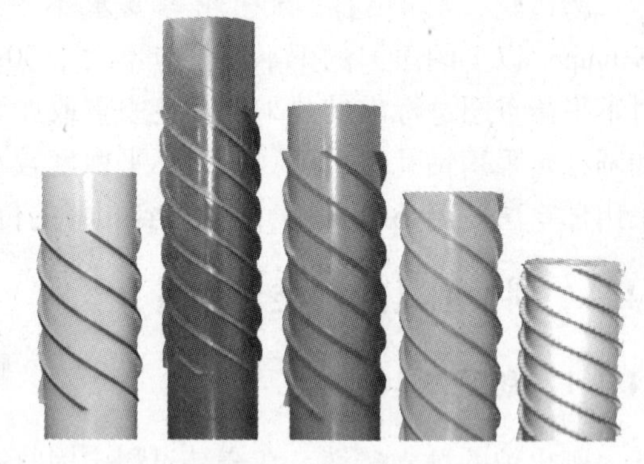

图 1-14-5　滚刀

14. 4. 2. 1　配方设计

由于瓷质砖加工工具起步较晚，在 20 世纪 90 年代末才开始在中国出现，当时金刚石锯片等金刚石工具制造技术已经相当成熟，铁基配方已经得到市场认可和广泛应用，所以瓷质砖加工工具借鉴很多锯片及其他金刚石工具配方经验，特别是滚刀和磨边轮基本形成了 Fe-Ni-青铜基的配方体系，使用效果良好，成本低廉。

金刚石工具配方设计的原则始终遵循胎体性能、金刚石品型和加工对象及条件相适应的原则。对滚刀而言其加工对象是以莫来石相、石英相、玻璃相和气孔组成的瓷质砖，对同一品种的瓷砖来说，材质均一，工艺稳定，所以配方具有相对的稳定性。瓷质砖质地坚硬，滚刀磨削转速较高，但压力完全靠传送带与滚刀旋转方向逆行产生的挤压力实现的，抛光砖在快速的连续运行过程中每把刀的平均磨削量为 0. 10 ~ 0. 2mm 左右，所以对刮刀的锋利度要求是很高的，高质量的滚刀首先具有较高的锋利度，才能保证砖面能刮平，不裂砖，当然还要保证一定的寿命。一条刮平线的滚刀要求从粗到细排列，其所用金刚石粒度从粗到细变化，在金刚石粒度变化的情况下，要保持合理的锋利度，不同粒度的滚刀，胎体配方是不同的。不同的瓷砖产区原材料差异较大，瓷质砖的研磨性差异较大，需要根据砖坯研磨性情况确定不同的胎体配方。

A　滚刀胎体配方特点与技术要求

滚刀胎体配方设计是为了满足在高转速，低压力条件下加工坚硬弱研磨性瓷质砖的要求，胎体必须具有一定的硬度才能对金刚石形成足够的支撑强度以克服瓷砖致密坚硬表面，一般要求胎体硬度达到 35HRC 以上；由于瓷质砖研磨性偏弱，所以胎体耐磨性要弱，也就是说高硬度低耐磨性的配方才是制作滚刀比较适合的配方。铁基配方只要搭配其他元素和添加微量成分合理，工艺制定恰当就完全可以满足这种性能要求。铁基配方价格低廉，市场供应充足，可选品种多样，方便不同配方体系取材。除铁粉外，滚刀配方的主要配料包括：Ni、Cu、Sn 或青铜粉，低含量添加元素包括 Cr、Ti、Mn 等。

铁粉作为主要组元元素，是铁基胎体配方的主要成分。铁与钴同属第Ⅷ族元素，具有相类似的晶体结构和性质，这就是当初设铁代钴的基本依据。铁与其他元素合金化，强化胎体，铁粉对金刚石有良好的浸润性，使胎体材料具有一定的黏结强度。但铁是一种活性很强的元素，很容易被氧化，如果不进行控制，则对胎体的力学性能会有很大影响，使胎体脆性增强，冲击韧性变差。铁粉对金刚石有很强的蚀刻能力，蚀刻过度会引起金刚石强度下降，适度蚀刻会增强胎体对金刚石的把持力。实践证明铁基胎体金刚石工具，通过合理地选择胎体组分及含量，并施以恰当的烧结工艺，可以发挥铁的优势，弥补其弱点，使胎体力学性能和对金刚石的把持力达到或接近钴基配方的水平。

镍也是第Ⅷ族元素，但镍又有独特的金属学特性和力学特性，与铁相比它具有良好的延展性、韧性和抗氧化性，与铜可以无限互溶，对金刚石也具有良好的浸润性，但不具有热蚀性。所以在含有铜或青铜的铁剂配方里，加入镍可以与铜无限互溶，强化胎体合金，抑制 Cu-Sn 低熔点流失，增强韧性和耐磨性，减轻铁对金刚石的热蚀性。Co 在铁族元素中位于 Fe、Ni 中间，因而根据折中原则，从理论上讲，Fe、Ni 两种粉末混合在一起，应当具有与 Co 相当的性能，这也正是发展铁基配方的方法和思路。实践已经证明，选择 Fe、Ni 的合理搭配，可以大大提高铁基黏结剂对金刚石的把持力。黏结剂中 Ni 的作用越来越被认识，成为研制铁代钴配方工作中不可缺少的元素。

铜或铜合金粉是金属结合剂工具中使用最多的粉末，铜和铜合金之所以应用如此广泛，是因为铜基合金具有良好的综合性能，较低的烧结温度，好的成型性和可烧结性，及与其他元素的相熔性，铜在铁中的溶解度不高，在 γ-Fe 中溶解度为 8% 以下，在 α-Fe 中仅为 2.13%。铁基配方中加入铜或铜合金主要是为了降低烧结温度，促进胎体进一步合金化，一般来讲，铜和铜合金加入量越多胎体硬度越低，抗弯强度和韧性有所提高。

锡是降低液态合金表面张力的元素，具有降低液相合金对金刚石的润湿角提高润湿性的作用。可降低合金熔点，实现液相烧结，加快合金化和致密化过程。Sn 一般与 Cu 共同加入，最终大部分形成 Cu-Sn 相存在于胎体中。Sn 不与金刚石反应，可与 Fe 形成 FeSn、Fe_3Sn 和 Fe_3Sn_2 金属间化合物。胎体含锡量越多，脆性越大，耐磨性下降，但锋利度提高。

锰在铁基配方中作为微量元素，一般计入量在5%以下，Mn 的主要作用是脱氧，余下的 Mn 参与合金化，对 Fe 基配方胎体具有显著的强化作用，可提高胎体的硬度与耐磨性。Mn 与 Cu 的相熔性很好，可形成奥氏体合金相。

Cr、Ti 是强碳化物形成元素，可以大大改善 Cu 或 Cu 合金对金刚石的润湿性，在烧结过程中与金刚石发生碳化物反应，从而提高胎体对金刚石的黏结强度。Cr、Ti 与 Fe、Cu 具有良好合金化相容性，可以提高 Fe-Cu 基胎体的抗弯强度。由于 Cr 的激活能较高，对铁基胎体具有一定的消音效果。Cr 在 Fe 基胎体中的含量达到一定程度时，可形成 Cr-Fe 硬质点骨架相，显著提高胎体耐磨性。

铁基配方以其卓越的经济性已经在滚刀、磨边轮等陶瓷加工工具中广泛应用，但它存在以下明显的缺点：（1）与钴基配方相比出刃率不够好，工具不够锋利；（2）广谱性不如钴基好，甚至比铜基差；（3）由于 Fe 与 Cu 及其合金的互溶性差，烧结过程中低熔点金属和铜合金容易发生流失；（4）烧结温度偏高，对金刚石蚀刻性强；（5）铁粉易氧化，质量稳定性略差。铁基配方上述弱点不适合用于制作细滚刀、后磨轮和圆柱轮等对锋利度要求较高的工具。修边轮、细滚刀等产品使用细粒度金刚石，难以进行镀膜保护，高温烧结对金刚石性能影响较大，使用也明显受限。一般情况下，上述采用低熔点改性青铜结合剂，或采用超细合金粉来降低烧结温度，提高锋利度。

B 金刚石特点与技术要求

滚刀在工作中转速较高，砖质坚硬，中粗刀主要使用烧结温度较高的铁基配方，所以对金刚石要求较高，必须选用晶形完整、强度高、热稳定性能好的金刚石。目前随着国产金刚石生产技术的提高，特别是粉末触媒和大吨位压机的推广，国产金刚石的晶型完整度和颜色均达到了生产高品质滚刀的要求，特别是45/50～80/100目粗中粒度。一般来讲热冲击强度（*TTI*）能比较准确地反映金刚石的抗冲击强度和耐热性能，表1-14-2列出了符合中粗粒度滚刀用金刚石的最低*TTI*的经验数据。但*TTI*的水平还不能充分反映金刚石的锋利度，晶型完整浑圆，透明度高的金刚石*TTI*值高，寿命长，但往往锋利度不佳，为了提高滚刀锋利度，粗中粒度滚刀可以添加部分不完整晶型的金刚石，或自锐性较好的进口两面顶金刚石。

表1-14-2 用于生产中粗滚刀的金刚石*TTI*值（1100℃，保温10min）

粒度/目	40/45	45/50	50/60	60/70	70/80	80/100
TTI	≥45	≥45	≥58	≥45	≥65	≥50

细滚刀所用金刚石采用MBD8以上普通工艺生产的金刚石，也可使用晶型完整透明度好的微晶工艺金刚石。前者生产过程中保温时间长，金刚石晶型发育好，耐磨性和耐热性均优于后者，但产量少，价格高。后者产量大，市场供应充足，生产成本和价格低，但只能适应低温烧结的配方，温度过高则碳化严重。

滚刀刮削压力不大，金刚石浓度一般在20%～30%之间（4.4ct/cm^{3}为100%），金刚石浓度越高寿命越长，但锋利度越低。

14.4.2.2 滚刀结构设计

滚刀结构设计是指依据砖坯变形情况或设备状况，为提高效率或寿命，对刀头尺寸、刀线数量和形状等进行确定。

A 刀线尺寸与数量

滚刀的刮削面，是由螺旋型刀头线与砖面之间的不连续接触呈直线分布的细长接触面构成的，在刀线螺旋角度相同的条件下，刀线数量越多接触线段越多，磨削面积越大，在总下刀压力一定的情况下，施加在单颗粒金刚石上的压力小，对金刚石刃部的破坏或磨耗减弱，对瓷砖表面的刻取量也减少，瓷粉减少对胎体的冲刷磨损减小，滚刀寿命因此会大幅度提高。但刮刀的磨削量减少，滚刀锋利度下降，刮平效果差。此外，刀线越多，刮痕浅刀线细，刮削面手感越平滑。滚刀一般都是5线，为提高使用寿命，在砖坯平整度高，线速慢或要求刮削量不大时，可使用6线或7线刀，有时为了提高砖平滑度，最后1～2把细刀采用6线或7线刀。为了保证粗中刀对变形砖面的刮削量，粗中刀一般不使用超过5线的滚刀，如果砖坯变形量过大，最初的几把粗刀甚至使用4线刀，以增加刮削量。

刀头尺寸对滚刀的寿命也会有较大影响，通常情况下为提高滚刀寿命，对刀头进行加高或加厚设计，刀头加厚提高寿命的原因是相同的，因为刀头加厚磨削面积增加，与刀线增加提高寿命的原因相同，负面影响也是锋利度下降。刀头加高提高寿命不存在锋利度问题，但提高寿命的效果和增加投入比不如加厚效果好。

B 特殊形状滚刀的设计与应用

在砖坯变形量大，或刮平机底板磨损严重的情况下，为了达到较好的刮平效果，个别位置滚刀的形状通常会根据砖坯变形情况和刮平机底板的变形情况进行特殊形状设计，比较实用的三种形状如图 1-14-6 所示。

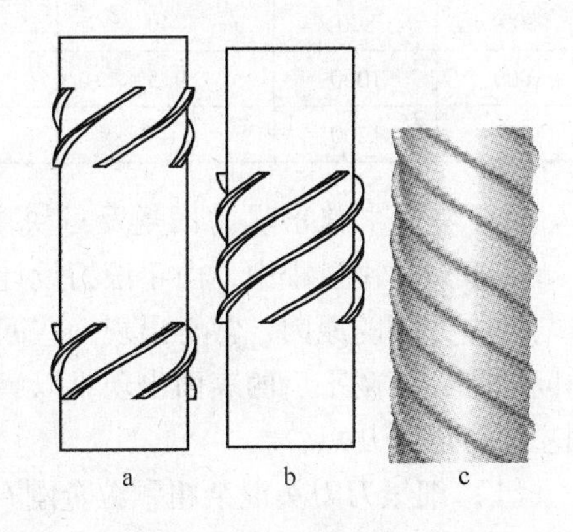

图 1-14-6 特殊形状滚刀
a—工字刀；b—中字刀；c—组合刀头式滚刀

图 1-14-6a 是工字刀，当砖坯变形为翘边翘角或凹面变形严重时，一般使用 1 ~ 2 把工字形粗刀或中刀来加强两边部分的刮削，尽可能地磨除翘起部分。每边刀线依据砖坯大小及翘曲部分的宽度设计长约 100 ~ 200mm。图 1-14-6b 是中字刀，一般搭配使用 1 ~ 2 把粗刀或中刀用于刮削严重凸面变形的砖坯，刀线一般设计长约 300 ~ 400mm。图 1-14-6c 是组合式刀头式滚刀，此滚刀用 20mm × 112mm × 5mm 的刀头梯次叠焊形成刀线，刀线数量 5 条，此种滚刀锋利性好，磨削量大，寿命长，一般用在第 1 ~ 2 把刮平机上，刮平扭曲波浪形或其他不规则变形较大的砖坯。

C 刮平机型号及配套滚刀尺寸

生产刮平机较大规模的厂家大约有 4 ~ 5 家，全部集中在广东佛山，其中广东科达机电股份有限公司（以下其设备简称科达机）规模最大，以其雄厚的资本优势，稳定的质量和标准化的技术服务工作占据了国内和出口 80% 左右的市场。但由于价格较高，给这些小厂留出了一定的市场空间和机会，所以目前还是一家独大，多家并存的局面。由于目前尚无统一的行业标准，各家的滚刀安装尺寸各不相同，甚至同一厂家不同时间或为不同地区客户生产的刮平机滚刀安装尺寸都不相同，这给滚刀生产厂家造成了极大的混乱和不便，特别是为非科达机抛光机配套，滚刀不能通用加大了库存和经营风险，当这些线停机时，没有使用完的库存滚刀将造成很大损失或库存压力。相对而言科达机做得比较好，2002 年以后出厂的科达机滚刀安装尺寸比较稳定，不管机型和配置如何改进，配套滚刀基体保持了稳定和标准化。科达机主要有 600、800、1000、1200 四种规格的机型，其配套滚刀基体尺寸如图 1-14-7 和表 1-14-3 所示。

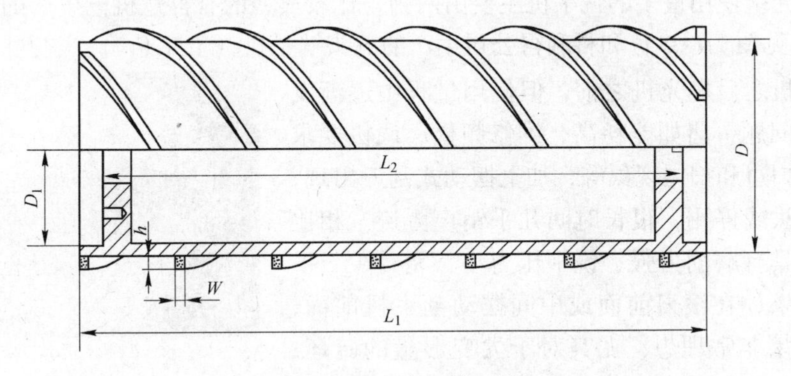

图 1-14-7 滚刀剖面图

表 1-14-3 滚刀尺寸表 (mm)

机型	长度 L_1	法兰盘距 L_2	外径 D	内径 D_1	法兰盘内孔 d	法兰盘内孔×键槽尺寸
600	650	585	216	196	70	21×5.5
800	800	740	216	196	70	21×5.5
1000	1000	935	216	196	70	21×5.5
1200	1200	1140	216	196	90	25×6

D 使用中常出现的问题及解决方案

在滚刀使用过程中，由于滚刀设计参数或刀头性能与砖坯不适应，自身质量问题或设备与操作方面的原因，常常出现一些问题，影响整个抛光线的生产。滚刀使用中最常出现的问题是：坯刮平后的表面出现难以磨除的刀痕，返抛率高。一般来讲导致这个问题的原因主要有以下几点：

（1）细滚刀刀头混杂粗颗粒金刚石。出现这个情况时，刀痕一般位置不固定，或时断时续。解决这个问题关键是加强刀头生产混料、称料和装模现场的控制，细刀工作桌面、粉料容器、量具和清扫工具必须专号专用，避免同一个现场粗颗粒金刚石刀头与细刀同时生产，同时还要加强对金刚石的粒度检验，从源头上杜绝粗颗粒混杂。

（2）粗刀头混装到细滚刀上。出现这个情况时，刀痕一般位置比较固定，刀痕深而且持续存在。此时应该停机拆刀，找到夹刀头位置更换刀头。并对刀头工序交接、储运等各个环节进行盘查，消除管理隐患。

（3）滚刀装机不水平，造成滚刀刮削量不均，一边因下刀过深，造成后续滚刀难以刮平而局部漏刮。这种问题刀痕一般在砖坯边部，刀线不止一条，而且该区域伴随着明显的漏抛现象。出现这个问题时应立即停机调平刮刀架。

（4）细滚刀不锋利，难以去除粗中刀留下的粗刀痕，或刮平度差，局部区域漏刮。出现这个问题时，还表现细滚刀刮平机电流高，噪声大，不是沙沙的磨削声音，而是金属磨削发闷的声音。出现这种问题时应调整滚刀配方，以达到锋利度的要求。

其他问题还有滚刀噪声大，声音尖锐刺耳，但刮平效果较好，一般情况是基体共振造成的，应该在滚刀基体内加装消音筒，去除噪声。

14.4.3 铣平轮的制造

国内抛光线使用最多的铣平机主要由两种，比较典型的有科达机电生产的六头铣平机（六爪鱼）（见图 1-14-8）和科利得公司生产的五头铣平机（五爪鱼）。当初柱式铣平机主要放在刮平机之后抛光机之前，但使用过程中逐渐发现存在很多问题，诸如能耗高、维修频繁、调机要求高、易出现扫边和扫尾现象等，加上摆动式刮刀出现，大部分被淘汰或停用，很长时间几乎销声匿迹。相比于滚刀，它具有磨削力强、铣平压力小、裂砖少、平整度高，如果放在滚刀前面或中间摆动刮平机前面，刮出砖面效果非常理想，尤其对于大变形量的砖坯，所以各个抛光机生产厂又开始研制和推出新一代铣平

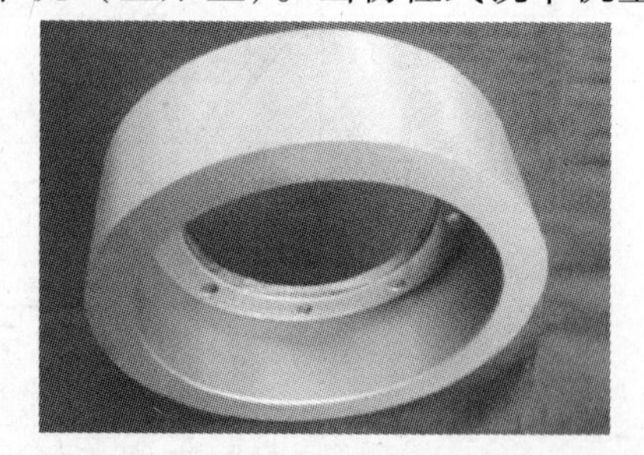

图 1-14-8 科达机（六爪鱼）

机，在传动结构上采取了一些变化，解决了维修频繁的问题，铣平轮的用量开始逐步增加。

意大利产的刮平机一般都配有铣平机，有的意大利机全部采用铣平机（如 SIMEC 机）。常见的意大利机主要有 SIMEC 机使用三爪鱼、五爪鱼；ANCORA 机的十爪鱼，如图 1-14-9 所示。

行星式铣平轮（见图 1-14-10）主要是出口在意大利 PEDERINI 机上使用。其工作原理与圆柱式类似，区别是行星轮是碟形，唇面自转实现平磨。其优点是：平整度好，不易扫尾或冲边。缺点是：磨削面接触面积大，压力略大则卡砖，加上磨轮回转速度小，磨削力弱，很难完成大的磨除量，对磨轮的自锐性要求近乎苛刻，所以不适合中国快速抛光线的要求，国产抛光机无一配置。

图 1-14-9　意大利机用圆柱式铣平轮

图 1-14-10　行星式铣平轮

14.4.3.1　制造工艺与技术特性

圆柱轮和行星轮的生产基本都采用刀头焊接式，其工艺流程与磨边轮基本一样，主要的区别在于圆柱轮的开刃是一组同时开刃，以保证同一组的圆柱轮的外径一致，工作时每个轮子在同一个平面上对砖坯进行磨削。行星轮则必须增加一组行星轮同时进行磨削面平面磨，确保每个轮子的唇面在同一个平面上进行磨削。另外为了避免行星轮内壁扫过瓷砖边部时，可能产生冲击而留下刀痕，行星轮心部必须用树脂填充，所以要增加心部充填液体还氧树脂工序。

圆柱轮铣平机一般配置 3 台，圆柱轮放在不同位置，其粒度组成和配置方式是不同的，如果放在滚刀前面或中间，圆柱轮必须锋利，尽可能地去除砖坯凹凸面，所以一般采用 40 目、46 目、60 目粗中粒度搭配；如果放在刮平机后面，一般采用 60 目、80 目、100 目中细粒度搭配，以免流下很深的扫帚痕，抛光机难以磨除。行星轮一般放在后面，配置 4 ~6 头，一般行星轮粒度从 46 目、60 目、80 目、100 目至 120 目梯次配置。

A　圆柱式铣平轮品种与使用特点

圆柱式铣平轮的品种主要依据铣平机的位置和作用，其刀头结构作出变化，图 1-14-11 给出比较典型的三种不同刀头结构的照片，其他还有很多结构，但只是三种结构的变化而已。

图 1-14-11a 是连续扇块式，一般用在抛光机前中细圆柱轮的刀头结构，青铜结合剂配方，这种刀头结构优点是刀头硬度低，连续无缝对接，从而避免刀头划伤砖坯表面留下粗刀痕；缺点是锋利度较差，刮削力不强，表面会很光滑，但难以扫平砖坯凹凸处。图 1-14-11b一般用于制作中等粒度铣平轮，可在摆动刮平机前面，或刮平机前面或中间，

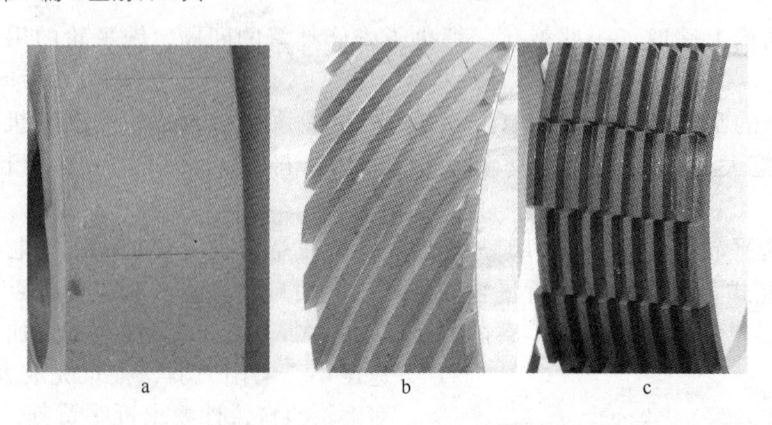

图 1-14-11 三种不同刀头结构的圆柱轮照片
a—连续扇块式；b—螺旋刀头式；c—交错刀头式

刮削力较强，可以铣平没有刮平的凹凸面和粗刀痕，本身留下的磨痕不深，可以被摆动滚刀或细滚刀磨掉。事实上，螺旋线结构的铣平轮最常用，螺旋角可以变化，螺旋角越小，刀线越少，一般6~12条，整条螺旋线环绕大半圈甚至一圈的结构，也具有同样效果和作用。螺旋线结构圆柱轮可以通过变化螺旋线数调整锋利度，线数越少锋利度越强。图1-14-11c刮削力最强，它一般用于制作加粗或粗圆柱轮，一般用在砖坯变形量较大，难以直接用滚刀刮平，特别是头几把刀难以施加压力，滚刀变形大，漏刮返抛多时，可安装2~3个头在刮平机最前头，利用其超强的铣平能力，磨除凹凸面，为进一步刮平创造条件。经这种结构圆柱轮铣削后的砖坯表面粗糙，刀痕很深，但砖面已经较为平整，有利于滚刀进一步刮平，避免滚刀随大变形砖面而磨损变形的情况。

B 行星轮的品种与使用特点

行星式铣平轮主要是出口在意大利 PEDERINI 机上使用。品种、规格非常单一，外径 ϕ150mm，刀头宽度 15mm，高度 12~20mm，一般为扇形刀头焊接而成，刀头内圈用环氧树脂浇注。其工作原理与圆柱式类似，区别是：行星轮是碟形，唇面自转实现平磨。其优点是：平整度好，不易扫尾或冲边。缺点是：磨削面接触面积大，压力略大则卡砖，加上磨轮回转速度小，磨削力弱，很难完成大的磨除量，对磨轮的自锐性要求近乎苛刻，所以不适合中国快速抛光线的要求，国产抛光机无一配置。

14.4.3.2 配方设计

放在滚刀前面或中间的圆柱轮作为一种铣平工具，其功用与滚刀是一样的，只是加工形式有差异，所以胎体配方设计和金刚石使用上有很多共性，特别是螺旋刀头式和交错刀头式圆柱轮，在滚刀中也可以找到相同的结构，其金刚石品种与浓度、胎体配方与滚刀配方也完全相同。由于连续扇块式中细圆柱轮和行星轮一般放在抛光机之前，滚刀之后，其主要功用是铣平和粗磨，与纯铣平工具是截然不同的，所以在配方设计和金刚石使用上与上述纯铣平工具是有区别的。

连续扇块式圆柱轮是青铜结合剂刀头，金刚石粒度 60~140 目，有时会用到更粗的粒度到40/50 目，如意大利 ANCORA 四头十爪鱼机。它的胎体配方与滚刀不同。为了提高其锋利度，采用一些自锐性好的两面顶进口金刚石，特别是装配到国外机型的细圆柱轮，刮平机或铣平机头数少，这种锋利度要求很高的出口产品，往往使用进口两面顶金刚石生产。金刚石浓度一般20%～35%。胎体采用Cu-Co-Ni-Sn-Cr（Ti）青铜结合剂配方，胎体硬度65～85HRB，胎体较软，但要求有一定的脆性，才能达到满意的锋利度。为达到脆性效果，须加大Sn含量，或添加非金属和金属氧化物。

行星式铣平轮磨削力较弱，所以也使用类似的脆性青铜结合剂配方，而且为了提高出刃能力，胎体需要添加粗石墨粉等进一步进行弱化。为了提高磨削力，一般采用粗中粒度40～80目（380～180μm）、晶型完整性差、自锐性好的金刚石。

14.5 磨边工具的种类与制造

14.5.1 磨边工具的种类

目前市场上600mm规格砖坯的磨边余量一般为8～16mm，砖坯规格越大磨边余量相应增加。一般的抛光线在刮刀之前都配有4～6头磨边机，在抛光机后配6～8组后磨边机，实施两次磨边可有效的减少因余量过大或砖坯大小头造成磨边缺陷。磨边轮品种也相应有如下类型：

（1）粗磨轮：用于前磨边机，要求磨削量大。

（2）细磨轮：用于后磨边机前5个头，细磨轮又分成中磨轮和精磨轮，前者放在后磨边前3～4组，后者放在倒数第2～3组。

（3）连续齿型磨边轮：用于快速抛光线或特殊砖坯倒数2～3组可起到减少崩边角的效果，由于连续齿磨边轮成本高，稳定性差，其适用范围越来越小。目前连续齿磨边轮主要用于釉面砖的干磨。

（4）修边轮：修边轮放在最后一到两组，对四边进行修磨达到光滑无锯齿边的效果，修边轮有两种，一种是金属结合剂，一种是树脂结合剂。相比较前者寿命长，使用过程调整周期长，但修边效果略差于后者。

（5）对磨轮：与磨边轮不同的是轮体垂直于走砖方向安装，因两轮磨面相对转向相反实现磨削而得名。体型较大，一般直径为300～320mm，磨面宽60～100mm。对磨轮优点是磨削量大，寿命长；缺点是电耗高，调整困难，对角线偏差大。故一般用在前磨边或后磨边的前几个头。目前在国内绝大部分磨边线已经停用，国外意大利抛光线和磨边线仍有部分使用。

（6）倒角轮：一种是金属结合剂倒角轮，主要是放在前磨边后进行倒角。还有一种后磨边倒角用树脂倒角轮，主要用于出口配国外磨边机倒角。国内磨边线全部使用气动倒角头，一般用碳化硅树脂倒角轮。

14.5.2 磨边工具的制造

磨边工具用于对砖坯四边进行尺寸定位、规整、平滑处理和倒角加工。磨边加工是所有金刚石工具瓷砖加工中，唯一最终和最精细的加工。所以对磨边轮的性能提出了很高的要求，目前市场上最新使用都是48头长线抛光机，配备前后磨边机各6～8个头及一个倒角头。砖坯抛光线速度要求一般25～32片砖，对磨边轮来说绝对是一个考验，磨边工操作不当或磨边轮性能不佳都会造成大量崩面或崩角缺陷。为满足不同砖坯和抛光线的使用要求，需要不同结构不同配方的磨边轮和修边轮，所以磨边工具也是品种最多的瓷砖加工用金刚石工具，甚至出现了不同结合剂类型的品种，比如树脂结合剂修边轮，为了达到更光滑的效果，在快速抛光线磨边机上甚至装到2组以上。

大部分瓷质砖磨边轮外径为ϕ250mm，也有个别磨边机采用ϕ300mm的磨边轮，金属结合剂修边轮使用ϕ250mm和ϕ200mm两种规格，树脂修边轮基本上使用ϕ200mm规格，个别国外机型使用ϕ250mm规格。前磨边一般采用45～60目粒度的前磨轮，个别也有使用对磨轮，但现在国内已经极少使用。前倒角用金刚石倒角轮。后磨边1～4组使用中磨轮，5～6组使用精磨轮，最后1～2组使用修边轮，有时前面用金刚石修边轮后面用树脂修边轮，可以综合金属修边轮寿命长与树脂修边轮修边光滑的优点，实现磨边经济性和质量的完美统一。

14.5.2.1 磨边轮刀头结构与使用特点

图1-14-12给出比较典型的四种不同刀头结构的磨边轮照片，磨边轮采用不同的构型，主要是适应不同配方和刀头尺寸变化。图1-14-12a直边式刀头结构是最早出现的一种结构，也是使用最多的结构，一般用于刀头厚度小于9mm的后磨边轮，或前磨边轮。图1-14-12b扇块式结构，为了提高磨边轮使用寿命节省钢基体成本，刀头尺寸不断加厚加高，高度和厚度最多已经达到15mm，刀头体积和寿命均达到原来的两倍多。在这种厚度下，如果仍采用直边刀头结构则磨边轮外圈刀头间隙过大，造成崩边角，采用扇块式结构，可以使内外圈刀头间隙相同，而且可根据需要采取增减刀头的方式，调整刀头间隙。比如ϕ250mm规格磨边轮，焊接25/23mm长，10mm厚，14mm高的刀头（以下类似表述均简写为$\phi250 \times 25/23 \times 10 \times 14$mm），用31个刀头焊接则几乎没有间隙甚至可以代替连续齿磨边轮使用。30个刀头间隙为1mm左右。磨边轮存在间隙可以增强磨边轮的排屑能力，明

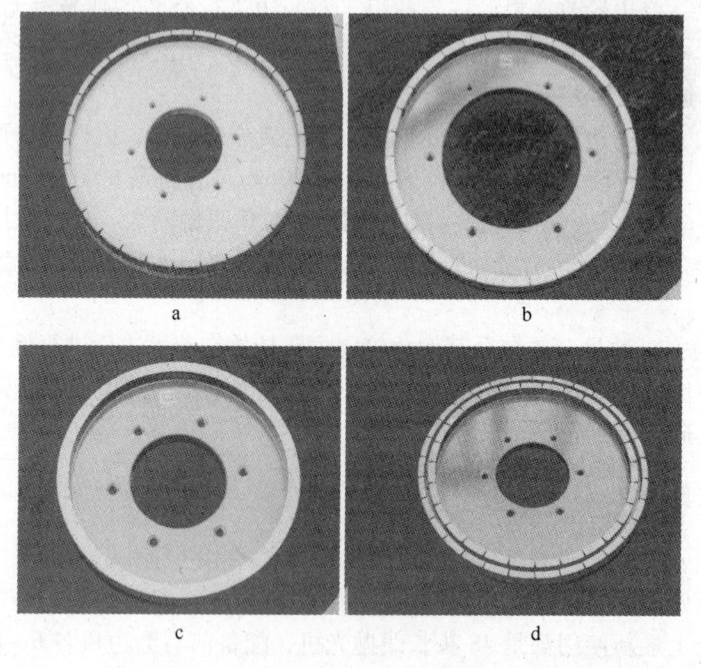

图1-14-12 典型的四种不同刀头结构的磨边轮

a—直边式刀头；b—扇块式；c—连续式磨边轮；d—双层磨边轮

显提高锋利度，减少崩边角。但刀头存在间隙往往使磨削不连续，产生轻微震动和锯齿边，所以个别强度差脆性高的一些瓷质砖高速磨边，以及带有极脆釉层的釉面砖磨边一般采用连续式的磨边轮。连续式磨边轮还用在干磨场合，因为干磨轮配方为青铜结合剂，添加大量弱化胎体成分，强度差，焊接困难。图1-14-12d双层磨边轮结构应用较少，有些磨边线装在倒数第二组，即修边轮前面，提高修边光滑效果。

A 胎体配方特点与技术要求

对于前磨边轮和对磨轮来说，配方设计比较简单，只要能有一定的锋利度保证不卡砖即可，不存在崩边角的问题，关键是寿命要长，才能保证磨边经济性，所以一般采用耐磨滚刀的铁基配方即可以达到要求。后磨边轮的配方设计是关键。

国内比较流行的后磨边轮配方是Fe-Ni-Cu-Sn基配方，国外厂家则为WC-Co-Fe-Cu-Sn配方连续式结构。国内不同厂家的产品成分虽然接近，但不同厂家采用的配比和添加成分有很大差异，采用的金属粉料性质不同；有的采用一般粒度粉末，有的采用超细粉末；有的直接使用或添加使用合金粉，有的采用单质粉末。因此造成了刀头胎体性能差距很大，低的硬度仅为70～80HRB，高的达到35～40HRC，使用中锋利度和寿命的差异也很大。通过分析国外配方特点，对比国内各种磨边轮刀头配方，发现一个规律性的特点是使用性能突出的磨边轮，即锋利度高的磨边轮，都是硬度和脆性较高，强度一般的磨边轮。硬度高才能对金刚石形成强有力的支撑和包镶，脆性高、强度一般才能使胎体自锐性好，金刚石出刃及时。如果胎体过脆，强度过低则焊接困难，掉刀头现象严重，寿命也很低。如果硬度过高，磨边轮过于刚性，容易造成砖坯前崩角。对于Fe-Ni-Cu-Sn基配方来说，25～35HRC是后磨边轮比较恰当的范围。

Fe-Ni-Cu-Sn基配方通过提高Sn含量增加硬度和脆性，还可以通过添加Al、SiC和石墨粉等提高脆性弱化胎体，但这些方法都有个致命的缺点是造成焊接强度下降，特别是Al与Fe难以烧结合金化和致密化，制成的刀头焊接困难。使用超细粉如羰基铁粉和羰基镍粉可以使胎体硬度提高和脆性增大，但价格昂贵，而且效果有限。近几年国内几家研究所和高校推出了超细合金粉，获得了多个具有优良硬脆性和使用性能的磨边轮配方，而且焊接性能优良。

B 金刚石特点与技术要求

磨边轮在工作中转速较高，但磨削压力不大，后磨轮配方Sn含量一般较高或使用超细粉料，所以对金刚石品级要求不是很高，相反后磨轮因为加强锋利度应该选择一些晶型完整性和浑圆度不太高的金刚石。后磨边轮使用金刚石的粒度一般为70～100目(0.180～0.147mm)，混合使用或单独使用，单独使用细粒度金刚石的磨边轮为精磨轮。前磨轮和对磨轮为铁基配方，烧结温度较高，为达到一定的寿命，应选择品级较高的金刚石，粒度一般用45～70目（0.355～0.180mm）金刚石混合或单独使用。表1-14-4列出了符合磨边轮粗粒度滚刀用金刚石的最低*TTI*的经验数据。

前磨边要求寿命高，金刚石浓度略高，一般为25%～30%。后磨边一般为20%～25%。

表1-14-4 用于生产磨边轮的金刚石*TTI*值（1100℃，保温10min）

粒 度	45/50	50/60	60/70	70/80	80/100
TTI	≥45	≥45	≥35	≥55	≥55

14.5.2.2　金属结合剂修边轮的构型设计

图1-14-13给出较常用的两种不同刀头结构的修边轮照片。扇块型修边轮刀头宽度为22～25mm，适用于ϕ200mm和ϕ300mm两种规格。特点是制作工艺简单，使用寿命长，缺点是修边效果一般，调整不好容易出现粗边。斜齿型修边轮适用于ϕ250mm规格修边轮，刀头尺寸为25×10/8×9mm（长×宽×高），斜角75°焊接，焊成后刀头内外缘距为22mm。斜齿修边轮刀头多，约52～56个，缺点是焊接工序复杂，容易造成崩角；优点是锋利度好，修边效果好。

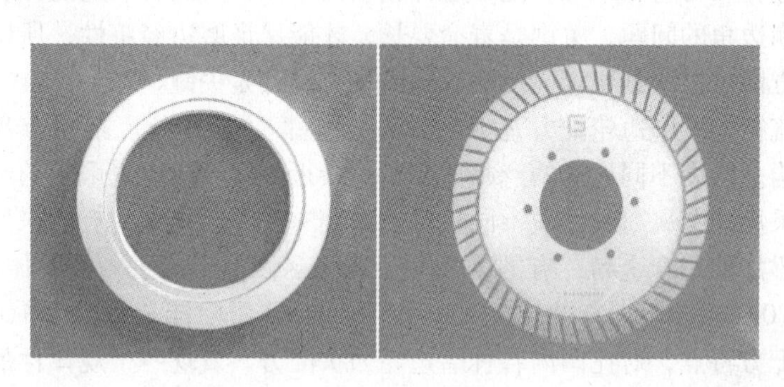

图1-14-13　两种不同刀头结构的修边轮

A　胎体配方特点与技术要求

扇块式修边轮一般采用Cu-Fe-Ni-Sn-Cr(Ti)青铜结合剂配方，胎体硬度65～85HRC，胎体较软，但要求有一定的脆性才能达到满意的锋利度。为达到脆性效果，须加大Sn含量，或添加非金属和金属氧化物。Cu-Sn-Ti和超细Cu-Sn合金粉具有良好的工艺性能，对金刚石也具有良好的浸润性，直接或添加使用在青铜结合剂配方中效果很好。为加快金刚石出刃，胎体需要添加粗石墨粉等进一步进行弱化。斜齿型修边轮胎体配方基本与后磨边轮相同。

B　金刚石特点与技术要求

修边轮在工作中转速较高，但磨削压力不大，磨削量很小，加上采用青铜结合剂配方Sn含量一般较高或使用超细粉料，所以对金刚石品级要求不是很高，一般使用微晶工艺金刚石即可。金刚石粒度使用120～170目（120～90μm）的金刚石，浓度20%～25%。斜齿修边轮使用略粗一点的金刚石，粒度为80～140目（180～109μm），浓度20%～25%，一般使用微晶工艺金刚石即可。

14.5.2.3　树脂结合剂修边轮的制造

金刚石树脂修边轮（见图1-14-14）实际上是金刚石树脂砂轮的一种，它的加工对象陶瓷是一种非金属材料，所以它与一般的金刚石树脂砂轮有一定的共性，也有一些差异。树脂结合剂比金属结合剂耐磨性差，金刚石出刃好，可以采用更细的金刚石达到很高的锋利度，对砖坯四边进行高效的细磨，从而获得更光滑的四边。因为树脂胎体硬度低，有一定的软弹性，所以不容易造成崩边角。树脂粉高温时会碳化成粉不易黏附砖面，

图1-14-14　金刚石树脂修边轮

不会像金属结合剂冷却中断即出现黑边现象，修出的四边颜色纯正，这一特点使它可以用到干磨场合的修边，而金属结合剂则因为黑边问题无法干磨。树脂修边轮具有优异的修边效果，应用越来越广。但树脂修边轮的局限性在于寿命短，经济性差；磨损快，修边过程调整频繁。

A 主要配料和技术要求

树脂修边轮根据加工对象和加工方式不同大致分为三个品种：(1) 瓷质砖用树脂修边轮；(2) 釉面砖用树脂修边轮；(3) 干磨边用树脂修边轮。它们在外形和尺寸上没有区别，只是使用原材料树脂粉有所不同，添加剂品种和配比，以及金刚石粒度不同。瓷质砖强度比较高，坚硬耐磨，它需要比较锋利的修边轮，而釉面砖釉面强度低脆性大，容易崩边角，所以前者一般使用粒度比较粗的金刚石，后者相对要细一些。干磨用树脂修边轮在温度较高的状态下工作，所用树脂耐热性比一般的树脂修边轮要高，同时还应添加一些散热性好的填料。

树脂修边轮胎体的硬度一般在 45 ~ 80HRB 之间，须根据具体的砖坯和磨边线状况进行调整，原则是在保证修边效果的前提下，尽量提高耐磨性，达到高寿命。

(1) 树脂粉。用于制作树脂修边轮的树脂粉必须是热固性，比较常用有酚醛树脂粉、新酚树脂和聚亚酰胺树脂粉。酚醛树脂是制造金刚石工具最常用的树脂粉，因其价格较低，也成为制造树脂修边轮的主要树脂原料。酚醛树脂是由苯酚和甲醛在催化剂条件下缩聚、经中和、水洗而制成的树脂。因选用催化剂的不同，可分为热固性和热塑性两类。与其他热固性树脂相比，其优点有：固化时不需要加入催化剂、促进剂，只需加热、加压，固化后机械强度、耐热强度高，变形倾向小，耐化学腐蚀，价格低廉，非常适合用于树脂修边轮的生产。

与酚醛树脂同类的一种最新产品新酚树脂，无色或黄褐色透明高分子化合物，是由苯酚和芳烷基醚通过缩合反应而产生的，新酚树脂具有良好力学性能、耐热性能，广泛应用于金刚石制品、砂轮片制造等行业。新酚树脂黏结力强，化学稳定性好，耐热性高，硬化时收缩小，制品尺寸稳定。黏结强度比酚醛树脂提高 20% 以上，耐热性提高 100℃ 以上。新酚树脂制品可在 250℃ 下长期使用，制品耐湿耐碱。新酚树脂可作为金刚石的结合剂，使用方法为：新酚树脂与酚醛树脂按 1∶3 混合使用，不仅提高了酚醛树脂的强度，还提高了耐热性和磨削比。如单独使用新酚树脂，砂轮的寿命是酚醛树脂 8 倍，在生产工艺上比酚醛树脂制品强度高出约 30%，磨削效果也有提高。

聚亚酰胺树脂具有比酚醛树脂更高的耐热性和耐磨性，缺点是价格较高。

(2) 金属填料。添加金属填料的主要目的是提高树脂胎体的耐磨耐热性，金属粉料具有良好的导热性，可以加快散发磨削热，避免胎体烧伤，同时金属粉与酚醛树脂等具有很好的亲和力，金属粉作为耐磨质点可以提高胎体耐磨性。金属填料主要有 Cu 粉、Fe 粉和 Al 粉等。

(3) 无机非金属填料。无机非金属填料，主要有 SiC、白刚玉、Fe_2O_3、$CaCO_3$ 等，添加无机非金属填料的目的是为了调节胎体硬度，提高磨削性能，润滑磨削面，或染色等作用。

(4) 金刚石粒度和品级。树脂修边轮一般使用金刚石粒度为 120 ~ 230 目的 RVD 级金刚石，比较理想的应该是用高压、高温、时间短的微晶工艺生产的金刚石，经济性及锋利度俱佳。金刚石颗粒强度越低，晶型越不完整越适合做树脂修边轮，相反晶型完整，强度高的金刚石反而有害。多晶自锐性金刚石比较适合制作树脂修边轮，多晶自锐性金刚石的每个金刚石颗粒是由众多亚微晶颗粒组成的不规则的块状体，在磨削力的作用下，局部破裂成细小碎片，并在破裂后的暴露面上留下众多锋利的刃口。RVD 金刚石表面镀 Ni 衣时，加大电流密度，使其表面形成一些 Ni 瘤或 Ni 刺，可以使金刚石扎根于树脂中，磨削中不易脱落，从而提高树脂修边轮的寿命和锋利度。

B 压制与硬化工艺要点及主要设备

树脂修边轮要经过热压成形，退模后再进行硬化处理才完成成形过程，进入精加工阶段。热压是在平板式电加热油压机上进行，一次可以压制 2 ~ 3 模。成形模具一般采用 45 号或 35 号铸钢加工。装粉前必须将模具的模圈内侧、模芯外圆及上压头的压面和外圆面涂上一层薄而均匀的脱模剂。因为基体与树脂牢固黏结需加装过渡层，装料时先装过渡层，摊平压实后，再分两次投放磨削层料，分别摊料、刮平、压实，最后装上上压头，用棒槌上下左右敲紧压头。压机升温预热到热压温度时，将已装好料的模具送入上下压板之间，先使模具接触到上下压板，但不压下，预热后再分三次加压直到压制到位，接下来保温保压。热压完成后，趁热脱模，清理毛刺和黏附物。带有内通风装置的干燥箱升温到 100℃时，将成形好的修边轮码放其中，要注意保持垛与垛之间的间隙，以便热气流通而使温度均匀。注意不能磨削面相互接触以免黏结。烘箱升温是要按每小时 15 ~ 30℃逐步升温至规定温度保温硬化，然后关掉电源，降温到 60℃以下时出炉。

14.5.2.4 主要磨边机型号及装配尺寸

抛光线所用的磨边机基本上是整线配套的，但仿古砖和釉面砖磨边线单独成线的。由于磨边线相对于抛光整线来讲，加工技术和配置比较简单所以一些小厂也能够生产单独成线，特别是近几年干磨机在国内外市场上一度流行，由此带动了很多小厂纷纷上马。干磨机是在普通磨边机基础上加装了吸尘和集尘设备，磨边不需要或很少使用水冷却，不需要烘干工序，所以节水省电，砖坯不变色不变形。虽然生产磨边机的厂家很多，但各厂磨边轮的安装孔变化并不是很大。主要有新旧科达机 ϕ140/165 系列和 ϕ80/105 系列，以及其他各厂用得较多的 ϕ80/110 系列，具体尺寸如表 1-14-5 与图 1-14-15 所示。

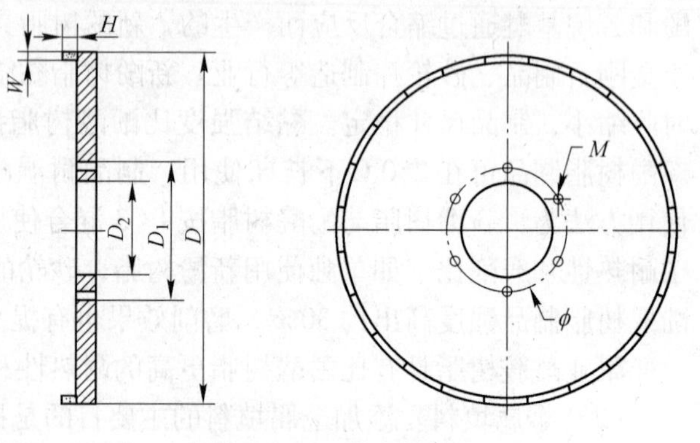

图 1-14-15 磨边轮剖面

表 1-14-5 磨边轮尺寸

机 型	外径 D	螺丝孔位径 D_1	内径 D_2	螺丝孔径及数量	刀头高度 H	刀头宽度 W
科达新	250/200	165	140	6-M8	12 ~ 15	8 ~ 12
科达旧	250/200	105	80	6-M8	12 ~ 15	8 ~ 12
其他机型	250/200/300	110	80	6-M8	12 ~ 15	8 ~ 12

14.5.2.5　使用中常出现的问题及解决方案

磨边轮在使用过程中主要的问题是崩边崩角，特别是转速超过20片砖以上时。一般情况下要求崩边崩角率在1%以下，高于1%是不正常的。出现这个问题的原因非常复杂，既有磨边轮自身的问题，也有操作工调机的问题。出现这一问题时应及时查找原因并在最短的时间内解决，否则将引起成品砖降级，造成损失。出现崩边角超标的原因主要有以下几点：（1）砖坯强度低，脆性大，对这种砖坯，应适当放慢走砖速度，使用锋利度高，胎体更软一点的磨边轮，增加树脂修边轮组数，必要时修边轮前使用1～2组连续齿磨边轮。（2）磨边轮不锋利，造成崩角崩边超标，因为磨边轮越不锋利，磨边轮磨削时对砖坯的压力和阻力越大，容易压溃后砖角和边棱，此时应该调整磨边轮锋利度。（3）金刚石粒度偏粗，锋利度好，崩角率低，但崩面多，应调整金刚石粒度，或在修边轮前面加装粒度多组更细的精磨轮。（4）磨边轮胎体过硬，或磨边轮同心度差，砖坯进砖时易冲击磕碰，造成崩前角，应调整胎体硬度，检修磨边轮外圆。（5）个别位置磨边头磨削量调整不恰当，前面磨头磨削量少，后面的磨边头磨削量过大。（6）修边轮品种选择不合理，比如对一些砖坯来讲不能使用斜齿修边轮，甚至所有的金属结合剂修边轮都不能使用，应改换树脂修边轮。（7）磨边机状态不佳，特别是磨边头晃动将造成大量崩边崩角。

磨边崩边角超标的原因非常复杂，大部分情况下是几种原因并存，作为工具制造者而言，优先考虑要把自己生产的磨边轮锋利度做到最好，做到心里有底。初次使用时要准备几个品种的磨边轮，装配到不同磨边位置，才能适应不同的砖坯和操作条件，达到磨边轮寿命和锋利度的完美结合，实现经济性和质量美誉度达到最高境界。

14.6　抛光工具的种类与制造

14.6.1　抛光粗磨工具的种类

抛光粗磨工具是指安装在抛光机前部，一般是指替代240目以粗碳化硅磨块的金刚石工具。与碳化硅磨具相比，金刚石工具具有寿命长，效率高，节能环保等优点。取代普通磨料磨具一直是金刚石工具应用领域不断延伸的目标和方向，所以多年以来，业内人士不断探索用金刚石磨具取代碳化硅磨块的途径和方法。但是由于金刚石工具胎体软硬度与金刚石粒度和出刃状况难以与抛光状态达到完美结合，要么锋利度不够磨削量达不到要求，造成抛光度不够，要么锋利度过剩出现磨花。行业内先后尝试用金刚石磨盘和金刚石磨块作为粗磨工具，前者推广失败，目前已经销声匿迹。近两年金刚石磨块胎体配方和结构等关键技术发生重大突破，同时加上42头以上的加长抛光线开始推向市场，又为金刚石磨块的推广提供了设备条件，极大地促进了金刚石磨块的应用和推广，从开始只装几个头到目前最多可以装到24组以上，抛光磨块消耗成本下降30%以上，节能20%，磨削废料排放也大幅度下降，成为近两年行业内最大的技术突破点。目前市场上出现的金刚石磨块有两种，绝大多数厂家使用整体烧结磨块和塑料卡座结构，也出现了树脂注模刀头结构金刚石磨块，此种结构已经申请国家专利。还出现如树脂和陶瓷结合剂磨块，金刚石磨块在逐步向更细粒度发展，可以预见不远的将来可以取代400目（38μm）以粗粒度。

14.6.2　金刚石磨块的制造

磨块是瓷质砖陶瓷抛光线应用的主要抛光工具，其作用是对抛光砖进行磨削、抛光，一般将 36 ~ 150 目（425 ~ 106μm）称为粗磨，180 ~ 400 目（80 ~ 38μm）称为中磨，500 ~ 800 目（25 ~ 18μm）称为精磨，1000 ~ 1800 目（13 ~ 6.5μm）以细称为抛光四个级段。现阶段，瓷质砖抛光线使用的普通磨块为碳化硅-氯镁水泥复合材料制造，其优点是磨削锋利度好，适应性强，价格低廉，抛光效果好。但磨削效率和耐磨性很差，平均寿命只有 2h 左右。造成物料消耗大，储运成本高、废弃物多、环境污染大，生产产品成本高；能耗高；更换频繁，工作劳动强度大等问题。同时制造普通磨块的原材料——碳化硅是一种高能耗材料，也属于战略性物资，普通磨块的大量消耗必然带来物资浪费和能耗高、环境污染等问题。此外，在我国出口印度、马来西亚、越南以及欧洲各国的磨块，由于其本身单价低，但运输量大，其运输成本与出厂价格相当，已经成为供应商和客户的严重负担。

普通磨块的大量消耗引起了陶瓷企业和金刚石工具生产商的重视，开发长寿命、低能耗、低排放的金刚石磨块替代现有碳化硅——氯化镁普通磨块，已成为国内外金刚石工具企业和陶瓷企业关注的热点。如果以金刚石磨块取代普通磨块，其寿命由原来的 2h 提高到 7 ~ 10 天，相当于提高了 75 ~ 100 倍，按可比价格计算，每个金刚石磨头磨块消耗成本可下降 20% ~ 50%，由于重量轻，磨头加压小，阻力小，使用金刚石磨块可节能 30% 以上。减少频繁更换次数，可降低工人劳动强度。从 2002 年以来，国内外许多工具企业尝试通过调整金属胎体成分、烧结工艺和磨块结构，开发用于陶瓷抛光线的金刚石磨块。经过长达六年的研究和开发，终于在 2008 年取得决定性突破，加上抛光机厂推出 48 头以上的大线，为金刚石磨块的推广提供了设备条件，从 2008 年以前用 2 ~ 3 个头，到现在已经普遍替代粗磨，个别推进到中磨，装机头数最多达到 24 头。由此也引发这两年抛光线耗材承包单价大幅度下调近 0.2 元/m^2，下调幅度近 20%。

14.6.2.1　金刚石磨块品种与工艺特点

市场上出现的金刚石磨块品种主要有两种，一种是热压工艺生产，塑料卡与金刚石部分用螺丝连接。图 1-14-16 照片显示了烧结完成的磨块与待组装塑料卡的照片。图 1-14-17 显示已经组装完成的磨块照片。这种金刚石磨块是最为通用的品种。这种金刚石磨块采用电阻炉热压烧结完成，因其体积较大，一般采用 80kW 以上大功率热压机，每块烧结时间为 20 ~ 25min。连接螺丝连同一片钢基体直接与刀头烧结在一起，非常方便与塑料卡壳连

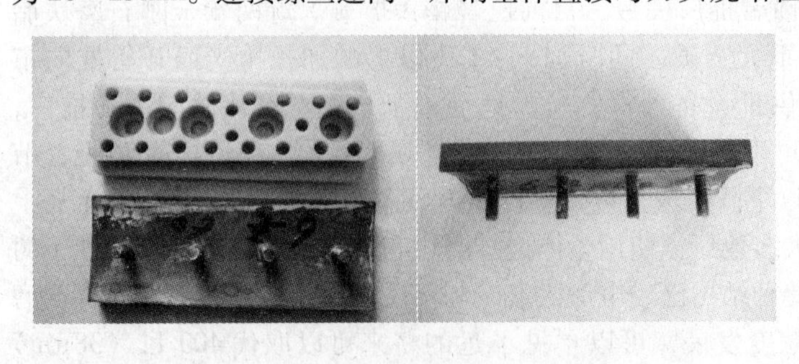

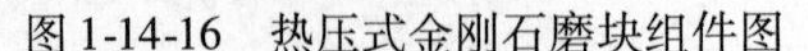

图 1-14-16　热压式金刚石磨块组件图

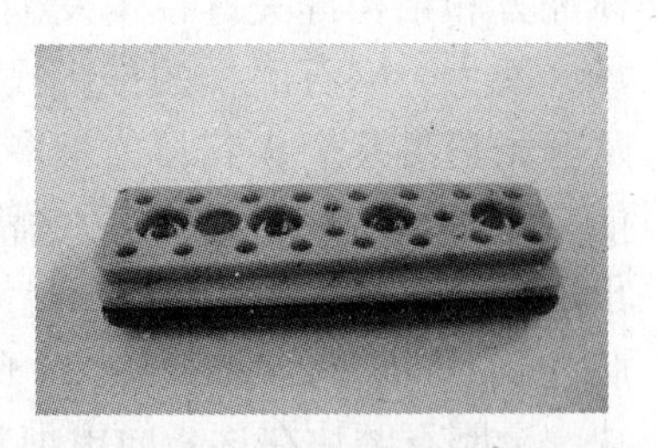

图 1-14-17　热压式磨块成品图

接。这种结构的磨块结构和工艺简单，缺点是能耗和模具消耗略大。

图1-14-18给出树脂注模工艺磨块的组装示意照片，图1-14-19给出成品照片。这种磨块是将带孔刀头放在塑料模盒内，盖上塑料卡壳，然后用添加填料和固化剂的液体环氧树脂进行浇注，固化12h后脱模开刃，成品完成。刀头采用独特的凝胶压模工艺成型，然后经过连续炉还原气氛烧结而成。刀头致密度不高，微气孔含量丰富，符合作磨块工作原理。这种结构磨块已经申请专利，加上技术复杂，不好模仿，故市场上这一品种上市量较少。这种结构和工艺与前者相比，优点是重量轻，能耗和模具消耗低，缺点是工艺复杂工序多，抗冲击强度低。

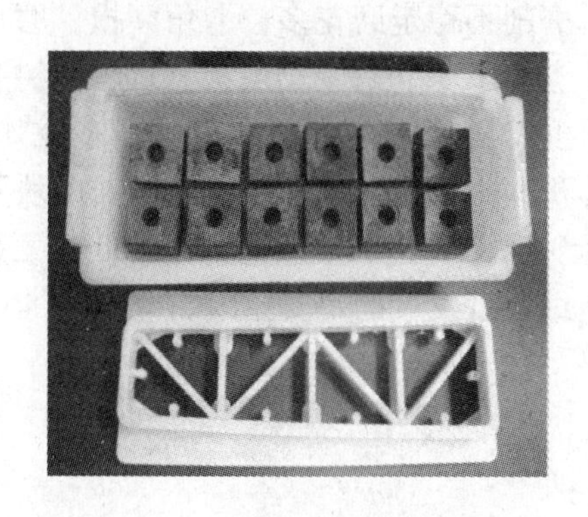

图1-14-18 树脂注模工艺磨块的组件

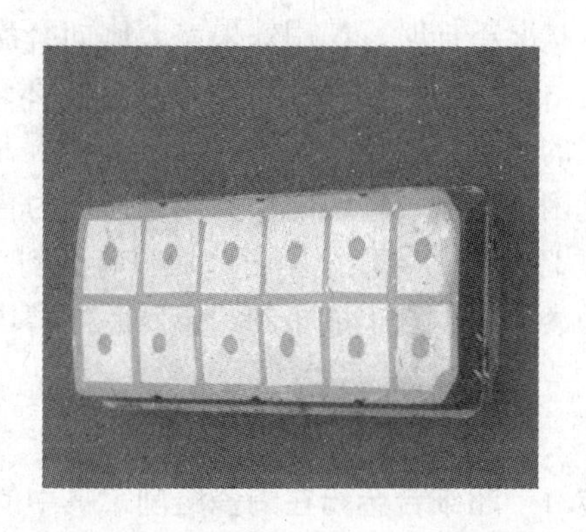

图1-14-19 树脂注模工艺磨块成品

金刚石磨块属于典型的弱化胎体。瓷质砖是坚硬而且弱研磨性的脆性材料。一般热压胎体致密度达到接近100%，对金刚石把持力高，具有一定的韧性和较强的耐磨性，用作磨块胎体存在出刃困难、锋利度欠佳、对金刚石把持力高、容易出现划痕，以前采用铝材制的卡座，强度高但柔弹性不足，容易冲边造成边部划痕很深，难以磨除。通过添加胎体弱化成分或提高孔隙度，并使用锋利度好，价格低廉的RVD级金刚石，有效地解决了胎体锋利度的问题和成本问题；使用塑料卡座或树脂胶注使金刚石磨块具有了柔弹性，解决了冲边问题。

14.6.2.2 配方特点

热压金刚石磨块的配方比较复杂，它是传统的Fe-Cu-Co-Ni-Sn基胎体，添加了一定量的Al粉和非金属SiC、白刚玉、石墨等作为弱化胎体成分。Al材质较软不耐磨，而且与Fe在烧结过程中发生膨胀反映，胎体致密度下降，脆性提高，强度很低，所以铝粉含量越高胎体越不耐磨。SiC和白刚玉既是胎体添加剂，本身又是磨料，添加它一方面可以提高胎体脆性，还可以增加磨削性即“沙性”。石墨可以起到很好的润滑作用，又是很好的造孔材料。

注模成型工艺生产的金刚石磨块，其刀头胎体配方为Fe-Cu-Ni-Sn基，凝胶压模过程中通过控制压力和坯体湿度控制孔隙度，同时添加非金属SiC、白刚玉等材料进一步脆化胎体，提高其锋利度。用这种配方和工艺生产的刀头具有很强的锋利度，也可以满足粗磨锋利度要求。

金刚石磨块使用金刚石粒度为100目（150μm）以细的RVD级金刚石，比较理想的应该是用高压、高温、时间短的微晶工艺生产的金刚石，经济性及锋利度俱佳。金刚石颗粒强度越低，晶型越不完整越适合做金刚石磨块，相反晶型完整，强度高的金刚石越容易出现磨花。一般前面的几个粒度号往往全部或部分使用晶型略完整 RVD2 提高寿命，后面的细粒度号为了保证不出现磨花，只使用 RVD1 金刚石。

14.6.2.3 存在的问题和使用局限性

金刚石磨块虽然已经取得了很大的突破，已经得到广泛使用，但在使用过程中存在很多问题，也存在着某些局限性。主要表现在以下几个方面：（1）适应性不如普通磨块，砖坯变形量大，或抛光机头数少于 36 头时，粗磨效果较差，要么锋利度不足，难于磨除刀痕，返抛率高，要么锋利度好，寿命低性价比不合算。（2）对磨盘要求高，维修成本高。磨盘状况不佳时，使用效果差。比如磨盘震动大，磨削不稳定磨花多；卡角磨损，磨块容易脱落。（3）一旦发生炸机磨块即损坏，损失大，热压式磨块容易击底板和皮带，树脂胶注式的则不存在这个问题。炸机的情况是经常发生的，磨盘有问题或裂砖都会造成炸机，这是困扰金刚石磨块的很大问题，因为普通磨块炸机损失只是几块钱，而金刚石磨块则是几百上千元。（4）金刚石磨块只有磨削功能没有上光效果，造成后续抛光光度低，尤其用到中磨位置，这也成了制约金属胎体磨块进一步向细粒度发展的重要原因。

14.7 技术发展趋势

14.7.1 超细合金粉在陶瓷磨削工具中的应用

近年来，随着瓷质砖制造水平和装备技术的提高，为降低能耗和人力成本，生产效率越来越高，抛光线或磨边线走砖速度越来越快，国内外用户对金刚石工具的性能要求越来越高，在满足一定寿命的前提下，要求尽可能提高磨轮和滚刀等工具的锋利度，保证在高速走砖情况下，破损率和边角缺陷率保持较低水平。众所周知，金刚石工具的性能在很大程度上取决于胎体的性质，因此，有关胎体粉末的研究受到行业内广泛的关注。超细预合金粉末由于其烧结温度低，把持性好，锋利度高、成本低而备受青睐，应用也日益扩大，成为金刚石工具领域的发展趋势。共沉淀-共还原方法是制备超细预合金粉末的一种方法，通过沉淀所得复合氧化物粉末的共还原、合金化过程获取超细合金粉，采用此方法制备 FeNiCu、FeNiCuSn、CuSn 等系列预合金粉末，适合用于制造磨边轮、修边轮、细滚刀和圆柱铣平轮等锋利度要求较高产品。

14.7.2 陶瓷磨削工具的技术发展趋势

陶瓷磨削工具始终跟随陶瓷工业的发展而进步，抛光砖作为一种高能耗，高污染的行业早在欧美等一些国家限制生产，大量从中国进口。建材工业是中国的一大支柱产业，中国不可能限制抛光砖的生产，但在环保和节能等方面对陶瓷工业提出更高要求。瓷质砖磨削工具作为重要的配套工具也必须顺应时代发展。据统计一条抛光线每小时耗电近千度，由磨边和刮平产生的噪声震耳欲聋。开发重量轻，锋利度高的磨边轮和滚刀可有效降低电耗，研究开发新型结构基体，实现降噪势在必行。

目前陶瓷磨削金刚石工具基本沿用传统的金刚石生产设备和工艺，自动化水平和工艺精度亟待提高。中国目前有多家金刚石工具专用设备生产和设计厂家，由于缺乏必要的联系渠道和创新意识，自动化水平高的专用设备很少，几乎为零，远远落后于锯片和薄壁钻头的生产。在刀头磨制、冷压和焊接工序实现自动化是可行的，效益是可观的。

金刚石磨块仍有巨大潜力可挖，主要方向一是提高其适应性，开发一种低成本，低寿命，高锋利度的磨块，在确保经济性的前提下，保证在不良砖坯或设备条件下正常磨削。二是开发非金属或复合胎体，解决金属结合剂磨块光度差的问题，使金刚石模块的应用范围进一步向更细粒度推进，可以预测 400 目以粗的普通磨块是可以被金刚石磨块取代的，也就是说整条抛光线 2/3 的抛光头和 80% 的普通磨块可以被金刚石磨块取代，这无疑又是一场值得我们期待的变革。

参考文献

[1] 2009 年 1 ~8 月全国分省墙地砖产量统计[OL]. 中华陶瓷网.

[2] 蔡飞虎，冯国娟. 实用墙地砖生产技术[J]. 佛山陶瓷，2003 年增刊.

[3] 尹虹，张娜. 2007 年我国建筑陶瓷发展展望[C]. 2007 年国际陶瓷工业发展论文集.

[4] 王振明. 金刚石工具配方工艺稳定性的研究[C]. 工业金刚石信息网，1998 超硬材料技术研讨会论文集.

[5] 王振明. 金属结合剂胎体热压流失液相的研究[J]. 工业金刚石，1996，2.

[6] 孙毓超，刘一波，王秦生. 金刚石工具与金属学基础[M]. 北京：中国建材工业出版社，1999，10.

[7] 孙毓超，宋月清，等. 金刚石工具制造理论与实践[M]. 郑州：郑州大学出版社，2005.

[8] 方啸虎. 超硬材料科学与技术[M]. 北京：中国建材工业出版社，1998.

[9] 王振明，等. 建筑陶瓷用金刚石滚刀标准 Q/JG1—2008.

[10] 宋月清. 金刚石工具胎体弱化机理的研究[D]. 北京：北京有色金属研究总院，1998.

[11] 王振明，等. 建筑陶瓷用磨边轮标准 Q/JG2—2008[S].

[12] 王振明，王刚. 实用新型专利：树脂注模金属结合剂金刚石磨块[P]. ZL200820092995.9.

[13] 王振明，王刚. 实用新型专利：树脂注模树脂结合剂金刚石磨块[P]. ZL200810068300.8.

[14] 罗骥，郭志猛，王振明，等. 共沉淀-共还原法制备超细预合金粉末[C],2007 年全国超硬材料技术研讨会论文集.

（广东新劲刚新材料科技股份有限公司：王振明）

15 金刚石磨具

15.1 概述

15.1.1 金刚石磨具的概念和特点

磨具是用于磨削、研磨、抛光等工作的磨料制品的总称。根据磨具形状和使用方式的不同，广义地可将磨具分为6大类，即砂轮、油石、砂瓦、磨头、涂附磨具（砂带）和研磨膏等。

金刚石磨具是指用金刚石作为磨料，用各种不同结合剂将其黏结成具有一定几何形状或膏状的磨料制品的总称。如金刚石砂轮、金刚石磨头、金刚石油石等。

金刚石磨具早在20世纪30年代就已出现，在60年代得到了大力发展和普及。一方面，人造金刚石的出现，解决了金刚石磨料以较合理的价格大量供应问题；另一方面，科技的发展也对发展金刚石磨具提出了客观要求。如硬质合金的大量应用，被称之为"空间时代"的陶瓷、金属陶瓷和超硬合金等新型材料的发展，"高、精、尖"技术提出的更高水平的加工要求等，均为金刚石磨具的发展提供了用武之地。而金刚石磨具不但在难加工材料领域取得了不可替代的重要地位，而且迅速进入过去曾属于碳化硅、刚玉等普通磨料类磨具的加工领域，还有一个更为重要的原因，在于金刚石磨具本身优异的技术经济指标。

由于金刚石磨料具有硬度高、强度大以及优异的耐磨性能等力学特性，使得金刚石磨具与普通磨具相比，具有明显的优越性，它不但磨削效率高，磨削力小，而且磨削温度较低，可避免工件表面的烧伤和开裂；不但磨削质量好，加工精度高，而且磨具消耗少、寿命长，降低加工成本；不但改善设备、工具和工件的加工工况，减少能源消耗，而且改善了工人的劳动条件；不但能胜任其他类型磨具无法解决的难加工材料的加工问题，而且为开发新材料、新机具提供了有利条件。

15.1.2 金刚石磨具的结构

金刚石磨具与金刚石钻头、金刚石锯片等类似，一般亦由工作层、过渡层和基体三部分组成。图1-15-1为一金刚石砂轮结构图。

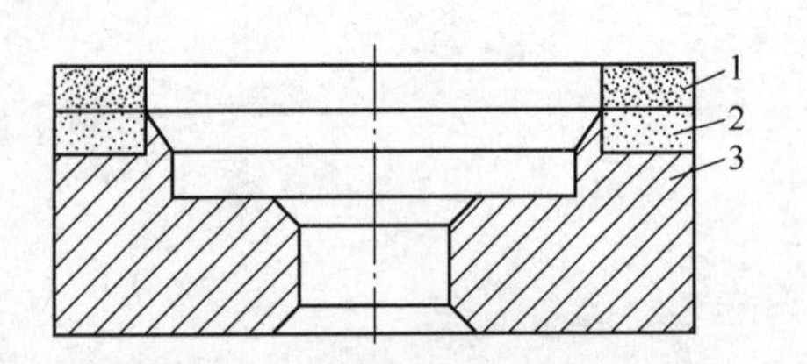

图1-15-1 金刚石砂轮结构图
1—工作层；2—过渡层；3—基体

（1）工作层（金刚石层）：它由金刚石磨粒、结合剂和气孔三部分构成，是磨具起磨削作用的部分。金刚石是磨削行为的主体；结合剂将磨粒黏结成具有一定几何形状的磨具；气孔表征磨具的密实程度，它对磨削效率和工件质量有直接影响。气孔还起散热和容屑作用。金刚石磨具工作层的厚度一般均较小，金刚石砂轮工作层厚度在 1.5 ~ 5.0mm 之间。

（2）过渡层（非金刚石层）：该层不含金刚石，由结合剂和其他材料组成。其作用是将工作层牢固地结合在基体上，并保证工作层的完全使用，为简化制造工艺，有时亦可不要过渡层，工作层直接与基体黏结。如较小的平形砂轮和电木基体的砂轮就没有过渡层。

（3）基体：它承载工作层，并使磨具固定于砂轮机和磨床上。根据结合剂种类的不同，金刚石磨具可用钢、铝合金、电木等材料作基体。一般，金属结合剂磨具用钢作基体，树脂结合剂磨具用铝合金、电木或酚醛加铝粉等材料作基体。基体在能够保证强度和刚度的前提下，愈轻愈好，所以铝基体最常见。

15.1.3　金刚石磨具的分类

金刚石磨具通常按结合剂分类，亦可按磨削方式和形状分类，分别如图 1-15-2 ~ 图 1-15-4 所示。

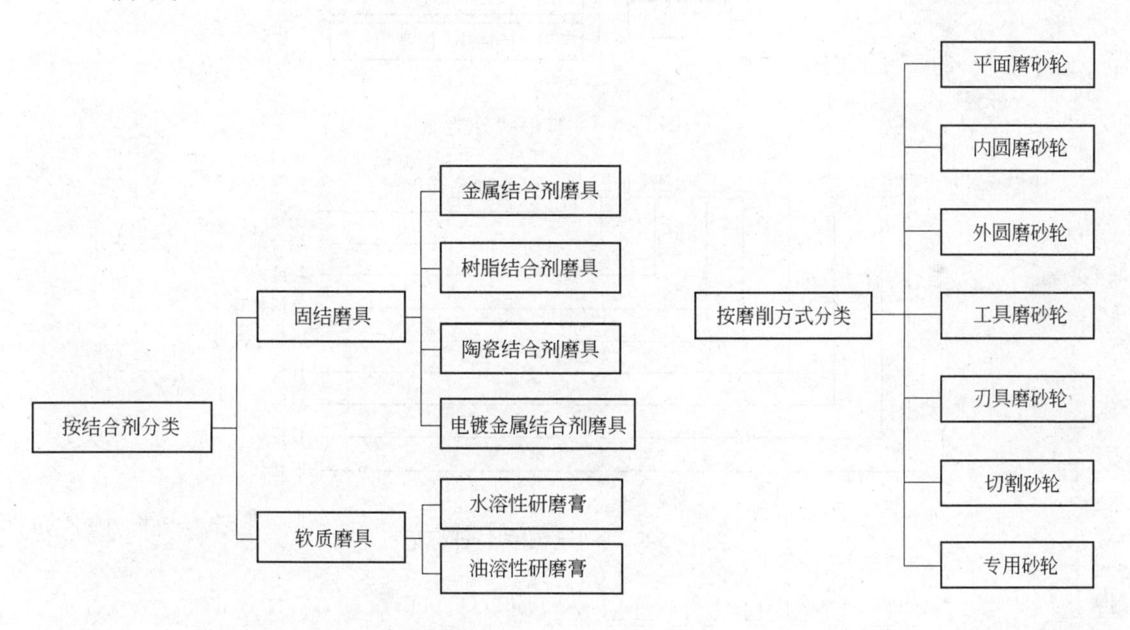

图 1-15-2　按结合剂分类　　　　图 1-15-3　按磨削方式分类

15.1.4　金刚石磨具特征标记方法

按照 GB/T 64010—94 规定，金刚石磨具产品应有下列特征标志。

（1）特征标志书写顺序：形状、尺寸、磨料、粒度、结合剂、浓度。

（2）尺寸书写顺序：直径、总厚度、孔径、磨料层厚度、磨粒层深度。

（3）特征标记举例。图 1-15-5 给出了平形砂轮的特征标记示例；图 1-15-6 给出了带柄平形油石的特征标记示例。

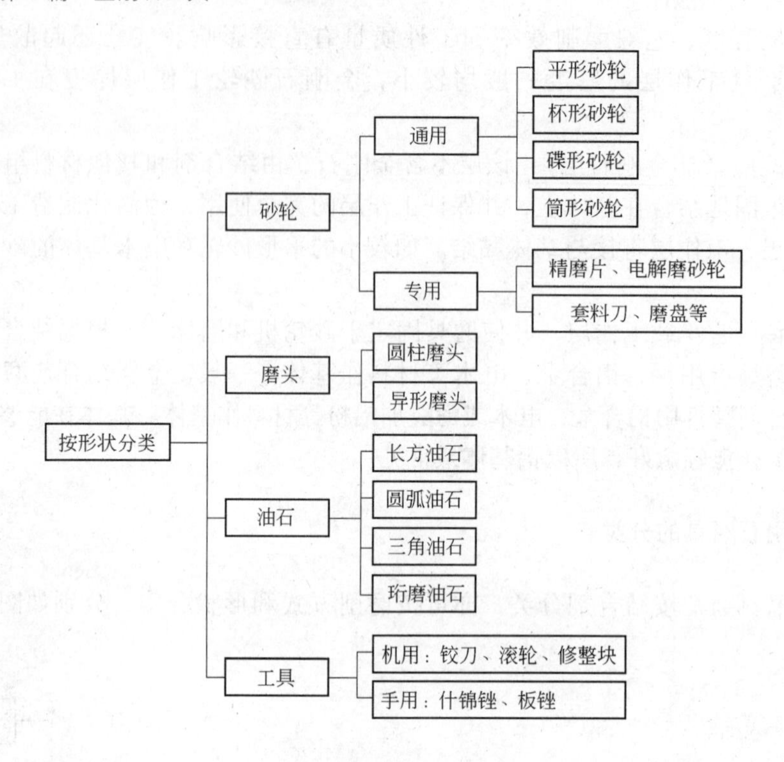

图 1-15-4 按形状分类

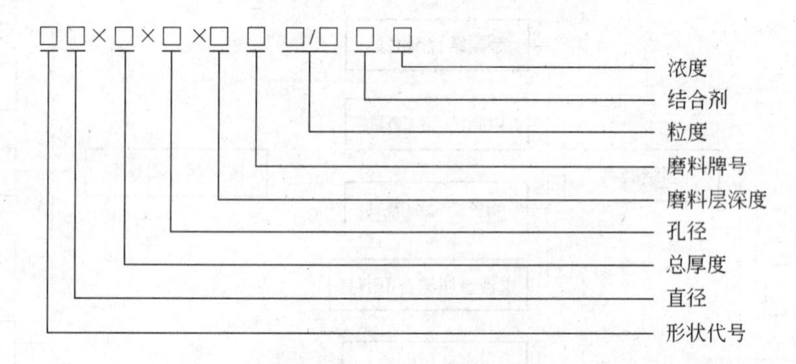

图 1-15-5 平形砂轮的特征标记

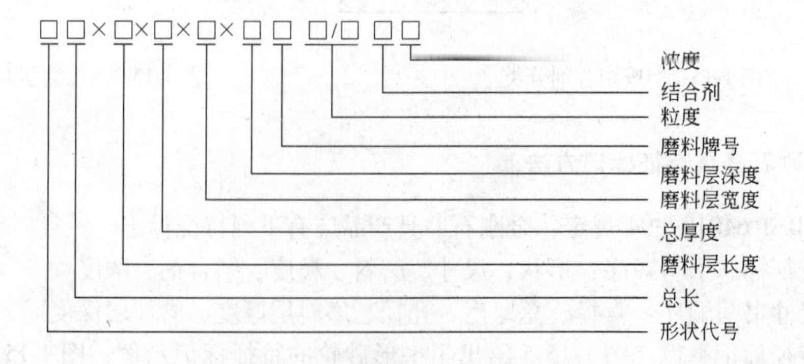

图 1-15-6 带柄平形油石的特征标记

15.2 特性与结构

金刚石磨具特性与结构参数包括磨料、粒度、硬度、结合剂、浓度、形状和尺寸等方面。对于各种不同的磨削加工目的，要取得好的技术经济指标，必须对上述参数进行合理选择。

15.2.1 磨料

金刚石磨具的磨料可选用人造金刚石或天然金刚石。金刚石的特点是硬度极高、耐磨性好、有锋利的切削刃。天然金刚石表面光滑、韧性较好，强度较高，但其自锐性不及人造金刚石好，并且产量有限，价格昂贵，我国主要靠进口，因此使用不多。人造金刚石强度、韧性和耐磨性略逊色于天然金刚石，但其粗糙的表面，不完整的晶形和较大的脆性却带来了自锐性好，磨削效率高的优点，其成本较低，来源充足。因此，金刚石磨具主要使用人造金刚石磨料。

（1）RVD 类：该类金刚石适用于制造树脂结合剂及陶瓷结合剂磨具。主要用于硬质合金刀具的刃磨，硬质合金工具的半精磨和精磨，半导体材料的精磨、倒角等。

（2）MBD 类：它主要用于制造金属结合剂和陶瓷结合剂磨具，以及一般的电镀工具。可用于硬质合金粗磨、成型磨和玻璃、陶瓷等非金属材料的加工。

（3）SMD 类：这种高品级金刚石只在修整滚轮和电镀金属结合剂金刚石砂轮中才少量使用，大多用于石材切割锯片和硬岩地质勘探钻头等。

近来国内外新发展了多种镀金属层的金刚石。RVD 金刚石表面镀铜或镍用于加工硬质合金，取得良好效果；在 MBD 或 SMD 金刚石表面涂覆一层钛，可延长金刚石磨具的使用寿命。

15.2.2 粒度

金刚石粒度选择，首先应考虑加工要求，粗磨时，用较粗颗粒，精磨时用较细颗粒；其次应考虑结合剂的种类，一般对金刚石黏结较牢固的结合剂易采用较粗颗粒，黏结强度较差的结合剂适用于较细颗粒；此外，还应考虑磨削效率，在可以满足加工要求，结合剂强度足够的条件下，可选用较粗粒度的金刚石，以提高磨削效率。表 1-15-1 为不同磨削要求下一般使用的粒度。

表 1-15-1 金刚石磨具粒度选择参考表

粒度号	磨削硬质合金工件的粗糙度/μm		主要用途
	树脂结合剂	青铜结合剂	
45/50 ~ 70/80 目		1.6 ~ 0.8	粗磨
70/80 ~ 100/120 目		1.6 ~ 0.4	粗磨
100/120 ~ 140/170 目	0.4 ~ 0.2	0.8 ~ 0.2	粗磨、半精磨
170/200 ~ 230/270 目	0.2 ~ 0.1	0.4 ~ 0.2	半精磨、精磨、细磨
36 ~ 54μm	0.1 ~ 0.05		半精磨
4 ~ 36μm	0.05 ~ 0.025		细磨、超精磨
2 ~ 4μm	0.025 ~ 0.012		研磨、抛光
0 ~ 3μm	0.012 ~ 0.01		研磨、抛光、镜面磨

15.2.3 硬度

金刚石磨具的硬度是指结合剂黏结磨粒的牢固程度。金刚石磨具的硬度直接影响加工效率和磨具寿命（参见表1-15-2），同时也会影响磨削质量。因此应根据具体情况合理选择磨具硬度。

表1-15-2 金刚石砂轮硬度对磨削比的影响

砂轮硬度	ZY	Z
砂轮面宽度/mm	磨削比	磨削比
5	61	37
10	88	42
15	126	54

（1）磨削硬材料，磨粒易磨钝，为使磨粒及时脱落和自锐，应选用较软磨具。磨削较软材料，则正好相反。但若磨削特别软而韧的材料时，为避免堵塞磨具，应选较软磨具。

（2）磨削温度高，冷却又较差的情况下，为避免工件烧伤，应选用较软的磨具。

（3）磨粒受力大，如磨削断续表面、纵向进给量大等情况下，磨粒容易脱落，应选用硬度较大的磨具。

（4）成型磨削以及母线几何形状要求高时，为保持磨具外形轮廓，磨具硬度应适当提高。

金刚石磨具硬度等级见表1-15-3，需要指出的是，金刚石磨具硬度一般均高于普通磨料类磨具，其分级也没有普通磨料细。如树脂砂轮硬度只按表15-3分大级，金属结合剂磨具分级更粗，甚至无严格分级。

表1-15-3 金刚石磨具硬度等级

硬度等级	超软	软	中软	中	中硬	硬	超硬
代　号	CR	R	ZR	Z	ZY	Y	CY

15.2.4 结合剂

结合剂是磨具特性的最主要影响因素之一。磨具强度、硬度、抗冲击能力、耐热性、耐腐蚀性等均取决于结合剂，此外它还影响磨削质量。

目前生产金刚石磨具常用的结合剂有四种，即树脂结合剂、金属结合剂、陶瓷结合剂以及电镀结合剂。按照它们对金刚石黏结力大小和耐磨性强弱，可依图1-15-7顺序排列。

树脂→陶瓷→金属→电镀

金刚石黏结力、耐磨性渐增强

图1-15-7 结合剂性能排列顺序图

四种结合剂的特性、用途分述如下：

（1）树脂结合剂。主要有酚醛树脂。它由苯酚与甲醛按一定比例在催化剂作用下聚合而成。它的主要特点是自锐性好，富有弹性和良好的抛光性能，不易堵塞和发热，磨削效率高、质量好，易于修整。广泛用于硬质合金材料的半精磨、精磨和抛光等工序。该种结合剂不足之处是耐磨性差，且不适合大负荷磨削。

（2）金属结合剂。金属结合剂中使用最多的是青铜结合剂。该类结合剂的特点是黏结强度高，耐磨性好，可承受较大的负荷，且导热性能良好。主要用于非金属脆性材料的加工，如陶瓷、玻璃、石材、混凝土以及宝石、半导体材料等，适于粗磨、半精磨、成型磨以及切割、磨边等。这种结合剂的缺点是自锐性差，磨削效率不及树脂结合剂，使用不当会造成发热和堵塞，且较难修整。

金属结合剂是一种广义的结合剂，除青铜类外，还有以碳化钨为骨架的硬质合金结合剂，以铁镍为主的铁基结合剂等，它们各具特点，分别适用于不同的加工目的。

（3）陶瓷结合剂。用于制作金刚石磨具的陶瓷结合剂属低熔陶瓷。其特点是刚性强，耐热性、耐腐蚀性好，不易堵塞和发热，磨削效率高，修整方便。该类磨具金刚石消耗介于金属结合剂磨具与树脂结合剂磨具之间。陶瓷结合剂的缺点是质地脆，加工质量较差，金刚石回收困难，其应用范围较小，一般限于硬质合金的粗磨和半精磨。

同时在陶瓷和金属结合剂基础上发展起来的一种新型结合剂——金属陶瓷结合剂，这种结合剂的金刚石磨具磨削效率高，磨具消耗低于树脂结合剂，磨削质量亦有所提高，特别是磨削硬质合金和钢材组合工件，可获得平整光滑的表面。该种磨具适合于硬质合金刀具、模具及其他工件的粗磨、半精磨，以及高强耐热合金钢、碳钢等材料的磨削。

（4）电镀金属结合剂。电镀金属结合剂通过镍或镍钴合金的电沉积方法得到。其特点是结合力很强，加工表面质量好，磨粒分布均匀，有很强的适应性，可制成厚度很小、形状复杂、精度高的各种磨具，如牙医磨头、异形磨头、内圆切割片、什锦锉、套料刀、修整滚轮等。其不足之处是工作厚度小，金刚石多为单层分布，磨具寿命不长。

15.2.5　浓度

金刚石磨具浓度是指金刚石体积与磨具工作层体积的百分比。当该百分比等于25%时，将磨具浓度定义为100%。浓度是金刚石磨具中的一个重要参数，浓度过高或过低都会导致磨粒过早脱落，增加磨耗，加工质量也变差。因此，应根据磨料粒度、结合剂种类、磨具形状、加工工序及其要求进行合理选用。一般选择原则如下：

（1）磨料细，浓度应低。因为在工件精磨时才选细磨料，且常用具有良好抛光性能的树脂结合剂磨具加工，精磨工件的磨削余量少，树脂结合剂的结合力弱，均不适合高浓度。

（2）结合剂黏结强度越高，可牢固黏结金刚石的数量越多，浓度越高。电镀金属结合剂的黏结力最强，其浓度可高达150%～200%。结合剂与浓度之间的关系见表1-15-4。

表1-15-4　磨具结合剂与浓度之间的关系

结合剂种类	公称浓度/%	金刚石含量/ct·cm^{-3}	结合剂种类	公称浓度/%	金刚石含量/ct·cm^{-3}
树脂	50～75	2.2～3.3	陶瓷	75～100	3.3～4.4
青铜	100～150	4.4～6.6	电镀	150～200	6.6～10.8

（3）要求较好外形轮廓的磨具，浓度要高。如成形磨具、工作面较宽的磨具、磨槽砂轮等。

（4）磨削质量要求低，磨料浓度可以高，以提高磨削效率。

15.2.6 形状与尺寸

金刚石磨具的形状和尺寸取决于加工方式、工件形状、加工质量以及磨床类型等因素。磨具形状和尺寸规格均已标准化。常用金刚石磨具的形状、代号及用途列于表1-15-5。为满足实际生产中的特殊需求，各制造厂家还发展了若干非标准规格的产品，可供用户选用。

表1-15-5 常用金刚石磨具形状、代号与用途

序号	名称	断面形状图	代号	使用范围
1	平形砂轮	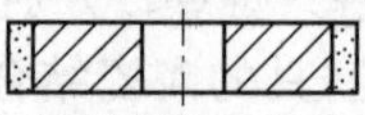	1A1	用于外圆、平面刃磨
2	平形小砂轮	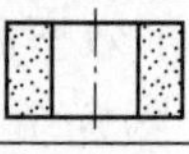	1A8	用于内圆磨
3	杯形砂轮	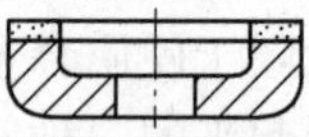	6A2	用于刃磨、平面磨
4	碗形砂轮	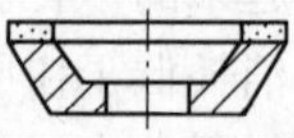	11A2	用于刃磨、平面磨
5	碟形砂轮	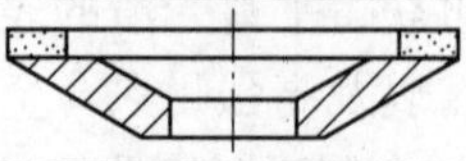	12A2	主要用于刃磨
6	双面凹砂轮		9A3	主要用于磨量具和砂轮机磨削
7	平形砂轮	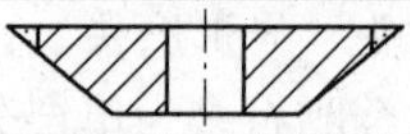	4A1	用于仿型磨、刃磨等
8	平形加强砂轮	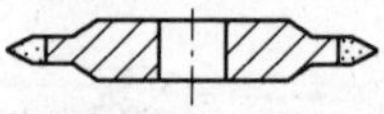	14B1	主要用于蝶纹磨
9	平形带弧砂轮	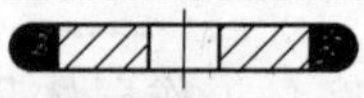	1F1	用于圆弧面成型面磨削
10	切割砂轮	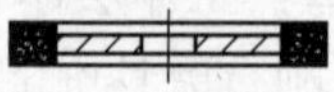	1A1R	用于非金属材料切割
11	光学磨边单斜边砂轮	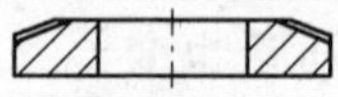	2D9B	专用于光学玻璃磨边
12	光学磨边平形砂轮	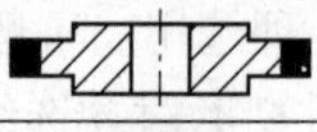	14A1T	专门用于光学玻璃磨边
13	带柄长方油石		HA	用于手工打光和修磨
14	带柄圆弧油石		HH	用于手工打光和修磨
15	带柄三角油石		HBE	用于手工打光和修磨
16	弧面、长方形磨油石	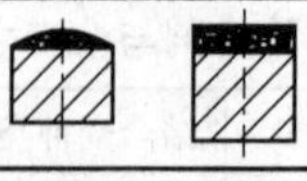	HMHHMA/2	专门用于各种形磨

15.3 金属结合剂磨具

金属结合剂金刚石磨具的制造与地质钻头、金刚石锯片刀头的制造方法类似。冷压法和热压法是两种主要生产方法，其工艺流程见图1-15-10和图1-15-11。冷压法由于成型压力高，不能成型形状复杂的磨具，且工艺复杂、废品率高等原因，目前使用减少。热压法

成型压力很小，烧结温度较低，能成型形状复杂的产品，且工艺较简单，产品质量能够保证，因而成为主要的生产方法。

15.3.1　原材料

15.3.1.1　金属粉末

金属粉末在结合剂中的作用有两个：一是起黏结相作用，如青铜磨具中的铜锡合金；二是改善结合剂的性能，如电镀磨具中加入银粉，改善导电性。金属粉末的选择必须考虑产品性能、工艺性能和经济因素，这些因素与金属粉末的生产方法有关。一般，电解法能够得到纯度较高、粒度范围变化较大的粉末，但成本较高，还原法和雾化法则与之相反。

A　金属粉末的酸碱溶解性

从金刚石磨具废品中回收金刚石，是通过溶解结合剂实现的，因此，金属粉末的酸碱溶解性是金刚石磨具制造中最关心的化学性质。表1-15-6列出了几种常用金属的酸碱溶解性和氧化性能。

表1-15-6　常用金属的酸碱溶解性和氧化性能

金　属	铜	镍	钴	银	锌	锡	铅
硝　酸	溶	溶	溶	溶	溶	溶	溶
盐　酸	—	溶	溶	沉淀	溶	溶	—
硫　酸	溶	溶	溶	溶	溶	—	—
氢氧化钠	—	—	—	—	溶	溶	溶
空气中的氧	氧化	—	—	—	—	—	氧化

对于在空气中易氧化的金属粉末，如铜、钴、铅等，使用前往往需要进行还原处理。采用预合金粉末作黏结剂，可防止金属粉末的氧化，且能避免结合剂烧结后的偏析，从而改善产品质量。

B　金属粉末技术条件

原材料技术条件是根据产品性能和工艺要求提出的，列出技术条件的是那些对产品质量和工艺过程影响较大的性能指标。金属结合剂所用粉末技术条件列于表1-15-7。

表1-15-7　金属粉末的技术条件

金　属	铜粉	银粉	锡粉	镍粉	钴粉	青铜粉	锌粉	钨粉
制取方法	电解	电解	还原	还原	还原	雾化	还原	还原
金属含量/%	>99.5	>99.9	>99.5	>99.5	>99.4	—	>90	99.5
粉末粒度（目）	<200	<200	<200	<200	<200	<200	<200	<200
粉末色泽	红色	银色	灰白	铁灰	青灰	淡红	浅灰	青灰

15.3.1.2　钨的碳化物

粉状碳化钨和颗粒状的铸造碳化钨是金刚石工具中常用的两种原料。它们在结合剂中起骨架和耐磨相的作用。粉状碳化钨用于高硬度制品和修整工具的制造，铸造碳化钨主要用于钻头的制造。

碳化钨的主要特点是硬度高，弹性模量大，耐磨性好。镍、钴、钛等多种金属和合金对它有良好的浸润性，适合制造高硬度制品。

15.3.1.3　非金属材料

石墨是最常用的非金属材料，其次是四氧化三铁等。石墨是一种非极性材料，它本身不能烧结，在结合剂中是以自由形态存在的。细粒度的石墨分散度很高，加入结合剂中能起到多种有益的作用。青铜结合剂中往往需要加入石墨调节其性能。四氧化三铁不如石墨用得普遍，其主要作用与石墨类似。

15.3.2　结合剂

15.3.2.1　结合剂的种类

金属结合剂按其合金种类大致可分为四大类，即青铜类、钴镍类、钨合金类和硬质合金类。其中，青铜结合剂是用得最多的一类。为了适应各种不同的加工对象和加工方法，青铜结合剂又有很多种，根据金属组元的多少，分为二元合金系、三元合金系和多元合金系。

（1）二元合金系。青铜结合剂中最基本的二元合金结合剂是由铜和锡两种金属，外加一定量的石墨构成。如 Cu 85%，Sn 15%，外加 1% 的石墨，是国内使用过的二元合金配方。德国温特公司试制的一种脆青铜结合剂为：Cu 70% ~45%，Sn 30% ~55%，另加一定量的石墨粉。

（2）三元合金系。它是在二元合金基础上加入第三组元金属构成的。根据结合剂性能要求，最常用的第三组元有银、锌、铅、镍等粉末。如苏联高浓度（190% ~200%）的珩磨油石采用 Cu 73%，Sn 25%，Pb 2% 配比；美国曾采用 Cu 90%，Sn 10%，外加 5% Fe_3O_4 的配比制造砂轮。我国使用过的三元合金结合剂也有多种，如 Cu 70% ~80%，Sn 8% ~12%，Ag 10% ~15%，多用于玻璃切割锯片等。

（3）多元合金系。金属组元超过三的称为多元合金。它的构成仍以二元合金为基础加入第三、第四组元。我国使用的多元合金结合剂有：Cu 88%，Sn 10%，Pb 10%，Zn 1%，此外还有 663 青铜粉等。

15.3.2.2　结合剂性能调整

为保证金刚石磨具产品的使用性能和制造工艺性能，对金属结合剂主要性能提出的基本要求与对金刚石钻头和金刚石锯片黏结剂提出的要求有类似之处。为达到这些性能要求，可通过改变结合剂配方和加入其他添加剂加以调整。

A　锡青铜的力学性能

在二元锡青铜中，锡的加入量对青铜强度 σ_b 和塑性 δ 的影响如图 1-15-8 所示。从图中可以看出，当锡含量为 5% ~6% 时，合金塑性最好，但强度却很低；当锡含量增加到 10% 时，合金塑性急剧下降，机械强度明显增加；当锡含量增加到 25% ~27% 时，青铜机械强度最高，但塑性却变得很小，脆性很大；当锡含量超过 30% 时，合金机械强度迅速下降到很低值。青铜作为金刚石砂轮结合剂，希望有较高的机械强度和适当的脆性，所以，一般情况下结合剂中锡的含量都在 10% ~20% 之间。这样的结合剂配之以合理的烧结参数，脆性是足够的，但若烧结温度过高或保温时间太长，由于 α 固溶体的过多形成或锡的偏析，会使结合剂的脆性降低，砂轮的使用性能变差。

锡含量对青铜合金硬度的影响如图 1-15-9 所示。从图中可以看出，锡含量在 12% 左右时，青铜硬度最高。

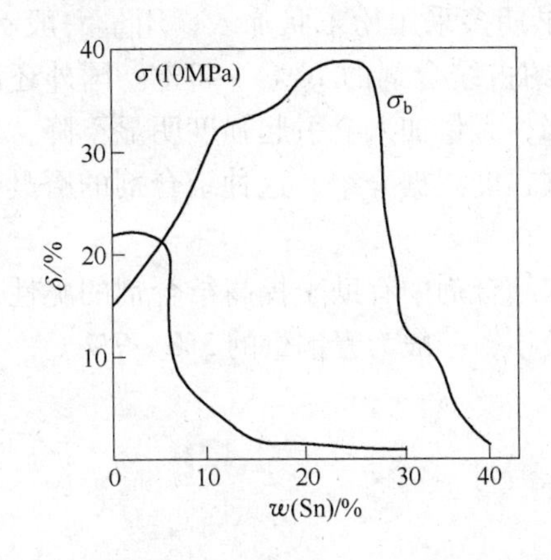

图 1-15-8　锡含量对青铜强度 σ_b 和塑性 δ 的影响

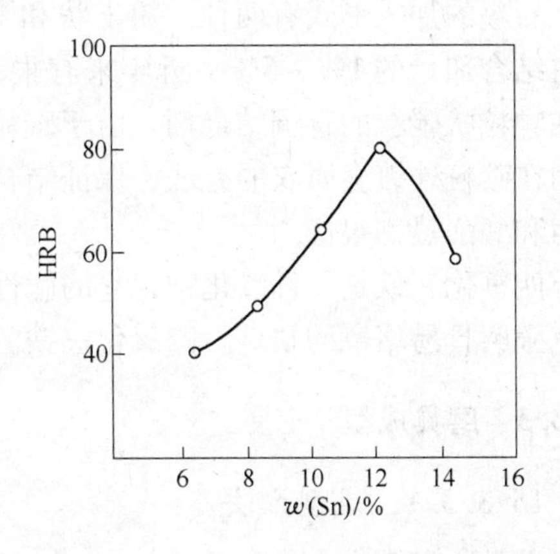

图 1-15-9　锡含量对青铜硬度的影响

磨具对结合剂性能的要求是多方面的，只靠简单的二元合金配比是难以达到的，必须采用多元合金结合剂才能实现。

B　第三组元对合金性能的影响

在铜锡二元合金中加入铅，可以提高合金的耐磨性、密实性和抗蚀性，这些性能对提高磨具耐用度有一定的好处，但是加铅结合剂的机械强度有所降低，所以加铅量必须控制适当，以确保磨具安全使用。

加镍能够同时提高合金的耐磨性和机械强度。镍弥散在合金中，起细化合金晶粒的作用。

在锡青铜中，少量地加锌，其作用与锡相似。它能代替锡存在于铜中，这时 2% 的锌相当于 1% 的锡，这是 Cu-Zn 二元合金平衡状态图中 α 固熔体的组成。

银粉也常常加入锡青铜中，它除了能改善导电性，还可大幅度提高结合剂抗折强度。表 1-15-8 列出了银对结合剂性能影响的试验数据。

表 1-15-8　银对结合剂性能的影响

序　号	结合剂配比/%			结合剂抗折强度/MPa		
	Cu	Sn	Ag	500℃	530℃	560℃
1	65	35	0	13.23	24.46	
2	65	30	5	22.74	46.26	53.21
3	70	30	0	35.28	13.72	70.07
4	70	25	5	90.16	108.29	107.80

C　其他添加剂

石墨是青铜结合剂中最常用的添加剂。它还是一种很好的固体润滑剂，常被用作脱模剂。把它加入结合剂中，能降低金属粉末颗粒间的摩擦，改善合金的压制性能。石墨在高温状态下与氧作用，对金刚石和结合剂合金起保护作用；石墨呈弥散状态分布在结合剂中，形成微气孔，有助于冷却和磨屑的排出，且提高结合剂的脆性，防止磨具变形；小颗粒石墨还能润滑磨削面，降低磨削力，提高磨削效果。

石墨的加入形式有两种：粉末状和颗粒状。早期多采用粉末状加入，用量一般不大，约占结合剂量的1% ~5%；近年来有很大提高，约占结合剂的10% ~40%。国外还出现了加颗粒状碳粒的青铜结合剂。由于碳粒不能烧结，大量加入会引起强度明显下降，所以采用在碳粒外镀金属衣的方法，保证结合剂的机械强度。据介绍，这种结合剂的磨具，切削力和磨削热都很低。

四氧化三铁是一种氧化物，它的脆性大，加入结合剂中有助于提高结合剂的脆性，从而克服磨具易堵塞的缺点。四氧化三铁的加入量较小，一般为青铜量的3% ~7%。

15.3.3　磨具成型

15.3.3.1　成型方法

A　冷压法

冷压法的工艺流程如图1-15-10所示。流程中带基体成型的磨具有杯、碗、碟、单面凹、双面凹和单、双面斜边等形状的砂轮，它们以非金刚石层作过渡，将含金刚石的工作层压在钢基体上，不带基体成型的磨具，平形砂轮就是最好的代表。

B　热压法

根据烧结设备不同，热压工艺有两种。一种是在马弗炉或钟罩炉中烧结，它在烧结前先用较小压力预压一次，然后送入烧结炉中烧结，达到保温时间后取出模具立即进行第二次压制。另一种是用中频感应加热或特殊结构（带压机或其他加压装置）的电阻炉加热，装好料的模具在炉中边烧结边加压，并在恒压下进行保温烧结。这两种热压工艺流程如图1-15-11所示。

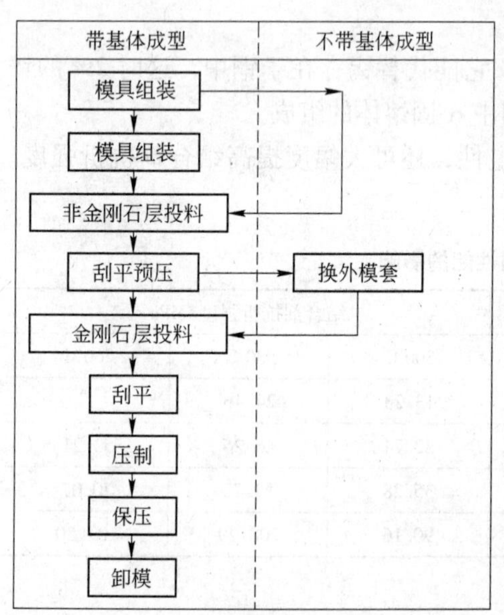

图1-15-10　冷压成型工艺流程

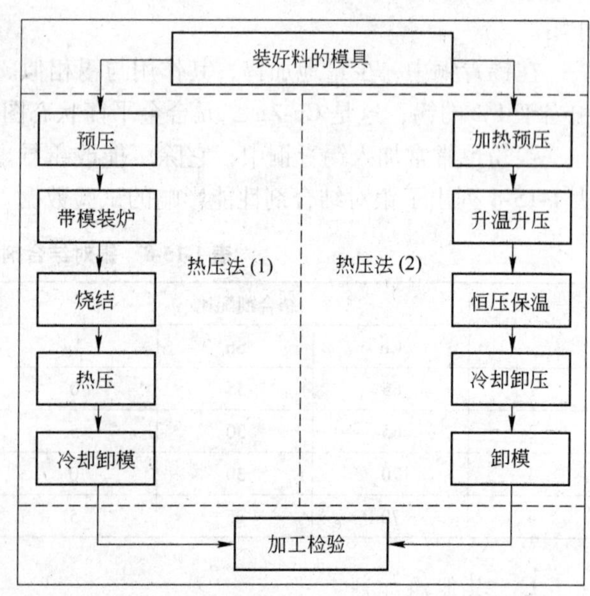

图1-15-11　两种热压工艺流程图

比较这两种工艺可以看出，它们是各有特点的。前者炉腔大，较适合大规格磨具的制造，不足之处是操作工艺较麻烦，生产效率也低，并且成型压力大，需要较大吨位的压机，此外，保温时间长、温度较高，对金刚石强度影响较大。后者不但操作简单，成型烧结速度快，而且成型压力小，保温时间短，温度也较低。规格不大的磨具，用这种工艺方法更有优越性。

15.3.3.2　模具与基体设计

A　成型模具

金刚石模具形状多种多样，其模具也较复杂，表 1-15-9 列出了几种比较典型的成型模具结构。

金刚石砂轮的成型模具，通常由模套、压环、芯棒、芯体和底板等几部分组成。它们的形状及模件数目则因砂轮类型及压制方法而异。如当磨具的非金刚石层和金刚石层呈径向分布时，需要对应的两个模套和压环，分别用于压制非金刚石层和金刚石层（表 1-15-9 中平形砂轮模具即是）。

表 1-15-9　几种典型模具结构

序　号	砂轮形状	模具结构	模件名称
1	平形砂轮模具结构（直径 >150mm）	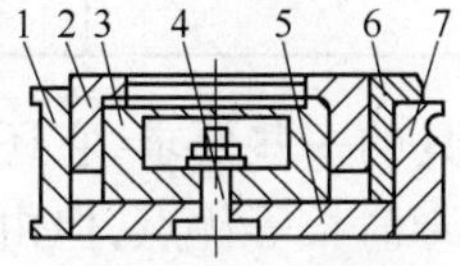 1 2 3 4 5 6 7	1—非金刚石层模套； 2—非金刚石层压环； 3—芯体；4—芯棒；5—垫板； 6—金刚石层压环； 7—金刚石墨模套
2	杯、碗、碟、筒形、单面凹砂轮模具结构	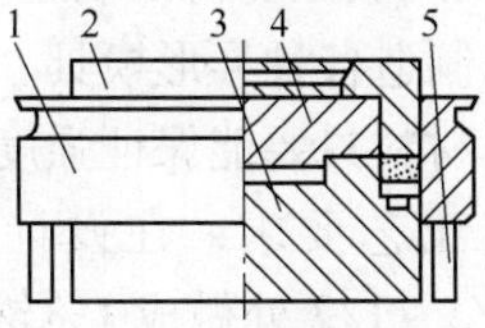 1 2 3 4 5	1—模套；2—压环； 3—基体；4—芯体； 5—垫块
3	碗形二号、碟形二号砂轮模具结构	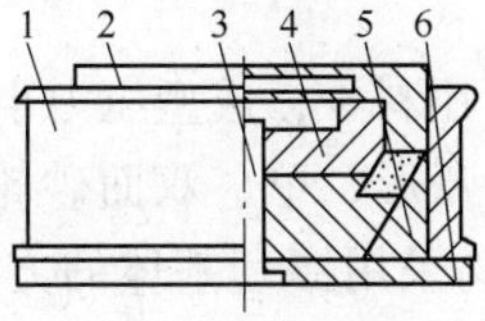 1 2 3 4 5 6	1—模套；2—压环； 3—芯棒；4—芯体； 5—底环；6—底板
4	双斜边砂轮模具结构	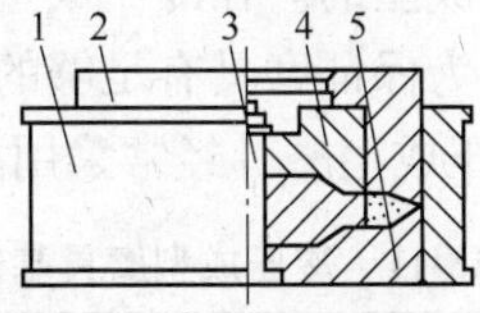 1 2 3 4 5	1—模套；2—压环； 3—芯棒；4—芯体； 5—底板
5	方形、弧形油石模具结构	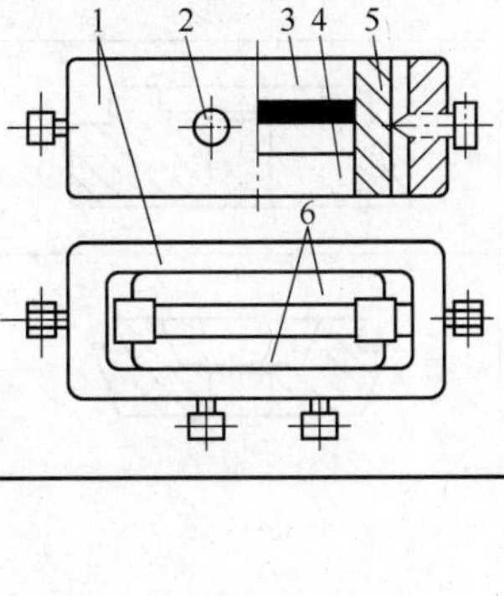 1 2 3 4 5 6	1—外框；2—螺杆； 3—上压块；4—下压块； 5—堵头；6—边块

模具的不同模件，作用的不同受力情况也不一样，因此选材要求也有差别。表1-15-10列出了冷压模具部件材料及加工技术要求。

表1-15-10 冷压模具部件材料及加工技术要求

部 件	模具材料	加工技术要求
模套和芯体	（1）碳素工具钢：T10，T12； （2）合金工具钢：GCr15，Cr12，Cr12Mo，Cr12MoV，Cr12W，9CrSi，CrW5； （3）高速钢：W18Cr4V，W18Cr4V4Mo	（1）热处理硬度：60～63HRC； （2）平磨后退磁； （3）工作面粗糙度：0.63μm； （4）配合等级：H_7/f_7； （5）径向跳动、不平行度、不垂直度均为0.03：100
压坯	（1）碳素工具钢：T8，T10 （2）合金工具钢：GCr15，Cr12，Cr12Mo，9CrSi	（1）热处理硬度：53～57HRC； （2）其他要求同模套
芯棒	45，T8	（1）热处理硬度：40～50HRC； （2）表面粗糙度：1.25μm； （3）配合等级：H_7/f_7
底板	同芯棒或模套	（1）热处理硬度：40～50HRC； （2）平磨后退磁； （3）表面粗糙度：1.25～0.63μm

热压模具除了需要满足冷压模具的一些要求，它还应具有优良的耐热性能。早期曾使用耐热钢制造，它具有耐热性能好，寿命长等优点，但由于这种模具材料来源缺，成本高，加工难度也大，近年已很少用。目前使用石墨和铸铁制造热压模具，效果较好，获得广泛应用。

目前，也有采用后加工的方法制造各种异形模具。这种方法对模具要求不严格，模具结构可简化，精度也可降低，模具材料只要能保证强度即可。这种方法可降低模具成本。

模具的结构一定要符合制造工艺要求，在设计冷压模具时，如果模套高度超过120mm，则要将模套内圆高度的1/3～1/2处做成1%锥度，以便于卸模。

B 磨具基体结构

规格较小的青铜结合剂磨具，用料少，成型压力小，可采用金属粉末压制基体的方法制造。如直径小于80mm的平形、弧形、单、双面砂轮和油石等产品，均采用粉末基体。而直径大于150mm的平形砂轮，均采用镶套基体的方法，它对基体结构无特殊要求。但是大多数青铜结合剂产品是带基体成型的。在冷压成型工艺中，普通的平直钢体表面压上金刚石层，其结合强度非常有限。为保证磨具有足够的结合强度，需要对基体结合面进行合理的结构设计。表1-15-11是冷压成型磨具经常采用的基体结构类型。

表1-15-11 冷压成型磨具基体结构

类	基体名称	图 形	备 注
Ⅰ	杯、碗形一号、碟形一号，直径大于20mm光学筒形磨具基体		（1）基体材料：铁或45钢； （2）金刚石层环宽尺寸与孔的同轴度偏差不超过0.01； （3）基体的压制面要粗糙； （4）尺寸公差：外径按基孔制H_7/f_7配套； 其他尺寸控制在±0.05mm
Ⅱ	碗形二号、碟形二号砂轮基体		

续表 1-15-11

类	基体名称	图 形	备 注
Ⅲ	宽环单面凹砂轮基体	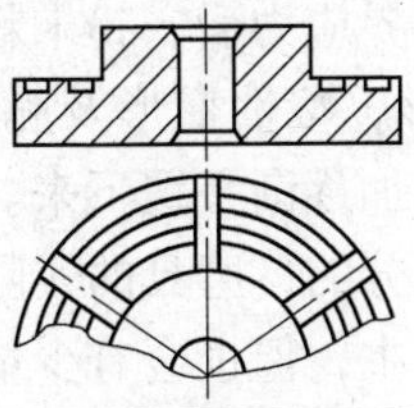	(1) 基体材料：铁或45钢； (2) 金刚石层环宽尺寸与孔的同轴度偏差不超过0.01； (3) 基体的压制面要粗糙； (4) 尺寸公差：外径按基孔制 H_7/f_7 配套； 其他尺寸控制在±0.05mm
Ⅳ	双斜边砂轮基体	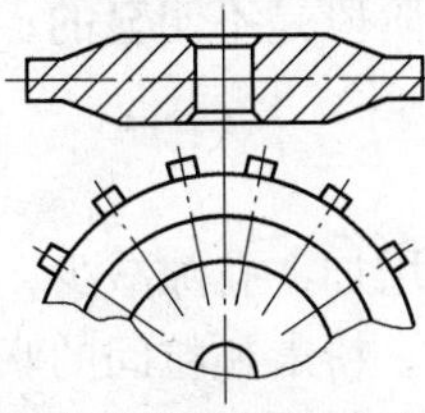	
Ⅴ	直径小于20mm 光学畸形基体	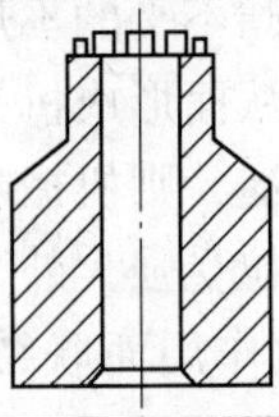	

在Ⅰ、Ⅱ类基体中，采用径向单燕尾槽和轴向凹槽相结合的结构形式，其连接的牢固程度足以满足工作要求。Ⅲ类基体结构是在金刚石层宽度较大时采用的，它除有轴向槽外，还有径向沟槽，这种纵横交错的沟槽使坯体的结合强度明显增加。Ⅳ、Ⅴ类基体采用外凸的楔形断续环结构，其机械啮合作用较好。若结合面较窄，无法在上面开槽，采用滚花的方法，也可以增加结合强度。

但必须注意，沟槽的深度不能超过1mm。过深的沟槽，在压制过程中会因传导不好而使槽中密度降低很多，强度很差，反而不利于增加结合强度。

采用热压工艺时，磨具基体结合面上一般无需开槽（但Ⅳ、Ⅴ类结构仍是需要的），就有足够的结合强度。在黏结强度要求特别高的某些特殊磨具中，钢基体表面可镀一层铜，再采用热压工艺制造，可以得到更理想的黏结。

15.3.3.3 压制原理

冷压成型压制过程的实质是成型料粉末颗粒在压制压力作用下发生位移、变形、接触面积增加、气孔减少，从而密实成具有一定形状、尺寸、密度和强度的坯体的过程。

A 粉末压制过程中坯体密度 ρ 的变化规律

磨具坯体在压制过程中的变化大体可分为三个阶段，如图1-15-12所示。

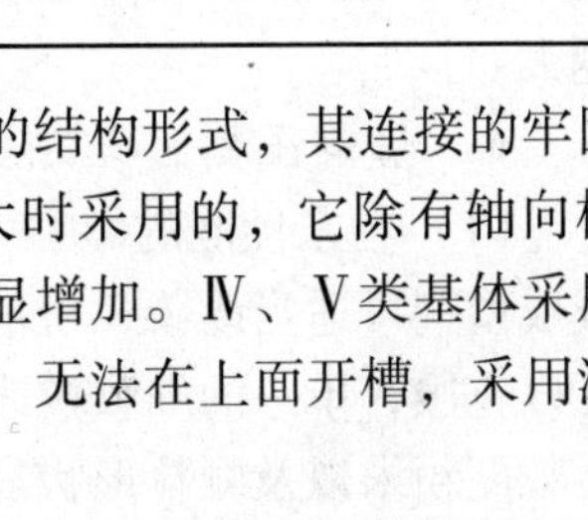

图1-15-12 坯体密度 ρ 与压力 p 的关系

第Ⅰ阶段：粉末颗粒发生位移，充填孔隙，压力递增时，密度增加很快。此阶段称为滑动阶段，其特点是粉末颗粒在压力作用下的不均匀移动。

第Ⅱ阶段：压力继续增大时，坯体密度增加很少，这是由于经第Ⅰ阶段压缩其密度已达到一定值，粉末体内产生一定的压缩阻力。该阶段特点是位移已大大减小，而粉末变形又尚未开始。

第Ⅲ阶段：成型压力超过粉末临界应力后，粉末颗粒开始发生变形，使坯体密度继续增加，该阶段特点是粉末的弹性变形、塑性变形及脆性断裂以及少量的位移同时发生作用，但随压力的不断增大，密度的增加逐渐平缓下来。

实际上，上述三个阶段是人为划分的，磨具的实际压制过程是复杂的，阶段之间并无明显界限。第Ⅰ阶段虽以粉末位移为主，但也会有少量的变形；第Ⅱ阶段对硬而脆的粉末是明显的，而对塑性大的粉末，这个阶段是不明显的；第Ⅲ阶段致密化固然是以粉末变形为主，但也存在位移现象。

B 坯体强度的形成

在粉末成型压制过程中，随压力增加，孔隙减少，坯体逐渐致密化，由于粉末颗粒间联结力的作用，坯体强度也不断提高。粉末颗粒间的联结力大致分为两种：一种是粉末颗粒之间的机械啮合力。粉末的表面呈凹凸不平的不规则形状，在压制过程中，这些颗粒间由于位移和变形可以互相嵌入而勾连，从而形成机械啮合，这是坯体具有强度的主要原因之一，并且颗粒形状越复杂，表面越粗糙，则机械啮合强度越高。另一种是粉末表面原子之间的引力。在粉末压制后期，粉末颗粒受强大外力作用，迫使其表面原子彼此接近，当进入引力范围后，粉末颗粒间便因引力作用而联结。粉末间接触面积越大，这种联结力越大。

C 影响压制过程的主要因素

（1）粉末性能的影响。硬度大、塑性小、摩擦性大的粉末压制性能差，通过加润滑剂或成型剂可适当改善；粉末纯度低、含氧量高时，压制性能差，对原料粉末进行还原处理可以克服；单一的细颗粒或粗颗粒粉末，以及形状规整的粉末压制性能均不理想，采用混合粒度粉末以及颗粒形状复杂的粉末可以改善压制性能。

（2）压制过程的影响。成型模具表面越光洁、硬度越高、刚性越大，越有利于坯体密度的提高和均匀；采用双向压制的坯体密度要比单向压制的高，且更均匀；加压速度越低、保压时间越长，有利于提高坯体密度，对于大规格或形状复杂的磨具尤为重要。

15.3.4 磨具烧结

烧结是金刚石磨具制造中最重要的一道工序，它对于产品的最终性能有着决定性影响。烧结过程是在温度作用下，物料之间发生扩散、熔融、熔解、流动、收缩再结晶等一系列物理化学变化的综合作用过程。

15.3.4.1 保护介质

为防止制品中的金刚石和金属粉末在烧结过程中发生氧化，可采用气体、固体介质或真空加以保护，这对冷压制品的烧结尤其重要。

对青铜结合剂磨具来说，使用某些保护介质，还可将原料粉末中带入的少量氧化物在一定程度上加以还原，从而取得更好的烧结效果，提高制品性能。

气体保护介质主要有氢气、煤气、氢氮混合气体等还原性气体。固体保护介质目前主要使用木炭，木炭具有很高的活性，且安全可靠，价格低廉，在青铜结合剂制品中被广泛采用。

（1）木炭。用木炭作保护介质，要将其破碎成5～15mm的炭粒。装炉时将炭粒充填在磨具四周的空间（一般不直接接触磨具），起隔离空气的作用。炭粒在受热过程中与密封在烧结炉膛内的空气起燃烧反应，由于反应在氧气不足的条件下进行，生成物为CO，反应式：$2C + O_2 = 2CO$。

CO的还原性很好，它对氧的亲和力比大多数金属都要大，因此当它渗入到制品的气孔中时，能将金属氧化物还原成纯金属，如将氧化铜还原为铜等。而新还原的金属原子活性较大，能促进烧结的进行。CO还原金属的反应式为：$MeO + CO = Me + CO_2$。

充填的木炭除了要求较细的粒度，以增加表面积，改善隔离空气的效果外，它还必须是不含水分的干燥木炭，否则起不到保护作用，或者将削弱保护作用。

（2）煤气。煤气的成分随其种类的不同而有较大差异。对于发生炉煤气，起保护作用的成分主要是CO和氢气。氢气和空气中的氧反应生成水蒸气，其反应式为：$2H_2 + O_2 = 2H_2O$。氢气还原金属的反应式为：$MeO + H_2 = Me + H_2O$。

（3）分解氨。分解氨的成分是$H_2$75%、$N_2$25%的混合气体，N_2不参与反应，H_2是还原剂，其作用原理与煤气中的氢一样。

（4）真空气氛。真空烧结实际上是一种减压烧结，真空度愈高，愈接近中性气氛，即与烧结制品发生反应的机会愈低。真空气氛烧结可有效防止有害气体对制品的反应，如氧化、脱碳等，并可排除制品的吸附气体及其他杂质，起提纯作用，有利于烧结的顺利进行。

15.3.4.2　烧结工艺

A　装炉方式

对于冷压工艺来说，装炉方式对制品烧结效果有重要影响。磨具形状和大小不同，装炉方式也有差别。形状复杂、规格较大的磨具产品通常用夹具夹固进行烧结，如图1-15-13所示。

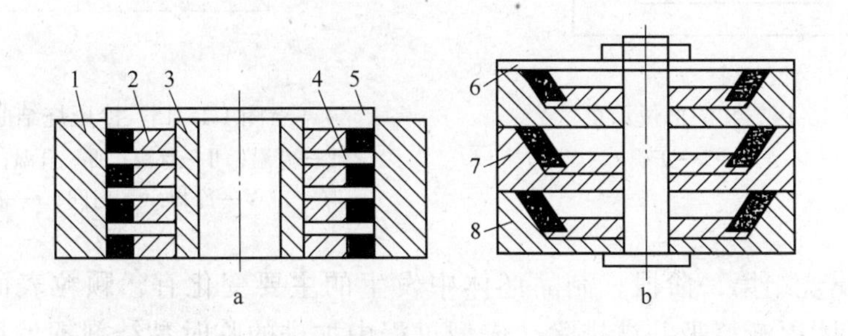

图1-15-13　磨具的夹固方法

a—平形砂轮；b—碟形砂轮

1—外套；2，7—砂轮；3—内套；4—隔板；5—压板；6—盖板；8—形板

青铜磨具在烧结过程中的变化主要是收缩和膨胀。在自由状态下，制品各部分的收缩和膨胀是不均匀的，容易产生变形。磨具加上夹具后，制品的变形受到限制，从而保证产品的形状和尺寸。磨具形状不同，变形规律也不一样。较大的平形砂轮，其烧结变形部位主要是外径和内径，所以装炉时要套住内外径（图1-15-13a），再加上平面方向的压重，各向变形都受到了限制。异形砂轮均带基体成形，又有一定的外倾角度，其烧结变形表现

为往外塌边，用相应的形板将其托住，即可防止变形（图1-15-13b）。

夹固烧结能有效防止制品变形，但若处理不当，容易产生粘连废品，因此夹具与制品接触面要撒上一层石墨粉，使二者隔离。

做夹具的最好材料是铸铁，它的热膨胀系数比钢小，制品烧结后的尺寸比较准确。夹具在烧结膨胀力影响下，它的尺寸会逐渐变大，所以使用时要检查尺寸，发现不合格及时更换。

烧结制品在炉中的位置也对制品质量有重要影响。如对于钟罩炉来说，它的热源在四周，当制品装炉往一边偏时，制品四周受热不均匀，而磨具各部位受热不均是产生烧结废品的重要原因，有可能出现一部分欠烧，而另一部分过烧。因此，钟罩炉较适合烧结大规格产品。装炉时磨具放在炉内中心位置，不能偏向一边，如图1-15-14所示。

B 烧结曲线

烧结曲线是用于反映磨具在烧结过程中温度随时间变化的相应关系的。制定烧结曲线要以结合剂性能、磨具尺寸以及制造工艺等因素为依据。冷压烧结和热压烧结是两种不同的工艺方法，所以它们的烧结曲线也不一样。

a 冷压烧结曲线

尽管金刚石磨具种类和规格极其繁多，所要求的性能千差万别，但其烧结曲线的构成基本一样，都包括升温、保温和冷却三部分，如图1-15-15所示。

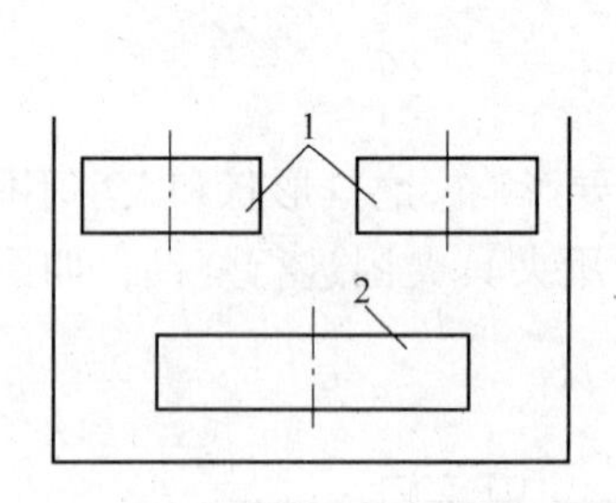

图1-15-14 装炉部位示意

1—不正确；2—正确

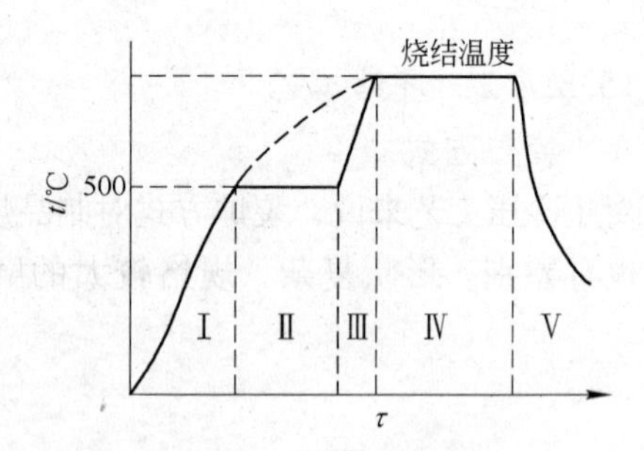

图1-15-15 冷压烧结曲线

Ⅰ—升温；Ⅱ—保温；Ⅲ—升温；Ⅳ—保温；Ⅴ—冷却；τ—时间；t—温度

500℃前属烧结第一阶段，制品坯体中发生的主要变化有，颗粒表面氧化物开始还原，吸附气体逐渐解吸并被排除，成型过程中加进的临时黏结剂挥发或分解，结合剂中易熔组分开始熔化，坯体中出现少量液相，等等。但此时磨具性能并无根本性变化。

500℃保温的目的有两个，一是让坯体内粉末颗粒表面的氧化膜在还原性气氛作用下得到充分还原，使粉末颗粒表面具有更多活性原子，为坯体烧结做好准备；二是使快速升温下产生的坯体各部分之间的温差得以平衡，从而消除坯体内的应力。同时随保温时间延长，液相量也不断增加，并开始溶解固相物。但在烧结小规格磨具时，各部分温度及变化差异较小，就不需要500℃保温阶段，如图1-15-15虚线所示。

500℃到烧结温度这一升温阶段，坯体中的主要变化是液相量显著增多，粉末体在液相表面张力作用下的移动、重排趋于完结，而粉末体的高能部位大量地溶解于液相中，使溶解度逐渐趋于饱和状态，以至坯体有较显著的收缩。

在烧结温度下进行保温，其目的是使坯体各部位的变化趋于平衡。同时，处于饱和状态的溶液开始向粉末颗粒表面的低能部位沉淀析出，至保温终点时，粉末颗粒表面一方面被溶解，一方面又被结晶析出，达到动态平衡。这个动态过程随保温时间的延长而不断伸向颗粒内部，同时坯体内的液相量也有所增加。因此过分延长保温时间，会使液相量过多，易造成低熔成分的偏析，影响烧结质量。

冷却过程也是烧结曲线的一个组成部分，冷却过程是液相结晶的过程。冷却快慢对制品的硬度、强度都有一定影响。这主要与结晶体的类型和大小有关。冷却速度快，晶粒来不及长大，结晶体比较细小，坯体强度相应提高。同时，快速冷却与平衡冷却不同，对青铜合金来说，在平衡状态下冷却，α 固溶体中锡含量达 15%，而 α 固溶体多，坯体硬度低，塑性好。在不平衡状态下冷却，α 固溶体区域大大减小，金属电子化合物（β 相）较多，坯体脆性较大。这一性质对青铜磨具来说，至为宝贵。所以，青铜磨具的冷却，总是以较快的速度进行。此外，快速冷却节省时间和保护气体的消耗（若使用保护气体）。

出炉温度在某种意义上说，比冷却温度更重要。一般磨具在 70 ~ 80℃ 出炉不会有问题。可是，像薄片切割砂轮，面积大，厚度小，很容易产生热变形，这样的产品必须冷却至室温才能出炉。

b　热压烧结曲线

热压烧结曲线如图 1-15-16 所示。在热压工艺中，坯体预压只有在较低的压力下进行，磨具坯体的密度比冷压低得多，这时粉末特性（如颗粒形状、粒度组成、表面状态等）对烧结影响不显著，坯体密度的提高不在于压坯内部自由烧结的毛细管力的作用，而在于接近烧结温度下的外力作用，使坯体发生塑性流动和扩散蠕变等复杂变化。

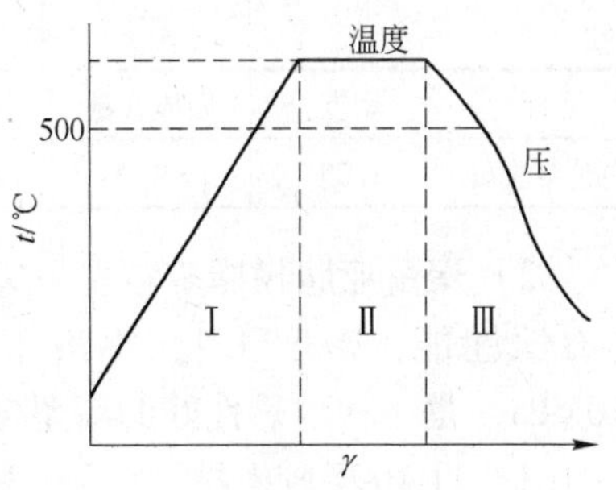

图 1-15-16　热压烧结曲线

Ⅰ—升温；Ⅱ—保温；Ⅲ—冷却

热压烧结温度通常比冷压低 10% 左右，保温时间也略为缩短。

青铜结合剂磨具的热压压制点温度一般在 500℃ 左右。在烧结温度下压制，液相量较多，容易被挤出；低于 500℃ 压制，塑性变形较困难，需加大成型压力。这两种情况对产品性能均有不利影响，所以必须掌握好施压时机。

15.4　树脂结合剂磨具

树脂结合剂金刚石磨具是以树脂粉为黏结材料，并加入填充材料，经热压、硬化及机加工等工艺制成的，具有一定形状的金刚石磨削加工工具。由于这种磨具具有弹性好、耐冲击、自锐性好、磨削效率高等优点，在机械加工行业得到推广应用。在目前生产的各类结合剂的金刚石磨具中，树脂结合剂磨具所占比重最大。国外，硬质合金工件的 80% ~ 90% 是用这种磨具加工的，它正在逐步取代碳化硅磨具。国内树脂金刚石磨具的品种和产量也逐年增加，质量不断提高，应用日益广泛。

15.4.1 原材料

15.4.1.1 磨料

制造树脂结合剂金刚石磨具的金刚石磨料主要有两类：

（1）RVD金刚石。这种金刚石表面粗糙，多呈不规则的针状或片状，其强度虽不高，但自锐性好。

（2）镀金属衣的金刚石。RVD金刚石表面镀钛，镍或铜或钛。

15.4.1.2 结合剂

目前使用的树脂结合剂主要有酚醛树脂、聚酰亚胺树脂和11-10黑胶木粉以及其他新开发的品种等。

（1）酚醛树脂。它是一种白色或淡黄色半透明固体粉末，在空气中易吸收水分而结块，密度1.25，能溶于酒精和丙酮。未加入乌洛托品前是热塑性树脂；加入乌洛托品后，加热到170～180℃就能成为热固性树脂，约236℃开始分解，300℃以上碳化。其抗弯强度可达85～105MPa，压缩强度70～121MPa，莫氏硬度124～128，线胀系数2.5×10^{-5}～6.0×10^{-5}。强酸、强碱对其有一定影响。用于金刚石磨具制造的酚醛树脂粉的技术条件见表1-15-12。

表1-15-12 酚醛树脂粉技术条件

色泽	密度	固体含量	游离酚	软化点	含水量	粒　度	抗拉强度
白色至淡黄	1.25	>97%	<5%	>90℃	<1%	<120目	13MPa

（2）聚酰亚胺树脂。常温下它是一种深黄色固体粉末，至310～340℃仍可保持良好的力学性能，密度1.4，不溶于有机溶剂，能耐强酸，对于强碱较敏感，抗拉强度110MPa，是一种耐热性好的新型树脂。

（3）11-10黑胶木粉。它是一种以酚醛树脂为黏结剂，加入木粉、矿物填料以及其他添加剂，经混合、辊压、粉碎等工艺过程制成的压塑粉。11-10胶木粉技术条件见表1-15-13。

表1-15-13 11-10胶木粉技术条件

色　泽	密　度	粒　度	计算收缩率	高压耐热	静弯曲强度
黑色、棕色	<1.45	80～180目	0.5～0.9	125℃	70MPa

（4）乌洛托品。学名六次甲基四胺，呈白色结晶粉末状或无色有光泽的晶体状，加热不熔而升华，同时有部分分解。其密度1.27，易吸潮而结块，溶于水和乙醇，水溶液呈碱性。在加热情况下分解为氨和甲醛，对皮肤有刺激作用。它是热塑性酚醛树脂的硬化剂。11-10乌洛托品技术条件见表1-15-14。

表1-15-14 11-10乌洛托品技术条件

色　泽	密　度	粒　度	纯　度	水　分	灰　分
白色结晶粉末	1.27	120目	>98%	<0.03%	<0.3%

（5）填充料。常用的有铜粉、铝粉等金属粉末和ZnO、Fe_2O_3、Cr_2O_3等金属氧化物及石墨、二硫化钼等固体润滑材料。各种填料可使磨具的硬度、强度得到提高，改善导热性

能。氧化物类填料除可改善磨具强度、硬度、导热性外，还使磨具获得一定的抛光性能，改善磨具的吸湿性等。固体润滑材料的加入改善磨具的磨削性能，特别在干磨时，作用尤为突出。各种填料对磨具性能的影响如图 1-15-17 ~ 图 1-15-20 所示。各种填料的技术条件见表 1-15-15。

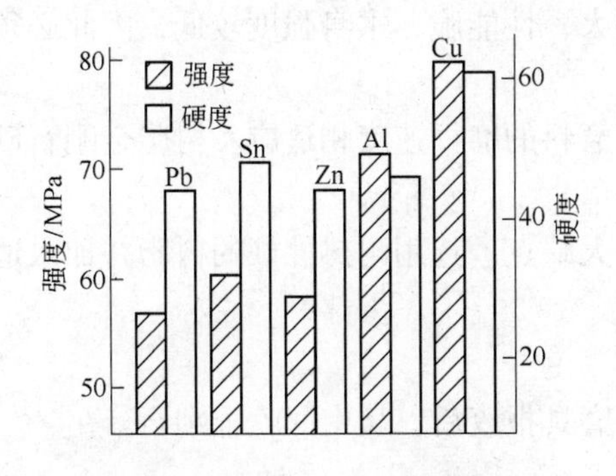

图 1-15-17　不同金属填料（均加 15%）与砂轮强度、硬度的关系

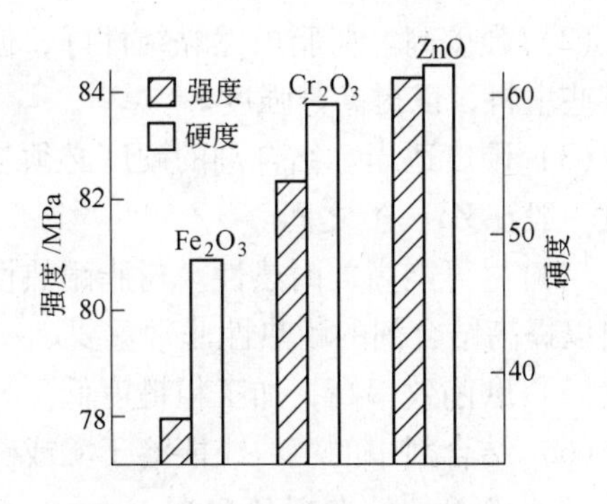

图 1-15-18　不同金属氧化物填料与砂轮强度、硬度的关系

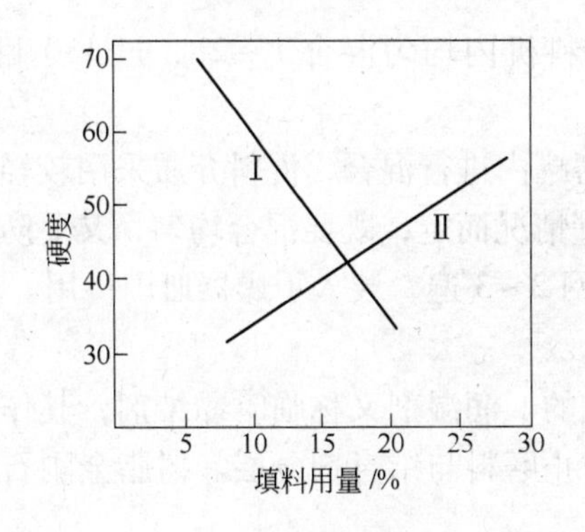

图 1-15-19　填料与砂轮硬度的关系
Ⅰ—石墨；Ⅱ—其他填料

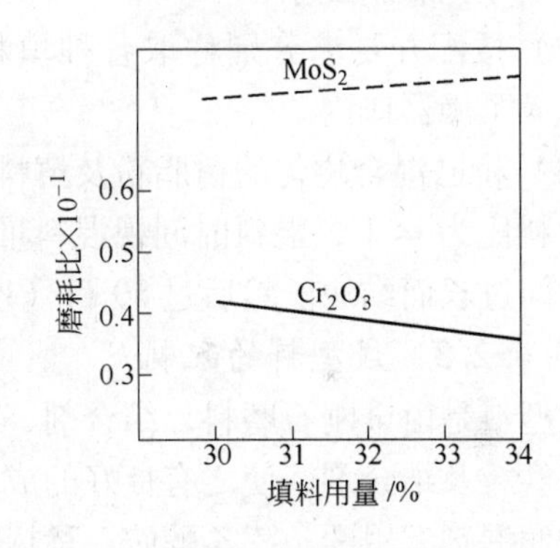

图 1-15-20　填料用量与砂轮磨耗比的关系

表 1-15-15　填料技术条件

填料名称	色　泽	化学式	纯度/%	密度/g·cm^{-3}	粒度/目
铜　粉	玫瑰红	Cu	99	8.92	<200
铝　粉	银白	Al	99.5	2.70	<200
氧化锌	白色	ZnO	工业纯	5.60	<200
石　墨	黑色	C	95	2.25	<200
氧化铁	土红	Fe_2O_3	99.5	5.18	<200
氧化铬	绿色	Cr_2O_3	98.5	5.21	200
二硫化钼	黑色	MoS_2	95	4.80	200

15.4.2　结合剂与成型料的配制

15.4.2.1　结合剂应具备的条件

（1）黏结性好。它应能均匀分布于磨料表面，将磨粒牢固地结合于磨具中。树脂具有较好的黏结性。

（2）强度高。树脂虽然黏结性好，但流动性大，性能脆，本身强度较低，因此必须加入某些填料，以提高其强度。

（3）硬度适当。结合剂的硬度必须与金刚石磨料的磨损速度相适应。树脂金刚石砂轮硬度一般在 ZY ~ Y 之间。

（4）尽可能高的耐热性。树脂耐热性差是一大缺点。选用耐热性好的树脂并加入适当填料以提高结合剂的耐热性非常重要。

（5）磨削效率高，加工粗糙度低。

（6）结合剂中的填料应能溶于酸或碱，以便磨具报废后，从中回收金刚石。

15.4.2.2　结合剂的配制

（1）将干燥的树脂放入球磨机内球磨，然后加入乌洛托品粉混合，过 120 目筛网 2 ~ 3 遍，装入干燥器皿内。

（2）按配方要求分别称取各种填料，装入混料机内均匀混合 1 ~ 2h，过 180 目筛 2 遍，装入干燥器皿内。

（3）将已混合均匀的树脂粉及填料装入瓷球磨罐内进行混合，混料介质采用较轻的瓷球，球料比为1∶1，混料时间视混料量多少及黏壁情况而定，既要混合均匀，又要防止因混合时间过长而结块。然后过 80 目（180μm）筛网 2 ~ 3 遍，装入干燥器皿内待用。

15.4.2.3　成型料的配制

成型料是由金刚石磨料、结合剂、润湿剂组成的。润湿剂又称临时黏结剂，其作用在于润湿磨粒及结合剂，使之有良好的成型性，及防止磨料与结合剂分层。树脂金刚石磨具常用的润湿剂有甲酚、三乙醇胺、稀树脂液等。

（1）成型料以甲酚、三乙醇胺为润湿剂的配混过程如图 1-15-21 所示。

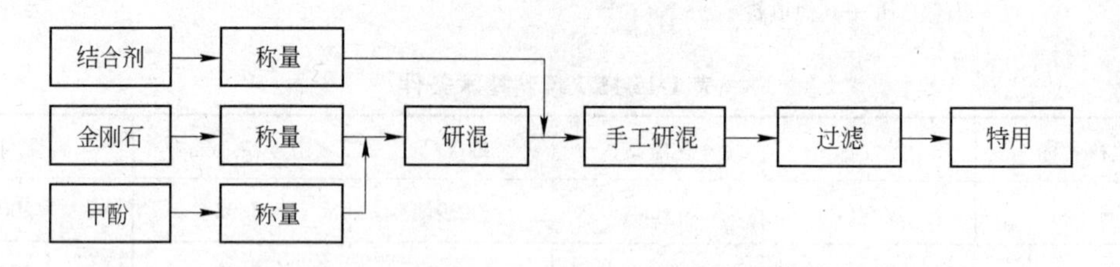

图 1-15-21　以甲酚、三乙醇胺为润湿剂的配混过程

这个配混过程，需事先用机混法将结合剂配制好，适合批量生产。

（2）成型料以稀树脂液为润湿剂的配混过程如图 1-15-22 所示。该工艺过程中填料和黏结剂未预先混合，适合单件生产。

15.4.3　热压成型

树脂金刚石磨具成型方法有热压法和冷压法两种，但冷压法很少使用。热压法是指在

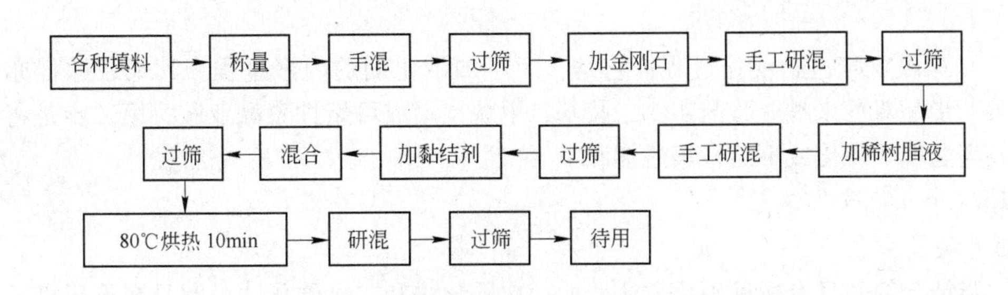

图 1-15-22 以稀树脂液为润湿剂的配混过程

压制过程中同时加热磨具，使结合剂快速熔化，并在保压时间内缩聚硬化或半硬化。

15.4.3.1 工艺步骤

(1) 基体的准备。铝基体在加工过程中带有油污和杂质，使用前必须用汽油或二甲苯将其清理干净，然后在基体与料接触的部位，涂上环氧树脂液或液体酚醛树脂，以保证基体与磨具的牢固结合。

(2) 模具装配。将模具与成型料接触部分涂上脱模剂，如二硫化钼、硬脂酸锌、肥皂液等能起润滑作用的物质，以免砂轮被模壁粘坏。然后和基体一起装在转动台上。

(3) 非金刚石层压制。在模具转动的情况下将非金刚石层料投入模具内，刮平捣实，放上压环进行冷压。

(4) 金刚石层热压。取出金刚石层压环，并清理干净，将非金刚石层与金刚石层接触面打毛，涂上一层环氧树脂黏结剂，重新装配金刚石层模具，然后投料、刮平，加压环和垫铁，置于热压机上热压。

(5) 卸模。热压完毕，将磨具从热压机取出急速冷却，将模套、芯棒、压环等卸除。

15.4.3.2 热压规程

(1) 热压压力。由于结合剂中的树脂黏结剂在温度作用下处于熔融态，流动性好，易于充满模腔各部位，因此热压压力不高，一般在 30 ~ 60MPa。

(2) 热压温度。酚醛树脂一般为 185℃ ±5℃；聚酰亚胺树脂为 235℃ ±5℃；新开发的产品一般都会有温度说明。温度过高，变硬速度太快，易造成成型困难、基体与结合剂黏结差，有时甚至使磨具产生裂纹。温度太低，压制时间延长，生产效率低。

(3) 热压时间。热压时间与磨具大小、形状、厚度、模具结构、加热方式等因素有关。

15.4.4 硬化

热塑性酚醛树脂与乌洛托品在加热情况下变成热固性酚醛树脂，使砂轮坯体具有一定强度和硬度的过程称为硬化。

15.4.4.1 硬化原理

(1) 酚醛树脂硬化过程：第一阶段是热塑性树脂与乌洛托品发生化学反应，生成含二亚甲基氨基桥的中间产物；第二阶段是这些产物继续与树脂分子反应，生成庞大的网状结构的热固性树脂，并分解出氨和胺。硬化过程中，乌洛托品不仅与热塑性酚醛树脂作用，而且与游离酚作用生成热固性树脂。此过程不要求任何催化剂，加热到一定温度即可进行。

（2）聚酰亚胺树脂硬化过程：它是一个不加硬化剂的内聚过程。其聚合过程亦分两步。第一步是双马来酰亚胺与4.4二胺基二甲烷预聚成可熔性聚酰亚胺；第二步是将预聚物在较高温度下环化成不熔性聚酰亚胺。

15.4.4.2 硬化工艺

A 硬化方法

树脂结合剂磨具有两种硬化方法，即一次硬化法和二次硬化法。磨具在热压机上加热硬化30~40min即成为成品称为一次硬化法。它适用于小的、薄的及异形砂轮。为得到硬化完全的产品，一些大规格的。厚度大的砂轮虽在热压机上进行初步硬化，但仍需要在电烘箱内进行二次补充硬化。

B 硬化规程

（1）最高硬化温度。酚醛树脂结合剂磨具的最高硬化温度在180~190℃范围为佳。低于170℃硬化不完全，化学稳定性差；高于200℃将伤害磨具的机械性能，使磨具强度、硬度及耐水性降低。聚酰亚胺树脂结合剂的硬化需要在高温下脱水，生成环化聚酰亚胺，以增加分子刚度，变为不熔塑料，故其硬化温度较高，可达230℃。温度太低，环化反应不易进行，制品硬度低。

（2）升温速度。升温速度与结合剂种类、在热压机上的硬化时间、磨具形状、粒度等因素有关。

热塑性酚醛树脂的聚合温度为100℃，而聚酰亚胺预聚温度更高，前者在100℃、后者在180℃前可自由升温。前者在140℃后与硬化剂有固化反应，后者在180℃后预聚合，故均应慢速升温。

在热压机上硬化时间较长的磨具，挥发物已基本排出，可以快速升温；反之，二次硬化应慢速升温。冷压磨具挥发物多，升温速度更应放慢。

磨具形状复杂、粒度细的应采用慢速升温；反之，则可快速升温。

（3）保温时间。保温时间与最高硬化温度有关。硬化温度高，时间可短；反之则长。酚醛树脂磨具在180℃保温2~3h即可，聚酰亚胺树脂磨具一般需在230℃保温4~5h。

为了得到硬化均一的产品，往往制定出升温曲线。酚醛树脂金刚石磨具升温曲线按表1-15-16绘制。聚酰亚胺树脂金刚石磨具升温曲线按表1-15-17绘制。

表1-15-16 酚醛树脂金刚石磨具二次硬化曲线表

温度/℃	<100	120	140	160	180	180（保温）
时间/h	1.0	2.0	3.0	4.0	5.0	5.0~7.0

表1-15-17 聚酰亚胺树脂金刚石磨具硬化曲线表

温度/℃	<200	200	200~250	215	215~230	230
时间/h	自由升温	保温1.0	自由升温	保温1.0	自由升温	保温4~5

15.5 陶瓷结合剂磨具

陶瓷结合剂由于化学稳定性好，弹性变形小，脆性大，硬度允变范围宽，因而在普通磨料磨具制造中广泛应用。但是，无论国内外，金刚石磨具使用陶瓷结合剂的还不多（但用陶瓷结合剂制造 CBN 砂轮的却比较多），其主要原因在于：（1）陶瓷结合剂脆性大，抗冲击、抗疲劳性能差；（2）适合制造金刚石磨具的低温烧成陶瓷结合剂的制造工艺过程要比树脂结合剂复杂得多；（3）从陶瓷结合剂磨具废品中回收金刚石很困难；（4）陶瓷结合剂金刚石磨具的磨削能力介于树脂和金属两种结合剂的磨具之间，因而很多情况下被这两种磨具替代。

近年来，人们正在努力开拓和发展陶瓷结合剂金刚石和 cBN 磨具。因为它不但能用于磨削超硬材料，还能加工金刚石烧结体、天然单晶、硬质陶瓷、金属等材料。在加工这类材料时，陶瓷结合剂磨具的使用寿命、磨削效率和锋利程度均优于树脂和金属结合剂磨具。

陶瓷结合剂金刚石磨具的制造过程也是由原材料准备、配混、烧成和机加工等工序所组成。

15.5.1 原材料

（1）磨料。陶瓷结合剂金刚石磨具含有两种磨料，即主磨料金刚石和辅助磨料碳化硅。

1）金刚石。陶瓷结合剂的机械强度及其对金刚石的黏结强度均优于树脂结合剂，故选用的金刚石性能应比树脂结合剂的好，可选用低品级的 MBD 金刚石。但过高的品级金刚石也没必要，因为陶瓷结合剂脆性大，耐磨能力有限，高质量金刚石尚未充分发挥磨削作用即可能脱落。故有时也可选用 RVD 类金刚石。

2）绿碳化硅。作为辅助磨料，要求它有一定的切削能力，而绿碳化硅是唯一对硬质合金类材料有切削能力的普通磨料。故金刚石层中总是选用绿碳化硅作为辅助磨料。在非金刚石层中，辅助磨料实际上只起骨架材料的作用，故可选用价格较低的磨料，如刚玉，只要满足烧成后的强度要求即可。但由于碳化硅的多种物理性能接近金刚石，且工作层中含碳化硅，故非工作层中使用绿碳化硅也是可以的。

（2）玻料。玻料对陶瓷结合剂的性能具有决定性影响，如烧成温度、膨胀性能、对金刚石的浸润性能、抗冲击性能等。

低温度烧成是金刚石磨具陶瓷结合剂的主要特性，含硼玻璃熔化温度低，适合于制造陶瓷金刚石磨具，如硼锌玻璃、硼钡锂玻璃等，组成玻璃体的原料主要是各自相应的纯氧化物，部分是含相应氧化物的矿物。

含硼原料主要是硼酸，其熔点极低，只有 148℃，易溶于水，加热脱水而成硼酐，它在硼玻璃中以 B_2O_3 的形式存在，它和氧化锌、硅石等形成硼硅酸盐玻璃。该系玻璃的结合剂对金刚石具有良好的润湿性能，有和金刚石非常接近的膨胀系数。在生产上工业纯的硼酸就可以选入原料。

含锌原料主要是氧化锌，氧化锌本身的熔点高达 1975℃，当它和硼硅形成玻璃时，就成为一种较好的助熔剂，在磨具烧成时起催熔作用。生产上选择工业纯的氧化锌为原料。

含氧化硅的原料主要是石英，自然界中最常见的是β-石英，作为原料的石英要求 SiO_2 含量大于 97%。

在结合剂中需含锂成分时，要加入含有氧化物的矿物，如锂云母、β-辉锂石等，此外加入1%亚锰酸锂的结合剂，可使烧成温度降低30～70℃。

（3）非玻料。非玻料主要起调节结合剂耐火度的作用。假如结合剂中只有玻璃体，虽然烧成温度可降低，但其熔融温度范围窄、黏度小、易流淌，加入非玻璃质（一般为黏土）后，由于黏土中的Al_2O_3的作用，使结合剂的软化温度范围变宽，易于控制。

黏土是一种土状矿物，具有许多重要特性，如可塑性、吸水性、收缩性和耐火性等。

（4）着色剂。着色剂是金刚石磨具中常用的一种原料。一般着色剂都加在金刚石层中，以使其有明显的标志。常用的着色剂有两种，红色的Fe_2O_3和绿色的Cr_2O_3。

（5）临时黏结剂。临时黏结剂只在磨具成型阶段起提高磨具半成品强度的作用，有利于半成品的工序。可作临时黏结剂的材料有糊精、水玻璃和液体树脂。

15.5.2 原料的加工处理

15.5.2.1 黏土和石英的加工处理

加工黏土和石英的目的都是为了获得粒度、水分合格的原料，一般要求原料粒度细于200目，水分含量低于1%。

黏土和石英在性能上尽管不同，但加工过程及所用设备相同。其加工过程都由干燥、粉碎、风选、收集等工序组成。

（1）干燥。自然干燥是最简单的干燥方法，但其缺点是周期长，较先进的干燥方法是使用回转干燥炉。物料在炉中翻动着前进，热气流逆向送入炉内，在热气流的作用下，物料中的水分得以蒸发。干燥温度一般控制在105℃左右。

（2）粉碎。在大规模生产条件下，黏土和石英的主要粉碎加工设备是摆辊式环——辊磨机（即雷蒙机），它适用于细磨中等硬度的物料。这种磨机有固定的底盘，及旋转运动的辊子。辊子在绕机器纵向几何中心线作旋转运动时，靠离心力的作用紧压在底盘的边环上，处于底盘边环和辊子之间的物料，由于受到研磨作用而被磨成细粉。

（3）风选和收集。雷蒙机自身带风选设备。磨机内已被磨细的物料被鼓风机吹起，随气流上升，在经过机内分级叶片时，大颗粒物料被挡出，离开气流下落到磨机内重新磨细。小颗粒物料继续随气流上升，进入旋风收集器中（见图1-15-23），旋风收集器能把气流中的绝大多数物料脱离出来落入底部，由出料口排出收集。气流从旋风收集器顶部排出，重新送回雷蒙机中。调整鼓风机的风量就能控制物料所需粒度。

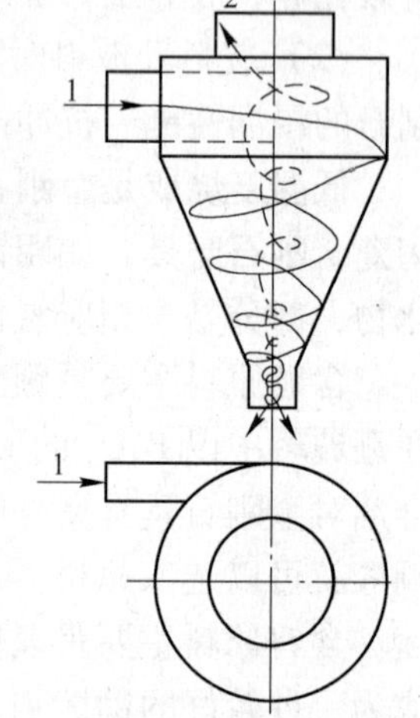

图1-15-23 旋风收集器
1—来自雷蒙机的气流；
2—返回雷蒙机的气流

15.5.2.2 玻料的加工

（1）玻料熔炼。将组成玻璃体的原料按比例配混均匀，然后在900～1150℃高温下熔融制成玻璃。

（2）玻璃体破碎。玻璃体破碎是在球磨机中进行。这是因为玻璃体性质硬而脆，用量不大的情况下，球磨效率较高。球磨后的玻璃粉粒度应为80μm。

15.5.2.3 金刚石表面的加工处理

在金刚石表面包涂一层硅酸盐物质，可使其与陶瓷结合剂获得牢固的结合。包涂物为硼硅酸盐熔融体，其成分由SiO_2、B_2O_3、

Li_2O、Na_2O、CaO（或 MgO、BeO）和 TiO_2（或 Al_2O_3、ZnO、Cr_2O_3）组成。熔融后的玻璃对金刚石的润湿角 θ 小于 90°。红外光谱研究表明，包涂层与金刚石界面形成 Si-O-C 和 B-O-C 双电子层结构。

包涂方法是将玻璃碎至 40 ~ 100μm，然后以一定比例与金刚石混合，加热至 600 ~ 900℃，保温 20 ~ 120min，冷却至室温即形成坚固的玻璃-金刚石结合体。再将其破碎成所需的金刚石团，即可用常规方法制成陶瓷结合剂磨具。

15.5.3 结合剂与成型剂的配制

15.5.3.1 结合剂应具备的条件

（1）强度。结合剂的强度通常用磨具的抗拉强度表示。磨具抗拉强度与结合剂本身强度及结合剂用量有密切关系。为保证磨具使用安全，结合剂的强度必须足够大。

（2）耐火度。结合剂的耐火度决定磨具的烧成温度。金刚石磨具需在低温下烧成，则结合剂的熔融温度应低于金刚石的氧化和石墨化温度。通常把结合剂的耐火度控制在 600 ~700℃。

（3）润湿性。磨料在磨具中的把持强度，与结合剂对磨料的润湿性能直接有关，润湿性好，把持强度高，反之则低。当润湿角 θ 小于 90°时，表明熔融体对固体有较好的润湿能力。而对同种结合剂来说，温度越高，其润湿性越好，即润湿角越小。由于金刚石耐高温性差，常在结合剂中加入由硼、锂、钡的氧化物组成的玻璃体，以获得较低温度下的较好润湿性。

（4）热膨胀性。对结合剂的热膨胀性能有两方面要求，一是要求结合剂与金刚石之间的热膨胀系数尽量接近，以使制造过程中热胀冷缩变化尽可能一致，从而保证金刚石与结合剂之间有牢固的黏结。从这个角度出发，结合剂的热胀系数略小于金刚石的热胀系数，有利于提高结合剂对金刚石的包镶力。二是要求金刚石层与非金刚石层之间的热膨胀性能尽量接近，否则，在其相互联结处易发生开裂。

15.5.3.2 结合剂与成型料的配制

结合剂的配制工艺步骤与树脂结合剂相似，也是由配料、球磨混料、过筛和质量检查等步骤组成，不再赘述。

A 磨具配方

表 1-15-18 为陶瓷结合剂金刚石磨具配方表的一种常见形式。配方表中各种成分是以质量分数的形式表示含量的。从表中可以看出，配方表中除包括各组分含量外，还列出了磨具部分结构参数和性能指标，如磨具粒度、硬度、成型密度等。同时，配方表还注明了该配方的适用范围，以供生产时选用。

表 1-15-18 陶瓷结合剂金刚石磨具配方表

浓度	粒度	硬度	金刚石	碳化硅	结合剂	糊精	Cr_2O_3	成型密度
100	80/100	Y	40	60	36	1.7	2.4	3.1

注：此配方适用于 11A2、6A2、12A2 砂轮。

B 成型料的配制要点

（1）均匀性。混合料的均匀性由球磨混料工艺保证，通常应控制好混合量、料球比和混合时间三个参数。金刚石的均匀性由手工操作来保证，可采用混合过筛的反复进行来实现。

(2) 干湿度。成型料的干湿度对成型的影响十分明显，物料湿度大，容易黏模，成型困难；物料湿度小，成型强度差，对后道工序带来困难。在采用定模成型时，干湿度还影响磨具的密度。

(3) 成型料保存。若混好的成型料不能直接成型使用完毕，应将其盛放在带盖的塑料盒中储存，以免物料中的水分蒸发而变干，影响磨具质量。

15.5.4 成型与干燥

15.5.4.1 成型

陶瓷结合剂金刚石磨具的成型为冷压成型法。与金属结合剂及树脂结合剂金刚石磨具冷压成型的差别仅在于，陶瓷磨具坯体强度较差。陶瓷结合剂本身几乎形成不了强度，只能靠糊精水溶液或水玻璃等临时黏结剂形成很有限的强度，因此，操作过程中必须十分小心，确保磨具坯体不受损害。

此外，由于陶瓷结合剂成型料中含一定水分（一般含水量在3% ~5%之间)，属半干成型。其单位成型压力应根据磨具硬度及干水量多少加以调整，一般在0.8 ~1.5MPa范围内。成型压制的预压阶段，采用定压成型，最后采用定模成型保证坯体密度和尺寸。

15.5.4.2 干燥

由于陶瓷结合剂属于半干成型，所以必须进行干燥，以排出磨具坯体中的水分，提高坯体强度，从而保证装炉和烧成过程的顺利进行。

目前常用的干燥方法有自然干燥法和加热干燥法两种。自然干燥法，坯体内不存在温度梯度，而只有水分梯度对干燥起作用，水分的排出不受热扩散力的影响，因此坯体在自然干燥条件下，不会出现裂纹废品，但其缺点是干燥过程周期长、速度慢。大规格、较厚的磨具可采用这种方法干燥。这种方法的一个显著特点是不消耗能源，节省资金。

加热干燥法又有对流传热干燥和红外辐射干燥两种方式。对流传热干燥是利用热气流和坯体接触将热量传给坯体，同时又将坯体蒸发出来的湿气带走。这种干燥方式需在专门设施中进行。对流传热干燥由温度梯度和水分梯度共同作用，两者必须配合适当，否则易出现干燥废品。坯体升温不能过快是这种干燥方法的关键，即必须使水分梯度的作用大于温度梯度的作用。红外辐射干燥是一门新的干燥技术。红外光的热效应比其他光线都强，而其中的远红外光的热效应又比近红外光强。用远红外光干燥物体，能使物体内外一起加热，从而使物体受热均匀，干燥效率高，质量好。

15.5.5 烧结

陶瓷结合剂金刚石磨具的烧结特点是在氧化性或中性气氛中、较低温度下烧成，所以烧结可在一般的电炉中进行，既不要求炉子密闭，也不要求保护气体。对炉子的唯一特殊要求是较好的保温性能，以延缓冷却过程。因为陶瓷是一种脆性材料，冷却速度太快会使坯体炸裂，产生烧成废品。

15.5.5.1 烧结曲线

陶瓷结合剂金刚石磨具的烧成曲线如图1-15-24所示。

在100℃以前是自由升温阶段。因为坯体经过干燥，自由水分排出，坯体不再有大的变化。从100℃后至烧成温度这个阶段，温升高，坯体内的理化变化大，如有机物的分解、结合水的排除、低熔点物的熔融、液相的流动等。故该阶段采用平均的升温速率。保温阶段是在烧成温度下保温，以使坯体内的变化更加充分，不同部位趋于一致。冷却阶段是磨具从烧成温度降至室温的过程，一般采取控制冷却或自由冷却。

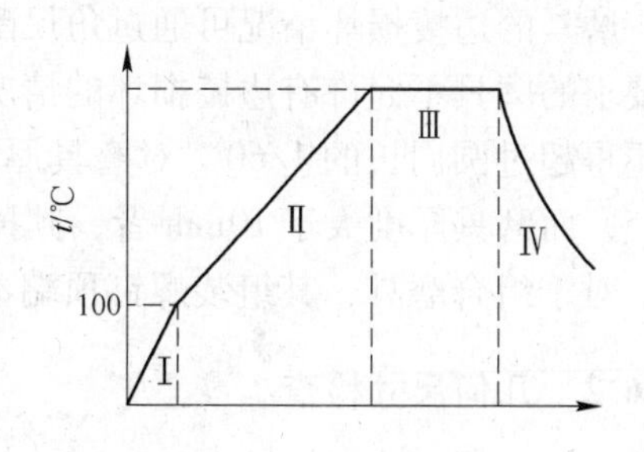

图1-15-24 陶瓷结合剂金刚石磨具烧结曲线
Ⅰ—自由升温；Ⅱ—平均升温；
Ⅲ—保温；Ⅳ—自由冷却

15.5.5.2 *磨具在烧结中的变化*

磨具从低温到高温的整个烧成过程中，要发生复杂的物理化学变化，在不同的温度阶段，有不同的变化内容。

在120～150℃温度区段，吸附水被排除。到了250～450℃温度区段，坯体内的原料结合水从缓慢排除到剧烈进行，且黏结剂开始分解，磨具强度略有降低。到500℃以后，一方面由于临时黏结剂继续分解，使坯体强度降低到最低点；另一方面低熔点成分开始熔融。当温度继续升高至烧成温度，熔融物数量不断增加，黏度有所降低，产生蠕变流动。在保温阶段，熔融物数量随时间延长而增多，黏度进一步降低，流动性提高，原先分散的各部分块状液相逐渐连结成面。至保温结束时，液相基本包围了磨粒，并联成一体，磨具硬度、强度和气孔达到最终烧成状态。

15.5.5.3 *冷却*

冷却的关键在于控制液相的结晶速度。在结晶温度之前，可采用快速冷却。达到结晶温度后，冷却速度则与结晶速度相适应。冷却过快，各部分结晶率不一致，坯体产生内应力，当应力大于坯体强度时即产生裂纹。即使不产生裂纹，内应力聚集也导致磨具强度下降，磨具高速回转时易发生破裂。冷却过慢，易造成晶粒生长过大，同样降低坯体强度。

陶瓷结合剂金刚石磨具由于采用装舟埋砂烧结，随炉自然冷却，冷却速度一般较理想，可以得到令人满意的产品。

15.6 质量检查

金刚石磨具质量检查的主要项目包括外观、几何尺寸、平衡性和磨削性能检查等。

15.6.1 外观检查

磨具外观检查是指用肉眼借助于放大镜来观察磨具表面是否有缺陷，其主要内容包括金刚石层的组织、色泽是否一致，金刚石层表面是否有斑点、气孔、发泡、夹杂、起层、裂纹、哑声和边棱损坏等现象。

用带刻度的20倍放大镜观察金刚石磨具的工作表面时，应该有金刚石尖刃露出，而且分布均匀，工作表面的每个凹坑面积不得超过1mm²，并不得有原始表皮、发泡、夹杂等。青铜结合剂金刚石磨具表面应呈均匀亮黄色，不许有暗红色氧化斑点或其他斑点。

金刚石磨具敲击时不能出现哑声。判断方法常采用听音的方法，即通过敲击磨具，若发出哑声则说明磨具内部或金刚石层与过渡层间、压制层与基体间的结合处可能有隐裂隙存在。

磨具的边棱损坏情况可通过角尺配合游标尺沿周边、高度和直径方向测量。形状有严格要求的磨具不允许有边棱损坏的情况；对形状要求不严的一般磨具的每处掉边的最大长度不得超过圆周长的1/60，对磨具厚度不大于10mm者，其掉边总长不得超过圆周长的1/15，而磨具厚度大于10mm者，其掉边总长不得超过圆周长的1/10。

对于组合磨具，其组装螺钉顶端不得高于基体表面。

15.6.2　几何尺寸检查

金刚石磨具的外径、厚度、孔径、金刚石层的厚度、宽度，各种异型磨具的角度、弧度以及金刚石磨具的形位公差均要进行检查。

金刚石磨具的外径、厚度、孔径、金刚石层的厚度、宽度均用精度为0.02mm的游标卡尺测量，孔径也有用塞规、内径量表或内径千分尺测量。磨具的外径和厚度尺寸属于非配合尺寸，尺寸精度一般取自由尺寸公差或按各生产厂家和加工图纸精度要求测量。

孔径的公差带配合精度一般按H_7标准孔，表面粗糙度取$Ra>1.25 \sim 2.50\mu m$，但当磨具孔径较小（如在20mm以下），厚度较薄时，配合精度相应高些，常选用H_9、H_{13}。

磨具角度检查多采用角度尺或样板，用角度尺能测出准确角度，但较麻烦；样板实际是一个用钢板制成的标准角度，用于检查磨具角度非常直观，但测不出角度的实际偏差，一般要求角度偏差在$\pm 2°$内。

形位尺寸误差检查主要包括不平度、不直度和圆跳动检查。对于一些平面状磨具如薄片砂轮、切割砂轮，必须检查其不平度，检测时是将磨具放置在平板上，然后用平尺和塞尺配合测量。

对于金刚石层很厚的磨具，一般需限制直线度。直线度误差可用百分表检测，即让百分表的针杆尖端垂直地顶在磨具外圆表面上并沿轴向移动，指针读数的最大变动量即表示磨具的不直度，一般应从不同的位置重复测几次，取最大差值作为模具的直线度。

磨具的圆跳动包括径向跳动和端面跳动。径向跳动反映磨具的不圆度或外圆与孔径的不同轴度情况；端面跳动反映了磨具的不平度或端面与孔径的不垂直度情况。圆跳动的测量是在偏摆仪上进行的。

15.6.3　动平衡检查

磨具在高速旋转时，若砂轮的重心偏移中心过大，就会产生较大的离心力，从而引起磨床的振动，使加工产品质量下降，磨具寿命降低。对一些较厚的磨具有时静平衡是合格的，但有可能出现动不平衡，因此，对于厚度较厚、直径较大以及组合式的金刚石磨具都必须进行动平衡检查。

磨具的动平衡检查一般是在专门的动平衡机上进行的。利用动平衡机测出磨具的不平衡部位和不平衡量之后，就可以用钻孔支重法或加重法进行校正，但钻孔最多不得超过三处。

参 考 文 献

[1] 张绍和. 金刚石与金刚石工具[M]. 长沙：中南大学出版社，2005，7.

（中南大学：张绍和，刘磊磊）

16　金刚石磨抛工具

16.1　概述

16.1.1　金刚石磨抛工具的用途和特点

金刚石磨抛工具主要用于研磨、抛光石材、玻璃、陶瓷、混凝土等非金属硬脆材料。金刚石磨抛工具的研磨抛光顺序是：从粗号到细号逐级换号进行研磨、抛光。金刚石粒度号数字越小，表明金刚石颗粒越大，反之亦然。一般从 50 目到 400 目算粗号，用于粗磨；从 800 目到 3000 目算细号，用于细磨和抛光。根据磨抛工具形状和使用方式的不同，可将磨抛工具分为 14 类，即金刚石手擦片、金刚石电镀磨片、金刚石干磨片、金刚石软磨片（湿磨片）、金刚石砂布、金刚石砂带、金刚石地板磨片、金刚石磨边轮、金刚石碗磨、金刚石布拉（磨块）、金刚石磨盘、金刚石磨针和磨头、金刚石抛光鼓轮、金刚石菜瓜布等。有代表性的生产厂家是：厦门致力金刚石科技股份有限公司。

金刚石磨抛工具是用金刚石作为磨料，再与各种不同结合剂和填料混配，经过一定的工艺方法成形，制成具有一定几何形状和不同用途的工具制品。

由于金刚石磨抛工具采用金刚石作为磨料，这就使得金刚石磨抛工具与使用碳化硅、刚玉等普通磨料的磨具相比，具有较大的优越性，它不但磨削效率高、加工精度好、磨具本身消耗慢、使用寿命长，而且在石材、玻璃、陶瓷、混凝土等难加工硬脆材料领域具有不可替代的地位，目前碳化硅、刚玉等普通磨料的磨抛工具只能用于磨削金属、塑料等一些较软的制品，部分市场将会逐渐被金刚石磨抛工具所取代。

16.1.2　金刚石磨抛工具的结构

金刚石磨抛工具的结构一般由磨削工作层、基体或连接件或连接层（毛布）等组成。

磨削工作层（金刚石层）：它由金刚石磨粒、结合剂和其他必要填料等固结而成，是起磨削作用的重要部分。金刚石磨抛工具磨削工作层的厚度：金刚石金属（树脂）地板磨片、金刚石磨边轮、金刚石布拉（磨块）厚度在 5.0 ~ 12.0mm 之间；其他金刚石磨抛工具工作层厚度在 1.5 ~ 5.0mm 之间。

基体或连接件或连接层：起承载工作层，并使磨抛工具利于与磨抛机械连接固定。根据结合剂种类的不同，金属结合剂磨抛工具可用钢、铝合金等材料作为基体。如金属结合剂地板磨片、金刚石电镀磨片和手擦片、金刚石碗磨、金刚石布拉和磨盘、金刚石磨针和磨头、金刚石抛光鼓轮等。树脂结合剂磨抛工具用铝合金、塑料、布（包括钩布、毛布，菜瓜布）等材料作为基体或连接件或连接层。例如，金刚石软磨片、金刚石干磨片、金刚石地板磨片、金刚石砂布和砂带、金刚石磨边轮、金刚石菜瓜布等。

16.1.3 金刚石磨抛工具的分类

金刚石磨抛工具通常按结合剂分类，亦可按用途或形状分类，分别叙述如下。

按结合剂分类：金属结合剂磨抛工具、树脂结合剂磨抛工具、电镀金属结合剂磨抛工具、纤维磨抛工具等。

按用途或形状分类：金刚石干磨片、金刚石软磨片（湿磨片）、金刚石手擦片、金刚石砂布、金刚石砂带、金刚石地板磨片、金刚石磨边轮、金刚石碗磨、金刚石布拉（磨块）、金刚石磨盘、金刚石磨针和磨头、金刚石莱瓜布等。

16.1.4 金刚石磨抛工具特征标记方法

按照 GB/T 64010—94 规定，金刚石磨具产品应有下列特征标志。

（1）特征标志书写顺序：形状、尺寸、磨料、粒度、结合剂、浓度。

（2）尺寸书写顺序：直径、总厚度、孔径、磨料层厚度、磨粒层深度。

（3）特征标记举例。

图 1-16-1 为金刚石软磨片的特征标记示例。

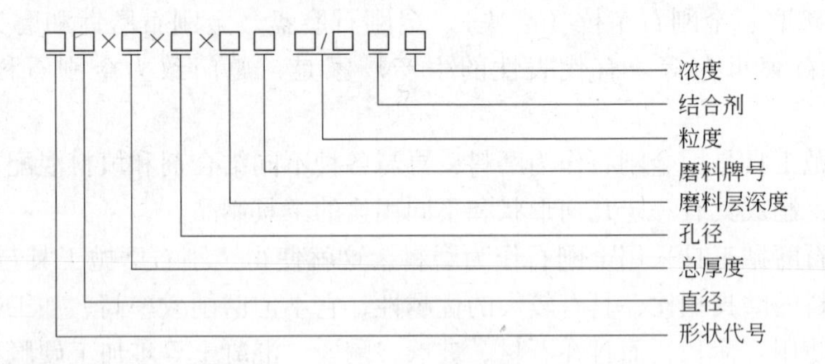

图 1-16-1 金刚石软磨片的特征标记

16.1.5 金刚石磨抛工具的粒度号

根据加工对象和工件表面粗糙度要求，从粗磨到细磨到抛光，选用各种不同粒度号的磨抛工具进行加工，同时在保证一定磨削效率的前提下，磨抛工具尽可能耐磨性好，使用寿命长。表 1-16-1 为不同磨削要求下一般使用的粒度号。

表 1-16-1 金刚石磨抛工具粒度号的选择参考

粒度号	磨削花岗石工件的光泽度				主要用途
	金属结合剂	树脂结合剂	电镀金属结合剂	纤维树脂结合剂	
6 ~ 16 号	0				超粗磨
16 ~ 30 号	0 ~ 1		0 ~ 1		粗 磨
50 ~ 80 号	1 ~ 5	1 ~ 5	1 ~ 5		粗 磨
80 ~ 120 号	5 ~ 10	5 ~ 10	5 ~ 10		粗 磨

续表 1-16-1

粒度号	磨削花岗石工件的光泽度				主要用途
	金属结合剂	树脂结合剂	电镀金属结合剂	纤维树脂结合剂	
120~170 号	10~15	10~15	10~15		粗磨，半精磨
200~300 号	20~30	20~30	20~30		半精磨，精磨
400~600 号	40~50	40~50	40~50	40~50	半精磨
800~1000 号		60~65		60~65	细磨，超精磨
1500~2000 号		70~75		70~75	研磨，抛光
3000~3500 号		80~85		80~85	抛光，镜面磨
Buff		90~100		90~100	镜面抛光

16.2 金刚石手擦片

16.2.1 金刚石手擦片的结构和特点

金刚石手擦片是由电镀或树脂磨削工作层与泡沫塑料块粘接而成。电镀磨削工作层是把金刚石排布在柔性基布上，采用电沉积的方式把金刚石固定住，制成柔软的磨削层，该磨削层可以弯曲贴在凹型的泡沫块上，用于磨削圆弧面工件；树脂磨削工作层由金刚石、树脂、填料等混合注模，再与柔软基布贴合制成。电镀或树脂手擦磨削层中的金刚石磨粒之间相对独立不连接，使得手擦片更柔软，容易弯曲，有助于磨曲面。手擦片上的泡沫块可以是软背底或硬背底的，该手擦抛磨花岗石或大理石等材料的平面或曲面时，使用方便，磨光效率高，石材表面不会染色。

16.2.2 金刚石手擦片的规格

16.2.2.1 电镀手擦片

规格：90mm×55mm（或其他规格）。

粒度：60 目（绿色），120 目（黑色），200 目（红色），400 目（黄色）。

16.2.2.2 树脂手擦片

规格：90mm×55mm（或其他规格）。

粒度：800 目（白色），1800 目（蓝色），3500 目（橙色），7000 目（棕色）。

上述各种粒度所标的颜色是指采用不同颜色的泡沫块与磨削层粘接，其目的是让用户容易辨认不同的粒度目。

16.2.3 金刚石手擦片的制造

16.2.3.1 电镀手擦片的制造

主要设备：整流器、电镀设备。

原材料：金刚石、基布、电镀液、黏合剂、泡沫块等。

制造工艺：在基布上按设计的几何图案遮盖不上砂的部分，排布好金刚石磨粒，然后把基布放入电镀液中进行电沉积，制成金刚石磨削层，最后通过黏合剂把磨削层和泡沫块粘接，制成金刚石手擦片。

16.2.3.2 树脂手擦片的制造

主要设备：烘箱、模具、夹具等。

原材料：金刚石、树脂、无机填料、黏合剂、基布、泡沫块等。

制造工艺：按配方比例称好金刚石、树脂、填料等材料，混合搅拌均匀。把混合料注入专用模具中，刮平，放入基布，用夹具夹好，自然固化或放入烘箱加热固化，脱模后制成磨削层，然后把磨削层与泡沫块进行粘接，制成树脂金刚石手擦片。

16.3 金刚石电镀磨片

16.3.1 金刚石电镀磨片的结构和特点

金刚石电镀磨片是由金刚石磨粒按照一定的几何形状进行排布，通过电镀的方式把金刚石磨粒固定在基体上制成磨片工作层，磨片工作层的背面使用毛布粘接制成柔软的电镀磨片。该磨片主要用于石材、玻璃、陶瓷、合金和其他材料的快速粗磨，可研磨工件的边角和曲面，磨削效率高，方便耐用。

16.3.2 金刚石电镀磨片的规格

规格：直径3"、4"、5"、6"、7"（英寸）。

粒度：30目、60目、120目、200目、400目。

16.3.3 金刚石电镀磨片的制造

主要设备：整流器、电镀设备。

原材料：金刚石、基布、电镀液、黏合剂、毛布等。

制造工艺：在基布上按设计的几何图案遮盖不上砂的部分，排布好金刚石磨粒，然后把基布放入电镀液中进行电沉积，制成金刚石磨削层，经过修整后的磨削层通过黏合剂与毛布进行粘接，制成金刚石电镀磨片。

16.4 金刚石干磨片

16.4.1 金刚石干磨片的结构和特点

金刚石干磨片是以树脂为结合剂制成的磨片，磨粒呈独立排布不连接，磨削工作层的另一面与毛布粘接，因此磨片很柔软。该磨片主要用于石材、玻璃、陶瓷等硬脆材料的磨削加工，研磨时直接进行干磨不加水，使用方便，不会引起石材等材料表面染色。

16.4.2 金刚石干磨片的规格

规格：直径3"、4"、5"。

粒度：50目、100目、200目、400目、800目、1500目、3000目、Buff。

16.4.3 金刚石干磨片的制造

主要设备：烘箱、模具、夹具等。

原材料：金刚石、树脂、无机填料、黏合剂、基布、毛布等。

制造工艺：按配方比例称好金刚石、树脂、填料等材料，混合搅拌均匀。把混合料注入专用模具中，刮平，放入基布，用夹具夹好，自然固化或放入烘箱加热固化，脱模后制成磨削层，然后把磨削层与毛布进行粘接，制成树脂金刚石干磨片。

16.5 金刚石软磨片（湿磨片）

16.5.1 金刚石软磨片的结构和特点

金刚石软磨片是以树脂为结合剂，加上金刚石和其他填料混合注模热压成形的磨片。磨片中磨粒按一定几何形状排布，各个磨粒之间都留有间隔，便于磨削时排屑，磨削工作层的另一面与毛布粘接，形成柔软的磨片。该磨片主要用于石材、玻璃、陶瓷等硬脆材料的研磨加工，适合研磨曲面或多边面形状工件的磨抛。磨片使用方便且锋利耐用，白抛（Buff）用于抛光浅色的石材，黑抛（Buff）用于抛光深色的石材。

16.5.2 金刚石软磨片的规格

规格：直径3"、4"、5"。

粒度：50目、100目、200目、400目、800目、1500目、3000目、Buff；另一种粒度系列为：60目、150目、300目、500目、1000目、2000目、3000目、Buff。

16.5.3 金刚石软磨片的制造

主要设备：平板硫化机、模具、冲床、磨边机等。

原材料：金刚石、树脂、无机填料、黏合剂、毛布等。

制造工艺：按配方比例称取金刚石、树脂、填料等材料，充分混合搅拌均匀，取一定量混合料注入模具中，放入毛布，合模，模具在平板硫化机上进行热压（温度160～180℃，时间12～20min）成形，冷却脱模，制成磨削层。然后把磨削层与毛布进行粘接，经过冲裁、修整、印刷等工序制成金刚石软磨片。

16.6 金刚石砂布

16.6.1 金刚石砂布的结构和特点

金刚石砂布分为电镀和树脂两种。电镀金刚石砂布是由金刚石磨粒排布在基布上，利用电镀的方式把金刚石磨粒固定住，制成柔软的砂布；树脂金刚石砂布是由金刚石磨粒、树脂、填料等混合注模，制成柔软的砂布。这两种砂布主要用于玻璃、石材、陶瓷、宝石等硬脆材料的磨抛加工，电镀金刚石砂布用于粗磨，树脂金刚石砂布用于细磨和抛光。金刚石砂布锋利度好，使用寿命长，而普通的碳化硅砂布或砂纸只能磨削金属、塑料等较软的材料，并且磨削效率和使用寿命比金刚石砂布差得多。

16.6.2 金刚石砂布的规格

电镀金刚石砂布：规格：120mm×180mm；粒度：60目、120目、200目、400目。

树脂金刚石砂布：规格：120mm × 180mm；粒度：800 目、1800 目、3500 目。

16.6.3　金刚石砂布的制造

16.6.3.1　电镀金刚石砂布的制造

主要设备：整流器、电镀设备。

原材料：金刚石、基布、电镀液等。

制造工艺：在基布上按设计的几何图案遮盖不上砂的部分，排布好金刚石磨粒，然后把基布放入电镀液中进行电沉积，制成金刚石磨削层，经过修整后制成金刚石砂布。

16.6.3.2　树脂金刚石砂布的制造

主要设备：烘箱、模具、夹具等。

原材料：金刚石、树脂、无机填料、黏合剂、基布等。

制造工艺：按配方比例称好金刚石、树脂、填料等材料，充分混合搅拌均匀。把混合料注入专用模具中，刮平，放入基布，用夹具夹好，自然固化或放入烘箱加热固化，脱模后经过修整制成树脂金刚石砂布。

16.7　金刚石砂带

16.7.1　金刚石砂带的结构和特点

金刚石砂带也是分为电镀和树脂两种。电镀金刚石砂带是由金刚石磨粒排布在基布上，利用电镀的方式把金刚石磨粒固定住，制成金刚石磨削层薄片，然后与抗拉强度好的尼龙等布基粘接，再把两端头连接，制成砂带。树脂金刚石砂带是由金刚石、树脂、填料等混合注模，用抗拉强度好的尼龙等布基压合，再把两端头连接，制成砂带。金刚石砂带特别适用于磨削各种玻璃、宝石、石材、陶瓷等硬脆材料，最好跟扩张轮或砂带机一起使用，根据不同规格的砂带机，可定制砂带的长度。电镀金刚石砂带用于粗磨，树脂金刚石砂带用于细磨和抛光。

16.7.2　金刚石砂带的规格

电镀金刚石砂带：规格：800mm × 50mm 或 1220mm × 50mm；粒度：60 目、120 目、200 目、400 目。

树脂金刚石砂带：规格：75mm × 50mm 或 100mm × 50mm；粒度：800 目、1800 目、3500 目。

16.7.3　金刚石砂带的制造

16.7.3.1　电镀金刚石砂带的制造

主要设备：整流器、电镀设备、平板热压机、烘箱。

原材料：金刚石、基布、电镀液、砂带基布、黏合剂等。

制造工艺：在基布上按设计的几何图案遮盖不上砂的部分，排布好金刚石磨粒，然后把基布放入电镀液中进行电沉积，制成金刚石磨削层。该磨削层与砂带基布通过黏合剂进行热压粘接，再把两端头连接起来制成金刚石砂带。

16.7.3.2 树脂金刚石砂带的制造

主要设备：烘箱、模具、夹具等。

原材料：金刚石、树脂、无机填料、黏合剂、砂带基布等。

制造工艺：按配方比例称好金刚石、树脂、填料等材料，混合搅拌均匀。把混合料注入专用模具中，刮平，放入砂带基布，用夹具夹好，自然固化或放入烘箱加热固化，脱模后把两端点进行连接，制成树脂金刚石砂带。

16.8 金刚石地板磨片

16.8.1 金刚石地板磨片的结构和特点

金刚石地板磨片分为金属结合剂地板磨片和树脂结合剂地板磨片。金属结合剂地板磨片是采用金刚石磨粒、金属或预合金粉混合冷压，然后高温热压烧结制成金刚石刀头，再把刀头焊接到具有连接螺栓孔的金属底盘上制成磨片。树脂结合剂地板磨片是由金刚石磨粒、树脂、填料等混合注模，然后在平板硫化机上热压、冷却脱模制成磨削工作层，磨削工作层另一面与毛布粘接制成磨片。金刚石地板磨片主要用于混凝土、花岗石、大理石、水磨石等地板或墙体的研磨抛光。金刚石金属地板磨片用于粗磨，金刚石树脂地板磨片用于细磨和抛光。该磨片磨削工作层比金刚石软磨片厚得多，而且磨削锋利度高，耐磨性好，使用寿命长。

16.8.2 金刚石地板磨片的规格

16.8.2.1 金刚石金属地板磨片

规格：直径3"、4"；

厚度：7.5mm；

粒度：6目、16目、30目、50目、100目、200目、400目。

16.8.2.2 金刚石树脂地板磨片

规格：直径2"、3"、4"；

厚度：4～18mm；

粒度：50目、100目、200目、400目、800目、1500目、3000目。

16.8.3 金刚石地板磨片的制造

16.8.3.1 金属金刚石地板磨片的制造

主要设备：高温烧结机、模具、高频焊机、开刃机、磨边机等。

原材料：金刚石、金属粉末、金属基体、焊片等。

制造工艺：按照一定的配方称取金刚石和各种金属粉末，混合均匀后注入模具中，放在高温烧结机上进行烧结（温度650～850℃，时间6～15min），制成磨削刀头，然后把刀头再整盘焊接到金属基体上，经过修整、开刃，制成金刚石地板磨片。

16.8.3.2 树脂金刚石地板磨片的制造

主要设备：平板硫化机、模具、冲床、磨边机等。

原材料：金刚石、树脂、无机填料、黏合剂、毛布等。

制造工艺：根据磨削对象（如磨花岗石或大理石、混凝土等）的不同，拟定合适的配方，然后按配方比例称取金刚石、树脂、无机填料等材料，充分混合搅拌均匀，取一定量混合料注入模具中，放入毛布，合模，模具在平板硫化机上进行热压（温度160～180℃，时间12～20min）成型，冷却脱模，制成磨削层。然后把磨削层与毛布进行粘接，经过冲裁、修整、印刷等工序制成金刚石地板磨片。

16.9 金刚石磨边轮

16.9.1 金刚石磨边轮的结构和特点

金刚石磨边轮的磨削工作层由树脂、金刚石磨粒、填料混合热压成形，然后该磨削层再与蜗牛背的连接件进行粘接制成。该金刚石磨边轮可安装在单头或多头自动磨边机上，用于磨削石材的直角或斜角。

16.9.2 金刚石磨边轮的规格

规格：直径4"、5"；

中孔：25mm，35mm，40mm；

厚度：3～11mm；

粒度：50目、100目、200目、400目、800目、1500目、3000目。

16.9.3 金刚石磨边轮的制造

主要设备：平板硫化机、模具、冲床、磨边机等。

原材料：金刚石、树脂、无机填料、黏合剂、蜗牛背接头等。

制造工艺：按配方比例称取金刚石、树脂、填料等材料，充分混合搅拌均匀，取一定量混合料注入模具中，放入毛布，合模，模具在平板硫化机上进行热压（温度160～180℃，时间12～20min）成型，冷却脱模，制成磨削层。然后把磨削层与蜗牛背接头进行粘接，经过冲裁、修整、印刷等工序制成金刚石软磨片。

16.10 金刚石碗磨

16.10.1 金刚石碗磨的结构和特点

金刚石碗磨属金属结合剂磨削工具，磨削层采用金刚石、金属粉末（或预合金粉）等混配冷压后，在高温热压烧结机上烧结成型，基体可采用钢制的，但更多的采用铝制，因重量轻、冷却快、磨削效率高。金刚石碗磨主要用于对石材表面、边、角进行快速粗磨（干磨或湿磨）。

16.10.2 金刚石碗磨的规格

类型：涡轮。中孔：M14，5/8-11；直径：4"；粒度：粗，中，细。

类型：涡轮。连接头：蜗牛背；直径：4"；粒度：粗，中，细。

类型：双排。中孔：M14，5/8-11；直径：4"，5"，6"，7"；粒度：粗，中，细。

类型：铝基。中孔：M14，5/8-11；直径：4"；粒度：粗，中，细。

16.10.3　金刚石碗磨的制造

主要设备：高温烧结机、模具、高频焊机、开刃机、磨边机等。

原材料：金刚石、金属粉末、金属基体、焊片等。

制造工艺：按照一定的配方称取金刚石和各种金属粉末，混合均匀后注入模具中，放在高温烧结机上进行烧结（温度650～850℃，时间6～15min），制成磨削刀头，然后把刀头再整盘焊接到金属基体上，经过修整、开刃，制成金刚石碗磨。

16.11　金刚石布拉（磨块）

16.11.1　金刚石布拉的结构和特点

金刚石布拉分为金属结合剂和树脂结合剂两种类型。金属结合剂金刚石布拉的生产是先热压烧结刀头或整块磨削层部分，再把刀头或整块磨削层焊接或装配到底盘基体上；树脂结合剂金刚石布拉的生产是把金刚石、树脂、填料等混合，装入专用布拉模具中一体成型。金属结合剂金刚石布拉用于粗磨，树脂结合剂金刚石布拉用于细磨和抛光。金刚石布拉安装于自动研磨机上，主要用于石材的研磨和抛光。金刚石布拉研磨工作层的面积和厚度较大，磨削锋利度好、效率高，使用寿命长。

16.11.2　金刚石布拉的规格

规格：140mm/170mm×15mm/20mm（长×高）；

粒度：金属结合剂：50目、100目、200目、400目；

树脂结合剂：800目、1500目、3000目。

16.11.3　金刚石布拉的制造

16.11.3.1　金属金刚石布拉的制造

主要设备：高温烧结机、模具、高频焊机、开刃机、磨边机等。

原材料：金刚石、金属粉末、金属基体、焊片等。

制造工艺：按照一定的配方称取金刚石和各种金属粉末，混合均匀后注入模具中，放在高温烧结机上进行烧结（温度650～850℃，时间6～15min），制成磨削层，然后把磨削层再整盘焊接到金属基体上，经过修整、开刃，制成金刚石布拉。

16.11.3.2　树脂金刚石布拉的制造

主要设备：平板硫化机、模具、冲床、磨边机等。

原材料：金刚石、树脂、无机填料、黏合剂、蜗牛背接头等。

制造工艺：按配方比例称取金刚石、树脂、填料等材料，充分混合搅拌均匀作为有砂料；再配无金刚石的树脂、填料为底料。取一定量的有砂料先注入专用布拉模具中，再取一定量的底料叠合在有砂料上铺平，合模后模具在平板硫化机上进行热压（温度160～180℃，时间12～20min）成型，冷却脱模，制成树脂金刚石布拉。

16.12　金刚石磨盘

16.12.1　金刚石磨盘的结构和特点

金刚石磨盘是由树脂结合剂金刚石磨粒、塑料圆盘、毛布组成。金刚石磨盘的生产方法是：先把金刚石、树脂、填料等混配好后，注入专用模具中热压成型出磨粒，再取一定数量的磨粒通过胶水黏合排布在塑料圆盘上，然后在圆盘的另一面粘贴毛布制成。金刚石磨盘主要用于石材、陶瓷、混凝土等的研磨加工，其特点是磨盘面积大，磨削时排屑好、效率高。

16.12.2　金刚石磨盘的规格

规格：直径 3"、6"、8"、10"、12"。

粒度：50 目、100 目、200 目、400 目、800 目、1500 目、3000 目、Buff。

16.12.3　金刚石磨盘的制造

主要设备：平板硫化机、模具、冲床、磨边机、烘箱、夹具等。

原材料：金刚石、树脂、无机填料、黏合剂、毛布等。

制造工艺：根据磨削对象（如磨花岗石或大理石、混凝土等）的不同，拟定合适的配方，然后按配方比例称取金刚石、树脂、无机填料等材料，充分混合搅拌均匀，取一定量混合物注入模具中，合模后模具在平板硫化机上进行热压（温度 160 ~ 180℃，时间 12 ~ 20min）成型，冷却脱模，制成磨削磨粒；也可以用液态树脂代替粉状树脂配制成金刚石混合料，取一定量混合料注入模具中，用夹具夹好，自然固化或放入烘箱加热固化，脱模后制成磨削磨粒。然后通过胶水把磨削磨粒黏合排布在塑料圆盘上，圆盘另一面再与毛布进行粘接，经过冲裁、修整、印刷等工序制成金刚石磨盘。

16.13　金刚石磨针和磨头

16.13.1　金刚石磨针和磨头的特点

金刚石磨针的直径很小，主要用来磨小的区域。其制作方法是把金刚石颗粒电镀到钢针头上，适用于石材雕刻、玻璃、陶瓷、金属的修整加工。

金刚石磨头分为电镀磨头、树脂磨头和烧结磨头。电镀磨头的制作方法是先电镀出平面金刚石砂布，再把该砂布粘贴到磨头基体的圆柱体上制成；烧结磨头由金刚石、金属粉末等混合注入一定形状的磨头模具中冷压、热压烧结一次成型；树脂磨头由金刚石、树脂、填料混合填入专用模具中一次热压成型。金刚石磨头用来磨抛小孔或槽等部位。电镀磨头和烧结磨头用于粗磨，树脂磨头用于细磨和抛光。

16.13.2　金刚石磨针和磨头的规格

金刚石磨针：规格：ϕ2.4mm、ϕ3.0mm、ϕ6.0（连接杆直径）；粒度：粗、中、细。

金刚石树脂磨头：规格：ϕ20；高度：25mm，27mm，32mm；粒度：60 目、150 目、

300目、500目、1000目、2000目、3000目。

金刚石烧结磨头：规格：ϕ15mm；高度：20mm；粒度：粗、中、细。

16.13.3　金刚石磨针和磨头的制造

16.13.3.1　金刚石磨针的制造

主要设备：整流器、电镀设备。

原材料：金刚石、磨针基体、电镀液等。

制造工艺：金刚石磨粒放入电镀液中，然后把磨针基体拟电镀部位插入金刚石磨粒中进行电沉积，制成表面固结有金刚石的磨针，经过修整后为产品。

16.13.3.2　金刚石树脂磨头的制造

主要设备：热压机、烘箱、模具、夹具等。

原材料：金刚石、树脂、无机填料、黏合剂、砂带基布等。

制造工艺：按配方比例称好金刚石、树脂、填料等材料，混合搅拌均匀。把混合料注入专用模具中填充好，放入热压机上热压成型或放入烘箱加热固化成型，制成各种形状的金刚石磨头。

16.13.3.3　金刚石烧结磨头的制造

主要设备：高温烧结机、模具、开刃机、磨边机等。

原材料：金刚石、金属粉末、金属基体等。

制造工艺：按照一定的配方称取金刚石和各种金属粉末，混合均匀后，把金属基体放入专用模具中，再放入混合粉末，然后在高温烧结机上进行烧结（温度650～850℃，时间6～15min），所制成的磨头经过修整、开刃后为成品。

16.14　金刚石抛光鼓轮

16.14.1　金刚石抛光鼓轮的结构和特点

抛光鼓轮（也称零公差轮）分为金属结合剂和树脂结合剂两种。金属结合剂抛光鼓轮又有烧结和电镀两种。采用烧结方式生产时，可以先烧结刀头，再把刀头焊接到标准连接头的基体上；也可以把磨削层与基体一次烧结成型；采用电镀方式生产时，可先电镀出金刚石砂布，再把金刚石砂布粘贴到圆柱体连接头的基体上制成；树脂结合剂抛光鼓轮的生产是：先加工好具有标准螺牙的基体，然后把基体放入专用模具中，把含有金刚石、树脂和填料的混合料注入模具，固化后一体成型为树脂抛光鼓轮；也可以采用先制作树脂金刚石砂布，再把该砂布粘贴到鼓轮基体上制成树脂抛光鼓轮。

抛光鼓轮主要用于花岗岩或硬石材的磨削加工。金属结合剂抛光鼓轮用于快速粗磨，为后面的抛光做准备，树脂抛光鼓轮用于细磨和抛光，也可单独用树脂抛光鼓轮进行研磨和抛光。

16.14.2　金刚石抛光鼓轮的规格

零公差轮：直径2"；连接头：5/8-11，M14；粒度：30目、60目。

零公差轮（树脂填埋）：直径2"，3"，4"；连接头：5/8-11，M14；粒度：粗/中/细。

零公差轮：直径；2"，3"，4"；连接头：5/8-11，M14；粒度：粗/中/细。

零公差轮（电镀）：直径2"、3"；连接头：5/8-11，M14；粒度：60目、120目、200目、400目。

抛光鼓轮（树脂）：直径2"、3"；连接头：5/8-11，M14；粒度：50目、100目、200目、400目、800目、1500目、3000目。

16.14.3 金刚石抛光鼓轮的制造

16.14.3.1 金刚石烧结抛光鼓轮的制造

主要设备：高温烧结机、模具、高频焊机、开刃机、磨边机等。

原材料：金刚石、金属粉末、金属鼓轮基体、焊片等。

制造工艺：按照一定的配方称取金刚石和各种金属粉末，混合均匀后注入模具中，放在高温烧结机上进行烧结（温度650～850℃，时间6～15min），制成磨削刀头，然后把刀头再整盘焊接到金属鼓轮基体上，经过修整、开刃，制成金刚石抛光鼓轮；也可以把鼓轮基体放入专用模具中，填入金刚石和金属粉末混合料，放在高温烧结机上进行烧结（温度650～850℃，时间6～15min）一体成形为抛光鼓轮。

16.14.3.2 金刚石电镀抛光鼓轮的制造

主要设备：整流器、电镀设备。

原材料：金刚石、基布、电镀液、抛光鼓轮连接头、黏合剂等。

制造工艺：在基布上按设计的几何图案遮盖不上砂的部分，排布好金刚石磨粒，然后把基布放入电镀液中进行电沉积，制成金刚石磨削层，经过修整后制成金刚石砂布，然后把金刚石砂布粘贴到抛光鼓轮连接头表面，制成电镀金刚石抛光鼓轮。

16.14.3.3 金刚石树脂抛光鼓轮的制造

主要设备：烘箱、模具、夹具等。

原材料：金刚石、树脂、无机填料、黏合剂、抛光鼓轮连接头等。

制造工艺：按配方比例称好金刚石、树脂、填料等材料，混合搅拌均匀。把抛光鼓轮连接头放入专用模具中，然后把混合料注入填充好，放入烘箱加热固化一体成型树脂抛光鼓轮；也可以先把金刚石、树脂、填料混合物注入模具、刮平，放入基布，经夹具夹紧后放入烘箱中加热固化制成金刚石树脂砂带，再把该砂带粘贴到抛光鼓轮连接头表面制成树脂金刚石抛光鼓轮。

16.15 金刚石菜瓜布

16.15.1 金刚石菜瓜布的结构和特点

金刚石菜瓜布的生产方法是：把金刚石、树脂、填料、稀释剂等混合搅拌成浆料，然后把浆料均匀喷涂在菜瓜布的其中一面上，经烘干固化成型，可制成不同粒度号的金刚石菜瓜布。菜瓜布的另一面为毛布，可直接粘接抛光机上的尼龙搭扣，不必再另外粘贴毛布。金刚石菜瓜布适用于石材、混凝土地板的研磨和抛光，菜瓜布研磨工作层柔软，使用方便，抛光效率高，而且节省抛光材料，是石材、混凝土抛光的理想工具。

16.15.2　金刚石菜瓜布的规格

规格：直径3"、4"、6"、7"、8"、10"、12"、14"。

厚度：25mm。

粒度：400目、800目、1500目、3000目。

16.15.3　金刚石菜瓜布的制造

主要设备：喷枪、喷涂水洗台、烘箱、冲床、热压机等。

原材料：金刚石、液体树脂、填料、菜瓜布基体等。

制造工艺：先把菜瓜布基体材料在热压机上适当压扁（温度150～170℃，时间0.5～1min，压扁幅度为原厚度的60%～80%），然后冲裁成所需要的规格尺寸，配制所需粒度号的金刚石、液体树脂、填料等的混合喷涂液，把喷涂液倒入喷枪杯中，在水洗台进行喷涂操作，在菜瓜布基体材料的一面均匀喷涂上述金刚石混合液，涂层厚度要适当大些，以延长菜瓜布的使用寿命，喷涂好的菜瓜布放入烘箱中加热固化，取出进行修整后即为成品（由于菜瓜布是无纺布结构，菜瓜布未喷涂的另一面可以跟磨机上的钩布连接贴合，故不需再粘贴毛布）。

（厦门致力金刚石科技股份有限公司：吕永安）

17　金刚石珩磨工具

17.1　珩磨的特点与应用

17.1.1　珩磨的概念

将一组珩磨油石装配在珩磨杆上，在珩磨油石与工件表面间施加一定压力，珩磨杆进行旋转运动和往复运动来完成切削，其工作原理如图 1-17-1 所示。

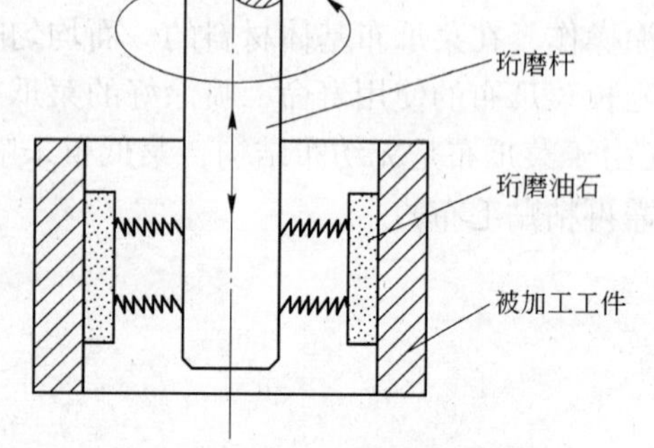

图 1-17-1　内孔珩磨原理示意图

17.1.2　珩磨应用范围

珩磨技术广泛应用于汽车、摩托车、拖拉机、航空航天、火炮导弹、模具、坦克、舰船、工业缝纫机、空调制造、雷达、广播电视设备、轴承、工程机械、管乐器等制造领域。

17.1.3　珩磨机的分类

（1）根据主轴的运动方向和加工形式分类如下：

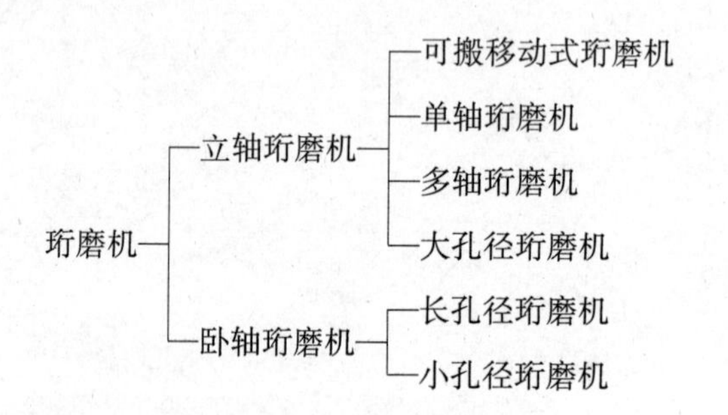

（2）根据被加工工件的加工形状分类如下：

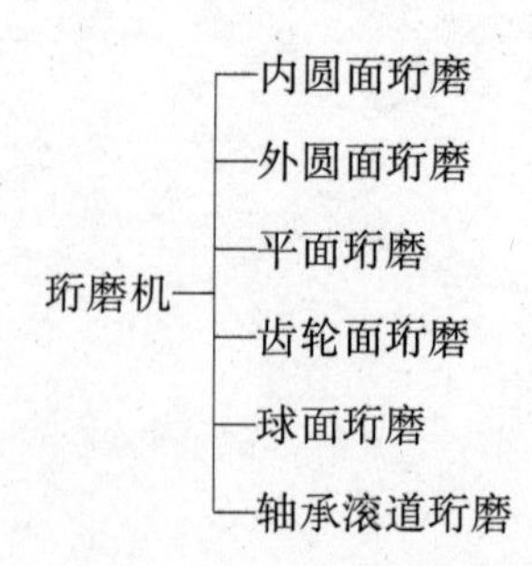

17.1.4 珩磨加工特点

（1）效率高：珩磨油石与加工工件是面接触，由于巴斯辛哥效应的作用使被加工工件的表面的凸起点易被切除，因此可获得很高的效率。

（2）工件表面质量好：由于众多磨粒同时起切削作用，每个磨粒就以非常低的接触压力切削被加工工件表面，因此该方法比其他磨削方式可获得更高的表面粗糙度等级；一般来说，珩磨加工速度是磨削的1/50左右，大量使用冷却液磨削的温度低，可避免磨削过程的烧伤现象，加工变质层少，可以确保工件表面的加工质量。

（3）加工精度高：珩磨技术不仅可以获得较高的尺寸精度，而且还能修正孔在珩磨加工中出现的轻微形状误差，如圆度、圆柱度和表面波纹。

珩磨技术可达到如下的技术指标：(1)珩磨内孔尺寸：ϕ1～1200mm；(2)珩磨内孔深度：1～20000mm；(3)尺寸精度：0.002～0.01mm；(4)表面粗糙度：*Ra* 0.025～1.6μm。

17.1.5 内圆珩磨加工孔的形式

内圆珩磨加工孔的形式如图1-17-2所示。

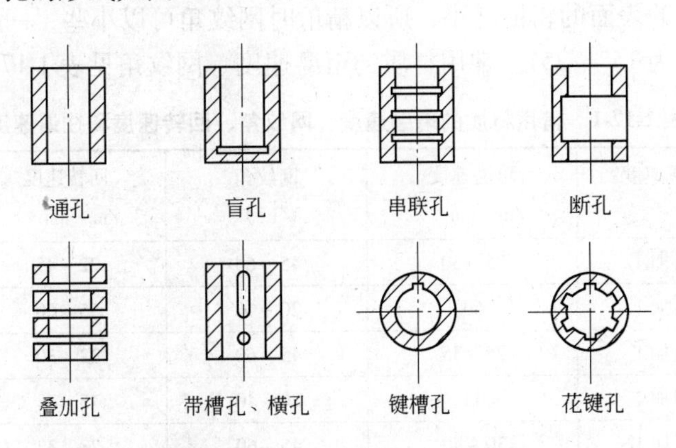

图1-17-2 内圆珩磨加工孔的形式

17.1.6 珩磨工艺参数

17.1.6.1 珩磨速度

珩磨速度是指主轴回转速度（v_r）、往复速度（v_a）和径向进给速度（v_f）的合成速度（v）：

$$v = \sqrt{v_a^2 + v_r^2 + v_f^2} \tag{1-17-1}$$

一般 v_f 值比 v_a、v_r 两数值小一个数量级以上，可忽略不计，合成速度可表示为：

$$v = \sqrt{v_a^2 + v_r^2} \tag{1-17-2}$$

一般的规则是，如果是为了改善加工精度与表面粗糙度，则应提高回转速度，如果为了追求加工效率，则应提高往复速度。

17.1.6.2 珩磨交叉网纹角

以内圆珩磨加工为例子说明珩磨油石的运动过程及产生特有的交叉网纹，珩磨油石为长条状，单根或数根安装在珩磨杆上，珩磨杆在机床主轴的带动下进行旋转运动和沿着工件全长做直线往复运动，在工件的内表面形成特有的均匀交叉网纹，该网纹间的交叉角计算如下（图1-17-3）：

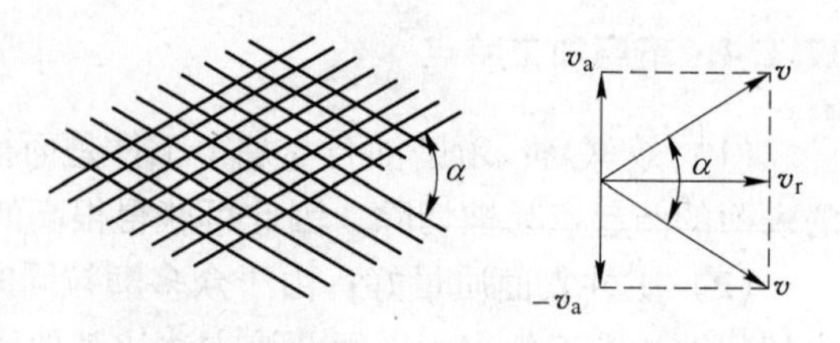

图1-17-3 珩磨网纹交叉角

$$\alpha = 2\tan^{-1}\left(\frac{v_a}{v_r}\right) \tag{1-17-3}$$

珩磨的网纹角对珩磨的加工效率、珩磨油石的磨损和加工工件的表面粗糙度都有很大的影响，一般来说，如果网纹角较大，即主轴回转速度一定，往复速度增大，使作用于磨粒上切削力的方向变化迅速，珩磨油石磨粒脱落较快，自锐性较好，切削效率增大，而加工工件的表面粗糙度变大，所以粗珩时该角度可以大一些，一般为40°~60°；如果网纹角较小，即主轴回转速度一定，减少珩磨杆的往复速度，珩磨油石的自锐性变差，切削效率降低，被加工工件的表面的粗糙度小，所以精珩时网纹角可以小些，一般为20°~40°；镜面珩磨加工网纹角为15°~25°。常用材质的珩磨速度、网纹角见表1-17-1所列。

表1-17-1 常用材质的珩磨速度、网纹角、回转速度和往返速度

材质 \ 构成速度		珩磨速度 /m·min⁻¹	网纹角 /(°)	回转速度 /m·min⁻¹	往复速度 /m·min⁻¹
普通铸铁	粗加工	25~50	45~60	22~45	10~24
	精加工	60	20~40	55~60	10~24
普通钢	粗加工	25~35	45~60	22~30	10~18
	精加工	45	20~40	45~48	8~15
合金钢	粗加工	30~40	45~60	28~37	12~20
	精加工	50	30	48	13
淬火钢	粗加工	20~25	45~60	18~23	8~13
	精加工	35	30	34	9
铝、青铜	粗加工	30~60	45~60	26~55	12~24
	精加工	70	20~40	65~70	12~24
硬质铬合金	精加工	20~25	30	20~25	5~7
塑料	粗加工	30~60	45	28~55	12~23
	精加工	70	30	68	18

17.1.6.3 珩磨油石的工作压力

珩磨油石的工作压力使磨料颗粒切入工件表面而发生磨削作用，选择工作压力要综合考虑被加工工件规格、工件的表面粗糙度、加工余量、珩磨杆等因素。

临界工作压力：随着工作压力的增加到一定程度时，珩磨油石出现急剧磨损情况，该

压力值称为临界压力，在临界工作压力附近，磨粒的自锐性较好。

选择工作压力的原则：粗珩时加工工件的余量较大时，工作压力应接近临界压力，以提高加工效率；精珩时应选择较低工作压力，以期获得较低表面粗糙度和较低表面加工应力等。综合加工效率和经济方面一般选择高的珩磨速度和低的工作压力。

日本富士珩磨机推荐的工作压力，一般条件为$(10\sim200)\times10^4$Pa，使用超硬材料珩磨油石的工作压力为$(200\sim800)\times10^4$Pa。

17.1.6.4　珩磨油石越程

珩磨杆在往复运动中，珩磨油石在加工工件孔的两端超出一定距离，即为珩磨油石的越程。越程距离的长短会影响加工工件孔的圆柱度，若越程过长则在工件孔端多珩，易形成喇叭口，若越程过短，在工件孔的中部重叠珩磨时间过长，易出现彭形，若两端越程不等，则易产生锥度。

17.1.6.5　珩磨余量

因为珩磨是一种精加工方式，珩磨余量一般较小，决定珩磨余量时，应考虑珩磨的产生方式——单件生产或者批量生产，被加工工件的孔径、材质、硬度、热处理及前道工序的情况。

完全修正珩磨前加工的误差的最小珩磨余量，其计算公式如下：

$$S = 2F + R + C + A \tag{1-17-4}$$

式中　S——最小珩磨余量，μm；

F——表面粗糙度的最大值，μm；

R——各截面的最大圆度误差，μm；

C——圆柱度的误差，μm；

A——加工孔中心线的直线度误差，μm。

17.1.7　平顶珩磨

平顶珩磨是珩磨技术的新发展，平顶珩磨分为粗珩阶段和精珩阶段（或更多珩次），粗珩使用超硬材料珩磨油石在工件表面上加工出粗糙的、划痕很深的轮廓，沟槽深达8～10μm，精珩使用磨粒粒度较细的珩磨油石，把这些划痕的尖峰变成平顶凸峰，此时的沟槽深度为4～6μm，平顶珩磨后工件表面的微观轮廓曲线为宽度不等的平顶与深沟。

我国已于1989年制定《内燃机气缸套平台珩磨网纹技术规范及检测方法》(ZBJ92011—1989)。其要点如下：

（1）网纹角度：在气缸套中心线方向的夹角为110°～140°。

（2）表面粗糙度 *Ra* 列表1-17-2中。

表1-17-2　表面粗糙度 *Ra*　(μm)

气缸套直径/mm	>60～95	>95～115	>115～135	>135～160	>160～200	>200～240
5点 *Ra* 的平均值	0.5～1.10	0.5～1.05	0.55～1.01	0.6～1.20	0.65～1.20	0.7～1.40
5点 *Ra* 的范围	0.4～1.30	0.4～1.35	0.44～1.10	0.48～1.48	0.52～1.60	0.56～1.70

（3）轮廓偏斜度 $S_k = -0.8 \sim -3.0$。

（4）在4mm长度内，珩磨网纹的沟槽深度大于或等于4μm的沟槽至少有五个，平顶珩磨表面上的沟槽大小，一般要求高度为40～70μm，深度为4～6μm。

（5）轮廓支承长度率t^p计算公式为：

$$t^p = \frac{\Sigma a}{A} = 50\% \sim 80\% \tag{1-17-5}$$

t^p值可由专门仪器测定，或者通过微观轮廓曲线计算，见图1-17-4。

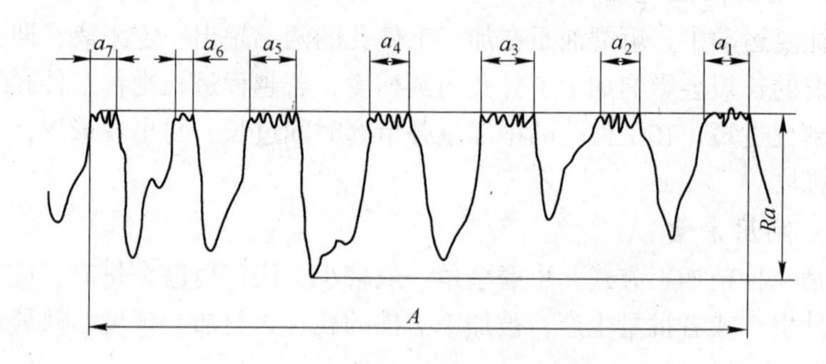

图1-17-4 平顶面积比率

（6）在两个方向的珩磨网纹对称，粗细均匀、清晰、无尖角、毛刺和金属折叠，无局部亮斑，无夹杂物。

平顶珩磨主要用于具有相对运动磨损幅的内孔珩磨，如内燃机缸套。由于经平顶珩磨后工件表面的微观轮部曲线为宽度不等的平顶与深沟，平顶表面以支承载荷，其承载面积比普通珩磨的工件表面增大4倍左右，特有的深沟又可储存润滑油，这样，便可大大减少气缸套工作表面的磨损，缩短跑和时间，提高汽缸套寿命，减少燃油消耗。

17.2 珩磨技术的最新进展

17.2.1 铰珩

在珩磨机上利用原有的工装与珩磨运动，实现以铰代珩，与珩磨最主要区别是铰珩只需要一次或数次往复行程便可完成加工，其特点为：

（1）铰珩刀可使用金属结合剂、超硬材料珩磨油石，也可以使用电镀超硬材料铰刀，切削锋利。

（2）铰珩量一般较小，每次铰珩量均为0.02mm，每个工件可分数次加工，这样可减少发热，使工件加工质量得以保证。

（3）应用：在空调压缩机、汽车摩托车连杆的加工中已得到大量应用。

17.2.2 激光珩磨

激光珩磨是将珩磨技术与激光技术结合在一起的新技术，激光珩磨由三道工序组成：粗珩、激光造型（打坑）、精珩。在工件表面用激光打出数以万计，按一定规律分布的微坑，这些微坑连在一起形成螺旋状沟槽，实现表面微孔结构造型。

激光珩磨技术应用于内燃机气缸的制造，是现代汽车、摩托车、拖拉机、舰船等发动机的关键制造技术。

17.2.3　复合电解珩磨

复合电解珩磨是将电解与珩磨相结合的复合加工方法。被加工工件（阳极）表面的金属在电流和电解液的作用下发生电解作用，被氧化成极薄的氧化物或氢氧化物薄膜，这层薄膜被作为阴极的导电珩磨油石中的磨粒刮除，在阳极工件表面又露出新的金属表面并继续氧化，并被珩磨油石刮除，周而复始，工件被不停连续加工直至达到规定的尺寸精度和表面粗糙度。

17.2.4　超声珩磨

超声珩磨是超声波技术与珩磨技术相结合的加工方法，利用超声珩磨装置将超声波能量传输到珩磨加工区以实现珩磨，此方法具有切削力小，珩磨温度低，油石不易堵塞，加工效率高，加工质量好，应用于铸铁淬火缸套、镀铬层和陶瓷层的钢质薄壁缸套的加工。

17.3　珩磨油石制造工艺

珩磨领域所用的珩磨油石主要是金属结合剂超硬材料（金刚石/立方氮化硼）珩磨油石和陶瓷结合剂刚玉或碳化硅油石，前者所用比例更高，且有逐渐替代后者的趋势。

17.3.1　总述

17.3.1.1　金属结合剂超硬材料珩磨油石的特点

（1）与普通刚玉、碳化硅油石相比，超硬材料珩磨油石具有寿命长，磨损小的特点，这样大大减少装卡时间，提高生产效率。

（2）超硬材料珩磨油石的形状保持力好，工件形位公差小，表面质量好。

（3）合理选择超硬材料品种型号、粒度、浓度、结合剂及制造工艺以提高珩磨油石的自锐性。

17.3.1.2　金属结合剂超硬材料珩磨油石的规格形状

珩磨油石的规格形状随着珩磨机、加工工件，珩磨杆及珩磨工艺不同而变化，一般分为整体式和连接式两种结构，如图1-17-5所示。整体式结构是指整个油石由超硬磨料加上金属粉末烧结而成，经加工后直接使用；连接式结构是指珩磨油石用胶粘或焊接方式与油石基座相连，油石基座选用合适的钢材机械加工而成。

（1）珩磨油石的长度：珩磨油石的长度取决于工件的孔长，其长度参数选择可参考表1-17-3。

（2）珩磨油石的宽度及流水槽。珩磨油石的宽度越窄，越能提高油石本身的自锐性，珩磨油石越宽，越易提高工件的加工精度，应兼顾加工效率和加工精度来选择适宜的宽度，珩磨油石宽度一般为2～8mm。如果珩磨油石宽度过大时（$W>6$mm），应在油石中间加流水槽。

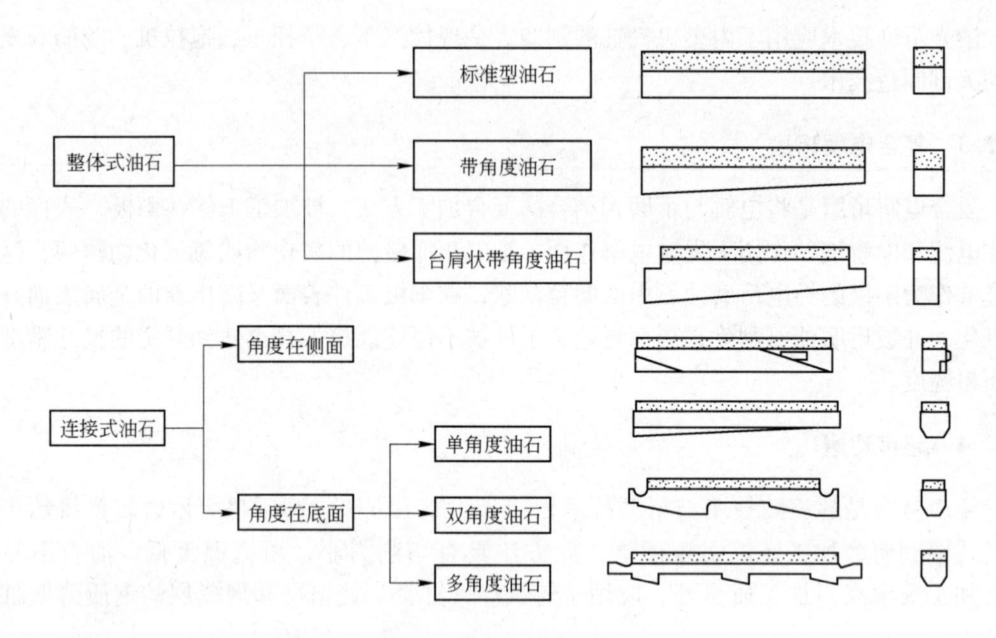

图 1-17-5 珩磨油石的形状

表 1-17-3 珩磨油石长度的选择

加工孔的种类	长径比	珩磨油石的适当长度
普通通孔	1.5～5	孔长的1/2～1/3
短 孔	1.5以下	比孔长稍短
长 孔	5以下	与普通通孔相同

17.3.1.3 金属结合剂超硬材料珩磨油石制造工艺

金属结合剂超硬材料珩磨油石制造的工艺如图 1-17-6 所示。

17.3.2 原材料、模具及产品设计

17.3.2.1 原材料

A 超硬材料磨料

超硬材料品种有人造金刚石和立方氮化硼。

（1）超硬材料磨料品种与被加工工件材质的对应关系参见表 1-17-4 所列。

表 1-17-4 超硬材料磨料品种与被加工工件材质的对应关系

磨料品种	加工材质	磨料品种	加工材质
金刚石	陶瓷材料、铜及其他有色金属、铸铁、硬质合金	立方氮化硼（cBN）	各种合金钢、硬铬

（2）超硬材料磨料的品级选择参见表 1-17-5 所列。

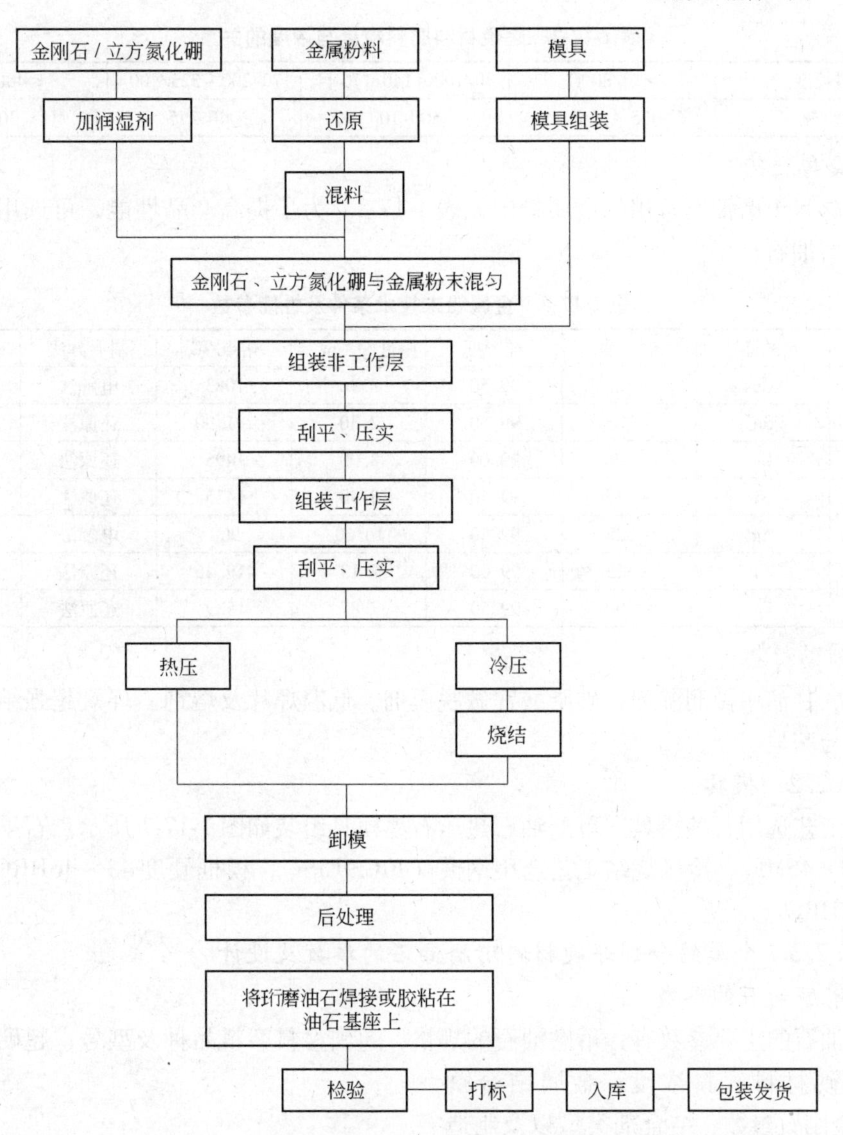

图 1-17-6　金属结合剂超硬材料珩磨油石制造流程图

表 1-17-5　超硬材料的品级选择

磨料品种	品　级	磨料品种	品　级
金刚石	MBD_4、MBD_6、MBD_8	立方氮化硼(cBN)	ABN600(D. B)、cBN900 cBN990(富耐克)、cBN120、cBN230(中南杰特)

生产中也可选择表面镀钛的金刚石和立方氮化硼磨料。

(3) 超硬材料磨料粒度适用范围为 70/80 目，与加工工件的表面粗糙度对应关系见表 1-17-6 所列，与浓度的关系见表 1-17-7 所列。

表 1-17-6　磨料粒度与被加工工件的表面粗糙度对应关系

磨料粒度		170/200 ~ 200/230 目	230/270 ~ 270/325 目	325/400 ~ 400/500 目	w20 ~ w10
被加工工件的表面粗糙度 $Ra/\mu m$	合金钢	1.2 ~ 1.0	0.8 ~ 0.6	0.6 ~ 0.40	0.2
	铸铁	1.5 ~ 1.20	1.20 ~ 0.80	0.8 ~ 0.6	0.4

表 1-17-7 超硬材料磨料粒度与浓度的关系

磨料粒度	≥70/80 目	80/100～140/170 目	170/200～325/400 目	≤400/500 目
浓度/%	75～125	50～100	40～75	30～50

B 金属粉末

超硬材料珩磨油石常用的金属粉末见表 1-17-8。为了提高产品性能，可选用预合金粉末制造珩磨油石。

表 1-17-8 金属粉末技术条件及性能参数

粉末名称	元素符号	粒 度	纯 度	密度/g·m^{-3}	熔点/℃	制取方法	还原温度/℃
铜 粉	Cu	-325	99.50	8.96	1083	电解法	320～380
锡 粉	Sn	-325	99.50	7.30	231.90	还原法	—
钴 粉	Co	-400	99.00	8.90	1495	还原法	320～420
镍 粉	Ni	-325	99.50	8.90	1455	还原法	420～440
银 粉	Ag	-325	99.50	10.60	960	电解法	400
锌 粉	Zn	-325	99.00	7.13	419.46	还原法	—
铁 粉	Fe	-200	99.50	7.87	1539	还原法	650～680

C 辅助材料

酒精、甘油用做润湿剂，硬脂酸锌做脱模剂。低温焊片及熔剂、环氧超强结构胶用于连接油石与基地。

17.3.2.2 模具

热压工艺选用石墨模具，珩磨油石热压石墨模具组装如图 1-17-7 所示。石墨的抗压强度大于 40～45MPa；冷压烧结工艺选用钢模（40Cr9CrSi），模框硬度 43～46HRC，压头硬度 58～62HRC。

17.3.2.3 金属结合剂超硬材料珩磨油石的参数及设计

A 珩磨油石的参数

珩磨油石的主要参数有：珩磨油石的规格；超硬材料磨料品种及型号；超硬材料磨料粒度；超硬材料磨料浓度；金属结合剂（可增加金刚石参数、结合剂类型以及制造方法、工艺条件对珩磨石质量、性能、效率的描述；从而为下节的设计部分作铺垫）。

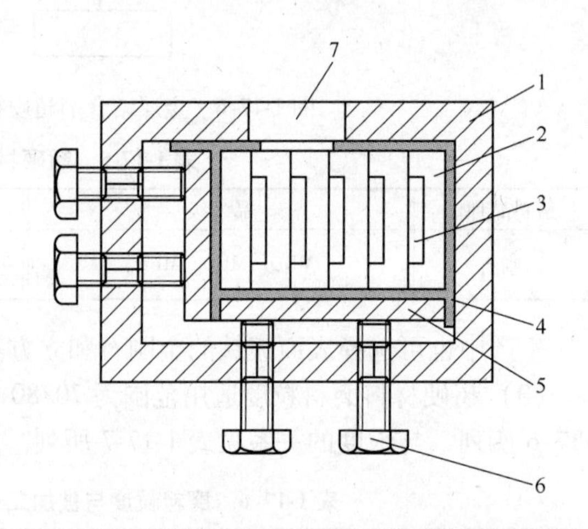

图 1-17-7 热压工艺石墨模具组装图
1—模板（铸铁）；2—石墨模具；3—模腔；4—绝缘板（云母片）；5—挡板（铸铁）；6—紧固螺钉；7—测量孔

B 珩磨油石的设计

(1) 依据珩磨设备、珩磨杆结构及加工工件的规格选择油石的规格。如选用角度在侧面的珩磨油石用在卧式珩磨机上。

(2) 依据被加工工件的材质选择超硬材料磨料品种及型号。被加工工件材质与磨料品种没有绝对对应关系，如加工铸铁时即可选择金刚石又可选择立方氮化硼，珩磨汽车连杆（材质是各种合金钢），有时选用金刚石也会取得很好的效果。

（3）依据珩磨工艺要求——工件表面粗糙度、形位公差、珩磨余量、平顶珩磨工艺参数等来选择磨料的粒度和浓度。粗珩油石选择较粗粒度的磨料用于去除较大余量，精珩油石选择较细粒度的磨料来保证工件有低的表面粗糙度；表面镀钛的磨料浓度可适当低一些；平顶珩磨时粗珩油石的浓度适当低一些；每种珩磨油石都有最佳浓度范围，浓度过高或过低，油石表现为效率低下。

（4）金属结合剂的选择，珩磨的特点要求选用耐磨性能低的金属结合剂以提高珩磨油石的自锐性，金属结合剂的耐磨性与被加工工件的特性、珩磨工艺参数和自身的力学-物理特性有关，当加工工件、珩磨工艺确定后，金属结合剂的耐磨性取决于自身的强度、硬度、弹性模量、延展性等诸多力学-物理特性。制造珩磨油石选用的金属结合剂具有强度低、脆性大、硬度高、耐磨性低、烧结温度低的特点，一般选择青铜（Cu-Sn）结合剂。铜锡合金由α相和δ相组成，α相是锡溶与铜中的固溶体，具有面心立方晶格，塑性良好，δ相是以电子化合物 $Cu_{31}Sn_8$ 为基的固溶体具有复杂的立方晶格，δ相极硬和脆，通过锡含量的变化调节δ相的含量，进而调节金属结合剂的性能，当锡含量较高时，因强度过低而难以成形和使用，需增加适量的其他金属粉末以提高其强度，这元素有 Ni、Co、Ag、Zn 等。

17.3.3 金属结合剂超硬材料珩磨油石的制造工艺

17.3.3.1 金属粉末的还原

由于金属粉末易被氧化，在使用前须进行还原处理，现在主要用氢气来还原处理金属粉末，以铜为例说明其还原原理：

$$CuO + H_2 \longrightarrow Cu + H_2O$$

（1）设备：氢气还原炉，直接通入高纯度氢气。

（2）还原方法：将金属粉末放入专用料盘中摊平，料层厚度约为 20～30mm，将料盘推入炉膛中间位置，开通电源开始加热并同时通入氢气，待温度升至还原温度时开始计时，保温时间结束后将料盘推至降温区，开通冷却水降至室温，打开炉门取出金属粉末。

17.3.3.2 混料工艺

（1）混料设备：三维涡流混料机。

（2）混料工艺：按工艺单上所标明的金属粉末种类及重量准确称量，混合后过筛，装入混料桶中并加入适量钢球，安装在混料机上，按规定时间混匀粉末，取出粉料后过筛，使用前须用肉眼或显微镜检查是否混匀。

17.3.3.3 组装工艺

准确称量超硬材料磨料，加入润湿剂（酒精、甘油）拌匀，再加入金属粉末混匀（量大可用机混）过筛，准确称量非工作层粉料装入模具中，刮平压实，准确称量工作层粉料装入模具中，刮平压实后压上压头。

17.3.3.4 成形工艺

A 热压工艺

（1）设备：电阻热压机，可加真空系统，红外或热电偶测温。

（2）热压工艺：热压工艺曲线如图1-17-8所示。

温度：是热压工艺中最重要的参数，依据结合剂成分确定烧结温度。

压力：珩磨油石热压的单位压力为20～30MPa。

保温时间：依据珩磨油石规格大小等因素确定保温时间，油石规格大，保温时间长，反之保温时间短。

气氛：真空条件下烧结可促进珩磨油石的致密化，并可保护石墨模具。

B　冷压-烧结工艺

（1）设备：压机（压制）、钟罩炉或氢气还原炉（烧结）。

（2）冷压-烧结工艺：其烧结曲线如图1-17-9所示。

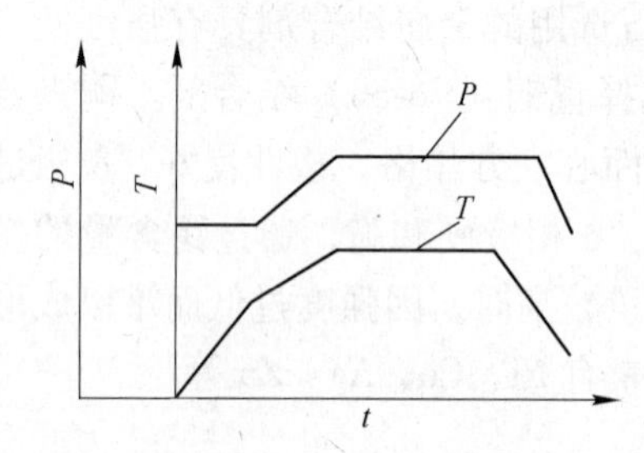

图1-17-8　热压烧结曲线

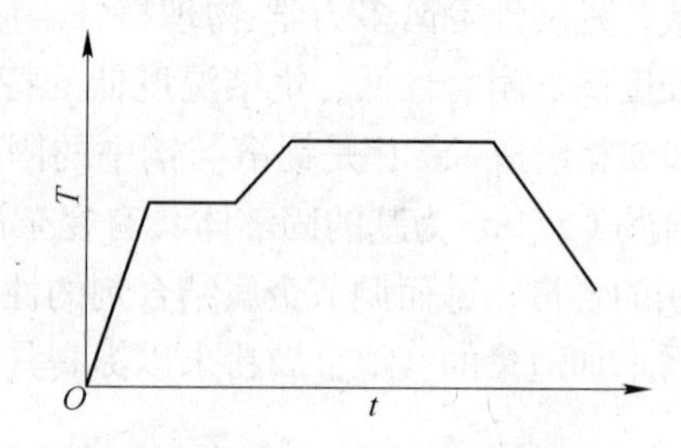

图1-17-9　冷压烧结曲线

压力：单位压力为100～150MPa。

温度：同一种珩磨油石冷压-烧结工艺的烧结温度要比热压工艺的烧结温度高30～50℃。

气氛：可选用氢气做保护性气氛。

17.3.3.5　珩磨油石与基体的连接

（1）焊接：

1）设备：高频焊接机。

2）焊片：选择低熔点焊片，熔点要低于热压烧结温度200℃以上，焊片熔融后对油石及油石基座有良好的润湿性。

3）工艺：将珩磨油石及基座清洗干净，将油石基座放入焊接卡具中，涂上助焊剂放上焊机，再放上油石，通电焊接后再喷砂处理。

（2）胶粘：

1）使用环氧超强结构胶。

2）工艺：油石基座最好选用槽形结构，将油石基座清洗干净，将A、B两种胶按比例混匀后涂在油石基座上，再放上油石调平即可，放置24h，清理干净。

17.4　珩磨油石的工业评价

17.4.1　金属结合剂超硬材料珩磨油石的工业评价

金属结合剂超硬材料珩磨油石的工业评价见表1-17-9所列。

评价珩磨油石时，首先满足工件加工质量要求，其次油石要有良好的加工效率和较长的寿命，并且与被加工工件，珩磨设备及卡具，珩磨工艺联系起来综合分析。

表 1-17-9　金属结合剂超硬材料珩磨油石的工业评价

评价指标	指标内容	备注
工件加工质量	（1）表面粗糙度（*Ra*、*Rz*）； （2）平顶珩磨指标：R_k、R_{pk}、R_{vk}、M_{r1}、M_{r2}； （3）形位公差：圆柱度、直线度、圆度；	满足工艺要求
	（4）网纹状况	网纹清晰、整齐不乱，无刮伤
珩磨油石的加工效率	（1）加工一组工件（一个珩次）所需时间（*S*）；	
	（2）工件发热状况	加工效率高可减少工件发热
	（3）自锐性；	
	（4）加工时所发声音状况	发出"唰唰"声说明油石切削效率高，发出噪声，说明油石切削效率低
珩磨油石的使用寿命	每组油石所能加工的工件数量	使用寿命长者优

17.4.2　珩磨缺陷与珩磨油石相关的原因分析及对策

珩磨缺陷不仅与珩磨油石有关，还与被加工工件、珩磨设备与卡具、珩磨工艺紧密相关，珩磨缺陷与珩磨油石相关的原因与对策见表 1-17-10 所列。

表 1-17-10　珩磨缺陷与珩磨油石相关的原因与对策

缺陷名称	原因分析	对策
圆度超差	各个珩磨油石表面未在一个圆柱表面上	适时修正凸出的珩磨油石表面
圆柱度超差	（1）珩磨油石长度过长，易使加工孔呈鼓形； （2）珩磨油石局部磨损	（1）减少油石长度； （2）提高油石的硬度均匀性
直线度超差	珩磨油石太短	按孔的长度正确选择油石的长度
孔的尺寸精度低，尺寸不稳定	（1）珩磨油石的自锐性不好； （2）珩磨油石有较大的局部磨损	（1）提高油石的自锐性； （2）用手动修整器修正
工件表面粗糙度达不到工艺要求	（1）珩磨油石粒度过粗； （2）珩磨油石自锐性差	（1）油石粒度变细； （2）提高油石的自锐性
工件表面刮伤	（1）珩磨油石自锐性差，表面易堵塞后积聚铁屑，刮伤工件； （2）珩磨油石太宽，铁屑不易排除，积聚在油石表面形成硬点	（1）选择具有良好自锐性的油石； （2）减小油石宽度，或在油石中间开槽
珩磨效率低	（1）珩磨油石自锐性差、易堵塞； （2）珩磨油石的粒度选择不当，过粗或过细； （3）珩磨油石过宽	（1）提高珩磨油石的自锐性； （2）根据被加工工件及珩磨工艺调整磨料粒度； （3）减少油石的宽度或在油石中间开槽
交叉网纹不对称，不均匀或呈单向线痕	（1）珩磨油石硬度不均匀； （2）珩磨油石太宽	（1）提高硬度的均匀性； （2）减少油石宽度
网纹沟槽呈撕裂和破碎状	珩磨油石太粗且不锋利	提高油石的自锐性，选用细粒度
平顶珩磨工件表面有亮带或硬化层	珩磨油石的耐磨性大	降低油石的耐磨性

（三河市燕郊润德超硬材料有限公司：张建森）

18 金刚石修整工具

根据不同的用途需要，金刚石修整工具种类和规格很多，在此仅介绍几种典型的金刚石修整工具。

18.1 金刚石修整滚轮

18.1.1 金刚石修整滚轮制造方法

金刚石修整滚轮是20世纪60年代开始出现的一种新型砂轮修整工具，主要用于成型磨削砂轮的修整。

随着磨削技术的发展，在高速磨削、成型磨削、缓进给磨削及连续修整磨削技术中，金刚石滚轮都在替代传统的单点金刚石修整工具。其原因是：

（1）随着磨削速度的提高，单点金刚石的磨损加快，影响了修正的精度和形状。

（2）对宽度大的成型磨削中单点金刚石修整的效率低。

（3）对较为复杂的成型表面，由于“干涉”性，无法使用单点金刚石修整。

以上不足，恰恰是金刚石滚轮的优点，所以金刚石滚轮的出现、发展，无论对修正技术的发展和修正工具的制造技术，都可以认为是重大的突破。在汽车、航空、航天、工具、量具、液压、轻工、轴承、电子领域内得到了广泛的应用，取得了良好的经济效益。

金刚石滚轮以最短的修整时间，赋予砂轮需要的型面精度，通过切入式磨削一次完成复杂型面的精加工，它能保证大批量生产中零件精度的质量稳定性和一致性。它的修整效率极高，只需要几秒钟时间即可完成。可将辅助修正时间减少到零，极大提高生产效率，所以应用范围越来越广泛。随着数控技术的发展，柔性加工系统中成型磨削的发展，金刚石滚轮制造技术日趋完善，使金刚石滚轮的应用得到迅速发展，新的领域对滚轮提出更高的要求，促使滚轮的制造技术有新的突破，亦使金刚石滚轮的应用领域得到进一步的扩展。

金刚石滚轮按制造方法可以分为两大类：电镀法制造滚轮和粉末冶金法制造滚轮。电镀法中又分为内电镀法、外电镀法两种。粉末冶金法亦可分为手置浸渍烧结法、随机分布烧结法。

下面简单介绍几种滚轮的制造方法。

18.1.1.1 内镀法

即在制造好的成型内腔表面上用电镀方法黏合一层金刚石，并加厚到具有一定强度，将型腔内用填充物（通常采用低熔合金或黏结剂）固定在芯体上，再剥去外壳，就形成了具有所需型面的金刚石滚轮。滚轮的结构及金刚石的分布如图1-18-1所示。

18.1.1.2 手置排列浸渍法

在制造好的内型腔表面上，用手置方法将按一定规律排列的天然金刚石或人造金刚石黏上，然后填充金属粉末，再用焊料烧结浸渍，使金刚石固定在预定的位置上，再剥去外壳，制成金刚石滚轮。由于浸渍温度较高，滚轮会产生微量变形，需要经过修正才能达到高精度。滚轮结构及金刚石分布如图1-18-2所示。

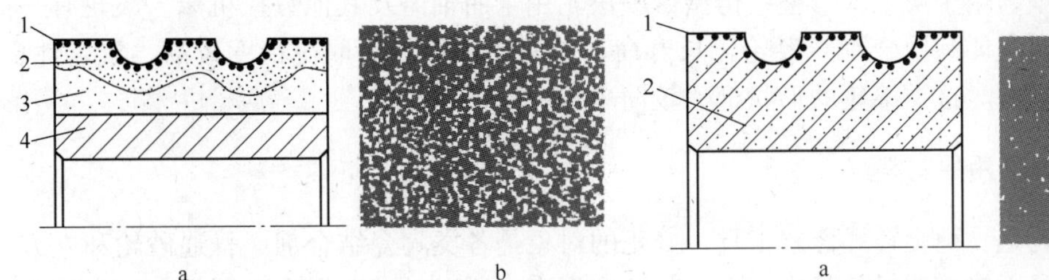

图1-18-1　内镀法金刚石滚轮结构(a)及金刚石分布(b)图

1—金刚石层；2—电镀层；3—填充物；4—基芯体

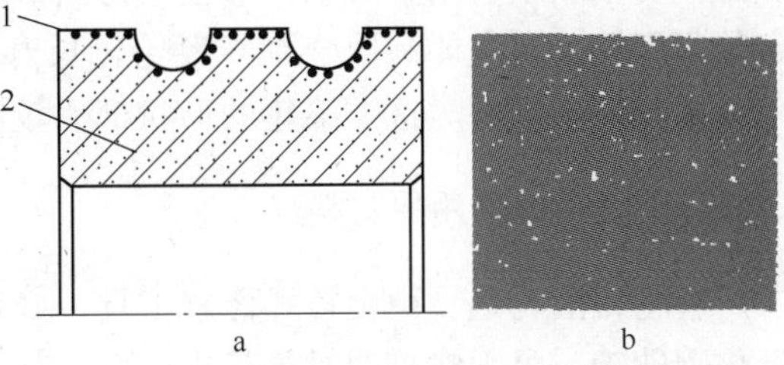

图1-18-2　手置排列浸渍法金刚石滚轮结构(a)及金刚石分布(b)图

1—金刚石层；2—电浸渍金属

18.1.1.3　手置内镀法

该方法与内镀法区别是金刚石的分布。手置内镀法金刚石在内型表面按一定规律捧列，而内镀法金刚石分布是随机的，二者的制造方法相同。其外观结构金刚石分布如图1-18-3所示。

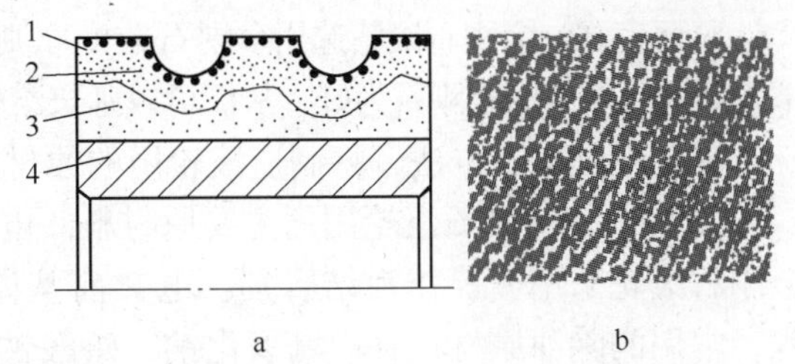

图1-18-3　手置内镀法金刚石滚轮结构(a)及金刚石分布(b)图

1—金刚石层；2—电镀层；3—充填物；4—基芯体

18.1.1.4　外镀法

外镀法是在具有一定精度形状尺寸的基体表面采用电镀方法，将金刚石牢固地黏合在基体表面上，该方法与一般电镀金刚石制品的制造相类似，但其加工对象不是工件而是砂轮，使用条件比较恶劣。相应在制造外镀法时选择的金刚石粒度较粗，品级较高。但随着修整技术的发展，经过修整和开刃，亦可以使滚轮达到较高精度。其外观及金刚石分布如图1-18-4所示。

18.1.1.5　粉末烧结法

粉末烧结的制造方法与金属结合剂金刚石砂轮基本相似，但作为粉末烧结法滚轮的结合剂强度和最终精度比金刚石砂轮高得多。可以用于普通陶瓷结合剂砂轮的修整，同时亦可修整陶瓷结合剂立方氮化硼砂轮。其外观结构、金刚石分布如图1-18-5所示。

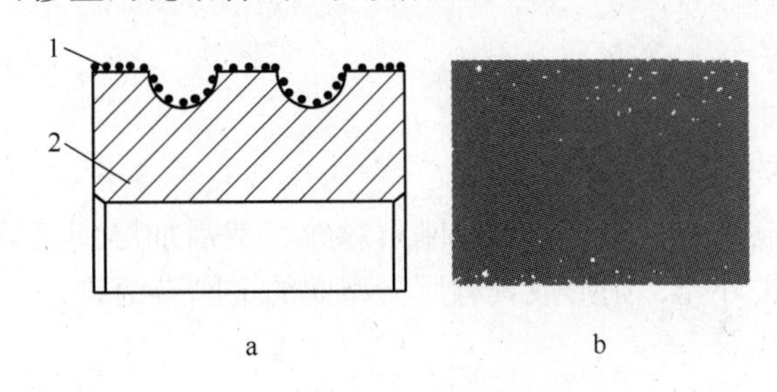

图1-18-4　外镀法金刚石滚轮结构(a)及金刚石分布(b)图

1—金刚石层；2—基体

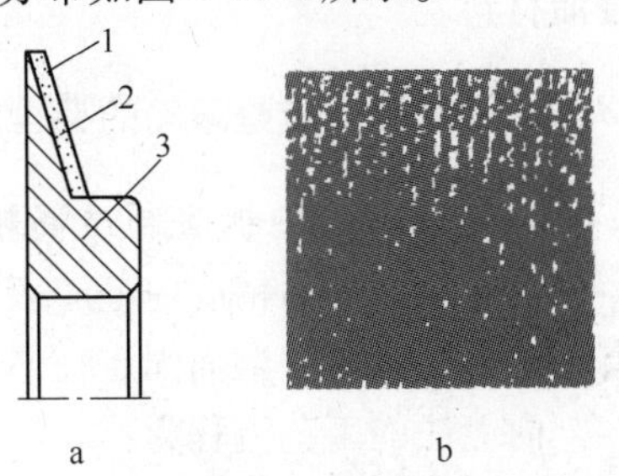

图1-18-5　粉末烧结法金刚石滚轮结构(a)及金刚石分布(b)图

1—金刚石层；2—过渡层；3—基体

金刚石滚轮按使用方式可分为成型修整滚轮和仿型修整滚轮两类。成型修整滚轮专业性强，对号入座，用于切入式修整；仿型修整滚轮用于曲轴磨及其他数控机床。滚轮有一定的通用性。它主要利用金刚石滚轮较长寿命、较好的保持性来取得精度较高、重复性、一致性较好的型面。这类滚轮的形状都比较简单。

18.1.2　制造滚轮用原材料

金刚石滚轮是一种旋转式修整工具，修正的对象是各类陶瓷结合剂、普通砂轮和立方氮化硼砂轮。由于修整的对象是成型面，其精度很高，所以对其选用金刚石亦有一定的特殊要求，不仅金刚石颗粒偏大，强度高，并具有一定形状，从而保证其精度和寿命。

选用的金刚石可以分为两个大类：即天然金刚石和人造金刚石。天然金刚石选择根据金刚石滚轮不同制造方法和磨削对象的精度、形状来决定。一般选择粒度直径较大的优质天然金刚石。颗粒大小，从 1 克拉 60 ~ 70 颗到 1 克拉 200 ~ 250 颗。天然金刚石的热稳定性比人造金刚石好。人造金刚石选择亦是根据滚轮的制造方法决定，其粒度相应比天然金刚石细些，一般常用 35/40 目 ~ 80/100 目粒度，其品级是 MBD_8 以上，或者用 SMD_{25}。

总而言之，金刚石滚轮选用金刚石粒度原则是在保证其磨削工件的形状和光洁度的前提下，采用粗粒度的金刚石为好，从而可以延长滚轮的使用寿命及修正后砂轮不烧伤工件。

根据不同制造方法，将制造滚轮用的原材料总体分为电镀方法和粉末烧结法两大类。

（1）电镀金刚石滚轮用的主要原材料。电镀金刚石滚轮用主要原材料是根据一般制造金刚石滚轮采用镀镍作为结合剂。电镀前基体必须经过除油、电化学除油、酸浸蚀等过程，常用的除油原材料有：氢氧化钠、碳酸钠、磷酸钠、硅酸钠等。浸蚀用的原材料有：盐酸、硅酸、硝酸等。电镀镍用原材料有：硫酸镍、氯化镍、硼酸、氯化钠、十二烷基硫酸钠、镍阳极、镍的含量不少于 99.5% 的棒板或粒（球）。

（2）粉末冶金金刚石滚轮用的主要原材料。根据采用制造方法而定，制造方法有半热压成型、热压烧结法、浸渍法三种。主要原材料应具有以下特征：首先保证金刚石滚轮有一定的强度和硬度，能牢固把持粗粒金刚石；其次胎体材料要有良好的导热性能；第三选择相对低的烧结温度，减少高温对金刚石的影响。

常用的金属粉末有钨粉、镍粉、钴粉、钛粉、锰粉、铁粉、铬粉、锡粉、锌粉、铜粉等，以及它们的化合物碳化钨、碳化钛等。粒度控制在 300 目以细。采用浸渍烧结法中，还须用各种配比的合金焊料，按一定配比的温度要求在炉中溶化后轧成合金片或棒料作为浸渍材料。

18.1.3　金刚石修整滚轮的典型制造工艺

18.1.3.1　内镀法制造高精度金刚石滚轮工艺

在制造好的高精度内型腔表面，采用电镀方法黏结一层金刚石颗粒，然后加厚到其具有一定强度，再将型面固定在芯体上，剥去外壳，则形成具有所需型面的金刚石滚轮。

内镀法的工艺流程为：

阴模制备 → 镀前处理 → 空镀 → 上砂 → 加厚 → 电镀 → 浇芯 → 剥壳 → 滚轮修正 → 复形检查 → 刻字编号 → 包装入库

内镀法的工艺要点有以下4点。

A 阴模制备

阴模又称腔体，是一个临时的芯模，它的制造精度应高于滚轮的精度，并保证后道工序加工基准面，它经上砂、电镀、浇注腔体后必将此阴模去掉。选择其制造材料应选用易车削，在电镀中变形量较小的材料。常用的有铜合金、铝合金、45号钢、石墨等材料。只有加工腔体精度、形状、光洁度均要高于采用滚轮修正后磨削工件的要求，才能制造出高精度滚轮。

B 上砂

滚轮的上砂是在内型面上进行的，需有专用电镀夹具，如图1-18-6所示。

腔体经过除油清洗后装入夹具内，不需电镀部分用绝缘材料涂覆或屏蔽好。然后经弱酸活化后通电将腔体置于电镀槽内，在腔体与上砂环之间填满金刚石，并用振动等方法将其捣实，使内腔型面各处都能贴到金刚石。电镀采用效率高、镍层细腻、内应力小的镀液，按工艺进行上砂，并翻转基体进行第二次上砂亦称补砂，待金刚石全部贴在腔体表面上时，方可以卸砂，镀至金刚石间隙全部填满镍层后才可以进行电铸，一般电铸厚度控制在3~5mm，后期还可开大电流、加快镀镍速度，特别是采用镀液循环方法，电流密度还可以加大，便于电镀时间缩短。由于阳极面积比阴极（工件）面积小，阳极易产生钝化和被阳极泥覆盖，影响金属沉积，所以要经常对阳极进行活化处理。

C 浇注

将加工好的钢芯预热后，定位在电镀基体的中心，以腔体外圆、底面为基准面，用专用夹具保证其对中精度，然后将低熔点合金或胶注入空隙内，如图1-18-7所示，直至浇满为止，并在烘箱内放置一定时间，冷却至室温。

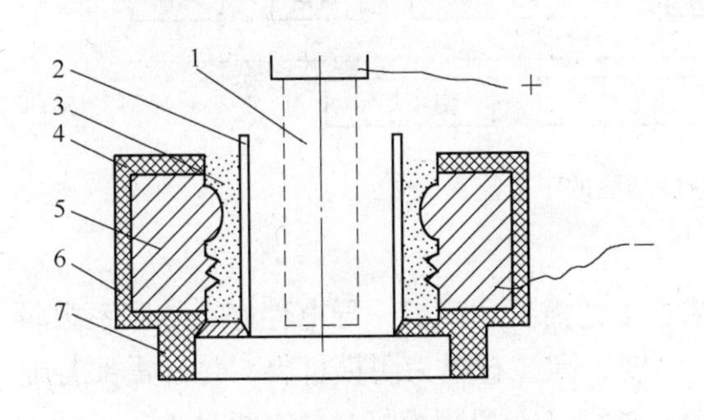

图1-18-6 滚轮在内型面上砂示意图

1—镍棒；2—上砂圈；3—金刚石；4—绝缘夹板；5—钢基体；6—绝缘圈；7—托架

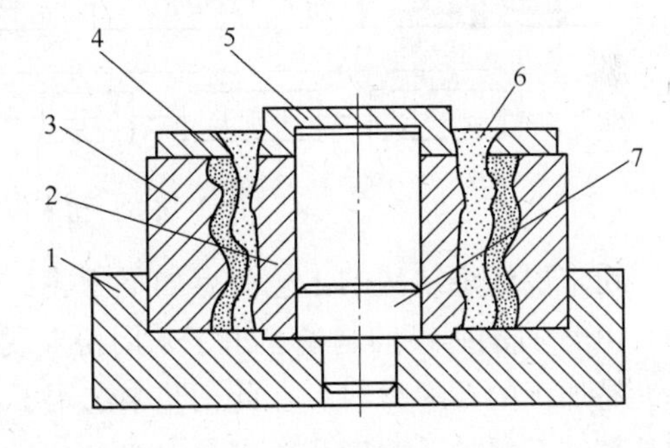

图1-18-7 浇注低熔点合金图

1—定位盘；2—铁芯；3—滚轮基体；4—环；5—盖；6—浇入低熔点金属（或合金）；7—定位轴

D 滚轮的精密机械加工及滚轮的复印检查

内镀法制造金刚石滚轮，其内孔加工，必须在高精度内圆磨床上进行，以外圆、端面为基准，跳动制造在0.0015~0.002mm内，然后磨孔，并留研磨余量。研磨后的内孔表面粗糙度 Ra 在0.2μm以细。穿上芯轴，在外圆磨床上磨出孔的二端面，保证孔与端面的垂直度。再以内孔为基准，除去滚轮外壳，注意充分冷却，余量0.5mm。在磨床上磨加工剥壳，并按滚轮设计标准加工好，校调基准，以利于滚轮安装时校正这个基准，保证滚轮的安装位置准确。

滚轮的型面是滚轮直接使用的表面，面上均匀分布密集的金刚石。金刚石表面不是一个光滑连续的表面，而且金刚石表面对测头磨损较大，无法直接进行接触测量。而采用光学等非接触量，金刚石对光线的透射与反射也影响测量精度，所以对型面模拟检查用金刚石滚轮修整砂轮型面，然后切入磨削复印件，再对复印件进行测量，以保证型面精度，采用这种检测方法有几个好处：

（1）采用复印件检测可以在一次复印中对滚轮除型面精度可进行测量外，其他使用性能：如工件光洁度、砂轮锋利程度、滚轮的锋利与否、是否引起烧伤等综合因素也进行了试验。

（2）复印件表面是一个光洁连续的表面，可以采用比较简单的常规检测方法进行测量。

（3）复印件在磨削时已加入了机床的误差，一般会降低精度，所以可以认为检查复印件为合格，工件都能达到要求。

18.1.3.2 粉末浸渍烧结法制造金刚石滚轮工艺

该方法亦称为手置浸渍烧结法。在制造好的高精度石墨腔体内，根据用户的不同要求采用手置工艺，将大颗粒天然金刚石按设计要求粘贴在上过胶的腔体表面上，然后在内型腔内填满金属粉末，进行烧结，并用合金焊料浸渍，使天然金刚石按一定的规律固定在预定位置上，去掉石墨外壳，制成金刚石滚轮。由于该工艺方法滚轮在高温烧结时亦会产生形变（微量），所以必须经过修整，才能达到高的精度。

粉末浸渍烧结法的工艺流程如图 1-18-8 所示。

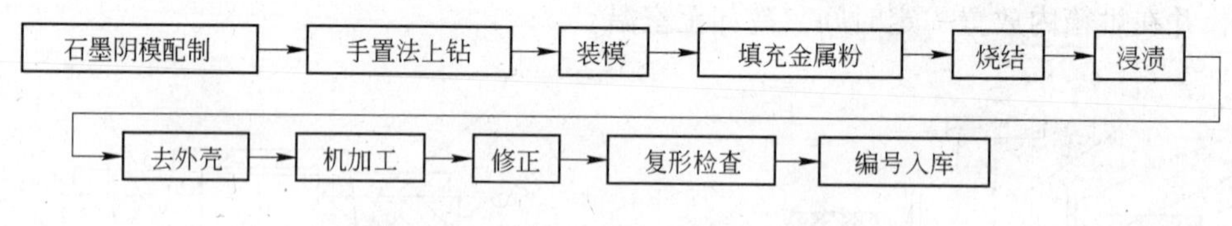

图 1-18-8 粉末浸渍烧结法的工艺流程

粉末浸渍烧结法的工艺要点如下所述：

（1）石墨阴模的制备。由于采用粉末浸渍法工艺需要耐高温、导电性好、热胀系数较小，易加工的石墨材料。在此工艺中选用了高强度、高纯石墨为阴模材料，特别需要控制的是高纯石墨的孔隙度，要求在18%以下，愈小愈好。石墨阴模好过精密机械加工，达到滚轮需求的成型面及精度，采用高精度成型样板刀加工型面，精度要求比滚轮提高 1/3，并经严格检验才能转入下道工序。

（2）手置法上金刚石。采用粉末浸渍方法制造复杂型面金刚石滚轮，需要用高强度大颗粒天然金刚石，为了保证其型面的高精度，将大颗粒金刚石，按滚轮设计要求，有规则地粘贴在阴模内成型面上，对其工艺有特殊的要求。既要紧贴在阴模上，又要上胶涂层很薄，不影响剥壳后精度，且具备较高的强度，才能转入下道成型工序。如金刚石脱落，则烧结后的金刚石滚轮为废品。

（3）烧结浸渍工艺。此工艺是确保金刚石滚轮内在质量的重要工序，关键是控制烧结浸渍温度时间。由于胎体材料烧结温度较高，从而使胎体能牢固把住天然金刚石，保持长的寿命。烧结与浸渍工艺可以同时进行，一方面对耐磨骨架材料加温，另一方面对浸渍材料亦称焊料加热成液相，让它浸渍到骨架材料之中，烧结成非常耐磨的胎体材料。

（4）金刚石滚轮的精密修整工艺。该工艺对大颗粒天然金刚石复杂型面的金刚石滚轮进行修正，消除它在烧结中产生的变形量，从而使金刚石滚轮获得较高的型面及相对位置精度。采用特殊修正工具并在高精度专用磨床上对其修整，修整出来的金刚石滚轮直线度可控制在0.002mm以内，线轮廓度亦可在0.002mm以内，圆弧和角度均可以控制在0.002°范围内。因而使金刚石滚轮精度达到与国际先进水平相同范围。

18.1.4　各类金刚石修整滚轮的特点与应用

金刚石滚轮是用来修整砂轮的，作为滚轮的基本要求是金刚石磨料自身强度和与黏合剂结合的牢固度，其次由于金刚石滚轮用于成型砂轮的修整，所以其精度、尺寸亦是重要的指标。

制造金刚石滚轮的内镀法、手置排列浸渍法、手置内镀法、外镀法和粉末烧结法，它们的特点及应用如下：

（1）内镀法。需要有高精度内腔、应力最小的电镀层，则滚轮制造精度可以做到很高，不须修整可以获得精度很高的复杂型面，用途较广泛。但由于高精度内型腔制造很困难，其型面的加工成本高，相对价格昂贵。随着精密加工技术的发展，获得高精度内腔并不是大难，加工成本降低。其他制造方法滚轮均须修整，对金刚石表面的修整技术比较复杂和困难，效率低，相对而言内镀法成本不太高，型面愈复杂愈能显示其优越性。因而用途越来越广泛。但由于该方法采用传统埋砂法，需要大量的各种粒度人造金刚石铺底，库存资金占用较大，为获得高的滚轮精度，金刚石选用粒度相对较细，金刚石分布随机又密集，相对寿命不如手置排列法浸渍法。在要求获得高效率的磨削场合，如果修正砂轮不锋利时，会有工件烧伤现象发生。

（2）手置排列法浸渍法。采用大颗粒特殊处理加工天然金刚石，用手置排列方法烧结而成。因而产品具有较长的使用寿命，金刚石滚轮型面的精度用精密修整技术获得，所以滚轮精度也较高，但对于过分复杂的型面会引起修整的困难，显得成本太高，价格昂贵。对于大批量生产，生产效率要求高的自动生产线上，该方法具有独特的优越性，因而使用面愈来愈广泛。

（3）手置内镀法。介于内镀法、手置排列法浸渍法两者之间，综合了两者的优点，但对太复杂的型面，由于计算及金刚石手置排列等难度很大，造价昂贵，使用面不广泛。

（4）外镀法。外镀法滚轮是在预先加工好外型面上随机分布金刚石颗粒，由于颗粒的尺寸有大小，制造精度不可能做得很高，但其方法特点是制造周期短，对于时间要求紧、生产批量小、精度要求不大高的场合可以选用，成本较低，使用寿命较短。在国外有一种蜗杆滚轮也就是采用外镀法制造的。由于金刚石颗粒经特殊分选，颗粒大小接近，经过修整亦达到较高的精度。

（5）粉末烧结法。粉末烧结法制造滚轮形状一般不复杂，最普遍用于蜗杆砂轮的修整，替代天然金刚石刀进行成型修整。随着数控柔性加工系统的应用，要求修正工具既有一定的切削能力，又能保持一定形状，该方法的应用领域亦在不断扩展，所以采用粉末烧结法制造的金刚石滚轮，还用于普通磨料及cBN磨料内圆砂轮的修整，取得了较好效果。该方法制造的滚轮通过修整能达到较高的精度，满足成型的磨削要求。

18.1.5　金刚石修整滚轮使用参数

金刚石滚轮的使用，除了引进配套机床上修整工艺较成熟外，国内各专业设计滚轮使用磨床或各工厂自行改装的磨床都面临一个使用参数选择的问题。综合国内外有关资料，认为金刚石滚轮与砂轮的速比形成一个双峰曲线，如图 1-18-9 所示。

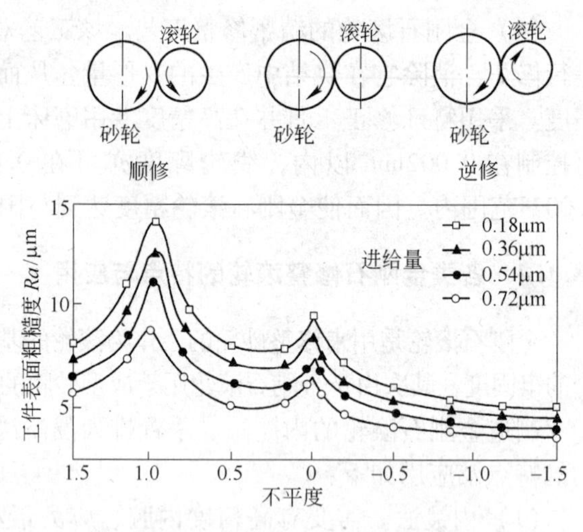

图 1-18-9　滚轮对工件不平度的影响

图 1-18-9 表示在四种不同进给速度下滚轮与砂轮速比对工件表面不平度的影响，同时也间接反映砂轮修正以后锋利程度。图中的中间峰速比为 0，其左表示，滚轮与砂轮旋转方向相反，线速度方向相同，称顺修；图右表示滚轮与砂轮旋转方向相同，线速度方向相反，称逆修。

可以认为，双峰曲线上有两个点以及附近是滚轮使用的禁区，一个是速比等于 0，这个点滚轮不转动，由于滚轮正面的金刚石之间有结合剂，滚轮不转动时砂轮的磨削作用会把金刚石之间的结合剂磨除，砂轮形成的形状是滚轮与砂轮接触的母线形状，不能利用金刚石相互补充形成包络面修出高精度型面，所以滚轮的寿命和修整精度不好。另一点是速比为 1 的点，这点滚轮与砂轮没有相对运动，处于纯滚动状态，滚轮与砂轮没有磨削作用，只有挤压作用，这对滚轮的修整效果和寿命都很不利。为此，对于滚轮的使用来说应尽量避开这两个点。

从图 1-18-9 可以看出，顺修砂轮表面不平度较逆修砂轮表面不平度大，因此砂轮较锋利，工件不易烧伤，逆向修整砂轮表面粗糙值较小，相对工件表面粗糙度值较小。所以，采用何种修正方式应根据工件磨削情况来选择。有关速比，应该说除了内圆磨砂轮直径小于滚轮的外径，其余磨削形式砂轮均大于滚轮直径，砂轮线速度较高，一般大于 35m/s，滚轮直径小，它的线速度很难超过砂轮线速度。因而可以认为推荐速比选用 0.3 ~ 0.7 范围较适合，此范围较宽。在实际中，滚轮修整装置在机床所占位置会受限制，修整机构不能复杂，所以速比选择要根据实际磨削状态灵活掌握。另外，每次修整量及光修整时间亦是一个重要的修整参数，据资料介绍，随着光修整时间的延长，砂轮表面不平度减低，速度会很快变得缓慢，当光修圈数超过 80 圈以后，砂轮表面基本没有变化，如图 1-18-10 所示。

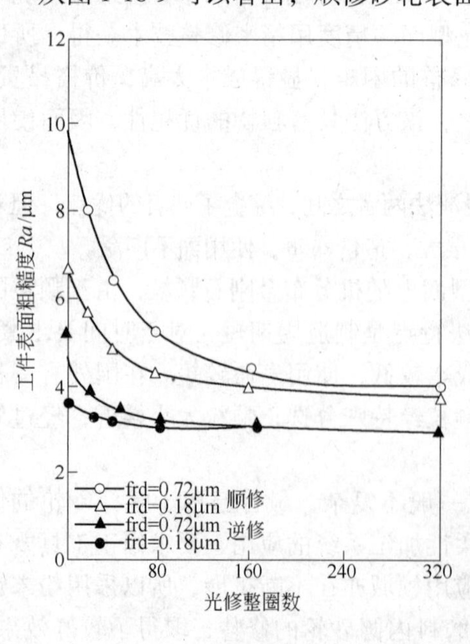

图 1-18-10　光修整圈数图

因此，为保证滚轮修整后砂轮的锋利程度，建议光修整时间尽可能缩到 1 ~ 2s 内较合理。每次修整量尽量控制在 0.02mm 以内，宁可增加修整次数，也不要加大修整量。这样对延长滚轮寿命有极大好处，对于连续修整的深切缓进磨削要控制好砂轮每转的进给速度，以达到最佳的磨削效果。

18.1.6　金刚石修整滚轮设计与使用

金刚石滚轮是磨削系统中的一个成型修整工具，也是磨削中一个重要的环节。所以，金刚石滚轮的设计、使用，必须从整个磨削系统来考虑。只有设计者、制造和使用者三者结合起来，才能使金刚石滚轮这种昂贵、精密的工具在生产中达到最佳修整效果，产生最大的效益。应该特别注意以下几点：

（1）滚轮用户的工艺技术人员往往是滚轮的设计者，根据工件特点，提出滚轮各方面精度要求，但也是一个不完全的设计者，因为对滚轮的制造、金刚石选用、排列应由金刚石滚轮制造单位的科技人员担任，为使滚轮使用好，二者必须结合。用户向滚轮制造商详细提供工件磨削要求、磨床、修整情况及资料，在滚轮的最终设计时参考。

（2）为保证修整的质量，必须保证滚轮的安装基准的准确，特别是进行切入式修整滚轮尤为重要，应注意以下四个方面：

1）滚轮选用直孔，公差按 ISO 标准 H_1 制造。

2）滚轮安装轴公差，控制在 0 ~ 0.002mm，最大径向、轴向跳动在 0.002mm 以内。

3）滚轮设计时留好测量基准，该基准在制造滚轮时作为滚轮测量，检查的基准在使用时作为安装基准，安装后径向和轴向跳动均须在 0.002mm 以内，特别注意轴向跳动对型面影响最大。

4）为便于滚轮的安装，可以在滚轮安装孔或滚轮轴上设计一段导向。另外，安装滚轮的隔套和垫圈两平面加工平行度须小于 0.002mm。

（3）滚轮安装时，必须保持清洁，不允许对滚轮敲打，同时不允许把滚轮压在芯轴上。为安装方便，可对滚轮进行不超过 50℃ 的油浴或水浴。

（4）滚轮的拆卸，可以通过滚轮设计时有专用的拆卸螺孔进行，严禁撬、拉、拔等方法拆卸。

（5）滚轮使用时必须充分冷却，干磨会损坏滚轮。停止不动的滚轮不允许与砂轮接触。

18.2　金刚石砂轮刀

金刚石砂轮刀被广泛应用于各种机床的砂轮修整整形，它的柄是根据不同磨床的型号而定制的。金刚石砂轮刀有多种规格，用户应根据被修整砂轮的直径来选用不同规格的砂轮刀。

我国金刚石砂轮刀采用的金刚石主要原料是一至五级天然金刚石，经精工磨制而成，其顶角角度有 60°、90°、100°和 120°。

使用砂轮刀修整砂轮时，应先把砂轮刀固定在所修砂轮之前方，金刚石尖部应不高于砂轮中心，要求砂轮刀中心线与砂轮中心线的夹角应在 10° ~ 15°，如图 1-18-11 所示。

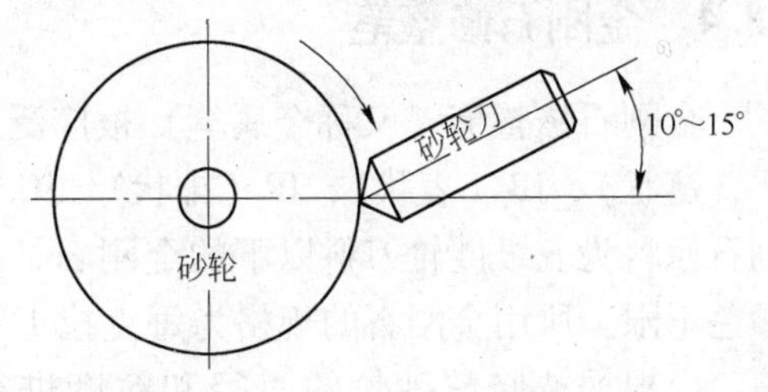

图 1-18-11　砂轮刀与被修砂轮的相互位置

在修整砂轮时，应让砂轮边缘线速度在15～25m/s。砂轮刀的刀锋与砂轮接触时，要缓慢进刀，不得用力过猛，以防碰坏砂轮刀上的锋口，修整时，以听到轻微响声为好，这样横走几次，砂轮即可被修整至锋利。要达到修整效果良好的目的，用户必须做好固定的夹具。在修整高硬度砂轮时，最好选用一品级的砂轮刀。

18.3 金刚石成型刀

金刚石成型刀具是金刚石修整工具中较精密的一种工具，它广泛用于机械、国防、纺织等工业方面的齿轮磨床以及专用成型砂轮的修整。其规格很多，以磨成的顶部金刚石角度区分，有20°、30°、40°、45°、50°、55°、60°、65°、70°、75°、80°、90°、100°等。两种常用成型刀如图1-18-12所示。

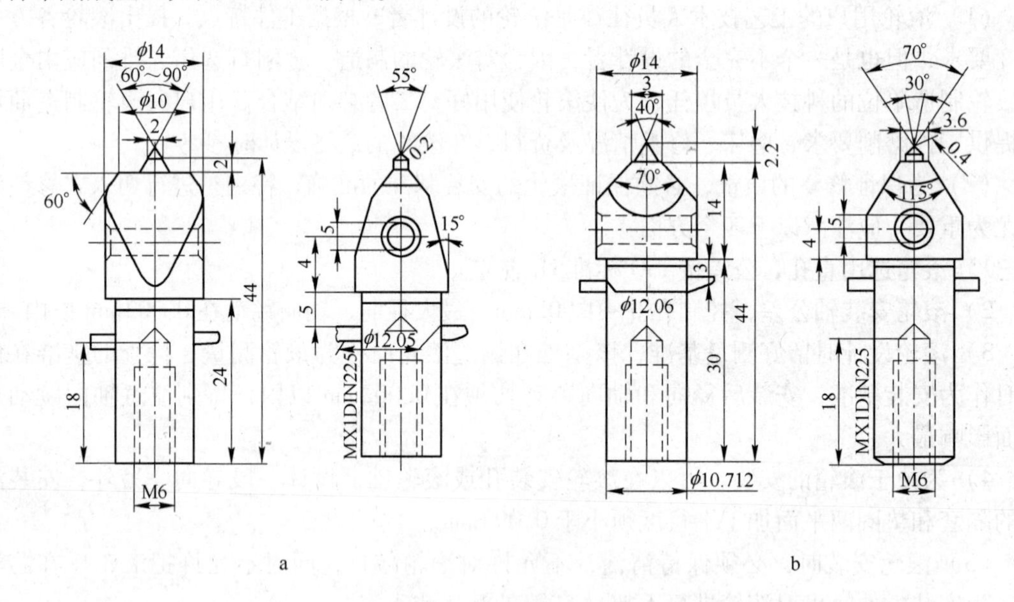

图1-18-12 两种金刚石成型刀

成型刀用的天然金刚石晶形比较特殊，如三角扁形，长条米粒形和正八面体。但均要求晶体内不得有任何杂质和裂纹。

成型刀在制作时，是采用金属粉末经粉末冶金压制的方法将金刚石固定的。用金刚石成型刀修整出来的成型砂轮精度良好，正是这样，砂轮加工出来的工件精度高，精度保持性好，从而产品互换性也好。

18.4 金刚石修整笔

金刚石修整笔（又称金属笔）被广泛用于各种磨床砂轮的修整和整形，其主要型号有JL（链状）、JB（表状）、JP（排状）、JC（层状）、JF（粉状）等。金刚石修整笔用的金刚石原料为五级砂轮刀料以下的金刚石，但必须是非片状晶体，并具有一个以上的顶尖，颜色不限。所用金刚石的规格为每克拉1～5粒、6～10粒、11～15粒，究竟采用哪种规格，应根据被修整砂轮的直径和粒度进行选择。金刚石修整笔的主要规格见表1-18-1所列。

表 1-18-1　主要规格的修整笔

型 号	层 次	每层粒数	每只含金刚石总粒数	每只含金刚石总质量/ct
JL_1	1	1	1	0.50/0.75/1.00
JL_2	3	1	3	1.00
JL_3	3	1	3	0.50
JL_4	4	1	4	0.50
JB_1	1	3	3	0.80
JB_2	1	5	5	0.80
JB_3	1	9	9	0.80
JP_1	3	2	6	1.50
JP_2	3	2	6	1.00
JC_1	2	3	6	1.50
JC_2	3	3	9	1.00
JC_3	3	4	12	1.00
JC_4	3	4	12	0.50
JC_5	2	5	10	1.00
JC_6	3	5	15	1.00

边类修整工具的特点是不带角度，而且不能翻修，即直到基体内的金刚石用完为止。金刚石修整笔的价格要比金刚石砂轮刀便宜得多，因此用来修整一般砂轮，从经济上说是很合算的。

金刚石修整笔中还有一种型号为Ⅱ的，它是以细颗粒的天然金刚石或人造金刚石作为原料，与金属粉末混合经粉末冶金方法压制烧结而成，JF 型号修整笔见表 1-18-2 所列。

表 1-18-2　JF 型号修整笔规格

型号	金刚石粒度/目	每只金刚石总质量/ct	型号	金刚石粒度/目	每只金刚石总质量/ct
JF_{14}	14	1.00	JF_{46}	46	0.50
JF_{20}	20	1.00	JF_{60}	60	0.50
JF_{24}	24	1.00	JF_{80}	80	0.50
JF_{36}	36	0.50	JF_{100}	100	0.50

18.5　金刚石修整器

金刚石修整器已大量应用于汽车工业。这种修整工具是采用小颗粒天然金刚石或人造金刚石与金属粉末，经过粉末冶金的方法热压烧结而成，常用规格见表 1-18-3 所列。

表 1-18-3　金刚石修整器规格表

规格/mm × mm	所用金刚石大小/粒 · ct^{-1}	被修整砂轮速度的推荐值/m · min^{-1}
10 × 10	40、50、60、70	<250
15 × 10	20、25、30、40、50、60、70	200 ~ 600
20 × 10	20、25、30、40、50、60、70	>400

18.6 金刚石化学机械抛光垫修整器

由于超大规模集成电路（ULS1）向高度集成和多层布线结构发展，化学机械抛光/平坦化已成为集成电路制造不可缺少的关键工艺。它不仅是硅晶圆加工中最终获得纳米级超光滑表面无损伤表面的最有效方法，也是ULS1芯片多层布线中不可替代的层间局域平坦化方法。在晶圆（芯片）制作过程中多次使用CMP（化学机械抛光平坦化）工艺。

半导体器件由两种完全不同的材料组成，硬的硅基陶瓷作为半导体基体，和软的导体金属（铜、铝等）作为电路。化学机械抛光过程（见图1-18-13）包括使用安装在刚性抛光平盘上的柔性抛光垫，硅片被压在抛光垫上，在抛光液的作用下进行抛光，抛光液含有化学液（即双氧水 H_2O_2）和纳米级磨料。硬的硅基陶瓷材料由磨料的机械作用抛光，而金属则由金属和抛光液内的化学物质之间的化学反应进行抛光，即采用化学与机械方法综合作用去除多余材料而得到平坦化的高质量表面。

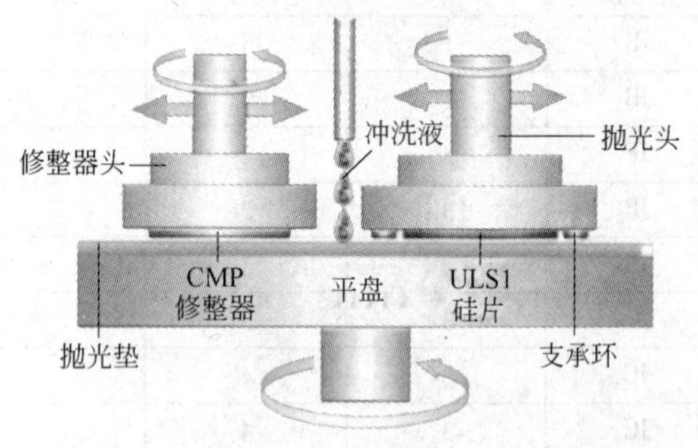

图1-18-13 化学机械抛光工艺装置示意图

在对晶圆进行化学机械平坦化过程中，金刚石化学机械抛光垫修整器具有重要作用。在工作过程中它加工抛光垫使其具有平坦的表面，不断除去抛光垫上的磨光层，恢复抛光垫的粗糙度。因此，研制金刚石化学机械抛光垫修整器，保证晶圆（芯片）化学机械抛光质量，效率与寿命上具有重大作用。

对金刚石化学机械抛光垫修整器的性能要求如下：

（1）不能有金刚石脱落，否则使晶圆表面产生划痕，刮伤与瑕疵。

（2）具有恒定的晶圆去除率，以保证抛光的质量与稳定。

（3）必须有很长的寿命，因在晶圆抛光整个成本中，修整器所占成本比例最大。

（4）批量生产中要求修整器稳定如一。

为满足上述要求，金刚石修整器的设计应具有下列特点：

（1）金刚石磨料必须牢固地把持固定在修整器上，不能脱落。

（2）金刚石磨料分布有一定适当的间距，以便平衡修整效率与深度。

（3）金刚石磨料必须凸出处在同一水平，保证修整吃入抛光垫在同一深度。这对工作晶体数量最大化至关重要。能保证晶圆厚度均匀一致。

（4）金刚石晶粒必须充分暴露，防止胎体金属不在晶圆面上滑移或抛光垫上拖拉。这将加速抛光垫磨光打滑，微划痕的产生。金刚石凸露较高，有利于抛光液的流动，防止其凝聚。

（5）金刚石胎体金属必须耐磨与防浸蚀，由于机械与化学作用引起的胎体金属的浸蚀与磨损，将会降低金刚石的把持力，并引起金刚石脱落。

国外各种类型CMP修整器简介。

18.6.1　镍电镀型修整器

A　日本旭日公司 CMP-NEO-U 修整器

该新型修整器特点如下（见图 1-18-14）：

（1）金刚石规则排列，并具有相同的凸出高度。

（2）每颗金刚石刃尖的高度得到控制。

（3）每颗金刚石刃尖有意按工作面方向排列。

（4）每颗金刚石由镍镀层包裹，以防脱落。

（5）金刚石的凸出高度为普通修整器金刚石凸出高度的 1.5 倍，以利于磨削液的流动。

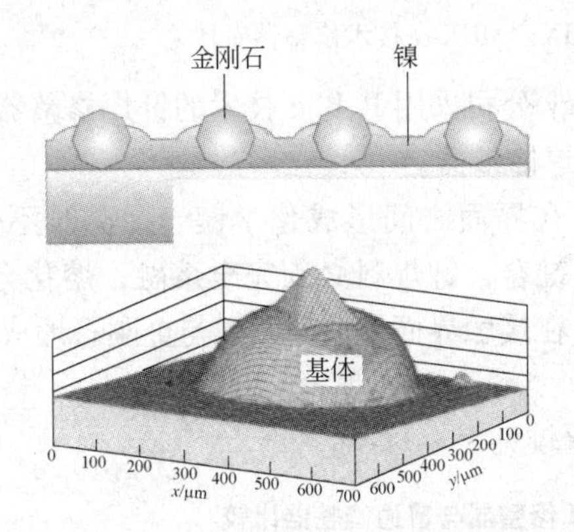

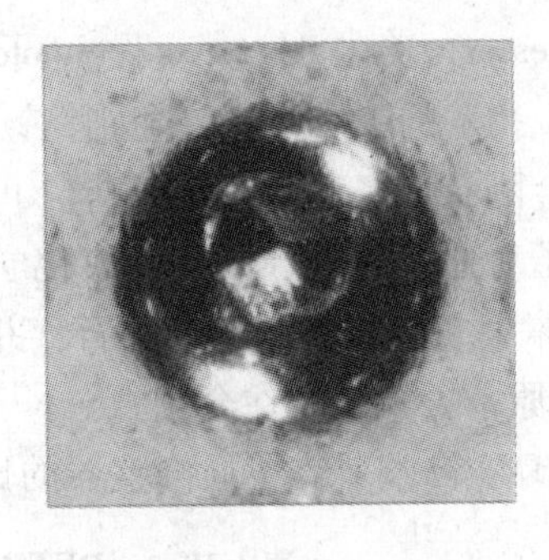

图 1-18-14　CMP-NED-U 修整器特点示意图

通过对比试验与用户应用证明 CMP-NED-U 电镀镍修整器效果如下：

（1）与普通修整器相比，抛光垫与晶圆表面去除率恒定，变化小。

（2）与普通修整器相比，在修整器工作 70h 抛光垫与晶圆去除率非常稳定。

（3）在工作 70h 后，无金刚石脱落，晶圆上无划痕产生。

（4）采用新型修整器抛光性能变化很小。

（5）新型修整器的使用寿命是普通修整器寿命的两倍。

（6）新型修整器在线修整过程中没有产生大的划痕。

（7）新型修整器有效工作金刚石比例达到 80% 左右。

B　韩国新韩公司低密度型 DET-M 修整器

该修整器特点如下：

（1）最大的金刚石突出高度（80 ~ 120μm）。

（2）精确控制金刚石间距，并能按预设模式排列，采用了该公司 ARIX 和 ARIX-α 专利技术。ARIX 技术使金刚石能有序排列，ARIX-α 技术可使金刚石直立有序排列，磨削效率更高（见图 1-18-15）。

（3）良好的性能，有效地减少磨料 30%，对硬抛光垫有更高的去除率。

18.6.2　高温真空钎焊修整器

镍电镀型修整器是机械式把持金刚石，故易于脱落，使晶圆表面损伤，产生划痕，瑕疵，后期开发出高温真空钎焊型修整器如我国台湾 KINIK 公司的 Diamond Grid 和 Diamond

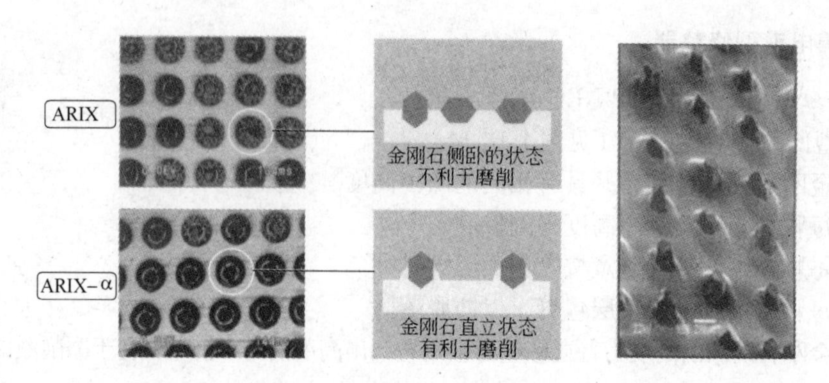

图 1-18-15 采用 ARIX，ARIX-α 技术修整器对比

shield Pad Dresser，美国 Abrasive Technology 公司采用 P. B. S 技术的钎焊修整器，韩国 EHWA 采用 BSL 技术的单层与双层金刚石钎焊修整器。

把持好金刚石最好的途径是钎焊，可在界面之间形成化学键合，此时不是机械式把持，而是原子对原子间结合，为形成化学键合，钎焊料必须完全熔融，熔化合金含有 Ti、Cr 等活性元素，它可很好润湿金刚石，并在接触界面，活性元素与金刚石形成碳化物，牢固地以原子/原子方式把持住金刚石。

韩国 DET-M 修整器与普通修整器的比较见表 1-18-4。

表 1-18-4 DET-M 修整器与普通修整器比较

项目＼类型	普通修整器	DET-M 修整器
冲洗液通道容量	小	大
金刚石之间通道	不畅通	畅通
金刚石突出高度/μm	30～50	80～120
金刚石分布模式设计	受到限制	可控
金刚石间距	用筛网控制	可控

（1）中国台湾 KINIK 公司 Diamond Grid 金刚石规则排列钎焊修整器。KINIK 公司金刚石修整的设计特点由图 1-18-16 充分显示与说明，特别是金刚石以固定的间距按预先设计

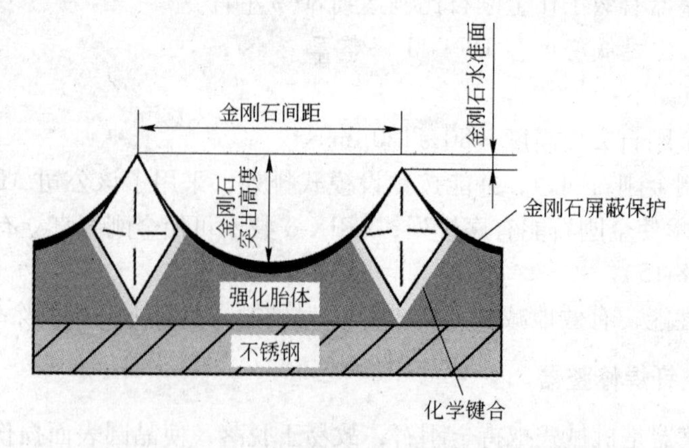

图 1-18-16 金刚石修整器最关键设计参数示意图

模式（Diamond Grid）排列，金刚石突出高度与水平面都严格控制，整个表面镀覆一层纳米金刚石的不易损坏的保护层（Diamond Shield）防止酸性冲洗液对基体金属的浸蚀和冲洗液中熔融的金属铜对芯片电路的损害。同时牢固的钎焊使金刚石不易脱落。

由于对上述最关键因素采取控制措施，使 KINIK 修整器获得良好效果。

（2）美国 Abrasive Technology 公司 P. B. S 技术真空钎焊修整器。该公司采用 P. B. S 技术推出的真空钎焊修整器特点如下：

1）采用真空钎焊使金刚石在修整器上获得化学键合，故金刚石把持得更好，使用寿命更长（见图 1-18-17）；

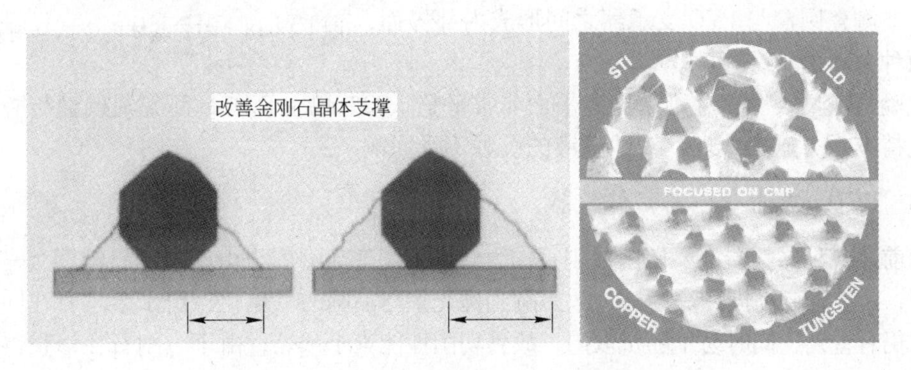

图 1-18-17　钎焊金刚石凸露与把持特点

2）金刚石凸出更高，故其使用寿命更长，修整效率更高；

3）金刚石浓度有效控制，故抛光垫表面均匀一致；

4）采用较硬的胎体，故修整器更耐用，寿命更长，金刚石结合强度提高 80%；

5）修整器基体采用不锈钢材料，故更耐腐蚀，其寿命提高 60%。

（3）韩国 EHWA 公司 BSL 单层与双层钎焊修整器。该公司采用真空钎焊工艺推出 BSL 型单层与双层金刚石修整器特点如下：

1）采用钎焊使金刚石焊在不锈钢基体上，金刚石获得化学键合，金刚石不脱落，同时具有很快去除率，增加碎屑排除空隙；

2）采用双层金刚石，第一层金刚石把持良好，第二层具有清洁表面，故晶圆上的划痕很少，表面非常平坦。

（4）NORTON 公司采用 SARD 工艺真空钎焊修整器，该公司采用 SARD 工艺生产 AP360-M 修整器特点如下：

1）能自动防止金刚石的随机不规划分布，无金刚石空白区；

2）使抛光垫具有均匀一致的结构；故抛光无瑕疵，损伤少；

3）产品重复性与一致性非常好；

4）有很好的化学与机械耐磨层镀覆，故使修整器寿命提高 50%。

18.6.3　陶瓷基体陶瓷结合剂修整器

目前大多数修整器采用金属基体用金属胎体，采用钎焊、电镀或烧结以化学与机械作用把持住金刚石。随着铜互连层的采用，提高了对胎体耐磨机械与化学磨蚀性的要求，因此美国 Abrasive Technology 公司研发推出完全非金属材料的修整器，即采用陶瓷胎体将金刚石把持在超平坦陶瓷基体上（见图 1-18-18），其特点如下：

（1）采用超平坦的陶瓷基体的专利加工技术，可获得超平坦的修整器平面；

（2）采用陶瓷结合剂胎体将高质量金刚石黏结到超平坦的陶瓷基体上；

（3）修整器使用 PVC（聚氯乙烯）支持固定在背部，在陶瓷圆盘与 PVC 支承器之间形成内部界面，保证两种材料的平缓过渡。

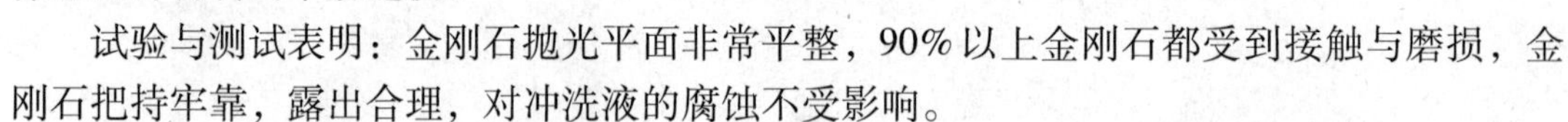

图 1-18-18 陶瓷基体陶瓷结合剂修整器

试验与测试表明：金刚石抛光平面非常平整，90% 以上金刚石都受到接触与磨损，金刚石把持牢靠，露出合理，对冲洗液的腐蚀不受影响。

18.6.4 PCD（聚晶金刚石）修整器

在前述各种修整器都要使用金刚石作为修整中切削与磨削刃由于金刚石粒度有一定的尺寸范围，难于控制在同一高度内，故影响到抛光垫与晶圆的平坦化；由于金刚石在同一级别中形状仍有差别，同时易于随机取向，故其切削性能难于预控；由于金刚石在修整器上分布的频率（即间距）较难控制，故将影响抛光均匀性。故台湾 KINIK 公司研发了新型 PCD（聚晶金刚石）修整器。它将 PCD 在超高压（6GPa）高温（1350℃）下烧结成为修整器胎体。然后用电火花加工（Electro Discharge Machining，EDM）成特定尺寸与形状的角锥体。按预定模式排列的角锥体（见图 1-18-19），称之为 ADD(Advanced Diamond Disks)先进的金刚石修整盘。试验表明：ADD 可使抛光垫以高密度粗糙度，高效的均匀性抛光晶圆，寿命提高一倍，角锥体磨蚀后，又可再重新加工复新，多次使用，使成本降低。

图 1-18-19 ADD 金刚石抛光盘切割角锥体实例

先进的 ADD 抛光盘与普通金刚石抛光垫修整器对比优点如表 1-18-5 所示。

表 1-18-5 ADD 与 DiaGrid 对比特点

特 点	DiaGrid	ADD
金刚石平整性/μm	>50	<20
抛磨效率/μm·h^{-1}	>50	>20

续表 1-18-5

特　点	DiaGrid	ADD
参与工作金刚石晶粒/%	<10	>90
破碎的金刚石晶粒/%	>20	<1
金刚石形状	不规则	均匀对称
金刚石晶体角度/(°)	>100	<90
抛磨应力	大（撕裂）	小（切削）
抛磨温度	高	低
防　酸	不防酸	防酸
抛光垫寿命	短	长
修整器寿命	短	长
表面粗糙度	随机	均匀
均匀性	低	高

参 考 文 献

[1] 方啸虎．超硬材料科学与技术(下)[M]．北京：中国建材工业出版社，1998，4.

（中南工业大学：张绍和，胡程）

19 金刚石切削刀具

19.1 概述

随着汽车、航空航天等技术的飞速发展，对材料的性能及加工技术要求日益提高。有色金属及合金、碳纤维增强塑料、玻璃纤维增强塑料、纤维增强金属以及石墨、陶瓷等新材料因此得以广泛应用。与此同时，由于金刚石具有超高硬度、极高的耐磨性及热导率、极低的摩擦系数等多种优异性质，因此已发展成为现代制造业的理想切削刀具材料。

图 1-19-1 列出了过去 200 年间不同刀具材料出现的先后顺序以及分别可以实现的切削速度。

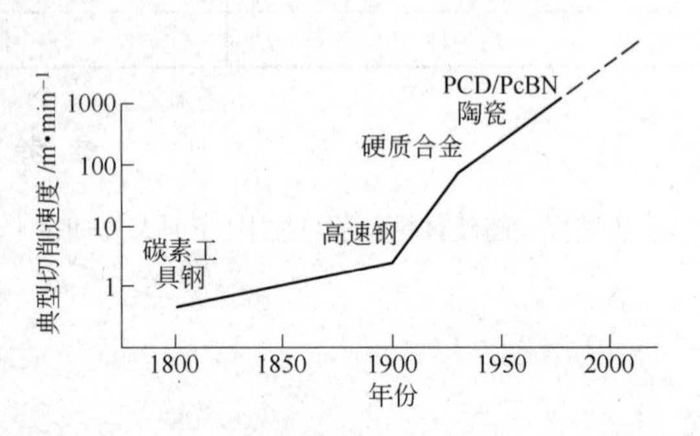

图 1-19-1 不同刀具材料出现时间与切削效率

金刚石作为一种超硬刀具材料已有数百年历史。在刀具发展历程中，从 19 世纪末到 20 世纪中期，刀具材料以高速钢为主要代表；1927 年德国首先研制出硬质合金刀具材料并获得广泛应用；20 世纪 50 年代，瑞典和美国分别合成出人造金刚石，切削刀具从此步入以超硬材料为代表的时期。20 世纪 70 年代，人们利用高压合成技术合成了聚晶金刚石（PCD），解决了天然金刚石数量稀少、价格昂贵的问题，使金刚石刀具的应用范围扩展到航空、航天、汽车、电子、石材等多个领域。

根据来源的不同，金刚石切削刀具材料可分为天然金刚石、高温高压人造金刚石以及 CVD 金刚石三类，具体划分如图 1-19-2 所示。在这些金刚石材料中，以 PCD 的应用最为广泛。

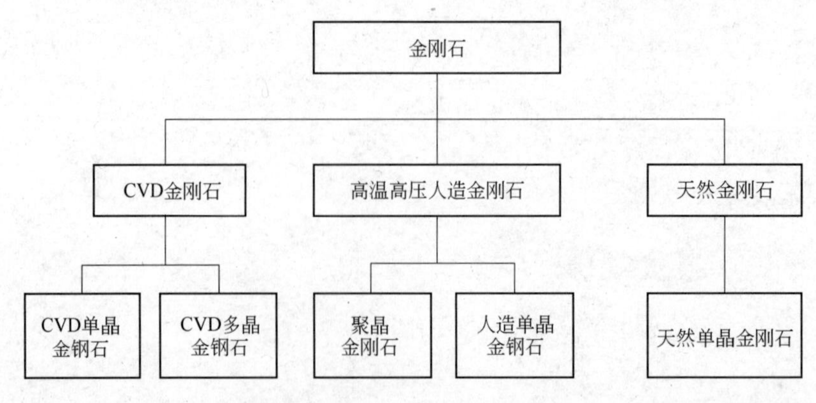

图 1-19-2 金刚石切削刀具材料分类

图 1-19-3 列出了各种不同切削刀具材料的硬度及韧性特点。表 1-19-1 是几种刀具材料性能的比较。

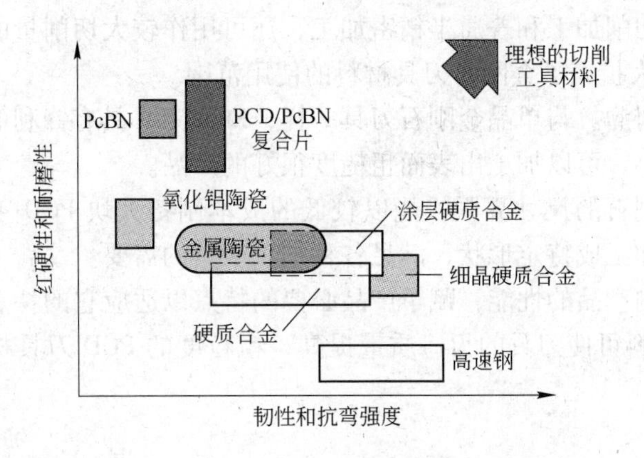

图 1-19-3 各种不同切削刀具材料的硬度及韧性

表 1-19-1 几种刀具材料性能的比较

材料性能	硬质合金（K10）	陶瓷（Al_2O_3）	聚晶金刚石（CTB010）
密度/$g \cdot cm^{-3}$	14.7	3.91	4.12
抗压强度/MPa	4.4	4.5	7.6
断裂强度/$MPa \cdot m^{1/2}$	10.48	2.33	8.81
努普硬度/GPa	17	16	50
热导率/$W \cdot (m \cdot K)^{-1}$	100	8.4	540
线膨胀系数/$10^{-6}K^{-1}$	5.4	7.8	4.2
摩擦系数①	0.2	—	0.1

①自然接触、未润滑的状态下的静摩擦系数。

19.2 PCD 材料

19.2.1 PCD 的合成

聚晶金刚石（PCD）的合成与人造单晶金刚石相类似，它是在结合剂存在的条件下，通过超高的温度、压强将微米尺寸的金刚石颗粒烧结制成的。早期的 PCD 产品是先将金刚石微粉烧结成聚晶金刚石块，然后通过高温钎焊或者二次高压烧结的办法将 PCD 与硬质合金或者其他基体材料焊接在一起。后来通过取消二次烧结工艺，采用超高压高温一次烧结成型得到聚晶金刚石复合片。

19.2.2 PCD 的基本特点

晶粒呈无序排列，各向同性。聚晶金刚石是将千百万个无定向的单晶体聚合而成的多晶体，晶粒呈无序排列，无解理面，因此它不像大单晶金刚石那样在不同晶面上的强度、硬度以及耐磨性有较大区别，以及因解理面的存在而呈现脆性。这就在刀具制造中避免了繁杂的定向操作，刃磨也较金刚石单晶容易得多。

具有较高的强度和韧性。天然金刚石的抗弯强度 $\sigma_{bb} = 210 \sim 490MPa$，而聚晶金刚石复合片的抗弯强度约为1000MPa。与单晶金刚石相比，PCD具有较高的抗冲击强度，在冲击较大时只会产生小晶粒破碎，而不会像单晶金刚石那样大块崩缺，因而PCD刀具不仅可以用来进行精密切削加工和普通半精密加工，还可用作较大切削量的粗加工和断续加工（如铣削等），这大大扩充了金刚石刀具材料的使用范围。

不易产生刀积屑瘤。与单晶金刚石刀具一样，PCD刀具具有锋利的切削刃，与被加工工件之间的亲和力小，可以加工出表面粗糙度很好的产品。

突破了单晶金刚石的尺寸界限，能以较低的成本制备大块PCD工具坯料，也可以根据需要将其方便地加工成特定形状，满足各种加工工具的需要。

可以设计或预测产品的性能，赋予产品必要的特点以适应它的特定用途。比如选择细粒度的PCD刀具材料可使刀具的刃口质量提高，粗粒度的PCD刀具材料能够提高刀具的耐用度，等等。

19.2.3 PCD分类

根据合成PCD时所采用的结合剂的不同，PCD主要分为两类：钴基PCD和硅基PCD。

钴基PCD在合成时主要以金属钴为结合剂，因而该材料呈现出一定的导电性，可以采用电火花等各种工艺进行加工。由于金属钴在高温下易于导致PCD发生石墨化转变，因此该类材料的耐高温性相对较差，一般仅为700℃左右，故不适合应用在修整工具等方面。钴基PCD的应用非常广泛：

（1）刀具：当前几乎所有的PCD刀具复合片材料均为钴基PCD，它可以制成各种PCD刀具，并广泛用于加工多种有色金属以及非金属材料，比如硅铝合金、紫铜、硬质合金、石材、塑料、石墨碳砖等等。为了增加其抗冲击性和可焊接性，很多PCD材料在合成过程中往往与硬质合金衬底烧结在一起。

（2）拉丝模芯：在全球金刚石拉丝模领域，钴基PCD占据相当重要的市场份额。它可以用于拉拔多种金属线材，如不锈钢丝、铜丝、钨丝、金属焊条等。诸如日本住友的WD700等系列以及国产品牌的CXD、SD等系列即属于该类产品。

（3）耐磨器件、钻石刀轮等：硅是一种非金属材料，硅基PCD在合成时主要以硅为结合剂。由于PCD中的金刚石颗粒本身以及结合剂硅均不导电，因此硅基PCD几乎不导电，只能采取电火花以外的方式进行加工，比如激光切割、机械研磨抛光等。由于该类材料里面没有金属结合剂，因此硅基PCD表现出可与单晶金刚石相媲美的耐热性，它可以在高达1000摄氏度的温度下工作。目前，硅基PCD的应用主要包括以下几个方面：

1）磨粒、磨条：由于其优异的耐高温性，硅基PCD大量使用在高温工作场合中，比如修整工具以及石油钻头方面。

2）首饰：经过一系列精细研磨抛光加工后，硅基PCD可以将金刚石材料的高贵价值与加工观赏性结合在一起，从而在高档首饰方面占有一席之地。代表性产品包括袖口、戒指面、胸针等。

19.2.4 金刚石粒度对PCD材料性能的影响

根据金刚石粒度的不同，我们一般把PCD材料分为以下五类：

（1）超细粒度：粒度在1μm以内，代表产品有元素六CMX850、日进XUF、住友

DA1000 及 DI 公司 1200。

(2) 细粒度：粒度在 2μm 左右，代表产品有元素六 CTB002、日进 CF、DI 1600、住友 DA200。

(3) 中粒度：粒度在 10μm 左右，代表产品有元素六 CTB010、日进 CM、DI 1300、史密斯 M10。

(4) 粗粒度：粒度在 20μm 以上，代表产品有元素六 CTH025、日进 CXL、DI 1500。

(5) 混合粒度：PCD 中含有两种或以上不同粒度的金刚石，代表产品有元素六 CTM302、DI 1800 等。

对于 PCD 刀具来说，材料中金刚石的粒径越小，所制成刀具的切削质量就越好，其耐磨性则会相应变差。该特点在拉丝模、钻石刀轮方面也有类似体现。对于钴基 PCD 而言，细粒度 PCD 材料体现出相对较好的导电性。

19.3 PCD 刀具制造

PCD 刀具的制造过程主要包括 PCD 复合片的制造和 PCD 刀片的加工两个阶段。

PCD 复合片的制造是一个粉末烧结的过程，即将微米粒度的金刚石粉末与结合剂按一定比例在高温（1000 ~ 2000℃）、高压（5 万 ~ 10 万个大气压）下烧结而成。在烧结过程中，由于结合剂的加入，金刚石晶体间形成了以 TiC、SiC、Fe、Co、Ni 等为主要成分的结合桥，金刚石晶体以共价键形式镶嵌于结合桥的骨架中。通常将复合片制成固定直径和厚度的圆盘，并对烧结成的复合片进行研磨抛光、整形等处理。

PCD 刀片的加工主要包括 PCD 复合片的切割、PCD 复合片的焊接、刀片刃磨等步骤。其中，复合片的切割一般采用电火花线切割、激光切割或者超声波切割，在专用切割机上可以将 PCD 复合片加工成所需要的形状；刃磨通常在专用的 PCD 刃磨机床上采用树脂结合剂金刚石砂轮进行磨削。

19.3.1 PCD 的切割

当前，使用激光以及电火花放电切割是切割 PCD 复合片最常见的两种方法。表 1-19-2 是希波尔某激光切割机的切割参数。

表 1-19-2 希波尔某激光切割机的切割参数

金刚石层厚度/mm	总厚度/mm	切割遍数	在不同功率下的切割速度/mm·s^{-1}			
			20W	25W	30W	35W
0.5	1.6	2	0.4	0.6	0.9	1.05
	2.0	2		0.25	0.5	0.75
	2.5	2			0.3	0.5
	3.2	4				0.2

目前，激光切割机在国内外 PCD 复合片加工中获得广泛应用。与传统线切割相比，激光切割有以下优点：

(1) 选位定位精度高（可达 3μm）；

(2) 切缝窄，出品率高（随切割厚度不同，切缝宽度在 0.02 ~ 0.15mm 之间）；

（3）切缝边棱平直光滑，切缝面美观洁净，切割的金刚石边棱在 100 倍显微镜下观察，依然平直无缺口；

（4）切割效率高、速度快；

（5）可进行曲线切割；

（6）可对金刚石、立方氮化硼刀具刃口进行高精密无损伤修切，可减小刃磨时的应力损伤，从而在一定程度上提高刀具寿命；

（7）可实现激光微加工。

对于切削刃形状复杂而无法刃磨的 PCD 刀具，可在五轴五联动数控慢走丝加工机床上经过粗切和精切获得所要求的切削刃。对于需要精研加工的切削刃，可在高精度切割时留下微小的余量，再通过一次精研达到尺寸要求。

19. 3. 2 PCD 刀具的焊接

除采用机械夹固和粘接方法外，PCD 大多是通过焊接方式结合到硬质合金基体上。表 1-19-3 是几种焊接方式的对比。

表 1-19-3 几种焊接方式的对比

焊接方式	基 本 特 点	投入成本	应用情况
激光焊接	焊接强度高，效率高，易于实现自动化	高	较少
真空扩散焊	焊接工艺过程复杂，焊接时间较长	高	较少
真空钎焊	焊接质量高，工艺复杂，操作难度较大	高	较少
高频感应焊	操作简便、加热时间快、生产效率高	低	广泛应用

19. 3. 2. 1 高频感应焊接

A 高频焊接原理

高频感应加热技术是 20 世纪初发展起来的一项加热技术，具有加热速度快、材料内部发热和热效率高。加热均匀且有选择性、产品质量好、几乎无环境污染、易于实现生产自动化等一系列优点，并在超硬刀具制造领域得到广泛应用。

高频感应钎焊就是指利用电磁感应原理，使电磁能在钎料和工件中转化成为热能，将钎料加热到熔融状态，从而将工件焊接在一起的焊接方法。该工艺加热速度快，功率密度可达 10 ~ 100kW/cm^2，通常可在几秒钟内完成加热过程，并能保证零件的尺寸精度，其剪切强度可达 300 ~ 400MPa。

B 高频焊接钎焊焊料与钎剂的选择

钎剂和钎料的选择是决定 PCD 刀具钎焊强度的主要因素之一，它们的合理搭配能保证熔融钎料具有良好的流动性，充分润湿母材，减少气孔、夹渣等缺陷，获得外形美观、性能优良的钎焊接头。银基钎料被认为是当前较为理想的钎料，钎焊硬质合金接头的抗剪强度一般在 200MPa 左右，采用高频感应钎焊加热方式时其剪切强度可达 300 ~ 400MPa。

C 高频焊接温度及时间

受 PCD 内部钴基结合剂的影响，在温度达到 700℃ 以上时会造成刀具材料热损伤，影响切削性能，因此其焊接不能像硬质合金那样采用高达 1000℃ 的高温钎焊工艺。另一方面，焊接温度过低则会影响钎料的润湿性，使后续加工和使用过程中容易发生脱焊现象。以元素六公司 PCD 复合片为例，推荐 CTB002 的钎焊安全温度应低于 650℃，CTB010 的焊接温度应低于 670℃，CTB025 应低于 720℃。此外，在钎焊 PCD 复合片时，应首选钴含量较高的 K 类硬质合金，这样有利于提高钎焊强度。

焊接时间是指保持焊接温度的时间。如果保温时间不够，则焊剂难以充分而均匀地熔化，也会造成焊接不牢的现象。如果保温时间过长，PCD 切削刃则会因长时间处于高温下而影响其切削性能。PCD 复合片高频感应钎焊时，最佳的恒温保持时间取 15～20s。

D 高频焊接缓冷措施

当采用钢为基体材料时，焊接后应采取缓冷措施，这样可有助于减少或消除因刀具材料与基体热膨胀系数不一致所引起的焊接应力，有效防止裂纹的产生。常用的措施包括人工风冷、间隔置于石棉板、埋入生石灰或氧化铝等保温粉、放入保温炉等。刀具焊接后应注意避免置于空气中自然冷却，更不能放入水或油中急冷。

E 高频焊接焊后处理

焊后应及时清洗过量的钎剂和表面氧化皮。钎剂可以在热水中浸泡去除，但最好的去除氧化皮的方法是喷砂。喷砂可在焊接冷却后直接进行，清理后用放大镜检查钎缝，平滑、光洁、无气孔、无裂纹、圆弧状的钎缝最为理想。生产经验表明，细粒喷丸具有对表面缺陷进行钝化的良好作用。

19.3.2.2 其他焊接方式简介

（1）激光焊接。激光焊接是利用高能量密度的激光束作为热源的一种高效精密焊接方法。激光焊接具有高能量密度、可聚焦、深穿透、高效率、适应性强等优点。激光焊接过程属于传导焊接，即激光辐照工件表面，产生的热量通过热传导向内部传递。通过控制激光脉冲的宽度、能量、峰值功率和重复频率等参数，使工件达到一定的熔池深度，而表面又无明显的汽化，这样即可进行焊接。激光焊接系统有高度的柔性，易于实现自动化。由于激光焊接要求被焊件有较高的装配精度，同时激光焊接系统的成本高，对操作技能也有很高要求，这些都制约了激光焊接的广泛应用。

（2）真空扩散焊。该工艺是将工件置于真空或保护气氛炉内加热，通过外部压力使工件待焊接表面产生微观塑性变形，达到紧密接触状态，原子间相互扩散而成冶金连接的焊接方法。扩散焊时，零件在真空室中的加热是在不断抽真空的情况下进行的，因而能有效去除表面的吸附气体和氧化膜杂质。此外，真空扩散焊能保持工件的较高的几何尺寸和形状精度。由于真空扩散焊的工艺复杂，焊接时间较长，成本高，需用专用设备，因此在 PCD 刀具方面应用不多。该工艺在焊接强度要求高的 PDC 钻头方面得到广泛应用。

（3）真空钎焊。真空钎焊是指在真空或惰性气氛下进行工件的钎焊焊接。该方法不会产生常规高频焊接带来的高温氧化问题，因此可以在相对更高的温度下进行焊接，常常用于制造单晶金刚石以及 CVD 金刚石刀具。由于工艺复杂，操作难度较大，因此在 PCD 刀具方面尚未得到广泛应用。

19.3.3 PCD 刀具的磨削

19.3.3.1 PCD 磨削加工的特点

PCD 的磨削加工主要是机械和热化学两方面混合作用的结果。机械作用是通过金刚石砂轮磨粒对 PCD 材料的不断冲击而形成的金刚石的微破碎、磨损、脱落或解理，热化学作用则使 PCD 材料在磨削过程中形成的高温情况下发生氧化或石墨化。二者混合作用的结果致使 PCD 材料被去除。PCD 刀具的磨削加工主要有两方面的特点：

（1）需要较高的磨削力，效率比较低。金刚石是已知矿物中硬度最高的物质。通过与各种金属、非金属材料配对摩擦，其磨损量约比硬质合金低两个数量级。因此为了保证切削刀具的刃口质量和去除量，通常需要较大的磨削力以及较长的磨削时间。

（2）磨削效率与 PCD 的粒度关系比较大。常见的 PCD 材料的粒度从 1 ~ 50μm，范围分布比较广，因此其磨削力、磨削比相差几倍至数十倍。一般来讲，粗粒度 PCD 的耐磨性较高，磨削较困难，磨削后的刃口质量也相对较差。

19.3.3.2　*刃磨机床的选用*

由于 PCD 刀具具有很高的硬度和耐磨性，因此对刃磨有较高要求，主要包括以下几方面：

（1）砂轮主轴及机床整体具有很高的刚性和稳定性，以保持刃磨时砂轮对 PCD 材料的恒定压力；

（2）砂轮架可以横向摆动，以保证砂轮端面磨损均匀，砂轮的摆动频率和幅度可以调节；

（3）配置光学投影装置和高精度回转工作台，采用专用金刚石砂轮；

（4）磨削压力可调且稳定性好，能往复摆动，摆动幅度和摆动频率可调；

（5）配备高精度光学投影仪和回转工作台。

推荐的磨床包括瑞士伊瓦格公司的 RS15、中国台湾远山公司的 FC-200D 等。

19.3.3.3　*刃磨要求*

（1）金刚石砂轮的粒度、浓度和结合剂种类等对 PCD 刀具刃磨的质量和效率影响很大。因此，正确选用砂轮十分重要。经验表明，在可以满足加工质量要求的前提下，应尽量选择粒度较大的砂轮。切刃精度与所选刃磨砂轮粒度选择见表 1-19-4。

表 1-19-4　磨削精度对照表

磨削精度	切刃精度/mm	可选刃磨砂轮粒度	用　途
a 粗	0.05	230/270 ~ 320/400 目	粗加工
b 精	0.02	M20 ~ M40	半精加工
c 细	0.005	M5 ~ M10	精加工

（2）砂轮应具有良好的动平衡。砂轮的不平衡将导致机床的振动，进而影响被加工刀具的刃口质量和加工精度。

（3）陶瓷结合剂金刚石砂轮具有较为理想的自锐性和高锋利度，使磨削过程平稳，利于保证加工表面的精度和效率，因此应用较为广泛。选耐热性较高的树脂结合剂金刚石砂轮也有一定应用。

（4）砂轮磨削加工一段时间后，磨粒之间的缝隙会被磨屑填满，导致磨削面变钝，加工效率降低，此时砂轮磨削时往往发出吱吱的尖叫声。为保持砂轮的切削能力，通常选择比所用砂轮粒度细 1 ~ 2 号的软碳化硅油石为砂轮开刃。

（5）砂轮回转方向务必从刀具的前刀面向后刀面回转。从磨削时 PCD 刀具切削刃的受力可知，当砂轮从刀具前刀面向后刀面回转时，其磨削力（切向与法向力之和）作用于切削刃向内，即刀具受压应力，不易崩刀；反之则为拉应力，切削刃易崩口。若因刀具结构原因必须反转刃磨时，则选树脂结合剂砂轮优于金属和陶瓷结合剂砂轮。

（6）尽可能在一次装夹中完成对刀具切削刃的加工。

（7）刃磨过程中推荐使用水基冷却液，磨削过程中冷却要充分，要避免因磨削液量小或断续供给造成刀具的刃口破损。

（8）刃磨完成后，可以在机床的投影仪上直接检测 PCD 刀具的尺寸精度和刃口平直度，不允许有凹凸不平或锯齿形等明显缺陷。刃口的平直度也可以在 40 ~ 50 倍的显微镜下检查。

19.4 PCD 材料性能

19.4.1 元素六 PCD 规格、特点及应用

元素六 PCD 的规格、特点及应用见表 1-19-5。

表 1-19-5 元素六 PCD 的规格、特点及应用

规 格	CTB002	CTB010	CTH025	CTM302	CMX850
直径/mm	70	70	70	70	60
金刚石层厚度/mm	0.3 0.5 0.7	0.3 0.5 0.7 1.0	0.5	0.5 0.7 1.5	0.5
平均粒径/μm	2	10	25	2 ~ 30	约 1
性能特点	韧性佳，可实现较低的表面粗糙度值	通用等级，适合应用在各种普通加工、粗加工以及精加工场合	耐磨性优异	兼具出众的耐磨性、韧性和刀刃质量	抗冲击性、耐磨性优异
推荐加工对象	工程塑料，紫铜，铝等	中硅铝合金等	高硅铝合金，硬质合金等	与 CTH025 相似	硅铝合金、钛、铜合金、陶瓷、增强塑料等

19.4.2 DI 公司 PCD 规格、特点及应用

DI 公司 PCD 的规格、特点及应用见表 1-19-6 所列。

表 1-19-6 DI 公司 PCD 的规格、特点及应用

规 格	1300	1500	1600	1800
金刚石层厚度/mm	0.5	0.5	0.5	0.5
直径/mm	58	58	58	58
平均粒径/μm	5	25	4	25 和 4 混合粒度
金刚石体积含量/%	92	94	90	95

续表 1-19-6

规　格	1300	1500	1600	1800
是否导电	导电	导电	导电	导电
性能特点	刀具刀刃质量高，耐磨性优秀，具有相当的抗冲击强度，表面粗糙度值低	超长的工具寿命，耐磨性极高，抗冲击强度高，不错的表面粗糙度，和实际应用有关	刀刃质量高，晶粒间结合能力强，高耐磨性，具有相当的抗冲击强度，工件表面粗糙度值低，材料极易磨削	极高的耐磨性，高抗冲击强度，良好的表面粗糙度，工具寿命长
加工对象	具有高耐磨性，适于加工硅含量小于14%的硅铝合金、铜合金、石墨以及石墨复合材料、复合木板、未烧结陶瓷和硬质合金等	强度高，适合断续加工和粗加工硅含量大于14%的硅铝合金、金属基复合材料、复合金属（铝/铸铁）、烧结陶瓷和硬质合金以及其他高耐磨材料等	适合精加工铝、铜、贵金属、复合木板、塑料等	混合粒度，适于加工金属基复合材料、高硅铝合金、玻璃纤维、纤维板及层叠地板等

19.4.3 韩国日进公司 PCD 规格及特点

韩国日进公司 PCD 的规格、特点及应用见表 1-19-7 所列。

表 1-19-7 DI 韩国日进公司 PCD 的规格、特点及应用

类　型	标准级			优等级				特殊产品
规　格	CF	CM	CC	XUF	CUF	CXL	CXL-Ⅱ	W-Grade
金刚石层厚度/mm	0.5	0.5	0.5	0.5	0.5	0.5	0.5	0.5
直径/mm	60	60	60	60	60	60	60	60
粒度/μm	4	10	25	1	2	25	40	CFW/CMW/CCW
金刚石体积含量/%	90	92	94	85	90	95	95	90
特　点	实现理想的表面粗糙度	通用等级产品	D-D键结合强，耐磨性好	抗冲击性极佳	实现极佳的表面粗糙度	非常耐磨		易于使用电火花加工，抗冲击性好

19.4.4 日本住友 PCD 规格、特点及应用

日本住友 PCD 的规格、特点及应用见表 1-19-8 所列。

表 1-19-8 日本住友 PCD 的规格、特点及应用

规　格	DA90	DA150	DA200	DA2200
金刚石层厚度/mm	≥0.5	≥0.5	≥0.5	≥0.5
直径/mm	45 58 64	45 58 64	45 58 64	45 58 64

续表 1-19-8

规　格	DA90	DA150	DA200	DA2200
金刚石平均粒度/μm	50	5	0.5	2
维氏硬度/kgf · mm^{-2}	10000～12000	10000～12000	8000～10000	9000～10000
横向断裂强度/kgf · mm^{-2}	110	200	220	250
产品特点	粗粒度 PCD 材料，超高耐磨性	细粒度 PCD 材料，耐磨性好，锋利度高	超细粒度 PCD 材料，超高锋利度，超高韧性	超细粒度，高致密度，出众的硬度和耐磨性，高锋利度
加工范围	高硅铝合金、石墨、铝/灰铸铁复合金属、陶瓷、硬质合金、合成纤维等	中、低硅铝合金、铜、玻璃纤维、碳材料、木板、胶合板、纤维板以及硬木等	塑料、木板、铝、铜等	塑料，木材，铝，铜，高、低铝合金等

19.4.5　美国史密斯 PCD 规格、特点及应用

美国史密斯 PCD 的规格、特点及应用见表 1-19-9 所列。

表 1-19-9　美国史密斯 PCD 的规格、特点及应用

规　格	F05	AMX	M10	C30X	HM20
金刚石层厚度/mm	0.45 0.64	0.36 0.45 0.64	0.36 0.45 0.64	0.45 0.64	0.7 1.5
直径/mm	58	58	58	58	58
平均粒径	5	9	10	25	5
金刚石含量/%	93	93	94	96	90
性　质	适合应用在要求较低表面粗糙度的场合	中等粒度材料，具有较高的抗弯强度和韧性	中等粒度，通用等级材料	耐磨性优异，超长刀具寿命，韧性高	金属结合剂含量高，性质介于硬质合金和常规 PCD 之间。中等耐磨性，刀具制造成本低。电火花以及仿形加工
适合加工材料	专门适用于铣削以及断续车削的场合：低硅铝合金、塑料、石墨、树脂光学元件、贵金属以及次贵重金属	高速铣削铝合金以及各种工件的常规车、铣削加工	铝合金以及其他有色金属合金，碳纤维增强塑料，木板以及复合木板，橡胶，有色烧结金属，陶瓷	高硅铝合金、碳纤维增强塑料以及金属基复合材料、陶瓷、硬塑料、电路板、硬质合金等	适合应用在将刀具生产费用放在首位的场合：低硅铝合金、木板、塑料、陶瓷，另外适合制作耐磨器件

19.4.6　DI 公司 PCD 的切削加工参数指南

DI 公司 PCD 的切削加工参数指南见表 1-19-10 所列。

表 1-19-10 DI 公司 PCD 的切削加工参数

工件材料	工 序	Compax 牌号	速度/m · min^{-1}	进给速度/mm · r^{-1}	切削深度/mm
硅铝合金 4% ~8% Si	车削	1300/1500/1800	900 ~ 3500	0.1 ~ 0.4	0.1 ~ 4.0
	铣削		1000 ~ 5000	0.1 ~ 0.3	0.1 ~ 3.0
硅铝合金 9% ~14% Si	车削	1300/1500/1800	600 ~ 2400	0.1 ~ 0.4	0.1 ~ 4.0
	铣削		700 ~ 3000	0.1 ~ 0.3	0.1 ~ 3.0
硅铝合金 >13% Si	车削	1300/1500/1800	300 ~ 700	0.1 ~ 0.4	0.1 ~ 4.0
	铣削		400 ~ 900	0.1 ~ 0.3	0.1 ~ 3.0
金属基复合材料	车/铣	1500 ~ 1800	300 ~ 600	0.1 ~ 0.4	0.2 ~ 1.5
铜合金、铜、锌、黄铜	车/铣	1600/1300	400 ~ 1260	0.03 ~ 0.3	0.05 ~ 2.0
	车/铣	1800	400 ~ 1200	0.05 ~ 0.3	0.05 ~ 2.0
未烧结碳化钨硬质合金	车削	1300/1500	30 ~ 100	0.1 ~ 0.4	0.2 ~ 1.0
	车削	1800	100 ~ 200	0.1 ~ 0.4	0.1 ~ 1.0
烧结碳化钨硬质合金	车削	1300/1500	20 ~ 40	0.1 ~ 0.25	0.1 ~ 0.5
	车削	1800	20 ~ 40	0.1 ~ 0.25	0.1 ~ 1.0
未烧结陶瓷	车削	1300/1500	70 ~ 100	0.1 ~ 0.4	0.2 ~ 1.0
	车削	1800	70 ~ 200	0.1 ~ 0.4	0.1 ~ 1.0
烧结陶瓷	车削	1300/1500	50 ~ 80	0.1 ~ 0.25	0.1 ~ 0.5
木材生产	刻	1600/1300	1000 ~ 3650	0.1 ~ 0.4	0.1 ~ 4.0
	锯	1300/1500	1500 ~ 4000	0.5 ~ 6.0	1.0 ~ 200
	刻/锯	1800	1000 ~ 4000	0.1 ~ 0.4	0.1 ~ 3.0
碳/石墨	车/铣	1600/1300	300 ~ 2000	0.05 ~ 0.3	0.1 ~ 3.0
玻璃纤维/塑料	车/铣	1600/1300	200 ~ 1000	0.05 ~ 0.5	0.1 ~ 3.0
玻璃纤维/石墨	车/铣	1800	300 ~ 1000	0.1 ~ 0.4	0.1 ~ 3.0

19.4.7 日进 PCD 推荐加工条件

日进 PCD 推荐的加工条件参数见表 1-19-11 所列。

表 1-19-11 日进 PCD 的推荐加工条件

工件材料		PCD 材料	切削速度 /m · min^{-1}	进给速度 /mm · r^{-1}	切削速度 /ft · min^{-1}	进给速度 /in · r^{-1}
硅铝合金	硅铝合金(<12% Si)	CC CXL	300 ~ 3000	0.02 ~ 0.15	984 ~ 9843	0.001 ~ 0.006
	硅铝合金(>12% Si)	CC CXL	300 ~ 1000	0.02 ~ 0.15	984 ~ 3281	0.001 ~ 0.006
复合材料	金属基复合材料(含 SiC)	CC CXL	400 ~ 700	0.10 ~ 0.25	1312 ~ 2297	0.004 ~ 0.010
	金属基复合材料(含 Al_2O_3)	CC CXL	300 ~ 600	0.10 ~ 0.25	984 ~ 1969	0.004 ~ 0.010
	碳/石墨复合材料	CC CXL	150 ~ 300	0.02 ~ 0.15	492 ~ 984	0.001 ~ 0.006
	玻璃纤维增强塑料	CM CC CXL	150 ~ 600	0.05 ~ 3.00	492 ~ 1969	0.002 ~ 0.118
铜合金	铜合金	CM CF	300 ~ 600	0.10 ~ 0.25	984 ~ 1969	0.004 ~ 0.010
复合金属	铝 + 铸铁	CC CXL	200 ~ 300	0.10 ~ 0.15	656 ~ 984	0.004 ~ 0.006
木制品	木制品	CF CM	600 ~ 3600	0.50 ~ 7.00	1969 ~ 11811	0.020 ~ 0.276

19.5 PCD 刀具性能测试

在 PCD 刀具的生产和应用中，PCD 复合片的热稳定性、耐磨性、冲击强度、内部缺陷、刃口质量等指标是刀具性能的重要影响因素。根据刀具使用场合的不同，对 PCD 的性能要求也不尽相同。

19.5.1 热稳定性

在生产和使用过程中，PCD 刀具通常面临高温因素，因此热稳定性成为主要性能指标之一。一方面，PCD 材料中的金属钴对金刚石的石墨化具有催化作用，这将降低刀头强度，引起刃口粗糙，并影响使用寿命及被加工工件的质量；另一方面，金刚石的石墨化降低了 PCD 层与硬质合金层的结合强度，并导致脱层现象。

目前，在世界范围内，测定复合片耐热性的测试方法主要有三种：

(1) 元素六公司是将其置于空气中用马弗炉加热，同时将其置于还原气氛（95% H + 5% N）中用还原炉加热，然后在某一温度保持一段时间，测定其失重、耐磨性、石墨化程度和抗冲击性能。

(2) 元素六公司还有用差热分析仪（DSC—DTA），并配以高温显微镜，来测定其初始氧化温度，以此来确定氧化度、耐热性。

(3) 美国 DI 公司将聚晶金刚石加热后，用扫描电镜作断口分析及车削试验，切削速度为 107 ~ 168m/min，进给量为 0.13mm/r。

国内的测试方法大多类似于方法（2），采用差热—热重法。主要是用差热—热重曲线来分析温度点，以此来确定复合片的氧化温度、石墨化温度等。而且目前测试复合片热稳定性时所采用的加热方式多是炉中加热。

19.5.2 耐磨性

聚晶金刚石的耐磨性用磨耗比来表征，一般分测试体积比或质量比两种方法。国内制定的《人造金刚石烧结体磨耗比测定方法》规范了测试程序，测量数据有较好的可比性，已成为对金刚石聚晶性能最重要的评价参考标准之一。实际加工中黏结剂总量、金刚石粒度配比、金刚石品质以及真空热处理工艺等都会对金刚石聚晶的耐磨性产生重要影响。

按照现行的国家标准，测量磨耗比是在规定的条件下，使 PCD 材料和 80 粒度的碳化硅陶瓷平行砂轮在规定的装置上相互摩擦，以砂轮的磨耗量 M 和烧结体的磨耗量 M 之比，作为该烧结体的磨耗比 E：

$$E = M_o / M_j$$

在实际操作过程中，测量结果离散性较大，这主要存在两方面的原因。首先，由于金刚石材料的耐磨性非常高，因此一个测试周期后的磨损量非常小，通常小于 0.1mg，必须使用高精度分析天平来测量。其次，目前电子天平主要有两类，也各有缺点。一类是应变片式（电阻式），它是以应变片在受力的情况下电阻值发生变化为测量依据的，其最高称量精度只有万分之一克，不适合用于 PDC 磨耗比的检测；另一类是电磁式天平，它是以称盘受力后引起电磁场的变化为测量依据，目前它的最高称量精度达到十万分之一克（如 ME215S 等），这种精度基本上可以满足 PDC 磨耗比检测的要求。电磁式天平虽然很精密，但它对电磁场的干扰比较敏感，因此不适用于称量含有磁性的物质。PDC 的基体是 WC-Co 材料，其中钴元素的含量约为 15% 左右。钴是一种高导磁材料。在 PDC 生产过程中如平磨工序，磨床磁盘产生的磁力会使 PDC 材料变成弱的磁体。当 PDC 在被称量时，其本身的弱磁场就会影响电子天平传感器的磁场，从而影响称量的精度，使称量时产生较大的误差。

测量时需要注意以下情况：

（1）注意 PCD 材料在测试中可能出现的掉边、掉角现象，因为这将严重影响测试结果。

（2）测量称重前需经过认真清洗、烘干，并去除表面可能残存的微小碎屑。近年来，也有部分厂家从复合片的微观结构方面进行其耐磨性的检测，用 X 射线衍射方法、拉曼光谱法及电镜法等对复合片进行综合测试，这几种方法的综合应用不仅可以有效判断复合片的优劣，还有助于找出复合片金刚石层耐磨性能优劣的原因及改进方法。

19.5.3 冲击强度

由于复合片自身结构的特点，冲击是导致金刚石刀具材料失效的常见形式，因此抗冲击性能也是衡量复合片质量优劣的一项重要指标。早期的检测方法主要有高速运动颗粒冲蚀法、PDC 车削带槽花岗岩棒转撞击法、重砣冲击法及国内赵尔信等人研究的可变换冲击功落球式冲击法。

19.5.3.1 高速运动颗粒冲蚀法

基本原理：用硅粉或玻璃粉作为抛射材料，利用电容放电原理使这些粒子获得动能，进而形成高速粒子流，冲击被测试样的表面，使其产生侵蚀破坏，测得试样受冲击前后的质量损失，根据试验所采用喷射物的种类、粒子流的速度及质量损失比作为曲线，作为其抗冲击性能的标准指标。

特点：对设备的要求较高，不易推广应用。

19.5.3.2 PDC 车削带槽花岗岩棒转撞击法

基本原理：先将聚晶金刚石制成车刀，以一定的转速和给进力横切带轴向沟槽的花岗岩棒，以车刀发生崩刃、分层或破碎时所经受的冲击次数作为其抗冲击性能指标。

特点：能很好地模拟材料的实际工作状况，但难于找到各项性能指标完全相同的花岗岩棒，因此测试可信度较低。

19.5.3.3 可变换冲击功落球式冲击法

基本原理：将钢球在一定高度自由落下，钢球的势能转化为动能（冲击能），利用该能量冲击试样进行测试。测试时，使冲球逐次冲砸金刚石材料的边缘部分（单次冲击能量一般为 0.2J），以试样表面出现可见裂纹或产生破碎时，得到冲击功值作为衡量其抗冲击性的定量指标，用冲击功表示，单位为焦耳。

特点：这种方法简单易行，测量误差小，可以便捷测定各种 PCD 和 PDC 的冲击韧性，是一种较理想的测量方法。它由支撑杆、冲球及球夬、承冲砧等构成。球夹固定在滑落球套上，可沿支撑杆上下滑动，以调节高度；另外，球夬也是可更换的，故此可以通过变换落锤高度或冲球的大小来调节冲击功。

19.5.4 金刚石层厚度及内部缺陷

由于一系列原因，金刚石层厚度的均匀一致性对于任何带有硬质合金衬底的PCD产品都很重要。稳定一致的PCD层厚度不仅有助于提高刀具刃口处理的效率和一致性，同时对保证PCD工具的外观大有裨益。金刚石层厚度的较大差异将导致PCD微结构的不均一，这可能导致材料密度、硬度以及韧性的不一致，而这些正是PCD工具应用的核心性能指标。通常来讲，每片PCD材料多少都会存在金刚石层厚度不一致的情况，通过测量边缘位置来获悉金刚石层厚度显然不够准确，将其切割成小块尺寸再测量则费时费力。

另外，常规的PCD检测只是检查产品的外形尺寸和外表缺陷，而PCD的致命缺陷却往往隐藏在金刚石层内部或金刚石与硬质合金的界面结合处，由于这些位置上的缺陷（比如脱层和裂纹）藏而不露，无法从外观甄别，他们也就易于成为漏网之鱼，且比一些外观可见的缺陷更具危险性。在刀具生产和使用过程中，这些内部缺陷经历高温以及机械应力后将最终使金刚石层受到致命破坏，并造成脱层。因此，排除这些内部缺陷对保证PCD产品质量的稳定性和可靠性非常重要。从20世纪90年代开始，国内外厂家逐步推行利用超声波设备对超硬复合片材料进行厚度及缺陷检测。目前，常用的超声波扫描设备是根据脉冲回波原理，采用液浸式高频探头（频率一般在20～100MHz之间）对PCD、PcBN以及PDC材料进行厚度检测和无损探伤，取得了良好的效果。

超声波检测是利用超声波在物体中的传播、反射和衰减等物理特性来发现缺陷和测量厚度的一种无损检测方法。它主要用于检测材料的内部缺陷和材料厚度，具有灵敏度高、检测周期短、灵活方便、效率高、对人体无害等优点，缺点是探伤不直观，评定结果在很大程度上受操作者技术水平和经验的影响。

19.6 PCD刀具发展趋势

PCD刀具具有高硬度、高耐磨性、高导热性及低摩擦系数、刀齿形状保持性好等优点，能进行高精度、高效率、高稳定性和高表面光洁度加工，可成倍提高加工效率，真正实现高速、高效切削加工。PCD刀具通常用于有色金属及其合金的切削加工，也能胜任硬质合金以及各种非金属材料的加工。由于金刚石与含铁、钴或镍的金属在正常加工温度下易发生化学反应，所以一般不宜用来加工铁、钴、镍等金属及合金。PCD刀具在许多制造工业领域，特别是在汽车和木材加工工业，已成为传统硬质合金刀具的高性能替代产品。PCD刀具的应用领域所占比例见表1-19-12。

表1-19-12 PCD刀具的应用领域 （%）

汽车工业	60	木材加工	29
航空航天	3	其他	8

实践表明，在切削有色金属时，PCD刀具的寿命是硬质合金刀具的几十甚至上百倍，例如车削电机整流子时，一次刃磨寿命可达5万～6万只。PCD刀具在加工铝硅合金时，比硬质合金刀具寿命至少高出两个数量级，且粗粒度PCD刀具的优势更为明显。在加工碳化硅增强铝合金复合材料时，传统刀具在很短时间内就因产生严重的磨损而不能继续切削，比如硬质合金刀具车削ϕ70SiC粒增强铝合金复合材料棒，走刀5mm即变钝，而用

PCD 刀具，走刀 1000mm 后，刃口仍锋利。PCD 刀具的加工材料及其应用见表 1-19-13。

表 1-19-13　PCD 刀具的加工材料及其应用

被加工材料		应　用
有色金属	铝、铝合金	飞机、汽车、摩托车：活塞、汽缸、传动箱、泵体、进气管、压缩机零件、各种壳体零件等 精密机械：各种燃气具、照相机、复印机、缝纫机、计量仪器零件等 通用机械：各种泵体、油压机、机械零件等
	铜、铜合金	内燃机、船舶：各种轴、轴瓦、轴承、泵体、齿轮、转子叶片 电子仪器：各种仪表、电机、整流子等 通用机械：各种轴承、轴瓦、阀体、壳体等
	硬质合金	各种阀座、汽缸等烧结品及半烧结品
	其　他	金、银、钛、镁、锌、铅等各种有色金属及贵金属
非金属	木　材	各种刨花板及人造耐磨纤维板制品
	增强塑料	玻璃纤维、碳纤维增强塑料
	橡　胶	橡胶结合剂砂轮、纸用轧辊、橡胶环等
	石　墨	碳棒等
	陶　瓷	密封环、柱塞等烧结及半烧结品
	石　材	花岗岩、大理石等材料的雕刻

目前国外聚晶金刚石材料的消耗量增长速度在 20%，它标志着人造金刚石已进入全面取代天然金刚石阶段。随着聚晶金刚石材料研究的不断深入，聚晶金刚石材料的发展有以下几个趋势：

（1）规格尺寸越来越大。DI 公司及元素六公司等已向市场提供直径 70mm 以上的聚晶金刚石复合片，我国目前已经可以提供直径达 30mm 以上的产品。

（2）晶粒尺寸多元化、质量优化、性能均一化。早期的聚晶金刚石产品一般使用粒度约 50μm 的金刚石微粉，现在发展到使用从 30μm 至亚微米级的多个系列 PCD 材料，PCD 晶粒涵盖粗、中、细、超细以及混合粒度五大类，向多元化发展，从而使聚晶金刚石刀具可以满足各类加工需要。元素六公司提供的直径 70nm 产品中心点与边缘点耐磨性和耐热性指标的偏差能控制在 30% 范围内，基本均匀一致。

（3）磨耗比越来越高。聚晶金刚石的耐磨性是衡量其质量水平的一个重要指标，作为新型的超硬材料产品，经过多年的研究和生产，其质量水平不断提高，磨耗比也越来越高，我国生产的聚晶金刚石的磨耗比已经普遍超过 20 万。

（4）形状结构多样化。过去的聚晶金刚石产品一般是片状和圆柱状，随着尺寸大型化和加工技术（如电火花、激光切割加工技术）的提高，三角形、A 字形，以及曲面等各种异形坯料也随之增多。为适应特殊切削刀具的需要，还出现了包裹式、夹心式与花卷式聚晶金刚石产品。

随着 CNC 加工技术的迅猛发展及数控机床的普遍使用，可实现高效率、高稳定性、长寿命加工的金刚石刀具的应用日渐普及，同时引入了许多先进的切削加工概念，如高速切削、高稳定性加工、干式切削、清洁化加工等。

聚晶金刚石刀具已成为现代切削加工中不可缺少的手段。这主要体现在以下几个方面:

(1)高速切削、高稳定性加工。20世纪90年代以来,激烈的市场竞争推动以机械制造技术为先导的先进制造技术以前所未有的速度和广度向前发展。高生产率和高质量是先进制造技术追求的两大目标,代表现代机械加工主流方向的高速切削加工,顺应了21世纪机械加工高效率、高精度、柔性与绿色化的要求而得到了迅速发展。

实现高速切削和高稳定性加工的关键是刀具材料,高速切削对刀具材料的要求是高的可靠性、高的耐热性、抗冲击性和高温力学性能并且适应难加工材料和新型材料加工的需要。

未来高速切削的切削速度目标是:铣削铝为10000m/min;铸铁为5000m/min;普通钢为2500m/min;而钻削铝、铸铁和普通钢分别为30000r/min、20000r/min和10000r/min。在未来的高速切削中,聚晶金刚石超硬材料刀具将发挥重要的作用。

(2)超精密镜面加工。长期以来,天然金刚石被认为是理想的、不能替代的超精密切削刀具材料,但天然金刚石也有其自身的弱点。天然金刚石具有明显的各向异性,韧性较差,刃磨和焊接都比较困难。此外,天然金刚石太昂贵,地质学家估计地壳上的金刚石储量只有80t,而其中能用于制作刀具的宝石级金刚石就更少。研究表明,聚晶金刚石同样能进行超精密切削。吉林工业大学和中科院长春光学精密机械研究所的研究人员利用聚晶金刚石刀具对紫铜、硬铝和无氧铜进行了切削试验。结果表明,当进给速度为1μm/r时,PCD刀具切削镜面的表面粗糙度达到$Ra \leqslant 0.01\mu m$,因此,在一定条件下,廉价的聚晶金刚石刀具有可能替代昂贵的天然金刚石刀具。

(3)干式切削、清洁化加工。可持续发展战略是人类为摆脱资源匮乏、环境恶化的困境,实现从工业文明向生态文明过渡的重大战略。它至少包含以下两层含义:首先是发展,再就是发展的可持续性。具体到金属切削领域的可持续发展,就是怎样来消除切削液所带来的一系列负面作用,它不仅浪费资源、增加加工成本,而且污染环境,甚至危害人体健康。切削废液的处理已成为现代制造工业的一大难题,而于切削技术则是消除切削液污染、实现清洁生产的有效途径。

开发适应干切削加工的刀具材料是干切削技术的关键。在干切削加工中,为了加速排屑与散热,提高刀具的使用寿命,一般采用比普通加工时要高的切削速度。因此,干切削对刀具的要求是优良的红硬性和耐磨性、较低的摩擦系数、较高的强度和耐冲击性、合理的结构和几何角度。聚晶金刚石是最硬、最耐磨的材料,高速性能好,适合加工有色金属和非金属材料,如难加工的高硅铝合金等,采用锋利的切削刃和大正前角高效切削这些材料可减小压力和积屑瘤,是汽车工业和航空航天工业中最理想的材料。

(北京希波尔科技发展有限公司:陈继锋,翟世超)

20 金刚石拉拔工具

20.1 引言

金刚石拉拔工具主要是采用单晶和聚晶金刚石制成的圆形拉丝模具（包括冷拉和热拉），少量的涂漆模、挤出导向模以及方丝、扁丝、椭圆丝等异型丝拉拔模具。典型金刚石拉丝模具剖面示意图如图1-20-1所示。

20.2 金刚石的选材

用于拉丝模具的金刚石分为单晶和聚晶（多晶）。单晶金刚石又分为天然单晶和人造单晶；聚晶金刚石按组成及生产过程分为钴基聚晶、硅基聚晶、生长型聚晶、CVD聚晶以及金刚石涂层。

合理地选择金刚石模芯的类型，可以保证被拉丝材（线材）的表面质量，有效地延长模具寿命，降低成本。图1-20-2为根据丝材表面质量的需求及丝径大小，对金刚石模芯的选择建议。

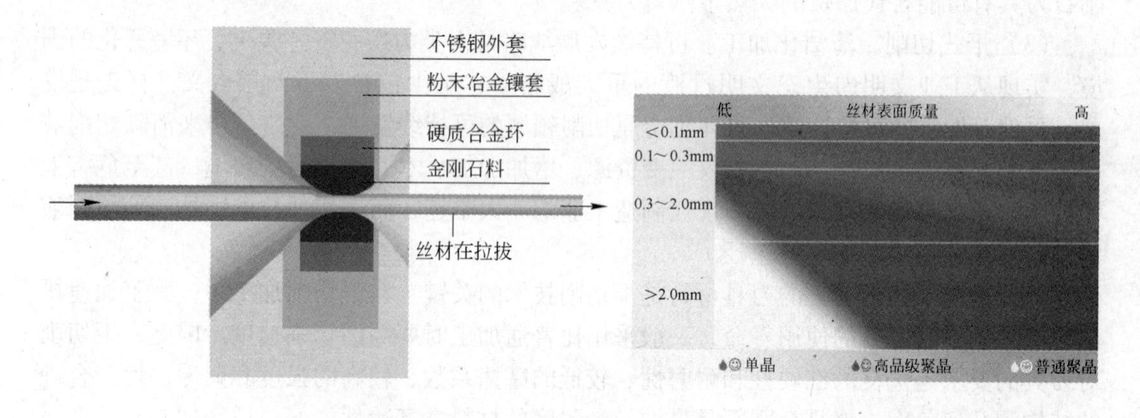

图1-20-1 金刚石拉丝模具剖面示意图　　图1-20-2 金刚石模芯的选择建议示意图

20.2.1 单晶金刚石

单晶金刚石具有高硬度和优异的导热性。

通常作为拉丝模模芯的天然金刚石为Ⅰa型金刚石（如图1-20-3所示）。此类金刚石含有一定的氮杂质（0.1%数量级），并且这些氮杂质集合成了很小的聚集体，同时还含有小片物质（与氮杂质有关），目前这些小片的物相结构尚不清楚。

天然金刚石拉丝模表面粗糙度低、耐磨性好，适用于表面质量要求高的各类丝材的拉制。但天然金刚石内部存在一些无法观察到的缺陷，使得其拉丝模使用寿命偏差较大，是其最大的不足。天然金刚石拉丝模的模具尺寸范围为 0.015 ~ 2.00mm。

人造单晶金刚石绝大多数为Ⅰb型金刚石（如图 1-20-4 所示）。也含有氮杂质，但以分散的取代形式存在。因此性能较天然金刚石稳定。其物理性能为：含氮量为 $(100 \sim 150) \times 10^{-6}$；工作区金属杂质含量 $< 50 \times 10^{-6}$；密度是 $3.52 g/cm^3$；弹性模量为 1.50GPa。

图 1-20-3　天然金刚石

图 1-20-4　人造金刚石单晶

人造单晶金刚石拉丝模同样适用于表面质量要求高的各类丝材的拉制，并具有产品一致性好，便于生产控制的优点。模具尺寸范围为 0.025 ~ 0.70mm。

天然及人造金刚石单晶都具有方向性和解理面的缺点，需要在制作拉丝模时特别注意；它们也都具有热稳定性高（>1100℃）的优点，既适合制作冷拉模具，也适合制作热拉模具。

20.2.2　聚晶金刚石

用于拉丝模具制作的聚晶金刚石主要是钴基的聚合型聚晶（如图 1-20-5 所示）。钴基聚晶金刚石是由金刚石微粉在高压高温及金属催化剂（钴及镍等）的作用下烧结而成的。在严格的工艺控制下，金刚石微晶杂乱取向并形成颗粒间金刚石键结合，从而使其具有与天然金刚石类似的高硬度及较高导热性。同时，由于金刚石微粉为不规则排列，使聚晶金刚石表现为各向同性，加工时不必考虑其取向，且具有更好的强度及耐磨性。钴基聚晶的缺点是耐热性差，其镶套温度和使用温度都要求在 650℃以下。模具尺寸范围为 0.05 ~ 30.00mm。根据拉丝模模孔尺寸选择聚晶金刚石模芯建议见表 1-20-1 所列。

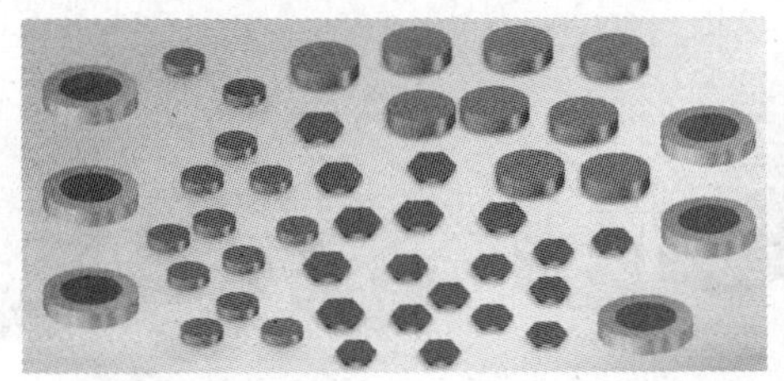

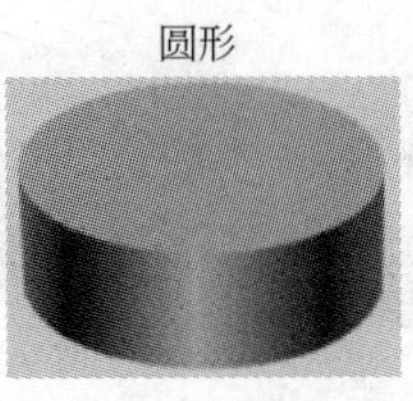

图 1-20-5　聚晶金刚石模芯

表 1-20-1　根据拉丝模模孔尺寸大小对聚晶金刚石模芯的选择建议

ADDMA编号	模芯型号	模芯尺寸/mm			金刚石粒度/μm					推荐最大孔径/mm	形　状
		d	*D*	*t*	1	3	5	25	50		
D6	5010SM	3. 1	—	1. 00		—	—	—	—	0. 50	圆形 六边形
D12	5015SM	3. 2	—	1. 50		—	—	—	—	1. 00	
	5815	1. 5	3. 99	1. 50	—		—	—	—	0. 80	
D15	5025TS/MF	5. 2	—	2. 50	—	—		—	—	1. 50	
	5823	3. 8	8. 12	2. 24	—		—	—	—	1. 80	
D18	5035TS/MF	5. 2	—	3. 50	—	—		—	—	2. 00	
	5829	3. 8	8. 12	2. 84	—		—	—	—	2. 30	
D21	5840	6. 8	13. 65	3. 86	—	—		—	—	3. 50	
	5530	6. 8	13. 65	3. 86	—	—	—	—			
D24	5853	6. 8	13. 65	5. 13	—	—		—	—	4. 60	
	5225	6. 8	13. 65	5. 13	—	—	—		—	5. 20	
	5725	6. 8	13. 65	5. 13	—	—	—	—			
D27	5208	20. 7	24. 13	6. 98	—	—	—		—	5. 80	
	5730	20. 7	24. 13	6. 98	—	—	—	—			
D30	5211	12. 7	24. 13	8. 70	—	—	—		—	7. 60	
	5735	12. 7	24. 13	8. 70	—	—	—	—			
	5913	18. 3	34. 00	13. 5	—	—	—		—	11. 20	
D33	5915	18. 3	34. 00	15. 5	—	—	—		—	12. 00	

注：1. 表中最大推荐孔径仅适用于软丝模，硬丝模最大推荐孔径为其65%；

2. ADDMA：美国金刚石模具制造商协会（American Diamond Die Manufacturers Association）。

钴基聚晶金刚石可以通过物理化学方法将其内部的金属钴浸出，使之变成单纯的金刚石结构，从而大大提高该材料的热稳定性，耐热温度在1000℃以上，适宜制作热拉模具。

硅基聚晶金刚石也是采用金刚石微粉、硅、钛等作黏合剂，在高温高压下烧结而成的金刚石聚集体。硅基聚晶的物理性能及所制作拉丝模的使用寿命和产品稳定性与钴基聚晶相比有较大的差距。模具尺寸范围为0. 20 ~ 8. 00mm。硅基（如钛硅硼基）聚晶金刚石具有较好的耐热性（ >900℃），也可以用于制作热拉模具。

生长型聚晶金刚石以及CVD聚晶在拉丝模领域也有一定用量，两种聚晶都是不含任何添加剂的多晶结构的纯金刚石，硬度高，耐磨性好，可替代天然金刚石和高品级聚晶制作部分小规格拉丝模。模具尺寸范围0. 10 ~ 1. 00mm。两种聚晶也都有较好的耐热性（高于1000℃），适合于制作热拉模具。CVD聚晶金刚石模芯如图1-20-6所示。

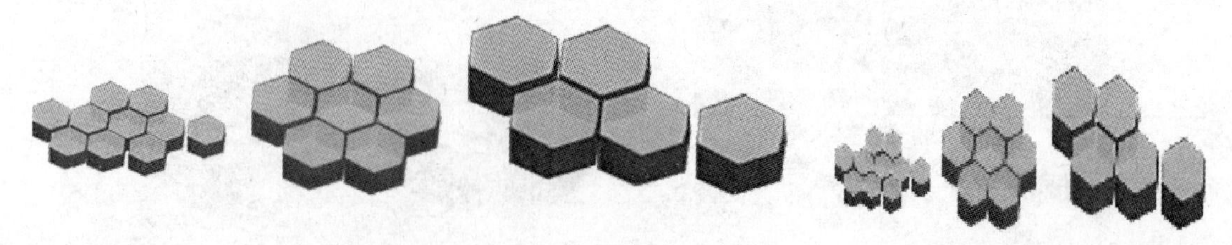

图1-20-6　CVD聚晶金刚石模芯

此外，2000 年后发展起来的金刚石涂层模具（在硬质合金模具上采用气相沉积的方法生长金刚石薄膜的拉丝模具）在大孔径铜、铝绞线、管材、焊丝等的拉制得到了较好的应用。

20.3 模孔结构形状

拉丝模孔结构形状一般分为入口区、润滑区、压缩区、定径区、安全角和出口区 6 个部分，如图 1-20-7 所示。

20.3.1 入口区

入口区的结构形状为圆锥形，它是模孔截面积最大的部分，一般带有（根据丝材的软硬）25°~35°锥角或 $R=1.5\sim3.5$mm 的圆弧，以便于被拉坯料进入模孔和润滑剂充分进入润滑区，并保证被拉丝材不被模孔入口处擦伤。拉丝模的内部形状与角度如图 1-20-8 所示。拉丝模的内部角度值见表 1-20-2。

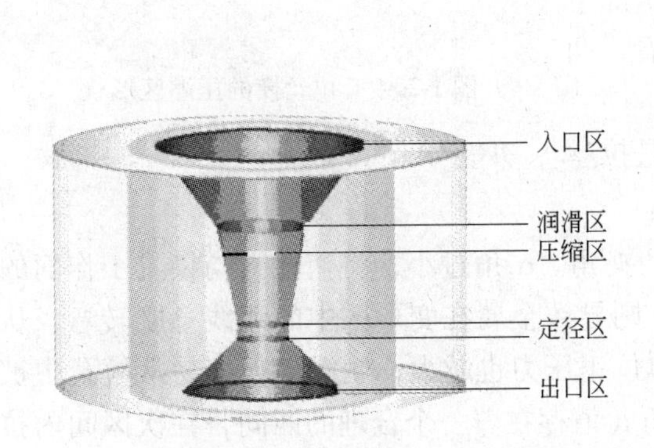

图 1-20-7 金刚石拉丝模具剖面示意图

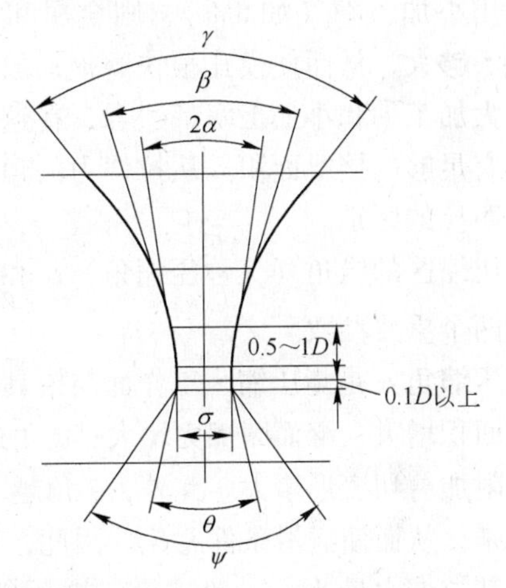

图 1-20-8 拉丝模内部形状与角度

表 1-20-2 拉丝模内部角度值

名称 \ 线材	软线	硬线	
入口区（γ）	70°±20°	60°±20°	软质线：铜线、铝线、银线、金线及其他硬质线：不锈钢线、镀铜钢线、合金钢线、钨钼丝、气保焊丝等
润滑区（β）	35°±5°	35°±5°	
压缩区（2α）	18°±2°	12°±2°	
安全角（θ）	15°±5°	15°±5°	
出口区（ψ）	60°±20°	60°±20°	

20.3.2 润滑区

润滑区的主要作用是在拉伸时使润滑剂进入模孔其他各区，保证金属得到充分的润滑，以减少摩擦力和带走所产生的热量。

润滑区锥角的大小选择要适当。锥角太大，润滑剂不易储存，造成润滑不良，增大摩擦阻力；锥角太小，拉伸过程中产生的金属碎屑、硬化颗粒不易随润滑剂流出而堆积在模孔中，导致制品表面划伤等缺陷。一般润滑区锥角也根据被拉丝材的软硬选择 15°～20°。

润滑区的长度一般可取制品直径的 1～2.5 倍。润滑区太短将削弱润滑能力，太长则容易隐藏润滑剂中的脏物，破坏润滑效果。

20.3.3　压缩区

压缩区又称变形区，是整个模孔的最重要的部分，也是拉丝模具的主要工作区域，其作用是使金属在此进行塑性变形，获得所需要的形状和尺寸。压缩区的结构形状可以是圆锥形的（俗称清角），也可以是放射形的（俗称浑角），如图 1-20-9 所示。

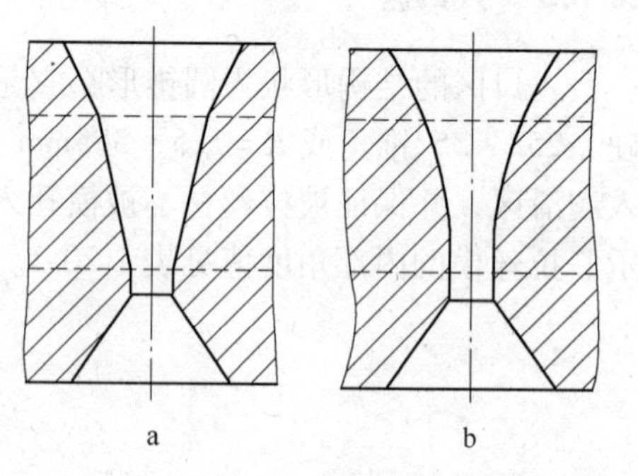

图 1-20-9　拉丝模的压缩区形状
a—圆锥形；b—放射形

圆锥形压缩区适合于大加工率（如 30% 等），若采用小加工率（如 8%），则金属和模具的接触面积不够大，从而使模孔很快磨损；放射形压缩区对于大加工率和小加工率都适合，在这两种情况下都具有足够的接触面积。从拉伸力的角度来看，两者无明显的区别。

压缩区的锥角（又称压缩角）α 和长度是拉丝模的两个重要参数。

压缩角 α 是指压缩区工作面与模具轴线的夹角。α 角过小，将使坯料与模具工作面的接触面积增大，继而摩擦力增大；α 角过大，则导致金属在变形区中的流线急剧转弯，从而使附加剪切变形增大。此外，α 角越大，单位正压力也越大，润滑剂很容易从模孔中被挤出来，从而使润滑条件恶化。因此，压缩角 α 值存在着一个合理的区间，在次区间内拉伸时其拉伸力最小。一般来说，拉丝模的合理压缩区间为：有色金属及合金，$\alpha = 8° \sim 15°$；黑色金属及合金、钨、钼等，$\alpha = 3° \sim 10°$。

合理的压缩角还与道次加工率、被拉制金属的抗拉强度以及拉伸时的摩擦系数有关。道次加工率增大，压缩角数值增大；被拉制金属的抗拉强度增加，压缩角数值减小；摩擦系数增大，压缩角数值也增大。表 1-20-3 列出了金刚石拉丝模拉制不同金属，不同道次加工率的丝材时的合理压缩角数值。

表 1-20-3　拉制不同材料压缩角与道次加工率的关系

道次加工率（减面率）/%	2α/(°)				
	铅、锌、银、金	铝、镍、铜	黄铜、青铜、不锈钢	高碳钢	热态钨丝
5～8	14	10	9	8	10
8～12	16	12	11	10	10
12～16	18	14	13	12	12
16～25	22	18	16	15	14
25～35	24	22	18	18	16

压缩区的长度一般在(0.5～1.0)D之间，压缩区的长度太长，将使坯料与模孔工作面的接触面积增大；压缩区太短，在拉伸时其变形的一部分将不得不在润滑区内进行，而润滑区锥角大，从而又将造成润滑恶化，拉伸力增加。

20.3.4 定径区

定径区又称定径带，它最合适的结构形状是圆柱形，对于细线拉丝模，由于加工时必须用带有0.5°～2°锥度的磨针进行修磨，因而其定径区可带有0.5°～2°锥度。

定径区的作用是使已变形的丝材在此区域内被校准到所需的尺寸，它可以使模具免于因模孔磨损而很快超差，从而提高模具的使用寿命。

定径区直径（又称定径带直径、模孔直径）的选择应考虑被拉制品的允许偏差和弹性变形以及模具的使用寿命。一般来说，定径带的实际直径比模孔的名义直径要小些，而且，对于同一规格的模孔直径，拉制软金属应比拉制硬金属小些。

定径带的长度确定应保证被拉制品尺寸精确、模具寿命长、拉断次数少和拉制能耗低。定径带太长，由于摩擦力增大，则导致拉制力增加；定径带太短，则导致模具定径带很快磨损，从而难以保证制品尺寸精度，同时缩短模具的使用寿命。一般说来，金刚石拉丝模的定径带长度可按表1-20-4所列数值选取。

表1-20-4 金刚石拉丝模的定径带长度

被拉材质	铜、铝、铅、金、银等软质线	合金钢、不锈钢、钨钼等硬质线
定径带长度	(0.2～0.5) D	(0.4～0.8) D

注：D为定径带直径，即模孔直径，mm。

20.3.5 安全角及出口区

出口区的作用是防止制品拉出模孔时被划伤以及保护模具定径区不致崩裂。出口区一般为圆锥形，锥角为25°～35°；在拉细丝时，模具的出口也可做成球面的。出口区的长度根据模具规格的模芯材料而定，一般为模孔直径的0.2～0.5倍，通常取0.5～2mm。

出口区与定径区交界处，还有一个称之为安全角（亦称为倒锥）的过渡区域，目的是防止金属通过定径带后由于弹性后效或拉制方向不正而刮伤制品表面。安全角角度一般为10°～20°，长度为0.1D以上。

20.3.6 模具外形尺寸

拉丝模的外径尺寸是根据拉制制品的直径大小和模芯规格来确定的，高度尺寸则是根据模孔各区域高度相加以及不锈钢外套固定模芯所需要的底部厚度和堵头高度来确定的。在实际生产中，还要考虑配套工装和使用习惯。表1-20-5所列模具外形尺寸仅为参考。一般来说外形尺寸愈大，模具散热性愈好。

表1-20-5 金刚石拉丝模公差及外形尺寸参考值

尺寸范围		公差/mm	圆度/mm	外套/mm
in	mm			
≤0.0008	≤0.020	0.0006	0.0003	ϕ25×6
0.0008~0.0019	0.020~0.050	0.0006	0.0003	ϕ25×8
0.0020~0.0039	0.051~0.100	0.0010	0.0005	ϕ25×8
0.0040~0.0079	0.101~0.200	0.0010	0.0005	ϕ25×8
0.0080~0.0199	0.201~0.500	0.0015	0.0008	ϕ25×8
0.0200~0.0399	0.501~1.000	0.0020	0.0010	ϕ25×10
0.0400~0.0590	1.001~1.500	0.0025	0.0013	ϕ25×12
0.0591~0.0866	1.501~2.200	0.0030	0.0015	ϕ25×14
0.0867~0.1299	2.201~3.300	0.0040	0.0020	ϕ28×16 ϕ30×16
0.1300~0.1810	3.302~4.600	0.0050	0.0025	ϕ28×18 ϕ30×18
0.1811~0.2164	4.601~5.500	0.0060	0.0030	ϕ43×26
0.2165~0.3150	5.501~8.000	0.0080	0.0040	ϕ43×30

20.4 模具加工

20.4.1 加工工艺流程

金刚石拉丝模的加工有两种常用的方法。第一种方法是把镶套工序放在大部分加工工序之后完成。该方法适合于用天然或人造单晶做模芯制作小模孔模具，便于利用金刚石单晶的透明性，观察开孔过程、检查模孔各部分形状。加工工艺流程：金刚石检查→磨平面及观察面→模孔定心→钻孔→加工出口→研磨及抛光→镶套→检测及验收。

金刚石拉丝模加工的第二种方法是将镶套工序放在大部分加工工序之前完成，这样就使得后续的加工工序操作起来更加方便。该方法也是拉丝模加工的主要方法。具体的工艺流程为：镶套→打孔→研磨及抛光→检测及验收。

20.4.2 镶套

镶套是金刚石拉丝模加工的重要一环。好的镶套技术，可以对金刚石充分补强，使模具更能适应各种拉丝的需要，并扩大修复范围、延长使用寿命。

镶套一般采用热作方法，包括软金属热镶法和粉末冶金热压法。软金属热镶法是将金刚石模芯（要求是规则的圆柱形）预先镶嵌在合适硬度的金属（如黄铜）中，然后将模套加热到450~500℃，不超过650℃，适当借用外力，但主要是靠模套加热时的膨胀，将外嵌软金属环的模芯放入模套内。当模套冷却收缩后，即将模芯牢牢地镶住。对于外加硬质合金支撑环的模芯，则不需要再镶嵌软金属而直接热镶。

粉末冶金热压法是广泛采用的镶套方法。这种方法的最大优点是适用于各种不规则形状的模芯，而且还可根据金刚石耐热性的不同和拉着软硬丝对模芯补强的不同需要调整粉末成分以获得不同的镶套层的硬度和强韧性，操作简单、补强效果好。

镶套层合金成分一般采用铜基粉末冶金。其中 Cu-Sn-Pd-Ag-P 合金较软但韧性好、热压致密度高，适合小规格及软质丝拉丝模的镶套；Cu-Zn-Sn-Fe-Ni-Cr-Mo-Mn 合金硬且强度高，适合较大规格及硬质丝拉丝模的镶套；Cu-Ni-Cr 合金强度高且耐热性好，适合于高温拉制拉丝模的镶套。前两种合金的镶套温度可在 650℃以下；后一种合金的镶套温度要 800～1000℃。

镶套结构设计如图 1-20-10 所示。前两种结构主要是保证粉末冶金镶套层密度的一致性；后一种结构同时还考虑了拉丝模的反向拉着时，镶套层和不锈钢外套的结合强度。

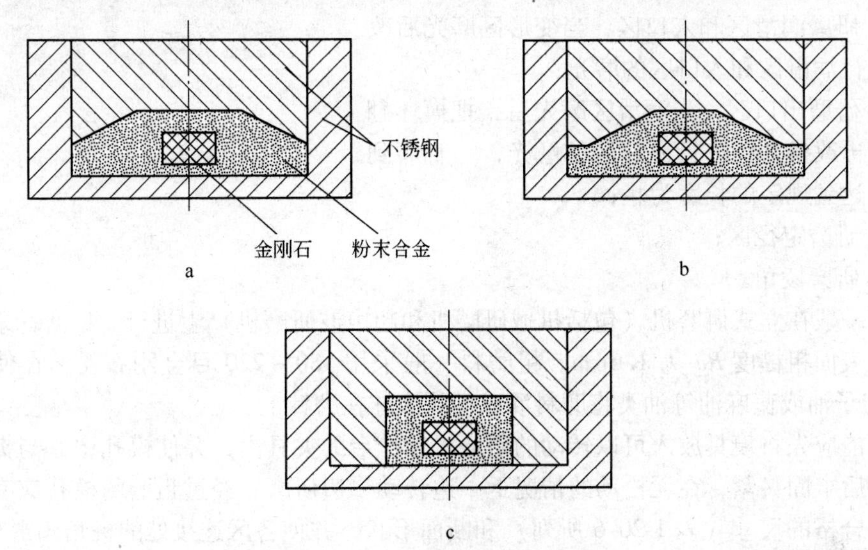

图 1-20-10　拉丝模镶套结构示意图

a，b—一般镶套；c—防反向拉镶套

镶套在粉末冶金热压机上完成。采用远红外温度测量仪控制温度。

20.4.3　打孔

拉丝模的打孔有机械打孔、激光打孔和电火花打孔。机械打孔一般是用高速旋转的锥形钢针，在针尖端部分加上以金刚石粉与橄榄油构成的磨料混合物，在钻孔机上进行。机械打孔简单实用、成本低、适用性强但效率较低。激光打孔是较为先进的打孔工艺。程序化激光加工系统，能够对模具孔型进行精细的加工。打孔范围一般为 0.005～0.50mm，特别适合小规格模具。孔型由计算机设计、自动控制，圆度及表面粗糙度值较低，烧伤面小，双面打孔同心度好（出口区锥度或碗状），成品率和孔型一致性高。激光打孔效率高，并适用于各种金刚石模芯。电火花打孔适合于较大规格模具且效率较高，但要求金刚石模芯具有一定的导电性。电火花打孔一般采用低压电火花和高频电火花。图 1-20-11 为电火花打孔机。

20.4.4　研磨及抛光

对于镶好套并打好孔的拉丝模，则可在专用的各种研磨机上进行粗磨、精磨和抛光。

研磨及抛光是要使模具各区的尺寸达到规定的尺寸并使各区的连接处光滑过渡。

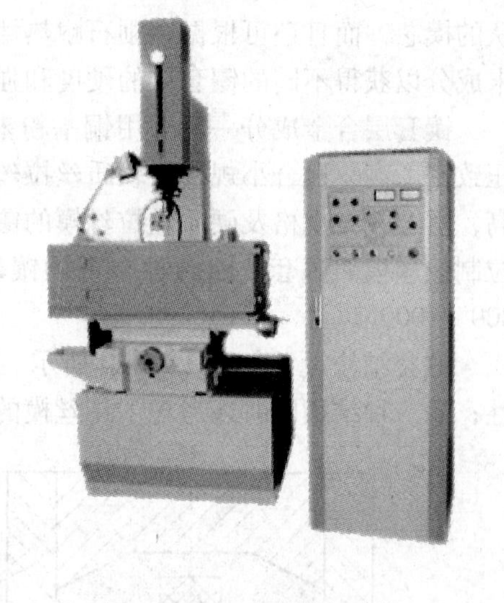

图 1-20-11 电火花打孔机

20.4.4.1 粗磨

粗磨加工是把模孔各个部分磨到要求的形状和角度，尺寸也要相当接近产品模的尺寸，各区连接处要磨出光滑连接的圆弧。一般粗磨加工按以下流程进行：

（1）研磨变形区：用磨成一定锥度的磨针在立式研磨机上进行磨光；

（2）研磨润滑区和入口区：当变形区磨光后改换磨针进行润滑区和入口区的磨光；

（3）研磨出口区：当润滑区磨光后，把模坯翻转过来，再改换磨针进行出口区的磨光，一直磨到使定径区达到规定的长度为止；

（4）研磨定径区；

（5）研磨棱角。

粗磨一般在立式研磨机（包括机械研磨机和超声波研磨机）上进行。粗磨针采用工具钢制造，表面粗糙度 *Ra* 为 1.6μm。粗磨料一般采用 180 ~ 220 目金刚石粉，在使用前用 2 ~ 3 号锭子油或蓖麻油等油类将磨料混成糊状涂抹在磨针上。

粗磨前应先将模具放入可以转动的研磨机工作台的夹具内，并使模孔中心与夹具中心重合，而后牢固夹紧，在无松动的情况下一边转动一边研磨。经过粗磨的模孔应有光滑的内表面、合格的尺寸（表 1-20-6 所列）和断面形状，并使各区连接处的棱角圆滑过渡。

表 1-20-6 粗磨后给精磨留下的加工余量

模具规格/mm	余量/mm	模具规格/mm	余量/mm
1.0 以下	0.01 ~ 0.025	5.0 以上	0.03 ~ 0.04
1.0 ~ 5.0	0.025 ~ 0.035		

20.4.4.2 精磨与抛光

精磨是将模孔各区精磨到规定的产品尺寸，模孔直径在 2mm 以上时变形区和定径区要留一定的抛光余量，模孔直径在 2mm 以下时精磨和抛光合并为一个工序。精磨与抛光的流程与粗磨工序相同。

精磨和抛光是在卧式磨光机或超声波研磨机上进行的，所用的研磨针材料一般也是工具钢的，其端头在专用设备上磨成角度和偏差与模孔各区的角度和偏差相同。抛光变形区采用比模孔变形区锥度小 0.25° ~ 0.50° 的研磨针。抛光定径区在超声波研磨机（见图1-20-12）或线抛光机上进行。精磨所采用的金刚石粉一般在 30 ~ 50μm，抛光则采用 28μm 以下的金刚石粉加变压器油作为抛光剂。

精磨及抛光前都应用煤油清洗模孔，擦干后才可固紧在研磨机或抛光机上，同时必须使模孔中心与研磨针中心相重合，才可进行精磨或抛光。抛光后的模孔内表面应光滑如镜，其表面粗糙度 *Ra* 应在 0.1μm 以下，且其尺寸偏差应符合设计要求。

20.4.5　检测及验收

图 1-20-12　超声波研磨机

拉丝模的检验一般是在体式显微镜下检查模孔各部位的形状、尺寸及粗糙度，用试丝（通常是铜丝）法检查定径区孔径以确定模具规格。近年来，行业内发明了一种光电数字成像仪，采用该测量设备，不仅可以对模具各主要区域进行更为精确的立体测量，还可对每一只模具的生产全过程进行检验。

20.5　使用常识

为保证高品质丝材并有效控制模具使用成本，应在以下几方面加以注意：

（1）保证拉丝设备运行平稳；各拉线鼓轮、过线导轮应光滑、灵活，严格控制其跳动公差。若发现鼓轮、导轮出现磨损沟槽，应及时修复。

（2）良好的润滑条件是保证丝材表面质量及延长模具寿命的重要条件。要经常检查润滑状况，清除润滑剂中的金属粉、杂质，使之不污染设备及模孔。如润滑失效，必须及时更换、清洗润滑系统。

（3）合理地配模是保证丝材表面质量，控制尺寸精度，降低拉线鼓轮磨损，减轻设备运行负荷的关键要素。对于滑动式拉丝机，要熟悉设备的机械延伸率，合理地选择滑动系数，是配模的首要步骤。

（4）根据被拉丝材的材质及每道拉丝的减面率选择模具的孔型。一般来说，被拉丝材越硬，模具的压缩角应越小、定径区应越长；反之亦然。每道拉丝的减面率也与相应模具的压缩角度密切相关，要根据减面率的大小适当调整压缩角的大小。

拉丝模的应用实例见表 1-20-7。

表 1-20-7　拉丝模应用实例

被拉材质	模孔尺寸 D/mm	压缩角 2α/(°)	定径区长	减面率/%	拉丝速度/$\mathrm{m\cdot min^{-1}}$
铝	0.16～7.60	16～22	(0.10～0.30)D	18	1200
铜	0.05～7.60	16～22	(0.10～0.30)D	21	1800
镀锡铜	0.50～1.80	16～18	(0.30～0.40)D	21	1200
铝锰合金（5056）	2.05～4.76	16～18	(0.20～0.40)D	22	620
镍 200	0.33～1.45	16～18	(0.30～0.50)D	25	300
钨	0.12～0.62	12～14	(0.40～0.60)D	20	60
钼	0.12～1.02	12～14	(0.30～0.50)D	21	70
镀锌高碳钢	0.24～1.05	10～12	(0.20～0.40)D	17	760
镀黄铜钢（轮胎钢丝）	0.17～0.96	10～12	(0.20～0.40)D	18	760
低碳钢	0.88～2.10	12～14	(0.30～0.40)D	18	760
镍-铬-铁(60:15:25)	0.23～2.19	12～14	(0.30～0.40)D	23	180

20.6 保养与修复

金刚石拉丝模的使用寿命长，内表面粗糙度低，拉伸时摩擦系数小，因此，金刚石模是比较理想的丝材生产用模。但在长时间使用过程中，由于丝材的振动，在拉丝模压缩区内最先接触丝材的区域会首先产生一个轻微的点状或线状磨痕，随后不断扩大至环状磨损并发展到定径区，导致丝材表面质量严重下降，丝材尺寸扩大。不仅如此，严重的磨损会使模具产生横向裂痕（主要出现在软丝的拉制中）或纵向裂痕（主要出现在硬丝的拉制中），致使模具过早报废。

因此，要针对被拉制丝材的种类、拉丝机的特点，科学地制定拉丝模保养规范。一般情况下，轻微的点状或线状磨痕只需进行抛光即可重新恢复使用；较重的环状磨损需要对模具进行重新研磨，研磨后模具孔径变大了，应转到相邻尺寸的大规格中继续使用，而且可以进行多次重磨，直至模芯产生裂纹为止。

模具的重磨工序与磨制新模具完全相同，只是旧模具回收后要彻底用汽油清洗，擦去脏物，然后进行研磨。一般说来，对于修理磨损的模具，仅限于变形区、定径区及连接处的精磨和抛光。

（北京钢铁研究总院：张志恒）

21 金刚石电沉积工具

21.1 概述

21.1.1 电镀与电沉积金刚石工具的异同

电镀与电沉积金刚石工具两者都是同一种电化学中的氧化还原反应过程。以电镀镍为例，除主反应外还有副反应，其反应式为：

阴极主反应式： $Ni^{2+} + 2e^- \longrightarrow Ni$

阴极副反应式： $2H^+ + 2e^- \longrightarrow H_2\uparrow$

阳极主反应式： $Ni - 2e^- \longrightarrow Ni^{2+}$

阳极副反应式： $4OH^- + 4e^- \longrightarrow 2H_2O + O_2\uparrow$

电镀：利用电解作用使金属或其他材料制件的表面附着一层金属膜的工艺称为电镀。

电镀的目的：

(1) 提高材料的抗腐蚀性；

(2) 装饰保护作用，提高光的反射性；

(3) 提高材料的表面硬度和耐磨特性；

(4) 使导电、导磁性能提高；

(5) 防止局部材料渗氮、渗碳；

(6) 一定程度地修复尺寸。

电沉积：金属或合金从其化合物水溶液、非水溶液或熔盐中电化学沉积的过程。是金属电解冶炼、电解精炼、电镀、电铸过程的基础。这些过程在一定的电解质和操作条件下进行，金属电沉积的难易程度以及沉积物的形态与沉积金属的性质有关，也依赖于电解质的组成、pH 值、温度、电流密度等因素。

电沉积金刚石工具的目的：

(1) 与基体结合牢固、附着力好；

(2) 按金刚石颗粒的尺寸来决定沉积层的厚度；

(3) 要求所沉积的金属对金刚石表面有良好的物理吸附力；

(4) 要求所沉积的金属对金刚石颗粒有足够的机械包镶力；

(5) 要求所沉积的金属有足够的强度来支撑工具在工作时，金刚石颗粒所担负的动载荷；

(6) 要求所沉积的金属有合适的硬度来保证工具在工作时，包镶金刚石的金属不会被不必要地磨耗。

由此可知，电沉积金刚石工具与普通电镀是不一样的。由于目的不同，所采用的工艺配方及工艺路线设计便有不同，电沉积金刚石工具可以通过采用简约的配方及工艺设计来实现环保要求。

21.1.2　电沉积金刚石工具概念

电沉积金刚石工具这一概念的另一方面是从制造方法来分类金刚石工具的。金刚石工具的分类方法至今不能统一，有一部分概念是从制造方法分类的。例如：热烧结金刚石工具、无压浸渍金刚石工具、冷压热烧结金刚石工具，有些是从应用方面分类的，例如：地质钻头、石材锯片、陶瓷锯片、金刚石砂轮、磨边轮、玻璃磨轮等等。有些是从使用的结合剂分类的：金属结合剂、树脂结合剂、陶瓷结合剂、电镀结合剂等。这里主要强调的是从制造方法上分类的电沉积金刚石工具，所包含的金刚石工具种类仍然是很广泛的。

21.1.3　电沉积金刚石工具特点

电沉积金刚石工具与其他金属结合剂金刚石工具最大的不同在于，前者是低温条件下（40～60℃）制造的，在此温度下金刚石的性能得到绝对保证，而其他金属结合剂金刚石工具的制造方法几乎都是在高温（700～1000℃）条件下进行的，在此温度下金刚石的性能不能得到绝对保证，肯定会受到热损伤。

电沉积金刚石工具与其他金属结合剂金刚石工具的不同还在于，前者极易制成复杂型面的工具，只要基体加工成所需的复杂型面，通过电沉积方法便能使金刚石牢固地附着在固有型面上，制成复杂型面的金刚石工具。而后者制作成型工具必需有相应的模具，才有可能制成型面的金刚石工具。有很多金刚石工具型面过于复杂，因此无法采用后者方法制成。还有一些金刚石工具过薄、太小，用后者方法也是无法制成的。

21.1.4　电沉积金刚石工具使用特性

电沉积金刚石工具分为单层金刚石和多层金刚石的工具，后者的使用特性与热烧结金刚石工具相比相差不大，只是由于制成过程是低温而保持了金刚石的原始性能，而可以采用品级低的金刚石，本节主要讨论与其他制造方法完全不同的单层电沉积金刚石工具的使用特性。

由于电沉积金刚石工具的金刚石只有表面一层，此层金刚石颗粒是金属镍或镍钴合金通过电沉积的方法沉积在基体金属面上，造成堆积，并充满金刚石颗粒间的缝隙，当堆积超过金刚石颗粒直径的60%时就可牢牢地将逗留在基体表面的金刚石颗粒把持住（如图1-21-1所示）。

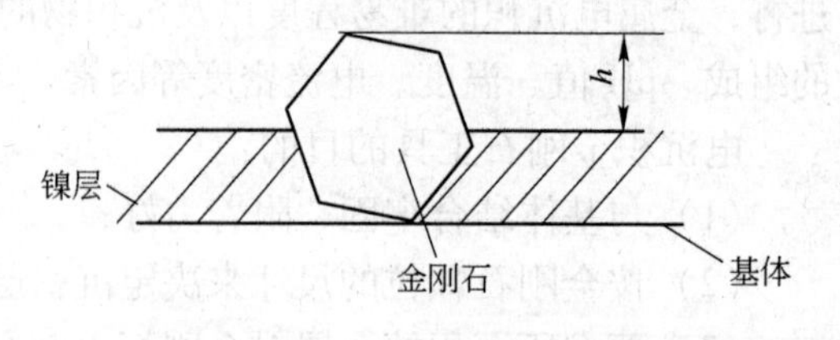

图1-21-1　出刃高度示意图

由图1-21-1可见，此时金刚石颗粒作为磨粒其露出高度（叫做出刃高度）约为金刚石颗粒直径的40%，这样的出刃高度是热压金刚石工具无法达到的，因此在磨削工作时，呈现出了锋利，易排屑，磨削力小，易散热，所需功率小等磨削工具所需的优良性能。

电沉积金刚石工具的金刚石还有一个其他金刚石工具无法比拟的优点，就是形状的保持性好，这是加工成型工件所必需的性能，因此，有许多精密金刚石工具只能通过电沉积方法制造。

21.2　电沉积原理

21.2.1　电沉积基本原理

电沉积既要遵守从溶液中结晶的一般规律，如液相传质，表面转化，又有其特殊性，在很大程度还取决于电沉积的条件。

金属离子失去部分水化膜，在电极表面上获得电子，形成吸附原子。然后，吸附原子在金属表面扩散到低能量的位置，并同时脱去水化膜，进入晶格，形成晶格的金属原子。电沉积过程先放电，后扩散，分步进行，而且在金属表面上总有一定量的吸附原子。

在实际沉积过程的晶面生长中，由于晶体内总是有大量的位错，故晶面是绕着位错线螺旋式生长（如图 1-21-2 所示），这种方式消耗能量少，不需要很高的过电位，容易进行。

21.2.2　电沉积机制

电沉积层有两种机制：层状结构和柱状结构。

层状结构中，晶体生长是逐层铺展，覆盖完一层后再生长第二层。

柱状组织（图 1-21-3）是相邻晶粒之间生长竞争的结果，距离基体近的是细小颗粒，远离基体的是粗大晶粒，呈柱状的组织垂直于基体表面，形成立体的结构。所用配方具有合适的配比浓度，使得电沉积溶液具有好的分散能力和覆盖能力，更容易生成柱状结构的电沉积层，结构致密，韧性优良，强度高，使得对金刚石的包镶能力强。

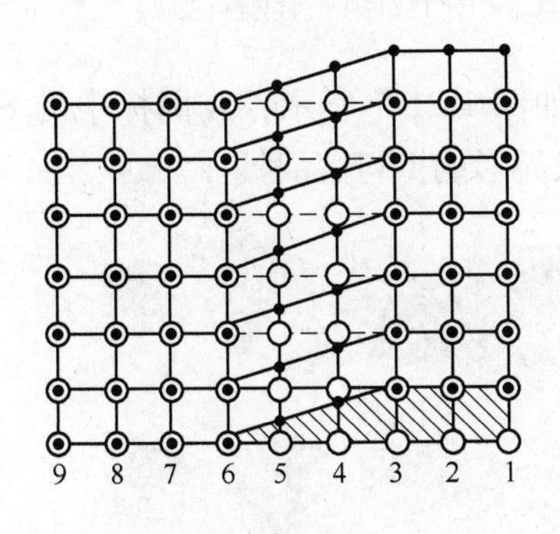

图 1-21-2　螺旋位错生长

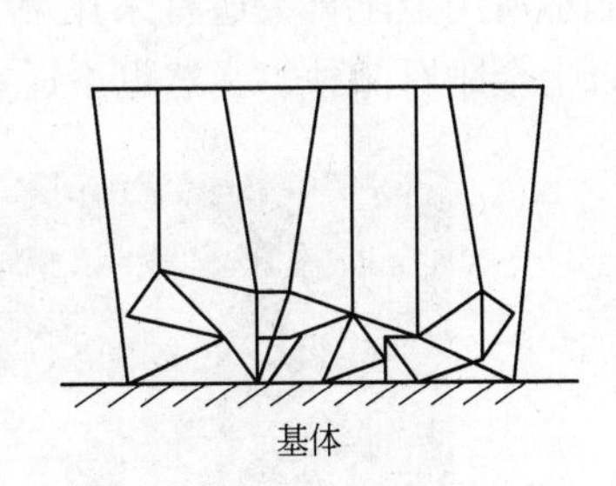

图 1-21-3　柱状组织形貌

21.2.3　离子运动模式

镍离子在溶液中从高能态向低能态转化，但并不是直接以离子的状态由阳极向阴极扩散，而是当镍离子从阳极镍板中溶入水中，立刻水化，是水化离子的运动，其表达式为水化离子$[Ni(H_2O)_x]^{2+} \rightarrow Ni^{2+}$，该离子在电沉积溶液中向阴极低能量位置移动，脱水形成镍离子，得到电子成核结晶，$Ni^{2+} + 2e \rightarrow Ni$，沉积成镍。

21.3　制造工艺

电沉积金刚石工具是由基体、金刚石及沉积金属（一般为纯镍）或合金（一般为镍钴合金）三部分组成。如何将这三部分按设计要求组合在一起，这就是制造工艺要解决的问题，其中将牵涉到绝缘、夹具、除锈、除油、电沉积药品、水、设备、装置、工艺等，下面通过工艺流程路线图，逐步来展开工艺过程对上述材料等的要求。

电沉积加工工艺路线：金刚石→基体→基体前处理(除油清洗)→装片→电解抛光→清洗→入槽冲击处理→空镀底层→用落砂法沉积金刚石层→加厚→拆洗→烘干。

21.3.1 金刚石

目前绝大部分的金刚石工具采用的都是高温高压合成的人造金刚石，由于天然金刚石价格昂贵，极少被使用。电沉积金刚石工具对金刚石性能的要求与其他方法制造的金刚石工具有些不同，下面将重点描述电沉积方法对金刚石的特别要求。

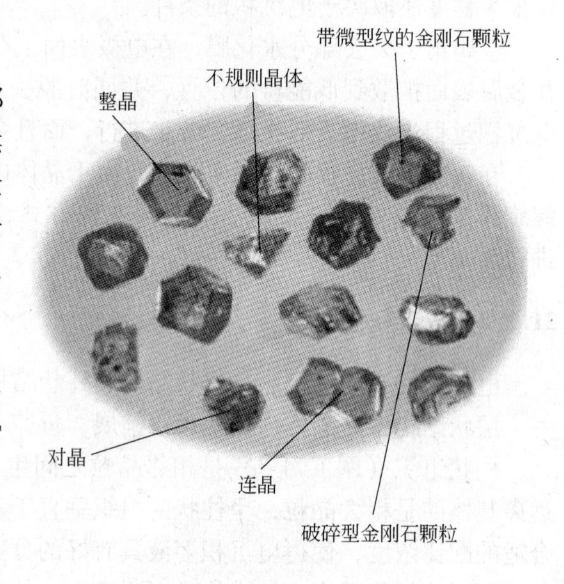

图 1-21-4 金刚石晶型

21.3.1.1 金刚石的晶形

从图 1-21-4 和图 1-21-5 中可以看到金刚石的晶形大致有九种，在国标 GB/T 6405—94、GB/T 6407—86 中分为 RVD、MBD、SCD、SMD、DMD 五大品种。由于电沉积方法是靠沉积金属包裹及表面挤压紧固住金刚石颗粒，金刚石的晶形及表面状态对其有严重影响，因此，电沉积方法制造所用金刚石不适宜采用晶型过于完整的晶体，如图 1-21-5 所示，或国标中的 SMD30 以上金刚石品种，当然也不适宜采用含有针状、片状晶形的 RVD 品种。

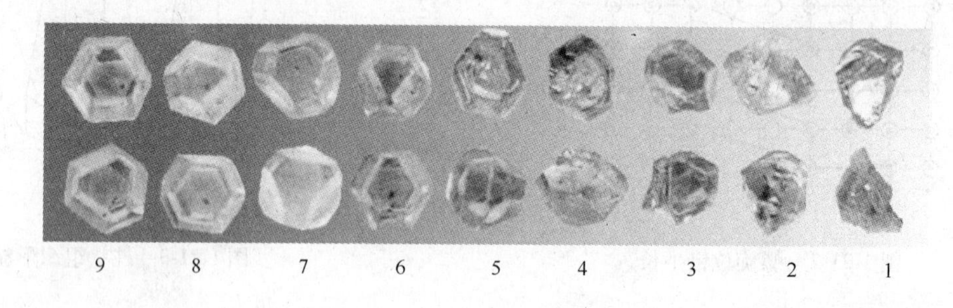

图 1-21-5 金刚石晶型等级

21.3.1.2 金刚石的内部杂质

从图 1-21-6 中可以清晰地看到金刚石内部含有金属杂质，这是由于高温高压合成金刚石中采用铁、镍、锰、钴触媒夹杂在晶体内部所形成的。这一夹杂给金刚石带来了弱导电性及磁性，对电沉积方法制造金刚石工具带来了严重不良影响，使得在电沉积的过程中，沉积金属不是按需要层层堆积的，而会形成球状，甚至不适当地全包裹住金刚石，使之无法出刃参与磨削，如图 1-21-7 所示。

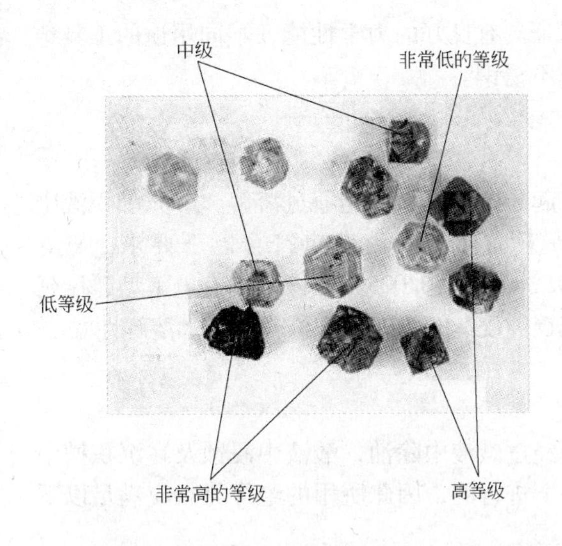

图 1-21-6　金刚石杂质（石墨或者催化剂）

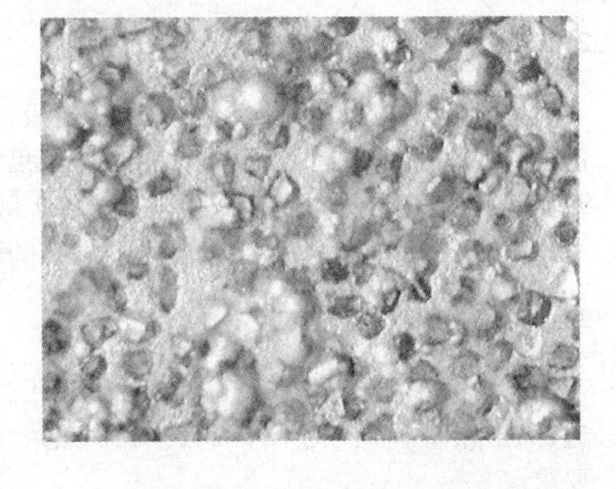

图 1-21-7　含有杂质的金刚石沉积形貌

21.3.1.3　金刚石的粒度

金刚石的颗粒尺寸在国标 GB/T 6406—1996 中已经有详尽的划分，但由于电沉积金刚石工具只在基体上分布一层金刚石颗粒，不仅在参与磨削时要求金刚石具有等高性，最重要的是在判断沉积金属层厚度时，金刚石必须具有等高性，否则当大尺寸颗粒被包裹 75% 时，小尺寸金刚石已经快被埋没了，这也同时说明，电沉积方法制作金刚石工具时，不能选择混合粒度金刚石颗粒。因此，与其他方法制成的金刚石工具不同，电沉积金刚石工具所选用的金刚石粒度尺寸范围比国标规定更窄，从市场买回的符合国标的产品必须全部用专门定做的精密筛子筛选。

21.3.1.4　金刚石的表面

从图 1-21-8 中可以看到金刚石晶体的各种不同表面，选择表面粗糙一些的金刚石晶体对于电沉积方法制造金刚石工具是有利的。除此之外，金刚石晶体的亲水化处理也是必须的。据传统的资料介绍，在金刚石晶体的表面层中碳原子有一个未成对的价电子，极易与空气中的氧或其他杂质发生化学吸附，这样便破坏了金刚石晶体的亲水性，使金刚石在电解液中漂浮，无法沉积在基体面上，造成了包裹金刚石无法进行。因此，在金刚石入槽前必须做亲水处理。一般的方法是用酸煮后，经漂洗，再用电解液浸泡便可。

图 1-21-8　金刚石表面状态

21.3.2　基体

基体是金刚石工具最重要的载体，基体的性能决定了金刚石工具的品质。电沉积金刚石工具由于具有高磨削性能，因此基体必须保证具有良好的力学性能，不同用途的工具选材不同，但总的来说，要选择高性能合金钢或不锈钢。

21.3.3　镍

镍为电沉积过程的阳极，一是作为电极，起导电作用，二是通过溶解，补充沉积液中消耗的镍离子，保持沉积液中镍离子浓度平衡。阳极镍纯度应符合以下要求：Ni > 99.5%，Cu≤0.04%，Fe≤0.04%，Pb≤0.001%，Zn≤0.005%。镍阳极有电解型、压延型或锻造型及铸造型等，常用的为电解镍，其镍纯度≥99.9%，结构较紧密，溶解性好。

21.3.4　绝缘材料与方法

电沉积金刚石工具在经过绝缘处理后还需经过碱液中除油，酸液中浸蚀及在沉积槽中进行电沉积，而生产过程中常常是在加热条件下进行的，因此所用的绝缘材料应满足以下要求：

（1）具有良好的电绝缘性：在电沉积过程中保证绝缘部位不导电，不会沉积上金属层。

（2）具有化学稳定性：绝缘材料在各种处理液中不被溶解，不起化学反应。

（3）具有耐水性：在生水和生产用的各种试剂的水溶液中，经长时间不变形、不变质，在干湿交替的情况下，能保持良好的绝缘性能。

（4）具有耐热性：在加热的溶液中，绝缘层不出现起泡、开裂、脱落等不良现象。

（5）具有足够的机械强度和结合力：在使用过程中经得起轻微撞碰而不损坏或脱落。

（6）具有可去除性：在完成电沉积工序后能轻易去除下来，且不在工件上留下痕迹。

常用的绝缘材料有绝缘性的可剥漆及特殊绝缘胶带等。

绝缘处理的方法一般有包扎法、涂覆法、夹装法及浸渍法等，根据不同的基体形状及加工方式，选用不同的绝缘方法，可单独使用，也可综合使用。

21.3.5　药品

电沉积过程是利用电沉积的工艺将电沉积液中镍离子沉积在金属基体表面，电沉积液的主要成分是由分析纯度的硫酸镍（$NiSO_4 \cdot 6H_2O$）、氯化镍（$NiCl_2 \cdot 6H_2O$）及硼酸组成。硫酸镍是电沉积液中的主盐，提供阴极析出金属所需的镍离子；氯化镍为阳极活化剂，防止阳极钝化，并能提高溶液的导电性；硼酸是沉积过程中的缓冲剂，能使溶液的pH值保持稳定。

21.3.6　挂具与夹具

21.3.6.1　挂具

金刚石电沉积工具所用的挂具应具有良好的导电性能及足够的机械强度，阴极（工件）常用的挂具材料为紫铜和黄铜，阳极（镍块）常用的挂件是钛棒，根据不同的金刚石工具的形状设计合理的不同挂具及夹具。

21.3.6.2　夹具

其中一类夹具为绝缘工具，把工具非电沉积部位夹紧，起到电屏蔽作用和隔离溶液的作用，如内圆切割片、外圆切割片、掏料刀等电沉积金刚石工具都用夹具绝缘。

21.3.7　水

水在电沉积过程中起到至关重要的作用，各种溶液的配制、各种工序间工件的清洗都要用到。电沉积过程常用的为去离子水，生产去离子水设备如图 1-21-9 所示，常用去离子水的电导率应小于 2μs/cm。去离子水的各项指标参数见表 1-21-1 所列。

图 1-21-9　水处理设备

表 1-21-1　去离子水的指标参数

指标/级别	EW-Ⅰ	EW-Ⅱ	EW-Ⅲ	EW-Ⅳ
电阻率(25℃)/MΩ · cm	18 以上 (95%时间)	不低于 17 ~ 15 (95%时间)	不低于 13 ~ 12	0 ~ 0.5
全硅，最大值/μg · L⁻¹	2	10	50	1000
>1μm 微粒数，最大值/个 · mL⁻¹	0.1	2	10	500
细菌个数，最大值/个 · mL⁻¹	0.01	0.1	10	100
铜，最大值/μg · L⁻¹	0.2	1	2	500
锌，最大值/μg · L⁻¹	0.2	1	5	500
镍，最大值/μg · L⁻¹	0.1	1	2	500
钠，最大值/μg · L⁻¹	0.5	2	5	1000
钾，最大值/μg · L⁻¹	0.5	2	5	500
氯，最大值/μg · L⁻¹	1	1	10	1000
硝酸根，最大值/μg · L⁻¹	1	1	5	500
磷酸根，最大值/μg · L⁻¹	1	1	5	500
硫酸根，最大值/μg · L⁻¹	1	1	5	500
总有机碳，最大值/μg · L⁻¹	20	100	200	1000

21.3.8　设备

电沉积金刚石工具主要的设备为低压直流电源，可选用硅整流器或可控硅整流器，其输出电压 0 ~ 12V、0 ~ 15V、0 ~ 30V 等连续可调，输出电流额定值常用的有 0 ~ 5A、0 ~ 10A、0 ~ 20A、0 ~ 50A、0 ~ 100A 等多种容量。

电沉积过程所用整流器电压范围有：0 ~ 30V，0 ~ 12V，电流范围：0 ~ 5A，0 ~ 10A，0 ~ 50A 等，电沉积前处理过程所用整流器电压范围：0 ~ 20V，电流范围 0 ~ 20A，0 ~ 50A，0 ~ 100A 等，如图 1-21-10 所示。

图 1-21-10　电沉积整流器

21.3.9　装置

电沉积金刚石工具生产过程所用的主要装置为各种酸碱处理槽及电沉积槽，电沉积槽和酸处理槽应用耐酸及绝缘材料制成，如 PVC、PP 塑料等，碱处理槽可用陶瓷、钢槽也可采用塑料槽。

电沉积槽需用加热装置及自动控温装置。其电沉积线路如图 1-21-11 所示。

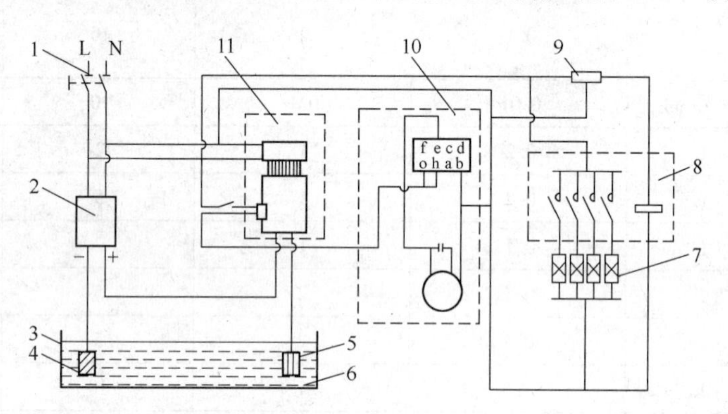

图 1-21-11　金刚石工具电沉积线路示意图

1—空气开关；2—直流电源；3—沉积槽；4—阴极；5—阳极；6—电沉积溶液；7—加热器；8—接触器；9—温控器；10—旋转装置；11—电量控制仪

21.4　溶液配方与参数

21.4.1　电沉积溶液配方

电沉积溶液的主要成分影响镍层的质量，硫酸镍可提高电导率和金属的分布，决定镀层的极限电流密度。氯化镍促进阳极溶解，提高分散能力和膜层厚度分布的均匀性，但增加了镍层的内应力，细化晶粒，降低形成不规则和树状晶体的趋势。硼酸起着缓冲的作用。如果金刚石工具在工作时动载荷较大，在必要时可以加入一定量的钴和锰来提高沉积金属的强度。

表1-21-2中配方的特点是沉积金属镍层对金刚石有良好的浸润性，结合强度高，镍层致密，使金刚石与基体之间牢固结合。在满足金刚石工具性能要求的同时，由于成分简单，易于维护，保持连续生产，还可最大限度减少损耗，减少人为因素的影响，操作方便，制造成本低。

表1-21-2　电沉积溶液配方　(g/L)

基本成分				
硫酸镍	氯化镍	硼　酸	硫酸钴	硫酸锰
250～300	40～60	30～45	0	0
操作条件				
阴极电流密度/A·dm^{-2}	阳极	pH		
3～11	镍	2～4.5		
力学性能				
抗拉强度/MPa	伸长率/%	维氏硬度，加载100g	内应力/MPa（抗拉）	屈服强度/MPa
345～485	20～30	130～200	125～185	220～280

表1-21-3　电化学除油配方

氢氧化钠 NaOH/g·L^{-1}	碳酸钠 Na_2CO_3 /g·L^{-1}	磷酸钠 Na_3PO_4·$12H_2O$/g·L^{-1}	温度/℃	电流密度 /A·dm^{-2}	除油时间（阴极）/min	除油时间（阳极）/min
40～60	60	15～30	70～80	5～10	5～10	0.2～0.5

金刚石的电沉积状态如图1-21-12所示。

21.4.2　电沉积金刚石工具的工艺参数

21.4.2.1　pH值

镍电沉积溶液呈弱酸性，接近于中性，pH值一般在3.5～6，最好在5以下。这里的pH值指溶液主体的pH值，在实际电沉积过程中，阴极附近扩散层内的实际pH值往往比主体pH值高出一个单位。

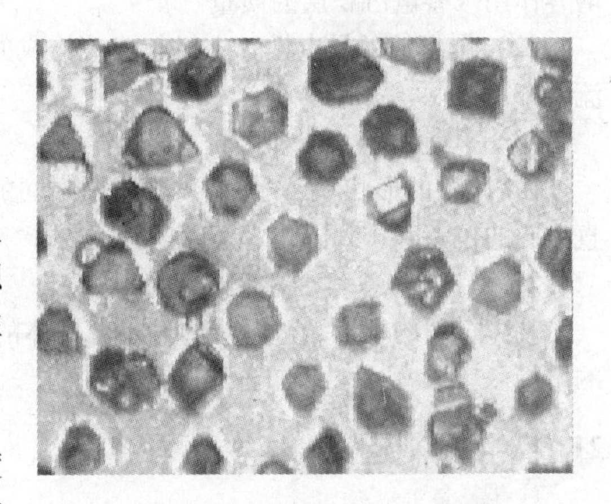

图1-21-12　金刚石电沉积状态

当pH值一定时，随着电流密度增加，电流效率也增加。pH值高，镍的沉积速度快，但pH值太高将导致阴极附近出现碱式镍盐沉淀，从而产生金属杂质的夹杂，使电沉积层粗糙、毛刺和脆性增加。pH值低些，电沉积层光泽性好，但pH值太低导致阴极电流效率降低，沉积速度降低，严重时阴极大量析氢，镍层难以沉积。

21.4.2.2　温度

普通电沉积一般在较低温度下进行，温度范围为18～25℃。

温度对镍层的内应力有较大影响。提高温度可降低镀层内应力，当温度由10～35℃时，镀层内应力有明显降低，到60℃以上，镍层内应力稳定。

电沉积液操作温度的升高，提高了电沉积液中离子的迁移速度，改善了溶液的电导性,从而也就改善了电沉积液的分散能力和深镀能力，使沉积层分布均匀。同时温度升高也可以允许使用较高的电流密度，这对快速电沉积极为重要。

21.4.2.3 阴极电流密度

在达到最高的允许电流密度之前，阴极电流效率随电流密度的增加而增加。一般的操作条件是在常温和稀溶液中进行的，不搅拌，用较低的电流密度，一般为 0.5 ~ 1.5A/dm^2。

21.4.2.4 其他工艺条件

（1）阴阳极面积比。所用镍阳极为可溶性的，一般阴阳极面积比为 $S_C : S_A$ 在 1∶1 ~ 1∶2 。如果阳极面积过小，就会导致阳极钝化；反之，有可能发生化学溶解，使得阳极溶解不均匀，甚至掉块。

（2）搅拌。一般来说，搅拌可以减小浓差极化，还能防止阴极附近因缺镍引起大量析氢，从而减少镍层针孔，防止氢脆。常用的搅拌方式是阴极移动，有时也可用空气搅拌和高速循环连续过滤等强烈的搅拌方式以适应快速电沉积的要求。

（3）电流波形。一般采用三相全波整流，波形波纹很小，接近纯粹直流。

现在使用的脉冲电流频率较高，导通时间和间断时间都在 μs ~ ms 级，在导通时间极短的情况下，脉冲电流密度有时比直流电沉积时高出很多倍，但平均电流密度并不高。

21.4.2.5 沉积条件的影响

（1）活性：通过选择合适的有机表面活性剂降低表面张力，利用乳化、发泡、润湿和增容作用改善电沉积层的质量。

（2）电解液的导电性：电极与溶液构成的电解体系的导电性影响着阴阳极极化率和电流效率。

（3）几何因素：

1）阳极的形状和尺寸；2）阴阳极之间的距离；3）电沉积槽中电极在水平方向和垂直方向的位置和排列方式。

21.4.2.6 基体金属因素

基体金属的本性、过电位的大小、基体的表面状态、粗糙度和清洁度都会影响沉积层的质量。

21.5 工具制造实例

可以说绝大部分以用途来分类的金刚石工具都可以用电沉积的方法来制造。例如：地质钻头、石材锯片、磨轮等。

但是考虑到金刚石工具的制造成本和制造效率，用电沉积方法制造的几种代表性金刚石工具主要有下述几种。

21.5.1 金刚石内圆切割片

金刚石内圆切割锯片是用电沉积工艺在不锈钢薄切片的内径的刃口上沉积一层细粒度金刚石而制成的一种锯切工具。

电镀金刚石内圆锯片选用优质人造金刚石、低温电沉积工艺制作。其工作部分是锯片上的金刚石层，这种锯片具有切削效益高、切割损耗小、加工质量好、精度高的优点。

内圆锯片由金属基片和电镀金刚石沉积层两部分组成。

主要用于切割单晶硅、锗化镓等贵重体材料以及非金属脆硬材料的精密加工。

金刚石内圆切割锯片的加工工艺：

传统的电沉积加工工艺为组合夹装法：基体前处理（除油清洗）→装片→电解抛光→清洗→入槽冲击处理→空镀底层→用落砂法沉积金刚石层→加厚→拆洗→烘干→检查→打印商标→包装入库。

在加工较大的内圆切割片时，需要用单片沉积法进行。

工艺流程：基体处理（清洗除油、基体打磨）→绝缘→接导线→电化学除油→清洗→电解浸蚀→清洗→活化→冲击处理→预镀底层→上砂沉积→加厚→清洗→除绝缘物、导线→清洗→烘干→检查→包装入库。

工艺要点：

（1）基体处理：刚加工的不锈钢内圆片基体表面有污物，需进行除油处理，且不锈钢表面有一层牢固的氧化膜，故在加工前需对基体工作层部位进行粗糙化处理。

（2）处理后的基体要进行绝缘，先将工作层部分用胶带包裹，用绝缘材料将基体整个基体绝缘，再将工作层处划开将胶带揭下。

（3）连接导线，在一定位孔处揭开绝缘物，露出不锈钢一小块基体，将一焊接导线的铜片用螺丝压实在基体上，形成导电线。

（4）电化除油：绝缘后的基体在入槽沉积前需进行一系列的前处理，电化学除油为第一步，用先阴后阳法处理3~5min，清洗。

（5）电解浸蚀：除油后的不锈钢基体进行电解浸蚀，也叫电解抛光，是用阳极电化学溶解的方式除去表面氧化膜，在5~10的电流密度下处理1~2min，清洗。

（6）活化：进一步的表面处理，在浓盐酸液中浸泡0.5~1min，直接入槽。

（7）冲击处理：针对不锈钢材料的沉积前处理，在氯化物型电解液中，用短时间1~2min，高电流密度2~3A/dm^2，使不锈钢基体表面镀上一层底镍，也叫冲击层。

（8）预镀、上砂和加厚：在均匀镀上一层底镍后，将内圆片快速地移入电沉积槽中，水平放置在电解液中，且上下放有镍阳极，在1~1.5A/dm^{2}的电流密度下，一面预镀5~10min后，翻至另一面，再预镀5~10min，调电流密度0.5~1A/dm^2，在内圆处埋入处理好的金刚石微粒，20~30min后，翻过另一面，埋好金刚石磨料。20~30min后，除去多余磨料，将内圆片移至加厚槽中，在1.5~2A/dm^{2}的电流密度下，加厚至金刚石被埋入60%~80%，断电取出内圆片，清洗。

（9）除绝缘物、烘烤：将内圆片外面的绝缘材料除去，并清理干净，放入烘箱内在150~200℃下烘烤2h，一方面为烘干，另一方面为工作层消除氢脆。

（10）检查入库：烘烤后在室温下晾至常温，检测内圆片的外观及工作层状况，合格产品，打印商标，包装入库。

在加工较大的内圆切割片时，需要用单片沉积法进行。

21.5.2　金刚石外圆切割片

超薄外圆切割片：采用了特殊的热压工艺整体高温烧结制成，有高韧性、高效率、高寿命的特点，保证加工工件的精度和表面粗糙度。

金刚石外圆切割片的加工范围有：

（1）半导体材料：碳化硅/硅片/太阳能电池；

（2）金属材料：高速钢、模具钢、合金钢等；

（3）脆金属材料：硬质合金（钨钢）；

（4）玻璃材料：各种玻璃管/光学玻璃/石英玻璃/微晶玻璃/宝石/水晶；

（5）陶瓷材料：氧化铝/氧化皓/黑陶瓷/琉璃制品/陶管/耐火材料等；

（6）磁性材料：磁芯/磁片/稀土钕铁硼/永磁铁氧体等；

（7）光电材料：LED/LCD/MP3。

金刚石外圆切割片的加工工艺为：

传统的电沉积加工工艺-组合夹装法：基体处理（清洗除油、基体打磨）→绝缘→接导线→电化学除油→清洗→电解浸蚀→清洗→活化→冲击处理→预镀底层→上砂沉积→加厚→清洗→除绝缘物、导线→清洗→烘干→检查→包装入库。

金刚石外圆切割片的工艺要点有：

（1）基体处理：刚加工的不锈钢外圆片基体表面有污物，需进行除油处理，且不锈钢表面有一层牢固的氧化膜，故在加工前需对基体工作层部位进行粗糙化处理。

（2）处理后的基体要进行绝缘，先将工作层部分用胶带包裹，用绝缘材料将基体整个基体绝缘，再将工作层处划开将胶带揭下。

（3）连接导线，在一定位孔处揭开绝缘物，露出不锈钢一小块基体，将一焊接导线的铜片用螺丝压实在基体上，形成导电线。

（4）电化学除油：绝缘后的基体在入槽沉积前需进行一系列的前处理，电化学除油为第一步，用先阴后阳法处理3～5min，清洗。

（5）电解浸蚀：除油后的不锈钢基体进行电解浸蚀，也叫电解抛光，是用阳极电化学溶解的方式除去表面氧化膜，在5～10A/dm^{2}的电流密度下处理1～2min，清洗。

（6）活化：进一步的表面处理，在浓盐酸液中浸泡0.5～1min，直接入槽。

（7）冲击处理：是针对不锈钢材料的沉积前处理，是在氯化物型电解液中，用短时间1～2min，高电流密度2～3A/dm^2，使不锈钢基体表面镀上一层底镍，也叫冲击层。

（8）预镀、上砂和加厚：在均匀镀上一层底镍后，将外圆片快速地移入电沉积槽中，水平放置在电解液中，且上下放有镍阳极，在1～1.5A/dm^{2}的电流密度下，一面预镀5～10min后，翻至另一面，再预镀5～10min，调电流密度0.5～1A/dm^2，在外圆处埋入处理好的金刚石微粒，20～30min后，翻过另一面，埋好金刚石磨料。20～30min后，除去多余磨料，将外圆片移至加厚槽中，在1.5～2A/dm^{2}的电流密度下，加厚至金刚石被埋入60%～80%，断电取出外圆片，清洗。

（9）除绝缘物、烘烤：将外圆片外面的绝缘材料除去，并清理干净，放入烘箱外在150～200℃下烘烤2h，一方面为烘干，另一方面为工作层消除氢脆。

（10）检查入库：烘烤后在室温下晾至常温，检测外圆片的外观及工作层状况，合格产品，打印商标，包装入库。

在加工较大的外圆切割片时，需要用单片沉积法进行。

21.5.3 金刚石牙科钻

转动速度：300000～500000r/min。

金刚石颗粒大小：120目、150目、180目、400目分别对应精细粒度、细粒度、正常粒度、粗粒度。基体为不锈钢的基体。金刚石微型牙磨片规格举例见表1-21-4。

表1-21-4 金刚石微型牙磨片规格举例

材 质	65Mn	材 质	65Mn
粒度/目	180	厚度/mm	0.5
内径/mm	3	最大线速度/m·s^{-1}	20000
外径/mm	16～60	适用范围	玻璃、陶瓷、瓷砖等硬脆材料的加工

金刚石微型磨片，又称牙磨片，是配套在小电磨上面使用的，对玻璃、陶瓷、瓷砖等硬脆材料有很好的加工效用，特别是对玻璃的加工，所以又称为玻璃磨片。金刚石微型玻璃磨片规格见表1-21-5。

表1-21-5 金刚石微型玻璃磨片规格

规 格	180×22	规 格	180×22
材 质	氧化铝 碳化硅	厚度/mm	1
粒度/目	16～400	最大线速度/m·s^{-1}	80
内径/mm	22.5	适用范围	金属和硬木等
外径/mm	180		

21.5.4 内电镀金刚石修整滚轮

内电镀法是滚轮制造（图1-21-13）工艺中，精度和制造型面复杂程度最高的方法，其制造工艺流程见图1-21-14。从图1-21-14中可以看到，内镀法金刚石修整滚轮制造技术是集超硬材料技术、精密加工技术、精密电铸技术、超硬工具修磨技术和复杂型面测量技术等一体的制造技术。其特点是，工艺流程长，且工序影响因素复杂。最终产品滚轮型面精度一般要控制在零件公差的1/5～1/3，因此，要保证制造的最终产品到高精度，每一道工序都要严格控制。

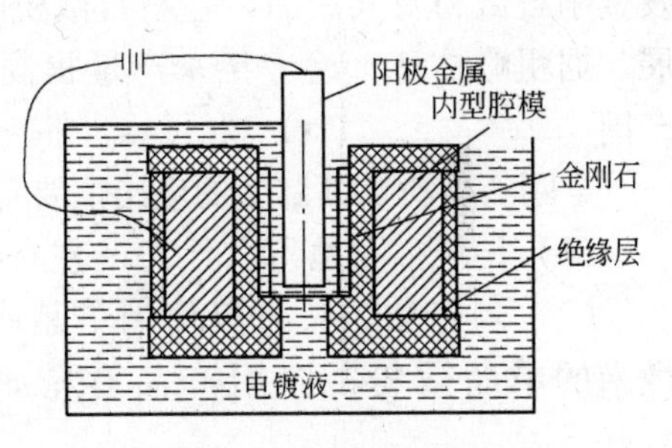

图1-21-13 内电镀生产高精度复杂型面金刚石滚轮

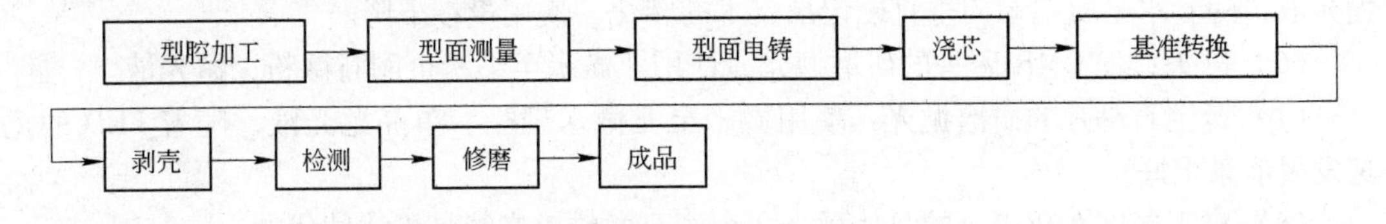

图1-21-14 内电镀金刚石修整滚轮制造工艺流程

（北京新兴金贝金刚石有限公司：占志斌）

22　金刚石微粉制品

22.1　概述

金刚石微粉是以亚毫米级金刚石单晶为原料，经破碎、整形和一系列的物理化学处理，制出颗粒形状规整，符合一定粒度分布的磨料。它是目前世界上最高级最精密的超硬磨料，广泛用于机械、电子、冶金、建筑及国防等各个领域。它常用于加工硬脆材料及要求精度高的工件。例如：轴承的滚珠滚道、碳化钨及金刚石拉丝模、各种陶瓷件、精密模具、硅片、光学镜片、芯片、各种磁性材料元器件、红宝石、蓝宝石、绿宝石、翡翠、各种金刚石及宝石轴承、各种量规。它既可作散粒磨料使用，又可制成研磨膏、研磨片、精磨片、珩磨油石、抛光液、多晶金刚石复合片及砂纸使用。此外，近年来在复合镀层的应用上显示了其独特的优越性。用金刚石微粉制造的多种磨具在500℃以下加工各种硬脆难加工材料更是攻无不克。在许多领域使加工效率、加工精度几十倍甚至上百倍地提高，一些过去难以加工甚至无法加工的材料现在得以顺利、高精度地加工，导致了许多工艺革新。因此，近年来工业发达国家都投入了较大的人力、财力来开发金刚石微粉及其制品。金刚石微粉的质量不断提高，产量迅速扩大。国内更是迅猛发展。据粗略估计，近十年来产量提高约两个数量级。目前，我国已是世界上最大的生产国。

金刚石微粉及其制品的应用主要有以下一些方面：

(1) 传统宝石抛光：由3μm左右的单晶微粉即可达到一般要求，是传统的用途。

(2) 陶瓷加工：可以使用单晶或者多晶微粉。例如，光纤陶瓷插芯：微米至亚微米的单晶微粉，应用产品有精密砂轮、研磨液、抛光液。这方面的应用前景良好。

(3) 光纤连接器的研磨抛光：使用微米至亚微米金刚石微粉。

(4) 玻璃硬盘的纹理加工：使用亚微米至纳米金刚石单晶或聚晶微粉抛光液。但是，随着水平磁记录向垂直磁记录技术的转化，使用量急剧下降。

(5) 铝基硬盘的纹理加工：使用亚微米至纳米金刚石微粉，单晶以及爆轰纳米金刚石抛光液，随着水平磁记录向垂直磁记录技术的转化，使用量在下降。

(6) 磁头：如GMR磁头的研磨抛光，使用亚微米至纳米金刚石微粉、抛光液。

(7) 蓝宝石晶片的研磨抛光：使用微米至亚微米聚晶、单晶抛光液，随着LED的迅速发展前景很好。

(8) 对于硬度在9以上的晶体抛光，金刚石微粉抛光液是无法替代的。

(9) 超硬金属辊或者器件的研磨抛光：使用微米至亚微米金刚石微粉，抛光液、研磨膏、精密微粉砂轮。

(10) 金属模具的抛光：使用微米至亚微米金刚石微粉，金刚石抛光液、研磨膏。

（11）烧结 PCD 的原料：使用微米级金刚石微粉，随着 PCD 工具应用面的扩大，前景广阔。

（12）各种磨削工具的原料：使用各种粒度单晶金刚石微粉，仍有广阔的发展空间。

按目前我国执行的行业标准，金刚石微粉的粒度范围为 0.5 ~ 54μm。但由于使用范围越来越广，用户要求越来越多，所以现在已延伸至 0.1 ~ 106μm。其用途大致可分为三种：5μm 以细用于抛光；3 ~ 15μm 用于研磨；10μm 以粗用于磨削。

金刚石微粉按晶体结构划分为两类：绝大多数是单晶，但也有少数为多晶（聚晶）。后者又分为两种：用爆炸法直接合成；将细金刚石微粉经二次高温高压合成之后再破碎。

金刚石研磨膏和金刚石抛光液一般不作为金刚石工具，但它却是金刚石微粉的制品。

22.2　金刚石微粉制品

22.2.1　研磨膏

金刚石研磨膏是由金刚石微粉、载体和分散剂等材料按一定比例精制加工而成。根据不同用途可分为油溶性研磨膏和水溶性研磨膏（表 1-22-1），其软硬程度又可在很大范围内进行调节。油溶性研磨膏常用来加工硬质合金、磨具、刃具等较硬的金属。水溶性研磨膏大多用于加工非金属硬脆材料，如各种宝石、陶瓷、玻璃等工艺品。用粗磨粒制造的研磨膏，磨削效率高但工件表面粗糙度大；用细磨粒制造的研磨膏，磨削效率低但工件表面粗糙度小。

表 1-22-1　不同研磨膏性能对比

种类	研磨效率	散热性	润滑性	工件清洗	对金属腐蚀	加工材料
水溶性	高	好	差	易	有	非金属硬脆
油溶性	低	差	好	难	无	硬金属、合金及碳化物、氮化物等

本节资料主要取自《超硬磨料制品人造金刚石或立方氮化硼研磨膏》（JB/T 8002—1999）和朱山民、陈巳珊编著的《金刚石磨具制造》[11]一书的有关部分，作者在此深表谢忱。

22.2.1.1　技术指标

这里介绍中华人民共和国机械行业标准 JB/T 8002—1999——超硬磨料制品人造金刚石或立方氮化硼研磨膏的技术指标。研磨膏品种代号及用途见表 1-22-2。

表 1-22-2　研磨膏品种代号及用途

代号	品　种	用　途
O	油溶性	主要用于重负荷机械研磨，抛光硬质合金、合金钢、高碳钢等高硬材料制品
W	水溶性	主要用于金相、岩相试样的精研等

22.2.1.2 标记及示例

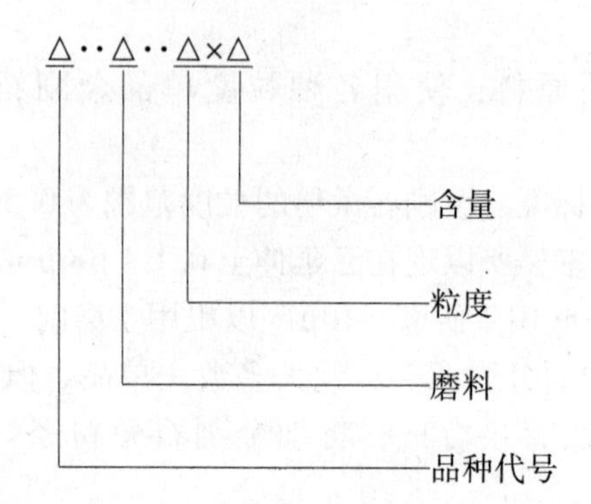

示例：水溶性、磨料 M-SD、粒度 8/12、磨料百分含量为 8 的人造金刚石研磨膏标记为：W M-SD 8/12 ×8。

22.2.1.3 技术要求

（1）所用磨料应符合 JB/T 7990 的规定。

（2）粒度和颜色应符合表 1-22-3 的规定。

表 1-22-3 研磨膏不同粒度的颜色标记

粒度/μm	颜 色	粒度/μm	颜 色
M0/0.5	淡黄	M4/8	玫瑰红
M0/1	黄	M5/10	
M0.5/1		M6/12	艳红
M0.5/1.5	草绿	M8/12	
M0/2		M8/16	朱红
M1/2	绿	M10/20	
M1.5/3		M12/22	赭石
M2/4		M20/30	紫
M2.5/5	翠蓝	M22/36	灰
M3/6	蓝	M36/54	黑

（3）磨料百分含量见研磨膏磨料含量换算对照表 1-22-4。

表 1-22-4 研磨膏磨料含量换算对照 (g)

粒度/μm	含量/%	单管质量							
		5	10	20	40	80	200	500	1000
		每管磨料含量							
0~0.5	2	0.10	0.20	0.40	0.80	1.60	4.00	10.00	20.00
	5	0.25	0.50	1.00	2.00	4.00	10.00	25.00	50.00
	10	0.50	1.00	2.00	4.00	8.00	20.00	50.00	100.00
0~1	2	0.10	0.20	0.40	0.80	1.60	4.00	10.00	20.00
	5	0.25	0.50	1.00	2.00	4.00	10.00	25.00	50.00
	10	0.50	1.00	2.00	4.00	8.00	20.00	50.00	100.00

续表 1-22-4

粒度/μm	含量/%	单管质量							
		5	10	20	40	80	200	500	1000
		每管磨料含量							
0.5~1	2	0.10	0.20	0.40	0.80	1.60	4.00	10.00	20.00
	5	0.25	0.50	1.00	2.00	4.00	10.00	25.00	50.00
	10	0.50	1.00	2.00	4.00	8.00	20.00	50.00	100.00
0.5~1.5	2	0.10	0.20	0.40	0.80	1.60	4.00	10.00	20.00
	5	0.25	0.50	1.00	2.00	4.00	10.00	25.00	50.00
	10	0.50	1.00	2.00	4.00	8.00	20.00	50.00	100.00
0~2	2	0.10	0.20	0.40	0.80	1.60	4.00	10.00	20.00
	5	0.25	0.50	1.00	2.00	4.00	10.00	25.00	50.00
	10	0.50	1.00	2.00	4.00	8.00	20.00	50.00	100.00
1.5~3	2	0.10	0.20	0.40	0.80	1.60	4.00	10.00	20.00
	5	0.25	0.50	1.00	2.00	4.00	10.00	25.00	50.00
	10	0.50	1.00	2.00	4.00	8.00	20.00	50.00	100.00
2~4	2	0.10	0.20	0.40	0.80	1.60	4.00	10.00	20.00
	5	0.25	0.50	1.00	2.00	4.00	10.00	25.00	50.00
	10	0.50	1.00	2.00	4.00	8.00	20.00	50.00	100.00
2.5~5	4	0.2	0.40	0.80	1.60	3.20	8.00	20.00	40.00
	10	0.5	1.00	2.00	4.00	8.00	20.00	50.00	100.00
	20	1.00	2.00	4.00	8.00	16.00	40.00	100.00	200.00
3~6	4	0.2	0.40	0.80	1.60	3.20	8.00	20.00	40.00
	10	0.5	1.00	2.00	4.00	8.00	20.00	50.00	100.00
	20	1.00	2.00	4.00	8.00	16.00	40.00	100.00	200.00
4~8	4	0.2	0.40	0.80	1.60	3.20	8.00	20.00	40.00
	10	0.5	1.00	2.00	4.00	8.00	20.00	50.00	100.00
	20	1.00	2.00	4.00	8.00	16.00	40.00	100.00	200.00
5~10	4	0.2	0.40	0.80	1.60	3.20	8.00	20.00	40.00
	10	0.5	1.00	2.00	4.00	8.00	20.00	50.00	100.00
	20	1.00	2.00	4.00	8.00	16.00	40.00	100.00	200.00
6~12	4	0.2	0.40	0.80	1.60	3.20	8.00	20.00	40.00
	10	0.5	1.00	2.00	4.00	8.00	20.00	50.00	100.00
	20	1.00	2.00	4.00	8.00	16.00	40.00	100.00	200.00
8~12	4	0.2	0.40	0.80	1.60	3.20	8.00	20.00	40.00
	10	0.5	1.00	2.00	4.00	8.00	20.00	50.00	100.00
	20	1.00	2.00	4.00	8.00	16.00	40.00	100.00	200.00

续表 1-22-4

粒度/μm	含量/%	单管质量							
		5	10	20	40	80	200	500	1000
		每管磨料含量							
10 ~ 20	6	0.30	0.60	1.20	2.40	4.80	12.00	30.00	60.00
	15	0.75	1.50	3.00	6.00	12.00	30.00	75.00	150.00
	30	1.50	3.00	6.00	12.00	24.00	60.00	150.00	300.00
12 ~ 22	6	0.30	0.60	1.20	2.40	4.80	12.00	30.00	60.00
	15	0.75	1.50	3.00	6.00	12.00	30.00	75.00	150.00
	30	1.50	3.00	6.00	12.00	24.00	60.00	150.00	300.00
20 ~ 30	6	0.30	0.60	1.20	2.40	4.80	12.00	30.00	60.00
	15	0.75	1.50	3.00	6.00	12.00	30.00	75.00	150.00
	30	1.50	3.00	6.00	12.00	24.00	60.00	150.00	300.00
22 ~ 36	8	0.40	0.80	1.60	3.20	6.40	16.00	40.00	80.00
	20	1.00	2.00	4.00	8.00	16.00	40.00	100.00	200.00
	40	2.00	4.00	8.00	16.00	32.00	80.00	200.00	400.00

（4）磨料在研磨膏中应均匀分布，不得结团。

（5）研磨膏中不得有粗于磨料的杂质。

（6）外观质量要求：

1）装管应充实，不得有气泡和油斑等。

2）研磨膏颜色应均匀一致。

3）商标粘贴端正、牢固、标志清晰。

（7）规格及称量误差应符合表 1-22-5 的规定。

表 1-22-5　规格及称量误差

规格/g	称量误差/g	规格/g	称量误差/g
5	±0.20	80	±1.00
10		200	
20	±0.50	500	±2.00
40		1000	±5.00

22.2.1.4　检验规则

研磨膏出厂前应按标准规定的各项要求进行检验，并附有合格证。

A　检验设备

1500 ~ 2000 倍生物显微镜（带目镜测微尺）。

B　检验方法

（1）外观质量目力检查。

（2）粒度、杂质、分散度的检验。从管中挤出少量研磨膏于载玻片上，用保安刀片刮匀，盖上玻片，放在显微镜下，按 JB/T 7990—1998 中规定的放大倍数进行粒度、杂质及分散均匀性检验。

C 验收规则

(1) 一次混料的每种粒度为一批。

(2) 每批样品按 GB/T 2828 的规定随机一次正常取样，检验合格质量水平按表 1-22-6 规定。

表 1-22-6 检验合格质量水平

项 目	检验水平	质量合格水平（AQL）
外 观	Ⅲ	2.5
单 重		
粗 粒	S-1	1.5
颜 色		
杂 质		

22.2.1.5 标志、包装、运输、贮存

(1) 每管（瓶）研磨膏的外标签上应有下列标志：

1) 制造厂名或厂标；2) 产品代号；3) 磨料；4) 粒度；5) 含量；6) 制造日期；7) 检验印章。

所有标志必须字迹清晰，美观、牢固。

(2) 研磨膏应装在盒内，严防挤压。

(3) 需发运的产品，应包装牢固，符合有关运输规定。

(4) 研磨膏应贮存在避光处；保存期限自制造之日起不得超过一年。

22.2.1.6 配制工艺流程

研磨膏配制工艺流程如图 1-22-1 所示。

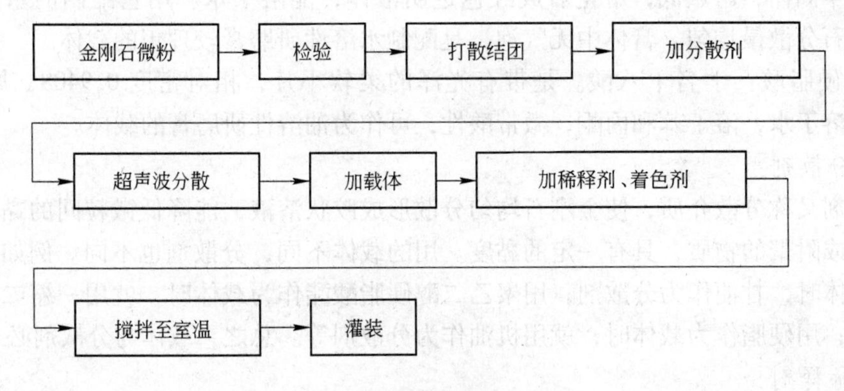

图 1-22-1 研磨膏配制工艺流程

22.2.1.7 原材料

A 载体

载体是承载金刚石微粉的物质，它可维持微粉颗粒呈分散状态，且对研具表面黏附力较强。为便于加工，它的熔点一般低于75℃。此外，它与分散剂可按任意比例互溶。在配制油溶性和水溶性研磨膏时应选择不同的载体，常见载体的性能见表 1-22-7。

表 1-22-7 常用载体性能

名 称	外 观	熔点/℃	溶解度
十六醇	白色粉末	49~50	不溶于水，溶于乙醇、乙醚等
聚乙二醇硬脂酸酯	淡黄色固体	49~50	溶于水
硬脂	无色、无味、无臭、粉末晶体	71~72	不溶于水，能溶于乙醚、丙酮等
硬脂酸	有光泽的白色柔软小片	69~70	不溶于水，溶于苯、丙酮等
三乙醇胺油酸皂	咖啡色半固体		溶于水
软脂酸（棕榈酸）	白色带珠光鳞片	63~64	溶于水
丙三醇	无色、无臭、有甜味黏滞液体	17.9	溶于水

（1）硬脂：又名甘油三硬脂酸酯。无色、无臭、无味的粉末或晶体，相对密度0.943，熔点71~72℃，是一种中性脂，不溶于水，能溶于乙醚、丙酮、氯仿、苯、二硫化碳及酒精，在酸或碱的存在下能水解生成硬脂酸和甘油，可作为油溶研磨膏的载体。

（2）十六醇：又名鲸蜡醇，其分子式为 $C_{15}H_{31}CH_2OH$ 白色固体。具有香味，相对密度0.8176，熔点49~50℃，不溶于水，溶于乙醇和乙醚。与三乙醇胺油酸皂组成膏体，可作为水溶性研磨膏的载体。

（3）硬酸酯—甘油酯：是甘油的一个羟基与硬脂酸作用而制得。纯品为白色蜡状固体，相对密度0.97，熔点58~59℃，普通品为黄色蜡状固体，熔点55℃左右，溶于乙醇，有乳化作用。在热水中搅拌，冷却后即成为极细的中性膏体，可作为油溶性研磨膏的载体。

（4）三乙醇胺油酸皂：由三乙醇胺和油酸反应生成三乙醇胺油酸皂。咖啡色膏体，溶于水，溶化为深褐色液体与十六醇互溶后组成软膏，可作为水溶性研磨膏载体。

（5）聚乙二醇硬脂酸酯：是由硬脂酸和环氧乙烷在氢氧化钠催化剂的作用下制得的一种淡黄色半固体，熔点低，熔化后成红色透明液体，能溶于水。用它配制的水溶性研磨膏，金刚石分散最均匀。膏体中无气泡，是配制水溶性研磨膏较理想的载体。

（6）硬脂酸：学名十八酸。是带有光泽的柔软小片，相对密度0.9408，熔点70~71℃，不溶于水，溶于苯和丙酮，微带酸性，可作为油溶性研磨膏的载体。

B 分散剂

分散剂又称分散介质，使金刚石均匀分散形成胶状溶液，能降低微粒间的黏合力，是防止絮凝或附聚的物质，具有一定的黏度。用的载体不同，分散剂也不同。例如：用十六醇作为载体时，甘油作为分散剂；用聚乙二醇硬脂酸酯作为载体时，就用一缩二乙二醇作为分散剂；用硬脂作为载体时，就用机油作为分散剂等。总之，载体与分散剂必须互溶。

C 稀释剂

稀释剂是将膏体黏度降低的物质。例如，水、煤油等分别为水溶性研磨膏和油溶性研磨膏的稀释剂。

D 着色剂

着色剂是使各种不同粒度的研磨膏具有不同的颜色，以便使用时鉴别和防止各种粒度的研磨膏互相混杂，在配制研磨膏时要加入各种颜色的水溶性染料或各种油溶性染料。

E　去臭剂

如玫瑰香精、尼泊金乙酯、对羟基苯甲酸乙酯等，能使研磨膏具有一定的香味。

22.2.1.8　水溶性研磨膏的配制

A　水溶性研磨膏配方

水溶性研磨膏配方大体分两种：一种是以十六醇和三乙醇胺油酸皂为载体的配方；另一种是以聚乙二醇硬脂酸脂为载体的配方。现举几个粒度为例分别列在表1-22-8和表1-22-9中，供制作时参考。

表1-22-8　十六醇和三乙醇胺油酸皂为载体的配方　（%）

粒　度	金刚石含量	丙三醇	十六醇	三乙醇胺油酸皂	蒸馏水
M0/0.5	2	20	30	25	23
M0.5/1	2	20	30	25	23
M0.5/1.5	2	20	30	25	23
M1/2	4	20	30	25	21
M1.5/3	4	20	30	25	21
M2.5/5	6	20	30	25	19
M3/6	6	20	30	25	19
M5/10	8	20	30	25	17
M6/12	8	20	30	25	17
M10/20	10	20	30	25	15
M20/30	10	20	30	25	15
M36/54	10	20	30	25	15

注：香料另加0.2%，染料另加0.3%。

表1-22-9　聚乙二醇硬脂酸酯为载体的配方　（%）

粒　度	金刚石含量	一缩二乙二醇	聚乙二醇硬脂酸酯	蒸馏水
M0/0.5	2	33	33	32
M0.5/1	2	33	33	32
M0.5/1.5	2	33	33	32
M1/2	4	33	32	31
M1.5/3	4	33	32	31
M2.5/5	5	33	32	30
M3/6	5	33	32	30
M5/10	6	33	31	30
M6/12	6	33	31	30

注：着色剂另加0.1%~0.5%。

不同的用途对膏体的软硬要求不同，主要可通过含水量的多少来调节。

B　各种原材料用量计算举例

若需400管M0.5/1.5的研磨膏，每管装5g，每管金刚石含量为1ct。原材料用量应根据公式（1-22-1）计算

$$M = \frac{G \cdot N}{N_1} \tag{1-22-1}$$

式中　M——各种原材料用量，g；

G——所需金刚石的重量，g；

N_1——配方表中各粒度中金刚石百分含量；

N——配方表中各种原材料百分含量（按表1-22-8）。

$$丙三醇 = \frac{80 \times 20}{4} = 400(g)$$

$$十六醇 = \frac{80 \times 30}{4} = 600(g)$$

$$三乙醇胺油酸皂 = \frac{80 \times 25}{4} = 500(g)$$

$$蒸馏水 = \frac{80 \times 21}{4} = 420(g)$$

C　研磨膏配制过程举例

（1）按配料计算，准确称取检查合格的金刚石微粉于烧杯中。

（2）称取丙三醇用量，加少量丙三醇于盛金刚石的烧杯中，搅拌成糊状，使金刚石润湿后，再将丙三醇的1/3量加入金刚石中，搅拌成均匀的悬浮液，并用超声波发生器分散10～15min，使金刚石颗粒分散均匀。

（3）与此同时，称取十六醇、三乙醇胺油酸皂于另一烧杯中，在水浴锅内加热，熔化成透明液体。

（4）将分散均匀的金刚石悬浮液稍微预热，倒入熔化的载体中，并不断搅拌。未倒净的金刚石用剩余的丙三醇分几次冲入载体中。

（5）将染料倒入水中预热后，加入混料烧杯中，并不断搅拌。

（6）将混料烧杯从水浴锅中取出冷却，不停的搅拌，直至冷却成柔软细腻膏体后，加入香料，即配成了水溶性研磨膏。

（7）水溶性金刚石研磨膏配好以后，按5g或10g称量装入特制的管子中，贴上商标，便于保存和使用，也防止灰尘杂质落入膏体中，保证膏体干净。

22.2.1.9　油溶性研磨膏的配制

A　油溶性研磨膏配方

油溶性研磨膏配方表见表1-22-10。

表1-22-10　油溶性研磨膏配方　（g）

粒　度	金刚石含量	机　油	煤　油	硬　脂
M0.5/1	2	26	26	46
M0.5/1.5	2	26	26	46
M1/2	4	25	25	46
M1.5/3	4	25	25	46
M2/4	4	25	25	46
M3/6	6	25	25	44
M4/8	6	25	25	44
M6/12	6	25	25	44
M8/16	6	25	25	44

续表 1-22-10

粒度	金刚石含量	机油	煤油	硬脂
M10/20	8	24	24	44
M20/30	8	24	24	44
M36/54	8	24	24	44

注：染料另加0.2%。

B 计算

需 M3/6 的油溶性研磨膏 5000ct，相当于 1000g。

根据公式(1-22-1) $M = \dfrac{G \cdot N}{N_1}$

$$机油 = \frac{60 \times 25}{6} = \frac{1500}{6} = 250(g)$$

$$硬脂 = \frac{60 \times 44}{6} = 440(g)$$

$$煤油 = \frac{60 \times 25}{6} = \frac{1500}{6} = 250(g)$$

按每管 5g 装管，共装 200 管。每管金刚石含量为 1.5ct。

C 油溶性研磨膏配制过程

(1) 机油用脱脂棉过滤后，称取一定重量放入烧杯中。

(2) 准确称取一定重量的金刚石微粉于一烧杯中，并加入一部分机油搅拌成糊状，然后将机油全部倒入其中，使金刚石成悬浮状溶液，并在超声波发生器中处理 10～15min，使金刚石分散均匀。

(3) 在另一烧杯中称取一定重量的硬脂，并在水溶锅中加热，使之熔化（若硬脂杂质较多，可趁热在脱脂棉中过滤，再称取重量)。

(4) 将分散好的金刚石悬浮液预热后，再将硬脂倒入其中并不断搅拌。

(5) 称取煤油（预先用滤纸过滤)，将油溶染料加入煤油中，一起倒入机油与硬脂的混合液中并不断搅拌，直至膏体接近室温为止。

(6) 按 5g 或 10g 称量装入专用的包装管子里，贴上商标，以便保存和使用。

22.2.1.10 配置研磨膏的要点

(1) 首先要检验所用微粉的粒度分布、晶形、杂质等技术指标是否合格，只有合格的微粉方可使用。

(2) 研磨膏用微粉配制而成，在配制过程中，周围环境和所用工具必须保持干净，以免混入大粒划伤工件。

(3) 研磨膏在整个配制过程中应该不停地进行不规则的搅拌，防止金刚石颗粒下沉，避免金刚石在膏体中分布不均匀，影响质量和使用效果。

(4) 配制研磨膏的工具如烧杯、玻璃棒等，应分粒度专用。若同时配制几种粒度的研磨膏，最好先配制细粒度的，而后配制粗粒度的。

22.2.2 研磨液抛光液

金刚石研磨液和金刚石抛光液主要区分在于金刚石微粉的粒度不同，因而应用领域不同。前者主要是由较粗的微粉制作，用于快速研磨；而后者主要是由较细的微粉制作，用于降低工件表面的粗糙度。因二者之间没有严格的分界线，为便于叙述下文中所说的抛光液实际包括了研磨液。

抛光液是机械抛光技术中的关键要素，其性能直接影响抛光后的表面质量。

随着精密加工的迅速发展，近年来金刚石抛光液发展很快。与研磨膏相比，由于它能迅速带走加工过程中所产生的热量及研磨屑，因而更适宜于大规模工业生产。

金刚石抛光液与硅溶胶相比抛光效率提高几倍，表面粗糙度显著降低。常用它抛光多种难加工的硬脆材料，例如 SiC、Al_2O_3、Si、SiO_2、CaF_2、BeF_2、Li_3AlO_3、Li_3GaO_3、Tb_3GaO_{12}、GeO_2、Si_3N_4、ZrO_2 等多种晶体及硬盘磁头、微晶玻璃等工件。实验表明，用 1μm 的抛光液对碳化硅晶体进行抛光，其表面粗糙度 Ra 值可由 80.0nm 抛光至 0.91nm。用纳米金刚石抛光液加工 SiC 晶体，抛光后得到的表面粗糙度 Ra 可达 0.1 ~ 0.3nm。

对金刚石抛光液性能的要求是较严格的。它应具有研磨、抛光、浸润、黏附、润滑、冷却等多种性能。金刚石抛光液的主要成分包括金刚石、水或油和多种添加剂：润湿剂、分散剂、表面改性剂、消泡剂、防锈剂以及其他化学添加剂。

多晶金刚石抛光液利用多晶金刚石良好的切削力和自锐性，在研磨抛光过程中能够保持高研磨力而同时不易产生划伤。

由于该产品技术要求高、附加值高，各生产单位的工艺基本处于保密状态。目前尚无统一的行业标准和国家标准，因而在这里只能做一原则介绍。

22.2.2.1 技术指标

由于尚无国家标准和行业标准，因而不能指明具体数值。现将衡量产品性能的几个方面即金刚石抛光液的几个主要技术指标简述如下：

（1）金刚石粒度。金刚石粒度应符合前述的标准，尤其是粒度分布应该比较集中。因为用抛光液加工的工件一般是比较贵重的，如出现划痕很可能造成废品。

（2）金刚石浓度。金刚石浓度一般控制在 1% ~ 5%。粒度越细，浓度越低。浓度过高会形成料浆，不利于散热。当然也可在用户使用前进行稀释。

（3）金刚石颗粒的分散性。金刚石颗粒应该充分分散而无团聚，尤其是不能有大的团聚或硬的结团，这可用显微镜检测。

（4）抛光液黏度。抛光液黏度要适中。太稀会使得它与抛光垫的黏附力降低，金刚石磨粒容易被甩掉；太黏会使散热性降低，并有可能将喷嘴堵塞。

液体的黏度一般分为运动黏度和动力黏度，二者之间有一定的对应关系。对抛光液来说后者更接近实际使用情况，可用它的数值作为控制产品质量的指标之一。一般要求动力黏度的数值为 $10^1 \sim 10^3$ mPa · s。

（5）pH 值。不同的应用领域，对 pH 值的要求不同。一般控制在 2 ~ 12 之间。当然从环保角度出发，应尽量接近 7 为宜。

（6）悬浮稳定性。好的抛光液金刚石颗粒应长期稳定地悬浮。作为低档的产品，有轻微的沉淀是难免的，但不应有严重的沉淀，以至摇不起来。

（7）油溶性与水溶性。与研磨膏相似，根据不同的用途亦有油溶性和水溶性之分。它们的基体成分分别为油和水。油溶性抛光液常用来加工硬质合金、不锈钢、磨具、刃具等较硬的金属。水溶性抛光液大多用于加工非金属硬脆材料，如各种晶体、宝石、陶瓷、玻璃等。用粗磨粒制造的研磨液，磨削效率高但工件表面粗糙度大；用细磨粒制造的抛光液，磨削效率低但工件表面粗糙度小。

22.2.2.2 配制工艺流程

抛光液配制工艺流程如图1-22-2所示。

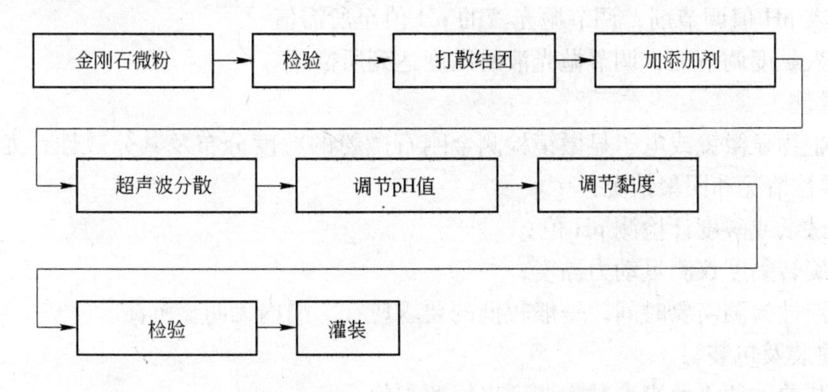

图1-22-2 抛光液配制工艺流程

22.2.2.3 抛光液的配制

以水溶性为例简要叙述，油溶性与此大同小异。

A 配方

它主要由金刚石、润湿剂、表面改性剂、分散剂、化学添加剂和水等原料制备而成，各原料所占质量百分比可参考表1-22-11。

表1-22-11 金刚石抛光液主要成分

品 名	金刚石微粉	润湿剂	表面活性剂	pH值调节剂	黏度调节剂	水或油
含量/%	0.5~5	0.2~3	1~10	0.1~2	0.01~2	80~98

为使金刚石能较长期在抛光液中悬浮，常使用表面活性剂对金刚石进行表面改性。表面活性剂有离子型和非离子型两大类，前者又分阴离子型和阳离子型。有时使用两种以上的组合表面活性剂，效果更佳。文献［12］用RDC-25S与RGN-10，RGN-40，RGN-80配合使用，取得了较好的效果。

B 计算公式

其计算公式与研磨膏相同，请参阅前节。

C 配制过程

（1）生产前的准备工作。

1）清洗生产用具——烧杯、桶、搅拌棒、灌装用具等；

2）所有用具先用自来水清洗干净，再用蒸馏水冲洗，并控水，然后称取皮重。

（2）领取干粉。按抛光液所需浓度和总量确定干粉用量。用精度适宜的天平精确称取一定的干粉，其精度要达到0.5%。

（3）干粉的润湿。先加入少量润湿剂，以刚能覆盖干粉为准，用搅拌棒将干粉充分碾湿。

再逐步加入适量表面活性剂和蒸馏水，搅拌并超声处理至干粉充分润湿分散，即以杯中无干粉团聚的小球为准，并且用生物显微镜观察分散情况。

（4）抛光液的配置。

1）按所需比例加入蒸馏水，搅拌并超声处理；

2）加入 pH 值调节剂，调节抛光液的 pH 值至所需值；

3）加入黏度调节剂，调节抛光液的黏度达到所需值。

（5）检测。

1）用生物显微镜或电子显微镜检测金刚石微粉的粒度分布及其分散性，尤其要注意大的有害颗粒情况和团聚情况；

2）用试纸或酸度计检测 pH 值；

3）用旋转黏度仪测量动力黏度；

4）悬浮性检测需要时间，一般较低的要求应在1周内无明显沉淀。

（6）灌装及包装。

1）灌装前，须将抛光液黏度调到出厂要求值；

2）灌装时，须准确称取一定量的抛光液于塑料桶（或玻璃瓶）中，如须进行热合要将瓶口擦干后热合，特别注意检漏；

3）灌装后，须贴标签（注明品种、粒度、浓度、数量、生产日期、生产单位等），并对其进行包装；

4）包装物要美观大方，保证携运方便、安全。

参考文献

[1] 欧洲磨料生产厂协会金刚石微粉粒度标准[S]. FEPA—1977.

[2] 美国工业金刚石协会标准[S]. IDA Std. 1984.

[3] 苏联金刚石粉国家标准[S]. ГОСТ 9206—80.

[4] 金刚石微粉粒度的美国国家标准[S]. ANSI B74. 20—1981.

[5] 中华人民共和国机械行业标准，人造金刚石微粉和立方氮化硼微粉[S]. JB/T 7990—1998.

[6] 北京钢铁学院粉末冶金教研室译，粉末冶金原理及应用[M]. 北京：冶金工业出版社，1978：61 ~ 74.

[7] Zhang Shuda. The Surface Impurity Distribution on Synthetic Diamond, High-Pressure Science and Technology-1993, 523 ~ 526, AIP Press, New York, 1993.

[8] 复旦大学等. 物理化学实验室(上册)[M]. 北京：人民教育出版社，1979：198.

[9] Robet C. Weast, CRC Handbook Chemistry and Physics, 58th, F-51. CRC Press, INC. 1977.

[10] 院兴国. 超硬材料提纯分选检测工艺学(中级本)[M]. P435 ~ 457（机械电子部机床工具工业局内部教材）.

[11] 朱山民，陈巳珊. 金刚石磨具制造[M]. P358 ~ 374（机械工业部机床工具工业局内部教材）.

[12] 许向阳，王柏春，朱永伟，等. 表面活性剂组合使用对纳米金刚石在水中分散行为的影响[J]. 矿冶工程，2003，23(3)：60 ~ 64.

（天津市乾宇超硬材料有限公司：张书达）

23　国内生产的部分金刚石工具

23.1　石油钻探用金刚石复合片

海明润实业有限公司生产的石油钻探用金刚石复合片见表1-23-1。

表1-23-1　海明润实业有限公司生产的石油钻探用金刚石复合片

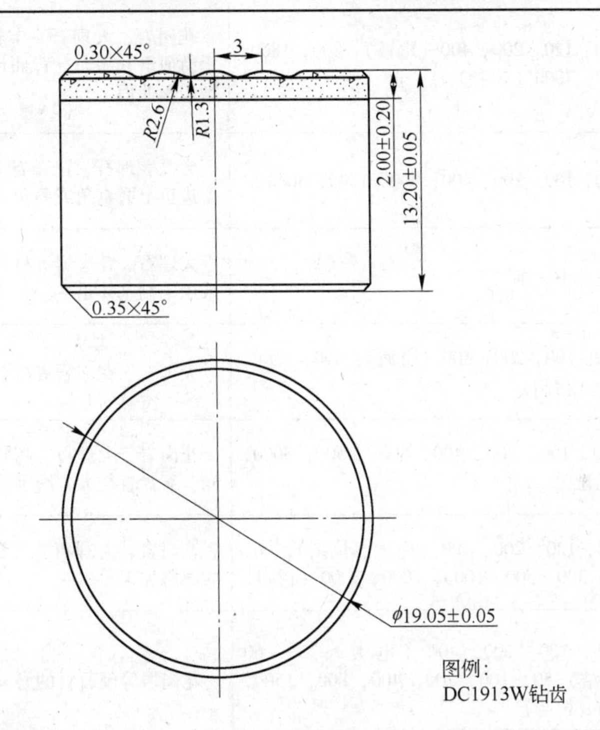

品种·规格	
金刚石复合片	DC0808W、DC0909W、DC0911W、DC1008W、DC1011W、DC1308W、DC1310W、DC1313W
	DC1608W、DC1613W、DC1616W、DC1908W、DC1913W、DC1916W、DC1925W

23.2　金刚石磨抛工具

厦门致力金刚石科技股份有限公司生产的金刚石磨抛工具见表1-23-2。

表1-23-2　厦门致力金刚石科技股份有限公司生产的金刚石磨抛工具产品

产品名称	粒度号	主要用途
湿磨片（软磨片）	50，100，200，400，800，1500，3000，Buff（抛光）	花岗岩、大理石、宝石、陶瓷、玻璃等硬脆材料的研磨和抛光
干磨片	50，100，200，400，800，1500，3000，Buff（抛光）	花岗岩、大理石、宝石、陶瓷、玻璃等硬脆材料的研磨和抛光

续表 1-23-2

产品名称	粒度号	主要用途
地板磨片（包括地板翻新片）	6，16，30，50，100，200，400（金属）；50，100，200，400，800，1500，3000（树脂）	混凝土、花岗岩、大理石、陶瓷等地板磨抛和翻新
金刚石砂布	60，120，200，400（电镀）；800，1800，3500（树脂）	花岗岩、大理石、宝石、陶瓷、玻璃等硬脆材料的研磨和抛光
金刚石砂带	60，120，200，400（电镀）；800，1800，3500（树脂）	花岗岩、大理石、宝石、陶瓷、玻璃、硬质合金等硬脆材料的研磨和抛光
金刚石手擦片	60，120，200，400（电镀）；800，1800，3500，7000（树脂）	花岗岩、大理石、宝石、陶瓷、玻璃等材料的手持研磨和抛光，背面泡沫是柔软的，特别适合磨边角曲面
金刚石磨边轮	50，100，200，400，800，1500，3000	磨抛大理石、花岗岩等，用于一个或多头自动磨边机上磨直角或斜角，蜗牛背
金刚石碗磨	粗、中、细	大理石、花岗岩等材料表面和边角的快速粗磨。采用铝制基体重量轻，冷却效果好，磨削效率高
金刚石布拉	50，100，200，400（金属）；800，1500，3000（树脂）	大理石、花岗岩等材料的研磨和抛光
金刚石磨盘	50，100，200，400，800，1500，3000，抛光盘	花岗岩、大理石、陶瓷等硬脆材料的研磨和抛光。磨盘直径大，磨削效率高
金刚石磨针和磨头	60，120，200，400（电镀、烧结）；60，150，300，500，1000，2000，3000（树脂）	花岗岩、大理石、陶瓷、玻璃等小区域或孔槽的磨抛加工
金刚石抛光鼓轮	60，120，200，400（电镀）；30，60（烧结）50，100，200，400，800，1500，3000（树脂）	花岗岩等硬石材的磨削和抛光
金刚石莱瓜布	400，800，1500，3000	适用于石材、混凝土地板的清洁与抛光，直径大，工作层柔软，效率高

23.3 金刚石地质、矿山钻头、扩孔器

桂林特邦新材料有限公司生产的金刚石地质钻头有以下几种：

（1）金属矿勘探、开采类人造金刚石孕镶钻头。金属矿多产生和存在于岩石构造带和断裂带，硬、脆、碎岩石居多，研磨性较强，本公司的人造金刚石孕镶钻头内外保径好，胎体耐磨性高，有较高的钻进速度和较长的寿命。新开发的深孔绳索取芯钻头，特别适合800m以深的钻孔。以热压烧结钻头为主，胎体25～45HRC。

（2）坚硬致密岩层类人造金刚石孕镶钻头。在钻进施工中往往会遇到完整致密、晶粒

细甚至隐晶质的岩石，其压入强度高，岩粉研磨性很低，普通的金刚石钻头不能持续钻进，金刚石不脱落，表现为钻头打滑的现象，俗称打滑地层。本公司自主研制专用的打滑岩层钻头采用特殊的技术和工艺，保证金刚石能及时脱落，钻进速度持续稳定，能快速穿透该类岩层，不耽误施工进度，又能取得较好的效益。以热压烧结钻头为主，胎体5～20HRC。

（3）工程勘察、地基处理类人造金刚石孕镶钻头。该类钻头的特点是钻进速度高，寿命能满足用户要求，特别适应钻孔浅，需要频繁移动钻机，抢工程进度的施工。在岩石不硬的情况下，采用本公司的全面破碎不取芯钻头，可直接灌浆进行地基处理，能加快工程进度。多以电镀钻头为主，热压烧结钻头为辅，胎体20～50HRC。

（4）水电勘察、水电灌浆施工类人造金刚石孕镶钻头。该类钻头多在覆盖层、卵石层、基岩和钢筋混凝土中施工，岩粉冲蚀和磨损胎体、钢体严重，钻头非正常损坏较多。针对这一特性，本公司的钻头对胎体和钢体均采用特殊保护措施，保证钻头能正常使用完毕，因此有较高的寿命和效率。可使用电镀或热压烧结钻头，胎体多为20～50HRC。

（5）煤田勘探类人造金刚石孕镶钻头。该类钻进的特点是岩层相对较软，易糊钻，钻孔深度大，多采用绳索取芯钻进。本公司的钻头采用特殊的结构，有较长的寿命和较高的钻进速度。多以热压烧结钻头为主，电镀钻头为辅，胎体15～40HRC。

其钻头规格见表1-23-3，钻头选择参考见表1-23-4。

表1-23-3 钻头规格

普通单、双管			绳索取芯	工程站	套管鞋	其 他
地标 DZ2-78	地标 DZ2.1-87	冶标 DZ2.1-87	冶标和地标 DZ2.1-87	地标 DZ2.1-87		
36/21.5	28/17	28.5/16.5	47/25	111/93	3-1/2″-91.8/77.4	TNW-75.3/60.8
46/29	36.5/21.5	36.5/21.5	46.5/25	131/113	4-1/2″-117.5/102.7	T2-76/62
56/39	46.5/29	36.5/24.5	56.5/35	150/132	4-1/2″-120.1/103	T2-86/72
66/49	59.5/41.5	47/29	59.5/36	171/149	5-1/2″-143.5/121.3	T2-101/84
76/59	75/54.5	47/33.5	60/36	200/179	5-1/2″-143/126	T6-101/78.7
	91/68	60/41.5	75/49	222/196	93/77	T6-131/108
		60/46	77/49		114/94	BQ-59.5/36.5
		75/54.5	91/62		132/114	BQ3-59.5/33.5
		75/60	95/64			NQ-75.3/47.6
		91/68	96/63			NQ3-75.5/45
		91/75				HQ-95.6/63.5
		93/73				HQ3-95.6/61.1
						PQ-122/85
						PQ3-122/83.1

表 1-23-4 人造金刚石钻头选择参考

<table>
<tr><td colspan="2">岩石刻钻性分级</td><td colspan="5">软岩（1～2级）</td><td colspan="8">较硬岩层（3～5级）</td><td colspan="8">岩层（6～8级）</td><td colspan="8">坚硬岩层（9～12级）</td></tr>
<tr><td colspan="2">岩石名称</td><td>页岩</td><td>泥岩</td><td>凝灰岩</td><td>黏板岩</td><td>石灰岩</td><td>砂岩</td><td>砂质页岩</td><td>砂质灰岩</td><td>软片岩</td><td>中硬灰岩</td><td>软白云岩</td><td>褐铁砂岩</td><td>硬页岩</td><td>蛇纹岩</td><td>大理岩</td><td>硬质片岩</td><td>褐铁矿</td><td>辉绿岩</td><td>安山岩</td><td>片麻岩</td><td>花岗闪长岩</td><td>玄武岩</td><td>花岗岩</td><td>流纹岩</td><td>石英斑岩</td><td>硬质砂岩</td><td>石英岩</td><td>铁质岩</td><td>隐晶石英岩</td></tr>
<tr><td colspan="2">岩石研磨性</td><td colspan="5">中强</td><td colspan="8">中强—高强</td><td colspan="8">中强—中弱</td><td colspan="8">中弱—弱</td></tr>
<tr><td rowspan="5">钻头胎体选择</td><td>10～20HRC</td><td colspan="13">孕镶钻头，电镀钻头，全面钻头</td><td></td><td></td><td></td><td></td><td></td><td></td><td></td><td></td><td colspan="8">孕镶钻头，电镀钻头，10～20HRC</td></tr>
<tr><td>20～30HRC</td><td></td><td></td><td></td><td></td><td></td><td></td><td></td><td></td><td></td><td></td><td></td><td></td><td></td><td></td><td></td><td></td><td></td><td colspan="8">孕镶钻头，电镀钻头，20～30HRC</td><td></td><td></td><td></td><td></td></tr>
<tr><td>30～35HRC</td><td></td><td></td><td></td><td></td><td></td><td></td><td></td><td></td><td></td><td></td><td colspan="9">孕镶钻头，电镀钻头，30～35HRC</td><td></td><td></td><td></td><td></td><td></td><td></td><td></td><td></td><td></td><td></td></tr>
<tr><td>35～40HRC</td><td></td><td></td><td></td><td></td><td></td><td colspan="9">孕镶钻头，电镀钻头，35～40HRC</td><td></td><td></td><td></td><td></td><td></td><td></td><td></td><td></td><td></td><td></td><td></td><td></td><td></td><td></td><td></td></tr>
<tr><td>40～50HRC</td><td colspan="12">孕镶钻头，电镀钻头，40～50HRC</td><td></td><td></td><td></td><td></td><td></td><td></td><td></td><td></td><td></td><td></td><td></td><td></td><td></td><td></td><td></td><td></td><td></td></tr>
<tr><td rowspan="6">钻头唇面选择</td><td>圆弧形</td><td colspan="29">用于较硬岩层，硬岩层，钻头唇面保持良好，金刚石分布均匀，在完整和少量破碎、松散岩层中使用</td></tr>
<tr><td>平底形</td><td colspan="29">普便使用于各种不同硬度和研磨性岩层</td></tr>
<tr><td>尖齿形</td><td colspan="29">多用于坚硬岩层，能产生自由破碎空间，利于提高钻进速度</td></tr>
<tr><td>阶梯形</td><td colspan="29">多用于软硬岩层，倾斜角较大的岩层，钻头在孔底的稳定性好，能防止孔斜</td></tr>
<tr><td>齿轮形</td><td colspan="29">多用于软岩，能增大排粉排水空间，防止糊钻，提高钻进速度</td></tr>
<tr><td>地喷形</td><td colspan="29">多用于遇水溶化岩层，防止岩芯受到冲蚀，可获得较高的岩芯采取率</td></tr>
</table>

武汉万邦激光金刚石工具有限公司生产的Q系列钻具参数见表1-23-5，金刚石钻头·扩孔器系列见表1-23-6。

表1-23-5 Q系列钻具参数

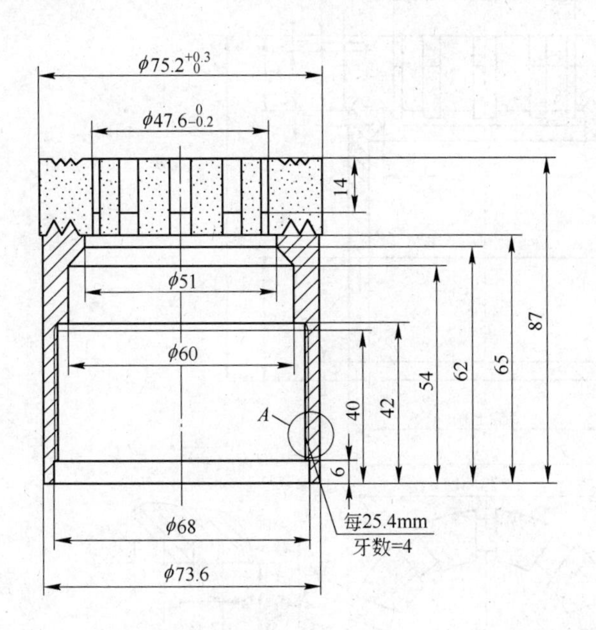

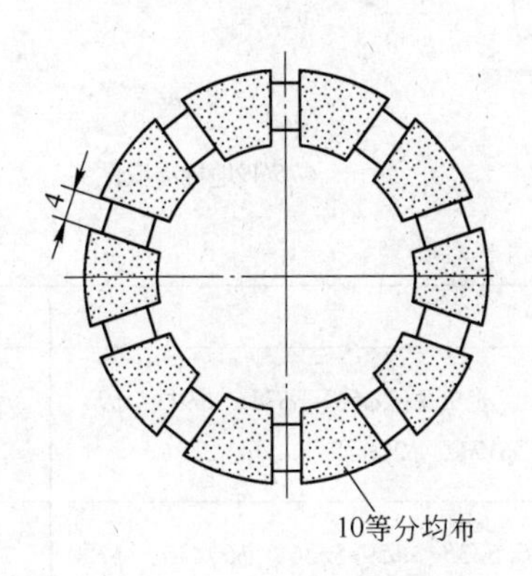

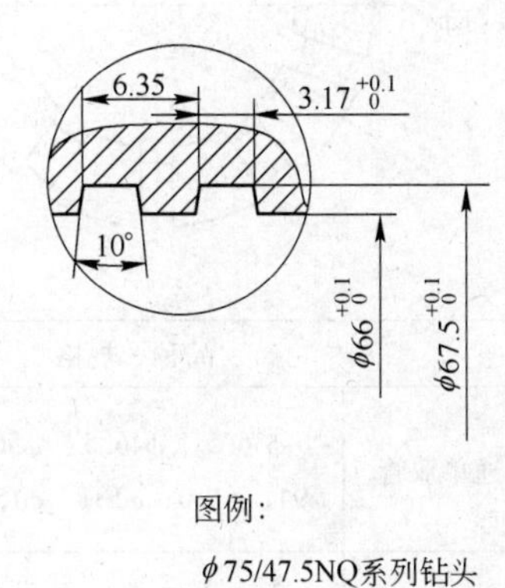

图例：

ϕ75/47.5NQ系列钻头

系列	规格	钻头		扩孔器	外管		内管		配套钻杆规格
		外径	内径	外径	外径	内径	外径	内径	
Q系列钻具	BQ	59.5	36.5	60	57.2	46	42.9	38.1	BQ
	NQ	74.6	47.6	75.8	73	60.3	55.6	50	NQ
	HQ	95.6	63.5	96	92.1	77.8	73	66.7	HQ
	PQ	122	85	122.6	117.5	103.2	95.3	88.9	PQ(114石油标准)

表1-23-6　金刚石钻头·扩孔器系列

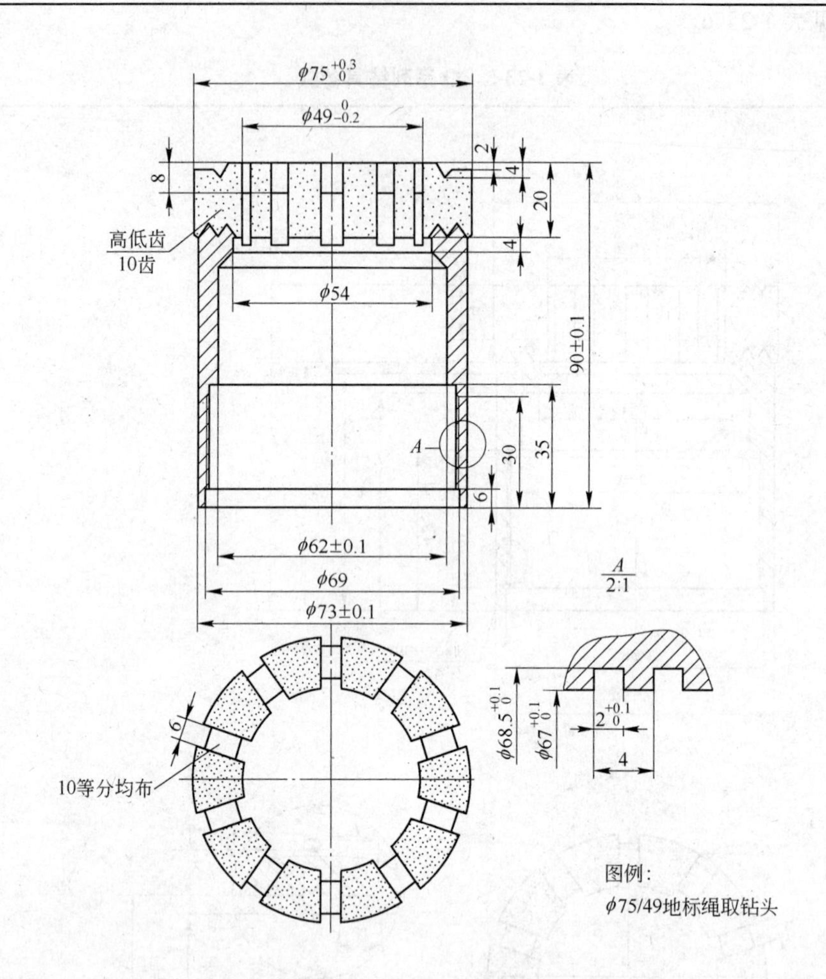

品种·规格			备　注
金刚石钻头	普通单双管	φ36.5、φ46.5、φ56.5、φ59.5、φ66、φ75、φ91、φ93、φ94、φ110、φ131、φ151、φ171、φ200	地标·冶标
	绳索取芯	φ47/25、φ46.5/25、φ56.5/35、φ59.5/36、φ60/36、φ75/49、φ76/48、φ91/62	地标·冶标
复合片钻头	无芯钻头	φ25 ~ φ36、φ42、φ48、φ56、φ60、φ65、φ75、φ94、φ110、φ113、φ133、φ153、φ190	两翼·三翼 支柱·刮刀式
	取芯钻头	φ75、φ94、φ113、φ133、φ153、φ157	胎体式·钢体式
金刚石扩孔器	φ28、φ36、φ46、φ59、φ75、φ91、φ101、φ110、φ130、φ150、φ170、φ200		单管　双管　绳索

23.4　绳锯

桂林特邦新材料有限公司生产的绳锯产品见表1-23-7 ~ 表1-23-14。

表 1-23-7　钢筋混凝土绳锯

规格						
产品编号	串珠规格/mm	串珠数/粒·m^{-1}	工作层高度	基体长度/mm	串珠制作方式	固定方式
W4	ϕ11.0	40	*H*6.4，*H*6.0	11.0	烧　结	橡胶+弹簧
	ϕ10.5	40	*H*6.4，*H*5.8	10.5	烧　结	
	ϕ10.5	44	*H*6.2	10.0	电镀双层金刚石	

性能参数			
切割对象	切割线速度/m·s^{-1}	切割效率/m^2·h^{-1}	切割寿命/m^2·m^{-1}
钢筋混凝	22~25	2.0~5.0	2.0~6.0
钢筋混凝土干切	18~22	1.0~2.5	2.0~3.0
水下切割	12~15	1.0~2.0	2.0~3.0
钢结构件切割	12~15	0.5~1.0	0.5~1.0

表 1-23-8　花岗岩矿山开采绳锯

规格						
产品编号	串珠规格/mm	工作层高度/mm	基体长度/mm	串珠制作方式	串珠数/粒·m^{-1}	固定方式
W10	ϕ11.5	*H*6.4	11.0	烧　结	40	橡　胶
					37	
	ϕ11.0				40	
					37	

性能参数			
切割对象	切割线速度/m·s^{-1}	切割效率/m^2·h^{-1}	切割寿命/m^2·m^{-1}
软花岗岩	25~28	4~8	20~25
中硬花岗岩	23~25	3~6	12~20
硬花岗岩	20~23	2~5	7~12
砂　岩	25~30	4~8	8~10

注：本产品适用于花岗岩、砂岩矿山开采及花岗岩矿山荒料整形。

表 1-23-9　大理石矿山开采绳锯

规格						
产品编号	串珠规格/mm	串珠数/粒·m^{-1}	工作层高度/mm	基体长度/mm	串珠制作方式	固定方式
W8	ϕ11.5	28	*H*6.0，*H*5.8	10.5，10.0	烧　结	弹　簧
	ϕ11.0	28	*H*6.0，*H*5.8	10.5	烧　结	
W9	ϕ11.0	40	*H*6.0，*H*5.8	10.5	烧　结	橡　胶
	ϕ10.5	40	*H*6.2	10.0	电镀双层金刚石	

续表 1-23-9

性能参数			
切割对象	切割线速度/m·s^{-1}	切割效率/m^2·h^{-1}	切割寿命/m^2·m^{-1}
软大理石	30~35	8~12	30~60
中硬大理石	28~30	6~8	20~25
硬大理石	25~28	3~6	15~20
干切大理石	20~25	3~5	10~15

注：本产品适用于各种类大理石矿山开采及大理石荒料整形。

表 1-23-10 花岗岩组合绳锯

规格						
产品编号	串珠规格/mm	串珠数/粒·m^{-1}	工作层高度/mm	基体长度/mm	串珠制作方式	固定方式
W16	ϕ8.0	37	H6.0	9.5	烧 结	高强度塑料
W17	ϕ7.5	37	H6.5，H7.0	10.5	烧 结	
W18	ϕ7.2	37	H6.5，H7.0	10.5	烧 结	

性能参数			
切割对象	切割线速度/m·s^{-1}	切割效率/m^2·h^{-1}	切割寿命/m^2·m^{-1}
软花岗岩	25~28	1.0~2.0(x组数)	15~20
中硬花岗岩	22~25	0.8~1.5(x组数)	10~15
硬花岗岩	20~23	0.5~1.0(x组数)	8~12

注：本产品适用于5~60组各种花岗岩大板切割。

表 1-23-11 花岗岩异形绳锯

规格						
产品编号	串珠规格/mm	串珠数/粒·m^{-1}	工作层高度/mm	基体长度/mm	串珠制作方式	固定方式
W16	ϕ8.0	37	H6.0	9.5	烧 结	高强度塑料
W1	ϕ8.5	37	H6.0	9.5	烧 结	
W11	ϕ9.0	37	H6.0	9.5	烧 结	

性能参数			
切割对象	切割线速度/m·s^{-1}	切割效率/m^2·h^{-1}	切割寿命/m^2·m^{-1}
软花岗岩 Soft	25~28	1.0~2.0	15~20
中硬花岗岩	22~25	0.8~1.5	10~15
硬花岗岩	20~23	0.5~1.0	8~12

注：本产品适用于各种花岗岩弧板切割，各种形状花岗岩异形结构件切割及花岗岩圆柱体切割。

表 1-23-12 花岗岩整形绳锯

规 格

产品编号	串珠规格/mm	串珠数/粒·m^{-1}	工作层高度/mm	基体长度/mm	串珠制作方式	固定方式
W2	ϕ10.5	37	*H*6.4	10.0	烧 结	高强度塑料
		40				
W7	ϕ11.0	37				
		40				

性 能 参 数

切割对象	切割线速度/m·s^{-1}	切割效率/m^2·h^{-1}	切割寿命/m^2·m^{-1}
软花岗岩	28~30	1.5~3.0	15~25
中硬花岗岩	23~26	1.0~2.5	12~15
硬花岗岩	20~25	0.5~1.0	8~12

注：本产品适用于工厂内各种花岗岩荒料的分割和整形。

表 1-23-13 大理石异形绳锯

规 格

产品编号	串珠规格/mm	串珠数/粒·m^{-1}	工作层高度/mm	基体长度/mm	串珠制作方式	固定方式
W3	ϕ8.5	33	*H*6.0	9.5	烧 结	高强度塑料
		37	*H*6.2	10.0	电镀单层金刚石	
W13	ϕ9.0	33	*H*6.0	9.5	烧 结	

性 能 参 数

切割对象	切割线速度/m·s^{-1}	切割效率/m^2·h^{-1}	切割寿命/m^2·m^{-1}
软大理石	30~35	3~6	35~40
中硬大理石	25~28	2~4	25~35
硬大理石	23~25	1~2	15~25

注：本产品适用于各种类大理石弧板切割，各种形状大理石异形结构件切割及大理石圆柱体切割。

表 1-23-14 大理石整形绳锯

规 格

产品编号	串珠规格/mm	串珠数/粒·m^{-1}	工作层高度/mm	基体长度/mm	串珠制作方式	固定方式
W5	ϕ11.0	33	*H*6.0	10.0	烧 结	高强度塑料
	ϕ10.5	33	*H*6.0	10.0	烧 结	
	ϕ11.0	33	*H*6.2	10.0	电镀单层金刚石	

性 能 参 数

切割对象	切割线速度/m·s^{-1}	切割效率/m^2·h^{-1}	切割寿命/m^2·m^{-1}
软大理石 Soft	30~35	3~6	30~40
中硬大理石 Middle	25~28	2~4	25~30
硬大理石	23~25	1~2	20~25

注：本产品适用于工厂内各种类大理石荒料的分割和整形。

23. 5 金刚石圆锯片

23. 5. 1 安泰超硬产品

北京安泰钢研超硬材料制品有限责任公司（简称安泰超硬）由钢铁研究总院创建于1993 年，现隶属安泰科技，是我国最早从事金刚石工具研究、开发、制造与销售的专业公司之一。相继率先在国内开发出冷压烧结金刚石锯片、热压烧结金刚石锯片、激光焊接金刚石锯片等产品。

公司主营激光焊锯片、高频焊接锯片、冷压烧结锯片、热压烧结锯片等。公司于 1997 年获得 ISO 9000 质量认证，建立起一套极其严格的产品质量保障体系。公司产品 85% 以上出口欧美市场，“安泰工具”以其优质、安全、稳定的产品品质在欧美市场享有极高声誉。2006 年公司首家通过欧盟 OSA 安全组织认证，成为国内迄今唯一一家 OSA 会员企业。

近年来，秉承多年国际市场营销积累与成熟的产品工艺，安泰工具积极切入国内市场需求，强力推出适销国内市场的全新系列产品，尤其以高档激光马路锯片，高精度陶瓷、大理石锯片，高锋利花岗岩锯片为代表，独特的外观设计与一流的性价比有机结合，国内市场份额迅速攀升。2009 年 4 月，安泰工具入选“2008 年中国五金机电十大最具影响力品牌”。

安泰超硬金刚石圆锯片产品见表 1-23-15。

表 1-23-15 安泰超硬金刚石圆锯片产品

产 品	规 格	工 艺	用 途
马路片系列	ϕ300 ~ 900	激光焊接	混凝土、沥青、硬砖、建筑材料、石材切割
五金通用片	ϕ105 ~ 125	冷压烧结 热压烧结	混凝土，硬砖，墙面，瓷砖，石材切割
激光墙锯片	ϕ610 ~ 1204	激光焊接	钢筋混凝土墙体，高强度混凝土构件，砖墙切割
瓷砖片	ϕ105 ~ 350	热压烧结	瓷砖，釉面砖，通体砖，各种陶瓷，微晶石切割
石材片	ϕ105 ~ 900	热压烧结、激光焊接、高频焊接	花岗岩，板岩，砂岩，大理石切割
激光高速手持锯片	ϕ300 ~ 500	激光焊接	钢筋混凝土，新水泥，研磨材料，石材切割
台锯片	ϕ230 ~ 600	激光焊接	钢筋混凝土，硬砖，建筑材料切割
大功率平面锯片	ϕ329 ~ 1236	激光焊接	新混凝土，沥青路面，研磨性材料切割

23. 5. 2 博深工具产品

博深工具股份有限公司是专业研发、生产和销售金刚石工具、电动工具、合金工具产品的国家火炬计划重点高新技术企业，“博深”商标是行业内第一个中国驰名商标。拥有美国博深、加拿大博深、巴西博深、泰国博深4家全资子公司，是中国规模最大的金刚石工具制造企业。2009年8月21日，博深在深交所上市。

目前拥有140多项国家专利，有20多个产品项目被列为国家、省、市级重点项目，其中“激光焊接金刚石工具项目”、“激光焊接金刚石锯片”、“激光焊接工程薄壁钻头”、“烧结型金刚石圆锯片”、分别被列为国家级重点新产品、国家火炬计划、国家科技兴贸计划。

博深工具股份有限公司金刚石圆锯片产品见表1-23-16。

表1-23-16 博深工具金刚石圆锯片产品

产品		规格	用途
烧结圆锯片	通用型锯片	ϕ80~350	石材、板材的切边加工
	石材专用片	ϕ105~190	雕刻、切割各种中硬度石材；干切各类中硬度石材
	砂岩专用片	ϕ105~190	切割、雕刻各种硬度砂岩
	超薄涡轮片	ϕ105~350	切割硬瓷砖以及1cm以下的石材
	切玉片	ϕ40~200	玛瑙、翡翠、玉石、水晶、木化石等材料的切割、雕刻
焊接圆锯片	波浪齿锯片	ϕ115~230	干切混凝土以及各种石材
	开槽片	ϕ105~200	混凝土、花岗岩、水泥等墙面、地面开各种水槽、线槽
	切砖专用片	ϕ300~500	加水切割混凝土砖、花岗岩等
	混凝土专用片	ϕ300~700	切割浇注24h以上的混凝土及旧马路翻新
	沥青专用片	ϕ300~700	沥青路面切割

23.5.3 众志工具产品

泉州众志金刚石工具有限公司是一家经济实力雄厚，科研力量强大的高新技术企业。公司创建于1993年，长期与燕山大学、河南工业大学、三明职业技术学院建立合作关系，公司产品85%出口西班牙、荷兰、比利时、德国、意大利、印度、巴基斯坦、捷克、乌克兰、俄罗斯、加拿大、美国、澳大利亚、新西兰、埃及、南非、波兰等75个国家和地区。

公司主要生产金刚石锯片、金刚石刀头、金刚石绳锯、金刚石排锯、金刚石软磨片、金刚石碗磨、金刚石布拉磨块、金刚石行星磨轮、金刚石树脂磨块、金刚石成型轮、金刚石薄壁钻头等系列产品。

众志金刚石工具有限公司金刚石圆锯片产品见表1-23-17。

表1-23-17 众志工具金刚石圆锯片产品

产品	规格	工艺	用途
专业金刚石锯片	ϕ105~457	激光焊接、热压烧结、钎焊	混凝土，沥青，硬砖，建筑材料，石材切割
金刚石干钻锯片	ϕ105~300	热压烧结	花岗岩和大理石
框架锯	ϕ180	热压烧结	花岗岩和大理石
组合锯	ϕ900~1600	激光焊接	石材
通用锯片	ϕ105~457	激光焊接、热压烧结	混凝土，建筑材料，石材切割
金刚石刀头	各种规格	热压烧结	花岗岩和大理石

23.5.4 万龙工具产品

万龙金刚石工具有限公司隶属于万龙集团（香港）国际投资有限公司，创立于1992

年，坐落在福建省重点工业园区——泉州经济技术开发区，是一家实力雄厚的专业研发生产金刚石工具的厂家，连续三年被评为“中国金刚石工具十强企业”，同时和多所科研院校（三磨所、燕山大学、北京钢铁研究总院、华侨大学等）合作交流，及时引进先进的科技成果。

公司生产各类金刚石锯齿节块，圆锯片畅销国内外，年产量多达800多万个（片）。公司重视管理，已全面通过ISO 9001—2000质量体系，同时正在导入目标管理和ERP系统。

万龙金刚石工具有限公司金刚石圆锯片产品见表1-23-18。

表1-23-18 万龙工具金刚石圆锯片产品

产 品	规 格	工 艺	用 途
切边锯片及刀头	ϕ230 ~ 1600	激光焊接、高频焊接	混凝土、建筑装饰、马路切割等
大型荒料切割锯片及刀头	ϕ900 ~ 3500	高频焊接	花岗岩、大理石、砂岩、石灰岩、板岩、玄武岩等石材的切割
20 ~ 30片大型荒料组合切割刀头	ϕ1000 ~ 1600	高频焊接或火焰焊接	花岗岩的切割
排锯刀头	20 × 7 × 4.5	热压烧结	大理石、石灰石等较软石材的切割
水平切锯片和刀头	ϕ300 ~ 450	高频焊接	大理石、花岗岩、玄武岩等石材的水平切割
手持切割锯片	ϕ105 ~ 400	热压烧结	切割大理石、花岗岩、瓷砖、混凝土、装饰材料、建筑物非破坏开槽等

23.5.5 万邦工具产品

武汉万邦激光金刚石工具有限公司，成立于1999年。作为全球领先的专业金刚石工具制造商，万邦专业生产和开发各种金刚石工具，广泛地应用在建筑，石材加工，装饰和公路项目等，产品全部出口到美国，德国，英国和其他许多国家，并在主流市场享有很好的声誉。

万邦工具的产品主要为激光锯片，大致分类见表1-23-19。

表1-23-19 万邦工具生产的激光锯片

产 品	规 格	用 途
墙 锯	ϕ600 ~ 1000	钢筋混凝土切割
通用激光锯片	ϕ350 ~ 1219	混凝土、沥青路面切割
金刚石波纹片	ϕ300 ~ 600	混凝土、通用
冷压波纹齿通用片	ϕ230	混凝土、通用
金刚石烧结锯片	ϕ250 ~ 350	混凝土、花岗岩、通用建材

23.6 玻璃切割工具

北京沃尔德超硬工具有限公司（北京希波尔科技发展有限公司）的部分玻璃切割工具产品如下。

23.6.1 高渗透钻石刀轮（专利产品）

高渗透钻石刀轮（专利产品）见图1-23-1，表1-23-20。

图1-23-1 高渗透钻石刀轮

表 1-23-20　高渗透钻石刀轮规格

外径/mm	内径/mm	厚度/mm	角度/(°)	齿数	齿深/mm	应　用
1.20	0.50	0.40	80 ~ 140	3 ~ 540	0.001 ~ 0.004	LCD 面板、AM ~ OLED、TFT 面板、玻璃基板、触摸屏、太阳能、光学透视窗口、汽车
1.80	0.80	0.65				
3.00	0.80	0.65				
3.20	1.20	1.00				
4.00	1.30	0.70				

23.6.2　钻石刀轮

钻石刀轮见图 1-23-2 和表 1-23-21。

a

b

图 1-23-2　钻石刀轮
a—标准型；b—普及型

表 1-23-21　钻石刀轮规格

外径/mm	内径/mm	厚度/mm	角度/(°)	应　用
2.00	0.80	0.65	60 ~ 160	LCD 面板、AM-OLED、TFT 面板、玻璃基板、触摸屏太阳能、光学透视窗口、汽车
2.50	0.80	0.65		
3.00	0.80	0.65		
3.20	1.20	1.00		
4.10	1.30	1.00		
4.10	1.40	1.10		
5.00	1.40	1.10		
6.00	1.50	1.10		

23.7　PCD/PCBN 切削刀具

23.7.1　数控 PCD/PCBN 刀片系列

沃尔德生产的国际标准数控 PCBN 刀片系列主要包括以下几种。

(1) Mini-PCBN 数控刀片（图 1-23-3）。

(2) PVD 涂层 PCBN 刀片（图 1-23-4）。

图 1-23-3　Mini-PCBN 数控刀片

图 1-23-4　PVD 涂层 PCBN 刀片

(3) PCBN 刀片（图 1-23-5）。

(4) 数控 PCD 刀片（图 1-23-6）。

图 1-23-5　PCBN 刀片

图 1-23-6　数控 PCD 刀片

23. 7. 2　专用刀具

23. 7. 2. 1　石材雕铣刀（专利产品）

石材雕铣刀（专利产品），见图 1-23-7，表 1-23-22。

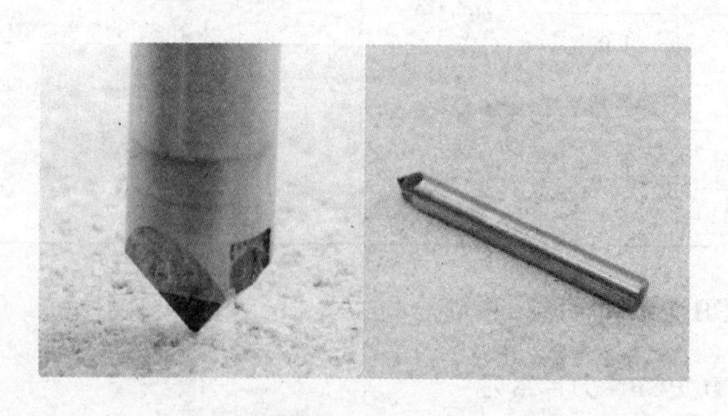

图 1-23-7　石材雕铣刀

表 1-23-22 石材雕铣刀规格

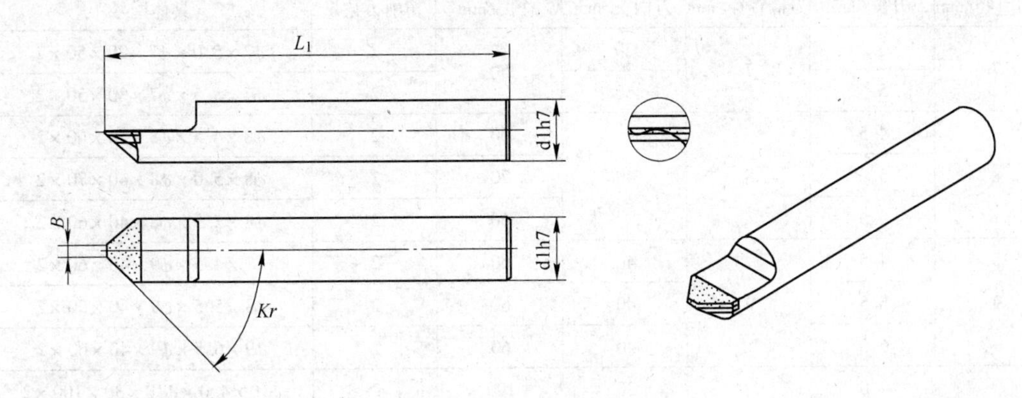

型 号	材 料	刀柄直径 d1h7/mm	总长 L_1/mm	旋转半角 Kr/(°)	平台宽 B/mm
XKD6×40×35°×0.2	PD111-A	6	40	35	0.2
XKD6×40×35°×0.4	PD111-A	6	40	35	0.4
XKD6×40×45°×0.2	PD111-A	6	40	45	0.2
XKD6×40×45°×0.4	PD111-A	6	40	45	0.4
定 制	PD111-A	—	—	—	—

23.7.2.2 石材铣刀

石材铣刀见图 1-23-8，表 1-23-23。

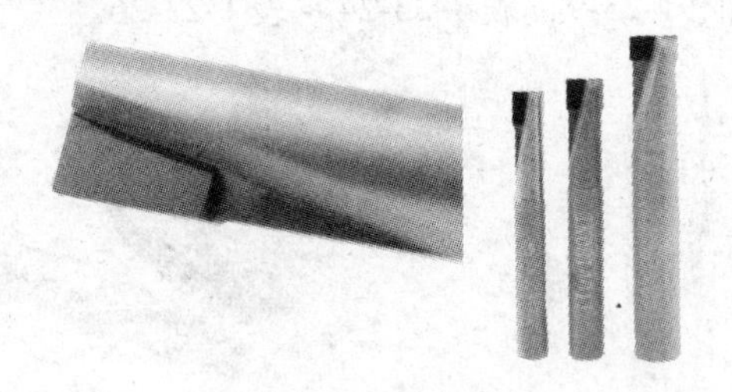

图 1-23-8 石材铣刀

表 1-23-23 石材铣刀规格

铣刀直径/mm	刃长/mm	刀柄直径/mm	刀柄长/mm	总长/mm	切削刃数量	具体型号
6	4.5	6	40	55	2	ϕ6×4.5×ϕ6×40×55×2
	5.5				2	ϕ6×5.5×ϕ6×40×55×2
	6.5		30	50	2	ϕ6×6.5×ϕ6×30×50×2

续表 1-23-23

铣刀直径/mm	刃长/mm	刀柄直径/mm	刀柄长/mm	总长/mm	切削刃数量	具体型号
7	5.0	7	20	50	2	$\phi7\times5.0\times\phi7\times20\times50\times2$
	5.5		30		2	$\phi7\times5.5\times\phi7\times30\times50\times2$
8	4.5	8	40	60	2	$\phi8\times4.5\times\phi8\times40\times60\times2$
	5.0			70	2	$\phi8\times5.0\times\phi8\times40\times70\times2$
	5.5			60	2	$\phi8\times5.5\times\phi8\times40\times60\times2$
9	4.5	9	40	60	2	$\phi9\times4.5\times\phi9\times40\times60\times2$
	5.5		40	60	2	$\phi9\times5.5\times\phi9\times40\times60\times2$
	6.5		40	60	2	$\phi9\times6.5\times\phi9\times40\times60\times2$
10	4.0	10	30	100	2	$\phi10\times4.0\times\phi10\times30\times100\times2$
	4.5		55	80	2	$\phi10\times4.5\times\phi10\times55\times80\times2$
	5.5		40	70	2	$\phi10\times5.5\times\phi10\times40\times70\times2$
			55	80	2	$\phi10\times5.5\times\phi10\times55\times80\times2$
	6.5		55	80	2	$\phi10\times6.5\times\phi10\times55\times80\times2$
	10.0		55	80	2	$\phi10\times10\times\phi10\times55\times80\times2$
11	4.5	11	40	60	2	$\phi11\times4.5\times\phi11\times40\times60\times2$
	6.5		40	60	2	$\phi11\times6.5\times\phi11\times40\times60\times2$
			30	60	2	$\phi11\times6.5\times\phi11\times30\times60\times2$
12	6.5	12	45	80	2	$\phi12\times6.5\times\phi12\times45\times80\times2$
	10.0	12	60	90	2	$\phi12\times4.5\times\phi12\times60\times90\times2$

23.7.2.3　PCD 铰刀和铣刀

PCD 铰刀和铣刀，见图 1-23-9，表 1-23-24 ~ 表 1-23-26。

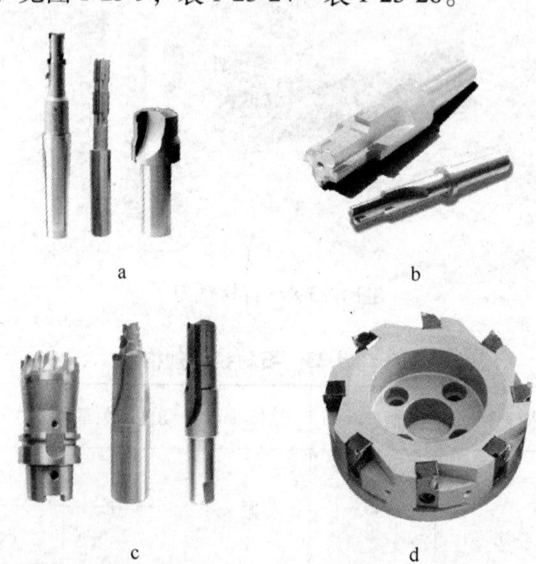

图 1-23-9　PCD 铰刀和铣刀

a—PCD 铰刀；b—PCD 阶梯铰刀；c—PCD 铰刀、铣刀；d—PCD 可转位平面铣刀

表 1-23-24 PCD 铰刀和铣刀规格（一）

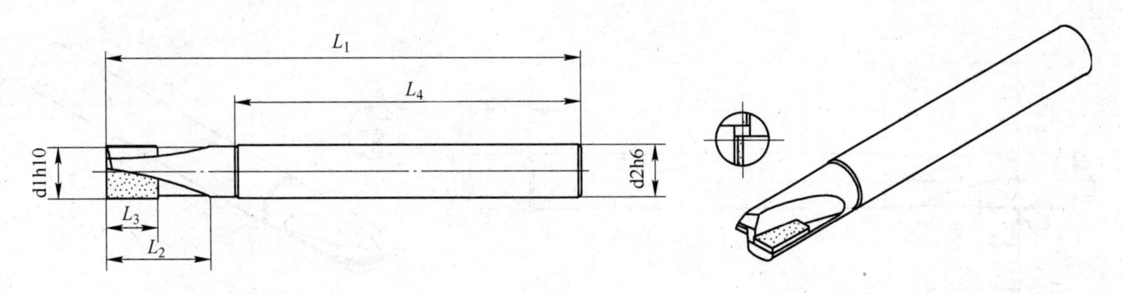

型号	铣刀直径 d1h10/mm	柄部直径 d2h6/mm	总长 L_1 /mm	排屑槽长度 L_2 /mm	刃长 L_3 /mm	柄长 L_4 /mm	轴向角 /(°)	刃数 Z
XEd4d6501044001	4	6	50	10	4	40	0	1
XEd5d6501054002	5	6	50	10	5	40	0	2
XEd6d6551254002	6	6	55	12	5	40	0	2
XEd8d8601654002	8	8	60	16	5	40	0	2
XEd10d1080201055102	10	10	80	20	10	55	0	2
XEd12d129024106002	12	12	90	24	10	60	0	2
定制	—	—	—	—	—	—	—	—

表 1-23-25 PCD 铰刀和铣刀规格（二）

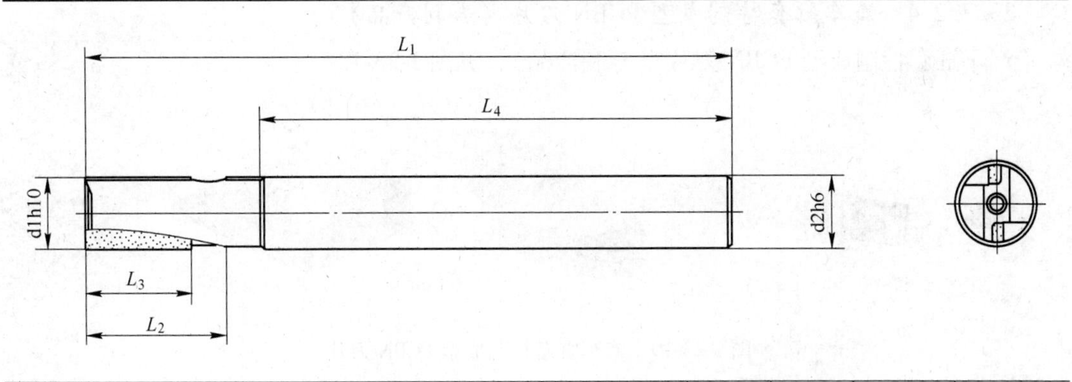

型号	铣刀直径 d1h10/mm	柄部直径 d2h6/mm	总长 L_1 /mm	排屑槽长度 L_2 /mm	刃长 L_3 /mm	柄长 L_4 /mm	轴向角 /(°)	刃数 Z
XPd6d68012094007	6	6	55	15	9	60	0	2
XPd8d86016124002	8	8	60	16	12	40	4	2
XPd6d655120940X2	6	6	55	12	9	40	0/4/-4	2
XPd8d860161240X2	8	8	60	16	12	40	0/4/-4	2
XPd10d1080204555X2	10	10	80	20	15	55	0/4/-4	2
XPd12d1290241860X2	12	12	90	24	18	60	0/4/-4	2
定制	—	—	—	—	—	—	—	—

表 1-23-26　PCD 铰刀和铣刀规格（三）

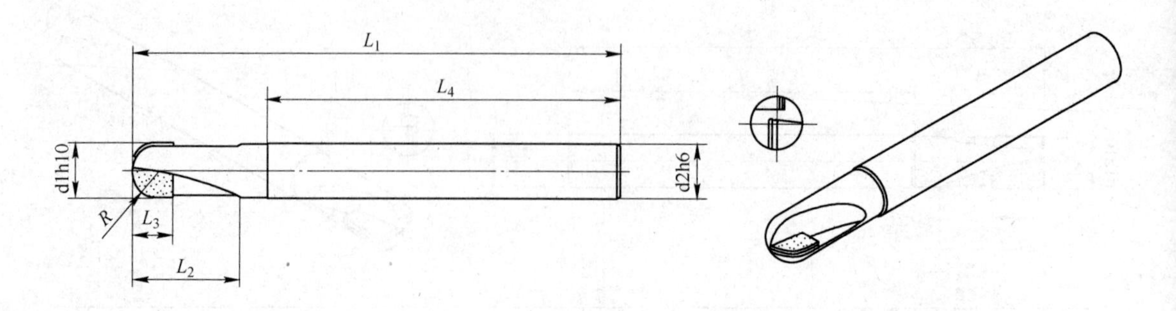

型　号	铣刀直径 d1h10/mm	柄部直径 d2h6/mm	总长 L_1 /mm	排屑槽长度 L_2 /mm	刃长 L_3 /mm	柄长 L_4 /mm	R /mm	轴向角 /(°)	刃数 Z
XQd6d65512540R302	6	6	55	12	5	40	3	0	2
XQd8d86016540R402	8	8	60	16	5	40	4	0	2
XQd10d1080201055R502	10	10	80	20	10	55	5	0	2
XQd12d1290241060R602	12	12	90	24	10	60	6	0	2
定　制	—	—	—	—	—	—	—	—	—

23.7.2.4　汽车缸套特制成型 PCBN 刀片（专利产品）

汽车缸套特制成型 PCBN 刀片（专利产品），见图 1-23-10。

图 1-23-10　汽车缸套特制成型 PCBN 刀片

23.7.2.5　亚克力铣刀

亚克力铣刀，见图 1-23-11，表 1-23-27 ~ 表 1-23-29。

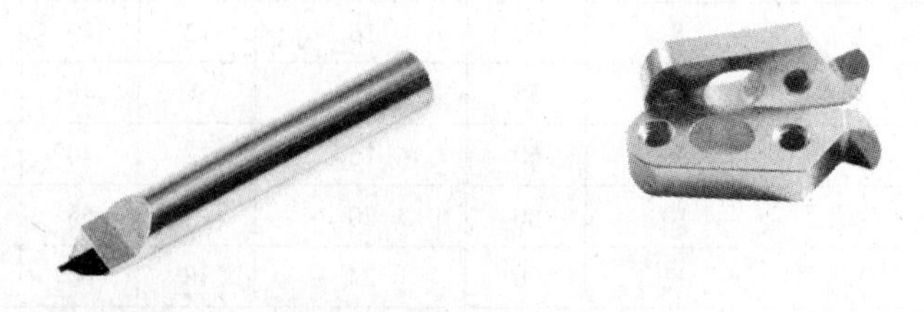

图 1-23-11　亚克力铣刀

表 1-23-27　亚克力铣刀规格（一）

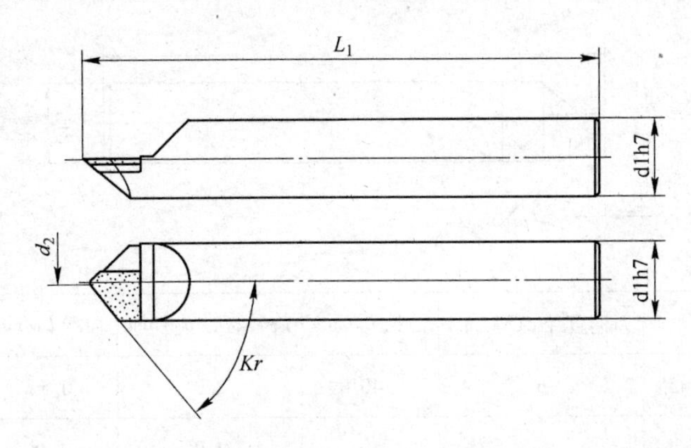

型　号	刀柄直径 d1h7/mm	总长 L_1/mm	旋转半角 Kr/(°)	旋转全角 d_2/mm
XkD6 × 40 × 30° × 0.2	6	40	30	0.2
XkD6 × 40 × 45° × 0.2	6	40	45	0.2
XkD6 × 40 × 60° × 0.2	6	40	60	0.2
定　制	—	—	—	—

表 1-23-28　亚克力铣刀规格（二）

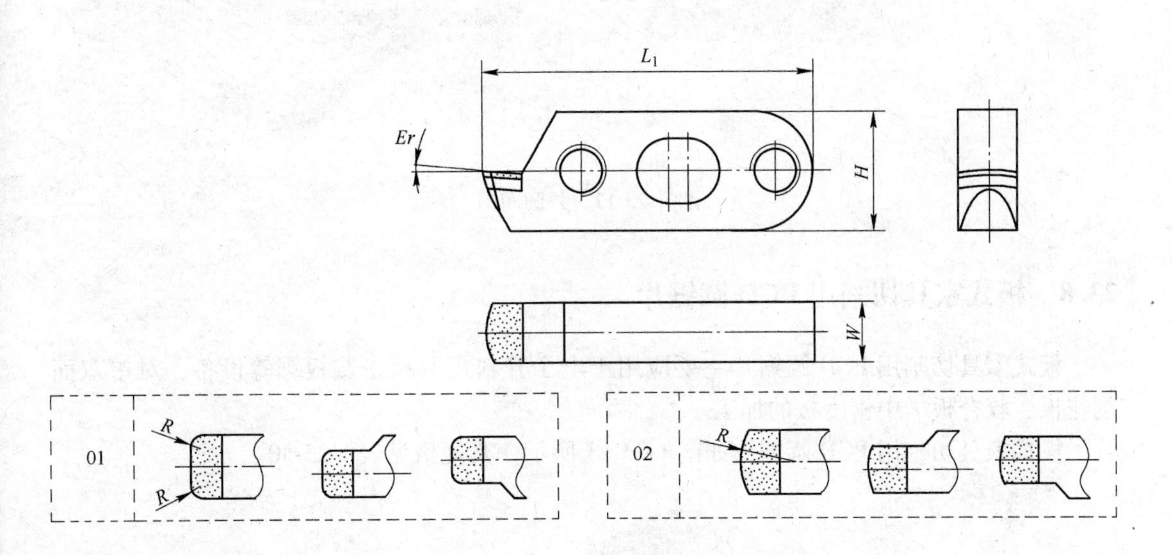

型　号	序　号	L_1/mm	W/mm	H/mm	Er/(°)	R/mm	正反手
XML34W6H1200R6N	01	34	6	12	12	6.0	R/L/N
XML34W6H1200R1.2N	02	34	6	12	12	1.2	R/L/N
定　制	03	—	—	—	—	—	R/L/N

表 1-23-29 亚克力铣刀规格（三）

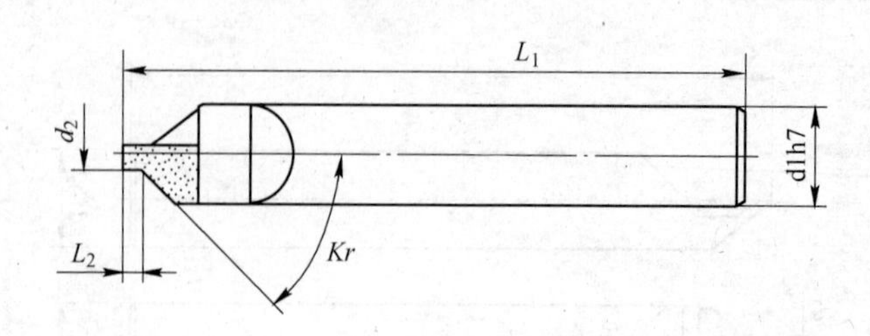

型　号	刀柄直径 d1h7/mm	总长 L_1/mm	旋转直径 d_2/mm	切深 L_2/mm	旋转半角 Kr/(°)
XKD6 ×40 ×ϕ2 ×0.55 ×45°	6	40	2.0	0.55	45
XKD6 ×40 ×ϕ2 ×1 ×45°	6	40	2.0	1.0	45
定　制	6	40	—	—	—

亚克力铣刀主要应用于各种亚克力材质面板、PC、PET、玻璃纤维、碳纤维等面板装饰件，手机镜片、MP3、MP4 面板和各种有色金属等。

23.7.2.6 外圆车刀

外圆车刀，见图 1-23-12。

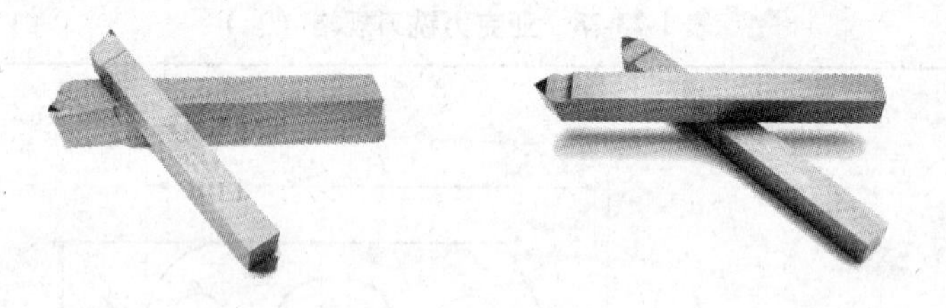

图 1-23-12 外圆车刀

23.8 板式家具切割用 PCD 圆锯片

板式家具切割用 PCD 圆锯片主要应用于电子开料锯及精密裁板锯等设备，对单双面刨花板、胶合板、中密度板的加工。

板式家具切割用 PCD 圆锯片如图 1-23-13 所示，其规格见表 1-23-30。

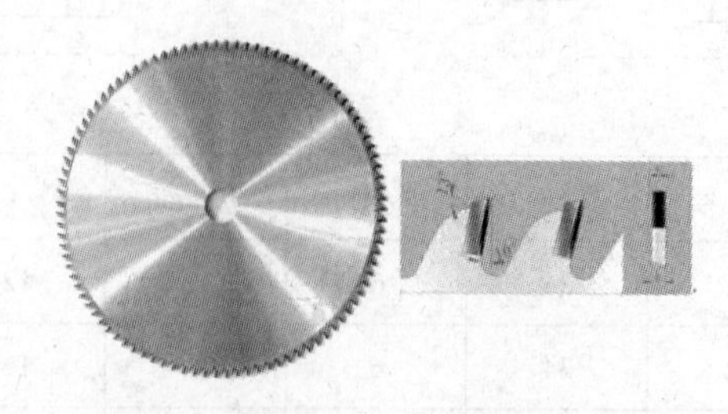

图 1-23-13 板式家具切割用 PCD 圆锯片

表 1-23-30 板式家具切割用 PCD 圆锯片规格

序 号	外径/mm	刃厚/mm	内孔/mm	齿 数
1	300	3.2	30	72
2	300	3.4	30	84
3	300	3.2	60	96
4	350	3.5	30	72
5	350	3.5	30	84
6	355	4.4	65	72
7	355	3.2	30	84
8	400	4.4	60	96
9	450	3.6	40	72

23.9 金刚石陶瓷加工工具

广东新劲刚新材料科技股份有限公司生产的金刚石陶瓷加工工具如下。

23.9.1 平面加工工具系列

平面加工工具系列，见表 1-23-31 ~ 表 1-23-33。

表 1-23-31 滚刀系列

金刚石滚刀是目前陶瓷加工最常用的工具之一，主要用于陶瓷砖坯抛光前的刮平定厚。

本产品使用于各类国产和国外机型，可根据刮平机的配置及砖坯情况，设计刀线长度及粒度组合，达到客户满意的最佳使用寿命及刮平效果

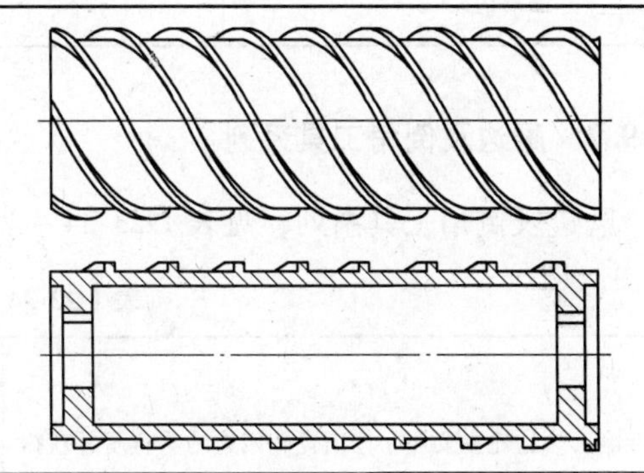

名 称	外径/mm	长度/mm	线数	刀线长度/mm	刀线高/mm	刀头宽/mm	粒 度
金刚石滚刀	ϕ236 ~ 240	600 ~ 1200	4 ~ 7	300 ~ 1200	12 ~ 14	9 ~ 12	特粗：30 号 粗：40 ~ 50 号 细：100 ~ 150 号

表 1-23-32 铣平轮系列（一）

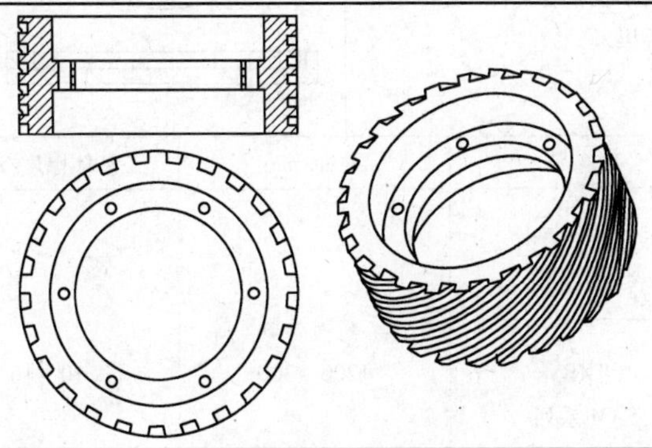

粗三爪鱼			细三爪鱼		
D/mm	*W*/mm	*H*/mm	*D*/mm	*W*/mm	*H*/mm
317	5	10	320	10	10

表 1-23-33 铣平轮系列（二）

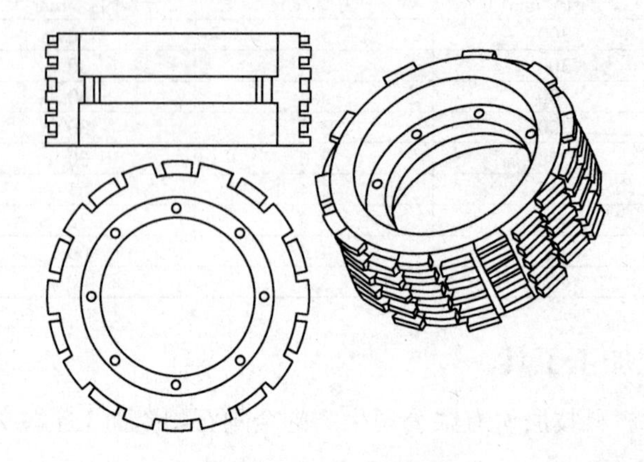

Calibratingl Wheels MC-5			十爪鱼 Calibratingl Wheels MC-10		
D/mm	*W*/mm	*H*/mm	*D*/mm	*W*/mm	*H*/mm
180	40	12	200(C)	25	10
			200(F)	45	10

23.9.2 磨边及倒角工具系列

磨边及倒角工具系列，见表 1-23-34 ~ 表 1-23-37。

表 1-23-34 磨边轮系列

金刚石磨边轮主要用于修正瓷砖四边的垂直度并获得设定的尺寸，是各种大规格陶瓷水晶砖、高档釉面砖、抛光砖和仿古砖磨边的必需工具。产品具有磨削量大、寿命长、噪声小；保证加工产品的垂直度及尺寸要求，不崩面、不崩角；产品质量稳定。

本产品适用于国产和国外各类机型，可根据各类磨边机的配置及砖坯情况，设计大小及粒度组合，达到客户满意的最佳使用寿命及磨边效果

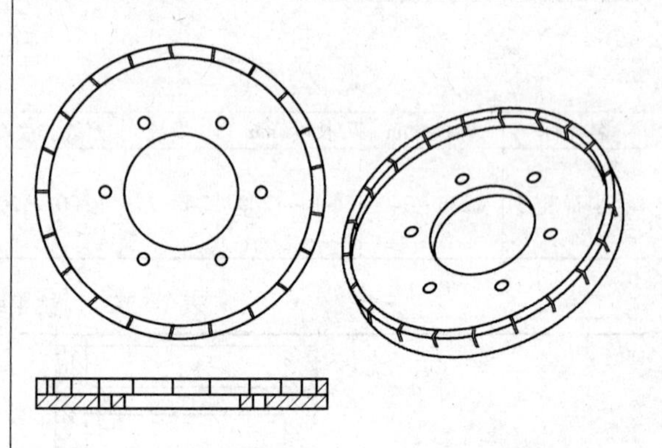

名 称	型 号	外径/mm	基体厚度/mm	刀头尺寸
前磨轮	DC NDC	ϕ200 ~ 300	10 ~ 16	(8 ~ 10) × (12 ~ 14)
后磨轮	TXB SAM 系列 出口 JM 系列 出口 AM 系列			(8 ~ 13) × (12 ~ 15)

表 1-23-35　倒边轮系列

金刚石倒边轮主要用于抛光砖前、后磨边倒角。产品锋利度好，噪声小，不崩面，不崩角，质量稳定。

本产品适用于国产和国外各类机型，可根据各类磨边机的配置及砖坯情况，设计大小及粒度组合，达到客户满意的最佳使用寿命及倒角效果

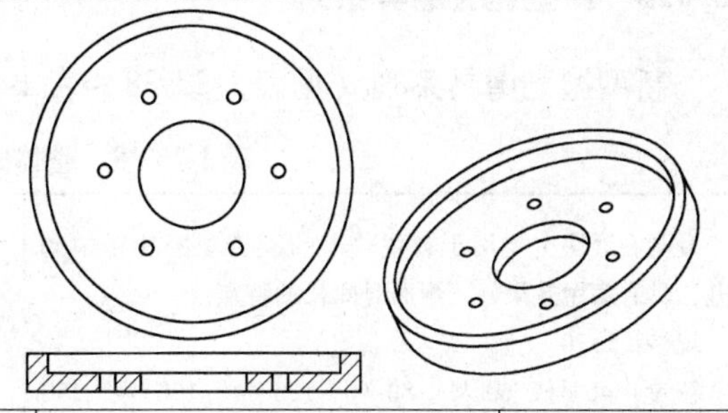

名　称	外径/mm	基本厚度/mm	刀头尺寸($W \times H$)/mm × mm	粒　度
前倒角轮	ϕ100 ~ 200	10 ~ 16	15 × 12	粗
后倒角轮			25 × 12	细

表 1-23-36　修边轮系列

金刚石修边轮主要用于抛光磨边线最后一至两组，对抛光砖进行精磨边。

本产品适用于国产和国外各类机型，可根据各类磨边机的配置及砖坯情况，设计大小及粒度组合，达到客户满意的最佳使用寿命及修边效果

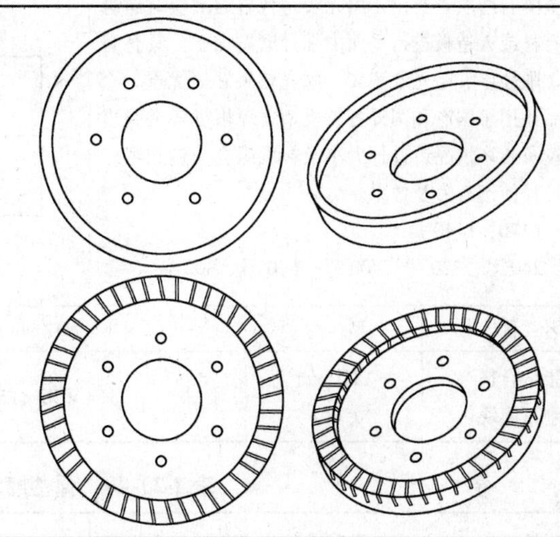

名　称	型　号	外径/mm	基体厚度/mm	刀头厚度/mm
刀头连续式修边轮	TX	ϕ200 ~ 250	10 ~ 16	12
斜齿金刚石修边轮		ϕ200 ~ 250	10 ~ 16	8

表 1-23-37　树脂修边轮系列

主要用于抛光砖、釉面砖等砖的精磨边，去除金属结合剂磨边轮大进刀量磨削形成的锯齿状磨痕，使磨成的边变得光滑而细腻

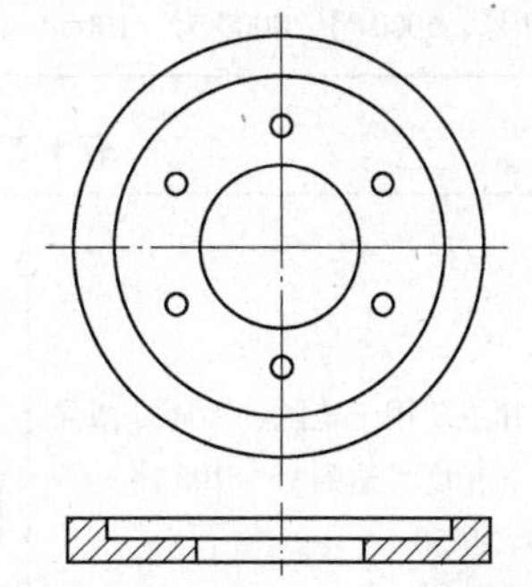

型　号	外径/mm	环端面宽/mm	磨削层厚/mm	孔径/mm	安装孔位
NSA	200	25	12 ~ 15	80 ~ 140	根据机器型号而定
CYN	200	25	12 ~ 15	80 ~ 140	
CAN	250	25 ~ 40	12 ~ 15	170	

23.9.3　新型抛光磨具系列

新型抛光磨具系列（见表 1-23-38 ~ 表 1-23-41）。

表 1-23-38　整体式金刚石磨块系列

金刚石磨块主要用于替代普通的菱苦土磨块粗中磨抛，具有磨抛效果好、耐磨时间长的特点。

规格：L170

粒度：46 号、60 号、80 号、120 号、150 号、180 号、240 号、320 号、400 号

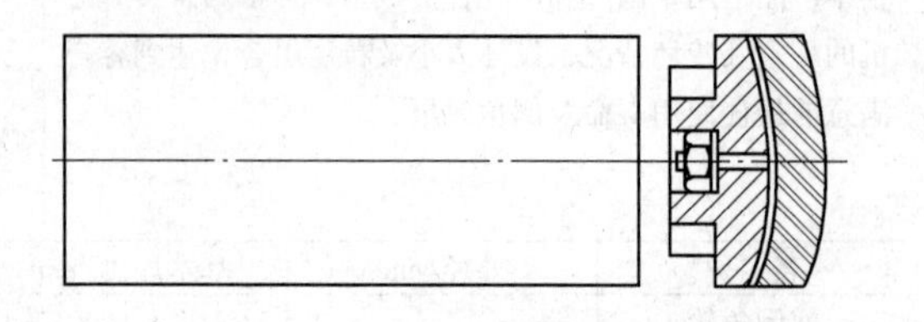

表 1-23-39　树脂金刚石磨块系列

树脂金刚石磨块主要用于抛光线替代普通磨块对建筑陶瓷、石材或人造板进行平面中细号磨抛加工。具有磨削力强、削性好、抛光效率高、抛光效果好等优点。

本产品适用于国产和国外各类机型，可根据各类磨边机的配置及砖坯情况，设计大小及粒度组合，达到客户满意的最佳使用寿命及效果。

规格：L170，L140

粒度：240 号、320 号、400 号、600 号、800 号

名　称	型　号	尺寸($L \times W \times H$)/mm × mm × mm	粒　度	用　途
树脂结合剂金刚石磨块	L170mm（T2）	164 × 56 × 15	320 ~ 800 号	中磨/细磨

表 1-23-40　弹性磨块系列

树脂弹性磨块主要用于全抛釉砖、半抛釉砖等的平面磨抛、上光加工。

规格：L140，L170

粒度：150 号、180 号、240 号、320 号、400 号、600 号、800 号、1000 号、1200 号、1500 号、1800 号、2000 号、3000 号、6000 号、8000 号、10000 号

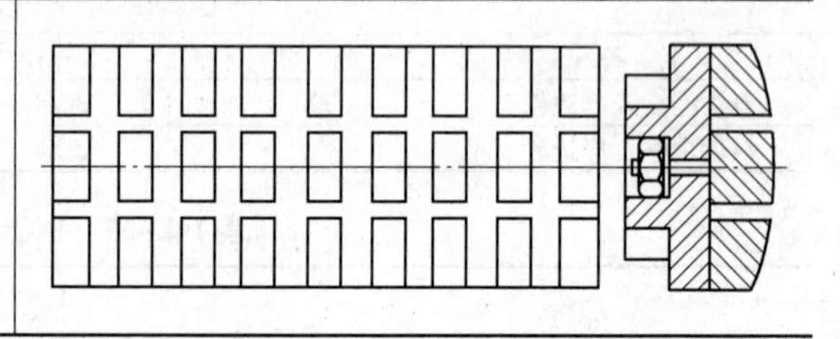

表 1-23-41　超级上光软磨片系列

树脂软抛磨片主要用于全抛釉面砖、微晶砖的上光加工。光度可达到 95 ~ 105 度。

规格：ϕ100、ϕ150

粒度：800 号、1000 号

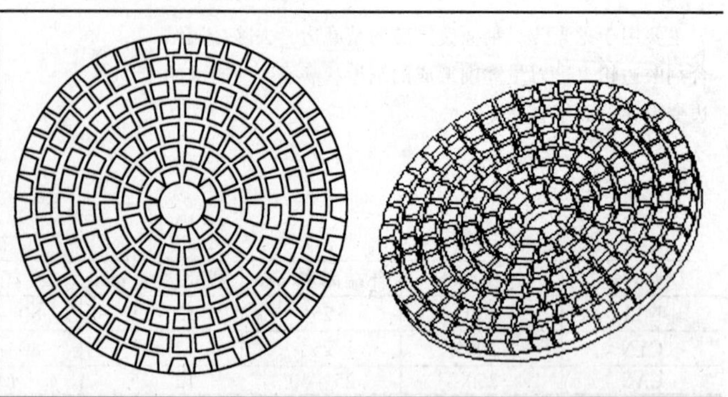

23.9.4　瓷砖干磨金刚石工具系列

瓷砖干磨金刚石工具系列（见表1-23-42）。

表1-23-42　金刚石干磨轮系列

主要用于瓷片等的干法磨边加工，使磨成的边变得光滑而细腻。加工时磨轮的耐热性好，干法磨边时不黑边、不粗边，磨削面细腻光滑

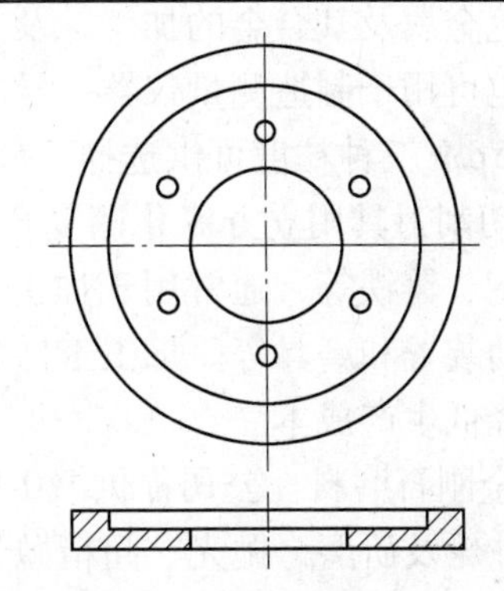

型　号	外径/mm	环端面宽/mm	磨削层厚/mm	孔径/mm	安装孔位	备　注
CAM250	250	9～10	10～12	80～140	根据机器型号而定	金属结合剂
CAM200	200	9～10	10～12	80～140		金属结合剂
GM200	200	20～25	12～15	80～140		树脂结合剂

23.10　河南四方达超硬材料股份有限公司金刚石工具产品

河南四方达超硬材料股份有限公司产品如下：

（1）PCD。四方达PCD系采用高温-超高压工艺制成，采用触媒金属作为结合剂，精选优质金刚石，使金刚石颗粒间产生充分键合，在PCD内形成金刚石骨架，从而使其具有天然金刚石的硬度、导热性与耐磨性；同时，金刚石颗粒随机排列、无方向性，所以其强度大大优于天然金刚石。四方达PCD系列产品是天然金刚石及硬质合金的理想替代工具材料。四方达PCD广泛应用于石油钻探及矿山开采；电线电缆；木材、陶瓷、金属及其他材料的切割加工。四方达是生产线齐全、产品达到国际水平长度PCD制造商。

（2）CD聚晶金刚石拉丝模坯。公司首创的CD钴基聚晶金刚石模坯，系采用高温-超高压工艺制成，金刚石颗粒间高度的键结合，使其既有天然金刚石的耐磨性、硬度及良好的导热性，又兼有类似硬质合金的韧性，使用寿命长，特别适合于替代进口产品制造高精度拉丝模。可用于不锈钢、铜、铝及多种合金线材的高速拉拔。

四方达CD聚晶金刚石拉丝模坯分为无支撑和有硬质合金支撑两大系列产品，有3μm、5μm、10μm、25μm、50μm等粒度可供客户选择。无支撑系列又分为圆形及六角形两大类，以满足不同厂家生产工艺的要求。有硬质合金支撑系列产品可以承担更大的拉力，多用于制造大孔径模坯，拉制直径较粗的线材。

由于金属触媒钴的存在，CD系列产品具有良好的导电性和在650℃下良好的热稳定性，可用电火花、激光和超声波等方法单孔及成型，不能选用高于650℃的镶套方法。

（3）石油/天然气钻头用金刚石复合片。使用金刚石和硬质合金在高温、高压下一次烧结而成，具有良好的耐磨性、自锐性及抗冲击性，专门用于石油/天然气钻头的设计制造，也可用于其他岩石切削工具。

（4）切削刀具用金刚石复合片。由聚晶金刚石层及硬质合金基体两部分组成，系采用精选的钻石颗粒与硬质合金一起通过高压-高温工艺烧结而成。PCD既有天然金刚石的硬度及耐磨性，又有硬质合金的韧性，加工出的工件表面粗糙度低，可以实现以车代磨，大大提高生产效率，有效降低成本，是一种理想的新型工具材料。PCD广泛用于铜、铝、铝合金等有色金属及其合金的加工，及非金属材料如木材、强化地板、陶瓷、塑料、橡胶等的加工，也可用于制造测量仪器、导向或支撑工具的耐磨材料。四方达PCD刀片有5μm、10μm和25μm三种粒度可供选择，分别用于超精加工、精加工及粗加工。

（5）切削刀具用立方氮化硼复合片。适用于45～65HRC钢铁材料的加工，如：高速钢、轴承钢、铸铁等，通常用于加工刹车盘，发动机活塞，发动机气缸，刹车鼓，飞轮、阀座，传动装置和磨具等。加工工件表面粗糙度低，可以实现以车代磨，大大提高劳动效率，有效降低生产成本。

（6）金刚石磨料。公司提供W0-1到36-54各种规格金刚石微粉，广泛适用于制造金刚石抛光砂轮及研磨、抛光、超精抛光等生产加工领域。

第2篇　金刚石工具用金刚石

1　金　刚　石

1.1　金刚石材料在工业中的主要应用领域

1.1.1　工程性金刚石的主要应用领域

所谓工程性应用，是因为金刚石至今来说还是世界上最坚硬的物质（几十年来虽也有报道已经制得了比金刚石更硬的物质，但始终未有产业化的商品），我们就是应用它这种特殊性能于工业领域。金刚石目前主要是应用于以下几个方面：

（1）石材工业。在国内约占总产量45%左右，众所周知，我国是当今世界石材生产第一大国，新的发展包括矿山开采、成材、抛光、造型等，无一可离开金刚石工具。

（2）机械加工。包括车、铣、刨、磨、镗、仿形、切槽和孔加工等。这里特别指出的是近年发展起来的汽车工业及军事工业等难加工的、高精度加工的产品无一例外，都离不开金刚石工具。这方面国内用量约达总产的10%～15%。

（3）建材工业。当前建筑业是我国重要支柱产业，所有的建筑都离不开金刚石工具，特别是一些大型工程、车站、码头、机场，所有城市标志性工程，家居装修等，其用量之大，甚为可观。约占国内超硬材料用量的10%以上。

（4）钻探采掘。据统计，目前有16个系统都有采掘，如冶金、有色、地质、水电、核工业、煤田、天然气、石材等，都要进行钻探，据不完全统计，目前国内金刚石钻头生产量达60万只。还有现代的采矿、铁路隧道、地铁工程、海底工程等都要大量应用金刚石工具。约占国内超硬材料用量的8%～10%。

（5）军事、航空航天工业。该领域的难加工材料用量越来越多，精度要求也越来越高，其加工非超硬材料工具莫属。约占国内超硬材料用量的3%～5%。

（6）非金属材料加工。对于宝玉石、玻璃、陶瓷的加工，有了金刚石工具，如虎添翼。约占国内超硬材料用量的2%～3%。

（7）其他。如电子工业、生物医疗、木材加工等都在高速发展中，都离不开金刚石工具。

1.1.2　功能性金刚石的主要应用领域

所谓功能性应用就是应用金刚石的特殊性能。包括电、磁、光、热等，如低摩擦系数、高弹性模量、高纵波声速及热导率、宽禁带带隙、高击穿电压、高电子饱和速度及相对硅和砷化镓较低的介电常数，从紫外（波长225nm）到远红外都有很高的透过率等。

（1）金刚石膜的成本在迅速下降，金刚石膜的大规模产业化前景呈现。目前国内外金刚石膜领域的应用研究热点集中在纳米和超纳米金刚石膜，以及大尺寸单晶金刚石的制备应用。

（2）纳米金刚石膜在微米和纳米机电工业、生物医学和生物传感器领域的应用研究最受瞩目。

（3）大尺寸单晶金刚石是高质量的探测器材料，特别适合需要极高探测灵敏度的应用环境。单晶金刚石是作为粒子、辐射探测器的首选材料。单晶金刚石由于不存在晶界缺陷，透光率高于微米、纳米金刚石膜，在光学窗口等领域有更广泛应用。

（4）CVD金刚石的热导率比铜高五倍，是制作散热片的极佳材料。热学级CVD金刚石膜制作大功率光电子器件和大功率半导体二极管激光器的热扩散元件已应用于光通讯和军事工程。

CVD金刚石的纯度高，具有很好的透光性。光学级CVD金刚石膜在紫外线到红外线的长波范围内有很高的光谱通过性能，加之优良的热学性能、力学性能，在光学领域中有着重要而广阔的应用，是极好的光学窗口材料，可在恶劣环境中使用，例如用作紫外光、红外光、大功率微波窗口等。半球形CVD金刚石窗口在军事工程上有很重要的应用，如高速导弹的头罩和机载红外热成像装置的窗口等。

（5）利用金刚石的高硬度高耐磨性，结合其很好的抗拉强度和断裂韧性，可镀覆在有色金属、塑料和复合材料等表面上制作耐磨零件，目前已成功应用于高压水喷射切割装置和电化学仪器。

（6）用化学气相沉积法将金刚石沉积生长附着在有色金属线材或者非金属纤维外表面可制成高强度复合线材。这种复合线材质量轻但强度大，可作为增强纤维制成金属基体复合材料，用于承载结构具有强度大、刚性好、质量轻等特点，在航空航天工业和高端科技上应用前景无限广阔。

（7）由于CVD金刚石具有射束安全性、快速反应性和无热改噪声性的特点，所以是制作检测器的重要材料。利用CVD金刚石的某些特殊性能如防辐射性等。还可用作粒子物理检测器和热核等离子聚变能研究中电子回旋加速器加热装置的毫米波真空边冷式窗口材料。

（8）金刚石具有优异的光学性能，可透过从紫外线到可见光与红外线的所有光线，而且是具有宽域远红外线（8～10μm）透过范围的唯一材料。它不但强度高，而且有优良的抗刮伤、腐蚀和热冲击的能力，因此广泛应用于医药、工业、科研、通讯、信息存储与军工部门。

（9）利用金刚石的特殊综合性能可以制造人工股关节的杯形支承件。CVD金刚石制作的放射性剂量计也已应用于医疗剂量控制。

超硬材料的应用不可尽数，有待不断开发。但是有一点是明确的，就是它在人们生产与生活中起到越来越重要的作用是毋庸置疑的。

1.2 金刚石的分类

1.2.1 基本分类

按获得方式分：天然金刚石，人造金刚石。

按结构分：六方结构金刚石，立方结构金刚石。

按性质分：Ⅰ型金刚石（Ⅰa 型金刚石、Ⅰb 型金刚石），Ⅱ型金刚石（Ⅱa 型金刚石、Ⅱb 型金刚石）。

按工业用途分：树脂结合剂用，金属结合剂用，锯切级金刚石用，电镀制品用（要求磁性弱或极弱）。

按总的品级分：宝石级金刚石，工业级金刚石。

按金刚石的形态分：单晶金刚石，立方体金刚石，立方体—八面体金刚石（立方体为主），立方体—八面体金刚石（两单形均等发育），八面体—立方体金刚石（八面体为主），八面体金刚石，菱形十二面体金刚石（此单形可与立方体、八面体组成聚形），其他单晶（天然金刚石中多），双晶金刚石，连生体金刚石，树枝状金刚石，针状或片状金刚石，骸晶金刚石。

1.2.2 天然金刚石与人造金刚石应用分类

1.2.2.1 天然金刚石分类（工业用）

尽管现在天然金刚石用于工业越来越少，一般认为每年产量不足 4000 万 ct。正由于此项原因，所以每年仍有部分天然金刚石进入工业市场。而且像玻璃刀之类产品还固守此块市场阵地，还有部分金刚石制品用天然金刚石低品级的产品与人造金刚石混合使用也取得更好的效果，所以天然金刚石的工业利用还是不可忽视的。

天然金刚石的工业使用分类，全球来说极不统一。

A 目前西方天然金刚石分类

以元素·六公司为首，包括美国、日本等将天然工业金刚石分为四等：

A—低质量的金刚石

AA—中等质量金刚石

AAA—高质量金刚石

AAAA—超级金刚石

除了这样简单划分外，关于等级还有些附加说明：

晶形：以八面体和菱形十二面体为好；

内部结构：包括裂纹、包裹体、解理等，缺陷少的质量好；

透明度：好的金刚石具有良好的透光性，所以越透明质量越好；

表面状态：平整光滑说明金刚石生长状态良好，所以越平整光滑越好。

B 苏联天然金刚石分类

苏联则通过选形、整形处理，也分为四级：

XV—不同形状的完整晶体，相当于 AAA，常用于表镶钻头；

XXIV—不同程度的浑圆化金刚石，相当于AA，常用于钻头保径；

XXXV—等积形碎粒金刚石，常用于孕镶钻头；

XXXVI—抛光整形后的等积形颗粒金刚石。

C　我国地质系统对天然金刚石的分类

我国地质系统对天然金刚石作了分级，共分五级，见表2-1-1。

表2-1-1　地质系统天然金刚石分级表

级别	代号	特征	用途
特级（AAA）	TT	具有天然金刚石晶体或浑圆状态，光亮、质纯。无斑点、包裹体，无裂纹，颜色不一，十二面体含量达35% ~90%或八面体含量达10% ~65%	钻进特硬岩层，或绳索取芯钻头
优级（AA）	TY	晶体规则完整，较浑圆状态，十二面体含量达15% ~20%或八面体含量达80% ~85%，每个晶粒应不少于4 ~6个良好尖刃，颜色不一，无裂纹，无包裹体	钻进坚硬或硬岩层，或绳索取芯钻头
标准级（A）	TB	晶粒较规则完整，八面体完整晶粒达90% ~95%，每个晶粒应不少于4个良好尖刃，由光亮透明到暗淡无光泽，可略有斑点和包裹体	钻进硬-中硬岩层
低级（C）	TD	八面体完整晶粒达30% ~40%，允许有部分斑点及包裹体，颜色为淡黄色至暗灰色，或经过浑圆化处理的金刚石含量达10% ~65%	钻进中硬岩层
等外级	TX TS	细小完整晶粒，或呈团块状颗粒碎片，连晶砸碎使用，无晶形	择优以后用于孕镶钻头

1.2.2.2　天然金刚石的另外分类

（1）按结晶状态的类型分为单晶，连晶和聚合体。

（2）双晶金刚石类型包括平行双晶（八面体平行双晶，立方—八面体平行双晶，八面—立方体平行双晶），尖晶石型双晶，穿插双晶，三连晶双晶和五连晶双晶。

1.2.2.3　人造金刚石单晶分类

人造金刚石自发明以来，各国都做了大量工作，特别是当初美国的GE公司和英国的De Beers公司，为了市场，也为了显示技术实力，连续推出新的牌号。

A　按粒度分

单晶大颗粒：一般来说应为不小于3mm的单晶金刚石，目前人造金刚石单晶体已可达5 ~14mm，多数是籽晶法生产。主要目标：一方面可直接切磨后做成金刚石刀具，另一方面可以代替部分天然金刚石做宝石用，所以多称其为宝石级金刚石。用它做静态超高压的压砧也是极好的代用品，美、英、日都有相当力量进行研究并生产。

特粗颗粒金刚石：一般是指1 ~3mm的金刚石，目前已经可以用直接合成法获得透明度和晶体形态都相当好的单晶颗粒。现元素六金刚石有限公司（原De Beers公司）称之为SRD系列，可以做滚轮，少部分可替代天然金刚石做饰品用。中国近年也有所突破，质量已经达到国际先进水平，中国已经有部分产品进入工具和饰品市场。

粗颗粒金刚石：一般是指0.5 ~1mm的金刚石，这类产品做滚轮是相当好的。

中粗颗粒金刚石：一般是指30~60目金刚石，这类产品在金刚石钻探，特别是石材加工上发挥了极好的作用，在前5~8年国内生产30/40目高品质金刚石还是有相当的困难的，在压机大型化和粉末触媒工艺推广后，迅速得到解决，其制品大大提高了钻采和石材加工的效率。

中细粒金刚石：多数是指70~120目金刚石，是石材、玻璃、陶瓷加工的很好选择，所以促使了这部分粒度的开发。

细颗粒金刚石：多数指120~325目金刚石，是磁性材料、硬质合金等加工的良好材料，以前加工硬质合金都采用80/100目、100/120目，现在为了提高加工精度，不少已改用120/140目、140/170目。而且有的磨磁性材料的砂轮往往都做得相当大，一个砂轮要用8000~10000ct的金刚石。

超细颗粒金刚石：多数是指325~700目（目前国内真正合成的最细颗粒已达900目），这里在粒度上有的已属微粉类，但应该是人工直接合成的。目前生产工艺水平已经相当好，是达到镜面精度抛光的首选产品，也广泛应用于电子-微电子产业。

金刚石微粉：分为粗微粉和精微粉两小类。主要用于抛光和高精度抛光用，有的也用于高精度磨削用。

纳米金刚石：是近年才发展起来的纳米级新产品，其主要生产方法是爆炸法，分散技术、应用技术是它的核心技术，目前多数用于军事工业和高科技产业。

B 按金刚石质量分类

RVD：粒度60/70~325/400目，适用于树脂、陶瓷结合剂制品等。

MBD：粒度，窄范围60/70~325/400目，宽范围30/40~60/80目，适用于金属结合剂磨具、锯切、钻探工具及电镀制品等。

SCD：粒度60/70~325/400目，适用于树脂结合剂磨具，加工钢结硬质合金等。

SMD：粒度，窄范围16/18~60/70目，宽范围16/20~60/80目，适用于锯切、钻探工具和修整工具等。

DMD：粒度，窄范围16/18~40/50目，宽范围16/20~60/80目，适用于修整工具等。

M-SD：粒度，36/54目~W0.5，适用于硬、脆材料的精磨、研磨和抛光等。

C 立方氮化硼

cBN：粒度，窄范围20/25~325/400目，宽范围20/30~60/80目。适用于树脂、陶瓷、金属结合剂制品等。

M-cBN：粒度，36/54目~W0/0.5，适合硬、韧金属材料的研磨和抛光等。

D 镀膜（衣）金刚石

这是近十年左右发展起来的新品种。随着对金刚石性质的深化认识，特别是对其表面性能的认识，提出要充分利用活化键（激活钝化键），在金刚石使用前进行一些表面预处理。

它可分为：镀Ni金刚石、镀Cu金刚石、镀Ti金刚石、镀Ni-Ti金刚石、镀Cr金刚石等。但目前还是镀Ti金刚石、镀Ni-Ti金刚石用得比较普遍。

1.2.2.4 合成金刚石聚晶-复合体类型

A 按制作方式方法分

包括直接生长型（仿巴拉斯型，一次烧结聚合成型）、掺杂烧结型、直接烧结型（无粘结剂)、爆炸合成聚晶（无特定形态）、热压烧结型、斯拉乌基契（20世纪70～80年代前苏联极力推广的产品）等。

B 按形状分

由于应用的方式方法不同，有时需要不同的形状，所以就有圆柱形、三角形、正方形、其他类型等。

C 复合体分类

扁圆饼形，是相当普遍的类型；立柱侧位形，日本申请有专利；球齿形，美国首先用于石油钻探，目前中国的制作水平已经达到先进水平，可用于钻采业；其他类型等。

D 复合体-聚晶（烧结体）按质量分类

磨耗比3～8万：可做钻头补强用，做一般地质（中-软岩层）钻头用，做普通拉丝模用；

磨耗比10～20万：可做中硬岩层地质钻头用，做石油钻头、煤炭采掘等用，可做高品质拉丝模用；

磨耗比23～30万或不低于30万：可做刀具用，或特殊制品用。

1.2.3 国外单晶金刚石分类

在20世纪50～70年代，国际上有十余个国家先后逐步掌握了金刚石生产技术，那时推出很多种人造金刚石分类方案，主要还是美、英为主。前苏联和日本当时也投入了相当大的力量，他们的分类基本上体现在不同的标准中。特别是前苏联有一套自己的标准，我国早期的标准主要是参考了前苏联的，同时加了少量西方的，在国内第二个标准出来时参考西方的就多了一些，前苏联解体后制品上还保持一定力量，但在超硬材料方面其进展明显放慢。在前几年美国GE公司将金刚石生产的技术与产权先转让给了D.I公司，后又转至山特维克公司，自此以后GE公司也慢慢淡出。就是西方，也并没有完全是一个国家或国际标准来分类，而是哪个公司大，它就占主导地位，它定的标准和分类就是依据，所以就是美国GE公司和英国元素·六公司也是各自执行自己的一套，分类和牌号都是各行其是。

1.2.3.1 国外元素·六公司分类

SDA系列：包括SDA、SDA+、SDA45+、SDA65+、SDA85+、SDA100、SDA100S、SDADH、SDADL、SDA2085、SDA2075、SDAS100S。

SDA单晶的形状不够规则，粒度为30～70目。

SDA100单晶为高强度立方体-八面体聚形，粒度为30/40目，主要用于锯片和钻头。

SDA85单晶被广泛用于锯片和钻头方面。

SDA100S单晶为高强度透明无杂质立方体-八面体聚形，用于大功率设备的锯片和钻头。

MDA系列，包括MDA、MDAS、MDA100、EDC。其中，MDA、MDAS、MDA100粒度为70/100目。EDC为制备成粒度号40/50至325/400目之间的粒度。

MDA100是一种强度特别高的人造金刚石，所生产的粒度小于粒度号60/80目，用于石材业和建筑业中最坚韧的材料加工上。

MDAS是由晶形完好，强度高的块状单晶所构成，所有晶粒均匀透明，切削刃完好。

MDAS 不但可以用于加工范围宽广的非金属材料（在这种加工中需要采用磨粒粒度号小于 60/80 目的磨粒），还可应用于成形石材工件的电镀工具（要求强度高）中。

MDA 是一种比 MDAS 稍脆的材料，可以作为一种理想的磨料应用于切断锯片、铣削工具和砂轮、开孔工具以及其他需要高速切削的金刚石产品中。

EDC 是一种经过破碎的人造磨粒，在一个范围宽广的金属黏结剂技术规格中，它具有极好的颗粒黏结强度，还具有以最小的功率进行高速切削的外形。其不规则的外形和多凹角的碎裂面不但可以应用在弓形锯片上，并且其特殊的形状也使得它应用在各种电镀工具上。

CDA 系列，这种金刚石是树脂结合剂用的。CDA 颗粒以一种受控的方式逐渐地破裂，从而确保新的、锋利的切削刃呈现在工件面前。这些颗粒具有高度不规则的表面，为在砂轮的黏结中获得良好的黏结强度所必须的。在树脂黏结的磨粒（大多数包覆金属）的整个系列中，CDA 现在已成为主要产品。

CDA55N（包 Ni）是 CDA 包覆以 55% 毛重的镍层而制得的。包覆层的表面非常粗糙并呈针状，赋予最大的黏结强度并提高磨削性能。

CDA50C（包 Cu）是 CDA 包以 50% 毛重的铜层而制得的，试图仅用于干磨。这一包覆层的目的是为促进磨削表面产生的热快速传导。

CDA-L 仅以带包覆层的形式生产，有三种牌号——粗粒度、中粒度和细粒度。它是为在磨削硬质合金中获得甚至高于普通镍包覆的磨料的性能而加以发展起来的。相比普通的树脂黏结磨粒，其颗粒的黏结强度大大提高。只有颗粒排列正确，才能充分发挥其颗粒独特形状的优点。

CDA-M 是一种在金属胎体中相互黏结在一起的细得多的金刚石晶体的聚集体，金属胎体占总重量的 50%。这种胎体是一种共晶合金，它与金刚石形成牢固的化学黏结。它最初是被推荐应用于干磨硬质合金。

DXDAMC 含有占毛重 55% 的镍包覆层，呈块状。DXDAMC 大量应用在钢含量较高（高于 20%）的碳化钨与钢的复合材料的磨削上，它是唯一能在该类型工件上很好地完成磨削作业的产品。

1.2.3.2 其他国家分类牌号

A 原美国 GE 公司

a 低强度

RVG：脆，形状不规则，用于树脂或陶瓷结合剂砂轮，磨硬质合金；

RVG-W-30：镀 30% 镍，用于干磨硬质合金；

RVG-D：镀铜，用于树脂结合剂砂轮，干磨硬质合金。

b 中等强度

MBG：是系列产品，其中 MBG-11，结晶尚可，表面光滑，中等脆性，是金属结合剂砂轮的首选产品。

c 高强度

MBS：结晶完好，表面平滑，韧性大，包裹体不多，用于金属结合剂锯片，切割石材、混凝土、玻璃等；

MBS-70：结晶完好，表面平滑，韧性更大，包裹体少见，用于金属结合剂锯片，切割石材、工程钻头等；

MSC：结晶完好，表面平滑，韧性最大，几乎无包裹体，用于金属结合剂锯片或钻头，用于切割最坚硬的花岗岩，地质钻头等。

d 特殊用途

CSG-11：结晶尚好，镀金属，用于树脂结合剂，干磨钢/硬质合金组合件。

B 前苏联

a 低强度

ACO：颗粒表面粗糙具有较好的切削表面和脆性，适合树脂结合剂制品，并应在有冷却液的情况下使用。

b 中等强度

ACP：颗粒较细，强度较高，适合金属和陶瓷结合剂产品。

c 高强度

ACB：颗粒较细，强度相当高，适合于金属结合剂产品。

d 粗颗粒高强度

ACK：0.6mm 左右粗颗粒金刚石，强度几乎与天然金刚石差不多。主要用于淬火钢的加工，锯切天然石材；

ACC：0.6mm 左右粗颗粒金刚石，强度比天然金刚石还好，主要用于地质钻探和砂轮的修整；

ACT：0.6~1mm 左右粗颗粒金刚石，强度比天然金刚石还好，无裂纹和包裹体，主要用于制备单晶金刚石工具，测量仪器的压头、玻璃刀、刻针等；

CAM：苏联地质部全苏人造矿物科学院产品，代表他们最高水平的产品。

C 日本

以东名金刚石制作所为代表。

a 低强度

IRV（KRV-S）；

IRV-NP（KRV-SP），镀 Ni；

IRV-CP（KRV-SC），镀 Cu。

b 自锐性

IRV-150，小晶粒聚结料；

IRV-150NP，镀 55Ni；

IRV-150GP，镀 50Cu。

c 中等强度

IMG（KMG-A）；

高强度 IMGS。

1.3 人造金刚石的主要制作方法

1954 年 12 月 16 日是人们应该永远记住的日子，霍尔首次合成试验成功了人造金刚石。在后来的 15 天内他重复做了 27 次金刚石试验，其中有 12 次得到了重复的结果！他们自然在高压设备上及高压技术上做了大量工作，但真正有价值的是，他们在石墨粉中加入了金属粉，由此将合成压力由 13 万左右的大气压降低到 5.5 万大气压左右，把合成温度由 3000℃左右降至 1300℃左右，使金刚石工业化生产变得可能。

金刚石自从 1954 年发明了高温高压人工合成的方法后，相继由 W. G. Erersole（从 1953 ~ 1962 年）和 J. C. Angus 等人（1966 ~ 1968 年）发明了外延生长法合成金刚石；1988 年，美国和前苏联几乎同时发明了爆炸法合成金刚石，在 21 世纪初在中国应用几百个大气压，采用化学反应方法获得了人造金刚石，这是金刚石科学界又一创举。与此同一期间，聚晶（中国标准称为烧结体）、复合体以及没有天然产品的立方氮化硼都陆续地被发明。当然高压合成金刚石单晶还是目前的主要方法，而且这也是目前获得立方氮化硼、聚晶、复合体的主要方法。下面我们对人工获得金刚石的主要方法作一简要介绍。

1.3.1 静压法

1.3.1.1 静压法合成金刚石设备

静压法就是通过液压机来产生压力，并通过电产生高温的方法，所以通常称之为高温高压法。根据产生高压方式的不同，高压设备（压机）有多种形式，就目前来说，全球超硬材料生产量已经集中于六面顶压机和两面顶压机。六面顶压机以铰链式占绝大多数，也是具有中国特色的设备类型；而两面顶压机则是国外西方的主要设备类型。

两面顶压机是由两个顶锤（压砧）和一个压缸组成，如图 2-1-1[1] 所示，顶锤和压缸一般采用 WC 合金材料制造，它是两个顶锤从上、下两个方向，同时向安放在环形压缸中间圆柱形容器内的试样施加压力的一种设备。

六面顶压机是从相互垂直的六个方向，同时向安放在中心位置的立方体或长方体容器施加压力的一种设备，如图 2-1-2[1] 所示。

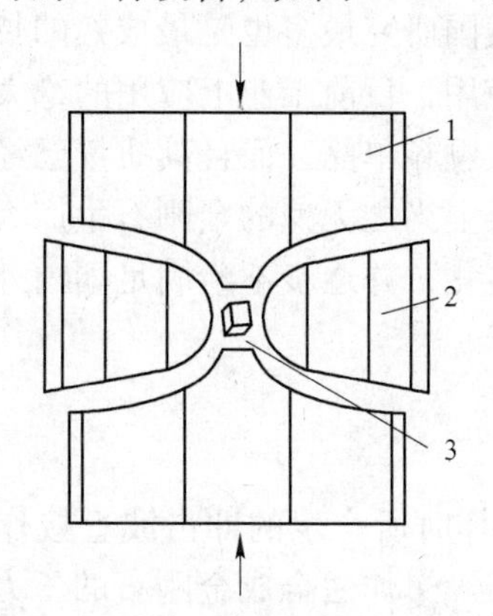

图 2-1-1 两面顶结构示意图
1—压砧；2—压缸；3—试样容器

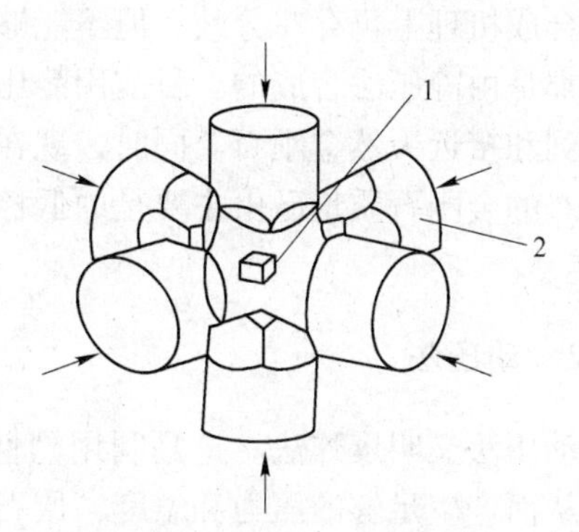

图 2-1-2 六面顶结构示意图
1—试样；2—顶锤

1.3.1.2 静压法合成金刚石机理

关于静压法合成金刚石的机理，国内外从事人造金刚石研究的广大科学工作者，根据各自所得的实验结果和观察到的现象提出了许多模型，并借助于这些模型来阐述人造金刚石的合成机理，主要有固相转变说、溶剂说、催化剂说、溶剂催化剂说以及其他学说理论。

固相转化学说的主要观点是，石墨在高温高压下在无触媒或者有触媒参与下直接转变为金刚石。在无触媒参与下，石墨中含有少量的菱形石墨，其各层间原子排列的位置与金刚石八面体晶面上的原子排列位置相似，只需沿弱键结合的碳轴压缩，同时横向移动，就可使原子排列成类似金刚石所特有的四面体形状。在有触媒参与下，石墨层上的单号原子能够与触媒金属密排面上的原子对得较准，并且触媒金属能够吸引单号原子上的电子集中到垂直方向上去成键，就能使石墨直接转变为金刚石。

溶剂学说的观点认为，金属在转变过程中起溶剂作用，石墨在高压下以原子方式或原子团形式溶解直至饱和，然后从过饱和溶液中以金刚石的形式析出。之所以溶解的是石墨析出的是金刚石，是因为在高温高压合成条件下，溶液对金刚石过饱和而对石墨是不饱和的，由此造成了连续溶液，使得石墨不断溶解，而金刚石不断结晶析出。

催化剂学说观点认为，合成用触媒是一种催化剂。在静态超高压、高温下，石墨加触媒后，发生溶解，碳原子通过起催化作用的金属膜析出金刚石。

溶剂催化剂学说观点认为，在合成压力和温度条件下，熔融金属既起溶解碳的作用，又起激发石墨向金刚石转化的催化作用。

综上所述，行业界对人造金刚石晶体生长机理进行了深入的研究，提出了各种不同的理论模型。但是在解释一些实验现象和规律性时，各理论具有一定的合理部分，也具有一定的局限性，但目前更多的学者认为，溶剂催化剂学说认为静态高温高压法更接近金刚石合成的转化。正因为如此，我们要在现有的理论模型上相互渗透完善所提出的理论模型，同时也应该提出新的理论模型，使其能圆满解释合成中的实验现象和规律性。

1.3.1.3 静压法合成金刚石的展望

静压法合成金刚石，尤其是六面顶合成金刚石是我国研究最多也是最成熟的技术，虽然在合成机理上仍存在分歧，但不能够阻止其工业化应用，目前工业上应用的绝大多数金刚石都是由静压法合成的。目前用静压法已经能合成大颗粒单晶，而且其质量已经可以完全达到和接近天然金刚石。同时，现在我国已经是世界上当之无愧的金刚石生产大国，同时生产的金刚石质量已由主要是中低档向中高档产品转化，并逐步不断满足国内外市场的需求。

1.3.2 动压法

动压法又叫爆炸法。这是利用烈性炸药 TNT 等爆炸时所产生的冲击波直接作用于石墨，从而产生足够的压力和温度，使石墨转变为金刚石。爆炸法合成金刚石的压力、温度很高，一般为 60～200GPa 的高压，2000～3000℃的高温，所以通常不用触媒。

自炸药爆炸合成金刚石以来，各种爆炸合成金刚石的方法不断产生，尽管方法、装置不同，但根据利用炸药爆炸产生能量的不同形式，爆炸合成法可以分为爆炸冲击法和炸药爆轰法。

1.3.2.1 爆炸冲击法

爆炸冲击法是一种用炸药爆炸时产生的冲击波压力及在其压力下产生高温，使石墨转化为金刚石。爆炸冲击波法是最早使用爆炸法合成金刚石的方法。用此方法合成金刚石的装置较多，差异在于装药的方法不同，其中有球形装药爆炸法、侧面装药爆炸法、飞片定向冲击法和双管双样爆炸法。

球形装药爆炸法是将石墨样品置于空心球状炸药中心，起爆雷管均匀插在球面炸药表面。整个装置置于水中，爆炸时要求所有雷管同时起爆，炸药爆炸产生的高压，同时均匀作用在球状石墨样品上，使其转变为金刚石。此法结构复杂，操作困难，未见实用报道。

侧面装药爆炸法是将圆柱形石墨置于筒状炸药中心，如同干电池一般，整个装置放入水或土中。我国也有采用类似装置的报道，此法具有一定的效果。

飞片定向冲击法是将石墨试样放在柱状炸药的下方，如图 2-1-3 所示，整个装置放在砂土上。定向冲击法具有产量高，结构简单，操作方便，为国外广泛应用。我国也曾用这种方法合成过金刚石，每千克炸药可产 1.6g 金刚石，颗粒尺寸在 40μm 以下。

双管双样爆炸法的试验装置如图 2-1-4 所示。当雷管引爆药柱后，爆轰波将传播到圆形的隔爆板四周，使主药包中产生一个准柱面的收缩爆轰波，并作用在圆柱形试样的管壁上。在入射的收缩激波作用下，管中的部分石墨将发生相变，变为金刚石。当炸药爆轰驱动飞板以 3～4km/s 的高速冲击石墨试样时，有 3%～4% 的石墨可转变为金刚石。与飞片定向冲击波法比较有较高的炸药利用率，其产量约为前者的两倍。

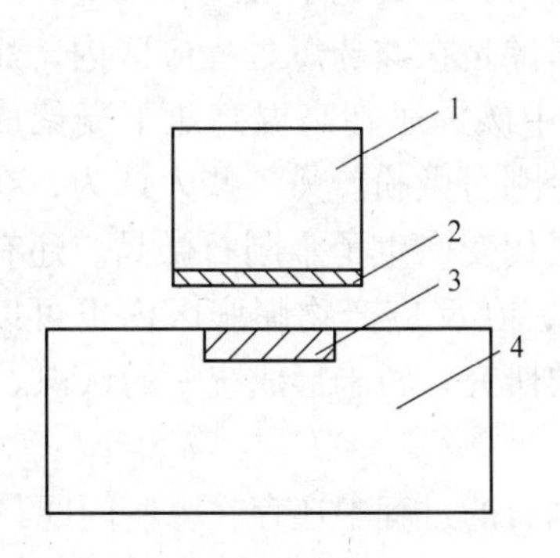

图 2-1-3 飞片定向冲击合成金刚石装置示意图
1—炸药；2—飞片；3—含石墨样品；4—铝基座

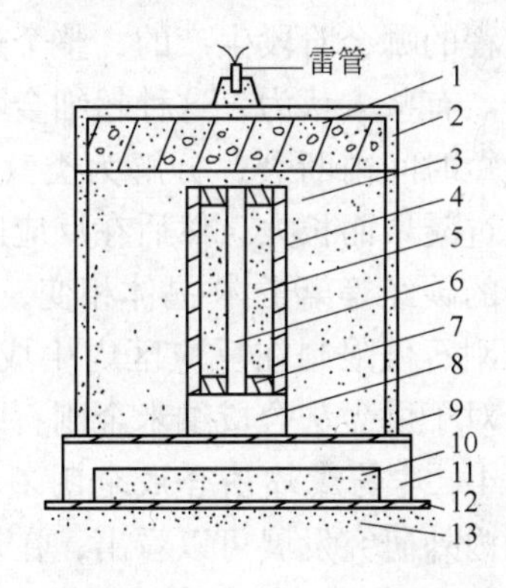

图 2-1-4 双管双样爆炸合成金刚石装置示意图
1—隔爆板；2—传爆药；3—主药包；4—钢管；5—石墨试样；6—钢芯；7—钢塞；8—卸载座；9—钢飞片；10—石墨板；11—支柱；12—垫板；13—砂坑

从以上方法可以看到，爆炸冲击波法合成金刚石都须在室外进行，收得率低且不稳定，回收率也低。

1.3.2.2 炸药爆轰法

炸药爆轰法是采用负氧平衡炸药，通过炸药爆轰产生高温、高压效应，直接将爆炸中不能被氧化的游离碳，转化为金刚石。利用这种方法合成的金刚石为纳米级超细粉末，颗粒尺寸分布范围为 2～20nm。爆轰合成方法与传统的静压法、动压法相比，炸药爆轰合成纳米金刚石具有工艺简便、投资少、周期短、生产效率高、产品纯度高等诸多优点。

炸药爆轰法合成金刚石的一般方法是在密闭的容器中爆炸合成金刚石。爆炸前，将空气抽空并充入惰性气体以防止碳被氧化；再加入冷却剂，减少金刚石发生石墨化，提高得量率，爆炸后，收集附在器壁上的黑色固体产物，然后用强氧化性混酸处理，除去石墨及无定形碳，再用氢氟酸处理，除去无机杂质，最后经多次洗涤、离心分离、干燥，最终得到棕灰色的金刚石粉末。

炸药爆轰的另一种方法是在水下爆炸，图 2-1-5[3] 为该方法的示意图。这种合成方法是将一端开口的弹筒放入水下 1.5m 深处，它的最大优点是爆炸产物很容易回收。

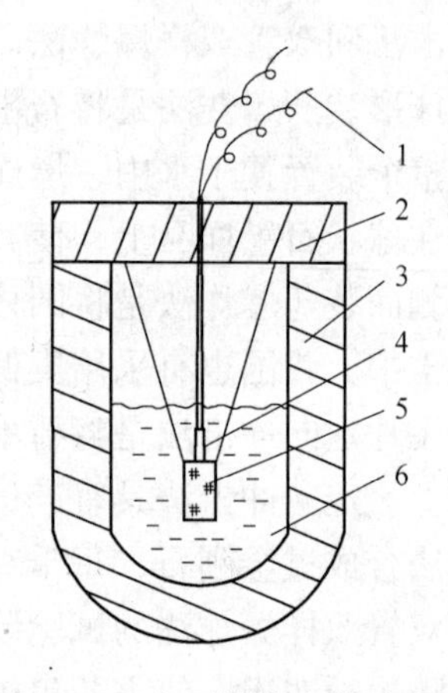

图 2-1-5 水下爆炸容器示意图
1—导线；2—容器盖；3—爆炸容器；4—雷管；5—炸药柱；6—水

爆轰法合成金刚石可以在室内进行，易于实现工业化生产，该方法得到的是纳米级金刚石超细粉末，收得率高，回收率几乎100%。

1.3.2.3 炸药爆轰法合成金刚石机理

关于炸药爆轰法合成纳米金刚石的机理，总的来说大家基本承认是以固相转化为主，但具体来说国内外学者还是有不同的观点，关键问题集中在确定纳米金刚石是在爆轰过程的哪个阶段生产的，整个过程包括先导冲击波、爆轰化学反应和反应产物膨胀几个部分。有些人认为，这种超细金刚石微粉的生成图像是在炸药爆轰反应区内，炸药分子键在极短时间内断裂，分解为类气态自由原子，其中碳原子在高温高压下凝聚成液滴，液滴通过凝聚而长大，然后在反应区内经相变而成金刚石微粉。另一些人认为，在反应区内多余的碳经等离子体-晶体相变，液-固相变和固-固相变产生了金刚石微晶。还有些人认为，金刚石仅限制在反应区内生成；也有些人认为，在反应产物膨胀区内也可以生成，等等。对于爆轰法合成纳米金刚石的机理仍需深入的研究，暂未形成统一的认识。

1.3.2.4 炸药爆炸法合成金刚石存在的问题

纵观国内外研究发展可以看出，在炸药爆炸合成金刚石的过程中还存在一些问题：

（1）爆炸合成金刚石的机理研究。由于爆炸是一个高温、高压、瞬时（几个微妙）过程，很难对其进行直接测量。所以许多研究学者也只能从爆炸产物中寻找与合成机理有关的证据，对爆炸合成金刚石机理进行间接分析，各持己见，还有待于讨论统一。

（2）超细颗粒金刚石微粉的解团聚问题。爆轰法合成的金刚石颗粒较细，是超细颗粒的金刚石微粉，还存在团聚问题，对于这些超细颗粒金刚石微粉的解团聚问题研究得还很少，对这些超细颗粒金刚石微粉的应用还存在制约。

1.3.3 低压法

从碳的相图发现，金刚石并非一定是在高温高压一个区域形成，还可以在亚稳态区间形成，即在常压高温下也可形成。人们以此为依据，采用外延法生长单晶。用低压法合成金刚石的成功，揭开了金刚石应用的新的一幕，金刚石薄膜的高导热性、高绝缘性和透光性能，以及由于低压气相沉积金刚石薄膜的成本低和能在衬底上形成连续大面积的多晶膜。因而，在制作半导体器件的热沉材料、超大规模集成电路的基片、红外窗口、大功率激光器的窗口等方面显示出了卓越的功能。目前金刚石薄膜材料的研究已经引起世界各国的高度重视，预计在今后几年到十几年内金刚石薄膜制备技术和产品应用，将会有突飞猛进的发展。

低压下合成金刚石所采用的方法大都是气相生长法，即低压的化学气相沉积法（简称CVD）和物理气相沉积法（简称PVD）。从20世纪80年代起相继出现了各种生长金刚石薄膜的方法，生长技术不断完善，生长速度和薄膜质量亦大大提高。

1.3.3.1 化学气相沉积法（CVD）

当今，世界各国发展了几十种化学气相沉积方法制备金刚石膜，如热丝化学气相沉积法、微波化学气相法、直流等离子体射流化学气相法、火焰燃烧法、直流或射频增强化学气相法、电子回旋微波化学气相法、激光增强化学气相法、直流电弧化学气相法、直流等离子喷射放电化学气相法。这些方法中，应用最广、研究最多、发展最成熟的是以下三种：热丝化学气相法、微波化学气相法和直流电弧等离子体喷射化学气相法。化学气相沉积金刚石薄膜生长特别要注意以下问题：

（1）金刚石薄膜生长过程。低压下在气相中沉积金刚石薄膜的过程中，物理过程和化学过程是很复杂的。一般认为分为三个阶段，即：含碳的气体和氢气在一定的温度下分解成碳、氢原子和其他活性游离基，它们与基体结合先形成一层很薄的碳化物过渡层；碳原子在基片上形成的过渡层上沉积生成金刚石的晶核；形成的金刚石晶核在适当的环境下长大成金刚石微晶，继而长成金刚石薄膜。

（2）原子氢的作用。在低压下气相沉积金刚石薄膜的过程中，氢原子起着极为重要的作用。作为碳源的碳化氢气体在热分解过程中，形成氢原子团和其他被激活的甲基等游离自由基。原子氢促使 sp^3 杂化 C—C 键在基片表面碳化物过渡层上形成，起到饱和基片表面沉积的碳原子的悬键的作用，在基片表面上金刚石结构趋于稳定。如果没有原子氢饱和，碳的悬键将会倒伏在基片表面上，并与邻近的 C 原子悬键结合，趋于形成 sp^2 构形。因而氢原子在形成和稳定金刚石的 sp^3 键方面起着重要的作用。同时原子氢还有分解碳氢基的作用。

氢原子的另一个作用是抑制石墨核的形成，并腐蚀金刚石表面上所生成的石墨相，消除沉积面上的石墨化的碳，加速金刚石薄膜生长。

理论分析和实验已证明，要提高 CVD 金刚石薄膜的质量和生长速度，必须设法提高生长系统中氢原子离解成氢原子的离解度。

1.3.3.2 物理气相沉积法（PVD）

物理气相沉积金刚石薄膜，一般有溅射镀、离子镀、真空蒸发镀等方法。从本质上讲，它应该是从使用固态碳源或气态碳氢化合物中获得碳原子或碳离子而沉积出金刚石薄膜。一般情况下，使用这种方法沉积成金刚石薄膜的工艺难度较大，沉积的膜层的纯度较差。

金刚石薄膜的应用研究成果都与其制备技术的飞速发展具有密切的关系。金刚石薄膜能否在各领域内广泛应用与其膜的质量密切相关，因而，为使金刚石薄膜在电子学、光学和热学等领域的应用取得较大的进展，必须在以下的制备技术问题上进一步提高和发展，以便使合成技术向工业化方向过渡。

金刚石薄膜研究中应关注的问题是：

（1）提高薄膜生长速率。大多数制备金刚石薄膜的方法中，金刚石薄膜的生长速度都还不快，一般每小时几微米。生长速度的快慢是影响金刚石薄膜能否大规模商品化的主要问题。以应用为目的，就必须使生长的成本低、速度快，生长技术稳定、可靠，容易工业化生产。因而在合成技术的发展中，必须进一步提高薄膜的生长速度、稳定工艺。

(2) 提高金刚石薄膜与基片的直接结合强度。金刚石薄膜作为各种基底的涂覆层的应用是最广泛的，如果金刚石的涂层薄膜与基体部件的结合强度不够，则在应用中，特别是在一些恶劣工作环境下应用，金刚石薄膜就会脱落。因而提高金刚石薄膜在各种基体部件上的结合强度是合成技术中必须解决的重要问题。

(3) 金刚石薄膜的低温生长。多数制备金刚石薄膜的方法的基体温度都在700℃以上。如此高的温度几乎完全排除了在热敏材料（如塑料、半导体器件和光学器件等）上沉积金刚石薄膜的可能性，严重影响其应用领域。此外，作为光学应用的金刚石薄膜，为了减小由于表面粗糙度所造成的散射损失，要求在尽可能低的温度下沉积，以获得表面光滑的微晶金刚石薄膜。因此，发展金刚石薄膜的低温生长是扩大金刚石薄膜应用中必须解决的问题。

(4) 金刚石薄膜的掺杂技术。掺杂技术是金刚石薄膜用于电子学领域的关键技术，首先要能制备p型和n型的金刚石薄膜。目前，通过掺硼已制备出p型金刚石薄膜，并能够适用于制作器件要求。但是，目前尚未制备出n型金刚石薄膜，限制了金刚石薄膜在电子学方面的应用。因而，发展掺杂技术，制备出n型半导体金刚石薄膜是开拓金刚石薄膜应用研究的关键。另外，提高掺杂半导体金刚石薄膜的质量，控制缺陷的形成，减少缺陷和多晶膜中晶粒间界处的杂质等，也是制备出优质半导体金刚石薄膜的关键。

1.3.3.3 几种主要的CVD生长方法

A 热丝辅助化学气相沉积（HFCVD）

如图2-1-6a所示，混合气体进入反应室经过热丝区域到达基体表面，分子氢在热丝表面催化分解产生激活过程。反应区域只是由热丝周围很小区域组成的，这使得单根丝的作用范围受到了限制，并且热丝与基体间的最佳距离是1~10mm。这一过程范围与这些小的激活区域有关，并且大面积沉积是通过在反应腔内使用多根丝来完成。热丝可以用W、Mo或Ta制成，通常加热温度从2000℃到2400℃，反应腔内典型的压力是50Torr（1Torr = 133.322Pa），HFCVD中金刚石生长速度从0.1μm/h到15μm/h。沉积面积从几平方毫米到300cm^2。该技术的主要缺点是金刚石薄膜的厚度和质量是不均匀的。Haubner和Lux对这方面进行了大量的研究。

B 微波等离子辅助化学气相沉积（MPACVD）

图2-1-6b给出了MPACVD技术的示意图，这是一个非等温等离子体内形成的微波谐振

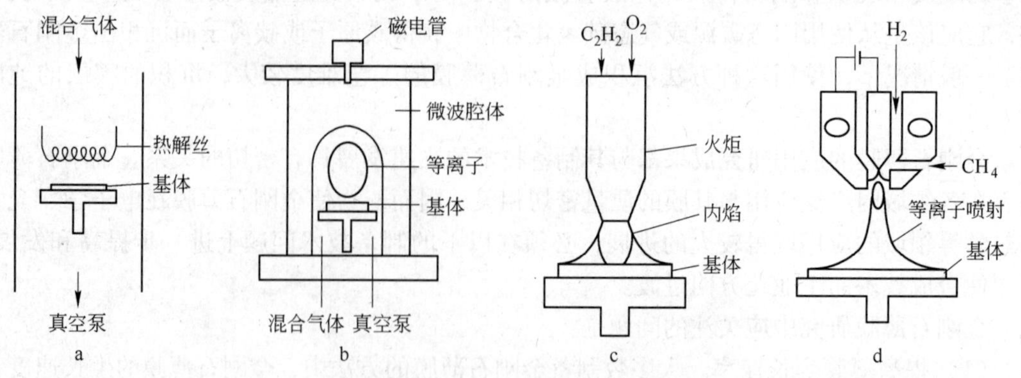

图2-1-6 CVD金刚石沉积技术

a—热丝辅助CVD；b—微波等离子CVD；c—燃烧火焰CVD；d—电弧喷射等离子CVD

腔，分子氢接受能量从电子态变成等离子球态，在此情况下，反应区域与激活区域一致，基体通常与等离子球接触，微波波长限制了等离子球的尺寸，结果导致沉积面积也受到了限制。金刚石生长速度与微波功率有很大的关系，从小于1μm/h到10μm/h。其主要缺陷在于大面积沉积时，微波等离子供应成本高。然而，这一沉积方法已经获得了很大的关注和进行了大量的研究工作，并且已进行规模化投资生产。最近已有沉积功率为75kW，沉积面积为300cm² 的反应腔面市。未来的研究目标是250kW反应腔沉积1300cm² 的金刚石膜片。

C 燃烧火焰辅助化学气相沉积（CFCVD）

氧-乙炔火焰是最简单且最便宜的金刚石生长设备。如图2-1-6c所示，只需要火炬、氧气和乙炔，不需要额外的能量供应。激活过程只是化学过程，燃烧反应产生的热气体（超过3000℃）能够产生足够的原子氢和其他基团，反应区域由整个火炬柱组成，气体可以在大气中直接燃烧。有许多文章研究对于火焰化学的理解，主要结论是生长过程与其他方法一样。为了获得高生长速度（高达200μm/h）和高质量的薄膜，主要参数有基体与内焰之间的距离以及氧/乙炔比率。这一方法已经被用来规模化沉积金刚石，并且其面积已达到相对大的面积（50cm²）。另外，已经开发出一种燃焰新技术——低压平火焰。利用该技术，只是生长速率比较低（1μm/h），但其主要特征是面积大（大约90cm²），且相对容易产业化。利用氧-乙炔规模生产的主要缺点是乙炔气体的成本高。

D 电弧喷射等离子辅助化学气相沉积（AJCVD）

电弧喷射辅助技术是在阴极和阳极间的膨胀孔内产生直流电弧等离子，如图2-1-6d所示。先驱气体流入并且通过电弧放电形成热等离子体。等离子体中气体温度可达到5000℃，产生激活。热气体通过孔洞膨胀，形成火炬特征的类似火焰柱，在本腔体中这个等离子柱表示为反应区域，基体可以放于远离火炬前面几厘米处，氢气与缓冲气体如氩气通过火炬注入，碳氢化合物可以与氢预混合，但一些学者发现远离送料更好。在此腔体内气相输送主要是喷射层流，为了保持金刚石生长合适温度（700~900℃），基体需要冷却。由于具有较高的气体温度和高的气体流速，该技术具有较高的金刚石生长速度。据报道其生长速度可以高达1mm/h。然而沉积面积较小，能量供应小是限制该技术规模化生产的原因，在AJCVD系统中通常沉积面积的增加会导致生长速率的减小。

E 面波持续放电辅助化学气相沉积（SWCVD）

面波持续放电是最近成功用于生长金刚石薄膜的技术。自1990年面波产生放电现象第一次被发现后，人们已经加紧了对表面波持续放电的基础研究。几年后，表面声波放电被认为是在微波频率中产生长等离子柱的最有效的表面波发生器。面波持续放电是在一连续的过程中产生很高能量密度的等离子，使其成为一种很有前景的新的CVD金刚石沉积技术，并且可能适合工具应用，因此，我们认为SWCVD是很值得研究的。

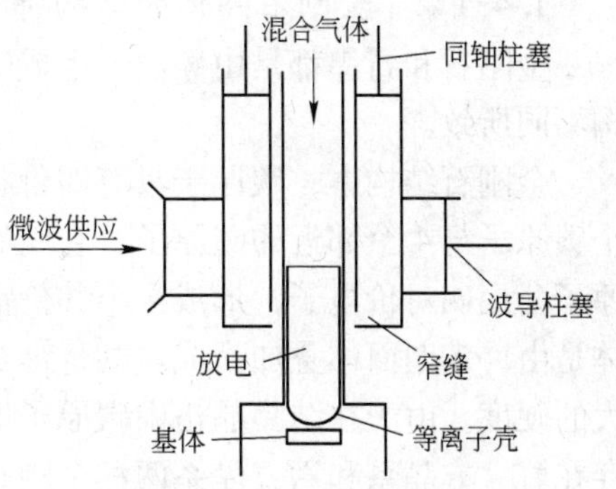

图2-1-7 CVD金刚石生长SWCVD反应腔体示意图

SWCVD反应腔体如图2-1-7所示。面波持续放电是一种有效的波发生器，它引起了表面波，产生并维持等离子体的存在，表面波是由维持的等离子体和放电管形成的扩展结构。为了完成表面波扩展，和在转变后形成半球状等离子，放电管必须有突然转变。基体在接近于半球状等离子体之下。值得注意的是，维持的等离子体在放电管壁有很高的密度，以至于在半球结尾处形成等离子壳。利用光学发射测量壳厚大约有几微米，壳厚度及能量密度的均匀性与微波功率有关。

SWCVD 与 MPACVD 相比的主要优点是放电发生在谐振腔内，消除了基体与腔之间的反应。同时，面波持续放电等离子壳内的能量密度比普通微波放电的能量密度大约高2倍。另一方面，SWCVD 的缺点是放电管需要冷却系统，它需要冷却液体对微波波长是透明的，与 HFCVD 甚至 AJCVD 相比，SWCVD 对金刚石膜的污染最小，这是由于没有任何材料的加热温度超过基体温度。

1.4 金刚石的主要性质

金刚石具有独特的力学、热学、光学和电学等性质，它既是一种重要的超硬材料，同时也是一种具有特殊用途的新型功能材料。

1.4.1 金刚石的晶体结构与形态

1.4.1.1 金刚石的类型

根据金刚石中杂质含量和存在形式及其某些物理性能的不同，可以分为Ⅰ型和Ⅱ型两类。这两类金刚石又可分为两个亚类。

Ⅰa 型金刚石含有较多的氮，通常含氮在 1020 个原子/cm^3 以上，并以片状形式存在，无电子顺磁共振吸收。由于片状氮的存在，影响了金刚石的光学和热学性质，但却使金刚石的机械强度得以提高，大约有 98% 的天然金刚石属于此类。

Ⅰb 型金刚石中含氮量为 1017 ~ 1020 个原子/cm^3，以分散形式存在，有电子顺磁共振吸收，其强度不如Ⅰa 型高，大部分人造金刚石属于此类。

Ⅱa 型金刚石含氮小于 1017 个原子/cm^3，为绝缘体，具有较优良的热学和光学性能，天然金刚石中约有 2% 属于此类。

Ⅱb 型金刚石中含有硼杂质，Ⅱb 型金刚石具有禁带宽，载流子迁移率高，导热性能好和抗辐射等特点，是一种有发展前途的高温、大功率半导体材料，天然金刚石中只有极少量的是Ⅱb 型。人造金刚石可能通过掺硼或其他杂质而得到Ⅱb 型人造金刚石。

1.4.1.2 金刚石晶体的结构特征

金刚石和石墨都是由碳原子组成的晶体，但它们的性质截然不同，这主要是两者的结构不同所致。

金刚石结构中，碳原子具有四价状态，即 sp^3 杂化状态。金刚石结构的基本特点是每个碳原子与4个邻近的碳原子，它们处在四面体的顶角方向，每个碳原子与4个邻近的碳原子公用四对价电子，形成4个共价键与其周围的原子连接，形成一个四面体。金刚石晶体是由许多四面体叠加而成。共价键是饱和键，具有很强的方向性，因而使金刚石具有很大的硬度。由于在结晶晶格中碳原子形成的正四面体结构在空间的排列有两种形式，从而存在着立方晶系和六方晶系两种金刚石结构。

立方金刚石为等轴晶系，在常压和室温下晶格常数为 0.356 ~ 0.357nm。在面心立方的晶格中心到八个顶角的连线的四个中点上加一个碳原子就是立方金刚石的晶体结构。天然金刚石和人造金刚石一般都是立方晶系结构。

六方金刚石属六方晶系，其晶格常数为 $a=0.252\text{nm}$，$c=0.412\text{nm}$。其硬度接近于金刚石，但脆性大、粒度细。用爆炸法或静压法沿石墨 c 轴加 13 × 103MPa 以上的压力和 1000℃以上的温度，可使石墨转变成六方金刚石。

1.4.1.3 金刚石晶体的形态

金刚石晶体的形态是多种多样的，这对于进一步了解金刚石晶体的形成条件和过程很有价值。金刚石的形态可分为单晶体、连生体和聚晶体。单晶体可进一步分为：立方体、八面体、菱形十二面体以及由这些单形晶体形态组成的聚形晶体形态，图 2-1-8 为金刚石的完整单晶形态，人造金刚石中菱形十二面体比较少见。人造金刚石单晶体一般呈颗粒状，具有明显的晶棱和顶角，人造金刚石的聚形晶或双晶如图 2-1-9 所示。最常见的是立方体和八面体的聚形、八面体和十二面体的聚形、双晶及不规则的晶形。其强度由强到弱依次为八面体、十二面体、立方体。发育较好的六面体和八面体聚形，强度也很好。

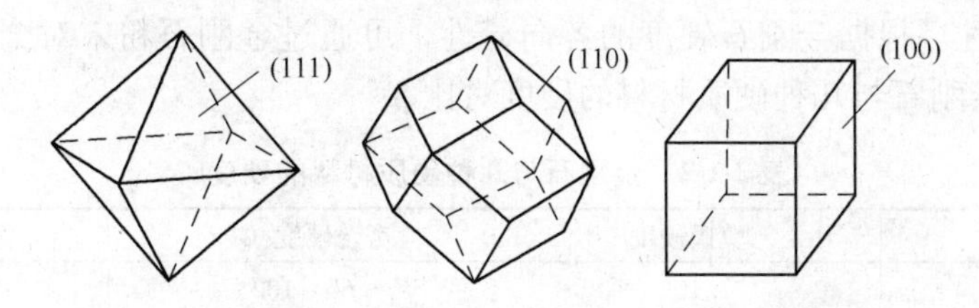

图 2-1-8 人造金刚石的完整单晶形态

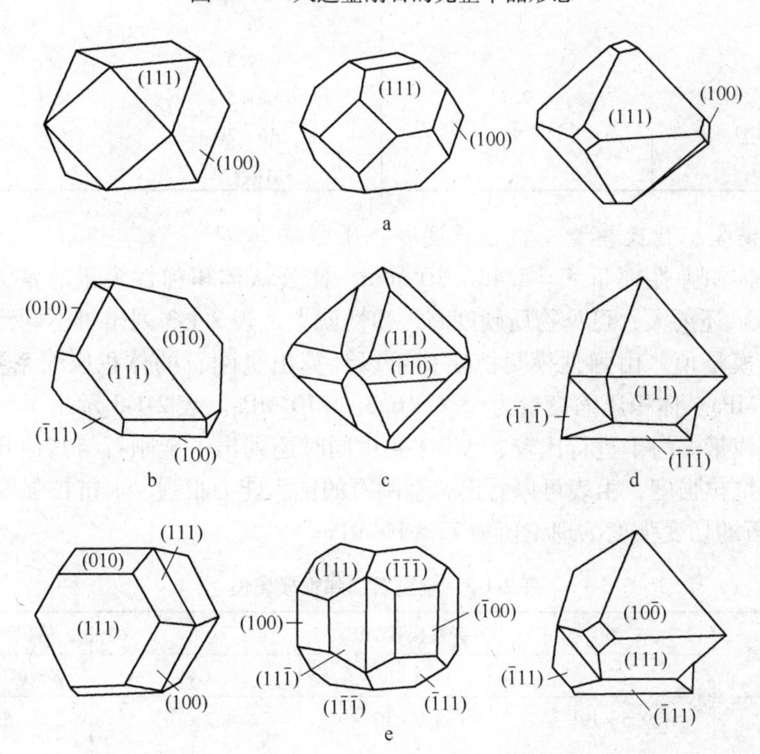

图 2-1-9 人造金刚石的几种主要聚形晶

a—六面体和八面体聚形；b—畸形晶体；c—八面体和十二面体聚形；

d—尖晶石律双晶；e—聚形双晶

1.4.2 金刚石的性能

1.4.2.1 金刚石的力学性能

A 硬度

金刚石是迄今地球上最硬的物质，在莫氏硬度中，以10种矿物为基准来确定1~10的硬度值，金刚石的莫氏硬度为10，如表2-1-2所示。莫氏硬度1~9级之间几乎为等间隔的，而9~10级之间不符合这一等差排列关系。碳化硅（SiC）和刚玉（Al_2O_3）的莫氏硬度为9，碳化钨（WC）为9.5。表2-1-2中同时还列出了努普（Knoop）硬度和显微硬度值。可以看出金刚石的硬度是刚玉硬度的5倍，石英的12倍，碳化钨的4.7倍，碳化硅的4倍，碳化硼的3.7倍，立方氮化硼的2倍。

金刚石的硬度是各向异性的，不同晶面和不同方向上的硬度不同。

金刚石的硬度以{100}<{110}<{111}的顺序变化。就是在{111}面内也因方向不同而带有各向异性。根据金刚石硬度的各向异性，可通过金刚石粉末对金刚石进行研磨。表2-1-2列出了金刚石与几种硬质材料的硬度对比。

表2-1-2 金刚石与几种硬质材料的硬度

材 料	莫氏硬度	努普硬度/GPa	显微硬度/GPa
金刚石	10	60~102	80~120
cBN	9.8	44.1	75~90
B_4C		26.9	37~43
SiC		24.3	
WC	9.5	21.5	
刚玉（α-Al_2O_3）	9	16~20	20.6
石英（SiO_2）	7	8.2	11.2

B 弹性模型、杨氏模量、抗拉强度和抗压强度

金刚石的体积弹性模量 $K=5.42\times10^5$MPa，比公认体积弹性模量非常大的钨（$K=2.99\times10^5$MPa）还要大，可见物质硬度高，弹性就大，表2-1-3列出了不同测量者测得的金刚石的弹性模量值。由弹性模量测定值可以计算出金刚石的体积压缩系数为$(0.16\sim0.18)\times10^{-7}$/MPa。体积压缩模量为$(5.6\sim6.3)\times10^5$MPa。表2-1-3示出了与体积弹性模量相近的杨氏模量。为了进行比较，表2-1-4中同时还列出了金刚石与其他几种硬质材料的抗压强度和抗拉强度，由表可以看出，金刚石的抗压能力很强，而抗拉强度则不高（硬脆性）。金刚石的切变强度的理论值为12×10^4MPa。

表2-1-3 金刚石的弹性模量值

项 目	弹性模量/MPa			体积弹性模量/MPa
	C11	C12	C44	$K=(C11+2\ C12)/3$
(1)	9.5×10^5	3.9×10^5	4.3×10^5	5.8×10^5
(2)	11.0×10^5	3.3×10^5	4.4×10^5	5.9×10^5
(3)	10.76×10^5	1.25×10^5	5.96×10^5	4.42×10^5
(4)	10.76×10^5	2.75×10^5	5.19×10^5	5.42×10^5

表 2-1-4 金刚石与几种材料的杨氏模量及抗拉、抗压强度

材 料	杨氏模量/Pa	抗压强度/GPa	抗拉强度/GPa
金刚石	10.54×10^{11}	8.69 ~ 16.53	3 ~ 4
SiC	3.9×10^{11}	1.5	
WC	$(2\sim6)\times10^{11}$	3.7	
Al_2O_3	3.5×10^{11}	2.9	

C 耐磨耗性

金刚石在空气中的摩擦系数为0.1，金刚石的磨耗量因摩擦方法的不同而有很大变化，表2-1-5所示的是在大致相同的条件下，在一定时间摩擦后的相对磨耗量。可以看出，金刚石的磨耗量很小，颗粒细小的人造金刚石磨耗量不易测定，人造金刚石烧结体可根据与中硬碳化硅砂轮的磨耗比来表示其耐磨性。用于钻头的人造金刚石烧结体的磨耗比一般在 $1:3\times10^4\sim1:8\times10^4$，用作拉丝模的磨耗比在 $1:10^5\sim1:3\times10^5$。

表 2-1-5 金刚石的相对磨耗量

材 料	金刚石	WC	刚 玉	钇铝石榴石	尖晶石
相对磨耗量	1	3.4	4 ~ 150	18 ~ 50	2000

D 解理

金刚石在强度上的各向异性还表现在沿特定方向容易开裂，即在某些特定方向上具有解理的性质。金刚石的硬度是各向异性的，{111} 面硬度最大，面网密度也最大，而其面间距也最宽，因此沿 {111} 面最容易产生解理。

1.4.2.2 化学性质

金刚石的化学成分是碳，杂质主要有石墨、氮、硼、硅等非金属元素，以及触媒元素如铁、钴、镍、锰等。金刚石由于是强共价键结合，以及碳原子的特性，因而在常温下的化学性质非常稳定，耐酸碱及其他化学药品的腐蚀。因此可充分利用此性质来进行人造金刚石的提纯。也可以利用强酸腐蚀镶有金刚石的旧钻头、旧工具，使金刚石从胎体上脱落下来加以回收，而无损于金刚石的质量。

在氧气中金刚石于600℃左右开始石墨化。在真空中，金刚石被加热到1500℃以上时才开始氧化，2000 ~ 3000℃才变成石墨，表2-1-6列出了金刚石在不同气氛下的热稳定性，在硝酸钠等氧化剂中于430℃左右就会受到腐蚀。

表 2-1-6 金刚石在不同气体中的热稳定性

气体成分	烧结温度/℃	气体成分	烧结温度/℃
纯氧气中	720 ~ 800	惰性气体中	1500 ~ 1600
混合空气中	850 ~ 1000	真 空	1500 ~ 2000 ~ 3000
氮和氢气中	1200 ~ 1300		

除氧化剂外，能与金刚石发生反应的物质：第一类有钨、钽、钛、锆等，在高温下与金刚石反应生成碳化物；第二类有铁、钴、锰、镍、铬、铂等，在熔融状态成为碳的溶媒，这就是他们在人造金刚石的高压合成中得到应用的原理。

金刚石具有亲油、疏水性，水对于金刚石而言为不浸润，而油对于金刚石为浸润。在晶体表面擦上油质后可见晕色，在晶面上滴上油珠立即扩散，而滴上水珠则不扩散。这种疏水亲油的特征是由金刚石的 sp^3 杂化的非极性键的本质决定的。这一特性不仅提示人们可以使用油脂去提取金刚石，而且在制造金刚石磨具时，宜选用亲油基团的有机物作为金刚石的润湿剂。因此在提纯金刚石时要特别加以注意，以免流失，在选矿中利用油选可将金刚石分离出来。另一方面在钻井中用乳化液洗井，对金刚石钻头能起保护和提高性能的作用。

1.4.2.3 电学性质

纯净的不含杂质的金刚石是绝缘体，室温下的电阻率在1016Ω · cm 以上，只有掺入少量硼或磷杂质后，才显示出半导体特性。介电常数为5.6，金刚石的禁带宽度5.5eV，在紫外线辐照下出现光导电性。金刚石具有非常优异的电学性质，组成金刚石晶体的C元素同其他半导体材料Si、Ge同属于元素周期表的Ⅳ族，它们都是以相同的价电子组合而构成晶体。同Si、Ge一样，金刚石具有优良的半导体性质。表2-1-7列出了金刚石与几种半导体材料的电学性质。由表2-1-7可见，金刚石与Si、GaAs半导体材料相比，它具有非常宽的禁带，小的介电常数、高的载流子迁移率、大的电击穿强度。这些性质决定了金刚石是一种性质非常优良的宽禁带高温（高于500℃）半导体材料，使其可能在大功率、超高速、高频和高温半导体器件领域中广泛应用。金刚石半导体器件的研制是当前乃至今后高技术研究的热门课题。

表2-1-7 金刚石与几种半导体材料性能的比较

电学性质	Si	GaAs	单晶金刚石
禁带宽度/eV	1.1	1.4	5.5
介电常数	11.9	13.1	5.58
电阻率/Ω · cm	105	108	1016
热导率/W · (cm · K)$^{-1}$	1.5	0.5	20
电子迁移率/cm^2 · (V · s)$^{-1}$	1500	8500	2200
空穴迁移率/cm^2 · (V · s)$^{-1}$	450	400	1600
膨胀系数/K^{-1}	2.6×10^{-6}	5.9×10^{-6}	0.8×10^{-6}

此外，人造金刚石分有磁性的（或电磁性）和无磁性的两种，而大部分具有磁性的人造金刚石是由于含有镍、钴、铁等触媒杂质。包含的杂质越多，其磁性越强。无磁性的金刚石颜色较浅，天然金刚石一般无磁性。

1.4.2.4 光学性质

人造金刚石由于合成过程中所用触媒成分的不同以及生成温度、压力、包裹体等因素的影响，而有淡黄、黄绿、绿、灰黑、黑色等多种颜色，多为半透明至透明。一般以颜色浅、透明度高的质量好。金刚石具有很高的折射率，其折射率为2.40～2.48。对于波长为589.3nm的光，其折射率为2.417。

金刚石具有强的散光性，色散系数为0.063。金刚石与刚玉、黄玉的折射率和色散对比见表2-1-8。这就是作为宝石的金刚石晶莹发亮的主要原因。金刚石晶体在不同射线辐照下能发出各种颜色的光，如表2-1-9所示。

表 2-1-8 金刚石与几种材料的折射率与色散对比

材 料	折 射 率	色 散 值
金刚石	2.42	0.063
刚 玉	1.76 ~ 1.77	0.019
黄 玉	1.61 ~ 1.62	0.014

表 2-1-9 不同射线下金刚石的发光性能

阴极射线		X 射线		紫外线	
颜色	亮度	颜色	亮度	颜色	亮度
绿 色 天蓝色 蓝 色	鲜明 极鲜明 鲜明	天蓝色	微弱	天蓝色 紫 色 黄绿色	中等 中等

金刚石具有优良的透光性能，能透过很宽的波段。除Ⅰ型金刚石在 3 ~ 12μm 的红外波长范围内有吸收、Ⅱ型金刚石在 3 ~6μm 的波长范围内有吸收外，金刚石在紫外区、可见区、直至远红外区的大部分波段（0.22 ~25μm）都是透明的。如图 2-1-10 所示，这在光学材料中是罕见的。

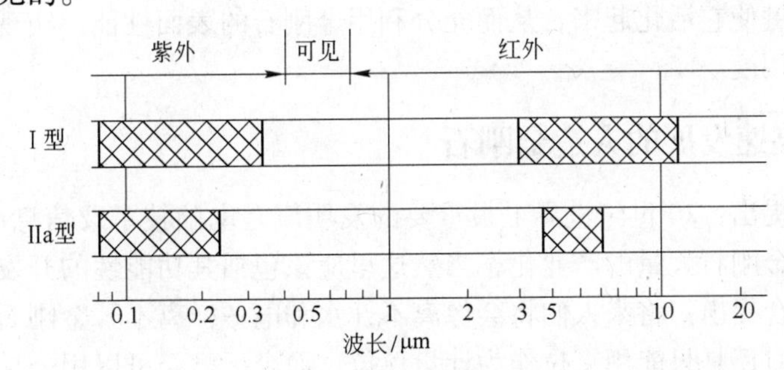

图 2-1-10 金刚石的透光波段（图中阴影范围表示不透明）

1.4.2.5 热学性质

金刚石具有极高导热性能，其热导率是迄今为止所知物质中最高的，其导热性能良好的原因在于由碳原子形成的晶格的振动。表 2-1-10 列出金刚石在常温下的热导率，并与银、铜进行了比较。由此可见，Ⅰa 型金刚石的热导率在常温下也是导热性好的金属的 2 倍左右。因而，金刚石具有极好的散热性，是做半导体的极好材料。另外，作为金刚石工具使用时，这一性质也是极为重要的。

表 2-1-10 金刚石的热导率

材 料		温度/K	热导率/W·(cm·K)$^{-1}$
金刚石	Ⅰ型	293	6 ~ 10
	Ⅱ型	293	20 ~ 21
石 墨		300	0.4 ~ 1.7
银		273	4.18
铜		273	3.85

金刚石另外一个特殊热学性质是线［膨］胀系数很小，如表2-1-11所示，可以看出，一般由共价键结合的物质，其线［膨］胀系数小。而金属的热膨胀系数则很大。这一性质关系到金刚石工具的高精度，也将会出现新的应用领域。

表2-1-11　金刚石的线［膨］胀系数

温度/℃	−100	0	20	50	100	900
线［膨］胀系数/K^{-1}	0.4×10^{-7}	0.56×10^{-7}	8×10^{-7}	12.9×10^{-7}	15×10^{-7}	48×10^{-7}

1.4.2.6　金刚石的表面性质

金刚石的表面性质在较长时间不被人们所认识，随着其应用的深度不断被人们所认识，金刚石的表面性质也越来越多的得到研究和应用。最为明显的表现为：

（1）亲油疏水性。金刚石在应用中明显的表现出与水的浸润性极差，而与油的浸润性则相当的好，该特性广泛的应用于金刚石制品生产中。如在制作金属结合剂的金刚石制品时，多用甘油（油脂类）先将金刚石和匀，然后再与金属粉末混合均匀进行烧结就是这方面的应用。采取了该措施将使金属粉包镶金刚石的作用发挥得更好。

（2）金刚石镀衣。这是近十来年发展起来的新的金刚石制造技术，它有镀Ni、镀Ti、镀Cu、镀Ni-Ti等不同工艺，其基本点就是将金刚石表面进行静化和活化等，也就是将金刚石表面钝化的键使它活化起来，从而充分利用金刚石的表面性能，实现价键结合，提高金刚石工具的耐用度。

1.5　21世纪高速发展的人造金刚石

曾经有学者提出：20世纪世界上最重要的发明应是电脑技术及信息产业，而21世纪将是快速生长和金刚石大量的产业化，当然这里应该包括其功能性的开发和利用。我们也经常在不同的场合提出：将来人们将会像离不开水和电一样离不开金刚石。当金刚石刚刚被发明之后，那时还是只能用克拉作为计量单位，而今天已经可以用公斤甚或用吨来作为其计量单位了！我们完全有理由相信，它将会更大范围地取代高能耗、高污染的普通磨料。现在普通磨料（碳化硅、刚玉类）在全球的年总消耗量还有200万吨，金刚石及其他超硬、亚超硬材料完全应该进一步替代掉其中的50～100万吨。另外，20世纪是单晶硅的高速发展时期，在21世纪，当金刚石能够使生产工艺更加简单化、生产颗粒更加大型化、生产成本更加低廉化、功能性应用更加现实化，那么金刚石取代单晶硅的时代一定会更快地进入到各个领域，也将更快地进入每家每户。

1.5.1　粉末触媒对金刚石产品系列化的重要作用

所谓系列化是指不同品种的金刚石用不同的触媒材料合成。粉末触媒合金化学成分均匀、合成单产高、生产成本低、合成金刚石电流、压力均较低，硬质合金顶锤消耗小，并可节约触媒合金、合成金刚石晶形完整率高，并且在“粉末工艺”中，金属触媒/石墨呈空间三维分布，能够产生较为均一的温度场和压力场，给金刚石的生长创造较好的条件。其合成金刚石晶面较完整，以立方体-八面体为主、晶体内较为纯净，包裹体总量不多，且分布较为细小分散，表现为无规则排列。随着粉末触媒粒径的减小，其熔化温度有较大的降低。粉末触媒的熔点比常规片状触媒的熔点降低大约30～40℃，并且熔点的降低程度与粉末的粒度成反比。利用这个特点，可以通过不同触媒粒度的合理搭配及合成工艺的调整，有效地控制成核密度和生长速度。从而实现金刚石生产的多品种、多品级、系列化。

1.5.2 金刚石产品粒度系列化

六面顶压机是我国自主研发的一种高压合成设备。四十多年来人造金刚石发展的历史，其研究的重要方向就是粗颗粒高品级人造金刚石单晶的合成，2007 年中南公司成功工业化生产 20/30 目粒度金刚石，填补了国内人造金刚石行业几十年内不能生产 20/30 目粒度段高品级金刚石产品的空白，替代了进口，并凭借显著的性价比优势，形成了对国际市场较强的冲击力。目前国内已能合成出 10/12、12/14、16/18、18/20 目粒度的金刚石。

金刚石合成工艺近年越来越细化，目前除大颗粒、粗颗粒、中粗颗粒外，近来又研制出细-微细粒优质金刚石。细颗粒金刚石包括范围为：80/100 目、100/120 目、120/140 目、140/170 目、170/200 目、200/230 目、230/270 目、270/325 目、325/400 目，少数为：400/500 目，极少数为：500/600 目。可以这么说，中国的金刚石生产已经形成了由粗到细的全系列化产品，有的品种比国外更加全面。表 2-1-12 为世界主要工业发达国家人造金刚石粒度对照表。

表 2-1-12 世界主要工业发达国家人造金刚石粒度对照表

中国 GB 6406. 1		国际标准 ISO 6016 79		欧洲 FEPA		美国 ANSI		日本 JIS		德国 DIN	
粒度号	颗粒尺寸 /μm	粒度号	颗粒尺寸 /μm	粒度号	颗粒尺寸 /μm	粒度号	颗粒尺寸 /μm	粒度号	颗粒尺寸 /μm	粒度号	颗粒尺寸 /μm
16/18	1180 ~ 1000	1181	1180 ~ 1000	D1181	1180 ~ 1000	16/18	1180 ~ 1000				
18/20	1000 ~ 850	1001	1000 ~ 850	D1001	1000 ~ 850	18/20	1000 ~ 850				
20/25	850 ~ 710	851	850 ~ 710	D851	850 ~ 710	20/25	850 ~ 710				
25/30	710 ~ 600	711	710 ~ 600	D711	710 ~ 600	25/30	710 ~ 600	30/36	710 ~ 590		
30/35	600 ~ 500	601	600 ~ 500	D601	600 ~ 500	30/35	600 ~ 500	36/40	590 ~ 500	D550	630 ~ 500
35/40	500 ~ 425	501	500 ~ 425	D501	500 ~ 425	35/40	500 ~ 425			D450	500 ~ 400
40/45	425 ~ 355	426	425 ~ 355	D426	425 ~ 355	40/45	425 ~ 355	40/46	420 ~ 350	D350	400 ~ 315
45/50	355 ~ 300	356	355 ~ 300	D356	355 ~ 300	45/50	355 ~ 300	46/54			
50/60	300 ~ 250	301	300 ~ 250	D301	300 ~ 250	50/60	300 ~ 250	54/60	290 ~ 250	D280	315 ~ 250
60/70	250 ~ 212	251	250 ~ 212	D251	250 ~ 212	60/70	250 ~ 212	60/70	250 ~ 210	D220	250 ~ 200
70/80	212 ~ 180	213	212 ~ 180	D213	212 ~ 180	70/80	212 ~ 180	70/80	210 ~ 177		
80/100	180 ~ 150	181	180 ~ 150	D181	180 ~ 150	80/100	180 ~ 150	80/90		D180	200 ~ 160
100/120	150 ~ 125	151	150 ~ 125	D151	150 ~ 125	100/120	150 ~ 125	90/100	149 ~ 125	D140	160 ~ 125
120/140	125 ~ 106	126	125 ~ 106	D126	125 ~ 106	120/140	125 ~ 106	100/120	125 ~ 105	D110	125 ~ 100
140/170	106 ~ 90	107	106 ~ 90	D107	106 ~ 90	140/170	106 ~ 90	120/150	105 ~ 74	D90	100 ~ 80
170/200	90 ~ 75	91	90 ~ 75	D91	90 ~ 75	170/200	90 ~ 75				
200/230	75 ~ 63	76	75 ~ 63	D76	75 ~ 63	200/230	75 ~ 63	150/220	88 ~ 63	D65	80 ~ 63
230/270	63 ~ 53	64	63 ~ 53	D64	63 ~ 53	230/270	63 ~ 53	220/240		D55	63 ~ 50
270/325	53 ~ 45	54	53 ~ 45	D54	53 ~ 45	270/325	53 ~ 45	240/280	53 ~ 44	D45	50 ~ 40
325/400	45 ~ 38	46	45 ~ 38	D46	45 ~ 38	325/400	45 ~ 38	280/320	44 ~ 37		

1.5.3 金刚石产品质量系列化与宝石级人造金刚石

随着粉末触媒合成技术的不断完善，我国金刚石产品质量和品种也不断系列化。其中某公司生产的金刚石单晶包含 D21、D22 两大系列，每种系列可提供 100 多个品种，粒度由粗到细（20/25 ~ 325/400 目），品级由低到高（如 D2110-D2180），质量稳定，可满足用户各种使用要求：

（1）D21 系列人造金刚石是指 40/45 目以细粒度的中、高品级人造金刚石产品。金刚石品级质量达到了发达国家利用两面顶技术生产的中、高品级金刚石的质量水平，不但使产品畅销国内，替代进口，而且对国际金刚石市场形成了强有力的冲击。

（2）D22 系列人造金刚石是指 40/45 目以粗粒度的高品级粗颗粒人造金刚石产品。与 D21 系列工艺相比，生产的金刚石产品粒径更大，品级更高，TI 与 TTI 值差小、晶形、色泽、透明度等质量指标全面达到国际标准，填补了我国大颗粒金刚石生产技术的空白，标志着我国金刚石制造技术基本达到了世界先进水平。

在高品级单晶方面，随着金刚石合成设备的大型化，粉状触媒及粉状碳素材料合成技术全面推广，新型复合传压介质的开发应用，高强度金刚石所占比例逐年增长。有的企业已能批量生产相当于 MBS950 以上的高档产品，比例在 20% 以上，中高档产品所占比例已达 42%，经济效益大大提高。

2000 年吉林大学超硬材料国家重点实验室合成出 4.5mmIb 型金刚石单晶，2005 年合成出 4mmIIb 型宝石级金刚石。但与国外相比，其生长技术水平并不是仅仅存在一定差距，而是不在一个层面上。

目前，我国若干个大型企业，用静态高压高温条件已能小批量生产 4mm 以下的金刚石大单晶，并可供做饰品之用，代表了现阶段国内的最高水平，其可贵之处在于不是实验室的成果，而是可以商业化。据我们所知，国内有的公司技术中心已经培育出 8mm 的宝石级大单晶金刚石，这标志我国的宝石级大单晶金刚石的生长技术水平与国外的差距正在缩小。

1.5.4 金刚石向功能性方向发展

众所周知，金刚石具有多种优异性能，诸如热导率最大，压缩率最小，透光波段最宽，声速最快，抗强酸强碱，抗辐射，击穿电压高，载流子迁移率大等，因此被广泛应用到工业、科技、国防、医疗卫生等很多领域当中。

微波技术广泛应用于测量、雷达、遥控、电视、射电天文学、微波波谱学、微波接力通讯、卫星通讯、粒子加速器等领域。值得注意的是，金刚石微波透射窗是目前德国和日本正在进行的核聚变试验的关键部件，也是正在法国建造的国际热核试验反应堆的重要部件。金刚石微波透射窗可以应付超过 1MW 的微波功率，其能力比任何其他材料的透射窗大 1 倍以上。于是，有可能将引起微波功率电子设备的大变革。

目前，大功率半导体器件的应用主要是在电力传输与分配、机车轮船等牵引动力、飞机汽车发动机控制、工业供电与自动化等。采用已有的硅半导体技术很难做到减小动力电子变换器的重量和体积并使它在高温下工作，关键是耐高温问题。而 CVD 金刚石半导体就可达到比硅在高得多的温度下工作。但是，现有的硅功率半导体器件受到其物理性能与使用经济性的限制，例如，高频范围、断电状态最大电压容量、最大工作温度和辐射敏感性等。用CVD金刚石在这种宽能带隙材料制造的固体电路器件，具有不同于硅器件的优越特性，有可能改善现有电气设计与电路布局，从而影响宇航工业未来动力电子设备的结构。

在未来世界最具发展潜力之一的新型纳米材料中，有一种以金刚石作为表面涂层的纳米导管。这种纳米导管就像一支市面上常见的雪糕，表面包裹着20～100nm厚的金刚石材料。这种新型材料在电子学工业中制作超薄冷阴极射线显示器（Field Emission Display，简称FED），是一种新型自发光平面显示器。等离子显示器（PDP）包括目前市面上的等离子电视机的显示器，是靠等离子轰击荧光屏而产生图像的，等离子的产生需要高温高能，因而工作电压大，能耗高，制造和使用成本均高，不符合环保的发展趋势。FED采用冷阴极电子源，具有功耗低，自发光，工作环境温度范围宽等优点，工作电压仅为1kV，这些优势是等离子显示器和CTR显示器所无法做到的。因此，FED被认为是下一代显示器中的佼佼者，而金刚石薄膜是显示器中最为核心的冷阴极材料的重要候选者，可望成为下一代显示器的明星。

材料的复合化是材料发展的必然趋势，复合镀层已成为表面工程领域的研究热点之一。例如纺织企业纺织零部件采用普通镀镍工艺，耐磨性不足，如果改用纳米金刚石悬浮为添加剂的电镀复合镀工艺，则会使零部件硬度有明显提高，耐磨性成倍增加，有良好的耐磨减摩效果，产品使用寿命普遍提高2～3倍。

当前，世界各国为了适应现代化战争的需要，提高在军事对抗中的实力，将隐身技术作为一个重要的研究对象，其中隐身材料在隐身技术中占有重要的地位。用少量纳米金刚石悬浮在涂料中，将其涂在飞机、坦克、导弹、军舰上，可以起到隐形防腐的作用。

纳米微粒的尺寸一般比生物体内的红细胞、红血球小得多，这就为生物学研究提供了一个崭新的研究途径，即利用纳米微粒进行细胞分离、细胞染色及利用纳米微粒制成特殊药物或新型抗体进行局部治疗。由于纳米金刚石具有良好的兼容特性而在生物医学领域大有用武之地。

参考文献

[1] 王曙．珠宝玉石和金首饰[M]．北京：中国发展出版社，1992.2.

[2] 方啸虎．中国超硬材料新技术与发展[M]．合肥：中国科学技术大学出版社，2003.

[3] 陈超，周卫宁，王进保，等．纳米B_6O-B_4C超硬复合材料的高温高压烧结与表征[C]．第3届中国金刚石与相关材料及应用学术研讨会暨中国超硬材料发展论坛论文集．

[4] 吕智，唐存印．金刚石聚晶技术与发展[J]．超硬材料与宝石（特辑）．2004，16(2)：1～6.

[5] 赵云良，王宏志．金刚石-硬质合金复合片的耐热性能[J]．人工晶体学报．1987，2(3)：21～29.

[6] 蒋林森．超硬刀具在现代加工技术中的地位和应用[J]．超硬材料工程，2005，2(2)：5～10.

[7] 陈石林，陈启武，陈梨．聚晶金刚石复合体界面组织及界面反应研究[J]．矿冶工程，2003，23(6)：82～85.

[8] Davis R F. （Ed.）. Diamond Films and Coatings [M]. Noyes Publications, New Jersey, 1992.

[9] 唐壁玉．化学气相沉积金刚石薄膜[D]．湖南：湖南大学，1996.

[10] 王光祖，张华钰．纳米金刚石的制备、性质与应用概述[J]．工业金刚石，2006(5/6)：20～24.

[11] 葛丙恒．超细金刚石抛光膜的制造原理和应用[J]．工业金刚石，2007(5)：42～44.

[12] 方啸虎．超硬材料基础与标准[S]．北京：中国建材工业出版社，1998.

[13] 方啸虎. 超硬材料科学与技术（上卷）[M]. 北京：中国建材工业出版社，1998.

[14] 方啸虎. 超硬材料科学与技术（下卷）[M]. 北京：中国建材工业出版社，1998.

[15] 吴丙芳. 爆炸合成金刚石的两种方法[J]. 煤矿爆炸，1996(4)：21 ~ 24.

[16] 徐康，金增寿，饶玉山. 纳米金刚石粉制备方法的改进—水下连续爆炸法[J]. 含能材料，1996，4(4)：175 ~ 181.

[17] 袁公昱，方啸虎. 人造金刚石合成与金刚石工具制造[M]. 长沙：中南工业大学出版社，1992.

[18] 戴达煌，周克崧. 金刚石薄膜沉积制备工艺与应用[M]. 北京：冶金工业出版社，2001.

[19] 周连科. 合成金刚石用触媒合金粉末的开发应用[J]. 新材料产业，2007(5)：49 ~ 51.

[20] 方啸虎. 合成金刚石的研究与应用[M]. 北京：地质出版社，1996.

[21] 焦圣喜，王小彬，于钧. 金刚石合成用粉末金属触媒[J]. 金属世界，2003(2)：8 ~ 9.

[22] 焦晓朋，丁战辉，等. 非碳超硬材料的研究[C]. 第3届中国金刚石与相关材料及应用学术研讨会暨中国超硬材料发展论坛论文集.

[23] 方啸虎，等. 现代超硬材料与制品[M]. 杭州：浙江大学出版社.

[24] Gu Q，Krauss F，Steurer W. Advanced Materials[J]. 2008(20)：3620.

[25] Bachman K，In：Lettington A，Steeds J W，ed. Thin Film Diamond[M]. London：Chapman & Hall for the Royal Society，1994：31 ~ 51.

（桂林矿产地质研究院：方啸虎）

2　金刚石微粉

2.1　金刚石微粉的定义

通常意义上将磨料粒径小于54μm的粉状研磨、抛光用物料称为微粉，使用金刚石作为原料加工成的微粉称为金刚石微粉，近年来随着新的应用领域的不断扩大，很多金刚石微粉的粒径已经远远大于54μm，例如有的客户要求的80～100规格的产品，其中值粒径已经达到了80～100μm。

2.2　金刚石微粉的分类及应用

金刚石微粉的种类很多，最常见的是用人工合成低强度金刚石为原材料，经过破碎、提纯、分级等工艺生产的金刚石微粉。这类产品涵盖了几十纳米到几十微米的粒度范围，产品性价比高，目前占据金刚石微粉的大部分市场份额。

随着应用领域的不断拓展，市场上出现了多种类别的金刚石微粉。

按照原材料来源不同，可分为天然金刚石微粉和人造金刚石微粉。天然金刚石中品级较差不能用于珠宝首饰的金刚石，可以经过破碎生产出金刚石微粉，用于工业研磨抛光，如宝石、精密零件等的后期加工。随着工业的快速发展，研磨抛光领域对金刚石微粉的需求量急剧增加，天然金刚石微粉的产量远远满足不了市场需求。人造金刚石的出现解决了这一问题，它为金刚石微粉提供了充足的原料。据统计2008年国内金刚石产量为50多亿克拉，金刚石微粉的产量约为3亿克拉。人造金刚石微粉在硬、脆材料的磨削方面有着广泛的应用。作为粉体材料可用于多种天然宝石、人造宝石、玻璃等的磨削抛光；制成研磨液、研磨膏可用于半导体材料如硅片、蓝宝石晶片等的切削和研磨抛光；还可以做成多种制品，如精密砂轮、金刚石复合片、精磨片、拉丝模等，用于金属加工、地质钻探、光学玻璃加工、金属丝线生产等众多领域。

人造金刚石微粉根据原材料金刚石品级高低，可分为高品级金刚石微粉和低品级金刚石微粉。前者是采用高品级金刚石为原材料生产的微粉，微粉单颗粒强度高、内部杂质含量低、磁性低；后者以低品级金刚石为原材料，产品自锐性好。

图2-2-1　单晶金刚石微粉

依据金刚石晶体结构不同可分为单晶金刚石微粉（见图2-2-1）和多晶金刚石微粉（见图2-2-2）。单晶金刚石微粉是用单晶金刚石为原材料生产的金刚石微粉，其颗粒保留了单晶金刚石的单晶体特性，具有解理面，受到外力冲击的时候优先沿解理面碎裂，露出新的“刃口”。多晶金刚石是由直径不大于100nm的单晶金刚石微晶晶粒通过共用晶面结合而成的微米和亚微米多晶颗粒，内部各向同性无解理面，具有很高的韧性。由于其独特的结构性能，常用于半导体材料、精密陶瓷等的研磨和抛光。

另外，还有爆轰法生产的纳米金刚石（见图2-2-3），这类金刚石是由负氧平衡炸药内部多余的碳原子在适当的爆轰条件下合成的、由不大于20nm粒径的金刚石微晶晶粒组成的二次团聚体，粉体外观一般为灰白色至灰黑色。纳米金刚石具有良好的耐磨性、耐腐蚀性和导热性，可用于硬盘、半导体等的精密抛光，可以作为润滑油添加剂，显著提高润滑油的润滑性能，减少磨损，可以添加到橡胶和塑料中强化产品性能，还可以作为优良的功能材料镀覆到金属模具、工具、部件等的表面，增强表面硬度、耐磨性及导热性能，延长使用寿命。

图2-2-2 多晶金刚石微粉

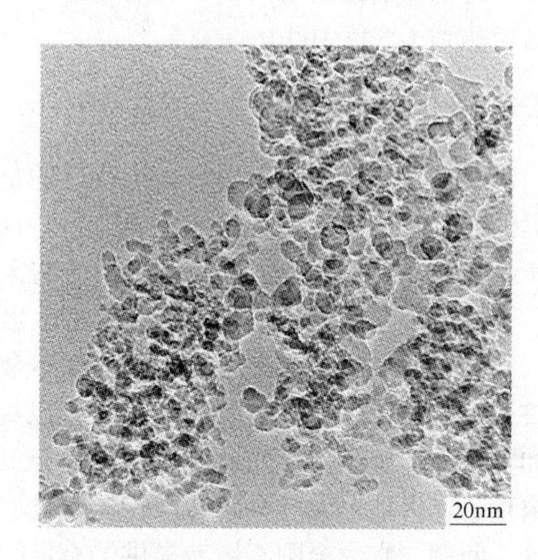

图2-2-3 纳米金刚石

2.3 金刚石微粉的规格标准

GB/T 23536—2009中规定，金刚石微粉的品种代号为MPD，粒度为M0/0.5 ~ M36/54。该标准所引用JB/T 7990—1998规定金刚石微粉粒度及尺寸范围标准见表2-2-1。

表2-2-1 金刚石微粉粒度标准（JB/T 7990—1998） （μm）

粒度标记	公称尺寸范围 D	粗粒最大尺寸 D_{max}	细粒最小尺寸 D_{min}	粒度组成
M0/0.5	0 ~ 0.5	0.7	—	（1）不得有大于粗粒最大尺寸以上的颗粒。 （2）粗粒含量不得超过3%。 （3）细粒含量：M3/6以细的各粒度不得超过8%；M4/8至M10/20不超过18%；M12/22至M36/54不超过28%。 （4）最细粒含量：各粒度均不超过2%
M0/1	0 ~ 1	1.4	—	
M0.5/1	0.5 ~ 1	1.4	0	
M0.5/1.5	0.5 ~ 1.5	1.9	0	
M0/2	0 ~ 2	2.5	—	
M1/2	1 ~ 2	2.5	0.5	
M1.5/3	1.5 ~ 3	3.8	1	

续表 2-2-1

粒度标记	公称尺寸范围 D	粗粒最大尺寸 D_{max}	细粒最小尺寸 D_{min}	粒度组成
M2/4	2~4	5.0	1	(1) 不得有大于粗粒最大尺寸以上的颗粒。 (2) 粗粒含量不得超过3%。 (3) 细粒含量：M3/6 以细的各粒度不得超过 8%；M4/8 至 M10/20 不超过 18%；M12/22 至 M36/54 不超过 28%。 (4) 最细粒含量：各粒度均不超过 2%
M2.5/5	2.5~5	6.3	1.5	
M3/6	3~6	7.5	2	
M4/8	4~8	10.0	2.5	
M5/10	5~10	11.0	3	
M6/12	6~12	13.2	3.5	
M8/12	8~12	13.2	4	
M8/16	8~16	17.6	4	
M10/20	10~20	22.0	6	
M12/22	12~22	24.2	7	
M20/30	20~30	33.0	10	
M22/36	22~36	39.6	12	
M36/54	36~54	56.7	15	

从该标准中可以看出，金刚石微粉的规格划分以粒度为标准。在国内由于使用习惯，常采用 JB/T 7990—1979 所规定的标准来说明金刚石微粉的规格，其与现行标准的对应关系见表 2-2-2。

表 2-2-2 金刚石微粉粒度标准对照

JB/T 7990—1979	JB/T 7990—1998	JB/T 7990—1979	JB/T 7990—1998
W0.5	M0/0.5	W7	M4/8
W1	M0/1	W10	M5/10
	M0.5/1		M6/12
	M0.5/1.5	W14	M8/12
W1.5	M0/2		M8/16
	M1/2	W20	M10/20
W2.5	M1.5/3		M12/22
W3.5	M2/4	W28	M20/30
W5	M2.5/5		M22/36
	M3/6	W40	M36/54

国际上一些主要工业国家也有相应的金刚石微粉标准，见表 2-2-3。

表 2-2-3 各国金刚石微粉粒度标准对照

美国标准 ANSI 74.20—2004	日本标准 JIS 6002—63		中国标准 JB/T 7990—1998		俄罗斯标准 GOCT 9206—80	
尺寸范围 /μm	粒度号	尺寸范围 /μm	粒度号	尺寸范围 /μm	粒度号	尺寸范围 /μm
					0.1/0	<0.1
0~0.25						

续表 2-2-3

美国标准 ANSI 74.20—2004	日本标准 JIS 6002—63		中国标准 JB/T 7990—1998		俄罗斯标准 GOCT 9206—80	
尺寸范围/μm	粒度号	尺寸范围/μm	粒度号	尺寸范围/μm	粒度号	尺寸范围/μm
					0.3/0	<0.3
			M0/0.5	0~0.5	0.5/0	<0.5
					0.5/0.1	0.5~0.1
					0.7/0.3	0.7~0.3
			M0.5/1	0.5~1	1/0.5	1~0.5
0~1	15000	1/0	M0/1.0	0~1	1/0	<1
			M0.5/1.5	0.5~1.5		
0~2			M0/2	0~2	2/0	<2
					3/0	<3
1~2	8000	2/1	M1/2	1~2	2/1	2~1
					3/1	3~1
			M1.5/3	1.5~3		
	5000	3/2			3/2	3~2
2~4			M2/4	2~4		
					5/2	5~2
			M2.5/5	2.5~5		
	4000	4/3				
					5/3	5~3
2~6						
	3000	5/4				
			M3/6	3~6		
	2500	6/5				
					7/3	7~3
					7/5	7~5
4~8			M4/8	4~8		
	2000	8/6				
					10/7	10~7
	1500	10/8	M5/10	5~10	10/5	10~5
6~12			M6/12	6~12		
			M8/12	8~12		
	1200	13/10				
8~16			M8/16	8~16	14/7	14~7
					14/10	14~10

续表 2-2-3

美国标准 ANSI 74.20—2004	日本标准 JIS 6002—63		中国标准 JB/T 7990—1998		俄罗斯标准 GOCT 9206—80	
尺寸范围 /μm	粒度号	尺寸范围 /μm	粒度号	尺寸范围 /μm	粒度号	尺寸范围 /μm
	1000	16/13				
10 ~ 20			M10/20	10 ~ 20	20/10	20 ~ 10
			M12/22	12 ~ 22		
15 ~ 25					20/14	20 ~ 14
					28/14	28 ~ 14
20 ~ 30			M20/30	20 ~ 30	28/20	28 ~ 20
25 ~ 35	700	24/20	M22/36	22 ~ 36		
	600	38/24				
	500	34/28				
30 ~ 40					40/20	40 ~ 20
					40/28	40 ~ 28
40 ~ 50	400	37/34	M36/54	36 ~ 54		
					60/28	60 ~ 28
40 ~ 60					60/40	60 ~ 40
50 ~ 70						

事实上由于缺乏公认的检测方法和可靠的检测设备，国际上尚无行之有效的统一标准来衡量金刚石微粉。在实际的商业运营中通常以微粉的粒度分布、颗粒形状、杂质含量、产品质量稳定性等指标来衡量产品品质的优劣。

2.4 金刚石微粉的主要质量控制项目

金刚石微粉的质量控制项目主要包括粒度分布、颗粒形状、杂质含量等。

2.4.1 粒度分布及检测方法

首先说明一下粒径。粒径即颗粒直径，是衡量颗粒大小的一个数值。对于规则的球形颗粒而言，粒径就是球体的直径，而金刚石微粉颗粒不是规则的球体，而是不规则形状，甚至是棒状、针片状等，很难用一个数值表示颗粒的大小，于是引入了等效粒径这一概念来代表颗粒的粒径。当一个颗粒的某一物理特性与同质的球形颗粒相同或相近时，我们就用该球形颗粒的直径来代表这个颗粒的直径，这个球形颗粒的粒径就是该颗粒的等效粒径。等效粒径有几种：等效投影面积粒径是与实际颗粒投影面积相同的球形颗粒的直径，图像法所测的粒径是等效投影面积直径；等效体积粒径是与实际颗粒体积相同的球体直径，一般认为激光法所测的直径为等效体积粒径。

金刚石微粉的粒度分布是指各种粒径金刚石颗粒的分布比率，它是衡量金刚石微粉质量好坏的一个非常重要的参数，从某种意义上来说，粒度分布的集中程度决定了产品质量的高低。在应用当中各种粒度规格的产品都有相应的磨削效率和表面加工粗糙度，用户可根据不同的加工要求选择不同粒度规格的产品。一般而言对金刚石微粉中的粗颗粒都会有严格的控制，这是因为粗颗粒在应用中会引起被加工器件的划伤，产生严重的质量问题，尤其是在一些精密抛光领域，粗颗粒引起的划伤会直接导致昂贵的加工器件报废，损失巨大。而细颗粒的存在也会引出相应的问题，比如在磨削加工中会降低磨削效率等，因此也会有明确的要求。表2-2-4是联合磨料金刚石微粉粒度分布标准。

表2-2-4 联合磨料金刚石微粉粒度分布标准（部分） （μm）

规格	MV	D10	D95	SD
0~0.1	0.1~0.12	0.072~0.095	0.15~0.19	0.026~0.028
0~0.14	0.13~0.15	0.096~0.11	0.19~0.23	0.028~0.036
0~0.2	0.16~0.19	0.12~0.125	0.23~0.31	0.036~0.069
0~0.25	0.20~0.23	0.126~0.15	0.31~0.36	0.069~0.074
	0.24~0.28	0.15~0.17	0.36~0.42	0.074~0.14
0~0.5	0.29~0.33	0.17~0.18	0.42~0.56	0.14~0.156
	0.34~0.40	0.18~0.25	0.56~0.68	0.156~0.19
	0.41~0.45	0.25~0.27	0.68~0.85	0.19~0.235
0~1	0.46~0.55	0.27~0.35	0.85~1.24	0.235~0.33
	0.60~0.65	0.45~0.5	0.8~0.87	0.10~0.11
	0.66~0.75	0.50~0.57	0.87~1.02	0.11~0.13
	0.76~0.80	0.57~0.60	1.02~1.15	0.13~0.16
0.5~1.5	0.81~0.90	0.60~0.66	1.15~1.30	0.16~0.20

粒度分布的主要表征参数有：D50、MV、D10、D95等。

D50：也叫中值或中位径，常用来表示粉体的平均粒度，是一个样品的累计粒度分布百分数达到50%时所对应的粒径，其物理意义是粒径大于它的颗粒占50%，小于它的颗粒也占50%。

MV：以体积分布的平均粒径，是平均粒径的另一种表示方法，该值受大颗粒的影响更大，在对大颗粒进行控制时该值的指示性更强。

D10：是一个样品的累计粒度分布百分数达到10%时所对应的粒径，通常用来衡量样品细端的颗粒指标。

D95：是一个样品的累计粒度分布百分数达到95%时所对应的粒径，通常用来衡量样品粗端的颗粒指标。

金刚石微粉粒度分布的检测方法主要有如下几种：图像法、沉降法、离心法、激光法、电阻法等。

图像法是使用颗粒图像仪进行粒度检测的方法。颗粒图像仪（见图2-2-4）一般由光学显微镜、摄像机、计算机以及分析软件等部分组成，在进行粒度检测时先用载玻片、甘油将样品制作成观察样本，置于光学显微镜下进行观察，通过摄像机拍摄样本图片，然后传送到计算机用分析软件进行粒度分析（图2-2-5为图像法粒度分布检测结果）。图像法的优点是检测直观，同时还可以对颗粒形貌进行分析等；缺点是取样量少，检测结果代表性不强，整个操作过程也比较繁琐，耗时较长。

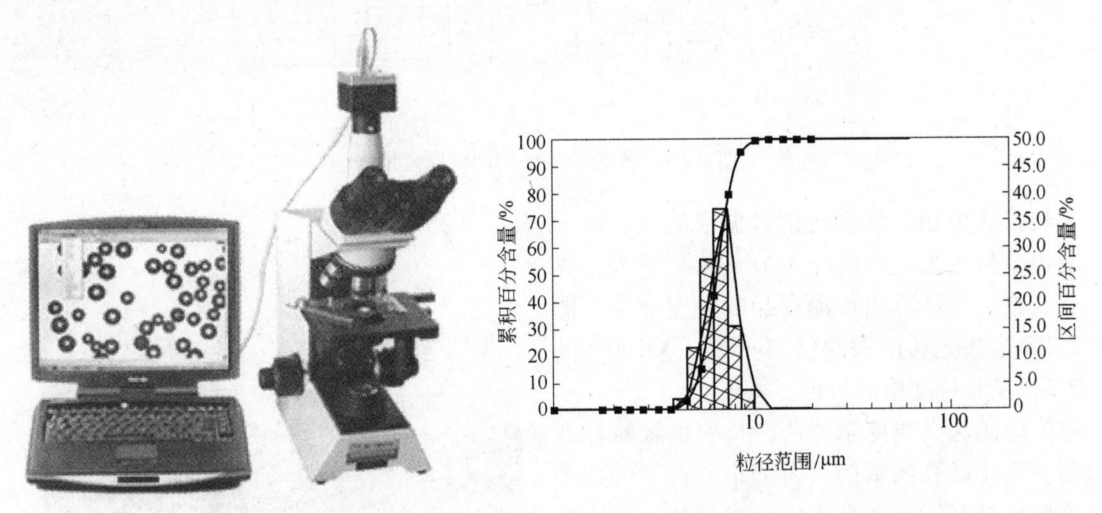

图 2-2-4 颗粒图像分析仪

图 2-2-5 图像法粒度分布检测结果

沉降法是根据不同粒径的颗粒在液体中的沉降速度不同，测量粒度分布的一种方法。它的基本过程是：把样品放到某种液体中制成一定浓度的悬浮液，悬浮液中的颗粒在重力作用下将发生沉降。不同粒径颗粒的沉降速度不同，大颗粒的沉降速度快，小颗粒的沉降速度慢，通过测量不同时刻透过悬浮液光强的变化率来间接地反映颗粒的沉降速度，进而计算出其粒度分布。沉降法有较高的分辨率，但是测量速度慢，尤其是细粒度颗粒测量时间能达到几十分钟或更长。

离心法实质上是沉降法的一种，它将沉降槽置于高速旋转的圆盘中，加快颗粒的沉降速度，从而大大缩短测量时间，提高测量精度，同时使超细颗粒的检测成为可能。现在的离心式粒度分析仪转速高达 2 万多转/分钟，检测下限达到纳米级别。图 2-2-6 是 15nm 金刚石微粉离心式粒度分析仪的检测结果。

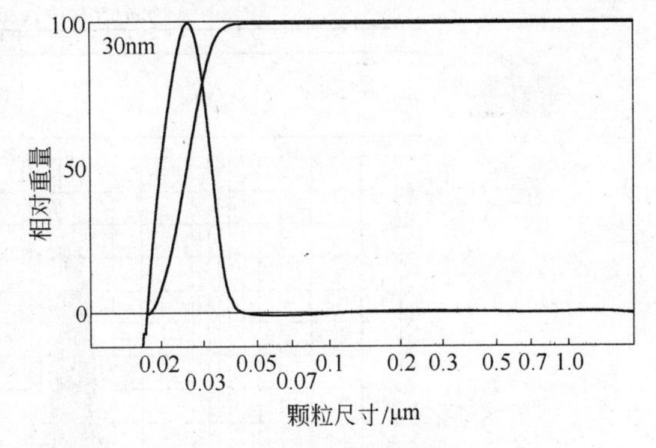

图 2-2-6 金刚石微粉离心式粒度分析仪检测结果

激光法是根据颗粒能使激光产生散射这一物理现象进行粒度分布测试的，该方法具有测试速度快、测试范围宽、重复性好、操作简便等众多优点，因此在粉体的粒度检测上得到了广泛的应用。

激光粒度仪的测试原理见图 2-2-7，从激光器发出的激光束经显微物镜聚焦、针孔滤波和准直镜准直后，变成直径约 10mm 的平行光束，该光束照射到待测的颗粒上，一部分光被散射，散射光经傅里叶透镜后，照射到光电探测器阵列上。由于光电探测器处在傅里叶透镜的焦平面上，因此探测器上的任一点都对应于某一确定的散射角，光电探测器阵列由一系列同心环带组成，每个环带是一个独立的探测器，能将投射到上面的散射光能线性

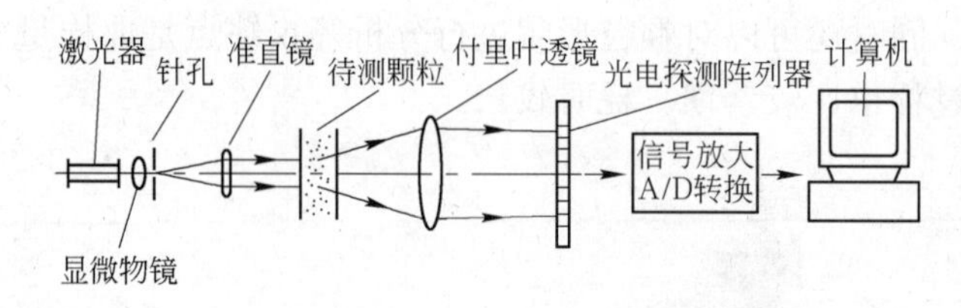

图 2-2-7　激光粒度仪的测试原理结构

地转换成电压，然后送给数据采集卡。该卡将电信号放大，再进行 A/D 转换后送入计算机，进一步计算出待测样品的粒度分布。图 2-2-8 是激光粒度检测仪 Microtrac X-100，图 2-2-9 是其粒度检测报告。

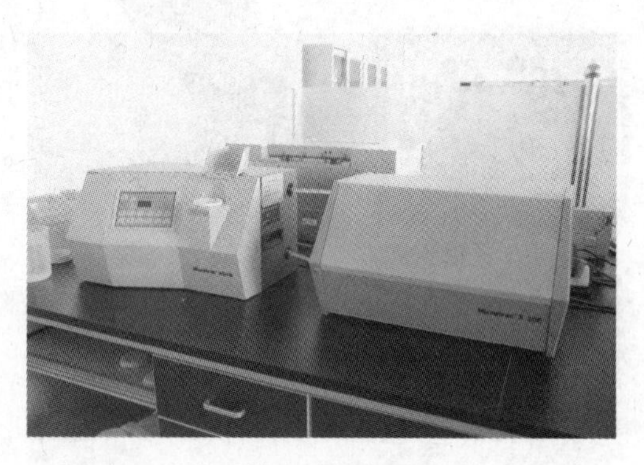

图 2-2-8　激光粒度检测仪 Microtrac X-100

电阻法又叫库尔特法，是根据颗粒在通过一个小微孔的瞬间，占据小微孔中的部分空间而排开了小微孔中的导电液体，使小微孔两端的电阻发生变化的原理测试粒度分布的。小孔两端电阻的大小与颗粒的体积成正比，当不同大小的颗粒连续通过小微孔时，小微孔的两端将连续产生不同大小的电阻信号，通过计算机对这些电阻信号进行处理就可以得到粒度分布了。这种测量方法具有分辨率高、测量速度快、操作简便等优点，但也存在动态范围小、测量下限不够小等不足。图

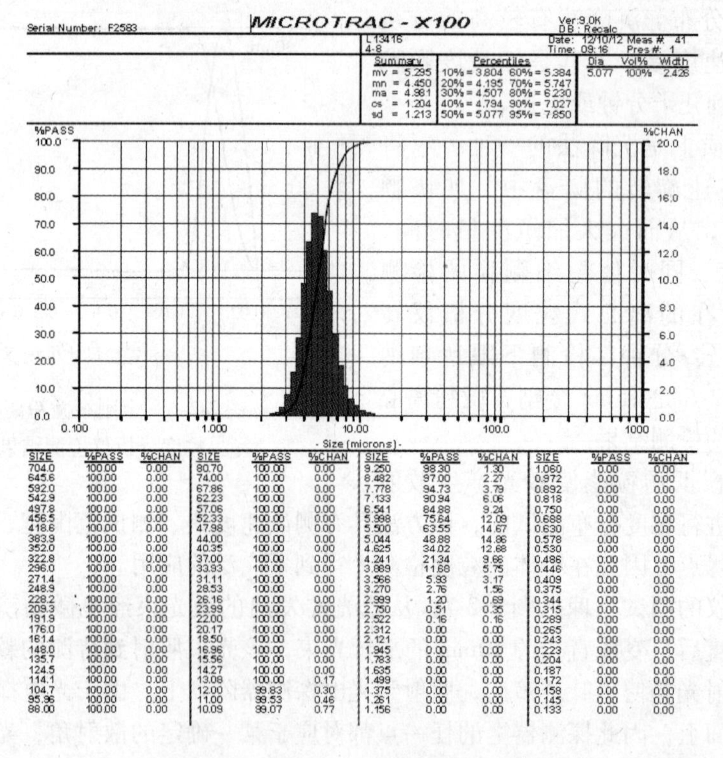
Serial Number: F2583　　MICROTRAC - X100　　Ver:9.0K　DB: Recalc

L13416　4-8　　Date: 12/10/12　Meas #: 41　Time: 09:16　Pres #: 1

Summary	Percentiles		Dia	Vol%	Width
mv = 5.295	10% = 3.804	60% = 5.384	5.077	100%	2.426
mn = 4.450	20% = 4.195	70% = 5.747			
ma = 4.981	30% = 4.507	80% = 6.230			
cs = 1.204	40% = 4.794	90% = 7.027			
sd = 1.213	50% = 5.077	95% = 7.850			

SIZE	%PASS	%CHAN	SIZE	%PASS	%CHAN	SIZE	%PASS	%CHAN	SIZE	%PASS	%CHAN
704.0	100.00	0.00	80.70	100.00	0.00	9.250	98.30	1.30	1.060	0.00	0.00
645.6	100.00	0.00	74.00	100.00	0.00	8.482	97.00	2.27	0.972	0.00	0.00
592.0	100.00	0.00	67.86	100.00	0.00	7.778	94.73	3.79	0.892	0.00	0.00
542.9	100.00	0.00	62.23	100.00	0.00	7.133	90.94	6.06	0.818	0.00	0.00
497.8	100.00	0.00	57.06	100.00	0.00	6.541	84.88	9.24	0.750	0.00	0.00
456.5	100.00	0.00	52.33	100.00	0.00	5.998	75.64	12.09	0.688	0.00	0.00
418.6	100.00	0.00	47.98	100.00	0.00	5.500	63.55	14.67	0.630	0.00	0.00
383.9	100.00	0.00	44.00	100.00	0.00	5.044	48.88	14.86	0.578	0.00	0.00
352.0	100.00	0.00	40.35	100.00	0.00	4.625	34.02	12.68	0.530	0.00	0.00
322.8	100.00	0.00	37.00	100.00	0.00	4.241	21.34	9.66	0.486	0.00	0.00
296.0	100.00	0.00	33.93	100.00	0.00	3.889	11.68	5.75	0.446	0.00	0.00
271.4	100.00	0.00	31.11	100.00	0.00	3.566	5.93	3.17	0.409	0.00	0.00
248.9	100.00	0.00	28.53	100.00	0.00	3.270	2.76	1.56	0.375	0.00	0.00
228.2	100.00	0.00	26.16	100.00	0.00	2.999	1.20	0.69	0.344	0.00	0.00
209.3	100.00	0.00	23.99	100.00	0.00	2.750	0.51	0.35	0.315	0.00	0.00
191.9	100.00	0.00	22.00	100.00	0.00	2.522	0.16	0.16	0.289	0.00	0.00
176.0	100.00	0.00	20.17	100.00	0.00	2.312	0.00	0.00	0.265	0.00	0.00
161.4	100.00	0.00	18.50	100.00	0.00	2.121	0.00	0.00	0.243	0.00	0.00
148.0	100.00	0.00	16.96	100.00	0.00	1.945	0.00	0.00	0.223	0.00	0.00
135.7	100.00	0.00	15.56	100.00	0.00	1.783	0.00	0.00	0.204	0.00	0.00
124.5	100.00	0.00	14.27	100.00	0.00	1.635	0.00	0.00	0.187	0.00	0.00
114.1	100.00	0.00	13.08	100.00	0.17	1.499	0.00	0.00	0.172	0.00	0.00
104.7	100.00	0.00	12.00	99.83	0.30	1.375	0.00	0.00	0.158	0.00	0.00
95.96	100.00	0.00	11.00	99.53	0.46	1.261	0.00	0.00	0.145	0.00	0.00
88.00	100.00	0.00	10.09	99.07	0.77	1.156	0.00	0.00	0.133	0.00	0.00

图 2-2-9　Microtrac X-100 粒度检测报告

2-2-10 是库尔特粒度检测仪 Coulter Multisizer3，图 2-2-11 是其检测报告。

图 2-2-10 库尔特粒度检测仪 Coulter Multisizer3

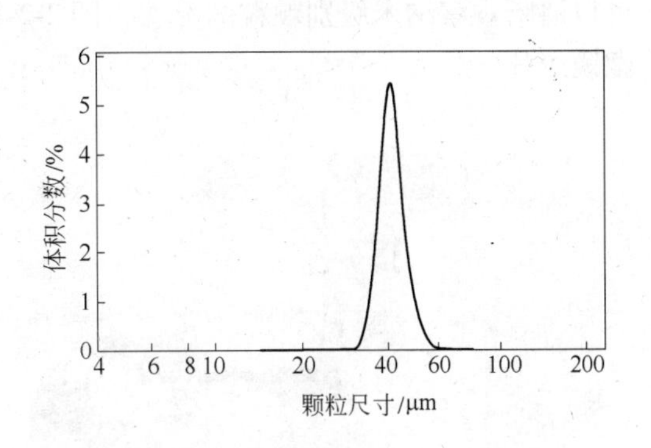

图 2-2-11 库尔特粒度检测仪检测报告

2.4.2 颗粒形状

颗粒形状是评价金刚石微粉质量好坏的主要因素，通常金刚石微粉的颗粒形状以接近球形为佳。在金刚石微粉生产过程中，非球形颗粒不遵循 Stocks 定律，因此非球形颗粒多的时候很难得到粒度集中的产品；在质检中颗粒形状会影响粒度检测，针棒状颗粒多的产品粒度检测变化大，一致性差；在应用中颗粒形状还会影响产品的磨削效率，产生许多不确定因素。不过随着应用的拓展，现在也有需求不规则形状金刚石微粉的情况。

金刚石微粉的颗粒形状检测常常使用光学显微镜。一般光学显微镜的最大放大倍数为 1600 倍，适合 2μm 以粗颗粒的检测（见图 2-2-12 金刚石微粉光学显微镜照片）。在检测的时候使用载玻片及甘油把待检测样品制成样本，置于光学显微镜载物台上进行观测，要求制作样本的时候颗粒分布均匀且不相互重叠，沿横向、纵向分别进行观察，统计等积颗粒的百分比。人为观测统计误差大，重复性不好，采用颗粒图像分析仪可以改善这一情况。颗粒图像分析仪通过视频采集体系拍下样品图片后通过软件进行颗粒形状分析，可以给出球形度、长径比等形状参数，降低了人为观察检测的主观性。图 2-2-13 是颗粒图像分析仪的检测报告。

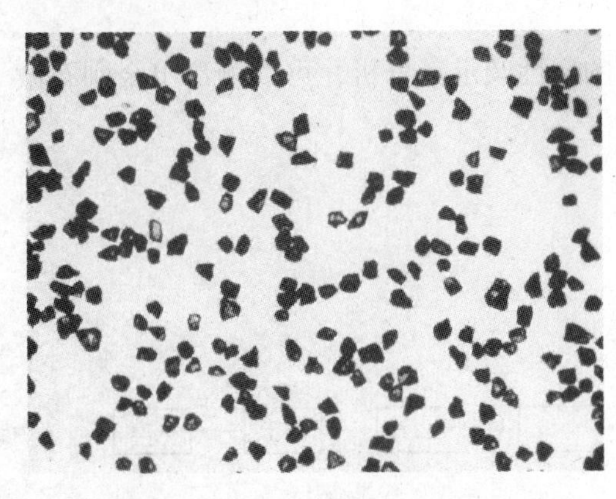

图 2-2-12 金刚石微粉光学显微镜照片

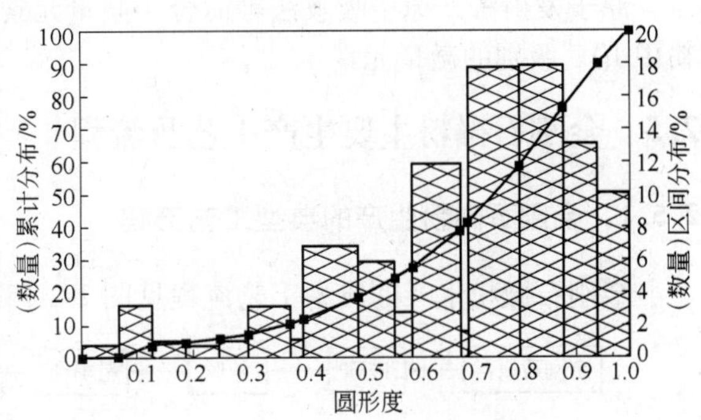

图 2-2-13 颗粒形状检测报告

细粒度的形状检测需要借助电子扫描显微镜（SEM）。对于 1μm 以细的颗粒使用光学显微镜已经无法清晰观察其颗粒形状，电子扫描显微镜能达到几万、十几万的放大倍数，可以清晰观察纳米级别颗粒的形状，图 2-2-14 是电子扫描显微镜，图 2-2-15 是电子扫描显微镜照片。

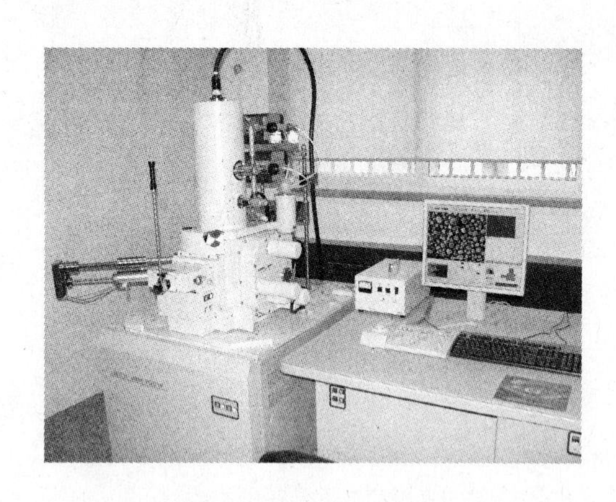

图 2-2-14　电子扫描显微镜

图 2-2-15　金刚石微粉 SEM 照片

2.4.3　杂质含量

金刚石微粉的杂质是指金刚石微粉中的非金刚石成分，可分为颗粒外部杂质和内部杂质。颗粒外部杂质主要由原料及生产过程引入，有硅、铁、镍以及钙、镁、镉等元素；颗粒内部杂质主要有铁、镍、钴、锰、镉、铜等，由金刚石合成过程中引入。微粉中的杂质会影响到微粉颗粒的表面性质，使产品不易分散，铁、镍等杂质还会使产品产生不同程度的磁性，对应用产生影响。

金刚石微粉的杂质含量检测方法有多种，包括重量法、原子发射法、原子吸收法等，应用当中可根据不同的要求选取不同的检测方法。

重量法适于总杂质含量（不包括灼烧温度下燃烧可挥发物质）的分析检测，主要设备有马弗炉、分析天平、瓷坩埚、干燥器等。JB/T 7990—1998 中规定：按规定取样并称取 0.2g 待测试样，放入恒重的坩埚内；置于马弗炉中灼烧至恒重（温度允许 ±20℃），残留物重即为杂质量，并计算出重量百分比。

原子发射法、原子吸收法等适合于微量元素的定性及定量分析，可以测量出金刚石微粉中 10^{-6} 级别的微量元素。

2.5　金刚石微粉主要生产工艺及流程

2.5.1　金刚石微粉生产的典型工艺流程

金刚石微粉生产的典型工艺流程见图 2-2-16。

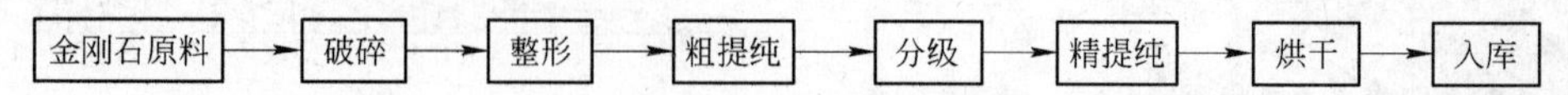

图 2-2-16　金刚石微粉生产工艺流程

2.5.2 破碎和整形

破碎及整形工艺在微粉生产中占非常重要的位置，直接影响微粉颗粒形状指标和目标粒度的含量。科学合理的破碎和整形工艺不仅能快速地将粗粒度的金刚石原料（常规粒度100~500μm）破碎为微粉级的细粒度（0~80μm）金刚石颗粒，使适销的目标粒度产出比例最大化，同时还可以优化颗粒形状，使微粉产品颗粒更加浑圆、规则，减少甚至完全杜绝长条状、薄片状、针棒状等影响微粉最终品质的颗粒。

常用的破碎及整形方法主要有：卧式球磨机干磨法、卧式球磨机湿磨法、气流磨法、高速搅拌球磨机湿磨法、行星球磨机湿磨法等。选用不同的破碎及整形方法，其破碎及整形的工作原理、工艺参数亦不相同。目前国内微粉企业主要采用的仍是卧式球磨机干磨法，这里仅以卧式球磨机干磨法为例来说明其生产原理及过程。

卧式球磨机干磨法主要的工艺控制点为球磨机转速、球料比、装填系数、钢球配比等，实际生产中根据原料不同以及破碎、整形的目的而灵活掌握。

在球磨机的筒体直径相同的情况下，转速愈高所产生的离心力愈大，钢球被带动沿筒壁上升的距离愈高，钢球主要靠下落时的碰撞和冲击对金刚石原料发生作用，破碎效率也愈高；当转速足够大时，钢球就无法脱离筒体而随其一起转动，此时球磨机就失去破碎的作用了。反之，球磨机转速愈低，钢球被带动沿筒壁上升的距离愈低，钢球主要靠挤压和摩擦对金刚石原料发生作用，对金刚石颗粒表面的突起部分整形效果就愈好且不破坏颗粒整体结构；但球磨机转速过低时，钢球不能提升到一定高度就滑下来，对金刚石原料产生的作用很小，不能达到高效率工业化生产的要求。

在破碎整形过程中，合适的球料比和装填系数至关重要，球料比和装填系数过高或过低，都会影响球磨机的生产效率和产品品质。球料比过高或装填系数过低，单台机器的投料量受到制约；球料比过低或装填系数过高，破碎和整形时间需要相应延长甚至达不到理想的效果。

为了达到更好的破碎、整形效果，当球磨机的球料比和装填系数确定后，还应选择不同直径的钢球按比例配装才能获得较好的颗粒形状和较快的破碎整形效率，一般来说，大钢球的破碎效果好，小钢球的整形效果好。通过直径不同的钢球配比方案，可以很好的解决效率和品质间的矛盾。

由于各个生产厂家采用的原料、设备结构及预期产出目标规格的差异，上述工艺条件需要根据实际情况进行调整，表2-2-5为典型 ϕ220mm×200mm 球磨罐在破碎和整形过程中的各项具体工艺参数。

表2-2-5 破碎整形工艺参数

球磨目的	球磨机转速/r·min^{-1}	球料比	装填系数	钢球配比
原料破碎	60~80	1:4~1:6	0.4~0.6	ϕ22~25mm=10%~15% ϕ20~22mm=25%~35% ϕ18~20mm=35%~45% ϕ16~18mm=15%~25%
半成品整形	40~60	1:5~1:10	0.4~0.6	ϕ14~16mm=10%~15% ϕ12~14mm=25%~35% ϕ8~12mm=35%~45% ϕ6~8mm=15%~25%

2.5.3 粗提纯

通常金刚石微粉的原料都是低品级的JR1金刚石，原料本身含有少量石墨、触媒金属及叶蜡石等杂质，同时后期的破碎、整形加工过程会引入大量的金属杂质。为了满足分级工序对产品纯净度的要求，必须在转入分级工序前将这些杂质除去。

根据金刚石的化学稳定性好，高温下不与酸、强氧化剂等反应的特性，一般选用化学方法对金刚石进行提纯处理。完成破碎、整形工序的金刚石主要杂质为金属，能与酸发生氧化还原反应生成可溶性的盐类，利用这一特点，使用合适的酸对其进行处理，即可将绝大部分金属杂质去除，同时还可以去除石墨等杂质。

一般进行酸处理的操作方法为：称量一定数量的金刚石微粉，放入5000mL玻璃烧杯或其他耐酸、耐高温的容器，加入适量的酸液，将烧杯放置在通风橱内的电热板或工业电炉上加热，随着温度的升高，反应逐渐剧烈，待杂质完全反应后，停止加热并把容器撤离热源冷却，物料冷却至室温后，将上层废酸液倒出，水洗至中性，转入分级工序。

由于金刚石原料的叶蜡石和石墨含量较少，为简化处理工艺，一般粗提纯工序不再对其进行专门处理，对产品有特殊要求的，在完成分级后专门对成品进行后期精处理。

工业生产中，由于后期分级完成后还要进行再次精提纯处理，粗提纯工艺在满足分级工艺要求的前提下应尽可能降低成本，一般使用的化学试剂大都是工业纯，表2-2-6为粗提纯过程中各种处理工艺使用的具体工艺参数。

表2-2-6 粗提纯工艺参数

酸处理工艺	组分配比	料、酸比例	反应时间/min
盐酸法	36% 盐酸：水 = 1：1	1：2 ~ 1：4	60
稀硫酸法	98% 硫酸：水 = 1：4	1：3 ~ 1：5	90
高氯酸法	70% 高氯酸	1：1 ~ 1：2	90
浓硝酸-浓硫酸法	浓硝酸：浓硫酸 = 1：3	1：1 ~ 1：2	90
浓硫酸-高氯酸法	浓硫酸：高氯酸 = 4：1	1：1 ~ 1：2	90

在金刚石微粉的生产过程中，提纯工序由于使用各种化学试剂，处理过程中会排放大量的有害气体和废水而危害操作者和污染环境。为了改善操作者的工作环境并减少废气、废水排放，有些金刚石微粉生产企业开始尝试改变原有的提纯方式，将原来的敞口烧杯加热的处理工艺更换为使用大型密闭反应釜处理。反应釜采用电加热或导热油间接加热，材料为石英玻璃或内衬搪瓷的钢质材料，根据生产规模可以选用20L、50L、100L等各种规格的反应釜，设备配套有自动搅拌、自动控温、废气中和吸收以及酸蒸汽冷凝回流装置。采用反应釜进行提纯处理，不但可以增加单次处理量，降低人员劳动强度，而且在节约能源，改善劳动条件及保护环境方面效果显著。

2.5.4 分级

随着金刚石微粉应用领域的不断扩大，市场对金刚石微粉的各项品质要求逐步提高，其中与分级工序相关的主要是要求粒度分布尽量集中和完全杜绝超尺寸颗粒。由于金刚石微粉颗粒太细，传统的筛网分级无法实现精确的分级，选用科学、高效、精密的分级方法尤其重要。现阶段金刚石微粉企业常用的分级方法主要有：自然沉降法、离心法、溢流法、筛分法等。

由于各种方法均有其固有特点，实际生产中，可以根据自身的实际情况灵活选用，既可以采用一种方法对产品进行分级，也可以采用两种甚至更多方法相结合对产品进行分级。

自然沉降分级是根据同一比重的颗粒因粒径不同在水中沉降速度亦不同的原理，通过控制其沉降高度和沉降时间来分级粒度。

颗粒在水中受到三种力的作用，即颗粒自身重量所产生的重力、水的浮力和介质对颗粒的阻力。

颗粒沉降速度、颗粒与介质的接触面积以及水的黏度与摩擦阻力成正比，也就是说，速度大，则接触面积、黏度和摩擦阻力也大。

著名的物理学家 Stokes 曾于 1851 年正确地测定过摩擦阻力，并导出阻力公式：

$$R_c = 0.3\pi\mu dv \tag{2-2-1}$$

式中，R_c 为球形颗粒在介质中运动所受的阻力；μ 为液体介质黏度，Pa · s；d 为颗粒直径，cm；v 为沉降速度，cm/s。

当颗粒在溶液中达到平衡，即重力等于浮力加阻力时，有

$$\frac{\pi d^3}{6} \cdot \delta g = \frac{\pi d^3}{6} \cdot \delta' g + 0.3\pi\mu dv$$

简化得 Stokes 公式的另一种表达式：

$$v = \frac{g(\delta - \delta')}{18\mu} \cdot d^2 \tag{2-2-2}$$

式中，g 为重力加速度，980cm/s^2；δ 为颗粒密度，g/cm^3；δ' 为液体密度，g/cm^3；μ 为液体黏度，Pa · s；d 为颗粒直径，cm。

在科学技术高度发展的今天，Stokes 公式仍然是国际上微粉粒度分级与测量的理论基础。

将人造金刚石的密度 $\delta = 3.51$g/cm^3，液体的密度 $\delta' = 1$g/cm^3、黏度 $\mu = 0.01$Pa · s (293K) 以及重力加速度 $g = 980$cm/s^2 代入 Stokes 公式，得

$$v = 13665.6d^2 \tag{2-2-3}$$

离心分级跟自然沉降分级原理相同，区别在于离心法是借助离心机产生的离心力代替重力对产品进行分级。

对较粗颗粒而言，由于颗粒较重，沉降时间短，采用自然沉降法可以使粒径相近的颗粒沉降距离拉长，有利于对相近规格产品的精细分级。但对较细颗粒，由于颗粒自重很小，在重力场中自由沉降的速度很慢，再使用自然沉降的方法将大大延长生产周期，占用大量的分级容器和场地，超细颗粒甚至由于布朗运动和颗粒间的干涉沉降作用无法进行有效分级。而在离心力场中，离心加速度远远超过重力加速度，使微粉颗粒运动的速度大大提高，从而加快了分级速度。因此，很多微粉生产企业都是采用自然沉降法和离心法相结合的方式生产由粗到细的全规格微粉。

自然沉降法是最基本的微粉生产方法，工艺简单，产品质量比较稳定，但占用人工

多、对较细粒度的产品生产周期较长是其工艺固有的缺点；离心法对较细粒度产品分级效率大大高于自然沉降法，但设备投资大，对人员操作要求较高。

影响自然沉降法和离心法分级的主要因素是颗粒形状、分散剂选择和用量、料浆浓度、温度以及实际操作中的分级时间、沉降高度、离心机转速等。其中自然沉降法受颗粒形状、温度的影响最为明显，离心法受分散剂选择和用量、离心机转速和时间的影响最为明显。

溢流法可以理解为反向的沉降分级方法。在一个溢流分级容器内，水从底部进入容器的下部锥体，随着分级容器横截面的逐渐扩大，流体的上升速度逐渐降低并最终在上部柱状筒体内稳定下来。颗粒逆着上升的水流沉降，在流速稳定时，一定粒度的颗粒由于重力下沉和水流的反向推升作用相同，会表现为既不上升又不下沉地悬浮在某个高度，过细的颗粒会随着水流溢出分级容器，过粗的颗粒在沉入下部锥体部分时由于流体速度变大，也会按照粒度的不同而在不同的高度悬浮。调整流量，即可得到相应粒度的产品。

溢流法分级生产周期比较长，生产过程中消耗水量大，但相对其他分级方法，分级精度较高，人工占用较少。

影响溢流法分级的主要因素是颗粒形状和流量控制。颗粒形状差，会因为颗粒在流体体系内的不规则运动而影响产品粒度指标；同时因为溢流法分级是在一个动态平衡的体系内完成的，流量控制不稳定，会直接导致粗细颗粒层间的互相混合，无法实现准确的产品分级。

2.5.5 精提纯

由于前期粗提纯的不彻底、分级过程中分散剂的加入以及其他过程污染的存在，在对微粉产品表面纯度有严格要求的使用领域，完成分级的微粉产品还需要进行再一次的精提纯。具体原理和操作方法与粗提纯相同，提纯工艺的确定主要取决于产品本身的状况及市场对产品的要求。

相对于粗提纯的产品，完成分级的微粉杂质含量低，主要为金属元素、硅酸盐和石墨。根据杂质不同，可以选用不同的工艺分别去除。常规方法是使用高氯酸法去除金属元素和残存石墨，使用氢氟酸法去除硅酸盐。经过精处理的产品能够满足绝大部分客户的需要，针对部分客户的特殊要求，还可以选择再次王水处理去除金属元素或高温碱处理的办法对硅酸盐进行深度处理。

为确保处理后产品的纯净度，各种精提纯工艺应注意工序安排的先后顺序。由于后处理中去金属工序一般使用耐高温的玻璃或搪瓷容器，容易因为持续搅拌磨损引起硅元素超标，同时去硅酸盐工序使用的化学试剂对玻璃容器会有腐蚀，因此一般安排先进行去金属处理，再进行去硅酸盐处理以避免工序间可能存在的交叉污染；同时要求严格控制本阶段漂洗用水的品质，以免造成二次污染。

2.5.6 干燥

经过精提纯的金刚石微粉在漂洗干净后，即可进入微粉生产的最后一道工序：干燥。选择科学、快速、经济的干燥方式是最终得到高品质微粉的重要保证。干燥过程中最容易出现的问题有：不同规格产品的交叉污染，干燥设备、器具和环境引发的二次污染，细粒度产品高温干燥造成的板结、硬团聚及分散性降低等。

适合金刚石微粉干燥的设备主要有：直接加热的工业电炉或电热板、工业电磁炉，间接加热的可控温电烘箱、蒸汽干燥箱、工业微波炉等，可以根据不同产品特性及干燥要求灵活选用。

国内微粉企业普遍采用直接加热的工业电炉或电热板、工业电磁炉等，具有效率高、设备投资少等优点。但干燥过程中局部温度过高且整体加热不均匀，特别是与干燥设备的加热源接近的部分由于高温容易造成产品与干燥容器产生化学反应引入二次污染。

间接加热的可控温电烘箱、蒸汽干燥箱、工业微波炉等由于采用间接加热方式，避免了高温干燥引发的二次污染及细粒度产品的硬团聚。但密闭加热方式给设备清洗带来问题，清洗不彻底极易造成超尺寸颗粒的污染。

一般来说，针对较粗粒度的产品根据其特点选用直接加热的方式可以发挥其干燥效率高的优势，操作中注意选择合适的容器以避免可能的二次污染；较细粒度的产品选用间接加热的方式结合干燥前的离心脱水和表面改性过程，可以有效改善产品高温硬团聚及分散性降低的问题。

参考文献

[1] 中华人民共和国国家标准 GB/T 23536—2009：超硬磨料 人造金刚石品种[S].
[2] 中华人民共和国机械行业标准 JB/T 7990—1998：超硬磨料 人造金刚石微粉和立方氮化硼微粉[S].
[3] 张福根．粒度测量基础理论与研究论文集[C].
[4] 王光祖，院兴国．超硬材料[M]．郑州：河南科学技术出版社，1996.

（河南省联合磨料磨具有限公司：高礼明，陶刚，汪静）

3 纳米金刚石

3.1 概述

纳米金刚石（nanodiamond），是指晶粒尺寸在 100nm 以内的金刚石颗粒。在国内外的文献中，也称这种金刚石为 ultra fine diamond（简称 UFD），译为超微（细）金刚石，还有叫 ultra dispersed diamond，超分散金刚石（简称 UDD），也称为纳米晶金刚石。

3.2 爆轰合成纳米金刚石的研发历史

20 世纪 60 年代，前苏联的全联盟技术物理研究所（VNIITF）首次用负氧平衡炸药爆炸合成了纳米金刚石，其后的研究工作中断了近二十年。1982 年，前苏联科学院（Novosibirsk）Siberian Division 流体力学研究所和乌克兰（Kiev）科学院材料科学问题研究所再次利用爆炸法制备了纳米金刚石。1988 年美国和德国的科学家在《NATURE》刊物上报道了有关合成纳米金刚石的实验及性能数据和照片。日本科学家于 1990 年也对合成纳米金刚石的实验进行了报道。从 1990 年开始，独联体国家就开展了纳米金刚石中等规模的工业化生产和纳米金刚石的应用研究工作，现在已具有年产数千万克拉纳米金刚石的能力。美国进行核武器研究的三大国家实验室也对纳米金刚石进行了系统的研究，具有一定的纳米金刚石的生产能力。

1993 年，中科院兰州化学物理研究所徐康研究员领导的科研小组，成功制备出纳米金刚石，在纳米金刚石的制备和应用方面积累了丰富的经验。从 20 世纪 90 年代开始，北京理工大学在纳米金刚石合成实验和理论方面持续开展了深入研究，先后培养出了十几名研究纳米金刚石的硕士、博士人才。国内研究纳米金刚石的主要单位有中科院兰州化学物理研究所、北京理工大学、中国工程物理研究院西南流体物理研究所、西北核技术研究所、第二炮兵工程学院、中北大学、南京理工大学等。

1999 年 7 月在浙江杭州召开了国内首届"纳米结构金刚石发展研讨会"，共有十多个研究和生产单位出席会议。与会代表就纳米金刚石爆轰合成技术、应用技术以及它的发展前景作了全面论述。一致认为，纳米金刚石的爆轰合成技术日趋成熟，产业化条件基本具备，应用初见成效，领域有待扩大，潜在市场很大，发展前景诱人，技术难点不少，攻关任务很重。

2007 年 8 月在河北北戴河召开了"超细金刚石技术研讨会"。会议代表再次就超细金刚石的合成原理、工艺和设备、提纯、分散技术、测试与表征方法、应用研究成果最新进展、国际发展动态和对策、国内外市场分析和展望等方面进行了分析和研讨。

从 2001 年至今，在我国甘肃、陕西、深圳、河南和山东先后建起年产量为 1000×10^4

和 2000 × 10^4ct 的纳米金刚石生产线。

3.3 纳米金刚石的制备方法

纳米金刚石的合成方法有脉冲激光熔蚀石墨靶法、高能机械粉碎法、水热法或者还原-热解-催化化学合成法、富勒碳和碳纳米管静高压高温法、炸药爆炸（爆轰）法等。

到目前为止，对于除炸药爆轰合成法之外的纳米金刚石的制备方法，仅仅见到具有理论研究价值的文献报道，尚未见到能够实施产业化生产纳米金刚石的相关报道。对于这些方法更详细的内容，请分别参阅相关文献。

爆轰产物法制备纳米金刚石的基本原理如下：负氧平衡炸药在保护介质环境中爆轰，爆炸过程中多余的碳原子经过聚集、晶化等一系列物理化学过程，形成纳米尺度的碳颗粒集团，其中包括金刚石相、石墨相和无定形碳。经过选择性的氧化化学处理去除非金刚石相后，得到纳米尺度的纳米金刚石粉。

3.4 纳米金刚石粉的成分

纳米金刚石粉中主要有 C、H、O、N 四种元素，其含量见表 2-3-1。除这四种主要元素外，纳米金刚石粉中还含有其他的微量杂质，如 Al、Si、Ca、Fe 等，其含量在质量分数为 10^{-6}量级，见表 2-3-2。由于制备方法的不同各元素的含量会有所变化。

表 2-3-1 纳米金刚石粉中的主要元素含量（质量分数）

C	H	O	N
约 92%	约 1%	约 10%	约 6%

表 2-3-2 纳米金刚石中其他杂质元素的含量 （mg/kg）

样品	容器材质	Ca	Cr	Cu	Fe	K	Mg	Mn	Na	Si	Zn	Co	Ni	Al
1	复合板	<1	<1	<1	310	8	4	<1	23	129	<1			44
2	复合板	19	2	3	367	11	5	<1	22	79	3	<1	2	45
3	16MnR	237	33	27	1682	318	353	161	6125	5479	37			82
4	16MnR	214	37	3	393	169	116	38	289	5323	4	<1	15	600
5	16MnR	227	10	19	1733	159	229	95	1239	4723	21	<1	4	240

3.5 纳米金刚石粉的颗粒尺寸

纳米金刚石的晶粒尺寸在 0.5 ~ 20nm 之间，平均尺寸约 4 ~ 8nm，大部分颗粒尺寸在 2 ~ 8nm 之间（见图 2-3-1）。纳米金刚石具有核壳结构，中心核为金刚石，在核的外层吸附一些其他结构的碳原子和其他元素（见图 2-3-2）。用 X 光小角散射的方法对纳米金刚石的粒度分布进行了测量，其结果见表 2-3-3。

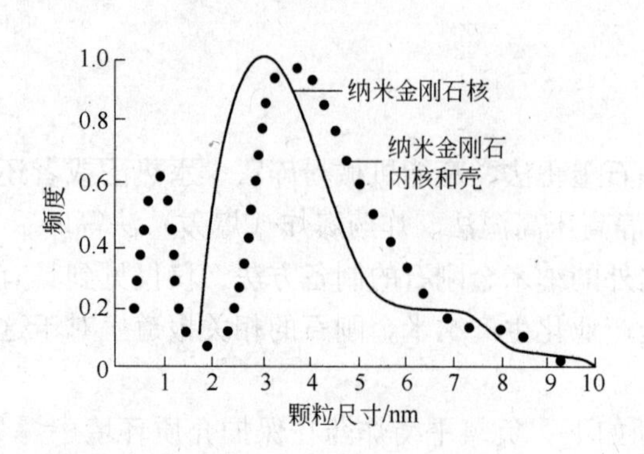

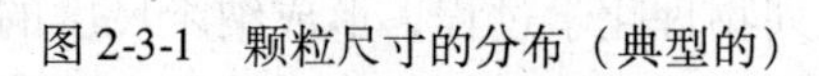
图 2-3-1　颗粒尺寸的分布（典型的）

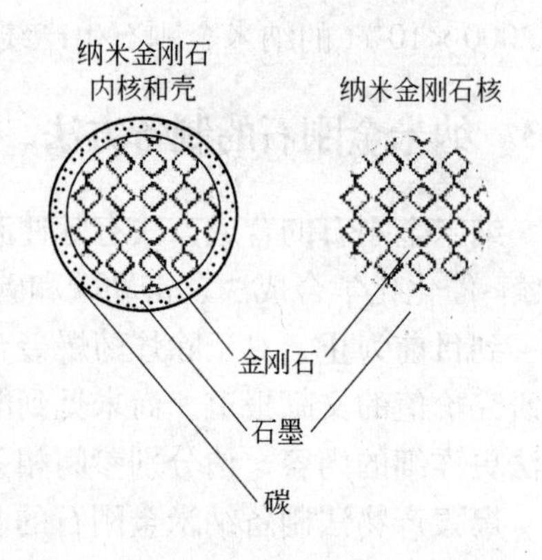

图 2-3-2　颗粒区域、尺寸的大概范围

表 2-3-3　纳米金刚石的粒度分布

粒度间隔/nm	相对分布频度	质量分数/%	累积质量分数/%
1 ~ 5	4.98	19.9	19.9
5 ~ 10	9.77	48.8	68.7
10 ~ 18	2.55	20.4	89.1
18 ~ 36	0.38	6.8	95.9
36 ~ 60	0.17	4.1	100

注：制备方法不同，大小可能会有差异。

3.6　纳米金刚石粉的技术指标

纳米金刚石粉的一些技术性能指标见表 2-3-4 ~ 表 2-3-6。

表 2-3-4　纳米金刚石粉技术指标

名　称	黑　粉	灰　粉
比表面积/$m^2 \cdot g^{-1}$	360 ~ 420	278 ~ 420
粒径/nm	4 ~ 15	3.2
形　状	球状和薄带状	球形、椭球形
粉末色泽	黑色	灰色
纳米金刚石含量(质量分数)/%	52 ~ 85	>95
密度/$g \cdot cm^{-3}$		3.05 ~ 3.3
气孔体积/$cm^3 \cdot g^{-1}$		1.314
表面官能团	—OH，—C═O，—CN，—COOH，—C—O—C	
起始氧化温度/K		803
电导率/Ω · cm		7.7×10^7，0.1 ~ 2 掺 B
表面电脉/MV		3.7 ~ 75（随 pH 值变化）
亲水程度/$MJ \cdot (mol \cdot g)^{-1}$		-3100
吸附势/$J \cdot g^{-1}$		384

表 2-3-5 不同合成条件下纳米金刚石热稳定性的特征温度

合成条件	起始氧化温度/℃	终止氧化温度/℃	反应区间/℃
包裹水	528	790	262
包裹冰	505	750	245
包裹 NH_4HCO_3	500	786	286
充 N_2	500	762	262
充 CO_2	515	768	253

表 2-3-6 磁化率及金刚石含量的计算值与实测值

纳米金刚石	磁化率 χ/一(one)		磁化率 χ 的测量误差/%	纳米金刚石中金刚石的含量/%		金刚石含量测量的精确度/%
	计 算	实验测量		计 算	实验测量	
1	-0.48×10^{-8}	-0.46×10^{-8}	4.2	99.5	99.7	0.2
2	-0.59×10^{-8}	-0.63×10^{-8}	6.8	98.0	97.5	0.5
3	-1.99×10^{-8}	-2.12×10^{-8}	6.5	80.0	78.4	2.0

3.7 纳米金刚石的特性

纳米金刚石粉样品的 X 射线衍射（XRD），高分辨电镜（HREM）照片分析，纳米金刚石具有如图 2-3-3 ~ 图 2-3-8 所示特性。

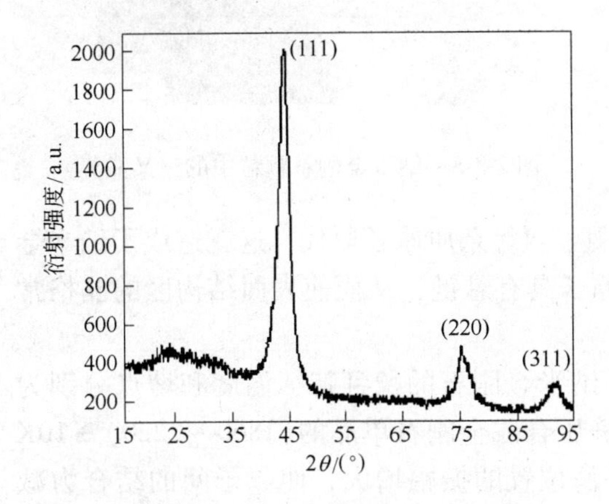

图 2-3-3 纳米金刚石的 X 射线衍射图谱

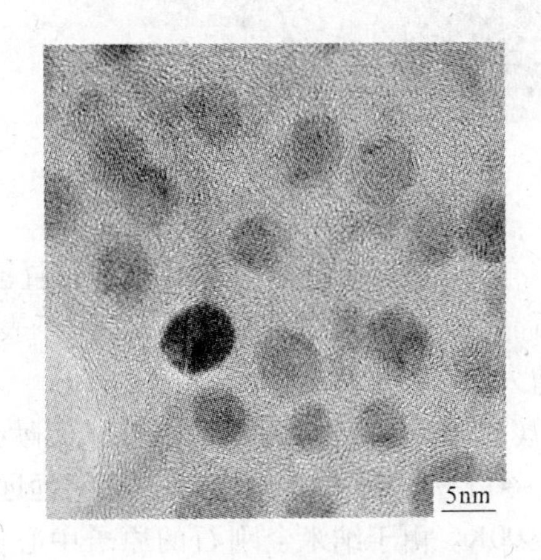

图 2-3-4 纳米金刚石粉的高分辨电镜（HREM）照片

（1）立方金刚石晶体的特征。X 射线衍射图谱分析表明，2θ 对应 43.6°、74.86°、91.2°的三个宽化的衍射峰，分别对应于立方金刚石（111）、（220）及（311）面的特征峰，显示了纳米金刚石是立方金刚石晶体的特征。

（2）晶格常数大。X 射线衍射（XRD）结果表明，由于制备方法及后处理的程序不同，纳米金刚石微晶的（111）面的面间距在 0.2061 ~ 0.2073nm 之间，晶格常数介于 0.35738 ~ 0.3650nm 之间，与天然块状金刚石的晶格常数 0.35667nm 相比，纳米金刚石微晶的晶格常数略大一点，晶格畸变为 0.2% ~ 2%。晶格常数增大的原因有：1）纳米金刚

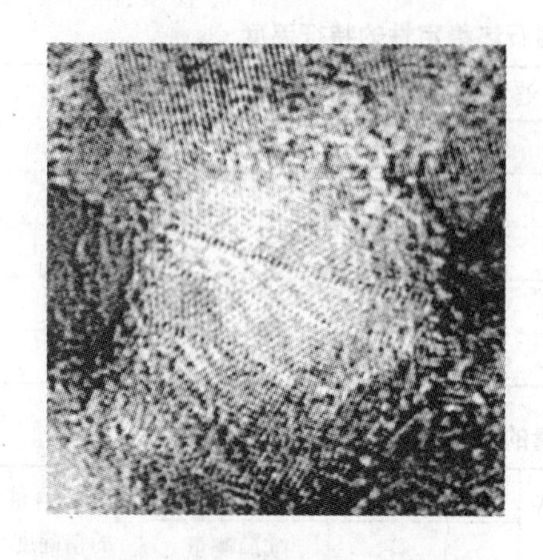

图 2-3-5 纳米金刚石颗粒中的层错

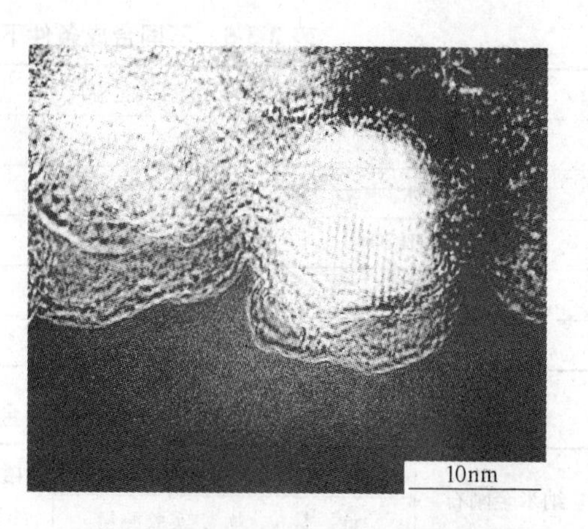

图 2-3-6 纳米金刚石颗粒中的莫尔条纹

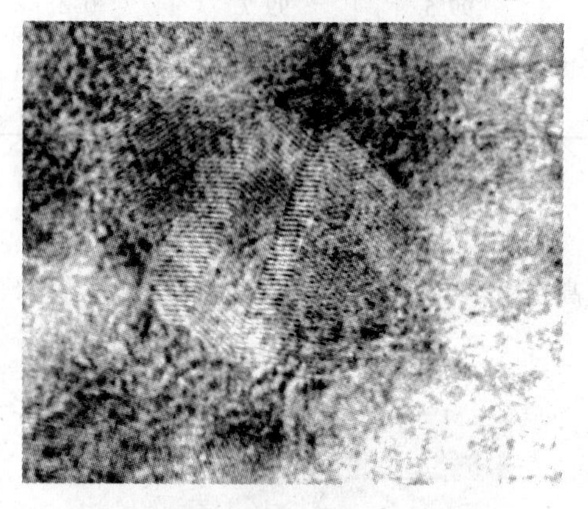

图 2-3-7 纳米金刚石颗粒中的孪晶

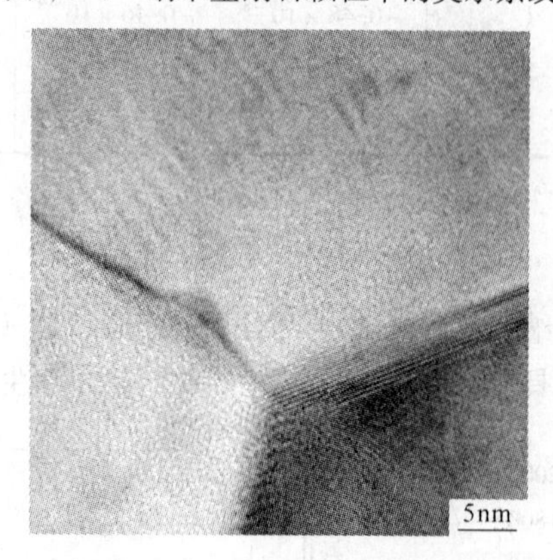

图 2-3-8 纳米金刚石颗粒中的三叉晶界

石中有大量的缺陷，部分碳原子的位置被氧、氮、氢等杂质原子取代，这就造成了纳米金刚石晶格局域性畸变和膨胀；2）位于表面的原子具有悬键，从而使表面结构区的晶格常数增大。

（3）德拜特征温度和熔点低。文献报道，纳米金刚石的德拜特征温度和熔点分别为364 ~411.7K 和1852 ~2270K，它们远远低于静压合成金刚石单晶的(1860 ~2220) ± 10K 和4400K。由于纳米金刚石的原子中心偏移平衡位置的振幅增大，使原子间的结合力减弱，这势必导致其活性增大，熔点降低。

（4）纳米金刚石的类型。根据杂质氮在金刚石中含量（氮含量高于0.1%时为Ⅰ型，氮含量低于0.001%时为Ⅱ型，过渡型氮含量为0.001% ~0.1%）的定义，在7 ~10μm 区域内出现红外吸收，而表现在红外光谱图上 1430 ~1000cm^{-1}之间的附加吸收峰或杂质峰，纳米金刚石属于Ⅰ型金刚石，在它之中含有Ⅰ aA 型金刚石和Ⅰ b 型金刚石，Ⅰ aA 型金刚石的含量比Ⅰ b 型金刚石的含量多。

（5）化学活性高。

3.8 纳米金刚石的主要用途

（1）润滑剂添加材料。可用作润滑剂的添加材料，在润滑油中加入纳米金刚石，可以提高其抗磨性能，减少摩擦阻力，延长摩擦副的使用寿命。

（2）复合镀层添加剂。将纳米金刚石添加到镀镍、镀铬、镀铜、镀锌、镀钴等复合电镀液中，通过电镀或复合化学镀，在各种切削工具、模具、齿轮、轴、汽缸、缸套、喷嘴等的表面生成一层含纳米金刚石的镀层，可使其耐磨性和硬度得到显著提高，同时可以提高其本身的自润滑性能。

（3）生产原料。用纳米金刚石作原料，在高温高压条件下来制备大颗粒金刚石或者是金刚石烧结体。将纳米金刚石添加在橡胶、聚合物中，可大大改善其性能。

用纳米金刚石粉作添加剂制备陶瓷基复合材料，可大大增强韧性，减少脆性，并具有更高的耐磨性。

（4）作为吸收剂。纳米金刚石对雷达波、红外紫外光波有巨大的透视率和吸收率，涂在飞机、导弹、坦克、装甲车、大炮、军舰等的外表面上，可以起到隐形、耐磨、防腐等作用。

纳米金刚石的比表面积极大，吸收氢气、储存氢气的能力极强，可作为燃料电池的基质，在开发新型能源、减少污染上有巨大的用途。

（5）在电子行业的应用。用爆轰法可以制成纳米金刚石半导体材料，它具有宽禁带、高电子与空穴迁移率，禁带宽达5.5eV，比常用的半导体硅材料高5倍；空穴迁移率是硅的4倍，电路运行速度大大提高。由于由辐射引起的载流子在金刚石半导体上不易积累，不会影响器件的特性，因而是制作高可靠性、抗辐射半导体器件的理想材料。

具有优异的冷阴极场发射效应，是十分理想的高清晰、低能耗、可替代液晶的大视角超薄平面显示器材料。

（6）生物医学材料。用纳米金刚石涂在牙齿、下颌骨、腿骨关节等表面上，生物相容性好，耐磨性好，生物医学方面用途广泛。

参考文献

[1] Petrunin V F, Pogonin V A, Savvakin G I, Trefilov V I. Poroshk. Metall. (Kiev), No. 2, 20, 1984.

[2] Volkov K V, Danilenko V V, et al. Explosion shock, Protection (Inst. Geofiz. Sib. Otd. Akad. Nauk SSSR, Novosibirsk, 1987), Inf. Byull. No. 17.

[3] Danilenko V V, Synthesis and Sintering of diamonds by Explosion (Energoatomizdat, Moscow, 2003).

[4] Staver A M, Lyamkin A I. In Utradisperse Materials, Production and Properties (Krasnoyarsk, 1990), p3.

[5] Titov V M, Anisichkin V F, Mal' kov I Yu. Fiz. Goreniya Vzryva, No. 3, 117(1989).

[6] Sakovich G V, Komarov V F, Petrov E A, et al. In Proceedings of V All-Union Workshop on Detonation (Krasnoyarsk, 1991), Vol. 2, p. 272.

[7] Mal' kov I Yu, Titov V M, Kuznetsov V D, Chuvilin A L. Fiz. Goreniya Vzryva, No. 1, 130 (1994), Chem. Phys. Lett. 222, 343(1994).

[8] Akimova L N, Gubin S A, Odintsov V D, Pepekin V I, In Proceedings of V All-Union Workshop on Detonation (Krasnoyarsk, 1991), Vol. 1, p. 14.

[9] Mader C I, Numerical Modeling of Explosives and Propellants, 2nd ed. (CRC, Boca Raton, FL, 1998).

[10] Pershin S V, Tsaplin D N. In Proceedings of V All-Union Workshop on Detonation (Krasnoyarsk, 1991), Vol. 2p. 237.

[11] Greiner N Roy, Philips P S, Johnson J D. Nature, 333, 6172(1988).

[12] 徐康，金增寿，魏发学，等．炸药爆炸法制备超细金刚石粉末[J]．含能材料．1993，1(3)：19 ~ 21.
[13] 阎逢元，张绪寿，薛群基，等．一种新型的减磨耐磨复合电镀层[J]．材料研究学报，1994，18(6)：573 ~ 576.
[14] 曲建俊，罗云霞．含超细金刚石的石墨粉润滑油摩擦磨损特性研究[J]．润滑与密封，1995(2)：29 ~ 32.
[15] 王大志，徐康，贾云波，等．纳米金刚石及其稳定性[J]．无机材料学报．1995，10(3)：281 ~ 287.
[16] 周刚．利用炸药中的碳爆轰合成超微金刚石的研究[D]．北京：北京理工大学，1995.
[17] 李世才．炸药爆轰合成超微金刚石的研究[D]．北京：北京理工大学，1996.
[18] 陈权．炸药爆轰合成超微金刚石的理论及应用问题研究[D]．北京：北京理工大学，1998.
[19] 陈鹏万．爆轰合成超微金刚石机理及特性研究[D]．北京：北京理工大学机电工程学院，1999.
[20] 仝毅，爆轰法超微金刚石的制备与应用技术研究[D]．北京：北京理工大学机电工程学院，2000.
[21] 王光祖，等．纳米金刚石[M]．郑州：郑州大学出版社，2009.
[22] 文朝，纳米金刚石（ND）和纳米石墨（NG）的制备、特性及应用研究[D]．西安：西安交通大学，2006，1：35.
[23] 王建华．炸药爆轰合成纳米金刚石研究[D]．太原：华北工学院，2003.
[24] 田俊荣．爆轰合成超微金刚石影响因素及提纯技术的研究[D]．太原：华北工学院，2004.
[25] 毛建锋．纳米金刚石的分散及应用研究[D]．太原：中北大学，2005.
[26] 于雁武．纳米金刚石的应用研究[D]．太原：中北大学，2006.
[27] 邹芹．纳米金刚石结构、表面状态分析及其处理方法[D]．秦皇岛：燕山大学，2004.
[28] 王志成．纳米金刚石的结构性质及应用研究[D]．南京：南京理工大学，2004.
[29] 徐建波．纳米金刚石墨粉/聚合物基复合材料的结构与性能研究[D]．南京：南京理工大学，2005.
[30] Kuznetsov V L，Aleksandrov M N，Zagoruiko I V，et al. Study of ltradispersed Diamond Powders Obtained Using Explosion Energy[J]. Carbon，1994，32(5)：873 ~ 882.
[31] Petrov E A，Sakovich G V. Condition for Preserving Diamonds when Produced by Exposition[J]. Sov. Phys Dokl，1990，35(8).
[32] Titov V M，Anisichkin V F，Mal' kov I Y. Synthesis Ultra fine Diamonds in Detonation Waves. The Ninth Symposium Internation Detonation，Oregon，1989，p407.
[33] Skokov V I，Lin E E，Medvedkin V A，Novikov S A. Character of the Shock Loading under Dynamic Compaction of Ultra dispersed Diamonds，Explosion，And Shock Waves[J]. 1998. 34(3)：346 ~ 347.
[34] Chiganova G A，Boonger V A，Chiganov A S. Thinning and opening of carbon nanotubes by oxidation using carbon dioxide [J]. Colloid J，1993，55(5)：774 ~ 775.
[35] Agibalova L V，Voznyakovskii A P，Dolmatov V Yu. Elastic moduli of single-crystal C60[J]. Sverkhtv Mater，1998，4：87 ~ 89.
[36] Voznyakovskii A P，Dolmatov V Yu，Klyubin V V. Dynamic synthesis of diamonds[J]. Sverkhtv Mater，2000，2：64 ~ 71.
[37] 许向阳，王柏春，朱永伟，等．表面活性剂组合使用对纳米金刚石在水介质中分散行为的影响[J]．矿冶工程，2003，23(3)：60 ~ 64.
[38] 相英伟，张晋远，金成海，等．超细金刚石粉末的显微结构和热稳定性[J]．金刚石与磨料磨具工程，1999，2：5 ~ 9.
[39] 王志成．纳米金刚石的结构性质及其应用研究[D]．南京：南京理工大学，2004.

（西安西北核技术研究所：文朝）

4 表面预处理金刚石

4.1 概述

如何根据金刚石、cBN等超硬材料磨具的需要正确选择对磨料的镀覆（涂覆）种类、方法，是决定能否发挥磨料应有效果的关键。本章就这一问题对超硬磨料的表面镀覆（涂覆）的种类、方法进行总结，并根据行业同仁多年的研究成果和经验，根据不同磨具的需要，不同结合剂的特点，以及不同的制作方法，提出认为合理的建议。

4.1.1 超硬磨料表面镀覆的意义

超硬磨料表面预处理主要表现在以下三个方面的意义：

（1）颗粒细小的工业金刚石、cBN通常用金属、陶瓷或树脂作为结合剂，将其黏合在一起而成为各种不同类型的超硬工具。因此金刚石与cBN工具的寿命及使用效率除了与所选用的超硬磨料有关外，还取决于结合剂的性能。结合剂作为磨具的要素之一，决定了磨具的硬度、韧性和自锐性。但由于金刚石、cBN紧密的共价键结构，使其具有高的表面能，难于与金属、树脂及陶瓷等良好浸润，磨粒与结合剂之间基本没有化学（或冶金）结合，因而导致磨粒大部分与结合剂机械镶嵌结合，结合剂对磨粒的结合力较弱，当磨削过程中磨粒出露大于1/3粒径时，磨粒将脱落。有关实验表明，在观察使用过的金属结合剂金刚石磨具磨面时，最多有62%的磨粒在其出露高度相当于粒径的1/3时脱落，造成价格相对昂贵的磨料非磨削损失[1]。

（2）金刚石、cBN均属脆性材料，由于生产、加工的原因，磨粒表面及内部都存在一定的结晶缺陷、包裹体等，上述缺陷在低品级的磨料中较多，使之抗冲击强度较低，在磨削过程中极易破碎而丧失磨削功能，如以相对强韧的金属等将其包裹，弥补表面缺陷，会在一定程度上提高磨粒的抗冲击能力，延长磨具的使用寿命，这一点对树脂结合剂磨具尤为重要。

（3）有相当多的结合剂材料对金刚石和cBN有腐蚀破坏作用。如Fe、Ni等黑色金属在高温时促进金刚石向石墨结构转变，对其表面有蚀刻作用，致使金刚石尺寸减小，强度下降；在陶瓷结合剂中存在的K、Na、Ca等碱金属或碱土金属元素在烧结温度下强烈腐蚀cBN，除减小磨粒有效尺寸外，由于腐蚀作用还会使棱刃圆钝化，丧失宝贵的切削性能。更为重要的是，这种腐蚀使cBN分解，产生大量气体，并富集在磨粒表面，形成“气膜”，严重降低了结合剂与磨粒的黏结，促使其脱粒。因而，陶瓷结合剂中的有害元素对磨粒的侵害一度成为制约陶瓷超硬磨具发展的重要因素。

从以上问题可以看出，无论是提高超硬磨料的利用率、保护磨粒不受有害物质腐蚀破坏还是增加磨粒自身强度，都需要改善磨粒表面的物理化学特性、提高磨粒与结合剂的结合能力，这一点自人造金刚石问世不久即引起本行业科技工作者的重视，并取得重要进展。

我国在这一技术领域某些方面的研究、开发和利用等走在世界的前面，特别是针对金属结合剂、陶瓷结合剂及树脂结合剂等超硬磨具的真空微蒸发镀覆和超硬磨料表面涂覆刚玉的技术研制成功，受到世界同行的关注。在某种意义上，被认为是对镀覆（涂覆）产品的换代。因而，问世伊始，就迅速获得广泛应用。

4.1.2 表面镀覆（涂覆）的基本概念

一般指利用表面处理技术使其他材料镀覆、沉积、涂覆在超硬磨料表面，使磨粒表面发生状态、形状或物理化学方面的变化的方法，通称为超硬磨料的表面镀覆（涂覆）。镀层厚度可以从数十纳米至毫米级，镀层材料可以是金属、陶瓷或有机物。被镀覆的超硬磨粒表面具有了镀覆材料的一般性质。镀层与超硬磨粒表面可以是化学键连接，也可以是物理沉积或黏结。镀层可以是单一材料，也可以是复合材料、合金或是多层复合材料。

4.1.3 镀层厚度表示方法

对颗粒较大、镀层较薄的磨粒，可以将颗粒压溃，然后将碎裂部分置于体视显微镜下观测镀层厚度，经多颗粒观测，然后将数据用数学统计的方式计算，直接得出颗粒表面镀层厚度；由于超硬磨料颗粒细小，直接测量镀层厚度困难，也可通过镀覆后的增重率间接测量镀层厚度，该方法主要是将磨粒近似看作球形，计算出增重率后，根据镀层材料的密度，即可求出镀层厚度。增重率表示方法有两种，在计算或读取数据时应注意区分：

$$A_1 = \frac{G_2}{G_1} \times 100\% = \frac{G - G_1}{G_1} \times 100\%$$

$$A_2 = \frac{G_2}{G} \times 100\% = \frac{G - G_1}{G} \times 100\%$$

式中 A_1，A_2——增重率；

G_1——镀前磨料重量；

G_2——镀层重量；

G——镀后总重量，$G = G_1 + G_2$。

4.2 表面镀覆的种类与方法

4.2.1 超硬磨料的化学镀和电镀

人造超硬磨料表面化学镀和电镀最早是针对树脂结合剂使用的金刚石，1966 年英国 De Beers（元素六）公司和美国 GE 公司相继发布了金刚石表面镀 Cu 的产品牌号，在稍后又推出镀 Ni 产品。到目前为止，美、英、日、俄及我国均有包括 cBN 在内的电镀超硬磨料的正式牌号，其中美国 GE 公司、英国元素·六公司的部分品牌及我国的相关产品见表 2-4-1。

4.2.1.1 化学镀、电镀的方法及用途

（1）化学镀和电镀的前期准备。化学镀和电镀的前期准备工作基本相同，都需要对磨粒表面进行清理和敏化、活化等，其主要工序如图 2-4-1 所示。

表 2-4-1 元素 · 六公司、美国 GE 公司超硬磨料镀覆产品牌号及我国部分产品

磨料种类	中国	美国 GE 公司		英国元素 · 六公司	
	镀覆品牌（有产品，无牌号）	磨料种类	镀覆品牌	磨料种类	镀覆品牌
RVD	镀镍、镀铜，用于树脂结合剂工具	RVG	RVG56 RVG30 RVG-D 镀铜、镀镍用于树脂结合剂工具	CDA	镀镍 CDA55N CDA30N 镀铜 CDA50C 用于树脂结合剂工具
MBD、SMD 系列	燕山大学真空微蒸发镀钛技术和装备，广泛工业化应用	MBG 系列 MBS700-900 系列	镀钛，后缀加 T，MBG660T，MBS730T，MBS-960T 等，用于各类金属烧结结合剂工具	SDA 系列	镀钛，后缀加 T，如 SDA-85T，SDA-100T 等，用于各类金属烧结结合剂工具
cBN	燕山大学真空微蒸发镀覆技术实现了黑色、琥珀色 cBN 镀钛，成功用于陶瓷砂轮。 涂覆刚玉，用于树脂、陶瓷结合剂工具	cBN cBN500 cBN550	镀铜、镀镍用于树脂结合剂工具。 镀钛 cBN510 用于陶瓷或金属结合剂工具	ABN300 ABN600	镀镍品牌 ABN360、ABN660，用于树脂结合剂工具。 ABN615，镀钛，用于陶瓷或金属结合剂工具

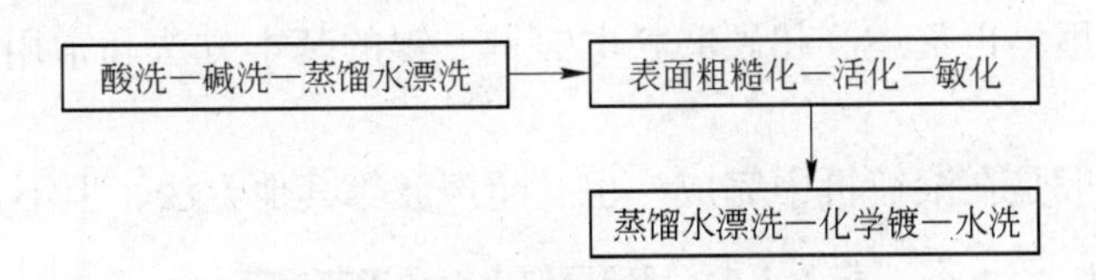

图 2-4-1 超硬磨料化学镀和电镀铜、镍前处理

（2）化学镀铜、镍的基本方法。化学镀铜、镍配方及方法相对比较简单，图 2-4-1 实际也是化学镀、电镀的工艺流程，表 2-4-2 和表 2-4-3 给出了化学镀铜、镍常用配方的基本组成和工艺规范。

表 2-4-2 化学镀铜常用配方的基本组成和工艺规范 （含量：g/L）

镀液成分及工作条件	1	2	3	4
硫酸铜（$CuSO_4 \cdot 5H_2O$）	14	3.5	10	10
甲醛（HCHO，37%）/$mL \cdot L^{-1}$	20	13.2	20 ~ 40	40
氯化镍（$NiCl_2 \cdot 6H_2O$）	4	1		
酒石酸钾钠（$NaKC_4H_4O_6 \cdot 4H_2O$）	30 ~ 50	34.5	40	35
氢氧化钠（NaOH）	6 ~ 9	6.8	10	10
碳酸钠（Na_2CO_3）	4	3.2	10	20
pH 值	12	12	12 ~ 13	12.5
温度/℃	室温	室温	室温	25
搅拌或滚镀	需要	需要	需要	需要

表2-4-3 化学镀镍工艺规范 （含量：g/L）

镀液成分及工艺条件	1	2	3	4	5
氯化镍（$NiCl_2 \cdot 6H_2O$）	20~28	40~50			37
硫酸镍（$NiSO_4 \cdot 7H_2O$）			20~25	30	
次磷酸钠（$NaH_2PO_2 \cdot H_2O$）	20~25	30~60	15~20	10	34
琥珀酸钠（$Na_2C_4H_4O_4 \cdot 6H_2O$）	20~25				27
柠檬酸钠（$Na_3C_6H_5O_7 \cdot 2H_2O$）		60~90	10	100	
醋酸钠（$CH_3COONa \cdot 3H_2O$）			10		
羟基乙酸（$CH_2OHCOOH$）		10~30			
氯化铵（NH_4Cl）				50	
pH值	4.5~5.6	5~6	4.1~4.4	10	4.5~5.5
温度/℃	90~95	60~65	85~90	25~45	95
搅拌或滚镀	需要	需要	需要	需要	

（3）电镀铜、镍的基本方法。超硬磨料电镀之前同化学镀同样需要镀前处理，其方法也大致相同，在这里不再赘述。超硬磨料电镀铜、镍的基本方法和常用配方见表2-4-4和表2-4-5。

电镀铜、镍一般是在滚镀机中完成，也有超声波等其他方法，但不常用。

表2-4-4 超硬磨料电镀铜工艺规范 （含量：g/L）

镀液成分及工艺条件	1	2	3	4
焦磷酸铜（$Cu_2P_2O_7 \cdot 3H_2O$）	60~70	70~100		70~90
硫酸铜（$CuSO_4 \cdot 5H_2O$）			37~43	
焦磷酸钾（$K_4P_2O_7 \cdot 3H_2O$）	280~320	300~400	175~185	300~380
柠檬酸铵[$(NH_4)_3C_6H_6O_7$]	20~25	20~30		10~15
柠檬酸钾（$K_3C_3H_6O_7$）				10~15
碳酸氢二钾（$K_2HPO_4 \cdot 12H_2O$）			20~30	
硝酸铵（NH_4NO_3）			6~10	
二氧化硒（SeO_2）				0.008~0.02
2-巯基苯骈咪唑				0.002~0.004
2-巯基苯骈噻唑				0.002~0.004
pH值	8.2~8.8	8.0~8.8	7.2~7.8	8.0~8.8
温度/℃	30~50	30~50	35~45	30~50
电流密度/$A \cdot dm^{-2}$	1.0~1.5	0.8~1.5	0.8~1.4	1.5~3.0
搅拌或滚镀	需要	需要	需要	需要

表 2-4-5 超硬磨料电镀镍工艺规范 （含量：g/L）

镀液成分及工艺条件	1	2	3	4
硫酸镍（$NiSO_4 \cdot 7H_2O$）	250～300	300～340		250
氯化镍（$NiCl_2 \cdot 6H_2O$）	30～60	70～90	25～35	
氨基磺酸镍[$Ni(NH_2SO_3)_2 \cdot 4H_2O$]			300～400	
硼酸（H_3BO_3）	35～40	35～45	30～45	30
硫酸钴（$CoSO_4 \cdot 7H_2O$）				15
氯化钠（NaCl）				15
十二烷基硫酸钠（$C_{12}H_{25}SO_4Na$）	0.05～0.1	0.05～0.1		
pH 值	3～4	3.8～4.2	3.5～4.5	4.5～5.5
温度/℃	25～50	40～60	40～60	25～35
电流密度/$A \cdot dm^{-2}$	1.0～2.5	0.5～1.0	1.0～2.0	1.0～2.0
搅拌或滚镀	需要	需要	需要	需要

4.2.1.2 化学镀和电镀铜、镍发展的新方法

为了改善一般化学镀和电镀铜、镍等超硬磨料产品镀层与磨料表面的结合力、镀层表面比较光滑进而影响磨粒与结合剂结合能力等问题，业内科技人员进行了大量的研究与试验，提出一些改进措施，下面予以介绍。

（1）共沉积化学镀镍＋碳化物形成元素。由于铜、镍等金属与金刚石、cBN 无任何化学键连接，只是沉积在磨粒表面，因而对磨粒与结合剂的结合并无显著改善作用。为弥补这一缺憾，研究人员在化学镀镍的溶液中加入 W 等碳化物形成元素，据有关文献记载[6]，可使镀层内 W 含量达到 20%。

其主要方法是在化学镀镍的镀液中加入钨酸钠等盐类，在进行化学沉积过程中夹带 W 离子与 Ni 共沉积，从而获得含有 W 元素的镀层。一般镀后需要热处理，以期镀层中的 W 与金刚石在高温下反应生成 WC 或 W_2C，反应温度大致在 750～1150℃，实际反应能够显著发生的温度在 850℃以上。

（2）超硬磨料复合电镀的方法。复合电镀一般是指 Cu-Ni 复合，即在电镀一薄层铜之后，在铜镀层上继续电镀镍；由于在金刚石或 cBN 表面电镀铜镀层相对电镀镍更为容易形成完整的连续表面，这样的复合有利于减轻漏镀。在电镀液中引入 Co，可得到 Ni-Co 合金镀层，使镀层颜色美观，并增加了镀层硬度。其基本方法同于电镀铜、镍。

（3）电镀刺状铜、镍镀层的方法。为了改善电镀超硬磨料表面光滑而影响磨粒与结合剂之间的结合能力问题，近几年行业技术人员又推出电镀刺状铜或镍镀层的新方法。镀层外表面在电镀后期长出一定长度的 Cu 或 Ni 刺，较大幅度的增加了结合面积，使结合剂与磨粒之间结合力提高。镀覆过程中所用方法不尽相同，基本上有两种途径：第一种方法是：当磨粒表面电镀一定厚度时，将磨粒取出，进行一定的研磨，破坏一定的镀层，再重新电镀，造成镀层表面各处发育不一致，从而形成刺状表面；另一种方法是：在镀层厚度达到增重量的 50% 左右，更换均镀能力较差的镀液，并施以电流刺激，造成镀覆表面不均匀发育，同样可形成刺状表面。

上述两种基本方法在一般情况下其增重量都要超过 70%，镀层厚度较大。

（4）超声波电镀。超硬磨料一般电镀铜、镍是在滚镀机上进行，电镀过程中磨粒的翻转是必要的，只有磨粒翻转速度适当，才能保证每一颗磨粒都能同步沉积上铜或镍，否则将会出现部分磨粒漏镀和部分磨粒由于翻转不够而粘连结块的缺陷。对于细粒度磨粒则难以做到均匀镀覆。为此，国外采用超声波震动磨粒翻转的方法，所用超声波频率在 880 ~ 3000kHz。超声波的空化作用可加速电镀过程，并有利于镀层与磨粒表面的结合。

4.2.1.3 超硬磨料化学镀和电镀产品的性能与用途

（1）化学镀和电镀产品的优点与适用范围。超硬磨料化学镀覆和电镀后，磨粒表层具有同类金属的性能，使磨粒表面具有良好的导电性和导热性；在沉积过程中，还可在一定程度上充填超硬磨粒表面的孔洞和裂纹等缺陷；金属与树脂之间的结合强度也高于磨粒与树脂的结合强度。因而，在用于树脂结合剂磨具时有一定优点。就化学镀而言，最主要的用途是利用薄的金属镀层的导电性可以作为电镀超硬磨粒的底层；对于微粉级磨粒可直接用于树脂磨具制造。

镀铜的磨粒表面与镀镍相比镀层硬度较软，耐腐蚀能力较差，导热性较好；两种不同镀层都可用于树脂结合剂磨具；由于镍镀层的强度远远高于铜，因而对低强度磨粒有较强的支撑和加强作用。特别是刺状镀层对树脂结合剂磨具的使用寿命十分有利。

（2）主要存在问题。由于化学镀过程中镀层金属与磨粒表面不能形成任何化学键连接，在外力或高温下镀层容易脱落，且镀层不容易加厚，因而不适于金属结合剂或陶瓷结合剂磨具；且镀层表面光滑，与树脂之间的结合也不尽如人意。对于共沉积镀层，由于镀层中含 W 量有限，且形成碳化物温度较高，在形成碳化物的温度下，还要考虑 Ni 等金属的石墨化腐蚀和高温对金刚石造成的伤害，所以应慎用。

对于电镀方法，主要不利因素是由于电镀镀层厚度太大，使加工效率大幅度下降。在超硬磨料涂覆刚玉研究成功之前，由于金刚石价格昂贵，没有更好的方法，提高金刚石利用率的主要考虑因素，使得超硬磨料电镀铜、镍广泛应用。这里应该注意的是：超硬磨料表面电镀 Ni、Cu 等金属只适合于树脂结合剂磨具，如不加区别的应用于金属或陶瓷结合剂中，其效果会适得其反。

4.2.2 超硬磨料表面物理气相沉积镀覆（PVD）

对于金属结合剂、陶瓷结合剂的超硬磨具，由于制造方法和结合剂的烧成温度需要，一般制造中，都会有温度在 750℃ 以上的工艺过程。就金属结合剂而言，一般采用 Cu、Fe、Ni、Sn、Zn、Co 及 WC、C 等元素组合而成，这些组元不能与金刚石、cBN 形成化学键合，也不能润湿其表面，因而在使用过程中会使金刚石磨粒过早脱落，影响金刚石的利用率。不少专家研究了在结合剂中加入强碳化物形成元素，如 Ti、Mo、W、Cr 等，在烧结过程中通过液相扩散使其富集于金刚石表面，并与金刚石作用形成碳化物，从而加强磨粒与结合剂的结合力。据有关文献报道，这样的扩散一般发生在较高的温度下，且应在存在相当多的液相情况下才有可能，况且扩散过程需要相当的时间，在一般热压制品的工艺过程中，时间相对很短（约 1 ~ 5min），这样短时间的由扩散引起的物质迁移量是有限的，因而，对于强碳化物形成元素的添加方式，结合剂的种类以及制备工艺条件都有特殊要求。

对于以陶瓷为结合剂的 cBN 磨具，除与结合剂结合能力的要求外，还存在着低熔结合剂玻相中碱金属对 cBN 磨粒侵蚀的保护问题，这一点曾经是制约陶瓷结合剂 cBN 磨具发展的重要原因。

综上所述，在以金属或陶瓷为结合剂制造超硬磨具的情况下，使磨粒表面存在一有效的保护层是十分必要的，前面介绍的化学镀、电镀铜、镍或铜、镍复合镀及化学共沉积镀镍-钨等，都不能解决问题，原因如下：

一是电镀或化学镀 Cu、Ni 等镀层与磨粒表面无化学键合，在结合剂需要的高温烧结过程中，镀层金属将溶入结合剂中，磨粒与结合剂之间的结合仍然是机械镶嵌；二是镀层金属对金刚石造成石墨化侵蚀。Ni 是合成金刚石的触媒材料中重要组元，在常压、高温下对金刚石有严重的石墨化作用，特别是长时间烧结更为严重；对于电镀镍中掺杂钨等碳化物形成元素的镀层，实际应用中磨粒与镀层也难以形成化学键合，主要问题是扩散需要高含量、高温和长时间。要想在磨粒表面获得尽可能多的碳化物镀层，就必须使 W 等碳化物形成元素在磨粒外表面附近富集的尽可能多；而镀层中其平均最高含量一般是在质量分数为 20% 以下，如若通过扩散使其向表面富集，在金刚石材料能够经受的温度范围内似乎不可能，即使是 Cu-Ti 合金，Ti 在 Cu 中能够充分扩散的温度高达 1200℃，高于 Cu 的熔点近 200℃[2]。长时间的扩散过程的同时，Ni 等金属也在与金刚石表面发生石墨化反应。还有一点值得注意，结合剂中加入过多的碳化物形成元素，将会恶化结合剂的组织结构，造成结合剂的使用性能、工艺性能的下降。但是，这种以强碳化物形成元素与金刚石表面生成碳化物层并外延、过渡生长金属层的设想是值得考虑的，是可用的。

正是基于上述设想，相关的科技人员采用多种方法来实现碳化物形成元素最大限度的在磨料表面直接富集，如磁控溅射、真空蒸镀等物理气相沉积（PVD）的方法等，下面加以介绍。

4.2.2.1 磁控溅射镀覆方法

A 基本方法

磁控溅射是在真空条件下导入一定压力的惰性气体（Ar），阴阳极间形成一定强度的电场，并引入强磁场施加影响，使被阳离子轰击而溅射出的靶材金属阴离子加速射向欲镀覆目标位。如在目标位放置超硬磨料，则在面向离子方向的磨粒表面将被溅射或沉积上靶材金属的离子，从而实现颗粒局部镀覆金属镀层的目的。

B 产品性能及存在问题

该方法适合于镀覆 Ti 等金属，镀覆表面有金属光泽，通过时间控制可在较大范围内控制镀层厚度，如果在镀覆过程中磨粒适当翻转，整颗磨粒将会全部均匀被镀层包围。

存在的问题较多，主要有以下几方面：一是镀覆过程中磨粒温度一般不超过 500℃，镀层与磨粒之间无化学键合，在随后工具制造过程的烧结中，短时间内也难以形成碳化物（在 600 ~ 800℃范围内形成较为完整的 TiC 层需 40min 以上），因而不能实现增加结合力的效果；二是溅射过程中金属离子只能溅射到磨料堆积的表层，料盘旋转或震动等方法虽可增加单次镀覆量，但远远不能满足工业化应用的需要；三是磁控溅射镀覆设备价格昂贵，设备操作、维护复杂。正是由于上述原因，该方法在国内一直未能实现工业应用。在国外虽有一定应用，但也因镀覆费用昂贵的问题而使应用受到限制。

在使用该方法镀覆的超硬磨料时应注意：使用前应在真空条件下加热到 800℃以上进行 1h 或更长时间的键合处理，否则得不到希望的效果。

4.2.2.2 真空蒸发镀方法简介

真空蒸发镀（图2-4-2）是在真空条件下，将镀层材料置于料舟之中，并将料舟通电迅速升温至镀层材料汽化温度，镀层材料汽化后形成金属蒸气，在脱离料舟并冷却后，沉积到镀覆目标。如将超硬磨料置于镀覆目标位，则会在磨粒上表面沉积冷却的金属微粒。目标位的料盘可以振动或旋转来增加单次镀覆量。

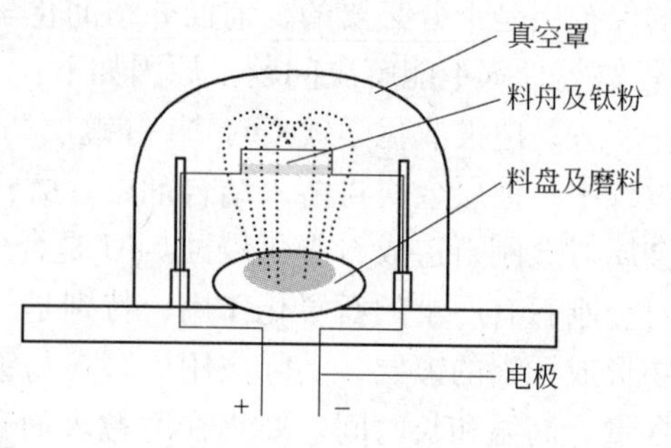

图2-4-2 真空蒸发镀装置示意图

该类方法的主要优缺点与磁控溅射镀覆方法类似，但设备相对简单，操作较为容易；与磁控溅射方法相比，更为明显的不足之处是镀层与磨粒的结合力更低于前者，常因料盘振动、转动使磨粒相互摩擦而使镀层脱落。因而同样工业应用极少。

4.2.2.3 其他类似方法

还有几种与上述两种方法类似的改进型，如真空离子镀、离子注入法等，是在纯的物理气相沉积的基础上加入部分化学反应的过程，试图以此来弥补纯粹PVD法镀层与磨粒表面较差的键合状态。这些方法在离子活化、物料温度提高或加大离子能量等方面进行努力，的确使镀层与磨粒表面形成较强键合，这方面的报道也很多，但至今仍然停留在理论试验阶段，主要原因是做不到大批量的镀覆，没有工业化应用前景，镀层与磨粒之间的结合力仍未达到理想目标。

4.2.3 真空微蒸发镀

如果磨粒、镀层之间的结构能够形成磨粒→强碳化物层→纯金属层的结构，将是十分理想的。这样的镀层结构实现了磨粒与金属镀层的有机结合，镀层外表面的纯金属使磨粒表面具有了镀层金属本身的特性。

这种磨粒与镀层之间的结构是一般化学镀、电镀及物理气相沉积等镀覆方法无法做到的。我国科学研究人员在多年前为此做出过努力，也取得了巨大成果。根据文献［8］提供的研究内容，对于金刚石，其方法是通过磁控溅射使金刚石磨粒表面具有物理气相沉积的Ti镀层，此时镀层与磨粒表面无任何化学键合；然后将已具有表面镀层的金刚石置于真空条件下，并于850℃以上加热60min，通过金刚石表面与镀层的Ti进行碳化反应，在金刚石磨粒与镀层之间获得了TiC层，从而达到了前面所述的理想结构，实现了金刚石的表面金属化。这种方法达到了金刚石磨粒表面金属化的目的，但由于磁控溅射环节单位时间产量的限制，使生产效率低下，再加上设备昂贵、不易操作等因素很难用于实际生产。直到真空微蒸发镀方法出现之前，这一直是镀覆产品不能大面积推广使用的制约因素。另外，对于cBN方面的研究甚少。

4.2.3.1 真空微蒸发镀覆方法

真空微蒸发镀覆是在一定温度下（金刚石低于760℃），使超硬磨料与某些能够与其表面形成稳定化合物并经过高度纯化、活化的金属近距离接触，在真空和温度条件下，这些高度活化的金属表层原子获得外部能量支持而使振幅增大，与磨粒表面发生反应，生成两者间的化合物，以钛为例：

$$Ti + C(金刚石) \longrightarrow TiC$$

$$5Ti + 3BN(cBN) \longrightarrow 3TiN + TiB + TiB_2$$

另外，金刚石还和 Cr、Mo、W、Nb 等强碳化物元素生成相应的碳化物。因而，这种方法主要限制于与磨料形成稳定化合物的元素；在形成化合物层的过程中，随着时间的延长，磨粒表面与镀层表面之间建立起磨粒材料与镀层材料之间成分的浓度梯度，与温度条件配合，形成扩散机制。化合物层将随时间逐步加厚；随着厚度的增加，磨粒材料原子通过镀层扩散到镀层表面与镀层材料反应的扩散过程的原子输运困难，使镀层内接近于镀层表面处发生磨粒材料原子的贫化，最终形成表面层为纯金属。金刚石、cBN 镀层结构如图 2-4-3 所示。750℃金刚石镀钛 1h 后的 XRD 图谱如图 2-4-4 所示。

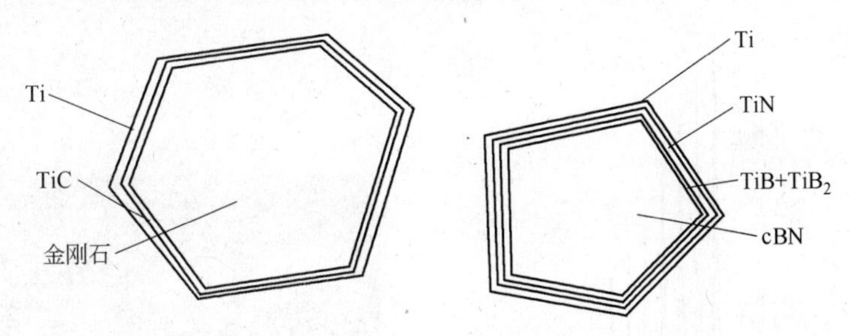

图 2-4-3 金刚石、立方氮化硼镀层结构示意图

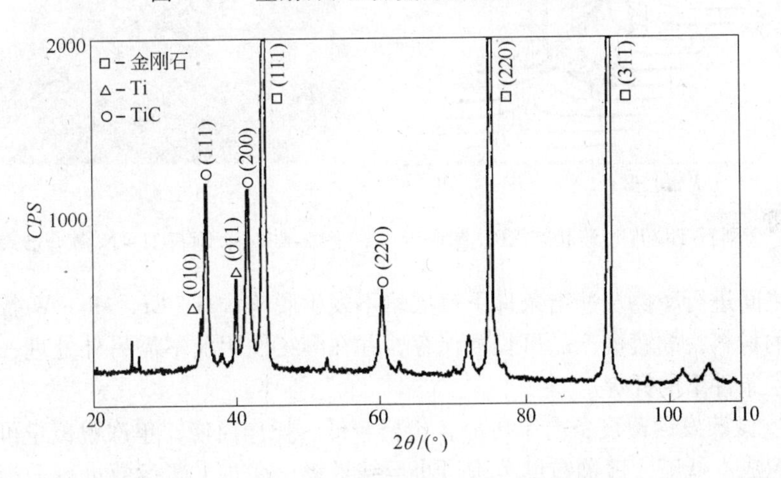

图 2-4-4 750℃金刚石镀钛 1h 后的 XRD 图谱

除温度、时间的因素外，这里值得注意的还有镀层材料的高度活化、纯化问题，如没有进行高度纯化、活化，将存在镀覆温度高、镀层杂质含量高等问题，严重恶化镀层质量，使金刚石性能大幅度下降。

镀钛后金刚石的表面形貌如图 2-4-5 所示，金刚石-TiC-Ti 过渡状态 XRD 图谱如图 2-4-6 所示。金刚石 Ti + Ni 复合镀表面刺状形貌如图 2-4-7 所示。

4.2.3.2 镀覆产品性能与用途

（1）真空微蒸发镀产品外观呈金属光泽，一般镀钛磨粒外观为银白色，表面光亮，镀层厚度一般在 1μm 以内，增重量根据粒度大小不同在 0.3% ~1.0% 范围内。镀层与磨粒表面形成化合物（金刚石镀钛形成 TiC），结合牢固，经测试结合强度不低于 140MPa，在

图 2-4-5　镀钛后金刚石表面形貌

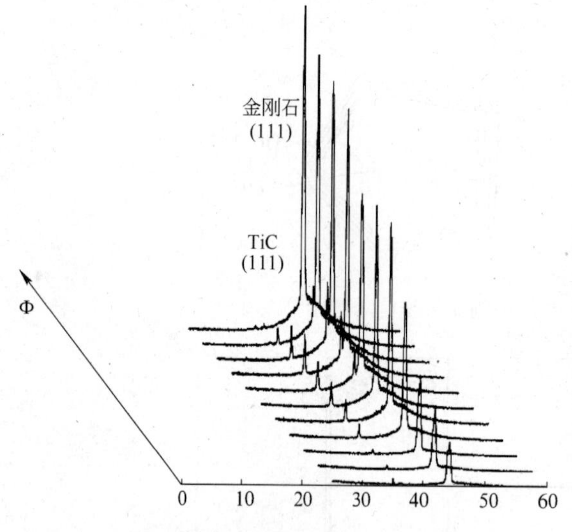

图 2-4-6　金刚石-TiC-Ti 过渡状态 XRD 图谱

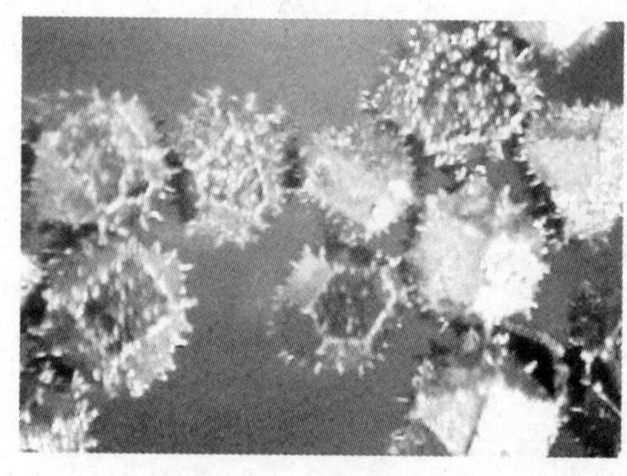

图 2-4-7　金刚石 Ti + Ni 复合镀表面刺状形貌

细粒度砂纸之间进行摩擦及冲击条件下镀层均不发生脱落；Ti、Cr、Mo、W 等在室温属不易深度氧化的材料，故镀覆产品可长期保存，并在继续使用前不需另外处理；还可实现与其他金属真空条件下的钎焊。

（2）真空微蒸发镀覆设备简单可靠，价格较低，操作简便，单次镀覆量可达数千克甚至更多，镀覆成本低廉，镀覆粒度范围可小至纳米级；在对工艺参数进行适当调整后，还可在 PCD 上镀覆 Ti、W 等金属，以提高 PCD 与金属结合剂的结合能力[13]。

（3）镀层材料可实现多选择性。对于金刚石，正如前述可镀覆多种碳化物形成元素，并可镀覆 Ti-Cr、Ti-W、Ti-Mo 等合金，镀层性能也有所不同。对于 cBN 一般只推荐镀覆 Ti。

（4）真空微蒸发镀覆产品适用范围广，这些都是其他镀覆方法所难以做到的。由于存在诸多优点，该项技术自 1991 年问世以来，逐渐得到推广，为国内外同行所认可。到目前为止，在我国的金刚石、cBN 的金属、陶瓷结合剂制品中，绝大多数都采用了这项技术，如金刚石锯片、砂轮、磨滚等，还包括陶瓷结合剂制品；还有相当数量的真空微蒸发镀覆产品出口到世界各国，专用镀覆设备也有出口，是具有我国自主知识产权并国际领先的技术。图 2-4-8 是真空微蒸发镀覆产品系列及应用范围。

真空微蒸发镀覆除直接用于超硬工具制造外，也可用于电镀镍的预处理，简化了电镀

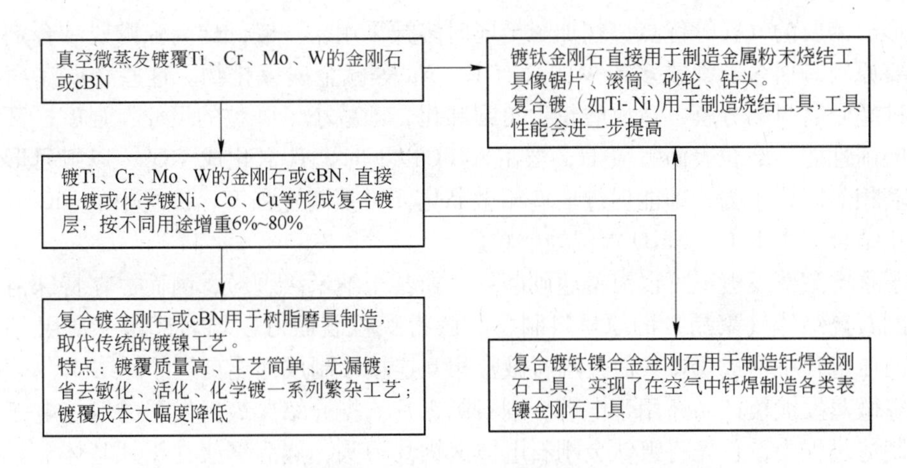

图 2-4-8　真空微蒸发镀覆产品系列及应用范围

镍的预处理过程，消除了预处理液体给电镀液带来的污染，节省了稀贵的金属钯，大幅度降低了成本，成为新型的 Ti + Ni 复合镀层。

4.2.3.3　Ti + Ni 复合镀

Ti + Ni 复合镀是在真空微蒸发镀覆的基础上发展起来的新型复合镀层的方法，其镀层结构与单纯表面镀覆 Ti 等相比，是在镀层的外表面用电镀的方法增加了一定厚度的 Ni 镀层，防止了钛在高温时与大气接触时易于氧化而影响结合力的问题。同时，厚度较大时强度较高的 Ni 还可增加强力磨削时结合剂对磨粒的支撑[15, 16]，使用效果均有大量报道，使金刚石锯片、砂轮等磨具的使用寿命及效率大幅度提高，是目前极具发展潜力的先进方法之一。另外，在超硬磨粒作为钎焊颗粒使用时，由于镀层外表面 Ni 的保护作用和与其他金属良好的浸润性，使得钎焊容易进行，甚至在大气条件下也可进行[17]。这种 Ti + Ni 的复合镀层还可用于电火花放电烧结，有关文献报道了这一方法的可行性，使电火花放电烧结中无导电性的金刚石成为烧结后制品强度的增强点。金刚石镀覆 Ti + Ni 后在大气条件下与焊料结合状态如图 2-4-9 所示。

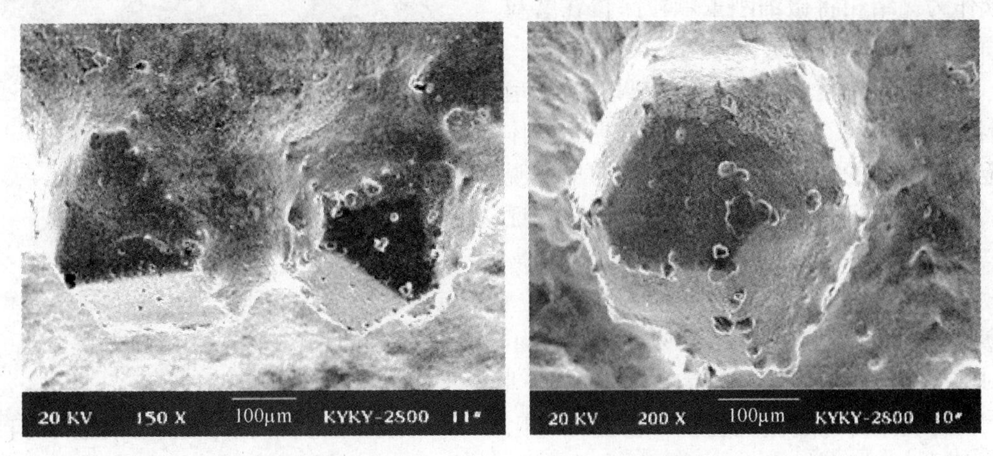

图 2-4-9　金刚石镀覆 Ti + Ni 后在大气条件下与焊料结合状态

陶瓷结合剂超硬磨具与其他类型结合剂相比，具有磨面形状保持性好、对金属不黏着、可形成需要的气孔等优点，在加工金属时多被采用。一般低熔高强陶瓷结合剂以硼玻璃为主要原料者居多，都或多或少的含有 K、Na 等碱金属氧化物。这些物质在高温下都强烈促进超硬磨料的分解，造成磨粒尖角圆钝化，即减小了磨粒的尺寸、强度，又影响了磨粒的磨削性能。磨粒表面镀覆 Ti，当在 800℃以上时，Ti 氧化成 TiO_2，以组元形式进入陶瓷玻璃相的网格中去，即能促进玻璃相微晶化，增强陶瓷强度，镀层中的 TiC 或 TiN 等又可阻止结合剂中 K_2O、Na_2O 等侵蚀磨粒。

由于真空微蒸发镀覆可以镀覆超硬磨粒微粉甚至纳米级颗粒，因而，在特殊情况下可用于金刚石烧结体（聚晶）的原材料制备。微粉颗粒表面可以均匀镀覆一薄层 Ti，在高温、超高压过程中形成 TiC 并使金刚石微粒相互连接，制成性能良好的烧结体。

真空微蒸发镀覆产品还用于电镀金刚石圆锯片。据介绍，最新发展的铆接电镀刀头圆锯片在制造过程中，首先将镀钛金刚石电镀成锯片刀头，然后铆接在锯片基体上。之所以用镀钛金刚石，是由于 Ti 镀层使金刚石具有导电性，在电镀过程中可与基体同时沉积镍。与电镀金刚石砂轮有所不同的是金刚石颗粒间可存留一定的孔隙，使锯片在使用过程中冷却更为充分，并且颗粒与 Ni 基结合剂黏结牢固，为该种产品制造工艺的实现、长寿命、高效率和大进给做出决定性的支持。

4.2.4 超硬磨料表面涂覆刚玉陶瓷

对于树脂结合剂磨具，常采用前面所述的电镀镍等工艺，增加磨粒表面的粗糙度，增加磨粒与结合剂的结合面积，以此来增加结合剂对磨粒的结合力。电镀镍等由于表面的粗糙度不够，又推出表面长刺的镍镀层，这在一定程度上的确可以起到重要作用，但伴随而来的问题是镀层过厚（增重量一般 70% 以上），铜、镍等金属极强的韧性，使磨粒宝贵的锋刃难以出露，影响磨削效率。

由我国最新研制成功的超硬磨料表面涂覆刚玉的技术很好地解决了这一问题。利用对超硬磨料和刚玉具有良好润湿特性的低熔玻璃作为黏结相将微细刚玉颗粒涂覆在磨粒表面，形成一刚玉涂层，如图 2-4-10 所示。

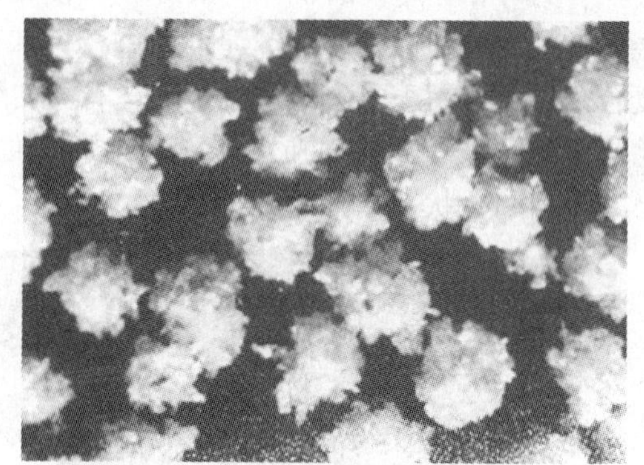

图 2-4-10 cBN 表面涂覆刚玉后的形貌

刚玉颗粒涂覆的磨粒表面凸凹不平，呈“刺状”，在树脂结合剂砂轮中能够提高基体对金刚石磨料的结合力，防止磨粒的早期脱落。涂层厚度可在一定范围内控制，实验证明，当增重量在 25% ~45% 范围时，得到最佳效果。涂覆刚玉的磨粒，由于涂层与磨粒表面有效黏结，并填补了磨粒表面缺陷，可以使磨粒单颗粒抗压强度提高 30% ~50%；由于刚玉的导热性介于磨粒和树脂之间，还可减缓向结合剂的热量传递，贮存一部分热能，降低了烧毁树脂界面的可能性。

另外，刚玉涂层呈现脆性，在磨粒钝化之后，可适时脆裂脱落，提高了磨具的自锐性；同时，在磨削过程中由于刚玉本身硬度、强度很高，刺状表面定扎在结合剂中，不但有辅助磨料的作用，还对磨粒提供了强有力的支撑，使磨削寿命大幅度提高。

除此之外，实验表明，表面涂覆刚玉的超硬磨料还可用于陶瓷结合剂磨具。涂覆刚玉的磨粒，烧结温度达到一定时，结合剂中硼玻璃逐渐软化，其中 K_2O、Na_2O 等碱金属氧化物活性增强，由于刚玉与结合剂之间存在很强的反应能力，使结合剂与磨粒良好结合。靠近磨粒的硼玻璃组分在高温时，形成的液体黏度不断下降，cBN 表面的刚玉与硼玻璃之间的反应能力提高，使这一部分结合剂中 Al_2O_3 含量增加，这样一个过程不仅由于 cBN 周围的结合剂中 Al_2O_3 含量的增加使强度提高、磨粒与结合剂结合能力提高，同时也阻止了高温下硼玻璃对磨粒表面的侵蚀。这样的表面状态使磨粒位置消除了孔洞效应。这样的结合形式，造成了“磨粒＋刚玉＋含有多量刚玉结合剂＋含有少量刚玉结合剂”这样一个梯度结合的有机体，在膨胀系数的匹配方面也是十分有利的。涂覆刚玉的 cBN 试样断面的 SEM 照片如图 2-4-11 所示，cBN 磨粒、刚玉涂层与结合剂结合处的 SEM 照片如图 2-4-12 所示。

图 2-4-11 涂覆刚玉的 cBN 试样断面的 SEM 照片

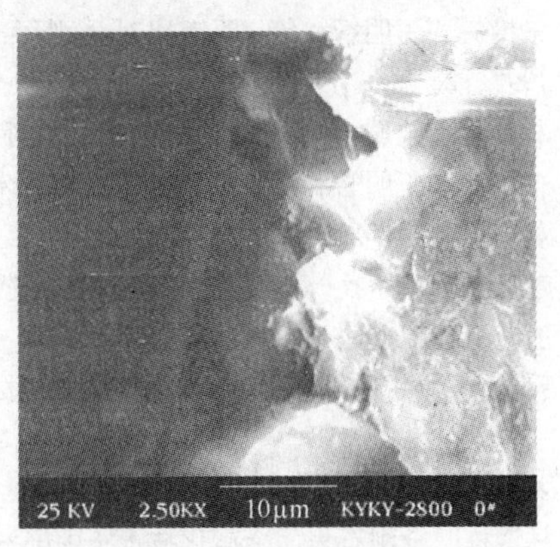

图 2-4-12 cBN 磨粒、刚玉涂层与结合剂结合处的 SEM 照片

实验结果表明，采用刚玉涂覆的金刚石磨料制造磨具，可提高磨具的磨削效率，并延长磨具的使用寿命。这种既提高磨削寿命、又提高磨削效率的作用是其他任何镀覆方法无法做到的。

4.2.5 其他镀覆（涂覆）方法

表面喷涂活性玻璃涂层的方法是一项专利技术。这项发明是将 cBN 颗粒上涂覆一层玻璃质涂层。这种涂层是由可与 cBN 反应的活性玻璃和与陶瓷结合剂相近的外层玻璃所组成。其方法是用热蒸汽为载体，在 cBN 磨粒表面喷涂一层活性玻璃，冷却干燥后与外层玻璃的浆料混合，在专用的设备上涂覆烧结，形成外表面的玻璃涂层。这种经过涂覆的颗粒在制造 cBN 磨具中是有一定作用的，其一是在涂覆外层玻璃的烧结过程中，内层活性玻璃与 cBN 反应，放出分解气体，以避免在制造磨具时放出气体形成气泡减弱与结合剂的结合力；二是活性玻璃很容易与 cBN 结合，而外层玻璃又与陶瓷结合剂性能相近，可以良好结合[20]；但由于处理过程过于繁琐复杂，至今还未形成工业应用。

4.3 表面镀覆金刚石的用途

除以上介绍的几种方法外，还有磨粒表面涂覆硅等涂层、盐浴法镀覆钛、钨金属等。时至今日，针对提高磨粒与结合剂结合力、保护磨粒不受侵害或赋予磨粒表面特殊性能的方法很多，多数处于研究阶段或经实践证明工业应用推广困难、成本过高等，诸多原因使这些研究被搁置。通过多年实践，可以认为比较成熟的超硬磨料表面处理技术及用途是：

（1）超硬磨料电镀铜、镍及其复合镀铜、镍技术，主要用于树脂结合剂磨具；

（2）真空微蒸发镀覆钛、铬、钼、钨技术，主要用于金属、陶瓷结合剂磨具；

（3）复合镀钛-镍技术，主要用于金属、陶瓷、树脂结合剂磨具；

（4）涂覆刚玉技术，主要用于树脂、陶瓷结合剂磨具。

各种镀覆（涂覆）技术都各具特点，只有正确选用才能获得最佳使用效果。

参考文献

[1] 王艳辉，王明智，等. Ti 镀层对金刚石-铜基复合材料界面结构和性能的作用[J]. 复合材料学报，1993，2.

[2] 林增栋. 金属-金刚石的粘结界面与金刚石表面的金属化[J]. 粉末冶金技术. 1989，1.

[3] 王艳辉，王明智，等. 超硬材料镀覆技术与装备. 国家“八·五”攻关项目：85-719-05-26/05 鉴定材料. 1994 年 10 月.

[4] 赵玉成，臧建兵，王明智，等. 刚玉涂覆的超硬磨料[J]. 金刚石与磨料磨具工程，1999，5.

[5] 王光祖，院兴国. 超硬材料[M]. 郑州：河南科学技术出版社，1996 年 8 月，276.

[6] 孙毓超，等. 金刚石工具与金属学基础[M]. 北京：中国建材工业出版社，1999，10，146.

[7] 王艳辉，王明智，等. 镀 Ti 立方氮化硼与玻化 SiO_2-Na_2O-B_2O_3 结合剂的作用[J]. 无机材料学报，1994.

[8] 林增栋. 金刚石表面金属化技术. 中国发明专利，858310286.

[9] Y H Wang，J B Zang，M Z Wang，Y Z. Zheng. Relationship of Interface Microstructure and Adhesion Strength between Ti Coating and Diamond. Key Engineering Materials，in press.

[10] 王明智，王艳辉，等. 立方氮化硼表面镀 Ti 及其与金属粘接剂的作用[J]. 中国有色金属学报，1997 年 2 月.

[11] 王明智，王艳辉，等. 金刚石镀覆工艺与使用效果的关系[J]. 金刚石与磨料磨具工程，2003 年 1 月.

[12] 王明智，王艳辉，等. 金刚石表面的 Ti、Mo、W 镀层及界面反应对抗氧化性能的影响[C]. '93 郑州国际超硬材料研讨会论文集，郑州：1993. 173.

[13] 王艳辉，王明智，等. 聚晶金刚石表面金属化钛镀层的研究. 薄膜科学与技术，1993 年 1 月.

[14] Y H Wang，J B Zang，M ang，Y Guan，Y Z Zheng. Properties and Applications of Ti-coated Diamond Grits. Journal of Materials ProcessinZ. Wg Technology，2002，129(1～3)：371～374.

[15] Y H Wang，H X Wang，M Z Wang，Y Z Zheng. Brazing of Ti/Ni-Coated Diamond. Key Engineering Materials，2001，202～203：147.

[16] 钟建平，王明智，等. 复合镀钛-镍金刚石的钎焊工艺[J]. 金刚石与磨料磨具工程，2001 年 5 月.

[17] 王明智，张世良，等. 金刚石表面复合镀层结构及可焊性研究[J]. 工业金刚石，2002(3～4).

[18] 王明智，钟建平，等. 金刚石表面镀层在电火花烧结过程中的行为及对制品性能的影响[J]. 粉末冶金技术，2003，4.

[19] 王明智，赵玉成，等. CBN 表面镀覆对陶瓷结合剂磨具性能的影响[C]. 第四届郑州国际超硬材料及制品研讨会论文集. 郑州：2003，9.

[20] Thomas J. Clark，Coating for Improved Retention of CBN in Vitreous Bond Matrices，USP5300129，1994.

（燕山大学：王明智）

5 化学气相沉积金刚石

5.1 概述

利用化学气相沉积方法（Chemical Vapor Deposition，CVD）生长金刚石薄膜材料，是20世纪80年代开始风靡世界的一种新型金刚石材料制备技术，作为一项世界高新材料制造技术，经过近二十多年的理论和实验研究，CVD金刚石薄膜的沉积工艺、设备及理论得以不断完善，CVD金刚石沉积技术亦取得了令世人瞩目的成就。基于CVD金刚石生产设备的多样化，目前已研究出多种CVD金刚石薄膜制备方法。CVD金刚石薄膜制备在沉积生长速率、沉积面积、膜片厚度、结构性质、内在结晶质量、晶粒组织结构、金刚石纯度等方面均取得了重大研究进展。CVD金刚石的很多物理性能如硬度、密度、导热性、透光性与天然金刚石已极为接近，如表2-5-1所示。

表2-5-1 CVD金刚石薄膜与天然金刚石物理力学性能对比一览表[1]

性 能	天然金刚石	CVD金刚石
硬度/10^5Pa	10000	9000～10000
纵波声速/$m \cdot s^{-1}$	18000	>16000
折射率（590nm）	2.41	2.4
透过波段/μm	0.225～远红外	0.225～远红外
密度/$g \cdot cm^{-3}$	3.52	3.52
杨氏模量/GPa	1200	接近天然金刚石
抗弯强度 σ/MPa	2940	800
断裂韧性/$MPa^{1/2}$	约3.4	1～8
电阻率/$\Omega \cdot cm$	10^{16}	>10^{10}
电子迁移率/$cm^2 \cdot (V \cdot s)^{-1}$	2200	—
空穴迁移率/$cm^2 \cdot (V \cdot s)^{-1}$	1600	—
介电常数	5.68	5.68
高频损耗 $\tan\delta$（145GHz）	$<10 \times 10^{-6}$	$(8 \sim 50) \times 10^{-6}$
热导率（300K）/$W \cdot (cm \cdot K)^{-1}$	20	10～20
磨耗比（1：10000）	>40万（111方向）	>30万
禁带宽度/eV	5.5	5.5
化学惰性	常温下不溶于酸和碱	常温下不溶于酸和碱

目前，利用CVD方法可实现四种主要形态的金刚石薄膜材料，它们是：纯多晶金刚石厚膜；涂层金刚石膜；大尺寸单晶金刚石膜；纳米金刚石膜。

作为多晶结构膜材料，CVD 金刚石薄膜具有各向同性的晶形特征，其力学、光学、电学和声学等物理特性是目前自然界最好的材料之一。由于其独特的生长方法，CVD 金刚石材料的应用可根据需要和用途不再需要经过复杂的定向测试分析，就可以根据需求切割成任何形状进行工具制作。由于可以以 20μm/h 的沉积速度生长厚度为（0.3 ~2）mm 的各类功能性 CVD 金刚石薄膜状材料，并可人为控制金刚石薄膜的生长尺寸、形状，解决了 CVD 金刚石的形状和尺寸限制，使金刚石的性能使用领域得到了更为广泛的拓展。随着 CVD 金刚石产业化的进程，一些品质各异，质量上乘的 CVD 金刚石薄膜材料正在以快速增长的态势形成工业产品并进入工业化应用领域。

研究表明，CVD 金刚石膜材料不但可以在力学领域得到充分的应用，而且可以广泛应用于目前以至将来的通信、电子、微波等多种领域，其应用前景和潜在市场极为广泛。

5.2 CVD 金刚石薄膜的制备方法与特点

5.2.1 CVD 金刚石薄膜的制备方法

目前已知的 CVD 金刚石薄膜的制备方法主要有以下 6 种：

（1）热丝直流等离子体（HFCVD）制备方法；

（2）微波等离子体（MPACVD）制备方法；

（3）直流电弧等离子体喷射（DC Arc plasma jet CVD）制备方法；

（4）直流热阴极等离子体（DC PACVD）制备方法；

（5）高频辉光放电等离子体（rf plasma CVD）制备方法；

（6）氧-乙炔火焰制备方法。

下面对上述几种 CVD 金刚石薄膜主要制备方法的技术特点分别进行简单介绍。

5.2.2 热丝直流等离子体（HFCVD）CVD 金刚石沉积技术

热丝直流等离子体（HFCVD）沉积金刚石膜技术是当前最为成熟也是使用最为普遍的技术，图 2-5-1 为直流等离子体热丝复合 CVD 金刚石膜生长设备原理图，该设备主要由真空系统、灯丝、衬底、气体流量计电控系统构成。该技术已经能够实现生产工业用途的各类 CVD 金刚石膜材料。该技术特点是：设备投资少，成本较低，工艺参数容易控制，

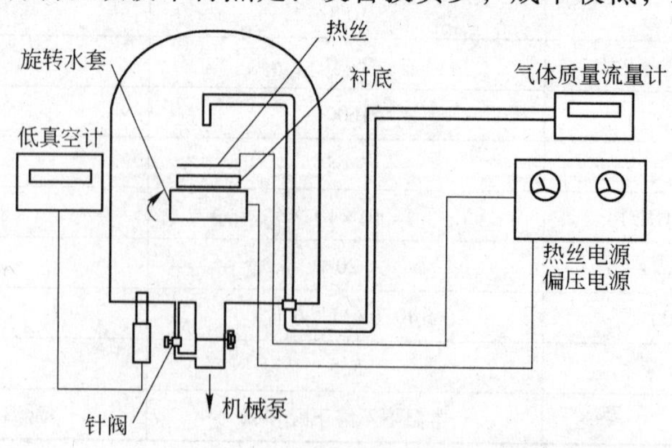

图 2-5-1 直流等离子体热丝复合 CVD 金刚石膜生长设备原理图

沉积区域大。热丝可根据基体形状进行三维分布设计，具有极大的灵活性。

热丝 CVD 技术主要用于大面积金刚石厚膜和金刚石涂层制备。如制备直径 ϕ100 ~ 200mm，厚度为(0.3 ~2)mm 的金刚石原片，亦可制备（几 ~ 几十）μm 厚度的形状复杂的金刚石膜涂层。热丝直流等离子体（HFCVD）沉积金刚石基本工艺参数为：

主要原料气体：碳氢气体（如甲烷、乙醇、丙酮等），氢气等；

甲烷：纯度 99.99%，氢气：纯度 99.99%；

热丝材料：Ta，W 等高温难熔材料；

基体材料：Si，Mo，WC，Si_3N_4 等熔点较高的无机材料；

甲烷浓度：占总流量的 0.2% ~5%；

沉积腔体压力：5 ~200Torr，通常为 30 ~60Torr(1Torr =133.322Pa)；

基体温度：800 ~1000℃；

热丝温度：2000 ~2600℃；

生长时间：数小时至几百小时（根据实际需要）。

通常热丝结构为平行分布于基体表面的平面阵列，或为在曲面基体沉积金刚石膜而将热丝排列成相应的曲面分布。

5.2.3 微波等离子体 CVD（MPACVD）金刚石沉积技术

利用微波激发原料气体放电产生的等离子体，能够沉积金刚石膜。由于微波等离子体为无极放电，且能量级别高于热丝；可以加入氧气等氧化性气体，提高清除石墨的速率。因此 MPACVD 方法能够沉积高纯度金刚石。

实验室用小功率 MPACVD 金刚石沉积装置微波输出功率一般为 1 ~8kW，微波频率一般为 2450MHz，沉积面积的直径约 40 ~50mm。而生产用 MPACVD 金刚石沉积装置微波输出功率一般为 30 ~ 100kW，微波输出频率为 915MHz，沉积面积的直径可达到 100 ~ 150mm。图 2-5-2 为输出功率 60kW，输出频率（915MHz）的金刚石膜沉积装置示意图（美国 ASTEX 公司设计制造）。该装置主要由微波（输入、输出）窗口、基体、原料气体、等离子体、循环冷却系统构成。

由于 MPACVD 沉积的金刚石膜的纯度很高，通常用于热沉、光学和微波等方面。也

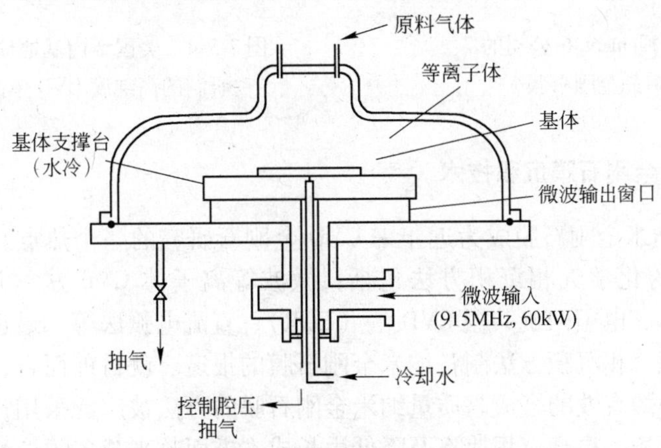

图 2-5-2 60kW MPACVD 生长装置原理图（ASTEX）

可以用来沉积纳米（NCD）或超纳米金刚石膜（UNCD）。主要沉积参数与热丝类似，甲烷浓度 0.5% ~5%，总气体流量(标态)200 ~ 1000mL^3/min。可适当加入氧气以提高金刚石膜的纯度和生长速度。

NCD 或 UNCD 的沉积参数与上述差别很大，例如采用 MPACVD 技术沉积纳米金刚石膜，主要原料气体为 CH_4（约 1%），Ar，以及少量 H_2(0 ~ 35%)。阿贡国家实验室沉积的 UNCD，所用的气体比例为 CH_4 约 1%，Ar 约 99%。

美国的 ASTEX 公司（APPLED SCIENCE AND TECHNOLOGY，INC.），德国的 IAF 公司（The Fraunhofer Institute for Applied Solid State Physics），爱尔兰的 Element. 6 公司等，在 20 世纪 90 年代为尝试用 MPACVD 技术生产 CVD 金刚石，设计开发了 915MHz 的大功率 MPACVD 设备，使 MPACVD 沉积 CVD 金刚石技术得到了突破性进展。

利用高纯度甲烷、加上氢、氮等气体辅助，在微波设备中让甲烷气体中的碳分子不断累积到金刚石原晶（晶种）上，经过一层层增生，可形成重量将近 10ct 的透明钻石。采用微波等离子体设备可实现高质量 CVD 金刚石的沉积，而且可实现大尺寸单晶金刚石高速外延生长，其沉积速度最高可达到 100 ~ 200μm/h，沉积的晶体单重可达到 10ct。由该项技术沉积的金刚石结晶质量好，纯度高，电、热、光等物理性能俱佳，其晶体生长速度已经超过了高温高压合成大单晶技术。随着沉积技术的进步，晶体内部缺陷大大降低，CVD 单晶金刚石的各项性能也更加稳定可靠，未来有可能在半导体材料应用方面发挥重要作用。利用微波等离子体（MPACVD）技术沉积的高纯度 CVD 单晶金刚石如图 2-5-3 和图 2-5-4 所示。

图 2-5-3 Element. 6 公司的 CVD 单晶金刚石膜

图 2-5-4 美国卡内基地球物理研究所研制的高纯度 CVD 单晶金刚石

5.2.4 CVD 纳米金刚石膜沉积技术

CVD 法制备纳米金刚石膜成为近年来 CVD 金刚石研究的一个热点。已经尝试过的制备纳米金刚石膜的化学气相沉积方法包括：微波等离子体 CVD 法（MWPCVD）、热丝 CVD 法（HFCVD）、电子回旋共振 CVD 法（ECR）、直流电弧法等。最近甚至有激光技术和磁控溅射等物理气相沉积方法制备纳米金刚石膜的报道。就目前而言，微波等离子体化学气相沉积法作为最有效的合成高质量纳米金刚石膜的方法被广泛采用；热丝法化学气相沉积法在膜片大面积、提高沉积速率及降低生长成本方面越来越多的受到关注。

微波等离子体化学气相沉积法非常适合用来沉积高质量纳米金刚石膜，但其设备购置、维护都很昂贵。由于热丝法设备容易购置，维护费用低，所以目前国内一般采用热丝法化学气相沉积制备纳米金刚石膜。

纳米金刚石膜的主要特点是晶粒尺寸可达到（几～几百）纳米数量级，一般晶粒尺寸在$(10^1 \sim 10^2)$nm 范围的称纳米金刚石膜，晶粒尺寸在$(10^0 \sim 10^1)$nm 范围的称为超纳米金刚石膜。纳米金刚石膜晶体结构更加致密，机械强度更高（其断裂强度达到 4GPa 以上，为微米级的 4～5 倍）。密度 3.1～3.5g/cm^3，热导率 5～14W/(cm · K)，杨氏模量为 500～1120GPa（与形核密度有关），膜片表面光滑。CVD 纳米金刚石膜具有非常优秀的力学性能，用途更为广泛。因此在耐磨部件，以及微（纳）机电技术和产品（如微机电马达，微泵，微探针以及微桥等）等方面将可能得到更多的应用。图 2-5-5 显示的是 ADT (Advanced diamond Technologies）公司制作的转速可达到 5000r/min 的超纳米金刚石膜机械泵密封件产品（图 2-5-5a）。和金刚石原子力显微镜（AFM）微探针（图 2-5-5b）。

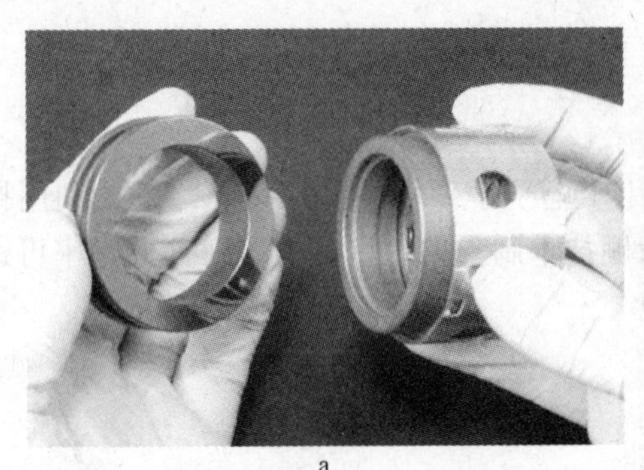

a

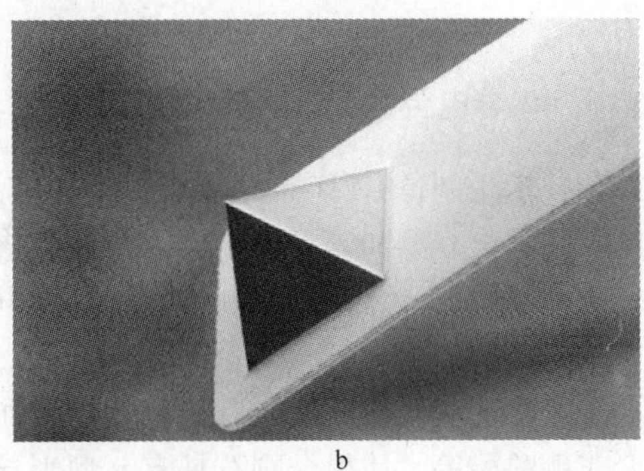

b

图 2-5-5　超纳米金刚石膜（UNCD）旋转密封件
金刚石原子力显微镜（AFM）微探针

5.2.5　CVD 金刚石膜涂层技术

利用 CVD 方法可以生产金刚石薄膜涂层材料，金刚石薄膜涂层与 CVD 金刚石厚膜最主要的不同点是：厚膜是沉积完成后将金刚石层完整的从衬底材料上分离开来，金刚石膜作为独立的材料单独使用。而金刚石薄膜涂层是使沉积的金刚石（金刚石膜厚度约为 5～20μm）牢固的附着在硬质合金基体上并使二者成为一个有机共同体，涂层材料既具有金刚石的硬度又具有硬质合金韧性的特点。因此，金刚石薄膜与硬质合金表面之间的附着强度是评价金刚石涂层质量的一项至关重要的技术指标。

生产 CVD 金刚石薄膜涂层材料，首先要对硬质合金衬底进行预处理，一方面消除硬质合金中钴对金刚石沉积过程的影响，另一方面要增加硬质合金表面的粗糙度以达到提高附着强度的目的。也可通过金刚石膜与硬质合金衬底之间沉积过渡层或复合过渡层的方法达到提高附着强度的目的。沉积工艺的合理设计和精细控制亦可起到增强附着强度的作用。

目前 CVD 金刚石薄膜涂层工业化生产技术研究正在取得不断进展，主要供应的产品是切削工具和耐磨部件。如铣刀、钻头、大孔径拉丝模（硬质合金基体）等工业产品。利用纳米金刚石涂层技术及精密的等离子加工技术，业已成功地研制出金刚石涂层刀片和微机电部件产品。

CVD金刚石涂层基本工艺参数：

沉积设备：热丝直流等离子体（HFCVD）沉积设备、微波等离子体（MPACVD）沉积设备等；

反应气体：CH_4、H_2；

气体浓度：CH_4：1% ~3%；H_2：97% ~99%；

混合气压力：30 ~60Torr(1Torr = 133.322Pa)；

基体材料：YG_6 或 YG_8 硬质合金；

基体温度：750 ~950℃；

渡层或复合过渡层材料：Ti、B、TiC、TiN、Cu或WC/W、TiN/TiCN/TiN、TiCN/Ti；

基体处理方法：酸—碱处理法、化学试剂处理法、等离子体刻蚀法、渗硼法、热处理等方法。

5.2.6　CVD导电金刚石膜的沉积技术

掺杂技术是制备CVD导电金刚石膜并应用于电子学领域的关键技术之一，利用掺杂技术可以制备出p型和n型金刚石膜，通过掺硼技术制备的p型金刚石膜其电阻率可达到 10^{-1} ~$10^{-2}\Omega\cdot cm$。CVD方法制备金刚石导电膜基本工艺过程如下：

在金刚石沉积气体中加入有机硼化物，如硼烷，三硼酸酯等，使得金刚石具有p型半导体的导电特点。掺硼金刚石薄膜具有宽的（3V左右）电势窗口和极高的电化学稳定性等。图2-5-6给出了导电金刚石膜典型的循环伏安特性曲线，曲线描述了金刚石膜的相纯度和掺硼的含量对该特性产生的影响。

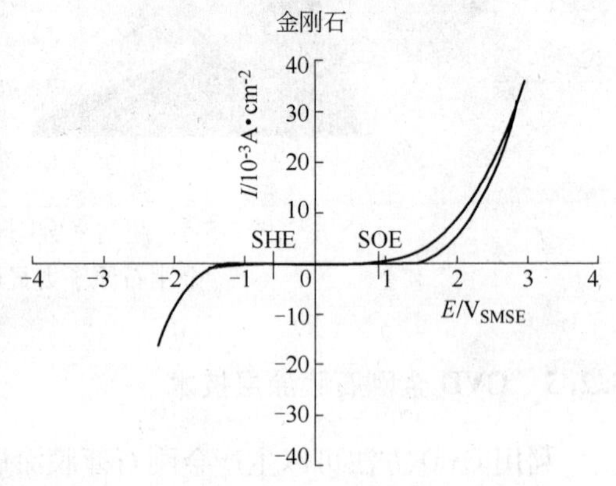

图2-5-6　CVD导电金刚石膜典型的循环伏安特性（in 0.1N H_2SO_4 vs. SMSE.）
SHE—标准氢电极；SOE—标准氧电极；SMSE—浸入的硫酸汞电极

导电金刚石膜的宽电势窗口特性，能够将水中的有机物分解为二氧化碳和水，而无其他副产品，甚至对长链有机分子，能够被矿化而无中间产物。因此，在有机污水的处理、电化学分析、电合成、电氧化等领域，将有极大的应用前景。

5.3　CVD金刚石的应用

CVD金刚石膜具有极高的硬度、耐磨性和低的摩擦系数，具有与天然金刚石几乎相同的热导率，是自然界最好的导热材料。CVD金刚石还具有优异的光学性能，从X射线-紫外光-可见光-红外光直至毫米的微波波段的高透过率。此外，CVD金刚石膜在声、电方面也表现出了极为优越的性能。所有这些独特优异性能，决定了CVD金刚石膜在多学科多领域的广泛应用。表2-5-2对CVD金刚石不同性能对应的应用，或将来有可能应用领域进行了描述。

表 2-5-2　CVD 金刚石的不同性能对应的应用领域

性能＼应用领域	已商业化应用	近期商业化应用	将来可能的应用
弹性模量（硬度）	切削工具、耐磨器件、振动膜、饰品、表面涂层	磁盘光盘涂层、声表面波器件	微电子机械系统
热导率	热沉、传感器	光电信息领域高端器件的散热元件、热敏元件	耐高温半导体器件、高功率放大器件
透光学和 X 射线	X 射线窗口	光学窗口、高效声换能器、声学反射镜	光刻掩膜、抗热冲击高强度透光材料
半导体特性	半导体激光器绝缘散热衬底		半导体器件；场发射器

5.3.1　在工具方面的应用

由于 CVD 方法生产的金刚石膜晶粒结构致密且不含任何黏结剂材料，所以其具有极高的硬度、超强的耐磨性、良好的断裂韧性和低的摩擦系数，具备了与优质单晶金刚石基本相当的性能。CVD 金刚石作为切削刀具材料的有利条件是其无与伦比的硬度所导致的优良组合性质。这些性能使它有可能成为机械加工业，特别是汽车、航空航天、材料加工等精密机械行业的关键材料。如高精度、超高精度加工的切削工具，拉丝模工具、多种耐磨部件、磨床用高精度砂轮修整滚轮、高精度修整刀、修整笔，新型高压水射流加工的“长寿命”喷嘴以及劈花刀以及现代外科用手术刀等。其良好的韧性及其内部晶粒不具有方向性的特征作为刀具材料，可显著改善刀具的耐磨性和抗冲击韧性，采用独特修磨工艺制备的 CVD 金刚石刀尖，可采用真空技术焊接到硬质合金刀片上，其异常锋利的切削刃口，足以在低切削压力下剪切工件材料。在用于连续车削及轻负荷断续车削、精铣和半精铣刀加工时，特别是用来加工高耐磨的非铁族材料，如中～高含硅量的铝合金、各种材料金属基复合材料（MMC）、碳复合材料、增强型塑料、铜合金材料等，刀具寿命与 PCD 刀具相比，可提高 100%～200%。特别在切削薄壁工件时可获得良好的加工结果。大多数独立的用于切削刀具的 CVD 金刚石厚膜材料厚度均大于 0.5mm。由于 CVD 金刚石的晶核沉积表面相对光滑，晶面的晶核尺寸较小（约为 1～5μm），经过抛光可用作切削刀具前倾面。而沉积的底面的晶粒尺寸较粗大（大于 50μm），一般被真空钎焊在钨硬质合金刀体或高速钢刀体上。

相对金刚石厚膜材料，CVD 金刚石涂层的金刚石层厚度要薄很多，一般仅为 5～20μm，作为新型刀具材料，CVD 金刚石涂层应用技术研究进步很快，CVD 金刚石涂层工具产品如各类异形切削工具、钻头、机卡刀等将成为加工中心、数控机床刀具库中不可或缺的组成部分。

CVD 金刚石工具制作工艺流程如图 2-5-7 所示。

5.3.2　在热学和光学方面的应用

CVD 金刚石膜作为当前已知自然界最好的人造导热材料之一，它不但具有高出银、铜等高导热金属材料 5 倍以上的热导率，而且与众多半导体材料有很好匹配的热膨胀系数。

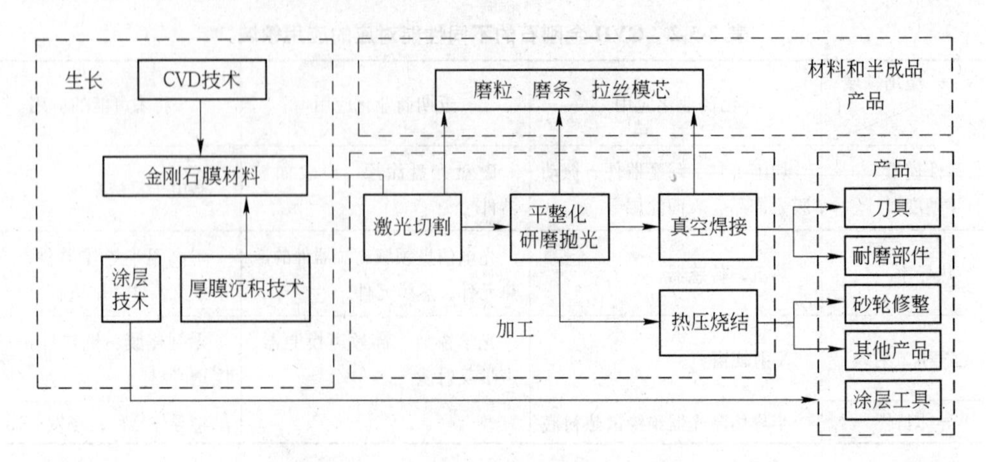

图 2-5-7　CVD 金刚石工具制作工艺流程

优异的导热性能可以使 CVD 金刚石作为高功率密度电子器件最好的散热材料，如大功率半导体器件、微波器件和大规模集成电路等器件的散热片。也可用于制作信息领域中固体微波器件、三维固体电路（MCM）及高速计算机芯片等元器件的散热片，其优良的导热性能可以使这些器件的质量稳定性得到充分保证。以 CVD 金刚石膜为热沉材料的激光二极管由于可在每平方厘米数千安培的强电流密度条件下工作，CVD 金刚石膜热沉将成为光纤通讯及激光技术中最重要的器件。

CVD 金刚石的优异光学性能使其具有极宽的光学和电磁波的透过频带，从 X 射线直至远红外波段光波透过率甚高（表 2-5-1）。它的卓越的透 X 光特性可成为未来微电子学器件制备的亚微米级光刻技术的理想材料，也可用做航天航空、国防等高科技领域的激光、红外窗口材料在恶劣环境中使用。例如大功率 CO_2 激光器窗口、自由电子激光器和 X-Ray 窗口、高速导弹多色制导窗口以及各种恶劣条件下的宽波段 ~ 可见光-近红外-远红外光学窗口等，如图 2-5-8 所示。如各种光制导的导弹头罩，特别是高马赫数（M >4.5）导弹头罩和多色红外探测器窗口。金刚石是非常好的拉曼材料，金刚石的拉曼增益系数，比金属

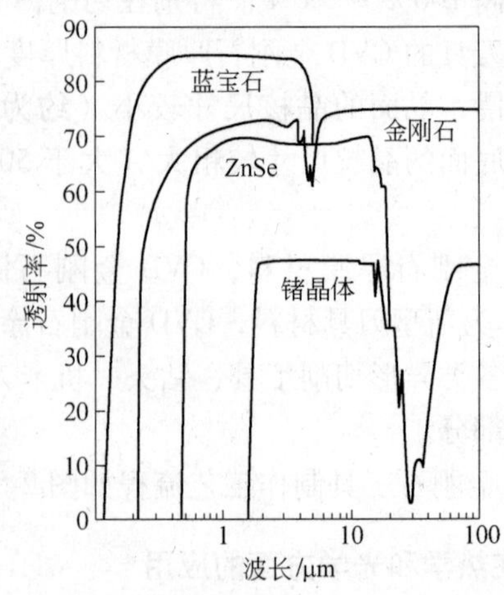

图 2-5-8　CVD 金刚石 CO_2 激光器窗口，红外窗口（左）
光学级 CVD 金刚石与其他材料光学透射率比较（右）

钨酸盐、硝酸钡以及硅等其他可替代的拉曼材料至少要高出40%。在所有的材料中，金刚石具有最大的拉曼频移以及最宽的透光范围，在如此宽的范围内，有许多光谱区域是目前的激光技术无法很好做到的。通过在硅基底上沉积金刚石薄膜的CVD技术研究，人们在实验室中实现了波导、光子晶体器件、辐射探测和光子源。如医学中使用的黄光，这也是目前金刚石拉曼激光器研究的主要推动力之一。此外，金刚石的热导率比其他大多数激光材料约高出两个数量级，这为高功率激光应用提供了巨大潜力。

5.3.3 高温、高频半导体材料应用

CVD金刚石是一种性能优异的高温、宽带隙半导体材料。其电子和空穴载流子迁移速率极高，CVD金刚石高温抗辐射性质可用作高温强辐射环境中工作的半导体器件及各种特性的传感器等。CVD金刚石半导体器件最高工作温度可达到600℃以上，而最好的半导体材料砷化镓的工作温度也仅为250℃左右，这是CVD金刚石材料被定格的终极应用。CVD金刚石代替目前最广泛应用的锗、硅和砷化镓半导体材料，将成为半导体材料和技术发展的里程碑。目前CVD金刚石二极管、场效应三极管以及在恶劣环境下使用的多种光敏-压敏-热敏半导体器件已研制成功，并开始应用和进入市场，因此CVD金刚石半导体器件的问世将会对电子技术带来一场新的变革。

不过目前某些技术如：缺陷密度控制，n-型半导体掺杂的电阻率控制等技术指标还达不到半导体材料要求的技术水平，这些问题的解决将会掀起一场半导体材料的革命。

5.3.4 声学方面的应用

CVD金刚石极高的纵波声速（高于16000m/s）和极高的声表面波速度（约10000 m/s），它也是目前性能最好的高保真扬声器以及高频和超高频应用的声传感器的声学材料，表2-5-3给出了CVD金刚石与其他常用材料的声学特性。

表2-5-3 CVD金刚石与其他常用材料的声学特性

特性 材料	切割方向	方 向	SAW速度 /m·s^{-1}	机电耦合系数 K^2/%	温度系数 /10^{-6}·℃$^{-1}$
水晶	ST	X	3158	0.14	0
$LiNbO_3$	128Y	X	3992	5.5	74
$LiTaO_3$	X	112Y	3288	0.64	18
$Li_2B_4O_7$	45X	Z	3440	1.0	0
ZnO/蓝宝石			3500	4.5	43
ZnO/金刚石			11600	1.2	22
			7180	5.0	30
SiO_2/ZnO/金刚石			9000	1.2	0
			8050	3.9	0
$LiNbO_3$/金刚石			11900	9.0	25

CVD金刚石具有非常高的弹性模量，有利于声学波的高保真传输。利用其高的热导率（比其他材料高一个数量级）和优良的高功率耐受性，非常适合于大功率发射端高频滤波

器等应用。CVD 金刚石结合 SiO_2 温度补偿层，可以达到比石英基片还好的温度系数（-40～85℃）。用金刚石膜作为基片，不必减小插指电极的线宽便可制作频率极高的（中心频率可达到2.5～6GHz）声表面波器件（相应传统声表面波器件若要达到该频率需要将插指电极线宽减小到0.4μm以下）。因此，金刚石膜是通信（卫星通信、移动通信）领域的高频、极高频率声表面波器件基片材料的最佳候选者。如图2-5-9所示为5GHz的金刚石声表面波器件的频率特性。

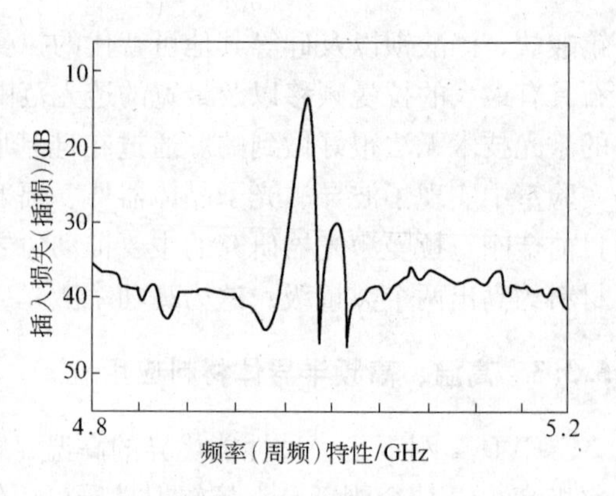

图2-5-9 5GHz SAW 滤波器频率特性

中心频率4976.64MHz，插损3dB，Q 值730，温度系数 100×10^{-6}（-40～85℃）。

利用金刚石的高频特性，可以制作高端高保真音响器件。全晶质金刚石扬声器的频率响应可以达到65kHz以上，远远超出人耳听觉范围（人耳频率范围20Hz～20kHz）。图2-5-10是CVD金刚石扬声器及频率特征曲线。

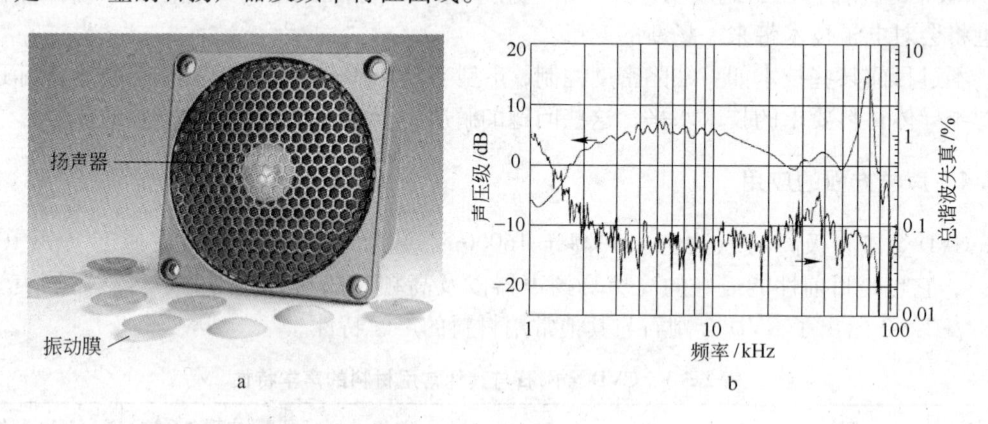

图2-5-10 全晶质金刚石膜高音扬声器以及金刚石振动膜（a）
铝膜和金刚石膜的声压级与频率曲线（b）

5.4 CVD金刚石薄膜的应用

5.4.1 电化学和辐射探测学应用

CVD金刚石的电绝缘、宽禁带、抗辐射以及特有的电负性特点，使它在核反应、高能粒子加速器的探测器应用中获得成功。同时，具有高灵敏度的CVD金刚石放射性探测器在肿瘤的治疗、放射性污染检测和处理中也显示了很好的应用前景。由于具有非常宽的电化学窗口（大于3V）和极好的化学惰性，掺杂的CVD金刚石电化学电极已经开始在环境保护领域如有害污染检测和污水处理中得到应用。CVD金刚石显示器和发光器件中的稀品——兰光器件的研制也获得了很大的进展。目前比液晶显示器耗能还要低1/3的小屏幕CVD金刚石显示器已研制成功。

5.4.2 金刚石首饰饰品应用

利用微波等离子体（MPACVD）技术，可以生长内在结晶质量优良，纯度几乎可以和天然单晶金刚石媲美的，重量可达10ct的大颗粒CVD单晶金刚石，而且通过人为掺杂技术可以制备出比天然钻石更绚丽多彩的各种颜色的彩色钻石。随着天然钻石资源的不断减少，CVD大单晶生产技术的日渐成熟，CVD单晶金刚石饰品进入世界饰品市场并对天然钻石饰品产生竞争将成为可能。

图2-5-11 琢磨成钻石状的单晶CVD金刚石（Apollo diamond Co.）

美国Apollo diamond公司已经开始生产并销售宝石级CVD钻石。目前该公司利用（MPACVD）技术，一次放置数十片晶种，同时外延。最大可生成5ct的单晶钻石。按照全球600亿美元/年的钻石首饰市场，若Apollo diamond占有百分之几的份额，也将是上亿元销售额。图2-5-11为该公司生产的CVD钻石。

图2-5-12是美国卡内基研究所通过掺杂技术生产的色彩斑斓的CVD大单晶金刚石。

图2-5-12 卡内基研究所研究的CVD金刚石单晶样品

5.5 CVD金刚石的加工技术

CVD金刚石材料的后续加工技术，是促进CVD金刚石产业发展的关键。近年来，产业化的CVD金刚石的加工和应用技术获得了巨大的进展，金刚石膜的切割、研磨抛光、金属化、焊接以及微加工技术均已获得成功，大大的推动了CVD金刚石产品的研究开发和市场化的进程。例如，紫外激光器高质量切割技术促进了金刚石膜在电子和半导体器件等方面的应用，三维加工技术，特别是研磨抛光技术的实现推动了高马赫数导弹金刚石球罩应用。

5.5.1 CVD金刚石膜的切割技术

根据不同用途对膜片形状的要求，采用YAG激光器设备，可对CVD金刚石膜实施切割。目前所用激光器基本参数如下：

激光波长：1.06μm；

激光脉冲频率：50~100Hz；

激光功率：30~50W。

切割0.5~2mm的CVD金刚石膜片，切割精度可达到+/-0.05mm数量级，也可以用YAG激光器对硅基金刚石膜进行划片处理。

5.5.2 CVD金刚石膜研磨抛光技术

20世纪80年代以来，金刚石膜抛光技术发展了诸如热化学、激光扫描、离子束抛光等多种方法，然而最实用的仍然是机械方法。机械方法的特点是抛光面积大，装置相对简单，操作容易等，但速度较慢。通常机械抛光有两种：一种是高速抛光，即使用固结磨料研具，金刚石膜在高速旋转的研具上进行抛光；另一种是游离磨料研具，研盘的旋转速度低（防止磨料甩出）。目前已可实施工业化生产的CVD金刚石厚膜抛光技术，其最大抛光面积已可达到ϕ80mm以上。机械式抛光原理如图2-5-13所示。

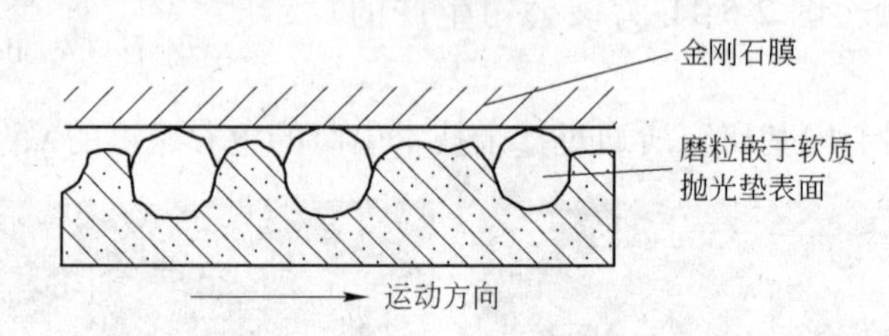

图2-5-13 游离磨料磨具抛光示意图

5.5.3 CVD金刚石焊接技术

CVD金刚石膜与工具支撑体之间的焊接是CVD金刚石工具制作的关键技术，CVD金刚石在空气中600℃开始氧化，800℃将严重氧化。CVD金刚石膜与硬质合金通过钎焊方式结合成复合材料。目前CVD金刚石工具一般采用真空焊接技术，根据不同需要，选择不同熔点配比，钎焊料为Ag-Cu-Ti合金，焊接温度一般为700~800℃，焊接腔真空度为10^{-6}Toor(1Toor=133.322Pa)。钛金属与金刚石在高温条件下形成一层钛的碳化物，碳化物与其他材料，如硬质合金等通过铜基焊料可以很好地结合。

由于金刚石与硬质合金的热膨胀系数不同，焊接完成后产生一定的应力。使得焊接强度有所降低。因此，焊层厚度、焊接温度以及焊料的特性对焊接强度都有影响。

CVD金刚石以其优异的性能和宽广的应用领域向世人展现了其巨大的市场潜力和商机，随着CVD金刚石沉积设备的完善和沉积工艺的不断改进，适用于多种用途的CVD金刚石产品将在不同领域（特别是军事领域）得到更加广泛的应用，作为21世纪最具发展潜力的新功能材料，它将为材料科学的发展产生非常深远的影响。

参 考 文 献

[1] 蒋翔六.CVD金刚石薄膜的应用和市场前景[C].见：蒋翔六编.金刚石薄膜研究进展.北京：化学工业出版社，1991：7~11.

[2] 李卫，陈继锋.CVD金刚石膜的产业化进展[J]. 中国超硬材料，2006(4)：34.
[3] Gerger I，Haubner R Diamond & Related Materials. 2005(14)：369～374.
[4] 高成耀，常明，沈花玉，等. 硼掺杂金刚石微电极. 化学通报，2008(12)：71.
[5] 李胜华，张志明，庄志诚. 同质外延和异质生长金刚石单晶的实验研究［M］. 见：蒋翔六编. 金刚石薄膜研究进展，北京：化学工业出版社，1991. 87～91.
[6] 孙凤莲，孟工戈，古丰. 金刚石硬质合金压力钎焊的应力分析[C]. 全国特种连接技术交流会论文集，2002.
[7] 亢世江，陈学广，吕志勇，等. 钎焊金刚石膜的实验研究及机理分析[J]. 焊接学报，2005(2).
[8] 秦优琼，孙凤莲，岳喜山. 钎焊时压力载荷对金刚石接头残余应力的影响[J]. 哈尔滨理工大学学报，2004(3).
[9] 李丹，谷丰，孙凤莲，等.CVD金刚石厚膜钎焊工艺的研究[J]. 应用科技，2003(6).
[10] 徐超，孙凤莲，秦优琼，等. 金刚石与硬质合金前焊接头应力场分析[J]. 焊接学报，2003(2).

（北京天地东方超硬材料股份有限公司：玄真武，董长顺）

6 聚晶金刚石及金刚石复合片

6.1 概述

以细颗粒金刚石为原料，配以一定量具有黏结作用的金属或非金属材料在超高压高温条件下烧结制成的成品，俗称人造金刚石聚晶或称金刚石烧结体（国家标准GB/T16458.1—1996）。聚晶金刚石的英文名称是Polycrystalline Diamond，简称为PCD。实际上金刚石烧结体是一个非常宽泛的称谓，且不一定要用超高压、高温（HP-HT）方法制得。超硬材料行业中普遍把经过静态超高压、高温方法合成的金刚石烧结体称为聚晶金刚石或金刚石聚晶。

在实用中，聚晶金刚石会因用途不同而以两种形态出现，一种是整体聚晶金刚石，另一种是由硬质合金衬底与聚晶金刚石经过特殊方法制成的金刚石复合片。金刚石复合片英文名称为Polycrystalline Diamond Compact，或缩写为PDC。金刚石复合片一般由一层0.3～4mm厚的聚晶金刚石层与一层1～25mm厚的硬质合金基体构成。聚晶金刚石层具有硬度高和耐磨性好的特性，硬质合金基体克服了聚晶金刚石硬而脆的不足，大大提高了聚晶金刚石产品整体的抗冲击韧性。硬质合金的易焊接性质解决了聚晶金刚石很难通过焊接方法与其他材料结合的难题。图2-6-1是一种金刚石复合片（PDC）结构示意图。

图2-6-1 一种金刚石复合片（PDC）结构示意图

以整体聚晶金刚石形式应用的工具有：拉丝模、喷嘴、测头测爪、修整工具等。

以金刚石-硬质合金复合片形式应用的工具有：金属切削刀具、木工加工刀具、石油钻探钻头、矿山开采用钻头、线路板加工用微型钻头、修整工具等。

6.1.1 聚晶金刚石的主要特性

（1）极高的硬度，聚晶金刚石其硬度仅次于单晶金刚石。

（2）由于聚晶金刚石的微观结构中无数细小金刚石单晶颗粒的晶体学方向随机取向被烧结在一起，在性能上表现出很好的各向同性，克服了单晶金刚石各向异性的缺点。

（3）聚晶金刚石可以根据需要做成各种较大的尺寸和各种形状。

（4）聚晶金刚石表现出比单晶金刚石明显优越的韧性和抗冲击性能，在一定程度上弥补了单晶金刚石脆性大、易解理破裂的缺点。

表2-6-1给出了部分硬质材料的物理特性。

表2-6-1　硬质材料物理性能的比较[1]

性　能	金刚石	PCD		PcBN立方氮化硼聚晶	$Si_3N_4$①	SiC①	硬质合金②	钢①
		含钴	含硅					
密度/g·cm^{-3}	3.5	3.8～4.1	3.4	4.0～4.2	3.2	3.0	15	7.8
努氏硬度/GPa	6000～9000	5000～8000	5000	2700～3200	1800	2200	1500	560
断裂韧性/MPa·m$^{1/2}$	3.4	6.1～8.9	6.9	4.1～7.2	6.4	4.0	11	46
抗压强度/MPa	2000	7700	4200	3800	6800	7000	5400	1850
抗拉强度/MPa	2600	1300	600	500	470	400	1100	1760
热导率/W·(m·K)$^{-1}$	600～1200	560	120	150	30	40	80	50
摩擦系数	0.05～0.1	0.1	0.1	0.1	0.2	0.2	0.2	0.8

① 热压成形；

② 6% Co（质量分数）。

6.1.2　聚晶金刚石的分类及其特点

结合剂类型不同导致聚晶金刚石的显微组织结构中金刚石相的结合方式及其性能出现明显差异。划分聚晶金刚石类型对实际应用有重要意义。从合成工艺、产品宏观特性及显微结构特点的角度出发，聚晶金刚石可以分为三种类型。

6.1.2.1　生长—烧结型聚晶金刚石

金刚石颗粒被烧结在一起，晶粒之间界面上以Diamond-Diamond键合方式结合，金刚石相形成整体的刚性骨架结构。而作为烧结助剂的铁族金属或合金则以孤岛形态弥散分布在骨架内。该类聚晶金刚石常用的结合剂是Co或Co合金、Ni或Ni合金。烧结过程中以金刚石颗粒长大和颗粒间烧结颈的生长为主，该种聚晶金刚石具有耐磨性好、硬度高等特点，但其热稳定性较差，耐热温度一般在700℃左右。该类聚晶金刚石被定义为生长—烧结型。图2-6-2为生长—烧结型聚晶金刚石的显微组织示意图。

该种类型的聚晶金刚石在国内外产品中占主流地位，一般要求高硬度高耐磨的应用场合都采用生长—烧结型的聚晶金刚石。

6.1.2.2　烧结型聚晶金刚石

结合相主要是碳化物相，它将金刚石颗粒包覆固结在一起，形成典型的粉末冶金液相烧结材料的显微组织结构，该类聚晶金刚石被定义为烧结型。常用的结合剂有Si、Ti、Si-Ti、Si-Ni、Si-Ti-B等。这种显微组织结构使聚晶金刚石有很好的耐热性，耐热温度可达到1200℃。相对于生长—烧结型聚晶金刚石而言，其耐磨性要差很多。但其成本低，对于一些对耐磨性要求不高或对耐热性要求较高的应用场合，该类聚晶金刚石有其优势。该类型的聚晶金刚石也被称为耐热聚晶金刚石（英文缩写TSP）。

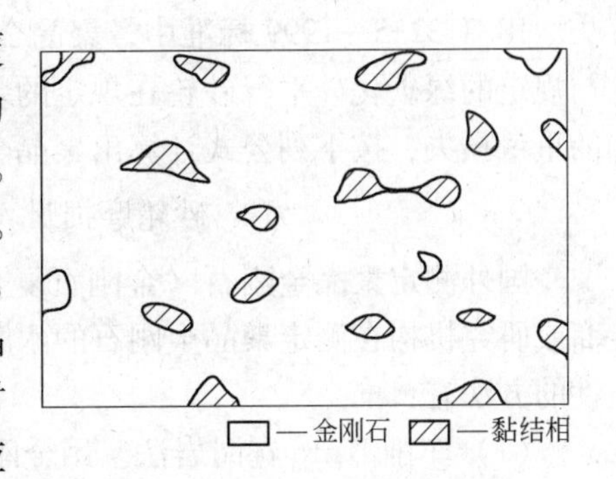

图2-6-2　生长—烧结型聚晶金刚石的显微组织示意图

此外，也有用铜或其他非碳化物形成金属元素作为黏结相制造的聚晶金刚石，但主要是利用其导热性好的特点。该类聚晶金刚石一般不是用作工具材料。

图 2-6-3 为烧结型聚晶金刚石的显微组织示意图。

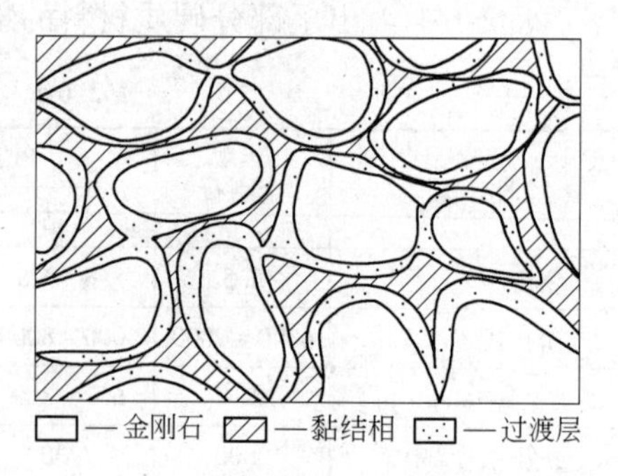

图 2-6-3 烧结型聚晶金刚石的显微组织示意图

6.1.2.3 生长型聚晶金刚石

以石墨和触媒金属为原料，在超高压高温条件下使石墨转变为金刚石、并依靠金刚石的生长使金刚石颗粒烧结在一起。由于石墨不能完全转变，聚晶金刚石的性能很难控制。该种类型的聚晶金刚石仅限实验，还未见商品化产品。

生长—烧结型和烧结型聚晶金刚石的主要性能见表 2-6-2。

表 2-6-2 生长—烧结型和烧结型聚晶金刚石的性能对比

主要性能	生长—烧结型聚晶金刚石	烧结型聚晶金刚石
耐磨性	较高	较低
耐热性	低	高
主要结合相	Co、Ni、合金	β-SiC、TiC、Si、Ti
金相显微组织特征	D-D 结合形成金刚石相骨架结构	D-M-D 结合方式，混凝土型的组织

6.2 性能指标及测试方法

6.2.1 耐磨性

聚晶金刚石作为工具材料使用时，其耐磨性与工具的寿命具有直接的对应关系，因此耐磨性成为聚晶金刚石最重要的性能指标。

关于聚晶金刚石耐磨性的检测目前尚无国际标准和中国国家标准。聚晶金刚石的耐磨性通常用磨耗比来表示。目前聚晶金刚石磨耗比的测定方法采用的是行业标准 JB/T 3235—1999《人造金刚石烧结体磨耗比测定方法》。

JB/T 3235—1999 标准中，聚晶金刚石磨耗比测定方法的主要原理是：将聚晶金刚石与规定的绿碳化硅平行砂轮在规定的装置上按一定的条件进行对磨后，分别得出对磨前后的重量损失，按下列公式计算出聚晶金刚石的磨耗比值 E：

$$E = \text{砂轮磨损量 } M_S(\text{g}) / \text{聚晶金刚石磨耗量 } M_j(\text{g})$$

国外测定聚晶金刚石（金刚石复合片）耐磨性的方法与国内不同。国外相关产品制造商或研究机构在测定聚晶金刚石的耐磨性指标上各有各的方法，也无统一标准。具有代表性的方法有：

（1）车削 Barre 花岗岩法。用金刚石复合片车削直径 254mm 的 Barre 花岗岩棒，采用参数：切深 1mm、切削速度 180m/min，车削后用投影显微镜测量聚晶金刚石的磨损部位的长度和宽度，通过计算机中的数学模型和公式计算出磨损体积。以花岗岩的被去除体积除以聚晶金刚石的磨损体积得到金刚石复合片的体积磨耗比。该方法适用于钻探工具用金刚石复合片耐磨性的测量。

（2）刨石法。将聚晶金刚石固定在牛头刨床的刀架上，以0.55m/s的切削速度、0.55mm的切深、每个行程2.8m的条件刨削石英砂岩50m，然后测量出聚晶金刚石磨损面中心线高度作为聚晶金刚石的磨耗值。

（3）立车法（VTL干车法）。如图2-6-4所示，在大型立式车床上采用金刚石复合片重负荷切削大尺寸花岗岩。用花岗岩被去除体积除以聚晶金刚石的磨损体积得到金刚石复合片的体积磨耗比。在测试石油钻探用金刚石复合片钻齿的耐磨性时常用此方法。

图2-6-4 VTL立车法测定耐磨性的设备

（4）车削含硅橡胶法。将金刚石复合片制成车刀，车削含硅的橡胶轮，以车刀后面磨损到一定长度所需时间的长短来表示聚晶金刚石的相对耐磨性。该方法适用于切削工具用金刚石复合片耐磨性的测量。

除了常温下测定聚晶金刚石的耐磨性，高温下的耐磨性测定越来越受到重视。高温耐磨性可以更为近似地描述聚晶金刚石工作状态下的实际耐磨性。高温耐磨性测试一般是通过高转速、重载荷、无冷却来实现工作点的局部高温，测试出该条件下的聚晶金刚石磨损值。

某种方法测得的磨耗比值高不代表聚晶金刚石应用到工具上就一定会使工具获得长的使用寿命。一般选取磨损机理接近用途的磨耗比测试方法或模拟用途的磨耗比测试方法，测试结果会与工具使用寿命有更好的对应关系。

6.2.2 热稳定性

热稳定性也被称为耐热性，一般用耐热温度表示。它是指聚晶金刚石要保持性能基本不变所能承受的最高热处理温度。

热稳定性是聚晶金刚石重要的性能指标之一。它涉及到制作聚晶金刚石工具的工艺过程以及工具的使用环境，是工具制造者必须重点考虑的性能参数。加工制造时所用温度过高或工具在过高温度下使用，都会使聚晶金刚石工具使用效果变差。

测量聚晶金刚石热稳定性国内外均无标准。一般是由研究者、制造商、用户自行制定的测试方法和检验标准。目前常用的热稳定性检测方法主要有：

（1）磨耗比变化法。在保护气氛下将聚晶金刚石样品置于不同的热处理温度下保持一定时间，对比热处理前后样品磨耗比变化。当测试温度升高到某一数值时，聚晶金刚石样品的磨耗比值将比热处理前明显下降。而没有出现磨耗比值明显降低的最高温度值为该样品的耐热温度。

（2）失重-示差热分析（TG-DTA）法。测定聚晶金刚石样品受热引起的失重（TG），同时测量示差热分析（DTA）曲线，根据曲线得到其DTA的峰值温度和开始氧化温度等数据。开始氧化的温度可以作为聚晶金刚石样品的耐热温度。

（3）显微观察法。在保护气氛下将聚晶金刚石样品置于不同的热处理温度下保持一定时间，冷却后用20倍的体视显微镜检查聚晶金刚石样品表面是否出现裂纹。没有出现裂纹的最高温度为耐热温度。

值得注意的是，聚晶金刚石样品的耐热温度与承受高温时间的长短有关，时间越长，耐热温度越低，如图2-6-5所示。耐热温度还与加热时的气氛有关，采用真空、还原气氛、惰性气体保护气氛时会得到比在空气中加热时更高的耐热温度。

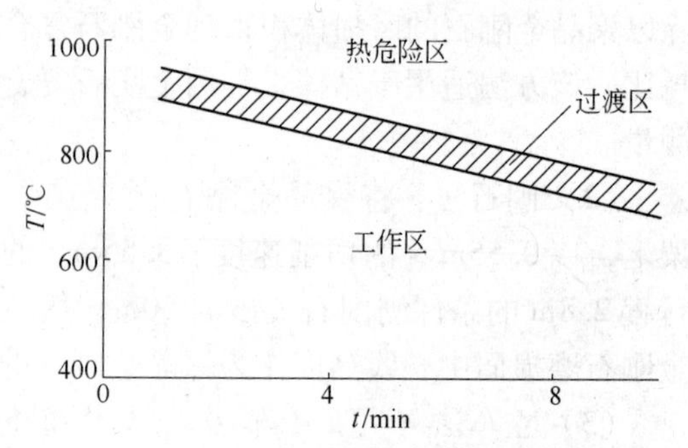

图2-6-5 PDC产品耐热温度与加热保温时间的关系示例

6.2.3 抗冲击韧性

抗冲击韧性是指聚晶金刚石或金刚石复合片在冲击载荷作用下不发生破坏的最大能力。该性能指标对于聚晶金刚石工具能否发挥其具有硬度高、耐磨性好、寿命长等特点至关重要。

测定聚晶金刚石的抗冲击性能目前尚无国际标准和中国国家标准。目前仅有一项行业标准《钻探用三角形金刚石烧结体》JB/T 6084—1992涉及到聚晶金刚石的抗冲击性能测定。该测试方法的主要过程是：在KR-1型抗冲击韧性测定仪上，钢球以0.2J/次冲击功的能量反复冲击三角形聚晶金刚石样品，直到聚晶金刚石样品的质量破碎到小于原质量的三分之二时停止。按下式计算聚晶金刚石的抗冲击韧性：

$$I = N \cdot E$$

式中 I——聚晶金刚石的抗冲击韧性，J；

N——抗冲击次数，次；

E——冲击功，0.2J/次。

该标准对不同尺寸的钻探用三角形聚晶金刚石的合格标准做出了规定，见表2-6-3。

表2-6-3 JB/T 6084—1992抗冲击韧性规定

产品型号	抗冲击韧性/J	产品型号	抗冲击韧性/J
4025	≥1.2	6335	≥2.0
5030	≥1.6		

因为没有统一标准，很多与聚晶金刚石、金刚石复合片产品相关的研发机构、制造商都建立了自己的测试方法和测试仪器。其中绝大部分采用的都是落锤（或落球）冲击法。落锤冲击法也分为两种：反复冲击法和最大冲击能量法。

（1）反复冲击法。将单次冲击功设定后反复冲击聚晶金刚石或金刚石复合片样品，得到样品破坏所需要的累积能量值就是该聚晶金刚石或金刚石复合片样品的抗冲击韧性，上述JB/T 6084—1992的方法就属此类。反复冲击法反映出的是聚晶金刚石或金刚石复合片抗疲劳冲击能力，对于聚晶金刚石或金刚石复合片承受载荷不是很大，但频繁不断地受到外力冲击的应用场合，反复冲击法具有其实际意义。目前国内已有厂家开始生产用于测定聚晶金刚石或金刚石复合片抗冲击韧性的测定仪器。

（2）最大冲击能量法。将落锤的高度逐步提升，加大落锤的冲击能量，直到将聚晶金刚石或金刚石复合片样品冲裂，样品未发生破裂所对应的最大能量值代表该聚晶金刚石或金刚石复合片样品的抗冲击功。在需要承受较大的冲击载荷的情况下，用最大冲击能量法能更好地代表聚晶金刚石或金刚石复合片的抗冲击能力。

此方法是国外各大钻头制造商通用的方法。具体做法是：选取若干组金刚石复合片样品，每组4~6个待测样品，第一组先从5J或10J开始，每个样品最多冲击10次。若样品都未损坏，继续进行第二组测试。第二组以后每组递增5J或10J重复第一组做法。观察到样品表面冲击破损面积达30%时，停止对该样品冲击。未发生明显破损的组别中最大能量组所对应的冲击能量则代表该金刚石复合片样品的抗冲击性能。每组的样品平均破损面积百分比和平均耐冲击次数也是分析抗冲击能力的参数。

（3）断续切削法。切削工具用的金刚石复合片，一般采用一种断续切削的方法来检测其抗冲击性能。在一定材质的棒状试样表面开出若干条与轴线平行的凹槽，金刚石复合片刀尖在切削时不断与凹槽边缘撞击，直到刀尖破损，刀尖行程即可以反应金刚石复合片的抗冲击能力。

6.2.4 抗弯强度

采用三点弯曲试验测定聚晶金刚石的抗弯强度。聚晶金刚石样品可以是棒状，也可以是圆片状。图2-6-6给出了三点法测量金刚石复合片抗弯强度的简易示图。

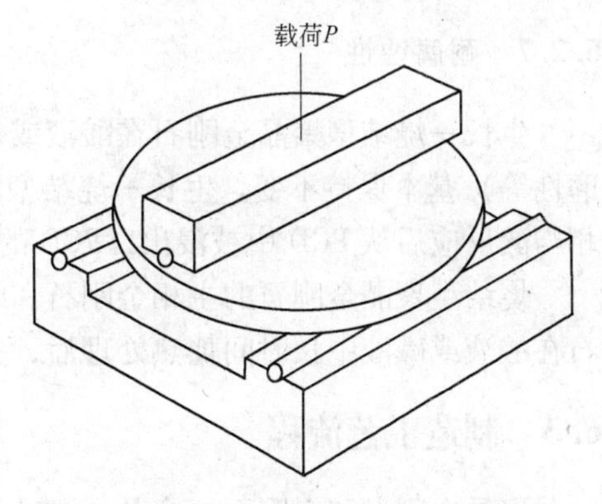

图2-6-6 三点法测量PDC抗弯强度示意图[3]

棒状样品测定抗弯强度可由下式得出：

$$\sigma_{bb} = \frac{8PL}{\pi d^3}$$

式中 σ_{bb}——抗弯强度，Pa；

P——载荷，N；

L——跨距，m；

d——样品直径，m。

金刚石复合片样品可以用机加工方法使金刚石层与硬质合金基体分离，然后测量圆片状金刚石层的抗弯强度。由下式计算得出：

$$\sigma_{bb} = \frac{3PL}{DS^2}$$

式中 σ_{bb}——抗弯强度，Pa；

P——负荷，N；

L——跨距，m；

D——样品直径，m；

S——圆片厚度，m。

样品的尺寸、形状没有统一标准，因此测量仅具有相对意义。

6.2.5　硬度

聚晶金刚石的硬度值很高，仅次于单晶金刚石。要精确测量是十分困难的。用努氏（Knoop）硬度测量被认为是比较准确的。努氏硬度是根据压痕单位面积上的载荷来计算硬度值。努氏硬度是用对棱角为172.5°及130°的四角棱锥压头。压痕形状是长对角线为短对角线7.11倍的菱形。只根据测量的长对角线数值确定所测样品的努氏硬度。

6.2.6　导电性

一般来讲，聚晶金刚石导电性不是很好，电阻值很大。普通的电火花加工设备很难胜任对聚晶金刚石的加工。必须采用专用的电火花加工电源，才能够获得可以接受的加工速度，即使如此，仍比普通电火花设备加工金属材料要慢很多。

聚晶金刚石的导电性受很多因素的影响，不同类型、不同配方的聚晶金刚石电阻值变化范围很大。影响聚晶金刚石导电性的因素主要有：金刚石的体积含量、结合剂类型、微观组织结构特征等。

6.2.7　耐腐蚀性

生长—烧结型聚晶金刚石在酸液或碱液中长时间加热处理后，其力学性能（硬度、耐磨性等）基本保持不变。生长—烧结型聚晶金刚石在强酸处理后，由于作为结合剂的金属相与酸反应后从PCD中被浸出，PCD的导电性明显下降。

烧结型聚晶金刚石的主相金刚石和结合相碳化物都具有耐酸碱腐蚀的特性。聚晶金刚石在酸液或碱液中长时间加热处理后，其力学性能和物理性能基本保持不变。

6.3　制造工艺流程

聚晶金刚石和金刚石复合片一般由静态超高压-高温方法制造，所用设备主要有六面顶金刚石专用液压机和年轮式两面顶压机，这些超高压设备与合成人造金刚石单晶所用设备完全相同。

聚晶金刚石和金刚石复合片的工艺过程实际相当于超高压条件下的粉末冶金工艺过程。聚晶金刚石和金刚石复合片的生产工艺流程如图2-6-7所示。

6.3.1　聚晶金刚石和金刚石复合片生产工艺流程

6.3.2　静态超高压设备

目前生产聚晶金刚石和金刚石复合片的静态超高压设备有两种类型：中国（包括少部分国外厂家）普遍采用铰链式六面顶超高压设备（六面顶压机）作为生产聚晶金刚石和金刚石复合片主要机型；而国外则主要采用年轮式两面顶超高压设备（两面顶压机）作为生产该类产品的主要机型。

六面顶超高压设备生产聚晶金刚石或金刚石复合片的优点是：（1）产生的压力场更接

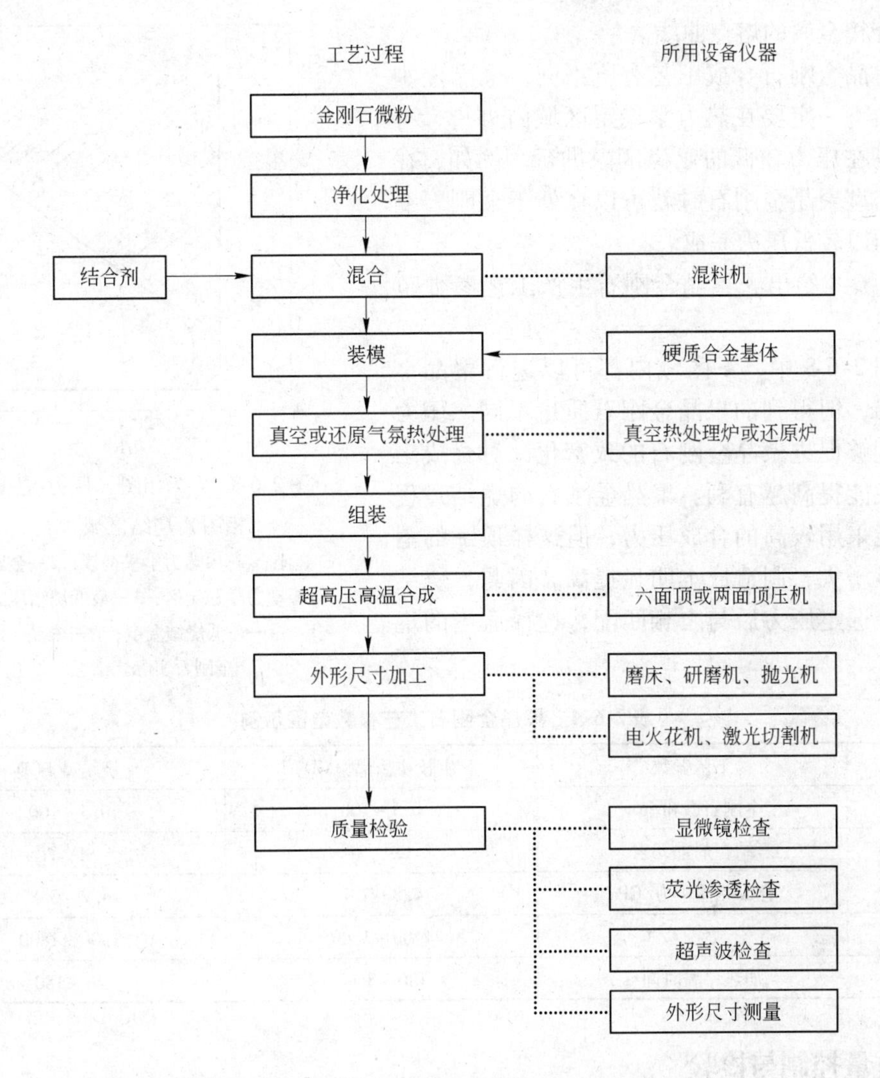

图 2-6-7 聚晶金刚石和金刚石复合片生产工艺流程图

近水静压力，合成腔内的应力场状态更为合理；（2）机器工作效率高，设备造价相对低廉。缺点是：合成腔体大型化困难。

两面顶超高压设备生产聚晶金刚石或金刚石复合片的优点是：（1）压力和温度的控制精度较高；（2）合成腔体大型化易于实现，适合于生产大尺寸产品或单次合成多个产品。缺点是：设备运行成本高。

在制造钻探用金刚石复合片时六面顶压机具有一定优势；在生产直径 50 ~ 80mm 的大尺寸刀具用金刚石复合片或大尺寸拉丝模用聚晶金刚石时采用两面顶压机更容易实现。

6.3.3 超高压烧结工艺参数的选择

聚晶金刚石的烧结可以选择如图 2-6-8 所示的压力温度范围内进行。添加不同的结合剂时其最低烧结温度线是不同的。对生长—烧结型聚晶金刚石而言，最低烧结温度线实际上是结合相金属的熔点曲线。

与单晶金刚石合成工艺有所不同，聚晶金刚石的烧结不一定要在热力学稳定区域内进行，有些是可以在压力较低的亚稳区内进行。例如，在生产烧结型聚晶金刚石时就可以在处于金刚石亚稳态区内以较低压力完成。

表2-6-4给出了聚晶金刚石生产工艺参数范围示例。

如图2-6-8中，A区域内都可以进行聚晶金刚石烧结，但得到的聚晶金刚石质量不同。压力越高越能够促进聚晶金刚石的致密化，对合成出的材料性能提高越有利。聚晶金刚石的烧结过程应尽可能采用较高的合成压力，但这样顶锤的消耗会明显增大，制造成本明显提高。因此，烧结温度应在选定压力后与之相匹配，选择适当的烧结温度。

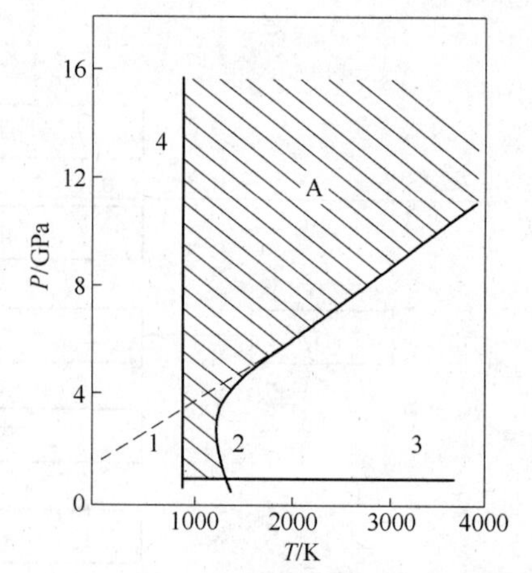

图2-6-8 *P-T*相图（压力-温度相图）烧结区域[4]

1—金刚石-石墨热力学平衡线；2—金刚石-石墨动力学稳定区；3—最低烧结压力；4—最低烧结温度；A—聚晶金刚石实际烧结区

表2-6-4 聚晶金刚石工艺参数范围示例

项 目	工艺参数	生长-烧结型PCD	烧结型PCD
1	金刚石微粉/μm	0.5～100	0.5～100
2	结合剂主元素	Co、Ni	Si、Ti
3	合成腔体压力/GPa	4.8～7.7	4.2～5.8
4	合成温度/℃	1400～1600	1300～1800
5	加热保温时间/s	180～3600	40～180

6.4 质量控制与检验

6.4.1 影响聚晶金刚石和金刚石复合片性能的主要因素

6.4.1.1 金刚石微粉质量及粒度

作为聚晶金刚石生产的主要原料金刚石微粉，它的质量变化会直接影响到聚晶金刚石的性能和质量。制作聚晶金刚石时应选用纯度高、晶形规则、色泽透明的金刚石微粉。

对于质量要求不太高又比较注重成本的聚晶金刚石，可选用以廉价低品级金刚石磨料为原料制成的微粉；而对于质量要求较高的聚晶金刚石，则一定要选用以高品级金刚石磨料为原料制成的微粉。

微粉使用前，通常要用化学净化法进一步提纯。化学净化法包括碱处理和酸处理两个步骤。碱处理是将金刚石微粉与固体的Na(OH)以1∶3的比例混合，放入银坩埚中，加热到500～600℃保持10～20min，冷却后水洗并用酸中和。酸处理是将金刚石微粉置于HCl、HNO_3、王水或$HClO_4$其中一种酸液中，加热煮沸一定时间后，用蒸馏水清洗至中性。

一般而言，金刚石微粉的粒度越细，制造出的聚晶金刚石晶粒度越细。然而，由于在高温高压下金刚石微粉颗粒会发生破碎细化，同时也可能由于合成工艺原因而发生金刚石晶粒的长大。因此，制得的聚晶金刚石的晶粒度并不一定完全与原料金刚石微粉的粒度一致。金刚石微粉的粒度会影响到最终成品的物理性能、力学性能以及包括加工表面粗糙度在内的使用性能。

6.4.1.2 结合剂添加量及添加方式

为了促进聚晶金刚石的烧结过程及质量的改进，在合成原料中会适当添加一定数量和种类的结合剂，结合剂也被称为烧结助剂。由于，聚晶金刚石中的金刚石体积所占百分比越高，越容易得到高硬度、高耐磨性的产品。因此，应尽可能减少结合剂的添加量，但其数量要能保证聚晶金刚石的充分烧结。结合剂的添加量除了会影响其耐磨性之外，也会影响聚晶金刚石的抗冲击性能。

最佳结合剂添加量会因为金刚石微粉的粒度及粒度分布、金刚石颗粒晶形的不同，有很大的变化。

常用的结合剂添加方式有：粉末混合法、熔液渗透法、金刚石粉渡覆法、溶液混合化学反应法等。

6.4.1.3 超高压合成腔体组装方式设计

组装方式的设计应遵循的原则是：尽可能高的传压效率；压力场分布均衡；避免烧结组装块中温度场出现较大的轴向温度场梯度和径向温度场梯度。

图 2-6-9a、b 为烧结型聚晶金刚石和生长—烧结型聚晶金刚石（复合片）制造过程中采用的典型组装方式实例。图中上半部与下半部为对称组装。

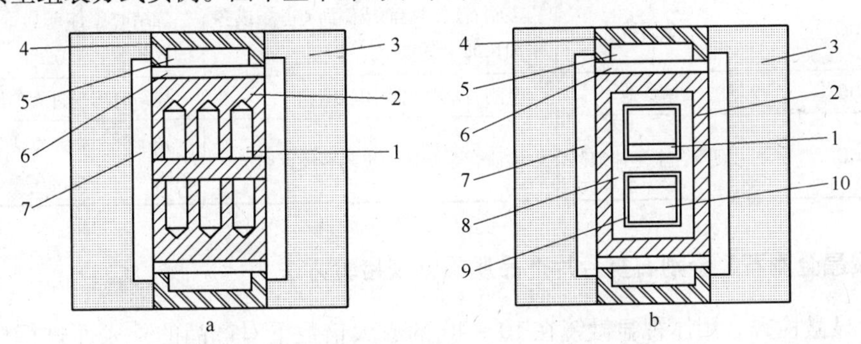

图 2-6-9 超高压高温烧结试块组装方式的典型实例

a—烧结型聚晶金刚石组装方式；b—生长—烧结型金刚石复合片组装方式

1—金刚石混合粉；2—石墨发热体；3—叶蜡石；4—导电钢杯；

5—白云石；6—钛片；7—白云石或氧化镁管；8—氯化钠；

9—屏蔽材料钼；10—硬质合金基体

6.4.1.4 烧结工艺及参数控制

由于规模生产一般无法直接读取合成腔体内的实际温度值，因此，目前国产超高压设备在进行超高压高温烧结聚晶金刚石或金刚石复合片时，一般是通过电参数的微调控制及操作人员对合成样品的现场判断来调控加热温度从而获得理想的合成效果。合成工艺应尽可能减少由于合成参数波动而带来的温度波动，对产品的质量一致性是十分重要。在合理的合成温度和成本可以接受的情况下，应采用较高的合成压力。

合成烧结时间确定的原则是：充分考虑腔体内温度随时间的变化幅度并兼顾生产效率，合成烧结时间长短要确保产品能够获得稳定的最佳性能或接近最佳性能为基础。

6.4.2 聚晶金刚石和金刚石复合片常见缺陷

PCD或PDC在超高压烧结过程中容易产生各种外表缺陷和微观缺陷，表2-6-5列出了主要缺陷及其产生的原因。

表2-6-5 聚晶金刚石（PCD）和金刚石复合片（PDC）的常见缺陷

产品	缺陷名称	形态	产生缺陷的主要原因
PCD或PDC的PCD层	未烧结	整体灰色或表面龟裂	烧结温度偏低
PCD或PDC的PCD层	黑点或针孔	一点或分散的多点	有气孔或夹杂
PCD或PDC的PCD层	组织不均匀	磨平的表面上有色泽反差，严重时有凹陷	局部温度或压力不一致，或混料不均匀
PCD或PDC的PCD层	裂纹	有径向短裂纹、表面月牙状裂纹、环形裂纹、层状裂纹等	高压腔体内压力不均衡或温度不合适
PCD或PDC的PCD层	掉边	沿边角处裂开	高压腔体内压力不均衡
PCD或PDC的PCD层	石墨化	颜色很黑	烧结温度过高
PDC	分层	PCD层与硬质合金层之间局部有间隙或完全分离	烧结温度过高或冷却过快，或硬质合金基体表面氧化
PDC	金属线	金刚石层的端面或侧面有一条或多条细长的金属线	烧结时整体或局部出现过大的液相量
PDC	钴池	金刚石层中出现团状钴相	烧结时出现过大的液相量
PDC	硬质合金基体缺陷	硬质合金基体上出现裂纹、麻坑	材质本身缺陷或合成控制不当

6.4.3 聚晶金刚石、金刚石复合片产品质量常规检验方法

（1）显微检查。用体视显微镜在10～40的放大倍数下对产品的外表面进行检查，主要是检查产品中是否存在裂纹、气孔、黑点、崩边、组织不均匀等缺陷。

（2）荧光渗透检查。对于大批量产品可采用荧光渗透检查法检查产品的表面是否存在裂纹，该方法可以提高对裂纹的检查效率，同时可以减少裂纹漏检的发生。

（3）超声波检查。用50MHz的超声波探伤仪进行无损探伤检查，通过超声波的波形变化可以检查出聚晶金刚石中有无疏松区域、金刚石复合片的聚晶金刚石层与硬质合金层两层之间是否牢固结合。

不同用途下聚晶金刚石（PCD）和金刚石复合片（PDC）的质量要求见表2-6-6。

表2-6-6 不同用途下的聚晶金刚石（PCD）和金刚石复合片（PDC）的质量要求

用途	产品形式	主要性能指标和要求	主要检测项目
金属切削刀具	PDC	耐磨性、耐热性、表面粗糙度	磨耗比、耐热温度、金刚石晶粒度、组织均匀性金相检查

续表 2-6-6

用　途	产品形式	主要性能指标和要求	主要检测项目
木工刀具	PDC	耐磨性、耐热性、微观组织均匀性、	磨耗比、耐热温度、金相组织检查
石油钻探钻头	PDC	耐磨性、耐热性、抗冲击性	磨耗比、耐热温度、抗冲击性能
矿用地质钻头	PDC	耐磨性、耐热性、抗冲击性	磨耗比、耐热温度、抗冲击性能
拉丝模	PCD	耐磨性、表面粗糙度	磨耗比、金刚石晶粒度、组织均匀性金相检查
修整工具	PCD	耐磨性	磨耗比
其他耐磨器件	PCD 或 PDC	耐磨性	磨耗比

6.4.4 常用聚晶金刚石和金刚石复合片的规格尺寸

6.4.4.1 金刚石复合片（PDC）的规格尺寸

机械行业标准 JB/T 10041—2008 按 PDC 的用途分类，对切削加工用 PDC 和钻探用 PDC 的代号和规格尺寸做出了规定。

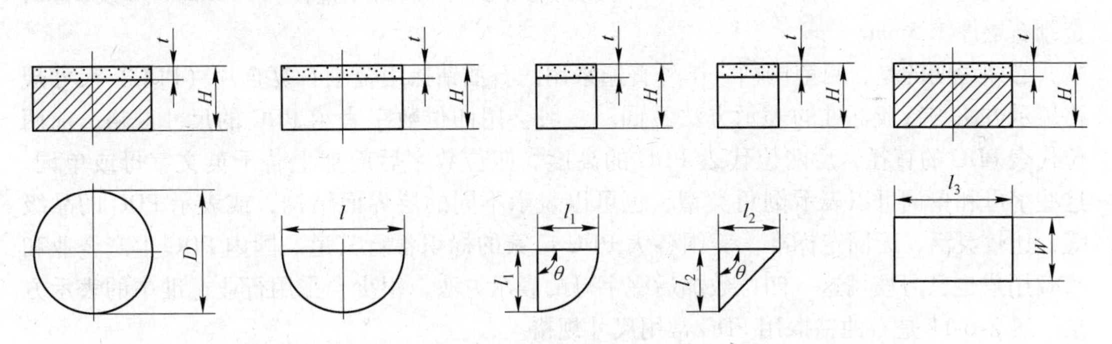

图 2-6-10 各种形状金刚石复合片（PDC）的尺寸标识

表 2-6-7 金刚石复合片（PDC）品种代号

品　种	代　号	金刚石颗粒尺寸范围/μm	用　途
金刚石复合片	PDC-C	≤40	有色金属、非金属等切削加工
金刚石复合片	PDC-D	5～100	石油、地质钻头等

表 2-6-8 金刚石复合片（PDC）形状代号

形　状	圆　形	半圆形	扇　形	三角形	长条形
代　号	R	RL	RT	T	L

表 2-6-9 切削加工用金刚石复合片（PDC）的尺寸规格 (mm)

代 号	基本尺寸	代 号	基本尺寸	极限偏差
l	7.00, 9.00, 11.00, 13.00	D	8.00, 10.00, 13.30, 16.00, 19.05, 25.40, 40.00, 50.80, 60.00	±0.10
l_1	3.00, 4.00, 5.00, 6.00			
l_2	3.00, 4.00, 5.00, 6.00			
l_3	4.00, 6.00, 8.00, 10.00			
W	2.00, 3.00, 4.00	H	1.60, 2.40, 3.20, 3.53, 4.80	
θ	45°, 60°, 90°	t	0.50, 0.80, 1.00, 1.20	

表 2-6-10 钻探用金刚石复合片（PDC）的尺寸规格 (mm)

代 号	基 本 尺 寸	极 限 偏 差
D	8.20, 10.00, 13.30, 13.44, 15.88, 16.0, 19.05, 25.40	±0.05
H	3.53, 4.50, 8.00, 10.00, 12.70, 13.20, 16.00, 16.31, 19.00	±0.10
t	0.80, 1.00, 1.50, 2.00, 2.50, 3.00, 3.50, 4.00	±0.20

行业标准 JB/T 10041—2008 对金刚石复合片（PDC）的规格标识方法做了规定，书写顺序为：品种代号；金刚石平均颗粒尺寸（切削加工）；形状代号；尺寸规格；角度。

示例 1：PDC-C10RT4.00 × 3.20 × 0.80-90°代表切削加工用 PDC，平均颗粒尺寸 10μm，扇形边长 4mm，高度 3.2mm，金刚石层厚 0.8mm，夹角 90°。

示例 2：PDC-D13.44 ×8.00 ×1.50 代表钻探用 PDC，圆片直径 13.44mm，高度 8mm，金刚石层厚 1.5mm。

必须说明的是，目前国内、国外普遍采用的石油钻探用金刚石复合片（PDC）尺寸规格表示方法与行业标准的表示方法不同。一般会用四位数字表示 PDC 的尺寸规格，前两位代表 PDC 的直径，后两位代表 PDC 的高度。四位数字后面加上若干英文字母或单词，这些字母和单词可以表示倒角类型，也可以表示不同的层界面结构，或表示 PDC 的品级等，比较灵活，无固定标准。美国各大 PDC 厂家的标识各行其道。国内 PDC 生产企业和 PDC 用户也已习惯用这一四位数加后缀字母的表示方法，很少会采用行业标准中的表示方法。表 2-6-11 是石油钻探用 PDC 常用尺寸规格。

表 2-6-11 石油钻探用金刚石复合片（PDC）常用尺寸规格

型 号	直径/mm	高度/mm	PCD 层厚/mm	PCD 倒角（45° × 某值）	硬质合金倒角（45° × 某值）
0808	8.20	8.00	1.0 ~ 2.0	0.20 ~ 0.50	0.35 ~ 0.76
0910	9.53	10.67	1.0 ~ 2.0	0.20 ~ 0.50	0.35 ~ 0.76
1303	13.30	3.53	1.0 ~ 2.0	0.20 ~ 0.50	0.35 ~ 0.76
1308	13.44	8.00	1.0 ~ 2.0	0.20 ~ 0.50	0.35 ~ 0.76
1313	13.44	13.20	1.0 ~ 2.0	0.20 ~ 0.50	0.35 ~ 0.76
1316	13.44	16.00 (16.31)	1.0 ~ 2.0	0.20 ~ 0.50	0.35 ~ 0.76

续表 2-6-11

型 号	直径/mm	高度/mm	PCD 层厚/mm	PCD 倒角（45°×某值）	硬质合金倒角（45°×某值）
1608	16.00（中国） 15.88（美国）	8.00	1.0~2.5	0.20~0.50	0.35~0.76
1610	16.00（中国） 15.88（美国）	10.00	1.0~2.5	0.20~0.50	0.35~0.76
1613	16.00（中国） 15.88（美国）	13.20	1.0~2.5	0.20~0.50	0.35~0.76
1613	16.00（中国） 15.88（美国）	13.20	1.0~2.5	0.20~0.50	0.35~0.76
1616	16.00（中国） 15.88（美国）	16.00 （16.31）	1.0~2.5	0.20~0.50	0.35~0.76
1908	19.05	8.00	1.0~2.5	0.20~0.50	0.35~0.76
1910	19.05	10.00	1.0~2.5	0.20~0.50	0.35~0.76
1913	19.05	13.20	1.0~2.5	0.20~0.50	0.35~0.76
1916	19.05	16.00 （16.31）	1.0~2.5	0.20~0.50	0.35~0.76
1925	19.05	25.00	1.0~2.5	0.20~0.50	0.35~0.76

6.4.4.2 拉丝模用聚晶金刚石（PCD）的规格尺寸

根据机械行业标准 JB/T 3234—1999 的规定，拉丝模用聚晶金刚石（PCD）用 JRS-S 作为代号。

表 2-6-12 拉丝模用圆柱形聚晶金刚石（PCD）的主要尺寸 （mm）

外径 D	4.0	5.0	6.0	8.0	10.0	12.0
厚度 H	2.5	3.0	4.0	4.5，6.0	6.0，8.0	12.0
最大孔径 d	1.2	1.5（2.0）	2.5（3.2）	4.2	6.0	7.5

注：括号内数字为镶环产品。

6.4.4.3 钻探用聚晶金刚石（PCD）的规格尺寸

根据机械行业标准《钻探用人造金刚石烧结体》（JB/T 3233—1999 的规定），钻探用 PCD 用 JRS-Z 作为代号。

表 2-6-13 钻探用圆柱形聚晶金刚石（PCD）的主要尺寸 （mm）

直径 D	直径极限偏差	长 度	长度极限偏差
1.5	±0.2	1.5，2.0，2.5，3.0，3.5，4.0	1.5~3.0：（±0.2）； 3.5~5.5：（±0.3）； 6.0~10.0：（+0.3，-0.5）
2.0	±0.2	2.0，2.5，3.0，3.5，4.0，4.5	
2.5	±0.2	2.5，3.0，3.5，4.0，4.5，5.0	
3.0	+0.2，-0.3	3.0，3.5，4.0，4.5，5.0	
3.5	+0.2，-0.3	3.5，4.0，4.5，5.0	
4.0	+0.2，-0.3	4.0，4.5，5.0，5.5	
4.5	+0.2，-0.3	4.5，5.0，5.5，6.0	
5.0	+0.2，-0.3	5.0，5.5，6.0，8.0	
5.5	+0.2，-0.3	5.5，6.0，8.0	
6.0	+0.2，-0.3	6.0，8.0，10.0	

6.4.4.4　钻探用三角形聚晶金刚石（PCD）的规格尺寸

根据机械行业标准 JB/T 6084—92 的规定，钻探用三角形 PCD 用 DDP-T 作为代号。

表 2-6-14　钻探用三角形聚晶金刚石（PCD）的主要尺寸

产品型号	边长 A/mm	厚度 T/mm	角度 α/(°)
4025	4.0	2.5	60
5030	5.0	3.0	
6335	6.3	3.5	

6.5　应用领域的拓展和发展方向

6.5.1　聚晶金刚石和金刚石复合片应用领域的拓展

（1）聚晶金刚石喷嘴。目前五金和机械行业进行喷砂喷丸加工时普遍使用的是氧化铝陶瓷喷嘴、硬质合金喷嘴和碳化硼喷嘴。由聚晶金刚石材料制成的喷嘴如图 2-6-11 所示，获得了前所未有的长使用寿命，比普通材料喷嘴的寿命提高了 10 ~ 200 倍。采用聚晶金刚石喷嘴能够帮助用户大幅降低材料消耗，工作效率明显提高，还可以大大减少市场对陶瓷磨料（高耗能材料）和碳化物（资源性材料）的需求，具有节能和环保的社会效益。

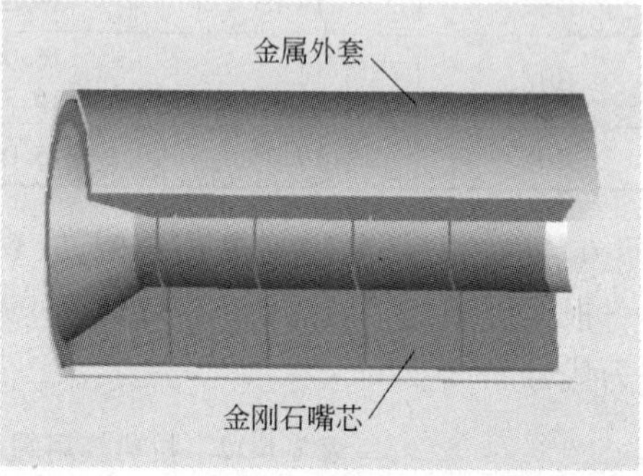

图 2-6-11　聚晶金刚石喷砂喷嘴示意图

聚晶金刚石喷嘴具有性能可靠、寿命极长的特点，可用于喷嘴之外的许多要求高耐磨的用途。同时因为具有耐酸耐碱耐腐蚀特点，聚晶金刚石喷嘴还适用于水切割、酸碱液喷口、泥浆喷射口等场合，市场前景和应用范围极为可观。

（2）金刚石复合片止推轴承。螺杆钻具是石油钻井中以泥浆为动力的一种井下动力钻具。新型螺杆钻具的传动轴总成采用了硬质合金径向轴承和金刚石复合片的平面止推轴承，使其寿命更长、承载能力更高。使金刚石复合片的用途更加广泛。

（3）石材加工中的应用。将钻探用金刚石复合片切割成四方形、长条形应用于软石材的开采和切割工具，可以得到更高的加工效率。

（4）其他耐磨器件的应用。聚晶金刚石用于 SMT（电子元器件贴片封装技术）贴片机的吸嘴，要求高耐磨的 V 形槽表面，要求高耐磨或低粗糙度的模具或夹具部件，都取得了好的使用效果。

6.5.2　聚晶金刚石和金刚石复合片的未来发展方向

（1）聚晶金刚石和金刚石复合片的尺寸大型化。随着生产技术的进步和应用领域的不断拓展，所能够提供的金刚石复合片和聚晶金刚石直径尺寸越来越大。以 Element 6、Diamond Innovations 为代表的国外公司，目前可批量生产和销售直径达 50.8 ~ 80.0mm 的规格产品。甚至有国外厂家声称制造出可以商品化的 120mm 直径的金刚石复合片。近几年来，国内刀具用金刚石复合片生产技术研究也取得了长足的进步，目前市场上已可提供最大直径尺寸达 40 ~ 50mm 规格的质量优良的产品。

金刚石复合片和聚晶金刚石直径的增大能够扩大其应用范围，加工出更多或形状更复杂的小单元。更重要的是对于刀具和拉丝模这类用途，大直径产品可以大大降低金刚石复合片和聚晶金刚石小单元的成本，会更受用户的欢迎。

PCD 或 PDC 尺寸大型化在制造过程中关键要解决如何降低超高压腔体中的压力梯度和温度梯度。一般而言，制造的 PCD 或 PDC 的尺寸愈大，PCD 在圆心附近区域的微观组织和性能与圆周附近区域相比愈易出现较大差异。一片大尺寸 PCD 被切成许许多多小单元后，这种差异会最终体现在用每个小单元制作的工具的性能差别较大，产品质量不稳定。要解决这一问题，采用大吨位的超高压装置以获得大的合成腔体体积，有利于减小压力梯度和温度梯度，使 PCD 或 PDC 的组织和性能更加均匀。PCD 尺寸大型化的研究要不断突破，大吨位压机的硬件是基础、先进的压力温度控制和合理的工艺是保障。

（2）金刚石复合片和聚晶金刚石的金刚石晶粒细化。金刚石晶粒细化可以显著提高材料的抗弯强度，同时使金刚石复合片工具获得更低的加工表面粗糙度。目前的切削刀具用金刚石复合片和拉拔工具用聚晶金刚石的金刚石晶粒度都在微米级水平。对亚微米甚至更细的聚晶金刚石的研究已有二、三十年历史，虽有一定的研究成果，但整个水平未见明显提高。因为其制作的高难度和性能的局限，至今还未出现广泛地运用。

近十几年来纳米技术的蓬勃发展，也促使专家学者关注并投入到纳米晶粒度多晶金刚石的研究中。大部分研究采用的是爆炸法。工业应用也一直期待着由稳定的制造工艺得到稳定的纳米聚晶金刚石产品。

晶粒的细化会给聚晶金刚石带来更好、更特别的性能，因此它仍然是未来聚晶金刚石发展的方向。

（3）金刚石复合片层间内界面的新型结构设计。从 20 世纪 90 年代起，金刚石复合片石油钻齿出现了非平面结合的革命性改变。通过有限元计算可以得到不同形状层间内界面下金刚石复合片的残余应力分布，从而判断所设计的层间内界面结构是否合理。非平面结合是指硬质合金基体与聚晶金刚石层间采用波浪形、锯齿形等曲面结合，后来又进一步发展为台阶形、同心圆、螺旋、间断的圆弧或其他更复杂的立体几何形式结合。这种措施在一定程度上提高了复合片的机械结合强度，降低了硬质合金基体与聚晶金刚石层间的残余应力，提高了钻齿的整体抗冲击强度，取得了很好的使用效果。因此，如何设计出更合理更有效的界面结构，是改进和提高金刚石复合片性能质量的重要技术，也是未来金刚石复合片的研究发展方向之一。

（4）金刚石复合片表面状态的改性研究。20 世纪 90 年代中后期开始大量采用镜面抛光的钻探用金刚石复合片钻齿。经过抛光的金刚石表面被认为更有利于金刚石复合片钻齿的排屑，降低了金刚石复合片钻头发生泥包的概率，能够明显提高钻进速度、延长钻头使用寿命。

将金刚石复合片中的钴去除可以提高耐热性的研究早在 20 世纪 80 年代已有报道。美国 NOV 公司重新利用该成果近几年推出脱钴金刚石复合片，并得到专利保护。脱钴金刚石复合片是将金刚石复合片表面深约 0.3mm 的钴相从金刚石相间除去，消除了金刚石复合片工作在较高温度下钴的危害作用，大大提高了金刚石复合片钻齿的耐磨性，据称可以比未脱钴的金刚石复合片寿命长三倍。

（5）异型端面金刚石复合片技术研究。钻探用外齿型金刚石复合片钻齿如图 2-6-12 所示，是将金刚石复合片钻齿的金刚石端面由平面改为齿面，齿面可以是波浪形、锯齿形或梯形。焊接金刚石复合片钻头时应使金刚石端面上异型沟槽指向岩石面，在钻岩工作中带沟槽钻齿的工作部位（刃口）逐渐形成了一排“牙齿”，这排齿的切岩能力和效果要远胜过平面无齿的金刚石复合片钻齿，而且这种效果基本上可以一直保持到整个钻齿失效。用这种新型钻齿做成钻头，可以明显改进金刚石复合片钻齿的破岩效率，特别是对付橡皮型岩层，解决了金刚石复合片易打滑的技术难题。

另一种犁切型金刚石复合片钻齿如图 2-6-13 所示，是通过将金刚石复合片钻齿的金刚石端面由平面改为曲面来实现“犁切工作机理”的。焊接金刚石复合片钻头时将金刚石端面上的“脊柱面”指向岩石面，“脊柱面”两侧的后倾平面如同犁面向后倾斜一定角度。该结构有利于岩石屑的迅速排开，减低钻齿前进的阻力。可以明显改进金刚石复合片钻齿的破岩效率，大大提高钻头的钻进速度。

图 2-6-12 外齿型金刚石复合片钻齿

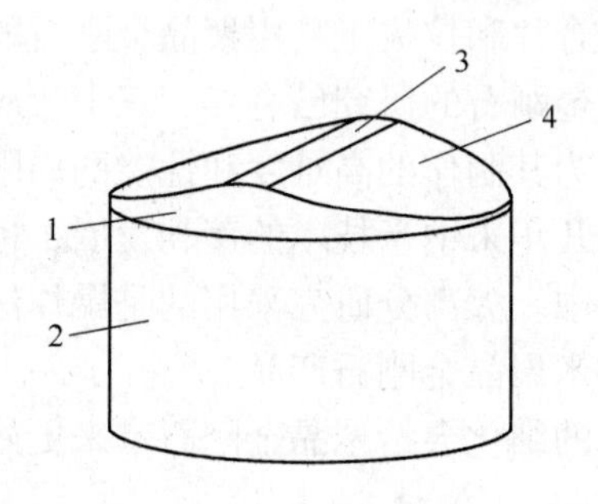

图 2-6-13 犁切型金刚石复合片钻齿
1—PCD 层；2—硬质合金基体；
3—脊柱面；4—后倾平面

楔形、椭圆形等不同形状的钻齿都是针对地层特殊要求设计的特别解决方案。

表面呈锥形或半球形的金刚石复合钻齿具有较高的抗冲击韧性。这种锥球形金刚石复合钻齿主要应用于冲击钻进、中小钎头、石油牙轮钻头、潜孔钻头、地热钻进等场合。

（6）少添加或无添加黏结相聚晶金刚石技术的研究。在少添加乃至无添加黏结相的条件下，将金刚石烧结在一起，是超高压合成聚晶金刚石（PCD）研究领域专家学者长期以来要实现的目标。自从透明的聚晶立方氮化硼（PCBN）研制成功以来，一直期待着纯的、一定厚度的透明 PCD 能够诞生。因为纯 PCD 不但会在工具材料的性能上产生飞跃，也会在功能材料上迎来广阔的应用空间。然而这一努力仍在进行中。

尽管随着金刚石薄膜技术的发展，聚晶金刚石在类似拉丝模这样的应用领域被多晶金刚石薄膜材料部分取代，在其他方面也有可能被取代，但超高压合成制造的聚晶金刚石在韧性上、大尺寸上以及材料综合性能可调性方面具有明显的优势。不同方法制造的聚晶金刚石会有其各自的特性。作为当今世界上最硬的材料之一，聚晶金刚石的用途还远远没有完全开发出来。聚晶金刚石性能的不断提高和制造成本的下降，以及人们对聚晶金刚石认识的不断加深，都将会把聚晶金刚石的应用引入更宽更广更高的领域。聚晶金刚石在相当长的时间内将无法被取代，它在人类技术进步中和其他金刚石工具材料一样，将扮演越来越重要的角色。

参考文献

[1] 宋健民．超硬材料[M]．全华图书股份有限公司，2008.
[2] 郭志猛，宋月清，等．超硬材料与工具[M]．北京：冶金工业出版社，1996.
[3] 邓福铭，陈启武．PDC 超硬复合刀具材料及其应用，北京：化学工业出版社，2003.
[4] 王秦生．超硬材料及制品[M]．郑州：郑州大学出版社，2006.

（深圳市海明润实业有限公司：李尚劼）

7　碳纳米葱

7.1　碳纳米葱的发展过程

碳纳米葱是富勒烯家族中的一员，它是由多层同心碳球组成的三维封闭结构的碳质颗粒，外表呈多面体结构，内部形如洋葱。Iijima 教授使用 HRTEM 研究电弧放电法（真空、无保护气氛）制备的碳膜时，观察到了间距约为 0. 34nm 的同心圆环，并指出了最内层小圆的直径约为 0. 71nm，这是最早观察到的碳纳米葱。由于当时 C_{60} 还未被表征，此工作未受到重视。直到 1992 年，由瑞士洛桑联邦综合工科大学的电子显微学家 Daniel Ugarte 等人在研究管状碳分子结构的过程中意外地发现了一种洋葱状富勒烯，并称之为巴基葱 (Bucky-Onion)。他们采用高强度的电子束对碳棒进行长时间照射，并仔细调节高分辨率电子显微镜电子束的强度，观察电子束照射对碳粒子的影响。他们发现电子束引起碳原子移动，管状分子结构发生分裂并重新组合成同心球面结构，最后形成一层套一层的洋葱状的巴基球，其中有的巴基葱可包含多达 70 层球面，分子直径达 47nm。中心的巴基球常常十分接近于 C_{60}，巴基葱正是以 C_{60} 为核心生成的同心多层球面套叠结构的分子，在层与层之间存在范德瓦尔斯力，层间距约为 0. 334nm（3. 34Å），与石墨的层间距十分接近，并在《Nature》杂志发表了报道。1995 年 Xu 和 Tanaka 同样应用 HRTEM，通过低能电子束辐照，在金属纳米微粒 A1、Pt、Au 的诱发下，使非晶态碳膜转变为碳纳米葱，继碳纳米管之后，又在科学界引起了极大轰动。

7.2　碳纳米葱的形貌与结构模型

碳纳米葱是由若干碳原子同心壳层组成的较大原子团簇，最内层有 60 个原子，第二、三层……以 $60n^2$ 递增，壳层间距通常为 0. 34nm，与石墨的层间距接近。最内层的直径约为 0. 7nm，接近于 C_{60} 的直径。由三层同心石墨层构成的碳洋葱模型如图 2-7-1 所示。

这种球形富勒烯结构应当是大型碳团簇中最稳定和能量最低的排列方式，主要基于以下三点：(1) 这种封闭结构使悬键得以消除；(2) 球形结构使石墨片层弯曲产生的应力均匀分布。反之，石墨片层的应力将大量集中于多边形顶部或角部；(3) 这种结构使壳与壳之间的范德华力最优化。C_{240} 和 C_{540} 两个同心壳之间对二十面体和笼状结构来说，范德华结合能分别为 －12. 3eV 和 －17. 1eV 表明球状或笼状结构在能量上更为有利。

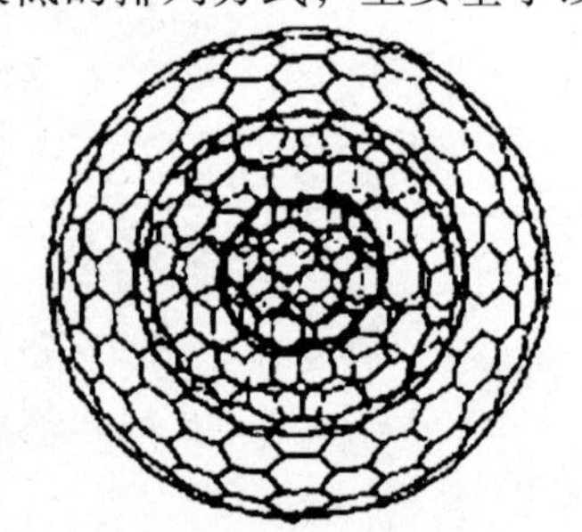

图 2-7-1　由三层同心石墨层（从内到外分别为 C_{60}、C_{240}、C_{540}）构成的碳洋葱模型

实际制得的碳纳米葱可能并不严格符合理想模型，随着人们研究的深入，已经发现并命名了各种碳纳米葱。可分为完全由石墨层构成的碳纳米葱和内包金属的碳纳米葱两种。其中完全由石墨层构成的碳纳米葱是由若干层同心球状的石

墨壳层组成的碳原子团簇，它又分为两种：一种是最内层为C_{60}的结构，另一种为内部中空的碳纳米葱。而内包金属的碳纳米葱是多层同心石墨层将金属纳米微粒包合其中形成的。并且实验中制备出的各种碳纳米葱的外部石墨层的结构不一定是完美的球形结构，可能为多面体或者不规则形状。所以，广义上讲，碳纳米葱可以定义为具有同心壳层结构的准球状或多面体状的富勒烯的总称。碳纳米葱的 HRTE 图如图 2-7-2 所示。

a

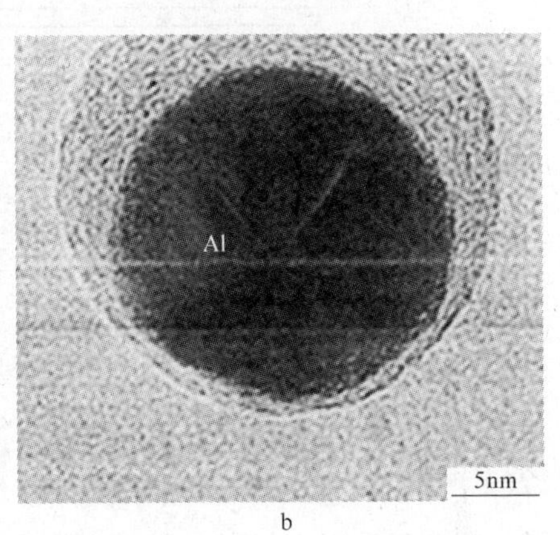

b

图 2-7-2 碳纳米葱的 HRTEM 图
a—单体碳纳米葱；b—内包含金属的碳纳米葱

7.3 碳纳米葱的制备

自从碳纳米葱发现以来，其独特的结构和广阔的应用前景引起了广泛的关注。目前关于此类材料的研究主要集中在大量制备工艺的探索方面，以便为进一步的性能和应用的研究奠定基础。经过多年的实验，发展出多种制备碳纳米葱的新方法。归纳起来主要有以下几种：电弧放电法、电子束辐照法、热处理法和含碳材料的催化热解法。制备出了其石墨层为几层到上百层的各种碳纳米葱，如单体碳纳米葱、中空碳纳米葱和内包含各种金属的碳纳米葱。

7.3.1 直流电弧放电法

电弧法已成为一种典型的制备方法。使用电弧法可以制备不同结构类型的富勒烯材料，包括纳米碳管、碳纳米葱以及内包金属的富勒烯微粒等。直流电弧法试验装置如图 2-7-3 所示。一般工艺为：在真空反应室中充以一定压力的惰性气体，采用面积较大的石墨棒作为阴极，面积较小的石墨棒作为阳极。在电弧放电过程中，两石墨电极间总是保持 1mm 的间隙。阳极石墨棒不断被消耗，在阴极沉积出含有纳米碳管、碳纳米葱、石墨微粒、无定形碳和其他形式的碳微粒，同时在电极室的壁上沉积有由富勒烯、无定形碳等微粒组成的烟灰。其中载气类型及气压，电弧的电压和电流，电极间距等工艺参数对碳纳米管产率都有影响。研究证明，理想的沉积条件为：氦气为载气，气压 66650Pa，电流 60～100A，电压 19～25V，电极间距 1～4mm。

此外，可以通过在阳极石墨钻孔，在空腔内填充金属催化剂的方法制备内包 Ti、Fe、Ni、Cu 等金属的碳纳米葱。

电弧放电温度高达 4000K，生成的碳纳米葱晶化程度高、缺陷少，便于研究。但由于放电十分剧烈，主要产物为 C_{60}、纳米碳管，副产品为非晶态碳球和极少量的碳纳米葱，所以用此法难以控制反应进程和产物，需改进放电工艺，摸索理想的实验参数等。

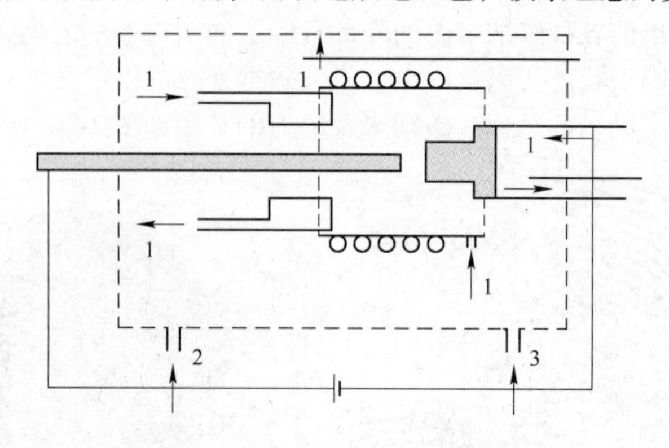

图 2-7-3 电弧法实验装置图

7.3.2 水下电弧放电法

为了稳定电弧和反应气氛，科学家们提出了在液氮容器中合成富勒烯的方法。该法不需要传统电弧法的抽真空系统和高密度密封水冷真空室等系统，免除了复杂昂贵的设备，可连续制备。其后，Sano 等报道了水下放电法（图 2-7-4）可进一步降低反应温度，能耗更小，且产物在水表面而不是在整个有较多粉尘的反应室，制备出晶型完美、纯度高的碳纳米葱。与直流电弧法相比，此法产率及质量均较高，经改进有望进一步扩大生产规模。

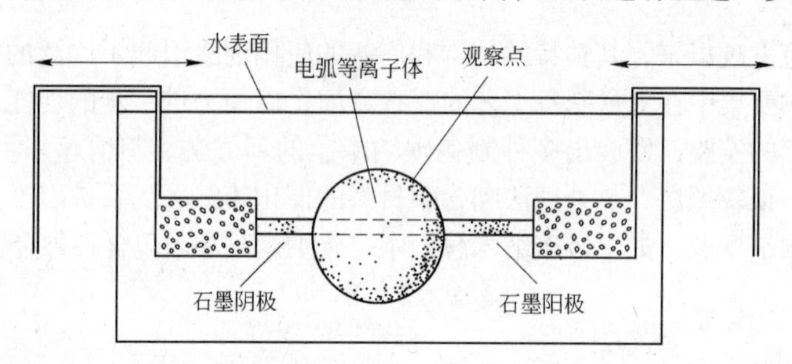

图 2-7-4 水下电弧放电装置简图

7.3.3 大气压微等离子体放电法

邹芹等采用在扫描电镜中产生的大气压微等离子体放电的方法（图 2-7-5）制备了中空碳纳米葱。以厚度为 600nm 的 Pt 膜用作为阴极，尖端曲率半径为 12μm 的 Pd 合金针用作阳极，在扫描电镜中产生大气压 CH_4 微等离子体放电。其脉冲电流密度为 $60kA/cm^2$，等离子体放电单元内最大能量密度约为 $555mW/cm^3$，脉冲宽度约为 10ns。碳纳米材料形成于沉积区。随着沉积时间的延长，碳纳米颗粒逐渐生长为碳纳米棒。

同时，他们发现 10μm 间距及 100kPa CH_4 气压沉积 2s 时形成的是碳纳米葱颗粒，沉积超过 3s 时，碳纳米葱颗粒生长为碳纳米棒，沉积超过 6s 时在沉积中心附近区域有熔化碳纳米材料生成，沉积超过 10s 时，沉积区域熔化，无任何碳纳米材料生成。因此，5s 之

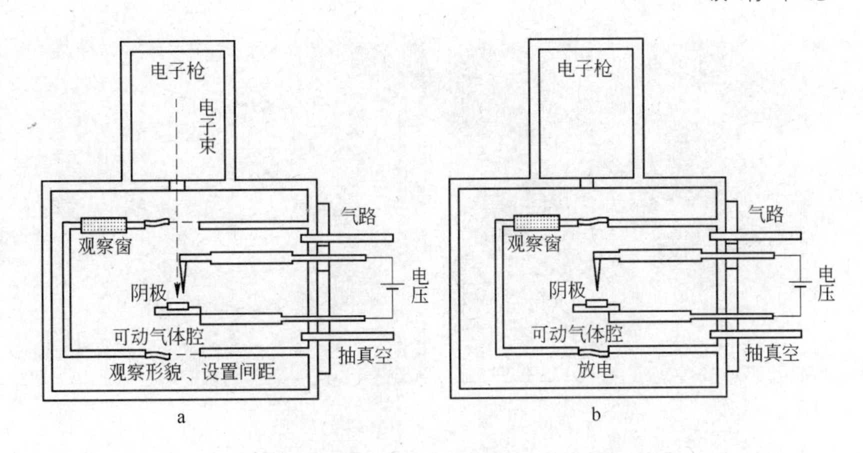

图 2-7-5 微等离子体产生装置简图

a—可动气体腔打开；b—可动气体腔关闭

内沉积是最佳沉积时间。此时，碳纳米棒的直径和长度分别达到 20nm 和 800nm。碳纳米葱颗粒为中空结构，碳纳米棒为典型纳米棒结构。间距 10μm 及气压 100kPa 沉积 1s 的碳纳米葱如图 2-7-6 所示，沉积 5s 的碳纳米葱如图 2-7-7 所示。

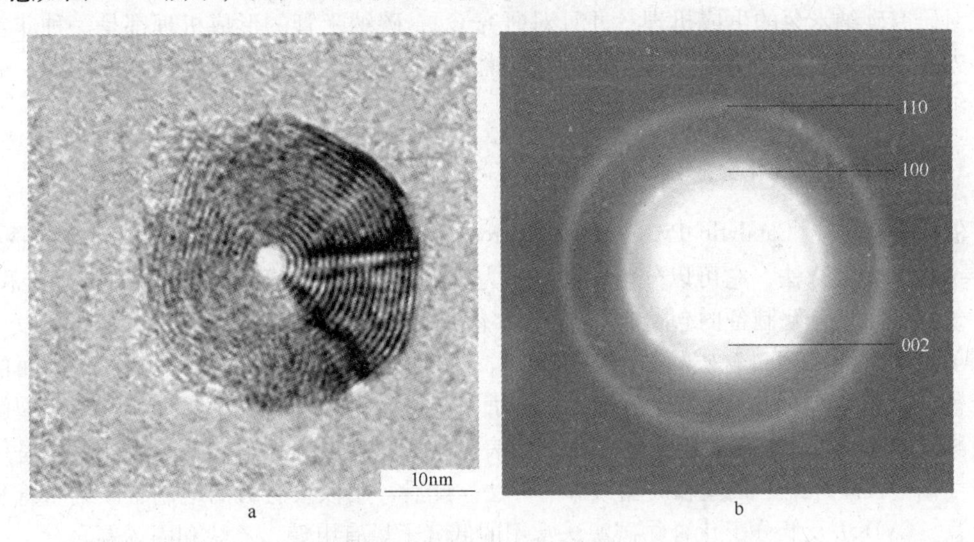

图 2-7-6 间距 10μm 及气压 100kPa 沉积 1s 的碳纳米葱

a—HRTEM 图；b—SAD 图

7.3.4 电子束辐照法

电子束辐照法制备碳纳米葱的主要研究手段是高分辨透射电镜。它易于进行原位组织观察，易于控制照射电子束密度，并易于进行形成相成分分析和过程记录。从 1992 年开始，Ugarte 的一系列论文首先报道了高能电子束辐照多面体石墨颗粒使其转变成了碳纳米葱的结果，引起了人们极大的兴趣。后来，Banhart 和 Ajayan 发现在这种条件下碳纳米葱的心部有金刚石形成，并且有人利用电子束照射法制备出了单个的富勒烯分子。1995 年，Xu 和 Tanaka 在金属纳米微粒 Al、Pt、Au 的催化下，通过低能电子束照射无定形碳膜，制

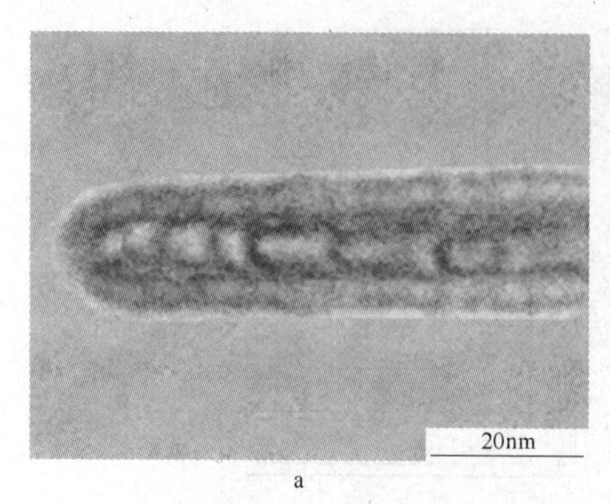

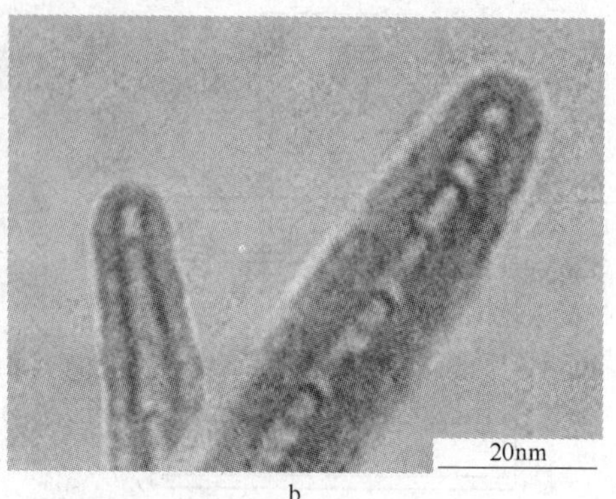

图 2-7-7 间距 10μm 及气压 100kPa 沉积 5s 碳纳米棒的 HRTEM 图
a—单根；b—团簇

备出了结构规则的单核和多核碳纳米葱。1998 年，D. Golberg 和 Y. Bando 等利用添加有 B 的石墨制备出了大量的富勒烯类物质。

此方法制备的碳纳米葱结构完美、缺陷少，并且在产物生成过程中可原位观察，因此不仅对研究碳纳米葱的生成机理，并且对研究 C_{60}、碳纳米管的形成机理都是一种非常有效的方法，但是由于反应是在高分辨透射电镜中进行的，只能生成少量的碳纳米葱，不适合碳纳米葱的宏量制备。

7.3.5 含碳气体的催化分解法

催化分解法（Catalytic Pyrolysis of Hydrocarbon）即化学气相沉积（Chemical Vapor Deposition，CVD）法，它可以分为两种：一为茂金属（二茂铁等）在保护气体（Ar 和 H_2 等）气氛中发生分解制备内包金属的碳纳米葱。第二种为在金属催化剂（例如 Fe、Co、Ni 等）的作用下，通过含碳材料（CO_2、CH_4、重油）的高温分解可以得到内包金属的碳纳米葱。以上两种方法的原理是一样的，即通过热分解得到含碳气体在催化剂表面裂解形成碳源，碳源通过催化剂扩散，在催化剂后表面生成富勒烯类材料。这种方法最初是用来制备气相生长碳纤维、碳丝和碳晶须等的方法。此后，用该法有目的地制备碳纳米管和碳纳米葱。CVD 法及低分子化合物碳源法常用的低分子烃有甲烷、乙炔和丙烯等。

Maquin、Serin 等用此法制备含碳、硼和氮的亚微粉末及碳硼合金时，发现有大量内包铁颗粒的碳纳米葱。Noriaki Sano 等人在纯 H_2 气氛中通过二茂铁的热解法分别独立制备了高纯度的内包铁碳纳米葱和碳纳米管。许并社等用氧化钴为催化剂，乙炔与氩气的混合气热解得到准球状和多面体碳纳米葱。Chunnian He 以 Ni、Al 纳米微粒作为催化剂，通过对氢气和甲烷混合物的催化热解制备出了大量碳管以及中空的和内包金属的碳纳米葱。在制备过程中，催化剂的选择、反应温度、反应时间、载气的种类和气流量都会影响产物生成的种类、质量和产率。

通过催化剂种类与粒度的选择及工艺条件的控制，可获得纯度较高，尺寸分布较均匀的碳纳米葱。它和电子束辐照法、直流电弧法比较，有反应过程易于控制，设备简单，原料成本低，可大规模生产，产率高等优点。且可以控制同时独立得到粒径均匀的纳米碳管和碳纳米葱。但是，由于反应温度低，石墨化程度较差，存在较多的结构缺陷，因此采取一定的后处理是必要的，例如通过高温退火处理可消除部分缺陷，石墨化程度变高。

图 2-7-8 为热解反应装置简图。

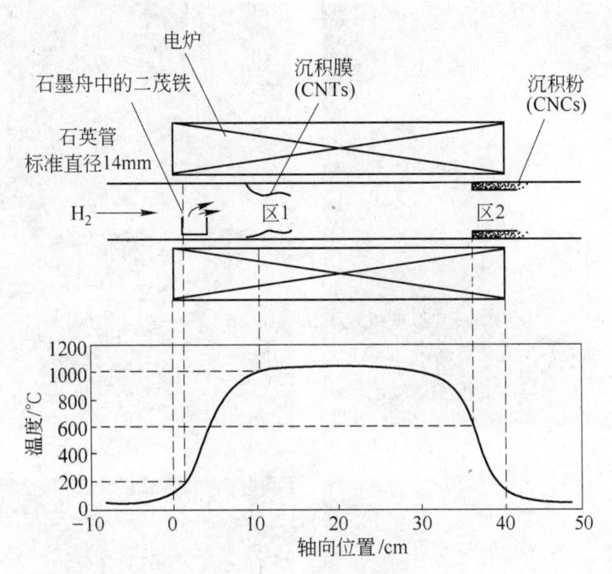

图 2-7-8 热解反应装置简图

7.3.6 热处理法

Kuznetsov 等用直径 3～6nm 超弥散金刚石微粒通过热处理制备了碳纳米葱。Tomita 等人同样对超弥散金刚石微粒进行高温退火，宏量制备了碳纳米葱。Ugarte 将电弧放电产生的炭灰于 500～2400℃进行热处理，发现在 1700℃时，形成了一种玻璃态碳材料，当温度超过 2000℃后，形成多层石墨层，即碳纳米葱。这一实验结果预示可以利用炭灰在不同热处理条件下生成碳纳米葱。许并社等以石墨为原料、采用真空热处理法制备出了内包金属 Al 和 Ni 的碳纳米葱。

邹芹等在低真空（1Pa）、低温（900～1400℃）条件下对爆轰纳米金刚石粉（2～12nm）进行退火处理，并对其转变机理进行了探讨。通过高分辨率透射电镜、X 射线衍射及拉曼光谱分析表明，在 900～1400℃退火温度条件下，纳米金刚石颗粒转化为碳纳米葱颗粒。当退火温度低于 900℃时，没有碳纳米葱合成。同时，无定形碳与纳米金刚石颗粒共存。当退火温度高于 900℃时，有碳纳米葱合成。在 900℃时碳纳米葱开始出现，且此时碳纳米葱颗粒的平均尺寸小于 5nm。石墨化起始于纳米金刚石颗粒的表面。当退火温度从 1000℃增加到 1100℃时，有颗粒尺寸大于 5nm 的碳纳米葱颗粒合成，且此时有未转化的纳米金刚石存在于碳纳米葱颗粒的中心。随着退火温度的继续升高，碳纳米葱颗粒逐渐团聚。在 1400℃时所有的纳米金刚石颗粒均已转化为碳纳米葱。碳纳米葱颗粒具有不同的形状，如半球形、椭球形、多面体形、变形洋葱头形。碳纳米葱的颗粒形状与纳米金刚石的颗粒形状相似。其平均颗粒尺寸为 5nm，与纳米金刚石的平均颗粒尺寸一样。碳纳米葱的石墨层数从几层到 12 层不等。对于 5 层的碳纳米葱来说，其石墨层间距为 0.335nm。

但对于 10 层的碳纳米葱来说，其石墨层间距为 0. 324nm。图 2-7-9 为纳米金刚石不同温度退火样品的 HRTE 图。

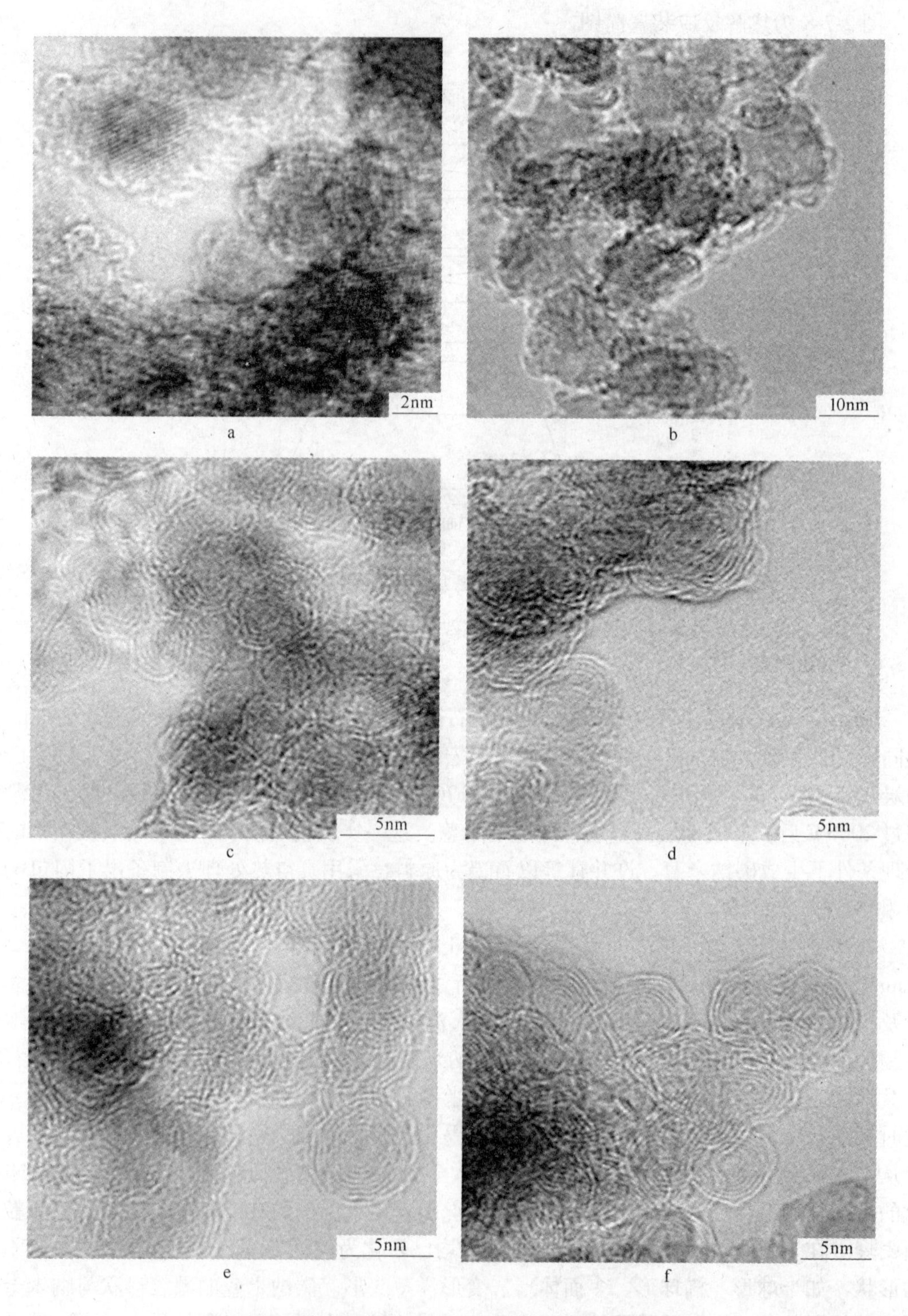

图 2-7-9 纳米金刚石不同温度退火样品的 HRTEM 图

a—500℃；b—800℃；c—900℃；d—1000℃；e—1100℃；f—1400℃

纳米金刚石到碳纳米葱的转化优先起始于纳米金刚石的（111）晶面。且内部的纳米金刚石对外层形状的形成起到一定作用。从纳米金刚石（111）晶面溢出的石墨片逐渐包裹纳米金刚石颗粒表面，与此同时形成了碳纳米葱颗粒。碳纳米葱颗粒表面有弯曲的外部石墨层存在证明了纳米金刚石的石墨化起始于纳米金刚石的表面并向其中心推进。纳米金刚石颗粒转化为碳纳米葱颗粒的过程可以概括为以下几个阶段：石墨片的形成、纳米金刚石颗粒边缘（111）晶面石墨层连接及弯曲、石墨层封闭、完整碳纳米葱颗粒的形成。图 2-7-10 为碳纳米葱的衍射环，图 2-7-11 为碳纳米葱的 X 射线衍射图。

图 2-7-10 碳纳米葱的衍射环

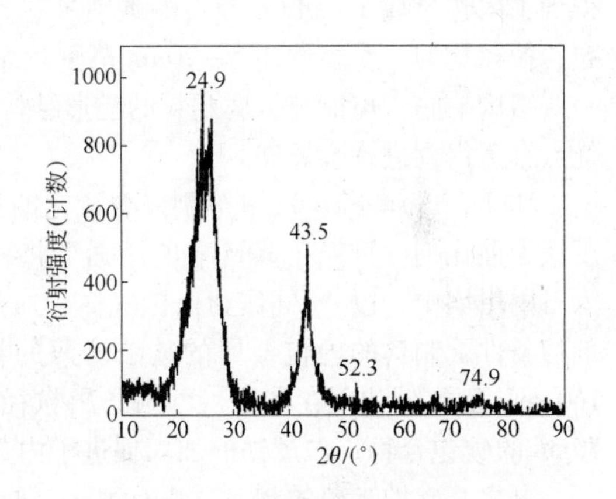

图 2-7-11 碳纳米葱的 X 射线衍射图

真空热处理法工艺简单，样品产量不受设备限制，适合宏量生产。但是目前还存在一系列问题，如产物中碳纳米葱生成率较低、产物中碳纳米葱和其他成分混杂，难于分离提纯。所以，如果能找到合适的原料和改进热处理的工艺，有望用这种简单的工艺实现碳纳米葱的宏量制备。

7.3.7 机械球磨法

该法的原理是通过球磨机钢球和原料的高频碰撞产生碳纳米葱。清华大学的研究者们利用高能球磨的方法，成功地把碳纳米管转变成纳米碳洋葱，其基本工艺为：在滚转的球磨机容器里填充碳纳米管和铁粉（纯度大于 99.9%）作为原料，Ar 气保护，低于 100℃下，球磨时间为 5 ~ 30min 时可观察到大量的碳纳米葱。同样文献报道了用此方法石墨粉也可转变成纳米碳洋葱。B. Bokhonov 和 M. Korchagin 利用纯 Fe 粉和 Ni 粉作为催化剂，炭黑为碳原，在 Ar 气保护下的行星式球磨机内球磨 5 ~ 30min，分别得到内包金属 Fe 和 Ni 的碳纳米葱。

此方法虽然具有工艺简单、操作方便、成本低等优点，但影响因素很多，如钢球和粉体的重量比、金属催化剂的添加、容器温度和球磨时间等，且所得到的产物不均匀，石墨化程度低、容易引入杂质。

7.3.8 其他方法

除以上方法外，制备碳纳米葱的方法还有碳离子束注入法、爆炸法、射频等离子体法以及燃烧合成法等。

碳离子束注入法是在高温下将高流速的碳离子束注入与其不相容的Cu或Ag基体，经过适当温度的热处理，在基体上得到大量的较高纯度的碳纳米葱及其薄膜，碳离子束注入量、基体温度、基体的晶粒尺寸和取向都影响着碳纳米葱的生成、粒径和产率，此法较为复杂，难以控制。

用沥青和硝酸铁混合制成的杂化凝胶为原料，采用爆炸法制备出具有良好电磁性能的内包 Fe_7C_3 的碳纳米葱，同样利用爆炸法以苦味酸/二茂铁和苦味酸/乙酸钴为原料，分别得到了内包金属 Fe 和 Co 颗粒的碳纳米葱，其中内包金属 Fe 颗粒的碳纳米葱呈离散状分布，粒径均匀，直径约在 5 ~20nm 范围。而内包金属 Co 颗粒的碳纳米葱的石墨结构含有一些结构缺陷，可能与金属颗粒的晶形结构有关。此法因其具有过程简单和生产成本低等优点有望得到进一步发展。

Michal Bustrzejewski 等分别以叠氮化钠和六氯乙烯或六氯环己烷的混合物为碳源，二茂铁为催化剂，首先在 10MPa 的压强下将初始反应物粉末压成直径 2cm 的小丸，然后放入石墨坩埚中，以 Ar 气作为保护气体，通过电加热反应助催化剂引燃，发现在没有催化剂的条件下制备的内包金属的碳纳米葱的粒径为 30 ~ 60nm，中空碳纳米葱粒径为 50 ~ 160nm；而在催化剂存在时，可制备出粒径为 40 ~ 100nm 的空核碳纳米葱和直径为 40 ~ 50nm 的碳包合物，二茂铁的加入促进了内包铁纳米微粒的合成。

总之，碳纳米葱的制备方法有很多，原料种类也多种多样。理论上讲，所有的碳质材料都可以通过一定的制备方法转变成碳纳米葱。但是，碳纳米葱的制备还存在许多问题，如：产物纯度较低、结构缺陷多、产量低、制备成本高等，不利于对其性能和应用等各方面的进一步研究。必须不断地探索新的工艺和原料，提高碳纳米葱的产量和纯度。

7.4 碳纳米葱的分离和提纯

无论是用何种制备方法，所得碳纳米葱粗产品中都不可避免地含有无定形碳、金属催化剂颗粒等杂质，这极大地阻碍了对其性能的深入研究。因此，高纯度碳纳米葱的制备和对其粗产品的进一步提纯是十分必要的。

目前，对 C_{60}、碳纳米管的分离提纯研究进行得较为系统，而对含有较多石墨层的碳纳米葱的分离和提纯仍是一个具有挑战性的课题。例如，电弧放电法产生的烟灰中，碳纳米葱的产率较低，且各种产物的相对分子质量接近，性质相似，分离、提纯有很大困难。目前，一般是采用有机溶剂抽提烟灰，产物的种类和产率（产物在烟灰中的质量分数）与烟灰的制备方法、抽提用溶剂有很大关系。Parker 等报道，用火花放电法制得的烟灰，顺次用苯、吡啶、1,2,3,5-四甲基苯等溶剂抽提，产率达 44%，后一种溶剂主要抽提的是含碳量较高的富勒烯；Smart 等利用富勒烯与高沸点溶剂间的溶剂化作用，用二甲苯、1,3,5-三甲基苯、1,2,4-三氯苯及 1-甲基萘等溶剂将甲苯抽提过的烟灰二次抽提，也得到了含碳量较高的富勒烯的混合物。

有文献报道，将电弧放电法制备的样品于空气中 700℃ 焙烧 12h，然后再将焙烧后的产物于硝酸中回流约12h，所得样品收率为0.1，基本为多面体碳纳米葱。用酸液浸泡来达到纯化的目的，虽可以去除一定的杂质，但同时会对碳纳米葱的结构造成一定破坏，提纯效果不理想，而且此方法的产率过低。此外，对真空热处理产物首先利用CS_2分离以除去金属催化剂杂质，然后于610℃在空气中焙烧以除去无定形碳、石墨碎片等杂质。虽然此方法避免了酸液浸泡对碳纳米葱结构的破坏作用，但是在焙烧的过程中碳纳米葱有一定的损失。

总之，充分了解不同方法制备的样品情况，并设计适当的工艺是进行提纯工作的关键。根据不同测试手段的特点和用途来分析试样中碳纳米葱和杂质的形态、结构；结合适当的表征方法来显示提纯效果，同样非常重要。

7.5 碳纳米葱形成机理讨论

早在1992年Ugarte研究碳纳米葱之前，人们就已经对碳和金属相互作用可形成内包金属的碳颗粒及碳纤维的生长机理进行了多年的研究。研究表明，碳颗粒或碳纤维的生长是通过溶解的碳从催化剂表面不断析出的过程来实现的。

Saitol等提出的观点曾被普遍接受。该论文最简单的模型是：电弧放电阴极上非晶液态的碳原子簇在退火冷却时，表面碳原子首先晶化；随着石墨化过程的进行，即碳原子通过有序过程连续地由外壳层向内壳层推进形成不规则的碳纳米葱，即内延生成机制。由于晶态碳材料密度比无定形碳的要大，所以最终形成的不规则碳纳米葱内部会留下空腔。但这个模型不能解释大多数碳纳米葱外层呈现非晶须状的现象。另外，如果在电弧放电过程中有催化剂存在时，此模型也不能明确指出催化剂对碳纳米葱生成机理的影响。

Ugarte根据碳熔化和电弧放电过程中出现的实验现象，提出了液相碳滴的石墨化机理。这主要包括在电弧放电过程中多面体石墨微粒的形成和在电子束照射下，多面体石墨微粒向碳纳米葱的转化过程。其特点是从表面到心部的逐步有序化，即在电弧放电过程中和在电子束照射的情况下，都是在表面开始形成石墨层，然后逐步向心部扩展。

Xu等根据电弧放电中可生成单体碳纳米葱和内包催化剂碳纳米葱的现象，建立了汽—液—固（VLS）生长模型。此生长模型的前提是存在汽、液、固态三相共存状态，晶化过程中存在L-S界面及V-S界面，L-S体系使碳原子有序连续地由外壳层向内壳层推进为基底和催化剂液滴；在V-S体系中，汽态碳原子不断沉积在界面直接凝固为五元环或六元环壳层，这样由内壳层向外壳层推进。在电弧放电过程中，汽态碳原子首先沉积在具有很大吸附系数的液态催化剂（或催化剂原子簇）表面，并沿催化剂液滴表面和内部扩散；然后，过饱和的碳原子从液态催化剂表面析出，这样在液固界面处晶体不断析出，一个壳层形成后向另一个壳层逐渐过渡生长成碳纳米葱。在此模型中内、外延生成机制并存。由于汽态碳原子不断沉积，会使生成的碳纳米葱表面有非晶须状物出现。VLS生长模型解释了实验中生成单体和内包催化剂两种碳纳米葱的现象，而且可以说明催化剂的活性影响碳纳米葱生成的量和尺寸大小。

针对金属催化剂存在时生成形状不规则或者空核的碳纳米葱现象，研究者们推测，可能首先生成的是内包金属的碳纳米葱，但是由于石墨层还存在一些缺陷，当反应在较高温度下进行时，这些纳米金属催化剂是液态的，很容易从缺陷处流出或者蒸发出去，最终形成了内部的空腔。据观察，空腔形状不规则，这可以解释为纳米金属微粒流动性较强，影响外部石墨层的形成。

7.6 碳纳米葱结构的模拟和计算

在石墨片层边缘存在能量悬挂键，悬挂键的多少一直是衡量富勒烯结构稳定性的主要因素之一。消除悬挂键被认为是产生富勒烯弯曲和封闭结构的驱动力，此现象也可以解释纳米碳管和石墨微粒等大型分子的形成。

碳纳米葱优异的稳定性表明，包含数千原子的单层石墨分子（大富勒烯）是不稳定的，可能坍塌形成多层结构的微粒，由层和层之间的范德瓦尔斯作用的能量从而使系统稳定。常温下，由平面层的叠垛形成的石墨是碳的最稳定的状态。对于球形富勒烯的同心结构的稳定性研究使人们开始探索这种准球形洋葱状石墨微粒是否是碳的最稳定的形态。这两者之间最大的不同在于，前者是由 sp^2 键形成的平面组态，而后者表面具有明显的弯曲导致应力存在，所以从能量稳定的角度，对它们的结构进行模拟计算成为弄清这一问题的主要手段。基于弹性和经验势模型预测能量最小的结构是二十面体，曲率集中在多面体的角上文献［54］采用 abinito 法对 C_{240}进行计算，得到两种局部能量最小的结构，一种是平面二十面体，另一种为一种接近于球形的结构，应力平均分布于所有原子，多面体和球形富勒烯每个原子的结合能分别为 -7.00eV 和 -7.07eV，因此后者更加稳定。

由此可以看出，计算机模拟的结果与实验之间存在一定的差异。这可能是因为碳纳米葱结构复杂，有一些因素还没有完全考虑进去，例如石墨壳层的对称程度、壳层之间的缺陷和夹杂的影响等，再者就是所选择的计算模型上存在一定的缺陷引起的。但是由于计算容量的问题，对碳纳米葱结构稳定性方面的研究和计算，仍然有很长的路要走。

7.7 碳纳米葱的性能与应用前景

20 世纪 80 年代，Kroto 等人发现了 C_{60}，这是 20 世纪重大的科学发现之一，特别是在 90 年代初，随着 Krastschmer 和 Huffman 等制备出克量级的 C_{60}之后，C_{60}的研究以空前的速度向前推进。C_{60}以独特的结构和奇异的性质备受各国科学家的关注，并越来越显示出巨大的潜力和重要的研究及应用价值。从 1999 年开始，人们开始逐步关注碳纳米葱的性能，主要针对的是含有少量壳层，例如双层（由 C_{60}和 C_{240}组成）、三层（由 C_{60}、C_{240}和 C_{540}组成）的制备和性能测试。

C_{60}具有中空结构，如果填充某些特殊的金属纳米微粒，可以使其具有许多独特的性质。首先，填充合适金属原子可以很大程度上改变富勒烯的导电性，有望制作高导体甚至会使之成为超导体；有机化合物或者金属颗粒在外部石墨层的包围下，具有较好的耐腐蚀性，不受氧化或者分解的影响。Hirata 等人对热处理金刚石团簇和颗粒得到的碳纳米葱，用由硅片和钢球组成的球盘测试其摩擦性能，表明碳纳米葱的抗压性能较高并且摩擦系数小，可以用作润滑剂、橡胶的增强剂等。

内包金属碳纳米葱由于自身的球形结构、高度稳定性和对组织细胞的低毒性而有望用作放射性示踪剂和放射性药物。例如，石墨包覆放射性内包金属碳纳米葱可以将金属原子带入体内达到放射诊断和示踪的目的，它尤其是作为造影剂的新材料。石墨层的存在避免了金属微粒与人体直接接触，金属富勒烯的抗代谢作用和它的高度稳定性减少了有毒的放射性金属对人体的伤害，具有广阔的应用前景。

碳纳米葱也可以应用于光电和燃料电池制作领域。Kamat 等人在光学透明的电极上沉积单壁碳纳米管，然后通过可见光激发测量它们的光活性。他们发现对于甲醇氧化和氧还原来说，沉积层含 Pt 的单壁碳纳米管薄膜比没有 Pt 的薄膜具有更高的催化活性。由此推断，比单壁碳纳米管拥有更高表面积的碳纳米葱也可能在目前的燃料电池小型化方面大有作为。

此外，内包金属微粒的碳纳米葱可用作化学上的稳定反应团簇及性能特殊的催化剂，碳纳米葱制备的薄膜具有非线性光学性质，可用作光电子材料及磁数据记录薄膜材料。在气体存储方面碳纳米葱也有一定的潜在用途。

富勒烯的发现至今只有 20 年的历史，在富勒烯发现初期，由于实验条件限制，原料设备落后，大量制备困难等原因，富勒烯的性能和应用研究发展缓慢。当富勒烯大量制备的方法被人们探索以后，对它的研究渐渐步入正轨，富勒烯这种球形分子受到了全世界各领域科学家的高度关注，更主要的原因是因为它还有太多的潜能有待于人们去开发和利用。随着人们对碳纳米葱研究的深入和发展，对其结构、性能等方面的认识也会越来越深刻和全面，碳纳米葱必将会在人们日常生活的许多方面以及其他许多重要领域得到广泛应用。

7.8 碳纳米葱转化纳米金刚石

S. Tomita 等提出了一种不需任何能量束照射使碳纳米葱转化为纳米金刚石的方法。首先，在 1700℃退火处理爆轰纳米金刚石制得了碳纳米葱。而后，把碳纳米葱在空气中进行 500℃退火处理制得了金刚石，且制得的金刚石颗粒的直径有几十纳米。纳米金刚石向碳纳米葱的转化是具有 sp^3 结构的金刚石向具有 sp^2 结构的石墨的转化，而碳纳米葱向纳米金刚石的转化是具有 sp^2 结构的石墨向具有 sp^3 结构的金刚石的转化。只要能量达到使金刚石或石墨中的某些原子发生位移，那么它们之间就会发生转化。这一研究结果表明，退火处理纳米金刚石可以制备碳纳米葱，而常压低温条件下，碳纳米葱颗粒可以转化为纳米金刚石颗粒。

S. Tomita 等在空气中退火处理碳纳米葱制得的是厚度为几十纳米的金刚石薄膜。其形成原因为：在空气中加热到 500℃时，碳纳米葱的最外层首先破裂，其内层产生了使纳米金刚石在两维方向上生长的压力，此压力在局部区域内可以达到几个甚至几十个 GPa，同时也产生很大的能量，在此压力和能量条件下使得碳纳米葱中 sp^2 石墨结构转化成 sp^3 金刚石结构。这样一层层的碳纳米葱结构逐渐发生破裂，从而使碳纳米葱颗粒转化成了金刚石颗粒。S. Tomita 等指出碳纳米葱中 sp^3 结构的金刚石和空气中的氧在热处理过程中对碳纳米葱的转化起着非常重要的作用。最终，碳纳米葱颗粒表面的高度活化和颗粒的相互挤靠，使其形成了金刚石薄膜。但是，由于碳纳米葱颗粒在竖直方向上无约束力，因而形成的是金刚石薄膜。但在本研究中在碳纳米葱转化为金刚石的过程中施加三维方向的压力，使碳纳米葱在无添加剂的条件下合成为聚晶金刚石烧结体。

邹芹等用碳纳米葱为原料在无添加剂的条件下烧结制备了聚晶金刚石烧结体。如图 2-7-12 所示是纳米金刚石、碳纳米葱及聚晶金刚石的 X 射线衍射图。其中图 2-7-12a 是纳米金刚石的 X 射线衍射图。图 2-7-12b 是纳米金刚石在 1200℃退火后制备的碳纳米葱的 X 射线衍射图。图 2-7-12c 是碳纳米葱在 1200℃及 5. 5GPa 条件下烧结 500s 样品的 X 射线衍射图。从图 2-7-12a 可知，原始纳米金刚石的 X 射线衍射谱主要有四个衍射峰，分别位于 2θ 为 25°、44°、75°及 91°左右。其中，25°左右的衍射峰对应于石墨的（002）晶面衍射，44°、75°及 91°左右的衍射峰分别对应于金刚石的（111）、（220）及（311）晶面衍射。说明爆轰纳米金刚石中主要含有金刚石与石墨。从图 2-7-12b 可知，碳纳米葱的 X 射线衍射谱中主要有两个衍射峰，分别位于 2θ 为 25°和 44°，分别对应于石墨的（002）晶面衍射及金刚石的（111）晶面衍射。而金刚石（220）及（311）晶面衍射峰已经消失。且石墨的（002）晶面衍射峰的强度比金刚石的（111）晶面衍射峰的强度大得多。这就说明此碳纳米葱中既含有 sp^3 结构的金刚石又含有 sp^2 结构的石墨。并且碳纳米葱结构石墨的含量比金刚石的含量大得多。从图 2-7-12c 可知，碳纳米葱在 1200℃及 5.5GPa 条件下高压烧结 500s 后样品的 X 射线衍射谱主要有四个衍射峰，分别位于 2θ 为 25°、44°、75°及 91°左右，其中，25°左右的衍射峰对应于石墨的（002）晶面衍射，44°、75°及 91°左右的衍射峰分别对应于金刚石的（111）、（220）及（311）晶面衍射。且金刚石（111）晶面衍射峰的强度比石墨（002）晶面衍射峰的强度大得多。与图 2-7-12b 相比可见，碳纳米葱在高温高压条件下热压烧结之后，对应于金刚石（220）及（311）晶面衍射的衍射峰重新出现。这就说明，碳纳米葱经过热压烧结之后，又有金刚石生成。且金刚石的含

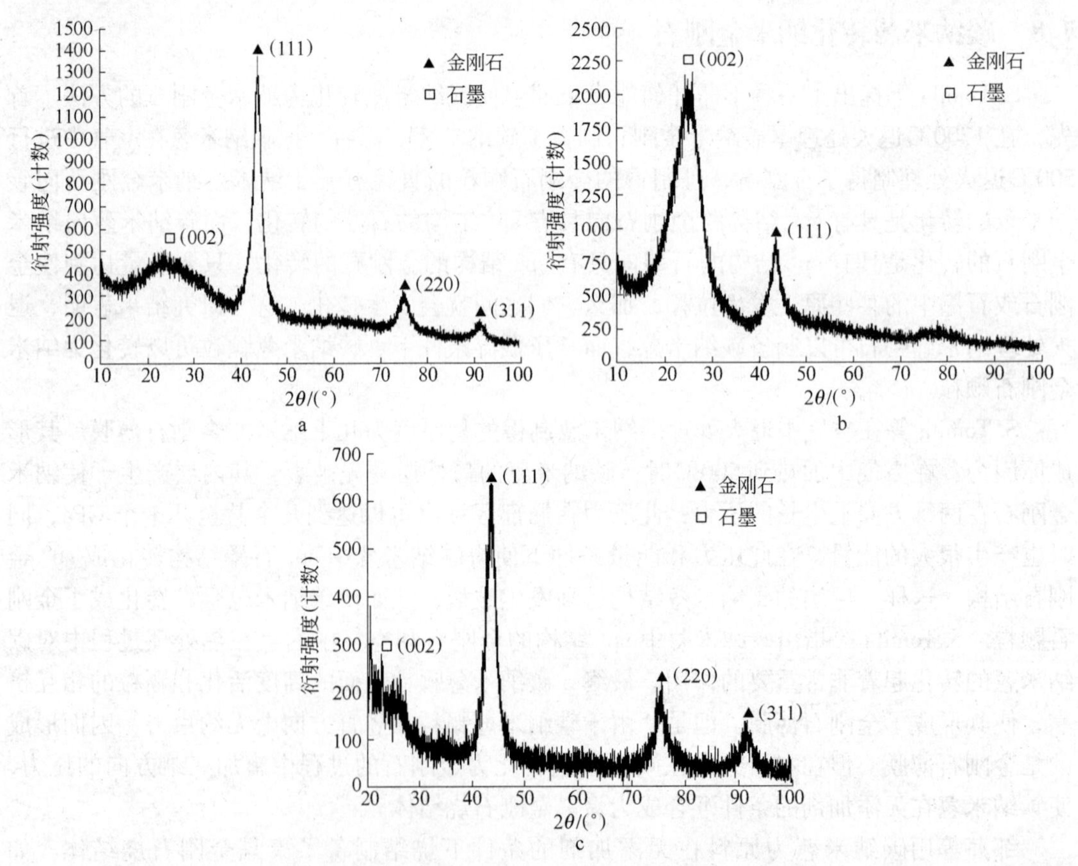

图 2-7-12　纳米金刚石、碳纳米葱及聚晶金刚石的 X 射线衍射图
a—纳米金刚石的 X 射线衍射图；b—1200℃退火制备的碳纳米葱的 X 射线衍射图；
c—1200℃及 5.5GPa 烧结 500s 的聚晶金刚石的 X 射线衍射图

量比碳纳米葱石墨的含量大得多。

根据图2-7-12c及Scherrer公式可以计算金刚石聚晶晶粒在（111）方向的长度。聚晶晶粒（111）晶面的半高宽F_{111}约为2.5°，$\beta_{111}=0.044$弧度，聚晶晶粒（111）晶面的衍射角$2\theta_{111}$为43.96°，因此，聚晶晶粒（111）方向的长度约为3.4nm。

在传统的制备聚晶金刚石的方法中，主要以金刚石为原材料，若实现聚晶金刚石的无弱相的合成，是十分困难的。因此我们设想使用碳纳米葱来代替纳米金刚石作为聚晶的原料。由于纳米金刚石经过真空热处理可以生成碳纳米葱，而碳纳米葱在空气中加热到500℃处理可以产生金刚石。这为我们在聚晶金刚石合成方面提供了一个新方向。碳纳米葱既具有金刚石的sp^3结构，同时也具有石墨的sp^2结构。在一定条件下，纳米金刚石与石墨可以相互转化。

参考文献

[1] Iijima S. Direct observation of the tetrahedral bonding in graphitized carbon black by high resolution electron microscopy[J]. Cryst Growth, 1980, 50: 675～683.

[2] Ugarte D. Curling and closure of graphific networks under electron beam irradiation[J]. Nature, 1992, 359 (6397): 707～708.

[3] Xu B S, Tanaka S I. Formation of giant onion-like fullerenes under Al nanoparticles by electron irradiation [J]. Acta Mater, 1998, 46(15): 5249～5257.

[4] Ugarte D. Onion-like graphitic particles, Carbon, 1995, 33(7): 989～993.

[5] 常保和．碳纳米管及相关材料的制备、结构和性能研究[D]．中国科学院物理研究所，1998.

[6] 杜爱兵，刘旭光，许并社．煤基富勒烯合成及其生成机理[J]．煤炭转化，2004，27(3)：1～5.

[7] Lange H, Sioda M, Huczko A, et al. Carbon production by arc discharge in water[J]. Carbon, 2003, 41: 1617～1623.

[8] Ishigami M, Cumings J, Zettl A, et al. A simple method for the contmuous production of carbon nanotubes [J]. Chem Phys Lett., 2000, 319: 457～459.

[9] Sano N, Wang H, Chhowalla M, et al. Synthesis of carbononion in water[J]. Nature, 2001, 414: 506～507.

[10] 邹芹．新型碳纳米粒子制备及结构变化的研究[D]．燕山大学，2009.

[11] Ugarte D. Morphology and structure of grphitic soot particles generated in arc-discharge C_{60} production[J]. Chem Phys Lett, 1992, 198(6): 596～602.

[12] Ugarte D, Heer de W A. Generation of graphitic onions[J]. In: Kruzmany H et al (Eds): Electric properties of fullerenes, 1993, 73.

[13] Banhart F, Ajayan P M. Carbon onions as nano-scopic pressure cells for diamond formation[J]. Nature, 1996, 382: 433～435.

[14] Golberg D, Bando Y. Unique morphologies of boron nitride nanotubes[J]. Appl Phys Lett, 1998, 73: 3085～3087.

[15] Xu B S, Tanaka S I. Fomation of a new electric material: fullerene/metallic polycrystalline film[J]. Mat Res Soc Symp, 1997, 472: 179～182.

[16] Banhart F, Failer T, Redlich Ph, et al. The formation, annealing and self-compression of carbon onions under electron irradiation[J]. Chemical Physics Letters, 1997, 269: 335～349.

[17] Maquin B, Derr' e A, Labrugere C, et al. Submicronic powders containing carbon, boron and nitorogen:

their preparation by chemical vapor deposition and their characterization [J]. Carbon, 2000, 38: 145~156.

[18] Serin V, Brydson R, Scott A, et al. Evidence for the solubility of boron in graphite by electron energy loss spectroscopy[J]. Carbon, 2000, 38: 547~554.

[19] Noriaki Sano, Hiroshi Akazawa, Takeyuki Kikuchi, et al. Separated synthesis pyrolysis of iron-included carbon nanocapsules and nanotubes by of ferrocene in pure hydrogen[J]. Carbon, 2003, 41: 2159~2162.

[20] 李天保，许并社，韩培德，等. 洋葱状富勒烯的 CCVD 法制备及其形貌特征[J]. 新型炭材料，2005, 1(20): 23~27.

[21] He Chunnian, Zhao Naiqin, shi Chunsheng, et al. Carbon nanotubes and onions from methane deposition [J]. Materials Chemistry and Physics, 2006, 97: 109~115.

[22] Tsai S H, Lee C L, Chao C W, Shih H C. A novel technique for the formation of carbon-encapsulated metal nanoparticles on silicon[J]. Carbon 2000, 38: 775~778.

[23] 李天保，许并社，韩培德，等. 内包碳化铁洋葱状富勒烯的合成和表征[J]. 高等学校化学学报，2005, 26(7): 1222~1224.

[24] Kuznetsov V L, Chuvilin A L, Bytenko Y V, et al. Onion-like carbon from ultra-disperse diamond[J]. Chem Phys Lett, 1994, 222: 343~348.

[25] Kuznetsov V L, Chuvilin A L, Moroz E M, et al. Effect of explosion conditions on the structure of detonation soots: ultradisperse diamond and onion carbon[J]. Carbon, 1994, 32(5): 873~882.

[26] Tomita S, Burian A, et al. Diamond nanoparticles to carbon onions transformation: X-ray diffration studies [J]. Carbon, 2002, 40: 1467~1474.

[27] Ugarte D, Heerde W A. Carbon onions produced by heat treatment of carbon soot and their relation to the 217.5nm interstellar absorption feature[J]. Chem Phys Lett, 1993, 207(4, 5, 6): 480~486.

[28] 张艳，赵兴国，许并社. 热处理制备碳纳米洋葱状富勒烯的研究[J]. 太原理工大学学报，2004, 35(3): 276~278.

[29] 葛爱英，赵兴国，韩培德，等. 真空热处理条件下纳米洋葱状富勒烯的结构[J]. 电子显微学报，2005, 24(4): 267.

[30] Huang J Y, Yasuda H, Mori H. Highly curved carbon nanostructures produced by ball-milling[J]. Chem Phys Lett., 1999, 303: 130~134.

[31] Bokhonov B, Korchagin M. The formation of graphite encapsulated metal nanoparticles during mechanical activation and annealing of soot with iron and nickel[J]. Journal of Alloys and Compounds, 2002, 333: 308~320.

[32] Cabioc' h T, Jaouen M, Thune E, et al. Carbon onions Formation by High-dose Carbon Ion Implantation into Copper and Silver[J]. Surface and Coating Technology, 2000, 128~129: 43~50.

[33] Wu W Z, Zhu Z P, Xie Y N, et al. Preparation of Carbon encapsulated Iron Carbide Nanoparticles by an Explosion Method[J]. Carbon, 2003, 41: 317~321.

[34] 卢怡，朱珍平，刘振宇. 爆炸法合成碳包裹铁和钴纳米颗粒[J]. 过程工程学报，2004, 4(增刊): 323~326.

[35] Michal Bustrzejewski, Sioda M, Huczko A. Nanocarbon production by arc discharge in water[J]. Carbon, 2003, 41: 1617~1623.

[36] Parker D H, Wurz P, Chatherjee K, et al. High-Yield Synthesis, Separation, and Mass-Spectrometric Characterization of Fullerenes C_{60} to C_{266}[J]. J. Am. Chem. Soc., 1991, 113(20): 7499~7503.

[37] Smart C, Eldridge B, Renter W, et al. Production of C_{60} and C_{70} Fullerenes in Benzene-Oxygen Flames [J]. Chem. Phys. Lett., 1992, 188: 171~176.

[38] Selvon R, Unnikrishnan R, Ganapathy S, et al. Macroscopicsynthesis and characterization of giant fullerenes[J]. Chem. Phys. Lett., 2000, 31 6: 205 ~ 210.

[39] 鲍慧强，韩培德，李天保，等. 洋葱状富勒烯的提纯研究[J]. 物理化学学报，2005，1: 296 ~ 299.

[40] Seharff. New carbon materials for research and technology[J]. Carbon, 1998, 36: 481 ~ 486.

[41] Li Y B, Wei B Q, Liang J. Transformation of carbon nanotubes to Nano Particles by ball milling Process [J]. Carbon, 1999, 37: 493 ~ 497.

[42] Cabioc' h T, Riviere J P, Delafond J. A new technique for fullerene onionformation[J]. J. Mater. Sci. 1995, 30: 4787 ~ 4792.

[43] Saito Y, Yoshikawa T, Inagaki M. Growth and structure of graphitic tubules and polyhedral particles in arc-discharge[J]. Chem Phys Lett., 1993, 204(3, 4): 277 ~ 282.

[44] Yamada K, Kunishige H, Sawaoka A B. Formation process of carbon produced by shock compression[J]. Nature—wissenschaften, 1991, 78: 450 ~ 452.

[45] Iijima S. Direct observation of the tetrahedral bonding in graphitized carbon black by HREM[J]. J. Cryst. Growth, 1980, 50: 675 ~ 683.

[46] 许并社，闫小琴，王晓敏，等. 电弧放电中纳米洋葱状富勒烯生成机理的研究[J]. 材料热处理学报，2001，2(4)：9 ~ 12.

[47] Ugarte D. Canonical structure of large carbon clusters: Cn, n > 100[J]. Europhysics Letters, 1993, 22: 45 ~ 50.

[48] Maiti C, Bravbec A J, Bemhole J. Structure and energefics of single and multilayer fullerence cages[J]. Phys. Rev. Lett., 1993, 70(20): 3023 ~ 3026.

[49] Tomanek D, Zhong W, Krastev E. Stability of multishell fullerenes[J]. Phys. Rev. B, 1993, 48(20): 15461 ~ 15464.

[50] Kroto H W. Carbon onions introduce new flavour to fullerene studies[J]. Nature, 1992, 359: 670 ~ 671.

[51] Yoshida M, Osawa E. Molecular mechanics calculations of giant-and hyperfullerenes with eicosahedral symmetry[J]. Ful. Sci. Tech., 1993, 1(1): 55 ~ 74.

[52] York D, Lu J P. Yang W. Density-functional calculations of the structure and stability of C_{240}[J]. Phys. Rev. B, 1994, 49: 8526 ~ 8528.

[53] Mordkovich V Z, Umnov A G, Inoshita T, et al. Observation of multiwatl fullerenes in thermally treated laser pyrolysis carbon blacks[J]. Carbon, 1999, 37(11): 1855 ~ 1858.

[54] Mordkovich V Z. The observation of large concentric shell fullerenes and fullerene-like nanoparticles in laser pyrolysis carbon blacks[J]. Chem. Mater., 2000, 12(9): 2813 ~ 2828.

[55] Hebard A F, Rosseinsky M J, Haddon R C, et al. Superconductivity at 18K in Potassium-doped C60[J]. Nature, 1991, 350: 600 ~ 601.

[56] Hh-ate A, Igarashi M, Kaito T. Study on solid lubricant properties of carbon onions produced by heat treatment of diamond clusters or particles[J]. Tribology International, 2004, 37: 899 ~ 905.

[57] 倪瑾，蔡建明，吴秋业. 富勒烯及其衍生物在核生物医学领域应用的研究现状[J]. 国际放射医学核医学杂志，2006，30(2)：72 ~ 75.

[58] Liu S Y, Sun S Q. Recent' progress in the study of endohedreal metallofullerenes[J]. J Organometal Chem, 2000, 599: 75 ~ 86.

[59] Harris P J F, Tsang S C. Encapsulating uranium in carbon nanoparticles using a new technique[J]. Letters to the Editor, 1998: 1859 ~ 1861.

[60] Barazzouk S, Hotchandani S, Vinodgopal K, et al. Single-wall carbon nanombe films for photocurrent gener-

ation. A prompt response to visible-light irradiation[J]. J. Phys. Chem. B, 2004, 108(44): 17015 ~ 17018.

[61] Girishkumar G, Vinodgopal K, Kamat P V. Carbon nanostructures in portable fuel cells: Single-walled carbon nanotube electrodes for methanol oxidation and oxygen reduction[J]. J. Plays. Chem. B, 2004, 108 (52): 19960 ~ 19966.

[62] Ugarte D. Graphitic nanoparticles[J]. MRS Bulletin, 1994, 19(1): 39 ~ 42.

[63] Seraphin S, Zhou D, Jiao J. Filling the carbon nanocages[J]. J. Appl. Phys, 1996, 80: 2097 ~ 2104.

[64] Sano N, Wang H, Alexandrron I, et al. Properties of carbon onions produced by an arc discharge in water [J]. J. Appl. Phys., 2002, 92(5): 2783 ~ 2788.

[65] 李天保，许并社，韩培德，等. 内包碳化铁洋葱状富勒烯的合成和表征[J]. 高等学校化学学报, 2005, 26(7): 1222 ~ 1224.

（燕山大学：王明智，邹芹）

8 金刚石热管理材料

8.1 概述

金刚石由于具有许多独特的、无与伦比的优异特性（力学性能、热学特性、光学特性、纵波声速、半导体特性等），深受人们的关注。这些特性在所有材料中首屈一指，例如：金刚石是世界上硬度最高的材料，其维氏显微硬度 HV 为 98000 ~ 101000N/mm^2；高品质金刚石在 30 ~ 650℃范围内其热导率高达 2200W/(m·K)，是所有已知固体物质中最优良的，约是 Cu 的 5 倍。室温下金刚石是绝缘体，其电阻率 $\rho = 10^{12} \sim 10^{14}\Omega \cdot m$；从红外到紫外的极宽透光性等。

金刚石高硬度、高耐磨的特点，使其在磨料、切割刀具和钻进工具等领域的应用越来越广泛。随着对金刚石其他功能特性的深入研究和开发，金刚石的应用领域不断拓展，其中，在热管理材料中的研究和应用越来越多。金刚石在热管理材料上的应用主要有两种形式：其一，金刚石薄膜材料；其二，金刚石与铜、铝等金属复合制成复合材料。金刚石薄膜在热导率上与其他材料相比优势明显，但由于金刚石薄膜具有低热膨胀性、与金属难润湿等特点，导致在金刚石薄膜与其他器件和焊料的组装过程中引入较高热阻，气密性较差，膨胀系数不匹配等，使得金刚石薄膜的应用受到了很大限制。将金刚石与铜、铝等金属复合，通过调节金刚石体积分数实现高热导率和适当的热膨胀系数，满足系统散热和组装工艺的要求，可以达到充分发挥金刚石优异性能，拓宽金刚石应用领域的目的。

电子工业技术的飞速发展，对大功率激光器、电子集成系统等器件功率和集成度的要求越来越高，在较小封装单元内放置更多的功能将提高对器件承受热密度能力的要求，电子元器件的散热、热应力和热变形等问题日益突出。因此，一个新名词即“热管理材料”应运而生，它是指从提升材料热物理性能方面着手来解决电子器件散热、热应力和热变形的问题。金刚石高电阻率、高击穿场强、低介电常数、高热导、低热膨胀等功能性特点，使其逐渐成为电子工业中理想的热管理材料，被广泛应用于热沉材料、封装材料以及基体材料等。研究表明，金刚石热管理材料可以满足飞速发展的电子工业高密度、高集成度组装发展的要求。

8.2 金刚石热管理材料的应用形式

目前，金刚石在热管理材料方面的应用主要有两种形式，即金刚石薄膜和将金刚石与铜、铝等金属复合制成复合材料。

8.2.1 金刚石薄膜

天然金刚石在自然界中的储量极少，品质差异大、粒度小且不均匀，而且价格昂贵，不可能把大量的天然金刚石用于工业用途上。在1955年，Berman和Simon发表了金刚石和石墨处于平衡态时的高温和高压线。1954年，美国GE公司成功地在高温高压条件下合成出了金刚石，并于1957年实现了规模化工业生产，弥补了天然金刚石稀缺和昂贵的不足。1982年，日本科学家Matsumoto和Sato等通过热丝化学气相沉积（HFCVD）法首次成功合成了金刚石薄膜，并且利用CVD技术合成的金刚石薄膜物理性质和天然金刚石基本相同或相近，其化学性质则完全相同，这使得金刚石的应用领域进一步扩大。

金刚石的合成方法从20世纪50年代的高温高压（HTHP）到80年代初日本科学家首次使用的CVD，再到今天的多种合成方法，在这将近半个世纪的时间里金刚石薄膜的制备工艺有了长足的发展。目前较成熟且有发展前途的方法有：热丝CVD法（HFCVD）、燃烧火焰沉积法（flame deposition）、直流电弧等离子喷射CVD法（DAPCVD）、微波等离子体CVD法（WMPCVD）、激光辅助CVD法（LACVD）。

顾长志等人比较了使用金刚石薄膜热沉和铜热沉的半导体激光二极管阵列在热阻和光输出功率方面的特性，结果表明，厚度大于150μm、热导率大于600W/(m·K)的金刚石薄膜作为热沉材料已表现出明显降低激光器热阻的效果。与使用铜热沉的器件相比，使用金刚石薄膜的二极管列阵可使其热阻降低45%~50%。金刚石薄膜热沉在大功率半导体激光器的散热方面表现出明显的优势。谢扩军等人研究了金刚石薄膜作为螺旋线支撑材料在微波管中的应用，试验证明，金刚石薄膜组件导热性能与同结构的氧化铍组件相比提高了3倍以上，螺旋线微波管的平均功率或连续波功率受螺旋线散热能力的限制得到了显著改善。张志明等人研究了金刚石薄膜作为导热绝缘层在功率集成电路中的应用。作为导热绝缘层既要求导热率高又要求绝缘性好，而金刚石薄膜符合这两项要求，作者用金刚石薄膜代替一直沿用的氧化铍导热绝缘层进行了试验，表明金刚石薄膜热沉的电路参数达到了氧化铍陶瓷的水平，完全能够替代并应用于生产。近年来国内在大面积高热导率级别金刚石自支撑膜的制备方面取得了较大进展，已有能力制备(800~1900)W/(m·K)的各种热导率级别的金刚石薄膜热沉片。当然，金刚石薄膜热沉的应用还需要经过改善工艺、降低成本、扩大批量规模这样一个过程。

虽然金刚石薄膜在热导率上较其他材料优势明显，但由于金刚石薄膜的低热膨胀、难与金属润湿、焊接等特点，导致金刚石薄膜在与其他器件和焊料的组装及应用过程中受到了很大限制。

8.2.2 金刚石-金属复合材料

将金刚石与铜、铝等金属复合，通过调节金刚石体积分数实现高热导和可调热膨胀，可满足系统散热和组装工艺的要求，因而成为国内外热管理材料中的新宠，被誉为第三代热管理材料。

8.3 金刚石热管理材料的研究进展

8.3.1 金刚石-金属复合材料的制备工艺

金刚石-金属复合材料的制备方法主要有：熔渗法、热压烧结法、高温高压烧结法、挤压铸造法等。

8.3.1.1 熔渗法

采用熔渗法制备金刚石复合材料通常分为金刚石的多孔预制件制备和金属熔体渗入多孔体两个步骤。根据液态金属填充到预制件时外部所施加条件的不同，目前熔渗工艺又可分为压力熔渗和无压熔渗。压力熔渗工艺如图 2-8-1 所示，它是将预制件置于真空容器中加热，待金属或合金熔化后向容器中充入高压惰性气体，使金属液在气体压力作用下渗入预制件中。该技术可随意调节金刚石体积分数及基体种类，适宜科研和小批量生产。缺点是设备投资和模具成本较高，生产周期较长，生产成本高。无压熔渗方法是由美国 Lanxide 公司研制的一种新型复合成形方法。该方法是将基体金属或合金在可控气氛的加热炉中加热到金属液相线以上温度，通过改善和增强基体界面润湿性，在不加压力的情况下使熔融金属依靠毛细管力和界面反应等作用自动渗入复合材料预制件中，最终形成复合材料。无压熔渗工艺过程没有压力作用，也不需要真空条件，易于选择熔渗模具材料，不需要昂贵的设备，生产成本较低。但是将该法用于制备金刚石复合材料时，金刚石的表面活性低、润湿性差等因素将限制该方法的应用。

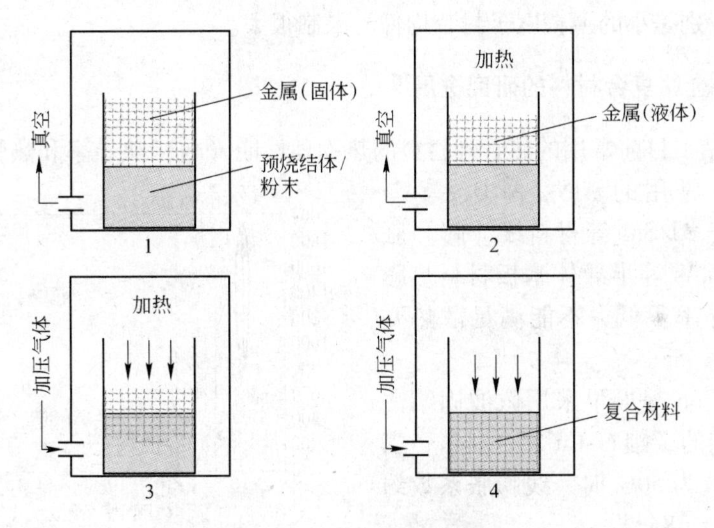

图 2-8-1 压力熔渗示意图

P. W. Ruch 等人采用了两种不同的液态金属熔渗技术，即气压熔渗和机械辅助熔渗（挤压铸造）制备了金刚石-Al、金刚石-AlSi 合金。Sun Microsystem 公司在真空下用熔点为 800℃的 Cu-Ag 合金来熔渗处理后的金刚石骨架，得到的复合材料热导率最高可达 670 W/(m·K)，最低约为 130W/(m·K)。

8.3.1.2 热压烧结法

将金刚石与金属粉末按比例混合后放入模具中，在升温烧结的同时通过模具压头机械加压，使样品烧结致密。烧结压力和温度、加压和升温速度、烧结气氛等都是关键工艺参数。Schubert 等人采用热压方法制备了金刚石体积分数为 42% 的金刚石-Cu 复合材料，其热导率为 640W/(m·K)。Yoshida 和 Morigami 等人在 1180℃、4GPa 下保温 15min 热压烧结得到金刚石体积分数为 60% 的金刚石-Cu 复合材料并计算出纯 Cu 与金刚石之间的界面热导率约为 2.97×10^{-7}W/(m·K)。

8.3.1.3　高温高压烧结法

在静态高温高压条件下，掺杂法烧结金刚石复合材料的温度和压力很高，可在保持金刚石热稳定性的前提下制备致密的金刚石烧结体。

Katsuhito Yoshida 等在 1420～1470K 和 4.5GPa 的高温高压条件下烧结 15min，制备出热导率为 400W/(m·K)的金刚石/Cu 复合材料。E. A. Ekimov 等人在 8GPa、2100K 条件下制备出热导率高达 900W/(m·K)的金刚石-Cu 复合材料，当压力降低至 2GPa 时，复合材料热导率大幅度降低。

8.3.1.4　挤压铸造法

该方法是一种在高压下充型和凝固的精确成形铸造技术。将金刚石多孔预制件置于精密加工的石墨模具中预热到一定温度，用压头对熔化金属液加压使其渗入到预制件中，最后去压、冷却。O. Beffort 等采用挤压铸造法制备的 Al(Si)/金刚石复合材料热导率达到 375W/(m·K)，其中金刚石体积分数在 50%～70% 之间。

挤压铸造法所施加压力较大，因此生产时间短，渗透可以在几分钟内完成，工艺稳定性好，但其缺点是需要高压设备及密封良好的耐高压模具，因此生产费用较高，在生产形状复杂的零件特别是小的薄壁电子封装构件时限制很大。

8.3.2　金刚石-金属复合材料的研究进展

Zweben 总结了目前常用的热管理材料的热物理性能（包括热导率和热膨胀系数），如图 2-8-2 所示。常用的 AlN、Al_2O_3、SiC、Cu/W、Cu/Mo、Al/SiC 等材料线［膨］胀系数可与 Si、GaAs 等半导体基板材料热膨胀匹配，但热导率很低，不能满足散热要求的发展。

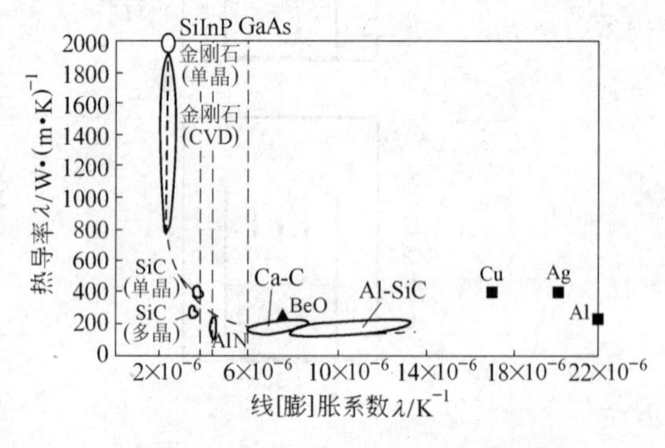

图 2-8-2　热管理材料的热物理性能

1996 年 Q. Sun 等最早采用微波固结法制备出结构均匀的金刚石-Cu 复合材料，当金刚石体积分数为 50% 时，线膨胀系数约为$(10～13)×10^{-6}K^{-1}$。

2000 年美国 Lawrence Livermore 国家实验室与 Sun Microsystems 公司合作开发的金刚石-Cu 复合材料热导率达 600W/(m·K)，25～200℃时的线［膨］胀系数为$(5.48～6.8)×10^{-6}K^{-1}$，被应用于芯片模块基板。

2008 年 Plansee 公司小批量生产出高性能金刚石基复合材料，其性能见表 2-8-1。另外，金刚石复合材料的密度较铜、钼铜合金等材料下降了约 30%～60%，其热导率最高可达 670W/(m·K)，在航空航天领域内有重要应用。高的弹性模量有助于减小热变形，从而提高封装器件的密封性能。

表 2-8-1　金刚石复合材料开发情况

物理性质	Al-金刚石	Ag-金刚石	金刚石-Cu
热导率/W·(m·K)$^{-1}$	350～500	500～650	400～700
线［膨］胀系数/K^{-1}	$(7～9)×10^{-6}$	$(5～8)×10^{-6}$	$(4～7)×10^{-6}$

续表 2-8-1

物理性质	Al-金刚石	Ag-金刚石	Cu-金刚石
密度/$g \cdot cm^{-3}$	3.0	6	6
强度/MPa	230 ~ 270	320 ~ 370	可调
弹性模量/GPa	220 ~ 250	450 ~ 490	可调
机加工	困难	困难	困难
结合情况	好	极好	极好

国内对于这类金刚石-金属高导热热管理复合材料的研究与应用非常重视，近几年开始进行金刚石-金属复合材料的制备技术和应用开发研究。褚克等人采用 SPS 烧结了金刚石体积分数约为 50% 的金刚石/Cu 复合材料，但复合材料热导率最高仅为 284W/(m · K)，远低于理论值。马双彦等人采用高温高压方法合成金刚石-Cu 复合材料，致密度可达 96% 以上，但金刚石体积分数为 50% 时热导率只有 185W/(m · K)低于纯铜的热导率。有研究表明，采用表面改性工艺和特殊烧结技术制备的金刚石/Cu 复合材料热导率可达 600W/(m · K)。

8.4 金刚石-金属复合材料热导率的影响因素

金刚石-金属复合材料热导率不仅与基体和增强相的热导率、增强相体积分数、颗粒大小及分布状态等宏观因素有关，还与界面结合状态、晶体缺陷等微观因素有关。

8.4.1 基体材料的影响

常用基体通常有铜、铝、银等，热导率较高，但线膨胀系数远远大于 Si、GaAs 等材料。金属热导率与其纯度有关，高纯铜热导率较工业纯铜高很多。通过对基体添加合金元素也可以改善基体和金刚石界面的黏结作用。

8.4.2 金刚石品质的影响

具有独特晶体结构和电子结构的高品级金刚石具备热管理材料所要求的优异性质：高热导率（990 ~ 2200W/(m · K)）、极低的线膨胀系数（不超过 $1.0 \times 10^{-6}K^{-1}$）、低介电常数（约 5.5）、高电阻率和击穿场强（约 1000kV/mm）。

然而金刚石种类很多，性能差异很大。天然 Ⅱa 型金刚石在室温下热导率高达 2200W/(m · K)。人造单晶金刚石的热导率由于其缺陷的多少而不同，其中 Ⅱa 型优质金刚石单晶含氮量低，热导率可达 2000W/(m · K)。室温下金刚石的比热容约为 520 J/(kg · K)，室温至 1200K 温度范围内线膨胀系数从 $1.0 \times 10^{-6}K^{-1}$ 增至 $5.0 \times 10^{-6}K^{-1}$。至于人造金刚石，则因为目前的合成工艺设备（两面顶或六面顶）、合成工艺方法（片状触媒或粉状触媒）、合成工艺条件（合成腔体和工艺参数等）的不同，金刚石的杂质含量、晶体结构等都会导致其物理性能存在很大的差异，需要进一步研究。

8.4.2.1 宏观因素的影响

宏观上讲，金刚石-金属复合材料的导热能力取决于金刚石的体积分数、颗粒大小及分布等因素。

A　金刚石体积分数

图 2-8-3 所示为 Katsuhito 等人采用高温高压法制备的金刚石-Cu 复合材料热物理性能。颗粒尺寸为 90 ~ 110μm、体积分数为 70% 时复合材料的热导率最高可达 742W/(m · K)，CTE 可控制在(4 ~ 9) × $10^{-6}K^{-1}$。复合材料的热导率与金刚石的体积分数及金刚石的颗粒大小有关，而线膨胀系数仅与金刚石的体积分数有关。

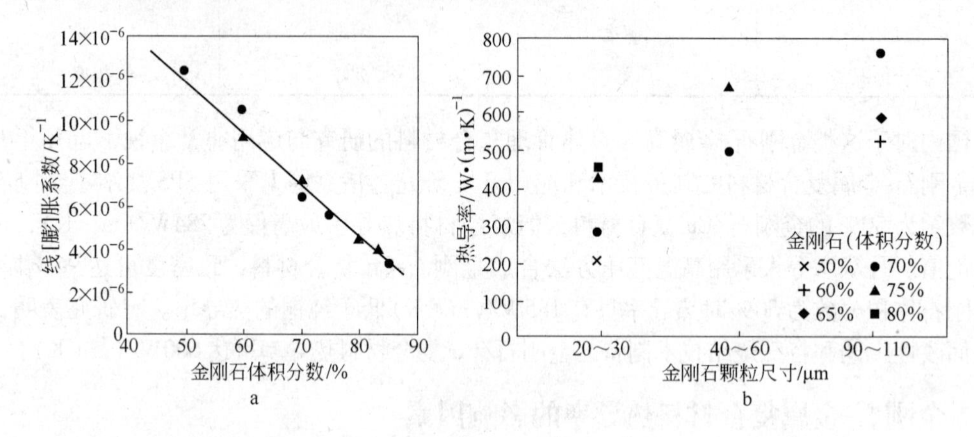

图 2-8-3　金刚石/Cu 复合材料物理性能与金刚石体积分数的关系

a—线［膨］胀系数；b—热导率

B　金刚石颗粒大小及其分布

图 2-8-4 所示为 L. Weber 等人用不同粒度金刚石与 Ag-Si 制备的复合材料的热导率。当金刚石原料为 MBD4 级时，随粒径的增大复合材料的热导率逐渐增大，当粒径超过 200μm 时，热导率达到 800W/(m · K)。此后，复合材料的热导率随金刚石粒径的增大而下降。而采用高品质的金刚石时，复合材料的热导率逐渐增大，当金刚石的粒径增大到 300μm 以上时，其热导率仍可保持在 800 W/(m · K)的水平上。

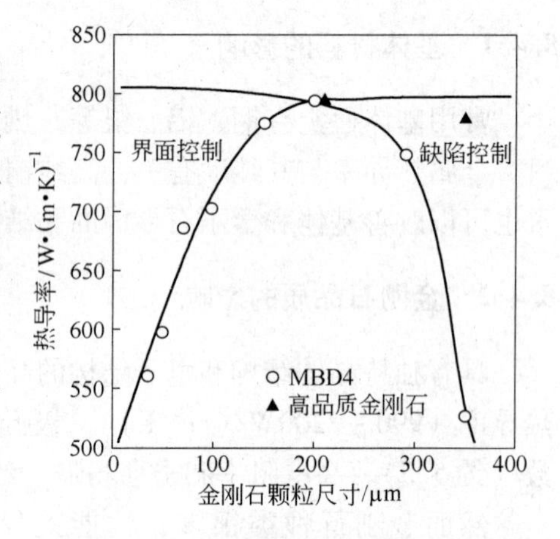

图 2-8-4　金刚石颗粒尺寸与由其制备的复合材料热导率的关系

C　金刚石晶型

人造金刚石晶型越完整，其热导率越高。Flaquer 等人通过线性追踪法及 Hasselman-Johnson 模型对金刚石的体积分数、颗粒尺寸尤其是晶型进行了建模分析，研究了晶型对产物热导率的影响。

图 2-8-5 为根据模型计算得到的截断率 α 与金刚石晶体中｛001｝面的比例曲线。图 2-8-6 为金刚石粒度、晶型对金刚石-Al 复合材料热导率的作用曲线。综合图 2-8-5 和图 2-8-6 可知，随着截断率 α 的逐渐增大，金刚石中｛001｝面的含量逐渐增大，当 α = 2/3 时金刚石晶型为正六面体，复合材料的热导率达到最大值，此后热导率无明显变化。当金刚石单晶粒径由 50μm 增大至 200μm 时，热导率逐渐增大。根据线性追踪模型计算出（001）面和（111）面的热导率分别为 $h_{(001)} = 1 \times 10^{-8}$W/(m² · K)，$h_{(111)} = 1 \times 10^{-7}$

W/(m^2·K)，$h_{(001)}$几乎为$h_{(111)}$的10倍，进一步说明在选择晶型时（001）面的含量在提高复合材料热导率方面的积极作用。

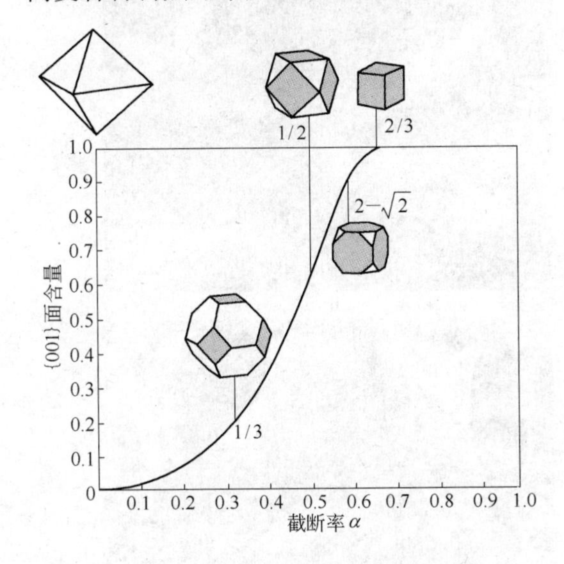

图2-8-5　{001}面含量与正八面体截断率的关系

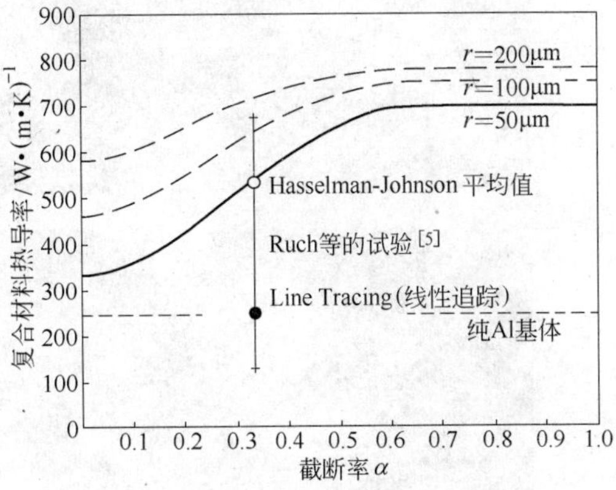

图2-8-6　粒度、晶型对Dia-Al热导率的影响

8.4.2.2　微观因素的影响

金刚石主要靠声子导热，其声子平均自由程由声子间的相互碰撞和固体中缺陷对声子的散射决定。金刚石中的杂质元素、位错和裂纹等晶体缺陷，残留金属催化剂及晶格位向等因素都会与声子发生碰撞使其发生散射，从而限制了声子的平均自由程，降低热导率。

复合材料导热时，声子、电子导热及声子-电子的相互作用对复合材料热导率的影响更为复杂，主要包括以下几个方面。

A　化学成分对热导率的影响

化学成分越复杂，杂质含量越多，材料的热导率降低越明显。这是由于第二组分和杂质的引入会引起晶格扭曲、畸变和位错，破坏晶体的完整性，增大声子或电子的散射几率。

B　内部缺陷对热导率的影响

材料中各种缺陷都是引起声子散射的中心，会降低声子平均自由程和材料热导率。单晶中的杂质、位错、裂纹等晶格缺陷以及复合材料中的气孔等都会增大声子的散射几率。

图2-8-7和图2-8-8为金刚石表面镀覆Cu-X（X = Cr、B、Si）合金后SPS烧结的复合材料断面形貌和热导率测量值。图2-8-7a、b为表面无金属镀层的纯金刚石与Cu复合后的微观形貌，可以观察到复合材料中金刚石和Cu之间有非常明显的孔隙，二者间仅是简单的机械黏结，金刚石-Cu复合材料热导率仅为103W/(m·K)。加入微量的B元素可大大改善界面黏结，如图2-8-7c、d所示，复合材料的内部孔隙数量大大减少，其热导率也升高至258W/(m·K)。图2-8-7f中，表面镀Cu-3Si和Cu-1Cr的复合材料颗粒界面处孔隙分明，说明Cu-3Si、Cu-1Cr合金对改善润湿作用不明显，复合材料热导率极低，约为76 W/(m·K)和147W/(m·K)。可以观察到金刚石表面溅射的Cu-1Cr合金薄膜在烧结过程中会形成大小不一的鼓泡，图2-8-7h为表面鼓泡的放大图片。鼓泡产生的原因主要是：一

图 2-8-7　金刚石复合材料断面形貌

a，b—金刚石-Cu；c，d—金刚石镀 CuB；e，f—金刚石镀 CuSi；g，h—diamond 镀 CuCr

方面在磁控溅射前，金刚石表面吸附少量气体或微量氧，在快速高温烧结过程中表面吸附的气体逸出或金刚石表面的碳原子与吸附的氧气反应生成气体逸出形成气泡；另一方面，可能是由于金属薄膜线[膨]胀系数比金刚石要高得多，在高温条件下，在黏结力相对薄弱的区域内应力释放而形成鼓泡。

C　晶体结构和界面对热导率的影响

单晶结构越复杂，热导率越低。多晶在结构上的完整性和规则性都比较差，加上晶界上杂质和畸变等因素都会使声子散射增加。

由于金刚石与铜的不润湿，有研究报道，在金刚石表面镀覆一层薄的碳化物可以改善金刚石与铜的润湿。由图 2-8-8 列出的金刚石表面镀覆 Cu-X 合金后制备的复合材料热导率测量值表明，复合材料的热导率并未达到预期效果。根据有效介质理论可推断，复合材料中起有效热传导作用的主要是铜，而金刚石高热导特性由于界面热阻效应巨大而未发挥。界面效应对有效热传导的阻碍使得高导热颗粒在复合材料中所起作用如同孔隙和杂质。

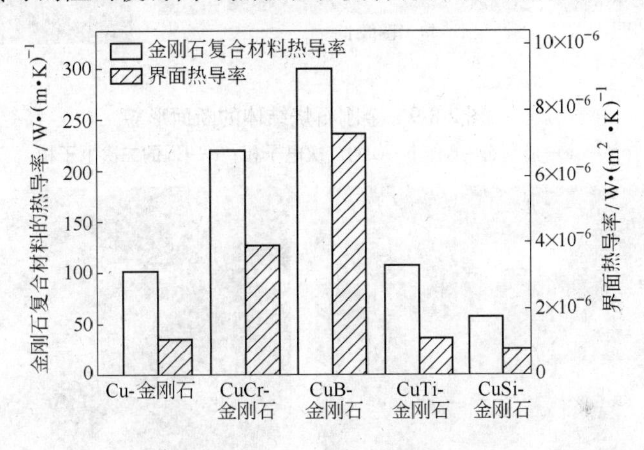

图 2-8-8　金刚石复合材料的热导率测量值

为了进一步分析界面效应对复合材料热导率的影响，采用高温高压法制备金刚石-铜复合材料。图 2-8-9 为采用高温高压法制备的金刚石热沉产品的 SEM 及二次电子相形貌。图 2-8-9b、c 中的白色区域分别表示碳和钴元素的面分布情况。根据 EDS 面成分扫描分析，采用钴熔渗制备的金刚石烧结体中钴的质量分数约为 20%。可以看出金刚石与钴黏结紧密，观察不到明显的异质材料界面。二次电子相形貌图表明，钴呈网络状均匀分布在金刚石颗粒之间，部分金刚石颗粒的晶界呈现出金刚石-金刚石直接连接。

图 2-8-10 所示为采用高温高压烧结制备的金刚石-Cu 复合材料的微观形貌。图 2-8-10a 为纯金刚石和铜的断面形貌，可观察到界面间有明显裂缝，纯金刚石与铜之间机械黏结强度极差。采用磁控溅射铜合金改性的金刚石或添加适量碳化物形成元素的铜粉高温高压烧结金刚石复合材料，发现金刚石-铜界面黏结有所改善，但在复合材料中仍能观察到一定的孔隙，如图 2-8-10b 所示。在图 2-8-10c、d 中，金属基体紧密包围强化相粒子，复合材料中几乎无孔隙缺陷，这表明添加微量钴可获得良好的金刚石与基体界面黏结。此外金刚石晶面状态发生改变，呈现局部溶解的趋势。对相邻的金刚石颗粒之间的过渡层进行线成分分析，元素分布如图 2-8-11 所示。从该图可以看出，金属基体主要成分为 Cu，并含有一定的碳和微量的 Co。金刚石表面有微量的 Cu 元素黏结。紧邻金刚石与金属过渡层区域的碳含量

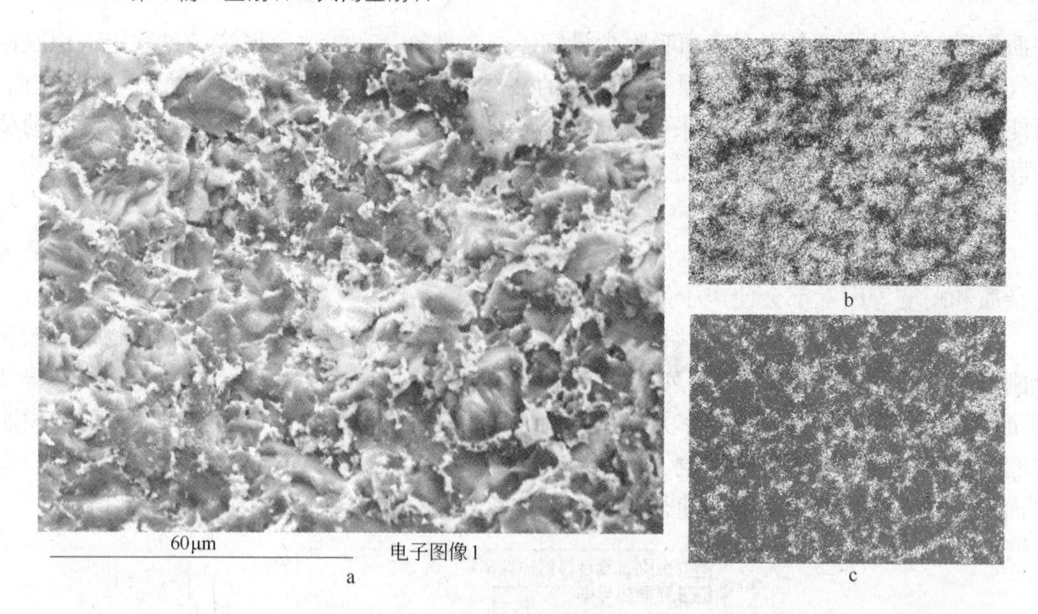

图 2-8-9　金刚石烧结体的断面形貌

a—金刚石 + Co；b—C 的二次电子相；c—Co 的二次电子相

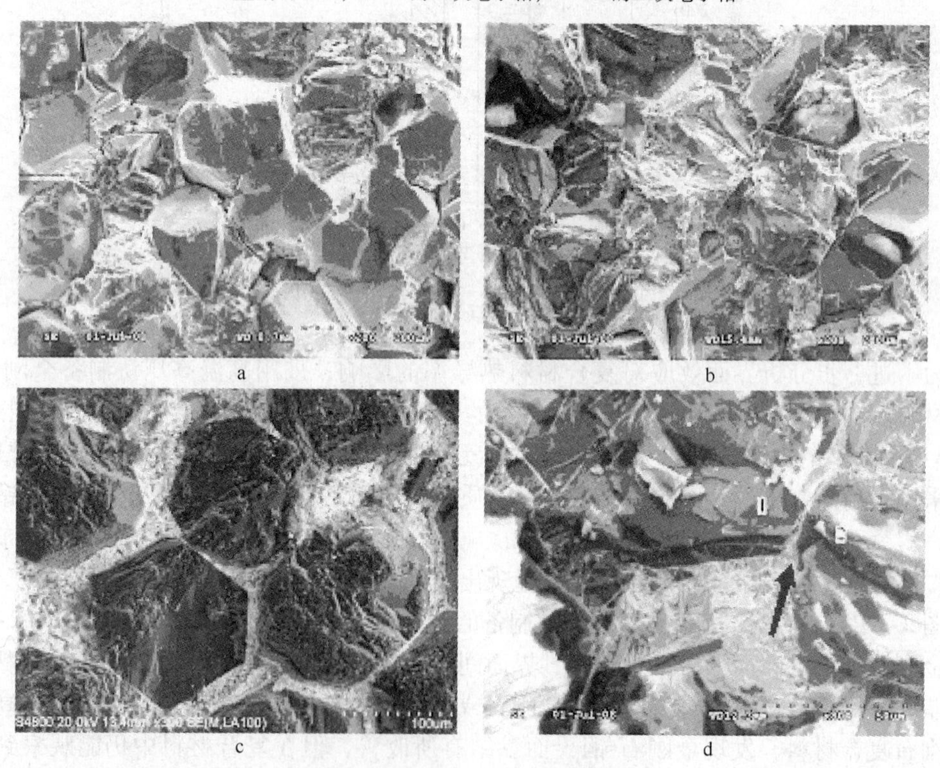

图 2-8-10　金刚石-Cu 烧结体的断面形貌

a—纯金刚石 + Cu；b—金刚石 + CuB；c，d—金刚石 + CuCo

较高，过渡层中心区域碳含量则较低。Co 元素主要分布在 Cu 中，且在金刚石表面 30μm 深度范围内及金属基体界面的过渡层中 Co 含量相对较高，但都低于 Cu 基体中 Co 的含量。

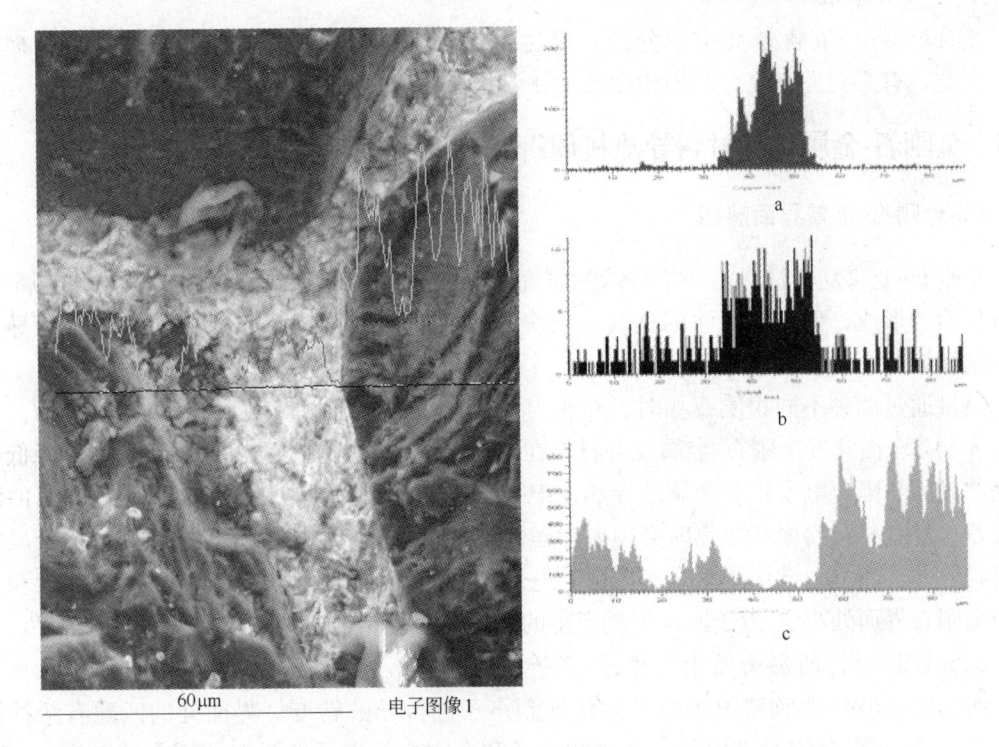

图 2-8-11 金刚石-Cu 烧结体界面线成分分析

a—Cu；b—Co；c—C

图 2-8-12 给出了高温高压法制备的复合材料热导率测量值。从该图可以看出，纯金刚石-Cu 复合材料热导率极低，随着烧结参数的优化和适量改性元素的加入，复合材料的热导率有所提高，尤其是硼粉的加入使复合材料热扩散系数提高至 $129\text{mm}^2/\text{s}$，热导率达到 300W/(m · K)。添加微量的钴后，在最佳烧结参数下得到的烧结体密度约为 6.50g/cm^3，室温下热扩散系数可达 $172\text{mm}^2/\text{s}$，金刚石-Cu 复合材料的热导率为 570W/(m · K)。

上述条件制备的金刚石-Cu 复合材料的 Co 含量（质量分数）约为 0.69%，复合材料的热导率约为 563W/(m · K)。这说明添加适量的钴有利于获得良好的界面黏结，从而提高热导率。但过量的钴会导致烧结过程中金刚石晶粒产生结构缺陷和破坏，如图 2-8-13 所

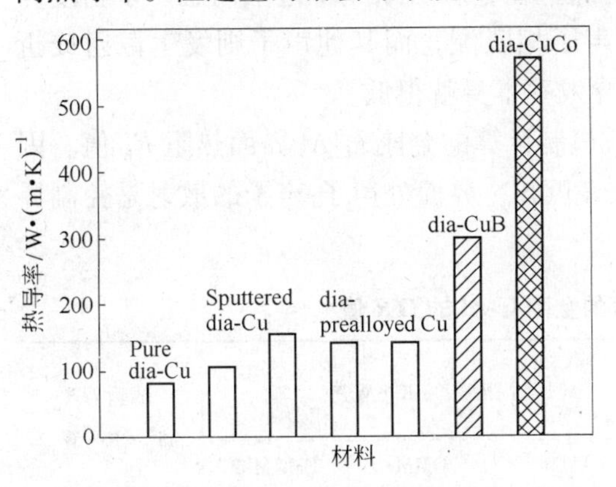

图 2-8-12 金刚石复合材料热导率

图 2-8-13 过量 Co 对金刚石复合材料形貌的影响

示，复合材料中 Co 含量（质量分数）高达 17.5%。这将会破坏金刚石的本征热物理性能。因此，有必要控制复合材料中熔渗的钴含量。

8.5　金刚石-金属复合材料导热机理研究

8.5.1　金刚石-金属界面热阻

金刚石-金属复合材料是一个特殊的研究领域。尽管之前有很多研究工作涉及金属-金刚石界面的形成，但主要关注的是改善润湿性和界面黏结力，关于金刚石-金属界面导热的机制还缺乏系统研究。

热量通过两种不同物质或相时，在相界面处存在的温差被认为是界面热阻（*ITR*，又记为 R_{Bd}）。全面开发金刚石-金属复合材料在热沉领域性能的前提条件是最大程度地降低界面处的界面热阻。电子控制金属的导热，声子控制金刚石的导热。由于金刚石与金属的润湿性差，复合材料界面在导热时必须要考虑电子-声子和声子-声子的匹配。金刚石-金属复合材料的界面热阻，被认为是金属中由于电子-声子匹配损耗产生的本征热阻（R_{NE}）和金属与金刚石界面处声子-声子匹配损耗产生的界面热阻（R_b）的总和，即 $ITR = R_{NE} + R_b$。

8.5.1.1　R_{NE} 的影响因素（电子-声子匹配）

在金属-金刚石界面将发生电子热传导到声子热传导的转变。界面处的匹配有两种类型：（1）在金属-金刚石界面处，金属的电子和金刚石的声子通过非谐耦合的匹配；（2）在金属中电子和声子的耦合及随后金属的电子与金刚石中的声子相匹配。在第一种情况中电子从边界散射并发射一个从界面转移至金刚石内的声子。这个过程使能量由金属中的电子转移至金刚石中的声子。该机制对具有很强电子-声子相互作用的金属或具有较小声子穿透率的界面具有重要意义。但这种机制不适用于电子-声子相互作用较弱的金属，如 Al。因此在 Al-金刚石界面，有效热传导机制应取决于 Al 中电子与声子的匹配及与金刚石的声子间的匹配。

8.5.1.2　R_b 的影响因素（声子-声子匹配）

电子-声子失配后，金属的声子必须与金刚石的声子匹配。这种声子-声子的匹配取决于两种物质各自的德拜频率范围内的态声子密度。但是，与最大态声子密度相关的切断频率由于德拜温度的差异而相差很大。金属中仅有那些在金属切断频率范围内态声子密度与金刚石相匹配的声子能穿过界面并与金刚石的声子相匹配，而其他声子则发生散射或折射。这意味着金属和金刚石之间的声子-声子传导效率本身就很低。

表 2-8-2 所示为根据 AMM、DMM、SMAMM 机制计算的金刚石-Al 界面热阻 R_b 值。因此金刚石-Al 的 *ITR* 可根据 R_{NE} 和 R_b 计算。从该表可知，界面处声子-声子的散射是控制界面热阻及 *ITR* 的关键因素。

表 2-8-2　根据各种模型计算的金刚石-Al 的 *ITR* 值

R_{NE} /$m^2 \cdot K \cdot W^{-1}$	R_b/$m^2 \cdot K \cdot W^{-1}$			*ITR*/$m^2 \cdot K \cdot W^{-1}$			试验 *ITR* /$m^2 \cdot K \cdot W^{-1}$
	AMM	DMM	SMAMM	AMM	DMM	SMAMM	
1.77×10^{-9}	0.65×10^{-9}	0.97×10^{-9}	2.67×10^{-9}	2.42×10^{-9}	2.74×10^{-9}	4.44×10^{-9}	5.43×10^{-9}

8.5.2 理论模型

最常见的复合材料介质传输理论是早期 Maxwell 模型及 Bruggeman 模型。根据 Maxwell 模型，两相复合体系热导率可表示为：

$$K_c = K_m \cdot \frac{(K_d + 2K_m) + 2f(K_d - K_m)}{(K_d + 2K_m) - f(K_d - K_m)} \tag{2-8-1}$$

根据 Bruggeman 模型，则有：

$$1 - f = \frac{K_c - K_d}{K_m - K_d} \cdot \left(\frac{K_m}{K_c}\right)^{1/3} \tag{2-8-2}$$

Maxwell 方程适用于计算连续介质中随机分布、彼此间无相互作用的复合材料的热导率。该式忽略了粒子间的相互作用，仅适用于低体积分数的情况。Bruggeman 模型假设各阶段某一确定范围内复合材料为现有介质，其他区域的相邻粒子为逐渐增加的弥散粒子。

上述两相复合材料热导率预测模型中，都没有考虑两相之间界面对复合材料热导率的影响。1941 年 Kapitza 首先发现了在气体和固体界面两侧存在温差，直到 20 世纪 90 年代人们才逐渐意识到界面热阻（*ITR*，又记为 R_{Bd}）对复合材料热导率的影响。在实验方面，Hasselman 研究组研究了 Diamond/ZnS、Al/SiC 等两相复合材料的热导率，发现复合材料的热导率远远低于理论值，从而在实验上证明了界面热阻对复合材料热导率的影响。Hasselman、Johnson 及 Benvensite 等人运用细观力学、有效夹杂和多级散射理论等对 Maxwell 模型进行了修正，修正后复合材料的热导率可表示为：

$$\frac{K_c}{K_m} = \frac{[K_d(1+2\alpha) + 2K_m] + 2f[K_d(1-\alpha) - K_m]}{[K_d(1+2\alpha) + 2K_m] - f[K_d(1-\alpha) - K_m]} \tag{2-8-3}$$

式中，定义 $\alpha = \dfrac{R_{Bd} \cdot K_m}{a}$，$a_k = R_{Bd} \cdot K_m$ 为 Kapitza 半径，其物理意义为复合体系中界面热阻的等效尺寸，代表了界面处声子传导的平均自由程与透射率之比。当 α 值很大时，R_{Bd} 是影响热导率的主要因素，当 α 值很小时，R_{Bd} 可以忽略。当 $\alpha = 0$ 时，无界面热阻，此时修正的 Maxwell 模型(式(2-8-3))与最初的 Maxwell 模型(式(2-8-1))一致。这种情况仅在增强相浓度极低时才能成立。

当增强相浓度较高时（体积分数超过 60%），A. G. Every 等人对 Bruggeman 模型进行修正，复合材料的热导率可表示为：

$$(1-f)^3 = \left(\frac{K_m}{K_c}\right)^{\frac{1+2\alpha}{1-\alpha}} \cdot \left[\frac{K_c - K_d(1-\alpha)}{K_m - K_d(1-\alpha)}\right]^{\frac{3}{1-\alpha}} \tag{2-8-4}$$

当 $\alpha = 0$ 时，修正的 Bruggeman 模型(式(2-8-4))与最初模型(式(2-8-2))一致。

8.5.3 高导热金刚石-Cu 复合材料导热机理分析

8.5.3.1 金刚石复合材料的界面状态

金刚石与金属界面的几何模型总结起来有三种（图 2-8-14）。图 2-8-14a 是普通烧结或合成情况下，含有金属结合剂时金刚石复合材料的微观结构几何模型示意图，由于金刚石几乎与所有的金属或合金的润湿性都很差，金刚石与金属界面的结合难有冶金结合。所以，金属在金刚石颗粒之间只起到机械嵌固的作用。为了改善金属或合金对金刚石的黏结状态，可通过加入碳化物形成元素或在金刚石表面镀膜，在金刚石表面生成与金属或合金润湿性好的碳化物过渡层，如图 2-8-14b 所示。碳化物层的形成对于金属-金刚石复合材料的烧结性能的改善是巨大的，对减小界面热阻的作用也很大。但是，与理论上的热导率仍会有较大的差距。因此，为进一步减小热阻，最理想的界面结合状态是金刚石与金刚石之间直接成键，形成共格界面有效导热通道，从而实现理想的导热效率，如图 2-8-14c 所示。

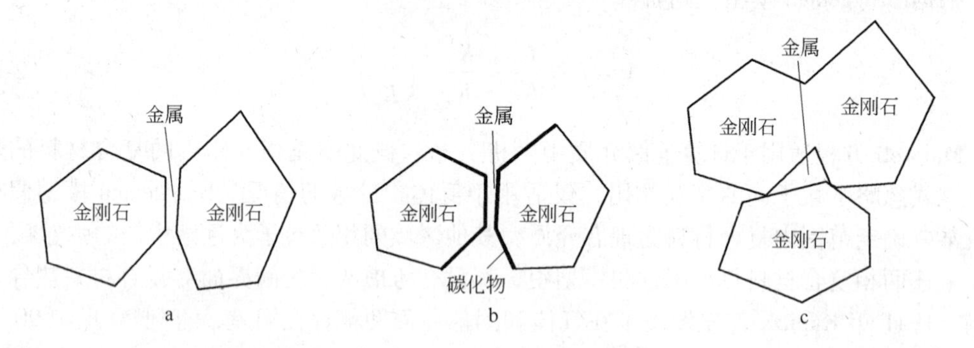

图 2-8-14　金刚石与金属界面模型

8.5.3.2　界面状态对复合材料热导率的影响

图 2-8-15 所示为 SPS 烧结的金刚石-Cu 复合材料的断面形貌（金刚石的体积分数为 50%）。可见表面镀 Cr 改善了金刚石与铜的黏结，但仍存在裂纹。镀 Cr 后复合材料的热导率为 284W/(m · K)，较未镀 Cr 的有一定提高。

图 2-8-15　SPS 烧结的金刚石-Cu 复合材料断面形貌

a—未镀 Cr；b—镀 Cr

图 2-8-16 所示为采用高温高压法烧结的金刚石-Cu 复合材料。可观察到添加质量分数为 0.3% B 的复合材料断面均为沿晶断裂，添加 Co 的复合材料断面形貌呈现为穿晶断裂，说明添加 Co 的复合材料界面黏结强度更高。添加 B 和 Co 制备的复合材料的热导率分别为 141W/(m · K)和 563W/(m · K)。因此，界面结合强度好是获得高热导率的前提。

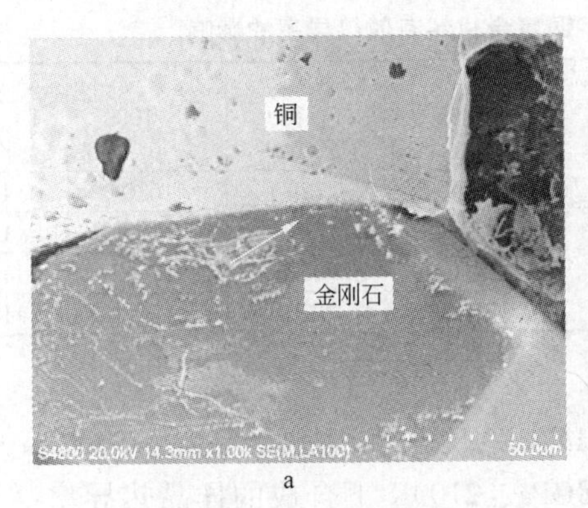

a

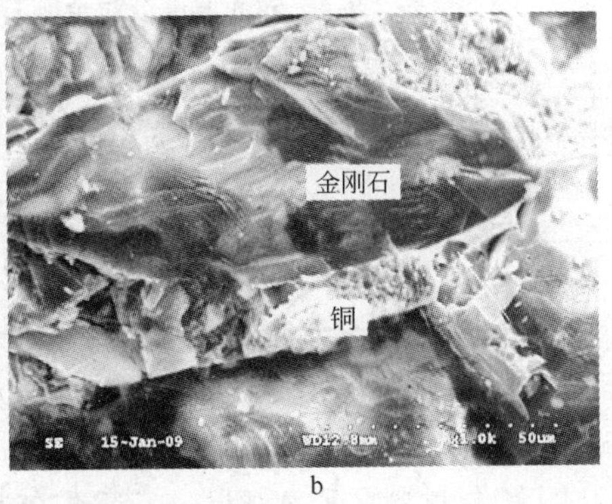

b

图 2-8-16 高温高压烧结的金刚石-Cu 复合材料界面

a—添加质量分数为 0.3% B；b—添加 Co

表 2-8-3 中列出了几种碳化物的热物理性能。根据 Hasselmann-Johnson 模型，在不同增强相热导率 K_p 及表面镀覆各碳化物热导率 λ 条件下，计算得到了复合材料的热导率（图 2-8-17）。其中金刚石颗粒直径为 200μm，中间溅射层厚度为 2μm，金刚石体积分数为 80%。从理论计算值可知，在界面黏结紧密的前提下，界面过渡层热导率 λ 越高，复合材料有效热导率 K_{eff} 就越大。当界面过渡层热导率极低时，增强相热导率的增大对提高复合材料的有效热导率无任何作用。而当界面热导率超过一定值后，增强相颗粒热导率的提高可以使复合材料的热导率明显提高，界面层导热能力对复合材料的有效热导率影响显著。因此，在金刚石表面溅射不同类型的含碳化物合金层对提高界面导热能力作用重大。

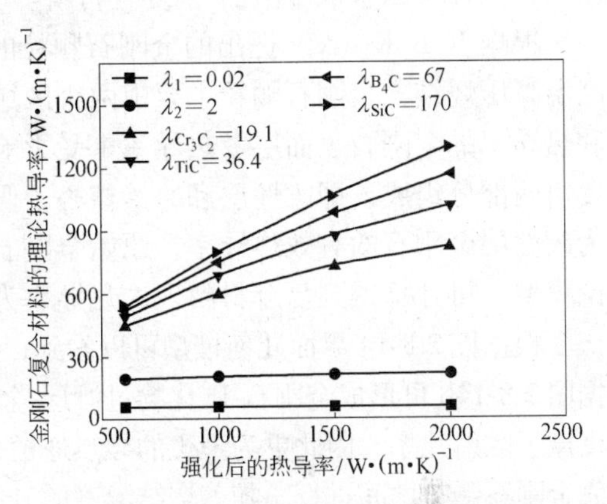

图 2-8-17 复合材料理论热导率以及与界面层及增强相热导率的关系

表 2-8-3 碳化物热物理性能

碳化物	密度/g·cm^{-3}	热导率/W·(m·K)$^{-1}$	线［膨］胀系数/K^{-1}
TiC	4.93	36.4	7.74×10^{-6}
Cr_3C_2	6.68	19.1	11.7×10^{-6}
B_4C	—	67	4.5×10^{-6}
SiC	—	170	4.7×10^{-6}

根据修正的 Maxwell 方程理论，计算了界面层厚度对复合材料的热导率的作用（表 2-8-4）。在界面结合紧密的前提下，金刚石表面镀层厚度对复合材料热导率影响极大。但是线膨胀系数的差异会导致界面层与金刚石表面分离，形成大量微孔隙。如在 SPS 烧结的表面镀 Cu-0.8Cr 合金的复合材料中就可以观察到金刚石表面金属镀层出现鼓泡现象。孔隙将在复合材料中引入新界面，增大了界面效应，破坏了界面黏结强度和金刚石与金属传热的声子-电子的平均自由程。T. Schubert 等人的研究表明，表面形成约 100nm 厚的 Cr_3C_2 层即可获得 640W/(m·K)的热导率。

表 2-8-4 界面层厚度对金刚石-铜复合材料有效热导率的影响

界面层热导率/W·(m·K)$^{-1}$ \ 界面层厚度/粒径		1:1	1:10	1:100	1:1000	1:10000
Cr_3C_2	19.1	74	208	728	1080	1137
TiC	36.4	89.6	312.8	877	1109	1142
B_4C	67	115.4	450	980.6	1124.7	1141.7
SiC	170	190.1	782.2	1072.9	1136.1	1142.8

8.5.3.3 有效导热通道的形成

Yoshida Katsuhito 等人在4.5GPa、1420～1470K 下合成出了热导率为742W/(m·K)的金刚石－铜复合材料。E. A. Ekimov 等人在8GPa、2100K 下合成的样品热导率高达900W/(m·K)。Sung Chien-Min 等提出，通过大颗粒金刚石直接接触，大颗粒金刚石之间的缝隙由小颗粒的金刚石和含有钛、铬等元素的铜、银、铝合金来填充，在4GPa以上的高压下，同样可以合成金刚石-铜复合材料。

根据 V. B. Kvoskov 提出的金刚石颗粒的“双区”结构模型，添加Co的复合材料经过高温高压烧结，金刚石颗粒主要由两个区域构成，即由被基体铜熔液改性、具有一定厚度和热导率的金刚石表面层及热导率未受影响的原始金刚石核心区组成。因此，复合材料主要由两部分组成，即改性层和原始核心。假设图2-8-12中较低的热导率（107W/(m·K)）为改性层金刚石的有效热导率，原始金刚石热导率约为1000W/(m·K)，根据 Maxwell 理论模型，可计算得到复合材料理论热导率为624W/(m·K)，高于实际材料的热导率。

根据图2-8-14界面几何模型可以看到，金刚石表面碳化物镀层可提高界面黏结状态，根据图2-8-14b 可形成金刚石-碳化物过渡层-金刚石的有效导热通道。但过渡层的存在有可能提高声子散射几率，因此更为理想的导热通道是连续的金刚石骨架结构，有效传热通道主要依靠金刚石颗粒之间进行。随着烧结温度的升高，钴逐渐固溶于铜中并形成熔体。尽管在高压高温条件下金刚石是稳定的，难以发生石墨化转变，但当熔体中的钴元素通过扩散进入金刚石颗粒的孔隙中以后，金刚石的表面石墨化条件发生改变，石墨化过程被加速。当烧结温度升高到钴-碳共晶点时，钴-碳熔体开始形成，作用在熔体上的压力与晶粒间隙处的低压形成巨大压差，使熔体迅速向金刚石内渗透。有数据表明，当烧结温度达到1300℃时，Co可扩散至金刚石层200μm左右。含钴熔体在金刚石与金属基体界面间形成了与二者紧密黏结的过渡层，提高了金刚石与Cu的相容性，从而降低了声子-电子耦合的不匹配性并降低了界面热阻。

金刚石热管理材料的研究与应用已经取得较大进展，其热物理性能不断提升，国外有研究结果称金刚石-铜复合材料热导率已达1200W/(m·K)，已成为目前电子工业理想的散热材料之一。随着研究的不断深入，通过工艺方法的不断改进，强制性地改善了金属对金刚石的润湿性，使得金刚石与铜、铝等金属复合密度与界面结合状态达到设计状态，通过调节金刚石体积分数实现了高热导和可调热膨胀，正在逐步满足系统散热和组装工艺的要求，因而成为国内外热管理材料中的新宠，被誉为第三代热管理材料。金刚石热管理材料的深入研究，充分发挥了金刚石的优异性能，不但可以满足电子工业对热管理材料更高的性能要求，也对提升超硬材料的技术进步，拓展金刚石的应用领域具有重大意义。

（北京有色金属研究总院：宋月清，夏扬）

9 国内生产的部分金刚石产品

9.1 黄河旋风产品

河南黄河旋风股份有限公司是国内同行业第一家上市公司（1998 年 11 月 26 日）。公司拥有国家级企业技术中心，企业博士后科研工作站，是国家高新技术企业。主要产品包括人造金刚石单晶、金刚石微粉、cBN、PCD、PCBN 及制品在内 148 个品种 600 多种规格。

公司通过了 ISO 9001 质量管理体系认证、ISO 14001 环境体系认证、OHSAS18001 安全管理体系认证和 ISO 10012 测量管理体系认证，“旋风”牌金刚石被评为“中国名牌”，产品远销日、美、欧及东南亚市场。黄河旋风的金刚石产品见表 2-9-1。

表 2-9-1 黄河旋风的金刚石产品

系 列	产品牌号	性能特征	用 途	粒度分布
自锐性金刚石	HWDR	晶形不规则，几乎无完整晶体	树脂结合剂砂轮，磨硬质合金，地板砖磨块	35/400
	HHM	针片状，晶形不规则，无完整晶形	树脂、金属结合剂砂轮，磨硬质合金，磨光学玻璃、陶瓷等	400/500
磨削专用金刚石	HWD40	晶形规则一致，冲击强度很高	石材地板砖加工工具、玻璃陶瓷磨削加工工具等	60/100
	HFD-A	晶形较差，自锐性好	金属结合剂磨轮、石材、陶瓷、玻璃加工工具等	100/200
	HFD-B	晶形较完整，自锐性一般	金属结合剂磨轮、石材、陶瓷、玻璃加工工具等	100/200
	HFD-C	晶形完整，韧性好	电镀制品、高精度磨削工具等	100/200
	HFD-D	晶形很完整，韧性很好	电镀制品、高精度磨削工具等	100/200
磨、切、钻用金刚石	HSD 低档	晶形一般，自锐性较好	石材、水泥地面磨抛工具等	20/40
	HSD 高档	晶形规则，冲击强度高	修整滚轮、锯钻最硬石材、钢筋混凝土、地质钻头等	20/40
	功能 T、M、O	晶形一般，自锐性好	中等硬度以下石材、普通路面切割低档工具等	35/60
	功能 A、B	晶形较好，适用性好	中档锯、磨、钻工具等	30/60
	HWD 低档	晶形一般，自锐性较好	一般要求的中小锯片	35/70
	HWD 中档	晶形完整，较好的耐磨性、锋利度	较高要求的锯、磨、钻、电镀工具等	35/70
	HWD 高档	晶形完整，高耐磨性	高档锯、磨、钻、电镀、修整工具以及地质钻头等	35/50
	HHD 高档	晶形完整，杂质少，耐磨性好	绳锯、地质钻、高档电镀产品、混凝土切割工具等	40/60

9.2　昌润钻石产品

山东昌润钻石股份有限公司地处山东聊城。是山东省最大的人造金刚石制造商。上海昌润极锐超硬材料有限公司为公司控股企业。

公司是一家超硬材料及制品的生产、销售企业，主要经营产品为人造金刚石单晶、金刚石复合片、金刚石微粉、大颗粒人造金刚石单晶等。金刚石单晶年产能力 6 亿克拉，金刚石复合片年产能力 40 万片，产品总体市场份额占有率高，种类齐全，可根据用户需求实现订制，满足用户多层次、多方面的需求。公司通过严格的质量管理和先进的检测检验手段，为产品质量提供了可靠的保证，产品在国内外市场均得到一致认可。

公司与多所国内知名高校建立了紧密合作关系，拥有自主研发的多项专利和成果，金刚石产品被评定为山东省名牌产品。昌润钻石的金刚石产品见表 2-9-2。

表 2-9-2　昌润钻石的金刚石产品

产品名称	产品型号	可供粒度	使 用 对 象
锯切级人造金刚石单晶	CRJ 系列	20/25 ~ 60/70	晶体完整具有较高的锋利度和耐磨度，热稳定性较好，抗冲击能力强。适用于电镀制品，砂轮，磨轮，锯片，钻头，修整工具，石油钻头，线锯等工具的制造
磨削级人造金刚石单晶	CRJ 系列	70/80 ~ 140/170	晶形为完整的六八面体，晶面光滑，晶体饱满，具有较高的强度和热稳定性，抗冲击能力强。 适用于电镀制品、砂轮、磨轮的制造，加工硬质合金，高档石材的抛光、研磨，汽车玻璃，陶瓷、磁性材料的加工等
特细金刚石	CRH 系列	170/200 ~ 400/500	该产品广泛用于机械、电子、航天和军工等领域，是研磨抛光硬质合金、陶瓷、宝石、光学玻璃等高硬度材料的理想材料
大单晶	CRJ 系列	18/20 ~ 3.2mm	精密/超精密车刀是大颗粒金刚石单晶的一种成功应用，作为切削刀具，单晶金刚石内部无晶界，刀具刃口使加工的表面粗糙度理论值接近于零来获得镜面加工效果
微　粉	CRW 系列	1 ~ 55μm	适用于玻璃、陶瓷、树脂和陶瓷结合剂、硬质合金的加工等材料的抛光和研磨等
复合片	CRD 系列	1308，1916	广泛应用于石油、天然气钻井和矿山钻探行业，金刚石刀具

第3篇　金刚石工具用粉末

1　金属粉末

金刚石工具的原材料，除金刚石之外，其他主要为粉末，这些粉末可以是金属、非金属，也可以是合金、化合物。金刚石工具采用的粉末，不仅仅对化学成分有一定的要求，而且对粉末颗粒的大小、形状、松装密度、压制性、烧结性等也有不同的要求，这取决于金刚石工具的用途、品种、生产工艺等因素。本章主要介绍金刚石工具常用金属粉末的制造方法、粉末的各种规格性能及应用。

1.1　铁粉

铁（Fe）原子序数26，相对原子质量55.85，银灰色，密度7.8g/cm^3，熔点1535℃，晶体结构为体心立方结构。铁由于其性质非常接近钴，价格相对钴来讲是非常便宜的，而且来源非常广泛。金属铁粉呈铁灰色，在金刚石工具中，近年来，铁基结合剂的运用发展迅速，主要是因为铁基结合剂不仅满足要求，而且具有其他结合剂无法比拟的经济性。铁粉在配方中具有双重作用，一是与金刚石形成渗碳体型碳化物；二是与其他元素合金化强化胎体。铁基结合剂的力学性能高于铜基和铝基结合剂，与金刚石的润湿性也优于铜基和铝基结合剂。铁与金刚石的附着功比钴高，铁基结合剂金刚石工具通过合理的选择胎体配方，加上恰当的烧结工艺，其胎体性能达到钴基胎体的性能指标，还可以保持金刚石有较小的强度损失，提高对金刚石的把持力。

在金刚石工具生产中，铁粉是粉末冶金金刚石工具生产所用粉末原料中消耗量最大的金属粉末，应用最广泛的是还原铁粉、电解铁粉，其次是羰基铁粉，还有雾化铁粉和铁基合金粉末。主要是因为：

（1）与有色金属相比，铁基粉末冶金材料生产费用低，价格低；

（2）与其他金属或非金属相比，铁基粉末冶金材料性能好，特别是强度高；

（3）铁基粉末冶金材料具有良好的强度、重量、价格比；

（4）铁基粉末冶金材料易于合金化，特别是用碳合金化，因此，具有铁-碳系统的所有特性（包括可进行热处理）；

（5）资源丰富，价格低廉。

关于铁粉的生产方法，随着市场需求的变化，研究开发过许多种，诸如铁氧化物的固体碳还原法，氢还原法，流态床还原法，电解法，羰基法，机械破碎法，水冶法，水雾化法等。其中有的方法，在工业生产中，并没有得到应用，诸如水冶法、流态床还原法；有的方法，过去曾一度大量用于生产铁粉，现已不再采用。因此，本章主要介绍，现在工业上主要应用的用铁氧化物生产还原铁粉，羰基铁粉，电解铁粉等。

1.1.1 用铁氧化物还原生产铁粉

用还原铁氧化物生产铁粉，特别是用碳还原铁矿石，是生产铁粉最早的一种方法。20世纪，瑞典 Höganäs 公司研制出的海绵铁生产工艺，本来是用来生产海绵铁，作为炼钢原料的。后经改进，逐渐演变成了生产铁粉的一种工业生产方法。这种方法在瑞典、美国、苏联、日本、中国都得到了实际应用。

1.1.1.1 瑞典海绵铁生产工艺

瑞典海绵铁生产工艺是在低于铁熔点的温度下，将矿石直接还原成金属铁的一种生产方法。所采用的原料是瑞典北部的一种纯磁铁矿（Fe_3O_4）。这种铁矿经选矿处理后，含铁量约达71.5%，其含有的少量杂质不是氧化物固溶体，而是以分散相存在。矿石的质量均匀一致，同时有一定的储存量可供连续使用。

对于生产海绵铁粉，还需要用作还原剂的焦炭屑或其他碳源。另外，还用石灰石与焦炭中所含的硫反应，以防止它们呈杂质状夹杂在铁粉中。矿石制备过程是先粉碎，在回转窑中干燥，随后进行磁选（图3-1-1a）。将焦炭和石灰石按85%焦炭和15%石灰石的比例进行混合。这种混合物也要在回转窑中进行干燥，然后破碎成均一粒度（图3-1-1b）。

随后将矿石和焦炭-石灰石混合料装入碳化硅陶瓷管中（图3-1-1a）。将一对同心钢装料管下放到陶瓷管底部。将铁矿石装在钢管之间。将焦炭-石灰石混合物装在两个同心装料管的芯部和外部装料管与陶瓷管内壁之间。然后将装料管从陶瓷管中抽出，使铁矿石和还原剂混合物彼此接触，但不得相互混合。

将装好料的陶瓷管装在窑车上，窑车载着陶瓷管进入隧道窑（图3-1-1b）。每台窑车上装陶瓷管6×6个。将窑车推入170m长的隧道窑中，在窑中进行还原。共60台窑车，每台窑车装36个陶瓷管，窑车紧挨地通过隧道窑。每53min，将1台窑车推入隧道窑一端，而在窑的另一端出1台车，窑车在窑中的总时间约为68h。煤气烧嘴将隧道窑约150m长加热到温度达1260℃；其余的19m长用循环空气进行冷却。窑车顶部形成加热室的底部。

在隧道窑的加热带发生若干化学反应。石灰石分解产生二氧化碳，二氧化碳氧化焦炭中的碳，生成一氧化碳。一氧化碳与磁性氧化铁反应生成额外的二氧化碳和氧化亚铁。氧化亚铁进一步为一氧化碳还原成金属铁。金属铁颗粒被烧结在一起，形成海绵铁块。另外，在焦炭中含的硫与预混合在焦炭中的石灰石之间也发生反应。

对将铁氧化物还原成金属铁的过程的热力学和动力学进行过多次研究，但是很难将这些研究结果用于 Höganäs 海绵铁生产工艺的条件。在还原过程结束时，将陶瓷管中的材料冷却到室温时，有96%氧化物还原成了铁。铁的含碳量为0.3%。还原的铁颗粒烧结在一起，形成一中空的海绵铁圆筒。铁粉颗粒之间和颗粒内部都含有孔隙。

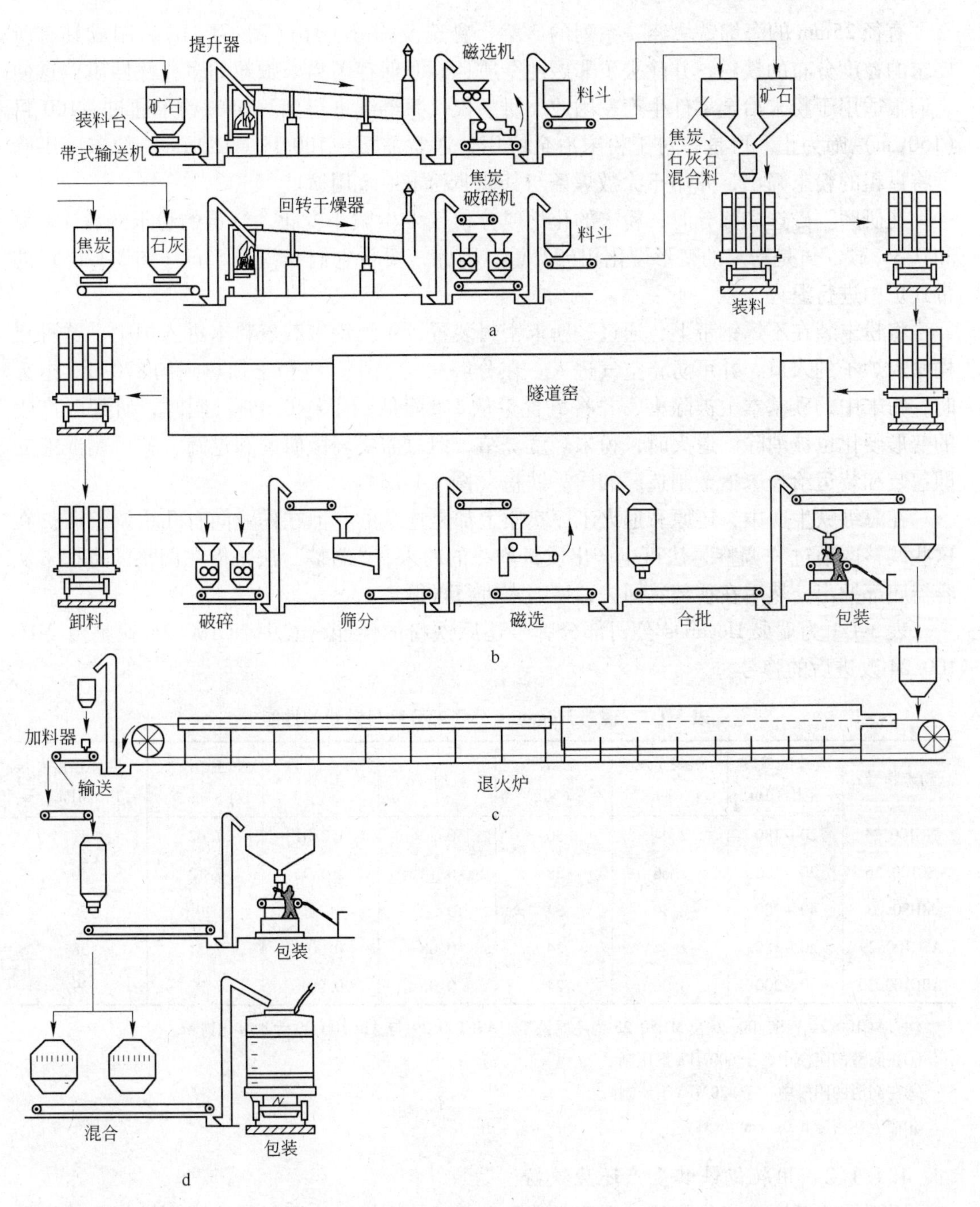

图 3-1-1　Höganäs 铁粉生产工艺流程图

a—铁矿-焦炭-石灰石混合料的制备和装入陶瓷管；b—在隧道窑中将研磨的铁矿还原成海绵铁；c—海绵铁的退火炉；d—退火海绵铁粉的包装和混合

窑车从隧道窑中出来之后，被送到卸料处（图 3-1-1b）。将圆筒状海绵铁从陶瓷管中取出，并使之落入齿式破碎机中，将海绵铁破碎成直径约 25mm 的小块。将空出的陶瓷管进行清理并送至装料工位，为连续的进行还原作业重新装料。

直径25mm的海绵铁块经一系列的研磨，磁选及筛分工序（图3-1-1b），制成具有所要求的粒度分布的铁粉，并除去了非磁性杂质，同时保存了粉末颗粒的多孔性性质，这使它们很适用于粉末冶金零件生产。因此，研磨仅仅只继续进行到约65%粉末通过+100目（150μm）筛为止。可是，对于粉末冶金应用，通常需要-100目（150μm）粉末。用筛子将过粗的粉末筛出，并用于涂敷焊条与其他非粉末冶金用途。

在研磨、磁选和筛分时，粉末的化学成分仅仅发生微小变化。制得的粉末约含1%氧和0.3%碳。可是粉末的变形硬化相当严重。因此，要将它们在约长55m（图3-1-1c）的带式炉中进行退火。

将粉末装在不锈钢带上，通过一粉末密封装置，不锈钢带载着粉末进入炉中。这种机构密封炉子的入口，并可防止空气进入。在分解氨气氛中，将粉末加热到约870℃。退火时，粉末中的碳基本上被除去，并将氧含量从1%降低到了约0.3%。同时，研磨时产生的变形硬化也被消除。退火时，粉末轻度烧结，但只需要轻微研磨和过筛，就可制成能立即包装和装运给粉末冶金制造厂的成品铁粉（图3-1-1d）。

在海绵铁生产中，还原和退火工序实质上都是连续的，但在作业间有几个调整区。在这些调整区通过“调整”法可生产出质量均一的粉末；“调整”法是借在调整区将粉末从容器底部抽出，然后在顶部装回去，使粉末进行再循环。

表3-1-1为瑞典Höganäs公司部分牌号还原铁粉的性能，其中NC100.24就是由MH-100.24改进后的牌号。

表3-1-1 瑞典Höganäs公司部分牌号铁粉的性能

粉末牌号	大致的粒度范围/μm	松装密度 /g·cm^{-3}	流动性 /s·(50g)$^{-1}$	氢损/%	C/%	生坯密度① /g·cm^{-3}	生坯强度① /MPa
NC100.24	20～180	2.44	30	0.20	<0.01	7.02	47
SC100.26	20～180	2.66	28	0.12	<0.01	7.12	40
MH80.23	40～200	2.30	33	0.32	0.08	6.29②	23③
ASC100.29	20～180	2.96	24	0.08	0.002	7.21	38
ABC100.30	30～200	3.02	24	0.06	0.001	7.27	39

注：NC100.24、SC100.26及MH80.23为还原铁粉。ASC100.29与ABC100.30为水雾化铁粉。

①在润滑的阴模中，于600MPa下压制。

②在润滑的阴模中，于420MPa下压制。

③在生坯密度6.0g/cm^{3}下测定。

1.1.1.2 用轧钢铁鳞生产还原铁粉

用固体碳还原铁氧化物的一项重要进展，是用轧钢铁鳞为原料制取还原铁粉。轧钢铁鳞的组成也是Fe_3O_4，其与瑞典磁铁矿相比，最大的问题是质量一致的轧钢铁鳞的来源受到一定的限制。

日本川崎制铁（株）从1961年开始研究由轧钢铁鳞制取还原铁粉。该公司的生产工艺流程见图3-1-2与图3-1-3。

中国的还原铁粉生产起始于20世纪50年代末。原料为轧钢铁鳞，还原剂为木炭屑、焦炭屑及无烟煤。起初用倒焰窑生产，从1966年开始改用小型隧道窑生产。1980年以后，

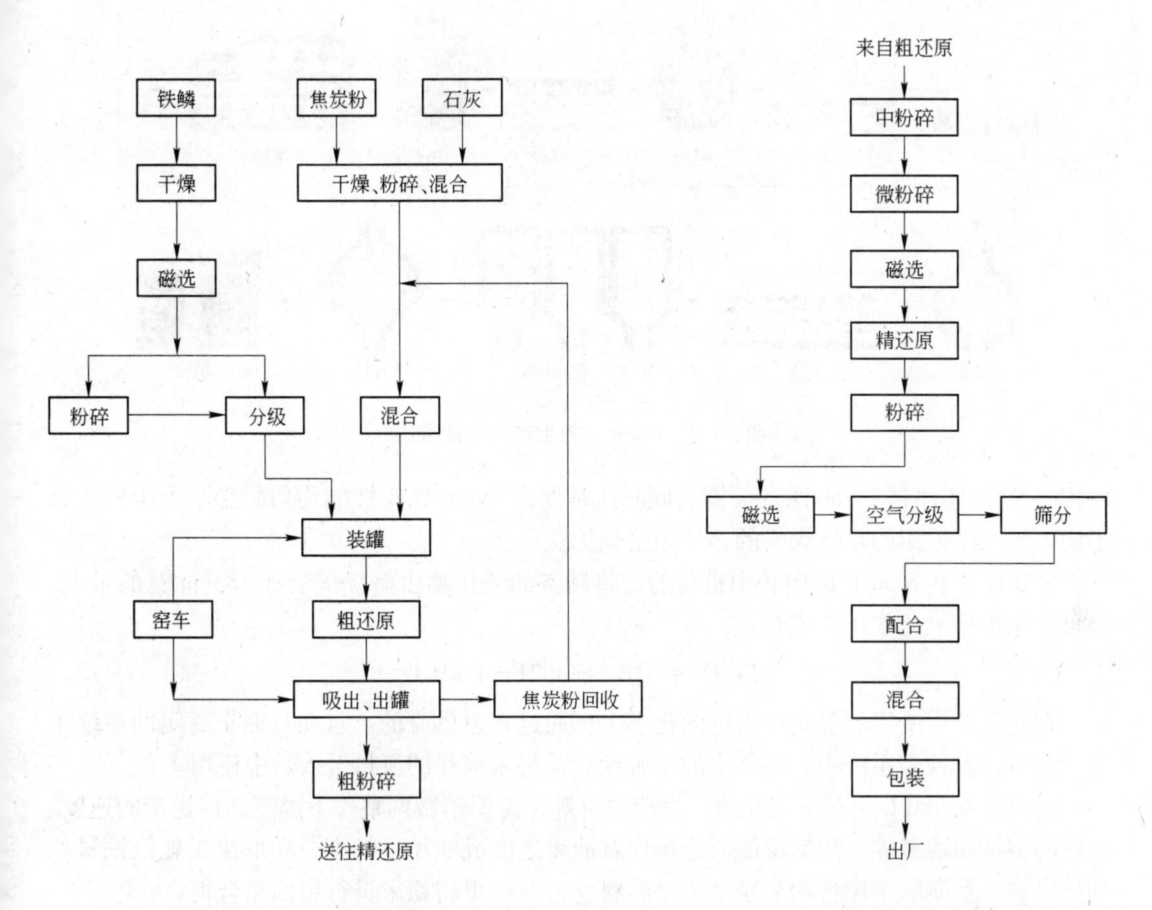

图 3-1-2 铁鳞还原铁粉的粗还原过程

图 3-1-3 铁鳞还原铁粉的精还原过程

武钢粉末冶金公司、2002 年莱芜钢铁公司粉末冶金公司均先后达到年产还原铁粉万吨以上的生产能力。

1.1.1.3 用氢还原铁鳞生产还原铁粉

与上述瑞典海绵铁粉生产工艺及川崎制铁（株）还原铁粉生产工艺不同，美国 Pyron 公司采用的是以轧钢铁鳞为原料，用氢气为还原剂的还原铁粉生产工艺，简称为 Pyron 法。

Pyron 法是另外一种用还原氧化物生产铁粉的方法，不是用研磨的铁矿作为还原铁粉的原料，Pyron 法使用的是来自生产普通碳钢产品，如薄板、棒材、线材、板材和管材的轧钢厂的轧钢铁鳞。除含锰以外，含有其他各种合金元素的轧钢铁鳞都不能使用。Pyron 法的流程图示于图 3-1-4。

工艺条件如下：

将来自不同工厂的轧钢铁鳞，用分层法堆置在贮料场上进行混合，贮料场相当大，其贮存量足够 3 个月以内不间断供料给工厂使用。将铁鳞送到工厂时，要将铁鳞进行清理，把大的、不需要的东西筛出，然后进行磁选，以除去砂石、夹杂或其他非磁性材料。然后，将轧钢铁鳞在连续球磨作业中研磨到 -100 目（150μm）。精心控制这个操作，可保证得到所要求的粒度分布。

在 980℃左右下进行氧化，将存在于轧钢铁鳞中的铁氧化物，FeO 和 Fe_2O_4 转变成

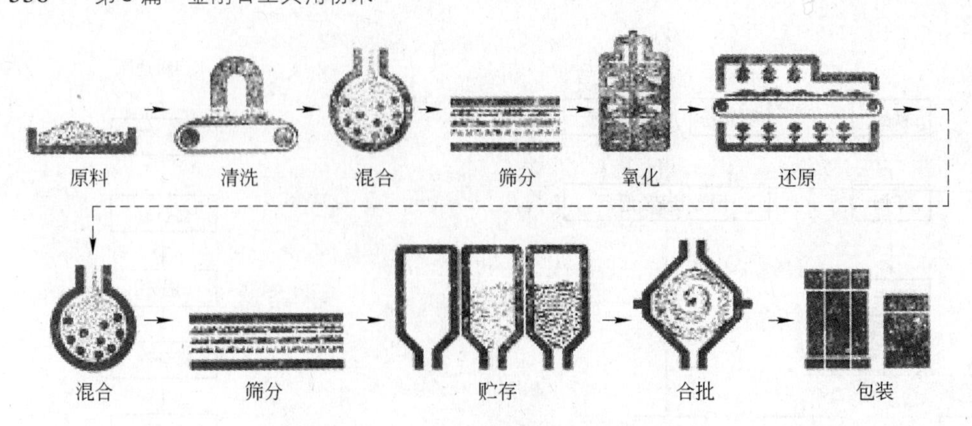

图 3-1-4　Pyron 铁粉生产工艺流程图

Fe_2O_3。这个工序是 Pyron 法的关键。同时这是保证 Pyron 铁粉性能均匀所必不可少的一个工序。该工序采用的是烧煤气的多炉床焙烧炉。

氢还原是在 37m 长的电炉中进行的。将制备的氧化物由焙烧炉装在 183cm 宽的带上，通过还原炉将氧化物还原成铁：

$$Fe_2O_3 + 3H_2 \longrightarrow 2Fe + 3H_2O$$

在此反应中所用的氢是由附近的化学工厂通过管道供应的。氢在一完全封闭的系统中通过炉子，在这个系统中，将氢中的水脱除后，将未消耗的氢再送入炉中使用。

还原是在 980℃左右下完成的。为控制质量，需要稍微调整一下温度和传送带的速度。制得的烧结粉块易碎，用简单的研磨操作就能将之变成铁粉。粒度分布取决于轧钢铁鳞的初始研磨。从研磨工序将粉末送至大型贮料仓，在这里将粉末进行粗筛和合批。

Pyron 铁粉具有细小孔隙和海绵状显微组织。Pyron 铁粉颗粒内部结构中的孔隙比瑞典海绵铁粉颗粒中的要细得多，因为瑞典海绵铁粉长时间的高温还原处理导致孔隙粗化，鉴于 Pyron 铁粉的细孔结构，其压坯就比由其他工业铁粉压制的压坯烧结的要快一些。Pyron 铁粉的一些牌号的性能列于表 3-1-2。表 3-1-3 列出了用 Pyron 法生产的氢还原铁粉的性能和用途。Pyron 粉末的典型化学成分见表 3-1-4 所列。

表 3-1-2　Pyron 铁粉的物理性能

性　能		P-100	LD-80	R-80	R-12	AC-325
松装密度/$g \cdot cm^{-3}$		2.3～2.5	1.75～2.10	1.0～1.5	1.0～1.5	2.2～2.5
流速/$s \cdot (50g)^{-1}$		27～35	35～不良	不良	不良	不良
筛分析/%						
泰勒筛号	粒度/μm					
+20	850	—	—	—	最大 2	—
+35	425	—	—	—	10～20	—
+60	250	—	—	—	20～30	—
+80	180	微量	最大 2	最大 2	10～20	—
+100	150	最大 2	1～12	1～12	5～15	微量
+150	106	10～15	15～20	15～20	10～20	微量
+200	75	15～25	15～30	15～30	5～15	0.2
+325	45	25～40	20～40	20～40	3～10	最大 5
−325	<45	28～45	15～35	15～35	最大 12	最小 95

表 3-1-3 Pyron 氢还原铁粉的性能与用途

性 能	用 途
强度/重量比高 生坯强度高 松装密度低 尺寸稳定性好	为了储存油，需要有高的连通孔隙度的低密度、高强度铁轴承和结构零件； 低密度易碎零件；添加在其他铁粉的合批料中以提高生坯强度； 摩擦材料元件，添加在其他铁粉的合批料中以降低松装密度； 需要具有良好的强度、机械加工性和脆硬性的，公差严格的，低或中等密度的铁-铜或铁-铜-碳轴承和结构零件

表 3-1-4 Pyron 粉末的典型化学成分

总铁(质量分数)/%	97.0 ~ 98.5	酸不溶物	
碳(质量分数)/%	0.01 ~ 0.05	AC-325	0.20 ~ 0.90
硫(质量分数)/%	0.005	其他牌号	0.20 ~ 0.45
磷(质量分数)/%	0.012	氧(质量分数)/%	0.70 ~ 1.75
锰(质量分数)/%	0.40 ~ 0.65		

1.1.2 羰基铁粉

羰基铁粉由热离解五羰基铁而制成，其纯度高，粒度细小，在粉末冶金工业、电子工业、磁性材料等领域具有广泛应用。目前生产羰基铁粉的国家有德国、俄罗斯、美国、中国等。国外主要生产厂家有：德国 BASF 公司、美国的 GAF 公司。国内主要生产厂家有：北京钢研高纳科技股份有限公司、江苏天一超细金属粉末有限公司、中山市岳龙超细金属材料有限公司、陕西兴化化学股份有限公司、吉林吉恩镍业股份有限公司、金川集团有限公司、江油核宝纳米材料有限公司等，国内总生产能力近 5000t。

1.1.2.1 生产工艺

在较高的压力和温度下，使一氧化碳通过还原的海绵铁可形成五羰基铁（$Fe(CO)_5$），它是一种沸点为 102.8℃的液体，它经蒸发和热离解，可生产羰基铁粉。生产过程可简述为：CO 与铁在温度为 170 ~ 200℃，压力为 15 ~ 30MPa 的条件下发生羰基合成反应：

$$Fe + 5CO \xlongequal{} Fe(CO)_5$$

该反应为放热反应，增大压力、适当降低温度有利于提高五羰基铁的提取率，减少游离氧，加入少量催化物质，如硒、硫或 NH_3 等，也可以起到加速合成反应速度和提高 $Fe(CO)_5$ 提取率的作用。

五羰基铁在 300℃，常压的条件下分解为 Fe 和 CO：

$$Fe(CO)_5 \xlongequal{} Fe + 5CO$$

五羰基铁分解时首先形成铁核，随着分解的进行形成的铁粉呈葱头状球形结构，球形羰基铁粉形貌如图 3-1-5 所示。羰基铁粉的粒度和结构取决于热解设备结构和工艺条件的匹配。制取葱头状球形铁粉是在长细比较大的热解器上进行的，当热解器结构（长细比）确定后，平均粒度主要取决于气流的大小和各区段的温度，较高的热解温度和较大的气体流量，是获得平均粒度较小羰基铁粉的必要条件，这是由

图 3-1-5 羰基铁粉 SEM 照片

于促使形核的比率大，减少热区停留时间和碰撞几率的缘故。反之，在较低的热解温度和较小的气体流量下，热解所获得的羰基铁粉的平均粒度比较大。在羰基铁粉中除了球形颗粒外，还存在少量多颗粒聚集而成的“双胞胎”或“多胞胎”团粒，会使粉末的磁性能恶化，但对金刚石工具的性能影响不大。平均粒度不大于2μm 的羰基铁粉，其表面状态向不规则形状转化。一般采用激光或交变磁感应气相沉积法制取针状羰基铁粉。

在分解过程中，由于 Fe 对 CO 的分解反应（$2CO \rightarrow CO_2 + C$）的催化作用，获得的铁粉中含碳、氧量较高，均在约0.8% ~1.4%范围。可以在热解过程中加入0.5% ~2%的干 NH_3，这样可以起到抑制 CO 分解和铁粉表面钝化的作用，得到的粉末对水分、氧敏感性小，同样在接触空气的情况下出粉过筛，氢损值明显减小。试验证明，加入 NH_3 气体生产的平均粒度在3μm 以上的羰基铁粉氢损值不大于0.4%，碳含量 w(C)不大于0.8%，而氮含量明显增高。碳、氧、氮等杂质使铁粉硬度比较大，这种羰基铁粉通常被称之为硬粉，适用于热压烧结金刚石工具。将硬粉在氢气中还原退火，碳、氧、氮含量明显降低，铁含量 w(Fe)将可高到99.0%左右，这种还原过的羰基铁粉，硬度降低，冷压性能提高，通常被称之为软粉。为了进一步提高胎体硬度，用于金刚石工具的羰基铁粉通常经过磷化处理，磷含量 w(P)约在3% ~10%范围内，经磷化处理的软粉或硬粉烧结制品硬度均大幅度提高。

1.1.2.2 羰基铁粉的特点和性能

羰基铁粉具有粒度细、纯度高、颗粒分散、压制性好、烧结活性高、硬度可调等特点。铁基金刚石工具使用羰基铁粉，较使用其他类型的铁粉烧结温度低，基体对金刚石的把持力好，烧结制品硬度在40 ~110HRB 之间可调，有利于提高胎体与金刚石寿命的匹配性。此外，由于铁对金刚石的润湿性、附着功优于钴和镍，线[膨]胀系数接近金刚石，烧结时的轻度刻蚀能提高金刚石在胎体中的把持力，羰基铁粉还大量用于取代钴、镍胎体。

我国标准设置了 MCIP-1、MCIP-2、MCIP-3、MCIP-4、MCIP-5、MCIP-6、MCIP-7、MCIP-8 八个牌号羰基铁粉，分为基础羰基铁粉（硬粉）、还原羰基铁粉（软粉）和磷化羰基铁粉三大类。各牌号化学成分和物理-工艺性能见表3-1-5 和表3-1-6。

表 3-1-5 羰基铁粉化学成分

牌 号	化学成分(质量分数)/%					说 明
	Fe	P	杂质含量，不大于			
			C	O	N	
MCIP-1	≥97.0	—	≤1.0	≤1.0	≤1.0	基础粉
MCIP-2	≥97.0	—	≤1.0	≤1.0	≤1.0	基础粉
MCIP-3	≥97.0	—	≤1.0	≤1.0	≤1.0	基础粉
MCIP-4	≥97.0	—	≤1.0	≤1.0	≤1.0	基础粉
MCIP-5	≥97.0	—	≤1.0	≤1.0	≤1.0	基础粉
MCIP-6	≥98.5	—	≤0.1	≤0.4	≤0.1	还原粉
MCIP-7	≥99.5	—	≤0.1	≤0.3	≤0.1	还原粉
MCIP-8	余 量	≥0.05	≤1.0	≤1.2	≤1.0	磷化粉

表 3-1-6 羰基铁粉物理工艺性能标准

牌号	松装密度/g·cm^{-3}	振实密度/g·cm^{-3}	平均粒度/μm
MCIP-1	1.0~2.8	2.8~4.0	1~3
MCIP-2	1.0~3.0	3.0~4.5	2~3
MCIP-3	1.0~3.0	3.0~4.5	3~4
MCIP-4	1.0~3.2	3.0~4.5	4~5
MCIP-5	1.0~3.2	3.0~4.5	5~6
MCIP-6	1.5~3.0	3.0~4.5	≤5
MCIP-7	2.2~3.2	3.4~4.6	5~10
MCIP-8	1.0~3.0	2.8~4.5	≤7

目前德国 BASF 公司和国内江苏天一超细金属粉末有限公司已经有专门针对金刚石工具的羰基铁粉牌号，主要性能指标见表 3-1-7 和表 3-1-8。

表 3-1-7 江苏天一超细金属粉末有限公司羰基铁粉性能

牌号	平均粒度/μm	松装密度/g·cm^{-3}	振实密度/g·cm^{-3}	化学成分(质量分数)/%				说 明
				Fe	C	N	O	
YZ	3~5	1.8~3.0	≥4	≥97.8	≤0.9	≤0.9	≤0.4	中、细粒度硬粉，适用于热压烧结
YX	≤3	0.5~2.5	≥3.8	≥97.5	≤0.9	≤0.9	≤0.4	
YZL	≤4	—	—	—	—	—	—	磷化处理硬粉，硬度高
RD	≥6	2.0~3.0	≥4	≥99.5	≤0.05	≤0.01	≤0.2	还原软粉，适用于冷压成型
RZ	4~6	2.0~3.0	≥4	≥99.5	≤0.05	≤0.01	≤0.2	
RX	≤4	1.5~3.0	≥4	≥99.5	≤0.05	≤0.01	≤0.2	
RZL	≤5	—	—	—	—	—	—	磷化处理软粉

表 3-1-8 德国 BASF 羰基铁粉末性能

牌 号	粒径/μm	化学成分(质量分数)/%				说 明
		Fe	C	N	O	
EL	6	>97.0	0.6~0.9	0.6~0.9	0.1~0.3	粒径较 EN 粗
EN	4	>97.8	0.8~0.9	0.8~1.0	0.2~0.4	多种用途的标准牌号
OM	4	>97.8	0.8~0.9	0.7~0.9	0.2~0.4	金属注射成型的标准牌号
CS	6	>99.5	<0.05	<0.01	0.2	粒径较 CM 更细
SM	2.5	>99.4	<0.1	<0.01	<0.5	更窄粒径分布
SU	<2	>99.4	<0.1	<0.01	<0.5	还原型中颗粒最细
FeP 3%	3	>95	0.5~0.8	0.6~0.8	0.3~0.5	颗粒硬度高
FeP 5%	3	>93	0.4~0.8	0.4~0.6	0.4~0.6	颗粒硬度高
FeP 10%	5	>88	0.3~0.7	<0.1	0.4~0.6	颗粒硬度高
FeCu15%	7	84~86	0.005~0.03	<0.2	0.1~0.3	—
FeCu25%	8	74~76	0.005~0.03	<0.2	0.1~0.3	—
S-Flakes	—	>99.5	<0.1	<0.05	<0.6	压制性能更好

羰基法生产铁粉的最大问题是工艺流程较复杂，技术难度较大，生产成本高，阻碍了

它的应用普及。随着高科技成果的涌现，应用领域的拓宽，生产能力的不断提高以及生产工艺的不断改进和完善，其生产成本逐步降低是可能的。

1.1.3 电解铁粉

用电解沉积制造的铁粉，在所有工业生产的各类铁粉中纯度最高。由于它的纯度高和颗粒形状不规则，电解铁粉的压缩性高和生坯强度高。尽管有这些优点，但由于生产成本高，目前，电解铁粉用量有限。在美国的各种应用中，电解铁粉的评价消耗水平仅约为270t/年左右。在对雾化制粉工艺进行改进和使生产的铁粉具有较低的氧含量和中等纯度以前，电解铁粉曾广泛应用于制造常规粉末冶金零件。

多年来，电话都用电解铁粉制造铁芯。一些电解铁粉仍然用于制造磁芯和粉末冶金磁体。近年来，由于电解铁粉纯度高，开发了一些新应用。这些应用有，用作干式上色剂普通纸复印机中的显色介质载体和用作食品的富铁添加剂。在所有其他工业生产的铁粉中，在纯度方面，羰基铁粉与电解铁粉极其相似。然而，羰基铁粉的价格更高，同时碳和氮的含量都较高。

1.1.3.1 工艺条件

用电解法制造金属粉末时，可采用下列两种方法之一：（1）在不锈钢阴极上直接形成松散黏附的粉末沉积物；（2）在阴极上沉积出精炼金属的平滑致密层，随后将之进行研磨，以制造粉末。采用哪一种方法主要取决于所加工金属的电化学极化特性。对于电化学极化特性高的金属，例如铁、镍和钴，要使电流密度变化较小，就需要阴极电位变化大。因此，由这些金属就容易制得平滑的黏着的沉积物。而对于沉积电位与电流密度变化关系不大的金属，如铜、银、锌和钙，很容易制得海绵状或粉末状阴极沉积物，可周期地从阴极表面刮下阴极沉积物。鉴于电解铁粉的制造涉及到致密的、黏着的阴极沉积物的破碎和研磨，因此，要求这些沉积物是脆性的。适当控制电解槽生产工艺，可增强阴极沉积物的脆性。

对于电解沉积铁，通常采用两种电解液——氯化物槽和硫酸盐槽。两者相比，每一种电解槽都有某些局限性和优点。由于氯化亚铁在水中的溶解度较大，所以，氯化物槽铁的浓度较高。铁的浓度高可提高槽的导电性，从而降低电能消耗。然而，氯化物槽比硫酸盐槽腐蚀性强。用氯化物槽生产的铁粉和铁片都含有少量的氯化物（约0.10%），这比在硫酸盐槽产品中所发现的残余硫更有害。而对于硫酸盐槽，为增高导电性，通常是将硫酸铵添加到硫酸盐槽中。

1.1.3.2 工业性生产方法

目前，在美国，SCM金属制品公司是电解铁粉的唯一生产厂家。其电解铁粉和铁片的年生产能力为2700t。电解铁片作为特殊合金的熔炼原料出售。生产工艺是以硫酸盐电解液与可溶性阳极为基础。

电解槽是由混凝土制成的并有纤维玻璃衬里。槽内部尺寸约3m长×0.75m宽×0.75m深。电解液由硫酸亚铁和硫酸铵组成。每一个槽都有17个自耗阳极和16个阴极。电流密度为215A/m^2，直流电是由可控硅整流器提供的。沉积周期通常是96h，这时，在阴极上生成的沉积物厚度约3mm，阴极电流效率为95%。

每日都要检查电解槽的断路，这是由于在阴极边缘处有快速增长的枝晶所致。每周要分析一次槽液，并将 Fe^{2+}、$(NH_4)^+$ 和 pH 值调节到规定的水平。在阳极中存在的杂质会生成阳极泥，这是由于阳极的电流效率比阴极稍高，从而导致槽的 Fe^{2+} 离子浓度逐渐增高。将阴极和黏附的金属沉积物在水中进行彻底清洗，以除去电解液溶液。对于达到低的总含硫量，这种清洗特别重要。

使阴极通过一自动剥离机，将沉积的铁从阴极上剥下来。在一齿形滚压破碎机中将沉积物破碎成尺寸约 15mm 的碎片。将这些铁片在封闭式连续球磨机中进行研磨，这时球磨机中要充满惰性气体，例如氮，以防止过分氧化和保证安全。通常的连续球磨机可装 1600kg 研磨料和 5000kg 直径为 50mm 的钢球。用间歇式球磨机以直径 25mm 的钢球进一步研磨到 200 目（75μm）或更细的粉末。研磨的粉末用筛和空气分级器进行分级。粉末于这种状态下可用在某些化学应用和富铁食品中。

可是，对于大多数粉末冶金应用，则需将粉末在还原气氛中进行退火。经退火后的粉末光亮、柔软。退火是用带式炉在氢或分解氨中进行。要将退火的条件调整到符合粉末的粒度级，以避免形成过硬的烧结粉块。

保证均一性的混合合批是最终一道加工工序。合批是在容量 11400kg 的混料机中进行的。此外，要抽取试样进行各种质量控制检验，其中包括化学和物理分析。

1.1.3.3 粉末性能

表 3-1-9 比较了压制级电解铁粉（退火的）的性能和标准的雾化铁粉与还原铁粉的性能。由于电解铁粉纯度高和具有不规则的颗粒形状，所以，它的压缩性和生坯强度极好。

表 3-1-9 压制级电解铁粉的化学和物理性能

性 能	电解铁粉	还原铁粉	雾化铁粉
化学组成(质量分数)/%			
总铁	99.61	98..80	99.15
不溶物	0.02	0.10	0.17
碳	0.02	0.04	0.015
氢损	0.029	0.30	0.16
锰	0.002	—	0.20
硫	0.01	0.007	0.015
磷	0.002	0.010	0.01
物理性能			
松装密度/$g\cdot cm^{-3}$	2.31	2.40	3.00
流速/$s\cdot(50g)^{-1}$	38.2	30.0	24.5
筛分析(质量分数)/%			
+100 目	0.5	0.1	2.0
-100+150 目	13.1	7.0	17.0
-150+200 目	22.6	22.0	28.0
-200+325 目	29.4	17.0	22.0
-325 目	34.4	27.7	22.0
压制性能①			
生坯密度/$g\cdot cm^{-3}$	6.7	6.51	6.72
生坯强度/MPa	19.7	19.0	8.4

① 在 414MPa 下，含 1% 硬脂酸锌。

图 3-1-6 的曲线给出了这种粉末的压制性能。若采用其他粉末，难以成形和制作形状复杂且脆弱的零件，而采用电解铁粉则能做到，这不仅由于它具有良好的压缩性，还由于电解铁粉的本征性低硬度和不含有耐火材料与氧化物夹杂（例如氧化铝和二氧化硅），不会使阴模过分磨损，电解铁粉也具有用较合理的压制压力能达到的优异的烧结体性能（特别是延性和尺寸精度）。图 3-1-7 为烧结体性能与生坯密度的关系。

1.1.3.4　应用

电解铁粉的生坯强度高，压缩性高，颗粒形状不规则和纯度高，使之适合于许多粉末冶金应用。由于它的锰含量非常低，压制和烧结零件的延性极好。这使之对于需要采用二次压制和二次烧结加工工艺的高密度、精密公差应用是理想的原料。由电解铁粉制造的高密度零件很容易进行后续加工。由于具有不规则颗粒形状，由电解铁粉制造的复杂形状零件，在密度低于用形状较规则的雾化铁粉制造的场合下，就可消除连通孔隙。因此，电镀液截留于孔隙中或铜焊材料熔渗的可能性都很小。

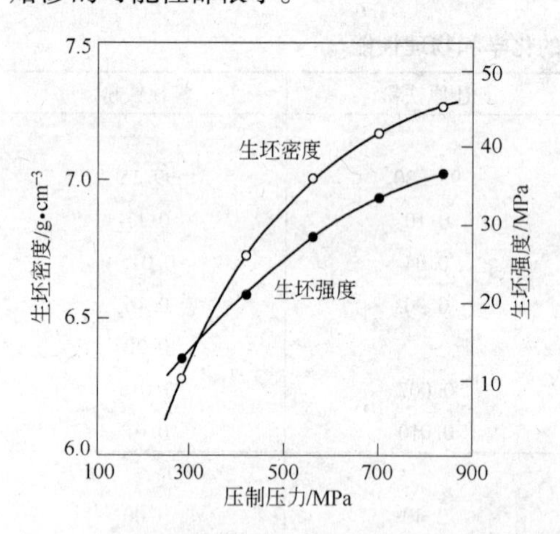

图 3-1-6　SCM A-210 电解铁粉的压制性能

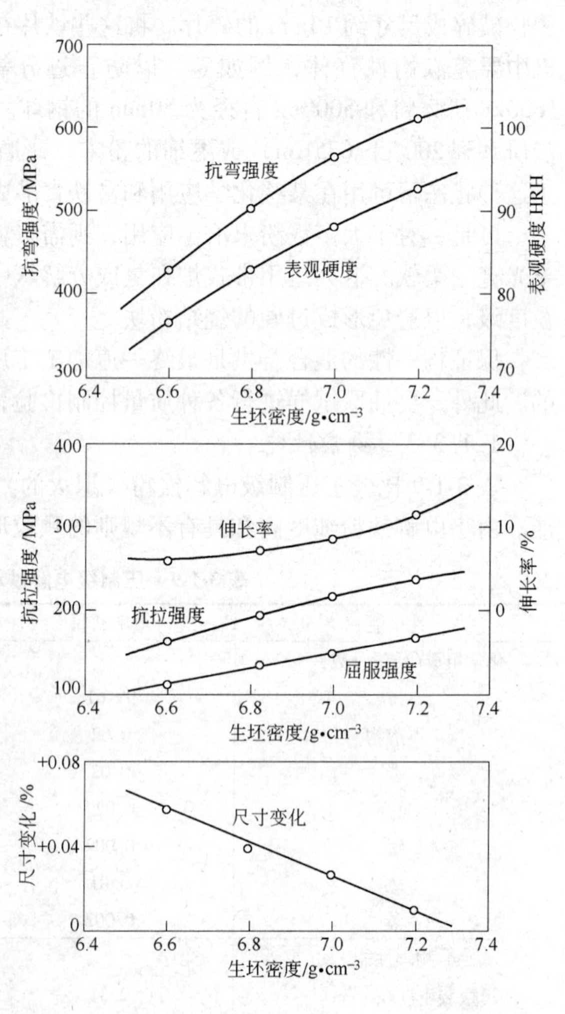

图 3-1-7　压制和烧结的电解铁粉压坯的力学性能

在需要进行表面渗碳、淬火热处理的场合，往往指定用电解铁粉，因为由其制造的零件，表面硬化层深度均匀。由于没有可供渗碳气体进入的孔隙网络，因此，增碳只能通过零件表面的扩散来进行。为了最佳控制表面渗碳硬化，对于由电解铁粉制造的零件，推荐最小密度为 7.2g/cm³。

电解铁粉由于压缩性高和不含杂质，也用于制造软磁零件。为了使磁性能最高，软磁零件应由含最少量润滑剂的粉末混合物压制到最高密度，同时应在分解氨、真空或氢气中烧结，以将碳的含量减到最少。

大部分强度较高的烧结镍钢都是由电解铁粉制造的，因为这时所含的孔隙较细。电解铁粉的生坯强度优异，这也使其成为用作切割砂轮和金刚石黏结锯片胎体的理想材料。在全密实的应用中，电解铁粉的氧化物含量（酸不溶物）低是造成其动态性能，例如冲击和疲劳强度优异的原因。很细的退火电解铁粉（<325 目）用于制造无线电、电视和其他音频装置用的铁磁性磁芯。

为精密控制粒度范围，筛分过的退火电解铁粉，可用作普通纸复印机用上色剂的显色剂或载体。高纯粉末的颗粒形状和磁性质量，使之可制造具有高负载特性的磁刷，这些特性使之可将上色粉均匀的转印到纸上，从而可复印出高对比度的复印件。

将未退火的超细（平均粒度约为10μm）电解铁粉用于食品富铁。电解铁粉的这个牌号符合或超过了食品化学法规的技术条件。除了具有这项用途所要求的高纯度外，这些粉末由于表面积大，在生物有效性方面都超过了其他铁粉，例如羰基铁粉和还原铁粉。

1.1.4 氢还原超细铁粉

超细铁粉是指粒度小于5μm的铁粉，表面积大，烧结活性极高，可以大幅度降低其烧结温度，避免金刚石烧损，同时胎体硬度高，金刚石把持力高，使得金刚石工具寿命和锋利度大幅度提高。另外超细铁粉可以部分替代价格昂贵的Co、Ni等金属粉。近年来，这些事实得到国内外金刚石工具企业的广泛认可。

1.1.4.1 生产工艺

为了提高还原效率，固体碳还原工艺一般采用的温度为1100～1200℃，在这样高的温度下，铁粉颗粒由于彼此接触而聚集长大，因此碳还原铁粉的粒度较粗，用于金刚石工具的还原铁粉粒度一般在200～400目。由于氢气比一氧化碳活性高，采用氢气作为还原剂，可以大幅度降低还原温度，防止铁粉颗粒在高温下聚集长大。

用于氢还原制备超细铁粉的原料氧化铁要求粒度细，可采用细磨的铁精矿粉、铁鳞，更好的是采用沉淀法制备的氧化铁或酸洗铁红。还原剂——氢气可采用成本较低的氨分解气或焦炉煤气变压吸附制氢。氢还原超细铁粉的主要设备为管式推舟还原炉或带式炉，将氧化铁原料装入料盒中，与氢气流相反的方向推送至炉管高温区，在750～850℃与氢气反应，从高价氧化铁分阶段还原到低价氧化铁，最后转变成金属铁：

$$3Fe_2O_3 + H_2 = 2Fe_3O_4 + H_2O$$

$$Fe_3O_4 + H_2 = 3FeO + H_2O$$

$$FeO + H_2 = Fe + H_2O$$

还原产物呈疏松海绵状，经球磨、分级、合批可获得超细铁粉。

影响氢还原超细铁粉质量的因素主要有：(1) 氧化铁的纯度：氧化铁纯度越高，越容易还原，Si、Mn、Al、Ca等杂质均起阻碍还原的作用，使得粉末氧含量增加；(2) 氢气含水量：氢气含水量越低，粉末含氧量越低，一般要求氢气露点在-40℃以下；(3) 氢气流量：氢气流量越大，越容易带走还原产物水蒸气，促进还原进行；(4) 还原温度和时间：适当提高还原温度有利于缩短还原时间，降低粉末氧含量，但粉末粒度较粗。此外，由于超细铁粉活性太高，在空气中极易吸潮、氧化，甚至自燃，球磨需在保护性气氛（如氮气）中进行，并添加少量钝化剂防止粉末氧化，经钝化处理的超细铁粉亦需真空包装，尽量做到开袋即用。

用共沉淀-氢还原法，还可以生产Fe/Co/Cu/Ni等元素任意配比的超细预合金粉末，在本书第10.4小节有详细叙述。

1.1.4.2 氢还原超细铁粉的性能

由于超细铁粉粒度极细，氧含量较常规铁粉高，松装密度低，若胎体配方中超细铁粉用量超过50%，冷压性能不好，但其烧结活性比常规铁粉高很多，烧结温度可降低100~150℃，烧结样品断口细腻，硬度高，工具锋利度高，相同配方的铁基金刚石工具，添加20%超细铁粉即可显著改善锋利度。

表3-1-10为成都世佳微尔科技有限公司生产用于金刚石工具的UHD超细铁粉，以及三河市科大博德粉末有限公司生产的AF1超细铁粉性能指标。图3-1-8为两种粉末的扫描电镜照片。

表3-1-10 氢还原超细铁粉化学成分（质量分数）和物理工艺性能

牌号	总铁/%	C/%	O/%	松装密度/g·cm^{-3}	烧结样品硬度HRB	振实密度/g·cm^{-3}	费氏粒度/μm	粒径分布/μm		
								*D*10	*D*50	*D*90
UHD	≥98.5	0.01	0.40	2.2	100	4.0	—	5.0~8.0	10.0~13.0	15.0~20.0
AF1	≥98.0	0.01	0.85	1.9	—	—	3.5	—	—	—

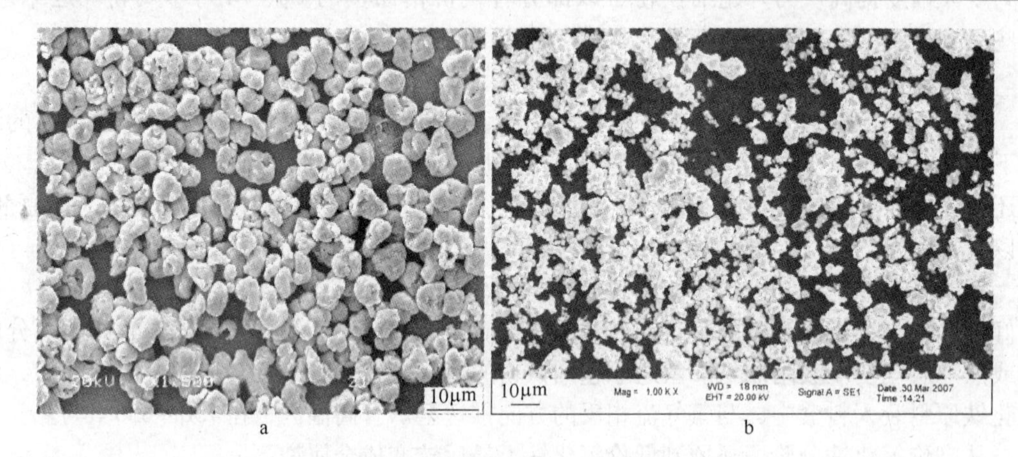

图3-1-8 超细铁粉SEM形貌
a—UHD；b—AF1

1.1.5 铁合金粉末

1.1.5.1 概述

铁、钴、镍统称为铁族元素，铁与钴的电子层数目和最外层电子数均相同，化学性质和物理性能相近，熔点和烧结温度相差不大。但是，铁不具备钴特有的高温硬性、热强性、抗高温氧化和耐腐蚀性能，合金化不当的铁基结合剂存在以下几方面的问题：(1) 烧结温度高，可控工艺范围窄；(2) 铁在热压烧结时很容易侵蚀金刚石；(3) 铁粉活性很大，特别是细铁粉更容易氧化；(4) 铁基胎体的耐磨性较低，工具寿命短。

为了解决高温下铁对金刚石的热侵蚀，提高结合剂与金刚石的结合强度以及工具的自锐性，铁基结合剂的发展趋势主要有以下几个方面：

(1) 铸铁结合剂。铸铁结合剂已成功用于加工陶瓷的金刚石磨轮，其主要成分是：灰口铸铁切削粉碎粉加羰基铁粉。由于铸铁粉中含硅，通过烧结处理后使石墨球状化，而提高了结合剂的强度；铸铁中的石墨，可防止磨削过程中的烧焊，使被加工件表面干净，降低表面粗糙度；铸铁粉饱和着碳，使高温烧结时金刚石所扩散的碳原子极少，从而抑制金刚石的劣化；羰基铁粉可降低铸铁含碳量和烧结后的脆性，提高铸铁粉的烧结性和对金刚石的黏结力。铸铁结合剂磨轮较青铜基磨轮具有强度高，磨削比大，便于控制磨削速度，工件表面粗糙度低等优点。铸铁结合剂还成功应用于石材用金刚石圆锯片。

（2）超细铁粉。超细铁粉具有很高的烧结活性，热压烧结温度可降低至800℃以下，可有效避免铁对金刚石的侵蚀，同时超细铁粉胎体强度高、硬度高、与金刚石耐磨匹配性好。

（3）添加合金元素。1）加入一定量的铜、锌、锡、磷、铁共晶合金等低熔点元素或合金作为黏结相，让其在烧结过程中较早熔融，成为液相，使结合剂具有液相烧结的特征，得到理想的致密烧结体。2）添加少量的高硬度、高熔点的骨架成分，如钨、碳化钨、金属氧化物等，以提高结合剂的硬度和耐磨性。3）强化成分，例如加入适量的镍，固溶强化铁胎体；加入少量的碳、硅元素，形成 Fe_3C 或 Fe_3Si 强化铁基胎体；加入少量的磷，可以显著提高铁基体的硬度与耐磨性并减缓铁对金刚石的热浸蚀作用，并且改善自锐性的作用显著；加入少量钼、铍、稀土元素可以起到同样的作用。4）增加适量的亲和元素来增强铁基结合剂对金刚石的化学亲和力，如加入3%左右的钴可大幅度提高铁基结合剂对金刚石的把持力；加入适当的碳化物形成元素（Cr、Ti），使之能够在高温下生成稳定的碳化物，强化胎体，提高把持力。

（4）预合金化或部分预合金化。由于热压烧结时间短，特别是温度较低时，高熔点合金元素来不及扩散合金化，仍以单质形式存在，不能充分发挥作用，铁基结合剂预合金化或部分预合金化均能有效解决这一问题。例如 Fe-Ni-Cu、Fe-Ni-Cu-Sn、Fe-Co-Cu 等预合金粉末已大量用于代钴工具；添加663青铜、Cu-Sn20、Cu-P、Fe-P、Fe-B 合金粉末来降低烧结温度；添加 Fe-Cr、Fe-Mn 合金粉末较直接添加 Cr 或 Mn 效果显著。

1.1.5.2 铸铁粉

铸铁粉的生产一般采用简单的机械粉碎方法，例如灰口铸铁切削经过球磨粉碎，可得到200～400目的铸铁粉末。在普通铸铁中加入合金元素可以获得具有特殊性能的铸铁，通常加入的合金元素有硅、锰、磷、镍、铬、钼、铜、铝、硼、钒、钛、锑、锡等。合金铸铁根据合金元素的加入量分为低合金铸铁（合金元素质量分数低于3%）、中合金铸铁（合金元素质量分数为3%～10%）和高合金铸铁（合金元素质量分数高于10%）。合金元素能使铸铁基体获得特殊的耐热、耐磨、耐腐蚀等性能，合金铸铁粉可以采用水雾化或气雾化方法生产。

灰口铸铁的成分见表3-1-11，研磨灰口铸铁，切屑可以得到粒度为－200目的铸铁粉。与纯铁粉相比，铸铁粉含碳量较高，碳以片状石墨的形式存在。由于铸铁粉中的碳饱和，使得高温烧结时铁与金刚石的反应趋势减小，可以抑制金刚石烧损。此外，胎体中的石墨可以作为润滑剂，在磨削过程起到减磨作用，并使被加工件表面粗糙度降低。因此，铸铁粉最适用于干式磨轮。铸铁基磨轮较青铜基磨轮具有强度高，磨削比大，便于控制磨削速度，工件表面粗糙度低等优点。铸铁结合剂还成功应用于石材用金刚石圆锯片。

表 3-1-11 灰口铸铁化学成分（质量分数） （%）

C	Si	Mn	P	S	Fe
2.5~4.0	1.0~1.3	0.9~1.3	≤0.3	≤0.15	余 量

铸铁粉颗粒密实而且质地硬，冷压性能不好，由于粒度较粗，烧结活性不高，使用时可配用一定量的超细铁粉或羰基铁粉，以降低烧结温度，提高胎体韧性；另可加入少量的铜、磷、磷铁、硼铁等粉末进行调配。

高铬合金铸铁在金刚石工具中具有较强的应用前景。高铬铸铁含铬量 w(Cr)为15% ~50%，含碳量 w(C)为1.5% ~5.0%，此外，含有质量分数为2%左右的B和Si。由于含有大量的碳、硼，部分铬元素以碳化铬和硼化铬的形式存在，使得高铬铸铁具有很高的硬度，达到50~65HRC。高铬铸铁的熔点较低，最低可以达到1100℃，可用于钎焊金刚石工具。在铁基结合剂工具中添加适量的高铬铸铁粉，一方面，由于Cr元素以合金化的形式加入，对提高胎体与金刚石的润湿性效果很好；另一方面，高铬铸铁粉可以起到与碳化钨、氧化物等高硬度添加剂相同的作用，增加胎体硬度和耐磨性，特别是高温硬性，而且高铬铸铁与铁基体的润湿性和合金化程度较碳化钨、氧化物要好很多。

高铬铸铁粉主要采用水雾化或气雾化方法生产，国内生产单位有：天津市机械涂层研究所（F31-65）、湖南冶金材料研究所（FZFCr50-60H、FZFCr30-55H、FZFCr30-50H），上海有色金属焊料厂（SH. F316），他们生产的粉末化学成分和物理工艺性能见表3-1-12和表3-1-13。

表 3-1-12 高铬铸铁粉末的化学成分（质量分数） （%）

牌 号	C	Ni	Cr	B	Si	其 他	Fe
F31-65 (Fe-81H)	4.5~5.0	—	45~50	1.8~2.5	0.8~1.4	—	余 量
FZFCr50-60H	4.0~4.5	—	45~50	1.5~2.5	1.0~2.0	—	余 量
FZFCr30-55H	3.0~3.5	4.0~6.0	28~32	1.5~2.5	1.5~2.5	Mo3.0~4.0	余 量
FZFCr30-50H	2.0~3.0	—	28~32	2.5~3.5	3.0~4.0	V0.6~1.2	余 量
SH. F316	1.5~2.5	—	13~17	0.5~1.5	1.0~3.0	—	余 量

表 3-1-13 高铬铸铁粉末的物理工艺性能

牌 号	粉末物理性能			合金物理性能		
	粒度范围 /μm	松装密度 /g·cm⁻³	流动性 /s·(50g)⁻¹	熔点 /℃	硬度 HRC	线[膨]胀系数 /℃⁻¹
F31-65(Fe-81H)	-104	4.00	20~22	1200~1280	63~68	—
FZFCr50-60H	-105~+48	4.67~4.93	19~22	1160~1280	60~65	13.0~15.8
FZFCr30-55H	-105~+48	4.67~4.93	19~22	1200~1250	55~65	13.0~15.8
FZFCr30-50H	-105~+48	4.67~4.93	19~22	1100~1250	50~60	13.0~15.8
SH. F316	-105~+48	—	—	1250	400~500HV	—

1.1.5.3 铁合金添加剂粉末

金刚石工具生产中常添加Cr、Mn、B、P等元素，Cr可以强化Fe、Cu胎体，提高胎体硬度和耐磨性，Cr元素是强碳化物形成元素，与金刚石亲和力好，能提高胎体对高金刚石的把持力；Mn 可以强化胎体，在烧结过程中起到净化晶界的作用，降低氧含量对工具性能的不利影响；B、P 起到活化烧结、强化胎体的作用，B 和 P 还可以与氧反应生成易挥发的物质，降低氧含量对工具性能的影响。可以将铬铁、锰铁、硼铁、磷铁等粉末作为预合金添加剂加入到铁基金刚石工具中，预合金添加剂的作用往往比单独添加单质元素要强。

A 高碳铬铁

铬铁是炼钢中的合金加入剂，含铬量一般在 60% ~75% 范围内，按含碳量的不同，分为微碳铬铁、低碳铬铁、高碳铬铁三类。低碳铬铁和高碳铬铁质地较脆，可用机械粉碎的方法研磨成 200 ~400 目的粉末。铬铁中，相当部分铬元素以碳化铬形式存在，在铁基胎体中添加高碳铬铁，能够显著改善胎体的硬度和耐磨性，提高胎体对金刚石的把持力。例如在 Fe-Ni-Cu-Sn 胎体中添加 3% 的高碳铬铁粉末（ –300 目），可以将胎体硬度提高到 35HRC 以上。铬铁的化学成分见表 3-1-14。

表 3-1-14 铬铁的化学成分（质量分数） （%）

类别	牌号	Cr			C	Si		P		S	
		范围	Ⅰ	Ⅱ		Ⅰ	Ⅱ	Ⅰ	Ⅱ	Ⅰ	Ⅱ
			≥		≤						
低碳铬铁	FeCr69C0.25	63.0 ~75.0			0.25	1.0		0.03		0.25	
	FeCr55C25		60.0	52.0	0.25	1.5	3.0	0.04	0.06	0.03	0.05
	FeCr69C0.50	63.0 ~75.0			0.50	1.0		0.03		0.25	
	FeCr55C50		60.0	52.0	0.50	1.5	3.0	0.04	0.06	0.03	0.05
	FeCr69C1.0	63.0 ~75.0			1.0	1.0		0.03		0.25	
	FeCr55C100		60.0	52.0	1.0	1.5	3.0	0.04	0.06	0.03	0.05
	FeCr69C2.0	63.0 ~75.0			2.0	1.0		0.03		0.25	
	FeCr55C200		60.0	52.0	2.0	1.5	3.0	0.04	0.06	0.03	0.05
	FeCr69C4.0	63.0 ~75.0			4.0	1.0		0.03		0.25	
	FeCr55C400		60.0	52.0	4.0	1.5	3.0	0.04	0.06	0.03	0.05
高碳铬铁	FeCr67C6.0	62.0 ~72.0			6.0	1.0		0.03		0.04	0.06
	FeCr55C600		60.0	52.0	6.0	1.5	5.0	0.04	0.06	0.04	0.06
	FeCr67C9.5	62.0 ~72.0			9.5	1.0		0.03		0.04	0.06
	FeCr55C1000		60.0	52.0	10.0	1.5	5.0	0.04	0.06	0.04	0.06

B 锰铁

锰铁根据其含碳量的不同，分为低碳锰铁、中碳锰铁、高碳锰铁 3 类，中碳锰铁和高碳锰铁质地较脆，可用机械粉碎的方法研磨成 200 ~400 目的粉末。铁基结合剂中添加锰铁粉比直接添加锰粉效果要好，锰铁的加入可以起到强化胎体的作用。锰铁的化学成分见表 3-1-15。

表 3-1-15　锰铁的化学成分（质量分数）　　（%）

类　别	牌　号	Mn	C	Si		P		S
				Ⅰ	Ⅱ	Ⅰ	Ⅱ	
			≤					
中碳锰铁	FeMn82C1.0	78.0 ~ 85.0	1.0	1.5	2.5	0.20	0.35	0.03
	FeMn82C1.5	78.0 ~ 85.0	1.5	1.5	2.5	0.20	0.35	0.03
	FeMn78C2.0	75.0 ~ 82.0	2.0	1.5	2.5	0.20	0.40	0.03
高碳锰铁	FeMn78C8.0	70.0 ~ 82.0	8.0	1.5	2.5	0.20	0.33	0.03
	FeMn74C7.5	70.0 ~ 77.0	7.5	2.0	3.0	0.25	0.38	0.03
	FeMn68C7.0	65.0 ~ 72.0	7.0	2.5	4.5	0.25	0.40	0.03

C　磷铁

磷铁是从制磷电炉中获得的，它是含磷20% ~26%，含硅0.1% ~6%的共生化合物，通过机械破碎研磨可以获得200 ~400目的磷铁粉末，磷铁合金粉是粉末冶金铁基结构零件和铁磁性材料中常用的添加材料。磷在铁中部分溶于铁素体，形成脆性很大的化合物，可以提高胎体的硬度、耐磨性和抗腐蚀性，提高工具锋利度；磷铁共晶温度低，可以降低铁基结合剂的烧结温度；磷在烧结过程中和氧结合生成易挥发的氧化物，起到脱氧剂的作用。磷铁的化学成分见表3-1-16。

表 3-1-16　磷铁的化学成分（质量分数）　　（%）

类　别	P	Si	Mn	Ti	S	C	Ni	V	Cr	Cu	Al	Ca	O
	≥	≤											
普通磷铁	23.0	3.0	2.5	—	—	—							
低钛磷铁	23.0	1.0	1.5	0.5	0.20	0.20							
	22.0	0.5	0.5	0.05	0.20	0.20							
	20.0	0.5	0.2	0.02	0.20	0.20							
高镍磷铁	14 ~ 23	1.0	1.0	0.05	0.20	0.20	2 ~ 7						
高磷磷铁	26 ~ 28	1.0	2.0	2.0	0.01	0.01							
纯净磷铁	23 ~ 27	1.5	1.0	1.5	0.05	0.05	0.5	0.5	0.5	0.5	0.5	0.5	
	14 ~ 23	1	1	0.1	0.1	0.1	0.5	0.5	0.5	0.5	0.5	0.5	0.5
高磷低钛低锰磷铁	26	0.5	0.5	0.5	0.006	0.020							

D　硼铁

硼铁是炼钢生产中的强脱氧剂及硼元素加入剂，根据含碳量，硼铁可分为低碳（w(C)≤0.05% ~0.1%，w(B) =9% ~25%）和中碳（w(C)≤2.5%，w(B) =4% ~19%）两种。在铁基结合剂中添加硼铁，可以起到脱氧、改善力学性能、焊接性能及高温性能等作用。硼铁的化学成分见表3-1-17。

表 3-1-17 硼铁的化学成分（质量分数） （%）

类别	牌号		B	C	Si	Al	S	P	Cu
				≤					
低碳	FeB23C0.05		20.0～25.0	0.05	2.0	3.0	0.01	0.015	0.05
	FeB22C0.1		19.0～25.0	0.1	4.0	3.0	0.01	0.03	—
	FeB17C0.1		14.0～19.0	0.1	4.0	6.0	0.01	0.1	—
	FeB12C0.1		9.0～14.0	0.1	4.0	6.0	0.01	0.1	—
中碳	FeB20C0.5	A	19.0～21.0	0.5	4.0	0.05	0.01	0.1	—
		B		0.5	4.0	0.5	0.01	0.2	—
	FeB18C0.5	A	17.0～<19.0	0.5	4.0	0.05	0.01	0.1	—
		B		0.5	4.0	0.5	0.01	0.2	—
	FeB16C1.0		15.0～17.0	1.0	4.0	0.5	0.01	0.2	—
	FeB14C1.0		13.0～15.0	1.0	4.0	0.5	0.01	0.2	—
	FeB12C1.0		9.0～13.0	1.0	4.0	0.5	0.01	0.2	—

1.2 铜粉

铜（Cu）原子序数29，相对原子质量63.54，密度8.96g/cm^3，熔点1083℃，晶体结构为面心立方结构，是带红色而有金属光泽的金属，富延展性，有优良的导电性和导热性。具有中等强度、良好的耐蚀性和可焊性，工业纯铜又称紫铜。铜能与多种金属和非金属形成合金，满足不同的使用要求。在金刚石工具胎体中应用最多的是电解铜粉，例如金刚石锯片、薄壁钻、石油钻、地质钻以及金刚石砂轮、磨轮、模块等。这是因为金属铜有较低的烧结温度，较好的成型性和可烧结性，以及与其他元素的相容性。虽然铜对金刚石几乎不润湿，但铜合金能使金刚石的润湿性得到大幅度的改善。铜在铁中的溶解度不高，如果在铁中有过量的铜，会急剧降低热加工性，使材料发生龟裂。铜与镍、钴、锰、锡、锌等可形成多种固溶体，使胎体金属得到强化。铜合金对金刚石具有最低的润湿角。铜对骨架材料碳化钨、钨、碳化钛等对金刚石的润湿情况要好得多。

铜粉的工业化生产，起源于20世纪20年代自润滑多孔青铜轴承的发明和应用。最早大量生产铜粉的方法是电解法和氧化还原法。在30年代，电解铜粉用于铜-石墨电刷材料和铜基摩擦材料。在一段时期内，置换沉淀法生产的铜粉也用于铜基摩擦材料，但在70年代就停止应用了。其他生产铜粉的方法，如水冶法，都是五六十年代才研究出来的，其中有些水冶法生产铜粉，工业上已使用了多年。在第二次世界大战期间，随着结构零件工业的发展，铜粉的应用得到了进一步扩大。铜粉作为添加剂，用于铁基材料中，以增强铁基合金的强度。在50年代，水雾化工艺生产铜粉、铜合金粉已经开始工业化生产。由于氧化-还原工艺和雾化工艺的优势，美国于80年代初期停止了电解法生产铜粉。但是，在欧洲和亚洲，仍然采用电解工艺法生产铜粉。在该地区，水雾化工艺是很有竞争力的工业化生产工艺。

本节将讨论生产铜粉的三种工艺的基本原理和用这些工艺方法生产的铜粉的物理和力学性能，以及铜粉的应用。

1.2.1 电解铜粉

在金刚石工具的生产中，作为原材料的铜粉，首先考虑选用电解铜粉，其优点是化学纯度高而且稳定，颗粒细，形状为树枝状，比表面积发达，有利于成形和烧结。

电解法在粉末生产中占有一定的地位，其生产规模在物理化学法制备金属粉末中仅次于还原法。电解法是工业生产中制取铜粉的主要方法之一，它有如下优点：首先可通过调节工艺过程获得不同性能的粉末；再有电解法制得的粉末纯度高，形状为树枝状，压制性能好。因此，能生产特殊用途的高纯铜粉；缺点是：这种方法能耗大，成本较高，粉末活性大，容易氧化，不易储存。

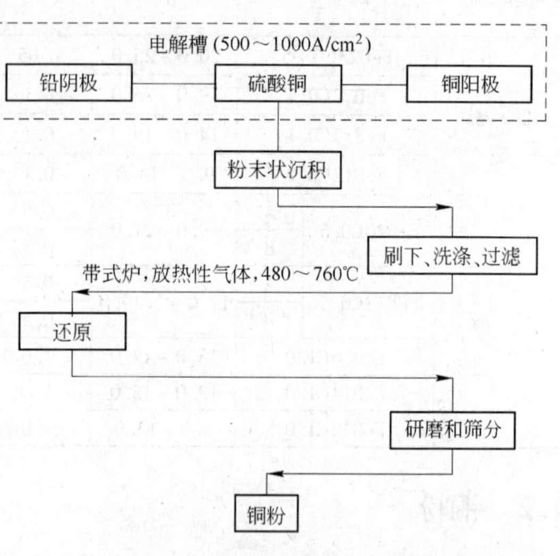

图 3-1-9 电解铜粉生产的流程图

电解铜粉生产，其工艺流程如图 3-1-9 所示，是按照电解精炼铜的同一电化学原理进行的。所不同的是：电解精炼要求得到块状沉积物，而电解铜粉要求得到粉末状或海绵状沉积物。通过调整沉积条件，如电解液的铜离子浓度低和酸含量高及阴极电流密度大有利于生成粉末状沉积物。

虽然在一定条件下可生成海绵状沉积物，但要生产工业需要的粉末，必须控制其他变量。其他变量有：添加剂的数量和种类、电解液的温度和循环速率、阳极和阴极的尺寸和形式、电极间距以及刷粉周期等。

1.2.1.1 电解液组成的影响

在粉末生产中，电解液的组成是一个主要因素。电解液的铜离子浓度必须足够低，以防止生成黏结的沉积物。在能析出粉末的金属离子浓度范围内，铜离子浓度愈低，粉末颗粒愈细。如果提高铜离子浓度，则粉末变粗。同时比表面面积降低，松装密度增大。在最好的情况下，电流效率随着铜离子浓度增大而提高，如图 3-1-10 所示，在 23 ~33g/L 铜的范围内，电流效率最大为92%。超过 33g/L 时，电流效率减小，这时生成的不是粉末，而是硬的沉积物。松装密度和粒度也随着铜离子浓度的增大而增大。

(1) 酸浓度。酸浓度越高越有利于生成粉末，使氢易于析出，有利于松散粉末的形成，同时也降低了槽电压。如图 3-1-11 所示，在硫酸浓度为 120g/L 时，电流效率增高到

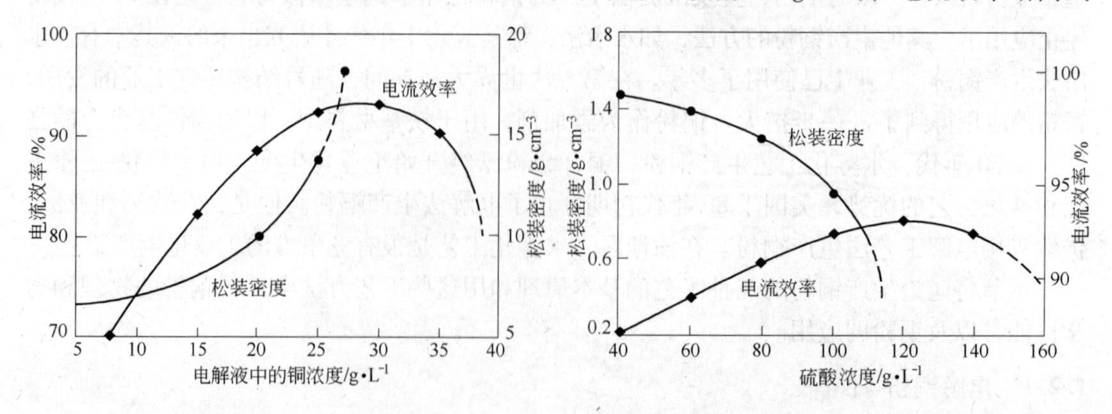

图 3-1-10 铜离子浓度对电流效率和松装密度的影响

图 3-1-11 硫酸浓度对电流效率和松装密度的影响

最大值，随后随着酸的浓度增大而逐渐减小。酸的浓度继续增大时会导致钝化。松装密度随着酸度增大而减小。

（2）添加剂。往往需要改变硫酸铜/硫酸电解液，以改变粉末的特性。添加胶体材料，例如，骨胶或葡萄糖可生成细粉状沉积物，这可能是由于胶体阻碍在阴极上析出氢所致。表3-1-18列出加到电解液中的许多添加剂的影响。

表3-1-18 添加剂对电流效率和粒度的影响

试验号	添加剂	溶液浓度/%	电压/V	电流效率/%	-200目	-300目
1			1.0	95.9	74.6	55.0
2	硼 酸	0.5	1.0	95.2		100
3	葡萄糖	0.5	1.2	85.4		100
4	甘 油	0.5	1.9	94.7		100
5	骨 胶	0.5	1.5	94.5		100

资料来源：参考文献［1］。

据报道，添加表面活性剂时，在电流密度215A/m^{2}下，制得的粉末粒度是可控的。可是，一般采用的电流密度为700～1100A/m^2，从而可大大降低电力费用。电解液中加入少量氯化铜，可增强粉末颗粒的枝晶特征，同时，由于氯化物离子的极化效应，细粉的获得率增高。添加硫酸钠降低阴极电流密度，当硫酸盐含量增高时，粉末变得较细。相反地，用氨基酸盐电解液取代普通的硫酸电解液时，有利于生成粗铜粉。

1.2.1.2 工艺条件的影响

改变工艺条件可影响工艺参数，例如电流效率，颗粒的形成与粒度。

（1）电流密度。电流密度高，有利于形成粉末，对电流效率影响较小。随着电流密度增大，在阳极单位面积内放电的离子数目愈多，形成的晶核数愈多，粒度显著减小，所以粉末愈细。例如，在含25g/L铜和120g/L游离硫酸的电解液中，电流密度从600A/m^{2}增大到1000A/m^{2}时，-300目粉的数量从20%增高到96%。

（2）电解液温度。提高电解液温度，可以提高电解液的导电能力，降低槽电压，减少副反应，从而提高电流效率。升高温度还可使阳极较均匀地溶解，减少残极率。但温度高于60℃时，电解槽操作困难，工作环境变差。同时，在高温下生产的粉末比在较低温度下生产的粉末粗。通常，电解槽的电解液温度为25～60℃。

（3）刷粉周期（时间）。从阴极上刷粉的方法，对粉末特性有很大影响。通常，粉末是用刷子机械的刷子刷下来的。刷粉周期的长短，可以控制沉积物的粒度，刷粉周期短，有利于生成细粉，因为长时间不刷粉，阴极表面增大，相对降低了电流密度。必须确定适当的时间进行刷粉。如图3-1-12所示，当刷粉周期从15min延长到60min时，粉末变粗。图3-1-13表明，当刷粉周期延长时，松装密度增大。频繁地刷粉也可减小阴极电流密度的变化。另一种取下粉末的方法是：采用有机萃取。它不采用刷粉，而是用十二烷基硫酸钠自动从阴极上除粉。

1.2.1.3 粉末生产

大部分生产电解铜粉的厂家，通常都是按照电解精炼的工序进行铜粉生产的。如上所述，要制取粉末沉积物，必须改变工艺条件。生产铜粉的典型工艺条件及流程图如图3-1-9所示，可概括如表3-1-19所列。

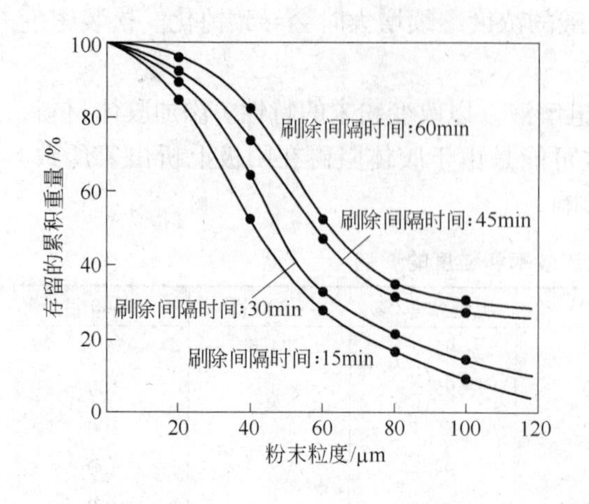

图 3-1-12 刷粉周期对粒度的影响

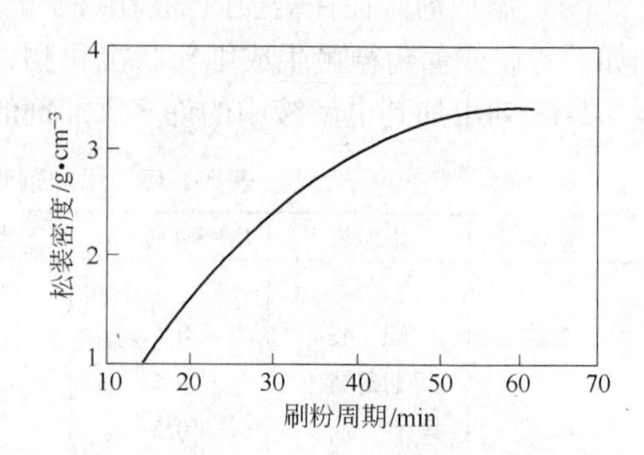

图 3-1-13 刷粉周期对松装密度的影响

表 3-1-19 生产铜粉的典型工艺条件

条 件	数 量	条 件	数 量
铜离子质量浓度/g·L^{-1}	5~15	阳极电流密度/A·m^{-2}	430~550
硫酸质量浓度/g·L^{-1}	150~175	阴极电流密度/A·m^{-2}	700~1100
电解液温度/℃	25~60	槽电压/V	1.0~1.5

一般说来，电解所用的铜阳极是电解精炼铜，或是由工频炉熔化后浇铸的铜板，每块重100~120kg，阳极尺寸为520mm×500mm×40~43mm，铜含量大于99.9%。进入电解工场的铜板必须进行预整、清理，去掉飞边、毛刺、泥砂等夹杂物，再吊入酸洗槽，脱除表面氧化层后，用水冲洗干净，用砂布打磨阳极导电部位，方可入槽。

不溶阳极：采用不溶性铅锑合金阳极板，含锑3%~6%。电解过程中，为了将铜离子稳定在需要范围内，可调整不溶阳极的加入量。当铜离子浓度快接近下限时，适当取出不溶阳极，换上铜阳极，使铜离子相对稳定。

硫酸：采用工业硫酸，符合 GB 534—89 标准。

水：电解用水必须用经过处理的去离子交换水。

阴极：铅合金板。

普通电解装置中，为了在槽底部有足够空间收集粉末，阳极和阴极都是位于电解槽的上部。将电极相互平行排列在衬铅槽、衬橡皮槽或塑料槽中，电解槽的尺寸，国外一般为3.4m长×1.1m宽×1.2m高，每一个电解槽中有18个阴极，阴极尺寸为61cm×86cm×0.95cm。阴极间相隔16cm。同时其间悬挂有19个阳极。国内电解槽一般为0.7m长×0.6m宽×1.5m高，每一个电解槽中有3个阴极，阴极尺寸为50cm×60cm×0.4cm。同时相间悬挂有4个阳极。为保证电流密度均匀和消除电解槽电流短路，要经常检查电极，以防止聚集成过大的瘤状物。

通常，将电解液泵到高位贮液槽中，电解液从贮液槽中依靠重力流入电解槽上部，并通过底部流出。因此，电解液是由槽的上部到底部进行循环的。这种循环形式比由底部向上部循环时制取的粉末均匀。溢液返回位于低位的贮液槽，用于再循环。

铜以枝晶状颗粒沉积在阴极上。阳极与阴极间短路和在阴极上聚集大量的粉末。都会降低阴极电流密度。为防止这两种情况产生，要用刷子周期地刷下阴极沉积物。

电解槽电解数十小时后，就要切断电源。将大部分电解液从电解槽中排出，剩下的溶液要足以覆盖住粉末。要清洗阳极和阴极并将它们取下。把剩余的电解液从电解槽中排出，并将粉末取出。

彻底清洗粉末很重要。甚至微量的电解液也必须除去，以防止粉末氧化。另外，如果以后用电炉干燥和处理粉末的话，一点点残留的硫酸盐都会损害加热元件。可用各种不同的方法清洗粉末。虽然，用离心法除去电解液和清洗粉末可制成清洁的产品，但颗粒受到挤压。因此，用这种方法难以制取低密度粉末。

另一种方法是，将粉末放入洗粉缸内，滤去电解液，连续用稀电解液和离子交换水冲洗。洗涤时，将前两次洗粉水回收，保持足够的电解液循环量，多余的稀酸可送到稀酸桶储存，以便下次使用。每一次洗粉水均应高出粉面，过滤自然进行，至粉内水流尽时，即可再加水清洗，不可让粉干起裂纹，以免粉洗不干净。洗三四次后，检查洗液中有无硫酸根，直至洗净为止。因为粉末细小和具有活性表面，因此湿粉末很快就氧化了，所以，最好添加稳定剂。用明胶水溶液处理，可防止粉末在连续操作之间的时间间隔中氧化。在洗涤或随后粉末处理时添加表面活性剂，也可防止粉末氧化，最后用交换水洗至洗液清亮为止，滤干即可出粉。其次，必须将粉末进行加热处理，以获得符合技术标准的牌号。

1.2.1.4 加热处理

经彻底清洗和过滤之后，湿粉随时可进行加热处理。加热处理也可改变粉末的某些性能，特别是粒度、形状、松装密度和生坯强度。通常有两种加热处理工艺，其一是：把粉末装入网带电炉的料斗中。为防止粉末通过网带漏下，将一连续的湿强度高的纸板铺在网带上，然后，将粉末铺开在纸上。用一辊子压缩粉末，以改善传热。当粉末进入炉中时，将水分离出和将纸烧掉，但是要在粉末充分烧结之后，以防止粉末通过网带漏下。

炉子气氛是由放热性煤气发生装置产生的，在这种装置中，将天然气和空气相混合，以生成含17% H_2、12% CO、4% CO_2 和其余为 N_2 的气氛。将煤气冷冻到低于露点，为 -40 ~ -22℃。气体从出炉端进入炉子。由于气体是经过冷冻处理的，有助于冷却粉块。加热处理可干燥粉末、改变颗粒的形状、还原氧化物及烧结细粉末。出炉温度要足够低，以防止粉末块再次氧化。

在480 ~760℃间，改变炉内的温度和改变加热处理时间，能改变细粉含量、松装密度和颗粒尺寸等特性。

另一种加热处理工艺是：把粉末装入双锥回转真空干燥机中，干燥机的容积为1 ~1.5m^3，转速5 ~8r/min，真空度0.098MPa，热处理温度100℃，加热时间30min。经干燥后的粉末送到热处理炉，进行还原处理。还原气氛由氨分解产生，还原温度350 ~450℃，热处理时间30min。

为了防止铜粉氧化，各工序操作必须注意以下几点：

（1）洗粉时，硫酸根要洗干净，以免影响保护膜的生成；

（2）筛粉时防止混入潮粉，造成粉末氧化；

（3）防止筛粉时间过长，造成保护膜破坏，使粉末发热，吸潮；

（4）加热处理一完成，就把粉块进行粉碎和准备进行研磨。

1.2.1.5 研磨和后处理

细研磨是在高速、水冷锤磨机中进行的。用锤磨机研磨时，进料速率，锤磨机的速度、锤磨机下筛子的孔径都可以改变，从而获得所需的粉末特性；因此，研磨是可以改变粉末性能的另外一个工艺。把从锤磨机出来的粉末送到筛分机，在这里将筛上的粗粉筛出，并返回锤磨机进行补充研磨。将 -100 目粉末用空气分级器或筛粉机进行分级，同时将细粉送去进行合批。将筛上的粗大颗粒返回锤磨机再研磨，或用作为熔炼的原料。

经研磨和分级的粉末，其松装密度约为 1 ~ 4g/cm^3。将粉末贮存在桶中，同时桶中要放入干燥剂，如硅胶或樟脑，以防止粉末进一步氧化。为了生产大量的符合用户技术要求的成品粉末，可将由不同批次选取的粉末，以适当比例在混料器中混合。在从混料器中出料之前，要从这批粉末进行取样，需要的话，在粉末装于包装桶之前，还要调整其粒度分布。表 3-1-20 列出了几批有代表性的合批粉末的物理性能。

表 3-1-20 典型的合批铜粉的物理性能

化学性能			物理性能						
铜含量（质量分数）/%	氢损（质量分数）（最大）/%	酸不溶物（质量分数）/%	松装密度 /g · cm^{-3}	Tyler 筛分析/%					
				+60 目	+100 目	+150 目	+200 目	+325 目	-325 目
99.8	0.15	0.06	2.5 ~ 2.7		5 最大	1 ~ 13	11 ~ 24	20 ~ 30	40 ~ 55
99.8	0.15	0.06	2.3 ~ 2.5		1 最大	6 最大		50 ~ 60	40 ~ 50
99.7	0.20	0.06	2.0 ~ 2.3				0.8	5 ~ 15	85 ~ 95
99.7	0.20	0.06	1.75 ~ 1.95				微量	5 ~ 15	85 ~ 95
99.7	0.20	0.06	1.25 ~ 1.45				微量	10 最大	90 最小
99.7	0.20	0.06	0.9 ~ 1.1				微量	10 最大	90 最小
99.7	0.20	0.06	0.65 ~ 0.75				微量	10 最大	90 最小

1.2.1.6 工艺改进

大部分电解铜粉末都是按照上述方法生产的，但也用过其他方法。为制取密度很低的铜粉，生产厂家可采用小型电解槽，在电解槽和最终处理工序中，对粉末都是采取轻度的处理。制取的粉末颗粒都是呈蕨叶状的，松装密度为 0.9 ~ 1.3g/cm^3。

生产铜粉的另一种方法是采用立式旋转钛阴极，阴极部分浸在硫酸铜/硫酸电解液中。作业时，用从阴极上刮除的方法不断地将粉末收集在液面上，接着是不断地进行脱水，洗涤和干燥工序。

1.2.1.7 电解铜粉性能

电解铜粉的性能取决于各种不同的工艺特点，因此，常常可用改变某些工艺变量来控制电解铜粉的性能。

（1）纯度。用电解法制取的粉末纯度高，铜含量通常超过 99.6%，按照《电解铜粉》GB/T 5246—2007 的规定执行。铜粉中的氧含量测定按（GB/T 5246—2007）中的附录 A：电解铜粉化学分析方法-高频熔融-库仑法测定氧含量进行。硝酸不溶物是按照 GB/T 5246—2007 标准中的附录 D：重量法测定硝酸不溶物的方法进行的，通常小于 0.05%。

（2）粒度分布。生产铜粉的粒度分布应符合应用的要求，其变动的范围很宽。如

表 3-1-6 所示，生产的粉末有各种粒度组合，并且这些仅仅是代表性的。例如，-325 目部分可从 5% 增高到 90%。

（3）松装密度。粉末的松装密度为 1.0~4.0g/cm³，生产粉末的密度可以稍低一点或稍高一点，这取决于工艺和电解条件。

（4）流速。如图 3-1-14 所示，流速与松装密度相关。一般说来，松装密度低于 1.3g/cm³ 的粉末就流不出了；松装密度为 1.3~2.3g/cm³ 的粉末流速很差，而松装密度较高的粉末可自由流出。在松装密度约为 2.2 g/cm³ 的过渡区，流速取决于粉末的细颗粒含量，因为较细的粉末流动性差，而较粗的粉末可自由流出。常用的合批电解铜粉的流速为 25~40s/50g。

（5）生坯密度。生坯密度是压制压力的函数。如图 3-1-15 所示，当压制压力从 275MPa 增加到 550MPa 时，所用合批铜粉的生坯密度从 7.2g/cm³ 提高到 8.0g/cm³。

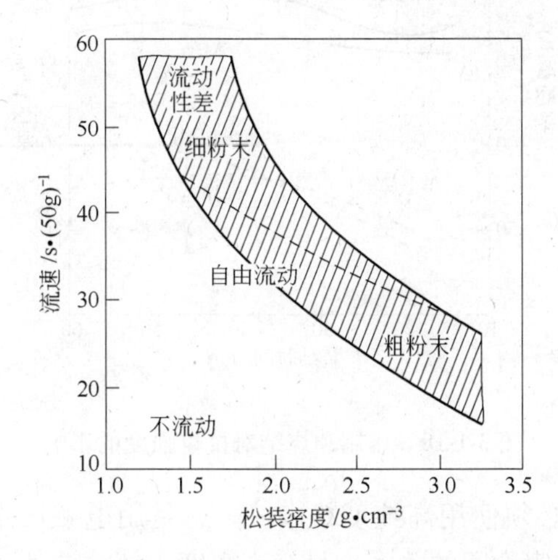

图 3-1-14 松装密度与流速之间的关系

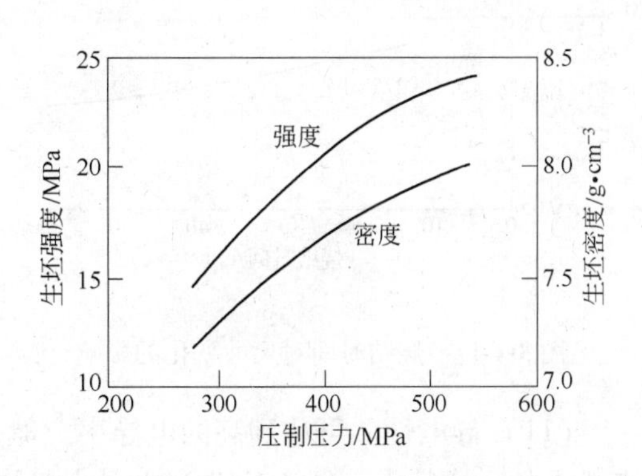

图 3-1-15 压制压力对生坯强度和生坯密度的影响

（6）生坯强度。如图 3-1-15 所示，生坯强度随着压制压力的增高而增高。在本例中，当压制压力从 275MPa 提高到 550MPa 时，生坯强度从小于 15MPa 提高到了 24MPa。

（7）颗粒形状。电解铜粉的颗粒形状呈树枝状（图 3-13-16）。但经过后续的处理后，树枝状稍微有点变圆。

（8）压制压力。压制压力是个需要考虑的重要变量，因为压制和烧结条件对烧结压坯的性能有显著影响。如果制得的烧结压坯是完好的，则烧结时必须使来自烧结气氛、来自还原产物或来自润滑剂的气体均能逸出。压制压力太高时，可能会阻碍气体通过连通孔隙进行流动，从而使气体不能逸出。虽然生产薄壁零件

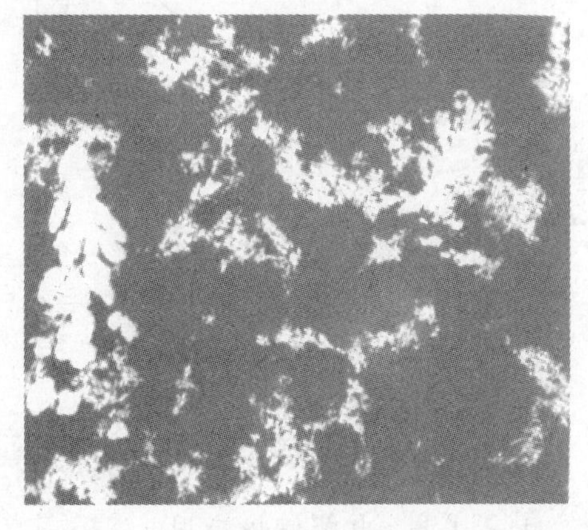

图 3-1-16 电解铜粉的树枝状结构

时，可采用较高的压制压力，但由电解铜粉制造大型的、厚的零件时，压制压力不会高于275MPa。

（9）尺寸变化。图3-1-17所示为掺有硬脂酸锂润滑剂的典型合批粉末的尺寸变化与烧结时间的关系。将掺有润滑剂的合批粉末按图示压力进行压制，并在1000℃下，于分解氨气氛中进行烧结，在常规烧结时间下，尺寸变化较稳定。

（10）抗拉强度。图3-1-18示出典型合批粉末的抗拉强度和伸长率与压制压力和烧结时间的关系。粉末中掺有润滑剂硬脂酸锂，按图示压力进行压制，在1000℃下，于分解氨气氛中进行烧结。曲线图表明，短时间烧结就可获得良好的抗拉性能。

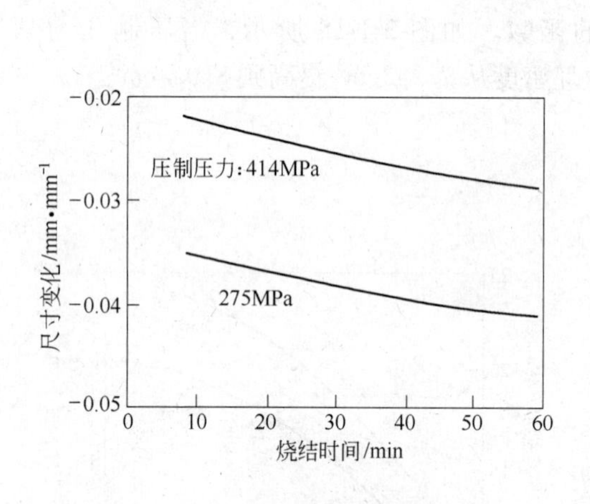

图3-1-17 烧结时间对尺寸变化的影响

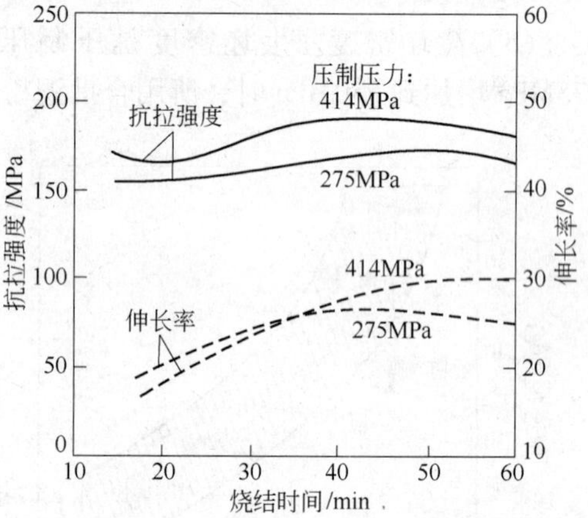

图3-1-18 压制和烧结对抗拉强度的影响

（11）导电性。可达到高的电导率。但是，必须使用高纯度粉末——这是用电解法生产粉末的一个特点。图3-1-19为电导率与烧结件密度间的关系；只有高密度压坯才能达到高的电导率。用复压和再烧结可提高电导率（图3-1-20）。

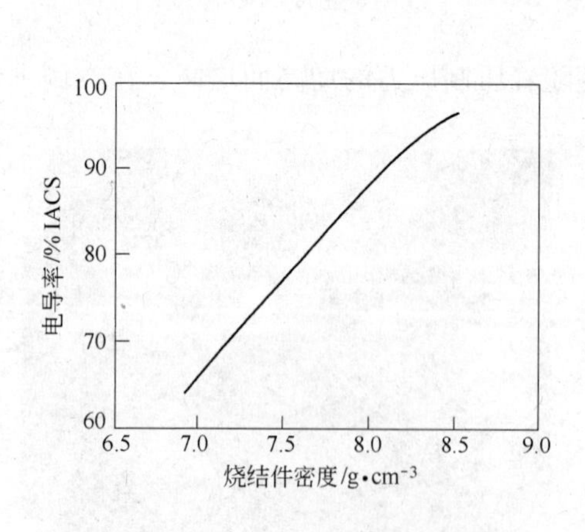

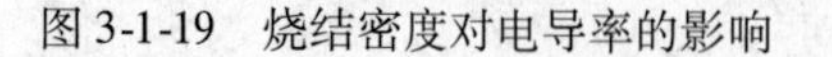

图3-1-19 烧结密度对电导率的影响

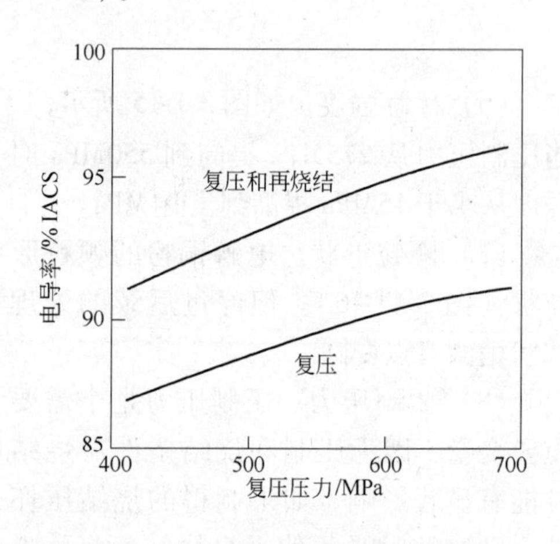

图3-1-20 复压和再烧结对电导率的影响

1.2.1.8 电解铜粉应用

目前，电解铜粉主要在中国、俄罗斯、日本、德国、意大利、印度和巴西生产，并在这些国家广泛使用。但在美国于20世纪80年代就已停止电解法生产铜粉，因此在青铜轴承铜基摩擦材料、铁粉中的添加剂，（除特殊工艺外）大多采用氧化—还原工艺和水雾化铜粉。电导率和热导率高都是电解铜粉的特性，从而使之在电气和电子工业中得到了广泛应用。由于电解铜粉具有这些属性，所以采用适当的制造方法，就能制造出导电性为90% IACA或更高的零件。如电枢轴承座之类的复杂形状零件，断路器触头、接触器的短路环、断路器的重负荷触头、容量达600A的开关柜中用的元件，以及150A和250A保险丝熔断器元件都在进行常规生产。用于汽车交流系统硅整流器中的二极管的散热器、电火花机床用的电极工具也都在用电解铜粉生产。

尽管最近发展起来的氧化—还原铜粉由于具有高纯度、低松比、高生坯强度和高的比表面积等优点，在电刷中的用量逐渐增加。但是，电解铜粉在制造电刷中仍是首选。因为电解铜粉具有纯度高、电导率高、比表面积大和树枝状晶。其中，树枝状晶既能保持铜基高导电性和高强度，又能容纳更多的石墨。

另外，这种粉末还与各种非金属材料一起用于生产摩擦零件，如制动带或离合器盘。将铁—铜或铁—铜—碳的预混合粉用于汽车的各种应用——凸轮、链轮、齿轮、小缸筒引擎用的活塞环以及类似的使用。

1.2.2 雾化铜粉

水雾化铜——即用高压水喷射流粉碎高纯熔融铜液流，可制取粉末冶金制品用铜粉，将制得的干燥粉末进行高温处理，进一步改善铜粉的特性和工艺性能。

用惰性气体或空气雾化液态铜，制取的粉末颗粒接近球形。该粉末可用于生产片状铜粉及其他特殊用途。球形铜粉用于常规粉末冶金生产，生坯强度不够高。为将粉末变成可压制的，可用变形或氧化与还原工艺来改变颗粒的形状和形貌，如“还原铜氧化物生产铜粉”一节中所描述的，气雾化和水雾化铜粉的颗粒形状如图3-1-21所示。下面讨论铜的水雾化及后处理。

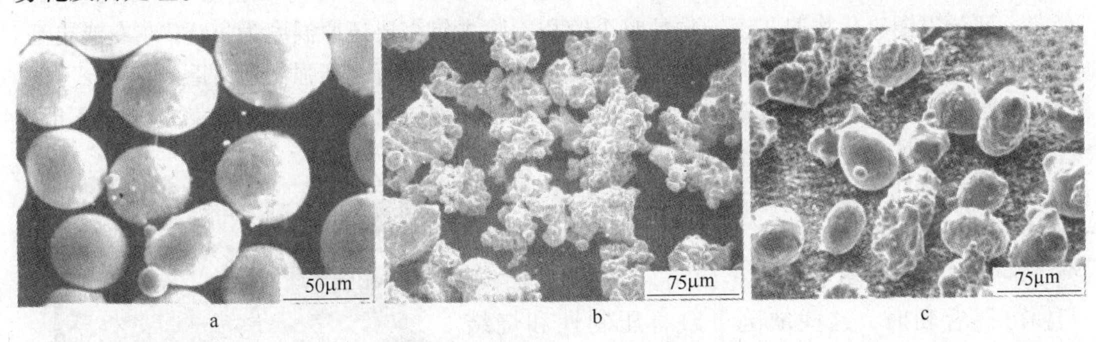

图3-1-21 气雾化和水雾化铜粉SEM照片

a—氮气雾化，松装密度5.0g/cm^3；b—水雾化，松装密度3.04g/cm^3；c—水雾化，松装密度4.60g/cm^3

1.2.2.1 工业生产

将铜过热到1150~1200℃。雾化时，液态铜的流速为27kg/min或更高。对于制取主要是-100目粉末，采用的水压为10~14MPa。还可以在空气或惰性气体（如氮气）中进行雾化。

熔化铜时，必须控制杂质含量，以得到好的流动性和高的导电性（图3-1-22）。

在工艺这一阶段，需要根据粉末的后处理和最终用途来控制氧含量。在常规的铜精炼中，是用木炭还原和水蒸气分解产生的氢，按照图3-1-23所示平衡曲线，来控制铜的氧化。氧含量高趋于生成较不规则的粉末，以后将雾化粉末进行还原时，通过团聚和产生孔隙，可进一步改善其压制性。若粉末以雾化态应用，由于在许多应用中，氧都有不良影响，一般说来，氧含量最好是低些。

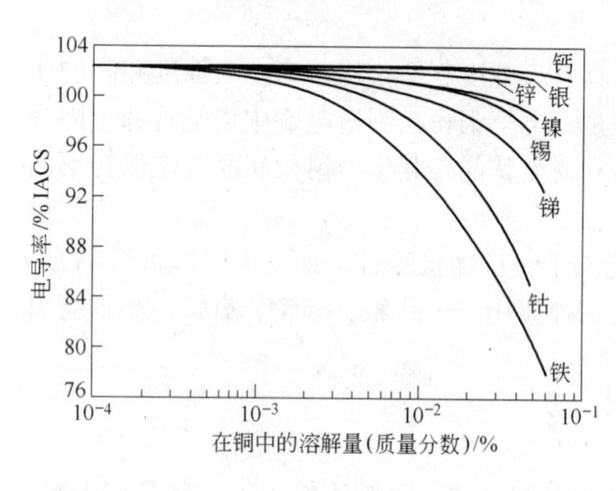

图3-1-22 固溶体中的杂质对无氧铜电导率的影响

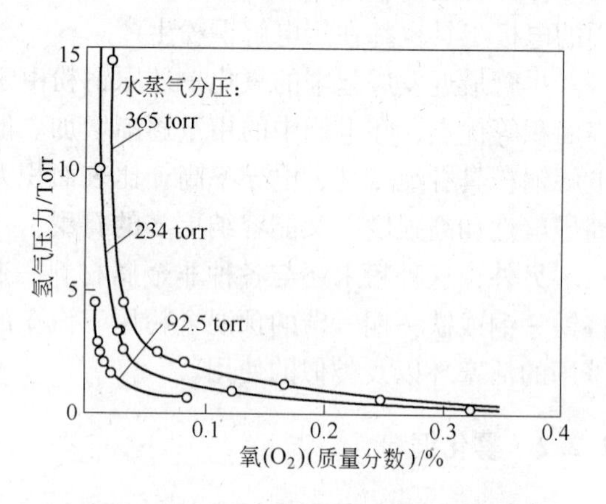

图3-1-23 在1150℃下，氢和水蒸气的分压对液态铜氧含量的影响

1Torr = 133.322Pa

$Cu_2O + H_2 = 2Cu + H_2O$，在不同的水蒸气压力下反应

-100目的气雾化铜粉，由于颗粒呈球形，松装密度为4~5g/cm^3，与之相比，水雾化铜粉的松装密度可控制在3~4.5g/cm^{3}之间。雾化时吸收的氧，部分呈表面氧化物状态存在，部分以铜氧化物遍布于铜颗粒整个容积。除去氧需要还原温度为700℃左右或更高。在此温度下，烧结相当严重。因此，又需要将烧结粉块进行相当强烈地研磨。

还原时，氢易于通过致密铜扩散，与氧反应，并生成水蒸气。大的水蒸气分子不能通过致密铜进行扩散，这就迫使它们只能通过晶界进行扩散，逸出外表面——所谓铜的氢脆现象，它表现为形成气泡和裂纹。图3-1-24表明，由于这种现象，空气雾化铜粉颗粒的晶界加宽。在液相烧结铜与锡的混合粉时，这些缺陷可改善压制性和烧结速率。

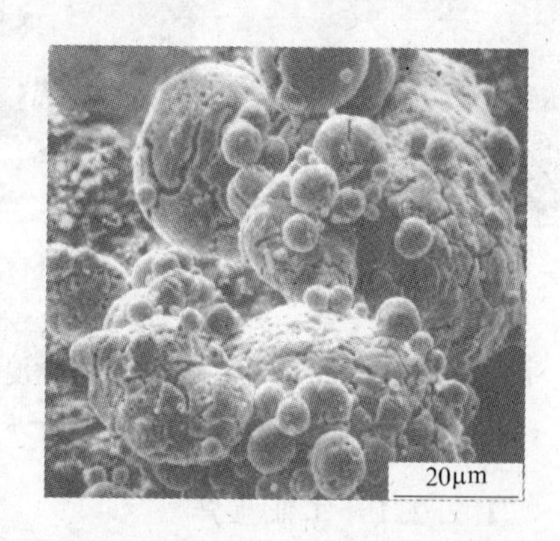

图3-1-24 在氢还原后，空气雾化铜粉颗粒的氢脆现象

1.2.2.2 合金添加剂

铜粉的一些应用都要求其松装密度低于水雾化纯铜粉的松装密度。在雾化前，在铜液中添加少量的（不高于0.2%）某些元素（例如镁、钙，钛和锂）可制得这些粉末（图3-1-25和图3-1-26）。认为这些金属可降低铜液的表面张力和在雾化时可在颗粒表面

上形成薄的氧化物膜。对于生产用于像制造青铜轴承、过滤器和结构零件用的压制级铜粉以及作为铁粉的添加剂，最常采用镁作为添加剂。这些粉末的松装密度可低达2g/cm³。

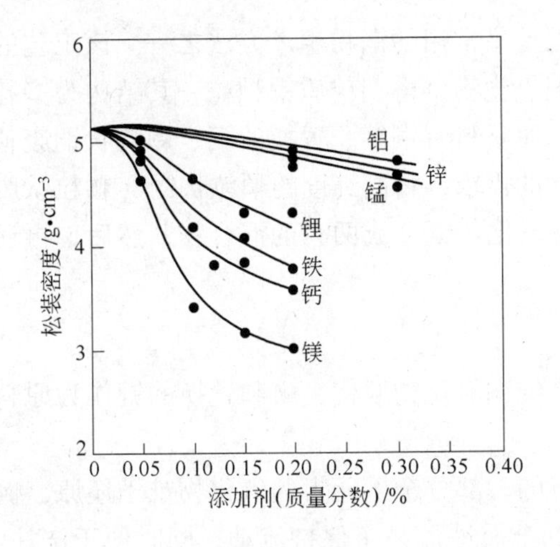

图3-1-25 加入铜液中的添加剂对雾化铜粉松装密度的影响

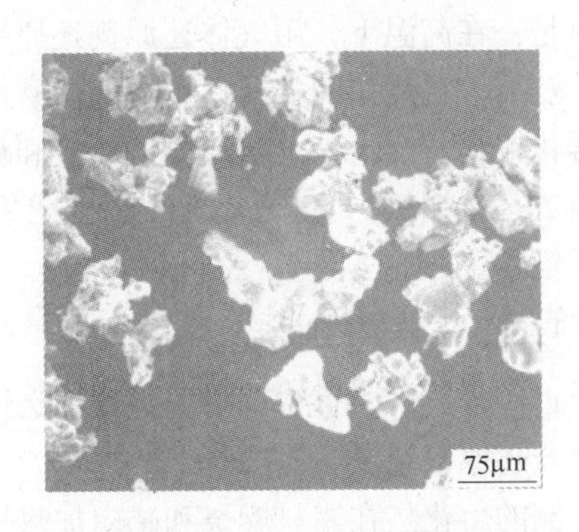

图3-1-26 含0.5%锂的水雾化铜粉的扫描电镜显微照片

雾化前，将少量的磷（0.1%～0.3%）添加到铜液中，可生产球形度非常好的和氧含量很低的粉末。雾化时，甚至用空气雾化，磷都优先氧化，并生成保护性的气态的五氧化二磷（P_2O_5）。这种粉末的松装密度高达5.5g/cm³左右。颗粒尺寸位于严格控制范围内的球形粉末用于如热喷涂、含浸金属的塑料和热交换器。不规则铜粉用于压制应用，如用于自润滑轴承的青铜混合粉、摩擦材料、电刷、金刚石切削轮和要求具有高强度、高电/热导率的电气零件。不规则铜粉也被用于铜钎焊膏和各种化学应用，诸如催化剂和铜化合物的生产中。表3-1-21列出了典型的工业生产的水雾化和气雾化铜粉的性能。这些粉末的比表面积为从粗糙的球形气雾化粉末的0.02g/cm³到细的水雾化粉末的0.2g/cm³。

表3-1-21 典型的工业生产的水雾化和气雾化铜粉的性能

化学性能(质量分数)/%			物理性能							
			松装密度/g·cm⁻³	Tyler筛分析/%						
铜含量	氢损	酸不溶物		+60目	+80目	+100目	+150目	+200目	+325目	-325目
99.0①	NA	NA	4.5～5.5	5max	30～60	30～60	15max	—	—	—
99.0①	NA	NA	4.5～5.5	—	2max	20～50	50～70	10max	微量	—
98.5①	0.7	NA	4.5～5.5	—	微量	0.2max	5max	2max	余量	60～90
98.5①	0.7	NA	4.5～5.5	—	—	—	—	0.5max	余量	95min
99.3②	0.3	0.1	2.5～2.7	—	—	0.8max	35max	70max	余量	5max
99.3②	0.3	0.1	2.5～2.8	—	—	1max	20max	25max	40max	30～45
99.3②	0.3	0.1	2.5～2.8	—	—	0.5max	10max	20max	余量	42～55
99.3②	0.3	0.1	2.8～3.0	—	—	微量	1max	15max	余量	55～65
99③	0.35	NA	2.1～2.4	—	—	5max	15～20	10～20	15～35	20～40
99③	0.35	NA	2.3～2.6	—	—	1max	10max	5～20	15～30	60～70
99③	0.5	0.1	2.1～2.5	—	—	—	1max	3max	14max	85min

注：NA—没有应用。

①气雾化；②水雾化/退火；③水雾化+Mg。

1.2.3　还原铜氧化物生产铜粉

铜氧化物还原是最古老的方法。目前在美国是最常用的铜粉生产方法之一。该工艺的特点是：在高温下，用气体还原剂还原颗粒状铜氧化物，得到单质铜颗粒，其结构为多孔状。然后，将烧结的多孔性铜粉块研磨成粉末。原材料有铜鳞、置换的铜、颗粒状铜废料和雾化铜粉。为了满足铜粉的供应量和铜纯度高的需求，将高纯度的颗粒状铜（颗粒状废铜料或雾化铜粉），进行氧化，以生成氧化铜或氧化亚铜，或两者的混合物，然后，再还原成铜粉。

1.2.3.1　铜的熔化

近年来，由于重视铜粉的纯度，选用优质高纯铜氧化物取代铜鳞和置换的铜作为原料来生产还原铜粉。

铜的熔化是在燃料燃烧和感应加热炉中进行的。部分金属元素的氧化物难于还原，例如铝和硅，杂质含量要求尽量低；这样使熔融的金属液流易于保持流动，同时便于浇注。铝和硅的氧化物还可减低粉末的压缩性，并使粉末的摩擦力增大。另外，铅和锡在熔融金属浇注时，会因炉子和漏嘴结瘤与堵塞而产生问题。

在铜粉的应用（例如，金属-石墨电刷和摩擦零件）中，良好的导电性和导热性很重要。因此，杂质含量必须要低。图3-1-22所示为在铜中以固溶体状态存在的杂质对导电性的不良的影响。杂质含量对导热性的影响和对导电性的影响相似。

1.2.3.2　铜的雾化和制粒

在空气中，通常以连续生产的方式进行铜的大规模雾化。可直接雾化来自炉壁侧面管子或通过漏包流出的铜液。雾化介质可以是空气或水。采用高压空气水平气雾化于旋转筒中，可省掉粉末干燥工序。

空气和水雾化铜粉的扫描电镜显微照片如图3-1-27所示。水雾化粉末颗粒呈不规则状，并且其氧化物含量稍低些。颗粒形状并不十分重要。用低压空气或水雾化生产的（图3-1-28）粗粒铜粉，是铜氧化物还原法生产纯铜粉的典型原料。

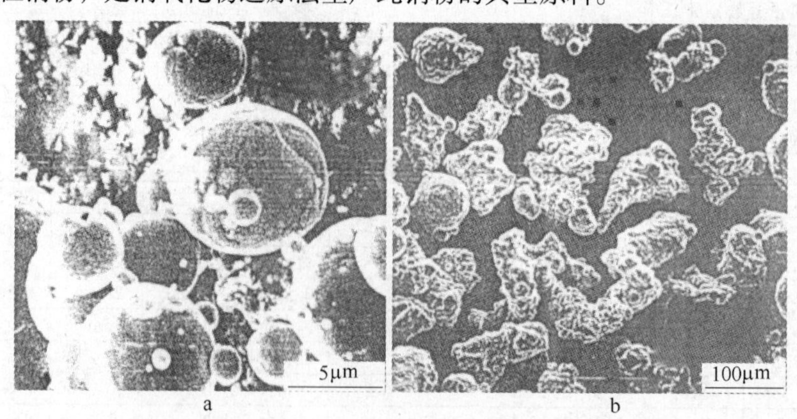

图3-1-27　空气和水雾化铜粉的扫描电镜显微照片

a—空气雾化；b—水雾化

1.2.3.3 铜粉的氧化

将空气雾化、水雾化或粒化的铜粒进行氧化，彻底改变粉末颗粒形状，从而强化由铜粉制造的各种零件的力学性能。完全氧化和还原的铜粉，具有完整的海绵（多孔性）结构；没有氧化的气雾化铜粉是完全密实的粉末，它们构成了可用铜粉的两个极端。而经部分氧化后还原制成的铜粉具有两者之间的结构。

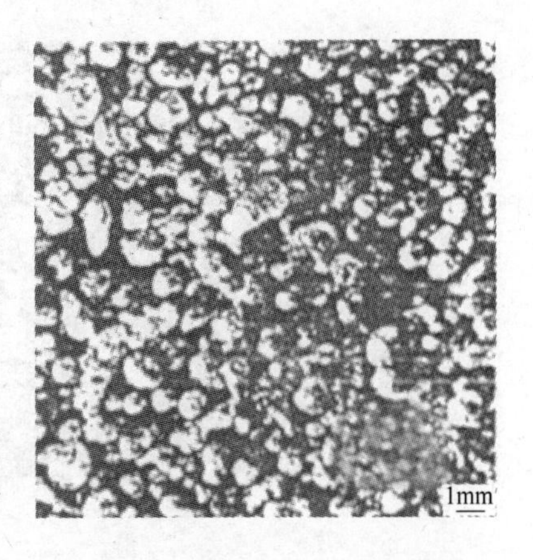

图 3-1-28 气雾化生产的粗粒铜粉

铜的氧化是众所周知的工艺方法。铜的氧化物有两种：即红色的氧化亚铜（Cu_2O）和黑色的氧化铜（CuO）。在高温下和在所谓的厚膜范围内，氧化遵循抛物线速率定则。按照这个定则，氧化膜的厚度（y）随时间的平方根而增长（$y=(k_pt+c)^{1/2}$）。在低温下，氧化速率呈线型、对数型和立方型关系，这取决于氧化物的氧化过程。铜氧化物形成的自由能，反应热和速率参见表 3-1-11。在工业生产中，铜粉的氧化或焙烧，通常是在空气中于高于650℃的温度下进行的。在回转窑或流态化床中氧化，可增大粉末与氧化气体间的接触面积，因而氧化速率较快。由于铜的氧化反应是强放热性反应，与用传送带式炉焙烧氧化相比，对铜的氧化程度控制较难。

铜氧化物形成的自由能、反应热和速率：

$$2(\mathrm{Cu})+\frac{1}{2}(\mathrm{O_2})=\!=\!=\langle \mathrm{Cu_2O}\rangle_{放热}$$

$$\Delta G=-41166-1.27\times10^{-3}T\ln T+3.7\times10^{-3}T^{2}-1.80\times10^{-7}T^{3}+27.881T$$

$$\kappa=957\mathrm{e}-37^{100/RT}\mathrm{g}^{2}/(\mathrm{cm}^{4}\cdot\mathrm{h})$$

$$\langle \mathrm{Cu}\rangle+\frac{1}{2}(\mathrm{O_2})=\!=\!=\langle \mathrm{CuO}\rangle_{放热}$$

$$\Delta G=-37353-0.16T\ln T-1.69\times10^{-3}T^{2}-9\times10^{-8}T^{3}+25.082T$$

$$\Delta H=-38170+1.30T+0.99\times10^{-3}T^{2}+0.57\times10^{5}T^{-1}$$

$$\langle \mathrm{Cu_2O}\rangle+\frac{1}{2}(\mathrm{O_2})=\!=\!=\langle \mathrm{CuO}\rangle_{放热}$$

$$\Delta G=-33550+0.95T\ln T-3.75\times10^{-3}T^{2}+22.340T$$

$$\Delta H=-35710+3.28\times T-0.40\times10^{-3}T^{2}-0.20\times10^{5}T^{-1}$$

$$\kappa=0.0268\mathrm{e}-20^{140/RT}\mathrm{g}^{2}/(\mathrm{cm}^{4}\cdot\mathrm{h})$$

式中，ΔG 为自由能；ΔH 为热量；ΔG 和 ΔH 的值用 cal/(g · mol) 表示，κ 为数学推导的速率常数；T 为开氏绝对温度；R 为绝对气体常数；ln 为自然对数（底数 e，e = 2.7182）；1cal = 4.1868J。

铜氧化物的研磨，铜的两种氧化物都是脆性的，容易研磨得到 -100 目的粉末。氧化物颗粒本身是多孔性的。图 3-1-29 所示为研磨前后的铜氧化物颗粒。

图 3-1-29　铜氧化物显微照片

a—氧化后的铜颗粒；b—铜颗粒研磨后的 SEM

1.2.3.4　铜氧化物的还原

颗粒状铜氧化物的还原，一般是在连续带式炉中于不锈钢带上进行的。氧化物层的厚度约为25mm，通常的还原温度范围为425～650℃。还原是从氧化物层顶部向底部逐渐进行的，炉中还原气氛的流动方向一般是与传送带的运动方向相反。

还原性气氛有氢气、分解氨、转化天然气，或其他吸热性或放热性煤气混合气。因为用氢气或一氧化碳还原铜氧化物是放热性的，必须精心调整氧化物的粒度、还原气体种类和还原温度，以便获得最佳还原速率和控制孔隙结构。氢气能通过致密铜迅速进行扩散，特别是在低温下，是一种比一氧化碳更有效的还原剂。然而，在较高温度下，不管是用氢气还是用一氧化碳作为还原剂，几乎所有还原反应都能进行到完成。用氢气和一氧化碳还原铜氧化物的反应的自由能和热量：

$$\langle Cu_2O\rangle + (H_2) \rightleftharpoons 2\langle Cu\rangle + (H_2O)_{放热}$$

$$\Delta G = -16260 + 2.21T\ln T + 1.28\times10^{-3}T^2 + 3.8\times10^{-7}T^3 - 24.768T$$

$$\Delta H_{298.1K} = -17023$$

温度/℃：450，900，950，1000，1050

$p_{H_2}^{①}$/毛（总压力是1atm）：0.0104，0.0150，0.0207，0.0283

$$\langle Cu_2O\rangle + (CO) \rightleftharpoons 2\langle Cu\rangle + (CO_2)_{放热}$$

$$\Delta G = -27380 + 1.47T\ln T - 1.4\times10^{-3}T^2 + 0.5\times10^{-6}T^3 - 7.01T$$

$$\Delta H = -27380 - 1.47T + 1.4\times10^{-3}T^2 - 1.1\times10^{-6}T^3$$

温度/℃：25，900，1050，1083

$p_{CO}^{①}$/毛（总压力是1atm）：0.021，0.068，0.085

$$2\langle CuO\rangle + (H_2) \rightleftharpoons \langle Cu_2O\rangle + (H_2O)_{放热}$$

$$\Delta G = -24000 - 0.01T\ln T + 5.4\times10^{-3}T^2 - 3.7\times10^{-7}T^3 + 22.896T$$

$$\Delta H_{298.1K} = -23543$$

$$(CuO) + (H_2) = (H_2O) + (Cu)_{放热}$$

$$\Delta H_{290K} = -31766$$

$$2\langle CuO\rangle + (CO) \longleftrightarrow \langle Cu_2O\rangle + (CO_2)_{放热}$$

$$\Delta H = -33300$$

式中，ΔG 为自由能；ΔH 为热量；ΔG 和 ΔH 的值用 cal/(g·mol) 表示；p 为压力；T 为开氏绝对温度；ln 为自然对数（底数 e，e = 2.7182）；1cal = 4.1868J，1 乇 = 133.322Pa。

（1）粉末性能控制。控制还原过程，可以在很宽的范围内控制最终产品的颗粒孔隙率、孔隙大小和粒度分布。正如其他金属氧化物一样，在低的温度下还原，粉末具有内部孔隙细小和高的比表面积；在高的温度下还原，粉末具有内部孔隙粗大和低的比表面积。高的还原温度通常会导致颗粒间烧结较厉害和还原较完全；

（2）还原后的工序。从还原炉出来的还原的铜氧化物呈多孔性粉块。在颚式破碎机或类似的设备中将粉块破碎成较小的块，随后在锤磨机中进行细磨。制成的粉末具有良好的压缩性和生坯强度。典型铜粉的扫描电镜显微照片示于图 3-1-30。

将熔化、雾化、氧化、还原和研磨时的可控的参数进行各种组合，可制造出适合各种应用所要求的铜粉。

图 3-1-30 典型铜粉的 SEM 照片

还原和研磨后的粉末进行筛分和分级，必要时，还要进行混合和加润滑剂。对这些后续工序都要精心控制，以免降低性能或对性能变化失控，例如松装密度、细粉含量和粉末的流动性等。对某些牌号的粉末要用专门的抗氧化剂进行处理，以稳定它们的抗氧化性。不进行这种处理，特别是暴露在湿空气中时，通常铜粉都会失去光泽，同时生坯强度降低，并在其他方面产生不良的影响。粉末从橙黄色变成紫色，最后变成黑色。同时，氧含量从典型的 0.1% 或 0.2% 增高到百分之几，甚至高达 1% 左右。比表面积大的铜粉对光泽较敏感。

1.2.3.5 成品粉末

将一批批成品粉末进行一系列规定的试验，以保证各种使用性能。铜粉最重要的用途之一，就是制造自润滑青铜轴承。在美国，这些轴承都是由铜和锡的元素混合粉制成的。自 1960 年开始，将预混合的、添加润滑剂的 90% 铜和 10% 锡的混合粉，按照烧结时的尺寸变化特性分为若干级，这种混合粉的应用一直在增长。

表 3-1-22 列出了用氧化物还原法生产的不同牌号的铜粉，其中包括用于青铜预混合粉。氧化还原铜粉除应用于青铜轴承外，还应用于铜基摩擦材料、电触头、碳刷、金刚石磨削工具、铁基制品的填加剂，也应用于塑料、催化剂化学方面的活性填充料。在粉末生产商的产品广告和数据表中，通常都有关于他们的粉末特性和使用性能（包括烧结性能）的详细情况，以及关于特定应用的推荐。

表 3-1-22 氧化还原法生产的工业级铜粉的性能

化学性能（质量分数）/%			物理性能								压缩性能（165MPa）①	
铜含量	氢损	酸不溶物	松装密度 /g·cm^{-3}	Hall 流速 /g·(50s)$^{-1}$	Tyler 筛分析/%						密度 /g·cm^{-3}	强度② /MPa
					+60 目	+100 目	+150 目	+200 目	+325 目	-325 目		
99.8	0.13	0.06	2.91	26	0.4	39.7	46.6	13.3				
99.8③	0.13	0.03	3.00	22		0.1	0.6	15.5	42.8	41.1	6.15	8.6
99.8③	0.13	0.04	2.83	23			0.1	9.5	33.4	57.0	6.12	9.7
99.8③	0.16	0.04	2.75	24			0.1	7.3	29.0	63.6	6.03	10.4
99.7	0.18	0.06	2.51					0.5	7.0	92.6	6.04	
99.7	0.21	0.06	2.31						1.2	98.5		
99.6④	0.28	0.10	1.61				0.1	2.8	10.3	86.7	6.0	20.0
99.6④	0.26	0.10	1.36				0.1	1.5	7.9	90.5	5.97	22.8
99.5④	0.26	0.10	0.94				0.1	0.2	1.4	98.6	5.90	29.0

①仅模壁润滑测定的；②横向断裂强度；③青铜自润滑含油轴承；④摩擦材料和碳刷。

1.2.4 水冶法铜粉

用水冶法可生产多种金属粉末，包括铜粉，钴粉和镍粉。基本工艺：浸出矿石或其他合适原料制备母液，随后由这种溶液沉淀金属。生产铜粉最重要的沉淀方法是置换沉淀、用氢气或二氧化硫还原及电解。可用几个浸出—沉淀工序，或包括浮选、溶剂萃取，或离子交换来改善最终材料的纯度。

尽管20世纪50年代和60年代对几个工艺的研制，使得用水冶法制取铜粉的纯度和性能得到了根本性改善。但美国工业性的试验却失败了。失败的原因是由于某些水冶法需要的能量大，成本高；难于经济地制取适合不同用途的、性能范围宽的粉末。

置换沉淀铜粉，和用其他水冶法制取的铜粉一样，松装密度低和比表面积大（约 $1m^2/g$）。因为，它们都是很小的一次颗粒的团粒（图 3-1-31），所以颗粒呈海绵状。虽然，与大多数其他铜粉相比，置换沉淀铜粉的生坯强度特性往往较高，但是，它们单独使用，或用于90/10青铜时，烧结活性差。这是由于这种粉末中含有细的不能还原的氧化铝和氧化硅所致。置换沉淀铜粉，主要用于生产复合摩擦材料。

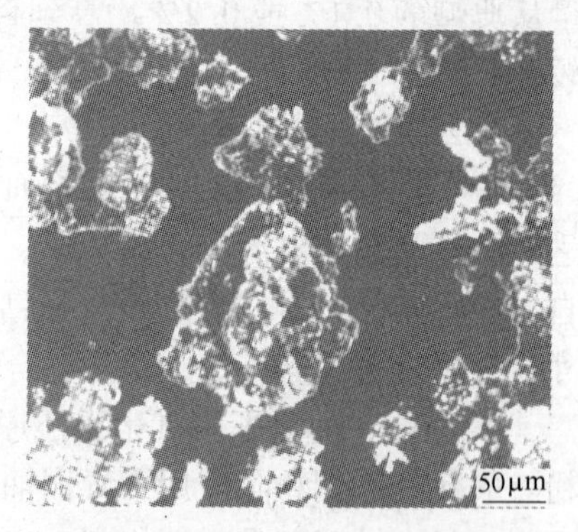

图 3-1-31 置换沉淀铜粉的扫描电镜显微照片

1.2.4.1 浸出

用硫酸（H_2SO_4）和硫酸铁（$FeSO_4$）浸出铜氧化物和硫化铜矿石时，产生硫酸铜。许多矿床中都有黄铁矿（FeS_2）存在。黄铁矿与水和氧反应时，会生成硫酸铁和硫酸，这是酸的一个重要来源。在矿石堆浸中，将浸出溶液的 pH 值保持在 1.5～3.0 之间，以部分地保护能促进和加速黄铁矿和硫化铜矿氧化的细菌，并可避免铁盐水解。

母溶液的铜含量从不到1g/L到每升几克；槽浸出时，可能高得多。其他浸出方法有氨浸法，它用于浸出某些铜氧化物矿，浸出—沉淀—浮选法用于浸出氧化物硫化物混合矿。

1.2.4.2 置换沉淀

用另外一种惰性较小的金属添加于金属溶液中来沉淀金属，称为置换沉淀。用铁由含铜母液回收铜的基本方程是：

$$Fe + CuSO_4 = Cu + FeSO_4$$

实际上，是使含铜的溶液流过废铁片，如除锡和切碎的罐头盒。随后经分离，洗涤，还原和粉碎制成铜粉，这种铜粉含有相当大量的铁和酸不溶物，如氧化铝和氧化硅。脉石杂质的含量不同，它取决于母液的特性。

采用V形槽或反向沉淀器时，可使沉淀速率较快，同时可较有效地利用铁，从而可大大降低铁和氧化铝的含量。表3-1-23为来源不同的置换沉淀铜粉的化学分析。铜和铁部分以氧化物状存在。

表3-1-23 来自不同地点（按干燥料计算）的置换沉淀铜粉的化学分析

成分	组成(质量分数)/%			
	产地			
	A	B	C	D
总铜	75	83.0	87.4	85.0
铁	6	2.4	0.7	10.0
硫	1	0.5		1.1
硝酸不溶物	2		0.7	1.9
氢损	16			
氧化钙		0.08		
氧化铝		1.2	0.5	
二氧化硅		0.4		
铅			0.2	
氧			9.5	

1.2.4.3 还原工艺

可用电解法从含铜高于25g/L的浸出液中回收铜（Harlan法）。电解槽装有不溶性铅-锑阳极和含Ni 99%的阴极。铜粉不黏附，落于电解槽底部。电解液的温度为60℃，阴极电流密度为1350~2700A/m^2。当铜的质量浓度降低到15g/L以下时，将电解液排出，用于浸出矿石。加热处理以前，粉末的粒度为1~25μm，纯度非常高（>99.9%）。这一电解工艺所需之功率约为用可溶性阳极电解精炼铜的10倍。

通过萃取提高浸出溶液中的铜含量，用稀硫酸反萃，然后进行电解沉积。曾发现羧酸和羟胺基化合物是低水溶性选择性溶剂，具有良好的稳定性，并可与便宜的稀释剂互溶。用氢或氨直接沉积粉末可代替将金属由有机溶剂移入水溶液的方法。

用氢气还原可由金属的酸或碱溶液沉淀金属。曾用硫酸、含氨的碳酸铵和含氨的硫酸铵溶液制取过铜粉。据报道，用硫酸浸出铜和在 120 ~ 140℃ 与 3MPa 下，于高压釜中用氢气还原过滤的溶液，制取铜的纯度几乎为 100%。在还原气氛中，于 540 ~ 790℃，进行干燥和加热处理时，由于很细粉末的团聚，粉末的粒度增大。

1.3　铜合金粉

铜合金粉的烧结性和成型性很好、熔点低、烧结温度也低，常添加适量的镍、锰、钴、铁、铬、钨等元素粉末进行合金化，以获得尽量好的合金综合性能。青铜合金的机械强度偏低，抗弯强度通常在 700MPa 左右，但完全满足金刚石工具要求。青铜基结合剂多用于磨具，例如金刚石砂轮模块等。

青铜合金在金刚石工具中用量很大，6-6-3 青铜多用于金刚石锯片和钻头。改性后的 Cu-Sn-Ni-Ti 合金也可用于砂轮、金刚石锯片的黏结剂，玻璃加工工具等。

工业用铜合金粉，包括黄铜粉、青铜粉和锌白铜粉，都可用相同的工艺生产。通常采用同一套生产设备来完成铜合金的熔化、雾化、筛分和合批等工作。

铜合金粉末的生产过程与铸造工艺相类似。熔化工序是指：将预先称量好的高纯度金属炉料装到熔化炉中，按预定的加热速率和加热时间进行熔炼。需要用高纯原料，是因为熔化时提纯作用极小。为保证均匀连续不间断的雾化，要将熔炼好的合金送到容积比原来大的第二个炉子中，第二个炉子的熔化速率比第一个的大。为了保证合金处于均匀的运动状态，至少一个炉子要选用感应加热。这样可保证铅均匀地弥散在含铅合金中。

雾化是用中等压力的干燥空气粉碎由第二个炉子均速流出的熔融液流来实现的。典型的熔化和雾化工序如图 3-1-32 所示。标准的粉末冶金行业用粉末不需要在以后的工序中进行氧化物的还原。

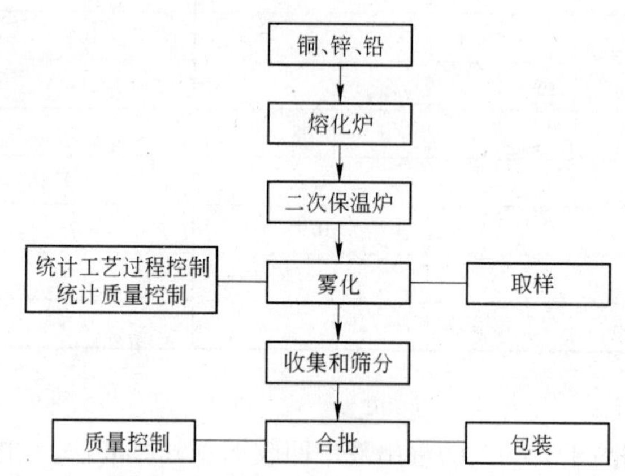

图 3-1-32　铜合金粉雾化工艺流程图

收集空气冷却后的雾化粉末，经主要控制筛过筛，除去筛上的粗颗粒。在熔炼合金时，再将筛上的粗颗粒回炉重炼。最后，对用于制造粉末冶金结构零件的粉末，可将筛分的合金粉末与干燥的有机润滑剂，如硬脂酸锂和硬脂酸锌相混合。

各种合金粉末性能（粒度分布、松装密度、生坯强度等）的调整可通过控制雾化工艺参数来实现（包括雾化空气流速、熔融金属液温度、喷嘴结构形状等）。粉末性能的稳定控制可通过定期记录雾化参数和及时测试生产中的粉末试样来达到。

雾化法可制取各种铜基合金粉。但是，工业上的粉末冶金应用，通常都局限在相当窄的、特定的单相（α）组成的范围之内。

1.3.1 黄铜粉

与预合金青铜和锌白铜材料相比，黄铜粉在制造零件用的铜基合金粉末中用量占主要部分。典型的铜-锌黄铜粉末含锌量为 10% ~30%。可加入少量铅（1% ~ 2%），以改善烧结件的切削加工性。80% Cu-18% Zn-2% Pb 合金粉末的扫描电镜照片如图 3-1-33 所示。这些合金的熔化温度范围是从 90% Cu-10% Zn 合金的 1045℃到 70% Cu-30% Zn 合金的 960℃。锌含量增高，熔化温度就降低。

图 3-1-33 空气雾化预合金黄铜粉末（80% Cu-18% Zn-2% Pb）SEM 照片

增加过热度或超过合金熔点的温度取决于制造系统内的热损失和对雾化粉末的物理性能要求。黄铜合金粉的典型物理性能见表 3-1-24。

表 3-1-24 典型的黄铜粉、青铜粉和锌白铜粉的物理性能

性 能	黄铜①	青铜①	锌白铜②
筛分析/%			
-100 目	最大 20	最大 20	最大 20
-100 目 +200 目	15 ~ 35	15 ~ 35	15 ~ 35
-200 目 +325 目	15 ~ 35	15 ~ 35	15 ~ 35
-325 目	最大 60	最大 60	最大 60
物理性能			
松装密度/$g \cdot cm^{-3}$	3.0 ~ 3.2	3.3 ~ 3.5	3.0 ~ 3.2
流速/$s \cdot (50g)^{-1}$		—	—
力学性能			
压缩性（414MPa 下）③/$g \cdot cm^{-3}$	7.6	7.4	7.6
生坯强度（414MPa 下）③/MPa	10 ~ 12	10 ~ 12	9.6 ~ 11

①公称目尺寸：黄铜 -60 目；青铜 -60 目；锌白铜 -100 目；②不含铅；③加入硬脂酸锂作为润滑剂的粉末压缩性和生坯强度的数据。

1.3.2 青铜粉

预合金雾化青铜粉没有广泛地用作制造压制零件的基体粉末，这是由于它们的颗粒形状呈球形和松装密度高所致，因为球形颗粒和松装密度高都使压制的生坯强度差。通常，预合金的成分是 90% Cu-10% Sn 和 85% Cu-15% Sn，除采用高纯度铜和锡外，制造方法与黄铜粉相同。89% Cu-9% Sn-2% Zn 合金粉的扫描电镜照片如图 3-1-34 所示。青铜合金粉的典型物理性能列于表 3-1-24。

预合金青铜粉的工业化生产也采用水雾化工艺，在欧洲这种粉末用量很大。90/10 预合金粉和青铜混合粉混合后用于轴承的制造。因松比高导致低生坯强度可通过加入低松比的铜粉（参照前节铜粉生产部分）和选择对生坯强度降低影响小的润滑剂。这种粉末的物理性能和空气雾化粉末的相似，但粉末的形貌不同，如图 3-1-35 所示。粉末中添加 0.1% ~0.2% 磷以促进烧结。

图 3-1-34　空气雾化青铜粉末（89% Cu-9% Sn-2% Zn）SEM 照片

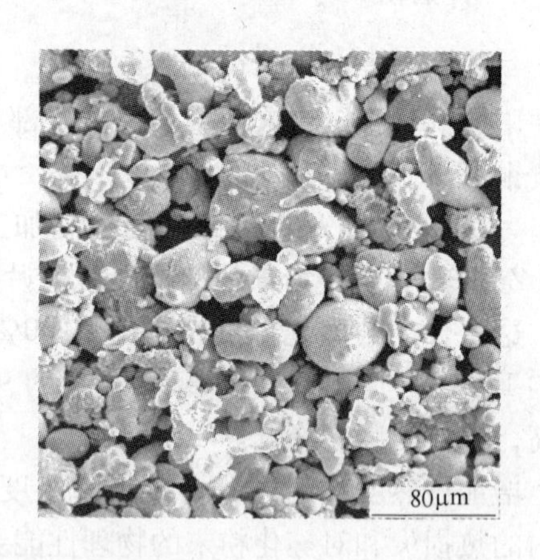

图 3-1-35　典型的水雾化青铜粉（90% Cu-10% Sn）SEM 照片（松装密度 3.4g/cm³）

球形 89/11 青铜粉用于制造过滤器。采用水平空气雾化和干燥集粉工艺制粉。在雾化前，向熔融的金属液流中加入 0.2% ~0.45% 磷（以 Cu/15% P 合金形式加入）可获得球形粉末，同时可以防止气雾化过程青铜和黄铜液滴的表面氧化过程，氧化会使粉末呈不规则状（图 3-1-34）。空气中的氧优先与磷发生反应，生成 P_2O_5，在雾化温度下 P_2O_5 易挥发。

筛分球形粉末得到不同的粒度等级产品，每一种粒度等级的颗粒尺寸范围很窄。表 3-1-25 为四种类型过滤器的性能指标，图 3-1-36 所示为青铜粉制造的各种过滤器。

表 3-1-25　四种类型过滤器的性能指标

球形粉颗粒尺寸		抗拉强度 /MPa	推荐的过滤器最小厚度/mm	滤出颗粒最大直径 /μm	黏性透过性系数 M^2
目数范围	尺寸/μm				
20 ~ 30	850 ~ 600	20 ~ 22	3.2	50 ~ 250	2.5×10^{-4}
30 ~ 40	600 ~ 425	25 ~ 28	2.4	25 ~ 50	1×10^{-4}
40 ~ 60	425 ~ 250	33 ~ 35	1.6	12 ~ 25	2.7×10^{-5}
80 ~ 120	180 ~ 125	33 ~ 35	1.6	2.5 ~ 12	9×10^{-6}

1.3.3　预合金铜锡扩散粉

最近发展迅速的微型含油轴承就是应用预合金青铜粉末生产的。这些轴承非常微小，

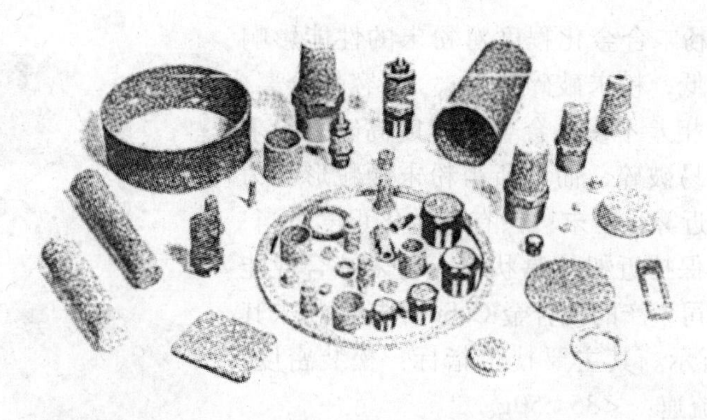

图 3-1-36 青铜粉末制造的各种过滤器

多数情况下重量小于 1g，主要应用于电子设备中，如计算机、视听播放机、录音、录像机等。在制造微小型轴承中，使用的大部分粉末是通过扩散合金化使锡扩散到铜粉末中，从而形成的成分均匀和具有高生坯强度（粉末松装密度 2.3 ~ 2.7g/cm^3）的合金化程度较高的粉末。如上所述，水雾化青铜粉的松装密度相对较高（3.2 ~ 3.6g/cm^3），限制了其在高密度结构零件中的应用。典型的扩散合金化青铜粉末的颗粒形貌如图 3-1-37 所示。

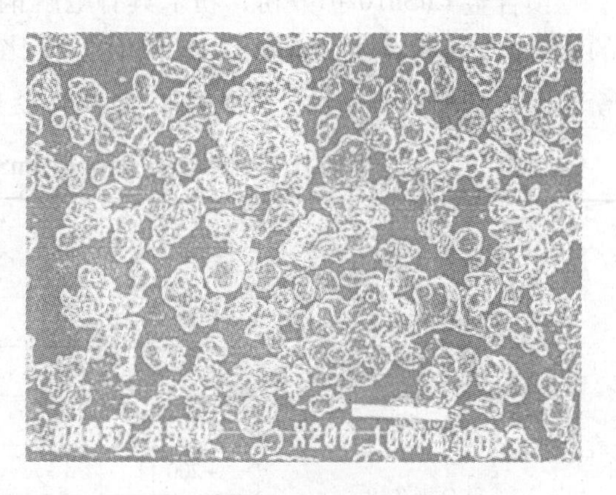

图 3-1-37 典型的扩散合金化青铜粉末的颗粒形貌

1.3.3.1 铜锡扩散粉生产

采用铜粉和锡粉为原料粉末，制备 CuSn10 扩散粉末的生产工艺流程如图 3-1-38 所示。

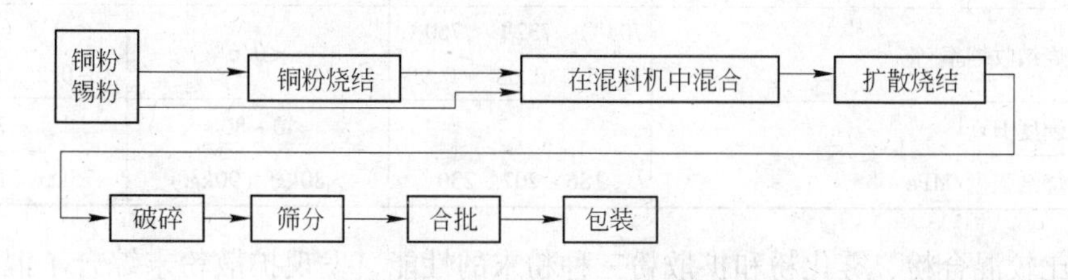

图 3-1-38 扩散粉生产工艺流程

将铜粉、锡粉以 90∶10 重量混合，同时加入占铜锡合金粉总重量 0.2% 的煤油，30% 的不锈钢球，经搅拌，在不同的混合机中混料 30min ~ 12h，取出料后，筛去不锈钢球，放入模具中，压制成各种压坯或放入料舟中，然后烧结。

CuSn10 合金化均匀性与粉末混合方式、混合时间及粉末压坯密度关系较大：采用三维混合方式，同时添加适量的煤油，粉末容易混合均匀，而且所需时间较短，有利于提高生产效率，原料粉末经混合和扩散处理后可形成预合金粉末，混合得愈均匀，CuSn10 预合金的效果就愈好。

粉末的形貌、粉末合金化程度对粉末的性能影响较大：合金化程度低，粉末破碎时 Cu、Sn 容易分离，所得粉末与混合粉相差不多；合金化程度高时，粉末间黏结强度高，不易破碎，而且所得粉末颗粒形貌为近似球形，性能接近雾化粉末；只有合金化程度适当，而且粉末形貌能够保持近树枝晶状时，粉末综合性能最佳。北京有研公司生产的预合金 CuSn10 扩散粉末其形貌如图 3-1-39 所示。其主要技术指标：松装密度：2.3～2.8 g/cm^3；流速：<35s/50g。

图 3-1-39 预合金粉末
（放大了 1000 倍）

1.3.3.2 铜锡扩散粉性能

预合金 CuSn10 扩散粉，粉末具有电解铜粉树枝状的特征，同完全合金化粉相比，具有低松比；同混合粉相比，具有高流动性。表 3-1-26 为预合金 CuSn10 性能对比表。

表 3-1-26 预合金 CuSn10 扩散粉末性能对比

项目 \ 样品			美国	平和	北京有研
工艺性能	松装密度/g·cm^{-3}		2.5	2.55	2.63
	流动性/s·(50g)$^{-1}$		28	<35	29
	筛分析/%	+100 目	9	4	5
		+200 目	19	24	25
		+325 目	25	30	30
		-325 目	47	42	40
成形性能	成形压力/MPa		412 275	2T	2T
	压坯密度/g·cm^{-3}		6.83 6.22	6.3～6.5	6.4
烧结性能	烧结收缩率/%		704℃ 732℃ 760℃ 0.45 0.68 0.90	<0.6	+0.2（未加 Zn） -0.2（加 1% Zn）
	硬度 HV			40～80	70
	烧结强度/MPa		186 207 230	>80kgf（90kgf）	75kgf（加 1% Zn）

通过比较混合粉、雾化粉和扩散粉三种粉末的性能，发现扩散粉末综合了混合粉、雾化粉的优点，粉末的性能得到进一步提高。表 3-1-27 为元素混合粉、完全合金粉、扩散合金粉及其轴承性能的比较。近年来，不少粉末厂家采用先进的工艺与设备，生产不同用途的预合金粉末。如 Dr. Fritsch 金属粉末公司，法国 Eurotungstene 公司，美国 Kennametal 公司等，这不仅仅改善与提高了胎体性能，同时降低了胎体成本。

表 3-1-27 元素混合粉、完全合金粉、扩散合金粉及其轴承性能的比较

序 号	性能指标	元素混合粉	完全合金粉	扩散合金粉
1	松装密度	一般	低	较低
2	流动性	一般	好	较好

续表 3-1-27

序　号	性能指标	元素混合粉	完全合金粉	扩散合金粉
3	分　层	明显	无	无
4	压坯强度	较高	一般	高
5	径向冲击强度	高	一般	高
6	元素分布均匀性	一般	好	好
7	孔隙性能	一般	一般	较高
8	综合性能	一般	优	最优

1.3.3.3 铜锡扩散粉应用

CuSn10 扩散粉末适用于工业上高精度超细微型低噪声含油轴承和高性能金刚石工具的原料粉。采用预合金化方法可获得金属分布均匀、组织均匀、熔点低、易烧结、对金刚石具有良好润湿与黏结性的预合金粉末，烧结温度低，把持性能好，由于烧结温度低，可降低金刚石浓度、石墨模具用量与电能消耗。最终使整个成本降低。采用450℃部分预合金化处理与混合粉胎体粉末。在同样的工艺条件下，制成玻璃打孔钻头，借助显微镜观察其工作面金刚石的状况，见表 3-1-28。

表 3-1-28　混合粉、扩散粉末胎体工作面金刚石的状况

胎体 \ 项目	工作面金刚石数目	工作面金刚石脱落痕迹数	合　计
混合粉胎体	12	24	36
扩散粉胎体	22	15	37

（1）从表中看出，采用扩散粉末胎体比混合粉胎体对金刚石的把持力要好，对提高工具的寿命有利。预合金 CuSn10 粉末的典型应用是，采用该粉末制造 ϕ300mm 连续热压切割片，先冷压成形，后热压烧结，烧结温度 940℃，烧结时间 2 ~ 3h。

（2）在压制时，粉末成形很好，烧结硬度为 85 ~ 95HRB，符合胎体硬度要求。

（3）基体的偏摆符合要求，最大 10 格；最小 3 格（30 格内每格代表 0.01mm）。

（4）基体平整度符合要求。

（5）锯切效率为 1m/min，时效高。

1.4 锡粉

金属锡元素的原子序数为 50，相对原子质量 118.69，密度 7.3g/cm^3，熔点 231.9℃，晶体结构为体心立方。锡是降低液态合金表面张力的元素，对金刚石浸润角的作用是改善黏结金属对金刚石的润湿。锡可降低合金的熔点，改善压制成形性。故在结合剂中应用十分广泛，但因锡的膨胀系数较大，使用量不宜过大，以防止烧结时流失严重。锡在黏结剂中不与金刚石反应，但可以与其他金属形成固溶体。锡粉被广泛地应用于生产多孔性自润滑青铜轴承，并用作软钎焊和硬钎焊的焊剂与粉末的组分。低熔点锡粉一般采用空气雾化法生产，还采用其他生产方法，例如化学沉淀法和电解沉积法。锡粉还用于制造粉末冶金结构零件、摩擦片、制动器衬面，离合器、金属-石墨电刷、金刚石研磨轮、青铜过滤器，

化学制品的组分、橡胶和塑料的添加剂、化学制品生产、烟火的无烟粉末以及片状锡粉等。

1.4.1 熔化

用煤气或电加热的方法，在（铸铁、黏土、石墨或陶瓷）坩埚中熔化锡锭。控制熔化温度高于锡的熔点（232℃），并保持适当的过热度。

1.4.2 雾化

雾化工艺可生产平均粒径在宽范围内可调整的细粉末。制取的粉末纯度高；不像其他雾化粉末那样发生过度氧化，这是因为通过喷嘴流出的膨胀气体的激冷作用所致，雾化锡粉的氧含量通常低于0.2%。在雾化时由水蒸气和空气生成的薄氧化膜足以阻止锡颗粒进一步氧化。

熔融锡可采用垂直（向上或向下）或水平雾化生产锡粉（图3-1-40）。有两种雾化工艺：环形喷嘴工艺和交叉喷射雾化工艺。在环形喷嘴雾化中，气流将液态锡吸向喷嘴，高速气流将喷嘴处的液态锡粉碎成细的锡滴。在交叉喷射雾化中，气流垂直于熔融的锡流，用这种方法生产的锡粉颗粒，通常比用环形喷嘴生产的颗粒粗大。要生产均匀的细颗粒的锡粉，必须控制好熔融锡的温度、液流直径和流速以及雾化气体的温度、压力、速度和冲击角。一般雾化锡粉采用的压力范围为345～1725kPa。通常较细的粉末要采用较高的压力，而精确的压力与所用的喷嘴设计有关。

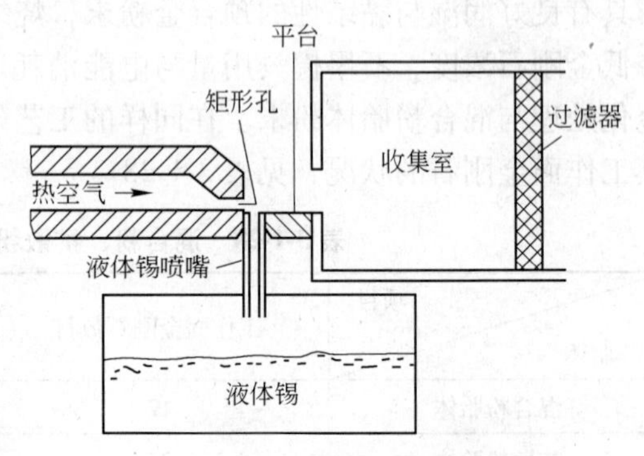

图3-1-40 雾化锡粉装置简图

一般采用压缩空气作为雾化介质。在煤气加热的热交换器中，将压缩空气进行预热，以防止空气通过喷嘴流出时因膨胀产生的激冷作用，而使锡在小孔内或周围发生凝固。喷嘴的设计要考虑能方便地改变小孔直径和调节空气压力以利于生产不同粒度的粉末。装在雾化系统端部的吹风机（风扇）将雾化的锡粉由雾化室引入收集粉末的旋风分离器中，最细小的颗粒留存在旋风分离器的过滤器中，而不会沉淀在旋风分离器内。对收集在旋风分离器内的锡粉进行筛分，筛出粗大颗粒后，大部分粉末为+100目，+200目或+325目。

用混料机合批生产所需粒度的均匀混合粉，对合批后的均匀锡粉取样，进行物理和化学性能分析，然后将锡粉包装在塑料袋、铝箔袋或锡箔袋内，外用马口铁桶密封。包装规格：每袋净重2kg、4kg或5kg；每桶净重40kg。单位容器包装最高重量可达320kg。

1.4.3 锡粉性能

高纯度原生锡锭满足ASTMA级的技术要求，见表3-1-29。

表 3-1-29 原生锡锭的技术要求

元素	成分(质量分数,最大)/%	元素	成分(质量分数,最大)/%
锡	99.8①	铜	0.04
锑	0.04	铋	0.015
砷	0.05	铁	0.015
铅	0.05	硫	0.01

①最小（通常为99.9%）。

锡锭原料中的杂质会被带入锡粉中，锡粉的纯度与锡锭原料的纯度直接相关，其杂质成分含量可采用原子吸收光谱法测定。

雾化时，颗粒表面生成一薄层氧化物膜，它可阻止颗粒进一步氧化。吸收的氧一般按照美国金属粉末工业联合会 MPIF 公布的“金属粉末氢损的测定方法”测定。用该方法测定的锡粉的典型氧含量为0.05%。

锡粉的物理性能取决于雾化条件和筛分方法。雾化空气压力较低，熔融的金属液流较大，所制得的锡粉就较粗；相反，空气压力较大，熔融的金属液流较细，制得的锡粉就较细。筛分是控制粉末中最大颗粒尺寸的一种重要的方法。用+100目、+200目或+300目的筛网，除去筛上物，就可得到-100目、-200目或-325目的锡粉。

（1）粒度分布。锡粉的大多数牌号是按粒度划分的。测量粒度分布的方法有：

1）筛分析，通常采用+100目、+200目和+325目筛。

2）费氏粒度测定，可迅速测定-325目细锡粉的平均粒度。

3）其他粒度分析方法，例如，采用微孔筛、光散射、沉降、激光粒度分析仪，均可用于测量亚筛粉的粒度。

表 3-1-30 列出了市售锡粉的筛分析数据和 Fisher 亚筛析的粒度。

表 3-1-30 市售锡粉粒度分布

试样		A	B	C	D	E	F	G	H
筛分析/%	+100目	48.0	0.2	最大0.5	最大0.3	最大0.3	—	—	—
	+150目	46.5	5.2	最大5	最大3	最大2	—	—	—
	+200目	4.0	11.3	4~12	3~8	最大5	0.1	—	—
	+325目	1.0	29.0	15~30	12~25	2~8	—	最大2	
	-325目	0.5	53.6	65~75	70~85	最小90	最小96	最小96	最小98
Fisher 亚筛析粒度									
平均粒度/μm		—	—	12~15	10~15	8~11	8~10	7~9	1~3
松装密度/$g \cdot cm^{-3}$		3.35	3.9	3.7~4.2	3.7~4.2	3.3~3.8	3.0~3.5	3.0~3.5	1.3~2.0

（2）松装密度。它随着粒度和颗粒形状而变化。市售锡粉的松装密度列于表 3-1-30。

（3）比表面积。它通常是用惰性气体吸附或 BET（Brunauer-Emmett-Teller）法测定的。锡粉的比表面积，其在最细级约1.0m^2/g和最粗级粉末约0.1m^2/g之间变化。

（4）颗粒形状和表面形貌。用光学或扫描电镜可观察颗粒形状和表面形貌。空气雾化锡粉颗粒为球形，且表面较平滑。图3-1-41是雾化锡粉颗粒的扫描电镜显微照片，由图可见锡粉颗粒的典型圆球形状。

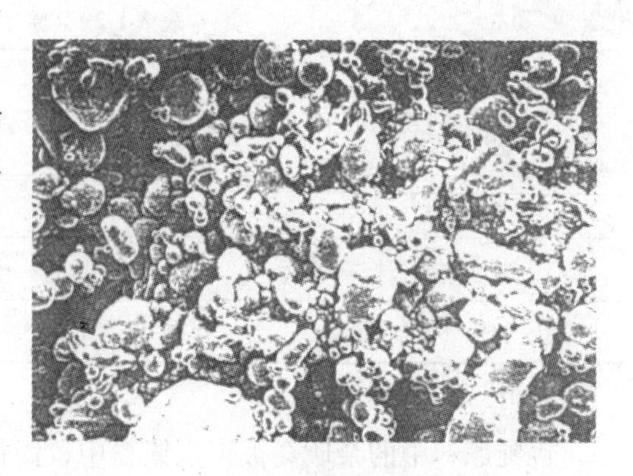

图3-1-41 雾化锡粉颗粒的扫描电镜显微照片

1.5 镍粉

金属镍元素相对原子质量58.69，密度8.90g/cm^3，熔点1455℃，晶体结构为面心立方。金属镍具有良好的延展性、韧性、抗氧化性，与铜可以无限互溶，高温烧结时与金刚石的内界面几乎不发生反应。在铜基结合剂中加入镍，抑制金属的流失，增加韧性和耐磨性。在铁基结合剂中，加入镍和铜，可以降低烧结温度，减轻胎体金属对金刚石的热蚀，提高铁基结合剂对金刚石的把持力。配方中镍的作用越来越被人们所重视，在以铁代钴中，镍是不可缺少的合金化元素。

镍基粉末生产有4种工艺方法：（1）镍羰基化合物分解法；（2）在压力作用下，氢还原镍盐水溶液法（称为Sherritt工艺法）；（3）机械合金化法；（4）惰性气体或水雾化法。在这4种工艺方法中，镍羰基化合物分解法和由镍矿制取金属镍的Sherritt工艺法，在工业上最重要。本节简要评述前3种工艺方法。

1.5.1 羰基镍粉

用镍的羰基化合物分解制取镍粉，可追溯到1889年Ludwig Mond与其合作者Carl Langer和Friedrich Quincke研究的工艺。根据Mond的意见，Brunner、Mond等人的合伙公司曾试图用氯化铵制备氯气。氯化铵是氨-苏打工艺的副产品，这种工艺又名Solvay法。

影响成功生产氯气的难点是，氯化铵的砖衬里蒸发罐内的镍阀门腐蚀得特别快。实验研究发现，腐蚀起因于用于清除蒸发罐中氨的一氧化碳。一氧化碳部分转变成二氧化碳，同时伴有镍和非晶碳组成的黑色物沉淀。该发现引起了人们对一氧化碳与细镍粉发生反应的深入研究。

Mond与合作者发现，在大气压力下，温度在40～100℃之间，一氧化碳与活性镍反应生成无色四羰基镍气体：

$$Ni + 4CO \xrightleftharpoons{50℃} Ni(CO)_4$$

进一步研究表明，将四羰基镍加热到150～300℃之间时，反应很容易可逆进行，生成纯镍和一氧化碳：

$$Ni(CO)_4 \xrightleftharpoons{230℃} Ni + 4CO$$

与空气接触的镍和一氧化碳不发生反应，这就是为什么过去没有发现羰基化合物的原因。

制备四羰基镍的成功，激发了Mond及其合作者用该方法来制备各种金属的羰基化合物。然而，Berthelot在1891年6月首先宣布制出了一氧化碳与铁的挥发性化合物——五羰基铁。随后，许多金属的羰基化合物相继被生产出来，其中有钴、铁、钼和钌的羰基化合物。

经过实验室的初步试验后，Mond在英格兰的伯明翰附近建造了一座试验工厂，接着研究出了由加拿大冰铜分离镍的Mond-Langer法。到1895年，工厂每周可以从含40%镍的加拿大冰铜中生产出1.5t镍。随后，Mond在Wales的Clydach建造了一座精炼厂（Mond镍公司），在精炼厂开工的27年间，工厂生产了超过82000t的镍粒，这种镍粒的纯度比当时用其他工业方法生产的镍粒都高。

目前，这一工艺经过改进后仍在Clydach的精炼厂使用。该工艺是用氢气将由煅烧硫化镍制取的氧化镍还原成海绵镍，然后用硫化物处理进行活化，并在常压的反应器中以羰基化合物挥发，最后将羰基镍直接在制粉和制粒装置中进行分解，便得到了镍粉。

1.5.1.1 金属羰基化合物

许多金属都可生成羰基化合物；实际上，第一、第二和第三过渡金属族的所有金属都能生成一种或几种羰基化合物。另外，镧系和锕系中的几种元素也可以生成羰基化合物。镍以零价形式存在，生成一种羰基化合物，$Ni(CO)_4$：

```
        CO
        ↓
OC  →  Ni  ←  CO
        ↑
        CO
```

镍也生成羰基氢化合物 $H_2Ni_2(CO)_6$，式中镍的氧化数为-1价。羰基镍中的一氧化碳配合基可由其他配合基替代，如磷化氢、亚磷酸盐和某些不饱和碳氢化合物，后者的电子云密度极高，从而可形成“反π键”和普通σ键，而这种键又是典型的施主配位体。

铁的五价化合物——五羰基铁，很快地缩合成双金属状的九羰基二铁 $Fe_2(CO)_9$，后者加热时进一步缩合成三金属状的十二羰基三铁 $Fe_3(CO)_{12}$。九羰基化合物有两种羰基化合物键合形式：d-σ型和桥键合型（π）：

```
              O
              C
 OC ↘       /   \       ↙ CO
 OC →  Fe  ——  Fe  ← CO
 OC ↗                ↖ CO
 OC ↗                ↖ CO

         O     O     O
         C     C     C
          ↘    ↓    ↙
 OC     OC — Fe — CO     CO
   ↘     |   /    \   |     ↙
 OC → Fe     ——     Fe ← CO
   ↗       \        /       ↖
 OC           C            CO
              O
```

铬、钼和钨，每一种都生成一种六羰基化合物六个配位的八面体。钴生成双核羰基化合物，八羰基二钴：

OC → Co — Co ← CO（每个 Co 上配位 4 个 CO）

$Co_2(CO)_8$缩合成包含桥键合钴原子在内的四核型：

（四个 Co 原子组成的四核结构图）

钴的四核型羰基化合物继续缩合成所谓的羰基化合物团：

$$Co_8(CO)_{18}C^{-2}$$

羰基化合物团有几种：最大的一种羰基化合物团是四冠状五边形棱柱：

$$Rh_{15}(CO)_{28}C_2^-$$

某些金属迄今都未能制成“纯”羰基化合物，但是已合成铜、金、铂和钯的卤素衍生物：

$$Cu(CO)Cl \qquad Pt(CO)_2Cl_2$$

$$Au(CO)Cl \qquad Pd_2(CO)_2Cl_4$$

还制成了异质羰基化合物，其中有：

$$(CO)_5MnCo(CO)_4$$

$$[(CO)_5Re]_2Fe(CO)_4$$

$$Re_2Ru(CO)_{12}$$

$$Re_2Os(CO)_{12}$$

还有金属羰基碳化物存在，如 $Fe_5(CO)_{15}C$ 和二碳化物的羰基化合物团 $Ru_{10}C_2(CO)_{24}$，$Co_{13}C_2(CO)_{24}$ 和 $Rh_{15}C_2(CO)_{23}$。金属羰基化合物的另一个例子是二氮衍生物：

（N═N 桥连的 Co—Co 结构，每个 Co 上配位 3 个 CO）

在此不可能将所有金属羰基化合物全部列表说明。上述例子仅用来说明金属羰基化合物的化学结构的多样性。

1.5.1.2 金属羰基化合物的生成和分解

金属羰基化合物的反应式通常如下式所示，但其机理远比反应式复杂：

$$x\mathrm{Me} + y\mathrm{CO} \longrightarrow \mathrm{Me}_x(\mathrm{CO})_y$$

在室温下，羰基化合物通常以液体、气体和有色晶体形态存在。羰基化合物可通过连续的过程进行合成、蒸发和凝结，以将羰基化合物与原料中的惰性组分分离。某些羰基化合物必须用复杂的技术才能分离，还有的羰基化合物则很难分解。羰基化合物可形成液体状或溶于有机溶剂，这样可以通过过滤的方法将固体杂质分离出来。采用蒸馏、升华、再结晶或选择性溶解等方法，可将粗制的羰基化合物相互分离，并去除残余杂质。将纯化的羰基化合物加热可分解成一氧化碳和纯金属。如果金属羰基化合物去除了杂质，分解后，则可获得高纯金属，碳化物的形成也是如此。

四羰基镍是19世纪90年代发现的第一个羰基化合物，不久又发现了五羰基铁和八羰基钴；尽管推测可用羰基化合物的合成来制取金属钌，但只有这些羰基化合物是工业上将其特殊的化学性能用于萃取冶金的羰基化合物。四羰基镍是将新制备的镍金属和硫化镍的混合物，在一氧化碳参与的条件下进行加热合成的。

钴、铁和镍的羰基化合物的热分解反应，是在温度200℃左右下发生的，这时羰基化合物处于蒸气状态。在这些条件下，反应动力学过程可保持令人满意的生产率。将羰基化合物迅速加热到所要求的分解温度，在此温度下，在蒸气中生成晶核，从而为金属沉积提供了所需要的基底。

分解的产物是纯金属和一氧化碳，在分解器中分解时，新生成的金属可以催化一氧化碳进行歧化反应。作为催化剂，铁比镍、钴的活性都大得多。因此，在由镍的羰基化合物制取的粉末中，其碳含量与微量的铁含量相关：

$$2CO \xrightarrow{Fe} CO_2 + C$$

1.5.1.3 四羰基镍

羰基法制取镍粉的优点不仅在于其合成的可选择性，而且在于可较容易的制取高纯镍。在反应条件下，粗制镍在形成羰基化合物时，其中的杂质不会进入气相中。因此，用粗制镍为原料，通过形成羰基化合物的方法来萃取高纯镍是一种很好的提纯方法。

当表面活性条件一定时，气态或液态羰基化合物的形成速率取决于反应的温度，并且随着一氧化碳的分压增大而增高。羰基化合物的形成速率随着温度升高而增大，但是形成羰基化合物的平衡摩尔百分数却随着温度升高而急剧减小。所以在特定的总压力下，有一个形成金属羰基化合物的最佳温度，如图3-1-42所示。

可用修正的一级速率方程将四羰基镍反应的动力学数据联系起来。在给定的温度和压力下，“起始表面活性”的最大金属转化量是一个定值，从而可推导出表面活性和金属转化间的函数关系。将这个关系代入并将一级速率方程积分后，可得出在给定温度下，四羰基镍形成速率的半经验模型。

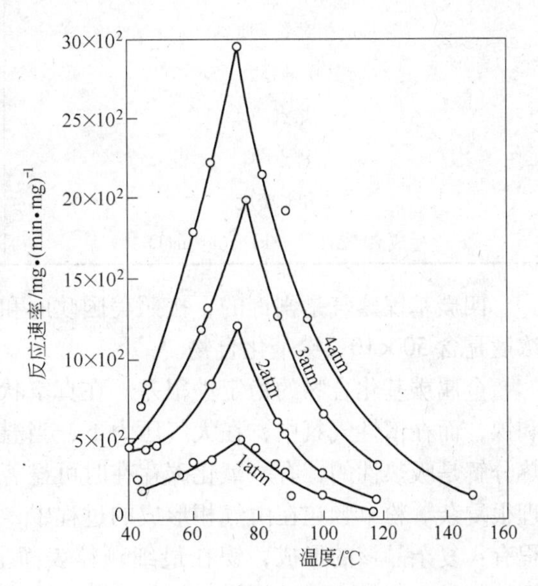

图3-1-42 系统压力和温度对形成四羰基镍反应速率的影响
1atm（标准大气压）=101325Pa

$$\ln \frac{a^0}{a^0 - X} = K_0\left(p_{coi} - \sqrt[b]{\frac{p_{cai}}{K_e}}\right)t$$

式中，a^0 为表面的起始活性；b 为每摩尔羰基化合物中的一氧化碳的摩尔数；K_0为速率常数，g/(cm^2 · h)；K_e为平衡常数；p_{cai}为界面上羰基化合物的分压，Torr（1Torr = 133.322Pa）；p_{coi}为界面上一氧化碳的分压，Torr；t 为时间，s；X 为反应金属的原子百分数。

从工程设计的观点看，在一定的温度下，镍转化为羰基化合物主要决定于一氧化碳的分压。提高系统的压力，影响镍转化为羰基化合物，这已被实验所证实，并在大量生产实践中得到了验证。羰基化合物反应所固有的体积变化特性——4 个一氧化碳分子结合成一个四羰基镍分子也表明，可将提高一氧化碳的压力作为改善反应动力学的一种方法。提高压力除了可增大反应速率外，还可稳定羰基化合物，从而，为了进一步提高反应速率，可在较高温度下进行反应。四羰基镍的形成反应是强放热性反应：

$$Ni + 4CO \longrightarrow Ni(CO)_4$$

$$\Delta_f H^{298} = +160.4\text{kJ}/(\text{g} \cdot \text{mol})$$

因此，高转化速率生产镍的羰基化工艺过程需要大规模的散热系统。

在室温下，四羰基镍是蒸气压高的、无色的挥发性液体。它在 43℃ 左右沸腾；在 60℃或更低的温度下开始分解。它稍溶于水，但与许多有机溶剂高度互溶。四羰基镍的一些物理性质如表 3-1-31 所列。

表 3-1-31　四羰基镍的物理性质

化学分子式	$Ni(CO)_4$
颜色和状态	无色液体
相对分子质量	170.75
镍(质量分数)/%	34.37
熔点/℃	-25
沸点/℃	在 101.1kPa 下，43；在大气压力下，42.1
相对密度	在 0℃下，1.36153；在 36℃下，1.27132
生成热（$\Delta_f H^{298}$）/kJ · (g · mol)$^{-1}$	-602.2

四羰基镍蒸气是剧毒的，按照美国政府和工业卫生学家会议的规定，空气中最大允许浓度是含 50×10^{-9}羰基化合物。

金属羰基化合物的稳定性很差。在真空状态，于 0℃下，四羰基镍开始释放一氧化碳和镍，而在惰性气氛中，在大气压力下，当温度达到 60℃以上时，快速分解。四羰基镍的热分解是吸热性的，有一氧化碳存在时可显著抑制热分解。四羰基镍分解时镍粉的形成机理很复杂。粉末颗粒在由气相形成的过程中，同时发生的几个过程对之都有影响。这些过程有：复杂晶核的形成，镍在最细颗粒表面上的二次结晶，在结晶过程中颗粒的交互作用，以及次要的反应，例如一氧化碳的分解。在一定温度下，四羰基镍分解的均质部分遵循下面的速率方程：

$$r = K_0 p_{ca}/(1 + K_g p_{co})$$

式中，r 为分解速率，g/(cm^3·h)；K_g 为金属上一氧化碳的吸附常数，$Torr^{-1}$（1Torr = 133.322Pa）；K_0 为速率常数，g/(cm^3·h)；p_{ca}为羰基化合物的分压，Torr；p_{co}为一氧化碳的分压，Torr。

四羰基镍的分解速率与羰基化合物的分压成正比，与放出的一氧化碳的分压成反比。

在羰基化合物分解时，影响镍的自发形核的条件（如工艺温度和供给分解器的四羰基镍的浓度与速率）可能有很大变化，从而影响生产的粉末的物理和工艺性能。对送入分解器的四羰基镍气流掺入添加剂时，可改变粉末生成的机理和生成粉末的形貌。例如，与羰基化合物一起蒸发的氢醌起到了游离基捕集器的作用，使其可形成粗颗粒金属镍。用波长短于 390nm 的光可使四羰基镍进行光化学分解，生成元素镍。

四羰基镍最重要的工业用途是用来精制镍，产品为镍粒和镍粉。在特定条件下使羰基化合物分解，可在各种表面上形成镍涂层，从而可制取涂覆制品、泡沫镍和各种金属与非金属粉末包覆粉（如镍包石墨）。化学工业用四羰基镍是在特殊条件下生产的。羰基化合物可用作有机合成的催化剂，同时也是制造其他有机镍化合物的一种制剂。羰基镍还用于在平滑表面上（如塑料和金属）进行气相镀层和在玻璃工业中形成镍模型。

1.5.1.4 工业化生产

目前，Inco 公司用热分解四羰基镍生产高纯镍粉。在可控条件下，使一氧化碳与镍精矿相反应，生成气态的四羰基镍；随后，使气体热分解，从而分离出细镍粉和镍粒。生产的镍粉其粒度和结构都非常均匀。用这种制造工艺也可制取其他高纯金属元素。

原来的 Mond-Langer 法，已进行了很大改进。目前仅有的采用羰基法大量生产镍粉的两座精制镍厂，位于 Wales，Clydach 和 Ontario，Copper Cliff。

Clydach 精制厂于 1902 年开始用 Sudbury 的含铜镍冰铜生产镍。现在供给工厂的冰铜是粒状氧化镍，它含有少量的铜、钴和铁以及硅。这个精炼厂仍在采用 Mond-Langer 法的基本原理，并且用大气压羰基化工艺生产镍产品。最近的改进是，用大型回转窑，代替原来的许多小型床式还原器和蒸发器。其生产过程是，首先用反向流动的预热氢，将原料镍冰铜还原成金属。然后，用硫化物处理活化还原的镍冰铜，并在最后的窑中用反向流动的一氧化碳，使之生成羰基化合物并挥发。在还原器或分解器中，将制成的四羰基镍蒸气直接分解成纯镍粒和镍粉。

Copper Cliff 镍精炼厂于 1973 年开始用两项新研制出的工艺进行生产，它们包括采用可装冰铜 64t 的顶吹旋转转炉和采用 Inco 的加压羰基化工艺，从各种含镍原料（包括从铜、钴和贵金属富矿中分出来的镍）中回收镍。精炼厂生产的镍粒和镍粉的含镍量皆大于 99.9%。也可通过共分解生产 Fe-Ni 粉。

工厂的环境控制包括一个完全封闭的过程，该过程将反应物不断地进行再循环。Copper Cliff 精制厂采用的基本工艺，其化学原理相同，但四羰基镍是在高压下合成的，这对于从含铜高的原料中提取镍是很有必要的。

工厂用的原料是一种由镍、铜、铁和钴的氧化物与硫化物，其他粗制金属及部分处理过的贵金属和精制厂的含镍废料组成的混合料。将这种混合料与焦炭一起装入容量为 64t 的顶吹旋转转炉，在转炉中进行熔化。部分吹炼成硅酸盐渣和一些铁并去除。随后，将转炉处理过的熔融料注入到高速水喷射流中，使之粒化。这时，颗粒含有 65% ~75% 镍、15% ~20% 铜、2% ~3% 铁及 3% 硫（以硫化物形式存在）。

于136t容量的回转反应器中，在180℃和高达70atm（1atm = 101325Pa）的压力下，使金属颗粒与一氧化碳分批反应。镍和一些铁以粗制羰基化合物蒸气被萃取，而铜、钴、贵金属及杂质仍存留在残渣中。将铁的除出控制在原料铁含量的20% ~50%之间。颗粒中铁的含量很少超过4%。原料中的钴不会形成$Co_2(CO)_8$或$Co_3(CO)_{12}$，因为只有当一氧化碳的压力达到150atm时才会生成这些化合物。

四羰基镍的生成是强放热性的，因此，反应器需用水冷却。将萃取的羰基化合物蒸气液化，并在常压下贮存。一氧化碳载体气体可循环使用。随后，将互溶的镍和铁的羰基化合物液体用泵送至蒸馏塔，在这里将它们分离成四羰基镍蒸气和富铁的液体羰基化合物。因为镍和铁的羰基化合物的沸点分别为43℃和102.8℃，粗制的羰基化合物液体很容易分馏。这个系统可生产纯度为99.998%的四羰基镍蒸气，同时，底部的液体镍/铁比最高达3/7。在蒸馏塔顶部，用虹吸管将四羰基镍蒸气吸出来，并直接送入粉末分解器。在塔顶以下处将液体四羰基镍放出，或贮存起来，或送入镍粒分解器。

粉末分解器是钢制圆筒，用大功率电阻加热器加热筒壁。将液体羰基化合物的蒸气导入略高于大气压力的分解器室的顶部，在这里，羰基化合物蒸气与加热的分解器壁相接触。将分解器壁的温度预先调整到250 ~350℃，热冲击将四羰基镍分解成镍粉，同时放出一氧化碳。一氧化碳通过过滤器送回到主气体压缩机，再次被返回到加压羰基化反应器，同时，将粉末进行收集，除气，用氧化物涂层进行稳定化处理，并送去贮存，贮存的粉末中不得有羰基化合物和一氧化碳。

在Inco工艺过程中生成的气态与液态羰基化合物的危险性，完全可用有效和实用的安全措施消除。所有的产品出料系统，在镍粉和镍粒包装之前，都要彻底进行清洗。

1.5.1.5 粉末性能和应用

目前，用热分解四羰基镍生产的镍粉有4种类型——简单的钉形颗粒、纤维状颗粒、大比表面积粉和高密度的半平滑颗粒。这些粉末的粒度和结构均一，表面积大。同时，就其他金属元素而论，可得到高纯度的镍。

钉形颗粒（Inco123型）是一类通用镍粉。这种粉末细，呈规则状，具有粗糙的表面凸起（图3-1-43）。通常粉末的含氧量为$(700 \sim 900) \times 10^{-6}$，含铁量为$(3 \sim 5) \times 10^{-6}$，含硫量为$1 \times 10^{-6}$或更少，石墨碳含量为$(600 \sim 700) \times 10^{-6}$。Fisher粒度为3 ~7μm，松装密度为1.8 ~ 2.7g/cm³，比表面积约为0.4m²/g(BET)。

纤维状镍粉（Inco255型、287型等）的特点在于，它们具有独特的、纤维形的、链状结构，颗粒相对较细，实际上呈松散状。松装密度低（0.5 ~1.0g/cm³）和比表面积（0.6 ~0.7m²/g）大。这种粉末的结构和不对称纤维状如图3-1-44所示。

超细镍粉（如Inco210型）也呈纤维状，但纤维更细，比表面积依据不同的牌号为1.5 ~6m²/g。

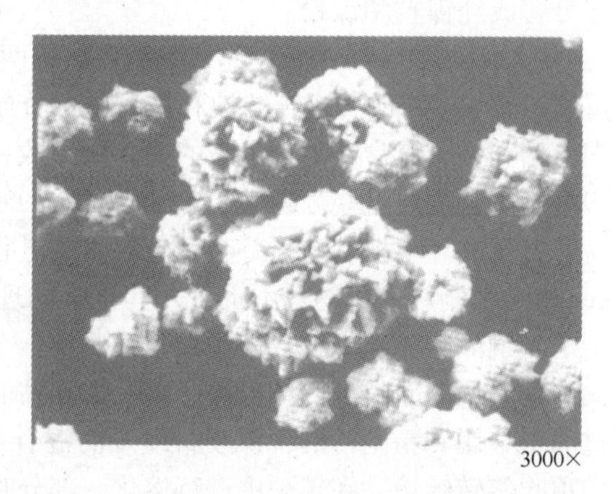

3000×

图3-1-43 用分解羰基化合物制取的通用镍粉的SEM照片

半平滑高密度镍粉有细粒度的和粗粒度的。细粉颗粒直径为 10～20μm（图 3-1-45）；粗粉为 -16～+40 目。粉末的松装密度范围为 3.5～4.2g/cm^3。

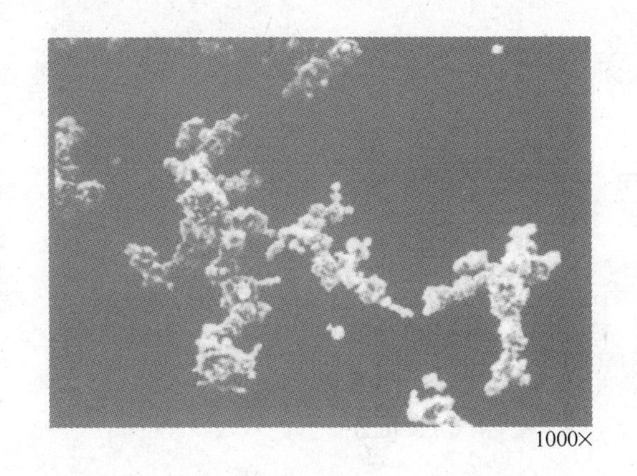

1000×

图 3-1-44 用分解羰基化合物制得的纤维状镍粉的 SEM 照片

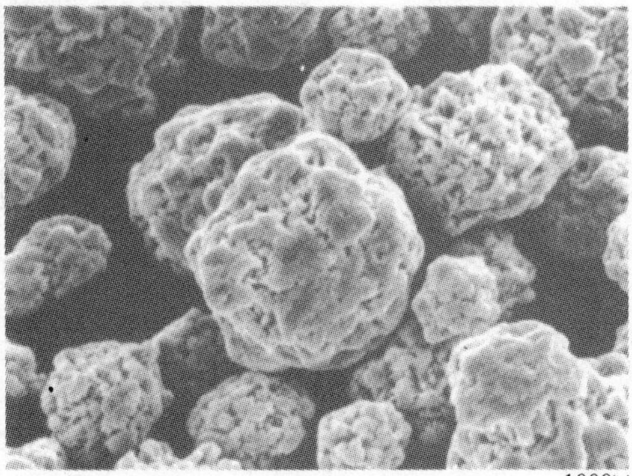

图 3-1-45 用分解羰基化合物制得的高密度细镍粉的 SEM 照片

这些高纯镍粉的性能能够满足化学、能源和金属工业的需要。目前，这些产品都是各种特殊产品的基本镍料源。这些粉末的应用领域有：蓄电池和燃料电池的电极；焊接产品；粉末冶金零件；颜料和涂层；铁氧体；化学制品；硬质合金工具；电子合金；催化剂；吸气剂；电磁屏蔽；传导性树脂与塑料。

1.5.2 水冶法镍粉

水冶法制取镍粉包括浸出、溶液净化和金属回收等工序。典型的例子是由硫化物精矿回收镍的 Sherritt 法。这个方法是 1948～1953 年间研究出来的。1954 年，在加拿大，Alberta的 Fort Saskatchewan 的 Sherritt（Corefco）精炼厂第一次投入大批量生产使用。原料为在 Manitoba 的 Sherritt Lynn Lake 矿业部门提供的镍精矿。该厂近年来进行了工艺和设备改造，以增加产量及使用与处理不同来源的原料。目前，主要原料为来自古巴 Moa 的高品位镍钴硫化物矿。

Sherritt 法的生产工艺流程示于图 3-1-46，这种生产工艺流程可处理各种镍原料。Western 矿业公司在澳大利亚西部的 Kwinana 的精炼厂也使用这种生产工艺。

1.5.2.1 原料

目前，Sherritt 精炼厂所用的原料是硫化物精矿、硫化物冰铜或是两者的混合物。目前主要原料为古巴 Moa 生产的镍与钴的硫化物矿。Moa Bay 的红土矿床的矿铁含量很高和含钴量较高。这种矿的处理方法为硫酸压力浸出，这种方法的关键工序是将镍、钴与铁相分离。矿石中一般含铁约 50%，其是在酸浸出工序，于高温、高压下通过沉淀除去的，在浸出液中可选择性浸出铁含量小于 1g/L 的镍与钴。然后浸出液用石灰浆中和，用硫化氢沉淀浸出液中的有用金属。在 Mao 生产的镍-钴硫化物的化学分析见表 3-1-32。将这种材料以湿的滤饼状包装运到在 Fort Saskatchewan 的精炼厂。Moa Bay 处理方法的生产工艺流程如图 3-1-47 所示。

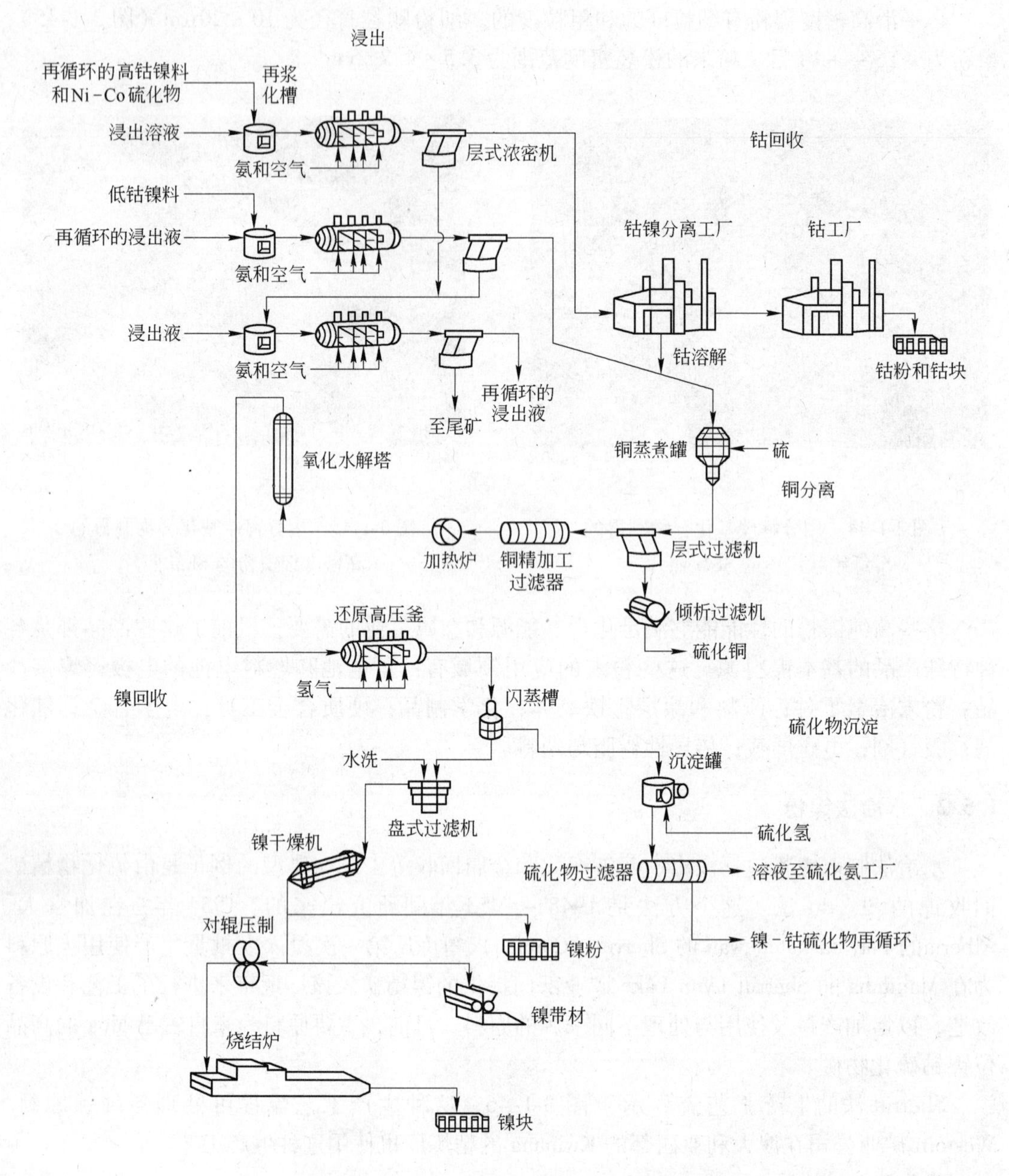

图 3-1-46 Sherritt 氨加压浸出工艺的流程

表 3-1-32 古巴 Moa 硫化物精矿的化学成分

元 素	成分(质量分数)/%	元 素	成分(质量分数)/%
镍	51 ~ 56	铜	0.1 ~ 0.2
钴	5.0 ~ 6.0	硫	32 ~ 37
铁	0.5 ~ 0.8	锌	1.0 ~ 1.3

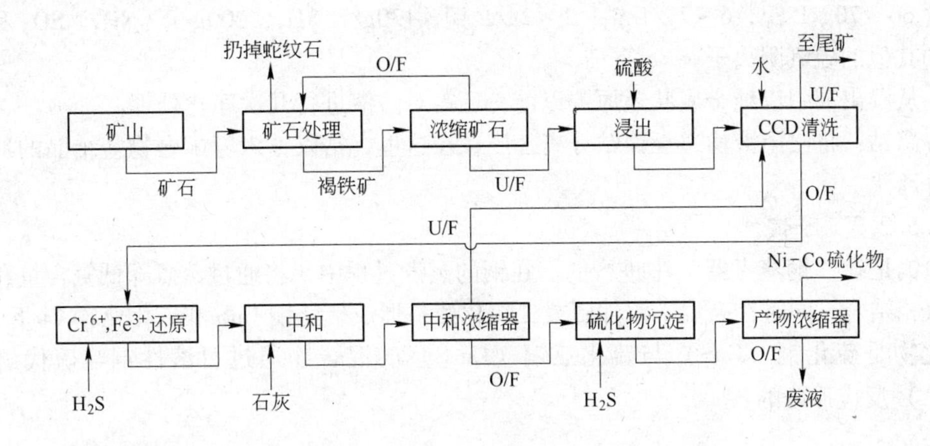

图 3-1-47 Moa Bay 处理生产工艺流程

O/F—浓缩器上溢液；U/F—浓缩器下溢液；CCD—反向流动沉淀分取

1.5.2.2 浸出

将细的硫化物精矿在浆化槽中与硫酸铵浸出液混合后，加入高压釜中进行浸出。在浸出过程中空气、氨和硫化物矿进行一系列反应。浸出是在高温与高压下连续进行的。在浸出高压釜中的典型浸出条件见表 3-1-33。

表 3-1-33 浸出条件

参 数	数 值	参 数	数 值
温度/℃	90 ~ 95	氨/$g \cdot L^{-1}$	80 ~ 110
压力/kPa	760 ~ 830	硫酸铵/$g \cdot L^{-1}$	150 ~ 200

浸出的净反应是金属硫化物的氧化溶解反应，形成可溶的氨络合物复合物，反应式如下：

$$MS + nNH_3 + 2O_2 \longrightarrow M(NH_3)_n^{2+} + SO_4^{2-}$$

式中，M = Ni，Co，Fe，Cu，Zn，$n = 2 \sim 6$。

浸出工艺可利用氨络合物复合物的不同稳定性。铁氨络合物的稳定性最差，可全部水解为水合铁氧化物——$Fe_2O_3 \cdot H_2O$（赤铁矿），进行再沉淀。通过板框浓缩器，将浸出液和固体残渣分离开。

实际上，由于硫在碱性溶液中的性状，浸出过程十分复杂。硫的氧化反应的顺序可用下式表示：

$$S^{2-} \rightarrow S_2O_3^{2-} \rightarrow S_nO_6^{2-} \rightarrow SO_4^{2-} + SO_3NH_2^-$$

式中，$n = 2 \sim 6$。在任一时间，在浸出液中都含有几种形式的硫，各种形式硫的数量取决于浸出条件和浸出时间长短（图 3-1-48）。典型的浸

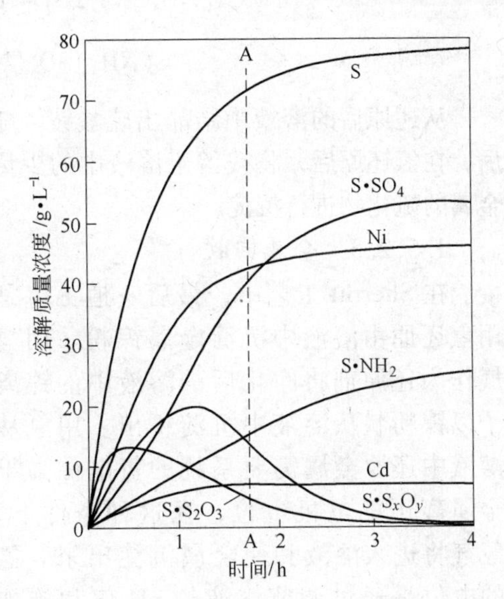

图 3-1-48 在间歇浸出试验中测定的浸出溶液组成曲线

出液含60~70g/L镍，6~7g/L钴，1~2g/L铜，130g/L NH_3，200g/L（$(NH_4)_2SO_4$）和不同含量的其他的硫氧阴离子。

在从浸出液中以纯金属状还原镍以前，还需对溶液进行几次净化处理。

分离钴：将浸出液输送至镍钴分离工厂，在这里，钴以钴六氨配合物盐结晶的形态与镍相分离。

1.5.2.3 除铜

除铜是在“铜蒸煮器”中进行的。在铜的蒸煮过程中，将通过蒸煮降低氨含量和除去游离氨相结合，同时在高温下添加硫或二氧化硫，形成硫化铜 CuS 和硫化亚铜 Cu_2S 沉淀。铜硫化物是硫化铜（CuS）与硫化亚铜（Cu_2S）的混合物通过可溶性铜与硫代硫酸盐（$S_2O_3^{2-}$）反应形成的：

$$Cu^{2+} + S_2O_3^{2-} + H_2O \longrightarrow CuS + SO_4^{2-} + 2H^+$$

$$2Cu^+ + S_2O_3^{2-} + H_2O \longrightarrow Cu_2S + SO_4^{2-} + 2H^+$$

这种铜硫化物的副产品经过滤洗涤后，卖给铜冶炼厂。

1.5.2.4 氧化和水解

除铜后剩余的溶液含有相当大量的氨基磺酸盐（$SO_3NH_2^-$）和几种不饱和硫化物。在回收镍之前，必须将所有的不饱和硫化物除去。否则，这些硫化物不会全部转化为硫酸盐，生产的镍粉中含硫将会过高，不合格。通过氨基磺酸盐在245℃下水解成硫酸盐，和硫代硫酸盐在4.8MPa的压力下用空气氧化成硫酸盐。这一称为“氧化水解”的综合工序将不饱和硫化物除去，主要反应如下：

$$(NH_4)_2S_2O_3 + 2O_2 + H_2O + 2NH_3 \longrightarrow 2(NH_4)_2SO_4$$

$$(NH_4)_2S_3O_6 + 2O_2 + H_2O + 4NH_3 \longrightarrow 3(NH_4)_2SO_4$$

$$(NH_4)SO_3(NH_2) + H_2O \longrightarrow (NH_4)_2SO_4$$

从还原后的溶液中结晶出硫酸铵。随后，在氢还原后，将残留于溶液中的少量金属的硫化物进行沉淀。

1.5.2.5 金属回收

在 Sherritt 工艺中，最后一道工序是用氢还原由溶液中沉淀金属镍粉。用氢气作为还原剂将净化后的溶液中的镍离子以镍粉状从溶液中沉淀析出。用氢从溶液中还原金属需要系统的氢电位高于金属离子的电极电位，在这种条件下，氢气将进入溶液和使金属沉淀出来。氢的电位是通过调节溶液的 pH 值和施加的氢的分压来控制的，如图 3-1-49 所示。然而，溶液浓度对金属离子的电极

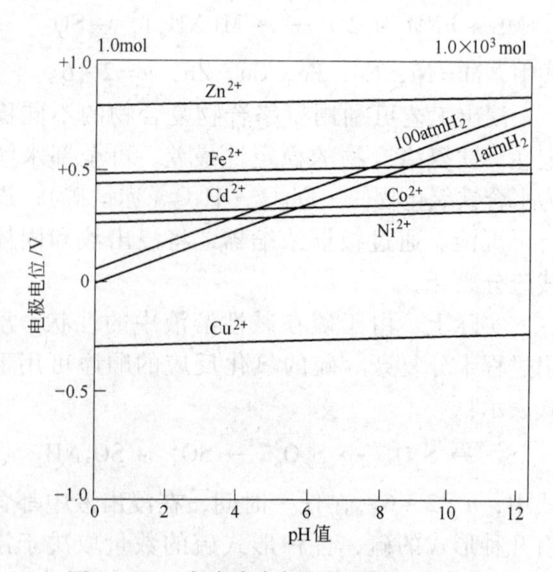

图3-1-49 在溶液中氢和金属的电极电位

电位几乎没有影响。

还原过程是在机械搅拌的卧式高压釜中，在高温高压下进行的。其是一间歇过程，分为初始成核与增重长大两个不同阶段。在初始成核阶段，在高压釜中形成细镍粉晶核；增重长大阶段是镍从溶液中还原析出使镍粉晶核长大的阶段，1摩尔氢将1摩尔镍离子还原成金属镍和2摩尔铵离子副产品，反应式如下：

$$Ni^{2+} + H_2 + 2NH_3 \longrightarrow Ni^0 + 2NH_4^+$$

为了中和在还原过程中产生的氢离子，反应期间游离氨存在是必需的。pH值低和氢电位较低时，会使金属离子的还原反应实际上停止。在还原过程中，桨叶搅拌高压釜中的料浆；可是还原一完成，搅拌就停止，使镍粉沉淀。用泵将废溶液抽出，然后在高压釜中重新装满新鲜镍溶液，使搅拌器再次起动，同时再次施加氢气压力，还原又开始进行。将这种间歇式还原过程重复50~60次，以便在粉末颗粒上形成连接的镍涂层。直到镍粉达到所需的尺寸时，整个过程停止。在最后出料时，使搅拌一面运转，一面将釜内的所有混合物泵入闪蒸槽。

还原的原料溶液中，除镍外，还含有大量的钴和锌。锌不会对产品粉末造成污染，因为在所用的还原条件下，锌不会被还原成金属锌。另一方面，钴的标准还原电极电位与镍接近（钴：0.267V，镍：0.241V）。为了优先还原镍，可以调节镍还原原料溶液中的氨的浓度，使 NH_3^- 对总的金属摩尔数之比保持在1.9∶1。

实际上，在1L还原的原料溶液中含有65g镍，2.5g钴和2g锌，只有在多相反应时，镍离子才能迅速地被还原成金属，沉积在镍粉晶核表面上。图3-1-50为粒度和松装密度与还原循环数的关系。图3-1-51为Sherritt生产的镍粉颗粒的扫描电镜照片。表3-1-34为Sherritt标准级镍粉的分析。

对于增重长大还原，也可用在还原的原料溶液中，添加各种有机添加剂来控制所生产的粉末颗粒的尺寸、形状和表面形貌。

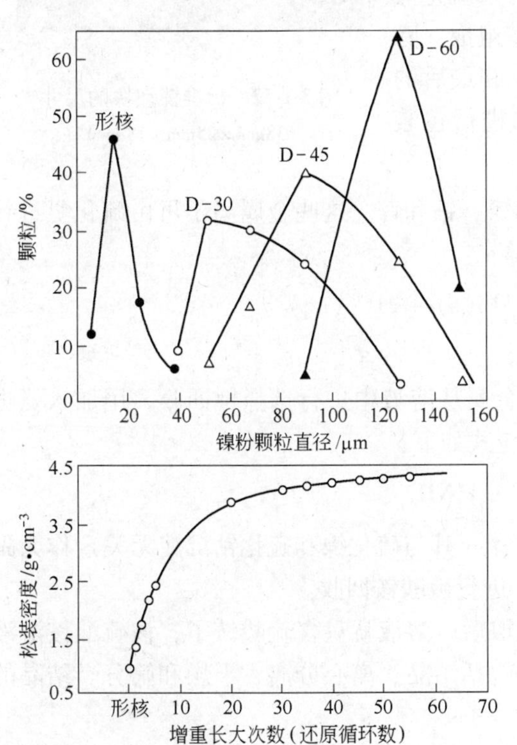

图3-1-50 大批量生产的镍粉的物理性能

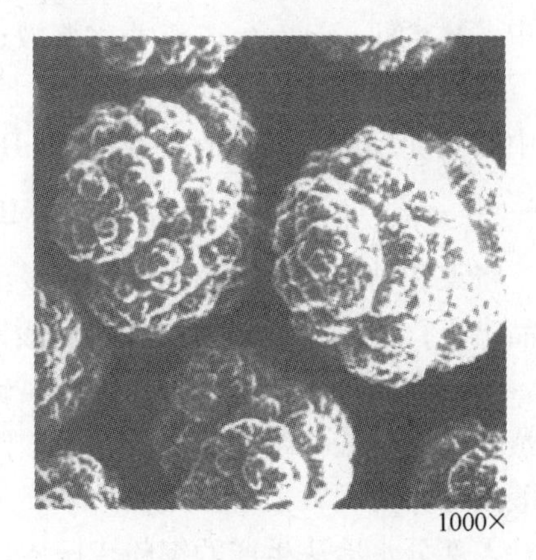

图3-1-51 镍粉的SEM图像

表 3-1-34　Sherritt 生产的标准级镍粉的典型性能

化学成分（质量分数）/%			目筛分析（质量分数）/%		
化学成分（质量分数）/%	镍	99.9	目筛分析（质量分数）/%	+100	0~10
	钴	0.08		−100+150	5~30
	铜	0.003		−150+200	20~45
	铁	0.010		−200+250	10~25
	硫	0.025		−250+325	10~35
				−325	5~25
	碳	0.006	松装密度/g·cm⁻³		3.5~4.5

将粉末料浆与还原完后的溶液从高压釜中放出，装入闪蒸槽。使溶液上溢流入缓冲槽，然后泵至硫化物沉淀罐。镍粉浆（固态粉浆含量90%）从闪蒸槽排出在旋转的盘式过滤机上进行过滤、洗涤后，得含水5%的湿镍粉，将湿粉用螺旋给料器送入煤气加热的回转干燥器中干燥。

干燥冷却后的镍粉或作为成品包装，或直接压制成坯块。为了将镍粉压制成坯块，首先将镍粉与有机黏结剂在搅拌机中进行混合，然后用对辊压机压制成坯块。然后装入烧结炉除出碳和硫，通过高温烧结，增高镍坯块的结构强度。坯块中的碳的除出是基于烧结时碳的氧化和其以CO或CO_2状态排出；与此相反，除硫的机理则是依据通入氢维持还原状态，使氢与硫化合以硫化氢的形式释放。因此，烧结炉系由三个不同的带组成：除碳的氧化“预热带”、除硫的还原“加热带”和最后的“冷却带”。出炉后，坯块就可作为最终产品进行包装(图3-1-52)。

图 3-1-52　标准镍坯块的尺寸
(38mm×25mm×18mm)

硫化物沉淀，氢还原后的液体含有残余的镍、钴和锌。这些金属离子可由硫化氢进行沉淀和以硫化物沉淀进行回收。反应如下：

$$M^{2+}(aq) + H_2S \longrightarrow MS(s) + 2H^+(aq)$$

式中，M = Ni，Co，Zn；aq为水溶液；s为固态。

通过控制硫化物沉淀反应的pH值，可将金属从溶液中进行选择性回收，用加入氨进行中和沉淀反应时产生的酸来控制pH值，反应式如下：

$$NH_3 + H^+ \longrightarrow NH_4^+$$

将镍和钴的硫化物返回再进行浸出，硫化锌（其与硫化镍和硫化钴沉淀无关）作为副产品出售，净水溶液（无金属的硫酸铵溶液）进行硫酸铵回收。

硫酸铵回收，在有用金属以金属硫化物提取后，溶液就只含硫酸铵了，该硫酸铵溶液经蒸发，以硫酸铵结晶状回收，硫酸铵的回收包括结晶、离心分离、干燥和筛分。结晶的硫酸铵可作为肥料出售。

大部分水冶法生产的镍粉皆压成坯料或镍丸，用作炼钢工业的合金添加剂；较少量的粉末轧制成镍带材，或溶解制成各种镍盐。

1.5.3 机械合金化

机械合金化（MA）原来主要是为制造弥散强化氧化物和γ′相沉淀硬化的镍基高温合金而开发的。现在MA已发展成为一种生产各种复杂的弥散强化的镍基、钴基、铁基、钛基和铝基粉末系统的方法。

机械合金化是一种生产具有可控精细显微组织的复合粉末的干式高能球磨法。这一工艺使金属或金属和非金属的混合粉，在高能搅拌球磨下，通过反复的冷焊与断裂来实现的（如图3-1-53所示）。其最广泛的应用是生产用于1000℃以上的镍基和铁基弥散强化高温合金。

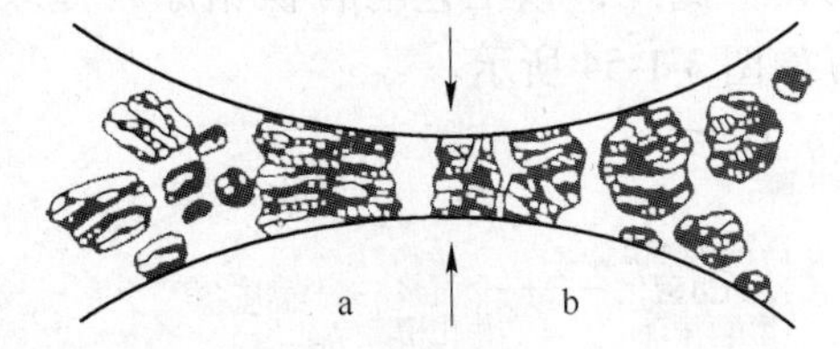

图3-1-53 在机械合金化过程中，粉末混合物经受钢球-粉末-钢球碰撞
a—粉末冷焊；b—粉末断裂

与机械混合工艺不同，机械合金化生产的材料内部组织是均匀的，与原始粉末的粒度无关。因此，由较粗的原始粉末（平均直径50～100μm）可获得超细的弥散组织（弥散颗粒间距小于1μm）。

机械合金化所用设备是各种高能球磨机。可按要求的球磨时间选择球磨机，球磨时间可从数小时到数十小时。球磨机的类型包括摇动球磨机、振动球磨机、搅拌球磨机、离心球磨机和传统的球磨机，其球磨筒直径大于1m。传统球磨机的局限性是：较小的球磨机的加工能量密度较低，从而使生产时间过长。

与球磨粉碎工艺不同，机械合金化的球粉比相当高。重量比的范围为6∶1～30∶1，但一般为10∶1～20∶1。球径的范围约为4～20mm，通常为8～10mm。球是由淬火钢制成的，球磨机内部的状况可由实际要求控制；采用通水冷却与气体控制。研磨的气氛为含微量氧的N_2或Ar气。也可用液体湿磨。

1.6 钴粉

金属钴元素相对原子质量58.99，密度8.90g/cm^3，熔点1495℃，晶体结构为密排六方面心立方结构，钴和铁同属过渡元素，许多特点是十分相似。纯钴粉的固相烧结，可以获得性能优异的胎体。国外钴基结合剂所占的比重很大，国内金刚石工具厂家因钴价格较贵，使钴基结合剂的用量日趋减少。但钴基结合剂是金刚石工具中性能出众的结合剂。

钴在特定条件下，能和金刚石形成碳化物，同时又能使极薄的钴膜铺展在金刚石的表面，对金刚石的把持力大约是铜的十倍，此外，胎体的高温性能稳定性极佳，故钴是优秀的结合剂材料。

钴粉主要用于粉末冶金工业，作为永磁材料、高温（高温抗蠕变）合金、喷涂耐磨合金、工具钢和模具钢的合金元素，以及在硬质合金中作为黏结剂。世界钴产量的60%左右来自扎伊尔和赞比亚。对粉末冶金工业来说，钴是一种重要的材料。因为钴能够提高高温合金的高温性能，增强硬质合金和高速工具钢的切削能力，以及提高高强度钢的韧性。本节讨论生产钴粉的3种方法：水冶法、氧化物还原法和雾化法。

1.6.1 水冶法钴粉

水冶法生产钴粉主要包括三个工艺阶段：化学溶解（浸出），溶液纯化和金属萃取。加拿大Sherritt冶炼厂采用水冶法每年生产约2400t钴粉，约占全世界钴供应量的10%。此外，该工艺与含镍钴原料提取镍的溶液净化步骤是一个整体，其生产工艺流程如图3-1-54所示。

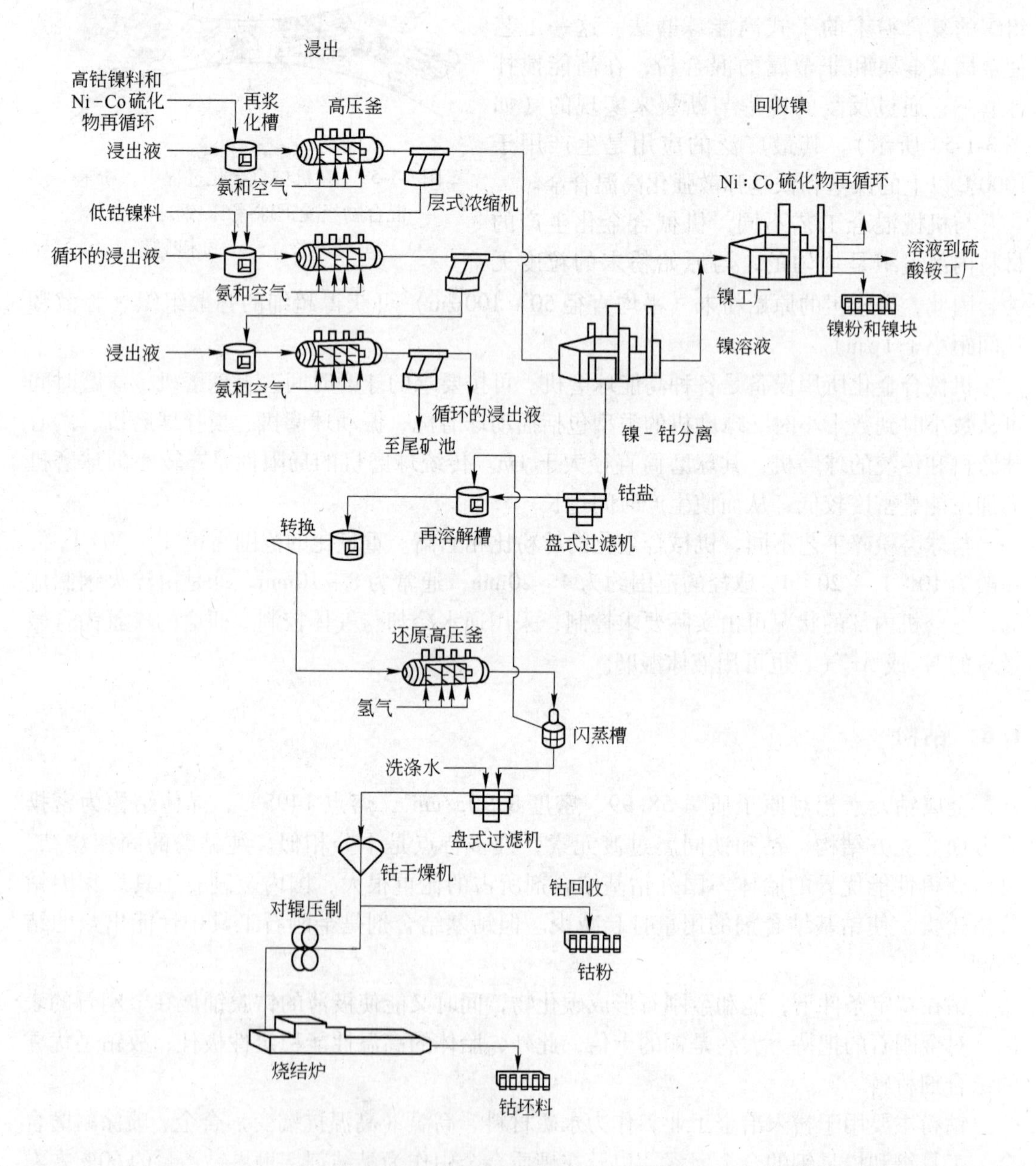

图3-1-54 Sherritt钴精制生产工艺流程

（1）浸出。谢里特-高尔顿工艺法所用的原料为古巴Moa的镍-钴硫化物的混合物，利用氨加压浸出硫化物，以生成六氨硫酸镍与钴络合物溶液。

这一络合物浸出液包含各种硫酸金属氨络合物，严格控制浸出条件，使生成的硫酸钴六氨络合盐达到最大值。这是最关键的。因为随后分离钴的效率主要取决于在浸出液中以钴六氨络合物存在的钴的含量。

浸出液运到钴分离厂。在分离厂将钴以纯钴六氨盐结晶分离出。选择性的提出钴后剩余的富镍溶液直接送到镍厂，溶液经过进一步提纯，最终用于生产镍粉。

（2）镍-钴分离。钴从镍中分离的基础是三价钴的六氨硫酸盐$[Co(NH_3)_6]_2(SO_4)_3$的分离和提纯。分离的第一步是沉淀硫酸钴-镍六氨络合物盐。向浸出液中加入硫酸铵和氨水，反应生成硫酸钴-镍氨复合盐沉淀，其反应如下：

$$[Co(NH_3)_6]_2(SO_4)_3(aq) + 2Ni(NH_3)_6(SO_4)(aq) + (NH_4)_2SO_4 \longrightarrow$$
$$2(NH_4)[Co(NH_3)_6] + [Ni(NH_3)_6](SO_4)_3(s)$$

然后将钴-镍氨盐在水中溶解，不溶于水的硫酸钴六氨络合物沉淀下来，而可溶性的硫酸镍六氨络合物留在溶液中。从钴-镍六氨络合物盐选择性除去镍后，结果得到纯的钴盐，其反应如下：

$$2(NH_4)[Co(NH_3)_6][Ni(NH_3)_6](SO_4)_3(s) + xH_2O \longrightarrow$$
$$2(NH_4)^+(aq) + 2[Ni(NH_3)_6]^{2+}(aq) + 2[Co(NH_3)_6]^{3+}(aq) +$$
$$6(SO_4)^{2-}(aq) + 2[Co(NH_3)_6]^{3+}(aq) + 3(SO_4)^{2-}(aq) \longrightarrow$$
$$[Co(NH_3)_6]_2(SO_4)_3(s)$$

将钴六氨络合物盐进行再结晶进一步除去镍后，洗涤与过滤，然后再将纯的钴盐溶解在硫酸铵溶液中。

（3）钴的回收。通过“转化”这一工序将存在于纯的钴六氨络合物溶液中的三价钴还原为二价钴。由三价钴的六氨络合物转化为二价的氨络合物为歧化反应，它是通过控制加入化学计量的金属钴完成的。反应如下：

$$[Co(NH_3)_6]_2(SO_4)_3 + Co_{(粉)} \longrightarrow 3[Co(NH_3)_4]SO_4$$

加入硫酸中和氨，并保持氨对钴的摩尔比为2.3：1。

$$2NH_3 + H_2SO_4 \longrightarrow (NH_4)_2SO_4$$

在转化完成与调整好氨的浓度后，将溶液加入还原高压釜。在氢气氛中，在高温加压下，在高压釜中，将二价钴的氨络合物还原成钴粉。这项操作是间歇式的。

钴粉的生产，在一个循环中包括两个过程，首先是形核还原，在形核还原中，制取经触媒作用的具有大比表面面积的细钴粉，然后是多达60次的还原沉积增重长大过程。形核还原是借助于添加硫化钠或氰化钠催化剂，生成细钴粉作晶种。形核还原完成时，将溶液倾析，存留在高压釜内的晶种粉末在随后的还原沉积过程中起到催化剂的作用。在循环过程中，通过多次还原沉积，初始的细晶种粉末变粗，或变得密实。

增重密实还原（高压优先还原法）的目的是使还原的钴沉积在晶种颗粒上，直至达到所要求的粉末密度、化学组成和粒度分布。反应如下：

$$[Co(NH_3)]_2SO_4 + H_2 \longrightarrow Co_{(金属)} + (NH_4)_2SO_4$$

还原反应的速率和反应完成的程度取决于几个因素，其中有硫酸铵浓度、氨钴比、温度、氢的分压及晶种材料的数量。每一次增重密实结束后，使粉末沉淀，将用过的溶液倾析，补充新的含钴液。

将粉浆从高压釜放出至闪蒸槽，然后经盘式真空过滤机过滤，洗涤除去硫酸铵、干燥，对产品进行包装。产品可能是钴粉或粉末坯块或钴粉烧结坯块。Sherritt 钴粉的典型性能见表 3-1-35。

表 3-1-35 Sherritt 钴粉的典型性能

化学成分（质量分数）/%					
化学成分（质量分数）/%	钴	99.9	筛分析（质量分数）/%	−100 目	0 ~ 15
				−100 目 +150 目	5 ~ 25
	镍	0.02		−150 目 +200 目	5 ~ 15
	铜	0.005		−200 目 +250 目	5 ~ 15
	铁	0.005		−250 目 +325 目	20 ~ 45
				−325 目	10 ~ 50
	硫	0.03	物理性能		
	碳	0.05	松装密度/g·cm^{-3}		2.5 ~ 3.5

1.6.2 钴氧化物还原钴粉

钴粉的主要用途之一，就是在硬质合金生产中作黏结剂。其生产方法是：在较低温度下，用氢还原钴的氧化物。一般温度低于 800℃，可获得所需较细粒度的粉末。

硬质合金生产所用的钴粉应通过 325 目筛。因为必须用球磨法将钴粉与碳化物粉完全混合均匀，故要求钴粉的粒度要细。还原钴粉的典型性能见表 3-1-36。

表 3-1-36 还原钴粉的典型性能

化学成分（质量分数）/%	钴①	99.60	物理性能		
	镍	0.08			
	铁	0.08	松装密度/g·cm^{-3}		1.8
	硅	0.035	振实密度/g·cm^{-3}		3
	钙	0.020			
	镁	0.020	筛分析（质量分数）/%②	+100 目	0.01
	碳	0.015		−100 目 +200 目	0.04
	锌	0.010			
	硫	0.008		−200 目 +300 目	0.15
	铜	0.001			
	铅	0.003		−300 目 +400 目	0.20
	氢损	0.20		−400 目	99.60

①没有包括氢损。②平均粒度 5μm。

1.6.3 雾化钴基粉末

雾化法生产的钴基合金粉在高温领域得到了广泛的应用，但是在这一节只讨论硬面涂覆粉末。硬面涂覆用的钴基合金通常是钴-铬-钨-镍-碳合金。为尽量减少氧含量，这些粉末都是用气雾化法生产的。

一些制造厂商多采用真空熔炼和惰性气体雾化工艺，而不是采用空气熔炼，随后进行惰性气体（一般为氮气或氩气）雾化。虽然，这些粉末的含氮量为$(600\sim2000)\times10^{-6}$，氧含量却大大低于$1000\times10^{-6}$。要求严格控制熔炼和雾化操作，以生产优质产品。

几种典型合金的成分与硬度列于表3-1-37。

表3-1-37 几种钴基硬面合金的成分和硬度

AWS标识或商标名称	名义成分（质量分数）/%	名义表观硬度		显微组织的硬度		
				基体 DPH	硬颗粒	
		DPH	HRC		种类	DPH
合金21	Co-27Cr-5Mo-2.8Ni-0.2C	255	24~27	250	共晶	900
RCoCrA	Co-28Cr-4W-1.1C	424	39~42	370	共晶	900①
RCoCrB	Co-29Cr-8W-1.35C	471	40~48	420	共晶	900①
RCoCrC	Co-30Cr-12W-2.5C	577	52~54	510	M_7C_3 M_6C	900① 1540
合金20	Co-32Cr-17W-2.5C	653	53~55	540	M_7C_3 M_6C	1700 900
Tribaloy T-800	Co-28Mo-17Cr-3Si	653	54~64	800②	Laves相	1100

①基体和M_7C_3共晶。②基体和Laves相共晶。

1.7 钨粉和碳化钨粉

难熔金属钨、钼、铌、钽和铼具有共同的特征，包括高密度、高熔点和优异的耐磨性和耐酸蚀性。例如，钨的密度是铁的两倍多，在所有元素中，钨的熔点最高，高达3410℃。这些金属都具有体心立方晶格结构（铼除外，铼的晶体结构是六方晶格）。在500℃以上，它们都发生严重氧化。因此，使用时必须用涂层或惰性气氛予以保护。

难熔金属的制取都是首先由精矿加工成中间化学产品；然后将中间化学产品还原成金属，这些金属可能呈粉末状。将纯金属粉或合金粉再进行压制、烧结及后续加工。本书讨论涉及到难熔金属和碳化物粉末生产的原材料、生产过程、粉末性能和最终处理技术。

20世纪初期，钨主要的工业用途是作为合金元素生产高速钢和白炽灯灯丝，所使用的纯钨是以粉末状生产的。从1900年到1912年，只有纯钨粉大量的应用于生产高速钢，高速钢中钨含量大约为质量分数16%~24%。当时，这是钨的主要用途，但是在1915年前后，纯钨粉在高速钢中的应用为铁钨合金替代。

后来（1910~1920年），用金刚石大量生产拉丝模，制造钨灯丝。这种方法生产的灯丝，成本很高，这样促使人们积极寻找金刚石的替代品。在这段时期，Henri Moissan研究了非常硬的钨碳化物（WC和W_2C），被认为是很好的替代品。19世纪末期Henri Moissan研究钨碳化物本想用来生产人造金刚石。但是，用碳化钨粉只能生产出多孔性的和脆性的产品，不能代替金刚石拉丝模。1922年，OSRAM研究小组的研究者们将延展性金属

(Fe、Co) 加入脆性的碳化钨中。将它们的混合粉烧结后得到了高强度、高韧性的合金。这种“硬金属”被命名为“硬质合金”。OSRAM 研究小组主要将这种材料用来制造拉丝模。显然，那时他们根本没有意识到他们的发明的重要价值，该专利仅仅在德国、英国和美国注册，在其他国家却没有注册。

在 1925 年，KRUPP 公司认识到该专利的巨大潜在价值，于是购买了该产品专利权。1927 年，他们引入了这种硬金属，商标名称定为 WIDIA（是 WI-e　DIA-mant 的缩写，在德语中是“接近金刚石”的意思）。从那时，硬质合金完全改变了钨的消费格局，今天硬质金属用碳化钨粉末超过了全世界钨消耗量的 50%。

钨在 3 个经济区（美国、日本和欧洲）的主要应用量如图 3-1-55 所示。在最近 20 年，每年全球钨消耗量在 4 ~5 万吨之间。一半以上是用于碳化钨粉的制造，其次是生产硬质合金。但是，其他很重要的产品也大量使用钨粉，例如：高密度合金（W-Fe-Cu-Ni-Co-合金）、电触头材料（W-Cu，W-Ag）、延性钨（包括灯丝）。

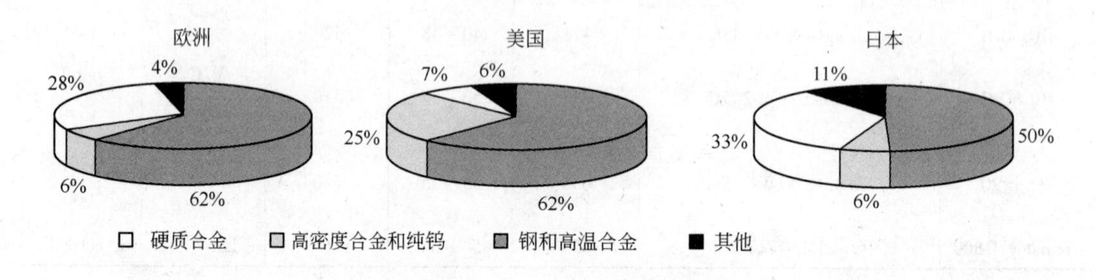

图 3-1-55　世界不同地区钨消耗量的分布图

钨，作为钢和高温合金的合金元素，在铁钨合金中处于主导地位，钨是从精矿或从含钨的废料中制得的。钨也少量地应用于化学产品，例如催化剂，颜料，固体润滑剂和重液体。

1.7.1　钨粉

1.7.1.1　钨粉生产

生产钨的原料主要有白钨矿（$CaWO_4$）、黑钨矿（[Mn, Fe]WO_4）和铁钨矿（$FeWO_4$）等。可用于生产钨的矿石中 WO_3 含量（质量分数）应该大于 0.1% ~0.3%。但是自然界中钨含量（质量分数）能达到 2% 的矿石非常稀少。矿石中 WO_3 的含量（质量分数）平均只有 0.5%。根据矿石中钨含量的不同，采用相应不同的浓缩工艺可以得到 WO_3 含量（质量分数）为 60% ~70% 的生成物，例如重力法和漂浮法。可以代替钨矿的重要原料为含钨废料，它有较高的钨含量。

A　钨矿和钨精矿的化学分解、典型提纯与还原反应

$$\text{黑钨矿}(Fe, Mn)(WO_4) + 2NaOH = Na_2WO_4 + H_2O$$

$$Na_2WO_4 + 2HCl = H_2WO_4 + 2NaCl$$

$$\text{白钨矿}(CaWO_4) + 2HCl \longrightarrow H_2WO_4 + CaCl_2$$

$$12H_2WO_4 + 10NH_4OH = (NH_4)_{10}H_{10}W_{12}O_{46} + 12H_2O$$

$$H_2WO_4 + \Delta = WO_3 + H_2O$$

$$(NH_3)_{10}H_{10}W_{12}O_{46} + \Delta = 10NH_3 + 10H_2O + 12WO_3$$

$$2H_2 + WO_3 = W + 3H_2O$$

B 生产过程

从钨矿到制品的化学加工工艺流程示于图3-1-56。

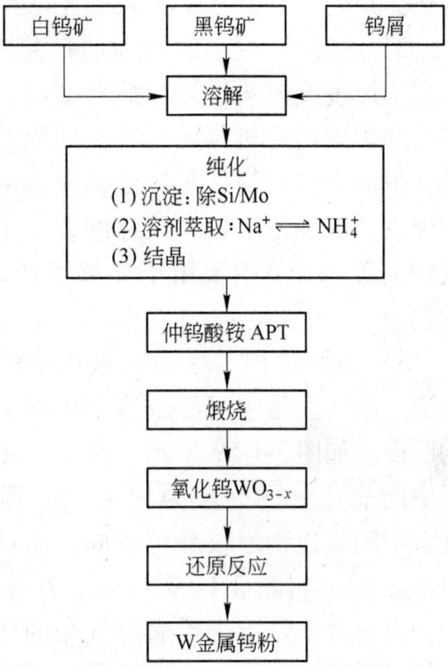

白钨矿　黑钨矿　钨屑

溶解

纯化
(1) 沉淀：除Si/Mo
(2) 溶剂萃取：$Na^+ \rightleftharpoons NH_4^+$
(3) 结晶

仲钨酸铵 APT

煅烧

氧化钨WO_{3-x}

还原反应

W金属钨粉

图 3-1-56 金属钨粉生产工艺流程图

（1）溶解工序。将含钨原料溶解于 NaOH（黑钨矿和钨屑原料）或 Na_2CO_3（白钨矿原料）溶液中形成 Na_2WO_4。

（2）提纯工序。

1）硅，磷，氟，铝和砷通过沉淀除掉。

2）钠被 NH_4 交换并且形成$(NH_4)_2WO_4$ 溶液。这是通过溶剂萃取，即溶液离子交换过程完成的。通过脂肪胺溶于异癸醇和煤油中将钨萃取出来。最后工序是在氨水中再萃取。

3）水和氨蒸发后，仲钨酸铵（APT）结晶出来。APT 是生产高纯钨和碳化钨的中间产物。其他的中间产物如钨酸，由于没有工业价值现在已经完全不生产了。

（3）焙烧工序。在回转炉内将 APT 加热到 400 ~900℃时，氨和水被除去，生成钨氧化物。在过量空气的气氛下，生成物为黄色（WO_3，黄色氧化钨）；在少量空气下，将生成蓝色氧化物（WO_{3-x}，蓝色氧化钨）。

（4）还原工序。用氢气将钨氧化物还原成钨粉。现在工业用的还原炉有两种。一种是多管推进式炉（图 3-1-57），另一种是回转炉（图 3-1-58）。

1）多管推进式炉。钨的氧化物装入扁平金属舟中，将金属舟推进炉管中。在整个还

图 3-1-57 多管推进式炉

图 3-1-58 回转炉

原过程中，粉末层是静态的。粉层厚度和推进周期可以改变，加热区域温度可以控制。典型的还原温度范围为600～1100℃，氢气通常是反向流动。在还原过程中，粉末层产生的水分的消除受氢气流动速度的影响。通过改变还原参数，如还原温度和粉末层的厚度，将粉末颗粒的尺寸控制在0.1～100μm范围内。但是，生产细粉比生产粗粉的效率低。多管式还原炉的优点是可以非常灵活的生产不同粒度的粉末。

2）回转炉。将钨氧化物直接装入回转炉的炉管内。粉末层在炉内处于运动状态。粉末层的厚度受进料速度、旋转速度、炉的倾斜度和炉内提升机构的影响。还原温度与推进式炉的温度相当，氢气流动大部分也是反向流动。关于粉末颗粒尺寸的改变不如推进式炉灵活。目前主要用于连续生产1～3μm的钨粉。

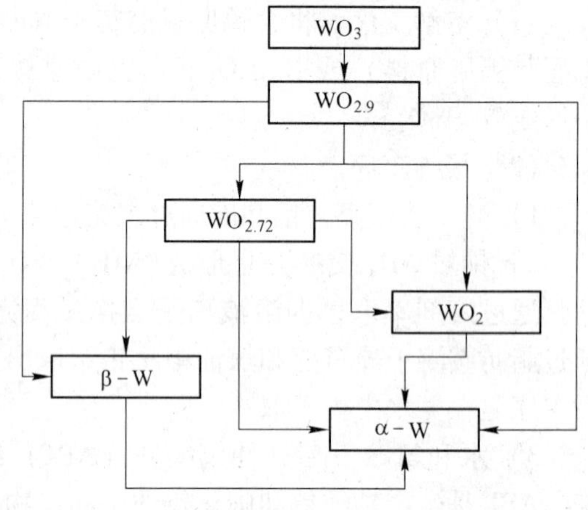

图3-1-59 钨在500～1000℃开始氧化

3）还原过程。尽管钨氧化物的还原是一道工序，但是中间经过多个中间氧化产物的阶段，如图3-1-59所示。决定还原生成哪种中间氧化物的因素为粉末层的温度和湿度。中间氧化物不仅颜色不同，而且其形态也不相同，如图3-1-60所示。在还原过程中，形态改变是由于钨通过气相的化学气态转移（CVT）所致。已证实$WO_2(OH)_2$是系统中最容易挥发的化合物，它对钨的气相转移起决定作用。图3-1-61为从WO_2到W的CVT反应。如果p_{H_2O}/p_{H_2}的分压比足够低（在一定的温度下），从WO_2到W的还原反应就会开始。从热力学观点来看，WO_2和W都可能生成$WO_2(OH)_2$，但是在W上平衡压较低，所以产生从WO_2到W的$WO_2(OH)_2$ CVT，金属钨沉积下来，导致钨晶体的生长。CVT机理使得可以通过控制温度和湿度（局部的

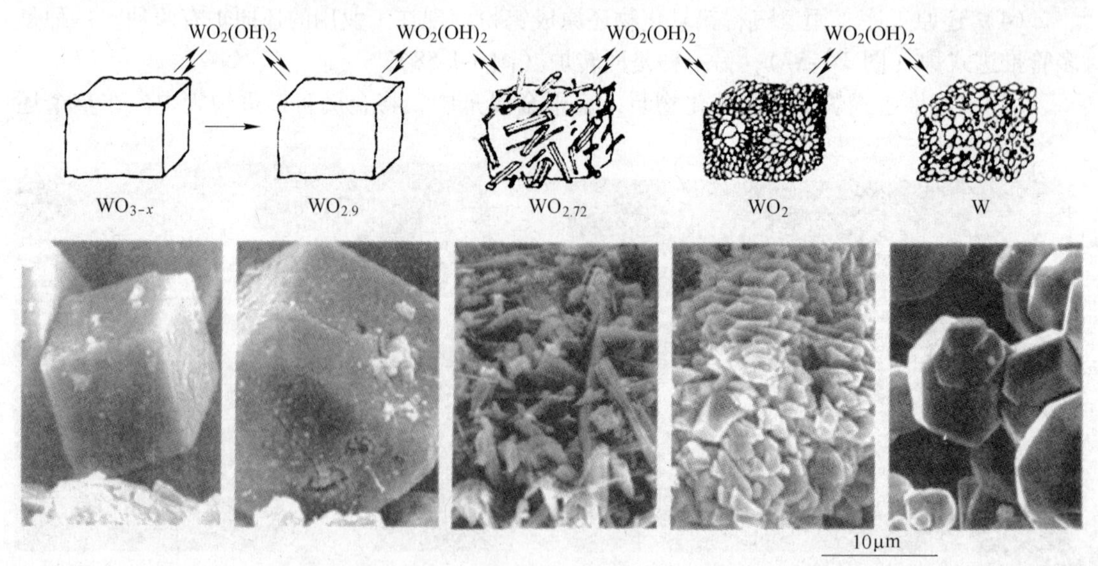

图3-1-60 在1000℃的温度下还原，形态的变化

p_{H_2O}/p_{H_2}的压力比）来控制金属钨粉的颗粒尺寸，如图 3-1-62 所示。

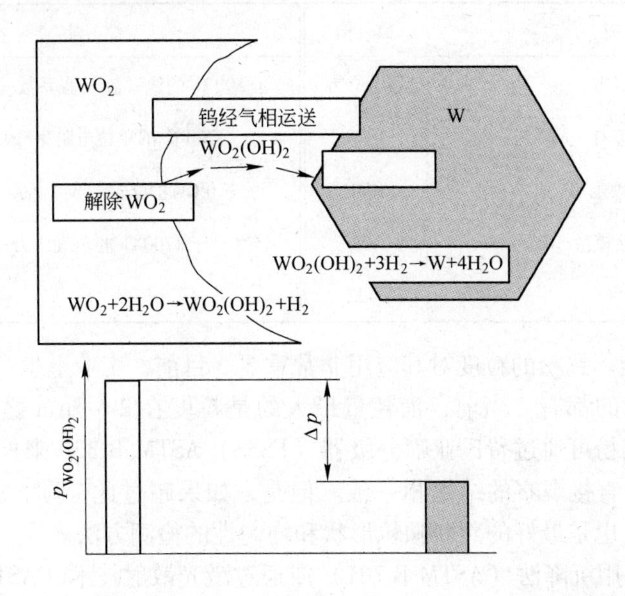

图 3-1-61 在 WO_2 到 W 的还原工序中，W 的化学气态转移（CVT）

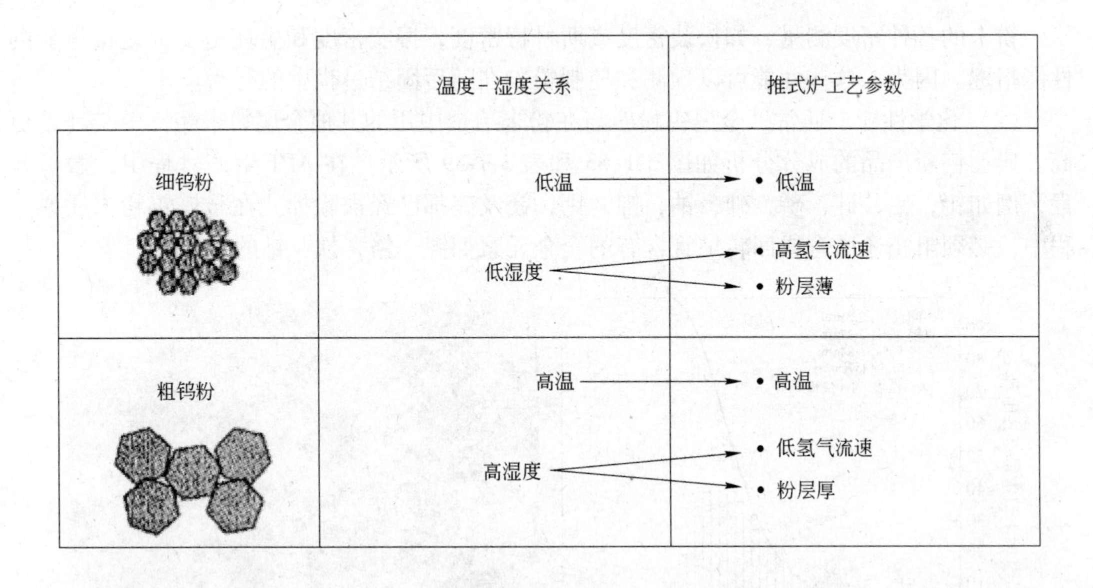

图 3-1-62 在推进式炉中 W 粉末粒度的控制

1.7.1.2 钨粉性能

钨有两种卓越性能：一是极高的密度（19.3g/cm^3），二是在所有金属中具有最高的熔点 3422℃（表 3-1-38）。它不能用一般铸造技术成形，钨粉几乎只能用粉末冶金技术进行固结。因此，为了获得具有所要求性能的固结的钨制品，对于任何固结，明确详尽的粉末规范都是非常重要的。钨粉的性能与其技术规范可分为物理性能和化学性能。

表 3-1-38 钨的性能

性 能	数 值	性 能	数 值
晶体结构	体心立方	于500℃ 的线［膨］胀系数/mm · m^{-1}	2.3
于20℃ 的密度/g · cm^{-3}	19.3	于20℃ 的单位电阻率/μΩ · m	0.055
于0℃ 的硬度 HV	450	于0℃ 的热导率/W ·（m · K）$^{-1}$	129.5
于0℃ 的弹性模量/GPa	407	于1700℃ 的蒸气压力/Pa	1×10^{-10}
熔点/℃	3422		

（1）物理性能。钨粉的粒度对其应用非常重要。目前，工业上生产的钨粉，其粒度从亚微米到几百微米的都有。当前，消耗量最大的是粒度在 2 ~ 5μm 之间的钨粉。粒度在 1 ~ 10μm 之间的钨粉可通过费氏亚筛分级器（FSSS）ASTM B 330 来检测，其结果和通过扫描电镜（SEM）直接观察的结果相一致。但是，如果超过此范围，就只能通过 SEM 来准确地评定。SEM 也是最好的判断颗粒形状和均匀性的检测方法。

粒度分布可以用沉降法（ASTM B 761）或通过激光散射技术（ASTM B 822）来测量。通过适当的调整还原参数，可获得窄的或宽的粒度分布，以满足各种应用对钨粉的不同要求。

粉末的各种密度测量，如松装密度或斯科特密度，振实密度和生坯密度都是很重要的性能指标。因为，这些性能可以预测和控制粉末在随后固结过程中的行为。

（2）化学性能。通常，金属钨粉，与在粉末冶金中用的其他金属粉末相比，其纯度更高。典型钨粉产品的成分分析如图 3-1-63 和表 3-1-39 所示。在 APT 生产过程中，微量元素，例如钼，铝，硅，磷，砷，钠，钾，钙，镁及硫都已经被除掉。在金属钨粉末还原过程中，必须阻止还原舟或回转炉管含有的合金元素如镍，铬，铁，钴的混入。

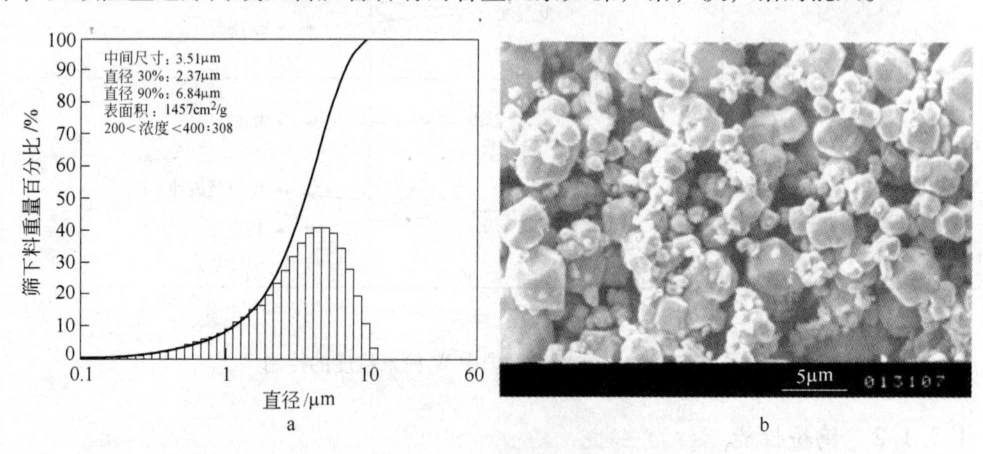

图 3-1-63 典型的中位粒径钨粉的分析结果

1.7.1.3 钨的应用和特殊产品

（1）超纯粉末（UHP）。制造半导体的溅射靶需要超纯（5N 与 6N）钨粉。特别是掺入 α 源，诸如铀和钍是很关键的，和其含量必须控制在十亿分之一以下。自由碱离子（例如钠钾离子）保持在 0.1×10^{-6} 含量以下。预选 APT 通过多次萃取和结晶工序来保证需要的纯度，以上工序必须在清洁的室内条件下完成。

表 3-1-39 典型的中位粒径钨粉的分析结果

2~5μm 钨粉的物理性能分析		数值	微量元素（质量分数）/%	Cr	$<10\times10^{-6}$
BET 表面/$m^2\cdot g^{-1}$		0.18		Cu	$<2\times10^{-6}$
FSSS 颗粒尺寸/μm	工业样品	3.27		Fe	12×10^{-6}
	实验室样品	2.93		K	$<4\times10^{-6}$
孔隙度	工业样品	0.661		Mn	$<1\times10^{-6}$
	实验室样品	0.497		Mo	$<20\times10^{-6}$
				Na	9×10^{-6}
斯科特密度/$g\cdot cm^{-3}$		3.17		Ni	$<5\times10^{-6}$
微量元素（质量分数）/%	Al	2×10^{-6}		O	210×10^{-6}
	C	11×10^{-6}		P	$<20\times10^{-6}$
	Ca	$<2\times10^{-6}$		S	$<5\times10^{-6}$
	Co	$<5\times10^{-6}$		Si	$<10\times10^{-6}$

（2）纯钨材料。将钨粉先压制和烧结成棒材，然后再生产成线材和片材制品。为达到合适的高致密度，应采用高烧结温度（在 2500~3100℃之间）。这时，在这个阶段仍然存在的大部分杂质被挥发掉。将制得的烧结钨棒材在高温下进行旋锻造或轧制，以便将棒材进一步拉拔成丝材或轧成片材。这种纯钨材料广泛用于高温应用上，例如高温炉构件。

（3）抗下垂钨丝。白炽灯钨丝必须避免在很高使用温度下的蠕变。灯丝不得下垂。几十年前一次偶然发现，在钨中掺入微量钾可成功地避免白炽灯钨灯丝下垂。现在的技术是在还原前将 Al，Si 和 K 的混合物加入氧化钨中。在还原过程中，掺杂元素进入到钨粉颗粒中。在随后的烧结过程中，Al 和 Si 蒸发掉了，而 K 原子太大，以致不能扩散穿过钨晶格。这就导致了钾作为夹杂掺入钨中。在拉丝过程中，微小的钾粒被拉长，最后变成一排排平行于丝轴的细小钾泡，构成一种伸长的联锁组织。在高温再结晶过程中，钾泡通过和弥散硬化相同的作用，阻止位错运动和垂直于丝轴的晶界迁移，从而保持组织的稳定。这种特殊的组织是保证灯丝不下垂的原因。

（4）氧化物弥散的钨。将金属钨粉和含钍化合物（例如 ThO_2 或硝酸钍）混合，压制烧结，并进一步加工成丝材和板材。主要用于以下两个方面：

1）焊接电极，钍具有高电子发射能力，因此用于形成稳定电弧。

2）改善（通过弥散硬化）钨片材和钨丝材的物理性能（例如，应用在汽车抗振灯上）。

由于放射性钍会对环境造成污染，因此其替代品已研制成功。La 和 Ce 被认为是潜在的代替焊接电极中钍的理想材料。但是在照明应用上的替代品还没有找到。

（5）钨复合材料。钨粉与其他的金属粉末（例如 Fe，Ni，Cu 和 Co 等）混合，能够在 1500℃的温度下进行液相烧结，形成所谓的“重合金”。该复合材料具有高密度（17~19g/cm^3）和高延展性，可用作配重材料，高能穿透体和射线屏蔽材料。

将金属钨粉压制成多孔性骨架，使铜合金或银熔渗到多孔性骨架中，从而可制成复合材料。W-Cu（W-Ag）复合材料具有高电导率和耐电弧稳定性，因此被用作电触头。最近开发出了W-Cu复合粉末的生产方法，可以直接将W-Cu复合粉末压制成形并烧结，从而不再进行熔渗和切削加工。这对于用作半导体工业的散热材料特别重要。

1.7.1.4　回收

目前几乎所有的钨产品都可以大量的、经济的回收利用。甚至是低级的未分拣的废料，只要含有大量的钨，都可作为化学APT生产工艺或钢工业合金化的原材料。从经济角度考虑，任何选择或使用已被分类的钨废料都是理所当然的。典型的例子包括：

（1）生产纯钨的废料能在高能球磨机上磨碎，然后直接用于质量要求较低的产品中。

（2）重合金车削加工的车屑，经过氧化和还原工艺转变成可利用的粉末。较大块的可以切削加工成较小块的零件进一步回收利用。氧化工序会导致固态碎屑全部分解成氧化物粉末，其中包括WO_3与钨酸铁，钨酸镍或钨酸钴。后续以氢还原会生成金属粉末，从而重合金原来的所有成分都仍然存在。

（3）复合材料废料的混合物，如W-Cu，很难被氧化，所以不适合化学回收法，也不适合钢工业回收，因为铜对钢有不良影响。一种可供选择的方法是用$NaNO_2$，$NaNO_3$和Na_2CO_3的混合物熔融盐浸煮，然而这种方法会产生NO_x而污染环境。另一种可行的方法是电化学法回收钨。

（4）W-Th回收的特殊问题是它有放射性。在钢工业中进行回收，在前些年几乎是不可能的。化学回收法的传统工艺会导致钍不完全分离，因此也是不适用的。这种材料的唯一回收方法尚在研究中，该方法是基于电解溶于氨水中的钨。实施该工艺的难度在于要找到一种能防止任何放射裂变产物溶解的方法。

1.7.2　碳化钨粉

世界上大部分的碳化钨粉是采用常规工艺方法生产的。这种灵活的工艺方法生产的碳化钨粉粒度范围在0.15～50μm之间。这个范围的产品几乎满足所有的工业要求，下面简要介绍几种可代替传统生产工艺的生产方法。

1.7.2.1　生产

传统生产工艺的主要生产工序为：将钨粉与高纯度炭黑混合，装入石墨舟中，然后推入高温炉中，在氢气保护气氛下于温度1300℃下进行碳化。与还原钨粉不同的是：其温度更高，而且使用单管推舟炉。钨粉的粒度直接决定碳化钨粉的粒度（图3-1-64）。

碳化钨粉冷却后，用球磨机、气流磨或者颚式破碎机等进行粉碎。粉碎工序只是将粉块中相互黏结的颗粒分散开，并不是用来调整粉末粒度。最后是将粉末合批（在双锥混料机中）和筛分。

A　细颗粒碳化钨粉生产

近来，市场对粒度小于1μm碳化钨粉的需求正逐渐增加。但常规工艺，生产细颗粒碳化钨粉效率非常低，促使人们开发新的生产工艺。

东京钨公司采用对WO_3直接碳化来生产细颗粒碳化钨粉代替传统工艺。目前该工艺已经广泛应用于工业规模化生产。主要生产工序如下：

（1）将氧化钨和炭黑混合制成团粒。

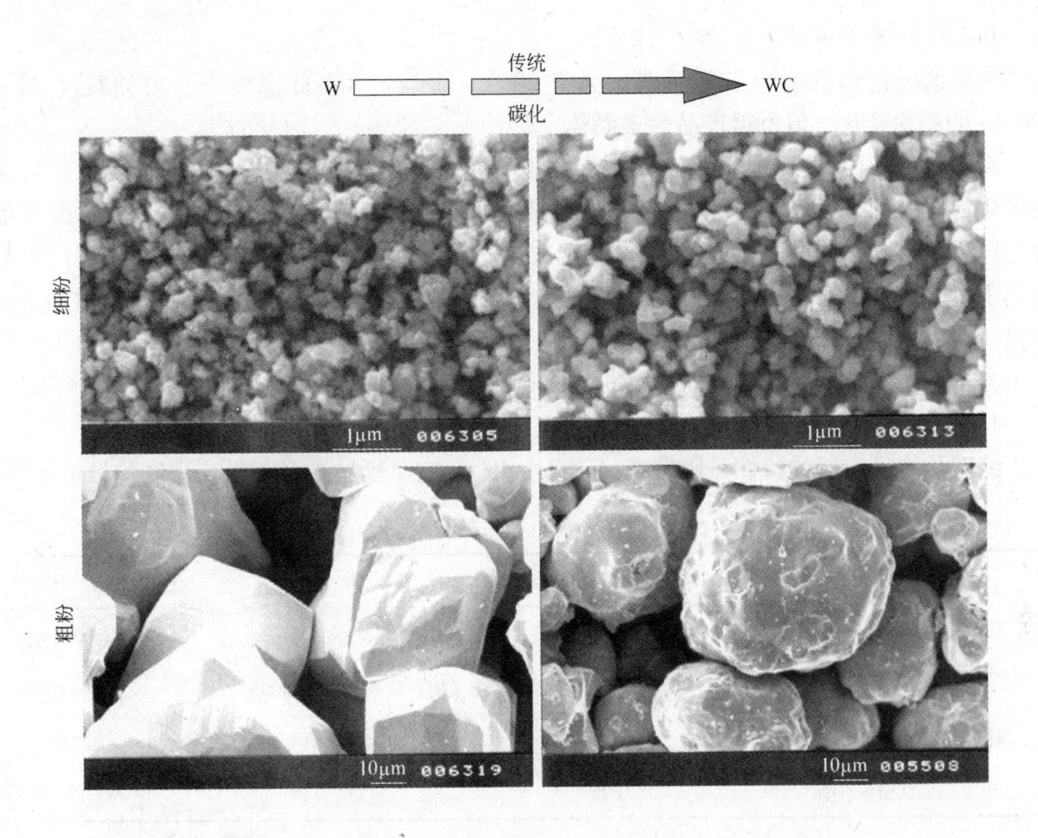

图 3-1-64 W 和 WC 的超细粉和粗粉的颗粒尺寸之间的联系

（2）在 1600℃下的回转炉中加热反应生成碳化钨粉末，分为两个工序：首先是在氮气保护气氛下，碳将 WO_3 还原成钨。接着在氢气保护下将钨碳化为 WC。这可以生产出粒度为 0.1～0.7μm 的碳化钨粉末。

最近 Dow 化学公司已研究出另外一种直接碳化工艺来生产细颗粒碳化钨粉的方法。

（1）WO_3 和炭黑的混合物通过一温度为 2000℃左右的立式反应器落下，反应时间只有几秒钟，迅速生成 W，W_2C，WC 和 C 的中间混合物。

（2）所得的中间混合物必须再次经过较传统的碳化工序。

这些通过直接碳化工艺制得的粉末，其粒度在 0.1～0.8μm 之间，同常规工艺生产的最细粉末的粒度相同。

粒度小于 0.1μm（100nm）的粉末，即所谓的纳米粉，有两种生产工艺。一是由 Nanodyne 有限公司开发并推广的喷射转化工艺。将钨与钴盐的水溶液“喷射干燥”，然后还原，用混合气体 H_2-CH_4 或 CO_2-CO，在流化床反应器中碳化，所得产品粒度较粗，约 75μm。该产品为中空 WC-Co 复合粉末颗粒，其中的 WC 晶粒尺寸约 30nm。这种产品必须经过球磨，才能得到可用于压制成形的粉末。

二是由 H. C. Starck 开发的化学气态反应法（CVR），并已取得了专利。该工艺是基于金属卤化物和不同混合气体的气相反应，以制成纳米大小的粉末（5～50nm）。但这种工艺更适合于生产Ⅳ和Ⅴ族难熔金属的氮化物或碳化物（例如 TiN）。

B 粗粒碳化钨粉末生产

常规的碳化钨粉生产工艺受碳化温度2000℃的限制。在此温度下，可使粒度50～100μm的钨粉碳化，但所得产品为多晶体。

碳化钨单晶体在能同时溶解碳和钨的液相中可快速生长。溶剂法（又称粗粉工艺）是使碳化钨在辅助金属（如Fe）的溶液中形成。首先，钨精矿与Fe_3O_4，Al，CaC_2或C混合物经过放热反应（通过启动器点燃）生成WC，Fe，CaO和Al_2O_3。然后，使反应温度达到2500℃，在60min内完成还原和碳化。为得到粉末状WC，用热盐酸将固态辅助金属溶化。然后，通过筛分可以获得所需粒度的WC粉末。用溶剂法生产的WC粉末，大部分为单晶多面体颗粒，大约含有0.2%的Fe，粉末粒度为-40目。

1.7.2.2 性能及应用

纯碳化物最重要的特性是硬度高（表3-1-40），它是硬质合金获得高硬度的根本原因。

表3-1-40 WC的性能

性 能	数 值	性 能	数 值
晶体结构	密排六方	熔点/℃	2600分解
密度/g·cm^{-3}	15.7	线［膨］胀系数(20～400℃)/K^{-1}	5.2×10^{-6}
显微硬度HV/dN·mm^{-2}(MPa)	2080	电阻率/μΩ·m	22
弹性模量/GPa	696		

硬质合金，它综合了WC的高硬度和金属黏结剂（例如Co，Ni，Fe）的高韧性性能。

为制造硬质合金，WC粉和Co粉需经过混合、压制和液相烧结等工序。Co对WC的优异润湿性是关键因素。通过改变WC的粒度（1～10μm）和不同的Co含量（w(Co)=3%～30%），可以生产出硬度和韧性不同的硬质合金。一个很重要的规律是：WC颗粒越细，Co含量越小，硬质合金的硬度就越高，韧性就越低。在工业的一些特殊情况下，向合金中加入其他碳化物如TiC，TaC或TiCN用于切削钢材。WC粉末的性能分为物理性能和化学性能，下面予以介绍。

（1）物理性能。对于粉末的粒度和粒度分布已经有很多可测试方法和特征值。但是直到现在，还没有一种方法考虑到WC颗粒可能是单晶或是多晶体。图3-1-65表明具有相同粒度的WC粉末，每个颗粒中的晶粒尺寸差别很大。采用不同的制粉工艺，同样的粉末颗粒既可能是单晶，也可能是多晶。这对生产硬质合金时粉末的性能具有强烈影响。

在烧结过程中，多晶颗粒会分解成亚晶粒。这样单个WC颗粒中亚晶粒越多，硬质合金的微观结构更精细。这对于粒度超过1μm的粉末来说是非常重要的。粒度小于1μm的粉末和特别是超细WC粉末，测量粉末粒度变得更加困难。粒度测试表明，FSSS粒度约为0.6μm的粉末，通过SEM测量粒度为0.3μm。另外，用BET表面面积测量方法来测量超细WC颗粒尺寸是不适宜的，因为该方法对表面粗糙度很敏感，不能准确测量颗粒尺寸。例如，颗粒的表面粗糙度很高，该方法会得出表面面积很大导致测量的粒度偏小的错误结果。在以上例子中，测量的粉末性能虽然可以检测一种工艺生产的粉末各批次之间性

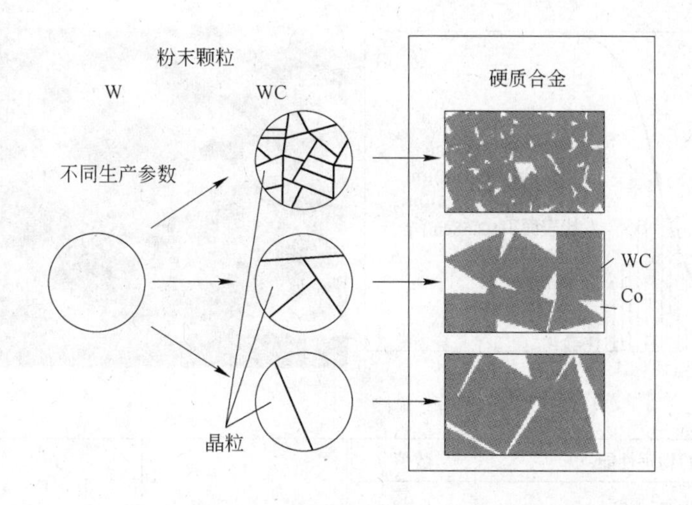

图 3-1-65 碳化钨颗粒中晶粒大小对硬质合金的影响

能的可靠性，但是不能预测烧结硬质合金的性能。这应该通过烧结试验来评价。其他的物理性能，如斯科特、振实及生坯密度对预测和控制烧结过程中的收缩是十分重要的，因为多数硬质合金零件都要求烧结到规定尺寸。

（2）化学性能。WC 最重要的化学性能是碳含量。化学计量 WC 的碳含量为质量分数 6.135%。从热力学的角度看，WC 稳定范围很窄。这样，缺碳时，会生成非化学计量的 W_2C；而碳含量过量时，会有游离碳出现（C_f）。工业生产的 WC 粉末，通常会有少量的游离碳存在（质量分数大约为 0.03%）。即使 WC 总碳含量低于化学计量 WC 的碳量，仍会有微量的 W_2C 和 C_f 共同存在。对于硬质合金生产，C 的平衡非常重要，因为缺 C 时，会生成脆性 η 相（Co_3W_3C）；C 过量时，将有石墨相沉淀。这两相都会影响产品的力学性能。

为了防止硬质合金在烧结过程中产生晶粒长大，通常往细 WC 粉末中加入一些元素（V，Cr，Ta 和 Nb），加入量为质量分数 0.1% ~1.5%。这些元素可以碳化物状加入 WC 粉末，也可以氧化物或碳化物状在碳化之前加入 W 粉中。WC 粉末中可含有一定数量的微量元素如 Ni，Fe，Co（100×10^{-6}或者更高）。但是，其他的杂质由于会对硬质合金的性能产生不利影响，因此，其含量必须控制在非常低的 10^{-6} 范围，典型的有害元素如 Ca，S，Si 和 P 等。图 3-1-66 是对一种超细碳化钨粉末的检测结果。

1.7.2.3 主要应用

（1）金刚石工具。在金刚石工具生产中，碳化钨粉末用于调整胎体的性能。

（2）硬面堆焊。碳化物/金属混合物非常接近于硬质合金的成分，堆焊在机器零件表面上以改善耐磨性能。可以通过火焰或等离子喷涂或者通过电极熔焊来实现。对于该应用，不仅使用上述的碳化钨粉，而且还使用所谓的铸造碳化钨，铸造碳化钨是由 W_2C-WC 的混合物破碎而制成的。

（3）电触头。WC 粉末较少量地用于制造 WC-Ag 触头。

（4）催化剂。细碳化钨粉具有较大的比表面积，可用作电化学反应催化剂。

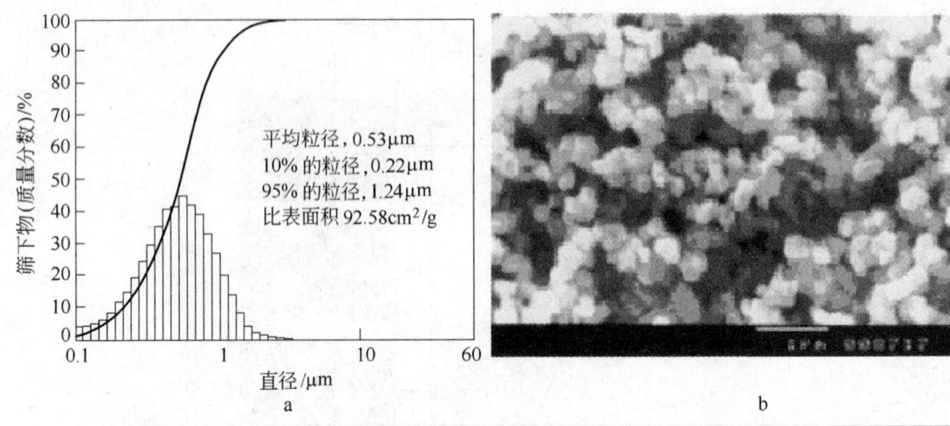

WC05D 的物理性能		数值
BET 表面/$m^2 \cdot g^{-1}$		1.90
FSSS 颗粒尺寸/μm	工业样品	0.53
	实验室样品	0.56
孔隙度	工业样品	0.698
	实验室样品	0.654
斯科特密度/$g \cdot in^{-3}$		24
成分（质量分数）/%	C（总碳含量）	6.23
	C（其中游离碳）	0.04
	Cr_3C_2	0.64
	VC	0.32

微量元素（质量分数）/%		
	Al	10×10^{-6}
	Ca	3×10^{-6}
	Co	$<5\times10^{-6}$
	Cu	$<2\times10^{-6}$
	Fe	46×10^{-6}
	K	$<4\times10^{-6}$
	Mn	$<1\times10^{-6}$
	Mo	$<20\times10^{-6}$
	Na	3×10^{-6}
	Ni	$<5\times10^{-6}$
	O	1440×10^{-6}
	P	$<20\times10^{-6}$
	S	6×10^{-6}
	Si	$<10\times10^{-6}$

图 3-1-66 超细碳化钨粉末分析

1.7.2.4 回收

A 回收废料

由于大部分碳化钨粉用来制造硬质合金，下面主要介绍硬质合金的回收。硬质合金的废料分为两部分。

（1）软质废料、废粉，诸如硬质合金研磨的碎屑，过滤出的粉尘，散落地上的废粉，破碎的零件生坯等。

（2）硬质废料，指的是已烧结的零件，包括生产的废料或报废的零件。

B 回收工艺

硬质合金回收（图3-1-67）有以下几种工艺：

（1）分拣过的硬质废料很容易转化为用于压制和烧结的粉末。最重要的工艺就是“锌熔工艺”，如图3-1-67所示。另一种工艺也用于工业规模生产，即冷气流粉碎工艺(图3-1-68)。对于含有较少黏结剂的脆性硬质合金来说，机械破碎也是一种可行的方法。

（2）通过化学方法除去黏结相金属，留下碳化物。用于浸出工艺的硬质废料的成分决定了回收碳化物的质量。

（3）所有被污染的粉末废屑和硬质废料都可用化学转化工艺处理（图3-1-69），可获

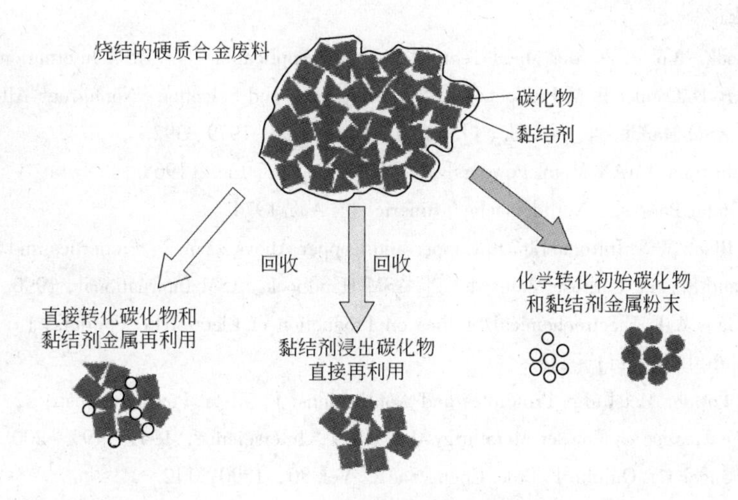

图 3-1-67 不同的硬质合金回收工艺

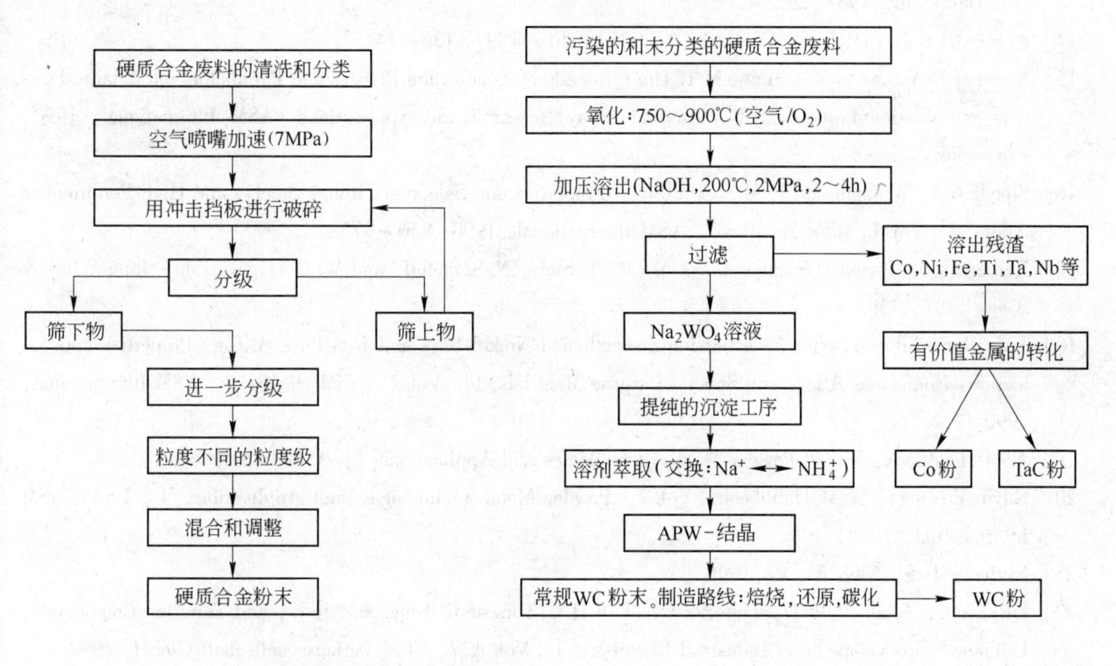

图 3-1-68 冷气流粉碎法

图 3-1-69 化学转化工艺

得硬质合金组分的原始粉末。

由于硬质合金价值较高、基于废料处理和保护自然资源的严格法律要求，使得回收非常重要，而且在将来会更加重要。

参考文献

[1] 美国金属学会．金属手册，第九版，第七卷，粉末冶金[M]．韩凤麟译．北京：机械工业出版社，1994.

[2] 黄培云．粉末冶金原理[M]．北京：冶金工业出版社，1997.

[3] 韩凤麟，马福康，曹勇家．中国材料工程大典，第14卷，粉末冶金材料工程[M]．北京：化学工业

出版社，2006.
[4] ASM Handbook，Vol. 7. Powder Metal Technologies and Applications[J]. ASM International，1998.
[5] Klar E，Berry D. Copper P/M Products，Vol. 2，Properties and Selection：Nonferrous Alloys and Pure Metals，Vol. 2，ASM Handbook，9th ed. [J]. ASM International，1979，392.
[6] Technical data from AMAX Metal Powders[J]. AMAX Copper，Inc.，1968.
[7] Peissker E. Metal Powders，Norddeutsche Affinerie[J]. Aug. 1974.
[8] Tyler D E，Black W T. Introduction to Copper and Copper Alloys，Vol. 2，Properties and Selection：Nonferrous Alloys and Special Purpose Materials[J]. ASM Handbook，ASM International，1990，216 ~ 240.
[9] Kumar D，Gaur A K. Electrochemical Studies on Production of Electrolytic Powders[J]. J. Electrochem. Soc. India，July 1973，211 ~ 216.
[10] Lenel E R. Powder Metsllurgy Principles and Applications[J]. Metal Powder Industries，1980.
[11] Goetzel C G. Treatise on Powder Metallurgy[J]. Vol. 1，Interscience，1949，199 ~ 200.
[12] Mond L，Langer C，Quinke F. Proc. Chem. Soc.，Vol. 86，1890，112.
[13] Goldberger W M，Othmer D F. The Kinerics of Nickel Carbonyol Formation[J]. Ind. Eng. Chem，Process Des. Dev.，July 1963，202 ~ 209.
[14] Kerfoot D G E. CIM Bull.，Vol. 82 (No. 926)，June 1997，136 ~ 141.
[15] Kammer P A，Simm W，Steine H T. The Influence of Atomization Process and Parameters on Metallic Powders and Coating Properties[J]. Thermal Spray Research and Applications，ASM International，1990，773 ~ 776.
[16] Stoloff N S，Wrought and P/M Superalloys，Properties and Selection：Irons，Steels，and High-Performance Alloys[J]. Vol. 1，ASM Handbook，ASM International，1990，950 ~ 975.
[17] Reichman S，Chang D S. Superalloys Ⅱ，C. T. Sims，N. S. Stoloff，and W. C. Hagel，Ed.，John Wiley & Sons，1987，459.
[18] J. de Barbadillo，Fischer J. Dispersion-Strengthened Nickel-Base and Iron-Base Alloys，Properties and Selection：Nonferrous Alloys and Special Purpose Materials[J]. Vol. 2，ASM Handbook，ASM International，1990，722.
[19] ASM Handbook，Vol. 7. Powder Metal Technologies and Applications[J]. ASM International，1998.
[20] Gavin Freeman，ASM Handbook，Vol. 7，Powder Metal Technologies and Applications[J]. USA；ASM International，1998，108.
[21] Kerfoot，U S，5468281[P]. 1995.
[22] Lassner E，Schubert W D，Luderitz E，Wolf H U. Tungsten，Tungsten Alloys，and Tungsten Compounds，Ullmann's Encyclopedia of Industrial Chemistry[J]. Vol. A27，VCH Verlagsgesellschaft GmbH，1992.
[23] Schubert W D. Int. J. Refract. Met. Hard Mater.，Vol. 9，1991，178.
[24] Fukuda Metal Foil & Powder Company. MPR，1983，38(5)：277.
[25] SCM Metal Products，Inc.，MPR，1993，3：36.
[26] Morgan V T. Copper powder metallurgy for bearings[J]. International Journal of Powder Metallurgy & Powder Technology，1979，15(4)：279 ~ 299.

（北京有色研究总院：万新梁，汪礼敏；
北京科技大学：郭志猛）

2　超细预合金粉末

2.1　超细预合金粉末特性及其应用

2.1.1　超细粉末的特性及应用

超细粉末是20世纪发展起来的一种具有全新结构的材料，超细粉末属于微观和宏观之间的过渡区域，随着物质的超细化，其表面分子排列及电子分布结构和晶体结构均发生变化，从而使得超细粉末具有一系列优异的物理、化学及表面和界面特性，从而具有广泛的应用前景，因此受到材料科学家和工程技术人员的高度重视，促使其研究、开发和应用迅速发展。

超细粉末的基本性质主要体现在两个方面，即表面效应和体积效应：

由于粒子表面处化学环境与内部完全不同，球形粒子的表面原子比例大体和 a/r 成正比（r 为粒子半径，a 为原子半径），因此 r 下降，表面原子占全部原子数分数增加。随着粒径减小，表面原子数迅速增加。当粉末粒度在几个微米时，粒子表现出来的表面性能即极为显著，这就是表面效应。

由于超细粉末中构成微粒的原子或分子个数是有限的，相应的电子数也有限，因此金属的能级间隔就成为有限值，就不一定是能带了。由此可以预计电子的自旋配置，电子比热容，光吸收等各种性能以及金属超微粒的导电性也要变化，这就是超细粉末的体积效应，这种体积效应在磁记录材料中应用较多。

超细粉末的特殊性质为其广泛应用奠定了基础。表3-2-1给出了它在磁学、电学、光学、热学和机械领域的一些应用情况。

表3-2-1　超细粉末的性质与应用

性 能	特 征	对 象	应 用 例 子
化学	具有表面活性	Fe、Co、Ni、Pt、Pd、Al、SnO_2	催化剂、气体敏感器、化学能-热能转换器
磁学	铁磁体的金属和合金的矫顽力和残留磁化增大	Fe-Co-Ni 合金磁性材料	磁记录、磁铁、磁性流体
电学	易带电，电子易逸出	Al、Ag、Cu、Ag-Pb、WO_3、LaB_6	导电膏、导电有机物、电子元件、热电子发射器、静电屏蔽
光学	光吸收增大，选择吸收	Ag、Cr、Cu、Si	红外探测、光选择吸收、滤光材料、太阳能电池、涂料
热学	表面能大，熔点降低，易烧结	Al、BN、SiC、Si_3N_4	高热导LC基板、微孔过滤器分子膜、烧结添加剂
机械	组织微细，超塑性	WC + Co、W + Ag、ZrO_2、SiC、Al合金	超硬合金、粒子强化塑性陶瓷刀具

催化效应，是将物质的表面晶格杂散部分作为活性中心（有效中心）进行反应。超细粉末的比表面积大，表面活性中心多，表面活性高并处于高反应性状态，作为高效率的催化剂是很合适的，常见的 Cu、Ag、Pb 等金属及其合金的超细粉都是良好的催化剂。再如，将固体氧化剂、炸药及催化剂超细化后，制成的推进剂的燃烧速度较普通推进剂的燃烧速度可提高 1 ~ 10 倍，这对制造高性能导弹十分有利。此外，没有催化剂特性的合金系，如 Cu-Zn 合金系，经超细化后，亦出现了催化剂特性。

铁系合金超细粉末的磁性比其块状的磁性强得多，粒子大小在 10 ~ 100nm 时，即使不磁化也属永久磁体。物质（如铁磁体）的超细粉末的最重要的应用之一即利用其磁性的变化。如利用 γ-Fe_2O_3、CrO_2 和金属 Fe 超细粉末已研制出性能更佳的超高密度磁性录音带、录像带和磁鼓，具有良好的稳定性。如作为音频记录的盒式录音带已形成标准档、高档和金属带档，并正在朝着追赶 CD 唱片音质方向发展；标准盒式录像带在保证高输出特性条件下，磁层已减薄至 3200nm。可以说，超细磁粉掌握着当今磁记录介质工业的命运。

粉末粒径变小时，具有大的比表面积和比表面自由能，粉末表面和内部有多种晶格缺陷，贮存着过剩能量，系统处于亚稳状态，过剩的表面能量就成为烧结过程的推动力，使超细粉成为一种有效的烧结添加剂。如 AlN 是一种非常重要的高导热陶瓷，制成集成元件的基板取代现有的 Al_2O_3 基板材料，可以提高热导率 5 ~ 10 倍，从而可以解决集成元件的集成度提高而带来的散热难的问题。再如，超细粉末由于粒径的变小，表面层原子数相对增多，表面和内部的晶格振动发生变化。表面原子处于高能量状态，活性比内部原子高，故融化时所需能量较少，熔点降低。在制造碳化钨（WC）等高熔点材料时，如果在原材料粉末中使用超细粉末的话，可以期望在很低的温度、不含添加剂的情况下获得高密度烧结体。

此外，超细合金粉末还可以制成一些具有特殊用途的功能材料，如吸波材料、高磁性材料、新型复合材料等应用于各个领域。

2.1.2 超细粉末在金刚石工具中应用的发展

随着金刚石工具行业的发展，加工企业对工具性能的要求不断提高以及工具企业控制成本的需求不断增加，常规的以单质金属粉末混合为主的胎体材料，已经不能满足制备高性能金刚石工具的要求。为制造更高性能的金刚石工具，在 20 世纪 90 年代中期，比利时 Umicore 公司首先提出了在金刚石工具中使用超细预合金粉末的概念，并于 1998 年将超细预合金粉末作为钴粉及钴混合粉的替代品真正应用在金刚石工具中。

预合金粉末是“一种由两种或两种以上元素组成的，在粉末的制造过程中发生合金化，并且所有的颗粒保持与标称含量一致的组分的金属粉末”。自从 20 世纪 90 年代提出预合金粉概念以来，国内外研究人员对预合金粉进行了大量研究，预合金粉有其显著的优点：预合金粉比机械混合粉末元素分布均匀，从根本上避免了成分偏析，使胎体组织均匀；预合金粉在制备过程中发生一定程度的合金化，使胎体具有高的硬度和高的冲击强度，可提高对金刚石的把持力；预合金化大大降低了烧结过程中金属原子的扩散所需的激活能，烧结温度低，烧结时间短，这一方面有利于避免对金刚石的高温损伤，另一方面可降低石墨模具用量与电能消耗。这一时期的预合金粉主要采用常规雾化法生产，雾化法生产的预合金粉末合金化程度高，流动性好，且生产效率高，成本亦较电解等生产方式低，但常规雾化工艺生产的粉末粒度较粗。

国外几种代钴超细预合金粉末性能见表3-2-2。其中，Umicore公司于2002年底推出的Cobalite HDR超细预合金粉末用于切割B35钢筋混凝土时，锯片寿命提高40%，切割速率提高50%。

表3-2-2 代钴超细预合金胎体粉末的性能

生产厂家	法国 Eurotungstene		德国 Dr. Fritsch	比利时 Umicore	德国 K-mat GmbH	中国 安泰	中国 有研粉末
预合金牌号	NEXT100	NEXT200	DIABASE V21	Cobalite CNF	Admix 1000	Follow 200	YHJ-1
生产工艺	共沉淀	共沉淀	共沉淀	共沉淀	机械合金化	雾化	共沉淀
主要成分	Fe Co Cu	Fe Co Cu	Fe Co Cu	Fe Cu Sn	Co Fe Cu	Cu基	Fe Co Cu
费氏粒度/μm	0.8~1.5	0.8~1.5	约2.5	约2	1.2	7~9	1.5~2.5
理论密度/g·cm^{-3}	8.62	8.75	8.13	8.18	8.58	8.72	8.35
氧含量(质量分数)/%	<1.2	<1.2	<1.0	<0.6	<0.6	<0.3	<0.8
烧结温度/℃	825~870	725~775	780~860	675~875	700~850	750~810	725~875
硬度HRB	103~109	97~103	94~101	101~105	107~112	100~102	103~106

2004年初，Umicore公司又推出新产品——Cobalite CNF超细预合金粉末。它的典型FSSS粒度约为2μm，烧结温度降至675℃。在675~775℃的温度范围内热压烧结，硬度基本不变；在800℃以上烧结时，可获得高的韧性；同时，使用普通的钴粉、铁粉、铜粉作为添加剂很容易调整其硬度。

2.1.3 超细预合金粉末应用于金刚石工具中的优点

研究表明，在金刚石工具中使用超细预合金粉末主要具有以下优点：

（1）大大提高金刚石工具使用性能。由于预合金粉末比机械混合粉末元素分布均匀，从根本上避免了成分偏析，胎体组织均匀、性能趋于一致。

（2）由于粉末的预先合金化和超细化，大大降低了烧结过程中金属原子扩散所需的激活能，烧结性能好，烧结温度低，烧结时间缩短，这样一方面有利于避免对金刚石的高温损伤，另一方面可降低石墨模具用量与电能消耗。如超细预合金粉末的烧结温度为725~850℃，而相同成分的、粒度为-300目的预合金粉末的烧结温度为850~900℃；采用超细预合金粉末，可在较低的烧结温度下获得相对较高的烧结密度和硬度，并获得良好的胎体性能。

（3）超细预合金粉末具有相当宽的工艺范围，可在较宽的温度范围内进行热压烧结。如Cu-Co-Ni胎体，40μm的粉末热压烧结温度在850℃以上才能满足胎体的烧结、对金刚石的黏结及切割性能的要求，而相同成分的粒度大约为5μm的超细预合金粉末在750~900℃范围内热压烧结就可获得更好性能且稳定一致的金刚石工具；宽的工艺范围，也为金刚石工具的质量稳定提供了保证。同时，由于预合金粉末各元素成分固定，从根本上避免了配混料过程中各种问题的产生，为产品质量的稳定提供了条件。

（4）超细预合金粉末对金刚石具有良好的浸润和黏结性能，能提高对金刚石的把持力，增加金刚石工具的锋利度，延长工具的使用寿命，显著改善工具的切割性能。

鉴于超细预合金粉末具有的上述优点，在金刚石工具上的应用发展非常快，是近年来金刚石工具胎体材料的重要发展方向之一。近年来，超细预合金粉末的用量一直在增长，超细预合金粉末已经取代原有金刚石工具钴粉市场的15% ~20%份额。

发展趋势表明，超细预合金粉末将会越来越广泛地应用于金刚石工具行业。

2.2 超细预合金粉末的制备

超细预合金粉末的制备方法可分为机械法、物理法和化学法。每种方法都有各自的特点和应用范围，可制取不同种类、不同形态、不同粒级的超细粉末。主要制备方法综述如下。

2.2.1 雾化法

雾化法制粉是利用高压气体或液体作为雾化介质，通过特定喷嘴高压介质射流将金属液流粉碎成小液滴并凝固成粉末的方法。

雾化法按介质可分为水雾化和气雾化。水雾化法制备的粉末形状不规则，平均粒径较大，约35μm，适当提高水雾化压力，采用合适的漏眼直径，适度提高合金液过热度，有望得到平均粒径小于10μm 的粉末。水雾化粉末经过还原处理，氧含量可低到0.12% ~0.13%，水雾化更加突出的优点是产能大、效率高，大量生产比较经济，生产成本低。气雾化即通过特殊的喷嘴结构引入高速喷射的空气或惰性气流，冲击并剪切已熔融的金属流，使之破碎成细小的金属液滴。继而，液滴在充满惰性气体保护的高大容器内被急剧冷却下来而形成粉末颗粒。该法的缺点是耗能巨大，对试验设备要求很高，粉末纯度对原料要求高，易掺入杂质。在20世纪90年代开始，就已经有研究者采用雾化等预合金化方法，将铁与其他添加元素制作成预合金粉末，这可明显降低烧结温度，提高最终制品的胎体合金化程度；通过添加稀土元素能提高铁基胎体的综合性能，且能有效地减轻铁对金刚石的侵蚀。那个阶段的水雾化设备压力普遍较低，生产的粉末粒度一般在 -200 目或 -300 目左右，已经不能满足现在的工具对胎体粉末的需求。因此，目前国内外普遍采用高压/超高压水雾化工艺制取超细预合金粉末，水雾化压力控制在70 ~90MPa，能够得到平均粒径在7 ~9μm 的超细预合金粉末。

北京安泰科技的徐浩翔等人用超高压水雾化法制取了Follow系列预合金粉末，并应用在金刚石工具中，取得了一定效果，并已经实现了商业化生产。

2.2.2 化学共沉淀法

共沉淀法是在含有两种或多种金属离子的溶液中，加入沉淀剂，通过强化工艺条件，使各种金属离子几乎同时沉淀而获得成分均匀的沉淀物，再将沉淀物加热分解、还原、破碎、过筛等工序处理后，最终得到所需粉末的方法。共沉淀法包括氢草酸盐共沉淀、氧化物共沉淀和碳酸盐共沉淀。

共沉淀法是制备含有两种以上金属元素的复合粉料的重要方法。由于化学共沉淀法各组分预先可在溶液中达到分子间的均匀混合，制品的成分均匀稳定，其他参数也易于控制，容易得到具有给定物理性能（如粒度、粒形等）的原始粉末。制取的粉料具有粒度细、分布范围窄、成分分布均匀、纯度高、烧结活性好等优点。目前这种方法广泛应用于制备各种预合金粉末、复合氧化物粉末、铁氧体前驱体粉末、陶瓷粉末和荧光材料等超细粉末。

共沉淀法在国内外受到普遍重视和应用。田玉明、徐华蕊、邓彤彤等人分别在文献中介绍了共沉淀法的基本原理和研究现状。讨论了形核和核长大的动力学及热力学，指出：溶液浓度是控制颗粒尺寸和粒度分布的重要参数，只有选择合适的溶液浓度才能制备出理想的超细粉末；此外，沉淀剂的浓度、加入速度、溶液 pH 值的影响、反应时间、团聚体的形成与抑制对粉末的最终性能也有着很大的影响。

近年来，采用共沉淀法制备超细粉末的报道很多。禹长清等人运用草酸共沉淀法，严格控制工艺条件，制备出球形、超细的锰锌铁氧体前驱体粉末，用该粉末作为原料制成的锰锌铁氧体性能优异，远远高于用干法制备出的同类产品。曹立宏等人采用化学共沉淀法制备出了分散性良好的硬质合金用 W-Co 化合物超细粉末。曾德麟等人采用化学共沉淀法制备得的 W-Ni-Cu 高密度合金复合粉末具有粒度细、成分均匀、成型性好的优点；采用共沉淀粉末可以降低合金的烧结温度，改善合金成分的均匀性，提高合金的性能。中南大学的张传福、湛菁等人对采用草酸共沉淀法制备 NiO、Ni-Co 复合氧化物、Ni-Co 合金粉末进行了热力学分析，并通过控制反应条件，制备得到了纤维状等不同形貌和粒度的预合金粉末。

化学共沉淀法还广泛的用于制备 Y_2O_3、$NiFe_2O_4$、$SrTiO_3$、$PbTiO_3$ 等各类陶瓷粉体、荧光粉体、光敏材料等功能粉体。

目前，国内外平均粒径在 1 ~ 3μm 的超细预合金粉末多采用化学共沉淀工艺。如 Umicore 公司的 Cobalite 系列、Eurotungstene 公司的 NEXT 系列，国内有研粉末新材料有限公司生产的 YHJ 系列预合金粉末，都是采用这一工艺生产的。与雾化法相比，共沉淀法具有如下优点：不需要用昂贵的高纯金属作为原料，而直接从无机盐开始，避开了高纯金属的冶炼过程；共沉淀中各金属元素间的混合高度均匀，使合金化可以在较低的温度下进行，避免了雾化法所需的高温熔炼和长时间的均匀化热处理；可以精确控制各组分的含量，使不同组分实现分子/原子水平的均匀混合，粉体烧结活性高。但该法生产成本较雾化法相对要高。

2.2.3 机械合金化（MA）

机械合金化法通常也称为高能球磨法，是在保护气氛下于高能球磨机等设备中按一定的球料比、球大小比、装罐容积比进行长时间球磨，在球磨机的转动等机械驱动力的作用下，粉末经反复的挤压，冷焊及粉碎过程，组织结构逐步细化，成为弥散分布的超细粒子，在固态下实现合金化，从而制得超细合金粉。众多研究人员的研究表明，MA 过程由 5 个阶段构成：颗粒扁平化过程、焊接过程、等轴晶形成过程、随机薄片的形成和随时间的增加而最终达到的稳定化过程。机械合金法的一个显著特点是能在低温下合成通常要求高温加工才能制备的材料，并能获得常规方法难以获得的非晶合金、超饱和固溶体等材料。但是机械合金法球磨时间长，容易将杂质带入粉末中，降低产品的纯度；同时球磨过程中能耗高，噪声大，对软质原料只能得到片状颗粒；且反复的挤压使粉末内部产生很大的内应力，影响粉末后期的压制性能和烧结性能。

中南大学的吴恩熙等人对振动球磨法制取超细碳化钨粉末进行了研究。实验得出：采用振动球磨碳化钨粉有显著的细化效果：球磨60h时，粉末粒度可降至0.6μm以下，同时粉末粒度分布变窄；加大球料比及延长球磨时间可进一步细化粉末粒度，而对粉末的粒度分布无影响；球磨时间延长，粉末晶粒尺寸减小、应力增大。中国科学院金属研究所的黄建宇等人对难互溶的Cu-Fe系进行了机械合金化的研究。采用WL-1型行星式球磨机对各种配比成分的$Cu_xFe_{(100-x)}$（$x=0$，5，15，20，35，40，50，100，x为原子百分比）进行球磨实验。实验表明：机械合金化可使室温下几乎不互溶体系$Cu_xFe_{(100-x)}$形成过饱和固溶体，fcc相区的固溶度扩展到原子分数35%，球磨60h后得到了尺寸比较均匀的纳米晶结构。

目前，德国的K-mat GmbH公司已成功的用机械合金化实现了该公司Admix系列预合金粉末。目前系列化的产品有：高Co的Admi×1000（含Cu）和Admi×2000（无Cu），Fe基的Admi×3000等。粉末平均粒度在1~2μm，最低烧结温度基本在650~750℃，硬度在105HRB以上。

2.2.4 羰基物热离解法

羰基法是利用金属能与一氧化碳反应形成易挥发的羰基化合物，温度升高后这些羰基化合物很容易分解成金属粉末和一氧化碳的特点，制备出金属或合金粉末。同时离解几种羰基物的混合物，可制得合金粉末，如Fe-Ni、Fe-Co、Ni-Co等。

羰基粉末较细，一般粒度为3μm左右，纯度高，如羰基铁粉一般不含S、P、Si等杂质，这些杂质不生成羰基物，如不考虑C和O_2，碳基铁粉在化学成分上是各种铁粉中纯度最高的。经退火处理后，碳和氧的总含量可降到0.03%以下，但羰基粉的成本很高，此外金属羰基化合物挥发时都有不同程度上的毒性，特别是羰基镍有剧烈的毒性，生产中要采取防毒措施。这使得其在金刚石工具中的应用受到一定限制。

目前在金刚石工具中广泛应用的主要有：加拿大INCO公司的羰基镍粉和德国BASF公司的羰基铁粉，间或也使用羰基钴粉。基于良好的烧结性能和机械性能，主要用于胎体材料，也有相当部分用于激光焊接过渡层。

报道的其他制备方法还有很多，如脉冲电子沉积法、超声化学法、非晶晶化法、微乳液法、激光合成法等。另外，随着研究的深入，不断的有新的制备方法出现。许多方法作为研究超细粉末的性质是可行的，但作为以应用目的工业化制备尚不成熟。

2.3 共沉淀法制备超细预合金粉末的工艺控制

共沉淀法由于其具有的粒度细、烧结活性高等特点，在金刚石工具中的应用受到越来越多的重视。同时也由于该工艺制备的超细预合金粉末粒度细，稳定性要求高，工艺控制相对困难。具体的，使用该工艺制备超细预合金粉末的主要指标为成分（包括杂质）、粒度、形貌和氧含量。

2.3.1 粉末成分及杂质含量的控制

共沉淀法是在含有两种或多种金属离子的溶液中，加入沉淀剂，基于金属离子生成沉淀的稳定常数不同，它们以不同的顺序沉淀下来，后沉淀下来的金属离子以先沉淀出来的颗粒为结晶核而沉淀下来。一般的，使用草酸作为沉淀剂时，对应 Cu、Fe、Co 得到的沉淀物分别为 CuC_2O_4、FeC_2O_4 和 CoC_2O_4，它们的溶度积常数 K_{sp} 分别为 2.3×10^{-8}、3.2×10^{-7} 和 6.3×10^{-8}，三者的 K_{sp} 基本在一个数量级上，并且大小相近，因此，可以通过工艺参数的优化及控制保证它们以相同的顺序沉淀下来，得到成分均匀的固体颗粒。此外，CuC_2O_4、FeC_2O_4 和 CoC_2O_4 均为离子晶体，晶体表面因正负离子电荷中心不重合而带电，产生表面能。在负离子 $(C_2O_4)^{2-}$ 相同的情况下，正离子 Cu^{2+}、Fe^{2+} 和 Co^{2+} 的电价相等，半径也相近（0.073nm、0.074nm 和 0.070nm），因此表面能相近，晶体点阵相同，有利于产生共沉淀反应。同样，对于无机盐中其他的杂质，如 Ti、Mn 等，由于溶度积常数有一定差异，因此可以很好的通过沉淀体系的热力学和动力学分析，对工艺常数进行精确控制，从而得到需要的成分，同时控制杂质发生共沉淀。这也是目前该工艺商业化生产的超细预合金粉末都是 Fe、Co、Cu 三元体系的主要原因之一。

2.3.2 粉末粒度及形貌的控制

超细预合金粉末的粒度和形貌是其主要的物性指标。对共沉淀法制备各种复杂成分的粉末而言，它不仅要求各有关组分都能按一定比例共同进入共沉淀物中，实现宏观上沉淀物的平均化学成分和微观上其组分有一定的相对一致性；而且沉淀物的粒度、粒度分布和形貌等方面往往也要提出不同程度的要求以满足实际应用：粉末粒度偏粗，无法体现粉末超细化之后带来的特性；粉末偏细，流动性能变差，不利于生产操作过程。

通过控制前驱体的粒度和形貌来控制目标产物的粒度和形貌是目前制备不同粒度形貌超细粉末方法中最常用的一种制备技术和控制方法。共沉淀过程中，沉淀颗粒对操作条件是极其敏感的，沉淀剂、溶液的浓度、溶液 pH 值和加料速度等因素均可能影响共沉淀产物的粒度和形貌。现将主要因素分别介绍如下。

2.3.2.1 沉淀剂的影响

共沉淀工艺常用的沉淀剂主要有草酸、草酸铵、碳酸氢铵三种，不同沉淀剂制备的超细预合金粉末粒度和形貌差异较大。

A 对粒度的影响

表 3-2-3 所示为使用不同沉淀剂时产物的激光粒度（丹东百特 BT9300 激光粒度分析仪），图 3-2-1 为使用不同沉淀剂制备的预合金粉末的粒度分布。

表 3-2-3 不同沉淀剂得到的粉末粒度 (μm)

产物 \ 沉淀剂	草酸	草酸铵	碳酸氢铵
沉淀物	12.85	13.63	8.03
氧化物	11.54	9.63	7.85
预合金粉末	14.04	13.71	9.74

从表 3-2-3 和图 3-2-1 可以看到，使用三种不同的沉淀剂，沉淀效果差别很大。其中以碳酸氢铵作为沉淀剂时，制备粉末粒度最细，为 9.74μm，其粒度分布较窄，在 1.5 ~ 14.8μm；而以草酸和草酸铵作为沉淀剂时，制备粉末粒度较粗，其中草酸得到的粉末粒度最粗，为 14.04μm，其粒度分布也最宽，在 2.3 ~ 29.7μm。从表 3-2-3 中还可以看到，

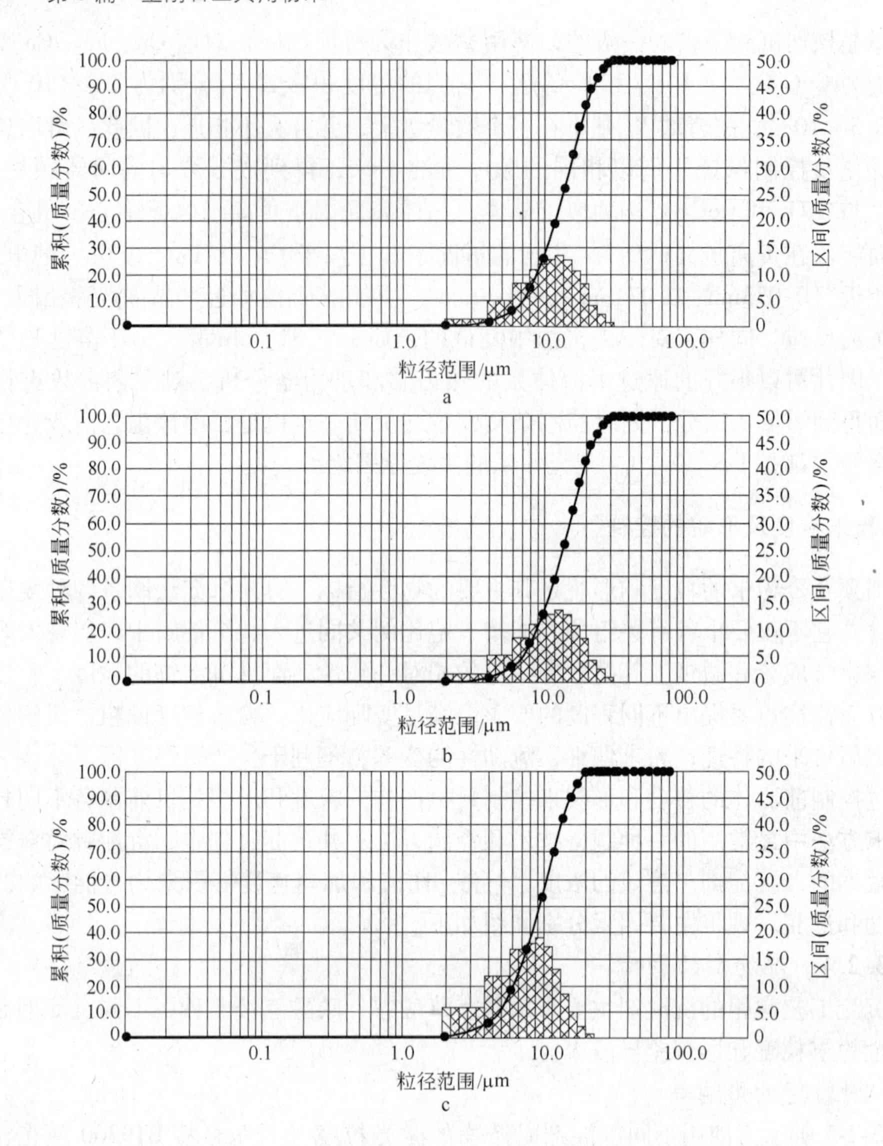

图 3-2-1　不同沉淀剂制备得到的预合金粉末的粒度分布

a—沉淀剂为草酸；b—沉淀剂为草酸铵；c—沉淀剂为碳酸氢铵

在制备过程中，从沉淀物的形成，到热分解得到的氧化物，以及还原得到的预合金粉末的粒度变化，具有近似的规律性，即热分解后的氧化物粒度最细，还原成 FeCo 预合金粉末后粒度变粗。总体而言，预合金粉末与沉淀粉末在粒度上具有很好的继承性。可以认为，不同沉淀剂制备的预合金粉末的粒度差别源于不同沉淀剂得到的沉淀物颗粒的粒度差别。

热分解和还原时还会发生放热、放气、粒子的扩散迁移等多种物理化学变化，使粉末产物的粒度、形貌等发生变化。沉淀物粉末在受热分解时释放出的 H_2、CO_2、CO 等气体使粉末崩裂、细化，此现象可称为微爆。放热、放气量大时，微爆现象明显，对粉末起到的崩裂作用越大，引起粒子的粒径减小，因此，沉淀物经过热分解后粒度会略有减小。在还原过程中，由于还原温度较高，粉末颗粒间发生了一定程度的聚合，导致还原后粉末粒度大于氧化物。

B 对粉末形貌的影响

对不同沉淀剂制备得到的预合金粉末分别进行 SEM 分析。如图 3-2-2 所示。

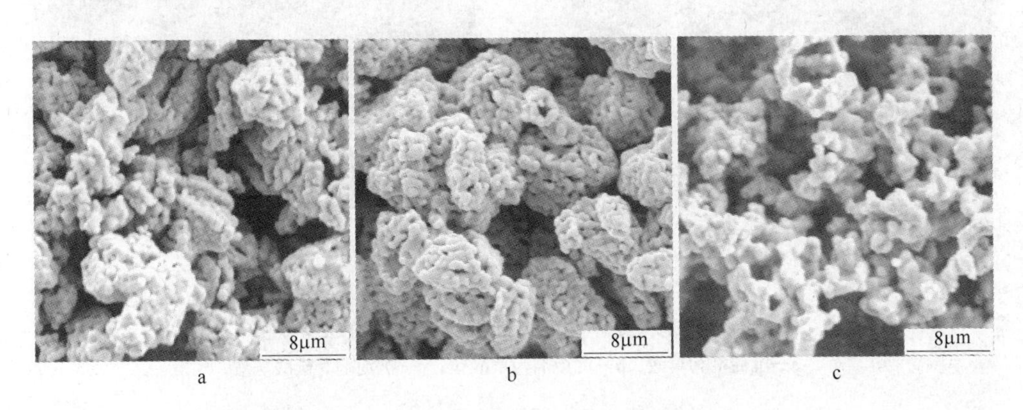

图 3-2-2 不同沉淀剂制备得到预合金粉末的 SEM 照片

a—沉淀剂为草酸；b—沉淀剂为草酸铵；c—沉淀剂为碳酸氢铵

由图 3-2-2 可见，不同沉淀剂制备的预合金粉末形貌存在差别。使用草酸和草酸铵作为沉淀剂时，粉末为表面疏松多孔的大颗粒；而使用碳酸氢铵作为沉淀剂时，粉末为许多小颗粒的团聚体，小颗粒之间聚合成网状。由于在湿法制备粉末的过程中，前驱物粉末的形貌决定着热分解后产品的形貌，后者对前者具有很大的依赖性和继承性。为更好的说明不同沉淀剂对粉末形貌的影响，对不同沉淀剂制备的沉淀物和氧化物也进行了 SEM 分析，分别如图 3-2-3 和图 3-2-4 所示。

图 3-2-3 不同沉淀剂制备得到沉淀物的 SEM 照片

a—沉淀剂为草酸；b—沉淀剂为草酸铵；c—沉淀剂为碳酸氢铵

由图 3-2-3 可见，对于不同沉淀剂，沉淀产物的形貌有很大差别。使用碳酸氢铵作为沉淀剂，沉淀物是很多小颗粒的团聚体，小颗粒为球形，粒度均匀性好；使用草酸作为沉淀剂制备的沉淀物粉末为近似长方体的结构形貌，颗粒大小不一，在高倍数下观察，发现颗粒为多角型小粒子聚集而成；使用草酸铵作为沉淀剂制备的沉淀物为近球形或椭球形大

图 3-2-4 对应于不同沉淀剂得到氧化物的 SEM 照片
a—沉淀剂为草酸；b—沉淀剂为草酸铵；c—沉淀剂为碳酸氢铵

颗粒，颗粒粒度均匀性好于用草酸制备的沉淀物，高倍数下观察，为很多片状颗粒的聚集体，大粒子实际上是由多个方形片状粒子长结在一起形成的大晶体。

由图 3-2-4 可以看到，热分解后得到的氧化物粉末均在较大程度上保持了原沉淀物粉末的形貌特征。使用草酸和草酸铵作为沉淀剂时，氧化物粉末表面开始变得蓬松多孔；而使用碳酸氢铵作为沉淀剂时，氧化物粉末与沉淀物粉末形貌没有发生太大的变化，基本保持了原沉淀物粉末的形貌特征。

2.3.2.2 盐溶液浓度对粉末粒度及形貌的影响

金属盐作为制取超细预合金粉末的最直接的原料，其初始浓度的大小对共沉淀物的性能有很大的影响，进而影响超细预合金粉末的性能。图 3-2-5 所示是草酸铁钴复盐的粉末的粒度与反应物浓度的关系。

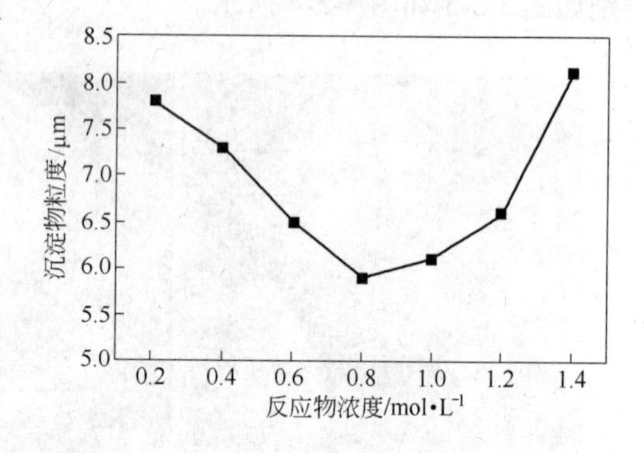

图 3-2-5 盐初始浓度与沉淀物粒度的关系

图 3-2-6 为不同反应物浓度条件下制备的草酸铁钴复盐粉末的 SEM 照片。

可以看到，当［Fe^{2+} + Co^{2+}］浓度低于 0. 8mol/L 时，随着浓度的增加，粉末粒度减小；之后，随着反应物浓度的增加，粉末粒度增加。当［Fe^{2+} + Co^{2+}］浓度高于 1. 2mol/L 时，一次颗粒粒度细小，显著小于 0. 5μm，颗粒团聚非常严重，粒子之间聚合程度大，形成网状结构的团聚体，团聚体粒度大于 8μm，粉末在后期的干燥、分解过程中由于受热更容易形成大尺寸的团聚体。

可见，选择合适的初始反应物浓度有利于获得粒度较细、粒度分布均匀、粉末分散性较好的草酸铁钴复盐粉末。在工业生产中，提高初始浓度可以节省去离子水用量、节能、提高生产效率等，能够有效降低生产成本。所以在工业生产中，在能够满足产品性能要求的基础上，原则上选择较高的初始浓度。

图 3-2-6 不同反应物浓度得到的前驱体粉末的 SEM 照片

a—$c_{[Fe^{2+}+Co^{2+}]}$ =0.2mol/L；b—$c_{[Fe^{2+}+Co^{2+}]}$ =0.6mol/L；c—$c_{[Fe^{2+}+Co^{2+}]}$ =0.8mol/L；d—$c_{[Fe^{2+}+Co^{2+}]}$ =1.0mol/L；e—$c_{[Fe^{2+}+Co^{2+}]}$ =1.2mol/L

2.3.2.3 加料速度对粉末粒度及形貌的影响

图 3-2-7 为不同加料速度对草酸铁钴复盐粉末粒度的影响曲线。随着加料速度的增加，沉淀物粒度逐渐减小，在 50mL/min 的加料速度下为 4.3μm，但在此加料速度下，所得到的沉淀物为胶状沉淀，沉降和洗涤都很困难。

图 3-2-8 为不同加料速度条件下制备的草酸铁钴复盐粉末的 SEM 照片。从图中可以看到，当加料速度为 10mL/min 时，粉末为不规则的大颗粒团聚体，粒度为 5 ~ 12μm 左右；当加料速度继续增加到 30mL/min 时，粉末颗粒形状较为规则，粒度均匀，多为 3 ~ 5μm；当加料速度增加到 50mL/min 时，粉末为大量细小颗粒的团聚体。

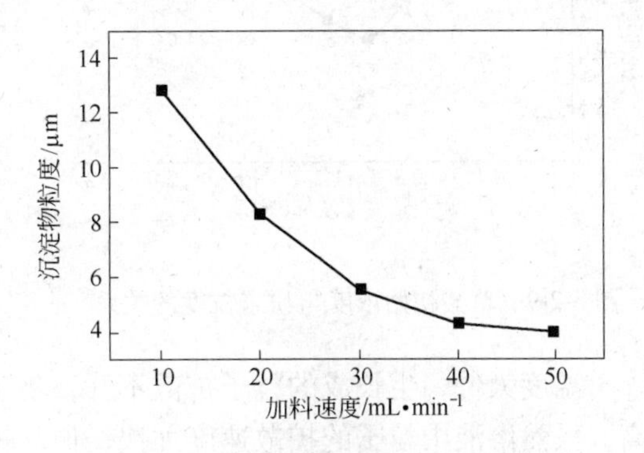

图 3-2-7 加料速度与沉淀物粒度的关系

除了溶液的初始浓度，溶液的加入速度即加料速度也是决定相对过饱和度大小的主要因素。提高加料速度，可以增加体系的相对过饱和度，从而细化粉末粒度。此外，在

图 3-2-8 不同加料速度下得到的前驱体粉末 SEM 照片
a—加料速度 = 10mL/min；b—加料速度 = 30mL/min；c—加料速度 = 50mL/min

工业生产中，提高加料速度也可以提高生产效率，节省去离子水用量，节能等，能够有效降低生产成本。所以在工业生产中，在能够满足产品要求的基础上，原则上选择较快的加料速度。

2.3.2.4 沉淀剂浓度对粉末粒度及形貌的影响

图 3-2-9 所示是不同的草酸初始浓度所制备的草酸铁钴复盐粉末的粒度。由图中可以看到，随着草酸初始浓度的升高粉末粒度减小，当浓度为 1mol/L 时，粒度最小，为 6.1μm，随后，随着草酸浓度的继续升高，粉末粒度变大。

2.3.2.5 沉淀剂浓度对粉末粒度及形貌的影响

图 3-2-10 是不同的反应温度下所制备的草酸铁钴复盐粉末的粒度。由图中可以看到，在相同的反应物浓度和 pH 值条件下，反应温度对粉末粒度影响很大。在室温下反应时，草酸铁钴复盐粉末的粒度为 8.6μm，随着反应温度的升高，粉末粒度变小，在 50℃ 时达到最小，为 6.3μm，随后随着反应温度的增加粒度逐渐增大。

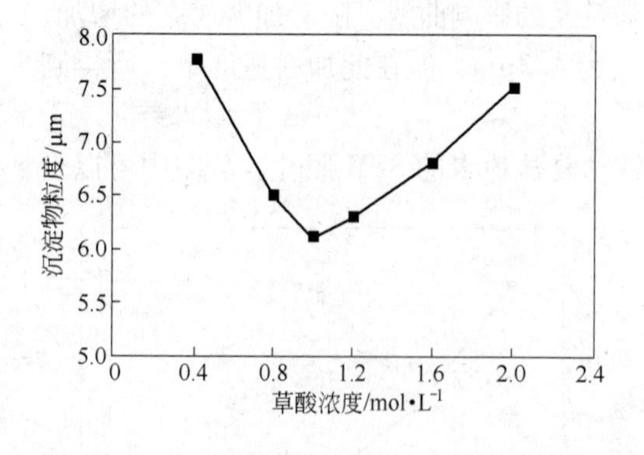

图 3-2-9 草酸初始浓度与粉末粒度的关系

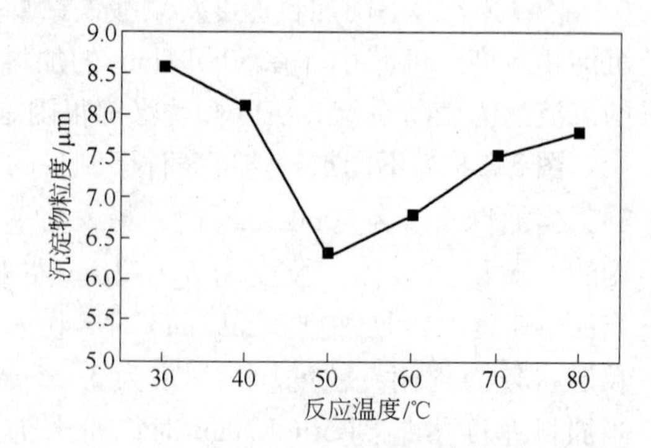

图 3-2-10 反应温度和粉末粒度的关系

温度太低，生长成的粒子扩散不开，易于形成团聚体，得到的粉末粒度较粗；温度太高，虽然溶液中粒子的扩散速度加快，但晶核生长速度更快，晶核间随机碰撞和黏附生长的机会也增大，导致粉末粒径变粗；同时反应物分子动能增加过快不利于形成稳定的晶核，提高温度能促进小颗粒晶体溶解并重新沉积在大颗粒表面上。

随着反应温度的提高，共沉淀反应速率增加，单位时间内，沉积效率增加，从而有利于提高生产效率。

2.3.3　超细预合金粉末氧含量的控制

在金刚石工具用预合金粉末中，粉末氧含量是一个非常重要的粉末性能指标，它对工具性能有着很大的影响。因此，共沉淀法制备工艺中对粉末氧含量的控制显得尤为重要。研究表明，除了主要工艺参数如还原温度、还原时间等外，原料纯度、残留阴离子、热分解工序的控制等也是影响 FeCo 预合金粉末氧含量的重要因素。

2.3.3.1　原料纯度对粉末氧含量的影响

研究发现，在同等的还原条件下，不同纯度的金属盐原料对 FeCo 粉末中氧含量有影响。表 3-2-4 列出了使用不同纯度的 $FeSO_4$ 所得到的 FeCo 粉末的杂质含量及氧含量。

表 3-2-4　不同纯度 $FeSO_4$ 对粉末杂质含量及氧含量的影响

粉末编号	原料等级	Ti 含量(质量分数)/%		Mn 含量(质量分数)/%		氧含量(质量分数)/%
		原　料	产　品	原　料	产　品	
F01	工业级	0.12	0.34	0.184	0.82	1.26
F02	CP（化学纯）	—	—	<0.05	0.11	0.42
F03	AR（分析纯）	—	—	<0.05	0.08	0.37

分析发现，原料中纯度区别主要在于 $FeSO_4$ 中 Ti 和 Mn 杂质含量的不同，原料中的 Ti、Mn 主要以其氧化物或者金属盐形式存在。由表 3-2-4 可以看到，使用分析纯 $FeSO_4$ 得到的 FeCo 粉末中 Ti、Mn 杂质含量最低，氧含量也最低，为 0.37%；使用工业级纯度的 $FeSO_4$ 得到的 FeCo 粉末中 Ti、Mn 含量偏高，氧含量也最高，为 1.26%。

由氧化物的吉布斯自由能图可以看出，对于 TiO_2 和 MnO，其在吉布斯自由能图中的位置远比 H_2 的氧化曲线低得多。在实验中的还原条件中，是不能被 H_2 还原的。同时可以看到，如果在实验的还原温度下，用 H_2 还原 MnO，气体中 H_2 的分压介于 $10^5 \sim 10^6$ 之间，也就是说，只有几乎纯的 H_2 才能使之还原。同理，TiO_2 也不能被还原。这样，产品中 Ti、Mn 元素以 TiO_2 和 MnO 的形式存在，导致粉末氧含量偏高。

可以看到，在预合金粉末的制备过程中，由于制备工艺是先得到草酸盐沉淀物，然后得到氧化物再进行还原，因此在原料的选择上要尽量选择避免带入 Ti、Mn 等常规还原条件下不能被 H_2 还原的元素，从而控制氧含量。而对于一些原料中不可避免的杂质含量，应利用各种金属沉淀 pH 值范围不同的特点，在共沉淀过程中，通过沉淀工艺的选择优化，减少杂质元素与主要元素发生共沉淀。

2.3.3.2　原料盐溶液阴离子残余对粉末氧含量的影响

使用金属的硫酸盐，草酸为沉淀剂时，发生的沉淀反应有如下通式：

$$MSO_4 + H_2C_2O_4 \longrightarrow MC_2O_4 + H_2SO_4$$

生成的沉淀物粒度细，比表面积大，极易吸附溶液中的 SO_4^{2-} 离子。这部分残余的 SO_4^{2-} 离子在后面的分解还原过程中，分解为 SO_2，SO_2 不易被还原，从而部分氧以

SO_2 的形式残留在粉末中。为了研究 SO_4^{2-} 离子对氧含量的影响，对沉淀产物的洗涤过程进行控制，洗涤工艺对比见于表 3-2-5，不同洗涤条件下得到的粉末的氧含量与硫含量见于表 3-2-6。

表 3-2-5 洗涤工艺对比

项 目	W1	W2	W3	W4
工 艺	未洗涤	洗涤 3 次	洗涤次数为 W4 的一半	完全洗涤①
粉末编号	F04	F05	F06	F07

①完全洗涤指用 $BaCl_2$ 滴定滤液无明显沉淀产生，一般的，需要洗涤 15 ~ 18 次。

表 3-2-6 粉末的氧含量和硫含量

样品编号	F04	F05	F06	F07
氧含量(质量分数)/%	1.36	0.63	0.49	0.38
硫含量(质量分数)/%	0.96	0.26	0.07	<0.02

从表 3-2-6 中可以看到，草酸盐沉淀物不经洗涤直接过滤后就进行还原，残留有约 1% 的硫含量，同时氧含量也高达 1.37%。经过简单的前 3 次洗涤后，SO_4^{2-} 离子去除很快，产品中硫含量下降到 0.26%，随着硫含量的下降，氧含量也明显下降，为 0.63%；继续洗涤，硫含量继续下降，但下降速度明显减慢。至完全洗净时，粉末中硫含量小于 0.02%，此时的氧含量也下降到 0.38%。

这说明盐溶液中残留的阴离子 SO_4^{2-} 对产品粉末的氧含量有着很大的影响。因此，在共沉淀法制备预合金粉末的工艺中，洗涤是非常重要的工序，通常采用离心甩干、压滤等方式强化洗涤过滤，以达到去除残余阴离子的目的。

2.3.3.3 热分解工序对最终粉末氧含量的影响

将制备的金属草酸盐沉淀物取出一部分，在 600℃，3h 条件下进行热分解。将分解得到的氧化物和剩余的草酸盐沉淀物在同样的条件下在氨分解气氛中进行还原。分别测定得到的粉末的氧含量，列于表 3-2-7 中。

表 3-2-7 不同工艺粉末氧含量（质量分数） (%)

工 艺	沉淀物经分解-还原	沉淀物直接还原
氧含量	0.32	0.40

由表 3-2-7 可以看到，在还原工序前增加适当的热分解工序，FeCo 粉末氧含量由 0.40% 下降到 0.32%。

草酸盐沉淀物直接还原与先分解得到氧化物再进行还原的工艺相比较，草酸盐直接还原中，会产生大量的 CO、CO_2 等气体，这些气体的存在，会部分降低还原气氛中 H_2 的分压。由吉布斯自由能图可以看到，对于金属氧化物的还原，H_2 分压的降低，会引起还原温度的升高；同时，对于氧化物的还原，在分解过程中已经脱除了草酸盐沉淀含有的结晶水，在还原过程中降低了水蒸气的分压，这有利于还原反应向右移动，还原速度加快，因此在相同的还原条件下，草酸盐沉淀物的直接还原没有先分解为氧化物再进行还原的反应彻底。

同时，沉淀物粉末在受热分解时释放出的 H_2、CO_2、CO 等气体使粉末崩裂、细化，此现象称为微爆。微爆现象的发生，会增加粉末的比表面积，同时会使粉末表面疏松多孔，这一方面增加了发生反应的接触面积，另一方面，疏松的表面状态有利于提高还原气体和反应气体产物通过产物层的扩散速度，有利于还原反应的进行。

2.4 超细预合金粉末的应用实例

2.4.1 超细预合金粉末对胎体性能的影响

为了研究粉末超细化、预合金化后对工具胎体性能的影响，做了如下实验：实验中使用的粉末性能见表3-2-8。表中，Y-1为预合金粉末，H-1为与Y-1成分相同、粒度相近的单质混合粉末。其中，表3-2-8中的混合粉末所使用的各单质粉末性能指标见于表3-2-9。

表3-2-8 试验用各种粉末性能指标

编　号	激光粒度 D (50μm)	松装密度 /g·cm^{-3}	氧含量（质量分数）/%	备　注
Y-1	10.5	1.24	0.60	预合金粉末
H-1	11.3	1.92	0.37	单质粉混合

表3-2-9 混合粉末用各种单质粉末性能指标

组　分	激光粒度 D (50μm)	松装密度 /g·cm^{-3}	氧含量（质量分数）/%	制备工艺
Fe	6.5	2.10	<0.4	羰基法
Co	12.87	0.62	<0.3	还原法
Cu	9.8	2.04	<0.3	电解法

将准备好的粉末在SMVB60型真空热压烧结机上制备40mm×8mm×3.2mm的试样，热压工艺压力为300MPa，保温时间为3min，烧结温度分别为650℃、700℃、750℃、800℃、850℃、900℃。将胎体试样的硬度在HR-150A洛氏硬度计上测定，抗弯强度采用三点弯曲法在LD-508型电子式拉力试验机上测定。采用阿基米德法测定试样的密度。

2.4.1.1 试验结果

Y-1和H-1烧结后HRB、三点抗弯强度与烧结温度的关系曲线分别如图3-2-11和图3-2-12所示。由图中可见，在试验的温度范围内，预合金粉末Y-1制备的胎体的硬度在750℃时最高，为106HRB，随后随着温度的升高而降低；混合粉末H-1的硬度随着温度升高而升高，在900℃达到最大值，为98HRB。预合金粉末Y-1胎体抗弯强度也随着温度的升高而升高，在650～850℃时抗弯强度增加不大，在850～900℃时由582MPa提高到853MPa；混合粉末H-1的抗弯强度随着温度的升高先升高，在700℃达到最大值，为1100MPa，随后开始降低。在相同的烧结温度下，预合金粉末Y-1的抗弯强度低于混合粉末H-1。

2.4.1.2 预合金化对硬度的影响

通过相同组分的预合金粉末和混合粉末对比实验可以发现，在相同的烧结温度下，预

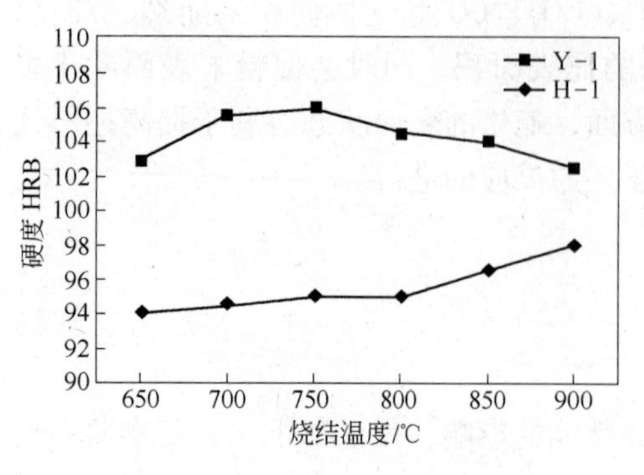

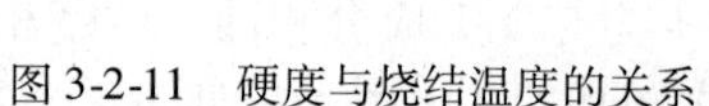
图 3-2-11 硬度与烧结温度的关系

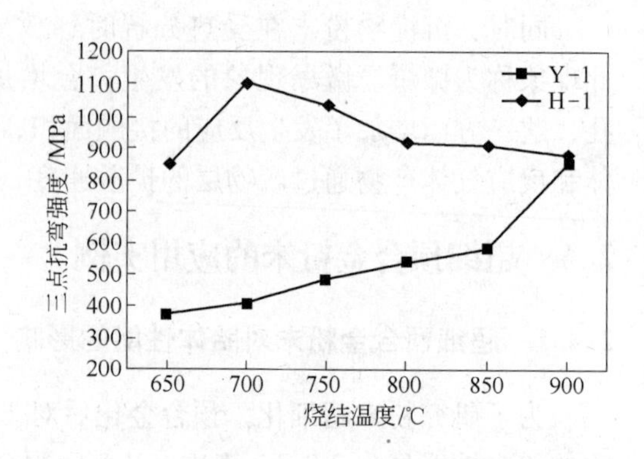

图 3-2-12 三点抗弯强度与烧结温度的关系

合金粉末的 HRB 硬度显著高于混合粉末；预合金粉末在烧结温度为 750℃时硬度达到最大值，随后随着温度的升高有所降低；混合粉末的硬度在整个烧结温度范围内均随着温度的升高而升高。

图 3-2-13、图 3-2-14 分别为 Y-1、H-1 在不同温度下烧结材料的金相组织照片。同种材料的硬度主要由胎体的合金化程度和元素的均匀程度决定。从图 3-2-13 和图 3-2-14 中可以看到，对于预合金粉末，由于其粒度较细，粉末比表面积发达，烧结反应活性高，同时在制备过程中，预合金粉末已经发生了一定程度的预合金化，这都有利于其在较低的烧结温度下获得较好的烧结性能；在 800℃以下时，随着温度的升高，烧结体的孔隙率逐渐减小，烧结体的硬度升高。当温度达到该粉末的最优烧结温度后，随着温度的进一步增加，粉末的致密化程度已达到最大，此时，温度的继续升高，会造成粉末中晶粒的长大，颗粒增大，烧结体的硬度降低。

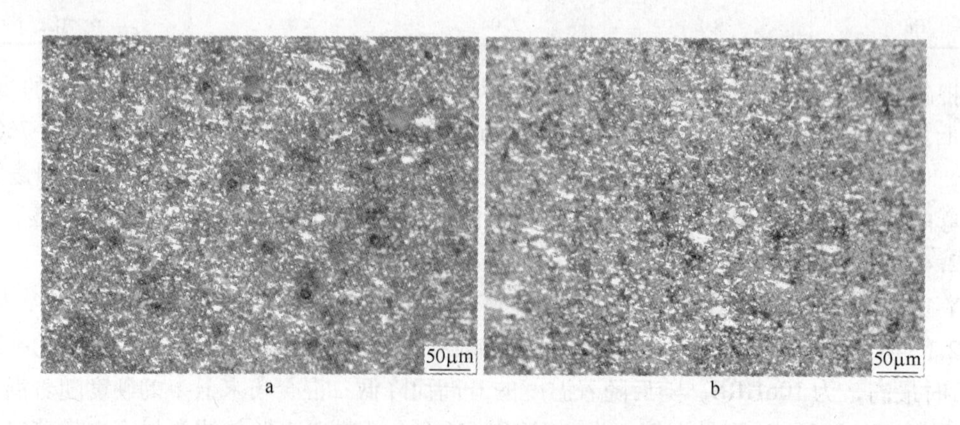

图 3-2-13 Y-1 在不同温度烧结的显微组织
a—650℃；b—900℃

对比预合金粉末和混合粉末，预合金粉末烧结的胎体颗粒较细，粉末粒度分布窄，成分均匀，不同元素之间已经发生一定程度的预合金化；对于混合粉末，可以明显观察到，低温时，烧结体中 Fe、Cu、Co 各元素界线清晰，互相之间没有明显的溶解，粉末颗粒之间较难发生扩散合金化，且颗粒较大，不同粉末之间存在一定粒度差别。因此，预合金粉

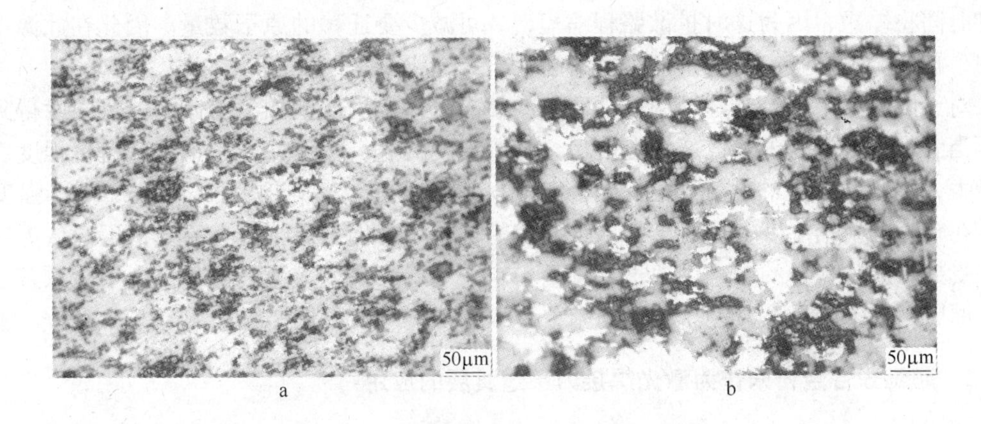

图 3-2-14 H-1 在不同温度烧结的显微组织
a—650℃；b—900℃

末相对于单质混合粉末达到相同的合金均匀化程度所需的时间将缩短，因为这时扩散路程缩短，并可减少要迁移的原子数量。因此在相同的烧结温度下，预合金粉末的硬度显著高于混合粉末。

2.4.1.3 预合金化对抗弯强度的影响

胎体的三点弯曲强度的影响因素有许多，但胎体的致密化程度和合金均匀化程度是其两个主要因素。图 3-2-15 为 Y-1、H-1 两种粉末的相对烧结密度与烧结温度的关系。由图 3-2-15 可见，当烧结温度低于 800℃时，混合粉末 H-1 的相对烧结密度在 92% 以上，显著高于相同温度下的预合金粉末 Y-1 的相对烧结密度。随着温度的升高，粉末的相对烧结密度增加。当烧结温度高于 800℃时，各粉末的相对烧结密度都达到 98% ~99%。

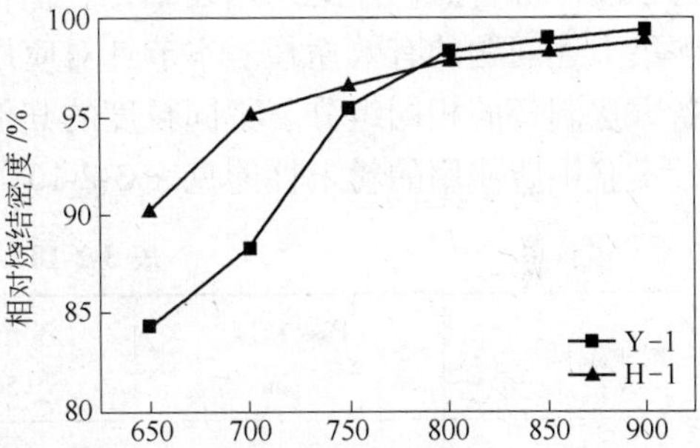

图 3-2-15 Y-1、H-1 相对烧结密度与烧结温度的关系

对于粒度相近，不同制备工艺得到的粉末，由于混合粉末是由单质粉末混合制得，粉末间的颗粒尺寸及粉末形貌差别较大，粒度分布范围宽，粗颗粒间的大孔隙可被一部分细颗粒所填充，相对致密度高；而预合金粉末的各组元已经预合金化，粉末粒度细且分布范围窄，颗粒间由于黏附产生搭桥，使孔隙度提高，同时预合金粉末形貌为蓬松多孔状，粉末颗粒也存在一定孔隙。在热压烧结工艺中，当烧结温度较低时（低于 800℃），由于烧结保温时间短（3min），烧结反应进行不彻底，这时在压力的作用下，混合粉末中细颗粒进一步填充到粗颗粒间的大孔隙中，有利于颗粒间的初期扩散，烧结致密化程度相对高于预合金粉末烧结体。在这个温度范围内，混合粉末的抗弯强度高于预合金粉末。

在烧结温度较高时（高于 800℃），升温时间得到延长，即可认为相应的延长了烧结时间，此时，粉末的致密化程度加大，烧结过程已大致完成，胎体的合金化均匀程度对胎体抗弯强度起主导作用。而预合金粉末相对于单质混合粉末达到相同的合金均匀化程度所需的时间将缩短，因为这时扩散路程缩短，并可减少要迁移的原子数量。因此在此温度范围内，预合金粉末烧结体的抗弯强度有显著升高。

对于混合粉末，由于烧结温度提高，胎体的致密化程度增加，胎体的抗弯强度得到提高。当温度达到该粉末最优烧结温度后，随着温度的进一步增加，粉末的致密化程度已达到最大，此时，温度的升高，会造成粉末中晶粒的长大，晶界减少，导致烧结体强度下降。在较高的烧结温度，预合金粉末烧结体的抗弯强度仍稍低于混合粉末，可以认为这主要是受粉末中氧含量的影响。由于预合金粉末采用湿法共沉淀工艺制备，由于还原条件等工艺原因，粉末的氧含量高于混合粉末，导致胎体抗弯强度低，脆性大。

2.4.2　超细预合金粉末作为激光焊接刀头过渡层的应用

激光焊接刀头过渡层应满足以下要求：足够高的焊接强度，良好的焊缝质量，合理的配方组分和最优的烧结温度，要兼顾锯片生产的工艺特点和经济性要求。此外，若金刚石刀头和过渡层的成分差别太大，易在两层交界处由于受热受力的不均匀而产生断裂。因此过渡层不仅要顾及其对激光的吸收情况及熔化的流动性，而且还要与金刚石刀头能良好结合，从而保证焊缝质量。Co 具有良好的高温强度，在高温下不易氧化，焊缝气孔小，易与钢基体形成有效结合，适合作为激光焊接过渡层元素，但其价格昂贵，所以无钴或低钴配方的开发是近年来发展的趋势之一。

由于超细预合金粉末具有成分均匀，烧结温度低，温度范围宽，烧结后胎体硬度高，抗弯强度高等特点，因此采用超细化、预合金化的方法，制备代 Co 基的 Fe 基预合金粉末是解决上述问题的有效途径。本节针对应用于激光焊接过渡层的超细预合金粉末，与不同制备方法制备的相同组分、不同粒度的其他粉末进行了对比实验。

实验中所使用的粉末性能见表 3-2-10。

表 3-2-10　实验用粉末指标

粉末编号①	Fsss 粒度 /μm	激光粒度 D (50μm)	松装密度 /g · cm^{-3}	制备工艺
S-1	2.85	8.1	1.20	湿法冶金
S-2	3.28	18.6	1.32	湿法冶金
H-1	2.56	6.7	1.82	机械混合
H-2	4.96	25.2	1.86	机械混合

①对应粉末 S-1、S-2、H-1、H-2 的烧结体编号分别为 A1、A2、B1、B2，下同。

2.4.2.1　胎体的 HRB 硬度和三点抗弯强度

图 3-2-16 为不同粉末材料的 HRB 硬度与烧结温度的关系曲线。

可以看到，A1、A2 的 HRB 随着温度的升高而升高，在 850℃ 附近达到最大值，且 HRB 硬度在 700 ~ 850℃温度范围内变化均小于 4HRB；B1、B2 的 HRB 硬度随着温度的升高而升高，在相同的烧结温度下，B1、B2 的 HRB 硬度显著小于 A1、A2。

图 3-2-17 为不同粉末的三点抗弯强度与烧结温度的关系曲线。由图 3-2-17 可见，当烧结温度为 700℃时，A1、A2 的抗弯强度显著低于相近粒度的机械混合粉末烧结体 B1、B2；随着温度的升高，B1、B2 的抗弯强度呈稳定上升趋势，而 A1、A2 的抗弯强度大幅升高，

在750～800℃的烧结温度范围内尤为明显；在高于800℃温度下烧结，A1、A2粉末烧结体的抗弯强度高于B1、B2；当烧结温度高于800℃时，随着烧结温度的升高，A1的抗弯强度开始有一定程度的下降，而A2、B1、B2的抗弯强度在850℃达到最大值，随后开始下降，且B1、B2在850℃后降幅较大。

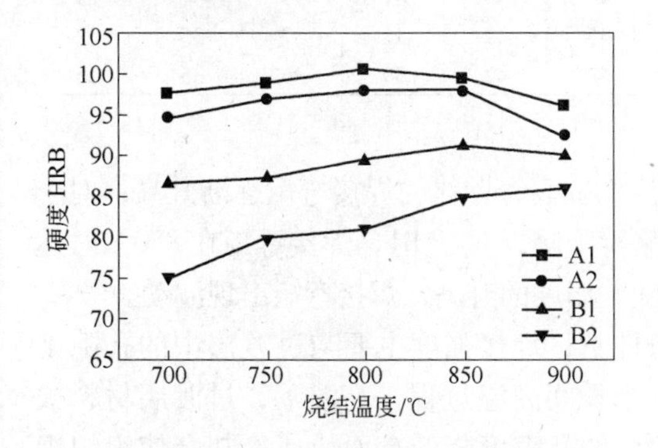

图3-2-16　不同粉末材料的HRB硬度与烧结温度的关系

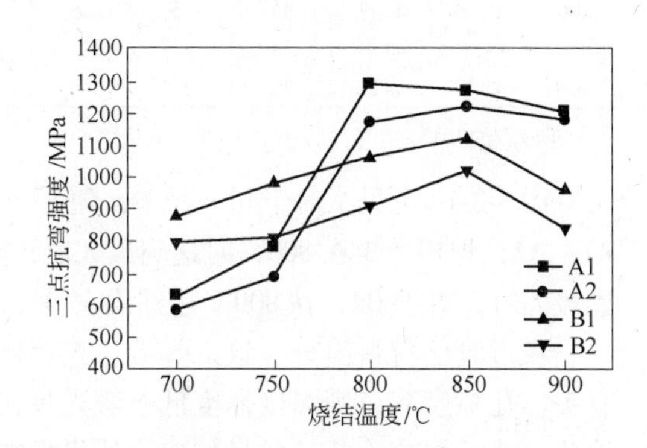

图3-2-17　三点抗弯强度与烧结温度的关系

2.4.2.2　胎体的焊接性能

在同样的焊接工艺条件下，将不同温度得到的胎体焊接到厚度为2.2mm的ϕ350mm的钢基体上，然后在SPE623型锯片焊接强度检测机上检测胎体与基体的焊接强度，每个温度点检测10个试样。

最低焊缝强度参照国际MPA计算标准：

$$M_{\mathrm{b}} = \frac{E^2 \times L_{\mathrm{S}} \times \sigma_{\min}}{6} \tag{3-2-1}$$

式(3-2-1)中，M_{b}为MPA要求的焊缝最低弯矩，单位为N·mm，E为锯片基体厚度，单位为mm，L_{S}为刀头长度，单位为mm，$\sigma_{\min}$为基体与刀头结合面最小断裂强度，单位为MPa（对于激光焊接一般取600MPa）。将本书中的实验条件代入计算可得，2.2mm厚的基体，长度为40mm的刀头的最低弯矩应为19.36N·m。焊接弯矩与粉末烧结温度的关系如图3-2-18所示。表3-2-11为不同烧结温度下焊接弯矩的平均值、最大值与最小值。

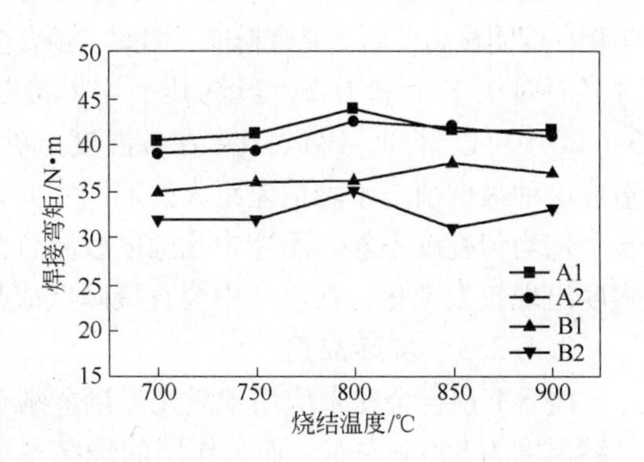

图3-2-18　焊接弯矩与烧结温度的关系

表3-2-11　粉末焊接弯矩　（N·m）

温度/℃	平均值				最大值				最小值			
	A1	A2	B1	B2	A1	A2	B1	B2	A1	A2	B1	B2
700	40.5①	39.2①	35	32	43	41	38	37	37	37	20	19

续表 3-2-11

温度/℃	平均值				最大值				最小值			
	A1	A2	B1	B2	A1	A2	B1	B2	A1	A2	B1	B2
750	41.1	39.5	36	32	44	44	41	36	40	38	27	19
800	43.8	42.7	36	35	46	46	42	40	41	39	31	29
850	41.6	41.9	38	31	43	42	45	42	38	37	35	22
900	41.6	41	37	33	43	43	42	42	39	36	35	25

①该点的断裂发生在刀头，而焊缝无断裂。

图 3-2-18 可见，对于同一粉末，随着烧结温度的提高，胎体的焊接弯矩逐渐升高；对于A1、A2，焊接弯矩在800℃时达到最大值，随后略有下降；对于B1，焊接弯矩在850℃时达到最大值；对于B2，在800℃达到最大值，随后随着温度的升高，焊接弯矩出现波动。

在过渡层材料组分一致、焊接工艺相同的条件下，焊接强度主要与过渡层中的孔隙度有关。孔隙度高，则焊接强度低。激光焊接是一个瞬间高温过程，高温下，过渡层材料被熔化，然后快速冷却。材料的熔化使得焊缝处胎体的孔隙度降低，而快速冷却会使组织细化，提高焊缝性能。因此对于同一粉末，在较低温度下烧结得到的胎体经过激光焊接，孔隙度降低，致密度提高；而在较高温度下烧结的胎体，致密化度已达到一个较高的水平，在激光焊接过程中，致密度变化不大。因此，同一粉末不同温度烧结得到的胎体，它们的焊缝强度（弯矩）变化不大，为4～5N·m。且对A1、A2检测焊接强度时，断裂都发生在刀头处，焊缝处并没有断裂，说明焊缝区强度高于刀头本身强度，这是由于高功率激光光斑的瞬间高温和快速冷却作用，在焊缝区胎体的孔隙度减小从而使材料得到强化的结果。

对于不同制备工艺得到的粉末（S-1与H-1，S-2与H-2分别对比），预合金粉末已经预合金化，粉末成分均匀，而混合粉末由于单质粉末之间的差异不可避免存在成分偏析，由于高温作用时间短，成分的不均匀性决定了组织的不均匀性；同时，合金颗粒中组元间的扩散驱动力要大于单质粉末颗粒间组元的扩散驱动力，在同样短的高温时间内，预合金粉末的合金均匀化程度明显高于单质混合粉末。因此，预合金粉末得到的胎体的焊接强度高于混合粉末。

而对于H-1和H-2，虽然其平均焊接强度也大于最低焊缝强度检测标准，但在表3-2-11中可以看到，H-1、H-2在各温度点的焊接强度最低值与平均值差值大于10N·m，造成这种最低值与平均值差距大的原因主要是因为混合粉末在烧结过程中的致密化程度和合金化均匀程度不够，胎体中孔隙度较高且分布不均匀，成分出现偏析，导致胎体的焊接强度出现较大变化，在生产中会直接降低成品率。

2.4.2.3 实际应用

将S-1预合金粉末应用于激光焊接金刚石工具过渡层。用户原有配方中使用的过渡层烧结温度为850℃左右，而工作层的烧结温度在810℃，过渡层与工作层的烧结工艺匹配性不好，为保证焊接质量，整个刀头需在850℃进行烧结，这个温度对于工作层来说，过高的烧结温度会影响工具的使用性能。课题开发的S-1粉末可以在810℃获得优良的烧结性能和焊接性能，并且与工作层的烧结温度相匹配，保证了工作层的使用效果，另一方面，烧结温度降低也有利于降低能耗，节约成本。

（福建万龙金刚石工具有限公司：申思）

3 包覆粉末

包覆型粉末，兼有包覆层材料和用作芯核的被包覆粉末两种物质的优良性能，在冶金、机械、航空、航海、材料保护及其他诸多领域的应用都已获得巨大成功。

由于金属镍包覆层具有良好的抗腐蚀性、超耐磨损性、韧性好、低应力、与大多数粉末润湿性好和相对较高的硬度等优点，在金属型包覆粉末研究领域中占有重要地位且应用广泛。因此，本部分简要介绍以金属镍包覆型粉末为例的化学包覆粉末和物理包覆粉末的生产工艺方法，重点介绍水热压氢还原法。列表描述目前应用比较广泛的包覆粉末种类、技术条件、工艺特性和应用领域。简述包覆粉末的发展方向和应用前景。

3.1 化学包覆粉末的生产方法

3.1.1 沉淀-还原法

沉淀-还原法是将镍盐配制成水溶液，把作为芯核的粉末加入溶液中，将氨水注入到溶液中，并不断搅拌，使镍生成氢氧化镍沉淀降于粉体表面，放入100℃水浴中蒸干，得到表面披覆氢氧化镍的粉体，最后将其放入反应炉中，炉温600℃，氢气气氛还原，还原产物即为镍包覆粉末。

此法所用设备简单，易于操作，但由于镍离子与氨形成络合物，必须加入过量的氨水才能生产氢氧化镍沉淀，且镍不能完全被沉淀下来，造成原料的浪费。另外，此法只有在包覆粉末镍含量 $w(\mathrm{Ni})$ 在5%～15%时效果较好，可以采用。当镍含量在25%以上时，效果不理想，不宜采用。所以此方法有一定的局限性。

3.1.2 化学镀法

化学镀镍是利用合适的还原剂使镍离子有选择经催化的表面上镀镍层的一种化学处理方法。化学镀镍液是由镍盐、络合剂、稳定剂和还原剂等基本组分组成，再配以适当的温度、pH值、搅拌等工艺条件，使粉体在镀液中被包覆一层金属镍。通过配制适当的镀液，该法既可以直接在有催化活性的金属粉末表面施镀，也可以在未被预处理的非金属表面直接施镀。选取联氨作为还原剂以获得纯镍镀层的氧化还原反应如下：

$$\mathrm{Ni^{2+} + 2e = Ni}$$

$$\mathrm{N_2H_4 + 4OH^- - 4e = N_2 + 4H_2O}$$

化学镀法制备镍包覆粉末有许多优点，既可应用于实验室，又能用于大规模工业生产，操作简单，无需大的设备，包覆粉末成本较低，包覆效果好，但此法存在过程较慢，槽液易于分解、易产生游离镍等缺点。

3.1.3 电镀法

电镀法制备镍包覆粉末不同于一般的电镀，它的电极是由颗粒组成的，所以该法只适用于金属粉末，对非金属粉末需要在其表面先用其他方法涂覆一层导电薄膜方可采用。电镀法根据设备不同主要有两种方法。一种是滚镀法，镀槽用有机玻璃做成多角形，槽底有一固定的金属板作为阴极，使镀槽与垂直方向成一定的倾角旋转，利用镀槽的转动使颗粒在槽中翻滚，颗粒作为阴极在其表面包覆镀层；另一种方法是流化床法，流化床电极是一种三维电极体系，当电解质溶液流过导电颗粒组成的床层时，使颗粒呈流化状态，构成导电颗粒流化床，插入馈电极和对电极，通电后由全部颗粒连同馈电极构成流床电极，电化学反应便在颗粒上完成。电镀法具有包覆量可控，镀镍层有很高的化学稳定性和耐磨性，且硬度高。

3.1.4 水热压氢还原法

早在1958年，加拿大的Sherrit Gordon矿业公司偶然用此工艺制备出镍包铝复合粉末，这一发现亦正是复合粉研究的开端。湿法氢还原制取包覆粉的原理和设备同镍粉、钴粉生产一样，其过程系在装有金属离子水溶液的高压釜中，加入一定量的其他粉末颗粒作为芯核，被高压氢气还原出来的金属细粒就沉积在芯核颗粒周围形成包覆型复合粉末。众所周知，用氢从溶液中还原镍时，有如下反应发生：

$$Ni(NH_3)_nSO_4 + H_2 = Ni + (NH_4)_2SO_4 + (n-2)NH_3$$

上述反应在下列基本条件下进行：

Ni 10～60（g/L），$(NH_4)_2SO_4$ 50～400（g/L），$NH_3/Ni=2\sim2.5$（摩尔比），氢气分压$(20\sim30)\times10^5Pa$，温度120～200℃，反应时间2～30min。

反应属于多相催化过程，当溶液中没有晶核存在时，反应难于进行；需要加入催化剂以诱导还原反应的开始。当产出晶种镍粉（或钴粉）后，新生成的镍粉、钴粉具有自催化性能，反应在新生成的镍粉表面的活性点上继续进行。晶种镍粉进一步一轮轮地长大，一层层地包覆，直至所需的粒度或镍含量。

如果在镍氢还原溶液中，加入其他的固体粉末作为晶种核心。发现，在一些特定条件下，一些特性的颗粒表面均匀而完整地包覆上一层镍，这便制成了镍包覆粉。但是，具有这种特性的粉末是为数不多的，许多粉末材料不具备镍催化还原性能。因此，不能被镍包覆，或者是极不均匀极不完整的斑点状。为了包覆这些粉末，必须进行表面活化处理，并加入适当的催化剂。催化剂的选择和表面处理是生产各式各样包覆粉的关键。各种惰性的核心粉末材料，通过加入适当的催化剂和表面处理，则可被均匀而完整地包覆。

氯化钯是最有效的一种催化剂。惰性的粉末在用氯化钯处理过以后，氢还原时，吸附在表面的氯化钯离子很快就被还原成金属钯，由于钯具有极强烈的催化氢还原性能，镍离子便迅速地在核心粉末材料的表面被氢还原。但是，由于氯化钯价格昂贵，寻找新的催化剂就显得非常重要了。蒽醌及其衍生物是应用最普遍的一种催化剂。

必须指出，由于各种核心粉末材料的表面性质、状态、晶体结构极不相同，必须使用各种相应的催化剂，才能生产多种多样的包覆粉。水热压氢还原法生产的复合粉末如图3-3-1所示。

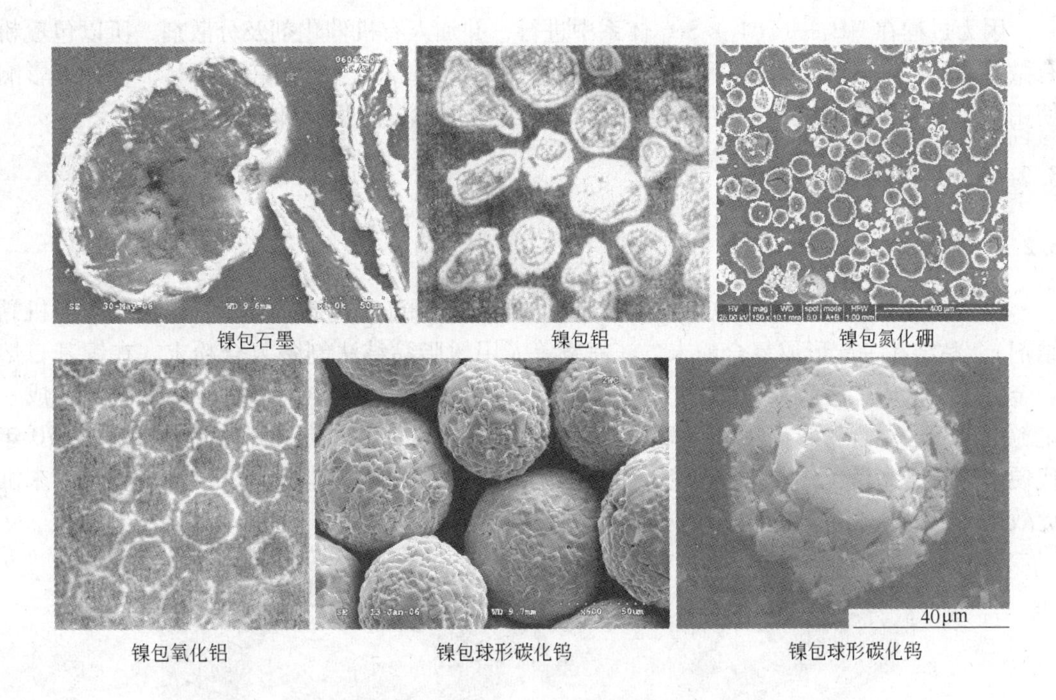

镍包石墨　镍包铝　镍包氮化硼

镍包氧化铝　镍包球形碳化钨　镍包球形碳化钨

图 3-3-1　水热压氢还原法生产的复合粉末

3.1.5　包覆的金属及核心材料

作为包覆粉的核心材料是多种多样的，只要具备一定的力学性能，可经受高压釜中的高速搅拌，在还原过程中，不分解、不熔化、不软化、不与溶液发生化学反应，便可作为核心材料。如许多金属、合金、金属氧化物、碳化物、硼化物、氟化钙、石墨、金刚石、赤磷、玻璃、塑料、二氧化铀、二硫化钼等。

包覆后的粉末即包覆粉的形状和粒度取决于核心粉末的形状和粒度。可包覆的粒度范围极为宽广，从 1μm ~ 1mm 左右。甚至有制成 5 ~ 20nm（50 ~ 200Å）包覆粉的报道。但是，由于粉末过于微细，在形成包覆粉的过程中，具有自然聚合的倾向。为防止或减少这种倾向，必须加入分散剂，以防止聚合，或者采用别的还原体系，改变还原溶液的组成，甚至采用有机介质来进行这种过程。

作为包覆的金属，除了镍以外，还有钴、铜、银和钼。不过，铜和银是比较正电性的金属，且有一价离子存在，在氢还原时，通常是自成核心，不需要催化剂。因此，在进行包覆时，通常不能得到均匀的包覆层，而是斑点状的，并伴随许多极细小的金属铜、银粉。尽管这样，在某些冶金过程中还是具有优越性的。为了得到均匀完整的包覆层，通常是用置换法来制取。即预先包覆镍或钴，然后用相应的溶液来置换。

钼在湿法还原过程中，只得到氧化钼包覆层，必须在 950℃ 的温度，用氢还原后才能得金属钼的包覆层。

包覆层的金属含量可在很大的范围内波动，由百分之几一直变动到百分之九十几。包覆的金属含量越高，包覆得越完整。

一种核心粉末材料，也可分别包覆上述多种金属，或上述几种金属同时包覆。

因为过程在 NH_3—$(NH_4)_2SO_4$ 体系中进行，并加入有机催化剂及分散剂，所以包覆粉有微量的硫（$w(S)=0.02\%$）和碳（$w(C)=0.05\%\sim0.1\%$）。但在许多情况下，并不影响使用。如果需要降低这种杂质的含量，可进行火法脱除，或用特殊的方法制取。

3.2 物理包覆粉末的生产方法

3.2.1 黏结法

将金属或合金粉末与其他颗粒粉末通过黏结剂（如酚醛树脂，环氧，甲乙胺等有机黏结剂），黏结在一起形成复合粉末。汪海宽等人用树脂黏结法制备复合粉末，在镍基自熔合金雾化粉末中，在较大的颗粒上黏裹着许多细小的 WC、Cr_3C_2、Mo、Ni 颗粒，构成一定粒度组成的复合粉末，用于耐磨蚀涂层，性能甚佳。北京矿冶研究总院在20世纪70年代使用黏结法制备了铝包镍复合粉，此粉喷涂时放热缓慢，基本无烟，结合强度及粉末沉淀效率高。黏结法生产的复合粉末如图3-3-2所示。

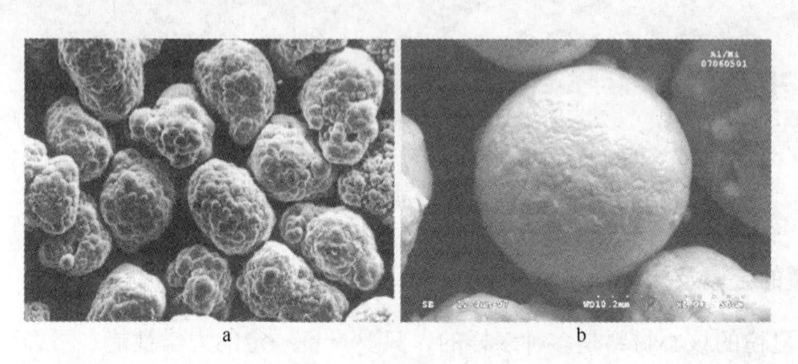

图3-3-2 黏结法生产的复合粉末
a—Al包NiCr；b—纳米Al包Ni

该法工艺简单，易于制取各类复合粉，但黏结剂容易污染粉末，粉末界面结合强度不够。

3.2.2 羰基法

在芯核粉末表面包覆金属 Ni 的工艺中最理想的就是 $Ni(CO)_4$ 分解法，该法原料利用率非常高，包覆效果也好，可是过程中的 CO 和 $Ni(CO)_4$ 都是剧毒物质，且 $Ni(CO)_4$ 的挥发性较高，所以需要在密闭系统内反应，要求有极为严密的防毒措施，这对生产设备及工艺要求较高，从而使包覆粉末的成本较高，其应用难以推广。

3.3 包覆粉末在金刚石工具上的应用

常温下，人造金刚石是亚稳态晶体，耐热性差，具有解理性、脆性，还有杂质、气孔、裂纹等缺陷，严重影响其性能的发挥。但是，当其表面镀覆一层金属镍后制作成制品时，可大大提高制品的结合强度，延长使用寿命。树脂砂轮用金刚石90%要镀镍或铜。

参考文献

[1] 程经科. 硅酸盐学报，1963，2(3)：145 ~155.
[2] 熊晓东，田彦文，翟秀静，等. 中国有色金属学报，1996，6(4)：39 ~42.
[3] Levy R A. Electrochemical Technology，1963，1(1 ~2)：38 ~42.
[4] 翟金坤，黄子勋编译. 化学镀镍[M]. 北京：北京航空学院出版社，1987：1 ~20.
[5] 熊晓东. 博士学位论文. 沈阳：东北大学，1997：93 ~107.
[6] 王耀宏. 材料保护，1995，28(1)：34 ~35.
[7] 梁焕珍，毛铭华，张荣源. 化工冶金，1996，17(2)：111 ~116.

（北京矿冶研究总院：曾克里）

4 预混合金属粉末

按照结合剂的不同，金刚石制品可分为以下几类：烧结金属结合剂金刚石制品，电镀金属结合剂金刚石制品，树脂结合剂金刚石磨具，陶瓷结合剂金刚石磨具等。本章内容主要介绍烧结金属结合剂金刚石制品用预混合金属结合剂。

4.1 预混合金属结合剂的概念和特点

烧结金属结合剂金刚石制品，是以金刚石为切磨材料，以金属粉末为结合剂，通过粉末冶金工艺（如压制成形、烧结）以及必要的加工，用金属结合剂固结金刚石，并形成有一定形状结构和特定加工能力的一大类金刚石工具制品。

金属结合剂是烧结金属结合剂金刚石制品不可或缺的原材料之一。通过金属结合剂与金刚石的匹配，才能使金刚石烧结制品具有特定的加工能力。

通常，金属结合剂是指按照特定的加工需求设计形成的配方，由不同的金属粉末（也有少量非金属粉末）经过机械混合而成的混合粉末。但是，近几年金属结合剂家族中又增添了新成员——预合金金属结合剂，该类金属结合剂是直接根据设计配方，采用特定的粉末生产工艺生产出相应的预合金粉末。由于预合金金属结合剂的出现，我们把传统的用不同化学成分金属粉末（含少量非金属粉末）混合而成的金属结合剂粉末称之为预混合金属结合剂，与预合金金属结合剂加以区别。

金属结合剂的性能直接影响到工具的物理力学性能和使用性能。金属结合剂的性能主要指结合剂粉末的性能，包括理化性能和工艺性能。预混合金属结合剂的理化性能主要包括：预混合金属结合剂的化学成分（也称为预混合金属结合剂的配方）、密度、粒度和粒度组成、氧含量（多以氢损表示）以及预混合金属结合剂的混合均匀度；预混合金属结合剂的工艺性能主要包括：预混合金属结合剂的松装密度和流动性。

4.1.1 预混合结合剂的化学成分

预混合金属结合剂是不同化学成分的金属粉末（也含有少量非金属粉末）按设计配方混合而成的混合粉末。因此，预混合结合剂的化学成分是指结合剂中主要成分（也称之为有效成分）和杂质的含量。

4.1.1.1 预混合结合剂的有效成分和杂质

预混金属结合剂所用粉末主要包括：铜(Cu)、铁(Fe)、镍(Ni)、钴(Co)、锡(Sn)、锌(Zn)、锰(Mn)、钨(W)、钛(Ti)等单质金属粉末和铜锡合金粉末（如663锡青铜〈Cu85Sn6Zn6Pb3〉合金粉末、Cu85Sn15锡青铜合金粉末等）、铜锌合金粉末、铁基合金粉末、镍基合金粉末、钴基合金粉末等预合金粉末，以及碳化钨(WC)、碳化钛(TiC)、二硫化钼(MoS2)、硼(B)、磷(P)、硅(Si)、石墨粉(C)等非金属粉末。预混合金属结合剂的主要成分（有效成分）就是由这些粉末中的几种或多种构成。

预混合金属结合剂中的杂质主要包括：氧(O)、硫(S)、原材料和粉末生产过程中带进的机械夹杂物等。

预混合金属结合剂化学成分应符合表3-4-1规定；预混合金属结合剂化学成分质量分数允许误差范围应符合表3-4-2规定。

表3-4-1 预混合金属结合剂化学成分规定

化学成分(质量分数)/%			
有效化学成分	C	S	O
≥98.00	≤1.00	≤0.05	≤0.75

表3-4-2 预混合金属结合剂化学成分质量分数允许误差范围

成分名称代号	质量分数/%	允许误差/%	成分名称代号	质量分数/%	允许误差/%
Fe	8.00以下	±0.50	Cu	1.00~5.00	±0.30
	8.01~20.00	±1.00		5.01~10.00	±0.50
	20.01~60.00	±1.50		10.01~60.00	±1.00
	60.00以上	±2.00		60.00以上	±1.50
Ni	2.00以下	±0.20	W	0.05~3.00	±0.20
	2.01~5.00	±0.30		3.01~8.00	±0.30
	5.01~10.00	±0.50		8.01~15.00	±0.50
	10.00以上	±1.00		15.00以上	±1.00
Mn	2.00以下	±0.30	Sn	1.00~2.00	±0.20
	2.01~8.00	±0.40		2.01~6.00	±0.30
	8.01~25.00	±0.50		6.01~10.00	±0.50
	25.00以上	±0.70		10.00以上	±0.80
Co	3.00以下	±0.20	Zn	2.00以下	±0.20
	3.01~10.00	±0.30		2.01~4.00	±0.30
	10.01~20.00	±0.50		4.01~7.00	±0.50
	20.00以上	±1.00		7.00以上	±0.60
WC	1.00~5.00	±0.30			
	5.01~10.00	±0.80			
	10.01~30.00	±1.00			
	30.00以上	±1.50			

4.1.1.2 预混合结合剂所用原材料粉末作用

A Fe

a 优点

(1) 价格低廉。

(2) 铁与金刚石有较好的润湿性，接触角为50°，优于钴和镍。

(3) 液相时铁与金刚石的附着功为$3.4\times10^{-7}J/cm^2$，也优于钴和镍。

(4) 可以形成多种碳化物，如渗碳体（Fe_3C）和ε型碳化物（Fe_2C），有硼参与可形

成 $Fe_{23}(CB)_6$ 和 $Fe_3(CB)$。有 W，Mo 参与形成 M_6C 性碳化物$(Fe_3W_3)C$ 和$(Fe_3Mo_3)C$。

（5）与骨架材料的相容性好，液相时与 WC 的接触角接近于0°，对于 TiC 的接触角也很低。

（6）铁具有比铜，镍，钴低的线膨胀系数，其值为 $11.7\times10^{-6}/℃$，更接近金刚石的线膨胀系数，对防止冷却裂纹的出现起一定的作用。

（7）烧结时铁对金刚石的轻微刻蚀并不损失金刚石的强度，反而会提高金刚石在胎体中的把持力。

（8）铁基合金的性能是否可以接近或达到钴基合金的性能，近期的工作和有关文献的报道表明，是完全可能的。

b 缺点

（1）铁基胎体的变形性大于钴基胎体。

（2）铁基胎体的耐磨性高于钴基胎体。

（3）铁基胎体中低熔点金属容易发生流失。

（4）铁基胎体不够锋利。

对铁基胎体的几点认识：高温下铁对金刚石的刻蚀率远比镍钴都高，但实验表明，1000℃以下烧结，金刚石只被轻度刻蚀，并不影响金刚石的强度；金刚石表面被刻蚀的碳并不以石墨形态分布在金刚石表面，而是扩散到金刚石表面的含铁金属膜中，按一定的规律分布。

铁基金刚石工具不锋利的原因是铁比钴耐磨，比钴变形性大。

铁基结合剂工具烧结流失是由于铁铜合金中的低熔点金属的溶解度过低造成的，适量添加一些互溶性好的元素即可减少流失。

B Cu

a 优点

（1）电解铜粉成型性好，广泛用于冷压成型后烧结，压坯不易塌落。

（2）某些元素的微量加入可以使铜对碳材料从不润湿变成润湿。

（3）纯铜对碳化物和骨架材料的相容性很好，如 W，WC 等。

（4）纯铜的耐磨性优于青铜，可烧结性好。

铜可与 Sn，Zn，Mn，Ni，Ti 等制成性能优异的合金，例如 Cu-Sn-Ti，Cu-Ni-Mn，Cu-Ni-Zn 及6-6-3 青铜等。

b 缺点

（1）纯铜的变形性大，不宜制成高质量的工具，铜基合金会有某种程度的改观；

（2）铜铁的互溶性不好，彼此溶解度很低，这将对铁基结合剂的应用带来一定的麻烦；

（3）由于铜的强度低，对碳材料的润湿性差，所以对金刚石的把持力和黏结力不高；

（4）铜与锡、钛在大气中的可烧结性不好，氧化严重，必须在真空或保护气氛下烧结。

C Co

其优点是：

（1）钴的抗弯强度高，钴也可以提高铜基胎体和铁基胎体的抗弯强度。

（2）钴具有易磨损性，或者说钴具有适度的磨损性能，使综合切割性能大幅度地提高。

（3）钴对碳材料和骨架材料都具有较低的接触角和较大的附着功，略次于铁和镍，即和金刚石有较大的亲和力。

（4）钴和钴基胎体的变形性小，提高切割加工质量。

（5）还原钴粉的可烧结性好，适合激光焊接片。

D Ni

其优点是：

（1）适合制作重负荷和冲击载荷作用下的工具，镍和镍基胎体具有一定的耐磨性和韧性。

（2）镍和铁钴适量的搭配可以得到令人满意的综合性能，如小的变形性和适度的耐磨性，接近或达到钴基胎体的性能。

（3）镍可以减少低熔点金属的流失。

（4）镍可以改善 Cu-Sn-Ti 结合剂砂轮的磨削性能。

E Sn

a 优点

（1）可以有力改善胎体的烧结性能。

（2）易形成金属间化合物，可以改善磨损性能和降低变形性。

（3）适于添加到冷压成型胎体中，靠液相在固体粉末中的虹吸现象产生的毛细管力使胎体收缩。

（4）降低液态合金的表面张力，降低内界面张力，减小接触角。

（5）改善铁基胎体的磨损性能和变形性，这是因为锡在铁基胎体中可以形成 Fe_3Sn 和 $Fe_{70}Sn_{15}C_{15}$ 金属间化合物和复式碳化物。

b 缺点

（1）加入量控制不当容易流失。

（2）不利于激光焊接，工具的非工作层必须单独设计。

（3）与钛、铜一起组成的胎体，在大气中的可烧结性极差，必须采用无氧烧结。

F Zn

a 优点

（1）降低铜合金的熔点，有利于工具的烧结和浸渍。

（2）易形成金属间化合物，可以改善变形性和耐磨性，例如和铁可以生成 Fe_5Zn_{21}，$FeZn_9$，$FeZn_3$ 等，其他元素也有类似的情况，如 Cu-Zn，Ni-Zn，Mn-Zn，Co-Zn 适量地加入都有利于胎体性能的改善。

b 缺点

（1）含量控制不当，烧结时容易流失。

（2）锌的蒸气压高，烧结时容易汽化，对环境有害。

（3）无化合状态的锌在 900℃ 汽化，影响胎体合金的质量。

G Al

a 优点

（1）铝对碳材料的润湿性好，800℃时铝对金刚石的润湿角为75°，附着功为$110\times10^{-7}J/cm^2$。

（2）铝在含钛金刚石胎体中发生铝热反应，在金刚石表面有助于碳化物生成，铝的氧化物生成自由能极低，远远低于铁，所以夺氧能力极强，确保钛的无氧化状态，和金刚石生成碳化钛。

（3）铝在1227℃以上可以和碳反应生成Al_4C_3。

（4）铝的烧结温度低，节能，容易生成金属间化合物。

b 缺点

（1）铝基胎体的强度低，机械包镶能力不高。

（2）铝对金刚石的附着功也低。

（3）纯铝粉易氧化，氧化后的铝粉几乎不能作为结合剂使用，这一点使用时应注意。

H Mn

a 优点

（1）有明显的脱氧作用，特别是与铝和硅同时存在时，脱氧能力急剧增强。

（2）与铜的相容性很好，含锰质量分数为35%合金的熔点为868℃，凝固后为单一奥氏体。

（3）高温下与铁有很好的相容性。

（4）高锰合金的耐磨性提高，适用于重负荷、冲击负荷下工作的工具。

b 缺点

极易氧化，且氧化后无法用氢气还原，高温时使金刚石严重石墨化。

I Cr

其优点是：

（1）极少量的铬就可以大大改善铜对金刚石的润湿性。

（2）提高胎体的抗弯强度，加入量在质量分数为1%时提高幅度最大。

（3）在正常烧结温度下，铬可以和金刚石反应，生成Cr_7C_3，Cr_3C_2型碳化物。

（4）能提高结合剂和金刚石的黏结强度。

（5）由于铬的激活能较高，使钢铁有极好的消声作用，适于在锯片基体中加入，大量加入可以降低变形性。

J W

a 优点

（1）与铁、铜、钴、镍等都有较好的相容性。

（2）750℃时，钨在金刚石表面就可以和金刚石发生碳化物生成反应，生成碳化钨。

（3）增加胎体的耐磨性，减少变形性。

b 缺点

（1）烧结坯的空隙度大。

（2）要达到设计的密度必须加大能耗，即提高烧结温度和压力。

K Ti

a 优点

（1）钛铝合金胎体的抗弯强度，含金刚石的胎体高于不含金刚石的胎体。

（2）降低接触角，改善与金刚石的黏结强度。

（3）适量加入可提高胎体的耐磨性。

b 缺点

（1）含量高时可烧结性变差，须在真空或保护气体下烧结。

（2）与氧亲和力大，氧化后无法用氢气还原，建议用 TiH_2 代替 Ti 粉使用。

（3）对模具的损耗大。

L Si

a 优点

（1）与金刚石的线膨胀系数接近，冷热变化时体积效应小，防止裂纹。

（2）与金刚石结构相同，相容性好。

（3）明显降低合金熔点。

（4）高温冷却时体积收缩。

（5）有较强的脱氧能力。

b 缺点

脱碳倾向明显，且易导致胎体脆性过大。

M B

其优点是:

（1）微量加入作用明显，可提高钢的淬透性。

（2）提高耐磨性，减少变形性。

（3）应用时可以以合金形式加入，实用而且经济。

（4）提高复合材料的界面结合强度，增强把持力。

N La，Ce 稀土元素

a 优点

（1）具有很强的晶格细化能力，可快速提高胎体抗弯强度。

（2）降低胎体的耐磨性，有利于切割性能的改善。

（3）提高胎体的抗弯强度，对铜基胎体，钴基胎体都有明显的作用。

（4）降低合金熔点。

（5）具有脱氧、脱硫、脱氮、脱氢的作用，并防止偏析。

（6）对降低液相合金同石墨的接触角有一定的作用。

b 缺点

（1）易氧化，保存困难。

（2）使用时必须选择合适的载体，既防止氧化又方便加入。

（3）需以单质（纯金属）粉方式使用，若以金属氧化物粉末使用，几乎不起作用。

4.1.2 预混合结合剂的密度

预混合金属结合剂的密度主要指理论密度、比重瓶密度和成型密度。

4.1.2.1 预混合金属结合剂的理论密度

金属材料的理论密度是根据 X 射线测定的晶格常数进行计算得来的。某种金属的理论密度通常是一个定值。预混合金属结合剂是由多种不同成分的粉末（以金属粉末材料为主）构成，因此，其理论密度可以根据预混合金属结合剂的化学成分按下面的公式计算：

$$D = 100/(g_1/D_1 + g_2/D_2 + \cdots + g_n/D_n)$$

式中 D——预混合金属结合剂的理论密度；

100——预混合金属结合剂各化学成分所占质量百分数之和；

g_1，g_2，…，g_n——预混合金属结合剂中各化学成分所占质量百分数，如果所占质量百分数为10%，则取10代入公式计算；

D_1，D_2，…，D_n——预混合金属结合剂中各化学成分的密度。

4.1.2.2 预混合金属结合剂的比重瓶密度

结合剂很难压至理论密度，通常也没必要达到那么高的致密程度。而且金属粉末中因常常含有氧化物和其他杂质，颗粒内部存在相当多的空隙（包括开孔，闭孔，晶格空位等），因此，金属粉末的实际密度往往不等于金属的理论密度，而且一般不是定值。这也使得根据金属密度计算出的预混合金属结合剂的理论密度和其实际密度有一定偏差。在实际生产过程中，可以通过测定预混合金属结合剂的比重瓶密度来适度校正其理论密度。

预混合金属结合剂的比重瓶密度是指金属结合剂颗粒质量除以包括闭孔在内的颗粒体积得到的密度值。比重瓶密度可以按下式计算：

$$D = (m_2 - m_1)/[V - (m_3 - m_2)/D_1]$$

式中 D——预混合金属结合剂的比重瓶密度；

m_1——比重瓶质量；

m_2——比重瓶加粉末的质量；

m_3——比重瓶加粉末和充满液体后的质量；

D_1——液体的密度；

V——比重瓶规定容积。

预混合金属结合剂的比重瓶密度实际上是粉末杂质含量和粉末内部缺陷的表现。因此，在实际生产过程中是极有参考价值的数据。

4.1.2.3 预混合金属结合剂的成型密度

预混合金属结合剂的成形密度是金刚石工具制作过程中一个重要的工艺参数，但是成形密度无法直接由数学计算求得，因此只能通过实验的方法测定。

4.1.3 预混合金属结合剂氧含量

预混合结合剂粉末中的氧多以金属氧化物（也可能含有少量非金属氧化物）的形式存在，氧化物杂质会造成预混合金属结合剂压制成形性变差，烧结活性下降，也会导致烧结体韧性下降，进而影响到工具的使用性能。

预混合金属结合剂的氧含量通常采用氢损法测定，预混合金属结合剂的氧含量应符合表3-4-1中的规定。

4.1.4 预混合金属结合剂混合均匀度

预混合金属结合剂的混合均匀度是以预混合金属结合剂化学成分中的一种化学成分作为该试样混合均匀度测定的示踪物，对示踪物进行化学成分含量分析，计算其在预混合金属粉末中的均匀分布程度，并以示踪物在预混合金属粉末中的均匀分布程度来表征预混合金属粉末的混合均匀度。两种化学成分的预混合金属结合剂，选择质量百分数低的化学成分作为示踪物；两种以上化学成分的预混合金属结合剂，选择质量百分数为(35 ±5)% 的化学成分作为示踪物；若预混合金属结合剂中可作为示踪物的化学成分有两种或两种以上时，选择理论密度较大的化学成分作为示踪物。

按式（3-4-1）和式（3-4-2）计算预混合金属粉末混合均匀度，计算结果精确至“0. 01”：

$$Ma = (100 - Sa) \times 100\% \tag{3-4-1}$$

$$Sa = \sqrt{[(a_1 - A)^2 + \cdots + (a_n - A)^2]/(n-1)} \tag{3-4-2}$$

式中　Ma——示踪物 a 的混合均匀程度,%；

Sa——示踪物 a 的混合不均匀程度,%；

a_1，…，a_n——检测 n 个试样，测得每个试样中示踪物 a 的化学成分质量分数,%；

A——示踪物 a 在预混合金属粉末化学成分中的理论质量分数,%；

n——检测试样个数，$n \geqslant 10$。

4. 1. 5　预混合金属结合剂粒度及粒度组成

预混合金属结合剂的粒度及粒度组成对于压制和烧结过程都会产生很大的影响。粒度越细，可压缩性就越差，表现为一定的压力下得到的压坯密度小；但粒度越细，压坯强度越高。

常用的检测粒度及粒度组成的方法是筛分法。预混合金属结合剂的粒度及粒度组成应符合表 3-4-3 的规定。

表 3-4-3　预混合金属结合剂的粒度及粒度组成规定

粒度代号	200			300		
粒度范围/μm	≤74	74 ~48	≤48	≤48	48 ~38	≤38
质量分数/%	≥95. 0	≥70. 0	≤30. 0	≥95. 0	≥70. 0	≤30. 0

4. 1. 6　预混合金属结合剂松装密度

预混合金属结合剂的松装密度，是指预混合金属结合剂粉末自然填充规定的容器时单位容积内粉末的质量。

松装密度受结合剂粉末材料的密度、颗粒形状、粒度及粒度组成等因素的影响。粉末颗粒形状越规则，表面越光滑，松装密度越大。预混合金属粉末松装密度应符合表 3-4-4 规定。

表 3-4-4　预混合金属粉末松装密度规定

粒度代号	松装密度/g · cm⁻³	允许误差范围/g · cm⁻³	粒度代号	松装密度/g · cm⁻³	允许误差范围/g · cm⁻³
200	0. 20 ~1. 00	±0. 10	300	0. 20 ~1. 00	±0. 10
	>1. 00 ~2. 00	±0. 15		>1. 00 ~2. 00	±0. 20
	>2. 00 ~3. 50	±0. 20		>2. 00 ~3. 00	±0. 30
	>3. 50 ~5. 00	±0. 30		>3. 00 ~4. 00	±0. 35
	>5. 00	±0. 40		>4. 00	±0. 40

4.1.7 预混合金属结合剂流动性

流动性是描述粉末通过一个限定孔的定性术语。到目前为止，流动性尚没有一个明确的定义。在ISO和GB/T中规定：金属粉末的流动性，以50g金属粉末流过规定孔径的标准漏斗所需的时间来表示。

预混合金属粉末的流动性应符合表3-4-5规定。

表3-4-5 预混合金属粉末的流动性规定

粒度代号	流动性 /s·(50g)$^{-1}$	允许误差范围 /s·(50g)$^{-1}$	粒度代号	流动性 /s·(50g)$^{-1}$	允许误差范围 /s·(50g)$^{-1}$
200	1~10	±1.0	300	1~10	±1.0
	>10~25	±1.5		>10~20	±2.0
	>25~35	±2.0		>20~30	±2.5
	>35~45	±2.5		>30~40	±3.0
	>45	±3.0		>40	±3.5

4.2 预混合金属结合剂的生产工艺

预混合金属结合剂生产流程一般为：原材料检测→原材料预处理→预混合金属结合剂配混→检测→包装。

4.2.1 原材料检测

预混合金属结合剂以各类金属粉末为主要原材料，金属粉末的技术条件对于保证预混合金属结合剂产品质量具有重要意义。预混合金属结合剂原材料检测是对产品性能和工艺要求影响较大的金属粉末技术条件的检测。常用金属粉末技术条件可参考表3-4-6规定。

表3-4-6 常用金属粉末技术条件规定

元 素	制粉工艺	纯度/%	粒度(目)	颗粒形状	色 泽
铁(Fe)	还原、电解	98.5	-200	不规则	亮白灰
铜(Cu)	电解、还原、雾化	99.5	-200	枝 状	玫瑰红
镍(Ni)	雾化、电解、雾化	99.8	-200	球形亚枝状	白 灰
钴(Co)	还 原	99.5	-200	不规则	亮 灰
锰(Mn)	电解、还原	90	-200	不规则	黑 灰
铝(Al)	雾 化	99	-200	球 形	银 灰
锡(Sn)	雾 化	99.5	-200	球 形	灰 白
锌(Zn)	雾化法、凝聚法	90	-200	不规则	浅 灰
铅(Pb)	雾化法	99	-200	球 形	银 灰
钨(W)	还 原	99.5	-200	球 状	青 灰
钛(Ti)	氢化法	99	-200	不规则	灰 黑
铬(Cr)	电解、还原	90	-200	不规则	银 灰

金属粉末技术条件中，制粉工艺决定粉末颗粒形状；纯度是指金属粉末中金属和杂质的含量，主金属含量通常在90%～99.5%之间；粒度细于200目(75μm)是一个笼统的规定，在实际生产过程中可按表3-4-3的规定控制粒度组成。

4.2.2 原材料预处理

预混合金属结合剂原材料的预处理主要包括粒度处理、颗粒表面氧化物的还原处理。

粒度处理通常采用筛分法进行，在一般情况下，粉末粒度细于200目即可满足使用要求，但是有部分预混合金属结合剂需要粉末粒度较细，这时应根据产品工艺需求对原材料进行粒度细化分级。

粉末氧化物还原处理通常是对金属粉末中铁、铜、钴、镍这一类容易氧化的粉末进行还原处理。目前生产过程中还原气氛通常采用氨分解氢气，还原设备有管式还原炉、带式连续还原炉等。

4.2.3 预混合金属结合剂的配混

预混合金属结合剂的配混指预混合金属结合剂生产过程中按照产品既定配方配料、混料的工艺过程。

预混合金属结合剂配料时各种物料的称量误差需要根据单批生产量而定，对于其中不同用量的原料，应用不同的称量衡器来称量。单批配料用量小于1000g的原料，应采用感量小于0.5g的托盘天平称量；单批配料用量小于100g的原料，应采用感量小于0.1g的天平称量；对于单批配料用量较大的原料，采用的称量衡器感量也应小于1.0g。

预混合金属结合剂混料过程中，物料的混合均匀程度对产品性能的稳定性具有重要意义，因此在混料过程中应根据不同的混料设备和产品配方（配方决定原料使用情况）设定不同的混料工艺（混料设备投料量及相应混料时间、湿润剂等添加剂的添加量等）。

4.2.4 预混合金属结合剂的检测

预混合金属结合剂产品的主要检测指标应包含化学成分、松装密度、流动性、粒度及粒度组成等。相关技术条件可参考表3-4-1～表3-4-5的相关规定。预混合金属结合剂化学成分检测方法可参考表3-4-7规定。

表3-4-7 预混合金属结合剂化学成分检测方法

成分名称	试验方法	质量分数/%	成分名称	试验方法	质量分数/%
铁	GB/T 223.73	8.00以下	铜	JB/T 3064 第5部分	1.00以上
	JB/T 3064 第6部分	8.01以上	钨	GB/T 223.43	0.05以上
镍	GB/T 223.23	2.00以下	锡	JB/T 8063.5	1.00以上
	GB/T 223.25	2.01以上	锌	GB/T 5121.11	2.00以下
锰	GB/T 223.64	2.00以下		JB/T 8063.7	2.00以上
	GB/T 223.4	2.01以上	碳化钨	GB/T 4295	1.00以上
钴	GB/T 223.22	3.00以下			
	GB/T 223.20	3.01以上			

4.2.5 预混合金属结合剂的包装

预混合金属结合剂中含有部分容易氧化的金属粉末，包装时应对其进行防氧化处理。在贮存时，应存放在干燥、通风的仓库内，不得与酸、碱、油类和化学品贮存在一起，严防氧化、受潮、腐蚀。运输时，应防止产品潮湿；搬运过程中应轻拿、轻放、不得滚动、倒置及剧烈碰撞，并防止产品的密封包装损坏。

4.3 预混合金属结合剂的发展趋势

目前业内主要致力于预混合金属结合剂配比、烧结性能、物理力学性能、粒度细化、激光焊接性等方面的研究。随着金刚石工具用预合金粉末产品的发展，预合金粉末产品性能优异性将促使金刚石工具金属结合剂走出主要使用单质金属粉末机械混合制备金刚石金属结合剂的传统阶段，转而进入采用预合金粉末为主要材料配制金刚石金属结合剂阶段，当预合金元素多样化达到一定阶段，将有可能进入全部采用预合金工艺生产金刚石金属结合剂阶段，这也必定是金刚石金属结合剂的未来发展方向。

但目前预合金粉末先进制备工艺技术的成果较少，只有突破目前以雾化法为预合金粉末主要生产方法现状，才可以真正获得低成本、高性能的预合金粉，才可以利用预合金粉的低熔点和成分均匀性，调整和控制金刚石工具的胎体性能，借以提高金刚石工具综合性能。因此，使用更为先进的工艺技术生产预合金粉末，进一步提高预合金粉的硬度、延展性、冲击强度及烧结性能是未来研究的热点和方向。而现有工艺条件下制备的预合金粉末产品的粒度超细化是进一步提高现阶段预合金粉及金刚石工具性能的有效途径，这也将成为目前的研究热点。目前国内外预合金粉末主要以二元素、三元素预合金为主，绝大部分二元素、三元素预合金粉末必须通过与其他功能性添加物混合后才可作为金刚石金属结合剂使用，此外，大多数预合金产品虽是代钴预合金粉，但是其中钴含量依然偏多（国外预合金产品中极少有钴含量低于10%的），因此未来预合金粉还将向标准化、预合金元素多样化、低钴或无钴化及能与更多种添加物混合使用的方向发展。

综上所述，预混合金属结合剂的未来发展进程必定是与预合金粉末的发展进程紧密相关的，并且，预混合金属结合剂仍将在较长一段时间内具有不可替代性。

（卡斯通金属粉末有限公司：雷军）

5 化合物粉末

5.1 概述

化合物粉末包括：金属间化合物粉末，金属与非金属间化合物粉末，金属与类金属间化合物粉末。由于中间化合物（中间相）粉末包括金属间化合物粉末和金属与类金属间化合物粉末，所以化合物粉末的主体是中间化合物粉末。

低熔点金属容易形成中间化合物，中间化合物粉末，在金刚石工具中应用日益增多，胎体中化合物粉末对金刚石工具的影响，涉及到固液金属间的反应，反应产物中的中间相，固体金属在液态金属中的表现。为有助于讨论，从金属学角度介绍中间相、固液界面可能发生的过程。

5.2 中间化合物（中间相）粉末

两组元组成合金时，除形成固溶体外还可以形成晶体结构不同于两组元的新相，新相可能有多种类型，但新相在相图上的位置总是在两个固溶体区域之间的中间部位。在金属学中通常把这些合金相称之为中间相或中间化合物。

中间相金属原子通常按一定的或大致一定的原子比结合，可以用化学分子式表示，其中有一些中间相成分在一个范围内变化。由于中间相多为金属间或金属与类金属间的化合物，以金属键结合为主，往往不遵循化合价规律，如：$CuZn_3$、Cu_5Zn_8、Fe_3C、TiC 等。

中间相具有不同于组元元素的晶体结构，组元原子各占一定的点阵位置，呈有序排列，但有些有序程度不高，甚至高温时无序，低温时转变为有序。如 CuZn、Cu_3Au 等。

中间相性能不同于组元，有明显改变，但保留金属特性。中间相的形成也受原子尺寸、电子浓度、电负性等因素的影响。例如，有些是在原子尺寸因素有力的条件下形成的，常称为由几何因素决定的中间化合物。如间隙相和间隙化合物，拓扑密堆相等。

中间相的类型很多，分类也不尽一致。主要有以下几种。

5.2.1 正常价化合物粉末

正常价化合物符合化合价规律，具有金属性质和较高的硬度和脆性。周期表中第Ⅳ、Ⅴ、Ⅵ族主族一些元素相互形成的化合物为正常价化合物，见表 3-5-1。如 Mg_2Si、Mg_3Sb_2、ZnS、ZnSe 等。

电负性越大的元素与正电性强的金属组成的化合物越稳定。Mg_2Si 熔点 1102℃，Mg_2Sn 熔点 778℃，Mg_2Pb 熔点 580℃。化合物类型有 AB 型、$A_2B(AB_2)$型和 A_3B_2 型三种类型。AB 型为 NaCl 结构，A_2B 型 CaF_2 结构，A_3B_2 型为 M_3O_2 结构，M 为金属原子。

表 3-5-1 Ⅳ Ⅴ Ⅵ族元素

Ⅳ	Ⅴ	Ⅵ	Ⅳ	Ⅴ	Ⅵ
C			Sn	Sb	Te
Si	P	S	Pb	Bi	
Ge	As	Se			

正常价化合物为离子键、共价键过渡到金属键为主的一系列化合物。表 3-5-2 给出一些常见化合物的结构类型。

表 3-5-2 NaCl 型、反 CaF_2 型、CaF_2 型、立方 ZnS 型、六方 ZnS 型化合物

NaCl 型	MgSe	CaSe	SrSe	BaSe	MnSe	PbSe	CuTe	SrTe	BaTe
反 CaF_2 型	Mg_2Si	Mg_2Ge	Mg_2Sn	Mg_2Pb	Cu_2SeI	Ir_2P	LiMgN	CuCdSb	Li_3AlN2
CaF_2 型	$PtSn_2$	$PtIn_2$	$AgAl_2$	Pt_2P					
立方 ZnS 型	ZnS	CdS	MnS	AlP	ZnSe	MnSe	AlAs	ZnTe	AlTe
六方 ZnS 型	ZnS	CdS	MgTe	MnSe	AlN	GaN	InN		

5.2.2 电子化合物粉末

电子化合物是过渡族金属或贵金属与周期表上ⅡB，ⅢB 及部分ⅣB、ⅤB 族金属形成的化合物。电子化合物不符合化合价规律，化合物种类由电子浓度决定。组元间的电负性差决定新相的键合性质。相差较大的形成带有离子键性质的化合物，电负性相近的元素倾向形成金属键结合，见表 3-5-3。

表 3-5-3 几种类型的电子化合物

电子浓度	晶格类型	电子化合物举例
3/2	β 黄铜型 bcc	CuZn CuBe AgMg AgZn AuMg FeAl CoAl NiAl NiIn Cu_3Al Cu_3Ga Ag_3In Cu_5Si Cu_5Sn
3/2	βMn 型	AgMg Ag_3Al Au_3Al Cu_5Si
3/2	hcp	AgZn AgCd Cu_3Ga Ag_3Al Ag_3Ga Ag_3In Au_3In Cu_5Ga Ag_5Sn Au_5Sn Ag_5Sb
21/13	γ 黄铜型	Cu_5Zn_8 Cu_5Cd_8 Ag_5Zn_8 Au_5Zn_8 Mn_5Zn_{21} Fe_5Zn_{21} Co_5Zn_{21} Ni_5Zn_{21} Rh_5Zn_{21}
7/4	ε 黄铜型	$CuZn_3$ $CuCd_3$ $AgZn_3$ $AgCd_3$ $AuZn_3$ Cu_3Si Cu_3Ge Cu_3Sn Ag_3Sn Au_3Sn Ag_5Al_3 Au_5Al_3

合金电子浓度 e/a 定义为：价电子数与原子数目的比值，即 e/a。$e/a = [A(100-x)+Bx]/100$。其中：e—价电子数，a—原子数，A—溶剂的原子价，B—溶质的原子价，x（%）—溶质在合金中的含量。

电子化合物的晶体结构与电子浓度有很特殊的关系。常见电子化合物有四大类：（1）电子浓度 e/a 比值为21/14(3/2)；（2）电子浓度 e/a 比值为21/13；（3）电子浓度 e/a 比值为21/12(7/4)；（4）电子浓度 e/a 比值为12/22(11/6)。

上述四种相也称做 hume-rother 相。其中第四种发现较晚，20 世纪末在有关文献上见到报道。

电子化合物的结合性质为金属键，具有明显的金属特性。Cu-Zn、Cu-Al、Cu-Sn 合金所形成的一系列中间相化合物具有共同的规律，形成的相中有些具有同样的电子浓度和晶体结构。例如 Cu-Zn 中的 CuZn（β 相），是在 Zn 含量 x(Zn)大于 38% 时开始形成的；Cu-Al 中的 Cu_3Al(β 相)，是在含 Al 超过溶解度时开始形成的；Cu-Sn 中的 Cu_5Sn 是在低 Sn 端出现的，他们的电子浓度都是 3/2，结构都是体心立方。如果 Zn 含量继续提高，Cu_5Zn_8(γ 相)电子浓度为 21/13，Zn 再高 $CuZn_3$(ε 相)电子浓度是 7/4。

Cu-Al 和 Cu-Sn 中都有相对应的中间相，过渡族金属与副族元素也形成电子化合物（过渡元素 Fe、Co、Ni 取零价，Cu、Ag、Au 取 1 价，Mg、Zn、Cd、Hg 取 2 价，Al、Ga、In、Tl 取 3 价，Si、Sn 取 4 价）。电子浓度为 3/2 是 β 相，电子浓度为 21/13 是 γ 相，电子浓度 7/4 是 ε 相。

决定电子化合物晶体结构的基本因素是电子浓度，但尺寸因素和电化性质亦有一定影响。电子浓度 3/2 时形成的化合物，在组元尺寸相近时，倾向于形成密排六方结构；尺寸差异大时，倾向于形成体心立方结构。

表 3-5-4 给出部分电子化合物中的价电子数和原子数和的比值。

表 3-5-4 价电子数和原子数和的比值

价电子数和原子数和的比值	电子化合物
$(1+2\times1)/(1+1)=3/2$	CuZn　CuBe　AgZn
$(0\times1+3)/(1+1)=3/2$	FeAl　NiAl　NiIn
$(1\times3+3)/(3+1)=3/2$	Cu_3Al　Cu_3Ga　Ag_3In
$(1\times5+4)/(5+1)=3/2$	Cu_5Si　Cu_5Sn
$(1+2)/(1+1)=3/2$	AgMg
$(1\times3+3)/(3+1)=3/2$	Ag_3Al　Au_3Al
$(1\times5+4)/(5+1)=3/2$	Cu_5Si
$(1+2)/(1+1)=3/2$	AgZn　AgCd
$(1\times3+3)/(3+1)=3/2$	Cu_3Ga　Ag_3Al　Ag_3Ga
$(1\times5+4)/(5+1)=3/2$	Cu_5Ga　Ag_5Sn
$(1\times7+5)/(7+1)=3/2$	Ag_5Sb

续表 3-5-4

价电子数和原子数和的比值	电子化合物
$(1\times5+2\times8)/(5+8)=21/13$	Cu_5Zn_8 Ag_5Zn_8
$(0\times5+2\times21)/(5+21)=21/13$	Mn_5Zn_{21} Fe_5Zn_{21}
$(1+2\times3)/(1+3)=7/4$	$CuZn_3$ $AgZn_3$
$(1\times3+4)/(3+1)=7/4$	Cu_3Si Cu_3Sn
$(1\times3+3\times3)/(5+3)=3/2$	Ag_5Al_3 Au_5Al_3

Fe、Co、Ni 取 0 价，Cu、Ag、Au 取 1 价，Mg、Zn、Cd、Hg 取 2 价，Al、Ga、In、Tl 取 3 价，Sn、Si 取 4 价。电子化合物虽然可用化学式来表示，但实际成分是在一个范围内变化着，因此电子浓度也是一个范围。电子化合物可以看成是以化合物为基的固溶体。

5.2.3 砷化镍型结构相粉末

NiAs 结构相（AB 相）往往由过渡金属 Cu、Au 与类金属元素 S、Se、Te、As、Sb、Ge、Sn 等元素生成。当金属原子 A 含量 x(A)小于 50%，B 金属原子占据一部分四面体间隙，形成缺位固溶体时，这时生成 AB 相；当金属原子 A 含量 x(A)大于 50% 时形成 A_2B 型砷化镍结构相，其八面体和四面体间隙都有金属原子，如 Ni_2In、Ni_2Ge、Co_2Ge、Fe_2Ge、Mn_2Sb、Rh_3Sn、Mn_3Sb_2 等。其结构介于离子（共价）键与金属键之间的结合。金属原子增多，金属性增强。

NiAs 相为六方点阵，原子半径较大的 As 原子组成密排六方结构，而较小的 Ni 原子形成简单六方点阵穿插其间，点阵常数 c 为密排六方的一半。

NiAs 结构相往往由过渡金属或 Cu、Au 与类金属元素 S、Se、Te、As、Sb、Bi、Ge、Sn 等组合而成，表 3-5-5 列出具有这些合金相的例子。

表 3-5-5 NiAs 结构的中间相

CrS	CoSe	FeTe	NiSb	NiBi
CoS	FeSe	NiTe	CrSb	MnBi
FeS	NiSe	CrTe	CuSn	MnSb
NiS	CrSe	MnTe		PdSb
VS	TiSe	TiTe	NiSb	InPb
TiS	VSe	VTe	CoSb	MnAs

NiAs 相常呈 AB 化学式，其成分可在一定范围内变动。NiAs 结构介于离子（或共价）键与金属键之间，具有金属性质，随金属含量的增多，金属性增强。

当金属 A 原子含量 x(A)小于 50%，一部分八面体间隙空着，形成缺位固溶体，当金属原子 A 含量 x(A)超过 50% 时，过量金属原子占据一部分四面体间隙。当金属原子 A 含量 x(A)大大超过 50%，可形成 A_2B 型 NiAs 结构，其八面体和四面体间隙都占有金属原子，如 Ni_2In、Cu_2In、Ni_2Ge、Mn_2Sn、Mn_3Sb_2 等。

5.2.4 间隙相和间隙化合物粉末

过渡族元素能与 H、B、C、N 原子半径甚小（0.1nm）的非金属元素形成化合物，具有很高的熔点和很高的硬度。当非金属原子半径和金属的原子半径比 $R_X/R_M<0.59$ 时，具有简单的金属结构，称间隙相；当 $R_X/R_M>0.59$ 时，因其结构复杂，称间隙化合物。

表 3-5-6 给出元素在周期表中的位置及其形成碳化物的结构。图中ⅣB，ⅣB 族除 Ta_2C 外都是立方晶（NaCl 型）；W、Mo 的碳化物和 Ta_2C 属六方晶；Fe、Co、Ni 的碳化物和 Mn_3C 为斜方晶；Cr_7C_3、Mn_7C_3、Cr_3C_2 为复杂碳化物；$Cr_{23}C_6$ 为复杂立方晶。

表 3-5-6 ⅣB ⅤB ⅥB ⅦB Ⅷ族元素的碳化物

ⅣB	ⅤB	ⅥB	ⅦB	Ⅷ
TiC	$VC\text{-}V_4C_3$	$Cr_{23}C_6$	$Mn_{23}C_6$	Fe_3C
		Cr_7C_3	Mn_7C_3	Co_3C
		Cr_3C_2	Mn_3C_2	Ni_3C
ZrC	$NbC\text{-}Nb_4C_3$	Mo_2C		
		MoC		
HfC	TaC	W_2C		
	Ta_2C	WC		

5.2.4.1 间隙相

间隙相具有简单的晶体结构，金属原子位于面心立方或密排六方结构的正常位置上（也有位于体心立方和简单六方结构的位置上），非金属原子位于结构的间隙位置，构成一种新的晶体结构，如 VC 构成 NaCl 结构。表 3-5-7 给出一些间隙相的例子。

间隙相分子式一般为 M_4X、M_2X、MX 和 MX_2。

表 3-5-7 部分间隙相的分子式

分 子 式	间隙相举例	结构类型
M_4X	Fe_4N Mn_4N	fcc
M_2X	Ti_2H Zr_2H Fe_2N Cr_2N W_2C Mo_2C V_2C	hcp
MX	TaC TiC VC VN TiN CrN ZrH TiH	fcc
	TaH NbH	bcc
	WC MoC	简单六方
MX_2	TiH_2 ThH_2 ZrH_2	fcc

在面心立方结构中，八面体间隙数与金属原子数相等，而四面体间隙数为金属原子数的两倍。所以当非金属原子填满空隙时，间隙相成分恰好是 MX，为 NaCl 结构，也有闪锌矿结构的 MX 相，属立方 ZnS 结构，非金属原子占据了四面体间隙的一半。当非金属原子完全填满四面体间隙时（仅在氢化物中出现），则形成 MX_2 间隙相，如 TiH_2，它具有 CaF_2 结构，氢原子也可能成对地填满八面体间隙形成 MX_2 相，金属原子的点阵产生不对称畸变，晶胞呈四方不是立方，是变形 NaCl 结构。

间隙相 $M_4X(Fe_4N)$ 中金属原子组成面心立方结构，非金属原子占据一个八面体间隙，原子比符合 M_4X。间隙相 M_2X（如 W_2C、Fe_2N、Cr_2N）中金属原子按密排六方排列，也有形成面心立方结构（如 WN_2、MoN_2），非金属原子填于密排六方的八面体间隙，金属原子密排层按 AB、AB……堆垛。多数间隙相具有一定成分范围，可溶解一些组元元素，有些间隙相的相区很宽，如 Fe_2N、Ti_2N、TiC、TiN 等，是以化合物为基的固溶体。表 3-5-8 列出了一些间隙相的成分范围。

表 3-5-8 一些间隙相的成分范围

相的名称	Fe_4N	Fe_2N	Mn_4N	Mn_2N	NbC	PdH	TaC	Mo_2C
非金属原子分数/%	19 ~ 21	17 ~ 33	20 ~ 21.5	25 ~ 34	44 ~ 48	39 ~ 45	45 ~ 50	30 ~ 39
相的名称	TiC	TiN	Ti2H	$TiH-TiH_2$	VC	ZrC	VC_2	
非金属原子分数/%	25 ~ 50	30 ~ 50	0 ~ 33	47 ~ 62	43 ~ 50	33 ~ 50	25 ~ 65	

有些相同结构的间隙相互相溶解形成连续固溶体，如 TiC-ZrC、TiC-VC、TiC-TaC、VC-NbC、VC-TaC 等。有些结构相同的间隙相之间不能形成连续固溶体。如 ZrC 和 VC，ZrN 和 VN 结构相同，但相互溶解度很小，因为尺寸因素不利，Zr 的原子半径较 V 大 21%。表 3-5-9 给出一些金属和间隙相的熔点和硬度。

表 3-5-9 部分金属和间隙相熔点和硬度

物质名称	W	W_2C	WC	Mo	Mo_2C	MoC	Ta	TaC
熔点/℃	3630	3130	2867	2895	2960	2960	3300	4150
矿物硬度	6.5 ~ 7.5	>9	9	6 ~ 7	7 ~ 9	7 ~ 8	6	8 ~ 9
HV 硬度	~400	3000	1730	350	1480	—	300	1550
物质名称	TaN	Nb	NbC	Nb_2N	V	VC	ZrC	TiC
熔点/℃	3360	2770	3770	2300	1993	3023	3805	3410
矿物硬度	8	6	9	—	6.5 ~ 7.5	>9	>9	>9
HV 硬度	—	300	2050	—	—	2010	2840	2850

注：TaN、NbC 为体心立方（bcc），WC、MoC 为简单立方。

许多间隙相具有明显的金属特性：金属的光泽、较高的电导率、正的电阻温度系数。有些间隙相如 NbN、ZrN、ZrB、MoN、Mo_2N、W_2C 等，在温度略高于绝对零度(0K)时呈现超导性。表明间隙相的结合既具有共价性质又带有金属键性质。

间隙相的高硬度在钢、硬质合金、金刚石工具中得到了广泛应用。

5.2.4.2 间隙化合物

当非金属原子半径与过渡族金属原子半径之比 $\gamma_x/\gamma_m > 0.59$ 时，所形成的化合物具有复杂的晶体结构，称之为间隙化合物。如 Cr、Mn、Fe、Co、Ni 等。间隙化合物的类型很多，有 M_3C 型(Fe_3C、Mn_3C)，M_7C_3 型(Cr_7C_3)，$M_{23}C_6$ 型($Cr_{23}C_6$)，M_6C 型(Fe_3W_3C、Fe_4W_2C)。M 可表示一种金属元素，也可表示几种金属元素固溶在内。例如 Fe_3C 中一部分Fe 原子被 Mn 原子置换形成合金渗碳体$(FeMn)_3C$、$Cr_{23}C_6$ 中往往溶入 Fe、Mo、W

等元素形成(Cr，Fe，Mo，W)$_{23}$ C_6。同样，Fe_3W_3C 中能溶入 Ni、Mo 等元素成为 $(NiFe)_3(MoW)_3C$。

举几个例子说明：

（1）Fe_3C：称渗碳体。碳与铁的原子半径之比等于0.63，属间隙化合物。Fe_3C 是正交晶系，三个点阵常数不相等。晶胞原子数为16，4个碳原子，12个Fe原子，符合 $x(Fe):x(C)=3:1$。在 Fe_3C 的晶体结构中，Fe原子近于密堆排列，C原子处于间隙位置，每个碳原子周围有6个相邻的Fe原子，Fe原子的配位数接近于12。Fe_3C 中的Fe原子可以被其他金属原子置换，如Mn、Cr、Mo、W、V，形成合金渗碳体，Fe_3C 中的C可被B置换，但不能被氮置换，Fe_3C 硬度为950~1050HV。

（2）$M_{23}C_6$：它是以Cr为主的碳化物，具有更复杂的晶体结构。$M_{23}C_6$ 属立方晶系，晶胞原子数为116个。其中金属原子92个，C原子24个。每个碳原子有8个相邻的金属原子，如图3-5-1所示。$M_{23}C_6$ 熔点较低，硬度1050HV，是不锈钢中的主要碳化物。

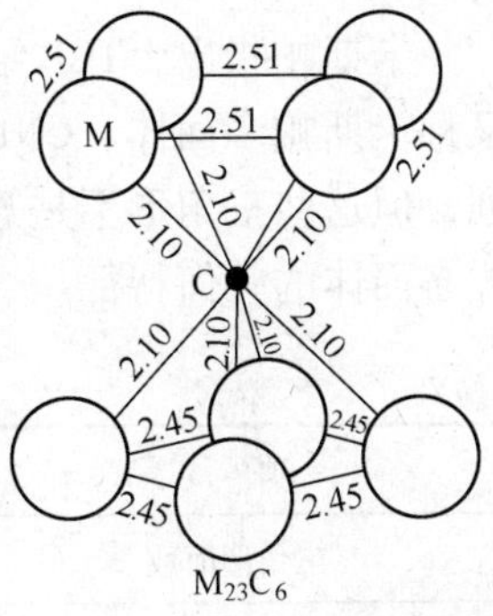

图3-5-1 $M_{23}C_6$ 晶体结构

（3）M_6C：由两种以上的金属元素与碳组合而成。Fe、Co、Ni等称为M′，Mo、W等称为M″。以 Fe_3W_3C 为例，W原子分布于八面体顶点，Fe原子除分布于四面体的顶点之外，还有序分布于小立方体内。如果化合物为 Fe_4W_2C 则多余的Fe原子与W原子分布在八面体的顶点。M_6C 晶胞中有16个碳原子，每个碳原子与六个金属原子相近邻。M_6C 具有较高的硬度，约为1100HV，是高速钢中的重要组成相。在一些含W、Mo的耐热钢和高温合金中也会出现。

周期表中位于Fe左方的过渡族元素能形成间隙相和间隙化合物。因为这些元素的原子中d层电子缺额数比Fe多，与碳的亲和力比Fe强，形成的碳化物更稳定。

常见的间隙化合物有 M_3C 型：Fe_3C、Mn_3C、$(FeMn)_3C$；M_6C 型：Fe_3W_3C、Fe_4W_2C、$(NiFe)_3(WMo)_3C$；$M_{23}C_6$ 型：$Cr_{23}C_6$ $(CrFeMoW)_{23}C_6$ 等。其中 M_6C 型碳化物具有较高的硬度，已在金刚石工具中得到应用。

5.2.5 拓扑密排相（TCP相）粉末

5.2.5.1 拓扑密排相定义

拓扑密排相是由两种大小不同的金属原子组成的中间相，其内的大小原子通过适当的配合构成空间利用率和配位数都很高的复杂结构。由于具有这一拓扑学特点，故称拓扑密排相，简称TCP相。拓扑密堆相是由两种大小不同的原子构成的中间相，相中大小原子通过适当配合构成空间利用率和配位数都很高的复杂结构。由于具有这一拓扑学特点，故称拓扑密排相，简称TCP相。以区别于面心立方和密排六方结构。

TCP相的类型很多，常见的有Laves相（AB_2 型），σ相（AB或 A_xB_y），μ相（A_7B_6）以及χ相、ρ相、R相、M相等。在火法金属材料中有些是有害的，特别是σ相，在不锈钢、耐热钢中析出使塑性降低，脆性增大。在金刚石工具中拓扑密排相有降低挠度、减少变形的效果，有些TCP相是重要的超导材料，如 Cr_3Si、Nb_3Sn 等。

5.2.5.2 拓扑密排相的结构特点

从钢球密堆角度看，四面体间隙最小，全部是四面体堆垛的结构可得到最高的空间利用率，成为最密的结构。所谓配位数是围绕某原子的最近邻的原子数。而这些近邻原子的中心连接起来构成的多面体，称做配位多面体。

面心立方和密排六方结构的配位数都是12，配位多面体是由三角形和正方形组成的14面体，共24条棱边。而TCP结构配位数为12的配位多面体称为CN12。CN12上所有的面都是三角形，构成20面体，30条棱边，5个对称轴。原子按这种方式排列，将比面心立方、密堆六方结构更致密，中心原子与面上原子的距离比面上原子之间的距离小约10%。

卡斯帕指出，TCP结构是全部或部分由CN12、CN14、CN15、CN16配位多面体组成，又称卡斯帕多面体。CN14、CN15、CN16多面体虽然全部由三角形面组成，并呈四面体排列，但这些三角形不是等边三角形，有偏差，中心的原子是尺寸较大的。表3-5-10给出配位多面体的几何特征。

表3-5-10 配位多面体几何特征

项目	CN12	CN14	CN15	CN16
三角形面数	20	24	26	28
棱边数	30	36	39	42
五面配置顶点数	12	12	12	12
六面配置顶点数		2	3	4

TCP结构呈层状结构，都是密排层。两种不同的原子层相间组成。主层是由三角形、正方形或六角形组合起来的网格结构。次层的原子排列较简单，较大的原子位于主层中的大空隙上。使空间利用率提高，构成只有四面体间隙的密堆结构。

常见的拓扑密排相有Laves相（AB_2型，见表3-5-11），σ相（AB或A_xB_y），μ相（A_7B_6型）及M、χ、ρ、R等相。在超硬材料中Laves相、σ相、μ相等都可能是有益相，如Cu_3Si、Nb_3Sn。

表3-5-11 三种类型的Laves相

$MgCu_2$型		$MgZn_2$型		$MgNi_2$型
$CeCo_2$	$TiBe_2$	$BaMg_2$	$TiCr_2$	FeB_2
$CeFe_2$	$CaMg_2$	$CrBe_2$	$TiFe_2$	$TiCo_2$
$CeNi_2$	$TiBe_2$	$FeBe_2$	$TiMn_2$	WBe_2
$LaMg_2$	$TiCo_2$	$MoFe_2$	WFe_2	$ZrFe_2$
$LaNi_2$	$TiCr_2$			

三种结构的Laves相对应一定的电子浓度值，$MgCu_2$型约为1.33~1.75；$MgNi_2$型约为1.5~1.9；$MgZn_2$型约为1.8~2.0。同样过渡金属组成的Laves相中，其结构类型也与电子浓度有关，也可归属于电子化合物。

典型的拓扑密排相有：

（1）Laves 相：$MgCu_2$、$MgZn_2$、$ZrFe_2$、$TiFe_2$ 等。很大一部分金属间化合物属于 Laves 相(AB_2 型)，A 原子半径大于 B 原子半径，原子半径比 $R_a/R_b=1.255$，实际比值在1.05～1.68 之间，$MgCu_2$ 立方结构，$MgZn_2$ 六方结构，$MgNi_2$ 六方结构。其中有些相因温度不同，具有不同的结构，如 ZrV_2 具有 $MgCu_2$ 和 $MgZn_2$ 两种结构。

（2）σ 相：FeCr、FeV、FeMo 等。σ 相具有四方点阵，各元素的原子呈一定程度的有序排列，其中较大的原子倾向于占据高配位数的位置，较小的原子分布于配位数 12 的位置。

σ 相通常在过渡金属组成的合金中，其分子式为 AB 或 A_xB_y，有些 σ 相在高温条件下是不稳定的，会使材料变脆。在金刚石工具中可能成为有益相，在某些耐热超合金中是强化相。

（3）μ 相：Fe_7W_6 和 Co_7Mo_6。具有菱方点阵，类似于 σ 相出现在过渡金属组成的合金中，由较大的 Mo、W 等原子与较小的 Fe、Co、Ni 等原子组成，此相出现在含 W、Mo 量较高的合金中。

（4）χ 相：$Fe_{36}Cr_{12}Mo_{10}$、$Fe_{34}Cr_{15}Ti_9$、$Fe_{35}Cr_{13}Ti_7$、$Fe_{27}Ni_8Cr_{13}Ti_{4.5}Mo_{5.5}$。它们是一个三元合金相体心立方点阵，α-Mn 型结构，晶胞中有 58 个原子，原子层排列与 σ 相类似。常出现在 Fe-Cr-Mo、Fe-Cr-W、Fe-Cr-Ti 合金中，值得关注。

还有 R 相、ρ 相、M 相，本书不予详述。

5.2.6 有序固溶体（超结构）粉末

有序固溶体与无序固溶体不同，有序化使固溶体的电阻率急剧降低，仅为无序状态的 1/2 或 1/3；有序化使合金中的原子间结合力增加；增加材料的塑性变形阻力，提高合金的屈服强度和硬度。

超结构可以在体心立方、面心立方、密排六方固溶体中形成，例如金刚石工具结合剂中常用的 Fe-Ni、Cu-Zn、Fe-Al 等合金中可能出现 FeTi、NiTi、FeAl 等 CuZn 型超结构。还有 Fe_3Al 型超结构，如 Fe_3Si、Cu_3Al、Cu_2MnAl、Cu_2MnSn、Ni_2TiAl 等，有序固溶体具有金属间化合物的特性，故在中间相中讨论。

5.3 固体金属在液态金属中发生的过程[4]

金刚石工具制作过程有液相烧结、出现液相的热压烧结、熔渗、钎焊、无压浸渍等，这些过程会局部出现固体和液体金属的接触，以下讨论固体和液体金属接触时可能发生的过程。

5.3.1 固体金属的溶解

溶解是通过固体金属中的单个原子向液体金属中转移来实现的。溶解有三种类型：

（1）均匀溶解。固体金属比较均匀的部分失去，在固体金属表面表现为无晶间或其他类型的腐蚀。

（2）杂质沿晶粒边界的优先溶解。由于杂质的高溶解度，导致液态金属向晶间渗透。

（3）不同结晶方向上的不均匀溶解。由于各晶向上的原子密度不同，溶解度呈各向异性，使各方向上的溶解速度不同。

5.3.2 液态金属向固体金属表面渗透

液态金属向固体金属表面层渗透，源自液体金属原子的扩散，形成固溶体。如果液态金属浓度达到化合物形成时的浓度，会发生相变，生成金属间化合物；液体金属中杂质的扩散，可以沿固体金属表面均匀发生，或限制在晶界发生，或在晶粒的有限部位发生，形成的化合物最后沿晶界排列，改变固体材料的力学性能。

5.3.3 质量迁移

质量迁移是液态金属对固态金属最危险的破坏类型之一。但在金刚石工具制造过程中，由于温度低时间短，危险性不大。

质量迁移类型有：热质量迁移、等温条件下质量迁移。质量迁移属于固体金属原子向液体金属或体系的某一部分迁移，即固体金属溶解和随后在另一部分沉积（结晶）。二者迁移的过程是一样的，只是迁移过程的动力不同。在质量迁移时，对固体金属在液体金属中的溶解度有要求，只有在要求满足的条件下，质量迁移才能发生。

5.3.3.1 热质量迁移

由系统中不同部位的温差造成。最严重的是液体金属在管线中像直流锅炉那样循环流动。在热质量迁移中，溶液的低温区溶解度可能是过饱和的，这样能够有溶质物质的质点析出，只有过饱和的物质在冷端沉淀，热端固体金属才能连续溶解。

总言之，所谓迁移是指被液态金属溶解物质的迁移，过饱和后必须有溶质质点的析出。

5.3.3.2 等温条件下的质量迁移

在液体金属中放入各种固体金属时，可能形成固溶体和化合物。发生质量迁移的原因是系统力图浓度均匀并且可能形成化合物。

（1）浓度质量迁移。质量迁移在不同金属中，是在迁移元素浓度一致的情况下进行。不但如此，给定的元素能够从浓度低向浓度高的一方迁移。也可以是发生溶解的金属连同液体一起向第二种金属迁移。在浓度质量迁移中形成金属间化合物。

（2）动力学迁移。在多晶组合中，动力学迁移以原子的不同能级为条件。具有正确晶格结构区域的原子，比晶界具有较低的能量，系统力图使能量降低，引起边界和边界层的强烈溶解，随后在系统的另外部分析出。溶解和沉淀是过程的主要部分，过程由溶解和结晶的速度决定。溶解物质的数量由所在区域的动力学能级来确定。液体金属作为桥梁，固体金属原子顺着桥梁移动。

5.3.4 合金组元的选择性溶解

液态金属对复杂结构合金的作用主要是溶解。复杂合金的稳定性由合金组元的溶解度评定。溶解度必须通过三元合金相图量化确定，评定起来十分困难，因为各种合金组元在给定的液态合金中对溶解度有影响，也有影响不大的情形，如液态镁对铁、液态铋对铬的影响。

5.3.5 液态金属原子向固体金属中扩散

液态金属原子向固体金属中扩散，诱发金属间化合物形成，一般发生在固体金属的表面。

内部金属间化合物形成与否受多种因素影响，如液相的消失、形成连续金属间化合物层，阻碍液体金属原子向固体金属内部扩散等。合金的扩散性相变和动力学的讨论已有专著，本书不予详述。

5.4 金属材料在液体金属中的表现

液态金属按其对金属材料的腐蚀激烈程度由弱到强按下述顺序排列：Pb-Bi-Cd-Sn，铅铋能和少数金属形成金属间化合物，如 Mg_2Pb、Ti_4Pb、Mg_3Bi、MnBi。

液态金属和固体材料在非应力状态下的相互作用，首先表现为固体材料表面发生变化，液态金属也发生变化，或形成溶液，或变成固体质点在液体中的非均匀体系，或形成金属间化合物。

被腐蚀或被磨蚀是固体材料在液体金属中的主要破坏方式。在腐蚀作用下，固体金属发生腐蚀和分裂，反应发生在线性尺寸为原子间距的体积范围内。而磨蚀作用是在原子集团中发生。磨蚀以固体金属表面机械性破坏为特点，通常在液态金属和固态金属相对移动时发生。

液态金属对固态金属的腐蚀作用有两种不同的机制：液态金属和固态金属发生化学反应，首先是液态金属原子被吸附到固体金属表面，形成固溶体或金属间化合物。当形成金属间化合物膜时，液态金属和固体金属通过膜扩散使膜加厚。最后阻止了液态金属和固体金属的反应。相互作用时，按溶解类型，不但固体金属可以溶入液体，液态金属也可以溶入固体金属。

如果液体金属和固体金属可以形成固溶体，液态金属可以往固体金属中扩散。当原子半径差异小于15%时，形成取代式固溶体；当电子浓度升高时，且溶剂和溶质的晶格同型，反应过程的速度由固体和液体金属扩散系数决定。如果液态金属中含有杂质，反应可能发生在杂质与固体金属之间，其产物可以是氧化物、碳化物和氮化物等。

代表性的是固体金属向液态金属中的溶解过程，固体金属原子向固——液界面移动，固体金属原子从内部向表面移动，再向液态金属移动。化学反应的速度与液体反应物达到固体金属表面的速度有关，反应速度决定形成化合物的速度，其中反应速度最小的反应，决定整个反应过程的速度。

化学作用的腐蚀产物——膜，对以后的发生过程作用很大，这种膜可以阻碍液态金属原子向固体金属中的移动，而使固态金属减缓腐蚀。膜的连续性取决于参与反应的固体金属与所形成化合物的体积比。如果金属体积和所形成的化合物的体积比大于1，则形成多孔不连续膜；当体积比小于1时，形成致密的连续膜。

表3-5-12给出金属和对应金属氧化物膜的状况，包括氧化物的种类（分子式），金属与其氧化物的体积比，以及形成氧化膜的状况（连续与否）。除表中所列还有膜是否致密特别重要，致密的膜可以防止内层金属进一步氧化。Cr、Ni、Al、Zn、Sn等金属形成的氧化膜都非常致密。其中个别金属的氧化膜破损可以愈合，如Fe表面的Zn氧化膜破损仍可保护内部不受腐蚀。但有的金属氧化膜破损不能愈合，而且会加剧腐蚀，如Fe表面的Sn的氧化膜破损会加剧腐蚀。

表 3-5-12 金属和对应的金属氧化物膜的体积比和性状

金 属	氧化物	*V*(金属)/*V*(氧化物)	氧化物膜性状
Ca	CaO	1.56	多孔、不连续
Ba	BaO	1.49	多孔、不连续
Mg	MgO	1.23	多孔、不连续
Al	Al_2O_3	0.78	连续
Ti	TiO_2	0.675	连续
Zn	ZnO	0.645	连续
Ni	NiO	0.605	连续
Cu	Cu_2O	0.610	连续
Cr	Cr_2O_3	0.48	连续
Fe	Fe_2O_3	0.466	连续
Si	SiO_2	0.530	连续
W	WO_3	0.298	连续

表中的评述仅仅是近似的，保护不仅靠膜的连续性，重要的是膜的坚固性和致密性。

5.4.1 金属在液态 Sn 中的表现

广泛应用的 Sn 可以和许多金属形成固溶体，本书不予讨论。然而，形成金属间化合物是液态锡作用于其他金属的代表性类型，液态锡与大量金属发生作用。

Ag：Ag_3Sn

Cu：Cu_3Sn　Cu_6Sn_5　$Cu_{31}Sn_8$　Cu_5Sn　Cu_4Sn　$Cu_{20}Sn_6$

Fe：Fe_2Sn　FeSn　$FeSn_2$　Fe_3Sn　Fe_3Sn_2　$FeSn_4$

Mn：Mn_4Sn　Mn_2Sn　MnSn

Ni：Ni_3Sn　Ni_3Sn_2　NiSn

Mg：Mg_2Sn

只有 Al、Cr、Si、W 等不与 Sn 形成化合物，生铁和碳钢都易与 Sn 反应，在 150℃以下尚稳定，510℃以上发生较激烈的反应。CrNi 奥氏体不锈钢和 Cr 铁素体不锈钢在 400℃以上抵抗 Sn 的能力也很差。

通常，液态锡对金属的作用是一般性的溶解和 Sn 沿固体金属晶界渗透。例如铁粉颗粒接触液态锡后，形成含铁的锡合金，铁和碳钢在锡中的稳定性较低。而难熔金属、陶瓷和金属陶瓷在锡中的稳定性较好。

Fe、Co、Ni 短时受液态 Sn 作用，强度变化很小；Ag、Zn 由于在 Sn 中溶解，强度降低；Al 在液态 Sn 中强度降低，塑性提高。Co、Ni 超合金抵抗 Sn 的能力很强，强度不发生变化。

5.4.2 金属在液态 Zn 中的表现

Zn 是金刚石工具中常用的元素，熔点 419.7℃，沸点 907℃。结晶形态有三种。同素异形转变温度为 170℃和 333℃。液态 Zn 和 Sn 有些相同之处，能和一些金属形成固溶体，与固体金属反应生成金属间化合物。Zn 形成金属间化合物都是在高 Zn 区，这点与 Sn 不同，后者是在低 Sn 区。制取高熔点金属的 Zn 合金十分困难，理想的合金化元素是 Al，Al 提高 Zn 液的流动性，Al 和 Zn 不生成中间化合物，可形成固溶体，并有共晶反应。Al 含量不超过 15%，此外 Cu、Pb、Sn 等，都是 Zn 常用的合金化元素。见表 3-5-13。

表 3-5-13 液态 Zn 与固体金属的反应产物

合金系	金属间化合物
Cu-Zn	$Cu_{16}Zn_9$　$CuZn_3$
Co-Zn	CoZn　$CoZn_4$　Co_3Zn_{22}
Cr-Zn	$CrZn_{13}$　$CrZn_{17}$
Fe-Zn	Fe_3Zn_7　$FeZn_4$　$FeZn_9$　Fe_7Zn_{93}
Mn-Zn	MnZn　$MnZn_2$　$MnZn_4$　$MnZn_9$　$MnZn_{13}$
Ni-Zn	Ni_9Zn_{11}　NiZn　$NiZn_3$　$NiZn_9$
Ca-Zn	CaZn　Ca_4Zn　$CaZn_2$　$CaZn_3$　$CaZn_4$　$CaZn_{10}$
Ti-Zn	Ti_2Zn　TiZn　$TiZn_2$　$TiZn_3$　$TiZn_5$　$TiZn_{10}$　$TiZn_{15}$
P-Zn	P_2Zn　P_2Zn_3

5.4.3 金属在液态 Pb 中的表现

固体金属在液态铅中的行为见表 3-5-14。含铅合金中铅易于团聚，工具制作过程中毒性污染较大。所起的作用仅是减少孔隙，降低温度，容易压下，所以，应谨慎使用或不用。出口产品禁止使用。

表 3-5-14 部分金属在液态铅中的行为

不溶金属	Al	Co	Cu	Ni	Ti	Zn	V	Zr
Fe 不溶	化合物	固溶体	—	固溶体	化合物	化合物	化合物	化合物
	迁 移	迁 移	—	迁 移	溶 解	溶 解	不	不
Mo 不溶	化合物	化合物	不混	化合物	固溶体	不混	化合物	化合物
	迁 移	迁 移	不	不	不	不	不	不
Ta 不溶	化合物	化合物	?	化合物	化合物	固溶体	不混	不
	不 迁	迁	不	不	不	—	不	不
Cr 不溶	化合物	—	—	—	—	—	—	—
	迁 移	—	—	—	—	—	—	—
W 不溶	化合物	—	—	—	—	—	—	—
	不迁移	—	—	—	—	—	—	—

注：? 表示结果不明显；不表示不迁移，—表示尚无数据。

Pb 的线［膨］胀系数大，从高温到低温有较大的体积收缩。烧结模具设计时的尺寸要严格控制。在 800℃以下，Cr、Ni、Mn、Cu、W 在 Pb 中的溶解度都很低。表 3-5-15 给出部分金属在 Pb 中的溶解度。

表 3-5-15 部分金属在 Pb 中的溶解度

元 素	Cr	Ni	Mn	Si	W	Cu	Ag	Al	Mg	温度/℃
在铅中的溶解度	1. 3	1. 2	1. 4	—	3	0. 5	13	—	12. 5	500
	2. 1	1. 9	2. 4	—	6	0. 7	32. 8	—	63. 5	600
	3	2. 6	3. 5	—	10	1	59	—	无限	700
	3. 8	3. 3	4. 6	—	14. 5	1. 3	74	—	无限	800

根据相对价效应，高价元素在低价元素中的溶解度，大于低价元素在高价元素中的溶解度。例如 Si 在 Cu 中的溶解度达 14%（原子分数），Cu 在 Si 中的溶解度仅为 2%（原子分数）。符合相对价效应。

5. 4. 4 金属在液态 Al 中的表现

表 3-5-16 给出固体金属在液态 Al 的作用下的产物。

表 3-5-16 Al 的金属间化合物

Al-B	AlB_2 AlB_{10} AlB_{12}
Al-Ca	Al_4Ca Al_2Ca
Al-Cu	Al_2Cu $AlCu$ $Al_{11}Cu_4$ Al_2Cu_3 Al_3Cu_7 $AlCu_3$
Al-Cr	$AlCr_2$ Al_8Cr_5 Al_9Cr4 Al_3Cr Al_4Cr $Al_{11}Cr_2$ Al_7Cr
Al-Co	Al_9Co_2 $Al_{19}Co_4$ Al_3Co Al_5Co_2 $AlCo$
Al-Fe	$AlFe_3$ $AlFe$ Al_2Fe Al_5Fe_2 Al_3Fe
Al-Mg	Al_3Mg_2 $Al_{29}Mg_{21}$ $Al_{12}Mg_{17}$
Al-Mn	Al_6Mn Al_4Mn $Al_{10}Mn_3$ $Al_{11}Mn_4$ Al_2Mn Al_3Mn_2 Al_2Mn_3
Al-Ti	$AlTi_3$ Al_5Ti_2 Al_2Ti Al_3Ti $AlTi$ Al_5Ti
Al-W	Al_2W Al_7W_3 Al_3W Al_4W Al_5W $Al_{12}W$

Al 有出色的工业用途，由于 Al 具有高比强、经济等优点，20 世纪中期 Al 成功地应用到金刚石砂轮中。近年来，在金刚石工具中的应用正在不断拓展。

5. 5 化合物粉末对金刚石工具使用性能的影响

已有的数据表明：（1）金刚石工具胎体中的低熔点金属，能降低烧结温度。（2）改善压下成形性、减少孔隙度（提高硬度和密度），如图 3-5-2 ~ 图 3-5-5 所示。（3）降低胎体塑性变形，降低挠度。（4）降低抗弯强度（图 3-5-4）。（5）降低韧性。（6）加入量大能使材料变脆。（7）烧结时易发生流失。（8）提高寿命和效率。

实践证明，金刚石工具中适当加入低熔点金属可以有效提高切割性能。可以使效率和寿命同时提高，表现出耐磨而且容易切割的特点（图 3-5-6）。Co-Sn 结合剂锯片和纯 Co

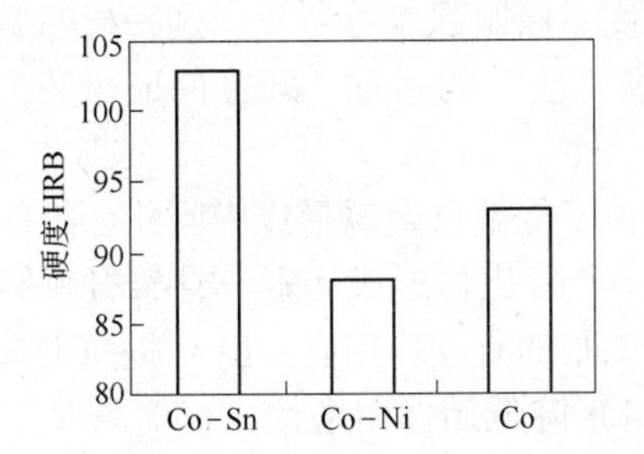

图 3-5-2 烧结后三种合金硬度对比

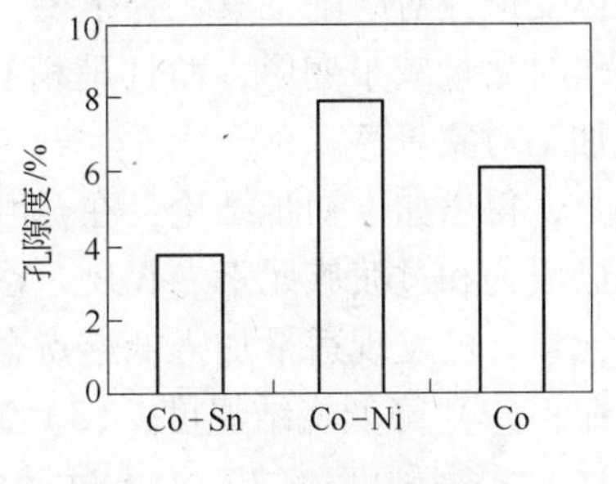

图 3-5-3 烧结后孔隙度对比

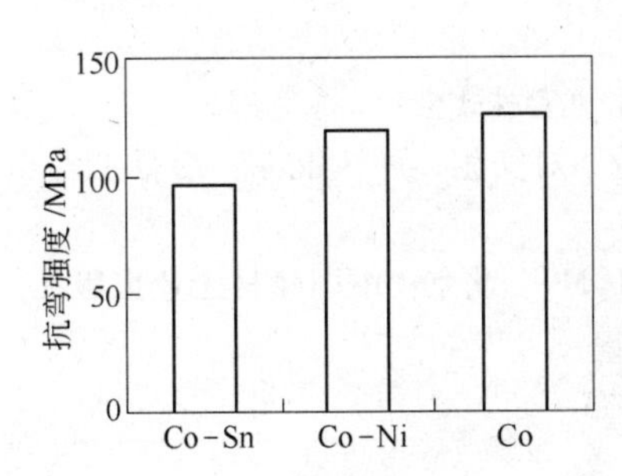

图 3-5-4 烧结后抗弯强度对比

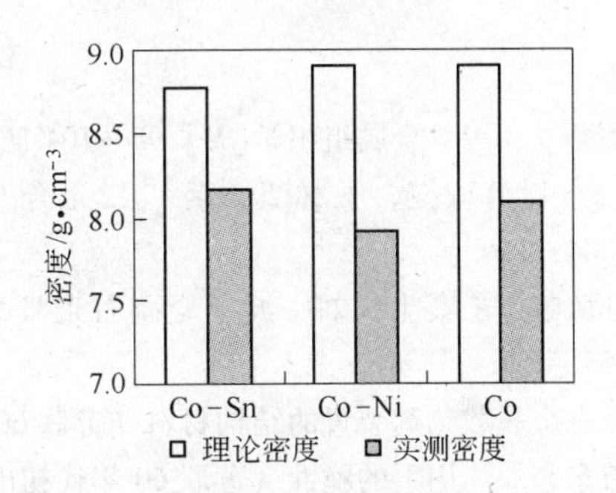

图 3-5-5 理论密度和实测密度对比

结合剂锯片作切割印度红试验，Co-Sn 结合剂锯片比 Co-Ni 结合剂锯片切割性能好。这说明低熔点金属能够起到一般金属起不到的作用。

市场上已有一些 Sn 及其他低熔点金属和Ⅷ族、ⅠB、ⅦB 族部分金属合理搭配的结合剂，使用效果也很出色，而且成本较低。

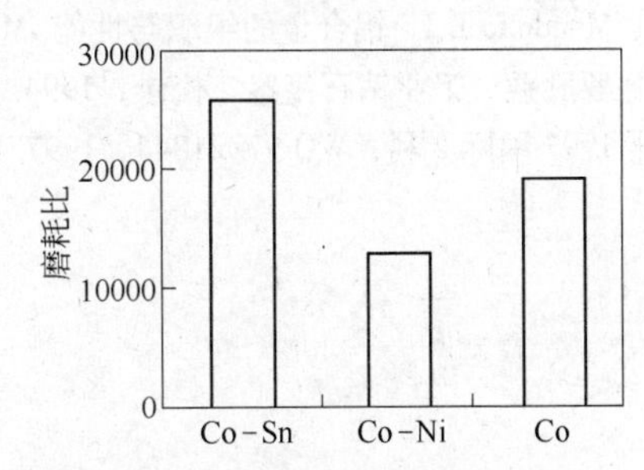

图 3-5-6 三种锯片切割性能对比

5.6 关键力学物理性能指标讨论

可测的结合剂力学物理性能指标有：金刚石固结强度、孔隙度（烧结密度）、硬度（磨损性能）、抗弯强度（冲击韧性）、变形性（屈服强度、弹性模量、挠度）等。

金刚石固结强度是指结合剂或胎体对金刚石的固结强度，固结强度包括胎体对金刚石的机械卡固和结合剂（胎体）对金刚石的润湿附着。

孔隙度直接影响烧结密度和硬度，对同种材料，硬度和密度只与孔隙度有关，通常生产中检验硬度是为了检验烧结质量，如孔隙度是否太高，烧结密度是否达到，是过程控制必需的。同种胎体硬度高比硬度低耐磨，因为硬度高致密。两种不同的胎体硬度不同，不能讲硬度高耐磨。

胎体磨损特性对金刚石工具十分重要，金刚石工具工作时胎体适度的磨损是工具工作的前提，否则金刚石不出露。但胎体过度磨损金刚石会脱落。

抗弯强度不是越高越好，满足要求即可，这样会更经济。对有一定冲击载荷的切割，抗弯强度大于650MPa 就足够了。Co-Sn 做成的锯片比 Co 胎体做成的锯片好，尽管 Co-Sn 的抗弯强度仅仅是 Co 的一半多一些。

胎体变形性对磨削工具尤为重要，通过检测挠度、屈服强度等考量。这一指标要求胎体在工作时尽量减小变形，而且稍稍有点“脆”或“沙”的感觉，既可保证切磨，又可防止使加工对象着色。

综上，得出如下初步结论：在金刚石工具中，由于低熔点金属形成中间化合物的独特作用，已成为和过渡族元素、ⅣB、ⅤB、ⅥB、ⅦB、碳化物形成元素、骨架材料等同等重要的元素。已发现适量加入低熔点金属对金刚石工具的有益作用有：（1）提高工具锋利度和寿命；（2）降低烧结温度；（3）减小变形；（4）降低胎体耐磨性；（5）降低胎体孔隙度；（6）提高硬度；（7）加入过量会降低抗弯强度；（8）加入过量会使胎体变脆。

参考文献

[1] 须藤一，等. 金属组织学[M]. 98～104 昭和47年8月. 丸善株式会社. 东京都.
[2] (日)长崎诚三，平林真，著. 二元合金状态图[M]. 刘安生，译. 北京：冶金工业出版社，2004：146.
[3] 孙毓超，王秦生，刘一波. 金刚石工具与金属学基础[M]. 北京：中国建材工业出版社，1999：154～157.
[4] 液态金属载热剂装置的结构材料（苏联60年代初出版物）.
[5] 液态金属作用下的脆性（苏联60年代初出版物）.
[6] 有色金属科学技术编委会. 有色金属科学技术[M]. 北京：冶金工业出版社，1990：332.
[7] Mondolfo L F. 铝合金的组织与性能[M]. 王祝堂，等译. 北京：冶金工业出版社，1988.
[8] 罗胜益. 工业钻石年鉴. 松录，1994.
[9] 1997国际专利，WO 97/21844，1997.

（冶金一局：孙毓超）

6 金属粉末性能检测技术

6.1 金属粉末的性能测定

6.1.1 金属粉末

我们讨论的金属粉末体，一般指颗粒大小在0.1μm～1mm范围内的颗粒。大于这个范围的一般称为致密体；小于这个范围的称为胶体颗粒。粉末冶金的原料粉末基本上在此范围内，个别情况也有使用1mm以上的；小于0.1μm的超细粉末应用也日渐增多。

金属粉末的性能与聚集状态、聚集程度、颗粒的结晶构造、粉末颗粒的表面状态有关。在多数情况下，粉末并不以单粒存在，而是黏附聚集成链状或复杂形状，一般颗粒间的黏附力要比范德华力大得多，几乎接近库仑引力。

由单颗粒聚集而成的颗粒称为二次颗粒，原始颗粒又称为一次颗粒。在二次颗粒内的一次颗粒之间形成一定数量的黏结面，并存在一些微细空隙。一次颗粒可以是单晶，多半是多晶颗粒，但晶粒间没有空隙。二次颗粒的形成或由化合物单晶或多晶经分解、熔解、还原、置换或化合等理化反应并通过相变或晶型转变形成；或由极细的单颗粒，经高温处理烧结而成。

颗粒的聚集状态和程度不同，粒度的含义和测定方法也不同。此外聚集程度也影响粉末的工艺性能，如流动性和松装密度。颗粒粗大流动性和松装密度高，压缩性也较好。但一次颗粒对压缩性和成形性的影响也存在，在烧结过程中，一次颗粒的作用会更大。

粉末颗粒晶体实际结构表现出严重的不完整性。即存在许多结晶缺陷，如空隙、畸变、夹杂、还有微观的点阵畸变，较高的空位浓度和位错密度，这些导致粉末具有较高的畸变能和活性。

粉末颗粒越细，外表面越发达。颗粒缺陷多，内表面大。外表面是可以观察到的表面，包括凸凹部和宽度大于深度的裂隙，内表面包括深度超过宽度的裂隙、与外表面连通的孔隙、微缝、空腔等壁面，不包括颗粒内封闭的内孔。多孔颗粒的内表面更大，二次颗粒的粉末压坯，相当大一部分外表面变成了内表面。

粉末极大的比表面积，贮藏着高的表面能，对气体、液体和微粒有极强的吸附作用。所以，超细粉末容易自发聚集成二次颗粒，在空气中极易氧化。

金属粉末长期暴露在大气中，与氧或水蒸气作用，表面形成氧化膜，加上吸附的水分和气体（氮气、二氧化碳气），使颗粒表面的覆盖层可达到几百个原子的厚度。例如，超细铝粉（粒度为20～60nm）的比表面积高达$70m^2/g$，其氧化膜层可占重量的16%～18%。

粉末冶金工业用的铁、铜、钨等金属粉末，在技术标准中都规定了氧含量，其中包括表面吸附的氧和氧化膜中的氧。

金属粉末颗粒多数都是晶体，但颗粒的外形却不总与其特定的晶形相一致。因为除少数粉末生产方法，如气相沉积和从液相中结晶能提供粉末晶体充分成长的条件之外，通常是在生长不够充分的情况下得到粉末的，而且原始粉末在经过破碎、研磨等加工后，晶体的外形已遭到破坏。

制粉工艺对颗粒的晶粒结构起着主要的作用。一般说颗粒具有多晶结构，而晶粒大小取决于工艺的特点和条件。对极细的粉末，可出现单晶颗粒，即使是由这样的单晶一次颗粒组成的二次颗粒，也仍是多晶颗粒。

若将粉末制成金相样品进行观察，会发现颗粒的晶粒内可能存在亚晶结构，即嵌镶块组织，进一步由金相磨片制成碳覆膜，在放大倍数更高的电镜下观察，就更容易识别和测定颗粒内的亚结构。

嵌镶块尺寸的精确测定，可以使用X射线专门仪器。

6.1.2　粉末的物理性能

粉末的物理性能包括熔点、质量热容、蒸气压、颗粒的密度、显微硬度、颗粒的形状与结构、颗粒的尺寸和粒度组成、比表面积、X射线和电子射线的反射和衍射性质、光学和电学性质、磁学半导体性质等。

粉末的熔点、蒸气压、质量热容及光学、X射线、磁学等性质除与同成分致密材料的差别不大外，与金刚石工具无关，所以本节不予介绍。本节只介绍颗粒形状、粒度及粒度组成、比表面积、颗粒密度、粉末体密度及其测定方法。

6.1.2.1　粉末颗粒形状

粉末单颗粒的形状由生产方法决定，也与物质的分子或原子排列的结晶几何学因素有关。

颗粒形状不外乎球形、近球形、多角形、片状、树枝状、多孔海绵状、碟形及不规则形。表3-6-1给出颗粒形状与制粉方法的关系。

表3-6-1　粉末颗粒形状与制粉方法

颗粒形状	生产方法	颗粒形状	生产方法
球　形	气相沉积、液相沉积	树枝状	水溶液电解
近球形	气雾化、溶液置换	多孔海绵状	金属氧化物还原
片　状	塑性金属机械研磨	碟　状	蜗旋研磨
多角形	机械破碎	不规则形	水雾化、机械破碎、化学沉淀

粉末颗粒形状的观察方法多采用金相显微镜法，如光学显微镜、扫描电镜、透射电镜等。颗粒比较粗的粉末，可采用放大镜或肉眼观察。

为了较准确地表达粉末颗粒的形状，用6种形状因子表示，即：延伸度 $n = \frac{l}{b}$（b 为颗粒宽度。宽度是指从垂直于最稳定平面的方向观察到颗粒的最大投影面上两切线间的距离)、扁平度 $m=\frac{b}{t}$(t 为颗粒厚度)、齐格指数(被定义为延伸度与扁平度的比值 $\frac{lt}{b^2}$)、球形度、圆形度、粗糙度。

这些形状因子都有具体规定，可全部用显微镜测定。形状因子中包括表面形状因子、体积形状因子、比形状因子(表面形状因子/体积形状因子)。

6.1.2.2　颗粒密度

粉末颗粒的实际密度往往小于理论密度，因为粉末颗粒总是要有孔的，有的是开孔，有的是闭孔。为此对粉末提出三种密度:

(1) 真密度(理论密度)。颗粒质量除以不包括开孔和闭孔的颗粒体积所得的商值。

(2) 似密度(比重瓶密度)。颗粒质量用包括闭孔在内的颗粒体积去除得到的商值。

(3) 有效密度。颗粒质量用包括开孔、闭孔在内的颗粒体积去除得到的商值。

显然，有效密度比上面两种密度值都低。

下面简单介绍一下比重瓶法测似密度。测定似密度的比重瓶如图 3-6-1 所示：一个带细径的磨口玻璃小瓶，瓶塞中心开有 0.5mm 的毛细管，以排出瓶内多余的液体。当液面平齐塞子毛细管出口时，瓶内液体具有确定的容积，一般有 5mL、10mL、15mL、20mL、25mL、50mL 等不同的规格。

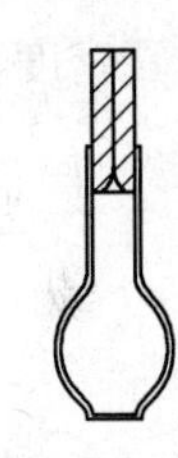

图 3-6-1　比重瓶

图 3-6-1 比重瓶粉末试样预先干燥后再装入比重瓶，约占瓶内容积的$\frac{1}{3}\sim\frac{1}{2}$。连同瓶一道称重后再装满液体，塞紧瓶塞，擦干溢出的液体再称重。按下式计算比重瓶密度:

$$d_{比}=\frac{F_2-F_1}{V-\frac{F_3-F_2}{d_{液}}}\tag{3-6-1}$$

式中　F_1——比重瓶质量;

F_2——比重瓶加粉末的质量;

F_3——比重瓶加粉末和充满液体后的质量;

$d_{液}$——液体的密度;

V——比重瓶的规定容积。

液体要选择黏度小、表面张力小、密度稳定、对粉末润湿性好、不起化学反应的有机介质，如乙醇、甲苯、二甲苯等。测定时最好将装好试样的比重瓶置于密封容器内抽空，再充入介质，就能保证液体渗入到颗粒内的连通小孔隙和微缝内，使测得的结果更接近颗粒的似密度。

6.1.2.3　显微硬度

显微硬度是用显微硬度计测量金刚石角锥压头的压痕对角线长，经计算后得到显微硬度值。测量时先将粉末试样与电木粉或树脂粉混匀，在 100～200MPa($1\sim2tf/cm^2$)压力下制成小压坯，再加热至 140℃ 固化。压坯按制备粉末金相样品的办法制成试样，在 20～30g 负荷下测量显微硬度。

颗粒的显微硬度值，在很大程度上取决于粉末中各种杂质与合金组元的含量以及晶格缺陷的多少，显微硬度能够代表粉末的塑性。同种金属粉末，因生产方法不同，显微硬度也不同。纯度越高，硬度越低。退火后的粉末或减少氧、碳杂质的粉末，硬度也会降低。

6.1.3　粉末的工艺性能

粉末的工艺性能指松装密度、摇实密度、流动性、压缩性与成形性。粉末的工艺性能主要与粉末的生产方法和粉末的处理工艺有关，如球磨、退火、加润滑剂、制粒等。

6.1.3.1　摇实密度和孔隙度

摇实密度是在振动或敲击之下，粉末紧密充填规定的容积后测得的密度，比松装密度高出20% ~50%。摇实密度虽然粉末颗粒堆集得更紧密，但粉末内仍存在大量的孔隙，孔隙所占的体积称孔隙体积。孔隙体积与粉末表观体积之比称为孔隙度（θ）。摇实粉末的孔隙度高于松装粉末的孔隙度，粉末的孔隙度包括了颗粒之间孔隙的体积和颗粒内孔隙的体积。如用d代表粉末的密度（摇实密度或松装密度）；以$d_{理}$代表粉末材料的理论密度或颗粒的真密度，则孔隙度θ可以表示为：$\theta = 1 - \frac{d}{d_{理}}$，称为粉体相对密度，可用$\rho$代表，其倒数$\beta = \frac{1}{\rho}$为相对体积，因此有如下关系：

$$\theta = 1 - \rho \quad 或 \quad \theta = 1 - \frac{1}{\beta}$$

粉末体的孔隙度或密度是与颗粒形状、颗粒密度和表面状态、粉末粒度和粒度组成有关的综合参数。

由大小相同的规则球形颗粒组成的粉末的孔隙度，可用初等几何学方法计算。最松散的堆积，$\theta = 0.476$；最密集的堆积，$\theta = 0.259$。实际上由于颗粒的黏附，产生“拱桥效应”，使孔隙度提高。如果颗粒的大小不等，较小的颗粒填充到大颗粒的间隙中，则孔隙度会降低；如果形状也不规则，那么就无法进行理论计算。

实际研究证明，实际粉末的孔隙度一般均大于理想值0.259。例如球形粉末的孔隙度最低约为50%；片状粉末的孔隙度可达90%；而介于这两种形状之间的还原粉或电解粉，孔隙度则为65% ~75%，表3-6-2为粒度、粒度组成相同，形状不同的三种铜粉的密度和孔隙度。

表3-6-2　形状不同的铜粉的密度和孔隙度

形　状	松装密度/g · cm^{-3}	摇实密度/g · cm^{-3}	松装孔隙度/%
片　状	0.4	0.7	95.5
不规则状	2.3	3.14	74.2
球　状	4.5	5.3	49.4

6.1.3.2　流动性和松装密度

普遍采用的测定金属粉末流动性和松装密度的设备是哈罗流动仪，如图3-6-2所示。测定流动性时，操作者把手指放在漏斗底部封闭斗孔，并在漏斗中倒入50g粉末。操作者移开手指，粉末开始流动，同时启动秒表，漏斗中粉末流空时，停止秒表。记下粉末流完所用的时间来作为流动性的数值，单位为秒。

测定松装密度时，将粉末倒入哈罗漏斗，漏斗固定在密度杯上面的架子上。让粉末流入容量为 $25cm^3$ 的密度杯中，当量杯充满时，漏斗转开，用刮板将密度杯顶上的粉末刮平，杯中粉末的质量乘以 0.04 即松装密度，单位是 g/cm^3。

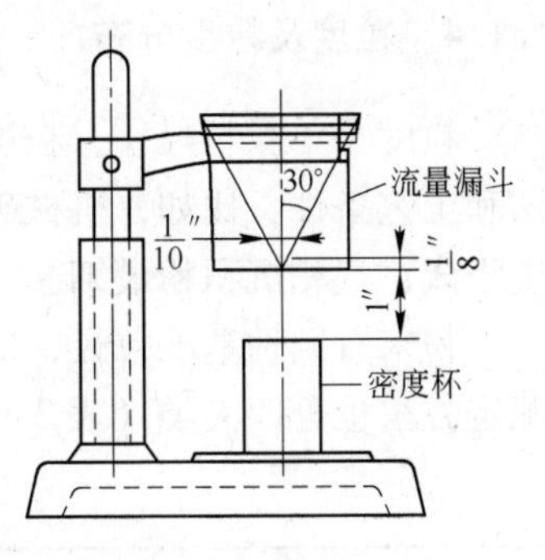

图 3-6-2　哈罗流动仪

图 3-6-2 所示为哈罗流动仪，对一些流动性不好的粉末，不能通过哈罗漏斗，要改用卡尼漏斗，卡尼漏斗小孔直径为哈罗漏斗的 2 倍（为 5.08mm），也可以用金属丝捅动小孔，使粉末流出。粉末的流动性和松装密度，取决于颗粒形状、粒度和粒度分布，雾化粉末具有高的流动性和高的松装密度，其松装密度大约为其金属的 50%。

6.1.3.3　压缩性和成形性

粉末化学成分和物理性能也反应在压缩性、成形性和烧结性能上。

压缩性和成形性又总称为压制性。压缩性代表粉末在压制过程中被压紧的能力，这种能力可以在标准的模具中和规定的润滑条件下测定，用规定的单位压力所达到的压坯密度表示。一般常用压坯密度随压制压力变化的曲线表示。

成形是指粉末压制后，压坯保持既定形状的能力。用粉末成形的最小单位压制压力表示。或用压坯的强度来衡量。

我国标准规定，用直径为 ϕ25mm 的圆压模，以硬脂酸锌和三氯甲烷溶液润滑模壁，在 400MPa($4tf/cm^2$)压力下压制 75g 粉末试样，测定压坯密度（g/cm^3）表示压缩性。影响压缩性的因素有颗粒的塑性或显微硬度。当压坯密度较高时，可明显看到塑性金属粉末比硬、脆材料粉末的压缩性好；球磨过的金属粉末，经退火后塑性改善，压缩性提高。金属粉末内含有合金元素或非金属夹杂时，会降低粉末的压缩性。因此，工业用粉末中 C、O 和酸不溶物含量的增加，必然会使压缩性变差。

颗粒的形状和结构也明显地影响压缩性。例如雾化粉比还原粉松装密度高，压缩性就好。凡是影响粉末密度的所有因素都对压缩性有影响。

成形性受颗粒形状和结构的影响最为明显。颗粒松软，形状不规则的粉末，压紧后颗粒的连结增强，成形性好。如还原铁粉的压坯强度比雾化铁粉的高。

在评价粉末压制性时，必须综合比较压缩性与成形性。一般说来，成形性好的粉末，压缩性差；相反，压缩性好的粉末，成形性差。例如，松装密度高的粉末，压缩性虽好，但成形性差；细粉末的成形性好，但压缩性却较差。

压缩比定义为松散粉末体积与由这些粉末压成的压坯体积之比。显然，为了正确设计压制粉末的工具，必须知道粉末或粉末混合料的压缩比。哈罗流动仪测定的松装密度同在给定压力下压坯的密度之比，可以用作压缩比的量度。但是这样得到的压缩比值通常要比在一套模具中得到的压缩比值大。因为哈罗流动仪中的松装密度要低于自动压模腔中的松装粉末的密度。再者，压坯密度还取决于压坯的形状。因此，对于每一组压制工艺条件，通常都必须测定其准确的压缩比。因为压坯在生坯的情况下，必须具有足够的强度，以保证从压机搬至烧结炉的过程中不会发生磨损和破裂。

球形粉末至少是高熔点的球形粉末压坯，其压坯强度极低，以致在搬运过程中不能不发生破损和破裂。因此，球形粉末很少用作冷压件。树枝状粉是冷压性能好的粉末。

6.1.4 粒度及粒度分布

粒度是单颗粒尺寸，粒度分布是指整个粉末体。粉末的粒度和粒度组成取决于制粉方法和工艺条件。比如，机械破碎粉较粗；还原粉和电解粉可通过温度和电制度调节改变粒度组成；气相沉积粉最细。

粉末有四种基准粒径，即几何学粒径、当量粒径、比表面积粒径、光衍射粒径。据此测定方法也分四大类（表3-6-3）。

表3-6-3 四种粒径测量方法

粒径基准	测量方法	测量范围/μm	粒度分布基准
几何粒径	筛分析	>40	重量分布
	光学显微镜	500~0.2	个数分布
	电子显微镜	10~0.01	个数分布
	摩尔特计数器	500~0.5	个数分布
当量粒径	重力沉降	5~1.0	重量分布
	离心沉降	10~0.05	重量分布
	比浊沉降	50~0.05	重量分布
	风筛	50~1.0	重量分布
	水簸	40~15	重量分布
	扩散	0.5~0.01	重量分布
比表面积粒径	气体吸附	20~0.001	比表面积平均
	气体透过	50~0.2	比表面积平均
	润湿热	10~0.001	比表面积平均
光衍射粒径	光衍射	10~0.001	体积分布
	X射线衍射	0.05~0.0001	体积分布

（1）筛分析法。称取一定重量粉末，使粉末依次通过一组筛孔尺寸由大至小的筛网，按粒度分成若干级别，用筛网孔径表示各级粉末粒度。只须称出各级粉末重量就可以计算用百分数表示的粒度组成。

筛分析采用规定的标准筛和专用振筛机，筛分时间也有明确规定，筛网及筛也按国家标准规定制作。

（2）显微镜法。用普通显微镜测量繁琐费时，现在应用已经不多。相继采用图像分析计数仪和Quantimet粒度计、显微图像自动测定仪、激光粒度测定仪等。发展起来的这些仪器，快捷、准确，能够同时进行打印记录。

（3）沉降分析法。沉降分析方法分液体沉降和气体沉降两大类。属液体沉降法的有比浊沉降法、离心沉降法、沉降天平法、比重计法等；属气体沉降法的有气流沉降法、

Sharples 显微质谱仪等。

沉降法的优点是取样量大，代表性好，结果的统计性和再现率高。可选择不同的装置，适应较宽的粒度范围。除离心沉降和气流沉降外均属静态沉降。

沉降法测定原理依据斯托克斯公式。在具有一定黏度的粉末悬浊液内，大小不等的颗粒自由沉降时，其速度是不同的，粗粒沉降快。

对直径为 d，密度为 ρ 的球形颗粒，在密度为 ρ_F，黏度为 η 的液体介质中，其颗粒沉降速度 v 用下式表示：

$$v = \frac{g(\rho - \rho_F)}{18\eta}d^2 \tag{3-6-2}$$

式中，g 是重力加速度。

由公式（3-6-2）计算出颗粒直径 d

$$d = \sqrt{\frac{18\eta v}{g(\rho - \rho_F)}} \tag{3-6-3}$$

如果沉降高度为 h，沉降时间为 t，则 $V = h/t$，则式（3-6-3）可写成：

$$d = \sqrt{\frac{18\eta h}{g(\rho - \rho_F)t}} \tag{3-6-4}$$

对不是球形粉末，沉降系数可以计算出来，利用名义粒径：

$$C = d_{名}\left[\frac{\eta h}{(\rho - \rho_F)t}\right]^{\frac{1}{2}} \tag{3-6-5}$$

光度沉降法利用可见光的光速透过粉末悬浊液时，因可见光被颗粒吸收、散射等而减弱，减弱程度与颗粒大小有关。利用光扫描技术和计算机技术可以制成快速沉降装置。

（4）淘析法。颗粒在流动介质（气体或液体）中发生非自然沉降而分级称为重力淘析。其原理是流体逆着粉末向上运动，粉末按颗粒沉降速度大于或小于流体线速度而彼此分开，改变流速，可按不同的临界粒径分级。

气体淘析（风筛法）装置有罗拉分级器等，在金刚石和金刚石制品上应用还不多见。

6.1.5　粉末的比表面积

粉末的比表面积是粉末体的一种综合性质，是由单颗粒的粉末体性质共同决定的。比表面积还是代表粉末体粒度的一单值参数。用比表面积法测粉末的平均粒度称为单值法，以示与分布法的区别。

所谓比表面积定义为质量 1g 的粉末所具有的总表面积。用 m^2/g 或 cm^2/g 表示。粉末的比表面积是粉末平均粒度、颗粒形状和颗粒密度的函数。通常采用透过法和吸附法测定粉末的比表面积，还有润湿热法和尺寸效应法。

国际上金刚石标准，也要求测定比表面积，目前国内正在进行检验该项目的准备工作。

6.1.5.1　气体吸附法简单原理与测定方法

测定吸附在固体表面上气体单分子层的重量或体积，再由气体分子的横截面积计算 1g

物质的总表面积，就得到1g物质的比表面积。

气体吸附是由于固体表面存在有剩余力场，根据这种力的性质和大小不同，分为物理吸附和化学吸附。前者是范德华力作用，气体以分子状态被吸附；后者是化学键力作用，相当于化学反应，气体以原子状态被吸附。物理吸附常在低温下发生，吸附量受气体压力的影响明显。BET法是低温氮气吸附，属于物理吸附，该法在比表面积测定上广为应用。

气体吸附法测定比表面积的灵敏度最高，分静态法与动态法两大类。

A 静态法

静态法包括：容量法、单点吸附法、重量法。

a 容量法

根据吸附平衡前后吸附气体容积的变化来确定吸附量，实际就是测定在已知容积内气体压力的变化。BET比表面积装置就是采用容量法测定的。

连续测定吸附气体的压力P和被吸附气体的容积V，并记下实验温度下气体的蒸气压p_0，按BET方程$\frac{p}{V(p_0-p)}=\frac{1}{V_mC}+\frac{C-1}{V_mC}\frac{p}{p_0}$，再以$\frac{p}{V(p_0-p)}$对$\frac{p}{p_0}$作等温吸附线。式中$p$为吸附平衡时的气体压力；$p_0$为吸附气体饱和蒸汽压；$V$为被吸附气体体积；$V_m$为固体表面被单分子层气体覆盖所需气体体积；$C$为常数。

b 单点吸附法

BET法至少要测量三组p-V数据，才能得到准确的直线，称为多点吸附法。

由公式$\frac{p}{V(p_0-p)}=\frac{1}{V_mC}+\frac{(C-1)p}{V_mCp_0}$所作直线的斜率$S$和截距$I$, $S=\frac{C-1}{V_mC}$ $I=\frac{1}{V_mC}$所作直线的斜率S和截距I, $S=1-\frac{1}{V_mC}$ $I=\frac{1}{V_mC}$，求得：$V_m=\frac{1}{S+I}$、$C=\frac{S}{I+1}$，用N_2吸附时，C值很大，I值很小，使$\frac{1}{V_mC}$可以忽略不计。$C-1\approx C$，则BET公式简化成：

$$\frac{p}{V(p_0-p)}=\frac{1}{V_m}\cdot\frac{p}{p_0} \tag{3-6-6}$$

式（3-6-6）表明：以$\frac{p}{V(p_0-p)}$对$\frac{p}{p_0}$作图，直线通过坐标原点，其斜率的倒数就是要测定的V_m。一般利用上式，在$\frac{p}{p_0}\approx0.3$附近测一点，将它与$\left[\frac{p}{V(p_0-p)}\right]\cdot\frac{p}{p_0}$坐标图中的原点连接，得到一通过原点的直线，见图3-6-3。

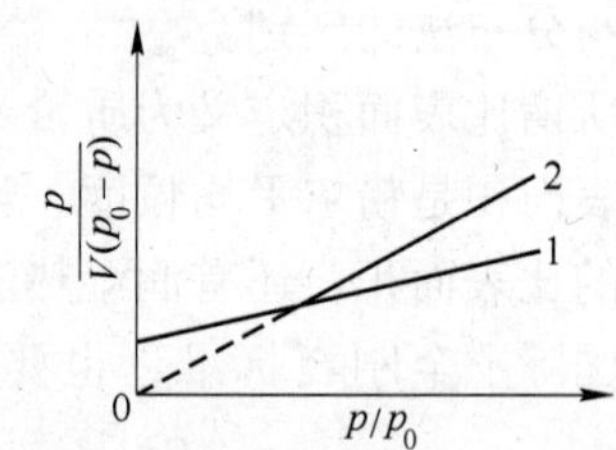

图3-6-3 单点吸附法与多点吸附法

1—多点；2—单点

1摩尔气体体积为22400mL，分子数为阿佛伽德罗常数N。$\frac{V_m}{22400W}$（W取样重，g）为1g粉末所吸附的单分子层气体的摩尔数，$\frac{V_mN}{22400W}$是1g粉末吸附的单分子层气体的分子数，用一个气体分子的横截面积A_m去乘$\frac{V_mN}{22400W}$就得到粉末的克比表面积：

$$S = \frac{V_m N A_m}{22400 W} \tag{3-6-7}$$

用直线的斜率和截距求出 $C = (斜率/截距) + 1$，其物理意义是：

$$C = \exp\left(E_1 - \frac{E_l}{RT}\right)$$

式中 E_1——第一层分子的摩尔吸附热；

E_l——第二层分子的摩尔吸附热等于气体的液化热，如果 $E_1 > E_l$，即第一层分子吸附热大于气体的液化热为第二类吸附等温线，如果 $E_1 < E_l$，为第三类吸附等温线，第二类、第三类属多分子层吸附，而第一类属化学吸附或单层物理吸附。

图 3-6-4 为等温吸附线的几种类型。

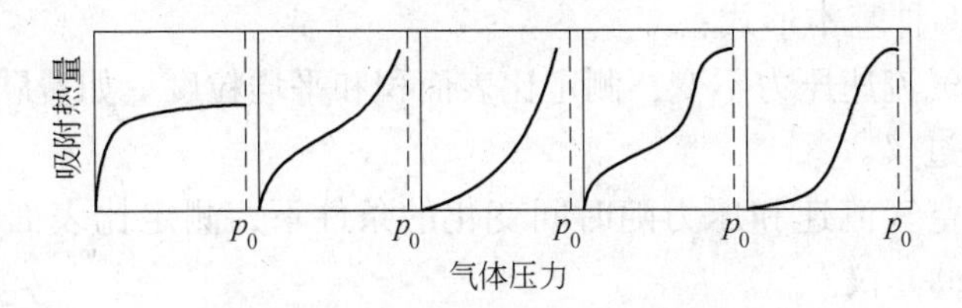

图 3-6-4 等温吸附线的几种类型

c 重量法

用吸附秤直接精确称量粉末试样在吸附前后重量的变化来确定比表面积的方法。该法比容量法准确，避免了“死空间”，更为简便实用。

B 动态法——流动法

容量法和重量法皆属静态吸附法，要等吸附过程达平衡后才能进行测量，费时长。

流动法是运用气体微量分析技术测定吸附或解吸前后气体的浓度变化，确定吸附量的方法。无须抽真空，操作简单迅速，适于生产现场使用。

6.1.5.2 气体透过法简单原理与测定方法

气体透过法是利用气体透过粉末层的透过率来计算粉末比表面积或平均粒径。特别适于亚筛级粉末平均粒度的测定。

流体通过粉末床的透过率与粉末的粗细或比表面积的大小有关。粉末愈细，比表面积愈大，对流体的阻力也愈大。因而在单位时间内透过单位面积的流量就愈小。或者说，当粉末的孔隙度不变时，流体通过粗粉比通过细粉的流速大。透过率和流速是容易测定的，只要找出透过率（流速）与比表面积的定量关系，就可以知道粉末的比表面积。

Darcy 给出如下用于测定水流过砂层的线速度公式：

$$\frac{Q_0}{A} = \frac{K_p \Delta p}{L\eta} \tag{3-6-8}$$

式中 Q_0——单位时间通过的流量，g/s；

A——砂层断面积，cm^2；

Δp——在厚度为 L(cm) 的砂层上水的压力降，Pa；

η——水的黏度，Pa · s，cm^2/s；

K_p——与砂层的孔隙度、粒度大小、形状等有关的系数，称为比透过率。

由式（3-6-8）可以看出，流速$\frac{Q_0}{A}$与压力梯度$\frac{\Delta p}{L}$成正比，与黏度 η 成反比，比例系数 K_p 代表透过性。

由 Poiseuille 黏性流动理论推导出来的柯青-卡门方程为：

$$\frac{Q_0}{A}=\frac{Q^3}{(1-\theta)^2}\cdot\frac{g}{K_c S_0^2}\cdot\frac{\Delta p}{L\eta}$$

$$S_0=\sqrt{\frac{\Delta pgA\theta^3}{K_c Q_0 L\eta(1-\theta)^2}} \tag{3-6-9}$$

目前测定粉末比表面积的主要工业方法——空气透过法就是建立在此方程的基础上。常压空气透过法有两种基本形式：

（1）稳流式空气流速压力不变，测定比表面积和平均粒度。如费歇尔微粉粒度分析仪和 Permaran 空气透过仪。

（2）变流式在空气流速和压力随时间变化的条件下，测定比表面积或平均粒度。如 Blaine 粒度仪和 Rigden 仪。

费氏微粉粒度分析仪，计算粒度的原理是根据 Gooden 等变换柯青-卡门方程后建立的公式，他们的变换如下：

1）用粉末床尺寸表示孔隙度：

$$\theta=1-\frac{W}{pAL} \tag{3-6-10}$$

2）取粉末床的重量在数值上等于粉末材料密度：

$$\theta=1-\frac{1}{AL} \tag{3-6-11}$$

3）Q 和 η 作常数处理；

4）一般取柯青常数 $K_c=5$；

5）Δp 用 $p-F$ 表示。

根据　$d_m=6\times10^4\sqrt{\frac{K_c Q_0 L\eta(1-\theta)^2}{\Delta pgA\theta^3}}$ 和 $\theta=1-\frac{1}{AL}$

包含相为：

$$\frac{(1-\theta)^2}{\theta^3}=\frac{\left(\frac{1}{AL}\right)^2}{\left(\frac{AL-1}{AL}\right)^3}=\frac{AL}{(AL-1)^3}$$

又因

$$\sqrt{\frac{K_c}{g}}=\sqrt{\frac{5}{980}}=\frac{1}{14}$$

整理后得：

$$d_m=\frac{6\times10^4 L}{14(AL-1)^{3/2}}\cdot\sqrt{\frac{Q_0\eta}{\Delta p}} \tag{3-6-12}$$

设 $Q_0 = kF$, k 为流量系数，再用 $F/(p-F)$ 代替 $F/\Delta p$, η 和 k 为常数，与其他常数合并为一新系数：$C = 6 \times \frac{10^4}{14(k\eta)^{1/2}}$ 则 d_m 可简化为下式表达：

$$d_m = \frac{CL}{(AL-1)^{3/2}}\sqrt{\frac{F}{p-F}}$$

式中 p——流过粉末床之前空气压力；

F——通过粉末床后空气的压力。

式中的 A、p 在试验中均可维持不变，变参数只有 L 和 F。L 由粉末床孔隙度 θ 决定，当 θ 不变时，只有 F 或空气通过粉末床压力降 $p-F$ 是唯一需由实验测量的参数。费氏空气透过仪如图 3-6-5 所示。

布莱茵（Blaine）法与费氏法不同，是在变流条件下测定空气透过粉末床时，平均压力或流量达到某规定值所需的时间，也用柯青-卡门公式计算平均粒度。

Blaine 微粉测试仪原理如图 3-6-6 所示。Keyes 提出计算比表面积的近似公式为：

$$S_0^2 = \frac{\theta^3}{(1-\theta)^2} \cdot \frac{2Ag\rho_f}{\ln\left(\frac{N_i}{H_j}K_c\eta A_m\right)} \cdot \frac{t}{L} \tag{3-6-13}$$

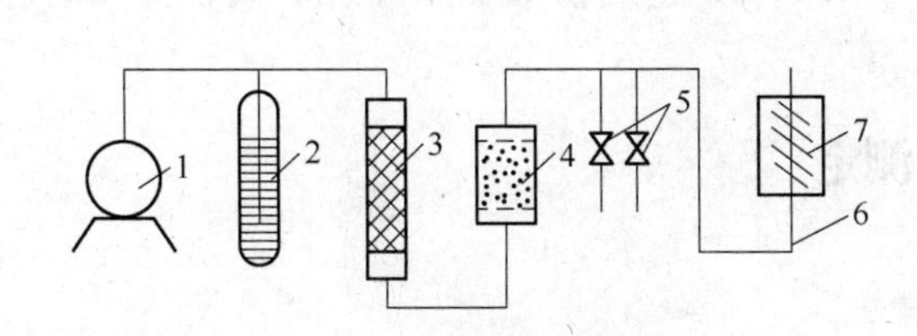

图 3-6-5 费氏仪原理图

1—微型空气泵；2—压力调节管；3—干燥管；4—粉末试样管；5—针型阀；6—U 型管压力计；7—粒度曲线板

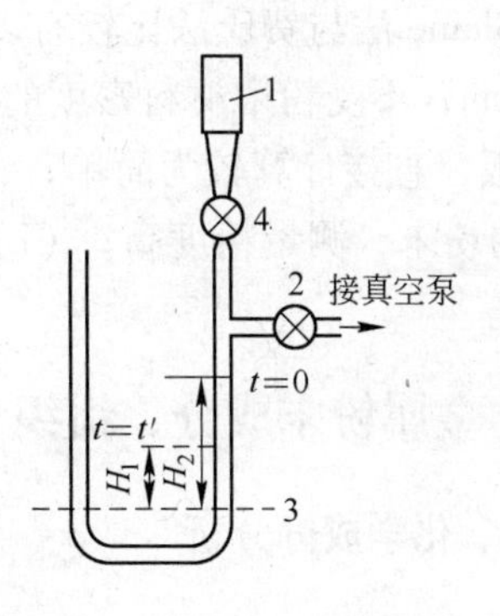

图 3-6-6 变流式 U 形管透过仪

1—样品管；2—阀；3—平衡位置线；4—阀

令：

$$K_B^2 = \frac{K_c A_m \eta}{2Ag\rho_f}$$

式中 A——样品管断面积；

ρ_f——U 形管内液体密度；

A_m——U 形管断面积；

η——空气黏度；

K_c——柯青常数；

g——重力加速度。

由式 $K_B^2 = \frac{K_c A_m \eta}{2Ag\rho_f}$ 得：

$$K_B^2 \cdot S_0^2 = \frac{1}{\ln\left(\frac{H_i}{H_j}\right)} \cdot \frac{3}{(1-\theta)^2} \cdot \frac{t}{L} \tag{3-6-14}$$

K_B 是由仪器结构所决定的系数，其余参数由实验确定。为了避免测定所有参数（θ、L、t、H_i、H_j）和每次计算麻烦，标准规定与比表面积值已知的标准粉末进行比较测定，先固定 H_i、H_j、L 等参数，将待测粉末试样与标准粉末比较，计算比表面积的公式为：

$$S_0 = S_{0t} = \sqrt{\frac{t}{t_s}} \cdot \sqrt{\frac{\frac{\theta^3}{(1-\theta)^2}}{\frac{\theta_s^3}{(1-\theta_s)^2}}} \tag{3-6-15}$$

式中带角标 s 的所有参数是用标准粉末测定的。这样每次只要测定粉末试样的 θ 值和压力计内液面由开始的 H_i 降至 H_j 所需的时间 t，代入上式计算得比表面积 S_0。

如将 θ 固定，计算变得更简单 $S_0 = kblt$，kbl 是用标准粉末确定的仪器常数，实验要测的唯一参数是时间 t。

Blaine 法与费氏法比较有以下优点：（1）设备简单、容易操作；（2）粉末床厚度规定为 10cm，不受粉末材料密度的影响；（3）使用玻璃试样管易于观察；（4）不用计算粒度曲线板，直接计算较为简单；（5）用于 BET 比表面积预测；（6）对于比表面积大于 $6\text{m}^2/\text{cm}^3$ 的粉末，测量精度高；（7）对于 0.5～0.01μm 超细粉末要用静态扩散装置和动态扩散装置。

6.2　金属粉末成分、组织、结构的测定

6.2.1　化学成分分析

粉末的化学成分测定，应包括主要金属和杂质。杂质主要包括：与主要金属结合形成固溶体或化合物的金属或非金属成分，如还原铁粉中的 Si、Mn、C、P、S、O 等；从原料和生产过程中带进的夹杂，如 SiO_2、Al_2O_3、硅酸盐、难熔金属和碳化物等酸不溶物；粉末表面吸附的氧、水汽和其他气体（N_2、CO_2）。制粉工艺带进的杂质有：水溶液电解粉末中的氢；气体还原粉末中溶解的碳、氮、氢；羰基粉末中溶解的碳等。

金属粉末的化学分析与常规金属分析方法相同。首先测定主要成分的含量，然后测定其他成分包括杂质的含量。

金属粉末的氧含量，除了采用库仑分析仪测定全氧量之外，还可以采用简便的氢损法，即测定可以被氢还原的金属氧化物的那部分氧含量。金刚石工具用合金粉末的含氧量不是越低越好，过低的含氧量，要求很高的工时成本，还可能损失力学性能，例如会使抗弯强度和硬度降低。制定标准时，尤其注意这一点。

分析时，将金属粉末试样在纯氢气流中煅烧足够长时间，粉末中的氧被还原成水蒸气；C、S 与 H 生成挥发性化合物；与挥发性金属一同排出，所测得的粉末试样的重量损失，称为氢损。氢损值按下面公式计算：

$$氢损值 = \frac{A - B}{A - C} \times 100\% \tag{3-6-16}$$

式中　A——粉末试样加烧舟的质量；

B——氢中煅烧后残留物加烧舟的质量；

C——烧舟质量。

如果粉末中有在分析条件下不被氢还原的氧化物（SiO_2、CaO、Al_2O_3），测得氢损值将低于实际的含氧量；如果在分析条件下，粉末有脱碳、脱碳反应及金属挥发时，测得的值将高于实际含氧量。氢损法测量（质量分数）范围：Cu、Fe 粉为 0.05% ~3.0%，W 粉为 0.01% ~0.5%。

金属粉末的杂质测定还采用酸不溶物法，该方法的原理是：粉末试样用某种无机酸溶解，将不溶物沉淀过滤出来，980℃下煅烧 1h 后称重，再计算酸不溶物含量：

$$铁粉盐酸不溶物 = \frac{A}{B} \times 100\%$$

式中　A——盐酸不溶物，g；

B——粉末试样，g。

$$铜粉硝酸不溶物 = A - \frac{B}{C} \times 100\%$$

式中　A——硝酸不溶物，g；

B——相当于 Sn 氧化物，g；

C——粉末试样，g。

Sn 氧化物含量 B 的测定是在硝酸不溶物中加 NH_4I，于 425 ~ 475℃ 坩埚内加热，15min 后冷却，再加 2 ~3mLHNO_3，使其溶解，再称残留物重量，前后的重量差即为 B 值。

显然，能挥发的酸不溶物不含在测定结果中。因此 Cu 粉的硝酸不溶物包括 SiO_2、硅酸盐、Al_2O_3、CaO、黏土及难熔金属，也可能有硫酸铅。铁粉的盐酸不溶物除以上杂质外，还包括碳化物。

化学成分分析方法很多，可根据具体情况进行选择。定量分析可用化学法、光谱法和 X 射线荧光分析；定性分析可采用光谱法、能谱等，对微区化学成分分析可采用电子探针、扫描电镜、俄歇电子谱仪等。还有一些其他的成分分析方法，因应用较少，不一一介绍。

化学成分分析，不仅限于金属粉末的成分分析，烧结后的粉末冶金制品也需要做一定的化学成分分析。比如当制品的粉末冶金质量发生变化时，首先要做成分分析，是否在配料上出了问题或原料上有问题，确定化学成分无问题之后再进行其他工艺过程的检查。

有时烧结工艺不合理也会出现化学成分的变化。如烧结温度过高，流失严重，造成低熔点金属含量降低；有时个别金属的挥发也会造成成分上的波动，如个别金属在加热时升华。

工具在使用过程中的非正常破坏，分析事故原因，也会进行必要的化学成分分析，确认不是因化学成分变化后，再进行其他工序的分析。

6.2.2　金相组织测定

对粉末和粉末冶金制品的金相组织观察和测定的项目很多，如夹杂物测定、晶粒度、组织确定、断口观察测定、事故原因分析等。用光学金相方法，通过采用不同的浸蚀剂，各组织所显示的颜色不同，可以鉴别出不同的相，如α-相、碳化物相、硼化物相、γ-相等。当然，采用扫描电镜和透射电镜分辨率更高，优点更突出，本书将另作介绍。

光学显微分析，除常温光学显微镜，还有光学低温显微镜，可在－70～－180℃下研究马氏体转变动力学和其他低温相变。

光学高温显微镜，是用以研究金属在加热时，组织与性能的关系及组织的转变动力学。高温金相技术是用于防止空气和其他气体与被加热试样表面发生作用的各种形式的金属学研究。

高温金相技术的主要应用是：(1) 研究金属和合金在高温加热时的显微组织及有关性能。(2) 测量金属和合金在高温加热时的弹性模量、内耗、硬度及变形研究。(3) 研究真空加热时金属和合金的扩散和黏结。(4) 确定影响工具耐用性的若干因素。

金相组织的观察和照片记录，可采用光学显微镜、扫描图像显微镜、扫描电镜、透射电镜等。分析断口最好采用扫描电镜，因为扫描电镜具有较大的焦深和景深。

金刚石工具工作面的金相观察，能正确评价工具的性能。金刚石出刃高度的观察和测定是一项很有意义的工作。用扫描电镜观察工具的工作面效果最好，能清楚地观察到出露金刚石的形貌、金刚石脱落坑、工作面上金刚石的分布以及黏结金属和金刚石界面的密联程度等。

使用扫描电镜能清楚观察到粉末颗粒的表面形貌，尤其是颗粒表面的裂缝和微孔，同时也可以进行颗粒尺寸测定，并同时进行照片记录。

对粉末颗粒的聚集状态，也能清楚地观察到，聚集状态不同会影响金属粉末的压制和成形。

在高倍率下，扫描电镜和透射电镜均可观察粉末颗粒内的嵌镶块组织，嵌镶块尺寸的测定则要用专门的仪器（如X射线衍射仪）。使用扫描电镜也可以进行选定区域的成分分析。

6.2.3 物相结构测定与X射线衍射仪

物相结构的测定，一般采用X射线衍射，根据衍射谱再进行标定。对微区精细结构，采用电子衍射、扫描电子衍射和低能电子衍射。微区衍射和标定结果不能单独作为判据，一般要与X射线衍射结合起来进行。

X射线衍射长期以来作为物相结构分析的一项主要手段，X射线技术的应用是十分广泛的，例如用强X射线辐照癌瘤、透视人体、检查伤病、透视金属、检查缺陷、确定成分、研究电子层构造、确定元素在周期表中的位置、确定单位晶胞中原子的位置等。下面简要介绍一下X射线显微分析。

X射线，在1895年被德的物理学家W. C. rontgen发现。1914年，Mosley发现当电子或具有足够能量的X射线激发元素时，每一元素均能发出特征X射线。1920～1930年，Nevesy研究了特征X射线的强度，之后发展进入荧光X射线光谱分析的阶段。X射线光学主要是表现在散射和衍射方面。

近百余年来生产的X射线分析仪不外乎：(1) 电子轰击。发射X射线光谱仪，分析样品时破坏样品表面。(2) 用初级X射线击发。X射线荧光光谱仪。

以上两种分析结果均为大面积上的平均值。

X 射线的常见应用见表 3-6-4。

表 3-6-4 X 射线的应用领域及工作内容

应用领域	工作内容	效应依据
医学治疗	强 X 射线辐照癌瘤	生理效应
透视检查	透视人体检查伤病、透视金属检查缺陷	衰减效应
晶体分析	确定晶胞中的原子位置、测定结构、测定已知物质加工过程引起的结构变化	衍射效应
线谱分析	研究电子层结构、确定原子序数、元素在周期表中的位置、确定化学组成	荧光效应

X 射线与可见光一样，为横向电磁波。但波长短，光子能量大。

金属材料有着各种各样的性能，金属材料的性能主要决定于化学成分和结构。研究金属内部组织结构的方法大致分两大类：（1）间接推测。即由某些物理常数的变化来推断组织结构的变化。（2）直接观测。包括断口识别、显微观察、X 射线衍射、电子衍射、中子衍射等。

我们已知 X 射线是由具有一定能量的带电粒子与物质的撞击所产生，并据此原理设计生产出了 X 射线管。

X 射线具备如下特性：（1）在电场和磁场中不发生偏析。（2）能使气体电离（把气体变成导体）。（3）使荧光物质如 ZnS、CdS、$Ba_3[Pb(CN)_6]_2$ 等，发荧光。（4）使照片底片感光。（5）比可见光、紫外线穿透力强。（6）无光滑镜面反射现象，因波长短，约为可见光的 1/5000，可以发生折射和全反射，折射率近于 1，全反射角接近于 90°，X 射线光学主要集中在散射和衍射两个方面。（7）破坏生理组织和细胞。X 射线分两种，一种是连续 X 射线；一种是标志 X 射线。后者具有波长特定、强度特强，并与元素种类有关。标志 X 射线遵守莫塞莱定律：

$$\sqrt{\frac{C}{\lambda}} = \sqrt{\lambda} = K(Z - \sigma) \tag{3-6-17}$$

式中 λ——波长；

C——X 射线光速；

σ——屏挡系数；

Z——原子序数；

K——待定常数。

标志 X 射线满足布拉格方程：

$$2d_{hkl} \cdot \sin\theta = n\lambda$$

式中 d_{hkl}——反射晶面的面间距；

n——反射级数。

有了以上基础，再介绍在金属材料中用途广泛的晶体分析的基本方法。

6.2.4 劳厄法

用连续 X 射线照射不动单晶，作晶体学位向测定。

对于范性变形过程中的滑移，孪生机理与孪生系统；同素异型转变（如晶格重建式马氏体相变）的位向关系；过饱和固溶体中溶质原子发生脱溶及沉淀现象；新生相对母相的取向关系；此外对一些特殊材料，也要做位向测定。

测定位向只能用劳厄法，因为衍射花样不随晶胞尺寸而变，组织结构相同的晶体，位向与劳厄花样一一对应。

6.2.5 多晶粉末法

用单色X射线照射多晶粉末，有时也用多晶板和丝。用于点阵常数的精确测定。点阵常数是成分、温度和应力状态的函数，当θ角→90°时，误差近于0。有如下公式：

$\Delta\sin\theta = \frac{\Delta\lambda}{2}$，作全微分处理后得：

$$\Delta\sin\theta + d\cos\theta \cdot \Delta\theta = 0$$

则

$$\frac{\Delta d}{d} = -\cot\theta \cdot \Delta\theta \tag{3-6-18}$$

X射线在金属学中的应用，本书没必要罗列X射线分析金属学问题的结果，只讲常用的分析方法。不涉及金属学理论。

有些缺陷和物理性能，X射线并不能解决，如居里点不能直接显示，表面薄层氧化膜、微量杂质以及晶体内部的点缺陷等。

6.2.5.1 多晶体样品中的物相鉴定

原理：粉末相的衍射花样，包括方向和强度（谱线的位置及黑度），衍射方向（谱线位置）决定于单位晶胞的形状和大小；衍射强度（谱线黑库）决定于晶胞中原子类别及其分布。因此一定的晶体结构（包括晶胞的形状、大小、原子的类别及分布）对应一定的衍射花样，每种结晶物质都有独特的衍射花样。

鉴别样品中各相通常都用ASTM卡片（America Society for Testing Materials）。卡片的右上方注明物质的名称及化学式，左上方给出该物质的衍射花样中强度最高的三条谱线（三强线）晶面间距d值及其相对应的相对强度，卡片左上方第4栏还给出最大的d值。

全部卡片按编制年代分为五组（至1953年），分装在8只卡片箱内（第一、二、三组每组两箱），五组卡片分别以1-、2-、3-、4-、5-字头表示。在每组卡片中按三强线中的第一强线面间距值的递减次序排列，若几种物的第一强线面间距相同，则按第二强线递减次序排列，依此类推，形成了ASTM卡片的编号。

全套卡片附索引一本，索引分两部分，第一部分是字母索引，第二部分为数字索引。

（1）ASTM卡片使用方法：

1）样品成分已知。根据成分，估计可能的相。从字母索引中找出相应的卡片号，再从盒中找出这些卡片，将卡片数据与样品多晶衍射的实验数据比较，符合的即为所求。

2）样品成分未知。测算照片上所有谱线的面间距d，并估算其相对强度，写出最强三线的面间距d_1、d_2、d_3，考虑到实验可能出现的误差$2\% d$，所有d值应在$(1+2\%)d$和$(1-2\%)d$之间，由d_1、d_2、d_3代入的三组数查出若干可能的卡片，将卡片数据与实验数据相比较，符合者即为所求。但照片上有的，卡片上一定要有，卡片上有的照片上可以没有。

（2）成分未知的单相物质的鉴定：以 MoKα 线照射一成分未知的单相多晶样品，根据衍射花样的测算结果，求出 d_1、d_2、d_3 和相对强度从数字索引中查得可能的卡片，分别与衍射数据比较，符合者即为所求。

（3）混合物质中各相的鉴定：混合物质的衍射谱，是各单相物质衍射谱的迭合，鉴别道理与单相相同，只不过由于线数多，要经若干排列组合，显得比较麻烦。

6.2.5.2 热处理过程的 X 射线分析

用 X 射线可以测定：

（1）奥氏体、铁素体、马氏体、渗碳体。

（2）淬火钢中的残余奥氏体测定，采用等强射线法，可以对两相的强度（谱线）进行对比。

（3）马氏体中含碳量的测定，先测出马氏体的点阵常数，然后根据马氏体的点阵常数，利用已有的经验公式计算出马氏体的含碳量。

6.2.5.3 利用 X 射线显微镜，测定晶体的电子密度

这是衍射仪的一种特殊用途，当作显微镜用。即用 X 射线得到的衍射光谱，用光学方法借助于衍射仪将其收集起来，形成晶体中原子各处的电子分布成像。

6.2.6 扫描图像显微镜

该仪器使用不如光学显微镜和 X 射线显微分体那么普遍。仅限于科研单位、院校和少数企业。

该设备的特点是配备特殊的显示和程序，用这种设备可以进行组织观察、照片记录；同时也可以定量的确定视场中第二相粒子的面积、点数；也可以进行视场中某一区域的局部分析，十分方便。可采用附带的光笔把需要分析的区域圈好，专门分析观察圈好的部分，分析结束可以随时抹掉。

该设备对试样要求很高，要精确制备，作定量分析必须如此，否则会带来较大的误差。其使用方法和机理不详介绍。

6.2.7 倒易点阵

对于一些布拉格定律根本不能解释的衍射效应，如非布拉格角上的漫散衍射，欲解释这些效应，必须有一种更一般的衍射理论，倒易点阵则为这种理论提供了骨架。

倒易点阵是 1921 年德国科学家厄瓦尔德引进到衍射领域中的。以后便成为解决许多问题时一种不可缺少的工具。

倒易点阵的衍射理论是一般的衍射理论，不论对于何种衍射现象，均能适用。因此，熟悉倒易点阵可为理解复杂的衍射效应提供必要的门径，并且对一些简单的衍射效应也可加深理解。表达倒易点阵时，涉及到矢量和矢量乘法的定理。

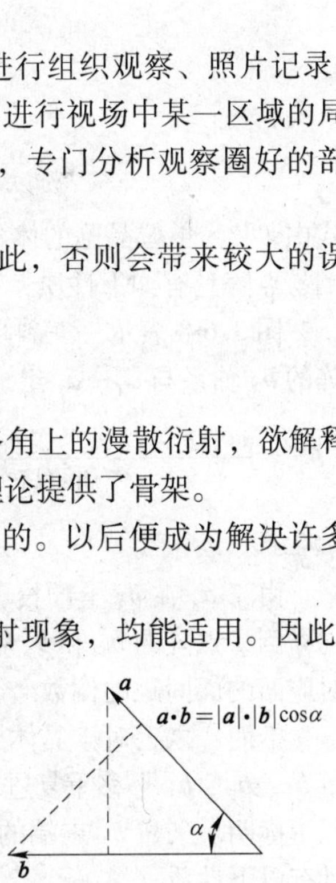

两个矢量 $\boldsymbol{a}$ 和 $\boldsymbol{b}$ 的标积可写成 $\boldsymbol{a}\cdot\boldsymbol{b}$，它是一个标量，其量值等于两矢量的绝对值与其夹角余弦的乘积，即：

$$\boldsymbol{a}\cdot\boldsymbol{b} = |\boldsymbol{a}|\cdot|\boldsymbol{b}|\cos\alpha \tag{3-6-19}$$

$\boldsymbol{a}$

$\boldsymbol{a}\cdot\boldsymbol{b}=|\boldsymbol{a}|\cdot|\boldsymbol{b}|\cos\alpha$

α

$\boldsymbol{b}$

图 3-6-7 几何法表明两矢量的标积

图 3-6-7 用几何法表明两矢量的标积，可以看作一个矢量

的长度与另一矢量在其上投影的乘积。矢量的和或差的标积，只需通过逐项相乘便可列出：

$$(\boldsymbol{a}+\boldsymbol{b})\cdot(\boldsymbol{c}-\boldsymbol{d}) = \boldsymbol{a}\cdot(\boldsymbol{c}-\boldsymbol{a})\cdot(\boldsymbol{d}+\boldsymbol{b})\cdot(\boldsymbol{c}-\boldsymbol{b})\cdot\boldsymbol{d} \tag{3-6-20}$$

相乘的次序无关主要。因为：

$$\boldsymbol{a}\cdot\boldsymbol{b} = \boldsymbol{b}\cdot\boldsymbol{a}$$

两矢量的矢积可写成 $\boldsymbol{a}\times\boldsymbol{b}$，其为垂直于 a 和 b 平面的一个矢量 $\boldsymbol{c}$，其量值等于两个矢量的绝对值及其夹角正弦的乘积：

$$\boldsymbol{c} = \boldsymbol{a}\times\boldsymbol{b}$$

$$\boldsymbol{c} = \boldsymbol{ab}\sin\alpha \tag{3-6-21}$$

$\boldsymbol{c}$ 的量值，即由 $\boldsymbol{a}$ 和 $\boldsymbol{b}$ 组成平行四边形的面积，$\boldsymbol{c}$ 的方向相当于将 $\boldsymbol{a}$ 转至 $\boldsymbol{b}$ 时，右手螺旋的运动方向。若把相乘的次序颠倒，则矢积 $\boldsymbol{c}$ 的方向便会颠倒过来，即：

$$\boldsymbol{a}\times\boldsymbol{b} = -\boldsymbol{b}\times\boldsymbol{a}$$

对于任一晶体点阵，均可作出一对应的倒易点阵。之所以称倒易点阵，是因为它的许多性质为晶体点阵的倒数。令晶体点阵具有 $\boldsymbol{a}_1$、$\boldsymbol{a}_2$、$\boldsymbol{a}_3$ 限制的单位晶胞，则其对应的倒易点阵具有用矢量 $\boldsymbol{b}_1$、$\boldsymbol{b}_2$、$\boldsymbol{b}_3$ 来限制单位晶胞，则有：

$$\boldsymbol{b}_1 = \frac{1}{V}(\boldsymbol{a}_2\times\boldsymbol{a}_3) \tag{3-6-22}$$

$$\boldsymbol{b}_2 = \frac{1}{V}(\boldsymbol{a}_3\times\boldsymbol{a}_1) \tag{3-6-23}$$

$$\boldsymbol{b}_3 = \frac{1}{V}(\boldsymbol{a}_1\times\boldsymbol{a}_2) \tag{3-6-24}$$

式中，V 为单位晶胞的体积，将矢量 $\boldsymbol{b}_1$、$\boldsymbol{b}_2$、$\boldsymbol{b}_3$ 以这种方式用矢量 $\boldsymbol{a}_1$、$\boldsymbol{a}_2$、$\boldsymbol{a}_3$ 定义后，使倒易点阵具有如下性质：

图 3-6-8 表示一三斜单位晶胞，由上面可知，倒易点阵的 $\boldsymbol{b}_3$ 轴系与 $\boldsymbol{a}_1$、$\boldsymbol{a}_2$ 组成的平面垂直，其长度为：

$$\boldsymbol{b}_3 = \frac{|a_1\times a_2|}{V}\,\frac{\text{矩形 }OACB\text{ 面积}}{\text{矩形 }OACB\text{ 面积}\cdot\text{阵胞的高}} = \frac{1}{OP} = \frac{1}{d_{001}} \tag{3-6-25}$$

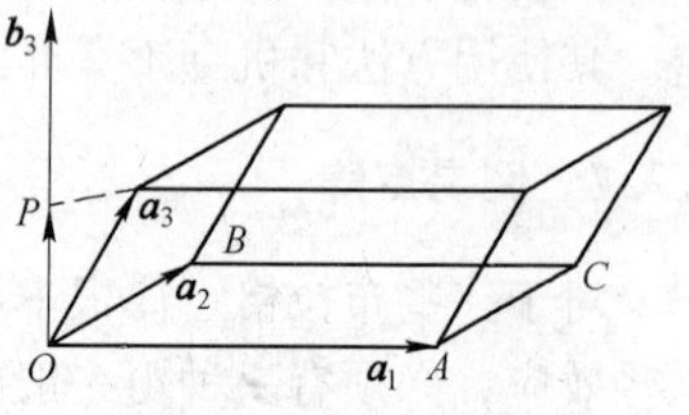

图 3-6-8 三斜晶胞

由于 $\boldsymbol{a}_3$ 在 $\boldsymbol{b}_3$ 上的投影 OP 等于晶胞的高，而这正是晶体点阵（001）面的面间距 d。同样倒易点阵的 $\boldsymbol{b}_1$ 和 $\boldsymbol{b}_2$ 轴也应对应地与晶体点阵的（100）和（010）面垂直，长度等于对应面的面间距的倒数。

推而广之，对于晶体点阵中的所有点阵面均可求得类似的关系。因此，将单位晶胞矢量 $\boldsymbol{b}_1$、$\boldsymbol{b}_2$、$\boldsymbol{b}_3$ 平移重复进行，便建成一倒易点阵。这样产生的点列可将其每个结点用基本矢量标明。矢量 $\boldsymbol{b}_1$ 末端的结点标以 100，$\boldsymbol{b}_2$ 标以 010。其余类推，如此形成的倒易点阵，具有以下性质：

（1）从倒易点阵的原点，至坐标为 hkl 的任一结点所画的矢量 $\boldsymbol{H}_{hkl}$，与晶体点阵中密勒指数为 $\boldsymbol{hkl}$ 的面垂直，并用下列表达式：

$$\boldsymbol{H}_{hkl} = h\boldsymbol{b}_1 + k\boldsymbol{b}_2 + l\boldsymbol{b}_3 \tag{3-6-26}$$

（2）矢量$\boldsymbol{H}_{hkl}$的长度等于（hkl）面的面间距 d 的倒数，即：

$$\boldsymbol{H}_{hkl} = \frac{1}{d_{hkl}} \tag{3-6-27}$$

作用时方能形成衍射光束，即这种作用要求 Φ 为 2π 的整数倍。因此，这种条件只有当 hkl 为整数时，方才可能。因此，衍射条件为矢量 $(S - S_0)/\lambda$ 末端终止在倒易点阵的某个结点上；或者：

$$\frac{S - S_0}{\boldsymbol{\lambda}} = H = h\boldsymbol{b}_1 + k\boldsymbol{b}_2 + l\boldsymbol{b}_3 \tag{3-6-28}$$

式中，h、k、l 只限于整数值。

不论劳厄方程式还是布拉格定律均可根据上式推导。劳厄方程式，可将方程式的两端逐次地和三个晶体点阵矢量 $\boldsymbol{a}_1$、$\boldsymbol{a}_2$、$\boldsymbol{a}_3$ 作标积而得到。例如：

$$\boldsymbol{a}_1 \cdot \left(\frac{S - S_0}{\boldsymbol{\lambda}}\right) = h = \boldsymbol{a}_1 \cdot (h\boldsymbol{b}_1 + k\boldsymbol{b}_2 + l\boldsymbol{b}_3) = h \tag{3-6-29}$$

或者

$$\boldsymbol{a}_1 \cdot (S - S_0) = h\boldsymbol{\lambda}$$

$$\boldsymbol{a}_2 \cdot (S - S_0) = k\boldsymbol{\lambda} \tag{3-6-30}$$

$$\boldsymbol{a}_3 \cdot (S - S_0) = l\boldsymbol{\lambda} \tag{3-6-31}$$

以上为劳厄于 1912 年为表达衍射必要条件而导出的矢量方程式。发生衍射时，这三个方程式必须同时满足。

由方程 $(S - S_b)/\lambda = H = h\boldsymbol{b}_1 + k\boldsymbol{b}_2 + l\boldsymbol{b}_3$ 表达的衍射条件，还可用厄瓦尔德作图法，用图解方式表达。平行于入射光束，作长度 l/λ 的矢量 KS_0/λ。取该矢量的端点 O，作为与矢量 S_0/λ 以同样比例尺所作倒易点阵的原点，围绕入射光束矢量始点 C 作半径为 l/λ 的球。于是从（hkl）面上衍射条件，应为倒易点阵结点 hkl 接触，至于衍射光束矢量 S/λ 的方向，则可将 C 连接到 P 而求得。当满足这个条件时，则矢量 $\boldsymbol{OP}$ 与 $\boldsymbol{H}_{hkl}$和$\dfrac{S - S_0}{\boldsymbol{\lambda}}$都应相等，从而满足了衍射条件。由于衍射能否发生，取决于倒易点阵结点能否和围绕 C 作出的球面相接触。因此，此球称之为反射球。

下面简要介绍转晶法、粉末法和劳厄法。

（1）转晶法。通过部分改变衍射角 θ，入射束波长不变，来满足布拉格方程的方法。

（2）粉末法。

粉末试样中各晶体的无规取向，就相当于单晶体在 X 射线曝光期间围绕所有可能的轴而旋转。由此可见，倒易点阵可相对于入射光束呈一切可能的取向，其原点被固定在矢量 S_0/λ 的末端上。

在粉末照片上摄得的各种 hkl 反射的数目，部分地取决于波长和晶体点阵参数的相对量值，或者用倒易点阵术语来讲，部分地取决于反射球和倒易点阵的单位晶胞的相对大小。在求反射数目时，将倒易点阵固定不动，而将入射光束矢量 S_0/λ，看作在围绕其尾端，通过所有可能的位置旋转。因此，反射球即围绕着倒易点阵的原点而摆动，掠出一半径为 $2/\lambda$ 的球，称之为极限球，倒易点阵中所有位于极限球内的点，都能和反射球的表面相接触，而产生反射。

倒易点阵的单位晶胞的体积 v，为晶体点阵单位晶胞的体积 V 的倒数。由于每个倒易点阵的晶胞中计有一个结点。因此，位于极限球内的倒易点阵的结点数应为：

$$n = \frac{(4\pi/3)(2/\lambda)^3}{v} = \frac{32\pi V}{3\lambda^3} \tag{3-6-32}$$

粉末法的极限球这几个结点，并不都能引起分离反射，其中有结点的结构因数可能为零，而有些则有可能与倒易点阵的原点等距离。即对应于面间距相同的点阵面（后者的影响可归入多重性因数中去考虑。因为这就是面族中面间距相同的各点阵面的组数）。尽管如此，上面方程经常可直接用来求得反射数目的上限。当晶体对称性增加，其多重性因数以及结构因数为零的倒易点阵结点分数也将增加。使衍射条的数目减少。例如，在 V 和 λ 相同时，金刚石立方晶体的粉末图样上只含有5根线条。

（3）劳厄法。

劳厄法中，由于入射光束中存在着连续的波长范围而产生衍射。换句话说，即固定的倒易点阵结点，系通过球半径的连续变动而使他们和反射球面相接触。这种情况下，不止有一个球，而应有一整套的反射球；这些球的球心不同，但都以倒易点阵的结点为公共切点。入射光束中的波长不是无限的，在连续光谱的短波限处（λ 短波限），有一尖锐的下限，上限不太肯定，但是一般均令等于乳胶中Ag的K吸收缘的波长（0.048nm）。因为连续光谱的有效照相强度，在该波长时，就突然地降低。

倒易点阵的位置取决于所用波长，因为它们与倒易点阵原点的距离等于 λH。

在劳厄法中，入射光束中存在某种波长范围，于是除000外的每个倒易点阵结点，均被拉成指向原点的线段（结线）。在每根线段上，最靠近原点的结点，其 λH 值是对应于存在的短波限，另一端上的结点，其 λH 值则对应于最长的有效波长。因此使倒易点阵结线100由 A 延伸到 B，其中的 $OA=\lambda$ 下限 H_{100}，$OB=\lambda$ 上限 H_{100}。由于在某种给定的波长范围内，任一结线长度随 H 增加而增加，因此便会在高级反射中出现重迭。如200、300、400所示。反射球是用单位半径作出的，无论何时，当某根倒易点阵结线一旦和反射球面相交便会产生反射。这种作图法优于反射球，在于所有衍射光束都从 C 点作出。便于将各反射的衍射角 2θ 进行对比。此法还表明，劳厄法中，来自各共带面上的衍射光束，排列在同一圆锥面上的原因是所有代表共带面的倒易点阵结线，都位于通过倒易点阵原点的一个平面上。该平面将反射球截成一个圆，所有的衍射光束矢量 $\boldsymbol{S}$ 都必须终止在这个圆上，从而产生一簇排列在圆锥面上的衍射光束，而圆锥的轴与晶带轴重合。

6.2.8　电子衍射和中子衍射

X射线具有波一粒双重特性，一束粒子流也反过来应具有某种为波动独有的特性。特别是粒子流必然会被周期排列的散射中心所衍射。这一点被德波罗意于1924年首次从理论上推断，并于1927年被戴维孙等对电子和普拉斯维克1936年对中子用实验证实。

若一束粒子流能表现出波动的行为，则必然有某种波长与之相缔合。波动力学的理论表明，波长是普朗克常量 h 对粒子动量的比值。即：

$$\lambda = \frac{h}{mv} \tag{3-6-33}$$

式中，m 为粒子的质量，v 为粒子的速度。若令一束粒子流在适当条件下指向某种晶体时，与X射线一样遵循布喇格定律而被衍射，其衍射方向可利用布喇格定律加以推断。

在研究晶体结构方面，电子和中子都是有用的粒子；X射线、电子和中子被晶体衍射时的行为是完全不同的，其间的差异可使这三种技术显著地收到互相取长补短之效；任一种技术均能提供某种为另一种技术所不能提供的特殊资料。

6.2.8.1 电子衍射

快速电子流可在与X射线管近乎相的同管子中产生，其与电子相缔合的波长，由外加电压决定；因为电子的动能为：

$$\frac{1}{2}mv^2 = eV \tag{3-6-34}$$

式中，e 为电子电荷；V 为施加电压（静电单位）。将式（3-6-33）和式（3-6-34）合并，即可得到波长和电压间的关系：

$$\lambda = \left(\frac{150}{V}\right)^{1/2}$$

式中，λ 的单位为 Å(1Å = 0.1nm)；电压 V 的单位为 V。该方程在高电压时，由于电子质量随速度变化，所以需作小量的相对论修正。在操作电压为50000V时，电子的波长约为0.05Å，比衍射中X射线波长短得多。

有关电子衍射的一个重要事实必须着重指出，即其贯穿本领远低于X射线。电子很容易被空气吸收；这就要求把试样和记录衍射图样的照相底板一起装在产生电子束的真空管中。可见，电子衍射相机是将电子源、试样和探测器统统包含在一台仪器中。此外，欲摄取透射图样时，必须把试样制备得极薄，达到箔或膜的程度，至于反射图样，由于衍射是在不到百埃的深度中进行，所以仅能代表试样上的一薄层表面。但是即使在薄层材料中，仍能产生良好的电子衍射图样，因为电子比X射线更为强烈地被散射。

由于电子衍射具有这些特征，所以在薄膜、箔及类似试样研究中，远远优于X射线。现在电子衍射已成功地用于研究金属箔、电沉积层、氧化膜、抛光表面和蒸镀层结构。

6.2.8.2 中子衍射

在链式反应堆壁上开一小孔便可获得一束中子。这种中子束中的中子，动能分布范围很大，如果利用某种单晶加以衍射，即可产生一由一种能量的中子所组成的“单色”中子来，利用这种经过衍射的中子束即可进行衍射试验。若中子动能为 E，则

$$E = \frac{1}{2}mv^2 \tag{3-6-35}$$

式中，m 为中子质量(1.67×10^{-24} g)；v 为速度。将式（3-6-33）和式（3-6-35）合并，可求得中子束的波长：

$$\lambda = \frac{h}{\sqrt{2mE}} \tag{3-6-36}$$

反应堆中的发射中子，其动能分布的方式与热平衡时气体分子动能的分布非常相似，它遵循麦克斯韦分布。因此，所谓“热中子”，大部分动能应等于 kT，式中 k 为玻耳兹曼常量，T 为绝对温度。若用单色化晶体将这部分检出时，即可将 $E = kT$ 代入，得：

$$\lambda = \frac{h}{\sqrt{2mkT}} \tag{3-6-37}$$

T 为300～400K，意味着 λ 约为0.1～0.2nm左右；即与X射线波长的数量级相同，

衍射试验在中子衍射计中进行，由试样所衍射的中子束强度用充有 BF_3 气体的正比计数管测量。

中子衍射与X射线衍射和电子衍射的主要区别是原子散射因数随原子序数 Z 和散射角 2θ 的变动方式。原子对X射线和电子的散射本领，是随着 Z 的增加而增加，并随 2θ 的增加而减小；虽然两者的变动方式完全不同，但是中子在所有的角度下，均以相同的强度散射，与原子序数无关。换言之，中子散射本领与散射体原子序数之间，并无规律的变动。例如，Z 值近乎相同的元素，其中子散射本领可能相差很大，而 Z 值相隔很大的元素却可能同样地散射中子。非但如此，某些轻元素，可较某些重元素能更强烈地散射中子，表3-6-5的数值表明中子的散射本领随原子序数呈无规律变动的情况。

表3-6-5 中子散射本领和原子序数

元 素	H	C	Al	Fe	Co	Ni	Cu	W	V
原子系数	1	6	13	26	27	28	29	74	92
中子散射本领	2.0	5.2	1.5	11.4	1.0	13.4	7.3	3.3	9.0

由此可见，利用中子衍射可进行X射线衍射、电子衍射不能进行或难以进行的结构分析。例如在某种含H、C和某种重金属化合物中，由于H和C的散射本领很低，所以X射线看不见这些轻元素的原子，可轻元素在点阵中的位置可用中子衍射很方便地测定。在许多情况下，中子还能区别只相差一个原子序数，而以近乎等强度散射X射线的元素。例如，中子衍射能从有序化FeCo中显露出强大的超点阵线条，用X射线却揭露不出。总之，中子衍射可以有效地弥补X射线之不足，至于未得到广泛应用的原因，可能由于高强度中子源供一般应用为数过少造成的。

6.3 扫描电镜

6.3.1 扫描电镜（SEM）简介

扫描电镜（以下简记SEM）是广泛应用的现代测试仪器之一，已大量用于材料科学、生命科学、半导体器件、集成电路等领域的观察分析。

SEM在1935年由Knoll首创，1938年由Vo Ardene制成，并于1965年商品化。虽然SEM比光学显微镜和普通电镜问世都迟，但它的某些特点是光学显微镜和扫描图像显微镜无法比拟的。SEM一般用于放大观察样品，同时能进行照片记录；分析选定部位的微区化学成分，同时打印出分析结果；利用电子通道花样，进行扫描电子衍射，确定结构。SEM可以进行动态显示，作频闪分析。表3-6-6给出光学显微镜、普通电子显微镜和SEM的性能对比[5]。

表3-6-6 不同类型显微镜的性能对比

仪 器	SEM	一般电镜	光学电镜	仪 器	SEM	一般电镜	光学电镜
分辨率	0.2μm	10nm	5μm	观察尺寸	充分大	受限制	充分大
	10nm	1nm	0.2μm	信号特点	对过程有用	只用于成像	只用于成像
	0.5nm	0.2nm	0.1μm	样品制备	易	难	一般

续表 3-6-6

仪　器	SEM	一般电镜	光学电镜	仪　器	SEM	一般电镜	光学电镜
焦　深	大	中	不　足	样品范围	实品、仿品	薄膜、仿品	实品、仿品
投射成像	可　以	可　以	可　以	透射厚度	中	薄	厚
反射成像	可　以	不可以	可　以	环　境	真空、高真空	真　空	均　可
衍射成像	可　以	可　以	可　以	可变空间	大	小	小

近年来，SEM 功能扩大、种类增多、发展较快。高亮度显微镜（SEM）比一般提高1000 倍以上，高压 SEM 电子加速电压达 1000kV，特别近年来 SEM 和电子计算机联合应用，范围更加扩大，和其他电镜一起提供了可供选择的有效分析途径，如透射电镜、场离子电镜、电子镜显微镜、电子影显微镜、发射显微镜等。

一般 SEM 的典型束直径为 10nm，束流为 10^{-11}A，不同的工作制（信息成像），束直径也不同。放大倍数一般约在 20 万倍以下；焦深比束直径大 100 倍以上；最大分辨率取决于束直径和工作制；放大倍率由 CRT（阴极射线管）上的扫描尺寸与样品上的扫描尺寸之比来决定。

在 SEM 中，成像讯号主要用二次电子，其次是背散射电子和吸收电子。因为二次电子象分辨率高（优于 10nm、理论上可达 4nm）。用作晶体学分析讯号，主要是背散射电子和二次电子，因为这两种电子能产生电子通道效应。用来分析成分的讯号主要是 X 射线和 Auger 电子，这两种讯号的能量直接表征元素的量的性质。

SEM 在低放大倍数时，可用作一般光学显微镜使用。SEM 观察透射电子像分辨率可达 50Å(5nm)。基本工作过程、原理如图 3-6-9 所示。图 3-6-9 是常见的几种相电子枪发射电子束，经透镜聚焦系统后，射向样品表面，电子束同样品作用后产生信息，经适当的探测器接收、放大送至阴极射线管（CRT）成像，电子束的扫描同 CRT 接收信息的扫描同步，于是得到一对应的电子像。SEM 的电子象由明暗图案构成，明暗度即反差，亦称对比度或衬度。反差决定于入射束、样品组成、工作制、探测器以及显示系统的结构特性。所谓工作制系指信息成像，常见的几种像有：二次电子像、背散射电子像、束感应电子像、阴极发光像、X 射线像、吸收电子像、透射电子像、Auger 电子像等。如图 3-6-10 所示。

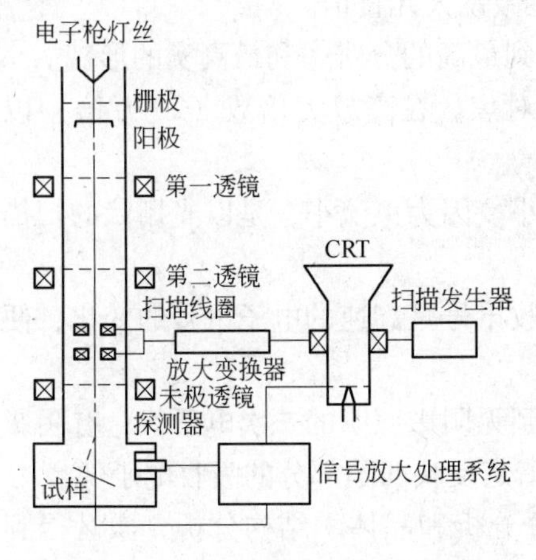

图 3-6-9　SEM 基本原理图

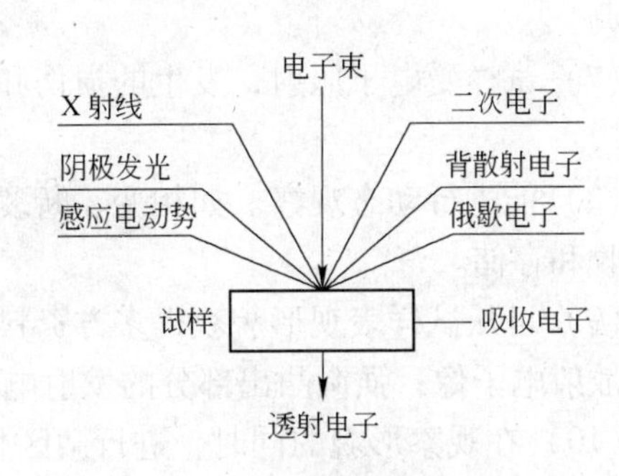

图 3-6-10　几种常见像

SEM能揭示光学显微镜不能给出的精细结构。由于它有较高的分辨率和较大的焦深，较宽的调节范围，为样品分析提供了方便，同时可以进行照片纪录。SEM不仅可以定性测量，也可以定量分析和动态显示。

总之，SEM的优点独特，如大的焦深、景深、样品取向可多自由度调节、与工艺联系少属非破坏性分析手段，适用范围广，可配备接收各种像的附件，在一定条件下配合其他先进技术一起进行。

一般三极电子枪发射的电子束，束直径为50μm，在2~30kV的加速电压作用下，经过三个电磁透镜汇聚成一个细小到5nm的电子探针，在末级透镜的上部扫描线圈的作用下，使电子探针在试样表面作光栅状扫描（光栅条的数目取决于行扫描和帧扫描速度）。由于高能电子与试样物质的交互作用，在试样上产生各种讯号。为得到扫描电子像，通常是用探测器把从试样发出的电子讯号俘获，再经过讯号处理系统，最后送到CRT栅极，用来调制CRT亮度。

1967年在SEM上成功地观察到了电子通道效应。并结合电子探针的微区化学成分分析技术，使SEM在观察表面形貌的同时，还能进行晶体学分析（扫描电子衍射）和化学成分分析，即兼有一般透射电镜、电子探针和电子衍射仪的用途。

6.3.2 SEM特点

SEM与光学显微镜和普通电镜相比具有如下特点：

（1）能直接观察大尺寸试样的原始表面。如100mm×80mm×50mm或更大的尺寸。对试样的形状没有要求，粗糙表面也能观察，而且能真实地观察试样本身不同物质成分的衬度。

（2）试样在样品室内可变动的自由度多。其他仪器工作距离仅为2~3mm，只允许试样在二维空间运动；SEM工作距离可大于15mm，焦深比电镜大10倍，试样在三维空间内有六个自由度。即三维空间平移，三维空间旋转，给观察带来很大的方便。

（3）观察视场大。$F=\frac{L}{M}$。M为放大倍数；L为荧光屏尺寸。

（4）景深大，比普通电镜大10倍，比光学显微镜大几百倍。

（5）在观察厚块试样的方法中，SEM可以得到最高的分辨率和最真实的形貌。

（6）放大倍数可变范围很宽，而且无须经常对焦。在高放大倍数（20万倍）以下连续可调。

（7）试样受电子照射，发生的损伤和污染度小。因为束流小，是以光栅状的扫描方式进行。

（8）能进行动态观察。如相变、断裂等，接收讯号是高速的电子讯号的变化，便于及时接收和存储。

（9）可从试样表观形貌获得多方资料。可得到无阴影照明的二次电子像；有阴影照明的背散射电子像；强调凸出部分的发射电子像；清楚反映凹陷部分的吸收电子像。

（10）在观察形貌的同时，进行微区化学成分分析和晶体学结构分析，微区得到的电子通道花样，选区尺寸达10~20μm。

6.3.3 分析技术

6.3.3.1 晶体学分析技术

（1）柯塞尔花样分析技术（X-ray Kossel Pattern Technique）。柯塞尔花样技术，用于测定晶体的位向和晶格常数。精确度是相当高的，晶格常数可以准确到2×10^{-6}，相对位向可以精确到0.01°，分析微区尺寸精确度可达10～20μm。

（2）电子通道花样技术（Electron Chanelling Pattern Technique）。电子通道效应是在1967年由D. Coates发现的，入射电子束被晶体散射的几率同它相对于（*hkl*）晶面的入射角θ间存在的一种取向关系。从此使SEM具备了扫描电子衍射的功能。

扫描电子衍射原理图SEM的发展带动了电子扫描、信号接收及显示技术的发展。这些技术很快地在电子衍射中得到了应用，产生电子扫描衍射这种新的试验方法。

扫描电子衍射有如下优点：

1）接收系统灵敏度高，可作瞬时的电子衍射。

2）电子探测器比感光板灵敏，产生的峰/背比高，并可能放大，适于研究全过程仅为几秒的反应过程的结构变化。

3）能直接得到衍射强度数据，便于定量分析。

4）与能量分析仪结合，除得到背景低、清晰度高的电子衍射谱外，还可进行能谱分析，得到有关试样的组成。

在扫描电子衍射时，试样往往需要倾斜转动一定角度，以满足特定的布拉格衍射角。根据工作性质有下列几种情况：

拍摄不同取向的电子衍射谱，以获得电子衍射在三维倒易空间的分布，从而确定晶体试样的点阵类型及晶体结构。试样不但做大角度旋转，而且要精确测定倾转角度。

为了研究晶体缺陷的性质，需要选择某些（*hkl*）晶面衍射成象。也就是这些面严格满足布拉格衍射条件，要求试样倾转一定角度，但无须精确测定位置。

为得到对称的电子衍射谱及衬度较好的电子显微相，试样要做几度内的倾转，但无需测定倾转角度。

由于扫描电子衍射的上述优点，已经有专用的扫描电子衍射仪生产。此外，扫描电镜及新型的透射电镜也配有这种扫描衍射附件。

（3）电子背散射技术。电子背散射技术是1973年才发展起来的新技术，优点是观察倍数高；可在一个花样中同时记录几个晶带，花样注释比较容易，缺点是要求准确知道试样的位置，测量精度较差。

6.3.3.2 成分分析技术

（1）Auger电子能谱。分析原子序数小于11的元素（$Z<11$），束流范围$10^{-5}\sim10^{-8}$A，束直径大于50nm，分析深度为1～10nm（指发射讯号深度），最小分辨尺寸0.5μm。

（2）X射线光谱。分析元素原子序数范围$4<Z<92$，束电流为$10^{-7}\sim10^{-8}$A，束直径大于500nm，发射讯号深度为2～10μm，最小分辨尺寸1μm。

（3）X射线能谱。分析元素原子序数范围$Z>11$，束电流为$10^{-11}\sim10^{-12}$A，束直径5～10nm，发射讯号深度为2μm，最小分辨尺寸0.1μm。

（4）背反射电子成分衬度效应分析。分析元素范围为全部元素的弥散相分析，束电流

为 10^{-11} ~ 10^{-12}A，束直径 5 ~ 10nm，发射讯号深度为 100nm ~ 1μm，最小分辨尺寸 10nm。

6.3.3.3 立体分析技术

此技术在 1969 年出现，把立体摄影法和立体测量技术结合在一起。

其原理是体视效应。利用这一技术可以从断口微观形貌去分析位错亚结构；分析断裂表面能；分析应力腐蚀断裂的特征角；以及断裂力学中的张开位移量等。

6.3.4 SEM 在金属学问题上应用

SEM 的应用十分广泛，如断裂机制分析、材料的物理结构测定、高温氧化层结构测定、相变及晶体缺陷的分析研究等。

6.3.4.1 分析研究材料断裂的原因和起点

由于 SEM 的特点是能观察大尺寸的断口表面，不但景深大，而且视场大；放大倍数连续可调，适于探讨裂纹源及其扩展路径，从而确定材料断裂的直接原因。

6.3.4.2 研究脆断机制

金属材料中的脆断一般表现为穿晶解理断裂，尤其是在体心立方和密排六方金属及其合金中最为常见。

解理断裂的特点是沿某一特定晶面断裂，比如体心立方金属发生在 {001} 和 {011} 面，六方金属常发生在 {0001} 面。解理断裂形成不同的解理阶梯结构，解理阶梯不仅与应力状态有关，而且也与材料的亚晶组织有关。通过解理阶梯结构的分析，可以推断应力状态、裂纹扩展路径、裂纹扩展速度及断裂过程的范性功等。

解理阶梯可分两类：（1）不具有结晶学方向性的解理阶梯。典型的是河流状花样、树枝状花样和贝壳状花样等。（2）具有结晶学方向性的解理阶梯。这类解理阶梯在难熔金属中是很常见的，如典型的滑移阶梯、孪晶阶梯等。

通过对无结晶学方向阶梯高度的测定，可确定阶梯形成的范性功，晶粒中螺形位错密度等；对有结晶学方向的阶梯性质的测定，可以推测裂纹生核机构，并把生核机构和变形机构联系起来，这对晶粒脆断的如何控制有着重要的意义。

6.3.4.3 裂纹顶端张开位移的测定

在断裂力学中，临界张开位移 δ_c 是作为裂纹在大范围屈服条件下开始扩展的一种判据。它不仅与 K_{IC}有关，也与显微组织的相关参数有关，是工程上评价中、低强度钢（结构钢）的主要韧性参量。

只要在断口上相应张开区部位拍摄立体照片，并利用立体分析方法确定立体高 h，就可以算出临界张开位移量。$\delta_c = 2h_0$，h 为立体高度。

6.3.4.4 分析晶体试样裂纹附近范性变形区

如果局部晶体发生变形，破坏结晶的完整状态，相对应的在发生范性变形区域所得到的电子通道花样的衬度效应，特别是高面指数通道带的衬度将随范性变形程度的增加而明显下降。根据这个原理，如果把晶体中未发生范性变形的区域的电子通道花样作为标准，进行比较，就可以估计裂纹附近所发生的范性变形的延伸范围和变形程度。

6.3.4.5 研究氧化动力学

电子通道花样也受表面状态的影响。利用这一特点来研究氧化动力学。如果通道带衬度随氧化膜厚度的增加而有规律的变化，就可以利用它来研究氧化动力学。形成氧化膜前后电子通道花样衬度的相对变化有如下近似关系存在：

$$I'_B = I_B C^{-2AH}$$

式中 I'_B——成膜后电子通道花样衬度；

I_B——成膜前电子通道花样衬度；

A——氧化膜对电子吸收系数；

H——氧化膜厚度。

吸收系数可以预先求得，只要测出 I_B 和 I'_B就可以计算出氧化膜厚度 H。

6.3.4.6 观察微弱衬度效应差异的表观形貌

因为信号/噪声比是直接影响成像质量的重要因素，并且讯号电压的噪声部分，通常是贡献出交流噪声，所以要观察难熔金属的位错阶梯、高强度钢疲劳断口的疲劳裂纹等，因其表面高低差异小，贡献出的交流讯号弱，就有可能被噪声掩盖，以致不能清楚地观察到这些结构。

解决这个问题的最方便的办法是用透射电镜的覆膜和衍射技术。把火棉胶贴到断口上，然后小心撕下，再转移到载物片上，进行真空喷碳和真空喷金，喷镀方向平行于疲劳断裂的扩展方向（即垂直于疲劳条纹方向），依次在两个不同的角度下进行，使得顺着疲劳条纹的凸起部分和凹进部分交叠形成碳沉积和金沉积。由于金的二次电子发射系数（$\sigma_{max}=14$）比碳的二次电子发射系数（$\delta_{max}=1.0$）大很多，因此可以显著地提高疲劳条纹的衬度差异效应，于是清楚地看到这些疲劳裂纹。

在 SEM 中，因为覆膜和载物玻璃片一起放进试样室进行观察，无须将火棉胶膜脱溶掉，省去一道捞膜，这样可以防止覆膜破碎，使观察尺寸几乎等于原试样尺寸，并且可以连续追踪观察。在透射电镜中则不能自由选择试样的观察部位。

6.3.4.7 确定合金析出第二相的性质

（1）SEM 有立体感，对深腐蚀金相试样或断口试样进行观察，就可以获得第二相与基体在三维空间上的立体几何形貌关系。

（2）因为从试样上激发出来的 X 射线讯号与成分有关，故对 X 射线光谱（或 X 射线能谱）进行分析，就可获得有关第二相的化学成分资料。在特殊情况下，还可以进行相分析。

须注意，对断口试样分析第二相时，最好不要选择位于深坑部位的第二相，以免部分 X 射线讯号从基体上激发出来，影响分析结果。

（3）由于电子通道花样与晶体位向、晶体结构有关，所以也可以利用电子通道花样来确定第二相与基体的共格关系；金刚石生长机制；金刚石晶体外露面；晶面法向生长速率与金刚石原子沉淀速率的关系等。样品用单晶多晶均可。但在多晶中不是任何一个晶粒都可用来确定第二相与基体的共格关系，而只能通过尝试成功法。此外，由于受选取尺寸限制，要求析出相的尺寸和间距大于 10μm，晶粒尺寸大于几十微米等。

应用 SEM 可进行形貌分析、衬度效应分析、结晶学分析、立体分析和成分分析等，熟悉这些技术和基本方法特别重要。也有一些特殊的 SEM，如高分辨率扫描透射电子显微镜（HRSTEM）、高压扫描透射电子显微镜（HVSTEM），扫描高能电子衍射（SHEED），还有高亮度 SEM、超高压 SEM 等。

6.4 电子探针

探针，有激光探针（用激光光谱），离子探针（用离子光谱），电子探针则应用 X 射线能谱。

6.4.1 电子探针简介

电子探针显微分析原理及其发展的初期是建立在 X 射线光谱分析和电子显微镜这两种技术基础上的，该仪器实质上就是这两种仪器的科学组合。电子探针是运用电子所形成的探测针（细电子束）作为 X 射线的激发源来进行显微 X 射线光谱分析的仪器。分析对象是固体物质表面细小颗粒或微小区域，最小范围直径为 1μm。电子探针可测量的化学成分的元素范围一般从原子序数 12（Mg）至 92（U），原子序数大于 22 的元素可在空气通路的 X 射线光谱仪上进行测量。电子探针的灵敏度低于 X 射线荧光光谱仪，原因是电子探针 X 射线的本底值高于后者，但电子探针的绝对感量比其他仪器都高。此外，后期生产的仪器，可作 X 射线背散射照相、透视照相。能兼作透射电镜、能进行电子衍射、能作电子荧光观察等。

第一台电子探针是法国制成的，是在 1949 年用电子显微镜和 X 射线光谱仪组合而成。1953 年前苏联制成了 X 射线微区分析仪，以后英、美等国陆续生产。

第一台扫描电子探针仪是美国于 1960 年制成，不仅能对试样作点或微区分析，而且能对样品表面微区进行扫描。

原子序数 12 至 22 的元素要在真空下进行成分测定，原子序数 12 以内的元素需要增添一些特殊设备才能分析。原子序数 50 以上的元素用 L 系 X 射线光谱进行分析，原子序数 50 以下的元素也可以分析，如 Sn(50) 可用 K 系 X 射线光谱进行分析。

6.4.2 电子探针的简单原理

电子探针的原理如图 3-6-11 和图 3-6-12 所示。

（1）电子光学系统。电子束直径 0.1 ~ 1μm，电子束穿透深度 1 ~ 3μm。

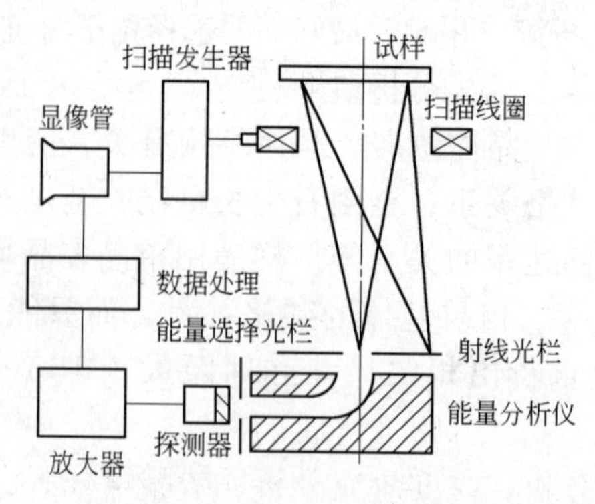

图 3-6-11 电子探针的简单原理

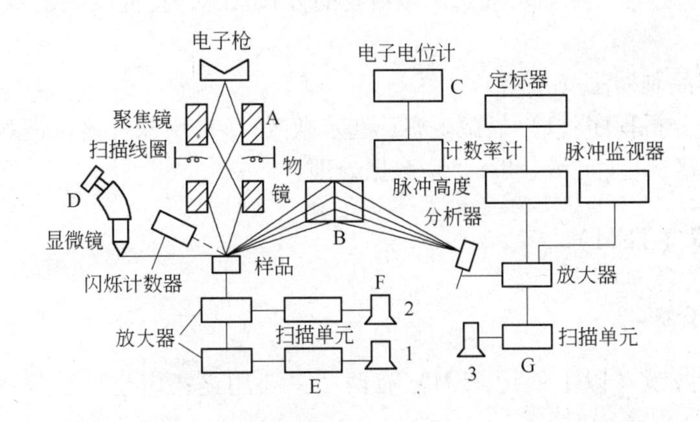

图 3-6-12　电子探针原理

1—背散射电子图像显像管；2—吸收电子图像显像管；3—特征 X 射线图像显像管

被激发原子发射特征 X 射线谱过程如下：围绕原子核运动的内层电子，被电子束的电子轰击后，其他外层电子为补充轰击出的电子而发生跃迁，在跃迁过程中释放出能量，即发射出 X 射线。

（2）X 射线谱仪。测量各种元素产生的 X 射线波长和强度，并以此对微小体积中所含元素进行定性和定量分析。

特征 X 射线图像显像管的原理是：X 射线束入射到一已知晶面间距的晶体上（X 射线分光光度计的弯曲晶体上），经衍射后各种波长的 X 射线按不同的布拉格角彼此分开，因此如转动晶体，改变衍射角，同时以两倍于晶体的转速转动计数器，就可以依次测量出各种元素所产生的 X 射线波长和强度，达到定性和定量分析的目的。

（3）X 射线强度测量系统。特征 X 射线，由 B 系统中的计数管接收，并转换成电脉冲，通过脉冲高度分析仪、计数率计、定标器、电子电位计将其强度测量出来。

（4）光学显微镜目测系统。用以准确选择需要分析的区域，并作光学观察。

（5）背散射电子图像系统。

（6）吸收电子图像系统。

（7）特征 X 射线图像系统。电子探针的技术核心是利用 X 射线晶体光学，主要应用两种方法：1）晶体衍射法（X 射线光谱法）。利用晶体转到一定角度，来衍射某种波长的 X 射线，通过读出晶体不同的衍射角，求出 X 射线的波长，从而定出样品所含的元素。2）X 射线能谱分析法。无须分析晶体，而直接将探测器接收的讯号加以放大，进行脉冲幅度分析，通过选择不同的脉冲幅度来确定入射 X 射线的能量，从而区分不同的特征 X 射线。计算时应用布拉格方程：

$$n\lambda = 2d\sin\theta$$

6.4.3　样品制备、观察和分析程序

（1）微细金属偏析物的制样法。用合适的侵蚀剂蚀去基体，保留下偏析物，多次侵蚀后不断在显微镜下观察。当偏析物全部脱落后，用一抛光块（Al 制）压在样品上，偏析

物就粘在软铝上。这样一来就可显示出偏析物的分布状况，也能反映出偏析物每一元素的X射线强度。

（2）薄膜样品制样法（从略）。

（3）观察和分析程序：1）显微观察、选定微区；2）用探针显微镜观察；3）定性分析和扫描图像观察；4）定量分析；5）数据处理。

6.5 透射电镜（TEM）

6.5.1 TEM简介

透射电子显微镜（以下简记TEM）有两个主要用途：用于形貌观察——电子成像；用于测定结构——电子衍射。

电子衍射的几何学与X射线衍射完全一样。都遵守劳厄方程或布拉格方程所规定的衍射条件和几何关系。由于加速电压100kV以上的电子的波长比X射线短得多，根据布拉格方程 $2d\sin\theta = n\lambda$ 的电子衍射角 2θ 也小得多；物质对电子的散射比对X射线散射几乎强1万倍，所以电子衍射强度高得多，摄谱时间比X射线短得多。

电子衍射的本质是波长短、散射强。电子衍射的许多特征都与此有关。波长短决定电子衍射的几何特点，它使单晶的电子衍射谱变得和晶体倒易点阵的一截面完全相似。散射强度决定电子衍射的光学特点，有时衍射束的强度几乎与透射束的强度相当，因此必须考虑它们之间的交互作用，即多次衍射和动力衍射效应。另外，电子在物质中的穿透深度有限，比较适合用来研究微晶、表面和薄膜的晶体结构。电子衍射的早期应用也就是研究物质的表面结构。

自20世纪50年代以来，电子衍射得到长足的发展和越来越广泛的应用。显然，与电子衍射和透射电镜的密切结合有关，二者各有所长，相互补充，使衍射和成像有机地联系在一起。许多合金相只有几十微米大小，有时甚至小到几千埃，不能用X射线进行单晶衍射试验。但却能用电子显微镜在放大几万倍的情况下把这些晶体挑选出来，用微区电子衍射（选区电子衍射）研究这些微晶的结构。另一方面，薄膜器件和薄晶透射电子显微术的发展，显著地扩大了电子衍射的应用范围，也促进了动力学衍射的进一步发展。

6.5.2 衍射仪的简单原理

电子衍射仪的简单原理如图3-6-13所示。由热阴极发射的电子束，经聚焦环的静电聚焦作用后，穿过阳极光栏孔，再经一个或两个磁透镜聚焦投射到荧光屏上或感光底片上。试样放在磁透镜和荧光屏之间，距磁透镜较近。电子衍射仪原理图中，L 称为衍射距离，除观察到中央透镜斑点外，还可以在周围观察到一系列衍射斑点。焦斑的半径是 r。电子束焦斑越小，电子衍射仪的分辨率也越高。定义分辨率指数 η 为：

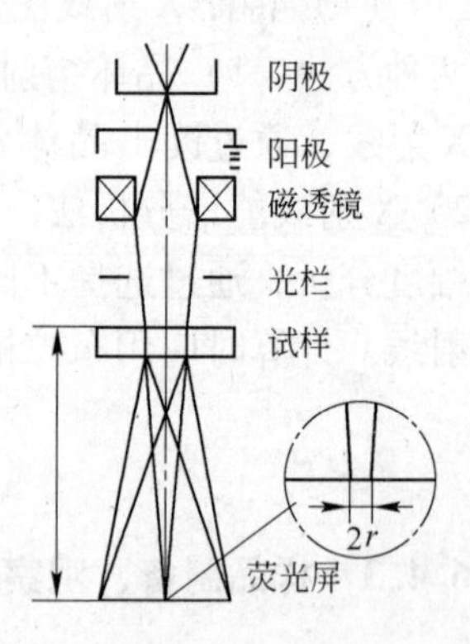

图3-6-13 电子衍射仪的简单原理

$$\eta = r/L$$

分辨指数越小，电子衍射仪的分辨率越高。图3-6-14是将电子成像与电子衍射用示意电子光路图作一对比。

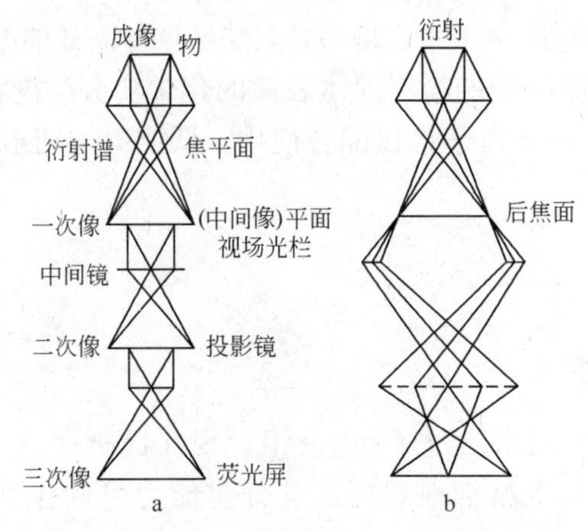

图3-6-14 电子成像电子衍射光路对比

图3-6-14为电子成像(a)电子衍射(b)与光路简图。在图3-6-14a中，中间镜的物面与物镜的像面相重合，在图3-6-14b中，中间镜的物面与物镜的后焦面相重合。

前面已提及微区衍射（选区衍射），电子的加速电压越高，选区的不对应程度越小。在100kV时，选区位移是1μm左右；在1000kV时，就可小到20nm，这是超高压电镜除穿透本领大之外的另一显著优点。

微区衍射，无须使用视场光栏就能得到微区电子衍射。微区衍射的灵敏度很高，能得出微小单晶的电子衍射谱，这是其优点。但在使用微区电子衍射方法时，也应注意到它的局限性。第一，电子衍射使用的是聚焦电子束，电子衍射的动力学衍射效应比较明显，不宜作为结构分析用。第二，在物相分析工作中，由于观察的视场非常小，只有在得出的结论有重复性或用其他方法验证了的情况下，才能认为是可信的。微区衍射最好与其他衍射方法结合进行。

6.6 Auger电子谱仪和低能电子衍射仪

Auger电子象，用于轻元素的化学成分分析，Auger电子一般是指能量为2keV以下的二次电子，通过3kV的主束作用下产生。这种二次电子与原子序数有关，并存在于距碰撞点几埃（1Å=0.1nm）的范围内。它对样品的表面或近表面的电磁场较为敏感，所以它只适于表面薄层的化学成分分析。Auger电子谱仪要求在很高的真空度（133.322×10^{-9}Pa）下工作。

市售的扫描显微探针，可以使用Auger电子讯号，SEM也可以使用Auger电子讯号。

最初，法国人Auger发现，材料被合适的X射线击发时，放出一些电子——Auger电子，它具有原来原子的能量特性；后来又发现，用电子击发，在二次电子分布的大背景上出现小的峰值。这些小的峰值即为在电子轰击下激发出的Auger电子，而且使击发灵敏度提高。1953年Lander研究了Auger电子的能量测定，使其成为模拟X射线荧光分析的技术基础。

Auger电子像用于原子序数小于11的各种轻元素。束电流$10^{-5}\sim10^{-8}$A，束直径大于500nm，发射讯号深度1～10nm，最小分辨尺寸0.5μm。

低能电子衍射仪和Auger电子谱仪是一对双姊妹仪器。低能电子衍射仪能给出晶体表面层的结构，Auger电子谱仪则能给出固体表面的化学成分。设备使用要求也十分类似，一般低能电子衍射仪和Auger电子谱仪配合使用。低能电子衍射仪也要求在高真空度下使用。

6.7 超高压电镜

6.7.1 超高压电镜的发展

自从电子显微镜诞生以来已过了60余年，现在已把研究重点放在提高分析能力及操作性能上，以便进行更精细地观察，其分辨能力可确保0.14nm。因此从理论上讲可观察原子分子大小为0.2～0.3nm的水平，并能成功地进行了照片记录，这一成就引起人们极大的关注。早期电镜的用途是以观察微细物体的形貌为主。目前由于不断地发展，已能用电子束照射物体的办法产生各种信号，通过产生的信号，对局部物体进行分析。

在材料科学领域中对金属、半导体、陶瓷研究和在医学领域对遗传工程的研究都迫切要求电镜具有观察分子和原子水平的高性能，并且随着科学技术的不断发展，电镜的用途将不断扩大。因此，研制超高压电镜的要求也更加迫切。

6.7.2 在材料科学领域中的动态研究

在自然科学界，只有用超高压电镜才能对各种现象做超微观的研究。

超高压电镜的功能很多，其中对材料科学最重要的贡献是它能观察厚的试样。电子显微镜之所以能观察厚的材料样品，是因为材料的性能与其组织结构有关，材料的各种现象，大部分决定于晶体的缺陷，而这些晶体的缺陷都毫无例外地使周围的晶格发生畸变。试样的厚度愈小，其畸变场愈缓和。因此，在半导体材料中，其性质是与晶体缺陷有极大关系的。

为了再现材料的性质现象，其必要条件是样品厚度至少要大于与其现象有关的晶体缺陷的平均自由程。实际上不仅可以直接观察，而且还能进行动态观察，这是使材料科学大踏步前进的主要原因，同时也有助于材料科学的精细研究。

超高压电镜能对各种微观现象进行动态研究，加速电压超过500kV的电子显微镜，在全世界80年代中期就有60余台，在日本的一些地区的研究机构就装有100万伏级的电子显微镜。

早在1965年，日本金属材料技术研究所首先安设了500kV超高压电子显微镜用于自然科学研究，并宣称在材料科学动态研究中取得了划时代的效果，从而激发了世界各国对设置使用这种装置的热情。此后各国的电子显微镜研究进入了一个新阶段，并把研究的重点放在提高电子显微镜的性能上，同时对试样处理装置及应用研究的外围装置开展研究。

6.7.3 电子枪及外围装置的发展

世界上对超高压电子显微镜的研制是从50kV开始，逐渐发展到100kV、125kV、150kV。1970年由法国电子光学研究所与日本日立公司共同研制成功300kV级超高压电子显微镜，这一成果引起人们极大的关注。

电子显微镜在电压不断提高的同时，其性能也大大提高，主要有以下几个方面：(1) 在高压电流及升压电路里能控制电压变动。(2) 能防止流往加速管的绝缘气体的泄漏。(3) 对加速电极采取相应措施。(4) 能对加速管内的真空采取有力措施。(5) 能控制微小放电。(6) 能改变外部电磁场。(7) 能控制机械振动。(8) 开发高辉度电子枪。

除此之外，随着电技术，特别是电子计算机技术的发展，也应用于高性能超高压电子显微镜的研制上，例如高辉度电子枪，由于高电压化而提高了辉度。此外，随着相当于10kV级的尖端灯丝LaB灯丝电子枪的实用化和陶瓷加速管的问世，FE电子枪也得到实际应用。

随着分辨本领和对微观领域分析能力的提高，利用电子束照射而产生的电子空穴对的活动之差的EBIC对比率，也可以对半导体进行研究等。为达到上述各种应用的目的，正在试制透过型扫描的电子显微镜。为了把这种显微镜的入射束缩小到几纳米以下，改进电磁场及克服机械振动具有特别重要的意义，在这方面也已有了进展。

另外，利用电子计算机对图像的处理及分析；脉冲扫描的频闪分析摄影；电子及激励X射线能的分析等各种装置也取得了很大的进步。以上所有这些都使影像对比度有了提高，并对快速现象能跟踪和进行各种分析。

6.7.4 在镜体内对试样进行必须的处理

为更好地利用电子显微镜，加强了对其外围装置的研究，除了电子显微镜内的各种试样处理装置外，已对大型离子照射装置等进行研制。目前已能在镜内处理各种试样。例如在2300K以上，或低温液体氦温度下，都能把试样向任何方向倾斜到大约10°左右；如施加外力的话，在很大的温度范围内，可作拉伸或可互相改变负荷方向，从而使其疲劳变形或在一定应力下高温蠕变变形等；还可以把试样（材料及生物）放在液体或0.3MPa的气体中，通常在170~1300K温度范围内进行研究。也能对任何放射线照射下的物体进行研究，可以说，用过去的电子显微镜无法研究的问题都可以进行研究。

超高压电子显微镜正不断地开辟新的研究领域。分析用的电子显微镜已能对各种元素进行分析，分析各种元素的状态。这种分析用的电子显微镜可以说是电子光谱技术、超高真空技术、电子计算机技术三者的结晶。它是高性能电子显微镜与各种先进仪器有效结合的电子显微镜。90年代以来，这类显微镜取得了迅速发展，其应用范围不断扩大。普及电子显微镜观察所必要的条件是如何制备活的试样，例如观察生物试样，就必须把生物试样弄得相当干之后，才能放进高真空的镜体内。还要对试样进行处理，保证试样受到电子束照射时既安全、稳定，又能得到必要的信息。为了满足上述条件，需对活的细胞和组织进行必要的修饰。其具体作法是：必须对试样进行固定、脱水、干燥、导电等一连串的处理，有时还要进行包埋、切片、染色。试样制备合格与否，主要看试样能否正确地反映出活态的信息。试样的制备和提高电子显微镜的性能都是极为重要的，这关系到是否能如实地反映出细胞或组织的大问题。为此，在生物试样制备方面出现了急速冻结法及其有关技术。

6.7.5 试样急速冻结法可增加信息

以前就曾用冻结法作为电子显微镜观察试样的制备方法。但在冻结时，形成冰的结晶，破坏样品结构。如何防止其破坏作用则成为研究的重要课题。最近经过各种试验发现：冷却速度愈快、冰的结晶就愈小，而且因冰结晶的形成对构造的破坏作用几乎也消失了。急速冻结法就是利用这种现象产生的。

急速冻结法有两种：其一是把样品直接泡在冷却剂里；另一种是金属压结法，它是利用经液态冷却剂冷却过的金属块夹紧试样，使之冻结。最近多以金属压结法研制各种冻结装置。其中值得注意的还有超薄片冻结切片法。

急速冻结法不仅是用活标本制作电子显微镜试样的有效手段，而且还能观察到细胞特定部分的主体构造情况。例如，对于会起生物学上特异反应的肌动蛋白丝或微细管进行预防性处理，然后，再进行化学固定，当急速冻结后，用冻结干燥法或深侵蚀复制法制作样品。可以预料，今后以急速冻结为中心配合各种试样处理法，可得到多种新的信息。

电子显微镜不仅能加强基础研究，而且对于改善食品的质量以及开发新材料等各个领域的应用愈来愈多，可以断言，超高压电子显微镜的要求将会不断扩大。

6.8 结语

本节简要地介绍了广为应用的金相设备和技术，随着材料工程科学以及其相关科学的发展，大部分设备的应用范围已远远超过金相学科，在生命科学、非金属材料等学科的范畴内也广为应用。

无论是普通光学、X 射线光学、电子光学、离子光学、激光光学方面的仪器设备，近年来技术水平均有大幅度的提高，新问世的仪器设备目不暇接，其应用范围也遍及各个学科，如扫描电子声显微镜（SEAM）、高分辨率显微镜（HREM）、磁圆二色光谱（MCD）、拉曼光谱、高分辨率扫描透射电子显微镜（HRSTEM）、扫描隧道显微镜（STM）、高压扫描透射电子显微镜（HVSTEM）、扫描高能电子显微镜（SHEED）、穆斯堡尔谱仪、原子力显微镜（AFM）等，不胜枚举。

近年来的知识更新发展很快，计算机应用已得到普及，但往往忽略了对现代常用先进测试技术和设备的了解，仅凭常规试验结果评定项目的时代过去了。这是因为，不知道用什么测试手段去解决什么问题，搞不清内在机制，就不可能圆满完成所承担的科研项目。

参 考 文 献

[1] 赖和怡，等译．粉末冶金原理和应用[M]．北京：冶金工业出版社，1989：11，53～91，182～186，362～363.

[2] 黄培云．粉末冶金原理[M]．北京：冶金工业出版社，1980：53～91.161，166.

[3] Hall H T. Science. 1965，148，1331.
[4] 王奎学，等译．高温金相学[M]. 北京：科学出版社，1964：81~125，187~260.
[5] 孙毓超．工业金刚石[J]. 1998(3)：4~11.
[6] 冯根源，译．X-射线金属学[M]. 北京：中国工业出版社，1965：148~249，338~349.
[7] 廖乾初，等．超硬材料工程[J]. 1994(2)：22~25.
[8] 张东峰，译．国外科技动态[J]. 1983(1)：45~47.

（冶金一局：孙毓超）

7 树脂粉末

树脂是半固态、固态或假固态的无定形的有机物质，一般是高分子的、透明的或半透明的物质。树脂粉末是采用树脂经过破碎或经气流粉碎，而制得不同粒度的树脂粉末。

树脂的种类繁多，根据来源可分为：(1) 天然树脂；(2) 合成树脂；(3) 人造树脂。根据受热后的性能变化可分为：(1) 热塑性树脂；(2) 热固性树脂。根据溶解性可分为：(1) 水溶性树脂；(2) 油溶性树脂；(3) 醇溶性树脂。通常情况下，制造超硬材料磨具（或工具）所采用的树脂是合成的、热固性的、醇溶性的树脂。

在超硬材料磨具（工具）中，以树脂粉末为黏结剂的磨具（工具）占有相当大的比例，由于树脂结合剂超硬材料磨具（工具）在磨削加工中，磨削效率高、自锐性好、不易堵塞、磨加工精度高等优点，特别是在半精磨和精磨加工中表现出效率高、精度高、寿命长的特点，因此在机械制造磨加工中已被广泛应用，并且逐步取代普通的碳化硅砂轮或刚玉砂轮。

国内制造超硬材料磨具（工具）所采用树脂主要有酚醛树脂和聚酰亚胺树脂两种，这两种树脂基本上都用国产的，只有个别特殊产品（如刃磨砂轮，要求耐磨、耐温、精度高、形状保持性要好）采用进口树脂。进口树脂的价格是国产树脂价格的几倍到几十倍，综合性价比肯定是国产树脂好。因此进口树脂在国内没有广泛应用。

7.1 树脂粉末的种类

7.1.1 酚醛树脂粉末

7.1.1.1 酚醛树脂粉末的性质

酚醛树脂是以苯酚与甲醛为原料，在一定的条件下加热、缩合，经过浓缩、脱水、干燥而制得的，再经过干燥、粉碎（气流粉碎）而制得不同粒度的酚醛树脂粉末。酚醛树脂粉末在常温下是白色或黄色的固体粉末，其结构式为：

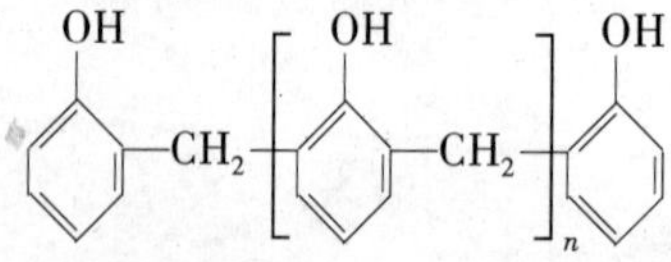

$$\text{(OH)}C_6H_4-CH_2-\left[C_6H_3\text{(OH)}-CH_2\right]_n-C_6H_4\text{(OH)}$$

在空气中极易吸收水分受潮而结团或结块，相对密度为1.2～1.3，能溶于酒精和丙酮，这种树脂是热塑性树脂，即加热时熔化，冷却后又变为固体，所以不能直接用来制造磨具，只有加入六次甲基四胺后，将热塑性树脂变为热固性树脂，才能用来制造磨具。当热固性树脂受热到170℃以上时就成为不熔化和不熔解的固体，在230℃以上就开始分解，在300℃以上就开始碳化。其弯曲强度为90～110MPa，压缩强度为70～210MPa，线［膨］胀系数为$(2.5 \sim 6)\times10^{-6}$，莫氏硬度为M125～130。

7.1.1.2 酚醛树脂粉末的技术条件

制造超硬材料磨具（工具）所用的酚醛树脂粉末的技术条件见表3-7-1。

表3-7-1 酚醛树脂粉末的技术条件

颜 色	固体含量	游离酚含量	水含量	软化点
白色或淡黄色	>97%	<5%	<0.5%	90~115℃

六次甲基四胺含量	粒 度	相对密度	抗拉强度
8.5%~9.5%	400目以细	1.2~1.3	>13MPa

目前，制造商提供的酚醛树脂粉末中，有的已加入六次甲基四胺，有的没有加入六次甲基四胺，因此必须对所购买的酚醛树脂粉末进行化验分析，特别要对游离酚、软化点、六次甲基四胺的含量进行分析，化验结果符合表3-7-1中的技术条件要求方可投入使用。如果酚醛树脂粉末中六次甲基四胺的含量过低或过高，都会影响磨具的硬度或磨削性能，要按常规树脂粉：六次甲基四胺(质量比) = 10：1的比例进行配制或调配。虽然六次甲基四胺的含量过低或过高都对超硬材料磨具的性能有影响，但是在特种磨削条件下或根据用户磨削要求，需要调整其含量来调整磨具性能，以满足磨加工要求。六次甲基四胺的技术条件应符合表3-7-2的要求。

表3-7-2 六次甲基四胺的技术条件

颜 色	纯 度	含水量	粒 度	相对密度
白色或无色晶体	>98%	<0.05%	400目以细	1.25~1.30

为了提高磨具（工具）的性能，如耐磨性、耐热性、成型工艺性等，对酚醛树脂进行改性，即所谓改性酚醛树脂。

改性酚醛树脂是用不同的化合物或聚合物通过化学或物理方法改性制得的酚醛树脂。通过改性后，酚醛树脂的冲击韧性、黏结性、机械强度、耐热性、阻燃性、固化速度、成型工艺性等分别得到提高。因此可根据实际用途选择不同的改性酚醛树脂。

7.1.2 聚酰亚胺树脂粉末

7.1.2.1 聚酰亚胺树脂粉末的性质

聚酰亚胺品种繁多，形式多样，在合成上具有多种途径，因此可以根据各种应用目的进行选择，这种合成上的易变通性也是其他高分子所难以具备的。

聚酰亚胺树脂主要由二元酸和二元胺合成，这两种单体来源广，合成也比较容易。二酸和二胺品种繁多，不同的组合就可以聚合得到不同性能的聚酰亚胺树脂，其分子式：

$$—[—NH—R—CO—]_n— \quad 或 \quad —[—NH—R—NH—CO—R—CO—]_n—$$

聚酰亚胺树脂在常温下为黄色固体粉末，在-310~343℃的范围内，可以保持良好的力学性能和电性能，它易溶于二甲基甲酰胺、甲乙酮等，它几乎不受强酸强碱的影响，具有良好的耐水性、耐油性和耐有机溶剂性等，它具有耐热性能，热分解温度在430℃以上，最高使用温度300℃，瞬间使用温度可达400℃，它具有耐磨性能，可以用来制作耐磨材料及其制品。相对密度1.3，吸水性0.2%~0.3%，抗拉强度113MPa，抗弯强度大于

1000MPa，马丁耐热性260℃。

正是聚酰亚胺树脂具有的耐热性、耐磨性、强度及硬度都比较高，流动性比较好等特性，所以广泛应用于超硬材料磨具制造中。

7.1.2.2 聚酰亚胺树脂粉末的技术条件

制造超硬材料磨具所用的聚酰亚胺树脂粉末的技术条件见表3-7-3。

表3-7-3 聚酰亚胺树脂粉末的技术条件

颜 色	纯 度	含水量	软化点	粒 度	相对密度	抗拉强度
黄色	>98%	<0.3%	110～120℃	400目以细	1.3	113MPa

7.2 填充料和结合剂

7.2.1 填充料的技术条件

制造超硬材料树脂磨具（工具）的结合剂是由黏结剂（树脂粉）和各种填充料组成的。因树脂本身较脆，机械强度低，不能单独用来制造磨具，必须添加填充料，使其原有的性能得到改善，也就是说加入填充料可以改善磨具的导热性能，改善磨具的吸湿性，改善磨具的磨削性能，并且能调整磨具的硬度和强度等，因此在结合剂中加入填充料是必不可少的。

填充料的种类繁多，技术条件多样，这里只介绍几种常用的填充料：铜粉、铝粉、铁粉、锡粉、氧化铁、氧化铬、四氧化三铁、氧化锌、氧化镁、氧化钙、氧化铝、碳酸钙（轻质）、冰晶石、聚四氟乙烯、石墨、二氧化铈、二硫化钼、氧化铜、碳化硅（微粉）、氧化铝（微粉）、二氧化锰等，其技术条件见表3-7-4。

表3-7-4 填充料技术条件

名 称	化学式	颜 色	纯度/%	相对密度	粒 度
铜	Cu	红色	99	8.92	320目以细
铝	Al	银白色	99	2.7	320目以细
铁	Fe	银白色	99	7.86	320目以细
锡	Sn	银白色	99	7.3	320目以细
氧化铁	Fe_2O_3	红色	99	5.18	200目以细
氧化铬	Cr_2O_3	绿色	99	5.21	200目以细
四氧化三铁	Fe_3O_4	黑色	99	5.18	200目以细
氧化锌	ZnO	白色	99	5.6	200目以细
氧化镁	MgO	白色	99	3.58	200目以细
氧化钙	CaO	白色	99	3.35	200目以细
轻质碳酸钙	$CaCO_3$	白色	99	2.95	200目以细
冰晶石	Na_3AlF_6	白色	99	3.0	200目以细
聚四氟乙烯	$(F_4C_2)_n$	白色	99	2.3	200目以细
石 墨	C	黑色	95	2.22	400目以细

续表 3-7-4

名称	化学式	颜色	纯度/%	相对密度	粒度
二氧化铈	CeO_2	黄色	98	7.3	400 目以细
二硫化钼	MoS_2	黑色	95	4.8	400 目以细
氧化铜	CuO	黑色	98	6.45	200 目以细
碳化硅	SiC	无色晶体	98	3.2	800 目以细
氧化铝	Al_2O_3	白色	98	4.0	800 目以细
二氧化锰	MnO_2	黑色	98	5.0	200 目以细

7.2.2 结合剂的必备条件

(1) 黏结性必须好。结合剂能均匀分布于磨料表面，将磨粒牢固地把持在磨具中，并且能牢固地黏结在基体上。黏结性好，可以将磨粒牢固地把持在磨具中，使磨料不易过早脱落，能充分的发挥磨削作用。黏结性好，结合剂能牢固地黏结在基体上，防止结合剂与基体分离，保证生产安全。

(2) 磨削效率高，耐磨性好，能达到所要求的表面光洁度（或表面粗糙度）。结合剂因具有弹性和脆性，所以在磨削中自锐性好，不易堵塞，但其耐磨性较差。因此我们在研究和设计结合剂配方时必须考虑：在保证得到表面光洁度要求的前提下，既要有高的磨削效率，又要尽可能有高的耐磨性。在结合剂的配制上，要选择最佳配比的结合剂，既要满足较高的磨削效率，又要满足较好的耐磨性，二者兼顾，才能保证磨削加工的要求，又能达到降低成本的目的。

(3) 耐热性要好。如果结合剂的耐热性较差，使磨具在使用过程中不耐高温，消耗快，甚至因为磨削热过高，而使磨具烧伤、裂纹、脱环等，因此要：1）选用耐温性好的黏结剂并加入适当的填充料，以提高其耐热性；2）尽可能采用冷却液进行湿磨，以提高磨具的耐用度；3）如果采用干磨，则尽可能使进刀量小一些，以提高磨具的耐用度。

(4) 结合剂强度必须高。结合剂的强度直接影响磨具在使用过程中的磨削效率、磨耗量的大小、工件质量的好坏以及使用安全性等，因此必须对影响结合剂强度的因素有所了解。影响结合剂强度的因素主要有：1）填充料的加入影响结合剂的强度，多数填充料加入后使机械强度提高，并且在一定范围内随着添加量的增加而增加，但磨耗比降低。也有的填充料，如石墨和固体二硫化钼，加入后使强度反而降低，因此要根据要求合理选用填充料。2）磨具的成型密度（或磨具的气孔率）会影响结合剂强度。磨具的成型密度低，孔隙率就高，则结合剂强度低，反之则结合剂强度高。因此要合理设计磨具孔隙率参数。3）磨具成型的硬化温度和二次硬化温度高低以及升温曲线都会影响结合剂强度。

(5) 磨粒与结合剂必须同步消耗。结合剂的强度必须与金刚石（或 CBN）磨粒的磨损速度相匹配，不能因为结合剂的磨耗过快，而使磨粒过早脱落，得不到充分使用，造成浪费。

7.3 研究及应用现状

7.3.1 国外树脂粉的研究及应用现状

近几年，国外研究和开发的树脂粉，无论在耐磨性、热稳定性方面，还是在磨削效率方面都有很大改进，如英国 ADVANCED 公司研制的超硬材料磨具专用树脂 DIALOK939P 芳烷基热固性树脂，与酚醛树脂相比，该树脂的热稳性有了很大的改进，耐磨性能或寿命提高了10% ~30%，工艺成型性效果更好，并且磨削效率提高了。又如美国杜邦公司研制的聚酰亚胺树脂，硬化温度400℃，硬化时间长，采用该树脂制作的磨具在使用时耐高温、寿命长、磨削效率高，并且磨具的形状保持性好。还有德国的酚醛树脂（型号 0327、0309、0654、0618、0134、0223）和聚酰亚胺树脂（P166）的使用效果好，特别是在耐高温和黏结力方面更为显著。这些树脂在国外应用很普及，但在中国的市场占有率低，主要是因为其价格高（是国产树脂粉价格的几倍到几十倍）。

7.3.2 树脂粉的研究与发展方向

目前，国内采用树脂粉制作超硬材料磨具（工具）存在的最大缺陷是：

（1）与基体的黏结力差。树脂粉硬化与基体黏结，制作成磨具，当磨具在进行磨削时，在进刀量比较大或负荷比较大的情况下，磨具的工作部分与基体会发生爆裂，从而导致设备损坏或人身事故。

（2）与金刚石的把持力差。也就是说树脂粉硬化后与金刚石之间的黏结力不强，当磨具在进行磨削时，金刚石会因没有得到充分的利用而过早地脱落，导致磨具消耗快，造成制造成本增加。

（3）耐热性差。当磨具在磨削工件时，如果冷却不充分或者在干磨的情况下、或者在粗加工进刀量比较大的情况下，都会出现磨具表面严重烧伤、裂纹，最终导致磨具爆裂，随时都有可能造成人身设备事故的发生。

因此，亟待研究解决的问题，一是树脂粉的硬化温度在350℃以上，并且在500℃以上高温下磨具能正常安全的运转。二是树脂粉的黏结力要强，与基体的黏结力以及与金刚石的把持力要强。只要这两个问题解决了，我们的树脂超硬磨具就可以替代进口，占领部分国际市场。

参考文献

[1] 朱山民，陈已珊．金刚石磨具制造[M]．1984(机械工业部机床工具工业局)．
[2] 孟庆辉，李印江．磨料磨具技术手册[M]．北京：兵器工业出版社，1993．

（第六砂轮厂：邓国发）

8　国内外生产的部分金刚石工具用金属粉末

8.1　国内外金刚石工具用金属粉末主要生产厂家

国内外金刚石工具用金属粉末主要生产厂家见表3-8-1。

表3-8-1　国内外金刚石工具用金属粉末主要生产厂家

序号	金属粉末名称	生产厂家	地　址	网　址
1	铁　粉	武汉钢铁集团粉末冶金有限责任公司	湖北省武汉市青山区青化路26号	www.wgfmyj.com
		赫格拉斯（中国）有限公司	上海市青浦区外青松公路5646号	www.hoganas.com
		莱芜钢铁集团粉末冶金有限公司	山东省莱芜市钢城区双泉路	www.lgpm.com
		吉林省华兴粉末冶金科技有限公司	吉林省辉南县经济开发区	www.jlhxfm.com
		北京博源粉末冶金公司	北京市昌平区崔村镇辛峰工业区	www.bjbyfm.com
		北京友信昌豪金属材料有限公司	北京市丰台区百强大道10号	www.bjyxch.com
		北京新兴光粉末冶金厂	北京市房山区城关街道洪寺沿河路7号	
2	铜粉、铜合金粉	有研粉末新材料（北京）有限公司	北京市怀柔区雁栖经济开发区雁栖南四街12号	www.gripm.com
		重庆华浩冶炼有限公司	重庆市南岸区　重庆市南岸区四公里广黔路12号	cqhuahao.cn.china.cn
		苏州福田高新粉末有限公司	江苏省苏州市高新区金山路109号	www.pmbiz.com.cn/SF-HP/
3	镍　粉	金川集团镍都实业公司	甘肃省金昌市兰州路	www.jcnmic.com
		吉林吉恩镍业股份有限公司	吉林省磐石市红旗岭镇	www.jlnickel.com.cn
		Inco Ltd	加拿大多伦多	www.inco.com
		北京百特金刚石合成材料有限责任公司	北京市昌平区沙河镇北大桥东	
4	钴　粉	南京寒锐钴业有限公司	南京市江宁经济技术开发区	www.hrcobalt.com
		深圳市格林美高新技术股份有限公司	深圳市宝安中心区兴华路	www.gemchina.com

续表 3-8-1

序号	金属粉末名称	生产厂家	地 址	网 址
4	钴 粉	上海百洛达金属有限公司	上海市松江区长石路250号	www. umicore. com
		江西江钨钴业有限公司	江西省赣州市章贡区	
5	锡 粉	有研粉末新材料（北京）有限公司	北京市怀柔区雁栖经济开发区雁栖南四街12号	www. gripm. com
6	钨、碳化钨粉	厦门金鹭特种合金有限公司	厦门湖里区兴隆路69号	www. gesac. com. cn
7	锌 粉	长沙新威凌锌业发展有限公司	湖南省长沙市高新开发区麓谷麓龙路199号麓谷坐标A栋905室	www. welllinkzn. com
8	新型预合金粉末	营口合众新材料有限公司	营口市鲅鱼圈区芦屯镇塑料工业园	
		秦皇岛市雅豪新材料科技有限公司	河北省秦皇岛市山海关区临港工业园	www. vahaochina. com
		北京久昌科技发展有限公司	北京市昌平区百善镇百善村村西	
		eurotungstene	9, rue André Sibellas-BP 152X-Grenoble cedex 09-FRANCE	www. eurotungstene. com
		湖南赛瑞新材料有限公司	湖南省长沙市金洲新区金洲大道东108号	hnsunray. com. cn
		湖南伏龙江超硬材料有限公司	湖南浏阳制造产业基地（永安）纬二路宏伊工业园12栋201室	www. farloriver. com
		郑州汇金粉体科技有限公司焦作分公司	郑州三全路与中州大道交叉口1m阳光21楼	www. hjfenti. com
9	微米级超细铁粉	世佳微尔科技有限公司	雅安市名山工业园区503支路	www. sagwell. com 028-87072488

8.2 有色金属及其合金粉末

有研粉末公司现在生产的金刚石工具用金属粉末（表3-8-2）及其包装（表3-8-3）。

表3-8-2 有研粉末公司现在生产的金刚石工具用金属粉末

序 号	产 品 名 称	规格（粒度）	松装密度/$g \cdot cm^{-3}$
1	电解铜粉	200目、300目	1.5~2.2
2	雾化铜粉	200目、300目	2.5~3.3
3	锡 粉	200目、300目	3.0~3.8

续表 3-8-2

序　号	产 品 名 称	规格（粒度）	松装密度/g · cm^{-3}
4	铜锡 10 粉	200 目	
5	铜锡 15 粉	200 目、300 目	
6	铜锡 20 粉	200 目	
7	铜锡 27.5 粉	200 目	3.0～4.0
8	铜锡 33 粉	200 目	
9	铜锡 40 粉	200 目	
10	铜锌 7 粉	200 目	
11	铜锌 20 粉	200 目	3.5～4.0
12	铜锌 30 粉	200 目	3.5～4.0
13	663 青铜粉	200 目、300 目	3.5～4.5
14	660 青铜粉	200 目	3.5～4.5
15	铜锡 10 铅 3 粉	200 目	3.0～4.0
16	铜锡钛 7 粉	200 目	2.5～3.5
17	铁铜 20 粉	200 目	
18	铁铜 30 粉	200 目	2.8～3.5
19	铁铜 40 粉	200 目	
20	铜基铁系预合金粉	200 目	2.4～2.7
21	铁基铜镍钼粉	100 目	3.0～3.3
22	铁基铜镍钼粉	100 目	3.0～3.3
23	铜包铁粉	200 目	2.7～3.7
24	铜包石墨 30	200 目	2.0～3.7
25	铜包石墨 60	200 目	2.7～3.7
26	扩散铜锡 10 粉	200 目	2.7～3.7
27	扩散铜锡 15 粉	200 目	2.7～3.7
28	扩散铜锡 20 粉	200 目	2.7～3.7
29	钴粉	200 目	0.6～0.8
30	超细钴粉	200 目	1.0～1.4
31	超细铁钴铜预合金粉	200 目	1.0～1.5

表 3-8-3　有研粉末公司现在生产的金刚石工具用金属粉末包装

外 包 装	净　重	主要成分及含量
铁桶/纸箱	25kg/桶	Cu99.8
铁桶/纸箱	25kg/桶	Cu99.8

续表 3-8-3

外包装	净重	主要成分及含量
铁桶（内包装2kg/袋）	50kg/桶	Sn99.9
铁桶（内包装5kg/真空袋）	50kg/桶	Cu90Sn10
		Cu85Sn15
		Cu80Sn20
		Cu72.5Sn27.5
		Cu67Sn33
		Cu60Sn40
铁桶	30kg/桶	Cu93Zn7
铁桶	30kg/桶	Cu80Zn20
铁桶	30kg/桶	Cu70Zn30
塑料桶	20kg/桶	Cu85Sn6Zn6Pb3
塑料桶	20kg/桶	Cu88Sn6Zn6
铁桶（内包装5kg/真空袋）	50kg/桶	Cu87Sn10Pb3
铁桶（内包装5kg/真空袋）	40kg/桶	Cu80Sn136Ti7
塑料桶	20kg/桶	Fe80Cu20
		Fe70Cu30
		Fe60Cu40
铁桶（内包装5kg/真空袋）	40kg/桶	FeCu25、FeNiCuSn
吨袋	1吨/袋	FeCu1.5Ni4Mn0.5
吨袋	1吨/袋	FeCu1.5Ni1.75Mn0.5
铁桶	20kg/桶	Fe80Cu20
铁桶	20kg/桶	FeCu1.5Ni4Mn0.5
铁桶	20kg/桶	Fe80Cu20
铁桶	20kg/桶	Fe80Cu20
铁桶	20kg/桶	Fe80Cu20
铁桶	20kg/桶	Fe80Cu20
铁桶（内包装2kg/真空袋）	28kg/桶	Co99.9
铁桶（内包装2kg/真空袋）	28kg/桶	Co99.9
铁桶（内包装2kg/真空袋）	40kg/袋	FeCoCu

8.3 超细合金粉

科大博德粉末有限公司生产的超细合金粉系列见表3-8-4～表3-8-8。

表 3-8-4 AM1 系列

说明：组分 Fe44Cu36Sn8Ni12

物理性能：费氏粒度 6.0 ~ 8.0μm

松装密度：2.8 ~ 3.2g/cm^3

理论密度：8.29g/cm^3

工艺性能：推荐烧结温度 730 ~ 760℃

硬度：30 ~ 35HRC（730℃）

抗弯强度：886MPa（730℃）

适用产品：（1）单独使用或添加 Mn、Fe（超细）、Sn 等生产瓷砖磨边轮和滚刀类产品。（2）冷压型可作为生产各类干湿切片的基础合金粉，具有良好的冷压性能和使用性能

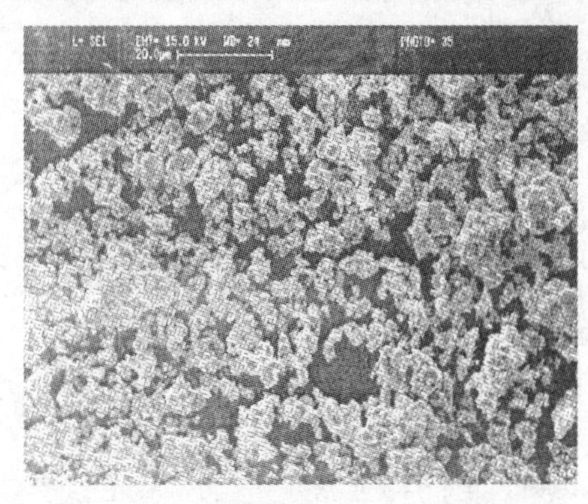

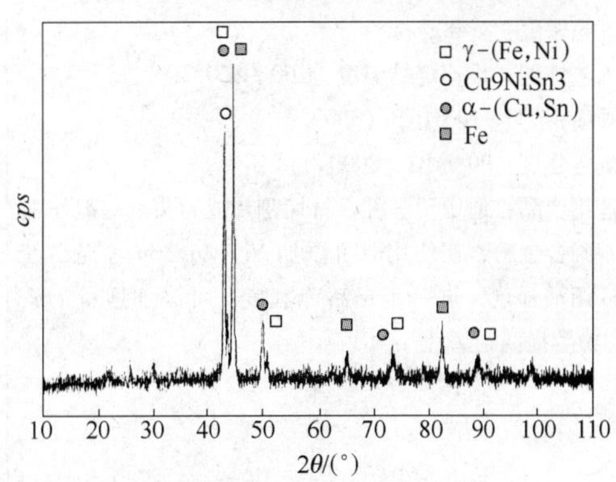

表 3-8-5 CS 系列

名称：(1)CSS 组分 CuSn15；(2)CST 组分 CuSn20

物理性能：费氏粒度 6.0 ~ 8.0μm

松装密度：2.8 ~ 3.2g/cm^3

理论密度：CSS 8.66g/cm^3，CST 8.57g/cm^3

工艺性能：推荐烧结温度 600 ~ 650℃

硬度：88 ~ 98HRB

适用产品：（1）作为配方添加成分生产绳锯串珠或锯片等。（2）一般作配方基础合金粉，在使用时可添加 Fe、Co、Ni、Zn、Sn、Ag、Al、Mn、WC 粉等用于生产釉面砖切割片、玉雕锯片和玻璃磨轮等产品

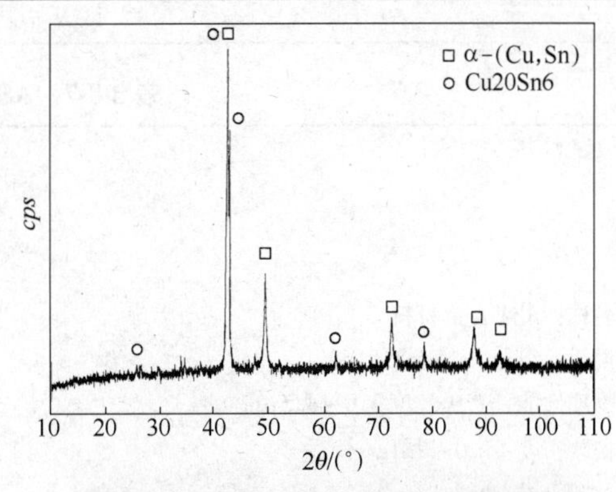

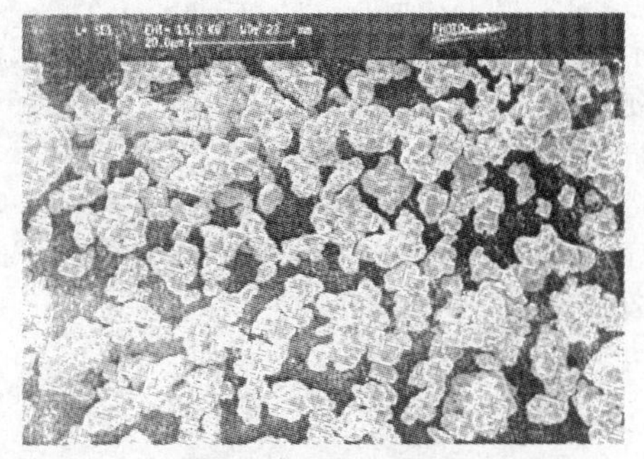

表 3-8-6 AS0 系列

名称：AS0 合金粉料 说明：组分 Fe44Co25Cu31 物理性能：费氏粒度 3.0 ~4.5μm 松装密度：1.8 ~2.2g/cm^3 比表面积：0.8 ~1.0m^2/g 理论密度：8.48g/cm^3 工艺性能：推荐烧结温度：760 ~820℃ 硬度：100 ~105HRB（800℃） 抗弯强度：903MPa（800℃） 适用产品：适用于各种石材切割片或刀头。一般作配方基础合金粉，在使用时可添加 Ni、Zn、Sn 等提高韧性或调整强度，进一步提高锋利度。可添加适量 Mn、WC 粉等提高耐磨性	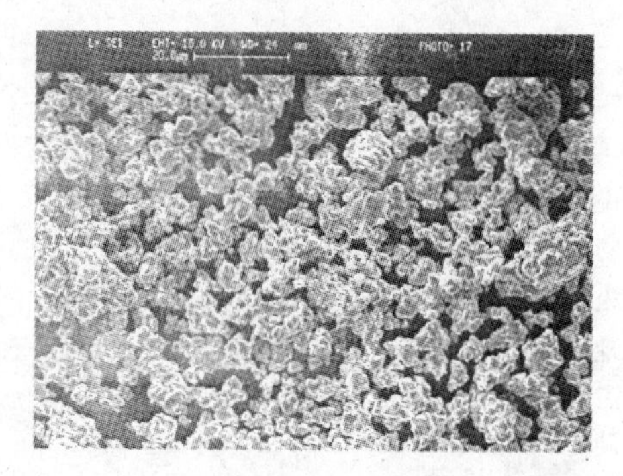 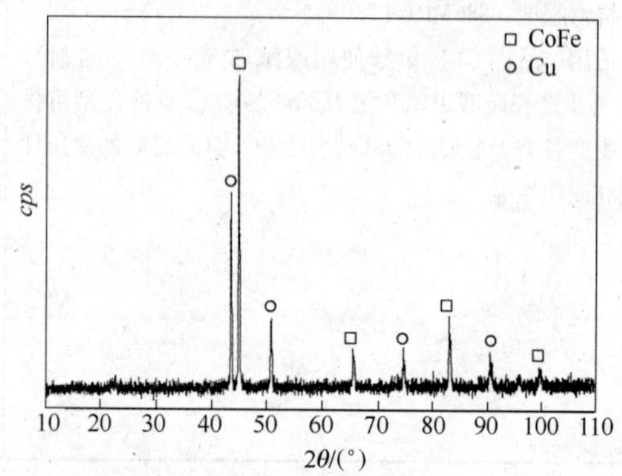

表 3-8-7 AS4 及 AU4 系列

AS4 系列 名称：AS4 合金粉料 说明：组分 Fe15Co25Cu60 物理性能：费氏粒度 3.0 ~4.5μm 松装密度：2.0 ~2.4g/cm^3 理论密度：8.73g/cm^3 工艺性能：推荐烧结温度 750 ~790℃ 硬度：95 ~98HRB（780℃） 抗弯强度：856MPa（800℃） 适用产品：适用于刀头焊接式生产瓷质砖锯片。一般作配方基础合金粉，在使用时可添加青铜粉提高韧性，或添加 Zn、Sn 等进一步提高锋利度	AU4 系列 名称：AU4 合金粉料 说明：组分 Fe60Cu40 费氏粒度：3.0 ~4.5μm 松装密度：1.8 ~2.2g/cm^3 理论密度：8.29g/cm^3 工艺性能：推荐烧结温度 760 ~820℃ 硬度：83 ~85HRB（800℃） 抗弯强度：956MPa（800℃） 适用产品：作为配方基础合金粉，生产各类石材干湿切片、锯片等

表 3-8-8 ASL 合金粉

说明：组分 Fe-Co-Cu

物理性能：费氏粒度 3.0～4.5μm

松装密度：1.8～2.2g/cm^3

比表面积：0.8～1.0m^2/g

理论密度：8.18g/cm^3

工艺性能：烧结温度 780～830℃

硬度：26～28HRC（780℃），28～30HRC（800～830℃）

抗弯强度：1183MPa（800℃）

适用产品：（1）适用于各种激光焊接片工作层。由于烧结温度范围较宽，故可根据非工作层配方调整烧结温度。（2）石材切割锯片刀头、薄壁钻、框锯刀头等。一般作配方基础合金粉，在使用时可添加 Cu、Ni、Zn、Sn 等提高韧性或调整强度，进一步提高锋利度。可添加适量 Mn、WC 粉等提高耐磨性

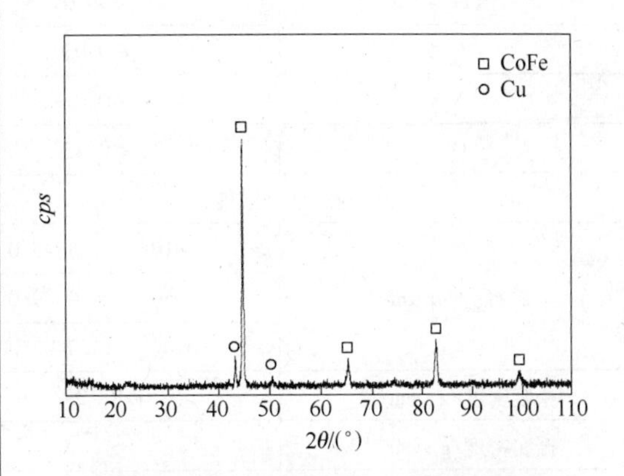

8.4 微米级超细铁粉

微米级超细铁粉的粒度直径在 0.5～10μm 范围。根据用途不同，又分为 1～3μm、2～4μm、3～7μm 等多种规格。超细铁粉颗粒极细，比表面积大，化学活性高，颗粒均匀性好，松装密度 1～2.2g/cm^3，密度低，目前用作多领域功能材料。

特别是应用于金刚石工具行业，独特的条棒状/枝状的结构粒子形貌，具有分散能力强，表现为良好的混料均匀性；由于粉末颗粒细，颗粒的熔点随粒径的变小而显著降低，其烧结温度也随之大大降低。密度低使其冷压成形性好，能很好满足金刚石工具冷压成形要求；烧结组织的均匀性，致密化程度高，使胎体对金刚石浸润性好，把持力加强；烧结组织的硬度适中，磨损性能调整能力强。

在金刚石工具领域中适于制备各类花岗岩锯片刀头、中径水泥锯片、工程薄壁钻头、陶瓷小锯片、陶瓷细辊刀、磨边轮等。世佳微尔科技有限公司生产的微米级超细金属铁粉见表 3-8-9。

表 3-8-9 世佳微尔科技有限公司生产的微米级超细金属铁粉

SPEC/牌号	UHD	SEM-View
化学分析(质量分数)/%		
Fe	≥99.0	
C	≤0.03	
N	≤0.01	
O	≤0.45	
物 理 性 能		
粒径分布/μm	D10 3.5~5.0	
	D50 7.0~9.0	
	D90 13.0~25.0	
松装密度/g·cm^{-3}	1.8~2.2	
振实密度/g·cm^{-3}	3.0~4.2	
洛氏硬度 (HRB)	120	

第4篇　金刚石工具用基体

1　金刚石圆锯片基体

1.1　几种金刚石圆锯片基体

1.1.1　高频焊接金刚石圆锯片基体

高频焊接金刚石圆锯片广泛应用于石材加工、陶瓷、玻璃、建筑施工等非金属脆性材料的切割或切缝。高频焊接金刚石圆锯片是通过高频焊接机感应加热，将高频焊接金刚石圆锯片基体（以下简称高频基体）、金刚石刀头之间的银焊片或铜焊片熔化后使其两者连接在一起。此种焊接方式其结合强度低，特别是高温强度较低，承载能力差，在高速切削特别是干切时，锯片受热后使焊料软化，导致刀头脱落。但此方式具有操作简单、投入少、成本低等优点而被行业认可和推广。

高频基体分为连续式（无齿片）和间断式（有水槽）两种。在国内外的高频基体加工中，一般将高频基体加工成周边有水槽的间断式形式。这样可以提高基体焊接的方便性，缓解高频焊接时由于热影响导致的基体外圆膨胀而产生较大的变形；再者，间断式锯片基体周边的水槽是用作流通冷却水，以便切割时将切下的碎屑及时排走，减少金刚石刀头的非正常损耗和基体齿部的磨损，提高产品的使用寿命。

高频基体尺寸一般在 $\phi80 \sim \phi4500$mm 之间，外圆的水槽一般有窄 U 水槽、宽 U 水槽、钥匙孔、斜槽等几种型式，如图 4-1-1 所示。一般槽宽不大于 3mm 的 U 型水槽称为窄 U 水槽，其与钥匙孔和斜槽用在直径小于 $\phi600$mm 以下的基体，主要用于石材的切边，马路切缝、陶瓷和玻璃的切割等。宽 U 水槽主要用于直径大于 $\phi600$mm 以上基体，用于石材板材切割和矿山开采。不同用途的锯片，应选用不同类型的水槽，见表 4-1-1。

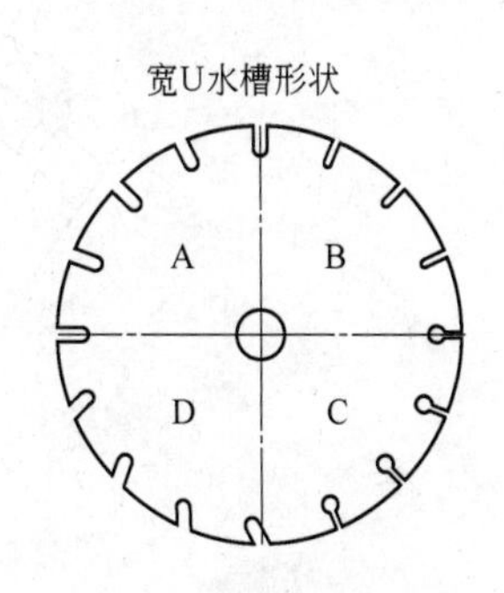

图 4-1-1　焊接基体示意图
A—窄 U 水槽形状；B—钥匙孔水槽形状；C—斜水槽形状；D—斜槽

表 4-1-1 水槽和切割对象的关系

切割对象 \ 槽型	窄U水槽	宽U水槽	钥匙孔	斜槽
大理石、砂岩	√	√	√	
花岗岩、石英	√	√	√	
混凝土		√		√
陶瓷、玻璃	√			
钢筋混凝土			√	√

参照国内外相关标准的定义，为便于描述产品的相关尺寸参数，对基体的尺寸代码进行定义见表4-1-2。

表 4-1-2 基体尺寸代码

代号	名称	代号	名称
A	槽深	L_1	基体齿长度
B	槽宽	Z	齿数
C	槽孔直径	E	基体厚度
D_1	锯片基体直径	H	孔径
D	锯片直径		

在高频基体中，我们通常根据产品的使用领域、形状和产品功能，细分为单片锯基体、组合锯片基体、水平切割圆锯片基体、复合消声圆锯片基体等。

1.1.1.1 单片锯基体

单片锯基体主要用于石材切边、板材切割、矿山开采、建筑施工等领域，一般是单片使用。

单片锯基体水槽一般有宽U水槽、窄U水槽（钥匙孔）、斜槽，其基本形状如图4-1-2所示。在实际的加工中，根据产品加工精度需要，一般也在产品上均匀分布若干工艺孔；同时为更好地传递扭矩，通常在中心孔附近也加工若干安装孔。

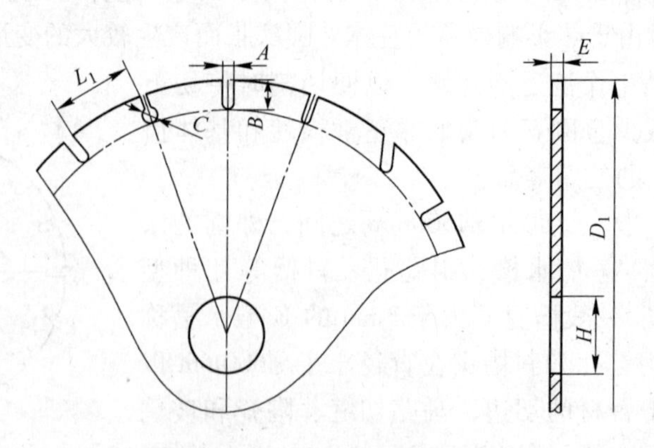

图 4-1-2 单片锯基体示意图

根据国内外锯机型号以及切割的需要，参照 ISO 6105-1、ISO 6105-2、GB 11270. 1—

2002 等相关标准，单片锯基体基本尺寸如表 4-1-3 ~ 表 4-1-5 所示。

表 4-1-3 宽 U 水槽单片锯基体基本尺寸 (mm)

D	D_1		H	E		Z	A	B	水槽底同轴度
	基本尺寸	极限偏差	基本尺寸及极限偏差	基本尺寸	极限偏差		基本尺寸及极限偏差	基本尺寸及极限偏差	
350	340	±0.3	$50_0^{+0.062}$ $60_0^{+0.062}$ $80_0^{+0.074}$ $100_0^{+0.074}$ $120_0^{+0.10}$ $150_0^{+0.10}$	2.2 2.4	±0.1	21	18±1.0	6±0.5 10±0.5 12±0.5	$\phi0.3$
400	390			2.5 2.8		24			
450	440	±0.5		2.8 3.0		26			
500	490			2.8 3.0 3.2 3.5		30			$\phi0.5$
550	540			3.0 3.5 4.0		32			
600 650	590 640			3.5 3.6 4.0 4.5		36 39			
700 725	690 715	±0.7		3.0 3.5 4.0 4.5 5.5 6.5 7.3		40 46 80		6±1.0 10±1.0 12±1.0	
750	740			3.5 4.0 5.0		40 46			
800	780 784			3.5 4.5 5.5 6.5 7.3		46 80			

续表4-1-3

D	D_1		H	E		Z	A	B	水槽底同轴度
	基本尺寸	极限偏差	基本尺寸及极限偏差	基本尺寸	极限偏差		基本尺寸及极限偏差	基本尺寸及极限偏差	
900	884	±0.7	$50_{0}^{+0.062}$ $60_{0}^{+0.062}$ $80_{0}^{+0.074}$ $100_{0}^{+0.074}$ $120_{0}^{+0.10}$ $150_{0}^{+0.10}$	4.5 5.15 6.5 7.3	±0.1	64	18±1.0 20±1.0	18±1.0	ϕ0.5
1000	940 984			3.5 4.0 4.5 5.0 5.5 6.0 6.5 7.3		70 92	20±1.0	9±1.0 20±1.0	
1100	1084	±0.8	$80_{0}^{+0.074}$ $100_{0}^{+0.087}$ $120_{0}^{+0.10}$ $150_{0}^{+0.10}$	3.5 4.0 4.5 5.0 5.5 6.0 6.5 7.3	±0.15	72 74	20±1.0 24±1.5	22±1.0	ϕ0.7
1200	1184			5.5 6.0 6.5 7.3		80	24±1.5		
1300	1284			3.5 4.0 4.5 5.0 5.5 6.15 6.5 7.3		88			
1400	1384			3.5 4.0 4.5 5.0 5.5 6.35 6.5 7.3		88 92			

续表 4-1-3

D	D_1		H	E		Z	A	B	水槽底同轴度
	基本尺寸	极限偏差	基本尺寸及极限偏差	基本尺寸	极限偏差		基本尺寸及极限偏差	基本尺寸及极限偏差	
1500	1484	±0.8	$80_0^{+0.074}$ $100_0^{+0.087}$ $120_0^{+0.10}$ $150_0^{+0.10}$	3.5 4.0 4.5 5.0 5.5 6.0 6.5 6.65 7.3	±0.15	100	24 ± 1.5	22 ± 1.0	ϕ0.7
1600 1650	1584 1650	±1.0		3.5 4.0 4.5 5.0 5.5 6.0 6.3 6.5 7.3		104 108			
1800	1784		$80_0^{+0.074}$ $100_0^{+0.074}$ $120_0^{+0.10}$ $150_0^{+0.10}$	4.5 5.0 5.5 6.0 6.5 7.3 8.0		118			
2000	1980	±2.0	$80_0^{+0.074}$ $100_0^{+0.087}$ $120_0^{+0.10}$ $150_0^{+0.10}$	5.0 5.5 6.0 6.5 7.0 7.3 7.5 8.0 8.5 9.0		126 128	24 ± 1.5 26 ± 1.5		ϕ0.9

续表 4-1-3

D	D_1		H	E		Z	A	B	水槽底同轴度
	基本尺寸	极限偏差	基本尺寸及极限偏差	基本尺寸	极限偏差		基本尺寸及极限偏差	基本尺寸及极限偏差	
2200	2180	±2.0	$80_0^{+0.074}$ $100_0^{+0.087}$ $120_0^{+0.10}$ $150_0^{+0.10}$	5.0 5.5 6.0 6.5 7.0 7.3 7.5 8.0 8.5 9.0 9.6	±0.15	132	24 ±1.5 26 ±1.5	22 ±1.0	ϕ0.9
2300	2284			7.0	±0.25	132		25 ±1.0	
2500	2484			8.0		140			
2600	2584			9.0		140		26 ±1.0	
2700	2684			9.5		140			
2800	2784			7.0 8.0 9.0 9.5 10.0		148			
3000	2984			7.0 7.5 8.0 8.5 9.0 9.5 10		160	30 ±1.5	30 ±1.0	
3500	3484			7.0 7.5 8.0 8.5 9.0 9.5 10 11.0 12.0	±0.30	180		30 ±1.0 32 ±1.0	
4000	3984		$100_0^{+0.074}$ $120_0^{+0.10}$ $150_0^{+0.10}$	7.0 7.5 8.0 8.5 9.0 9.5 10	±0.35	200		32 ±1.0	
4500	4484					222			

表 4-1-4 窄 U 水槽单片锯基体基本尺寸 (mm)

D	D_1		H	E		Z	A	B	水槽底同轴度
	基本尺寸	极限偏差	基本尺寸及极限偏差	基本尺寸	极限偏差		基本尺寸及极限偏差	基本尺寸及极限偏差	
100	85			1.0 1.2 1.5		8			
105	90								
115	103								
125	115			1.2 1.6 1.8		9			
150	140						14 ±1.0		ϕ0.2
180	170					12			
200	190					13			
230	215					16			
250	240					17			
300	290	±0.3		1.4 1.8 2.2 2.5		21			
350	340		$15_{0}^{+0.05}$ $20_{0}^{+0.05}$ $25.4_{0}^{+0.05}$ $50_{0}^{+0.062}$ $60_{0}^{+0.062}$ $80_{0}^{+0.074}$ $100_{0}^{+0.074}$ $120_{0}^{+0.10}$	2.0 2.2 2.4 2.5 2.8	±0.10	21 24		3 ±0.5	
400	390			2.0 2.2 2.4 2.5 2.8		24 28	18 ±1.0		ϕ0.3
450	440	±0.5		2.0 2.2 2.5 2.8 3.2		28 32			
500	490			2.3 2.5 2.8 3.2		36			
600	590	±0.5		2.8 3.0 3.2 3.6 4.0		42			ϕ0.5

续表 4-1-4

D	D_1		H	E		Z	A	B	水槽底同轴度
	基本尺寸	极限偏差	基本尺寸及极限偏差	基本尺寸	极限偏差		基本尺寸及极限偏差	基本尺寸及极限偏差	
650	640			2.8 3.0 3.2		45			
700	690			3.0 3.5 3.6 4.0 4.5 5.0		45 50	18 ±1.0	3 ±0.5	ϕ0.5
800	790	±0.7		3.0 4.0 4.5		46			
900	884		$50_{0}^{+0.062}$ $60_{0}^{+0.062}$ $80_{0}^{+0.074}$ $100_{0}^{+0.074}$ $120_{0}^{+0.10}$	3.0 3.2 3.5 4.0 5.0	±0.10	50	20 ±1.0	5 ±1.0	
1000	984			3.0 3.2 5.0 5.5		56			
1100	1084			3.5 5.5 6.0		74			ϕ0.6
1200	1184			3.5 6.0		80			
1300	1284	±1.0		5.5 6.0 6.5		84	24 ±1.0	12 ±1.0	
1400	1384			6.5		92			
1600	1584			6.5 7.5		108			
1800	1784			7.6		118			

表 4-1-5　钥匙孔单片锯基体基本尺寸（mm）

D	D_1 基本尺寸	D_1 极限偏差	H 基本尺寸及极限偏差	E 基本尺寸	E 极限偏差	Z	A 基本尺寸及极限偏差	B 基本尺寸及极限偏差	C	水槽底同轴度
105	90	±0.3	$15_{0}^{+0.05}$ $20_{0}^{+0.05}$ $25.4_{0}^{+0.05}$ $50_{0}^{+0.062}$ $60_{0}^{+0.062}$ $80_{0}^{+0.074}$	1.0 1.2 1.5	±0.10	8	14±1.0	3±0.5	6(8)	ϕ0.2
115	103									
125	115			1.2 1.6		9				
150	140									
180	170			1.8		12				
200	190			1.2		13			8(6)	
230	215			1.6		16				
250	240			1.8		17				ϕ0.3
300	290		$15_{0}^{+0.05}$ $20_{0}^{+0.05}$ $25.4_{0}^{+0.05}$ $50_{0}^{+0.062}$ $60_{0}^{+0.062}$ $80_{0}^{+0.074}$	1.4 1.8 2.2 2.5		21	18±1.0			
350	340			2.0 2.2 2.4 2.8		24				
400	390			2.0 2.2 2.5 2.8		28				
450	440	±0.5		2.0 2.2 2.5 2.8 3.2		32				ϕ0.5
500	490			2.3 2.5 2.8 3.2		36				
600	590			2.8 3.0 3.2 3.6 4.0		42				
650	640	±0.7		2.8 3.0 3.2 3.6		45			10(8)	
700	690			3.0 3.5 4.0		50			10	

1.1.1.2 组合锯片基体

组合锯片是在传统的单片锯基础上发展起来的，其较传统的单片锯切割具有工效高、成本低等诸多优势，现广泛应用在石材加工行业。

组合锯片的方式有单一规格多片组（单组合，如图4-1-3所示），成组片数一般在15~60片，锯片基体的主要规格集中在ϕ1000、ϕ1200mm等。现国内石材厂家在单组合的基础上，演变出常用的两种配组形式：一种即所谓的双组合（图4-1-4），一般从5大5小到20大20小。工作的方式一般是小规格锯片先切割，大规格锯片后切割并加深至所要求尺寸，为保证等量切削，大小锯片同时进刀提高工效，配组时大小片的详细规格见表4-1-6。另一种方式是采用不同规格的锯片基体组合在一根轴上进行切割，传统的有所谓的三件套、四件套、五件套等，现已经发展到9件套。配组的示意图如图4-1-5所示，配组产品的具体规格见表4-1-7。

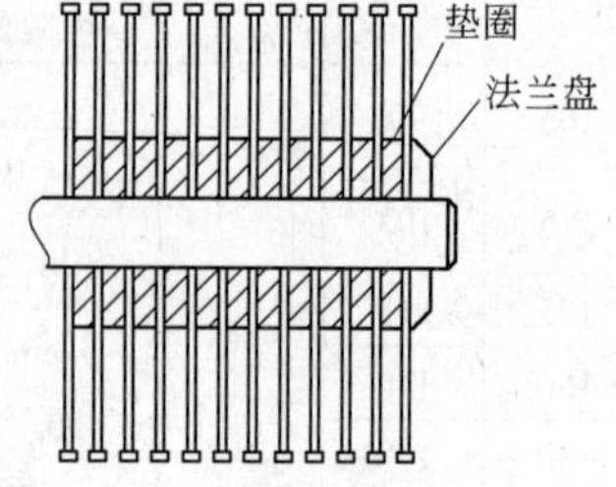

图4-1-3 单组合锯片示意图

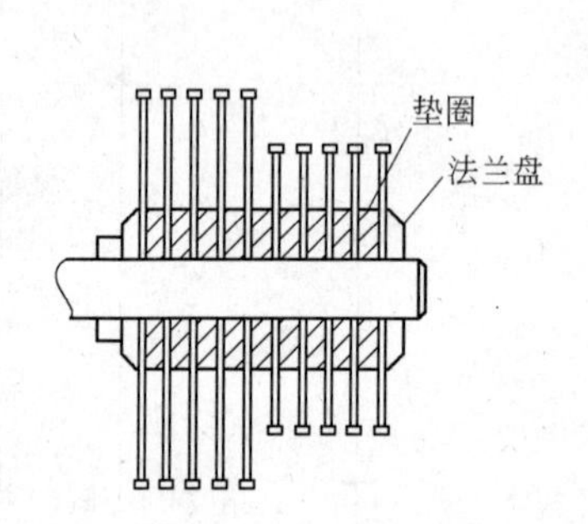

图4-1-4 双组合锯片示意图

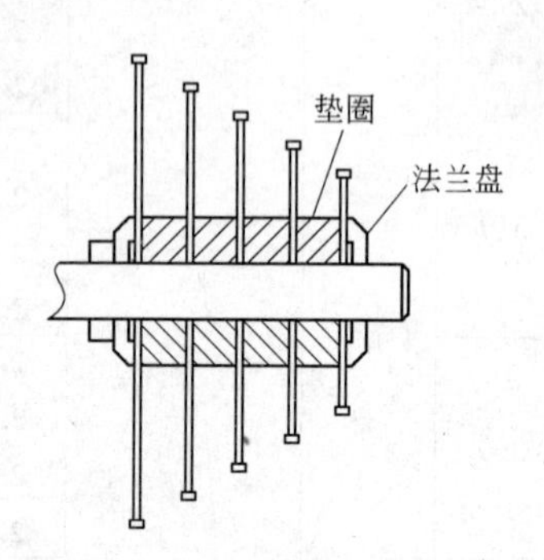

图4-1-5 多件套组合锯片示意图

表4-1-6 双组合锯片基体配组

配组方案	配组规格	配组方案	配组规格
方案1	ϕ940 + ϕ1584	方案4	ϕ1040 + ϕ1784
方案2	ϕ980 + ϕ1650	方案5	ϕ1250 + ϕ2180
方案3	ϕ1140 + ϕ1980	方案6	ϕ740 + ϕ1184

表4-1-7 多件套基体配组

配组方案	配组规格
三件套	ϕ680 + ϕ1140 + ϕ1584
	ϕ730 + ϕ1170 + ϕ1650
	ϕ780 + ϕ1300 + ϕ1784
	ϕ850 + ϕ1400 + ϕ1980
	ϕ980 + ϕ1650 + ϕ2180
四件套	ϕ590 + ϕ920 + ϕ1250 + ϕ1584
	ϕ680 + ϕ1140 + ϕ1584 + ϕ1980
	ϕ640 + ϕ1040 + ϕ1400 + ϕ1800
六件套	ϕ530 + ϕ740 + ϕ950 + ϕ1160 + ϕ1370 + ϕ1584
九件套	ϕ530 + ϕ740 + ϕ950 + ϕ1160 + ϕ1370 + ϕ1584 + ϕ1784 + ϕ1980 + ϕ2180

对组合锯片钢材的质量要求：相同的钢材、相同的热处理、相同且连续的焊接方式、相同的张力检测方法且相互间张力差值较小、相同的方式进行检测和相同的处理过程。在加工过程中，组合锯片基体的各项技术指标要严格，加工精度比要常规产品高1~2个等级。同片硬度差2HRC，同组硬度差3HRC。组合锯片由于是多片装在同一根轴上进行切割，它对静不平衡量比要求较高，为避免静不平衡超差带来的切割抖动，产品在安装时应该对单张锯片的静不平衡部位要错开安装，使切割时状态较稳定。切割时冷却必须充分，以防锯受热而变形。单组合、双组合和多件套产品基本尺寸界定见表4-1-8~表4-1-10。

表4-1-8 宽水槽单组合圆锯片基体基本尺寸 (mm)

D	D_1		H		E			Z	A		B	
	基本尺寸	极限偏差	基本尺寸	极限偏差	基本尺寸	极限偏差	厚度差		基本尺寸	极限偏差	基本尺寸	极限偏差
800	784	±0.7	50 80 100 120 150	H8	3.5 4.0 4.5	±0.15		46	18	±1.0	12	±1.0
900	884				3.5 4.0 4.5 5.0 5.5 6.0			64	20		18	
1000	984							70			20	
1100	1084							74			22	
1200	1184							80	24	±1.5		
1300	1284	±0.8			3.5 4.0 4.5 5.0 5.5 6.0			88				
1400	1384				3.5 4.0 4.5 5.0 5.5 6.0			92				
1500	1484				4.0 4.5 5.0 5.5 6.0 6.5			100				
1600	1584				4.0 4.5 5.0 5.5 5.8 6.0 6.5 7.0 7.3			108				

表 4-1-9　宽水槽双组合圆锯片基体基本尺寸　（mm）

<table>
<tr><th rowspan="2">D</th><th colspan="2">D_1</th><th colspan="2">H</th><th colspan="3">E</th><th rowspan="2">Z</th><th colspan="2">A</th><th colspan="2">B</th></tr>
<tr><th>基本尺寸</th><th>极限偏差</th><th>基本尺寸</th><th>极限偏差</th><th>基本尺寸</th><th>极限偏差</th><th>厚度差</th><th>基本尺寸</th><th>极限偏差</th><th>基本尺寸</th><th>极限偏差</th></tr>
<tr><td>700</td><td>690</td><td rowspan="2">±0.6</td><td rowspan="4">50
80
100
120</td><td rowspan="8">H8</td><td rowspan="8">5.5
5.8</td><td rowspan="2">±0.05</td><td rowspan="4">0.07</td><td>46</td><td>18</td><td rowspan="8">±1.0</td><td>12</td><td rowspan="8">±1.0</td></tr>
<tr><td>1000</td><td>984</td><td>70</td><td>20</td><td rowspan="2">18</td></tr>
<tr><td>800</td><td>784</td><td rowspan="2">±0.6</td><td rowspan="2">±0.07</td><td>46</td><td>18</td></tr>
<tr><td>1200</td><td>1184</td><td>80</td><td>24</td><td>20</td></tr>
<tr><td>900</td><td>884</td><td rowspan="2">±0.7</td><td rowspan="4">80
100
120
150</td><td rowspan="2">±0.07</td><td rowspan="2">0.07</td><td>64</td><td>18</td><td>18</td></tr>
<tr><td>1300</td><td>1284</td><td>88</td><td>24</td><td>22</td></tr>
<tr><td>1000</td><td>984</td><td rowspan="2">±0.8</td><td rowspan="2">±0.10</td><td rowspan="2">0.10</td><td>70</td><td>20</td><td>20</td></tr>
<tr><td>1600</td><td>1584</td><td>108</td><td>24</td><td>24</td></tr>
</table>

表 4-1-10　多组合圆锯片基体基本尺寸　（mm）

<table>
<tr><th rowspan="2">D</th><th colspan="2">D_1</th><th colspan="2">H</th><th colspan="3">E</th><th rowspan="2">Z</th><th colspan="2">A</th><th colspan="2">B</th></tr>
<tr><th>基本尺寸</th><th>极限偏差</th><th>基本尺寸</th><th>极限偏差</th><th>基本尺寸</th><th>极限偏差</th><th>厚度差</th><th>基本尺寸</th><th>极限偏差</th><th>基本尺寸</th><th>极限偏差</th></tr>
<tr><td>530</td><td>530</td><td rowspan="3">±0.20</td><td rowspan="20">80
100
120
150</td><td rowspan="18">H8</td><td rowspan="3">3.0
3.5</td><td rowspan="6">±0.05</td><td rowspan="6">0.05</td><td>56</td><td rowspan="7">18</td><td rowspan="3">±0.50</td><td rowspan="2">5</td><td rowspan="3">±0.3</td></tr>
<tr><td>600</td><td>590</td><td>66</td></tr>
<tr><td>650</td><td>650</td><td>74</td><td>3</td></tr>
<tr><td>700</td><td>690</td><td rowspan="3">±0.30</td><td rowspan="3">3.0
3.5
4.5
5.5
7.3
8.0</td><td>80</td><td rowspan="17">±1.0</td><td>6</td><td rowspan="6">±0.5</td></tr>
<tr><td>750</td><td>750</td><td>80</td><td>6</td></tr>
<tr><td>800</td><td>784</td><td>80</td><td rowspan="4">8
9
8
9</td></tr>
<tr><td>850</td><td>850</td><td rowspan="8">±0.40</td><td rowspan="14">4.0
4.5
5.0
5.5
5.8
6.0
6.5
7.0
7.3
8.0
9.0
10.0</td><td rowspan="6">±0.07</td><td rowspan="6">0.70</td><td>80</td></tr>
<tr><td>940</td><td>940</td><td>92</td><td rowspan="2">20</td></tr>
<tr><td>890</td><td>980</td><td>92</td></tr>
<tr><td>1040</td><td>1040</td><td>80</td><td rowspan="11">24</td><td>16</td><td rowspan="11">±1.0</td></tr>
<tr><td>1140</td><td>1140</td><td>88</td><td>15</td></tr>
<tr><td>1170</td><td>1170</td><td>92</td><td>15</td></tr>
<tr><td>1250</td><td>1250</td><td rowspan="6">±0.10</td><td rowspan="6">0.10</td><td>96</td><td>17</td></tr>
<tr><td>1300</td><td>1284</td><td>96</td><td>18</td></tr>
<tr><td>1400</td><td>1384</td><td></td><td>96</td><td rowspan="6">22</td></tr>
<tr><td>1600</td><td>1584</td><td rowspan="2">±0.50</td><td>108</td></tr>
<tr><td>1650</td><td>1650</td><td>108</td></tr>
<tr><td>1800</td><td>1784</td><td></td><td>118</td></tr>
<tr><td>2000</td><td>1980</td><td rowspan="2">±0.60</td><td rowspan="2"></td><td rowspan="2">±0.15</td><td rowspan="2">0.15</td><td>126</td></tr>
<tr><td>2200</td><td>2180</td><td>132</td></tr>
</table>

1.1.1.3 水平切割圆锯片基体

水平切割圆锯片基体工作时呈水平状态，故此命名，其主要用于石材荒料整形、卸板。一般产品配合锯机使用，在板材切割前，对荒料切割面进行修整，减少板材后期加工难度；板材切割完后，进行卸板，防止采用传统方式卸板对大理石等石材出现的损坏。

水平切割圆锯片基体在切割使用时，呈水平状态，为避免切割时由于重力等原因造成产品变形而导致无法正常切割的现象，一般在产品非工作区域采用加厚处理，增强锯片基体抗变形能力，而工作区域减薄到传统规格锯片基体厚度，其产品示意图如图4-1-6所示。

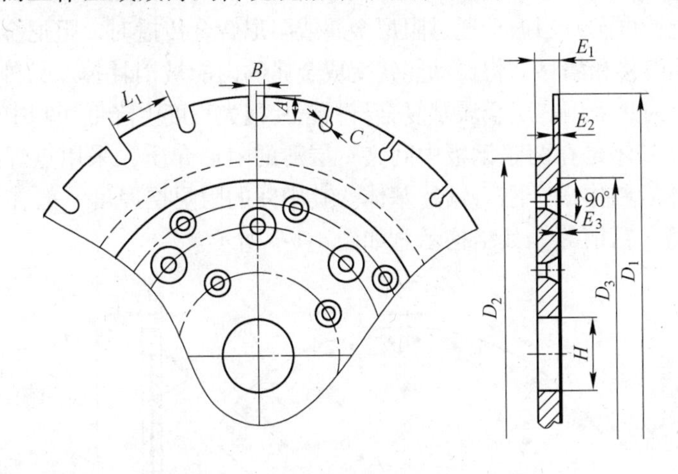

图 4-1-6 水平切割圆锯片基体示意图

根据客户的要求不同，水平切割锯片基体上沉头孔位置和减薄台阶处深度不一致，按照目前使用情况分析，大致集中在如下几种，详见表4-1-11。

表 4-1-11 水平切割圆锯片基体基本尺寸 (mm)

D	D_1		D_2	D_3	H		E_1		E_2	E_3	Z	A		B		C
	基本尺寸	极限偏差			基本尺寸	极限偏差	基本尺寸	极限偏差				基本尺寸	极限偏差	基本尺寸	极限偏差	
350	340	±0.7	260	240	50 60	H8	5 8	±0.15	3	0.5 1.0	24	18	±1.0	3 10 12	±0.5	6 8
400	390		280	260							28					
450	440	±0.8	340	320							32					
500	490		390	370							36					

1.1.1.4 复合消声锯片

传统的金刚石锯片基体在切割时，最大噪声声级可以达到110dB，尤其是高频部分噪声，尖锐刺耳。复合消音锯片基体是在常规锯片基体上发展起来的一种新型的锯片基体，其具有明显的降噪效果。目前国内能生产此基体的主要有黑旋风锯业、海恩锯业、天津远洋等公司，产品主要出口到德国、意大利、韩国等工业发达国家。

复合消声锯片基体降噪原理是采用不同的共振频率、吸音系数等金属材料，通过优化设计出阻尼降噪功能的三层金属基复合材料。复合材料可以大幅度提高材料的阻尼值，其增大阻尼损耗因子的原因是：有两种或多种材料组成的复合材料，因为不同材料的弹性模量不同，承受相同的应力时会有不相等的应变形成不同材料之间的相对应变，因而会有附加的耗能。从锯片基体结构上考虑消除切割时产生的高频噪声，其降噪原理主要包括两个方面：（1）在夹层结构设计的三明治型基体结构的层与层之间存在一层非常薄的空气层，在锯片振动过程中，该空气不停地在夹层内流动，从而大大降低锯片产生共振的几率，能够消除锯片在切割时的高频噪声。（2）振动在通过不同金属传播时，由于不同金属的固有频率不同，难以使复合材料产生共振；其次，层与层之间的阻尼材料和空气具有很大的阻尼作用，当振动波从一种金属向另一种金属传播时，传播在两种不同金属的界面而产生阻尼，使振动能转变成热能；再次，当振动通过阻尼金属或阻尼合金传播时，阻尼金属或阻尼合金在微观上产生位错的滑移和攀移，将振动能转变成金属的内能被消耗掉。另外，阻尼可缩短薄板被激振的时间。因此采用三层金属基复合材料锯片很大程度上降低切割中的噪声。

复合消声锯片基体是在两张钢板中间夹一层薄的阻尼介质，采用点焊或铆接的方式将其复合成一个整体后制作成金刚石锯片基体。其中间的阻尼层厚度一般在0.10～0.20mm，常用的主要是铜箔、铝箔等。其结构示意如图4-1-7所示。

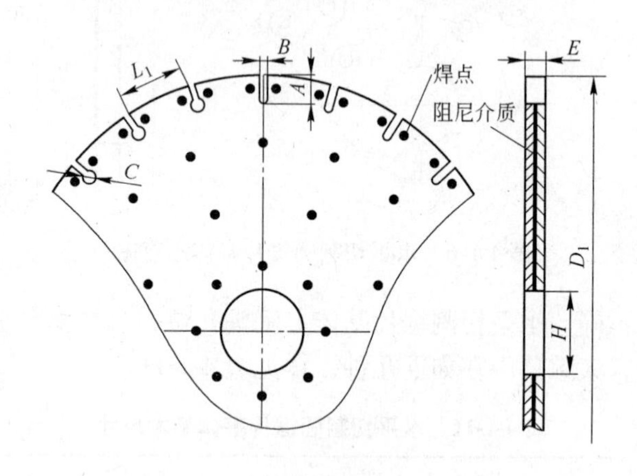

图4-1-7　复合消声锯片基体示意图

复合消声锯片基体制造难度大，成本高，一般售价高于传统锯片2～3倍。产品规格尺寸主要集中在ϕ250～1200mm，尤其以ϕ300mm、ϕ350mm、ϕ400mm规格需求最大，此类锯片主要使用在居民集中区域的马路切割、室内装修、工程施工等领域，减少切割噪声对环境的危害。目前，黑旋风锯业股份有限公司依靠自身的技术实力，此类产品规格能做到直径ϕ1800mm，可谓之最。按照目前市场需求，复合消声锯片基体基本尺寸见表4-1-12。

表4-1-12　复合消声锯片基体基本尺寸　　（mm）

<table>
<tr><th rowspan="2">D</th><th colspan="2">D_1</th><th colspan="2">H</th><th colspan="2">E</th><th rowspan="2">Z</th><th colspan="2">A</th><th colspan="2">B</th></tr>
<tr><th>基本尺寸</th><th>极限偏差</th><th>基本尺寸</th><th>极限偏差</th><th>基本尺寸</th><th>极限偏差</th><th>基本尺寸</th><th>极限偏差</th><th>基本尺寸</th><th>极限偏差</th></tr>
<tr><td>250</td><td>240</td><td rowspan="3">±0.30</td><td>20
25.4</td><td rowspan="3">H8</td><td>1.8</td><td rowspan="3">±0.05</td><td>17</td><td rowspan="3">18</td><td rowspan="3">±1.00</td><td rowspan="3">3</td><td rowspan="3">±0.50</td></tr>
<tr><td rowspan="2">300</td><td rowspan="2">290</td><td rowspan="2">50
60
80
100
120</td><td>2.2</td><td rowspan="2">21</td></tr>
<tr><td>2.4</td></tr>
</table>

续表 4-1-12

D	D_1		H		E		Z	A		B	
	基本尺寸	极限偏差	基本尺寸	极限偏差	基本尺寸	极限偏差		基本尺寸	极限偏差	基本尺寸	极限偏差
350	340	±0.30	20 25.4 50 60 80 100 120	H8	2.2	±0.05	24	18	±1.00	3	±0.50
					2.4						
					2.6						
400	390				2.4		28				
					2.8						
450	440	±0.50			2.2		32				
					2.5						
					2.8						
					3.2						
500	490				2.5	±0.08	36				
					2.8						
					3.2						
600	590				3.2		42			5	±0.8
					3.6						
					4.0						
700	690	±0.60			3.5		45				
					4.0						
					4.5						
					5.0						
800	790				3.0	±0.10	46	20			
					3.5						
					4.5						
900	864				3.0		50				
					3.2						
					3.5						
					4.0						
					5.0						
1000	984				3.0		56				
					3.2						
					5.0						
					5.5						
1100	1084	±0.80			3.5		74	24		12	±1.0
					5.5						
					6.0						
1200	1184				3.5		80				
					5.3						
					6.0						

规格 230 ~ 600 的钥匙孔水槽底孔 $C = \phi 6$，槽宽 $B = 3$

1.1.2 激光焊接金刚石圆锯片基体

激光焊接金刚石圆锯片基体（以下简称“激光基体”）是在传统的高频焊接金刚石圆锯片基体基础上发展起来的。高频焊接金刚石锯片与刀头的原理是通过高频加热，让锯片基体齿部与刀头之间的钎料熔化渗透而连接，其结合强度低，特别是高温强度较低，承载能力差，在高速切削特别是干切时，锯片受到高温时钎料软化，导致刀头脱落，存在一定的安全隐患。

激光焊接金刚石锯片其原理是利用激光技术，将刀头与锯片基体之间熔化后产生熔融结合。其热影响区小，无需任何焊剂，激光束聚焦光斑在0.20～0.30mm，焊缝仅为1～2mm宽，焊透深度可以达到1.5～4mm。激光焊接锯片具有外观质量好、几何尺寸精度高，焊接后刀头与锯片基体机械强度高，适用于干切，克服了刀头脱落的现象，安全性更好。近年来欧美各国对锯片使用的安全性能、可靠性、降噪环保等各方面要求越来越高，促进了激光焊接锯片基体的增量。目前此类产品主要分为通用工具和专业工具两大类。通用工具要求适用范围宽，多用于手动工具锯切；专业工具要求较强的锋利度和寿命，主要应用在高速公路、大坝、墙面、桥梁、沥青等专业切割领域。

激光焊接金刚石锯片基体一般使用尺寸在ϕ85～1200mm之间，常用规格在ϕ300、ϕ350，主要是用于手持切割工具。其产品基本形状（见图4-1-1）与高频片一样，分为钥匙孔、宽U水槽、窄U水槽、斜槽以及其他异型水槽。

激光焊接金刚石锯片基体在外形尺寸上基本与高频焊接金刚石锯片基体无异，但为保证产品激光焊接的稳定性和质量，对产品的径向跳动以及水槽分度等指标有别于高频焊接金刚石锯片，具体如表4-1-13所示。

表4-1-13 激光焊接钥匙孔水槽金刚石锯片基体尺寸 (mm)

D	D_1		H		E		Z	A		B		C
	基本尺寸	极限偏差	基本尺寸	极限偏差	基本尺寸	极限偏差		基本尺寸	极限偏差	基本尺寸	极限偏差	
100	85	±0.05	15 18 22.23 25.4 30 35 50	H7	1.0 1.2 1.5	±0.03	8	14	±0.50	3	±0.20	6(8)
115	103											
125	115				1.2 1.6 1.8		9					
150	140											
180	180						12					
230	215				1.2 1.6 1.8		13					8(6)
250	240	±0.06					16					
300	290						17					
350	336				1.4 1.8 2.2 2.5	±0.05	21	18				

续表 4-1-13

D	D_1		H		E		Z	A		B		C
	基本尺寸	极限偏差	基本尺寸	极限偏差	基本尺寸	极限偏差		基本尺寸	极限偏差	基本尺寸	极限偏差	
400	386	±0.06	15 18 22.23 25.4 30 35 50	H7	2.0 2.2 2.4 2.8	±0.05	24	18	±0.50	3	±0.20	8(6)
450	436	±0.08			2.0 2.2 2.5 2.8		28					
500	480				2.0 2.2 2.5 2.8 3.2		32					
600	590	±0.10			2.5 2.8 3.2		36					
700	680		15 18 22.23 25.4 30		2.8 3.0 3.2 3.6	±0.08	40	12	±0.20	18	±0.50	
800	790	±0.12			3.0 3.2 3.6		46	12		18		
900	884				3.0 3.5 4.0		64	18		20		
1000	984				3.0 3.5		70	20		20		
1100	1084				3.0 3.5		74	22		24		
1200	1184				3.0 3.5		80	22		24		

1.1.3　烧结金刚石圆锯片基体

烧结金刚石圆锯片是金刚石制品中出现最早的一类，它是以金刚石为切磨材料，以金属粉末为结合剂，通过高压将金刚石和金属粉末压制在锯片基体齿部后进行高温高压烧结而成。烧结金刚石圆锯片主要用于家居装修、石材切边等领域。采用此方式制作的金刚石圆锯片成本低、效率高、投入设备少而被广泛使用。烧结金刚石圆锯片存在的主要弊端是在烧结时，很大程度上降低锯片基体自身的硬度而导致基体刚性不足。

烧结金刚石圆锯片基体一般分为有齿型和无齿型两种方式，其外圆周边的小齿一般采用滚花或冲裁而成，在烧结时主要起到加强锯片基体与金刚石刀头结合强度的作用。其产品形状如图 4-1-8 和图 4-1-9 所示。

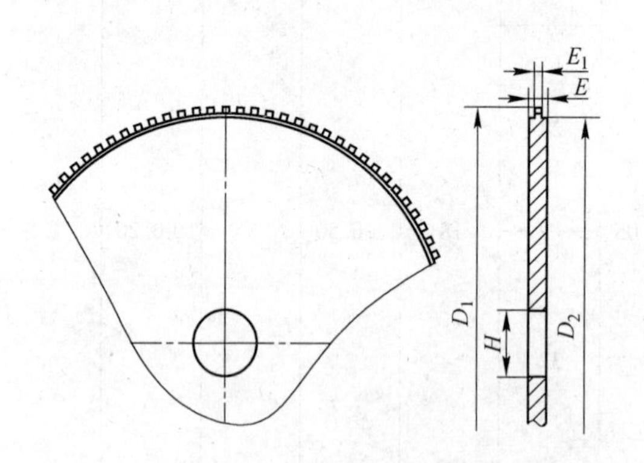

图 4-1-8 无齿型烧结金刚石圆锯片基体示意图

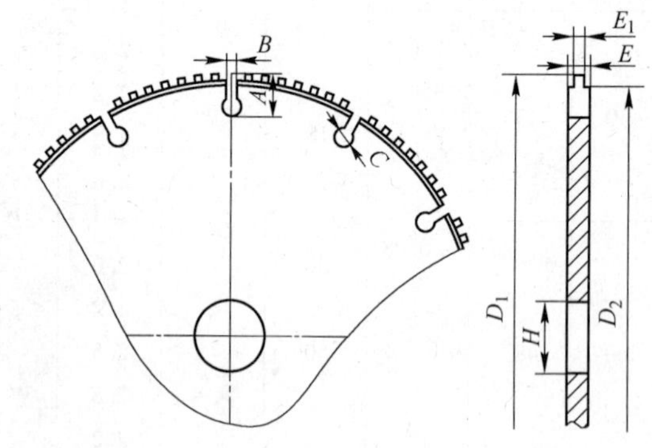

图 4-1-9 有齿型烧结金刚石圆锯片基体示意图

烧结金刚石圆锯片基体目前使用规格主要是 ϕ100 ~ 400mm，其基本尺寸见表 4-1-14。

表 4-1-14 烧结金刚石圆锯片基体基本尺寸 (mm)

D	D_1	H	Z	E	E_1	D_2	A	B	C
100	88	15. 88 H8 20 H8 22. 2 H8 25. 4 H8 30 H8 50 H8 60 H8	7	1. 2	0. 9	83	8	2	5
105	93		8	1. 2	0. 9	88	10	2	5
110	98		8 9	1. 2 1. 4	0. 9 1. 1	83	10	2	5
115	103		8 9	1. 2 1. 4	0. 9 1. 1	98	10	2	5
125	113		9 10	1. 2 1. 4	0. 9 1. 1	108	10	2	5
150	138		12	1. 4	1. 1	133	10	2	5
180	168		13 14	1. 6	1. 3	163	10	2	5
200	188		14 15	1. 4 1. 6 1. 8	1. 1 1. 3 1. 5	183	11. 5	2. 5	6
230	218		16 18	1. 6 1. 8	1. 3 1. 5	213	11. 5	2. 5	6
250	238		17 18	1. 6 2. 0 2. 2	1. 3 1. 7 1. 9	233	12	2. 5	6

续表 4-1-14

D	D_1	H	Z	E	E_1	D_2	A	B	C
300	288	15.88 H8 20 H8 22.2 H8 25.4 H8 30 H8 50 H8 60 H8	20 21 22	1.6 2.0 2.2	1.3 1.7 1.9	283	13	2.5	6
350	338		24	2.2	1.9	333	14	3.0	6
355	342		19	2.2	1.9	337	19	3.0	6
400	385		28	2.5	2.2	380	19	3.0	6

1.2 金刚石锯片基体材料选用要求

金刚石圆锯片基体是用来支撑切割锯齿的主体，同时又是联接于设备上实现切割的刚性部件，其质量的好坏，材料选择的正确与否是基础，材料必须具有强度高、不易变形、耐冲蚀等特性，选择材料必须重点考虑如下因素：

（1）材料的刚度。材料的刚度是指弹性体抵抗变形（弯曲、拉伸、压缩等）的能力。金刚石锯片基体的受力特征决定了其所使用的材料必须要求有一定的刚度，以防止其在切割中的变形。

（2）材料的回复性能。锯片基体在使用中受切向力和法向力的作用，会出现局部的变形，为控制此变形在材料的弹性变形范围内，锯片基体材料应有较大的弹性系数。

（3）基体材料要有较低的热膨胀系数。锯片基体在参与切割中会产生一定的热量，若材料的热膨胀系数大，会使锯片基体因热膨胀而引起变形而导致无法稳定切割。再者，锯片基体材料和金刚石刀头材料的热膨胀系数要尽可能保持一致，防止在切割过程中两者膨胀系数不一致而导致刀头脱落，带来一定的安全隐患。

（4）较好的热处理性能。对于金刚石圆锯片基体，硬度是一个非常重要指标，基体的硬度偏低或不均，往往会在使用过程中发生偏斜，影响切割质量。

（5）合理的综合力学性能。由于锯片在工作中的旋转速度一般达到 220 ~ 3000 r/min，可能会因惯性力的作用而出现塑性变形或断裂，故材料需要有足够的综合力学性能。

综合以上要求，目前国内外高频焊接金刚石圆锯片基体所使用材料一般为：50Mn2V、65Mn、75Cr1，8CrV、SKS51 等。

激光焊接过程相当于快速加热和冷却的过程，对于高碳钢就会在焊接热影响区产生大量脆性的马氏体，容易产生裂纹而断裂。因此对激光焊接金刚石圆锯片基体材料一般选用高强度特种低碳合金钢，主要有 25CrMo、28CrMo、30CrMo，35CrMo 等。目前部分金刚石锯片生产企业通过调整刀头配方和焊接工艺等手段用 50Mn2V 材料作激光焊接基体用材，亦取得了成功。

1.2.1 锯片基体用钢化学成分

锯片基体用钢化学成分见表4-1-15。

表4-1-15 金刚石圆锯片基体用钢化学成分

序号	牌号	化学成分(质量分数)/%									
		C	Si	Mn	Cr	Mo	V	Ni	Cu	P	S
									≤		
1	25CrMo	0.22~0.30	0.17~0.37	0.40~0.70	1.00~1.30	0.15~0.25	—	Cu≤0.30	0.25	0.020	0.020
2	30CrMo	0.28~0.34	0.17~0.37	0.40~0.70	0.80~1.10	0.15~0.25	—	≤0.30	0.20	0.020	0.020
3	50Mn2V	0.47~0.57	0.17~0.37	1.40~1.80	≤0.30	—	0.08~0.16	≤0.25	0.25	0.020	0.020
4	65Mn	0.62~0.70	0.17~0.37	0.90~1.20	≤0.25	—	—	≤0.25	0.25	0.020	0.020
5	75Cr1	0.72~0.80	0.20~0.45	0.60~0.90	0.30~0.60	—	—	≤0.25	0.25	0.025	0.025
6	SKS51	0.75~0.85	0.15~0.35	≤0.50	0.20~0.50	—	—	0.20~0.50	0.25	0.020	0.020
7	8CrV	0.75~0.85	0.20~0.40	0.30~0.60	0.40~0.70	—	0.15~0.25	—	0.40~0.70	0.020	0.020
8	35CrMo	0.32~0.40	0.17~0.37	0.40~0.70	0.8~1.10	0.15~0.2	—	—	0.25	0.020	0.020

1.2.2 锯片用钢热处理性能要求

为保证选用材料获得良好的力学性能，保证强度，推荐相关材料热处理制度见表4-1-16所示。

表4-1-16 锯片用钢热处理制度和淬、回火硬度

序号	牌 号	试样热处理制度					
		淬 火			回 火		
		温度/℃	介质	HRC	温度/℃	HRC	σ_b/MPa
1	25CrMo	850~910	油	42~51	420~470	35~42	1080~1320
2	30CrMo	840~900	油	46~52	450~500	35~42	1080~1320
3	50Mn2V	790~840	油	56~61	410~460	37~45	1140~1450
4	65Mn	780~850	油	57~63	400~450	37~45	1140~1450
5	75Cr1	770~840	油	58~63	400~450	37~45	1140~1450
6	SKS51	770~840	油	58~63	380~430	38~46	1180~1470
7	8CrV	770~840	油	58~63	400~450	38~46	1180~1470

1.2.2.1 表面脱碳层要求

对于金刚石锯片基体用钢，脱碳使其表层的含碳量降低，淬火后不能发生马氏体转变，或转变不完全，结果得不到所要求的硬度。表面脱碳后会造成淬火软点，使用时易发生接触疲劳损坏；表面脱碳还会使材料的热稳定性下降。同时，脱碳使钢的疲劳强度降低，导致锯片基体在使用中过早地发生疲劳损坏。因此，锯片基体用钢对脱碳层的要求要优于传统金属材料，要求材料的脱碳层深度不得超过表4-1-17规定的要求，以确保产品在后续加工中能将脱碳层去除。

表4-1-17 全脱碳层（铁素体）深度

公称厚度/mm	全脱碳层（铁素体）深度不大于公称厚度的百分比/%	
	单面全脱碳层	两面全脱碳层之和
≤3	2.0	3.5
>3	1.5	2.5

1.2.2.2 材料的晶粒度要求

晶粒的大小对金属的抗拉强度、韧性、塑性等力学性能有决定性的影响，晶粒度越细，材料的强度、韧性、塑性等力学性能越好，因此，材料的晶粒度要求不小于8级。

1.2.2.3 材料的偏析

偏析是钢在凝固和结晶过程中，产生成分和组织不均的表现。其偏析主要有带状偏析、树枝状偏析、方框形状偏析、点状偏析等。它导致淬火裂纹的概率较大，因而，对金刚石圆锯片基体用钢的材料要求其带状组织不得大于3级。

1.2.2.4 原材料硬度选用要求

金刚石圆锯片基体一般用钢板或钢带加工，为后续加工方便，原材料的硬度不可太高或太低，一般控制在表4-1-18的范围内比较合适。

表4-1-18 原材料硬度控制范围

序 号	牌 号	布氏硬度HBW不大于	序 号	牌 号	布氏硬度HBW不大于
1	25CrMo	270	5	75Cr1	350
2	30CrMo	270	6	SKS51	350
3	50Mn2V	300	7	8CrV	350
4	65Mn	300			

1.2.2.5 钢板的非金属夹杂物要求

非金属夹杂物含量直接影响着材料的各种性能，因此，非金属夹杂物的级别应符合表4-1-19的要求。

表4-1-19 非金属夹杂物合格级别

非金属夹杂物级别								
A类（硫化物类）		B类（氧化铝类）		C类（硅酸盐类）		D类（球状氧化物类）		DS类（单颗粒球状类）
粗系	细系	粗系	细系	粗系	细系	粗系	细系	—
≤2.0	≤2.5	≤2.0	≤2.5	≤1.5	≤2.0	≤1.5	≤2.0	实 测

1.2.2.6　钢板的表面质量要求

钢板表面质量的好坏直接影响着锯片基体的外观质量，因而，钢板表面不允许有裂纹、气泡、结疤和夹杂。钢板的截面上不应有分层。热轧钢板表面允许有从实际尺寸算起深度不大于钢板厚度公差之半，且应保证钢板的最小厚度的麻点、凹坑、划痕、压痕和薄层氧化铁皮等轻微局部的缺陷。

1.3　金刚石锯片基体加工工艺

1.3.1　高频焊接金刚石圆锯片基体加工工艺

其工艺流程为：下料→退火→粗车外圆内孔→齿部加工→调质→校平→精车内孔及外圆→粗磨→校平→精磨→校平入库。生产过程中关键工序的控制：

(1) 选择材料与下料。材料的好坏直接关系到后工序的加工质量、生产效率、经济效果、用户使用情况等。请参考1.2金刚石锯片基体材料选用要求。下料要避免裂纹的产生。

(2) 热处理。通过试验优化工艺，严格控制工艺参数，根据热处理组织转变的原理，减小变形，淬火硬度均匀，单片硬度差3～4HRC，平面度要好。为后工序创造条件，提高回火、校平、磨削工序的工作效率。

(3) 精车。保证内外圆的公差和径跳。

下料时先根据加工方式确定加工余量，一般遵循的原则为：大直径余量大，小直径余量小，气割下料时加工余量可适当放大。对于中碳合金钢，如不采用汽割下料的方式，可不需退火，为减少或消除热处过程中产生裂纹和变形，高碳钢必须在淬火前进行退火，以消除钢板轧制时的应力，使组织均匀化。磨削工序主要控制产品的厚度及厚度公差。精车内孔外圆关键从工艺上控制内孔和外圆的同轴度。校平过程中重点调整产品的端跳、平面度，同时在校平中调整产品的张力。

1.3.2　激光焊接金刚石圆锯片基体加工工艺

激光焊接金刚石锯片基体的加工工艺流程与高频焊接金刚石锯片基体的加工工艺流程基本相同，由于目前国内外激光焊接的方式均为全自动焊接，为保证刀头在锯齿中的对称度，对基体的齿分度的精度要有更严格的要求。由于激光焊接的光斑较小，为保证焊接时的光斑始终在刀头与基体的接合部，基体的径向圆跳动要求较高，一般为6～8级，否则将影响产品的焊接强度。

1.3.3　烧结金刚石锯片基体加工工艺

烧结金刚石圆锯片基体分为需要调质与不需要调质两种，需要调质的锯片基体与高频金刚石圆锯片基体基本相同，不需调质的烧结金刚石锯片基体工艺流程如下：

冷轧板整体落外圆和中孔→冲齿→车台阶→滚花(仅对连续切割锯片)→校平→入库。

1.4　产品技术指标及检验方式方法

影响金刚石圆锯片基体质量的因素除基体所用材料、热处理工艺水平、几何尺寸外，锯片基体的端跳、平面度、张力的合理性及静不平衡量亦是关键，经过长期的探索实践，在参考国内外相关标准的基础上，黑旋风锯业股份有限公司形成了如下技术指标标准。

1.4.1　平面度指标及其检验方法

将锯片基体垂直放置，用专用平尺的标准面轻靠基体表面，再用专用塞尺轻插入基体与平尺之间，插入多厚的塞尺，即基体的平面度。然后再将基体旋转90°，再用相同的方法再进行测量。数值大的为最终检测结果。超薄和大直径片体，直立会自然弯曲，无法检测平面度，此时应将片体悬挂后检测。

锯片基体的平面度不可能为零。不可将平尺标准面的一侧靠向基体，因为线接触精确度不如面接触的触精确度，更不可将平尺用力抵向基体，它会使基体变形，而导致测量不准。为保证产品在切割时的稳定性，高频焊接金刚石圆锯片基体和激光焊接金刚石圆锯片基体的技术指标标见表4-1-20。

表4-1-20　产品的平面度指标　　(mm)

D	平面度	D	平面度	D	平面度
100～150	0.05	>650～750	0.25	>1400～1800	0.60
>150～250	0.08	>750～1000	0.30	>1800～2200	0.65
>250～450	0.15	>1000～1200	0.35	>2200～3500	1.00
>450～650	0.20	>1200～1400	0.40	>3500～4500	1.40

1.4.2　径向圆跳动指标及其检验方法

径向圆跳动检测方式是圆锯片跳检测仪轴与法兰盘公配合要求为$\frac{H8}{h7}$。将锯片基体中孔安装在固定的心轴上，在产品外圆安装百分表，旋转基体一周，表针显示的最大值即为产品的径向圆跳动值，其检测示意见图4-1-10。锯片基体径向圆跳动值见表4-1-21。

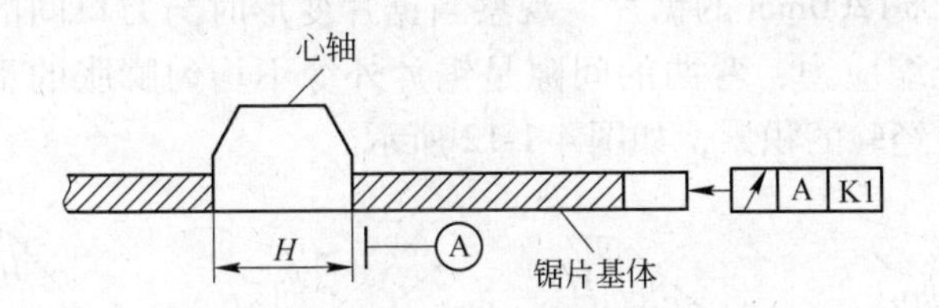

图4-1-10　锯片基体径向跳动检测示意图

表4-1-21　产品的径向圆跳动指标　　(mm)

D_1	径向圆跳动	D_1	径向圆跳动
≤250	0.08	>1800～2200	0.25
>250～450	0.12	>2200～3000	0.30
>450～1100	0.15	>3000～4000	0.35
>1100～1800	0.20	>4000～4500	0.40

1.4.3　端面圆跳动指标及其检测方法

夹紧方法同上。在距锯片基体离水槽底部 10mm 处，均匀转动基体一周，读出百分表最大值，即为产品的端跳值。其检测示意如图 4-1-11 所示，不同规格产品端跳指标如表 4-1-22所示。

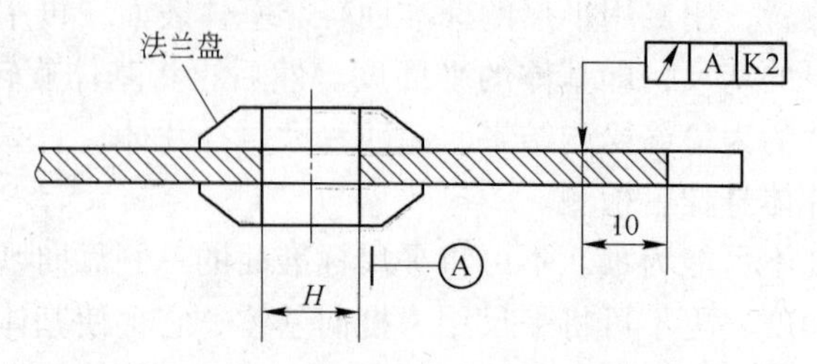

图 4-1-11　产品端面圆跳动检测示意图

表 4-1-22　锯片基体端面圆跳动指标　(mm)

D_1	端面圆跳动	D_1	端面圆跳动
90～250	0.10	>1200～1400	0.50
>250～350	0.15	>1400～1500	0.55
>350～450	0.20	>1500～1650	0.70
>450～500	0.25	>1650～1800	0.80
>500～650	0.30	>1800～2500	0.95
>650～900	0.35	>2500～3500	1.25
>900～1000	0.40	>3500～4500	1.55

1.4.4　张力（应力）值指标及其检验方法

锯片基体张力的检测方法按照目前行业内的习惯，大致可以分为四种，具体如下所述。

1.4.4.1　方法一：用刀口尺检查——锯片水平放置

适用于直径小于 ϕ1200mm 的锯片，观察当锯片变形时与刀口间的间隙，可显示张力在径向上所造成的压缩应力，弯曲的间隙是锯片外缘不均匀膨胀的重要依据，当然。这些，观察与判断需要经验的积累，如图 4-1-12 所示。

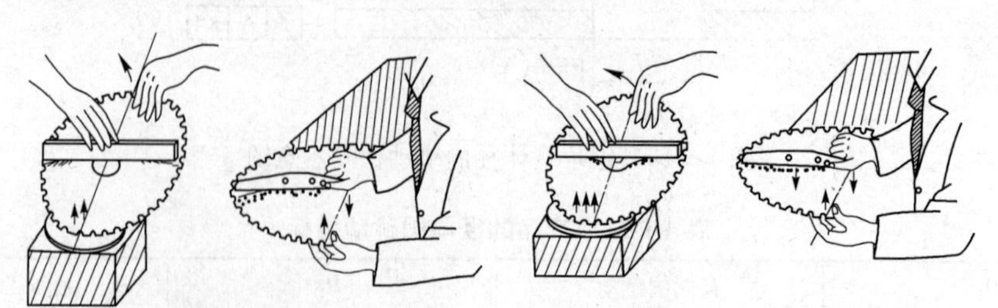

负向张力(−)　　正向张力(+)

图 4-1-12　用刀口尺水平检测锯片张力值

1.4.4.2　方法二：用刀口尺检查——锯片垂直放置

此法如图 4-1-13 所示，用于直径大于 ϕ1200mm 的锯片，其他的方法和判断相同。

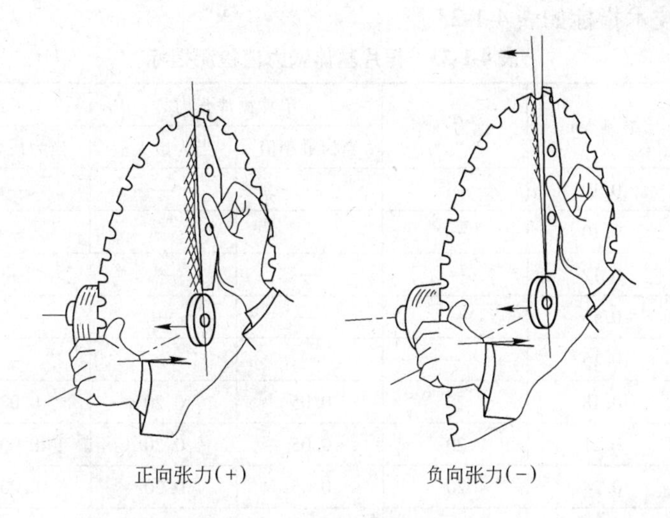

图 4-1-13　用刀口尺垂直检测锯片张力值

1.4.4.3　方法三：角度检测

角度检测即“零点检测”，也称“中性点检测”如图 4-1-14 所示。所谓“中性点”是在锯片施力变形时，在施力点的位置产生一正向（与施力点方向相同）偏移，而在施力点相反位置有一负向（与施力点方向相反）偏移，故基体的外缘必有某一点的偏移动值为 0，这一点即称为“中性点”，而中性点与施力点的夹角即为“中性角”。锯片在距施力点 90°的位置具有正方向变形，则中心角将大于 90°。检查中性角的好处是它不受施力大小的影响，在用户机台上直接检测时较实用。

1.4.4.4　方法四

通常在行业内一般张力值的检测在端跳仪器上进行，将锯片基体中孔固定在端跳仪的主轴上，用法兰盘加紧，距离锯片基体水槽底部 10mm 处施加一定的力让锯片基体产生形变，在距施力点 90°位置，锯片基体水槽底部 10mm 处采用百分表测试变形方向和数值。若变形方向与施力方向是同一方向，表示正向张力；若变形方向与施力方向是相反方向，表示是负张力；若根本没有变形，表示零张力。锯片基体张力检测方式如图 4-1-15 所示，

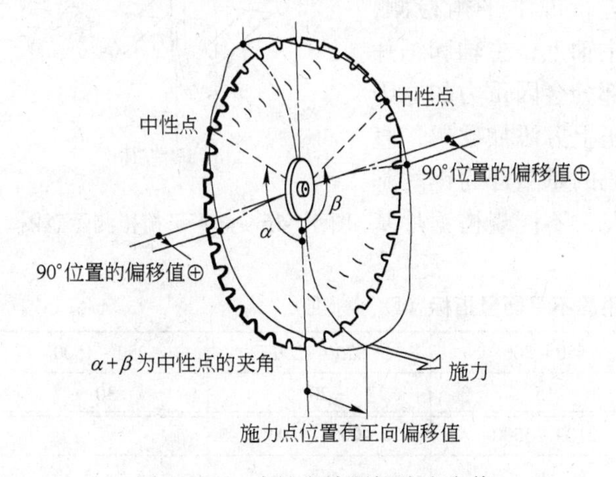

图 4-1-14　中性点检测锯片张力值

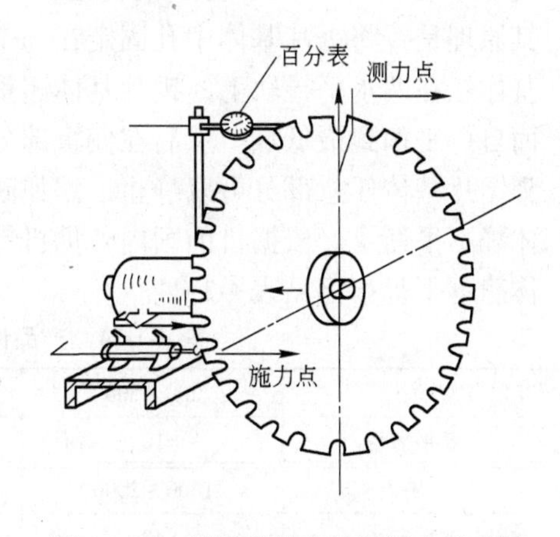

图 4-1-15　端跳仪施力检测张力示意图

其不同规格产品技术指标如表4-1-23所示。

表4-1-23　锯片基体张力值检测指标

直径/mm	端跳/mm	施力/kN	单片锯片张力		组合锯片张力	
			当为最小值	当为最大值	当为最小值	当为最大值
251~300	0.10	—	—	—	—	—
301~350	0.10	—	—	—	—	—
351~400	0.12	—	—	—	—	—
401~450	0.15	—	—	—	—	—
451~500	0.15	—	—	—	—	—
501~620	0.18	20	0.05	0.20	0.00	0.10
621~720	0.21	20	0.05	0.20	0.00	0.10
751~820	0.24	20	0.05	0.20	0.00	0.10
820~1000	0.30	20	0.05	0.20	0.05	0.15
1001~1200	0.35	20	0.05	0.20	0.05	0.15
1201~1400	0.40	20	0.10	0.30	0.05	0.20
1401~1600	0.50	20	0.10	0.30	0.05	0.20
1601~1800	0.60	20	0.10	0.30	0.05	0.20
1801~2000	0.60	20	0.15	0.40	0.10	0.30
2001~2250	0.70	15	0.15	0.40	—	—
2251~2500	0.80	15	0.15	0.40	—	—
2501~2750	0.90	10	0.15	0.40	—	—
2751~3000	1.00	10	0.20	0.45	—	—
3001~4000	1.20	10	0.20	0.50	—	—

1.4.5　静不平衡指标及其检测方法

产品静不平衡一般采用专用的静不平衡装备进行检测，也有采用如图4-1-16所示的简易方式进行静不平衡检测，其原理是：将锯片基体中孔固定在一个主轴上，主轴和锯片基体悬在两水平导轨上，锯片基体超重部分会因重力的原因而自行平衡到最低点。然后在偏重部分正上方添加砝码，直到锯片基体任意部分可以静止，添加砝码的重量即为锯片基体静不平衡量。依据目前国内外锯机情况，不同规格锯片基体静不平衡指标见表4-1-24。

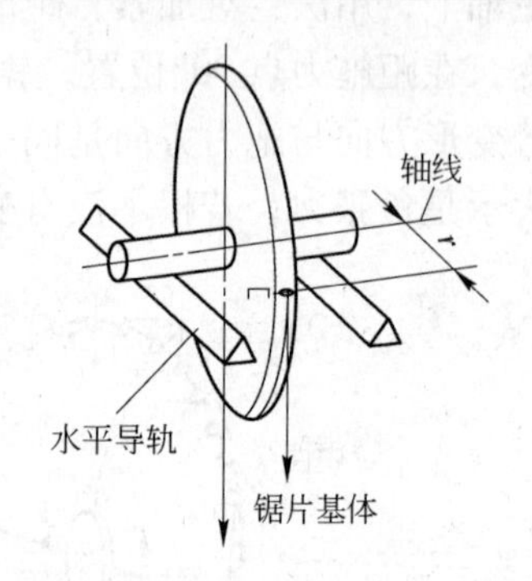

图4-1-16　静不平衡检测示意图

表4-1-24　产品许用静不平衡量指标（欧洲标准）　(g)

D_1	200~500	550~800	825~1200	1250~1500
不平衡量	10	15	20	30
D_1	1600~2000	2100~3500	4000~4500	
不平衡量	40	80	200	

1.4.6　硬度指标及其检验方法

硬度指标是衡量锯片基体刚度的一个重要指标，硬度差值是衡量锯片基体材料好坏或热处理质量水平的一个关键参数。一般对于锯片基体硬度的检测采用洛氏硬度计，如图4-1-17所示。其不同产品的硬度指标见表4-1-25。在进行硬度检测时，一般检测锯片基体外圆处4个方向，每个地方查3个点，对于软点不记，允许在附近补测为准。锯片基体厚度小于1.5mm时不能用洛氏硬度检测，应使用维氏硬度计进行检测。检测时，为避免垫块与托盘高度不一致，造成的检测时的误差，必须将垫块与托盘调节到同一水平面上，垫块的大小一般采用10mm直径的圆形块。

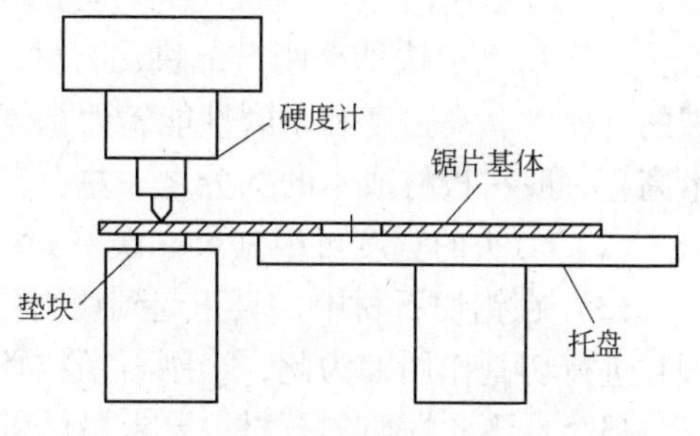

图4-1-17　硬度检测方式示意图

表4-1-25　硬度值指标

产品类型	激光锯片	高频锯片	烧结锯片
硬度值（HRC）	35～40	35～45	18～43

1.5　锯片基体使用指南

1.5.1　装卸指南

装卸不当极易使片体变形，必须轻拿轻放；在没有包装物保护的情况下，严禁水平装卸；装车完毕后，应检查平放或悬挂放置是否稳定，而后固定片体，以防止运输过程中振动、碰撞而产生变形；卸车过程中，应由2～4人操作，确保片体轻轻滑落地面。不可让产品自由滑落，应减缓下滑速度，并在地面放置软物，如胶垫、轮胎或木方等，以防碰伤齿部或冲击力过大引发变形。

1.5.2　运输指南

不论水平放置或是悬挂放置运输，都需严格固定，防止碰撞产生变形；长途运输应有包装物保护片体，避免日晒、雨淋；运输过程中片体上面严禁站人或堆放重物；现场转运过程中应尽可能采用滚片和2～4人垂直抬片方式；在装卸运输过程中，由于不可抗力的发生，有可能使锯片质量遭受一定程度的损害，应及时通知所售产品门市部，进行检查或修复锯片。

1.5.3　贮存指南

当所购产品处于待用状态，最佳贮存方式采用垂直悬挂方式贮存，可保证产品质量始终处于原始状态；水平贮存，可防止产品变形和减少环境对产品外观的侵害，如灰尘、雨水等，但应有较平整的坚硬基础或坚硬物作底，基础面积应大于产品面积，也可用方木垫底；水平放置时，严禁在产品上面堆压重物，尤其重心不平衡之重物；ϕ1300mm以上直径厚度6mm的大片和薄片严禁长期靠墙贮存。以减少因产品自重而引发的变形和张力值变化；严禁露天贮存。

1.5.4 选择刀头指南

（1）所谓刀头即金刚石节块，石材工艺锯、切、磨、抛等工具，主要是利用金刚石特殊的高硬度、高强度和耐磨性能，而基体不过是金刚石锯片的支撑体。由于金刚石节块成本高，一般占板材成本的八分之一左右，因此合理的选择和使用，显得十分重要。

（2）刀头的宽度可根据尺寸误差分组，同片误差应控制在0.05以内。

（3）在锯切石材中，真正起到切削作用的是金刚石颗粒，结合剂只能起到把持金刚石颗粒进行切割作用，为此，金刚石颗粒必须露出一定的高度，一般约为金刚石颗粒直径的1/5～3/5，不同性质的石材，要求最低露出的高度也不同。

（4）锯片锯切所形成的缺口，是大量金刚石颗粒共同切削所形成的沟槽的包络。

（5）锯片耐用度即寿命，一般从锯切开刃使用起到锯片节块金刚石层被全部磨耗为止所锯切的石材总面积（m^2）来衡量。

（6）锯切表面质量，主要由锯出的石材表面是否平整、光滑以及边、角是否崩落来表现，是衡量锯片锯切效果的一个重要标志。锯切表面不平整、粗糙、崩边、崩角严重，则说明锯切效果差，锯片质量低。

（7）切割效率是指锯片单位时间内切割石材的面积，是衡量锯片性能的主要指标，它由进刀深度、走刀速度和切削时间三个因素决定。

（8）影响锯切力大小及锯切效果好坏的主要因素有四个：

1）金刚石浓度。它决定金刚石的切削寿命，太高太低都对切割效率带来不利影响，选取何种浓度，既要考虑能满足使用要求，又最具有经济性的中值。

2）结合剂。应根据石料的种类，浓度大小，锯机性能，冷却条件，有时甚至需根据操作人员水平来定，目的是使外层金刚石磨耗后新的金刚石颗粒能不断露出，结合剂耐磨性过高过低，也即胎体过硬过软，都对锯切效率带来不利影响。

3）金刚石粒度。其大小取决于所切石材的软硬和其他多种因素，石料越硬，所用的粒度越小，承受切割中所产生的切割力越强。

4）线速度。石料越软，线速度越高；石料越硬，则取值越低。

1.5.5 选择锯片指南

将金刚石刀头焊接在金刚石锯片基体的齿部，即构成金刚石锯片产品。合理选用金刚石锯片，对提高工作效率，降低加工成本具有重要意义，而影响锯片锯切性能的因素很多，请您在选购基体和刀头时，务必注意。锯片的功能要适应加工石材的性能。不同类型锯片的功能主要由金刚石的强度、粒度和浓度及结合剂的硬度和耐磨性决定；石材的性能主要指硬度、密度和磨损性，因素相当复杂，两者间很难找到定量关系。根据目前研究和实践结果，石材性能和金刚石锯片匹配关系见表4-1-26。根据切割材料的规格和质量要求选定锯片尺寸及类型。锯片的直径一般应大于所切板材宽度的三倍，同时，根据加工精度要求选定锯片结构形状，即要求锯切表面光滑或加工较薄且易碎边的材料，应选用窄水槽型锯片，反之，锯切表面要求不高或较厚的材料可选用宽水槽型锯片。根据使用设备条件，对有偏摆或精度较差的锯机最好选用耐磨型结合剂；对于较新或精度好的锯机，可选用快速型结合剂；转速小，低于200r/min的锯机最好采用锋利型结合剂。

表4-1-26　金刚石锯片与石材的匹配关系

	锯片类型及使用条件	金刚石强度、浓度、粒度选用原则	结合剂选用原则
锯片类型	切面用的大直径锯片	使用强度高（14kg以上）、粒度粗（36～60目）的金刚石、浓度低以保证切削的高效性	选用耐磨性高的结合剂以提高使用寿命
	切边用的小直径锯片	选用46～70目的中强度金刚石，既可保证切割效率，又可提高切割质量	选用出刃快的结合剂，以保证切割质量、光洁、平整，不掉边角
石材性能	硬度高且致密	用高强度的金刚石，浓度则低些（25%～30%），以保证切割效率	选择出刃较快的结合剂
	硬度低	使用中等强度的金刚石，浓度略高，获得满意切效的同时，提高使用寿命	选用较耐磨的结合剂以提高使用寿命
	腐蚀性强	选用较粗的高强度高浓度金刚石	选用较硬耐磨型结合剂

1.5.6　焊接指南（高频焊接）

（1）将刀头焊接在锯片基体上的过程，实质上是对基体齿部进行热处理的过程，对基体的内在质量都会造成一定的影响，尤其齿部的应力变化较大，因此必须严格操作工艺，将热影响区控制在最小范围。

（2）焊接温度不能太高，以免碳化金刚石单晶，伤害刀头，焊接温度应控制在600～800℃之间，若温度控制不严，可使材料氧化、退火、晶粒增大，产生过大的焊接应力。从而引起基体局部变形。

（3）银焊片应选择含银量高，不低于35%，易熔化，以缩短焊接时间，减小基体的变形。

（4）焊接小锯片时，可将法兰盘直径扩大至基体水槽底部。

（5）焊接大锯片时，可制作空心模块，将模块置于所焊接齿部的下端，利用冷水循环加速散热来控制热影响区。

（6）为保证焊接的室内温度，可用电扇加速焊接环境空气的流通，但电扇的风向只能直吹锯片端面，不可面向锯片平面。

（7）若刀头有非工作层，需打磨非工作层使之与锯片基体齿部成相近的弧度，以提高刀头的焊接强度；若刀头无非工作层，则需打磨基体齿端，以保证焊接后的刀头与基体焊接得更牢固。

（8）刀头焊接的位置要正确，高出基体平面的尺寸要对称，不能产生偏斜或高低不一，焊接后各力头的侧面相对于锯片的侧面的误差应≤0.08mm。以免伤害基体原有的径跳和端跳质量。因此，焊接夹具工装需经常调校或更换。

（9）为使焊接顺利，刀头与基体接合面上应均匀涂刷银焊剂，其目的是去掉基体表面的氧化物，促进银焊片的熔化，改善焊液的流动性等。

（10）采用高频焊接，应间隔4～6齿焊接一齿，防止局部过热，并严格检查焊接质量，焊偏、焊斜，银焊片是否完全熔化，焊接热影响区的均匀性等，都可能影响锯切质量。

（11）焊接完成后的锯片应在靠片架上悬挂放置2h以上（或冷致60℃以下）方可使用。因为此时焊接部位仍处于高温状态，基体局部偏软，过早取下立于地面，易使基体变形。

（12）一般情况，ϕ1600mm锯片焊接完成后，应悬挂放置10h以上方可投入使用，因为焊接热影响区是不均匀的，焊接后悬挂冷却不充分会导致锯片质量故障、降低锯片使用寿命的两大重要因素。

（13）焊接后应自然冷却，不可用冷水或其他方式加速冷却。让其自身恢复，此时使用任何加速冷却的方式，都会加剧锯片的变形。

（14）凡不立即使用的锯片，应将其平放在平台上或悬挂在贮存锯片的专用轴上，不要靠墙斜放，以免变形。

1.5.7 调试锯机指南

（1）锯机工作的一般原理为当装在主轴上的锯片作旋转运动和在横梁导轨上作往复直线运动时，单臂锯工作台车作往复直线运动，锯片切入石料产生挤压、磨削和切削作用形成锯路，通过升降进给导向装置，实现锯片的上下运行和准确吃刀，使锯路逐渐下移，即把石料锯割成毛板，毛板的分片锯割则由荒料车中的或单臂锯机主轴臂中的螺旋副机构和丝母来完成。

（2）锯机各运动部件应有足够的精度，运行应平稳，噪声小，振动小，主轴回转、锯片移动或工作台移动要符合设计要求。一般情况锯机的直线度和平行度在0.04mm/m之内，锯片轴的轴线与工作台移动方向（轨迹）应垂直，垂直度应在0.04mm/m以内，否则均应立即调整或维修。

（3）锯机主电机功率由锯片直径和所切割的石材材质决定，经验数据见表4-1-27。

表4-1-27 锯片直径、石材材质和主电机的关系

石材类型	锯片直径	电机功率/kW		石材类型	电机功率/kW	
		低功率	高功率		低功率	高功率
花岗岩	200～250	1.5	3.0	大理石	1.5	3.7
	300～400	3.7	7.5		5.2	9.0
	450～550	9	13.4		7.5	14.5
	600～650	13.4	14.9		9.0	18.9
	700～750	16.7	26		13.4	29.9
	800～900	18.7	29.9		16.7	37.3
	1000～1100	22.7	33.6		22.4	48.5
	1200～1300	29.9	44.8		29.9	59.7
	1400～1800	41	59.7		44.8	67.2
	1900～2200	44.8	67.2		48.5	74.6

（4）锯机运行 4 ~6 个月后必须更换润滑油、机油。

（5）每天开机前，对丝杆、导杆、导轨等滑动、转动部件进行检查并加润滑油，并经常检查横梁导轨，其上不得有任何杂物。

（6）每班工作完后，应对上述部位进行注油润滑。

（7）定期检查各螺钉连接处，防止松动现象发生，定期检查三角皮带的松紧是否适度。

（8）定期清除石材粉末，冲洗台车及工作场地。

1.5.8　安装指南

（1）清洁。应对锯机主轴和法兰盘进行清洗，除去铁锈、油污等，所有表面要用细纱布擦拭干净。

（2）去毛刺。若自行在锯片上打钻安装孔，需用角磨机和粗砂纸将安装孔周围的毛刺磨净。

（3）旋转方向。锯片安装在锯机上，应使其旋转方向和锯片基体上的箭头方向一致，并从开始一直到用完为止，不要改变方向，否则，锯齿上的金刚石易脱落而降低使用寿命。

（4）法兰盘。其主要作用是定位、夹紧及传递力矩，保证锯片以正确的位置安装在锯机主轴上，并使其有足够的刚度，以减少切割时的偏摆和振动。法兰盘内孔要同轴配 $\frac{H8}{h7}$ 或 $\frac{H9}{h7}$ 的配合，法兰盘直径要与锯片直径相适应，一般约等于锯片直径的 1/3，在保证切割尺寸的情况下，越大越好。法兰盘推荐尺寸见表 4-1-28，法兰盘示意图如图 4-1-18 所示。

表 4-1-28　法兰盘直径与锯片直径的配比　（mm）

锯片直径	D	d	E	M	锯片直径	D	d	E	M
200	80	60	12	1	700	200	160	20	1
250	100	80	12	1	900	250	200	20	1.5
300	120	100	12	1	1100	250	200	20	1.5
350	140	116	15	1	1200	300	240	25	1.5
400	150	126	15	1	1400	325	265	25	1.5
450	160	136	15	1	1600	375	295	30	1.5
500	170	140	18	1	2000	425	345	35	2
600	180	150	18	1	≥2200	435	355	35	2

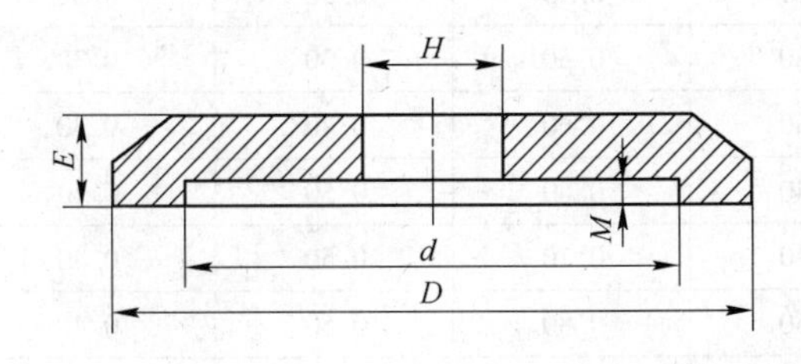

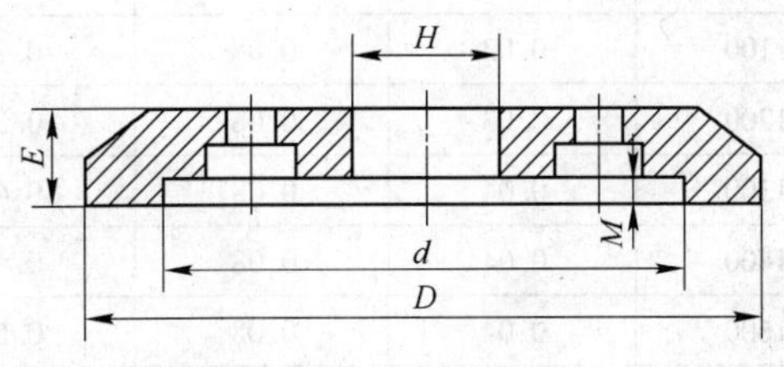

图 4-1-18　法兰盘示意图

(5) 若大小配组，应确保小片先切割，然后大片再切割，根据所需板材的厚度加隔垫，这样切割的质量较好。

(6) 内孔。为避免径向跳动，锯片中心孔应与主轴直径很好的配合，公差应为 H7～H9，若内孔过大，则应加工一个与基体等厚的圆环垫圈，其内径与轴相配，而外径与圆锯片中心孔相配合，不得有松动，若锯片轴孔过小，可与销售人员联系，切勿自行扩孔。

(7) 检查方法及精度要求

各项指标具体的检测方法和要求如图 4-1-19 和表 4-1-29 所示。

1) 检查锯片主轴的径向跳动是否超差，方法见图 4-1-19a；

2) 检查法兰盘和法兰盘的端面跳动，方法见图 4-1-19b；

3) 检查锯片跳动的径向跳动，方法见图 4-1-19c；

4) 检查锯片的端面跳动。方法见图 4-1-19d，将千分表固定在锯机的工作台上，将千分表的触头置于锯片水槽底部 10mm，用手转动锯片并观察指针偏摆情况；允许公差见表 4-1-29。

5) 检查锯片的平行度，即锯片平面与工作台移动方向的平行度，方法见图 4-1-19e，将千分表固定在锯机的工作台上，指针靠近锯片外缘，且略低于法兰盘外缘，划一标记线，移动工作台，使千分表移动锯片另一边再划一标记线，测出两线段之间端点的位置公差，并按此方法在锯片其他位置重复检查两次。允许公差见表 4-1-29。

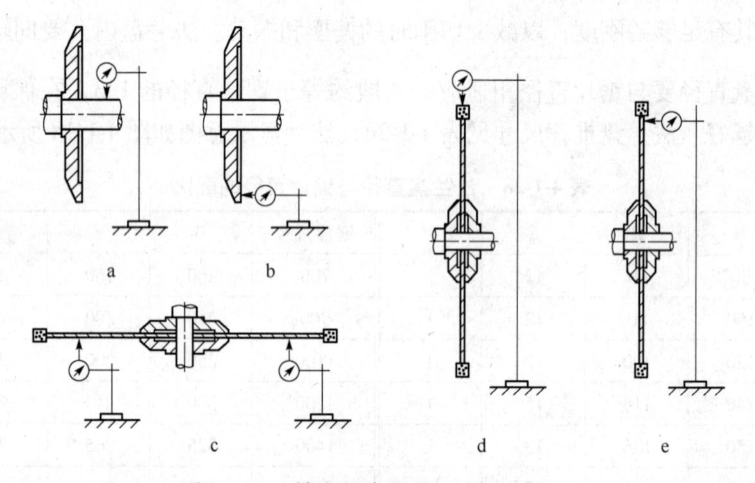

图 4-1-19　精度要求及检查方法示意图

表 4-1-29　锯片安装精度　(mm)

直　径	主轴径跳	法兰端跳	锯片径跳	锯片端跳	锯片平面度	平行度
1000	0.03	0.08	0.25	0.45	0.30	0.30
1100	0.03	0.08	0.30	0.50	0.30	0.30
1200	0.03	0.08	0.30	0.60	0.40	0.30
1300	0.04	0.08	0.40	0.60	0.50	0.40
1400	0.04	0.08	0.40	0.70	0.50	0.40
1600	0.04	0.08	0.50	0.80	0.50	0.40
2000	0.04	0.08	0.50	0.90	0.60	0.40

（8）检查锯片主轴是否与工作台正交及工作台面是否相互垂直其公差不应超过0.05mm/m。

1.5.9　开刃指南

（1）金刚石刀头是装在模具里，压紧烧结而成，每一模具最多一次烧结16个刀头，而每张锯片所需刀头达数十个，甚至上百个，因而，每张锯片的刀头尺寸不可能完全一致，尤其是刀头大小、高低的尺寸差异将直接影响锯片的径跳，从而影响锯片的切割质量和生产效率，因为金刚石颗粒是被结合剂即胎体所包裹，不露出颗粒是难以工作的，因此必须开刃。

（2）锯片安装前，最好在开刃机上采用机械开刃，可以保证开刃后锯片的各项质量技术指标的完好。

（3）锯片安装后对未开刃的刀头，正式使用前应先用强磨蚀性材料如耐火砖或软砂石开刃，一般切几刀，金刚石刃口即露出，方可使用。

（4）锯片在使用过程中磨蚀、打滑，也可用耐火砖等方式再次进行开刃修复。

1.5.10　切割指南

（1）空转：尤其新基体首次使用时，需空转30min左右，夏季高温季节还需带水空转，其目的在于进一步消除焊接刀头时对基体的影响，并增强锯片在高速旋转状态下保持内在质量的记忆。

（2）荒料不得小于0.5m^3，并放置稳妥，底面应垫有方木，塞实固牢，荒料应位于工作台的对称位置上，以确保工作台车和荒料的稳固，不得有晃动、发抖现象。

（3）根据荒料的长、宽、高调整行程开关，使锯片升降和料车的行程在可靠有效的范围内。锯切前锯片刀口应离开荒料最高10~20mm。锯切后，锯口距荒料底部应留有20~40mm，锯片走刀架左右运行前，应使锯片全部退出荒料锯口，距离不得小于150~200mm，以防止锯片撞击荒料。

（4）锯片空转稳定后方可进行试切割，不准锯片刃口与荒料接触时启动锯片，切割中不准停止锯片转动，须退出锯口后方可停转。

（5）切割时若发现荒料有较大晃动应立即停止切割，待将荒料固定牢固后方可继续工作，切割中，不准任意移动荒料。

（6）切割时发现锯片有明显减速甚至夹刀现象，则可能是皮带打滑、压紧螺母松动或吃刀深度太大、走刀速度过快等原因，应及时调整。

（7）线速度应与加工石材的硬度和耐磨性相适应，建议选择如表4-1-30中所示的线速度切割不同类型的石材。

表4-1-30　常见石材使用的锯片线速度　（m/s）

石材类型	硬花岗岩	中硬花岗岩	软花岗岩	硬大理石	软大理石	砂　岩
线速度	25~30	30~35	35~40	40~45	45~50	50~65

$$\text{线速度}=\frac{\pi\times\text{锯片直径}\times\text{主轴转速}}{60}=\frac{\pi\times Dn}{60}$$

$$\text{主轴转速}=\text{主机转速}\times\text{主机皮带轮直径}\div\text{轴带轮直径}$$

锯片直径与主轴转速的对应关系见表4-1-31。

表4-1-31 锯片直径与主轴转速的对应关系

锯片直径/mm	线速度/m·min⁻¹						
	1500	1800	2100	2400	2700	3000	3300
	主轴转速/r·min⁻¹						
1000	480	570	670	760	860	960	1050
1100	430	520	610	690	780	870	960
1200	400	480	560	650	720	800	880
1300	370	440	510	590	660	740	810
1400	340	410	480	550	610	680	750
1500	320	380	450	510	570	840	700
1600	300	360	420	480	540	600	660
1800	270	330	380	440	490	550	600
2000	240	290	330	380	430	480	530
2200	210	250	300	350	380	430	480

（8）进刀速度，主要取决于加工材料的性能，每一种材料当切深一定时，应有一定范围的进刀速度，如果进刀速度过高，则会使金刚石加快磨损甚至脱落，造成锯片消耗过快，如果进刀速度过低，则又会使锯片自锐过程不能正常进行，从而“磨钝、打滑”失去切割能力。一般情况下，进给速度在切入时要慢，在锯切时应均匀。对于常见的典型材料，当切深为20mm，推荐如表4-1-32所示的进给速度供您参考，当厚度变化时，切速可按切割面积（cm^2/min）来换算。首次进刀或每片板的前三次进刀速度均应减半进行。

表4-1-32 常见材料锯片进刀速度 （mm/min）

材料名称	花岗岩	大理石	混凝土	刚 玉	瓷石英
进刀速度	500～800	2000～3000	500～700	70～125	250～500

（9）切割深度对于中等硬度的石材如大理石、石灰石可以一次切透，对于硬石材及研磨性大的石材如花岗石、砂岩应分步切割，单片锯切割花岗岩，吃刀深度一般为10～20mm，切割大理石吃刀深度为50～100mm，多片双面切割硬花岗岩，每次吃刀深度为3～5mm，应根据石材的硬度以及所使用的锯片和锯机性能而定。

（10）锯片旋转方向与石材进给方向相同为顺切割，反之为逆切割，而逆切割时，由于有一个向上的垂直分力，形成掀起石材之势，因此，为稳固石材，在相同条件下，应尽量采用顺切割。当采用逆切割时，切割深度要减少，一般要减少到顺切的1/3～1/2。

（11）对组合锯片推荐如表4-1-33所示的切割工艺供您参考。

表4-1-33 组合锯片切割工艺参数

工艺参数 \ 石材类型	软大理石	硬大理石	软花岗岩	中花岗岩	硬花岗岩
锯片切割速度/m·s⁻¹	45～50	40～45	35～40	30～35	25～30
切割深度/mm	300	300	4～5	3～4	1～2
进刀速度/mm	120～140	60～70	60	60	60

综上所述，选择切割工艺的基本要求是：对硬度低，切割性能好的石材，可深切慢走，反之浅切快走，即对同一石材及相应的锯机和锯片，应以切割效率高，切板质量好，锯片和基体寿命长的工艺参数为准，四者相辅相成，唇齿相依，万万不可以偏概全。当锯片的切速不能保持时，说明锯片磨钝了，应减少切割深度而增大切速来磨锐锯片。

1.5.11　冷却润滑指南

（1）正确选择和使用冷却润滑液可以改善金刚石锯片在切割过程中的冷却润滑条件，从而达到提高锯片切割面积、切割效率和降低锯片切割成本的目的。

（2）冷却润滑液是靠冲刷、排除岩屑、降低锯片温度的功能来发挥作用的，因此，供给锯片足够数量的冷却润滑液对提高切割质量，降低锯片消耗十分重要。

冷却水压一般要求不小于 0.2MPa，推荐如表 4-1-34 所示水量参数。

表 4-1-34　锯片直径与水量的对应关系

锯片直径/mm	水量/L·mm^{-1}	锯片直径/mm	水量/L·mm^{-1}	锯片直径/mm	水量/L·mm^{-1}
450	10～158	900	30～40	1600	60～70
500	15～20	1000～1100	40～50	1800	70～80
600	20～30	1200	50～60	2000	90～100

（3）冷却液应从锯片正前方和两侧面均匀地向切口喷洒，出水管的正前方一个出水口，直冲锯片齿端，以清除粘在刀头上的岩屑，侧面数个出水口应逐渐向下稍有倾斜，冲刷锯片外径部位，以清除锯片水槽所夹带的岩屑和降低因切削摩擦而形成的高温。

（4）对组合锯机而言，如果水量分布不匀，会引起锯片刀头消耗不均，必然影响各锯片刀头的等高性从而影响毛板质量。

（5）金刚石单晶是憎水亲油的物质，若用清水作为冷却润滑液，因水的表面张力较高，不仅对锯片无润滑作用，且对金刚石单晶的浸润冷却性也较差，而金刚石单晶在800℃以上的高温状态下会快速碳化，因此，冷却润滑的质量亦十分重要。

（6）研究和实践证明，在溶液 pH 值大于 3.6 的条件下，岩屑表面呈负电性，根据同性相斥的原理，应选用阴离子型的润滑剂，使冷却润滑液能有效排斥岩屑对它的吸附，从而减少冷却润滑液自身的消耗，进而发挥它应有的作用，降低摩擦系数，提高切割效率，推荐如表 4-1-35 所示的阴离子型冷却润滑剂。

表 4-1-35　四种阴离子型冷却润滑剂效果对比

类　型	浓　度	减摩系数		评　价
		单晶岩石	胎体岩石	
清　水	—	0.244	0.58	差
烷基硫酸钠盐	0.3	0.102	0.45	一般
烷基磺酸钠盐	0.3	0.089	0.44	好
烷基羧酸钠盐	0.3	0.066	0.26	最佳

（7）沉淀剂为冷却润滑剂中的辅助剂，也具有重要的作用，它能将切割过程产生的岩屑凝聚成团，并进一步沉淀落入池底，使冷却润滑液中的岩屑量大为降低，从而减弱对刀

头胎体的重复磨损，有利于延长刀头的寿命。

（8）现场配制的冷却润滑液其浓度应高于胶水浓度，一般可选取0.55，即$1m^3$水中加入约5kg的冷却润滑剂，如果浓度过高，只会加速润滑剂的消耗和浪费，对于提高性能并无多大帮助。需要提请注意的是，如果所购冷却润滑剂质量较差，含水量过高，即使采用更大的使用浓度，其效果也是不会好的。

（9）由于岩屑对冷却润滑剂的吸附而形成对冷却润滑液的消耗，有消耗就需要补充，否则会降低浓度，直至丧失作用，一般情况下24kg岩屑可消耗1kg冷却润滑剂，补充应当及时，间隔时间尽量短，一般1~2天补充一次，如果冷却润滑液循环水道及水池处于露天状态，则雨季需加大补充次数。

1.6 锯片基体常见故障及排除方法

锯片基体常见故障及排除方法见表4-1-36。

表4-1-36 锯片基体常见故障及排除方法

现　象	故障原因	检查方法	排除方法
垂直方向弧形板	锯片张力正值方向超差，张力过大	测量中性角大于90°	重新调张力
	锯机垂直进刀导轨精度超差，间隙过大	先用百分表测锯片端跳值，再让锯机由下至上移动，移动最大值减去端跳值	调整导轨
	大进刀，慢走速	石材板面有台阶式划痕，每个台阶面的高度除以2，即为单刀下刀量	减少进刀
	线速度过大，且切得深	石材板面有台阶式划痕，每个台阶面的高度除以2，即为单刀下刀量	调整切割工艺
	焊接温度过高，时间过长，破坏张力分布	蓝黑色焊接痕迹超过齿根部，显现热影响区大	改进焊接工艺，调整锯片张力分布
	焊接后未冷却到规定时间就使用，或暴晒后使用	锯片软，有一定变形	卸下锯片调张力，属放置不当，不能暴晒
	刀头不锋利，刀头磨偏	刀头出刃不理想，胎体混料不均匀	换刀头，小进刀自锐，隔齿反面重焊
	刀头薄，与基体厚度比小于1.27，擦片体发热，变形	片体有发亮圆环	换刀头或卸刀头错开焊
	法兰盘、平面度超差，法兰与锯片接触面不洁，有异物装夹不紧	检查法兰盘平面度；法兰盘与锯片的清洁情况	卸下锯片调整、擦拭，重新装夹
	荒料太小，固定不稳	手摸荒料有窜动感	固定荒料且荒料应大于$0.5m^3$
	片体本身变形，内软	齿部有发亮光环	调成内硬、调端跳、平面度

续表 4-1-36

现 象	故 障 原 因	检 查 方 法	排 除 方 法
水平方向弧形板	张力值负值方向大超差	中性角小于90°	重新调张力值
	锯机水平方向导轨磨损，精度超差	先测锯片端跳，再水平移动找最大值，移动值减端跳值	修复或更换导轨，使测量精度小于0.15mm
	导向导轮内切线不一致，导轮间隙大，主轴箱轴承松动，刀、架镶条间隙大	停机移动台车有异常音响	检修机器或更换部件
	台车导轨精度差，给进丝杠与导向导轨不平行	水平移动锯片，台车行进中会产生偏斜或扭曲	检修台车
	荒料固定不稳	明显晃动	重新固定荒料
	法兰盘的直径小于规定尺寸，法兰盘与锯片接触面不洁，装夹不紧	法兰盘与锯片直径不相配、清洁情况	擦去锯片上的污垢，换法兰，重新装，夹紧
	刀头不锋利，进刀速度太快，刀头与基体厚度比小于1.27	测量刀头与基体的厚度，观察出刃情况	用手摸刀头出刃情况不锋利，换刀头，减慢进刀速度。厚度比小于1.27，可卸下刀头，错开焊
	线速度小，且走刀快	—	提高线速度，减慢走刀速度
	刀头开刃不足	出刃不理想	继续开刃，开好刃后，转为正常操作
斧头板	焊接工艺不稳定，破坏张力分布	发蓝痕迹超过齿根部或齿与齿之间发蓝痕迹大小不一致	观察焊接发蓝热影响区是否太大或大小不一致，要改进焊接工艺参数；必须悬挂冷却至室温后再使用
	基体已用到使用寿命	中心与边缘厚度相差1mm以上	使用多次，基体变薄，已用到使用寿命。换新的基体
	垂直进刀导轨偏斜，精度超差	用拉线法检测导轨直线度	测锯片上下半边端跳值，使锯片上下移动，测出最大偏差减去端跳，超过0.15mm时应调整导轨
	刀头焊接开刃不对称	眼观手摸即可	手摸观察，判断，应卸下重焊
	刀头与基体厚度比小于1.27，工作过程擦片体，发热，变形	眼观手摸即可	卸下刀头，错开焊，或换刀头
	刀头胎体软，形成凸型刀头	刀头切割面有空洞，单晶无功脱落	换刀头

续表 4-1-36

现 象	故障原因	检查方法	排除方法
斧头板	下刀过大，或进刀小、走刀快	询问操作规范，观察实际状况	调整切割工艺参数
	台车轴承丝扣间隙大，导向轮内切线不一致	静止晃动，有异常音响	检修台车
	主轴轴承间隙小，装夹不紧		调整轴承间隙，重新装夹
	法兰不清洁，装夹不紧	机上测量，锯片平面度超差，结合不紧密	卸下锯片，清洁法兰和锯片，重新装夹
	荒料固定不稳	荒料太小，不足0.5m^3	在切割过程中，手摸荒料感到窜动，应重新固定荒料
	片体内软，端跳大	中性角超过90°	调整张力值
	片体已用到使用寿命	中性角超过90°	换基体
水平方向台阶板	垂直升降，丝扣与螺母精度超差，有松动现象	中性角超过90°	调整升降丝扣螺母
	在切割过程中突然加大进刀或减小进刀	观察操作者的操作，查看毛板的切割痕迹	看切出毛板的痕迹，判断进刀变化，应稳定工艺
	一次下刀过大，电机超负荷	看电流表及切痕大小	减少进刀
	锯片与导轨不垂直，主轴间隙大，进给滑架震动	下刀一次不到位，有明显错位痕迹	精心对刀
	对刀不准	下刀一次不到位，有明显错位痕迹	精心对刀
	刀头不锋利，开刃不足，刀头厚度不一致	下刀一次不到位，有明显错位痕迹	开好刃，换掉个别厚刀头
	焊接不牢，连续掉刀头	掉刀头	补焊所掉刀头
	锯片径跳大，刀头消耗不一致	检查锯片中心孔过大，锯机主轴与丝扣间隙大，锯机主轴过细，磨损、弯曲或轴承损坏	检查锯片中心孔是否大，机器主轴丝扣，或间隙大，是锯片问题可加垫
石材两上角弧形划痕	锯片与导轨不平行，台车导轨不平行，安装精度差	检查锯片中心孔过大，锯机主轴与丝扣间隙大，锯机主轴过细，磨损、弯曲或轴承损坏	调整导轨，重新安装锯片
	刀头焊接不对称，歪斜	检查锯片中心孔过大，锯机主轴与丝扣间隙大，锯机主轴过细，磨损、弯曲或轴承损坏	卸下刀头重焊
	主轴，轴承松动	检查锯片中心孔过大，锯机主轴与丝扣间隙大，锯机主轴过细，磨损、弯曲或轴承损坏	调整间隙

续表 4-1-36

现 象	故障原因	检查方法	排除方法
石材两上角弧形划痕	荒料固定不稳，或太小	检查锯片中心孔过大，锯机主轴与丝扣间隙大，锯机主轴过细，磨损、弯曲或轴承损坏	固定好荒料
	锯片严重外软；端跳大	外软；端跳大	调整锯片张力、端跳
齿部裂纹	基体硬度超标≥48HRC	用洛氏硬度计检查 HRC 值	更换基体，降低硬度
	下刀过大，超负荷使用	电流值高于正常值	减少下刀量，小裂纹在裂纹末端打止裂孔可继续使用
	刀头不锋利，基体被撕裂		卸下刀头重焊或更换锋利型刀头
中心孔裂纹	硬度超标≥48HRC	硬度计检查	降低硬度
	线速度过高，大进刀慢走速，超负荷使用，夹锯后强力启动	线速度 = π × 锯片直径 × 主轴转速/60 = $\pi Dn/60$	小裂纹打止裂孔，调整切割工艺，夹锯后应退出锯片再启动；更新锯片
	刀头不锋利，刀头薄，配比小于 1.27，大负荷切割	观察刀头，出刃不好，颗粒小，手感平滑，切割常有火花飞溅，为刀不锋利	观察刀头出刃情况，测量刀头厚度，不符合要求应换刀头；更新锯片
	爆炸式裂纹	裂纹呈爆炸式，基体有变形	校正平面度；加大水量；更新锯片
	法兰直径小于规定值	按配比表检测	换法兰
掉 齿	基体硬度超标≥48HRC	硬度计检查	降低硬度
	齿部因前面所述原因，裂纹未及时处理，掉齿	同齿部裂纹检查方法	掉一个齿，不影响使用，可继续使用，或在对称方向搬掉一个刀头
	下刀量过大；装卸中齿部受伤切割时掉齿；复焊校平不当，蹭齿时打伤；异物撞击	齿部掉角或翘起为野蛮作业所致，齿部有明显锤痕为蹭齿不当	掉一个齿，可继续使用但要减少下刀量；如连续掉两个以上，要找原因
基体腰部龟裂	刀头不锋利，大进刀超负荷切割，片体变形，擦片体发热，用水急冷，出现表面龟裂	观察片体表面发亮并有发蓝现象	卸下片体校平后使用或更新锯片
	切割过程中，石板断裂，或异物掉入锯缝，擦片体发热，经水急冷出现龟裂	观察片体表面有环状划痕，发蓝，裂纹不规则	卸下板材，取出异物，继续使用；更新锯片

一般锯片使用后，在更换刀头后，均需要对产品平面度、端跳、张力等指标进行调整。需要使用的工量具主要有：短平尺、长平尺、塞尺、端跳仪、平台、4～8 磅榔头、碾压机等。

1.6.1 平面度的校正

先用平尺检查锯片基体的平面度，确认变形的大小和部位，局部是否有包，然后晃动锯片基体刚性来判断是否内外软，内软打外部，外软打中部，整体软打工艺孔与齿部之间处。对于局部有包的产品，先把平台擦油，锯片在平台上旋转一圈，翻面打包，用力适度。

1.6.2 端跳的校正

先在端跳仪上检查，确认高低点；根据高低点大小来确定，打低点撑高点，在一般情况下，不蹭齿，尽量打低点。

1.6.3 张力的校正

张力校正方法的运用，应视状况之不同来决定。

（1）张力不足时，应将负向或零张力锯片调整成正向张力锯片。

1）张力环距中间约 1/3 处。

2）确定位置须依前述（90°张力值）来评估。

3）滚压压力必须够大。

具体碾压及校正方式如图 4-1-20 所示。

（2）张力过强时，应将过强的张力调整降低或去除。

1）张力环距外部 1/3 处。

2）滚压压力须减小。

3）形成均匀的张力。

具体碾压机校正方式如图 4-1-21 所示。

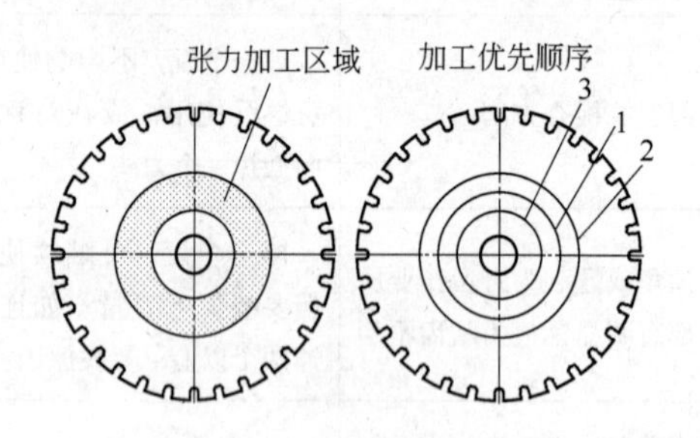

图 4-1-20 张力由负调正加工示意图

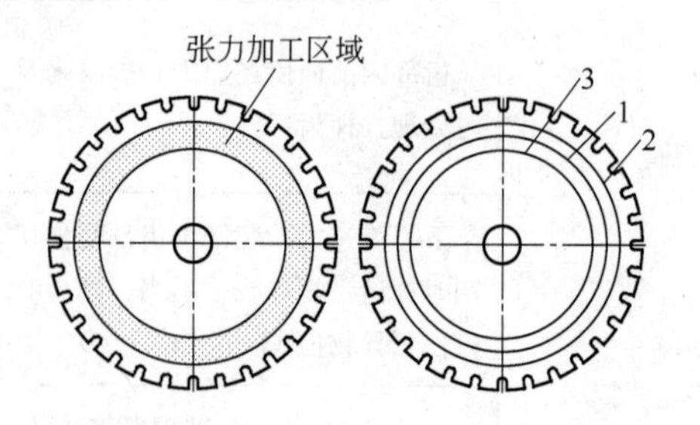

图 4-1-21 张力由正调负加工示意图

张力在每个方向上必须一致，但要得到均匀的张力必须依靠资深技术的专家。同时可依据显示张力状态的环状圆判断。重要的是要测量距施力点 90°位置的偏摆量及该区域内的应力状态。

参 考 文 献

［1］国际标准 ISO 6105，1988-06-01.

［2］国家标准 GB/T 11270—89.

[3] 国家建材行业标准 JC340—92，加工非金属硬脆材料用节块式金刚石圆锯片.
[4] 1994 钻石工业年鉴，法国夏龙江禄股份有限公司，1994.
[5] 国标 GB 11270.1—2002 超硬磨料制品，金刚石圆锯片第一部分：焊接锯片.
[6] 国标 GB 11270.1—2002 超硬磨料制品，金刚石圆锯片第二部分：烧结锯片.
[7] 国际标准 ISO 6105-1，第一版，2004-10-15，建筑及民用工程手工操作切割.
国际标准 ISO 6105-2，第一版，2004-10-15，建筑及民用工程手提操作切割.
[8] 企标 Q/YTB 01—2009，黑旋风锯业股份有限公司.
[9] 适张度的辊压加工及对圆锯片的动态性能影响.

（宜昌黑旋风锯业有限责任公司：张云才）

2 金刚石钻头基体

2.1 石墨模具

2.1.1 模具材料

钻头的模具材料为高强度高纯度高致密化的石墨，其性能列于表4-2-1。

表4-2-1 钻头石墨模具性能

抗压强度/MPa	密度/g·cm^{-3}	线膨胀系数/℃$^{-1}$	电阻系数/Ω·mm·m^{-1}	灰分/%
>45	>1.7	3.4×10^{-6}	<16	0.01

2.1.2 模具结构

对于唇面形状不复杂的钻头，其模具一般由底模和芯模组成，如图4-2-1a所示；唇面复杂的钻头的模具一般由底模、芯模和模套组成，如图4-2-1b所示。

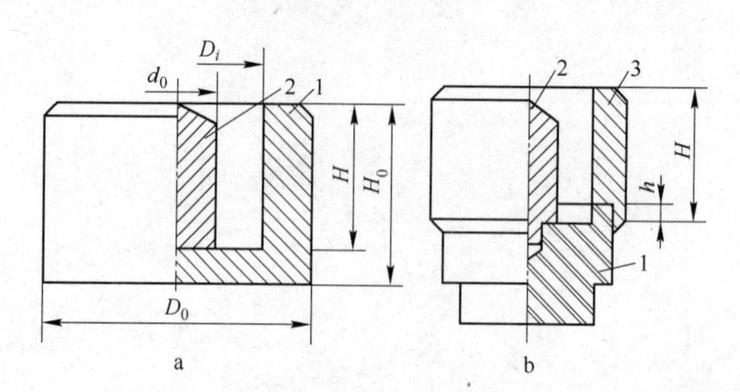

图4-2-1 钻头模具结构

1—底模；2—芯模；3—模套

2.1.3 模具尺寸确定

以图4-2-1a为例：底模内径D_i按下式计算：

$$D_i = D - \Delta D_1 + \Delta D_2 \quad (4\text{-}2\text{-}1)$$

式中 D_i——所设计的底模内径，mm；

D——所设计的钻头胎体外径，mm；

ΔD_1——烧结温度下底模内径的膨胀值，mm，

$$\Delta D_1 = D_i\alpha_1(t - t_0) \quad (4\text{-}2\text{-}2)$$

α_1——石墨的线膨胀系数，℃$^{-1}$；

t——烧结温度，℃；

t_0——室温，℃；

ΔD_2——胎体外径的收缩值，mm，

$$\Delta D_2 = (D + \Delta D_1)\alpha_2(t - t_0) \tag{4-2-3}$$

α_2——胎体材料的线收缩系数，$℃^{-1}$，可以近似地取其线膨胀系数，对于常用的胎体材料，$\alpha_2 = (6 \sim 7) \times 10^{-6}℃^{-1}$。

将式（4-2-2）、式（4-2-3）代入式（4-2-1）得：

$$D_i = \frac{D\{1 + \alpha_2(t - t_2)\}}{1 + \alpha_1(t - t_0) - \alpha_1\alpha_2(t - t_0)^2} \tag{4-2-4}$$

底模外径 D_0 可按下面的经验公式计算：

$$D_0 = \alpha D_i \tag{4-2-5}$$

式中　α——经验系数，一般取 1.5 左右。

底模内孔深度 H 的计算公式为：

$$H = kh_m + h_1 \tag{4-2-6}$$

式中　k——粉末的压缩比，$k = \rho_m/\rho_p$；

ρ_m——胎体所需密度；

ρ_p——粉末松装密度；

h_1——钢体进入底模内孔的深度，mm，$h_1 = \left(\frac{1}{3} \sim \frac{1}{4}\right)L$；

L——钢体长度，mm。

或者

$$k = h'/h_m$$

式中　h'——装粉高度；

h_m——设计的胎体高度。

k 值一般为 2 ~3，对于青铜粉末，k 值为 2.2 ~2.5；对于硬质合金粉末 k 值约为 3，当采取措施以提高 ρ_p 时，可降低 k 值。

底模总高度 H_0 为：

$$H_0 = H + (20 \sim 25) \tag{4-2-7}$$

芯模外径 d_0 可按下式计算：

$$d_0 = d - \Delta d_1 + \Delta d_2 \tag{4-2-8}$$

式中　d_0——所设计的芯模外径，mm；

d——所设计的钻头胎体内径，mm；

Δd_1——烧结温度下芯模外径的膨胀值，mm；

Δd_2——胎体内径收缩值，mm。

由式（4-2-4）同理得出：

$$d_0 = \frac{d[1 + \alpha_2(t - t_0)]}{1 + \alpha_1(t - t_0) - \alpha_1\alpha_2(t - t_0)^2} \tag{4-2-9}$$

2.2　钻头钢体

2.2.1　钢体外径

钢体外径 D_s 与底模内径 D_i 之间要有一定间隙，以防止烧结过程中钢体受热膨胀将底模胀裂，钢体外径 D_s 与底模内径 D_i 的配合应满足下列条件：

$$D_s \leqslant \frac{D_i[1 + \alpha_1(t - t_0)]}{1 + \alpha_s(t - t_0)} \tag{4-2-10}$$

式中　α_s——钢体的线膨胀系数，对于 45 号钢材 $\alpha_s = (14 \sim 15) \times 10^{-6}℃^{-1}$。

2.2.2　钢体内径

钢体内径 d_s 等于芯模外径 d_0，为了组装方便，钢体内径取正公差。

钻头钢体一般用 45 号无缝钢管加工而成，其粗糙度为 12.5。钻头钢体结构如图 4-2-2 所示。

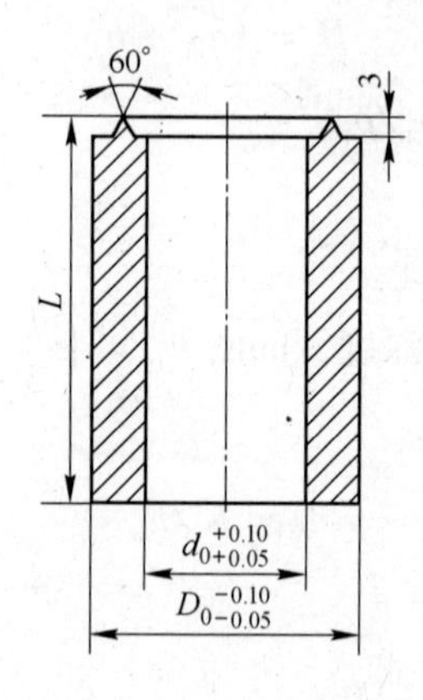

图 4-2-2　钻头钢体结构

（中南大学：张绍和，陈维文）

3　超薄型框架锯条基体

大理石板材以其丰富的色彩及华丽的外观在世界各国墙面、室内地板、广场地面的装饰方面越来越受到广泛欢迎。对于宽度在1200mm以上的大理石板材国内使用圆锯片加工成本居高不下，同时对于宝贵的石材荒料浪费严重。现在国内对于板宽在1200mm以上的大理石、软花岗石使用的加工手段均采用金刚石框架锯条进行切割加工。

金刚石框架锯又称金刚石大锯，是20世纪50年代开始发展起来的一种新型框架锯机。目前在石材工艺较发达国家，金刚石框锯架在加工大理石上已基本上取代了砂锯，其优点是：切割速度快，生产效率高；加工质量好，锯切的板材光滑平整，可省去一道粗磨工序；节省劳力和钢材，改善劳动环境，便于管理。

伴随着石材资源的供应紧张、荒料价格不断上涨，板材生产企业对框架锯条的薄型化的需求有越来越迫切，因此，研究开发超薄型框架锯条基体具有十分重要的社会效益与经济效益。

3.1　主要技术指标及结构型式

3.1.1　主要技术指标

（1）材料的力学性能：抗拉强度≥1050Pa，屈服强度≥1098Pa。

（2）热处理后产品的硬度控制在43±0.5HRC范围内。

（3）基体厚度控制在(1.8±0.05)mm范围。

（4）基体应平整、无折痕、裂纹、毛刺和锈蚀。

（5）基体侧弯≤0.50mm/m。

（6）基体横向直线度≤0.2mm。

（7）基体的结构型式及极限偏差。

3.1.2　结构型式

结构型式如图4-3-1所示。

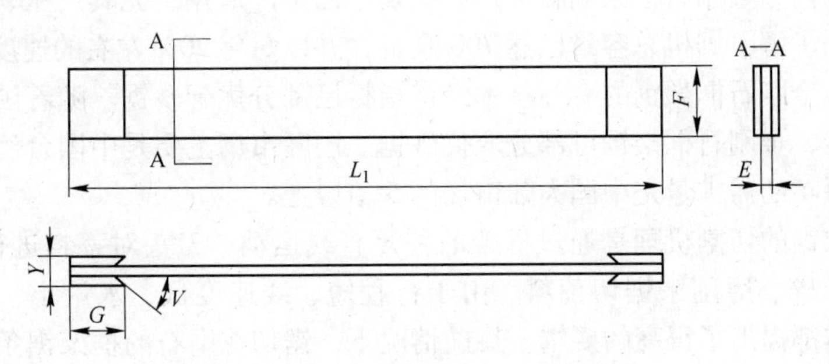

图4-3-1　超薄型框架锯条基体结构型式

其极限偏差见表4-3-1。

表4-3-1 超薄型框架基体尺寸极限偏差 (mm)

L		*E*		*F*		*Y*		*G*	*V*	同条基体厚度差
基本尺寸	极限偏差	基本尺寸	极限偏差	基本尺寸	极限偏差	基本尺寸	极限偏差	基本尺寸	基本角度	
2200～4500	±3	1.8	±0.05	180	±1	7.8	±0.5	38	60°	0.05

3.2 关键技术

（1）材料的选择。随着材料的减薄，原有使用的65Mn或75Cr1等材料由于其抗拉强度与屈服强度的局限性，在相同的拉力条件下必然会发生断裂或延伸。因而，开发一种抗拉强度与屈服强度更高的材料是本项目的关键之一。

（2）热处理工艺及设备。借鉴国外带钢的热处理方法，结合项目产品的特殊需要，设计连续带钢加热生产线，将材料的预热、加热及保温工序在一台生产线上完成，同时为了减少项目产品在加热过程中的脱碳行为，有效控制在加热炉中的碳势，实现光亮淬火。在淬火过程中采用加压喷油工艺，以保证项目产品硬度的均匀性与产品平面度。

（3）应力调整方式。框架锯条的刚性直接决定着石材的切割质量，由于项目产品刚性的先天不足，只有通过后期的辊压，通过冷作硬化的方式才能弥补。碾压力的大小、位置及碾压轮的形状等亦是本项目研发的关键。

（4）抛磨方式。为保证项目产品的外观，同时减少产品在使用中的锈蚀，基体表面必须达到镜面要求，如何实现这一目标，也应在工艺及设备上进行研究和开发。

3.3 国内外水平与差距

目前，国内框架锯条基体仅处于试生产阶段，基体厚度为$E=2.5$mm以上，国外基体厚度最薄为$E=2.0$mm，采用的材料为75Cr1，进一步减薄的产品尚无相关报道。

已研制、生产，并建立了一条高水平的专业化生产线，钢材选取与国际接轨，基体厚度减薄至$E=1.8$mm，主要指标中绝大部分可达到德国、法国、比利时等发达国家的标准，生产的产品将逐步替代进口，并开始批量出口。

目前，在国内，金刚石框架锯在大理石锯切中已推广应用，尤其广东、福建、上海等地发展很快。据了解，锯机总容量已达700余台，并以每年20%左右的速度增长，国内的大量资料证明，金刚石框架锯的有些技术经济指标已部分优于砂锯。随着国内刀头和锯条基体的技术进步，金刚石框架锯可部分取代砂锯。国际市场主要是中国台湾以及印度、意大利、德国，每年的需求量是中国大陆市场的5倍以上。

金刚石框架锯的切割机理是通过框架的往复直线运动，刀头对荒料进行崩碎、切削、滑擦、犁沟及压碎、磨削来锯切荒料。由于行程短、线速度低、水量小、排屑难，对锯机、刀头和基体都提出了很高的要求。目前情况下，锯切花岗石的框架锯条基体仍主要依赖进口。

黑旋风锯业股份有限公司以市场需求为前提，已研究开发了常规框架锯条基体，在超薄型金刚石框架锯条基体研发上也已积累了一定的经验与技术。

黑旋风锯业股份有限公司与北京钢铁研究总院和三峡大学进行了大量的理论分析与试验，在现有75Cr1化学成分的基础上，通过增加一定含量的合金元素，并严格控制炼、轧钢工艺，已取得了一定成效。

（宜昌黑旋风锯业有限责任公司：张云才）

第5篇　金刚石工具制造方法

1　整体烧结（金刚石圆锯片）

1.1　概述

整体烧结金刚石圆锯片根据烧结方式分为冷压烧结片和热压烧结片两种，二者都是将金刚石和金属粉末混合料与钢基体在模具中压制成一体后在烧结炉中烧结而成，区别在于前者采用无压烧结方式制成，后者在烧结过程中施加压力制成。这两种方式制成的整体烧结金刚石圆锯片多以 ϕ400mm 以内的小规格锯片为主，其中又以 ϕ105 ~ ϕ230mm 规格锯片居多。此类锯片主要应用于石材、陶瓷、玻璃、宝石等硬脆材料的切割以及家庭装修、混凝土工程切割等。

我国于20世纪90年代初开始生产整体烧结金刚石圆锯片，最先由钢铁研究总院的一个研究小组（北京安泰钢研超硬材料制品有限责任公司前身）在冷压小锯片制造工艺上取得重大突破，通过采用冷压、井式炉烧结工艺，具备了小锯片的低成本大批量制造的能力，使中国金刚石工具最先批量走向国际市场。目前欧美等国的DIY锯片市场，基本都是中国产品的市场。总体而言，整体烧结金刚石圆锯片的生产技术要求相对简单，批量大，生产效率高，成本低，属于劳动密集型的生产过程。此类产品竞争充分，切割效率高、寿命长、价格低的产品才具有市场竞争力，因此，整体烧结金刚石圆锯片工艺技术发展的方向主要有两个方面，一是加大锯片胎体配方的研发力度，提高锯片针对不同加工对象的切割性能；二是开发自动化的生产设备，通过提高生产效率来降低生产成本，同时减少因手工操作带来的产品质量波动。因此本篇结合上述两个技术方向，对整体烧结金刚石圆锯片的开发、生产制造、应用等方面做简要的介绍。

图5-1-1　连续边型锯片

1.2　锯片结构类型

整体烧结金刚石圆锯片结构类型主要有：

（1）连续边型锯片（如图5-1-1所示）。此类型锯片圆周外缘无水槽，呈连续状，适用于切割玻璃、瓷砖、大理石等对崩边要求较高的材料，锯片规格从 ϕ105 ~ ϕ350mm；表 5-1-1 列出了常见的连续边型锯片规格。

表 5-1-1 连续边型锯片规格

名义外径		基体厚度/mm	刀头尺寸/mm	
mm	in		齿 厚	齿 高
105	4	1.2	1.8	7/10
110	4.3	1.4	1.8	7/10
115	4.5	1.4	1.8	7/10/12
125	5	1.5	2.0	7/10/12
150	6	1.5	2.0	7/10/12
180	7	1.5	2.2	7/10
200	8	1.5	2.2	7/10
230	9	1.6	2.6	7/10
250	10	1.6	2.6	7/10
300	12	2.0	3.2	7/10
350	14	2.0	3.2	7/10

(2)节块(刀头)型锯片(如图 5-1-2 所示)。此类型锯片刀头之间有槽口,其作用是锯片切割时便于流通冷却液(或干切时风冷排屑)将切削热和切屑及时排走。水槽口根据用途可设计成不同宽度和槽形,基本的原则是切割研磨性强的对象时,锯片槽口应宽些,以利于大量冷却水流入切口,起到良好的冲刷作用和降低切割区的温度。该类型锯片规格从 ϕ105 ~ ϕ400mm;大量用于较硬的花岗岩和混凝土切割,也广泛用于家庭装修等。表 5-1-2 列出了常见的刀头型锯片规格。

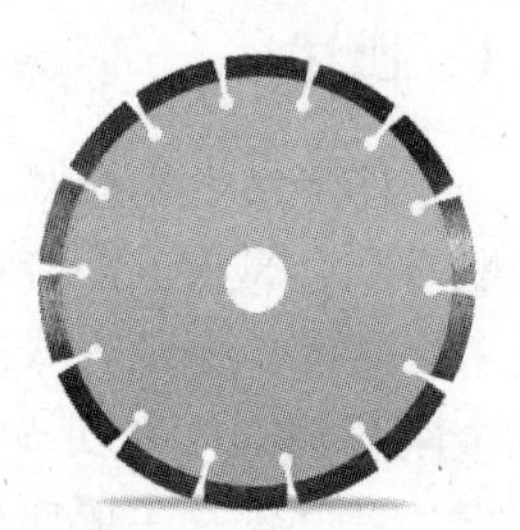

图 5-1-2 刀头型锯片

表 5-1-2 刀头型锯片规格

名义外径		基体厚度/mm	刀头规格		
mm	in		齿厚/mm	齿高/mm	齿 数
105	4	1.2	1.8	7/10	8
110	4.3	1.4	1.8	7/10	8
115	4.5	1.4	1.8	7/10/12	8
125	5	1.5	2.0	7/10/12	8
150	6	1.5	2.0	7/10/12	11
180	7	1.5	2.2	10/12	14
200	8	1.5	2.2	10/12	16
230	9	1.6	2.6	10/12	16
250	10	1.6	2.6	10/12	18
300	12	2.0	3.2	10/12	21
350	14	2.0	3.2	10/12	24
400	16	2.5	3.5	10/12	28

(3)涡轮型锯片(如图 5-1-3 所示)。此类型锯片既可以做成连续边型锯片,也可做成刀头型锯片,其特点是刀头两侧齿面有许多凹槽,呈所谓的涡轮形。根据凹槽的大小,又可分为细齿涡轮锯片和宽齿涡轮锯片。涡轮锯片切割时由于凹槽的存在,刀头与被切割材料的接触面积减少,也有利于排屑,因此可有效提高切割效率;但同时会对切割对象的崩边带来不利影响,故一般作为通用片,用于瓷砖、大理石、花岗岩等建筑材料的切割。

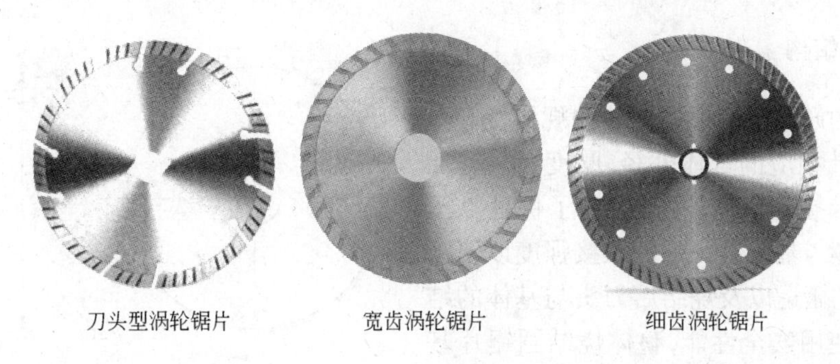

图 5-1-3　涡轮锯片

(4)带保护齿型锯片(如图 5-1-4 所示)。此类型锯片是在刀头型锯片或涡轮型锯片基础上,沿圆周均匀分布几个向内的保护齿,其作用主要是切割研磨性强的材料时保护基体,另外保护齿的存在也可以降低锯片侧面摩擦力,起到提高切割效率的作用。锯片规格从 ϕ105 ~ ϕ350mm。由于结构较为复杂,因此冷压磨具和热压磨具制作复杂,成本较高。

(5)其他类型锯片。其他整体烧结金刚石圆锯片还有开槽片(如图 5-1-5 所示),其与刀头型锯片的区别在于其基体较厚,一般为 3 ~ 5mm,刀头厚 6 ~ 10mm,规格通常为 ϕ105 ~ 250mm,主要用于花岗岩、混凝土、家庭装修工程的开槽和磨削。

图 5-1-4　保护齿型烧结锯片

图 5-1-5　开槽片

上述几种类型的烧结圆锯片针对不同切割对象以及性能、价格等方面的要求,均可采用冷压或热压方式制造,以往认为连续边的锯片适合于湿切,节块型锯片适合于干切或湿切,实际锯片能否干切或湿切的决定性因素是刀头胎体的配方和切割质量要求。

1.3　锯片基体

1.3.1　基体材质

国产烧结片的材质通常采用 65Mn、50Mn、50Mn2V、T12、T10 等合金钢,可经过淬火 + 中温回火热处理而成。这些材质制成的基体能够满足锯片高速旋转切割条件下的受力要求,但是由于整体烧结圆锯片基体烧结过程中受高温作用，硬度和强度都大大降低，尤其是 ϕ230mm 以上锯片，基体强度的下降对切割性能的影响更为明显。也有可耐受高温作用而强度、硬度降低不明显的基体材质，但价格偏高，不适用于具有低成本优势的整体烧结圆锯片。解决基体强度、硬度降低后仍能满足切割要求的办法是通过碾压基体来调整基体的张应力大小和分布，同时确保锯片尺寸精度和形位精度满足要求。

1.3.2 基体结构

基体结构设计包括根据锯片的规格、用途、性能要求设计相应的基体外径、厚度、水槽、加强筋等。与焊接型圆锯片不同，为了保证冷压后的刀头生坯与基体有一定的联接强度以便于生产过程中的搬运以及烧结后刀头与基体的结合强度满足使用安全性能，整体烧结圆锯片基体外圆周上设计有长城齿，典型的整体烧结圆锯片基体结构如图 5-1-6 所示。

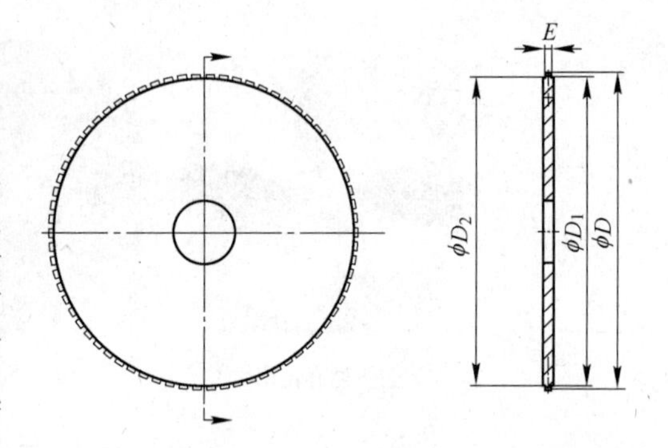

图 5-1-6 连续边型整体烧结圆锯片基体结构

1.4 冷压和热压模具

1.4.1 冷压压制成形模具结构

图 5-1-7 是手动冷压连续边锯片模具结构图，模具主要由阴模、上下压头以及夹板、模垫等组成。刀头型和带保护齿型锯片的冷压模具结构与之类似，主要是上下压头和模芯有相应的结构。该模具结构简单，操作方便。装料时，通过调节螺母 8 和模垫 9，将外模套的高度和锯片基体的高度限定，使外模与模芯之间的环隙体积恰好等于粉料松装时的体积，填料后将粉刮平。通过模垫 9，使锯片基体处在该环隙高度的正中位置，以确保压实后基体两侧工作层凸出高度相等。压制完毕后，用一内径大于上压头 2 的外径尺寸的钢环，将阴模 1 压下，即可完成锯片的压型。该模具由于刮料迅速、均匀，压制、退模、卸模只需移动一次模具，生产效率高，已被广泛地应用于大批量生产中。

随着金刚石工具制造技术的不断进步，整体烧结圆锯片也逐渐由手工操作发展到自动或半自动冷压机进行压型操作，自动冷压连续边型锯片模具如图 5-1-8 所示，其冷压方式

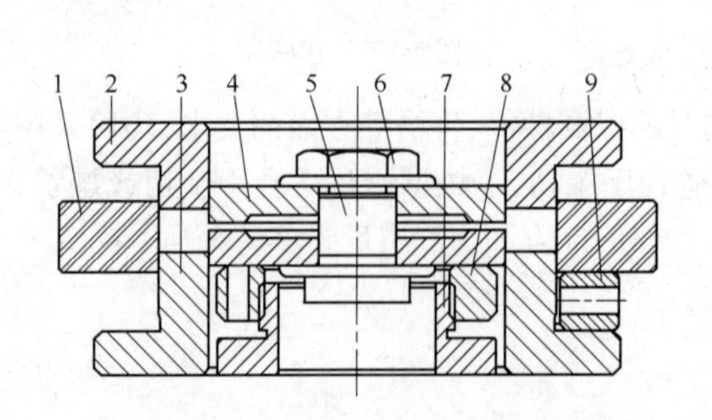

图 5-1-7 手动冷压连续边锯片模具
1—阴模；2—上压头；3—下压头；4—夹板；5—夹板芯轴；6—芯轴螺母；7—调节螺母；8—调节螺环；9—模垫

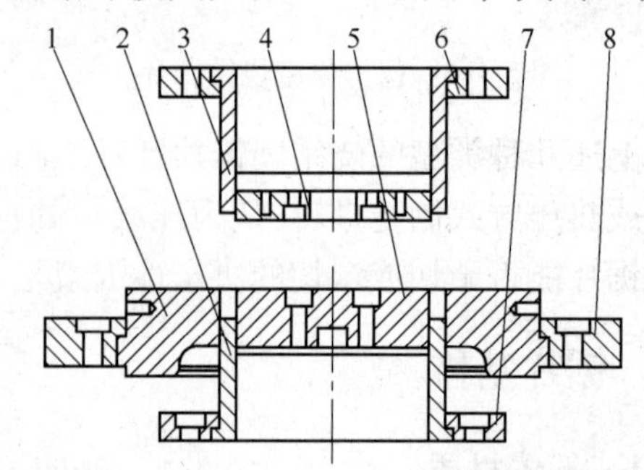

图 5-1-8 自动冷压连续边型锯片模具
1—阴模；2—上压头；3—下压头；4—上模芯；5—下模芯；6—上压头压环；7—下压头压环；8—阴模压环

与手动冷压基本相同，通过冷压设备的程序控制锯片在模具阴模中的位置，保证锯片压型生坯刀头与基体的对称度。

1.4.2　材质选择

冷压模具机构组成主要包括模套、上下压环、夹具、芯棒等。金刚石工具冷压成形工艺过程中，压制压力一般达到 300～500MPa，因此冷压模具必须具有较高的抗压强度，在与粉末接触部位必须具有高的表面硬度、耐磨能力，减少冷压模具的磨损，使压制体表面平滑、卸模容易而不至于产生裂纹或整体破坏。因此，压模部件通常采用含碳量较高的碳素工具钢或合金工具钢制作，并经淬火及低温或中温回火处理，即可满足冷压时的性能要求。表 5-1-3 列出了冷压模具部件常用材料及加工技术要求。

表 5-1-3　冷压模具部件常用材料及加工技术要求

部　件	模 具 材 料	加工技术要求
模　套	（1）碳素工具钢：T10，T12； （2）合金工具钢：GCr15，Cr12，Cr12Mo，Cr12W，Cr12MoV，9CrSi，CrW5 等	（1）热处理硬度：60～63HRC； （2）工作面粗糙度：$Ra \leq 0.63\mu m$
压　环	（1）碳素工具钢：T8，T10； （2）合金工具钢：GCr15，Cr12，Cr12Mo，9CrSi	（1）热处理硬度：53～57HRC； （2）其他要求同模套
芯棒及夹具	45 号钢、T8	（1）热处理硬度：40～50HRC； （2）工作面粗糙度：$Ra \leq 1.23\mu m$

1.4.3　热压模具

热压模具是保证热压烧结锯片烧结性能和尺寸精度的关键，图 5-1-9 是连续边型热压片热压模具图，其结构相对简单，锯片冷压压型好后一层模具一层锯片依次叠放即可，锯片烧结到最终温度后施以 25～30MPa 的压力。由于成串烧结，为了获得精度高、各处刀头密度一致的锯片，模具的平面度是关键技术指标。涡轮片的热压模具相对复杂些，为了保证获得正反面对称的刀头，叠放热压模具和锯片生坯时需注意涡轮齿与模具齿槽对齐，通常在模具外周上设计一个定位孔来保证，图 5-1-10 是涡轮连续边型热压片热压模具图。

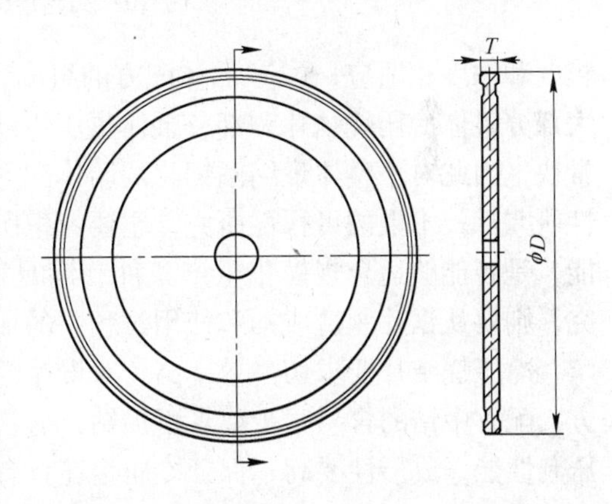

图 5-1-9　连续边型热压片热压模具图

常用于热压模具的材料的材料有 0Cr19Ni9、5CrMnMo、5CrNiMo、3Cr2W8V 等。

1.5　胎体配方

1.5.1　配方的设计

确定胎体配方的两个基体的原则是：（1）胎体配方的组成和性能应与金刚石的品级、

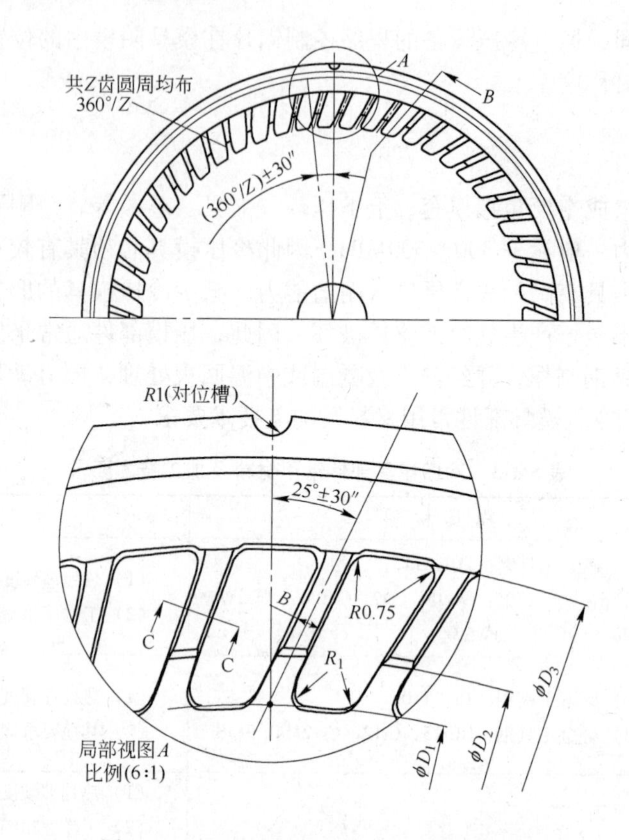

图5-1-10 涡轮连续边型热压片热压模具图

粒度和浓度相适应；(2) 胎体配方的组成和性能应与加工材质和加工方式相适应。对于绝大部分整体冷压烧结片和部分整体热压烧结片，由于现在行业竞争激烈，产品更新换代非常快，因此对于整体烧结圆锯片的胎体配方设计，需要进行综合性的技术经济评估和可行性研究。技术上的可行性研究，主要考虑所设计的配方是否具有优良的制造性能和使用性能，是否能够适合规模化生产条件和满足用户提出的切割加工要求。经济上的可行性研究，则要从锯片制造成本和使用过程中的加工费用两方面考虑。

冷压烧结片要求切割效率高，对寿命的要求相对较低，因而主要采用铜基、铁基的配方，配方中钴的含量很少或者不加钴；通常冷压片生产批量大，因此要求配方具有良好的压制性能，成形性要高，保证冷压生坯具有一定的强度，避免生产过程的搬运造成刀头生坯破损；冷压锯片生坯主要在井式烧结中通过无压方式烧结，通过胎体液相烧结自由收缩完成烧结，其中的Sn和Zn的在胎体中的比例要适当，是胎体能否自由烧结收缩而又不至于变形过大。

热压烧结片由于烧结过程中施加有压力，因此Sn、Zn在胎体中的比例不同冷压片要求严格，烧结过程施加压力可以促进粉末的流动，加速烧结过程，因此热压片对粉末原材料的选择也相对宽泛些，如热压烧结片也可以适当采用成本较低的雾化预合金粉末来强化胎体，提高性能。

配方设计中关于金刚石品级、粒度和浓度的选择，一般原则是：对于冷压烧结片，一般要求切割速度快，加工精度要求不高，因此选用粗粒度和高浓度金刚石；而细粒度和低浓度则适用于热压烧结片，尤其是对于切割玻璃、瓷砖、高档石材时，对切割崩边有严格要求，因此对金刚石的粒度组成要求比较严格，特别是不允许混入个别大粒金刚石。

1.5.2　胎体配方的类型

整体烧结金刚石圆锯片胎体类型主要有铜基配方、铁基配方、钴基配方，其中以铁基和铜基配方应用广泛，而钴基配方由于成本因素以及近年来代钴预合金的应用，已经较少使用。

铜基配方中以青铜结合剂应用最多，它是以 Cu-Sn 二元合金（锡青铜）为基础添加其他强化胎体的成分如 Fe、Co、Ni、Mn 等，结合加工对象和加工要求，调整胎体的烧结温度、硬度、强度等性能。通常铜基胎体配方加工研磨性较弱，硬度较高的陶瓷、玻璃、瓷砖等效果较好。

铁基配方中铁的含量相对较大，通常达到 $w(\mathrm{Fe})=40\%\sim70\%$。其主要特点是成本低廉，对某些材料如硬石材有较好的切割性能。大量 Fe 的加入会影响胎体烧结性能，一般造成胎体硬度、强度降低，因此可通过添加少量其他的成分如 Ni、Co 强化胎体；Sn 或 Zn 含量也是关键，二者在胎体中的含量对烧结温度影响最大，适当的含量可获得合理的烧结温度，避免烧结温度对金刚石强度的影响。

钴基配方（Co 含量大于 25%）由于成本的原因已较少应用，除非某些对加工性能要求特别高的场合才使用。表 5-1-4 列出了典型的冷压锯片、热压锯片胎体配方和烧结温度，现在钴基配方中的 Co 多用预合金粉末替代。如法国 Eurotungsten 公司的 NEXT 系列预合金粉末、比利时 Umicore 公司的 Cobalite 系列预合金粉末以及安泰科技的 Follow 系列预合金粉末等。

表 5-1-4　典型的冷压锯片、热压锯片胎体配方和烧结温度

配　比	Cu	Sn	Ni	Co	Mn	Fe	Zn
冷压锯片	56	6	8	25	5		
	56	6	8	30			
	36	4	12			46	
	30	7	6		5	50	2
热压锯片	62	5	12	3	4	10	4
	80	15	5				
	32	8	9	10		41	

1.6　制备工艺与装备

整体烧结圆锯片制备工艺流程如图 5-1-11 所示。

整体烧结金刚石圆锯片的工艺流程特点是工序多，流程较为复杂，属于劳动密集型生产。但随着金刚石工具制备技术与设备不断进步，主要工序如冷压成型已经实现自动或半自动操作，在减轻生产劳动强度的同时，产品质量的稳定性也得到很大的提升。本节主要介绍整体烧结金刚石圆锯片的关键生产工序，并对取得重要技术进步的工序与装备做简要介绍。

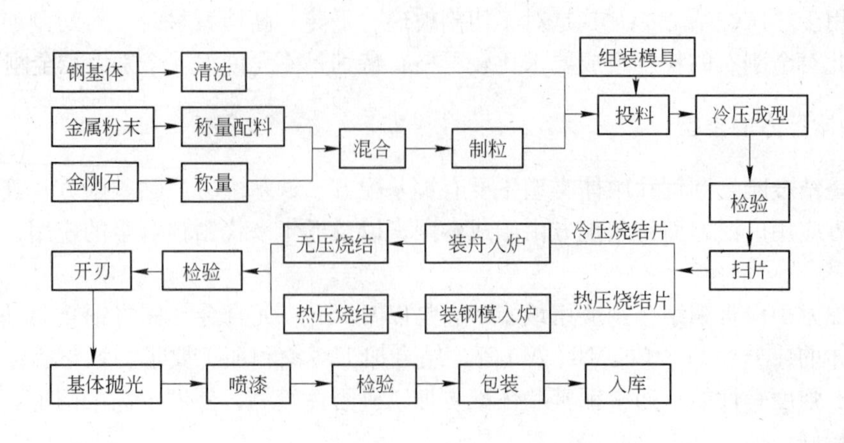

图 5-1-11　整体烧结圆锯片制备工艺流程

1.6.1　配、混料

胎体结合剂配料准确、与金刚石混合均匀是保证锯片性能及其稳定性的关键工序之一。胎体结合剂的配混工艺有两种可行的方案：其一是将金刚石和结合剂充分混合，在混料过程中加入润湿剂，保证金刚石与结合剂混合均匀、不偏聚；其二是先将结合剂混合均匀后，金刚石在加入结合剂中混合前用润湿剂将金刚石表面润湿，再将二者均匀混合一段时间。无论采用何种工艺，都要结合所采用的混料设备特点以及在混料试验的基础上摸索合适的混料工艺。常用的混料设备有三维混料机，如图 5-1-12所示。通常，中小批量的混料操作材料，此类设备一次可混料 5 ~ 10kg 左右，具有混料均匀，效率高的特点。这种混料设备的料筒既有旋转运动，又有平移摆动、颠倒翻转三种运动状态，即料筒的运动轨迹处于三维空间，因此料的运动轨迹呈三维立体状态，故使料在短时间内混合均匀且混料过程无任何死角。

图 5-1-12　三维混料机

但对于冷压烧结锯片，通常单次生产批量大，因此比较适用的混料设备是 V 型混料机（如图 5-1-13a 所示）或双锥形混料机（如图 5-1-13b 所示）等。这两种设备可以一次混料

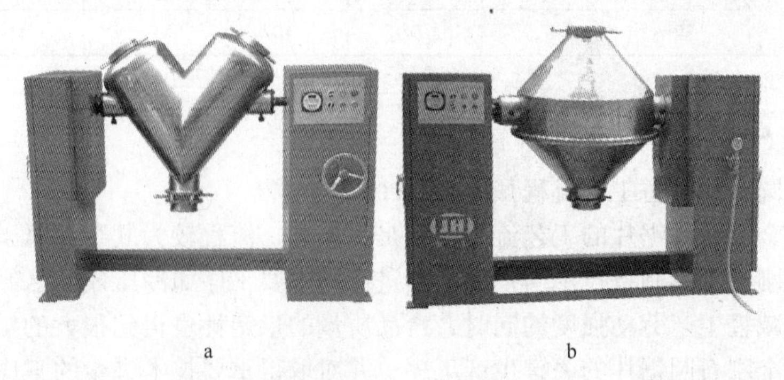

a　　b

图 5-1-13　V 型混料机（a）和双锥形混料机（b）

50～100kg 粉末，混料均匀。

1.6.2　造粒

混合好后的胎体粉末即可以用于刀头压型，但由于未经造粒，粉末的流动性较差，压型前的手工投料、刮粉等操作必须十分仔细，否则将会使刀头生坯密度分布不均，若是冷压烧结片，则会出现刀头薄厚不均，严重者收缩变形严重；若是热压烧结片，易导致刀头硬度偏差大，从而对锯片性能产生不利影响。粉末经过造粒后，流动性提高，粉末在模具容腔中的分布均匀，此外还有其他优点：（1）防止金刚石偏聚；（2）提高刀头生坯强度；（3）减少因金刚石棱角外露造成的模具磨损，从而提高模具寿命。

胎体粉末造粒需要加入2%～5%左右的造粒剂，这会增加锯片的制作成本。但考虑到通过胎体粉末造粒可以提高产品质量的稳定性，以及锯片冷压设备制造技术的发展，已经开发出全自动小规格整体烧结圆锯片自动冷压机，可以大大减少冷压操作人员，因而综合成本并不高。

1.6.3　压型

冷压成型的目的是使胎体初步致密化，并具有一定的强度以便搬运时不至于破坏。在一定压力范围内，压力越高越好，因为压力越高，压坯密度越大，烧结越容易进行；同时收缩变形也越小，因而质量也越稳定。手动冷压成型工艺基本步骤如图 5-1-14 所示。

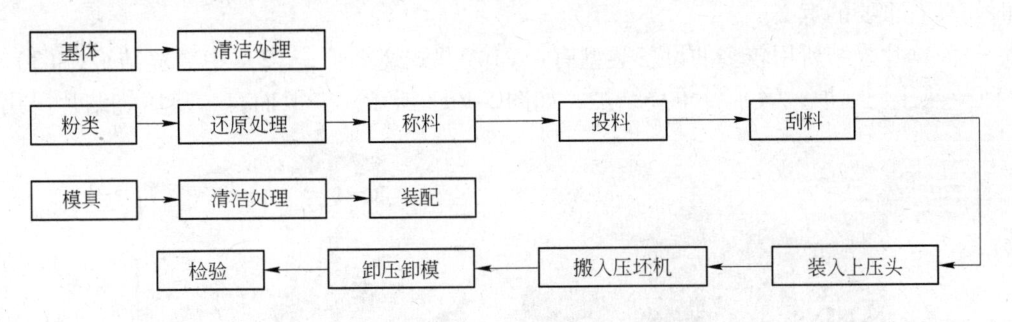

图 5-1-14　冷压成型工艺过程

上述工艺过程用于冷压 ϕ105～ϕ400mm 规格的锯片，主要设备如图 5-1-15 所示。

近几年随着金刚石工具制造设备研发力度的不断加大，针对整体烧结金刚石圆锯片已经开发有全自动金刚石锯片压型机，整体烧结金刚石锯片中用量最大的 ϕ105～230mm 规格的锯片已逐步采用自动压机取代手动冷压。如图 5-1-16 所示是河南黄河田中科美压力设备有限公司 HPMF 型全自动金刚石锯片冷压机，可以压制 ϕ105～250mm 规格的整体烧结金刚石圆锯片，压制效率达 4 片/min，模具寿命 15 万次以上。全自动锯片冷压机的应用，大大提高了整体烧结金刚石锯片的生产效率和质量稳定性。

冷压成型后对毛坯进行检验的主要内容有：（1）刀头有无裂纹、破损；（2）刀头与基体的连接处有无缝隙，有无露齿现象；（3）基体两侧是否对称，即刀头侧面与基体表面之间的间隙是否相等；（4）异形齿如细斜、涡轮齿等刀头形状，锯片形状是否符合要求，是否有错位；（5）基体有无变形等。

图 5-1-15 冷压锯片成型机

图 5-1-16 全自动金刚石锯片压型机

1.6.4 烧结

烧结是制备整体烧结金刚石圆锯片最重要的工序之一，它对最终产品的性能起到决定性的作用。对于冷压烧结片和热压烧结片而言，规格尺寸、结合剂种类的不同，则对烧结设备和工艺的要求也不一样。因此，必须合理地选择烧结设备和工艺；另一方面，由于烧结是高温操作，烧结时间长，并且需要保护气氛，因此从经济角度考虑，在保证锯片烧结要求的前提下，进一步简化烧结设备和烧结操作，提高热利用率，降低烧结温度和缩短烧结时间具有重要的意义。

目前锯片烧结所用较多的设备类型有：（1）井式烧结炉；（2）中频烧结炉；（3）连续无压/热压烧结炉；（4）钟罩烧结炉，如图 5-1-17 所示。一般而言，冷压烧结片采用井

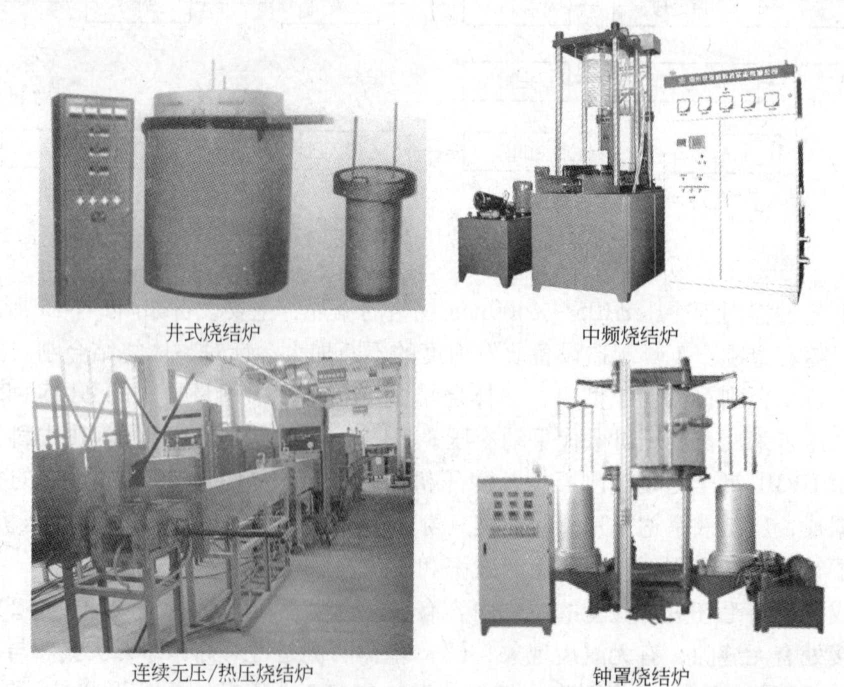

图 5-1-17 锯片烧结所用设备类型

式烧结炉（适合于 ϕ105～350mm 规格）或连续无压烧结炉（适合于 ϕ200mm 以下规格）进行烧结，热压烧结片采用连续热压烧结炉（适合于 ϕ200mm 以下规格）或钟罩烧结炉（适合于 ϕ105～400mm 规格）进行烧结。

烧结时为避免金属结合剂和金刚石在烧结过程中发生氧化，通常采用氨分解气或氢气等还原气氛作为保护介质。

无论是冷压烧结片还是热压烧结片，其烧结工艺曲线都由升温、保温烧结、冷却三部分组成。在烧结设备和保护介质等固定的条件下，烧结工艺曲线是锯片最终性能的决定因素，改变烧结工艺曲线，锯片的性能也会随之发生变化。因此，烧结工艺一旦确定应尽量保证稳定不变。

制定烧结工艺曲线时，应以结合剂的性能、锯片的尺寸规格以及锯片的最终性能要求等为依据。众所周知，提高烧结温度对胎体的烧结和最终锯片的性能是有利的，但是，还应考虑到烧结温度高到接近胎体主要结合剂的熔点时，刀头会出现低熔金属的渗出，同时金刚石的性能也要下降。一般取(2/3～4/5)$T_{熔}$为烧结温度，$T_{熔}$为金属结合剂主要组分的熔点温度。对于热压烧结片，由于是带模烧结，刀头坯体的形变和低熔组分的渗出要受到模腔的限制，故烧结温度可适当取得高些，但实际上热压烧结温度均可比冷压烧结时低10%左右，这是考虑到加压所造成的塑性流动可促进烧结的缘故。

烧结温度与烧结时间是一对相互关联的参数，适当提高烧结温度，可相应缩短保温烧结时间，即所谓的高温短时烧结。高温短时烧结的优点是可以抬高生产效率，减少金刚石磨料和锯片的热作用时间，因此常常被用于热压烧结片。但高温短时烧结要控制好烧结温度，若烧结温度过高会造成刀头中低熔成分流损和刀头变形，从而影响产品品质，严重时甚至会造成废品。当烧结温度较低时，适当延长烧结时间，此即所谓的低温长时烧结，低温长时烧结能避免或减少金刚石强度损失，但生产效率低，一般用于低熔点合金结合剂。低温长时烧结的温度也不能太低，否则烧结过程中的各种烧结现象无法充分进行，锯片刀头性能达不到要求，造成所谓的“欠烧”。

1.6.5 后序处理

整体烧结金刚石圆锯片的后序处理包括开刃、基体张力调整、抛光、喷漆等，与其他类型锯片后序处理基本相同，不再论述。

1.7 质量检验与缺陷分析

锯片刀头烧结好坏决定了锯片的性能，因此本节重点介绍半成品锯片刀头的质量检验与缺陷分析。

锯片刀头在烧结过程中要发生一系列复杂的物理和化学变化过程，而这些变化过程直接受到烧结的工艺条件的制约，一般工艺条件控制不好，就有可能要出现烧结废品。烧结废品产生的原因不仅与烧结工艺控制不当有关，原料性能、配混料工艺、成型工艺等都与烧结废品有直接关系。有时造成一种废品同时有几种因素参与作用，而同是一种因素又有可能导致多种废品。总的来说，造成金刚石锯片烧结废品的原因很多，但不外乎是偏离了配方或工艺要求造成的。常见的烧结废品及其产生主要原因见表 5-1-5。

表 5-1-5 整体烧结金刚石圆锯片废品分析

废品类型	表 现	产生原因
色泽不均	刀头表面各部分颜色不一致，有深有浅有花斑现象	(1) 烧结时通气太晚、停气太早； (2) 炉膛密封不严； (3) 出炉温度过高
哑 声	用金属物敲击锯片基体（悬空状态）时磨具所发出的嘶哑声，好的锯片敲击时应发出清脆的金属声音	(1) 刀头坯体的金属化不完全； (2) 烧结时压制层与基体联结不好，有分离现象
收缩不一致	收缩不一致的锯片刀头会发生变形或边角亏粉	(1) 坯体成型密度不均匀； (2) 烧结温度分布不均
发 泡	金刚石层表面出现的鼓泡现象，有两类：一类是局部出现发泡；另一类是整体发生发泡	(1) 成型料中添加剂含量过高； (2) 装炉位置不合理，发泡部位距热源距离不等； (3) 升温速度过快； (4) 烧结温度过高，烧结时间过长
基体变形	基体成锅盖状或出现波纹状	(1) 装粉量过多； (2) 烧结温度过高； (3) 出炉温度过高
裂 纹	(1) 成型料中添加剂含量过高； (2) 成型时施压过快，模具润滑不良，弹性后效没有消除，脱模操作不当（有停顿）； (3) 模具内腔光洁度差，出口端没有锥度； (4) 升温及冷却速率过快	

（北京安泰钢研超硬材料制品有限责任公司：刘一波，刘少华，姚炯斌）

2 热压烧结

2.1 简述

顾名思义，热压烧结就是在加压的同时进行的一种烧结，是粉末冶金最有效的致密化烧结方法之一，其特点是升温、升压可同时进行，在设定的工艺参数下通过不同的加热、加压到保温、保压的工艺组合，实现快速烧结，特别适宜制备高密度、高性能以及复合材料的烧结。

随着热压温度的升高，粉末颗粒的塑性增加，变形能力和烧结性提高，到达一定温度后，颗粒流动性提高，黏性会显著下降，使烧结体的致密化速度加快，随着热压压力的同时增加，热压烧结材料的致密化速度增加也会加快。这种致密化过程是随着粉末颗粒之间的烧结或黏结以及烧结体内孔隙的减少、封闭和球化进行的。显然，由于是压力与温度的同时作用，与普通烧结相比，热压烧结的致密化效果产生了质的飞跃。

热压烧结的优点很多，主要有：(1) 大大降低成形压力，热压时所用的压力仅为冷压成型的1/10左右，因此热压可以压制大型制品；(2) 大大降低了烧结温度，热压烧结的烧结温度为黏结材料熔点的70%即可；(3)缩短烧结时间，有的几分钟即可完成；(4) 粉末材质、粒度、形状对热压烧结的影响相对较小；(5) 热压烧结时粉末被强制流动和位移，可压制粒度差、密度差大的梯度材料和复合材料。

热压烧结的烧结温度很宽，从200℃到2000℃以上，热压压力范围在10~30MPa，一般材料可不采用保护气氛，这是因为：(1) 热压烧结的加热速度很快，粉料在易氧化区停留的时间极短；(2) 石墨模在高温下具有一定的还原性气氛，无论是石墨，或是由石墨氧化生成的CO都具有还原性；(3) 在温度和压力的共同作用下，烧结速度很快，烧结保温时间短。因此，热压烧结被广泛地应用于制造具有特殊形状、特殊成分及特殊性能的粉末冶金结构、功能材料。特别是金刚石工具复合材料，不仅性能可调范围宽，而且降低了烧结温度和保温时间的持续对金刚石性能的热损伤。因而，热压烧结成为金刚石工具制造的主要方法之一。

随着现代工业的发展，对于粉末冶金材料性能的要求愈来愈高，也促进粉末冶金制备技术的不断创新和完善，热压烧结的方式及用于热压烧结的模具材料和设计方法有许多种，根据所需热压烧结材料的种类、形状、尺寸及性能要求，选择合适的热压烧结方法、工艺路线、模具设计及模具材料等，保证热压烧结材料质量、提高热压烧结效率、降低热压烧结成本等是粉末冶金工作者的重要工作之一。热压烧结可分为传统热压烧结和特殊热压烧结。

2.2 普通热压烧结

普通热压烧结是指粉末冶金工业应用较为普遍的传统热压方法，主要包括：电阻加热热压烧结、中频加热热压烧结、电火花加热热压烧结，外加热式热压烧结，真空热压烧结、保护气氛热压烧结等。

2.2.1　电阻热压烧结

电阻热压烧结是通电加压烧结的一种，如图5-2-1所示，电源一般采用直流电和工频交流两种，利用工件或模具的电阻，通过大电流加热，是目前应用最为普遍的热压烧结方法之一。图5-2-2是电阻直接加热的400kN油压式热压烧结机结构示意图。

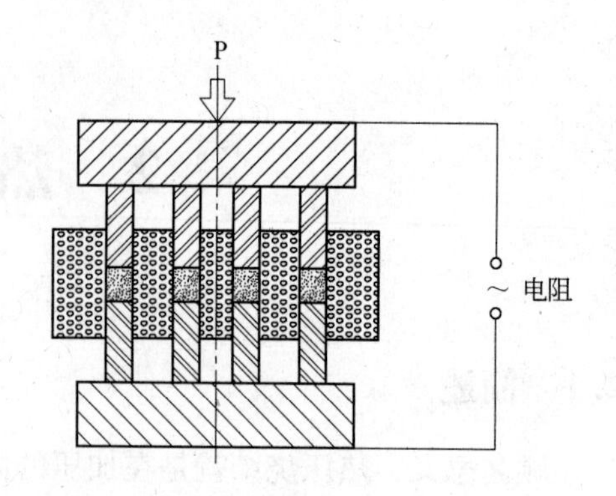

图5-2-1　电阻热压烧结加压方式示意图

电阻热压烧结过程中，升温是在大电流的作用下，粉末材料及模具依靠自身电阻产生大量热量$Q=I^2Rt$，当电流I和电阻R都很大的条件下，需要的均温时间t很短，升温速度很快，非常利于不同尺寸、不同形状的工件烧结。

通电情况下的热压烧结，粉末材料的扩散和烧结过程应该考虑到电场的作用：根据Fick第二定律的一般表达式：

$$\frac{\partial c}{\partial t}=D\left(\frac{\partial^2 c}{\partial x^2}+\frac{\partial^2 c}{\partial y^2}+\frac{\partial^2 c}{\partial z^2}\right)\tag{5-2-1}$$

当有电场作用时，在通电的y方向上应加上电场的电场作用项：$\mu E\frac{\partial c}{\partial y}$。

这样在通电方向上的扩散定律可变为：

$$\frac{\partial c}{\partial t}=D\frac{\partial^2 c}{\partial y^2}+\mu E\frac{\partial c}{\partial y}\tag{5-2-2}$$

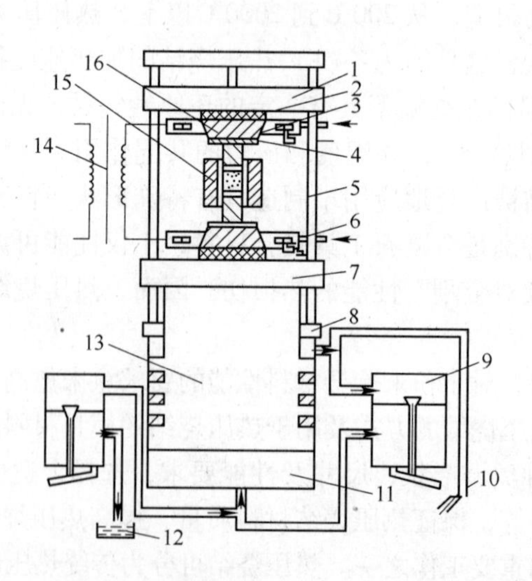

图5-2-2　电阻直接加热的400kN油压式热压烧结机结构示意图

1—上横梁；2—石棉水泥板；3—铜导电板；4—石墨垫板；5—立柱；6—冷却水；7—中横梁；8—下横梁；9—电磁逆流阀；10—接柱塞泵；11—压缸；12—油箱；13—活塞；14—降压变压器；15—石墨压模；16—石墨锥体

因此，电阻烧结过程中的扩散要比采用线压制坯料后再放入普通箱式炉或井式炉缓慢升温、无压力作用烧结时的致密化、合金化速度快，烧结质量也会有明显提高。与中频热压烧结相比，电阻烧结的优点也比较突出，其电能消耗低，加热效率高，温度场分布均匀，允许使用更多种类的组合模具材料及设计形式等。

2.2.2 中频热压烧结

中频热压烧结就是利用中频感应的方式将工件加热的热压烧结，如图 5-2-3 所示，中频感应加热是把被加热工件放在通入中频（通常1000Hz 左右）交流电流的铜管制成的感应圈内，于是在工件内就感生与通入感应圈的电流频率相同的电流，通常任何一种金属都具有一定的电阻，因而在表层电流的作用下，会产生大量的焦耳热，使工件表面迅速被加热。产生的感应电流在工件内与通电方向垂直的截面上的分布是不均匀的，中心部分的电流密度几乎等于零，而工件表面的电流密度极大，这就是所谓的集肤效应。电流频率越高，电流密度极大的表面层越薄。

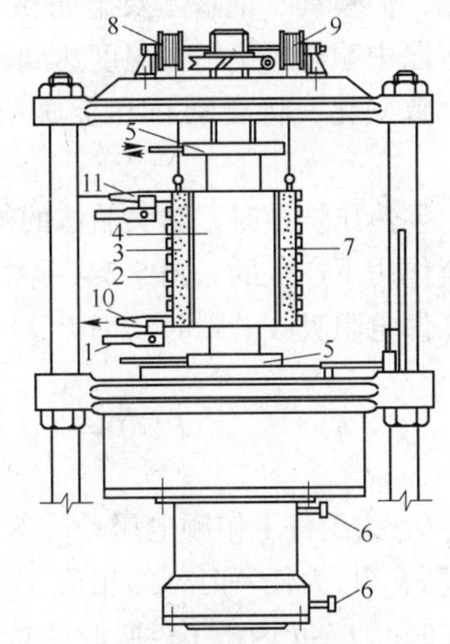

图 5-2-3 中频感应热压烧结机结构示意图
1—接中频发电机；2—感应线圈；3—绝热层；4—石墨压模；5—不锈钢水套；6—接油路系统；7—测温孔；8—涡轮传动装置；9—卷扬机；10—冷却水进口；11—冷却水出口

中频电流的大密度层侵入工件表面的深度，主要由电流频率、工件导体的电阻系数及工件的导磁率 μ 来决定，具体表达式如下：

$$\delta = 5040\sqrt{\frac{\rho}{\mu f}} \tag{5-2-3}$$

式中 δ——电流侵入深度，cm；

f——电流频率，Hz；

ρ——工件的电阻系数，Ω · cm；

μ——工件的导磁率。

根据式（5-2-3），按所要求的电流侵入深度，适当选择频率。

图 5-2-3 是中频感应加热工件上感应电流密度分布示意图。中频热压烧结因其加热具有明显的集肤效应，所以适于烧结管状工件，不适合烧结实心工件。所谓管状工件，可以是圆管状、方管状和异型管状，如地质钻头、工程钻头、圆柱石材切割锯的切削刃制作等。也可以用于小直径磨块、锯片切削刃的烧结。

因为圆形金刚石钻头的直径为 ϕ21.6 ~ 200mm，壁厚为 5 ~ 20mm，中频感应热压烧结尤其适合于金刚石取芯钻头，通过热压烧结要达到三个要求：一是将金属粉与金刚石颗粒烧结在一起，满足钻进需要；二是将金属粉与钢基体烧结、焊接在一起；三是钻头的内外径与钢体的内外径及连接螺纹的同心度达到要求。其中，将胎体与钢体有效焊接，是另一个重要的技术要求。金刚石钻头的烧结，是将模具、金属粉末、骨架材料、金刚石、钻头钢体，按规定组装后放入感应圈内，通过在模具上和工件内产生的感应电流加热模具和工件，因为石墨模具很大，消耗的功率也很大。在烧结过程中，模具和钻头要经历升温、均温、保温、加压成型几个主要阶段，特别是为了保证扩散的充分进行，促进合金化过程，需要一定时间。一般把钻头从室温加热到1000℃左右需要几分到十几分钟时间，其中一个重要的原因就是电能不能全部集中用于加热钻头，大部分消耗在模具升温上。虽然金刚石不导电，但模具、钢基体及金属粉末会很快将热量传递到工具的各个部位，将金刚石加热，所以中频热压烧结在温度达到设定温度后只需保温很短一段时间，就可以达到均温、烧结、致密化，将金刚石和金属粉末烧结，同时与钢基体烧焊，达到工具的设计性能要求。

中频热压烧结时，钻头胎体的热量是由具有高电阻的金属粉末，在电流密度极大的中频电流作用下产生的，图5-2-4是中频热压烧结法加热烧结部分的构造图。

工件电阻吸收的瞬时功率 $P(t)$ 可由下式计算：

$$P(t) = U_m\cos(\omega t + \Phi_u)\frac{I_m}{R}\cos(\omega t + \Phi_u)\cdots \tag{5-2-4}$$

式中，U_m 为工件上中频电压；I_m 为工件上通过的中频电流；R 为工件电阻；ω 为角速度；t 为时间；Φ_u 为任一时刻的相角。

在时间 $t_0 \sim t$ 内，工件吸收的总能量为：

$$W = \int_{t_0}^{t_1} P(t)\,\mathrm{d}t \tag{5-2-5}$$

中频热压烧结，电能损失大，石墨模具消耗大，经济性上不如电阻热压烧结。

2.2.3 电火花热压烧结

电火花热压烧结也称放电烧结，是把金属或合金粉末放入专门设计制作的模具内，然后使电极压头轻压粉末，使粉末保持恒定轻压状态，通入脉冲电流，在粉末颗粒间产生均匀地微放电，释放大量的放电热和焦耳热，当粉末达到设定温度，充分扩散后，再在给定压力下成型。整个烧结过程包括两个阶段，即放电活化阶段和热塑变形阶段。

通常状态下，金属粉末表面覆盖一层氧化膜，膜外吸附一层气体。通电后的瞬间发生粒子表面的绝缘破坏——放电。由于放电后产生的冲击热和冲击力，把粉末表面的氧化膜和吸附气体层击碎分散。发生放电的区域保持被净化的还原气氛。一方面由于放电造成金属粒子内部的晶格缺陷增多，另一方面在电场作用下，带电金属离子做有限定向移动，有利于扩散进行，扩散系数比普通烧结提高100~200倍。

放电活化阶段，适当轻压跟踪是确保放电充分进行的关键、压力过大会使放电熄灭，变成一个纯电阻烧结过程，使烧结时间延长，能耗增加；压力过轻或压力跟踪响应不及时，则会发生长弧放电，造成局部过烧，使制品性能恶化。

热塑变形阶段，放电后的金属粉末电阻减小，电流在氧化膜破碎处集中，产生大量的焦耳热，在这种加热状态下受外力作用时易产生塑性变形。再加上宏观的塑性流变诱发晶界滑移和位错运动，从而加剧了晶内和晶界扩散。热塑性变形阶段也是致密化阶段。影响致密化程度的因素很多，比如压力、温度、粉末粒度、粉末成分、加压速度、制品形状及电规范等。

电火花烧结机的种类很多，分类依据也不一致，常见的有按加压方式进行分类，按制品规格特点进行分类，按电源类别进行分类等。例如：单轴加压电火花烧结机，等静压电火花烧结机，棒（板）材连续电火花烧结机，交、直流叠加电火花烧结机，直流电火花烧结机等。

近年来，多个制品一次烧结的电火花烧结机，程控电火花烧结机，也相继问世。不仅在种类上日益增多，功能上也取得长足的进步。

从效果上看，交、直流叠加电火花烧结机（图5-2-4）具有许多优点，电源的直流部分有较高的加热效率，交流部分具有集肤效应，并能促进扩散，故能使形状复杂的大型制件加热均匀，加快烧结过程。在粉末颗粒间产生最佳的结合，这是决定材料性能的关键。

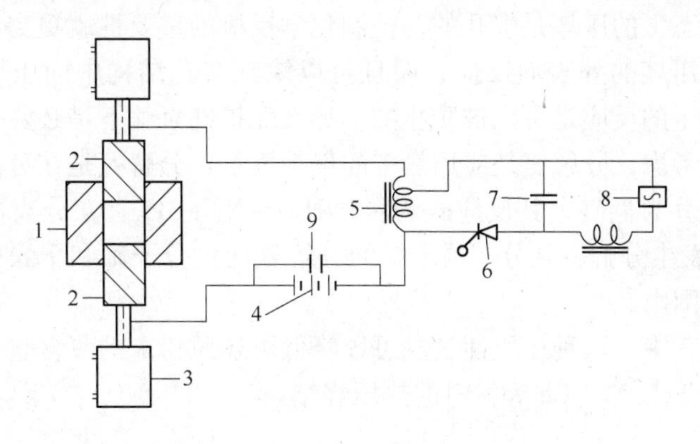

图5-2-4　交、直流叠加电源电火花烧结机示意图

1—模具；2—压头；3—油压缸；4，8—电源；5—电感；6—整流元件；7，9—电容

电火花烧结的主要特点是：由于升温速度快且均匀，能在大气环境下烧结出性能优良的制品；成形压力低，易发生塑性变形；烧结时间短；节约电能；有利于烧结的合金化。

电火花烧结技术应用十分广泛，几乎所有的粉末冶金制品都可以使用电火花烧结法。

2.2.4　真空热压烧结

在真空状态下进行的热压烧结称为真空热压烧结，其最大的特点是在真空状态下，加热和压制过程中压坯粉末不会进一步氧化，同时粉末表面吸附的气体和某些杂质解析、脱除，使粉末具有更高的烧结活性，粉末及压坯烧结时形成的内部孔隙中不会存在气体，因而，真空热压烧结制品的粉末冶金孔隙少、密度高、质量好。

真空热压烧结比较适合于烧结难熔金属和活性金属，例如Ti、Zr、Nb、Ta及其合金，TiC和TaC硬质合金，铝、镍、钴磁性材料等特殊性能的粉末冶金材料。

与普通热压烧结相比，真空热压烧结的生产效率明显降低，能耗和成本增加。但与保护气氛热压烧结相比，真空热压烧结可极大地减少烧结过程总的能量消耗，在这点上引起人们极大的兴趣，因为提供保护气氛所需的能量很高。

目前，真空热压烧结应用还受到很多限制，因为热压设备增加了抽真空系统，热压烧结前要提供真空条件，增加了炉门密封与抽真空等工序，使生产效率进一步降低。生产中还会遇到如炉门开、关及系统密封问题、烧结模具、填料蒸气尤其是蒸气压高的金属元素对设备的污染问题等，阻碍了真空热压的大范围推广应用。

真空热压烧结在金刚石制品中的应用已积累了相当多的经验，国产的准真空热压烧结炉已在规模生产中广泛使用，真空连续热压烧结炉已通过鉴定，目前正在推广当中。

2.2.5 保护气氛热压烧结

在还原性气氛或惰性气氛中进行的热压烧结，称为保护气氛热压烧结。为防止粉末在加热烧结时的氧化或促使已氧化的粉末被还原，可以采用气氛保护进行热压烧结。通常作保护气氛的介质有惰性气体：氮气、氩气和还原性气体：氢气、CO和分解氨等。

保护气氛的作用是控制热压坯与环境之间的化学反应，其次是清除润滑剂的分解产物。考虑到压制状态下的压坯是多孔的，控制化学反应的重要性就更突出了。烧结气氛中的气体不仅可以同压坯的外表面反应，而且可以渗到多孔结构中同压坯的内表面发生反应。如果内表面发生的反应是可以被防止的，那么保护气氛就不是必要的了。

从成本和操作考虑，分解氨是应用最多的保护气氛，分解氨是在分离器中气化液体氨水制得的，主要成分为氢气，其反应式为：$2NH_3 = N_2 + 3H_2$。在分离器中，氨水在触媒的作用下于750℃发生分解，从分离器出来的分解氨通过分子筛和干燥剂，露点可以控制在 -50 ~ -40℃范围内。

在热压烧结过程中，这种还原性气氛可以降低可还原粉末的氧含量，起到活化烧结的作用，适用于Cu、Fe、Ni、Co等材料的热压烧结。

2.3 特殊热压烧结

所谓特殊热压烧结：是指随着粉末冶金工业技术的发展，为克服上述传统热压方法的不足，提高热压的效率、降低热压烧结成本，通过采用其他辅助方式实现的热压烧结。如：外热式热压烧结、半连续热压烧结、准真空热压烧结和冷压-烧结-热压烧结等。这些特殊的热压烧结方法在实际生产获得了广泛的应用。

2.3.1 外热式热压烧结

顾名思义，就是在其他配套加热炉内（如箱式炉）将要热压烧结的工件加热到烧结温度，然后在高温运件设备上移到压制设备上，按工艺加压、保温进行的热压烧结。其特点是，加热设备和加压设备分离，降低了对设备的要求，如大直径的金属黏结剂砂轮、磨轮的制作，将模具（已装好混合粉料和金刚石）放入箱式炉中加热，到达设定温度后，恒温均匀化一段时间，出炉后在压机上按设定的压力压制成型，特点是解决了制造大尺寸、形状特殊、性能要求高的金属及陶瓷结合剂零件的难题。外热式热压烧结，在金属黏结剂砂轮和磨轮的生产中应用较多。

2.3.2 半连续式热压烧结

半连续热压烧结目前有两种形式：一是通过组合模具，将数件或数十件结块式待烧件放入模具中，在特定的烧结传送带上，送入自动热压炉依次烧结，如图5-2-5所示。二是采用固定加热的高温倒井式炉，将多件片式待压件装配到与高温炉匹配的可移动、可加压的容器中，以交替的方式直接放入高温炉中，实现快速加热和压制，这两种热压烧结方式较好的解决了热压烧结的性能、成本和效率问题，近年来在金刚石锯片等金刚石工具的生产中获得了广泛的应用。

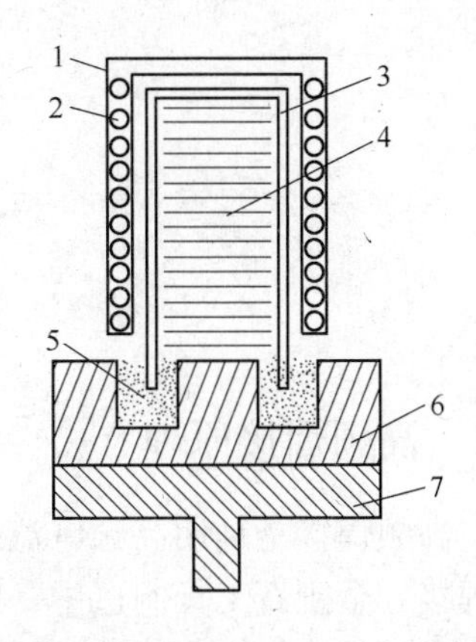

图 5-2-5 半连续式热压烧结示意图
1—炉体；2—加热丝；3—烧结器；4—烧结体及模具；5—密封槽；6—下托；7—压力机

2.3.3 准真空热压烧结

对于需要采用真空热压烧结进一步提高性能的粉末冶金制品，在近年的研究中发现，在热压过程中，仅需要提供一定的负压防止烧结初期粉末的氧化以及少量的吸附气体解析即可，因此在金刚石工具热压中，开发了一类热压烧结炉空间小、炉门密封简单容易、仅用机械真空泵，可以在几分钟之内达到 10^{-1} 的真空度后停泵，然后进行热压烧结，较好的解决了石墨模具及粉料挥发造成的真空系统维护问题和真空热压烧结的效率问题，使得热压烧结材料性能大大提高。

高速线材生产的轧辊孔型磨轮生产也有应用外热式热压烧结生产的。外热式热压烧结法有许多不足，如出炉热压有一段时间，会有温度下降，作业时间较长，其他金刚石工具也有一些是用外热式热压烧结法进行生产的。

2.3.4 冷压—烧结—热压烧结

这是一种组合工艺，其实质是利用冷压烧结的效率，再加上热压的作用，达到了提高生产效率、提高产品性能的目的，其流程示意如图 5-2-6 所示。

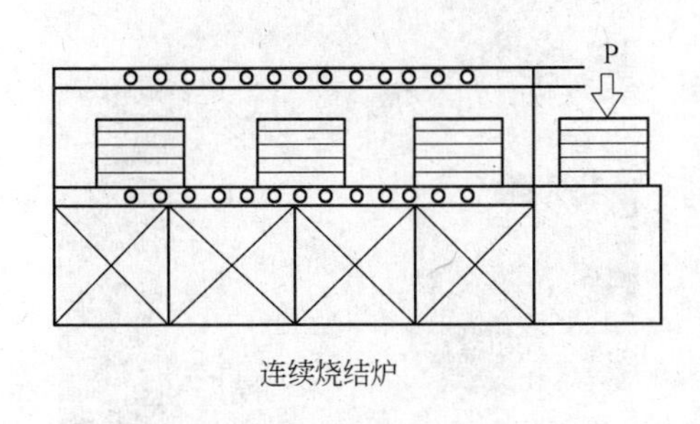

图 5-2-6 冷压—烧结—热压烧结

其工艺路线可描述为：金属粉末经过冷压成型后，放入设计好的热压模具或烧结舟中，在还原性保护气氛中烧结，在设定烧结温度保温后，直接出炉马上施加压力并保压到温度降为 500℃以下时，再去掉压力。该组合工艺结合了冷压和保护气氛连续烧结和热压烧结的特点，特别是在烧结温度下快速移出烧结炉，在压力的作用下，使得工件的密度进一步提高，形状与尺寸达到设计要求，适合烧结金刚石切割锯片等最终产品的几何形状、尺寸精度以及力学性能等有特殊要求的薄片类产品。

通过对上述热压烧结方法的简单介绍可以看到，通过对加热源的改进、加压方式的调整、热压模具的设计优化、真空体系的巧妙运用以及工艺方式的革新等，克服了传统热压烧结方法热压效率低、模具消耗大、生产成本高、产品质量均一性差等等不足，使得粉末冶金中的这种特殊的工艺方法——热压烧结，在金刚石工具的研究、制造中获得了广泛的应用，并大大推动了金刚石工具的制造工艺技术水平的提高。

（北京有色金属研究总院：宋月清）

3 高频焊接

3.1 高频焊接原理

高频焊接是利用高频电流进行焊接的一种电阻焊接方法。其分为高频电阻焊和高频感应焊接。金刚石工具制造中一般采用高频感应焊接，高频感应焊接是由感应线圈通过磁场感应在焊件上产生高频电流时加热焊件的。

高频焊机安装时必须充分接地，焊接前必须打开冷却水。感应圈的大小和形状根据所焊接制品及刀头形状，进行更换。

高频焊接是利用集肤效应，所谓集肤效应，是指以一定频率的截流电流通过同一个导体时，电流的密度不是平均散布于导体的所有截面的，它会主要向导体的表面集中，即电流在导体表面的密度大，在导体内部的密度小，所以我们形象地称之为“集肤效应”。即越靠近感应圈的部分加热速度越快，温度也越高；焊接工件的表面温度高于内部温度，所以焊接较大工件时应将焊机功率调低，加热时间适当延长，以便通过热传递使内部温度达到银焊片熔融温度。

3.2 高频焊接设备

高频焊接金刚石工具种类较多，根据使用方式可分为切、磨、抛光和钻等工具。切割工具包括锯片、开槽片、带锯、框架锯等；磨抛工具包括磨轮、磨块、磨盘、磨头等；钻切工具有薄壁钻、扩孔钻等。图5-3-1为高频焊接锯片设备，图5-3-2为高频焊接钻头设备，图5-3-3为便携式高频焊机。

图5-3-1 高频焊接锯片设备

3.3 高频焊接工艺

焊前准备：锯片焊接时必须先检验刀头弧度与基体弧度是否相吻合。焊接前先将基体表面油污清洗，焊接面有锈迹的必须打磨干净，否则影响焊接强度。刀头的焊接面要将氧化皮打磨干净，露出新鲜表面；银焊片裁剪成与焊接面相当的尺寸，如果是自动焊接，则选用与基体焊接面厚度一致的银焊片安装好即可；银焊剂如果是膏状的，使用前摇匀即可使用，如果是粉状银焊剂，使用前需调成黏稠状使用。

将打磨好的刀头和干净的基体均匀地涂抹好焊剂，使用非自动焊接设备时需将银焊片黏在焊接面上（刀头焊接面或基体焊接面），银焊片上不能有油污和杂质。

焊接：焊接时先调节设备，使刀头的焊接位置及对称度符合要求，再根据银焊片的熔化温度设定焊接温度。锯片自动焊接可设置连续焊接和隔齿焊接，可根据需要进行选用。

图 5-3-2 高频焊接钻头设备

图 5-3-3 便携式高频焊机

刀头烧结温度较低的，选择熔点低的银焊片（银焊片的熔点必须低于刀头烧结温度）。自动测温设备需调节测温点，一般情况下将测温点选在焊缝处。总之，必须保证银焊片充分熔融。图 5-3-4 为高频焊接件。

焊后强度检验及处理：焊接后需做焊接强度检验的首先进行焊接强度检验（锯片、钻头必须做扳齿检验），用扭力扳手按安全检验标准要求的数值进行逐一扳齿。扳齿通过后清洗银焊剂，检查无焊缝无虚焊即可转入开刃工序。

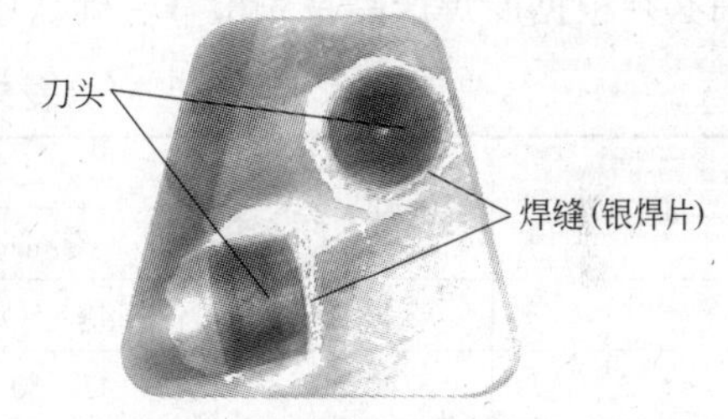

图 5-3-4 高频焊接件

影响高频焊接强度的因素：影响高频焊接强度的因素较多，包括刀头焊接面弧度、刀头致密度、基体焊接面弧度、银焊片材质及抗拉强度、银焊剂种类、焊接面清洁度、焊接温度、冷却时间、虚焊等，尤其在焊接时银还没有完全凝固的情况下触动刀头或基体，有可能导致虚焊或裂缝，严重影响焊接强度。实际生产过程中要根据出现的问题进行实际解决。

具体产品焊接工艺分述如下。

3.3.1 高频锯片焊接工艺

3.3.1.1 基体预处理及清洗规程

（1）领取基体：按生产单上的规格品种要求领取对应基体。

（2）验证尺寸：焊接前测量基体厚度、齿长等，确认尺寸是否合格。合格后方可使用。

（3）去油污：将热水（40℃左右）盛入清洗盆按 2% ~3% 的质量分数兑入清洗剂；

将基体平放入水盆，用专用铜刷反复刷洗基体表面及焊接面，去除油污。然后取出悬挂，并用干净抹布擦干。

（4）焊接面打磨：将漂洗干净的基体用锉刀或角磨机打磨出新鲜面（确保表面光洁平整，无锈无毛刺）。

（5）TC齿的焊接：需要焊TC齿的，按客户要求的数量进行焊接。焊接前基体的焊接面必须用锉刀打磨毛刺和氧化皮，焊接面必须挫平；TC齿的焊接面若不平用80号砂纸磨平。TC齿高于基体焊接面2～4mm，焊接时热影响区不能超出具体水口底部。

3.3.1.2　刀头处理规程

（1）领取刀头：按焊接规格品种和数量要求，从刀头库领取经检验合格的相应刀头。

（2）磨弧：领取的刀头必须磨弧，使刀头弧度与具体弧度相吻合，焊接面无氧化皮。

（3）摆放：磨弧合格后，对刀头进行摆放，使同一片上的刀头高度误差≤0.2mm。摆放时将氧化皮或脱模剂没磨干净的刀头挑出来，重新进行磨弧。摆放好的刀头用干净的布擦拭焊接面上的杂物。

（4）涂焊剂：经擦拭后的刀头必须迅速涂覆焊剂，涂覆必须均匀，涂完焊剂后必须保证在4h内焊接完毕。

3.3.1.3　感应圈的匹配、位置和焊接温度、银焊片宽度规程

A　感应圈匹配

为保证最佳感应加热效果，不同齿长、齿厚的基体需选用与其相适应的感应圈。焊接前必须根据所焊产品首先检查、确认或更换使用相应的感应圈。具体参照表5-3-1。

表5-3-1　感应圈匹配表

序　号	编　号	感应圈尺寸		锯片尺寸	
		长度/mm	宽度/mm	刀头长度/mm	刀头宽度/mm
1	40125	45～50	8～10	40	3.2～4.8
2	40250	45～50	12～15	40	5.25～9.5
3	47125	50～55	8～10	47	3.2～4.8
4	47250	50～55	12～15	47	5.25～9.5

B　感应圈位置、焊接温度系数及银焊片宽度系数

根据不同规格及粉类，需要调整感应圈的位置和焊接温度，以及银焊片的宽度。具体见表5-3-2。

表5-3-2　感应圈位置、焊接温度及银焊片宽度参数表

基体厚度/mm	水泥粉类（基体/刀头）	沥青粉类（基体/刀头）	焊接温度/℃	银焊片宽度/mm
2.4～3.2	50%/50%	50%/50%	700～720	3.3
3.5～4.0	60%/40%	50%/50%	720～730	4.1
6.0	75%/25%	50%/50%	730～740	6.4

测温点的位置规定在焊缝上方2.5～3.0mm处（以光点中心为准）。

银焊片按要求裁好后，黏焊片时用镊子或戴医用手套，严禁直接用手拿取。不用的银

焊片用自封袋装好封口保存，剪好的银焊片用自封袋或带盖的盒子盛装，严禁污染。银焊片如果已经污染或有油污，使用前需用超声波清洗10min后凉干再使用。

3.3.1.4 锯片焊接、检验及焊后清洗工艺规程

A 焊接参数的调节

（1）根据不同的粉类及规格设定相应的温度参数，使银焊片完全熔融并充分流动。基体较厚（不小于3mm）的锯片，焊接时温度调高一点，并将焊机输出功率调低10%左右，以延长加热时间，使中间部分的银焊片充分熔化。

（2）刀头冷却气完全关闭，将冷却时间调为5~8s，基体越厚冷却时间越长；同时打开基体冷却气。

（3）按规格（刀头和基体的厚度）调整对称度，同时调整水口定位器的位置，使刀头在焊接时处在基体齿的正中位置；调整刀头推送器的定位螺丝，使夹子夹在刀头正中间。

B 焊接

确认焊机感应圈与所焊制品匹配、感应圈位置符合规定、温度参数及对称度调好后，设置好焊接齿数，将模式按钮扳到“自动模式（AUTO）”开始焊接；焊接过程中操作人员不能离开机子，且随时检测刀头的对称度，并进行相应的调整；注意银焊片不能错位，有滑落的及时将其扶正，并及时清理刀头夹子、输送带及推送器上的杂物；每片焊完后必须马上悬挂，使之充分冷却和释放应力。

C 焊接强度检验

焊接强度检验采用扳齿检验机或力矩扳手，根据基体厚度和刀头长度采用相应的值进行逐齿扳齿检验。

D 焊后清洗、打磨

焊接完并经强度检验合格的锯片，进行焊后清洗。将热水（40℃左右）盛入水盆至2/3容积刻线，并按2%~3%的质量分数兑入清洗剂，用铜刷反复刷洗焊缝及其周围的银焊剂。洗干净的锯片悬挂晾干，然后用角磨机对较大的银瘤进行打磨，打磨时不能损伤基体或刀头，最后由专职检验人员进行对称度、焊缝质量及TC齿焊接质量和数量的检验，检验合格后方可送入后续处理。

3.3.2 高频钻头焊接工艺规程

（1）基体处理：焊接面前端100~150mm用清洗剂将油污洗去，然后用钢锉或角磨机打磨去除毛刺及锈斑，打磨后焊接面平整且全部露出新鲜面。基体厚度与外径须跟生产单一致（尤其环状钻头基体外径、壁厚一定符合生产单要求，否则刀头无法焊接）。

（2）刀头：用砂轮将毛刺打磨干净，尤其是焊接面要打磨平整，无氧化皮和杂物，焊接面与刀头侧面一定要垂直，不能有倾斜。刀头的几何尺寸（长、厚、高）和弧度必须跟生产单完全一致。环状钻头磨平顶刃后送机加工车削焊接面，车削后焊接面若有氧化皮则用锉刀将氧化皮打磨干净后方可进行焊接。

（3）银焊片：使用大功率银焊片，根据刀头长度和基体厚度剪成所需尺寸（银焊片不能过大，应与基体焊接面相符或大0.5mm为宜），然后根据刀头数将银焊片黏在涂好焊剂的基体上。环状钻头的焊片剪成长方形，尺寸2mm×15mm左右，粘贴时使银焊片的长

度总和与钻头周长相近。黏焊片时用镊子或戴医用手套，严禁直接用手拿取。不用的银焊片用自封袋装好封口保存，剪好的银焊片用自封袋或带盖的盒子盛装，严禁污染。银焊片如果已经污染或有油污，使用前需用超声波清洗10min后凉干再使用。

（4）调焊剂：粉状102焊剂使用前必须经过熬制，熬制方法为：根据熬制量的多少，将适量的纯净水倒入锅内（体积比约为：水∶焊剂＝1∶2），再将所要熬制的焊剂徐徐倒入锅内，同时进行搅拌，加焊剂及搅拌时注意防护，不要将头置于锅口上方，以免造成烫伤。搅拌均匀后通电进行熬制，水开后熬5min左右，熬至锅内焊剂至适当的黏度（用刷子蘸起焊剂后流成一条直线即可）后停止加热（黏度与加水量和熬制时间有关），冷却至室温后倒入焊剂瓶中待用。不使用时将焊剂瓶盖拧紧。膏状焊剂在使用前摇匀即可使用，使用后尽快将瓶盖拧紧。

（5）涂焊剂：将调好的银钎焊剂用毛刷均匀地涂在焊接接触面（基体、刀头的焊接面）上。焊剂现用现涂，涂好的2h内必须焊完。

（6）焊接：将打磨好的刀头按照高度进行排放，使同一支钻头上的刀头高度一致（高度差低于0.2mm）且过渡层全部向上；焊接时银焊片完全熔化并充分流动时立即停止加热，冷却5～12s（依据基体厚度而定）后再松刀头夹。每批的首件必须进行扳齿检验和观察其外观质量，若有不合格的地方立即进行纠正（同心度或垂直度有偏差、刀头不正等应调整夹具），直至合格为止。刀头对称度原则上是内40%，外60%。

1）韩国产半自动焊机：将基体放在卡具上，调整好感应圈高度（感应圈置于焊缝处），再将夹基体的夹子夹紧并调整好刀头对称度，设置齿数，首齿焊接用手动加热，银焊片熔融后停止加热，然后根据此加热时间设置焊机焊接时间；冷却时间根据基体厚度进行设置（厚度为2.2mm及以下，冷却时间为5～8s；2.5mm及以上，冷却时间为10～12s），所有参数确定后进行自动焊接。首支对称度及扳齿检验合格后再进行批量焊接。

2）自制钻头焊剂：根据规格调整好对称度和感应圈位置，先焊接一个刀头检验对称度、垂直度是否合格，不合格的重新进行调节直至合格为止。加热时间以银焊片完全熔融即停止加热，冷却时间以银焊片完全凝固且刀头暗红色褪去为准（厚度为2.2mm及以下，冷却时间为5～8s；2.5mm及以上，冷却时间为10～12s）。首支对称及扳齿检验合格后再进行批量焊接。

（7）焊接强度检验：焊接好的刀头必须逐个用扭力扳手按《高频焊接钻头检验标准》所规定的检验强度进行焊接强度的检验，卡头卡口的宽度与刀头厚度相匹配。掉齿的须进行复焊复检。

（8）清洗及入续：通过强度检验的半成品，用热水兑清洗剂洗去表面焊剂及油污。半检验合格后入续。

3.3.3 磨轮、磨盘焊接工艺

（1）基体处理：按生产单要求领取相应规格的基体，用清洗剂洗去油污待焊。

（2）刀头处理：焊接面要打磨平整，表面无氧化皮。刀头的几何尺寸（长、厚、高）和弧度必须跟生产单完全一致。刀头靠定位台阶的一面毛刺必须打磨干净。整体磨轮先打磨毛刺后送检验，检验合格后送机加工车削焊接面，然后进行焊接。

（3）银焊片：银焊片不能过大，应与基体焊接面相符或小0.5mm为宜。磨盘的银焊片宽度为焊接面宽度的80%左右。尤其双排磨轮，内侧焊片不要太大以免造成银瘤。黏焊片时用镊子或戴医用手套，严禁直接用手拿取。不用的银焊片用自封袋装好封口保存，剪好的银焊片用自封袋或带盖的盒子盛装，严禁污染。银焊片如果已经污染或有油污，使用前需用超声波清洗10min后凉干再使用。

（4）焊剂：粉状102焊剂使用前必须经过熬制，熬制方法为：根据熬制量的多少，将适量的水倒入锅内（体积比约为：水∶焊剂=1∶2），再将所要熬制的焊剂徐徐倒入锅内，同时进行搅拌，加焊剂及搅拌时注意防护，不要将头置于锅口上方，以免造成烫伤。搅拌均匀后通电进行熬制，熬至锅内焊剂至适当的黏度后停止加热（黏度与加水量和熬制时间有关），冷却至室温后倒入焊剂瓶中待用。不使用时将焊剂瓶盖拧紧。膏状焊剂在使用前摇匀即可使用，使用后尽快将瓶盖拧紧。

（5）涂焊剂：将调好的银钎焊剂用毛刷均匀地涂在焊接接触面（基体、刀头的焊接面及银焊片）上，涂抹时焊剂不宜过多且涂抹面尽量不要超过焊接面。焊剂现用现涂，涂好的当天必须焊完。

（6）刀头及焊片的粘贴：先将剪好的银焊片按刻线的位置粘好，再将刀头涂上焊剂后黏在焊片的上面。整体磨轮的银焊片剪成梯形后黏在焊接面上，焊片尽量覆盖焊接面，然后再在刀头焊接面上涂好焊剂后放在基体上。

（7）焊接：选择并更换合适的感应圈，调节夹具的高度及位置，刀头或基体不能接触感应圈。薄基体磨轮感应圈离刀头近点，刀头胎体较软的感应圈靠基体近点，且将焊机功率适量调低。双排磨轮焊接时注意内排的银焊片不要流入基体内侧，否则难以打磨。焊接时银不能流入基体定位孔或螺丝孔内。

（8）清洗及入续：焊好的磨轮等，温度必须低于100℃后再进行清洗，先用热水兑清洗剂进行清洗，清洗完毕后打磨银瘤，检验合格后转续。

（北京安泰钢研超硬材料制品有限责任公司：刘一波，南灏）

4 激光焊接

金刚石工具焊接是在钢质基体上焊接一些由金刚石颗粒与黏结金属粉末烧结在一起的刀头，其焊接属于不同材料、不同组织之间的异种金属焊接，焊接的关键在于其结合强度的高低。传统焊接方法是烧结焊及钎焊，此两种方法焊接焊缝的结合强度（尤其是高温时）不够高，锯切过程中易发生刀头飞崩伤人等事故，锯片的安全可靠性不好。激光焊接的金刚石工具是以聚焦的激光束作为能源，采用熔深焊的机制，熔化刀头的过渡层与基体，形成牢固的焊缝，即使在锯片、钻头没有冷却水冷却的情况下使用，也能保证很高的焊接强度，确保使用的安全性。

4.1 激光焊接概述

4.1.1 激光焊接原理

激光的单色性和相干性保证了激光光束能量可以通过聚焦镜汇聚到一个相对较小的点上，当能量足够大时会使加热区金属汽化，从而在液态熔池中形成一个小孔，称之为匙孔。光束可以进入匙孔内部，通过匙孔的传热，获得较大的焊接熔深。匙孔现象发生在材料熔化和汽化的临界点，气态金属产生的蒸气压力很高，足以克服液态金属的表面张力并把熔融的金属吹向四周，形成匙孔或孔穴。随着金属蒸气的逸出，在工件上方和匙孔内部形成等离子体，较厚的等离子体会对入射激光产生屏蔽作用。由于激光在匙孔内的多重反射，匙孔几乎可以吸收全部的激光能量，再经过内壁以热传导的方式通过熔融金属传到周围固态金属中。当基体与刀头相对于激光束移动时，液态金属在小孔后方流动、逐渐凝固，形成焊缝，这种焊接机制称为熔深焊，也称匙孔焊。是激光焊接中最常用的焊接方式。图5-4-1为激光焊接熔深焊的基本方式。

4.1.2 激光焊接的优势

激光焊接适用于相同或不同材质、厚度的金属间的焊接，对高熔点、高反射率、高导热率和物理特性相差很大的金属焊接特别有利。激光束可以被聚得很细，光斑能量密度很高，几乎可以气化所有的材料，有广泛的适用性；激光功率可控，易于实现自动化；激光束功率密度很高，焊缝熔深大，速度快，效率高；激光焊缝窄，热影响区很小，工件变形很小，可实现精密焊接；激光焊缝组织均匀，晶粒很小，气孔少，夹杂缺陷少，在力学性能、抗蚀性能和电磁学性能上优于常规焊接方法。

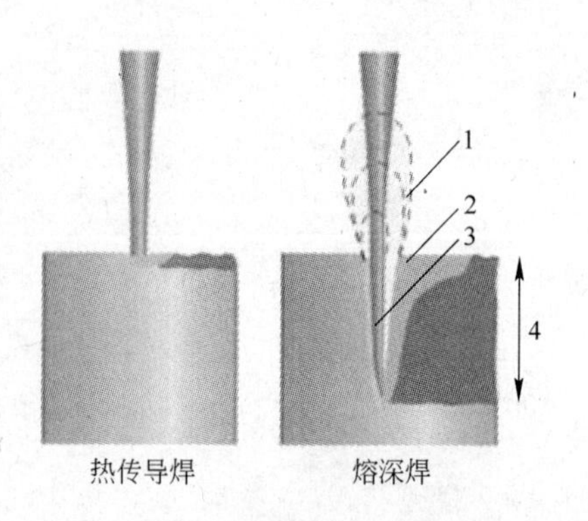

图5-4-1 激光焊接的基本方式
1—等离子体云；2—熔化材料；3—匙孔；4—熔深

4.1.3 金刚石工具中应用的 CO_2 激光器

现阶段 CO_2 激光器在金刚石工具的焊接方面得到了广泛的应用，按照谐振器的放电形式来分，主要应用的有轴快流和扩散冷却板条式 CO_2 激光器两类（其谐振器发光原理示意图如图 5-4-2 和图 5-4-3 所示。图 5-4-2 为美国 PRC 公司轴快流激光器发光原理示意图，图 5-4-3 为德国 Rofin 公司扩散冷却板条式激光器发光原理示意图）。虽然进口激光器价格相对于国产激光器要昂贵很多，但是由于欧美进口激光器在光源稳定性和成本消耗方面有很突出的优势，所以大部分金刚石工具生产厂家都倾向于选择进口激光器来进行焊接生产。

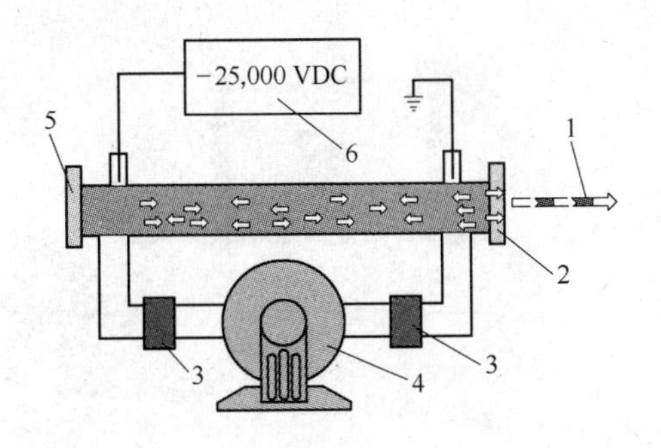

图 5-4-2 轴快流激光器发光原理示意图
1—激光束；2—输出镜；3—热交换器；
4—罗茨泵；5—后镜；6—直流高压

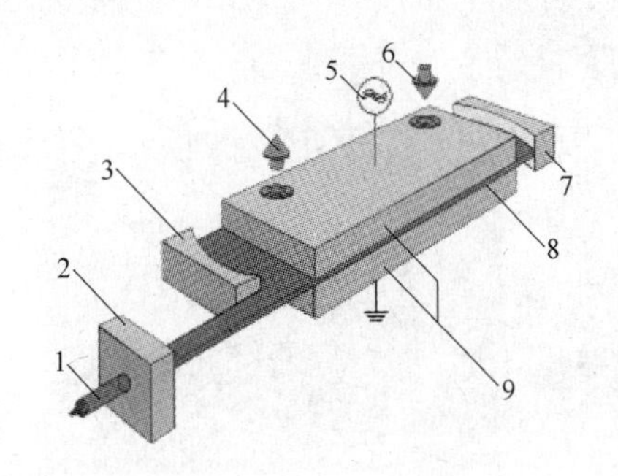

图 5-4-3 扩散冷却板条式 CO_2 激光器发光原理示意图
1—激光束；2—输出镜片；3—输出镜；4，6—冷却水；
5—射频激励；7—后镜；8—射频激励放电区；9—电极

4.2 金刚石工具激光焊接机简介

4.2.1 激光钻头焊机

金刚石钻头激光焊接设备的生产厂家主要有：德国 Dr. Fritsch 公司，意大利 ARGA 公司，韩国 DIEX 公司、DIM-NET 公司，美国 Western Saw 公司以及日本等国家的一些公司。其中较为典型的设备是德国 Dr. Fritsch 公司推出的 BSM220 型全自动金刚石钻头激光焊接机（如图 5-4-4 所示），钻管基体手动放置到焊接位置，气动夹紧，刀头靠气动机械手臂夹取，根据光电感应器所测量的钻管直径，数控轴自动调节刀头对称度的位置，然后自动送到焊接位置，激光焊接头也由数控轴控制位置，先点焊，然后逐齿焊接。此设备可以焊接直径为 65 ~ 300mm 的激光钻头，钻头刀头焊接范围较广（刀头长度范围：15 ~ 50.8mm，刀头高度范围：6 ~ 15mm，刀头厚度范围：2 ~ 6mm）。

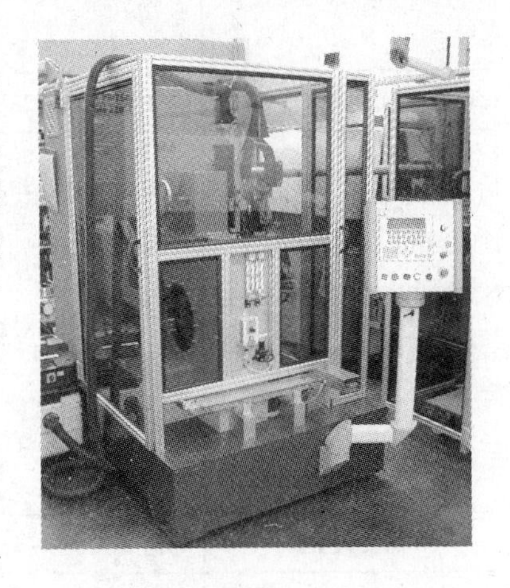

图 5-4-4 Dr. Fritsch 激光钻头焊机 BSM220

4.2.2 激光锯片焊机

根据刀头与基体装卸的自动化程度来分，激光锯片焊机可分为全自动激光焊机与半自动激光焊机。全自动激光焊接的典型代表，如德国 Dr. Fritsch 公司的

LSM240全自动激光锯片焊机（如图5-4-5所示），刀头与基体被自动输送到焊接位置，CNC数控激光焊接头逐齿对刀头进行焊接，焊接完毕后，自动或人工将焊好的锯片收集好。国外大部分激光焊机都采用全自动焊接方式生产激光锯片。半自动激光焊接机的典型代表，如韩国DIEX公司的LWB15/2激光锯片焊机（图5-4-6），由人工将基体与待焊刀头摆放到位，基体、刀头由电磁工作台磁吸固定，刀头由压盘压紧，激光焊接头固定，也就是光束固定，焊接工作台旋转一周完成焊接。国内生产的大部分激光焊机也都是半自动激光焊机。两种典型代表性的设备焊接操作比较如表5-4-1所示。

图5-4-5 Dr. Fritsch LSM240激光锯片焊机

图5-4-6 DIEX LWB15/2激光锯片焊机

表5-4-1 典型全自动与半自动激光锯片焊接机比较

比较指标	LSM240	LWB15/2
锯片直径/mm	100～900，并可拓展至1200mm	100～600
特殊规格	正常齿、高低齿、斜齿	正常齿、高低齿
生产效率	一工作台，单一产品生产效率相对低；在小批量、多规格的激光锯片焊接生产中效率很高	两工作台，光源可以得到充分利用，所以焊接单一产品焊接效率较高；当面对多规格产品时，由于要更换焊接卡盘和校对激光光束，故焊接效率较低
激光器型号	ROFIN-DC025或DC020	ROFIN-DC025
外光路系统	聚焦镜片焦距短（150mm），光细，熔深大；光路稳定，不需要经常调整	聚焦镜片焦距长（175mm），光焦对粗，焊缝宽；光路系统相对不太稳定，需要定期校准光路
对称度控制	中心对中，对称度容易调整，刀头不需要按厚度分选	刀头单面为基准，刀头需要按厚度分选后分档焊接
维修维护	设备自动化程度高，需要维护工作多，配件成本大	配件成本低，几乎不需要什么设备维护，操作相对简单
需要人工	需要人工少(1人)或1人可操作两台设备	每一工位需要1～2人
规格适应性	焊接锯片通用性强，针对不同规格锯片只需调整内部参数	不同直径规格的锯片需要不同的卡具，通用性差

4.3 影响金刚石锯片激光焊接的因素

金刚石锯片的激光焊接属于不同厚度的异种材料焊接，影响其焊接质量的因素很多，包括基体材质、焊接过渡层、激光光束质量、激光功率、焊接速度、焦点位置、激光束偏移量、激光束的入射角、保护气体流量等。

（1）基体材质。激光片的使用环境决定基体要强度高、不易变形、耐冲蚀。同时激光焊的冷却速度很快，材料的含碳量就成为一个非常重要的影响因素，含碳量过高，对材料的脆化、微裂纹及疲劳强度都会有影响。所以激光焊基体一般采用低碳钢，碳含量 $w(C)$ 一般不超过 0.35%，如 30CrMo、28CrMo。若用碳含量较高的基体焊接，例如 65Mn 材质基体焊接，激光焊接过程相当于一热处理过程，从而使高碳钢产生大量脆性高碳马氏体，容易产生裂纹，所以焊完后要经过热处理从而增加焊缝处的韧性。

（2）焊接过渡层。由于刀头由粉末冶金方法制造，配方粉末与金刚石混合热压烧结的刀头是不利于激光焊接的，直接焊接往往会产生大量的气孔、裂纹，不但焊缝外观不合格，强度也根本满足不了使用要求。所以为了保证刀头与基体的可焊接性，需要在刀头焊接部分加入 1 ~ 2mm 的焊接过渡层。根据激光焊接锯片使用性能与生产工艺的要求，激光焊接刀头过渡层必须满足下列要求：足够高的焊接强度，良好的焊缝外观质量，与工作层相搭配的最优冷压、烧结工艺，同时还要兼顾合理的经济性要求。

焊接过渡层中不能含有低熔点金属，如锡等，因为该元素易于蒸发与汽化而产生气孔。过渡层配方可选用单元素 Co、Ni，双元素 FeCo、FeNi、CoNi、FeCu 等，也可以用 FeCoNi 三种组分构成。单钴粉有很好的焊接性，但由于价格昂贵，所以一般都选用钴粉与其他铁粉与镍粉的混合物或者预合金粉末作为激光焊接的过渡层配方。另外，如果烧结后刀头过渡层的致密性不够的话，焊接时很容易产生气孔，降低焊接强度，所以刀头制造过程中要保证刀头的密度、致密性与焊接过渡层的硬度。

（3）刀头的弧度。待焊的刀头要经过磨弧处理，以保证刀头的弧度与基体弧度的吻合度。一般有砂带磨弧与砂轮磨弧两种方式，磨弧后的刀头，弧度要保证与基体弧度吻合或者其弧度可以略小于基体弧度，弧度略小，刀头与基体配合中间有微小间隙，这样在焊接时便于熔融金属的流动与填充，保证焊接强度的同时使焊缝更加美观。但中间的间隙不能过大（一般不超过 0.1mm），否则光束会漏过焊接界面，达不到焊接的效果。

（4）光束质量。目前国内外激光焊接金刚石锯片所用激光器主要为 1000 ~ 5000W 的 CO_2 激光器。其模式多为基模、准基模或者低阶模（激光模式如图 5-4-7 所示）。评价光束质量通常以光束模式来表征，光束模式越高，发散角越大，光束质量越差。就焊接而言，光束质量主要影响焊缝熔深和形状，在相同条件下，模式不同，则焊接深度明显不同；光束模式对焊缝形状也有影响，高阶模式焊接焊缝较宽且不均匀，这是由于高阶模式的光束能量分布不均匀引起的；低阶模式焊接，焊缝较细且平直均匀。因此，应采用基模或低阶模式焊接金刚石工具，若模式偏高，则难以满足焊接质量的要求。

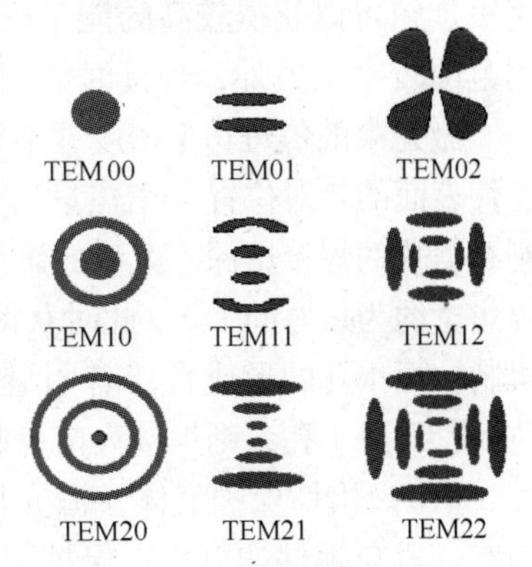

图 5-4-7 激光焊的不同模式

另外由于设备经过长期的使用，一般光束的质量会有所下降，激光的模式并不会像出厂时那么完美，所以锯片焊接时需要根据不同设备的不同状态，调整焊接工艺。同时要定期对激光器光束的质量进行检查确认，必要时还要检查激光的模式是否正确。

（5）焊接功率。激光功率是影响焊接的最重要因素，一定的功率对应一定的功率密度，功率越大焊接熔深越大，焊接时要根据所焊刀头与基体的厚度选择合适的焊接功率，焊接功率不足时，达不到熔深焊的效果，刀头与基体不能完全熔融，焊不透；焊接功率过大时，又会使熔化过于强烈，造成金属气化挥发过于强烈，焊缝中形成气孔，影响焊接强度。

（6）焊接速度。激光深熔焊接时，焊速因小孔效应而受到限制。当激光功率一定时，焊接速度决定了焊接深度，进而影响焊接强度。焊接速度过快，一方面熔深浅，另一方面熔池中的气体来不及逸出，焊缝中就存在大量气孔，有效承载面积减小，焊接强度降低；焊接速度过慢，一方面过渡层烧损严重，另一方面热影响区增大，组织粗化严重，也使焊接强度降低，且焊速过低时，还会产生焊缝下塌。

（7）焊接角度。因为刀头要比基体厚一些，且刀头为不完全致密的粉末冶金材料，为避免发生激光束垂直入射时，光束被凸起的过渡层遮挡，所以在焊接过程中激光要成一定的角度完成焊接。光束成一定的倾角入射时会增大工件表面的光斑面积，降低单位焊接面积上的功率密度，从而降低了焊接熔深深度，但可以增加焊接熔化的范围，增加冶金结合强度，一般合适的焊接角度为3°~15°。

（8）激光光束偏移量。焊接时，根据刀头的磨弧情况及焊接时焊缝的质量情况要对焊接偏移量进行适当的调整，刀头过渡层的粉末材料特性（因过渡层不可避免存在孔隙，且极易吸收空气中的水分而产生焊接气孔），因此要求激光束偏向基体一侧，并保持一定的偏移量。合适的焊接偏移量可以使焊缝美观且强度达标，尤其可以有效控制焊接过程中气孔的产生，一般情况下激光束偏移量为偏向基体一边0.1~0.3mm为最佳。当激光太靠近基体一边时，往往焊缝会发黑，并可见基体熔焊过多的情况，并且焊接时的声音不是那么清脆，光发蓝色明显。扳齿强度满足不了焊接强度要求，尤其是有些情况下焊接人员为了达到比较好的焊缝会倾向于偏向基体多一些，这样有时候美观了焊缝，但实际刀头一侧并没完全熔解，实为虚焊。当激光太靠近刀头一边时，往往会火花比较大，并可见刀头熔焊过多的情况，焊缝外观质量也不好，同样也达不到扳齿强度要求。

（9）离焦量。焦点尺寸与焦距成正比，所以产生的能量密度与焦距的平方成反比。采用短焦距可以获得较高的能量密度，但是由于焦深较小，也就是说工作深度较短，所以应用范围较窄。另外，焊接时如果飞溅大的话会对短焦距的镜片产生污染。

激光束的焦斑功率密度并不等于作用于工件的光斑功率密度，后者还取决于焦斑平面与工件表面的相对位置（离焦量），此位置对激光焊接过程有显著的影响。离焦量严重影响金刚石锯片的焊接熔深。大量的研究结果表明，激光焊接金刚石锯片时，一般采用负离焦，且离焦量约为板厚的1/3，此时获得的熔深最大。由于激光焊接金刚石锯片属于小孔效应焊接机制，而小孔的形成常伴有明显的声、光特征，若未形成小孔，则焊接火苗是橘红色或白色；若形成小孔，则焊接火苗为蓝色，并伴有爆炸声，故常据此确定和调整离焦量。

（10）惰性保护气体。激光焊接金刚石锯片时需要使用惰性气体作为保护气体，其作用有：避免焊件的氧化；保护聚焦镜片，使聚焦镜片避免受到金属蒸气污染和熔化焊渣的溅射；吹散激光焊接过程中可能产生的等离子体。有关惰性保护气体涉及到保护气体种类选择、流量大小控制、吹气方式3个问题。根据焊接质量和气体成本的要求，一般选用氩气。气体流量大小的控制与喷嘴口径、喷嘴与工件距离有关。气流量太小，起不到保护作用，焊缝氧化严重，呈脆性；气流量太大，一方面周围的空气反而被裹进焊接熔池，焊缝照样氧化严重，另一方面，大的气流量会吹翻焊接熔池，使得焊接过程的稳定性被破坏，焊缝成型性差，焊接强度降低。实际中常采用侧吹氩气的方法来吹散等离子体。

4.4 激光焊接金刚石工具的焊接质量判断

（1）焊接强度检验。通常焊好后的锯片需要进行100%的焊接强度检测，现在的国内锯片生产厂商一般都遵循En13236的焊接强度安全标准，En13236由CEN发布，针对树脂、金属、陶瓷结合剂的超硬材料工具和电镀等超硬材料工具领域内涉及安全性能的各方面进行了定义和要求，同时对砂轮、磨轮、锯片和绳锯等超硬材料工具在安全性能方面的要求分别进行了阐述。刀头型金刚石锯片扳齿检验采用如图5-4-8所示或类似的检验方式，夹板距离刀头与基体结合处约2mm左右。刀头夹子槽深和所检验的锯片刀头高度相当，长度和弧度与所检验的锯片刀头长度和弧度大约相当。

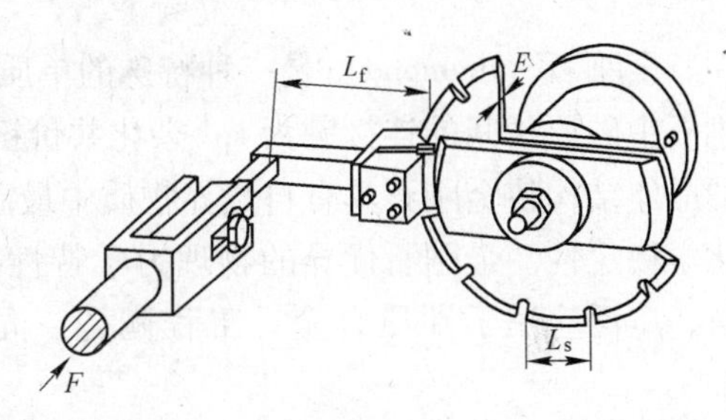

图5-4-8 刀头型锯片扳齿检验示意图

对激光焊接金刚石锯片而言，扳齿检验强度按照以下公式计算：

$$M_b = \frac{E^2 \cdot L_s \cdot \sigma_{min}}{6}$$

式中 M_b——MPA要求的焊缝最低弯矩，N·mm；

E——锯片基体厚度，mm；

L_s——刀头长度，mm；

σ_{min}——基体与刀头结合面最小断裂强度，MPa，对于手持切割机用锯片而言，其破坏强度一般取$\sigma_{min} \geqslant 600$MPa。

（2）焊缝检验。焊缝外观要饱满、平滑连续，不能有焊接缺陷，如孔洞气泡、凹陷与分层和未焊透等情况。

（3）行位公差。焊接的产品，刀头位置要合适，不能有错位、对称不好的情况。

参考文献

[1] 唐霞辉．激光焊接金刚石工具[M]．武汉：华中科技大学出版社，2004.
[2] 陈彦宾．现代激光焊接技术[M]．北京：科学出版社，2005.
[3] 舒帆．激光焊接金刚石锯片工艺分析[J]．石材，2008(1).

（北京安泰钢研超硬材料制品有限责任公司：刘一波，南灏）

5 钎 焊

5.1 概述

5.1.1 钎焊金刚石工具的工艺优势

金刚石（diamond）是一种特殊的单质碳（C），其晶体结构属等轴面心立方晶系。金刚石中碳原子间的连接键为 sp^3 杂化共价键，具有很高的结合力、稳定性和方向性。独特的晶体结构使金刚石具有自然界物质中最高的硬度、刚性以及优良的抗磨损、抗腐蚀性和化学稳定性。金刚石优异的物理力学特性决定了它是制作硬脆材料加工工具的理想原材料，广泛应用于硬质合金、工程陶瓷、光学玻璃、半导体材料、花岗岩等硬脆材料的加工。

钎焊金刚石工具是指利用能与金刚石磨料产生化学反应，与钢基体产生冶金结合的焊料进行钎焊连接来制作具有效率高、寿命长、加工质量好的金刚石磨料工具。

目前，生产中使用的金刚石磨料工具一般是利用烧结或电镀工艺来制作的，磨粒只是被机械地包埋、镶嵌在结合剂层中，把持力较小，在负荷较重的加工中容易因把持力不足而导致磨料过早脱落，降低了工具使用寿命。另一方面，在烧结和电镀工具中磨料为随机分布，磨粒的出露高度低，容屑空间小，在磨削加工时容易产生磨屑的黏附堵塞，降低了工具的加工效率。

由于烧结和电镀金刚石磨料工具存在的上述缺陷，使其在某些领域的应用受到了较大限制。为此，国内外在20世纪90年代开展了采用钎焊工艺与择优布料技术来制作金刚石磨料工具的研究工作，历经十几年不懈努力，从根本上解决了磨料把持强度低与磨料随机分布的问题，研制的系列钎焊金刚石工具在某些应用领域显示出烧结、电镀金刚石工具无法比拟的优异性能。

（1）结合强度高，借助高温钎焊时在磨料、钎料和基体界面上发生的化学冶金作用，具有较高的结合强度，钎料结合层厚度只需维持在磨料高度20%～30%的水平上就足以在重负荷的高效磨削中牢固地把持住磨粒，这是其他工具难以与之相比的。

（2）磨料出露高，通常可达磨料高度的70%～80%，工具因此变得更加锋利，且使磨削力、磨削温度均有明显下降。

（3）容屑空间大，因磨料出露高而变得更加充裕，不容易发生因切屑堵塞而导致工具失效。

（4）利用率高、寿命长，在钎焊工具上磨料除了绝少一部分脱落以外，一般均可被充分利用到其本身高度的70%～80%以上。

（5）结构强度高，是在300～500m/s以上直至1000m/s的超高速磨削中唯一可以安全使用的高效砂轮。

（6）择优排布，采用择优排布磨料技术，实现了包括端面、圆柱面和任意复杂的异形面工具单层（多层）磨料的择优排布要求，并可以满足工业化规模生产的需要。

（7）具有环保意义。用高温钎焊替代电镀制作金刚石磨料工具，可以彻底甩掉电镀这一重度污染包袱，符合当今关于绿色清洁制造的要求。

（8）生产设备、原材料性能好，生产工艺先进，可以高效率、规模化、稳定生产。

总之，钎焊金刚石工具与传统烧结和电镀金刚石工具相比，具有寿命长、加工效率高、加工质量好等优势，是工具行业具有里程碑式的创造发明，已给工具行业注入新的生机与活力，增添了一个新的技术经济增长点。

5.1.2　国内外钎焊金刚石工具的研究现状

国外在20世纪90年代初期开始着力研究用高温钎焊技术替代电镀开发单层金刚石磨料砂轮。瑞士A. K. Chattopadhyay等用火焰喷镀法把Ni-Cr钎料合金镀于工具钢基体上，并将金刚石排布在钎料层面上，然后在1080℃、氩气保护下感应钎焊30s来实现金刚石与钢基体结合。实验结果表明了Ni-Cr钎料合金对金刚石有良好的浸润性。德国的A. Trenker等在钎焊过程中采用了镍基活性钎料来实现金刚石与基体的结合，并通过和电镀工具的对比说明钎焊工具性能比电镀工具优异。

1996年，南京航空航天大学机电学院博士生导师徐鸿钧教授在国内率先开始钎焊金刚石工具的研究工作。在徐鸿钧老师的精心指导下，2001年3月，博士研究生肖冰完成博士论文“单层超硬磨料砂轮高温钎焊的基础研究”。这是国内第一篇系统研究钎焊金刚石与立方氮化硼（cBN）工具的学位论文，该论文先后被评为江苏省优秀博士学位论文和全国优秀博士学位论文提名论文。2001年6月，南京航空航天大学机电学院组建了强大的钎焊超硬磨料工具研究团队，历经十余年不懈努力，在钎焊金刚石工具项目上取得了一系列创新研究成果，技术水平不仅在国内遥遥领先，而且在国外也有很高的知名度。研究团队在钎焊金刚石工具项目上先后得到了国家自然科学基金项目、国防科工委军转民项目、江苏省重点科学基金项目、江苏省高校产业化项目、国家“973”计划项目、国家“863”计划项目资助，投入研究经费数千万元，利用这些经费，进行了实验室建设，购置了大量工艺试验设备与理化测试分析仪器，目前该实验室已成为国内最为完善的从事钎焊金刚石工具研究的实验室。研究团队成功研制出系列钎焊金刚石磨料工具及其专用系列生产设备与原材料。在国内期刊发表论文200余篇，获十余项国家授权发明专利，培养博士研究生20名，硕士研究生40余名。2003年，研究团队在国内率先与企业合作，进行钎焊金刚石工具产业化开发与生产，开创了钎焊金刚石工具这一新兴产业，并且该产业目前呈现出快速增长的势头。研究团队取得的主要研究成果可概括为以下几点：

（1）确立了经过优化的关于高温钎焊金刚石磨料的核心技术。它可在钎焊磨料无附加热损伤的前提下确保其界面能稳定获得理想的高结合把持强度。

（2）提出了直接制作具有优化地貌的金刚石磨料工具的新理念，并提供了可按不同加工要求优化设计工具地貌的实用方法。

（3）提供了根据所设计的地貌排布磨料直接制作具有优化地貌的单层钎焊金刚石磨料

工具的新方法。它能满足端面、圆柱面和任意复杂的异形面工具的工业化规模生产的要求。

（4）率先研发成功具有优化地貌的新一代单层钎焊金刚石磨料系列工具制品及其工业化规模生产技术、生产设备与原材料。

图5-5-1 系列钎焊金刚石磨料工具

图5-5-1是南京航空航天大学研究团队开发的系列钎焊金刚石工具汇总图，图5-5-2是钎焊金刚石工具形貌图，图5-5-3是磨料有序排布形貌图，图5-5-4是金刚石与钎料形成化学结合后界面生成的化合物的形貌图。

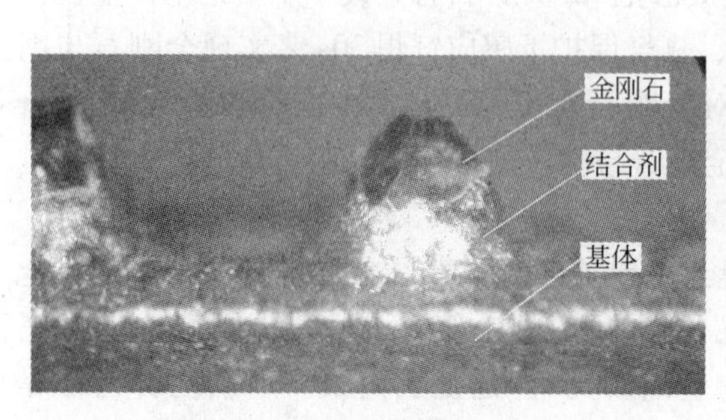

图5-5-2 钎焊金刚石工具形貌

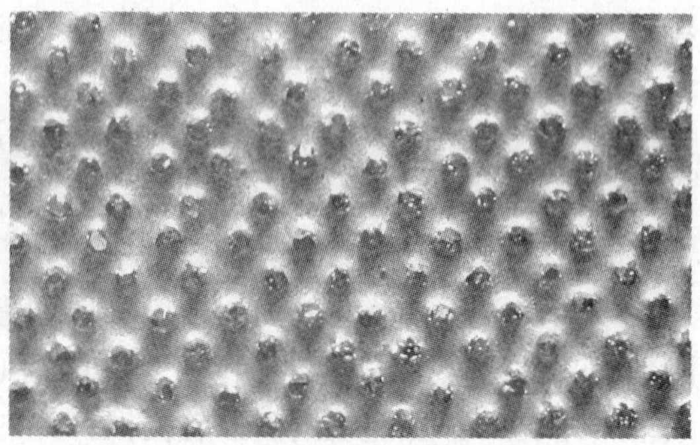

图5-5-3 磨料有序排布形貌图

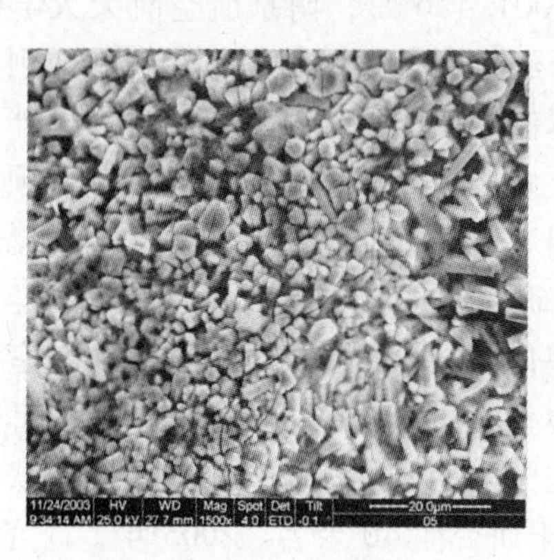

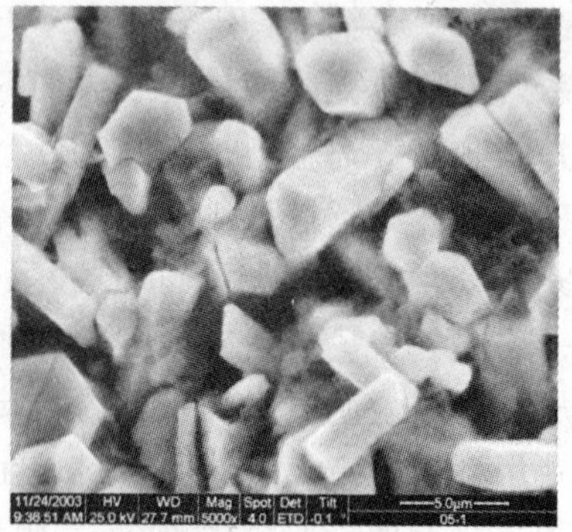

图5-5-4 金刚石表面的碳与钎焊合金界面上生成的化合物

除南京航空航天大学外，国内的华侨大学、西安交通大学、台湾中国砂轮公司等单位也开展了钎焊金刚石工具的研究工作，取得了很好的研究成果，对推动我国钎焊金刚石工具发展起了很大的推动作用。

5.1.3 可大批量供应市场的产品及应用领域

目前，国内钎焊金刚石工具已可以大批量供应市场，按其功能划分，主要有以下三大类。

（1）锯切工具——线锯、串珠绳锯、带锯、框架锯、圆片锯。

（2）磨抛工具——各种圆柱面和异形面的磨轮、磨头、铣轮，端面磨盘、铣盘等。

（3）钻具——各种套料钻。

这些工具主要的应用领域如下：

（1）高硬、高脆非金属材料（如：石材、水晶、玻璃、陶瓷、钢筋混凝土、硅等）的切割、打磨、钻孔的专用工具。

（2）市政施工铸铁管、钢管、消防救急切割专用工具。

（3）金属加工领域，如钢厂、机械制造厂、汽车制造厂、造船厂等。

（4）航空航天、军工领域的铝合金超厚板，树脂基复合材料，高比强、超高温金属基复合材料，金属间化合物（NiAl，TiAl 等）基复合材料，高比强、超高温陶瓷基复合材料，C/C 复合材料，耐高温陶瓷结构材料等难加工材料的高效切割、磨抛、钻孔的专用工具。

（5）橡胶、橡胶钢丝复合材料切割工具。

（6）高速铁路轨道板磨轮、高速铁路轨道板钢筋混凝土切割片、风电叶片锯片等专用工具。

5.1.4　市场状况

国内钎焊金刚石工具产业化生产起步于 2003 年 12 月，真正形成产业化批量生产与销售是在 2005 年 3 月，经过这几年的发展，钎焊金刚石工具在工具领域已占有一席之地。目前，各类金刚石工具所占市场份额如下：

（1）用金属粉末烧结法制造的金刚石工具，占金刚石工具总量中的 70% 左右。

（2）用树脂黏结法制造的金刚石工具，占金刚石工具总量中的 15% 左右。

（3）用电镀法制造的金刚石工具，占金刚石工具总量中的 10% 左右。

（4）用钎焊法制造的金刚石工具，占金刚石工具总量中的 5% 左右。

由于钎焊金刚石工具发展历程较短，目前市场占有率只有 5%，但钎焊金刚石工具凭借其高的加工效率、高的加工质量和长寿命，已呈现出快速发展的势头，近三年的增长率都在 80% 以上，预计 10 年后的市场占有率将达到 30% 左右，仅次于金属粉末烧结法制造的金刚石工具，15 年后钎焊金刚石工具市场占有率将位居第一。目前，钎焊金刚石工具利润率是烧结工具的 4 倍以上。

5.1.5　国内生产企业与规模

2003 年，南京航空航天大学与苏州腾龙公司合作，在国内率先开展钎焊金刚石工具产业化生产，主要产品是石材矿山开采用串珠绳锯、石材磨边轮，该公司已成为国内最大钎焊金刚石工具生产企业。同年，厦门东南新石材工具有限公司采用国外技术与生产设备进行钎焊金刚石工具产业化规模生产。2004 年，江苏锋菱超硬工具有限公司开始进行钎焊金刚石干钻的产业化生产，目前产品销往欧美，供不应求。2008 年北京安泰钢研超硬材料制品有限责任公司进行钎焊金刚石万能锯片的产业化生产，目前已形成规模生产与销售。2010 年江苏华昌工具制造有限公司采用钎焊技术进行高铁轨道磨轮的生产，目前产品供不应求，该产品已批量应用于京沪高铁、杭甬高铁、合蚌高铁、沪昆高铁的轨道板磨抛工程，具有磨削效率高（是电镀金刚石磨轮的1.2~1.5倍）、磨削寿命长（是电镀金刚石磨轮的2~3倍）、磨削质量好等明显优势。目前，这5家企业的钎焊金刚石工具的年总产值已突破2亿元。

除这5家规模企业外，还有一些生产钎焊金刚石工具的企业，因种种原因，尚未形成规模，这些企业年产值总和不足1000万元。

5.2 钎焊金刚石磨料工具地貌的优化设计与实施

考虑到磨料的绝对无序排布是由磨具制作工艺决定的，并非是磨削本身对磨具的要求，相反它还会对磨削过程带来负面影响，同时也造成了大量磨料的无谓浪费。有鉴于此，本章按照逆向考虑问题的思路，提出磨具表面磨料相对有序合理排布的新概念，磨料的相对有序排布可提高磨具的动静态锋利度，增大容屑空间，降低磨削比能，使设计制造的磨具更能够适应高效磨削工艺的要求；另外，在广泛深入消化有关磨具（以砂轮为例）地貌建模与仿真的大量文献资料的基础上，对其经典思路的局限性、存在的问题及其症结进行反思，并在此基础上提出按照加工要求和用量优化地貌或按照加工要求和地貌优化用量的创新思想，按照这一思想，不仅有条件可以真正实施对磨削过程的建模仿真研究，而且可以一步到位实现对磨削过程的优化和磨削结果的预估，对新一代单层钎焊金刚石磨料工具的设计研制和金刚石磨料的有效利用均具有重要的指导意义；最后，研究提供了一项可在钎焊同时实现磨料择优排布制作单层钎焊金刚石工具的创新技术。

5.2.1 单层钎焊金刚石磨料砂轮地貌的现存问题

如图5-5-5a所示，国外在钎焊砂轮的工业化生产中，结合剂层厚度常出现不均匀，合金钎料易在磨粒间集聚堆积，导致砂轮表面局部区域磨粒的有效出露高度和容屑空间减小，磨削工件时，易造成砂轮表面堵塞（如图5-5-5b所示）。因此，在工业化生产钎焊砂轮过程中严格控制结合剂层厚度的均匀性十分必要。

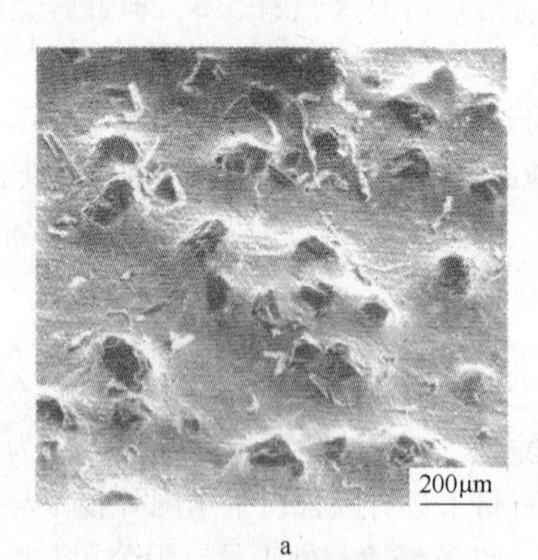

a

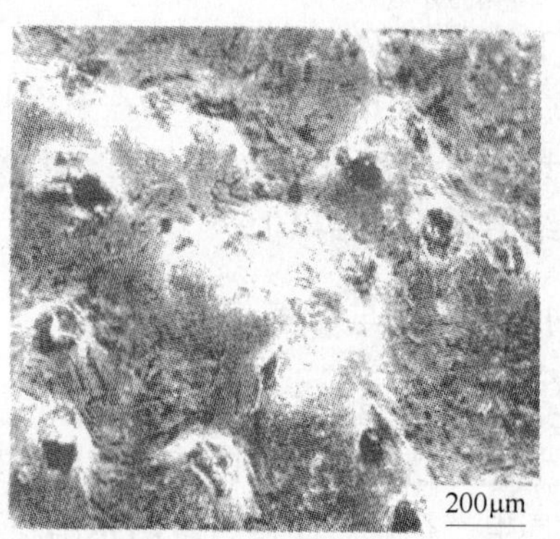

b

图5-5-5 国外工业化生产用钎焊砂轮表面形貌

钎焊砂轮使用性能的另一主要因素是磨粒的浓度及排布。采用不同浓度的单层钎焊cBN砂轮在不同磨削条件下的磨削试验表明，磨粒的规则排布以及足够大的磨粒间距将扩大单层钎焊砂轮的适用范围。试验采用磨料粒度、浓度及排布分别不同的三种砂轮（如图5-5-6所示）。

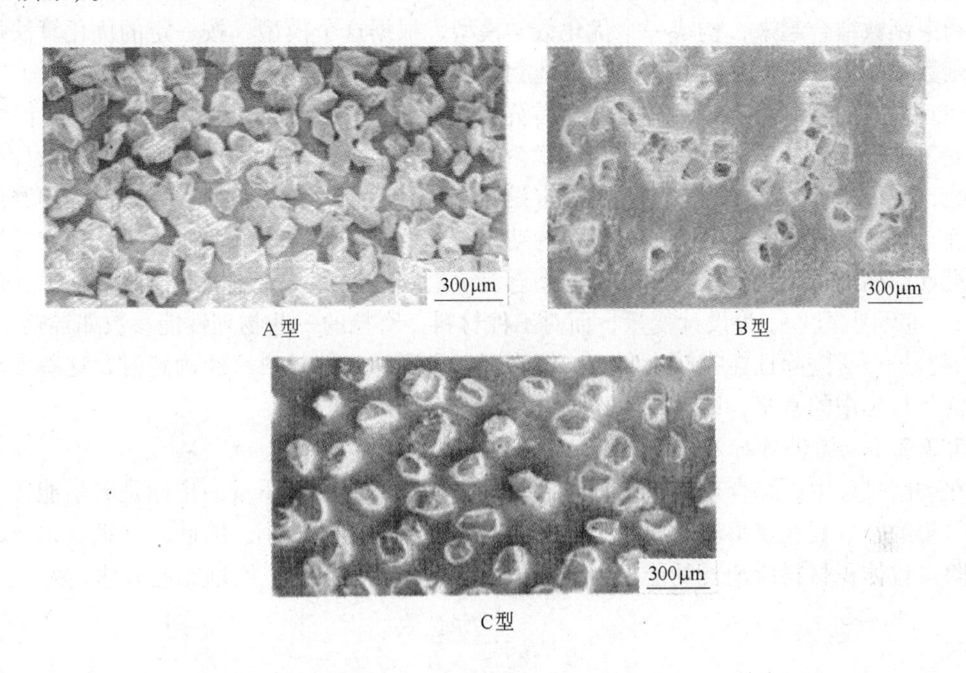

图5-5-6　磨削前砂轮表面形貌

A型砂轮由于磨粒浓度高，容屑空间小，排屑不畅，易造成砂轮堵塞，这在采用小粒度砂轮以较大切深干磨未淬硬钢时表现得尤为突出（如图5-5-7a所示）。B型砂轮由于磨粒是随机分布的，虽浓度不高，但研究表明切屑材料总是在磨粒较密的地方积聚，因此在磨粒间形成团聚物是不可避免的，而且磨粒粒度越小，越容易形成团聚物（如图5-5-7b所示）。C型砂轮由于磨粒的均匀排布且有足够大的磨粒间距，当采用比A型和B型砂轮都大的切深进行磨削时，仍无砂轮堵塞且磨削过程平稳（如图5-5-7c所示）。因此，如何实现磨粒的有序排布是目前钎焊砂轮亟待解决的问题。

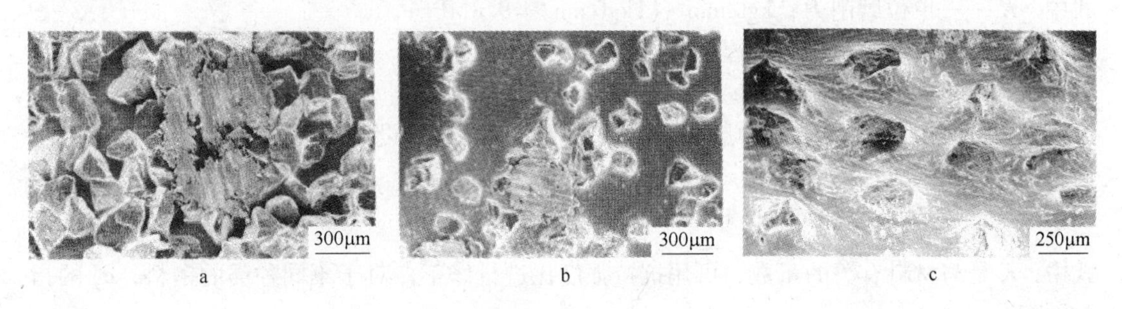

图5-5-7　磨削后钎焊砂轮的表面形貌

5.2.2　高效磨削用砂轮地貌的优化设计

砂轮地貌优化包括按照不同加工要求和用量条件优化设计砂轮地貌以及按照不同加工

要求和砂轮地貌优化选择用量条件。优化的基本方法是从研究磨削过程的基本规律入手，确定优化目标、制约条件和可控变量之间的关系，建立起目标函数和约束函数，将目标函数和约束函数结合起来，构成一个优化数学模型，根据这个模型，按一定的优化算法探求目标函数的极值，从而确定相应的最优地貌参数及磨削用量。

在对砂轮地貌进行优化的过程中，首先要确定优选的参数，即优化设计的设计变量，设计变量过少难以反映磨削过程中相互联系的众多因素，设计变量过多则增加了设计空间的维数，使优化求解过于复杂。因此确定设计变量时，应抓住问题的主要方面，即磨削过程中静态与动态关系，从分析砂轮表面的动静态参数与磨削过程的关系入手，确定适当的优化设计空间。根据这一原则，可确定动态有效磨粒间距 P、砂轮圆周速度 v_s、工件进给速度 v_w 和磨削深度 a_p 为设计变量，而对工件材料，磨粒的一些物理性能参数如导热系数，强度等，虽然对磨削性能有较大影响，但当磨料类型和工件材料一经确定时，这些参数便成为优化目标中的常量，因此可不作为设计变量考虑。

5.2.2.1　优化目标及其函数

在磨削过程中，综合反映磨削热、砂轮磨损以及磨削表面质量的指标是磨削能量。人们总希望磨削过程在获得较大材料去除率的同时消耗的能量最小，因此，这里取单位时间内切除单位体积材料所消耗的能量即磨削比能最小为优化目标。磨削比能表达式为：

$$e_s = \frac{F_t v_s}{v_w a_p B} \tag{5-5-1}$$

由式（5-5-1）可见，目标函数建立的关键在于确定切向磨削力 F_t，下面就由单颗磨粒磨削力的分析着手建立理论公式。

日本佐藤健儿等先以一颗磨粒为依据分析单颗磨粒的磨削力，再根据同时工作的磨粒数总乘起来，从而导出磨削力计算公式。分析时有三个假定条件：（1）磨粒尖端前后依次排列在同一圆周上，磨粒是具有 2θ 顶角的圆锥；（2）磨粒的对称中心线沿砂轮径向分布；（3）忽略磨料表面的摩擦力。由此得到的单颗磨粒切向磨削力 F_{tg} 表达式为：

$$F_{tg} = \frac{\pi}{4} K_s a_g^2 \sin\theta \tag{5-5-2}$$

式中　K_s——单位磨削力，kgf/mm^2（$1kgf/mm^2 = 9.8MPa$）；

a_g——单颗磨粒平均切厚，m；

θ——磨粒圆锥半角。

文献［17］通过实测各种磨削条件下的 F_t 和 F_n，并设 $\theta = 60°$，可反解出单位磨削力为：

$$K_s = K(a_g)^{-\frac{5}{4}} \tag{5-5-3}$$

式中，K 是与材料有关的系数，可用抗拉强度比进行修正；对于不同种类的钢料，a_g 的指数不变。

由磨削几何学可推导出平面磨削时单颗磨粒最大切厚为：

$$a_{gmax} = 2P \frac{v_w}{v_s} \sqrt{\frac{a_p}{d_s}} \tag{5-5-4}$$

式中　P——连续切削磨刃间距（动态有效磨粒间距）；

d_s——砂轮直径。

取 $a_g = \frac{1}{2}a_{gmax}$，则：

$$a_g = P\frac{v_w}{v_s}\sqrt{\frac{a_p}{d_s}} \tag{5-5-5}$$

将式（5-5-3），式（5-5-5）代入式（5-5-2），可得：

$$F_{tg} = \frac{\pi}{4}K(a_g)^{\frac{3}{4}}\sin\theta = \frac{\pi}{4}KP^{\frac{3}{4}}\left(\frac{v_w}{v_s}\right)^{\frac{3}{4}}a_p^{\frac{3}{8}}d_s^{-\frac{3}{8}}\sin\theta \tag{5-5-6}$$

则单位砂轮宽度的切向磨削力为：

$$F_t = N_dF_{tg} \tag{5-5-7}$$

式中，$N_d = \frac{l_s}{P}$（l_s 为接触弧长，$l_s = \sqrt{a_pd_s}$）。

则式（5-5-7）又可表示为：

$$F_t = \frac{\pi}{4}KP^{-\frac{1}{4}}\left(\frac{v_w}{v_s}\right)^{\frac{3}{4}}a_p^{\frac{7}{8}}d_s^{\frac{1}{8}}\sin\theta \tag{5-5-8}$$

将式（5-5-8）代入式（5-5-1）并化简可得单位砂轮宽度上的磨削比能为：

$$e_s = K_0P^{-\frac{1}{4}}\left(\frac{v_w}{v_s}\right)^{-\frac{1}{4}}a_p^{-\frac{1}{8}}d_s^{\frac{1}{8}} \tag{5-5-9}$$

式中　K_0——与工件材料和磨粒有关的系数，$K_0 = \frac{\pi}{4}K\sin\theta$。

由式（5-5-9）可见，磨削比能模型包含有动态有效磨粒间距 P、砂轮圆周速度 v_s、工件进给速度 v_w 和磨削深度 a_p 四个变量，各项的指数反映了各变量对磨削比能的影响程度，以此模型作为优化的目标函数，可综合反映砂轮表面地貌动静态参数以及磨削用量的影响。

5.2.2.2　约束条件及其函数

在实际磨削过程中，由于加工设备、加工条件以及工件的质量要求等技术条件的限制，所选择的设计变量的范围是有限的，在进行优化时，必须考虑这些条件对设计变量的限制。这里确定工件表面粗糙度、容屑空间和磨削弧区平均热流密度为约束条件。

A　表面粗糙度 Ra

通常，磨削加工是零件的最后加工工序，为了确保零件的使用寿命和使用性能（如耐磨性、疲劳强度、密封性、抗腐蚀性和配合质量等），必须在磨削时达到表面完整性要求，而工件几何表面粗糙度又是表面完整性的一个重要内容。

臼井英治按后续切削刃概念的解析法得出的磨削表面粗糙度的理论计算式为：

$$R_{max} = 1.36W^{\frac{6}{5}}(\cot\theta)^{\frac{2}{5}}\left(\frac{f_a}{B}\right)^{\frac{2}{5}}\left(\frac{v_w}{v_s}\sqrt{\frac{1}{d_s}+\frac{1}{d_w}}\right)^{\frac{2}{5}} \tag{5-5-10}$$

式中　R_{max}——表面最大粗糙度；

W——磨粒平均间距；

f_a——纵向进给量；

d_w——工件直径。

以上分析时有五个假设条件：（1）所有磨粒的切削刃的顶角均相等；（2）所有磨粒的切削刃在三维（砂轮周向、轴向、深度方向）均匀分布，每一磨粒占有的平均体积相等；（3）磨去的材料全部形成切屑，无隆起、滑擦、耕犁等现象，因此磨粒留在工件上的痕迹就是它本身的形状；（4）不考虑磨粒切削刃的磨损；（5）砂轮轴回转精度好，完全不发生振动。

式（5-5-10）中的磨粒平均间距 W 若按磨粒在砂轮中三维均匀分布考虑，则单位体积含有的磨粒数为 $\frac{1}{W^3}$，设砂轮浓度为 D，磨料密度为 $\rho(\mathrm{g/cm^3})$，则单位体积砂轮含有磨粒的体积为 $V=\frac{0.88D}{\rho}$。又假设磨粒是直径为 d_g 的球体，则单颗磨粒的体积为 $V_g=\frac{1}{6}\pi d_g^3$，因此，单位体积含有的磨粒数 $\frac{1}{W^3}=\frac{V}{V_g}$，经整理可得：

$$W=\left(\frac{\pi\rho}{5.28D}\right)^{\frac{1}{3}}d_g \tag{5-5-11}$$

当工件表面轮廓呈特殊几何形状，如规则的三角形时，$R_{max}=4Ra$。令 Ra 小于加工要求的表面粗糙度 Ra_0，即可得到平面磨削表面粗糙度的约束函数为：

$$Ra=0.34W^{\frac{6}{5}}(\cot\theta)^{\frac{2}{5}}\left(\frac{f_a}{B}\right)^{\frac{2}{5}}\left(\frac{v_w}{v_s}\sqrt{\frac{1}{d_s}}\right)^{\frac{2}{5}}\leqslant Ra_0 \tag{5-5-12}$$

B　容屑空间

磨削时磨粒要能切下切屑，在切刃处必须具有足够容纳切屑的空间和存储冷却液的地方，否则必将阻碍切屑形成或造成磨粒过早破碎和脱落，使砂轮无法正常进行磨削工作。磨粒间的空隙或敷有易脱离填充剂的空间就是磨粒切刃的容屑空间（或称为容屑槽），它的形状和尺寸取决于砂轮的结构（组织）和制造工艺。由于砂轮制造的特点，具体规定容屑槽的尺寸和形状是困难的，按标准规定用“组织”号表示，可是由于砂轮的组织仅规定了磨粒和结合剂的比例和磨粒、结合剂、空隙三者的配置情况，因此只能笼统地说明砂轮结构的紧密程度，不能明确地说明容屑槽的构造和它的容屑能力。参照刀具设计的理论，定义砂轮上相对每一磨粒的空隙体积内能容纳的切屑体积为砂轮的容屑系数，它表明砂轮磨削时的容屑能力，容屑系数 C_s 可用下式表达：

$$C_s=\frac{Q_p}{Q_{ch}} \tag{5-5-13}$$

式中　Q_p——砂轮上对应于每一磨粒的空隙体积；

Q_{ch}——砂轮上对应于每一磨粒切下的切屑体积。

仍假设磨粒为球体，当磨粒出露高度为 h_i 时，单颗磨粒凸出结合剂所拥有的容屑空间近似等于：

$$Q_p=\frac{1-V}{V}\pi h_i^2\left(\frac{d_g}{2}-\frac{h_i}{3}\right) \tag{5-5-14}$$

而磨削时，单颗磨粒切下的切屑体积为：

$$Q_{ch} = l_s \cdot a_g \cdot b_g \tag{5-5-15}$$

式中　b_g——单颗磨粒的平均切削宽度，$b_g = 4a_g\tan\theta$。

式（5-5-15）经整理可表示为：

$$Q_{ch} = 4\tan\theta P^2\left(\frac{v_w}{v_s}\right)^2 a_p^{\frac{3}{2}} d_s^{-\frac{1}{2}} \tag{5-5-16}$$

正常磨削时，容屑系数 $C_s \geqslant 1$，即单颗磨粒凸出结合剂所拥有的容屑空间 Q_p 必须大于单颗磨粒切下的切屑体积 Q_{ch}，则容屑空间的约束函数为：

$$\frac{1-V}{V}\pi h_i^2\left(\frac{d_g}{2} - \frac{h_i}{3}\right) \geqslant 4\tan\theta P^2\left(\frac{v_w}{v_s}\right)^2 a_p^{\frac{3}{2}} d_s^{-\frac{1}{2}} \tag{5-5-17}$$

C　磨削弧区平均热流密度

磨削弧区平均热流密度是指磨削时单位磨削弧区工件表面上的磨削热，其表达式为：

$$q = \frac{R_w F_t v_s}{J2lB} \tag{5-5-18}$$

式中　F_t，v_s——切向磨削力、砂轮圆周速度；

l，B——磨削弧区半长度、磨削宽度；

J，R_w——热功当量、流入工件的磨削热比例。

将式（5-5-8）代入式（5-5-18）并整理可得：

$$q = \frac{R_w K_0}{2J} P^{-\frac{1}{4}} v_w^{\frac{3}{4}} v_s^{\frac{1}{4}} a_p^{\frac{3}{8}} d_s^{-\frac{3}{8}} \tag{5-5-19}$$

分析式（5-5-19）可见，对于给定的砂轮，当砂轮圆周速度及切深固定不变时，随着工件速度 v_w 增大，流入工件的热流密度 q 增加，同时由式（5-5-9）可见，磨削比能 e_s 随着工件速度 v_w 的增大而减少，提高工件速度，虽然磨削比能降低，但热流密度升高，当热流密度超过某一极限值——临界热流密度 q_{lim} 时，将导致工件表层急剧温升并很快发生烧伤，因此优化时，要考虑热流密度对设计变量的限制，即优化出工件不发生烧伤条件下的最小磨削比能，由此便可构造出磨削弧区平均热流密度的约束函数为：

$$q = \frac{R_w K_0}{2J} P^{-\frac{1}{4}} v_w^{\frac{3}{4}} v_s^{\frac{1}{4}} a_p^{\frac{3}{8}} d_s^{-\frac{3}{8}} < q_{lim} \tag{5-5-20}$$

该约束函数中 q_{lim} 的选取依冷却条件的不同而定，它反映了磨削时弧区换热条件对磨削过程的影响，当换热条件较好时，即使在较大的磨削用量条件和临界热流密度大幅度提高的情况下，也可将磨削温度控制在烧伤温度之下。

建立了目标函数并确定了设计变量的选择范围以后，将两者综合起来，就可构成一个完整的优化数学模型。

5.2.2.3　优化模型

综合目标函数和约束函数，得到一个完整的优化数学模型为：

$$
\left.\begin{aligned}
&\min e_s = K_0 P^{-\frac{1}{4}}\left(\frac{v_w}{v_s}\right)^{-\frac{1}{4}} a_p^{-\frac{1}{8}} d_s^{\frac{1}{8}} \\
&0.34 W^{\frac{6}{5}}(\cot\theta)^{\frac{2}{5}}\left(\frac{f_a}{B}\right)^{\frac{2}{5}}\left(\frac{v_w}{v_s}\sqrt{\frac{1}{d_s}}\right)^{\frac{2}{5}} \leqslant Ra_0 \\
&\frac{1-V}{V}\pi h_i^2\left(\frac{d_g}{2}-\frac{h_i}{3}\right) \geqslant 4\tan\theta P^2\left(\frac{v_w}{v_s}\right)^2 a_p^{\frac{3}{2}} d_s^{-\frac{1}{2}} \\
&q = \frac{R_w K_0}{2J} P^{-\frac{1}{4}} v_w^{\frac{3}{4}} v_s^{\frac{1}{4}} a_p^{\frac{3}{8}} d_s^{-\frac{3}{8}} < q_{\lim} \\
&v_s > 0 \\
&v_w > 0 \\
&a_p > 0
\end{aligned}\right\} \tag{5-5-21}
$$

5.2.3 按优化地貌制作钎焊金刚石磨料工具的实施

磨具工作面上磨料的合理有序排布一直是国内外磨具行业致力追求的目标。按照前述优化方法优化出磨粒排布方式、磨粒粒度、浓度、裸露高度等静态结构参数及动态有效磨粒数、动态磨粒间距等动态参数。接着，从优化的结果出发，排布磨料。

南京航空航天大学与生产实际相结合，经多年不懈努力，已成功开发出系列金刚石磨料优化排布设备，并批量应用到钎焊金刚石工具产业化规模生产中，可以适用于包括端面、圆柱面和任意复杂的异形面工具表面的磨料择优排布的需要，而且还可以满足工业化规模生产的要求。图 5-5-8 为磨料优化排布的钎焊金刚石串珠，图 5-5-9 为串珠绳锯，串珠磨料排布机每小时可排布串珠 300 粒，具有很高的排布效率。图 5-5-10 为磨料优化排布的钎焊柱形磨轮，图 5-5-11 为该磨轮的局部放大图，图5-5-12为异形磨轮，磨轮磨料排布设备每小时可排布磨轮（ϕ140）30 只。

图 5-5-8　磨料优化排布的钎焊金刚石串珠

针对国内外市场上锯片金刚石磨料有序排布机存在的排布效率低，排布精度低，设备价格高，制作的锯片切割寿命短等问题，南京航空航天大学在充分分析这些问题成因及机

图 5-5-9　串珠绳锯

图 5-5-10　磨料优化排布的钎焊柱形磨轮

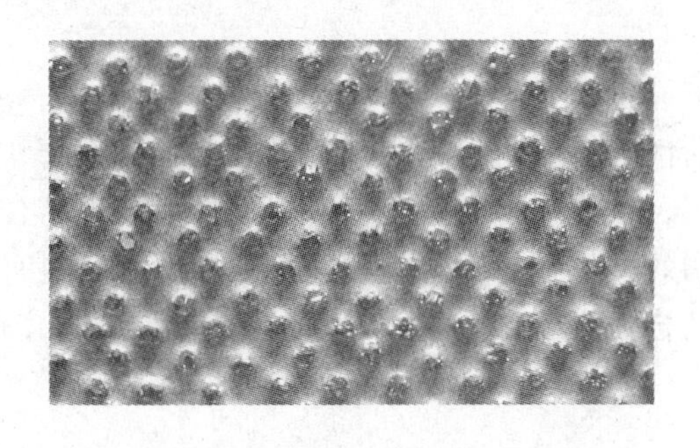

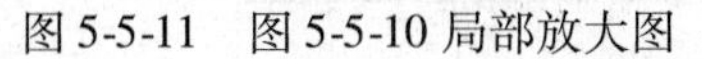

图 5-5-11 图 5-5-10 局部放大图

图 5-5-12 磨料优化排布的钎焊异形磨轮

理的基础上，研制出一种高性能金刚石磨料有序排布机，其性能优势如下：

（1）排布效率高，一次可排布 ϕ105、ϕ115、ϕ125、ϕ150、ϕ180、ϕ200、ϕ230 整体锯片，无需更换任何部件，每台设备每分钟可排布 1 ~ 2 个锯片，ϕ300 以上锯片刀头每台设备每分钟可排布 80 个；

（2）排布精度高，整齐有序；

（3）定向排布，80% 以上的金刚石磨料切削刃朝切割方向；

（4）金刚石粒度范围广，20 ~ 120 目（830 ~ 120μm）范围内的金刚石皆可实现有序排布；

（5）有序排布锯片切割效率高、寿命长，与同等条件下的无序排布锯片相比，切割效率提高 1 倍以上，寿命提高 2 倍以上；

（6）切割质量好，因锯片两侧面金刚石等高性好，切割不崩边；

（7）设备售价低于市场上的现有设备。

图 5-5-13 和图 5-5-14 分别是利用该设备排布制作的 ϕ125、ϕ350 锯片。

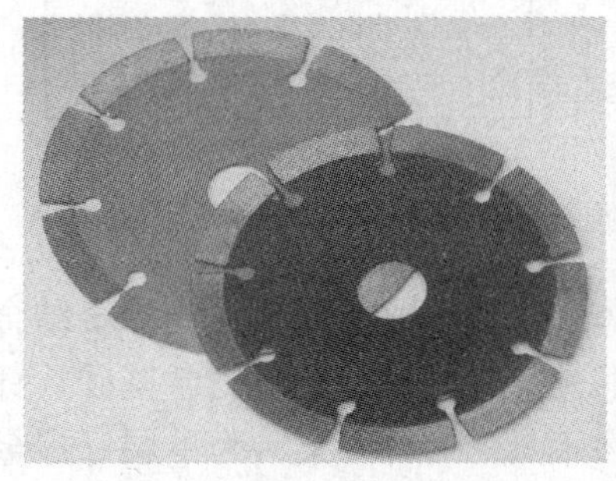

图 5-5-13 磨料有序排布 ϕ125 锯片

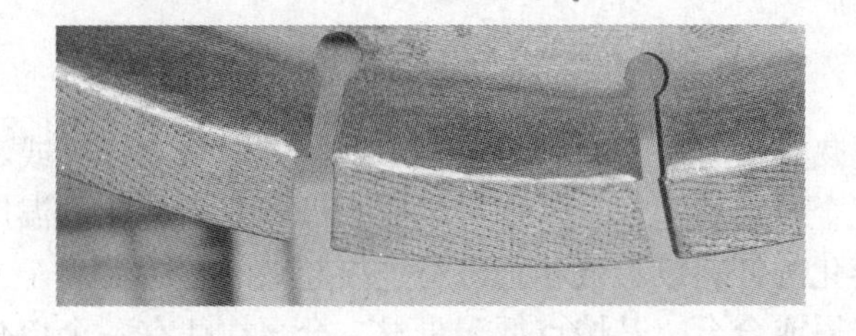

图 5-5-14 磨料有序排布 ϕ350 锯片

5.3 金刚石磨料的钎焊机理与钎焊设备

金刚石磨料的钎焊是指将熔点低于母材的活性钎料熔化，利用液态钎料与金刚石磨料和钢基体界面上的润湿、溶解、扩散和化合作用，在冷却凝固后使三者之间形成强力结合的方法。高温钎焊金刚石磨料工具的寿命及使用效率除了与所选用的金刚石磨料和钎料有关外，还特别取决于金刚石磨料与钎料的界面结合强度以及金刚石磨料的分布地貌，如图5-5-15所示。

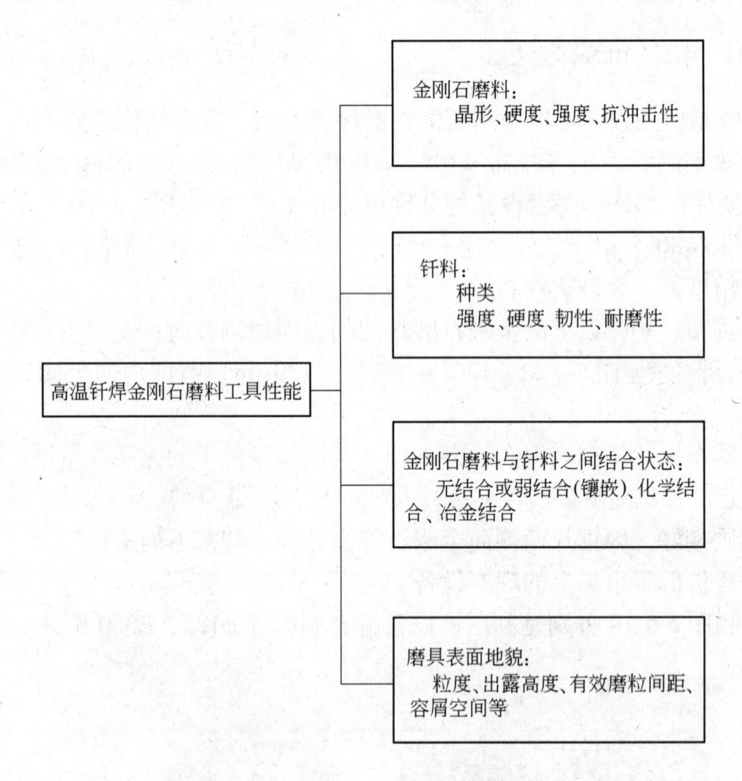

图5-5-15 影响金刚石磨料工具性能的因素

围绕合金钎料与金刚石磨料和金属基体在界面形成高强度化学冶金结合这一中心，本章研究钎料对金刚石磨料和金属基体的浸润性、界面化合的热力学基础、钎料组分、钎焊工艺等等，从中探索出钎焊单层金刚石磨料工具的可行方案，为单层钎焊金刚石磨料工具的实验研究和工业化生产提供理论依据。

5.3.1 高温钎焊基础

5.3.1.1 定义

钎焊是一种金属热连接方法。在钎焊过程中，依靠熔化的钎料或者依靠接触面之间的扩散而形成的液相把金属连接起来，钎焊温度低于母材开始熔化的温度。因此，钎焊是一种母材不熔化，靠熔化的钎料或者液相把母材连接起来的方法。

钎料是一种纯金属或合金，其熔点低于母材。合金往往有一个熔化区间，即从固相线温度到液相线温度。钎焊温度可介于固相线和液相线温度之间，但大部分钎焊是在比钎料液相线温度高几十度情况下进行的。

在空气中钎焊时，一般均使用钎剂，以去除母材和钎料表面的氧化膜，并防止其表面继续氧化。在保护气氛和真空中钎焊，可以不用钎剂。

根据钎料的液相线温度，钎焊可分为：

（1）钎料液相线温度低于450℃的钎焊叫软钎焊。由于钎料熔点低，被钎焊件只需要加热到较低的温度。软钎焊时最常用的钎料是Sn-Pb钎料。通常情况下都需使用钎剂。软钎焊接头强度较低，尤其在较高温度下下降更加明显。

（2）钎料液相线温度高于450℃的钎焊叫硬钎焊。硬钎焊时一般都使用钎剂。硬钎焊的接头强度较高，有时可达到母材强度，因此可用于受力构件。

（3）钎料液相线温度高于900℃、不用钎剂的钎焊叫高温钎焊。高温钎焊可获得更高的接头结合强度。

由于磨具在磨削加工时磨削弧区温度常达到800℃以上，在选择钎料时钎料的适宜熔点应在900℃以上。高温钎焊与软钎焊和硬钎焊相比还可获得更高的接头结合强度。

5.3.1.2　高温钎焊的特点

高温钎焊时最常见的被钎焊材料是钢和镍基合金，其熔点介于900～1500℃范围内。用不同钎料钎焊时，钎焊温度有一定的差别，但同样对母材的液相线温度总保持一段差距。钎焊过程中钎料和母材会发生相互反应，如溶解、扩散等，使钎缝成分不同于钎料原始成分。

高温钎焊的第二个特点是不使用钎剂。通常在软钎焊和硬钎焊时，为了去除母材和钎料表面上总存在的表面层（如氧化物、氮化物等），以及防止金属表面在加热时继续氧化，一般均使用钎剂。钎剂是靠化学途径去除表面氧化物的，同时它又能降低钎料的表面张力，使钎料能很好地润湿母材，有利于钎料和母材的良好结合。但是大部分钎剂具有腐蚀性，钎焊后必须仔细地消除钎剂残渣，以防止钎剂对钎焊接头产生腐蚀。此外，使用钎剂钎焊时容易在接头中形成钎剂夹渣，使接头的强度和抗腐蚀性下降。

高温钎焊不使用钎剂。为了防止金属表面氧化和使钎料润湿母材，重要的一环是保证气氛的纯度。根据气氛的不同，高温钎焊可分为还原气体钎焊、惰性气体钎焊和真空钎焊。还原性气氛是指氢（H_2），氢和氮（H_2，N_2）的混合气体，或者吸热或放热反应气体（H_2、N_2、CO）的混合气体，其中氢和一氧化碳是还原气体。惰性气体主要是氩气与氦气。真空是指一定容积内的气体压力低于常压，这也表明真空中尚含有一定量的气体分子。例如在10^{-4}Pa压力下，残余气体的浓度为3×10^{10}mol/cm^3。真空钎焊时残余气体包括水蒸气、氢、氮、氧以及易挥发组分的蒸气等。

为避免金刚石在高温钎焊时的热损伤和石墨化，必须在真空、惰性气体中钎焊。金刚石的热损伤与氛围有关，在空气中金刚石开始石墨化的温度为800℃，在一般工业性保护气氛或真空下，金刚石开始热损伤的温度为1200℃。

5.3.1.3　高温钎焊方法

根据高温钎焊时载能的类型，高温钎焊可分为束流加热和电流加热两种。前一种方法主要是指电子束钎焊和激光钎焊。电子束钎焊可在低压和高压真空电子束焊机内进行；激光钎焊可在大气内进行。由于电子束和激光束的能量密度很高，钎缝的热影响区很小。但这种钎焊方法目前应用比较少。

后一种方法是指电阻炉加热或者是高频、中频感应加热钎焊。钎焊是在还原性气氛、惰性气氛或真空中进行。

高温钎焊用真空炉应满足一系列要求：如真空机组有足够的抽气能力；泄漏率在真空度高于 10^{-2}Pa 时小于 10^{-2}Pa/s；真空炉内温度分布均匀；可以精确地控制温度时间周期等。就高温钎焊而言，钎焊参数优化对取得优质钎焊接头来说是很重要的。所谓钎焊参数优化指的是对每种钎料/母材系统最合适的钎焊温度、保温时间、钎焊间隙和钎后扩散处理等。

根据我们现有条件和金刚石磨料高温钎焊的要求，选用 Ar 气保护炉中钎焊、真空炉中钎焊和真空感应钎焊工艺。

5.3.1.4　金刚石磨料的高温钎焊问题

材料的钎焊性可归结为钎料对材料的浸润流布特性与冶金化学亲和特性。

金刚石的钎焊性较差。大多数纯金属对金刚石的浸润性都很差，虽然 Al、Fe、Co 和 Ni，在液态时能浸润金刚石，但在能浸润的温度下，它们对金刚石的侵蚀都很严重。至于像 Ti、Zr、Cr、V 等碳化物形成元素，虽然都能很好地浸润金刚石，但它们的熔化温度大于 1600℃，在这个温度下金刚石将会严重石墨化。

亦即从钎焊金刚石的角度出发，似乎找不到一种既能充分浸润又不严重侵蚀金刚石的纯金属材料。因此，寻找有适当熔点的合金材料作为钎料，再考虑加入某些活化元素以改善对金刚石的浸润性和亲和性，达到黏结金刚石之目的是一个切实可行的途径。譬如将 Ti、Cr、V 等过渡族碳化物形成元素加入到 Cu、Ag、Sn 等低熔点合金熔液中，使合金熔液既能很好地浸润金刚石，合金中的某些活性元素又能与金刚石产生冶金化学亲和作用。由于强碳化物形成元素在基体中只占很少比例，因此不会对金刚石产生明显的侵蚀作用。

钎焊金刚石的另一难点是金刚石的线膨胀系数低于大多数金属材料，使它极易在钎焊热应力作用下产生裂纹或断裂。

5.3.2　金刚石磨料的高温钎焊机理

5.3.2.1　金刚石与合金钎料表面的浸润性

A　评价指标

金刚石与合金钎料表面浸润性的好坏可用浸润角 θ 的大小来说明（图 5-5-16），θ 小于 90°表示液相润湿固相，θ 值越小润湿情况越好，θ 角为零时液相对固相完全润湿，反之 θ 值大于 90°说明液相对固相润湿不好，θ 角为 180°时液相对固相完全不浸润。

$$\cos\theta = \frac{\sigma_S - \sigma_{LS}}{\sigma_L} \tag{5-5-22}$$

式中　σ_S——固相的表面张力；

σ_{LS}——液相和固相间的内界面张力；

σ_L——液相的表面张力。

由杨氏方程式（5-5-22）知，在固相金刚石已确定的情况下要提高钎料对金刚石的浸润性，只有通过降低液态钎料表面张力和液态钎料与金刚石的内界面张力来实现，而事实上明显降低液态钎料的表面张

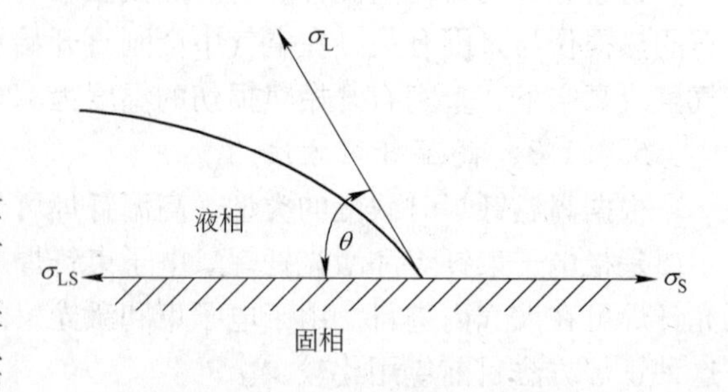

图 5-5-16　固相与液相润湿示意图

力是无法实现的，但在钎料中添加碳化物形成元素如钛、锆、铬、钒、铌等则可大幅度降低内界面张力，提高钎料对金刚石的浸润性，而且还能促进碳化物形成元素向内界面的运输，促使金刚石和碳化物形成元素持续地发生碳化物形成反应。

B 纯金属熔液对金刚石的浸润性

某些常见低熔点纯金属对金刚石的浸润角如表5-5-1所示。由表5-5-1可见，绝大多数均在90°以上，只有铝在1000℃时为10°，但在此温度下，铝对金刚石已有明显浸蚀。虽然理论上还可以进一步研究其他纯金属熔液，如铁、钴、镍以及铬、钒、钛等对金刚石的浸润性。但这些金属的熔点较高且都对金刚石有严重的浸蚀性。

表5-5-1 某些纯金属熔液对金刚石的浸蚀性

金属元素	测定温度/℃	浸润角/(°)	金属元素	测定温度/℃	浸润角/(°)
Cu	1150	145	In	800	138
Ag	1000	120	Sb	900	120
Au	1150	150	Pb	1000	110
Ge	1150	116	Al	800	75
Sn	1150	125	Al	1100	10

由于金刚石是碳的不稳定结构，在一定的条件下有向它的同素异形体（石墨）转化的倾向（金刚石的石墨化）。在 133×10^{-6} Pa的真空度下，其开始石墨化的温度为1600～1700℃，而在一般工业性保护气氛下，制造金刚石工具的钎焊温度取1200℃以下为宜。

因此，从制造金刚石工具的角度出发，似乎找不到一种纯金属既能浸润金刚石而又不严重浸蚀它。

C 合金元素对金刚石浸润性的影响

在对金刚石呈惰性的低熔点金属（铜、银、锡和铅等）中加入少量活性元素（钛、锆、铬、钒等）可以降低界面张力，从而大大改善熔液对金刚石表面的浸润性（表5-5-2）。由表5-5-2可见，最有效地改善熔液对金刚石浸润性的活化金属元素是碳化物的形成元素。

表5-5-2 某些合金元素对金刚石浸润性的影响

合金成分（质量分数）	测定温度/℃	浸润角/(°)	合金成分（质量分数）	测定温度/℃	浸润角/(°)
Cu+10%Ti	1150	0	Cu+0.5%Cr	1150	22
Cu+1%V	1150	50	Ag+0.5%Ti	1000	45
Ag+2%Ti	1000	5	Sn+5%Ti	1150	11
Cu+10%Sn+3%Ti	1150	0			

D 合金对金刚石的浸润机理

将少量碳化物形成元素加入到合金钎料中，钎焊过程中将发生如下的液-固两相反应：

$$C + Me \longrightarrow MeC$$

反应生成的金属碳化物十分稳定，且可以在金刚石晶体上外延生长，从而在金刚石和合金熔液间形成碳化物界面。于是合金钎料对金刚石的浸润（图5-5-17a）转化为合金钎料对生成碳化物界面的浸润（图 5-5-17b）。

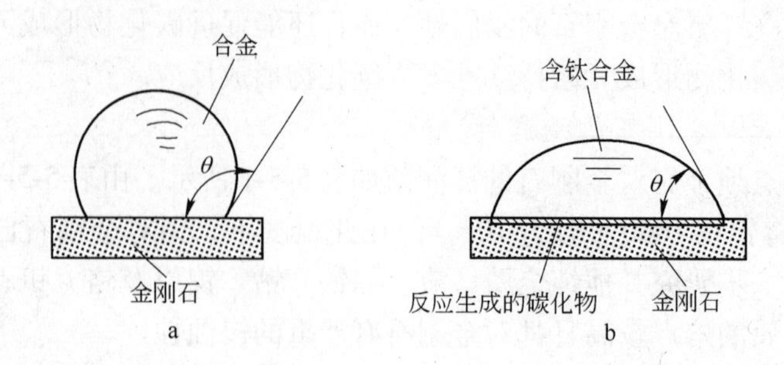

图 5-5-17　金属合金对金刚石的浸润及界面状态

通常，凡是元素原子结构中 d 层和 f 层未充满电子的过渡族元素均能改变金刚石与合金的界面状态，降低内界面张力，使合金熔液能更好地浸润金刚石。而 d 层和 f 层缺乏电子多的强碳化物形成元素，如钛、锆、铬、钒、铌等均有更明显的作用。

5.3.2.2　金刚石与合金钎料界面的化学冶金结合

A　金属碳化物形成元素及与金刚石反应强弱规律

能与金刚石表面的碳原子反应生成金属型碳化物的元素是第 4 ~ 6 周期，ⅣB ~ ⅣB 族的过渡族元素（如表 5-5-3 所示）。这些元素与金刚石发生反应的程度取决于这些元素 3d 层电子的数目和钎焊温度，3d 层电子数目越少越易形成稳定的金属碳化物。表 5-5-3 同时列出了这些元素 3d 层的电子数，ⅣB 族的元素比ⅤB 和ⅥB 族有较少的 3d 层电子，因而ⅣB 族元素最易与金刚石化合形成金属碳化物。若同族元素相比较，与金刚石形成碳化物的能力往往自上而下逐渐增强。亦即这些元素与金刚石反应生成金属碳化物能力由强到弱的顺序为：Hf、Zr、Ti、Ta、Nb、W、Mo、Cr。

表 5-5-3　金属碳化物形成元素及其 d 层电子数

周　期	族		
	ⅣB	ⅤB	ⅥB
4	Ti	V	Cr
	2	3	5
5	Zr	Nb	Mo
	2	4	5
6	Hf	Ta	W
	2	3	4

表 5-5-4 中的热力学数据证实了上面的研究结论。可以看出 ZrC 生成热比 TiC 高，TiC 生成热又比 Cr_3C_2 和 Cr_7C_3 高，生成热越高，说明越易与金刚石反应，生成的碳化物也就越稳定。以上研究结论为钎焊金刚石研制活性钎料提供了理论依据。另外，从表 5-5-4 中的热力学数据可以看出，含 Ti 或 Cr 的合金钎料可以直接用于金刚石的钎焊，金刚石无需镀膜，因为 Ti 或 Cr 碳化物生成热比金刚石高，Ti 或 Cr 碳化物比金刚石更加稳定。合金中的 Ti 或 Cr 可直接与金刚石表面上的碳反应。

表 5-5-4 热力学数据表（298K）

项 目	生成自由能 /kcal·mol⁻¹	生成热 /kcal·mol⁻¹（kJ·mol⁻¹）	项 目	生成自由能 /kcal·mol⁻¹	生成热 /kcal·mol⁻¹（kJ·mol⁻¹）
金刚石	0.6850	0.4532（1.897）	$Cr_{23}C_6$	-89.3	-87.2（-365.089）
Cr_3C_2	-19.5	-19.3（-80.8）	TiC	-43.2	-44.1（-184.64）
Cr_7C_3	-39.9	-38.7（-162.03）	ZrC	-47.7	-48.5（-203.06）

注：1cal=4.1868J。

B 碳化物的特性及影响

界面金属碳化物膜的形成过程及特点，碳化物的结构类型及性能，碳化物对钎焊强度的影响。

当钎焊温度达到金属碳化物形成温度时，合金钎料中的活性金属元素（以 Cr 为例）与金刚石表面的碳反应在界面上形成众多 Cr 的碳化物晶核，界面反应发生的结果使界面及邻近界面处的 Cr 原子浓度降低，导致 Cr 由较远离界面的地方向界面运输，逐渐形成连续的 Cr 碳化物层。由于 Cr 的碳化物层能够抑制 C 沿碳化物厚度方向扩散，故最初金属碳化物膜的生长主要紧贴界面铺展，直到形成完整覆盖金刚石颗粒表面的连续薄膜。此时界面结合强度最高，理想的经过优化的钎焊工艺应能严格控制膜沿厚度方向的进一步生长，否则过厚的膜会产生较大的界面应力，使结合强度降低。

合金钎料与金刚石界面反应后界面微区的结构特征（由金刚石向外）依次是：金刚石→高碳化合物→低碳化合物→合金。如含 Cr 钎料界面结构为：金刚石→Cr_3C_2→Cr_7C_3→$Cr_{23}C_6$→含 Cr 合金。含 Ti 钎料界面结构为：金刚石→TiC→含 Ti 合金，含 W 钎料界面结构为金刚石→WC→W_2C→含 W 合金。

在界面上形成的金属碳化物具有独特的性能，这类碳化物的共同特点是具有金属光泽、能导电导热、熔点高、强度和硬度高，但脆性也大。

由第 4~6 周期，ⅣB~ⅥB 族的过渡族金属与金刚石表面的碳形成金属型碳化物是由于这些金属不太活泼，不能与碳以离子键形成离子型化合物，也不能形成共价型化合物。碳原子半径小（0.077nm），能溶于这些金属中而形成固溶体，当碳含量超过溶解度极限时，在适宜条件下能形成金属型化合物，又称为间隙化合物。这时金属晶格由一种格点排列方式转变为另一种排列方式。这些金属原子中价电子较多，形成金属键后还有多余的价电子与进入格点间隙中的碳原子形成共价键，这可能是这类碳化物的熔点和硬度特别高，甚至可能超过原金属的原因。

合金钎料与金刚石界面反应后的上述结构特征决定了钎焊后的金刚石有极高的把持强度，因为碳化物本身具有极高的强度和硬度，而这些碳化物及其金属与合金结合剂很容易焊合形成固溶体合金结合，这样靠碳化物形成元素的中介作用，可使金刚石牢固地被钎焊在结合剂中，达到化学冶金结合的效果。

5.3.2.3 钎焊单层金刚石工具对钎料的性能要求及成分选择

A 对钎料的性能要求

根据合金钎料与金刚石表面发生浸润及在界面形成化学冶金结合等钎焊机理的研究，以及单层钎焊金刚石工具对结合剂层性能的特殊要求，对钎焊单层金刚石的钎料应有如下特性：

（1）对金刚石要有较好的浸润性，浸润角最好小于45°。

（2）对钢基体要有较好的浸润性，与钢基体能形成冶金结合，以确保钎料结合层厚度均匀一致和高的结合强度。

（3）钎料对金刚石的钎焊是通过能与碳形成中间碳化物层并且对它的浸润来实现的，因此钎料中应含有能强烈地与碳生成碳化物的元素，但又不浸蚀金刚石，如 Ti、Cr 等第4～6周期、ⅣB～ⅥB 族的过渡族副族元素。

（4）由于只有单层磨料，钎料要有较好的机械性能和物理化学性能，如有足够的强度，有高的抗冲击韧性、耐磨、耐蚀、耐热和抗高温氧化等综合性能。

（5）钎焊温度应低于金刚石开始石墨化转变的温度。

（6）金刚石的线［膨］胀系数低于大多数金属材料，极易在钎焊热应力的作用下产生裂纹使其强度降低，因此钎料的线［膨］胀系数与金刚石差异越小越好。表5-5-5列出了部分金属材料的线［膨］胀系数。

表5-5-5 金刚石与一些金属材料的线［膨］胀系数

材 料	线[膨]胀系数/K^{-1}	材 料	线[膨]胀系数/K^{-1}
Ag	19.68×10^{-6}	Mn	22×10^{-6}
Cu	16.5×10^{-6}	Ti	8.4×10^{-6}
Al	23.6×10^{-6}	Cr	6.2×10^{-6}
Co	14.2×10^{-6}	Zr	5.85×10^{-6}
Sn	21×10^{-6}	Mo	4.9×10^{-6}
Ni	12.6×10^{-6}	W	4.6×10^{-6}
Au	14.2×10^{-6}	Si	$(2.8\sim4.2)\times10^{-6}$
Pb	29.1×10^{-6}	B	8.3×10^{-6}
Fe	11.7×10^{-6}	金刚石	$(0.6\sim4.3)\times10^{-6}$

（7）钎料的形态（粉料、片料或线料等），应符合制作工艺的要求。

（8）考虑到钎料的经济性，应尽量少含或不含稀有金属和贵重金属。

B 成分选择及各成分的功能

国外就采用何种钎料钎焊金刚石进行了长时间的多方探索，已见到的文献报道有二元合金 Cu-Ti、Cu-Cr，有三元合金 Cu-Sn-Ti、Cu-Ag-Ti、Cu-Ga-Cr 或 Ag-Mn-Zr。这些活性合金钎料在适宜的钎焊温度下对金刚石都表现出良好的浸润性，并能在界面处形成化学冶金结合。

然而，含有活性元素的 Ag 基和 Cu 基合金钎料虽然可直接用于金刚石的钎焊，但这些合金由于强度低、耐磨性差，特别是耐磨削高温性能差，一般适用于对强度、耐磨性和耐磨削高温性能要求不高的钎焊，如金刚石修整笔、玻璃刀、结构陶瓷、石墨和普通加工用砂轮等的钎焊联结，并不适合于作为重负荷高效磨削用单层金刚石钎焊工具的结合剂。按照前述的对单层金刚石钎焊工具结合剂特性要求，最适合的选择是含活性元素 Cr 的 Ni 基合金钎料，即 Ni-Cr 合金钎料，其熔化温度约为1000℃，其化学成分为 Ni-Cr-B-Si，各元素在钎料中的行为如下：

（1）镍（Ni）在钎料中的行为。金属 Ni 是面心立方结构，有良好的延展性、韧性和抗氧化性。钎焊时 Ni 对金刚石几乎不侵蚀，不与金刚石反应形成碳化物，但液态 Ni 可以牢固地附着在碳纤维表面，形成一层极薄均匀铺展 Ni 膜，且附着功较大，对金刚石表现出很大的黏结力和良好的浸润性能。由表 5-5-5 知 Ni 的线膨胀系数比 Ag、Cu、Al、Co 小，比 Fe 略大，与金刚石的差异不很大。

（2）铬（Cr）在钎料中的行为。Cr 是金属碳化物的形成元素，钎焊时 Cr 向金刚石界面富集与金刚石表面的碳反应生成 Cr_3C_2、Cr_7C_3 和 $Cr_{23}C_6$ 等种类的碳化物，从而达到化学冶金结合，这是钎焊工具远远优于电镀工具的关键。另外，碳化物的形成对降低内界面张力，提高 Ni-Cr 合金熔液对金刚石的浸润起决定作用。Cr 还可以提高钎料的抗氧化能力。

（3）Si（硅）、B（硼）在钎料中的行为。Si、B 的主要功能是降低钎料熔点和提高钎料流动性和润湿性。

C　Ni-Cr 合金钎焊单层金刚石工具所表现出的优异性能

由于只有单层磨料，为充分发挥磨料切削效能，延长工具的使用寿命，对钎料性能的要求比多层烧结金刚石磨料工具所使用的结合剂性能要高得多。在众多钎料中，真正适合单层金刚石工具钎焊的却只有 Ni-Cr 合金钎料。其在钎焊时及钎焊后工具使用过程中所表现出的优异性能主要有：

（1）Ni-Cr 合金本身具有强度高、韧性高、耐磨、耐冲击、耐蚀、耐氧化等综合性能，再借助界面的化学冶金结合，钎料结合层厚度只需维持在磨料高度的 20% ~30% 的水平就足以在重负荷的高效磨削中牢固地把持住磨粒，使磨粒具有永不脱落的效果，得以最充分地利用。

（2）耐磨削高温性能强。在磨削弧区温度高达 800℃ 以上时，Ni-Cr 合金仍能保持原有的综合性能，这是 Ag 基、Cu 基合金所无法比拟的。

（3）Ni-Cr 合金与钢基体在界面上可形成冶金结合，可有效避免在重负荷的高效磨削中结合剂层成片剥离的现象发生。

（4）Ni-Cr 合金在熔化状态下，对金刚石、钢基体表现出很好的浸润、铺展和流动特性，可确保钎料结合层厚度均匀一致。

（5）确保金刚石磨料在高温钎焊时不损伤。Ni-Cr 合金熔化温度为 1000℃，钎焊温度在 1050℃ 下进行，已属高温钎焊，必需在真空、惰性气体或还原气体中钎焊。金刚石的热损伤与氛围有关，在一般工业性保护气氛或真空下，金刚石开始热损伤的温度为 1200℃，钎焊温度 1050℃ 不会造成金刚石的热损伤。

5.3.2.4　Ni-Cr 合金钎料与钢基体界面的化学冶金结合及浸润性

Ni-Cr 合金钎料不仅要与金刚石在界面上形成化学冶金结合，而且也要与钢基体在界面上形成化学冶金结合，这样才能确保 Ni-Cr 合金结合层与金刚石和钢基体都有较高的结合强度。

合金中的组成相虽然多种多样，但可以把它们归纳为固溶体和中间相两种类型，概括如下：

固溶 { 置换固溶体 / 间隙固溶体 }

中间相 { 正常价化合物 / 电子化合物 / 间隙相和间隙化合物 }

钎焊过程中，Ni-Cr 合金与金刚石界面上形成的 Cr_3C_2、Cr_7C_3 或 $Cr_{23}C_6$ 属间隙相和间隙化合物。在钢基体结合界面上，由于 Fe 与 Ni 和 Cr 原子半径相差不超过 10%，通过界面扩散可以形成无限置换固溶体，C、B 的原子半径较小则形成间隙固溶体，从而形成了冶金结合。通过界面原子扩散、置换和溶解，当界面 Cr、Fe、C 达到适宜浓度时可生成如表 5-5-6 所示的间隙化合物。这样在 Ni-Cr 合金层与钢基体的界面上形成了冶金化学结合，其结合强度大于 343MPa。由于界面上的冶金化学结合，内界面张力小，Ni-Cr 合金层对钢基体表现出很好的浸润、铺展和流动特性，可实现钎料层厚度在钢基体表面的均匀一致。这些都被后续的实验所证实。

表 5-5-6　Ni-Cr 合金与钢基体界面可能形成的碳化物类型

碳化物类型	结晶形	备　注	碳化物类型	结晶形	备　注
$(Fe,Cr)_3C_7$	斜方晶	Cr 被置换 18% 以下	$(Cr,Fe)_{23}C_6$	面心立方晶	Fe 被置换约 35% 以下
$(Cr,Fe)_7C_3$	三方晶	Fe 被置换约 50% 以下	$(Cr,Fe)_3C_2$	斜方晶	Fe 被少量固溶

5.3.3　钎焊设备

生产设备主要有真空钎焊炉和气体保护感应加热设备。

真空钎焊炉由真空炉体、炉盖、加热室、真空系统、充气系统、风冷系统、气动系统、水冷系统、电气控制系统等组成。

真空钎焊炉的主要技术参数有：有效加热区尺寸、装炉量、最高温度、最高工作温度、极限真空度、工作真空度、压升率、炉温均匀性、控温精度、气冷压强等。

图 5-5-18 为南京航空航天大学与合作企业联合开发的大型高真空钎焊炉，已应用于钎焊金刚石工具的产业化规模生产中，钎焊工具质量的一致性与稳定性非常高。

气体保护感应加热设备由机架，感应加热系统、气体保护系统、工件升降系统和工件旋转系统五个部分组成。使用时气体保护腔内充入氢气、氮气、一氧化碳、氩气、氦气中的一种、两种或两种以上保护气体，也可以抽真空，防止高温钎焊时钎料与基体的氧化和金刚石的石墨化。钎焊时工件在保护室作旋转和升降运动，实现工件在感应加热圈中的恰当位置，保证工件表面钎焊区域温度的均匀化。可钎焊制作串珠、磨轮、孔钻、铣刀、雕刻工具等产品。图 5-5-19 为南京航空航天大学研制的气体保护感应加热设备。

图 5-5-18　高真空钎焊炉

图 5-5-19　气体保护感应加热设备

5.4 Ni 基合金钎焊金刚石的实验研究

前面对金刚石的钎焊机理进行了全面系统地分析研究，为本章钎焊金刚石的实验研究提供了理论依据。本章旨在前述理论的指导下，一方面通过实验研究对前述理论进行验证、充实和完善；另一方面为后续的金刚石钎焊工具的研制奠定理论基础。

国外有关高温钎焊金刚石的实验研究开始于20世纪90年代初期，但工艺上至今仍未臻于完善，现有的金刚石钎焊工艺通常是：首先用氧乙炔焊炬在钢基体上火焰喷涂上一层Ni-Cr合金层，然后再在氩气中感应钎焊金刚石磨粒，钎焊温度在1080℃上下，时间约30s。由于先要火焰喷涂上一层Ni-Cr合金层，在火焰喷涂过程中，钢基体表面易氧化，钎焊后结合剂层厚度不均匀性以及磨料局部堆积十分突出[13]。另外，在钎焊机理的研究上也只是观察到了在金刚石与Ni-Cr合金钎料界面上存在有铬元素富集现象，但一直未能通过实验确证界面上究竟存在何种结合形态。金刚石断口形貌的分析亦从未见过报道。

本章以Ni-Cr合金为钎料，进行Ar气保护炉中钎焊、真空炉中钎焊、真空感应钎焊直接钎焊金刚石磨粒的实验研究；并拟对结合界面作更进一步测试分析以查证是否有碳化物生成以及生成的碳化物的大小、数量、形态和分布特征，而这些正是评判钎焊界面质量和鉴定钎焊效果所需要的最直接的依据；再根据钎焊界面质量和鉴定钎焊效果决定是否需要以及如何调整预设计的钎料组分和钎焊工艺；另外，提供可确保钎焊时磨料不产生附加热损伤的配套技术；最后，对金刚石断口形貌进行分析以确定金刚石在磨削加工中的失效形式。

5.4.1 Ni-Cr 合金钎焊金刚石的实验研究

5.4.1.1 Ni-Cr 合金氩气保护炉中钎焊工艺方案

图5-5-20是钎焊接头结构示意图。金属基体为45号钢；钎料为自己研制Ni-Cr-B-Si合金粉末。熔化温度为1000℃，金刚石无镀膜，60～70目，直接排布在Ni-Cr合金粉末上，用陶瓷块压住金刚石磨粒，在Ar气保护辐射加热炉内进行钎焊。具体参数如下：温度升至800℃时，开始通Ar气，流量为20L/min；温度升至1050℃时放入试件，保温6min；然后停止加热，开始降温，降温速度为30℃/min；温度降至800℃时停止通氩气，降至300℃时取出试件。

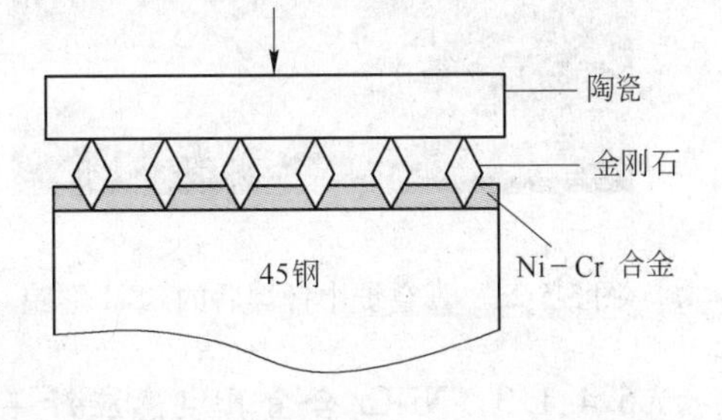

图5-5-20 Ni-Cr合金钎焊单层金刚石示意图

图5-5-21是氩气保护炉中钎焊后金刚石与Ni-Cr合金黏结状况的SEM照片，图5-5-22是垂直于Ni-Cr合金、金刚石和钢基体界面切片抛光后的SEM形貌照片，从这两幅照片均可以清楚地看出金刚石有较高的出露高度，Ni-Cr合金对金刚石磨粒在四周呈月牙形包覆，有的甚至达到了金刚石磨粒的顶部，显示出良好的浸润状态，金刚石晶形完整，无裂纹、石墨化现象。

5.4.1.2 Ni-Cr 合金真空炉中钎焊的工艺方案

钎焊接头结构示意图如图5-5-20所示。金属基体为45号钢。钎料为Ni-Cr合金粉末，

图5-5-21 钎焊后的SEM形貌

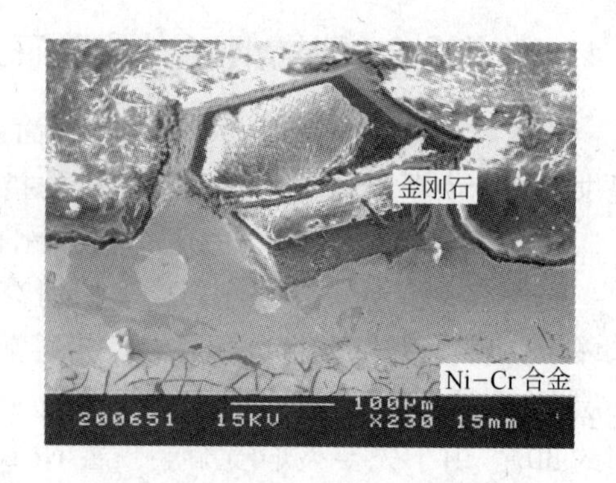

图5-5-22 垂直于界面的SEM形貌

其主要成分为72% Ni，10% Cr，3.5% Si，2% B，2% Fe。熔化温度为1000℃。金刚石无镀膜，60～70目，直接排布在Ni-Cr合金粉末上，用陶瓷块压住金刚石磨粒，真空辐射碳管炉内加温。具体参数为：真空度<0.1Pa；平均升温速度45℃/min；温度升至1050℃时，保温4min；停止加温，平均降温速度12.5℃/min。

图5-5-23是真空炉中钎焊后金刚石与Ni-Cr合金黏结状况的SEM照片，图5-5-24是图5-5-23中方框内单颗金刚石磨粒钎焊状况的放大照片。从这两幅照片均可以清楚地看到金刚石有较高的出露高度，Ni-Cr合金对金刚石磨粒有很好的浸润性，金刚石晶形完整，无裂纹、石墨化现象。

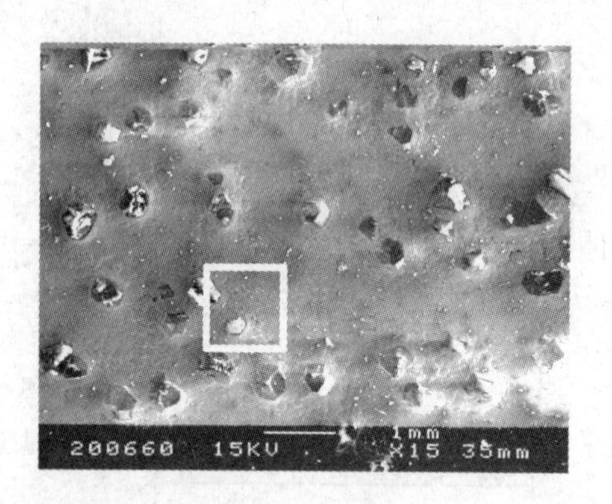

图5-5-23 真空炉中钎焊后的SEM形貌

图5-5-24 单颗磨粒的SEM形貌

5.4.1.3 Ni-Cr合金真空感应钎焊的工艺方案

钎焊接头结构示意图如图5-5-20所示。基体为45号钢。钎料为Ni-Cr合金片，其主要成分为72% Ni，10% Cr，3% Si，2.5% B，熔点为1000℃。金刚石无镀膜，80～100目，直接排布在Ni-Cr合金上，用陶瓷块压住。在真空高频感应焊机上进行实验，钎焊温度1030℃，钎焊时间40s，自然冷却。

图5-5-25是真空感应钎焊后金刚石与Ni-Cr合金黏结状况的SEM照片，图5-5-26是单颗金刚石磨粒钎焊状况的SEM形貌。很明显，Ni-Cr合金对金刚石磨粒表现出很好的浸润性，金刚石晶形完整，无裂纹、石墨化现象。

图 5-5-25 真空感应钎焊后的 SEM 形貌

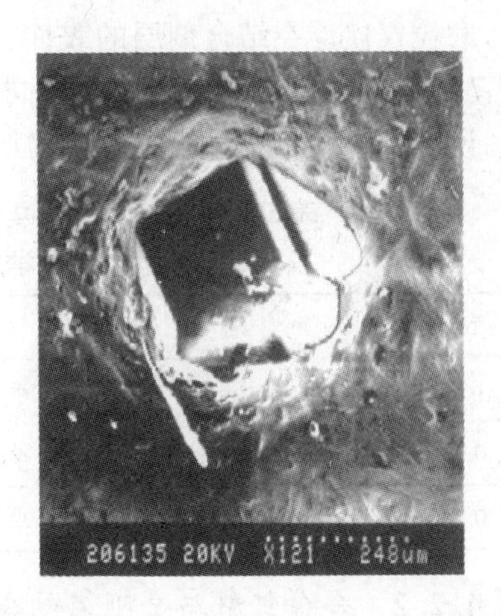

图 5-5-26 单颗金刚石的 SEM 形貌

5.4.2 Ni-Cr 合金与金刚石和钢基体界面微区组织的分析研究

通过系统测试分析及后续的磨削实验表明，前述提供的 Ni-Cr 合金钎焊单层金刚石磨料工艺方案皆能提供高强度结合，对三者测试分析的结果也是一致的。后面的测试分析就以真空炉中钎焊的试样为例进行分析。

测试分析方法：用日本电子公司（JEOL）JSM-6300 型扫描电镜（SEM）及美国 KEVEX 公司 X 射线能谱仪（EDS）对金刚石接头的横截面进行形貌观察，对横截面进行定点成分分析和 Ni、Cr、Si、Fe、C 元素的线分布分析，用 X 射线衍射仪对金刚石与合金钎料结合界面的微区作结构分析。

5.4.2.1 合金钎料成分对钎焊强度的影响

由于金刚石具有特殊的晶体结构，与一般的金属或合金间有很高的界面能，使金刚石表面不易被熔化金属或合金所浸润，根据第三章钎焊机理分析研究，某些过渡族元素如 Ti、Cr、W 等在一定的条件下可与金刚石表面的碳元素形成碳化物。合金钎料对金刚石的良好浸润和高强度的黏结是通过界面碳化物的形成来实现的。为验证这一结论，在上述的钎焊实验中除选用 Ni-Cr 合金钎料实验外，还对不含活性元素的 Ni-P（成分含量：Ni90%、P10%）合金钎料在同样的条件下进行了实验。前面的实验结果表明 Ni-Cr 合金钎料对金刚石表现出良好的浸润性，并实现了高强度的黏结（图 5-5-21 ~ 图 5-5-26），后续的磨削实验表明，没有金刚石脱落，结合剂层的厚度亦十分均匀。而不含活性元素的 Ni-P 合金钎料则未能实现与金刚石的牢固连接，用手指甲对金刚石磨粒稍加施力，金刚石磨粒就很容易脱落。图 5-5-27 是采用 Ni-P 合金钎料，金刚石磨粒脱落后的 SEM 照片。从照片中残留下来的一颗金刚石磨粒与合金层的结合状态可清晰看出，Ni-P 合金钎料与金刚石磨粒间无任何浸润，

图 5-5-27 Ni-P 合金钎焊金刚石磨粒后的 SEM 形貌

金刚石磨粒仅仅浮在结合剂层的表面，从光滑规整的脱落坑表面看不出有任何反应迹象。表5-5-7是对脱落金刚石结合表面不同点的元素成分分析，很难确证有合金元素Ni或P的存在。说明钎料中不含过渡族碳化物形成元素不可能形成高强度的连接。

表5-5-7 金刚石磨粒从Ni-P合金层脱落后，金刚石一侧结合面不同点的化学成分分析（EDS）（质量分数） （%）

Ni	P	C	Ni	P	C
1.3	0.1	98.6	0.6	0.3	99.1
0.4	0.4	99.2	1.2	0.1	98.7
0.8	0.2	99.0			

5.4.2.2 合金钎料与金刚石结合区元素的扩散与分布

供扫描电镜用的试样经沿Ni-Cr合金与金刚石和钢基体界面垂直方向切片磨制抛光后，用含重铬酸钾的混合酸水溶液浸蚀，显示各种显微组织。图5-5-28是金刚石与Ni-Cr合金界面SEM形貌照片，在金刚石与Ni-Cr层的界面上生成的黑色界面层十分清晰，约3μm厚。借助X射线对该界面微区进行定点成分能谱分析和线扫描。表5-5-8（其中的A、B、C、D、E、F各点见图5-5-28）为界面近区能谱分析成分分布的结果，图5-5-29~图5-5-34分别是A、B、C、D、E、F点的成分能谱图。可以看到Ni、Cr元素都具有明显的偏析，其中靠近金刚石处Cr元素有较高的浓度分布，质量分数达到了85%，远高于Ni-Cr合金中10% Cr含量，而Ni元素的浓度仅为5.48%，远低于Ni-Cr合金中72% Ni含量。Cr元素从Ni-Cr合金中分离出并在金刚石结合界面偏析形成富Cr层，唯一解释就是Ni-Cr合金中的Cr与金刚石表面的C反应生成了Cr的碳化物，界面反应发生的结果使界面及邻近界面处的Cr原子浓度降低，导致Cr由较远离界面的地方向界面运输。在含Cr元素浓度较高的界面微区，C元素浓度约为5%~12%，由C-Cr相图可知，此浓度下容易生成Cr_3C_2、Cr_7C_3和$Cr_{23}C_6$。另外，合金中还含有B和Si，其作用是降低钎料熔点、提高钎料流动性、浸润性和一定的脱氧能力。

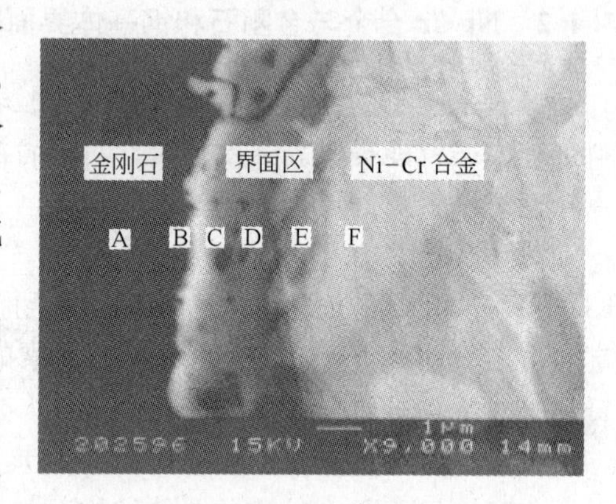

图5-5-28 垂直于金刚石与Ni-Cr合金界面的微观形貌（SEM）

表5-5-8 能谱分析Ni-Cr合金与金刚石界面区定点成分（EDS）（质量分数） （%）

定点	Ni	Cr	Fe	Si	C
A	0.30	0.16	0.68	0.06	98.8
B	8.49	5.42	12.04	0.87	73.18
C	2.49	65.45	15.85	1.19	7.02
D	5.48	85.01	3.52	0.36	5.63

续表 5-5-8

定　点	Ni	Cr	Fe	Si	C
E	82.22	6.32	5.04	2.09	4.33
F	84.58	4.25	6.82	4.35	0.00

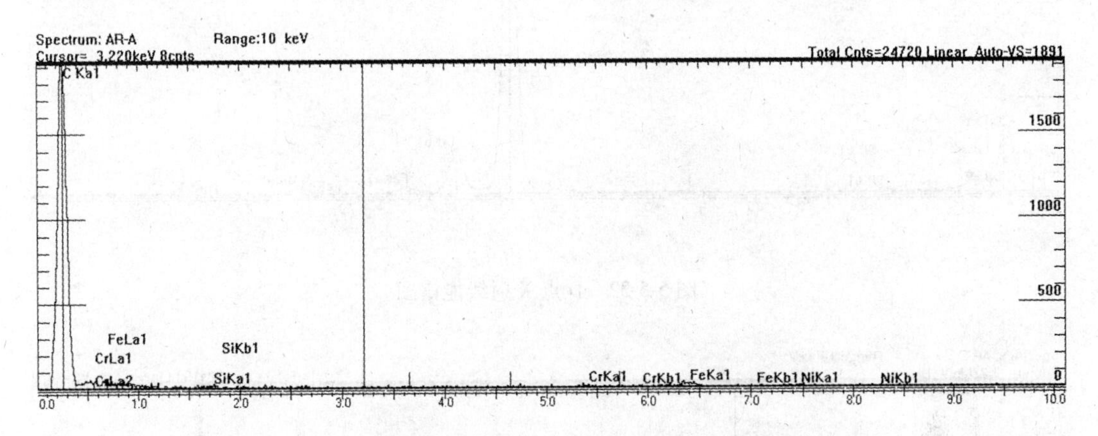

图 5-5-29　A 点 X 射线能谱图

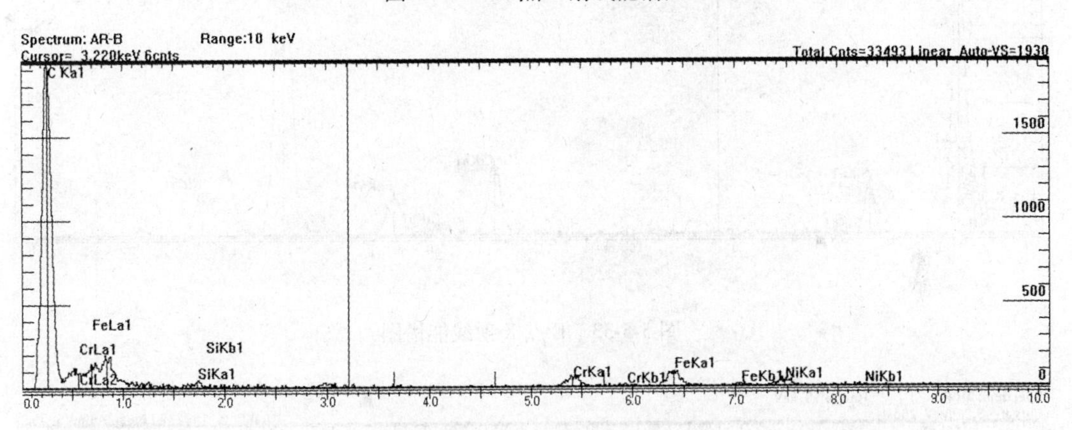

图 5-5-30　B 点 X 射线能谱图

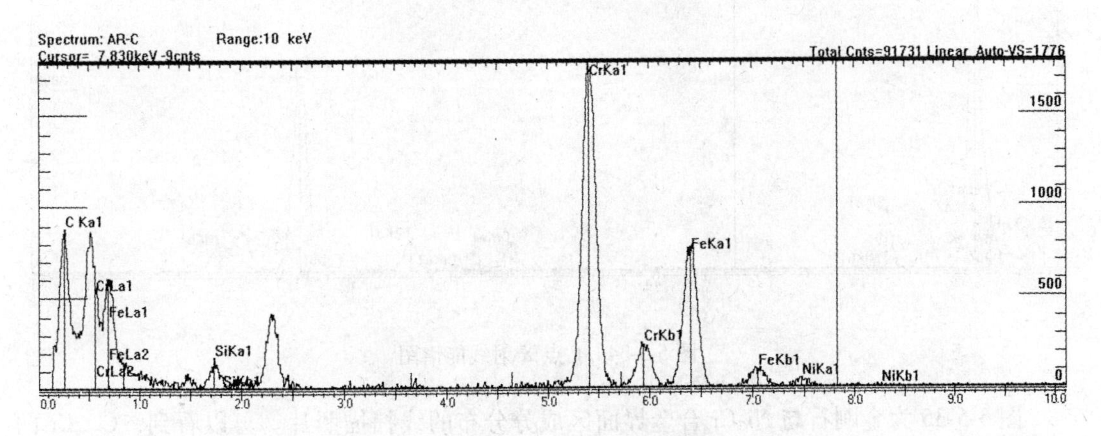

图 5-5-31　C 点 X 射线能谱图

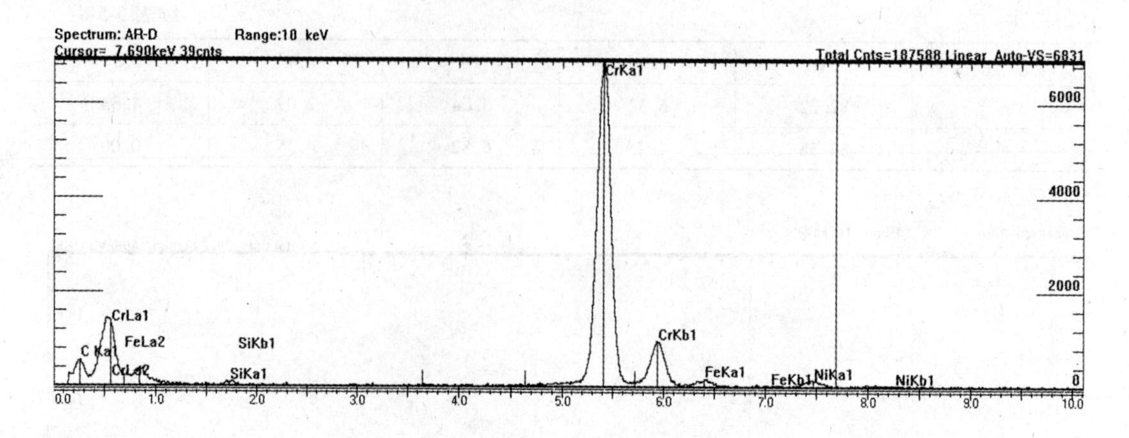

图 5-5-32 D 点 X 射线能谱图

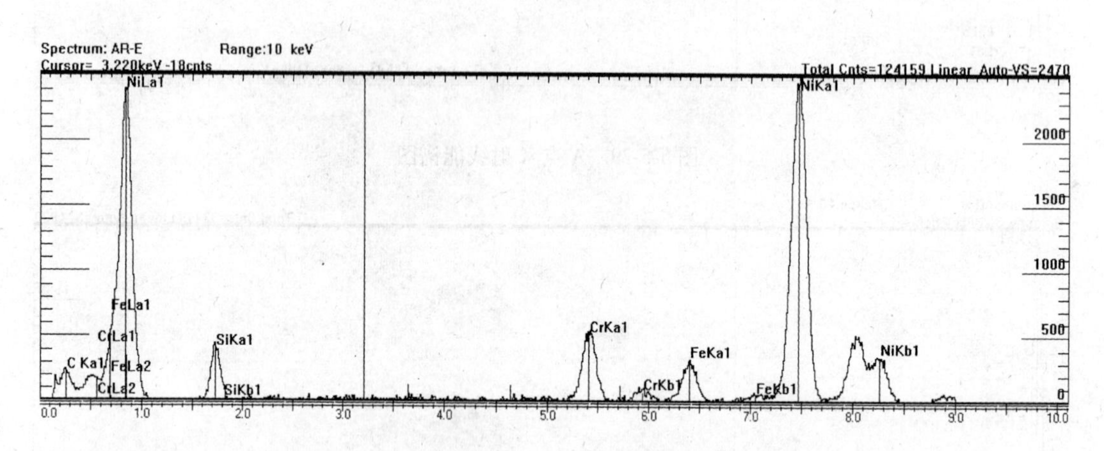

图 5-5-33 E 点 X 射线能谱图

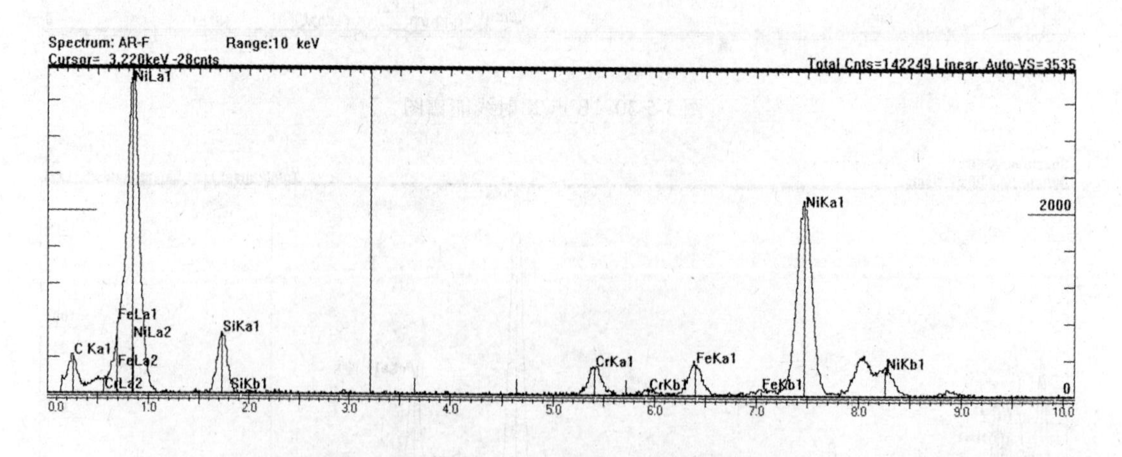

图 5-5-34 F 点 X 射线能谱图

图 5-5-35 为金刚石与 Ni-Cr 合金界面区成分分布的线扫描照片。可以看到，C、Cr 两种元素在界面处的浓度梯度均呈现缓慢的过渡趋势，这说明两者之间跨过界面存在着明显

的扩散现象，其扩散深度大约 3μm，并且 Cr 元素在金刚石的界面处的浓度明显提高，这一结果与 X 射线能谱定点成分分析结果一致。由此可以认为 C 与 Cr 元素之间完全可能形成碳化物。

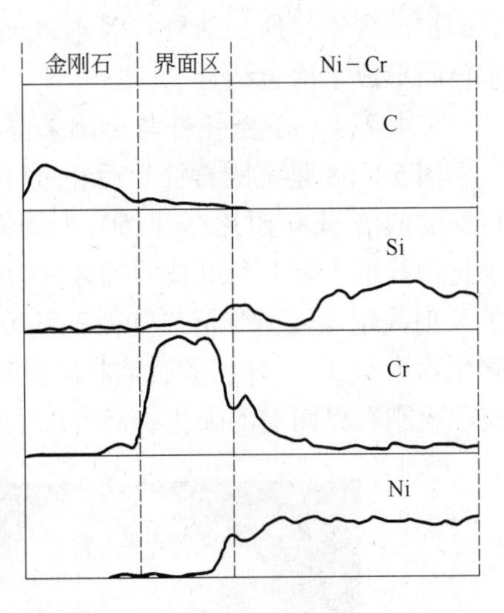

图 5-5-35 金刚石与 Ni-Cr 合金界面区各元素成分变化的线扫描对比

5.4.2.3 合金钎料与钢基体结合区元素的扩散与分布

图 5-5-36 是 Ni-Cr 合金与钢基体界面微区的 SEM 形貌照片，可以看出界面处结合完好，无缺陷，Ni-Cr 合金与钢基体间存在明显的相互扩散现象。借助 X 射线能谱对接头区垂直于界面方向的截面（图 5-5-36）进行定点成分能谱分析和线扫描。表 5-5-9（其中的 G、H、I、J 各点见图5-5-36）为界面近区能谱分析成分分布的结果。可以看到，Ni-Cr合金与钢基体间的确存在明显的相互扩散，Ni、Fe、Cr 之间可形成置换固溶体，已形成冶金结合。界面处 *H* 点的 C、Fe、Cr 的浓度较高，很可能形成 $(FeCr)_xC_y$ 类型的碳化物。

表 5-5-9 能谱分析 Ni-Cr 合金与钢基体界面区定点成分（EDS） （%）

定 点	Ni	Cr	Fe	Si	C
G	82.32	3.66	7.45	3.22	3.35
H	73.82	3.52	14.16	3.05	5.42
I	34.00	1.98	58.11	1.82	4.09
J	1.36	0.46	94.49	1.03	2.66

图 5-5-37 为 Ni-Cr 合金与钢基体界面区成分分布的线扫描照片。可以看到，Ni、Cr、Fe 元素在界面区的浓度梯度均呈现缓慢的过渡趋势，这说明两者之间跨过界面存在着明

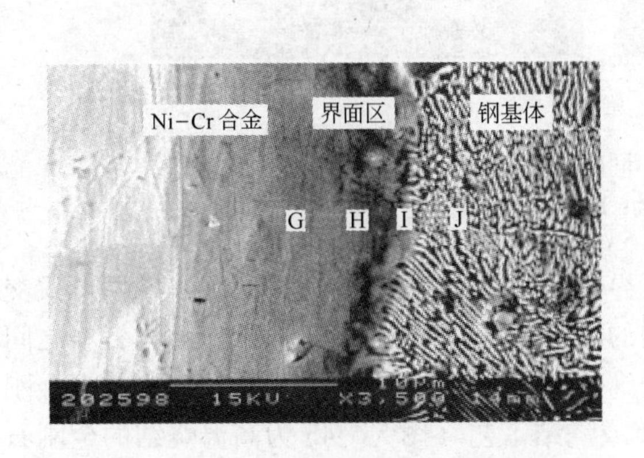

图 5-5-36 垂直于 Ni-Cr 合金与钢基体界面的微观形貌（SEM）

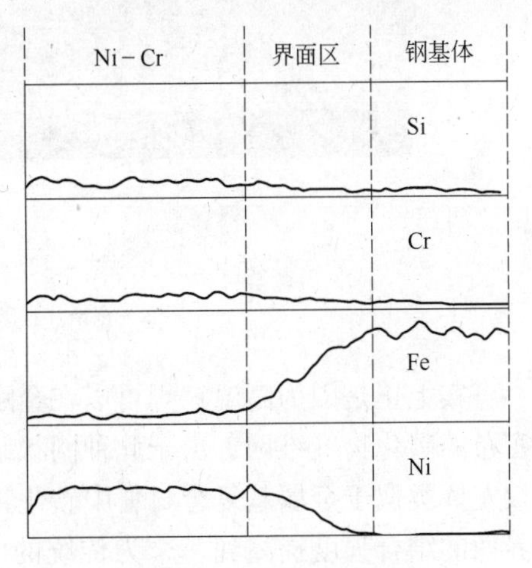

图 5-5-37 Ni-Cr 合金与钢基体界面区各元素成分变化的线扫描对比

显的扩散现象，这一结果与X射线能谱定点分析结果一致。由此可以认为Ni-Cr合金与钢基体间形成了冶金结合。

5.4.2.4　合金钎料与金刚石界面生成物结构分析

图5-5-38是金刚石钎焊后经过腐蚀处理得到的单颗金刚石界面碳化物的形貌及其分布特征的低倍SEM照片（×150），局部放大7500倍和3000倍，可以发现分布形同蛛网的碳化物纤维实际上尚可被明确区分为宽条片和细棱柱两种不同的形态，见图5-5-39。借助于X射线定点能谱分析（如图5-5-40和图5-5-41所示），项目组查明了处在内层的条片状碳化物为Cr_3C_2，外层的棱柱状碳化物为Cr_7C_3。进一步的X射线衍射结构分析也证明了包覆在金刚石界面上的碳化物确有以上两种不同的结构（如图5-5-42所示）。

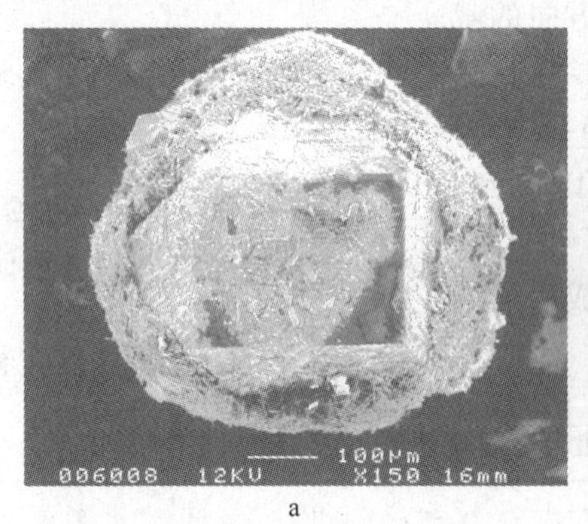

a

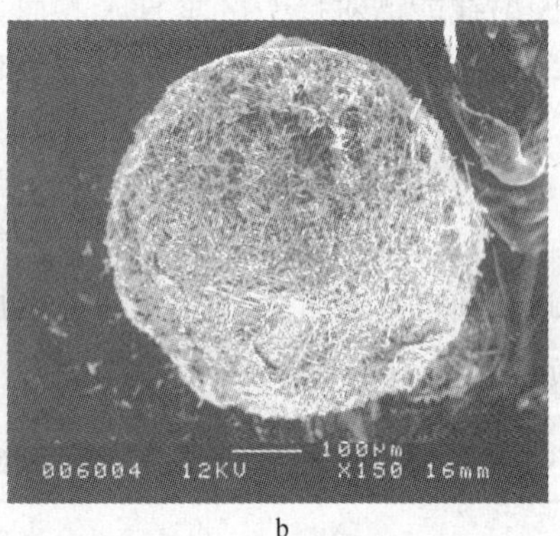

b

图5-5-38　界面碳化物的形貌及其分布特征

a—金刚石正面；b—金刚石背面

a

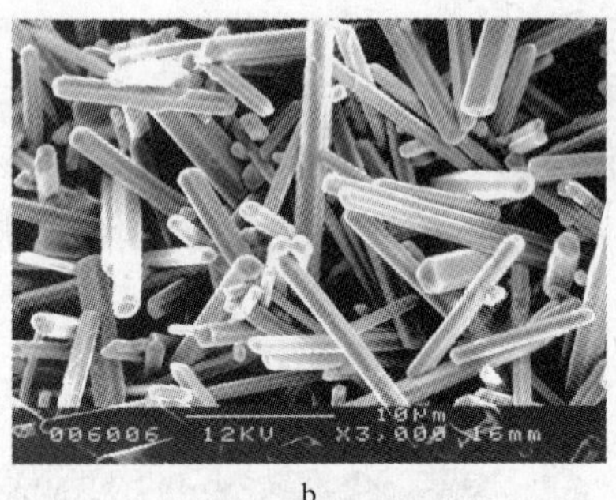

b

图5-5-39　不同碳化物的形态

a—宽条片状碳化物；b—细棱柱状碳化物

事实上正是因为高温钎焊可以在金刚石界面上生长出如图5-5-38所示的呈蛛网形式交叉密布的碳化物纤维网，由于此种网状结构的碳化物可以在界面微区中金刚石与钎料之间有效发挥类似于金属基复合材料中碳化物纤维的增强作用，因而就有条件可以将钎焊金刚石界面的结合强度提高到一个为传统的电镀或烧结工艺（图5-5-43为高温烧结的金刚石表面，可见金刚石表面没有任何碳化物生成，无化学冶金作用发生）所无法企及的水平，这也正是研发单层钎焊金刚石工具的真正的优势所在。

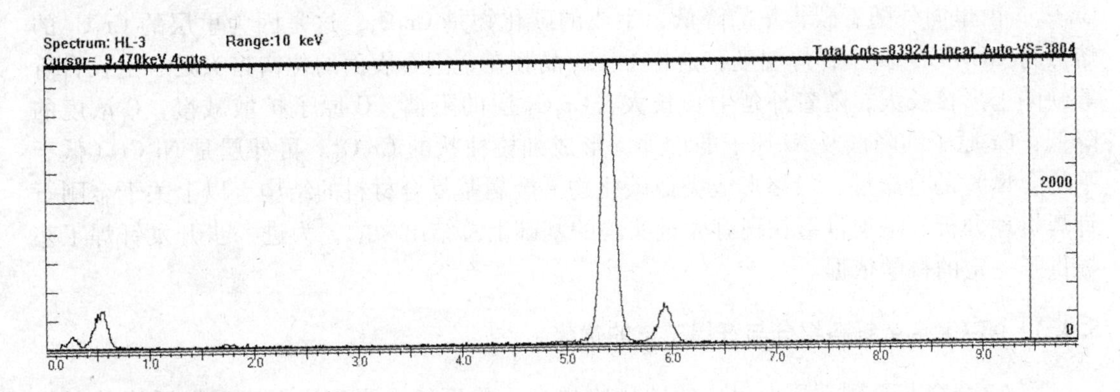

图 5-5-40　宽条片状碳化物能谱图

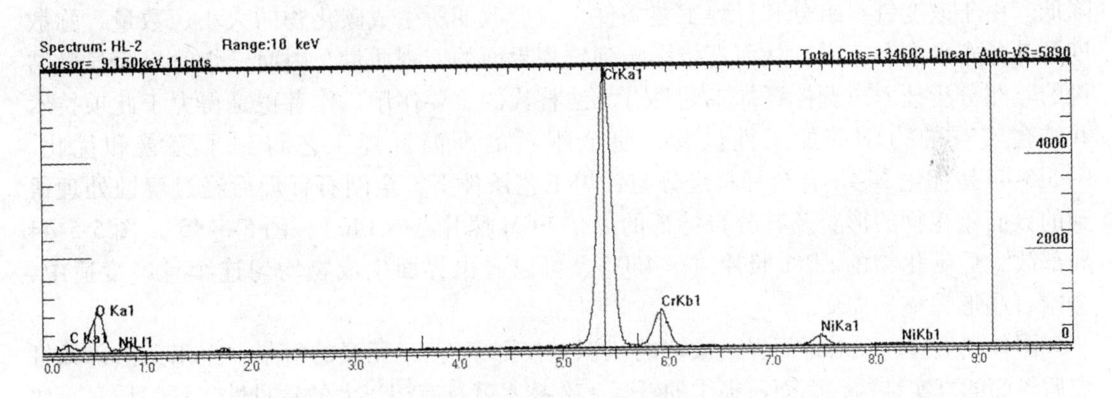

图 5-5-41　细棱柱状碳化物能谱图

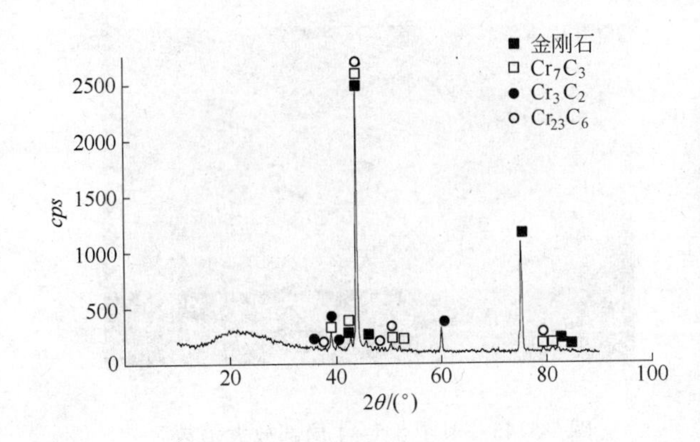

图 5-5-42　X 射线衍射分析结果

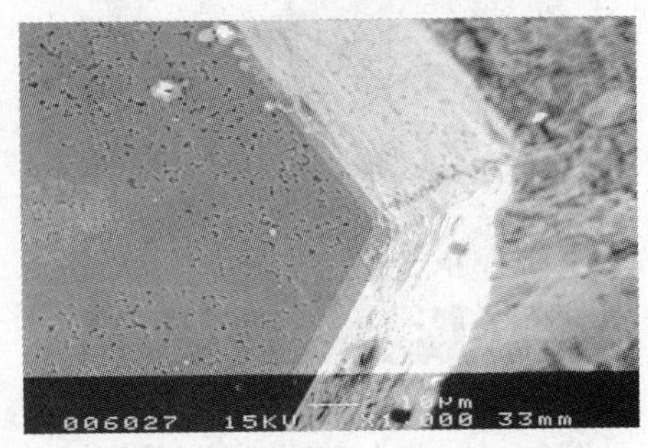

图 5-5-43　高温烧结金刚石界面

综合以上分析结果，可将 Ni-Cr 合金高温钎焊金刚石的化学冶金作用机制归纳如下：Ni-Cr 合金中的 Cr 在适当钎焊温度下能与金刚石表面的 C 反应，在界面微区生成 Cr 的碳化物 Cr_3C_2、Cr_7C_3 或 $Cr_{23}C_6$，生成碳化物的种类取决于 C 原子和 Cr 原子的相对量。最里层为 Cr_3C_2，是因为在金刚石表面能够提供充足的碳源，而钎料在液相的情况下，Cr 的迁移速度很快，受碳的吸引，进行上坡扩散的铬原子与碳原子迅速反应生成

Cr_3C_2。由里向外随着碳含量的降低，生成的碳化物是 Cr_7C_3，这是因为里层的 Cr_3C_2 的熔点为1810℃，高于钎焊温度，这样 Cr_3C_2 晶胚在金刚石表面的位错露头处、生长台阶等缺陷上形核长大，随着外延生长长大，Cr_3C_2 层的阻挡，C 原子扩散减慢，C 浓度的降低，Cr 原子的降低及 Ni 原子的增加，形成细棱柱状的 Cr_7C_3。再外层是 Ni-Cr（低于平均含量）的合金层，最终形成类似碳化物 - 金属基复合材料的结构。以上关于金刚石钎焊机理分析，是项目组在现有大量实验的基础上总结出来的，为进一步开发钎焊工艺提供了一定的科学依据。

5.4.3 Ni-Cr 合金钎料组分与钎焊工艺的优化

Ni-Cr 合金与金刚石界面生成的碳化物提高了界面结合强度，但应采取适当的钎焊工艺，严格控制碳化物膜生成厚度，否则膜层过厚会产生较大的界面应力，使结合强度降低。由于改变钎料组分和钎焊工艺条件，就会改变所生成碳化物的大小、数量、弥散度及其分布形态和范围，从而直接影响到钎焊界面的宏观质量，因而钎焊时界面显微结构的监测分析技术对调控钎焊工艺具有无法替代的重要作用。作者正是得力于此项技术并结合宏观的力学或加工性试验，使金刚石的高温钎焊工艺得到了完善和优化。图 5-5-44是优化 Ni-Cr 合金钎料组分与钎焊工艺条件下，金刚石钎焊后经过腐蚀处理得到的界面碳化物的形貌及其分布特征的低倍 SEM 照片（×140），图 5-5-45 是图 5-5-44 局部放大后碳化物的 SEM 照片（×450）。可以看出界面生成物均匀连续且厚度适中，金刚石晶形完整无损伤。

国外同类研究在对钎焊界面微区的认识上仅限于有 Cr 元素的富集，由于无法确知钎焊后界面的真实结构，因而所提供的钎焊工艺技术就具有相当大的盲目性，钎焊质量无法得到稳定保证。

图 5-5-44 优化工艺条件下金刚石界面碳化物形貌

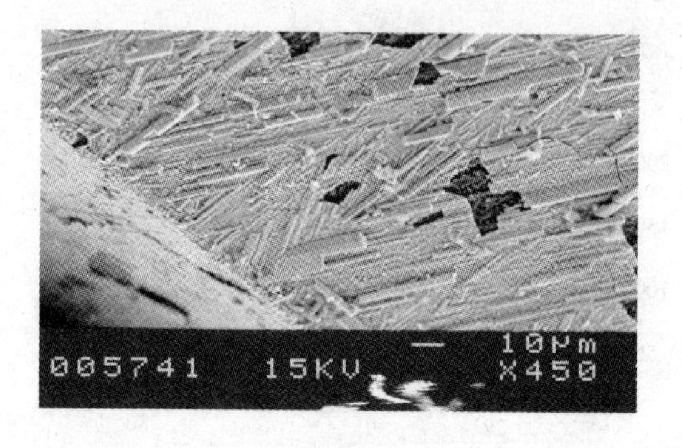

图 5-5-45 对图 5-5-44 局部放大倍数后界面碳化物形貌

5.4.4 钎焊时金刚石磨料不产生附加热损伤的配套技术

所谓的附加热损伤主要指因钎焊高温所可能引发的金刚石磨料本身的石墨化、破损断裂以及因内部出现微细隐裂纹而导致的磨料强度的降低。有针对性地制定的配套系列工艺措施，通过钎焊前后金刚石磨料的对比显微观察分析、磨料的静压强度对比测试以及重负荷加工性试验考核，证明该配套技术切实有效地避免了钎焊时金刚石产生的附加热损伤。

5.4.4.1 金刚石静压强度试验

南京金刚石厂购置了静压强度分别为30kg、20kg、12kg的三种品级的人造金刚石(粒度45/50)，在不加钎料将金刚石按钎焊工艺规程加热和加钎料钎焊后将结合剂层王水化去的条件下，获得了两种状态的金刚石样品，采用金刚石单颗静压强度仪（南京金刚石厂）进行了各种状态下金刚石静压强度的测试对比，测试结果如表5-5-10所示。通过对比分析，证明所采用的确保钎焊时磨料不产生附加热损伤的配套技术的确不会在钎焊时造成金刚石的静压强度损失。

表5-5-10 金刚石静压强度（kg）对比

样 品	原始状态	加热后	钎焊后	样 品	原始状态	加热后	钎焊后
A	30	28.8	29.4	C	12	10.4	11.5
B	20	18.6	21.3				

5.4.4.2 高温钎焊金刚石砂轮磨削硬质合金试验

为进一步考核所采用的磨料无附加热损伤配套技术的实际效果，项目组钎焊制作了一端面金刚石砂轮（图5-5-46），并在不同磨削深度下进行了硬质合金的磨削试验。表5-5-11所列即为试验中的主要试验条件。

图5-5-46 重负荷磨削硬质合金后钎焊砂轮的表面形貌

在相同的砂轮圆周速度以及相同的工作台进给速度下，改变切深大小，磨削时砂轮工作平稳、锋利。在以大切深0.3mm重负荷磨削硬质合金YT15后，观察砂轮的表面形貌，磨粒属正常磨损，无崩碎破损发生，说明所采用的配套技术确实能够保证钎焊时金刚石无附加热损伤发生。

表5-5-11 单层钎焊金刚石砂轮磨削试验条件

磨 床	M612工具磨床
砂 轮	单层钎焊金刚石端面砂轮直径70mm，金刚石粒度30/40
试件材料	硬质合金YT15
冷却方式	干磨削
磨削方式	切入式顺磨
磨削用量	砂轮转速5700 r/min
	工件进给速度0.1m/min
	切深分别为0.05mm，0.1mm，0.15mm，0.2mm，0.25mm，0.3mm

5.4.5　金刚石与合金钎料断口形貌分析

为验证 Ni-Cr 合金与金刚石界面上的化学冶金结合是否有足够的强度，断口形貌（图5-5-47）分析十分重要。金刚石钎焊后沿界面对金刚石施加足够弯矩，使金刚石破坏，观察断口发生的位置，重复多次实验，实验结果一致，断口发生在金刚石内部而不是界面上，断口处的金刚石表面上有 Ni-Cr 合金，其是塑性断裂，而金刚石断口为解理断口。这充分说明界面形成的化学冶金结合是非常牢固的。

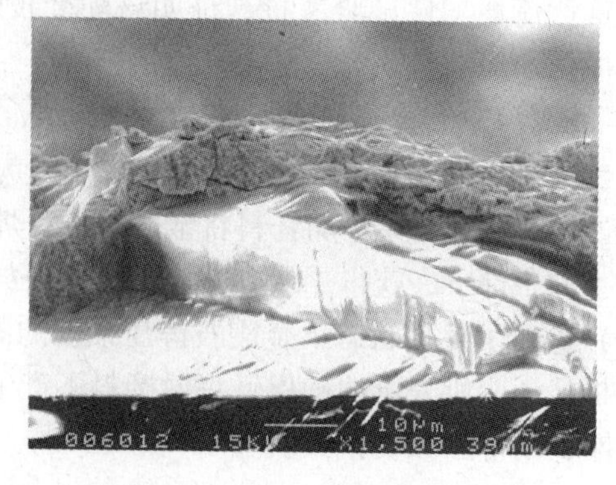

图 5-5-47　金刚石断口形貌

5.5　典型钎焊金刚石工具及应用举例

5.5.1　钎焊金刚石串珠与绳锯

图 5-5-48 是采用塔形结构与磨料优化排布技术制作的钎焊金刚石串珠与绳锯，图5-5-49是该串珠绳锯在进行石材矿山开采与石材切割加工。国内外客户应用结果表明，该钎焊串珠与绳锯与传统柱形烧结串珠与绳锯相比较，寿命提高了 80% 以上，切割效率提高了 40% 以上，该钎焊串珠与绳锯可在不加水冷却的条件下进行高效石材矿山开采，这是烧结串珠与绳锯所无法比拟的。

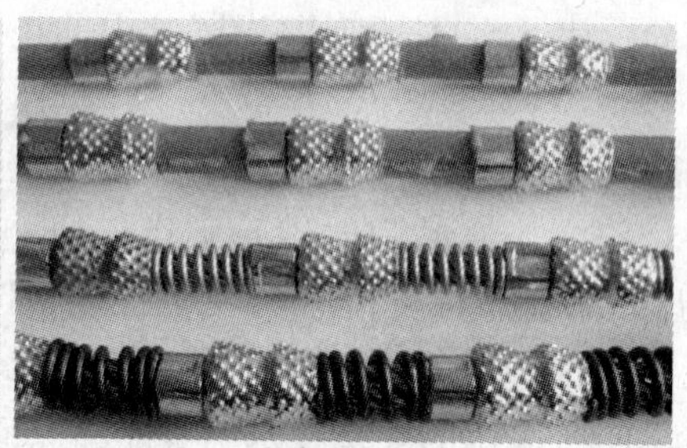

图 5-5-48　钎焊金刚石串珠与绳锯

5.5.2　钎焊金刚石锯片

图 5-5-50 是不同结构的系列钎焊金刚石锯片，该锯片与传统烧结锯片相比较，最突出的优点是可以高效干切任何材料，如：花岗岩、混凝土、钢筋、陶瓷、玻璃、木材、塑料等。其部分应用领域如下：

（1）锯片万能特性——欧美家庭用。

（2）金刚石把持强度高、出露高，可强力切割——消防救急用。

（3）容屑空间大，可切割易堵塞材料——树脂风电叶片（图 5-5-51）、有色金属材料等。

（4）高效切割含高密度钢筋的混凝土、市政施工铸铁管、高铁轨道板两侧面钢筋

图 5-5-49 钎焊金刚石串珠与绳锯在进行石材矿山开采与石材切割加工

图 5-5-50 钎焊金刚石锯片

图 5-5-51 切割风电树脂叶片

（图5-5-52）。

（5）电镀锯片、烧结锯片不易切割的超高硬度花岗岩、陶瓷及其他材料。

图5-5-52 切割高铁轨道板两侧面钢筋混凝土

5.5.3 高铁博格板（轨道板）磨轮

2008年8月1日，时速350km的京津城际高速铁路开通运营，开创了我国高速铁路新纪元。为保证轨道线路的平顺性、稳定性和安全性，我国高速铁路的钢轨不是铺设在普通的枕木上，而是铺设在经过机床精确打磨的轨道板——博格板上。博格板由德国博格公司发明，实际使用过程中博格板是一块长6.45m、高20cm、重达8.6t的高强度、高致密度钢筋混凝土承轨台。博格板承接钢轨处需要磨削加工，磨削面由两个倾斜的侧面、一个底面、底面与两侧面接壤处的两个沟槽组成，形成一个复杂的异形面，磨削余量3mm，磨削精度0.1mm。南京航空航天大学已成功研制出博格板钎焊金刚石磨轮（直径551.4mm），并批量应用于京沪高铁、杭甬高铁、合蚌城际、沪昆高铁的博格板磨抛工程，具有磨削效率高（是电镀金刚石磨轮的1.2~1.5倍）、磨削寿命长（是电镀金刚石磨轮的2~3倍）、磨削质量好等明显优势。图5-5-53~图5-5-57分别为博格板磨轮、磨轮安装、磨轮与数控磨床、博格板磨抛。

图5-5-53 成功研制出的博格板磨轮

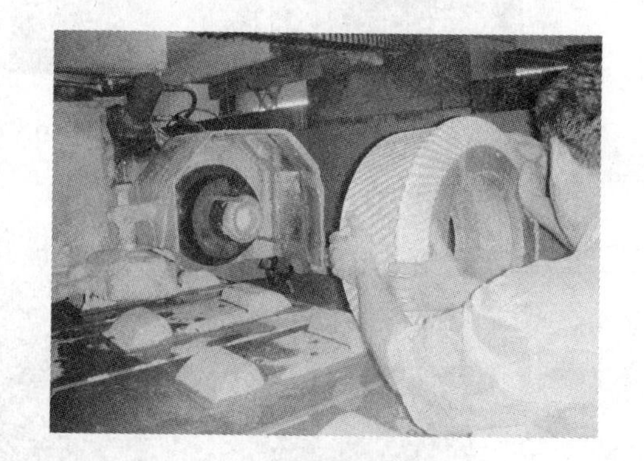

图5-5-54 磨轮安装

5.5.4 钎焊金刚石干钻

图5-5-58和图5-5-59是南京航空航天大学与合作企业联合开发的系列钎焊金刚石孔

图 5-5-55　磨轮与数控磨床

图 5-5-56　博格板磨抛

图 5-5-57　磨削后的博格板形貌

图 5-5-58　系列钎焊金刚石孔钻

图 5-5-59　系列钎焊金刚石工程钻

钻，该孔钻与传统烧结孔钻相比较，最突出的优点是可以高效、长寿命干钻任何硬脆材料，特别适合不允许加水钻孔的场所。图5-5-60是在进行干钻孔试验。

图5-5-60 干钻孔试验

5.5.5 其他类型钎焊金刚石工具

除上述钎焊金刚石工具外，还有很多其他类型的钎焊金刚石工具，如CNC钎焊轮、石材异磨轮、磨盘、雕刻工具和铣刀也已形成批量生产与规模销售。

参考文献

[1] 肖冰，徐鸿钧，武志斌，等. Ni-Cr合金真空炉中钎焊单层金刚石砂轮的实验研究[J]. 焊接学报，2001，22(2):23~26.

[2] 苏宏华，徐鸿钧，傅玉灿，等. 多层烧结超硬磨料工具现状综述与未来发展构想[J]. 机械工程学报，2005，41(3):12~17.

[3] Chattopadhyay A K，Hintermann H E. Induction Brazing of Diamond with Ni-Cr Hardfacing Alloy Under Argon Atmosphere[J]. Surface and Coating Technology，1991，45：293~298.

[4] Chattopadhyay A K，Hintermann H E. Experimental Investigation on Induction Brazing of Diamond with Ni-Cr Hardfacing Alloy under Argon Atmosphere[J]. Journal of Materials Science，1991，20：5093~5100.

[5] Trenker A，Seidemann H. High-vacuum brazing of diamond tools[J]. Industrial Diamond Review，2002，1：49~51.

[6] 孟卫如，徐可为，杨吉军，等. 金刚石工具真空钎焊钎料的适应性，焊接学报，2004，25(1)：80~82.

[7] Sung C M. Brazed diamond grid：A revolutionary design for diamond saws[J]. Diamond and Related Materials，1999，8：1540~1543.

[8] Shusheng Li，Jiuhua Xu，Bing Xiao，et al. High Performance Grinding Zirconia Ceramics by Brazed Monolayer Wheel[J]. Key Engineering Materials，2008，359~360：38~42.

[9] B Xiao，Y C Fu，J H Xu，et al. Machining Performance of Brazed Diamond Wire Saw with Optimum Grain Distribution[J]. Key Engineering Materials，2006，304~305：43~47.

[10] H H Su，H J Xu，B Xiao，et al. Study on Machining of Hard-brittle Materials with Thin Wall Monolayer Brazed Diamond Core Drill[J]. Materials Science Forum. 2004，471~472：287~291.

[11] Shusheng Li，Jiuhua Xu，Bing Xiao，et al. Performance of Brazed Diamond Wheel in Grinding Cemented Carbide[J]. Materials Science Forum，2006，532~533：381~384.

[12] Zhengya Xu，Hongjun Xu，Yucan Fu，et al. Induction Brazing Diamond Grinding Wheel with Ni-Cr Filler Alloy[J]. Materials Science Forum，2006，532~533：377~380.

[13] B Xiao，H J Xu，Y C Fu. Form and Distribution Characterization of Resultant at The Brazing Interface Between Ni-Cr Alloy and Diamond[J]. Key Engineering Materials，2004，259~260：151~153.

[14] Bing Xiao，Hongjun Xu，Honghua Su，et al. Machining Performance on Multi-layer Brazed Diamond Tools[J]. Key Engineering Materials，2009，416：598~602.

[15] H J Xu，Y C Fu，B Xiao，et al. New Generation of Monolayer Brazed Diamond Tools with Optimum Grain

Distribution[J]. Key Engineering Materials, 2004, 259~260: 6~9.
[16] 傅玉灿. 关于进一步开发高效磨削潜力的基础研究[D]. 南京：南京航空航天大学，2001.
[17] 肖冰. 单层超硬磨料工具高温钎焊的基础研究[D]. 南京：南京航空航天大学，2001.
[18] 卢金斌. 金刚石钎焊机理与工艺基础研究[D]. 南京：南京航空航天大学，2004.
[19] 马伯江. 金刚石磨粒高频感应钎焊的基础研究[D]. 南京：南京航空航天大学，2005.
[20] 徐正亚. 高频感应钎焊金刚石砂轮的基础研究[D]. 南京：南京航空航天大学，2008.

（南京航空航天大学：肖冰）

6 放电等离子体烧结

6.1 概述

放电等离子体烧结（Spark Plasma Sintering，SPS），也称为“脉冲通电法”或“脉冲通电加压烧结法”，是最近在陶瓷材料、梯度功能材料、热电半导体材料等先进新材料领域受到瞩目的新烧结方法。

在需要控制晶界结构的情况下，作为快速烧结法（Rapid Sintering）的等离子体烧结技术能够有效地仅促进原材料粉末颗粒表面的扩散。等离子体烧结技术可以分为两大类，一是在真空容器及5000～20000℃的等离子体火焰中，利用连续、定常的超高温等离子体热，进行无压烧结的“热等离子体烧结”；另一个是利用电弧放电之前的过渡放电现象，即与雷电现象同样，利用瞬间、断续的火花放电能量，在加压下进行烧结的“放电等离子体烧结（SPS）”。二者由于都能够急速升温，所以都能够抑制原始粉末的晶粒长大，在短时间内得到致密的烧结体。能够在将相的尺寸保持为纳米级的状态下进行固结（块体化）。还具有使难烧结材料容易烧结等优点。图5-6-1表示SPS适用的材料范围。图5-6-2表示具有代表性的烧结方法的分类。

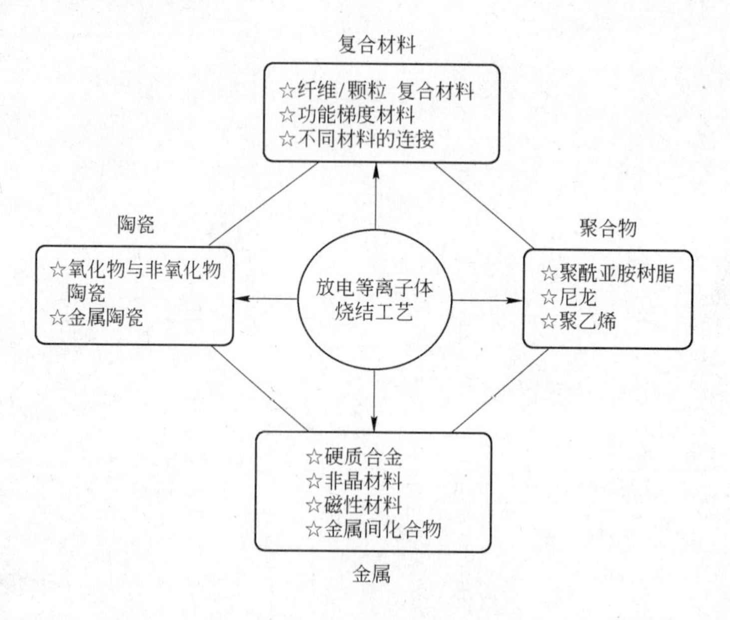

图5-6-1 SPS适用的材料范围

初期的热等离子体烧结技术于1968年由C. G. E. Bennett等所发表。是从外部对试样整体进行加热的方法，烧结的驱动力主要是燃烧所产生的热及等离子体中的电荷颗粒效应。而另一方面，放电等离子体烧结技术的原型是20世纪60年代由井上洁博士作为“放电烧结加工”而发表。在脉冲通电的初期阶段，所产生的火花放电而从内部发热的方式是其最大的特征，各种形式的电能变换与机械的固体压缩的塑性变形力是主要的烧结驱动力。现在的放电等离子体烧结（SPS）的概念，是在上述技术的基础上发展的“第三代”，以实用的工业生产手段水准为目的，于20世纪90年代初登场（图5-6-3）。特别是1996年以后，发布了很多关于采用SPS技术研究与开发新材料的论文。一般地，火花放电的持续时间为$10^7 \sim 10^5$s，电压梯度为$10^5 \sim 10^6$V/s，而电流密度为$10^6 \sim 10^9$A/cm^2，单位时间内放出的能量非常大。现在，SPS技术已经应用于烧结、接合、表面处理及合成等材料加工领域，作为各种新材料的“工艺革新”的有力措施之一，期待着将来会有更大的发展。

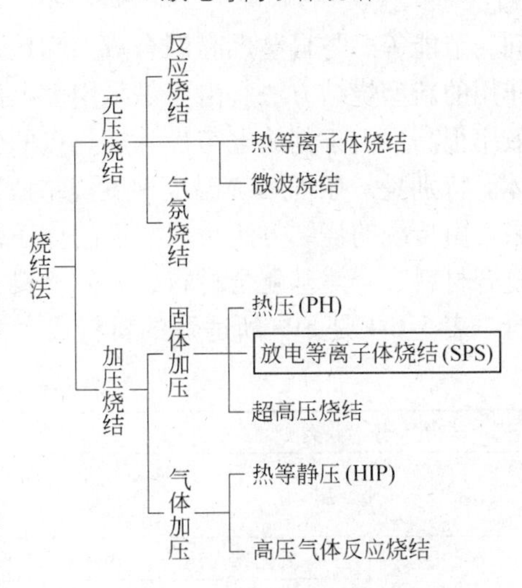

图5-6-2　烧结方法分类

a

b

图5-6-3　研究用SPS设备（a）与生产用SPS设备（b）

6.2　SPS法的原理与特性

放电等离子体烧结（SPS），是在粉末颗粒间隙直接施加脉冲状的电能，将瞬间产生的高温等离子体（放电等离子体）的高能量有效地利用于热扩散与电场扩散，由此，能够在从低温到2000℃以上的高温的范围，与历来的烧结相比低200～500℃，在5～20min（包含升温与保温时间）的短时间内完成“烧结”或“烧结接合”。是近年来实用化的新型烧结技术。

该技术虽然也是使用ON-OFF直流脉冲通电法的加压烧结的一种，但是与热压（HP）、热等静压（HIP）以及常压烧结法相比，具有以下优点：烧结能量控制性能良好，操作容易，不需要熟练的烧结技术，快速烧结、良好的再现性，安全性、确切性，省空间，节能等。与自蔓燃高温合成（SHS）、微波烧结等类似，是利用粉末试样内部自发热作用的新型烧结方法。由于是采用大电流脉冲通电的放电及焦耳热直接加热的方式，其热效率很高，由于其放电与焦耳加热点的分散而能够均匀加热。所以能够得到高质量的烧结体。特别是，在采用“温度梯度烧结法”制备梯度功能材料的研究中取得了引人注目的成果。由传统的烧结方法难以实现的体系，例如包含晶须或纤维的氧化锆、氧化铝等陶瓷基复合材料，金属基复合材料，非晶材料，热电半导体及金属基化合物等，都能够容易地进行。表5-6-1是SPS所适用的材料代表例。

表5-6-1 SPS法所适用的材料

分类		材料代表例
金属		几乎全部的金属：Fe、Cu、Al、Ag、Au、Ni、Cr、Mo、Sn、Ti、W、Be、Mn、V
陶瓷	氧化物	Al_2O_3、莫来石、ZrO_2、MgO、SiO_2、TiO_2、HfO_2
	碳化物	SiC、B_4C、TaC、TiC、WC、ZrC、VC
	氮化物	Si_3N_4、TaN、TiN、AlN、ZrN、VN
	硼化物	TiB_2、HfB_2、LaB_6、ZrB_2、VB_2
	氟化物	LiF、CaF_2、MgF_2
金属陶瓷		Si_3N_4 + Ni、Al_2O_3 + Ni、ZrO_2 + Ni、Al_2O_3 + TiC、SUS + ZrO_2、Al_2O_3 + SUS、SUS + WC/Co、BN + Fe、WC + Co + Fe
金属间化合物		TiAl、$MoSi_2$、Si_3Zr_5、NiAl、NiCo、NbAl、$LaBaCuO_4$、Sm_2Co_{17}
其他		有机材料系（聚酰亚胺等），复合材料

6.2.1 SPS的基本结构

SPS的基本结构示于图5-6-4。

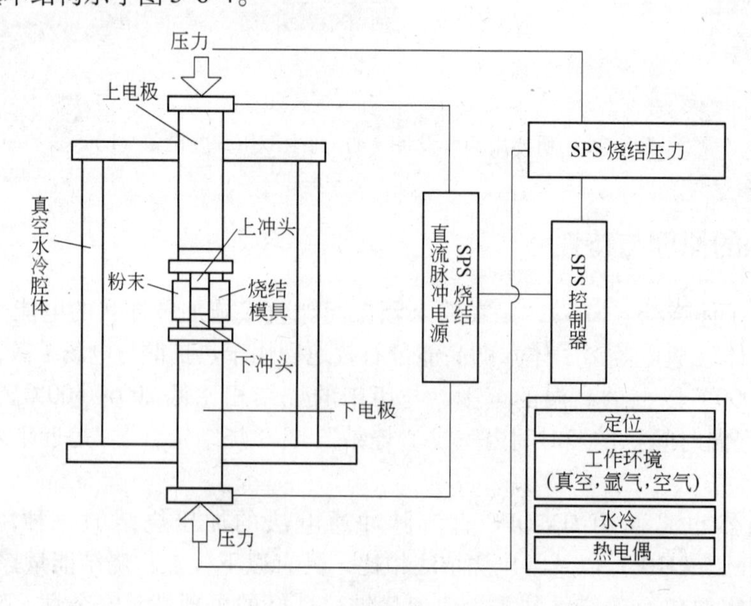

图5-6-4 SPS的基本结构

标准的SPS装置由以下部分构成。具有纵向加压机构的SPS烧结本体，具有内部水冷的特殊通电机构，水冷真空腔体、真空/大气/氩气等气氛控制机构，真空排气装置，特殊直流脉冲烧结电源，冷却水控制单元、位置检测机构、变化率检测机构，温度检测装置，压力显示装置，各种互锁安全装置，以及对上述装置进行集中控制的操作控制盘。

图5-6-5是放电等离子体烧结中水冷腔体的内部，可以看到其内部保持为约1000℃的灼热化的石墨模具。预先将被加工的粉末填充于石墨模具，之后装载于腔体内的烧结台，由上下冲头夹紧，在加压下脉冲通电。数分钟内可以从室温加热到1000~2000℃的高温。

真空腔体中的放电阶段

图5-6-5 放电等离子体烧结中水冷腔体的内部

6.2.2 脉冲通电效应

图5-6-6表示ON-OFF直流脉冲通电效应。在脉冲通电中，能够在观察烧结状况的同时，对导入的能量进行精确的数码控制。伴随着脉冲通电/放电而发生的放电等离子体与放电冲击压力共同作用，能够起到使粉末颗粒表面吸附的气体脱附的表面净化作用以及对氧化膜的破坏作用。由于粉末颗粒的接触部分流过大的脉冲电流，伴随放电的情况，急剧的焦耳热引起溶解与高温扩散。在电场的作用下，离子的高速移动也会产生高速扩散的效果。通过重复施加ON-OFF的脉冲电压、电流，粉末体内的放电点与发热点（局部产生高温的场所）会移动，向试样全体分散，ON状态下的现象与效率在试样内均匀重复的结果，能够以少的电力消费而实现高效率的烧结。在形成颗粒间结合的部分集中高能量的脉冲设计是SPS的特征之一，也是与热压、电阻烧结等普通烧结最大的不同点。

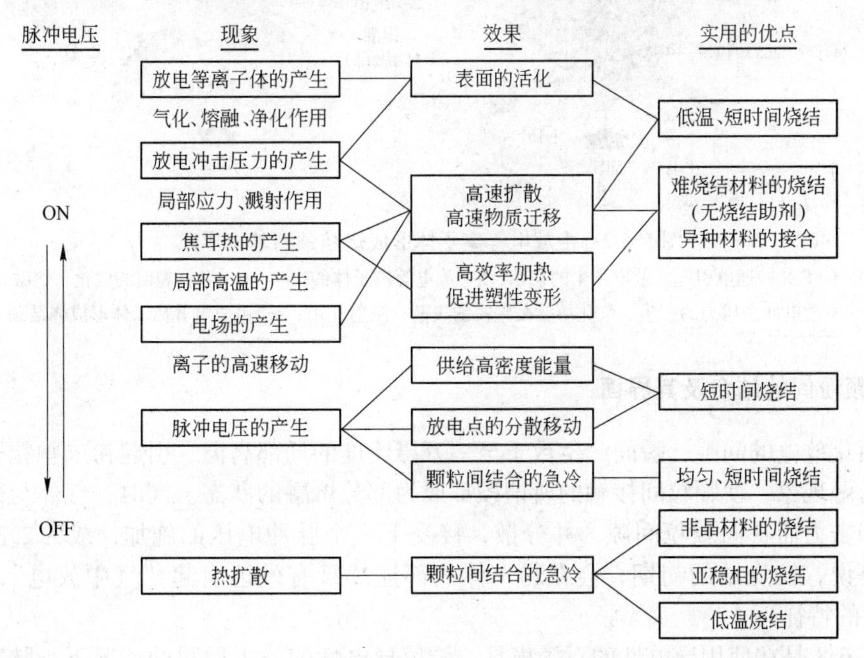

图5-6-6 ON-OFF直流脉冲通电效应

在SPS中，与历来的通电烧结相比，由于粉末颗粒的表面更容易净化与活化，微观与宏观的物质流动也得到促进，所以与历来的烧结方法相比，能够在较低温、短时间内得到高质量的烧结体。而且，该烧结系统可以根据对象材料的物性与所希望的材料处理条件，在数十兆帕水准的较低压力下，在1000～2500℃的高温下放电等离子体烧结，也可以在数百到一千兆帕的高压下，进行短时间、低温区域的放电等离子体烧结。能够进行适宜的设计，与从金属到陶瓷的宽范围的压力与温度水准的烧结相对应。不仅能够对晶粒生长少的维系烧结组织进行控制，而且还具有能够完成普通烧结法难以烧结的物质，抑制添加物与母相的不利反应等优点。对于形成硬的氧化膜的钛基、铝基等难烧结材料及多孔材料的烧结也能够完成。图5-6-7是表示由放电等离子体形成烧结颈的基本形式的一例。

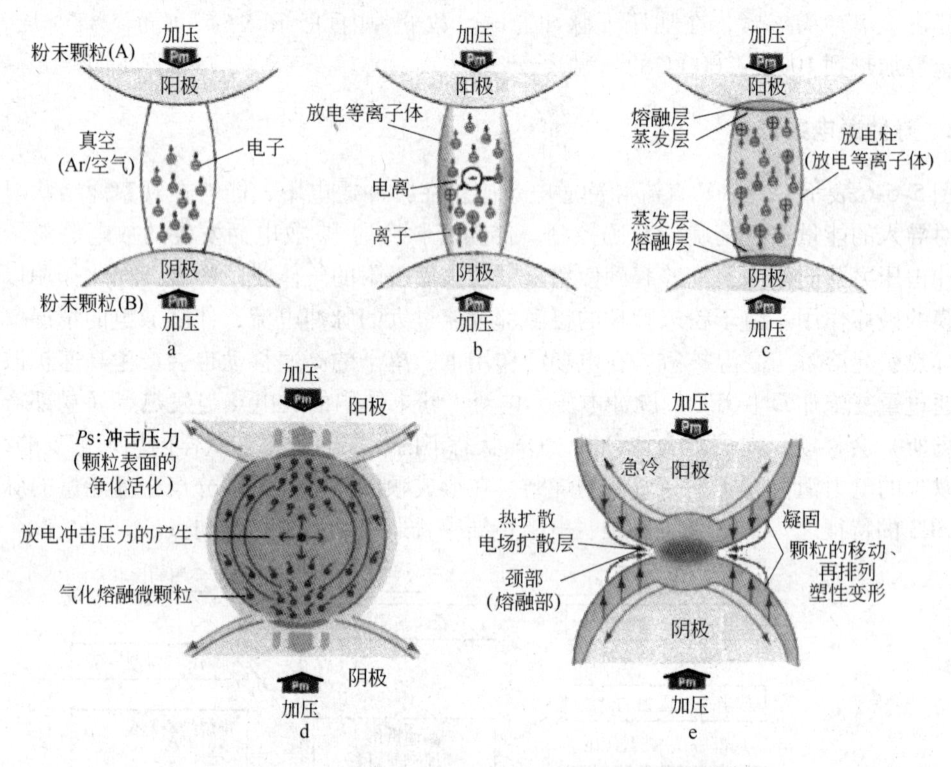

图5-6-7 由放电等离子体形成烧结颈的基本形式

a—ON-OFF脉冲通电引起的放电产生的初期；b—放电等离子体的产生；c—颗粒表面的气化、熔融作用；d—放电冲击压力的产生、气化熔融微颗粒的飞散、溅射作用；e—由放电等离子体形成烧结颈

6.2.3 颗粒间的结合及其界面

在活化放电的间隙，瞬间产生数千至一万摄氏度的局部高温，引起粉末颗粒表面发生气化与熔融现象，使颗粒间接触的所谓颈部成为部分熔融的状态。同时，气体与微颗粒由于放电冲击力而吹向颗粒间隙，并分散，接受下一个脉冲电压的施加，成为二次放电之源。就是说，在烧结的初期，会在粉末体内部连续且有效地引起“气中放电”，这也是SPS放电的特征。

图5-6-8是在使用导电性的石墨模具、装填导电性的粉末原料的情况下，脉冲电流流经通路的例子。通过对1、2及3各个脉冲电流进行适当的控制，就能够进行良好的烧结。

电阻体的烧结模具要根据内部粉末的烧结状况，稍后由2及3的脉冲电流进行焦耳加热，在烧结的中后期阶段，作为发热体，还具有对被烧结材料进行保温的作用。该保温方法与实践对得到高品质的烧结体是非常重要的。

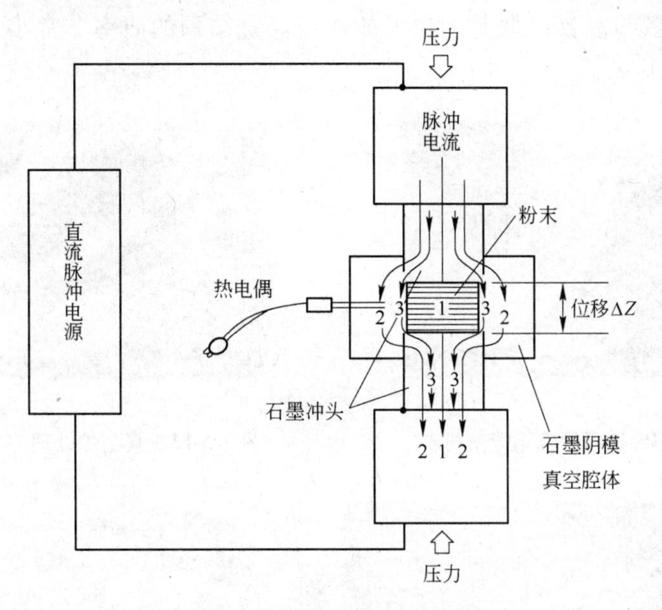

图 5-6-8 脉冲电流的流经通路

图5-6-9是表示烧结时蒸发凝聚、体积扩散、表面扩散，以及晶界扩散等迁移机构中物质流动路径的概念。图5-6-10是使用 - 325 目的青铜粉(w(Cu)/w(Sn) =90/10)作为原材料，进行SPS烧结时，用SEM观察到的实验结果的一部分。而图5-6-11、图5-6-12是采用雾化铸铁粉末作为原材料，由SPS法与仅在真空中加热所形成的烧结颈部分的比较。SPS处理试样的颗粒表面，由于放电冲击压力与放电等离子体的高热的作用，使粉末颗粒的表面出现气化与熔融，显示出粗糙的样子。而且实

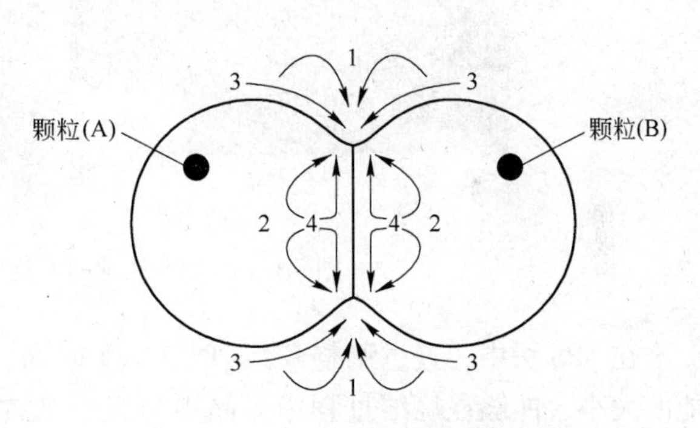

图 5-6-9 烧结时物质的流动路径

1—蒸发凝固；2—体积扩散；3—表面扩散；4—晶界扩散

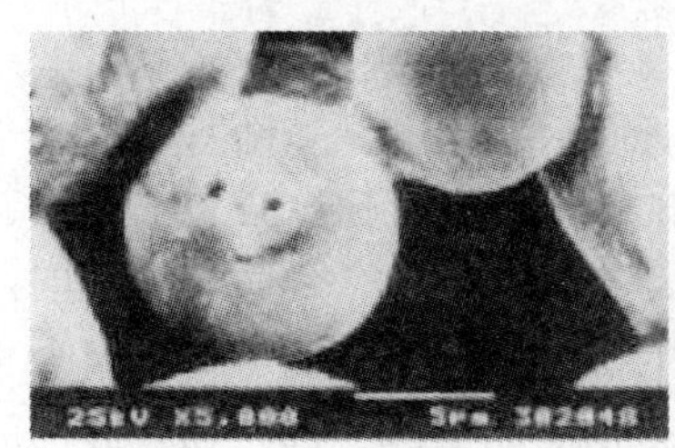

初期

颈部的扩展

塑性流动的开始

图 5-6-10 SPS 法烧结颈的形成

验表明，对于聚乙烯与聚酰亚胺等有机高分子材料，经 SPS 处理后，也会出现类似的现象。而且，图 5-6-13 是将雾化铸铁粉末经过 700℃、5min 的 SPS 处理后的结合界面的抛光面（左）与侵蚀面（右）。在 SPS 法中，由颗粒表面层的气化熔融而形成烧结颈，且表面扩散与晶界扩散起到很大的作用。烧结颈的曲率非常小，基底的组织所发生的变形也很小。

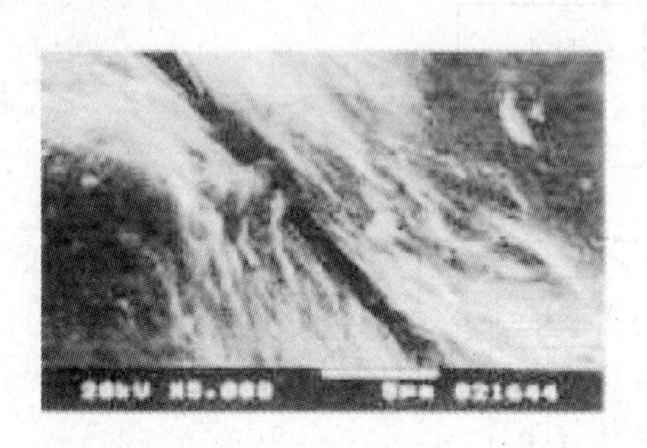

图 5-6-11　SPS 处理的雾化铸铁粉末

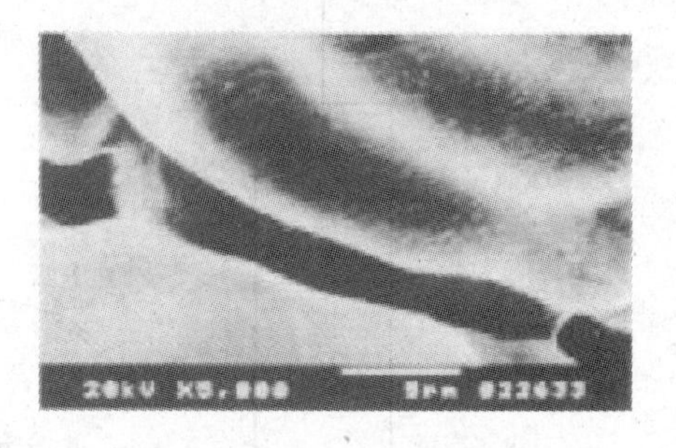

图 5-6-12　真空炉处理的雾化铸铁粉末

抛光面

侵蚀面

图 5-6-13　SPS 处理的雾化铸铁粉末的接合面

在 SPS 法中，通过调整 ON 时间、OFF 时间，I_p（峰值电流）、f（频率）等脉冲状电能的大小，能够在烧结过程中对晶界与组织结构进行控制，所以，与历来的烧结方法相比，扩大了开发新材料的可能性。特别是，在进行热电半导体及各种电子材料的合成时，由于界面的结合与性质对材料的电性能具有决定性的影响，所以采用 SPS 法能够尽量地减少原材料的性能损失，使其固结（块体化）。

6.2.4　烧结接合与表面处理技术

SPS 法是使用脉冲通电对固体粉末进行压缩烧结的技术。但是也可以作为同种、异种金属的固相接合，固体中夹持粉末的烧结扩散接合等复合体的制作，以及梯度材料的制作等。这种称为“SPS 接合法”的技术，能够简单地进行金属与金属的接合，金属与陶瓷的接合，梯度扩散接合等。是不属于历来的接合方法的一种新的接合方法，扩大了材料组合的自由度。而且，还有利于使用粉末烧结得到厚度为 200～800μm 的薄膜，即“SPS 表面处理技术”。也可以用于等离子体熔射薄膜的质量改善，表面硬化等。进而，随着研究的深入，其利用率有望得到进一步扩大。

SPS法中，颗粒界面所产生的现象与特性，受脉冲通电、放电时间隙的存在物质、导电性，即电流路径的变化等很大的影响。对应于烧结过程的初期、中期与后期中电极之间的状况，分别由不同的烧结机构为主要驱动力。现在，一般认为，在烧结的初期有火花放电、焦耳加热的单独存在或混合存在。关于SPS的烧结机理的研究仍在进行中。

6.3 SPS技术在金刚石工具等领域的应用

SPS技术的应用领域很广，例如，对于烧结，可以列举出以下领域：

（1）精细陶瓷材料（氧化物、碳化物、氮化物、硼化物等）；

（2）梯度功能材料（陶瓷与金属、聚合物与金属的耐热材料、耐磨梯度材料、硬度梯度材料、电导气孔率梯度材料等）；

（3）电子材料（热电半导体、靶材、磁性材料、介电体材料等）；

（4）超硬工具材料（WC或Co系列、陶瓷系列、金属陶瓷切削工具、耐蚀耐磨材料等）；

（5）金刚石工具材料（钴基或青铜基石材工具、切割锯片等）；

（6）金属间化合物；

（7）生物材料（钛基、羟氨磷灰石植入材料，人工骨骼、人工关节等）；

（8）多孔材料（陶瓷或金属基、过滤器、电池材料等）；

（9）模具材料（压制模具、塑料成型模具、拉丝模等）；

（10）其他烧结部件。

而且，除了烧结之外，SPS法还可以用于接合、表面处理与合成等。

图5-6-14是放电等离子体烧结用途的分类。图5-6-15是表示放电等离子体烧结的市场。

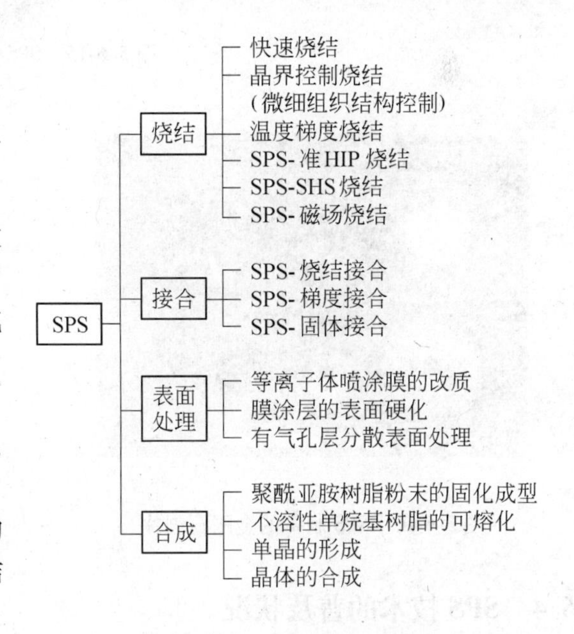

图5-6-14 SPS用途的分类

金刚石工具具有利用颗粒状金刚石的修整器及金刚石刀；利用颗粒状金刚石的砂轮及电极沉积工具的领域。SPS在后者的金属-金刚石工具的制造领域得到了实用。

已经知道，如果没有保护性气氛，600℃以上的热处理会使金刚石颗粒的表面发生热恶化。SPS的低温烧结能够制备金刚石颗粒的表面不发生热恶化的金属-金刚石工具。还可以制备无气孔的锯片。除了青铜系、钴系、铸铁系之外，还开发了陶瓷系、树脂系，以及金属-陶瓷混合系的金刚石工具。图5-6-16是用于一般机床平面研磨盘的青铜系列的金刚石锯片，以及切割大理石等石材的工具。

图5-6-17是采用SPS制备的金刚石刀片的耐磨损性与其他方法的比较。显示出优异的耐磨性。

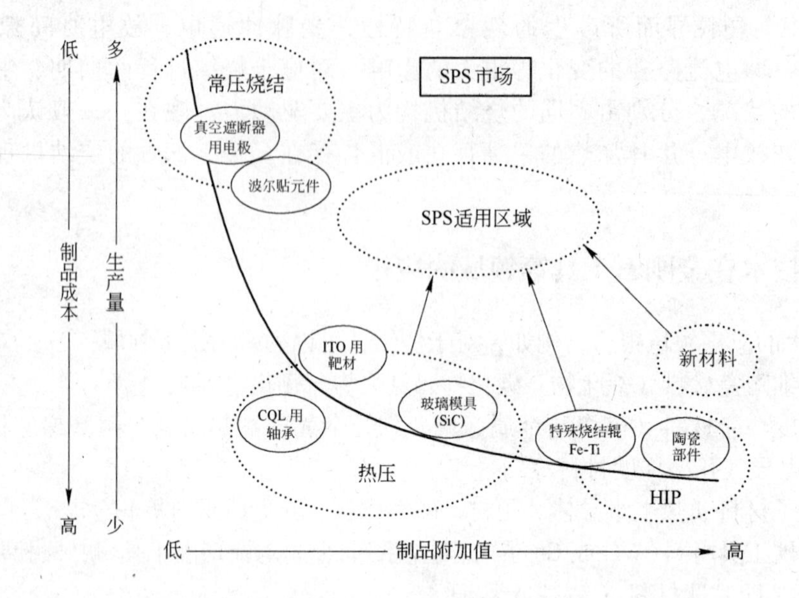

图 5-6-15　SPS 的市场

图 5-6-16　SPS 制备的金刚石锯片

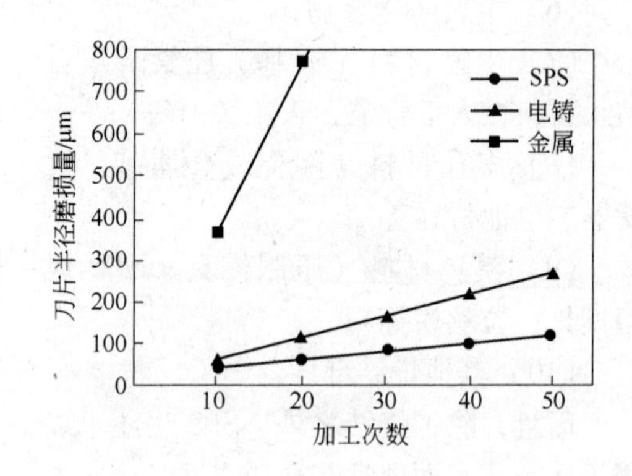

图 5-6-17　金刚石刀片的耐磨损性

6.4　SPS 技术的普及状况

SPS 是日本发明的技术。由于其适用范围很广，所以近年来引起了材料界人士的瞩目。

现在世界上有 200 余台放电等离子体烧结设备，其中 90% 左右在日本。国家研究机构、高等院校、民间企业所拥有的比例大约为 3∶3∶4 。近年来，企业为了实现实用化产品的批量生产，已经开发利用了设置有输出脉冲电流为 10000 ~ 15000A 的特殊脉冲电源的 SPS 装置。

日本以外，已经在亚洲的中国、韩国、新加坡、印度，欧美的美国、瑞典、德国、意大利等国家的大学与国立研究机构设置了 SPS 装置。

（北京科技大学：贾成厂）

7 微 波 烧 结

7.1 微波烧结的特点与基本原理

微波烧结是一种材料烧结的新工艺方法，具有升温速度快、能源利用率高、加热效率高、安全卫生、无污染等特点，并能提高烧结制品的均匀性和成品率，改善被烧结材料的微观组织结构和性能，近年来已经成为材料烧结领域里新的研究热点之一。

微波烧结是利用微波加热来对材料进行烧结。它同传统的加热方式不同。传统的加热一般是依靠发热体将热能通过对流、传导或辐射方式传递至被加热物而使其达到某一温度，热量从被烧结体自外向内传递，烧结时间较长。而微波烧结则是利用微波具有的特殊波段与材料的基本细微结构耦合而产生热量，使材料自内部开始整体加热，至烧结温度，而实现致密化的方法。表 5-7-1 是微波烧结的主要优点。

表 5-7-1 微波烧结的主要优点

微 波 特 性	微波烧结的优点（与传统加热方式相比）
穿透辐射，直接整体加热	从内部加热材料，能源的利用率高； 内部温度高的温度梯度； 瞬时功率/温度响应； 在清洁环境下加热材料
能量（场）分布的可控	瞬时能量高度集中； 优化功率-时间曲线，提高产量及改进质量； 可以遥控操作，过程自动化
材料在临界温度以上介电损耗迅速增加	快速加热（比常规加热快 5～50 倍）； 快速干燥、脱脂，不易引起开裂； 降低成本（节省能源、时间、空间、劳动力等）
对耦合程度不同的材料选择性加热	可以有选择地加热材料内部或表面； 通过添加剂或表面涂层等可实现对微波透明型材料的烧结
自控加热	当某一组分加热完成后，可自行终止选择性加热

7.1.1 材料中的电磁能量耗散

材料对微波的吸收是通过与微波电场或磁场耦合，将微波能转化热能来实现的。利用麦克斯韦电磁理论对微波与物质的相互作用机理的分析表明，介质对微波的吸收源于介质对微波的电导损耗和极化损耗，且高温下电导损耗占主要地位。在导电材料中，电磁能量损耗以电导损耗为主。而在介电材料（如陶瓷）中，由于大量的空间电荷能形成的电偶极子产生取向极化，且相界面堆积的电荷产生界面极化，在交变电场中，其极化响应会明显落后于迅速变化的外电场，导致极化弛豫。此过程中微观粒子之间的能量交换，在宏观上就表现为能量损耗。

7.1.2 微波促进材料烧结的机制

微波辐射会促进致密化，促进晶粒生长，加快化学反应等效应。因为在烧结中，微波不仅仅只是作为一种加热能源，其本身也具有活化烧结的作用。对微波烧结现象的分析结果表明，微波烧结中高纯 Al_2O_3 的烧结表观活化能 E_a 仅为 170kJ/mol，而在常规电阻加热烧结中该 E_a 高达 575kJ/mol，可见微波促进了原子的扩散。测量 Al_2O_3 单晶的扩散过程也证明，微波加热条件下扩散系数高于常规加热时的扩散系数。微波场还具有增强离子电导的效应。高频电场能促进晶粒表层带电空位的迁移，从而使晶粒产生类似于扩散蠕动的塑性变形，从而促进烧结的进行。

对 2 个相互接触的介电球颗粒间的微波场分布进行了分析，发现在烧结颈形成区域，电场被聚焦，颈区域内电场强度大约是所加外场的 10 倍，而颈区空隙中的场强则是外场的约 30 倍。并且，在外场与两颗粒中心连线间 0°～80°的夹角范围内，都发现电场沿平行于连线方向极化，从而促使传质过程以极快的速度进行。另外，烧结颈区受高度聚焦的电场的作用还可能使局部区域电离，进一步加速传质过程。这种电离对共价化合物中产生加速传质尤为重要。局部区域电离引起的加速度传质过程是微波促进烧结的根本原因。

7.2 微波烧结的技术特点

（1）微波与材料直接耦合，导致整体加热。微波加热时，原料一旦放入微波电场中，其中的极性分子和非极性分子就引起极化，变成偶分子。按照电场方向定向，由于该电场属于交变电场，所以偶极子便随着电场变化而引起旋转和震动。当频率为 2.45GHz 时，就以每秒 24 亿 5 千万次的速度旋转和震动，产生了类似于分子之间相互摩擦的效应，从而吸收电场的能量而发热，使物体本身成为发热体。当用传统方式加热时，加热总是从样品表面开始，从表面向样品内部传播最终完成烧结反应。而采用微波辐射时，情况就不同了。由于微波有较强的穿透能力，它能深入到样品内部。首先使样品中心温度迅速升高达到烧结温度。烧结波沿径向从里向外传播，这就能使整个样品几乎是均匀地被加热，最终完成烧结反应。微波的加热方式，能够实现材料中大区域的零梯度均匀加热，使材料内部热应力减小，从而减少开裂、变形倾向。同时由于微波能被材料直接吸收而转化为热能，所以，能量利用率极高，比常规烧结节能 80% 左右。

（2）微波烧结升温速度快，烧结时间短。有些材料在温度高于其临界温度后，其损耗因子迅速增大，能够导致极快的升温。另外，微波的存在还能够降低烧结活化能，加快材料的烧结进程，缩短了烧结时间。从而使晶粒不易长大，得到均匀的细晶粒显微结构，内部孔隙少，且其形状比传统烧结的孔隙更为圆滑，因而能够改善材料的延展性和韧性。同时，烧结温度也有不同程度的降低。

（3）微波可对物相进行选择性加热。由于不同的材料、不同的物相对微波的吸收存在差异，因此，可以通过选择性加热或选择性化学反应获得新材料和新结构。还可以通过添加吸波物相来控制加热区域，也可利用强吸收材料来预热微波透明材料，利用混合加热烧结低损耗材料。此外，微波烧结易于控制、安全、无污染。

7.3 微波烧结研究进展及设备

材料的微波烧结开始于20世纪60年代中期，W. R. Tinga首先提出了陶瓷材料的微波烧结技术；70年代中期，法国的J. C. Badot和A. J. Berteand开始对微波烧结技术进行系统研究。80年代以后，各种高性能的陶瓷和金属材料得到了广泛应用，相应的制备技术也成了人们关注的焦点，微波烧结以其特有的节能、省时的优点，得到了美国、日本、加拿大、英国、德国等工业发达国家的政府、工业界、学术界的广泛重视，我国也于1988年将其纳入“863”计划。在此期间，主要探索和研究了微波理论、微波烧结装置系统优化设计和材料烧结工艺、材料介电参数测试，材料与微波交互作用机制以及电磁场和温度场计算机数值模拟等，烧结了许多不同类型的材料。20世纪90年代后期，微波烧结已进入产业化阶段，美国、加拿大、德国等工业发达国家开始小批量生产陶瓷产品。其中，美国已具有生产微波连续烧结设备的能力。国内也有人对材料微波烧结工艺进行研究，进行了部分高温领域实验与产业化工业微波装备的研制实施和应用。其他从事微波产业化设备的机构与企业则主要针对低温微波杀菌、硫化食品、医药、木材等行业。

微波加热自蔓延高温合成则是微波应用的另一重要方面。1990年，美国弗吉尼亚州立大学的R. C. Dalton等首先提出微波加热在自蔓延高温合成中的应用，并用该技术合成了TiC等9种材料。接着，英、德、美的科学家相继用此法合成了YBCuO，Si_3N_4，Al_2O_3-TiC等材料。1996年，美国J. K. Bechtholt等对微波自蔓延高温合成中的点火过程进行了数值模拟分析，通过模拟准确计算了点火时间。1999年，美国S. Gedevabshvili和D. Agrawal等用该技术合成了Ti-Al，Cu-Zn-Al等几种金属间化合物和合金。

美国宾夕法尼亚州州立大学的Rustum Roy，Dinesh Agrawal等用微波烧结制造出粉末冶金不锈钢、铜铁合金、钨铜合金及镍基高温合金。其中，Fe-Ni的断裂模量比常规烧结制备的样品高60%。另外，高磁场条件下的微波烧结能够制备完全非晶态的磁性材料，将具有显著硬磁特性的材料（如NdFeB永磁体）变成软磁材料。

各种材料的介电损耗特性随频率、温度和杂质含量等的变化而变化，由于自动控制的需要，与此相关的数据库还需要建立。微波烧结的原理也需要进一步研究清楚。由于微波烧结炉对产品的选择性强，不同的产品需要的微波炉的参数有很大差异，因此，微波烧结炉的设备投资增大。今后微波烧结设备的方向是用模块化设计与计算机控制相结合。

7.4 微波烧结的工业应用前景

微波烧结已经用于烧结各种高品质陶瓷、钴酸锂、氮化硅、碳化硅、氧化铝、氮化铝、氧化锆、氢氧化镁、铝、锌、高岭土、硫酸钴，草酸钴、五氧化二钒、磷石膏/石膏等；烧结电子陶瓷器件：PZT压电陶瓷、压敏电阻等。当试件的压紧密度高时，传统加热方式引发的燃烧波的传播速率大大减小，甚至因“自熄”而不能自燃。但是，若采用微波辐照，由于温度的升高是反应物质本身吸收微波能量的结果，只要微波源不断地给予能量，样品温度将很快达到着火温度。反应一旦引发，放出的热量又促使样品温度进一步升高达到燃烧温度，样品吸收微波辐射的能力也同时增加，这就保证了反应能够保持在一个足够高的温度下进行，直到反应完全。微波燃烧合成或微波烧结是一个可以控制的过程。

这就是说，可以根据对产品性质的要求，通过对一系列参数的调整，人为地控制燃烧波的传播。这是微波燃烧合成较之于传统技术的一个显著的优点。微波功率的调节，可以是直接采用可调功率的微波源来控制样品对微波能量的吸收（或耗散）。

微波烧结已经涉及的主要材料领域有以下几个方面。

陶瓷材料：采用微波烧结的各种白瓷、薄胎瓷、骨灰瓷等，比传统燃气窑或燃油窑降低一半以上的烧结成本，还能够提高成品率；利用微波烧结大红瓷器、青花瓷器，可大幅度提高成品率，缩短烧结时间，节约能耗；烧结各种氧化物陶瓷材料、氮化物陶瓷材料、碳化物陶瓷材料及复相陶瓷材料，也能够大幅度缩短烧结时间，减小产品变形，降低生产成本。

粉末冶金材料：微波烧结硬质合金刀具已经大规模工业化生产，用于快速烧结避免了WC晶粒的长大，产品性能得到了大幅度的提高；微波烧结还用于各种钨合金、铁基、铜基粉末冶金零件的烧结。

磁性材料：微波烧结的锰锌软磁铁氧体的频率特征曲线表明，比传统的烧结获得了更好的高频特性；微波烧结的旋磁铁氧体材料，在材料配方不变的情况下，具有更低的损耗，更好的性能。

微波烧结的主要技术难关已经突破，通过对炉腔与工艺过程的优化设计，能够制造与传统烧结炉相当的大型设备，而且设备可以实现计算机过程控制，使微波烧结的工业应用可能成为现实。微波烧结材料领域的突破，特别是对于纳米材料的烧结，其性能与性价比会高于传统的电阻式烧结技术。微波烧结能够促进新型材料走向工业化。

7.5 微波烧结在金刚石工具领域的应用

微波烧结技术在理论、实验及设备等方面都取得了长足的进展，但大多是针对陶瓷材料进行的研究，在金刚石及其复合材料中的应用研究还比较少。目前，以人造金刚石及其复合材料制造的金刚石工具广泛应用于地质勘探、工程勘察、石材加工、机械加工等行业，金刚石薄膜更是在光学、电子学及航空航天领域发挥着越来越重要的作用。若能将微波烧结技术拓展应用至金刚石制品中来，将对改善金刚石制品性能和提高使用寿命产生重要影响。

金刚石薄膜主要由化学气相沉积法制备。现在，微波等离子体化学气相沉积法已被广泛应用于合成金刚石薄膜。微波通过波导管输入到反应室石英管内，使反应气体在沉积室内产生辉光放电，从而在基底上沉积出金刚石。微波能产生较强的等离子体，电离程度高达10%，满足过饱和条件；电子动能大，可达100eV（其他一般为1～2eV）；产生的原子态氢的浓度大，而且能在较大的压力下产生稳定的等离子体，因而金刚石薄膜质量好。此外，与其他方法相比，该法可以在较低的温度下进行沉积，并且微波可以只对沉积基体进行加热，容易实现所谓的“冷壁效应”，保证沉积层不在沉积室器壁上形成。

金刚石复合材料主要由粉末冶金方法制造，其胎体主要为金属铜基、铁基、钴基、镍基、钨基等，也有用树脂结合剂和陶瓷结合剂作胎体的。微波烧结对陶瓷材料性能的改善可望对金刚石制品的性能同样发挥作用。如微波烧结温度的大幅度降低及烧结时间的缩短可以改善由于在高温条件下热压烧结法产生的金刚石石墨化和热龟裂。此外，快速均匀加热，不会引起材料开裂或形成应力集中，而会在材料内部形成均匀的细晶结构和高的致密度等，都可望对金刚石制品产生同样的作用，从而提高其力学性能。美国宾夕法尼亚州立大学和工具公司开发的微波烧结法在生产烧结硬质合金时加入颗粒生长抑制剂，该方法可用于生产聚晶金刚石复合片钻头。与传统方法比较，大大缩短了硬质合金的烧结周期，这样就限制了颗粒的生长并降低了成本，并提高了性能。

有研究表明，利用金刚石和硬质合金这两种材料的优点，加上微波烧结这种新型烧结技术，将预处理过的金刚石粉、WC 粉、Co 粉混合后压制成坯体，然后将压制好的坯体在微波场作用下，利用微波电磁场中电场、磁场、电磁混合场对材料的作用不同，形成了磁场-电磁混合场-电场的微波连续化烧结工艺和方法，开发了具有良好综合性能的新型金刚石-硬质合金复合材料制品。该制品经检测和应用表明，其耐磨性是现有硬质合金钻头的 3 倍以上，抗冲击性能是现有国产 PDC 金刚石复合片的 1.5 倍以上，使用寿命是现有的金刚石复合制品和国产硬质合金制品的 1.5 ~ 3 倍，并且可用于铁基材料的加工，大大扩展了该类材料的使用范围。

微波烧结技术的推广应用既有利于大幅度降低材料烧结成本，也会促进新型材料的工业化应用。而且微波烧结技术的应用范围涉及硬质合金、工程陶瓷、磁性材料、纳米材料、金刚石工具等，在 21 世纪有望发展成为规模巨大的新兴产业。可以推测，随着微波烧结设备的工业化推广与发展，微波烧结技术的产业化高潮即将到来。

（北京科技大学：贾成厂）

8 熔 渗

熔渗与液相烧结相似。液相烧结时，压坯的一种粉末组分熔化，就地消散于整个压坯中。熔渗时，液体与多孔性固体外表面相接触，靠毛细管力将液体吸引到内部。

8.1 熔渗工艺特点

（1）可以不用高的压制或复压压力，也不用随后锻造、轧制或挤压、或热压，用熔渗可获得全密度。

（2）利用普通粉末冶金作业、模具及设备，用熔渗可制造精密的形状复杂的异形件和大型零件。

（3）用熔渗可制造组成不同的，或一部分是粉末冶金和另一部分是铸造或锻造的分层粉末冶金制品。

（4）用熔渗法制造的粉末冶金制品，其表面特征使之可以用某些方法进行连接和用镀覆方法进行镀覆。

（5）用熔渗法制造零件时，可改善零件的切削加工性。这是由于它可将孔隙减小到最低程度，从而在切削加工时易形成连续切屑，或由于双重显微组织，有利于断屑。

（6）用熔渗法可将产生应力的多角形孔隙减低到最低限度，从而可获得良好的力学性能。

（7）用熔渗制造的制品，通过随后的热处理，可获得较高的强度。

（8）用熔渗法制造零件时，通过在骨架中运用诱导金属，可以显著地提高熔渗速度和制品性能。

8.2 熔渗原理及条件

（1）液-固接触角要小，即熔渗金属必须对骨架完全润湿。为了使一多孔的固相骨架能够被一液相熔渗，那就要求熔渗后系统中总的表面自由能要低于熔渗前系统中总的表面自由能。这些表面自由能包括固相和液相本身的表面自由能以及固相与液相之间的内表面自由能。固相和液相本身的表面自由能与液-固内表面自由能之间的关系可以用下式表示：

$$\gamma_{SL} = \gamma_S - \gamma_L \cos\theta$$

式中 γ_{SL}——液-固内表面自由能；

γ_S，γ_L——固体、液体的表面自由能；

θ——液体与固体的接触角或湿润角。

润湿角小，也就是固体容易被液体润湿，就可以促进熔渗。通过建立压力梯度还可以更进一步的促进熔渗，这就是将多孔固体骨架放入真空中，而后对熔渗多孔骨架的液体加压。

（2）骨架。在整个熔渗过程中，骨架或压制的粉末基体应由固体颗粒或晶体的网络组成。它应是连通孔隙或孔道系统，不得有封闭孔隙。熔渗前，必须设法除去氧化物膜或氮化物膜。

（3）熔渗剂。其熔点必须低于骨架，希望其液态流动性好。熔渗剂的热膨胀特性影响熔渗体的极限强度。快速凝固时，若包围熔渗骨架的熔渗剂壳层膨胀，则最终零件的强度可能减小；若壳层收缩，则发生相反的作用。分别用铜与铋熔渗铁时都发生过这种现象。

（4）系统的相容性。理想的液体熔渗剂，它与固体的接触角应该接近于零，同时，固体与液体间的反应要小。若熔渗时生成的反应产物（金属间化合物、共晶或固溶体），其比容等于或大于骨架与熔渗剂的综合原始比容，则液体不能完全渗入，甚可完全被阻塞。若反应产物溶于液相和熔渗剂，流动性变得较差时，也会产生类似的现象。不论哪一种情况，都会在骨架体外部残留有熔渗剂和有未充满的孔隙存在。

8.3 骨架制备

根据所制备制品及零件的复杂性和性能要求，可结合熔渗工艺确定骨架的成分和制备要求，需要说明的是，骨架材料主成分的熔点要远高于熔渗合金的熔点，以保证在熔渗过程中骨架形状和尺寸的稳定。一般选用 W、WC、W_2C、TiC、Mo 等作为主成分，也有时选择 Fe 或 Fe 合金。同时可在骨架中加入其他成分，如 Co、Ni、Fe、Cu 等，以调节熔渗产品性能。

（1）振实骨架。就是通过振动、敲打使混合好的骨架粉末充填到模具内，并达到一定的密度（也称振实密度）形成的骨架。这种骨架密度低，孔隙大，连通孔隙多，因此，熔渗速度快。但是，由于骨架在熔渗的同时还必须有烧结过程，以保证高的产品性能，因此，一般选用熔点较高的熔渗金属，如锌白铜等。这种骨架适用于形状特别复杂，难以压制成形的制品，如金刚石石油钻头、钻进用金刚石扩孔器等。

（2）压坯骨架。就是将混合好的骨架粉末，在钢制模具中压制成一定形状和密度的压坯，作为骨架进行熔渗。这种骨架密度与孔隙量适中，是较适合熔渗烧结的骨架。较多的应用于尺寸不大、形状相对规整的粉末冶金产品，如不提钻钻头翼片等。

（3）烧结骨架。就是将准备熔渗的骨架经过烧结，使其具有了较高的密度和强度，通过熔渗进一步提高制品的密度和性能。但是经过预烧的骨架密度需要控制，才能保证骨架内部的孔隙量和孔隙连通，因此，熔渗有一定的困难，通常需要较长的熔渗时间和一定的气氛条件。电触头可能是用熔渗法生产的最古老的粉末冶金制品，它们中最常用的是铜或银熔渗钨的骨架。

8.4 熔渗方法

在金属熔渗工艺的发展过程中，使用过许多方法。

（1）部分浸入熔渗法（图 5-8-1a）。它是将骨架体的一小部分浸于坩埚中的熔融金属浴内，其作用如同一根吸油绳。靠毛细管力将液体吸入并沿毛细管上升，排出孔隙中所含的气体。

（2）全浸入熔渗法（图 5-8-1b）。它是将骨架完全浸于熔体中，使熔体从各个方面向心部渗入。此时，骨架中的气体容积只能通过熔体的填补来消除。为避免裹带气体，必须将骨架缓慢地或分阶段地的进行熔渗。采用真空气氛有利于进行脱气。

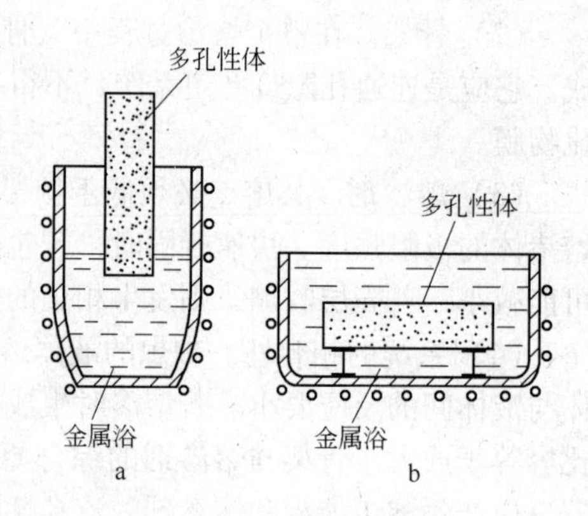

图 5-8-1 浸入式熔渗示意图
a—部分浸入熔渗法；b—全浸入熔渗法

(3) 接触式熔渗。就是将熔渗剂与骨架接触放置实现熔渗。熔渗剂熔化后，形成液体，沿着液体通道渗入骨架孔隙。根据熔渗剂与骨架的位置关系，可分为上渗、下渗和侧渗。图 5-8-2a 是上渗示意图，熔渗剂位于骨架上部，熔化后向骨架的渗入除毛细管作用以外，还增加了熔体的重力因素，因而相同条件下熔渗速度会加快，其问题是熔体的渗入量和加入量难于统一，加入量小则会造成孔隙的填充量不足，影响熔渗质量；加入量过大则会使剩余的熔体凝结在骨架表面，增加后续的加工处理量。图 5-8-2b 是下渗示意图，熔渗剂不与骨架直接接触，可在模具托盘底部加工连接槽，熔渗时通过在槽内放入的松装骨架材料使得熔化的熔渗剂与骨架相连，实现熔渗，这种熔渗方式要求熔渗剂与骨架润湿性非常好，可保证骨架材料在加工好的模具中不与外界接触，烧结后可保持形状和尺寸不发生变化，后加工处理量很小。图 5-8-2c 是侧渗示意图，所谓侧渗，就是熔渗剂在骨架的侧部直接接触，适用于小规格零件的熔渗，如 W-Cu 触头材料，可将预烧的 W 骨架与铜丝捆绑埋在石英砂中熔渗，既可提高熔渗的效率又可保证温度均匀。总之，这种熔渗方式适应面很广，大大拓展了熔渗生产工艺的应用领域。

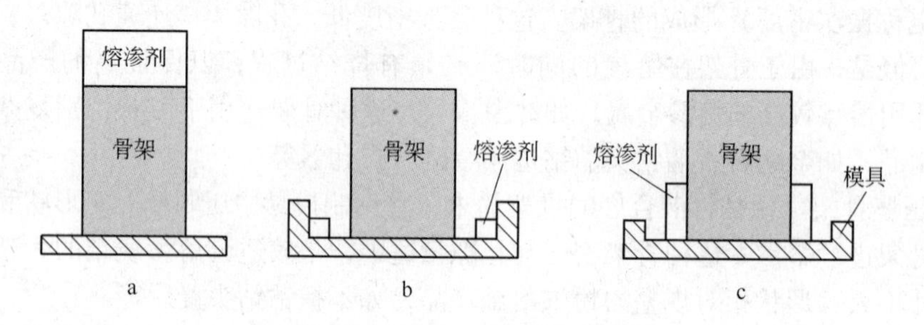

图 5-8-2 接触式熔渗示意图
a—上渗；b—下渗；c—侧渗

(4) 重力-注入熔渗。在这种方法中，是将骨架依序装在一失蜡铸造的惰性模型中，用外部压力来增强毛细管力，而外力是通过在骨架上面蓄积的熔渗剂熔体的高度位差产生的；若压头足够大，则可同时熔渗几个骨架，并可像失蜡铸造一样将骨架进行成组排列。

合适的浇注系统有助于将熔渗制品与压头或直浇道的过量熔渗剂分开，为便于熔融金属流通，浇口是由粗粉压坯或纤维毡制成的。若浇口与骨架材料的组成相同，则液体可能会熔解一部分浇口和部分地为合金元素所饱和，从而使熔渗制品表面不受浸蚀。这种方法适用于制造精密、异型与具有一定断面的金属陶瓷涡轮叶片。

(5) 外部加压熔渗。由于润湿性差，孔隙的大小和分布不当，或液体黏度高，毛细管力无效时，只有借助于相当大的外力，才能使熔融金属熔渗固体骨架。可用受压的气体或液体、静载或油缸内的柱塞来提供这种外力，同时，必须使压力作用于熔体。

（6）离心压力熔渗。这是一种借助于外部压力使液体金属渗入骨架孔隙中的方法。这种工艺采用了离心失蜡铸造法，但需采取一些特殊措施，如使用比较难熔的、化学惰性的及紧密配合的陶瓷模型与气氛控制。离心力作用于熔渗剂时，由于重的液体会从骨架中流出，可能会产生成分偏析。这种现象使得需采用特殊的模型来连接装置或镶嵌件。

（7）真空熔渗。可用两种方法产生真空，一种方法是通过骨架的连通孔隙系统抽吸液相，从而产生一种压力梯度，这就使作用于熔渗剂上的大气压变成了驱动力，这种方法需要盛装熔融熔渗剂和骨架的密闭系统，然后，对骨架端面抽真空，而不与熔体相接触。第二种方法是仅仅将整个熔渗装置置于真空炉中，这种方法对于含有强烈脱气组分的系统是实用的。

（8）活化熔渗。在很多情况下，如果骨架与熔渗剂的润湿性稍差，或需要缩短时间，或为了减少某种物质（如金刚石或金刚石复合片）的高温热损失，除了采用加压、离心以及真空等措施外，还有一种比较简单、实用的方法来提高熔渗速度和质量。这种方法是在骨架中混入少量与熔渗成分相同或相近的粉末，在达到或接近熔渗温度时熔化并出现在骨架中，使得熔渗剂能够在这些微量液相的帮助下迅速渗入骨架，这种预混入的金属或合金称为诱导金属，诱导金属的加入，活化了熔渗过程，改善了熔渗效果，因此也可称为活化熔渗。

8.5 熔渗系统

有许多二元系统都能满足主要的熔渗条件，在这些系统中，可用熔点较低的一种金属熔渗熔点较高的金属或化合物。表5-8-1列出了在液态部分不相溶或完全不相溶的系统和虽形成有限固溶体或完全固溶体但可利用的系统（如Fe-Cu和Ni-Cu）。黑点表示在过去的生产中曾采用过或现在工业上仍在使用的熔渗系统；圆圈表示在实验室中可以熔渗的或根据已确定的准则有可能进行熔渗的系统。

表5-8-1 二元金属熔渗系统

骨架	熔浸剂																		
	铝	锑	铋	镉	钙	钴	铜	金	铁	铅	镁	锰	汞	镍	银	钠	铊	锡	锌
铝			○	○						●						○	○		
铍	○										○								
铬	○		○	○		○	●			○			○		○		○	○	
钴			○				○			○			○		○		○	○	
铜		○	●							●			○				○	●	○
铱								○							○				
铁	○	○	○	○	○		●			●	○		○		○	○	○	○	○
铅																○		○	
镁																○			○
锰			○							○					○		○		
钼	○		○	○	○		●	○		○		○	○	○	●			○	○
镍			○				○			○	○		●		●		○	○	
铌				○						○			○		○				○
铂								○							○				

续表 5-8-1

骨架	熔浸剂																		
	铝	锑	铋	镉	钙	钴	铜	金	铁	铅	镁	锰	汞	镍	银	钠	铊	锡	锌
铑								○							○				
硅		○	○	○						○							○	○	
银			●										○						
钽				○				○		○			○		○				○
钛	○						○											○	
碳化钛						●	○		●					●					
钨	○	○	○	○	○	○	●	○		●		○	○	●	●				○
碳化钨						●	○		○					●	●				
钒							○								○				
锌			○							○						○	○	○	
锆							○			○					○				

原则上，若骨架在熔渗剂中的溶解度（或反之亦然）在液态或固态是无限的，则用熔渗法可制取均质合金。Ni-Cu 系统就是一个例子，以铜和含 10% Si（质量分数）的二元铜合金完全渗入镍骨架，成功地制成了含 63% ~67% Ni 的 Monel 合金。

8.5.1 难熔金属基复合材料

具有这种结构的 W-Cu、W-Ag、Mo-Cu 和 Mo-Ag 系统属于用熔渗法制取的最早的粉末冶金制品。难熔金属在熔融银中的溶解度极小，在熔融铜中的溶解度实际上是零。这些性能与湿润特性极好地构成了理想的熔渗条件。

用这种方法，二相的比率变化范围相当大［从约 35% ~40% 直至 85% ~90% 难熔金属（体积分数）］。上限是由所需要的压制与烧结的难熔金属中的连通孔隙结构规定的，而下限可以通过粉末的选择与处理来控制，这时粉末是松装于适当的容器（如石墨）中的。用振实、振动、摇动或夯实可使松装粉末达到理想的孔隙度，而粉末压坯的理想孔隙度是用压模的静压力来控制的。

用熔渗很容易制取其他几种难熔金属基复合材料。其中包括制造屏蔽辐射材料用的高密度 W-Pb 系及制造焊条用的 Cr-Cu 系。为使这些系保持小的液-固相接触角，需要采用强还原性气氛，以防止在熔融铝或固态铬上形成氧化物膜。

8.5.2 碳化物基系统

最初是想用非合金化的黏结金属来熔渗碳化物骨架以制取硬质合金。以后，在以多种钴合金与镍合金熔渗单一与复合碳化物的广泛研究中，为了抑制接触面的浸蚀，使用骨架元素与黏结金属进行了预合金化。所使用过的一些碳化物基系统列于表 5-8-2 中。熔渗由钨基复合碳化物组成的骨架时，可大大减弱接触面的浸蚀，因此，往往就不需要使用骨架元素对熔渗剂进行饱和的预合金化了。

表 5-8-2 碳化物熔渗试验的基体评价

试件 No.	骨架[①] 组成	骨架 密度/g·cm^{-3}	骨架 孔隙容积/%	熔渗剂的组成/%	熔渗[②] 形式	熔渗 温度/℃	熔渗 时间/min
1a	WC（6.1%C）	11.05～13.35	29.3～14.6	100Co	相对的两面接触[④]	1500	15
1b				95Co-5WC		1460	5
1c				75Co-25WC		1390	5
1d				60Co-40WC		1350	5
2a	80WC-20TiC[⑤]	6.65～8.34	37.1～21.3	100Co	相对的两面接触[④]	1500	15
2b				95Co-5WC		1460	15
3a	TiC（18.8%C）	3.01～3.63	33.2～19.3	80Co-20Cr	相对的两面接触[④]	1500	15
3b				66Co-28Cr-6Mo		1450	15
3c				72.7Co-17.3Cr-10TiC		1400	15
3d				80Ni-20Cr		1450	15
4a	97TiC-3Mo_2C[⑤]	3.38～4.03	25.7～11.4	80Co-20Cr	一面接触[④]	1500	5
4b				66Co-28Cr-6Mo		1450	5
4c				72.7Co-17.3Cr-10TiC		1400	5
4d				80Ni-20Cr	毛细管浸入熔融熔渗剂中	1550	3
5a	95TiC-5Mo_2C[⑤]	3.46～4.05	24.8～11.6	80Co-20Cr	一面接触[④]	1500	5
5b				66Co-28Cr-6Mo		1450	5
5c				72.7Co-17.3Cr-10TiC		1400	5
5d				72.7Ni-17.3Cr-10TiC	毛细管浸入熔融熔渗剂中	1550	3
6	90TiC-10Mo_2C[⑤]	3.54～4.14	26.0～14.6	80Ni-20Cr	相对的两面接触[④]	1400	15
7	70TiC-30Mo_2C[⑤]	4.09～4.75	22.9～9.9	80Ni-20Cr	相对的两面接触[④]	1400	15
8	50TiC-50Mo_2C[⑤]	4.69～5.58	21.3～8.3	80Ni-20Cr	相对的两面接触[④]	1400	15

试件 No.	化学成分/%	硬度 HRA	熔渗的制品 表面状态	熔渗的制品 显微组织	熔渗的制品 台架试验[③]
1a		86～87	接触面浸蚀，有少量残渣	心部多孔性，石墨沉淀物，晶粒大小很均匀	很坚韧
1b					
1c		85～86	未浸蚀，有大量残渣		坚 韧
1d					
2a		86.5～87	接触面浸蚀	相分布均匀，有一些孔隙	坚 韧
2b					
3a		87.5～88	轻微浸蚀		很坚韧
3b		89.5～90	有少量孔隙		十分坚韧
3c		88	未浸蚀，平滑		很坚韧

续表 5-8-2

试件 No.	化学成分/%	硬度 HRA	熔渗的制品		
			表面状态	显微组织	台架试验③
3d	24.6Ni，6.1Cr，余量 TiC	83.5～85	轻微浸蚀	密实，均匀	很坚韧
4a		88＋	严重的接触表面浸蚀与有大量的残渣	接触面附近基体浓度较高，靠近远处一端孔隙度增大	很坚韧
4b		89.5			密实处坚韧多孔处脆弱
4c		88＋	接触面的残渣比 4a 少		
4d	22.5Ni，5.7Cr，2.1Mo_2C，余量 TiC	84.5～85	靠近底部合金壳层变得较厚，在底部端面形成过量壳层	相分布均匀，一般说来密实	坚　韧
5a		88＋	接触浸蚀，有一些残渣	与 4a～4c 相似	坚　韧
5b		90			
5c		88.5	接触面有少量残渣		
5d		85	与 4d 相似	与 4d 相似	坚　韧
6	22.9Ni，5.5Cr，7.1Mo_2C，余量 TiC	85～86	接触面轻微浸蚀，有少量残渣，轻微多孔性	心部多孔性，相分布不如 4d 均匀	比 4 与 5 韧性较差
7	22.6Ni，5.6Cr，21.4Mo_2C，余量 TiC	86～87	与 6 相似，但较多孔性	心部孔隙较多，相分布不如 6 均匀	比 6 脆弱
8	22.3Ni，5.7Cr，35.8Mo_2C，余量 TiC	86～87	与 7 相似，但较多孔性	孔隙很多，相分布不均匀	比 7 脆弱

①除 No.1～No.3 外，所有骨架都在 950℃下进行过预烧，和在碳管电阻炉内于氢气中，在 1500℃下高温烧结过 2h。No.1～No.3 是在真空中，于碳衬托器感应炉内高温烧结的。②在真空感应炉中。③用锤击定性地评定碎裂强度。④熔渗剂的质量为熔渗制品质量的 40%～50%。⑤固溶体。

使用各种液态合金钢熔渗碳化钛骨架制造的工具与耐磨零件是碳化物基系统实际应用的具体例子。熔渗剂包括从普通低碳钢到合金钢与高速钢。该种熔渗材料可以进行热处理，以获得特殊性能。水淬后硬度为 90.1～90.6HRA，回火后为 86.0～90.3HRA。在高达 750℃，以 T6 钨高速钢熔渗的 TiC 的热硬度与工业牌号的硬质合金相同，一直到 870℃这种材料的抗氧化性都比硬质合金好。这种材料在室温下的横向断裂强度高达 1500MPa。

碳化钛在钢液中的溶解度高，所以熔渗速率缓慢。因此，液体的渗入常局限在初始接触面附近。由于扩散凝固，不能充满残留的孔隙，这与允许的液体渗入时间无关。因此，要制取组织完好且均匀的熔渗制品，需严格限制制品的尺寸。

8.5.3　铁基系统

固态铁与铜之间的亲和力大，因此可以用熔渗方法制取高密度的粉末冶金制品。用铜合金作为熔渗剂时，还可以得到其他好处。用含铍、铬或硅的铜合金作为熔渗剂时，在基体中生成沉淀物，此时将熔渗体进行热处理时，其强度增加。含锰量高达 5% 的铜合金，特别是当它还含有足够的铁以抑制骨架接触面的严重浸蚀时，还具有一种特殊的有益作用。在进行熔渗的工业用气氛中，锰优先氧化，生成一种不黏附的多孔性壳层，容易除去。

Kieffer 和 Benesovsky 研究过用于轴承的铁-金、铁-铋、铁-镉、铁-铅、铁-锑及铁-锡系统，及用于磁性或结构零件的铁-钴-硅、铁-铜-硅和铁-锰-硅系统。用熔渗法也制取过铁-锌系统合金，但需要在压力容器中进行处理，以克服锌的高蒸气压。

用银熔渗奥氏体不锈钢骨架时，其耐蚀性极好，适用于食品加工应用。铁素体不锈钢和碳含量不同的高锰钢压坯熔渗以铜合金时，也都具有较好的耐蚀性。这些合金的硬度与耐磨性都特别高，并具有相当高的韧性。几种铁基熔渗材料的力学性能列于表 5-8-3 中。

表 5-8-3　一些铁基熔渗合金的性能

骨架组成/%	熔渗剂成分/%	熔渗剂（体积分数）/%	密度/g·cm^{-3}		硬度 HV	抗拉强度/MPa	伸长率/%	冲击强度①/J	备　注
			计算的	测定的					
100Fe	100Pb	10	8.15	7.95	93.5	251	14	—	易切削，可挤压
99Fe-1Cu	100Ag	11	8.09	8.00	178	378.5	11	—	—
100Fe	80Cu-20Ni	17	8.04	7.76	213	419.5	8	21.57	—
100Fe	65Cu-35Mn	13	7.92	7.63	256	446	10	31.37	—
93.2Fe-6Mn-0.8C	100Cu	13	7.90	7.87	740	—	—	—	自然硬化，耐磨
87.2Fe-12Mn-0.8C	100Cu	9	7.89	7.69	310	562	6	—	耐磨，加工硬化
93.5Fe-3Cr-3Mn-0.5C	100Cu	14	7.96	7.93	502	957	4	—	—

①横断面为 1cm^2 的无凹口试件。

根据用途，多孔性铁或钢骨架可以全部或部分地熔渗以铜或铜合金。

8.5.4　有色金属基系统

大部分熔点较高的有色金属在热力学上与许多低熔点金属都是相容的。因此，用金与用多种低熔点重金属（如铋、铅或锑）容易熔渗钴与镍的骨架体。也可以将铜熔渗于钴与镍的骨架中，但要将铜熔渗于镍粉压坯中，镍粉的粒度范围要窄，在孔隙体积不大于 35% 的范围内，毛细管要粗大，熔渗时间要短，并需用真空来补助毛细管力。

铜是另外一种骨架金属，其孔隙容易用液态的低熔点金属（如铅或铋）进行充填。真空浸渍适用于将铅基合金（如含 15% Sb 与 5% ~10% Sn 者）渗入以钢背支撑的 Ni-Cu 或 Ni-Fe 的海绵体结构中。

8.6　熔渗例——渗铜烧结铁基材料

8.6.1　熔渗工艺要素

8.6.1.1　*熔渗方法*

渗铜烧结钢的熔渗方法，按零件通过炉子的次数可以分为两种，即一步熔渗和两步熔渗。一步熔渗即一步通过炉子，在烧结的同时进行熔渗；两步熔渗即两次通过炉子，第一次完成烧结，第二次完成熔渗。一般，两步熔渗零件的力学性能优于一步熔渗。

按熔渗块在零件上的放置方式可以分为顶部熔渗、底部熔渗和从顶部和底部同时进行的熔渗。一般，顶部熔渗比底部熔渗容易。对于大的和具有厚截面的零件，最好能够从顶部和底部同时进行熔渗。

8.6.1.2 熔渗工艺

对于一步熔渗，所推荐的熔渗工艺是：在677~760℃用15min烧除润滑剂，在1010~1038℃至少用10min溶解石墨，在1121℃熔渗30min。

对于两步熔渗，所推荐的熔渗工艺是：在677~760℃用15min烧除润滑剂，在1121℃烧结30min；冷却；二次入炉，在1121℃熔渗30min。

由此可见，所用的烧结温度和时间与一般零件的烧结相同。其例外是，在使用一步熔渗方法时，在到达熔渗温度以前，应完成润滑剂的排除和石墨的溶解。

假如润滑剂的排除是完全的。在到达熔渗温度以前的温度下还会发生另外的气态反应：还原气氛组分氢与铁粉中的残留氧化物反应生成水汽，添加的石墨与铁粉中的残留氧化物反应生成CO和（或）CO_2。另外，还有封闭在生坯内部的残留气体和润滑剂的膨胀。所有这些，将导致内压的升高和气体通过孔隙的向外流动，即“脱气”。如果这种“脱气”持续到到达熔渗温度之后，则会影响熔渗的有效性。因此，在两步熔渗或者在一步熔渗中延长到达熔渗温度以前的预处理时间，就可以完全排除或者把这种不利影响降低到最低程度。所需要的预处理时间受润滑剂排除的完全程度、基体铁粉中氧化物的含量以及添加石墨数量的影响。

8.6.1.3 熔渗剂

用铜作为熔渗剂时，铜熔化后将溶解被熔渗零件表面的铁，即浸蚀熔渗剂与基体金属的接触表面。为防止这种浸蚀作用，需要向铜粉中添加少量的铁粉，使与铜合金化。再添加一部分锰、镍、石墨和润滑剂等。

现在使用的熔渗剂有 United States Bronze Powder Inc。制造的 C-128-L、XF-1、XF-4，由 SCM Metal Products 制造的 IP-204 和由 American Metal Climax Inc. 制造的 INFILOY，它们的成分汇总于表5-8-4中。

表5-8-4 几种典型熔渗剂的成分

熔渗剂	C-128-L	XF-1	XF-4	IP-204	INFILOY	熔渗剂	C-128-L	XF-1	XF-4	IP-204	INFILOY
Cu	92	95	95	余	余	A_1	—	—	—	—	0.3
Fe	1	2	2	2~3	5.0	C	—	—	—	—	0.5
Mn	—	—	—	0.5~1.5	1.5	润滑剂	0.5	0.5	0.5	0.5	—
Ni	—	—	—	—	0.6	其他	余	余	余	0.5~1	—

下面是表5-8-4中给出的几种典型熔渗剂的特性。

C-128-L：是一种预混合的有润滑剂和少量石墨的预合金化铜基粉末，适用于熔渗具有低到中等碳含量和小到中等尺寸的零件。具有明显的熔点和极好的流动性。

XF-1：是一种预混合有润滑剂和少量其他组分的预合金化铜基粉末。宜使用的最低生坯密度为7.5g/cm³（压制压力为276MPa）。适用于熔渗具有低到高的碳含量和中到大尺寸的零件。为非完全液态，滞流性较好。

XF-4：适用于熔渗具有低到高的碳含量和中到大尺寸的零件。它能够伸出于零件轮廓之外，或者将孔洞覆盖而不流泻，但却容易渗入零件孔隙之中。

IP-204：是一种预合金化的铜熔渗剂，其最大特点是浸蚀性低，适用于熔渗要求具有高冲击强度的零件。

INFILOY：是一种雾化铜合金粉末，所使用的最低熔渗温度为1085℃。

熔渗块是根据被熔渗零件的形状等特点由熔渗粉末压制而成。一般可为片状、柱状和环状等。

8.6.1.4 保护气氛

对于渗铜，最普通的保护气氛有分解氨、放热性煤气和吸热性煤气，其成分组成如表5-8-5所示。保护气氛对于熔渗效果的影响以熔渗剂渗入零件的百分率来表示。现按一步、两步和底部熔渗进行分述。

表5-8-5 几种保护气氛的容积组成 (%)

气氛组成	放热性煤气	吸热性煤气	分解氨	气氛组成	放热性煤气	吸热性煤气	分解氨
CO_2	8	T	—	CH_4	T	T	—
CO	2	21	—	N_2	88	40	25
H_2	2	39	75				

注：T—痕量或低于0.5%；表中成分为标定成分。

A 对于一步熔渗

熔渗剂选用纯铜和由4个厂家生产的掺铜粉末，取熔渗剂质量为基体质量的25%。选用Ancormet101铁粉（Hoeganaes Corporation 制造），压制密度为（6.50±0.05）$\times10^3$kg/m^3。吸热性煤气露点为1.7℃。炉子烧结（熔渗）温度为（1140±10）℃，保温（50±2）min，对加热和冷却速度不加控制。其试验结果示于表5-8-6。由表5-8-6可见，除熔渗剂D以外，分解氨和放热性煤气优于吸热性煤气。

表5-8-6 在特定保护气氛下对于一步熔渗熔渗剂渗入压坯的百分率 (%)

熔渗剂	A	B	C	D	Cu	熔渗剂	A	B	C	D	Cu
分解氨	78	84	78	74	91	吸热性煤气	76	44	78	25	87
放热性煤气	82	92	83	10~20	96						

注：所有值的计算偏差为2%。

B 对于两步熔渗

试验烧结温度为（1140±10）℃，保温时间为(45±2)min，保护气氛为分解氨；熔渗温度为(1140±10)℃，保温(50±2)min。其他条件同一步熔渗。其试验结果见表5-8-7。

表5-8-7 在特定保护气氛下对于两步熔渗熔渗剂渗入压坯的百分率 (%)

熔渗剂	A	B	C	D	Cu	熔渗剂	A	B	C	D	Cu
分解氨	90	87	83	76	88	吸热性煤气	83	85	79	81	76
放热性煤气	90	91	87	83	95						

注：所有值的计算偏差为2%；熔渗剂A、B、C、D不按表5-8-6的顺序。

由表5-8-7可见，对于两步熔渗，放热性煤气优于分解氨和吸热性煤气。除熔渗剂D

以外，使用放热性煤气比使用吸热性煤气效果要好得多。只有熔渗剂D，使用放热性煤气比使用分解氨效果要好得多。

C 对于底部熔渗

对于一步和两步的顶部熔渗（上渗），在一定范围内，重力有促进作用。而对于底部熔渗（下渗），则完全排除了重力所起的作用。

熔渗剂仅选用一种掺铜粉末，铁基压坯密度为$(6.5 \pm 0.1) \times 10^3 kg/m^3$，其他试验条件同两步熔渗。其试验结果示于表5-8-8，由表5-8-8可见：（1）分解氨和放热性煤气优于吸热性煤气；（2）铁压坯的预烧结对于熔渗结果的影响不明显。

表5-8-8 在特定保护气氛下对于底部熔渗熔渗剂渗入压坯的百分率 （%）

气氛	一步		两步		气氛	一步		两步	
	熔渗剂	Cu	熔渗剂	Cu		熔渗剂	Cu	熔渗剂	Cu
分解氨	87	88	90	91	吸热性煤气	84	86	79	85
放热性煤气	91	93	87	91					

注：所有值的计算偏差为2%。

总之，基本上可以说，对于熔渗，放热性煤气和分解氨优于吸热性煤气。其原因是：在气氛中含有大量可熔性气体组分的情况下，熔渗效果最差。而在分解氨、放热性煤气和吸热性煤气中CO的含量分别为0%、2%和21%。另外，在非常接近熔渗温度的情况下，CO、CO_2、H_2和N_2在铜中的溶解度顺序是$CO > CO_2 > H_2 > N_2$（见表5-8-9）。

表5-8-9 几种气体在铜中的溶解度

气体	在10gCu中的溶解度/cm^3	温度/℃	气体	在10gCu中的溶解度/cm^3	温度/℃
H_2	0.72	1150	CO_2	1.86	1179
N_2	0.46	1168	CO	2.36	1173

8.6.2 渗铜烧结铁基材料的性能

利用渗铜法可大大减少粉末冶金材料的孔隙度，并使熔渗金属与被熔渗的粉末冶金材料相互合金化，使粉末冶金材料的力学性能显著提高。其提高的程度又随所采用的熔渗技术不同而异。

8.6.2.1 采用传统熔渗技术

采用传统熔渗技术，普通粉末冶金碳钢的抗拉强度一般可提高1倍，夏氏（无凹口）冲击强度一般可提高50%。熔渗态和熔渗、热处理态粉末冶金碳钢和低合金钢的典型性能示于表5-8-10和表5-8-11。

8.6.2.2 采用SCM熔渗技术

采用传统熔渗技术，尽管零件的冲击强度有所提高，但其数值仍比较低。而冲击强度对于粉末冶金零件的许多应用领域都是非常重要的，例如阀座、球座、棘轮、齿轮和齿条等。近年来，SCM金属制品公司的研究工作者，针对这一情况，经过不断努力、改进和发展了传统熔渗工艺，包括配制低浸蚀性熔渗剂IP-204（一种预合金化铜熔渗剂，含

2% ~3% Fe，0.5% ~1.5% Mn，0.5% ~1.0% 其他和 0.5% 润滑剂），缩短熔渗时间（以 5 ~7min 为宜），选用最佳石墨添加量（0.9%），选用高纯原材料，以及采用热处理等手段。通过以上措施，在保证渗铜粉末冶金钢具有较高抗拉强度水平的情况下，大大提高了冲击强度。以渗铜 0.9% C 粉末冶金钢为例，其力学性能与采用传统熔渗法的比较示于表 5-8-12。

表 5-8-10 熔渗态和热处理态 Fe-C 材料（MPIF 标准 FX1008-T）的典型室温力学性能

室温力学性能	条件		室温力学性能	条件	
	熔 渗	熔渗 + 热处理		熔 渗	熔渗 + 热处理
抗拉强度/MPa	620	896	夏氏(无凹口)冲击功/J	16	9.5
屈服强度(变形 0.2)/MPa	517	724	表观硬度	85 ~100HRB	35 ~45HRC
伸长率(25.4mm)/%	2.5	0.5			

表 5-8-11 渗铜低合金钢热处理后的室温力学性能

室温力学性能	条 件	室温力学性能	条 件
抗拉强度/MPa	965 ~1048	夏氏(无凹口)冲击功/J	10.8 ~17.6
屈服强度(变形 0.2)/MPa	862 ~931	表观硬度 HRC	35 ~45
伸长率(25.4mm)/%	0 ~2		

表 5-8-12 普通 0.9%C 粉末冶金钢渗铜后的力学性能

试 样	条 件	夏氏(无凹口)冲击强度/J	抗拉强度/MPa	伸长率/%	密度/g·cm^{-3}
1	SCM 技术并热处理	>325	655①	—	7.80
2		178	710	9	7.80
3	SCM 技术	76	855	5	7.88
4	传统熔渗	23	872	约 3	7.30

①由艾氏冲击试棒机加工成圆柱形拉伸试棒测定，直径 6.4mm，长 25.4mm。

8.7 熔渗在金刚石工具制造中的应用

熔渗在金刚石工具制造中的应用有，钻进扩孔器（ZWC 基，无压熔渗制造）；石油钻头的制造（ZWC 基，无压熔渗制造）；曲轴、阀等研磨用金刚石修整滚轮的制造（W 基，手置排列离心力加压式熔渗制造）等。

参考文献

[1] Semlak K A，Rhines F N. The rate of infiltration in metals[M]. Trans. AIME，1958，212：325 ~331.

[2] Goetzel C G，Rittenhouse J B. The influence of processing conditions on the properties of silver-infiltrated tungsten[M]. Symposium sur la Métallurgie des Poudres，Editions Métaux，Paris，1964：279 ~288.

[3] [美] 美国金属学会主编，韩风麟主译. 金属手册[M]. 第九版，第七卷，粉末冶金. 北京：机械工业出版社，1994：760.

[4] Goetzel C G，Skolnick L P. Some properties of a recently developed hard metal produced by infiltration. Sintered hightemperature and arrosion-resistant materials，Plansee Proceedings 1955，F. Benesovsky，Ed.，

Pergamon Press, London, 1956: 92~98.

[5] T Kimura, Kosco J C, Shaler A J. Detergency during infiltration in powder metallurgy[C]. Proceedings of 15 th Annual meeting, MPIF, New York, 1959: 56~66.

[6] Matthews P, Schmey P. Metal Powder Report[J]. 1984, 39(6): 355~357.

[7] United States Patent[P]. 4 606 768, 1986.

[8] Taubenblat P W, et al. Modern Development in Powder Metallurgy[J]. 1974, 8: 149~162.

[9] Veidis M V. International Journal of Powder Metallurgy[J]. 1972, 8 (4): 205~207.

[10] Veidis M V. International Journal of Powder Metallurgy[J]. 1973, 9 (2): 87~89.

[11] Veidis M V. International Journal of Powder Metallurgy[J]. 1974, 10 (2): 101~103.

[12] Ashurst A N, Klar E. Copper Infiltration of Steel-Part 1 Properties[J]. Metal Powder Report, 1984, 39 (6): 329~336.

[13] High Impact Strength Powder Metal Part and Method for Making Same. United States Patent, 4606768 [P]. 1986.

[14] High Impact Strength Powder Metal Part and Method for Making Same, United States Patent, 4731118 [P]. 1988.

[15] Svilar M, et al. Impact Strength and Fatigue Properties of Copper Infiltrated P/M-Steel[C]. 1985 Annual Powder Metallurgy Conference Proceedings, 251~264.

[16] Svilar M, et al. High Impact Strength Copper Infiltrated P/M Steel[C]. Proceedings of 1986 International Powder Metallurgy Conference and Exhibition. Diisseldorf (Ger'man) L: 1986, 1035~1038.

[17] United States Patent, 4 731 118[P]. 1988.

[18] Svilar M, et al. Metal Powder Report[J]. 1987, 42(4):278~282.

[19] Ashurst A N, et al. Metal Powder Report[J]. 1984, 39(8): 438~442.

[20] United States Patent, 4485147[P]. 1984.

[21] 韩风麟. 粉末冶金零件设计与应用必备[J]. 北京: 中国机械通用零部件协会粉末冶金专业协会, 2001.

[22] 郭庚辰. 液相烧结粉末冶金材料[M]. 北京: 化学工业出版社, 2003: 328~345.

(北京有色金属研究总院: 宋月清; 冶金工业出版社: 郭庚辰)

9 扩 散 焊

扩散焊（Diffusion Bonding），也称扩散连接，是指在一定的温度和压力下，在真空条件下（或在保护气氛中）被连接表面相互靠近，相互接触，通过使局部发生微观塑性变形，或通过被连接表面产生的微观液相而扩大被连接表面的物理接触，然后结合层原子之间经过一定时间的相互扩散，形成结合界面可靠连接的过程。扩散连接基本上是一种固态连接，是异种材料、耐热合金和新材料，如高技术陶瓷、金属间化合物、复合材料等连接的重要方法之一。特别是对用普通熔焊方法难以连接的材料，扩散连接更具有明显的优势。

9.1 扩散焊的原理

顾名思义，扩散焊就是依靠物质的扩散形成的焊接。微观分析表明，扩散是物质内部由于热运动而导致的原子或分子过程，宏观测量表明，在有浓度梯度、化学位梯度、应力梯度或其他梯度存在的条件下，借热运动可以引起物质宏观的定向输送，这个输送过程，称为扩散。金属和合金中的扩散与许多重要的冶金及热处理过程有着密切的关系，特别是各种退火和化学热处理，各种加工过程以及氧化、烧结、焊接等都是和扩散过程分不开的。扩散的宏观规律可用扩散第一定律式（5-9-1）和第二定律式（5-9-2）表示，其影响因素也与这两个定律的参数密切相关。

$$J = -D\frac{\partial C}{\partial x} \tag{5-9-1}$$

$$D\frac{\partial^2 C}{\partial x^2} = \frac{\partial C}{\partial t} \tag{5-9-2}$$

式中 J——组元的扩散流量；

$\partial C/\partial x$——组元沿着扩散方向 x 的浓度梯度；

D——组元的扩散常数。

扩散系数对加热时晶体中的缺陷、应力及变形特别敏感。当晶体中的缺陷，特别是空穴增加时，原子在固体中的扩散加速。扩散系数 D 与温度 T 呈指数关系变化，即服从阿累尼乌斯公式：

$$D = D_0\exp(Q/RT) \tag{5-9-3}$$

式中 D——扩散系数，cm^2/s；

Q——扩散过程的激活能，kJ/mol；

R——玻耳兹曼常数；

D_0——扩散因子；

T——热力学温度，K。

由式（5-9-3）可看出，扩散系数随着温度的提高而显著增加。

关于扩散过程中的浓度 C 与扩散距离 x、时间 t 及扩散系数 D 之间的确切关系比较复杂。扩散的物质迁移量和扩散距离主要取决于扩散的机制（包括间隙扩散、置换扩散、晶界扩散、位错扩散等）、扩散的压力、温度、时间、气氛和材料的扩散系数等。

扩散焊接界面的形成过程示意图如图5-9-1所示。通常把扩散连接过程分为三个阶段：塑性变形接触、扩散和晶界迁移、界面和孔洞消失。

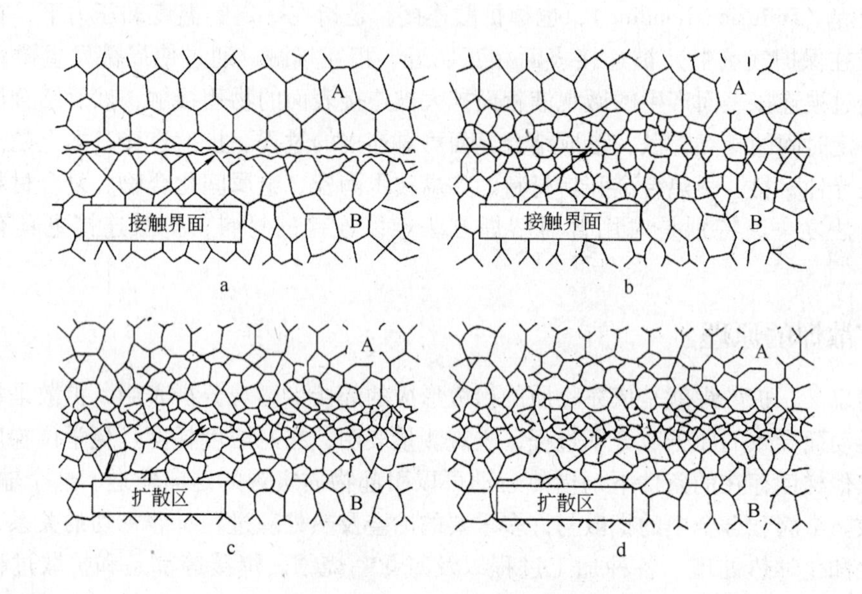

图5-9-1　扩散焊接界面形成过程示意图

a—凹凸不平的原始接触；b—变形和交界面的形成；

c—晶界迁移和微孔逐渐消失；d—体积扩散、微孔消除和界面消失

9.1.1　塑性变形接触

这一阶段为物理接触阶段，高温下微观凹凸不平的表面，在外加压力的作用下，通过屈服和蠕变机理使一些点首先达到塑性变形。在持续压力的作用下，界面接触面积逐渐扩大，最终达到整个界面的可靠接触。如图5-9-1a所示。

9.1.2　扩散和晶界迁移

第二阶段是接触界面原子间的相互扩散，形成牢固的结合层。这一阶段，由于晶界处原子持续扩散而使许多空隙消失。同时，界面处的晶界迁移离开了接头的原始界面，达到了平衡状态，但仍有许多小空隙遗留在晶粒内。

与第一阶段的变形机制相比，该阶段中扩散的作用就要大得多。连接表面达到紧密接触后，由于变形引起的晶格畸变、位错、空位等各种缺陷大量堆集，界面区的能量显著增大，原子处于高度激活状态，扩散迁移十分迅速，很快就形成以金属键连接为主要形式的接头。由于扩散的作用，大部分孔洞消失，而且也会产生连接界面的移动。

该阶段通常还会发生越过连接界面的晶粒生长或再结晶以及界面迁移，使第一阶段建

成的金属键连接变成牢固的冶金结合，这是扩散连接过程中的主要阶段。但这时接头组织和成分与母材差别较大，远未达到均匀化的状况，接头强度并不很高。因此，必须继续保温扩散一定时间，完成第三阶段，使扩散层达到一定深度，才能获得高质量的接头。

9.1.3 界面和孔洞消失

第三阶段是在界面接触部分形成的结合层，逐渐向体积扩散方向发展，形成可靠的连接接头。通过继续扩散，进一步加强已形成的连接，扩大连接面积，特别是要消除界面、晶界和晶粒内部的残留孔洞，使接头组织与成分均匀化，如图 5-9-1d 所示。在这个阶段中主要是体积扩散，速度比较缓慢，通常需要几十分钟到几十个小时，最后才能达到晶粒穿过界面生长，原始界面和遗留下的显微孔洞完全消失。

9.2 扩散焊的分类

扩散的方法、形式和类别有很多种。一般可分为固相扩散连接和液相扩散连接两大类。固相扩散连接所有的界面反应均在固态下进行，液相扩散连接是在异种材料之间发生相互扩散，使界面组分变化导致连接温度下液相的形成。在液相形成之前，固相扩散连接和液相扩散连接的原理相同，而一旦有液相形成，液相扩散连接实际上就变成钎焊加扩散焊。也可按连接时是否添加中间层、连接气氛等来分类。

根据扩散连接的定义，各种材料扩散连接接头的组合可分为如图 5-9-2 所示的四种类型。

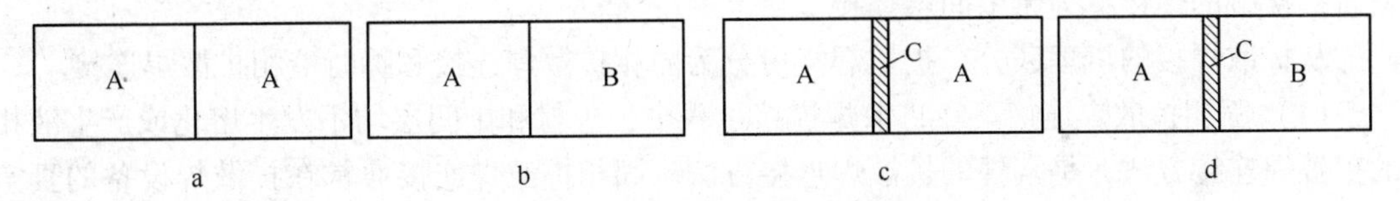

图 5-9-2 扩散焊接的四种组合类型

a—同类材料；b—异类材料；c—同类材料加中间层；d—异类材料加中间层

从上面的组合类型可以看出，按照扩散焊接材料的类型区分，可分为同质材料焊接和异质材料焊接两种类型；结合焊接过程中是否出现液相、是否添加中间层等因素，可将扩散焊接分为两大类，见表 5-9-1。

表 5-9-1 扩散连接分类

分类法	划分依据	类别名称	
第一种	按被焊材料的组合形式	无中间层	同种材料扩散连接
			异种材料扩散连接
		加中间层	同种材料扩散连接
			异种材料扩散连接
第二种	按连接过程中接头区是否出现液相或其他工艺变化	固相扩散连接（SDB）	
		瞬间液相扩散连接（TLP）	
		超塑性成形扩散连接（PF-DB）	
		热等静压扩散连接（HIP）	

每类扩散焊接的方法和特点如下：

按焊接材料的组合种类可分为同种材料扩散连接和异种材料扩散连接。

（1）同种材料扩散连接。同种材料扩散连接通常是指不加中间层的两种同种金属直接接触的扩散连接。这种类型的扩散连接，一般要求待焊表面制备质量较高，焊接时要求施加较大的压力，焊后扩散接头的化学成分、组织结构与母材基本一致。对于同种材料来说，Ti、Cu、Zr、Ta等最易实现扩散连接；铝及铝合金，含Al、Cr的铁基及钴基合金则因氧化物不易去除而难于实现扩散连接。

（2）异种材料扩散连接。异种材料扩散连接是指两种不同的金属、合金或金属与陶瓷、石墨等非金属材料的扩散连接。异种金属的化学成分、物理性能等有显著差异。两种材料的熔点、线膨胀系数、电磁性、氧化性等差异越大，扩散连接难度越大。异种材料扩散连接时可能出现以下问题：

1）由于线膨胀系数不同而在结合面上出现热应力，导致界面附近出现裂纹。

2）在扩散结合面上由于冶金反应产生低熔点共晶或者形成脆性金属间化合物，易使界面处产生裂纹，甚至断裂。

3）因为两种材料扩散系数不同，可能导致扩散接头中形成扩散孔洞。

从扩散焊的连接形式区分，可分为无中间层扩散焊连接和加中间层扩散焊连接。

对于采用常规扩散连接方法难以焊接或焊接效果较差的材料，可在被焊材料之间加入一层过渡金属或合金（称为中间层），这样就可以焊接很多难焊的或冶金上不相容的异种材料，可以焊接熔点很高的同种或异种材料，称之为加中间层的扩散连接。反之，焊接材料直接接触的焊接称为无中间层焊接。

从扩散焊接的机理区分，扩散焊接可分为固相扩散焊连接和瞬时液相扩散焊连接。

（1）固相扩散焊连接。在扩散焊连接过程中，母材和中间层均不发生熔化或产生液相的扩散焊连接方法，是常规的扩散焊连接方法。固相扩散焊连接通常在扩散焊设备的真空室中进行。被焊材料或中间层合金中含有易挥发元素时不宜采用这种方法。

（2）瞬时液相扩散焊连接。液相扩散焊是指在扩散连接过程中接缝区短时出现微量液相的扩散焊连接方法。换句话说，是利用在某一温度下待焊异种金属之间会形成低熔点共晶的特点加速扩散焊过程的连接方法。在扩散焊过程中，中间层与母材发生共晶反应，形成一层极薄的液相薄膜，此液膜填充整个接头间隙后，再使之等温凝固并进行均匀化扩散处理，从而获得均匀的扩散焊接头。微量液相的出现有助于改善界面接触状态，允许使用较低的扩散压力。

扩散焊连接方法的工艺特点见表5-9-2、固相扩散焊连接时常用的中间层材料及连接参数见表5-9-3。

表5-9-2 扩散焊连接方法的工艺特点

类 型	工 艺 特 点
同种材料扩散连接	是指不加中间层的两同种金属直接接触的一种扩散连接。对待焊表面制备质量要求高，焊时要求施加较大的压力。焊后接头组织与母材基本一致。 对氧溶解度大的金属（如Ti、Cu、Fe、Zr、Ta等）最易焊，而对容易氧化的铝及铝合金，含Al、Cr、Ti的铁基及钴基合金则难焊

续表 5-9-2

类 型	工 艺 特 点
异种材料扩散连接	是指异种金属或金属与陶瓷、石墨等非金属之间直接接触的扩散连接。由于两种材质上存在物理和化学等性能差异，焊接时可能出现： （1）因线膨胀系数不同，导致结合面上出现热应力； （2）由于冶金反应在结合面上产生低熔点共晶或形成脆性金属间化合物； （3）因扩散系数不同，导致接头中形成扩散孔洞； （4）因电化学性能不同，接头可能产生电化学腐蚀
加中间层的扩散连接	是指在待焊界面之间加入中间层材料的扩散连接。该中间层材料通常以箔片、电镀层、喷涂或气相沉积层等形式使用，其厚度小于0.25mm。中间层的作用是：降低扩散连接的温度和压力，提高扩散系数，缩短保温时间，防止金属间化合物的形成等。中间层经过充分扩散后，其成分逐渐接近于母材。此法可以焊接很多难焊的或在冶金上不相容的异种材料
过渡液相扩散连接（TLP法）	是一种具有钎焊特点的扩散连接。在焊件待焊面之间放置熔点低于母材的中间层金属，在较小压力下加热，使中间层金属熔化、润湿并填充整个接头间隙成为过渡液相，通过扩散和等温凝固，然后再经一定时间的扩散均匀化处理，从而形成焊接接头的方法，又叫扩散钎焊
超塑性成形扩散连接（PF-DB）	是一种将超塑性成形与扩散连接组合起来的工艺，适用于具有相变超塑性的材料，如钛及钛合金等的焊接。薄壁零件可先超塑性成形然后焊接，也可相反进行，次序取决于零件的设计。如果先成形，则使接头的两个配合面对在一起，以便焊接；如果两个配合面原来已经贴合，则先焊接，然后用惰性气体充压使零件在模具中成形
热等静压扩散连接（HIP）	是利用热等静压技术完成焊接的一种扩散连接。焊接时将待焊件安放在密封的真空盒内，将此盒放入通有高压惰性气体的加热釜中，通过电热元件加热，利用高压气体与真空盒中的压力差对焊件施以各向均衡的等静压力，在高温与高压共同作用下完成焊接过程。此法因加压均匀，不易损坏构件，适合于脆性材料的扩散连接。可以精确地控制焊接构件的尺寸

表 5-9-3 固相扩散焊连接时常用的中间层材料及连接参数

连接母材	中间层材料	连 接 参 数			
		压力/MPa	温度/℃	时间/min	保护气体
Al/Al	Si	7～15	580	1	真 空
Be/Be	—	70	815～900	240	非活性气体
	Ag 箔	70	705	10	真 空
Mo/Mo	—	70	1260～1430	180	非活性气体
	Ti 箔	70	930	120	氩 气
	Ti 箔	85	870	10	真 空
Ta/Ta	—	70	1315～1430	180	非活性气体
	Ti 箔	70	870	10	真 空

续表 5-9-3

连接母材	中间层材料	连接参数			
		压力/MPa	温度/℃	时间/min	保护气体
Ta-10W/Ta-10W	Ta 箔	70～140	1430	0.3	氩 气
Cu-20Ni/钢	Ni 箔	30	600	10	真 空
Al/Ti	—	1	600～650	1.8	真 空
	Ag 箔	1	550～600	1.8	真 空
Al/钢	Ti 箔	0.4	610～635	30	真 空

9.3 扩散焊的材料应用

扩散焊接的接头质量好且稳定，几乎适合于各种材料，在金刚石复合片石油钻头的焊接等重要领域获得了广泛应用。扩散焊为许多使用环境苛刻、产品结构要求特殊的零件提供了多种焊接的形式选择。

9.3.1 同种材料的扩散焊接

碳钢、合金钢虽然容易焊接，但在要求大平面接触并形成高质量接头产品时，可采用扩散焊接。航空工业中广泛采用的钛及钛合金、镍及镍基高温合金一般都要求采用扩散焊接，以保证性能要求。一些金属材料的扩散连接温度与熔化温度的关系见表 5-9-4；常用的同种材料扩散焊接的连接参数见表 5-9-5。

表 5-9-4 一些金属材料的扩散连接温度与熔化温度的关系

金属材料	扩散焊温度 T/℃	熔化温度 T_m/℃	T/T_m
银(Ag)	325	960	0.34
铜(Cu)	345	1083	0.32
70-30 黄铜	420	916	0.46
钛(Ti)	710	1815	0.39
20 号钢	605	1510	0.40
45 号钢	800,1100	1490,1490	0.54,0.74
铍(Be)	950	1280	0.74
质量分数为 2% 的铍铜	800	1071	0.75
Cr20-Ni10 不锈钢	1000 1200	1454 1454	0.68 0.83
铌(Nb)	1150	2415	0.48
钽(Ta)	1315	2996	0.44
钼(Mo)	1260	2625	0.48

表 5-9-5 常用的同种材料扩散焊接的连接参数

序 号	被焊材料	中间层	加热温度/℃	保温时间/min	压力/MPa	真空度/Pa（或保护气氛）
1	5A06 铝合金	5A02	500	60	3	50×10^{-3}
2	Al	Si	580	1	9.8	—
3	H62 黄铜	Ag + Au	400 ~ 500	20 ~ 30	0.5	—
4	1Cr18Ni9Ti	Ni	1000	60 ~ 90	17.3	1.33×10^{-2}
5	K18Ni 基高温合金	Ni-Cr-B-Mo	1100	120	—	真空
6	GH141	Ni-Fe	1178	120	10.3	—
7	GH22	Ni	1158	240	0.7 ~ 3.5	—
8	GH188 钴基合金	97Ni-3Be	1100	30	10	—
9	Al_2O_3	Pt	1550	100	0.03	空气
10	95 陶瓷	Cu	1020	10	14 ~ 16	5×10^{-3}
11	SiC	Nb	1123 ~ 1790	600	7.26	真空
12	Mo	Ti	900	10 ~ 20	68 ~ 86	—
13	Mo	Ta	915	20	68.6	—
14	W	Nb	915	20	70	—

9.3.2 异种材料组合扩散连接

当两种材料的物理化学性能相差很大时，采用普通熔焊的方法很难进行连接，采用扩散焊连接有时可以获得满意的接头性能。确定某个异种金属组合的扩散焊连接条件时，应考虑到两种不同材料之间相互扩散的可能性及其他可能出现的问题。这些问题及防止措施如下：

（1）界面形成中间相或脆性金属间化合物，可通过选择合适的中间合金层来避免或防止。

（2）由于扩散产生的元素迁移速度不同，可能会在紧临扩散界面处形成接头的孔隙缺陷，选择合适的连接条件、连接参数或适宜的中间层，可以解决。

（3）两种材料的线膨胀系数差异大，在加热和冷却过程中产生较大的收缩应力，造成内应力过大、焊件变形甚至开裂。可采用优化工艺解决。

一些异种材料组合扩散连接的连接参数见表 5-9-6。

表 5-9-6 一些异种材料组合扩散连接的连接参数

序 号	焊接材料	中间层	加热温度/℃	保温时间/min	压力/MPa	真空度/Pa
1	Al + Cu	—	500	10	9.8	6.67×10^{-3}
2	5A06 防锈铝 + 不锈钢	—	550	15	13.7	1.33×10^{-2}
3	Al + 钢	—	460	1.5	1.9	1.33×10^{-2}
4	Al + Ni	—	450	4	15.4 ~ 36.2	—
5	Al + Zr	—	490	15	15.435	—

续表 5-9-6

序 号	焊接材料	中间层	加热温度/℃	保温时间/min	压力/MPa	真空度/Pa
6	Mo + 0.5Ti	Ti	915	20	70	—
7	Mo + Cu	—	900	10	72	—
8	Ti + Cu	—	860	15	4.9	—
9	Ti + 不锈钢	—	770	10	—	—
10	Cu + 低碳钢	—	850	10	4.9	—
11	可伐合金 + 铜	—	850 ~ 950	10	4.9 ~ 6.8	1.33×10^{-3}
12	硬质合金 + 钢	—	1100	6	9.8	1.33×10^{-2}
13	不锈钢 + 铜	—	970	20	13.7	—
14	TAl(钛) + 95 陶瓷	Al	900	20 ~ 30	9.8	$> 1.33 \times 10^{-2}$
15	TC4 钛合金 + 1Cr18Ni9Ti	V + Cu	900 ~ 950	20 ~ 30	5 ~ 10	1.33×10^{-3}
16	95 陶瓷 + Cu	—	950 ~ 970	15 ~ 20	7.8 ~ 11.8	6.67×10^{-3}
17	Al_2O_3 陶瓷 + Cu	Al	580	10	19.6	—
18	Al_2O_3 + ZrO_2	Pt	1459	240	1	—
19	Al_2O_3 + 不锈钢	Al	550	30	50 ~ 100	—
20	Si_3N_4 + 钢	Al - Si	550	30	60	—
21	Cu + Cr18-Ni13 不锈钢	Cu	982	2	①	—
22	Cu + (Hb-1% Zr)	Nb-1% Zr	982	240	①	—
23	铁素体钢 + Inconel718	—	943	240	200	—
24	Ni200 + Inconel 600	—	927	180	6.9	—
25	(Nb-1% Zr) + Cr18-Ni13 不锈钢	Nb-1% Zr	982	240	①	—
26	Zr2 + 奥氏体不锈钢	—	1021 ~ 1038	30	①	—
27	ZrO_2 + 不锈钢	Pt	1130	240	1	—
28	QCr0.8 + 高 Cr-Ni 合金	—	900	10	1	—
29	QSn10-10 + 低碳钢	—	720	10	4.9	—

①焊接压力借助差动热膨胀夹具施加。

9.4　扩散连接接头的质量检验

随着扩散焊应用的范围和领域的不断扩大，扩散焊接不同材料及工艺参数的不断变化，会使扩散焊接出现各种不同的问题，需要在实际工作中进行处理和解决。扩散连接接头的主要缺陷主要有未焊透、裂纹、变形等，产生这些缺陷的影响因素也较多。扩散连接接头的质量检验方法有以下几种：

（1）采用着色、荧粉或磁粉探伤来检验表面缺陷。

（2）采用真空、压缩空气以及煤油实验等来检查气密性。

（3）采用超声波、X 光射线探伤等来检查接头的内部缺陷。

由于接头结构、焊件材料、技术要求不同，每一种方法的检验灵敏度波动范围较大，要根据具体情况选用。总起来说超声波探伤是较常用的内部缺陷检验方法。一些异种材料扩散连接的缺陷、产生原因及防止措施列于表5-9-7。

表5-9-7 异种材料扩散连接的缺陷、产生原因及防止措施

异种材料	焊接缺陷	缺陷产生的原因	防止措施
青铜+铸铁	青铜一侧产生裂纹，铸铁一侧变形严重	扩散连接时加热温度、压力不合适，冷却速度太快	选择合适的连接参数，真空度要合适，延长冷却时间
钢+铜	铜母材一侧结合强度差	加热温度不够，压力不足，连接时间短，接头装配位置不正确	提高加热温度、压力，延长连接时间，接头装配合理
铜+铝	接头严重变形	加热温度过高，压力过大，保温时间过长	加热温度、压力及保温时间应合理
金属+玻璃	接头贴合，强度低	加热温度不够，压力不足，保温时间短，真空度低	提高加热温度，增加压力，延长保温时间，提高真空度
金属+陶瓷	产生裂纹或剥离	线膨胀系数相差太大，升温过快，冷却速度太快，压力过大，加热时间过长	选择线膨胀系数相近的两种材料，升温、冷却应均匀，压力适当，加热温度和保温时间适当
金属+半导体材料	错位、尺寸不合要求	夹具结构不正确，接头安放位置不对，焊件振动	夹具结构合理，接头安放位置正确，防止振动

参考文献

[1] 李亚江. 特种连接技术[M]. 北京：机械工业出版社，2007.

[2] 宋维锡. 金属学原理[M]. 北京：冶金工业出版社，2000.

（北京有色金属研究总院：宋月清）

10 陶瓷金刚石磨具制造

10.1 概述

超硬磨具中发展最快的磨具当属陶瓷结合剂磨具。陶瓷材料具有很好的化学稳定性，耐热性及宽范围的硬度；还能预先设计气孔，对磨削对象不造成污染（染色）；在磨削过程中，磨削面平整度保持良好；结合剂材料价格低廉。诸多优点使陶瓷结合剂超硬磨具得到越来越多的应用。但某些缺点又使其应用受到一定的限制。如陶瓷结合剂的硬脆特性使其抗冲击、抗疲劳性能都较差，在使用过程中易发生碎裂；适合于制造超硬磨具的低温烧成的陶瓷，其结合剂的配方复杂，重复性较差，制造工艺过程相对来说要比树脂和金属结合剂复杂；难于从陶瓷结合剂磨具废品中回收磨料等问题。

正是由于上述原因，使陶瓷结合剂超硬磨具的发展受到了一定的限制。尽管如此，陶瓷结合剂的优点还是诱使人们对其不断地研究、探索，希望找到克服其缺点、发扬优点的方法，进一步拓宽其应用范围，开发新品种。例如，有人在陶瓷结合剂的基础上加入一定量的金属，以改善其脆性，收到了良好的效果；还有人对基本结合剂体系进行系统研究，寻求像金属材料由控制组织来控制性能的可预测性的性能控制方法，来克服陶瓷结合剂配方的不确定性；为了克服陶瓷结合剂质量的不稳定性，逐渐采用预熔玻璃、基础配方等形式的结合剂，收到十分显著的效果；采用磨料表面镀覆等方法来加强磨料与结合剂的结合等方法，使陶瓷结合剂超硬磨具的质量不断提高。

除用于磨削硬质合金、碳化钨等，还大量用于加工金刚石烧结体、天然单晶体以及硬质陶瓷等材料。在金属材料的加工方面，特别是淬硬钢的磨削加工方面，陶瓷结合剂超硬磨具更显其独特的优越性。在磨削冷却困难的磨削表面（如联轴器球头窝），大气孔的陶瓷结合剂磨具方面更是无可替代的选择。在加工这些材料时，它的使用寿命、磨削效率和锋利程度，都比树脂和金属结合剂优越。正因为如此，陶瓷结合剂超硬磨具的应用日益广泛。

陶瓷结合剂超硬磨具的制造过程，与普通陶瓷磨具有一定的相似之处，也是由原料准备、配料、成形、干燥、烧成和加工等工序所组成。两者的区别主要表现在结合剂性能有较大的差异，而结合剂性能的差异又取决于原料的选择和各种原料的配比。

10.2 基本原材料与分类

10.2.1 磨具材料的分类

陶瓷结合剂超硬磨具的组成和普通陶瓷磨具一样，也是由磨料、结合剂和气孔三部分构成。这三部分在普通磨具中称为磨具的“三要素”，同样可用成分三角形来表示。由于超硬磨料的超硬特性，其组织范围与普通磨具有较大区别。另外，由于受到超硬磨料耐热性及结构稳定性的影响，陶瓷超硬磨具应在尽量低的温度下烧成，以及磨具中超硬磨料的浓度限制，使其在结合剂和磨料的组成上，及对它们的性能要求上，又都与普通陶瓷磨具有较大的差别。

制造陶瓷结合剂超硬磨具所用的原材料分类情况如表5-10-1所示。

表5-10-1 制造陶瓷结合剂超硬磨具所用的原材料分类情况

陶瓷结合剂超硬磨具原料	磨料	主磨料-金刚石、cBN 辅助磨料-金刚石、SiC、刚玉
	结合剂	直接粉体法结合剂-矿物粉末及化学试剂粉末直接混合烧结 预熔玻璃法结合剂-按配方配合后预熔成玻璃料-粉碎-烧结 特殊种类结合剂-气相沉积法、液相法及固相合成法
	其他添加剂	造孔剂-核桃壳、颗粒碳、树脂球、碳酸钙、白云石 着色剂-Cr_2O_3（绿色）、Fe_2O_3（红色） 润湿剂、临时黏结剂-糊精、水玻璃、树脂

10.2.2 磨料与辅助磨料

10.2.2.1 磨料

陶瓷结合剂超硬磨具的磨料主要是金刚石和立方氮化硼。由于该类磨具一般是在较高温度下（750~950℃）烧成，要求磨料应具有较强的热稳定性。

磨料和结合剂是磨具组成的主体，磨料无疑是磨削的主体。由于超硬磨料本身的性质及磨削对象的要求，结合剂应与磨料具有关联性。陶瓷结合剂超硬磨具的磨料要求较高，按照国标，对于金刚石一般采用MBD8或锯切级磨料。

在适宜超硬磨料的低熔陶瓷结合剂中大都含有碱金属氧化物，而在烧结过程中结合剂中的碱金属氧化物对超硬磨料的表面有腐蚀。如cBN晶体在与结合剂烧结过程中，表面形成B_2O_3保护膜，但与陶瓷结合剂烧结时保护膜剧烈溶入含碱的熔体，与结合剂发生反应，反应结果使结晶完好、棱角分明的cBN晶体切削刃圆钝，颗粒细小，失去其有效的切削能力。另外，分解产生的气体在陶瓷结合剂cBN晶粒界面间形成气孔或造成界面处脱离，使cBN磨具工作时易于脱落而失去工作能力，并造成这类复合烧结体整体强度降低。所以，有很多研究人员对超硬磨料表面镀覆金属层，使其表面金属化。表面镀覆是指利用表面处理技术在cBN颗粒表面镀覆金属，使其表面具有金属或类金属的性质。超硬磨料表面的镀覆有以下的作用：

（1）提高结合剂对超硬磨料的黏结能力。镀层在二者之间起结合桥的作用，将磨料与结合剂牢固结合起来，提高磨料与结合剂之间的结合强度。

（2）增加磨粒的颗粒强度，镀层起补强、增韧的作用。磨料内部缺陷，微裂纹、微小空洞可通过充填得到弥补，从而提高强度。

（3）隔离保护作用。在高温烧结和高温磨削时，镀层可以隔离保护磨料使之不发生石墨化、氧化及其他化学反应。

所以镀覆金属层后，借助金属层的中介作用，改善cBN与结合剂的黏结状态，通常所选用的金属有Ti、Cr、V和W等金属。在前几年推出的一种镀钛层的陶瓷结合剂cBN砂轮，镀覆厚度虽然不到1μm，但因在磨粒表面和镀层之间形成了氮化钛和二硼化钛，能与陶瓷结合剂产生化学结合，从而可提高砂轮的使用性能，使用寿命要增长2~3倍。还有人提出复合镀，镀覆两层金属，内层为钛层，外层为另外一种金属层，可以与钛层实现冶金结合。还有人研究了在超硬磨料表面涂覆了5~10μm厚的玻璃或陶瓷，通常用硼硅玻璃或硅酸盐，这种镀层提供了化学键结合，结合强度较大。

超硬磨粒的镀覆得到广泛的应用。De Beers公司工业钻石部（现称元素六）于20世纪70年代末推出PVD方法生产的镀钛金刚石，随后又开发了cBN镀钛品种ABN615，多次报道镀层对于制造高性能陶瓷结合剂cBN磨具的重要作用，这种镀层防止了烧结过程中陶瓷结合剂对cBN的强烈侵蚀，并且实现了cBN磨粒与陶瓷结合剂的结合。尽管如此，由于当时的技术水平所限，镀覆过程及设备复杂，单次镀覆量少，不能实现工业化生产。直到燕山大学研制成功了真空微蒸发镀钛技术，才真正实现了在金刚石、cBN表面镀覆Ti等活性金属，并且通过研究发现镀层特别是Ti、Cr及其合金镀层可有效的保护cBN免于侵蚀，应用效果显著，而且，配套的设备简单易操作，便于实现工业化生产，在磨具行业得到广泛应用[23]。

由于陶瓷结合剂超硬磨具是在较高温度下烧结，因而要求磨料的耐热性或热稳定性好，且单晶中杂质含量要少。磨料在磨具中的浓度，在过去一般为100%~125%（即磨料占磨具工作层体积的25%~31.25%），但现在有增加的趋势，经常用到125%、150%甚至200%。图5-10-1为是陶瓷磨具的“磨粒-结合剂-气孔”三角坐标。坐标中V_k代表磨粒率，V_b代表结合剂率，V_p代表气孔率，AE线是最低填充密度极限，BC线是最高填充密度极限，DE线是最大结合剂当量。由AEDCB围成的多边形（P区）是可以制造的普通陶瓷磨具的“磨粒-结合剂-气孔”范围。EFDG围成的S区为超硬陶瓷磨具合适的制造范围，超硬磨料陶瓷磨具的结合剂用量范围为25%~70%（体积分数），超硬磨料用量为14%~58%（体积分数），磨具中气孔所占体积分数为17%~34%（体积分数），制造cBN陶瓷磨具最常用的结合剂用量为20%~40%（体积分数）。

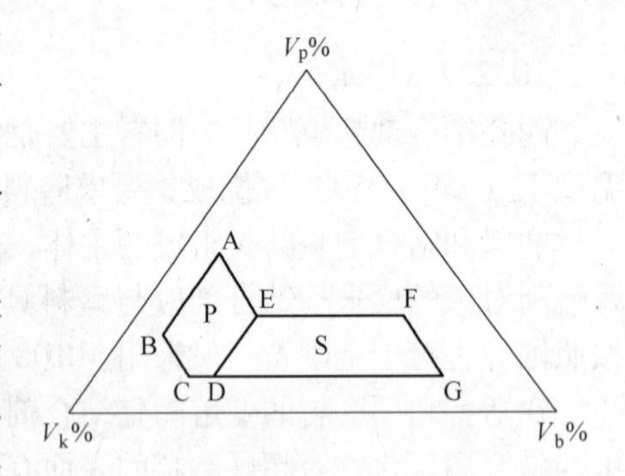

图5-10-1　磨粒-结合剂-气孔组织图

10.2.2.2　辅助磨料

在过去很长一段时间加入白刚玉、SiC作为辅助磨料，一方面是由于金刚石价格昂贵，另一方面，白刚玉与SiC的确能够在一定程度上起到辅助磨料的作用。随着陶瓷结合剂超硬磨具制造技术研究的进展，结合剂种类的增加，和超硬磨料价格的大幅度降低，加入白刚玉与SiC作为辅助磨料的目的越来越淡化了，而用来调整结合剂膨胀系数的作用则变得更为重要。主要原因是白刚玉与SiC的膨胀系数高于金刚石而低于一般的陶瓷结合剂，因而可用来调整磨具的膨胀应力。刚玉与SiC的线膨胀系数见表5-10-2。白刚玉与SiC的另一重要作用是形成对磨粒的支撑作用。在使用时，注意辅助磨料的粒度，一般要低于超硬磨料粒度1~2个粒度号。如磨料粒度为70/80目，则辅助磨料粒度控制在100/120~120/140目为宜。

表 5-10-2 超硬磨料与辅助磨料的平均线膨胀系数

名　称	白刚玉	SiC	金刚石	cBN
温度范围/℃	25 ~ 1000	25 ~ 1000	25 ~ 1000	25 ~ 1000
平均线[膨]胀系数/$℃^{-1}$	8.6×10^{-6}	4.7×10^{-6}	2.7×10^{-6}	3.5×10^{-6}

除此之外，刚玉作为辅助磨料，实际上更为重要的是其与结合剂的反应能力。以Na_2O、B_2O_3、SiO_2为基本成分的玻璃，称为硼硅酸盐玻璃。它的特点是热膨胀系数小。具有良好的热稳定性、化学稳定性。这些特点与cBN的优异性能相匹配，能较好地满足cBN对结合剂的要求。因此，硼硅酸盐玻璃体系已成为陶瓷结合剂cBN砂轮的首选目标。单纯含有B_2O_3和SiO_2成分的熔体，是不可混熔的。当加入R_2O或RO时，硼的结构会发生变化。通过R_2O或RO提供的游离氧，硼氧三角体[BO_3]转变成完全由桥氧组成的硼氧四面体[BO_4]，使硼的结构由层状结构转变为与硅氧四面体[SiO_4]相似的三度空间架状结构，从而加强了网络，玻璃的某些性质在性质变化曲线中会出现极大值和极小值。当加入量超过一定限度时，硼氧四面体[BO_4]又会转变为硼氧三角体[BO_3]，结构和性质发生逆转。这种由于玻璃中硼氧三角体[BO_3]和硼氧四面体[BO_4]之间的量变而引起玻璃性质突变的现象称为“硼反常现象”。

当加入刚玉时，用Al_2O_3代替SiO_2，随B_2O_3含量不同而出现不同形状的性质变化曲线的现象，称为“硼-铝反常现象”。为了充分利用硼硅酸盐玻璃体系中的“硼反常现象”和“硼-铝反常现象”，配制出低熔点高强度陶瓷结合剂，研究者们通常选择以碱硼铝硅玻璃为理论研究对象，通过调整玻璃中的化学成分或外加一定量的添加剂来研究结合剂的性能变化特征。

在碱硼铝硅玻璃中，Al^{3+}通常以铝氧八面体[AlO_6]形式存在，当存在R_2O或RO时，Al^{3+}可以获得R_2O或RO提供的自由氧而形成4次配位的铝氧四面体[AlO_4]，从而进入玻璃网络，提高玻璃网络的强度。当R_2O或RO较多，提供的自由氧超过体系中Al^{3+}形成铝氧四面体[AlO_4]所需时，B^{3+}就会夺取自由氧，由硼氧三角体[BO_3]转变成硼氧四面体[BO_4]而进入玻璃网络，进一步提高玻璃的强度。若R_2O或RO含量过多，超过了Al^{3+}与B^{3+}形成四面体所需时，将会使硅氧四面体[SiO_4]网络破坏，导致玻璃基本单元破裂，硼氧四面体[BO_4]与铝氧四面体[AlO_4]，又会分别逆转为硼氧三角体[BO_3]与铝氧八面体[AlO_6]，反而降低了结合剂的强度。所以玻璃体的强度可以由($Al_2O_3+B_2O_3$)与(R_2O+RO)的摩尔比值来衡量。当以其他助熔剂部分取代R_2O或RO时，如PbO、氟化物等，可将上述摩尔比值计算式略作改动。例如，加入LiF时，计算式可改为($Al_2O_3+B_2O_3$)与($R_2O+RO+0.5LiF$)[26]。从理论上讲，摩尔比值等于1时，强度处于最大值，但实际上强度最大的结合剂不一定能满足我们的要求，因为结合剂的其他性能（如膨胀系数、耐火度等）还必须能同时得到满足。而Al_2O_3与硼玻璃有巨大反应能力（即高温时Al_2O_3融入硼玻璃中的能力），因而刚玉还可成为强化硼玻璃系为主的结合剂的组分。

10.2.3 其他添加剂

10.2.3.1 造孔剂

气孔是磨具重要组成部分，是指磨具内磨粒之间的间隙和磨粒与结合剂或结合剂之间的间隙。气孔在磨具中的分布形式有两种：一是集中气孔，分布于结合剂中，磨粒之间形成结合桥，如图5-10-2所示，这种气孔在磨削过程中起到有利的作用；二是分散气孔，位于磨粒之间，或磨粒表面，形成分散的小气孔群或气隙，如图5-10-2所示，致使磨粒在磨削过程中容易脱落，把持力减弱，或者在结合桥中有微气孔的存在，结合剂的结合强度差。

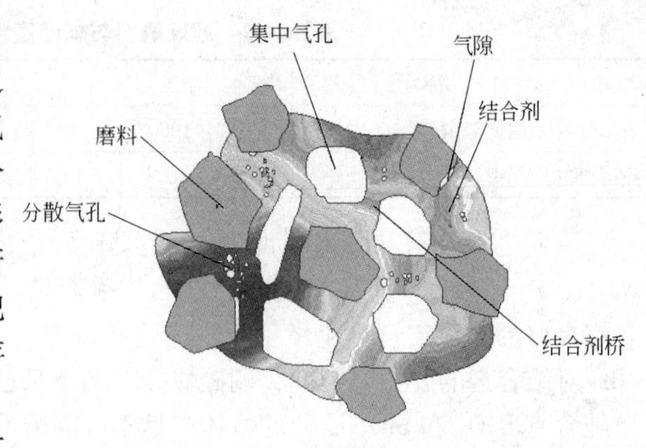

图5-10-2 磨具中气孔的分布

在陶瓷磨具中，气孔的存在有两大好处：

（1）这些气孔中能充满冷却剂和磨削液，并携带到磨削区，致使更好的冷却和润滑，这样减少了摩擦热，延长了磨具的使用寿命。

（2）气孔可以容纳切屑，使磨具更好地进行切削，因此切削效率高且减少磨具的磨损。

一般情况，只要确定磨粒和结合剂含量，控制磨具的体积密度，则气孔率相应确定，气孔是随磨粒、结合剂不规则分布变化而变化。如果由于磨削上的需要，需要控制气孔尺寸时，必须加入造气孔材料，使磨具的气孔符合特定要求，气孔的尺寸可以从0.5～4mm范围内调整。

造孔剂一般是在磨具结合剂混合料过程中加入，在烧结过程中或者由其占据一定的空间而成，或者造孔剂在烧结温度下放气形成。因而，造孔剂根据造孔机理不同可分为两类：占位式造孔剂和放气式造孔剂。占位式造孔剂常用的有：核桃壳、精萘或焦炭粒、树脂球等，碳化硅除作为辅助磨料之外，有时也可作为造孔剂；放气式造孔剂常用的有碳酸钙、白云石等，在使用时注意其性质，及其分布状态、气孔的大小、数量等因素。对于占位式造孔剂，一般情况下可预计烧成之后气孔的大小、形状和分布与磨具坯体成形后的颗粒大小、形状和分布密切相关，因此要求在使用前严格检查造孔剂的粒度、形状，混料时要充分、均匀；对于放气式造孔剂则要求造孔剂的放气温度与烧成温度相一致或稍低一些，以保证适时放气。同时，要严格计算放气量，以免放气不足或过量。

10.2.3.2 润湿剂

润湿剂有三种类型。一类是仅起润湿作用，例如水，通过它的润湿作用使别的材料（如临时黏结剂、结合剂中的可塑物料等）产生黏结作用；另一类是既起润湿剂的作用，又有临时黏结剂的作用，如糊精溶液、树脂液等有机物质；第三类材料，如水玻璃等无机材料，除了起到润湿剂、临时黏结剂的作用外，经高温烧成后的残余物是结合剂的组成部分。目前，各国所用的润湿黏结剂，随着有机合成材料工业的发展，种类越来越多。基本种类有糊精及糊精溶液、水溶性尿醛树脂及其他类型的树脂材料。北美国家则多用乳化蜡、乳化沥青、糊精液、水溶性或醇溶性有机合成材料。其中糊精（$C_6H_{10}O_6$）$_n$，是复杂的碳水化合物，由淀粉加盐酸分解而成，是临时黏结剂，400℃碳化，不影响烧结。树脂等的使用量也逐年扩大，品种繁多。

除了在坯料期间起润湿作用的润湿剂之外，更为重要的是烧结过程中结合剂与磨料之间的润湿，这样的润湿往往决定着磨具的整体强度。这种润湿与结合剂组分有关，极为重要，是一个结合剂配方好坏的标志。

10.2.3.3 着色剂

着色剂的作用在于依靠色别分辨磨具的种类、规格或者工作部分与非工作部分，通常只加在工作层中，它是磨具的一个组成部分，但所占分量极少。

10.2.3.4 结合剂

结合剂主要作用有三方面：(1) 把磨粒黏结在一起，做成各种形状的磨具；(2) 使磨具固结后，能承受一定的磨削力和回转切应力，具有足够的回转强度；(3) 使表面磨粒磨钝后，受外力作用下能产生不同的自动脱落能力，即制成各种磨具硬度，工作时产生自锐作用。结合剂在磨具中是以把持磨粒而存在的，结合剂随磨粒的分布而分布，其分布情况有两种（见图5-10-2）：(1) 结合剂包裹着磨粒或者与磨粒表面产生物理化学变化而形成结合剂与磨粒的连接体，并具有一定的结合强度，其强度与结合剂对磨粒的反应能力和润湿黏附能力有关；(2) 磨粒与磨粒之间以结合剂“桥”连接，结合剂桥的强度决定于结合剂本身的强度，与其本身的矿物和化学组分以及焙烧工艺有关。结合剂在磨具磨削过程中，不起磨削作用，但与工件产生摩擦或抛光作用，所以一般情况下，只要结合剂能够满足磨具硬度和强度要求，就应尽量减少结合剂用量。

正如前文中所说，可以用来配制陶瓷结合剂的材料很多，特别是近年来低熔点结合剂的发展，加之类金属陶瓷结合剂的出现，使得所用的材料突破了传统的硅酸盐材料的范畴。以结合剂粉体获得的方式分类，可将其分为三大类：直接粉体烧结结合剂、预熔玻璃结合剂及特种结合剂。目前应用最为普遍的是预熔玻璃结合剂。直接粉体烧结结合剂由于影响其最终性能的因素较多，性能不稳定，现在应用呈下降趋势。而特种结合剂由于制备复杂，成本较高，只在特殊情况下使用。

10.3 陶瓷结合剂

10.3.1 陶瓷结合剂的特点及性能要求

10.3.1.1 特点

陶瓷结合剂是我们最熟悉的，由于它的化学稳定性极强，砂轮几乎能在各种性质的冷却液中工作，弹性变形小脆性大，又能制造硬度从软到硬的各种磨具，因而在普通磨料（刚玉系、碳化硅系）磨具制造中用得最多。目前在金刚石、cBN磨具中，陶瓷结合剂的使用越来越多。但其存在一些缺点，如：硬脆特性使它的抗冲击、抗疲劳性能都较差，在使用过程中易发生破裂；制造工艺过程相对复杂，及从废品中回收磨料比较困难等问题，限制了该类结合剂的应用。

即使如此，陶瓷结合剂作为超硬磨具的一个重要品种，广阔诱人的应用前景，特别是汽车等支柱产业的大量成功应用，使得陶瓷结合剂超硬磨具受到越来越多的关注，人们在不断的开拓它的使用领域。在某些特殊磨削加工中，它的使用寿命、磨削效率和锋利程度，都比树脂和金属结合剂优越，特别是形面保持方面，更是其他结合剂所不能替代的。特别是在自动机床方面，更作为必用产品而受到重视。随着加工技术的发展，加工产品的需求，陶瓷结合剂超硬磨具的尺寸也从ϕ400mm以下扩大到现今的ϕ1000mm甚至更大。

10.3.1.2 性能要求

磨具质量主要取决于结合剂性能的好坏。陶瓷结合剂必须具备下列几个性能，即强度、硬度、粒度、耐火度、润湿性、热膨胀性等。在这些性能中，又以强度、耐火度、湿润性和热膨胀性最为重要。作为制造金刚石磨具的陶瓷结合剂对这几项性能的要求叙述如下。

A 强度

结合剂强度是影响超硬磨具使用的一个重要因素。若强度不够，磨具容易产生回转破裂，使人身和设备安全受到极大威胁。结合剂强度包括结合剂本身的强度和结合剂对磨粒的黏结强度。结合剂强度的测试包括抗拉强度、抗折强度、抗压强度、抗冲击强度的测试。较常见的是抗拉强度、抗折强度的测试。因此，狭义的结合剂强度就是指这两种强度，在现今的强度测试中更为方便的是抗折强度测试方法，与抗拉强度有一定的换算关系。影响结合剂强度的因素很多，其中主要有以下几种：

（1）化学成分对强度的影响。Al_2O_3、SiO_2、B_2O_3 是结合剂中的主要成分，助熔剂对这些成分的结构产生重大的影响，从而影响结合剂的强度和其他性能。不同的助熔剂对结合剂的影响效果不一样。通常，随着 R_2O、RO 等助熔剂的含量升高，结合剂强度会下降。李玉萍等人发现以 LiF 为助熔剂比以 CaF_2 为助熔剂得到的陶瓷结合剂熔点低，黏结强度高。适量的 Na_3AlF_6（冰晶石）能增强结合剂对 cBN 的润湿性和流动性，显著提高结合剂的抗拉强度。张建森等人认为这是由于冰晶石降低了高温熔体的黏度，消除了结合剂桥中的气孔和微裂纹所致[29]。还有学者认为 CaO 的存在会使结合剂强度降低，但 CaO 的引入对磨具制造并非绝对禁忌。

除了助熔剂对结合剂的强度有重大影响外，近年来，人们发现某些金属粉、合金粉等添加剂对结合剂强度也有影响。适量的合金粉可提高结合剂的强度，但过多会引起强度下降。侯永改等人认为这是在烧成温度下合金粉或金属粉本身烧结并与结合剂紧密结合在一起的缘故[1]。

（2）烧成工艺对强度的影响。烧成工艺对结合剂强度的影响是指在磨具烧成时，烧成工艺对结合剂强度的影响。陶瓷磨具的焙烧过程包括升温、保温和冷却阶段。在升温过程中的低温阶段（0～300℃），主要是排除干燥后的残余水分。当坯体温度高于 120℃时，坯体中产生较大蒸汽压，坯体容易开裂，所以在该阶段，升温速率宜慢。高温阶段（300℃～烧成温度），各物质之间发生复杂的物理化学变化，新生成的物相对结合剂强度产生重大的影响。赵玉成等人认为在高温阶段设立适当的中间保温温度和保温时间，可提高结合剂的强度。在烧成温度下，保温一段时间，有利于结合剂充分玻化。保温温度不宜过低或太高，过低会造成结合剂玻化不充分；过高又会造成过烧。冷却阶段包括急冷阶段、退火阶段与低温冷却阶段。急冷阶段冷却速度可以很快，进入退火阶段，结合剂由塑性状态转变为脆性状态，速度过快，结合剂就会因内外温度差产生热应力而出现裂纹，降低结合剂的强度。低温冷却阶段可适当加快。

（3）表面镀覆处理对结合剂强度的影响。对超硬磨料进行镀覆处理，一方面使磨料免遭结合剂的侵蚀；另一方面，镀层作为中间过渡层，使磨料和结合剂紧密结合，提高了结合剂对磨料的把持力，从而间接增强了结合剂的强度。

（4）其他因素对结合剂强度的影响。通常，结合剂中加入磨料后，强度会降低。温熙宇等人认为其原因是磨料与结合剂的热膨胀系数匹配还有一定的距离，若两者相差不多时，强度不会有大幅度的下降。本人认为最重要的因素是结合剂的高温润湿性。关于这一问题将在后面进行讨论。

陶瓷是一种脆性材料，人们常采用一些增韧补强的措施。常见的方法有弥散颗粒增强、纤维增强、晶须增强、相变增韧等。陶瓷结合剂也不例外，已经有人开始对此进行研究。他们发现在结合剂中添加硼酸铝晶须，一方面可以抑制方石英的生成，防止方石英在100～200℃时因体积急剧膨胀而使砂轮产生裂纹；另一方面硼酸铝晶须本身可以起到晶须增强的效果，从而提高结合剂的抗拉强度。

为了保证磨具的使用安全，特别是现在的超硬磨具线速度高达120～200m/s，选择足够强度的结合剂是十分必要的，特别是磨料的浓度提高到200%甚至更高，也要求结合剂具有更高的强度。单纯强调强度是不够的，膨胀系数的匹配、高温润湿性则更为重要。

B　耐火度

结合剂的耐火度决定磨具的烧成温度。金刚石磨具要在较低温度下烧成，则结合剂的熔融温度必须低于金刚石的明显氧化温度，以保证金刚石的安全。根据这个原则，通常要把结合剂的耐火度控制在600～900℃左右。对于cBN磨具，结合剂的耐火度可适当放宽到1000℃，在能够保证强度的前提下，结合剂的耐火度越低越好。

结合剂耐火度是指结合剂在高温下软化时的温度。影响结合剂耐火度的因素主要有结合剂的化学成分和粒度。如果SiO_2、Al_2O_3等难熔氧化物含量增多，结合剂耐火度会提高，当R_2O、RO、氟化物等助熔剂含量升高，结合剂耐火度会随之降低。结合剂粒度越细，分散度越大，反应能力就越强，会引起耐火度降低。结合剂粒度越粗，分散度越小，反应能力就越弱，会引起耐火度提高。升温速率、烧结气氛等对结合剂耐火度的表现也有一定的影响。一般升温速度快，耐火度偏高；反之，耐火度偏低。在还原气氛下耐火度会偏低。

使用传统的高温型（耐火度1300℃以上）陶瓷结合剂烧结cBN砂轮在烧结过程中容易使cBN磨粒遭受侵蚀，使棱角分明的cBN晶粒变成钝圆形，严重降低了cBN砂轮的磨削性能。在陶瓷结合剂中加入一些R_2O、RO、氟化物等助熔剂，可降低其耐火度。但R_2O、RO等容易与cBN表面上的B_2O_3保护层发生化学反应，使高温下裸露的cBN磨粒进一步氧化，使结晶完好、棱角分明的cBN晶体切削刃圆钝，颗粒细小，失去其有效的切削能力。因此，cBN的热稳定温度虽然在1200℃以上，但实际上，cBN的烧结温度在1000℃左右。cBN在800℃以下，氧化过程非常缓慢，但在800℃至1000℃，氧化过程有加快的趋势。因此，当陶瓷结合剂耐火度在800℃以下时，cBN磨粒无需进行镀覆处理，可直接与结合剂一起烧结。而耐火度为800℃至1000℃的低熔陶瓷结合剂，所选用的cBN磨粒通常需进行镀覆处理。处理方法有两种，一是金属镀层处理（如镀钛），另外一种是镀覆无机非金属材料（如涂覆刚玉）。由于磨粒受到镀层的保护，结合剂耐火度可以提高到1100℃，但结合剂成分必须根据镀层成分作出相应的调整。因为结合剂不再直接把持磨粒，而是通过与镀层的紧密结合间接把持磨粒。

C　高温润湿性

高温润湿性是结合剂能否正常使用的重要因素。高温润湿性是指在陶瓷结合剂磨具烧成后磨料与结合剂的结合性。在陶瓷结合剂超硬磨具中，超硬磨料无疑是强度最高的物质，且所占体积常常也是最大的物质，如果磨料与结合剂结合不好，就相当于在磨具中存在大量的气孔，且气孔的形状也与磨料形状相似，具有明显的棱角，易在棱角尖端形成应力集中，并且使磨具的有效截面积减小，使磨具整体强度大幅度下降；反之，如果结合剂高温润湿性好，则磨料在磨具中成为磨具整体的增强点，对磨具的整体强度形成贡献。流动性常常影响润湿性。结合剂流动性过小，固相间难以充填液相，结合剂黏结能力差；结合剂的流动性过大，坯体容易变形。试验测试表明：当结合剂的流动性在 80% ~140% 时，结合剂强度比较高。

D　膨胀系数

一般说来，陶瓷结合剂的膨胀系数可控制在一定范围内，总的原则是略大于磨料的膨胀系数。在陶瓷结合剂超硬磨具烧结后的冷却期间，结合剂由塑性状态过渡到刚性状态与磨料一起收缩。如果其膨胀系数小于磨料，在冷却到室温时，其总的收缩量小于磨料，将会与磨料之间形成拉应力，甚至使磨粒表面部分或全部与结合剂脱离，在磨粒周围生成孔隙，进而使磨具整体有效截面积减小，影响磨具的整体强度，并且使磨粒非磨削脱落；当结合剂的膨胀系数略大于磨料时，同样的冷却过程中，由于结合剂的收缩量略大于磨料，将会在磨粒周围形成压应力，有助于磨粒与结合剂的结合。但如果结合剂的膨胀系数过大，在同样的冷却过程中，已经处于刚性的结合剂将会出现过大的收缩，引起较大的压应力，由于磨料的强度远高于结合剂，因而极有可能使结合剂出现裂纹甚至开裂，从而使磨具整体强度下降，这是我们不愿意看到的。

10.3.2　陶瓷结合剂的原料

10.3.2.1　原料的种类

陶瓷结合剂原料的种类与结合剂粉体获得的方式有关。以结合剂粉体获得的方式分类，可将其分为三大类：直接粉体烧结结合剂、预熔玻璃结合剂及特种结合剂。目前应用最为普遍的是预熔玻璃结合剂。直接粉体烧结结合剂由于影响其最终性能的因素较多，现在应用呈下降趋势。而特种结合剂由于制备复杂，成本较高，只在特殊情况下使用，这里不做进一步介绍。

按照工艺特性及作用的不同，直接粉体烧结结合剂所使用的矿物材料大体可以分为三大类：

（1）可塑性原料。其在结合剂中起着调节结合剂的可塑性的作用，使结合剂具有较好的成形性能，这类材料主要有黏土、黄土、膨润土等；

（2）瘠性原料。在结合剂中主要起调节结合剂可塑性、收缩率等作用，也可调节结合剂的强度。这类材料的典型代表有石英、刚玉等；

（3）催熔原料。在结合剂中起降低结合剂耐火度和烧成温度的作用，这类材料主要有长石、滑石、萤石、硼玻璃等，这类材料也属于瘠性材料。

10.3.2.2　常用矿物

如表 5-10-3 所有，表中矿物含有不同种类、不同含量的各类化合物，为结合剂粉体提供了所需的成分。在使用时，根据化验得到的数据进行计算，使其达到配方量。对于易烧损的组分，在计算时要适当增加一些，以便使得到的预熔玻璃是所需要的成分。

表 5-10-3 常用的结合剂原材料及其物理、化学参数

名称	分子式	理论成分	密度 /g·cm^{-3}	莫氏硬度	晶系	颜色	熔点/℃
高岭石(瓷土,高岭土)	$Al_2O_3 \cdot 2SiO_2 \cdot 2H_2O$	Al_2O_3 39.5%, SiO_2 46.5%, H_2O 14%	2.6~2.63	2.0~2.5	单斜	白、黄、红、蓝、绿、褐	
正长石	$K_2O \cdot Al_2O_3 \cdot 6SiO_2$	Al_2O_3 18.3%, SiO_2 64.8%, K_2O 16.9%	2.56	6	单斜	无色、白、浅黄、鲜红至灰色	
钾微斜长石	$K_2O \cdot Al_2O_3 \cdot 6SiO_2$	Al_2O_3 18.3%, SiO_2 64.8%, K_2O 16.9%	2.54~2.57	6~6.5	三斜	白、黄、灰、绿、红	1530
霞石	$(Na,K)_8Al_8Si_9O_{34}$ 或 $NaAlSiO_4$		2.55~2.65	5.5~6	六方	无色、白、黄、灰或红	1526
曹长石(钙钠长石)	$NaAlSi_3O_8 + CaAlSi_2O_8$		2.62~2.672	6~7	三斜	白、灰、绿、红	1120~1380
镁黄长石	$2CaO \cdot MgO \cdot 2SiO_2$	CaO 41.2%, MgO 14.8%, SiO_2 44%	3.12~3.18		四方	无色	1458
曹长石(钠长石)	$Na_2O \cdot Al_2O_3 \cdot 2SiO_2$	Al_2O_3 19.4%, SiO_2 68.8%, Na_2O 11.8%	2.61~2.64	6.0~6.5	三斜	灰或略具颜色	1100
灰长石(钙长石)	$CaO \cdot Al_2O_3 \cdot 2SiO_2$	Al_2O_3 36.6%, SiO_2 43.2%, CaO 20.2%	2.703~2.763	6.0~6.5	三斜	无色、白、灰	1550
歪长石(钠微斜长石)	$(Na,K)_2O \cdot Al_2O_3 \cdot 6SiO_2$		2.56~2.65	6.0~6.5	三斜		
钙黄长石	$2CaO \cdot Al_2O_3 \cdot SiO_2$	Al_2O_3 37.2%, SiO_2 21.9%, CaO 40.9%	2.9~3.07	5.5~6	四方	灰、绿至褐色	1590
钾霞石	$K_2O \cdot Al_2O_3 \cdot 2SiO_2$	Al_2O_3 32.2%, SiO_2 38%, K_2O 29.8%	2.58	5.5~6.0	六方		1540
黄长石	Na_2(或 Ca,Mg)11·$(Al,Fe)_4 \cdot (SiO_4)_9$		2.9~3.4	5~6	四方	白、黄、绿、红、褐	

续表 5-10-3

名　称	分子式	理论成分	密度 /g·cm^{-3}	莫氏硬度	晶系	颜色	熔点/℃
透长石	$K_2O \cdot Al_2O_3 \cdot 6SiO_2$	Al_2O_3 18.3%，SiO_2 64.8%，K_2O 16.9%	2.58	6	单斜		1150
镁　石	$MgCO_3$	MgO 47.8%，CO_2 52.2%	2.95～3.2	2.5～4.5	六方	无色、白至黄色、褐至黄色	
滑　石	$3MgO \cdot 4SiO_2 \cdot H_2O$	MgO 31.7%，SiO_2 63.5%，H_2O 3.8%	2.7～2.8	1.0～1.5	单斜	白、浅绿	1543
霰　石	$CaCO_3$	CaO 56%，CO_2 44%	2.85～2.94	3.5～4	斜方	无色、白、黄、红、蓝、黑	
方解石（冰洲石）	$CaCO_3$	CaO 56%，CO_2 44%	2.711	3	六方	无色、白、黄	2580
白云石	$CaCO_3 \cdot MgCO_3$	CaO 30.4%，MgO 21.9%，CO_2 47.7%	2.80～2.99	3.5～4.5	六方	白、黄、红、褐、黑	
硼　砂	$Na_2B_4O_7 \cdot 10H_2O$		1.69～1.72	2.0～2.5	单斜	白、灰、青、绿	
萤　石	CaF_2		3.18		立方	紫、绿、黄、蓝	1340
石　墨	C(略含 Fe,SiO_2 等)		2.09～2.25	1～2	六方	黑、暗灰	
锰铝石榴石	$3MnO \cdot Al_2O_3 \cdot 3SiO_2$	MnO 43%，Al_2O_3 20.6%，SiO_2 36.4%	4.0～4.3		立方	暗红至褐红	1200
锂辉石	$Li_2O \cdot Al_2O_3 \cdot 4SiO_2$	Li_2O 8.4%，SiO_2 64.5%，Al_2O_3 27.4%	3.13～3.2	6.5～7.0	柱状	呈玻璃光泽，通常暗灰白色，也有黄、绿、紫色	1370

相关矿物已在前文中进行了较为详细的说明，本部分不再重复。应该注意的是其工艺性能。

A　黏土

a　黏土的矿物分类

黏土在直接粉体法陶瓷结合剂中为主要矿物，从不同角度出发可有多种分类方法，黏土的分类见表5-10-4。

表 5-10-4　黏土的分类

分类标准	种类及说明
按主要矿物组成分类	1. 高岭石类； 2. 蒙脱石类
按成因分类	1. 一次黏土（或称原生黏土），即母岩风化后残留在原地的黏土，杂质较少，颗粒较粗，可塑性较差，烧结温度较高； 2. 二次黏土（或称次生黏土、沉积黏土），是经雨水川河漂流而被搬运至湖泊、沼泽等低洼处沉积的黏土，颗粒极细，搬运过程中混入了有机物和杂质，因而可塑性较强，杂质较多，烧结温度较低
按可塑性分类	1. 高可塑性黏土（软质黏土），其可塑性指数大于 15； 2. 中可塑性黏土，其可塑性指数为 7 ~ 15； 3. 低可塑性黏土（硬质黏土），其可塑性指数为 1 ~ 7； 4. 非可塑性黏土（硬质黏土），其可塑性指数小于 1
按耐火度分类	1. 耐火黏土，耐火度高于 1580℃； 2. 难熔黏土； 3. 易熔黏土

按照其矿物组成可分为三类，即：高岭石、蒙脱石、伊利石。各类黏土矿的结构、特性及在结合剂中的作用如下：

（1）高岭石类。属于这类的黏土有高岭石、多水高岭石、地开石、珍珠陶土、蛭石等。系由长石、花岗岩经自然风化而成。在陶瓷结合剂超硬磨具中作为主晶相加入，制造磨具所用的黏土绝大多数为此类矿物。

高岭土化学式为：

$$Al_2O_3 \cdot 2SiO_2 \cdot 2H_2O$$

理论化学成分为：Al_2O_3 39.5%，SiO_2 46.54%，H_2O 13.96%。它容易结晶，呈六角鳞片状，易于堆积成厚层，颗粒大小平均为 0.1 ~ 0.3μm。加水后稍有吸水膨胀效应，在水中分散性不大；密度 2.6，莫氏硬度 2 ~ 3，具有中等或低可塑性。耐火度高，一般在 1730 ~ 1770℃，烧结温度 1400℃左右。烧后主要晶相为莫来石。属于此类黏土矿，其化学成分，晶体结构均与高岭石近似，故它们的工艺性能也差别不大。但多水高岭石的可塑性、结合性比高岭石强，干燥收缩大，易引起坯体开裂，尽量不用。

由图 5-10-3 可以看出：高岭石矿物系由一层 $[SiO_4]$ 四面体和一层 $[AlO_2(OH)_4]$ 八面体层组成，四面体的顶角均指向 $[AlO_2(OH)_4]$ 八面体，并和八面体共有氧原子，以此进行连接，构成结构单位层。这种结构单位层在 *c* 轴方向一层层重叠排列，在 *a*、*b* 轴方向无限的展开，从而构成高岭石晶体。

高岭石层间由 O 和 OH 重叠在一起，氢键联结，单位晶层间的晶面是解理面。虽然氢键结合力较弱，但与蒙脱石层间以 O 晶面邻接比较起来，结合力要强些。因此，高岭石比蒙脱石不易解理粉碎。

高岭石在晶格内的置换是极少的，只有在晶格较差的变种中有极少量的铁和钛置换了铝。因此，在高岭石中异质同晶替代现象也较少，只有当晶格发生破裂，边缘上有断键，

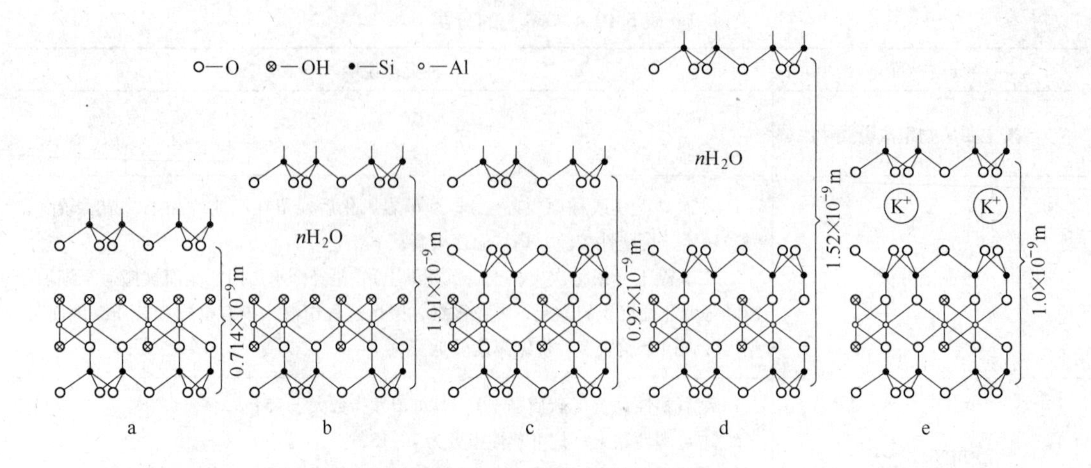

图5-10-3 各种黏土矿物结构示意图

a—高岭石；b—多水高岭石；c—叶蜡石；d—蒙脱石；e—白云母、伊利石、绢云母

出现电荷不平衡时，才吸附其他离子来达到平衡。

我国高岭土资源丰富，江苏的苏州土、山西的大同土、吉林的水曲柳黏土、湖南的界牌土，河南的焦作黏土、江西的星子土等都是以高岭石为主要矿物的黏土。

（2）蒙脱石类。该类矿物在超硬磨具结合剂中作为提高成形性组分使用，一般用量较少。蒙脱石又叫微晶高岭石，它是蒙脱石类黏土的主要造岩矿物。属于此类黏土矿的有蒙脱石、叶蜡石、膨润土等。通常为白色、浅灰色、或淡黄绿色。化学通式为：

$$Al_2O_3 \cdot 4SiO_2 \cdot nH_2O$$

结晶程度差，颗粒极细（在1μm以下），离子交换容量为150mg当量/100g黏土。吸水量大，在黏土粒子结构层间形成很厚一层水化膜（即层间水），使体积膨胀，能膨胀到原来体积的12～15倍，甚至到30倍。由于水化膜厚，彼此间相对滑动容易，触之有滑腻感。其可塑性高，干燥收缩大，易使坯体开裂，在制造磨具时，一般不单独采用，有时为了提高结合剂的可塑性及干坯强度可以少量搭配使用。膨润土是常用的辅助原材料。这类黏土含有较多碱金属及铁、钛等杂质，故耐火度较低。

蒙脱石系由二层[SiO_4]四面体和夹在它们中间的一层[$AlO_2(OH)_4$]八面体层所组成，每个四面体顶端的氧都指向结构层的中央，与八面体所共有。此种结构的单位层沿b轴方向无限的伸展，同时在c轴方向又以一定距离重叠起来构成晶体。结晶层间距离为0.96nm（9.6Å），此亦为单位晶胞在c轴上的长度。

蒙脱石的离子交换力很强，晶格中四面体层的Si^{4+}小部分被Al^{3+}、P^{5+}置换，八面体中的Al^{3+}常被Mg^{2+}、Fe^{3+}、Li^{+}等置换。这样使得晶格中电价不平衡，促使晶层之间吸附阳离子，如Ca^{2+}、Na^{+}等。不仅如此，这些阳离子又可以与其他阳离子进行交换。同时，阳离子还会被水化，单位层间就吸附了水化阳离子。因此，c轴也随层间水量的增多而变长，从而产生了膨胀。无水时，层间距离为0.96nm（9.6Å），有水可达2.14nm（21.4Å）。

吸附钠离子的蒙脱石称作钠蒙脱石，在水中能形成稳定的悬浮液。吸收钙离子的蒙脱石叫钙蒙脱石，其分散性差，在水中不易形成稳定悬浮液，黏土颗粒凝聚成集合体。由于蒙脱石中Al_2O_3含量低，又吸附其他阳离子，杂质较多，因此，其耐火度较低。在直接矿物粉体法的超硬磨具中有从结合剂中少量用作增加成形性的组分，也可降低烧结温度，但要注意湿坯干燥过程中的开裂。

蒙脱石矿物的产地在我国分布很广。辽宁黑山膨润土、河南出山店膨润土、河北内蒙膨润土、江苏祖堂山泥等。我国出产的膨润土多以钙蒙脱石为主要矿物。

（3）伊利石类。伊利石是常见的一种水云母类矿物。它是云母、高岭石的中间产物。多呈灰、棕、红和淡青色。它们的成分及结构介于云母与高岭石或云母与蒙脱石之间，晶体构造式为：

$$K < 2(Al,Fe,Mg)_4(Si,Al)_8O_{20}(OH)_4 \cdot nH_2O$$

从组成上来说，和高岭石比较，伊利石含 K_2O 较多，而含水较少；和白云母比较，伊利石含 K_2O 较少，而含水较多。例如典型的伊利石含6.3%的 K_2O 和7.5%的 H_2O，而白云母含10%～11.5%的 K_2O 和4.2%的 H_2O。即伊利石的化学成分介于高岭石与白云母之间。从结构上来说，伊利石和蒙脱石相似，但四面体中 Al^{3+} 比蒙脱石多，晶层间阳离子通常为 K^+，也有部分被 H^+、Na^+ 取代。K^+ 的离子半径大小正好嵌入层间，晶格结合牢固，不致发生膨胀。伊利石的层间键比水云母弱，比蒙托石强。正由于此原因，很少在陶瓷结合剂超硬磨具中使用。

黏土的耐火度计算公式见表5-10-5，我国部分膨润土的化学成分见表5-10-6。

表5-10-5 黏土耐火度计算公式

序号	公式	注释
1	$T=(360+Al_2O_3-RO)/0.288$(℃)	Al_2O_3—$Al_2O_3+SiO_2$ 为100时的 Al_2O_3 含量； RO—$Al_2O_3+SiO_2$ 为100时带入的其他杂质的含量
2	$T=5.5A+1534-(8.3F+2MO)\times 30/A$(℃)	A—无酌减（即煅烧后）Al_2O_3 的含量； F—无酌减时 Fe_2O_3 的含量； MO—无酌减的 TiO_2、K_2O、Na_2O、CaO、MgO 的总含量
3	$T=1552+5.4A-12RO$(℃)	A—$Al_2O_3+SiO_2$ 为100时的 Al_2O_3 含量； RO—$Al_2O_3+SiO_2$ 为100时带入的其他杂质氧化物的含量

表5-10-6 我国部分膨润土的化学成分

产地	化学成分(质量分数)/%								
	SiO_2	Al_2O_3	TiO_2	Fe_2O_3	CaO	MgO	K_2O	Na_2O	酌减
福建连城县朋口	65.92	20.72	0.31	1.70	0.14	2.26	1.14	0.32	6.70
浙江余杭县仇山	70.60	17.58	0.24	2.59	2.06	2.54	0.86	0.3	4.47
浙江临安县平山	69.90	17.06	0.36	1.64	2.36	2.28	1.70	2.14	3.80
浙江临安县兰巾	65.14	18.56	0.52	3.01	2.84	2.09	0.88	1.58	4.66
江苏江宁县淳化	65.98	17.39	0.48	2.60	3.45	4.11	0.42	0.40	5.41
山东潍县涌泉	71.34	15.14	0.19	1.97	2.43	3.42	0.43	0.31	5.06
湖北襄阳	50.14	16.17	0.88	6.84	4.73	6.24	1.84	0.19	11.56
河南信阳五里店	72.02	15.76	0.21	1.44	2.19	3.27	0.38	0.22	5.91
河北张家口	61.14	20.11	0.62	3.10	2.42	3.31	1.63	2.11	5.19

续表 5-10-6

产地	化学成分(质量分数)/%								
	SiO_2	Al_2O_3	TiO_2	Fe_2O_3	CaO	MgO	K_2O	Na_2O	酌减
河北宣化县	68.18	13.03	0.25	1.24	3.89	5.07	0.44	0.78	6.78
辽宁黑山县十里岗	73.0	16.17	0.16	1.64	2.01	2.72	0.41	0.39	4.89
辽宁法库县	74.86	15	0.28	1.23	2.11	2.29	0.57	0.31	4.51
吉林九台县二道沟	71.33	14.82	0.26	2.4	2.23	2.18	0.3	0.43	4.86
吉林双阳县烧锅	71.58	14.56	0.37	2.95	2.3	2.72	0.25	0.37	4.58
黑龙江龙江县	58.48	18.35	1.74	9.12	1.23	1.45	1.32	0.47	6.75
甘肃嘉峪关大草滩	62.5	18.61	0.98	5.37	1.35	1.86	2.38	1.25	6.31
江苏溧阳	60.40	17.00	—	2.50	2.05	2.23	0.62	0.1	15.65
江苏溧阳茶亭	56~58	17.8~19.6	—	1.90~2.73	1.78~2.4	2.90	0.35~1.05	0.1~0.3	15~16

b 黏土的颗粒组成

黏土的颗粒组成（表5-10-7）是指黏土中含有不同大小颗粒的百分比含量。黏土的颗粒组成会影响到它的一些工艺性能。黏土的颗粒小于1μm 的颗粒愈多则可塑性愈强，干燥收缩大，干后强度高，且烧结温度低。这是由于细颗粒的比表面积大、表面能大的缘故。此外不同的矿物成分颗粒大小也不相同。蒙脱石和伊利石颗粒比高岭石小，加上碱性氧化物含量又多，所以导致可塑性好，烧结温度低。黏土中的石英和长石多半在粗颗粒中，而黏土颗粒形状和结晶程度也会影响其工艺性能。片状的结构比杆状结构的颗粒堆积密度、塑性大、强度高。此外结晶程度差的颗粒可塑性也较大。可以通过机械球磨等方法人工控制黏土的颗粒度，从而实现工艺目的。黏土的颗粒大小对工艺性能的影响见表5-10-8。

表5-10-7 黏土的颗粒组成举例 （%）

产地与名称	筛分析/目				沉降分析/μm			
	200	200~250	250~300	300~400	34~20	20~10	10~5	<5
湖南界牌白瓷土	41.4	8.73	2.77	1.5	7.76	7.76	3.1	26.85
湖南新宁大石板瓷土	9.8	13.0	7.16	6.17	15.57	14.0	7.78	26.45

产地与名称	沉降分析/μm					
	>250	50~250	10~50	5~10	1~5	<1
江苏宜兴陶土（白泥）	3.41	21.1	8.68	19.8	15	32
江苏宜兴陶土（紫砂泥）	24.12	3.81	42.87	3.3	11.1	13.8
江苏无锡阳山白泥		3.1	22.7	23.7	39	10.3
江苏丹徒长山白泥	4.53	31.26	10.72	6.53	18.26	23.34
江苏新沂瓷土（球磨料）		0.07	11.98	31	31.5	25.5

表 5-10-8 黏土颗粒大小对工艺性能的影响

颗粒平均直径/μm	100 克颗粒表面积/cm^2	干燥收缩率/%	干强度/kgf · cm^{-2}	相对可塑性
8. 50	13×10^4	0. 0	4. 6	无
2. 20	392×10^4	0. 0	14. 0	无
1. 10	744×10^4	0. 6	64. 0	4. 40
0. 25	1750×10^4	7. 8	47. 0	6. 30
0. 45	2710×10^4	10. 0	130. 0	7. 60
0. 28	3880×10^4	23. 0	296. 0	8. 20
0. 14	7100×10^4	39. 5	458. 0	10. 20

注：$1kgf/cm^2=10^5Pa$。

c 黏土的主要工艺性能

黏土的主要工艺性能主要取决于其化学、矿物成分及颗粒组成。而黏土又是陶瓷结合剂的主要原材料，生产实践表明：往往由于黏土矿源的变动，而引起磨具质量波动。所以，对黏土的主要工艺性能应有一个全面了解，为选用较理想的矿源及处理生产上所出现的技术问题提供理性知识。

（1）可塑性。当黏土泥料加入一定数量的水调和以后，能捏练成所要求的形状，外力去掉时，仍能保持原有形状而不变，这种性能称为黏土的可塑性。这一性能是决定黏土为主要原料的磨具坯料成形性及湿坯强度、干坯强度等性能的主要因素。在陶瓷结合剂超硬磨具制造过程中，如果以黏土等矿物作为结合剂，则需要有一定的可塑性，如果可塑性不足，可通过添加增加可塑性的原料加以改善。

（2）结合性。黏土软泥干燥后，仍能保持所给予的形状，这是由于黏土结合力的作用而将黏土颗粒牢固地结合在一起的缘故。结合力就是把黏土颗粒分开所需要的力。黏土的结合能力与黏土的成因、矿物组成、杂质及粒度有关。通常，随可塑性的增加，其结合能也增大。因此，一般可根据黏土的可塑性来估计结合性，或者根据结合性来判断可塑性。

黏土的结合性是决定磨具干坯强度的重要因素。如果黏土的结合力差，磨具干坯在搬运、窑前加工、装窑时就容易碎裂，以致无法生产，这样的例子是常见的，必须引起重视。

（3）收缩性。这里所说的收缩性包括干燥收缩和烧成收缩两部分（表 5-10-9），关于收缩性的概念已在前述章节中详细介绍。一般情况下可塑性高的黏土要比可塑性低的黏土收缩率大。这种收缩在干燥过程中容易产生有害的应力，当应力大于坯体强度时，将导致坯体开裂。而烧成收缩，是由于它在烧成过程中发生了一系列的物理化学变化及液相充填在部分气孔中，在表面强力作用下，使其视密度增加，体积缩小所引起。若烧成收缩率太大，易产生较大的应力，而导致产品开裂，其作用即是膨胀系数的作用。一般黏土的总收缩率为 5% ~20%，干燥收缩率为 3% ~12%、烧成收缩率为 2% ~8%。

（4）吸湿性。黏土的吸湿性会引起配料的准确性下降、磨具干坯的返潮、干强度下降等弊病。在工艺上对干燥后的干坯采取干燥保存等适当措施，加以预防。

表 5-10-9 各类黏土的线收缩率范围

黏土种类	收缩率/%	
	干燥收缩	烧成收缩
高岭石类	3~10	2~7
蒙脱石类	12~23	6~10
伊利石类	4~11	9~15

(5) 耐火度。黏土的耐火度主要取决于它的化学成分，通常是按照黏土化学成分中 $w(Al_2O_3)/w(SiO_2)$ 的比值来判断耐火度。当黏土作为超硬磨具主要原料时，主要是利用其还有大比例的 Al_2O_3 来考虑的，因此要以其成分为主，但可根据其耐火度来选择其他降低结合剂总体烧结温度的矿物种类。

(6) 烧结温度与烧结范围。超硬磨具中不能单独使用黏土作为结合剂，但从控制产品质量来考虑，希望黏土的烧结范围宽好，它可以增加结合剂的烧结范围，对稳定产品质量有利。黏土烧结范围的宽窄主要与所含熔剂杂质的含量和种类有关，优质高岭土的烧结范围可达200℃，不纯黏土约为150℃，伊利石黏土仅50~80℃。

黏土在加热过程中会产生一系列的物理化学变化，它们对烧成工艺及产品质量有很大的影响。了解它的加热变化规律，对确定超硬磨具的烧成制度，具有重要意义。

高岭土在加热过程中发生脱水、分解，产生新晶相等物理化学变化，这些过程随高岭土的结晶程度而异，结晶程度差，分散度大的，脱水温度有所降低。由于黏土脱水，影响结合剂的强度降低，升温速度要缓慢，以防止产生裂纹废品。在升温过程中将有晶相产生，在此过程中，要注意敏感温度，以防止开裂或裂纹。对每批次的高岭土做差热分析，不同的高岭土其变化温度会有所差异。其变化过程已在10.3节有所阐述。

d 黏土的主要杂质与影响

黏土的杂质种类很多，各种杂质的存在，对黏土的质量及磨具产品质量都产生不同程度的影响。因此，很有必要对其主要杂质存在形式及不良作用有所了解。

e 黏土的作用及其技术要求

黏土在超硬磨具陶瓷结合剂中的含量，一般约为15%~50%，不含黏土的结合剂是很少的，它在磨具中的作用包括可塑性、耐火度、成分调节（主要引入 Al_2O_3）等方面，可根据具体情况应用其主要作用。关于这方面的内容，陶瓷粉末的章节已做详细论述，这里不再重复。

黏土是一种混合物，矿物种类多，而杂质含量亦极复杂，往往是同一矿区，矿层不同，黏土的质量就有明显差别，稍有疏忽就会引起产品质量的波动。因此，必须有严格的技术条件加以控制。黏土的主要矿物成分，通常是高岭石。蒙脱石矿亦可采用，但只能作为辅助成分，以补救某些高岭石矿可塑性较差的弊病。黏土矿物成分的确定，可借助差热分析来判别。关于杂质的矿物成分亦可通过X-衍射或差热仪来加以分析。由于杂质成分复杂，每一种杂质矿物都要区分开来，这是比较困难的。一般可采用化学分析方法，按规定的技术条件加以控制。关于黏土的主要杂质及影响详见表5-10-10。

表 5-10-10 黏土主要杂质与影响

杂质类别	杂质的矿物种类	对黏土质量的影响
二氧化硅	铝硅酸盐类矿物如长石、云母等	为易熔材料，可降低耐火度
	游离 SiO_2，包括石英、燧石等	可降低可塑性、烧成收缩
	胶体硅石	增加干燥收缩
氧化铝	铝硅酸盐类矿物如长石、云母等	为易熔材料，降低耐火度
	游离状 Al_2O_3，如三水铝矿[$Al(OH)_3$]及水铝石[$Al_2O_3 \cdot H_2O$]	提高耐火度，及高温液相黏度
铁化合物	碳酸亚铁（$FeCO_3$）	加热至400~450℃分解生成熔渣似的黑色斑点，在氧化气氛下氧化为 Fe_2O_3，能降低耐火度
	硫酸亚铁（$FeSO_4$）	在干燥坯件上呈蓝绿色，高温变化与碳酸亚铁相似
	氧化亚铁（FeO）	黏土中少有此矿物，往往在还原气氛下氧化铁还原而成，能降低耐火度
	赤铁矿（Fe_2O_3）	将黏土染红，能降低耐火度
	磁铁矿（Fe_3O_4）	黏土中少见，仅在烧成中产生，为一种黑色氧化物
	黄铁矿（FeS_2）	呈金黄色，粗粒存在时使坯体出现空洞，如均匀分布不易除去
	海绿石	使黏土染成淡绿色，烧后呈淡红色
钙的化合物	碳酸钙（$CaCO_3$）	加热分解成 CaO，是一种强的催熔剂，能减轻 Fe_2O_3 的着色作用
	硫酸钙（$CaSO_4$）	加热到1000℃以上才开始分解出 SO_3，若升温快，使黏土制品发泡
镁的化合物	菱镁矿（$MgCO_3$）	加热分解成 MgO 起催熔作用
钛的化合物	金红石（TiO_2）	氧化钛在烧后的黏土中产生蓝色，若含有6%以上的氧化钛，则产生黄色
有机物		使黏土呈浅黑色，能增加可塑性及干燥收缩

生产实践证明，黏土的主矿相同，但杂质含量有波动，往往对烧结结合剂的磨具硬度影响较大，从表5-10-11的试验结果可以看出，两种黏土对烧熔结合剂磨具硬度无明显影响，而烧结结合剂的磨具硬度则相差一小级。

表 5-10-11 以高岭石为主矿的两种黏土的理化特性

黏土编号	化学成分(质量分数)/%									矿物组成	耐火度/℃
	SiO_2	Al_2O_3	TiO_2	Fe_2O_3	CaO	MgO	K_2O	Na_2O	灼减		
1	45.59	35.46	1.80	1.44	0.29	0.29	0.99	0.12	13.78	主矿为高岭石、并含有石英及有机物	1730
2	54.53	29.94	1.43	0.87	0.45	0.25	3.64	0.16	8.81	主矿为高岭石，含石英较多，含云母约10%	1710

B 长石

长石是地壳上分布最广的硅酸盐矿物，约占地壳总重的50%。根据化学成分和结晶情况的不同，可将长石分为四种：(1)钾长石：$K_2O \cdot Al_2O_3 \cdot 6SiO_2$；(2)钠长石：$Na_2O \cdot Al_2O_3 \cdot 6SiO_2$；(3)钙长石：$CaO \cdot Al_2O_3 \cdot 2SiO_2$；(4)钡长石：$BaO \cdot Al_2O_3 \cdot 2SiO_2$。

在陶瓷结合剂超硬磨具中使用最多的是前两种，即钾长石和钠长石，由于资源状况，国内制造超硬磨具的长石均为钾长石，常呈肉红色。化学成分中要求：$K_2O > 10\%$，Al_2O_3 18% ~22%，$Fe_2O_3 < 0.5\%$；对 Na_2O 的含量应控制在低于3.5%。长石耐火度的波动范围约为1250 ~1300℃。

由于长石的这种互溶特性，地壳中单一的长石很少，多数是几种长石的互溶物。长石的共生矿物有石英、云母、霞石、角闪石、石榴石等。长石的特点见表5-10-12。常用长石的化学成分见表5-10-13。

表5-10-12 长石的特点

种 类	特 点
钾长石	纯钾长石，熔点为1220℃，具有熔体黏度大、熔化慢、从开始熔融至全部熔融的温度范围宽的特点。一般从1150℃即开始熔融。初熔至全熔的温度范围达30 ~40℃。它可以熔解黏土、石英等。其解理角略小于正长石的称为钾微斜长石
钠长石	纯钠长石的熔点为1100℃，黏度低，熔化快，对黏土、石英的熔解能力大、易引起坯体的变形。在陶瓷釉料中，它可提高釉的流动性及光泽度。同样，其解理角略小的称为钠微斜长石
钙长石	熔点高，约1550℃，高温黏度小，冷却时易析晶，化学稳定性差，在陶瓷行业中，仅少量引入釉中，以提高釉的流动性及光泽度
钡长石	$BaAl_2Si_2O_8$，熔点1715℃，由于熔点高，很少使用，但它的介电性能好，适用于无线电陶瓷

在自然界中，这四种纯粹的长石很少，多以类质同象体存在，如钾微斜长石、钠微斜长石、钠钙长石与钾钙长石等

表5-10-13 常用长石的化学成分

产地名称	化学成分(质量分数)/%							
	SiO_2	Al_2O_3	Fe_2O_3	CaO	MgO	K_2O	Na_3O	酌减
闻喜长石	65.80	19.20	0.20	0.86	0.14	11.91	0.52	0.32
忻县长石	65.66	18.38	0.17			13.37	2.64	0.33
海城长石	65.52	18.59	0.40	0.58		11.80	2.49	0.21
临湘长石	65.97	18.75	0.15	0.38		11.92	1.97	0.45
阳江长石	65.75	17.88	0.28	1.45	0.26	12.24	12.84	1.08
唐河长石	65.43	18.74	0.14	0.36	0.04	10.24	4.66	0.40
平江长石	65.6	19.00	0.15	0.34	0.20	12.55	2.84	
唐山长石	66.74	18.90	0.30		0.45	7.67	0.93	

长石在陶瓷结合剂超硬磨具中主要是提供 SiO_2、Al_2O_3 和 K_2O 等，特别是在硼玻璃的

熔制方面。纯钾长石在1150℃开始分解熔融，生成白榴石及硅氧熔液。它的熔融温度范围较宽，为1150~1530℃；一般钾长石开始熔融到完全熔化温度范围为30~40℃；此种熔体溶解石英、黏土分解物等。熔体的黏度，是随温度的升高而缓慢下降。长石类矿物的组成与物理性质见表5-10-14，不同温度下钾长石和钠长石熔液的黏度见表5-10-15。

表5-10-14 长石类矿物的组成与物理性质

名称	化学式	晶体结构式	理论化学成分(质量分数)/%						晶系	密度 /g·cm^{-3}	颜色
			SiO_2	Al_2O_3	K_2O	Na_2O	CaO	BaO			
钾长石	$K_2O \cdot Al_2O_3 \cdot 6SiO_2$	$KAlSi_3O_8$	64.7	18.4	16.9				单斜	2.56~2.59	肉红色
钠长石	$Na_2O \cdot Al_2O_3 \cdot 6SiO_2$	$NaAlSi_3O_8$	68.8	19.4		11.8			三斜	2.6~2.65	白色、灰白色
钙长石	$CaO \cdot Al_2O_3 \cdot 2SiO_2$	$CaAl_3Si_3O_8$	43.3	36.6			20.1		三斜	2.74~2.76	白色、灰白色
钡长石	$BaO \cdot Al_2O_3 \cdot 2SiO_2$	$BaAl_2Si_2O_8$	32.0	27.12				40.8	单斜	3.37	无色或浅黄色
微斜长石	$(K,Na) \cdot Al_2O_3 \cdot 6SiO_2$	$(K,Na)Al_2Si_6O_{15}$							单斜 三斜	3.57	肉红、浅黄色

表5-10-15 不同温度下钾长石及钠长石熔液的黏度

钾长石熔液		钠长石熔液	
温度/℃	黏度/P(泊)	温度/℃	黏度/P(泊)
1050	1262×10^7	1091	1245×10^7
1095	361×10^7	1126	455×10^7
1150	75×10^7	1152	63×10^7
1195	24.7×10^7	1194	4.8×10^7
1310	1104×10^3	1264	488.8×10^3
1360	620×10^3	1327	279.1×10^3
1370	569	1375	143
1400	511	1400	91

C 石英

关于石英的性能、化学成分、主要杂质等方面的内容，在陶瓷粉末相关内容已有介绍，这里不再重复。在超硬磨具的陶瓷结合剂中主要是提供SiO。用于配制预熔玻璃的石英粉纯度较高，外观为白色粉末，化学成分：$SiO_2 \geqslant 98\%$，$Fe_2O_3 < 0.5\%$，其他 $K_2O + Na_2O + CaO + MgO < 1.5\%$。在熔炼预熔玻璃时主要作为提供$SiO_2$的材料。

D 滑石

滑石（表5-10-16）是一种天然的含水硅酸镁矿物，它的化学式是：$3MgO \cdot 4SiO_2 \cdot H_2O$，结构式可以写成 $Mg_3(Si_4O_{10})(OH)_2$，理论化学成分为：MgO31.9%，$SiO_2$63.4%，H_2O4.7%。与滑石共生的矿物有白云石、菱镁矿、顽火辉石（$MgO \cdot SiO_2$），蛇纹石（$6MgO \cdot 4SiO_2 \cdot 4H_2O$），黄铁矿等。滑石通常呈白色、微黄、浅红等颜色，脂肪光泽，有滑腻感，莫氏硬度1~2，密度2.1~2.8g/cm^3，沿一定方向解理，故呈鳞片状。滑石难于研磨，研磨后的细粉可粘在光滑的表面上，随着研密细度的提高，滑石的白度也提高。

表 5-10-16 滑石的产地、外观特征及化学成分

产 地	外观特征	化学成分(质量分数)/%						
		SiO_2	Al_2O_3	Fe_2O_3	CaO	MgO	K_2O+Na_2O	酌减
辽宁大石桥		62.2	0.12	0.16	0.22	31.0	0.13	4.76
广西陆川熟滑石	白色粉末	63.58	1.75	0.30	0.85	32.56	0.44	0.07
广西陆川生滑石	白色粉末	61.25	0.65	0.57	0.77	32.4	2.3	2.46
广东高州		62.1	0.36	0.63	0.80	31.74	0.11	4.08
山西太原		57.9	0.96	0.18	1.18	32.95	0.25	6.84
北 京		59.7	0.39	0.41	0.42	32.83		6.64
山东掖县		59.56	1.51	0.38	0.40	32.37	0.07	5.59
湖南攸县	白色、米黄色、土状	63.38	0.21	0.18	1.13	27.86	3.28	4.40
湖南新化	白色带紫，块状	60.04	1.75	0.08	0.59	31.94	0.72	4.86
湖南新化	白色，含方解石，块状	47.06	0.86	0.07	13.51	22.45		13.61
湖南花垣	白色或带桃红色，块状	62.38	0.19	0.11	0.87	33.57		3.65

在应用时要注意滑石的质量波动问题，必须对其化学成分进行控制。滑石在陶瓷结合剂中引进 MgO，以构成 Na_2O-MgO-Al_2O_3-SiO_2 四元系统，借以提高磨具的机械强度。滑石是一种催熔剂，它可以降低结合剂的耐火度。在预熔玻璃中主要引入 MgO，一般要控制其含量不能过高。

E 硼砂

硼砂（$Na_2B_4O_7 \cdot 10H_2O$ 或写作 $Na_2O \cdot 2B_2O_3 \cdot 10H_2O$）即硼酸钠，全称是十水四硼酸二钠。它是一种天然矿物。理论化学成分为：Na_2O 16.2%、B_2O_3 36.6%、H_2O 47.2%。

天然硼砂，通常为白色，略带浅灰，呈柱状结晶。一般为土状，致密块状，呈玻璃或油脂光泽，密度 1.69～1.72g/cm^3，溶于水，呈弱碱性反应。硼砂在水中的溶解度，当温度升高时会迅速增长。在表 5-10-17 各温度下，100g 饱和溶液中所含的无水硼砂量是不同的。

表 5-10-17 硼砂在不同水温中的饱和溶解度

温度/℃	0	10	30	60	80	100
溶解度/g	1.23	1.53	3.75	16.7	23.9	34.3

在室温 20℃情况下，硼砂是否风化，这主要取决于它是否曾经加热至 50℃。如硼砂曾被预热至 50℃以上，则在 20℃时其水蒸气压为 10mm 汞柱（1mmHg = 133.322Pa），且在干空气中风化，相反，它的蒸气压只有 1.6mm 汞柱，在通常室内条件下不会风化。将硼砂加热到 60℃以上时，十水硼砂就会变为五水硼砂。在 90℃以上时，就会变为二水硼砂。至 130℃时则变为一水硼砂，在 350℃以上就会完全脱水成无水硼砂。无水硼砂在 731℃时熔融为玻璃体。缓慢冷却凝固时也会形成结晶体。

在陶瓷结合剂中，硼砂不便直接使用，而是与一定量的长石或石英等加热熔融为玻璃体，即硼玻璃，在经粉碎后使用。对硼砂的技术要求是：外观为白色粉末，呈片状晶体。化学成分中硼酸钠大于 50%、烧后水不溶物小于 0.70%、硫酸盐小于 0.5%、氧化铁小于 0.5%。

F 硼玻璃

用于制造超硬磨具的主要组分之一。硼玻璃的主要品种有：硼砂玻璃、硼硅玻璃及硼铅玻璃三种。硼砂玻璃（简称硼玻璃）通常以长石粉及硼砂混合均匀后，在反射炉内，经1000℃左右温度下熔融成为玻璃体，流入冷却池内急冷，即成块状硼玻璃，再经粉碎，就可作为结合剂的原材料。硼玻璃的颜色有黄色、浅黄色、褐黄色。透明或半透明，呈玻璃光泽，微溶于水。

硼玻璃的耐火度很低，约640~690℃。在超硬磨具陶瓷结合剂中它是一种强催熔剂。能显著降低结合剂的耐火度，在直接粉末法中占有重要地位，到目前为止，还有许多在用配方是以硼玻璃为主要组元，但很少单独使用作为预熔玻璃。

硼玻璃在结合剂中的作用是利用其催熔作用，使结合剂大部分形成玻璃体，这种含硼的玻璃体通常本身具有较高的强度，使磨具的强度亦有较大幅度的提高。到目前为止，许多超硬磨具结合剂内都有不同含量的硼玻璃。

能增加结合剂的流动性，湿润性，有促使结合剂在磨粒间均匀分布的作用。

能提高结合剂的反应能力。在某些陶瓷结合剂超硬磨具中，常常使用刚玉作为骨架相，因而，刚玉与结合剂之间的结合能力显得颇为重要。除此之外，部分刚玉溶入结合剂中，使结合剂中 Al_2O_3 的含量大幅提高，一般为30%~60%，使刚玉与结合剂的膨胀系数趋于一致，结合剂内不易产生微裂纹，对提高磨具强度有利。

G　萤石

萤石（CaF_2）是一种矿物，它的理论化学组成为：Ca 51.1%，F 48.9%。晶体为立方体，密度3.18g/cm^3，常呈各种美丽的颜色，如黄、绿、萤、蓝等色。在紫外光照射下，可发荧光，并带有油脂光泽。纯萤石熔点为1360℃，耐火度为1320~1360℃，它是一种催熔剂，能降低结合剂耐火度，增大流动性，可作为预熔玻璃结合剂原料成分，用以增加Ca等的作用。萤石的化学成分及密度见表5-10-18。

表5-10-18　萤石的化学成分及密度

产　地	外观特征	化学成分(质量分数)/%							相对密度
		SiO_2	Al_2O_3	Fe_2O_3	CaO	MgO	CaF_2	酌减	
湖南醴陵潘家冲铅锌矿	浅绿色半透明块状	3.55	5.16	0.14	1.34	0.25	89.67	0.08	3.03

H　锂辉石

加入锂辉石的主要目的是降低制品的热膨胀系数，增加烧结强度。用它代替一部分 B_2O_3，可降低结合剂的膨胀系数。实验表明，在结合剂中引入 Li_2O，可制得高强度的砂轮。但由于锂辉石的产地不多，价格较贵。锂辉石可直接作为组分加入，也可与其他物料制成预熔玻璃料加入结合剂中。锂辉石的化学成分见表5-10-19。

表5-10-19　锂辉石的化学成分

产　地	化学成分(质量分数)/%									
	SiO_2	Al_2O_3	Fe_2O_3	CaO	MgO	K_2O	Na_2O	Li_2O	P_2O_3	酌减
陕西洛南	56.95	25.84	1.22	0.56	0.24	0.56	0.78	5.88	6.20	1.82
河南卢氏	64.66	23	0.46	0.62	0.4	0.56	0.66	6.8	—	—
新　疆	62	22.16	1.81	0.07	1.05	0.75	0.55	5.6	—	—

I 冰晶石

冰晶石是一种天然结晶矿物，化学名称为氟铝酸钠，分子式 Na_3AlF_6，相对分子质量210，密度2.99g/cm³。冰晶石的引入会显著降低结合剂的耐火度，但也会使结合剂的热稳定性和弹性有所降低。工业用冰晶石要求主成分含量 Na_3AlF_6 >96%。

J 方解石

方解石为白色晶体，分子式 $CaCO_3$，分子量100.1，密度2.6～2.8g/cm³，含CaO 56%，方解石向结合剂中引入CaO，能降低结合剂的耐火度，使用的方解石要求 $CaCO_3$ >95%。

除以上矿物外，还有部分化学试剂，其性状、物理参数及功能见表5-10-20。

表5-10-20 部分化学试剂

名 称	氧化锌	铅丹	硝酸钾	碳酸钠	碳酸钡	碳酸锶	钛白粉	高锰酸钾	氧化铜	氧化铁
化学式	ZnO	Pb_3O_4	KNO_3	Na_2CO_3	$BaCO_3$	$SrCO_3$	TiO_2	$KMnO_4$	CuO	Fe_2O_3
性状	白色粉末	红色粉末，有毒	结晶体	结晶体	结晶体	青白色粉末	白色粉末	红色结晶体	黑色粉末	红色粉末
相对分子质量	81.4	685.6	101	106	197.3	147.6	79.9	158	79.5	159.7
密度/g·cm⁻³	5.6	9.1	2.1		4.43		4	2.7	6.4	5.2
功能	助熔、提高磨具热稳定性	助熔并提高结合剂强度	提供 K_2O，助熔	提供 Na_2O，助熔	降低耐火度，提高强度	助熔，可替代Pb	微晶玻璃形核剂	提高结合剂浸润能力	降低耐火度	降低耐火度，提高韧性

10.3.3 陶瓷结合剂的制备

10.3.3.1 结合剂的配制步骤

按结合剂类型不同，结合剂的配制方式也有所不同。对于预熔玻璃结合剂比较简单，这里主要介绍一般情况下结合剂的制备过程。在准备好原材料之后，按照结合剂粉末制备方法不同进行配制。配制结合剂按下列步骤进行：

（1）各种原料用量的计算。结合剂的配比和结合剂的用量是配制结合剂的依据。知道所需配制的结合剂总量以后，按照配比就可计算出组成结合剂的各种原材料的用量。

（2）配料。根据各种原料的计算用量，依次称取物料，将它们投入到混料机中，这个过程称为配料。在配料操作中，最重要的是配料的正确性和称量的准确性。配料正确性保证原料种类不配错，不漏配和多配；称量的准确性是保证原料用量多少准确，不多称也不少称。要想使结合剂性能稳定，这二者是缺一不可的。这里请注意，磨料先不要一起混合。

（3）结合剂的混合。结合剂的混合通常在筒形混料机中进行，混合介质一般加瓷球。混合过程着眼于使物料充分的均匀，介质只起搅拌作用，而不要求有破碎作用，因此球料比一般不超过1∶1。在固定的球磨转速下，影响混合效果的主要因素是装料量和料球比。一般说来，装料量太多或太少都是不理想的，最适宜的装料量是混料机内腔容积的一半，这时物料的翻动比较剧烈，所以容易均匀。

(4) 过筛。结合剂过筛是为了除去料内的大块杂质和细化结块的物料，若在结合剂中掺入有机物，煅烧后在磨具中留下孔洞；若是掺入无机的低熔物，煅烧后将产生熔洞；不熔物将出现夹杂。这些都是产生废品的原因，但是，只要在结合剂制备时，严格按着工艺规程操作，就能避免发生。

(5) 结合剂的检查。配好的结合剂需要检查测定，检查测定的项目有均匀性，水分，流动性和化学成分等。除此之外，还要检测结合剂的耐火度，烧结范围，收缩率，强度，硬度等指标。耐火度和水分是每批结合剂都必须检查的项目，流动性和化学组成则可定期抽查。除均匀性属配料工序检查项目之外，其他各项应由理化室进行。

结合剂混合均匀性的检查方法比较简单，用两块玻璃板，将料夹在中间，轻轻压平看斜面有否未混开的料点，如没有料点说明料是均匀的，否则就是不均匀的。在检查时还可以用一玻璃板在料面上向一边轻轻地滑移，看是否有被拉开的料点。这种检查方法既简单而又十分有效。

10.3.3.2 结合剂的配方及成型料的配制

成型料的配制是由物料计算和一系列配制操作所组成。计算各种物料的用量要以磨具的配方为依据，然后根据磨具的制造数量进行计算。

A 磨具的配方

a 配方表的组成

所谓的配方表有两种表示方法，一种是源于普通磨料磨具的配方习惯，以磨料（包括辅助磨料）100%为基础，然后计算结合剂、润湿剂（临时黏结剂）、着色剂及造孔剂等相对于磨料的质量百分数。配方表中所规定的物料比例，就是磨具成型料的组成，例如成型料中有金刚石、碳化硅、结合剂、糊精、三氧化二铬等成分，这些成分在配方表中以质量百分数的形式表示出来。同时每个配方的适用范围，也应注明在配方表上，以供生产时选择使用。表5-10-21是陶瓷结合剂磨具配方表常用的一种形式，采用这种形式，目的是大家都熟悉它，有利于记忆和使用。

表5-10-21 金刚石陶瓷结合剂磨具配方

浓度	粒度/目	硬度	金刚石	SiC	结合剂	糊精	Cr_2O_3	成型密度/$g \cdot cm^{-3}$
100	80	Y1	40	60	36	1.7	2.4	3.1

还有另一种表达方式，即将磨料质量记为100%为基础，然后计算辅助磨料、结合剂、润湿剂（临时黏结剂）、着色剂及造孔剂等相对于磨料的质量百分数。如表5-10-21可表达为表5-10-22。

表5-10-22 金刚石陶瓷结合剂磨具配方

浓度	粒度/目	硬度	金刚石	SiC	结合剂	糊精	Cr_2O_3	成型密度/$g \cdot cm^{-3}$
100	80	Y1	100	150	36	1.7	2.4	3.1

除此之外，还可以已知的磨具体积、密度和各物料占有的体积、密度进行计算，科学明了，但在修改某一组分比例时，需要进行全部计算修改。

b 配方设计原则

配方是经过反复多次工艺试验和磨削试验后才确定下来的，配方的设计过程实质上就是各种物料及比例的选择过程。选择各种物料用量所遵循的原则如下：

（1）磨料的选择。它包括浓度和粒度的选择。一般说来，用于粗磨加工以效率为主，要求在较短的时间内磨去较多的余量，这时可以选用粒度较粗的金刚石，其浓度也可选得高些；用于精磨加工以精度和粗糙度为主，这时可选用粒度较细的金刚石，而浓度可选择低些。

在浓度选择中要考虑经济效果，浓度高意味着金刚石用量多，成本高。所以，选择浓度应坚持这样一个原则：在满足加工件质量要求的前提下，应尽量选择较低的浓度。

（2）结合剂的用量选择。结合剂的用量多少主要影响磨具的硬度和强度。在通常情况下磨具硬度达到要求时，则强度也能满足要求。但是，磨具的成型密度和磨料粒度，对磨具的硬度都有影响。例如，当结合剂量固定的情况下，提高成型密度就能提高磨具硬度；磨料粒度对结合剂用量有影响：粒度粗结合剂量可适当减少，粒度细结合剂量应适当增加。因此，在选择结合剂的用量时，必须考虑磨料粒度和成型密度这两个因素。

（3）成型密度的选择。磨具主要由三个部分的体积所构成，即磨料、结合剂和气孔，这三者体积的大小取决于磨具的成型密度，成型密度大则磨料和结合剂所占体积增加，气孔减少，反之则气孔增加。磨具气孔的大小对磨削的影响是显著的。实践经验表明，气孔的排屑作用和携带冷却液的作用，是获得良好磨削效果的必要条件。气孔率过大和过小，对磨具的制造和使用都是不利的，必须合理选择。此外，成型密度还与磨具硬度有关，当结合剂量一定时，密度越大硬度越高。所以在选择成型密度时必须与选择结合剂用量进行综合考虑。

还有一点必须指出，对金刚石磨具来说，成型密度的变化不应该引起金刚石浓度的变化，要做到这一点，必须固定金刚石用量，而只改变辅助磨料和结合剂的用量来实现。

（4）黏结剂的用量选择。黏结剂的用量选择主要从满足混合料的成型性能和磨具坯体的机械强度两个方面来考虑。黏结剂用量过少则成型性和强度都不会理想，用量过多则性能也不一定就好，而且要增加磨具的气孔，所以要合理选择以满足性能要求为度。

以上所说的各物料用量的选择只是一般性的原则，而最后所确定的配方，是以实际磨削试验时所得到的各种性能最优的配方。

c 成型料的计算

成型料的计算按下列步骤进行：

（1）根据磨具的规格形状，应用体积计算公式，求出金刚石和非金刚石层的体积 V。

（2）体积 V 和配方表中的成型密度相乘，得到磨具的单重：

$$G_{单} = V \times \gamma$$

（3）单重和成型数量（即生产批量）m 相乘，得到成型料总量 $G_{总}$：

$$G_{总} = m \cdot G_{单}$$

（4）根据总用料量及配方中各物料的比例，求出各物料的用量。

B 成型料的配制

a 配制方法

根据超硬磨具的特点，成型料的配制是将除磨料和黏结剂之外的其他物料，按配比放入球磨混合机内预先制成混合料，然后称取需要的用量与超硬磨料和黏结剂混成成型料。

但是后一个步骤是用手工方法进行的。这种方法在生产量较大的场合比较适用，它一方面能减轻工人的劳动强度，另一方面又能保证混合料的均匀稳定。但当生产量较少时，只能采用手工方法混合，这时也应先将混合料混均匀，后加金刚石磨料和黏结剂。

b 配制操作要点

成型料的配制过程和结合剂的配制过程极为相似，都包括配和混两个操作工序。成型料的配制要求和结合剂一样，必须做到正确和准确。成型料的混合过程必须注意以下四点：

(1) 均匀性。混合料的均匀性由球磨混合工艺来保证，通常控制好混合量、料球比和混合时间三个参数，来保证混合料的均匀性。超硬磨料的均匀性由手工操作来保证，采用混合过筛的多次反复来实现。检查混好的成型料，各处磨料的含量及分布都应是均匀的。

(2) 干湿度要合适。成型料的干湿程度对成型的影响十分明显，这是陶瓷结合剂磨具的特点，物料干湿程度不同，在采用定模成型时，对磨具的密度影响较大，物料过于潮湿很容易黏模，使成型困难；物料过干成型后半干强度差，给后道工序操作带来困难，所以物料的干湿程度必须合适。

(3) 超硬磨料的表面润湿。在加入到成型料中之前，超硬磨料要用润湿剂与其充分混合，使磨粒每一个晶面都黏附有润湿剂，以提高磨料在成型料中的均匀性。

(4) 成型料的保管。成型料的保管应注意以下三个方面：1) 防止水分挥发，混成的成型料不会马上用完，有一段储存时间，在这段时间里如保管不好，物料水分蒸发而变干，就会影响磨具质量，所以防止水分蒸发很重要，防止水分蒸发的办法是将物料盛在塑料盒内加盖储存；2) 防止料内混进杂质；3) 各种成型料必须和它的工艺卡相符，防止弄乱搞错。

10.3.4 预熔玻璃结合剂的配制

10.3.4.1 预熔玻璃法概述

预熔玻璃法是目前普遍使用的方法。根据其在结合剂中的作用，预熔玻璃有两种不同的使用形式，其一是可单独用作超硬磨具的结合剂，即：在使用时，预熔玻璃本身就是配合好的结合剂，而无需再进行调整；其二是将预熔玻璃作为主要玻化相，再添加一定的其他矿物或化学试剂进行配合，以达到更广泛的应用范围。

10.3.4.2 预熔玻璃结合剂的种类

根据国内外的情况，金刚石磨具结合剂常用的预熔玻璃有 Na_2O-SiO_2-B_2O_3 系玻璃，SiO_2-ZnO-B_2O_3 系玻璃，Na_2O-Al_2O_3-B_2O_3-SiO_2 系玻璃等。常用的预熔玻璃 SiO_2-B_2O_3-Na_2O 系，在此基础上添加 Al_2O_3、ZrO_2、MgO 等，以改善其性能。还有的预熔玻璃在熔炼时添加形核剂，如 TiO_2 等，使其在烧制磨具时形成微晶玻璃，使其强韧性大大提高，现在也得到日益广泛的应用。除此之外，也有添加控制膨胀系数的组分，以使其膨胀系数可调，使应用更为方便。由于硼系玻璃软化温度低、强度高、化学稳定性好，所以常选作金刚石和 cBN 陶瓷结合剂的基础系统。然后根据结合剂低熔点、低膨胀、高强度、良好的润湿性等要求进行其他成分的添加调整。

无论是基础系统，还是最终的结合剂，都要根据配方进行熔炼。首先介绍一下常用的矿物与化学试剂。

A 常用矿物

如表5-10-23所示，表中矿物含有不同种类、不同含量的各类化合物，为结合剂粉体提供了所需的成分。在使用时，根据化验得到的数据进行计算，使其达到配方量。对于易烧损的组分，在计算时要适当增加一些，以便使得到的预熔玻璃是所需要的成分。一些常用矿物已在前一节中介绍，这里就不再重复。

表5-10-23 陶瓷结合剂磨具低熔结合剂引入各种所需的化学成分常用的原料

化学成分	引入该成分常用的矿物原料
SiO_2	主要是石英、瓷土、陶土、长石等
Al_2O_3	主要是各类黏土、长石，在低熔结合剂中也常用氧化铝粉、刚玉粉等
Fe_2O_3	在磨具结合剂所用的原料中，因为它能影响原料的性质，所以，一般均选用 Fe_2O_3 含量低的黏土、长石，为增加脆性，可直接加入
CaO	主要由方解石、白云石、石灰石等材料引入。在陶瓷的坯料中很少采用，釉料中用量也不大。我国的磨具结合剂中无专门用原料引入。在国外，有的厂大量加入 $CaCO_3$ 来熔制结合剂用的预熔玻璃
MgO	主要由滑石引入。在陶瓷中已有使用镁质黏土引入
K_2O	除在某些黏土中含有少量外，主要由钾长石引入
Na_2O	烧熔结合剂、低熔结合剂，Na_2O 含量都可以较大。其来源主要是钠长石、霞石正长岩、硼砂、水玻璃等，甚至有用纯碱引入
BaO	主要由硼砂、硼酸、含硼玻璃等引入至结合剂中，由于它能降低玻璃的线膨胀系数，在很多种类玻璃中都含有 B_2O_3。在结合剂中，一般均以预熔玻璃形式引入
Li_2O	由于含锂的矿物较少，玻璃与结合剂中都由锂辉石引入

B 配合方法

预熔玻璃的制备过程一般先将各种原料按规定组成比例称量和混合，然后经熔炼、冷却、粉碎而成。一般要求粉碎到80目以细。结合剂的粒度要求不大于磨料粒度的1/4～1/6，含水量小于5%。熔制玻璃料所用原料可以是化工原料、工业矿物原料或者是化学试剂。见表5-10-24。

表5-10-24 部分预熔玻璃用原材料的物理、化学性能

名称		分子式	外观特征	物化性能
学名	俗名			
四硼酸钠（硼砂）		$Na_2B_4O_7\cdot 10H_2O$	无色半透明晶体或白色结晶粉末	相对密度1.73。60℃时失去5个结晶水，130℃时失去9个，320℃时全部脱水； 在空气中易风化； 无水物的相对密度为2.367； 熔点：741℃，沸点1575℃，此时分解，稍溶于冷水，易溶于热水，微溶于乙醇； 水溶液呈弱碱性；熔融时呈无色玻璃状
氢氧化钠	烧碱、火碱、苛性碱	NaOH	纯品是无色透明晶体	相对密度2.130。熔点318.4℃，沸点1390℃； 工业品含少量氯化钠与碳酸钠，吸湿性甚强，易溶于水并强烈放热。溶于乙醇及甘油。易吸收空气中 CO_2 而成 Na_2CO_3，必须密闭存放

续表 5-10-24

名称		分子式	外观特征	物化性能
学名	俗名			
碳酸钠	纯碱、苏打	Na_2CO_3 $Na_2CO_3 \cdot H_2O$ $Na_2CO_3 \cdot 7H_2O$ $Na_2CO_3 \cdot 10H_2O$	无水碳酸钠的纯品为白色粉末或细粒	相对密度 2.532，熔点 851℃。工业品含少量氯化钠、硫酸盐与 $NaHCO_3$。易溶于水，水溶液呈强碱性。不溶于乙醇、乙醚，吸湿性强且成硬块，并能从潮湿空气中吸收 CO_2 而逐渐变成 $NaHCO_3$
氟化钠		NaF	无色发亮晶体，有时半透明	相对密度 2.79。熔点 992℃。沸点 1700℃。溶于水，难溶于乙醇
氟化钙	冰晶石	CaF_2	白色粉末	相对密度 3.18，熔点 1360℃。溶于浓酸，与热浓硫酸作用生成氢氟酸。极难溶于水
碳酸钾	钾碱	K_2CO_3	白色结晶粉末	相对密度 2.428。熔点 891℃，在湿空气中潮解。极易溶于水且呈碱性，不溶于乙醇、乙醚。冷却其饱和溶液，析出 $2K_2CO_3 \cdot 3H_2O$。相对密度 2.043。100℃失结晶水
碳酸钙	生石灰	$CaCO_3$	白色晶体和粉末	相对密度 2.7～2.95。825℃时分解放出 CO_2，溶于酸放出 CO_2，在以 CO_2 饱和的水中溶解而成碳酸氢钙
氧化锌	锌白	ZnO	白色、六角晶体或粉末	相对密度 5.606。熔点 1795℃。是一种两性氧化物，溶于酸、NaOH 或 NH_4Cl 溶液，不溶于水或乙醇。高温呈黄色，冷却后恢复白色。加热至 1800℃升华
硼　酸		H_3BO_3	无色微带珍珠光泽的三斜晶体或白色粉末	相对密度 1.435。熔点 185℃同时分解。有滑腻感，无臭，溶于水、乙醇、甘油、乙醚。水溶液呈弱酸性，在 300℃失水而成硼酐 B_2O_3
四氧化三铅	铅丹、红丹、黄丹	Pb_3O_4	鲜橘红色	相对密度 9.1。在 500℃分解为一氧化铅与氧。不溶于水，溶于热碱溶液。有氧化作用。溶于盐酸产生氯气，溶于硫酸产生氧气
一氧化铅	密陀僧	PbO	黄、黄红色	四角晶体呈黄红色，相对密度 9.53，熔点 888℃。斜方晶体呈黄色，相对密度 8.0。无定形体，相对密度 9.2～9.5。有毒。不溶于水与乙醇，溶于硝酸、醋酸或热的碱液。在空气中逐渐吸收 CO_2，在高温加热成 Pb_3O_4
五氧化二磷（磷酸酐）		P_2O_5	白色轻质粉末	相对密度 2.39，347℃升华，在加压下 563℃熔融。对皮肤有腐蚀性，极易吸水，能溶于水，放大量热，先形成偏磷酸，后变为正磷酸

C　熔炼方法

预熔玻璃的加工包括玻璃的熔炼和玻璃粉的细磨加工。制造预熔玻璃通常将原料直接配混，装入坩埚，置于熔炼炉中，在合适的工艺条件下进行加热—保温—冷却的过程。保温时间约为 40～60min，时间过短，玻璃组分不易均匀；时间过长，坩埚的成分进入玻璃中过多，使成分发生大的变化；同时，也影响坩埚的使用寿命。对于坩埚的选用方面，以高铝黏土坩埚为宜。因为高铝黏土坩埚的主要成分为 Al_2O_3 和 SiO_2，对玻璃的成分影响较小；且黏土坩埚壁厚合适，开裂敏感性小，对电炉更为安全。为方便粉碎，通常将熔炼完成的玻璃液直接倾入冷水中，使其在冷水的作用下破碎成大小不等的碎块，并存在高密度的裂纹，以便粉碎加工。

D 玻璃的破碎

经过水碎的玻璃碎块尺寸大小不一，将大块再次破碎，使玻璃破碎成5mm以下的颗粒，然后进行细磨。细磨是在球磨机中进行，这是因为玻璃物料性质硬脆，用球磨的效率较高。球磨破碎效率与装料量、球料比、球径大小、转速等因素有关。一般球磨机转速在50～80r/min，过慢效率低下，过快则磨球、物料会贴服在球磨罐壁上，不能进行球磨。磨球及球磨罐最好选用刚玉材质，选用高铝陶瓷也可以，但寿命较短。在球磨过程中，球料比应控制在（1.5 ～ 2）：1 。为使球磨更为完全，且增加效率，在向球磨罐中加入料时还要加入一定比例的水，一般控制在料：水 ＝ 1：（0.6 ～ 1.2）。球磨时间需数小时至数十小时不等，视需要而定。成为结合剂时的粒度细于80μm。球磨后，进行粒度分析、成分分析及烧结点测试，具体方法在前面已有介绍。合格后，将粉末置于干燥箱中烘干备用。

E 注意事项

对于预熔玻璃作为结合剂，有时会加入微晶玻璃形核剂，以便在烧成磨具过程中形核，以此来提高陶瓷磨具的强度。常用形核剂有 TiO_2、ZrO_2、ZnO 等，在熔炼过程中，注意这些组分的有效溶入量，必要时可根据形核效果酌量添加。注意检查已形成固态的玻璃块中气孔含量，如果气孔过多，则应该增加熔炼过程中的保温时间，否则会降低预熔玻璃结合剂的强度。对于以矿物形式加入的原料，需注意含水率，含水率的变化会导致称量的准确性；对于以化学试剂形式添加的原料，注意其烧失量，否则也会影响成分的准确性。

10.3.5 磨具成型

成型工序是将成型料压制成磨具坯体的过程。它是由成型料的称量、装模、摊料、刮料、压制、脱模等操作所组成。成型工序的操作要保证磨具的单重准确，组织均匀和尺寸一致。超硬陶瓷磨具属于半干法成型，即成型料的含水量在3% ～5%左右。单位成型压力根据磨具硬度的高低和含水量的多少，需在80～150kgf/cm^2 （1kgf/cm^2 ＝ 10^{5}Pa）之间。

10.3.5.1 磨具的结构

金刚石陶瓷结合剂磨具，经常采用两种结构形式，一种是黏结结构，另一种是整体成型结构。图5-10-4是黏结结构磨具的示意图，A是杯碗碟异形磨具的结构。B是平型磨具的结构。图中金刚石层和非金刚石层是一起成型出来的，经过烧成以后，然后粘接在铝基体上。

铝基体要与金刚石环的尺寸相配合，所以要求特殊配制。黏结剂常采用黏结力强的环氧树脂和无机黏结剂。铝基体粘接面的粗糙度对粘接强度有很大影响，一般要求粘接面粗糙度在$\overset{3.2}{\bigtriangledown}$左右。胶接缝隙不宜太宽，也不宜太窄，每边所留缝宽以0.25mm左右为宜。

黏结结构磨具有以下几个优点：

（1）结构简单，这一点对异形磨具来说尤为突出。异形磨具的基体都带角度，成型起

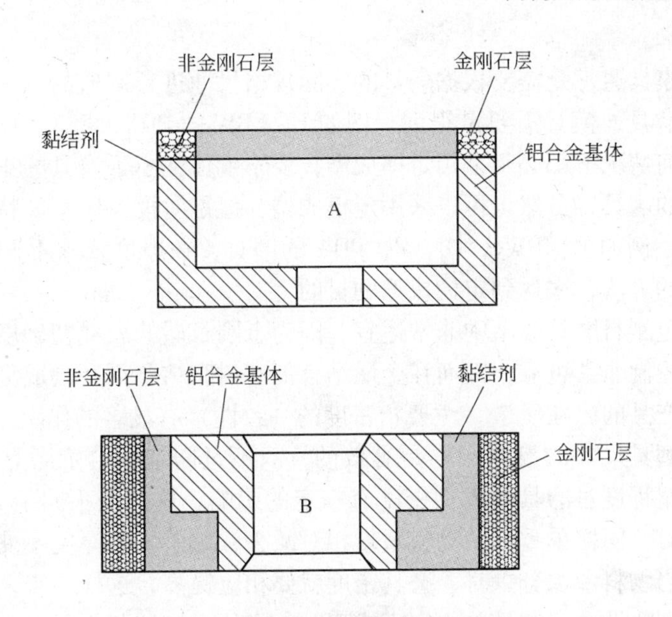

图 5-10-4 陶瓷结合剂超硬磨具的黏结结构

来比较麻烦。改成黏结结构以后，去掉了基体的成型，不但简化了成型工艺，而且连加工上的困难也得到了克服。

（2）节省原料，金刚石磨具的特点是基体用料比金刚石层用料量大，采用黏结结构能节省许多低熔点结合剂。

（3）强度高，陶瓷结合剂磨具的脆裂特性使它在高速旋转下工作容易破碎，基体部分应用铝合金后强度大为提高。

（4）平衡特性好，金属的组织均匀性比压型基体要好得多，所以磨具的平衡特性好。

根据以上优点，黏结结构对形状复杂、规格尺寸较大的磨具最为适合，它无论在节约原料，提高磨具内在质量和简化工艺等方面，都有显著的优点。目前国内金刚石陶瓷结合剂磨具生产厂家对于尺寸较大的产品就是采用这种结构形式的。

图 5-10-5 是整体成型结构的磨具示意图。它的基体是由陶瓷材料组成，和金刚石层有相同烧成温度。在这里非金刚石层和基体合为一体，这种结构较适合于制造规格尺寸较小的平型磨具，一方面它用料量不多，另一方面采用整体结构比镶基体更为简便，而且也容易达到磨具动平衡的要求。

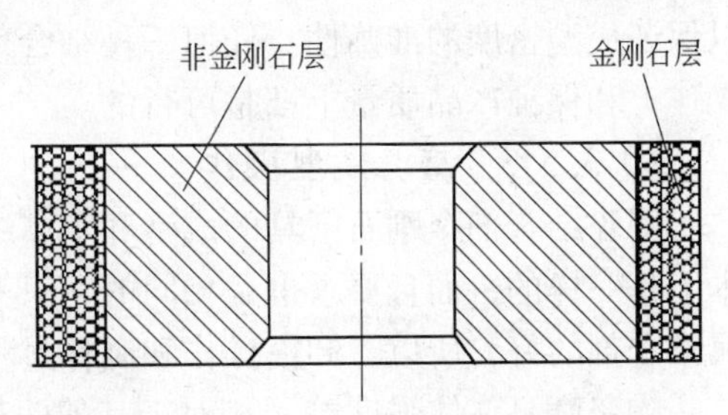

图 5-10-5 陶瓷结合剂整体成型超硬磨具

10.3.5.2 磨具成型方法

A 定模法

所谓定模成型法，就是磨具的厚度由模具高度来控制，它的特点是磨具的成型单重固定不能变，而成型压力可以根据实际需要进行增减，直至与钢模压平为止。可以看出，在单重，厚度和压力三者之间，单重、厚度是控制参数，而压力是参考值，在一定范围内可以变化。

定模成型的模具通常是需要根据磨具的实际规格尺寸进行制造的，一套模具只能压制一个规格尺寸的磨具，模具需要量很大。例如 D_2，BW_2，PDX，PSX，NH，PH 等形状特殊的磨具，在任何情况下都必须采用定模成型，要不就保证不了磨具的正确形状。另外一些形状比较简单的磨具，虽然也可以采用定模成型，但是对模具尺寸（特别是模套）的要求不是十分严格。例如 B，BW_1，D_1，P，PDA 的磨具，在厚度要求不同的情况下，可以采用适当加垫块的方法，来达到定模成型的目的。

定模成型在金刚石磨具成型中非常适宜，因为金刚石层的尺寸精确度要求较高，而定模成型对尺寸的控制非常可靠，因而在金属结合剂和树脂结合剂磨具成型中，采用定模成型对于稳定磨具产品的内在质量（主要指密度的一致性）有显著的作用。对陶瓷结合剂来说，定模成型对磨具尺寸的控制同样是有效的，只不过陶瓷结合剂磨具的成型料加水混合，其物料的干湿程度对磨具的成型密度有一定的影响，这一点不同于其他两种结合剂。当物料中水分多时，同样单重里的物料重量相对减少，如果压制厚度不变，则磨具密度就要相应降低。而当物料中水分少时，磨具密度就要相应提高，这样一来，磨具密度的一致性较差。因此，陶瓷结合剂磨具采用定模成型时，必须严格控制物料的干湿程度，才能保证磨具的内在质量。

B 定压成型法

所谓定压成型法，简单点说就是用固定的压力成型磨具的方法。每一种规格的磨具，需要多大的成型压力都是预先测算好的。给定的这个压力值是不允许变动的。在固定压力下磨具厚度偏差超过允许值时，可以增减磨具单重来调整。这种成形方法的优点是，成型料的干湿度对成型密度的影响较小，产品硬度较为稳定。

但是，金刚石磨具的单重不可以随便变动，要变动也必须在保证金刚石浓度不变的情况下进行，也就是先固定金刚石的用量不变，用增减其他物料的方法来达到变动单重的目的。这样对混好的成型料来说，等于要重新调节再说，这在实际操作上是不易做到的。

事实上，金刚石磨具成型，在预压阶段，常常应用定压操作，而最后采用定模压制，以保证成型密度的准确性。任何一种结合剂的金刚石磨具几乎都采用这种方法成型，这在操作上和保证产品质量上都是可行的。

10.3.5.3 磨具成型操作

陶瓷结合剂金刚石磨具的成型和金属结合剂金刚石磨具的成型，其过程和操作方法基本上是一样的，而且要求也是相同的，只不过由于陶瓷结合剂磨具的坯体半干强度不及金属结合剂的好，所以，卸模操作和制作过程都必须十分小心，以免损坏。

陶瓷磨具坯体强度差（相对于其他两种结合剂而言）的原因，是由于所采用的黏结剂的黏结特性比较差造成的，陶瓷结合剂本身几乎形成不了强度，只靠糊精水溶液或水玻璃等临时黏结剂所形成的强度是很有限的，它远远比不上金属结合剂粉末间的啮合作用所形成的结合强度，因此，陶瓷磨具的成型关键，是保证磨具坯体不受损坏。

10.3.6 磨具的干燥、烧成与冷却

10.3.6.1 干燥

陶瓷结合剂磨具属半干法成型，坯体中含有3% ~5%的水分，所以必须进行干燥。干

燥的目的是为了排除磨具坯体中的水分，使之提高坯体强度以保证运输、装炉和烧成过程的顺利进行。

A　干燥原理

a　坯体中的水分

磨具坯体中所含水分有三种：自由水，大气吸附和化学结合水。前两种又称机械吸附水。自由水是物料直接与水接触而吸收的水分，它含在物料颗粒的间隙和大毛细管（直径大于 10^{-5}cm 的毛细管）中，它跟物料松弛地结合着。它的排除要引起坯体的收缩，所以也称它为收缩水。

大气吸附水是含在微毛细管（直径小于 10^{-5}cm 的毛细管）中和细小颗粒的表面，它与空气的湿度有关，相对湿度愈大，吸附水含量愈高。坯体含水量与空气湿度达到平衡，此时坯体所含水分为平衡水。

自由水和大气吸附水可用图 5-10-6 表示。大气吸附水的排除不发生收缩，不产生应力，干燥速度可尽量地快。

化学结合水也叫结晶水，是矿物分子内的水，一般要在 450 ~ 500℃时才能排除。它的排除不会产生收缩，也不产生应力，但重量减少，孔隙度增加。

b　干燥过程

在加热干燥条件下，坯体含水量较多时，干燥过程可分以下四个阶段：加热阶段，等速阶段，降速阶段和平衡阶段。这四个阶段画成图形则如图 5-10-7 所示。

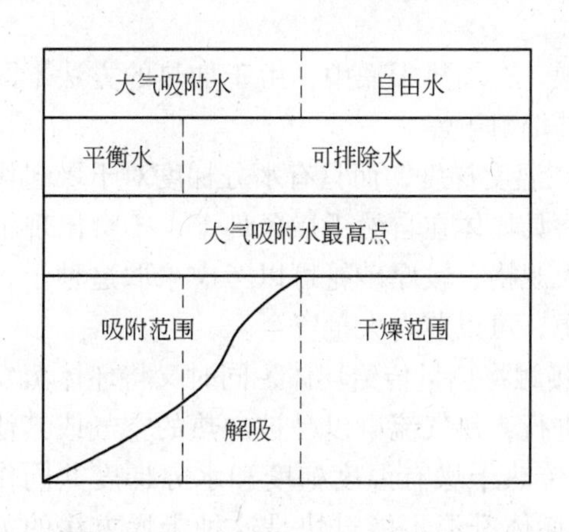

图 5-10-6　自由水和大气吸附水

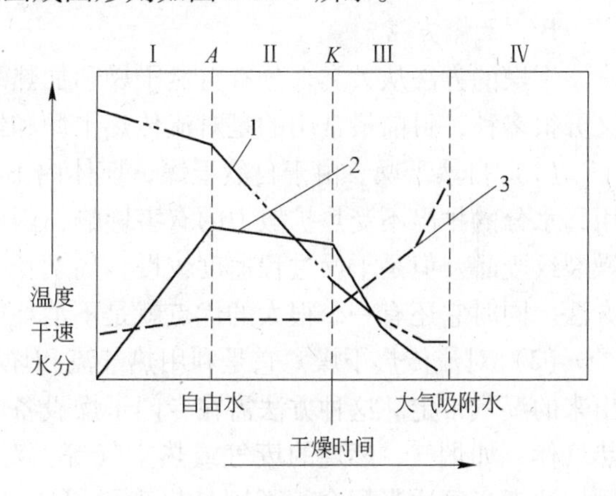

图 5-10-7　陶瓷磨具干燥过程

1—水分% 与时间关系；2—干燥速度与时间关系；3—物料湿度与时间关系

加热阶段干燥体表面被加热到载热体的湿球温度，达到 A 点后，干燥体吸收的热量等于蒸发水分所消耗的热量。接着干燥过程进入等速阶段，在等速阶段中，干燥体表面温度不会超过湿球温度。物料表面上的蒸汽压，等于此温度下的饱和水蒸气分压，与干燥体含水量多少无关。此时坯体表面总是潮湿的，内扩散等于外扩散。

到达 K 点后，当表面很薄一层水含量等于大气吸附水分时，开始降速干燥阶段，K 点是临界水分点。临界水分以全坯体平均含水量表示。到达 K 点后，表面层停止收缩，再继续干燥仅能增加坯体内的孔隙。所以等速阶段是容易产生干燥废品的重要阶段。

过 K 点以后干燥进入降速阶段。在这个阶段中，蒸发量不断减少，热量消耗也随之降低，坯体温度逐渐升高。当坯体表面水蒸气分压低于此温度下的饱和蒸汽压时，干燥速度为零，达到了平衡状态。

c 坯体中水分的扩散

在干燥过程中，水分从坯体中排出是靠外扩散和内扩散来实现的。外扩散是水蒸气通过空气薄膜扩散至空气中的过程；内扩散是水分由物料内扩散至表面的过程。这两个过程在整个干燥的时间内是相互联系的。

在自然干燥情况下，空气的对流总是使坯体表面层的水分低于内层的水分，形成了水分梯度。在自然干燥条件下，坯体不存在温度梯度，内扩散只受水分梯度所控制，水分由坯体内层移到表面，是靠扩散渗透力和毛细管力的作用等进行。其扩散渗透速度与水分梯度成正比。

在加热干燥情况下，如果坯体内存在着温度梯度，在热扩散力的作用下，水分从温度高端移向低端。这种内扩散现象是由于毛细管热端的水分表面张力小于冷端水分的表面张力，因而被拉向了冷端。

在加热干燥中，坯体内的水分梯度和温度梯度一致，是最理想的干燥条件。但实际情况却往往是表面水分小于中心部分，表面温度高于中心，两者的梯度正好相反。对干燥作用讲，这时的水分梯度是有助于干燥的因素，而温度梯度却成为阻碍干燥的因素。可见，在干燥过程中，选择干燥方法也是非常重要的。

B 干燥方法

干燥的方法从大类来分有自然干燥和加热干燥。在加热干燥中，由于加热的方法不同又分很多种，目前最常用的是对流传热干燥和红外辐射干燥。

(1) 自然干燥。由于自然干燥，坯体内不存在温度梯度，而只有水分梯度对干燥起作用，水分的排出不受热扩散力的有害影响，因此磨具坯体在自然干燥条件下，不会出现干燥裂纹废品。但是干燥过程速度较慢，周期长。大规格，较厚砂轮可以考虑采取这种干燥方法。同时它还有一个很大的优点就是不消耗能源，可以节省大量资金。

(2) 对流传热干燥。它是利用热气流和坯体接触将热量传给坯体，同时又将坯体蒸发出来的湿汽带走。这种方法需在专门干燥设备中进行，热气流可以是被加热的空气或其他热气体，如烟气，燃烧的废气或热空气等。对流传热干燥有温度梯度和水分梯度共同作用，两者必须适当配合，否则易出现干燥废品。坯体升温不能过快是这种干燥方法的关键，也就是说必须使水分梯度的作用大于温度梯度的作用时，干燥才能顺利进行，否则将出现干燥废品。

(3) 红外辐射干燥。红外辐射干燥是一门新的干燥技术。红外线也是一种光，是处在红光光谱以外的一种人眼看不到的光线。红外光的热效应比其他光线都强。在红外光谱中人们又将它划分为近红外和远红外。远红外是指波长 7μm 到短于 1mm 的光波，它的热效应比近红外更强。用远红外来干燥物体，能使物体内外一起加热，从而使物体受热均匀，所以干燥效率高，干燥质量好。近年来砂轮行业试验采用这一新工艺。

物质对红外线的吸收有两种方式：共振吸收和量子跃迁吸收，这两种吸收方式与光的二重性，即光的波动性和光的粒子性是相关联的。

(1) 共振吸收。共振是两个频率相同，相位一致波的相互作用，使振幅不断增大的现象。红外光有一定的频率范围，而物质的分子或基团有它的固有频率，当红外光的频率和分子或基团的固有频率（或转动频率）一致时，分子或基团的振动加剧，振幅增大，即红外的能量转变为分子运动的能量，就是被物质所吸收了。

（2）量子跃迁吸收。物质分子从能量观点出发有两种状态：基态和激发态。基态是分子的低能状态，激发态是物质分子的高能状态。从低能状态到高能状态的过程称为跃迁，显然跃迁过程要吸收一定的能量。相反，从激发态到基态，也是一个跃迁，但这个过程将放出一定的能量。前一个过程称吸收，而后一个过程称辐射。

跃迁的意思是能量的转变是定值的，不连续的，即基态与激发态之间没有中间状态，吸收和辐射的能量一定，其值相等，大小为激发态与基态的能量差 ΔE，称为量子。

$$\Delta E = E_{激发态} - E_{基态} = hc/\lambda$$

式中 h——普朗克常数（6×10^{-27}尔格 · cm^3）；

c——光速（在真空中 $3 \times 10^{10}cm/s$）；

λ——波长。

体态能量的增加取决于分子或基团处于激发状态的数目，数目愈多则体态能量愈高，温度也愈高。当红外线照射到物体上时，物质分子或基团根据它们固有的频率吸收与自己频率相同的红外能量，受激发而跃迁到激发态。处于激发态的分子，将有部分跃迁回基态，辐射出同频率的红外光。在这个过程中，红外能量转变为分子能量，使振动，转动加剧，分子或基团的振动，转动需克服阻力，则把红外能量传给了周围介质，也使其加热。

目前由于陶瓷金刚石磨具生产量少，所以多采用电烘箱来进行干燥。

10.3.6.2 装炉与烧成

A 装炉

金刚石磨具与普通磨具不同，金刚石磨具最害怕的是高温作用，所以它不能在直接与火焰接触的条件下进行烧成。当然也不能在热源的直接辐射下烧成。

金刚石磨具都要装在匣钵内，并且用填料埋起来进行烧成。磨具在匣钵内的具体装法是：钵底铺上一层填料（石英砂）放上一块平整的耐火板，上面撒一层填料砂，然后将磨具平放上，并轻轻地来回旋转几次，使砂轮坐稳坐平。用同样的方法，在一个体内装上几层（视砂轮厚度而定），最后用填料填满其余的空间，覆盖在上层磨具的填料厚度不小于20mm。装好的匣钵如图 5-10-8 所示。

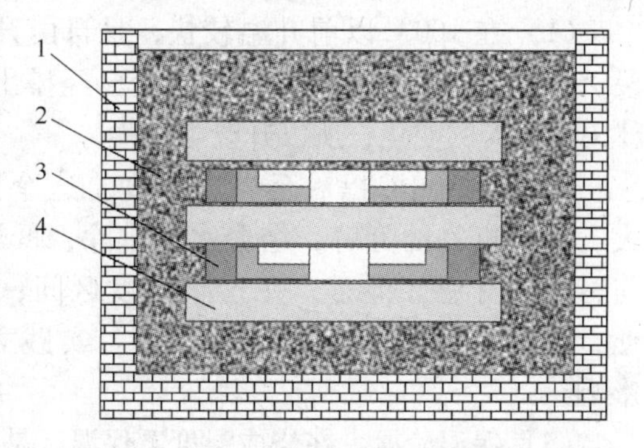

图 5-10-8 磨具装入匣钵

1—匣钵；2—填料（石英砂或氧化铝粉）；3—陶瓷结合剂磨具坯体；4—垫板

装好磨具坯体的匣钵，应放在烧成炉膛的高温位置，使四周受热尽量的均匀。陶瓷结合剂磨具需在中性和氧化性气氛中烧成，所以匣钵不用加盖。匣体的材料可以用铸铁，也可以用耐火物，耐火物不受氧化，经久耐用。匣钵的规格尺寸要合理选择，其内径应比磨具外径大 20mm 以上。

一般情况下，常选用白刚玉或石英砂作为填充料。填充料的作用在于保护坯体不受火焰直接烘烤，同时有固定坯体的作用。填料在升温和冷却过程中对坯体能起缓冲作用。保证磨具的烧成质量。填料的粒度为150目～180目(106～80μm)为宜，太粗保温性差，太细透气性不好，这两种情况对烧成都是不利的。

B　烧成方法

金刚石陶瓷磨具的烧成特点，是在氧化性或中性气氛中，在较低温度下烧成，所以烧成可以在一般的电阻炉中进行，而不要求炉子密闭性和通保护气体，这比金属结合剂磨具的烧成条件要简单得多。

烧成炉子的基本要求是：

(1) 炉子的功率要足够，保证升温顺利。

(2) 炉子的升温极限（最高温度）要高于磨具的烧成温度。

(3) 温度调节系统要准确，而且稳定可靠。

(4) 炉子本身要有较好的保温性能，使冷却过程延缓。因为陶瓷是一种脆性材质，不适当的快速冷却会使坯体炸裂，产生烧成废品。

10.3.6.3　烧成曲线

烧成曲线就是温度随时间变化的轨迹。烧成曲线要根据结合剂特性和磨具规格来制订。由于磨具在烧成过程中，不同温度下磨具内部所发生的变化不同，有的温度区间变化剧烈，有的温度区间变化缓慢，所以要求在不同的温度区间有不同的升温速度，以适应磨具内的这种变比。升温速度不同，即线段的斜率不一样，因此温度随时间变化的关系不是直线，而是一条曲线，其形状如图5-10-9所示。

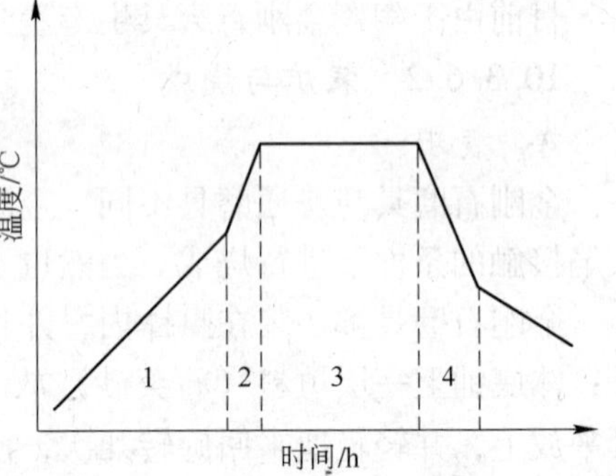

图5-10-9　陶瓷磨具的烧成曲线

曲线所反映的温度与时间的关系，是一一相对应的关系，则到一定的时间，就有一个固定的温度与之相对应。因此有了这条曲线，磨具的烧成制度也就固定了。每次烧成都按这条曲线进行，则产品质量也就能稳定不变。

图5-10-9中标出曲线分成四段。

(1) 在100℃以前升温较快，是自由升温阶段。因为坯体经过干燥，自由水分已经排出，坯体不再有大的变化，所以升温可快些。

(2) 从100℃以后至烧成温度。这个阶段温度升得较高，坯体内的理化变化较大，如有机物的分解，结合水的排除，低熔物的熔融，液相的流动等，因此通常都要实行控制升温。但是，在这个温度区间，坯体内的变化并不均匀，为了控制上的方便，都总是采用平均的升温速率。实践表明，这样做并不会给产品带来任何坏的影响。

(3) 保温阶段。在烧成温度下保温，是使坯体内的变化更加充分，不同的部位趋于一致性。这个阶段的温度不随时间而变化，曲线的斜率等于零。

(4) 冷却阶段。这是磨具从烧成温度降至室温的过程。可以根据需要采用控制冷却或自由冷却，但一般情况都采用自由冷却或保护冷却。

表 5-10-25 是某厂生产的陶瓷结合剂金刚石磨具的烧成制度。

表 5-10-25 某厂陶瓷结合剂金刚石磨具的烧成制度

温度/℃	室温 ~ 100	100 ~ 600	600	600 ~ 室温
时间/min	自由升温	300	120	自然冷却

10.3.6.4 磨具在烧成过程中的变化

磨具从低温到高温的整个烧成过程中，要发生很复杂的物理化学变化，不同的温度下，有不同的变化内容。

在 120 ~ 150℃ 的温度区间，吸附水被排除，到了 250 ~ 450℃ 的温度区间，坯体内的原料综合水从缓慢排出到剧烈进行，黏结剂开始分解，磨具强度略有降低。

到 500℃ 以后，一方面由于临时黏结剂的继续分解，使坯体强度降到最低点；另一方面低熔成分开始熔融。

当温度继续升高，至烧成温度，熔融物数量不断增加，黏度随温度升高而有所降低，产生了蠕变流动，并随温度升高而逐渐增强。

保温阶段，到了烧成温度后，熔融物数量又随保温时间的延长而增多，黏度进一步降低，流动性又有提高，原先各部分块状的液相，逐渐联结起来，形成了面。

到保温结束时，液相基本包围了磨料，联成了一体，磨具达到了最后烧成状态，即磨具的硬度，强度，气孔都达到了预计要求。

磨具在烧成过程中的变化极为错综复杂，各种变化之间没有明显的温度界线，而是交叉进行的。对磨具的烧成变化还了解得不透。特别是低熔点结合剂在较低温度下就出现较多的液相，这对有机物的氧化、排除，对磨具质量的影响如何还不太清楚，还有待进一步深入研究。

对于微晶玻璃结合剂，烧成时升温过程要注意在析晶温度段快速升温至烧成温度，避免提前析晶。因为在制备微晶玻璃结合剂时，通常是将含有微晶形核剂的物料熔融，成为玻璃熔体，然后快速倾倒于冷水中使之爆裂破碎。此时，获得的碎料并没有微晶化。在磨具坯体烧成过程中，也不希望在其升温过程中有明显析晶，主要原因是析晶后的晶体是固态，不能对磨具中磨粒间的空隙有效填充和良好结合。在高于析晶温度下熔体流动性较好，形核率较低，可以有充分的时间使结合剂填充到需要的地方，在随后的冷却中来控制析晶，将会得到由于析晶而加强了的结合剂效果。

10.3.6.5 冷却

从保温结束到温度降至室温的过程叫冷却。冷却的快慢在于控制浓相的结晶速度。在结晶温度之前，可采用快速冷却。到结晶温度冷却速度应与结晶速度适应。

液相结晶是一个复杂的物理化学过程，受热力学平衡条件的约束。冷却速度过快，各部分结晶速率不一致，坯体产生内应力，当应力大于坯体强度时就要产生裂纹，即使不产生裂纹，内应力集聚也会使磨具强度降低，在高速回转时产生破碎，冷却过慢，易使晶粒长得过大，大晶粒会使坯体强度降低，可见合理控制冷却速度十分重要。

金刚石陶瓷磨具由于采用装钵埋砂烧成，又随炉冷却，一般情况下是比较接近理想冷却状况的，所以采用这种冷却工艺，都能得到令人满意的产品。

正如前面所述，对于微晶玻璃结合剂在加热时析晶温度范围要快速升温，而在冷却过程中在析晶温度区间则要相对缓慢，以控制析晶量，得到满意的效果。图5-10-10是含有微晶形核剂的微晶玻璃结合剂超硬磨具的加热-冷却曲线。

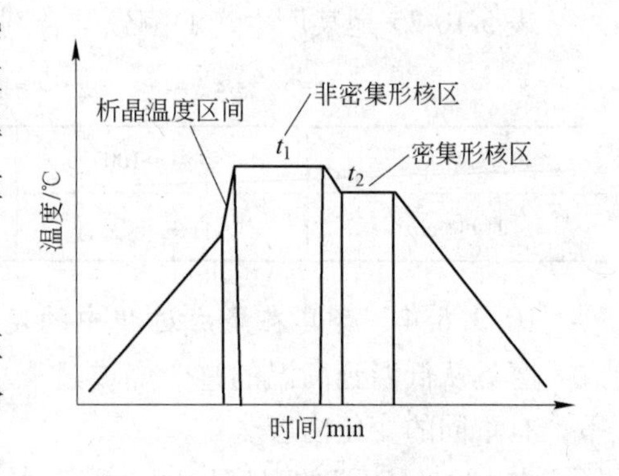

图5-10-10 微晶玻璃结合剂超硬磨具烧成工艺曲线

10.3.6.6 磨具的热压烧成

热压烧结是相对于冷压烧结而言的，就是在加温烧结的同时进行加压的一种烧结方式。在粉末冶金和高温材料工业中已普遍采用这种方法，对难熔的非金属化合物（如硼化物、碳化物等）以及氧化物陶瓷材料等，通常情况下它们不易压制和烧结，通过适当的工艺参数控制，满足某些必要条件，可实现陶瓷结合剂的热压烧结，应用热压法烧结效果显著。作为一种新的烧成方法，热压烧结已逐渐成为提高陶瓷材料性能以及研制新型陶瓷材料的一个重要途径。

热压法工艺具有下列特点：

（1）降低坯体的成型压力。热压时磨具中的粉状原料大都处于塑性状态，颗粒滑移变形阻力小，因而热压时所需压力为一般常温下压制成型的十分之一左右，所以便于用小吨位的压机压制大尺寸的陶瓷制品的成型和烧结。

（2）热压可以精确控制坯体的致密度。如果热压制度选择恰当，在定模成型时，热压烧结的坯体密度可精确控制，如有添加造孔剂，可控制孔隙的比例。最高密度可达到其理论密度的98%～99%，甚至100%。

（3）热压可以显著降低烧成温度和缩短烧结时间。普通烧结的动力为表面能。而热压烧结除表面能外尚有晶界滑移和挤压蠕变传质同时作用，总接触面积增加极为迅速，传质加快，从而可降低烧成温度和缩短烧成时间。

（4）热压可以有效的控制坯体的显微结构，使坯体强度大幅度增加。

（5）热压可以生产形状比较复杂、尺寸比较精确的产品，因为热压时坯料粉粒处于塑性状态，在压力作用下易于填充模具。

（6）热压时无需添加烧结促进剂与成型添加剂。

热压烧结法的缺点是：过程及设备较为复杂，生产控制要求较严，模具材料要求高，电能消耗大，在没有实现自动化和连续热压以前，生产效率低，劳动力消耗大。

热压烧结要求热压模具机械强度高，高温下能抗氧化，热膨胀性能接近于所热压的材料，且不易与热压材料相互作用或黏结。较为广泛的使用石墨模具，优点在于具有润滑能力，能耐高温、易加工、成本低，在高温下具有一定的强度，热膨胀系数较低，有导电性，不易和其他材料发生反应。

参考文献

[1] 侯永改，王改民，等．金属及合金粉对低温陶瓷结合剂性能影响[J]．中国陶瓷，2002，38(4)：23～26.

[2] 赵玉成．cBN陶瓷砂轮[J]．工业金刚石．1999(2)：17～19.

[3] 赵玉成 . cBN 陶瓷砂轮组织特征[J]. 金刚石与磨料磨具工程 . 1999(6):4～6.
[4] 王明智 . 超硬磨料表面镀覆（涂覆）的种类、方法及用途（Ⅰ-Ⅱ）[J]. 金刚石与磨料磨具工程. 2004(5):72～76.
[5] 王宛山 . 高速陶瓷 cBN 砂轮贴片的实验研究[J]. 金刚石与磨料磨具工程，2009(2):62～66.
[6] 侯亚丽 . 发动机曲轴凸轮轴 cBN 高速磨削加工[J]. 煤矿机械，2009，30(2):115～117.
[7] 朱山民，陈巳珊 . 金刚石磨具制造 . 机械工业部机床工具工业局 . 1984，325～348.
[8] Jackon M J，Mills B. Materials Selection Applied to Vitrified Aluminum & cBN Grinding Wheels[J]. Journal of Materials Processing Technology，2000，108：114～ 124.
[9] Thomoas J. Clark. Coating for Improved Retention of cBN in Vitreous Bond Matrices[J]. United States Patent 5300129，1994.
[10] Philippe D. St. Pierre. Refractory Metal Oxide Coated Abrasive and Grinding Wheels Made Thereform[P]. United States Patent 5104422，1992.
[11] 张明，臧建兵，王明智 . Mo 涂层的立方氮化硼（cBN）与玻化陶瓷复合烧结体的研究[J]. 人工晶体报，1996，25(1):23～27.
[12] Michael Seal，Leonardo. Etched Metal Coated Diamond Grains in Grinding Wheels[P]. United States Patent 3528788，1967.
[13] Matearrese. Dual-coated Diamond Pellets and Saw Blade Segments Made Therewith[P]. United States Patent 5143523，1992.
[14] Pipkin，Novel J. Metal Coating of Abrasive Particles[P]. United States Patent 4399167，1983.
[15] D. Lynn. Julien. Titanium-nitride and Titanium-carbide Coated Grinding Tools and Metal Therefor[P]. United States Patent 5308367，1994.
[16] C-P. Kinges. Diamond Coating and cBN Coatings for Tools[J]. International Journal of Refractory Metals & Hard Materials，1993，16：171～176.
[17] 王明智，王艳辉 . 金刚石表面的 Ti、W、Mo 镀层及界面反应对抗氧化性能的影响[C]. '93 郑州国际超硬材料研讨会论文集，郑州，1993：118～123.
[18] 赵玉成，臧建兵，王明智 . 刚玉涂覆的超硬磨料[J]. 金刚石与磨料磨具工程，1999，(5):6～7.
[19] 王明智，等 . cBN 表面镀 Ti 及其与金属黏结剂的作用[J]. 中国有色金属学报，1997，7(2)：104～106.
[20] 叶伟昌 . cBN 砂轮的进展-新技术新工艺[J]. 机械加工，2000，(11):13～15.
[21] Alexander Rose Roy. Coating for Diamonds[P]. United States Patent 3826630，1972.
[22] Robert John Careney. Diamond Particle Having a Composite Coating of Titanium and a Metal Layer[P]. United States Patent 3929432，1971.
[23] 臧建兵，赵玉成，王明智，等 . 超硬材料表面镀覆技术及应用[J]. 金刚石与磨料磨具工程，2000(3):8～12.
[24] 张习敏 . 陶瓷结合剂立方氮化硼磨具组织及性能的研究[D]. 秦皇岛：燕山大学，2003.
[25] 刘芳，范文捷 . α-Al_2O_3 粉在陶瓷结合剂磨具中的微观作用[J]. 金刚石与磨料磨具工程，2003，136(4):53～55.
[26] 张永杰，徐晓伟，等 . LiF 和 B_2O_3 在陶瓷结合剂中的作用[J]. 北京科技大学学报，1999，21(6)：255～257.
[27] 黄秉麟 . 陶瓷磨具制造(上). 机械工业委员会机床工具工业局，1988：30～46，319，219～220.
[28] 李玉萍，徐小伟，等 . LiF 和 CaF_2 助熔效果的研究[J]. 北京科技大学学报，2002，24(4)：429～431.
[29] 张建森，张春才 . Na_3AlF_6 在低熔陶瓷结合剂中的作用研究[J]. 超硬材料与工程，1999(1)：

14 ~ 16.

[30] 李志宏，董庆年，等．含 CaO 陶瓷结合剂的初步研究[J]．磨料磨具与磨削，1994，83(5):26 ~ 27.

[31] 张永杰，徐晓伟，等．LiF 和 B_2O_3 在陶瓷结合剂中的作用[J]．北京科技大学学报，1999，21(6):255 ~ 257.

[32] 赵玉成，臧建兵，等．烧成工艺对 cBN 用陶瓷结合剂性能的影响[J]．工业金刚石，2000(1):11 ~ 13.

[33] 温熙宇，王明智，等．有色金属涂层的 cBN 砂轮陶瓷结合剂研究[J]．磨料磨具与磨削，1995，86(2):5 ~ 7.

[34] 卞景盛，吴建中．新型金属陶瓷结合剂 cBN 砂轮[J]．金刚石与磨料磨具工程，1998，107(5):26 ~ 27.

[35] 侯永改，王改民．影响低温烧成陶瓷结合剂强度因素的探讨[J]．陶瓷研究，2001，16(2):5 ~ 7.

（燕山大学：王明智）

11 粉末冶金液相烧结

粉末冶金液相烧结即烧结过程中有液相存在的粉末冶金烧结。粉末冶金液相烧结（以下简称液相烧结）由于具有：材料致密化和均匀化的速度比较快，制品的密度比较高，物理和力学性能比较好的优点，因此在粉末冶金制品的生产中得到了广泛的应用。据国外统计，到目前为止，按质量大约有 70%，按体积大约有 90% 的烧结金属制品是在有液相存在的情况下进行烧结的。金刚石金属复合材料的生产大多数也是在有液相存在的情况下进行烧结的。

11.1 液相烧结的分类

液相烧结得到液相的方法基本上有两种：一种是使用具有不同化学性质的粉末混合料，该种混合料的液相来自低熔组元的熔化或者低熔共晶物的形成，这种液相可能是瞬时的，也可能是持续的；另一种是将预合金化的粉末加热到固相线温度和液相线温度之间的温度，进行超固相线温度烧结。熔渗是液相烧结的特例，此时，多孔骨架的固相烧结和低熔金属浸透骨架后的液相烧结同时存在。

另外，还有两种在特定条件下进行的液相烧结：

(1) 在液相烧结过程中，除了大气压以外，有时需要对压坯额外施加一定的压力，以有利于实现压坯的致密化和孔隙的消除，因此可以称之为施压液相烧结；

(2) 对于有些粉末混合料，在液相烧结过程中，粉末组元之间要发生化学反应并放出大量的热且生成化合物，因此可以称之为反应液相烧结。

由此可以得到如图 5-11-1 所示为液相烧结分类图。

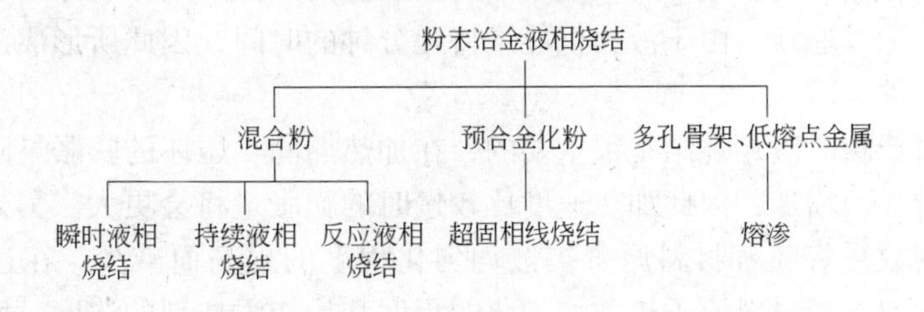

图 5-11-1 粉末冶金液相烧结分类图

11.1.1 持续液相烧结

对于持续液相烧结，压坯是在合金系统中的液相线和固相线之间进行烧结的，在整个的烧结期间均有液相的存在。

11.1.2 瞬时液相烧结

瞬时液相烧结，即烧结后期液相消失的烧结。在瞬时液相烧结过程中，当压坯被加热到烧结温度时出现液相，但当压坯在烧结温度下保温时，由于液固两相的相互扩散，液相就要消失。在加热到烧结温度期间，瞬时液相形成于混合组元之间。图 5-11-2 是具有瞬时液相的两个典型系统的相图。对于第一种情况，液相来自混合组元之间的共晶反应。对于第二种情况，液相来自 A（添加剂）和 B（基体）的混合物中添加剂的熔化。瞬时液相烧结和持续液相烧结不同，瞬时液相在固相中的溶解度比较高且随着烧结时间的延续而消失。

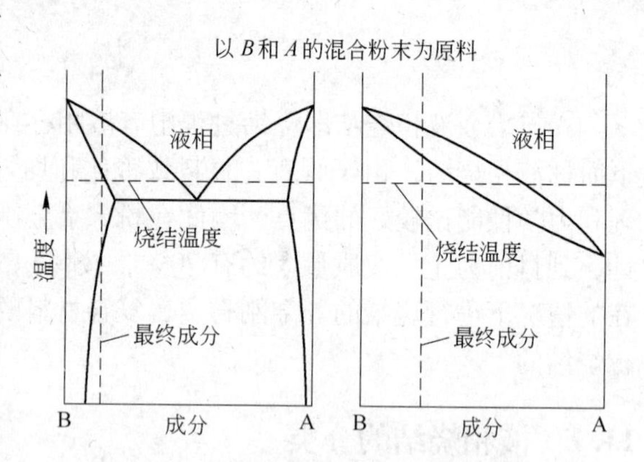

图 5-11-2　作为液相烧结基础的两元相图
A—添加剂；B—基体

瞬时液相烧结的优点是，元素混合粉末容易成形（和预合金粉末相比），烧结性好，没有持续液相烧结那种晶粒粗化的问题。但是，由于液相的含量取决于几个工艺参数的综合作用，因此，瞬时液相烧结对于工艺条件变化的敏感性比较高。另外，在加热到烧结温度期间，液相浸入固相会导致瞬时膨胀，这对于某些材料是有利的，而对于某些材料则是有害的。

瞬时液相烧结的条件包括：在具有最终成分的单相区域内，各组元之间要有一定的相互溶解度；液相必须能够浸润固相，并且固相必须具有高的扩散速率。在满足这些要求的情况下，当液相生成时，烧结速度就很快。

瞬时液相烧结的实际过程主要取决于材料的颗粒尺寸、添加剂的数量、加热速度和最高温度。由于添加剂在基体中有一定的溶解度，因此在加热期间要发生膨胀是常见的，特别是在组元之间形成中间化合物的情况下。瞬时液相烧结材料的致密化取决于所形成液相的数量和液相存在的时间。由于所生成熔体的扩展和离开添加剂颗粒原来位置，过多的液相会产生大的孔隙。通常，由于液相仅能维持几分钟的时间，因此所形成的大的孔隙是不能够被重新充填的。

加热速度对于瞬时液相烧结是很重要的，在加热期间，压坯的膨胀量随着材料原子相互扩散数量的增加而增加，因此加热速度比较慢时的膨胀量将会更大。另外，在共晶温度下所形成液相的数量将随着材料原子扩散均匀化程度的提高而减少。在达到烧结温度以后，液相的数量取决于材料原子扩散均匀化的程度和最初添加剂的浓度，而液相的数量和其存在的时间决定了压坯最后的收缩量。

在瞬时液相烧结加热期间，刚刚加热到液相生成温度之前压坯的膨胀是最剧烈的，但并不是在其孔隙中截获了气体所致。加热期间压坯的膨胀量取决于加热的速度和添加剂的含量，因为这两项因素控制着相互扩散的程度。在加热期间，加热速度和添加剂的数量对于压坯膨胀量的影响在图 5-11-3 中得到了证明，图 5-11-3 是 Fe-Al 压坯在 1250℃、烧结 1h 的膨胀量与铝的含量和加热速度的关系。在液相形成以后，压坯致密化的程度取决于形成液相的数量和液相持续的时间。对于压坯的致密化有显著作用的工艺因素的顺序是加热速度、添加剂的含量和粉末粒度。图 5-11-4 表示加热到 1350℃、保温 1h 的 Fe-Ti 粉末混合料，欲达到最佳致密化，钛含量与加热速度之间的匹配关系。通常，采用较快的加热速度允许使用较小粒度的粉末和较低的添加剂数量，且可以得到好的烧结性。

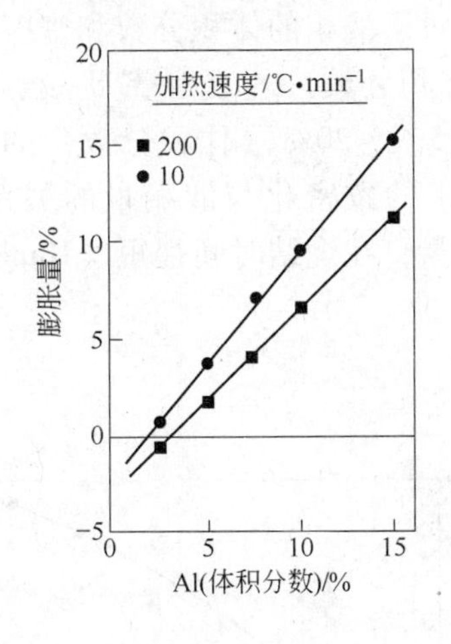

图 5-11-3　在 1250℃烧结 1h 的 Fe-Al 压坯的膨胀量与铝的含量和加热速度的关系

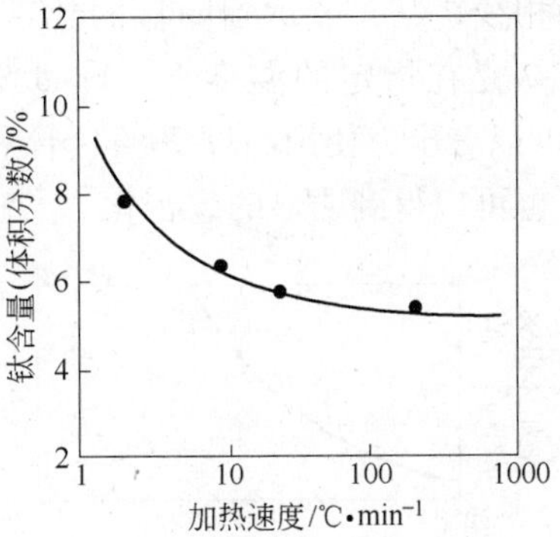

图 5-11-4　Fe-Ti 粉末压坯进行瞬时液相烧结时，欲实现最佳致密化，加热速度与钛含量（体积分数）的匹配关系

通常，在烧结温度下的停留时间并不是主要的工艺参数。因为，随着时间的延长，液相的数量逐渐减少，压坯的黏度增加，致密化的速度急剧变慢。

11.1.3　超固相线烧结

超固相线烧结与传统的瞬时液相烧结相类似，其主要差别是用预合金粉末代替了混合粉末。其烧结温度在其组分的液相线温度和固相线温度之间进行选择。在烧结温度下，液相生成于每个颗粒之内，每个颗粒经受碎裂和再充填，使液相分布均匀。一旦生成液相，烧结速度就变得很快。图 5-11-5 解释了液相烧结的过程：液相生成、颗粒碎裂、重新排列、晶粒再充填和滑动、粗化、通过溶解-再沉淀消除孔隙。

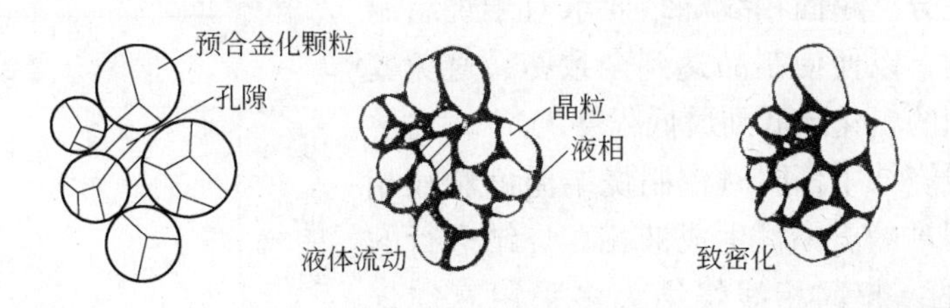

图 5-11-5　超固相线烧结（沿着预合金粉末的晶界生成液相并导致致密化）

对于超固相线烧结，在烧结温度下，希望固相线和液相线之间的间隔要大。即使如此，也需要严格的温度控制，以得到令人满意的液相含量和显微组织。在大多数情况下，

需要液相湿润固相和固相在液相中有一定的溶解度。通常，所生成的液相遍布整个的显微组织，使烧结均匀，因此优于元素混合粉末的烧结。

超固相线烧结的主要工艺控制参数是烧结温度和粉末成分，因为这两个工艺参数决定了液相的体积分数。当液相的体积分数增加时，其致密化的程度和烧结收缩量增加。图5-11-6证实了镍基超合金粉末松装烧结时，烧结温度对于液相的体积分数和密度的影响，结果表明，要得到高的烧结密度，至少需要20%（体积分数）的液相量。一般来说，使用超固相线烧结，欲达到明显的致密化，至少必须15%～20%（体积分数）的液相量。图5-11-7是在指定的温度下，Fe-0.9%C预合金粉末的致密化与液相量的关系。由图5-11-7可以看出，使用超过20%（体积分数）的液相量，在烧结时间很短（10min）的情况下，也可以得到明显的致密化。

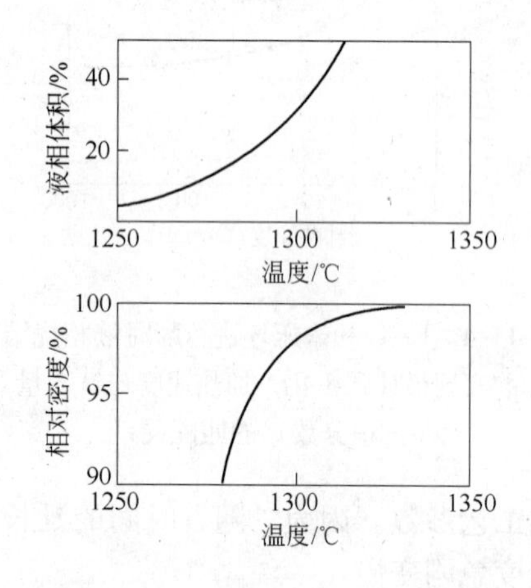

图5-11-6 镍基超合金超固相线烧结液相的数量与烧结温度的关系以及烧结1h后的密度

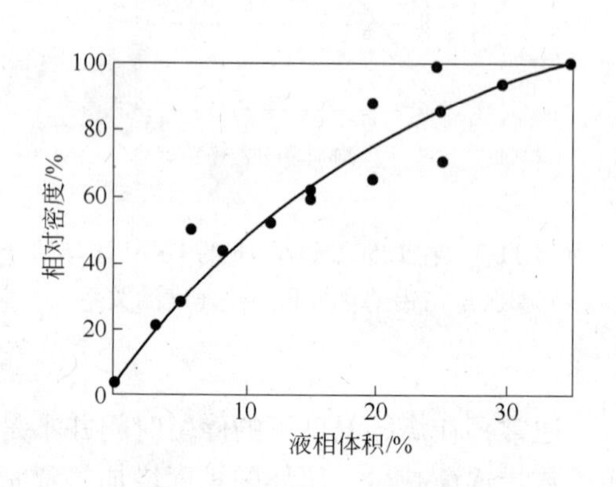

图5-11-7 Fe-0.9%C预合金粉末在1350～1425℃烧结10min时各种液相量下的致密化

合金成分和烧结温度对于超固相线烧结的影响是很明显的。温度太高会导致超量的液相，会造成压坯变形甚至坍塌，且显微组织明显粗化，图5-11-8镍基超合金的晶粒尺寸和密度与烧结温度的关系证明了这种影响。但是，烧结温度偏低也是不理想的，因为此时液相对于颗粒之间接触区域的湿润不够充分。超固相线烧结要求对于烧结温度进行严格控制，以便使制品达到全致密、避免变形和使显微组织的粗化降低到最低程度。

在超固相线烧结中，同时控制烧结温度和液相的成分变化是困难的。一旦生成液相，烧结进行的速度就是很快的。超固相线烧结大多采用真空烧结，因为可以避免在其孔隙中截留气体。

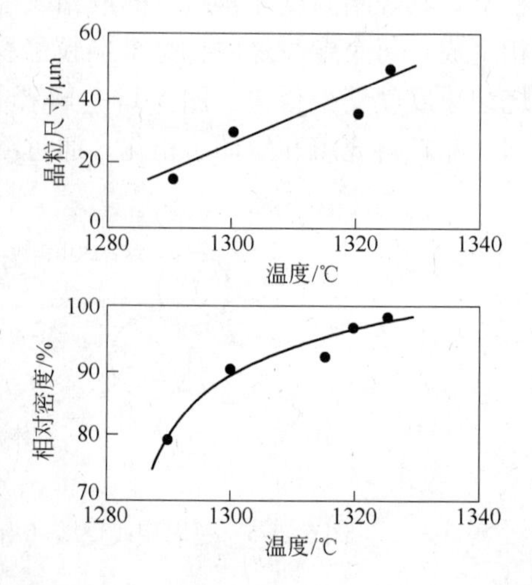

图5-11-8 镍基超合金的晶粒尺寸和密度与烧结温度的关系（烧结时间2h）

超固相线烧结的前景是极好的，它对于高合金成分的全致密加工是很成功的，为某些新材料的开发提供了可能。所用的一些新的烧结炉具有精确的温度控制装置，以保证在没有变形的情况下实现全致密。

11.1.4 施压液相烧结

所谓“施压液相烧结”，即除了大气压力以外还要额外施加一定的压力所进行的液相烧结。在液相烧结期间，对压坯施加一定的额外压力有助于其致密化和孔隙的消除。这种技术在湿润性比较差或者不稳定的化合物系统中具有很重要的意义。例如，对于烧结金刚石-金属复合材料，要求高的温度和高的压力，以达到致密化并防止金刚石的碳化。

额外施压对于致密化过程中的颗粒重新排列具有比较大的作用。在颗粒的重新排列阶段，当液体的毛细管力增加时，致密化的速度加快。由于额外施压可以提高液体的毛细管力，因此额外施压也就可以提高致密化的速度。

额外施压有助于烧结材料的致密化，额外施加压力的作用类似于液相数量的增加。图5-11-9示出Cu-Bi压坯在使用两种不同的额外压力下的孔隙度。由图5-11-9可见，当额外施加的压力增加时，烧结材料的孔隙度减小。图中还示出了额外施加的压力对于含和不含液相的铜的烧结行为的影响。由图5-11-9可以得出结论：液相的存在或者提高额外施加的压力可以得到较高的烧结密度。

图5-11-10表示额外施加的压力对于镍基超合金液相烧结致密化的影响。由图5-11-10可以看出，即使是比较小的额外施压（如4个大气压，即0.4MPa）就可以使得超固相线烧结发生明显的变化。

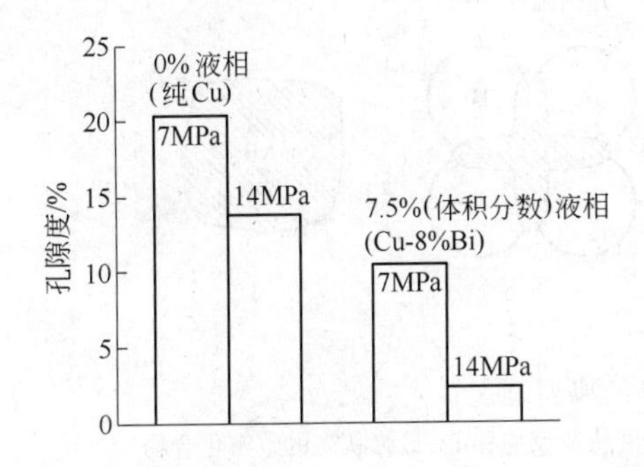

图5-11-9 使用两种成形压力，纯铜(0%液相)和Cu-Bi[7.5%(体积分数)液相]压坯，在600℃热压1h以后的孔隙度

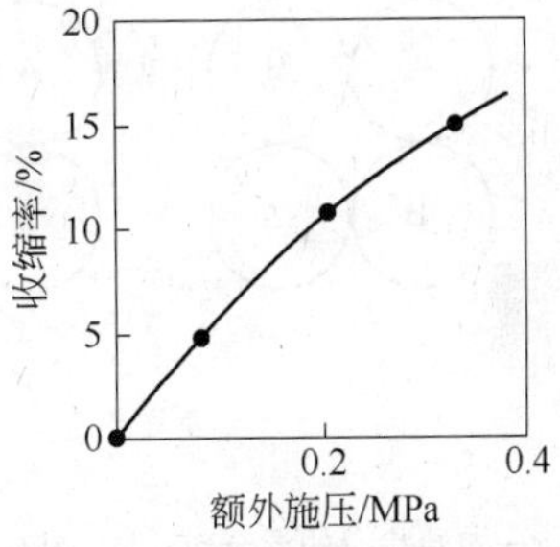

收缩率/%
额外施压/MPa

图5-11-10 镍基超合金粉末在进行1280℃,75min，含有20%(体积分数)液相的超固相线烧结时，其收缩率与额外施加的压力的关系

在进行液相烧结时，使用粗颗粒的粉末，额外施压的影响将更为明显。图5-11-11示出，在没有额外施压的情况下，使用粗的金刚石粉末烧结材料的收缩率最小。当有额外施压时，随着额外施加压力的增加，颗粒粗细的这种影响变小。

另外，在进行液相烧结时，额外施压虽然可以提高烧结材料致密化的速度，但不能改变烧结材料基体的显微组织。

11.1.5 反应液相烧结

反应液相烧结与瞬时液相烧结相类似。其主要特征有两个，一是粉末组元间反应而放出大量的热，二是粉末组元间反应而生成化合物。图5-11-12是反应烧结的一类相图，在

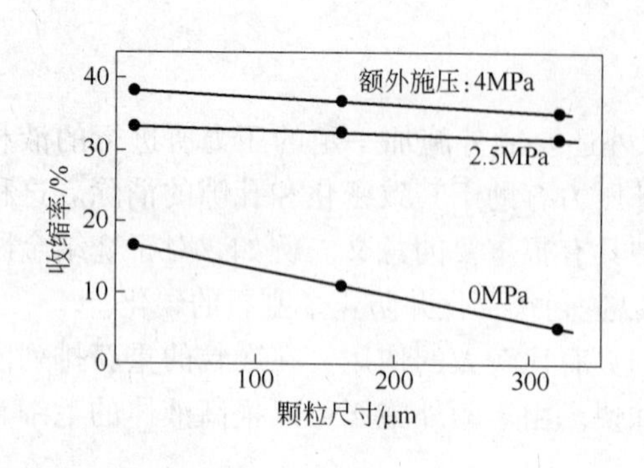

图 5-11-11 当含有 40% 的液相时，在 3 种不同的额外施压情况下，金刚石的颗粒尺寸对于金刚石-(Cu-Ag-Ti)烧结材料收缩率的影响

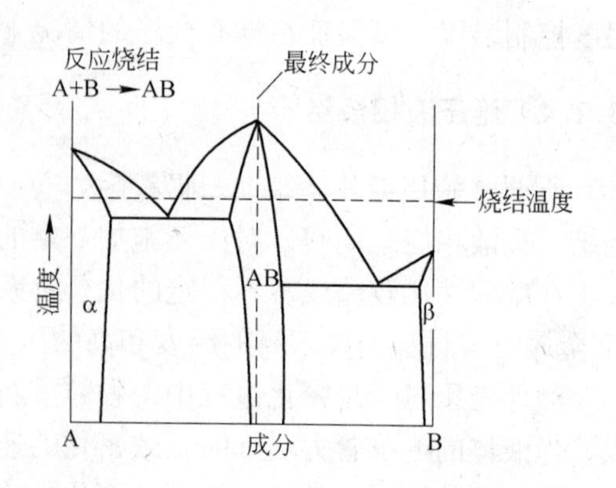

图 5-11-12 由 A 和 B 粉末的混合料进行反应液相烧结时生成化合物 AB 的两元相图

该情况下由纯组元 A 和 B 反应生成化合物 AB。在适当的温度和所选定的成分下，在反应期间生成液相，反应液相烧结的过程被示于图 5-11-13，该图从左到右对应着反应程度逐渐增加。当在压坯中生成液相的时候，随着液相向孔隙内的流动，生成化合物的速度加快。

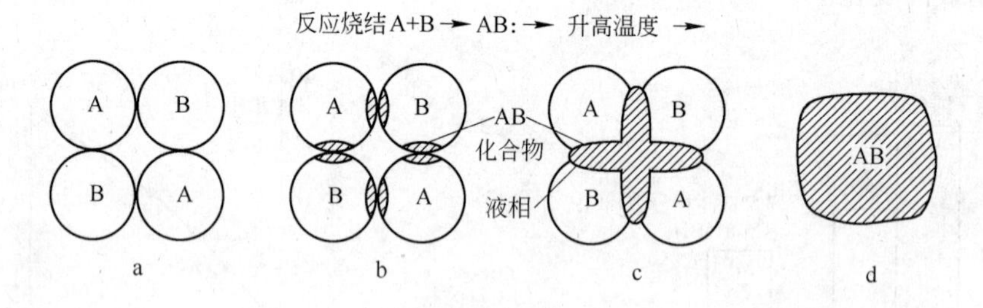

图 5-11-13 反应烧结的典型过程

a—初始状态的混合料；b—固态扩散反应；c—固-液快速反应；d—最终状态的致密化合物

11.1.6 熔渗（见本篇第 8 章）

11.2 液相烧结的条件与过程

11.2.1 液相烧结的条件

液相烧结能否顺利完成，取决于同液相性质有关的 3 个基本条件。

11.2.1.1 湿润性

液相对固相颗粒的表面湿润性好是液相烧结的重要条件之一，对致密化、合金组织与性能的影响极大。湿润性由固相、液相的表面张力（比表面能）Y_S、Y_L 以及两相的界面张力（界面能）Y_{SL} 所决定。如图 5-11-14 所示，当液相湿润固相时，在接触点 A 表示平衡的热力学条件为

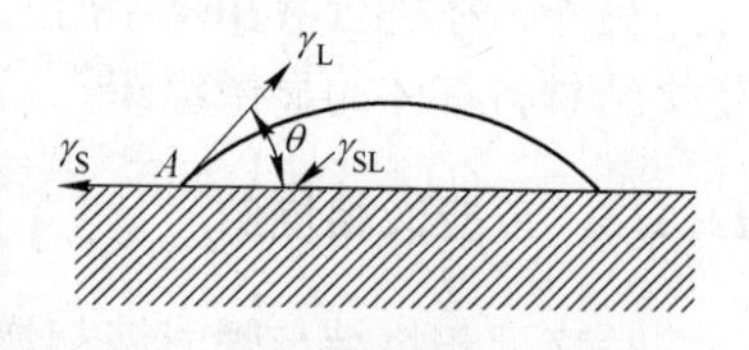

图 5-11-14 液相湿润固相平衡图

$$\gamma_S = \gamma_{SL} + \gamma_L \cos\theta \tag{5-11-1}$$

式中　θ——湿润角或接触角。

完全湿润时，$\theta = 0°$，式（5-11-1）变为 $\gamma_S = \gamma_{SL} + \gamma_L$；不湿润时，$\theta > 90°$，则 $\gamma_{SL} \geqslant \gamma_L + \gamma_S$。图 5-11-14 表示介于前两者之间，为部分湿润的状态，$0° < \theta < 90°$。

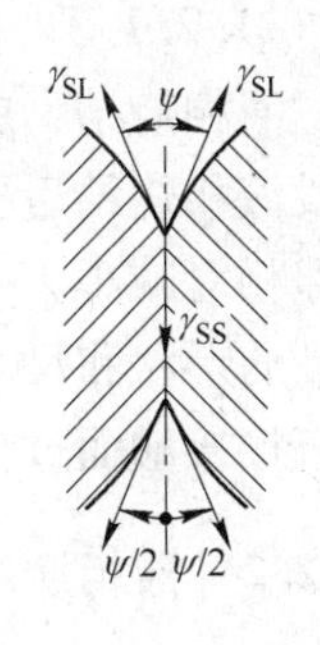

图 5-11-15　与液相接触的二面角形成

液相烧结需满足的湿润条件就是湿润角 $\theta < 90°$；如果 $\theta > 90°$，烧结开始时液相即使生成，也会很快跑出烧结体外，称为渗出。这样，烧结合金中的低熔成分将大部分损失掉，使烧结致密化过程不能顺利完成。液相只有具备完全或部分湿润的条件，才能渗入颗粒的微孔和裂隙甚至晶粒间界，形成如图 5-11-15 所示的状态。此时，固相界面张力 γ_{SS}取决于液相对固相的湿润，平衡时

$$\gamma_{SS} = 2\gamma_{SL}\cos\frac{\psi}{2} \tag{5-11-2}$$

式中，ψ 称二面角。

由式（5-11-2）可见，二面角愈小时，液相渗进固相界面愈深，当 $\psi = 0°$时，$\gamma_{SL} = \frac{1}{2}\gamma_{SS}$，表示在液相将固相界面完全隔离，液相完全包裹固相；当 $\psi > 0°$时，$\gamma_{SL} > \frac{1}{2}\gamma_{SS}$；当 $\psi = 120°$时，$\gamma_{SL} = \gamma_{SS}$；这时液相不能浸入固相界面，只产生固相颗粒间的烧结。实际上，只有液相与固相的界面张力 γ_{SL}愈小，也就是液相湿润固相愈好时，二面角才愈小，才愈容易烧结。

影响湿润性的因素是复杂的。根据热力学的分析，湿润过程是由所谓黏着功 W_{SL}决定的，可由式（5-11-3）表示：

$$W_{SL} = \gamma_S + \gamma_L - \gamma_{SL} \tag{5-11-3}$$

以式（5-11-1）代入上式得到

$$W_{SL} = \gamma_L(1 + \cos\theta) \tag{5-11-4}$$

只有当固相与液相表面能之和（$\gamma_S + \gamma_L$）大于固-液界面能（γ_{SL}）时，也就是黏着功 $W_{SL} > 0$ 时，液相才能湿润固相表面。所以，减小 γ_{SL}或减小 θ 将使 W_{SL}增大，对湿润有利。往液相内加入表面活性物质或改变温度可影响 γ_{SL}的大小，但固、液本身的表面能 γ_S 和 γ_L 不能直接影响 W_{SL}，因为它们的变化也引起 γ_{SL}改变。所以增大 γ_S 并不一定能改善湿润性，实验也证明，随着 γ_S 增大，γ_{SL}和 θ 也同时增大。

11.2.1.2　溶解度

固相在液相中有一定的溶解度是液相烧结的又一条件，因为：（1）固相有限溶解于液相可改善湿润性；（2）固相溶于液相后，液相数量相对增加；（3）固相溶于液相，借助液相进行物质迁移；（4）溶在液相中的组分，冷却时如能析出，可填补固相颗粒表面的缺陷和颗粒间隙，从而改善固相颗粒分布的均匀性。

但是，溶解度过大会使液相数量太多，对烧结过程不利。例如，形成无限互溶固溶体的合金，液相烧结因烧结体解体而根本无法进行。另外，如果固相溶解对液相冷却后的性

能有不好影响（如变脆）时，也不宜采用液相烧结。

11.2.1.3 液相数量

液相烧结，应以液相填满固相颗粒的间隙为限度。烧结开始，颗粒间孔隙较多，经过一段液相烧结后，颗粒重新排列并且有一部分小颗粒溶解，使孔隙被增加的液相所填充，孔隙相对减小。一般认为，液相量以占烧结体体积的20% ~50%为宜，超过了则不能保证产品的形状和尺寸；少了，烧结体内将残留一部分未被液相填充的孔隙，而且固相颗粒将因直接接触而过分长大。

11.2.2 液相烧结的过程

液相烧结过程大致上可以划分为3个界限不十分明显的阶段。图5-11-16表示其相应的示意图。

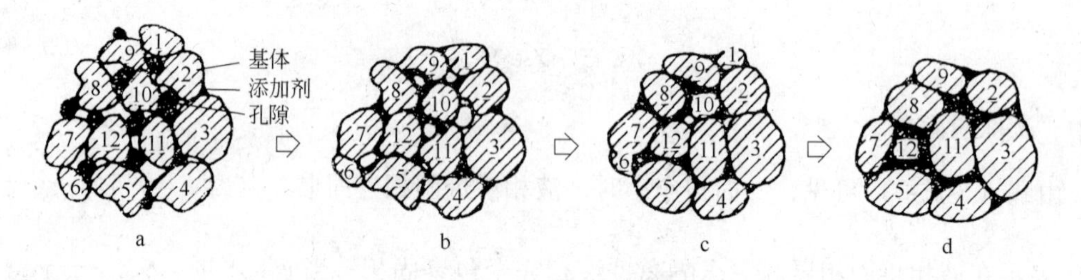

图5-11-16 液相烧结的典型阶段
a—混合粉末；b—液相形成与颗粒重新排列阶段（液相形成和铺展）；
c—固相的溶解-再沉淀阶段（固相扩散，晶粒长大和形状调整）；
d—固相骨架形成阶段（孔隙消除，晶粒长大和接触长大）

11.2.2.1 液相的生成与颗粒的重新排列阶段

起初，混合粉末被加热到生成液相的温度，随着液相的生成，固相颗粒在液相内近似悬浮状态，受液相表面张力的推动而发生移动，因而液相对固相颗粒湿润和有足够的液相存在是颗粒发生移动的重要前提，并且从而发生快速致密化。颗粒间孔隙中液相所形成的毛细管力以及液相本身的黏性流动，使颗粒调整位置、重新分布以达到最紧密的排列。重新排列所引起的压坯致密化程度取决于液相的数量、固相颗粒尺寸和固相颗粒在液体中的溶解度。通常，较细的颗粒有助于重新排列。通过重新排列达到全致密往往需要占烧结体体积35%的液相量。固体颗粒在液相中的溶解度和扩散速率也是重新排列期间致密化的主导因素。

在该阶段，虽然孔隙的消除和颗粒的重新排列进行得很迅速，致密化的速度很快，但由于颗粒靠拢到一定程度会形成拱桥，对于液相的流动阻力增大，因此，在该阶段不可能达到完全致密。完全致密的完成尚需要以下两个阶段。

11.2.2.2 固相的溶解-再沉淀阶段

固相在液相中有一定的溶解度和扩散转移是溶解-再沉淀的必要条件。该过程的一般特征是显微组织的粗化，或者称为Ostwald熟化。固相在液相中的溶解度随温度和颗粒的形状、大小而变化。小颗粒的溶解度高于大颗粒，因此，小的颗粒优先溶解，颗粒表面的棱角和凸起部分（具有较大的曲率）也优先溶解。在这种情况下，小的颗粒趋向减小，颗粒的表面趋向平整光滑；相反，溶液中一部分过饱和的原子在大颗粒表面沉析出来，使大颗粒趋于长大。这就是固相溶解和析出即通过液相的物质迁移过程。

溶解和析出过程的结果是，颗粒的外形逐渐趋于球形，小颗粒逐渐缩小或消失，大颗粒更加长大。这一过程使颗粒更加靠拢，整个烧结体发生收缩。在溶解-析出阶段，致密化速度已显著减慢，因为此时气孔已基本上消除，颗粒间距离更加缩小，使液相流进孔隙更加困难。

11.2.2.3　固相骨架的形成阶段

经过前面的两个阶段，颗粒之间互相靠拢、接触、黏结并形成连续骨架，剩余液相充填于骨架的间隙。在该阶段，由于固相骨架的存在，固相骨架的刚性阻碍了颗粒更进一步地重新排列，因此该阶段的致密化速率明显减慢。当液相不能够完全湿润固相或液相数量较少时，该阶段将表现得更为突出。

固相骨架形成后的烧结过程与固相烧结相似。在该阶段，扩散作用导致了固体颗粒之间的接触长大，因此，大多数液相烧结材料的性能将随着该阶段烧结时间的延长而降低，所以，在该阶段推荐使用较短的烧结时间。

11.3　液相烧结的影响因素

液相烧结的影响因素包括：颗粒尺寸、颗粒形状、颗粒内部的孔隙、添加剂的均匀度、添加剂的数量、生坯密度、加热速度和冷却速度、微量杂质、烧结温度、烧结时间和烧结气氛等。这些因素对于液相烧结的速度、最终的烧结密度和显微组织都具有重要影响。其中，尤以烧结温度、颗粒尺寸和添加剂的数量3个因素的影响最为突出。高的烧结温度可以加快烧结速度，但会导致显微组织的粗化；小的颗粒尺寸有助于致密化，并得到更为均匀的显微组织，但粉末颗粒的成形性比较差；通过控制添加剂的数量可以控制液相的数量，进而影响致密化的速度、显微组织和制品的性能。因此，要实现最佳液相烧结，必须严格控制这3个因素。其他因素在某些情况下，对于液相烧结和制品性能往往也具有不容忽视的影响。

11.3.1　颗粒尺寸

通常，小的颗粒尺寸有助于实现致密化，这一方面是由于在这种情况下致密化的速度比较快，另一方面是由于在固定的烧结周期下可以达到比较高的烧结密度。颗粒尺寸对于烧结致密化影响的典型例子示于图5-11-17，它是TiC-Ni材料在1460℃烧结2h时，其颗粒尺寸对于压坯线性收缩率的影响。在重新排列阶段，小颗粒进行重新排列的速度比较快，这是由于在这种情况下毛细管力即重新排列的推动力比较大的缘故；在固相的溶解-再沉淀阶段，小颗粒给出的致密化速度比较快，这是由于小颗粒在液相中的溶解度高于大颗粒，易于实现通过液相进行迁移的缘故。另外，使用小的颗粒可以提高制品的力学性能，但由于在许多情况下烧结周期都比较

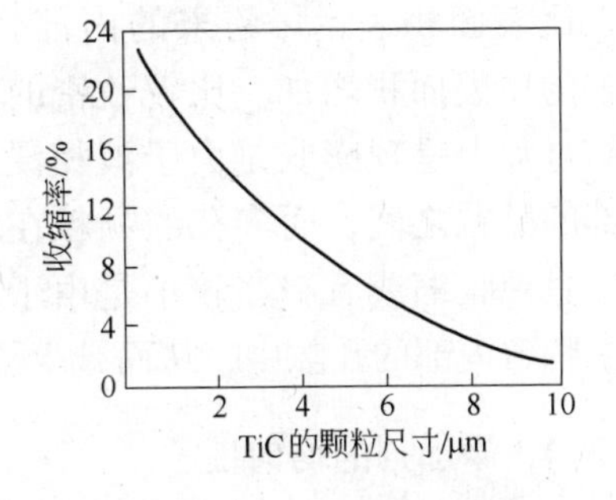

图5-11-17　使用不同碳化物颗粒尺寸的TiC-36%Ni压坯在1460℃烧结2h时的线性收缩率

长，致使显微组织粗化，因此使用细颗粒的这一优点并不一定能够体现出来。

颗粒尺寸的分布范围比较窄，有助于致密化。在烧结的最后阶段，大的颗粒将引起晶粒的过度长大，这是由于其将成为大颗粒的核心。由于添加剂的颗粒大小控制着在添加剂颗粒的原来位置所形成的孔隙的大小，因此应该使用具有小而均匀的颗粒尺寸的添加剂。对于液相烧结会产生膨胀的系统，使用小尺寸的颗粒和提高加热速度可以使膨胀量最小，达到最好的致密化。

11.3.2 颗粒形状

颗粒形状在压坯的成形阶段和在液相烧结的颗粒重新排列阶段具有重要作用。使用球形颗粒的粉末所得到的生坯强度比较低，所以在许多情况下都是不适用的。使用不规则形状的粉末，由于颗粒间的摩擦力比较大，生坯密度往往会比较低，从而经常会造成烧结密度比较低。在颗粒的重新排列期间，所产生的毛细管力随着颗粒的形状而变化。在颗粒的重新排列阶段，通常，球形颗粒对于毛细管力的作用更为敏感。

颗粒形状对于烧结制品的均质性也是重要的，使用不规则形状的颗粒粉末比使用球形的颗粒粉末所得到的烧结显微组织的不均匀性要大得多，从而造成制品性能的降低。

在液相烧结的后期阶段，由于溶解-再沉淀的作用，颗粒形状将改变，初始颗粒形状的影响作用消失。

11.3.3 粉末内部的孔隙

在液相烧结过程中，液相将首先进入固体颗粒内部的孔隙，从而减小了颗粒之间液相的数量。由于颗粒内部孔隙的体积小于颗粒之间孔隙的体积，因此颗粒内部孔隙中液体的毛细作用要比颗粒之间孔隙中液体的毛细作用大得多。因此可以预料，不同的材料或者相同的材料处于不同的状态下，粉末内部孔隙的多少以及它们的分布将影响材料的烧结行为。

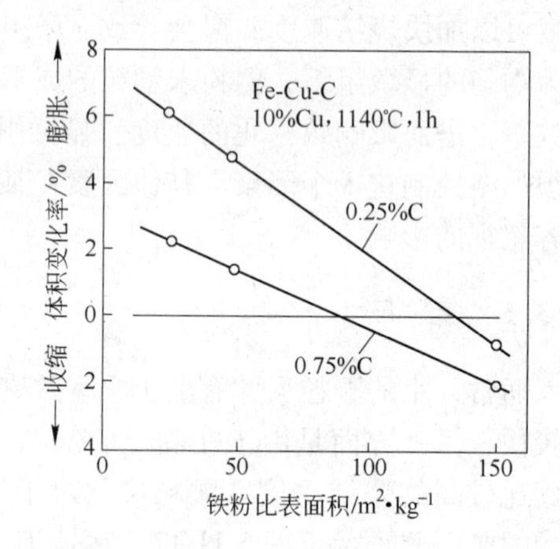

图 5-11-18 Fe-Cu-C 合金的体积变化与铁粉比表面积的关系

图 5-11-18 表示由内部孔隙度不同的铁粉所压成的 Fe-Cu-C 坯的烧结行为。铁粉内部孔隙度以比表面积表示，粉末的内部孔隙增加时，粉末的比表面积增加。比较致密的颗粒在液相烧结过程中呈现膨胀是由于液相浸入到了颗粒内部的晶粒之间；而多孔的颗粒在液相烧结过程中呈现收缩或者膨胀较小是由于液相被吸入到了颗粒内部的孔隙中，从而减少了其向颗粒之间的渗透所致。

11.3.4 添加剂的均匀性

许多学者的试验都证明，在持续液相烧结过程中，所形成的液相越均匀越有助于致密化。另外，在液相烧结期间，均匀的粉末混合料有助于实现快速致密化和改善制品的烧结性能。减小添加剂的颗粒尺寸，有助于改善其分布状态，因此，在压制成形之前将粉末混合料进行球磨往往是有利的。

在加热期间呈现膨胀的系统中，使用带涂层的粉末所产生的膨胀量最小，因为在这里添加剂作为表面涂层存在，从而使其分布非常均匀。涂层可以使在液相形成以前的互扩散期间所形成的孔隙尺寸最小，并确保液相形成期间液相的均匀分布。使用预合金化的添加剂也可以减小烧结坯的膨胀量。

11.3.5　添加剂的数量

添加剂的数量是一个非常重要的参数，它对于烧结速度，制品的显微组织和性能具有重要影响。添加剂的数量将直接影响液相的含量。而液相的含量对于许多方面都是非常重要的。

（1）烧结制品的尺寸控制和烧结动力学两个方面都取决于液相的含量；

（2）作为特征性质的因素，像晶粒粒度、晶粒间的距离、晶粒的邻接度、晶粒的形状调整以及液相的连通性等都取决于液相的含量；

（3）在液相生成与颗粒重新排列阶段，颗粒进行重新排列的力以及在固相溶解-再沉淀阶段的致密化和晶粒的长大，都取决于液相的含量。

图 5-11-19 表示液相的含量对于达到特定密度的烧结过程的一般影响。由图 5-11-19 可以看出，液相含量的高低决定着为了达到全致密，整个的烧结过程都是需要经过哪些阶段，或者这些阶段在整个的烧结过程中所占比例的大小。在液相的含量高的情况下，仅仅通过液相的生成与颗粒的重新排列阶段就可以达到全致密。当添加剂的数量减少，所形成液相的含量降低时，要达到烧结制品的全致密，则典型液相烧结的两个阶段、甚至三个阶段都是必需的。

在液相烧结产生膨胀的系统中，液相数量的增加影响膨胀量的大小。图 5-11-20 表示在大接触角（85°）的情况下，液体铜的含量对于球形钨粉压坯烧结膨胀率的影响。球形钨粉压坯被加热到 1100℃大约需要 4min，当液相的数量增加时，球形钨粉压坯在开始阶段的膨胀量非常大。另一方面，在固相在液相中溶解度高的系统中，全致密可以通过提高液相的含量来实现，图 5-11-21 示出在 4 种不同的镍含量下，致密化与烧结温度的关系。由图 5-11-21 可以看出，在表征液相数量的镍的含量高的情况下，在烧结温度比较低的条

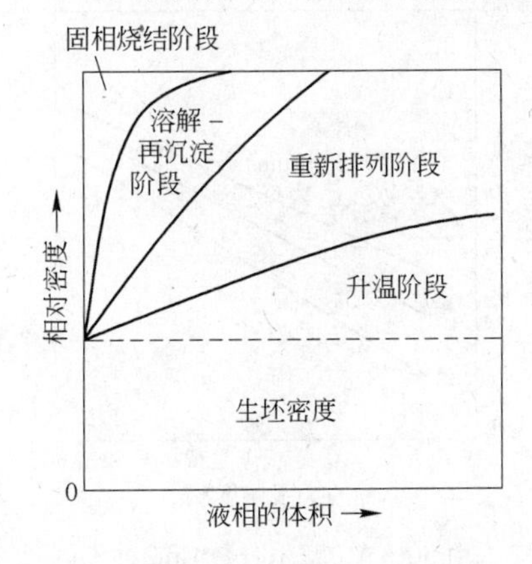

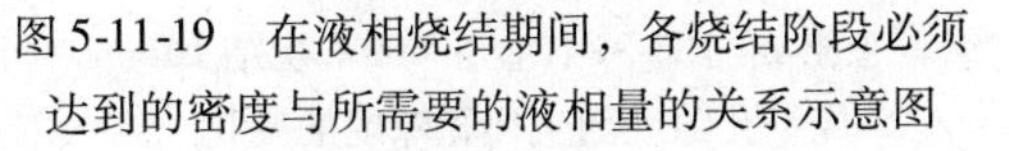
图 5-11-19　在液相烧结期间，各烧结阶段必须达到的密度与所需要的液相量的关系示意图

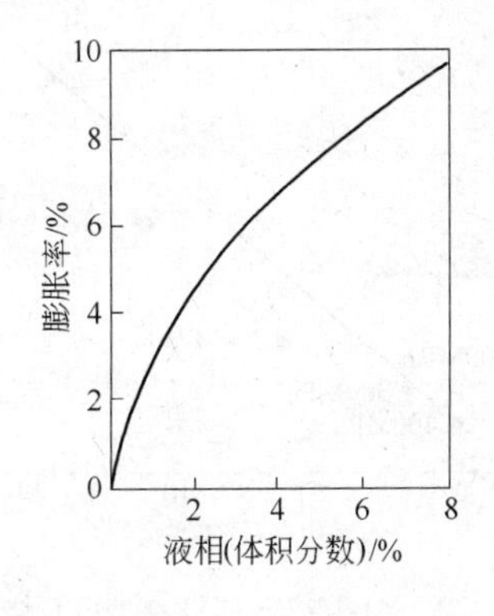

图 5-11-20　在 1100℃、大触角（85°）时，松装钨粉颗粒的膨胀率与铜（液相）含量的关系

件下就可以达到全致密，也就是说，比较高的烧结温度和比较高的液相含量容易实现致密化。

在液相生成与颗粒的重新排列阶段，提高液相的含量可以得到较高的密度，在这种情况下，尽管随着液相含量的增加所产生的毛细管作用力减小，但由于含有大量的液相，仅仅通过固体颗粒的重新排列就可以达到完全致密。但过高的液相含量会给烧结件的尺寸控制带来困难，甚至会出现坍塌现象。因此，对于该阶段的致密化应该有一个最佳的液相含量。

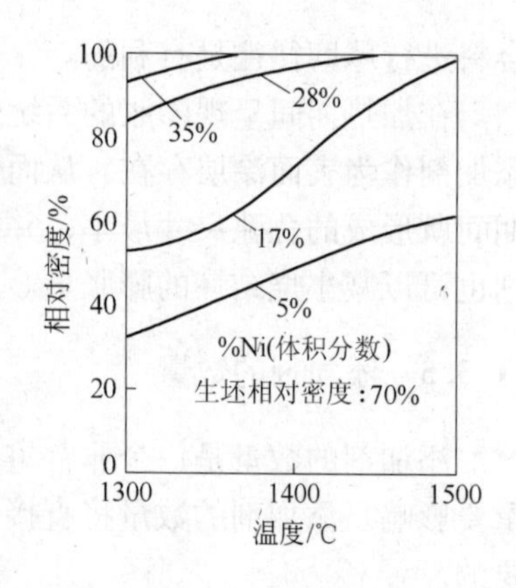

图 5-11-21 在不同的镍含量（体积分数）下，TiC-Ni 压坯的致密化与烧结温度的关系

在固相的溶解-再沉淀阶段，提高液相的含量可以使致密化得到改善。在液相的含量比较低的情况下，材料的致密化主要是依靠颗粒形状的调整；而在液相的含量比较高的情况下，材料的致密化主要是依靠其组分的大量扩散和流动。因此，提高液相的含量可以提高该阶段的致密化速度。

在液相烧结的最后阶段，也就是固相骨架形成阶段，液相量的主要影响是显微组织的状况和显微组织的粗化速度。

通常，过量的液相是不利的，而不足的液相量又难以实现全致密。综合考虑，一般采用15%～20%（体积分数）的液相量为宜。

11.3.6 生坯密度

高的生坯密度的好处是，可以得到高的生坯强度和高的烧结密度，由此而得到的好处是不言而喻的。

生坯密度对于烧结密度影响的例子示于图 5-11-22，该图是在 640℃、烧结 1h 的 Al-2% Cu 压坯的烧结孔隙度随初始孔隙度的变化。由图 5-11-22 可见，Al-Cu 压坯的烧结密度随生坯密度的提高而提高。

生坯密度对于烧结密度影响的另一个例子示于图 5-11-23，它不仅示出了生坯密度对

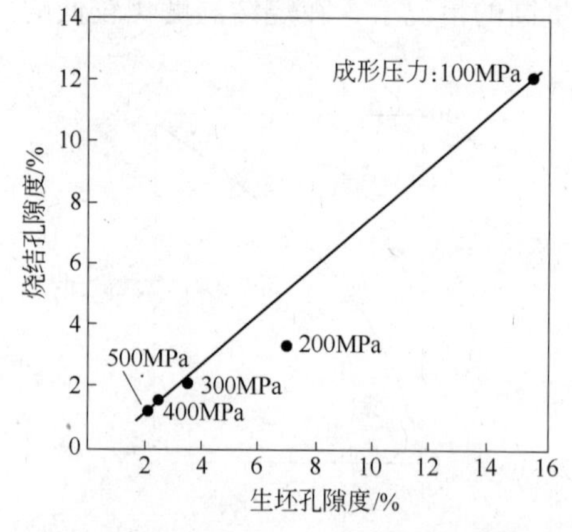

图 5-11-22 Al-2% Cu 压坯在 640℃烧结 1h 的烧结孔隙度随生坯孔隙度的变化

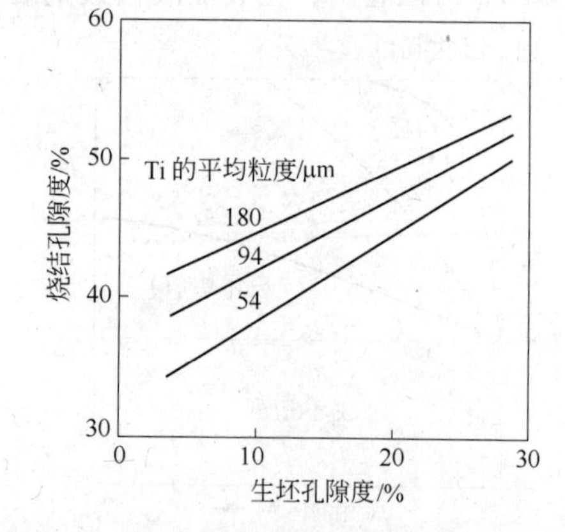

图 5-11-23 由 30% Al（摩尔分数）和3种不同尺寸的钛颗粒组成的 Ti-Al 合金在 660℃烧结 10min，烧结孔隙度随生坯孔隙度的变化

于烧结密度的影响，而且示出了固相颗粒大小对于烧结密度的影响，它表明了由 30% Al（摩尔分数）和 3 种不同尺寸的钛颗粒组成的 Ti-Al 合金在 660℃烧结 10min 时，其烧结孔隙度与生坯孔隙度的关系。由图 5-11-23 可以看出以下两点：（1）Ti-Al 合金的烧结孔隙度随着其生坯孔隙度的降低而降低，也就是说，其烧结密度随着生坯密度的提高而提高。（2）该合金的烧结密度随着钛颗粒尺寸的增大而降低。

在加热时发生膨胀的系统中，生坯密度对于烧结密度影响的例子示于图 5-11-24，它是含 6% Cu 和分别含有 0% C、0.68% C 的 Fe-Cu-C 压坯在 1120℃烧结 30min 时，其膨胀量随生坯密度的变化。由图 5-11-24 可以看出，Fe-Cu-C 烧结坯的膨胀量将随着其生坯密度的提高而增加，但增加量不大。通过添加碳，或者使用慢的加热速度，可以使其尺寸的长大量降为最小。由于扩散的均匀性影响所形成液相的数量，因此加热速度也是一个影响因素，体现了溶解度、熔体的浸渗性和由于液相所导致的致密化的综合作用。对于 Fe-Cu-C 系统，在加热阶段（液相出现以前）要发生膨胀。在液相的形成与颗粒的重新排列阶段，当液体形成时，在颗粒接触点由于材料组分之间的互相渗透作用还会使之发生更进一步的膨胀。而且，在生坯密度提高的情况下，其膨胀量甚至还会增加。在生坯密度高的情况下，在加热阶段所产生的膨胀对于制品的最终密度将具有支配性的作用。

可以预料，当液相含量增加时，生坯密度对于烧结密度的影响将减小，这种作用被示于图 5-11-25 的钨高密度合金中。由图 5-11-25 可以看出，当生坯密度（成形压力）提高时，烧结密度也提高，但这种提高并不大。

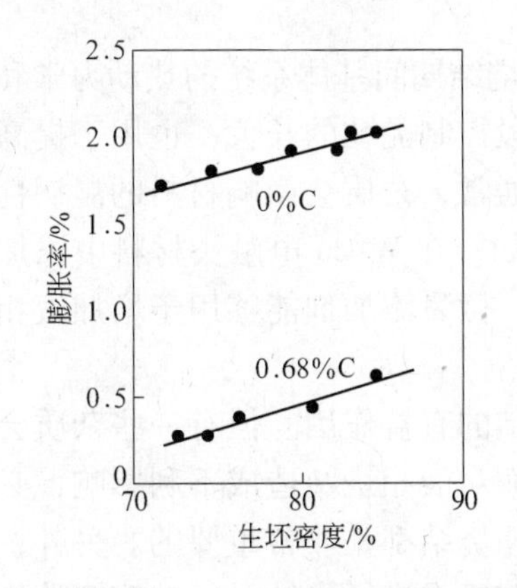

图 5-11-24 含 6% Cu 和分别含有 0% C、0.68% C 的 Fe-Cu-C 压坯在 1120℃烧结 30min 时，其膨胀量随生坯密度的变化

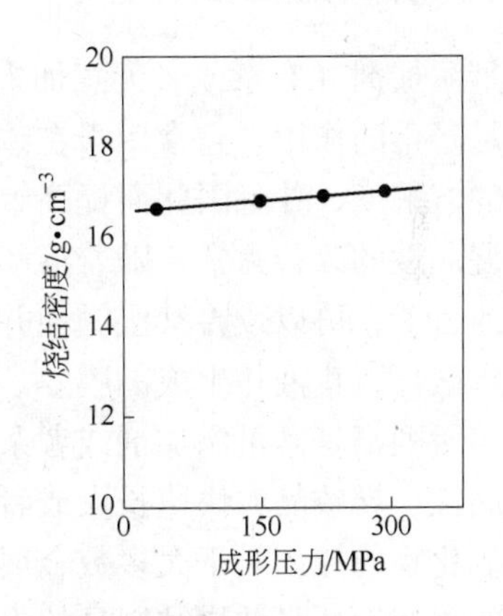

图 5-11-25 成形压力对于在 1400℃烧结 30min 的 93% W-5% Ni-2% Cu 高密度合金烧结密度的影响

11.3.7 加热速度与冷却速度

在加热期间，材料组分扩散的均匀性不但会影响在烧结温度下所形成液相的数量，而且能够改变初始液相的成分并且因此而影响两面角和湿润角的大小，因此，加热速度对于瞬时液相系统具有重要影响。图 5-11-26 示出加热速度对于瞬时液相烧结的均匀化、液相量和尺寸变化的影响。通常，较快的加热速度是有利的，但加热速度的快慢往往要受到实

际工艺要求的制约，例如氧化物的还原、热传递的均匀性、润滑剂的烧除和黏结剂的排除等。

在由烧结温度进行的冷却期间，由于固相在液相中的溶解度降低而发生再沉淀，这就提供了通过烧结后热处理控制制品力学性能的可能性。再沉积固体的数量可以改变制品的强度。由于冷却速度越快，基体中的合金化元素越容易达到饱和，因此得到的烧结强度就越高，但在液相的凝固温度下，由于容易形成凝固孔隙，因此过快的冷却速度是有害的。此外，冷却速度可以控制杂质的偏析。由于杂质可以降低界面能，因此将优先在界面处偏析，从而造成制品的脆性，因此快速冷却是有好处的，因为它可以防止杂质的偏析和因此而造成的相应脆性。根据以上所述，对于冷却速度快慢的优劣，不可概而论之，应该根据具体情况的不同进行选择。

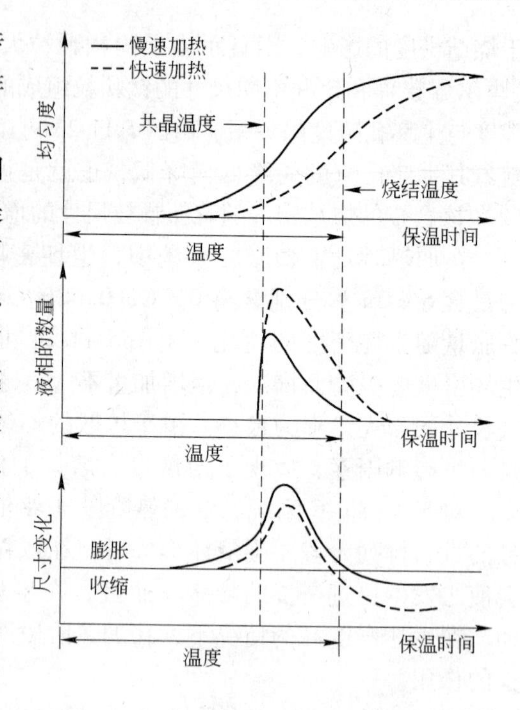

图 5-11-26 加热速度对于瞬时液相烧结的均匀化、液相量和尺寸变化的影响

11.3.8 杂质和微量添加剂

微量添加剂（有意或者无意加入的）对于液相烧结期间基体系统的热动力学和动力学具有举足轻重的作用。它常用于在致密化的后期阶段控制晶粒的长大；也用于提高固相在液相中的溶解度，并且因此而提高致密化的速度。通常，杂质会影响材料的湿润性，而对于材料湿润性的改善常常伴随着溶解度的提高，例如，在 W-Cu 电触头材料中添加少量的钴、镍或者磷，可以改善其湿润性并提高其溶解度。微量添加剂能够用于增加液相的数量或者用于破坏阻止液相生成的膜。

以上所列都是微量添加剂或者杂质对于液相烧结的有益作用。但有一些杂质会降低材料的湿润性、导致晶粒快速长大或者产生膨胀，从而对液相烧结造成不利影响，必须进行控制。氧化物的控制对于大多数金属和碳化物的液相烧结都是非常重要的。另外，氧有碍于材料的湿润性并降低烧结制品的强度。当在还原气氛中进行烧结时，被溶解的氧还会导致在金属内部形成水泡。氢在许多金属中的溶解度都很高，而水在金属中则是比较难溶解的。氢与被溶解的氧反应生成水蒸气，并产生相应的孔隙，造成制品的膨胀和表面气泡。氧还能够与多种组元生成易挥发的氧化物，并且因此而改变液相的数量。

11.3.9 烧结温度

对于温度的主要要求是，在液相烧结过程中能够保证生成液相。使用高于液相形成的温度可以提高材料原子的扩散速率、湿润性和固相在液相中的溶解度，降低液相的黏度和增加液相的数量。在较高的温度下，界面的偏析也比较低。在持续液相烧结中，所有这些因素都有助于提高致密化的速度。为了达到最佳致密化和使显微组织的粗化程度降低到最低，在实践中需要将温度和时间结合起来进行考虑。当烧结温度提高时，由于材料原子的扩散速率提高和液相数量增加，其最佳烧结时间可以缩短。

烧结温度对于致密化的影响的一个传统例子示于图 5-11-27。它是 93% W-5% Ni-2% Cu 高密度合金，在不同的温度下烧结 1h 时，烧结密度与烧结温度的关系。由图 5-11-27 可以看出，在较高的温度下，所形成的液相极大地提高了材料的烧结密度。但是，较高的温度会造成晶粒的更快长大，过量的液相会造成烧结体变形。

在具有低溶解度比（溶解度比：基体在添加剂中的溶解度与添加剂在基体中的溶解度之比值）的系统中，使用比较高的烧结温度可以得到比较高的终密度。图 5-11-28 所示为 Al-4% Sn 压坯的膨胀率与烧结温度的关系，在接近铝的熔化温度时开始致密化。

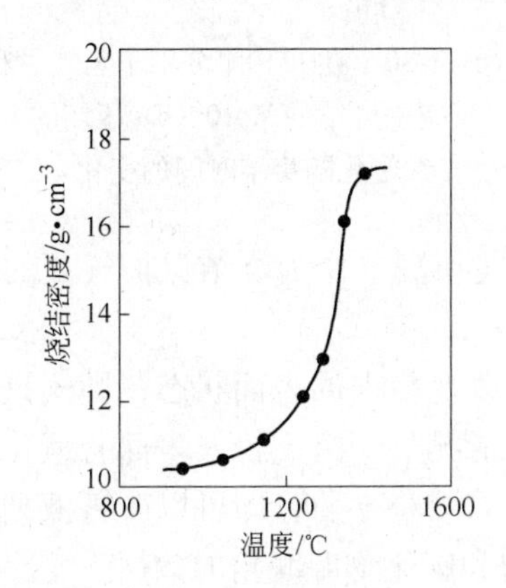

图 5-11-27 93% W-5% Ni-2% Cu 高密度合金，在不同的温度下烧结 1h，烧结密度随烧结温度的变化

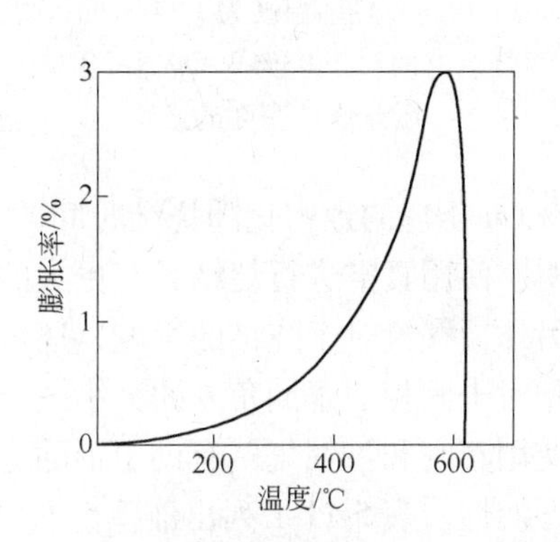

图 5-11-28 Al-4% Sn 压坯，在加热速度为 15℃/min 的情况下，其膨胀率与烧结温度的关系

11.3.10 烧结时间

达到全致密所需要的时间受几个因素的影响，但主要的是受液相的含量和烧结温度的支配。对于高溶解度比系统，在液相体积分数大约为 15% 的情况下，达到全致密的时间大约是 20min。图 5-11-29 示出在烧结温度为 1400℃ 的情况下，烧结时间对于 93% W-5% Ni-2% Cu 压坯烧结密度的影响。由图 5-11-29 可以看出，其致密化主要是发生在开始的 20min 以内，大约在超过 60min 以后仅有少量的致密化。对于非完全致密材料，延长烧结时间，由于有利于孔隙的逐渐消除，所以对于制品性能的改善通常是有利的。但烧结时间过长会导致孔隙的长大和显微组织的粗化，所以，烧结时间的长短应视具体情况的不同而进行选择。

11.3.11 烧结气氛

烧结气氛对于液相烧结具有明显的影响。在烧结期间，气氛可以保护材料表面使之不受污染。对许多系统，使用真空烧结可以达到最好的致密化和得到最好的制品性能。在惰性气氛或者不溶性的气氛中进行烧结，由于气氛气体有可能被截留于材料孔隙中并阻碍材料的致密化，因此往往是不利的。图 5-11-30 示出在 1310℃ 分别于氢气中和真空中烧结的

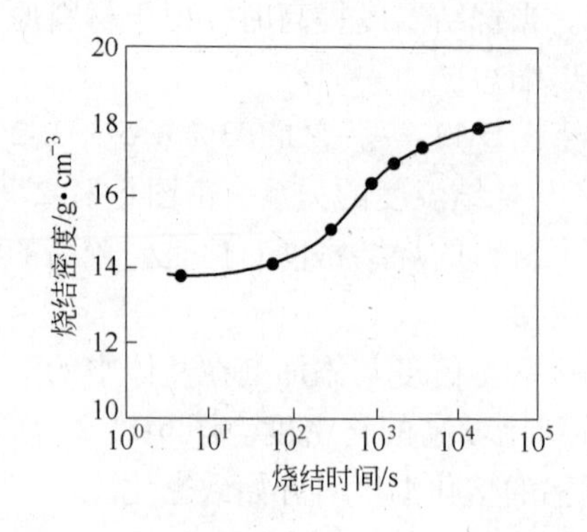

图 5-11-29 在烧结温度为 1400℃的情况下，烧结时间对于 93% W-5% Ni-2% Cu 压坯烧结密度的影响

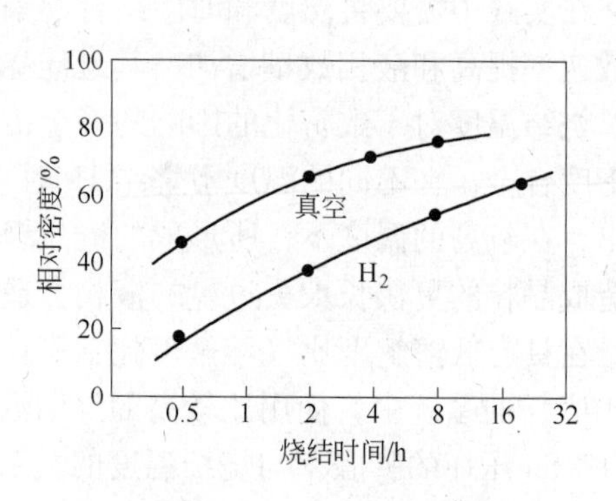

图 5-11-30 在 1310℃分别于氢气中和真空中烧结的 W-10% Cu 压坯的致密化随烧结时间的变化

W-10% Cu 压坯的致密化随烧结时间的变化。使用氢气和真空作为烧结保护气氛的结果比较证明，使用真空进行烧结具有更大的优越性。

另外，气氛对于烧结的影响，还可以从气氛可以改变粉末的表面状态，即气氛可以影响液相对于固相的湿润角 θ 的大小进行解释。在多数情况下，由于粉末表面有氧化膜的存在，使用真空和氢气气氛有助于消除这种氧化膜，从而减小 θ 角，即可以改善液相对于固相的湿润性。表 5-11-1 列出液体金属对于某些氧化物和碳化物湿润角的数据。

表 5-11-1 液体金属对某些化合物的湿润性

固体表面	液态金属	温度/℃	气氛	湿润角 θ/(°)	固体表面	液态金属	温度/℃	气氛	湿润角 θ/(°)
Al_2O_3	Co	1500	H_2	125	WC	Co	1500	H_2	0
	Ni	1500	H_2	133		Co	1420		约 0
	Ni	1500	真空	128		Ni	1500	真空	约 0
Cr_3C_2	Ni	1500	Ar	0		Ni	1380		约 0
TiC	Ag	980	真空	108		Fe	1490		约 0
	Ni	1450	H_2	17	NbC	Co	1420		14
	Ni	1450	He	32		Ni	1380		18
	Ni	1450	真空	30	TaC	Fe	1490		23
	Co	1500	H_2	36		Co	1420		14
	Co	1500	He	39		Ni	1380		16
	Co	1500	真空	5	WC/TiC (30 : 70)	Ni	1500	真空	21
	Fe	1550	H_2	49					
	Fe	1550	He	36	WC/TiC (22 : 78)	Co	1420		21
	Fe	1550	真空	41					
	Cu	1100 ~ 1300	真空	108 ~ 70	WC/TiC (50 : 50)	Co	1420	真空	24.5
	Cu	1100	Ar	30 ~ 20					

11.4 液相烧结的优点、局限和工艺控制

使用液相烧结与使用固相烧结相比，不但可以缩短烧结时间、提高烧结速度，而且更重要的是，在烧结温度下，由液相引起的物质迁移要比固相扩散快，而且最终液相将填满烧结体内的孔隙，因此可以获得密度高、性能好的烧结产品。

但是，使用液相烧结也存在着一些问题，其中最主要的问题有两个，一个是尺寸控制问题，另一个是烧结体的开裂或者坍塌问题。

（1）尺寸控制问题。使用液相烧结的尺寸变化常常比较大，有些材料经过液相烧结要发生收缩，其线性收缩常常会达到20%；而另外有些材料，经过液相烧结却要发生膨胀。这些现象对于精密和形状复杂的零件尤其不利。

（2）开裂和坍塌问题。在液相烧结期间，由于压坯的强度低和与模具等的摩擦将引起不均匀的收缩，有时甚至造成开裂。当液相量过多时，还常常出现坍塌现象。通常，大的压坯容易发生开裂，而压坯的悬臂部分容易发生坍塌。

保持制品形貌的烧结取决于所形成液相的数量和固体骨架的刚度。通常，控制好加热速度足以能够控制压坯的刚度和保证尺寸变化的均匀性。对于在液相烧结过程中发生膨胀的压坯，选择合适的工艺参数可以将膨胀量降低到最低限度。

11.5 粉末冶金液相烧结例——二元铜基合金胎体的液相烧结

G. S. Upadhyaya 和 A. Bhattacharjee 对于 Cu-Ag、Cu-Si、Cu-Sn 和 Cu-Pb 二元铜基合金的液相烧结特性进行了研究。包括其致密化系数、烧结密度、电导性、显微硬度和应力-应变曲线等。

所用铜、铅、锡、硅和银粉的特征和性能示于表5-11-2。每种元素向铜粉中的添加量（表5-11-3）分别以它们的二元相图（图5-11-31 ~ 图5-11-34）为基础，在烧结温度下所生成的液相量为5%（质量分数）。压坯的成形压力为310MPa，直径 × 高度 = 1.28cm × 0.7cm。所选择的烧结温度 $T_s = 1.1T_I$ 和 $1.2T_I$（T_I 为等温线温度）。

表5-11-2 粉末的特征和性能

粉 末	Cu（还原粉）	Pb（雾化粉）	Sn	Si	Ag（电解粉）
颗粒形状	不规则	球 状	不规则	不规则	树枝状
颗粒尺寸及质量分数/mm(目)/%	>0.147(+100) 0.5 <0.043(-325) 25~35	>0.104(+150) 2.8 >0.080(+180) 4.22 >0.074(+200) 4.25 >0.043(+325) 22.23 <0.043(-325) 66.47	11.5μm(FSSS)	9.0μm(FSSS)	6.9μm(FSSS)

注：FSSS—费氏粒度。

Cu 粉的松装密度为2.6g/cm³，流动性（s/50g）为28，压缩性（41.6MPa）为7.2g/cm³。

表 5-11-3　液相烧结二元铜合金的性能

合金成分 /%	烧结温度 /K	理论密度 /g·cm^{-3}	密度/g·cm^{-3} 生坯	密度/g·cm^{-3} 烧结坯	孔隙度/% 生坯	孔隙度/% 烧结坯	致密化系数 (d_p)	电导率 (IACS)/%	显微硬度 /MPa
烧结温度 $T_S = 1.1T_1$									
Cu + Ag (8.9)	1157	9.06	6.92	7.25	23.6	20.0	0.15	23.6	1333
Cu + Si (3.2)	1238	8.67	6.18	6.73	28.7	22.3	0.22	25.5	791
Cu + Sn (7.5)	1178	8.78	6.77	6.69	22.9	24.6	-0.04	9.8	1176
Cu + Pb (0.1)	1350	8.94	6.59	6.67	26.1	25.4	0.03	28.0	847
烧结温度 $T_S = 1.2T_1$									
Cu + Ag (6.1)	1260	9.02	6.90	7.45	23.5	17.4	0.26	38.0	719
Cu + Si (0.6)	1333	8.87	6.61	7.65	25.5	13.7	0.46	34.3	699
Cu + Sn (2.1)	1285	8.89	6.77	7.38	23.8	16.9	0.29	20.6	701

注：d_p 烧结致密化系数，$d_p = (d_s - d_g)/(d_t - d_g)$，式中 d_t、d_s 和 d_g 分别为理论密度、烧结体密度和生坯密度。

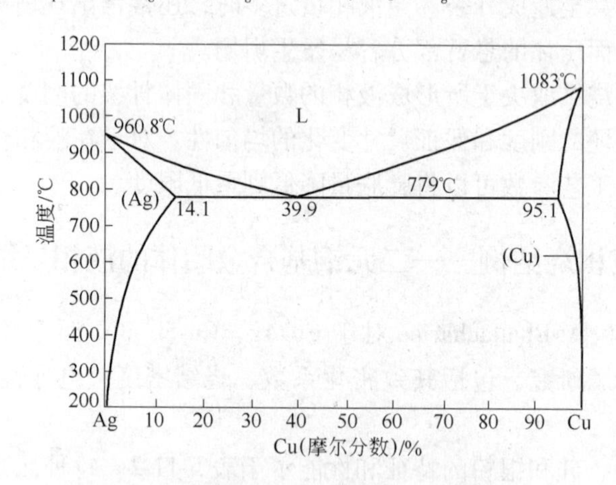

图 5-11-31　Cu-Ag 二元合金相图

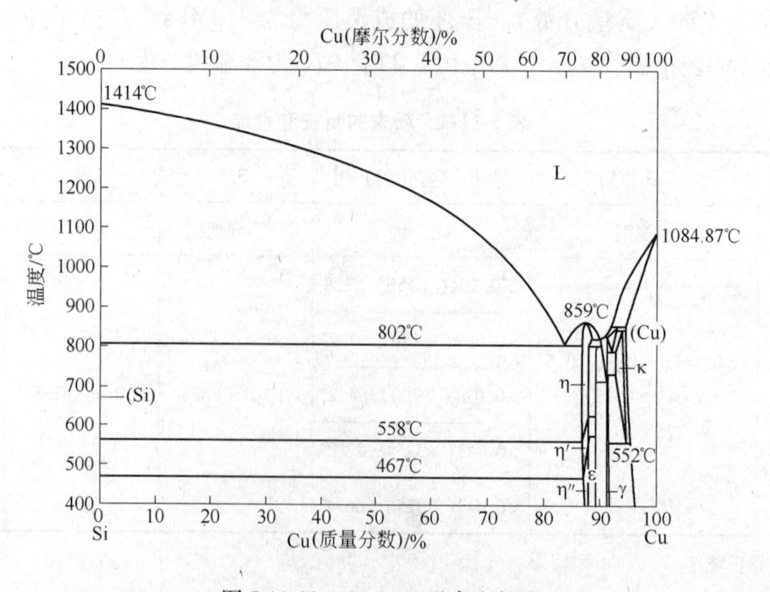

图 5-11-32　Cu-Si 二元合金相图

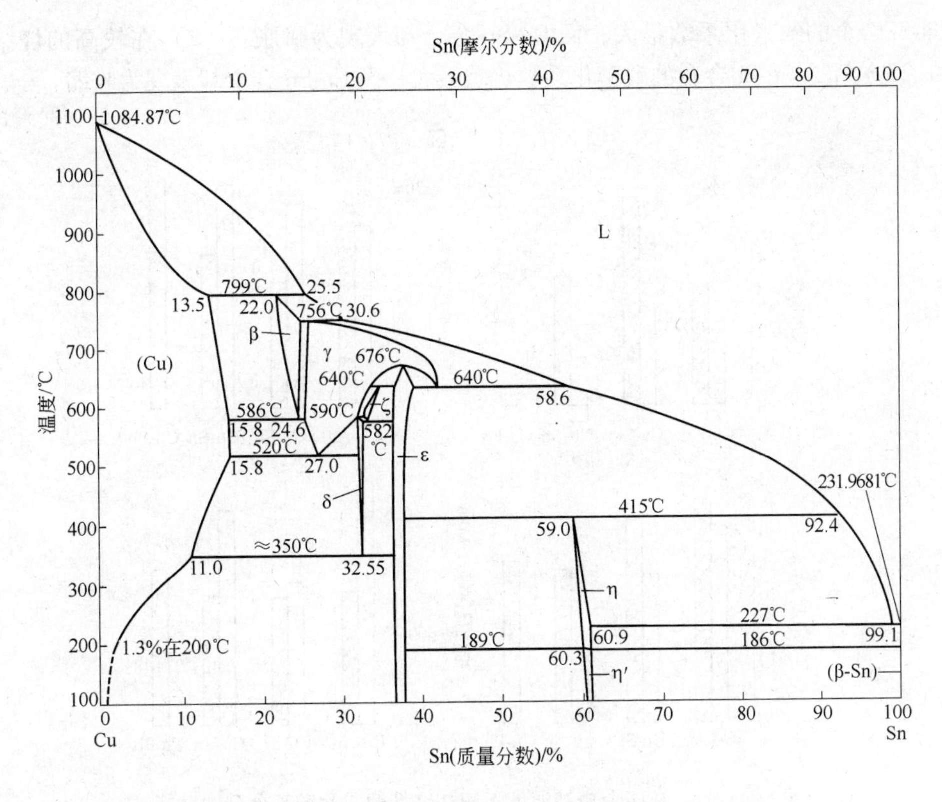

图 5-11-33 Cu-Sn 二元合金相图

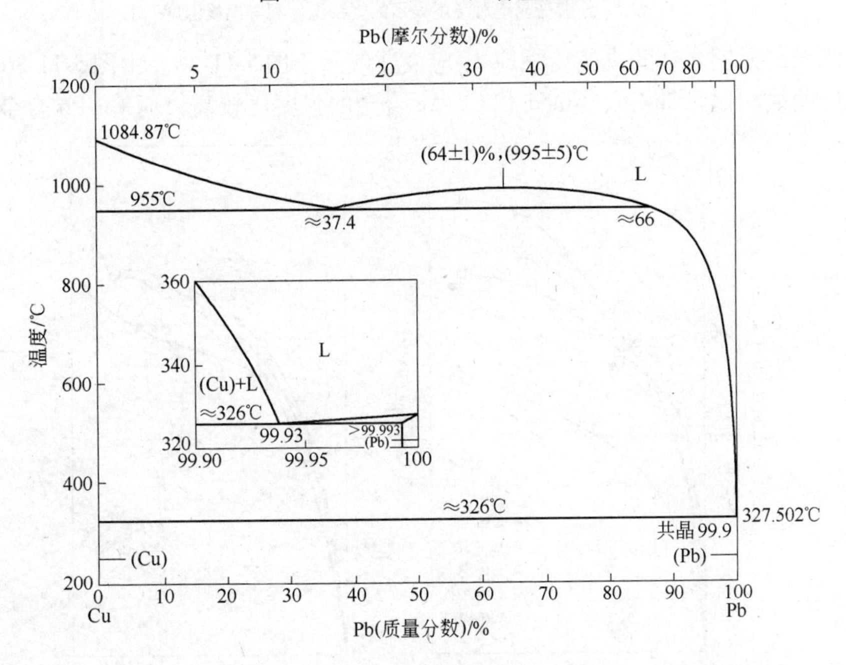

图 5-11-34 Cu-Pb 二元合金相图

表 5-11-3 概括了在两个不同的烧结温度下二元铜基合金的性能，并且其中有一些示意地表示在图 5-11-35 中。由图 5-11-35 可以看出以下两点：（1）在较低的烧结温度（$T_s=1.1T_l$）

下，Cu-Si 合金的致密化系数最大，而 Cu-Sn 合金却表现为膨胀。（2）在较高的烧结温度（$T_s=1.2T_I$）下，Cu-Si 合金的致密化系数仍然最大，而 Cu-Sn 合金却表现为收缩。

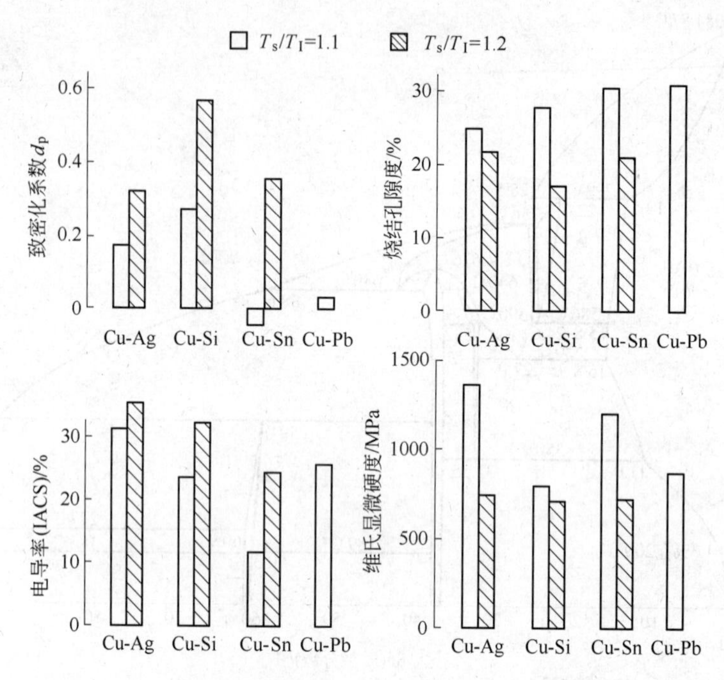

图 5-11-35 在两个烧结温度下液相烧结的二元铜基合金的性能
（T_S 和 T_I 分别是以绝对温度表示的烧结温度和等温线温度）

液相烧结二元铜合金的真实压缩应力-应变曲线示于图 5-11-36。由图 5-11-36 可见，与纯铜的相应曲线相比，Cu-Sn、Cu-Si 和 Cu-Ag 合金的强度比较高，而 Cu-Pb 合金的强度比

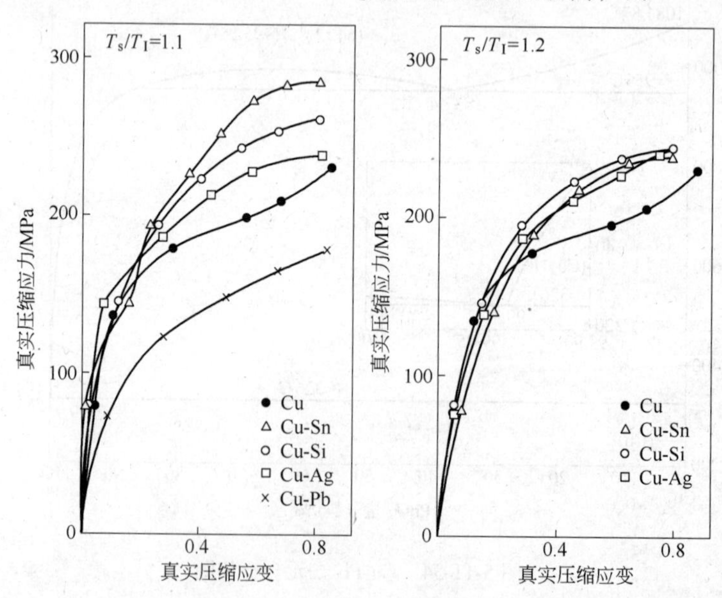

图 5-11-36 液相烧结的二元铜基合金的真实压缩应力-应变曲线
（T_s 和 T_I 分别是以绝对温度表示的烧结温度和等温线温度）

较低。

根据图 5-11-35 和图 5-11-36 以及表 5-11-3 将以上几种二元铜合金的主要性能概括如下：

（1）电导率。1）虽然银比铜的电导率高，但由于 Cu-Ag 合金为固溶体结构，所以 Cu-Ag 合金的电导率既比银低，也比铜低；2）作为铜中的添加剂，以固溶体形式存在（例如 Cu-Sn 合金）比以金属间化合物形式存在（例如 Cu-Si 合金）对于电导率降低程度要大；3）在较高烧结温度下烧结的合金，其电导率较高（表 5-11-3），是因为烧结体密度比较高。

（2）显微硬度。定性地看，各种二元铜合金的显微硬度与烧结孔隙度有关。例如 Cu-Ag合金，在烧结温度比较高（$T_s/T_I=1.2$）的情况下，显微硬度也就比较高。Cu-Si 合金的显微硬度比较低是由于其为共价结合。

（3）强度。应力-应变曲线（图 5-11-36）表明，除了由于铅的硬度比较低，致使 Cu-Pb合金的强度比铜低以外，Cu-Ag、Cu-Si 和 Cu-Sn 合金的强度均比铜高。

（4）致密化行为。当铜在添加剂中的扩散活化能力比较高时，就意味着致密化系数也比较高。例如，Cu-Si 合金在所讨论的合金中致密化系数最高（表 5-11-4）。

表 5-11-4　液相烧结二元铜合金的扩散活化能和烧结性能

添加剂	等温反应类型	熔点与等温反应线的差/℃	致密化系数 d_p	Cu 在添加剂中的扩散活化能 Q_A /kJ·mol^{-1}	$\frac{Q_A}{Q_{Cu}}$	显微硬度 H/MPa	显微硬度比 H/H_{Cu}
Ag	共晶	304	0.15	193	0.91	1333	1.6
Si	包晶	231	0.22	200	0.94	791	0.9
Sn	包晶	258	-0.04	33	0.15	1176	1.4
Pb	偏晶	129	0.03	34	0.16	847	1.0
Cu（基体）			0.24	196	1	850	1

注：$T_s=1.1T_I$。

11.6　液相烧结在金刚石工具制造中的应用

无压液相烧结和加压液相烧结都广泛的应用于金刚石工具的生产——金刚石金属复合材料的烧结中。

由于液相对于固体颗粒的毛细管力所显示的作用已经足够大，因此在很多金刚石-金属复合材料的烧结过程中不需要再额外的施加压力（即无压液相烧结），例如，缸体研磨用珩磨条的制造（Cu-Sn 基合金，冷压-烧结）。半精磨和精磨玻璃镜片用丸片的制造（Cu-Sn 基合金，冷压-烧结）等。

而对于许多高性能的金刚石工具，为了保证在其生产烧结过程中达到高的致密化，得到高的密度和使用性能，还采用了额外施压的方法（即施压液相烧结）。例如，地质、矿山人造金刚石钻头的制造（WC 基，中频热压），砂轮金刚石修整笔的制造（电阻热压），砂轮金刚石修整片的制造（冷压→热压），墙体钻头的制造（中频热压），大锯片刀头的制造（电阻热压或冷压+热压）、玻璃镜片的磨边、倒角用磨轮的制造（Cu-Sn 二元合金，中频热压）等。

参考文献

[1] German R M. Liquid Phase Sintering[M]. New York：Rensselaer Polytechnic Institute Troy，1985.

[2] Lee D J，German R M. Sintering behavior of iron-aluminum powder mixes[J]. Inter. J. Powder Met. Powder Tech.，1985，21：9~21.

[3] Baek W H. Development of Transient Liquid Phase Sintering of Iron-Titanium[M]. Ph. D. Thesis，Rensselaer Polytechnic Institute，Troy，NY，1985.

[4] Jeandin M，et al. Liquid Phase Sintering of Nickel Base Superalloys[J]. Powder Metallurgy，1983，26：17~22.

[5] Lund J A，et al. Supersolidus Sintering. Modern Developments in Powder Metallurgy[J]. Vol. 16，Hausner et al. MPIF，Princeton，NJ，1974：409~421.

[6] Kieffer R，et al. Sintered Superalloys[J]. Powder Met. Inter.，1975，7：126~130.

[7] Jeandin M，et al. Rheology of Solid-liquid P/M Astroloy-Application to Supersolidus Hot Pressing of P/M Superalloys[J]. Inter. J. Powder Met. Powder Tech.，1982，18：217~223.

[8] Yeheskel O，et al. Hot Isostatic Pressing of Silicon Nitride with Yttria Additions[J]. J. Mater Sci.，1984，19：745~752.

[9] 黄培云．粉末冶金原理[M]. 北京：冶金工业出版社，1982：261~317.

[10] Whalen T J. Humenik. Sintering in The Presence of A Liquid Phase[M]. Sintering and Related Phenomena，Kuczynski，et al. Gordon and Breach，New York：NY，1967：715~742.

[11] Jamil S J，et al. Investigation and Analysis of Liquid Phase Sintering of Fe-Cu and Fe-Cu-C Compacts[M]. Proceedings Sintering Theory and Practice Conference，The Metals Society，London，UK，1984.

[12] Huppmann W J，et al. Modelling of Rearrangement Processes in Liquid Phase Sintering[J]. Acta Met.，1975，23：965~971.

[13] Eremenko V N，et al. Liquid Phase Sintering[M]. Consultants Bureau，New York：NY，1970.

[14] Martsunova L S et al. Sintering of Aluminum with Copper Additions[J]. Soviet Powder Met. Metal Ceram.，1973，12：956~959.

[15] Savitskii A P，et al. Effect of Powder Particle Size on The Growth of Titanium Compacts During Liquid-Phase Sintering with Aluminum[J]. Soviet Powder Met. Metal Ceram.，1981 20：618~621.

[16] Krantz T. Effect of Density and Composition on The Dimensional Stability and Strength of Iron-Copper alloys. Inter. J. Powder Met.，1969，5(3)：35~43.

[17] Sundaresan R，et al. Liquid Phase Sintering of Aluminum Base Alloys[J]. Inter. J. Powder Met. Powder Tech.，1978，14：9~6.

[18] Upashyaya G S，et al. Liguid Phase Sintering of Binary Cipper Alloys[J]. The Internatimal Journal of Powder Metallurgy. 1991，27(1)：23~217.

[19] 郭青蔚，王桂生，郭庚辰．常用有色金属二元合金相图集．北京：化学工业出版社，2009：48，62，67，68.

（冶金工业出版社：郭庚辰）

第6篇　金刚石工具制造设备

1　粉末处理设备

粉末处理的主要目的是把按配方要求的各种粉料和金刚石机械混合形成可供制粒、冷压成型或直接热压烧结制品的原料。粉末处理环节主要采用的设备有混料机、搅拌机、制粒机和金刚石包裹机。

1.1　混料机

混料机就是把各种粉料和金刚石机械地掺和均匀的装置。目前国内采用的混料机，有多种结构形式。归纳起来大致可分为以下几种：

（1）直接旋转式。在混料筒长度方向的几何中心直接连接旋转轴，混料筒可做成方形或圆形。结构最简单，混料效果差。多为企业自制。

（2）对角旋转式。在混料筒的对角线方向旋转，混料效果较直接旋转式好，但两端粉料不易掺合。

（3）双锥式。混料筒两端为圆锥体，也有做成四棱锥或六棱锥形。

（4）V形。由两个圆筒按一定角度焊接而成。

（5）偏心倾斜式。一般一周装有4~6个混料筒，混料效果类似对角旋转式。

（6）三维涡流混料机。构成混料筒运动的是一个万向装置，由五个构件和六个转动副组成。混料筒的运动方式是空间三维的。

前五种类型的混料机（图6-1-1）的结构较为简单，制造成本低。明显的缺点表现为：

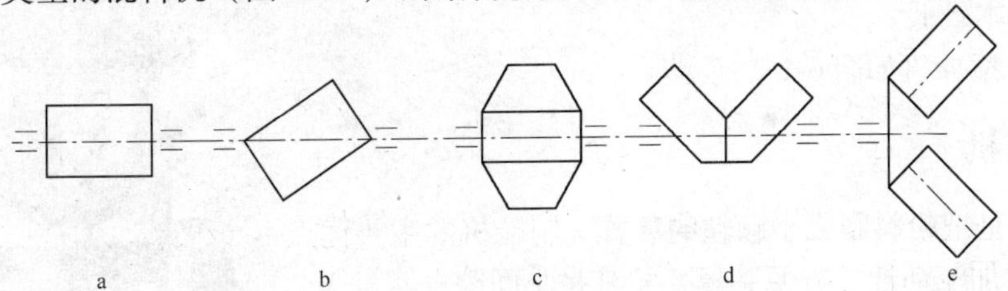

图6-1-1　前五种混料机混料筒旋转方式示意图

a—直接旋转式；b—对角旋转式；c—双锥式；d—V形；e—偏心倾斜式

（1）混料效果差；（2）混料时间长，效率低，浪费能源；（3）粉末易氧化。

第六种混料机结构较为复杂，但是混料效果好，粉料不容易产生偏析，效率高，时间短，使用广泛。表6-1-1给出了国内外几种三维混料机的性能及特点。

表6-1-1 部分三维混料机的主要技术指标及特点

型 号	主要技术指标	特 点
PM	功率：400W； 混料瓶容积：2L； 转速：100r/min以下	三维运动； 无级调速； 混料均匀、不偏析； 效率高； 有安全防护
TB	功率：200W，800W； 混料瓶容积：2L，10L； 转速：30～45r/min，8～60r/min	三维运动； 速度可调； 效率高； 有安全防护
MX系列	功率：180W～1.5kW； 混料瓶容积：2L、6L、12L、18L； 转速：无级调速	三维运动； 两速或无级调速； 混料均匀、不偏析； 有安全防护

1.2 搅拌机

搅拌机主要是应用于粉末混料后制粒前，混合粉与制粒溶剂的搅拌均匀。搅拌机的基本要求是：搅拌均匀，筒边及搅拌叶片的中间不存料，且搅拌速度可调。

进口搅拌机具有以下特点：（1）搅拌速度连续可调；（2）可储存程序；（3）多种形式的搅拌棒可更换；（4）搅拌筒上面密封，防止挥发。

国产的搅拌机性能比较简单，速度一般分为三档，密封性较差，成本较低。

GM130搅拌机如图6-1-2所示。

图6-1-2 GM130搅拌机

1.3 制粒机

制粒机是把粉料制成小颗粒的装置。制粒机的主要优点：

（1）增加流动性，方便装模，尤其是小间隙；

（2）提高了冷压成型的自动化程度，提高了定容积的准确性，适于大批量生产；

（3）制粒后在运送或装模过程中，粉末不易产生偏析；

（4）减少了冷压模具的损耗；

（5）减少了粉末的氧化，因为形成了颗粒后，致密度要好于松散的粉料；

（6）制粒后减少了粉尘的污染。

目前制粒的方式分为两类，一类是刮料式，另一类是喷雾式。

1.3.1 刮料式制粒机

刮料式制粒机工作原理是：首先把搅拌了制粒剂的粉料落到筛网上，筛网上的旋转刮板把粉料挤压成小圆柱状的颗粒落入团粒盘，偏心旋转的团粒盘将其团成接近球状粉料颗粒，然后通过输送带烘干送出。这种方式制粒机的优点是可以把包含金刚石在内的粉料制成颗粒，适用面广，颗粒形状可以通过改变刮板的转速和筛网的粗细来控制，一般为长圆柱或接近球形。国内生产的制粒机都是采用这种工作原理。

1.3.2 喷雾式制粒机

喷雾式制粒机的原理是将不含金刚石的粉料放入密闭的腔体中，内有高速旋转转子，将粉料搅拌到空中，与此同时，喷入制粒剂，粉料在制粒剂的作用下，在空中形成小圆球，然后取出放入烘箱烤干。该方法最大的特点是颗粒圆，但是金刚石不能同时和粉料一起制粒，金刚石还需要另外包裹机处理。这种制粒方法对某些粉料比较敏感，成粒率较低，工艺难掌握。GA10 是属于该类制粒机。部分制粒机的主要性能见表 6-1-2。

表 6-1-2 部分制粒机的主要性能

型 号	主要技术指标	特 点
GA180 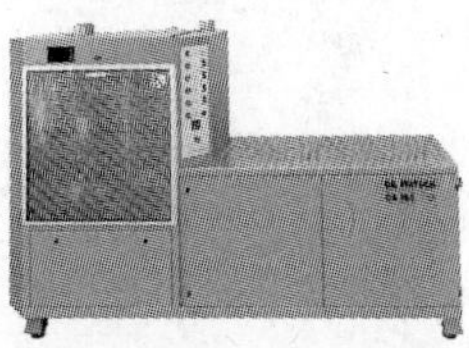	产量：2～10kg/h； 功率：17L，10kW； 颗粒尺寸：0.6～1.2mm	刮料式结构； 金刚石与粉末可以同时制粒； 各旋转、运动连续可调； 远红外烘干； 适于较大批量生产
GA240 	产量：2～6kg/h； 功率：1.5L，6kW； 颗粒尺寸：0.6～1.2mm	刮料式结构； 金刚石与粉末可以同时制粒； 各旋转、运动连续可调； 远红外烘干； 适应中等批量生产
GGM120 	产量：4kg/h； 功率：10kW； 颗粒尺寸：0.4～1.2mm	刮料式结构； 金刚石与粉末可以同时制粒； 各旋转、运动连续可调； 远红外烘干； 输送带机构可拆卸，清扫方便

续表 6-1-2

型 号	主要技术指标	特 点
GM10/GM16	功率：12kW/16kW； 产量：(4～10kg/6～16kg)/h； 颗粒尺寸：0.4～1.2mm	刮料式结构； 金刚石与粉末可以同时制粒； 各旋转、运动连续可调； 远红外烘干
GA10	功率：3.5kW； 产量：10kg/h； 颗粒尺寸：0.1～0.5mm	喷雾式结构； 仅能制不含金刚石的粉料； 颗粒粒度小，呈球形； 还需配包裹机

1.4 金刚石包裹机

金刚石包裹机（图6-1-3）用于在金刚石表面包裹一层金属粉末（如钴粉），增加包覆颗粒的流动性且提高结合强度。它的主要工作过程是：金刚石粉末由热吹风机供料，钴粉和酒精混合而成的浆体用管泵通过管子上的喷嘴喷洒出来，与金刚石粉末结合起来。

图6-1-3 金刚石包裹机

（郑州金海威科技实业有限公司：海小平，唐新成）

2 冷压成形设备

金刚石工具采用粉末压制烧结而成，不论是热压烧结或是冷压烧结工艺都离不开冷压成形生产环节。成形包括粉料定量和压制两个步骤，冷压成形设备一般包括普通的冷压机、节块冷压机、锯片冷压机。本节主要介绍粉料定量、自动的成形设备。

2.1 粉料定量设备

粉料的定量方法有称重和定容积两种。

2.1.1 称重法

称重法的优点是可以获得很高的重量精度，缺点是生产效率较低。

（1）人工称料。根据节块所要求的精度，选用电子天平或普通的架盘天平作为量具，人工完成称量操作过程。该方法占用人工较多。

（2）自动称料。自动称料机是由电子秤自动控制装料、下料装置，由料斗，料盒等组成。表6-2-1给出了两种自动称料机的主要技术指标和特点。

表6-2-1 自动称料机

型 号	主要技术指标	特 点
DW9 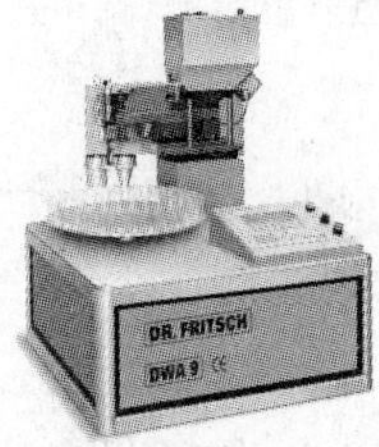	功率：1kW； 称重精度：（0~50）±0.05g； 容积容量：8.5L	PLC程序控制； 每个循环后，重量自优化； 故障自诊断； 20组程序，每组记忆5个参数； 自动分拣不合格重量； 振动下料，30个料杯
MICROS 	称重范围：100g； 称重精度：（0~30）±0.01g； （30~100）±0.03g	PLC+触摸屏，程序控制； 可以键盘手动完成每一个动作； 30个料杯； 每个循环重量自优化； 内置式粉料容器； 自动分拣不合格重量

这种方法虽然精度较高，自动化程度高，但是由于称料速度较慢，目前国内企业采用这种设备较少，一些企业只是在要求重量精度很高的情况，才采用这种称重方法。

2.1.2 定容积法

定容积法是采用固定体积的容器来度量粉料，实际操作只需要顶面刮平就完成定量过程，粉料一般是经过制粒的。定容的原理结构见图6-2-1，下压头是可以精确控制装料高度的活动体，装料高度尺寸定位精度可以达到0.01~0.02mm，重量精度可以达到0.05~0.2g。

该方法的特点是，定量速度快、具有一定精度，易于实现自动化操作，目前已被广泛应用。

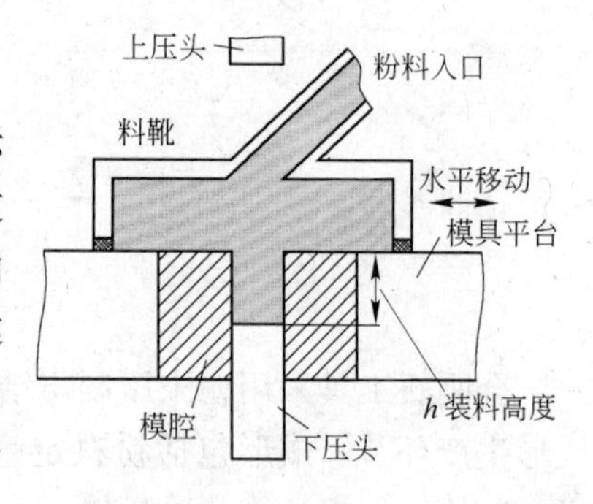

图6-2-1 定容模具示意图

2.2 节块自动冷压机

节块生产是将粉末压制成节块压坯，然后用热压机烧结成节块。节块根据用途和后加工方法可以分成四种结构，如图6-2-2所示。因此，压制设备必须具有以下几点基本要求：(1) 粉料装入量的精确控制；(2) 粉料必须能够实现横向及纵向分层装料；(3) 定压或定尺寸压制；(4) 脱模；(5) 压坯送出。

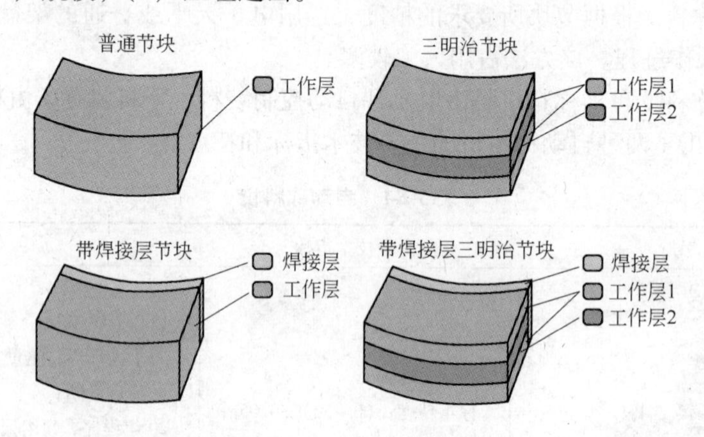

图6-2-2 四种结构的节块

节块自动冷压机是将粉料定量、装模、压制、节块压坯送出集为一体的设备，根据粉料定量的方式可以分成称重式和容积式两种。称重式自动节块冷压机的工作过程包括：电子秤称量好粉料，控制系统操作下模具形成粉料的填充腔体，自动送料装置将称好的粉料装入模具，自动定压或定尺寸加压成型、脱模，自动推迟节块压坯六个步骤。定容式自动节块冷压机的工作过程包括：控制系统操作下模具形成粉料的填充腔体，自动送料装置按层组合及分层要求定容装填粉料，自动定压或定尺寸加压成型、脱模，自动推出节块压坯五个步骤。

定容式自动冷压机具有自动化程度高、速度快和具有一定精度的优点。有些厂家设备还具有一定的重量或尺寸检验功能，节块压坯有序摆放的装置。现在，越来越多的企业使用定容积式的自动冷压机。表6-2-2给出了典型的节块自动冷压机的主要技术指标和特点。

表 6-2-2 部分自动冷压机主要技术指标和特点

型 号	主要技术指标	特 点
KPG400 	功率：15kW； 范围：1～100g； 精度：±0.05g； 压力：10～300kN； 压制速度：单层 7 个/min； 单层带底层：5 个/min	称重式； 带底层的单层或不带底层的三明治节块； 触摸屏； 工作层和底层料的漏斗是分开的； 可与其他型号机器的模具通用； 可与自动收集节块的设备连接
CCP100 	功率：12kW； 压力：16～237kN； 压制速度：单层 3 个/min； 单层带底层：1.5 个/min； 精度：±0.05g	称重式； 适合小批量生产； 更换模具方便； 特别适合压制磨轮； 可选配芯轴； 不能压制带底层的三明治节块
Morphos 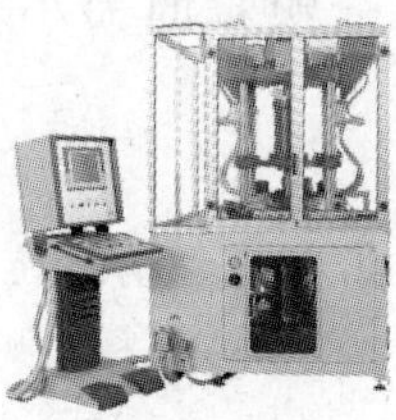	功率：8kW； 压力：5～230kN，5～420kN； 精度：±0.02g； 压制质量范围：0.1～100g； 料仓：2 个	称重式； PLC＋触摸屏控制； 允许设置节块每层的重量； 质量大于 30g 后，精度自动调整； 振动下料； 四柱导向； 故障自诊断； 压力单元是封闭的
KPV218 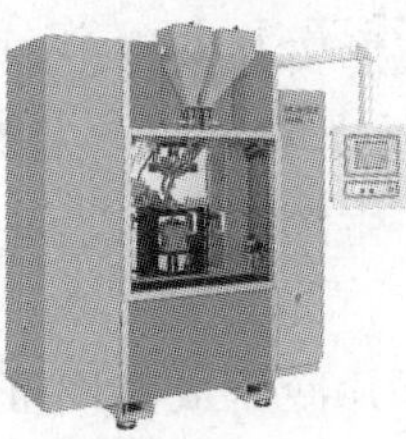	功率：13kW； 模腔深度：55mm； 精度：±0.01mm； 压力：18～180kN； 料仓：4 个； 料斗容积：15L； 层数：9 层； 压制速度：单层 15 个/min； 三明治 7 个/min	容积式； PLC 触摸屏； 带底层的单层或三明治节块； 可压制串珠； 自动分选功能； 统计功能； 集中网络管理； 可与自动收集节块的装置连接
32VPM 	功率：9.5kW； 压力：20～320kN； 尺寸精度：±0.03mm； 装粉范围：0.5～50g； 料仓：2 个； 料斗容积：15L； 层数：9 层； 压制速度：单层 16 个/min 三明治 6 个/min	容积式； PLC＋触摸屏； 可压制 7 层； 模具易更换； 两个料仓

续表 6-2-2

型　号	主要技术指标	特　点
VCP16	功率：8kW； 压力范围：5～160kN； 尺寸精度：±0.01mm； 料仓：4个； 容积：4×12L； 压制速度：单层带底层12个/min； 三明治带底层6个/min	容积式； 可压制带底层的或不带底层的多层节块； PLC+触摸屏控制； 更换模具可压制串珠； 自动分选不合格品； 可实现压力控制或位移控制模式； 可压制串珠

上述定容积和称重式的一些主要特点：

（1）控制系统都是采用PLC+触摸屏控制。

（2）称重式的冷压机具有较高的重量精度。

（3）定容积的自动冷压机速度较快，可以满足规模生产的需要。

（4）定容积式冷压机具有4个料仓，可压制带底层的多层节块，而称重式的制作带底层的多层节块较为困难。

（5）定容积冷压机的重量精度，在很大程度上依赖于粉末颗粒的大小和均匀性。

（6）部分定容积冷压机，更换模具组件后，可以压制串珠。

（7）对于压制串珠或尺寸较小、重量精度要求高的节块，称重式的自动冷压机较为合适。

2.3　锯片自动冷压机

锯片成型是要将基体和粉末压制成一体，比单独粉料的节块成形要复杂许多。手动锯片冷压成型包括：称料，粉料装模，送入压力机压制、锯片压坯脱模取出四个主要步骤，每一个步骤都是靠人工完成的。压制的锯片压坯人为因素影响大、生产效率低、操作人员劳动强度大、安全性不高。

近年来，经过设备制造商的努力，开发出半自动和全自动的锯片冷压成型设备。在一定程度上解决了，人多、劳动强度高、品质不稳定的问题。

自动锯片冷压机粉料定量方式都是采用定容。半自动锯片冷压机（图6-2-3）的工作过程是：锯片基体靠人工帮助吸到上压头，控制系统操作下模具形成粉料的填充腔体，粉料装填靠人工或自动送料装置送入刮平即可，上压头带着基体自动送入模具中，自动加压成形和脱模，人工取出锯片压坯。

全自动锯片冷压机（图6-2-4）与半自动冷压机的区别是：锯片基体一次装入20～30片，机械手自动抓起基体吸到上压头，中间的过程与半自动的相同，锯片压坯脱模后由机械手自动将其取出排放到固定位置，压制多片后人工将其一次送入下道工序。自动锯片冷压机生产效率高，密度均匀，几何尺寸稳定，工人劳动强度低，一个工人可以操作多台机器。

图 6-2-3 半自动锯片成形机

图 6-2-4 全自动锯片成形机

表 6-2-3 锯片半自动与全自动冷压成形机的基本性能

性能 \ 压机型号	HPMF-100×20	HPMF-200×30	HPMF-350×40	TLLY-125	CXJ120T
压制能力/kN	1000	2000	3500	1250	1200
压制范围/mm	ϕ105~150	ϕ150~25	ϕ250~400	ϕ105~150	ϕ105~125
压制效率/片·min^{-1}	1.8~2.1	1.7~2.0	1.2~1.5	2.5~3	
电机功率/kW	15	23	23	18.5	25
压机质量/kg	10000	14000	16000		

（郑州金海威科技实业有限公司：海小平，唐新成）

3 热压烧结设备

热压烧结设备就是可以实现加热和加压同时进行的设备。其分类如下：

按加热原理分类：

- 电阻内发热式
  - 低压大电流加热
  - 电火花加热
  - 涡流感应加热
- 辐射加热
  - 电炉丝加热
  - 硅碳棒、硅钼棒加热

按保护形式分类：

- 加热保护
  - 普通烧结
  - 真空烧结
  - 气氛烧结

3.1 热压烧结机

热压烧结机（图6-3-1）主要用于金刚石节块热压烧结，或直径在200mm以下的砂轮烧结。热压烧结将烧胎体及金刚石装入石墨模具中，通过很大的电流使其自身电阻发热达到烧结的目的。其主要的特点是加热电源是低压大电流，加热电极只有一对，发热是内部电阻加热。从加热原理上看，热压机有两相和三相两类。

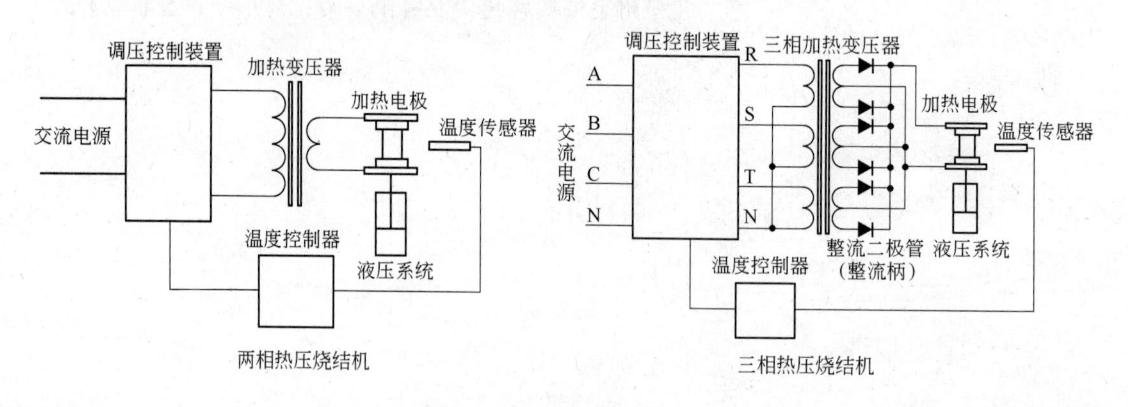

图6-3-1 热压烧结机原理图

两相加热（也称单相加热），采用单相变单相的交流变压器，将供电电源变成低压大电流的电源，这是最经济的加热方法。但是，大功率单相会导致电网的严重不平衡，因此单相加热功率不能太大，国内一般最大在50～60kV·A左右。

由于单相加热功率的限制，如果需要大功率加热必须采用三相电源，普通的方法是采用三相变三相的变压器将电源转化成三相低压大电流的三组电源，采用大功率整流二极管把交流整流成三组直流电压，然后合并成一组加热直流电源。

加热功率一般在60kW以下，一般采用两相电源加热。随着功率的加大，考虑电网平衡问题，大于60kW以上的热压机均要采用三相加热。单相加热的热压机比同功率的三相加热热压机造价要高。

热压烧结机的另一重要部分就是液压系统，一般采用比例溢流系统进行闭环压力控制。

热压烧结机的种类很多，从结构形式上分为真空和非真空两种，从加热原理上分为两相和三相两种。表6-3-1列出了常用的几种热压烧结机的主要技术指标和特点。

表6-3-1 部分热压烧结机的主要技术指标和特点

型 号	主要技术指标	特 点
DSP518	加热功率：三相，180kW； 烧结面积：200cm²； 压力：147～1470kN/114～1470kN	功率大：180kW； 红外或热电偶测温； 真空烧结，或通保护气体； 可选配网络传输组件； 框架结构、方形自动真空腔
DSP510/515	加热功率：三相，110/155kW； 烧结面积：110cm²/150cm²； 压力：34～340kN/60～600kN	功率大：110kW、150kW； 红外和热电偶测温； 真空烧结，或通保护气体； 可选配网络传输组件； 框架结构、方形自动真空腔； 可配模具架
CSP100	加热功率：三相，81kW； 烧结面积：80cm²； 压力：26～260kN	非真空通保护气体； 操作简单； 便于维护
Vulcan 90sv/120sv	加热功率：两相，70kW； 三相，90kW/120kW； 烧结面积：100cm²/200cm²； 压力：10～380kN/15～800kN； 冷却水：60L/min；120L/min	红外线测温； 四柱结构、圆形真空腔

续表 6-3-1

型　号	主要技术指标	特　点
VSE80	加热功率：两相 80kW； 烧结面积：80cm^2； 压力：50 ~ 4000kN； 温度：400 ~ 1200℃	99 组程序，每个程序 12 段； 手动方箱真空，框架式
ASMV120/3	加热功率：三相 80kW/120kW； 压力：5 ~ 400kN； 温度：400 ~ 1200℃； 烧结面积：120cm^2/180cm^2； 压头平行度：0.05mm； 程序：200 组；每组 20 段	PLC + 触摸屏； 脱蜡、排烟、抽真空、通保护气全过程自动化； 运行状态下可修改目标值； 可配模具架实现无人值守； 数据记录及网络化管理； 智能化的高级检索以及模糊检索技术； 故障自诊断及保护，声光报警
SM60	加热功率：两相，60 ~ 80kW； 压力：250kN； 温度：400 ~ 1200℃； 烧结面积：60cm^2； 压头平行度：< 0.1mm； 活塞直径 × 行程：ϕ160mm × 180mm	单片机控制系统； 红外线测温； 100 组程序，每组 12 段； 故障检测及保护

从表中所列设备的对比，我们看出热压烧结机的发展趋势，一切的改变都是围绕着向高效、节能、自动化方向发展。

（1）大功率、大压力。国外已经有 300kW 以上的热压烧结机，国内最大功率 160kW。目的是每次烧的多，每次烧的快。

（2）自动化。国外在自动化程度上要领先一步。国内在经历了手动的千金顶、半自动和温度、压力的自动控制之后，正在发展整个设备的自动化。也就是向着整个工作过程的自动化方向发展，即：自动排烟、烧结、自动上下模具、无人值守。国外的几种设备都已经实现了无人值守。国内部分产品已经具备了自动上下模具等条件。

（3）节能。这是所有烧结设备追求的方向。通过选用新的材料、改变原有的设计、采用新的技术来实现。

（4）控制系统。PLC控制系统抗干扰能力最好，国内高档的热压烧结机的控制系统采用了PLC+触摸屏，而中低档设备仍然用的是单片机系统和工控机系统。

（5）非真空向真空或气体保护的方向发展。真空烧结具有降低石墨模具成本、一定程度上改善产品质量、净化环境等优势。但由于设备本身价格的因素，非真空热压烧结机还有较大的市场。但大功率的机型，基本上都是真空的。

（6）远距离的过程控制。将整个烧结过程实现远距离的控制，将工艺数据储存，通过网络传输到中央控制室，进行分析、处理，进而实现远距离的故障诊断及检测。对多台机器实行网络化管理。

（7）性能上追求稳定、可靠。重点是解决温度分布的均匀性，压力的稳定性。

（8）产品的多样化。为了适应市场，原来高端的国外产品，也出现了经济型的。国内的产品也有多种形式的。

3.2 热压烧结炉

热压烧结炉是指采用电炉丝、硅碳棒或硅钼棒等为发热元件，利用辐射对工件进行加热的烧结设备。在加热的过程中，可以同时加压，实现热压烧结。该设备主要用于金刚石锯片、金刚石砂轮等产品的热压烧结。

热压烧结炉的种类很多，单体烧结炉（图6-3-2）、热冷压双体烧结炉（图6-3-3）。一般烧结时采用氮气或氢气保护，也有采用真空保护烧结，由于国内粉末的原因一般都是采用氢气保护烧结。

图6-3-2 单体热压烧结炉

图6-3-3 热冷压双体烧结炉

热压烧结炉采用三区控温、炉膛烧结温度均匀，加热加压的协调关系用户可以自己编程。双体炉可以实现加压冷却，对于薄片类制品的烧结可以保证烧结完成后基体平整。

全自动化热冷压烧结生产线是在双体炉的基础上增加了辅助的输送装置，实现全自动化烧结生产，其平面结构如图6-3-4所示。

全自动化热冷压烧结生产线的工作流程为：首先把多个烧结工件预先放在进料传送带上，系统可以自动识别工件位置，将工件送入热压烧结炉烧结，烧结完成后自动送入冷却压机带压冷却，新的工件自动送入热压炉烧结，冷却压机冷却完成后自动退出到输出传送

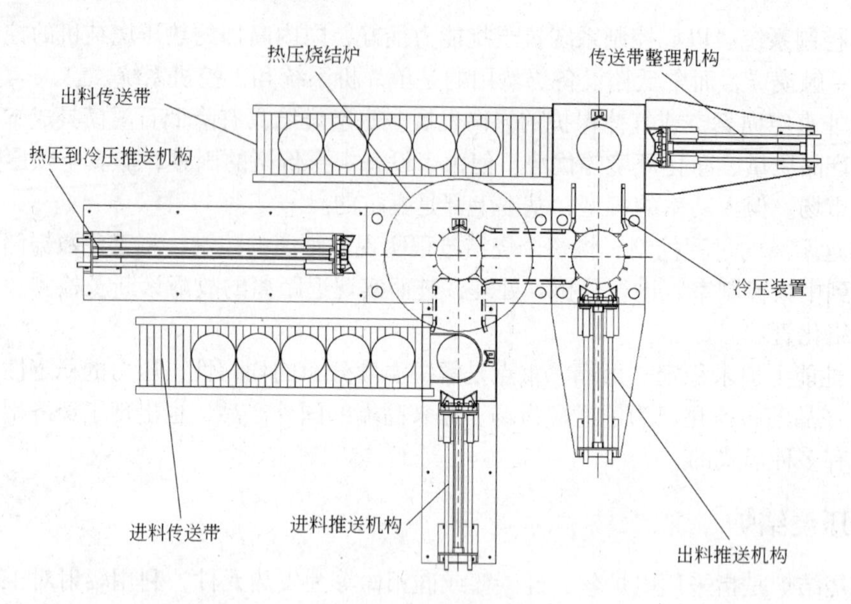

图 6-3-4　全自动化热冷压烧结生产线平面结构

带上，整个过程全部自动化，可以实现无人值守。

3.3　中频热压烧结炉

中频热压烧结炉（图 6-3-5）是采用中频感应加热，升温速度较快。在加热的过程中，可以同时加压，达到热压烧结的作用。该设备主要用于开孔钻、地质钻、金刚石砂轮、金刚石锯片等热压烧结。

中频热压烧结炉的主要特点是烧结速度快、效率高；采用智能 PID 温度控制器对中频电源进行闭环温度控制；采用比例溢流技术实现压力闭环控制；按照温度、压力工艺曲线自动控制；可以采用氮气、氢气保护烧结。

图 6-3-5　中频热压烧结炉

3.4　连续热压烧结炉

连续热压烧结炉（图 6-3-6）采用隧道式电炉结构，隧道内四面电炉丝加热，温度均匀，整个隧道分为预烧区、烧结区和冷却区，在最后加保温区设置加压装置实现热压。采用模具连续输送，实现自动运行。

该设备主要用于金刚石锯片、金刚石砂轮等热压烧结。设备的突出优点是温度控制精度高、稳定性好，适应于大批量烧结。由于设备保温性能好，温度调节慢，不适应于温度经常变换的工艺。

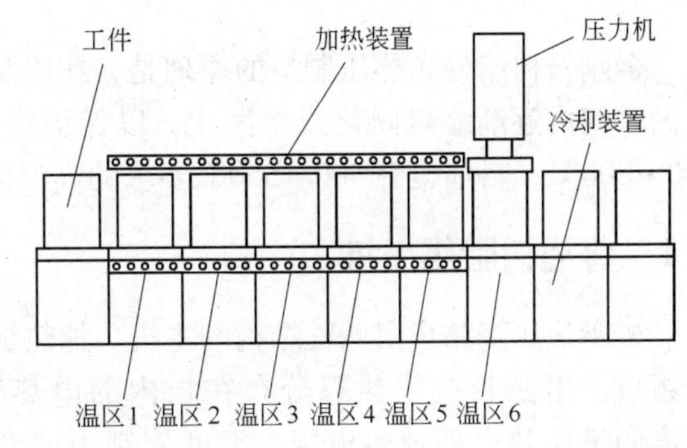

图 6-3-6 连续热压烧结炉结构

参 考 文 献

[1] 王秦生. 超硬材料及制品[M]. 郑州：郑州大学出版社，2006，10.

（郑州金海威科技实业有限公司：海小平，唐新成）

4　树脂金刚石砂轮热压机

金刚石树脂砂轮热压制造的原理是，在压制的过程中，加温使树脂熔融流动，并在保压的时间内逐渐缩聚固化或半固化，以保证磨具的密度、强度和硬度。一般加热温度在200～300℃，目前也有400～550℃要求的高温树脂。

4.1　普通树脂热压机

树脂热压烧结机由四柱结构的主机、加热板、油缸、液压站、加热控制、电控等几部分组成。电热板的发热靠分布在板内的电热管，温度测量用热电偶或热电阻，温度控制用温度控制器。采用电接点压力表控制压力，以补压方式工作。机器的详细结构见图6-4-1。

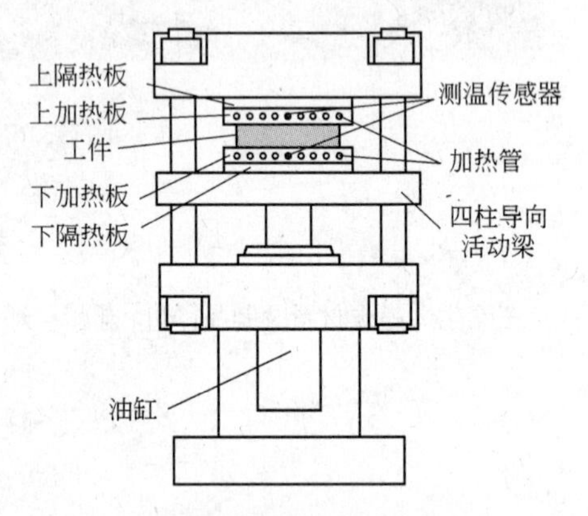

图6-4-1　树脂热压机结构

树脂热压烧结机的一般工作流程是：上下加热板加热保温到预定温度，放入装好树脂的模具，加压，定时保压保温，回程结束。

4.2　自动树脂热压机

随着树脂制品制造生产环节控制精准性要求的不断提高，温度控制、排气、加热板温度均匀性、加热板的冷却必须自动控制，另一方面，工作流程也要采用自动控制，保证产品的一致性。高温树脂制品要求生产过程的控制精准性尤其重要。图6-4-2为CPH200自动树脂热压机，整个工作过程采用PLC控制器实现自动控制。

4.2.1　自动树脂热压机的主要特点

（1）PLC控制，触摸屏操作，多组工艺存储；
（2）可以设定预热温度，初始压力；
（3）可以设定排气温度，排气次数；
（4）可以设定保温时间、保温温度和保温压力；
（5）可以设定冷却温度；
（6）加热器件高效，升温速度快，模具温度均匀，最高温度可达400℃；
（7）光幕防护，保证操作人员安全。

4.2.2　自动树脂热压机的自动控制流程

（1）准备：将电热板预热到预热温度 T_0；

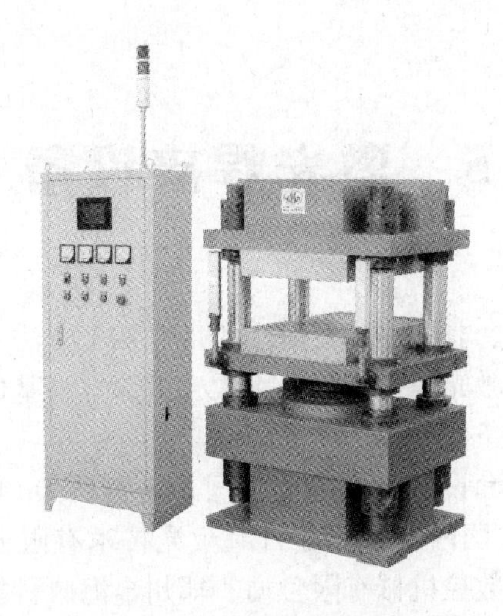

图 6-4-2 自动树脂热压烧结机

（2）装工件：装入工件；

（3）加热和加压：加压到预压压力 P_1，检测工件模具温度，加热达到放气温度 T_1；

（4）排气：自动三次；

（5）加热和加压：加压到预压压力 P_1，检测工件模具温度，达到保温温度 T_2；

（6）保温和加压：启动保温定时器，加压到保温压力 P_2，保持加热温度 T_2；

（7）停止加热：保温定时器计时到时，停止加热；

（8）冷却：打开冷却水开关，冷却模具，同时检测工件模具温度是否冷却到 T_3；

（9）回程：模具工件回到底部位置；

（10）取工件：人工取出工件，控温返回到"准备"。

自动树脂热压机的工艺曲线如图 6-4-3 所示。

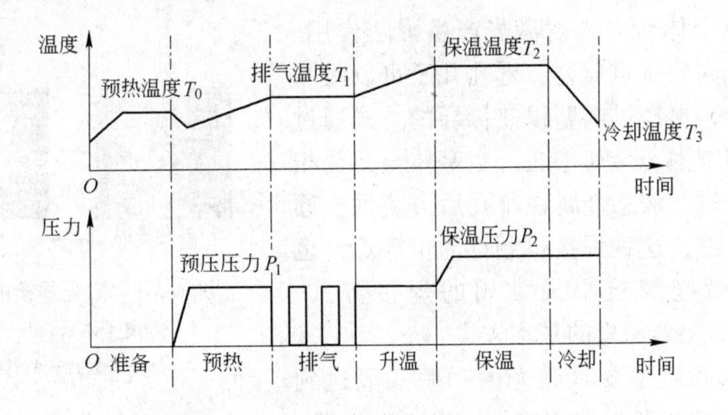

图 6-4-3 自动树脂热压机工艺曲线

（郑州金海威科技实业有限公司：海小平，唐新成）

5 激光焊接设备

激光焊接是一种高速度、非接触、变形小的生产加工方法，非常适合大量且连续的焊接加工过程。金刚石工具的激光焊接就是采用激光熔深焊将基体和刀头焊接在一起，其强度高、可以在没有冷却水的条件下使用，安全性高。

金刚石工具激光焊接成套设备的制造商，国外有德国 Dr. Fritsch 公司、意大利 ARGA 公司、韩国 DIM-NET 公司，国内有武汉金石凯激光技术有限公司、华中科技大学激光加工国家工程中心及济南捷迈数控机械有限公司、郑州金海威科技实业有限公司。

激光焊接设备由激光光源和焊接机床两部分组成。本节主要介绍激光光源、导光聚焦及焊接机床。

5.1 激光光源

5.1.1 激光焊接原理

激光的单色性和相干性保证了激光光束能量可以通过聚焦镜汇聚到一个相对较小的点上，当能量足够大时会使加热区金属汽化，从而在液态熔池中形成一个小孔，称之为匙孔。光束可以进入匙孔内部，通过匙孔的传热，获得较大的焊接熔深。匙孔现象发生在材料熔化和汽化的临界点，气态金属产生的蒸气压力很高，足以克服液态金属的表面张力并把熔融的金属吹向四周，形成匙孔或孔穴。随着金属蒸气的逸出，在工件上方和匙孔内部形成等离子体，较厚的等离子体会对入射激光产生屏蔽作用。由于激光在匙孔内的多重反射，匙孔几乎可以吸收全部的激光能量，再经过内壁以热传导的方式通过熔融金属传到周围固态金属中去。当基体与刀头相对于激光束移动时，液态金属在小孔后方流动、逐渐凝固，形成焊缝，这种焊接机制称为熔深焊，也称匙孔焊。是激光焊接中最常用的焊接方式。图6-5-1为激光焊接熔深焊的基本方式。

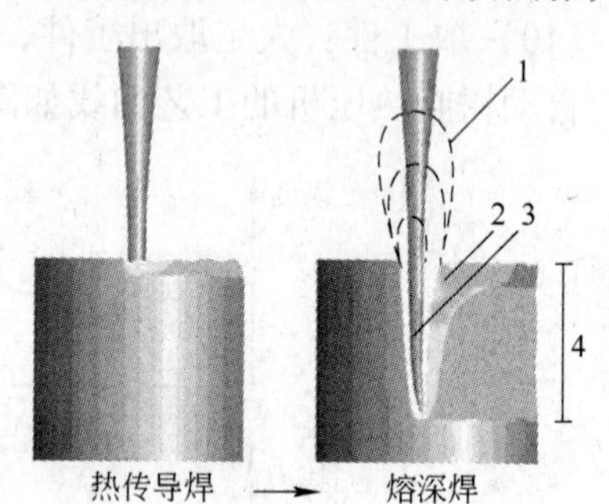

图6-5-1 激光焊接的基本方式
1—等离子体云；2—熔化材料；3—匙孔；4—熔深

金刚石工具制造中要求激光的功率一般达到2~2.5kW，主要采用的是高功率 CO_2 激光发生器，其工作方式有横流、轴快流、扩散冷却式（SLAMB）三种类型。

5.1.2 横流式激光发生器

激光气体的流动垂直于谐振腔轴方向的 CO_2 激光器被称为横流式激光器。这种激光器的气流运动速度相对较慢，将热量从放电腔中带走，可以产生较高功率的激光，价格适中，主要用于热处理和激光焊接。图 6-5-2 所示为高频激励的横流式 CO_2 激光器的工作原理[2]。

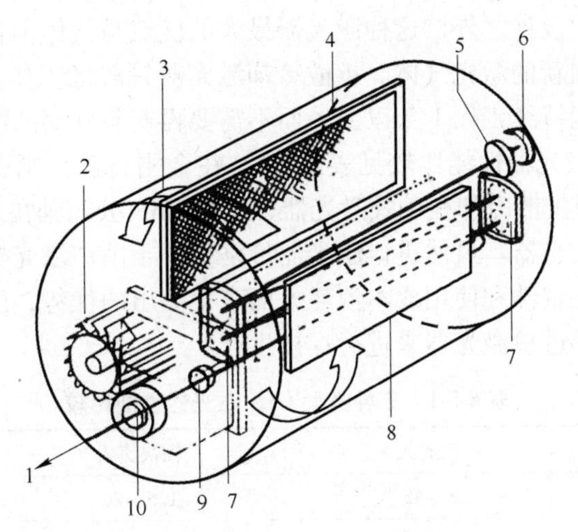

图 6-5-2　高频激励的横流式 CO_2 激光器的工作原理

1—激光束；2—切向排风机；3—气流方向；4—热交换器；5—后镜；6—功率监控器；7—折叠镜；8—高频电极；9—输出镜；10—输出窗口

5.1.3　轴快流式激光发生器

轴快流式 CO_2 激光器的原理结构见图 6-5-3，放电管中产生放电的同时，激光气体混合物沿放电管高速流动，以保证热量的有效散失。为了获得较高的流速，通常使用罗茨排风机、径向排风机或涡轮机。这种激光器提供的光束质量能够满足焊接、切割等多种激光加工。

5.1.4　扩散冷却式激光发生器

同快速流动式激光器相比，板条式 CO_2 激光器的结构更加紧凑。在两个大面积铜电极之间进行射频气体放电，如图 6-5-4 所示，电极之间的间隙很小，通过水冷电极放电腔可达到很好的散热效果，获得相对较高的能量密度。不稳定

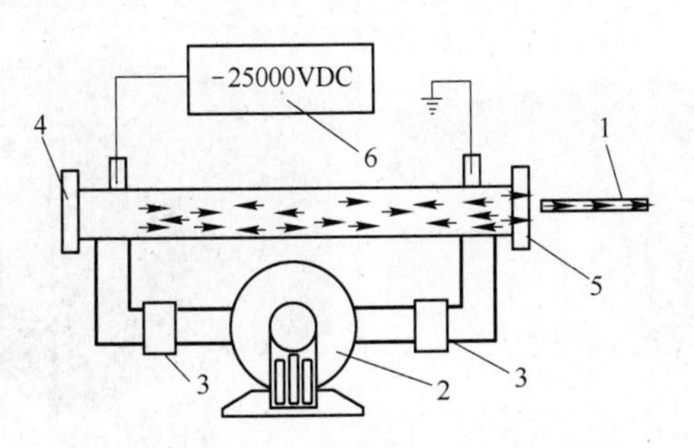

图 6-5-3　轴快流激光器原理示意图

1—激光束；2—罗茨泵；3—热交换器；4—后镜；5—输出镜；6—直流高压

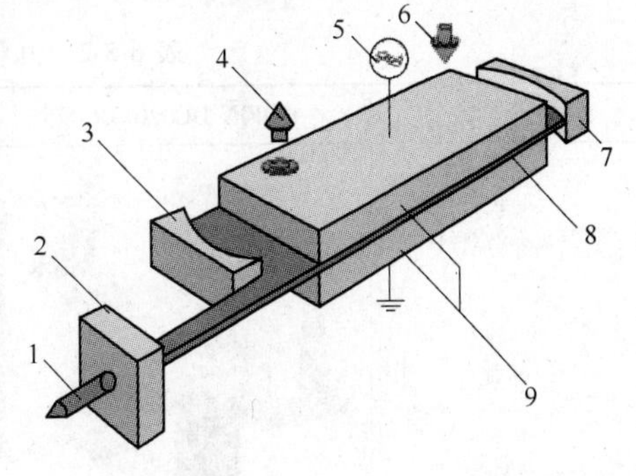

图 6-5-4　扩散冷却板条式 CO_2 激光器原理示意图

1—激光束；2—输出镜片；3—输出镜；4，6—冷却水；5—射频激励；7—后镜；8—射频激励放电区；9—电极

谐振腔采用柱状反射镜产生高度聚焦的激光光束。在激光器的外部采用水冷反射式光束元件将矩形光束转换成旋转对称的光束，光束传播系数 $K \geqslant 0.8$。

除了紧凑与坚固的设计之外，这种激光器最大的优点是气体消耗小。流动式气体激光器需每隔一定时间添加新的激光气体。扩散冷却激光器只需将装有10L混合气体的小气瓶放在激光头内部，就能持续工作1年以上，而不需要再安装外部的供气系统。

三种类型的 CO_2 激光器性能比较见表6-5-1。在金刚石工具制造中使用较多的是德国ROFIN公司的DC系列扩散冷却板条式激光器、美国PRC公司轴快流激光器、南京东方激光有限公司的轴快流激光器。虽然进口激光器价格相对于国产激光器要昂贵，但是由于欧美进口激光器在光源稳定性和使用成本消耗方面有很突出的优势，所以大部分金刚石工具生产厂家都倾向于选择进口激光器来进行焊接生产。

表6-5-1 三种类型 CO_2 激光器性能比较

激光类型	横流式	轴快流式	扩散冷却式
输出功率等级/kW	3~45	1.5~20	0.2~8
激光波长/μm	10.6	10.6	10.6
脉冲能力	DC	DC~1kHz	DC~5kHz
光束模式	TEM_{00}以上	TEM_{00}~TEM_{01}	TEM_{00}~TEM_{01}
光束传播系数 K	≥0.18	≥0.4	≥0.8
气体消耗	小	大	极小
电-光转换效率/%	≤15	≤15	≤30
焊接效果	较好	好	优良
切割效果	差	好	优良
相变硬化	好	一般	一般
表面涂层	好	一般	一般
表面熔覆	好	一般	一般

下面介绍常用的几种激光发生器的技术参数（表6-5-2）。

表6-5-2 几种激光发生器性能参数比较

性能参数	ROFIN DC020/DC025	NEL2000SM	NT2200SM
外观	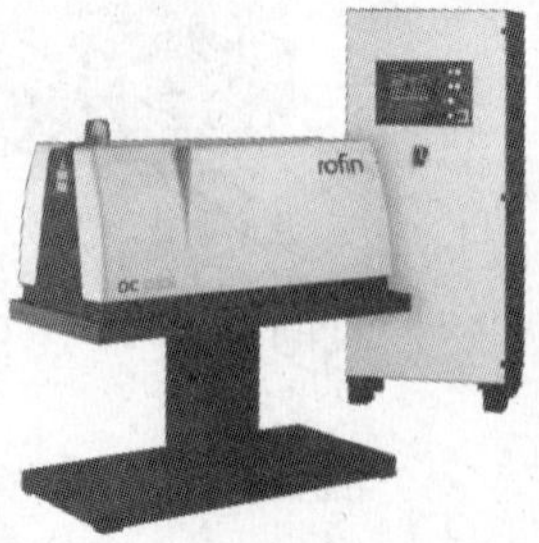		
工作原理	扩散冷却 CO_2（SLAB）	轴快流 CO_2	轴快流 CO_2

续表 6-5-2

性能参数	ROFIN DC020/DC025	NEL2000SM	NT2200SM
激光波长/μm	10.6	10.6	10.6
额定输出功率/W	2000/2500	2000	2200
激励方式	RF	DC	DC
指示稳定度	≤±0.15mrad	≤±0.10mrad	≤±0.15mrad
最大输出功率/W	2000/2500	2100	2350
功率稳定度	≤±2%长期	≤±2%长期	≤±1%长期
连续波输出功率可调范围/W	200~2000/2500	50~max	30~max
光斑尺寸/mm	<20	19	19
Kr	>0.9		
光束发散角	≤0.15mrad	≤1.5mrad	≤1.3mrad
模 式	标准模式或DONUT模式与水平面呈45°线偏振	TEM_{10}^{*}与水平面呈45°线偏振	TEM_{10}^{*}与水平面呈45°线偏振
工作方式	连续波（CW），门脉冲（Gated Pulse），超强脉冲（Super Pulse）	连续波（CW），门脉冲（Gated Pulse），超强脉冲（Super Pulse）	连续波（CW），门脉冲（Gated Pulse），超强脉冲（Super Pulse）
脉冲频率可调范围/kHz	2~5	0~1	0~2
红色激光同光路指示	有	有	有
100%负载下的电源消耗/kW	28	25	25
环境温度/℃	5~40	12~30	12~30
环境湿度	40℃时≤50%，20℃时≤90%	≤75%	≤75%
外形尺寸($L \times W \times H$)/mm×mm×mm	1700×800×853（激光头） 800×600×1900（控制柜）	2375×800×1380	2300×900×1679
质量/kg	500（激光头） 570（控制柜）	1220	约1300

5.2 导光聚焦系统

平面反射镜和聚焦镜是导光聚焦系统的关键部件，它的品质直接影响焊接质量和效率。德国KUGLER公司，是世界上制造激光系统配件的知名企业。以下介绍该公司的光束偏转镜（图6-5-5）和激光焊接机头（图6-5-6）。

光束偏转镜可以改变机床导光系统中光束方向。在激光工具焊接系统中，采用标准的90°光束偏转镜座组。四角上的三颗螺钉，可以沿两个正交的轴精确调节反射角度。圆盘外圈的3个定位螺丝可以十分方便地更换反射镜座。反射镜片标准通光孔径的范围为35mm、50mm和75mm，镜片具有冷却水回路，反射表面可以无镀膜、或者是钼膜、圆偏

图6-5-5 光束偏转镜组

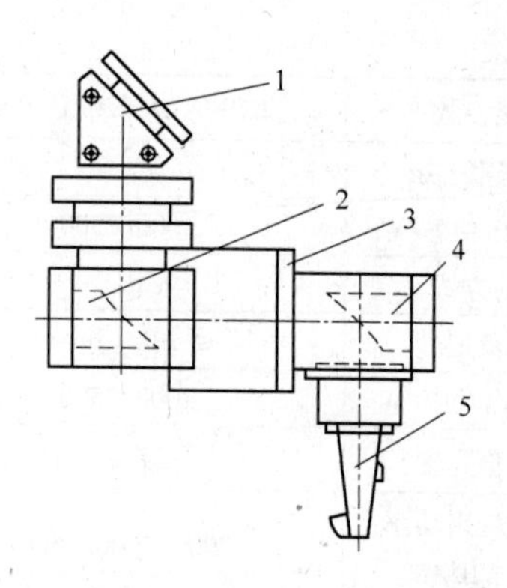

图6-5-6 激光焊接机头结构示意图

1—90°光束反射镜；2—平面反射镜；3—倾斜调节器；4—抛物面聚焦镜；5—焊接喷嘴

振膜、增强型反射膜、CO_2激光的镀膜、可见光或红外波段的各种镀膜。镜座、镜片采取了保护性的密封连接，实际应用时可在光束传导系统中充一定压力的保护气体，形成正压腔体，防止灰尘进入。

KUGLER LK系列激光聚焦系统是经过实践证明性能良好的加工机头，最适用于各种不同的激光焊接和淬火。这种激光聚焦机头是一种激光反射系统，内装有平面反射镜和抛物面反射镜。由于在反射镜面正后方装有直接水冷却，所以本系统可使用的激光功率从几百瓦到20kW以上。

聚焦系统中的金属反射镜由高精密的金刚石车床和高速切削机加工而成，可以产生理想的成形精度来产生衍射限制成像。为了在一个确定的加工平面内实施焊接，可以根据具体的应用，对加工机头进行线性的或者预先设定的角度调整。为了实施灵活焊接，KUGLER激光聚焦机头可以配备手动的或电动的方向旋转部件供选用。

借助于一个倾斜调节器可以焊接时焊接倾角的调整。预先夹紧使之不动的设计可以防止在焊接运动过程中发生误调。反射镜的通光孔径为35mm、50mm和70mm，焦距为150～300mm时。模块化设计原理使用户能够按自己的需要对激光焊接机头进行不同形式的组合。在聚焦机头上可以按需配置（标准配置）横向喷气嘴和保护气体送气管等。

5.3 锯片激光焊接设备

锯片激光焊接机床，一般由基体刀头夹具、导光聚焦及控制系统等几部分组成。下面介绍常见的几种激光焊接设备。

常用的激光焊接设备重要的部分是夹具，分为手动和自动两类，手动方式又可以分成机械压盘和电磁吸盘两类，光路是固定不动的，工件运动；自动方式主要采用了飞行光路，可以实现各种齿形的焊接，下面分别介绍。

5.3.1 机械压盘式

（1）螺钉装夹方式。螺钉装夹方式的结构如图6-5-7a所示。其生产过程为：锯片基体采用螺钉固定到夹具底座上，刀头采用人工一颗一颗地放上，再一颗一颗地拧紧螺钉夹紧，激光光束聚焦在锯片基体和刀头的夹缝之间，夹具旋转，实现锯片基体与刀头的焊接。该方法的缺点是刀头与基体的结合面缺乏一定的预紧力，容易产生漏光，焊接质量不容易得到充分保证，另外操作效率非常低。

（2）气动装夹方式。气动装夹方式的结构如图 6-5-7b 所示。该工作台锯片基体的安装方法与第一种方法相同。刀头同样是采用人工一颗一颗地放上，所不同的是刀头夹紧采用气动机构一次夹紧。该方法比第一种，在刀头夹紧方面有较大的改进，但该方法操作效率还是比较低。

图 6-5-7　机械压盘式夹具结构

a—螺钉夹紧；b—气动夹紧

5.3.2　电磁吸盘式

本方式的结构如图 6-5-8 所示，其结构分为旋转电磁吸盘和斜压盘两部分。

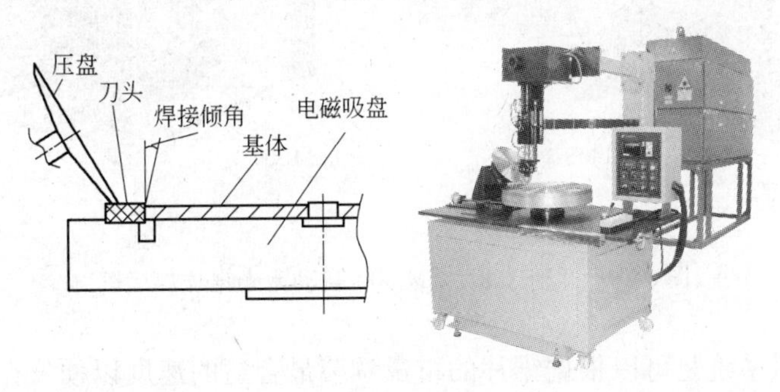

图 6-5-8　LWS600 电磁吸盘式激光锯片焊接设备

电磁吸盘上表面根据锯片的规格刻有不同的沟槽，盘下面装有电磁线圈，通电后可以把锯片的基体固定在吸盘上，由于基体的面积较大电磁吸力很大，固定牢固。刀头也同时被电磁吸力固定。焊接时，固定位置的斜压盘与电磁吸盘同步转动，斜压盘提供与吸盘表面成一定角度的斜向预压紧力保证焊接时基体与刀头间结合。本焊接工作台采用压盘与电磁吸盘结合方式解决旋转过程的基体与刀头的固定问题，安装方便，连续焊接高效、机器结构简单可靠性高。该方式可以在同一电磁吸盘上有多种规格的沟槽，因此可以焊接多种规格的锯片。

5.3.3　数控飞行光路式

德国 Dr. Fritsch 公司的 LMS 240 自动激光焊接机主要由基体支架、基体夹头、刀头夹头、刀头传送槽、刀头抓送机械手、激光焊接头及光路等主要几部分构成。基体支架由三轴数控驱动，可以实现旋转及二维平面运动。激光焊接头的平面运动由两轴数控驱动，可以实现二维平面曲线焊接轨迹。设备的工作流程为：将基体放置在基体支架上，通过线性运动轴将基体送入测量位置测量水口，基体支架再将基体送入焊接位置，坚固的基体夹头夹紧基体，刀头由机械手从传送槽抓起送入坚固的刀头夹爪夹紧，由 CNC 控制激光焊接头在平面移动实现直线或曲线焊接，焊完一齿后松开基体和刀头夹具，基体支架自动旋转一齿，重复以上过程直到全部齿焊完。

LMS 240 的优点是装夹可以实现自动化，另外还可以配装基体和取成品的机械手实现全部自动化生产。缺点是激光发生器的使用率低。

德国 Dr. Fritsch 公司在 LMS 240 的基础上经过改进，于 2009 年推出新一代的 LSM 300（图 6-5-9）。两者最大的不同是在速度和生产效率。在生产普通锯片时，LSM 300 会比 LMS 240 快约 20% ~35%。当焊带斜齿的锯片时，速度会更明显快一些。这些的改进是通过采用了更新更快的控制器和伺服马达的结果。

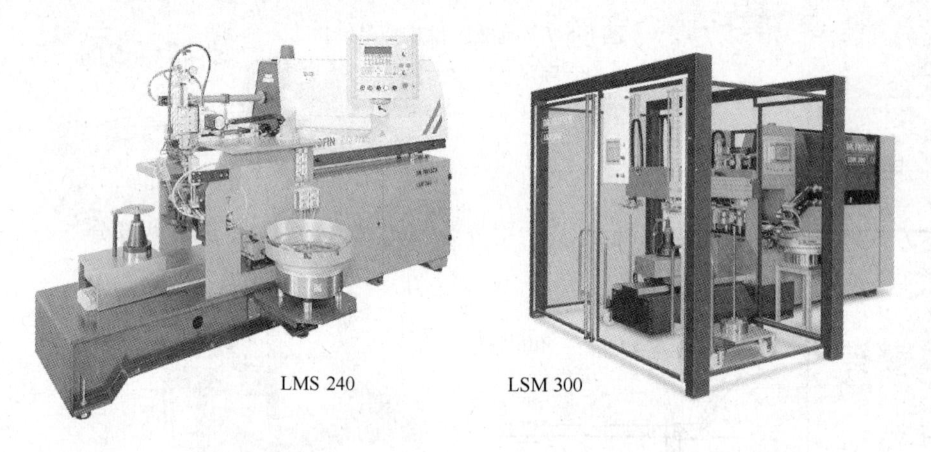

图 6-5-9　LMS 240/LSM 300 自动激光锯片焊接机

自动锯片送料系统是可以根据锯片的重量调节最合适的速度以便安全输送锯片，最大的锯片直径可以到 800mm。

通过改进夹具系统和软件，准备的时间降低了约 25%。而自动锯片测量系统也采用了激光技术，使测量更加快捷和安全。通过这个新测量技术，可以对较大的锯片测量数个位置，然后进行焊接，这样就可以避免因圆度不精确而影响焊接质量。

另外一个突破是可以测量斜齿面的位置，有些基体的斜齿位置不一致而导致了焊接这类锯片时出现质量问题。LSM 300 的附加功能可以测量斜齿面的两点，然后准确的进行焊接。

几种自动激光焊接机的特点比较见表 6-5-3。

表 6-5-3　几种自动激光焊接机的性能特点比较

型　号	LMS 240/LSM 300	LWB 15/2	LWS 600
焊接规格	105 ~ 900	100 ~ 600	100 ~ 600
特殊齿	斜齿、高低齿	高低齿	高低齿
刀头对中性	对称分布	偏置	偏置
刀头表面毛刺	不重要	重要	重要
生产效率	不高	较高	高
自动化程度	高	不高	不高
工作方式	飞行光路	光路固定，工作台移动	光路固定，工作台移动
光路系统	复杂、造价高	简单、成本低	简单、成本低
激光发生器利用率	低	双工作台，高	双工作台，高
维护费用	高	低	低

5.4　钻头激光焊接设备

钻头激光焊接机床，一般是由钻管、刀头夹具、导光聚焦及控制系统等几部分组成，下面介绍常见的几种设备。

5.4.1　自动焊接机

德国 Dr. Fritsch 公司推出的 BSM220 型全自动金刚石钻头激光焊接机，如图 6-5-10 所示。钻管基体手动放置到基体夹具上，气动夹紧，刀头靠气动机械手臂夹取旋转 90°送到焊接位置，焊接位置是根据光电感应器所测量的钻管直径，数控轴自动调节刀头对称度的位置，然后自动水平送到焊接位置压紧，激光焊接头也由数控轴控制高度位置，先点焊一点或三点，循环将所有刀头电焊到钻管上，然后逐齿连续焊接。

该设备的突出优点是可以在线测量钻管的外径，根据测量的外径，确定刀头的对中位置和激光焊接头的聚焦点位置。

该设备参数：钻头直径 65 ~ 300mm，钻头刀头规格范围：长度 15 ~ 50.8mm，高度 6 ~ 15mm，厚度 2 ~ 6mm。

图 6-5-10　自动钻头激光焊接机

5.4.2　手动焊接机

手动金刚石钻头激光焊接机，如图 6-5-11 所示。钻管基体手动放置到基体夹具上，三爪夹紧，焊接端靠辅助定位装置定位，防止钻管较长时跳动，刀头人工放入气动夹紧，由气缸将刀头夹具送到焊接位置压紧，激光焊接头不动，钻管靠数控旋转，钻管旋转时刀头夹具可以与钻管同步旋转实现单齿焊接，自动分度，然后逐齿连续焊接。

该设备的突出优点是钻管与刀头同步运动，压紧力大，不需点焊就可一次焊接刀头。该设备参数：钻头直径 50 ~ 300mm，钻头刀头规格范围：长度 12 ~ 50mm，高度 6 ~ 15mm，厚度 2 ~ 8mm。

图 6-5-11 手动钻头激光焊接机

参考文献

[1] 陈彦宾．现代激光焊接技术[M]．北京：科学出版社，2005. 10.

[2] 唐霞辉．激光焊接金刚石工具[M]．武汉：华中科技大学出版社，2004. 11.

[3] Emmelmann C. Introduction to Industrial Laser Materials Processing[J]. ROFINSINAR，2000.

[4] Rofin-Sinar Laser GmbH. ROFIN DC Series Diffusion-cooled RF-excited CO_2 Slab Lasers[J].

[5] 德国飞羽公司．新一代的激光焊接机-LSM 300[J]．金刚石与磨料磨具工程，2009(1)：83.

（郑州金海威科技实业有限公司：海小平，唐新成）

6　高频焊接设备

高频焊接是利用高频感应加热工件，把被焊接表面的钎焊料熔化实现焊接的。升温速度快一般只需几秒时间，焊接表面氧化轻微。高频焊接设备主要由高频电源和机架两部分构成，本部分重点介绍高频电源分类阐述它们的一些概念、关键问题以及典型的焊接设备。

高频焊接设备一般分为逐齿焊和整体焊两种方式。整体焊接的设备机架部分较为简单，本书不作详细介绍。逐齿焊接的主要包括：焊丝或焊片的送进、刀头的送进、刀头及基体的夹具、齿数的分度、加热、冷却及控制等几部分。根据这几部分的操作控制情况可以把焊接设备分成手动、半自动、全自动三种类型。

（1）手动：刀头、焊片、基体刀头夹具和加热操作都是人工完成。

（2）半自动：人工放置基体、刀头、焊片，分度操作人工，高频电源操作自动定时。

（3）自动：人工装完基体，其他全部自动。

6.1　高频加热电源

6.1.1　高频加热原理

高频感应加热，是将工频交流电转换成频率一般为15～200kHz甚至更高的交流电，利用电磁感应原理，通过电感线圈转换成相同频率的磁场后，作用于处在该磁场中的金属体上。利用涡流效应，在金属物体中生成与磁场强度成正比的感生旋转电流（即涡流）。由旋转电流借助金属物体内的电阻，将其转换成热能。同时还有磁滞效应、趋肤效应、边缘效应等，也能生成少量热量，它们共同使金属物体的温度急速升高，实现快速加热的目的。

高频电流的趋肤效应，可以使金属物体中的涡流随频率的升高，而集中在金属表层环流。这样就可以通过控制工作电流的频率，实现对金属物体加热深度的控制，又充分地利用能量。

6.1.2　高频电源的基本结构原理

高频电源的基本工作原理（图6-6-1）及结构：把外部提供的50Hz的交流电直接整流成高压直流电，然后采用功率器件MOS管或IGBT经过电容和电感组成的LC震荡电路将直流电逆变为高频交流电，高频交流电通过高频变压器变成低压高频电源输出。

高频感应加热电源通常采用逆变调功方式，逆变调功可以分为三类：

（1）频率调制（PFM）。频率调制的方法就是调节逆变开关管的开关频率，从而改变输出阻抗来达到调节输出功率的目的。这种调功方式比较常用，优点是调节方法比较简单，而且较容易实现软开关。但是，功率调节线性不好，而且调节范围不大。

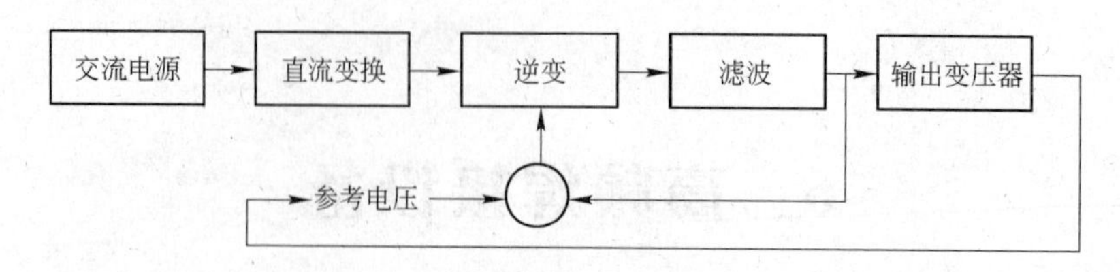

图 6-6-1　高频电源原理框图

（2）脉冲密度调制（PDM）。PDM 就是通过控制脉冲密度，从而控制输出平均功率，来达到控制功率的目的。这种控制方法较容易实现，但是由于是间断加热，所以加热效果不好。

（3）脉冲宽度调制（PWM）。PWM 通过调节逆变开关管的一个周期内导通时间来调节输出功率。这种方法等同于普通开关电源的调制方法，调节线性好，范围大，但是不容易实现软开关。

6.1.3　电源的选择基本原则

高频电源（图 6-6-2）选择主要考虑以下几方面：

（1）结构形式。根据焊接设备的情况选择单体式或分体式。

（2）加热功率。根据加热工件的大小确定功率，一般锯片、薄壁钻焊接的功率为15 ~ 25kW，滚筒、磨盘焊接选择功率 36 ~ 46kW。

（3）振荡频率。振荡频率与焊接效率及深度有关，锯片薄壁钻焊接频率为 15 ~ 50kHz。硬质合金等导磁率低的材料焊接频率为 150 ~ 250kHz。

（4）感应圈的匝数范围。有些电源可以单匝或多匝，有些电源必需是多匝。用户可以根据高频电源输出变压器、加热工件的尺寸、加热功率等因素综合考虑确定感应圈的结构。一般多匝效率高，频率会低些。

（5）测温与控温。随着焊接质量要求的不断提高，要求在焊接过程中控制焊接温度，一般采用红外线测温专用的温度控制器控制恒定的温度。

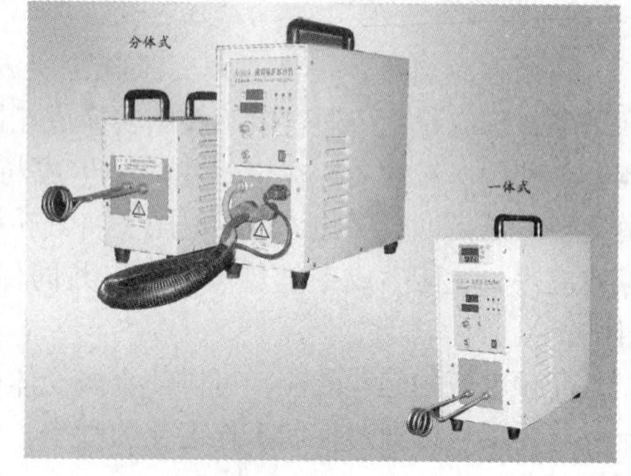

图 6-6-2　高频电源

高频电源典型产品及技术参数见表 6-6-1。

表 6-6-1　高频电源典型产品及技术参数

型　号	GP-15	GP-20	GP-25	GP-36	GP-46	GP-80
供电电源	220V 50Hz	3P-380V 50Hz				
功率/kV · A	15	20	25	36	46	80
振荡频率/kHz	30 ~ 100	30 ~ 100	30 ~ 80	30 ~ 80	30 ~ 70	30 ~ 70

6.1.4　加热感应圈

感应圈的结构直接影响加热效率和焊接的质量。

从高频加热的原理可知，感应圈与工件的距离应该越近效率越高，感应圈的基本设计准则就是加热部位尽量接近工件。感应圈的材料采用方形空心紫铜管较好，一是近距离接近工件的面积大，二是结构形状的稳定性好，对于自动焊接设备形状稳定尤为重要。感应圈的加热部位增加导磁材料，也可以有效的聚集磁路，改善焊缝两端与中间加热的一致性，对旁边齿的影响最小，集中加热到焊接部位，减少焊缝周围刀头基体的软化，同时提高效率。由于铜管间距离较小，一定要采用玻璃丝带或热缩管绝缘，防止短路烧毁电源。图 6-6-3 给出了一个典型的感应圈。

各种高频电源的输出特性是不同的，因此高频电源与感应圈的匹配也是一个非常重要的问题。图 6-6-3 是单匝的感应圈，有些电源必须采用双匝的感应圈才能匹配得到高效的输出。用户在选择电源时一定要注意。图 6-6-4 给出一个国内常见的双匝感应圈。

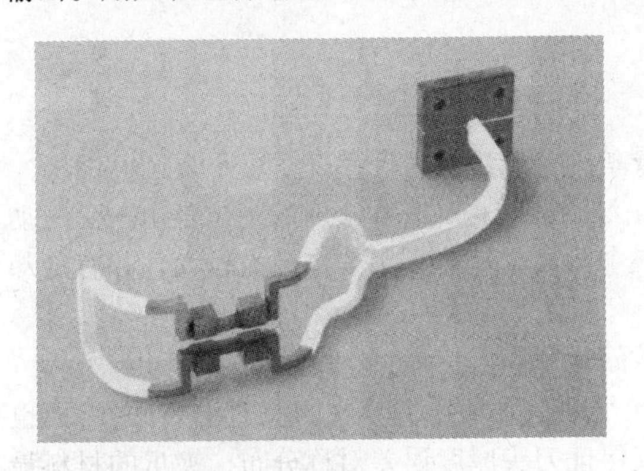

图 6-6-3　典型的感应圈结构图

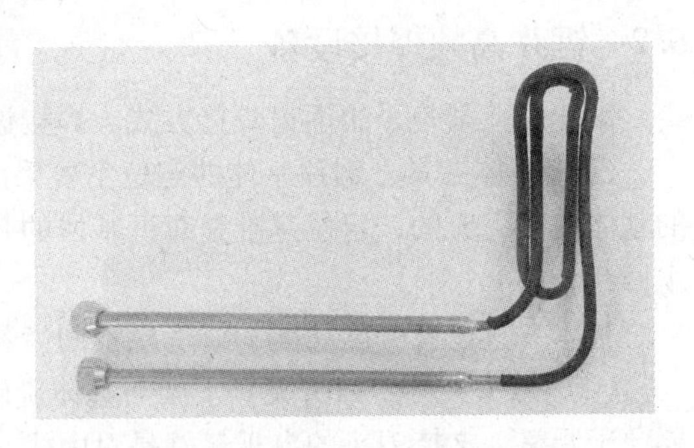

图 6-6-4　典型双匝感应圈

6.1.5　冷却水系统

冷却水对于高频电源是非常关键的一环，由于冷却水压力不足、水温度过高、冷却水管结垢引起的高频电源故障占电源故障的 70% 以上。因此，保证冷却水的质量，可以有效地提高高频电源的可靠性，使用者需要高度重视！

高频电源的冷却水供应方式有三种：

（1）采用冷水机组，根据高频电源的容量选定合适规格的冷水机组，采用纯净水封闭循环，制冷效果好，不结垢，温度稳定，是较好的方式，但成本高。

（2）采用独立封闭容器，用水泵循环，水源用纯净水。这种方式可以不结垢，水温稳定性可以满足要求，成本低，对于功率不大的场合建议使用。

（3）普通冷却塔，一般这种方式都是与其他设备混用，水质硬，杂物污垢多，管道容易结垢，感应圈处铜管较细，更是非常容易堵塞。建议一定要增加过滤措施。

6.1.6　使用维护注意事项

高频电源在使用和维护时必须注意以下事项：

（1）通电前检查。检查电源是否正常、导线连接是否牢固、感应圈匝间有无短路、有磁块的要注意其位置是否合适。检查冷却水流量、水压是否正常、有无滴漏水情况。

（2）停机冷却。电源停止加热后，必需保证冷却水循环一定时间后，方可关闭机器总电源，避免功率器件缺乏足够的冷却而损坏。

（3）定期清洗冷却管道。由于水垢的影响，必须定期对机器水路进行酸洗，除去水管内水垢保证管路畅通。

（4）定期除尘。特别要注意金刚石工具制造环境有石墨粉尘，该粉尘是导电的，容易引起电子器件损坏，必须定期除尘清理。

（5）防潮、通风。注意防潮，阴雨天开机前要用电吹风机进行防潮处理，热处理冷却水不可飞溅到机器上。应注意使用环境的条件，室温不宜过高，空气湿度不得超过90%，否则应加装通风风机。

（6）冬天特别保护。冬天室温低于0℃时，必须断掉水路，采用压缩空气排除机内的残余冷却水，防止机器内部余水结冰和冷却水管移动而卷曲，严重影响冷却效果，导致机内功率器件损坏。

6.2　锯片高频焊接设备

锯片焊接都是采用逐齿焊接方式。焊接设备的要点主要表现在以下几方面：

（1）基体夹具。锯片基体的定位主要采用法兰盘结构，在焊接时的定位是由一套气动的基体夹具完成的，定位基准是靠近基体的一个侧面。基体夹头的作用力较大，并有冷却水回路。

基体夹具还有分度功能，以适应不同齿数的锯片。

（2）刀头夹具。刀头夹具支架与基体旋转平面位置便于调整（刀头对中），平行面也要便于调整。夹持刀头的夹爪最好是对中式，保证刀头厚度误差对称分布，夹爪的材料最好是非导磁材料。夹头还必须能够提供足够的焊接结合面压力以保证焊接质量。

（3）机构稳定性。由于焊齿的动作数量大，机构重复运动精度的稳定性是非常重要的。

（4）控制系统及自动化。一般手动焊机工作的每一部都由人工操作完成。自动化的机器，其刀头、焊丝送进、夹紧、焊接操作温控、冷却、分度等动作均有自动化控制系统完成，只需人工装卸基体或成品。

锯片高频焊接设备的型号、特点及主要技术参数见表6-6-2。

表6-6-2　锯片高频焊接设备的型号、特点及主要技术参数

型　号	CBM 300	SAB 7	DQA 1600
外　观			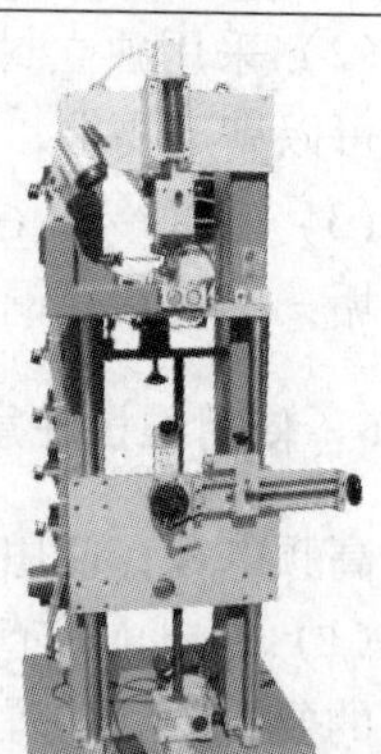

续表 6-6-2

型　号	CBM 300	SAB 7	DQA 1600
特　点	全自动循环	自动送进刀头、焊丝、基体旋转，焊接质量好； PLC 控制系统和显示屏； 自动诊断； 特殊加热感应圈	高频加热； 快速冷却； 整个工作过程自动完成； 刀头夹，刀片锁； 刀头升降，用手或脚踏操作完成
直径范围/mm	ϕ200 ~ 2000	ϕ200 ~ 800	ϕ150 ~ 1700
刀头/mm	长 20 ~ 50.8； 厚 1.8 ~ 12； 高 5 ~ 25	长 18 ~ 50； 厚 1 ~ 10； 高 5 ~ 15	
功率/kW	14	10	15

6.3 薄壁钻头高频焊接设备

薄壁钻焊接，一般分为逐齿焊和整体焊两种方式。整体焊接的设备较为简单，本书不作详细介绍。逐齿焊接设备的要求较高，主要表现在以下几方面：

(1) 基体夹具。薄壁钻基体夹具必须能够根据齿数准确分度。当钻柄较长时，必须在刀头端增加辅助支撑，以防止基体分度时摆动而失去定位精度。

(2) 刀头夹具。刀头夹具支架与基体弧面的距离方便调整，夹持刀头的夹爪最好是三点式，夹爪最好是偏置式，而不要采用对中式。刀头夹具与基体弧面的位置是相对固定的。因此必须要求刀头夹具与基体圆弧表面随动。当薄壁钻的直径较大（ > ϕ100）时，基体是不圆的，这一点特别重要。

(3) 径向定位基准。薄壁钻的定位与圆锯片是不同的。薄壁钻焊接后要求每个刀头内弧与基体内弧的台阶高度保持恒定。根据这一要求和实际机器的结构，刀头夹头最好采用偏置定位式，这样可以把每个刀头的厚度偏差集中到基体的外侧。如果采用对中式夹头，刀头的厚度偏差会均分到基体的两边。

(4) 机构稳定性。由于焊齿的动作数量大，机构重复运动精度的稳定性是非常重要的。

(5) 控制系统及自动化。一般手动焊机工作的每一步骤都由人工操作完成。自动化的机器，其刀头、焊丝送进、夹紧、焊接操作温控、冷却、分度等动作均由自动化控制系统完成，只需人工装卸基体或成品。

薄壁钻头高频焊接设备的型号、特点及主要技术参数见表 6-6-3。

表 6-6-3 薄壁钻头高频焊接设备的型号、特点及主要技术参数

型 号	BLM 600	CMBA 20	DB 300
外 观			
特 点	全自动薄壁钻高频焊接； 焊接速度极快； 定位时间短、操作灵活； 通过精确的温度测量和温度控制系统以及刀头高度的测量校准来提高焊接质量； 可选项：最多放置12个薄壁钻基体的自动进给装置（可单独配置）	全自动薄壁钻高频焊接； 设有保证真圆度到0.05的装置而可以精密银焊； 自动刀头送进装置； 自动分度机构； 自动焊丝送进装置； 加热和刀头对中、矫正、排列等很方便	手动方式； 刀头对中、装夹方便； 分度定位准确； 焊接加热自动定时
基体直径/mm	32 ~ 600	>20	25 ~ 300
钻柄长度/mm	50 ~ 700	<500	50 ~ 500

参 考 文 献

[1] 李定宣，丁曾敏．现代高频感应加热电源工程设计与应用[M]．北京：中国电力出版社，2010.

（郑州金海威科技实业有限公司：海小平，唐新成）

7　刀头处理与开刃机

7.1　刀头磨弧机

焊接金刚石工具，要求基体与刀头的结合表面形状一致，尤其是激光焊接更是要求紧密无缝。因此，必须采用专门的设备来修整与基体结合面的刀头弧度。磨弧机的作用主要是磨弧和弧度改变，在刀头烧结时相近的弧度采用一种热压烧结模具，可以减少热压烧结模具的弧度尺寸规格，利用磨弧略微改变弧度。另外，磨弧可以去除结合面的氧化层，提高焊接强度。磨弧机的工作原理有数控、摆动、仿形三种形式。

7.1.1　RSM 360 自动磨弧机

RSM 360 自动磨弧机（图 6-7-1）是自动的磨弧装置，采用振动送料盘将刀头排齐送出，夹爪将刀头夹起送到磨弧位置。磨弧采用 CNC 数控砂轮，可以实现任意弧度的磨削，精度高。该设备的突出优点是可以测量刀头高度控制进刀量，测量砂轮磨损，修正位置，实现自动砂轮磨损补偿。可磨刀头尺寸的范围是：长度 20 ~ 51mm、厚度 1.8 ~ 12mm、高度 5 ~ 30mm。

7.1.2　摆动式砂轮磨弧机

摆动式磨弧机的基本原理是通过调整砂轮支架摆臂的半径实现弧度的控制，用砂轮来磨削，如图 6-7-2 所示。砂轮磨弧磨削比较锋利，效率高、磨出的弧度准确，砂轮磨损的补偿是一个非常关键的问题，目前国内的产品基本都是靠人工控制补偿的。

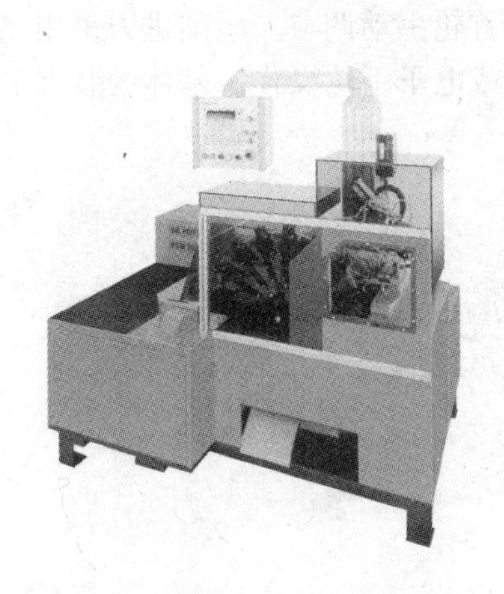

图 6-7-1　RSM 360 全自动磨弧机

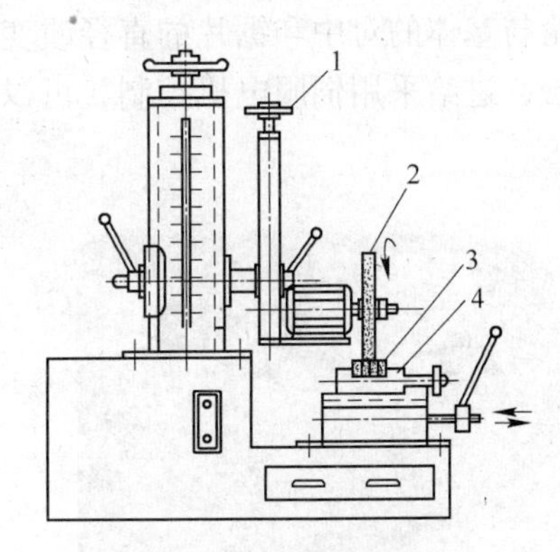

图 6-7-2　摆动式砂轮磨弧机
1—调整臂长手轮（调节所磨弧度）；2—砂轮；3—工件；4—夹紧台钳

7.1.3　仿形式砂带磨弧机

仿形式砂带磨弧机的基本原理是通过仿形模具实现弧度的控制，用砂带来磨削，如图 6-7-3 所示。砂带磨弧要求刀头的毛刺不能过大，否则很容易划破砂带。这种方式的磨弧机非常利于手工操作。

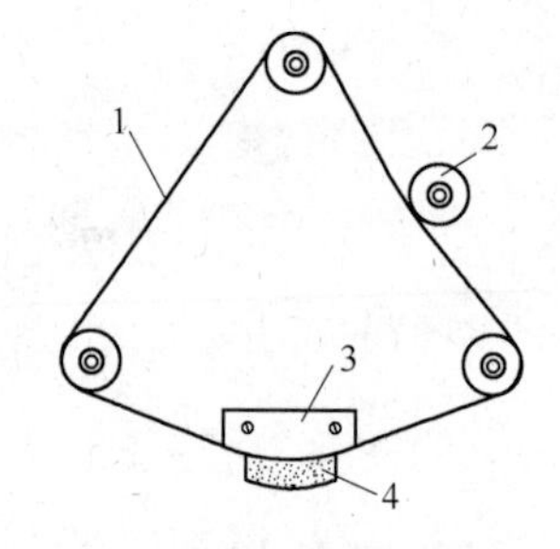

图 6-7-3　仿形式砂带磨弧机
1—砂带；2—张紧轮；
3—仿形模具；4—刀头

7.2　开刃机

热压或焊接的金刚石锯片的端面及径向的跳动、尺寸都有严格的公差要求，用户在使用时要求金刚石刃尖要暴露在结合剂外面，保证金刚石工具良好的切削性能，这些要求需要通过开刃工序来完成。

开刃机开刃采用砂轮反复磨削，进刀控制有自动和手动两种方式，行走轨迹有数控或手控两种方式，机器结构上有侧面和顶面一体的开刃机，也有侧面和顶面单独的开刃机。

7.2.1　数控一体式自动开刃机

Dr. Fritsch 公司 TAM 216 开刃机，如图 6-7-4 所示。该机可以一次装夹锯片后，同时实现侧面和顶面开刃。机器采用总体密封结构形式，具有滑动门和观察窗口，由基体主轴驱动、侧面磨头、正面磨头及电控等主要部分构成。研磨轨迹控制采用 4 轴伺服驱动，数控系统分为两组实现侧面和顶面开刃控制，由于砂轮的行走轨迹是二维数控，可以实现梯形齿或其他特殊齿形的开刃。锯片固定法兰盘驱动系统可以适应直径为 ϕ200 ~ 1600mm 范围的锯片。开刃可以干开或湿开方式。位置操作通过电子手轮对准，工艺数据可以自动存储，砂轮的对准和传送可自动或手动操作。

7.2.2　侧面开刃机

SGT 600 侧面开刃机，如图 6-7-5 所示。整机外部为封闭式结构，砂轮开刃区与机械运动部件区隔离分开，避免沙粒飞溅到运动部件上，有效提高机械运动部件的精度和寿命。砂轮与基体的对中和锯片的直径改变都是采用机械首轮手动调节。磨削进刀采用双向同步进给，进给采用伺服电机控制，可以程序自动操作或电子手轮操作。基体的装夹采用

图 6-7-4　TAM 216 开刃机

图 6-7-5　SGT 600 侧面开刃机

气动拉紧，操作方便。

本开刃机的突出点在于沙粒污染区与机械运动部件区隔离，机械的寿命长；对中式双面开刃精度高，效率高。

7.2.3　顶面开刃机

顶面开刃机一次装夹 10～20 片圆锯片，同时完成开刃，如图 6-7-6 所示。圆锯片装入主动法兰的中心轴上，另一端法兰气缸压紧，主动轴旋转。砂轮磨头可以沿着转轴往复运动，同时可以沿着转轴的垂直方向进给磨削。进给可以采用手动控制或伺服系统自动控制。整机外部为封闭式结构，砂轮开刃区与机械运动部件区隔离分开，避免沙粒飞溅到运动部件上，有效提高机械运动部件的精度和寿命。

图 6-7-6　顶面开刃机

（郑州金海威科技实业有限公司：海小平，唐新成）

8 检 测 设 备

8.1 刀头硬度检测

刀头硬度检测主要采用普通的硬度计，如图6-8-1所示。

8.2 焊接强度检测

焊接强度测试机是用来检测每个金刚石刀头的焊接强度的专用设备，采用扳齿的方法产生扭矩，折算结合面产生的拉应力来检测锯片的刀齿与基体的结合强度。可用于检测激光焊接、高频焊接及烧结片的金刚石刀头的机械强度。设备一般由基体固定分度、基体夹紧、扭矩检测及控制系统四个部分构成，自动化的设备还包括自动上下锯片的机构。

图6-8-1 硬度计

工作方式有检测和破坏两种方式，检测方式就是用设定的扭矩值来检查齿强度，破坏方式就是用较高的扭矩，直到齿被扳断，并记录断齿的最大扭矩。

扭矩产生可以用气动或液压装置，液压系统的压力稳定性较高。

表6-8-1是AWB 4/24金刚石锯片锯齿强度测定仪的外观及技术参数。

表6-8-1 AWB 4/24 金刚石锯片锯齿强度测定仪

外 观	技 术 参 数
	锯片基体尺寸：ϕ105～625mm 焊接强度测试范围：100～600MPa 效率：每个刀头3s 锯片自动装卸 控制系统：PLC

8.3 刀头分选

刀头尺寸分选，是把尺寸接近的刀头分批，控制一道工序焊接后工具的一致性。一般刀头的数量较大，因此要求设备采用自动方式工作，分选效率高。

设备主要由震动送料器、尺寸测量、出料机构组成。尺寸测量可以采用接触式传感器或非接触传感器。接触式传感器易于磨损，影响测量精度。非接触传感器选择激光的较好。分选出料机构都由气缸操作。

两种刀头分选机的型号、特点及技术参数见表6-8-2。

表6-8-2 几种刀头分选机

型号与外观	特点及技术参数
SMS-1 刀头测量分选机 	主要特点： ●振动盘送料，非接触式测量方式，测量快，精度高 ●可实现定点或连续动态测量 ●用户可设定分选公差等级 ●具备计数及人机界面 HMI，数据存储并导出到外部计算机 ●PLC + 触摸屏控制，直观方便，稳定可靠 工作节拍：1 ~2s/个 分选级数：4 级 测厚精度：0.01mm
DCH-1 型刀头厚度自动测定分拣仪 	工作节拍：12 个刀头/min 分选级数：5 级 测厚精度：0.1mm

（郑州金海威科技实业有限公司：海小平，唐新成）

第7篇　金刚石工具设计理论

1　相图基础知识

超硬材料工具主要涉及的材料有金属材料、无机非金属材料，有机材料。

1.1　相图基本概念

本章首先介绍一些有关合金的概念，这些概念对分析合金相图十分有用[1]。

(1) 合金。由两种或两种以上的金属元素或金属与非金属元素组成的具有金属特性的物质称为合金。

(2) 组元。组成合金最基本的、独立的物质称为组元，简称元。一般组元是组成合金的元素，如黄铜的组元是铜和锌，由两个组元组成的合金称为二元合金，三个组元组成的合金称为三元合金，由三个以上组元组成的合金称为多元合金。

(3) 相。合金中具有同一化学成分、同一结构和同一原子聚集状态，并以界面相互分开的均匀组成部分称为相。例如在熔点以下的纯金属为固相；在熔点以上的纯金属为液相；在熔点温度时既有固相、又有液相，并被界面分开。液、固两相的原子聚集状态不同，是液相、固相共存的混合物。按定义在铁碳合金中的铁素体、奥氏体、渗碳体等也是不同的相。

(4) 合金系。由给定的组元可以制成一系列成分不同的合金，这些合金组成的系统称为合金系。由两个组元组成的系统称为二元系，三个组元组成的称为三元系，多个组元组成的称为多元系。纯金属称为单元系。

(5) 状态。合金在一定条件下，由哪几个相组成，称为合金在该条件下的状态。纯金属一般有液相、固相和液、固相共存的混合物。合金中会出现更多的相，合金的状态比纯金属多。

(6) 组织。合金相的组织，是合金中相的综合，是合金中不同形态、大小、数量和分布的相相互组合的产物。在金属或合金中，由于形成条件不同，各相将以不同的形状、大小、数量和分布而存在。因此，借助于显微镜放大观察时，发现金属和合金具有不同的组织。不同的相被相界分开，其化学成分、晶体结构及性能都不相同。

合金的性质取决于其组织，组织由组成相的性质决定，由不同相构成的组织，具有不同的性质。

1.2 固态合金相

固态合金中的基本相可简单分为：

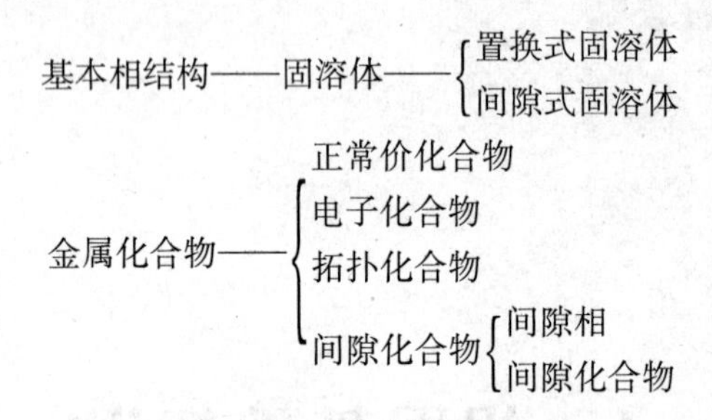

1.2.1 固溶体

固溶体是溶质原子溶入固态溶剂中，不破坏溶剂晶格类型形成的相。如果液态下，组元间相互溶解的状态在凝固后仍能保留下来，即组元在固态下仍能彼此溶解，就可以形成固溶体。根据溶质原子在溶剂晶格中的位置又分为置换式固溶体和间隙式固溶体两种。

1.2.1.1 置换式固溶体

是指溶质原子位于溶剂晶格中的某些结点位置而形成的固溶体。

由于溶质原子的溶入，会使晶格常数发生变化，引起晶格畸变。一般说来，随着固溶体中溶质原子的溶入及溶质浓度的增加，晶格畸变增大，强度、硬度升高，物理性能也发生变化。把溶质原子使固溶体强度和硬度升高的现象称为固溶强化，固溶强化是提高材料力学性能的重要途径。

置换固溶体分有限互溶和无限互溶两种。例如黄铜是锌溶入铜中形成的固溶体，锌在铜中的溶解度最高为39%；铜镍合金可以无限互溶，形成无限固溶体，也称为连续固溶体。

根据溶质原子在溶剂晶格中的分布情况又可分成无序固溶体和有序固溶体两种。溶质原子在溶剂晶格中的分布是任意的，无规律的称为无序固溶体，铜镍合金即为一例；在某些合金中，由于缓冷或在某一温度长期保温，固溶体中溶质原子和溶剂原子各占据溶剂晶格中的一定位置，原子由无序分布过渡到有序分布，这时的固溶体称为有序固溶体。如铜金合金缓冷后，晶格内一组晶面上是铜原子，另一组晶面上是其他金属原子。

实际上有序固溶体是无序固溶体与金属化合物的过渡相。当固溶体由无序排列变为有序排列时，虽然显微组织不发生变化，但合金的硬度和脆性显著增加，塑性及电阻降低。通常固溶体的性能可以通过溶质的溶入量及原子半径的大小来控制。

在置换固溶体中，也存在空位、位错、晶界、亚晶界等缺陷，使合金的力学性能、物理性能发生某种程度的变化。

置换固溶体溶解度的影响因素很多，扼要地叙述如下：

(1) 晶格类型。组元间晶格类型相同，有可能形成无限固溶体，否则只能形成有限固溶体。

(2) 原子直径差别。只有组元的原子直径差别不大时，才可能形成无限固溶体，否则只能形成有限固溶体。因为溶质原子的溶入，会引起溶剂的晶格畸变，产生畸变能。溶质原子和溶剂原子直径差别愈大，畸变能愈高。当晶格畸变能增加到一定限度时，溶质原子不再溶入溶剂晶格中，可能和溶剂原子结合形成其他形式的新相，所以原子直径差别愈大，溶质在溶剂中的溶解度越小。实验发现，当组元间原子直径差别大于14%~15%时，不能形成无限固溶体。对铁基合金而言，当原子直径差别小于8%时，有可能形成无限固溶体；铜合金固溶体中原子直径差别小于10%~11%时，有可能形成无限固溶体。

(3) 电化性质差别。组元间电化学性质用电负性来度量。元素的电负性愈接近，愈有利于形成无限固溶体。当元素间的电负性差别达到一定程度时，将不形成固溶体，而形成化合物。

(4) 电子浓度的影响。电子浓度是合金中的价电子数与原子数的比值。根据理论上近似计算结果，对每种类型的晶格，都有一个极限的电子浓度。只有电子浓度小于这一极限时，才有可能形成无限固溶体，否则将形成有限固溶体。例如：面心立方晶格的极限电子浓度为1.36，体心立方晶格为1.48。当电子浓度超过这一极限值时，只能形成有限固溶体。比如铜和金都是一价，能形成无限固溶体；锌为2价，铝为3价只能与铜形成有限固溶体。铝在铜中的溶解度只有8%。常见的无限互溶固溶体合金有：Fe-Cr、Fe-V、Ag-Au、Cu-Ni、W-Mo。

总之，上述的4个因素都能满足时，即组元在周期表中的位置邻近时，溶解度可能较大，甚至能形成无限固溶体。

1.2.1.2 间隙固溶体

当溶质原子半径很小时，占据溶剂晶格中的间隙位置而形成的固溶体，称为间隙固溶体。

间隙固溶体通常是一些原子半径很小（<0.1nm）的非金属元素如氢、氮、氧、碳、硼溶入过渡族金属中而形成的，只有在 $r_{非}/r_{金}<0.59$ 时，才能形成间隙固溶体。

溶剂晶格中的间隙是有限度的，溶质溶入时，会引起晶格畸变，产生畸变能，也会产生固溶强化，使合金的强度、硬度、电阻升高。

间隙固溶体只能是有限固溶体，而且溶解度很低。溶解度大小与溶质原子半径、溶剂晶格类型有关，溶质原子半径愈小，溶解度愈大；不同类型的晶格具有大小和数量不同的间隙，因而溶解度也不同。

1.2.2 金属化合物

金属化合物是合金组元间按一定比例发生相互作用而形成的一种新相，又称为中间相，其晶格类型及性能均不同于任一组元，可用分子式大致表示其组成。如 Fe_3C、CuZn、$CuAl_2$ 等都是金属化合物，这类物质除离子键、共价键外，金属键也参与作用，具有一定的金属性质，故称为金属化合物。

金属化合物具有较高的熔点、硬度和脆性。因此合金中形成金属化合物时，使合金的强度、硬度、耐磨性提高，塑性降低。所以金属化合物是许多材料的重要组成相，如金刚石工具黏结剂，粉末冶金制品，有色合金等。

根据金属化合物形成规律及结构，将其分为正常价化合物、电子化合物和间隙化合物。

1.2.2.1 正常价化合物

符合一般化合物的原子价规律，具有一定的化学组成，能用化学分子式表示。通常由Ⅳ、Ⅴ、Ⅵ族的非金属或类金属元素形成。如 Mg_2Si、Mg_2Sn、MnS 等。

正常价化合物具有很高的硬度和脆性，在合金中有它弥散分布在固溶体基体中，可以使合金强化，起到强化相的作用。

1.2.2.2 电子化合物

电子化合物是由第Ⅰ族或过渡族元素与第Ⅱ至第Ⅴ族元素形成的金属化合物。不遵循原子价规律，但是具有一定的电子浓度比，因其形成与电子浓度有关，故称电子化合物。如 CuZn，其 Cu 的价电子为1，其 Zn 的价电子为2，电子浓度为3/2(21/14)，Cu_5Zn_8 的电子浓度为21/13。Cu-Zn 电子化合物的晶体结构与电子浓度有一定的对应关系，当电子浓度为3/2时，具有体心立方晶格称为 β 相；当电子浓度为21/13 时，具有复杂立方晶格，称为 γ 相；当电子浓度为7/4（21/12）时，具有密排六方晶格，称为 ε 相（见表7-1-1）。

表 7-1-1 合金中常见的电子化合物

合 金 系	（21/14）β 相	（21/13）γ 相	（21/12）ε 相
Cu-Zn	CuZn	Cu_5Zn_8	$CuZn_3$
Cu-Sn	Cu_5Sn	$Cu_{31}Sn_8$	CuSn
Cu-Al	Cu_3Al	Cu_9Al_4	Cu_5Al_3
Cu-Si	Cu_6Si	Cu_5Si	$Cu_{15}Si_4$

电子化合物虽然可以用化学式表示，实际上是一个成分可在一定范围内变化的相，也可以溶解其他组元形成以电子化合物为基的有限固溶体。

电子化合物以金属键结合，具有明显的金属性质，其熔点和硬度很高，塑性低。一般只作为强化相存在于合金中。

1.2.2.3 间隙化合物

间隙化合物是由过渡族金属元素与氢、氮、碳、硼等原子半径较小的非金属元素形成的金属化合物。如 Fe_3C、$Cr_{23}C_6$、Cr_7C_3、WC、Mo_2C、VC 等。根据形成间隙化合物组元的原子半径比及其结构特征，又分为简单结构的间隙相和复杂结构的间隙化合物两种。

（1）间隙相。当非金属原子的半径与金属原子的半径之比小于0.59时，将形成具有简单结构的间隙化合物，称为间隙相。间隙相和间隙固溶体不同，间隙相是一种金属化合物，它的晶格类型不同于任一组元的晶格类型。间隙固溶体是一种固溶体，保持着溶剂组元的晶格类型。间隙相中的组元比例一般均能满足简单的化学式：M_4X、M_2X、MX 和 MX_2（M 代表金属元素，X 代表非金属元素），间隙相具有面心立方、体心立方、简单六方和密排六方四种晶格类型，与化学式有一定的对应关系，见表7-1-2。

表 7-1-2 间隙相化学式与晶格类型的关系

间隙化学式	在钢中可能出现的间隙相	晶格类型 M_4X
M_4X	Fe_4N Nb_4C Mn_4N	fcc
M_2X	Fe_2N Cr_2N W_2C Mo_2CN	hcp
MX	TaC TiC ZrC VC WC ZrN VN TiN MoN CrN	fcc bcc 简单六方
MX_2	VC_2 CeC_2 ZrH_2 TiH_2 LaC_2	fcc

间隙相具有极高的硬度和熔点，具有明显的金属特性，是高合金工具钢、硬质合金及金刚石工具中的重要组成相。表7-1-3给出常见碳化物的熔点和硬度。

表7-1-3 常见碳化物的熔点和硬度

类型	间隙相						间隙化合物	
化学式	TiC	ZrC	VC	NbC	WC	MoC	$Cr_{23}C_6$	Fe_3C
硬度	2850	2840	2010	2050	1730	1480	1650	800
熔点/℃	3080	3472±20	2650	3680±50	2785	2577	1577	1277

（2）间隙化合物。当非金属原子半径和金属原子半径之比大于0.59时，形成复杂结构的间隙化合物。如Fe_3C、$Ce_{23}C_6$、Fe_4W_2C、Cr_7C_3、Mn_3C等。这类金属化合物主要以金属键结合，具有金属特性。也具有高的熔点和硬度，但比间隙相低，加热时容易分解。

构成合金内部组织的基本相有固溶体和金属化合物两种，在实用工业合金中既可以单独作为合金组织，也可以机械混合在一起，形成机械混合物，混合物中各组成相仍保持自己原有的晶格和性能，而由它们组成的合金性能近于各组成相性能的平均值。

1.3 相律和杠杆定律

1.3.1 相律

1.3.1.1 定义

相律是用以指导相平衡的规律，对分析和研究相图十分有用。在平衡条件下，合金中各相是由合金的成分、温度及压力等内外部条件所决定的，当这些因素改变时，有时甚至只变化其中一个，相的数目就会发生变化，有时变化一个或几个因素，相的数目也不发生变化。例如，二元合金在液相线和固相线之间的温度，是液固平衡状态，但温度可以在液、固相线之间变化，却不改变相的数目。

这种在保持合金系相数不变的条件下，合金系中可以独立改变的，影响合金状态的内外部因素的数目称之为自由度，记作f。自由度数最小值为零，不可能为负数。

研究结果表明，合金在平衡条件下，系统的自由度数f，组元数C和相数P之间有如下关系：$f=C-P+2$。

这就是相律，是表示在平衡状态下系统的自由度数、组元数和相数之间关系的定律。

但需指出，大气压的正常变化对合金状态的影响不大，可近似看成定值，所以影响合金状态的外界因素只有温度一个，故相律又可写成：$f=C-P+1$。

1.3.1.2 用途

（1）利用相律可以确定系统中最多能有几相平衡共存。例如纯金属$C=1$、$f=0$时，$P=2$，最多两相共存；三元系中$C=2$，$f=2$时，$P=4$，最多是四相共存。

（2）利用相律可以说明纯金属与合金结晶时的差别。纯金属结晶时，有液、固两相共存，即$P=2$，$C=1$，所以$f=0$。即纯金属结晶时，温度不能改变；而二元合金结晶时，$C=2$，$f=2-2+1=1$，这个自由度是温度，因此二元合金结晶时是在一定的温度范围内进行的。

（3）可以判断测绘出的相图是否正确。但切记，相律只适用于平衡状态下。

1.3.2 杠杆定律

在合金的结晶过程中，合金各相的成分及其相对含量都在不断地变化，杠杆定律是确定在任一温度下处于平衡状态的两相的成分和相对量的有用工具。图 7-1-1 是 Cu-Ni 合金相图。

1.3.2.1 确定两平衡相及其成分

要想确定 Ni-Cu 的合金Ⅰ在冷却到 t_1 温度时由哪两相组成，以及各相的成分，可通过 t_1 作一水平线 arb，与液相线相交于 a，与固相线相交于 b，说明合金Ⅰ由液固两相组成。其中 a 点对应的成分 C_L 为剩余液相的成分，b 点对应的成分 C_α 为已结晶的固溶体成分。

1.3.2.2 确定两平衡相的相对量

在图 7-1-1 中合金Ⅰ的总质量为1，在 t_1 温度时，液相的质量为 Q_L，固溶体的质量为 Q_α，则有：

$$Q_L + Q_\alpha = 1$$

另外，合金Ⅰ中所含镍的质量应等于液相中镍的质量与固溶体中镍的质量之和，即：

$$Q_L \cdot C_L + Q_\alpha \cdot C_\alpha = 1 \cdot C$$

图 7-1-2 为杠杆定律的力学比喻。

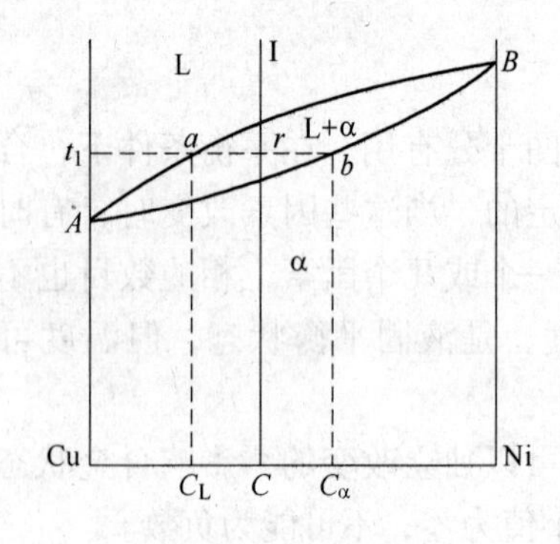

图 7-1-1 Cu-Ni 相图

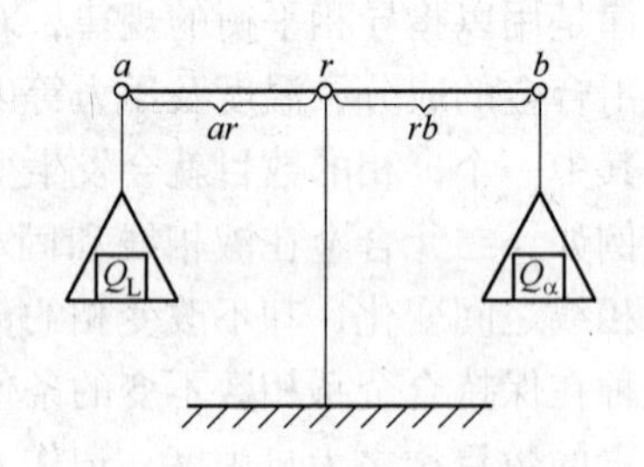

图 7-1-2 杠杆定律力学比喻

由上面两公式可整理出：

$$Q_L = (C_\alpha - C)/(C_\alpha - C_L) = rb/ab$$

$$Q_\alpha = (C - C_L)/(C_\alpha - C_L) = ra/ab$$

或

$$Q_L/Q_\alpha = rb/ra$$

该式与力学中的杠杆定律非常相似，所以称杠杆定律。在二元合金中，杠杆定律只适用于两相区。

1.4 二元合金相图

1.4.1 匀晶相图

两组元在液态、固态均能互溶的二元合金所形成的相图，称为匀晶相图。除 Cu-Ni 合

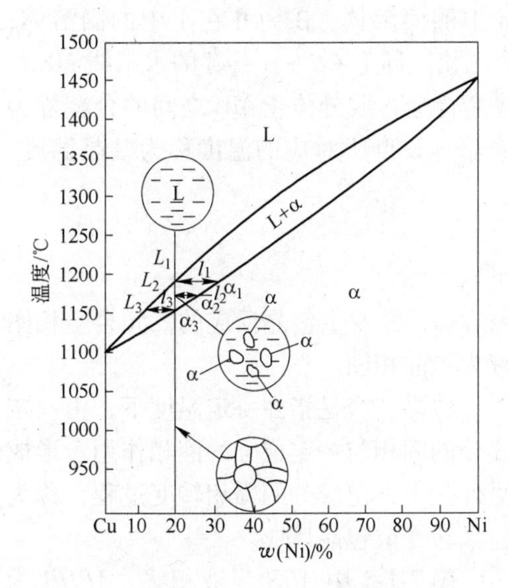

图 7-1-3 Cu-Ni 匀晶相图

金外，还有 Ag-Au、Bi-Sb、Cr-Fe、Mo-W 合金等。在这类合金中，结晶时都要从液相中结晶出固溶体，这种结晶过程称为匀晶转变(图 7-1-3)。

相图分析以含 Ni 20% 的 Cu-Ni 合金的平衡结晶过程为例。

(1) 当温度 t 高于 t_1 时，合金为液相 L。

(2) 当温度降至 t_1 时，开始从液相 L 中结晶出固溶体，这时液相成分为 L_1，固相成分为 α_1，两者大不一样。

(3) 温度继续下降，从液相中不断析出固溶体，液相成分按液相线变化，固相成分按固相线变化。在一定温度下两相的相对量可用杠杆定律求得。例如当温度降至 t_2 时，液相成分为 Lα，固相成分为 α_2，固相的含量为：$(L_2t_2/L_2\alpha_2)\times 100\%$，液相的含量为：$(t_2\alpha_2/L_2\alpha_2)\times 100\%$。

当温度下降到 t_3 时，液相消失，结晶完毕，得到了与合金成分相同的固溶体。

合金在结晶过程中，液相和固相成分都在不断地变化，其中液相成分变化通过对流和原子扩散来完成，而固相成分只能通过扩散来完成，速度很慢，因此只有在十分缓慢的冷却条件下，扩散才能完成，才能得到成分均匀的固溶体。

形成固溶体合金的结晶过程和纯金属结晶过程相同，也是形核与长大的过程。也是在一定的过冷度下自发形核，以及在外来质点或现成界面上的非自发形核，形核时不但需要结构起伏和能量起伏，而且在形核的体积微元中，还必须有成分（浓度）起伏。成分起伏是由于原子的热运动和扩散，使瞬间在液体某些微小体积中的成分或高于或低于平均成分的现象。

在实际生产条件下，冷却速度一般都不是很缓慢的，不可能按着平衡过程进行结晶，由于冷却速度快，内部原子的扩散落后于结晶过程，合金成分的均匀化来不及进行，因而在结晶过程中，每一温度下的固溶体平均成分都偏离平衡成分。

1.4.2 共晶相图

两组元在液态下可以无限互溶，在固态下有限互溶，并发生共晶转变的相图，称为共晶相图。

共晶转变是在一定温度下，由一定成分的液相同时结晶出成分一定的两个固相的转变，又称为共晶反应。共晶转变的产物为两个固相的混合物，称为共晶组织。Pb-Sn 的共晶合金相图如图 7-1-4 所示。

图 7-1-4 中 *AEB* 为液相线，*AMENB* 为固相线，*MF* 和 *NG* 为两条溶解度曲线。

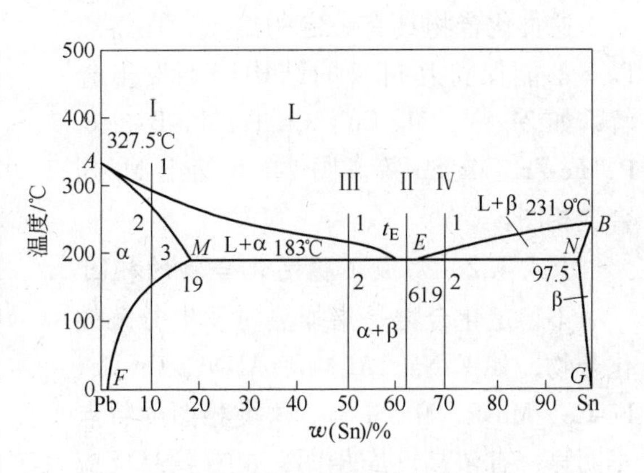

图 7-1-4 Pb-Sn（共晶）合金相图

相图中有三个单相区 L、α 和 β。α 为Ⅰ在Ⅱ中的固溶体，β 为Ⅱ在Ⅰ中的固溶体；有三个两相区，即 L+α，L+β，α+β；还有一个三相区即 L+α+β 共存的水平线 MEN。E 点称为共晶点。成分对应于共晶点的合金称为共晶合金；成分位于 ME 之间的合金称为亚共晶合金，成分位于 EN 间的合金称为过共晶合金，E 点所对应的温度称为共晶温度，MEN 称为共晶线。

1.4.3 包晶相图

两组元在液态下无限溶解，在固态下只能有限溶解，并发生包晶反应的二元合金相图称为包晶相图。

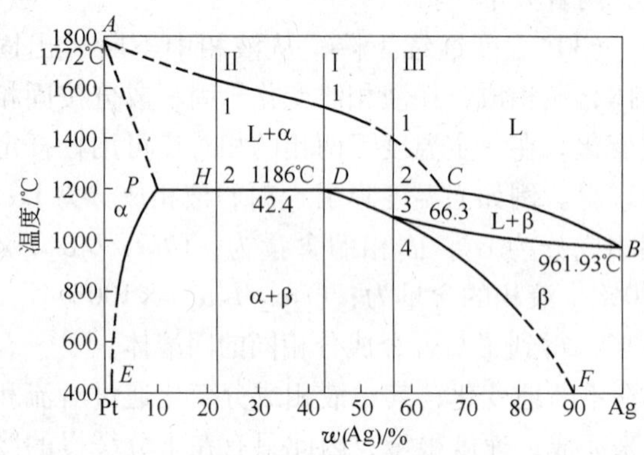

图 7-1-5 Pt-Ag 合晶包晶转变相图

包晶转变是指在一定温度下，由一定成分的固相与一定成分的液相作用，形成另外一个一定成分的固相转变过程，称为包晶转变或包晶反应。

图 7-1-5 中 *ACB* 为液相线，*APDB* 为固相线，*PE*、*DF* 为两组元相互溶解度曲线。

相图中有 3 个单相区，L、α、β；三个两相区 L+α、L+β、α+β；一个三相区即 L+α+β 共存的水平线 *PDC*。*D* 点为包晶点，其对应的温度为包晶温度，*PDC* 水平线为包晶线。凡是成分在 *PC* 间的合金，当温度降到 t_D 时，均要发生 $L_C+\alpha_P \rightarrow \beta_D$ 的包晶反应。

1.4.4 具有金属化合物的相图

有些三元合金系中，组元间可以形成金属化合物，有的可能是稳定的，也有的是不稳定的。

1.4.4.1 形成稳定化合物的相图

这类化合物具有一定的熔点，在熔点以下都能保持其自身的结构而不发生分解，如 Mg-Si、Mg-Cu、Cu-Ti、Fe-B、Fe-P、Fe-Zr、Mg-Sn 等。图 7-1-6 给出 Mg-Si 合金相图。

1.4.4.2 形成不稳定化合物的相图

不稳定化合物是指加热时发生分解的化合物，如 K-Na、Al-Mn、Al-Ni、Cu-Ce、Fe-Ce、Mn-P、Mo-Si 等。这类相图的特点不明显，有包晶反应相图，也有共晶反应相图（包括多共晶反应相图）。

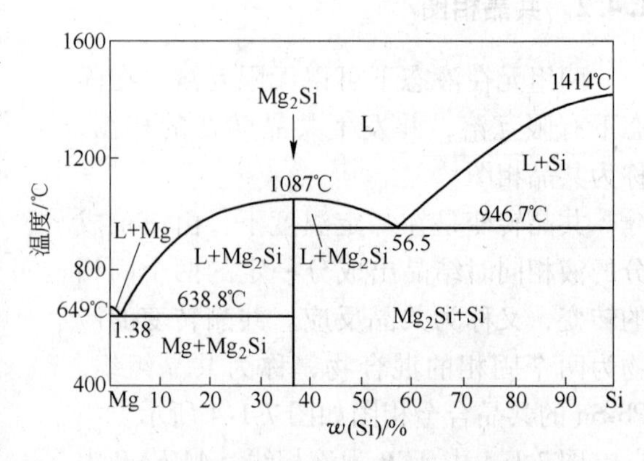

图 7-1-6 Mg-Si 合金相图

1.4.5 具有固态相变的相图

前面分析的都是液态向固态转变的相图，固态下继续冷却有的还要发生相变，如同素异晶转变、共析转变、包析转变、固溶体形成中间相转变、有序—无序转变、磁性转变等，这些都属于固态下的相变。

在固态下发生的相变具有如下特点：

（1）固态转变的速度比液态下相变慢得多。

（2）固态转变的新、旧相间具有一定的位向关系。

1.4.5.1 具有同素异晶转变的相图

当合金中的组元具有同素异晶转变时，以该组元为基的固溶体也要在一定的成分范围内发生同素异晶转变。例如 Fe-Ni 相图，上部为包晶转变区，下部有固态转变线，左边两条线为 γ 固溶体转变为 α 固溶体的转变线，右边的转变线表示由 γ 固溶体转变为中间相 γ′（Fe_3Ni）。在这种合金中，当 Ni 含量 w(Ni) 小于4%时，有 δ 固溶体转变为 γ 固溶体和 γ 固溶体再转变成 α 固溶体的固态相变发生，当 Ni 含量 w(Ni) 大于4%时，整个合金形成 γ 固溶体（图 7-1-7）。

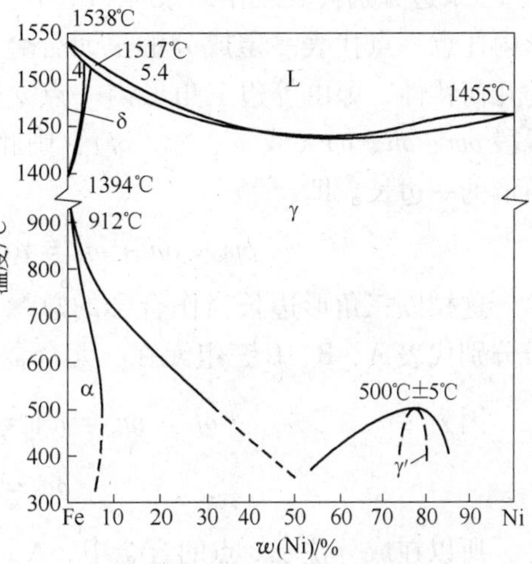

图 7-1-7 Fe-Ni 合金相图

1.4.5.2 具有共析转变的相图

这类相图人们十分熟悉，如 Fe-C 相图，含碳量 w(C) 小于 2% 时，冷却到 727℃ 要发生：

$$\gamma_{\zeta} \longrightarrow \alpha_{P} + Fe_3C$$

1.4.5.3 具有包析转变的相图

Fe-B 合金相图中，当含 B 量 w(B) 为 0.0081%时，在910℃发生包析转变：

$$\gamma + Fe_2B \longrightarrow \alpha$$

所谓包析转变是指由一个固相包围着另一固相，形成第三固相的转变，这种具有包析转变的相图称为包析相图。

不难发现：共析相图和共晶相图相似，结晶过程也相似；包析相图和包晶相图相似，结晶过程也类似。

1.5 三元合金相图

三元合金相图的类型很多，图形也比较复杂。因此当第三组元含量很少时，影响也很小，可以先以二元合金相图为基础进行研究，然后再指出第三组元的影响。但是若第三组元含量较多，或含量虽少而影响大时，就要对三元合金状态图进行研究，以便正确地掌握三元合金的成分、组织和性能间的关系，从而合理地生产和应用三元合金。

1.5.1 三元相图的表示方法

三元合金的两个组元含量确定之后，第三组元的含量就随之而定。因此三元合金的成分可用两个坐标轴表示，再加一个温度轴。这样三元状态图不是一个平面图形，而是立体图形。在立体三元合金相图中，温度轴总是垂直于两成分轴所构成的平面。

表示成分的坐标轴可以以任意角度相交，一般都采用等边三角形，少数情况也有例外。

1.5.1.1 成分三角形

用等边三角形表示三元合金的成分，这种三角形叫成分三角形，也叫浓度三角形。如图 7-1-8 所示。

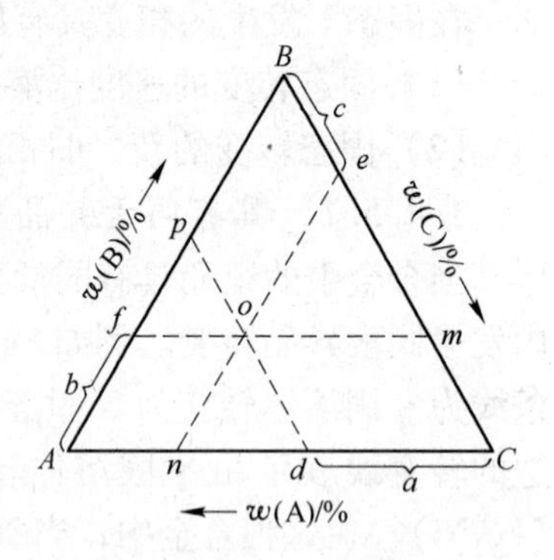

图 7-1-8 浓度三角形

图 7-1-8 中三角形三个顶点分别表示三个组元 A、B、C；三条边分别代表三个二元系（A-B、B-C、C-A）；三角形内任意一点代表一定成分的三元合金。利用等边三角形的几何特性，即由等边三角形内一点 o 顺次作三边的平行线段 om、on、op（或 oe、od、of），则此三线段之和等于三角形的一边长。即：

$$om + on + op = AB = BC = CA = oe + of + od$$

这样以三角形边长当作合金的总量（100%），则 om、on、op（或 oe、od、of）三线段分别代表 A、B、C 三组元在三元合金中的含量。

因为 $$of = op = nA = eB \quad oe = om = cd = pB$$

$$od = on = Af = Cm$$

所以在成分位于 o 点的合金中，A、B、C 三组元的含量分别为：

$$\text{A 组元} = om/AC = dC/BC$$

$$\text{B 组元} = on/AC = mC/BC$$

$$\text{C 组元} = op/AC = An/BC$$

图 7-1-9 网格成分三角形一般在三角形边长标出分度值，沿顺时针（有时按逆时针）方向标注组元的浓度，并在三角形内画出网格，这样就可以迅速读出成分三角形内任一点合金的成分。

1.5.1.2 两种特殊直线

在成分三角形中有两种特殊意义的直线：

（1）通过三角形一顶点的直线。凡位于此直线上的合金，所含另两个顶点代表组元的浓度之比为一定值。

（2）平行于三角形一边的直线。凡位于此直线上的合金，其一组元的含量为定值，此组元是与该

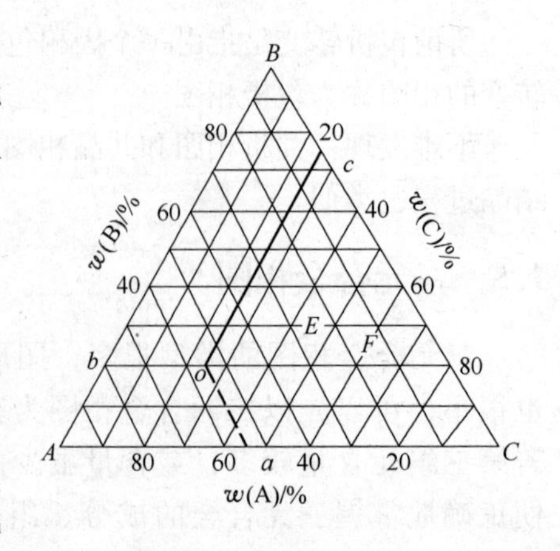

图 7-1-9 成分三角形

平行直线相对的三角形顶点所代表的组元。

1.5.2 三元系中的直线法则、杠杆定律及重心法则

三元系中的直线法则、杠杆定律和重心法则，是用来计算三元系处于两相平衡及相平衡时各相的相对含量和相对成分的法则。

1.5.2.1 直线法则

如果合金 o 在某一温度处于两相平衡，这两相的成分点分别为 a 及 b，则 a、o、b 三点共线，并且 o 点位于 a、b 之间，证明从略，如图 7-1-10 所示。

1.5.2.2 杠杆定律

如果合金 o 在某一温度处于 α、β 两相平衡，这两相的成分点分别为 a、b，则这两相的质量比为：

$$Q_\alpha / Q_\beta = ob/oa$$

即两相的质量与截距成反比。

证明如下：设合金质量为 Q，α 相质量为 Q_α，β 相质量为 Q_β，按三元合金成分的表示方法有：

α 相中 A 组元的百分数，可用 ec 表示；则 α 相中的 B 组元质量为 $Q_\alpha \cdot ec$。

β 相中的 A 组元的百分数可用 gc 表示，则 β 相中 A 组元的质量为 $Q_\beta \cdot gc$。

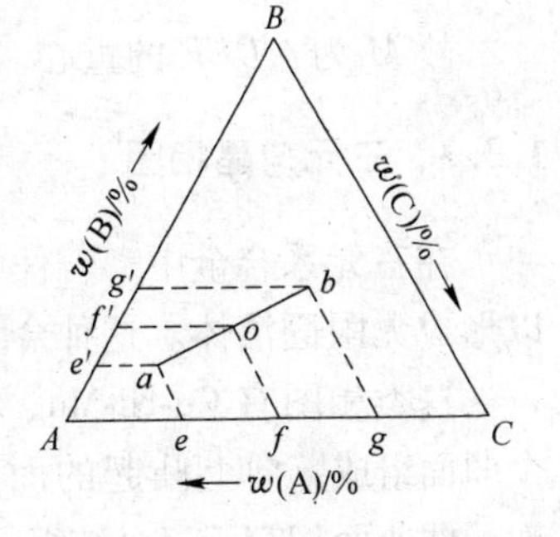

图 7-1-10 三元系中直线法则和杠杆定律

合金中 A 组元质量又可表示为 $Q_o \cdot fc$，而 α 相和 β 相中的 A 组元质量之和应等于合金中所含 A 组元的质量。所以

$$Q_\alpha \cdot ec + Q_\beta \cdot gc = Q_o \cdot fc$$

因
$$Q_\alpha + Q_\beta = Q_o$$

故
$$Q_\alpha / Q_\beta = (fc - gc)/(ec - fc) = fg/ef$$

同样可得：
$$Q_\alpha / Q_\beta = f'g'/e'f'$$

因在平衡状态下 Q_α/Q_β 只有一个值，故 $fg/ef = f'g'/e'f'$（参看图 7-1-10）。

1.5.2.3 重心法则

在三元系中，如果 M 成分的合金分解成 D、E、F 三相，则 M 必位于△DEF 的重心位置（图 7-1-11）。且合金的重量与三相重量有如下关系：

$$Q_M \cdot Md = Q_d \cdot Dd$$

$$Q_M \cdot Me = Q_E \cdot Ee$$

$$Q_M \cdot Mf = Q_F \cdot Ff$$

其中 Q_M、Q_D、Q_E、Q_F 分别代表合金及 D、E、F 三个相的重量。这就是三元系中的重心法则。

证明如下：

设 E、F 两相组成的混合物成分为 d，由直线法则及杠杆定律知：E、d、F 共线，且有 $Q_E \cdot dE = Q_F \cdot dF$，即 d 为 E、

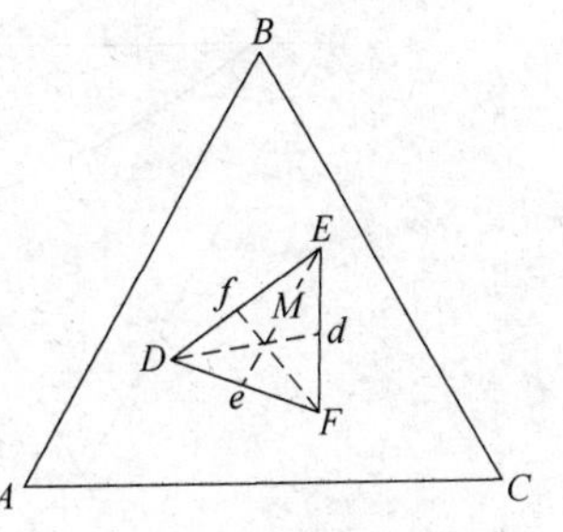

图 7-1-11 三元系中重心法则

F 的重心。

因合金 M 是由 D、E、F 三相组成，而 d 是由 E、F 组成，所以合金 M 可看成由 D、d 组成，于是同样有 D、M、d 共线，且

$$Q_D \cdot DM = Q_d \cdot dM$$

因　$DM = Dd - Md \qquad Q_D \cdot Md = (Q_D + Q_d)Md$

故　$Q_D + Q_d = Q_M \qquad Q_M \cdot Md = Q_D \cdot Dd$

说明 M 为 Dd 重心,同理可证：$Q_M \cdot Me = Q_E \cdot Ee$

$$Q_F \cdot Mf = Q_F \cdot Ff$$

故 M 为△DEF 的重心。

1.5.3　三元匀晶相图

在三元系合金中，若任意两组元都可以无限互溶，那么，由它们组成的三元合金也可以形成无限固溶体。这种合金的三元状态图叫三元匀晶相图。

这类相图有 Cu-Ni-Mn、Fe-Cr-V、Au-Ag-Pd 等。相图由两个曲面组成，向上凸起的面是液相面，向下凹陷的面是固相面。两曲面相交于三个纯组元的熔点 A_1、B_1、C_1（图 7-1-12）。

图中有三个相区，液相区、固相区和固液相混合区。其中 AA_1BB_1、CC_1 为三个温度轴，三个侧面是组元间形成的二元匀晶相图。

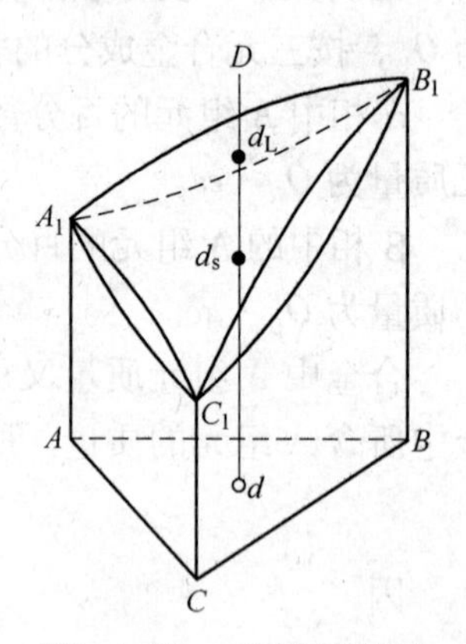

图 7-1-12　三元匀晶相图

图 7-1-12 三元匀晶相图立体相图在实用中很不方便，常常用截面图和投影图来研究三元合金。如等温截面、变温截面、投影图。

等温截面（图 7-1-13）可以指出在 ε 一定温度下处于平衡状态的合金由哪些相组成，并能确定出每个合金中各平衡相的浓度及相的相对量。

不要误认为等温截面是在立体图上截取的，而是用实验方法测出来的。是等温截面与立体图形的关系（图 7-1-14）。温度为 t_1 时的等温截面 EFG，t_1 为 B 组元的熔点，交于 A、

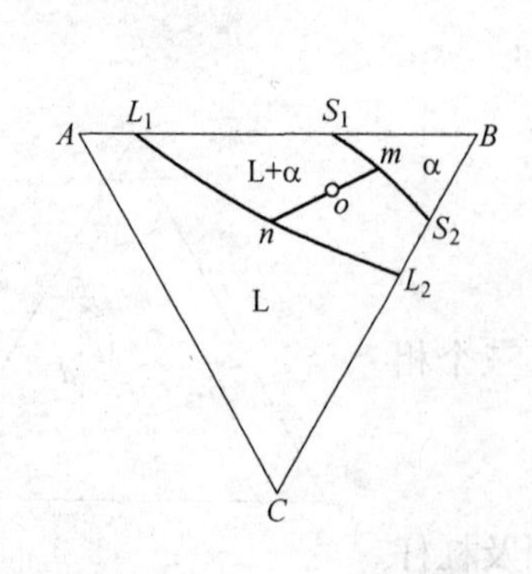

图 7-1-13　温度等温截面

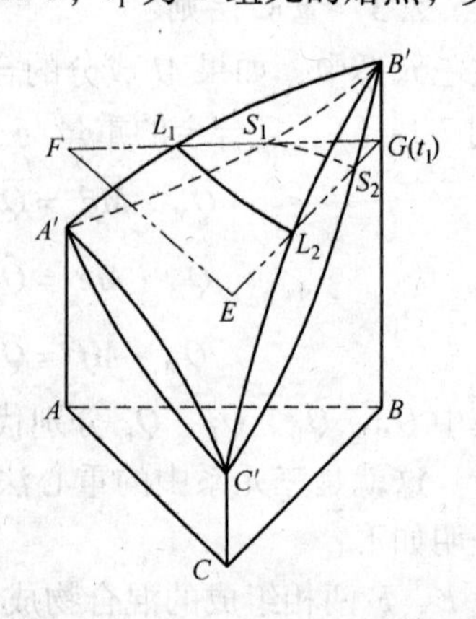

图 7-1-14　等温截面与立体图的关系

C 组元的熔点，整个截面上有三个相区，即 α、L 和 L + α。L_1L_2 为液相等温线，S_1S_2 为固相等温线。

当三元合金处在单相区时，相的成分与合金成分相同。三元系处于两相平衡时，由相率：

$$f = C - P + 1 = 3 - 2 + 1 = 2$$

当温度一定时，去掉一个自由度，还剩一个自由度。这就是两个平衡相中的一个相的成分可以独立改变，另一相的成分是因变量，只是随之而变。

变温截面用来表示在此截面上一系列合金在结晶过程中发生的变化。变温截面也是用实验方法测出来的，它垂直于成分三角形，垂直截面在成分三角形上的位置有两种，一种是一组元含量固定不变的三元合金在成分三角形中可以用平行于三角形一边的直线来表示其位置（图 7-1-15）中的 *EF* 线；另一种是两组元含量之比为定值的三元合金，如图 7-1-15 中的 *BG* 线。

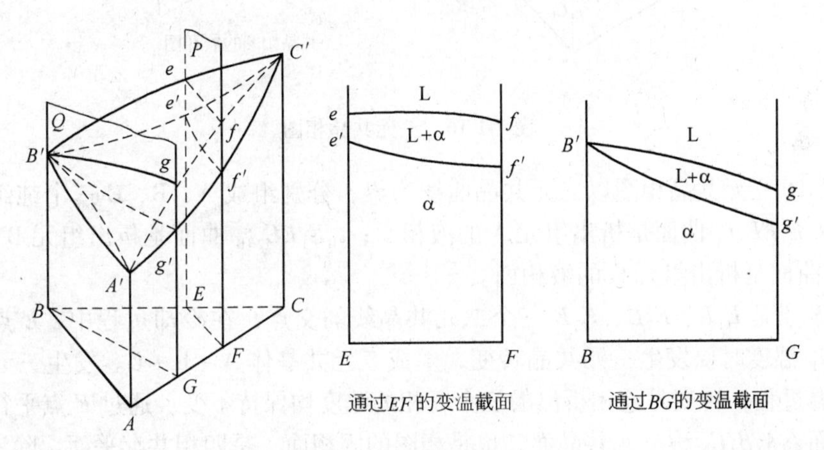

图 7-1-15 三元相图的变温截面

从外形上变温截面与二元状态图有些相似，但有原则区别，三元合金变温截面上的液相线与固相线之间不存在相的平衡关系，所以不能用杠杆定律确定液、固相成分及相对含量。固溶体结晶时液相与固相成分变化的轨迹都不在变温截面上。

图 7-1-13 温度 t_1 的等温截面图 7-1-14 等温截面与立体图形的关系图 7-1-15 三元相图变温截面投影图的投影方法有两种，最常用的是把各等温截面中相界线画在同一成分三角形内，并标出相应的温度。它相当于在三元相图的立体图形上作一系列等温截面，然后把它们的等温线都投影到成分三角形上一样，故称投影图。利用投影图可以确定任一合金凝固开始温度和终了温度。

1.5.4 三元共晶相图

三元系中三组元在液态能够无限互溶，在固态下相互不能溶解，其中任意二组元具有共晶转变的三元状态图称三元共晶相图。

三元共晶相图的表示方法也可以用等温截面、变温截面及投影图来表示。

三元共晶相图除形状有异于三元匀晶相图外，图形作法基本相同。

图7-1-16中t_A、t_B、t_C是三纯组元A、B、C的熔点；三个侧面是三个二元共晶相图；E_1、E_2、E_3是三个二元共晶点。随着第三组元的加入，分别形成了E_1E、E_2E、E_3E二元共晶曲线。当液相冷却至此三条曲线时，将会分别发生L→A+B、L→B+C、L→C+A共晶转变。

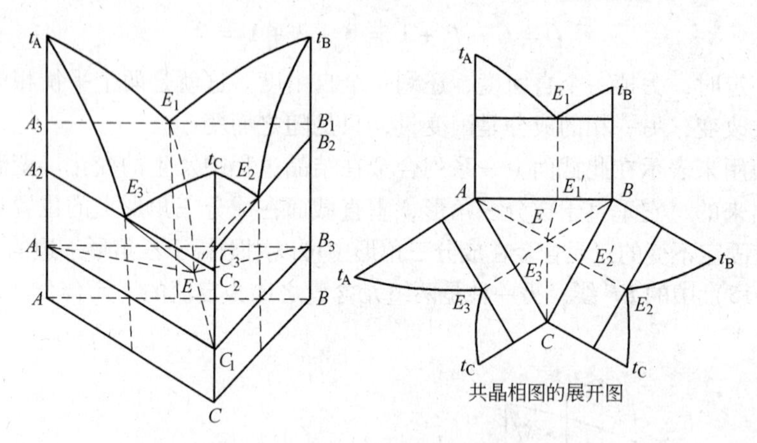

图7-1-16 三元共晶相图

图7-1-16三元共晶相图以二元共晶曲线为界，分别组成A、B、C三个纯组元的液相面，其中$t_AE_1EE_3t_A$曲面是析出组元A的液相面；$t_BE_1EE_2t_B$曲面是析出组元B的液相面；$t_CE_2EE_3t_C$曲面是析出组元C的液相面。

图中E点是E_1E、E_2E、E_3E三个二元共晶线的交点，在冷却过程中，E点成分的三元合金在t_E温度时要发生三元共晶转变，生成三元共晶体A+B+C。发生三元共晶转变时，是恒温过程，转变时液相析出的三个固相的浓度均保持不变。通过E点平行于成分三角形的平面$\triangle A_1B_1C_1$称三元共晶面，也是相图的固相面，是四相共存平面。除液相面、固相面外，还有6个二元共晶曲面，其中$A_1A_3E_1EA$和$B_1B_3E_1EB$曲面是A+B的二元共晶曲面；$B_1B_2E_2EB$、$C_1C_3E_2EC_1$曲面是B+C的二元空间共晶曲面；$C_1C_2E_3EC_1$、$A_1A_2E_3EA_1$是A+C的二元共晶曲面，当合金冷却到这些面时，要发生相应的二元共晶转变。

在三元共晶相图中，共有9个相区：

液相面以上为液相区；固相面以下为固相区，即A+B+C三相区；固相面为L+A+B+C四相区，也是三元共晶面；有三个两相区；三个三相区。

三元共晶相图常用的不外乎等温截面（三元立体相图的水平截面），变温截面（三元立体相图的垂直截面）及投影图，用以简化对复杂的三元立体相图的分析。

参考文献

[1] 刘毅，等．金属学与热处理[M]．北京：冶金工业出版社，1995：40~67，83~93.

[2] Colin J. Smithhells Metals Reffrens Book，1962，London.

[3] 平林真．长崎诚三[日]．二元合金状态图[M]．刘安生，译．北京：冶金工业出版社，2004.

（冶金一局：孙毓超）

2　元素粉末的行为

2.1　单质元素粉末与合金粉末的行为

金属黏结剂金刚石工具中常用的黏结金属元素及合金粉末有：碳化物形成元素粉末；骨架材料及合金粉末；特异作用元素与合金粉末等。常用的单质金属粉末有：Cu、Ni、Mn、Co、Fe、Al、Zn、Sn、Pb、Si、W、Mo等，W、Mo以骨架材料加入。在液相烧结的最后阶段，某些黏结金属也会形成固相骨架，提高抵抗变形的能力。

黏结金属粉末的主要作用是热固结后固结金刚石，使其在各种工况下不至于过早脱落；同时热固结后耐磨性必须适度，始终保持金刚石出露；还要有保证安全生产所需的综合力学性能。

表7-2-1给出黏结金属元素的性能参数。

表7-2-1　主要黏结金属元素的性能参数

元素	相对原子质量	密度/$g \cdot cm^{-3}$	熔点/℃	熔解热/$cal \cdot g^{-1}$（$J \cdot g^{-1}$）	比电阻/$\mu\Omega \cdot cm$	晶体结构
Cu	63.54	8.96	1083	50.6（211.85）	1.673（20℃）	fcc
Ni	58.69	8.90	1455	74.0（309.82）	6.84	fcc
Mn	54.93	7.43	1245	64.0（267.96）	18.5	锰型立方
Co	58.93	8.9	1495	58.4（244.51）	6.24	hcp
Fe	55.85	7.87	1535	65.0（272.14）	9.71	bcc
Al	26.98	2.70	660.2	94.6（396.07）	2.65	fcc
Zn	65.38	7.13	419.46	24.1（100.9）	5.92	hcp
Sn	118.69	7.3	231.9	14.5（60.71）	11.5	体心正方
Pb	207.2	11.34	327.4	6.3（26.38）	20.65	fcc
Si	28.09	2.33	1430	33.7（141.10）	10^5	金刚石立方
W	183.85	19.3	3300	44（184.22）	5.5	bcc
Mo	95.94	10.20	2607	70（293.08）	5.17	bcc

黏结金属粉末要具有良好的压制成形性、可烧结性、对金刚石和骨架材料有好的润湿性、烧结胎体有一定的韧性和适度的耐磨性。

黏结金属混合粉在烧结过程中，能通过一定量液相的产生和扩散作用进行合金化，形成固溶体、化合物和中间相，使黏结金属和金刚石之间产生适当的黏结，最理想的情况是黏结金属和金刚石之间有较高的附着功，或者在金属和金刚石界面上发生碳化物形成反应，从而降低内界面张力，实现胎体和金刚石之间具有足够的黏结强度。

2.1.1　铜（Cu）在黏结剂中的行为

在金属黏结剂金刚石工具中，应用最多的金属是铜和铜基合金粉末。如金属矿地质钻头、金刚石锯片、金属黏结剂砂轮、磨块、磨轮、厚（薄）壁工程钻头、石油钻头等。

铜和铜基合金之所以应用如此之广，是因为铜基黏结剂有满意的综合性能，较低的烧结温度，好的成形性和可烧结性，及与其他元素的相容性。

虽然铜对金刚石几乎不润湿，但铜合金对金刚石的润湿性得到大幅度的改善。如 Cu 和碳化物形成元素 Cr、Ti、W、V、Fe 等的 Cu 合金，可以大大减小铜合金对金刚石的润湿角[1]。

铜基合金中应用较多的有白铜合金（Cu－Ni 合金），黄铜合金（Cu－Zn 合金），青铜合金（Cu－Sn 合金）。白铜合金具有比青铜合金、黄铜合金更高的强度，青铜合金具有对金刚石（石墨）最小的润湿角。黄铜的强度居二者之间。

铜在铁中的溶解度不高，在 γ－Fe 中溶解度为 8% 以下，在 α－Fe 中为 2.13%，在铁中过量的铜，急剧降低铁的热加工性能，使钢铁材料发生龟裂。

铜在中温超高强度钢中已有成功应用，在耐蚀材料中，铜也有令人满意的贡献。含 Cu 粉末冶金材料遍及各个领域。

铜可以和许多金属、类金属形成中间化合物，在金刚石工具中出现比较多的有 Cu－Sn、Cu－Ti、Cu－Zn、Cu－Si、Cu－Ce、Cu－La、CuPr、CuSb、Cu－Ca、CuMg 等，实践表明，中间化合物在金刚石工具中有单质金属起不到的作用，比如提高锋利度，降低胎体变形性，改善耐磨性等。可以断言，中间化合物粉末在金刚石工具中的应用，随着从业者对其认识的逐渐提高，使用量会越来越多。

铜也可以和某些元素用火法制成混合粉末，这种粉末中没有中间化合物生成，两元素的互溶度极低，近乎于混合粉末。但这种粉末能出色地改善胎体的耐磨性，提高锋利度。

铜也可以和许多金属用湿法制成比表面积十分发达的混合粉末，有很好的使用效果。

Cu 与 Ni、Co、Mn、Sn、Zn 等，可形成多种固溶体，使基体金属得到强化。

铜对骨架材料钨、碳化钨、碳化钛等润湿情况比对金刚石的润湿好得多。

图 7-2-1 是铜合金的固相线和固溶度曲线，图 7-2-2 是 Cu-Zn 二元合金相图。在图

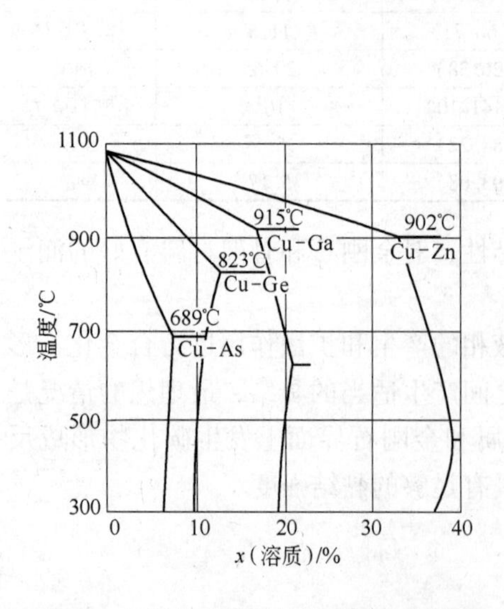

图 7-2-1　铜合金的固相线和固溶度曲线

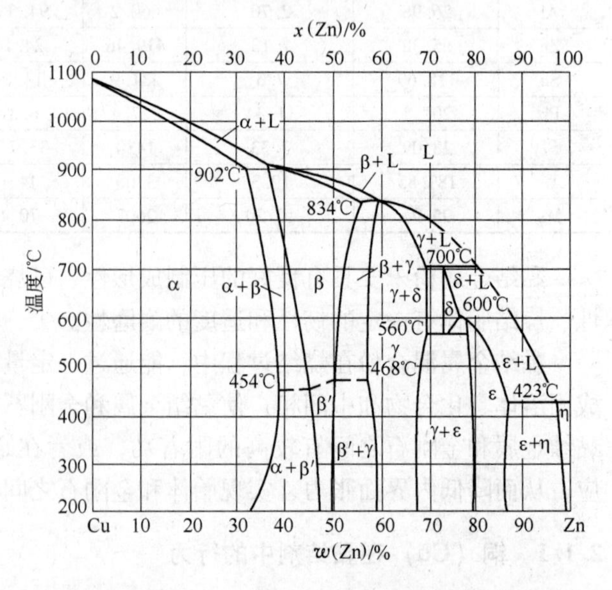

图 7-2-2　Cu-Zn 二元合金相图

7-2-2 中的给定溶质的浓度下，出现液相的最低温度 Cu-Zn 合金为 902℃，Cu-As 合金为 689℃，Cu-Ge 合金为 825℃，Cu-Ga 合金为 915℃。在图 7-2-2 中，对应 902℃的含 Zn 量 $x(\mathrm{Zn})=33\%$。随着合金中含 Zn 量的降低，熔点升高。

2.1.2　锡（Sn）在黏结剂中的行为

锡是降低液态合金表面张力的元素，具有减小液态合金对金刚石（石墨）润湿角的作用，是改善黏结金属对金刚石（石墨）润湿性的元素，可降低合金的熔点，改善压制成形性。所以 Sn 在黏结剂中的应用十分广泛，但因 Sn 的膨胀系数较大，烧结时容易流失，使用受到一定的限制。

锡使工具锋利、胎体变形性降低、耐磨性降低，所以 Sn 可以作为调节胎体耐磨性的元素。

由于 Sn 降低共晶合金的熔点，在液相烧结中广为使用。通过液相出现后的毛细管力，使压坯收缩，实现致密化。

Sn 在黏结剂中不与金刚石反应，但可以与其他金属形成固溶体和金属间化合物（中间化合物），如 Fe-Sn 二元合金中的 Fe_3Sn 和 Fe_3Sn_2（图 7-2-3）。

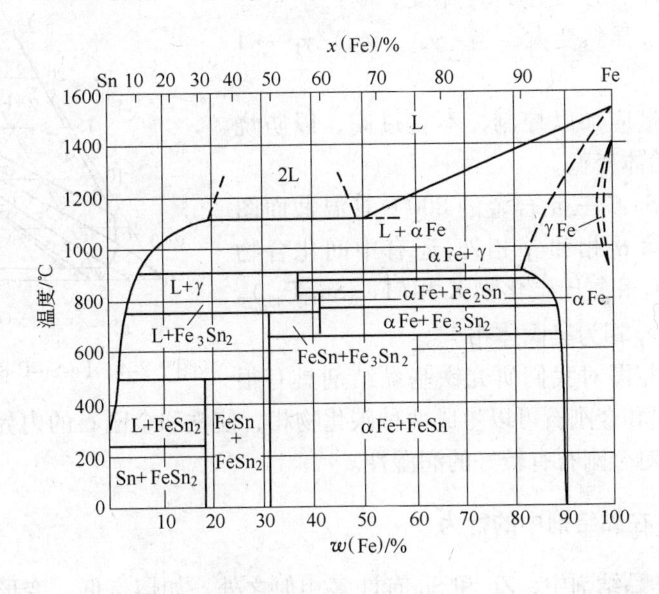

图 7-2-3　Fe-Sn 合金相图

广泛应用的 Sn 可以和许多金属形成固溶体，本文不予讨论。然而，形成金属间化合物是液态锡作用于其他金属的代表性类型，液态锡与大量金属发生作用，如：

Ag　Ag_3Sn

Cu　Cu_3Sn　Cu_6Sn_5　$Cu_{31}Sn_8$　Cu_5Sn　Cu_4Sn　$Cu_{20}Sn_6$

Fe　Fe_2Sn　FeSn　$FeSn_2$　Fe_3Sn　Fe_3Sn_2　$FeSn_4$

Mn　Mn_4Sn　Mn_2Sn　MnSn

Ni　Ni_3Sn　Ni_3Sn_2　NiSn

Mg　Mg_2Sn

只有Al、Cr、Si、W等不与Sn形成化合物，生铁和碳钢都易与Sn反应，在150℃以下尚稳定，510℃以上发生较激烈的反应。Cr-Ni奥氏体不锈钢和Cr铁素体不锈钢在400℃以上抵抗Sn的能力也很差。

通常，液态锡对金属的作用是一般性的溶解和Sn沿固体金属晶界渗透。例如铁粉颗粒接触液态锡后，形成含铁的锡合金，铁和碳钢在锡中有较低的稳定性。而难熔金属、陶瓷和金属陶瓷在锡中有较好的稳定性。

Fe、Co、Ni短时受液态Sn作用，强度变化很小；Ag、Zn由于在Sn中溶解，强度降低；Al在液态Sn中强度降低，塑性提高。Co、Ni超合金抵抗Sn的能力很强，强度不发生变化。

Cu-Sn合金对金刚石有很好的润湿性。

Cu-Sn-Ti合金是极有代表性的黏结剂合金。在液态下对金刚石几乎完全润湿[2,3]。在该合金中，Sn降低表面张力，Ti是强碳化物形成元素，使合金和金刚石间的内界面张力大大降低，根据下式：

$$\cos\theta = (\gamma_S - \gamma_{LS})/\gamma_L$$

如γ_{LS}急剧变小，γ_L变小，γ_S不变，则：

$(\gamma_S - \gamma_{LS})/\gamma_L$显然变大，当$(\gamma_S - \gamma_{LS})/\gamma_L \to 1$时，$\theta \to 0$。

Sn元素的用量应加以控制，不宜过高，以防烧结时流失严重和胎体变脆。

另外，在Fe-Sn-C三元合金的800℃等温截面图上（图7-2-4），除α相和γ相外，还有中间化合物Fe_3Sn，渗碳体Fe_3C和复氏碳化物K相（$Fe_{70}Sn_{15}C_{15}$）。α相即铁素体相，γ相为奥氏体相[4]。

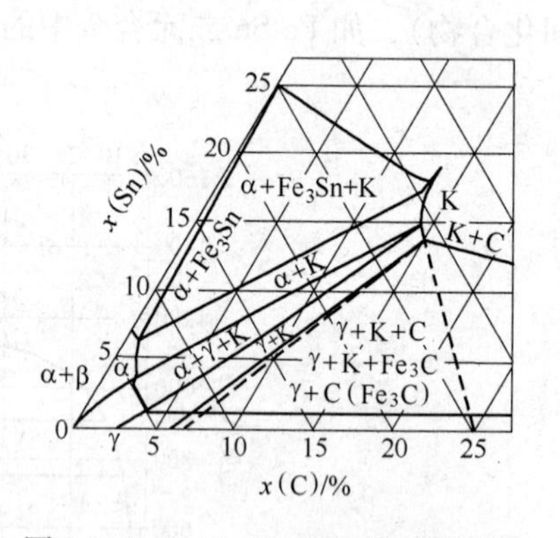

图7-2-4　Fe-Sn-C 800℃等温截面图

Fe-Sn-C三元相图对我们研究铁基黏结剂具有很大的帮助，铁、锡和金刚石可以生成两种碳化物相，使铁和金刚石的内界面张力降低，所以铁基含Sn合金对金刚石有较好的润湿性。

2.1.3　锌（Zn）在黏结剂中的行为

在金刚石工具黏结剂中，Zn和Sn有许多相似之处，如熔点低、变形性好。在改变对金刚石的润湿性上锌不如Sn。从成本考虑，多数情况下Zn可以成功地取代Sn。

图7-2-5是Fe-Zn二元合金相图，相图中除α、γ相外，还有Γ相、ζ相、δ相、η相、τ相。各相化学组成式如下：

α相 Fe	bcc	γ相 Fe	fcc
Γ相 Fe_5Zn_{21}	bcc	ζ相 $FeZn_7$	hcp
δ相 FeZn	—	τ相 $FeZn_{13}$	—
η相 Zn	hcp		

同样在Cu-Zn、Mn-Zn、Ni-Zn、Co-Zn等二元合金中都有类似的情况。值得注意的是含Zn的中间化合物中Zn的含量很高。含Zn中间化合物和Sn一样，对提高金刚石工具的性能有益。

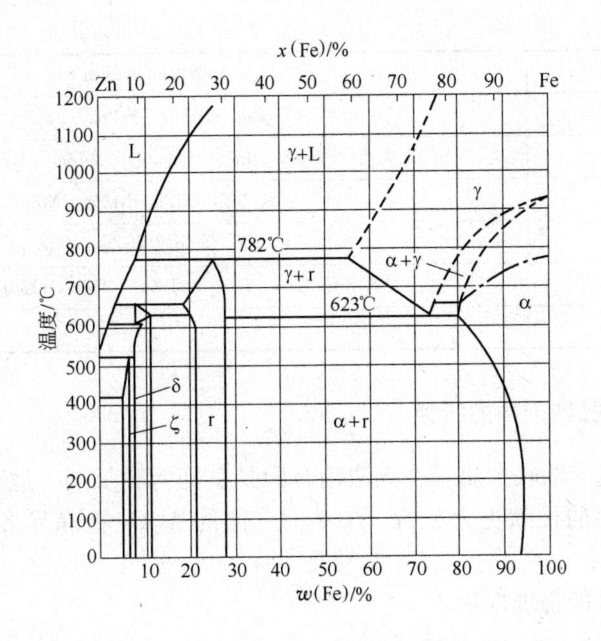

图 7-2-5 Fe-Zn 二元合金相图

金属锌的蒸气压高，容易气化。在 400 ~ 623℃范围 Zn 在 Fe 中的固溶度极限为 8% ~ 20%。锌是扩大奥化体区的元素，锌的沸点是 907℃，其他有关物理参数如下：

原子序数	30
原子直径	0.262nm
密度	713g/cm^3
熔点	419℃
比热容	0.383J/(g·℃)
线［膨］胀系数	0.0000397/℃
抗张强度	135.2MPa
晶形	hcp

Zn 是金刚石工具中常用的元素，熔点 419.7℃，沸点 907℃。结晶形态有三种。同素异性转变温度为 170℃和 333℃。液态 Zn 和 Sn 有些相同之处，能和一些金属形成固溶体，与固体金属反应生成金属间化合物。Zn 形成金属间化合物都是在高 Zn 区，这点与 Sn 不同，后者是在低 Sn 区。制取高熔点金属的 Zn 合金十分困难，理想的合金化元素是 Al，Al 提高 Zn 液的流动性[5]，Al 和 Zn 不生成中间化合物，可形成固溶体，并有共晶反应。Al 含量 w(Al)不超过 15%，此外 Cu、Pb、Sn 等，都是 Zn 常用的合金化元素。见表 7-2-2。

表 7-2-2 液态 Zn 与固体金属反应产物

合 金 系	金属间化合物
Cu-Zn	$Cu_{16}Zn_9$　$CuZn_3$
Co-Zn	CoZn　$CoZn_4$　Co_3Zn_{22}
Cr-Zn	$CrZn_{13}$　$CrZn_{17}$

续表 7-2-2

合 金 系	金属间化合物
Fe-Zn	Fe_3Zn_7 $FeZn_4$ $FeZn_9$ Fe_7Zn_{93}
Mn-Zn	MnZn $MnZn_2$ $MnZn_4$ $MnZn_9$ $MnZn_{13}$
Ni-Zn	Ni_9Zn_{11} NiZn $NiZn_3$ $NiZn_9$
Ca-Zn	CaZn Ca_4Zn $CaZn_2$ $CaZn_3$ $CaZn_4$ $CaZn_{10}$
Ti-Zn	Ti_2Zn TiZn $TiZn_2$ $TiZn_3$ $TiZn_5$ $TiZn_{10}$ $TiZn_{15}$
P-Zn	P_2Zn P_2Zn_3

2.1.4 铝（Al）在黏结剂中的行为

金属铝是性能优异的轻金属，在火法冶金中是良好的脱氧剂。适于在氮化钢中加入，对本质细晶粒钢，铝的贡献更为独特，细小而弥散的 Al_2O_3 在晶界形成屏障，阻止晶粒长大。

表 7-2-3 给出 Al 的物理性质。

表 7-2-3 Al 的物理性质

相对原子质量	原子序数	原子直径 /nm	密度 /g · cm^{-3}	熔点/℃	沸点/℃	比热容 /J · (g · ℃)$^{-1}$	熔解热 /J · (g · ℃)$^{-1}$
26.98	13	0.2862	2.67	660.2	2450	0.938	395.65

在 800℃，Al 对金刚石的润湿角为 75°，1000℃时润湿角为 10°，在 800℃时对金刚石和石墨的附着功分别为 $110\times10^{-7}J/cm^2$ 和 $70\times10^{-7}J/cm^2$[6]。

下面给出几种有代表性的铝的化合物的标准生成自由能。

$$4Al(l) + 3C(s) \xlongequal{} Al_4C_3(s) \qquad \Delta G^{\ominus} = -41.550 + 5.10T \quad 1500 \sim 2000K$$

$$Al(l) + \frac{3}{2}Cl_2(g) \xlongequal{} AlCl_3(g) \qquad \Delta G^{\ominus} = -140400 + 2.50T + 7.05T \quad > 933K$$

$$Al(l) + \frac{1}{2}N_2(g) \xlongequal{} AlN(s) \qquad \Delta G^{\ominus} = -77700 + 26.80T \quad 1500 \sim 2000K$$

$$2Al(l) + \frac{1}{2}O_2(g) \xlongequal{} Al_2O(g) \qquad \Delta G^{\ominus} = -47700 - 13.06T \quad 1500 \sim 2000K$$

$$Al(l) + \frac{1}{2}O_2(g) \xlongequal{} AlO(g) \qquad \Delta G^{\ominus} = +3500 - 13.31T \quad 1500 \sim 2000K$$

$$2Al(l) + \frac{3}{2}O_2(g) \xlongequal{} Al_2O_3(s) \qquad \Delta G^{\ominus} = -401500 + 76.91T \quad 1500 \sim 2000K$$

$$2Al(l) + \frac{3}{2}S_2(g) \xlongequal{} Al_2S_3(s) \qquad \Delta G^{\ominus} = -207200 + 0.0T \quad 1500 \sim 2000K$$

$$Al(l) \xlongequal{} Al(1\%Al, \text{在液态 Fe 中}) \qquad \Delta G^{\ominus} = -10300 - 7.7T \quad \text{炼钢温度}$$

铝合金的用途十分广泛，尤其是军工（航天、航空）上用的高比强合金（Al-Mg 系合金），是其他金属难以取代的。

图 7-2-6 为 Al-Ti 二元合金相图。由于铝具有独特的铝热反应，使碳化物形成反应易于进行。

在锯片的黏结金属中加入纯净的铝粉，在合金中发现了碳化物相 Ti_3AlC 和金属间化合物相 TiAl，迄今尚未见这方面的报道。

少量的铝粉，在粉末冶金中是脱氧剂，形成 Al_2O_3 弥散分布，提高制品的质量。

在镍基合金中，由于形成 γ′相（Ni_3Al），使材料有沉淀硬化效应。并且使胎体的变形性降低，通过挠度测定得到证实。在 Al 基黏结剂中，引入适量的 Mg、Ti，效果有可能会更好，这方面的工作有待进一步深入。

应重视扩大铝基黏结剂的应用范围。铝基黏结剂是廉价的节能的黏结剂，其综合性能指标不亚于铜基黏结剂。

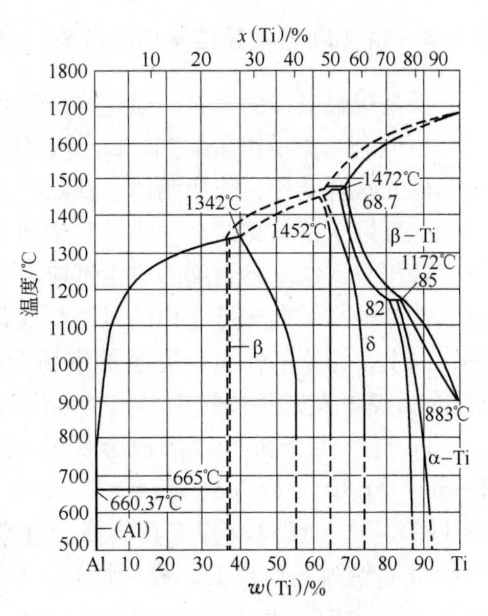

图 7-2-6　Al-Ti 二元合金相图

铝基二元合金的研究，有助于我们开发铝基黏结剂和扩大铝的应用领域。如 Al-W、Al-Ti、Al-Zn、Al-Sn、Al-Cu、Al-Mn、Al-Ni、Al-Fe 等。图 7-2-6 为 Al-Ti 二元合金相图。

在 Al-Cu 相图中可能出现的相有 β 相、γ 相、γ_1 相、γ_2 相、χ 相、ε_2 相、ζ_1 相、ζ_2 相、η_1 相、η_2 相、θ 相等，其结构和化学式见表 7-2-4。

表 7-2-4　Al-Cu 系中相的结构和化学式

相类	β	γ	γ_1	γ_2	χ	ε_2	ζ_1	ζ_2	η_1	η_2	θ
结构	bcc	fcc	fcc	立方	bcc		六方	单斜	斜方	底心斜方	体心正方
化学式				Al_4Cu_9		Al_2Cu_3			AlCu	AlCu	Al_2Cu

在 Al-Ti 系中，有三种相：正方 β 相 Al_3Ti；面心正方 γ 相 AlTi；六方 δ 相 $AlTi_3$。

许多金属在液态 Al 中与 Al 形成中间化合物，表 7-2-5 给出部分固体金属在液态 Al 的作用下的产物。还有 Al-La、Al-Ce、Al-Nd、Al-Ni 等。

表 7-2-5　Al 的金属间化合物

Al-B	AlB_2	AlB_{10}	AlB_{12}				
Al-Ca	Al_4Ca	Al_2Ca					
Al-Cu	Al_2Cu	AlCu	$Al_{11}Cu_4$	Al_2Cu_3	Al_3Cu_7	$AlCu_3$	
Al-Cr	$AlCr_2$	Al_8Cr_5	Al_9Cr_4	Al_3Cr	Al_4Cr	$Al_{11}Cr_2$	Al_7Cr
Al-Co	Al_9Co_2	$Al_{19}Co_4$	Al_3Co	Al_5Co_2	AlCo		
Al-Fe	$AlFe_3$	AlFe	Al_2Fe	Al_5Fe_2	Al_3Fe		
Al-Mg	Al_3Mg_2	$Al_{29}Mg_{21}$	$Al_{12}Mg_{17}$				
Al-Mn	Al_6Mn	Al_4Mn	$Al_{10}Mn_3$	$Al_{11}Mn_4$	Al_2Mn	Al_3Mn_2	Al_2Mn_3
Al-Ti	$AlTi_3$	Al_5Ti_2	Al_2Ti	Al_3Ti	AlTi	Al_5Ti	
Al-W	Al_2W	Al_7W_3	Al_3W	Al_4W	Al_5W	$Al_{12}W$	

Al 有出色的工业用途，由于 Al 具有高比强、经济等优点，20 世纪中期 Al 成功应用到金刚石砂轮中。近年来，在金刚石工具中应用正在不断拓展。

2.1.5 铁（Fe）在黏结剂中的行为

铁是接触最多的元素，通过合金化，可使铁变成钢和合金。

用纯净的铁粉作黏结剂，Fe 有双重作用，一是与金刚石形成渗碳体型碳化物，二是与其他元素合金化，强化胎体。铁基黏结剂的力学性能高于铜基和铝基黏结剂。与金刚石的润湿性好于铜基黏结剂和铝基黏结剂。铁与金刚石的附着功比钴高。

近年来，铁基黏结剂的应用迅速扩大，主要是因为铁基黏结剂不仅性能满足要求，而且具有其他黏结剂无可比拟的经济性。在切花岗岩的金刚石锯片胎体中，Fe 的用量达到 70%以上，锯片的性能也完全被市场接受。小直径冷压烧结片的用 Fe 量也大幅度增加，已由 Cu 基黏结剂逐步转为 Fe 基黏结剂。

Fe 与一些金属可以形成金属间化合物，如 Fe-Sn、Fe-Cr、Fe-Mo、Fe-Ce、Fe-W、Fe-Zn、Fe-La等。这一点对改善工具的锋利度大有好处。Fe-P 共晶粉因其熔点低，成型性好，早已用于金刚石工具中。Fe-P 的共晶成分 $w(P)=10.5\%$。图 7-2-7 为 Fe-P 合金相图，Fe-P 共晶成分熔点是 1050℃。

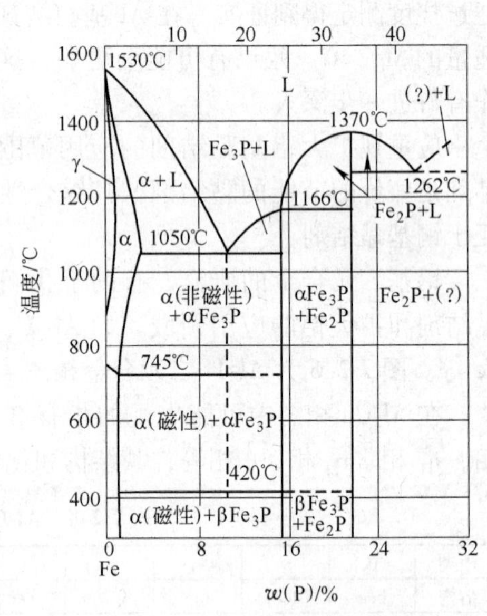

图 7-2-7 Fe-P 合金相图

Fe 对金刚石的刻蚀速率为 8μm/min，是 Ni 对金刚石刻蚀速率的 30 倍，并报道了利用拉曼光谱和 Auger 电子谱充分证明：在 980℃、930℃保温 4min 的烧结后，金刚石被中度刻蚀，刻蚀行为的实质是金刚石晶核中的碳原子溶入铁中并向其中扩散的过程，金刚石未发生结构变化（同素异构转变）及强度变化，即金刚石未发生石墨化和明显的强度改变。V. G. Ralchenko 等的工作也有类似的结果[9]，所不同的是在金刚石表面沉积一层 Fe 膜，在 850℃氢气保护下测出 Fe 膜中碳的分布曲线表明，在接近金刚石表面处碳的原子分数为 5%，而 Fe 膜表层约 30%，大大超过了 850℃时碳在铁中的溶解度，这种情况阻碍了碳的进一步扩散。

Fe 基合金溶解碳适量有利于它对金刚石的结合，Fe 基合金适度刻蚀金刚石可增大黏结剂与金刚石间的结合力，断口上未见金刚石光滑裸露，而是被一层合金覆盖，这正是结合力加强的表征。

在 980℃、930℃，保温 4min 烧结条件下，通过拉曼光谱确定未发生金刚石石墨化，金刚石强度也未改变。可以认为 Fe 基黏结剂对金刚石的适度刻蚀不妨碍制造出优良的金刚石工具。

Auger 电子谱分析结果表明，金刚石表面不存在石墨型碳和无定型碳，且远离金刚石处的碳原子分数增加，那么认为在 Fe、Co、Ni 存在时，高温下金刚石首先石墨化，不知其试验条件如何，也未见到可以证明的判据。

文献［11］的报道用充分的数据说明，Fe 基黏结剂其性能可以同高钴黏结剂相比，对金刚石的把持力略优于钴基黏结剂。

文献［12］报道了对镀 Ni-Co-W 膜的金刚石经950℃ 5min 处理后，镀膜组成中未发现石墨碳，主要是金属和金属的碳化物。并用张力环试样测定了镀膜金刚石胎体，未镀膜金刚石胎体的张裂载荷，镀膜后为7600N，未镀膜为5900N，低温化学沉积镀膜，使黏结强度提高28.8%。

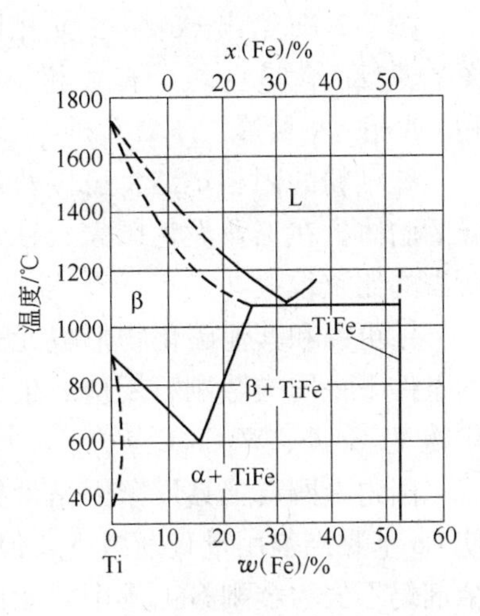

图 7-2-8 Fe-Ti 相图

文献［13］、［14］也认为，铁基黏结剂金刚石工具，通过合理地选择胎体成分及其含量，并施以恰当的烧结工艺，Fe 基胎体能够达到 Co 基胎体的性能指标，可以保持金刚石有较小的强度损失，黏结剂对金刚石有较高的把持力。在 Fe-Ti 合金中，除液相外还有 α 相、β 相和 TiFe 中间化合物相。图 7-2-8 为 Fe-Ti 相图。

铸铁纤维黏结剂的开发应用取得较大的进展。铸铁熔点低，热强性好。含碳量高有利于奥氏体化。对于难固溶的碳化物形成元素，极小部分和金刚石发生界面反应，一部分则与铸铁中的碳直接形成碳化物，既增加了黏结剂与金刚石的黏结力，也提高了胎体材料的耐磨性。

2.1.6 钴（Co）在黏结剂中的行为

钴和铁同属过渡族元素，许多特点是相近的。钴在特定条件下能和金刚石形成碳化物（Co_2C），同时又能以极薄的钴膜铺展在金刚石表面。简言之，钴既可以降低钴和金刚石的内界面张力，液相下对金刚石又有较大的附着功（约为 $2550 \times 10.7 J/cm^2$），是铜与金刚石附着功 $235 \times 10.7 J/cm^2$ 的十余倍。所以说钴是优秀的黏结剂材料。

Co 与 Ce 的共晶合金熔点为450℃，与 Sn 的共晶点温度为1160℃，与 Zn 的包晶点温度为910℃，Co 与 Ni、Fe、Mn、Cu 及碳化物形成元素都有比较好的相容性。在图 7-2-9 Ce-Co 相图中[15]，随着 Co 含量的增加，依次生成 Ce_3Co、$CeCo_2$、$CeCo_3$、$CeCo_5$ 金属间化合物。图 7-2-10 给出 Co-Sn 相图。在高 Sn 区有 Sn 和 $CoSn_2$ 相，随 Co 量增加有 CoSn 相和 Co 相。

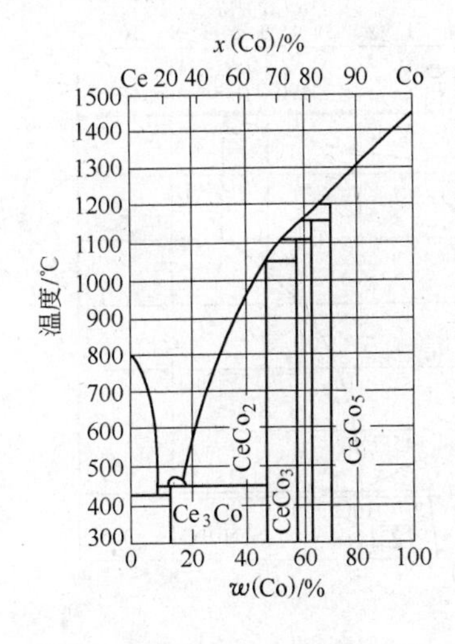

图 7-2-9 Ce-Co 相图

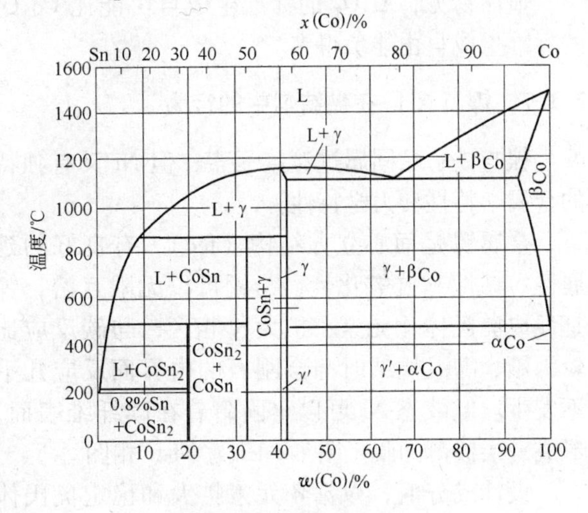

图 7-2-10 Sn-Co 相图

图 7-2-11 给出 Co-Zn 二元相图，在相图的高 Zn 含量区域，有 ζ 相、η 相、δ_1 相、δ 相、γ 相等。

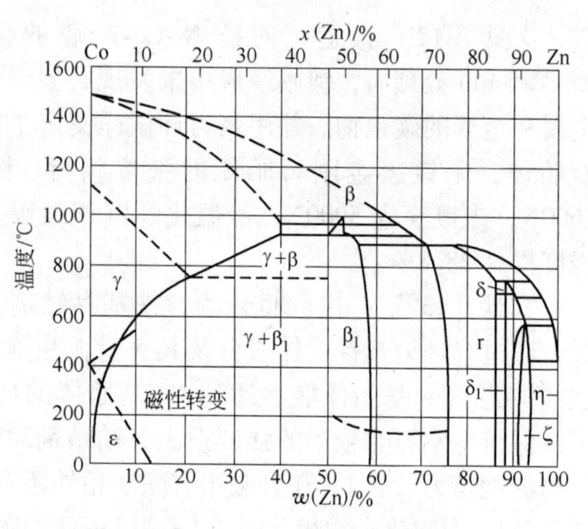

图 7-2-11　Co-Zn 二元相图

纯钴粉的固相烧结，可以获得性能优异的胎体，在工业发达国家，钴基黏结剂所占的比重很大。

钴可以和其他碳化物形成元素在特定的条件下一同与金刚石反应、生成复式碳化物 W_3Co_3C、W_4Co_2C[15,16]。

国内金刚石工具厂家因钴价格昂贵而使 Co 基黏结剂用量日渐减少，但 Co 基黏结剂仍不失为金刚石工具中性能出众的黏结剂。目前，含 Fe 低成本合金取代 Co 获得成功，前景十分看好。

纯钴是银白色金属，室温下为密排六方晶格，417 ~1495℃ 为面心立方结构，钴的常用物理性能见表 7-2-6。随着 Co 含量的增加，合金的耐磨损性降低。

表 7-2-6　钴的物理常数

相对原子质量	原子序	原子半径 /nm	密度 /g · cm^{-3}	熔点/℃	相变点 /℃	熔解热 /J · mol^{-1}	相变热 /J · mol^{-1}	比电阻 /μΩ · cm
58.99	27	0.125	8.85	1495	417	15.24	251.2	6.24

下面给出高温下，钴氧化物的标准生成自由能。

$$Co(\gamma) + \frac{1}{2}O_2(g) = CoO(s) \qquad \Delta G^{\ominus} = -56900 + 17.50T \quad 1500 \sim 1766K$$

$$Co(l) + \frac{1}{2}O_2(g) = CoO(s) \qquad \Delta G^{\ominus} = -60500 + 19.53T \quad 1766 \sim 2000K$$

$$3Co(\gamma) + 2O_2(g) = Co_3O_4(s) \qquad \Delta G^{\ominus} = -208900 + 83.31T \quad 1500 \sim 1766K$$

显而易见，Al_2O_3 的标准生成自由能比 Co_3O_4 的标准生成自由能负得多。

2.1.7　镍（Ni）在黏结剂中的行为

镍与铁、钴同属过渡族元素，但 Ni 又有独特的金属学特性和力学特性。

金属镍是面心立方结构（fcc），有良好的延展性、韧性和抗氧化性，与铜可以无限互溶，镍是促成奥氏体化元素，扩大 γ 相区，与碳反应比较困难、高温烧结时与金刚石的内界面反应几乎不发生。但液态 Ni 可以牢固附着在碳纤维表面，形成一层极薄的膜。图 7-2-12 为 Ni-C 相图。

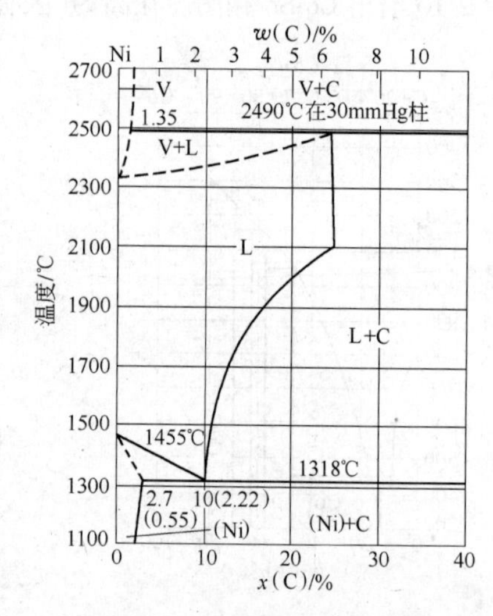

图 7-2-12　Ni-C 相图

设计成分时，根据各元素扩大和稳定奥氏体区的能力，引入 Ni 当量，把 Ni 扩大 γ 相区的能力取作 1，C、N、Mn 等根据试验结果折合成 Ni 的倍数，影响比 Ni 大的当量值大于 1，影响比 Ni 小的当量值小于 1；同理把扩大和稳定 α 相的能力用 Cr 当量表征，取 Cr 的当量为 1，影响比 Cr 大的，Cr 当量大于 1，影响比 Cr 小的，Cr 当量小于 1。把合金成分中的 Cr、Ni 当量按经验公式计算好，根据谢夫勒图可以准确得出给定成分下是奥氏体组织、铁素体组织或是双相组织。例如 304 不锈钢，据当量计算结果得出，常温下为单相奥氏体组织。表 7-2-7 给出金属镍的性能参数。

表 7-2-7　金属镍的物性参数

原子序	相对 原子质量	密度 $/g \cdot cm^{-3}$	晶型	熔点/℃	表面张力 $/erg \times 10^{-7} \cdot cm^{-2}$	原子半径 /nm	线［膨］胀系数 $/℃^{-1}$
28	58.71	8.90	fcc	1455	1750	0.124～0.139	12.8×10^{-6}

图 7-2-13 为 Ni-P 二元相图，Ni-P 合金在粉末制品中多有应用，Ni-P 共晶合金熔点为 880℃，共晶成分 $w(P) = 11\%$。在低磷区，有 Ni 和 Ni_3P 存在；在高 P 区（$w(P) < 25\%$），有 Ni_2P 和 Ni_5P_2 存在。

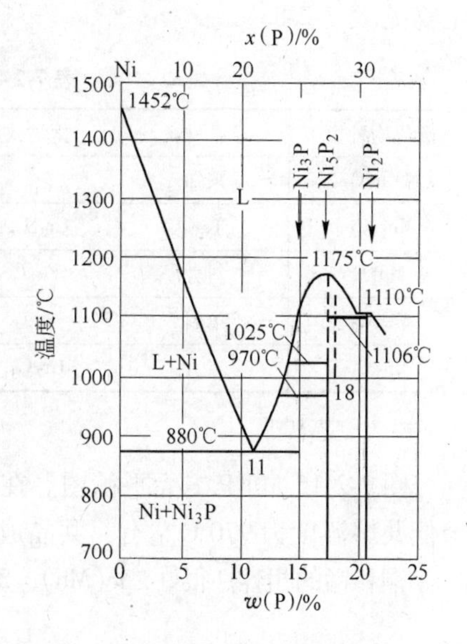

图 7-2-13　Ni-P 相图

在金刚石工具的黏结剂中，Ni 是不可缺少的元素，在 Cu 基合金中，加入 Ni 可以和 Cu 无限互熔，可以强化胎体合金，抑制低熔点金属流失，增加韧性和耐磨性。

在 Fe 基合金中加 Ni 和 Cu，可以降低烧结温度，减轻黏结金属对金刚石的热蚀，选择 Fe、Ni 加入量的适当搭配，可以大大提高 Fe 基黏结剂对金刚石的把持力[11]。

Ni 在加热状态下对金刚石的刻蚀并不严重，Fe 对金刚石的刻蚀速度约为 Ni 对金刚石刻蚀速度的 30 倍。

镍在 1550℃ 时，对金刚石内界面张力为 $2700 \times 10^{-7} J/cm^2$，对金刚石的附着功为 $1700 \times 10^{-7} J/cm^2$；对石墨的内界面张力为 $1470 \times 10^{-7} J/cm^2$，对石墨的附着功为 $2630 \times 10^{-7} J/cm^2$。文献指出，铁基胎体对金刚石的侵蚀性比 Co 基胎体低，镍对金刚石的侵蚀性最低，镍只在金刚石或石墨的表面以膜的形式附着，一般不发生界面反应。

黏结剂中 Ni 的作用越来越被人们认识，在以 Fe 代 Co 的工作中，Ni 是不可缺少的合金化元素。

近年来，由于 Ni 的价格居高不下，已有大部分被低成本合金取代，效果很好。

2.1.8　锰（Mn）在黏结剂中的行为

金属锰属立方结构（α-Mn、β-Mn），在火法冶金中 Mn 是弱脱氧剂。但是当 Mn 和 Si、Al 同时存在时，脱氧能力急剧增加。

在Fe-Mn系合金中，没有金属间化合物，是以不同结晶状态的Fe、Mn存在。图7-2-14给出Fe-Mn二元相图。

Mn在金属黏结剂中，与铁的作用很相似，但Mn易氧化，难还原，使用时应特别留意。一般Mn的加入量不高，控制在5%以下。主要考虑烧结合金化时，用Mn脱氧，余下的Mn可参与合金化，强化胎体。含Mn的夹杂物属塑性夹杂，Mn的硫化物在热状态下可变形，对黏结剂性能的影响不大。Mn在Fe基黏结剂中，高温下可形成代位式固溶体。对黏结剂强化作用明显。在Mn-C系中可形成的碳化物见表7-2-8。

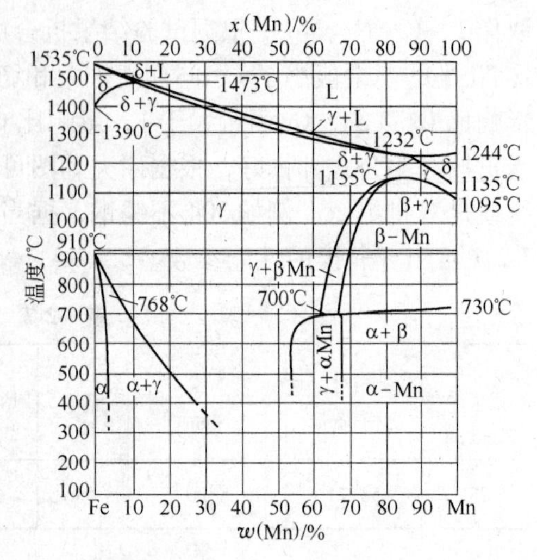

图7-2-14 Fe-Mn二元相图

表7-2-8 Mn-C系中的碳化物种类

碳化物种类	结　构	化学式	晶格常数/Å			
MMn_7C_2	未知					
$Mn_{23}C_6$	bcc	$Cr_{23}C_6$	10.61			
Mn_3C	斜方	Fe_3C	4.53	5.080	6.772	
Mn_5C_2	单斜		11.66	4.573	5.086	97.75
Mn_7C_3	三方	Cr_7C_3	13.90		4.54	

注：1Å=0.1nm。

图7-2-15 Mn-P二元平衡图。在图中，有α-Mn、β-Mn、Mn_3P、Mn_2P、MnP、Mn-P合金低共熔温度为970℃左右，共晶成分含P质量分数约7.8%。

铜和锰的相容性很好，$w(Mn)=35\%$的铜锰合金熔点为868℃，凝固相为单一奥氏体。

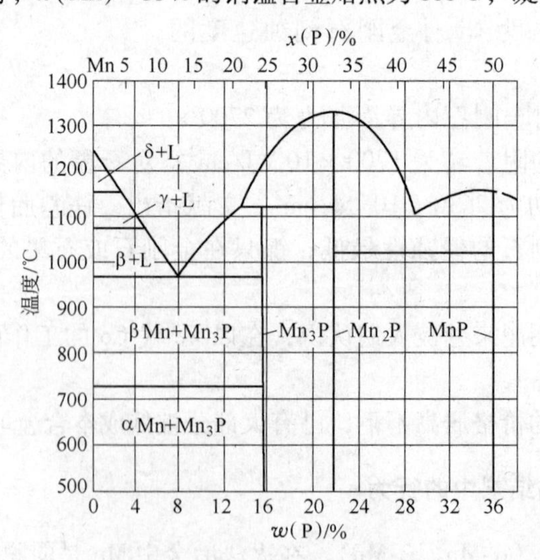

图7-2-15 Mn-P二元平衡相图

2.2 骨架材料元素和化合物的行为

常用的骨架材料以碳化物为主，如 WC、W_2C、TiC 等，也有用难熔金属 W、Mo 代替 WC 等使用，起到提高韧性，适当降低耐磨性的作用。

2.2.1 碳化物骨架材料

表 7-2-9 给出几种碳化物材料的性能参数。

表 7-2-9 部分碳化物的自由能、焓和熵

碳化物种类	WC	W_2C	TiC	MoC	Mo_2C	Cr_7C_3	Ce_3C_2	Fe_3C
熔点/℃	2867	2857	3140	2692	2867	1665	1890	1650
ΔF/J · mol^{-1}	-370.95	60.71	-171.66	-8.37	-12.27	-183.38	-88.76	+14.65
ΔH_f/J · mol^{-1}	-3521.1	-54.43	-183.38	-17.67	-8.37	-206.89	-87.92	+209.34
ΔS_f/J · $(mol \cdot ℃)^{-1}$	+6.28	+20.93	-10.89	+10.05	0	+18.42	+2.93	+20.93

表中数据表明，一般情况下，金属碳化物的熔点高于金属的熔点。

骨架材料必须具备与金刚石有好的相容性，与黏结金属有好的相容性。同时，还要求具有高的耐磨性。

在一些金刚石制品中，随着工艺的逐步改进，骨架材料的用量越来越少。而在地质钻头、磨头和浸渍法生产的石油钻头中，还是大量地使用。

一般人们用硬度来表征耐磨性，某些情况下硬度和耐磨性近乎于一致，多数情况下硬度不能完全代表耐磨性。这方面的例子很多，如金属 Pb 是很软的，硬度很低，可 Pb 具有相当高的耐磨性。再如，WC 硬度很高，但用 WC 基胎体做的磨头、钻头并没有因为硬度高而导致金刚石不出刃，实际应用中效果很好，既有满意的寿命，效率也并不低。

必须注意，胎体耐磨，工具不一定耐磨，有时胎体耐磨导致工具中金刚石出刃不好。工具耐磨不单单是胎体耐磨的效果，而应是胎体和金刚石交联作用的结果。

尽管胎体耐磨，但胎体对金刚石黏结不好，使金刚石过早脱落，脱落的金刚石与岩粉再度磨损工具，寿命反而降低。反之，如果胎体对金刚石黏结牢固，延长了金刚石刻取岩石的时间，反而会延长工具的寿命，这种情况在实际中是经常遇到的。

实践中人们常常通过骨架材料粒度的变化来调整其耐磨性和韧性。当用 1～3μmWC 时，耐磨性很好，但胎体发脆。如改用 44μm 粒度的 WC，会发现胎体韧性大大提高，耐磨性有明显降低；如用 W 粉代替 WC 粉，也发现韧性提高了，耐磨性降低了。生产实践中可根据现场发生的情况，及时调整。

调整加入量，调整粒度，调整骨架材料种类，都是奏效的方法。选择时要综合考虑，如原材料库存情况、经济合理性，欲达到最佳效果就要合理选择。

2.2.2 难熔金属元素骨架材料

W、Mo 相比较哪种好些？如果从加入重量考虑，Mo 加入量只要是 W 的一半（质量分数）就足够了。换言之，从当量角度考虑，一 Mo 可顶二 W。W、Mo 都是强碳化物形成元素，均可作为骨架材料加入。

在高速工具钢中，Mo可以取代W，如$W_{18}Cr_4V$不如$W_6Mo_5Cr_4V_2$的性能好，用Mo、V代W取得了成功，具体情况要具体分析，在高速工具钢中加Co、Si、B、Ni都取得了令人满意的效果，但在当时，高速钢中加入这些元素似乎不可思议，然而确实起到了意想不到的效果。对金刚石工具胎体中的骨架材料，只要作一下综合比较，加W还是加Mo自然会有结论。

在金刚石工具中，骨架材料和切削元件（金刚石）靠黏结金属进行黏结，尤其在液相烧结中，黏结金属（液相）对骨架材料有良好的润湿性，才会产生足够的毛细管力、使胎体更好的收缩，实现致密化。要求液态金属不发生偏聚，易发生偏聚的Pb应审慎使用，Sn就好些。这是由于偏聚易发生坯体膨胀，即所谓的Kikendall效应。

2.3 碳化物形成元素的行为

近年来，在金属黏结剂金刚石工具中，碳化物形成元素的应用越来越引起人们极大的注意。

初期在人造金刚石工具中，人们关注较多的是液态下表面张力较低的元素。但是这类元素的使用受到很大的限制，首先这类元素为数不多，其次实践证明，用这类元素往往很难获得令人满意的综合性能。于是在比较成功的金刚石工具的胎体成分设计研究中，用量大的是铜、镍、铁等，把降低表面张力的元素作为改性剂加入，取得了较满意的效果。

近年来在金属和碳纤维之间的润湿行为研究中，对碳化物形成元素的作用的研究工作卓有成效。周期表中第Ⅳ周期的元素、部分难熔金属元素，在金刚石工具胎体中得到较普遍的应用。这些碳化物形成元素有Cr、W、Ti、Fe、Mo、V等，另有一些元素虽然作用明显，但因价格问题，未被接受，如Zr、Nb、Ta等。

表7-2-10给出部分碳化物形成元素的相关参数。

表7-2-10 碳化物形成元素的相关参数

元 素	密度/g·cm^{-3}	熔点/℃	晶体结构	相对原子质量	碳化物类型
Cr	7.19	1890	bcc	52.1	Cr_3C_2 Cr_7C_3 $Cr_{23}C_6$ Cr_4C
Ti	4.567	1668±5	hcpα-Ti bccβ-LTi	47.9	TiC
W	19.3	3300	bcc	184	WC W_2C
Mo	10.3	2607	bcc	95.95	MoC Mo_2C
Fe	7.87	1535	bcc	55.85	Fe_3C Fe_2C
V	6.14	1919±2	bcc	50.95	V_4C_3
Nb	8.57	2468±10	bcc	92.91	NbC
Zr	6.49	1852±2	hcpα-Zr β-Zr	91.22	ZrC

另外一些元素在特定的情况下也可以形成碳化物，如Mn、Co、Al、Si、Ni等，分别形成Mn_3C、Co_2C、Al_4C_3、SiC、Ni_3C。也有些形成金属原子团碳化物，W_3Co_3C属M_6C型

碳化物，如低温沉积法在金刚石表面形成 M_6C 型的 W_4Co_2C 等。

碳化物形成元素在铜基合金中，降低了铜合金和金刚石间的内界面张力，使接触角 θ 降低，由于碳化物形成反应降低内界面张力，和用降低表面张力的元素相比，降低内界面张力是起决定性作用的。在杨氏方程中，决定接触角大小的两个因素，内界面张力比表面张力作用更大。

2.3.1　铬（Cr）的行为

金属铬是一种强碳化物形成元素，也是一种应用范围很广的元素。铬有许多特性，由于这些特性使 Cr 在不锈钢、耐氧化钢、叶片钢、结构钢、工具钢、弹簧钢中均有重要的应用。

Cr 可以改善钢和合金的耐大气腐蚀性，由著名的 *n*/8 定律所揭示。当合金中的 Cr 含量按 *n*/8 定律呈阶跃性变化，*n* 取 1、2、3…。当 *n* 取 1 时，1/8 =0.125，即 12.5%；*n* = 2 时，2/8 为 25%；*n* =3 时，3/8 为 37.5%…。当 *n* =1 时，如 Cr13 不锈钢中的 Cr 含量 *w*(Cr)不低于 12.5%，Cr12 钢即蒸汽轮机中的叶片钢，有比较好的振动衰减性能，消音效果好，也与 Cr 有关。不锈钢中离不开 Cr，叶片钢中也离不开铬。

在金刚石槽型圆锯片胎体中，有足够的铬可以起到消声作用，原因是与 Cr 的激活能有关。

在铜基合金中，添加少量的铬，可以降低铜基合金对金刚石的润湿角，并提高铜基合金对金刚石的黏结强度。

在钴基合金中，孙毓超和宋月清的研究表明，在钴基材料中加入质量分数为 1% Cr，胎体抗弯强度明显提高，超过 *w*(Cr) =1% 后抗弯强度稍有下降，但仍高于不加 Cr 的钴基胎体材料。试验结果见表 7-2-11。

表 7-2-11　Cr 对钴基胎体抗弯强度的影响

Cr 含量 *w*(Cr)/%	1	2	3	4	0
无金刚石抗弯强度/MPa	1040.4	1036.4	1025.1	1013.2	938.7
有金刚石抗弯强度/MPa	833.3	888.9	900.0	923.1	801.0

从表 7-2-9 可以看出，Cr 含量 *w*(Cr)从 0% ~4%，含金刚石胎体的抗弯强度从 801MPa 增加到 923.1MPa，提高了 15%。而不含金刚石的胎体抗弯强度从 938.7MPa 增加到 1040.4MPa（含 *w*(Cr) =1%），而后又下降到 1013.2MPa（*w*(Cr) =4%）。*w*(Cr)从 0 ~4% 抗弯强度提高 7.9%，而 *w*(Cr)从 0 ~1%，抗弯强度提高 10.38%。显然由于 Cr 的加入改善了胎体材料对金刚石的黏结。

文献［16］指出，Cr 和金刚石在烧结过程中发生碳化物形成反应，经 X 射线衍射确定碳化物种类是 Cr_3C_2 和 Cr_7C_3。图 7-2-16 给出铬和金刚石界面的 X 射线衍射谱。图 7-2-17 为 C-Cr 相图。表 7-2-12 给出 Fe-Cr-C 系中主要碳化物的某些重要参数。

从相图上看，当 Cr 量足够时，还应该有 Cr_4C 生成，在实际试验中，没有发现 Cr_4C 相。

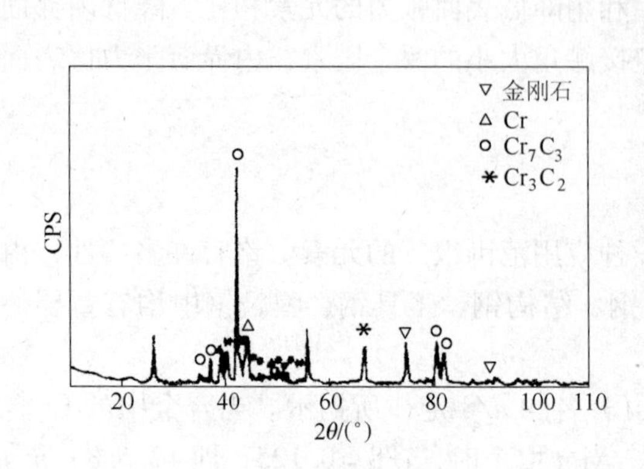

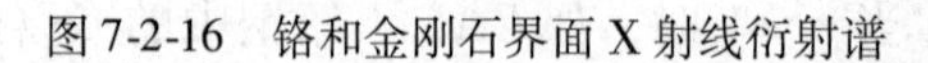

图 7-2-16 铬和金刚石界面 X 射线衍射谱

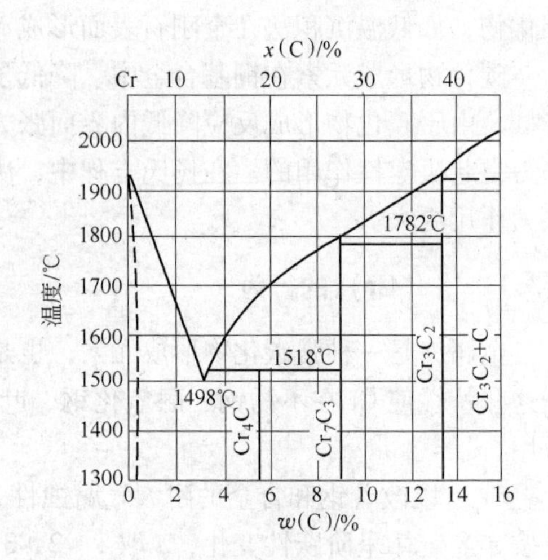

图 7-2-17 C-Cr 相图

表 7-2-12 Fe-Cr-C 系中主要碳化物的物理参数

化 合 物	结晶型	晶格常数	密度/g·cm^{-3}	备 注
$(FeCr)_3C_7$	斜方晶	a=4.51Å b=5.08Å c=6.73Å	7.67	Cr 被置换 18% 以下
$(CrFe)_7C_3$	三方晶	a=13.98Å c=4.52Å	6.92	Fe 被置换 50% 以下
$(CrFe)_{23}C_6$	面心立方	a=10.64Å	6.97	Fe 被置换 35% 以下
$(CrFe)_3C_2$	斜方晶	a=2.82Å b=5.52Å c=11.46Å	6.68	Fe 被少量固溶

注：1Å=0.1nm。

2.3.2 钨（W）的行为

重金属 W 是强碳化物形成元素，可以作为骨架材料。

W 与 Mo 有许多相似之处，按当量考虑 W、Mo 的合金化作用，一 Mo 可以顶二 W，由于 W 相对比较便宜，所以 W 的用量大些。

研究表明，在金刚石表面沉积一定数量的 W 粉，然后放在黏结金属粉中烧结。自 750℃ 开始在金刚石表面有 WC、W_3Co_3C、W_4Co_2C 生成。在保护气氛下，或在真空下，金刚石与 W 粉混合加热至一定温度，在金刚石表面也有 WC 生成。

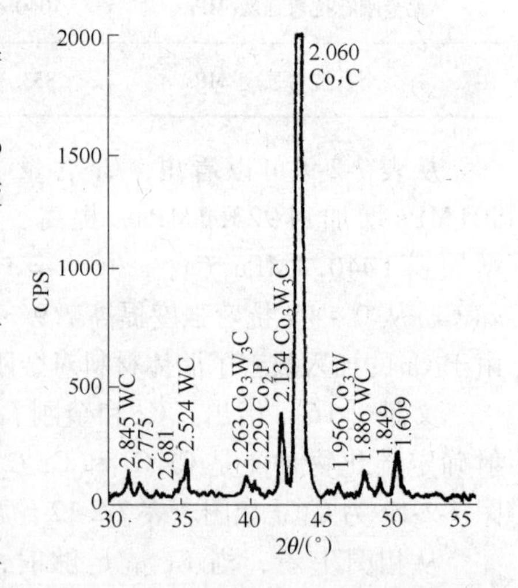

图 7-2-18 未煮酸的 X 射线衍射谱

W 和其他黏结金属都有较好的相容性，比如 Cu、Co、Ni、Fe 等都很好地润湿 W。图 7-2-18 是金刚石经低温化学沉积 W、Co 后，经 850℃ 加热 30min 后的金刚石表面的 X 射线衍射谱。

图 7-2-19 是金刚石表面沉积 W、Co 后，做成制品，从制品上回收金刚石并经 1∶1HNO_3 煮沸 30min 后的 X 射线衍射谱，仅存 WC 峰。图 7-2-20 中证明生成了多种化合物，如 Co_2P、WC 和 W_3Co_3C 型碳化物，经酸煮沸之后 Co_2P 和 W_3Co_3C 被溶解掉了。

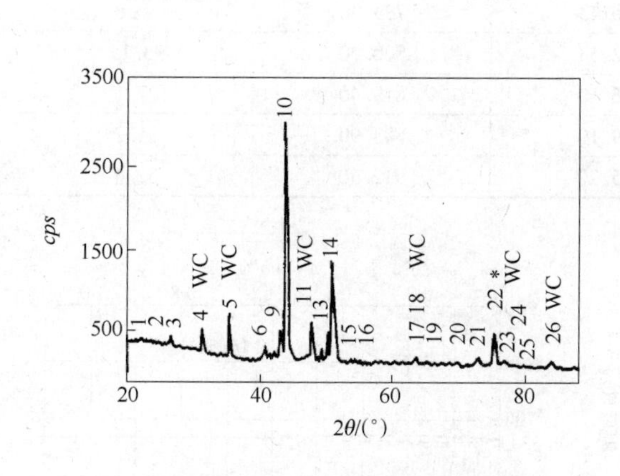

图 7-2-19　煮酸后的 X 射线衍射谱

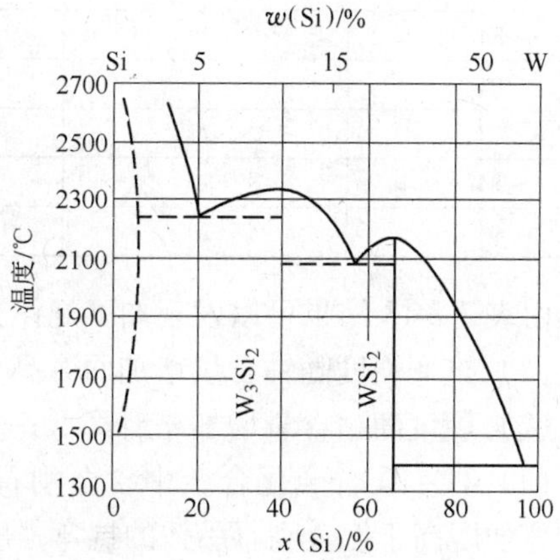

图 7-2-20　Si-W 相图

研究指出，烧结时金刚石和钨相互进行化学反应的热力学条件并不苛刻，常规黏结剂的烧结温度均能满足 WC 生成的热力学条件[16]。

从图 7-2-20 相图可以看出，Si、W 有较好的相容性，并能生成 Si、W 化合物，如 W_3Si_2 和 WSi_2。

2.3.3　钛（Ti）的行为

钛是易氧化、难还原的强碳化物形成元素，有氧存在时 Ti 优先生成 TiO_2 而不生成 TiC。

金属钛是良好的结构材料，具有比强大，高温下强度降低少，耐热、耐蚀、熔点高等特性。

钛可以固定氧、氮、硫，也可以生成碳化物，同时生成合金铁素体，防止晶间腐蚀等。

曾对锰白铜系合金，铝-铜-镍-稀土合金，铜-锡-钛合金，钴-铜-钛-铝合金进行系统的开发研究，并进行了一系列有关性能的测定，测定结果十分满意。

2.3.3.1　Co-Cu 系

在 Co-Cu 系中比较了添加 Cr、Ti + Al、TiH_2 对胎体性能的影响，见表 7-2-13。

表 7-2-13　Cr、TiH_2、Ti + Al 对胎体性能的影响

钴含量 $w(Co)/\%$	添加物（质量分数）/%	无金刚石 σ_{bb} /MPa	含金刚石 σ_{bb} /MPa	耐磨性 ΔM/mg
77	2	778.00	684.20	36.3
84	2	901.25	745.20	31.6

续表 7-2-13

钴含量 $w(Co)/\%$	添加物（质量分数）/%	无金刚石 σ_{bb} /MPa	含金刚石 σ_{bb} /MPa	耐磨性 ΔM/mg
91	2	964.27	801.70	33.7
77	2	754.50	644.70	29.5
84	2	840.43	723.30	30.8
91	2	902.53	800.00	33.15
77	2	806.10	819.40	27.1
84	2	819.10	883.90	31.2
91	2	835.20	912.30	32.4

由表 7-2-13 结果可以发现如下规律：

（1）抗弯强度随钴含量增加而升高；

（2）硬度随钴含量增加略有降低；

（3）Ti + Al 合金化合金中含金刚石胎体抗弯强度高于无金刚石胎体的抗弯强度。

对（Ti + Al）加入到钴基材料后出现的奇迹可作如下解释：Ti、Al 的同时加入，为 Ti 与金刚石的界面反应提供了足够的能量。

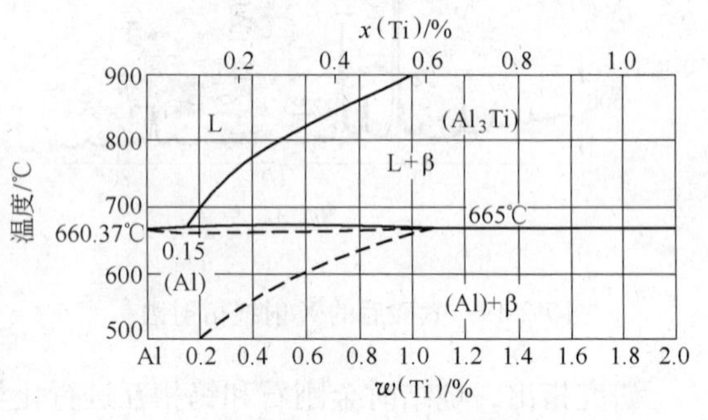

图 7-2-21 Al-Ti 相图

由图 7-2-21 可知，在 Al-Ti 固相中有 $w(Ti)$为 3% 的 $AlTi_3$ 相，可以强化胎体；再则由于含 Ti 液相和金刚石广泛接触，加速了 Ti 和金刚石的反应，在金刚石表面生成复式碳化物 $AlTi_3C$ 相，改善了胎体材料对金刚石的润湿和黏结[6]。由于 $AlTi_3$ 相强化了基体，$AlTi_3C$ 相又加强了胎体对金刚石的黏结，出现了含金刚石胎体抗弯强度高于无金刚石胎体抗弯强度的现象。图 7-2-22 曲线是 Ti 对胎体抗弯强度的影响。

本章作者从氢还原各种金属氧化物时的氢的露点与温度的平衡图中得到启发，Al_2O_3 的标准生成自由能比 TiO_2 的标准生成自由能还要负，所以 Al_2O_3 比 TiO_2 更难还原。

图 7-2-23 给出 Ti + Al 合金胎体中金刚石表面的 X 射线衍射谱。

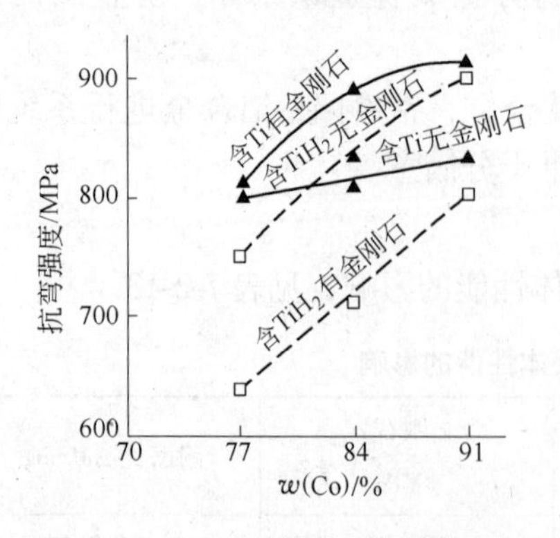

图 7-2-22 Ti 对胎体抗弯强度的影响

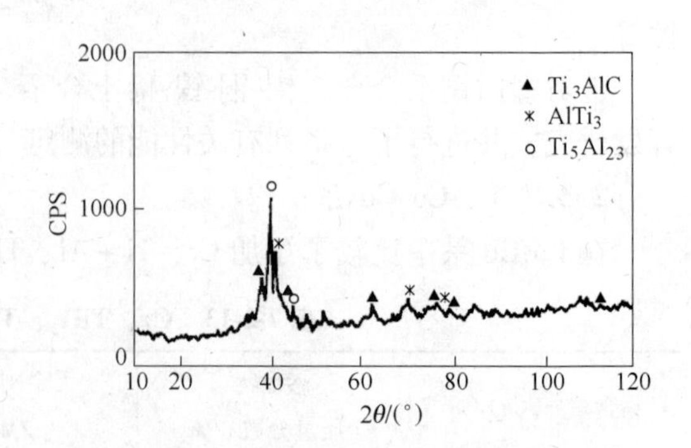

图 7-2-23 含 Ti + Al 合金胎体热压后金刚石表面的 X 射线衍射谱

2.3.3.2 Cu-Ni-Mn-Ti 系

测定的 Cu-Ni-Mn-Ti 系合金的高温性能见表 7-2-14。

表 7-2-14 Cu-Ni-Mn-Ti 系高温性能

化学组成（质量分数）/%	固相线/℃	液相线/℃	接触角[温度(℃)/角度(°)]
$CuNiMnCo_1Ti$	937	953	100/93 1050/86 1100/81 1150/77.5 1200/73
$CuNiMnCo_5Ti$	972	1174	1200/16.5 1250/12 1300/7

表 7-2-14 中两成分稍有差别，一种成分中含质量分数为 0.1% Ce，另一成分中无 Ce，其余差异是含 Ti 量的不同。

高温特性的差异很大，如固液相线之差：一成分为16℃，另一成分为202℃；含 Ti 量增加熔点升高且明显降低润湿角。

2.3.3.3 Cu-Sn-Ti-Ce 系

测定的 Cu-Sn-Ti-Ce 系合金的高温性能见表 7-2-15。

表 7-2-15 Cu-Sn-Ti-Ce 系合金的高温性能

化学组成	固相线/℃	液相线/℃	接触角[温度(℃)/角度(°)]
CuSnTiCe	928	984	990/21 1020/13 1050/8
CuSnTiNiCe	938	998	1000/63 1050/530 1100/44.5 1150/30.5 1200/21.5

表 7-2-15 中两成分的差异是 Sn 含量从 10% 降到 5%，加进 5% 的镍，镍代替部分锡后，熔点略有升高，固液相线差异变化不大；5Ni-5Sn 合金对金刚石的润湿，明显不如 10Sn 合金，可见 Sn 降低润湿角的作用比镍强。同时由于 Ni 的加入，有效地抑制了流失。

2.3.3.4 Al-Cu-Ni-Ce 系

测定的 Al-Cu-Ni-Sn-Ce 系和 Al-Cu-Ni-Ti-Ce 系合金的高温性能见表 7-2-16。

表 7-2-16 Al 基合金的高温性能

化学组成	固相线/℃	液相线/℃	接触角[温度(℃)/角度(°)]
Al-Cu-Ni-Sn-Ce	642	931	950/110 1000/110 1050/97 1100/95.5 1150/93
Al-Cu-Ni-Ti-Ce	654	950	960/76 1000/67.5 1050/62.5 1100/56 1150/45.5 1200/33.5

表 7-2-16 中两种成分的不同在于前者含质量分数5% 的 Sn，后者含质量分数5% 的 Ti，以 Ti 代 Sn 后，熔点升高，固液相线温差变化不大；在改善合金润湿性能上：Ti 比 Sn 的作用更强烈。

2.4 特种作用金属和非金属元素的行为

本节所涉及的特种作用元素主要是指稀土元素，如 La、Ce、Y 等，非金属元素主要是指 Si、B。

国外曾有人把稀土元素作为金刚石工具中黏结金属的改性剂（变质剂），国内研究工作始于 20 世纪 80 年代，迄今为止，先后对地质钻头、石材切割锯片中的黏结剂进行改性研究并取得了突破性的进展，积累了一定数量的实验数据。

研究中主要解决了稀土预合金粉的制作工艺。稀土元素成功地引入到金刚石工具胎体中，并经历了相当长一段时间的中试生产实践的考验。

2.4.1 镧（La）和铈（Ce）的行为

2.4.1.1 稀土元素的特异作用

稀土元素在金刚石工具中的应用研究较晚。近期工作表明，稀土元素对金刚石工具有以下几点特异作用：

（1）稀土元素可以有效降低合金的熔点。笔者的工作见表7-2-17。此外，稀土元素可使固、液相线温度距离缩小。图7-2-24为Cu-La二元合金相图。

表7-2-17 稀土元素对合金液、固相线温度的影响

合金成分	固相线温度/℃	液相线温度/℃
Cu-Ni-Mn-Co	930	992
Cu-Ni-Mn-Co-Ce	937	953

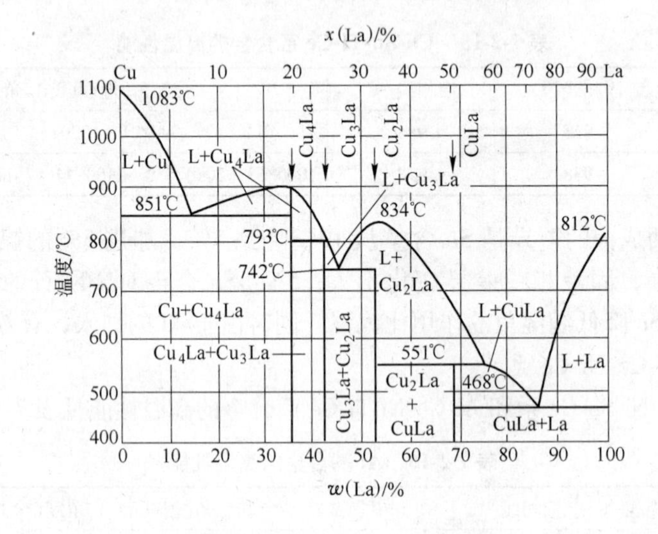

图7-2-24 Cu-La二元合金相图

（2）La、Ce具有很强的脱氧、脱硫、脱氮作用；有抑制氧、硫偏析的作用[4]。La、Ce是极易氧化的元素，一般在油中保存，能优先与氧、硫、氮作用，形成Ce、La的氧、硫、氮化物，弥散分布在基体中，对基体性能无害，已被火法冶金所证实。

（3）降低液相合金对石墨（金刚石）的接触角。稀土元素Ce加入到金刚工具的黏结金属中，能使接触角降低，试验结果也是使Cu-Ni-Mn-Co合金对石墨的接触角（表7-2-18）降低。图7-2-25给出有Ce、无Ce合金的液相坐滴形貌。

表7-2-18 试验合金对石墨的接触角

合金成分	接触角[温度(℃)/角度(°)]
Cu-Ni-Mn-Co	1000/106 1050/100 1100/95 115090 1200/89
Cu-Ni-Mn-Co-Ce	1000/93 1050/86 1100/81 1150/77.5 1200/73

无 Ce　1050℃/100°　　w(Ce) = 0.1%　1050℃/86°　　无 Ce　1200℃/89°　　w(Ce) = 0.1%　1200℃/73°

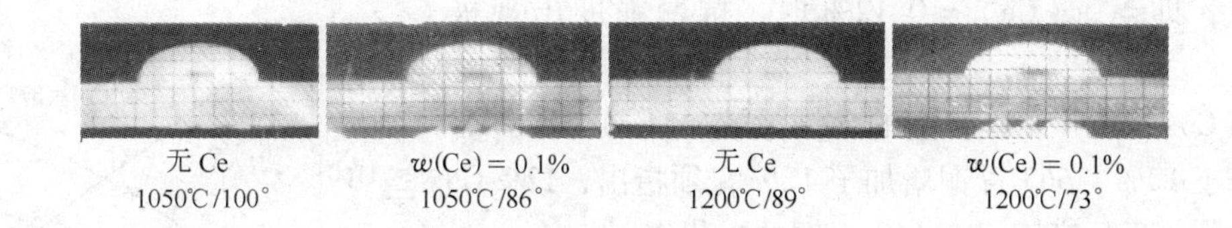

图 7-2-25　含 Ce 和不含 Ce 高温坐滴形貌对比

稀土元素 Ce 的加入，明显降低液相合金对金刚石的接触角，平均降低 13°~14°。

（4）稀土元素对晶粒尺寸的影响。稀土元素对晶粒尺寸的影响，对在用的 P6 配方（含 0.1wt% Ce）和同成分不含 Ce 的合金，进行金相磨片拍照，如图 7-2-26 所示，图 7-2-26 中深灰色组织中，有许多细密的条纹花样，是在原来较大的相内又有许多小颗粒，即有亚结构（亚晶粒），使金相组织明显细化。

在图 7-2-27 中没有发现亚结构，晶粒维持原来的大小。

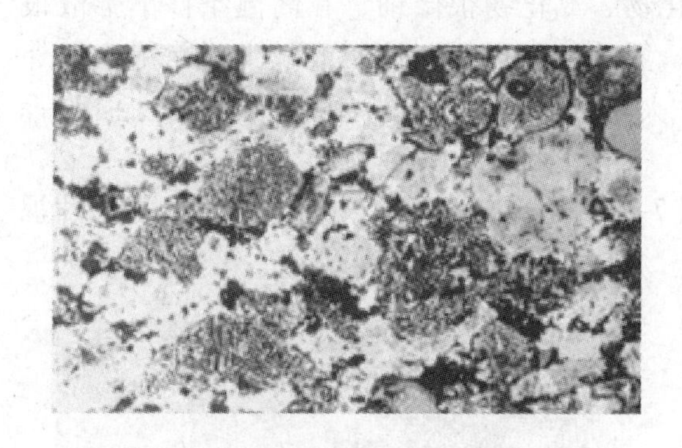

图 7-2-26　w(Ce) = 1% SEM 金相照片

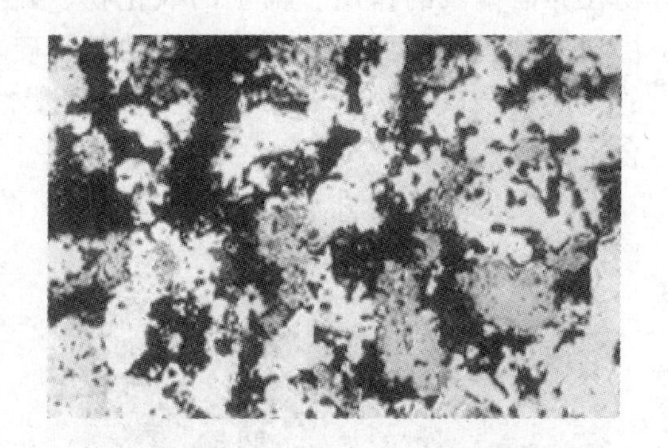

图 7-2-27　无 Ce SEM 照片

稀土元素 Ce 的加入，可以细化晶粒，改变金相组织，相关性能也会发生变化。

（5）稀土元素对金刚石工具胎体性能的影响。稀土元素对工具胎体材料力学性能的影响，曾对铜基胎体和不同钴含量的钴基胎体进行了测定其抗弯强度的对比试验。表 7-2-19 是 Ce 元素对铜基合金抗弯强度的影响。表 7-2-20 是 Ce 对钴基胎体抗弯强度的影响。

表 7-2-19　Ce 对 Cu 基合金抗弯强度的影响

w(Ce)/%	抗弯强度/MPa					
0.1	1257.4	1242.9	1070.5	1121.4	1129.0	1148.6
0	1071.9	1142.1	1151.9	1050.9	1084.8	1164.0

表 7-2-20　Ce 对钴基胎体抗弯强度的影响

w(Ce)/%	0	0.12	0.24	0.36	0.48	0.60
w(Co) = 87%	927.3	1015.3	1047.2	1104.8	1129.0	1148.6
w(Co) = 75%	1131.8	1193.1	1144.4	1131.1	1084.8	1005.6

图 7-2-28 不同钴含量钴基含 Ce 合金的 σ_{bb} 曲线表明，对 w(Co) = 87% 的合金抗弯强度随 Ce 量的增加而增加；对 w(Co) = 75% 的合金，抗弯强度曲线上有一阶导数等于 0 的极

大值点，即当 $w(Ce)=0.12\%$ 时，抗弯强度出现极大值。

$w(Co)=75\%$ 胎体合金的含钴量较 $w(Co)=87\%$ 合金下降了12%，663 青铜增加了12%，须指出，12% Co 的强化作用远远高于12%663 青铜的强化作用。

试验结果表明，对高钴或纯钴胎体，稀土元素 Ce 含量的提高有利于胎体力学性能的提高；对青铜基胎体，只须少量的铈即可起到很好的作用。

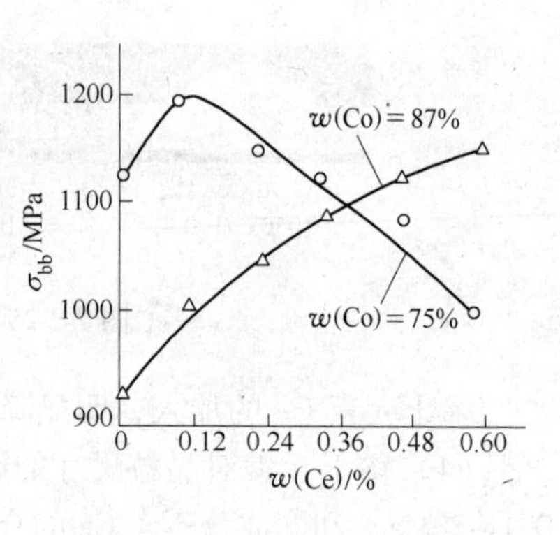

图 7-2-28 Co 含量对含 Ce 合金 σ_{bb} 的影响

（6）稀土元素对界面状况的影响。界面包括相界面、晶界面和粒界面。有时这三种界面可能变成两种或一种，粒界可以转成相界，相界也可能就是晶界。

稀土元素有抑制氧化物、硫化物、氮化物等夹杂物在界面偏聚的作用。稀土的氧化物、硫化物、氮化物很微细，在高温条件下弥散很快，不停留在界面上。使界面上的氧、硫、氮的浓度很低，抑制或减少了除稀土以外的脆性夹杂氧化物（Al_2O_3）的生成和塑性夹杂硫化物（MnS 等）的生成，从而改善合金的性能。

Ce 的弥散性见图 7-2-29 和图 7-2-30。图 7-2-29 是金相组织，图 7-2-30 是金相照片视场内 Ce 的面分布。

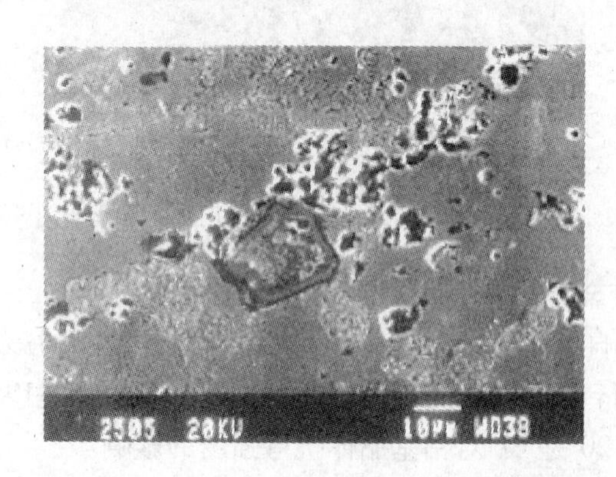

图 7-2-29 金相照片

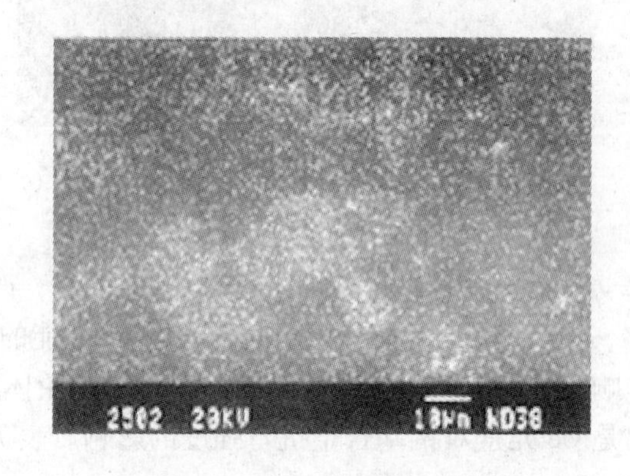

图 7-2-30 Ce 元素的面分布

稀土 Ce 是均匀弥散分布的，甚至在温度高于900℃时，会发生 Ce 的“逃逸”现象，即在 Ce 的面分布照片上，毫无 Ce 的痕迹，这是因为 Ce 的高度弥散，使仪器的感量发现不了 Ce 的存在，因为在胎体中的含 Ce 量只有百分之零点几。发现 Ti 偏聚的颗粒很大，也有弥散分布的小麻点点，TiH_2 粉的单粒也是很小的，为什么会有如此大的颗粒呢？肯定地讲，大颗粒的 Ti 是由无数细小的一次 Ti 颗粒聚集而成的二次颗粒，在混配料时没有得到破碎的结果。

含 Ce 量较低试样，因烧结时温度过高，造成 Ce 的“逃逸”，照片上没有 Ce 的痕迹，Cu、Co、Cr，Ti 都有程度不同的偏聚，图 7-2-31 ~ 图 7-2-34 分别为 Cu、Co、Cr、Ti 的面分布 SEM 照片。

可以看出，Cr 的偏聚十分明显，且 Cr 的外围被 Co、Cu 包围；Cu 和 Co 也有不同程度

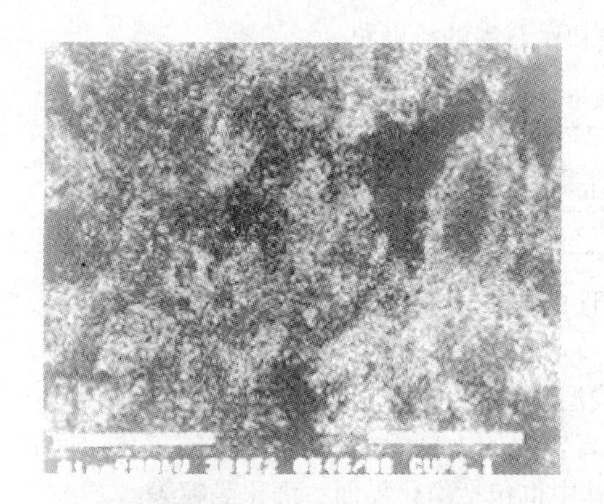

图 7-2-31 Cu 的面分布 SEM 照片

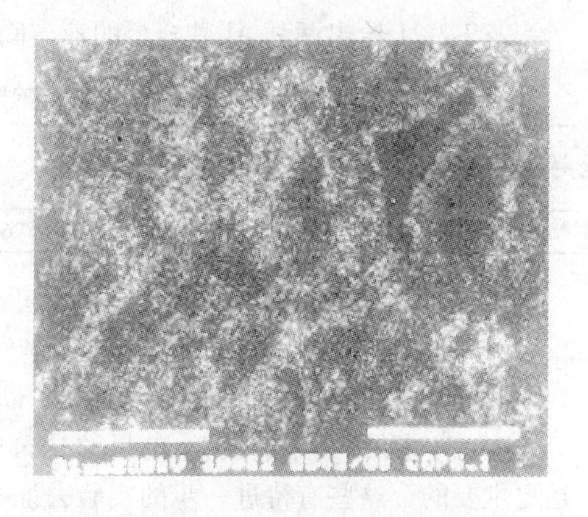

图 7-2-32 Co 的面分布 SEM 照片

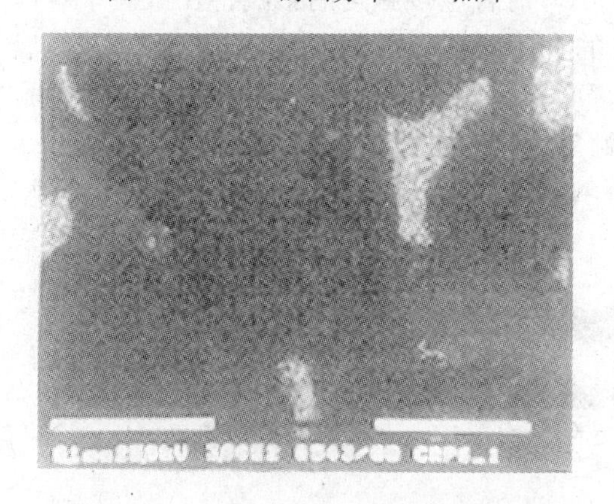

图 7-2-33 Cr 的面分布 SEM 照片

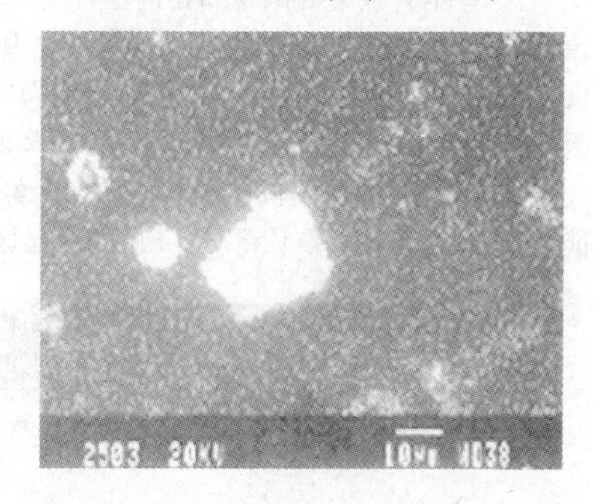

图 7-2-34 Ti 的面分布 SEM 照片

的偏聚。

断口学是一门新兴的材料科学，根据断口的形貌和相关分析，可以分析材料破坏的原因，可以和力学性能建立起必要的联系，如从断口上可以断定材料的韧性和脆性；可以分析脆性发生的原因，如解理破坏、第二相析出造成的脆性，穿晶破坏、沿晶破坏还是疲劳破坏等。

2.4.1.2 在 Al 基黏结剂中加入稀土元素的尝试

在铝基黏结剂中，稀土元素 Ce 对接触角的改善不明显。但在含 Ce 的 Al 基黏结剂中，加入 Ti 以后，Al 基黏结剂合金的接触角改善十分明显。同时，在含 Ce 黏结剂的基础上进行了加入 Sn、Ti 的对比试验。图 7-2-35 给出 Ti 对合金接触角的影响。

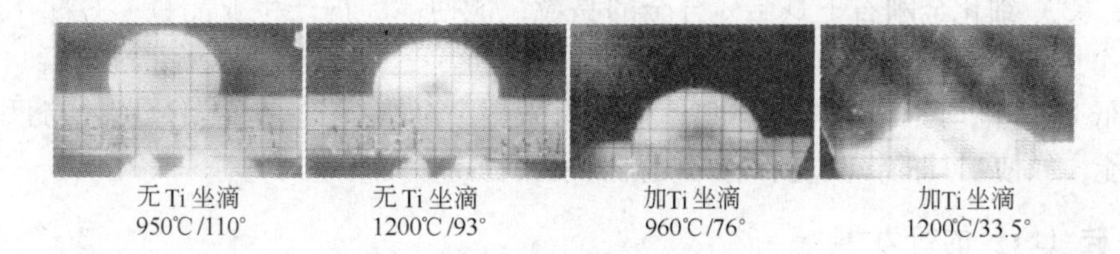

图 7-2-35 Ti 对合金接触角的影响

表7-2-21给出两种Al基合金的液、固相线和对石墨的接触角θ。

表7-2-21　两种Al基合金的固、液相线温度和对石墨的接触角θ

化学组成	固相线/℃	液相线/℃	接触角[温度(℃)/角度(°)]
Al-Cu-Ni-Sn-Ce	642	931	950/110　1000/110　1050/97　1100/95.5　1150/93
Al-Cu-Ni-Ti-Ce	654	950	960/76　1000/67.5　1050/62.5　1100/56　1150/45.5　1200/33.5

在含Ce的Al基黏结剂中，通过加入Sn、Ti的比较，可以发现：

(1) Ti降低接触角的作用比Sn更强烈。

(2) Ti提高含Ce、Al基合金的液、固相线温度。

在Al基黏结剂中，加Ce的目的是希望提高合金的力学性能，减少Al的氧化，后者是更主要的，这些有待进一步的实验去证实，其中也包括净化界面、细化晶粒等。

在Al基合金中的试验和在铜基合金中一样，Ce对合金接触角的影响，在试验中难以定论。但是以Ni代Sn的效果十分明显：用5%的Ni代替5%的Sn后，固相线和液相线温度提高；相同温度下，液态合金对金刚石（石墨）的接触角变大，Sn对液相合金润湿石墨的效果比Ni好。Sn比Ni能更有力地降低接触角，但不如Ti。

图7-2-36给出两种成分的含Ce合金经部分Ni代Sn后的液态合金坐滴形貌。使人更能直观地看出用Ni取代部分Sn后的明显影响。

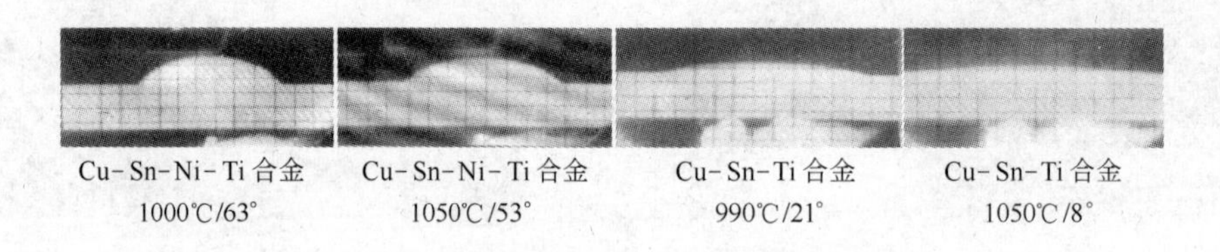

图7-2-36　Ni和Sn对含Ce合金接触角的影响

2.4.1.3　稀土元素在金刚石工具中的应用情况及前景

经使用发现，稀土改进后的锯片的时效和寿命提高，切削性能得到极大的改善，重复性好。

用La-Ce混合稀土，比用单质稀土Ce、La要便宜得多，对合金的作用与单质无大差异，不管La-Ce稀土混合物比例如何，均不影响使用。因为La-Ce是无限互溶的，单质元素的行为雷同。混合稀土元素价格低廉，货源充足，为稀土元素在金刚石工具中的应用提供了契机。

综上所述，稀土元素在金刚石工具胎体中已被证实有如下作用：(1) 降低合金的熔点和固、液相线温度；(2) La、Ce能有效地脱氧、脱硫、脱氮，并能抑制氧、硫、氮的偏析作用；(3) 细化金刚石工具胎体合金的晶粒，能使晶粒内产生亚晶粒；(4) 出色的净化界面作用，稀土氧化物有极强的弥散能力，特别是降低界面处氧、硫、氮的浓度；(5) 降低Cu基合金对石墨的接触角；(6) 有效提高金刚石工具胎体的力学性能和工具的使用性能，如使工具的锋利度和寿命提高，使用稳定性好等。

2.4.2　硅（Si）的行为

硅在金刚石工具金属黏结剂中已经得到应用，已有一定数量的锯片黏结剂中引入Si，这是因为 Si 有许多特性是其他元素取代不了的。表 7-2-22 给出 Si 的一些物理性能参数。

表 7-2-22 Si 的物理性能参数

相对原子质量	晶 型	密度/$g \cdot cm^{-3}$	熔点/℃	溶解热/$cal \cdot g^{-1}$	比电阻/$\Omega \cdot cm$	莫氏硬度	线［膨］胀系数/$℃^{-1}$
28.09	金刚石型	2.33	1430	327	10^{-1}	7	4.2×10^{-6}

注：1cal = 4.1618J。

图 7-2-37 给出 Al-Si 相图，图 7-2-38 为 Fe-Si 相图。

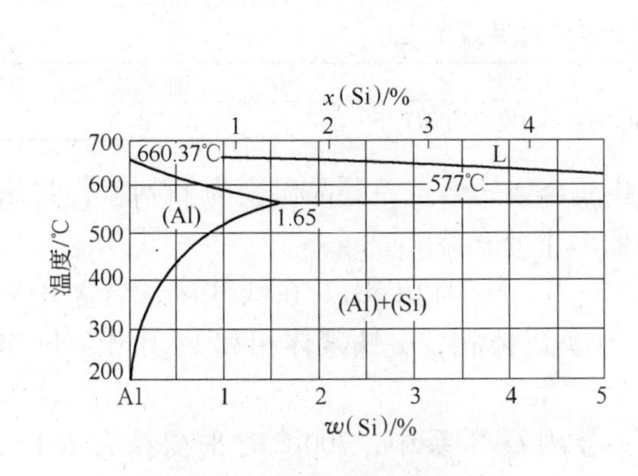

图 7-2-37 Al-Si 相图

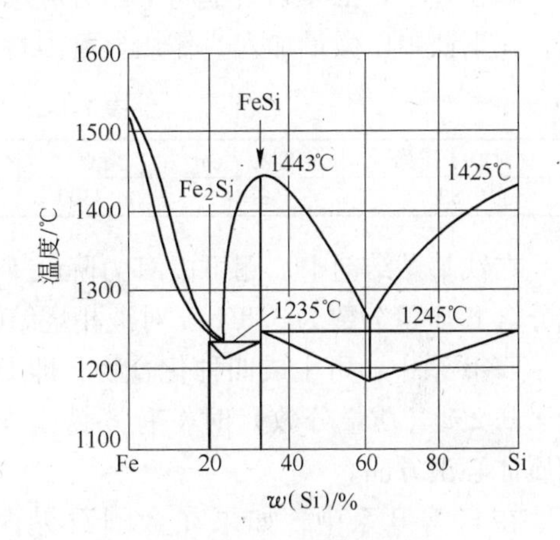

图 7-2-38 Fe-Si 相图

由表 7-2-22 中数据发现，Si 的线［膨］胀系数与金刚石十分接近，比其他金属都低。用 Si 作为金刚石工具的黏结剂元素，在加热与冷却过程中的体积效应最小。

硅在参与合金化时，由 α-γ 转变时使晶格产生负畸变，即相变时伴随着体积的收缩，这一点也是工具中应用的其他元素所不具备的。

硅是金刚石晶型结构，按结构相似原理，Si 与金刚石的相容性好。利用这一特点，在金刚石聚晶烧结体中，Ti-Si-B 系黏结剂聚晶烧结体的耐热性好，并使烧结体中保存尽可能少的石墨。

Al-Si 系合金和 Si-Mg 系合金的熔点都很低，Si 的强化作用十分明显。

由图 7-2-37 可见，在含 Si 量为 5% 以下时，没有 Al、Si 化合物。Al-Si 合金的共晶温度为 577℃，共晶成分在 $w(Si) = 13\%$ 处。

在 Mo-Si 系和 Fe-Si 系相图中，均有硅化物出现。在 Fe-Si 系中，有 Fe_2Si、FeSi。在 Mo-Si 系中，有 $MoSi_2$、Mo_3Si_2、Mo_3Si，当含 Si 量较高时，有 $MoSi_2$，随着含 Si 量的降低，产生 Mo_3Si_2，再降低含 Si 量则出现 Mo_3Si，如图 7-2-39 所示。

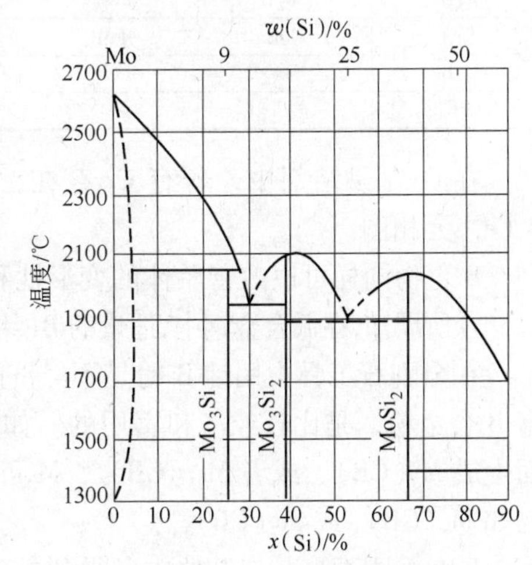

图 7-2-39 Mo-Si 相图

硅可以有力地降低合金的熔点。如：Fe-Si 共晶温度为1235℃；Co-Si 共晶温度为1160℃；Cu-Si 包晶温度为820℃，共晶温度为802℃。对冷压烧结时的收缩作用很大。

此外，硅还有一些在冶金上十分宝贵的特性，硅有较强的脱氧能力，硅是有力的强化铁素体元素，又是有力的扩大α相区元素。硅一般情况下是促成石墨化元素，容易引起脱碳。但在特殊情况下，也可以与C反应，生成SiC。硅还具有宝贵的磁学性能等。

2.4.3 硼（B）的行为

硼在金刚石工具黏结金属中已有应用，应用的量和范围十分有限。硼作为一非金属元素，在钢铁中以微量加入，作用显著为特点。硼的一些物理参数见表7-2-23。

表7-2-23 硼元素的特性参数

相对原子质量	密度/g·cm^{-3}	熔点/℃	结晶型	线［膨］胀系数/℃$^{-1}$
10.82	2.34	2300	正方晶（也有斜方晶）	8.0×10^{-6}

在铁基黏结剂中，硼可以有力降低Fe-B共晶合金的熔点，共晶温度为1174℃，共晶成分含B质量分数为3.8%。对液相烧结时的收缩十分有益。

Fe-B系中，可生成四种化合物，即Fe_3B、Fe_2B、FeB和FeB_2。在低B区，当含B量低于0.2%（质量分数）时，有δ-铁素体相，γ-奥氏体相，α-铁素体相和Fe_2B相。Fe_2B相属体心正方晶。

在Fe-C-B系中，如果在金刚石界面，Fe-金刚石-B系中，700℃时平衡相有α-Fe、$Fe_3(CB)$、Fe_2CB、$Fe_{23}(CB)_6$、Fe_2B，$Fe_3(CB)$是B固溶到渗碳体（Fe_3C）中形成的。在Fe_2C中，可以有质量分数为80%的C被B置换，则有形式为$Fe_3(C_{2.2}B_{0.8})$的碳硼化三铁。

在B-Fe、B-Cr、B-Ni、B-Co、B-La、B-Mg、B-Ti系中，能生成多种化合物，表7-2-24给出各种硼化物的结构式。

表7-2-24 硼化物的结构式

B-Cr	B-Co	B-Fe	B-Ni	B-Ti	B-La	B-Mg
Cr_2B	Co_3B	Fe_3B	Ni_3B	Ti_2B	LaB_4	MgB_2
Cr_5B_3	Co_2B	Fe_2B	Ni_2B	TiB	LaB_6	MgB_4
CrB	CoB	FeB	o-Ni_4B_3	TiB_2	LaB_9	MgB_7
Cr_3B_4		FeB_2	mNi_4B_3			
CrB_2			NiB			

在Fe基黏结剂中，若有Cr存在，可能产生Cr_2B相和$Fe_{23}(CB)_6$相。图7-2-40是B-Fe二元相图。

B化物同样可以改善胎体的变形性和磨损性，有助于工具锋利度的提高。

众所周知，在低合金钢中，适量的B（约$w(B)=0.0025\%$）量可以明显地提高钢的淬透性。

在金刚石工具中用纯B粉是不经济的，因为B粉价格昂贵，考虑在金刚石工具中应用富B合金粉，是比较经济和实用的。如：Fe-B合金粉，Cr-B合金粉，有可能在金刚石表面生成$M_3(CB)$，或者$M_{23}(CB)_6$，M可以是金属原子或原子团。也可能产生另一类碳化物如$M_3(CB)_2$或$M_7(CB)_3$。

B在金刚石聚晶烧结体中已得到成功的应用。金刚石聚晶烧结体已广泛用于钻探、拉丝模、刀具等行业。

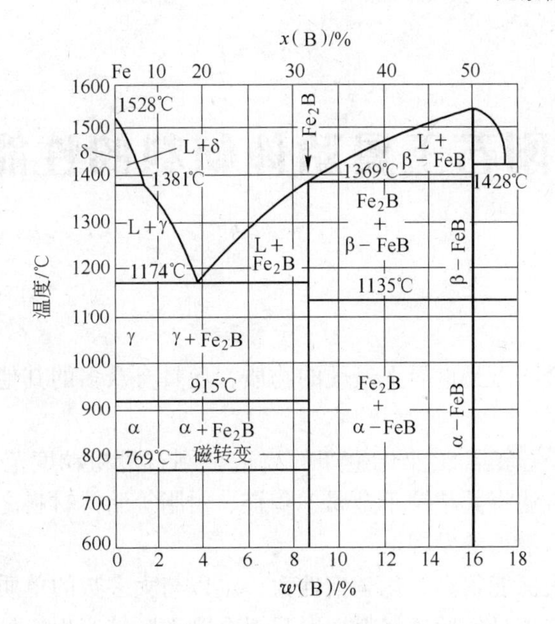

图 7-2-40　B-Fe 相图

B 在金属黏结剂金刚石工具中的应用,还需要进行深入的研究。含 B 金刚石单晶已因其耐热性好,强度高,而备受青睐;含硼金刚工具黏结剂的深入研究,也会收到令人满意的效果。

参考文献

[1] Liu Hua, et al. ISIJ International. 1989(7): 568~575, (10): 929~932.

[2] 前苏联发明专利　8306547.

[3] Evens, et al. IDR, 1977(9): 366~379.

[4] [日]日本学术振兴会制钢第 19 委员会. 铁钢と合金元素. 1966: 303, 345.

[5] [美]蒙多尔福 L F. 铝合金的组织与性能[M]. 王祝堂, 等译. 北京: 冶金工业出版社, 1988: 756.

[6] 郭志猛, 宋月清, 贾成厂, 陈宏霞. 超硬材料与工具[M]. 北京: 冶金工业出版社, 1996: 106~109, 120~123.

[7] 宋月清, 孙毓超. 郑州国际超硬材料研讨会论文集[C]. 1993: 89~94.

[8] 袁公昱. 超硬材料与工程, 1996(4): 13~16.

[9] Ralchenko V G, et al. Diamond and Related Mterials. 1993(2): 904~909.

[10] 王岚, 郭西缅. 北京科技大学学报, 1996, 8(5): 428~430.

[11] 吕海波. 金刚石与磨料磨具工程, 1977(2): 13~16.

[12] 袁公昱. 超硬材料与工程, 1996(4): 3~6.

[13] 汪国香, 等. 金刚石与磨料磨具工程, 1998(91): 10~13.

[14] 张哲, 等. 金刚石与磨料磨具工程, 1995(5): 2~5.

[15] 胡庚祥, 钱苗根. 金属学[M]. 上海: 上海科技出版社, 1980: 63~91, 108~123.

[16] 孙毓超. 高压物理学报, 1992, 6(1): 37~48.

[17] 冯祖斌. 金刚石与磨料磨具工程, 1997(2): 9~13.

(冶金一局: 孙毓超)

3 金刚石工具胎体材料的性能设计

3.1 概述

众所周知，人造金刚石是世界上最硬的物质，还具有众多的其他优异性能，但它也存在很多不足。

首先，其颗粒细小。正常工业化生产的人造金刚石最粗粒度范围一般为16~80目，必须采用适当的工艺方法将其孕镶于金属、陶瓷、树脂等胎体材料之中才能有效使用，孕镶的效果决定了金刚石潜力的发挥。

其次，金刚石的表面能很高，化学惰性大，难以与大多数的单质金属或合金发生化学作用或润湿。使得制造工具的胎体材料一般只对金刚石颗粒产生机械卡固作用，结果往往造成金刚石来不及充分发挥作用而过早脱落，加工成本费用提高。

第三，由于工具胎体材料是将金刚石颗粒随机地孕镶包裹起来，工具工作时，必须先将胎体材料磨损掉才能使金刚石颗粒凸出胎体表面，作为微切削刃来工作。因此，如何根据切割性能要求选择合适的胎体材料，既要牢固地黏结金刚石，又要以适宜的速度磨损，使工具保持足够的自锐性，成为金刚石工具制造的关键技术问题之一。胎体材料与加工对象之间的磨损适应性是工具切割石材获得良好的自锐性和切割高效率的必要条件。

第四，金刚石颗粒耐热性能差，实验表明，在空气中加热到800℃时，金刚石的强度就显著下降，即使在还原气氛或真空状态下加热到900℃，金刚石的强度损失也会大于40%。而且，人工合成金刚石内部含有相当数量的触媒金属等夹杂，当温度达到900℃时，还会因膨胀系数的差异导致金刚石颗粒的胀裂，因而烧结温度不能过高。因此，急需研究低温，短时制造工艺和低熔点结合剂，以解决这些问题。

1887年，法国人Jaeguin制造了世界上的第一片金刚石镶嵌圆锯片，它是用粗颗粒金刚石（0.8ct/粒）制成锯齿，然后手工将齿装在带燕尾槽的基片周边上，再用铆钉固定。这种方法一直持续到1930年，才被新出现的金属胎体，用粉末冶金方法烧结和高频焊接方法焊接的锯片所取代。利用粉末冶金法制造金刚石工具，不仅使应用细小的金刚石颗粒成为可能，而且大大地促进了金刚石工具制造及应用的飞速发展。从20世纪60年代开始，金刚石荒料切割锯片、切边锯片、干湿手切锯片、框锯以及绳锯等的研究、应用和发展十分迅速，适用于切割各种不同硬度石材的锯片相继问世，在一个较短的时期内，不少国家如苏联、意大利、英国和比利时等，都形成了系列的金刚石工具产品，产品的规格尺寸范围很大，其直径在$\phi 10 \sim 4000$mm之间，厚度在$\delta = 0.1 \sim 12$mm之间。同时，各类钻进金刚石工具，磨削金刚石工具以及加工用的切削金刚石工具等迅速发展，改变了传统的加工模式，大幅度地提高了加工速度、加工质量和加工精度，拓展了可加工材料范围，减少了被加工材料的浪费、降低了能耗、物耗、噪声和劳动强度，满足了科技与工业技术的发展需要，在低碳经济发展理念中发挥着重要作用。

常用的孕镶金刚石工具有各种取芯钻头、切割圆锯片和串珠绳锯等，其工作对象主要是石材、水泥、陶瓷、玻璃、耐火材料等非金属硬脆材料。孕镶金刚石取芯钻头在地质勘探中的使用已有数十年历史，近十几年来石材工业快速发展，金刚石圆锯片和金刚石串珠绳锯的用量迅速增长。因此，认知和了解金刚石工具工作机理、失效机制，对如何设计和制造切割速度更快、加工质量更好、使用寿命更长和加工成本更低的高性能金刚石工具，拓展金刚石工具应用领域，是金刚石工业领域研究开发的重点工作。

3.2 金刚石工具性能的分析与评价

3.2.1 影响金刚石工具性能的主要因素

尽管孕镶金刚石工具工作的状况复杂，开展得研究工作也很多，但是，实际切割或钻进时的影响因素很多，工具的消耗磨损过程很难用肉眼直接观察。综合起来，影响孕镶金刚石工具工作效率和使用寿命的因素主要有互相影响的三个方面：工具本身的技术性能；工作对象的性质；工作参数。

金刚石工具本身的工作性能包括金刚石的性能（强度、形状、粒度及粒度组成），胎体的性能（强度、硬度、耐磨性、变形性）以及两者的关系（胎体对金刚石的包镶力、金刚石浓度、金刚石的分布状况、金刚石的出刃）。

工作对象的性质就岩石而言，包括岩石的矿物成分、岩石的结构，致密度，反映在物理性质上即岩石的硬度和研磨性等。

工作参数包括工具转速、压力、冷却液流量。换言之即金刚石的线速度、金刚石所承受的载荷、金刚石的冷却。

上述诸因素对金刚石工具的工作效率与使用寿命的综合影响主要反映在金刚石粒的出刃高度、失效形式（亦即失去工作能力）以及胎体的磨损状况。大量的研究表明，金刚石工具切割或钻进效率的主要影响因素是金刚石工具的自锐性和金刚石出刃高度。其中，自锐性是金刚石工具整体连续切削的能力的体现，金刚石出刃高度则是单颗粒金刚石碎岩能力的体现，两者结合是工具切削或钻进效率的性能指标。金刚石颗粒的失效形式有三种即磨损、裂碎、脱落。这三种失效形式会同时出现在同一个金刚石工具不同的金刚石颗粒上，也会同时出现在同一个金刚石工具的不同工作环境下，但其存在的比例，也就是工具切割时金刚石颗粒新老交替的数据，决定了工具的自锐能力。

金刚石的出刃高度和失效形式一方面与选用金刚石的参数密切相关，另一方面与金刚石和胎体材料的黏结结合力、胎体的性能及磨损状况密切相关。因此，金刚石工具的设计主要是针对工作对象，确定金刚石参数、胎体的种类和性能要求、制造的工艺方法和工艺参数，保证工具中合适金刚石的出刃高度和良好自锐性，获得高的切削或钻进效率、高的使用寿命。

3.2.2 金刚石破损形态的种类和作用

金刚石工具在切割过程中，可以很清楚地观测到金刚石和胎体的破损状态，根据金刚石的破损形态可以进行不同的分类。可将金刚石的磨损形态分为三种，即磨损形态、裂碎形态和脱落形态。也可以从工作的细节观测分析将金刚石的破损形态分为六种，即初期形态、新出刃形态、局部破碎、大面积破裂形态、抛光形态和脱落形态，图 7-3-1 是大面积破碎的形态，图 7-3-2 是金刚石新出露的形态，图 7-3-3 是金刚石脱落形态，图 7-3-4 是金刚石局部破坏。

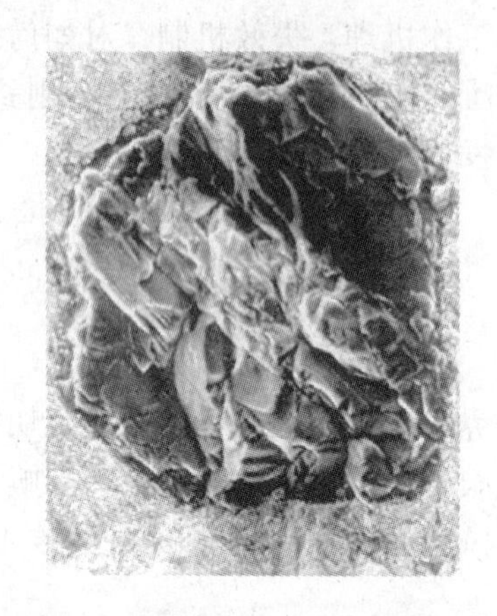

图 7-3-1　金刚石大面积的破损形貌

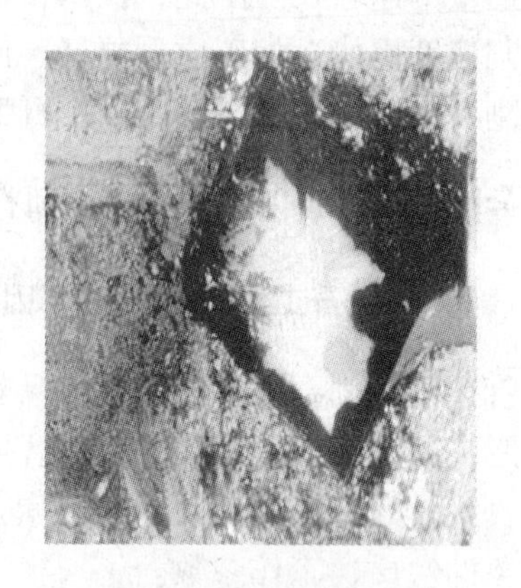

图 7-3-2　新出刃金刚石形态

图 7-3-3　金刚石脱落坑

图 7-3-4　金刚石局部破坏

金刚石的任何一种磨损形态都与胎体材料的耐磨损性能密切相关，下面结合胎体的磨损情况具体分析金刚石出现的不同磨损形态。

（1）初期形态。在工具磨损表面，金刚石在胎体中的分布和取向是随机的，因为金刚石的硬度和耐磨性远远大于胎体，在切割石材过程中，锯齿与石材之间的强烈摩擦会首先将胎体磨掉，使新的金刚石逐渐裸露出来，其裸露的表面和边棱作为切削部位工作。初期形态实际上是新金刚石出刃的过程，因此初期形态金刚石颗粒占总金刚石颗粒数的百分比可以用以衡量工具自锐能力的一个重要指标，其百分比越大，表明工具表面新出刃的金刚石多，包镶金刚石的胎体材料的耐磨损性能越低，胎体的磨损速度越快，初期形态的金刚石颗粒就会越多。

（2）抛光形态。在锯切或钻进过程中，交变热负荷的冲击促使金刚石的表面不断进行石墨转化，其外表层的硬度下降，甚至低于胎体的硬度；交变的机械负荷冲击又使石墨化的外表层逐渐被磨掉，金刚石就会产生抛光磨平状态。抛光形态金刚石由于棱角钝化、缺乏尖刃，刻入石材困难，其数量多，则工具的锋利度差，工具会表现出低的切割速度和自锐能力。相对于加工对象而言，胎体材料的耐磨损性能越高，胎体磨损速度就低，新金刚石的出露就越困难，造成工具中的金刚石颗粒周围的胎体支撑过大，出刃高度低，相同加工条件下，金刚石承受的冲击力下降，产生微破碎金刚石的比率降低，而产生抛光形态的金刚石增多。这样工具的性能会逐渐钝化。散热速度慢、冷却不充分是造成抛光形态的主要外部原因。

（3）局部破碎形态。金刚石与石材周期性地剧烈挤压和摩擦所产生的交变热应力和机械应力的冲击，使金刚石出现疲劳裂纹而局部破碎，显露出许多微小的切削刃。实际上，局部破碎磨损形态是金刚石颗粒正常工作的形态，在工具切割石材的过程中，金刚石也是要被逐渐磨损的，而这种局部破碎使得金刚石可以不断地变化着切削刃的位置和方向，维持金刚石正常的切割能力而不至于被磨钝、磨平或抛光；当胎体材料的磨损性能与切割对象的磨损性能匹配，且胎体材料对金刚石的把持力足够时，金刚石的出刃高度范围为金刚石直径的1/3～1/2，这样高的出刃，刻入岩石的深度很大，所承受的冲击力相对较大，导致破碎形态的金刚石增多，即工具的切割效率，自锐能力提高，同时其综合性能，主要是使用寿命也很高。

（4）大面积或整体破损形态。是局部破碎逐渐发展最终导致的磨损形态；金刚石不断地局部磨损致使其切削面积不断减小，胎体的拖尾不断地被磨掉，其抗剪切能力不断降低；随着金刚石逐渐的局部破碎，其切割部位所受到的整体切削力也会增加；二者综合作用的结果会使局部破碎发展成大面积破碎。金刚石的内部缺陷会导致金刚石的抗剪切能力降低，使金刚石易被抛光或整体破碎。这种磨损形态的金刚石颗粒多，表明工具中的金刚石脆性大，裂纹多，发挥作用不充分；但是大面积或整体破碎形态会使金刚石工具的自锐性很高，但同时会造成金刚石的出刃高度降低，影响其综合性能，特别是会降低使用寿命。严格地说，金刚石的局部破碎形态与大面积或整体破碎形态没有明确的区分标准，分析观察时的区分界限需要进一步明确，以便指导工具的设计工作。

（5）脱落形态。随着胎体材料被逐渐磨损掉，交变热冲击又使胎体材料软化，降低了对金刚石的把持力；同时，大面积或整体的破碎又破坏了其晶体结构，使切削部位整体钝化，失去切削能力，切削力转化为挤压力和摩擦力；当作用在金刚石表面上的挤压力和摩擦力大于胎体的把持力时，金刚石就会脱落。由于金刚石的脱落常常与胎体对金刚石的黏结性能不好以及工具的失效相联系，不期望工具中出现脱落形态的金刚石。金刚石的脱落与胎体材料包镶金刚石的能力及其耐磨损性能密切相关，胎体的包镶能力弱或耐磨损性能过低，都会导致金刚石过早和过多的脱落，胎体对金刚石牢固的包镶和胎体材料合适的磨损性能，可以保证合理的脱落形态。

通过对工具中金刚石五种磨损形态的分析发现，当工具中新出刃金刚石和局部破碎金刚石颗粒大于50%，而抛光（或磨平）金刚石颗粒少时，工具的自锐能力高，表现为切割速度快；反之，当工具中新出刃和局部破碎金刚石低于50%，而抛光（或磨平）金刚石颗粒多达15%时，工具的自锐能力就低，表现为切割速度低。研究工具胎体材料的目的就是通过调节胎体材料的成分或工艺参数，使得工具胎体的耐磨性能保证工具中金刚石颗粒及时出露，在此基础上，还要使胎体具有足够的耐磨性、对金刚石有好的黏结性和把持力，使金刚石颗粒能够保持较高的出刃高度、不会过早脱落，这也就是胎体材料的适应性问题。所谓的适应性问题，就是保证工具的工作表面维持有大量新出刃和微破碎磨损形态的金刚石，减少磨平抛光形态的金刚石。

研究中发现，对于不同的切割或钻进对象，合理设计的工具正常工作时的脱落坑数量有所不同，在切割石岛红时，使用的铁基预合金粉 YH1 胎体工具中脱落形态的金刚石低于 5% 则切割效率极低，在 10% ~20% 时工具的切割速度高，磨损低，即工具有合理磨损速率和工具的良好自锐能力。由于 YH1 合金胎体对金刚石的黏结强度高，可以容许金刚石出刃高度高；并具有适宜的耐磨损性能，可保证金刚石的及时出露，因而提高了工具的自锐能力和切割性能，可以认为 YH1 合金胎体的性能与中硬花岗岩（石岛红等）相适应。

3.3　金刚石的出刃高度

3.3.1　定义

金刚石出刃高度是表征孕镶金刚工具切割或钻进性能的重要指标，是在切割或钻进过程中能够直接观察和测量的参数。目前，关于金刚石出刃高度的研究很多，共同的观点认为，金刚石的出刃高度系指工具中出露的金刚石颗粒顶点到包镶金刚石胎体切割方向前部沟谷间的高度，如图 7-3-5 所示。

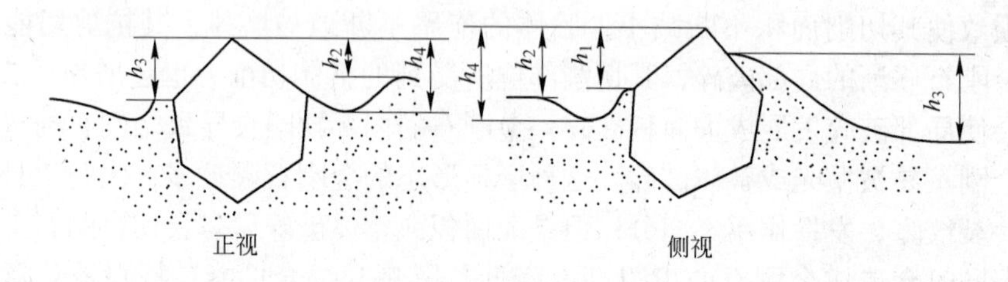

图 7-3-5　用显微镜准焦法测量金刚石出刃高度示意图

3.3.2　金刚石出刃高度的测量

金刚石出刃高度可以直接观察到，直接或间接测量的方法有很多种，目前，测量金刚石出刃高度一般可采用两种方法进行直接的分析和测量，即光切法和显微镜准焦法。

3.3.2.1　光切法

利用表面光洁显微镜进行测量，该方法是利用照射在不平表面上的光束反射后形成的波峰和波谷的相差，来测定被测物表面的凹凸深度差。此法较多地用于测定金属表面的粗糙度。

光切法照相测量金刚石出刃高度（H）公式为：

$$H = \frac{C}{M\sqrt{2}} \tag{7-3-1}$$

式中　C——测量高度（最高点与最低点的高度差），mm；

　　　M——放大倍数。

光切法目视测量金刚石出刃高度（H）公式为：

$$H = \frac{a}{2M} \tag{7-3-2}$$

式中　a——光学像差（最高点与最低点的高度差），mm；

M——放大倍数。

大量测试结果表明，用这种方法测试时，被测物表面的反光性越好，测量效果就越好，但是，金刚石颗粒具有一定的透光性，凸出的金刚石颗粒具有不同的晶面，照射在金刚石上的光线，大部分会发生透射和折射，造成反射效果不好，成像模糊，加之测量视域为一狭缝，视场较暗，给被测点的辨认带来一定的困难，甚至将工作胎体表面的划痕或金刚石脱落坑也视为出刃高度，因此测量的效果不够理想。

3.3.2.2　显微镜准焦法

显微镜准焦法是利用调焦旋钮带有刻度分划值的偏光显微镜，分别在出露金刚石的顶部和切割方向上金刚石前部的胎体沟谷准焦，记录下调焦旋钮的刻度值，两个测量数据的差值为高度差，即金刚石出刃高度。

显微聚焦法具有视域大、视场明亮、成像清晰、操作方便等特点，测量的高度差准确，测量精度高。同时可以观测到胎体的磨损状况、金刚石颗粒的磨损状况、金刚石前部的保护胎体和金刚石后部蝌蚪状支撑的高矮、长短等反映胎体对金刚石颗粒的黏结状况、工具工作状况等重要信息。

利用 OPTON-9901 型光学显微镜，用准焦法测量金刚石颗粒凸出工具胎体金刚石的出刃高度的测试方法，如图 7-3-5 所示。

3.3.3　金刚石出刃高度的作用

根据金刚石碎岩理论，假设单颗粒金刚石旋转一周的切割体积为 V_r，并设金刚石颗粒半径为 R 的圆球，切割石材时切入石材的深度为 h_r，如图 7-3-6 所示。

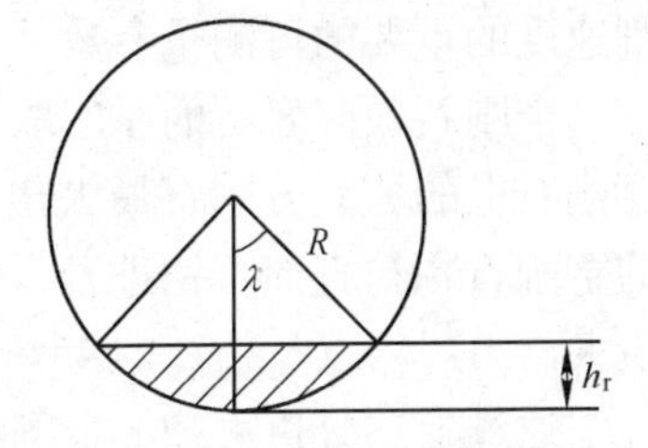

图 7-3-6　金刚石颗粒碎岩体积计算示意图

吃入角为 2λ，当切割石材的厚度为 h 时，可假设每转的切割路程约等于 h，这样单颗粒金刚石旋转一周所切割的石材体积 V_r 用式（7-3-3）表示：

$$V_r = hR^2(2\lambda - \sin 2\lambda)$$
$$= 2h\left[R^2 \cdot \arccos\frac{1 - h_r}{R} - (R - h_r)\sqrt{2Rh_r - h_r^2}\right] \tag{7-3-3}$$

初步分析可知：

（1）$h_r = 0$ 时，$V_r = 0$；不难理解，当 $h_r = 0$ 时，金刚石的出刃高度及其压入石材的深度等于0，即工具对所加工石材没有破碎能力，故 $V_r = 0$，事实上此时的切割速度也将为0。

（2）$h_r = R$ 时，即金刚石出刃高度等于其直径的1/2 时，金刚石的碎岩效率达到峰值，$V_r = 12.56hR^2$，因为，一般工具中金刚石的出刃量达到其直径的50%时，就会脱落。

（3）$h_r = R/2$ 时，$V_r = 3.32hR^2$。

（4）$h_r = R/3$ 时，$V_r = 2.36hR^2$。

应该指出：金刚石切入石材的深度 h_r 并不是金刚石的出刃高度 h_c，尽管很多研究从切削理论角度，将工具的钻进或切削效率与金刚石的刻入深度密切相连，但是，金刚石的刻入深度实际上是难于观测与测量的，而且金刚石工具的加工对象基本属于硬脆性石材等非金属材料，其破碎的形态并不以金刚石的刻取量为主，切割过程中，金刚石对石材的刻取量只是所切割岩石的一小部分，因为岩石是脆性材料，在磨粒作用下极易发生断裂，因而其切割过程要比金属的切割过程复杂得多，石材的切割除了金刚石刃部犁滑作用外，相当部分的石材在交变应力作用下，在所发生的碎裂，解理和剥落过程中被切除，一般认为，脆性材料侵入断裂的机理有侵入破岩机理和磨削破岩机理，对于岩石在压头侵入下的变形和断裂过程，各研究者的解释虽不完全相同，但有一点（也是最基本的）是一致的：岩石断裂过程的发展不是随载荷的增加缓慢进行的，而是当载荷达到某一临界值后，发生突然的大块破碎。早期的理论多认为岩石大块崩落是由剪应力造成的，假设的成分较多。随着岩石断裂力学的发展和研究的不断深入，近期的理论多认为岩石大块崩落是由拉应力引起的。

显然，无论哪种切除机理，其碎岩效率都是与金刚石的出刃高度 h_c 成正比的，金刚石的出刃高度大，则金刚石的压入深度 h_r 就大，单粒金刚石刻取石材的体积就大，同时石材承受的交变应力也增大，所产生的崩裂、剥落体积也随之增大。大量的岩石钻、切实验表明，随着金刚石品级和粒度的不断提高，工具制造技术的快速发展，金刚石的出刃高度在很多情况下已经超过金刚石颗粒直径的 1/2，甚至达到 2/3，使得金刚石工具的切割效率显著提高。因此，金刚石出刃高度的可观测性与可测量性，是工具自锐性及工具的切割速度的重要的可测量参数。

金刚石破碎岩石的厚度取决于金刚石颗粒的大小、工作层中金刚石的饱和度和作用于金刚石上的力，金刚石最大出刃尺寸，在金刚石浓度正常的情况下，选取等于 1/5 ~ 1/3 的金刚石颗粒直径，钻进岩石时的金刚石刻入岩石的深度 $h_r = 10\% h_c$，最大切入深度为其最大出刃尺寸（h_{cmax}）的 45%，即最大约为其直径的 13.5%。

通过上述分析可知，金刚石刻入岩石的深度只能是估计数据，对于金刚石工具的设计与制造而言，只有间接的参考价值。而金刚石的出刃高度，则是在工具的工作过程中，随时可以观察、测量的数据，是金刚石工具的设计与制造的重要依据。也就是说，工具的设计可以围绕期望的金刚石出刃高度，确定金刚石的品级、粒度、浓度及与处理方法，胎体的类型、制造方法及工艺参数。

3.3.4　金刚石出刃高度的影响因素

影响金刚石出刃高度的因素很多，其中最主要的是：金刚石性能参数，胎体材料的性能参数和加工对象的性能。

（1）金刚石性能参数。主要是金刚石的品级、粒度和浓度，金刚石的品级是对金刚石质量的综合评价，包括杂质含量、静压强度，TI 值和 TTI 值，应该说，金刚石的品级越高，金刚石的质量、晶形就越好，越不容易破碎，可以抵抗更高的冲击载荷，按照胎体对金刚石的包镶计算，在相同的工作条件下，金刚石的出刃高度就会越高。金刚石颗粒的出刃高度是有限的，但在相同条件下，金刚石的出刃高度与颗粒的直径成正比，因此，粒度越粗，金刚石的出刃高度会越高。长期以来人们认为孕镶金刚石钻头上金刚石的出刃值最大为其直径的 1/3，若超出此值，金刚石就会从胎体上脱落。近年来对金刚石圆锯片和金刚石孕镶取芯钻头工作过程中的观察与测量大量出露的金刚石得知，当金刚石的平均直径为 300μm 时，其最大出刃值在 150 ~ 220μm 之间，即出刃高度达到金刚石直径的 1/2 ~

7/10。这种估算出的金刚石出刃高度值，说明孕镶金刚石工具性能的提高仍有很大的空间。有助于调整工具的设计参数和工作参数，从而进一步提高工具的工作效率与使用寿命。

（2）胎体材料的性能参数。胎体对金刚石的黏结性能是影响金刚石出刃高度的重要因素。

（3）加工对象的性能。加工对象的性能千差万别，要求工具必须和加工对象相适应。

3.4 胎体材料性能对工具切割性能的影响

胎体材料的性能是影响金刚石工具性能的关键因素之一，但由于胎体材料只是工具中的一部分，必须制造成金刚石工具后才能使用，研究工作往往侧重于胎体材料对金刚石颗粒的浸润和黏结性能及工具的切割使用性能等方面，而胎体材料的胎体硬度值、强度值、耐磨损性能的测试都比较容易，但是，做成金刚石工具后，涉及的工具参数的各种变化，都将影响工具的切割或钻进性能，因此，影响工具自锐性能和工具的寿命的关键参数——胎体和金刚石的综合性能研究很多，分析并给出了不同的锯片、钻头的宏观磨损、金刚石的颗粒磨损以及锯片切割、钻头钻进过程与加工工艺参数之间的关系，对金刚石的磨损形态进行了分类，特别是对胎体材料的不同性能参数对工具的切割使用性能的影响及其机理问题的研究。关于工具切割性能与胎体性能的直接关系问题的研究。国外以 G. E 公司、De Beers 公司和 Diamont Borat 公司等为代表，对制造金刚石工具用的金刚石、胎体粉末、添加剂及烧结制造工艺的研究很深入，对工具胎体的使用方面给出了一些指导性的建议，如切割花岗岩采用 Co 基胎体，切割大理石采用铜基胎体等。国内许多学者，在综述中提出，为改变胎体的性能可采用添加耐磨剂（SiC、B_4C）、脆化剂（Na_3AlF_6、ZrO_2）和固体润滑剂（MoS_2、石墨）等方式调节胎体的性能。

3.4.1 金刚石工具胎体的强化

加工对象的差异很大，钻进硬、脆、碎的岩层，加工耐火材料、粗粒花岗岩等强研磨性材料，工具的自锐性一般没有问题，需要对金刚石的胎体材料进行强化，提高胎体的抗冲击强度和耐磨性，以保证工具的安全性和寿命。强化的概念容易理解，强化的方法也很多，金刚石工具胎体的强化主要包括以下三项内容：

（1）胎体力学性能的强化。采用合适的工艺方法和参数，提高胎体的密度和力学性能。从制造方法上，可选择的制造方法有：普通冷压烧结、普通热压烧结、保护气体或真空热压烧结、放电等离子热压烧结等。采用具有较好性能的胎体类型和配比，采用新型胎体结合剂，预合金粉。

（2）胎体耐磨性能的提高。

（3）胎体对金刚石包镶性能的提高。铁基粉末胎体对金刚石的黏结行为应该是重点讨论的问题，由于合金粉末中含有 40% ~80% 的 Fe 和 20% ~40% 的 Cu，并在预合金粉末的熔炼和喷制过程中，专门添加了少量的与金刚石亲和力强的特殊材料，使得预合金粉末 YH1 的熔点更低，对金刚石颗粒的浸润和黏结能力更强。可以认为，Fe 与金刚石的反应发生于金刚石与 Fe 基合金的界面处，反应过程中界面处的 C 在 Fe 中的浓度为烧结温度（860℃）时碳在 γ-Fe 中的平衡溶解度，这个浓度不随保温时间而改变。在烧结保温过程中金刚石晶格中的碳原子会不断溶入 γ-Fe 中，并在 γ-Fe 中向远离金刚石的方向扩散，这

个扩散过程可以简化为表面碳浓度为 C_0 的扩散偶，根据 Fick 第二定律

$$D\frac{\partial^2 C}{\partial x^2} = \frac{\partial C}{\partial t} \tag{7-3-4}$$

其初始条件：$C(x,t=0)=0$

其边界条件：$C(x=0,t)=C_0$

$C(x=\infty,t)=0$

在这个条件下，方程的解为：

$$C(x,t)=C_0[1-erf(\beta)]$$

$$\beta=\frac{x}{2}\sqrt{Dt} \tag{7-3-5}$$

式中 x——距离，m；

t——保温时间，s；

D——烧结温度下碳在 γ-Fe 中的扩散系数，m^2/s；

$C(x,t)$——任一位置、任一时刻碳的浓度，kg/m^3；

C_0——烧结温度下碳在 γ-Fe 中的平衡浓度，kg/m^3。

考虑到反应的机制是界面处金刚石晶格中的碳原子不断地溶入 γ-Fe 中的扩散，当 $x\to 0$ 时：

$$J(x\to 0,t)=C_0\sqrt{\frac{D}{\pi t}} \tag{7-3-6}$$

单位时间内金刚石表面被 Fe 刻蚀的厚度 v 可表示为：

$$v=\frac{J}{\rho_D}=C_0\sqrt{\frac{D}{\pi t}}\cdot\frac{1}{\rho_D} \tag{7-3-7}$$

式中 ρ_D——金刚石的密度，$\rho_D=3.52\times10^3 kg/m^3$；

D——烧结温度下的扩散系数，其表达式为：

$$D=D_0\exp(-Q/RT)$$

D_0——碳在 γ-Fe 中的扩散常数，$D_0=2.0\times10^{-5}m^2/s$；

Q——碳在 γ-Fe 中的扩散激活能，$Q=140\times10^3 J/mol$；

R——气体常数，$R=8.31J/mol$；

T——保温温度，K。

在金刚石工具制造中，通常使用的烧结温度为 700 ~ 1000℃，保温时间为 3 ~ 15min。在此假设烧结保温时间为 3min，在设定温区 700 ~ 900℃取三个温度，可估算 Fe 与金刚石的反应速率 v 在 800℃、850℃和 900℃时分别为 0.076μm/min、0.091μm/min 和 0.11μm/min，据此计算，在热压烧结的工艺范围内，与铁基胎体接触的金刚石颗粒可互相扩散，其扩散层厚度在 0.03 ~ 0.5μm，这种反应物厚度对于直径为 400μm 左右的金刚石颗粒的强度影响不大。但这种扩散层或反应层的形成，彻底改变了原始金刚石的表面状态，会大大改善液相烧结的胎体材料对金刚石的浸润与黏结性能，提高胎体材料对金刚石的黏结力和把持力，提高胎体对金刚石的允许凸出高度和工具的综合性能。

在含金刚石预合金铁基粉末的断口中，可清晰地在金刚石颗粒表面看到铁基粉末颗粒与金刚石接触反应留下的反应痕迹，根据反应斑痕的形貌可判断出铁基胎体与金刚石的反应并不激烈，金刚石表面的反应蚀坑也不深；但铁基胎体对金刚石的黏结仍很牢固，说明只要胎体与金刚石 之间发生了界面反应就能提高其黏结力。在烧结工艺合适的情况下，铁基胎体的工具在钻进和切割石材过程中，金刚石工具的工作表面上没有发现不正常的金刚石过早脱落情况。用 YH1 胎体制造的金刚石工具切割威海红时的金刚石出刃高度可达到 95μm，为金刚石颗粒直径的 1/4，因而工具具有高的切割能力。

由于大多数条件下，工作参数容易确定，颗粒在胎体表面的出露高度，也称为出刃高度，体现的是工具的碎岩能力；孕镶金刚石工具的工作性能与其磨损过程密切相关，对其磨损机理的研究一直为人们所关注。因为金刚石和胎体的磨损也存在三种形式，即研磨性磨损、黏附性磨损和冲蚀性磨损。研磨性磨损由物体相互摩擦而产生；黏附性磨损则由于摩擦发热而产生；冲蚀性磨损是由于冷却液携带着岩屑（或其他硬质颗粒）的冲刷作用而产生的，这种磨损的合理速度要求胎体的磨损保证工具自锐，支持金刚石颗粒有较高的出刃高度而不过早脱落，保证工具的整体消耗量不大，从而保持长的使用寿命。

3.4.2　金刚石工具胎体的弱化

相对于胎体性能的强化，根据孕镶金刚石切割工具的特点及大量研究工作结果，提出胎体性能“弱化”的概念，用于指导研究和解决提高金刚石工具性能的设计思想。弱化的指导思想是：

（1）通常，工具的切割速度随着胎体材料耐磨损性能的降低而提高，与胎体的抗弯强度或硬度并不都是一致性的关系，但所选择工具胎体的耐磨性能的降低应该是在切割速度提高的同时，切割寿命不降低或降低不多。

（2）为提高工具的切割速度而降低胎体耐磨损性能时，应保证胎体材料的性能不降低或降低不多，切割不同石材，对胎体材料的性能要求差别很大，切割花岗岩的胎体抗弯强度应在 500MPa 以上，而切割大理石的胎体抗弯强度高于 400MPa 即可。

（3）可以用不同的工艺方法降低胎体的耐磨损性能，以提高工具的切割速度。根据切割对象的不同，所要求的胎体耐磨损性能的降低程度相差很大，切割弱研磨性石材，可以在胎体中添加低熔点金属粉（形成中间化合物）、化合物粉、树脂粉及石墨粉等；也可以适当降低烧结的温度、压力和时间等。一般情况下，工具切割速度高则使用寿命短，切割寿命长则切割速度低。材料研究者，通常研究的是材料的强化问题，对于性能的弱化则持慎重态度，提出胎体性能“弱化”是利用工艺控制，在保证胎体材料强度满足使用要求的前提下，通过适当降低胎体的耐磨损性能，来提高工具的性能，尤其是切割速度的目的。

3.4.2.1　“弱化”的概念

在金刚石工具的制造和研究工作中，一般考虑的问题是强化胎体的力学性能及其对金刚石的黏结性能，以期提高工具的耐用度；然而，当加工对象为研磨性相对很弱的石材、瓷砖等加工对象时，则往往会因胎体材料的磨损速度太慢，影响新金刚石颗粒的及时出露，造成金刚石工具的切割速度低甚至“打滑”。在这种情况下，仅仅依靠传统的降低胎体硬度的方法很难取得令人满意的效果，必须采用合适的工艺方法使胎体的某些性能弱化，以使其与切割对象相适应，即提高工具的自锐性，这种方法称之为“弱化”。相对于结构材料的强化而言，胎体材料的弱化意味着，作为金刚石工具中包镶及支撑金刚石工作的胎体材料的性能不是越高越好，而是为了满足对金刚石工具的某些要求，有目的的降低胎体的某些性能，如耐磨性、黏滞性等，因为工具工作过程中要求的切割速度越高，胎体材料的磨损速度就越快，所需要的工具胎体材料的耐磨损性能就越差。弱化的目的是提高工具的切割性能，“弱化”的意义实际上是“优化”。

3.4.2.2 “弱化”的相关参量

胎体材料性能的弱化，作为一个新提出的基本概念，其实质是利用有目的的降低胎体材料的某些性能，达到对工具切割性能优化的目的。根据“弱化”的定义，胎体材料的性能设计应该考虑胎体材料与加工对象的同步磨损匹配问题，即尽量保证胎体材料与金刚石颗粒的同步磨损，以实现工具的最佳性能，对这种性能应该有一个评价标准。为了建立这样的标准，有研究定义了锯片的效率指数 E、寿命指数 L 和切割指数 Z，并结合试验数据对锯片的切割性能进行了评价，实践证明利用切割指数 Z 评价锯片的性能是可行的。在文献［1］中初步分析讨论了胎体材料性能的“弱化”问题，并提出用切割指数 Z 作为评价金刚石工具性能的参数：

$$Z = \frac{\Delta V}{\Delta M \cdot \Delta T} \tag{7-3-8}$$

式中 Z——工具切割性能指数，$\mathrm{cm^3/(g \cdot min)}$；

ΔV——石材切割量，$\mathrm{cm^3}$；

ΔM——工具磨损量，g；

ΔT——切割时间，min。

当金刚石工具切割石材时，如果石材的结构松软，则单位时间的切除量（ΔV）就大。若石材的解理发育发达，石英含量高，研磨性强，则工具的消耗（ΔM）就大。显然，式中 ΔV 是石材性能的参数，可用下式表示：

$$\Delta V = f(H, d, x) \tag{7-3-9}$$

式中 H——石材的硬度，HB；

d——石材平均颗粒度，mm；

x——石材中的石英含量，%。

而 ΔM 又是工具性能的参数，可用下式表示：

$$\Delta M = f(q, r, g, \Delta m) \tag{7-3-10}$$

式中 q——金刚石浓度，%；

r——金刚石粒度，mm；

g——金刚石抗压强度，kgf；

Δm——胎体耐磨性能，g。

胎体材料的 Δm 值大，表示工具的耐磨性能相对差，即工具的磨损量 ΔM 也可能大，但当工具的磨损性能与加工对象相适应时，则不但意味着切割速度大，而且会使工具的磨损速度相对降低，即 ΔM 值减小，因此，Z 值反映了工具切割过程中，工具切割速度与所预测寿命的综合指标，可以用切割指数 Z 来表示胎体弱化的效果，而 Δm 为弱化的程度。Z 为单位时间内单位工具的磨损量所切割的石材的量，其单位为 $\mathrm{cm^3/(g \cdot min)}$。

通过上述分析：不难得出这样的结论，胎体弱化的目的在于通过降低胎体的耐磨性 Δm，使得金刚石容易出露并维持高的出刃高度 h_c，使得单位时间内工具切除石材的体积 ΔV 增大。一般情况下，工具的 ΔM 与胎体的 Δm 之间存在着正比关系，即 Δm 增大，则工具的 ΔM 也增大，如果胎体能够牢固地黏结金刚石且能够以所要求的速度磨损，则随着 h_c 的提高和金刚石对胎体的保护作用的加强，会使工具在切割大量石材 ΔV 后，其磨损量 ΔM 相对地降低，即在切割时间 ΔT 一定时，通过 $\Delta V/\Delta M$ 的提高，而使得 Z 值增大。或者维持 $\Delta V/\Delta M$ 值不变，由于缩短了切割时间 ΔT，而提高了工具的切割指数 Z。由于弱研磨性石材要求金刚石自锐性能好，胎体的耐磨性不能太高，即 Δm 值增大，使得胎体弱化，提高工具的切割速度。

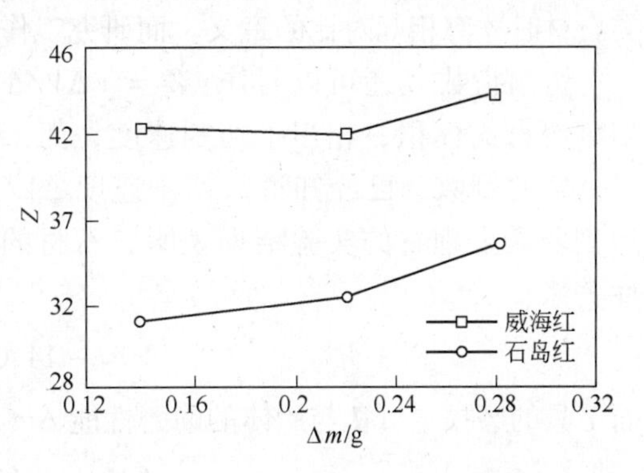

图 7-3-7　切割指数 Z 与刀头失重 Δm 的关系

根据试验结果，通过添加石墨 C 和玻璃粉 BL 对胎体性能的弱化，主要是耐磨性能下降，使工具的切割指数 Z 值提高，由表 7-3-1 数据，可得到图 7-3-7 的 Z-Δm 曲线关系。

表 7-3-1　胎体磨损性能对工具切割性能的影响

编　号	切割长度/cm	切割时间/s	切割速度/cm · min^{-1}	ΔM/mg	Δm/g	出刃高度/μm	切割指数 Z
C0	27	122	13.3	5.0	0.23	76	266
BL33	27	105	15.4	6.0	0.48	81	256
Q1	27	90	18.0	6.2	0.55	91	290
BL34	27	66	24.5	6.5	0.63	100	377
C2	27	60	27	6.7	0.68	110	403
C3	27	50	32.4	7.0	0.76	130	463

(1) 如果不考虑胎体的强度因素，工具的切割指数 Z 将按图中所示的规律，随 Δm 的增加而成指数上升，即 Δm 值越大，Z 值越高。

(2) 研究发现，切割指数 Z 随着胎体耐磨损性能的下降（Δm 值增大）而提高，本文采用的方法使 Δm 在为 0.76g 时，切割指数 Z 为 463。锯片切割弱质大理石的速度已接近进口产品水平，如果能够继续降低 Δm 的值，应该有一个 Δm_i 值，使锯片的切割性能达到更佳状态的 Z_{max}。

(3) 当 Δm 值大于 Δm_i 时，工具的性能将受到胎体强度的制约，即会因为胎体强度不足以抵抗切割时的冲击，ΔM 值急剧上升，Z 值突然下降，使工具失效。本试验中胎体的 Δm 值曾弱化到 0.92g，但胎体的强度也降到 297MPa，锯片切割速度虽高达 6m/min，提高了 40%，但寿命却降低了 93%，仅为 60m/片，因而 Z 值大幅度降低。这种胎体的 Δm 值再降低，锯片的强度将不足以保证正常使用，因而后部分曲线将急剧下降。

研究弱化的意义就是要选择合适的工艺方法，使得工具胎体的耐磨损性能在急剧降低的同时，尽量保证胎体及其对金刚石的黏结强度不下降或少下降，从而使 Δm_i 值尽量右移，扩大工具胎体的选择范围。试验中也发现，对 YH1 胎体和添加稀土 La 和 Ce 的铜基胎体，可以在一定的条件下，实现在胎体强度提高的同时，使得耐磨损性能降低，证明这种思想是正确的。

试验中发现，切割指数 Z 的值，必须在相同的加工工艺条件下，切割相同体积的同一类石材时才有相互对比的意义。而研究工作中，保证这样的条件并不困难。

切割指数 Z 还可以写作：$Z = (\Delta V/\Delta T)\cdot(1/\Delta M)$，其中 $\Delta V/\Delta T$ 为锯片单位时间切割石材的体积，相当于切割速度，而 $1/\Delta M$ 为切割体积为 ΔV 的石材时，工具磨损量 ΔM 的倒数。已经知道，切割速度 $\Delta V/\Delta T$ 是直接与金刚石的出刃高度密切相关的，切割弱质大理石的实验结果表明，石材的切割速度 v 与金刚石的出刃高度 h_c 呈如下线性关系：

$$V = -14.081 + 0.367h_c \tag{7-3-11}$$

而工具的磨损量 ΔM 与胎体的耐磨性能 Δm 的关系也为线性关系：

$$\Delta M = 4.154 + 3.747\Delta m$$

代入 $Z = \Delta V/(\Delta M - \Delta T)$ 式可以得到：

$$Z = -k\frac{14.081 + 0.367h_c}{4.154 + 3.747\Delta m} \tag{7-3-12}$$

如此，已将切割指数 Z 与切除量及时间的关系转变为与胎体的耐磨损性能 Δm 和金刚石出刃高度 h_c 的关系，如式（7-3-12）所示，该式是在对弱岩大理石（米黄）时得出的，为了使该式的适用性更广泛，可将式（7-3-12）改写为：

$$Z = k\frac{F_1 h_c}{F_2\Delta m} \tag{7-3-13}$$

式中，k 为可求的系数，对于任一种胎体材料制造的锯片，通过在设定加工工艺条件及所要加工石材的条件下进行的切割试验，能够方便地测定出 $V = F_1(h_c)$ 和 $\Delta M = F_2(\Delta m)$ 的关系式，即可确定所求的切割指数。

为了建立 Z 与 Δm 的直接关系，根据切割西班牙米黄大理石时的公式：

$$V = 10.653 + 1.496\exp(\Delta m/0.217)$$

所以式（7-3-14）还可以写为：

$$Z = 0.25\times 2\times\frac{10.653 + 1.496\exp\dfrac{\Delta m}{0.21}}{4.154 + 3.747\Delta m} \tag{7-3-14}$$

该式是在采用非金属添加物弱化 Cu-Sn 合金胎体后的金刚石工具，在 8000r/min，2.0kgf 载荷条件下的试验结果。该式表明，如果不考虑工具胎体的强度因素，工具的切割指数 Z 将随着 Δm 的提高呈指数规律增加，由此可以确定所设计胎体材料的耐磨损性能参数。

在特定的试验条件下，将试验数据经过数学处理后推出的，其适用范围虽有局限性，但根据实际检测，可初步确定：对于任一选定石材，均可利用石材切割试验机，方便可靠地测定切割速度 v 和工具磨损速度 ΔM 与胎体磨损性能 Δm 的关系，将式（7-3-14）代入式（7-3-8）可得：

$$Z = F(\Delta m) \tag{7-3-15}$$

由以上分析可知，胎体性能弱化的主要参量有两个，一是切割指数 Z，表示弱化的效果；二是胎体材料的耐磨性能，以磨损失重 Δm 表示，表征弱化的程度。另外还有一个隐参量，即胎体的强度，是一个限定性参量，任何形式的弱化都不能使胎体强度低于使用要求。因此弱化的优化过程实际包含着使胎体材料耐磨性能的降低及胎体强度的少受损失两个内容。

3.4.2.3　“弱化”的方法

胎体材料的弱化方法很多，通常采用的有：

（1）工艺控制法。采用适当降低单位压制压力、烧结温度和时间的方法，使得烧结胎体的性能，主要是胎体的密度、硬度和耐磨性能降低。这种方法操作起来简便易行，可应用在工厂的大批量生产中。本书对三种铜基胎体和钴基胎体进行了不同温度的热压烧结，其性能测试结果见表 7-3-2 和表 7-3-3。

表 7-3-2　工艺参数对铜基胎体合金性能的影响

胎　体	650℃		700℃		750℃	
	ΔM/g	σ/MPa	ΔM/g	σ/MPa	ΔM/g	σ/MPa
T1	0.61	247	0.55	295	0.45	345
T2	1.10	170	0.92	296	0.82	315
T3	0.94	315	0.79	335	0.76	379

注：T1、T2 和 T3 分别为 Cu、6-6-3 青铜和 Cu-Sn 合金基胎体。

表 7-3-3　工艺参数对钴基胎体合金性能的影响

胎　体	820℃			860℃			900℃		
	ΔM/g	σ/MPa	HRB	ΔM/g	σ/MPa	HRB	ΔM/g	σ/MPa	HRB
Ta	0.20	627	93	0.18	695	95.2	0.18	940	96.2
Tb	0.23	619	89	0.21	688	94.8	0.20	834	95.3
Tc	0.29	506	82	0.26	639	86.7	0.23	644	87.0

注：Ta、Tb 和 Tc 分别为达到理论密度 98%、92% 和 90% 的 Co 基胎体。

可以看到，随着烧结温度的下降，胎体的密度、强度、硬度和耐磨损性能同时下降，但是不同类型胎体的耐磨损失重及胎体的抗弯强度相差很大，现场切割使用表明，胎体的抗弯强度必须达 400MPa，才能保证锯片在切割过程中的正常使用，这与某些文献中规定的金刚石工具胎体的抗弯强度必须高于 600～800MPa 有相当大的差异。因此该数据为锯片胎体材料的选择提供了更大的范围。

（2）添加剂法。采用在胎体材料中添加某些耐磨性能稍差，且可降低胎体材料韧性的元素，例如硼、碳、硅、稀土元素镧、铈或其合金等。这些元素或合金只要添加方法得当，就会使胎体材料的耐磨性能下降，以得到所要求的 Z 值。这也是目前调整金刚石工具性能时采用最多的方法。本实验采用在铜基胎体中添加软金属、稀土金属、石墨碳和封接玻璃粉末的方法实现了对胎体的弱化，实验结果见表 7-3-4。表中 1、C0、C3、BL33 ~ 35 号胎体的成分分别为 Cu、Cu-Sn、Cu-Sn + C、Cu-Sn + C + 3% BL3、Cu-Sn + C + 4% BL3、Cu-Sn + C + 5% BL3 胎体合金。可以看到，石墨碳对胎体的弱化作用最显著，但其强度偏低；再添加入 BL 玻璃粉后，胎体的磨损性能变化不大，但是胎体的抗弯强度（σ），尤其是含金刚石胎体的抗弯强度（σ_{dia}）则有明显的提高，约为 15%；这是胎体材料性能弱化后获得的较好结果。

表 7-3-4　添加剂对胎体性能的影响

胎　体	ΔM/g	σ/MPa	σ_{dia}/MPa
1	0.18	540	430
C0	0.21	580	450
C3	0.76	379	315
BL33	0.45	406	352
BL34	0.63	367	316
BL35	0.73	321	295

3.4.2.4　“弱化”的作用

对加工石材过程中，工具中金刚石颗粒的五种磨损状态与胎体的耐磨损性能之间的关系进行了分析，认为抛光磨平形态金刚石的大量出现是影响工具切割性能的关键因素，而其出现的原因又往往是工具胎体磨损速度低或工具胎体磨损不足造成的，这种情况更多地出现在切割研磨性弱的加工对象中，如切割软质大理石西班牙米黄等，因为这类石材不含石英，胶结细密，所以研磨性很弱。为了使切割这类石材的金刚石工具保持良好的自锐性和锋利度，需要弱化胎体的耐磨损性能，使得工具胎体及时磨损，降低金刚石颗粒抛光或磨平的机会，提高新金刚石颗粒出露的数量，维持金刚石与胎体的同步磨损。这也是金刚石工具设计的最终目标，将其作为弱化的机制进行讨论。

如图 7-3-5，当正常工作的金刚石颗粒被磨损或撞击碎裂之后，其出刃高度将由 h_c 下降为 h_c'，工作面与石材之间的容屑间隙就会随之变小。这时，如果包镶金刚石的胎体不能及时磨损掉，工具的切割能力就会逐渐降低直至失效。为了保证工具保持良好的切割性能，就必须保证胎体能够同时磨损掉 Δh，既保证金刚石的出刃高度基本维持在 h_c，又使得新的金刚石出露，凸出过度的金刚石颗粒正常脱落。这种机制也就是金刚石工具胎体性能弱化的机制必须依靠适当降低胎体的耐磨损性能才能获得。当然，根据切割石材种类和所用金刚石品级、粒度和浓度等工艺参数的不同，对胎体的性能要求也不同。

建立金刚石工具胎体"弱化"概念的意义在于，通过认识"弱化"的概念，对金刚石工具胎体的设计，对金刚石工具使用性能的评价，有一个新的认识，即通过有目的的弱化胎体的耐磨性、变形性、黏滞性，提高工具的切割速度及寿命。改变以往提高速度影响寿命，提高寿命降低速度的设计思想。

实验中，利用胎体性能"弱化"的设计思想，首先对切割弱研磨性大理石用的金刚石锯片的胎体材料的性能进行了设计和优化。研究发现石墨和封接玻璃粉末的添加对于降低铜基合金胎体的耐磨损性能非常有效，随着这些非金属添加物含量的增多，胎体的耐磨损性能和抗弯强度急剧下降，由于物相的组织不均匀，胎体的硬度值测量很不稳定，但总体表现为变化不大。当石墨的含量达到4%时，Cu-Sn和6-6-3青铜合金基胎体的耐磨损失重量 Δm 分别达到0.98g和1.20g，但其抗弯强度值分别降至308MPa和253MPa，已不能满足抵抗切割石材过程中的冲击力要求，即胎体性能的弱化程度影响了使用要求，适宜的"弱化"工艺或方法应该能够达到既降低胎体耐磨损性能，又不损害或少损害胎体强度的弱化要求。根据试验数据分析，添加3%C弱化后，C0号和C3号胎体的耐磨损失重量 Δm 值由0.23g增加到0.76g，强度值则由580MPa降低为379MPa，但仍能够满足切割石材时的冲击力要求，其胎体工具的金刚石出刃高度从76μm提高到130μm，切割指数由1064cm^3/(min·g)增加到1851cm^3/(min·g)。我们选择了C3号胎体制造成 ϕ350mm和 ϕ400mm金刚石锯片，分别在北京紫光石材厂和捷利石材有限公司进行了现场切割使用实验，使用结果表明，锯片切割西班牙米黄时，速度和寿命分别为3.6m/min和800延长米/片，基本无崩裂现象，达到国内领先水平，从而证明弱化的设计思想和所采用的方法基本是正确的。

研究切割花岗岩石材的金刚石锯片中，采用预合金粉末（YH1），为了扩大YH1的应用范围，研究了在YH1中添加不同种类和含量的添加剂对其性能的影响，分析发现，添加剂Co和6-6-3Cu的作用，对于YH1切割花岗岩时的弱化作用显著，在YH1中添加20%Co和20%6-6-3Cu后，相同工艺热压烧结的YH1基粉末胎体T1和SY3的强度 σ 和耐磨损性能 Δm 分别从509MPa和0.23g变为856MPa和0.36g，其工具切割威海红的切割指数 Z 和金刚石的出刃高度 h_c 分别从55.59cm^3/(min·g)和66μm提高到57.24cm^3/(min·g)和95μm。现场切割实验表明：用SY3胎体制造的近20片 ϕ1600mm锯片在山东和福建使用结果表明，切割635和石岛红花岗岩的速度和寿命分别可达1.5m^2/h和285m^2/片，比用T1胎体制造的同类锯片的切割速度和寿命均提高20%以上，与其他同类产品的平均时效0.8m^2/h和寿命220~260m^2/片的水平相比较，也有相当大的提高，达到国内先进水平。

3.5 胎体材料对金刚石的把持力

关于胎体材料与金刚石的黏结问题，由于金刚石与几乎所有的金属或合金都有很高的界面能，难以实现良好的润湿与黏结，大部分孕镶金刚石工具中，胎体对金刚石只有机械卡固作用，而没有冶金化学黏结，致使金刚石过早脱落，造成了昂贵金刚石的大量浪费。据估计，每年因包镶不牢引起的金刚石脱落约占工具总用量的五分之一，为此，国内外学者进行了大量有针对性的研究，解决了许多问题，并在实际应用中取得了一定效果，这些方法和措施有：（1）金刚石表面金属化处理；（2）金刚石表面镀膜处理；（3）金刚石表面氧化处理；（4）胎体材料采用含强碳化物形成元素或含有碳化物形成元素的低熔点合金；（5）利用铁基胎体材料等。

这些方法在理论上各具特色，但其效果并不稳定。其原因在于：

（1）尽管许多实验证明强碳化物形成元素在一定的热力学条件下可以与金刚石发生 Me + C ═ MeC 的化学反应，生成其相应的碳化物，使金刚石表面呈现金属的特征，即所谓的金刚石表面金属化。然而，Me + C ═ MeC 反应生成碳化物的条件和机理由于方法不同，差异较大。低温沉积法生成的 MC 和 M_6C 的碳源来自金刚石，能经得起煮沸的强酸，不脱落不溶解。

（2）由于应用范围差异大，工具制造中胎体材料的种类、组成及烧结工艺条件等的差别也很大，因而胎体合金中的碳化物形成元素的添加方式及添加量、金刚石表面涂覆材料的形式和种类，在不同的烧结温度、压力、时间条件下，向金刚石表面的扩散、偏聚、富集，与金刚石发生化学反应的问题也很复杂。

（3）研究结果表明，润湿只是实现黏结的必要条件，而不是充分条件，需要研究采用何种碳化物形成元素才能保证胎体合金既润湿金刚石，又有较强的黏结力。

1958 年，美国通用电气公司首先报道了将钛的氢化物[TiH_2]，加入到银铜合金中进行烧结的方法，氢化钛分解出的原子态的钛具有极高的活性，这种钛会与金刚石表面产生化学反应，从而实现了对金刚石的良好焊接。随后出现了许多解决金属胎体黏结金刚石问题的专利发明，如将氢化钛或氢化锆添加到低熔点合金中，用于金刚石工具的制造。但这种方法随着钛原子或锆原子的析出会伴随氢气的产生，出现细小的氢气泡并成为金属胎体对金刚石黏结的障碍。

1965 年，Feldmuhle papiev-und-zellstoff werke. A. G 用钛、锆粉末制成涂料，喷附于金刚石表面之上，然后在 $10^{-3} \sim 10^{-5}$托(1 托 = 133.322Pa)高真空下与低熔点合金烧结以实现基体对金刚石焊接，但对于细小的金刚石颗粒，欲均匀地在其表面涂附 0.2 ~ 0.3μm 厚的钛粉是很困难的。

1978 年，M. Baily 和 W. Collion 成功地使用了英国 De Beers 公司生产的“TITANIED Grit”注册商品制造金刚石孕镶工具，主要是用于切割石材和混凝土的圆锯片，这种镀钛的金刚石颗粒可在加热时与钛形成化学黏结力，因而获得了较好的结果。但后来再未见到其有关制造工艺及推广应用更多的报道。

前苏联学者 Y. Naidich 和 P. Scott 等分别采用含 Ti、Cr、Mo、W 等碳化物形成元素的低熔点 Cu-Sn 或 Cu-Ga 合金对金刚石表面进行润湿和黏结机理的研究，指出只有在金刚石表面发生化学反应并生成其相应的碳化物，该碳化物具有金属化的特征，才能被金属或合金所润湿。

我国林增栋等自 1973 年就致力于金属与金刚石黏结的研究，利用快速加热热压烧结工艺将钛加入到铜基合金中与金刚石颗粒一起烧结，在非真空条件下实现了对金刚石的黏结，初步探明了添加钛的铜合金与金刚石黏结界面的微观结构。使用表面金属化的金刚石，大大地提高了金刚石工具的耐用度。20 世纪 80 年代以后，冶金部孙毓超、宋月清，燕山大学王明智等，分别研究了不同条件下在金刚石表面镀 Ti、Cr、Mo 或 W 后对金刚石工具胎体性能的影响，热压烧结条件下胎体材料中碳化物形成元素与金刚石发生化学反应的机理，胎体材料自身性能及其对金刚石的黏结性能、与加工对象的适应性以及 SHS 反应在金刚石工具材料中的应用等问题，并在实际应用中获得了较好效果。

3.6 胎体材料与加工对象的适应性

由表 7-3-5 可见，由 T1 到 SY3，当 Δm 由 0.23g 增加到 0.36g，在切割石岛红和威海红时，切割指数 Z 分别从 26.44 和 55.59 提高到 34.89 和 57.24；金刚石出刃高度 h_c 则从 62 和 82 分别提高到 66 和 95，证明了 SY3 对这两种石材的适应性更好。

表 7-3-5 工具切割石材的速度和寿命的关系

石材种类	编号	胎体磨损失重/g	切割速度/cm·min^{-1}	工具磨损失重/g	切割指数 Z	出刃高度/μm
石岛红	T1	0.23	23.14	0.035	26.44	62
	T9	0.31	26.70	0.037	28.87	69
	SY3	0.36	34.75	0.045	34.89	82
威海红	T1	0.23	40.30	0.029	55.59	66
	T9	0.31	44.30	0.032	56.26	75
	SY3	0.36	48.65	0.034	57.24	95
大理石	T1	0.23	8.06	0.005	32.24	66
	T9	0.31	8.92	0.005	35.68	69
	SY3	0.36	10.38	0.005	41.52	75

3.7 孕镶金刚石工具的冲蚀性磨损

研究孕镶金刚石工具的磨损性状对优化其使用性能至关重要。孕镶金刚石工具工作时金刚石与胎体同时受到磨损，但两者的磨损机理并不相同。孕镶金刚石工具如金刚石圆锯片和孕镶金刚石钻头是在高转速和相当大的压力下工作的，金刚石和胎体都可能受到研磨性磨损，或黏附性磨损或冲蚀性磨损。研磨性磨损属于物体摩擦学的研究范畴。黏附性磨损在确保冷却液充足的条件下是可以避免的。最近，有关冲蚀性磨损的研究引人关注。都柏林工程学院 J. D. Dwan 等人用 SB 9006 型喷砂装置对不同金刚石浓度与粒度的含钴金属胎体试样进行了模拟冲蚀性磨损试验。试验结果表明，砂粒喷射速度对冲蚀性磨损的速率有明显影响；射流与试样表面之间的夹角（入射角）也影响到冲蚀性磨损的速率；喷射颗粒的切刻作用与入射角大小有关。就孕镶金刚石胎体本身而言，金刚石的浓度和胎体的硬度都会影响冲蚀性磨损的速率。Dwan 等人所制备的孕镶金刚石含钴胎体试样中选用 SDA 85+金刚石，粒度分别为 30/35，35/40，40/45，45/50，50/60，60/70；浓度为 20，30，40。试验时喷砂压力取 4.5×10^5Pa 和 6×10^5Pa；喷砂入射角为 15°，25°，35°，45°；喷砂时间为 10min。根据试验结果分析得出如下结论：喷砂入射角越大和喷砂压力越大，则冲蚀性磨损也越大；压力的影响大于入射角的影响；金刚石浓度越低则冲蚀性磨损越大，与金刚石粒度无关；在金刚石浓度一定时，金刚石粒度越大则冲蚀性磨损越大。以上实验方法与结论对于孕镶金刚石钻头的结构设计（金刚石粒度、浓度以及胎体硬度的选定，特别是水口大小与形状的设计）以及如何用好孕镶金刚石钻头（正确选择钻进参数，特别是冲洗液流量大小）均有可借鉴之处。

参考文献

[1] 孙毓超，刘一波，王秦生．金刚石工具与金属学基础[M]．北京：中国建材工业出版社，1999：222～223.

[2] 宋月清．切割石材用金刚石工具胎体材料优化研究[D]．北京：有色金属研究总院，1998：48～98.

[3] 孙毓超．高压物理学报，1992，6(1)：37～48.

[4] Co G E. (USA) Engs Digest. 1958，5(19)：14.

（冶金一局：孙毓超）

第8篇　金刚石工具标准

1　金刚石工具标准综述

1.1　国内外磨料磨具标准体系

1.1.1　我国磨料磨具标准体系

磨料磨具行业主要包括普通磨料、固结磨具、超硬磨料、超硬磨料制品、涂附磨具、碳化硅特种制品六大类产品。在全行业标准化工作者多年的努力下，经过自主研发和采用国际、国外先进标准，我国的磨料磨具国家标准和行业标准已形成了相对完整、相互协调的标准体系，为整个行业的发展提供了重要技术支撑，基本能满足行业需要和市场需求。

从1959年我国第一个磨料磨具部颁工具标准的诞生，到目前形成涵盖磨料磨具行业六大类产品的标准体系，我国磨料磨具行业的标准化工作取得了长足的发展。我国磨料磨具标准体系现状如下。

1.1.1.1　标准数量

我国现行的磨料磨具标准共有160项，其中国家标准71项，行业标准89项。

1.1.1.2　标准计划项目及执行情况

我国磨料磨具领域正在执行的标准计划项目（包括已完成制修订工作，尚未批准发布的标准）共计56项（制定项目10项，修订项目46项）。其中国家标准计划项目6项，行业标准计划项目50项。

1.1.1.3　标准构成情况

现行磨料磨具标准中只有《普通磨具　安全规则》(GB 2494—2003）1项强制性标准，其余159项标准均为推荐性标准。

现行磨料磨具标准按专业分为：基础通用标准、普通磨料标准、固结磨具标准、超硬磨料标准、超硬磨料制品标准、涂附磨具标准、碳化硅特种制品标准、工装和检测设备标准8个类别，标准构成见表8-1-1。

表 8-1-1 我国磨料磨具标准构成情况

专业类别	基础通用标准	普通磨料	固结磨具	超硬磨料	超硬磨料制品	涂附磨具	碳化硅特种制品	工装和检测设备	合计（项）
总数量	2	36	43	20	20	23	14	2	160
国家标准数量	2	17	25	4	7	11	4	1	71
行业标准数量	0	19	18	16	13	12	10	1	89
产品标准数量	—	13	37	9	20	19	14	2	114
方法标准数量	—	23	6	11	0	4	0	0	44

1.1.1.4 标准的适用性

我国磨料磨具标准技术内容比较全面，包括术语、品种、符号、代号、安全要求、通用产品的技术条件、专用产品的技术条件、试验方法、检验规则、包装、运输和贮存等方面的规定或要求。基本可以满足生产技术人员、产品质量检验人员、质量监督管理人员、营销人员等有关方面人员的需求，市场适用性较好。

1.1.1.5 标准的时效性

现行标准的标龄情况见表 8-1-2，除部分术语、代号、包装和粒度组成等标龄较长的标准为继续有效外，10 年标龄以上的 47 项标准中，有 36 项已列标准修订计划。5 ~ 10 年标龄的 28 项标准中，有 10 项已列标准修订计划。标准复审和制修订工作比较及时，保证了标准的时效性。

表 8-1-2 我国磨料磨具现行标准的标龄

标 龄	5 年以内（2005 年及以后）	5 ~ 10 年（2000 ~ 2004 年）	10 年以上（1999 年及以前）
国家标准	50	13	8
行业标准	35	15	39
合 计	85	28	47

1.1.1.6 采用国际标准情况

近年来，根据国家积极采用国际标准和国外先进标准的方针，为了与国际接轨，促进磨料磨具贸易交流。我国的磨料磨具标准有 42 项标准采用了国际标准。截止到目前，国际标准化组织 ISO 发布的现行磨料磨具国际标准为 51 个，被采用转化为我国标准的有 39 个，采标率为 76%。还有 3 项标准制修订计划项目采用了国际标准。

1.1.2 国际标准体系和国外标准体系

1.1.2.1 ISO 国际磨料磨具标准体系

（1）ISO 国际标准数量。截至 2010 年 10 月 31 日，ISO 国际标准化组织有 51 项现行标准。涵盖普通磨料、固结磨具、超硬磨料、超硬磨料制品和涂附磨具五大类磨料磨具产品。

（2）ISO 国际标准构成情况。现行磨料磨具 ISO 国际标准按专业类别分为普通磨料标准、固结磨具标准、超硬磨料标准、超硬磨料制品标准、涂附磨具标准、检测设备标准、基体和配套装置 7 类，标准构成见表 8-1-3。

表 8-1-3 磨料磨具 ISO 国际标准构成

专业类别	普通磨料	固结磨具	超硬磨料	超硬磨料制品	涂附磨具	检测设备	基体和配套装置	合计（项）
总数量	10	19	1	2	11	1	7	51
产品标准数量	1	18	0	2	11	1	7	40
方法标准数量	9	1	1	0	0	0	0	11

（3）ISO 国际标准的适用性。ISO 国际标准主要规定了产品的规格、形状、基本尺寸和测定方法等内容，很少规定产品具体的技术指标。这种标准体系，便于国际上磨料磨具的产品规格和性能测定方法的统一，作为产品的基础性标准尚可，但无法对规范产品质量，提升产品性能提供必要的技术支撑。

（4）ISO 国际标准的时效性。由于 ISO 国际标准多为基础性和方法标准，加上 ISO 国际标准化组织制修订标准的运行模式，多数 ISO 标准的标龄相对较长。现行 ISO 国际标准的标龄情况见表 8-1-4。

表 8-1-4 ISO 国际标准的标龄

标 龄	5 年以内（2005 年及以后）	5～10 年（2000～2004 年）	10 年以上（1999 年及以前）
标 准	8	16	27

（5）ISO 国际标准总体应用情况。ISO 国际标准从整体上涉及的内容广泛，覆盖了整个磨料磨具专业范围，作为磨料磨具的基础性标准，对各国之间的贸易往来和技术交流起到了桥梁作用。因此很多国家采用国际标准作为产品的基础性标准，特别是方法标准为大家提供了统一的测定依据。

1.1.2.2 国外其他国家磨料磨具标准体系

截至目前，仅搜集到 61 项日本标准、3 项欧洲标准和部分其他国家的标准文本。由于受信息所限，无法正确地对其他国家的标准体系进行全面的分析。因此根据搜集到的标准，结合从各国标准化机构相关网站上获得的信息，概括地对其他国家标准体系进行简单的分析。据粗略统计涉及磨料磨具的美国 ANSI、MIL 等标准 49 个，德国国家标准（DIN）95 个，日本工业标准（JIS）61 个，欧洲标准（EN）6 个。从搜集到的国际标准及国外先进标准的情况看，在国外标准中，试验方法标准和基础标准相对较多，产品标准相对较少。一般产品标准技术内容也不是很完整（日本 JIS 标准除外）。日本标准中基础标准、方法标准、产品标准相对较全，且产品标准技术内容比较全面。欧洲标准主要为基础标准和产品安全方面的标准。

1.2 国内外磨料磨具领域主要标准比对分析

1.2.1 主要标准比对对象的选取

磨具（包括固结磨具、超硬磨具、涂附磨具）是磨料磨具的基本产品，也是磨削加工中最常用的工具。由于磨具是在高速旋转中工作的，如果磨具存在质量缺陷或使用操作不当，使用过程中会有破裂的危险。高速旋转的磨具一旦破裂，碎片会以很高的速度四处飞散，轻则导致设备损毁，重则导致人员伤亡。因此，各国都非常重视磨具的安全性能，制定了相应的标准规定磨具的设计、产品性能指标、安全性能检测、使用信息等内容，以保证磨具的产品质量和使用安全。欧洲标准详细规定了磨具的安全要求，我国标准也对磨具的安全性能进行了规定。由于我国磨具安全标准与欧洲磨具安全标准存在的差异，导致磨具进出口业务中问题不断，为了使质检系统和广大进出口企业能够全面了解我国磨具安全标准与欧洲磨具安全标准的技术内容和差异，为了加强我国磨具安全标准的技术含量，进一步提高标准管理水平，现就我国磨具安全标准与欧洲磨具安全标准的具体内容进行分析并加以比对。

1.2.2 我国磨具安全标准基本情况

我国只有固结磨具制定了单独的安全标准《普通磨具 安全规则》(GB 2494—2003)，超硬磨具和涂附磨具均未制定单独的安全标准，对磨具的安全性能要求分布在通用和专用产品标准中。

固结磨具安全标准方面：我国强制性国家标准《普通磨具 安全规则》(GB 2494—2003）规定了固结磨具的最高工作速度、验收、贮存、安装、使用及对使用设备的安全要求，其他安全指标如静不平衡量、侧向负荷分别在《普通磨具 交付砂轮允许的不平衡量测量》(GB/T 2492—2003）和《固结磨具 纤维增强树脂切割砂轮》(JB/T 4175—2006）中进行了规定。

超硬磨具的安全方面的标准：机械行业标准《超硬磨具 技术条件》(JB/T 7425—1994）规定了超硬磨具的静不平衡量等有关安全的内容。国家标准《超硬磨料制品 金刚石圆锯片》(GB/T 11270—2002）规定了金刚石圆锯片的锯齿结合强度等有关安全的内容。

涂附磨具安全标准方面：机械行业标准《研磨页轮》(JB/T 3891—1996）规定了页轮的回转强度等有关安全的内容。

1.2.3 欧洲磨具安全标准基本情况

欧洲单独制定了固结磨具、超硬磨具、涂附磨具的安全标准，分别为《固结磨具 安全要求》(EN 12413：2007)、《超硬磨具 安全要求》(EN 13236：2001）和《涂附磨具 安全要求》(EN 13743：2001)，欧洲磨具安全标准较全面地规定了磨具的相关信息，包括与安全休戚相关的各项技术要求及检测方法、标志，使用信息等内容。适用于磨具设计者、制造者和供应商。为磨具设计者、制造者和使用者在减少危险性方面提供磨具的基本安全要求。

1.2.4 我国涉及磨具安全要求的标准与欧洲磨具安全标准的比对分析

1.2.4.1 固结磨具安全标准的比对分析

最高工作速度、回转强度、侧向负荷能力、不平衡量等指标是固结磨具的主要安全性能指标。我国制定了固结磨具安全标准 GB 2494—2003，主要对最高工作速度和回转强度进行了规定，其他安全性能指标在具体的产品标准中进行了规定。欧洲标准 EN 12413：2007 包含了全部的安全性能指标。下面就涉及固结磨具安全性能指标的我国标准与欧洲标准 EN 12413：2007 进行比对分析。

A　最高工作速度

最高工作速度即砂轮工作时允许使用的最高圆周速度，单位为 m/s。为了保证固结磨具的安全，我国标准 GB 2494—2003 和欧洲标准 EN 12413：2007 中均规定了不同磨具类别的最高工作速度，最高工作速度规定见表 8-1-5。我国标准中规定的最大值为 80m/s，欧洲标准为 125m/s。为提高固结磨具的磨削效率，满足机械加工制造业发展的需要，固结磨具逐渐向高速、高效、精密、超精密方向发展，因此应扩宽我国标准中关于砂轮最高工作速度的规定。

表 8-1-5　固结磨具最高工作速度

	GB 2494—2003	EN 12413：2007
最高工作速度/m·s^{-1}	20、23、25、30、35、40、50、20～30、35～40、50～60、60～80	<16、16～20、25、32、35、40、45、50、63、80、100、125

B　回转强度

回转强度即砂轮旋转时在离心力作用下抵抗破裂的能力。回转强度是砂轮最重要的安全指标。我国标准 GB 2494（回转强度试验方法引用 GB/T 2493—1995）和欧洲标准 EN 12413 均规定了固结磨具应进行回转强度试验，我国标准与欧洲标准对回转强度试验规定见表 8-1-6。

表 8-1-6　回转强度试验

项　目	GB 2494—2003	EN 12413：2007
回转试验速度	最高工作速度小于等于 50m/s 的砂轮，按最高工作速度的 1.6 倍进行回转试验；最高工作速度大于 50m/s 的砂轮，按最高工作速度的 1.5 倍进行回转试验	回转试验包括安全速度回转试验和破裂速度回转试验。根据砂轮安全系数的不同，按最高工作速度的 1.1 倍或 1.2 倍进行安全速度回转试验；根据使用设备和砂轮类别，按最高工作速度的 1.87、1.73、1.41、1.32 倍进行破裂速度回转试验
回转试验范围	砂轮应 100% 进行回转试验	除重负荷磨削砂轮等少数砂轮应 100% 进行安全速度回转试验外。大部分砂轮产品是根据砂轮的类型和最高工作速度按规定的百分比（一般为 10%、5% 或 0.1%）对产品进行安全速度或破裂速度回转试验

我国标准中规定的砂轮回转强度试验相对简单，仅以 50m/s 的最高工作速度为界，区分为按最高工作速度的 1.6 倍或 1.5 倍进行回转试验。欧洲标准中规定的砂轮回转强度试验较为详细，按不同的目的划分为安全速度回转试验和破裂速度回转试验，安全速度回转试验是为了测定那些显著影响磨具强度的缺陷，破裂速度回转试验是为了测定砂轮破裂的最小强度。并且规定经受破裂速度回转试验后的砂轮应被销毁，这样可以避免因回转速度太高可能对砂轮结构造成影响，而存在使用安全隐患。

我国标准规定砂轮应 100% 进行回转强度试验，欧洲标准规定除个别砂轮进行 100% 全检外，大部分砂轮抽样进行回转强度试验。100% 回转试验是一项巨大的工作，特别是切割片和钹形砂轮，一批就是几千片，甚至上万片，而目前我国大部分回转强度试验机每次只能检测 1～3 片，实际上，很少有企业能做到对产品 100% 进行回转试验。

我国标准规定对所有产品均按最高工作速度的 1.6 倍或 1.5 倍进行回转，而欧洲标准进行安全速度回转是按最高工作速度的1.1倍或1.2倍进行的，即使是破裂速度回转也是按最高工作速度不同的倍数进行回转。我国标准中规定的回转速度倍数相对较高，且是全检，这方面需要进行探讨和研究。

C 侧向负荷能力

侧向负荷能力即砂轮工作时侧面抗冲击的能力，根据单点侧向负荷和三点侧向负荷冲击试验来确定。厚度较小的切割砂轮工作时，横向的侧向冲击可能导致较薄砂轮存在破裂的危险，因此侧向负荷能力是用于手持磨削的钹形砂轮（27型、28型）、切割砂轮（41型、42型）的一个很重要的安全指标。欧洲标准EN 12413：2007规定了钹形砂轮（27型、28型）、切割砂轮（41型、42型）的侧向负荷能力的指标及试验方法，我国在切割砂轮产品标准JB/T 4175—2006规定了41型砂轮侧向抗冲击负荷试验方法。但未在技术要求中给出具体的指标，仅在资料性附录中列出了欧洲标准中的技术指标。侧向负荷作为砂轮安全性能的一个重要指标，应引起我们的重视，国家质量监督检验中心具备该项指标的检测能力，我们应通过试验验证将侧向负荷技术指标纳入到标准中。

D 允许的不平衡量

不平衡量即砂轮实际中心偏离几何中心的量。砂轮的半径以mm为单位表示，质量以g为单位表示，其不平衡量以g·mm表示。砂轮的平衡量是砂轮一个重要的技术指标，如果砂轮的不平衡量过大，会使砂轮在旋转中产生抖动现象，轻则影响加工质量，重则导致砂轮破裂。欧洲标准EN 12413：2007中规定砂轮的允许不平衡量应符合ISO 6103的规定。我国国家标准GB/T 2492—2003修改采用ISO 6103：1999，对砂轮不平衡量的规定与欧洲标准EN 12413：2007基本一致。

从以上对我国和欧洲有关固结磨具安全的标准比对分析来看。欧洲标准EN 12413：2007较全面地规定了固结磨具的安全要求，各项影响固结磨具安全的主要技术指标相对合理。能很好的保证固结磨具的安全使用。虽然我国标准也较全面地对固结磨具的安全性能进行了规定，但内容比较分散，各主要技术指标相对落后，特别是回转强度试验不是太合理。我国应在研究国外先进标准的基础上，制定内容全面，技术指标先进的固结磨具安全标准，为固结磨具的安全性能提供强有力的技术支撑，有效降低固结磨具的安全隐患，充分保证固结磨具的使用安全。

1.2.4.2 超硬磨具安全标准的比对分析

我国没有单独的超硬磨具安全标准，仅国家标准《超硬磨料制品 金刚石圆锯片 第1部分：焊接锯片》(GB/T 11270.1）和《超硬磨料制品 金刚石圆锯片 第2部分：烧结锯片》(GB/T 11270.2）中对金刚石圆锯片的安全进行了规定。欧洲标准《超硬磨具 安全要求》(EN 13236：2001）分一般超硬磨具、切割砂轮（锯片）、金刚石绳锯、其他超硬磨具四类规定了超硬磨具的安全要求。根据不同类型磨具对安全性能要求的不同，较详细地规定了每类磨具的安全性能指标及试验方法。我国除了金刚石圆锯片标准外，没有标准对其他超硬磨具的安全性能做出规定，因此我们就金刚石圆锯片的安全性能进行对比：

（1）回转强度试验。欧洲标准规定了切割砂轮（锯片）应进行安全速度和破裂速度试验。根据不同的磨具类型、尺寸和安全系数，按最高工作速度的1.1、1.2或1.3倍进行安全速度试验，按最高工作速度的1.87、1.73、1.41、1.32（安全系数开平方）倍进行破裂速度试验。

我国国家标准《超硬磨料制品　金刚石圆锯片　第2部分：焊接锯片》(GB/T 11270.1）和《超硬磨料制品　金刚石圆锯片　第2部分：烧结锯片》(GB/T 11270.2）中，规定了金刚石圆锯片应按最高工作速度的1.87倍进行回转试验，与欧洲标准的破裂速度试验相同。回转后对外径允许增量的要求相同。

(2）锯齿结合强度。金刚石锯片的锯齿结合强度是金刚石圆锯片中重要的安全性能指标，结合强度的指标对比见表8-1-7。从表中可以看出，对用于固定式切割的连续式锯片的强度要求，我国标准中规定的指标小于欧洲标准。

表8-1-7　金刚石锯片的锯齿结合强度对比

锯片类型	GB/T 11270		EN 13236：2001	
	固定式切割	手持式切割	固定式切割	手持式切割
分齿式锯片	450MPa	600MPa	450MPa	600MPa
连续式锯片	90×D/2N·m	125×D/2N·m	125×D/2N·m	125×D/2N·m

注：D为锯片直径，mm。

(3）基体材料和硬度。金刚石圆锯片基体的好坏，直接影响其安全性能。基体材料和硬度的对比见表8-1-8。从表中可以看出，我国标准与欧洲标准对基体的要求基本一致。

表8-1-8　金刚石圆锯片基体材料要求对比

锯片类型	材　质		硬　度	
	GB/T 11270	EN 12413	GB/T 11270	EN 12413：2001
焊接锯片	GB/T 1222规定的65Mn力学性能不低于65Mn的钢	碳含量小于等于0.27%的钢材	37～40HRC	(36±3)HRC
烧结锯片		工具钢（应硬化或回火）	37～42HRC	(43±3)HRC

从以上对比和分析来看，我国关于超硬磨具安全方面的标准很少，不能很好地覆盖现有产品，现有标准GB/T 11270对金刚石圆锯片回转强度的试验也不尽合理，仅规定了超硬磨具进行破裂速度试验，未包含安全速度回转试验。欧洲标准较全面地规定了不同类别超硬磨具的安全要求，内容相对科学合理。为降低或减少超硬磨具涉及、制造、使用的不安全因素，我们应加强我国超硬磨具安全标准的研究和制定。

1.2.4.3　涂附磨具安全标准比对分析

我国没有单独的涂附磨具安全标准，行业标准《研磨页轮》(JB/T 3891）中规定了外径大于或等于100mm的研磨页轮应进行回转强度试验，回转强度试验方法与固结磨具回转强度试验方法相同。标准中要求按研磨页轮最高工作速度的1.5倍进行回转试验，在达到回转试验速度后维持30s不破裂、不脱片。EN 13743：2009详细规定了涂附磨具的最高工作速度、安全系数、破裂速度系数、回转强度试验，标志和使用信息等内容，适用于研磨页轮、砂页盘、钢纸砂盘以及钢纸砂盘的支撑盘，同欧洲标准相比，我国关于涂附磨具安全方面的标准很少，不能很好地覆盖现有产品，现有标准JB/T 3891—1996对回转强度试验的要求也较简单。欧洲标准较全面地规定了不同类别涂附磨具的安全要求，内容相对科学合理。为消除或减少由于磨具和夹紧装置设计和使用所导致的危险提供了重要技术支撑。我们应加强我国涂附磨具安全标准的研究和制定。

1.3　磨料磨具标准体系框架

磨料磨具标准体系框架如图8-1-1～图8-1-7所示。

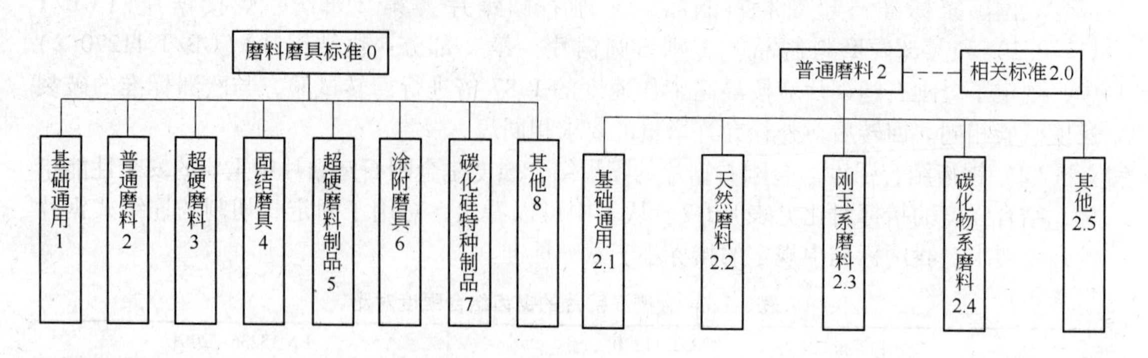

图 8-1-1 磨料磨具标准

图 8-1-2 普通磨料标准

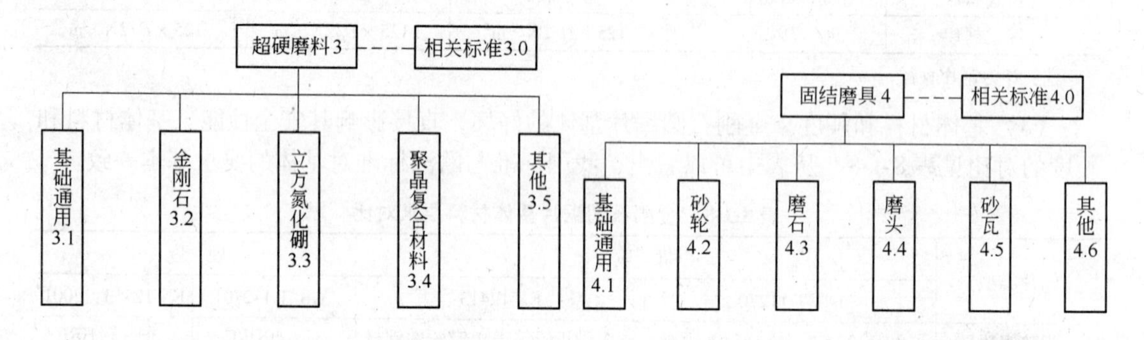

图 8-1-3 超硬磨料标准

图 8-1-4 固结磨具标准

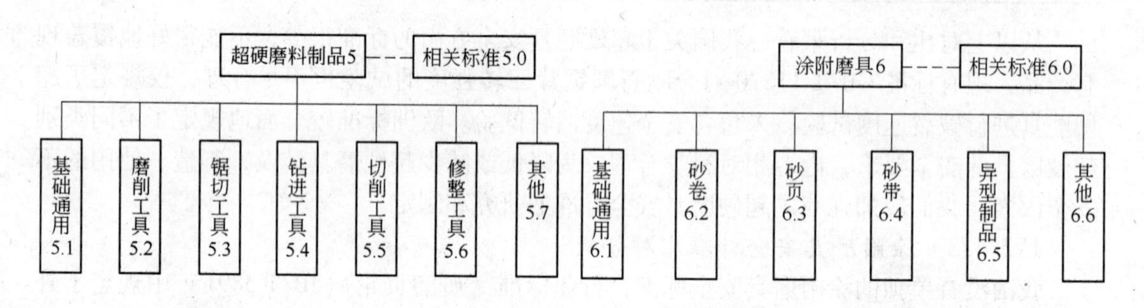

图 8-1-5 超硬磨料制品标准

图 8-1-6 涂附磨具标准

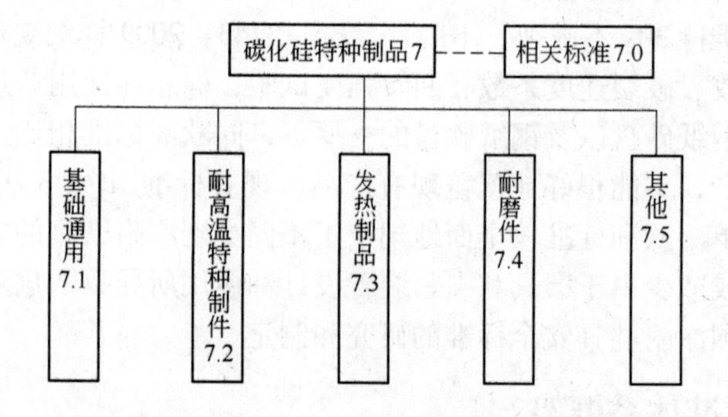

图 8-1-7 碳化硅特种制品标准

1.4　磨料磨具标准体系表

1.4.1　基础通用

表 8-1-9　基础通用标准

序号	标准编号	标 准 名 称	级别	采用国际国外标准编号及程度	备 注
1	GB/T 16458—2009	磨料磨具术语	国标		
2	GB/T 17588—1998	砂轮磨削　基本术语	国标	等同 ISO 3002-5：1989	

1.4.2　普通磨料

表 8-1-10　相关标准

序号	标准编号	标 准 名 称	级别	采用国际国外标准编号及程度	备 注
1	GB/T 18845—2002	磨料　筛分试验机	国标	非等效 ISO 9284：1992	

表 8-1-11　基础通用标准

序号	标准编号	标 准 名 称	级别	采用国际国外标准编号及程度	备 注
1	GB/T 2476—1994	普通磨料　代号	国标		
2	GB/T 2481. 1—1998	固结磨具用磨料　粒度组成的检测和标记 第 1 部分：粗磨粒 F4 ~ F220	国标	等效 ISO 8486-1：1996	
3	GB/T 2481. 2—2009	固结磨具用磨料　粒度组成的检测和标记　第 2 部分：微粉	国标		
4	GB/T 4676—2003	普通磨料　取样方法	国标	修改 ISO 9138：1993	
5	GB/T 9258. 1—2000	涂附磨具用磨料　粒度分析　第 1 部分：粒度组成	国标	等同 ISO 6344-1：1998	
6	GB/T 9258. 2—2008	涂附磨具用磨料粒度分析　第 2 部分：粗磨粒 P12 ~ P220 粒度组成的测定	国标	等同 ISO 6344-2：1998	
7	GB/T 9258. 3—2000	涂附磨具用磨料　粒度分析　第 3 部分：微粉 P240 ~ P2500 粒度组成的测定	国标	等同 ISO 6344-3：1998	
8	GB/T 20316. 1—2009	普通磨料　堆积密度的测定　第 1 部分：粗磨粒	国标	修改 ISO 9136-1：2004	
9	GB/T 20316. 2—2006	普通磨料　堆积密度的测定　第 2 部分：微粉	国标	等同 ISO 9136-2：1999	
10	GB/T 23538—2009	普通磨料　球磨韧性测定方法	国标		
11	JB/T 6569—2006	普通磨料　包装	行业标准		

续表 8-1-11

序号	标准编号	标准名称	级别	采用国际国外标准编号及程度	备注
12	JB/T 6570—2007	普通磨料 磁性物含量测定方法	行业标准		
13	JB/T 7984.1—1999	普通磨料 pH 值测定方法	行业标准		列 2009 年修订计划
14	JB/T 7984.3—2001	普通磨料 密度的测定	行业标准		列 2009 年修订计划
15	JB/T 7984.4—2001	普通磨料 毛细现象的测定	行业标准	等同 ISO 9137：1990	列 2010 年修订计划
16	JB/T 10151—1999	普通磨料 清洁度的测定	行业标准		列 2009 年修订计划

表 8-1-12 天然磨料标准

序号	标准编号	标准名称	级别	采用国际国外标准编号及程度	备注
1	JB/T 8337—1996	普通磨料 石榴石磨料	行业标准		列 2009 年修订计划
2	JB/T 7997—1999	石榴石 化学分析方法	行业标准		列 2009 年修订计划

表 8-1-13 刚玉系磨料标准

序号	标准编号	标准名称	级别	采用国际国外标准编号及程度	备注
1	GB/T 2478—2008	普通磨料 棕刚玉	国标		
2	GB/T 2479—2008	普通磨料 白刚玉	国标		
3	GB/T 3043—2000	棕刚玉化学分析方法	国标	等效 ISO 9285：2000	
4	GB/T 3044—2007	白刚玉、铬刚玉化学分析方法	国标		
5	GB/T 14321—2008	刚玉磨料中 α-Al_2O_3 相 X 射线定量测定方法	国标		
6	JB/T 1189—2005	普通磨料 锆刚玉	行业标准		
7	JB/T 3629—1999	普通磨料 黑刚玉	行业标准		列 2009 年修订计划
8	JB/T 5203—1991	单晶刚玉化学分析方法	行业标准		列 2008 年修订计划
9	JB/T 7986—2001	普通磨料 铬刚玉	行业标准		
10	JB/T 7987—1999	普通磨料 微晶刚玉	行业标准		列 2009 年修订计划
11	JB/T 7995—1999	黑刚玉 化学分析方法	行业标准		列 2009 年修订计划
12	JB/T 7996—1999	普通磨料 单晶刚玉	行业标准		列 2009 年修订计划
13	JB/T 7998—1999	锆刚玉 化学分析方法	行业标准		列 2009 年修订计划

表 8-1-14 碳化物系磨料标准

序号	标准编号	标准名称	级别	采用国际国外标准编号及程度	备注
1	GB/T 2480—2008	普通磨料 碳化硅	国标		
2	GB/T 3045—2003	普通磨料 碳化硅化学分析方法	国标		
3	JB/T 3294—2005	普通磨料 碳化硼	行业标准		
4	JB/T 5204—2007	碳化硅脱氧剂化学分析方法	行业标准		
5	JB/T 7993—1999	碳化硼 化学分析方法	行业标准		列 2009 年修订计划

表 8-1-15 其他标准

序号	标准编号	标 准 名 称	级别	采用国际国外标准编号及程度	备 注
					暂无标准

1.4.3 超硬磨料

表 8-1-16 相关标准

序号	标准编号	标准名称	级别	采用国际国外标准编号及程度	备 注
1	GB/T 18845—2002	磨料 筛分试验机	国标	非等效 ISO 9284：1992	
2	JB/T 8374—1996	金刚石选形机	行业标准		列 2009 年修订计划

表 8-1-17 基础通用标准

序号	标准编号	标 准 名 称	级别	采用国际国外标准编号及程度	备 注
1	GB/T 6406—1996	超硬磨料 金刚石或立方氮化硼颗粒尺寸	国标	等效 ISO 6106—1979	
2	JB/T 3584—1999	超硬磨料 堆积密度测定方法	行业标准	等效 ANSIB 74. 17—1973(R1993)	列 2009 年修订计划
3	JB/T 3914—1999	超硬磨料 取样方法	行业标准		列 2009 年修订计划
4	JB/T 10985—2010	超硬磨料 抗压强度测定方法	行业标准		
5	JB/T 7988. 3—2001	超硬磨料 标志和包装	行业标准		列 2010 年修订计划
6	JB/T 7990—1998	超硬磨料 人造金刚石微粉和立方氮化硼微粉	行业标准		列 2009 年修订计划

表 8-1-18 金刚石标准

序号	标准编号	标 准 名 称	级别	采用国际国外标准编号及程度	备 注
1	GB/T 23536—2009	超硬磨料 人造金刚石品种	国标		部分代替 GB/T 6405—1994
2	JB/T 7989—1997	超硬磨料 人造金刚石技术条件	行业标准		列 2007 年修订计划
3	JB/T 10646—2006	超硬磨料 金刚石热冲击韧性测定方法	行业标准		
4	JB/T 10987—2010	超硬磨料 人造金刚石冲击韧性测定方法	行业标准		部分代替 JB/T 6571—1993
5	JB/T 10986—2010	超硬磨料 人造金刚石杂质含量检验方法	行业标准		部分代替 JB/T 7988. 2—1999

表 8-1-19　立方氮化硼标准

序号	标准编号	标 准 名 称	级别	采用国际国外标准编号及程度	备 注
1	GB/T 6405—1994	人造金刚石或立方氮化硼品种	国标		金刚石部分已被 GB/T 23536—2009 代替
2	GB/T 6408—2003	超硬磨料　立方氮化硼	国标		
3	JB/T 7994—1999	立方氮化硼　化学分析方法	行业标准		已修订
4	JB/T 6571—1993	人造金刚石或立方氮化硼冲击韧性测定方法	行业标准		金刚石部分已被 JB/T 10987—2010 代替
5	JB/T 7988. 2—1999	超硬磨料　杂质检验方法	行业标准		金刚石部分已被 JB/T 10986—2010 代替

表 8-1-20　聚晶复合材料标准

序号	标准编号	标 准 名 称	级别	采用国际国外标准编号及程度	备 注
1	JB/T 3235—1999	人造金刚石烧结体磨耗比测定方法	行业标准		列 2008 年修订计划
2	JB/T 10041—2008	金刚石或立方氮化硼与硬质合金复合片品种、尺寸	行业标准		
3	JB/T 3233—1999	钻探用人造金刚石烧结体	行业标准		列 2009 年修订计划
4	JB/T 6084—2007	钻探工具用三角形金刚石聚晶	行业标准		
5	JB/T 3234—1999	拉丝模用人造金刚石烧结体	行业标准		列 2009 年修订计划

表 8-1-21　其他标准

序号	标准编号	标准名称	级别	采用国际国外标准编号及程度	备 注
					暂无标准

1. 4. 4　超硬磨料制品

超硬磨料制品标准见表 8-1-22 ~ 表 8-1-29。

表 8-1-22　相关标准

序号	标准编号	标 准 名 称	级别	采用国际国外标准编号及程度	备 注
1	2008—336	金刚石锯切工具用金属结合剂	行业标准		列 2008 年制订计划
2	2008—337	金刚石制品用羟基铁粉	行业标准		列 2008 年制订计划
3	GB/T 16457. 1—2009	超硬材料锯片基体尺寸　第 1 部分：用于建筑物和土木工程材料的机械切割	国标		
4	GB/T 16457. 2—2009	超硬材料锯片基体尺寸　第 2 部分：用于建筑物和土木工程材料的手持切割	国标		

表 8-1-23 基础通用标准

序号	标准编号	标 准 名 称	级别	采用国际国外标准编号及程度	备 注
1	GB/T 6409. 1—1994	超硬磨具和锯 形状总览、标记	国标	等效 ISO 6104—1979	
2	JB/T7 991. 1—2001	电镀超硬磨料制品 代号和标记	行业标准		列 2010 年修订计划

表 8-1-24 磨削工具标准

序号	标准编号	标 准 名 称	级别	采用国际国外标准编号及程度	备 注
1	JB/T 7425—1994	超硬磨具 技术条件	行业标准		列 2007 年修订计划
2	GB/T 6409. 2—2009	超硬磨料制品 金刚石或立方氮化硼磨具 形状和尺寸	国标		
3	GB/T 23537—2009	超硬磨料制品 金刚石或立方氮化硼砂轮和磨头 极限偏差和圆跳动公差	国标		
4	JB/T 3583—2006	超硬磨料制品 金刚石精磨片	行业标准		
5	JB/T 5205—2007	石材加工用金刚石磨具	行业标准		
6	JB/T 6354—2006	电镀超硬磨料制品 套料刀	行业标准		
7	JB/T 7991. 3—2001	电镀超硬磨料制品 什锦锉	行业标准		列 2010 年修订计划
8	JB/T 7991. 4—2001	电镀超硬磨料制品 磨头	行业标准		列 2010 年修订计划
9	2011-0131T-JB	超硬磨料制品 金刚石软磨片	行业标准		

表 8-1-25 锯切工具标准

序号	标准编号	标 准 名 称	级别	采用国际国外标准编号及程度	备 注
1	GB/T 11270. 1—2002	超硬磨料制品 金刚石圆锯片 第 1 部分：焊接锯片	国标		
2	GB/T 11270. 2—2002	超硬磨料制品 金刚石圆锯片 第 2 部分：烧结锯片	国标		
3	JB/T 8000—1999	金刚石框架锯条	行业标准		列 2009 年修订计划
4	JB/T 7991. 2—2001	电镀超硬磨料制品 内圆切割锯片	行业标准		列 2010 年修订计划
5	20081662-T-604	塑料连接烧结金刚石串珠式绳锯	国标		列 2008 年制订计划

表 8-1-26 钻进工具标准

序号	标准编号	标 准 名 称	级别	采用国际国外标准编号及程度	备 注
1	2010-1365T-JB	超硬材料制品 建筑与民用工程薄壁金刚石钻头	行业标准		列 2010 年制订计划

表 8-1-27 切削工具标准

序号	标准编号	标准名称	级别	采用国际国外标准编号及程度	备注
1	2010-1371T-JB	超硬磨料制品 高精度切割砂轮	行业标准		列 2010 年制订计划

表 8-1-28 修整工具标准

序号	标准编号	标准名称	级别	采用国际国外标准编号及程度	备注
1	JB/T 3236—2007	金刚石修整笔	行业标准		
2	JB/T 10040—2001	金刚石修整滚轮	行业标准		列 2010 年修订计划

表 8-1-29 其他标准

序号	标准编号	标准名称	级别	采用国际国外标准编号及程度	备注
1	JB/T 8002—1999	超硬磨料制品 人造金刚石或立方氮化硼研磨膏	行业标准		列 2009 年修订计划
2	2011-0132T-JB	超硬磨料制品 金刚石涂层拉丝模	行业标准		列 2011 年制订计划

2 常用金刚石工具标准介绍

2.1 锯切类工具标准

2.1.1 金刚石圆锯片——焊接锯片

2.1.1.1 名称代号

(1) 磨料代号（表8-2-1）。

表8-2-1 磨料代号

人造金刚石	代 号	SD			
	牌 号	MBD6	MBD8	MBD10	SMD
		SMD25	SMD30	SMD35	SMD40
天然金刚石	代 号	ND			

(2) 磨料粒度（表8-2-2）。

表8-2-2 磨料粒度

粒度范围	粒 度					
窄范围	16/18	18/20	20/25	25/30	30/35	35/40
	40/45	45/50	50/60	60/70	70/80	
宽范围	16/20	20/30	30/40	40/50	60/80	

(3) 浓度代号（表8-2-3）。

表8-2-3 浓度代号

浓度代号	金刚石含量/g·cm^{-3}	浓度/%	浓度代号	金刚石含量/g·cm^{-3}	浓度/%
25	0.22	25	75	0.66	75
50	0.44	50	100	0.88	100

注：其他浓度均按表中比例计算。

(4) 结合剂代号。结合剂代号为M。

(5) 形状代号。

1) 焊接圆锯片形状、代号（表8-2-4）。

表8-2-4 焊接圆锯片形状、代号

形 状	代 号	形 状	代 号	形 状	代 号
	1A1RS		1A1RSS/C_1		1A1RSS/C_2

2）形状、代号说明（表8-2-5）。

表8-2-5 形状、代号说明

名称	代号	名称	代号
基体基本形状	1	锯片基体无水槽	S
金刚石层断面形状	A	锯片基体有水槽	SS
金刚石层在基体上的位置	1	锯片基体宽水槽	C_1
锯片基体双面减薄	R	锯片基体窄水槽	C_2

3）锯片形状、代号示例（图8-2-1）。

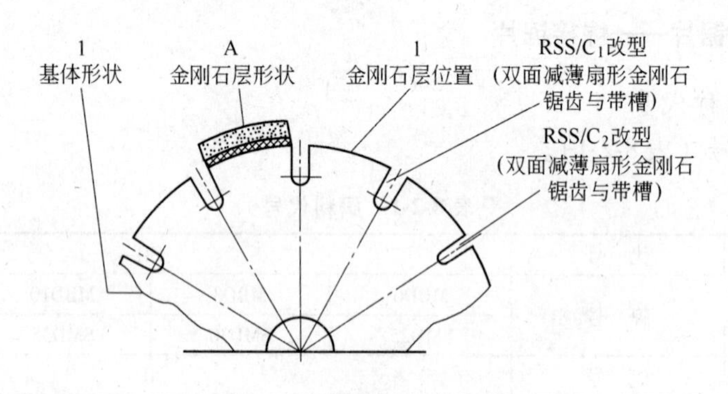

图8-2-1 锯片形状、代号示例

（6）尺寸代号（图8-2-2，表8-2-6）。

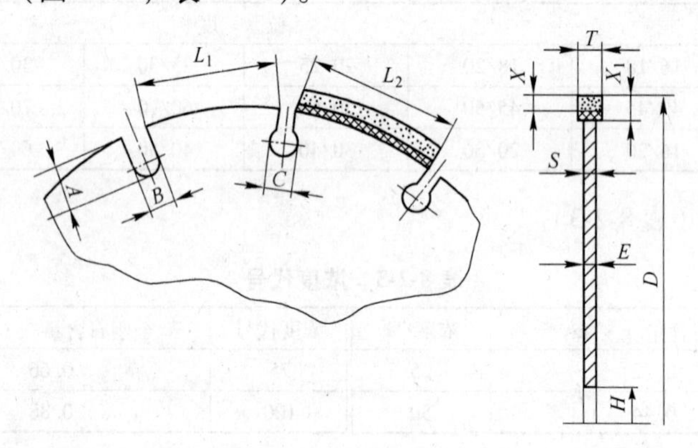

图8-2-2 尺寸代号

表8-2-6 尺寸代号

代号	名称	代号	名称
A	槽深	L_1	基体齿长度
B	槽宽	L_2	锯齿长度
C	槽孔直径	S	侧隙$\left(\frac{T-E}{2}\right)$
D	直径	T	金刚石锯齿厚度
E	基体厚度	X	金刚石层深度
H	孔径	X_1	锯齿总深度

（7）标记及示例。标记及示例如下：

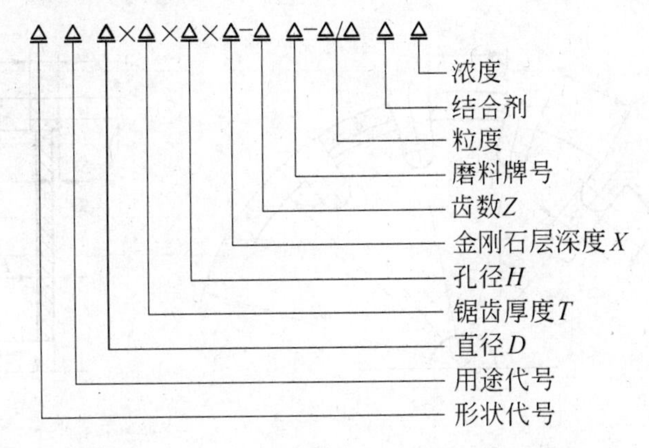

示例：

形状为 1A1RSS/C_1、切割花岗石用 $D=1600$mm、$T=10$mm、$H=100$mm、$X=5$mm、$Z=108$、磨料牌号为 SMD、粒度为 16/18、结合剂为 M，浓度为 25 的圆锯片标记：

1A1RSS/C_1 G 1600×10×100×5-108 SMD-16/18 M 25

2.1.1.2 产品分类

A 按用途分类

表 8-2-7 按用途分类

用 途	代 号	用 途	代 号	用 途	代 号
切割大理石用锯片	Ma	切割耐火材料用锯片	Re	切割炭素用锯片	Car
切割花岗石用锯片	G	切割砂石用锯片	S	切割陶瓷用锯片	V
切割混凝土用锯片	Con	切割路面用锯片	R	切割摩擦材料用锯片	Fm

B 按形状与基本尺寸分类

（1）基体无水槽圆锯片——1A1RS。形状与基本尺寸分别见图 8-2-3 和表 8-2-8。

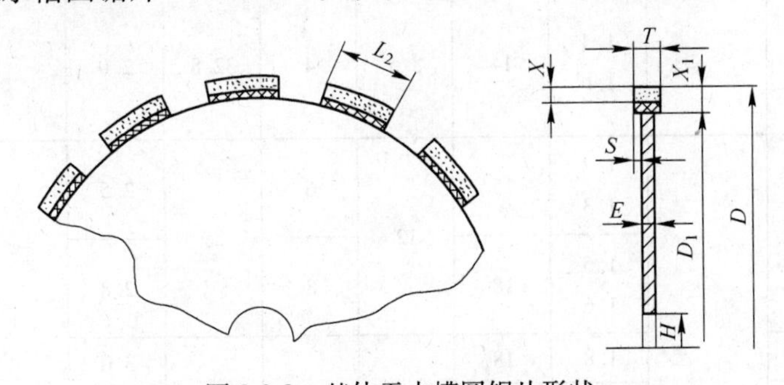

图 8-2-3 基体无水槽圆锯片形状

表 8-2-8 基体无水槽圆锯片基本尺寸 （mm）

<table>
<tr><th rowspan="2">D</th><th colspan="2">H</th><th rowspan="2">E</th><th rowspan="2">Z/个</th><th rowspan="2">L₂</th><th colspan="2">T</th><th rowspan="2">X</th><th colspan="2">X₁</th><th rowspan="2">S</th></tr>
<tr><th>基本尺寸</th><th>极限偏差</th><th>基本尺寸</th><th>极限偏差</th><th>基本尺寸</th><th>极限偏差</th></tr>
<tr><td rowspan="2">180</td><td rowspan="2">70</td><td rowspan="4">H8</td><td>2.8</td><td rowspan="2">17</td><td rowspan="4">20</td><td>4</td><td rowspan="4">+0.20
-0.10</td><td rowspan="4">5</td><td rowspan="4">7</td><td rowspan="4">+0.30
-0.10</td><td>0.6</td></tr>
<tr><td>3</td><td>6</td><td>0.5</td></tr>
<tr><td rowspan="2">250</td><td rowspan="2">50</td><td rowspan="2">5</td><td rowspan="2">20</td><td rowspan="2">8</td><td>0.5</td></tr>
<tr><td>1.5</td></tr>
</table>

（2）宽水槽圆锯片——1A1RSS/C_1。形状与基本尺寸分别见图 8-2-4 和表 8-2-9。

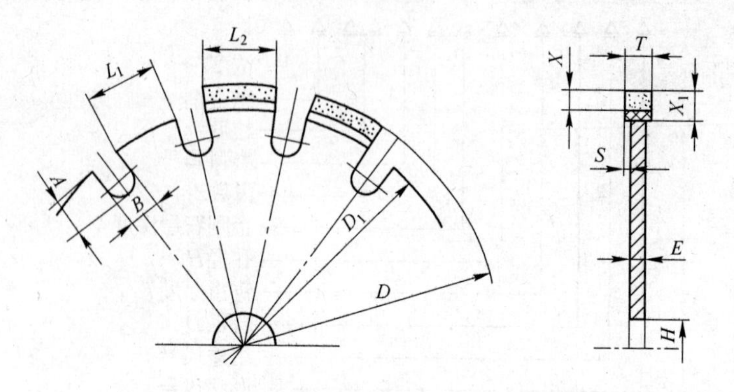

图 8-2-4　宽水槽圆锯片形状

表 8-2-9　宽水槽圆锯片基本尺寸

（mm）

$D \geqslant$	H 基本尺寸	H 极限偏差	$E \leqslant$	Z/个	A	B	L_2	$T \leqslant$ 基本尺寸	$X \geqslant$	$X_1 \geqslant$ 基本尺寸	S
105	根据用户要求而定	H8	1. 2	8	6. 5	3	32. 4	1. 7	5	7	0. 25
110			1. 2	8 9	6. 5	3	34. 3 30. 3	1. 8			0. 30
115			1. 2	8 9	8. 5	4	35. 3 31. 1	1. 8			0. 30
125			1. 2	9 10	8. 5	4	34. 5 30. 8	1. 8			0. 30
150			1. 4	12	8. 5	4	31. 6	2. 0			0. 30
178			1. 4 1. 6	14	8. 5	4	32. 8	2. 0			0. 30 0. 20
200	16	H8	1. 2 1. 3	15	12	6	25	2. 5	5	7	0. 65 0. 60
250			1. 5 1. 6	18		8		2. 8			0. 65 0. 60
300	22		1. 8	18	14	10	40	3. 0			0. 60
350	52		2. 2	21				3. 5			0. 65
400			2. 5	24				4. 0		8	0. 75
450	60		2. 8 3. 0	26		12		4. 0 4. 5			0. 60 0. 75
500	50 60 80		2. 3 3. 0 3. 5		30	14	10 12	4. 0 4. 5 5. 0		8	0. 60 0. 75 0. 75

续表 8-2-9

$D \geqslant$	H		$E \leqslant$	Z/个	A	B	L_2	$T \leqslant$	$X \geqslant$	$X_1 \geqslant$	S
	基本尺寸	极限偏差						基本尺寸		基本尺寸	
550	50 60 80	H8	3.0 3.5 4.0	32	14	10 12	40	4.2 4.8 5.2	6	8	0.60 0.65 0.60
600			3.5 4.0 4.5	36				4.5 5.0 5.5			0.50
700			4.0 4.5 5.0	40		12		5.0 5.5 6.0			0.50
800			4.5	45				5.5			0.50
900	80 100		5	64	18	18	24	6.5		10	0.75
1000				70		20		7.0			1.00
1200			5.5	80		22		7.5 8.0 8.5			1.00 1.25 1.50
1300	80 100 120		6	88				8.0			1.00
1350								8.5			1.25
1400			6.5	92				8.5			1.00 1.25
1500			6.5 7.0	100				8.5			0.75
1600			7.0	104 108		24	24	9			1.00
1800		H8		118 120	18	24	24	9	6		
2000	根据用户要求而定		8.0	128				10.5 11.5	8	12	1.25 1.75
2200			8.0 9.0	132	22			10.5 12			1.25 1.50
2500			9.0	140		25		12			1.50
2700			9.0 10					13			2.00 1.50
3000			11.5 12	160		30		14.5			1.50 1.25
3500			12	180	30			15			1.50

2.1.1.3 技术要求

锯片的端面跳动公差应符合表8-2-10规定，如图8-2-5所示。

表8-2-10 锯片的端面跳动公差规定 (mm)

D	端面跳动 δ	D	端面跳动 δ
180	0.18	1100	1.00
200		1200	
250		1300	
300	0.25	1350	
350		1400	
400		1500	
450	0.4	1600	1.30
500		1800	1.50
550		2000	
600		2200	
650	0.65	2500	1.70
700		2700	1.80
750		3000	2.00
800		3500	
900			
1000			

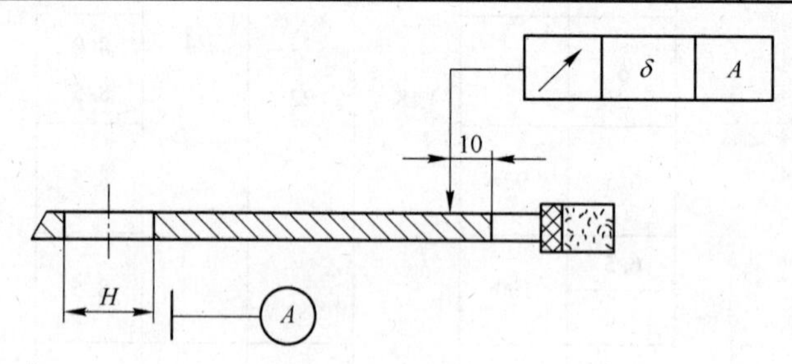

图8-2-5 锯片的端面跳动公差

2.1.2 金刚石圆锯片——烧结锯片

2.1.2.1 形状代号

锯片形状代号按下列方法编制：

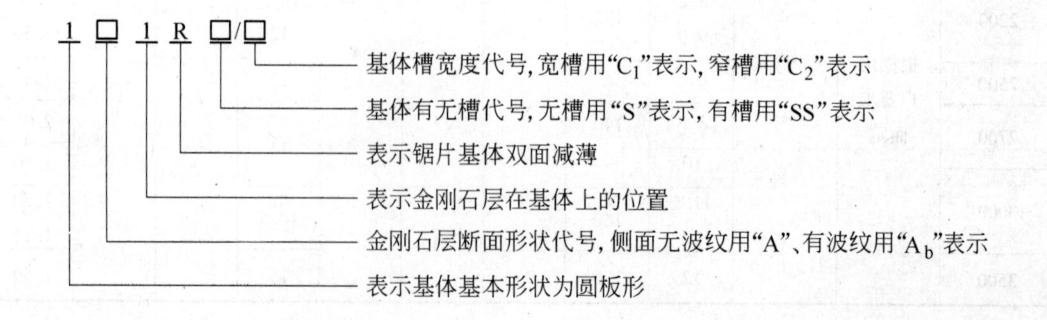

示例：圆板形基体，金刚石层侧面有波纹，其位置在基体外缘，锯片基体双面减薄，有窄槽，其代号为：$1A_b1RSS/C_2$。

2.1.2.2 按形状与基本尺寸分类

(1) 宽槽干切型圆锯片 $1A1RSS/C_1$（锯齿无波纹）、$1A_b1RSS/C_1$（锯齿有波纹），其形状与基本尺寸分别见图 8-2-6 和表 8-2-11。

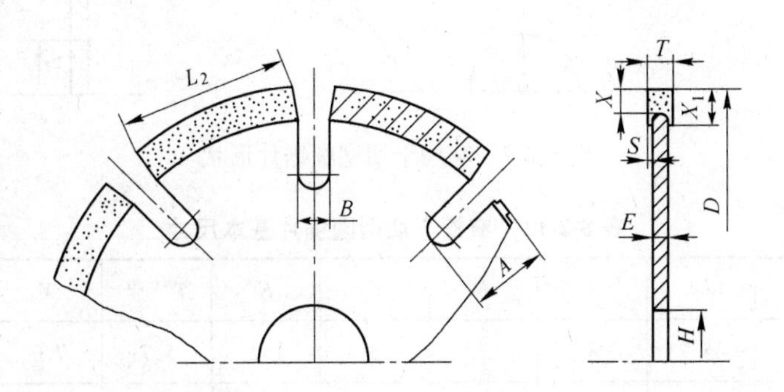

图 8-2-6 宽槽干切型圆锯片形状

表 8-2-11 宽槽干切型圆锯片基本尺寸 (mm)

D	Z/个	E	A	B	L_2	$T^{+0.20}$	X	$X_1^{+0.20}$	S
105	8	1.2	6.5	3	32.4	1.7	6.0	7.0	0.25
110	8	1.2	6.5	3	34.3	1.8			0.30
	9				30.3				
115	8	1.2	8.5	4	35.3	1.8			0.30
	9				31.1				
125	9	1.2	8.5	4	34.5	1.8			0.30
	10				30.8				
150	12	1.4	8.5	4	31.6	2.0			0.30
(178)	14	1.4	8.5	4	32.8	2.0			0.30
		1.6							0.20
200	14	1.4	11	5	36.7	2.0			0.30
		1.6							0.20
230	16	1.6	11	5	37.4	2.2			0.30
250	18	1.6	11	5	36.2	2.5			0.45
300	22	1.6	14	8	32.9	2.5			0.45
		2.0							0.25
(355)	19	2.2	14	8	48.2	3.2	6.5	7.5	0.50

注：H 根据用户要求而定，其极限偏差为 H8。

(2) 窄槽干切型圆锯片 $1A1RSS/C_2$（锯齿无波纹）、$1A_b1RSS/C_2$（锯齿有波纹），其形状与基本尺寸分别见图 8-2-7 和表 8-2-12。

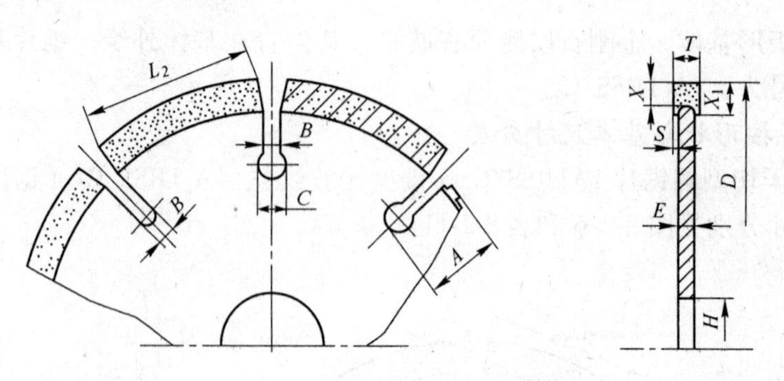

图 8-2-7　窄槽干切型圆锯片形状

表 8-2-12　窄槽干切型圆锯片基本尺寸　（mm）

<table>
<tr><th>D</th><th>Z/个</th><th>L_2</th><th>A</th><th>B</th><th>C</th><th>E</th><th>$T^{+0.20}$</th><th>X</th><th>$X_1^{+0.20}$</th><th>S</th></tr>
<tr><td>(100)</td><td>7</td><td>35.9</td><td>8</td><td>2</td><td>5</td><td>1.2</td><td>1.7</td><td>7.0</td><td>8.0</td><td>0.25</td></tr>
<tr><td>105</td><td>8</td><td>33.4</td><td>10</td><td>2</td><td>5</td><td>1.2</td><td>1.8</td><td rowspan="22">6.0</td><td rowspan="22">7.0</td><td>0.30</td></tr>
<tr><td rowspan="2">110</td><td>8</td><td>35.5</td><td rowspan="2">10</td><td rowspan="2">2</td><td rowspan="2">5</td><td>1.2</td><td>1.8</td><td rowspan="2">0.30</td></tr>
<tr><td>9</td><td>31.3</td><td>1.4</td><td>2.0</td></tr>
<tr><td rowspan="2">115</td><td>8</td><td>37.2</td><td rowspan="2">10</td><td rowspan="2">2</td><td rowspan="2">5</td><td>1.2</td><td>1.8</td><td rowspan="2">0.30</td></tr>
<tr><td>9</td><td>33.0</td><td>1.4</td><td>2.0</td></tr>
<tr><td rowspan="2">125</td><td>9</td><td>36.4</td><td rowspan="2">10</td><td rowspan="2">2</td><td rowspan="2">5</td><td>1.2</td><td>1.8</td><td rowspan="2">0.30</td></tr>
<tr><td>10</td><td>32.7</td><td>1.4</td><td>2.0</td></tr>
<tr><td>150</td><td>12</td><td>33.5</td><td>10</td><td>2</td><td>5</td><td>1.4</td><td>2.0</td><td>0.30</td></tr>
<tr><td rowspan="2">180</td><td>13</td><td>38.0</td><td rowspan="2">10</td><td rowspan="2">2</td><td rowspan="2">5</td><td rowspan="2">1.6</td><td>2.2</td><td>0.30</td></tr>
<tr><td>14</td><td>35.2</td><td>2.4</td><td>0.40</td></tr>
<tr><td rowspan="3">200</td><td rowspan="3">14
15</td><td rowspan="3">39.2
36.4</td><td rowspan="3">11.5</td><td rowspan="3">2.5</td><td rowspan="3">6</td><td>1.4</td><td rowspan="2">2.0</td><td>0.30</td></tr>
<tr><td>1.6</td><td>0.20</td></tr>
<tr><td>1.8</td><td>2.4</td><td>0.30</td></tr>
<tr><td rowspan="2">230</td><td>16</td><td>39.9</td><td rowspan="2">11.5</td><td rowspan="2">2.5</td><td rowspan="2">6</td><td>1.6</td><td>2.2</td><td>0.30</td></tr>
<tr><td>18</td><td>35.2</td><td>1.8</td><td>2.4</td><td>0.40</td></tr>
<tr><td rowspan="3">250</td><td rowspan="3">17
18</td><td rowspan="3">41.1
38.7</td><td rowspan="3">12</td><td rowspan="3">2.5</td><td rowspan="3">6</td><td>1.6</td><td>2.5</td><td>0.45</td></tr>
<tr><td>2.0</td><td rowspan="2">3.0</td><td>0.50</td></tr>
<tr><td>2.2</td><td>0.40</td></tr>
<tr><td rowspan="4">300</td><td rowspan="4">20
21
22</td><td rowspan="4">42.4
40.3
38.4</td><td rowspan="4">13</td><td rowspan="4">2.5</td><td rowspan="4">6</td><td>1.6</td><td rowspan="2">2.5</td><td>0.45</td></tr>
<tr><td>2.0</td><td>0.25</td></tr>
<tr><td rowspan="2">2.2</td><td>3.0</td><td>0.40</td></tr>
<tr><td>3.4</td><td>0.60</td></tr>
<tr><td>(355)</td><td>19</td><td>53.3</td><td>19</td><td>3.0</td><td>6</td><td>2.2</td><td>3.2</td><td>6.5</td><td>7.5</td><td>0.50</td></tr>
</table>

注：H 根据用户要求而定，其极限偏差为 H8。

（3）连续边无波纹湿切型圆锯片 1A1RS，其形状与基本尺寸分别见图 8-2-8 和表 8-2-13。

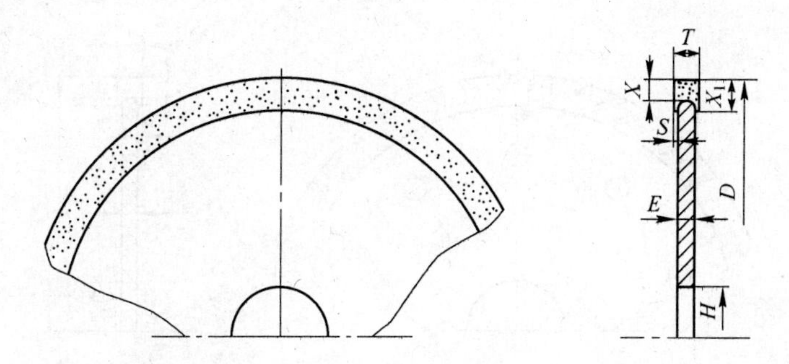

图 8-2-8 连续边无波纹湿切型圆锯片形状

表 8-2-13 连续边无波纹湿切型圆锯片基本尺寸 (mm)

<table>
<tr><th>D</th><th>E</th><th>$T^{+0.20}$</th><th>X</th><th>$X_1^{+0.20}$</th><th>S</th></tr>
<tr><td>60</td><td>1.0</td><td>1.6</td><td rowspan="22">4.0</td><td rowspan="22">5.0</td><td>0.30</td></tr>
<tr><td rowspan="2">80</td><td>1.0</td><td>1.5</td><td rowspan="2">0.25</td></tr>
<tr><td>1.2</td><td>1.7</td></tr>
<tr><td>85</td><td>1.2</td><td>1.7</td><td>0.25</td></tr>
<tr><td>100</td><td>1.2</td><td>1.7</td><td>0.25</td></tr>
<tr><td>105</td><td>1.2</td><td>1.7</td><td>0.25</td></tr>
<tr><td rowspan="2">110</td><td>1.2</td><td>1.7</td><td rowspan="2">0.25</td></tr>
<tr><td>1.4</td><td>1.9</td></tr>
<tr><td rowspan="2">115</td><td>1.2</td><td>1.7</td><td rowspan="2">0.25</td></tr>
<tr><td>1.4</td><td>1.9</td></tr>
<tr><td rowspan="2">125</td><td>1.2</td><td>1.7</td><td rowspan="2">0.25</td></tr>
<tr><td>1.4</td><td>1.9</td></tr>
<tr><td>150</td><td>1.4</td><td>1.9</td><td>0.25</td></tr>
<tr><td rowspan="2">180</td><td>1.4</td><td>1.9</td><td rowspan="2">0.25</td></tr>
<tr><td>1.6</td><td>2.1</td></tr>
<tr><td rowspan="2">200</td><td>1.6</td><td>2.1</td><td rowspan="2">0.25</td></tr>
<tr><td>1.8</td><td>2.3</td></tr>
<tr><td rowspan="2">230</td><td>1.6</td><td>2.1</td><td rowspan="2">0.25</td></tr>
<tr><td>1.8</td><td>2.3</td></tr>
<tr><td>250</td><td>2.0</td><td>2.8</td><td>0.40</td></tr>
<tr><td>300</td><td>2.2</td><td>3.2</td><td>0.50</td></tr>
<tr><td>350</td><td>2.2</td><td>3.4</td><td>0.60</td></tr>
</table>

注：*H* 根据客户要求而定，其极限偏差为 H8。

（4）连续边有波纹干湿切型圆锯片 $1A_b1RS$，其形状与基本尺寸分别见图 8-2-9 和表 8-2-14。

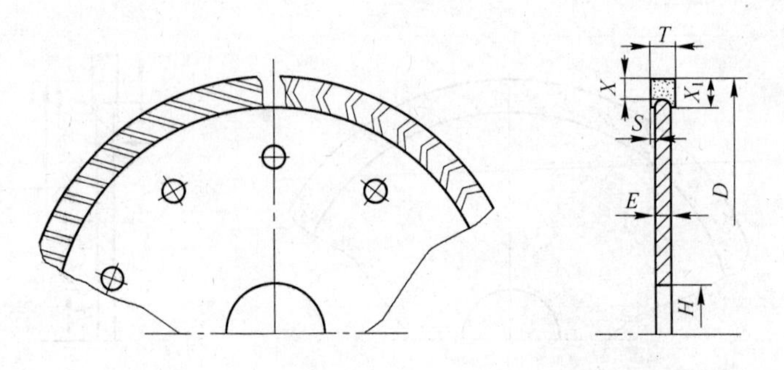

图 8-2-9　连续边有波纹干湿切型圆锯片形状

表 8-2-14　连续边有波纹干湿切型圆锯片基本尺寸　(mm)

<table>
<tr><th>D</th><th>E</th><th>$T^{+0.20}$</th><th>X</th><th>$X_1^{+0.20}$</th><th>S</th></tr>
<tr><td>80</td><td>1.0</td><td>2.2</td><td rowspan="2">7.5</td><td rowspan="2">8.5</td><td>0.60</td></tr>
<tr><td>100</td><td>1.2</td><td>2.2</td><td>0.50</td></tr>
<tr><td>105</td><td>1.2</td><td>2.2</td><td rowspan="22">6.0</td><td rowspan="22">7.0</td><td>0.50</td></tr>
<tr><td>110</td><td>1.2</td><td>2.2</td><td>0.50</td></tr>
<tr><td rowspan="2">115</td><td>1.2</td><td>2.2</td><td rowspan="2">0.50</td></tr>
<tr><td>1.4</td><td>2.4</td></tr>
<tr><td rowspan="2">125</td><td>1.2</td><td>2.2</td><td rowspan="2">0.50</td></tr>
<tr><td>1.4</td><td>2.4</td></tr>
<tr><td>150</td><td>1.4</td><td>2.4</td><td>0.50</td></tr>
<tr><td>180</td><td>1.6</td><td>2.8</td><td>0.60</td></tr>
<tr><td rowspan="3">200</td><td>1.4</td><td rowspan="2">2.5</td><td>0.55</td></tr>
<tr><td>1.6</td><td>0.45</td></tr>
<tr><td>1.8</td><td>3.0</td><td>0.60</td></tr>
<tr><td rowspan="2">230</td><td>1.6</td><td>2.5</td><td>0.45</td></tr>
<tr><td>1.8</td><td>3.0</td><td>0.60</td></tr>
<tr><td rowspan="3">250</td><td>1.6</td><td>2.6</td><td>0.50</td></tr>
<tr><td>2.0</td><td rowspan="2">3.4</td><td>0.70</td></tr>
<tr><td>2.2</td><td>0.60</td></tr>
<tr><td rowspan="3">300</td><td>1.6</td><td rowspan="2">2.6</td><td>0.50</td></tr>
<tr><td>2.0</td><td>0.30</td></tr>
<tr><td>2.2</td><td>3.6</td><td>0.70</td></tr>
<tr><td rowspan="2">350</td><td rowspan="2">2.2</td><td>3.4</td><td>0.60</td></tr>
<tr><td>3.8</td><td>0.80</td></tr>
<tr><td>(355)</td><td>2.2</td><td>3.2</td><td>0.50</td></tr>
</table>

注：H 根据客户要求而定，其极限偏差为 H8。

2.1.2.3　技术要求

（1）锯片的端面跳动公差应符合表 8-2-15 规定。

表 8-2-15 锯片端面跳动公差规定 (mm)

D	端面跳动 δ	D	端面跳动 δ
60 ~ 115	0.15	>180 ~ 250	0.25
>115 ~ 180	0.20	>250 ~ 355	0.30

（2）开刃后锯片基体平面度应符合表 8-2-16 规定。

表 8-2-16 开刃后锯片基体平面度规定 (mm)

D	平面度	D	平面度
60 ~ 200	0.10	>200 ~ 355	0.18

（3）安全性能要求。回转实验以锯片上标志的最高工作线速度的 1.87 倍进行回转，达到最高速度时维持 30s，基体不得破裂，锯齿不得松脱，其外径增量不应大于表 8-2-17 规定。

表 8-2-17 外径增量规定

公称尺寸/mm	外径增量/μm	公称尺寸/mm	外径增量/μm
≤120	220	>180 ~ 250	290
>120 ~ 180	250	>250 ~ 355	320

2.1.3 用于建筑物和土木工程材料机械切割的锯片基体尺寸

2.1.3.1 基体类型代号规定

A 型——齿长 40mm、窄槽基体；
B 型——齿长 40mm、宽槽基体；
C 型——齿长 50mm、窄槽基体；
D 型——齿长 50mm、宽槽基体；
E 型——齿长 20mm、窄槽基体；
E1 型——齿长 20 ~ 30mm、宽槽基体。

2.1.3.2 基体尺寸代号

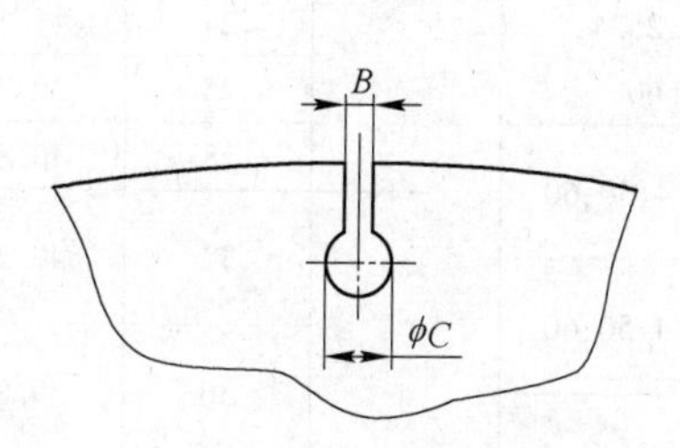

图 8-2-10 机械切割锯片基体尺寸代号（一）

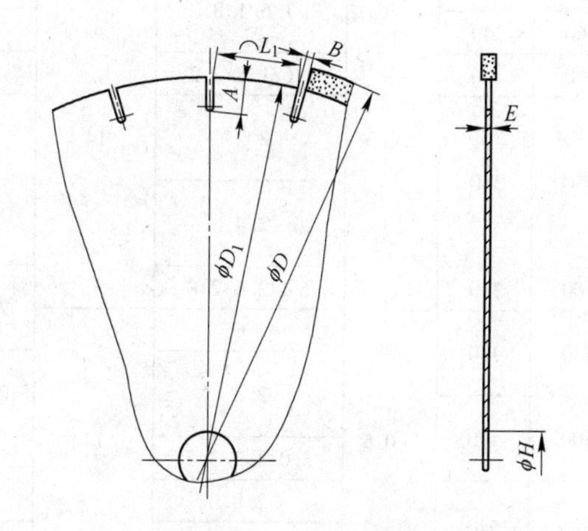

图 8-2-11 机械切割锯片基体尺寸代号（二）

2.1.3.3 A型基体尺寸

表8-2-18 A型基体（A系列） （mm）

<table>
<tr><th rowspan="2">D</th><th rowspan="2" colspan="2">D₁</th><th>E</th><th>A</th><th>H</th><th>B①</th><th rowspan="2">齿数
Z</th><th>L₁</th></tr>
<tr><th>+0.1
0</th><th>±1.0</th><th>H7</th><th>±0.5</th><th>名义尺寸</th></tr>
<tr><td>250</td><td>240</td><td rowspan="4">±0.3</td><td>1.6</td><td rowspan="15">14</td><td>25.4，30，60</td><td rowspan="15">3</td><td>17</td><td>41.4</td></tr>
<tr><td>300</td><td>290</td><td>1.6/1.8/2.2</td><td>25.4，30，35，60</td><td>21</td><td>40.4</td></tr>
<tr><td>350</td><td>340</td><td rowspan="2">2.2/2.5</td><td>25.4，35，50，60</td><td>25</td><td>39.7</td></tr>
<tr><td>400</td><td>390</td><td>25.4，30，35，60</td><td>28</td><td>40.8</td></tr>
<tr><td>450</td><td>440</td><td rowspan="4">±0.5</td><td>2.5/2.8/3.5</td><td rowspan="15">25.4，35，50，60</td><td>32</td><td>40.2</td></tr>
<tr><td>500</td><td>490</td><td>2.5/2.8</td><td>36</td><td>39.8</td></tr>
<tr><td>550</td><td>540</td><td>2.8</td><td>38</td><td>41.6</td></tr>
<tr><td>600</td><td>590</td><td>2.8/3.5</td><td>42</td><td>41.1</td></tr>
<tr><td>625</td><td>615</td><td rowspan="9">±0.7</td><td rowspan="8">3.0/3.5/5.0</td><td>42</td><td>43.0</td></tr>
<tr><td>650</td><td>640</td><td>46</td><td>40.7</td></tr>
<tr><td>700</td><td>690</td><td>50</td><td>40.4</td></tr>
<tr><td>725</td><td>715</td><td>50</td><td>41.9</td></tr>
<tr><td>750</td><td>740</td><td>54</td><td>40.0</td></tr>
<tr><td>800</td><td>790</td><td>57</td><td>40.5</td></tr>
<tr><td>850</td><td>840</td><td>61</td><td>40.3</td></tr>
<tr><td>900</td><td>884</td><td rowspan="4">18</td><td rowspan="4">6</td><td>60</td><td>40.3</td></tr>
<tr><td>1000</td><td>984</td><td rowspan="3">3.5/5.0</td><td>66</td><td>40.8</td></tr>
<tr><td>1100</td><td>1084</td><td rowspan="2">±1.0</td><td>74</td><td>40.0</td></tr>
<tr><td>1200</td><td>1184</td><td>80</td><td>40.5</td></tr>
</table>

①匙孔槽基体，对于3mm槽宽，匙孔直径 C 为6mm。

表8-2-19 A型基体（B系列） （mm）

<table>
<tr><th rowspan="2">D</th><th rowspan="2" colspan="2">D₁</th><th>E</th><th>A</th><th>H</th><th>B①</th><th rowspan="2">齿数
Z</th><th>L₁</th></tr>
<tr><th>+0.1
0</th><th>±1.0</th><th>H7</th><th>±0.5</th><th>名义尺寸</th></tr>
<tr><td>200</td><td>190</td><td rowspan="8">±0.3</td><td rowspan="2">1.6/1.8</td><td rowspan="8">14</td><td>20,22.23,25.4,50,60</td><td rowspan="8">3</td><td>13</td><td>42.9</td></tr>
<tr><td>250</td><td>240</td><td>20，22.23，50</td><td>17</td><td>41.4</td></tr>
<tr><td>300</td><td>290</td><td>1.6/1.8/2.2</td><td>20，22.23，27，50</td><td>21</td><td>40.4</td></tr>
<tr><td rowspan="4">350</td><td rowspan="4">340</td><td rowspan="2">2.2</td><td rowspan="2">20，22.23，27</td><td>24</td><td>41.5</td></tr>
<tr><td>25</td><td>39.7</td></tr>
<tr><td rowspan="2">2.4</td><td rowspan="2">20，22.23，25.4，
27，50，60</td><td>24</td><td>41.5</td></tr>
<tr><td>25</td><td>39.7</td></tr>
<tr><td>400</td><td>390</td><td>2.4/2.6/2.8</td><td rowspan="2">20,22.23,25.4,50,60</td><td>28</td><td>40.8</td></tr>
<tr><td rowspan="2">450</td><td rowspan="2">440</td><td rowspan="6">±0.5</td><td>2.6</td><td rowspan="6">14</td><td rowspan="6">3</td><td rowspan="2">32</td><td rowspan="2">40.2</td></tr>
<tr><td rowspan="2">2.8</td><td rowspan="2">20,22.23,25.4,50,60</td></tr>
<tr><td rowspan="2">500</td><td rowspan="2">490</td><td rowspan="2">36</td><td rowspan="2">39.8</td></tr>
<tr><td>3.0/3.2/3.5</td><td rowspan="2">20，22.23</td></tr>
<tr><td rowspan="2">550</td><td rowspan="2">540</td><td>2.8</td><td rowspan="2">38</td><td rowspan="2">41.6</td></tr>
<tr><td>3.0/3.2/3.5</td><td>20,22.23,25.4,50,60</td></tr>
</table>

续表 8-2-19

D	D_1		E	A	H	B①	齿数	L_1
			$^{+0.1}_{0}$	±1.0	H7	±0.5	Z	名义尺寸
600	590	±0.5	2.8/3.5	14	20, 22.23	3	42	41.1
			3.2		20,22.23,25.4,50,60			
625	615	±0.7	3.5		20, 22.23		42	43.0
			4.0		20,22.23,25.4,50,60			
650	640		3.5		20, 22.23		46	40.7
			4.0		20,22.23,25.4,50,60			
700	690		3.5		80, 100, 120		50	40.4
			4.0		50, 60, 80, 100, 120			
725	715		3.5		80, 100, 120		50	41.9
			4.5		50, 60, 80, 100, 120			
750	740		3.5		80, 100, 120		54	40.0
			4.5		50, 60, 80, 100, 120			
800	790		3.5		80, 100, 120		57	40.5
			4.5		50, 60, 80, 100, 120			
850	840		3.5/5.0		80, 100, 120		61	40.3
900	884			18		6	60	40.3
1000	984				80, 100, 120		66	40.8
			5.5		50, 60, 80, 100, 120			
1100	1084	±1.0	3.5/5.0		80, 100, 120		74	40.0
			5.5		50, 60, 80, 100, 120			
1200	1184		5.5/6.0				80	40.5

①匙孔槽基体，对于3mm 槽宽，匙孔直径 C 为6mm。

2.1.3.4 B 型基体尺寸

表 8-2-20 B 型基体（A 系列） (mm)

D	D_1		E	A	H	B	齿数	L_1
			$^{+0.1}_{0}$	±1.0	H7	±0.5	Z	名义尺寸
250	240	±0.3	1.6	14	25.4, 30, 60	10	15	40.3
300	290		1.6/1.8/2.2		25.4, 30, 35, 60		18	40.6
350	340		2.2/2.5		25.4, 35, 50, 60		21	40.9
400	390				25.4, 30, 35, 60		24	41.0
450	440	±0.5	2.5/2.8/3.5		25.4, 35, 50, 60	12	26	41.2
500	490		2.5/2.8				30	39.3
550	540		2.8				32	41.0
600	590		2.8/3.5				36	39.5
625	615	±0.7	3.0/3.5/5.0				36	41.7
650	640						38	40.9
700	690						40	42.2

续表 8-2-20

D	D_1		E	A	H	B	齿数	L_1
			+0.1 0	±1.0	H7	±0.5	Z	名义尺寸
725	715	±0.7	3.0/3.5/5.0	14	25.4, 35, 50, 60	12	40	44.2
750	740						44	40.8
800	790						46	41.9
850	840						50	40.8
900	884			18			52	41.4
1000	984		3.5/5.0				58	41.3
1100	1084						65	40.4
1200	1184	±1.0				18	64	40.1
1300	1282		3.5				69	40.4
1400	1382						74	40.7
1500	1482						80	40.2
1600	1582					24	76	41.4
1800	1782						86	41.1
2000	1982						96	40.9

表 8-2-21 B 型基体（B 系列） (mm)

D	D_1		E	A	H	B	齿数	L_1
			+0.1 0	±1.0	H7	±0.5	Z	名义尺寸
250	240	±0.3	1.6	14	20,22.23,50	10	15	40.3
			1.8		20,22.23,25.4,50,60			
300	290		1.6/1.8/2.2		20,22.23,27,50		18	40.6
350	340		2.2		20,22.23,27		21	40.9
			2.4		20,22.23,25.4,27,50,60			
400	390		2.4/2.6/2.8		20,22.23,25.4,50,60		24	41.0
450	440	±0.5	2.6			12	26	41.2
			2.8		20,22.23			
500	490		3.0/3.2		20,22.23,25.4,50,60		30	39.3
550	540		2.8		20,22.23		32	41.0
			3.0/3.2		20,22.23,25.4,50,60			
600	590		2.8/3.5		20,22.23		36	39.5
			3.2		20,22.23,25.4,50,60			
625	615	±0.7	3.5		20,22.23		36	41.7
			4.0		20,22.23,25.4,50,60			
650	640		3.5		20,22.23		38	40.9
			4.0		20,22.23,25.4,50,60			
700	690		3.5		80,100,120		40	42.2
			4.0		50,60,80,100,120			

续表 8-2-21

D	D_1		E	A	H	B	齿数	L_1
			+0.1 0	±1.0	H7	±0.5	Z	名义尺寸
725	715	±0.7	3.5	14	80,100,120	12	40	44.2
			4.5		50,60,80,100,120			
750	740		3.5		80,100,120		44	40.8
			4.5		50,60,80,100,120			
800	790		3.5		80,100,120		46	41.9
			4.5		50,60,80,100,120			
850	840		3.5		80,100,120		50	40.8
			5.0		50,60,80,100,120			
900	884		3.5/5.0	18	80,100,120		52	41.4
1000	984						58	41.3
			5.5		50,60,80,100,120			
1100	1084		3.5/5.0		80,100,120		65	40.4
			5.5		50,60,80,100,120			
1200	1184	±1.0	5.5/6.0	18	50,60,80,100,120	18	64	40.1
1300	1282		6.0/6.5				69	40.4
1400	1382		6.5				74	40.7
1500	1482						80	40.2
1600	1582		6.5/7.2			24	76	41.4
1800	1782		7.2/8				86	41.1
2000	1982		8.0/9.0				96	40.9

2.1.3.5 C 型基体尺寸

表 8-2-22 C 型基体（A 系列） (mm)

D	D_1		E	A	H	B①	齿数	L_1
			+0.1 0	±1.0	H7	±0.5	Z	名义尺寸
250	240	±0.3	1.6	14	25.4, 30, 60	3	14	50.9
300	290		1.6/1.8/2.2		25.4, 30, 35, 60		17	50.6
350	340		2.2/2.5		25.4, 35, 50, 60		20	50.4
400	390				25.4, 30, 35, 60		23	50.3
450	440	±0.5	2.5/2.8/3.5		25.4, 35, 50, 60		26	50.2
500	490		2.5/2.8				29	50.0
550	540		2.8				32	50.0
600	590		2.8/3.5				35	50.0
625	615	±0.7	3.0/3.5/5.0				35	52.2
650	640						36	52.9
700	690						40	51.2
725	715						40	53.2
750	740						44	49.8

续表 8-2-22

D	D_1		E	A	H	B[①]	齿数	L_1
			+0.1 0	±1.0	H7	±0.5	Z	名义尺寸
800	790	±0.7	3.0/3.5/5.0	14	25.4，35，50，60	3	47	49.8
850	840						49	50.9
900	884						52	50.4
1000	984		3.5/5.0			6	54	51.3
1100	1084	±1.0					60	50.8
1200	1184						64	52.1
1300	1282		3.5				70	51.5
1400	1382						76	51.1
1500	1482						82	50.8
1600	1582						86	51.8

①匙孔槽基体，对于3mm槽宽，匙孔直径 C 为6mm。

表 8-2-23 C型基体（B系列） (mm)

D	D_1		E	A	H	B[①]	齿数	L_1
			+0.1 0	±1.0	H7	±0.5	Z	名义尺寸
250	240	±0.3	1.6	14	20,22.23,50	3	14	50.9
			1.8		20,22.23,25.4,50,60			
300	290		1.6/1.8/2.2		20,22.23,27,50		17	50.6
350	340		2.2		20,22.23,27		20	50.4
			2.4		20,22.23,25.4,27,50,60			
400	390		2.4/2.6/2.8		20,22.23,25.4,50,60		23	50.3
450	440	±0.5	2.6				26	50.2
			2.8		20,22.23			
500	490		2.8		20,22.23		29	50.0
			3.0/3.2		20,22.23,25.4,50,60			
550	540		2.8		20,22.23		32	50.0
			3.0/3.2		20,22.23,25.4,50,60			
600	590		2.8/3.5		20,22.23		35	50.0
			3.2		20,22.23,25.4,50,60			
625	615	±0.7	3.5		20,22.23		35	52.2
			4.0		20,22.23,25.4,50,60			
650	640		3.5		20,22.23		36	52.9
			4.0		20,22.23,25.4,50,60			
700	690		3.5		80,100,120		40	51.2
			4.0		50,60,80,100,120			
725	715		3.5		80,100,120		40	53.2
			4.5		50,60,80,100,120			
750	740		3.5		80,100,120		44	49.8
			4.5		50,60,80,100,120			

续表 8-2-23

D	D_1		E +0.1 0	A ±1.0	H H7	B[①] ±0.5	齿数 Z	L_1 名义尺寸
800	790	±0.7	3.5	14	80,100,120	3	47	49.8
850	840		4.5		50,60,80,100,120			
900	884		3.5/5.0		80,100,120		49	50.9
1000	984			18			52	50.4
1100	1084					6	54	51.3
			5.5		50,60,80,100,120			
1200	1184	±1.0	3.5/5.0		80,100,120		60	50.8
			5.5		50,60,80,100,120			
1300	1282		5.5/6.0				64	52.1
1400	1382		6.0/6.5				70	51.5
1500	1482		6.5				76	51.1
							82	50.8
1600	1582		6.5/7.2				86	51.8

①匙孔槽基体，对于3mm槽宽，匙孔直径 C 为6mm。

2.1.3.6 D型基体尺寸

表 8-2-24 D型基体（A系列） (mm)

D	D_1		E +0.1 0	A ±1.0	H H7	B ±0.5	齿数 Z	L_1 名义尺寸
250	240	±0.3	1.6	14	25.4,30,60	12	12	50.8
300	290		1.6/1.8/2.2		25.4,30,35,60		15	48.7
350	340		2.2/2.5		25.4,35,50,60		17	50.8
400	390				25.4,30,35,60		20	49.3
450	440	±0.5	2.5/2.8/3.5		25.4,35,50,60		22	50.8
500	490		2.5/2.8				24	52.1
550	540		2.8				27	50.8
600	590		2.8/3.5				30	49.8
625	615	±0.7	3.0/3.5/5.0				30	52.4
650	640						31	52.8
700	690						34	51.7
725	715						34	54.0
750	740						36	52.6
800	790						40	50.0
850	840						42	50.8
900	884			18			44	51.1
1000	984		3.5/5.0				50	49.8
1100	1084	±1.0					54	51.0
1200	1184					18	54	50.9
1300	1282		3.5				58	51.5

续表 8-2-24

D	D_1		E	A	H	B	齿数	L_1
			+0.1 0	±1.0	H7	±0.5	Z	名义尺寸
1400	1382	±1.0	3.5	18	25.4,35,50,60	18	62	52.0
1500	1482						68	50.5
1600	1582					24	66	51.3
1800	1782						74	51.7
2000	1982						82	52.0

表 8-2-25 D 型基体（B 系列） (mm)

D	D_1		E	A	H	B	齿数	L_1
			+0.1 0	±1.0	H7	±0.5	Z	名义尺寸
240	240	±0.3	1.6	14	20, 22.23, 50	12	12	50.8
			1.8		20, 22.23, 25.4, 50, 60			
300	290		1.6/1.8/2.2		20, 22.23, 27, 50		15	48.7
350	340		2.2		20, 22.23, 27		17	50.8
			2.4		20, 22.23, 25.4, 27, 50, 60			
400	390		2.4/2.6/2.8				20	49.3
450	440	±0.5	2.6	14	20,22.23,25.4,50,60	12	22	50.8
			2.8		20,22.23			
500	490		3.0/3.2		20,22.23,25.4,50,60		24	52.1
550	540		2.8		20,22.23		27	50.8
			3.0/3.2		20,22.23,25.4,50,60			
600	590		2.8/3.5		20,22.23		30	49.8
			3.2		20,22.23,25.4,50,60			
625	615	±0.7	3.5		20,22.23		30	52.4
			4.0		20,22.23,25.4,50,60			
650	640		3.5		20,22.23		31	52.8
			4.0		20,22.23,25.4,50,60			
700	690		3.5		20,22.23		34	51.7
			4.0		20,22.23,25.4,50,60			
725	715		3.5		80,100,120		34	54.0
			4.5		50,60,80,100,120			
750	740		3.5		80,100,120		36	52.6
			4.5		50,60,80,100,120			
800	790		3.5		80,100,120		40	50.0
			4.5		50,60,80,100,120			
850	840		3.5/5.0		80,100,120		42	50.8

续表 8-2-25

D	D_1		E	A	H	B	齿数	L_1
			+0.1 0	±1.0	H7	±0.5	Z	名义尺寸
900	884	±0.7	3.5/5.0	18	80，100，120	12	44	51.1
1000	984		5.5		50，60，80，100，120		50	49.8
1100	1084	±1.0	3.5/5.0		80,100,120		54	51.0
			5.5		50,60,80,100,120			
1200	1184		5.5/6.0			18	54	50.9
1300	1282		6.0/6.5				58	51.5
1400	1382		6.5				62	52.0
1500	1482						68	50.5
1600	1582		6.5/7.2			24	66	51.3
1800	1782		7.2/8				74	51.7
2000	1982		8.0/9.0				82	52.0

2.1.3.7 E 型基体尺寸

表 8-2-26 E 型基体（A 系列） （mm）

D	D_1		E	A	H	B	齿数	L_1
			+0.1 0	±1.0	H7	±0.5	Z	名义尺寸
450	440	±0.15	2.8/3.5	14	25.4，35，50，60	8	48	20.8
500	490						54	20.5
600	590						66	20.1
625	615	±0.7					68	20.4
650	640		3.0/3.5				70	20.7
700	690						76	20.5
750	740						82	20.4
800	790						88	20.2
900	884		3.5	18			98	20.3
1000	984						104	21.7
1200	1184						128	21.1
1300	1282						140	20.8
1500	1482						160	21.1
1600	1582						168	21.6
1700	1682						180	21.3
1800	1782						186	22.1
2000	1982						192	24.4

表 8-2-27 E 型基体（B 系列） （mm）

D	D_1		E	A	H	B	齿数	L_1
			+0.1 0	±1.0	H7	±0.5	Z	名义尺寸
450	440	±0.5	2.8/3.5	14	20,22.23	8	48	20.8
500	490				22.23		54	20.5
600	590						66	20.1
625	615		3.0/3.5		20,22.23		68	20.4
650	640				22.23		70	20.7
700	690						76	20.5
			4.0		22.23,25.4,50,60			
750	740	±0.7	3.0/3.5		80,100,120		82	20.4
			4.5		50,60,80,100,120			
800	790		3.0/3.5	18	80,100,120		88	20.2
			4.5		50,60,80,100,120			
900	884		3.5		80,100,120		98	20.3
			5.0/5.5		50,60,80,100,120			
1000	984	±0.7	3.5	18	80, 100, 120	8	104	21.7
			5.0/5.5		50, 60, 80, 100, 120			
1200	1184		5.5/6.0				128	21.1
1300	1282		6.0/6.5				140	20.8
1500	1482		5.6		50, 60, 80, 100, 120		160	21.1
1600	1582		6.5/7.2				168	21.6
1700	1682		7.2/8.0				180	21.3
1800	1782						186	22.1
2000	1982		8.0/9.0				192	24.4

2.1.4 用于建筑物和土木工程材料手持切割的锯片基体尺寸

2.1.4.1 基体类型代号

F 型——齿长 30 ~40mm、窄槽基体；

G 型——齿长 40mm、宽槽基体；

H 型——齿长 50mm、窄槽基体；

I 型——齿长 50mm、宽槽基体。

2.1.4.2 基体尺寸代号

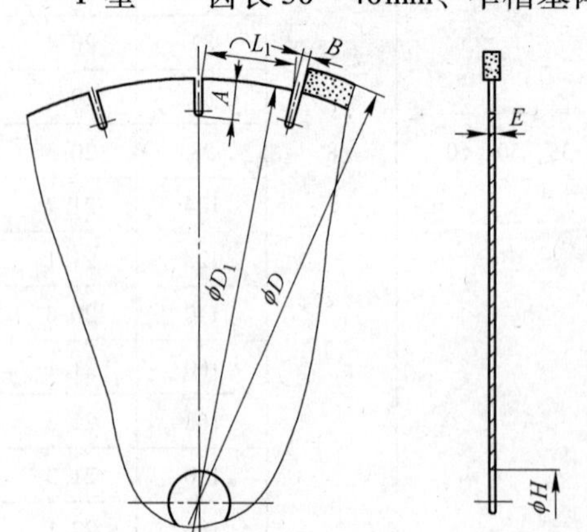

图 8-2-12 手持切割锯片基体尺寸（一）

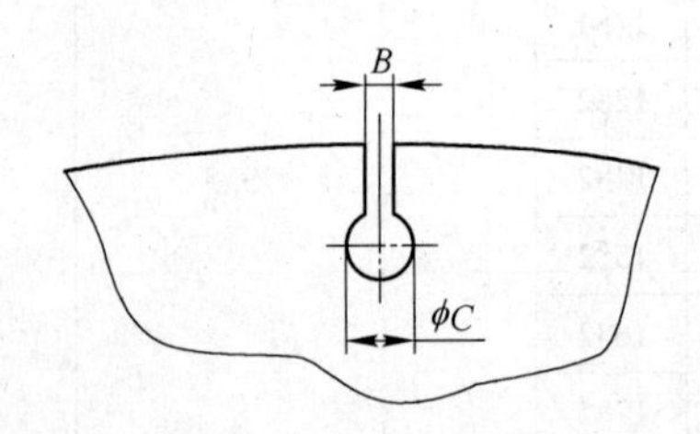

图 8-2-13 手持切割锯片基体尺寸（二）

2.1.4.3　F型基体尺寸

表 8-2-28　F型基体　（mm）

D	D_1 ①,②		E ②	A	H ②		B ①	齿数 Z	L_1	
	±0.05		+0.1 0	±1.0			±0.5		名义尺寸	
	系列1	系列2							系列1	系列2
100	79	85	1.2,1.3,1.5	10	15,16,20	H9	3	8	28.1	30.4
115	94	100	1.4		22.23			9	29.8	31.9
125	104	110						10	29.7	31.6
150	129	135	1.5	12				12	30.8	32.3
180	159	165	1.8					14	32.7	34.0
200	179	185	1.5,1.8					16	32.1	33.3
230	209	215	1.8					16	38.0	39.2
250	234	240		14	20,25.4	H7	3	18	37.8	38.9
300	284	290	1.8,2.0, 2.2,2.4					21	39.5	40.4
350	334	340						25	39.0	39.7
400	384	390	2.4					28	40.1	40.8

①匙孔槽基体，对于3mm槽宽，匙孔直径 C 为6mm。

②同样适用于连续式锯片基体。

2.1.4.4　G型基体尺寸

表 8-2-29　G型基体　（mm）

D	D_1 ①		E	A	H ①		B	齿数 Z	L_1	
	±0.05		+0.1 0	±1.0			±0.5		名义尺寸	
	系列1	系列2							系列1	系列2
230	209	215	1.5,1.8	12	22.23	H9	10	13	40.5	41.9
250	234	240	1.8	14	20，25.4	H7		15	39.0	40.3
300	284	290	1.8,2.0, 2.2,2.4					18	39.5	40.6
350	334	340						21	40.0	40.9
400	384	390	2.4	12				24	40.3	41.0

①同样适用于连续式锯片基体。

2.1.4.5　H型基体尺寸

表 8-2-30　H型基体　（mm）

D	D_1		E	A	H	B	齿数 Z	L_1	
	±0.05		+0.1 0	±1.0	H7	±0.5		名义尺寸	
	系列1	系列2						系列1	系列2
250	234	240	1.8	14	20,25.4	3	14	49.5	50.8
300	284	290	1.8,2.0, 2.2,2.4				17	49.5	50.6
350	334	340					20	49.4	50.4
400	384	390	2.2,2.4				23	49.4	50.2

2.1.4.6 I 型基体尺寸

表 8-2-31 I 型基体 (mm)

D	D_1		E	A	H	B		齿数 Z	L_1	
	±0.05		$^{+0.1}_{0}$	±1.0	H7	±0.5			名义尺寸	
	系列 1	系列 2				系列 1	系列 2		系列 1	系列 2
250	234	240	1.8	14	20,25.4	10		12	51.2	52.8
300	284	290	1.8,2.0,2.2,2.4					15	49.5	50.7
350	334	340				10	12	17	51.7	50.8
400	384	390	2.2,2.4					20	50.3	49.2

2.1.5 电镀内圆切割锯片

2.1.5.1 锯片形状

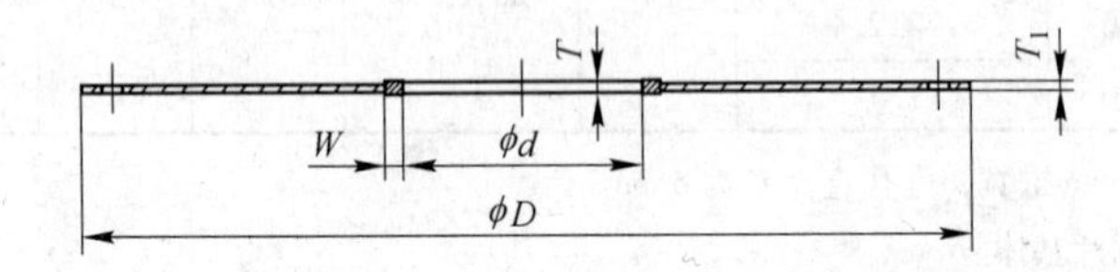

图 8-2-14 电镀内圆切割锯片形状

2.1.5.2 锯片尺寸代号

表 8-2-32 电镀内圆切割锯片尺寸代号

尺 寸	外 径	内 径	厚 度	基体厚度	环 宽
代 号	D	d	T	T_1	W

2.1.5.3 锯片尺寸极限偏差

电镀内圆切割锯片的尺寸极限偏差符合表 8-2-33 的规定。

表 8-2-33 电镀内圆切割锯片尺寸极限偏差规定 (mm)

D	T		d	T_1	W		基体孔数/个
	基本尺寸	极限偏差			基本尺寸	极限偏差	
206	0.20	±0.02	83	0.10	1.5	±0.3	18
	0.26						
	0.35	±0.03		0.12			
246	0.22	±0.02	83	0.10	1.5	±0.3	22
	0.26						
	0.35	±0.03	90	0.12			18，22
271	0.22	±0.02	90	0.10			18
	0.26						
	0.35	±0.03		0.12			

续表 8-2-33

<table>
<tr><th rowspan="2">D</th><th colspan="2">T</th><th rowspan="2">d</th><th rowspan="2">T_1</th><th colspan="2">W</th><th rowspan="2">基体孔数/个</th></tr>
<tr><th>基本尺寸</th><th>极限偏差</th><th>基本尺寸</th><th>极限偏差</th></tr>
<tr><td rowspan="3">360</td><td>0.22</td><td rowspan="2">±0.02</td><td rowspan="3">120</td><td rowspan="2">0.10</td><td rowspan="9">1.8</td><td rowspan="9">±0.3</td><td rowspan="3">26</td></tr>
<tr><td>0.26</td></tr>
<tr><td>0.35</td><td>±0.03</td><td>0.12</td></tr>
<tr><td rowspan="3">380
(390)</td><td>0.24</td><td rowspan="2">±0.02</td><td rowspan="3">130</td><td rowspan="2">0.10</td><td rowspan="3">34</td></tr>
<tr><td>0.28</td></tr>
<tr><td>0.35</td><td>±0.03</td><td>0.12</td></tr>
<tr><td rowspan="3">422</td><td>0.26</td><td rowspan="2">±0.02</td><td rowspan="3">152</td><td rowspan="2">0.12</td><td rowspan="3">39</td></tr>
<tr><td>0.30</td></tr>
<tr><td>0.38</td><td>±0.03</td><td>0.15</td></tr>
<tr><td rowspan="2">546</td><td>0.30</td><td>±0.02</td><td rowspan="2">184</td><td rowspan="2">0.15</td><td rowspan="2">2.0</td><td rowspan="2">±0.3</td><td rowspan="2">51</td></tr>
<tr><td>0.38</td><td>±0.03</td></tr>
</table>

2.1.6 高精度切割砂轮

2.1.6.1 高精度切割砂轮条件

表 8-2-34 高精度切割砂轮条件 (mm)

<table>
<tr><th>砂轮型号</th><th colspan="6">厚度极限偏差</th><th colspan="2">孔径极限偏差</th><th colspan="2">同轴度</th></tr>
<tr><td rowspan="2">1A1、1A1R</td><td colspan="3">$T \leqslant 0.5$</td><td colspan="3">$T > 0.5$</td><td>$D \leqslant 150$</td><td>$D > 150$</td><td>$D \leqslant 150$</td><td>$D > 150$</td></tr>
<tr><td colspan="3">±0.01</td><td colspan="3">±0.02</td><td>H6</td><td>H7</td><td>0.02</td><td>0.03</td></tr>
<tr><td rowspan="2">1A8</td><td colspan="2">$T \leqslant 0.15$</td><td colspan="2">$0.15 < T \leqslant 0.25$</td><td colspan="2">$T > 0.25$</td><td colspan="2" rowspan="2">H6</td><td colspan="2" rowspan="2">0.02</td></tr>
<tr><td colspan="2">±0.005</td><td colspan="2">±0.006</td><td colspan="2">±0.008</td></tr>
</table>

2.1.6.2 形状尺寸

（1）1A1 型、1A1R 型砂轮的形状和尺寸。1A1 型砂轮的形状见图 8-2-15，1A1R 型砂轮的形状见图 8-2-16，砂轮尺寸见表 8-2-35。

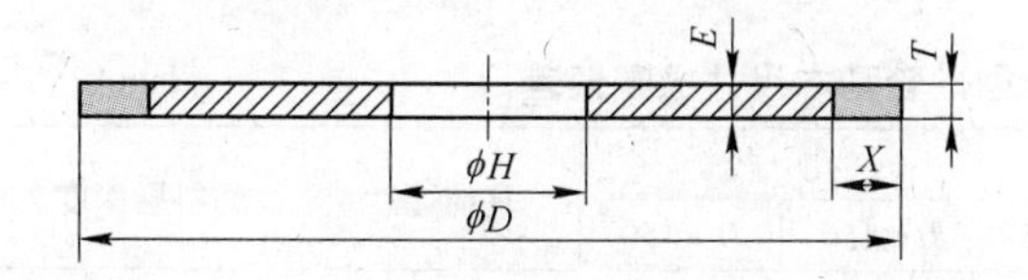

图 8-2-15 1A1 型砂轮形状

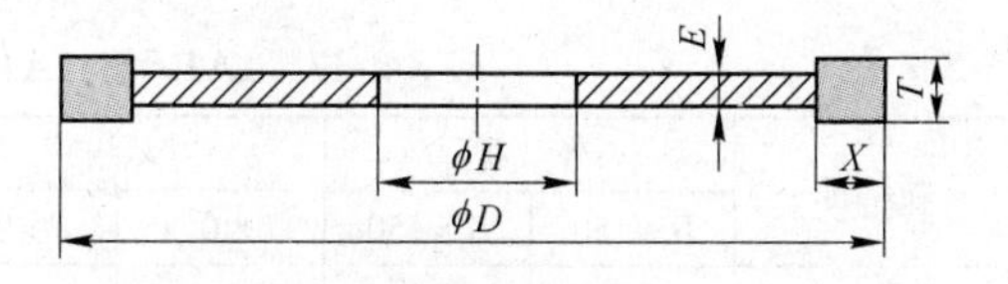

图 8-2-16 1A1R 型砂轮形状

表 8-2-35 1A1、1A1R 型砂轮尺寸 (mm)

外 径	厚 度	孔 径	磨料层深度
50	0.20 ~ 1.20	12.7，20，25.4	3.0，5.0
75	0.25 ~ 1.20	12.7，20，24，25.4	3.0，4.0，5.0
100	0.25 ~ 1.50	19.05，20，25.4，31.75，32，40	3.5，4.0，5.0

续表 8-2-35

外　径	厚　度	孔　径	磨料层深度
125	0.40～2.00	20，25.4，31.75，32，40	3.5，5.0，6.0
150	0.50～2.00	25.4，31.75，32，40，50	4.0，6.0，7.0
175	0.70～2.00	25.4，31.75，32，40，50	4.0、7.0、10.0
200	0.80～2.00	25.4，31.75，32，40，50	5.0、7.0、10.0
250	1.00～2.00	31.75，32，40，50	5.0、10.0
300	1.20～2.50	31.75，32，40，60，127	5.0、7.0、10.0
350	1.20～3.00	31.75，32，40，60，127	7.0、10.0、15.0
400	1.50～3.00	31.75，32，40，60，127	10.0、15.0

注：基体厚度 $E \leqslant T$，其他规格砂轮可根据用户合同需要生产。

（2）1A8 型砂轮的形状和尺寸。1A8 型砂轮的形状见图 8-2-17，尺寸见表 8-2-36。

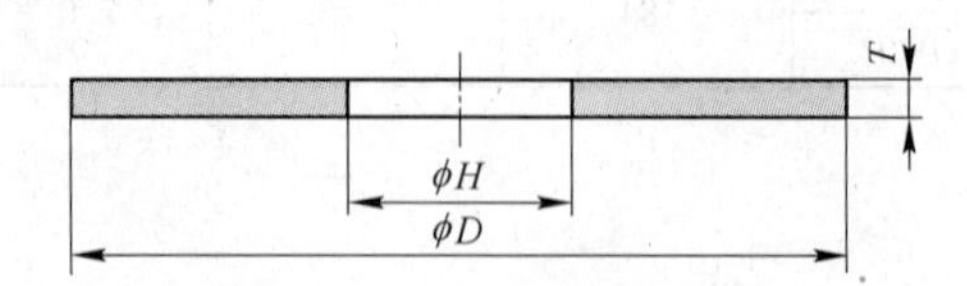

图 8-2-17　1A8 型砂轮形状

表 8-2-36　1A8 型砂轮尺寸　（mm）

外　径	厚　度	孔　径	外　径	厚　度	孔　径
50.0	0.07～1.20	25.4，31.75	117.0	0.30～2.00	52，69.875，88.9
53.4	0.07～1.20	25.4，31.75，40	125.0	0.40～2.00	52，69.875，88.9
75.0	0.10～2.00	25.4，31.75，40	150.0	0.50～2.00	69.875，88.9
76.2	0.10～2.00	25.4，31.75，40	152.4	0.50～2.00	88.9，114.3
100.0	0.20～2.00	25.4，31.75，40	155.0	0.50～2.00	88.9，114.3
102.0	0.25～2.00	31.75，40，52			

注：其他规格砂轮可根据用户合同需要生产。

2.1.6.3　基本尺寸极限偏差

（1）1A1 型、1A1R 型砂轮（表 8-2-37）。

表 8-2-37　1A1 型、1A1R 型砂轮基本尺寸极限偏差　（mm）

项　目	外　径		厚　度		孔　径		基体厚度	磨料层深度
	$D \leqslant 150$	$D > 150$	$T \leqslant 0.5$	$T > 0.5$	$D \leqslant 150$	$D > 150$		
极限偏差	±0.2	±0.5	±0.01	±0.02	H6	H7	±0.015	±0.20

（2）1A8 型砂轮（表 8-2-38）。

表 8-2-38　1A8 型砂轮基本尺寸极限偏差　（mm）

项　目	外　径		厚　度			孔　径
	$D \leqslant 76.2$	$D > 76.2$	$T \leqslant 0.15$	$0.15 < T \leqslant 0.25$	$T > 0.25$	
极限偏差	±0.1	±0.2	±0.005	±0.006	±0.008	H6

2.1.6.4　形位公差

（1）1A1 型、1A1R 型砂轮的平面度和同轴度（表 8-2-39）。

表 8-2-39 1A1 型、1A1R 型砂轮平面度和同轴度 (mm)

外 径	平面度	同轴度	外 径	平面度	同轴度
$D \leqslant 150$	0.10	0.02	$D > 150$	0.15	0.03

（2）1A8 型砂轮的平面度和同轴度（表 8-2-40）。

表 8-2-40 1A8 型砂轮平面度和同轴度 (mm)

外 径	平 面 度	同 轴 度
$D \leqslant 76.2$	0.07	0.02
$D > 76.2$	0.10	

（3）1A1R 型砂轮的对称度（表 8-2-41）。

表 8-2-41 1A1R 型砂轮对称度 (mm)

外 径	对 称 度	外 径	对 称 度
$D \leqslant 125$	0.03	$D > 125$	0.05

2.1.7 金刚石框架锯条

2.1.7.1 产品分类及代号

表 8-2-42 金刚石框架锯条产品分类及代号

分 类	代 号	分 类	代 号
切割大理石用金刚石框架锯条	Ma	切割砂岩用金刚石框架锯条	S

2.1.7.2 结构和尺寸代号

金刚石框架锯条组成部位的名称、尺寸代号见图 8-2-18 和表 8-2-43。

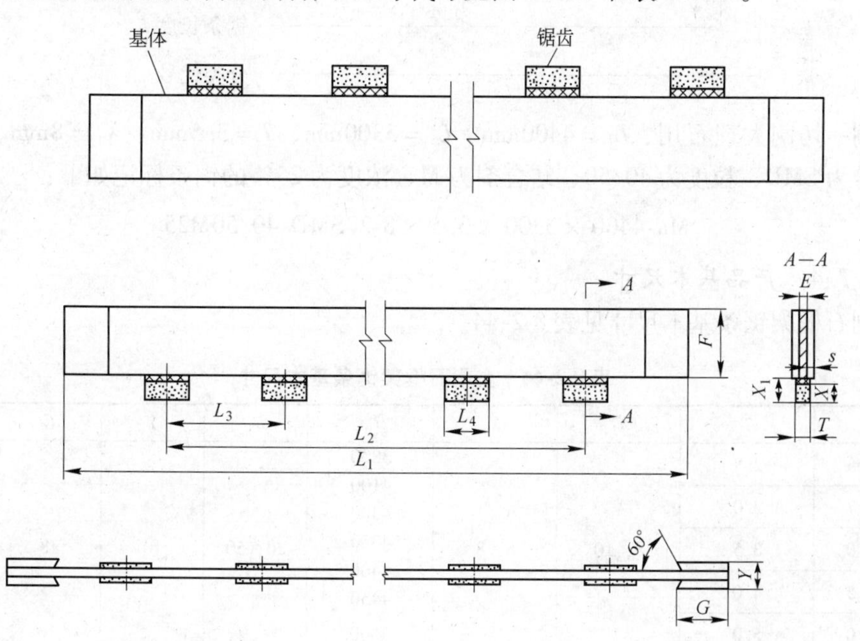

图 8-2-18 金刚石框架锯条组成部位名称

表 8-2-43　金刚石框架锯条组成部位尺寸代号

名　称	代　号	名　称	代　号
锯条长度	L_1	基体宽度	F
锯齿分布长度	L_2	基体厚度	E
齿　距	L_3	侧隙$\left(\frac{T-E}{2}\right)$	s
锯齿长度	L_4	固定板位置总厚度	Y
锯齿厚度	T	固定板宽度	G
锯齿总深度	X_1	锯齿数	Z
金刚石层深度	X		

2.1.7.3　标记及示例

金刚石框架锯条标记及示例如下：

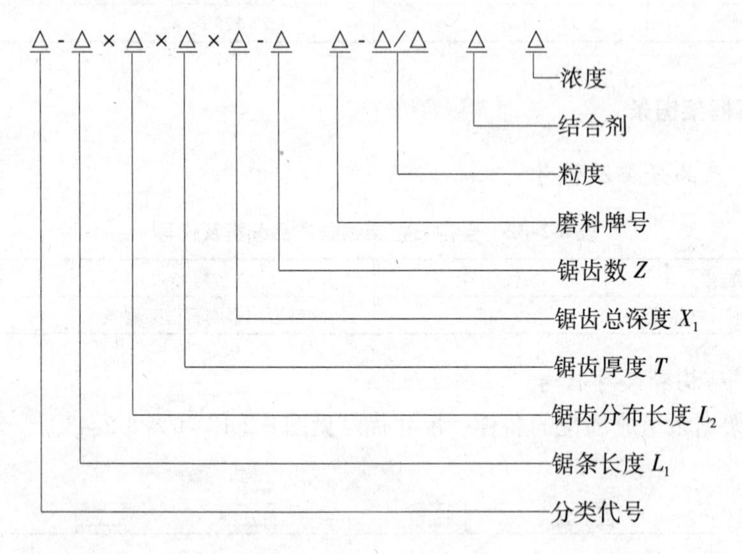

示例：切割大理石用、$L_1=4400$mm、$L_2=3300$mm、$T=3.5$mm、$X_1=8$mm、$Z=27$，磨料牌号为 SMD、粒度为 40/50、结合剂为 M、浓度为 25% 的锯条标记如下：

Ma-4400 × 3300 × 3.5 × 8-27SMD-40/50M25

2.1.7.4　产品基本尺寸

金刚石框架锯条基本尺寸见表 8-2-44。

表 8-2-44　金刚石框架锯条基本尺寸　(mm)

$F \times E$	T	X_1	X	L_1	L_4	Y	G	s
180 × 1.5	2.8	8，10	6，8	3800 4100 4300 4350 4400 4450 4600	20，50	10	38	0.65
180 × 1.7	3.0							0.65
180 × 2.0	3.5							0.75
180 × 2.5	4.0							0.75
180 × 3.0	5.0							1.00

注：锯齿分布长度 L_2、齿距 L_3 和齿数 Z，按用户要求由供需双方商定。

2.1.7.5 基本尺寸极限偏差

金刚石框架锯条基本尺寸极限偏差符合表8-2-45要求。

表8-2-45 金刚石框架锯条基本尺寸极限偏差要求 (mm)

项 目	极限偏差	项 目	极限偏差
L_1	±3	X_1	+0.30 0
E	±0.05	T	±0.15

2.1.7.6 形位公差

(1) 锯齿焊在基体上，其端面方向对称度不大于0.20mm，见图8-2-19。

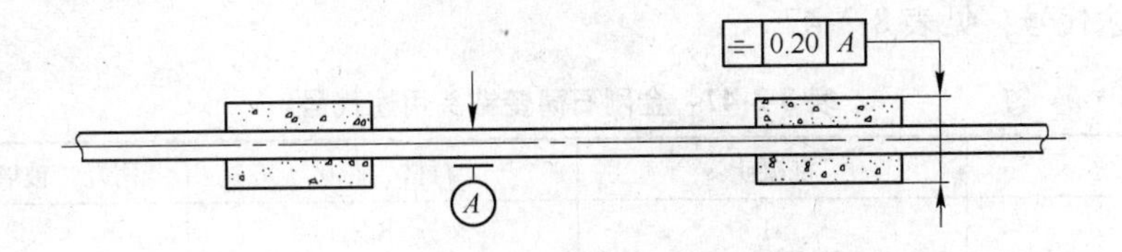

图8-2-19 金刚石框架锯条端面对称度要求

(2) 锯齿焊接后，锯条基体横向平面度不大于0.10mm，见图8-2-20。

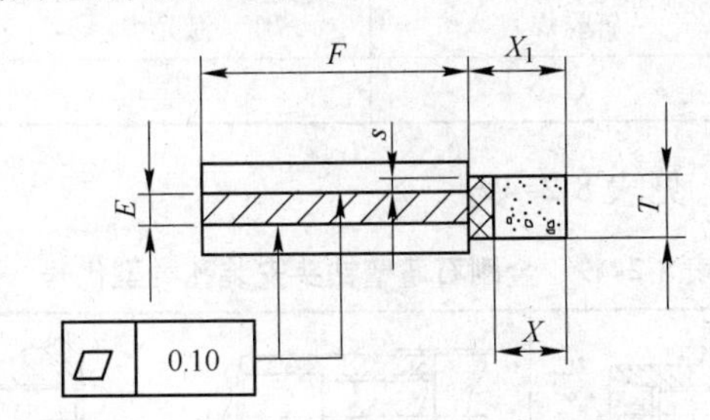

图8-2-20 金刚石框架锯条基体横向平面度要求

2.2 钻进类工具标准

2.2.1 金刚石薄壁钻头

2.2.1.1 代号

(1) 尺寸代号，见表8-2-46、图8-2-21。

表8-2-46 金刚石薄壁钻头尺寸代号

名 称	代号	名 称	代号	名 称	代号	名 称	代号
薄壁钻头外径	D	钻齿长度	L_1	齿 数	N	外侧隙$(D-D_1)/2$	C_1
薄壁钻头有效长度	L_0	钻齿厚度	U	钻管外径	D_1	安装孔径	d
薄壁钻头总长	L	钻齿深度	X	钻管壁厚	E		

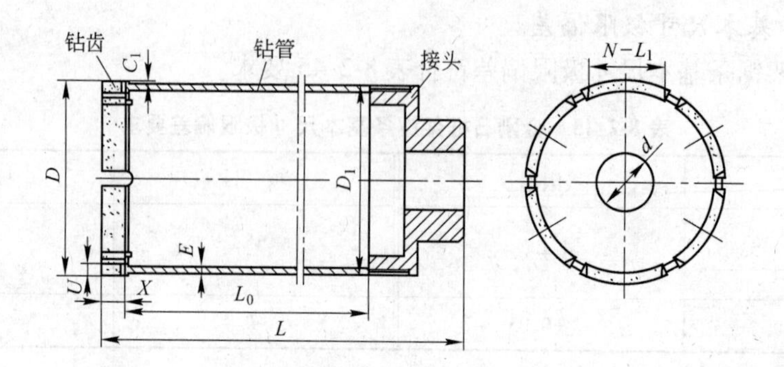

图 8-2-21 金刚石薄壁钻头尺寸代号

（2）用途代号，见表 8-2-47。

表 8-2-47 金刚石薄壁钻头用途代号

用　途	混凝土	石材、砖材	陶瓷、玻璃、炭素材料
代　号	H	S	T

（3）制造工艺代号，见表 8-2-48。

表 8-2-48 金刚石薄壁钻头制造工艺代号

制造工艺	钎　焊	激光焊	整体烧结
代　号	Q	J	Z

（4）安装孔类型代号，见表 8-2-49。

表 8-2-49 金刚石薄壁钻头安装孔类型代号

安装孔类型				其　他
代　号	k_1	k_2	k_3	k_4

2.2.1.2 尺寸

（1）薄壁钻头尺寸，见表 8-2-50。

表 8-2-50 金刚石薄壁钻头尺寸 (mm)

D	D_1	E	N	L_1	U	X	C_1	L_0
27	26	2.0	3	16	3.0	8/10	0.5	300，350，400，450
28	27		3	16				
30	29		3	16/20				
32，34，36	31，33，35		4	16				
			3	20				
38，40，44	37，39，43		5	16				
			4	20				

续表 8-2-50

<table>
<tr><th>D</th><th>D_1</th><th>E</th><th>N</th><th>L_1</th><th>U</th><th>X</th><th>C_1</th><th>L_0</th></tr>
<tr><td rowspan="2">46</td><td rowspan="2">45</td><td rowspan="10">2.0</td><td>4</td><td>24</td><td rowspan="2">3.0</td><td rowspan="29">8/10</td><td rowspan="2">0.5</td><td rowspan="29">300，350，400，450</td></tr>
<tr><td>5</td><td>20</td></tr>
<tr><td rowspan="2">51，56，60</td><td rowspan="2">49.5，54.5，58.5</td><td>5</td><td>24</td><td rowspan="8">3.5</td><td rowspan="8">0.75</td></tr>
<tr><td>6</td><td>20</td></tr>
<tr><td rowspan="2">63，66，71，74</td><td rowspan="2">61.5，64.5，69.5，72.5</td><td>6</td><td>24</td></tr>
<tr><td>7</td><td>20</td></tr>
<tr><td rowspan="2">76，83</td><td rowspan="2">74.5，81.5</td><td>7</td><td>24</td></tr>
<tr><td>8</td><td>20</td></tr>
<tr><td rowspan="2">89，96</td><td rowspan="2">87.5，94.5</td><td>8</td><td>24</td></tr>
<tr><td>9</td><td>20</td></tr>
<tr><td rowspan="2">100</td><td rowspan="2">98.3</td><td rowspan="8">2.3</td><td>8</td><td>24</td><td rowspan="8">4.0</td><td rowspan="8">0.85</td></tr>
<tr><td>9</td><td>20</td></tr>
<tr><td rowspan="2">102，106，108，110，112，114</td><td rowspan="2">100.3，104.3，106.3，108.3，110.3，112.3</td><td>9</td><td>24</td></tr>
<tr><td>11</td><td>20</td></tr>
<tr><td rowspan="2">116，118，120，123</td><td rowspan="2">114.3，116.3，118.3，121.3</td><td>10</td><td>24</td></tr>
<tr><td>12</td><td>20</td></tr>
<tr><td rowspan="2">127</td><td rowspan="2">125.3</td><td>11</td><td>24</td></tr>
<tr><td>13</td><td>20</td></tr>
<tr><td>132，140，150，152</td><td>130，138，148，150</td><td rowspan="2">2.5</td><td>11</td><td rowspan="11">24</td><td rowspan="2">4.5</td><td rowspan="11">1.0</td></tr>
<tr><td>160，165，170</td><td>158，163，168</td><td>12</td></tr>
<tr><td>180，184</td><td>178，182</td><td rowspan="9">3.0</td><td>13</td><td rowspan="9">5.0</td></tr>
<tr><td>200，218，230，248</td><td>198，216，228，246</td><td>15</td></tr>
<tr><td>254</td><td>252</td><td>16</td></tr>
<tr><td>300，305</td><td>298，303</td><td>18</td></tr>
<tr><td>350，356</td><td>348，354</td><td>20</td></tr>
<tr><td>400</td><td>398</td><td>22</td></tr>
<tr><td>450</td><td>448</td><td>23</td></tr>
<tr><td>500</td><td>498</td><td>27</td></tr>
<tr><td>600</td><td>598</td><td>32</td></tr>
</table>

注：特殊要求由供需双方商定。

（2）安装孔尺寸，见图 8-2-22。

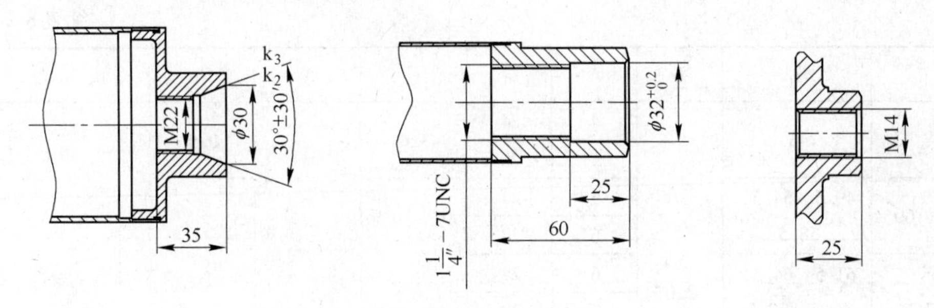

图 8-2-22　金刚石薄壁钻头安装孔尺寸

2.2.1.3　标记

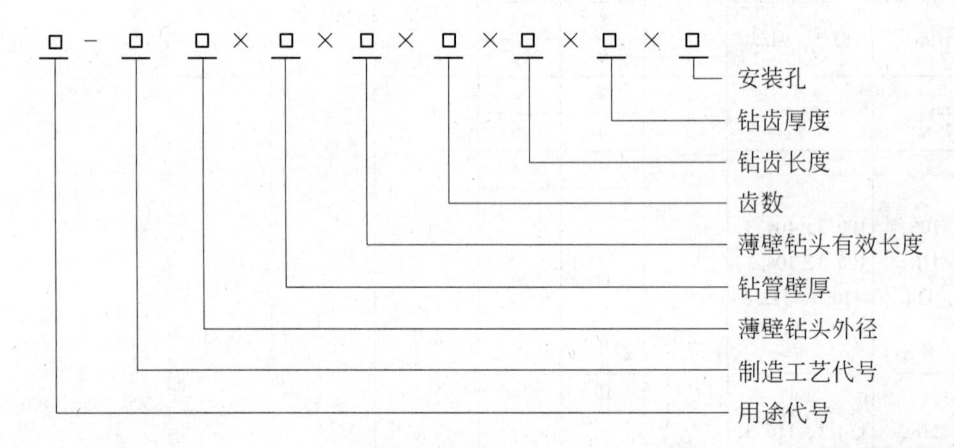

示例：用于钻削混凝土，采用激光焊制造的薄壁钻头，薄壁钻头外径108mm，钻管壁厚2.3mm，有效长度400mm，齿数9个，钻齿长度24mm，钻齿厚度4mm，安装孔类型k_1，产品标记为：H－J108×2.3×400×9×24×4×k_1。

2.2.1.4　技术要求

（1）尺寸极限偏差（表8-2-51）。

表8-2-51　金刚石薄壁钻头尺寸极限偏差　（mm）

项　目		极限偏差
薄壁钻头外径极限偏差	$D\leqslant 100$	±0.50
	$100<D\leqslant 200$	±0.75
	$D>200$	±1.00
钻齿厚度极限偏差		+0.2 −0.1
钻齿深度极限偏差		+0.4 −0.1
钻管壁厚极限偏差		±0.1
薄壁钻头有效长度极限偏差		+3 −1
薄壁钻头外侧隙极限偏差	$D\leqslant 46$	±0.15
	$46<D\leqslant 127$	±0.20
	$D>127$	±0.30

（2）径向跳动公差（表8-2-52）。

表8-2-52　金刚石薄壁钻头径向跳动公差　（mm）

规　格	径向跳动公差	规　格	径向跳动公差
$D \leqslant 100$	≤0.3	$356 < D \leqslant 450$	≤1.5
$100 < D \leqslant 200$	≤0.5	$450 < D \leqslant 600$	≤3.0
$200 < D \leqslant 356$	≤0.8		

2.2.2　钻探用人造金刚石聚晶

2.2.2.1　形状代号及尺寸标记

钻探用人造金刚石聚晶的形状为圆柱体、圆柱锥体、长方体、异形体，其形状代号及尺寸标记见表8-2-53。

表8-2-53　钻探用人造金刚石聚晶形状代号及尺寸标记

序　号	形　状	示意图	代　号	尺寸标记
1	圆柱体	L, D	CY	$D \times L$
2	圆柱锥体	α, L, D	CN	$D \times L \times \alpha$
3	长方体	T, W, L	RT	$L \times W \times T$
4	异形体	r, W, T, L	SH	$L \times W \times T \times r$

2.2.2.2　基本尺寸

圆柱体钻探用人造金刚石聚晶基本尺寸见表8-2-54、圆柱锥体钻探用人造金刚石聚晶基本尺寸见表8-2-55、长方体钻探用人造金刚石聚晶基本尺寸见表8-2-56、异形体钻探用人造金刚石聚晶基本尺寸见表8-2-57。

表8-2-54　圆柱体钻探用人造金刚石聚晶基本尺寸　（mm）

D	1.5～5	5～10	10～15
L	2～8	2～10	8～15

表8-2-55　圆柱锥体钻探用人造金刚石聚晶基本尺寸　（mm）

D	L	α/(°)	D	L	α/(°)
2～6	4～6	90～120	6～10	6～15	60～120

表 8-2-56　长方体钻探用人造金刚石聚晶基本尺寸　（mm）

L	*W*	*T*	*L*	*W*	*T*
1.5 ~ 7	1 ~ 3	1.5 ~ 3	3 ~ 10	5 ~ 10	5 ~ 10
3 ~ 8	3 ~ 5	3 ~ 5			

表 8-2-57　异形体钻探用人造金刚石聚晶基本尺寸　（mm）

L	*W*	*T*	*r*
5 ~ 10	3，3.2，5	3	1.5，1.6，2.5

2.2.2.3　型号及用途

钻探用人造金刚石聚晶根据用途分为四种型号，见表 8-2-58。

表 8-2-58　钻探用人造金刚石聚晶型号及用途

型　号	用　　途	型　号	用　　途
Ⅰ	钻探莫氏系数 $f \leqslant 8$ 的岩石、加工宝石	Ⅲ	钻探莫氏系数 $10 < f \leqslant 15$ 的岩石
Ⅱ	钻探莫氏系数 $8 < f \leqslant 10$ 的岩石	Ⅳ	钻探莫氏系数 $15 < f \leqslant 20$ 的岩石

2.2.2.4　技术要求

（1）基本尺寸极限偏差，见表 8-2-59。

表 8-2-59　钻探用人造金刚石聚晶基本尺寸极限偏差

D、*W*、*T*、*L*、*r*/mm		α/(°)
基本尺寸	极限偏差	
1.5 ~ 3.0	±0.2	±5
3.1 ~ 5.5	±0.3	
5.6 ~ 15.0	+0.3 −0.5	

（2）磨耗比，见表 8-2-60。

表 8-2-60　钻探用人造金刚石聚晶磨耗比

型　号	磨耗比值	型　号	磨耗比值
Ⅰ	$\geqslant 20 \times 10^3$	Ⅲ	$\geqslant 60 \times 10^3$
Ⅱ	$\geqslant 40 \times 10^3$	Ⅳ	$\geqslant 80 \times 10^3$

2.2.3　钻探用三角形金刚石烧结体

2.2.3.1　产品形式、规格

（1）产品代号。

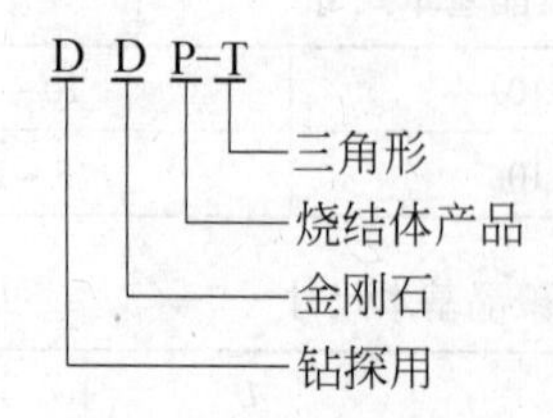

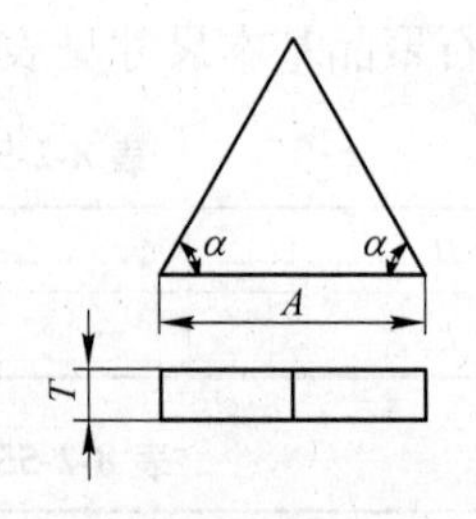

图 8-2-23　钻探用三角形金刚石烧结体产品形状

（2）产品形状与基本尺寸代号，见图 8-2-23。

（3）产品型号规格，见表8-2-61。

表8-2-61 钻探用三角形金刚石烧结体的产品型号规格 （mm）

产品型号	A	T	角度α/(°)
4025	4.0	2.5	60
5030	5.0	3.0	
6335	6.3	3.5	

2.2.3.2 技术要求

产品基本尺寸及极限偏差见表8-2-62。

表8-2-62 钻探用三角形金刚石烧结体的产品基本尺寸及极限偏差 （mm）

产品型号	A		T	
	基本尺寸	极限偏差	基本尺寸	极限偏差
4025	4.0	±0.15	2.5	±0.20
5030	5.0		3.0	
6335	6.3	±0.18	3.5	±0.24

2.3 磨削类工具标准

2.3.1 金刚石或立方氮化硼/硬质合金复合片品种、尺寸

2.3.1.1 品种及代号

金刚石或立方氮化硼/硬质合金复合片品种代号及适用范围按表8-2-63规定。

表8-2-63 复合片品种代号及适用范围

品　种	代　号	金刚石或立方氮化硼颗粒尺寸范围/μm	用　途
金刚石/硬质合金复合片	PDC-C	≤40	有色金属、非金属等切削工具
	PDC-D	5~10	石油、地质钻头等
立方氮化硼/硬质合金复合片	PCBN-C	≤40	淬火钢、冷硬铸铁等切削工具

2.3.1.2 形状及代号

金刚石或立方氮化硼/硬质合金复合片基本形状代号按表8-2-64规定。

表8-2-64 复合片基本形状代号

形　状	圆　形	半 圆 形	扇　形	三 角 形	矩　形
代　号	R	RL	RT	T	L

2.3.1.3 尺寸代号

金刚石或立方氮化硼/硬质合金复合片尺寸代号按图8-2-24中a~e规定。

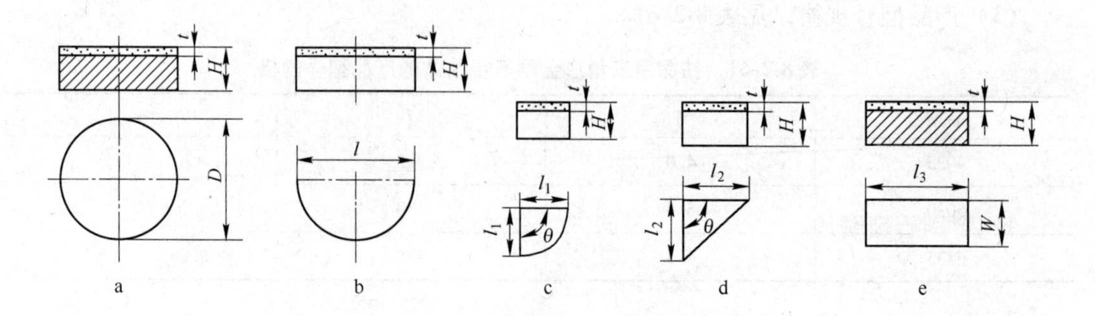

图 8-2-24 复合片尺寸代号

2.3.1.4 尺寸系列

（1）切削加工用金刚石或立方氮化硼/硬质合金复合片尺寸系列按表 8-2-65 规定。

表 8-2-65 切削加工用复合片尺寸系列 （mm）

代 号	基本尺寸	极限偏差	代 号	基本尺寸	极限偏差
l	7.00，9.00，11.00，13.00	±0.10	D	8.00，10.00，13.30，16.00，19.05，25.40，40.00，50.80，60.00	±0.10
l_1	3.00，4.00，5.00，6.00				
l_2	3.00，4.00，5.00，6.00				
l_3	4.00，6.00，8.00，10.00				
ω	2.00，3.00，4.00		H	1.60，2.40，3.20，3.53，4.80	
θ	45°，60°，90°	±0.10	t	0.50，0.80，1.00，1.20	

（2）钻探用金刚石/硬质合金复合片尺寸系列按表 8-2-66 规定。

表 8-2-66 钻探用复合片尺寸系列 （mm）

代 号	基本尺寸	极限偏差
D	8.20，10.00，13.30，13.44，15.88，16.00，19.05，25.40	±0.05
H	3.53，4.50，8.00，10.00，12.70，13.20，16.00，16.31，19.00	±0.10
t	0.80，1.00，1.50，2.00，2.50，3.00，3.50，4.00	±0.20

2.3.1.5 标记示例

（1）切削工具用金刚石/硬质合金复合片特征及书写顺序规定如下：

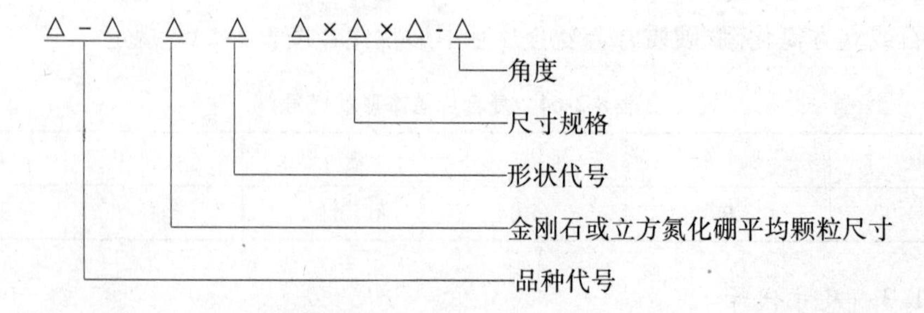

（2）钻探用金刚石/硬质合金复合片特征及书写顺序规定如下：

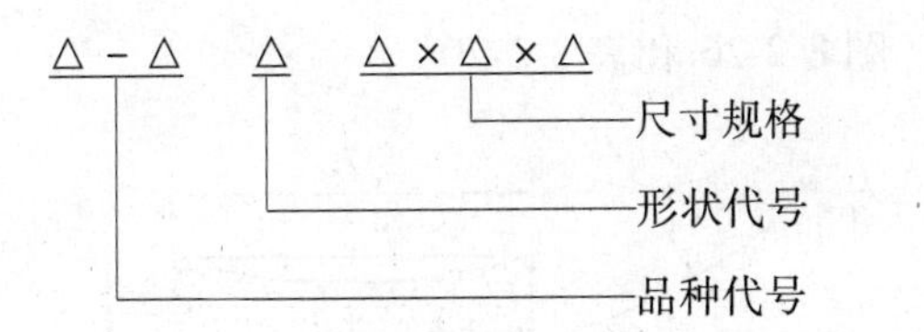

2.3.2 金刚石精磨片

2.3.2.1 尺寸代号

表 8-2-67 金刚石精磨片尺寸代号

名 称	代 号	名 称	代 号
直 径	D	金刚石层厚度	X
总厚度	T	圆弧半径	R
孔 径	H		

2.3.2.2 产品形状

表 8-2-68 金刚石精磨片产品形状

名 称	形 状	代号	名 称	形 状	代号
精磨片 1 号		1A8/1	精磨片 3 号		1A2/3
精磨片 2 号		1P8/2	精磨片 4 号		1A2/4

2.3.2.3 基本尺寸

(1) 精磨片 1 号（图 8-2-25 和表 8-2-69）。

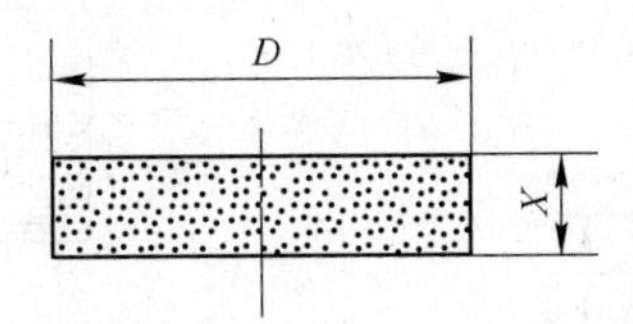

图 8-2-25 金刚石精磨片 1 号形状

表 8-2-69 金刚石精磨片 1 号基本尺寸 （mm）

D	X	D	X
4	2，3	10	3，4，5，6，8
5		12	
6	2，3，4	16	4，5，6，8，10，12
8	2，3，4，5	20	
9		30	

（2）精磨片2号（图8-2-26和表8-2-70）。

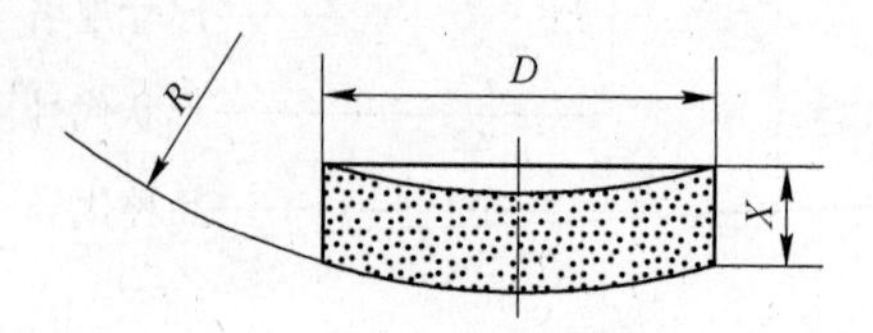

图8-2-26　金刚石精磨片2号形状

表8-2-70　金刚石精磨片2号基本尺寸　（mm）

D	X	R
10	2，3，4，5	60，80，100
12		
16		

注：本标准未规定的尺寸规格，由供需双方商定。

（3）精磨片3号（图8-2-27和表8-2-71）。

表8-2-71　金刚石精磨片3号基本尺寸　（mm）

D	T	X
8	5	3
10		
12		
14		
16		
20	5，8	3，5
30		

注：本标准未规定的尺寸规格，由供需双方商定。

（4）精磨片4号（图8-2-28和表8-2-72）。

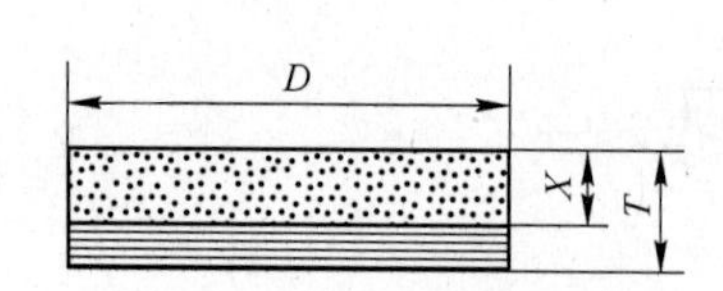

图8-2-27　金刚石精磨片3号形状

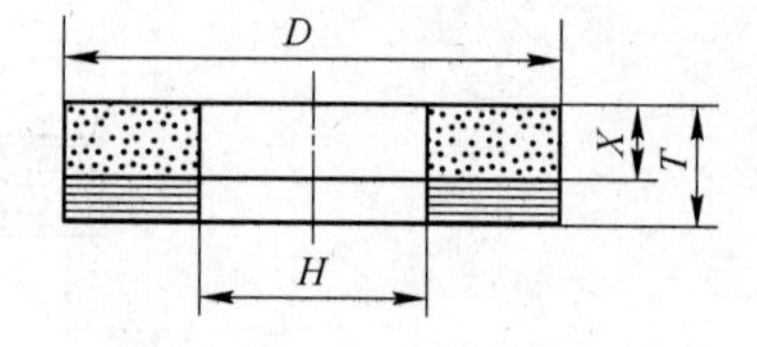

图8-2-28　金刚石精磨片4号形状

表8-2-72　金刚石精磨片4号基本尺寸　（mm）

D	T	H	X
12	5	6	3
14		6，8，10	
16			
20	5，8		3，5
30			

注：本标准未规定的尺寸规格，由供需双方商定。

2.3.2.4 标记示例

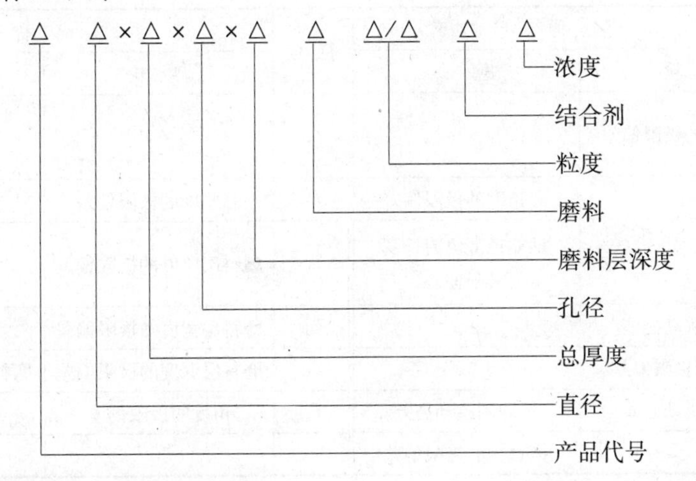

2.3.2.5 基本尺寸的极限偏差

表 8-2-73 金刚石精磨片基本尺寸极限偏差 (mm)

D	极限偏差	$X(T)$	极限偏差
<5	±0.08	<5	±0.04
5~10	±0.10	5~8	±0.06
>10	±0.12		

2.3.3 金刚石或立方氮化硼砂轮和磨头极限偏差与圆跳动公差

2.3.3.1 术语和定义

基本尺寸：通过它应用上、下偏差可算出极限尺寸的尺寸。

实际尺寸：通过测量获得的某一孔、轴的尺寸。

极限尺寸：一个孔或轴允许的尺寸的两个极端。

最大（小）极限尺寸：孔或轴允许的最大（最小）尺寸。

偏差：某一尺寸（实际尺寸、极限尺寸等）减其基本尺寸所得的代数差。

极限偏差：上偏差和下偏差。

上偏差：最大极限尺寸减其基本尺寸所得的代数差。

下偏差：最小极限尺寸减其基本尺寸所得的代数差。

尺寸公差：最大极限尺寸减最小极限尺寸之差，或上偏差减下偏差之差。

2.3.3.2 极限偏差与圆跳动公差缩写符号

表 8-2-74 砂轮和磨头极限偏差与圆跳动公差缩写符号

符 号	名 称		符 号	名 称	
	砂 轮	磨 头		砂 轮	磨 头
T_D	外径的极限偏差	外径的极限偏差	T_H	孔径的极限偏差	
T_E	砂轮孔处厚度的极限偏差		T_J	凸面直径的极限偏差	

续表 8-2-74

符号	名称		符号	名称	
	砂轮	磨头		砂轮	磨头
T_K	凹槽直径的极限偏差		T_{Sl}		柄缩径部位直径的极限偏差
T_L		总长度的极限偏差	T_T	总厚度的极限偏差	厚度的极限偏差
T_{L4}		柄缩径部位的长度极限偏差	T_U	磨料层厚度的极限偏差	
T_{PL}	断面圆跳动公差		T_W	磨料层宽度的极限偏差	
T_R	圆弧半径极限偏差		T_X	磨料层深度的极限偏差	磨料层深度的极限偏差
T_{RL}	径向圆跳动公差	径向圆跳动公差	T_n	角度的极限偏差	
T_{Sd}		柄直径的极限偏差			

2.3.3.3 周边磨削砂轮

(1) 名称示意图和基体形状代号（表 8-2-75）。

表 8-2-75 周边磨削砂轮名称、示意图和基体形状代号

名称	示意图	基体形状代号
平形砂轮	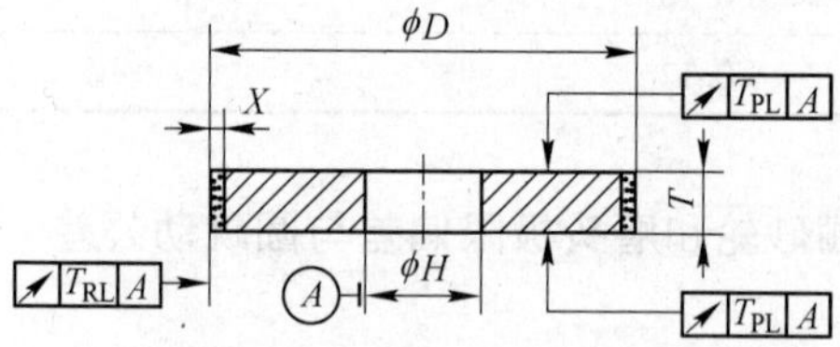 φD, X, T, φH, T_{PL} A, T_{RL} A, A	1
单面凸砂轮	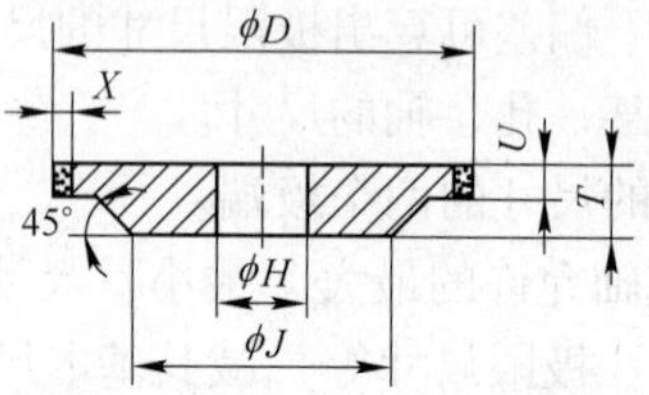 φD, X, U, T, 45°, φH, φJ	3
单斜边砂轮	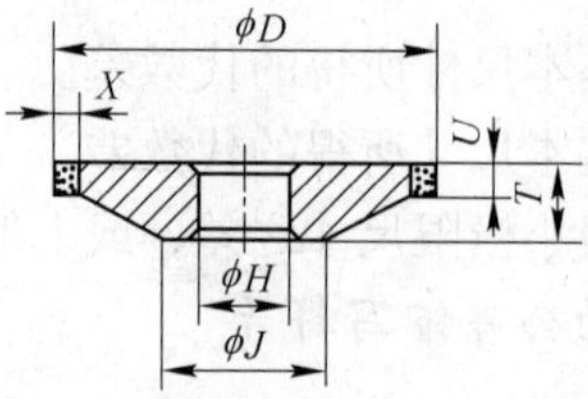 φD, X, U, T, φH, φJ	4
单面凹砂轮	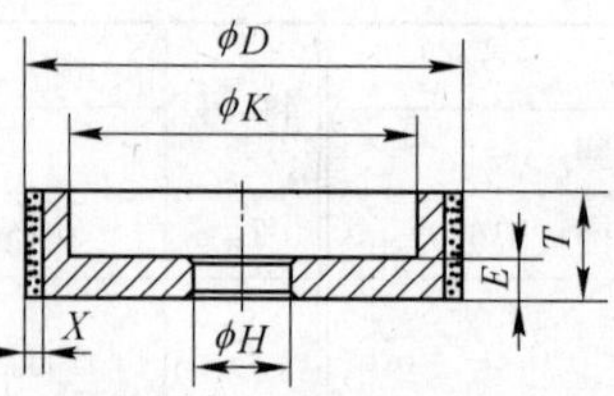 φD, φK, T, E, X, φH	6

续表 8-2-75

名 称	示 意 图	基体形状代号
双面凹砂轮	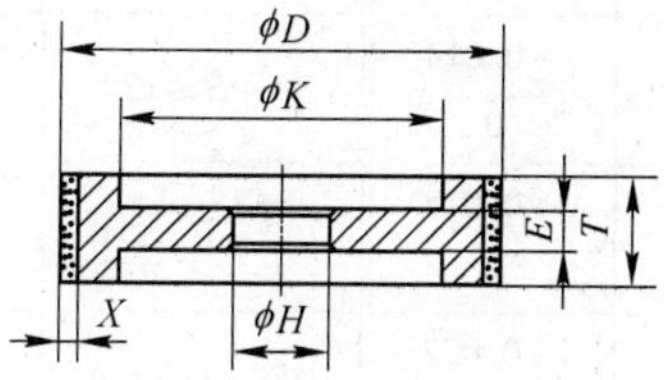	9
双面凸砂轮	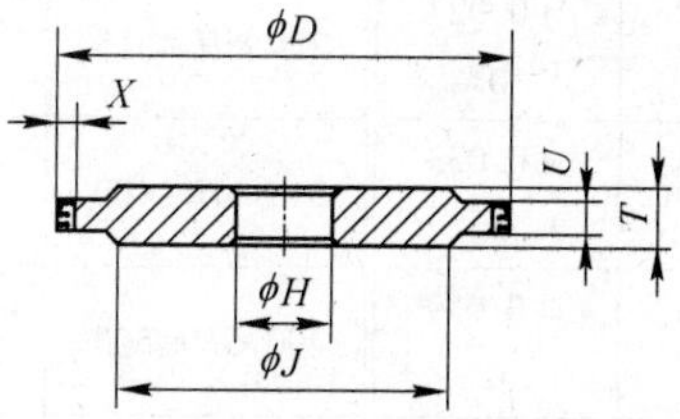	14

（2）外径极限偏差 T_D、端面圆跳动公差 T_{PL} 和径向圆跳动公差 T_{RL}（表 8-2-76 和表 8-2-77）。

表 8-2-76 周边磨削砂轮外径的极限偏差和周边磨削砂轮（一般砂轮）的圆跳动公差

（mm）

<table>
<tr><th rowspan="2">外径 D</th><th rowspan="2">极限偏差 T_D</th><th colspan="2">端面圆跳动公差 T_{PL}</th><th colspan="2">径向圆跳动公差 T_{RL}</th></tr>
<tr><th>A</th><th>B</th><th>A</th><th>B</th></tr>
<tr><td>$D \leqslant 3$</td><td>±0.10</td><td rowspan="2">—</td><td rowspan="2">—</td><td rowspan="2">—</td><td rowspan="2">—</td></tr>
<tr><td>$3 < D \leqslant 6$</td><td>±0.15</td></tr>
<tr><td>$6 < D \leqslant 50$</td><td>±0.20</td><td rowspan="4">0.08</td><td>0.01</td><td rowspan="4">0.06</td><td>0.01</td></tr>
<tr><td>$50 < D \leqslant 120$</td><td>±0.30</td><td rowspan="3">0.02</td><td rowspan="3">0.02</td></tr>
<tr><td>$120 < D \leqslant 400$</td><td>±0.50</td></tr>
<tr><td>$D > 400$</td><td>±0.80</td></tr>
</table>

注：A 适用于一般磨削用砂轮；B 适用于精密磨削用砂轮。

表 8-2-77 周边磨削砂轮（用于无心磨削的砂轮）的圆跳动公差 （mm）

外径 D	端面圆跳动公差 T_{PL}	径向圆跳动公差 T_{RL}	外径 D	端面圆跳动公差 T_{PL}	径向圆跳动公差 T_{RL}
$100 \leqslant D \leqslant 200$	0.10	0.03	$500 < D \leqslant 750$	0.20	0.05
$200 < D \leqslant 500$	0.15	0.04			

（3）砂轮孔径的极限偏差 T_H（表 8-2-78）。

表 8-2-78 周边磨削砂轮孔径的极限偏差 (mm)

孔径 H	极限偏差 T_H			孔径 H	极限偏差 T_H		
	H5	H6	H7		H5	H6	H7
$H \leqslant 3$	+0.004 0	+0.010 0	+0.014 0	$80 < H \leqslant 120$	+0.015 0	+0.035 0	+0.054 0
$3 < H \leqslant 6$	+0.005 0	+0.012 0	+0.018 0	$120 < H \leqslant 180$	+0.018 0	+0.040 0	+0.063 0
$6 < H \leqslant 10$	+0.006 0	+0.015 0	+0.022 0	$180 < H \leqslant 250$	+0.020 0	+0.046 0	+0.072 0
$10 < H \leqslant 18$	+0.008 0	+0.018 0	+0.027 0	$250 < H \leqslant 315$	+0.023 0	+0.052 0	+0.081 0
$18 < H \leqslant 30$	+0.009 0	+0.021 0	+0.033 0	$315 < H \leqslant 400$	+0.025 0	+0.057 0	+0.089 0
$30 < H \leqslant 50$	+0.011 0	+0.025 0	+0.039 0	$400 < H \leqslant 500$	+0.027 0	+0.063 0	+0.097 0
$50 < H \leqslant 80$	+0.013 0	+0.030 0	+0.046 0				

（4）砂轮总厚度的极限偏差 T_T 和磨料层厚度的极限偏差 T_U（表 8-2-79 和表 8-2-80）。

表 8-2-79 周边磨削砂轮（一般砂轮）总厚度的极限偏差和周边磨削砂轮磨料层厚度的极限偏差 (mm)

厚度 T 和 U	总厚度极限偏差 T_T	磨料层厚度极限偏差 T_U	厚度 T 和 U	总厚度极限偏差 T_T	磨料层厚度极限偏差 T_U
T 或 $U \leqslant 30$	±0.2	±0.2	$120 < T$ 或 $U \leqslant 400$	±0.8	±0.5
$30 < T$ 或 $U \leqslant 120$	±0.5	±0.3	$400 < T$ 或 $U \leqslant 500$	±1.0	±0.8

表 8-2-80 周边磨削砂轮（用于切割的砂轮）总厚度的极限偏差 (mm)

厚度 T	极限偏差 T_T	厚度 T	极限偏差 T_T	厚度 T	极限偏差 T_T
$T \leqslant 0.3$	±0.05	$0.3 < T \leqslant 0.8$	±0.08	$0.8 < T \leqslant 3$	±0.12

（5）磨料层深度的极限偏差 T_X（表 8-2-81 和表 8-2-82）。

表 8-2-81 周边磨削砂轮（一般砂轮）磨料层深度的极限偏差 (mm)

磨料层深度 X	极限偏差 T_X	磨料层深度 X	极限偏差 T_X	磨料层深度 X	极限偏差 T_X
$0.5 \leqslant X \leqslant 1$	+0.2 0	$1 < X \leqslant 6$	+0.2 −0.1	$6 < X \leqslant 30$	+0.3 −0.2

表 8-2-82 周边磨削砂轮（用于切割的砂轮）磨料层深度的极限偏差 (mm)

磨料层深度 X	极限偏差 T_X	磨料层深度 X	极限偏差 T_X	磨料层深度 X	极限偏差 T_X
$X \leqslant 6$	±0.20	$6 < X \leqslant 10$	±0.25	$X > 10$	±0.30

（6）砂轮孔径处厚度的极限偏差 T_E（表 8-2-83 和表 8-2-84）。

表 8-2-83 单面凹砂轮（代号6）和双面凹砂轮（代号9）孔径处厚度的极限偏差 (mm)

孔径处厚度 E	极限偏差 T_E	孔径处厚度 E	极限偏差 T_E	孔径处厚度 E	极限偏差 T_E
$E \leqslant 6$	±0.1	$6 < E \leqslant 30$	±0.2	$30 < E \leqslant 120$	±0.3

表 8-2-84 基体凸面直径（代号3、4、14）和凹面直径（代号6、9）的极限偏差 (mm)

外径 D	极限偏差 T_J、T_K	外径 D	极限偏差 T_J、T_K
$6 \leqslant D \leqslant 120$	±1	$D > 120$	±2

（7）半径的极限偏差 T_R（图 8-2-29、表 8-2-85）。

砂轮半径 R（例如图 8-2-29 中磨料层 F、FF 和 Q 型断面）相应范围的半径极限偏差 T_R 按表 8-2-85 规定。

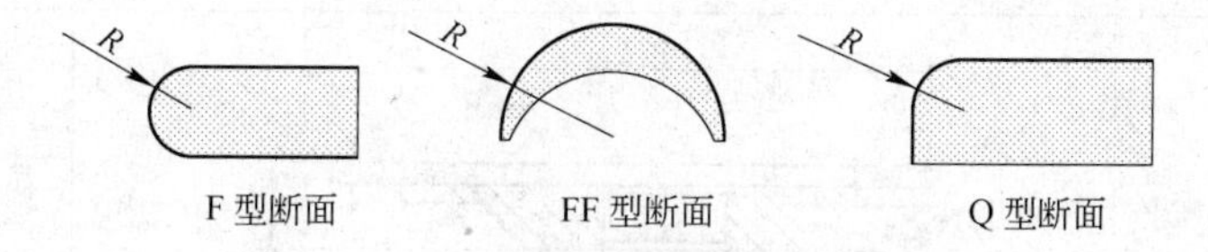

图 8-2-29 砂轮半径 R

表 8-2-85 周边磨削砂轮半径的极限偏差 (mm)

半径 R	极限偏差 T_R	
	A	B
$R \leqslant 3$	±0.2	±0.1
$3 < R \leqslant 6$	±0.5	±0.3
$6 < R \leqslant 30$	±1.0	±0.5

注：A 适用于一般磨削用砂轮；B 适用于沟道磨削用砂轮。

（8）角度 α 的极限偏差 T_α（图 8-2-30 和表 8-2-86）。

砂轮角度 α（例如图 8-2-30 中 B、E 型磨料层断面）相应范围的极限偏差 T_α 按表 8-2-86规定。

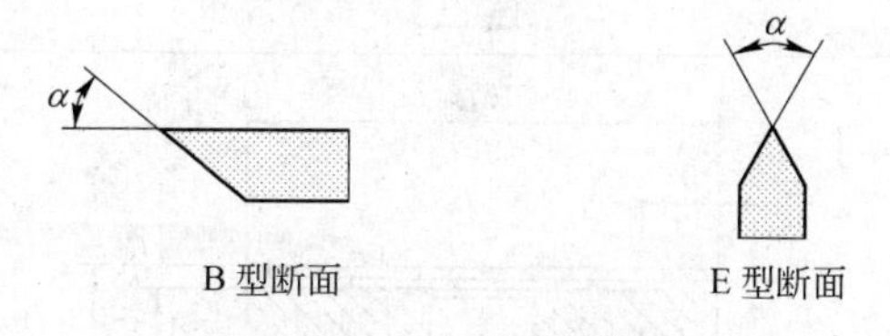

图 8-2-30 砂轮角度 α

表 8-2-86 周边磨削砂轮角度的极限偏差 (°)

角度 α	极限偏差 T_α	角度 α	极限偏差 T_α
$\alpha \leqslant 50$	±0.5	$50 < \alpha \leqslant 120$	±1

2.3.3.4 端面磨削砂轮

（1）名称、示意图和基体形状代号（表 8-2-87）。

表 8-2-87 端面磨削砂轮名称、示意图和基体形状代号

名 称	示 意 图	基体形状代号
平形砂轮	ϕD, W, X, T, ϕH, A, T_{PL} A, T_{RL} A	1
筒形砂轮	ϕD, W, X, T, ϕH	2
单面凸砂轮	ϕD, W, X, T, 45°, ϕH, ϕJ	3
斜边砂轮	ϕD, W, X, E, T, ϕH, ϕJ	4
杯形砂轮	ϕD, W, X, T, E, ϕH	6
双面凹砂轮	ϕD, W, X, E, T, ϕH	9
碗形砂轮	ϕD, X, U, T, E, ϕH, ϕK	11

续表 8-2-87

名 称	示 意 图	基体形状代号
碟形砂轮	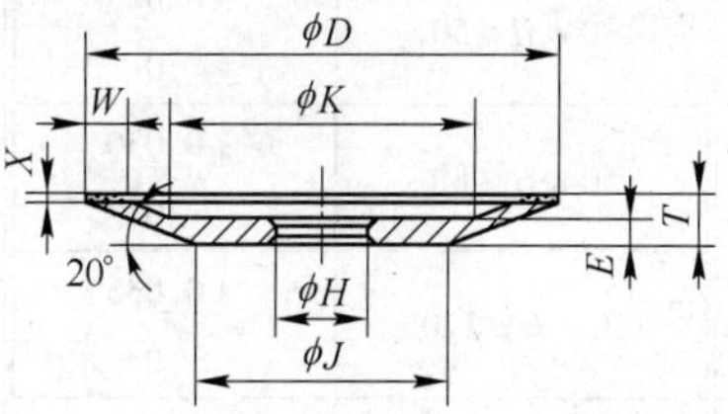	12（20°）
	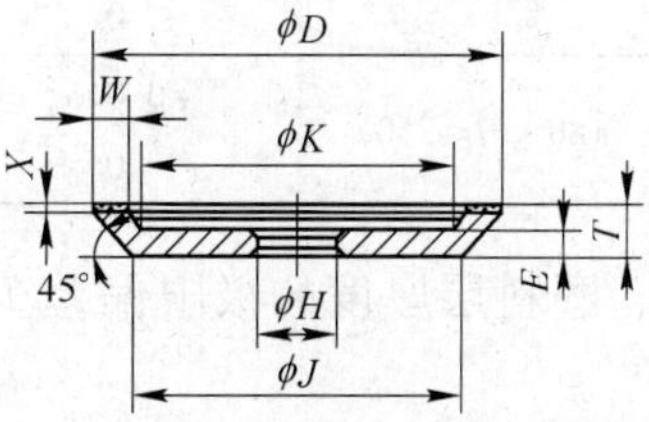	12（45°）
单面凸碟形砂轮	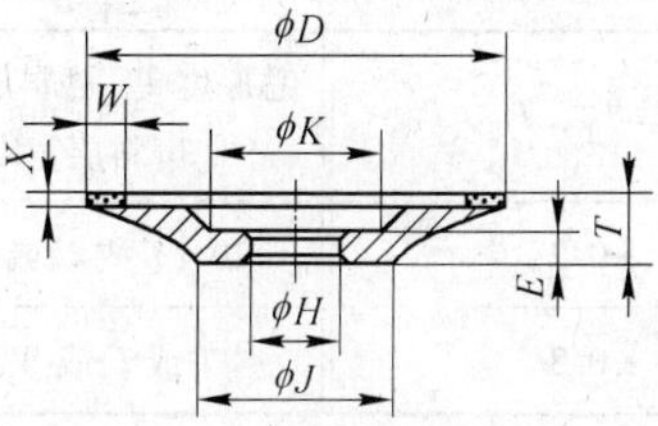	13
双斜边碗形砂轮	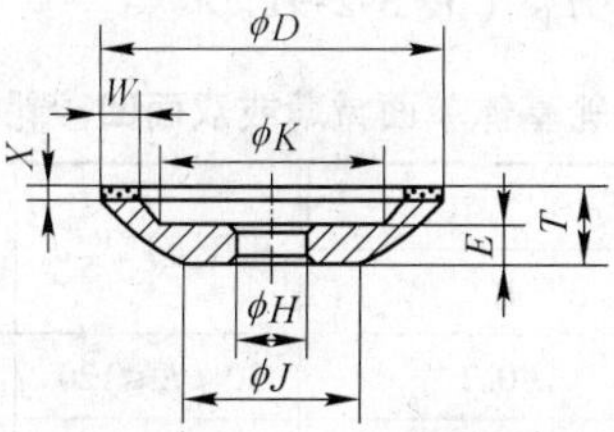	15

（2）外径极限偏差 T_D、端面圆跳动公差 T_{PL} 和径向圆跳动公差 T_{RL}（表 8-2-88）。

表 8-2-88 端面磨削砂轮外径的极限偏差和圆跳动公差 （mm）

<table>
<tr><th rowspan="2">外径 D</th><th rowspan="2">极限偏差 T_D</th><th colspan="2">端面圆跳动公差 T_{PL}</th><th colspan="2">径向圆跳动公差 T_{RL}</th></tr>
<tr><th>A</th><th>B</th><th>A</th><th>B</th></tr>
<tr><td>$D \leqslant 30$</td><td>±0.3</td><td rowspan="3">0.05</td><td rowspan="2">0.01</td><td rowspan="3">0.08</td><td rowspan="2">0.03</td></tr>
<tr><td>$30 < D \leqslant 120$</td><td>±0.4</td></tr>
<tr><td>$120 < D \leqslant 300$</td><td>±0.5</td><td>0.02</td><td>0.05</td></tr>
<tr><td>$D > 300$</td><td>±0.8</td><td>0.08</td><td>0.03</td><td>0.12</td><td>0.10</td></tr>
</table>

注：A 适用于一般磨削用砂轮；B 适用于精密磨削用砂轮。

（3）孔径的极限偏差 T_H（表 8-2-89）。

表8-2-89 端面磨削砂轮孔径的极限偏差 (mm)

孔径 H	极限偏差 T_H	孔径 H	极限偏差 T_H	孔径 H	极限偏差 T_H
$H \leq 3$	+0.010 0	$30 < H \leq 50$	+0.025 0	$250 < H \leq 315$	+0.052 0
$3 < H \leq 6$	+0.012 0	$50 < H \leq 80$	+0.030 0	$315 < H \leq 400$	+0.057 0
$6 < H \leq 10$	+0.015 0	$80 < H \leq 120$	+0.035 0	$400 < H \leq 500$	+0.063 0
$10 < H \leq 18$	+0.018 0	$120 < H \leq 180$	+0.040 0		
$18 < H \leq 30$	+0.021 0	$180 < H \leq 250$	+0.046 0		

(4) 总厚度的极限偏差 T_T、磨料层厚度的极限偏差 T_U 和磨料层宽度的极限偏差 T_W（表8-2-90）。

表8-2-90 端面磨削砂轮总厚度、磨料层厚度和磨料层宽度的极限偏差 (mm)

总厚度 T、磨料层厚度 U、磨料层宽度 W	极限偏差 T_T、T_U、T_W	总厚度 T、磨料层厚度 U、磨料层宽度 W	极限偏差 T_T、T_U、T_W
T 或 U 或 $W \leq 30$	±0.2	$120 < T$ 或 U 或 $W \leq 400$	±0.5
$30 < T$ 或 U 或 $W \leq 120$	±0.3	T 或 U 或 $W > 400$	±0.8

(5) 孔径处厚度的极限偏差 T_E（表8-2-91）。

表8-2-91 端面磨削砂轮基体单面减薄或双面凹砂轮孔径处厚度的极限偏差 (mm)

孔径处厚度 E	极限偏差 T_E		孔径处厚度 E	极限偏差 T_E	
	A	B		A	B
$E \leq 6$	±0.3	±0.1	$30 < E \leq 120$	±1.0	±0.3
$6 < E \leq 30$	±0.5	±0.2	$120 < E \leq 230$	±1.5	±0.5

注：A适用于一般磨削用砂轮；B适用于精密磨削用砂轮。

(6) 磨料层深度的极限偏差 T_X（表8-2-92）。

表8-2-92 端面磨削砂轮磨料层深度的极限偏差 (mm)

磨料层深度 X	极限偏差 T_X	磨料层深度 X	极限偏差 T_X	磨料层深度 X	极限偏差 T_X
$0.5 \leq X \leq 1$	+0.2 0	$1 < X \leq 6$	+0.2 -0.1	$6 < X \leq 30$	+0.3 -0.2

(7) 基体凸面直径的极限偏差 T_J 和凹面直径极限偏差 T_K（表8-2-93）。

表8-2-93 端面磨削砂轮基体凸面、凹面直径的极限偏差 (mm)

外径 D	极限偏差 T_J、T_K	外径 D	极限偏差 T_J、T_K
$D \leq 400$	±1	$D > 400$	±2

2.3.3.5 磨头

(1) 名称、示意图和基体形状代号（表8-2-94）。

表8-2-94 磨头名称、示意图和基体形状代号

名 称	示 意 图	基体形状代号
磨 头	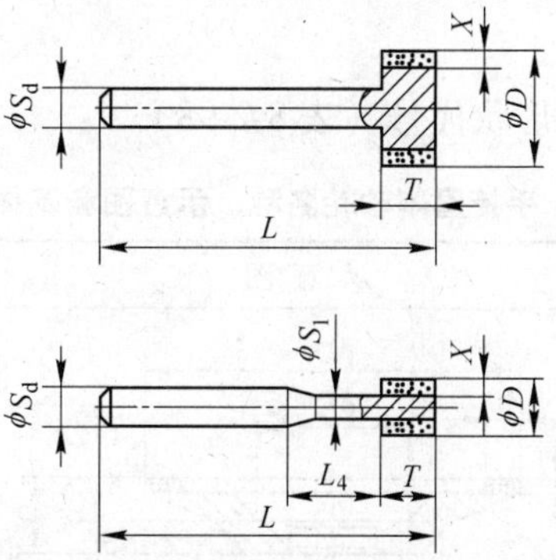	1

(2) 外径极限偏差 T_D、厚度的极限偏差 T_T、磨料层深度的极限偏差 T_X 和径向圆跳动公差 T_{RL}（表8-2-95）。

表8-2-95 磨头外径、厚度、磨料层深度的极限偏差和径向圆跳动公差 (mm)

外径 D、厚度 T、磨料层厚度 X	极限偏差 T_D	极限偏差 T_T	极限偏差 T_X	径向圆跳动公差 T_{RL}
$0.5 \leqslant T$ 或 D 或 $X \leqslant 3$	±0.1	±0.1	+0.2 0	0.03
$3 < T$ 或 D 或 $X \leqslant 6$	±0.2		+0.2 −0.1	
$6 < T$ 或 D 或 $X \leqslant 30$	±0.5	±0.2	+0.3 −0.2	

(3) 磨头柄直径的极限偏差 T_{Sd}、磨头柄缩颈部位直径的极限偏差 T_{Sl}（表8-2-96）。

表8-2-96 磨头柄直径和缩颈部位直径的极限偏差 (mm)

磨头柄直径 S_d、缩颈部位直径 S_l	极限偏差 T_{Sd}	极限偏差 T_{Sl}
$1 \leqslant S_d$ 或 $S_l \leqslant 3$	−0.002 −0.008	±0.1
$3 < S_d$ 或 $S_l \leqslant 6$	−0.004 −0.012	
$6 < S_d$ 或 $S_l \leqslant 10$	−0.005 −0.014	±0.2
$10 < S_d$ 或 $S_l \leqslant 18$	−0.006 −0.017	
$18 < S_d$ 或 $S_l \leqslant 30$	−0.007 −0.020	±0.5

(4) 磨头总长度的极限偏差 T_L 和柄缩颈部位长度的极限偏差 T_{L4}（表8-2-97）。

表8-2-97 磨头总长度和柄缩颈部位长度的极限偏差 (mm)

磨头总长度 L、柄缩颈部位长度 L_4	极限偏差 T_L、T_{L4}
L 或 $L_4 \leqslant 120$	±1

2.3.3.6 手持磨削砂轮

(1) 名称、示意图和基体形状代号（表8-2-98）。

表8-2-98 手持磨削砂轮名称、示意图和基体形状代号

名 称	示 意 图	基体形状代号
单面凸碟形砂轮	ϕD, W, ϕK, X, T, E, ϕH, ϕJ	13

(2) 外径极限偏差 T_D、总厚度的极限偏差 T_T、端面圆跳动公差 T_{PL}和径向圆跳动公差 T_{RL}（表8-2-99）。

表8-2-99 手持磨削砂轮外径、总厚度的极限偏差和圆跳动公差 (mm)

外径 D	极限偏差 T_D	极限偏差 T_T	端面圆跳动公差 T_{PL}	径向圆跳动公差 T_{RL}
$30 \leqslant D \leqslant 120$	±0.8	±0.5	0.02	0.03
$120 < D \leqslant 230$	±1.2			

(3) 砂轮孔径的极限偏差 T_H（表8-2-100）。

表8-2-100 手持磨削砂轮孔径的极限偏差 (mm)

孔径 H	极限偏差 T_H	孔径 H	极限偏差 T_H
$6 \leqslant H \leqslant 10$	$^{+0.015}_{0}$	$30 < H \leqslant 50$	$^{+0.025}_{0}$
$10 < H \leqslant 18$	$^{+0.018}_{0}$	$50 < H \leqslant 80$	$^{+0.030}_{0}$
$18 < H \leqslant 30$	$^{+0.021}_{0}$		

(4) 基体凸面直径的极限偏差 T_J 和凹槽直径相应范围的极限偏差 T_K（表8-2-101）。

表8-2-101 手持磨削砂轮基体凸面和凹槽直径的极限偏差 (mm)

凸面直径 J、凹槽直径 K	极限偏差 T_J、T_K	凸面直径 J、凹槽直径 K	极限偏差 T_J、T_K
J 或 $K \leqslant 3$	±1	$30 < J$ 或 $K \leqslant 120$	±1
$3 < J$ 或 $K \leqslant 6$		$120 < J$ 或 $K \leqslant 230$	
$6 < J$ 或 $K \leqslant 30$			

2.3.4 电镀磨头

2.3.4.1 形状与尺寸

电镀磨头可采用图 8-2-31 所示的形状，尺寸见表 8-2-102。

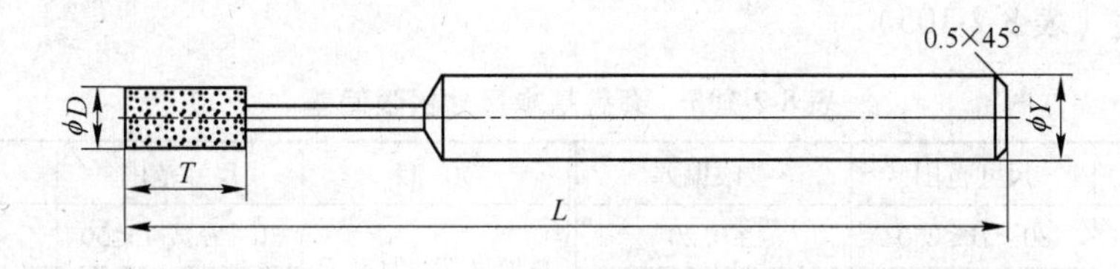

图 8-2-31 电镀磨头形状

表 8-2-102 电镀磨头尺寸 (mm)

直径 D	厚度 T	基体轴直径 Y	总长度 L
0.4 ~ 3	2.0 ~ 5.0	3.0	30 ~ 45
2.0 ~ 6.0	4.0 ~ 10.0	3.0 ~ 6.0	45 ~ 80
4.0 ~ 14.0	5 ~ 10.0	6.0	60 ~ 80
14.0 ~ 20.0	10.0 ~ 12.0	6.0 ~ 10.0	80

注：本标准未规定的尺寸规格，由供需双方商定。

2.3.4.2 尺寸极限偏差

表 8-2-103 电镀磨头尺寸极限偏差 (mm)

项 目	极限偏差	项 目	极限偏差
直径 D	±0.1	总长度 L	±2.0
厚度 T	±0.2	径向圆跳动 δ	≤0.15
基体轴直径 Y	0 -0.1		

2.3.5 金刚石或立方氮化硼磨具技术条件

2.3.5.1 外观要求

（1）磨具工作表面不应有原始表皮、发泡、氧化层、夹杂等。

（2）基体表面应组织均匀、美观，不得有裂纹、毛刺和腐蚀凹坑等现象，基体材料为钢材时表面应进行防腐处理。

（3）磨料层、过渡层与基体衔接处应均匀一致，不应有起层和裂纹。磨具磨料层、过渡层与基体黏结处，要牢固、端正和美观。

（4）磨具工作表面上的磨料颗粒应出露，且分布均匀。

（5）磨具磨料层表面凹坑面积和数量应符合表 8-2-104 规定。

表 8-2-104 磨具磨料层表面凹坑面积和数量

名 称	面积/mm^2	数量/个·cm^{-2}	名 称	面积/mm^2	数量/个·cm^{-2}
砂 轮	≤1	≤2	磨头、磨盘、磨石	≤1.5	≤2

2.3.5.2 基本尺寸极限偏差

(1) 磨盘(表 8-2-105)。

表 8-2-105 磨盘基本尺寸极限偏差 (mm)

项 目	尺寸范围	极限偏差	项 目	尺寸范围	极限偏差
外径 D	$80 < D \leqslant 250$	±0.20	总厚度 T、厚度 E	$30 < E$ 或 $T \leqslant 50$	±0.5
	$250 < D \leqslant 400$	±0.40		E 或 $T > 50$	±1.0
	$400 < D \leqslant 630$	±0.60	磨料层宽度 W	$25 < W \leqslant 75$	±0.25
	$630 < D \leqslant 1000$	±0.80		$75 < W \leqslant 125$	±0.30
磨料层深度 X	$X \leqslant 6$	±0.20		$125 < W \leqslant 200$	±0.45
	$6 < X \leqslant 10$	±0.25	安装孔分布圆直径 d	$d \leqslant 250$	±0.15
	$X > 10$	±0.30		$250 < d \leqslant 350$	±0.20
总厚度 T、厚度 E	E 或 $T \leqslant 30$	±0.4		$350 < d \leqslant 700$	±0.25

(2) 磨石(表 8-2-106)。

表 8-2-106 磨石基本尺寸极限偏差 (mm)

种 类	尺寸项目	极限偏差	种 类	尺寸项目	极限偏差
珩磨磨石 HMA/1、HMA/2、HMH、2×HMA	长度 $L \leqslant 250$	±0.30	珩磨磨石 HMA/S	厚度 $T_1 \leqslant 3$	±0.20
	宽度 $1 \leqslant W \leqslant 20$	±0.20		磨料层深度 $X \leqslant 3$	±0.15
	厚度 $1 \leqslant T \leqslant 20$	±0.20	带柄磨石	磨料层长度 $L_2 = 40$	±0.5
	磨料层深度 $1 \leqslant X \leqslant 6$	±0.20		宽度 $W = 10$	±0.20
珩磨磨石 HMA/S	长度 $L \leqslant 60$	±0.20		厚度 $T \leqslant 5$	±0.20
	宽度 $W \leqslant 5$	±0.15		磨料层深度 $X = 2$	±0.20
	厚度 $T \leqslant 5$	±0.20			

2.3.5.3 形位公差

(1) 切割用砂轮的基体平面度(表 8-2-107)。

表 8-2-107 切割用砂轮的基体平面度 (mm)

外径 D	$D \leqslant 200$	$200 < D \leqslant 400$
平面度	≤0.20	≤0.40

(2) 无心磨削用砂轮的圆柱度、直线度(表 8-2-108)。

表 8-2-108 无心磨削用砂轮的圆柱度、直线度 (mm)

厚度 T	$60 \leqslant T \leqslant 100$	$100 < T \leqslant 160$	$160 < T \leqslant 300$
圆柱度	0.05	0.08	0.10
直线度	0.04	0.05	0.08

(3) 磨盘工作面平面度和平行度（表 8-2-109）。

表 8-2-109　磨盘工作面的平面度和平行度　(mm)

外径 D	$80 \leqslant D \leqslant 250$	$250 < D \leqslant 400$	$400 < D \leqslant 630$	$630 < D \leqslant 1000$
平面度	0.06	0.08	0.10	0.12
平行度	0.06	0.08	0.10	0.12

(4) 珩磨磨石 HMA/1、HMA/2、HMA/S、2×HMA 平面度（表 8-2-110）。

表 8-2-110　珩磨磨石的平面度　(mm)

长度 L		平 面 度		
		$20 \leqslant L \leqslant 50$	$50 < L \leqslant 100$	$100 < L \leqslant 250$
宽度 W 或厚度 T	$3 \leqslant W \leqslant 7$ 且 $3 \leqslant T \leqslant 7$	0.20	0.25	0.35
	$7 < W \leqslant 15$ 且 $7 < T \leqslant 15$	0.15	0.20	0.30

2.4　其他工具标准

2.4.1　金刚石修整滚轮

2.4.1.1　特征代号

(1) 制造方式代号（表 8-2-111）。

表 8-2-111　金刚石修整滚轮制造方式代号

制造方式	内镀法	规则排列内镀法	外镀法	烧结法	规则排列烧结法
代　号	UZ	US	S	T	TS

(2) 制造精度等级代号（表 8-2-112）。

表 8-2-112　金刚石修整滚轮制造精度等级代号

精 度 等 级	高 精 度	精　度	普　通
代　号	A	B	C

2.4.1.2　各特征书写规定

书写顺序为：制造方式、磨料和粒度、制造精度、最大外径×形面宽度×孔径。

示例：

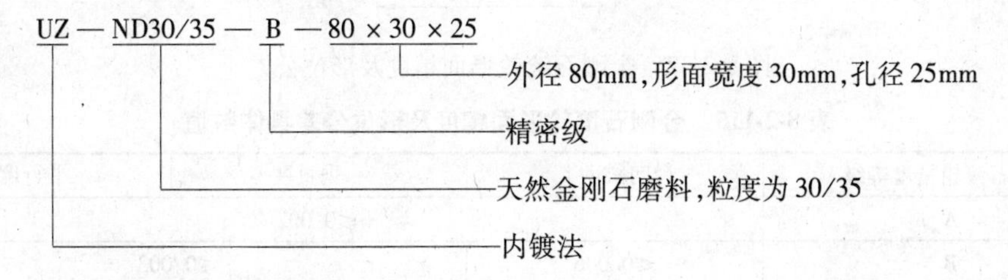

2.4.1.3　金刚石滚轮规格

表 8-2-113　金刚石滚轮规格尺寸　（mm）

类　别	孔　径	外　径	宽　度
齿轮滚轮	12	78 ~ 120	8 ~ 20
	22	110 ~ 140	
	28	130 ~ 150	
其他滚轮	20，22	52 ~ 90	14 ~ 120
	25		
	30，32		
	35，40		
	45，48		
	50，52	100 ~ 150	
	56，63		20 ~ 150
	80，85	120 ~ 180	

注：1. 锥孔（如 > 1 : 5，> 1 : 10，> 1 : 20，大于 1 : 50 等）可按用户要求定。
2. 特殊规格应按用户和使用要求而定。

2. 4. 1. 4　安装孔精度及形位公差

表 8-2-114　金刚石滚轮安装孔精度及形位公差　（mm）

精度等级		A		B		C	
		孔径公差	圆柱度	孔径公差	圆柱度	孔径公差	圆柱度
孔　径	<63	+0. 004 0	0. 002	+0. 006 0	0. 004	+0. 013 0	0. 006
	≥63	+0. 005 0	0. 003	+0. 007 0	0. 005	+0. 016 0	0. 007

2. 4. 1. 5　形面精度及形位公差

（1）金刚石滚轮形面精度及形位公差见图 8-2-32，具体数值符合表 8-2-115 规定。

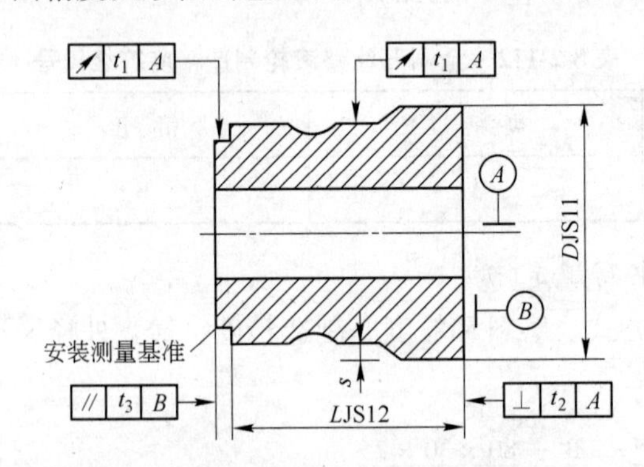

图 8-2-32　金刚石滚轮形面精度及形位公差

表 8-2-115　金刚石滚轮形面精度及形位公差具体数值　（mm）

金刚石滚轮精度等级	径向跳动 t_1	垂直度 t_2	平行度 t_3
A	≤0. 002		
B	≤0. 006	≤0. 003	
C	≤0. 020	≤0. 010	

（2）金刚石滚轮按工作面任一部分轮廓度及工作面尺寸（s）的偏差（见图 8-2-32）分为高精度、精度和普通三级，划分应符合表 8-2-116 规定。

表 8-2-116 金刚石滚轮精度等级划分表 （mm）

项　目	A	B	C
工作面的线轮廓度 工作面尺寸（s）的偏差	±0.002	±0.005	±0.025

2.4.2 电镀金刚石铰刀

2.4.2.1 型式和尺寸

（1）型式代号意义

JG—固定式，JK—可调式，A 型—直槽，B 型—螺旋槽。

（2）精度等级

1 级—粗铰刀，2 级—半精铰刀，3—精铰刀，4—超精铰刀。

电镀金刚石铰刀的型式按图 8-2-33 所示，尺寸在表 8-2-117 中给出。

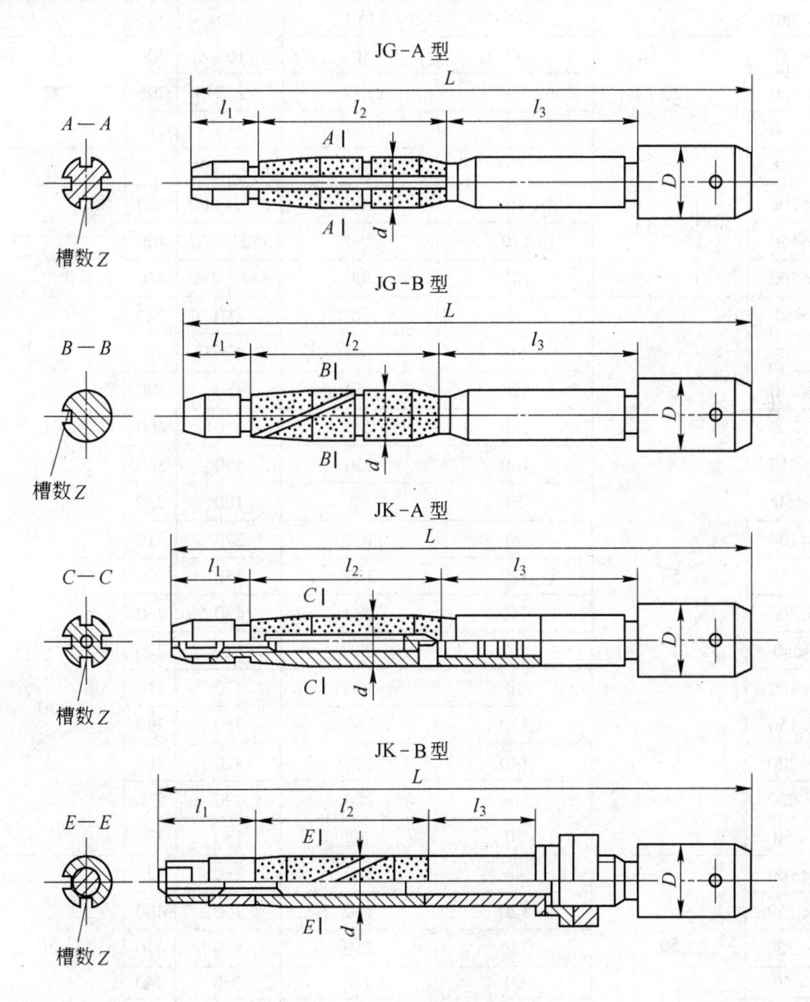

图 8-2-33 电镀金刚石铰刀型式

表 8-2-117　电镀金刚石铰刀尺寸　(mm)

直径 d	孔长	l1 JG-A(B)	l1 JK-A	l1 JK-B	l2 JG-A(B)	l2 JK-A	l2 JK-B	l3 JG-A(B)	l3 JK-A	l3 JK-B	L JG-A(B)	L JK-A	L JK-B	D(h8) JG-A(B)	D(h8) JK-A	D(h8) JK-B	Z JG JK-A	Z JG JK-B
≥6~8	<50	15	—		40	—		50	—		130	—		12	—		4	1
	<70				55			70			170							
>8~10	<50	15	15		40			50			135		175	15	15			
	<70		—		55	—		70	—		170	—			—			
>10~12	<50	15	15		40			50			135		175	15	15			
	<100				70			100			220		260					
	<150		15	—	90		—	150		—	290		—		15	—		
>12~14	<50	20			50			50			155		195	18				
	<100				80			100			235		270					
	<150				100			150			305		345					
>14~18	<50	25			50			50			165		200	18				
	<100				90			100			255		295					
	<150				120			150			335		375					2
>18~22	<50	30	40		50			50			180	190	230	26				
	<100				90			100			270	280	320					3
	<150				120			150			350	360	400					
	<200				140			200			420	430	470					
>22~26	<50	50			50			50			180		220	30				
	<100				90			100			270		310					
	<150				120			150			350		390					
	<200				140			200			420		460					
	<250				160			250			490		530					
>26~30	<50				50			50			180		220				6	
	<100				90			100			270		310					
	<150				120			150			350		390	30				
	<200				140			200			420		460					
>30~35	<50				50			50			180		220					
	<100				90			100			270		310					
	<150				120			150			350		390					
	<200				140			200			420		460					
	<250				160			250			490		530					
	<50				50			60			190		230					
>30~35	<100	50			90			110			280		320	30			6	3
	<150				120			160			360		400					
	<200				140			210			430		470					
>40~45	<50				60			60			200		240					
	<100				100			110			290		330					

续表 8-2-117

尺寸 / 型式 / 直径 *d*	孔长	l_1			l_2			l_3			*L*			*D*（h8）			*Z*	
		JG-A（B）	JK-A	JK-B	JG-A（B）	JK-A	JK-B	JG-A（B）	JK-A	JK-B	JG-A（B）	JK-A	JK-B	JG-A（B）	JK-A	JK-B	JG JK-A	JG JK-B
>40～45	<150	50			140			160			380		420	30			6	3
	<200				150			210			440		480					
	<250				170			260			510		550					
>45～50	<50	60			70			70			230		270				8	
	<100				100			120			310		350					
	<150				140			170			400		440					
	<200				150			220			460		500					
	<250				170			270			530		570					

注：JK-A、JK-B 可调量为 0.1mm，即从 -0.03mm 调至 0.07mm。

2.4.2.2 加工余量

表 8-2-118 电镀金刚石铰刀加工余量 （mm）

粗铰刀	半精铰刀	精铰刀	超精铰刀
0.01～0.03	0.007～0.015	0.0025～0.005	0.0025 以下

2.4.2.3 铰削用量

表 8-2-119 电镀金刚石铰刀铰削用量

切削速度/m·min^{-1}	进给量/mm·r^{-1}	冷却液	过滤精度/μm
10～12	0.10～0.30	90%煤油+10%硫化切削油	10

2.4.2.4 孔精度要求

表 8-2-120 电镀金刚石铰刀孔精度要求 （mm）

铰刀名称	精度等级	已加工试件孔精度要求		
		粗糙度 *Ra*/μm	圆度	圆柱度
粗铰刀	1	0.63	0.003～0.004	(0.003～0.004)/100
半精铰刀	2	0.63	0.002～0.003	(0.002～0.003)/100
精铰刀	3	0.32	0.001～0.002	(0.001～0.002)/100
超精铰刀	4	0.16	0.001 以下	0.001/100

2.4.3 拉丝模用人造金刚石聚晶

2.4.3.1 产品代号

拉丝模用人造金刚石聚晶的产品代号按下列方法编制：

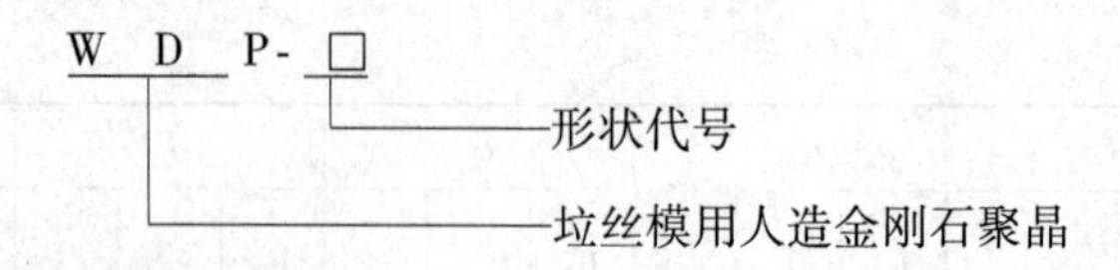

2.4.3.2 形状代号及尺寸标记

拉丝模用人造金刚石聚晶的形状为圆柱体、六方体、硬质合金支撑圆柱体，其形状代号及尺寸标记见表8-2-121。

表8-2-121 拉丝模用人造金刚石聚晶形状代号及尺寸标记

序 号	形 状	示 意 图	代 号	尺寸标记
1	圆柱体	D, T	R	$D\times T$
2	六方体	T, D	H	$D\times T$
3	硬质合金支撑圆柱体	T, D_1, D	SP	$D\times D_1\times T$

2.4.3.3 基本尺寸及代号

圆柱体、六方体拉丝模用人造金刚石聚晶基本尺寸及代号见表8-2-122，硬质合金支撑圆柱体拉丝模用人造金刚石聚晶基本尺寸及代号见表8-2-123。

表8-2-122 圆柱体、六方体拉丝模用人造金刚石聚晶基本尺寸及代号

外径 D/mm	2.5	3.2	3.2	4.0	5.2	5.2	7.2	9.5	12.9
厚度 T/mm	1.0	1.0	1.5	2.0	2.5	3.5	4.0	5.3	8.5
尺寸代号	210	310	315	420	525	535	740	953	1285

表8-2-123 硬质合金支撑圆柱体拉丝模用人造金刚石聚晶基本尺寸及代号

外径 D/mm	8.12			13.65		24.13		26.60		34.00				50.00	50.00
芯体直径 D_1 /mm	4.2			6.8		12.9		15.2		18.2				25.0	30.0
厚度 T/mm	1.5	2.3	2.9	3.8	5.3	8.7	12.0	12.1	15.1	13.5	15.5	17.5	18.5	18.0	20.0
尺寸代号	415	423	429	638	653	1285	1212	1512	1515	1813	1815	1817	1818	2518	3020

2.4.3.4 金刚石微粉粒度及代号

表 8-2-124 金刚石微粉粒度及代号

微粉粒度	M0.5/1	M2/4	M4/8	M6/12	M20/30	M40/60
代 号	001	003	005	010	025	050

2.4.3.5 基本尺寸极限偏差

圆柱体、六方体拉丝模用人造金刚石聚晶的外径和厚度的基本尺寸极限偏差应符合表 8-2-125 要求；硬质合金支撑圆柱体拉丝模用人造金刚石聚晶的外径和厚度的基本尺寸极限偏差应符合表 8-2-126 要求。

表 8-2-125 圆柱体、六方体拉丝模用人造金刚石聚晶基本尺寸极限偏差 (mm)

D		T	
基本尺寸	极限偏差	基本尺寸	极限偏差
$D \leqslant 13$	±0.2	$T \leqslant 9$	$^{+0.20}_{0}$

表 8-2-126 硬质合金支撑圆柱体拉丝模用人造金刚石聚晶基本尺寸极限偏差 (mm)

D		D_1		T	
基本尺寸	极限偏差	基本尺寸	极限偏差	基本尺寸	极限偏差
$D \leqslant 15$	±0.02	$D_1 \leqslant 7$	±0.2	$T \leqslant 3$	±0.10
$15 < D \leqslant 50$	±0.03	$7 < D_1 \leqslant 20$	±0.3	$3 < T \leqslant 10$	±0.15
				$10 < T \leqslant 15.1$	±0.25
		$20 < D_1 \leqslant 30$	±0.7	$15.1 < T \leqslant 18$	±0.50
				$18 < T$	±1.0

2.4.3.6 形位公差

圆柱体、六方体拉丝模用人造金刚石聚晶两端面平行度不大于 0.1mm，硬质合金支撑圆柱体拉丝模用人造金刚石聚晶两端面平行度、同轴度（同轴度如图 8-2-34 所示，分别测量端面对应 180°硬质合金环宽值 T_1、T_2，设 $\Delta = |T_2 - T_1|$，取 Δ 为同轴度）应符合表 8-2-127 要求。

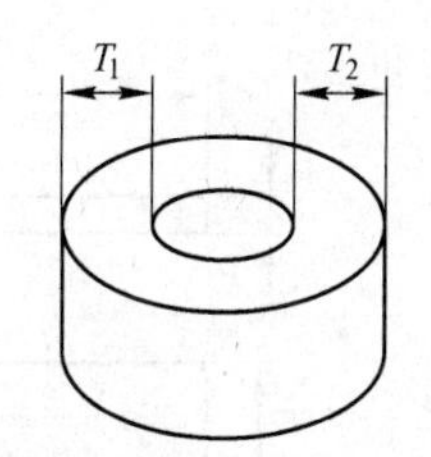

图 8-2-34 人造金刚石聚晶两端面同轴度

表 8-2-127 人造金刚石聚晶两端面平行度和同轴度 (mm)

外径 D	平行度	同轴度	外径 D	平行度	同轴度	外径 D	平行度	同轴度
$D \leqslant 15$	0.05	0.50	$15 < D \leqslant 30$	0.10	0.60	$30 < D \leqslant 50$	0.20	0.70

2.4.3.7 磨耗比

拉丝模用人造金刚石聚晶磨耗比值$\geqslant 100 \times 10^3$。

2.4.4 电镀什锦锉

2.4.4.1 尺寸名称及代号

表 8-2-128 电镀什锦锉尺寸名称及代号

尺寸名称	代　号	尺寸名称	代　号	尺寸名称	代　号
柄　径	*d*	总长度	*L*	柄厚度	*T*
工作面最大截面直径	*D*	工作面长度	L_1	工作面顶端厚度	T_1
工作面最大截面高度	*h*	正方形、正三角形工作面最大截面边长	*S*	工作面最大截面宽度	*W*

2.4.4.2 形状与尺寸

（1）PTF 型圆柄平斜锉刀（图 8-2-35 和表 8-2-129）。

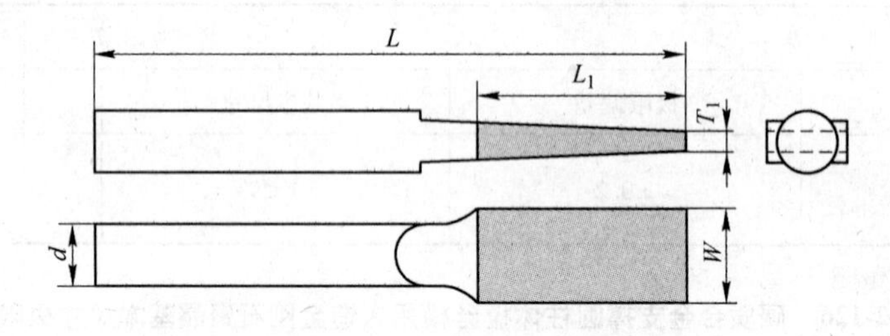

图 8-2-35　电镀圆柄平斜锉刀形状

表 8-2-129　电镀圆柄平斜锉刀尺寸　(mm)

截面形状	尺　寸				
	d	*L*	L_1	T_1	*W*
	3～4	55～140	15～50	0.30～0.45	2.0～6.0

注：本标准未规定的尺寸规格由供需双方商定。

（2）CF 型方柄平斜锉刀（图 8-2-36 和表 8-2-130）。

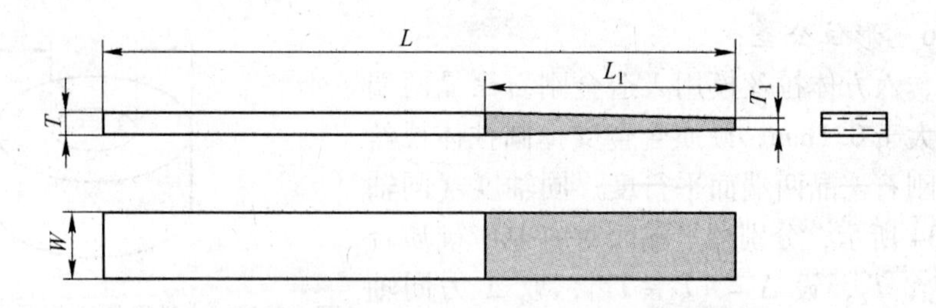

图 8-2-36　电镀方柄平斜锉刀形状

表 8-2-130　电镀方柄平斜锉刀尺寸　(mm)

截面形状	尺　寸				
	L	L_1	*T*	T_1	*W*
	160～180	40～60	1.5～2.5	0.3～0.6	2～10

注：本标准未规定的尺寸规格由供需双方商定。

（3）PF 型圆柄平锉刀（图 8-2-37 和表 8-2-131）。

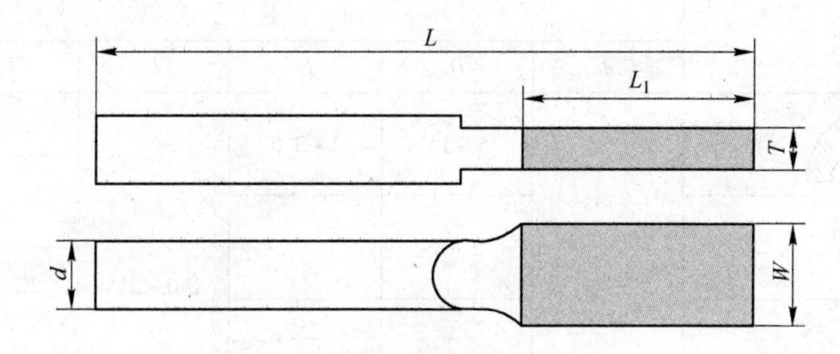

图 8-2-37 电镀圆柄平锉刀形状

表 8-2-131 电镀圆柄平锉刀尺寸 （mm）

截面形状	尺寸				
	d	L	L_1	T	W
▨	3	140～180	25～60	0.8～1.0	2～10

注：本标准未规定的尺寸规格由供需双方商定。

（4）IF 型方柄平锉刀（图 8-2-38 和表 8-2-132）。

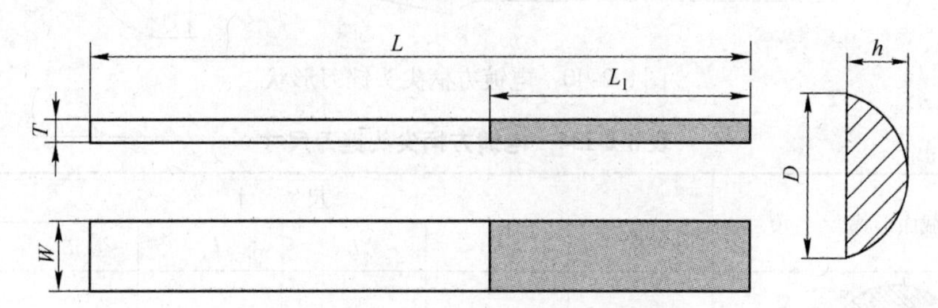

图 8-2-38 电镀方柄平锉刀形状

表 8-2-132 电镀方柄平锉刀尺寸 （mm）

截面形状	尺寸			
	L	L_1	T	W
▨	200～230	60～80	1.5～3.5	3～10

注：本标准未规定的尺寸规格由供需双方商定。

（5）PIF 型圆柄尖头锉刀（图 8-2-39 和表 8-2-133）。

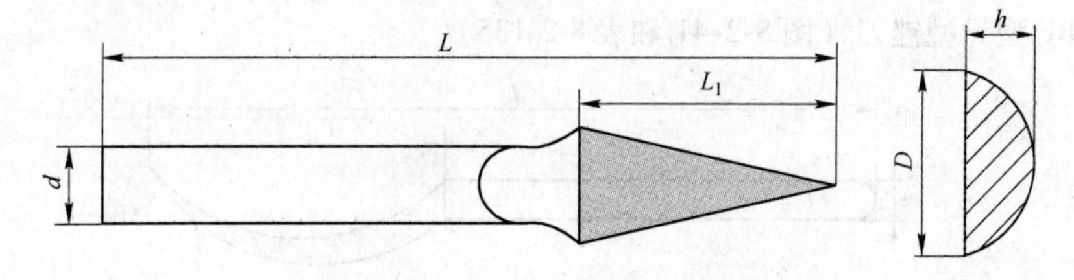

图 8-2-39 电镀圆柄尖头锉刀形状

表 8-2-133 电镀圆柄尖头锉刀尺寸 (mm)

截面形状	尺寸					
	d	D	h	L	L_1	S
	3~5	5~11	2~3.5	140~215	30~80	—
		2~5	—			—
		—	—			2.5~6
		—	—			3~10

注：本标准未规定的尺寸规格由供需双方商定。

（6）ITF 型方柄尖头锉刀（图 8-2-40 和表 8-2-134）。

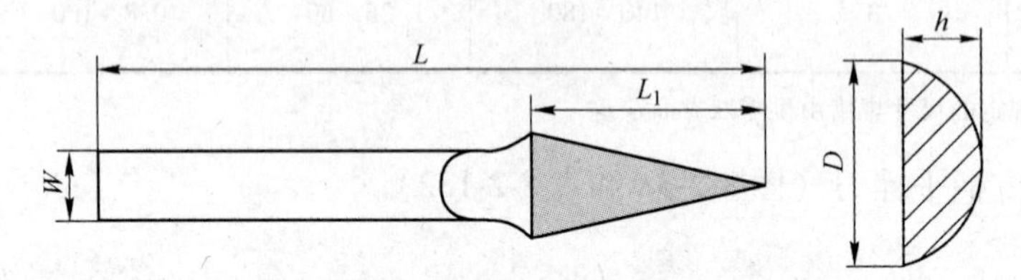

图 8-2-40 电镀方柄尖头锉刀形状

表 8-2-134 电镀方柄尖头锉刀尺寸 (mm)

截面形状	尺寸					
	D	h	L	L_1	S	W
	5~11	2~3.5	140~215	30~80	—	4~12
	2~5	—			—	
	—	—			2.5~6	
	—	—			3~10	

注：本标准未规定的尺寸规格由供需双方商定。

（7）BF 型异型锉刀（图 8-2-41 和表 8-2-135）。

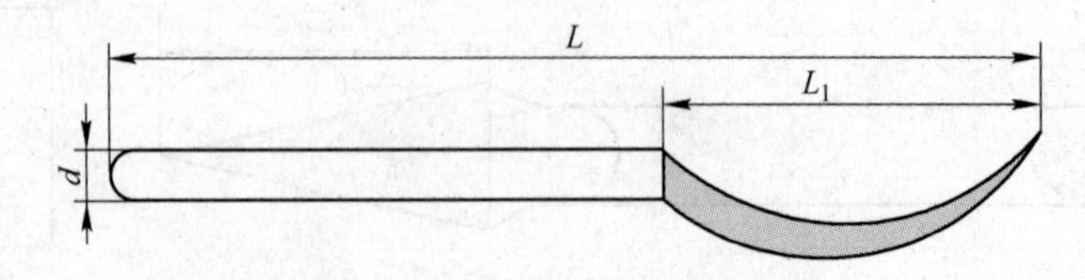

图 8-2-41 电镀异型锉刀形状

表 8-2-135 电镀异型锉刀尺寸 (mm)

截面形状	尺寸						
	W	D	h	S	L	L_1	d
	3~6	—	1.2~1.6	—	60~100	20~45	3
	—	5~7	1.6~2.2	—			
	—	3~5	—	—			
	—	—	—	2.5~3			
	—	—	—	3~3.5			

注：本标准未规定的尺寸规格由供需双方商定。

2.4.4.3 尺寸极限偏差

表 8-2-136 电镀什锦锉尺寸极限偏差 (mm)

项目	极限偏差	项目	极限偏差	项目	极限偏差
d	±0.20	L	±1.0	T	±0.20
D	±0.20	L_1	±0.50	T_1	±0.20
h	±0.20	S	±0.20	W	±0.20

2.4.5 人造金刚石或立方氮化硼研磨膏

2.4.5.1 品种及代号

表 8-2-137 研磨膏品种及代号

品种	水溶性人造金刚石研磨膏	水溶性立方氮化硼研磨膏	油溶性人造金刚石研磨膏	油溶性立方氮化硼研磨膏
代号	W SD—LP	W CBN—LP	O SD—LP	O CBN—LP

2.4.5.2 产品规格

（1）研磨膏产品规格以单管（瓶）研磨膏净质量来表示，见表 8-2-138。

表 8-2-138 研磨膏产品规格 (g)

	单管（瓶）研磨膏净质量		单管（瓶）研磨膏净质量
产品规格	5	产品规格	80
	10		200
	20		500
	40		1000

（2）磨料粒度及磨料质量分数（表 8-2-139）。

表 8-2-139 研磨膏磨料粒度及质量分数

磨料粒度	M0/0.25，M0/0.5，M0/1，M0.5/1，M0.5/1.5，M1/2，M2/4，M3/6，M4/8，M5/10，M6/12，M8/16，M10/20，M15/25，M20/30，M22/36，M36/54
磨料质量分数/%	2，4，5，6，8，10，15，20，30，40

(3) 产品标记。研磨膏标记按下述顺序：品种代号、磨料粒度、磨料质量分数(%)、净质量。

示例：水溶性金刚石研磨膏、粒度 M8/12、磨料质量分数（%）为 8、净质量 20g 的研磨膏标记如下：W SD—LP M8/12 8 20。

2.4.5.3 技术要求

(1) 外观。装管（瓶）应充实，不得有气泡和油斑等；标志应清晰、完整、牢固；磨料粒度和相应研磨膏的颜色应符合表 8-2-140 的规定，研磨膏颜色应均匀一致。

表 8-2-140 磨料粒度及相应颜色

粒 度	颜 色	粒 度	颜 色	粒 度	颜 色
M0/0.25	灰白	M2/4	绿	M10/20	朱红
M0/0.5	淡黄	M3/6	蓝	M15/25	赭石
M0/1	黄	M4/8	玫瑰红	M20/30	紫
M0.5/1		M5/10		M22/36	灰
M0.5/1.5	草绿	M6/12	艳红	M36/54	黑
M1/2		M8/16	朱红		

(2) 单管（瓶）研磨膏净质量偏差（表 8-2-141）。

表 8-2-141 单管（瓶）研磨膏净质量偏差 (g)

净质量	偏 差	净质量	偏 差
5	±0.5	80	±1.0
10		200	
20	±1.0	500	±2.0
40		1000	±5.0

2.4.6 人造金刚石修整笔

2.4.6.1 产品分类

按金刚石在合金胎体中的分布状况，金刚石修整笔分为四个系列：

L 系列——金刚石呈链状分布；

C 系列——金刚石呈层状分布；

P 系列——金刚石呈排状分布；

F 系列——金刚石为粉状，均匀分布。

2.4.6.2 L系列金刚石修整笔

L系列金刚石休整笔的结构型式与尺寸符合图 8-2-42 规定；技术参数应符合表 8-2-142 规定。

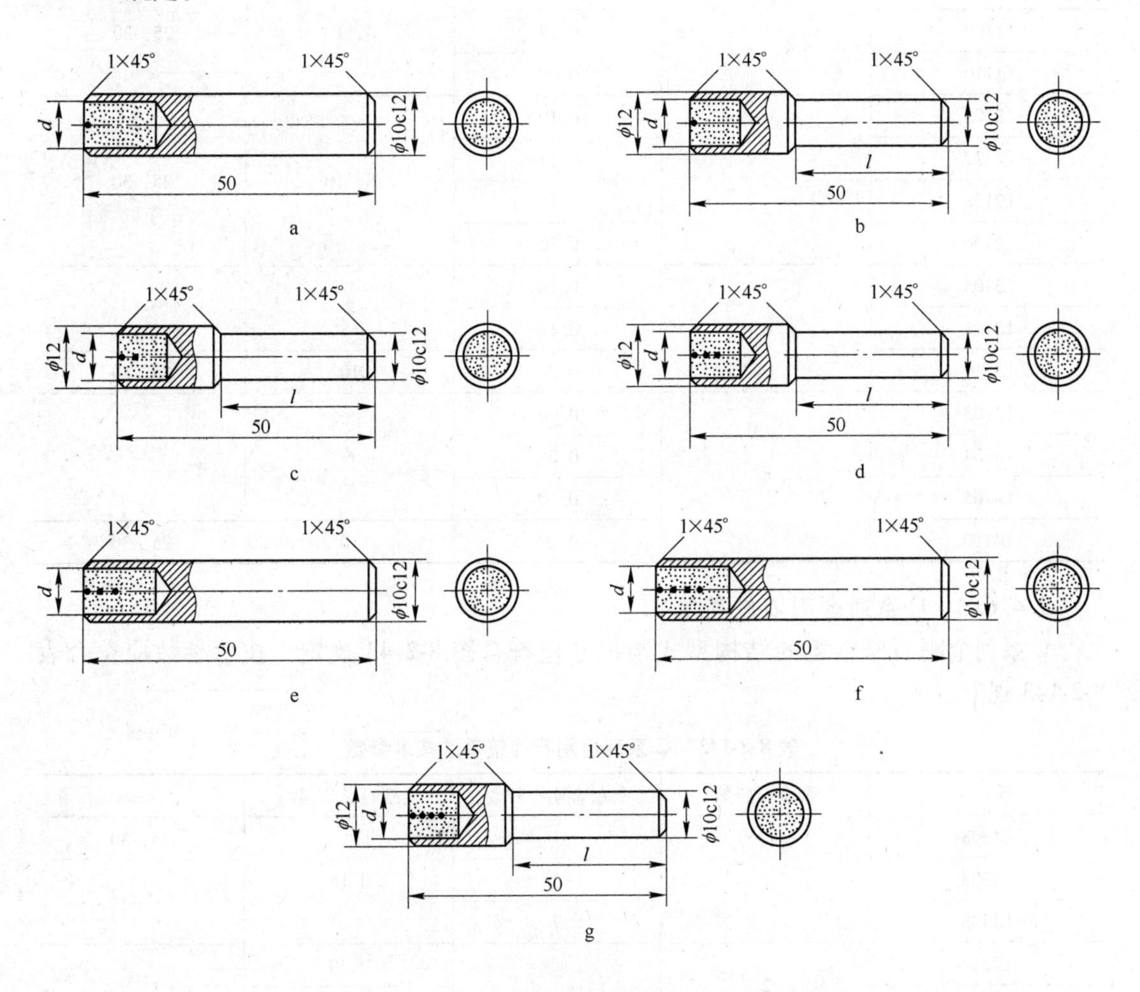

图 8-2-42 L系列金刚石休整笔结构型式与尺寸

a—L1101、L1102、L1103；b—L1104 ~ L1110；c—L2105、L2107、L2108、L2110；d—L3110；e—L3105、L3106；f—L4103、L4104、L4105；g—L4110

表 8-2-142 L系列金刚石休整笔技术参数

型 号	金刚石粒数	金刚石总质量/g	d/mm	l/mm
L1101	1	0.02	8	—
L1102		0.04		
L1103		0.06		
L1104		0.08	8，10	25，30
L1105		0.10		
L1106		0.12		
L1107		0.14		

续表 8-2-142

型　号	金刚石粒数	金刚石总质量/g	d/mm	l/mm
L1108	1	0.16	8，10	25，30
L1109		0.18		
L1110		0.20		
L2105	2	0.10	8，10	25，30
L2107		0.14		
L2108		0.16		
L2110		0.20		
L3105	3	0.10	8	—
L3106		0.12		
L3110		0.20	10	25，30
L4103	4	0.06	6	—
L4104		0.08		
L4105		0.10		
L4110		0.20	10	25，30

2.4.6.3　C 系列金刚石修整笔

C 系列金刚石修整笔的结构型式与尺寸应符合图 8-2-43 规定，技术参数应符合表 8-2-143 规定。

表 8-2-143　C 系列金刚石修整笔的技术参数

型　号	金刚石层数	每层金刚石粒数	金刚石总质量/g	l/mm
C1308	1	3	0.16	25，30
C1508		5		—
C1908		9		
C2310	2	3	0.20	25，30
C2315			0.30	
C3305	3		0.10	
C3310			0.20	
C3405		4	0.10	
C3410			0.20	

2.4.6.4　P 系列金刚石修整笔

P 系列金刚石休整笔的结构型式与尺寸应符合图 8-2-44 规定；技术参数应符合表 8-2-144 规定。

表 8-2-144　P 系列金刚石休整笔技术参数

型　号	金刚石层数	每层金刚石粒数	金刚石总质量/g	l/mm
P3210	3	2	0.20	25，30
P3215			0.30	

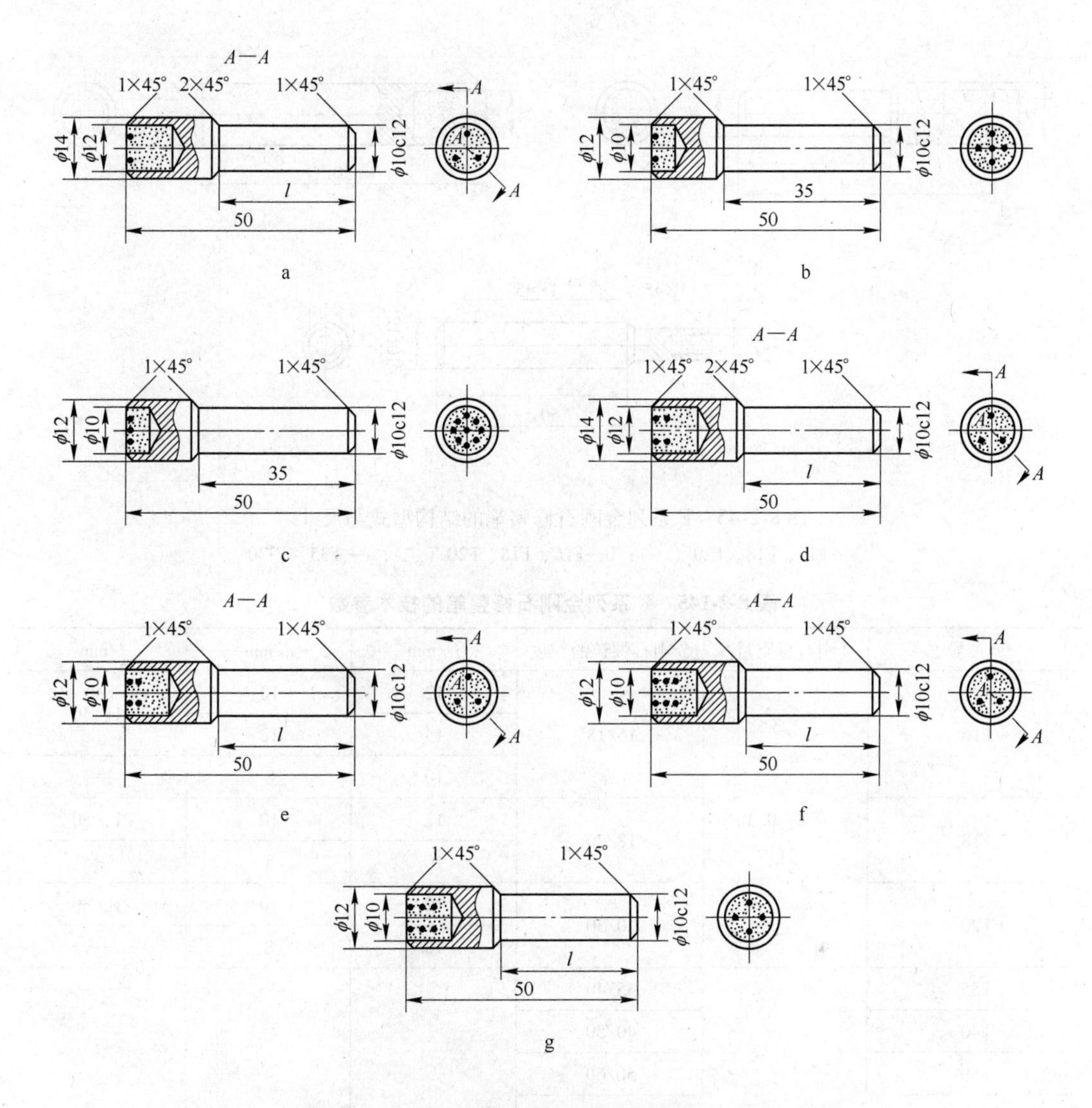

图 8-2-43 C 系列金刚石修整笔的结构型式与尺寸

a—C1308；b—C1508；c—C1908；d—C2315；e—C2310；f—C3305、C3310；g—C3405、C3410

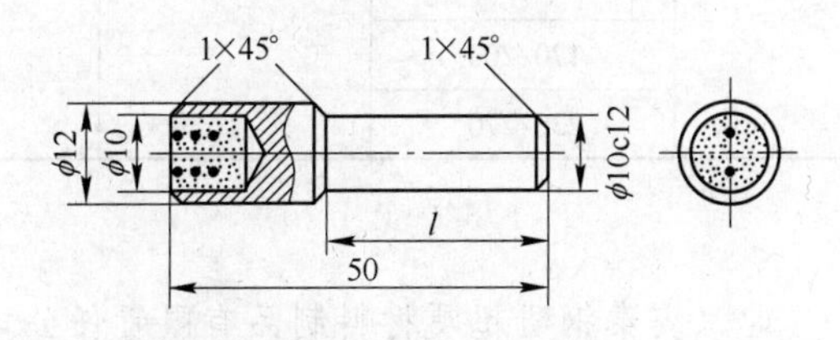

图 8-2-44 P3210、P3215 结构型式与尺寸

2.4.6.5 F 系列金刚石修整笔

F 系列金刚石修整笔的结构型式与尺寸应符合图 8-2-45 规定；技术参数应符合表 8-2-145 规定。

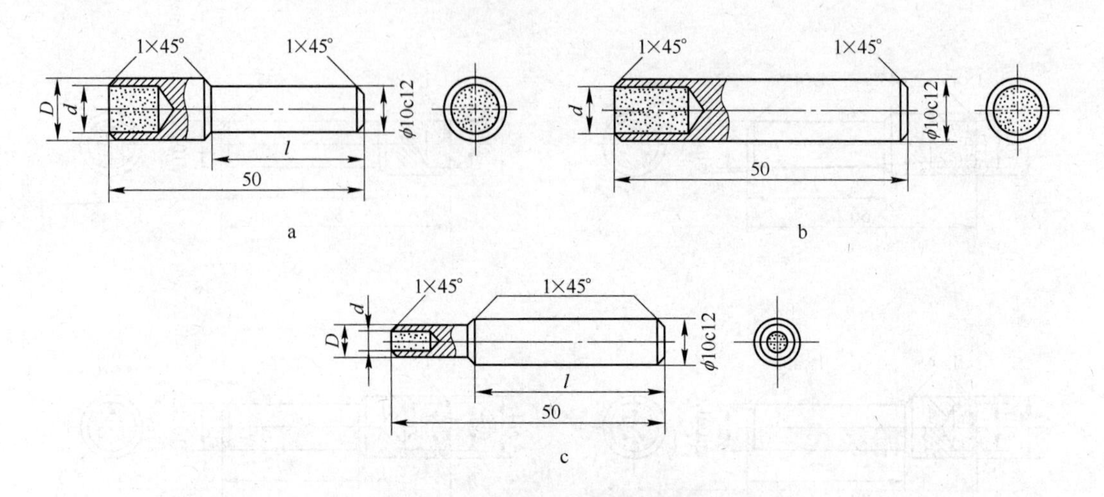

图 8-2-45　F 系列金刚石修整笔的结构型式与尺寸

a—F16、F18、F20（一）；b—F16、F18、F20（二）；c—F35 ~ F230

表 8-2-145　F 系列金刚石修整笔的技术参数

型　号	金刚石总质量/g	金刚石颗粒的粒度	D/mm	d/mm	l/mm
F16	0.2，0.3	16/18	12	10	21，30
			14	12	
			10	8	—
F18		18/20	12	10	21，30
			10	8	—
F20		20/30	12	10	21，30
			10	8	—
F35	0.1，0.2	35/40	6	4	35
F40		40/50			
F50		50/60			
F80		80/100			
F100		100/120			
F140		140/170			
F170		170/200			
F230		230/270			

（北京安泰钢研超硬材料制品有限责任公司：刘一波，徐良；
全国磨料磨具标准化技术委员会秘书处：钟彦征，吕申锋）

附　录

附录A　世界主要工业国家人造金刚石粒度对照表

中　国		国际标准		欧　洲		美　国		日　本		德　国	
CHINA		INTERNATIONAL		EUROPE		U. S. A.		JAPAN		GERMANY	
GB 6406. 1		ISO 6016 79		FEPA		ANSI		JIS		DIN	
粒度号	颗粒尺寸	粒度号	颗粒尺寸	粒度号	颗粒尺寸	粒度号	颗粒尺寸	粒度号	颗粒尺寸	粒度号	颗粒尺寸
Grit No.	Size Ranges (μm)	Grit No.	Size Ranges (μm)	Grit No.	Size Ranges (μm)	Grit No.	Size Ranges (μm)	Grit No.	Size Ranges (μm)	Grit No.	Size Ranges (μm)
16/18	1180/1000	1181	1180/1000	D1181	1180/1000	16/18	1180/1000				
18/20	1000/850	1001	1000/850	D1001	1000/850	18/20	1000/850				
20/25	850/710	851	850/710	D851	850/710	20/25	850/710				
25/30	710/600	711	710/600	D711	710/600	25/30	710/600	30/36	710/590		
30/35	600/500	601	600/500	D601	600/500	30/35	600/500	36/40	590/500	D550	630/500
35/40	500/425	501	500/425	D501	500/425	35/40	500/425			D450	500/400
40/45	425/355	426	425/355	D426	425/355	40/45	425/355	40/46	420/350	D350	400/315
45/50	355/300	356	355/300	D356	355/300	45/50	355/300	46/54			
50/60	300/250	301	300/250	D301	300/250	50/60	300/250	54/60	290/250	D280	315/250
60/70	250/212	251	250/212	D251	250/212	60/70	250/212	60/70	250/210	D220	250/200
70/80	212/180	213	212/180	D213	212/180	70/80	212/180	70/80	210/177		
80/100	180/150	181	180/150	D181	180/150	80/100	180/150	80/90		D180	200/160
100/120	150/125	151	150/125	D151	150/125	100/120	150/125	90/100	149/125	D140	160/125
120/140	125/106	126	125/106	D126	125/106	120/140	125/106	100/120	125/105	D110	125/100
140/170	106/90	107	106/90	D107	106/90	140/170	106/90	120/150	105/74	D90	100/80
170/200	90/75	91	90/75	D91	90/75	170/200	90/75				
200/230	75/63	76	75/63	D76	75/63	200/230	75/63	150/220	88/63	D65	80/63
230/270	63/53	64	63/53	D64	63/53	230/270	63/53	220/240		D55	63/50
270/325	53/45	54	53/45	D54	53/45	270/325	53/45	240/280	53/44	D45	50/40
325/400	45/38	46	45/38	D46	45/38	325/400	45/38	280/320	44/37		

附录B　世界主要工业国家立方氮化硼粒度对照表

国际标准			欧洲标准		美　国		日　本		基本尺寸		俄罗斯	
ISO					ANSI B74. 16—1971		JIS 4130—1998				9206—80	
粒度号Ⅰ	粒度号Ⅱ	粒度尺寸	粒度号	粒度尺寸	粒度号	粒度尺寸	粒度号	粒度尺寸	in	mm	粒度号	粒度尺寸
427	40/50	425/300	B/427	355/300	40/50	425/300	40/50	425/300	0. 015	0. 378	500/400	500/400
301	50/60	300/250	B/301	300/250	50/60	300/250	50/60	300/250	0. 011	0. 288	400/315	400/315
252	60/80	250/180	B/252	250/180	60/80	250/180	60/80	250/180	0. 009	0. 226	250/200	250/200
181	80/100	180/150	B/181	180/150	80/100	180/150	80/100	180/150	0. 0069	0. 174	200/160	200/160
151	100/120	150/125	B/151	150/125	100/120	150/125	100/120	150/125	0. 0058	0. 148	160/125	160/125
126	120/140	125/106	B/126	125/106	120/140	125/106	120/140	125/106	0. 0048	0. 123	125/100	125/100
107	140/170	106/90	B/107	106/90	140/170	106/90	140/170	106/90	0. 0041	0. 103	100/80	100/80
91	170/200	90/75	B/91	90/75	170/200	90/75	170/200	90/75	0. 0034	0. 866	80/63	80/63
76	200/230	75/63	B/76	75/63	200/230	75/63	200/230	75/63	0. 003	0. 075	63/50	63/50
64	230/270	63/53	B/64	63/53	230/270	63/53	230/270	63/53	0. 0026	0. 066	50/40	50/40
54	270/325	53/45	B/54	53/45	270/325	53/45	270/325	53/45	0. 0022	0. 057		
46	325/400	45/38	B/46	45/38	325/400	45/38	325/400	45/38	0. 0019	0. 048		

附录C 国内一些主要金刚石及其工具企业、科研院所、院校和行业协会名录

1. 金刚石合成与复合片主要生产企业

(1) 河南黄河旋风股份有限公司
地 址：河南省长葛市人民路200号（邮编 461500）
电 话：86 0374 6108719/6108716
移动电话：13703743232
传 真：86 0374 6310280/6310101

(2) 河南中南工业有限责任公司
地 址：河南省郑州市高新技术产业开发区国槐街15号（邮编 450001）
电 话：0371-7987379
传 真：0371-7985218
邮 箱：zhongnan@ zhongnan. net

(3) 河南华晶超硬材料股份有限公司
地 址：河南省郑州市中原区郑州市高新技术开发区冬青街53号（邮编 450001）
电 话：86-371-63379513
传 真：86-371-63379510
网 址：http：//huajingcy. b2b. hc360. com
http：//www. sino2s. com

(4) 山东昌润钻石股份有限公司
地 址：山东省聊城市卫育北路45号（邮编 252000）
联系人：冯纳
电 话：0635-2114745 13676357927
邮 箱：diamond@ crjgs. com

(5) 深圳市海明润实业有限公司
地 址：广东省深圳市宝安区西乡街道黄田工业城一期7栋（邮编 518128）
电 话：+86-755-29927926
传 真：+86-755-27447620
邮 箱：sales@ haimingrun. com
postmaster@ haimingrun. com

(6) 河南四方达超硬材料股份有限公司
地 址：河南省郑州市经济技术开发区第十大街109号（邮编 450000）

(7) 晶日科美超硬材料有限公司
地 址：河北省三河市燕郊开发区（邮编 065200）
电 话：010-61597102/61590214/61599282
传 真：0316-3383223
网 址：http：//www. jingri. com. cn
www. jrdiamondtool. com

(8) 河南省联合磨料磨具有限公司
地 址：河南省郑州市经济技术开发区第五大街109－20号（邮编 450016）
电 话：(86) 371-68273691
传 真：(86) 371-67390996
邮 箱：union@ union-diamond. com

(9) 元素六金刚石（苏州）有限公司
地 址：江苏省苏州市唯亭镇葑亭路（邮编 215000）
电 话：0512-62758288

(10) 河南金渠黄金股份有限公司
地址：河南省三门峡市金昌路中段（邮编 472000）
电 话：0398-2817381/2817336
传 真：0398-2817362/2819017
邮 箱：jinqu@ jinqudiamond. com

2. 金刚石工具主要生产企业

(1) 北京安泰钢研超硬材料制品有限责任公司
电 话：010-69721966/80105437/80105241
传 真：010-69727884
邮 箱：info@ gangyan-diamond. com

（2）石家庄博深工具集团有限公司
地　址：河北省石家庄市国家高新技术产业开发区海河道10号（邮编 050000）
电　话：0311-5960222/85960661
传　真：0311-5382686/85382556
邮　箱：office@ bosuntools. com

（3）广东奔朗超硬材料制品有限公司
地　址：广东省佛山市顺德区陈村镇广隆工业园兴业八路7号（邮编 528313）
电　话：+86-757-26166666
传　真：+86-757-26166665

（4）泉州众志金刚石工具有限公司
地　址：福建省泉州市洛江区万安工业区（邮编　362011）
电　话：0595-22809986
传　真：0595-28019123
邮　箱：sawblade@ 163. net

（5）广东新劲刚超硬材料有限公司
地　址：广东省佛山市南海区丹灶大金工业区（邮编　528216）
电　话：86-0757-85403505
传　真：86-0757-85403505

（6）丹阳华昌钻石工具制造有限公司
地　址：江苏省丹阳市经济开发区（邮编　212300）
手　机：13706106385（华先生）

（7）石家庄冀凯金刚石制品有限责任公司
地　址：河北省石家庄市经济技术开发区创业路19号(邮编　052165）
电　话：0311-8080730/83090111
传　真：0311-8086131/83090131

（8）福建万龙金刚石工具有限公司
地　址：福建省泉州市清蒙科技工业区4-5（A）（邮编　362000）
福建省泉州市智泰路4-5A 经济开发区（清濛园区）
电　话：0595-2462923/22498030
传　真：0595-2462923

（9）武汉万邦团结激光金刚石工具有限公司
地　址：湖北省武汉市经济技术开发区高科技产业园三期六号楼（邮编　430000）
电　话：027-84222357
传　真：027-84222359
网　址：http：//www. wanbanglaser. com

（10）江苏省丹阳锋泰金刚石工具制造有限公司
地　址：江苏省丹阳开发区122省道旁（邮编　212300）
电　话：0511-86880905/86882724/86889724
传　真：0511-86882935
邮　箱：fengtai@ fengtai. com

（11）福州天石源超硬材料工具有限公司
地　址：福建省福州市闽侯铁岭工业集中区二期南兴路6号（邮编 350000）
电　话：0086-0591-22916999
传　真：0086-0591-22916998
邮　箱：tsyzjl@ 163. com

（12）河北小蜜蜂集团工具有限公司
地　址：河北省石家庄市正定县燕赵北大街312号（邮编　050800）
电　话：+86-311-85174202/85174222
传　真：+86-311-85174221
邮　箱：xmfjt@ 163. com

（13）厦门致力金刚石工具有限公司
公司地址：福建省厦门市思明区吕岭路2号阿里山大厦写字楼8楼E/F
工厂地址：福建省厦门市翔安区（邮编 361000）
电　话：0086-592-5553715/

5553615/5528594

传　真：0086-592-5551910/5110510

邮　箱：zhili@ stone-tool. com

(14) 江苏友和工具有限公司

地　址：江苏省丹阳市练湖工业园区旺湖路（邮编　212300）

电　话：0511-85186688/86538888

传　真：0511-86882631/86966362

邮　箱：yhchailj@ xunlida. com

(15) 桂林特邦新材料有限公司

地　址：广西省桂林市铁山工业园铁山路 20 号（邮编　541004）

电　话：0773-5839856

传　真：0773-5812310

邮　箱：export@ china-diamondtool. com
lasertool@ hotmail. com

(16) 宜昌黑旋风锯业有限责任公司

地　址：湖北省宜昌市港窑路 22-1 号（邮编　443003）

电　话：0717-6485880/6482917

传　真：0717-6483481/6484553

邮　箱：ychxfiy@ yc. hb. cninfo. net

(17) 河北星烁锯业股份有限公司

地　址：河北省玉田县鸦鸿桥镇孙各庄（邮编　064102）

电　话：86-315-6566371

传　真：86-315-6565234

网　址：http：//www. ytsaw. com

(18) 北京希波尔科技发展有限公司（北京沃尔德超硬工具有限公司）

地　址：河北省廊坊市大厂潮白河工业区工业二路（邮编　065300）

电　话：010-58411388

邮　箱：marketing@ worldiatools. com

3. 国内与超硬材料有关的主要科研单位及院校

(1) 中非人工晶体研究院

地　址：北京市朝阳区红松园 1 号（北京 733 信箱）（邮编　100018）

电　话：010-65492970

传　真：010-65492618

邮　箱：risc@ risc. com. cn

(2) 郑州磨料磨具磨削研究所

地　址：河南省郑州市华山路 121 号（邮编　450013）

电　话：0371-67657950/67627571

传　真：0371-67657952

邮　箱：zzsm@ zzsm. com

(3) 桂林矿产地质研究院

地　址：广西桂林市辅星路 2 号（邮编　541000）

电　话：0773-5839305（院办）

传　真：0773-5813531

邮　箱：glkdy@ rigm. ac. cn

(4) 中国地质科学院勘探技术研究所

地　址：河北省廊坊市金光道 77 号（邮编　102800）

电　话：0316-2096229

传　真：0316-2096506

(5) 北京探矿工程研究所

地　址：北京市海淀区学院路 29 号（邮编　100083）

电　话：010-82321882（办公室）/62334376

邮　箱：postmaster@ bjiee. com. cn
zmguo@ mater. ustb. edu. cn

(6) 吉林大学超硬材料国家重点实验室

地　址：吉林省长春市解放大路 85 号（邮编　130023）

电　话：0431-8922331-2722/8920398

传　真：0431-8920398

邮　箱：sklshm@ mail. jlu. edu. cn

(7) 燕山大学超硬材料研究室

地　址：河北省秦皇岛市海港区河北大街 438 号（邮编　066004）

联系人：王艳辉　王明智
电　话：0335-8061671/8057047（办公室）/8055591/8050276（宅）
传　真：0335-8387679

（8）山东大学晶体材料国家重点实验室
地　址：山东省济南市山大南路27号（邮编　250100）
邮　箱：webmaster@icm.sdu.edu.cn

（9）中南大学金刚石应用技术研究所
电　话：0731-88877966/13975157151
邮　箱：zhangshaohe@163.com

（10）华侨大学脆性材料加工技术教育部工程研究中心
地　址：福建省厦门市集美区集美大道668号（邮编　361021）
传　真：0592-6162359
邮　箱：stone@hqu.edu.cn

（11）科大博德粉末有限公司
地　址：河北省三河市燕郊开发区冶金路69号（邮编　065201）
电　话：010-51879456/61599614/13933921336
邮　箱：dkirbywang@163.com

4. 金刚石行业协会

（1）中国机床工具工业协会超硬材料分会
地　址：河南省郑州市高新技术产业开发区梧桐街121号（邮编450001）
电　话：0371-67633492/67614360
传　真：0371-67657827

（2）湖南超硬材料协会
地　址：湖南省长沙市67号信箱（长沙矿冶研究院）（邮编　410000）
电　话：0731-88657293
传　真：0731-88657403

（3）河北金刚石制品协会
地　址：河北省石家庄市正定县车站南大街26号（邮编　050000）
电　话：0311-85175666/85175665
邮　箱：hbdpig@126.com

（4）鄂州市金刚石工程协会
地　址：湖北省鄂州市鄂燕路金刚石工业园（邮编　436000）
电　话：0711-5905026
传　真：0711-5905038
邮　箱：ezjgsxh@163.com

（5）工业金刚石信息网
地　址：河北省三河市燕郊开发区东环路9号（邮编　065200）
电　话：0316-3383212
传　真：0316-3383210

（冶金一局，郑丽雪）